ALTLASTENSANIERUNG '90

Altlastensanierung '90 ist der Kongressband des Dritten Internationalen KfK/TNO-Kongresses über Altlastensanierung (10.–14. Dezember 1990, Karlsruhe, Bundesrepublik Deutschland) --

Veranstalter:

Kernforschungszentrum Karlsruhe GmbH (KfK)
Niederländische Organisation für angewandte naturwissenschaftliche Forschung (TNO)

in Zusammenarbeit mit

Bundesministerium für Forschung und Technologie (BMFT),
Bundesministerium für Umwelt, Naturschutz und Reaktorsicherheit (BMU)
  und das Umweltbundesamt (UBA),
Landesanstalt für Umweltschutz Baden-Württemberg (LfU),
Universität Karlsruhe,
Zentrum für Schadstofforschung (CHMR) der Universität Pittsburgh,
Amerikanisches Umweltschutzamt (EPA)

mit Förderung durch

Kommission der Europäischen Gemeinschaft,
Bundesministerium für Forschung und Technologie (BMFT),
Niederländisches Ministerium für Wohnungswesen, Raumordnung und Umwelt (VROM),
Umweltministerium Baden-Württemberg,
Stadt Karlsruhe

Die diesem Bericht zugrundeliegende Veranstaltung wurde mit Mitteln des Bundesministers für Forschung und Technologie gefördert.

Die Kongressberichte enthalten die Meinung des jeweiligen Verfassers, die nicht unbedingt der Meinung und Auffassung der Herausgeber oder der obengenannten Veranstalter entspricht.

# Altlastensanierung '90

*Dritter Internationaler KfK/TNO Kongress über Altlastensanierung,
10.–14. Dezember 1990, Karlsruhe, Bundesrepublik Deutschland*

*Herausgeber:*

F. ARENDT

Projekt Schadstoffbeherrschung in der Umwelt,
Kernforschungszentrum Karlsruhe,
Karlsruhe, BRD

M. HINSENVELD

University of Cincinnati,
Department of Civil and Environmental Engineering,
Cincinnati, Ohio, USA

und

Niederländische Organisation für angewandte naturwissenschaftliche Forschung TNO,
Apeldoorn, Niederlande

W.J. VAN DEN BRINK

TNO-Zentralabteilung für in- und externe Kommunikation,
Den Haag, Niederlande

**Band I**

Springer Science+Business Media, B.V. 1990

ISBN 978-0-7923-1059-4      ISBN 978-1-4899-3806-0 (eBook)
DOI 10.1007/978-1-4899-3806-0

© Springer Science+Business Media Dordrecht 1990
Originally published by TNO/BMFT 1990
Softcover reprint of the hardcover 1st edition 1990
Alle deutschen Rechte vorbehalten.

Für Auskünfte über Übernahmerechte können Sie sich wenden an:
Projektträger 'Abfallwirtschaft und Altlastensanierung'
beim Umweltbundesamt
Bismarckplatz 1
1000 Berlin 33
BRD
Telefon: +49-30 8903-0

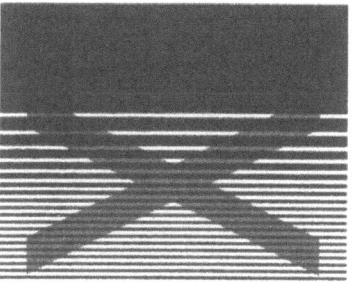

# INHALT - ÜBERBLICK

## BAND 1

| | |
|---|---:|
| Inhalt (Band 1 & 2) | IX |
| Schirmherrschaft, Beiräte | XLI |
| Vorworte | XLVII |
| Einleitung | LI |
| Altlasten - Bedeutung und Perspektiven für den Umweltschutz in der Industriegesellschaft | LIII |

**1. STRATEGIEN, PROGRAMME, RECHTLICHE UND WIRTSCHAFTLICHE FRAGEN**
1.1 Industriestaaten — 3
1.2 Osteuropäische Länder — 137
1.3 Neue Industriestaaten und Entwicklungsländer — 167

**2. BEWERTUNG DES GEFÄHRDUNGSPOTENTIALS, STANDARDE, usw.**
2.1 Richtlinien, Grenzwerte — 185
2.2 Verunreinigungsquellen, Hintergrundwerte, Verbreitung — 239
2.3 Bewertung des Gefährdungspotentials — 281
2.4 Arbeitsschutz während Erkundung und Sanierung — 325
2.5 Folgenutzung von sanierten Standorten — 345

**3. GRUNDLEGENDE ASPEKTE VON BÖDEN UND VON KONTAMINANTEN**
3.1 Adsorption, Lösbarkeit — 379
3.2 Mobilität — 457
3.3 Toxizität — 503
3.4 Biologische Abbaubarkeit — 523

**4. ERKUNDUNG UND ÜBERWACHUNG VON STANDORTEN**
4.1 Entscheidungsfindung, Expertensysteme — 589
4.2 Standorterkundung, Probenahmestrategien, Methodik — 651
4.3 Vor-Ort Analytik — 867
4.4 Analyse von Proben — 915

| | |
|---|---:|
| Autorenverzeichnis | LXI |
| Stichwörterverzeichnis | LXXXV |

BAND 2

Inhalt (Band 1 & 2)     *IX*

**5. SANIERUNGSTECHNIKEN**
5.1 Übersichtsreferate     *945*
5.2 Thermische Verfahren     *987*
5.3 Extraktionsverfahren, Flotation     *1011*
5.4 Biologische Verfahren     *1045*
5.5 Bodenluftabsaugung     *1157*
5.6 Übrige Sanierungstechniken     *1197*
5.7 Sickerwasser- und Grundwasserreinigungsverfahren     *1229*

**6. SICHERUNGSTECHNIKEN; VORBEUGUNG**
6.1 Grössere Sanierungsarbeiten, bautechnische Aspekte     *1299*
6.2 Physikalische Isolierung     *1317*
6.3 Immobilisierung, Stabilisierung     *1399*
6.4 Auswahl von Deponiestätten, Vorbeugung gegen zukünftige Altlasten     *1455*

**7. VERUNREINIGTE SEDIMENTE**
7.1 Programme, Richtlinien, usw.     *1477*
7.2 Sanierungstechniken     *1529*
7.3 Folgenutzung     *1573*

**8. RÜSTUNGSALTLASTEN**     *1587*

Autorenverzeichnis     *XLI*

Stichwörterverzeichnis     *LXV*

**INHALT**

BAND 1

Schirmherrschaft, Beiräte — XLI

Vorwort
*A. Rörsch* — XLVII

Vorwort
*W. Klose* — XLIX

Einleitung
*F. Arendt, M. Hinsenveld & W.J. van den Brink* — LI

Altlasten - Bedeutung und Perspektiven für den Umweltschutz in der Industriegesellschaft
*H.W. Thoenes* — LIII

## 1. STRATEGIEN, PROGRAMME, RECHTLICHE UND WIRTSCHAFTLICHE FRAGEN

### 1.1 Industriestaaten

Bodenschutzpolitik in den Niederlanden, das zweite Jahrzehnt
*K.W. Keuzenkamp, H.G. von Meijenfeldt & J.M. Roels* — 3

Die Rechnung wird präsentiert: Gründe für die Geltendmachung von Bodensanierungskosten in den Niederlanden
*H.G. von Meijenfeldt & E.C.M. Schippers* — 13

Schadstoffbelastete Industriegrundstücke in den Niederlanden
*L.J.J. Gravesteyn* — 21

Der öffentliche Bedarf nach neuen Verfahren zur Bodensanierung
*S.H. Brunekreef* — 25

Superfund - Ergebnisse und Erfahrungen bei der Suche nach neuen Lösungen für alte Probleme
*W.W. Kovalick, Jr.* — 29

Technische und administrative Grundlagen der Altlastensanierung in Österreich
*K.L. Zirm* — 41

Bodenbelastungsgebiet Pratteln (Schweiz) -
Metastasenbildung und Notwendigkeit eines
Bodenbelastungskatasters
D. Winistörfer                                                        51

Analyse der Erfassungsmethoden von Altlasten auf
Grundlage einer Pilotstudie
T. Assmuth & O. Lääperi                                               53

Strategien und Programme zur Sanierung
schadstoffbelasteter Grundstücke in Italien
W. Ganapini, F. Perghem & A. Milani                                   67

Beitrag zum Workshop 'Kontaminierte Industriegelände'
R. Goubier                                                            73

Industrielle Altlasten
G. Zimmermeyer                                                        75

Expertenmodell zur Kostenberechnung von Bodensanierungen -
Frühzeitige Übersicht über Zeit und Kosten
L.N.J.M. van der Drift                                                79

Ein neues Verfahren zur Kontrolle der Schadstoffbelastung
des Bodens im Industriegelände 'Europoort-Botlek'
W. Visser & F. Rodewijk                                               89

Bodensanierung bei Industriegrundstücken: Clusterkonzept
und Zustimmung
F.H. Mischgofsky, F.A. Weststrate & W. Visser                        101

Leben auf Bodenabdecksystemen - Interessenkonflikt
zwischen Einwohnern und Regierung
A.Ch.E. van de Vusse & J.D. de Rijk                                  117

Die Zustandsstörerhaftung für bereits sanierte
Industriegrundstücke
K. Fritsch                                                           127

Genehmigung von Anlagen und Verfahren zur thermischen
Bodenreinigung und Flussedimentverwertung
E. Beitinger, E. Gläser & J. Spanier                                 131

Positive Konsequenzen des Altlastenproblems für die
Entsorgung schwach kontaminierter Abfallstoffe
F. Konz                                                              135


1.2   Osteuropäische Länder

Altlasten des Erzbergbaues
W. Förster                                                           137

Altlastensituation in Polen
E.S. Kempa                                                       145

Probleme der Bodenverseuchung durch alte Deponien in der
Tschechischen und Slowakischen Föderativen Republik
J. Mikolás                                                       155

Das Altlasten-Problem in Estland
E. Gabowitsch                                                    165


1.3  Neue Industriestaaten und Entwicklungsländer

Bodenkontamination in Entwicklungsländern unter
besonderer Berücksichtigung Indiens
N. Gebremedhin, P. Khanna & P.V.R. Subrahmanyam                  167

Der illegale Handel mit toxischem Sondermüll in der
Türkei
I. Alyanak & Z. Yöntem                                           175

Schwermetalle und Arsen in Böden und Pflanzen belasteter
Stadtstandorte und ihre Verbreitung in Metro Manila,
Philippinen. Teil II: Situation in Pflanzen
E.-M. Pfeiffer, J. Freytag & H.-W. Scharpenseel                  179

Sammlung und Weiterverwendung von Altöl in
Entwicklungsländern
J. Porst & U. Frings                                             181


2.   BEWERTUNG DES GEFÄHRDUNGSPOTENTIALS, STANDARDE, usw.

2.1  Richtlinien, Grenzwerte

Entwicklung und Anwendung von Kriterien für die
Bodenqualität und Sanierung von Altlasten
R.L. Siegrist                                                    185

Ökotoxikologische Risikoabschätzung als Grundlage für
die Entwicklung von Bodenqualitätskriterien
C.A.J. Denneman & J.G. Robberse                                  197

Wie zulänglich sind die Methoden der Gefahrenbeurteilung
auf Grund von Standardwerten für Bodenkontamination?
J.J. Vegter, J. van Wensem & J. de Jongh                         207

Ökotoxikologische Grenzwerte: ist die Sammlung aller
verfügbaren Daten möglich?
J. van Wensem & J.J. Vegter                                      219

Wie belastet ist wirklich belastet - weitere Kritik und
Ausarbeitung des Konzepts von Grenzwerten der
Schadstoffbelastung
T. Assmuth                                                                                                    229

Vorläufige Sanierungsleitwerte für
Mineralölkohlenwasserstoffe in Böden und Grundwasser
B. Gras & P. Friesel                                                                                  233

Prüfwerte und Verfahrensregeln für kontaminierte Böden
M. Schuldt                                                                                                  235

Begrenzung der Grundwasser-Schutzgebiete in den
Niederlanden
J. de Jongh, N.A. de Ridder & J.J. Vegter                                              237

### 2.2 Verunreinigungsquellen, Hintergrundwerte, Verbreitung

Atmosphärische Ablagerungen als Quelle von
Schwermetallen und organischen Schadstoffen in Agro-
Ökosystemen
K.C. Jones                                                                                                  239

Erfahrungen mit der Anwendung des
Mindestuntersuchungsprogrammes Kulturboden
W. König                                                                                                    251

Bleibelastung von Boden und Grundwasser auf Wurftaubenschießanlagen
R. Hahn                                                                                                      259

Auswirkungen von Asche-Auflandungsteichen auf
benachbarte Böden
E.S. Kempa & A. Jedrczak                                                                      261

Die räumliche Verteilung der Nitratkonzentration im
küstennahen Grundwasserleiter der Region Hadera
B. Azmon                                                                                                    265

Hintergrundwerte nordrhein-westfälischer Grundwässer
W. Leuchs & H. Friege                                                                            267

Schadstoff-Belastungen von Böden und Aufwuchs langjährig
mit Klärschlamm gedüngter Flächen
G. Gelbert & E. von Boguslawski                                                        269

Belastung durch Bodenradioaktivität
C. Winder, P.B.J.M. Oude Boerrigter & F.B. de Walle                  271

Verhalten von Alkylbenzolsulfonaten im System
Boden-Sickerwasser-Grundwasser
W. Thomas & W. Ebel                                                                            279

## 2.3 Bewertung des Gefährdungspotentials

Umwelthygienische Grundlagen und Problematik der
Richtwertfestsetzung für Schadstoffe in Böden
Th. Eikmann, S. Michels, Th. Krieger & H.J. Einbrodt　281

Toxikologische Betrachtungen zur Einhaltung von
Grenzwerten bei Bodensanierungen
M. Steigmeier & A. Bachmann　289

Standardverfahren zur Ermittlung von Sanierungszielen
(SES)
K.T. von der Trenck & P. Fuhrmann　297

AGAPE - ein Modell zur Abschätzung des
Gefährdungspotentials altlastverdächtiger Flächen
A. Krischok-Peppernick　305

Altlasten in der Bauleitplanung - dargestellt am
Beispiel Hamburg
A. Krischok-Peppernick　307

Ein nutzungsorientiertes Bewertungssystem für Altlasten
bezogen auf die Bewertungsbereiche: menschliche
Gesundheit, wirtschaftliche Belange und natürliche
Umwelt
H. Stolpe & H. Junge　309

Arbeitsschutzkonzeptionen bei der Altlastensanierung
D. Gönner　311

Konzeption einer Verträglichkeitsprüfung für
Altlastensanierungsmassnahmen
N. Simmleit & I. Wegemann　313

Entwicklung eines Handlungsrahmens zur Verbesserung der
sozialen Akzeptanz bei der Altlastensanierung
A. Rahrbach, R. Hachmann & W. Ulrici　315

Raumverträglichkeit von Altlastensanierungen - ein
Forschungsansatz innerhalb des F+E-Projekts Dortmund
F. Claus, S. Kraus & W. Würstlin　317

Entwicklung und Auswahl eines Systems zur
intersubjektivierten Risikoabschätzung bei Technologien
zur Altlastensanierung
H.L. Jessberger & M. Musold　319

Entwicklung eines Bewertungsmodells zur
Gefahrenbeurteilung bei Altlasten: Konzeption und erste
Ergebnisse
R. Hempfling, T. Mathews, N. Simmleit & P. Doetsch　321

Harmonisierung von Genehmigungsabläufen bei der
Altlastenbehandlung
J. Lohrengel-Goeke & H.-J. Ziegeler                                323

## 2.4 Arbeitsschutz während Erkundung und Sanierung

Abschätzung der Humanexposition bei Plänen zur
Wiedernutzbarmachung von Altlasten
L.M. Keiding & D. Borg                                             325

Arbeitsmedizin in der Altlastensanierung
R. Rumler                                                          335

Arbeitsschutz an Deponien
V. Wilhelm                                                         337

Sicherheitstechnische Aspekte bei Planung, Bau und
Betrieb von Deponiegasanlagen
V. Wilhelm                                                         339

Auswahl von Erkundungsmethodik und Arbeitsschutz für
eine Altdeponie
Th. Poller                                                         341

Arbeitsschutzmaßnahmen bei Erkundung und Sanierung von
Altlasten anhand von zwei Praxisbeispielen
M. Vuga & L. Friman                                                343

## 2.5 Folgenutzung von sanierten Standorten

Methoden zur Begrünung von thermisch gereinigten Böden
I. Campino, H.D. Mühlberger & W. Schoknecht                        345

Rekultivierung thermisch gereinigter Böden nach dem
Muster der natürlichen Sukzession
D. Bruns, Chr. Reimann & M. Jochimsen                              351

Rekultivierung phytotoxischer Miozänsände
H. Greinert                                                        357

Ergebnisse begleitender Untersuchungen von
Sanierungstechniken und Probleme der Wiederverwendbarkeit
von gereinigten Bodenmaterialien
D. Goetz & A.N.H. Claussen                                         365

Ermittlung des Gefährdungspotentials eines Erholungsparks
auf einer geschlossenen Deponie
M. Stammler, O. Schuster & R. Rohde                                367

Band 1

Die mikrobielle Gemeinschaft von Deponieböden und der
Einfluss von Deponiegas auf die Bodensanierung und
Wiederbegrünung
S.D. Wigfull & P. Birch   369

Nutzbarmachung eines ehemaligen Kokerei- und
Zechengeländes nach unkontrolliertem Abbruch
H.G. Meiners & U. Lieser   373

Sanierung einer Maschinenfabrik für Wohn- und
Gewerbenutzung
H.G. Meiners, A. Borgmann & S. Wittke   375

## 3. GRUNDLEGENDE ASPEKTE VON BÖDEN UND VON KONTAMINANTEN

### 3.1 Adsorption, Lösbarkeit

Verstärkte Auswaschung organischer Umweltchemikalien
durch Bindung an gelösten Kohlenstoff?
I. Kögel-Knabner, P. Knabner & H. Deschauer   379

Der Beitrag von Bodenkonstituenten zur Adsorption von
Chemikalien
H. Kishi & Y. Hasimoto   387

Wechselwirkungen organischer Schadstoffe mit
Bodenkomponenten in wässrigen und ölkontaminierten
Systemen
J. Gerth, W. Calmano & U. Förstner   395

Desorptionskinetik flüchtiger organischer Verbindungen
bei Aquifer Material
P. Grathwohl, J. Farrell & M. Reinhard   401

Retention von Quecksilber II auf natürlichem Quarzsand:
nicht-lineares Verhalten bei sehr niedrigen
Konzentrationen
J.M. Strauss, M.A. Bues & L. Zilliox   409

Physikalisch-chemische Modelle für das Bodenverhalten von
Metallionen
W.H. van Riemsdijk, J.C.M. de Wit, M.M. Nederlof,
L.K. Koopal & F.A.M. de Haan   419

Die Löslichkeit von Eisenzyanid in Böden
J.C.L. Meeussen, M.G. Keizer & W.H. van Riemsdijk   429

Die Bedeutung von physikalisch-chemischen
Substanzeigenschaften neuer Agrochemikalien für die
Sorption an Bodenmaterial und gelösten organischen
Kohlenstoff
H. Deschauer & I. Kögel-Knabner ........................................ *439*

Der Abbau von Phenol und Benzol im Boden
E.S. Kempa, T. Butrymowicz & A. Jedrczak ........................ *441*

Untersuchungen zur Totalsorption von Cd, Pb, Zn und Cu
an einigen Böden in Polen
I. Szymura ................................................................................ *445*

Sequentielle Extraktion von Schwermetallen aus Sedimenten
von Überschwemmungsgebieten
H. Leenaers .............................................................................. *449*

Lösbarkeit von Cd, Pb und Zn in Böden mit hoher geogener
und zusätzlich anthropogener Belastung
M. Filipinski & M. Grupe ........................................................ *453*

## 3.2 Mobilität

Retention von Blei und Zink aus einer Gichtstaubdeponie
durch einen tonigen Untergrund
J.-F. Wagner ............................................................................ *457*

Mobilisierung von Schadstoffen durch Abbauvorgänge
P. Spillmann ............................................................................ *463*

Strategien zur Erkundung der Schadstoffbelastung und des
Gefährdungspotentials einer Altlast
M. Zarth ................................................................................... *481*

Methodenvergleich bei der in-situ Messung der
Gebirgsdurchlässigkeit in Bohrungen und
Grundwassermeßstellen
M. Bruns .................................................................................. *483*

Regulationsmechanismen der Spurenmetallöslichkeit beim
anaeroben Abbau fester kommunaler Abfälle
S. Peiffer, K. Pecher & R. Herrmann ..................................... *485*

Extraktionsverfahren zur Abschätzung der potentiellen
Mobilität von Schwermetallen im Boden
S. Düreth-Joneck & J. Reich .................................................. *487*

Verhalten eines Organophosphorpestizides in einem
gesättigten porösen Medium: experimentelle Versuche.
Einfluss der Zusammensetzung der festen Phase
C. Penelle, A. Exinger, P. Muntzer & L. Zilliox .................... *489*

**Band 1**

Einfluß organischer Substanzen und der Anordnung von
Probeentnahmestellen in Grundwasserleitern auf die
Repräsentanz der Meßwerte
*K. Münnich* 491

Pestizidauslaugung durch heterogene ungesättigte Böden
*S.E.A.T.M. van der Zee & F.A.M. de Haan* 493

Stofftransport in holozänen Marschenablagerungen -
experimentelle Untersuchungen und mathematische Modelle
*W. Schneider, A. Baermann, P. Döll & W. Neumann* 497

Wechselwirkungen von Tonen bzw. Tonsteinen mit
ausgesuchten Sickerwässern
*K.-H. Hesse & H.-D. Schumacher* 499

CABADIM - ein Computer Modell zur Dimensionierung von
Kapillarsperren
*S. Wohnlich* 501

## 3.3 Toxizität

Toxische Wirkungen von Schadstoffen auf die
Mineralisierung von Substraten bei niedrigen
Umgebungskonzentrationen in Böden, Unterböden und
Sedimenten
*P. van Beelen, A.K. Fleuren-Kemilä, M.P.A. Huys,
A.C.H.A.M. van Mil & P.L.A. van Vlaardingen* 503

Ein Test mit höheren Pflanzen für Schadstoffbelastung
von Böden
*M. Hauschild* 515

Einsatz von Biotests zur Untersuchung von
Ölkontaminationen in Böden
*J. Gunkel & W. Ahlf* 519

Mikrobieller Nitratabbau in Unterböden eines
landwirtschaftlich genutzten Trinkwassereinzuggebietes
*M. Lehn-Reiser, G. Benckiser, A. Pitzer & J.C.G. Ottow* 521

## 3.4 Biologische Abbaubarkeit

Löslichkeit und Abbaubarkeit des Benzinzusatzes MTBE
(Methyl-Butyläther) und von Verbindungen aus Benzin
in Wasser
*H. Møller Jensen & E. Arvin* 523

Chemodynamik von Chlorphenolen während des sequentiellen
Abbaus fester kommunaler Abfälle
*K. Pecher, S. Peiffer & R. Herrmann* 529

Verbleib und langfristige Persistenz polyzyklischer
aromatischer Kohlenwasserstoffe (PAKs) in
landwirtschaftlich genutzten und mit Klärschlamm
behandelten Böden
S.R. Wild, M.L. Berrow & K.C. Jones 533

Laborversuche an ungestörten Grossproben zur biologischen
in situ-Sanierung kohlenwasserstoffbelasteter Böden
N.-Ch. Lund & G. Gudehus 541

Abbauverhalten von polyzyklischen aromatischen
Kohlenwasserstoffen (PAK) im Untergrund
M. Stieber, K. Böckle, P. Werner & F.H. Frimmel 551

Kinetik der Mineralisation von Dibenzofuran und
Dibenzo-p-dioxin in heterogenen Systemen durch
Bodenbakterien
K. Figge, R.-M. Wittich, A. Wernitz, A. Uphoff,
H. Harms & P. Fortnagel 559

PAK-Abbau durch Bakterien - Bewertungsverfahren zur
mikrobiellen Bodendekontaminierung
W. Weißenfels, U. Walter, M. Beyer & J. Klein 561

Biologische Untersuchungsmethoden zur Prüfung der
Möglichkeit und des Verlaufs mikrobieller
Bodensanierungen insbesondere bei
Mineralölverunreinigungen
M. Sellner 563

Untersuchungen zur Veränderung der mikrobiellen
Lebensgemeinschaften beim Einsatz mikrobiologischer
in-situ Sanierungsverfahren
P. Kämpfer, P.M. Becker & W. Dott 565

Einfluss von tensidproduzierenden Mikroorganismen auf
den Abbau eines Modellöls durch eine ursprüngliche
Bodenpopulation
E. Goclik, R. Müller-Hurtig & F. Wagner 567

Einfluss von mikrobiellen Tensiden auf den
Mineralisierungsgrad von Kohlenwasserstoffen in
Modellsystemen des Bodens
R. Müller-Hurtig, A. Oberbremer, R. Meier & F. Wagner 569

Die Beziehung zwischen der Geschwindigkeit, mit der
Phenyl-Quecksilber-II-Azetat biologisch abgebaut wird,
und der Mikrobenaktivität auf der Oberfläche poröser
Medien
C. Bicheron & M.A. Bues 571

Band 1

Bakterieller Abbau von Dibenzo-p-dioxin und chlorierten
Derivaten durch das Bakterium *Pseudomonas* spec. RW1
R.-M. Wittich, H. Wilkes, K. Figge, W. Francke &
P. Fortnagel                                                          575

Aerobe Mineralisierung von 1,2,4-Trichlorbenzol und
1,2,4,5-Tetrachlorbenzol durch *Pseudomonas* sp.
P. Sander, R.-M. Wittich & P. Fortnagel                               577

Steigerung des biologischen Abbaus polyzyklischer
aromatischer Kohlenwasserstoffe im Boden
J. Birnstingl, S.R. Wild & K.C. Jones                                 579

Die Toxizität von Trichlorethen und 1,1,1-Trichlorethan
für methanoxidierende Mikroorganismen
K. Broholm, T.H. Christensen, B.K. Jensen & L. Olsen                  583


4.  ERKUNDUNG UND ÜBERWACHUNG VON STANDORTEN

4.1  Entscheidungsfindung, Expertensysteme

Ein Hilfssystem zur Entscheidungsfindung für das
Management schadstoffbelasteter Böden
W. Visser, R. Janssen & M. van Herwijnen                              589

Neuronale Netze als Hilfssysteme für die
Entscheidungsfindung - neue Hilfsmittel für den Umgang
mit Bodenkontaminationen
R. Huele                                                              601

Auswahlkriterien und Auswahl von Sanierungsmaßnahmen
und deren Durchführung; erläutert am Beispiel eines
ehemaligen Betriebes der Eisen- und Stahlindustrie in
Düsseldorf
K. Hoffmann                                                           607

Bewertung von Altlasten zur Dringlichkeitseinstufung
und Ermittlung des Handlungsbedarfs
C. Hillmert                                                           615

EDV-Altlastenkataster in einem kommunalen
Planungsverband - Wege zur Konflikterkennung und
Problemlösung
B. Stuck                                                              623

Erfahrungen bei der Beurteilung von Altlasten mit
Unterstützung durch das Expertensystem XUMA
W. Eitel, W. Geiger & R. Weidemann                                    629

Das Expertensystem XUMA zur Unterstützung der Erkundung
und Bewertung von Altlasten
W. Geiger, R. Weidemann & W. Eitel                        637

Die Rolle der Expertensysteme bei der Beurteilung von
kontaminiertem Boden und Grundwasser
R. Huele, R. Kleijn & W. van der Naald                    639

Bewertungsverfahren zur Abschätzung des
Gefährdungspotentials für das Grundwasser bei
kontaminierten Standorten
H. Bremer & U. Rohweder                                   641

Ein Datenbank- und Informationssystem zur Untersuchung
von Altstandorten des Steinkohlenbergbaus
M. Böhmer & W. Skala                                      643

Aufgaben der Bodenkunde bei der Altlastensanierung
W. Burghardt                                              645

Bodenkundliche Kartieranleitung urban, gewerblich und
industriell überformter Flächen - bodenkundliche
Grundlage der Ermittlung, Bewertung und Sanierung von
Altlasten
Arbeitskreis Stadtböden der Deutschen Bodenkundlichen
Gesellschaft - W. Burghardt                               647

Darstellung der Ergebnisse des Verbundvorhaben
Georgswerder, Hamburg
J.H. Fischer                                              649

## 4.2 Standorterkundung, Probenahmestrategien, Methodik

Bewertung von Grundwasserprobenahmetechniken zur
Erkundung und Überwachung von Altlasten
G. Teutsch, B. Barczewski & H. Kobus                      651

Geophysikalische Methoden für die Untersuchung alter
Abfalldeponien
R. Cossu, G. Ranieri, M. Marchisio, L. Sambuelli,
A. Godio & G.M. Motzo                                     663

Sanierungsplanung - von der orientierenden Untersuchung
zur Wiedernutzung der Fläche
Chr. Weingran                                             673

Modellstandorte Baden-Württemberg - Ergebnisse für
die Praxis der Altlastenerkundung
H. Neifer                                                 681

Band 1

Vergleichende Anwendung von Erkundungstechniken am
Modellstandort 'Mühlacker'
R. Crocoll & W. van der Galiën                                          687

Probenahmestrategie und Testverfahren für ausgekofferte
und gereinigte Böden
C.W. Versluijs                                                          697

Nutzungskonvergente Sanierung - Modellvorhaben
Povel/Nordhorn: Strategien, Erfahrungen und Ergebnisse
P. Rongen, D. Schuller & A. Virmani                                     705

Phasen einer Altlastensanierung am Beispiel der
Betriebsdeponie Bielefeld-Senne
J. Peters & A. Wiebe                                                    713

Bündelung von Altlasten bei der Untersuchung
kontaminierter Industriegebiete
J.W. van Vliet & W.D.E. van Pampus                                      721

Umweltgeophysik bei der Altlastenerkundung
A. Straßburger                                                          729

Flächendeckende historische Erhebung altlastverdächtiger
Altablagerungen und Altstandorte in Baden-Württemberg
P. Fuhrmann                                                             737

Einsatz verschiedener Verfahren zur Altlasterkundung am
Beispiel des Modellstandortes Osterhofen
G. Battermann & A. Bender                                               745

Bodenkontamination durch gefährliche Gase: Untersuchung,
Überwachung, Diagnose und Behandlung
G. Grantham & M.K.D. Eddis                                              753

Sanierungsmaßnahmen auf dem Gelände der Gasversorgung
München
E. Holzmann, M. Koch & J. Schuchardt                                    769

Leitfaden zur Grundwasseruntersuchung im Festgestein
bei Altablagerungen und Altstandorten
W.G. Coldewey & L. Krahn                                                771

Gefährdungsabschätzung von 4 Altdeponien im
Einzugsbereich eines Wasserwerks
L. van Straaten                                                         773

Das Verhalten halogenierter Kohlenwasserstoffe (CKW)
im Boden
M. Stammler, R. Rohde & P. Geldner                                      775

Ein einfaches Bewertungsverfahren zur Abschätzung des
Belastungspotentials organischer Umweltchemikalien in
Böden
N. Litz & H.-P. Blume          777

Mehrphasiger Ansatz zur Beurteilung des
Kontaminationsgrades von Mülldeponien auf Polderflächen
M. Siegerist & D. Langemeijer          779

Altlasten auf einer ehemaligen Bleihütte:
Untersuchungsergebnisse und mögliche
Sanierungsmaßnahmen
M. Wahlström, P. Vahanne & L. Maidell-Münster          783

Altlastenprogramm des Landes Niedersachsen - gezielte
Nachermittlung
D. Horchler          785

Stichprobenahmen auf Gittern und Simulationsmodelle bei
Untersuchungen von schadstoffbelastetem Grundwasser
B. Lamoree & J. Manschot          787

Kartierung von Grundwasserstauern in quartären
Lockersedimenten mit reflexionsseismischen Verfahren
H. Stümpel, W. Rabbel & R. Kirsch          791

Erkundung und Sanierung eines Mineralölschadensfalles
unter Flugvorfeldbedingungen
N. Molitor, P. Ripper & R. Schmidt          793

Entwicklung standardisierter Probenahmestrategien für
Bodenuntersuchungen in den Niederlanden
D. Hortensius, R. Bosman, J. Harmsen & D. Wever          795

Bewertung von Bodendaten bei der Stillegung von
Oberflächendeponien (Impoundments)
W.E. Kelly, I. Bogardi & A. Bardossy          807

Expertenwissen und (geo)statistische Methoden:
komplementäre Hilfsmittel zur Untersuchung von
Bodenkontaminationen
J.P. Okx, G.B.M. Heuvelink & A.W. Grinwis          817

Untersuchung von Feststoffen bei Altablagerungen und
Altstandorten
H. Friege          829

Systematische Probenahmestrategien für die Untersuchung
der Schadstoffbelastung von Boden und Porenwasser
R. Bosman & F.P.J. Lamé          837

Band 1

Der Einfluss der Probengrösse und des Orts der
Probenahme auf die Qualitätsprüfung von behandeltem
Boden
*F.P.J. Lamé, M. Albert & R. Bosman*     841

Verbesserung der Kostenwirksamkeit von Untersuchungen
der Schadstoffbelastung des Bodens
*J.P. Okx*     845

Erkundung von Altlasten mit Hilfe geophysikalischer
Verfahren
*B.-M. Schulze & R. Muckelmann*     849

Fernerkundung mit Hilfe eines
Thermal-/Multispektralscanners bei der
Altlastenerkundung
*H. Henseleit, M. Sartori & B. Jourdan*     851

Untersuchungsstrategien für Altlastverdachtsflächen:
Beprobung und Analytik
*P. Friesel, M. Sellner & S. Sievers*     853

Entnahme von Porendampfproben als Untersuchungsverfahren
bei Bodenkontaminationen
*W. van Oosterom & F. Spuy*     855

Dreidimensionale Erkundung der Schadstoffausbreitung im
Grundwasserleiter durch horizontierte
Grundwasserprobenahme in Grundwassermeßstellen mittels
Pneumatic-Packer-Tauchpumpe
*D. Quantz*     859

Entwicklung von Methoden für die Probenahme von
schadstoffhaltigen Böden und Sedimenten zur Bestimmung
flüchtiger organischer Verbindungen
*R.L. Siegrist*     861

4.3 <u>Vor-Ort Analytik</u>

Einführung Workshop Vorortanalytik
*H. Seng*     867

Schnelle Vor-Ort Boden-Analytik: ein mobiles
GC/MS-System im Vergleich mit Laborverfahren
*G. Matz, W. Schröder & P. Kesners*     869

Faseroptik-modifizierte spektroskopische
Analysenverfahren zur Überwachung umweltrelevanter
Schadstoffe
*J. Bürck, W. Faubel, E. Gantner, U. Hoeppener-Kramar &
H.J. Ache*     877

Feldanalysen und Bestimmung von Standorteigenschaften
durch die US-Umweltschutzbehörde
E.N. Koglin & J.C. Tuttle                                            885

Angepasste Vor-Ort-Analytik für
Altlastensanierungsprojekte
J. Jager & L. Schanne                                                887

Vor-Ort Analysen, Fakt oder Fantasie? Einige Gedanken
zum Thema Vor-Ort-Analytik
D.H. Meijer                                                          893

Neue Strategien zur Bestimmung der Schadstoffbelastung
in Altlasten unter Einsatz eines mobilen
Massenspektrometers
M. Zarth                                                             897

Schnellbestimmung von chlororganischen Verbindungen in
Bodenproben
R. Darskus, H. Schlesing, C. von Holst & R. Wallon                   899

Vor-Ort-Analyse organischer Schadstoffe in Boden-,
Grundwasser- und Bodenluftproben von einem ehemaligen
Gaswerksgelände mit einer mobilen Gaschromatograph/
Massenspektrometer-Einheit
J. Kölbel-Boelke & A.G. Loudon                                       901

Membran-ATR-Methode zur kontinuierlichen Bestimmung von
Chlorkohlenwasserstoffen in Luft und Wasser
R.C. Wyzgol, P. Heinrich, H.-J. Hochkamp, A. Hatzilazaru,
K. Lebioda, S. Aschhoff & B. Schrader                                903

Entwicklung eines kadmium-selektiven Sensors auf der
Basis eines Ionensensitiven-Feldeffekttransistors
U. Jegle, J. Reichert & H.J. Ache                                    905

Bestimmung von Schadstoffen in Wasser mit Prüfröhrchen
C. Herziger                                                          907

Vor-Ort-Methoden bei der Bodenluftuntersuchung von
Altlasten
M. Kerth                                                             909

Flächendeckende Vor-Ort-Analytik von leichtflüchtigen
aromatischen und chlorierten Kohlenwasserstoffen im
Bodengas mittels eines transportablen Gaschromatographen
(GC)
A. Rosenberger & M. Koch                                             911

Möglichkeiten und Grenzen der repräsentativen Beprobung
von festen Abfällen und Konsequenzen für die
Abfallanalytik
E. Thomanetz                                                         913

Band 1

## 4.4 Analyse von Proben

Ein Methodenvergleich zur Analytik der PAK in
Feststoffproben
I. Blankenhorn                                                                915

Methoden der Rohstoffsuche angewandt auf die Erkundung
und Sanierung von kontaminierten Standorten
G. Zeibig                                                                     921

Röntgenstrahlmikroanalyse für eine differenziertere
Beurteilung von Umweltgefahren durch schwermetallhaltige
Bodenverunreinigungen und Abfallprodukte
G.P.M. van den Munckhof & M.A. Smithers                                       927

Zur Problematik von Schwermetallbestimmungen in
Deponiegasen
K. Koch & O. Vierle                                                           931

Untersuchung von Schadstoffen in Böden mit Prüfröhrchen
E. Eickeler                                                                   933

Eine neue Methode zur Bestimmung der gesamten
organischen Belastung teerölkontaminierter Gaswerksböden
D. Maier, C. Lund & G. Gudehus                                                935

Vergleich unterschiedlicher Analysenverfahren zur
Bestimmung flüchtiger organischer Halogenverbindungen
in Schlämmen und festen Matrices
J. Alberti, A. Brocksieper, P. Bachhausen & H. Friege                         937

Ein optischer Sensor zur Bestimmung von
Schwermetall-Ionen
R. Czolk, J. Reichert & H.J. Ache                                             939

Ein faseroptischer Sensor zur Bestimmung von Ammonium
in Gewässern
J. Reichert, W. Sellien & H.J. Ache                                           941

Analytische Verfahren zur Erfolgskontrolle bei der
mikrobiologischen Bodenreinigung
W. Püttmann & W. Goßel                                                        943


**Adressen erstgenannter Autoren**                                            LXI

**Stichwörterverzeichnis**                                                    LXXXV

BAND 2

# 5. SANIERUNGSTECHNIKEN

## 5.1 Übersichtsreferate

Die Behandlung alter Müllablagerungen - fehlendes Wissen, fehlende Technik
H. Seng   945

NATO/CCMS Pilot Studie 'Demonstration von Sanierungstechnologien für kontaminierte Böden und Grundwasser' - Neueste Ergebnisse, Dezember 1990
D.E. Sanning, E.R. Soczó & K. Stief   963

Alternative physikalisch-chemische und thermische Reinigungsverfahren für schadstoffbelastete Böden
M. Hinsenveld, E.R. Soczó, G.J. van de Leur, C.W. Versluijs & E. Groenedijk   973

Reinigung kontaminierter Böden - Sonderforschungsbereich 188 der DFG
R. Stegmann   985

## 5.2 Thermische Verfahren

Zehn Jahre Erfahrungen mit der thermischen Behandlung von Böden
R.C. Reintjes & C. Schuler   987

Kombination von thermischer Bodenbehandlung und in-situ Bodensanierung auf dem Betriebsgelände einer Sondermüllverbrennungsanlage
H.P. Drescher, R. Lehbrink & K. Leifhold   999

Untersuchungen zur Zerstörbarkeit von FCKW in Müllverbrennungsanlagen
J. Vehlow, L. Stieglitz & W. Vilöhr   1007

Großtechnische Erprobung des DBA-Pyrolyseverfahrens zur Behandlung organisch kontaminierter Böden
K. Mackenbrock & K. Horch   1009

## 5.3 Extraktionsverfahren, Flotation

Untersuchungen der physikalischen Mechanismen bei der Reinigung kontaminierter Böden durch Waschverfahren
J. Werther & M. Wilichowski   1011

Sanierung eines ehemaligen Gaswerkstandorts mit einem
in situ Hochdruck-Bodenwaschverfahren
M. Ziegler & H. Balthaus   1023

Erfahrungen mit dem Dywinex-Waschverfahren beim
Reinigen metallbelasteter Böden
D. Rudat   1033

On-site Bodensanierung - Bodenwäsche mit dem
San-O-Clean-System
U.G.O. Peterson   1035

Physikalisch-chemische Bodenreinigung nach dem
Harbauer-Verfahren
R. Hennig   1037

Laboruntersuchungen zur Charakterisierung kontaminierter
Böden und zur Beurteilung von Reinigungsverfahren
F. Elias & U. Wiesmann   1039

Methode Mosmans als Bodenreinigungstechnik
C. Mosmans   1041

Physikalisch-chemische Bodenreinigung System
Hafemeister
H.J. Aust   1043

## 5.4 Biologische Verfahren

MT/TNO-Forschung zum biologischen Abbau in Böden und
in Sedimenten, die mit Öl und polyzyklischen
aromatischen Kohlenwasserstoffen (PAKs) kontaminiert
sind
G.J. Annokkée   1045

Erfahrungen mit der mikrobiologischen Bodensanierung
D. Stroh, T. Niemeyer & H. Viedt   1051

Ermittlung der biotechnischen Sanierbarkeit
kontaminierter Böden
B. Sprenger & H.G. Ebner   1063

Grundlegende Untersuchungen zur Optimierung der
biologischen Reinigung ölkontaminierter Böden
S. Lotter, R. Stegmann & J. Heerenklage   1071

Landbehandlung von DEHP-kontaminiertem Boden
J. Maag & H. Løkke   1079

Band 2

Erfahrungen mit der mikrobiologischen On-site
Dekontamination lösemittelverunreinigter Böden und
Bauschuttmassen
P. Bachhausen     1089

Biologische Reinigung schadstoffbelasteter Böden in
regionalen Entsorgungszentren
H. Schüßler & H. Kroos     1095

Bodensanierung mit Weißfäulepilzen
E. Trude     1097

Praxisversuche im Bereich der Reinigung ölhaltiger
Böden in einem biologischen Trommelreaktor (BTR) bei
Feldkapazität
G.P.M. van den Munckhof & M.F.X. Veul     1099

Entwurf eines Slurry-Prozesses zur biotechnologischen
Altlastensanierung
R.H. Kleijntjens, T.A. Meeder, M.J. Geerdink &
K.Ch.A.M. Luyben     1103

Erfahrungen mit einem horizontalen Bio-Bodenmischer
zur mikrobiologischen Behandlung feinstkörniger Böden
- das HBBM-Verfahren
J. Parthen, W. Claas, B. Sprenger, H.G. Ebner &
K. Schügerl     1105

Bildung und Abbau phenolischer Verbindungen bei einer
mikrobiologischen Bodensanierung
P. Bröcking, B. Sprenger, H.G. Ebner &
D. von Wachtendonk     1107

Ergebnisse einer biologischen Sanierung der Unterflur
eines Industriegeländes
P.A. de Boks, H.M.C. Satijn & A.G. Veltkamp     1109

Kinetische Studien des mit Wasserstoffperoxid
beschleunigten biologischen In-Situ-Abbaus von
Kohlenwasserstoffen in einer mit Wasser gesättigten
Bodenzone
E.R. Barenschee, O. Helmling, S. Dahmer, B. Del Grosso
& C. Ludwig     1123

Sanierung durch biologische Behandlung in-situ von mit
Aromaten, polyzyklischen und phenolischen Verbindungen
kontaminierten Böden
H.B.R. van Vree, L.G.C.M. Urlings & P. Geldner     1131

Hydraulische Untergrundsanierung mit biologischer
Reinigung in-situ und on-site
J. Weidner, K. Wichmann & C. Czekalla     1135

Mikrobiologische in-situ Sanierung auf dem Gelände
einer ehemaligen Teerchemiefabrik
P. Geldner & W. Böhm                                                    1137

Biologische in-situ Sanierung eines mit Benzin
kontaminierten Unterbodens
R. van den Berg, J.H.A.M. Verheul & D.H. Eikelboom                      1139

Vorstellung einer In situ-Bodensanierung einer mit
Mineralöl kontaminierten Tankanlage
U. Rosenbrock & H. Niebelschütz                                         1143

'Ehemaliges Gaswerk Ohligs' in Solingen - Feldversuche
zur biologischen Sanierung PAK-belasteter Böden
H. Bullmann, M. Odensaß & H.-P. Wruk                                    1145

Entwicklung mikrobiologisch/adsorptiver Methoden zur
Dekontaminierung von PAK-belasteten Böden
J. Klein & M. Beyer                                                     1147

Boden- und Grundwassersanierung auf dem Gelände der
Altölraffinerie Pintsch-Öl, Hanau - Großversuche zur
Erprobung mikrobiologischer Sanierungsverfahren
A. Riss & P. Ripper                                                     1149

Biologische Sanierung von kontaminiertem Boden -
Laborversuche
C. Jørgensen, B.K. Jensen, T.H. Christensen, L. Kløft
& A.N. Madsen                                                           1151

Entwicklung eines biologischen Verfahrens zur Sanierung
von Kokereiböden: mikrobieller Abbau von polyzyklischen
aromatischen Kohlenwasserstoffen
D. Bryniok, B. Eichler, A. Köhler, W. Clemens,
K. Mackenbrock, D. Freier-Schröder & H.-J. Knackmuss                    1155

5.5    Bodenluftabsaugung

Drucklufteinblasung und Bodenluftabsaugung als
kombiniertes Verfahren zur Sanierung kontaminierter
Grundwässer - Beobachtungen in Locker- und
Festgesteinen
U. Böhler, J. Brauns, H. Hötzl & M. Nahold                              1157

Untersuchung der Zirkulationsströmung um den
kombinierten Entnahme- und Einleitungsbrunnen zur
Grundwassersanierung am Beispiel des
Unterdruck-Verdampfer-Brunnens (UVB)
W. Bürmann                                                              1165

Vakuumextraktion in einer Deponie für Chemieabfälle
W. van Oosterom & S. Denzel                                             1173

Band 2

In-situ Sanierung von CKW-Schadensfällen: Modellversuche
zur Lufteinblasung (In-Situ-Strippen) in Lockergesteinen
K. Wehrle                                                        1183

In-situ Dampfextraktion eines Toluol-kontaminierten
Bodens
F. Spuy, L.G.C.M. Urlings & S. Coffa                             1185

In-situ-Grundwasserreinigung von strippbaren
Schadstoffen mit dem Unterdruck-Verdampfer-Brunnen
(UVB): numerische Berechnungsergebnisse
B. Herrling, W. Bürmann & J. Stamm                               1189

Bodenbelüftung: Entfernung und biologischer Abbau von
Kohlenwasserstoffen aus belasteten Böden
B. Lindhardt & J. Jacobsen                                       1191

Luftdesorbierung flüchtiger organischer Verbindungen -
ein Sanierungs-Pilotprogramm
P. Parenti & G. Cicerone                                         1195

5.6  Übrige Sanierungstechniken

Elektrosanierung: Sachverhalt und zukünftige
Entwicklungen
R. Lageman, W. Pool & G.A. Seffinga                              1197

In-Situ Extraktion von Schadstoffen aus
Sondermülldeponien durch Elektroosmose
P.C. Renaud                                                      1205

Hydraulische Spaltenbindung zur Erhöhung der
Flüssigkeitsströmung
L.C. Murdoch, G. Losonsky, I. Klich & P. Cluxton                 1217

Deponiegasverwertung mit Membranen - erste
Betriebserfahrungen einer Pilotanlage
R. Rautenbach & K. Welsch                                        1227

5.7  Sickerwasser- und Grundwasserreinigungsverfahren

Untersuchungen zur chemisch/physikalischen Behandlung
des Sickerwassers einer Sondermülldeponie
C. Först, L. Stieglitz & H. Barth                                1229

Flüssigkeitsentzug aus Altlasten. Planung und
Dimensionierung von Entnahmesystemen
T. Meschede & K. Günther                                         1237

Entwicklung und Betrieb einer Pilotanlage zur
biologischen Reinigung von Sickerwässern der Altdeponie
Hamburg-Georgswerder
H. Krebs, M.A. Rubio, O. Debus & P.A. Wilderer     1245

Biologische Behandlung von chlorphenol-haltigen
Abwässern in Sequencing Batch Reaktoren
J. Kaufmann, H. Krebs, O. Debus, P.A. Wilderer &
M.A. Rubio     1253

Der Einfluß von Sequencing Batch Reactor
Verfahrensstrategien auf mikrobielle Evolutionsprozesse
bei der Behandlung von Sickerwässern der Altdeponie
Hamburg-Georgswerder
M.A. Rubio, H. Krebs, O. Debus, L. Davids &
P.A. Wilderer     1255

Der biologische Abbau flüchtiger Schadstoffe bei
Einsatz eines Membranbegasungssystems zur
Sauerstoffversorgung in einer
Sickerwasserreinigungsanlage
O. Debus, H. Krebs, M.A. Rubio & P.A. Wilderer     1257

Biologischer Abbau von Dibenzofuran in einem Membran
Biofilm Reaktor
M.M. Kniebusch, J. Wendt, R.-D. Behling, P.A. Wilderer
& M.A. Rubio     1259

Verfahren zur Elimination lipophiler chlororganischer
Verbindungen aus hochkontaminierten Deponiesickerwässern
E. Thomanetz & D. Jung     1261

Ergebnisse der Untersuchungen zur Oxidation organischer
Inhaltsstoffe in hochkontaminierten
Deponie-Sickerwässern unter Einsatz von
Wasserstoffperoxid und Anwendung von UV-Strahlung
E. Thomanetz & W. Röder     1263

Biologische Vorbehandlung von Deponiesickerwasser vor
Membranverfahren, Beispiel Deponie
Mechernich/Euskirchen
C.F. Seyfried & U. Theilen     1265

Sicherung von Hausmüll-Deponien durch kontrollierte
Deponiegasnutzung in Verbindung mit biologischer
Sickerwasser- und Kondensatbehandlung
K. Wichmann, C. Czekalla & P. Vollmer     1267

Aufarbeitung von Deponiesickerwasser mittels
Umkehrosmose und Eindampfung
R. Rautenbach, K. Arz, C. Erdmann & R. Mellis     1269

**Band 2**

Aufbereitung von Deponie-Sickerwasser mit innovativer
Membran-Technik
*Th.A. Peters*   *1271*

Grundwasserbelastung durch Ölprodukte - Sanierung eines
Industriegeländes mit einer Grundwasserreinigungsanlage
*P. Jahn & A. Reher-Path*   *1273*

In-situ Behandlung von mit chlorierten
Kohlenwasserstoffen kontaminiertem Grundwasser
*J. Svoma*   *1275*

Sanierung schwermetallverunreinigten Grundwassers durch
den Einsatz von Ionenaustauscheranlagen
*J. Johannsen, M. Krutz, E. Petzold & S. Süring*   *1277*

Sanierungsprogramm für einen kontaminierten
Grundwasserleiter in Ville Mercier, Quebec, Kanada
*R.M. Booth, M. Halevy & J.W. Schmidt*   *1279*

Grundwassersanierung mit Hilfe der Zirkulationsströmung
um den kombinierten Entnahme- und Einleitungsbrunnen -
Funktion und Bemessung des Brunnens
*W. Bürmann*   *1283*

Grundwassersanierung eines ehemaligen Gaswerkgeländes
*H.-G. Edel*   *1285*

Behandlungsverfahren für die Chromentfernung aus
Grundwasser
*K. Zotter & I. Licskó*   *1287*

Biologische Grundwasserreinigung - Praktische
Erfahrungen
*H.M.M. Bosgoed, B.A. Bult & L.G.C.M. Urlings*   *1289*

Planung, Bau und Betriebsergebnisse einer
grosstechnischen Anlage zur biotechnologischen
Enteisenung und Entmanganung mit simultaner Elimination
von leichtflüchtigen Chlorkohlenwasserstoffen aus einem
Grundwasser
*V. Quentmeier & M. Saake*   *1291*

Entwicklung eines Bioreaktors zum Abbau xenobiotischer
Verbindungen im Grundwasser
*W. de Bruin, P. Vis, G. Bröerken, A. Rinzema, H. Rozema
& G. Schraa*   *1295*

Biologische und chemische Behandlung kontaminierter
Grundwässer
*J. Behrendt & U. Wiesmann*   *1297*

## 6. SICHERUNGSTECHNIKEN; VORBEUGUNG

### 6.1 Grössere Sanierungsarbeiten, bautechnische Aspekte

Bautechnische Sanierung von Altlasten
H.L. Jessberger — 1299

CINDU, ein einmaliges Bodensanierungsprojekt in
Utrecht, Niederlande
A.W.J. van Mensvoort & P.W. de Vries — 1307

Entnahme von kontaminierten Böden und Abfallstoffen
aus den Flüssigkeitsmüllbecken V und VI auf der Deponie
Georgswerder
J. Bartels-Langweige — 1315

### 6.2 Physikalische Isolierung

Überdachung von Deponien
J. Schnell & H. Meseck — 1317

Untersuchungen zur Wirksamkeit bindiger mineralischer
Deponieabdichtungen
B. Vielhaber, S. Melchior & G. Miehlich — 1323

Sanierung und Nutzbarmachung einer Zinkschlackendeponie
C. Schmidt — 1331

Pilotstudie über Verfahren der Oberflächenstabilisierung
bei Endlagern in oberflächennahen Formationen im
Südwesten der USA
F.J. Barnes, E.J. Kelly & E.A. Lopez — 1333

Labortechnische und baupraktische Erfahrungen mit
wasserglasvergüteten Dichtsystemen
P. Belouschek & J.U. Kügler — 1337

Feldexperimente zur Bewertung der unterflurigen
Wasserbewirtschaftung in von Schneeschmelzen dominierten
semi-ariden Regionen der USA
J. Nyhan, T. Hakonson & S. Wohnlich — 1339

Das Zurückhaltevermögen von Abkapselungstechniken
bezüglich Gasen
G. Rettenberger & S. Urban-Kiss — 1343

Sanierung einer Altdeponie durch Oberflächenabdichtung
mit Geosynthetics
S.E. Hoekstra & R.A. Beine — 1345

Der Einsatz von Kapillarsperren in Deponieabdecksystemen
S. Melchior, G. Braun & G. Miehlich — 1347

Band 2

Einsatz von Geotextilien bei der Verhinderung der
Rekontamination ausgetauschter Böden durch Regenwürmer
I. Campino & H.-P. Wruk — 1349

Standortbezogene Sicherung einer Hüttenschlackenhalde
E. Adam, J. Brauns, H. Hötzl, F. Lamm, U. Ritscher &
F. Francke — 1351

Einsatz neuentwickelter mineralischer Abdichtungsmassen
bei Altlastensanierung
K. Finsterwalder & J. Spirres — 1353

Der Einfluß der Gefügestruktur auf die Eigenschaften
eines mineralischen Abdichtungselements
H. Müller-Kirchenbauer, H. Schrewe, C. Schlötzer &
J. Rogner — 1355

Entwicklung und Stand der Dichtwandtechnik
D. Stroh & A. Poweleit — 1357

Dichtwände im Einphasen-Verfahren
J.M. Seitz — 1359

Schlitzwandaushub als mineralische Komponente einer
Oberflächenabdeckung
H. Müller-Kirchenbauer, J. Rogner, W. Friedrich &
J. Ehresmann — 1361

Der Einfluss von Chemikalien auf die Durchlässigkeit
von mineralischen Barrieren
F.T. Madsen — 1363

Ermittlung von Stofftransportparametern in Ton und
deren Bedeutung für die Barrierenwirkung von
Abdichtungen
W. Schneider & J.J. Göttner — 1371

Versuchsgerät zur Ermittlung der Biegezugfestigkeit und
Grenzdehnung von bindigen Böden
J. Henne & U. Smoltczyk — 1381

Asbesthaltige Abfälle richtig deponieren - Status
und Ausblick
J. Kleineberg — 1383

Ansätze für Eignungsuntersuchungen zur
Dichtmassenbeständigkeit gegenüber Prüfflüssigkeiten
H. Müller-Kirchenbauer, W. Friedrich & J. Rogner — 1385

Herstellen von Deponieabdichtungen in ungünstigen
Witterungsperioden
T. Sasse & E. Biener — 1387

Vor- und Nachteile verschiedener Eignungstests für
tonige Deponiebarrieren
J.-F. Wagner, Th. Egloffstein & K.A. Czurda        1389

Technische Realisierung einer neu entwickelten und
langzeitbeständigen mineralischen Basisabdichtung
B. Diedrich, K. Gronemeier & D. Peters             1391

## 6.3 Immobilisierung, Stabilisierung

Verfestigung/Stabilisierung von schadstoffbelasteten
Böden - ein Überblick
P.L. Bishop                                        1399

Immobilisierung polychlorierter Biphenyle durch
organophile Bindemittel - eine Fallstudie
R. Soundararajan                                   1411

Zement-gestützte Verfestigung von Industrieabfällen,
die mit organischen Schadstoffen verunreinigt sind
D.M. Montgomery, C.J. Sollars & R. Perry           1417

Wann Immobilisierungsverfahren angewendet und wie sie
bewertet werden können
E. Mulder                                          1421

Verhaltensprüfung von verfestigten und stabilisierten
Abfallmaterialien zur Umweltbewertung und Gütekontrolle
H.A. van der Sloot                                 1425

Die langfristige Stabilität von verfestigten Abfällen,
ermittelt anhand von physikalischen und morphologischen
Parametern
W.E. Grube, Jr.                                    1429

Anwendung der Güteanforderungen der TA Abfall auf eine
Versuchsdeponie verfestigter kontaminierter Böden
P. Beckefeld                                       1441

Beurteilung des Langzeitverhaltens schwermetallhaltiger
Abfälle auf der Deponie: Entwicklung eines
aussagekräftigen Elutionsverfahrens
S. Cremer & P. Obermann                            1443

Mineralogische Methoden zur Untersuchung der Einbindung
organischer Schadstoffe durch Verfestigung
G. Hirschmann, R. Khorasani, C. Schweer & U. Förstner    1445

Theorie und Praxis des anorganischen/organischen
Stabilisierungs-/Verfestigungsprozesses
R. Soundararajan                                   1449

**Band 2**

Abhandlung über die Rückstände der Hausmüllverbrennung
*A.J. Chandler, T. Eighmy, J. Hartlen, O. Hjelmar,
D. Kosson, S. Sawell, H.A. van der Sloot & J. Vehlow*    1453

**6.4  Auswahl von Deponiestätten, Vorbeugung gegen zukünftige Altlasten**

Umgang mit wassergefährdenden Stoffen
*H.-P. Lühr*    1455

Vorbeugen gegen zukünftige Altlasten (Sicherer Umgang mit umweltgefährdenden Stoffen)
*A. von Saldern*    1463

Verwirklichung des geologischen Mehrfachbarrierenprinzips in bindigen Lockergesteinen der Küstenregion
*D. Ortlam*    1465

Sichere Lager und Deponien für Abfallstoffe - Aufgabe, Sicherheitskonzept, Lösungen
*H. Bomhard*    1469

Endlagerung von Reststoffen in einer Untertagedeponie
*Th. Brasser & W. Brewitz*    1473

Vermeidung von Boden- und Grundwasserverunreinigungen im Tiefbau
*J. Karstedt & K. Kromrey*    1475


**7.   VERUNREINIGTE SEDIMENTE**

**7.1  Programme, Richtlinien, usw.**

Behandlung schadstoffbelasteter Sedimente in den Niederlanden
*A.B. van Luin & P.B.M. Stortelder*    1477

Bewertung von sanierten kontaminierten Sedimenten
*M. Diependaal & H.J. van Veen*    1493

Die Hafenschlammanalyse im Hinblick auf potentielle Umweltschäden
*C.T. Bowmer & M.C.Th. Scholten*    1501

Beweglichkeit von Schwermetallen in der Sedimentoberfläche unter eutrophen Umweltbedingungen: die Lagune von Venedig als ein Studienfall
*A. Marcomini, A. Sfriso & A.A. Orio*    1513

Ein ausgeglichenes Sanierungsbaggerprogramm
W.D. Rokosch                                                                1515

Statements zum Workshop 'Polluted sediments'
G. Miehlich                                                                 1517

Entsorgungsproblematik des Baggergutes und neue Aspekte
in der Bucht von Izmir
I. Alyanak                                                                  1519

## 7.2 Sanierungstechniken

Schadstoffbelastete Hafen- und Fluss-Sedimente in den
Niederlanden: Entwicklungsprogramm 1989-1990; Trennung
mit Hydrozyklonen
M.R.B. van Dillen & F.M. Schotel                                            1529

Extraktion von Metallen aus schadstoffhaltigen
Sedimenten mit Hilfe von Mineralsäuren
J. Joziasse, H.J. van Veen & G.J. Annokkée                                  1543

Aufbereitung von Hafenschlick
H. Lorson & J. Grote                                                        1553

Sanierung des Geulhaven in Rotterdam
J.H. Volbeda & S.J.B.C. Bonte                                               1561

## 7.3 Folgenutzung

Erkenntnisse über die Auswirkungen maschineller
Baggergutbehandlung auf die bodenmechanischen
Stoffeigenschaften
W. Blümel & G. von Bloh                                                     1573

Sedimentmanagement: Gedanken über Bewertung der
Sedimentqualität, Deponieauslegung und Nutzanwendung
B. Malherbe                                                                 1581

Isolierung von Hafenschlick-Deponien für die
landwirtschaftliche Nutzung
M. Siegerist & E. de Jong                                                   1583

## 8. RÜSTUNGSALTLASTEN

Rüstungsaltlasten - Sachstand und Perspektiven
U. Schneider                                                                1587

Rüstungsaltlasten in der Bundesrepublik Deutschland
W. Spyra                                                                    1589

Band 2

Verbesserung des APE 1236-Verbrennungsofens zur
Erfüllung der RCRA-Vorschriften
*R.G. Anderson* — 1591

Probleme der Umweltverträglichkeit bei der Entsorgung
von Munition durch Abbrand im Freien
*N.H.A. van Ham & A. Verweij* — 1595

Verbrennungsanlage der Wehrwissenschaftlichen
Dienststelle für schädliche Sonderabfälle
*H. Martens* — 1597

Bodensanierung im Anlagenverbund - Sanierungskonzept
für die Rüstungsaltlasten in Stadtallendorf
*B. Körbitzer, H. Witte & E. Schramm* — 1601


**Adressen erstgenannter Autoren** — XLI

**Stichwörterverzeichnis** — LXV

## Sonstige Beiträge

Nachstehende Beiträge konnten aus technischen Gründen nur in der englischsprachigen Ausgabe dieses Buches (*Contaminated Soil '90*, ISBN 0-7923-1058-6) veröffentlicht werden.

### 1.1 Industriestaaten

Contaminated industrial sites
*E.F. Thairs*

### 1.2 Osteuropäische Länder

Soil contamination in Hungary
*L. Vermes*

### 2.2 Verunreinigungsquellen, Hintergrundwerte, Verbreitung

Heavy metal contamination in the Culebro river basin soils
*M. Rodriguez Barrera, M.D. Tenorio Sanz & M.E. Torija Isasa*

### 4.2 Standorterkundung, Probenahmestrategien, Methodik

Burning chemical waste disposal site: investigation, assessment and rehabilitation
*D.L. Barry, J.M. Campbell & E.H. Jones*

### 6.2 Physikalische Isolierung

Leachate free hazardous waste landfill
*K. Rohrhofer & F. Kohzad*

### 7.1 Programme, Richtlinien, usw.

Remediation of contaminated sediments in the Laurentian Great Lakes
*M.A. Zarull*

**DRITTER INTERNATIONALER KfK/TNO-KONGRESS
ÜBER ALTLASTENSANIERUNG**

**KARLSRUHE, DEUTSCHLAND, 10.-14. DEZEMBER 1990**

**SCHIRMHERRSCHAFT**

J.G.M. Alders
*Netherlands Minister for Housing, Physical Planning and the Environment, Den Haag. Niederlande.*

K. Collins
*President of the Environment Committee of the European Parliament, Strassbourg. Frankreich.*

H.-G. Franck
*Mitglied des Präsidiums des Verbandes der Chemischen Industrie, Frankfurt. Deutschland.*

A. Kiess
*Präsident der Landesanstalt für Umweltschutz, Karlsruhe. Deutschland.*

W. Klose
*Vorstand des Kernforschungszentrums Karlsruhe GmbH, Karlsruhe. Deutschland.*

H. Kunle
*Rektor der Universität Karlsruhe, Karlsruhe. Deutschland.*

H. von Lersner
*Präsident des Umweltbundesamtes, Berlin. Deutschland.*

H. Riesenhuber
*Bundesminister für Forschung und Technologie, Bonn. Deutschland.*

C. Ripa di Meana
*Member of the Commission of the European Communities, Brussel. Belgien.*

A. Rörsch
*TNO Board of Management, Den Haag. Niederlande.*

S. Schulhof
*President of the Center for Hazardous Materials Research, University of Pittsburgh, Pittsburgh. USA.*

G. Seiler
*Oberbürgermeister der Stadt Karlsruhe. Deutschland.*

R.E. Selman
*Chairman of the Association of the Dutch Chemical Industry, Leidschendam. Niederlande.*

K. Töpfer
*Bundesminister für Umwelt, Naturschutz und Reaktorsicherheit, Bonn. Deutschland.*

E. Vetter
*Umweltminister Land Baden-Württemberg, Stuttgart. Deutschland.*

L. Zilliox
*Director of IMF, Louis Pasteur University, Strassbourg. Frankreich.*


**WISSENSCHAFTLICHER BEIRAT**

C.J. Duyverman, Honorary Chairman
*Netherlands Organization for Applied Scientific Research TNO, Den Haag. Niederlande.*

F. Arendt, Chairman
*Kernforschungszentrum Karlsruhe GmbH, Karlsruhe. Deutschland.*

M. Hinsenveld, Vice Chairman
*Netherlands Organization for Applied Scientific Research TNO, Apeldoorn. Niederlande.*

W.J. van den Brink, Secretary
*Netherlands Organization for Applied Scientific Research TNO, Den Haag. Niederlande.*

S.H. Eberle
*Kernforschungszentrum Karlsruhe GmbH, Karlsruhe. Deutschland.*

V. Franzius
*Umweltbundesamt, Berlin. Deutschland.*

G. Gudehus
*Universität Karlsruhe, Karlsruhe. Deutschland.*

H. Schnurer
*Bundesministerium für Umwelt, Naturschutz und Reaktorsicherheit, Bonn. Deutschland.*

W. Schött
*Bundesministerium für Forschung und Technologie, Bonn. Deutschland.*

H. Seng
*Landesamt für Umweltschutz Baden-Württemberg, Karslruhe. Deutschland.*

R. Stegmann
*Technische Universität Hamburg-Harburg, Hamburg. Deutschland.*

K. Wolf
*Freie und Hansestadt Hamburg, Umweltbehörde, Hamburg. Deutschland.*


**WISSENSCHAFTLICHE REFERENTEN**

P. Bardos
*Warren Spring Laboratory, Stevenage. Großbritannien.*

E. Berkey
*Center for Hazardous Materials Research, University of Pittsburgh, Pittsburgh, PA. USA.*

R. Bosman
*Netherlands Organization for Applied Scientific Research TNO, Delft. Niederlande.*

A.G. Buekens
*Vrije Universiteit Brussel, Brussel. Belgien.*

T.H. Christensen
*Technical University of Denmark, Lyngby. Dänemark.*

R. Cossu
*Università di Cagliari, Cagliari. Italien.*

F.H. Frimmel
*Universität Karlsruhe, Karlsruhe. Deutschland.*

N.G. Gebremedhin
*United Nations Environment Programme, Nairobi. Kenya.*

S. Gotoh
*National Institute for Environmental Studies, Tsukuba, Ibaraki. Japan.*

F.A.M. de Haan
*Agricultural University Wageningen, Wageningen. Niederlande.*

R. Häberli
*Nationales Forschungsprogramm 'Boden', Liebefeld (Bern). Schweiz.*

J. van Hasselt
*NBM Bodemsanering, Den Haag. Niederlande.*

A.B. Holtkamp
*Netherlands Ministry of Housing, Physical Planning and the Environment, Leidschendam. Niederlande.*

H. Hötzl
*Universität Karlsruhe, Karlsruhe. Deutschland.*

H. Hulpke
*Bayer AG, Leverkusen-Bayerwerke. Deutschland.*

H.L. Jessberger
*Ruhr-Universität Bochum, Bochum. Deutschland.*

G. Kühnel
*Bundesministerium für Umwelt, Naturschutz und Reaktorsicherheit, Bonn. Deutschland.*

E.W.B. de Leer
*Netherlands Organization for Applied Scientific Research TNO, Delft. Niederlande.*

F.H. Mischgofsky
*Delft Geotechnics, Delft. Niederlande.*

E. Murillo Matilla
*Commission of the European Communities, Brussel. Belgien.*

P.L. Nowicki
*Amenagement-Environnement, Lille. Frankreich.*

D.E. Sanning
*U.S. Environmental Protection Agency, Cincinnati, Ohio. USA.*

F. Selenka
*Ruhr-Universität Bochum, Bochum. Deutschland.*

E.R. Soczó
*National Institute for Public Health and Environmental Protection (RIVM), Bilthoven. Niederlande.*

W.D. Sondermann
*Strauss & Sondermann Rechtsanwälte, Essen. Deutschland.*

U. Springer
*Umweltministerium Baden-Württemberg, Stuttgart. Deutschland.*

O. Tabasaran
*Universität Stuttgart, Stuttgart. Deutschland.*

F. van Veen
*TAUW Infra Consult B.V., Deventer. Niederlande.*

H.J. van Veen
*Netherlands Organization for Applied Scientific Research TNO, Apeldoorn. Niederlande.*

L. Vermes
*University for Agricultural Sciences, Gödöllö. Ungarn.*

F.B. de Walle
*Netherlands Organization for Applied Scientific Research TNO, Delft. Niederlande.*

K. Zirm
*Umweltbundesamt, Wien. Österreich.*


**ORGANISATIONSAUSSCHUSS**

W.J.C. Melgert, Chairman
*Netherlands Organization for Applied Scientific Research TNO, Den Haag. Niederlande.*

S. van de Graaf, Secretary
*Netherlands Organization for Applied Scientific Research TNO, Den Haag. Niederlande.*

H. Borrmann
*Kernforschungszentrum Karlsruhe GmbH, Karlsruhe. Deutschland.*

W.J. van den Brink
*Netherlands Organization for Applied Scientific Research TNO, Den Haag. Niederlande.*

B. Kurstak
*Karlsruher Kongreß- und Ausstellungs-GmbH, Karlsruhe. Deutschland.*

E. Schröder
*Kernforschungszentrum Karlsruhe GmbH, Karlsruhe. Deutschland.*

P. Zietemann
*Zietemann GmbH Ausstellungs- und Kongreßorganisation, Karlsruhe. Deutschland.*

VORWORT

A. RÖRSCH
TNO VERWALTUNGSRAT

1985 ergriff die niederländische Organisation für angewandte naturwissenschaftliche Forschung TNO in Zusammenarbeit mit dem Ministerium für Wohnungswesen, Raumordnung und Umwelt die Initiative zu einem Kongreß über ein bedeutendes Umweltproblem: Die Schadstoffbelastung von Boden und Grundwasser. Wir nannten ihn, ziemlich selbstbewußt, den Ersten Internationalen TNO-Kongreß über Altlastensanierung. Tatsächlich erwies sich die Schadstoffbelastung von Boden und Grundwasser als ein Umweltproblem von solchen Ausmaßen, daß die TNO schon bald nach dem ersten erfolgreichen Kongreß mit den Vorbereitungen für einen zweiten begann, diesmal in Zusammenarbeit mit der Umweltbehörde der Freien und Hansestadt Hamburg.

Und nun stehen wir kurz vor dem dritten Kongreß, der zusammen mit dem Kernforschungszentrum Karlsruhe organisiert wird. Wir empfinden es als eine Ehre, daß das Bundesministerium für Forschung und Technik (BMFT) auch diesen Kongreß großzügig unterstützt und ihn erneut zu einem BMFT-Status-Seminar erhoben hat.

Die Kongresse (auf englisch kurz als Contaminated Soil '85, Contaminated Soil '88 und Contaminated Soil '90 bezeichnet) haben mehr und mehr an Bedeutung und Prestige gewonnen, wie schon die steigende Zahl von Teilnehmern und Beiträgen zum wissenschaftlichen Programm zeigt.

Der Kongreß des Jahres 1990 wird, wie üblich, eine vollständige Übersicht über den Entwicklungsstand des Wissens zur Schadstoffbelastung und Sanierung des Bodens geben. Beim Studium der Beiträge in diesen Sitzungsberichten wird deutlich, daß im Vergleich zu den früheren Kongressen Fortschritte auf verschiedenen Gebieten erzielt worden sind. Es wird auch klar, daß wir für manche Probleme überhaupt noch keine Lösung gefunden haben; in einigen Fällen fehlt das Know-how; gelegentlich ist die praktische (technische) Durchführung schwierig; in einigen Fällen verhindern auch finanzielle Aspekte eine rasche und wirksame Lösung; und machmal sind bei der Übertragung der Ergebnisse aus wissenschaftlichen Forschungsarbeiten und Entwicklungen in die Praxis - oder vielmehr bei den politischen Implikationen der zu treffenden Maßnahmen - kaum Fortschritte sichtbar.

In einigen Ländern beginnt ein Umweltbewußtsein erst jetzt zu erwachen, und erst kürzlich haben die politischen Veränderungen in einigen europäischen Ländern deren ge-

waltige und lange vernachlässigten Umweltprobleme aufgedeckt.

Solange nicht alle Fälle von Schadstoffbelastung des Bodens und Grundwassers gelöst worden sind, müssen Ideen, Erkenntnisse, Meinungen, Erfahrungen wie wissenschaftliche und technische Ergebnisse ausgetauscht werden. Die TNO möchte diesen Prozeß fördern - nicht nur durch aktive Beteiligung an Forschungsarbeiten, sondern auch, indem sie Fachleuten der ganzen Welt ein Podium bietet, auf dem diese ihre Erfahrungen austauschen und Probleme diskutieren können, um dann mit neuen Erkenntnissen in ihr Land zurückzukehren.

# VORWORT

PROF. DR. W. KLOSE
Mitglied des Vorstands des KfK

Ausgelöst durch eine Reihe spektakulärer Schadensfälle und in Zusammenhang mit dem deutlich gestiegenen Umweltbewußtsein in der deutschen Öffentlichkeit, findet das Problem der Altlasten und ihrer Sanierung in der Bundesrepublik Deutschland in den letzten Jahren zunehmende Beachtung. Die Initiative der holländischen TNO für den 1. Altlastenkongreß 1985 in Utrecht wurde daher in Deutschland sehr begrüßt und vom Bundesminister für Forschung und Technologie zum Anlaß genommen, weitere Veranstaltungen als gemeinsame niederländisch-deutsche Veranstaltung folgen zu lassen. Der nunmehr in Karlsruhe stattfindende 3. Internationale Kongreß über Altlastensanierung wird auf Veranlassung des BMFT erstmals durch das Kernforschungszentrum Karlsruhe mitgestaltet und sowohl vom BMFT als auch vom Land Baden-Württemberg finanziell gefördert.

Das Kernforschungszentrum Karlsruhe ist als Großforschungseinrichtung aufgrund seiner technischen Ausstattung besonders geeignet für komplexe Technologie-Entwicklungen. Es orientiert sich mit seinen Arbeiten an den forschungspolitischen Zielsetzungen des Bundes und der Landesregierung. In den letzten Jahren hat die Umweltforschung immer mehr an Bedeutung gewonnen und verfügt heute über ca. 20 % der vorhandenen Forschungskapazität. Gegenstand der Arbeiten sind dabei insbesondere die Untersuchung der Ausbreitungsvorgänge bei Schadstoffen in Luft, Wasser und Boden und die daraus resultierenden klimatologischen und biologischen Auswirkungen sowie die Entwicklung von Verfahren und Anlagen zur Verhinderung und Verringerung der Schadstoffemissionen in die Umwelt. Ein wesentlicher Teil dieser Arbeiten bezieht sich speziell auf Fragen der Abfallbeseitigung und der Altlastensanierung. Seit 1987 werden die umweltbezogenen F + E-Arbeiten des Kernforschungszentrums in einem Projekt "Schadstoffbeherrschung in der Umwelt" (PSU) zusammengefaßt.

Die dabei mit der Universität Karlsruhe und der Landesanstalt für Umweltschutz Baden-Württemberg (LfU) bestehende enge Kooperation erfolgt im Rahmen des von allen drei Institutionen gemeinsam gebildeten "Forschungsschwerpunkt Umwelt Karlsruhe" (FUM). Fragen der Altlastensanierung werden in allen 3 Institutionen bearbeitet, in der Universität u.a. am Engler-Bunte-Institut, das sich mit der Erkundung und Sanierung von Grundwasserschäden befaßt; die Landesanstalt für Umweltschutz ist zuständig für die landesweite Erfassung und Bewertung kontaminierter Standorte und erprobt gegenwärtig verschiedene Erkundungs-, Sicherungs- und Sanierungsmethoden an insgesamt 9 Modellstandorten; das Kernforschungszentrum Karlsruhe entwickelt ein Expertensystem zur Risikobewertung von Altablagerungen, führt Arbeiten zur Sickerwasserbehandlung durch und koordiniert im Auftrag der Landesregierung entsprechende Forschungsarbeiten an Hochschulen und in der Wirtschaft im Rahmen des Projekts "Wasser, Abfall, Boden" (PWAB).

Mein besonderer Dank gilt den Verantwortlichen der niederländischen TNO für die exzellente Zusammenarbeit bei der Vorbereitung dieses Kongresses.

Bei den Kongreßvorbereitungen haben auch LfU und Universität Karlsruhe wertvolle Hilfestellung geleistet. Dafür möchte ich mich an dieser Stelle bei allen Beteiligten bedanken. Dies gilt in besonderem Maße für die Gestaltung des Exkursionsprogramms sowie für die thematische Erweiterung des Kongresses bei den Workshops, zu der auch die Sonderveranstaltung über Altlastenprobleme in Osteuropa unter der Schirmherrschaft des BMU gehört. Die letztere war, angesichts der aktuellen politischen Entwicklungen, ein besonderes Anliegen der deutschen Seite, da sie erstmals die Möglichkeit bietet, auch die Altlastenprobleme auf dem Gebiet der ehemaligen DDR und der osteuropäischen Nachbarn auf einem großen internationalen Kongreß öffentlich zu diskutieren. Besonderer Dank gilt dabei dem BMFT, das durch die großzügige Bereitstellung von Sondermitteln auch die Beteiligung von Fachleuten aus den betroffenen Gebieten ermöglicht hat.

Ihnen wie auch allen anderen Kongreßteilnehmern wünsche ich, daß der durch den Kongreß ermöglichte Austausch von Erkenntnissen und Erfahrungen dazu beiträgt, die Umweltgefährdung durch Altlasten zu beseitigen und die Entstehung weiterer Altlasten künftig zu verhindern.

EINLEITUNG

F. ARENDT, M. HINSENVELD UND W.J. VAN DEN BRINK

Sobald ein Kongreß die Aufmerksamkeit einer wachsenden Anzahl von Wissenschaftlern und Fachleuten auf sich zieht, steigt natürlich auch die Zahl der Beiträge. Ihre Anzahl hat gegenüber dem vorhergehenden Kongreß über Altlastensanierung erheblich zugenommen: diese Bände enthalten mehr als 300 Beiträge aus etwa 20 Ländern. Um den Umfang der Verhandlungen praktikabel zu halten, mußte die Länge der Artikel und Poster auf 8 bzw. 2 Seiten beschränkt werden.

Nach unseren Erfahrungen werden die Kongreß-Verhandlungen nach Abschluß des Kongresses häufig auch als Nachschlagewerk genutzt. Die Beiträge waren deshalb in einer Form anzuordnen, die für gedruckte Informationen geeignet ist - also nicht in der Reihenfolge ihres Vortrags.

Der erste Band enthält die Artikel, die sich auf Strategien, Gefährdungsabschätzungen sowie auf das Verhalten und die Analyse von Schadstoffen beziehen, während der zweite Band die technischen Artikel enthält, die sich mit Sanierungs- und Schutzverfahren sowie mit belasteten Sedimenten befassen.

Eine Neuheit dieses Kongresses sind die sieben Workshops. Der Zweck dieser speziellen Treffen ist ein doppelter: sie sollen erstens den Fachleuten die Möglichkeit bieten, ihr Spezialgebiet detaillierter zu diskutieren, und sie sollen zweitens den Spezialisten direkter mit abweichenden Auffassungen konfrontieren, als dies bei einem Kongreßvortrag möglich ist. Die Hauptbeiträge der Workshops und die Kommentare der Diskussionsrunde wurden in die Verhandlungen mit aufgenommen, soweit sie zum Zeitpunkt der Drucklegung verfügbar waren.

Anhand der Verhandlungen lassen sich viele neue Entwicklungen beobachten. Die theoretische Grundlage der Normen ist erheblich erweitert worden. Viele Länder haben Bestandsaufnahmen ihrer Altlasten durchgeführt, oder sind doch im Begriffe, dies zu tun. Und in immer mehr Ländern sind auch einschlägige Gesetze erlassen worden. Hinsichtlich der technischen Entwicklung ist die große Anzahl von Beiträgen bemerkenswert, die zur Behandlung in-situ eingereicht worden sind, und die sich insbesondere mit biologischen Verfahren und der Luftdesorbierung befassen. Immobilisierungstechniken sind zwar noch immer Gegenstand von Diskussionen, fanden aber mehr Beachtung als auf dem vorhergehenden Kongreß über

Altlastensanierung. Ein aufstrebendes Verfahren, das in diesem Zusammenhang nicht unerwähnt bleiben darf, ist die Elektroosmose. Und schließlich beginnt auch das Fachwissen der Bergtechnik langsam in das Feld der Bodensanierung einzusickern.

Die jüngsten politischen Veränderungen in Osteuropa führen auch dort zu einem wachsenden Interesse an Umweltproblemen. Aus diesem Grunde wurde eine Sondersitzung des Kongresses, organisiert als Workshop, der Bodenkontamination in einer Reihe osteuropäischer Länder gewidmet.

Wir möchten die Gelegenheit nutzen, unseren Dank für die begeisterte Mitarbeit aller Autoren auszusprechen. Die Bereitwilligkeit, mit der sie ihre Ergebnisse zu teilen bereit waren, ist ein besonders positiver Aspekt dieses Kongresses.

Wir danken ferner den Übersetzern und denen, die Korrektur gelesen haben, und ganz besonders Herrn H. Borrmann und Frau U. Fuhr vom Kernforschungszentrum Karlsruhe (KfK) sowie Frau S. van de Graaf und ihren Kollegen von der niederländischen Organisation für angewandte naturwissenschaftliche Forschung TNO. Zu danken ist schließlich dem Verleger, der auch diesmal ausgezeichnete Arbeit geleistet hat.

Wir hoffen, daß dieser Kongreß seinen Beitrag zur Beschleunigung von Entwicklungen insbesondere auf dem Gebiet der Altlastensanierung und allgemein des Umweltschutzes leistet. Der blaue Planet, auf dem wir leben, verdient unser äußerstes Engagement.

ALTLASTEN - BEDEUTUNG UND PERSPEKTIVEN FÜR DEN UMWELTSCHUTZ
IN DER INDUSTRIEGESELLSCHAFT

PROFESSOR DR. HANS WILLI THOENES

RAT VON SACHVERSTÄNDIGEN FÜR UMWELTFRAGEN, WIESBADEN


1. EINFÜHRUNG
   Innerhalb der letzten Monate ist der Begriff "Altlasten" in einem
besonderen Maße schillernd geworden. Er wird nicht nur im Bereich des
Umweltschutzes, sondern neuerdings auch von der Finanz- und Versicherungswirtschaft im Zusammenhang mit alten Schulden und finanziellen
Verbindlichkeiten benutzt. Wir müssen zur deutlichen Unterscheidung in
Zukunft von ökologischen Altlasten sprechen.
   Vorschläge für eine Definition sind im Bericht "Erfassung, Gefahrenbeurteilung und Sanierung von Altlasten" der Arbeitsgruppe "Altablagerungen und Altlasten" der Länderarbeitsgemeinschaft Abfall (LAGA) sowie
im Sondergutachten "Altlasten" des Rates von Sachverständigen für Umweltfragen (SRU) enthalten.

2. ZUR BEDEUTUNG DER ALTLASTEN IM UMWELTSCHUTZ
   Von dem früheren Bürgermeister der Stadt New York in USA, Herrn John
Lindsey, stammt folgender Ausspruch: "Der Mensch lebt fünf Wochen ohne
Nahrung, fünf Tage ohne Wasser, aber keine fünf Minuten ohne Luft".
   Diese so charakteristisch dargestellte Zeitabhängigkeit des Wohlbefin-
dens des Menschen von den Umweltmedien Boden, Wasser und Luft hat sicher
auch in der Vergangenheit zu einer Priorität der Aktivitäten im Umwelt-
schutz beigetragen. Die Maßnahmen zur Reinhaltung der Luft und des
Wassers standen im Vordergrund aller Umweltschutzbemühungen. Der Schutz
des Bodens fand weniger Beachtung, meistens nur in Verbindung mit dem
ständig steigenden Flächenverbrauch der Industriegesellschaft.
   Erst die Gefahren, die mit kontaminierten Böden für die Gesundheit des
Menschen und für die Umwelt auftraten, rückten den Schutz des Bodens
verstärkt in das öffentliche und fachliche Bewußtsein. Schadstoffe an
Ablagerungsplätzen und im Boden wurden zu einer neuen Schlagzeile im
Umweltschutz. Diese Art der Umweltbelastung macht uns sehr deutlich, in
welchem Maße in der Vergangenheit die Kräfte der Selbstregulierung und
der Selbstheilung in der Natur überschätzt worden sind.
   Ein besonderes und herausragendes Merkmal dieser Umweltbelastung ist
ihre Wechselwirkung zwischen den Umweltmedien Boden und Wasser. Der
bisher fast ausschließlich sektoral betriebene Umweltschutz hat in der
Vergangenheit diese Vernetzung nicht ausreichend berücksichtigt. Hier
stellt sich nicht nur eine besondere umweltpolitische Zielsetzung, sondern auch eine nicht einfache fachliche Aufgabe. Sie steht beispielhaft
für die ökologisch so dringend notwendige Weiterentwicklung von der
sektoralen zur integralen Betrachtungsweise im Umweltschutz.
   Im umweltpolitischen Raum ordnet man Altlasten in der Regel unter den
Oberbegriffen der Abfallwirtschaft. Diese Zuordnung ist historisch bedingt. Jede Industriegesellschaft stößt bei der Frage nach kontaminierten

Böden zuerst auf die Ablagerungen von Abfällen aus früherer Zeit. Beschränkt man das Problem nur auf diese Altablagerungen, so unterschätzt man den Umfang und die Bedeutung der Altlasten für den Umweltschutz in den Industriegesellschaften.

Neben den Kontaminationen an Plätzen mit Abfallablagerungen bestehen Bodenbelastungen durch den Umgang mit umweltgefährdenden Stoffen im Bereich der gewerblichen Wirtschaft oder öffentlicher Einrichtungen sowie durch undichte Rohrleitungen und Kanalsysteme.

Zu den zahlreichen Beispielen altlastverdächtiger Altstandorte zählt der Rat von Sachverständigen für Umweltfragen (Altlasten-Gutachten Tz 66) auch die Grundstücke stillgelegter Tankstellen. Ende 1968 waren in der Bundesrepublik Deutschland 46 859 Tankstellen in Betrieb. Durch Straffung des Vertriebes waren es Ende 1989 nur noch 18 928, so daß mit 27 931 stillgelegten Tankstellen gerechnet werden muß. Untersuchungen werden zeigen, welcher Grad an Kontaminationen im Einzelfall vorliegt.

Die Gesamtlänge des öffentlichen Abwassernetzes betrug 1988 in der Bundesrepublik Deutschland einschließlich der Anschlußleitungen 885 700 km (Umweltbericht 1990 des Bundesministers für Umwelt, Naturschutz und Reaktorsicherheit, S. 135). 10 bis 20 % der Leitungen sind sanierungsbedürftig, in einigen Städten sind sogar über 50 % der Leitungen beschädigt. Die beschädigten Abwasserleitungen stellen eine Gefahr für den Untergrund und das Grundwasser dar.

Anreicherungen von Schadstoffen in Böden und im Untergrund können die Regelungsfunktionen, die Lebensraumfunktionen und gegebenenfalls die Produktionsfunktionen nachteilig verändern. Hierdurch werden derartige Verunreinigungen schwerpunktmäßig zu einem Bodenschutzproblem, wobei durch die Wechselwirkungen mit dem Umweltmedium Wasser auch der Schutz des Grundwassers und des Oberflächenwassers berührt wird.

Das mit der Bodenbelastung verbundene Risiko für die belebte und unbelebte Umwelt wird durch die Art des Schadstoffes und der Wahrscheinlichkeit seiner Ausbreitung und der Exposition bestimmt. Die sich daraus ergebende notwendige Gefahrenabwehr prägt heute in erster Linie die Bedeutung der Altlasten im Umweltschutz. Soweit durch Kontamination im Boden und Untergrund das Wasserrecht maßgeblich ist, gestattet der Besorgnisgrundsatz (§§ 26 Abs. 2, 34 Abs. 2 WHG) eine Sanierung ohne strenge Bindung an den polizeirechtlichen Gefahrenbegriff.

Teilaufgabe der Bauleitplanung in der Bundesrepublik Deutschland ist die Umweltvorsorge. Hierzu trägt u. a. die Pflicht der Gemeinde bei, gemäß den Vorschriften des Baugesetzbuches (§ 9 Abs. 5 Ziff. 3 BauGB) bei der Aufstellung von Bauleitplänen diejenigen Flächen zu kennzeichnen, deren Böden erheblich mit umweltgefährdenden Stoffen belastet sind. Für Flächen, die in einem Flächennutzungsplan für eine Bebauung vorgesehen werden sollen, enthält § 5 Abs. 3 Ziff. 3 BauGB eine entsprechende Regelung. Die Kennzeichnungspflicht macht nicht am polizei- und ordnungsrechtlichen Gefahrenbegriff halt. Der Begriff der erheblichen Belastung mit umweltgefährdenden Stoffen deckt auch die Einbeziehung festgestellter Altablagerungen und Altstandorte, deren Risikopotential unterhalb der Gefahrenschwelle bleibt, aber für die künftige Nutzung erheblich ist.

Mit Kontaminationen belastete Grundstücke und nicht sanierte Altlasten können eine an den Belangen des Umweltschutzes orientierte Stadtentwicklung behindern, indem sie den Verbrauch von Freiflächen und die Inanspruchnahme bisher weitgehend unbelasteter Böden fördern. Um die Geschwindigkeit, mit der der besiedelte Raum in Gebiete vordringt, die zuvor dem Außenbereich zugerechnet werden konnten oder die innerhalb des Innenbereiches wichtige ökologische Ausgleichsfunktionen übernahmen, nicht noch

mehr zu beschleunigen, müssen schadstoffbelastete Grundstücke, die als Industrie- oder Gewerbebrache nicht genutzt werden, in ein Flächenrecycling einbezogen werden.

Wenn nicht nur die Abwehr akuter Gefahren, sondern auch das Gebot der Vorsorge im Bodenschutz die Erfassung, Untersuchung und Sanierung schadstoffbelasteter Böden bestimmt, wird dieses Teilgebiet des Umweltschutzes mit seinem Querschnittscharakter für Schutzgüter und Umweltmedien noch erheblich an Bedeutung gewinnen.

Altlasten haben international gesehen in den einzelnen Ländern einen unterschiedlichen umweltpolitischen Stellenwert. Wir erleben das in diesen Monaten mit aller Deutlichkeit und Härte, wenn wir die Situation an den Industriestandorten in den Ländern der ehemaligen DDR und in Osteuropa betrachten.

Die zum Schutz unserer Umwelt notwendige Bewältigung der Probleme der Altlasten stellt nicht nur eine aus fachlicher, sondern auch eine aus organisatorischer und finanzieller Sicht große Herausforderung dar. Wenn es gelingt, den Bürgern zu zeigen, daß das Problem zu bewältigen ist, könnte ein Stück Vertrauenskapital für das Gebiet der Umweltschutztechnik gebildet werden. Hierzu ist aber eine vollständige Information der betroffenen Kreise erforderlich. Programme zur Beteiligung der Öffentlichkeit und zur Einbeziehung der Betroffenen in die Entscheidungsvorbereitung sollten daher Bestandteil eines jeden Sanierungsplanes sein.

Aus Kreisen der Skeptiker hörte man in der Vergangenheit bei der Frage nach der Bedeutung der Altlasten sehr oft die Antwort: "Altlasten sind einerseits nicht zu überschätzen und andererseits nicht zu unterschätzen". Der Rat von Sachverständigen für Umweltfragen ist in seinem Sondergutachten über Altlasten der Auffassung, daß der ganze Umfang und die ganze Problematik unterschätzt werden.

## 3. PERSPEKTIVEN BEI DER GEFÄHRDUNGSABSCHÄTZUNG

Bei der Abschätzung der Gefährdung der Schutzgüter steht zunächst der Schutz der menschlichen Gesundheit im Vordergrund. Belastungen von Ökosystemen durch die vorliegenden Kontaminationen können durchaus Gefahren im Sinne des polizeilichen Gefahrenbegriffes darstellen (Gassner 1981). In Zukunft sollten mehr als bisher auch die ökologischen bzw. ökotoxikologischen Auswirkungen berücksichtigt werden. Dieses dichotomische Schutzgutdenken beruht auf der Erkenntnis, daß der Mensch nicht nur über eine direkte stoffliche Exposition, sondern aufgrund des komplexen ökologischen Vernetzungsgefüges ebenso durch eine Störung seiner Umwelt in seinem Wohlbefinden und seiner Gesundheit beeinträchtigt werden kann.

Durch eine dichotomische Behandlung der Schutzziele könnten erweiterte Möglichkeiten der Sanierung auch im Sinne der Vorsorge im Umweltschutz geschaffen werden.

Bei der Beurteilung der Gesundheitgefährdung an altlastverdächtigen Flächen ist eine Abstufung der Nutzungsintensität und -sensibilität sinnvoll. Nutzungen mit Daueraufenthalt von Menschen im Bereich Wohnen und Arbeiten sowie die Nutzung von Wasser als Trinkwasser haben ein besonderes Schutzbedürfnis. Weniger sensibel sind demgegenüber Nutzungen mit eingeschränkter Verweildauer aus dem Bereich Freizeit. Eine weitere Abstufung ergibt sich bei den Nutzungen als Verkehrsfläche oder Parkplatz.

Wir können in den letzten Jahren einen beträchtlichen Zugewinn an Erfahrungen und Erkenntnissen über die für eine Gefährdungsabschätzung wichtigen Eigenschaften der für Altlasten spezifischen Stoffe und deren Ausbreitungsmechanismen auf den verschiedenen Pfaden feststellen. Es ist das Verdienst der Arbeitsgruppe "Altablagerungen und Altlasten" der Länderarbeitsgemeinschaft Abfall (LAGA), einen Leitfaden erarbeitet zu

haben, der Arbeitshilfen und vorhandene Lösungsansätze vermittelt und zu einem systematischen Vorgehen bei der Untersuchung und Gefährdungsabschätzung beiträgt.

Heute bestehen noch Grenzen in der Ermittlung des Gefährdungspotentials. Sie liegen in der komplexen Natur der Kontaminationen, die eine vollständige Erfaßbarkeit der Zusammensetzung und Mengen der Schadstoffe einschließlich ihrer Reaktionsprodukte außerordentlich erschwert. Die weiteren Grenzen ergeben sich durch noch vorhandene Lücken im Wissen. Voraussetzung ist aber, das Gefährdungspotential möglichst umfassend und sicher zu ermitteln. Hierzu ist die Verbesserung unserer Kenntnisse über das Verhalten und den Verbleib von Stoffen im Abfallkörper, in Böden, in der Bodenluft, im natürlichen Untergrund und im Grundwasser notwendig. Von besonderer Wichtigkeit ist in diesem Zusammenhang, das Gebiet der numerischen Simulationsmodelle zum Transport reaktiver Schadstoffe weiter zu entwickeln. Ihr Einsatz kann bei den Problemen des Erkennens und Voraussagens von kritischen Beeinträchtigungen in Bodenkörpern und Grundwasser und im besonderen Maße bei den zu erwartenden Effekten der vorgesehenen Sanierungsmaßnahmen im Rahmen von Prognosemodellen einen wertvollen Beitrag zur Behandlung des Altlastenproblems leisten.

Für die Anwendung der stoff- und konzentrationsbezogenen Kriterien liegen inzwischen Vorschläge im Bericht der Länderarbeitsgemeinschaft Abfall und im Sondergutachten des Rates von Sachverständigen für Umweltfragen vor. Man sollte bei ihrer Anwendung zwischen dem Einsatz zur Erkennung von Verunreinigungen und ihrer Verwendung zur Beurteilung des Gefährdungspotentials unterscheiden. Stoffbezogene Prüfwerte (Schwellenwerte) können für die Altlastenproblematik hilfreich sein. Sie sollten medienbezogen, schutzgut- und nutzungsabhängig so festgelegt werden, daß bei ihrer Überschreitung Gefährdungen bestehen können. Besonderer Bedarf besteht nach weiteren Prüfwerten (Schwellenwerten) für die Beurteilung von Bodenbelastungen in Abhängigkeit vom Bodentyp, der Bodennutzung und den zu erfüllenden Bodenfunktionen. Mit der Erarbeitung derartiger Werte ist die Frage nach dem Dekontaminationsumfang verunreinigter Böden eng verknüpft.

Inwieweit die bemerkenswerten Arbeiten aus den Niederlanden (VROM 1988) über die Festlegung von Bodenqualitätskriterien auch auf die Verhältnisse in der Bundesrepublik übertragen werden können, kann erst mit Hilfe der Ergebnisse aus dem in Arbeit befindlichen Bodeninformationssystem entschieden werden. Alle stoffbezogenen Prüfwertkonzepte können nur einen anleitenden und mehr empfehlenden Charakter im Hinblick auf die Auslösung von Maßnahmen haben. Es ist immer daran zu denken, daß Abwehrmaßnahmen im Altlastenbereich einem einzelfallbezogenen Relativierungsvorbehalt unterliegen.

Um eine Beurteilung der möglichen Gesundheitsgefährdung durch die aus Altlasten aufgenommenen Schadstoffe zu erleichtern, ist es notwendig, für eine weitere Zahl von anorganischen und besonders organischen Stoffen duldbare tägliche Aufnahmemengen zu ermitteln. Außerdem sind die Wissenslücken in der Ökologie bzw. Ökotoxikologie bezüglich der langfristigen Wirkungen von Schadstoffen in Böden und im Untergrund auszufüllen. Hier sollte ein Schwerpunkt in der Umweltforschung liegen.

Wenn die Ergebnisse der Forschungsarbeiten sowie alle weltweit anfallenden Erkenntnisse systematisch zusammengetragen werden, dann werden sich die mit einer Abschätzung verbundenen Unsicherheiten der Aussage über das Gefährdungspotential ständig verringern.

Bei der Bewertung einer großen Zahl von altlastverdächtigen Flächen ist die Anwendung eines formalisierten Bewertungsverfahrens sinnvoll;

hierdurch ist die notwendige Prioritätensetzung möglich. Die sich aus dem
formalisierten Bewertungsverfahren ergebenden Schlußfolgerungen sollten
als Vorentscheidung verstanden werden, die eine individuelle Prüfung
jeden Einzelfalles erfordert. Hierzu sollte ein Gremium von Experten
eingesetzt werden.

Die Perspektive einer Kostenreduzierung für die Untersuchungen und
Bewertungen des Gefährdungspotentials ist als günstig anzusehen. Intelligente Probenahmetechniken, die konsequente Anwendung von Screeningverfahren und der Module für Mindestuntersuchungsprogramme (Fehlau 1989) sowie
vor Ort einsetzbare Meßverfahren sind die Voraussetzungen für effiziente,
zeit- und kostengünstige Lösungen.

Bei allen analytischen Untersuchungen sollte die Qualitätssicherung
oberste Priorität haben. Die eingeschaltete Untersuchungsstelle sollte
einen Qualitätssicherungsleitfaden vorlegen.

## 4. PERSPEKTIVEN BEI DEN SANIERUNGSMASSNAHMEN

Sanierungsmaßnahmen sollen sicherstellen, daß von der Altlast nach der
Sanierung keine Gefährdung und gegebenenfalls nur beherrschbare, d. h.
geringe, bekannte und kontrollierbare Beeinträchtigungen der Umwelt
ausgehen. Diese Definition, aus der Erfahrung der letzten Jahre geboren,
macht deutlich, daß es nicht mehr in jedem Fall möglich ist, die Kontamination so zu vermindern, daß der Status quo ante wieder hergestellt
wird. Die Entscheidung, welche Restbelastung und welches Risiko als
hinnehmbar und welcher Sanierungsgrad damit als ausreichend gilt, kann
zwar durch wissenschaftliche Erkenntnisse gestützt werden; sie ist letztendlich aber eine politische Entscheidung.

Sicherungsmaßnahmen, z. B. Einkapseln, die die Emissionswege langfristig unterbrechen und Dekontaminationsmaßnahmen, die die Schadstoffe
in kontaminiertem Erdreich oder Grundwasser bzw. in Abfällen eliminieren,
sind gleichberechtigt, wenn hierdurch die Gefährdung bezogen auf die
entsprechenden Schutzgüter und Nutzungen nicht mehr besteht. Bei der
Anwendung von Sicherungsmaßnahmen ist eine ständige Überwachung erforderlich. Bezogen auf einen langfristigen Schutz der Umwelt ist eine
Dekontamination als höherwertig zu betrachten, besonders dann, wenn
hierzu umweltverträgliche Maßnahmen eingesetzt werden. Die einfache
Umlagerung (Auskoffern) des Kontaminationskörpers mit anschließender
Verbringung des unbehandelten Materials auf Sonderdeponien ist abzulehnen, da diese Maßnahme als Problemverlagerung in Raum und Zeit anzusehen ist. Ganz besondere Ausnahmefälle bedürfen einer überzeugenden
Begründung.

Die Diskussion um den erforderlichen Sanierungsgrad hält immer noch
an. In der Bundesrepublik Deutschland orientiert sich der Sanierungsgrad
an der vorhandenen oder geplanten Nutzung (Strategie der Nutzungsanpassung; Holland und Straßer 1989; Grubert 1990). Hierbei ergeben sich zwei
mögliche Wege. Im ersten Fall bleiben die vorliegenden Verunreinigungen
in den Umweltmedien, wobei dann bestimmte Nutzungen ausgeschlossen werden. So sollten Flächen stillgelegter Sonderabfall- und Hausmülldeponien,
die nur eingekapselt werden können, für eine Wohnbebauung nicht in Frage
kommen.

Beim zweiten strategischen Weg ist das Nutzungsziel mit dem Sanierungsziel abzustimmen. Hier gibt es eine Vielzahl von Varianten. Will man
z. B. einen negativen Einfluß auf den Grundstückswert weitgehend ausschließen, dann können Restkonzentrationen von Schadstoffen nur in der
Größenordnung vergleichbarer weiträumiger Hintergrundbelastungen des
Bodens und Untergrundes bestehen bleiben (ARGEBAU 1988). Wo diese Abhängigkeit vom Grundstückswert nicht so entscheidend ist, kann es schutzgut-

und nutzungsorientiert Abstufungen im Sanierungsgrad geben. Prinzipiell darf nach der Sanierung kein rechtlich unzulässiges Risiko mehr bestehen; dieses Risiko muß einzelfallbezogen beurteilt werden. Daraus können sich für den gleichen Schadstoff bei unterschiedlicher Exposition infolge unterschiedlicher Nutzung und besonders bei verschiedenen Standortverhältnissen unterschiedlich hohe tolerable Reststoffkonzentrationen ergeben. Bei den Kriterien zur Beurteilung des Risikos dieser tolerablen Reststoffkonzentrationen sind noch Wissenslücken zu schließen, besonders im ökotoxikologischen Bereich.

Bei den Sanierungsmaßnahmen ist der Grundsatz der Verhältnismäßigkeit zu berücksichtigen, wonach die vorgesehenen Maßnahmen geeignet, erforderlich und auch angemessen sein müssen (LAGA 1990). Um dieses ausgewogen planen zu können, sollte die Sanierungsplanung ein unverzichtbarer Bestandteil jeder Sanierungsmaßnahme sein. Die Sanierungsplanung muß eine Sanierungsuntersuchung mit Machbarkeitsstudien enthalten, die die Realisierbarkeit des Vorhabens mit alternativen Sanierungslösungen zur Auswahl stellt. Die Prüfung der Umweltverträglichkeit, die Betrachtung der Kostenwirksamkeit, die Beurteilung der Eigenschaften des Kontaminationskörpers nach der Behandlung, der Grad der Nachsorge mit den Folgekosten und das Programm zur Einbeziehung der betroffenen Kreise sind wichtige Parameter. Weitere Einzelheiten sind im Sondergutachten "Altlasten" (SRU 1989) beschrieben.

Mit der zwingenden Einführung der Sanierungsplanung und der Machbarkeitsstudie soll mehr Systematik, Transparenz und Vertrauen erreicht werden. Das Stadium der ständigen Pilotprojekte und der überproportionalen Inanspruchnahme von "trial and error" muß mehr und mehr der Vergangenheit angehören. Die Voraussetzungen für eine überzeugende und planbare Sanierungstechnik liegen vor. Inzwischen gibt es eine Vielzahl von Sicherungs- und Dekontaminationsverfahren, die teilweise erprobt sind und in einigen Fällen sich schon großtechnisch bewährt haben. Diese Aussage bedeutet nicht, daß bei sehr ungünstigen Schadstoff-, Boden- oder Grundwasserverhältnissen noch weitere Entwicklungsarbeit auf dem verfahrenstechnischen Weg sinnvoll und geboten ist. Auch sollten die Forschungsanstrengungen zur verfahrenstechnischen Optimierung biotechnischer Dekontaminationen nicht vernachlässigt werden. Generell muß aber gesagt werden, daß es, wie überall in der komplexen Umwelttechnik, keinen "Königsweg" der Altlastensanierung geben wird. Die Hoffnung, alle Probleme durch in-situ-Verfahren, d. h. ohne Bodenbewegung und ohne Störung der ökologischen Funktionen, lösen zu können, hat keine erfolgsversprechende Perspektive. Die Weiterentwicklung der bisher angewandten Sanierungstechniken wird sich durch individuell angepaßte Verfahrenskombinationen und durch Fortschritte im Detail auszeichnen. Der Wettbewerb der Verfahren wird zur Kostensenkung beitragen.

## 5. SCHUSSWORT

Jede Industriegesellschaft hat ihre Vergangenheit nicht nur in der gewerblichen und industriellen Entwicklung, sondern auch in den anthropogenen Belastungen im Boden, Untergrund und Wasser. Derartig belastete Flächen wurden in der Vergangenheit meist ohne Rücksicht auf die Hinterlassenschaft genutzt. Die Folgen für die betroffenen Menschen und für die Umwelt sind bekannt. Heute existiert eine Sicherungs- und Dekontaminationsstrategie, die hilft, die Gefährdungen aus Altlasten zu beherrschen. Dieser Weg sollte nicht nur konsequent, sondern auch energischer weitergegangen werden.

Hierbei sind alle Erfahrungen zu verwerten, um zukünftig neue Altlasten zu vermeiden. Eine wirksame Vermeidung kann kurzfristig nur durch umfas-

sende Schutzmaßnahmen bei in Betrieb befindlichen Anlagen erreicht werden; langfristig ist eine schnellere Entwicklung der stoff- und prozeßinduzierten Schadstoffverminderung notwendig.

## 5. BIBLIOGRAPHIE

Sondergutachten "Altlasten" des Rates von Sachverständigen für Umweltfragen (SRU), (1989) Metzler-Poeschel, Stuttgart.

LAGA Informationsschrift "Erfassung, Gefahrenbeurteilung und Sanierung von Altlasten" (1990), Länderarbeitsgemeinschaft Abfall (1990) Erich Schmidt Verlag, Berlin

Bundesminister für Umwelt, Naturschutz und Reaktorsicherheit (1990), Umweltbericht Bundesanzeiger Verlag, Köln

Bundesministerium für Forschung und Technologie, Bonn (1990) Forschungskonzepte Abfallwirtschaft und Altlasten zum Programm Umweltforschung und Umwelttechnologie (1989-1994)

ARGEBAU (1988) Arbeitsgemeinschaft der für das Bau- Wohnungs- und Siedlungswesen zuständigen Minister der Länder), Altlasten im Städtebau, Deutscher Gemeindeverlag, Köln

Fehlau, K.P. (1989) Aufgaben, Probleme und Aktivitäten bei der Ermittlung und Sanierung von Altlasten in: Verein Deutscher Ingenieure (VDI) Seminar 13./14. Juni 1989, VDI-Bildungswerk, Düsseldorf

Aspekte der Altlastenbeurteilung aus behördlicher Sicht gwf-Gas-Erdgas 8, 428-433

Holland, K.J. und Straßer, H. (1988), Bewertung von Altlasten hinsichtlich der Flächennutzung in: Handbuch der Altlastensanierung, Hrsg.: Franzius, V.; Stegmann, R.; Wolf, K. R. v. Decker's Verlag, Heidelberg

Grubert, H. (1990), Strategien zur Nutzungsanpassung von Altstandorten, in: Tagungsband "Sanierung kontaminierter Standorte 1990", S. 217-223, Fortbildungszentrum Gesundheits- und Umweltschutz, Berlin

Gassner, E. (1981), Naturschutz als Gefahrenabwehr Natur und Recht 3, 6-11

VROM NL (1988) Ministerie van Volkshuisvesting, Ruimtelijke Ordening en Milieu beheer, Niederlande, Leidraad Bodensanering, Dell II, 's Gravenhage: Sdu uitgeverij

# 1. STRATEGIEN, PROGRAMME, RECHTLICHE UND WIRTSCHAFTLICHE FRAGEN

BODENSCHUTZPOLITIK IN DEN NIEDERLANDEN, DAS ZWEITE JAHRZEHNT

K.W. KEUZENKAMP, H. G. VON MEIJENFELDT UND J.M. ROELS

MINISTERIUM FÜR WOHNUNGSBAU, PLANUNG UND UMWELT

1. ZUSAMMENFASSUNG
   Die Auswertung der Ergebnisse der Bodenschutzpolitik der letzten zehn Jahre hat bestätigt, daß die umwelthygienischen Ausgangspunkte richtig waren. Allerdings führte die Bewertung auch zu einer Akzentverschiebung in der Ausführung. Sie richtet sich nun mehr auf eine weitergehende Integration der Sanierung vorhandener Bodenverunreinigungen und der Verhütung neuer, auf den Rückzug des Staates aus Ausführungsmaßnahmen und auf eine stärkere Betonung des Prinzips, daß "der Verschmutzer zu bezahlen hat". Diese Akzentverschiebungen wurden im Jahre 1990 von der Niederländischen Regierung in einem Ausführungsprogramm Bodenschutz 1991-1994 präsentiert.

2. EINLEITUNG
   Die Bodenschutzpolitik in den Niederlanden hat sich in den letzten zehn Jahren schnell entwickelt. Insbesondere in den letzten Jahren fanden einige Entwicklungen statt, die es erforderlich machten, den Kurs der Bodenschutzpolitik sowohl für die Sanierung als auch für die Verhütung von Bodenverunreinigungen für die kommenden Jahre neu zu bestimmen.
   Eine dieser Entwicklungen ist die Aufstellung des Nationalen Umweltschutzplans (Nationaal Milieu Beleidsplan) im Jahre 1988 [1]. In diesem Plan wurde von der niederländischen Regierung das Prinzip einer dauerhaften Entwicklung, wie es im Jahre 1987 durch die Kommission Brundtland entwickelt wurde, als Grundlage für die niederländische Umweltpolitik festgelegt[2].
   Andere Entwicklungen ergeben sich aus der Ausführung der Bodensanierung und der Verhütung von Bodenverunreinigungen. Durch umfangreiche Inventarisierungsarbeiten haben sich die Einsichten in den Umfang der Bodenverunreinigung, von Land- und Unterwasserböden stark verändert [3]. Unter anderem hierdurch wurde im Jahr 1989 von einem gemeinsamen Ausschuß von Staat, Provinzen und Gemeinden als Gutachten für den Minister für Umwelt ein "Zehnjahres-Szenario Bodensanierung" aufgestellt [4]. Außerdem wurde im Jahre 1989 von einem aus Industrie und Staat gebildeten Ausschuß für den Minister ein gemeinsamer Bericht über Möglichkeiten für die freiwillige Sanierung noch genutzter Industriegeländen aufgestellt [5]. Auch die Sanierung verunreinigter Unterwasserböden beginnt in Gang zu kommen [6].

Auf der Grundlage einer Auswertung dieser Entwicklungen
wurde von der Niederländischen Regierung ein "Zehnjahres-
Szenario Bodensanierung" aufgestellt, in das ein Ausführungsprogramm Bodensanierung 1991-1994 aufgenommen wurde. Es
wird erwartet, daß dieses Programm zusammen mit den Vorschlägen für die Aufnahme einer Regelung für Bodensanierung in das
Gesetz für Bodenschutz noch im Jahr 1990 im Parlament
behandelt wird.

## 3. ENTWICKLUNGEN 1980-1990
### 3.1. Sanierung vorhandener Bodenverunreinigungen

Die Sanierung vorhandener Bodenverunreinigungen war in der
ersten Hälfte der achtziger Jahre vor allem eine Angelegenheit des Staates. Die Sanierungen richteten sich auf
Maßnahmen in Fällen, die eine "ernstliche Gefahr für
Volksgesundheit und Umwelt" bildeten. Die staatlichen
Behörden sorgten hierbei für den Erlaß von Regeln [7], für
Richtlinien für die Ausführungen [8] und zusammen mit den
Gemeinden für die Finanzierung. Die Provinzen sorgten für
die Ausführung von Bodenuntersuchungen und der Sanierung
verunreinigter Böden. Der Staat versuchte, die Kosten
hiervon nachträglich den Verursachern der Bodenverunreinigungen durchzuberechnen. Bei dieser Regelung ging man von
der Vorstellung aus, daß es sich um eine begrenzte Anzahl
von Sanierungsfällen handeln würde. Die Bodensanierung wäre
dann eine zeitlich begrenzte Operation gewesen, die innerhalb von zehn bis zwanzig Jahren abgeschlossen gewesen wäre
[9].

In der zweiten Hälfte der achtziger Jahre entstanden neben
staatlichen Sanierungen auch ergänzende Sanierungsmaßnahmen,
bei denen der Staat nur eine begrenzte Rolle spielte. Unter
anderem dank der erfolgreichen Durchberechnung der Kosten
staatlicher Sanierungen an die Verursacher von
Bodenverunreinigungen begannen die Verschmutzer freiwillig
mit der Ausführung von Bodensanierungen in eigener Regie um
zu vermeiden, daß ihnen fremde Kosten in Rechnung gestellt
würden [10]. Auch von Benutzern von Geländen mit Bodenverunreinigungen wurden immer mehr Sanierungen vorhandener
Bodenverunreinigungen ausgeführt, so z.B. bei der Ausführung
von Neubauplänen, Stadterneuerungsmaßnahmen und beim
Straßenbau, um Stagnationen dieser Baumaßnahmen zu
vermeiden. Die Sanierungen durch andere Träger betrafen
nicht nur Fälle, die eine "ernstliche Gefahr" für Volksgesundheit und Umwelt darstellten, sondern auch Fälle mit geringeren Verunreinigungen.

Ende der achtziger Jahre hatte sich als Folge verschiedener von Staat und Provinzen ausgeführter Untersuchungen das
Bild vom Umfang der Bodenverunreinigung verändert. Die Zahl
zu sanierender Stellen wuchs von einigen Hunderten auf das
Niveau, das in Tabelle 1 angegeben ist.

| Kategorie | Anzahl | Kosten (in Mio hlf) |
| --- | --- | --- |
| Gaswerke | 234 | 700 |
| Mülldeponien | 3 300 | 900 |
| Autoverwertungsbetriebe | 2 100 | > 500 |
| Frühere Industriegelände | 80 000 | 35 200 |
| Heutige Industriegelände | 25 000 | 11 000 |
| Unterwasserböden | - | > 1 100 |
| Andere Kategorien* | p.m. | p.m. |
| Insgesamt | 110 000 | > 50 000 |

* u.a. Aufschüttungen, Abwasseranlagen, unterirdische Tanks, verschiedenartige Mülldeponien

Abb. 1: Umfang der Bodenverunreinigung in den Niederlanden (1990)

### 3.2. Verhütung neuer Bodenverunreinigungen

Im Jahre 1986 trat das Gesetz für Bodenschutz (Wet bodembescherming) in Kraft. Zwei wichtige Elemente dieses Gesetzes waren eine allgemeine Verpflichtung zur Verhütung neuer Bodenverunreinigungen und eine Verpflichtung für Verursacher neuer Bodenverunreinigungen, die trotzdem entstehen würden, diese wieder zu sanieren.

Außerdem stellt dieses Gesetz eine Grundlage dafür dar, über allgemeine Verwaltungsmaßnahmen für Arbeiten auf oder im Boden, die zu neuen Bodenverunreinigungen führen können, weiter detaillierte Vorschriften aufzustellen. Bis jetzt wurden solche Regeln für die Verwendung von Dünger tierischen Ursprungs, die Infiltration von Wasser zum Zweck der Trinkwasserversorgung und die Abfuhr von Flüssigkeiten aufgestellt.

## 4. AUSWERTUNG DER DURCH DIESE POLITIK ERZIELTEN ERGEBNISSE

Durch die Entwicklung ergänzender Sanierungsträger und der gewachsenen Einsicht in den Umfang der Bodenverunreinigung wurde es notwendig, die Grundvoraussetzungen für die Ausführung der Bodensanierung neu zu definieren.

### 4.1. Akzentverschiebung in der Ausführung

Eine ungeänderte Ausführungsweise hätte nach einiger Zeit zu einer Anzahl von Engpässen führen können. Erstens ist der Sinn einer Sanierung vorhandener Bodenverunreinigungen fraglich, wenn nicht gleichzeitig das Entstehen neuer Bodenverunreinigungen verhindert wird. Hieraus folgt, daß der behebende und präventive Bodenschutz stärker aneinander anschließen müssen. Eine integrale Vorgehensweise ist erforderlich. Eine starke präventive Politik zur Verhütung neuer Bodenverunreinigungen muß mit schnellstmöglichen Maßnahmen gegen vorhandene Bodenverunreinigungen kombiniert werden. Dazu muß man gleichgewichtige Anstrengungen in Untersuchung, Kontrolle (beispielsweise zur Verhütung weitergehender Verbreitung über das Grundwasser) und Sanierung vornehmen.

Zweitens haben die Inventarisierungen des Umfangs auch ergeben, daß es neben den "ernstlichen Gefahrenfällen" mit hoher Dringlichkeit auch viele "ernstliche Gefahrenfälle" mit niedrigerer Dringlichkeit und außerdem Fälle von nicht ernstlicher Bodenverunreinigung gibt. Diese Fälle kommen (kurzfristig) nicht für eine Sanierung durch den Staat in Frage. Eine derartige Bodenverunreinigung kann jedoch zu Schäden für heutige und zukünftige Benutzer führen (z.B. für Wohnungsbau, Landwirtschaft und Trinkwasserversorgung). Das Weiterbestehen derartiger Bodenverunreinigungen kann zu wirtschaftlichen Schäden, verminderter Lebensqualität in den betreffenden Gebieten und zu Problemen an anderer Stelle durch Verlagerung der Verunreinigungen führen.

Hieraus folgt, daß für die Inangriffnahme der totalen Bodenverunreinigungsproblematik eine größere Rolle der ergänzenden Sanierungsträger erforderlich ist. Die Sanierung durch und auf Kosten des Verschmutzers steht dabei an erster Stelle. In einigen Fällen kann die Sanierung auch durch den Benutzer stattfinden. Die staatlichen Sanierungsmaßnahmen richten sich weiterhin vor allem auf die Inangriffnahme von umweltdringlichen Sanierungen von "ernstlichen Gefahrenfällen". Besondere Anstrengungen sind auch weiterhin für Fälle erforderlich, in denen die Kosten nicht geltend gemacht werden können und in denen besondere Eile geboten ist.

Drittens erweist sich, daß die Qualität von Bodensanierungen durch ergänzende Träger nicht ohne weiteres gewährleistet ist. Der Staat trägt hierbei eine Verantwortung dafür, daß die Einsicht in die Umweltgefahren von Bodenverunreinigungen vergrößert und daß rechtzeitige und umwelthygienisch sinnvolle Maßnahmen stimuliert werden. Hieraus und aus dem bereits genannten zweiten Punkt folgt, daß der Staat sowohl den Apparat als auch die juristischen Möglichkeiten verstärken muß, um Sanierungen durch ergänzende Träger stimulieren zu können und um Sicherheit bezüglich Qualität, Zeitpunkt und Finanzierung von Sanierungsarbeiten durch Dritte zu gewinnen.

### 4.2. Umwelthygienische Ausgangspunkte

Die veränderten Einsichten in den Umfang der vorhandenen Bodenverunreinigungen haben jedoch nicht zu einer Änderung der umwelthygienischen Ausgangspunkte der Politik geführt. Die zentrale Konzeption der Bodenschutzpolitik war immer die Multifunktionalität des Bodens. Mit dieser Konzeption wird beschrieben, daß Grund und Boden von Natur aus die Möglichkeit besitzen, innerhalb der Beschränkungen, die der betreffende Boden von Natur aus hat, viele verschiedenartige Funktionen auszuüben. Boden kann zum Beispiel dazu benutzt werden, um darauf Wohnungen zu bauen, Pflanzen anzubauen, Bodenschätze zu gewinnen, usw.

Die Bodenschutzpolitik richtete sich immer darauf, diese Möglichkeit zur Ausführung verschiedener Funktionen für die heutige und die zukünftigen Generationen sicherzustellen.

Nur auf diese Weise kann auch für zukünftige Generationen ohne kostspielige und mühsame Sanierungsmaßnahmen die Möglichkeit für einen Wechsel der Bodennutzung geschaffen und die Rolle des Bodens innerhalb des Ökosystems sichergestellt werden.

Die Aufgabenstellung aus dem Nationalen Umweltpolitikplan (Nationaal Milieubeleidsplan), im Prinzip innerhalb einer Generation zu einer dauerhaften Entwicklung der Umwelt zu kommen, bedeutet für den Boden die Erhaltung und Wiederherstellung der Multifunktionalität. Neue Verschlechterungen der Bodenqualität müssen verhindert werden. Bei dem nun bekannten Umfang sind die finanziellen und logistischen Konsequenzen dieser Ausgangspunkte schwerwiegend. Trotzdem ist es nicht möglich, diese Konsequenzen dadurch tragbarer zu machen, daß man die Normen und Kriterien für den niederländischen Boden allgemein abschwächt. Nur auf diese Weise kann der Boden auch langfristig den gewünschten Beitrag zu einer dauerhaften Entwicklung der Umwelt liefern.

Für die Art und Weise, in der der Schutz der Multifunktionalität realisiert werden kann, wurden drei führende Prinzipien formuliert: die "IBC-Kriterien", das "Anfuhr = Abfuhr"-Modell und das Prinzip "Wiederherstellung der Multifunktionalität".

<u>IBC-Kriterien</u>: "Isolatie, Beheer, Controle" (=Isolierung, Beherrschbarkeit, Kontrollierbarkeit). Die IBC-Kriterien bilden die Grundlage für die Verhütung neuer Bodenverunreinigungen aus lokalen Quellen. Die Benutzung von Stoffen, die potentiell zu Bodenverunreinigungen führen können auf oder im Boden ist nur zulässig, wenn folgende Kriterien erfüllt sind:
- Isolierung, um die Verbreitung der verunreinigenden Stoffe in den Boden zu vermeiden,
- Beherrschbarkeit jetzt und in der Zukunft - auch wenn die isolierenden Vorkehrungen versagen,
- Kontrollierbarkeit, jetzt und in Zukunft.

<u>Anfuhr = Abfuhr.</u> Das Prinzip Anfuhr = Abfuhr bildet die Grundlage für die Verhütung neuer Bodenverunreinigungen als Folge diffuser Quellen. Durch ein Gleichgewicht zwischen der Anfuhr von Stoffen in den Boden und die Abfuhr von diesen Stoffen aus ihm durch Zerfall oder über Pflanzen wird eine neue Verunreinigung vermieden.

<u>Wiederherstellung der Multifunktionalität.</u> Für die Sanierung vorhandener Bodenverunreinigungen gilt, daß diese im Prinzip zur Wiederherstellung der Multifunktionalität führen muß. In konkreten Fällen sind jedoch auch Situationen denkbar, in denen aus umwelthygienischen, technischen oder finanziellen Gründen eine Wiederherstellung der Multifunktionalität nicht möglich ist. Wenn nach der Sanierung noch Verunreinigungen im Boden verbleiben, muß die Situation auf jeden Fall den IBC-Kriterien genügen.

5. AUSFÜHRUNGSPROGRAMM BODENSCHUTZ 1990-1994

Auf der Grundlage der erneut bestätigten Ausgangspunkte der Politik und der gewünschten Akzentverschiebung in der Ausführung wurde vom Kabinett im Jahre 1990 ein Ausführungsprogramm Bodenschutz 1990-1994 aufgestellt.

Dieses Programm umfaßt Aktionen zu drei verschiedenen Themen (siehe 5.1 - 5.3).

Für diffuse Bodenverunreinigungen sind beschränkte Ausführungspunkte aufgenommen. Weitere Untersuchungen zur Art und Möglichkeiten von Sanierungsmaßnahmen sind erforderlich. Außerdem sind eine größere Zahl von Aktivitäten der Regierung zur Schaffung von Randbedingungen auf dem Gebiet des Erlasses von Vorschriften, der Organisation und Finanzierung aufgenommen worden.

5.1. Verhütung neuer Bodenverunreinigungen

Die Maßnahmen zur Verhütung neuer Bodenverunreinigungen richten sich auf die Benutzung einiger Arten potentiell bodenbedrohender Stoffe und Materialien. Stoffe und Materialien, die auf oder im Boden benutzt werden, jedoch nicht Teil desselben werden dürfen, dürfen nur dann benutzt werden, wenn die IBC-Kriterien erfüllt sind. Stoffe und Materialien, die bei Benutzung Teil des Bodens werden, müssen dem Prinzip "Anfuhr = Abfuhr" genügen. Für die folgenden Stoffe und Materialien sind Maßnahmen aufgenommen worden.

5.1.1. Baustoffe. Aus Baustoffen (z.B. Sand, Lehm, Backsteine, Beton, Asphalt, usw.) können potentiell bodenbedrohende Stoffe ausgelaugt werden, was zu Bodenverunreinigungen führen kann. Dies gilt vor allem für Baustoffe, die (zum Teil) aus wiederbenutzten Abfallstoffen bestehen (wie Flugasche, Schlacken oder verunreinigte Erde), kann jedoch auch bei bestimmten natürlichen Baustoffen auftreten.

Die Anwendung von Baustoffen fällt unter die IBC-Kriterien zusammen mit der Verpflichtung, die Baustoffe zurückzunehmen, wenn das Bauwerk in dem sie verwendet wurden, abgebrochen wird. Bei potentiell ernstlich bodenbedrohenden Stoffen wurden Vorschläge zur finanziellen Sicherheitsstellung gemacht, um diese Rücknahme und die Kosten für eine eventuelle Bodensanierung beim Versagen der IBC-Vorkehrungen sicherzustellen.

5.1.2. Flüssigkeiten (Infiltration/Drainage). Infiltration und Drainage von Flüssigkeiten, die potentiell bodenbedrohende Stoffe enthalten, fallen unter die IBC-Kriterien und sind demzufolge prinzipiell verboten. Hiervon sind zwei Ausnahmen möglich. Für Hausabwässer können Ausnahmen gemacht werden, wenn die Abfuhr über Abwasserkanäle nicht möglich ist. In diesem Fall müssen Klärungsmaßnahmen (biologische Klärgrube) getroffen werden. Die Infiltration von im Prinzip sauberem Oberflächenwasser zum Zweck der Trinkwasserherstellung und für Kühlwasser ist ebenfalls zulässig. Die Entwicklung der Bodenqualität muß dabei regelmäßig auf eventuell auftretende Verschlechterungen kontrolliert werden.

5.1.3. Oberflächenbehandlungsmittel. Die Einflüsse von Oberflächenbehandlungsmitteln auf den Boden müssen festgestellt werden, bevor eventuelle Vorschriften erlassen werden können.

5.1.4. <u>Dünger tierischen und anderen Ursprungs</u>. Übermäßiger Gebrauch von Dünger kann zu Bodenverunreinigungen führen. Da Düngerstoffe im Prinzip über die Pflanzen abgeführt werden können, fällt ihre Verwendung unter das Prinzip "Anfuhr = Abfuhr". Diese Gleichgewichtssituation muß im Jahre 2000 für Nitrate, Phosphate und Schwermetalle erreicht sein.

5.1.5. <u>Schädlingsbekämpfungsmittel</u>. Übermäßiger Gebrauch von Schädlingsbekämpfungsmittel kann zu Bodenverunreinigungen führen. Ausgehend vom Prinzip, daß bei einer ordnungsgemäßen Dosierung die Schädlingsbekämpfungsmittel als Folge des Zerfalls aus dem Boden verschwinden, fällt ihre Anwendung unter das Prinzip "Anfuhr = Abfuhr". Neue Verunreinigungen des Grundwassers müssen ab 1994 vermieden werden.

5.2. <u>Integrale Maßnahmen für spezifische Quellen</u>

Spezifische Quellen werden mit einem zusammenhängenden Paket von Maßnahmen zur Verhütung (von neuen Bodenverunreinigungen), Inventarisierung, Schutz und Sanierung (von vorhandenen Bodenverunreinigungen) behandelt. Diese lokalen Quellen von Bodenverunreinigungen fallen unter eine Kombination der IBC-Kriterien (für die Verhütung neuer Bodenverunreinigungen) und des Ausgangspunkts "Wiederherstellung der Multifunktionalität" (für die Sanierung vorhandener Bodenverunreinigungen). Für drei spezifische Gruppen von Quellen sind Maßnahmen beschlossen worden.

5.2.1. <u>Industriegelände</u>. Die Verhütung neuer Bodenverunreinigungen wird durch Vorschriften auf der Grundlage verschiedener Gesetze erreicht. Für Maßnahmen gegen vorhandene Bodenverunreinigungen wird vorgeschlagen, auf der Grundlage von Vereinbarungen zwischen Staat und Industrie innerhalb von fünf Jahren die nach Erwartung dringendsten Fälle durch freiwillige Untersuchungen der betreffenden Betriebe erfaßt zu haben. In der Zwischenzeit wird darüber verhandelt, wie die festgestellten Bodenverunreinigungen gesichert und saniert werden müssen. Die Ausführung hiervon findet im Prinzip auch freiwillig durch den Verursacher statt.

5.2.2. <u>Mülldeponien.</u> Bestehende und neue Mülldeponien müssen den IBC-Kriterien genügen. Außerdem muß eine "permanente Pflege" (Verwaltung und Kontrolle) garantiert werden. Es wird vorgeschlagen, dafür eine Verwaltungsorganisation zu gründen. Alte Mülldeponien müssen untersucht und nötigenfalls mit ergänzenden IBC-Vorkehrungen versehen werden. Die Kosten für die Nachbehandlung und die Untersuchung auch von alten Mülldeponien müssen prinzipiell den heutigen Anbietern von zu deponierendem Material in Rechnung gestellt werden.

5.2.3. <u>Unterirdische Infrastruktur</u>. Unterirdische Lagereinrichtungen für Flüssigkeiten und Abwasserleitungen müssen innerhalb von 10 Jahren den IBC-Kriterien genügen. Eventuell vorhandene Bodenverunreinigungen müssen dabei gleichzeitig aufgeräumt werden. Die Kosten hierfür werden prinzipiell vom Eigentümer des Systems getragen, können jedoch Benutzern in Rechnung gestellt werden.

### 5.3. Sanierung vorhandener Bodenverunreinigungen

Die Beseitigung vorhandener Bodenverunreinigungen, soweit diese nicht unter die integrierten Maßnahmen fallen, ist zweiteilig: Maßnahmen durch den Staat und Maßnahmen durch Dritte als Ergänzung.

**5.3.1. Sanierung durch den Staat.** Diese Operation richtet sich auf Maßnahmen in umwelthygienisch dringenden "ernstlichen Fällen". Durch die Intensivierung der heutigen staatlichen Sanierungen (1990: 288 Mio. hfl, 1994: 365 Mio. hfl) wird versucht, diese Sanierungen innerhalb von 10 Jahren abgeschlossen zu haben. Außerdem dient die Sanierung durch den Staat beispielsweise für die Beseitigung vorhandener Bodenverunreinigungen, die von Dritten verursacht wurden (5.2.1-3, 5.3.2). Ausgehend von der staatlichen Operation müssen umwelthygienische Kriterien, logistische Vorkehrungen und ein verstärktes juristisches Instrumentarium[11] entwikelt werden.

Eine Vereinheitlichung umwelthygienischer Entscheidungskriterien wird kurzfristig ausgehend von den staatlichen Operationen aufgestellt. Dies umfaßt Kriterien für:
- die Notwendigkeit einer Sanierung (ernstliche Gefahr für die Volksgesundheit oder die Umwelt),
- die Dringlichkeit der Sanierung und,
- das Ziel der Sanierung (wann ist eine Abweichung von der "Wiederherstellung der Multifunktionalität" möglich).

Diese Vereinheitlichung wird u.a. zu einer Anpassung der Beurteilungswerte aus der Richtlinie Bodensanierung [11] führen.

**5.3.2. Sanierung durch Dritte.** Es wird vorgeschlagen, den Anteil Dritter bei der Sanierung stark zu erhöhen (1991: 130 Mio. hfl, 1994: 255 Mio. hfl).

Um neue Aktivitäten auf vorhandenen Bodenverunreinigungen zu verhindern, wird eine vorherige Untersuchungspflicht für den Benutzer vorbereitet. Wenn Bodenverunreinigung festgestellt wird, muß die Sanierung durch den Benutzer prinzipiell (innerhalb bestimmter Zeit) zu denselben Ergebnissen führen wie eine Sanierung durch den Staat. Der Staat wird dies kontrollieren.

Der Benutzer kann seinerseits versuchen, diese Kosten den Verursachern oder den Verkäufern des verunreinigten Bodens durchzuberechnen. In dem Fall, daß die Kosten einer Sanierung zu hoch sind, daß der Benutzer sie tragen könnte, kann eine drohende Stagnation gesellschaftlich erwünschter Aktivitäten doch ein Grund für eine ergänzende Finanzierung durch den Staat sein. Diese staatliche Finanzierung wird jedoch nicht primär durch Umweltgesichtspunkte veranlaßt. Einige mögliche Beispiele sind:
- Stadt- und Dorferneuerung (einschließlich der Entwicklung städtischer Knotenpunkte),
- Verkehrs- und Transportinfrastruktur,
- Land- und Forstwirtschaft, Erholungsgebiete, Natur,
- Trinkwasserversorgung.

6. SCHLUSSBEMERKUNGEN

Durch den Erlaß des Ausführungsprogramms 1990-1994 wurde ein wichtiger Schritt auf dem Weg zu einer integralen Bodenschutzpolitik gemacht. Mit dem Ausführungsprogramm 1990-1994 wird für die nächsten Jahre die Richtung für die Bodenschutzpolitik in den Niederlanden festgelegt.

Der Bodenschutz bleibt jedoch in Bewegung. Mitte der neunziger Jahre wird die Ausführung davon wieder beurteilt werden. Dies führt zweifellos zu einer Anpassung der Politik und/oder der Ausführung an die dann festgestellten Entwicklungen.

Die Grundprinzipien der Bodenschutzpolitik, wie sie bereits seit Anfang der siebziger Jahre gelten, wurden allerdings erneut bekräftigt; sie werden voraussichtlich auch in Zukunft unverändert bleiben können.

7. LITERATURANGABEN

1. National Environmental Policy Plan (NEPP), States-General, Second Chamber, 1988/1989, 21137.
2. World commission on Environment and Development. Our common future, Oxford (1987).
3. Adviesgroep Data Process. De omvang van de bodemverontreiniging in Nederland. Reeks Bodembescherming 76. Den Haag:SDU (1989, April).
4. Stuurgroep Tien Jaren-Scenario Bodemsanering. Tien Jaren-Scenario Bodemsanering (1989, September).
5. Commissie Bodemsanering in gebruik zijnde Bedrijfsterreinen. Bodemsanering in gebruik zijnde bedrijfsterreinen, Deelplan inventarisatie (1989, December).
6. Clean-Up Programme National Aquatic Soil 1990-2000. States-General, Second Chamber, 1988/89, 19866, nr. 10.
7. Ministry of Housing, Physical Planning and Environment, Soil Clean-up (Interim) Act, The Hague (1984).
8. Leidraad Bodemsanering (Leitfahnen Bodensanierung). Den Haag: SDU (1983-1990).
9. Eikelboom, R.T., and Meijenfeldt, H.G. von. The soil clean-up operation in the Netherlands; Future developments after five years of experience. In J.W. Assink and W.J. van den Brink (Eds), Contaminated Soil 255-267. Dordrecht: Martinus Nijhof Publishers (1986).
10. Meijenfeldt, H.G. von und Schippers, E.C.M. Die Rechnung wird präsentiert: Gründe für die Geltendmachung von Bodensanierungskosten in den Niederlanden. Diese Kongreßberichte.
11. Denneman, C.A.J. und Robberse, J.G. Ökotoxikologische Risikoabschätzung als Grundlage für die Entwicklung von Bodenqualitätskriterien. Diese Kongreßberichte.

DIE RECHNUNG WIRD PRÄSENTIERT: GRÜNDE FÜR DIE GELTENDMACHUNG
VON BODENSANIERUNGSKOSTEN IN DEN NIEDERLANDEN

HUGO G. VON MEIJENFELDT / ELISABETH C.M. SCHIPPERS

MINISTERIUM FÜR UMWELT / STAATSADVOKAT

1. ZUSAMMENFASSUNG

Der Nierderländische Staat hat eine Reihe aufsehenerregender sog. Giftprozesse vor Zivilgerichten geführt. Im Auftrag der für die Umwelt zuständigen Minister werden die Verursacher von Bodenverunreinigungen systematisch zur Verantwortung gezogen. Sie haben die Kosten zu tragen, die durch die Beseitigung dieser Verunreinigungen im Rahmen der Durchführung des Interimgesetzes Bodensanierung (Interimwet bodemsanering) entstehen. In diesen Artikel werden die Gründe des niederländischen Staats für dieses Verfahren erläutert.

2. FINANZIERUNG DER BODENSANIERUNG

Nachdem man in einem Wohngebiet in Lekkerkerk im Jahre 1980 verunreinigten Boden beseitigt hatte, wurde - genau wie dies 1978 in den Vereinigten Staaten von Amerika nach der Love Canal-Affäre der Fall war - innerhalb kurzer Zeit eine landesweite Sanierungsoperation eingeleitet. Inzwischen hat der Staat bereits Hunderte von Sanierungsprojekten durchgeführt oder in Angriff genommen. Mit dieser Aktion waren Kosten in Höhe von 650 Millionen US-Dollar verbunden. Die neuesten Zahlen weisen ahs, daß möglicherweise insgesamt 25 Milliarden Dollar für die Bodensanierung ausgegeben werden müssen.

Die Finanzierung der Bodensanierungsoperation ist im Interimgesetz Bodensanierung festgelegt. Die Hauptrichtlinie ist eine Finanzierung aus allgemeinen Mitteln des Staates. Die Gemeinde bezahlt pro Projekt einen Grundbetrag (maximal 100.000 Gulden) plus 10% der übrigen Kosten. Das Ministerium für Wohnungswesen, Raumordnung und Umwelt trägt den Rest bis 100% der Kosten. Die Gemeinde und das Ministerium bezahlen ihren Beitrag an die Provinz, die für die Ausführung von Untersuchung und Sanierung sorgt.

Dieser Finanzierungsweise liegt der Gedanke zugrunde, daß der Staat die dringenden Sanierungsprojekte ohne Verzögerung realisieren kann und außerdem ein Fangnetz für Kosten hat, die nicht geltend gemacht werden können. Der Ablauf des Sanierungsprozesses wird demzufolge nicht durch lang dauerndes juristisches Tauziehen behindert. Dies bedeutet jedoch nicht, daß die Rechnung in den meisten Fällen nicht bei dem Staat, sondern beim Verschmutzer ankommt. Das Ministerium ist ermächtigt, die Kosten demjenigen geltend zu machen, durch dessen unrechtmäßiges Handeln die

Bodenverunreinigung verursacht wurde (Paragraph 21 des Interimgesetzes Bodensanierung im Zusammenhang mit Paragraph 1401 des Bürgerlichen Gesetzbuches).

## 3. DER VERSCHMUTZER BEZAHLT

Auf den ersten Blick scheint die in der Umweltpolitik geltende Richtlinie "der Verschmutzer bezahlt" wenig beachtet worden zu sein. Die Regierung hatte diesem Prinzip anfänglich mehr Nachdruck verleihen wollen: im Entwurf des Interimgesetzes Bodensanierung war die Möglichkeit vorgesehen, Steuern für die verursachende Industrie einzuführen. Das Parlament fand es jedoch weniger gerechtfertigt, heutige Betriebe mit dem Erbe ihrer Vorgänger zu belasten.

Das Parlament beließ es jedoch nicht hierbei. Nachdem alle Fraktionen bereits das Interesse an einer tatkräftigen Ausführung von individuellen Schadenersatzansprüche angemeldet hatten, wurde dies einige Monate nach Inkrafttreten des Gesetzes noch einmal von allen Fraktionen in einem Entschließungsantrag festgelegt. Der Entschließungsantrag beinhaltete, daß Verursacher mit großer Energie ausfindig gemacht werden und tatsächlich Verfahren zur Geltendmachung der Kosten in Gang gesetzt werden mußten. Der damalige Minister empfand diesen Antrag "mit großer Genugtuung" als eine Unterstützung seiner Politik.

Die Regierung und das Parlament haben also doch - wenn auch mit dem Umweg über Maßnahmen zur Geltendmachung von Kosten - das Prinzip 'der Verschmutzer bezahlt' eingeführt. Obwohl die Verantwortung für das Anpacken der Problematik von der Allgemeinheit (- allgemeine Steuermittel) und nicht nur von der Industrie (- Steuern) getragen wird, besteht doch die Absicht, die Verantwortung für das Entstehen der Problematik dort, wo dies möglich ist, auf den tatsächlichen Verursacher zu übertragen.

Die Erwartungen an die Geltendmachung von Kosten waren im Jahr 1983 trotzdem nicht sehr hoch gespannt. Unter Wissenschaftlern, Juristen und Beamten überwogen abwartende Aussagen, pessimistische Voraussagen und selbst negative Bemerkungen über den Optimismus der Behörden, so zum Beispiel bei der in diesem Jahr abgehaltenen Versammlung der gerade gegründeten Verein für Umweltrecht.

## 4. ERTRÄGE

Noch im Jahr 1983 setzte der Staat ein Verfahren in zwei der größten Sanierungsprojekte in Gang: dem Zellingwijk in Gouderak (Kosten mindestens 50 Mio. US $) und für den Volgermeerpolder in Amsterdam (Kosten ca. 40 Mio. US $). Das Interesse im Lande und selbst im Ausland für diese Maßnahmen war enorm; die Reaktionen der angesprochenen Betriebe (Shell bzw. Duphar) waren deutlich ablehnend.

Bereits im Jahre 1984 war bezüglich der oben beschriebenen Finanzierungsstruktur eine Akzentverschiebung wahrzunehmen. Neben der Finanzierung durch den Staat entstand auch Interesse an einer sogenannten externen Finanzierung.

Darunter versteht man, daß Betriebe den Boden unter eigener
Regie sanieren, möglicherweise auch gezwungen durch den
Interimgesetz Bodensanierung (Paragraph 12 sieht eine
verwaltungstechnische Anweisung für Behebungsmaßnahmen vor).
  Das Argument, daß die (Vor-)Finanzierung durch den Staat
den Ablauf der Bodensanierung gewährleistet, hatte aus zwei
Gründen etwas von seiner Gültigkeit eingebüßt:
- da das Staatsbudget für die Bodensanierung - trotz
  zusätzlicher Ausgaben - auf ungefähr 125 Mio. US $ pro
  Jahr begrenzt blieb, konnte in vielen Fällen keine
  unverzügliche Finanzierung mehr gewährleistet werden;
- die Möglichkeiten für eine externe Finanzierung wurden
  positiver eingeschätzt als früher.
In diesem Licht muß man auch die Regierungsentscheidung
sehen, daß ab 1984 die Einkünfte aus Schadenersatzansprüche
der Bodensanierung zugute kommen sollten. Hiermit wurde ein
anderes Ziel der Geltendmachung von Kosten mehr in der
Vordergrund gestellt, nämlich das Einbringen von Geldern für
die Finanzierung weiterer Operationen.

5. EINE FLUT VON PROZESSEN
  Die darauffolgenden Jahre brachten einen raschen Anstieg
der Anzahl von Forderungen mit sich:

TABELLE 1. Bis Mitte 1990 angemeldete Forderungen

| Jahr | 1983 | 1984 | 1985 | 1986 | 1987 | 1988 | 1989 | 1990 | Tatal |
|---|---|---|---|---|---|---|---|---|---|
| Anzahl | 1 | 3 | 8 | 10 | 30 | 35 | 31 | 4 | 122 |

Bei diesen Prozessen wurden Forderungen in Höhe von
mindestens 350 Mio. US $ gestellt.

  Die Bereitschaft des Staates, systematisch Forderungen
zu stellen, wird nach unserem Eindruck ziemlich unterschätzt.
Ab Beginn herrschte von Seiten der Industrie die hartnäckige
Fehleinschätzung, daß es bei einer begrenzten Zahl großer
Prinzipienprozesse bleiben würde. Damit würde zuerst die
Rechtssprechung über die Frage erzwungen, zu wessen Lasten
die ererbten Verunreinigungen gehen sollten. Es wurde
außerdem auf die dem Niederländischen Staat zugeschriebenen
Tradition spekuliert, daß zunächst scharfe Maßnahmen
festgelegt und diese dann durch Eingehen von Kompromissen und
Dulden von Übertretungen nicht ausgeführt würden. Der als
amerikanisch betrachtete Weg gerichtlicher Schritte kam
dadurch für viele ziemlich überraschend.
  Mit Spannung sah man den ersten gerichtlichen Entscheidungen
entgegen. Im Zeitraum von 1985-1989 wurde in einer
Serie von (Zwischen-)Urteilen einige Linien deutlich:
- das Antreffen von Stoffen im Boden, die in Beziehung mit
  dessen lokaler Benutzung stehen, begründet die
  Vermutung, daß der Benutzer der Verursacher ist, es sei
  denn, daß er das Gegenteil beweisen kann;
- für die Beurteilung und Beseitigung der Verunreinigung

gelt der Leitfaden Bodensanierung des Ministeriums als Norm;
- wer schädliche Stoffe ohne Untersuchung nach deren Ungefährlichkeit in den gesellschaftlichen Verkehr bringt, handelt fahrlässig;
- wenn leitenden Angestellten innerhalb einer juristischen Person persönlich etwas bezüglich der Verunreinigung zur Last gelegt werden kann, sind sie auch mit ihrem Privatvermögen für den Schaden haftbar.
- Der Besitz und insbesondere das Handeln entsprechend einer amtlichen Genehmigung bedeutet nicht, daß man für Schäden nicht haftbar ist.

Darüber hinaus kann eine mangelnde Überwachung durch den Staat nicht als relevante Ursache für die Verunreinigung gelten.

Am 9. Februar 1990 hat der Oberste Gerichtshof der Niederlande ein erstes Grundsatzurteil zur Art der Behandlung vom Paragraph 21 gefällt. Hieraus geht hervor, daß das Geltendmachungsrecht rechtens ist und vor allem auf Fälle von Bodenverunreinigung anwendbar ist, die vor Inkrafttreten des Gesetzes (1983) verursacht wurden. Allerdings dürfe man nicht weiter zurückgehen als bis zu dem Zeitpunkt, zu dem der Verursacher wissen mußte, daß der Staat sich um die ernsthafte Verunreinigung des Bodens kümmern würde. Die Angabe dieses Zeitpunkts ist seither Gegenstand juristischer Streitfälle.

## 6. AUSSERGERICHTLICHE REGELUNGEN

Man kann mit Recht annehmen, daß der starke Anstieg der Anzahl von Forderungen sowie die für den Staat günstigen ersten Urteile eine Ursache für die seither veränderte Haltung der verursachenden Betriebe sind. Dies geht hauptsächlich aus der Reaktion auf die Forderungsschreiben des Staatsadvocat hervor. Die in zwei Zeilen geäußerte Abweisung der Haftung ist inzwischen eher Ausnahme als Regel, dagegen wird häufig eine Bereitschaft zum Verhandeln ausgesprochen. Der Staat nimmt gegenüber diesem Wunsch eine positive Haltung an. Allerdings muß hier sofort hinzugefügt werden, daß von Verhandlungen auf der Grundlage von faulen Kompromissen keine Sprache sein kann. Auch können vorgebliche Zweifel an der Durchsetzbarkeit der vom Staat aufgestellten Forderungen kein Grund sein, von den 100% abzuweichen. Hierdurch erleidet ein Teil der durchgeführten Gespräche schon zu Beginn Schiffbruch.

Es kommt allerdings immer häufiger vor, daß Betriebe aus verschiedenen Gründen einen juristischen Konflikt vermeiden möchten. Hierbei muß man an das Vermeiden negativer Publizität, hoher Rechtsberatungskosten und einer über viele Jahre dauernden unsicheren Forderung denken. Dies führt dann zu einer außergerichtlichen Beilegung des Konflikts zwischen Staat und Betrieb.

Diese außergerichtliche Regelung kann eine Vergütung der durch den Staat gemachten und noch zu machenden Sanierungskosten beinhalten. An Stelle davon oder in

Kombination damit können auf dem (heutigen oder früheren) Industriegelände in eigener Initiative Untersuchungen und/oder Sanierungsmaßnahmen ausgeführt werden. Es sind wichtige Vorteile damit verbunden, wenn man als Auftraggeber - innerhalb des durch die Provinz gesteckten Rahmens - die Leitung des Projekts in eigener Hand behält. Dann besteht zum Beispiel die Möglichkeit, den Zeitpunkt der Sanierung mit der Ausführung anderer Arbeiten zu koppeln. Außerdem kann man die Kosten dann selbst überwachen.

Aus all diesen Aussagen ist nicht zu schließen, daß der Staat niemals zu Kompromissen bereit wäre. Es werden ab und zu Ausnahmen für bestimmte tatsächliche Umstände gemacht, z.B. wenn einer oder mehrere mögliche Verursacher beteiligt sind. An zweiter Stelle ist die begrenzte Tragfähigkeit eines Betriebes zu nennen.Der Staat ist im Prinzip bereit, die Kontinuität von betriebstechnisch und umwelthygienisch gesunden Betrieben zu garantieren, indem er den geforderten Betrag reduziert. Vorraussetzung ist, daß die juristische Auseinandersetzung mit einer Anerkennung der Haftpflicht beendet wird. Die letztere Vorraussetzung, die von vielen Betrieben als hart empfunden wird, muß verhindern, daß in großem Umfang eine Kontinuitätsgarantie mit einer zugehörigen Finanzierungsregelung verlangt wird und man sich den Fluchtweg zurück zum Richter offen hält, falls einem die Regelung nicht gefällt.

Die oben beschriebene veränderte Haltung der verursachenden Betriebe hat zu einem starken Anwachsen der Anzahl freiwilliger Sanierungen und Zahlungen geführt. Die meisten freiwilligen Sanierungen wurden zwischen Betrieb und örtlichen Behörden geregelt (beispielsweise Tankstellen). Eine zahlenmäßige Einsicht gibt es nicht, aber im Jahre 1986 ging man bereits von 300 derart realisierten Projekten aus.

TABELLE 2. Eingegangene Schlichtungsvereinbarungen auf gesamtstaatlicher Ebene bis Mitte 1990:

| Jahr | 1983 | 1984 | 1985 | 1986 | 1987 | 1988 | 1989 | 1990 | Total |
|---|---|---|---|---|---|---|---|---|---|
| Anzahl | - | - | 2 | 5 | 6 | 6 | 8 | 2 | 30 |

Insgesamt stellen diese Vereinbarungen einen Wert von ungefähr 50 Mio. US $ dar.

Die oben beschriebenen Entwicklungen geben ein drittes Ziel der Durchberechnung von Kosten wieder: die Stimulierung freiwilliger Sanierungen oder Zahlungen.

7. VERHÜTUNG

Die Bodenverunreinigung auf derzeit noch genutzten Industriegeländen ist bis jetzt nur in begrenztem Maße untersucht und saniert. Dies liegt nicht nur daran, daß anderen Stellen eine höhere Priorität zugewiesen wurde. Mit voller Absicht wurden diese Gelände nicht in die Zählungen für Staatsfinanzierung aufgenommen. Man geht davon aus, daß die Lösung dieses Problems unter die Verantwortung der Industrie fällt.

Die Regierung strebt zur Zeit danach, mit der Industrie insgesamt Maßnahmen für genutzte Industriegelände zu realisieren, wobei sie von der Grundvoraussetzung ausgeht, daß die geltenden Normen in Kraft bleiben und Ausführung und Finanzierung unter eigener Kontrolle geschehen. Das Parlament ist bereit, diesen Versuch bis Ende 1990 abzuwarten. Wenn kein Erfolg erreicht wird, werden für diese Kategorie noch Steuern eingeführt.

In diesen Diskussionen ist die Beziehung zwischen der Bodensanierung und der Anbringung von präventiven bodenschützenden Vorkehrungen immer mehr in den Mittelpunkt gerückt. Die unverzügliche Realisierung derartiger Vorkehrungen nach Ausführung eines Sanierungsprojekts liegt vor der Hand. Eine Kombination liefert nicht nur günstigere Kosten zum Zeitpunkt der Ausführung, sondern verhütet auch, daß nach ein paar Jahren wieder eine neue Sanierungsoperation notwendig wird (das bekannte "Aufwischen, während der Wasserhahn noch offen steht"). Man braucht nicht besonders darauf hinzuweisen, daß die Kosten präventiver Maßnahmen allgemein viel niedriger sind als die von behebenden Maßnahmen.

Die Durchberechnung von Kosten kann so verhindern, daß der Boden in Zukunft (erneut) verunreinigt wird. Angesichts der Tatsache, daß Betriebe hauptsächlich auf Gewinn aus sind, bildet die Rechnungsstellung des angerichteten Schadens - unter Umständen für manche mehr als die Aufstellung und Kontrolle von Vorschriften - einen wichtigen Anreiz über die Geldbörse, präventive Aktivitäten zu entfalten, zumindest, solange ein gebranntes Kind das Feuer scheut.

8. AUSSTRAHLUNG AUF DIE ÜBRIGEN UMWELTSEKTOREN

Die Erfahrungen mit unrechtmäßigen Tatbeständen bezüglich der Geltendmachung von Bodensanierungskosten haben dazu geführt, daß das bürgerliche Rechts als Mittel zur Durchsetzung des Prinzips "der Verschmutzer bezahlt" wiederentdeckt wurde. In anderen Sektoren des Umweltschutzes beginnen Forderungen auf Entschädigung immer häufiger vorzukommen.

Hierbei kann man an folgende "Antragsteller" denken:
- Käufer von verunreinigten Baugrundstücken;
- Wasserversorgungsbetriebe, die verunreinigtes Grundwasser oder Oberflächenwasser übernehmen;
- Konkursverwalter und Banken, die zurückgelassene Abfallstoffe antreffen;
- Hafenbetriebe und Gewässerschutzbehörden, die verunreinigten Baggerschlamm abführen müssen;
- Eigentümer von Wäldern, die durch den sauren Regen angegriffen sind.

Zivilrechtliche Maßnahmen haben für den Staat in mancher Hinsicht Vorteile gegenüber verwaltungsrechtlichen oder strafrechtlichen Maßnahmen. Die Gründe dafür sind sowohl auf prozedualer (Verteilung der Beweislast usw.) als auch auf materieller Ebene (Vergütung des wirklichen Schadens) zu suchen. Man kann erwarten, daß das Zivilrecht in der nächsten Zeit noch weiter an Bedeutung zunimmt, z.B. auf der Ebene der Einhaltung von Umweltschutzgesetzen und des Verlangens nach finanziellen Sicherheiten für die Einhaltung von Umweltschutzregeln.

Die Durchberechnungsmaßnahmen scheinen demzufolge ein Startpunkt für die Implementierung eines der Ecksteine der (internationalen) Umweltschutzpolitik bis in das nächste Jahrhundert gewesen zu sein. Auf diese Weise wird noch in unserer Generation die in der Vergangenheit auf die Umwelt gezogene Hypothek (mit Zinsen) zurückbezahlt. Zu diesem Zweck bekommen die Verunreiniger jetzt dann doch die Rechnung präsentiert.

9.  LITERATURZITATE

Ministerium für Wohnungwesen, Raumordnung und Umwelt, Leitfaden Bodensanierung (Leidraad bodemsanering), 's-Gravenhage: SDU (1983-1990).

Lenkungsausschuß (1989, September) und Kabinetbeschluß (1990, May), Zehnjahres-Szenario Bodensanierung, Kammerstücke II 1989/90, 21556.

Bodenschutzgesetz / Interimgesetz Bodensanierung, Loseblattauagabe, mit Jurisprudenz, Lelystad: Koninklijke Vermande (1983-1990).

Meijenfeldt, H.G. von, Vernieuwing van de bodemsanering in de Verenigde Staten en in Nederland, Milieu en Recht (1987, December): 370-380; Bodemsanering: de Staat presenteert de rekening, motieven achter het kostenverhaal, Bestuur (1988, December): 316-320.

Schippers, E.C.M., De rol van de Staat bij verhaalsacties. In F.C.M.A. Michiels, Zand erover?: milieurecht in de advocatenpraktijk, Jonge Balie Congres, Zwolle: W.E.J. Tjeenk Willink (1989): 81-90.

# SCHADSTOFFBELASTETE INDUSTRIEGRUNDSTÜCKE IN DEN NIEDERLANDEN

L.J.J. GRAVESTEYN

MINISTERIUM FÜR WOHNUNGSWESEN, PHYSISCHE PLANUNG UND UMWELT, NIEDERLANDE

## EINFÜHRUNG

Unter den 650 000 Industriegrundstücken in den Niederlanden (dabei sind ehemalige Industriegrundstücke, die jetzt für nicht-industrielle Zwecke benutzt werden, nicht inbegriffen) besteht bei etwa 100 000 der Verdacht, daß sie mit Schadstoffen belastet sind. Schreibtischstudien führen zu der Annahme, daß in etwa 25 000 Fällen zu erwarten steht, daß die Belastung schwer genug ist, eine ernste Gesundheits- und Umweltgefährdung zu verursachen. Die Durchführung von Abhilfemaßnahmen wird deshalb als unbedingt notwendig angesehen. Einfache Sanierung ist jedoch nicht ausreichend; ausreichende Vorbeugungsmaßnahmen müssen getroffen werden, um erneute oder weitere Verschlechterung des Bodens zu verhindern.

## SANIERUNGSARBEITEN

Die Bodensanierungsarbeiten in den Niederlanden werden auf der Grundlage der (einstweiligen) Verfügung über Bodensanierung, 1973, durchgeführt und können als "unter Regierungsleitung" bezeichnet werden; die Provinzialverwaltungen entwickeln ein Bodensanierungsprogramm, das die dringendsten Fälle für Behandlung innerhalb der nächsten fünf Jahre umfaßt; sie führen dieses Programm auch durch (weitere Untersuchungen und Maßnahmen werden auf ihre Anordnung hin unternommen); die Behörden der Staats- und Gemeindeverwaltung sorgen für die finanziellen Mittel (und der Staat versucht, die Kosten vom Urheber der Schadstoffbelastung einzutreiben). Theoretisch ist es möglich, daß stark schadstoffbelastete Industriegrundstücke im Rahmen dieses Programms behandelt werden könnten. Aber die niederländische Regierung hat von Anfang an die Einstellung angenommen, daß die Verantwortung für die Sanierung von schadstoffbelasteten Industriegrundstücken von der Industrie selbst übernommen werden sollte, und erwartet, daß die Industrien die Bodensanierung ihrer eigenen schadstoffbelasteten Grundstücke aus eigener Initiative und auf eigene Kosten durchführen sollten (aber mit denselben Zielen, wie die vom Staat durchgeführten Arbeiten: Soweit wie möglich die ursprügliche multifunktionale Nutzbarkeit des Bodens wiederherzustellen).

Während der vergangenen Zeit sind in der Tat freiwillige
Maßnahmen auf einigen industriellen Grundstücken getroffen
worden, meistens veranlaßt durch das Eigeninteresse des
Eigentümers, wenn die Schadstoffbelastung seine eigenen
Nutzungmöglichkeiten der Grundstücke einschränkte. Der
größte Teil der schadstoffbelasteten Industriegrundstücke
ist jedoch unbehandelt geblieben.

1987 wurden die Industriellen ausdrücklich aufgefordert,
die Arbeiten kollektiv zu unternehmen, aber sie behaupteten,
daß das undurchführbar sei. 1989 begründete der Minister für
Wohnungswesen, physische Planung und Umwelt ein gemeinsames
nationales Komitee aus Regierung und Industrie, das einen
Plan für die Sanierung industrieller Grundstücke aufstellen
sollte, unter dem Management der betreffenden Industrien.
Das Komitee hat einen Zwischenbericht für das erste Stadium
dieser Arbeiten veröffentlicht. Die Industrietätigkeiten,
die das größt Risiko einer Schadstoffbelastung des Bodens
mit sich bringen, sind im allgemeinen identifiziert worden.
Von 1991 an und in den folgenden fünf Jahre werden die
Eigentümer solcher Grundstücke, auf denen derartige
Industrietätigkeiten durchgeführt werden, dazu verpflichtet
sein, eine Untersuchung des Bodens anzustellen. In jeder
Provinz der Niederlande soll eine gemeinsames Komitee aus
Industrie und Provinzialverwaltung zusammengestellt werden,
das die Aufgaben hat, dieses Programm zu fördern und dafür
zu sorgen, daß die Untersuchungen wirklich durchgeführt
werden. Sollte sich zeigen, daß ein Eigentümer nicht gewillt
ist daran mitzuwirken, kann er durch neue gesetzliche
Maßnahmen (in Vorbereitung) dazu gezwungen werden.

Die Provinzialverwaltungen müssen innerhalb einer
bestimmten Zeit über die Ergebnisse der Untersuchungen
informiert werden. Wenn diese Ergebnisse eine schwere
Schadstoffbelastung des Boden anzeigen, muß der Eigentümer
außerdem einen Vorschlag für die Sanierungsarbeiten unter-
breiten, die er durchzuführen beabsichtigt. Das gleiche
gilt, wenn der Eigentümer eines weniger stark schadstoffbelasteten Grundstücks aus eigenen Gründen die Durchführung
von Sanierungsarbeiten zur Verbesserung der Bodenqualität
für notwendig erachtet. Ein derartiger Vorschlag, der von
der Provinzialverwaltung genehmigt werden muß, kann wesentlich Vorteile bieten im Vergleich mit Sanierungsarbeiten
durch die Regierung. Er kann ein stufenweises Vorgehen
erlauben: Ausgraben oder Reinigung (von Teilen) des Bodens
zu Zeiten, die dem Eigentümer genehm sind (z.B. koordiniert
mit Bauarbeiten auf dem Grundstück oder mit Management-
entscheidungen). Inzwischen müssen Schutzmaßnahmen getroffen
werden, um eine weitere Ausbreitung der Schadstoffe zu verhindern, und diese Maßnahmen müssen einen Teil des Vor-
schlags bilden.

Das nationale Komitee soll folgendes formulieren:
- Vorschläge für Kriterien für eine stufenweises Vorgehen

- Vorschläge zur Standardisierung bei der Bewertung von Umweltfaktoren und technischen und finanziellen Faktoren in Bezug auf Entscheidungen über die durchzuführenden Sanierungsarbeiten.
- Vorschläge für finanzielle Unterstützung in Fällen, wenn die Kosten der Sanierungsmaßnahmen wahrscheinlich eine ernsthafte Bedrohung für die Existenz der Firma bilden würden.

Das nationale Komitee soll Anfang 1991 Bericht über diese Angelegenheit erstatten. Einige Einzeheiten werden wahrscheinlich schon im Dezember 1990 zur Veröffentlichung verfügbar sein (Arbeitsgruppe W 1).

VORBEUGENDE MASSNAHMEN

Abschnitt 14 des Bodenschutzgesetzes enthält eine allgemeine Verfügung, daß eine Person, die weiß oder von der berechtigterweise erwarten werden kann, daß sie weiß daß ihre Unternehmungen wahrscheinlich eine Schadstoffbelastung des Bodens verursachen könnten, dann verpflichtet ist, die erforderlichen Schutz- bzw. Sanierungsmaßnahmen zu treffen. In einigen allgemeinen Verwaltungsverordnungen (AVV), die auf dem Belästigungsgesetz beruhen und Regelungen für einen Industriesektor enthalten, sind diese Verpflichtungen mit mehr Einzelheiten wiederholt. AVV auf der Grundlage der Abschnitte 8-13 des Bodenschutzgesetzes (derartige AVV sollen die Regelungen im Interesse des Bodenschutzes bei verschiedenen Unternehmungen festlegen, wie z.B. Abladen von festen Abfallstoffen, Abladen von flüssigen Abfallstoffen, Lagerung) dienen dem gleichen Zweck. Die Regierung hat vor kurzer Zeit bekanntgemacht, daß sie neue AVV auszuarbeiten gedenkt, in denen die Verpflichtung festgelegt wird, Untersuchungen der Bodenqualität durchzuführen (und nach einer gewissen Zeit zu wiederholen), und darüber an die Ortsverwaltung zu berichten. Diese AVV zielen vor allem auf solche industriellen Unternehmungen hin, die ein starkes Risiko der Schadstoffbelastung mit sich bringen.

DER ÖFFENTLICHE BEDARF NACH NEUEN VERFAHREN ZUR BODEN-
SANIERUNG

S.H. BRUNEKREEF

## 1. EINLEITUNG

Seit 1984 hat der Umfang der Bodensanierung in den Niederlanden stark zugenommen. Seitdem sind verschiedene Probleme aufgetaucht und gelöst worden. Ein bedeutendes Problem bleibt aber immer noch das Funktionieren der Marktmechanismen auf dem Sanierungsmarkt. Dabei lassen sich zwei Kernprobleme unterscheiden:

a. Die Kontrolle über den Fluß des kontaminierten Bodens;
b. Die Sanierungstechnik ist komplex.

Zur Verbesserung des Bodenentsorgungsmarktes wurden unterschiedliche Möglichkeiten erwogen. Von der niederländischen Regierung, den zwölf Provinzen und den Gemeinden wurden Pläne zur Gründung eines Dienstleistungszentrums zur Bodensanierung (S.C.G.) ausgearbeitet.
Im Herbst 1988 einigten sich die drei beteiligten Parteien auf die Gründung des S.C.G., mit dessen Realisierung danach begonnen wurde; seit 1989 ist das S.C.G. in Betrieb.
Nach der Entdeckung der großflächigen Verschmutzungen im Jahre 1980 wird versucht, das Ausmaß des Problems abzuschätzen.
Zuerst wurde eine Bestandsaufnahme der Fälle durchgeführt, in denen die Verunreinigung so stark war, daß sie eine ernste Bedrohung der Umwelt und der öffentlichen Gesundheit darstellte; die Finanzierung dieser Projekte wurde von der Staatsregierung und den Gemeinden übernommen. Das Ausmaß der Bodenverschmutzung in den Niederlanden ist von verschiedenen Fachleuten geschätzt worden. Auf Grundlage der Erfahrungswerte werden den Altlasten dann Kostenschätzungen (in Dfl. 1000000,00) zugeordnet.
Das S.C.G. hat eine Bestandsaufnahme des in den nächsten Jahren anfallenden Bodens erstellt. Auf Grundlage dieser Bestandsaufnahme wird erwartet, daß der Anteil des mit Schwermetallen kontaminierten Bodens am Gesamtaufkommen etwa 15% betragen wird; mit Zyaniden und Öl kontaminierte Böden machen weitere 15% aus; die Gesamtheit der bereits genannten

Schadstoffe etwa 60%; und die restlichen Verunreinigungen etwa 10%.

Voraussichtlich werden etwa 25% dieses Aufkommens nach dem heutigen Stand der Technik nicht behandelt werden können. Ausgehend von diesen Ergebnissen muß festgestellt werden, daß die gegenwärtige Kapazität an thermischen Verbrennungsanlagen in den Niederlanden zwar mehr als ausreichend ist, daß aber ein dringender Bedarf nach größeren Kapazitäten bei Extraktionsanlagen und nach neuen Verfahren besteht.

Die biologischen Verfahren sind bisher nicht Gegenstand der Diskussion gewesen. Biologische Verfahren sind im Prinzip aber nützlich, wenn es um die kostengünstige Sanierung ölverschmutzter Böden geht.

Die meisten Bodensanierungen sind im Rahmen des IBS durchgeführt worden. Seit 1989 nehmen Sanierungsvorhaben außerhalb des IBS erheblich zu, teilweise weil die lokalen Behörden Bauland benötigen. Aber auch Handel und Industrie nehmen das Problem der Bodenverschmutzung immer mehr zur Kenntnis und ergreifen Maßnahmen dagegen.

In dem Memorandum "Zehnjahres-Szenario Bodensanierung" wurde stark dafür plädiert, daß nach der Sanierung der Verunreinigungen aus der Vergangenheit zukünftige Verunreinigungen vermieden werden müssen.

Auf dem Gebiet der Bodensanierung besteht ein Bedarf nach drei unterschiedlichen Entwicklungen:

1. Die Entwicklung preiswerterer Verfahren insbesondere für die gründliche Sanierung leichtverschmutzter Böden.
2. Die Entwicklung von Verfahren zur Beseitigung komplexer Verunreinigungen, und zwar in einem akzeptablen Kostenrahmen.
3. Die Entwicklung von biologischen Verfahren zur Sanierung von Böden mit einem hohen Gehalt an organischen Substanzen.

Aber auch für die vorhandenen Verfahren gilt, daß sie kontrolliert werden müssen, damit die Ergebnisse so optimal wie nur möglich sind.

Da Bodenverunreinigungen aus einer Vielzahl von spezifischen Quellen stammen, ist ein umfassender Ansatz erforderlich. In diesem Zusammenhang ist an die noch genutzten Industriegelände zu denken, an genutzte und geschlossene Deponien, an Flußbetten und Kanalsohlen usw., sowie an die unterirdische Infrastruktur (Speichertanks und Kanalisation).

Es werden aber nicht nur Verunreinigungen diskutiert, die eine ernste Bedrohung der Umwelt und der öffentlichen Gesundheit darstellen; auch Verunreingungen, die ihrerseits eine Quelle weiterer Verunreingungen bilden, spielen eine wichtige Rolle.

Im Falle von Bodenverunreinigungen ist der betreffende Eigner für die Wahl des Sanierungsverfahrens verantwortlich. Die Staatsregierung legt die allgemeine Strategie fest, die Provinzialregierung wirkt koordinierend, und die örtlichen Behörden sind die ausführenden Organe (Gesetz über Belästigungen, Baubestimmungen).

Das Ziel der sogenannten Umweltmaßnahmen besteht in der Sanierung der vorhandenen Bodenverunreinigungen.

Die umweltbezogene Dringlichkeit ist durch die Gefahr definiert worden, daß die funktionale Qualität des Bodens für Menschen, Tiere und Pflanzen gemindert oder bedroht wird.

Dabei spielen nicht nur die Art und Konzentration der Verunreinigung sowie die lokale Situation eine Rolle, sondern auch die aktuelle Verwendung des Bodens.

Im Falle diffuser Verunreinigungen hat man es im allgemeinen mit geringeren Konzentrationen zu tun, die über größere Flächen ausgebreitet sind. Insbesondere die diffusen Verunreinigungen in ländlichen Gebieten dürfen sich nicht weiter ausbreiten.

In städtischen Gebieten muß bevorzugt der Risikoansatz zur Entscheidung der Frage herangezogen werden, wie mit dem Boden umgegangen werden soll: Sanierung, Änderung der Landnutzung, öffentliches Grün usw..

Die Flußbetten bilden einen eigenständigen Problemkreis, der in engem Zusammenhang mit der Güte des Oberflächenwassers steht.

Das wichtigste Kriterium, das das S.C.G. zu Vergleichszwecken nutzt, sind die Ergebnisse, die mit den verschiedenen Sanierungsunternehmen in der Vergangenheit erzielt worden sind. Da das S.C.G. an einem Großteil der Sanierungen beteiligt war, kann das S.C.G sehr effektiv beurteilen, ob ein bestimmtes Verfahren eingesetzt werden kann, und welche Unternehmen es mit guten Ergebnissen umsetzen können. Dabei trifft das S.C.G. mit den Unternehmen Vereinbarungen, um die verfügbare Kapazität so gut wie möglich zu nutzen.

In einer großen Zahl von Fällen kann vorab nicht geklärt werden, ob eine Sanierung möglich ist.

In diesem Fall beauftragt das S.C.G. ein oder mehrere Unternehmen mit der Durchführung eines Experimentes (bezahlt). Das Ergebnis des Experimentes beeinflußt die Entscheidung: eine Sanierung ist möglich oder nicht.

Manchmal ist die Sanierung zwar möglich, es fehlen aber Sanierungskapazitäten. In diesem Fall wird die Charge zeitweilig in ein Zwischenlager gebracht.

SUPERFUND - ERGEBNISSE UND ERFAHRUNGEN BEI DER SUCHE NACH NEUEN LÖSUNGEN FÜR ALTE PROBLEME.

WALTER W. KOVALICK, JR.
DIREKTOR DES TECHNOLOGICAL INNOVATION OFFICE
U.S. ENVIRONMENTAL PROTECTION AGENCY

1. EINFÜHRUNG

Nach der Aufnahme von über zweiunddreißigtausend Deponien mit potentiell gefährlichen Abfallstoffen in das Superfund-Kataster und zehn Jahre nach Inkrafttreten der ersten Verordnung, die sich mit aufgegebenen Deponien für gefährlichen Sondermüll und mit schadstoffbelasteten Böden befaßt, hat die Umweltbehörde der Vereinigten Staaten (EPA = Environmental Protection Agency) ein Programm entwickelt, das die Sanierung von Deponien für gefährlichen Sondermüll aus dem Anfangsstadium zur vollen Entfaltung bringt. 1980 wurde noch angenommen, daß ein Sanierungsprogramm schnell durchführbar sei, und daß die Mehrzahl der Deponien innerhalb von fünf Jahren saniert sein würden. Heute, nach den Ergänzenden Verordnungen und der Neuautorisierung des Superfunds 1986 (SARA = Superfund Amendments and Reauthorization Act) umfaßt das Programm Forschungsarbeiten, die Entwicklung von Technologien und andere Elemente, deren entscheidende Bedeutung für die dauerhafte Sanierung anerkannt ist. Das Sanierungsprogramm ist bis zum Stadium der Deponiebehandlung fortgeschritten, in dem die Arbeiten an den am stärksten mit gefährlichem Sondermüll belasteten Deponien der Hauptgegenstand unserer Tätigkeit sind.

Einer der Wendepunkte bei der Entwicklung des Superfund-Programms war eine kürzliche erschienene Selbstdarstellung der EPA, "Eine Managementbewertung des Superfundprogramms", die 1989 fertiggestellt wurde. Diese Übersicht, die kurz nach dem Eintritt des Administrators William Reilly erstellt wurde, enthielt eine Reihe von Empfehlungen für Verbesserungen des gesamten Programms der EPA in sieben Bereichen. Die Übersicht, die von mehr als 125 Mitarbeitern der EPA erstellt wurde, über 150 Seiten füllt und üblicherweise 90-Tage-Studie genannt wird, erkannte die Wichtigkeit, Sanierungsarbeiten an den kritischsten Sondermülldeponien zu priorisieren und ein einheitliches Vorgehen bei Entscheidungen über Sanierungsarbeiten im ganzen Land zu fördern.

Die 90-Tage-Studie legte eine EPA-Strategie für das Superfundprogramm fest, die sich darauf konzentriert, die schlimmsten Altlasten zuerst zu behandeln, um die Quellen unmittelbarer Gefährdung zu beseitigen und dann, auf der Grundlage von Prioritäten, die Quellen für langfristige Gefährdungen in Angriff zu nehmen. In dieser Strategie verstärkt die EPA Behandlung und innovative Technologien für die Sanierung von Altlasten und konzentriert dabei die verfügbaren Mittel jeweils auf die Altlasten, deren Zustand die größte Gefährdung der menschlichen Gesundheit und der Umwelt bildet.

Ein im Hinblick auf die Festlegung von Verordnungen wesentlicher Meilenstein des Programms wurde im Februar 1990 erreicht, als die EPA die endgültige Ausgabe des Notfallplans für Öl und gefährliche Materialien (National Oil and Hazardous Substances Contingency Plan) veröffentlichte. Diese Verordnung bildet die organisatorische, technische und rechtliche Grundlage für die Arbeiten des nationalen Sanierungsprogramms für die Sonmdermülldeponien. Sie definiert die Rollen und Verantwortlichkeiten sowohl der Bundes- und Landesregierungen als auch der Firmen und anderen Stellen, die für die Begründung von Superfund-Altlasten verantwortlich sind.

Ein wesentliches Arbeitsziel des Superfundprogramms, das im Notfallplan für Öl und gefährliche Materialien klar ausgesprochen wurde, ist die Suche nach langfristigen und dauernden Lösungen für das Problem der giftigen Abfallstoffe durch Förderung der Anwendung von Behandlungstechnologien für solche Stoffe. Der o.a. Notfallplan für Öl und gefährliche Materialien betont in der Tat, daß Sanierung durch Behandlung gegenüber einer Sanierung ohne Behandlung bevorzugt werden soll. Außerdem empfiehlt der Plan dringlich die Anwendung innovativer Technologien, um die Entwicklung neuer Methoden für langfristigen Schutz zu fördern. Es ist durchaus möglich, daß dieser Punkt der Schlüssel zum Erfolg für das Superfundprogramms ist.

## 2. DAS SUPERFUNDPROGRAMM

Derzeit sind mehr als zwölfhundert Deponien mit gefährlichem Sondermüll in der nationalen Prioritätenliste (NPL = National Priorities List) aufgeführt; das sind die Deponien, für die Mittel für Bundesvollstreckungsmaßnahmen und Bundesfinanzen angewendet werden sollen. Nahezu ein Drittel dieser Altlasten auf der nationalen Prioritätenliste haben das Endstadium des Sanierungsprozesses erreicht: Wahl der Sanierungsmethode beendet; Anlagenentwurf im Gange oder tatsächliche Konstruktionsarbeiten in Gange. (Siehe Abb. 1.)

Im Rahmen des Superfundprogramms können zwei Arten von Maßnahmen getroffen werden: Beseitigung oder Sanierung. Beseitigung ist eine kurzfristige Maßnahme mit dem Zweck, akute oder dringende Gefahren durch die Abgabe oder die drohende Abgabe gefährlicher Stoffe an die Umwelt abzuwenden. Sanierungsmaßnahmen sind längerfristige Maßnahmen, die allein oder zusätzlich zu Beseitigungsmaßnahmen getroffen werden, um die Abgabe von gefährlichen Stoffen zu verhindern oder zu vermindern, und eine Lösung für die vor Ort bestehenden Gefahren zu bieten. Diese Maßnahmen werden entweder durch den Superfund geleitet (d. h. die Bundesregierung oder eine Landesregierung als Partner führt die

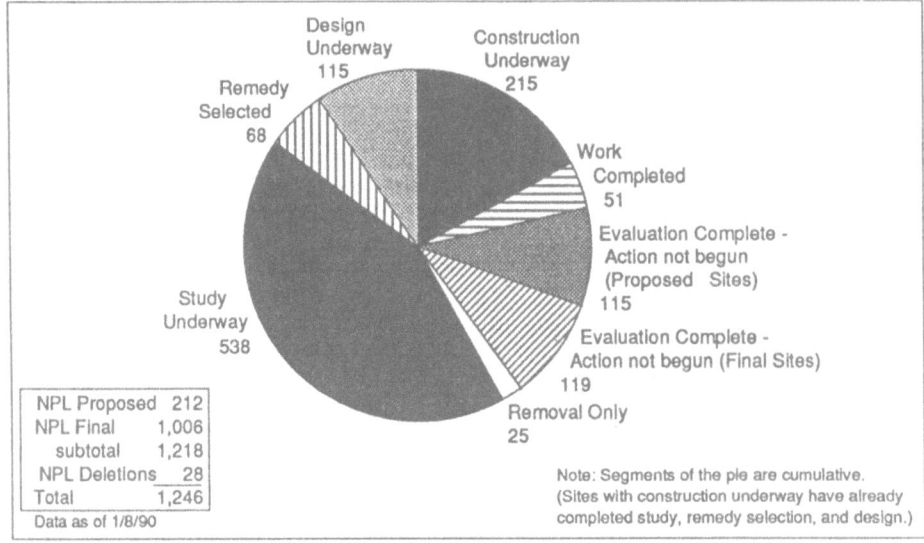

Abbildung 1. Bei den meisten Altlasten der Nationalen Prioritätenliste (NPL) ist mit der Arbeit begonnen worden

Legende:   Study Underway - Untersuchung im Gange
Remedy Selected - Technologie gewählt
Design Underway - Entwurf in Arbeit
Construction Underway - Arbeiten aufgenommen
Work Completed - Arbeiten beendet
Evaluation Complete - Bewertung beendet
Action not begun Proposed Sites) - Arbeiten noch nicht begonnen (Vorgeschlagene Altlasten)
Final Sites - Angenommene Altlasten
Removal only - Nur Beseitigung
Note: ... - Anmerkung: Die Sektoren des Kreisdiagramms sind additiv. (Altlasten, bei denen mit der Arbeit begonnen wurde, haben bereits die Stadien Untersuchung, Auswahl der Technologie und Entwurf durchlaufen.)

NPL Proposed - Für die NPL vorgeschlagen
NPL Final - In die NPL aufgenommen
subtotal - Zwischensumme
NPL Deletions - Aus der NPL gestrichen
Total - Insgesamt
Data as of ... - Stand der Daten: 8. 1. 90

Sanierung aus) oder zwangsweise durchgeführt (die wahrscheinlich verantwortliche Stelle (Potentially Responsible Party) führt die Sanierung aus). Die Entscheidung, wer eine bestimmte Maßnahme ausführen soll, wird davon bestimmt, ob die verantwortlichen Parteien bereitwillig und auffindbar sind, und von anderen Überlegungen, wie z.B. Beteiligung der Landesregierung. Eine wesentliche Verpflichtung nach der 90-Tage-Managementuntersuchung war die Annahme einer "Vollstreckungen zuerst"-Strategie bei Altlasten. Diese Vorgehensweise stellt sicher, daß den verantwortlichen Stellen zunächst die Gelegenheit geboten wird, Altlastenuntersuchungen und Sanierungsarbeiten durchzuführen, ehe die Bundesgelder ausgegeben werden. Um dem Notfallplan eine Perspektive zu geben, ist es nützlich, den Vorgang der Aufnahme in die Liste zu betrachten.

Nachdem die EPA über eine wahrscheinlich betroffene Altlast informiert worden ist, wird ein ausführlicher Bewertungsvorgang durchgeführt, um die Wahrscheinlichkeit einer Gefahr von Gesundheits- oder Umweltschäden zu ermessen. Nach einer anfänglichen Bewertung (PA = preliminary assessment) und einer Ortsbesichtigung (SI = site inspection), die gewöhnlich Probenahmen vor Ort mit einschließt, wird die Altlast unter Benutzung des Gefahrenklassensystems (Hazard Ranking System) bewertet. Bei einer Altlast, die nach der anfänglichen Bewertung und Ortsbesichtigung nicht für weitere Maßnahmen ausgewählt wird, trifft die Bundesregierung keine weiteren Maßnahmen, obwohl die Landesregierung beschließen kann, außerhab des Superfundprogramms Maßnahmen in Bezug auf das auf dieser Altlast bestehende Risiko zu treffen. (Das Gefahrenklassensystem wurde von der EPA entwickelt, um eine operationelle Definition für solche Altlasten zu erhalten, die in die nationale Prioritätenliste aufgenommen werden sollen.) Wenn die Gefahrenklassen-Punktzahl für die Altlast 28,5 oder höher ist, so wird Aufnahme der Altlast in die nationale Prioritätenliste vorgeschlagen, und die Altlast kommt auf das Sanierungs-"Fließband". Altlasten, die unter den vorgeschlagenen oder endgültigen Regeln in die nationale Prioritätenliste aufgenommen werden (Abb. 1), sind für Sanierungsarbeiten vorgesehen.

## 2.1 Revision des Gefahrenklassensystems
Eine der ständig voranschreitenden Aufgaben in der EPA in den Jahren 1989 und 1990 war die Revision des Gefahrenklassensystems. EPA veröffentlichte die vorgeschlagenen Änderungen des Gefahrenklassensystems im Dezember 1988. Diese Änderungsvorschläge machen das Klassensystem zu einem umfassenderen System, das präziser in der Bewertung von Schadstoffkonzentrationen, der Giftigkeit von Schadstoffen und von Aussetzungsgefahren ist. Das revidierte Gefahrenklassensystems berücksichtigt neue Pfade der Aussetzung -

die menschliche Ernährungkette und direkte Aussetzung - und macht die Definition von "empfindlichen Umweltbereichen" umfassender. Außerdem berücksichtigt das revidierte Gefahrenklassensystem sowohl akute wie auch chronische Auswirkungen auf die Gesundheit.

Die EPA führte ein Feldtestprojekt in zwei Phasen durch, um die Anwendbarkeit der Gefahrenklassensystem-Vorschläge zu beurteilen. Die Ergebnisse der ersten Phase dieses Feldtestprojekts wurden zur Durchsicht und Kommentierung veröffentlicht.

Die EPA hat über einhundertfünfzig Briefe mit Kommentaren erhalten, sowohl zu den vorgeschlagenen Änderungen des Gefahrenklassensystems als zuch zu den Resultaten des Feldtestprojekts. Während des vergangenen Jahrs hat die EPA die Aufgabe in Angriff genommen, die Kommentare zu analysieren und zu beantworten. Die EPA erwartet, die Beantwortung der Kommentare und Veröffentlichung des revidierten Gefahrenklassensystems im Frühsommer des Jahres 1990 beendet zu haben.

## 2.2 Größere Beteiligung der Bevölkerung: Technische Beihilfen

Ein wichtiger Abschnitt der 90-Tage-Untersuchung befaßte sich mit der Notwendigkeit, größere Anteilnahme der Bevölkerung zu fördern, durch Erweiterung von Programmen zur Information des Publikums und dadurch, daß die Bevölkerung mehr an der Wahl der Sanierungsmaßnahmen beteiligt wird.

Abschnitt 227(e) der ergänzenden Verordnungen und Neuautorisierung des Superfunds ermächtigt die EPA, technische Beihilfen (technical assistance grants) von bis zu $50 000 für Personengruppen zu gewähren, um Hilfe bei der Interpretation von Informationen über die Arbeiten an Superfund-Altlasten zu erhalten. Im März 1988 veröffentlichte die EPA eine vorläufige Fassung der endgültigen Regelung, in der die Erfordernisse des Programms für technische Beihilfe diskutiert wurden. Während des vergangenen Jahrs hat die EPA diese vorläufige Fassung der endgültigen Regelung überarbeitet und mehrere Änderungen daran vorgenommen. Im Dezember 1989 veröffentlichte die EPA die Zusätze zur vorläufigen Fassung der endgültigen Regelung.

Während des Haushaltsjahres 1989 gewährte die EPA 26 Beihilfen an 23 verschiedene Bürgergruppen, die mit Altlasten der nationalen Prioritätenliste assoziiert sind. Viele weitere Beihilfen werden z. Zt. bearbeitet. Ein direktes Resultat dieses Programms ist, daß Bürgergruppen den Superfundprozeß besser verstehen und ein verbesserter Informationsaustausch zwischen der EPA und der Bevölkerung besteht.

## 2.3 Der Sanierungsvorgang

Während des Haushaltsjahrs 1989 (Oktober 1988-September 1989) hat das Superfundprogramm wesentliche Fortschritte gemacht durch Vermehrung der Anzahl der im Gange befindlichen Sanierungsarbeiten. Mehr Altlasten als in irgendeinem der früheren Haushaltsjahre kamen auf das Superfund-Fließband und wurden bearbeitet. Sanierungsarbeiten setzen ausgedehnte Untersuchungen voraus, um die bestgeeignete Sanierungsmethode auszuwählen, und ihre Durchführung kann mehrere Millionen Dollar kosten. Der Sanierungsprozeß verläuft in mehreren Stadien: Nachdem eine Altlast in die nationale Prioritätenliste aufgenommen ist, wird eine Untersuchung/Durchführbarkeitsstudie (remedial investigation/ feasibilty study) für vor Ort durchgeführt. Alternative Vorschläge für die langfristige Sanierung der Altlast werden entwickelt und bewertet, und ein empfehlenswertes Verfahren wird identifiziert. Danach wird von der EPA ein Entscheidungdokument (record of decision) unterzeichnet, und die Altlast tritt in das Sanierungsentwurfsstadium (remedial design) ein. Wenn der Sanierungsentwurf erstellt ist, beginnen die Sanierungsarbeiten (remedial action) auf der Altlast. Nach Beendigung der Sanierungsarbeiten, aber noch ehe die Altlast von der nationalen Prioritätenliste gestrichen wird, kontrolliert die EPA die Altlast um sicherzustellen, daß die Sanierungsstandardsforderungen weiterhin eingehalten werden.

Früher wurde der Erfolg des Superfundprogramms ausschließlich nach der Anzahl von Altlasten bewertet, die aus der nationalen Prioritätenliste gestrichen wurden. Bisher sind 28 Streichungen aus der Prioritätenliste vorgenommen worden. Dieser Erfolgsmaßstab berücksichtigt jedoch nicht den komplexen und folglich langfristigen Charakter der Probleme auf solchen Altlasten (besonders bei Grundwasser); es dauert viele Jahre, bis eine Altlast aus der nationalen Prioritätenliste gelöscht werden kann. Deshalb sollte der Erfolg des Superfundprogramms besser dadurch bemessen werden, wie schnell die Altlasten die aufeinanderfolgenden Stationen des Superfund-Sanierungsfließbandes durchlaufen. Außerdem entwirft die 90tägige Studie Pläne für die EPA, <u>Umweltindikatoren</u> (d. h. Maßstäbe einer tatsächlichen Verbesserung des Umwelt- oder Gesundheitszustandes oder gleichwertige Maßstäbe) zu benutzen, im Gegensatz zu den traditionellen Maßstäben der Konstruktionsfortschritte.

Im Juli 1989, drei Monate vor dem Stichtag, erfüllte die EPA den Terminplan der ergänzenden Verordnung und Neuautorisierung des Superfunds für den Beginn der technischen Untersuchungen/Durchführbarkeitsstudien auf 275 Altlasten. Überdies war die EPA am Ende des Haushaltsjahrs planmäßig bereit, die Anforderungen der Ergänzenden Verordnung und Neuautorisierung des Superfunds für die Inangriffnahme von Sanierungsarbeiten an 175 neuen Altlasten zu erfüllen, und übertraf diese Erwartungen sogar durch die Inangriffnahme von Sanierungsarbeiten an 178 neuen Altlasten Mitte Oktober. Am Ende des Jahres lag tatsächlich ein vorraussichtlicher

Überschuß an Projekten vor, die für die Konstruktionsphase der Sanierungsarbeiten bereit waren. Deshalb mußte die EPA im Haushaltsjahr 1990 zum ersten Mal Dringlichkeitsgrade für die Finanzierung von Bauprojekten aufstellen. Mit den verfügbaren Mitteln für das Haushaltsjahr 1990 (etwa 300 Millionen Dollar) könnten die vorraussichtlich nicht finanzierbaren Projekte sich auf zweimal so viele belaufen.

Besonders bemerkenswert ist auch der Erfolg des Vollstreckungsprogramms der EPA. Dieses Programm führt die Indentifizierung der wahrscheinlich verantwortlichen Stellen durch, die zu Sanierungsarbeiten verpflichtet sind, und verhandelt mit diesen wahrscheinlich Verantwortlichen, um sie zur Durchführung von Untersuchungen und Sanierungsarbeiten zu veranlassen. Wenn die Verhandlungen erfolgreich sind, ist die EPA verpflichtet, die Arbeiten der verantwortlichen Stelle zu überwachen. Wenn die Verhandlungen keinen Erfolg haben, kann die EPA gegenüber der verantwortlichen Stelle anordnen, die Arbeiten durchzuführen, und wenn die Arbeiten nicht erfolgreich durchgeführt werden, kann die EPA Superfund-Treuhandgelder zur Sanierung des Geländes benutzen. Die EPA kann dann die Verantwortlichen gerichtlich belangen, um die verausgabten Regierungsgelder ersetzt zu bekommen.

Das vergangene Jahr war ein sehr gutes Jahr für die Vollstreckungsmaßnahmen der EAP. Der Gesamtwert aller Verantwortlichkeitsbegleichungen im Haushaltsjahr 1989 war mehr als 1 Milliarde Dollar - mehr als die Summe beider vorangehenden Jahre.

Die Superfund-Vollstreckungsmaßnahmen vermehrten die Beteiligung der verantwortlichen Stellen im Haushaltsjahr 1989 durch die Anwendung von konventionellen Abkommen wie auch de-minimis-Abkommen, sowie Abkommen über gemischte Finanzierung. Im Haushaltsjahr 1989 wurden insgesamt 13 de-minimis-Abkommen getroffen, in Form von Zustimmungsverordnungen oder Verwaltungsverordnungen über Zustimmung. Das ist eine Erhöhung der Anzahl der de-minimis-Abkommen um 160 Prozent gegenüber dem Vorjahr. Im selben Jahr wurden vier Abkommen über Mischfinanzierung getroffen, mit einem Gesamtwert von 69 Millionen Dollar. (Mischfinanzierung erlaubt es den zustimmenden verantwortlichen Stellen, ihre Mittel gemeinsam mit denen der EPA zur Sanierung der Altlasten anzuwenden, während verantwortliche Stellen, die ein Abkommen verweigern, gerichtlich belangt werden können.)

3. ANWENDUNG INNOVATIVER TECHNOLOGIEN BEI DER SANIERUNG VON SUPERFUND-ALTLASTEN

Die Anwendung neuer und innovativer Technologien bei der Sanierung von Superfund-Altlasten könnte durchaus maßgeblich für den Erfolg des Superfund-Programms sein. Die 90tägige Studie erkannte die Bedeutung dieses Sachverhalts an und forderte die Gründung einer besonderen Dienststelle der EPA, die mit der Verantwortung für die Anregungen zur Anwendung neuer Technologien auf den Superfund-Altlasten beauftragt werden sollte. Die Dienststelle für Innovative Technologien wurde dieses Jahr gegründet und soll sowohl mit öffentlichen als auch mit privaten Stellen gemeinsam an der Erfüllung dieses Ziels arbeiten.

Zur Formulierung der Ziele dieser Dienststelle war es zunächst notwendig, eine Strategie zu entwerfen, um die Hindernisse zu beseitigen, die der weitgehenden Anwendung neuer Technologien entgegenstehen. Diese Hindernisse werden durch Verordnungen, Mangel an Informationen und durch Gewohnheit verursacht.

Behinderungen durch Verordnungen werden im wesentlichen durch die Regelungs- und Zulassungsvoraussetzungen der Verordnung zur Einsparung und Einziehung von Mitteln der Sondermüll-Verordnung der USA verursacht. Wir versuchen z. Zt. die Auswirkungen unserer eigenen Behandlungs- und Zulassungsverordnungen zu untersuchen und uns mit ihnen auseinanderzusetzen und Vorschläge zu machen, die es den an der Entwicklung neuer Technologien beteiligten Institutionen erleichtern sollen, Tests mit gefährlichem Sondermüll auf anderen als Superfund-Altlasten durchzuführen.

Mangel an Informationen behindert die Wahl von Technologien, deren Leistungsfähigkeit, Kosten und Zuverlässigkeit noch nicht völlig erwiesen ist. Wir arbeiten z. Zt. mit unserem Forschungs- und Entwicklungsamt an einem neuen Programm. in dessen Rahmen die Bundesregierung und die Entwickler neuer Technologien gemeinsam die Bewertung solcher neuen Technologien durchführen. Es werden keine Geldmittel zwischen der Bundesregierung und dem privaten Sektor ausgetauscht; die Technologieentwickler mobilisieren und betreiben ihre eigenen Anlagen, während die EPA die Probenahmen und Leistungsbewertungen übernimmt. Für beide Stellen sind die resultierenden hochwertigen Daten, die dann für das Treffen von Entscheidungen zur Verfügung stehen, von Nutzen. Außerdem formuliert die Dienststelle für Innovative Technologien Initiativen für die bessere Definition des Superfund-Markts und zur Bereitstellung von Informationen über die Angebote der Lieferfirmen für die Mitarbeiter der EPA und die ihnen behilflichen beratenden Ingenieure.

Gewohnheit als ein Hindernis wurzelt in der menschlichen Natur: Die Menschen sind nicht geneigt, unnötige Wagnisse zu übernehmen. Die Mitarbeiter der EPA sehen oft nicht, daß das Erproben neuer Methoden hinreichende Vorteile bieten könnte, oder private Beratungs- und Ingenieursbüros sind oft nicht gewillt, ihren Ruf und die Mittel ihrer Firma durch Anwendung unerprobter Technologien aufs Spiel zu setzen. Von der Dienststelle für Innovative Technologien geförderte Verbreitungsinitiativen haben zum Ziel, mehr Schulungsprogramme zu ermöglichen und Anreize zur Überwindung der Hindernisse zu geben.

Warum führt die EPA eine Programm für die Anwendung neuer Technologien durch? Sie hat drei Gründe dafür: Die Superfundgesetzgebung, die großen Kosten der Sanierungsarbeiten und den langfristigen Charakter des Superfundprogramms.

Die Nachträge zur Superfundgesetzgebung (SARA) im Jahr 1986 machten die Unzufriedenheit des US-Kongresses mit den anfänglichen Altlastsanierungen deutlich, die ausschließlich aus Maßnahmen zum Einschluß und/oder zur Verlagerung der Schadstoffe an andere Orte bestanden. Obwohl wir jetzt mehr und andere Behandlungsmethoden benutzen, ist der Bedarf nach Entwicklung besserer Verfahren offensichtlich, und die EPA bewegt sich in diese Richtung.

1987 waren nahezu 80% der Behandlungsmethoden für die Kontrolle der Schadstoffquellen auf Altlasten konventioneller Art, d. d. Verbrennung und Verfestigung/Stabilisierung. Demgegenüber waren im vergangenen Jahr weniger als 50% der angewendeten Technologien konventioneller Art. Die EPA versucht, den Trend zu größerer Verschiedenheit der Technologien und zur Anwendung innovativer Technologien zu fördern - vorzugsweise in Behandlungsfolgen. Solche Technologien umfassen: Bodenwäsche, in-situ-Vakuumabsaugung, Desorption bei niedrigen Temperaturen, chemische Extraktion und biologische Sanierung. (Siehe Abb. 2 für eine Beschreibung der im Haushaltsjahr 1989 gewählten Sanierungsmethoden zur Kontrolle von Schadstoffquellen.) Außerdem wurden im vergangenen Jahr fünf biologische Technologien zur in-situ-Behandlung von schadstoffbelastetem Grundwasser ausgewählt.

Die Kosten von Sanierungen sind hoch. Die EPA erwartet, daß die öffentlichen/privaten Kosten für die Sanierung der über zwölfhundert Altlasten der nationalen Prioritätenliste 30 Milliarden Dollar betragen wird. Das ist tatsächlich nur ein kleiner Teil der gesamten nationalen Sanierungskosten, wenn man Kostenprojektionen betrachtet, die die Kosten für die Bundes- und Landesregierungen und die Bezirksverwaltungen und die Kosten für den privaten Sektor mit einschließen.

Im vergangenen Jahr wurden zwanzig Sanierungen durch den Superfund zur Kontrolle von Schadstoffquellen ausgewählt, und die voraussichtlichen Kosten sind jeweils mehr als 30 Millionen Dollar. In allen vorherigen Jahren des Programms fielen nur insgesamt dreiundzwanzig Altlasten in diesen Kostenbereich. Außerdem sind, wie bereits erwähnt, die Sanierungsbemühungen der EPA in diesem Jahr "durch Geldmittel eingeschränkt", insofern als wir nicht in der Lage sind, alle Sanierungsprojekte, die für den Beginn der Konstruktionsarbeiten bereit sind, zu finanzieren. Diese Situation wird höchstwahrscheinlich in der Zukunft bestehen bleiben.

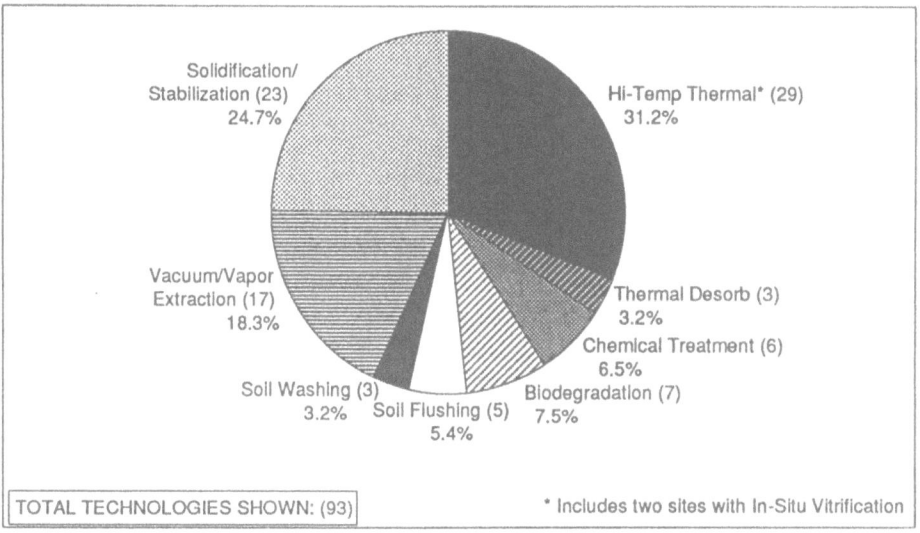

Abbildung 2. Zusammenstellung der Behandlungstechniken - Haushaltsjahr 89

Legende: Solidification/ Stabilization - Verfestigung/ Stabilisierung
Hi-Temp Thermal* - Thermische Hochtemperatur-Behandlung*
Thermal Desorb - Thermische Desorbierung
Chemical Treatment - Chemische Behandlung
Biodegradation - Biologischer Abbau
Soil Flushing - Bodenspülung
Soil Washing - Bodenwaschung
Vacuum/ Vapor Exraction - Vakuum/ Dampfextraktion
*Includes two sites ... - Einschließlich von zwei Altlasten mit in-situ-Verglasung
TOTAL TECHNOLOGIES SHOWN - INSGESAMT GEZEIGTE BEHANDLUNGSMETHODEN (93)

Die Wahrscheinlichkeit, daß die Kosten ansteigen und die Beträge der Bundestreuhandgelder begrenzt sind, macht es deutlich, wie dringend notwendig es ist, weniger aufwendige Technologien zur Sanierung von Deponien mit gefährlichem Sondermüll zu entwickeln.

Im allgemeinen fordert die langfristige Betrachtung des Superfundprogramms, wie in der 90-Tage-Studie angedeutet, eine weit größere Verfügbarkeit von "gebrauchsfertigen"

Methoden, die für die Sanierung spezifischer Problemaltlasten angewendet werden können. Wegen der sehr großen Unterschiede der physikalischen Merkmale der Altlasten und der Art der chemischen Schadstoffbelastung, sind noch viele Gebiete zu erforschen. Während die EPA anerkennt, daß auch weiterhin die Notwendigkeit für konventionelle Technologien besteht, ist ein besseres Verständnis der Fähigkeiten neuer Verfahren erforderlich, damit die Probleme rationell gelöst und die große Anzahl einmaliger Situationen an vielen Altlasten berücksichtigt werden können.

Eines der Hauptziele der neuen EPA-Dienststelle für Innovative Technologien ist es, dafür zu sorgen, daß Informationen über neue und im Entwicklungsstadium befindliche Technologien alle interessierten, an den Sanierungsarbeiten beteiligten Organisationen erreichen. Im Mai 1990 wurden zwei Außenorganisationen gegründet, die als Beratungsstellen arbeiten und Informationen über innovative Behandlungsmethoden verbreiten. Die eine besteht aus Bundesagenturen, die innovative Technologien demonstrieren und sich mit aufwendigen langfristigen Sanierungsprogrammen auseinandersetzen müssen. und die andere setzt sich aus Vertretern der Privatindustrie, Berufsverbänden, Herstellern, Ländern und der akademischen Gemeinschaft zusammen. Diese beratenden Gruppen bieten Gelegenheit zum Austausch von Informationen über die Anwendung innovativer Technologien für die Sanierung von Altlasten und zur Behandlung von schadstoffbelastetem Boden und Grundwasser.

Informationen über neue Technologien, die von anderen Nationen angewendet werden, sind ebenfalls ständig von Interesse für die EPA. Die EPA veranstaltete im Mai 1990 in Philadelphia ihr zweites Forum über innovative Technologien für die Behandlung von gefährlichen Abfallstoffen im In- und Ausland. Mit über 760 registrierten Teilnehmern, 50 von ihnen aus dem Ausland, und Vertretern von 13 ausländischen Herstellern ist es klar, daß das Interesse an einem ständigen internationalen Dialog über innovative Technologien rege ist. Solch ein Austausch von Informationen ist nützlich für alle, die ein Interesse an besseren, kostengünstigeren Behandlungsmethoden haben.

Zusammenfassend kann gesagt werden, daß in den vergangenen drei Jahren seit dem Inkrafttreten der Ergänzenden Verordnungen und der Neuautorisierung der Superfundarbeiten viel Arbeit geleistet worden ist und viele Fortschritte gemacht wurden. Die EPA sieht ihre Aufgabe, neue und innovative Technologien für die Sanierung von Altlasten zu fördern als eines der wichtigsten Ziele des Superfundprogramms an, und sie ist bereit, weitere Anstrengungen zu machen, um neue Lösungen für alte Probleme zu finden.

*Der Verfasser dankt Tom DeKay und John Kingscott für ihre Hilfe bei der Vorbereitung dieses Beitrags.*

# TECHNISCHE UND ADMINISTRATIVE GRUNDLAGEN DER ALTLASTENSANIERUNG IN ÖSTERREICH

(Dr. Konrad L. Zirm, Umweltbundesamt Wien,
Spittelauer Lände 5, A-1090 Wien)

## 1 EINLEITUNG

Nach groben Schätzungen existieren in Österreich mehr als 4000 aufgelassene Deponien und mehrere hundert ehemalige Industriestandorte sowie kriegsbedingte Altlasten, von denen ein Teil dringendst gesichert oder saniert werden muß. Aufgrund von Schätzungen kann man annehmen, daß in den nächsten sieben bis zehn Jahren Sanierungskosten in der Größenordnung von mindestens 10 Milliarden Schilling aufzubringen sein werden.

Zu den spektakulärsten österreichischen Altlasten zählt die sogenannte Fischer-Deponie in der südlichen Mitterndorfer Senke, die eines der größten Trinkwasservorkommen Mitteleuropas bzw. die Trinkwasserreserven Wiens und seiner Umgebung durch Eintrag von Schadstoffen wesentlich beeinträchtigt hat. In Ermangelung eines Gesetzeswerkes, das ähnlich wie der US-Superfund die Sanierung und Sicherung von Altlasten finanziell ermöglicht, wurden Altlasten wie die Fischer-Deponie durch Jahre hindurch unangetastet belassen.

Es war daher mit Rücksicht auf das Budget des Staates Österreich erforderlich, eine gesonderte Finanzierung für die Sicherung und Sanierung von Altlasten herbeizuführen. Die Österreichische Bundesregierung hat daher mit Wirkung vom 1. Juli 1989 das sogenannte Altlastensanierungsgesetz (ALSAG) erlassen (Bundesgesetzblatt Nr. 299 vom 7. Juni 1989). Der Schaffung dieses Gesetzes war eine intensive Diskussion und die Prüfung verschiedener technischer und administrativer Problemlösungsmöglichkeiten vorausgegangen.

Insbesondere das Umweltbundesamt Wien hat sich der Problematik von Altlasten angenommen und in den Jahren 1986 und 1987 wesentliche Grundlagen erarbeitet (Zirm et al., 1987). Seit 1989 ist das Umweltbundesamt mit der Führung eines Altlastenatlas und des österreichischen Verdachtsflächenkatasters befaßt. Es ist weiters für die Bewertung aller Verdachtsflächen und die Einstufung von Altlasten in Prioritätenklassen verantwortlich.

## 2 TECHNISCHE GRUNDLAGEN

### 2.1 Erste Pilotstudien zur Auffindung von Verdachtsflächen

Anhand von Pilotprojekten in den Ländern Niederösterreich, Tirol und Steiermark wurden Verfahren zur Auffindung und Erstbewertung von Verdachtsflächen entwickelt und Ergebnisse dieser Untersuchungen publiziert (Zirm et al., 1987; Schamann et al., 1988).

Diese Arbeiten stützen sich vor allem auf das in Österreich reichhaltig verfügbare Material historischer Luftaufnahmen. Sie sind geeignet, die Anlage, räumliche Ausdehnung und zeitliche Veränderung von Deponien mit Mitteln der Photogrammetrie präzise festzuhalten und zu analysieren. Schließlich zeigten diese Untersuchungen erwartungsgemäß, daß nur die Gesamtschau aller zu einer Verdachtsfläche verfügbaren Datengrundlagen (Bescheide, Untersuchungsergebnisse etc.) und eine intensive Begutachtung vor Ort nähere Aufschlüsse über das Gefährdungspotential von Verdachtsflächen zuläßt.

In einem weiteren Schritt wurden Verfahren zur technischen Bewertung von Verdachtsflächen entwickelt, in zahlreichen Fachgesprächen mit Experten im internationalen Bereich diskutiert und schließlich praktisch angewandt.

## 2.2 Verbindliche Mitteilung der Länder über Verdachtsflächen

Die Landeshauptmänner sind seit 1989 aufgrund des Altlastensanierungsgesetzes verpflichtet, Verdachtsflächen dem Bundesminister für Umwelt, Jugend und Familie zu melden. Diese Mitteilungen beinhalten eine erste Charakterisierung von Verdachtsflächen, die in der Folge durch Fachleute des Umweltbundesamtes und gegebenenfalls beigezogene Ingenieurskonsulenten intensiv geprüft wird.

## 2.3 Verdachtsflächenkataster

Grundlage des Verdachtsflächenkatasters sind einerseits die in 2.2 erwähnten Mitteilungen der Länder, die in der Form eines sogenannten Grunddatensatzes übermittelt werden; andererseits werden auch durch das Umweltbundesamt erhobene Verdachtsflächen in den Kataster aufgenommen.

Der Verdachtsflächenkataster des Umweltbundesamtes wurde mit Hilfe eines in das Umweltinformationssystem des Umweltbundesamtes integrierten geographischen Informationssystems erstellt.

### 2.3.1 Photogrammetrische Verfahren

Im allgemeinen werden die Verdachtsflächen lagerichtig auf der Basis der österreichischen Grundkarte (1:50.000) festgehalten. Die dazugehörigen Informationseinheiten (siehe auch Grunddatensatz) werden in einer durch Pointer verknüpften, textbezogenen Datenbank (BRS) gespeichert.

Bei jenen Verdachtsflächen, die durch eigene Erhebungen des Umweltbundesamtes bekannt werden, werden mit Hilfe der Analyse von Luftaufnahmen die räumlichen Gegebenheiten lagerichtig vektoriell gespeichert und mit einer Vielzahl von zusätzlichen Informationen versehen, die in einer netzwerkartigen Datenbank (codasyl Standard) abgelegt sind. Als Darstellungsmaßstab findet der Maßstab 1 : 10 000 Verwendung.

### 2.3.2 Dringlichkeitsreihung zur Erfassung von Verdachtsflächen

Zur Abschätzung der in Österreich in bezug auf Altlasten bedeutsamen Flächen wurde eine Studie durchgeführt, deren Ergebnisse eine graphische Darstellung der besonders "altlastenverdächtigen" Gebiete ermöglichte. Dabei wurden mit Hilfe des Umweltinformationssystems des Umweltbundesamtes verfügbare Datengrundlagen über:

(a) Bevölkerungsdichte, (b) Industriestandorte und (c) geologische Verhältnisse rechnerisch miteinander verknüpft (verschnitten), um jene Gebiete kartographisch auszuweisen, in denen die Existenz von Altlasten mit besonders hoher Wahrscheinlichkeit angenommen werden kann.

Abb. 1 zeigt die Ergebnisse der oben angeführten Bearbeitungsschritte, die zur Dringlichkeitsreihung und zur systematischen Erfassung von Verdachtsflächen nach der Methode der multitemporalen Luftbildinterpretation in Österreich herangezogen werden. Die Überlagerung der bisher bekanntgewordenen Verdachtsflächen mit den in Abb. 1 dargestellten Ergebnissen hat ein außerordentlich hohes Maß an Übereinstimmung gezeigt.

## 2.4 Bewertung von Verdachtsflächen

Das in Österreich nunmehr angewandte "Verfahren zur Bewertung altlastenverdächtiger Altablagerungen und Altstandorte" wurde in deutlicher Anlehnung an das Verfahren des Landes Baden—Württemberg (Ministerium für Ernährung, Landwirtschaft, Umwelt und Forsten) den spezifisch österreichischen Verhältnissen angepaßt.

Abb. 2 zeigt das Ermittlungs- und Bewertungsverfahren des Umweltbundesamtes Wien. Ziel dieses Bewertungsverfahrens ist es, die Entscheidung über ein angemessenes Vorgehen zu ermöglichen bzw. einen "Handlungsbedarf" festzustellen. Das Verfahren beruht auf einer vergleichenden Gefahrenabschätzung und einer Einstufung der Verdachtsflächen nach dem festgestellten Risiko (Zorzi, 1989).

Bis Ende Mai 1990 wurden dem Umweltbundesamt ca. 2 200 Verdachtsflächen, die von Altablagerungen herrühren und ca. 5 000 Verdachtsflächen, die ehemalige Industrie— und Gewerbebetriebe betreffen, gemeldet. Darüber hinaus wurden etwa 400 Verdachtsflächen durch das Umweltbundesamt selbst erfaßt.

## 3 ADMINISTRATIVE GRUNDLAGEN

### 3.1 Vollzug

Der Vollzug des Altlastensanierungsgesetzes erfolgt im wesentlichen durch das Bundesministerium für Umwelt, Jugend und Familie (BMUJF) und die zu diesem Ressort gehörenden Einheiten Umweltbundesamt (UBA) und Umwelt— und Wasserwirtschaftsfonds. Mit den Bundesministerien für Finanzen, dem Bundesministerium für wirtschaftliche Angelegenheiten und dem Bundesministerium für Land— und Forstwirtschaft ist ein entsprechendes Einvernehmen herzustellen.

Darüber hinaus wurde durch das Gesetz eine Altlastensanierungskommission eingerichtet, in der vor allem Vertreter der Länder und der Sozialpartner mitwirken. Der Altlastensanierungskommission kommt hauptsächlich die Beratung des Bundesministers für Umwelt, Jugend und Familie sowie die Erlassung von Richtlinien und die Behandlung von Anträgen auf Gewährung von Fondsmitteln zu.

Im Dezember 1989 wurde in Ergänzung zum Altlastensanierungsgesetz ein Durchführungserlaß seitens des Bundesministeriums für Umwelt, Jugend und Familie herausgegeben. Dieser dient einer näheren Interpretation des Gesetzes und zeigt die praktische Vollziehung des Altlastensanierungsgesetzes auf.

Abb. 3 beschreibt den Ablauf von der Erfassung von Verdachtsflächen bis hin zur Bewertung des Gefährdungspotentials. Aus Abb. 4 ist das Verfahren nach "Feststellung einer Altlast" bis hin zu den Sanierungsvorkehrungen erkennbar. Schließlich definiert der genannte Erlaß mit Hilfe eines vierseitigen Erhebungsbogens (Grunddatensatz) jene Parameter, die von den Landeshauptleuten an den Minister im Sinne der Verdachtsflächenmeldung erhoben bzw. übermittelt werden müssen.

### 3.1.1 Festlegung der Prioritäten

Nach Vorliegen entsprechender Unterlagen hat das Umweltbundesamt die Bewertung der gemeldeten Verdachtsflächen vorzunehmen. Sollte eine Verdachtsfläche als Altlast eingestuft werden, so ist ein begründeter Vorschlag für die Priorität der Sanierungsbedürftigkeit dieser Altlast zu erstellen.

Die Prioritätenklassifizierung stellt keine Rangliste der Altlasten dar, wie dies etwa im Rahmen des Super Fund der EPA (Ranking System) vorgenommen wird. In Österreich werden daher mit den Prioritätsklassen Altlasten nach ihrer Sicherungs– bzw. Sanierungsbedürftigkeit eingestuft. Innerhalb der einzelnen Klassen wird keine Wertung der Altlast vorgenommen.

In Abhängigkeit des Gefahrenpotentials können den Altlasten folgende Prioritätenklassen zugeteilt werden:

Prioritätsklasse I: Altlasten, die ein Schutzgut und die Nutzung des Schutzgutes beeinträchtigen oder akut gefährden.

Prioritätsklasse II: Altlasten, die ein Schutzgut bereits beeinträchtigen; eine bestehende Nutzung ist derzeit nicht beeinträchtigt.

Prioritätsklasse III: Altlasten, die noch keine Beeinträchtigung eines Schutzgutes verursacht haben; das Gefahrenpotential (latente Gefährdung) ist jedoch so groß, daß ein Handlungsbedarf gegeben ist.

### 3.2 Mittelaufbringung

Die für die Sanierung und Sicherung erforderlichen Mittel, die vom Umwelt– und Wasserwirtschaftsfonds verwaltet werden, werden in Form einer Abgabe durch das Bundesministerium für Finanzen eingehoben. Die Abgabe betrifft Hausmüll (öS 40,— je Tonne) und Sonderabfälle (öS 200,— je Tonne).

Es wird erwartet, daß auf diese Weise etwa 10 Milliarden öS während des nächsten Jahrzehntes für Sanierungen und Sicherungen verfügbar sind. Es ist jedoch bereits erkennbar, daß selbst diese Mittel nicht ausreichen werden, um den Finanzierungsbedarf im Altlastenbereich abzudecken. Mit einer Erhöhung der je Tonne eingehobenen Abgaben ist daher zu rechnen.

## 4 LAUFENDE VORHABEN

Bereits lange vor Inkrafttreten des Altlastensanierungsgesetzes wurden besonders dringende Sanierungsfälle in verschiedenen Bundesländern in Angriff genommen oder auch bereits abgeschlossen.

Von der österreichischen Altlastensanierungskommission wurden bisher 13 Sanierungs– bzw. Sicherungsfälle von Altlasten (Projekte) akzeptiert und dem Bundesminister für Umwelt, Jugend und Familie zur Förderung vorgeschlagen. Die erforderlichen Mittel für diese Vorhaben betragen 750 Millionen Schilling, das Förderungsvolumen dabei beträgt etwa 250 Millionen Schilling.

Für die bereits oben angeführte Fischer–Deponie werden zur Durchführung des zur Zeit in Ausarbeitung befindlichen Sanierungsprojektes über eine Dauer von mehreren Jahren wahrscheinlich Investitionskosten in der Höhe von etwa 800 Millionen Schilling erforderlich sein. Insgesamt sind bundesweit etwa 10 Altlastenprojekte zur Zeit in Ausführung.

## 5  AUSBLICK

Wie bereits angeführt, wird eine Erhöhung der Abgaben, die zur Förderung der Sanierung und Sicherung von Altlasten in Österreich herangezogen werden, sobald als möglich erfolgen müssen, um dem enormen Bedarf an finanziellen Mitteln zu entsprechen.

Bisher konnten Verdachtsflächen, die Altablagerungen im Sinne von stillgelegten Deponien betreffen, noch am besten untersucht und dokumentiert werden. Besonderes Augenmerk wird in Hinkunft jenen Verdachtsflächen zukommen, die durch aufgelassene Industrie– und Gewerbebetriebe entstanden sind. Schließlich ist auch der gesamte Bereich der Kriegsaltlasten, von denen eine größere Anzahl vermutet wird, in Angriff zu nehmen.

## 6  LITERATUR

*Zirm K., Schamann M., Fibich F., Fürst E., Knappitsch E., Neudorfer W., Kaupa H., Kalliany R., Schlederer R., Kraus K., Strenn L., Hochwartner A., Czerny A., Seidelberger F., Kasper W.:*
LUFTBILDGESTÜTZTE ERFASSUNG VON ALTABLAGERUNGEN.
*Ein Verfahren zur Dokumentation und Überwachung von Abbau– und Ablagerungsflächen am Beispiel des westlichen Marchfeldes.*
*Wien, Dezember 1987. (Monographien; Band 6)*

*Zorzi M.:*
ENTWURF FÜR EIN VERFAHREN ZUR BEWERTUNG ALTLASTENVERDÄCHTIGER ALTABLAGERUNGEN UND ALTSTANDORTE.
*Wien, April 1989. (Reports: UBA–89–033)*

*Schamann M., Zirm K., Tschabuschnig H.:*
LUFTBILDGESTÜTZTE ERFASSUNG VON ALTABLAGERUNGEN AM BEISPIEL MAYRHOFEN UND ZELL/ZILLER.
*Wien, September 1988. (Reports: UBA–88–027)*

# DRINGLICHKEITSREIHUNG ZUR ERFASSUNG VON VERDACHTSFLÄCHEN

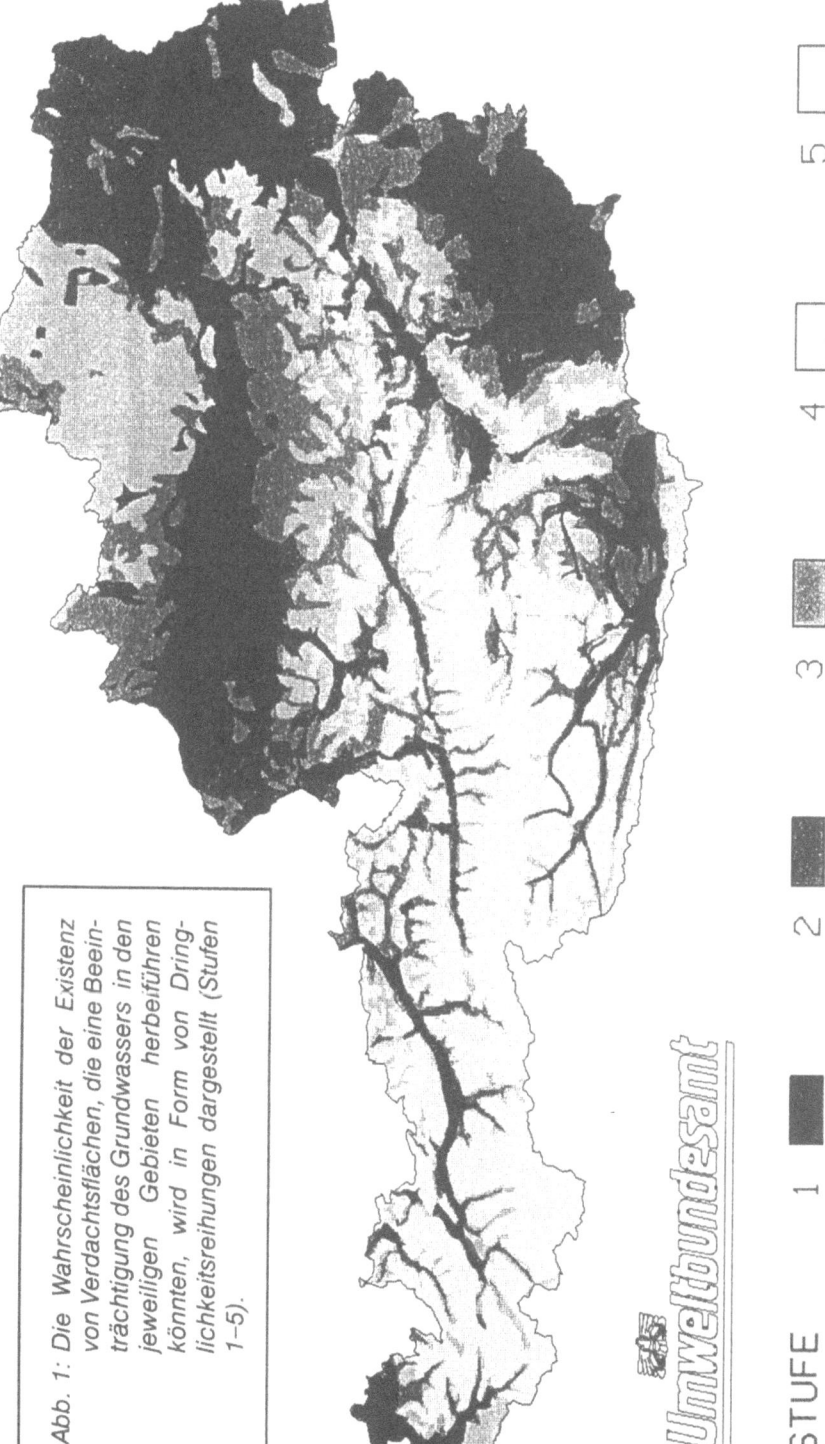

Abb. 1: Die Wahrscheinlichkeit der Existenz von Verdachtsflächen, die eine Beeinträchtigung des Grundwassers in den jeweiligen Gebieten herbeiführen könnten, wird in Form von Dringlichkeitsreihungen dargestellt (Stufen 1-5).

# Ermittlung und Bewertung von Altlasten

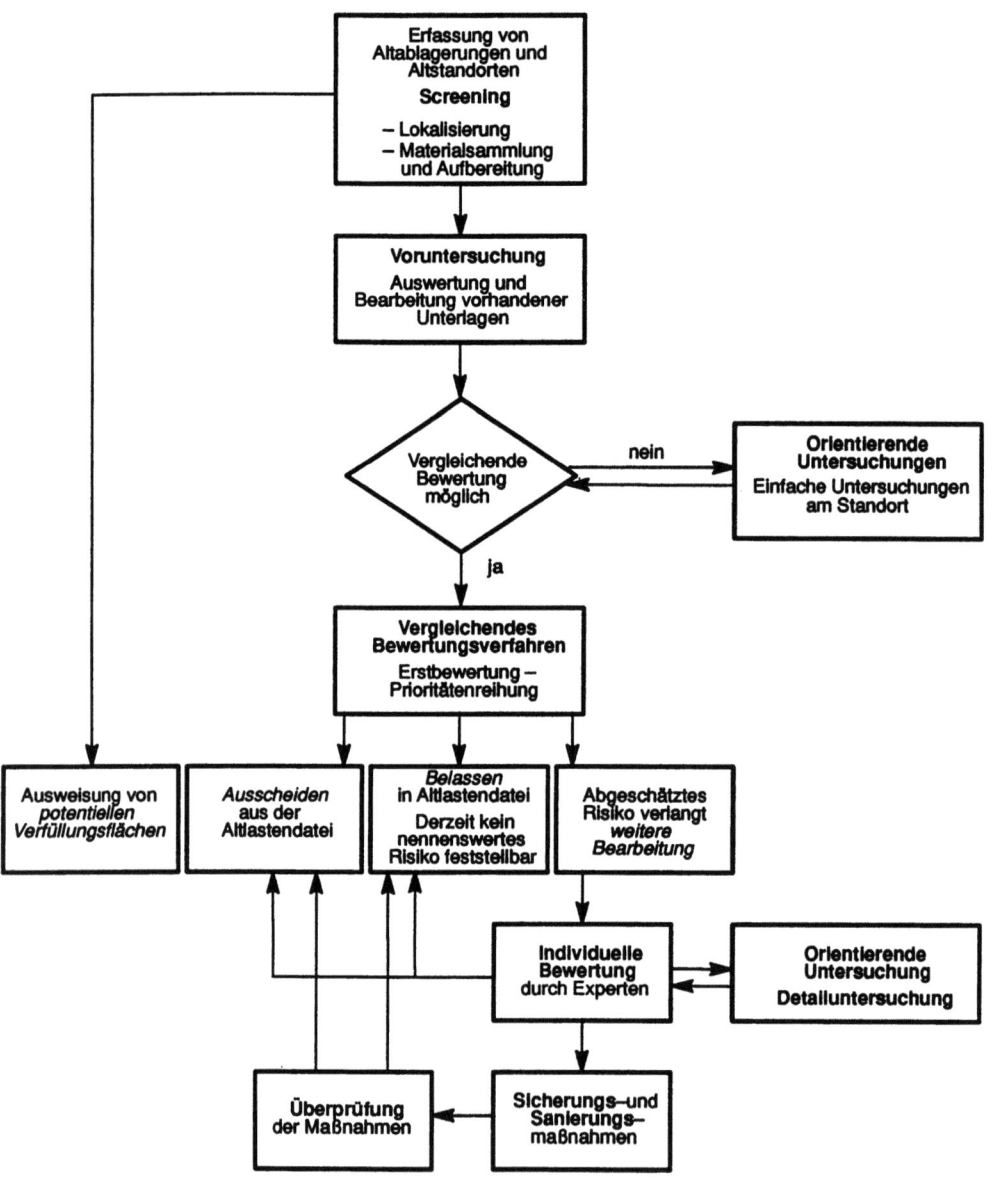

*Abb. 2: Ablaufschema zur Ermittlung und Bewertung von Altlasten (Umweltbundesamt: Zorzi 1989)*

## Altlastensanierungsgesetz – Vollziehung von § 13 (1) u. (2)

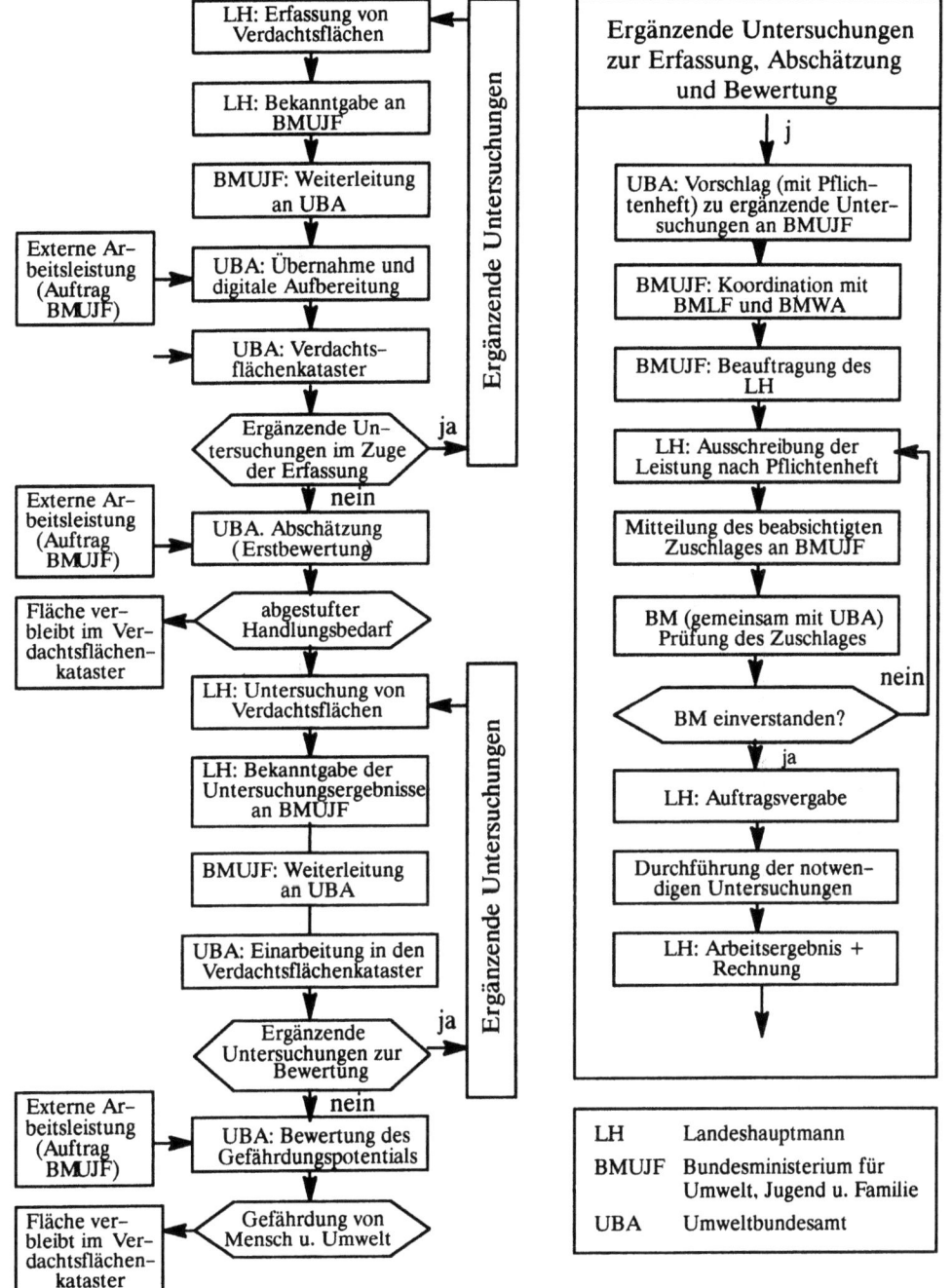

Abb. 3: Vollziehung des österreichischen Altlastensanierungsgesetzes – §13(1) u. (2)

*Altlastensanierungsgesetz* – Vollziehung von § 14 (1), § 17 (1) u. § 18 (1)

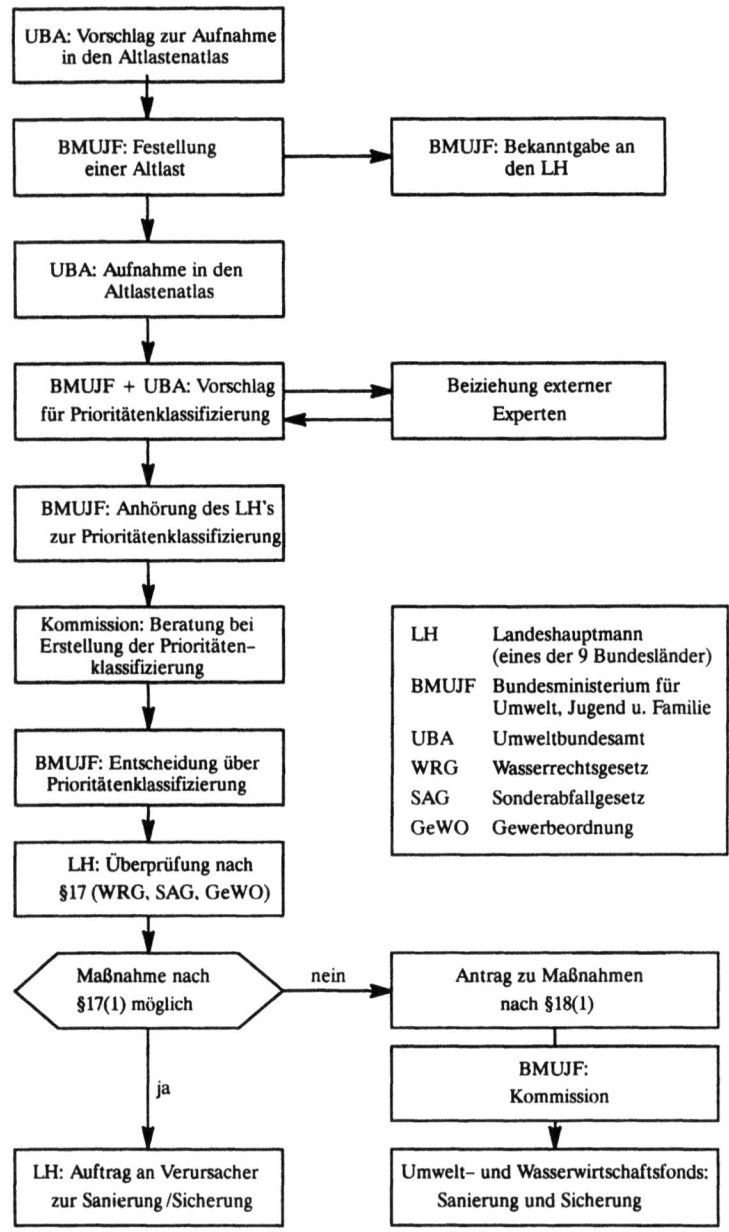

Abb. 4: Vollziehung des österreichischen Altlastensanierungsgesetzes –
§14(1), §17(1), §18(1)

BODENBELASTUNGSGEBIET PRATTELN (SCHWEIZ) / METASTASENBILDUNG
UND NOTWENDIGKEIT EINES BODENBELASTUNGSKATASTERS


D. WINISTOERFER, BASEL (SCHWEIZ)


1. Ausgangslage und Problemstellung

Seit Inkrafttreten der "Verordnung über Schadstoffe im Boden"
(9. Juni 1986) existieren in der Schweiz gesetzliche Richtwerte zur Beurteilung der Schadstoffbelastung des Bodens (für
10 Schwermetalle sowie Fluor). Gestützt auf diese Gesetzes-
grundlage haben zahlreiche Kantone der Schweiz in den letzten
Jahren damit begonnen, die Belastung des Bodens mit diesen
Schadstoffen genauer zu erfassen.

Aufgrund langjähriger Messungen der atmosphärischen Schwer-
metalldeposition im Raum Pratteln, einem urban-industriellen
Gebiet östlich von Basel, führte die Bodenschutzfachstelle
des Kantons Basel-Landschaft zwischen 1987 und 1989 Untersuchungen zur Schwermetallbelastung in diesem Gebiet durch
(Boden, Kompost, Gemüse). Die Untersuchungen ergaben ein Bodenbelastungsgebiet von einigen Quadratkilometern Grösse mit
einem eindeutigen Belastungsschwerpunkt im Nahbereich zweier
metallverarbeitender Betriebe. Die untersuchten Gartenböden
waren in der Regel höher mit Schwermetallen belastet als entsprechende Grünlandböden.

Im Herbst 1988 reichte eine der beiden metallverarbeitenden
Firmen bei den Behörden ein Baugesuch für ein neues Fabrika-
tionsgebäude ein. Der vorgesehene, noch unverbaute Standort
lag im Zentrum der Zone stärkster Bodenbelastung. Daraufhin
angeordnete Untersuchungen ergaben, dass der Boden des vorgesehenen Baugeländes bis in eine Tiefe von maximal 80 cm
teilweise massiv mit Zink, Cadmium und Blei kontaminiert war,
und dass die Bodenbelastung lokal stark schwankte. Je nach
Entnahmeort und Entnahmetiefe variierten die Zinkgehalte des
Bodens zwischen 100 und 36'000 ppm, jene für Cadmium zwischen
0,3 und 20 ppm und jene für Blei zwischen 20 und 1800 ppm
(Totalgehalte nach VSBo).

Die im Frühjahr 1989 durchgeführten und auf die Ergebnisse
der Voruntersuchungen basierenden Aushubarbeiten erbrachten
etwa 1500 t stark mit Schwermetallen durchsetztes Erdreich.
Ohne vorgängige Kenntnis der räumlichen Verteilung der Schwermetallbelastung im Raum Pratteln hätte dieses Bodenmaterial
schlimmstenfalls unkontrolliert deponiert oder für Rekultivierungen wiederverwendet werden können.

## 2. Konzeptionelle Ueberlegungen

Anhand des dargestellten Fallbeispiels Pratteln lässt sich zeigen, dass in Gebieten mit grossräumiger Bodenbelastung (z. B. Schwermetalle) die Möglichkeit besteht, dass bei Aushubarbeiten anfallender, kontaminierter Oberboden abgestossen und ausserhalb des eigentlichen Bodenbelastungsgebietes wiederverwendet wird (z. B. für Rekultivierungen). Dieser unkontrollierte Abtransport von kontaminiertem Boden und seine nachfolgende Wiederverwendung ausserhalb des ursprünglichen Belastungsgebiets schafft zwangsläufig neue Ableger kontaminierter Bodenstandorte (Metastasen). Beide, unkontrollierter Aushubtourismus von belastetem Boden und das damit verbundene Metastasenproblem sind aber unerwünscht.

Zur besseren Erfassung belasteter Bodenstandorte und zur Früherkennung möglicher Folgeprobleme (Sanierung, Aushub, Metastasen etc.) bildet die Erarbeitung eines möglichst umfassenden Bodenbelastungskatasters eine wesentliche Grundvoraussetzung. Zusätzlich sind einheitliche gesetzliche Vorschriften und Grenzwerte notwendig, welche eine weitere Verwendung und Nutzung eines kontaminierten Bodens regeln. In der Schweiz existieren bisher noch keine weitergehenden Bodenschutzgesetze (z. B. analog dem Niederländischen Leitfaden zur Bodenbewertung und Bodensanierung). Somit bleibt es den einzelnen Kantonen überlassen, entsprechende Schritte hinsichtlich einer Früherkennung, der Sanierung und der Verhinderung einer unkontrollierten Verteilung schadstoffbelasteter Böden einzuleiten. Zum Aufbau eines umfassenden Bodenbelastungskatasters und zur Früherkennung potentiell belasteter Böden verwendet der Kanton Basel-Landschaft seit kurzem im Rahmen des ordentlichen Baugesuchsverfahrens einen Fragebogen zur bisher stattgefundenen Bodennutzung. Weiterhin ist vorgesehen, kantonale Richtlinien zur Sanierungspflicht von Böden und zur Verhinderung bzw. Einschränkung des Metastasenproblems zu erarbeiten.

## 3. Literatur

Eidg. Departement des Innern, 1986: Verordnung über Schadstoffe im Boden.
    Amt für Umweltschutz und Energie, Bodenschutzfachstelle Kanton Basel-Landschaft, 1988: Pratteln, Schwermetallbelastung des Bodens. Unveröffentlichter Bericht, 39 S.
    Amt für Umweltschutz und Energie, Bodenschutzfachstelle Kanton Basel-Landschaft, 1989: Schwermetallbelastung von Gartenböden, Kompost und Gemüseproben im Raum Pratteln. Unveröffentlichter Bericht, 49 S.

ANALYSE DER ERFASSUNGSMETHODEN VON ALTLASTEN AUF GRUNDLAGE EINER PILOTSTUDIE

TIMO ASSMUTH UND OUTI LÄÄPERI

NATIONALE BEHÖRDE FÜR WASSER UND UMWELT, P.O.BOX 250, 00101 HELSINKI, FINNLAND

1. ALLGEMEINE BEMERKUNGEN

Das methodische Rahmenwerk, die Informationsquellen und Verfahren für die Identifizierung, Lokalisierung, Charakterisierung, Registrierung und die damit verbundene vorläufige Beurteilung von Grundstücken mit möglicherweise schadstoffbelastetem Boden (SBG) wurden einer Analyse unterzogen.

Eine Pilotstudie in drei Gemeinden konzentrierte sich auf die Nutzung von Dokumenten und Verzeichnissen der Verwaltungsorgane, schloß aber auch andere Literatur, graphisches Material (Karten) und die Quellen mündlicher Mitteilungen verschiedener Geltungsbereiche und Inhalte ein. Eine Auswahl der Quellen war besonders bei der Zustandsbewertung von Altlasten notwendig. Auf der Grundlage der Untersuchung wurden die Besonderheiten und das Ausmaß der Probleme mit SBG bewertet, und ein Vorschlag für eine nationale Erfassung (Kataster) erarbeitet.

2. EINFÜHRUNG

In verschiedenen Ländern wurden Erfassungen der mit chemischen Schadstoffen belasteten Grundstücke durchgeführt, die zum Teil noch nicht abgeschlossen sind (Gieseler 1988). Die Wichtigkeit der Erfassungsmethoden, z.B. für die anfängliche Identifizierung von Grundstücken, die möglicherweise SBG sind, ist in diesem Zusammenhang allgemein anerkannt worden (Schuldt 1988, Lorig 1988, Conrad 1988). Einige methodische Empfehlungen sind gegeben worden (z.B. Der Minister....1984; Kinner 1988; Borg 1988; Elvers & Krischok 1988). Aber sogar in den USA, wo man sich seit langer Zeit intensiv mit SBG beschäftigt hat, haben die Fachleute die mangelnde Vollständigkeit und Leistungsfähigkeit der Identifizierung solcher Grundstücke kritisiert (Hirschhorn 1987).

Relativ wenige Untersuchungen haben die Prinzipien und Verfahren für dieses wichtige und vielschichtige Gebiet der Behandlung von SBG analysiert (Ortiz et al. 1986, siehe auch Christensen 1987, UBA 1987, NGU 1988). Das liegt teilweise daran, daß die anwendbaren Informationsquellen und Methoden von Fall zu Fall verschieden sind und sich nur schwer verallgemeinern lassen, oder als gegeben betrachtet werden. Darüber hinaus ist bei der Durchführung von regelmäßigen Grundstückserfassungen in den Verwaltungen, die oft unter

Zeitdruck arbeiten, nicht immer ein ins einzelne gehendes und systematisches methodisches Vorgehen möglich, selbst wo das von Nutzen wäre.

Als Hilfsmittel für die nationale Erfassung von SBG in Finnland, die für 1990 geplant ist, wurden Informationsquellen und Methoden für die Identifizierung und anfängliche Beurteilung von möglichen SBG auf der Grundlage einer Pilotstudie (Assmuth et al. 1990) untersucht. Im folgenden werden die Hauptzüge der Arbeit beschrieben, unter besonderer Berücksichtigung der methodischen und strategischen Aspekte. Eine Beurteilung der Probleme mit SBG in Finnland und ein Ausblick auf die damit in Zusammenhang stehenden Arbeiten wird ebenfalls vorgelegt.

## 2. METHODISCHER RAHMEN
### 2.1 Definitionen

2.1.1 Allgemeine Begriffsdefinitionen. Die Arbeiten bei der Erfassung von schadstoffbelasteten Grundstücken werden hier so definiert, daß sie im wesentlichen die Identifizierung, Lokalisierung, Charakterisierung, anfängliche Beurteilung und Registrierung umfassen.

Für die einheitliche Behandlung von Grundstücken mit schadstoffbelastetem Boden ist zunächst eine Definition solcher Grundstücke erforderlich. Eine allgemeine, noch nicht ganz exakte Definition wäre etwa "ein Grundstück auf dem die Konzentration von schädlichen Substanzen im Boden die natürlichen Belastungswerte 'merklich' überschreitet und die Gesamtmengen 'signifikant' sind, oder wo Chemikalien im Boden eine 'wesentliche' Gesundheits- oder Umweltgefährdung darstellen" (finnischer Definitionsentwurf).

2.1.2. Praktische Definitionen. Für die Praxis der Erfassung, besonders im Anfangsstadium, wenn die mögliche Schadstoffbelastung erwogen wird, ohne daß Meßwerte vorliegen, müssen indirekte Definitionen angewendet werden, z.B. durch Bezugnahme auf Betriebe, die eine Schadstoffbelastung des Bodens verursachen könnten (Franzius 1988). Solche Definitionen können ungenau sein, aber die Abgrenzung des Begriffs im Verhältnis zu anderen Erscheinungen ist trotzdem wichtig, besonders im Ermittlungsstadium (Abb.1).

In der Pilotuntersuchung wurde die Definition möglicher SBG auf der Grundlage einer Auswahl von (derzeitig oder früher am Ort ansässigen Betrieben) begründet, die möglicherweise eine chemische Schadstoffbelastung des Bodens verursachen, vor allem unter Einschluß der folgenden:
- Industrien, die schädliche Chemikalien herstellen oder verwenden.
- Sägewerke und Holzbehandlungsanlagen
- Chemikalienlager
- Abfalldeponien, Schrottlager und andere Abfallentsorgungseinrichtungen
- Tankstellen und Reparaturgaragen

- Asphaltproduktionsanlagen
- Elektrizitätswerke für Dauerbetrieb
- Gelände, auf dem Ausschüttungen von Erdöl oder Chemikalien stattgefunden haben.

Dennoch wurden in manchen Fällen Grundstücke solcher Betriebe nicht einbezogen (z.B. unterirdische Benzintanks unter regelmäßiger Überwachung, kleinindustrielle Betriebe usw.).

| Biologisch kontaminierte Grundstücke | Radioaktiv kontaminierte Grundstücke | Natürlich kontaminierte Grundstücke |
|---|---|---|
| Industrien | Potentiell chemisch  CHEMISCH KONTAMINIERTE GRUNDSTÜCKE | Verschüttete Chemikalien |
| Deponien | kontaminierte Grundstücke | Kontamination durch Pipelines/Kanäle |
| Bodenkontamination durch nicht punktförmige Quellen | Kontaminierte Wasserläufe und Sedimente | Kontaminierte Gebäude |

Abbildung 1. Definitionen und Begriffsabgrenzungen zum Konzept "Grundstück mit kontaminiertem Boden"

2.2 <u>Anfängliche Bewertung von Informationsquellen</u>

Im Anfangsstadium der Pilotuntersuchung wurden etwa 50 verschiedene Register und andere strukturierte Informationsquellen über möglicherweise belastende Betriebe auf verschiedenen Organisationsstufen im öffentlichen und privaten Sektor identifiziert. Wir konzentrierten uns auf schriftliche Dokumente und Informationen aus Verzeichnissen in Behörden, aber andere Arten und Quellen von Informationen wurden ebenfalls berücksichtigt. Den Quellen wurde auf Grund ihres Inhalts, ihres Informationsbereichs und ihrer Verfügbarkeit ein Prioritätsgrad zugeteilt.

2.3 <u>Grundstückserfassung</u>

2.3.1 <u>Untersuchte Gemeinden</u>. Die Haupt-Pilotuntersuchung wurde in drei Gemeinden mit verschiedener industrieller Struktur und Vergangenheit, Landnutzung, Hydrogeologie und Größe durchgeführt, nämlich einer Landgemeinde mit 6 000, und zwei Städten mit 40 000 bzw. 150 000 Einwohnern.

2.3.2 Haupt-Informationsquellen. Die bedeutendsten Verzeichnisse, Verwaltungsdokumente und sonstigen allgemeinen Informationsquellen, die in der Anfangsphase identifiziert worden waren, sowie die für die betreffenden Gemeinden spezifischen Quellen wurden genutzt und umfassend und ergänzend in mehreren Stufen ausgewertet.

2.3.3. Zusätzliche Informationen. Informationen aus persönlichem Kontakt mit den Behörden wurden zur Prüfung und Ergänzung der schriftlichen Informationen benutzt. Karten verschiedenen Alters, Maßstabs und Inhalts und Luftbildaufnahmen wurden als ergänzende Informationsmittel benutzt, und zwar vorwiegend für die Lokalisierung der Grundstücke. Geländebegehungen dienten als Hilfsmittel zur Identifizierung und vorläufigen Beurteilung von möglichen SBG.

2.3.4. Registrierung und vorläufige Beurteilung. Für die Registrierung wurde ein formeller Fragebogen benutzt, der entwickelt wurde, um die Erfassung und Beurteilung sowohl von SBG als auch von Bedrohungen der Grundwasserreservoirs zu ermöglichen. Bei der vorläufigen Beurteilung wurde ein einfaches Bewertungssystem verwendet, das im wesentlichen auf den oft ungenauen und unsicheren Informationen über das Gelände beruhte.

## 3. ERGEBNISSE UND DISKUSSION
### 3.1 Merkmale und Brauchbarkeit von Informationsquellen

Die Quellen, die für die SBG-Erfassung genutzt wurden, waren unterschiedlich spezifisch und bedeutend. Die erfaßten Zeiträume entsprachen im allgemeinen den erfaßten SBG-Anzahlen, aber nicht dem Informationsgehalt. Die Quellen überlappten sich teilweise und führten so zu einer verstärkten oder widersprüchlichen Kennzeichnung (Tabelle 1, Abb. 2).

Es zeigte sich, daß die wichtigsten Verwaltungsdokumente diejenigen waren, die auf Gemeindeebene erstellt worden waren, wenn Betriebe, die mit Chemikalien umgehen, auf Grundlage der Gesundheits- und Umweltgesetzgebung zugelassen und überwacht wurden. Diese Quellen betrafen viele Grundstückstypen und die zugehörigen Daten, waren aber immer noch unterschiedlich und begrenzt in Bezug auf die erfaßte Zeitspanne und die erfaßten Geländemerkmale.

Die brauchbarsten zusätzlichen Informationsquellen waren unter anderem Industrie(zweig)register, Verwaltungsdokumente auf Bezirks- und Landesebene, topographische und thematische Karten und Luftbildaufnahmen, sowie spezielle Gutachten, die z.B. im Zusammenhang mit regionaler Planung und Schadstoffkontrolle erstellt wurden. Besonders für Informationen über ehemalige Unternehmen waren Unterredungen mit informiertem Personal von unschätzbarem Wert (siehe NGU 1988).

TABELLE 1. Der durchschnittliche Erfassungsbereich einiger allgemeiner Informationsquellen für die Identifizierung möglicherweise schadstoffbelasteter Grundstücke in den von der Pilotuntersuchung betroffenen Gemeinden. (Vergleichbarkeit der Grundstückserfassung ist eingeschränkt durch den unterschiedlichen Geltungsbereich der Quellen.)

| Organisa-tionsebene | Informationsquelle | Erfassungsbereich Jahre (vergangen) | Grundstücke % erfaßt | Hauptgrundstückstypen in der Information | Anwendbarkeit des Informationsgehalts |
|---|---|---|---|---|---|
| Gemeinde | Abfallentsorgungspläne, | 7 | 16 | Industrieanlagen | 3 |
| | Luftkontrollaufzeichnungen, | 2 | 8 | Industrien, Kraftwerke | 2 |
| | Zulassungen | 22 | 26 | Industrie- & ähnl. Anlagen | 3 |
| | Baugenehmigungen | 20 | 37 | (Gebäude) | 2 |
| | Kataster und Straßenlisten | versch. | <95 | Liegenschaften | 1 |
| | Unternehmensregister,-listen | versch. | 39 | Industrien, Firmen | 1-2 |
| | Spezielle Listen | versch. | versch. | verschiedene | 2-3 |
| | Persönliche Mitteilungen | 50 | 64 | -"- | 2-3 |
| Bezirk | Industrieregister | (5) | 36 | Industrie | 2 |
| | Grundwasserkataster | 8 | 3 | Schadstoffemittierende Unternehmen | 2-3 |
| | Dokumente im Zusammenhang mit dem Wassergesetz | 18 | 13 | wasserbelastende Unternehmen | 3 |
| Zentralregierung | Industrie/Unternehmensverzeichnisse | (60) | 48 | Industrien/Firmen | 2 |
| | Fragebogen üb. Chemiepraxis | 18 | 8 | Industrien | 3 |
| | Topographische & geologische Karten | (60) | 42 | verschiedene | 1-2 |

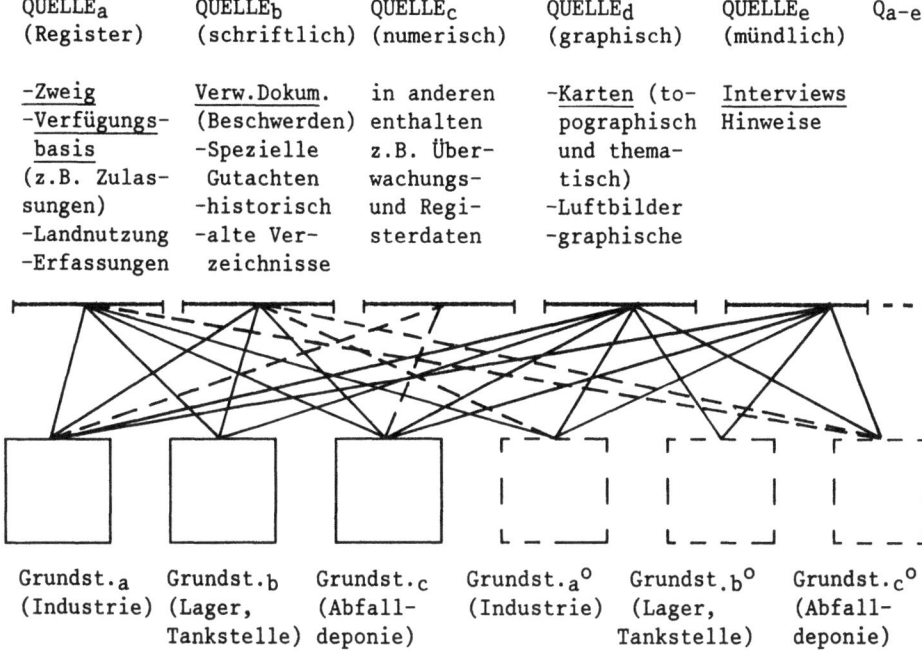

Abbildung 2. Hauptsächliche Beziehungen zwischen Informationsquellen für die Erfassung (die für die Pilotstudie wichtigen unterstrichen) und Grundstücken mit möglicherweise schadstoffbelastetem Boden durch laufende oder beendete (schraffierte Linien) Unternehmungen.

## 3.2 Erfassungsverfahren

3.2.1. Allgemeine Erwägungen. Weil der Erfassungbereich und die Brauchbarkeit der Informationen ungleichförmig waren, wurde eine Reihe von Quellen und Methoden in unterschiedlicher Reihenfolge und auf verschiedene Weise genutzt. Die Untersuchungen wurden im wesentlichen gemeinsam mit der Gemeindeverwaltung, dabei aber unabhängig durchgeführt.

3.2.2. Identifizierung und Lokalisierung. Zur Identifizierung möglicher SBG wurden die einschlägigen Quellen, die einen oder mehrere Typen von SBG erfassen, systematisch durchsucht. Die Mehrzahl der Grundstücke wurde mit Hilfe von Verzeichnissen und Verwaltungsdokumenten identifiziert, viele auch durch unstrukturierte schriftliche Informationen (spezielle Gutachten, Beschwerden), Karten und Hinweise. Industriezweigspezifische Quellen und Betrachtungen wurden häufig genutzt (siehe Ortiz et al. 1986; Elvers & Krischok 1988). Die ursprüngliche Identifizierung wurde häufig durch spätere Informationen abgeändert.

Bei früheren Erfassungen, z.B. von Deponien und Grundwasserbedrohungen in den untersuchten Gebieten wurden weit weniger Grundstücke erfaßt, was auf die Notwendigkeit einer koordinierten Erfassung hinweist. Trotzdem ist die vollständige Ausnutzung der vorhandenen Informationen von höchster Wichtigkeit.

Lokalisierung von SBG erfolgte im wesentlichen auf der Grundlage von Adressen und Karten. Luftbildaufnahmen waren gelegentlich von Nutzen. Fernmeßmethoden könnten ein wertvolles Hilfsmittel bei der Lokalisierung von Abfalldeponien und der Kennzeichnung von SGB-Konstruktionen sein, besonders in Gebieten langandauernder und intensiver Landnutzung (Christensen 1987; UBA 1987). Durch Kombinieren der Informationen über Lage, Hydrogeologie und die Besonderheiten der umweltbelastenden Unternehmen werden thematische Karten der SBG entwickelt, die bei der anfänglichen Beurteilung und bei der Zielsetzung der Erfassung (Abb. 3) von Nutzen sein können.

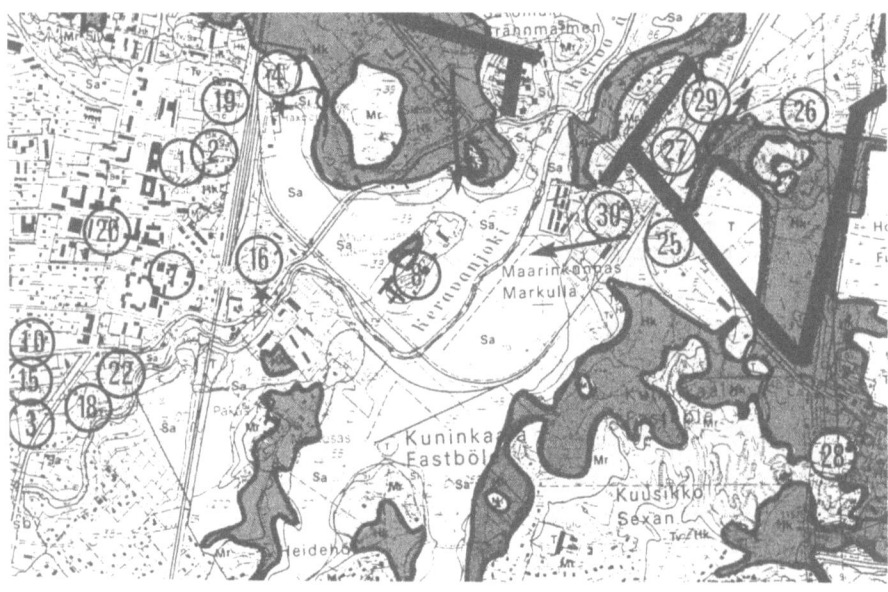

Abbildung 3. Beispiel einer Karte der möglicherweise mit Chemieschadstoffen belasteten Grundstücke und hydrogeologischen Bedingungen in einem Stadtgebiet (grobkörnige Böden, Grundwasserleitergrenzen und Grundwasserströmung werden gezeigt).

3.2.3. Charakterisierung und vorläufige Beurteilung. Die Charakterisierung möglicher SBG wurde mit Hilfe einer genaueren Bewertung der Identifizierungsquellen und durch Nutzung neuer Quellen durchgeführt, einschließlich von Feldbegehungen und des Rats von Fachleuten der Gemeindebehörden. Die Definition der SBG und die Zielausrichtung der Erfassung wurden auf Grundlage der gefundenen Daten verfeinert.

Insgesamt wurden 44, 113 und 405 wahrscheinliche SBG in den drei Gemeinden identifiziert. In der größeren der beiden Städte wurden gewisse Kategorien von Grundstücken, wie z.B. ehemalige Tankstellen wegen der Unsicherheit der Information über ihre Lage und wegen der Notwendigkeit, sich auf die wichtigeren Grundstückstypen zu konzentrieren, ausgeschlossen.

Die wichtigsten Grundstückstypen in Bezug auf Anzahl, Lage und andere Merkmale umfaßten Tankstellen und Reparaturgaragen, Abfalldeponien, Lager für gefährliche Materialien und Metallindustrieanlagen. In einigen Gemeinden waren auch Sägewerke, Chemiewerke, Asphaltdepots, Schrottlager und sonstige Abfallenstsorgungsanlagen von Bedeutung (Abb. 4).

Bei der vorläufigen Bewertung der Grundstücke war die Punktzahlmethode für einen groben Vergleich der Gefahren und Unsicherheiten von Nutzen, aber diese Verfahrensweise unterliegt allgemeinen und datenspezifischen Einschränkungen (Assmuth und Melanen 1988). Die Gefahren standen meistens im Zusammenhang mit der Nähe einer Grundwasserentnahmestelle. In der größeren Stadt war außerdem die Lage in der Nähe von Wohngebieten häufig wichtig. Der Anteil der Grundstücke in derartigen Lagen betrug 36% aller erfaßten Grundstücke in der kleinsten Gemeinde (alle über dem Grundwasserreservoir), 6% in der mittelgroßen und 29% in der größten.

3.2.4. Registrierung. Registrierung der möglichen SBG in der Pilotuntersuchung wurde in strukturierter Form, aber von Hand durchgeführt. Für die wirksame Erfassung und weitere Verwaltung großer Anzahlen möglicher SBG ist eine Computerregistrierung notwendig (siehe Ortiz et al. 1986, Elvers & Krischok 1988). Die folgenden Punkte erscheinen für die Entwicklung eines Registers bedeutsam:
- Integration in die verschiedenen Verwaltungsebenen
- Nutzung zugehöriger vorhandener Register
- Definition der Kriterien für Aufnahme in das und Löschung aus dem Register
- für Echtzeitbetrieb und laufende Erfassung geeignete Auslegung
- Anpassungsfähigkeit der Informationstypen, Einzelheiten und Verknüpfungen
- Verfügbarkeit von Personal für die Einrichtung und Aktualisierung
- anpassungsfähige aber einfache Struktur und wirkungsvolle Software (z.B. relationelle Datenbanken mit Anwendungsentwicklung)
- Verbindung zu Systemen zur Bewertung und Unterstützung von Entscheidungen

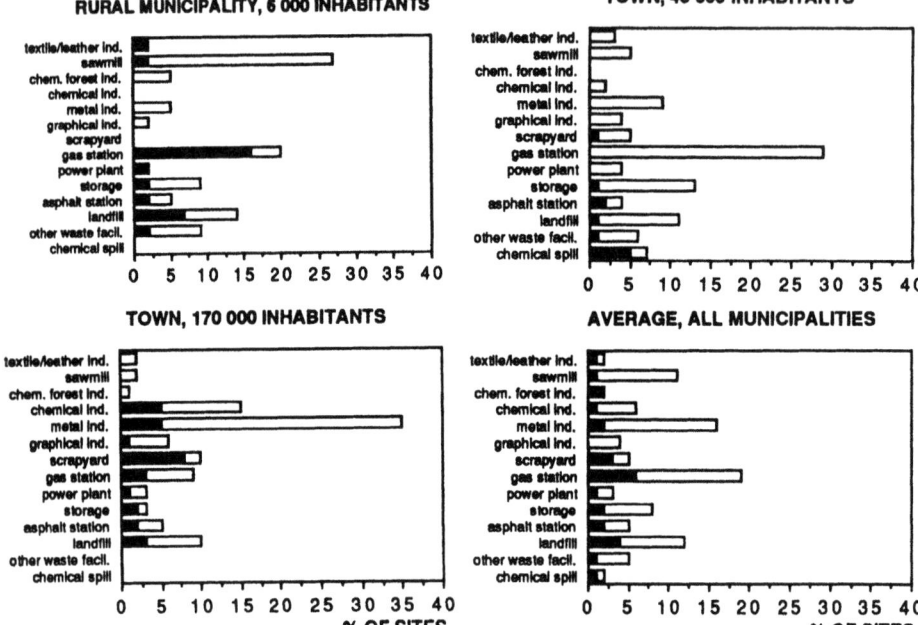

Abbildung 4. Der Anteil (in Prozent aller erfaßten Grundstücke) der verschiedenen Kategorien von Grundstücken und den in der Untersuchung erfaßten Gemeinden. Der Anteil der auf Grundwasserreservoiren liegenden Grundstücke ist schwarz eingezeichnet.

Legende: LANDGEMEINDE, 6000 EINWOHNER (links oben)
Textil-/Lederindustrie
Sägewerk
Holzbehandlungsanlagen
Chemische Industrie
Metallindustrie
Graphische Industrie
Schrottlager
Tankstelle
Kraftwerk
Lager
Asphaltanlage
Abfallentsorgungseinrichtungen
Sonstige Abfallanlagen
Chemikalienausschüttung

STADT, 40 000 EINWOHNER (rechts oben)
STADT, 170 000 EINWOHNER (links unten)
MITTELWERT FÜR ALLE GEMEINDEN (rechts unten)

## 3.3 Allgemeine Auswertung der SBG-Probleme in Finnland

Auf der Grundlage der vorläufigen Erfassung wurde eine grobe Bewertung des Ausmaßes und der Besonderheiten der Probleme im Zusammenhang mit Grundstücken mit schadstoffbelastetem Boden in Finnland durchgeführt (Abb. 5).

Die Gesamtzahl der möglichen SBG im ganzen Land, geschätzt auf Grund der Ergebnisse der Pilotuntersuchung und anderer Daten, dürfte zwischen 10 000 und 20 000 liegen, rund 3 500 davon auf Grundwasserleitern und etwa 2 000 in der Nähe von vorhandenen oder geplanten Wohngebieten. Von dieser Gesamtzahl haben 5% tatsächlich eine merkliche Schadstoffbelastung des Bodens verursacht, und rund 10% von diesen (50 - 100 Grundstücke) könnten noch immer gefährliche Mengen von Schadstoffen in gefährdeten Gebieten enthalten und stellen eine unmittelbare Gefahr dar.

Besondere Probleme werden durch Grundstücke verursacht, die durch Bergwerks- oder Metallindustrie und die chemische und mechanische Holzbehandlungsbetriebe schadstoffbelastet worden sind, während z.B. Gaswerke nur unbedeutend sind. In einigen Fällen ist eine geringfügige Sanierung durchgeführt worden (meistens durch Verlegung und Isolierung). Der Schweregrad der Gefährdung durch SBG in Finnland ist im Vergleich zu anderen Ländern wegen der begrenzten Anzahl chemischer Großbetriebe und dem damit verbundenen geringen Freisetzungspotential verhältnismäßig gering (Assmuth et al. 1988).

| Gesamtzahl der Grundstücke mit möglicherweise schadstoffbelastetem Boden nach den Definitionen und Daten des Pilotprojekts | 10 000 - 20 000 |

| Mögliche SBG in gefährdeten Gebieten | 4 000 - 6 000 ? |

| Istbestand an SBG | 500 - 1 000 ?? |

| DEUTLICH SCHADSTOFF-BELASTETE GRUNDSTÜCKE | IN GEFÄHRDETEN GEBIETEN (GW ODER WOHNGEBIETE) | 50 - 100 ?? |

Abbildung 5. Grobe Schätzung der Gesamtzahl der verschiedenen Kategorien von Grundstücken mit schadstoffbelastetem Boden in Finnland.

## 4. AUSBLICK AUF DIE ERFASSUNGSARBEITEN

Es ist ein spezielles Verwaltungsprojekt für die vollständige Erfassung und Sanierung von SBG eingeleitet worden. In diesem Zusammenhang wurden die Verwaltungsaufgaben für die Grundstückserfassung geplant (Tabelle 2). Gleichzeitig soll die Entwicklung der notwendigen institutionellen, gesetzlichen, wirtschaftlichen, technischen und geistigen Hilfsmittel verbessert und die Durchführung der bisher wenigen und bescheidenen Sanierungsmaßnahmen wirkungsvoller werden.

Ein systematisches, das ganze Land umfassende Verzeichnis der Grundstücke mit schadstoffbelastetem Boden soll von den Bezirksverwaltungen für Wasser- und Umweltschutz in Zusammenarbeit mit anderen Verwaltungsstellen aufgestellt werden, koordiniert durch die Nationale Behörde für Wasser und Umwelt (NBWU). Der Integration des Verzeichnisses in die Planung der Landnutzung, den Grundwasserschutz und die Verwaltungsakten von Sanierungsplänen wird besondere Wichtigkeit zugemessen. Die Nutzung der Informationen und der Arbeit von Ortsverwaltungen wird als unerläßlich angesehen. Registrierung der SBG soll mit anderen Teilen des Umwelt-Informationssystems der NBWU koordiniert werden. Vorläufig ist keine Aufgabe für Berater bei der Erfassung vorgesehen.

Der Arbeitsaufwand für ein Verzeichnis aller Grundstücke mit möglicherweise schadstoffbelastetem Boden in Finnland auf gleicher Ebene wie die Pilotuntersuchung dürfte etwa 25 - 50 Personenjahre betragen. Die in der Wasser- und Umweltverwaltung während des SBG-Projekts vorhandenen Mittel waren nur ein Bruchteil davon. Deshalb müssen von anderen Stellen (z.B. Großstädten, Beratern) Hilfsmittel und Arbeitskräfte zur Verfügung gestellt werden, oder der Erfassungsbereich und die Einzelheiten der Arbeit müßten eingeschränkt werden, z.B. durch Beschränkung auf gefährdete Gebiete und besonders verdächtige Betriebe.

TABELLE 2. Entwurf für einen Zeitplan zur Erstellung eines Verzeichnisses von Grundstücken mit schadstoffbelastetem Boden durch die finnische Umweltverwaltung in den Jahren 1990 - 91

| Zeitraum | Aufgaben |
| --- | --- |
| 1990/Frühjahr | Mittel und Beratung durch die Nationale Verwaltung (Nationale Behörde für Wasser und Umwelt) |
| /Sommer | Erfassung der möglichen SBG in den Bezirksverwaltungen unter Nutzung der vorhandenen Daten |
| /Herbst | Prüfung und Ergänzung der Daten in Gemeinden |
| /Winter | Zusammenstellung und Kodierung der Resultate der Erfassung |
| 1991 | - Eingliederung neuer Gemeindedaten in den Bezirken<br>- Zwischenberichte aus Bezirken, Einschl. vorläufiger Festlegung von Dringlichkeitsstufen<br>- Felduntersuchungen zur Bewertung von Grundstücken durch die Bezirksverwaltungen |

## 5. BIBLIOGRAPHIE

1) Assmuth, T., Lääperi, O, Strandberg, T. & Suokko, T. 1990. Erfassungsmethoden für Grundstücke mit schadstoffbelastetem Boden. Bericht an das Ministerium für Umwelt. (Auf finnisch mit englischer Zusammenfassung). Helsinki, MfU, MfU Veröff. D:54, 121 S.
2) Assmuth, T & Melanen, M. 1990. Methodological and policy-related problems and opportunities in the assessment of risks from contaminated soil sites. Proc. 1. ISEP Conf. Envirotech Wien, Band 3.
3) Assmuth, T., Strandberg, T., Melanen, M. Seppänen, A. & Vartiainen, T. 1988. Assessing risks of toxic emissions from waste deposits in Finland. Proc. 2. Int. TNO/BMFT Conf. Contaminated Soil, Hamburg, S. 1137-1146.
4) Borg, D. 1988. Status and future strategy concerning old waste disposal sites and industrial sites in Denmark. Proc. 2. Int. TNO/BMFT Conf. Contaminated Soil, Hamburg, S. 1537-1542.
5) Christensen, T. 1987. Kortlaegning af industrigrunde i en aeldre Købstad. Lyngby, ATV. Proc. Vintermøde om grundsvandsforurening, Kolding, Dänemark, 25.-26.2.1987. S. 103-130
6) Conrad, U. 1988. Ausmaß der Altlastenproblematik und Situation in Schleswig-Holstein. Franzius, V., Stegmann, R. & Wolf, K. (Herausg.). Handbuch der Altlastensanierung. Berlin, R. v. Deckers Verlag. 1.4.2.11. 10 S.
7) Der Minister für Ernährung, Landwirtschaft und Forsten des Landes Nordrhein-Westfalen. 1984. Hinweise zur Ermittlung von Altlasten. Düsseldorf. 97 S.
8) Elvers. R. & Krischok, A.-G. 1988. Altlastenerfassung - Anlässe, zu erhebende Daten, Altlastenkataster. Franzius, V., Stegmann, R. & Wolf, K. (Herausg.). Handbuch der Altlastensanierung. Berlin, R. v. Deckers Verlag. 2.1. 9 S.
9) Gieseler, G. 1988. Contaminated land in the EC. Proc. 2nd Int. TNO/BMFT Conf. Contaminated Soil, Hamburg, S. 1555-1562.
10) Hirschhorn, J. 1987. Superfund - a scientifically sound strategy needed. Ground Water, Band. 25(1), S. 3 & 8-11.
11) Kinner, U. 1988. Auswertung von Unterlagen und Befragungen zur Altlastenerfassung und -erkundung. Franzius, V., Stegmann, R. & Wolf, K. (Herausg.). Handbuch der Altlastensanierung. Berlin, R. v. Deckers Verlag. 2.2.1., 5 S.
12) Lorig, M. 1988. Ausmaß der Altlastenproblematik und Situation in Rheinland-Pfalz. Franzius, V., Stegmann, R. & Wolf, K. (Herausg.). Handbuch der Altlastensanierung. Berlin, R. v. Deckers Verlag. 1.4.2.9. 9 S.
13) NGU. 1988. Avfallsfyllinger og industritomter med deponert specialavfall. Forsøkskartleggning i Buskerud

fylke, Hovedrappot. Trondheim, Norges Geologiske Unersøkelse. NGU-rapport Nr. 88.120.
14) Ortiz, M. Priznar, F.J. & Beam, P. 1986. A national study of site discovery methods. Proc. 7. Natl. Conf. Management of Uncontrolled Hazardous Waste Sites, Washingtom, D.C. S. 84-87.
15) Schuldt, M. 1988. Ausmaß der Altlastenproblematik und Situation in Hamburg. Franzius, V., Stegmann, R. & Wolf, K. (Herausg.). Handbuch der Altlastensanierung. Berlin, R. v. Deckers Verlag. 1.4.2.5. 6 S.
16) UBA. 1987. Luftbildgestützte Erfassung von Altablagerungen. Wien, Umweltbundesamt. 169 S.

STRATEGIEN UND PROGRAMME ZUR SANIERUNG SCHADSTOFFBELASTETER GRUNDSTÜCKE IN ITALIEN

W. GANAPINI*, F. PERGHEM**, A. MILANI**

* VORSITZENDER, WISSENSCHAFTLICHES KOMITEE FÜR ABFALLMANAGEMENT, MINISTERIUM FÜR UMWELT
DIREKTOR, UMWELTPLANUNGSABTEILUNG, LOMBARDIA RISORSE, VIA DANTE 12, 20121 MILAN, ITALIEN.
** UMWELTPLANUNGSABTEILUNG, LOMBARDIA RISORSE, VIA DANTE 12, 20121 MILAN, ITALIEN.

ZUSAMMENFASSUNG
Die Sanierungsstrategie für schadstoffbelastete Gelände in Italine wird diskutiert; es wird Bericht über nationale/ regionale Strategien und örtliche Sanierungserfahrungen erstattet, mit besonderer Betonung des Falles von aufgegebenen Grundstücken der chemischen Industrie.

1. DAS NATIONALE RAHMENWERK

Die intensive menschliche Tätigkeit, die im wesentlichen auf eine Entwicklung von Gebieten mit hochentwickelter Industrialisierung hinzielt, hat im Laufe von Jahrzehnten zu weitverbreiteter Schadstoffbelastung des Bodens und direkter und indirekter Verschmutzung des Oberflächen- und Grundwassers geführt.

Auf Grundlage des "Gefährdungsabschätzungsverfahrens", konnten auch in Italien viele Grundstücke als höchstwahrscheinlich einen Anlaß wesentliche Umweltschäden darstellend eingestuft werden, wegen ihrer Belastung mit gefährlichen und/oder toxischen Schadstoffen (z.B. Schwermetallen, Zyaniden, chlorierten organischen Verbindungen usw.).

In Italien hat das Problem der Sanierung von Land eine zentrale Rolle angenommen, als direkte Folge des Vorkommens von äußerst gefährlichen Situationen; die erste davon war der weitbekannte Fall von Seveso.

Andere Fabriken und/oder Grundstücke, die nach internationalen Maßstäben als wesentlich schadstoffbelastet angesehen werden müssen, sind das Industriegelände Massa Carrara (Toskanien), wo die Farmoplant-Fabrik geschlossen und eine Sanierung des Geländes angeordnet wurde, und die chemische Fabrik Acna in Cengio (Piedmont), deren Betrieb auf Anordnung des Ministeriums für Umwelt zeitweise eingestellt wurde, um die Schadstoffe, die im Boden unter der Fabrik konzentriert sind, auf sachdienliche Weise einzuschließen.

Die italienische Regierung hat beschlossen, dem wachsenden technischen Verständnis und sozialen/institutionellen

Bewußtsein über die Notlage der "schadstoffbelasteten Gebiete" zunächst durch das Gesetz Nr. 441/87 (Abschnitt 5), Rechnung zu tragen, das jede Regionalverwaltung dazu verpflichtet, ihr eigenes Sanierungsprogramm zu planen.

Technische Richtlinien für die richtige Formulierung der regionalen Sanierungsprogramme wurden vom Ministerium für Umwelt am 15. 5. 89 veröffentlicht.

Das Programm zielt im wesentlichen daruf hin, die "Identifizierung, Bestandsaufnahme, Bewertung; die Kartierung der und die Einrichtung von Computerdateien über die Gebiete, die durch direkte Verschüttung durch unkontrolliertes Verkippen oder Niederschlag von gefährlichen festen, flüssigen oder gasförmigen Substanzen schadstoffbelastet sein könnten" durchzuführen.

Auf Grundlage von offiziell verfügbaren analytischen Egebnissen und von neuen Daten, die durch zu diesem Zweck durchgeführte Analysen "vor Ort" gesammelt werden, sollen technische und wirtschaftliche Sanierungsprojekte für die als für die Umweltverschmutzung "potentiell sehr gefährlichen" Grundstücke ausgearbeitet werden.

Jede Region Italiens ist verpflichtet, ihr Programm jährlich zu ergänzen und eine überarbeitete Kopie an das Ministerium für Umwelt zusenden.

## 2. DAS REGIONALE SANIERUNGSPROGRAMM DER LOMBARDEI

Die in der Lombardei tätigen Industriebetriebe stellen etwa 30% der gesamten Industriebetriebe in Italien dar.

Lombardia Risorse ist von der Regionalverwaltung der Lombardei damit beauftragt worden, das Sanierugprogramm für die schadstoffbelasteten Gelände aufzustellen, mit dem Ziel, kurz- und langfristige Sanierngsarbeiten zu definieren. Die erste Phase des Programms, das wir durchgeführt, umfaßt die Bestandsaufnahme der wahrscheinlich schadstoffbelasteten Grundstücke, auf Grund von Informationen, die in Regional-, Provinzial- und Gemeindediensstellen und bei den Gesundheitsbehörden gesammelt wurden. Über 2000 wahrscheinlich schadstoffbelastete Grundstücke sind auf diese Weise in der Lombardei aufgelistet worden.

Deponien, aufgegebene Industriegelände, Verschüttungen, Lagerung und Überschwemmungen sind in dieser ersten Bestandsaufnahme berücksichtigt. Auf Grundlage der gesammelten Daten und analytischen Übersichten zielt die zweite Phase auf die Aufnahme aller Informationen über die Grundstücke in eine besondere Karte auf. Die dritte Phase soll zur Identifizierung der Eigenschaften und Mengen der Abfallstoffe und zur Beschreibung der Merkmale des umliegenden Geländes in Hinsicht auf Boden, Oberflächen- und Grundwasser, Flora, Fauna, öffentlche Gesundheit usw. führen.

Es muß betont werden, daß die wesentlichen Unterschiede zwischen den Grundstücken, die durch die vorhandenen Informationen deutlich gemacht wurden, und das Fehlen einer alle

Einzelheiten zeigenden Karte (Maβstab 1:10 000) des Geländes der Region es verhindert haben, gleich gute Kenntnisse über die geologischen und hydrologischen Grundzüge aller bewerteten Grundstücke zu erwerben.

Die gröβte Schwierigkeit, mit der sich Lombardia Risorse nun auseinandersetzen muβ, betrifft die Definition von Prioritätskriterien für die Klassifizierung der Grundstücke nach dem Ausmaβ der Gefährdung und dann nach der Dringlichkeit ihrer Sanierung. Der erste Aspekt, den wir analysieren, betrifft die bereits bewerteten Kenntnisse über das Vorliegen einer Umweltverschmutzung, wenn die Gegenwart der Abfallstoffe eine Schädigung der Umwelt in einem ihrer beiden wesentlichen Bestandteile, nämlich dem Boden und dem Grundwasser bzw. den Grundasserleitern, verursacht hat.

Wegen des Mangels an ausreichenden Einzelkenntnissen für eine Entscheidung darüber, ob eine Schadstoffbelastung der Umwelt vorliegt oder nicht, dient das Vorhandensein von Abfallstoffen, die als potentiell schädlich und toxisch klassifiziert werden, als Grundlage für die Auswahl. Abb. 1 zeigt den logischen Pfad, dem wir bei den Planungsarbeiten folgen. Die analytische Bewertung führte zur Identifizierung von 550 Grundstücken, bei denen weitere Untersuchungen erforderlich waren, mit Hilfe von zu diesem Zweck ausgeführten Ortsinspektionen, die derzeit im Gange sind und von qualifizierten Sachverständige in Zusammenarbeit mit dem technischen Personal der Ortsverwaltungen durchgeführt werden.

Als letzter Schritt, auf Grundlage der so ergänzten Kenntnisse, müssen technische und wirtschaftliche Projekte für die Sanierung und Wiederherstellung des Geländes auf den als von dringlichem Interesse ausgewählten Grundstücken geplant werden.

3. DER FALL DER CHEMISCHEN INDUSTRIE

Unter den Industriegeländen, in denen Lombardia Risosrse geologische und chemisch-analytische Untersuchungen mit dem Ziel einer Planung von Sanierungsarbeiten durchführt, ist die Montedipe-Fabrik in Mantua, in der mehr als 30 Jahre lang synthetische Polymerisate erzeugt wurden, von besonderer Bedeutung. Das Untersuchungsprogramm umfaβt die im folgenden kurz beschriebenen Phasen:
a) Historische Beschreibung der auf diesem Grundstück vorgefallenen Ereignisse, vom Bau der Fabrik an bis zur Gegenwart (Produktionsabläufe, morphologische Änderungen des Geländes durch menschliche Eingriffe, usw.).
b) Bewertung der qualitativen und quantitativen Merkmale der deponierten Abfallstoffe und des Bodens durch geognostische Sondierung und chemische und physikalische Analysen von Proben des Unterbodens.

Die verfügbaren historischen Informationen ermöglichten es, 42 Sondierungspunkte auszusuchen, durch welche die

Stratigraphie des Unterbodens (25 m Tiefe) untersucht und die Grenze zwischen schadstoffbelastetem und schadstofffreiem Boden festgelegt werden konnte.

Zunächst wurden die lithologichen und organoleptischen Eigenschaften des entnommenen Materials untersucht; nach dieser Bewertung wurden die 109 Proben durch Gaschromatographie und Atomabsorptions-Spektoskopie untersucht, um die Konzentrationen von Schwermetallen und verschiedenen anorganischen Anionen und speziellen organischen Verbindungen zu finden.

Auf Grund der Analysenergebnisse wurde die Gefährdung im Umkreis der Fabrik auf Verschmutzung durch Quecksilber - Quecksilber wird in den industriellen Verfahren in Mantua weitgehend benutzt - und auf einige aromatische organische Verbindungen zurückgeführt.

Um die möglichen Wege der Ausbreitung der Schadstoffe im Grundwasser zu bestimmen, wurde ein Netz von 25 Beobachtungsbrunnen für periodische Probenahmen des Wassers im Untergrund angelegt.

Auf der Grundlage der oben beschriebenen Ergebnisse, werden nun besondere Verfahren für differenzierte Sanierungsarbeiten ausgewählt, je nach dem Grad der in den verschiedenen Bereichen des Fabrikgeländes gefundenen Schadstoffbelastung.


Legende zu Abbildung 1:

A: Grundstücks-Bestandsaufnahme

B: Sanierte Grundstücke mit voll durchgeführten Projekten und Maßnahmen

C: Nicht sanierte Grundstücke

D: Grundstücke, auf denen Schadstoffbelastung der Umwelt stattfindet

E: Grundstücke, auf denen die Elemente zur Bestimmung der Schadstoffbelastung der Umwelt vorliegen
   E1: Vorliegen von GA[1] oder Gemischen mit GA
   E2: Vorliegen von potentiellen GA oder Gemischen mit potentiellen GA
   E3: Vorliegen von inaktiven besonderen KFA[2], unbekannten Gemischen ohne GA

F: Schadstoffbelastete Grundstücke, analytische Untersuchung durchgeführt

G: Schadstoffbelastete Grundstücke, analytische Untersuchung nicht durchgeführt


[1]GA = Gefährliche Abfallstoffe
[2]KFA = kommunale Feststoff-Abfälle

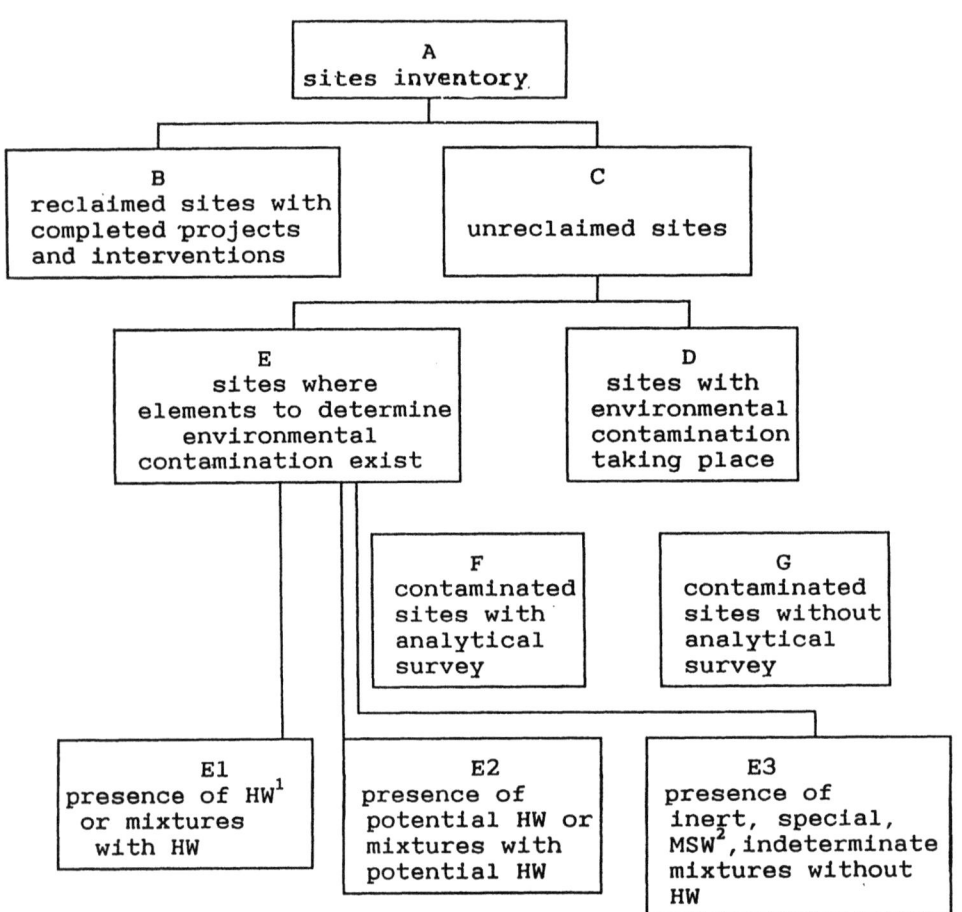

[1]HW = Hazardous Waste
[2]MSW = Municipal Solid Waste

ABBILDUNG 1: PLANUNGSPFAD

BEITRAG ZUM WORKSHOP "KONTAMINIERTE INDUSTRIEGELÄNDE"
DRITTE INTERNATIONALE TNO-KONFERENZ

RENÉ GOUBIER

Wenn wir in der heutigen Zeit über potentiell umweltbelastende Industrien nachdenken, scheinen saubere Standorte, die keine signifikante Kontaminierung der Umwelt verursachen, durchaus möglich zu sein: nicht nur Luftemissionen und Abwässer, auch gefährliche Schadstoffe können kontrolliert und effizient behandelt werden; damit kann auch der gesamte industrielle Prozeβ so gut kontrolliert und geführt werden, daβ jeder schädliche Effekt auf die Umwelt vermieden wird. Technisch möglich wird dies durch den Einsatz sauberer Technologien (soweit es sie gibt), effiziente Behandlungsverfahren für gasförmige und flüssige Emissionen, eine gut organisierte Abfallbewirtschaftung, die Installation von Rückhaltebecken, Instrumente zum Nachweis von Leckagen sowie eine Überwachung des gesamten Geländes.
Eine weitere Voraussetzung ist der Erlaβ spezieller Bestimmungen, die den Behörden die Möglichkeit geben, Auslegung und Betrieb von potentiell gefährlichen und umweltschädigenden Industrieanlagen zu überprüfen.
Eine solche Darstellung ist natürlich etwas idealisiert und bleibt im wesentlichen auf einige Industriestandorte beschränkt, bei denen der Umweltschutz von Anfang an berücksichtigt wurde. Selbst dort ist aber ein Kontaminationsrisiko von Null unmöglich. Da die Möglichkeit effektiver Präventivmaβnahmen auf Industriegeländen relativ neu ist (sowohl unter legislativen wie unter technischen Aspekten), und die meisten Industriestandorte, bei denen potentiell umweltschädliche Prozesse eingesetzt werden, seit Jahrzehnten aktiv sind, kommt es immer wieder zu Kontaminationen gröβeren oder kleineren Umfangs, die Bauwerke, Böden und Grundwasser beeinträchtigen.
In vielen Fällen wird die Kontamination eines Industriegeländes erst dann bemerkt, wenn die Nutzung des Geländes geändert wird, und/oder wenn die industrielle Aktivität eingestellt wird.
Typische Beispiele hierfür fanden wir bei Chemieanlagen, die sich auf dem Gelände mit Grundwasser versorgten. Das Abpumpen des Wassers sorgte für eine Art kontinuierlicher Selbst-Dekontaminierung. Nach Einstellen der Aktivität wurde eine Kontamination des Grundwassers offenbar, durch die andere Nutzer geschädigt wurden.
Das Problem wird häufig durch den Umstand erschwert, daβ die Einstellung der industriellen Tätigkeit in vielen Fällen auf die schlechte Finanzlage des Unternehmens zurückzuführen

ist, das deshalb die Sanierungkosten auch nicht mehr bezahlen kann.

Vom technischen Standpunkt ist die Lösung von Problemen mit kontaminierten Industriegeländen geradezu "klassisch" geworden: Es gibt Methoden und Techniken für die Untersuchung des Problems (von der Fernerkundung bis zur Entnahme und Analyse von Werkstoff-, Boden- und Wasserproben) sowie für die Sanierung des Geländes (Sanierungsverfahren außerhalb des Geländes, auf dem Gelände oder in-situ, unter Einsatz thermischer, physikalisch-chemischer oder biologischer Prozesse). Diese Verfahren müssen unter technischen und wirtschaftlichen Gesichtspunkten sicher noch verbessert werden; trotzdem bleibt eine grundlegende Frage zu klären: was ist als Kontamination einzustufen, und was sind die Sanierungsziele? Wir wisen natürlich, daß ein Kontaminationsgrad Null nicht realistisch ist, und daß man sich sinnvollerweise auf eine umfangreiche Liste mit vorher festgelegten Kriterien für Kontaminationsgrade von Böden und Grundwasser bezieht (z.B.: niederländische Kriterien), um eine erste Charakterisierung der Kontamination zu ermöglichen, und um vorläufige Sanierungsziele festzulegen. Darüber hinaus müssen die Belastungswerte von Schadstoffen, die natürlich in der Umwelt auftreten, ebenso berücksichtigt werden wie die aktuelle und zukünftige Nutzung von Boden und Grundwasser.

Die gelegentlich schwierige Frage, wie die Sanierung eines kontaminierten Industriegeländes finanziert werden soll, muß allgemein durch das Verursacherprinzip gelöst werden. Wie aber zuvor bereits erwähnt wurde, ist dies nicht durchweg möglich, und so ist der Einsatz öffentlicher Fonds nicht zu vermeiden. Eine vermittelnde Möglichkeit, auf die mit einigem Erfolg in Frankreich zurückgegriffen wurde, besteht in der Bereitstellung von finanzieller Unterstützung für den Verursacher (Darlehen). Wenn die industrielle Tätigkeit eingestellt wurde und das Gelände einer neuen Nutzung zugeführt wird, könnten die Dekontaminierungskosten innerhalb der globalen Rahmenbedingungen betrachtet werden.

INDUSTRIELLE ALTLASTEN


GUNTER ZIMERMEYER

GESAMTVERBAND DES DEUTSCHEN STEINKOHLENBERGBAUS


T H E S E  1
Altlasten sind ein Schwerpunkt in der Umweltpolitik; sie dürfen aber nicht den Blick von anderen wesentlichen umweltpolitischen Aufgaben ablenken. Immer wieder werden bestimmte Themen in besonderer Weise in den Mittelpunkt der öffentlichen Diskussion gestellt. Häufig werden damit unbegründete Ängste erzeugt, die wiederum vorschnell, unüberlegte und unabgestimmte Maßnahmen erzwingen.

T H E S E  2
Die vorrangige Aufgabe im Bereich Altlasten ist eine systematische, vollständige Erfassung aller Altablagerungen bzw. -standorte. Ein solches Altlastenkataster ist die Voraussetzung für planmäßiges Handeln.

T H E S E  3
Die Grundlage für die sinnvolle Durchführung von Maßnahmen ist durch eine nachvollziehbare Gefährdungsabschätzung zu schaffen, d. h., die Bewertung der Umweltgefährdung muß anhand objektivierbarer Kriterien erfolgen.

T H E S E  4
Objektive Bewertungskriterien müssen die wissenschaftlichen Erkenntnisse über die reale Mobilisierbarkeit von Stoffen im Boden, über Transfervorgänge zu einem Akzeptor und die jeweiligen Nutzungskriterien berücksichtigen. Die alleinige Kenntnis der Konzentration von Stoffen im Boden erlaubt noch keinen Schluß auf die Gefährdung von Mensch und Umwelt hierdurch. So ist zum Beispiel auch bei hohen Kontaminationsgraden die Gefährdung des Grundwassers vergleichbar gering, wenn die Mobilisierbarkeit dieser Stoffe gering ist.

T H E S E  5
Wenn Nutzungseinschränkungen in der Lage sind, eine Umweltgefährdung auf ein vertretbares Maß zu begrenzen, so sind diese in erster Linie vorzuziehen. Diese Möglichkeit sollte grundsätzlich erwogen werden, kann aber selbstverständlich nicht in jedem Fall das Vorgehen der Wahl sein, weil sonst

alle Altstandorte und Altlasten nur mehr nutzungsbeschränkt zur Verfügung stünden.

**T H E S E   6**
Falls eine Nutzungsänderung nicht möglich oder nicht ausreichend ist, müssen Sicherungsmaßnahmen zur Vermeidung oder Verminderung einer Umweltgefährdung in Betracht gezogen werden. Sicherungsmaßnahmen sollen dafür sorgen, daß eine Gefährdung des Menschen nicht zu besorgen ist, auch wenn die bisherige Kontamination (noch) nicht beseitigt werden kann.

**T H E S E   7**
Eine Sanierung industrieller Altlastenflächen sollte erst dann eingeleitet werden, wenn eine Bewertung ihrer Umweltgefährdung diese Notwendigkeit ergeben hat und sowohl Nutzungsänderungen als auch Sicherungsmaßnahmen nicht zum gewünschten Erfolg führen. Diese Reihung ist vor allem deshalb erforderlich, weil bei der Vielzahl der Verdachtsflächen eine Sanierung in jedem Fall als Sofortmaßnahme nicht finanzierbar ist. Sie ist auch meist nicht erforderlich.

**T H E S E   8**
Hat sich die Sanierung als erforderlich herausgestellt, so ist sie eine Maßnahme der Gefahrenabwehr und nicht der Vorsorge. Das Sanierungsziel kann daher nicht mit weitergehender Vorsorge begründet werden. Diese Festlegung ist nicht nur vertretbar sondern auch notwendig, um pragmatisch vorgehen zu können. Sanierungsziele, etwa unter Vorsorgeaspekten, festzulegen, würde Sanierungsaufwendungen erforderlich machen, wie sie nicht möglich oder nicht finanzierbar sind.

**T H E S E   9**
Mit dem Fall von Mauer und Stacheldraht ist die Altlastenproblematik in den Staatshandelsländern offenkundig geworden. Ihr wahres Ausmaß ist aber auch heute nur andeutungsweise bekannt. Die zur Sanierung verfügbaren Mittel und Techniken müssen nunmehr auch dort eingesetzt werden und stehen deshalb hier nur mehr eingeschränkt zur Verfügung.

**T H E S E   10**
Erforderlich werdende Sanierungen müssen pragmatisch eingeleitet und durchgeführt werden und dürfen nicht durch die Möglichkeiten, die die gesetzlichen Bestimmungen zum Umweltschutz vorsehen, behindert werden. Häufig lassen sich Maßnahmen zur Abwehr von Gefahren durch Altlasten deshalb nicht schnell und umfassend genug durchführen, weil die Betroffenen auch das viel geringere Risiko, das mit den Maßnahmen zur Beseitigung dieser Kontaminationen verbunden ist, nicht

akzeptieren und alle Möglichkeiten des Umweltschutzrechts ausnutzen, um diese Maßnahmen zu verhindern.

# EXPERTENMODELL ZUR KOSTENBERECHNUNG VON BODENSANIERUNGEN

Frühzeitige Übersicht über Zeit und Kosten

L.N.J.M. van der Drift
Berater Umweltschutz
Heidemij Adviesbureau B.V.
P.O. Box 264, 6800 Arnhem

## 0. AUSZUG

Zur Veranschaulichung der Sanierungskosten in einem frühen Stadium hat Heidemij Adviesbureau ein Expertenmodell entwickelt, mit dem anhand begrenzter Untersuchungsdaten ein Kostenvoranschlag für die Sanierung von Bodenverschmutzungen einschließlich der Vorbereitung und Nachsorge berechnet werden kann.
Aufgrund historischer Informationen, allgemeiner Erkenntnisse über Bodenaufbau und Geohydrologie, bereits ausgeführter Untersuchungen, des Verhaltens von Stoffen im Boden und eventueller zusätzlicher Feldforschung wird das Ausmaß der Verschmutzung bewertet.
Im Anschluß daran kann mit dem Expertenmodell ein Kostenvoranschlag über die eventuell noch anfallenden Kosten für Untersuchungen, Planungsvorbereitung, Baubeschreibung, Ausführung, Betriebsführung, Analysen, umwelttechnische Betreuung und Nachsorge aufgestellt werden. Das Modell wurde an den Ergebnissen bereits ausgeführter Sanierungen geeicht. Neben der Übersicht über die Gesamtkosten vermittelt das Modell auch einen Überblick über die Dauer der einzelnen Sanierungsarbeiten und Verfahren. Dadurch kann die Sanierung besser auf die Bau- und Investitionspläne abgestimmt werden.
Das Expertenmodell wurde u.a. beim Centrumplan Amersfoort mit Erfolg eingesetzt, wo 69 (Betriebs-) Gelände mit einer Gesamtfläche von ca. 63 ha berechnet wurden.

1. EINLEITUNG

Bei der Umstrukturierung von Gelände, wie beispielsweise bei der
Stadtsanierung, werden Planungsfachleute und Baugesellschaften
regelmäßig mit dem Problem der Bodenverschmutzung konfrontiert.
Das Problem ist im allgemeinen zweigliedrig, nämlich: Was wird
die Sanierung kosten und wie lange wird es dauern?
Normalerweise beträgt die Zeitspanne zwischen dem Zeitpunkt, zu
dem die Bodenverschmutzung festgestellt wird, und dem Zeitpunkt,
zu dem tatsächlich mit der Sanierung begonnen wird, mindestens
drei Jahre.
Häufig hat man erst im dritten Jahr einen vernünftigen Überblick
über die mit der Sanierung der Bodenverschmutzung
zusammenhängenden Kosten gewonnen. Zur Veranschaulichung der
Sanierungskosten in einem frühzeitigen Stadium hat Heidemij
Adviesbureau B.V. ein Expertenmodell für die Berechnung der
Sanierungskosten entwickelt.

2. MÖGLICHKEITEN DES EXPERTENMODELLS

Das Expertenmodell berechnet einen Kostenvoranschlag über alle
mit der Sanierung zusammenhängenden Kosten. Außer den
Ausführungskosten für die Sanierungsmaßnahmen sind also auch die
Kosten für die Untersuchungen, die Planungsvorbereitung, die
Betriebsführung, die umwelttechnische Betreuung, die chemischen
Analysen und die Nachsorge in dem Kostenvoranschlag mit
enthalten.
Da dem Modell die Erfahrungswerte einer großen Zahl von Projekten
zugrundeliegen, ist bereits mit einer begrenzten Zahl von Daten
eine Übersicht über die Sanierungskosten möglich. Aufgrund
historischer Geländedaten, allgemeiner Informationen über
Bodenaufbau und Hydrologie und bereits verfügbarer
Untersuchungsberichte kann ein erster Kostenvoranschlag berechnet
werden. Je mehr Untersuchungsdaten bekannt sind, um so

zuverlässiger wird der Kostenvoranschlag. Neben der Übersicht
über die Kosten vermittelt das Modell auch einen Eindruck von der
Dauer der Sanierung und der Nachsorgeperiode. Soll beispielsweise
die Realisierbarkeit von Bauplänen geprüft werden, so ist eine
erste Übersicht über die Sanierungskosten und die Sanierungsdauer
von wesentlicher Bedeutung. Auf diese Weise ist es möglich, das
Ausmaß der Untersuchungen und damit auch deren Kosten von dem
Stadium abhängen zu lassen, in dem sich z.B. die Baupläne
befinden. Ein Einblick in die Dauer eventueller
Zusatzuntersuchungen, der Erstellung von Sanierungsplänen und
Sanierungsbeschreibungen, der erforderlichen Verfahren und der
Ausführung der eigentlichen Sanierung ist ebenfalls von
Bedeutung, will man rechtzeitig mit der Vorbereitung beginnen
können. Das Expertenmodell ist ein Computermodell, in dem die
Erfahrungswerte einer großen Zahl verschiedener, bereits
durchgeführter Sanierungen verwertet wurden. Die wichtigsten
Eingabedaten sind die Art und das Ausmaß der Boden- und
Grundwasserverschmutzung. Daneben werden für die Kostenberechnung
die Geländefläche, die Lage, der Bodenaufbau und die
Zusammensetzung der Bodenschichten benötigt. Das Modell stellt
selbst die Relation zwischen einer Reihe von Kostenposten, wie
Verschmutzungsart, Bodenzusammensetzung, Anzahl der Spülvorgänge,
Reinigungsmethode und Kosten, her. Das Modell stimmt mit dem
Entscheidungsmodell zur Entsorgung verschmutzten Bodens aus dem
Leitfaden Bodensanierung vom November 1988 überein. Das Modell
eignet sich vorerst nur für Sanierungsvarianten, bei denen von
einer Beseitigung der Verschmutzung durch Abgraben des
verschmutzten Bodens und Abtrennung des verschmutzten
Grundwassers ausgegangen wird. Neben der Beseitigung bis zum
A-Wert aus dem Leitfaden Bodensanierung (die multifunktionelle
Variante) stehen auch weniger weitgreifende Varianten zur Wahl.
Was die zugrundeliegenden Preise angeht, so ist das Modell mit
einer Reihe "regionaler und datierter" Preislisten ausgestattet.
Im Hinblick auf die starken örtlichen Unterschiede und die
Preisänderungen (z.B. die rasche Kostensteigerung bei den
Schuttabladeplätzen) müssen die Preise ständig kritisch

kontrolliert und nötigenfalls korrigiert werden. Bei Benutzung
des Modells können die Kosten bereits früher berechneter
Sanierungen ebenfalls leicht an das aktuelle Preisniveau angepaßt
werden. Die Verwendung des Expertenmodells ist im beiliegenden
Prozeßschema schematisch dargestellt.

## 3. ZUVERLÄSSIGKEIT DES KOSTENVORANSCHLAGS

Zur Zuverlässigkeitskontrolle des Kostenvoranschlags wird je
Gelände oder Geländeteil ein Zuverlässigkeitsmeßwert der
Sanierungskosten angegeben. Der Zuverlässigkeitsmeßwert hängt in
erster Linie vom Umfang der Untersuchungen ab. Daneben sind für
den Zuverlässigkeitsmeßwert auch noch die folgenden Aspekte von
Bedeutung:
- Das **Alter** der bodenbelastenden Aktivitäten ist für das
  mögliche Eintreten und das Ausmaß der Bodenverschmutzung von
  Bedeutung;
- Das **Transportverhalten** der betreffenden Verschmutzung ist für
  das potentielle Ausmaß der Bodenverschmutzung von Bedeutung
  (z.B. tri versus DDT);
- Die **Art**, in der die Verschmutzung entstanden ist (z.B.
  bekannte Punktquellen oder diffuse Verschmutzungen);
- Die **bodenkundlich-hydrologische** Situation, von der abhängt,
  wie rasch sich die Verschmutzung mit dem Grundwasser
  ausbreiten kann.

Der Zuverlässigkeitsmeßwert gibt die relative Zuverlässigkeit
unter den verschiedenen Geländen oder Geländeteilen an. Auf dem
Gelände/den Geländeteilen mit dem niedrigsten
Zuverlässigkeitsmeßwert können dann zusätzliche Untersuchungen
vorgenommen werden. Als Beispiel sind in der folgenden Abbildung
die Ergebnisse des Centrumplan Amersfoort dargestellt.

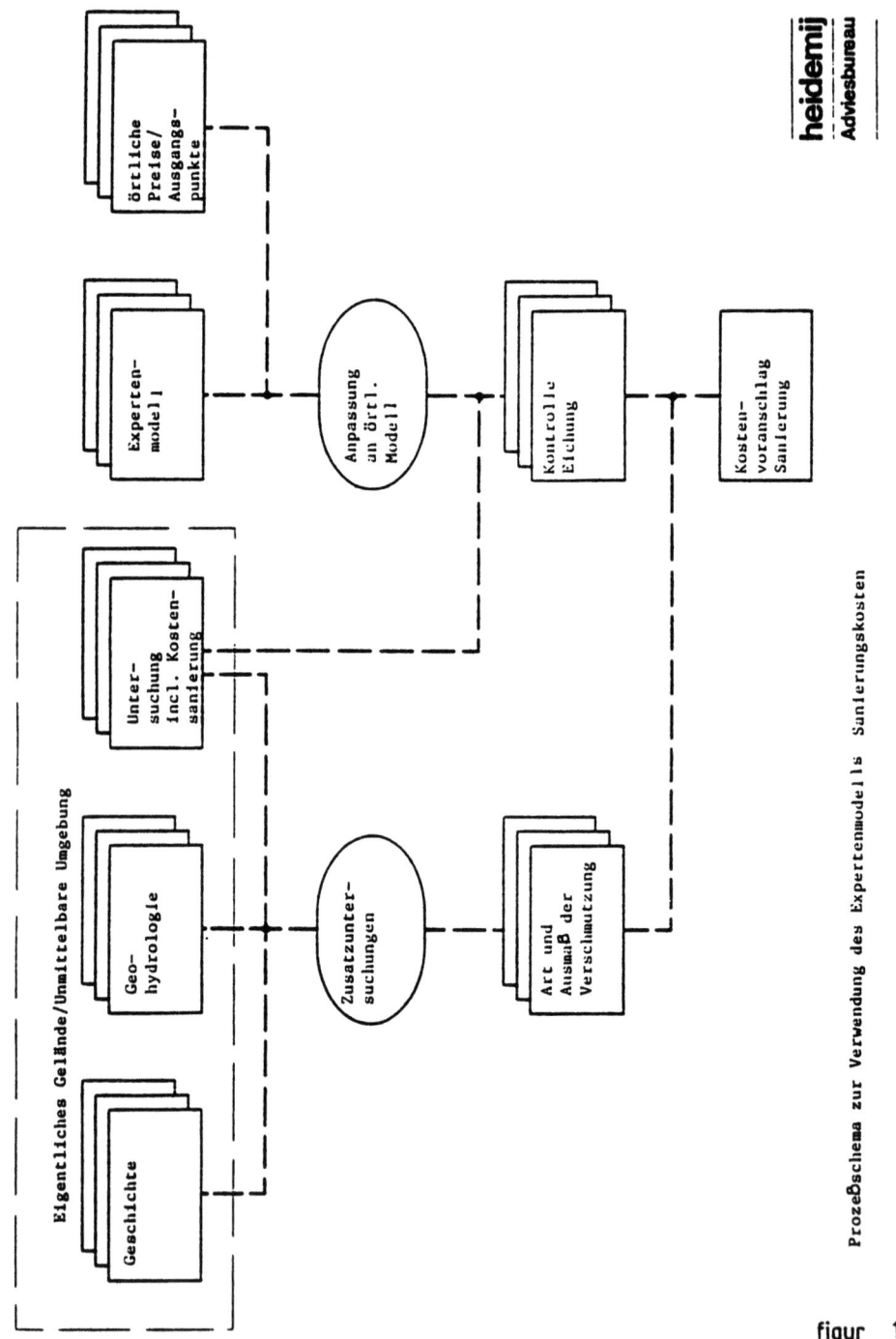

figur 1

ZUVERLÄSSIGKEIT DER SANIERUNGSKOSTEN

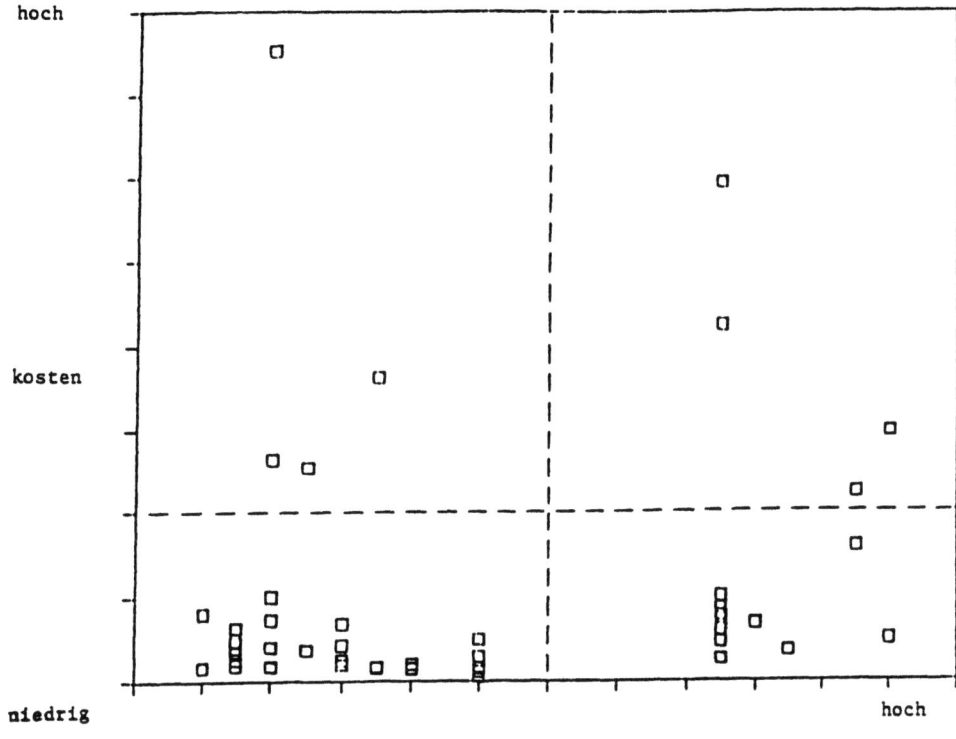

Aus dieser Darstellung geht hervor, daß es sich in diesem Fall um ein Gelände handelt, bei dem es wegen des hohen Kostenvoranschlags in Verbindung mit einem niedrigen Zuverlässigkeitsmeßwert äußerst interessant ist, eine nähere Untersuchung vorzunehmen, um damit die Realisierbarkeit des Ganzen festzustellen. Durch die Kombination des Zuverlässigkeitsmeßwerts mit den dazugehörigen Sanierungskosten kann je Gelände(teil) festgestellt werden, in welchem Planungsstadium nähere Untersuchungen nach dem Ausmaß der Verschmutzung zur Erstellung der Kostenübersicht der Baupläne notwendig sind. Die Untersuchung von Gelände mit einem niedrigen Kostenvoranschlag und einem hohen Zuverlässigkeitsmeßwert kann

bis zu dem Zeitpunkt aufgeschoben werden, zu dem dies aus Gründen
der Zeitplanung oder wegen des Erwerbs des Geländes notwendig
ist.

4.  ZEITPLANUNG DER SANIERUNGSARBEITEN

Mit dem Expertenmodell wird außer den Sanierungskosten auch die
erforderliche Dauer der einzelnen Arbeitsphasen berechnet.
Zusammen mit der erforderlichen Zeit für die Verfahren können
diese Daten in einem Planungsprogramm miteinander gekoppelt
werden. Dadurch entsteht ein guter Überblick über die Zeit, die
für die einzelnen Arbeiten benötigt wird. Durch die Koppelung
dieser Planung an die Planung für die Erschließung des
Baugeländes und die Bauplanung können die Sanierungs- und
Erschließungsarbeiten optimal aufeinander abgestimmt werden.
Ausgangspunkt ist dabei, daß die Sanierung abgeschlossen sein
muß, bevor mit dem Bau begonnen wird. Werden auch die Pläne gut
aufeinander abgestimmt, so kann man bei den Gesamtkosten für die
Sannierung und Erschließung sogar Geld sparen. Die Abstimmung
zwischen Bau und Sanierung ist im folgenden Schema dargestellt.

5.  DISKUSSION

In vielen Städten in den Niederlanden haben alte historische
Betriebsaktivitäten Bodenverschmutzungen verursacht. Eine
Neubelebung des Betriebszwecks oder eine neue Flächennutzung für
den Wohnungsbau oder Nutzbau wird durch die Unsicherheit über
eine eventuelle Bodenverschmutzung stark behindert. Das
Expertenmodell bietet die Möglichkeit, in einem frühzeitigen
Stadium einen Überblick über die Dauer und die Kosten einer
eventuellen Sanierung zu erhalten. Nach einer
Realisierbarkeitsstudie sind Zeit und Kosten planmäßig
kontrollierbar.
Durch die automatisierte Datenverarbeitung bieten sich damit
Möglichkeiten, sich auch in der weiteren Beschlußfassung und
Planungsausarbeitung mit Hilfe von Informationssystemen mit

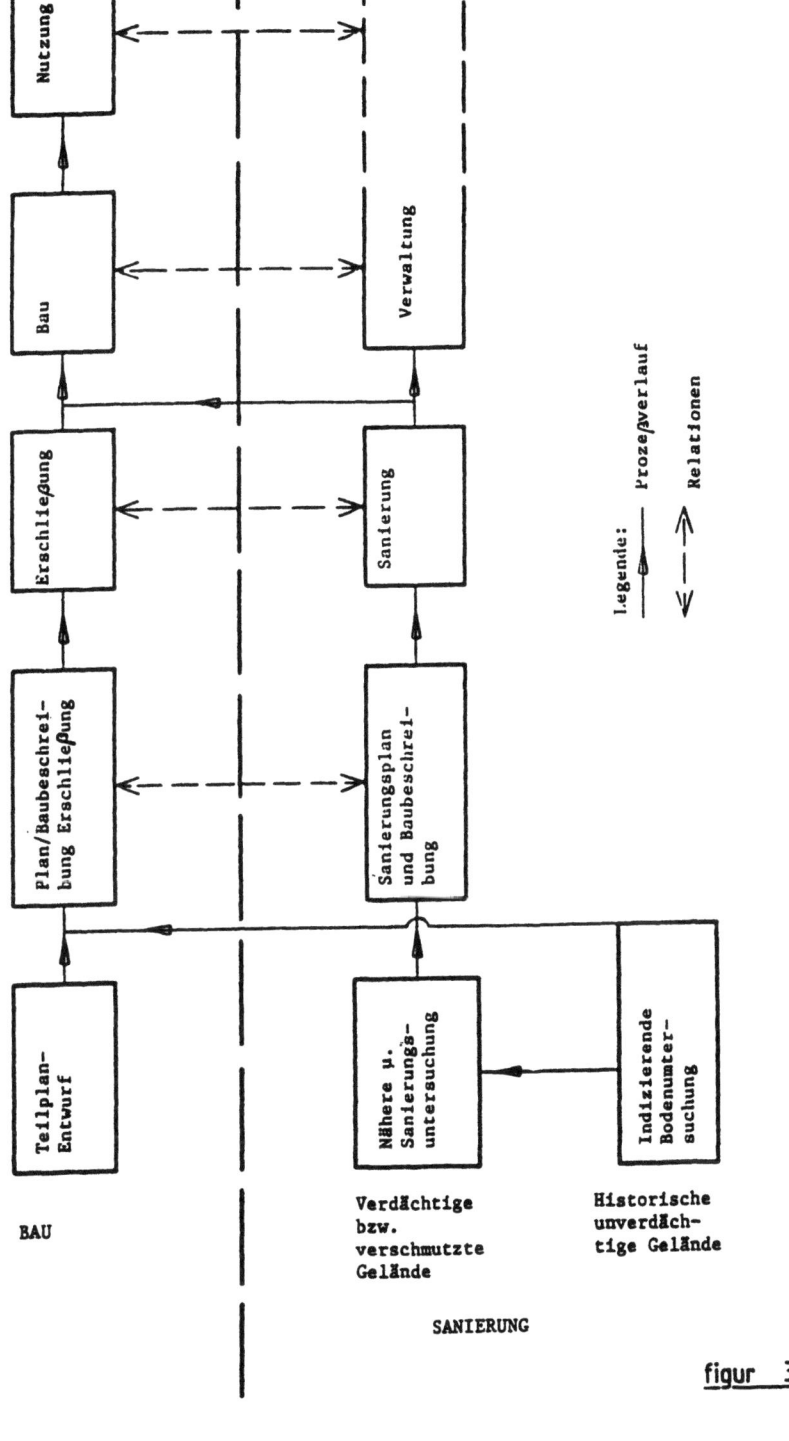

figur 3

alphanumerischer und/oder kartographischer Datenverarbeitung des Computers zu bedienen.


6. LITERATURNACHWEIS

1. Heidemij Adviesbureau B.V., Milieukundig onderzoek Centrumplan Amersfoort, Bericht Nr. 638-89/3, April 1989.
2. Heidemij Adviesbureau B.V., Centrumplan Amersfoort, Planning, sanering en bouw, Bericht Nr. 853-89/3, August 1989.

EIN NEUES VERFAHREN ZUR KONTROLLE DER SCHADSTOFFBELASTUNG DES BODENS IM INDUSTRIEGELÄNDE "EUROPOORT-BOTLEK".

W. VISSER, DELFT GEOTECHNICS, POSTFACH 69, 2600 AB, DELFT
F. RODEWIJK, STICHTING EUROPOORT BOTLEK BELANGEN, POSTFACH 121, 3100 AC, SCHIEDAM.

1. ZUSAMMENFASSUNG

Das Gebiet "Europoort-Botlek" in Rotterdam ist eines der größten Industriegelände der Welt und von wesentlicher Bedeutung für die Volkswirtschaft der Niederlande. Im Hinblick auf die zunehmende Besorgnis um die Umwelt und die neue Gesetzgebung über Bodenschutz hat die Organisation "Europoort-Botlek-Belangen" (EBB) die Initiative ergriffen und eine Untersuchung der Grundwasserqualität in diesem Gelände begonnen. Das Hauptziel des ersten Stadiums der Untersuchung war, die mögliche Gefährdung zu bewerten, die durch Schadstoffbelastung des Bodens verursacht wird. Delft Geotechnics wurden ersucht, als technische Berater zu fungieren. Delft Geotechnics haben eine großangelegte Bestandsaufnahme und eine Modellstudie durchgeführt, die zu einem völlig neuen Verfahren (dem Cluster-Verfahren) zur Kontrolle der Schadstoffbelastung des Bodens auf Industriegrundstücken führte. Aus diesen Untersuchungen ergab sich, daß zwar örtliche Schadstoffbelastungen des Grundwassers festgestellt wurden, daß aber auf kurze Sicht keine ernstliche Gefährdung der Umgebung besteht. Auf der Grundlage der Untersuchungsergebnisse wurde von der EBB eine Strategie für die kommenden 25 Jahre ausgearbeitet, um die Probleme der Schadstoffbelastung zu bewältigen und die Boden- und Grundwasserqualität auf einen annehmbaren Zustand zu sanieren. Mit dem Abschluß dieser Untersuchungsphase sind die an die EEB angeschlossenen Firmen der geplanten Strategie der niederländischen Regierung um mindestens fünf Jahre voraus. Diese Strategie legt fest, daß eine erste Bestandsaufnahme der Schadstoffbelastung industrieller Grundstücke 1991 in Angriff genommen und 1996 beendet werden soll.

2. EINFÜHRUNG

Westlich der Stadt Rotterdam liegt ein ausgedehntes Industriegelände, das "Europoort-Botlek"-Gelände genannt wird. Es besteht aus insgesamt 50 km², die völlig von petrolchemischen Großbetrieben, Verschiffungsanlagen für Massengüter, Verladeanlagen für Großbehälter usw. (siehe Abb. 1) eingenommen sind. Alle diese verschiedenen industriellen Tätigkeiten haben während jahrzehntelangen Betriebs ihre besonderen Auswirkungen auf die Boden- und Grundwasserqualität des Geländes gehabt. Es wurde außerdem klar, daß in vielen Fällen die Schadstoffbelastung leicht von einem Grundstück auf benachbarte Grundstücke durch das Grundwasser überwandern konnte, und das bedeutet, daß für die Gegenmaßnahmen die Mitarbeit der betreffenden Firmen notwendig ist.

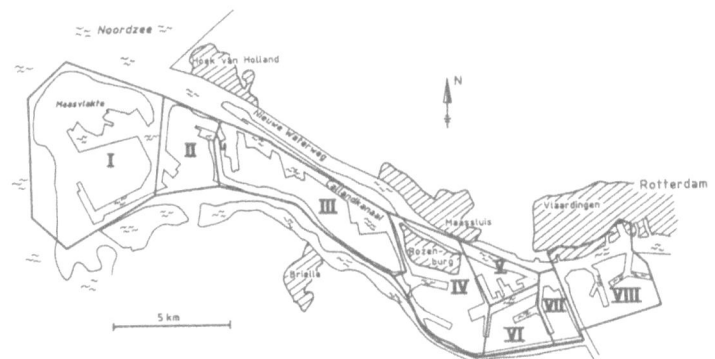

Abbildung 1. Karte des 50 km² großen EBB-Geländes und Einteilung in Cluster.

In den Niederlanden sind die maximalen zulässigen Konzentrationen (MAC-Werte) in Boden und Grundwasser in der vorläufigen Sanierungsverordnung [1] festgelegt. Diese Sanierungsverordnung soll in Kürze in die neue Bodenschutzgesetzgebung übernommen werden. Die Industrien und die Ortsbehörden sind jedoch der Ansicht, daß eine strenge Anwendung dieser Normen auf Industriegrundstücke, die noch in Betrieb sind, katastrophale Auswirkungen für die Volkswirtschaft haben könnte, wegen der damit verbundenen Unterbrechungen und Einstellungen industrieller Arbeiten. Die Industrie schlägt deshalb Normen vor, die auf die industriellen Arbeit hin ausgerichtet sind. Ein besonderes Komitee (BSB oder "Komitee Öle"), das Mitglieder der Industrien und der Behörden enthält, wurde gegründet, um die Regierung in diesen Fragen zu beraten.

Die an die Organisation "Europoort-Botlek Belangen" angeschlossenen Firmen ergriffen die Initiative und organisierten eine regionale Untersuchunng der Boden- und Grundwasserqualität und der Gefahr einer Auswanderung der Schadstoffe in die Umgebung. Dabei wurden Delft Geotechnics als technische Berater hinzugezogen. Die sogenannte EBB-Clusterstudie wurde 1987 begonnen. Zunächst wurden die möglichen Folgen von industriellen Katastrophen im Gebiet der EBB auf die Boden- und Grundwasserqualität und die Gefahr einer Migration der Schadstoffe in die unmittelbare Umgebung untersucht. Auf diese regionale Untersuchung folgte eine ausgedehnte Bestandsaufnahme der Grundwasserqualität, mit gleichzeitiger Entwicklung von mehr ins einzelne gehenden Computermodellen, um den gegenwärtigen Zustand der

Schadstoffbelastung des Grundwassers und die damit verbundenen Gefahren einer Migration darzustellen. Ein neues Verfahren zur Kontrolle der Schadstoffbelastung des Grundwassers und Bodens (das "Cluster-Konzept") wurde definiert, um eine Strategie für die zukünftige Boden- und Grundwassersanierung in diesem Gelände festzulegen.

Diese Strategie wurde von der EBB angewendet, um einen Aktionsplan für die kommenden 25 Jahre aufzustellen. Die örtlichen Behörden haben ihre Zustimmung zu dieser Vorgehensweise und den vorgeschlagenen Gegenmaßnahmen erteilt.

## 3. STRATEGIE DER EBB
### 3.1 Organisation

Die Organisation "Europoort-Botlek Belangen" wurde 1962 gegründet mit dem Ziel, die gemeinsamen (nicht-kommerziellen) Interessen der an sie angeschlossenen Firmen zu fördern. Auf Ansuchen der Firmen beschäftigt sich die EBB mit einer Anzahl Fragen wie Arbeitsbedingungen, Wohnungen für die Angestellten, Umweltproblemen usw.. Es war vorauszusehen, daß die Schadstoffbelastung des Bodens sich ebenfalls zu einem gemeinsamen Problem für eine Anzahl der Firmen entwickeln könnte. Im Gelände von Europoort-Botlek wurde die EBB als die ideale Organisation angesehen, die eine gemeinsame Strategie in Bezug auf Schadstoffbelastung des Bodens formulieren, Diskussionen mit den Behörden führen und die Untersuchungen in regionalem Maßstab koordinieren und organisieren könne, usw.

Es wurde deshalb beschlossen, daß die gegenwärtige Untersuchung der Schadstoffbelastung des Grundwassers durch die EBB koordiniert werden solle. Zur Beaufsichtigung wurde eine Arbeitsgruppe begründet, die Vertreter aus jedem Cluster enthält (zur Definition eines "Clusters" siehe Abschnitt 4). Jeder Vertreter ist für die Koordinierung der Arbeiten in seinem Cluster verantwortlich. Weil die Einteilung in Cluster auf Grund der geohydrologischen Grenzschichten durchgeführt wurde, ist die Anzahl der Mitglieder eines Clusters unterschiedlich und liegt zwischen 2 und 20. Außerdem haben einige Firmen, die nicht an die EBB angeschlossen sind, an der Untersuchung teilgenommen, so daß die Untersuchung sich über das gesamte Gelände erstrecken konnte.

### 3.2. Grundlagen

Weil eine strenge Anwendung der Normen aus der vorläufigen Sanierungsverordnung nicht als eine brauchbare Möglichkeit angesehen werden kann, wird von der EBB eine alternative Strategie vorgeschlagen, die auf einer Bewertung des Gefährdungsgrades und auf Normen, die sich auf die Nutzung des Grundstücks beziehen, begründet ist.

Dafür wurden die folgenden Prinzipien aufgestellt:

- Die Boden- und Grundwasserqualität darf sich niemals so weit verschlechtern, daß eine ernstliche Gefährdung der Umwelt oder der öffentlichen Gesundheit verursacht wird;
- auf lange Sicht soll die Boden- und Grundwasserqualität den anerkannten Normen für die industriellen Arbeiten auf dem Gelände entsprechen;
- das Vorkommen neuer Fälle von Schadstoffbelastung soll durch vorbeugende Maßnahmen soweit wie möglich vermieden werden. Sollte eine neuer Fall von Schadstoffbelastung des Bodens vorkommen, so muß er so schnell wie möglich saniert werden.

Auf kurze Sicht wird diese Strategie im wesentlichen zum Bau von Einschluß- und Überwachungssystemen führen. Auf diese Weise wird eine weitere Ausbreitung der Schadstoffe und eine Gefährdung der Umwelt und öffentlichen Gesundheit vermieden. Auf lange Sicht wird erwartet, daß bessere und billigere technische Mittel für die in-situ-Sanierung verfügbar sein werden. Eine Sanierung des Grundstücks wird dann in Kombination mit größeren periodischen Renovierungs- und Bauarbeiten durchgeführt.

3.3. Aktionsplan

Auf Grundlage der Ergebnisse aus der Untersuchungsphase, über die kürzlich berichtet wurde, wurde ein Aktionsplan ausgearbeitet, und die Aufgaben für die kommenden Jahre wurden festgelegt. Die folgenden Maßnahmen sind Bestandteile dieses Aktionsplans:
- Bestandsaufnahme der Quellen der Schadstoffbelastung des Boden und Sicherstellung, daß diese Quellen beseitigt werden.
- Weitere Untersuchungen der Kerngebiete (siehe Abschnitt 6) und, wenn erforderlich, Anlage von großen Einschlußsystemen.
- Überwachung der Grundwasserqualität in den Beobachtungsbrunnen.

Das Ziel des Aktionsplans ist, daß innerhalb des Zeitraums einer Generation (etwa 25 Jahre) das Problem der Schadstoffbelastung des Bodens im Gelände durch die Anlage von Einschlußsystemen oder Sanierung des Bodens soweit wie praktisch durchführbar kontrolliert wird. Die Durchführbarkeit des Aktionsplans hängt ab von:
- Der Kompliziertheit der auftretenden technischen Probleme;
- der Entwicklung neuer Methoden;
- der Verfügbarkeit von Arbeitskräften und Finanzen in den Firmen;
- dem Leistungsvermögen der Konstruktionsfirmen.

3. DAS CLUSTER-KONZEPT

Die regionale Bewertung zeigte, daß manche industriellen Arbeiten unvermeidlich zu wesentlichen Emissionen in den Boden führen, selbst wenn keine Katastrophen vorkommen; das bedeutet, daß die Normen für einen sauberen Boden [1] unter solchen Bedingungen nicht eingehalten werden können. Das liegt vorwiegend an dem großen Quotienten aus der Toxizität der in den Industrieanlagen hergestellten und berabeiteten Erzeugnisse und den maximalen zulässigen Konzentrationen im Boden und Grundwasser. Kleine Mengen von Produkten, die ins Grundwaser gelangen, können große Mengen des Grundwassers mit Schadstoffen belasten.

Im Gelände der EBB werden innerhalb von ziemlich kurzen Entfernungen weitgehend unterschiedliche industrielle Arbeiten durchgeführt. Die Verschiedenheit der Produkte, die verschifft, verarbeitet oder hergestellt werden, ist sehr groß. In vielen Fällen ist es unsinnig, Bodensanierungsarbeiten im Bereich einer einzelnen Firma durchzuführen. Schadstoff-Fahnen im Grundwasser können die Grundstücksgrenzen überqueren und beeinflussen sicherlich die Qualität des Grundwassers unter benachbarten Grundstücken, insbesondere wenn (geohydrologische) Gegenmaßnahmen unabhängig voneinander getroffen werden.

Um diese Probleme zu vermeiden, wurde das sogenannte "Clusterkonzept" aufgestellt. In diesem Konzept wird das Gebiet in eine oder mehrere Bewirtschaftungs-Kontrolleinheiten, die sogenannten Cluster, eingeteilt. Die Grenzen der Cluster sind durch die geohydrologischen Grenzschichten bestimmt, gemäß der von Toth entwickelten Definition der verschachtelten Grundwassersysteme [3]. Ein grundlegendes Element des Clusterkonzepts ist, daß die Grundstücksgrenzen bei der Suche nach gemeinsamen Lösungen nicht beachtet werden. Innerhalb der Grenzen eines Clusters kann eine gewisse Größe der Schadstoffbelastung annehmbar sein, aber die Ausbreitung außerhalb der Clustergrenzen muß verhindert werden. Beim Clusterkonzept wird die Betonung von einer strengen Bodensanierung (durch Auskofferung) auf einen Einschluß der Schadstoffe hin verlagert. Die wesentlichen Prinzipien des Clusterkonzepts, die auf das Gelände der EBB angewendet werden, sind in Abb. 2 schematisch dargestellt.

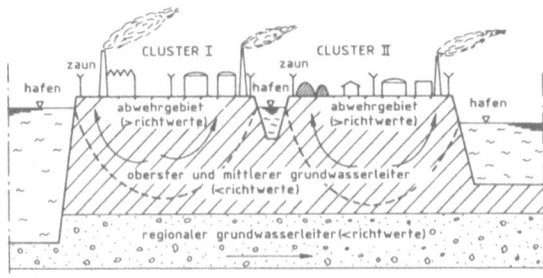

ABBILDUNG 2. Schematische Darstellung des Cluster-Konzepts

Durch kurzfristigen Einschluß der Schadstoffe und langfristige in-situ-Sanierungmaßnahmen innerhalb der Clustergrenzen wird eine unannehmbare Gefährdung des umgebenden Geländes vermieden, und die auf Industriegrundstücke anwendbaren Qualitätsnormen können auf lange Sicht erfüllt werden [4].

Das Clusterkonzept führt das Cluster als Grundeinheit für den Einschluß der Schadstoffbelastung und die Sanierung des Grundwassers und Bodens und auch als Bewirtschaftungs-Kontrolleinheit ein. Dieses Konzept bildet ein Rahmenwerk, mit dessen Hilfe die wesentlichen strategischen Ziele erreicht werden können.

## 5. GRUNDWASSERQUALITÄTSUNTERSUCHUNG

### 5.1. Regionale Untersuchung

1987 begannen Delft Geotechnics mit den regionalen Untersuchungen zu möglichen Folgen der industriellen Arbeiten auf dem EBB-Gelände für die Grundwasserqualität im Gelände und zur Gefahr einer Migration in das umgebende Gebiet. Es wurde ein speziell entwickeltes Computerprogramm, REFCON (REFinery CONtamination model) [5,6] benutzt, um Leckverluste und Überlaufen und die Folgen für die örtliche Grundwasserqualität zu simulieren. Die regionale Grundwasserbewegung wurde mit dem Delft Geotechnics-Programm VERA für den Transport von Schadstoffen im Grundwasser berechnet. Es wurde klar, daß die flachen und mittleren Grundwassersysteme in einigen Bereichen wesentlich mit Schadstoffen belastet werden und die Grundwasserqualität der Region ernstlich gefährdet sein könnte.

Die geohydrologische Untersuchung zeigte, daß das EBB-Gelände in 8 Unterbezirke, "Cluster" (I-VIII, siehe Abb. 1) unterteilt werden konnte, die gegenseitig keinen Einfluß auf die Grundwasserqualität und das Strömungssystem ausübten. Die flachen und mittleren Grundwassersysteme innerhalb der Cluster sind begrenzt durch den Hafen und durch die Kanäle, durch die das Gelände unterteilt wird (siehe Abb. 2 und 4). Innerhalb eines Clusters haben die verschiedenen Firmen bestimmt gegenseitig Einfluß auf die Grundwasserqualität, deshalb ist eine gemeinsames Vorgehen notwendig. Dieses Vorgehen (das "Clusterverfahren") bietet ein Bewirtschaftungssystem und schafft günstige Bedingungen für ein Konzept von technisch durchführbaren Einschlußsystemen.

### 5.2. EBB-Clusteruntersuchung

Die anfänglich angewendete regionale Vorgehensweise wurde zu einer Untersuchung auf Clusterebene (siehe Abb. 3) verfeinert. Eine ausgedehnte Bestandsaufnahme der geohydrologischen Stratifizierung, industriellen Unternehmen, vorliegenden Schadstoffbelastungen usw. wurde durchgeführt. Überdies wurde ein weites Netz von Beobachtungsbrunnen eingerichtet, um die Grundwasserspiegel zu messen und Grundwasserproben zu nehmen und zu analysieren. Das Netz bestand aus etwa 750 Beobachtungsbrunnen, 630 davon im flachen Grundwasser (0 bis -5m), 125 im mitteltiefen Grundwasser (-10 bis -20m) und 10 im darunterliegenden regionalen Grundwasserleiter (>-25m). Die geohydrologische Stratifizierung des Geländes wird in Abb. 4 gezeigt. Die Daten zur Grundwasserqualität wurden benutzt, um ein Bild der gegenwärtigen Schadstoffbelastung des Grundwassers im EBB-Gelände zu erstellen. Um die Grundwasserbewegung zu ermitteln, wurden Computersimulationen mit dem VERA-Modell für den darunterliegenden regionalen Grundwasserleiter (2-dimensional) und für das flache und mittlere Grundwasser (quasi-3-dimensional) durchgeführt.

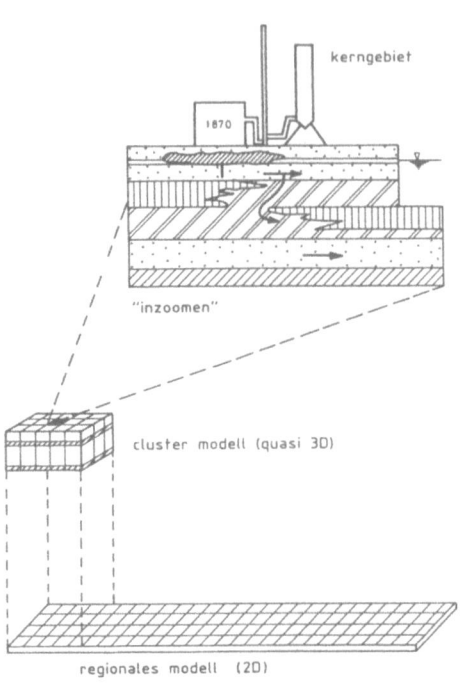

Abbildung 3. Die verschiedenen Maßstäbe des Ansatzes

Um die Gefahr einer Migration zu ermessen, wurden die Grundwassermodelle benutzt, um die Grundwasserströmungslinien für alle die Punkte zu berechnen, an denen die Grundwasserqualität die MAC-Werte (C-Werte, [1]) für einen oder mehrere Bestandteile überschritt. Auf diese Weise konnten der durchschnittliche Migrationspfad der Schadstoffe und die zugehörigen Grundwasserbewegungszeiten gefunden werden (siehe Abb. 5). Die benutzte Risikoanalyse beruht auf der Quellen/Pfad/Ziel-Methode [7]. Die Beobachtungsbrunnen, in denen Schadstoffe gefunden wurde, wurden als Quellen angesehen. Beim Clusterverfahren werden die umgebenden Oberflächengewässer und die darunterligenden regionalen Grundwasserleiter als Ziele angesehen.

Auf diese Weise konnte eine sogenannte Abwehrgebietsgrenze (AGG) für jede Schadstoffbelastung festgelegt werden. Die Ausdehnung der AGG wird bestimmt durch den Augenblick, in dem die berechnete Grundwasserströmungslinie eines der Ziele (Hafen oder regionaler Grundwasserleiter, siehe Abb. 5) erreicht. Solange die Schadstoffe sich innerhalb der AGG befinden, können sie noch erfolgreich eingeschlossen werden. Die berechneten Grundwasserlaufzeiten bis zum Erreichen eines der Ziele (und der AGG) liegen zwischen 10 und 120 Jahren.

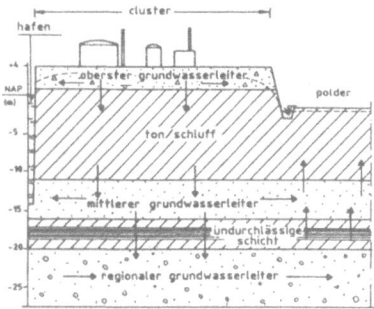

Abbildung 4. Schematische Darstellung der geohydrologischen Stratifizierung des EBB-Geländes.

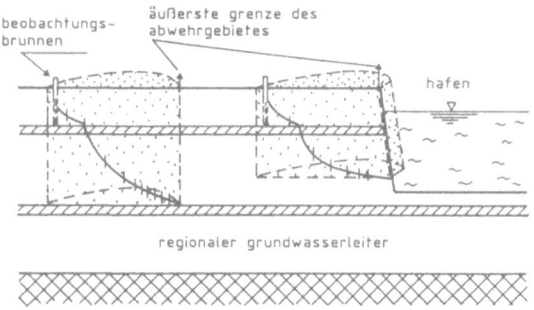

Abbildung 5. Prinzip der Abwehrgebietsgrenzen (AGG)

Durch Anwendung derselben Methode in umgekehrter Richtung können Zonen auf der Oberfläche definiert werden, in denen die Schadstoffe schließlich entweder den regionalen Grundwasserleiter oder die umgebenden Oberflächengewässer bedroht werden.

Die berechnete Grundwasserlaufzeit, nach der ein Ziel oder eine AGG erreicht ist, bezeichnet die Dringlichkeit der zu treffenden Gegenmaßnahmen, um die Gefahr einer unannehmbaren Schadstoffbelastung zu vermeiden. Es zeigte sich, daß der Raum und die Zeit innerhalb einer AGG in den meisten Fällen ausreichend sein würde, um Einschluß-Strategien zu entwerfen und ein spezifisches in-situ-Sanierungsverfahren [4,8] zu entwickeln, und zwar auf kostenwirksame Art.

Alle Schadstoffbelastungen innerhalb der Cluster sind unter Anwendung des AGG-Verfahrens klassifiziert und entsprechend der Dringlichkeit weiterer Untersuchungen in eine Rangordnung eingefügt worden. In einigen Fällen wird es vielleicht notwendig sein, sich innerhalb eines Clusters auf ein Grundstück oder auf eine einzige Anlage zu konzentrieren (siehe Abb. 3).

Die oben beschriebene Methode basiert einzig und allein auf der Grundwasserbewegung, hauptsächlich wegen des großräumigen Verfahrens. Ins einzelne gehende Untersuchungen auf Anlagenebene könnten die Anwendung von detaillierten Schadstofftransportmodellen notwendig machen.

## 6. ERGEBNISSE

Obwohl anfänglich angenommen wurde, daß das flache und mitteltiefe Grundwasser unter den Industriekomplexen im gesamten Gelände deutlich schadstoffbelastet sein würde, zeigten die Ergebnisse der Grundwasserproben und -analysen, daß das nicht der Fall ist. Das Gesamtbild der Schadstoffbelastung zeigt nicht eine diffuse Schadstoffbelastung unter dem gesamten Gelände, sondern eine Anzahl von örtlich begrenzten Fällen von Schadstoffbelastung in der Umgebung von etwa 25% aller flachen Beobachtungsbrunnen. In einigen Clustern wurden fast gar keine Schadstoffe gefunden.

Das mitteltiefe Grundwasser zeigt ein noch positiveres Bild. Obwohl 25% aller mitteltiefen Beobachtungbrunnen Schadstoffe in Konzentrationen über dem MAC-Wert aufwiesen, war das in vielen Fällen auf hohe Arsen- und Quecksilberkonzentrationen zurückzuführen, für die kein Zusammenhang mit den industriellen Arbeiten auf dem Gelände gefunden werden konnte. Ihr Vorkommen könnte durch hohe natürliche Belastungswerte verursacht sein, oder durch das Vorhandensein von schadstoffbelastetem Hafenschlamm, der vor der Bebauung zur Aufhöhung des Geländes benutzt wurde. Typische industrielle Belastungen, die im mitteltiefen Grundwasser gefunden wurden, stehen in fast allen Fällen in engem Zusammenhang mit den im flachen Grundwasser an denselben Stellen gefundenen Schadstoffen, besonders wenn keine (ausreichenden) Ton-Sperrschichten vorhanden sind oder wenn diese Sperren durch geotechnische Maßnahmen (z.B. vertikale Dränage, Pfahlchlagen) durchbrochen worden sind.

In den meisten Fällen schien die Grundwasserqualität in direktem Zusammenhang mit den auf dem Grundstück ausgeführten industriellen Arbeiten zu stehen. Massengüterverschiffungsanlagen, Autoversandstationen, Großbehälterversandstationen usw. haben keinen wesentlichen Einfluß auf die Grundwasserqualität. Für solche Arbeiten werden ausgedehnte Bereiche innerhalb des EBB-Geländes benutzt. Es ist überraschend, daß Verschiffung und langfristige Lagerung von Rohöl in großem Ausmaß (große Behälter) verhältnismäßig wenig Schadstoffbelastung des Grundwassers verursachen. Andere Industrien wie petrolchemische Anlagen und Zwischenlagerung und Verschiffung von Flüssigkeiten (in kleinen Behältern) scheinen zu wesentlicher Verschlechterung der

Qualität des flachen und mitteltiefen Grundwassers zu führen.

Die Bestandsaufnahme zeigt, daß im größten Teil des 50 km$^2$ großen Industriegeländes verhältnismäßig weit voneinander entfernte örtliche Schadstofbelastungen gefunden wurden. Solange diese Schadstoffe sich nicht über die Grenzen der Abwehrgebiete ausbreiten, sind Gegenmaßnahmen nicht dringend notwendig; das muß durch Überwachung der Grundwasserqualität innerhalb und außerhalb der AGG gesichert werden. Es liegen jedoch 9 Gebiete (jetzt als "Kerngebiete bezeichnet) in 5 Clustern vor, in denen die AGG der verschiedenen schadstoffbelasteten Stellen sich überschneiden oder sehr nahe beeinander liegen. Diese Kerngebiete müsen deshalb als Gebiete behandelt werden, für die ausgedehnte Abwehrmaßnahmen entwickelt werden müssen. Die 9 Kerngebiete umfassen etwa 400 ha (ungefähr 10% des gesamten Geländes). Mehr ins einzelne gehende Untersuchungen über die Schadstoffbelastung und die Migrationsgefahr sind für die Kerngebiete notwendig. Häufige Überwachungsarbeiten innerhalb und außerhalb dieser Gebiete müssen sicherstellen, daß keine unannehmbare Migration stattfindet, ehe die Gegenmaßnahmen getroffen werden.

## 7. SCHLUSSFOLGERUNGEN

Eine ausgedehnte Bestandsaufnahme der Grundwasserqualität in Kombination mit Computermodellen hat zu einer neuen Vorgehensweise zur Kontrolle des Problems der Schadstoffbelastung des Bodens und Grundwassers unter Industriegrundstücken geführt. Diese Vorgehensweise wird als das "Cluster-Verfahren" bezeichnet. Ein wichtiger Grundzug dieses Verfahrens ist, daß die Betonung von kurzfristigen Sanierungsmaßnahmen, durch welche die industriellen Arbeiten gestört würden, auf kurzzeitige Abwehrmaßnahmen in Kombination mit langfristigen in-situ-Sanierungsmaßnahmen verlagert wird. Beim Cluster-Verfahren arbeiten benachbarte Firmen mit gemeinsamen Problemen durch Schadstoffbelastung des Bodens gemeinsam an einer Optimierung der Gegenmaßnahmen, in Hinsicht auf Wirksamkeit und auch auf Kosten. Die Cluster werden durch geohydrologische Grenzschichten eingegrenzt.

Auf dem Europoort-Botlek-Gelände Rotterdams wird die Kontrolle der Schadstoffbelastung des Bodens durch die EBB mit Hilfe des Clusterverfahrens koordiniert. Was anfänglich eine technische Einschlußeinheit war, hat sich zu einer Bewirtschaftungs-Kontrolleinheit entwickelt, die die Grundlage für die Durchführung der gemeinsamen Bodenschadstoff-Kontrollstrategie bildet. In Industriegeländen in anderen Gebieten der Niederlande untersuchen sowohl die Industrie als auch die Behörden die Anwendbarkeit des Clusterverfahrens auf die Kontrolle der örtlichen Schadstoffbelastungsprobleme.

Die Ergebnisse der Untersuchung zeigen, daß großangelegte (geohydrologiche) Einschlußmaßnahmen wahrscheinlich nicht für das gesamte Gelände notwendig sind, sondern
sich auf 9 Kerngebiete beschränken können, die etwa 400 der
gesamten 5000 ha umfassen. Die Möglichkeit einer Anwendung
von Einschlußmaßnahmen in diesem Maßstab muß noch bewertet
werden [9].

Die Aufstellung eines Überwachungsprogramms und die
Konzentration auf die Kerngebiete wird ein Teil der nächsten
Phase des EBB-Aktionsplans sein, der darauf hinzielt, eine
Kontrolle der Boden- und Grundwasserqualität innerhalb der
kommenden 25 Jahre zu erreichen.

Die für diese Untersuchung entwickelte und getestete
Methode kann einen weiten Anwendungsbereich in anderen
Gebieten mit industriellen Anlagen haben und zu optimalen,
kostenwirksamen Lösungen für sonst schwer zu bewältigende
Probleme führen.

8. BIBLIOGRAPHIE
1) Leidraad Bodem Sanering, Staatsuitgeverij, Den Haag
2) Der Bodenschutz, Staatsuitgeverij, Den Haag
3) Toth, J.;   1963. Eine theoretische Analyse der Grundwasserströmung in kleinen Wassereinzugsgebieten.   J.
   Geophysic. Res., 68, S. 4795-4812
4) Loxham, M., Visser, W.; 1990. Gründe zur Klage. Process
   Engineering, Environmental Protection Supplement, Frühjahr 1990
5) Loxham, M., Visser, W., Pereboom, D., Weststrate, F.A.;
   1987. REFCON, ein Modell der Grund- und Oberflächen-
   wasserreaktion für den Entwurf und die Optimierung von
   Reinigungs- und Bodenschutzstrategien für (petrol-)
   chemische Komplexe. Verhandlungen der IGWMC-Konferenz:
   Grundwasserverschmutzung, die Anwendung von Modellen für
   das Treffen von Entschlüssen. Okt. 26-29, 1987, Amsterdam.
6) Loxham, M., Visser, W.,  1989. Modelle der Auswirkungen
   einer chemischen Fabrikationsanlage auf einen großen
   Grundwasserleiter. Verhandlungen des internationalen
   Symposiums über integrierte Verfahren bei Problemen mit
   Schadstoffbelastung des Wassers. (SISSIPA) 89), Juni 19-
   23, 1989, Lissabon.
7) Mischgofsky, F.H., Vreeken, C. et al.  1981. Bestandsaufnahme der Grundstückssanierungsmethoden. Staatsdruckerei, Den Haag.
8) Mischgofsky, F.H., Kabos, R.  1988. Allgemeine Übersicht
   über die Grundstückssanierungsverfahren. Contaminated
   Soil, 1988; Wolf, K. et al. (Herausg.) Kluwer, Dordrecht.
9) Mischgofsky, F.H., Weststrate, F.A., Visser, W.; 1990.
   Bodensanierung auf Industriegrundstücken; Cluster-Konzept und Zustimmung. Die vorliegenden Sitzungberichte.

BODENSANIERUNG BEI INDUSTRIEGRUNDSTÜCKEN: CLUSTERKONZEPT UND ZUSTIMMUNG

F.H. MISCHGOFSKY, F.A. WESTSTRATE UND W. VISSER

DELFT GEOTCHNICS, P.O. BOX 69, 2600 AB DELFT, DIE NIEDERLANDE

1  ZUSAMMENFASSUNG

Im vergangenen Jahrzehnt wurde der Umweltschutz auf Boden und Grundwasser ausgeweitet. Seit kurzer Zeit ist es klar, daß die Ausgaben für Bodensanierung während der kommenden fünfzig Jahre in der Größenordnung den Ausgaben für die Konstruktion und Wartung der Kanalisationssysteme gleichkommen werden, d. h. 20% des Bruttosozialprodukts, im wesentlichen auf Kosten der Industrie, die gezwungen sein wird, ihre ehemals und gegenwärtig benutzten Grundstücke zu sanieren. Das Problem ist, wie die neuen gesetzlichen Anforderungen in die verfügbaren Finanzpläne der einzelnen Firmen eingefügt werden können. In dieser Abhandlung wird gezeigt, daß örtliche Zustimmung der privaten und öffentlichen Betriebe und der Ortsverwaltungen auf Grundlage eines langfristigen (hydrogeologischen) "Cluster-Verfahrens", dem "Stillstandsprinzip" und der "rationalen Sanierungsentscheidung" das kostengünstigste Vorgehen zur Beseitigung der kurz- und langfristigen Gefährdung, zur Wiederherstellung der Bodenumwelt und auch zur Einrichtung eines multifunktionellen (Bereitschafts-) Netzes für den Schutz, die Überwachung, Warnung und Sanierung ist. Diese Vorgehensweise kann zur Bildung eines einträglichen Marktes für die Entwicklung spezifischer neuer Behandlungs- und Überwachungsmethoden und der erforderlichen Geräte führen.

2.  DAS BODENPROBLEM

Von Anbeginn war die Menschheit durch natürliche (Vulkane, Überflutungen) und vom Menschen verursachte (Abfallstoffe, Zusammenbruch von Bauwerken, Verkehr) Gefahren bedroht. Mit dem Anwachsen der Bevölkerungskonzentrationen und der Produktivität begann die Menschheit sich dagegen zu wehren, durch Damm- und Kanalsysteme, Trinkwasser- und Kanalisationssysteme. Mit weiter zunehmender Verstädterung und industrieller Produktivität erforderte die Konzentration der Gefährdung weitergehende Regelungen, die ursprünglich darauf ausgerichtet waren, die unmittelbare Sicherheit und Gesundheit der Menschen zu schützen, aber mit zunehmendem Wohlstand auch darauf hinzielten, das Wohlbefinden des Menschen und das Wohl der Umwelt auf lange Sicht (die "dauerhafte Gemeinschaft") zu schützen. Das umfaßt den

Schutz der richtigen Funktion des Bodens als dauerhafte Quelle für Wasser und Nahrungsmittel für Mensch und Vieh, als Grundlage für Wohnen, Arbeiten und Freizeitbeschäftigung, und als ein dauerhaftes Substrat für die lebenden Organismen, die zur Erhaltung des örtlichen und globalen ökologischen Gleichgewichts beitragen. Heute ist die potentielle Funktion des Bodens (seine "Multifunktionalität") durch eine Vielzahl von Gefahrenquellen mehr und mehr bedroht:
- physikalische Quellen: Erosion, Ausgraben von Baumaterialien, Verlust an die See, Erschöpfung der Grundwasservorräte (z.B. durch industrielle und landwirtschaftliche Nutzung)
- chemische "diffuse" Quellen: Versalzung des Grundwassers, Schadstoffbelastung durch Niederschläge aus schadstoffbelasteter Luft, durch Sedimente aus schadstoffbelasteten Oberflächengewässern, durch die Landwirtschaft (Mist, Pestizide)
- Chemische "Punkt"-Quellen: Abfallverkippen, Lagerung von Chemikalien, industrielle Arbeiten.

Weil die chemische Schadstoffbelastung mögliche toxische Wirkungen umfaßt, erweckt sie heute die größte Aufmerksamkeit, sowohl in der Öffentlichkeit als auch bei den Politikern, und zwar besonders die Punktquellen, die in vielen Fällen toxische oder schädliche Konzentrationen enthalten.

3. DAS AUSMASS DER SCHADSTOFFBELASTUNG DES BODENS

Während der vergangenen zehn Jahre ist die Bodensanierung sowohl ein politisches Thema als auch ein technisches Problem gewesen. Ihre wahrscheinlichen Kosten werden zunehmend deutlich. Wenn wir die Niederlande mit 15 Millionen Einwohnen als Beispiel nehmen: 1979 stellte sich heraus, daß 268 Häuser im kleinen Dorf Lekkerkerk teilweise auf Bauabfallmaterial gebaut worden waren, das durch etwa 1600 Abfallfässer schadstoffbelastet war. Der Fall wurde als einmalig angesehen, und es wurden 90 Millionen US-Dollar (1 US $ ≈ 2 fl ≈ 1,80 DM) ausgegeben, um sämtliche Abfallstoffe zu beseitigen. Später, im Jahr 1981, zeigte eine Bestandsaufnahme jedoch, daß 3000 potentiell schadstoffbelastete Deponien vorhanden sind. Die Regierung schätzte, daß die Sanierung des Bodens in den Niederlanden 20 Jahre dauern und 0,5 bis 1,5 Milliarden US $ kosten würde; die Umweltschutzbewegung schätzte die Kosten auf etwa 5 Milliarden US $. Innerhalb von einigen Jahren wuchs die Zahl der bekannten schadstoffbelasteten Grundstücke auf 6000 an, und es wurde sowohl ein Bodenschutz- als auch ein Bodensanierungsgesetz vom Parlament angenommen. 1987 schätzte die niederländische Industrie selbst die Sanierungskosten für die gegenwärtigen Industriegrundstücke auf 12 Milliarden US $. 1989 wurde in einem Regierungsbericht angegeben, daß schätzungsweise 100000 gegenwärtige und ehemalige Industriegrundstücke und

3000 ehemalige Deponien innerhalb einer Generation saniert werden müßten, was 25 Milliarden US $ kosten würde. Wenn ein längerer Zeitraum dafür vorgesehen würde, wären die Kosten größer wegen der weiteren Migration der Schadstoffe. Diese Schätzung berücksichtigte nicht die Kosten für die Sanierung der schadstoffbelasteten Fluß-, Seen- und Hafensedimente (0,6 Milliarden US $, und des Bodens, der durch undichte Kanalisationssysteme, durch unterirdische Öltanks für Zentralheizungsanlagen, durch Luftverschmutzung und durch landwirtschaftliche Nutzung schadstoffbelastet ist. Auf Grund dieses Berichts beschloß der niederländische Kabinettsrat, daß die jährlichen privaten und öffentlichen Haushaltsmittel für Sanierungsarbeiten von 0,15 Milliarden auf 0,3 Milliarden US $ erhöht werden sollte.

Nach dem Gesetz muß die Industrie die Sanierung ihrer eigenen gegenwärtigen und ehemaligen Grundstücke bezahlen. Wenn wir eine Dauer von 50 Jahren (zwei Generationen) für die Sanierungsarbeiten annehmen, betragen die gesamten jährlichen Ausgaben 0,5 Milliarden US $. Das ist in der Größenordnung der jährlichen Ausgaben für die Konstruktion und Erhaltung des niederländischen Kanalisationssystems, die derzeit 0,4 Milliarden US $ betragen, aber auf 0,6 Milliarden US $ erhöht werden müssen, wegen der überfälligen Renovierung (Kosten schätzungsweise insgesamt 3 Milliarden US $) der ältesten Systeme.

Der Industrialisierungs-, Verstädterungs- und Wirtschaftsstand der USA und des größten Teils der EG ist mit dem der Niederlande vergleichbar. Durch Extrapolation der jährliche Sanierungskosten der Niederlande während der kommenden 50 Jahre würden sich dann 8 Milliarden US $ für die USA (240 Millionen Einwohner) und 11 Milliarden US $ für die EG (320 Millionen Einwohner) ergeben. Die Industrie der USA selbst schätzt die Kosten auf 3-6 Milliarden US $ jährlich über diesen Zeitraum. Sie schätzt außerdem, daß 150 Milliarden US $ erforderlich sein werden, um den durch die Herstellung von Atomwaffen verschmutzten Boden zu sanieren. Bei der Betrachtung dieser Zahlen müsen folgenden Punkte betont werden:
- Die Schadstoffbelastung des Bodens ist bedenklicher in Delta- und Flußgebieten, wegen ihres hohen Grundwasserspiegels und des oft durchlässigen Bodens.
- Gesetzgebung und Normen in Bezug auf den Boden werden zunehmend strenger.
- Industrielle Stadtgebiete in den übrigen Ländern der Erde werden sich mit ähnlichen Problemen der Schadstoffbelastung des Bodens auseinandersetzen müssen.
- Die Bodensanierungsverfahren sind noch ziemlich neu und kostspielig und entwickeln sich rasch, und das könnte zu wesentlichen Kostenminderungen in der Zukunft führen (siehe Michgofsky 1989)(3).

## 4. GESETZLICHE FORDERUNGEN: MINIMALE UND MAXIMALE OPTIONEN

Die Auswirkungen der gesetzlichen Forderungen über Sanierungsarbeiten können am Beispiel der jetzt gültigen niederländischen Gesetze erläutert werden. Die niederländischen Bodenqualitätsnormen für das niederländische Bodenschutzgesetz werden als Bezugswerte (1;6) bezeichnet. Sie sind abhängig von der Bodenzusammensetzung (Ton-, Sand- und Torfgehalt), basieren auf Schadstoffkonzentrationen, für die keine schädlichen Wirkungen bekannt sind, und sind nahezu gleich den natürlichen Belastungswerten in sauberem Boden. Diese Werte gelten überall, ohne Rücksicht auf die spezifische Nutzung des Bodens, und sollen die gegenwärtigen und zukünftigen Funktionen des Bodens (Multifunktionalität) sichern. Sie werden benutzt, um die notwendigen Schutzmaßnahmen für neue Anlagen, Tankstellen, Abfalldeponien usw. zu definieren. Ihr Ziel wird weitgehend auch von der Industrie anerkannt, obwohl die Industrie höhere Bezugswerte für Industriegelände vorschlägt.

Nach Angaben des niederländischen Ministers für Umweltschutz, Herr Nijpels (siehe (6)), überschreiten bereits 20% der niederländischen Böden und Gewässerböden (Sedimente) die Bezugswerte.

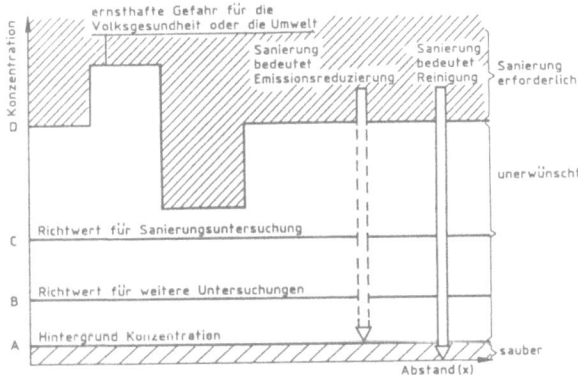

ABBILDUNG 1: Die niederländischen ABC-Werte sind Richtwerte für Grundstücke mit schadstoffbelastetem Boden und sollen dazu dienen, die bereits (oder potentiell) bedrohten Objekte zu schützen.

Die niederländischen ABC-Werte ((1), Abb. 1) für das (ältere) niederländische Bodensanierungsgesetz sind Richtwerte. Der A-Wert ist gleich dem Bezugswert für sauberen Boden bzw. sauberes Grundwasser. Böden mit diesen Werten gelten als frei von Schadstoffen. Wenn auf einem Grundstück für eine Substanz der 5- bis 10mal höhere B-Wert gefunden

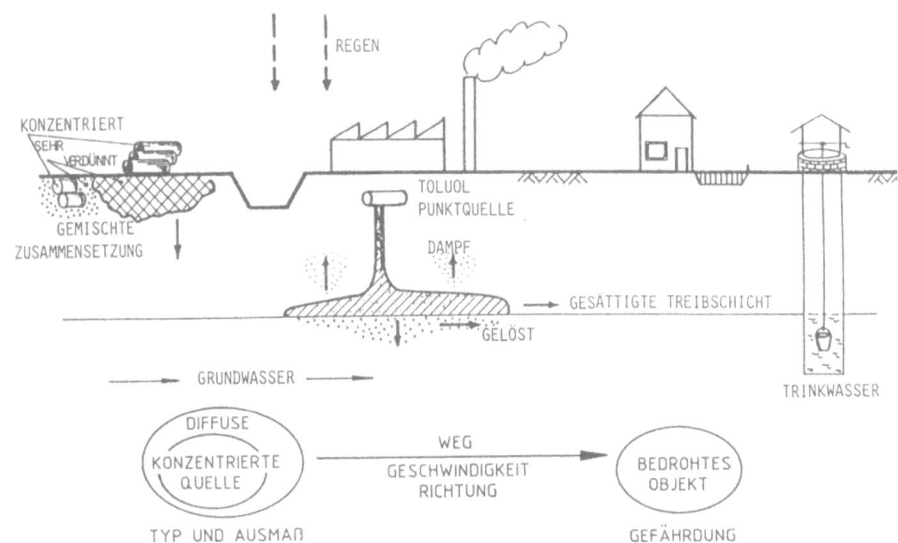

ABBILDUNG 2: Das Modell Schadstoffquelle - potentieller Migrationspfad - bedrohtes Objekt (Mischgofsky et al., 1981, 1988)

wird, so bedeutet das, daß eine eingehendere Untersuchung erforderlich ist. Wenn dann für eine der Substanzen der 5- bis 10mal höhere C-Wert gefunden wird, ist eine Sanierungsuntrsuchung erforderlich, mit deren Hilfe die Gefahren des Grundstücks bemessen werden. Wird dabei eine ernstliche Gefährdung der öfentlichen Gesundheit festgestellt, so ist eine Sanierung unerläßlich. Während die Bodenqualitätsnormen überall gültig sind und die Verhinderung einer (weiteren) Schadstoffbelastung des Bodens und Grundwassers bezwecken, gelten die ABC-Werte nur für schadstoffbelastete Grundstücke und ihr Zweck ist, die Notwendigkeit von Maßnahmen anzuzeigen. Die Konzentrationswerte in der Gefährdungsschätzung gelten für Boden und Grundwasser der Objekte, die bereits (oder zukünftig) von der Schadstoffquelle (Abb. 2) bedroht werden. Die Konzentrationswerte, die eine direkte (oder wahrscheinliche) ernstliche Gefährdung anzeigen, könnten als D-Werte (Danger-Werte, "danger"= englisch für "Gefahr") bezeichnet werden. Es ist klar, daß sie von der gegenwärtigen Nutzung des (potentiell) schadstoffbelasteten Bodens abhängen: Der D-Wert wäre am niedrigsten für den Sandkasten auf einem Kinderspielplatz oder für einen Trinkwasserbrunnen, und viel höher für einen Parkplatz oder das Grundstück einer chemischen Fabrik (siehe Abb. 1).

Wenn Werte gefunden werden, die (potentiell) den D-Wert überschreiten, so erhebt sich die wichtige Frage, wieweit eine Sanierung erforderlich ist. Die ideale (maximale) Option wäre, den gesamten schadstoffbelasteten Boden soweit zu reinigen, daß die Werte danach unterhalb der A- oder Bezugswerte liegen (Abb. 1). Solche Arbeiten wären eine wahrhafte Bodensanierung (Abb. 1). Das niederländische Technische Bodenkomitee (TCB 1986) stellte jedoch fest, daß dafür in nahezu allen Fällen die vollständige Beseitigung allen die A-Werte überschreitenden Bodens erforderlich wäre; aber selbst dann würde es Jahrhunderte dauern, ehe das örtliche ökologische Gleichgewicht wieder hergestellt würde. Die minimlae Sanierung, die die oben angegebenen Anforderungen erfüllt (die "minimale Option") wäre, selektiv nur so geringe Mengen des schadstoffbelasteten Bodens zu beseitigen, daß bei den bedrohten Objekten der D-Wert nie erreicht werden kann. Diese Art der Sanierung bedeutet tatsächlich eine Verminderung der Emission aus der Schadstoffquelle (Abb. 1)

## 5. DIE RATIONALE OPTION

Die gegenwärtige Debatte über die Sanierungsziele wird zwischen der Zentralregierung und Umweltbewegung (die maximale Option) und der Industrie (die minimlae Option) geführt. Die Ortsverwaltungen (die oft die B-Werte als Sanierungsziel benutzen) und einzelne Industrien stehen zwischen diesen entgegengesetzten Standpunkten. Mittlerweile nimmt das Interesse an einem rationalen, schrittweisen Vorgehen auf beiden Seiten zu. Es besteht aus folgenden Maßnahmen:

1. Bei neuen Grundstücken werden Vorbeugungsmaßnahmen entsprechend den Bezugswerten getroffen.
2. Bei bereits benutzten Grundstücken sind die folgenden Maßnahmen dringlich:
   - Beseitigung der gegenwärtigen Gefährdung
   - Vermeidung neuer Schadstoffbelastungen und der Ausbreitung (Migration) der vorhandenen Schadstoffe ("Stillstands"-Prinzip)
   - Verhinderung zukünftiger Gefährdung
   
   Dafür ist eine allgemeine (hydrogeologische) Einschluß- und Abwehrstrategie erforderlich.
3. Wenn ein Grundstück auf neue Weise genutzt wird (Wohnungsbau, Erholung), so ändern sich die "bedrohten Objekte" (Abb. 2), so daß eine weitere Sanierung erforderlich werden kann.

Diese Prioritäten entsprechen den Vorbeugungsanforderungen und den minimalen Optionen. In der Praxis erfordern sie eine gründliche, schrittweise Bestandsaufnahme der gegenwärige Bodenqualität und Hydrogeologie der Grundstücke sowie der potentiellen Gefahren einer Schadstoffbelastung (Aussickern, Unfälle, Verschüttungen) der Anlagen, gefolgt

von Vorbeugungs- und Sanierungsmaßnahmen, wie etwa Beseitigung und/oder Einschluß der Schadstoffe. Die Debatte konzentriert sich darauf, wie und wann die Bezugswerte erreicht werden sollen. Die aussichtsreichste Option ist die "rationale Option" zur Definition der vierten und fünften Dringlichkeitsstufe:
4. Kostengünstige weitere Reinigung der bestehenden Schadstoffbelastung durch:
   - Beseitigung der "konzentrierten Quellen" (Abb. 2), wie gefährlichen Abfallstoffen, vergrabenen Abfallbehältern und Treibschichten durch Auskoffern oder -pumpen.
   - Anwendung der verfügbaren in-situ Sanierungsverfahren wie Biosanierung, Pumpen, Spülen, Belüftung usw. in allen Fällen, wenn sie die derzeit verbleibenden Schadstoffkonzentrationen wirksam verringern können. In-situ-Sanierung bedeutet: Behandlung des Bodens und Grundwassers ohne Auskoffern des Bodens. Für viele Schadstoff- und Bodentypen gibt es sehr kostengünstige Methoden und eine große Anzahl aussichtsreicher Entwicklungen sind im Gange.

ABBILDUNG 3:  Teil des Industrie- und Hafengeländes Europoort-Botlek am Rhein, zwischen Rotterdam und der Nordsee.

5. Wiederholung dieser Maßnahmen, sobald Veränderungen der Situation eine weitere kostengünstige Reinigung möglich machen, z.B. wenn:
   - alte Anlagen und Gebäude abgebrochen, ersetzt oder umfangreiche Renovierungs- oder Instandhaltungsarbeiten daran durchgeführt werden
   - das Grundstück verkauft wird
   - neue kostengünstige Sanierungsverfahren verfügbar werden.

Die fünfte Dringlichkeitsstufe scheint in der gegenwärtigen Debatte der schwierigste Punkt zu sein. In den folgenden Abschnitten soll jedoch gezeigt weren, daß in vielen Fällen diese scheinbar kostspielige Option tatsächlich die Grundlage für eine sehr wirtschaftliche langfristige Sanierungsstrategie bilden kann.

## 6. DAS CLUSTERKONZEPT

Die Mehrzahl der Fälle von Schadstoffbelastung betreffen nicht eine einzige Schadstoffquelle, einen einzigen Migrationsweg und ein einziges bedrohtes Objekt (Abb. 3). In der Mehrzahl der Stadt- und Industriegebiete, und selbst auf den meisten größeren Industriegrundstücken liegen mehrere Punktquellen von Schadstoffen vor, die sich auf mehreren Wegen in Richtung auf mehrere gefährdete Objekte, wie unterirdische Anlagen, Keller, Grundstücksoberflächen, Gärten, Grundwasser, Oberflächenwasser usw. ausbreiten. Der wichtigste gemeinsame Faktor ist gewöhnlich das Zusammenfließen mehrerer Schadstoff-Fahnen in den verschiedenen Grundwasserleitern, d. h. die Fälle von Schadstoffbelastung können in zusammenhängende hydrogeologische (Unter-) Cluster eingeteilt werden. In vielen Gebieten gibt es mehrere ineinander verschachtelte Grundwassersysteme, z.B. seichtes, mitteltiefes und tiefes Grundwasser, wie in Abb. 4. gezeigt (siehe (8)). Jedes Grundwasser hat sein eigenes Ausbreitungsgebiet, und seine Qualität wird durch sein Einzugsgebiet auf der Oberfläche beeinflußt. In Abhängigkeit von der (vertikalen) Ausdehnung der Schadstoff-Fahnen müssen die Fälle in größere oder kleinere hydrogeologische Cluster eingeteilt werden.

In einem Gebiet mit hohem Grundwasserstand, wie in den meisten Delta- und Flußgebieten, veranlassen Bau- und Sanierungsarbeiten oft eine zeitweilige Senkung des Grundwasserstandes oder die langfristige Benutzung von Extraktionsbrunnen. Dadurch kann nicht nur die örtliche Geohyrologie, und infolgedessen die Migration von nahegelegenen Schadstoffen, beeinflußt werden, sondern auch die Cluster-Hydrogeologie, und damit die Migration von Schadstoffen an andere Stellen innerhalb des Clusters. Deshalb muß die Risikoalanlyse und Sanierungsstrategie für einzelne Schadstoffquellen im Rahmen der Risikoanalyse und Sanierungsstrategie für den größeren (übergeordneten) gemeinsamen Cluster berücksichtigt werden.

7. ROTTERDAM-BOTLEK: 50 km² INDUSTRIEGELÄNDE

Zur Erläuterung des Clusterkonzepts kann hier vielleicht die von Delft Geotechnics für die EBB-Firmengruppe im Industriegelände Europoort-Botlek in Rotterdam entwickelte Strategie benutzt werden. Dieses Gelände (siehe Abb. 3 und 5) ist 5000 ha groß. Die EBB-Gruppe, die 1962 gegründet wurde, hat 75 Mitglieder mit 28 000 Angestellten (2). Die Mitglieder sind (petrol-) chemische Firmen, (Großbehälter-) Verladestationen, Werften, öffentliche Dienstleistungsbetriebe (Transport, Elektrizität), usw. Die Zusammenarbeit innerhalb der Gruppe betrifft: Ausbildung, Sicherheit, Arbeitsbedingungen, Infrastruktur, Transport usw. 1986 begann die EBB eine Zusammenarbeit auf dem Gebiet der Bodensanierung. 1987 beauftragte sie Delft Geotechnics mit:

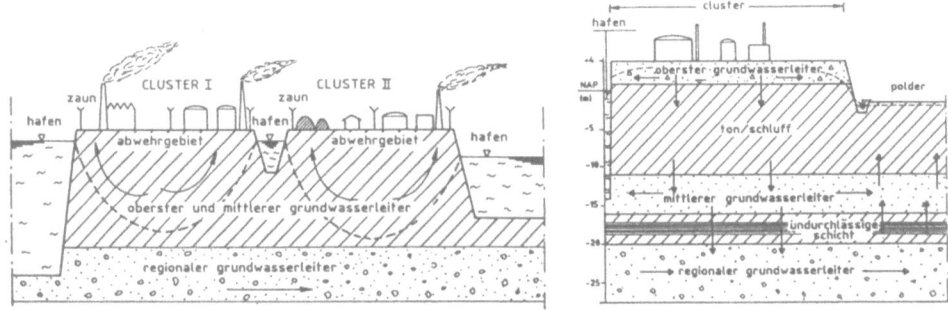

ABBILDUNG 4: Schematische Darstellung des Cluster-Konzepts (links) und der hydrogeologischen Stratifizierung des Geländes von Europoort-Botlek (rechts).

- der Bestandsaufnahme der potentiellen Schadstoffquellen, Migrationswege und gefährdeten Objekte, nach der in Abb. 2 dargestllten Methode, und
- der quantitativen Erfassung des potentiellen Migrationsmusters der Schadstoff-Fahnen.

Delft Geotechnics benutzten die örtlichen geologischen und hydrogeologischen Informationen und wenden mehrere ihrer (speziell für das Clusterkonzept entwickelten) Computermodelle an, um Voraussagen über die potentiellen Migrationsmuster der vier wesentlichen Schadstoffkategorien zu machen (2;9).

Aus den allgemeinen Migrationsmustern für einen Zeitraum von 100-200 Jahren folgte eine Einteilung des Geländes in 8 Cluster (I bis VIII in Abb. 5), auf Grundlage der Hydro-

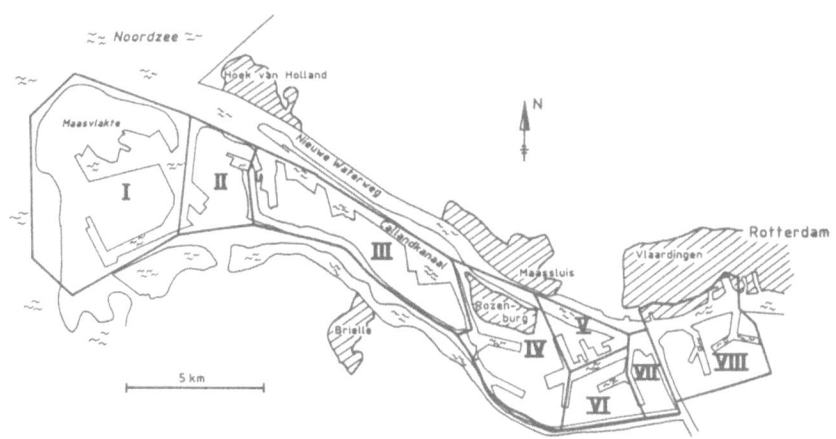

ABBILDUNG 5: Karte des 50 km² großen Gebiets Europoort-Botlek bei Rotterdam, mit Einteilung in die hydrogeologischen Cluster I bis VIII.

geologie der oberen Schichten, d. h. des seichten und mitteltiefen Grundwassers, wie in Abb. 4. gezeigt. Daraufhin organisierte die EBB-Gruppe ihre Mitgliedsfirmen in Cluster (mit einem zusätzlichen Cluster für die Rohrleitungen durch das gesamte Gebiet). Sie nahm das bereits erwähnte Stillstandsprinzip an.

Eine Bestandsaufnahme des gegenwärtigen Stands der Informationen über Ausschüttungen, Bodenqualitätsdaten, Kanalisationssysteme usw. und die vorhandenen Steigleitungen wurde durchgeführt. Delft Geotechnics berechneten, wo im 5 000 ha großen Gebiet zusätzliche Beobachtungebrunnen angelegt werden sollten, so daß die einzelnen Firmen sowohl wie die Cluster die notwendigen Informationen über die Grundwasserqualität erhalten könnten. Das führte zur Anlage von jeweils 636, 125 und 10 Beobachtungsbrunnen für das örtliche (seichte), mitteltiefe und tiefe (regionale) Grundwasser.

Innerhalb des Projekts setzt sich Delft Geotechnics individuell mit den einzelnen Firmen und den Cluster-Arbeitsgruppen über die Ergebnisse der Grundwasseranalysen in Verbindung, je nach der Vertraulichkeit der Daten und dem Genauigkeitsgrad, der für die individuellen und gemeinsamen Sanierungsstrategien erforderlich ist. Die Clustergruppen halten regelmäßige Besprechungen über die Fortschritte der Untersuchungen und die gemeinsame Strategie mit den Behörden Rotterdams und den Provinzbehörden. Die Ergebnisse der Bestandsaufnahme zeigen, daß etwa 10% des Geländes

sanierungsbedürftig sind, aber daß in den meisten Fällen die Migratonsgeschwindigkeit reichlich Zeit läßt, um Sanierungsstrategien auszuarbeiten. Die aussichtsreichsten Sanierungsstrategien umfassen hydrologische Maßnahmen zur Beseitigung und Kontrolle der Schadstoffbelastung. Ohne Zustimmung innerhalb der Cluster könnte das jedoch zu der widersinnigen Situation führen, daß Schadstoffbelastung und Schäden durch Sanierungsmaßnahmen verursacht werden, z.B.:
- wenn Firma A unabhängig von Firma B ihre eigene Schadstoffbelastung durch Extraktionsbrunnen behandelt, kann sie das schadstoffbelastete Grundwasser aus den benachbarten Grundstücken B und C innerhalb des Clusters hereinziehen;
- wenn alle Firmen im Cluster A ihre eigenen Grundstücke unabhängig voneinander sanieren, wären die Folgen drastisch:
  . die Hydrogeologie des Clusters A könnte völlig verändert werden;
  . der Grundwasserspiegel könnte auf eine Weise gesenkt werden, daß die Fundamente von Gebäuden, die Infrastruktur und die Anlagen gefährdet würden, Schadstoffe tiefer in den Grundwasserleiter eingeschleppt würden und das Eindringen von Salzwasser aus der Nordsee und dem Rhein stark erhöht würde.
  . wenn Extraktionsbrunnen bis in den tiefen Grundwasserleiter vertieft werden, könnten die hydrogeologischen Änderungen weit über den Bereich des 5 000 ha großen Industriegeländes Botlek hinausgreifen (mit ähnlichen Folgen für die Migration von Schadstoffen innerhalb der Region und das Eindringen von Salzwasser in die Region).

Die logische Schlußfolgerung für die einzelnen Firmen und die Behörden sollte sein, die Ausarbeitung einer kollektiven langfristigen Sanierungsstrategie für die Cluster auf dem gesamten Gelände zu fördern, das eine Vielzahl von logisch miteinander verknüpften kurzfristigen Maßnahmen der einzelnen Firmen und Cluster umfaßt. Dieses "Clusterkonzept" verursacht jedoch einige neuartige rechtliche und finanzielle Probleme
- wer hat die Machtbefugnis innerhalb eines Clusters?
- wie soll man die Firmen behandeln, die die Zusammenarbeit verweigern?
- wie sollen die Kosten verteilt werden? entsprechend dem Grad der Schadstoffbelastung?
- wer trägt die Verantwortung für was?
- was ist zu tun, wenn Firmen oder Grundstücke verkauft werden?
- ist es möglich, individuelle Sanierungsarbeiten zu verbieten, die das Clustervorgehen behindern?

Die Vorteile eines kollektiven Vorgehens sind eine starke Kostenverminderung für die Untersuchungs-, Konstruktions-, Sanierungs- und Überwachungsarbeiten, und eine Verteilung der Kosten über viele Jahre, so daß die einzelnen Firmen die jährlichen Kosten erträglich finden, und auf lange Sicht ein höherer Grad der Boden- und Grundwassersanierung erreichbar ist. Der Preis ist ein gewisser Verlust der individuellen Freiheit und Verantwortlichkeit, d. h. ein Modell für die Zustimmung der beteiligten privaten und öffentlichen Betriebe und Ortsbehörden, gemeinsam die hydrogeologischen Gruppen von Schadstoffquellen in Angriff zu nehmen, und die Abgabe von Schadstoffen aus diesen hydrogeologischen Clustern zu verhindern. Weitere Einzelheiten über die Vorgehensweise in Europoort-Botlek sind bei Visser et al. an anderer Stelle in diesen Konferenzberichten angegeben.

## 8. MULTIFUNKTIONALES UND MODULARES SANIERUNGSPROGRAMM FÜR EIN CLUSTER

Das Botlek/Europoort-Gelände ist durch eine hohe Bestandsdichte von Firmen, Anlagen, Gebäuden, Infrastruktur und unterirdischen Netzen von Rohrleitungen, Kabeln, Kanalisationsrohren usw. gekennzeichnet. Beim Clusterverfahren bestimmt die allgemeine hydrogeologische und Schadstoffbelastungs-Situation die allgemeine langfristige Strategie.

Für kurzfristige Maßnahmen wie Ausgrabung, in-situ-Behandlung, hydrogeologische Isolierung, Kontrolle und Überwachung sind weitere mehr ins einzelne gehende Informationen erforderlich. Außerdem wünschen die meisten Firmen individuell Informationen über die Situation der Schadstoffbelastung auf ihren eigenen Grundstücken und die Optionen und Folgen von Sanierungsarbeiten für ihren eigenen Betrieb zu erhalten.

Zu diesem Zweck hat Delft Geotechnics ein modulares System von Conmputermodellen entwickelt, das in großem Maßstab die Hydrogeologie, die chemischen Daten der Proben aus den Beobachtungsbrunnen und die allgemeine Migration von Schadstoffen darstellen, aber auch bis zum erforderlichen Grad der Einzelheiten für ein einzelnes Grundstück oder eine einzelne Schadstoffquelle verfeinert werden kann. Für die Modelldarstellung der (möglichen) Auswirkungen von Ausschüttungen durch individuelle industrielle Betriebe auf das örtliche Bodensystem, der chemischen Speziation und der Sanierungsstategien (und besonders der hydrogeologischen Abwehrgebiete) sind im einzelnen das REFCON-Modul, das VERA-Modul, CHEA-Modul, VERA.C-Modul und PAMELA-Modul anwendbar. Für die Modelldarstellung der zweiphasigen Strömung, langfristigen Biosanierung und die Kostenoptimierung werden jeweils das SWANFLOW-, MICSIMO- und COST-Modul entwickelt.

Im allgemeinen besteht das kostengünstigste Verfahren aus einer Kombination von Ausgrabung der 'heißen Stellen', mit hydrogeologischen Einschlußmaßnahmen und in-situ- (d. h.

ohne Auskoffern des Bodens) Behandlung von Schadstoffen (Belüftung, Pumpen, Spülen, biologischer Abbau, Elektromigration, chemische Umsetzung, siehe (3)). Aber viele Schadstoffbelastungen werden durch eine Mischung chemischer Verbindungen verursacht, und manche Behandlungsmethoden führen zur Bildung einer Reihe von Zersetzungsprodukten. Eine kostengünstige Sanierungsstrategie könnte deshalb eine Reihe von hydrologichen Einschluß- und Grundwasserbehandlungsmaßnahmen umfassen, d. h. daß im Laufe der Zeit ein kompliziertes unterirdisches Netz entwickelt wird, das aus Injektions- und Extraktionspumpen und Dränsträngen besteht. Solch ein Netz kann jedoch auch für Überwachungsmaßnahmen, für die zukünftige Anwendung von Sanierungsmaßnahmen, als Warnungs- und Reserve-Sanierungssystem für neue Fälle von Schadstoffbelastung und zur Kontrolle des Grundwasserspiegels des Grundstücks (z.B. nach schweren Regenfällen) benutzt werden.

Auf diese Weise bietet das modulare System von Computermodellen mit allgemeinen und speziellen Informationen über die Grundstücke, im Zuammenwirken mit einem multifunktionellen Netz von Brunnen und Dränsträngen auch eine dauerhafte Grundlage für eine ausreichende Reaktion auf neue Situationen, wie Änderungen oder Abweichungen in der örtlichen Hydrogeologie (verursacht z.B. durch Sanierungsmaßnahmen, Dürreperioden, Bauarbeiten), mehr Einzelheiten aus Daten von Boden- und Grundwasserproben, neue Fälle von Schadstoffbelastung, neue Sanierungsverfahren, neue Bauvorschriften usw.

9. TECHNISCHER AUSBLICK

Die Vorgehensweise für eine langfristige Sanierung von industriellen Clustern erzeugt einen einträglichen Markt für spezifische neue Sanierungsmethoden. Die aussichtsreichsten davon sind:
- billige in-situ-Verfahren zur wirksameren Behandlung von mehr Typen (Gruppen) von Schadstoffen in mehr Bodentypen;
- billige Verfahren zur wirksameren Behandlung von mehr Typen (Gruppen) von Schadstoffen in mehr Typen von ausgegrabenem Boden
Für beide Kategorien wird eine weitere Auswahl an Optionen von Mischgofsky 1989 (3) diskutiert.
- Hoch- und Tiefbauverfahren zur Ermöglichung und zur Verbesserung der Wirkung von in-situ-Bahandlung, Bereitschafts-Sanierung, hydrogeologischen Kontroll- und Überwachungssystemen.

Man kann sich z. B Einbauverfahren für die horizontale unterirdische Injektion und Extraktion vorstellen, sowie Dränage- und Spülsysteme, mit Methoden, die keine Ausgrabung erfordern.
Einige der Anforderungen an solche Systeme wären:

- keine Benutzung von Bohrschlamm, der die Dränöffnungen verstopfen würde;
- Anwendung von Systemen zur Verhinderung von Umwelt- und Sicherheitsgefährdungen durch Beschädigung von vorhandenen (Elektrizitäts-, Kontroll-) Kabeln, (Gas-, Öl-, Wasser-) Rohren und Kanalisationsrohren, etwa mit Hilfe von: Meßfühlern, Druckkontrollsystemen, Hindernisauffindung durch Untergrundradar. Untergrundradar-geleitete Wasserstrahlen wären vielleicht anwendbar.

Man könnte sich auch Systeme vorstellen, die örtlich die Durchlässigkeit des Bodens ändern:
- Gefrieren des Bodens oder Injektionen zur Verminderung der Durchlässigkit, um ortsbegrenzte (zeitweilige) Sperren für die Grundwasserströmung zu bilden;
- Bildung von künstlichen Spalten, um die Durchlässigkeit und dadurch die Wirkung von in-situ-Behandlungsverfahren zu erhöhen.

Der wichtigste gemeinsame Faktor der Mehrzahl dieser neuen Verfahren wäre, daß sie es technisch und finanziell möglich machen, Bodensanierungen in vielen Hunderten von Quadratkilometern durchzuführen und gleichzeitig die Behinderung, Schäden, Sicherheitsgefährdung und Unterbrechung der laufenden industriellen Arbeiten auf ein Minimum herabzusetzen. Ein dauernder Vorteil könnte sein, daß sich daraus sehr wirtschftliche langfristige Behandlungsverfahren entwickeln könnten, die eine kostengünstige Behandlung der Tausende von Quadratkilometern mit diffuser Schadstoffbelastung durch Schwermetalle (Cd, Cu, Pb, Zn), Pestizide, Phosphate und Nitrate durch die Landwirtschaft und auf dem Wege der Ablagerung aus der Luft durch die Hüttenindustrie und den Straßenverkehr ermöglichen.

BIBLIOGRAPHIE
1) De Bruijn, P.J. and F.B. De Walle, 1988. Bodennormwerte für den Bodenschutz und Sanierungsarbeiten in den Niederlanden; in: Wolf et al. 1988, S. 339
2) Hansen, J., 1989 Bodembeheer in Europoort-Botlek; in: "Bodemsaneering van bedrifsterreinen", Studiecentrum voor Bedrijf en Overheid, Eindhoven.
3) Grundstücksanierung, Märkte und Verfahren, heute und in der Zukunft; in: K.J. Thome-Kozmiensky (Herausg.) "Altlasten 3"; EF-Verlag f. Energie- und Umwelttechnik, Berlin, BRD.
4) Mischgofsky, F.H. und R. Kabos, 1988. Allgemeine Übersicht über Grundstückssanierungsverfahren; Trend in Richtung auf in-situ-Behandlung; in: Wolf et al. 1988, S. 523.
5) Mischgofsky, F.H., C. Vreeken et al., 1981. Bestandsaufnahme der Grundstückssanierungsverfahren. Staatsdruckerei, Den Haag

6) Moen, J.E.T., 1988. Bodenschutz in den Niederlanden; in: Wolf et al. 1988, S. 1495.
7) TCB (Techn. Komission für Bodenschutz), 1986. Sanierung für die Bodenqualität, TCB-Bericht A86/02, Den Haag.
8) Toth, J., 1963. Eine theoretische Analyse der Grundwasserströmung in kleinen Einzugsbecken; J. Geophysic. Res. 68, S. 4795.
9) Visser, W. und F. Rodewijk, 1990. Ein neuer Weg zur Kontrolle der Schadstoffbelastung des Bodens im Industriegelände "Europoort-Botlek". Diese Sitzungsberichte.
10) Wolf, K., W.J. van den Brink und F.J. Colon (Herausg.), 1988; Schadstoffbelasteter Boden ,88 (Ber. zweite int. TNO-BMFT-Konf. über schadstoffbelasteten Boden); Kluwer, Dordrecht.

LEBEN AUF BODENABDECKSYSTEMEN
INTERESSENKONFLIKT ZWISCHEN EINWOHNERN UND REGIERUNG

A.CH.E. VAN DE VUSSE
SCIENCE SHOP, TECHNISCHE UNIVERSITÄT DELFT
J.D. DE RIJK
BERATUNGSAGENTUR DE STRAAT, DELFT, NIEDERLANDE

1. ALLGEMEINE BEMERKUNGEN
Die Entdeckung diffuser Schadstoffbelastung in den Innenbezirken von Großstädten mit einer langen industriellen Vergangenheit, und die - finanziell begründete - Unmöglichkeit, eine Anzahl großangelegter Sanierungsaktionen kurzfristig in Angriff zu nehmen, haben zu einem neuen Konzept in der Sanierung geführt: Dem Bodenabdecksystem. Durch dieses Konzept wurden einige strategische Voraussetzungen verzerrt. Einige dieser Voraussetzungen sind:
- völlige Wiederherstellung der Bodenqualität;
- Annehmbarkeit von Gesundheitsgefährdungen;
- Sanierungsaktionen bei Quellen von Bodenverunreinigungen.

2. ZUSAMMENFASSUNG
10jährige Erfahrung mit Sanierungsarbeiten an schadstoffbelasteten Böden in den Niederlanden hat gezeigt, daß Sanierungsarbeiten in kleinem Umfang zufriedenstellend vor sich gehen. Ausgedehntere Sanierungsarbeiten dagegen schreiten sehr langsam fort und führen oft zu ernstlichen Konflikten zwischen Einwohnern und Regierung.
Mit der Entwicklung des Konzepts der Bodenabdecksysteme hat die Regierung ihre strategischen Voraussetzungen abgeändert. Die Einwohner dagegen halten sich an die ursprünglichen Voraussetzungen. Bei einer Anzahl von großangelegten Sanierungsarbeiten, für die diese alternative Methode gewählt wurde, kam es zu erstlichen Konflikten zwischen Einwohnern und Regierung. Diese Konflikte sollen am Beispiel einiger Fälle gezeigt werden, bei denen die Verfasser als Berater für Einwohnerorganisationen beteiligt waren.

3. EINFÜHRUNG
Sehr bald nach der Entdeckung des ersten Falls einer Schadstoffbelastung des Bodens wurde in den Niederlanden ein gesetzlicher Rahmen für die Bewältigung dieses Problems entwickelt, das Interimwet Bodemsanering (IBS). Dieses Gesetz wird von den Provinzverwaltungen durchgesetzt; jedes Jahr erhalten sie einen (unzureichenden) Geldbetrag für Untersuchungs- und Sanierungsarbeiten in Fällen der Schadstoffbelastung des Bodens.

In einigen Provinzen, einschließlich der Provinz Zuid-Holland, besteht eine Abmachung für Zusammenarbeit: Für jeden Fall einer Schadstoffbelastung des Bodens wird eine Arbeitsgruppe berufen, in der alle betroffenen Parteien vertreten sind (einschließlich der Einwohner und der Gemeindeverwaltung). Diese Arbeitsgruppe nimmt am Verfahren teil und berät die Provinzverwaltung. Manchmal erhalten die Einwohner eine Beihilfe von der Ortsverwaltung, so daß sie ihre eigenen technischen Gutachter beschäftigen können und dadurch besser in der Lage sind, es mit den von der Provinz und der Umweltbehörde beschäftigten Fachleuten aufzunehmen.

Obwohl das ganze Verfahren etwas langwierig ist, sind die Mehrzahl der betroffenen Gruppen in der Provinz Zuid-Holland damit recht zufrieden (Geerlings, 1990).

Für großangelegte Fälle, bei denen die Sanierung mehr als zehn Millionen niederländische Gulden kostet, ist das Verfahren anders. In solchen Fällen muß die endgültige Entscheidung auf nationaler Ebene durch den Minister für Wohnungswesen, physische Planung und Umwelt getroffen werden.

Besonders für die Einwohner ist dieses Verfahren sehr besorgniserregend (Nederland Gifvrij, 1989): Sie sind nicht an der Entscheidung auf nationaler Ebene beteiligt und müssen sich mit Unterschieden zwischen den gesetzliche Voraussetzungen und der tatsächlichen Strategie des Ministeriums auseinandersetzen. Unter Benutzung der Erfahrungen mit zwei großangelegten Fällen von Schadstoffbelastung des Bodens, nämlich
- dem Gelände des Gaswerks Kralingen, Rotterdam, und
- dem Hafenschlammgelände Steendijkpolder, Maassluis
(beide Gelände liegen in Zuid-Holland), möchten wir die Unterschiede zwischen den Voraussetzungen der Ortsbewochner und denen des Ministeriums und auch die daraus erwachsenden Auswirkungen auf die Sanierungsarbeiten erläutern.

4. GASWERKSGELÄNDE KRALINGEN - ROTTERDAM

Beim Bau eines Seniorenheims wurde 1981 Schadstoffbelastung des Bodens entdeckt. Den Beteiligten wurde klar, daß ein Gaswerk auf diesem Gelände gelegen hatte. Das betroffene Gebiet ist 7 Hektar groß. Nachdem das Werk 1935 geschlossen worden war, wurden im Laufe der Jahre Häuser auf dem Gelände erbaut.

Der südliche Teil, in dem das Gas produziert wurde, ist beinahe überall stark mit Schadstoffen belastet, und zwar von 2 - 7 Meter Tiefe unter der Oberfläche mit polyzyklischen aromatischen Kohlenwasserstoffen (PAK) am Ort der ehemaligen Wassergasanlage und der Teergruben und mit Zyaniden am Ort der ehemaligen Gasreinigungsanlage. Während der Boden in Rotterdam sich noch verdichtet, ist die obere zwei Meter dicke Schicht im wesentlichen aus aufgeschüttetem Abfallmaterial des Gaswerks gebildet, vermischt mit Erde und

Sand. Diese Schicht ist mäßig mit Schadstoffen wie PAKs, Zyaniden und Schwermetallen belastet (siehe Abb. 1).

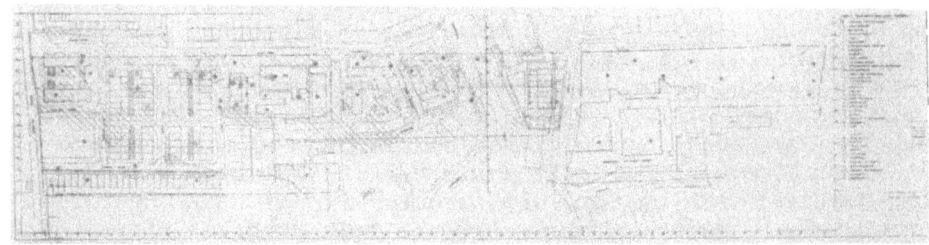

Abbildung 1. Gaswerk, mit Produktionsgebäuden und Schadstoffquellen.

Die Lage im nördlichen Teil ist etwas anders. Hier wurde das Gas gelagert und die Schadstoffbelastung wurde durch Leckschäden verursacht und ist weniger stark. Die obere Schicht bestand aus sauberem Material, das während der Bauarbeiten eingebracht wurde, aber inzwischen durch die darunterliegenden Schadstoffe leicht belastet ist.

Bis jetzt sind keine Sanierungsarbeiten ausgeführt worden: langwierige Untersuchungen und ein Wechsel der verwaltungsmäßigen Verantwortlichkeit haben zu langen Verzögerungen geführt. Im letzten Stadium hat die Provinz ihre Verantwortlichkeit an die Stadtverwaltung in Rotterdam übertragen.

Die Meinungen über die beste Wahl der Sanierungsmethoden haben sich auch geändert. Die Einwohner, soweit sie überhaupt an der ganzen Sache interessiert waren, wollten allen schadstoffbelasteten Boden wegtransportiert haben. Nach Ansicht der Beamten der Ortsverwaltung war das nicht notwendig, bloßes Aufbringen einer sauberen Oberschicht auf das gesamte Gelände ist ausreichend.

Die Umweltbehörde des Gebiets versuchte, wie es auch der Strategie in der restlichen Provinz entsprach, die Quellen der Schadstoffbelastung beseitigen. Anfangs sah auch die Ortsverwaltung das als ein gutes Verfahren an. Die Ortbewohner stimmten zu. Aber das Ministerium verlangte mehr Untersuchungsabeiten, besonders zur Risikobewertung. Diese Untersuchungen führten zu unterschiedlichen Strategien für den nördlichen und südlichen Teil des Geländes. Bewohnte Bereiche, deren obere Bodenschicht ebenfalls schadstoffbelastet war, wurden als Gebiete mit starker Gesundheitsgefährdung eingestuft (der größte Teil des südlichen Bereichs des Geländes).

Die Auffindung der Schadstoffquellen war in der Praxis schwierig, weil auf Grund von Konzentrationsnormen der gesamte südliche Teil ausgegraben werden müßte. Daraufhin änderte die Umwelbehörde ihre Strategie in Richtung auf ein Bodenabdecksystem. Für die Einwohner dagegen war diese Änderung unverständlich und unannehmbar. Sie baten deshalb die Ortsverwaltung, den ursprünglichen Standpunkt beizubehalten. Schließlich gab der Stadtrat von Rotterdam seine Ansicht bekannt, daß auf alle Fälle in Bereichen mit stärkerer Gefährdung (dem südlichen Teil) die Schadstoffquellen tatsächlich ausgegraben werden müßten. Im nördlichen Teil wurde eine Kontrolle der Schadstoffbelastung als hinreichen angesehen.

Aber das Umweltministerium schloß sich dieser Strategie einer unterschiedlichen Behandlung der Bereiche nicht an. Es wurde beschlossen, daß entsprechend dem Prinzip der Multifunktionalität die Schadstoffbelastung tasächlich beseitigt werden müsse. Für den nördlichen Teil muß die Frage, ob einfaches Kontrollieren der Schadstoffbelastung hinreichend ist, erneut untersucht werden

5. HAFENSCHLAMMGELÄNDE STEENDIJKPOLDER-ZUID.

1983 wurde eine starke Schadstoffbelastung des Bodens im Wohngebiet Steendijkpolder-Zuid in Massluis, einer kleinen Stadt in der Nähe von Rotterdam, entdeckt. In der Zeit zwischen 1975 und 1982 waren 1000 Häuser, eine Schule und eine Tennishalle auf einer 4 Meter dicken Schicht von Hafenschlamm aus dem Hafen von Rotterdam gebaut worden (siehe Abb. 2). Dieser Schlamm enthält hohe Konzentrationen von Schwermetallen, wie Kadmium, Arsen und Blei, von Pestiziden wie Drins, und von polyzyklischen aromatischen Kohlenwasserstoffen (Huybregts, Van Lint und Driessen, 1988).

Zwei Jahre später, nach den Untersuchungen über die Gesundheits- und Umweltgefährdung durch diese Schadstoffbelastung, wurde ein Plan für Sanierungsarbeiten aufgestellt. Dieser Plan stand unter Aufsicht der Provinz Zuid-Holland, der Stadverwaltung von Maassluis und eines Komitees der Bewohner von Steendijkpolder-Zuid. Ursprünglich waren die strategischen Voraussetzungen für die Sanierungsarbeiten wie folgt:
1. keine Ausbreitung der toxischen Chemikalien in die Umgebung des schadstoffbelasteten Bereichs;
2. keine weitere Aufnahme toxischer Chemikalien aus dem schadstoffbelasteten Boden durch die Bewohner.

Das Ergebnis dieses Plans war die Entwicklung eines Bodenabdecksystems, das eine 1,75m dicken Schicht von schadstoffreiem Boden und eine Isolierung des Bodens unter den Häusern durch Folie vorsieht (siehe Abb. 3).

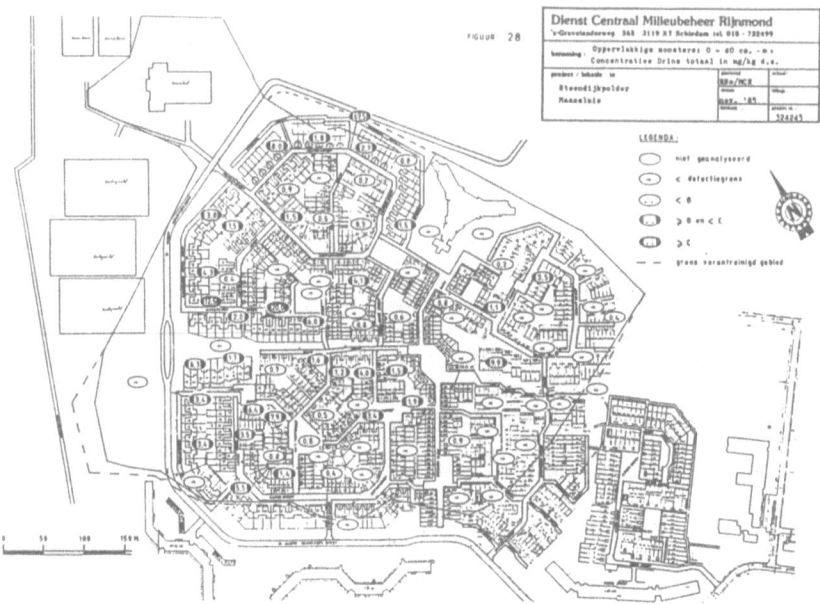

Abbildung 2. Steendijkpolder-Zuid und die Verschmutzung mit Drins in der oberen Bodenschicht

Die Kosten der Sanierungsarbeiten nach diesem Plan waren etwa 70 Millionen niederländische Gulden, ausschließlich der Kosten für die Reinigung oder das Abladen des schadstoffbelasteten Bodens.

Diese Kosten waren dem Umweltministerium zu hoch. Der Minister beauftragte ein Komitee von Wissenschaftlern damit, die technischen Maßnahmen des Plans im Vergleich zur Herabsetzung der Gefährdung zu beurteilen.

Das Komitee kam zu der Schlußfolgerung, daß die vorgeschlagenen technischen Maßnahmen übertrieben seien. Eine 0,7m dicke Schicht von sauberem Boden sei ausreichend; keine Isolierungsmaßnahmen unter den Häusern seien erforderlich. Bei diesem Urteil nahm das Komitee andere strategische Voraussetzungen an, nämlich, daß eine weitere Aufnahme von toxischen Chemikalien aus dem schadstoffbelasteten Boden durch die Bewohner zulässig sei, vorausgesetzt, daß die Normen für die annehmbare tägliche Aufnahme dieser Chemikalien nicht überschritten werden.

Die aus diesen Voraussetzungen folgenden Maßnahmen führen zu einem Sanierungsplan, der 35 Millionen niederländische Gulden kosten würde. Diese beiden Pläne können als die zwei am weitesten verschiedenen Alternativen für die

Sanierungsarbeiten angesehen werden. Inzwischen wurden noch weitere, zwischen diesen Extremen liegende Möglichkeiten ausgearbeitet.

6. UNTERSCHIEDE IN DER RISIKOBEWERTUNG

Die Anforderungen für Sanierungsarbeiten werden in der Bodensanierungsgesetzgebung (IBM) folgendermaßen formuliert:
- die Gefährdung für die Umwelt und die Volksgesundheit zu beseitigen,
- die Multifunktionalität des Boden wieder herzustellen.

Die Kontrolle der Umweltgefährdung kann in Bezug auf Maßnahmen ausgedrückt werden (wie es die Beamten in Rotterdam tun) als Vermeiden einer Ausbreitung der Schadstoffe, was im Fall des Gaswerksgeländes eine Kontrolle des Grundwassers bedeuten würde. Kontrolle der Schadstoffbelastung ermöglicht Kontrolle der Gefährdung.

Nach Ansicht der Strategieentwickler und der Bewohner ist die Gefährdungskontrolle nicht ausreichend; die Quellen der Schadstoffbelastung müssen ebenfalls beseitigt werden, um die Umwelt vor einer möglichen Abgabe von Schadstoffen zu schützen. Beseitigung der Schadstoffbelastung bedeutet, daß jegliche Gefahr einer Ausbreitung verhindert wird, selbst wenn die Auswirkungen solch einer Ausbreitung nur geringfügig wären.

Die Beamten unterscheiden zwischen beweglichen und unbeweglichen Schadstoffquellen. Beweglich sind die Chemikalien, die nicht stark von den Bodenpartikeln absorbiert werden, während unbewegliche Chemikalien (hauptsächlich Metalle) mehr oder weniger fest an die Bodenpartikel gebunden werden, abhängig vom Bodentyp. Damit wird die Diskussion auf die mögliche Beweglichkeit unbeweglicher Chemikalien abgelenkt.

Für die Beseitigung der Schadstoffquellen ist es erforderlich, daß solche Quellen unterschieden werden können. Informationen über das Produktionsverfahren bieten eine Möglichkeit; pragmatisch und technisch ist es jedoch besser, Konzentrationsgrenzen festzulegen. Aber was ist zu tun, wenn das gesamte Gebiet mit Schadstoffen belastet ist und die Anwendung von Konzentrationsgrenzen nicht zur Eingrenzung von einzelnen Quellen führt? Das gesamte Gebiet ist mehr oder weniger diffus mit Schadstoffen belastet. In solchen Fällen hat der Begriff "Beseitigung der Schadstoffquellen" keine Bedeutung mehr. Die strategischen Voraussetzungen treffen hier auf die Grenzen der technischen Durchführbarkeit.

Die Annehmbarkeit von Gesundheitgefährdungen durch Schadstoffbelastung des Bodens ändert sich. Vor einigen Jahren war die allgemeine Ansicht, daß keine weitere Aufnahme von Chemikalien aus schadstoffbelastetem Boden annehmbar sei. Die Entscheidung über einen Plan für Sanierungsarbeiten in einem schadstoffbelasteten Gebiet war ziemlich einfach. Das größte Hindernis war, genug Geld für die Sanierungsarbeiten aufzutreiben.

Jetzt sind das oben erwähnte Komitee von Wissenschaftlern und der Umweltminister der Ansicht, daß die Aufnahme von Chemikalien aus schadstoffbelastetem Boden zulässig ist, vorausgesetzt, daß nicht mehr als die zulässige tägliche Aufnahmemenge dieser Chemikalien aufgenommen wird. Die Umweltgruppen, viele Einwohner und Ortsverwaltungen haben ihre Ansicht noch nicht geändert. Das bedeutet, daß Entscheidungen über die Alternativen bei Sanierungsarbeiten zu einer Grundlagendiskussion geworden sind. Diese Diskussion bringt das Problem mit sich, daß die verschiedenen Pläne für die Sanierungsarbeiten in schadstoffbelasteten Gebieten oft nicht miteinander vereinbar sind. So war es z.B. im Fall von Steendijkspolder-Zuid bisher unmöglich, einen Plan für Sanierungsarbeiten aufzustellen, der von allen am Entscheidungsvorgang Beteiligten befürwortet wird,

Wiederherstellung der Multifunktionalität des Bodens ist ebenfalls ein Punkt, über den die Meinungen geteilt sind. Große Stadtverwaltungen wie Amsterdam und Rotterdam weisen darauf hin, daß nur die oberste 1 bis 1,5 Meter dicke Schicht des Bodens für Ackerbau, Gartenbau und Versorgungsleitungen benutzt wird. Diese Schicht muß schadstoffrei sein und bleiben. Aber tiefer liegende Schadstoffbelastung kann bleiben, wo sie ist, solange sie nicht in die oberste Schicht eindringen kann. Besonders in Stadterneuerungsgebieten wird diese Art der Sanierung angewendet. In solchen Fällen handelt es sich um Gebiete, die lange Zeit für industrielle Zwecke benutzt wurden. Die Schadstoffbelastung ist weit verbreitet und diffus, ohne daß es möglich ist, die Schadstoffquellen zu finden. Das hier anwendbare Sanierungsverfahren wird als 'Bodenabdecksystem' bzeichnet.

## 7. DAS BODENABDECKSYSTEM

Die ursprüngliche Idee für das Bodenabdecksystem wurde von einer Konstruktionsfirma entwickelt (Van Wachem, Ten Thy, Yland, 1987). Die Bodenabdeckung besteht aus folgenden Schichten: Einer oberen Schicht von 0,70 Meter Erde und 0,30 Meter Sand; darunter liegt eine Kontrollschicht von 0,35 Meter Kies, die auf einer Wassertransportmembran mit einem Abzugssystem ruht, und dann folgt eine Sand/Bentonit-Schicht von 0,15 Meter.

Inzwischen ist dieses System für spezielle Umstände abgewandelt worden; das bedeutet daß in vielen Fällen nur eine Schicht Erde und eine Schicht aus Sand oder Kies zur Anwendung kommt.

Was sind nach Ansicht der Bewohner die Probleme mit diesem System?

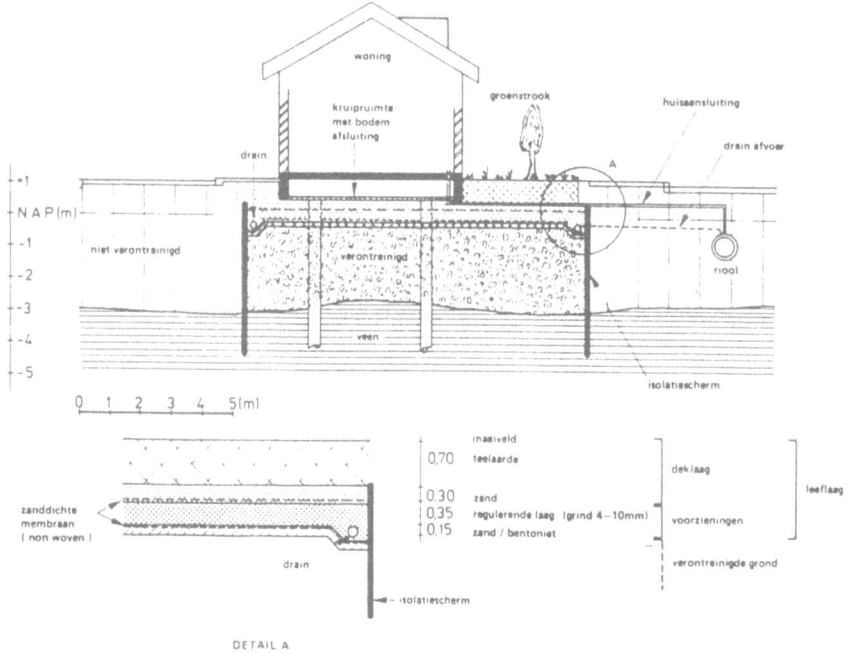

Abbildung 3.

Der Umweltminister betrachtet das Bodenabdecksystem als eine behelfsmäßige Lösung, annehmbar nur wegen der großen Kosten, die heute durch die vollständige Beseitigung der Schadstoffbelastung des Bodens verursacht werden. In Zukunft, wenn billigere Sanierungsmethoden für schadstoffbelasteten Boden verfügbar werden, können mit einem Abdecksystem behandelte Grundstücke endgültig saniert werden. Die Einwohner und Ortsverwaltungen dahingegen sind an der unmittelbaren Zukunft interessiert. Für sie bedeutet ein Bodenabdecksystem eine Sanierungsmethode auf lange Sicht.

Das Bodenabdecksystem ist jedenfalls ein experimentelles Sanierungsverfahren; weder seine präzise Funktion noch seine Dauerhaftigkeit sind bekannt, und doch wird es in gefährdeten Situationen angewendet, nämlich in Wohngebieten.

<u>Dicke der Oberschicht</u>:
+ Nicht genug Untersuchungen sind angestellt worden über die Tiefe, bis zu der die Baumwurzeln wachsen; eine Möglichkeit wäre die Tiefe, in der die Wurzeln Wasser finden, und das ist in den meisten Fällen mehr als ein Meter. Bäume nehmen Nährstoffe durch ihre Wurzeln auf, in denen die Schadstoffe gelöst sind.

+ Manche Versorgungsleitungen werden in größere Tiefen gelegt, besonders die Abwasserleitungen.

Funktion der Kontrollschicht:
+ Es liegen keine Beweise dafür vor, daß Baumwurzeln zu wachsen aufhören, wenn sie auf Kies treffen.
+ Die Nutzungsart eines Geländes kann sich ändern; manchmal werden neue Kanäle gebaut und Boden wird umgeschichtet. Für Maschinen ist eine Kiesschicht nicht wahrnehmbar.

Einschränkungen in der Bodennutzung:
+ Ein Bodenabdecksystem muß ständig gewartet werden; wie lange kann das Abdecksystem ausdauern?
+ Die Bewohner müssen Mitteilung über alle ihre Tätigkeiten machen, die den Boden betreffen, wie z.B. Arbeiten zur Erzeugung von Niveauunterschieden in ihren Gärten; was geschieht, wenn sie oder ihre Nachfolger die nötigen Mitteilungen nicht machen?
+ Es muß Mitteilung über alle Reparaturen an Versorgungsleitungen gemacht werden, aber die Unternehmen wissen gewöhnlich nicht, was vorher geschehen ist.

In all diesen Situationen kann die obere Schicht mit Schadstoffen belastet werden.

## 8. SCHLUSSFOLGERUNGEN

Obwohl die Prinzipien der Bodensanierungsgesetzgebung (IBS) von allen an Sanierungsarbeiten beteiligten Parteien angenommen werden, ist die Umsetzung dieser Voraussetzungen in die Praxis nicht für alle Beteiligten gleich. Das führt zu unterschiedlicher Beurteilung der Methoden, die für die Sanierung angewendet werden, insbesondere bei Problemen wie
- Zulässigkeit einer erhöhter Aussetzung gegenüber Chemikalien;
- Beseitigung der Quellen der Schadstoffbelastung.

## 9. BIBLIOGRAPHIE
1) Gaerlings, H. 1990. Bodem in Beweging, Rotterdam.
2) Nederland Gifvrij. 1989. Bewoners van gifbelten miskend. Een aanklacht, Utrecht.
3) Huybregts, M., Van Lint, E. und Driessen, J. Evaluation of the invstigation on a residential location built on contaminated harbour sludge. Abhandlung für die zweite internationale TNO/BMFT-Konferenz über schadstoffbelasteten Boden, 1988, Hamburg.
4) Van Wachem, E.G., Ten Thij, A.C., und Yland, M.W.F., 1987. Bodemsanering volgens het leeflaagprincipe. Milieu 87(5), S 160-164.

# DIE ZUSTANDSSTÖRERHAFTUNG FÜR BEREITS SANIERTE INDUSTRIEGRUNDSTÜCKE

Rechtsanwalt Dipl.-Ing. Klaus Fritsch, Düsseldorf

## 1. Die polizeirechtliche Verantwortlichkeit des Grundstückseigentümers, -mieters oder -pächters

Nach den in den Ländern der Bundesrepublik Deutschland und sicher bald auch in der DDR geltenden gesetzlichen Vorschriften des allgemeinen Polizei- und Ordnungsrechts kann der jeweilige Grundstückseigentümer oder auch der Grundstücksmieter oder -pächter von den nach Landesrecht zuständigen Behörden unter bestimmten Voraussetzungen als sogenannter "Zustandsstörer" zur Beseitigung von Bodenverunreinigungen in Anspruch genommen werden. Hierbei kommt es nicht darauf an, ob der jeweilige Eigentümer, Mieter oder Pächter diese Verunreinigungen verursacht oder gar verschuldet hat. Es genügt, daß Bodenverunreinigungen nach heutigen Erkenntnissen eine Gefahr für die öffentliche Sicherheit darstellen, weil sie z.B. das Grundwasser gefährden. Auch der Eigentümer, Mieter oder Pächter, der das betreffende Grundstück in Unkenntnis von Bodenverunreinigungen übernommen hat, kann von den zuständigen Behörden in Anspruch genommen werden und hat im ungünstigsten Fall die gesamten Kosten einer Sanierung zu tragen. Daß eine solche Situation nicht unrealistisch und nicht nur von akademischer Bedeutung ist, zeigt z.B. das neue Hessische Abfallwirtschafts- und Altlastengesetz vom 10. Juli 1989. In diesem modernen und dem allgemeinen Polizeirecht insoweit vorgehenden Gesetz ist die Verantwortlichkeit des Grundeigentümers für Bodenverunreinigungen erstmals eingeschränkt worden. Der Grundeigentümer kann nach diesem in Hessen geltenden Gesetz dann nicht zur Sanierung in Anspruch genommen werden, wenn er selbst beim Erwerb dieses Grundstücks eine bestehende Verunreinigung weder kannte noch kennen mußte. Es ist aber ausdrücklich bestimmt, daß diese Begünstigung des Grundstückserwerbers nicht für den Erwerb sanierter Flächen gilt. Dies dürfte belegen, daß es sich nicht nur um ein theoretisches Problem handelt.

## 2. Die Situation der Gemeinden

Viele Gemeinden und Städte in der Bundesrepublik Deutschland bemühen sich um industrielle Investoren, die bereit sind, in ihrer Region Produktionsstätten zu errichten und damit dringend benötigte zukunftssichere Arbeitsplätze zu schaffen. Für das Gebiet der DDR wird dies nach der Vereinigung ebenfalls und in noch stärkerem Maße zutreffen. Chancen, ihr Ziel zu erreichen, haben nur Kommunen, die geeignete Industrie- und Gewerbegrundstücke anbieten können. Neue, bisher nicht genutzte Flächen stehen in Anbetracht der Siedlungsdichte kaum zur Verfügung, will man nicht eine noch stärkere Zerstörung der Natur in Kauf nehmen. Es bleibt häufig nur die Möglichkeit, alte, stillgelegte Industrie- und Gewerbestandorte für Neuansiedlungen herzurichten, d.h. bestehende Bodenverunreinigungen zu beseitigen. Viele Kommunen, so z.B. im Ruhrgebiet, sind daher gezwungen, selbst oder mittels von ihnen beherrschter privatrechtlich organisierter Entwicklungsgesellschaften geeignete Altstandorte auf ihre Kosten zu sanieren und sie dann potentiellen Investoren zum Kauf oder zur Nutzung anzubieten.

3. Das Risiko des Käufers oder Nutzers

Auch der Kauf, die Miete oder die Pacht von bereits sanierten Gewerbe- und Industrieflächen bringt für den Käufer erhebliche Risiken mit sich, deren er sich bewußt sein muß und vor denen er sich durch entsprechende Vertragsgestaltung so weit wie irgend möglich schützen sollte.

Saniert wird nämlich nach den zum Zeitpunkt der Sanierung bestehenden Erkenntnissen und Vorstellungen der jeweils zuständigen Behörden des betreffenden Bundeslandes. Allseits verbindliche Grenzwerte für das Maß einer "ungefährlichen" und damit hinnehmbaren Restverschmutzung des Bodens gibt es zumindest bisher nicht. Häufig wird auf die sogenannte "Hollandliste" oder in Baden-Württemberg auf die sogenannte "Kloke-Liste" zurückgegriffen, um das Sanierungsziel festzulegen. In Hamburg hat man ebenfalls ein eigenes Bewertungsverfahren entwickelt, an dem sich die dortigen Behörden zu orientieren haben. Die genannten Grenzwertlisten haben aber keine Gesetzesqualität. Sie sind nur Richtschnur für die handelnden Behörden. Die Grenz- und Richtwerte unterliegen entsprechend dem technischen und wissenschaftlichen Fortschritt einem ständigen Wandel. Ebenso die Einschätzung der Gefährlichkeit von Stoffen. Auch werden die Untersuchungsmethoden ständig verfeinert, so daß in wenigen Jahren unter Umständen schädliche Verunreinigungen nachgewiesen werden können, von deren Existenz man heute noch keine Kenntnis hat.

Die unter Umständen vereinbarten kaufvertraglichen Regelungen binden die für den Erlaß von Sanierungsverfügungen zuständigen Verwaltungsbehörden nicht. Allein die Tatsache, daß Verkäuferin des Grundstücks z.B. eine Stadt ist, führt keinesfalls zu einer Ermessensreduzierung zu Lasten der Verwaltungsbehörde. Denn die Behörde nimmt bei einer Inanspruchnahme eines Sanierungsverantwortlichen staatliche und nicht kommunale Aufgaben wahr. Sie handelt für das jeweilige Bundesland und nicht für die Stadt, die unter Umständen Vertragspartei ist.

Insbesondere dann, wenn als Verkäuferin eine privatrechtlich organisierte Gesellschaft auftritt - mag sie auch von der Kommune beherrscht werden - sollte die für den Erlaß von "Nachsanierungsverfügungen" zuständige Verwaltungsbehörde mit in die vertraglichen Abreden einbezogen werden. Denn privatrechtliche Gesellschaften können in Konkurs fallen oder liquidiert werden, auch wenn Gesellschafter eine Kommune ist. Zivilrechtliche Ansprüche des Käufers sind dann wertlos. Ziel solcher Vereinbarungen muß es sein, das Ermessen der Behörde im Hinblick auf solche "Nachsanierungsverfügungen" zu reduzieren. Als verwaltungsrechtliches Instrumentarium zur Ermessensreduzierung kommt eine entsprechende schriftliche Zusicherung der zuständigen Behörde in Betracht. Der umworbene Investor sollte seine starke Stellung vor einer Ansiedlung nutzen und von der Kommune oder von der von dieser eingeschalteten Entwicklungsgesellschaft verlangen, eine solche Zusicherung der Behörde zu beschaffen. Hat er erst einmal das Grundstück erworben, wird ihm das selbst kaum noch gelingen.

# GENEHMIGUNG VON ANLAGEN UND VERFAHREN ZUR THERMISCHEN BODENREINIGUNG UND FLUSSEDIMENTVERWERTUNG

Dipl.-Ing. E. Beitinger, Dipl.-Ing. E. Gläser, Dipl.-Ing. J. Spanier

Ed. Züblin AG, D-7000 Stuttgart 80, Albstadtweg 3

1. EINLEITUNG
Zunehmend häufiger erreichen uns über die Medien Berichte über Verunreinigungen in Boden und Flüssen. Diese Kontaminationen sind Zeugnisse jahrzehntelanger industrieller Tätigkeit. Verursacht wurden diese Verunreinigungen durch sorglosen Umgang mit industriellen Reststoffen in Unkenntnis deren Gefährlichkeit. Zur Gefahrenabwehr müssen diese Altlasten beseitigt werden. Die Ed. Züblin AG, Stuttgart, entwickelte Verfahren zur thermischen Reinigung von kontaminierten Böden und Sedimenten.

2. Die VERFAHREN
2.1 Thermische Bodenreinigung
Die thermische Reinigung kontaminierter Böden ist vornehmlich für die Beseitigung organischer Schadstoffe auch beim Vorhandensein anorganischer Verunreinigungen geeignet.
Der kontaminierte Boden wird zunächst zerkleinert und von Metallteilen befreit. Der so vorbereitete Boden wird in einem Drehrohrofen bei 400-500°C getrocknet und anschließend erfolgt der Ausbrand bei bis zu 1200°C. Die Ofenabgase werden in 4 Stufen gereinigt:
- Entstaubung mit Zyklon und Schlauchfilter
- Thermische Nachverbrennung bei max. 1200°C und 1 Sekunde Aufenthaltszeit
- Kalktrockensorption mit Schlauchfilter
- und zweistufige Feinstfiltration

2.2 Verwertung von Flußsedimenten zu einem Leichtzuschlagstoff
Die ausgebaggerten Fluß- oder Seesedimente werden auf mechanischem und hydraulischem Wege klassiert. Der Schluffanteil wird mit den darin enthaltenen Schadstoffen weiterverarbeitet.
Zunächst wird Ton zugemischt und anschließend das Gemisch getrocknet und pelletiert. Die Pellets werden in einer Drehrohrofenanlage bei 1150°C gebrannt und dabei gebläht. Die Abluft der Ofenanlage wird in 4 Stufen gereinigt:
- Entstaubung mit Schlauchfilter
- Thermische Nachverbrennung mit Wärmenutzung
- Kalktrockensorption mit Schlauchfilter und
- zweistufige Feinstfiltration.

3. BISHERIGE GENEHMIGUNGEN
3.1 Immissionsschutzrechtliche Genehmigung für eine Anlage zur Flußsedimentverwertung in Marbach am Neckar
Am 06.11.87 wurde die immissionsschutzrechtliche Genehmigung für eine Anlage zur Verwertung von 50.000 m³/a Flußsedimenten aus dem Neckar beim Landratsamt Ludwigsburg beantragt.

Umfangreiche Vorarbeit und zahlreiche Vorgespräche vor Antragsabgabe bewirkten eine einvernehmliche Vorgehensweise aller Beteiligten. Wegweisende Vorkehrungen bewirkten größtmögliche Akzeptanz. Die auf freiwilliger Basis erstellte Umweltverträglichkeitsprüfung sowie die Zusage von landschaftspflegerischen Ausgleichsmaßnahmen halfen dabei mit. Das öffentliche Genehmigungsverfahren konnte mit wenigen Einsprüchen durchgeführt werden. Bereits 14 Monate nach Antragseinreichung wurde die immissionsschutzrechtliche Genehmigung erteilt.

### 3.2 Abfallrechtliches Planfeststellungsverfahren für thermische Bodenreinigung in Dortmund

Nach umfangreichen Vorprüfungen sind am 21.09.87 die Unterlagen zur Planfeststellung beim Regierungspräsidenten Arnsberg eingereicht worden. Die Genehmigung wurde für eine semimobile Anlage mit 5 t/h Durchsatzleistung für den Standort Dortmund beantragt. Nach Prüfung durch die beteiligten Fachbehörden lagen die Antragsunterlagen im Juni 1988 öffentlich aus. Im April 1989 sind die mehr als 400 Einwendungen öffentlich erörtert worden. Hierbei sind zahlreiche Anträge formuliert worden. Trotz weitgehender Zugeständnisse des Antragstellers konnte kein Einvernehmen mit den Einwendern erzielt werden. Die Genehmigung wird voraussichtlich im Sommer 1990 erteilt.

### 3.3 Genehmigung für eine mobile Anlage zur thermischen Bodenreinigung in Geseke Kreis Soest

Unter Berücksichtigung der Erkenntnisse aus dem Planfeststellungsverfahren in Dortmund sind die Genehmigungsunterlagen für eine mobile Anlage mit 2 t/h Durchsatzleistung erstellt worden. Diese sind im Oktober 1989 beim Regierungspräsidenten Arnsberg eingereicht worden. Nach Prüfung der Antragsunterlagen wurde ein abfallrechtliches Planfeststellungsverfahren eingeleitet. Die öffentliche Auslegung der Antragsunterlagen erfolgte im Juni 1990.

### 4. TYPGENEHMIGUNG EINER MOBILEN ANLAGE ZUR THERMISCHEN BODENREINIGUNG

Die Verfahrensdauer von Plangenehmigung oder Planfeststellung übertrifft bei On-site-Sanierungen mitunter die Betriebszeit der Anlagen erheblich. Zur Verkürzung der Genehmigungsverfahren wird eine Typgenehmigung beabsichtigt. Die komplizierte Rechtslage, bedingt dadurch, daß das Abfallrecht keine Typenzulassungen kennt, soll in einem Forschungsvorhaben geklärt werden. Ziel ist es, bei On-site-Sanierungen lediglich die standortspezifischen Fragen im Zuge eines Genehmigungsverfahrens klären zu müssen.

### 5. AUSWIRKUNGEN DER STÖRFALLVERORDNUNG (12. BImSchV)

Während der Genehmigungsdurchführung in Dortmund trat die 12. BImSchV (Störfallverordnung) in Kraft. Mit gutachterlicher Unterstützung wurde dargelegt, daß diese Verordnung die vorgesehene Anlage nicht betrifft. Dieser Auffassung wird von Einwenderseite widersprochen. Durch ein zweites Gutachten wurde die Nichtanwendbarkeit der Störfallverordnung bekräftigt.

### 6. AKZEPTANZ DER GENANNTEN ANLAGEN

Die Anlage zur Sedimentverwertung stößt auf breite Zustimmung. Die betroffenen Gemeinden gaben ihre Zustimmung ebenso wie die Träger öffentlicher Belange. Dokumentiert wird die Akzeptanz durch die wenigen öffentlichen Einsprüche.
Im Gegensatz hierzu steht die Ablehnung der Anlage zur thermischen Bodenreinigung. Diese Ablehnungshaltung, formiert in Bürgerinitiativen, steht dem öffentlichen Interesse seitens der entsorgungspflichtigen Kommune entgegen.

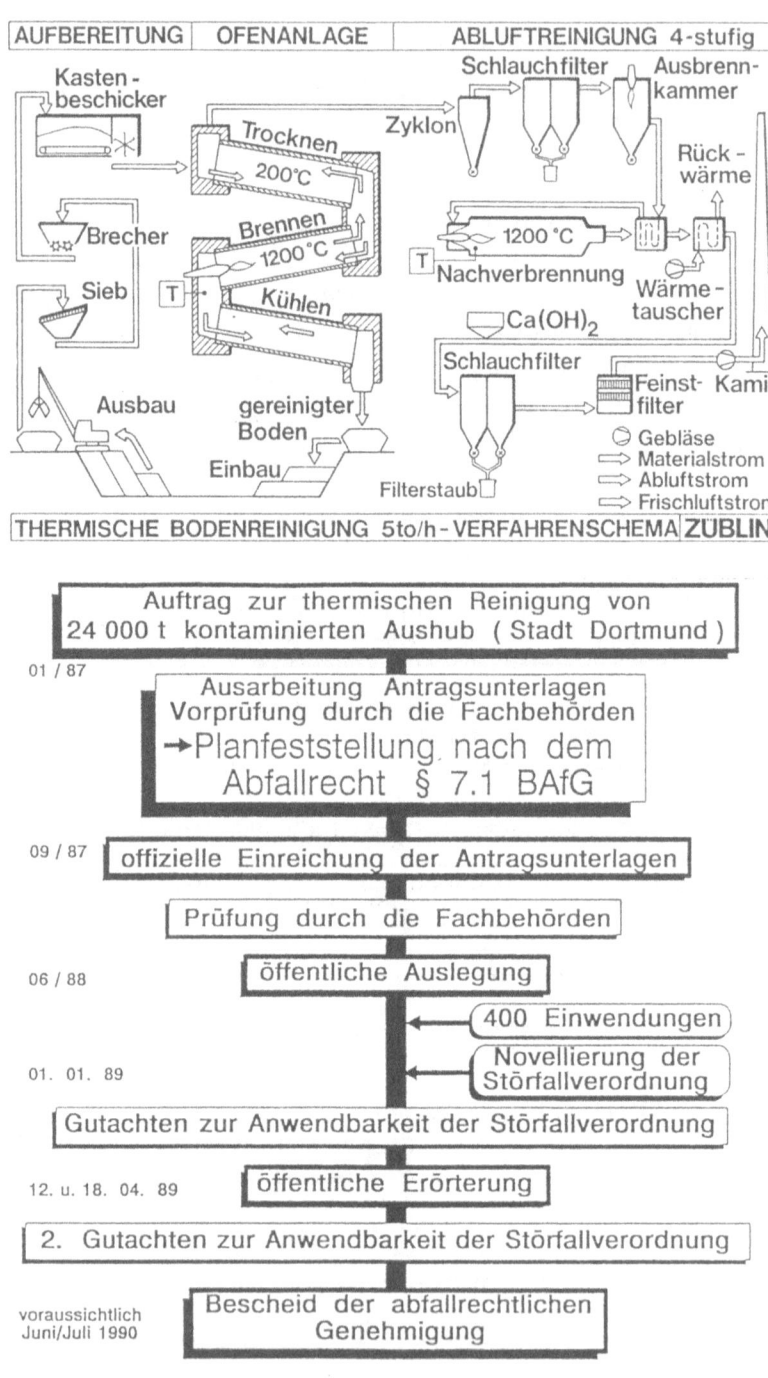

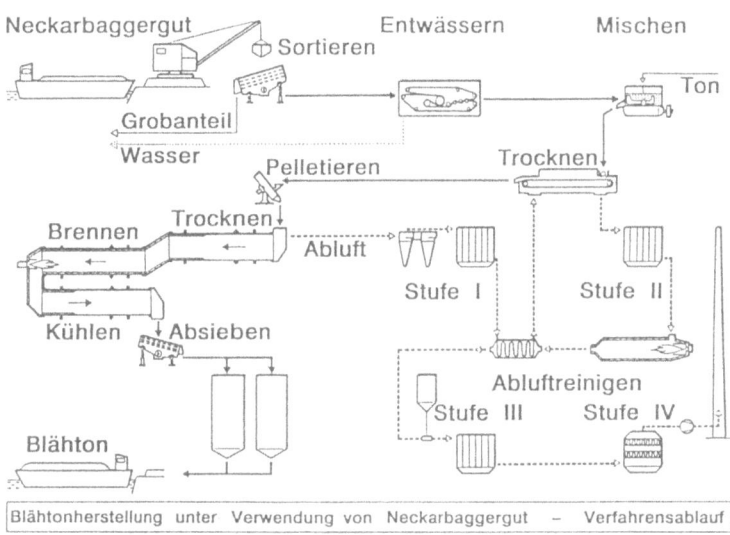

Blähtonherstellung unter Verwendung von Neckarbaggergut – Verfahrensablauf

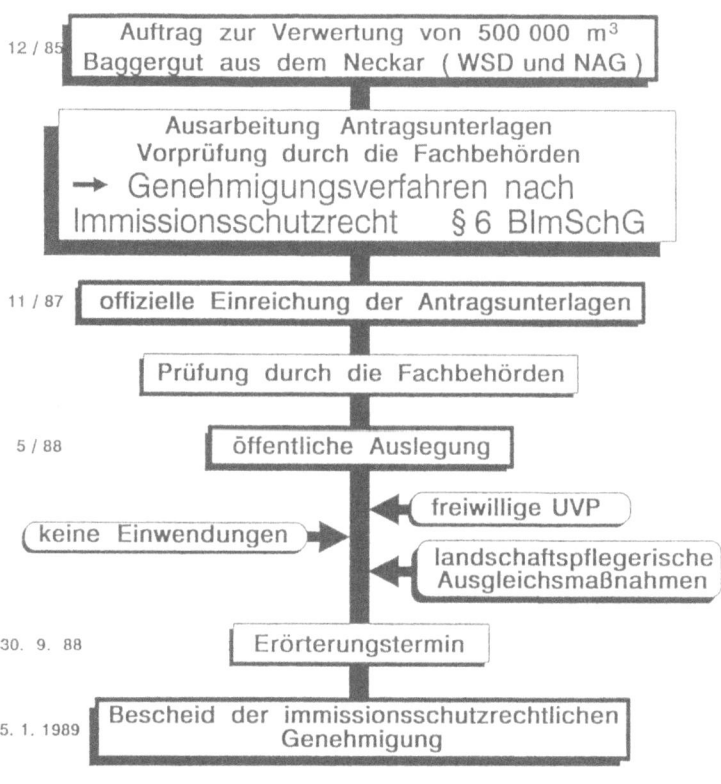

Genehmigungsablauf in Marbach / Neckar

## POSITIVE KONSEQUENZEN DES ALTLASTPROBLEMS FÜR DIE ENTSORGUNG SCHWACH KONTAMINIERTER ABFALLSTOFFE

DR.ING. FRITZ KONZ

FRÜHERER VORSITZENDER DES INDUSTRIEVERBANDES STEINE UND ERDEN BADEN-WÜRTTEMBERG E.V.

Die folgenden Ausführungen beziehen sich nur auf die Entsorgung von schwach kontaminierten Abfallstoffen, zu unterscheiden von Schad- und Giftstoffen. Unter den Begriff "schwach kontaminiert" fallen, ohne Anspruch auf Vollzähligkeit, nach der Erfahrung und Auffassung der Praxis: Hausmüll, REA-Endprodukte und -gips, soweit nicht verwertbar, Bauabbruch und Straßenaufbruch, soweit nicht für Recycling geeignet, Flußbaggergut, Klärschlamm (flüssig oder Asche).
Aus den täglichen Schlagzeilen der Presse und aus den anderen Medien seien Schlagworte wie Altlastschäden, Abfall-Lawine, Müllexport, innen- und außenpolitische Problematik der thermischen Müllbehandlung genannt. Dabei ist unbestreibar, daß trotz aller gesteigerter technischer Anforderungen an die Deponie diese immer nur einen Bruchteil des Aufwands für die thermische Behandlung erfordern wird.
Ihrer konsequenten Anwendung steht in erster Linie der Altlastschadenkomplex im Weg, der wie das Schwert des alten Damokles über den Häuptern und Schreibtischen der nicht nur technisch, sondern auch für die Finanzgebarung der öffentlichen Hände zuständigen und verantwortlichen Exekutive schwebt. Wenn man nach Kriegsende als Mann jener "ersten Stunden" in der Leitung eines Unternehmens der Steine- und Erdenindustrie tätig und Gründungsvorsitzender eines neuen Steine- und Erdenlandesverbandes war und deshalb nebenberuflich und zwangsläufig Nothelfer nicht mehr weiter wissender, entsorgungspflichtiger öffentlicher Hände wurde, dann weiß man, wie diese heutigen Altlastschäden entstanden sind: Bei krassestem LKW- und Treibstoffmangel mußten Hausmüll zur Sicherung der Existenz der Bevölkerung und Trümmerschutt als Voraussetzung für den Wiederaufbau von Wohnraum und Wirtschaft in nächstgelegenen Brüchen und Gruben untergebracht werden, ohne Kontrolle des eingebauten Materials, Kenntnis der Geologie des Untergrundes, ohne irgendwelche technischen Sicherungsmaßnahmen und verwaltungsseitige Aufsicht. Daß solches heute nicht mehr geschehen kann und darf, ist selbstverständlich.
Was bleibt gegenüber den heutigen organisatorischen und finanziellen Schwierigkeiten der Entsorgung schwach kontaminierter Abfallstoffe: Die technisch gekonnte, von den Erfahrungen und Erkenntnissen von Bauindustrie und - teilweise - Bauwissenschaft bei der Altlastsanierung ausgehende Nutzung der Hohlräume, die sich durch die Produktion von Steinen und Erden ergeben (im Rezessionsjahr 1988 in der BRD rd. 150 Mio m³), die nur z.T. für Biotop- oder Freizeitzwecke in Anspruch genommen werden und deren Nutzung auf weniger öffentlichen Widerstand stoßen dürfte, als der Zugriff auf bisher unberührtes Gelände.
Als technische Voraussetzungen haben sich ergeben: Für Steinbrüche und Trockenkiesgruben die Multibarrierendichtung aus Erdbau- und Kunststoffen, beruhend auf den zeitraffenden Versuchen von Dr. Pastuska von der Bundes-

anstalt für Materialforschung, im Bedarfsfall verstärkt durch Metallfoliendichtungen, für Naßbaggergruben die Dichttrennwände, wie von jeder großen Bauunternehmung ausgeführt, und die Inversionsströmung zur Verhinderung des Eindringens von Sickerwasser in das Grundwasser, eine Lösung, die Prof. Steinfeld vergeblich dem Umweltbundesamt nahezubringen versuchte.
Es ist bedauerlich und eine schwer wieder aufzuholende Unterlassungssünde, daß Exekutive und Wissenschaft sich nur wenig auf dem Weg wirklichkeitsnaher Versuche, möglichst im Maßstab 1:1, mit den von der Bauwirtschaft erarbeiteten Möglichkeiten auseinandergesetzt haben, im Gegensatz z. B. zu französischen Ingenieuren, die in den Alluvialablagerungen des oberen Moseltals zusammen mit dem regionalen Kies- und Sandverband ungesicherte Gruben angelegt, mit Hausmüll verfüllt und die Auswirkungen auf das Grundwasser langfristig beobachtet haben.
Es ist kein Ruhmesblatt für eine der veranstaltenden Organisationen, daß ein vom Verfasser 1987 angeregter Antrag der Projektgruppe Abfallwirtschaft der VEreinigung DEr WAsserversorgungsverbände, also einer nicht industriegebundenen Institution, im Rahmen eines Projekts "Wasser - Abfall - Boden" der Landesregierung von Baden-Württemberg auf einen Forschungsantrag über "Untersuchung von möglichen Deponiestandorten für unterschiedliche Abfallarten in Hohlräumen der Steine- und Erdenindustrie Baden-Württemberg" von dem zuständigen Professorengremium abgelehnt wurde. Die Wirklichkeitsnähe dieses Gremiums kann von in der Praxis stehenden Fachkreisen nicht beurteilt werden. Vielleicht zwingt der aus den Medien erkennbare Jammer und Kummer der entsorgungspflichtigen öffentlichen Hände zu dem sonst im menschlichen Leben selten gegebenen Versuch, Unterlassungssünden aufzuholen und, soweit möglich, wiedergutzumachen.

BIBLIOGRAPHIE

Konz, F. (1986). Meine Meinung zum Envitec-Kongress. Bauwirtschaft 1986, Heft 9/10.
Reute, C. (1988). Müll bleibt drin, Grundwasser draussen. VDJ nachrichten Nr. 29.
H.D.B. Herdecke (1989). Betonwannen erfordern eine absolut dichte Auskleidung. VDJ nachrichten Nr. 20.
Horn, A. (1990). Anmerkungen zur Basisabdichtung von Abfalldeponien. Vertieferseminar Zeitgemäße Deponietechnik IV FEI Universität Stuttgart.
Maiaux, C., Lentz, A. et Pilloy, J.-C. (1984). Réamenagement de gravières avec des ordures ménagères dans la vallée de la Moselle à Pont-à-Mousson. Bull. liaison Labo P. et Ch. N°. 133.

Altlasten des Erzbergbaues

Förster, Wolfgang

Bergakademie Freiberg, Fachbereich Geotechnik und Bergbau,
Wissenschaftsbereich Bodenmechanik

1. EINLEITUNG

Der Beitrag beschränkt sich auf den Erzbergbau auf dem
Territorium der ehemaligen DDR, zum Teil noch stärker, nämlich
auf den Bergbau in Sachsen. Die Probleme, die dabei deutlich
werden, dürften in ähnlicher Weise auch in anderen, Erzbergbau treibenden Ländern zu beobachten sein. Spezifisch für den
betrachteten Raum ist, daß der Bergbau eine jahrhunderte alte
Tradition hat. An den Bergbau und seine unmittelbaren, offensichtlichen Folgen hatte man sich gewöhnt. Anders hingegen
wurden seit hunderten von Jahren die Schädigungen durch den
"Rauch" der Hüttenwerke gewertet. Erzbergbau und Hüttenindustrie
sind so stark miteinander verflochten, daß die Vernachlässigung
des zweiten Zweiges der Montanindustrie in dieser Arbeit nicht
möglich ist. Von ihm sind schon vor 150 Jahren die ersten An-
stöße zu einer Umweltforschung ausgegangen.

2. ERZBERGBAU IN DER DDR
2.1. Der historische Erzbergbau

Neben weniger bedeutsamen anderen Zweigen des Erzbergbaues
waren es drei bemerkenswerte, die auf dem Gebiet der DDR umgingen (Pforr, 1988):
1. der Gangerzbergbau auf Silber im Erzgebirge, im Thüringer
Wald und im Unterharz (12. - 20. Jahrhundert),
2. der Zinnerzbergbau im Erzgebirge (15. - 20. Jahrhundert)
und
3. der Kupferschieferbergbau in Eisleben, Sangerhausen und
Ilmenau (13. ... 20. Jahrhundert).
Der Erzbergbau um Freiberg begann um 1186; er hatte Höhen und
Tiefen und endete in der Neuzeit im Jahre 1913. 1937 wurde er
wieder aufgenommen und schließlich 1969 ein zweites Mal stillgelegt. Das Metall, das vor allem gewonnen werden sollte, war
das Silber. So ist es erklärlich, daß wir andere Erze zum Teil
auf den alten Halden finden. Im 19. Jahrhundert, vor allem
aber in der letzten Periode wurden Blei und Zink hauptsächlich
gefördert. Nach 1950 betrug die durchschnittliche Jahres-
produktion an Silber nur noch 12.3 t gegenüber 4720 t an Blei
und 3040 t an Zink (Wagenbreth, Wächtler 1988).Der erzgebir-
gische Silberbergbau ist durch eine große Zahl von Gruben
charakterisiert. Im 17. und 18. Jahrhundert waren z. B. in und
um Brand-Erbisdorf bei Freiberg nahezu 70 Gruben bekannt. Nach
1937 sind es allerdings nur noch zwei, aber technisch vervoll-
kommnete Gruben, die förderten.

Für uns relevante Zeugnisse dieses Erzbergbaues sind
* eine große Zahl unterirdischer Grubenräume, nur wenige allerdings zugänglich,
* Stollen- und Röschenmundlöcher als Zugänge zu den Grubenräumen bzw. zusammen mit
* den Kunstgräben Repräsentanten der Bergmännischen Wasserwirtschaft und vor allem
* die Vielzahl von Halden. Die Gangzüge der Erzbergbaureviere finden sich oberirdisch in Haldenreihen wieder.

Mit den ersten Gruben entstanden die ersten Schmelzhütten und mit ihnen die ersten Umweltbelastungen durch Einsatz von Blei zum Raffinieren des Silbers. Das Blei ging dabei fast gänzlich verloren. 1784 wurde auf der Hütte Halsbrücke das Amalgamierverfahren erstmals eingesetzt. Das Werk arbeitete bis 1857. Eine Quecksilberkontamination der Umgebung ist bei einem Verbrauch von 6.6 t (Voland, 1987) sehr wahrscheinlich. Ab der Mitte des 19. Jahrhunderts nahm die Produktion erheblich zu. In gleichem Maße wuchs die Schadstoffemission so, daß zwischen 1875 bis 1877 etwa 600 Grundbesitzer entschädigt werden mußten. In der Mitte des vorigen Jahrhunderts begannen auch die ersten umweltrelevanten Forschungen im heutigen Sinne. Sie liefen in zwei Richtungen. Man untersuchte
* die Quellen der Umweltbeeinflussung, nämlich die Zusammensetzung der Abgase, der Flugstäube, die Schwefeldioxydmengen in der Atmosphäre, die Verteilung von Blei, Arsen und Zink in den Niederschlägen, in Böden und in biologischen Material und verfolgte
* technologische Lösungen zur Beseitigung des Hüttenrauchproblems.

Die Ergebnisse sind heute noch bedeutsam. Sie wurden nur in geringem Maße in den letzten Jahren ergänzt. Bis heute bzw. bis 1976 wurden letztlich noch 4 Hütten im Freiberger Raum betrieben. Sie verarbeiteten nicht mehr nur Erze des sächsischen Bergbaues, sondern auch ausländische metallhaltige Abprodukte.

## 2.2. Erzbergbau in der Gegenwart

Nach dem Wert ihrer Bergbauproduktion stand die DDR 1987 im Weltmaßstab auf dem 29. Platz, in Europa an 7. Stelle. Einen Überblick vermitteln Abb. 1 und die Tabelle 1 (Gerhardt 1990).

TABELLE 1. Erzförderung in der DDR 1987 (Gerhardt, 1990)

| Rohstoff | Fördermenge (Mt) | Anzahl der Gruben | |
| --- | --- | --- | --- |
| | | >150 kt/a | <150 kt/a |
| Zinnerz | 1.4 | 2 | 0 |
| Kupfererz | 0,6 | 1 | 1 |
| Nickelerz | 0,2 | 1 | 0 |
| Pyrit | 0,2 | 1 | 0 |

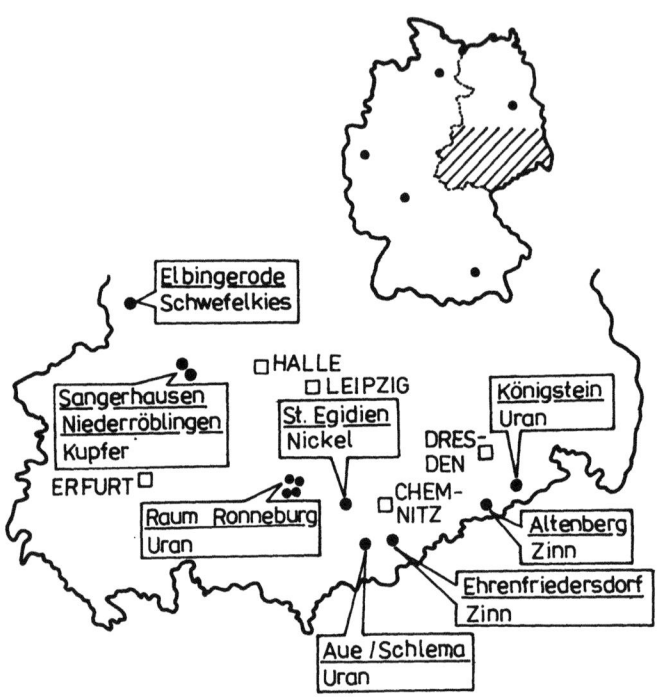

Abb. 1 Erzbergbaugebiete in der DDR

Über den tatsächlich volkswirtschaftlich bedeutsamen <u>Abbau von Uran</u> in den Förderräumen Aue/Schlema, Ronneburg und Königsstein sind bis heute nur wenige Zahlen veröffentlicht. Wir wissen, daß im Erzgebirge aus Teufen von 1800 m 1988 800 Tm$^3$ Erz gefördert wurden. In Königstein handelt es sich um eine Imprägnationslagerstätte im Sandstein. Das gesprengte Erz wird unter Tage gelaugt. Die Produktionszahlen liegen bei 450 t/a. Im Erz selbst ist der Urangehalt etwa 250 g/t. Ronneburg ist das Hauptgebiet des Uranbergbaues. Die Erzkörper liegen in einer Teufe bis zu 800 m. Steigende Abbaukosten, sinkende Weltmarktpreise, keine Möglichkeit eines weiteren Exports in die SU lassen ein Schließen aller Gruben sehr wahrscheinlich werden. Dieser Bergbau hinterläßt unverwahrte Grubenräume, Halden und Absetzanlagen der Aufbereitungsbetriebe.
Ganz ähnlich ist die Situation im <u>Kupferschieferbergbau.</u> Der Kupferschiefer ist ein (0.2 ... 0.4)m mächtiger, feinkörniger Mergel. Zuletzt erfolgte die Förderung noch aus 3 Schächten aus Teufen zwischen (450 ... 820) m. Der Gehalt an Kupfer lag bei 2 %; 80 g Silber konnten aus 1 t Erz gewonnen werden. Der Eigenbedarf der DDR wurde dadurch an beiden zu weniger als 10 % gedeckt. Die extrem hohen Kosten, steigende Wasserzuflüsse, komplizierte geologische Verhältnisse und große Förderentfernungen unter Tage führten zur Einstellung dieses Bergbaubetriebes und der mit ihm verbundenen Hütte. Auch er hinterläßt

offene Grubenräume, Kegelhalden mit Höhen >loo m und erhebliche
Bergsenkungserscheinungen als Folge unterirdischer Ausspülungen
im Nebengestein.
Der <u>Zinnerzbergbau</u> hat den Eigenbedarf der Republik gedeckt.
9o % wurden aus der Grube Altenberg gefördert. Hier liegt eine
Greisenerzlagerstätte vor, deren Durchmesser 4oo m beträgt
und die bis zur Tiefe von 25o m reicht. Selbst nach Schließung
der 2. Grube Ehrenfriedersdorf sind die Förderkosten zu hoch,
um den Bergbauzweig erhalten zu können (Krauße, 1990). Auch er
hinterläßt uns primär offene Grubengebäude, Halden, Absetzanlagen der Aufbereitung und in Form der sogenannten Pingen
riesige, an der Oberfläche austretende Bruchgebiete (Wandhöhen bis zu loo,o m, Durchmesser bis 3oo m).

## 3. ALTLASTEN

Wir haben die Altlasten zum Teil bereits genannt. Wir könnten
grob in 3 Gruppen teilen, wenn wir die Auswirkungen betrachten.

### 3.1. Landschaftsgestaltung

Halden, industrielle Absetzanlagen, Pingen usw. bedürfen
einer Wiedereingliederung in die Landschaft. Soweit es die
Halden des historischen Bergbaus betrifft, ist das zum Teil
ohne menschliche Mitwirkung geschehen. Hier hat sich eine besondere Haldenflora und -fauna sogar mit seltenen Pflanzenarten entwickelt. Einige Halden stehen unter Naturschutz. Sie
sind aber die Ausnahme. Schätzungsweise mehr als loo Halden,
die sich noch in der Rechtsträgerschaft der Bergbauzweige befinden, lassen sich ohne technische Gestaltung kaum in die
Landschaft einpassen. Das macht besondere Schwierigkeiten dort,
wo der Bergbau beim Anlegen der Halde auf eine umweltgerechte
Endböschungsgestaltung durch Anordnung von Bermen etc. überhaupt keinen Einfluß genommen hat. Das gilt für die riesigen
Halden des Kupferschieferbergbaus, für Halden des Uranbaus, aber auch des Zinnerzbergbaus. Probleme wird die Wiedernutzbarmachung der Bereiche bereiten, in denen industrielle
Absetzanlagen angelegt wurden. Die als Pingen entstandenen
Bruchgebiete sind als ganz besonderes Problem zu werten. Nur
selten wird man sich dazu verstehen können, sie als "technische
Denkmale" einzuordnen.

### 3.2. Bergschäden

Die 2. Gruppe umfaßt die Auswirkungen unterirdischer Hohlräume auf die Tagesoberfläche. Das Ausmaß solcher Hohlräume
ist durch eine Aufstellung von Meier (199o) verdeutlicht, die
allerdings nur den sächsisch-thüringischen Raum betrifft. Er
verweist
- im Raum Freiberg auf 943 Schächte und 388 Stollen
  (Silber, Buntmetalle),
- im Raum Annaberg-Buchholz auf mehr als 3oo bebaute Gänge
  (Silber, Kobalt, Nickel, Uran),
- im Raum Schneeberg (Silber, Wismut, Kobalt, Nickel, Uran)
  auf mehr als 15o bebaute Gänge und ca. 5oo Tagesöffnungen,
- im Raum Saalfeld-Kamsdorf auf mehr als 2ooo Schächte des
  Silber-, Kupfer-, Baryt- und Eisenerzbergbaues,
- im Raum Lobenstein-Saaldorf auf 43 Schächte, 56 Stollen
  und 1169 Pingen und Tagesbrüche des Eisenerzbergbaues. lo %
  aller Objekte müssen saniert werden, um die öffentliche

Sicherheit zu gewährleisten.
Da der historische Erzbergbau zum Teil sehr oberflächennah umgegangen ist, treten im Erzgebirgsraum jährlich ca. 50 Tagesbrüche auf. Ihnen kann man auch im Stadtgebiet von Freiberg begegnen. Hebungen und Senkungen, horizontale Bewegungen und daraus abgeleitete Deformationsformen, aber auch Veränderungen der Lage des Grundwasserspiegels, Beeinträchtigungen der Wassermenge oder -qualität in den Gewässern sind Folgen unterirdischer Hohlräume. Ein ganz besonderes Beispiel dafür sind die Folgen des stillgelegten Bergbaues auf Kupfererz in der Mansfelder Mulde. Hier ging der Bergbau in hydrogeologisch komplizierten Bereichen des Zechsteins um. Es kam zu Auslaugungen der Salzschichten. An die Vorfluter wurde stark salzbelastetes Wasser abgegeben, und es wurden Senkungserscheinungen aktiviert. Aber auch die Schließung der Gruben und die Einstellung der Wasserhaltung hatte erhebliche Folgen. Es kam im Bereich tektonischer Störungen zu örtlichen Senkungs- und Brucherscheinungen (Brendel u. a., 1982). Noch heute sind Erdfälle zu beobachten. Auch die Verwahrung der Gruben der Sangerhäuser Mulde ist exakt zu bedenken.

## 3.3. Toxische Wirkungen

Die Pechblende ist Begleitmineral der Silbererze und das abgebaute Erz des Uranerzbergbaues. Sie wurde in den Grubenräumen dieser Bergbauzweige freigelegt. In Halden, industriellen Absetzanlagen des Uranbergbaues sind höhere Konzentrationen radioaktiver Nuklide enthalten, von denen das Radon am bedeutsamsten ist. Damit kommt es über Spalten und Klüfte, das Grubenwasser bzw. Austritte aus Halden und Absetzanlagen zu erheblichen Kontaminationen von Luft und Wasser. Staatliche Überwachungsprogramme und solche der Bergbaubetriebe weisen eine Radioaktivität deutlich über dem Landesmittel nach. In der Presse tauchen in letzter Zeit vereinzelt Meldungen über erhebliche Überschreitungen zulässiger Werte auf. Leider fehlen tatsächlich vertrauenswürdige Angaben,
Halden und industrielle Absetzanlagen sind ohne Dichtung, zumeist auch ohne Sickerwasserfassungen auf den Untergrund aufgesetzt. Durch Sickerwässer werden kontinuierlich insbesondere sulfidische Erze (Pyrit, Chalkopyrit), die im Haldenmaterial zum Teil als Hauptkomponente enthalten sind auf Grund chemischer und bakterieller Laugung gelöst. Bei diesen Reaktionen entsteht Schwefelsäure, die wiederum in der Lage ist, Schwermetallverbindungen zu lösen und als lösliche Sulfate in Wässer abzugeben. Aufgrund bestehender Verbindungen zwischen Oberflächen- und Grubenwässern gehen solche Laugungsvorgänge auch in offenstehenden Grubenräumen vor sich. Die Produkte werden mit den Grubenwässern in Grundwässer, Oberflächenwässer und Böden eingetragen (Pinka u. a. 1989). Der Schadstoffeintrag durch die Hütten vor allem im Freiberger Raum war über jahrhunderte erheblich und hatte besonders in der Mitte des vorigen Jahrhunderts enorme Ausmaße angenommen. So wird für ein Jahr (1864/65) abgeschätzt: (4ooo ... 5ooo) t $SO_2$, 6o t $As_2O_3$, 47o t $PbSO_4$, 54o t $ZnSO_4$ (Voland, 1987).
Reich (zitiert bei Voland, 1987) führte 1864 Untersuchungen an Schneeproben im Freiberger Raum durch und wies noch in einer Entfernung von 6oo Schritten von der Esse der Muldener Hütte

ZnO, PbO, $As_2O_3$ mit Werten von (1oo ... 15o) ppm nach. Über Messungen in Böden sind im Nachlaß von Reich (Voland, 1987) Ergebnisse enthalten, die Tabelle 2 zeigt.

TABELLE 2. Blei - Arsen- und Zinkgehalte (in ppm) in Böden im Freiberger Raum (n. Reich, 1867 in Voland, 1987)

|  | Pb | As | Zn |
|---|---|---|---|
| Schlammablagerungen im Münzbachtal | 72oo | 24oo | 119oo |
| Schlammablagerungen im Muldental | 67oo | 28oo | 58oo |
| Wiesenboden im Muldental | 46oo | 26oo | 97oo |
| Boden (4 ... 5) Zoll tief | 4ooo | 26oo | 3ooo |
| Boden 9 Zoll tief | 3ooo | 22oo | 21oo |
| Vegetationsloser Wiesenboden Großschirma | 51oo |  | 35oo |
| Waldboden Nauendorf | 52o | 14o | o |

Die Resultate veranlaßten technologische Korrekturen. Schwefeldioxid wurde in Schwefelsäure gewandelt. 1857 entstand in Freiberg die erste Schwefelsäurefabrik. Durch Flugstaubkondensationskammern wurden Zink, Blei und Arsen aus den Stäuben entfernt. Als Irrtum stellte sich heraus, die Situation durch den Bau hoher Schornsteine zu verbessern. Lediglich das Schadengebiet erweiterte sich. Die Belastung durch die Hütten dauert letztlich bis in die Gegenwart an. Messungen in den letzten Jahren (Voland, 1990) zeigen Belastungen im Boden vor allen an Blei und Zink, die geringer sind, als in der Tabelle 2 dargestellt, aber in einem Gebiet von etwa 2o km Durchmesser um die Hütten liegen und damit von Freiberg bis in den Tharandter Wald reichen. Speziell die Umgebung von Freiberg muß also als enorm schwermetallbelastet betrachtet werden.

4. EINGELEITETE MASSNAHMEN
Erkennbar sind Bemühungen um die Wiedereingliederung der Halden des Erzgebirges in die Nutzung. Es bestehen geologische und bodenchemische Voraussetzungen, nach Stickstoffanreicherung eine Aufforstung zu ermöglichen. Halden im Raum Schlema und am Schneckenstein sind Beispiel dafür.
Kontinuierlich werden weiterhin vorwiegend dort, wo Bergschäden erkannt wurden geeignete Maßnahmen, zumeist Verfüllungen, vorgenommen. Im sächsisch-thüringischen Raum arbeiten dafür die Bergsicherungsbetriebe Dresden, Schneeberg und Ronneburg. Es laufen Forschungsarbeiten - Beispiele wurden zitiert - die darauf abzielen, das Maß der Umweltschädigung, der Belastung des Bodens zu erkennen und auch Sanierungsvarianten abzuleiten. So wurde versucht, die bei Sulfidauslaugung entstehende Schwefelsäure durch Einsatz karbonatischen Materials (Abdecken der

Halden mit Aschen) zu neutralisieren. Untersuchungen zeigten
aber, daß damit nur ein temporärer Erfolg zu erreichen ist,
da sich beteiligte Bakterien den veränderten Bedingungen anpassen und zu einem späteren Zeitpunkt die Auslaugung wieder
aktivieren (Pinka u. a. 1989).

## 5. ERFORDERNISSE

Da die <u>Ablagerungen des Bergbaues</u> einerseits einer Eingliederung in die Landschaft bedürfen, andererseits von
ihnen aber auch toxische Wirkungen ausgehen, dürfte ihr Rückbau und die Nutzung der Haldenmaterialien anzustreben sein.
Nur dort, wo das nicht gelingt, sind Verfahren zur Sanierung
der Haldenstandorte, die Elemente derer haben dürften, die
für Deponien angewandt werden, zum Einsatz zu bringen. Voraussetzung ist die Prüfung der von jeder Halde ausgehenden
Emissionen in die Luft und in das Wasser.

Auch für <u>offenstehende Grubenräume</u> ist eine Nutzung zu bedenken. Soweit von ihnen Schadstoffemissionen (Radon, schwermetallbelastete Wässer) oder Bergschadensgefahren ausgehen,
ist ein Verwahren erforderlich. Auch hier kann nichts ohne
ausreichende Gefährdungsanalyse für jedes einzelne Objekt geschehen. Dazu ist eine Breite interdisziplinäre Zusammenarbeit
teilweise mit Elementen einer Forschung erforderlich. Basis
des Genannten kann nur ein ausführlicher Altlastenkataster
sein, das über die bisherige bergschadenkundliche Analyse
hinausgehen muß. Durch Forschungsarbeiten sind die chemischen
und biochemischen Vorgänge aufzuhellen, die in den Altlasten
des Erzbergbaues ablaufen. Darauf aufbauend können letztlich
Sanierungskonzeptionen entwickelt werden, die - sollen sie zu
technischer Reife geführt werden - wiederum einer breiten
interdisziplinären Zusammenarbeit bedürfen.

## 6. ZUSAMMENFASSUNG

Unmittelbare Altlasten des Erzbergbaues sind Halden, industrielle Absetzanlagen und Grubenräume, mittelbare aber
auch die Ablagerungen durch die Hüttenindustrie.

Die unmittelbaren Altlasten stören den Charakter der Landschaft und haben Bergschäden zur Folge. In den letzten Jahren
ist deutlich geworden, daß von ihnen auch toxische Emissionen
ausgehen. Die Schäden durch Rauchgase und Flugstäube der
Hüttenindustrie sind schon lange bekannt und seit der Mitte
des vorigen Jahrhunderts erkundet.

Sanierungsbemühungen waren bisher auf die Verbesserung des
Landschaftsbildes und das Beheben und Vermeiden von Bergschäden gerichtet.

Forschungsarbeiten sind erforderlich
- auf geotechnischem Gebiet zur Stützung bergschadenkundlicher
  Analysen,
- auf geo- und biochemischen Gebiet zum Durchdringen ablaufender
  Reaktionsprozesse in Halden und Grubenräumen und - in breiter
  interdisziplinärer Zusammenarbeit -
- zur Entwicklung von Sanierungskonzeptionen bis zur technischen
  Reife.

Der Aufbau eines Altlastenkatasters, Gefährdungsabschätzung
und Prioritätensetzung für eine Sanierung sind für Altlasten
des Erzbergbaues bis zur Routine zu entwickeln und durchzuführen.

## 7. BIBLIOGRAPHIE

Brendel, K. u. a.: Montanhydrologische Aspekte zur Gewährleistung der Bergbausicherheit beim Abbau zechsteinzeitlicher Lagerstätten. Zeitschrift für geologische Wissenschaften 10 (1982) 1, S. 7 - 31

Gerhardt, H.; Jung, W.: Aspekte der Bergbauentwicklung in der DDR. Proc. 14. Welt-Bergbaukongress, Peking 1990, S. 149 ff

Knitzschke, G.; Kahmann, H.-J.: Der Bergbau auf Kupferschiefer im Sangerhäuser Revier. Glückauf 126 (1990) Nr. 11/12, S. 528 - 548

Krauße, A.: Bergbau in der DDR unter besonderer Berücksichtigung der Energierohstoffe. Vortrag zur Diskussionsveranstaltung des Gesamtverbandes des deutschen Steinkohlenbergbaus mit Journalisten am 27.08.1990 in Dresden (unveröffentlicht)

Meier, G.: Erkundung und Verwahrung von Altbergbau, eine Aufgabe für Wissenschaft und Praxis. Vortrag zum 5.Kolloquium über Spezialverfahren im Bergbau und Bauwesen; Freiberg, Sept. 1990

Pforr, M.: Bergbaugeschichte in der DDR. Tagungsbericht "Sachzeugen des Bergbaus", BA Freiberg 1988, S. 8 - 20

Pinka, J.; Hansel, R.: Laugungsuntersuchungen von Pyriten Studie BA Freiberg, FB Chemie, AG Mineralbiotechnologie, Okt. 1989

Voland, B.: Die historischen Wurzeln der Umweltgeochemie und der biogeochemischen Ökologie in der DDR; in Studien zur Geschichte der Montanindustrie vom 16. bis 20. Jahrhundert. Freiberger Forschungsheft D 178, 1987 S. 36 ... 74

Voland, B. u. a.: Zur Unterscheidung anthropogener und geogener Anteile in komplexen pedogeochemischen Anomalien. Zeitschrift für angewandte Geologie 1990 (im Druck)

ALTLASTENSITUATION IN POLEN


EDWARD S. KEMPA
TECHNISCHE HOCHSCHULE, ZIELONA GORA, POLEN


1. EINFÜHRUNG

In jedem, mehr oder weniger industrialisierten Staat, kann man Altablagerungen in Form von Altlasten feststellen. Das Problem der Altlasten, obwohl es erst vor wenigen Jahren als Forschungs und Sanierungsbereich das Interesse der Fachwelt und Umweltbehörden erweckte, began praktisch schon im vorigen Jahrhundert. Es gibt ja Ablagerungen (wie z.B. ausgebrannte Bergehalden), die bereits vor etwa 150 Jahren entstanden sind. Andere sind nicht viel jünger. Manche Ablagerungen verlieren mit der Zeit ihre Emissionswirkung und werden nicht zu den Altlasten gerechnet. Zu den Altlasten werden grundsätzlich refraktäre Substanzen einbezogen, die jahrelang ihre chemische Wirkung und Aktivität nicht verloren haben und die Umweltverhältnisse negativ beeinflussen.

Nicht alle Altlasten und Ablagerungsstätten sind bereits erforscht und dokumentiert. Das scheint historisch bedingt zu sein; vor 50 oder 60 Jahren kannte man noch nicht alle Wirkungsmechanismen dieser refraktären Stoffe wie man sie heute kennt.

Nachstehend soll die Altlastensituation in Polen kurz geschildert werden. Rein sachlich gesehen, dürfte das Problem etwa ähnlich wie in anderen, zum Teil stark industrialisierten Ländern aussehen. Diese Ansicht wäre jedoch, so für Polen, wie für andere Ost-europäische Staaten etwas trügerisch. Diese Behauptung des Verfassers fundiert auf seiner eigenen Forschung. Er selbst ist immer noch einer der wenigen der in Polen darüber spricht und schreibt. Für zahlreiche Fachleute ist das Altlastenproblem immer noch ein Neufeld und als nicht besonders wunderlich sollte die Feststellung klingen, daß man z.Zt. auf diesem Gebiet nur sehr wenig tut, abgesehen von Rekultivierungsmaßnahmen an den Oberflächen von alten Deponien.

Das Interesse an diesem Problem erweckte eine Vorstudie, die der Verfasser im Jahre 1984 für das Institut für Wasser-, Boden- und Lufthygiene, Berlin, angefertigt hat. Für die Anregung seitens des WaBoLu und für die finanzielle Unterstützung, sei an dieser Stelle noch einmal aufrichtig gedankt.

2. ZWEI LETZTE JAHRHUNDERTE IN DER GESCHICHTE POLENS

Seit 966 bis 1795 war Polen ein Königreich. Nachdem die großen Herrscherdynastien der Pasten und Jagiellonen ausgestorben waren, wurde 1573 Polen eine Wahlmonarchie. Im Jahre 1772 kam es zur ersten Teilung Polens durch Preußen, Österreich und Rußland. 1793 wurde Polen zum zweiten mal geteilt, die dritte Teilung kam im Jahre 1795 und Polen verlor auf mehr als 120 Jahre die Selbstständigkeit.

Die Teilung Polens zog eine grundverschiedene Entwicklung des Landes und der Industrie der Gebiete, die den genannten Annexionsmächten zugefallen sind. Die Provinzen Pommern, Posen, Schlesien, Galizien und das sogenannte Kongreß-Polen (ein Königreich, 1815 nach dem Wiener Kongreß gebildet und mit dem russischen Zarenreich durch Personalunion verbunden), entwickelten sich etwa wie jede andere Provinz der o.e. Mächte, doch mit entsprechend vermindertem Maßstab.

Die Entwicklungsschritte der Industrie jener Zeit, die Standorte der einzelnen Werke in den damaligen und gegenwärtigen Ballungsgebieten sind relativ leicht nachweisbar. Viel schwerer ist es, die Standorte der Altablagerungen, abgesehen von den gut sichtbaren Halden, festzustellen. Man kennt zwar ziemlich genau die damaligen Produktionsquoten und somit auch die mögliche Arten und Mengen von Abfallstoffen, aber die ältesten Leute können sich kaum erinnern, wo diese Abfälle liegen. Man lokalisiert diese Ablagerungen nur dort, wo negative Auswirkungen direkt zum Vorschein kommen. Das trifft beispielsweise für übermäßige Konzentrationen von Phenolen, Nitraten oder Chloriden im Grundwasser zu. Man stößt auch zufälligerweise auf Altablagerungen bei neuen Investitionen. Kaum jemand dachte doch in der Vergangenheit an eine Dokumentierung und Standortfestlegung der Ablagerungen.

Der von Rußland besetzte östliche Teil Polens, hatte im 19. Jahrhundert eine durchaus landwirtschaftliche Struktur. Mineraldünger gab es noch nicht, Biozide kannte man nicht. Man kann also kaum Altlasten auf diesem Gebiet aus jener Zeit nachweisen. Das gleiche kann man über den südlichen Teil Polens (Galizien) behaupten, welcher von Österreich besetzt war. Ausgenommen Krakau und seine engste Umgebung, wo eine autonome zum Teil, sog. "Krakauer Republik" wirkte. Dort waren schon Steinkohle und Salzgruben (darunter das berühmte Salzbergwerk "Wieliczka" - ein Kulturdenkmal des höchsten Wertegrades) zu finden, Ansätze der chemischen Industrie u.ä. Setzt man gegenwärtige Maßstäbe, war dies eine Industrie, die die Umwelt kaum gefährdete.

Der von Preußen besetzte Polenteil war, im Vergleich zu den erstgenannten Teilen, schon damals stark industrialisiert. Das traf nicht nur für das oberschlesische Ballungsgebiet zu, über welches nachstehend ausführlicher berichtet wird. Bekannt war bereits die Stadt Lódz mit der stark entwickelten Textilindustrie, die Stadt Poznan (Posen) mit dem Maschinenbau, die Region Oppeln mit der Kalk- und Zementindustrie, allem voran jedoch Ost-Oberschlesien, als Steinkohlenrevier und Hütten-Zentrum weltbekannt. Dort sind auch die ersten chemische Großanlagen lokalisiert worden - in erster Linie die der Kohlenveredelung. Man kann mit Sicherheit annehmen, daß es schon damals gefährliche und toxische Abfallstoffe gab, seien nur Gaswerke und Kokereien als Emissionsquellen genannt. Man stößt heute auf Ablagerungen aus jener Zeit, abgesehen von den völlig kontaminierten Böden auf diesen Altanlagen. Es gibt in Oberschlesien Kohleveredelungsanlagen, die seit mehr als 100 Jahren in Betrieb sind.

Nach dem ersten Weltkrieg erlangte Polen seine Staatshoheit wieder, nunmehr als Republik. Eine Neu- bzw. Weiterentwicklung der Industrie war ein Zeichen der Zeit. Das galt auch für die oberschlesische Industrie - beiderseits der derzeitigen deutsch-polnischen Grenze; vielerorts zum großen Schaden der schon damals schwer belasteten Umwelt. Hinzu kamen neue Industriegebiete, wie z.B. der COP (Zentraler Industriebezirk) im süd-östlichen Teil Polens, wo man vornehmlich die metallverarbeitende Industrie lokalisierte.

Der Schwerpunkt der Hygiene, des "Public Health", lag in Polen in der Reinhaltung des Grundwassers, welches vorwiegend für Trinkzwecke der Bevölkerung verwendet wurde. Führend als Kontrollstelle und Forschungsanstalt war das Staatliche Hygiene-Institut in Warschau, welches ununterbrochen (etwa wie WaBoLu) seit dem Jahre 1920 auf diesem Gebiet tätig ist.
Nach dem II. Weltkrieg hat sich die politische und soziale Ordnung erneut geändert. Die Abkommen von Jalta, Teheran und Potsdam haben die heutigen

Staatsgrenzen festgelegt. Wie in allen anderen sogenannten Ostbock-Staaten wurde in Polen die vom Staat zentralgesteuerte sozialistische Planwirtschaft eingeführt. Bei praktischer Abschaffung der Arbeitslosigkeit, war eine noch nie notierbare und explosionsartige Industrialisierung zu verzeichnen. Manches wurde durch Repressionen erzwungen. Nahezu alle Industriebranchen wurden entwichelt, an der Spitze die Kohleförderung, Stromerzeugung und die Schwermetallindustrie. Vernachlässigt wurde die Entwicklung der Leicht- und Konsumindustrie, am stärksten hatte die Landwirtschaft zu leiden. Weil man aber von einem relativ niedrigerem Plateau startete, war die Entwicklung der Schwerindustrie (prozentuell gerechnet) stärker als in manchen Ländern des Westens.

Der intensiven Industrialisierung konnten Maßnahmen und Investitionen im Umweltschutz nicht Schritt halten. Auf diese Weise wuchsen die Differenzen zwischen Soll und Haben, zwischen Ost und West – nicht nur in der Produktenmenge und Qualität, aber vielmehr in den immer schlechteren Umweltverhältnissen. Verantwortlich für die schlechten Umweltverhältnisse war vor allem der Wachstumfetischismus der sozialistischen Planwirtschaft und deren oberstes Gebot der maximalen Produktivität. Auf sehr weitem Platz waren die Belange des Umweltschutzes.

Zusammenfassend soll noch einmal betont werden: In letzten Jahrzehnten, Jahrzehnten der sozialistischen Planwirtschaft, hat die Umweltverschmutzung nicht nur in Polen, sondern in allen (heute bereits "ehemaligen" sozialistischen) Osteuropa-Staaten enorm bzw. sogar katastrophal zugenommen. In manchen Ballungsgebieten muß man von Ökokatastrophen sprechen. Das Oberschlesische Industriegebiet ist ein markantes Beispiel dafür was geschieht, wenn 15 Jahre lang die politische Ökonomie einen ausgesprochenen Vorrang vor Ökologie hat!

3. ALTE UND NEUE INDUSTRIALISIERUNG

Die alte und historische Industrialisierung wurde bereits kurz geschildert. Durch neue Industriegebiete und -anlagen sind solche zu verstehen, wo bisher (und in der Vorkriegszeit) das Land von der Landwirtschaft genutzt wurde. In der Nachkriegszeit entstanden in fast allen Ost-Europa-Staaten neue Industriegebiete der Rohstoff- und Schwermetallindustrie. Nicht aber das Vorkommen der Rohstoffe, sondern politische Gründe waren oft für die neuen Standorte der Anlagen verantwortlich. Der Bau des Eisenhüttenkombinats, der "Lenin-Hütte" in unmittelbarer Nähe der Prunkstadt Krakau, wurde damit begründet, daß "man die Arbeiterklasse im reaktionären Krakau stärken müsse". Die Rohstoffe – nicht nur zu dieser Hütte – mußten über lange Strecken transportiert werden. Auf diese Weise wurden neue Flächen und Gebiete durch die Umweltverschmutzung erfaßt.

Die Emissionen werden jetzt relativ genau gemessen, die Ablagerungen von Abfallstoffen dokumentiert, die Auswirkungen auf die Umwelt (manchmal) beschrieben und veröffentlicht. Große Rolle spielte bis vor kurzem die Geheimhaltung der Daten der Umweltverschmutzung und -schädigung.

Fachleute kamen an die entsprechenden Daten relativ leicht, aber die Weitergabe war untersagt. Staatliche Prüfämter stellten auch noch so schwer wiegende Daten für die Regierung und für das Statistische Hauptamt zusammen. Forschungsergebnisse liegen vor, aber sehr wenig davon ist veröffentlicht worden. Die Fachliteratur ist praktisch noch nicht auf Altlasten ausgerichtet.

Die Umweltschutzgesetze in den ehemaligen sozialistischen Ostblock-Staaten wurden sehr oft als vorbildliche hervorgehoben. Schreiber (9) zitiert dabei entsprechende Aussagen von Friedrich Engels

(S.110). Auch Karl Marx formulierte (via (10) S.66-67) den gesellschaftlich notwendig anerkannten normalen Abfall. Was jeweils notwendiger Abfall ist oder nicht, wird vom Entwicklungsstand der Produktionskräfte und dem Niveau des wissenschaftlichtechnischen Fortschritts speziell unter dem Einfluß des Preisniveaus (Weltmarkt) bestimmt (zit.). Auf ähnliche Weise könnte man die Aussagen der ehemaligen Spitzenpolitiker zitieren. Das ändert aber nichts an der Tatsache, daß ungeachtet der guten Gesetze und Verordnungen die sich daraus ergebende Umweltpolitik nicht realisiert wurde und immer noch nicht realisiert wird! Mit langjährigem Rückgang hinken die Investitionen im Umweltbereich denen der Produktionssparte nach. Die Differenzen zwischen der Industrialisierung und einer gerechten Umweltpolitik vergrößern sich anstatt kleiner zu werden.

Die gegenwärtigen Ansätze zur umfangreichen Reprivatisierung aller Produktions- und Konsumzweige, können an dieser Tatsache nicht viel von einem Tag zum anderen ändern. Die finanzielle Situation ist in Polen schlecht. Technisches know-how und Finanzierungshilfen für den Umweltschutz aus ausländischen Quellen scheinen hier unentbehrlich.

Bei den großen Bedürfnissen zur Sanierung der Umwelt, wird über Altlasten kaum diskutiert bzw. erst dann, wenn kontaminierende Effekte zum Vorschein kommen. Bei dringenden Fällen, werden Sanierungsmaßnahmen ergriffen, die sich allzuoft als mangelhaft erweisen. Über solche Vorfälle berichtet man nicht gern, weil nachträgliche Maßnahmen mit weit höheren Kosten verbunden sind.

4. VERURSACHER

4.1 Abgase und Staubemisssionen

In einigen Gebieten sind die Gasemissionen besonders groß. Es handelt sich hier nicht so sehr um Staubemissionen (denn die meisten Großanlagen sind mit entsprechenden Entstaubungsinstallationen ausgerüstet) sondern um $SO_2$ und toxische Begleitsubstanzen wie z.B. um Schwermetalle. Besonders betroffen ist der Oberschlesische Industriebezirk (GOP), der Bezirk von Liegnitz und Glogau (Legnica-Głogów) mit den Kupferhütten, Kraków (Krakau) (Aluminiumhütte und die großen Stahlwerke), die großen Braunkohlereviere von Zgorzelec (Görlitz), Konin und Belchatów.

Die Gesamtemission von $SO_2$ in die Atmosphäre wurde für das Jahr 1985 mit 4,3 Mio Tonnen berechnet. Die sechs größten Verursacher - darunter 5 Kraftwerke und ein Eisenhüttenkombinat "erzeugten" 37% der oben angegebenen $SO_2$-Menge. An der Spitze das größte Braunkohlenkraftwerk Belchatów mit einer Emission von etwa 500.000 Tonnen $SO_2$/Jahr (1). Das Kraftwerk ist mit 12 Turbinen je 360 $MW_e$ ausgerüstet. Die Kamine sind 300 m hoch, das Kraftwerksgebäude 760 m lang. Welch ein Eindruck!

Dazu kommen die Emissionen von etwa 20 großen Zementfabriken und aus dem "Prunkstück" der ehemaligen Regierungen: der Stickstoffabrik PULAWY, seiner Zeit (und vielleicht noch heute) der größten Fabrik dieser Art im Weltmaßstab! Tausende Hektars von Waldflächen in der Umgebung der Fabrik sind völlig tot - auf Grund einer Stickstoff-Überdüngung durch die Abgase. Ein besonders großes Waldsterben wird seit Jahren im Isergebirge notiert; verantwortlich dafür ist in erster Reihe die böhmische Industrie - weil SW-Winde überwiegen.

Wenn der Verfasser mehr Platz den Gasemissionen gewidmet hat, so ist das auch direkt mit den Altlasten verbunden. In den Abgasen sind doch Schadstoffe anwesend, die sich letzten Endes am Boden absetzen. Bedenkt man doch die Bodenbelastung dieser Art durch Jahrzehnte, z.B. mit Schwermetallen. Die Kontaminierung des Bodens hat an manchen Stellen in

etwa 5-6 mal hydraulisch überlastet. Dort erfolgt eine vollständige Mineralisierung der organischen Phosphor- und Stickstoffverbindungen, aber die Nährstoffaufnahme entspricht nur grundsätzlich dem Gräserzuwachs. Im Abfluß der einzelnen Drainagen ist der $BSB_5$ sogar kleiner als 6 mg/l. Aber am Ende eines 7 km langen Sammelkanals (in offener Bauweise) steigt der $BSB_5$ erneut auf einen Wert von 60-80 mg $O_2$/l - wegen der Eutrophierung und Nutzung der Nährstoffe in Mineralform (N,P) zum Zellenaufbau der Algen.
Weitere Beispiele zur Kontaminierung (Altlasten?), die durch feste oder flüssige Abfallstoffe entstanden ist - siehe unten.

### 4.3. Flüssige und feste Abfallstoffen

Nach dem bisherigen Stand der Wissenschaft, liegt der Schwerpunkt der Altlasten bei den alten Ablagerungen von festen Abfallstoffen. In der Fachliteratur werden diese Abfälle viel öfters diskutiert, als die Erstgenannten. In der polnischen Fachliteratur der 80-ger Jahre ist nur wenig zu finden. Der deutsche Termin ALTLASTEN ist in allen slavischen Sprachen neu und schwer übersetzbar. Genauso in Polnisch, wo die Wortbildungslehre eingreifen muß.[x]

Zu nennen sind an dieser Stelle Beiträge, die sich mit der Radioaktivität in alten Bergehalden des oberschlesischen Industriegebiets befassen (2,8). Aufgestellt wird eine Bilanz der Radioaktivität und anschliessend sind Berechnungen aufgeführt, wieviel Radon bei jedem Starkregen aus den Halden in die Umwelt mit dem Regenwasser ausgespült wird. Bei der bekannten Radioaktivität der abgebauten Steinkohle, sind die aus der Verbrennung dieser Kohle stammende Emission in Form der alfa-, beta- und gamma-Strahlung sowohl im Boden, auf den Bergehalden, in den Wasserspeicherbecken und im Flußwasser meßbar. Aufgrund dieser Meßverfahren (Werte in pCi) kann man auch die Ausbreitung der radioaktiven Belastung beurteilen.
Diverse Beispiele:
a) Auflandungsteiche mit Foltationsrückständen der Kupferindustrie. Die Sickerwässer werden durch Auffanggräben in einen kleine Vorfluter abgeführt; sie sind kristallklar aber mit Schwermetallen hochbelastet. Sie drangen sicher auch ins Grundwasser, denn Schwermetalle wurden in inviduellen Schachtbrunnen festgestellt. Das Grundwasser wurde ungenießbar, die Brunnen mußten verschüttet und eine zentrale Wasserversorgung gebaut werden.
b) Vorort einer Großstadt. Individuelle Wasserversorgung aus Schachtbrunnen. Forschungsgelände einer Technischen Hochschule deren Studenten Jahr für Jahr die Brunnen und die Wasserqualität untersuchten. In den 60-Jahren Bau einer Umladestation von petrochemischen Produkten - von Eisenbahnzisternen auf LKWs. Die leichtsinnige Handhabung beim Umschlag zog eine nachhaltige Verseuchung des Bodens mit dem Kraftstoff nach sich. Jahr für Jahr verbreitete sich die verseuchte Fläche. Die Wasserentnahme aus den Schachtbrunnen mußte aufgegeben werden. Das städtische Wassernetz mußte auf diesen Ort erweitert werden.
c) Grünfutter wird auf Feldern in offenen Mieten und ohne Sohlenabdichtung eingelagert. Es folgt die Milchsäuregärung. Die hochkonzentrierten Silagewässer fliessen in den Untergrund und oft ins quartenäres Grundwasser. Der Bauer und auch die Behörden kümmern sich nicht darum. Sichtbar sind nur die trockenen Baumstümpfe in der nächsten und weiteren Umgebung dieser "Siloanlagen".

---

x) Der Verfasser dieses Beitrags benutzt die Termine: "stare, zastarzale odpady", was im Deutschen etwa den Worten: veraltete oder überalterte Abfälle entspricht.

Oberschlesien solche Grenzkonzentrationen erreicht, daß eine jegliche landwirtschaftliche Bodennutzung (die Schrebergärten inbegriffen) von den Gesundheitsbehörden amtlich untersagt wurde.
Wegen übermäßigem Schwermetallvorkommen im Boden, im Gras (Weidevieh), in der Kuhmilch, im Getreide, usw. hat man die Bauern aus einer Ortschaft in der Nähe einer Kupferhütte evakuiert. Die früher landwirtschaftlich genutzte Flächen wurden mit Laubbäumen bepflanzt.

Staubemissionen der Großbetriebe werden zum großen Teil zurückgehalten, vereinzelte Gaswäschen sind im Bau. Die Kontaminierung und Schädigung der Umwelt ist in manchen Gebieten derart groß, daß sie praktisch nicht mehr rückgängig gemacht werden kann, abgesehen von noch so enormen Sanierungsmaßnahmen. Man muß sich wohl auf die langjährige Selbstreinigungskraft (geochemische Zyklen?) der Umwelt verlassen, bei einem sofortigen Abbruch einer jeglichen industriellen Aktivität.

## 4.2. Abwässer als Altlastenquelle

Die Regeln und Verfahren der Abwasserreinigung sind wohlbekannt. Entsprechende Verordnungen sollen für die Erhaltung der Güteklassen der Gewässer sorgen. Zu schweren Schädigungserscheinungen in den Vorflutern kommt es dort, wo das Selbstreinigungsvermögen eines Gewässers überschritten wird. In Polen wird noch ein großer Teil der Abwässer, gereinigt in einem ungenügendem Grad, den Vorflutern zugeleitet. Bei drei Güteklassen, zur I. Klasse gehören nur wenige Flüße in der Nähe ihrer Quellen.

Bei ungenügender Reinigung, gelangen in die Vorfluter - neben den biologisch abbaubaren Substanzen auch solche, die zu den gefährlichen Stoffen zählen und sich u.U. als Sedimente absetzen. Es gibt mehrere Flüße in Polen, die den Beinamen "schwarze(s)" führen, so z.B. Schwarzes Wasser, Schwarze Przemsza u.ä. Manche Sedimente werden auch bei Hochwasser nicht aufgewirbelt: gefährliche Substanzen haften oft an abgesetzten Kohle- und Aschepartikeln. Weitere toxische Substanzen fließen mit dem Regenwasser zu. Ein Beispiel dazu: In einem Hüttenwerk in dem auch Schwefelsäure erzeugt wurde, ist die Regenwasserkanalisation aus Betonrohren gebaut worden. Nach wenigen Jahren, während einer Kanalinspektion, die von den Kontrollschächten ausgeführt wurde, hat man festgestellt, daß es keine Kanalrohre mehr gab und das Regenwasser floß nur durch die kreisförmige Bodenstränge. Zum Glück war der Boden gut verfestigt und stabil auch für dynamische Belastungen durch den inneren und schweren Verkehr. Das Regenwasser hatte einen pH-Wert von weniger als 3,0 (während eigener Messung des Verfassers). Der Boden in der Umgebung der Schwefelsäurefabrik hatte einen pH-Wert von 1,5 bis 2,0!

Bei landjähriger Reinigung des Abwassers auf Landflächen, scheint auch ein direkter Verbund zu den Altlasten zu bestehen. Zwar kann man einer regelgerechten Landbewässerung nichts nachsagen, aber es gibt bereits Rieselfelder, die seit mehr als 100 Jahren in Betrieb sind. Sollte man eine Anreicherung von refraktären Substanzen daher nicht in Betracht nehmen? Kann es nicht zu einer übermässigen Konzentrationen z.B. mit Schwermetallen im Boden kommen? Was geschieht mit den nicht abbaubaren Polyaromaten? Auf den ersten Blick scheint ein Verbund zwischen Abwasser und Altlasten nicht zu bestehen. Eine fehlerhafte Bodennutzung kann schwere Folgen haben. Was dem Boden zugeführt wird und nicht abbaubar ist, bleibt im Boden für alle Zeiten. Obwohl der Großteil der organischen Abwasserkomponenten biologisch abgebaut wird, können die restlichen Stoffe in tiefere Bodenschichten und ins Grundwasser geraten.

Die Rieselfelder von Wroclaw (Breslau) sind weltbekannt, denn zahlreiche Studien wurden dort geführt und die Ergebnisse veröffentlicht worden (u.a. 5,6). Diese Felder sind seit mehr als 110 Jahren in Betrieb, jetzt

d) Ein Flugplatz mit unterirdischen und möglicherweise undichten Treibstofftanks. Die Verseuchung des Bodens unterhalb (gerechnet nach der Strömungsrichtung des Grundwassers) des Flugplatzes ist derart hoch, daß die Bauern den Treibstoff mit einfachen Rammbrunnen aus dem Boden "kostenfrei" schöpften!

Als Hauptursache einer Boden- und Wasserverschmutzung werden jedoch grundsätzlich die Ablagerungen von Müll und Abfall angesehen. Ausstritt des Deponiegases und die stark kontaminierten Sickerwässer sind Hauptsymptome dieser Verunreinigungen. Sehr oft, was die alten Ablagerungen anbetrifft, sind die Verursacher unbekannt. Man sucht nachträglich nach ihnen und findet u.a. längst vergessene und illegale Deponien von Sonderabfällen. Sanierungsmaßnahmen ex post facto sind sehr kostspielig und nicht immer erfolgreich. In Polen hat man in letzter Zeit zahlreiche Industrie-Abfallhalden rekultiviert, was bedeutet, daß die Halden mit vegetationsfähigen Bodenschichten abgedeckt wurden; anschliessend kam die Einsaat von Gras und Bepflanzung mit Sträuchern und Bäumen. Ausgebrannte Bergehalden werden in manchen Teilen Oberschlesiens erneut abgebaut und als Baustoff verkauft; ein Teil des so gewonnenen Materials geht sogar ins Ausland.

Es gibt auch in Polen Ablagerungsplätze, wo eine "Spätzündung" erfolgen kann. Man denke an Deponien (oder besser gesagt Müllkippen) mit städtischen Müll in denen auf illegale Weise Sonderabfälle eingebaut wurden. Man erwartet normale Emissionen in der Form von Deponiegasen und Sickerwässer bekannter Zusammensetzung. Anstatt dessen stößt man auf eine ungewöhnliche Kontaminierung, meist "unbekannter" Herkunft. Gut abgekapselte Sonderdeponien sind immer noch eine Seltenheit, obwohl entsprechende Vorschläge bekannt sind. Besonders hier sind die Bedürfnisse des aktiven Umweltschutzes sehr groß.

Besonderer Augenmerk wird den radioaktiven Rückständen gewidmet. Glücklicherweise, ist die staatliche Kontrolle und Aufsicht gut organisiert. Nach dem Wissen des Verfassers kommt es auf diesem Teilgebiet des Umweltschutzes kaum vor, daß unsachgemäße oder unkontrollierte Ablagerungen stattfinden. Sehr selten kommt es von dieser Seite zur Umweltbedrohung. Die "kalten" radioaktiven Rückstände werden in Betonbunkern eingelagert, die sich auf speziellen "Friedhöfen" (oder Grobstätten) befinden. Diese Plätze, weit ausserhalb der Wohngebiete, werden gut beschildert, eingezäunt und nicht selten extra bewacht. In diese Betonbunker kommen auch manchmal spezifische Gifte (wie z.B. Kampfstoffe) vor.

Über Ablagerungen anderer, gefährlichen Abfälle läßt sich leider nicht so positiv aussagen. Den spezialisierten Entsorgungsbetrieben kann man ach einiges nachtragen. Umweltgerechte Maßnahmen sind grundsätzlich dort zu verzeichnen, wo sachkundige Umweltbeauftragte angestellt sind. Das Auffinden alter Ablagerungen von gefährlichen Abfallstoffen ist gegenwärtig eine tag-tägliche Normalität. Leider werden toxische Abfälle sehr oft im Stadtmüll nachgewiesen.

In einigen Woiwodschaften bestehen bereits regionale Abfallbewirtschaftungspläne, die die Schließung und Rekultivierung von zahlreichen und kleinen Deponien vorsehen. In der Zahl von Kleindeponien dürfte ein Teil mit industriellen Rückständen enthalten sein.

5. LASTENTRÄGER

Als Lastenträger versteht man die einzelnen Umweltbereiche, die mit den Abfallstoffen jeglicher Art in Kontakt kommen. Die Abfälle können unter Umständen in einem Bereich für immer verbleiben. Solche Lasten trägt in erster Linie der Boden und das Grundwasser. Offene Gewässer werden auch mit Altlasten belastet.

## 5.1 Boden und Grundwasser

Der Boden muß praktisch alles ertragen, was sich der Mensch ausgedacht hat. der Boden leidet unter Staub- und Gasemissionen, dazu kommen feste Abfallstoffe jeglicher Art. Was der Boden in Polen ertragen muß, ist bereits aus dem nachfolgenden, kurzen Auszug aus der Statistik zu sehen:

Feste Abfallstoffe im Jahr 1988 (3):
    Gesamtmenge:                               185,9 Jato,

        darin sind drei Industriezweige
        in denen der Großteil des Abfalls
        entsteht:
        1) Flotationsschlämme aus der
           Schwefelproduktion und der
           Metallurgie sowie Abfall aus
           Kohlewaschanlagen                19,15 %,

        2) Flugasche und Schlacke aus
           Elektrizitäts- und Wärmekraft-
           werken                               19,26 %,

        3) Förderabfall der Bergwerke
           und Verarbeitungsbetriebe       46,42 %
                          insgesamt      ≈85 %

        4) es folgen 9 separat genannte
           Industriezweige mit              11     %

        5) in der Statistik ungenannte
           Betriebe mit                     4      %

Eine weitere statistische Tabelle führt 34 Großbetriebe an, die insgesamt 72,6 % aller Industrie-Abfälle erzeugen (3). Es müßte verständlich sein, daß in den riesigen, abgelagerten Abfallmengen der Vergangenheit und der Gegenwart, problematische Altlasten zu suchen sind.
Man rechnet auch in diesem Fall mit dem Selbstreinigungsvermögen des Bodens, aber ein Versagen bei Überlastung mit toxischen Stoffen ist nicht auszuschließen. Im Falle vom Schwermetallvorkommen ist das oft feststellbar. Für die festgestellten Ökokatastrophen, wenn auch nur im lokalen Bereich, sind in der Regel die Mammutanlagen der Industrie verantwortlich.

Was über den Boden schon gesagt wurde, kann man auch auf das Grundwasser ausdehnen. Abgelagerte Abfälle setzen sehr oft Sickerwässer frei, die ihren Weg ins Grundwasser finden. Auf diese Weise öffnet sich auch der Weg in die Nahrungskette.

Eine Kontaminierung tieferer Bodenschichten und des Grundwassers läßt sich leider nicht mehr rückgängig machen, vielleicht erst nach langen Jahren, nachdem die Emissionsquelle eingekapselt worden ist. Bei durchlässigen Bodenarten, dringen die toxischen Stoffe sehr tief in die Bodenschichten und können einen Grundwasserleiter praktisch für immer verseuchen! Manche Decision-Maker verlieren dieses Kontaminierungspotential aus dem Auge.

## 5.2. Altlasten im Oberflächengewässer

Über die Belastung und Verschmutzung der Oberflächengewässer gibt es eine umfangreiche Literatur, die in der Regel mit der Abwasserfrage verbunden ist. Der Zusammenhang zwischen Abwasser - Fluß - Altlast scheint auf den ersten Blick nicht erkennbar zu sein. Er wird erst dann sichtbar, wenn man die Sedimente aus stark belasteten Flüßen ausbaggert (Elbe, Oder, Klodnitz). Eine Analyse der abgesetzten Schlämme gibt oft einen klaren Hinweis auf den Verursacher.

Was in frei fließenden Gewässer auf langen Strecken geschieht, geschieht auch in gestauten Flußabschnitten, in Teichen und in Seen. Kleine Stromgeschwindigkeiten geben gute Bedingungen für ein Absetzen der Schwebestoffe. Und wiederum muß man manche Sedimente als Altlasten ansehen: von den organischen Quecksilberverbindungen, über absorbierte Kohlenwasserstoffe bis zu den Schwermetallen. Belehrend ist die Kontaminierung des Baikalsees (UdSSR) mit den Abwässern der Zellstoff- und Papierfabriken. In Polen beobachtet man die ansteigende Verunreinigung der Masuren-Seen; überwiegend mit haushaltsartigen Abwässern der Touristik, aber auch mit Abwässern aus der Holzfaserplatten-Herstellung. Im oberschlesischen Industriegebiet kommen zahlreiche Teiche vor, die durch Bergesenken entstanden sind. Fließt ein verschmutzter Fluß in der Nähe (z.B. das Beuthener Wasser, die Klodnitz, u.a.) füllen sich die Teiche mit diesem Flußwasser und werden biologisch tot. Die Sedimente in diesen Teichen sind auch Altlasten. Diese Teiche versucht man trocken zu legen.

In den Mündungen von großen Flüßen (Oder, Weichsel) kommt es auch zur Ablagerung von Sedimenten. In den Schlämmen ist das alles feststellbar, was der Fluß unterwegs aufgenommen hat. Vor allem die resistenten Stoffe der chemischen Industrie. In Polen macht sich das Altlastenproblem besonders in der Danziger Bucht (Zatoka Pucka) schwerwiegend bemerkbar. Das Baden ist dort vielerorts verboten worden. In den Häfen kommt noch die Verschmutzung durch Öl hinzu. Polnische Häfen sind dafür bekannt, daß sowohl die Gebühren für das Abführen der Ballastwässer, wie die Strafen für ordnungswidrige Tätigkeit (noch zur Zeit) äußerst niedrig sind. Das Abkommen zur Reinhaltung der Ostsee fördert neuzeitliche Lösungen, u.a. den Bau mehrer Abwasserreinigungsanlagen.

6. ZUSAMMENFASSUNG

Das Altlastenproblem ist in Polen, wie in anderen Ost-Europa-Staaten erst in den letzten Jahren aufgetaucht worden. Selbst der Termin "Altlasten" war kaum bekannt. Das geht auch aus der Fachliteratur hervor, die auf Altlasten kaum ausgerichtet ist.

Der Stand der Wissenschaft und der Technik, wird ein planmäßiges Vorgehen im Altlastenproblem auch in Polen erzwingen. Das bringen die politischen Änderungen in ganz Europa mit sich. Die Staatem im östlichen Europa werden gezwungen sein an die bereits geltenden Gesetze, Verordnungen und Richtlinien der EG anzuschliessen.
Für Polen bedeutet das:

- eine Inventarisierung und Dokumentierung der Standorte von Altablagerungen,

- die Aufstellung einer Klassifikation von gefährlichen Substanzen und Sonderabfällen,

- die Erarbeitung von Prioritäten zur Sanierung von Altlasten- deponien,

- Praktische Sanierung der Altlastendeponien, mit Hilfe von ausländischen Fachkräften.

SCHRIFTTUM

(1) Anderson, C.(1980): Poland's biggest fossil fuel power station. In: *Acid Magazin*, No,8, September, p.9

(2) Grossmann, A., Kwapulinski, J., Soltysiak, G.(1975): Kontaminierung mit Radon der Nachbarflächen von industriellen Ablagerungen. *Gaz, Woda*, vol.45, 157-162

(3) GUS (Das Statistische Hauptamt),(1989): Ochrona Srodowiska (Umweltschutz), Materialy statystyczne 68

(4) Kempa, E.S.(1984): Die Altlasten in Osteuropa (unveröff. Manuskript, bearbeitet für WaBoLu, Berlin)

(5) Kempa, E.S., Cebula, J.(1985): Sanitary Aspects of long-term Utilization of Wastewater for Irrigation. In: Future of Water Reuse, *Proc.3rd Water Reuse Symposium*, AWWA Research Foundation, Denver, Vol.3, pp.1606-1616

(6) Kempa, E.S., Cebula, J.(1985): Role of Groundwater Recharge in the Water Resource Management in Poland. In: *Artificial Recharge of Groundwater* [Edit.: T.Asano], Butterworth Publishers, Boston-London, pp.541-564

(7) Kempa, E.S.(1989): Altlastenproblem in Ost-Europa. In: *Altlasten 3* [Edit.: K.J. Thomé-Kozmiensky], EF-Verlag für Energie- und Umwelttechnik, Berlin, pp.51-63

(8) Kwapulinski J., Kwapulinska G.(1974): Die Verbreitung des 226-Ra und der Umweltschutz, *Gaz, Woda*, Vol.48, pp. 337-339

(9) Schreiber, H.(1984): Umweltprobleme in sozialistischen Ländern. Institut für Umwelt und Gesellschaft, IIUG rep 84-2

(10) Streibel, G.(1980): Ökonomische Bewertung von Industrieabfällen. In: *Technik und Umweltschutz* Nr.24 "Abproduktnutzung", VEB Deutscher Verlag für Grundstoffindustrie, Leipzig, pp. 63-71.

PROBLEME DER BODENVERSEUCHUNG DURCH ALTE DEPONIEN IN DER
TSCHECHISCHEN UND SLOWAKISCHEN FÖDERATIVEN REPUBLIK

Jan Mikoláš

FEDERÁLNÍ VÝBOR PRO ŽIVOTNÍ PROSTŘEDÍ, PRAHA

1. ZUSAMMENFASSUNG

Unmittelbare Ursachen des Standes der Umweltbedingungen in der ČSFR sind der hohe Verbrauch an Ressourcen und umfangreiche Schadstoffemissionen in die Umwelt. Die vorhandenen ökonomischen und legislativen Instrumente zur Lenkung des Umweltschutzes sind unzureichend: ihre umfangreiche Aktualisierung wurde bereits in Angriff genommen. Es steht nur eine teilweise Erfassung alter Deponien und Restbelastungen zur Verfügung; die Ermittlung der Standorte von Deponien nähert sich dem Abschluß. Die Sanierung alter Deponien und Flächen sollte eine Anregung für die Zusammenarbeit mit ausländischen Firmen darstellen.

2. HINTERGRÜNDE

2.1. Stand der Umweltbedingungen

Die Qualität der Umweltbedingungen hat sich in den vergangenen Jahrzehnten praktisch auf dem ganzen Gebiet der Tschechoslowakei verschlechtert und erreicht in einigen Gebieten kritische Werte. Unmittelbare Ursache dieser Entwicklung ist in erster Linie das extensive Wachstum der Industrieproduktion, das mit einem hohen Verbrauch von Material- und Energieressourcen, mit umfangreichen Emissionen von Abfallstoffen in die Umwelt sowie eigenwilligen, ökologische Gesetzmäßigkeiten mißachtenden Eingriffen in die Natur verbunden war. Zu den tieferen Ursachen gehört die uneffektive Wirtschaft insgesamt, die direktive Leitung der Volkswirtschaft, die mangelnde institutionelle Sicherung von Umweltschutzmaßnahmen sowie die Verheimlichung von Informationen über den Stand der Umweltbedingungen - also mit dem totalitären politischen System, das über 40 Jahre - bis zum Ende des Jahres 1989 - in der ČSFR herrschte, verbundene Ursachen.

Das Hauptproblem der Gegenwart ist die Verunreinigung der Luft, vor allem durch die Verbrennung von Braunkohle mit hohem Schwefelgehalt in den Elektroenergie produzierenden Anlagen und Haushalten. Keine der großen Emissionsquellen ist mit einer wirkungsvollen Entschwefelungsanlage ausgestattet. In den $SO_2$ - Emissionen ist die ČSFR in Europa an dritter Stelle, und auch die Konzentrationen weiterer Schadstoffe wie $NO_x$, Flugasche und CO zählen zu den höchsten in Europa. Nur etwa 40% aller Abwässer werden mit zufriedenstellender Effizienz gereinigt, nicht ganz die Hälfte der Trinkwasserquellen vermag die Forderungen der Norm zu erfüllen. Angesichts der Versauerung, der erhöhten Belastung mit Schwermetallen, Beeinträchtigungen der Bodenschicht durch schwere Landmaschinen sinkt die Fruchtbarkeit des Bodens. Mehr als 50% des landwirtschaftlichen Boden ist von Erosion bedroht. An die 60% der Wälder weisen zur Zeit Immissionsschäden auf.

Die Degradation der Umweltbedingungen ist die Ursache von bedeutsamen gesundheitlichen Problemen. Die mittlere Lebensdauer ist in der ČSFR etwa um 4 Jahre niedriger als der Durchschnitt der ersten zehn Staaten in Europa, in der Kennziffer der Gesamtsterblichkeit wird die zweithöchste Sterblichkeit in Europa ausgewiesen. Ähnlich kann man auch die Sterblichkeit bei bösartigen Geschwülsten (2. Stelle in Europa), ober bei kardiovaskulären Krankheiten (3. Stelle in Europa) anführen.

2.2. Legislative

Mit dem Umweltschutz und dem Schutz natürlicher Ressourcen befassen sich in der ČSFR an die 200 Rechtsvorschriften, die jedoch meist veraltet, zweigorientiert konzipiert sind, und die ökologischen Zusammenhänge nicht berücksichtigen. Das Gesetz über die Gewässer von 1973 und das Gesetz über die Reinhaltung der Luft von 1967 entsprechen nicht mehr den heutigen Bedingungen und es wird ihre Novellisierung vorbereitet. Es wurde noch kein Gesetz über Abfälle verabschiedet. Und es gibt auch noch kein komplexes Umweltschutzgesetz.

2.3. Organisation und Politik

Die Pflege der einzelnen Umweltkomponenten wurde lange Zeit zweigbezogen gelenkt. Fragen der Abfallwirtschaft hat man im Zentrum überhaupt nicht behandelt. Erst Anfang 1990 ist in der Tschechischen Republik das Ministerium für Umweltfragen der ČR, in der Slowakei die Kommission für Umweltfragen entstanden. Auf Föderalebene wurde im Juli 1990 der Föderalausschuß für Umweltfragen errichtet, zu dessen Hauptaufgaben in erster Reihe die Ausarbeitung der Grundsätze der staatlichen Umweltpolitik, die Vorbereitung legislativer Normen und die Koordinierung der internationalen Zusammenarbeit gehört. (Exekutivrechte in den Grundkomponenten der Umweltfragen sind vor allem beiden angeführten Republiksorganen vorbehalten). Zugleich hat die Föderalregierung die staatliche Umweltpolitik beschlossen, in der die Grundziele auf dem Gebiet des Umweltschutzes festgelegt sind. Diese Ziele sollen durch die schrittweise Verwirklichung von konkreten Programmen und Projekten, von denen viele bereits angearbeitet sind, oder für die Lösungen vorbereitet werden, erreicht werden. Die Projekte dienen zugleich als Grundlage für Erwägungen über eine mögliche Zusammenarbeit mit ausländischen Institutionen, denn sie vermitteln einen ausreichend konkreten Überblick über die gravierendsten Probleme sowie Vorstellungen über deren mögliche Lösung. Angesichts des Themas dieser Konferenz bilden die Programme der Ökologisierung der Landwirtschaft sowie die auf den Schutz und die Wiederherstellung der ökologischen Stabilität der Landschaft und der Natur orientierten Programme interessante Programmgruppen. Von dem Programm der Pflege der einzelnen Umweltkomponenten kommt dem Projekt der großflächigen Sanierung von Gebieten nach dem Abzug der sowjetischen Truppen sowie dem Projekt der Sanierung von alten Deponien besondere Bedeutung zu.

## 3. PROBLEME DER BODENVERUNREINIGUNG

### 3.1. Flächenverseuchung der Böden

Auf einen Einwohner entfallen in der ČSFR 0,44 ha landwirtschaftlichen Bodens (0,30 ha Ackerboden), was einen der niedrigsten Werte in Europa repräsentiert. Die Steigerung des Energieaufwands in der Landwirtschaft steht in keinem Verhältnis zur Produktion - in den vergangenen 20 Jahren ist der Verbrauch von Industriedünger vierfach angestiegen, aber die Getreideerträge nur eineinhalbfach. Bei Humusmangel gelangen diese Fremdstoffe in die Oberflächen- und die Grundwasser und tragen so zur Gefährdung der Nahrungsmittelkette bei. Durch die Industrieimmissionen sind 10% des landwirtschaftlichen Bodens und mehr als die Hälfte der Waldflächen gefährdet. Im Umkreis von Industrie-, Metallurgie- und Chemiebetrieben konnte die Verseuchung des Bodens mit Nickl, Mangan, Kobalt, Quecksilber und Kadmium nachgewiesen werden, aber es geht meist um lokale Probleme. Der Bodenanteil mit limitüberschreitenden Cd, Pb, Hg und Cr - Gehalten lag in unserer Untersuchung unter 3 %. Ein bedeutender Bodenkontaminant sind die polychlorierten Biphenyle (PCB). Durch diesen Schadstoff verseuchte Böden mit einem Gehalt von 10 - 20 ug PCB in 1 kg Erde befinden sich in der Nähe von PCB-Quellen, wie beispielsweise Kiesmischanlagen, Deponien von Farb- und Lackfarbenabfällen usw. Die Verseuchung der Böden mit Schädlingsbekämpfungsmitteln ist niedrig, die in der ČSFR ermittelten Werte sind ausnahmslos niedriger als $0,03$ $mg.kg^{-1}$. Wichtige Verseuchungsmittel im Flächenmaßstab können auch die zur Düngung und Herstellung von Komposten benutzten Schlämme sein. Der Anteil von für diese Zwecke ungeeigneten Schlämmen wird auf 20% von dem Gesamtumfang anfallender Schlämme geschätzt. Höchst aktuell ist zur Zeit die notwendige Sanierung der Flächen in den geräumten Militärgebieten. Es geht größtenteils um eine Verseuchung des Bodens mit Rohölstoffen und weiteren gefährlichen Abfallstoffen, die den Charakter einer großflächigen Bodenverseuchung aufweist.

Zu den wichtigsten Bodenverseuchern gehören falsch errichtete und betriebene Deponien, besonders solche, die bereits mehrere Jahre bestehen.

## 3.2. Erfassung der Deponienstandorte

Die Menge der anfallenden festen Abfälle und Schlämme wird vorläufig noch nicht laufend erfaßt. Es gibt auch keine Gesamtübersicht über die Deponien, die in der Vergangenheit für Stadt- oder Industriemüll benutzt wurden. Es ist zu erwarten, daß sich die Lage nach der Verabschiedung des Föderalgesetzes über die Abfallwirtschaft, das dem Parlament von dem Föderalkomitee für Umweltfragen in der ersten Jahreshälfte 1991 vorgelegt werden soll, einschneidend ändern wird. Den einzigen zusammenfassenden Überblick über die Abfallproduktion und die Zahl der Deponien bildet somit die gesamtstaatliche Ermittlung der anfallenden Abfälle, der Verwertung von Sekundärrohstoffen und der Deponien, die in fünfjährigen Abständen vom Föderalen Amt für Statistik organisiert werden.

Laut der Untersuchung im Jahr 1988 betrug das Aufkommen von Abfällen in der ČSFR 1987 157 Millionen Tonnen, davon 119,7 Mill. Tonnen in der Industrie. Nach Angaben der Betriebe entstanden 11,4 Mill. Tonnen gefährlicher Abfälle, toxische Abfälle etwa in der Höhe von 1 Million Tonnen. Auf Deponien wurden 1987 etwa 73 Mill. Tonnen Abfälle untergebracht. Ausschlaggebend ist insbesondere der Umstand, daß die gefährlichen und toxischen Abfälle auf ungeeignete Deponien entsorgt werden - es wird geschätzt, daß nur etwa 25% aller toxischen Abfälle, die am stärksten zur Bodenverseuchung beitragen, rezykliert werden. Der Rest kommt auf die Deponien. Auch die restlichen Industrieabfälle werden vorwiegend auf öffentlichen Deponien für festen Stadtmüll gelagert.

In der Ermittlung des Föderalen Amtes für Statistik wurden insgesamt 1209 Deponien ausgewiesen, auf denen 773 Mill. Tonnen Abfälle gelagert werden (siehe Tabelle). Die öffentlichen, von den örtlichen Volksvertretungen verwalteten Deponien waren jedoch nicht Gegenstand dieser Untersuchung. Eine solche Erhebung soll erst bis Ende 1990 durchgeführt werden.

Alle Deponien in der ganzen ČSFR werden in Karten im Maßstab 1:50 000 eingezeichnet, und so wird das erste Abfalldeponienregister entstehen. Es ist vorgesehen, daß das Register die Beschreibung von etwa 15 000 Deponien enthalten wird, von denen die meisten als "wilde" Deponien, d.h. ohne ordnungsgemäße Projektdokumentation und Bauverfahren entstanden sind. Es ist zu erwarten, daß mindestens die Hälfte dieser Deponien eine gründlichere Untersuchung erfordern wird. Ausgehend von den Ergebnissen wird man dann die Entscheidung über eine allfällige Sanierung treffen müssen.

### 3.3. Probleme der Restbelastung

Das ganze Staatsgebiet ist nicht allein von bisher zentral nicht registrierten heutigen Deponien bedeckt, sondern auch von Flächen und Deponien, die bereits verlassen und ungenutzt sind. Hierher gehören Abraumhalden, Schlammfelder, verlassene Deponien und Objekte, demolierte Objekte ehemaliger Industriebetriebe. Die Gefährlichkeit derartiger Restbelastungen für unsere Umwelt ist dadurch bedingt, daß wir nicht die Art der Abfälle oder der Betriebe kennen, wo sie entstanden. Häufig ist es auch nicht einfach, sie in der Natur zu identifizieren, denn sie wurden vielfach auf das Niveau des umliegenden Terrains rekultiviert. Und auch die geologischen Grundbedingungen des Standortes der Deponien sind nicht bekannt. Den einzigen Leitfaden bilden in der Regel alte Landkarten mit eingezeichneten Steinbrüchen, Sand- und Lehmgruben, wo die Deponien in der Regel angelegt wurden.

Bisher hat man die Probleme alter Deponien stoßweise gelöst, z.B. im Falle der Verseuchung von Trinkwasserquellen. Eine vorläufig ungelöste Frage bleibt die Reinigung von durch den Betrieb von Chemiefabriken und anderen Betrieben verseuchten Böden. Eine der Ursachen ist der Umstand, daß es zur Zeit keine Organisationen gibt, die sich auf die Entsorgung alter Deponien spezialisieren würden. Die Betriebe Geoindustrie, Stavební Geologie, Geotest, Unigeo oder Geotest sind zwar imstande die Probleme der negativen Einwirkung von Restbelastungen auf die Umwelt zu lösen, aber es handelt sich um einmalige und kapazitätsmäßig nicht genügend abgesicherte Maßnahmen. Bei den Änderungen,

die sich in der letzten Zeit in der Organisationsstruktur der
tschechoslowakischen Volkswirtschaft vollziehen, ist zu erwarten, daß die neu entstandenen kleineren Geologiebetriebe mit
ausländischen Firmen Verträge über die Zusammenarbeit abschließen werden. Die Sanierung zahlreicher alten Deponien von Stadtmüll, aber auch von großen und bis jetzt betriebenen Deponien
von Industrieabfällen könnte eine gute Anregung für derartige
gemeinsame Aktivitäten bilden. Als Beispiel kann man die Industriedeponien im Raum von Ostrava, die Abraumhalde des Betriebs
SONP Kladno, die Deponie Chabařovice und Ústí nad Labem nennen.
Diese 1908 gegründete Deponie enthält Abfälle aller Art, einschl.
toxischer, die ohne jede Sortirung und Erfassung gelagert wurden, und bildet so nicht allein ein Beispiel der absolut ungenügenden Pflege unserer Umwelt in der Vergangenheit, sondern
auch der Probleme, mit denen sich die Spezialisten auf diesem
Gebiet auseinandersetzen müssen. (Angesicht der Lagerstätte hochwertiger niederschwefelhaltiger Kohle im Untergrund der Deponie
wurde die Alternative einer Verlagerung der Deponie erwogen,
aber bisher ist es nicht gelungen eine Firma zu finden, die bereit wäre, die Aufgabe der Verlagerung und sicheren Ablagerung
von 2,5 Mill. m$^3$ Abfall zu übernehmen.)

## 4. SCHLUSSWORT

Die Verbesserung des Standes der Umweltbedingungen in der
Tschechischen und Slowakischen Föderativen Republik stellt eine
dringliche und unaufschiebbare Aufgabe dar. Dazu ist ein völliges Umdenken in der Lösung von Umweltproblemen erforderlich. Von
der Orientierung auf Folgemaßnahmen, die die negativen Auswirkungen von gasförmigem, flüssigem und festem Abfall mildern sollen, muß man zu vorbeugenden systematischen Maßnahmen übergehen,
die auf Material- und Energieökonomie ausgerichtet wären, um so
das Entstehen von unerwünschtem Abfall zu vermeiden. Zugleich
ist damit zu rechnen, daß die Entgiftung und schrittweise Sanierung alter Deponien sowie Restbelastungen eine Aufgabe ist, deren Lösung sofort eingeleitet werden muß. Der finanzielle Aufwand für die Verminderung der von alten Deponien ausgehenden Gefahren repräsentiert für die nächsten zehn Jahre eine Summe von
mehreren Milliarden Kronen. Noch wichtiger jedoch ist das Schaf-

fen von Systeminstrumenten, die die Erfüllung dieser Aufgabe ermöglichen würden. Dazu zählt:

- die Vollendung der Ausarbeitung des Gesetzes über die Abfallwirtschaft, das die Pflichten der Abfallproduzenten sowie die Pflichten der für die Lagerung der Abfälle, bzw. die Beseitigung alter Deponien verantwortlichen Stellen stärker in den Vordergrund stellen wird;

- die Schaffung eines Informationssystems, das eine konsequente und vollständige Erfassung der bestehenden und der alten, nicht mehr benutzten Deponien und Reliktflächen, einschl. der auf ihnen gelagerten Abfälle ermöglichen würde;

- der Aufbau eines Systems ökonomischer Instrumente, das an die legislativen Normen anknüpfen und zu weit höheren Wirtschaftsstrafen für Organisationen, die die gesetzlichen Festlegungen nicht erfüllen, bzw. die lieber anfallende Abfällen deponieren statt sie wiederzuverwerten, führen würde;

- die Unterstützung der Entwicklung von spezialisierten Firmen, die an der Lösung der Frage der Entsorgung, Sanierung and Rekultivierung von ungenutzten Deponien und Flächen teilhaben werden.

Es ist höchst zweckmäßig, bei der Gestaltung von Systeminstrumenten in höchstmöglichem Maße die Erfahrungen der Länder zu nutzen, in denen das Problem der Abfallwirtschaft und besonders das Problem alter Deponien bereits erfolgreich gelöst worden ist, oder in denen für die Lösung dieses Problems die erforderlichen legislativen, organisatorischen und technischen Voraussetzungen geschaffen wurden.

Übersicht der Abfalldeponien in der ČSFR
(Ermittlung des Föderalen Amtes für Statistik für das Jahr 1987)

| Art des Abfalls | Zahl der Deponien | Fläche m² | Fassungsvermögen m³ | Gesamtmenge t | Gesamtmenge m³ |
|---|---|---|---|---|---|
| verwertbarer toxischer | 27 | 581723 | 9879458 | 10349517 | 6718623 |
| verwertbarer nichttoxischer | 643 | 47640194 | 746387844 | 455051609 | 361695197 |
| nichtverwertbarer toxischer | 34 | 918581 | 16805474 | 22037715 | 12090552 |
| nichtverwertbarer nichttoxischer | 421 | 18168439 | 242417076 | 199525797 | 133764407 |
| verwertbarer Mischabfall | 19 | 815797 | 15565705 | 10160194 | 7444215 |
| nichtverwertbarer Mischabfall | 65 | 4409109 | 91053400 | 75762249 | 61928826 |
| Z u s a m m e n | 1209 | 72533843 | 1122108957 | 772887081 | 583641820 |

## Das Altlasten-Problem in Estland

Eugen Gabowitsch
Verein zur Förderung der unabhängigen Kultur in der UdSSR, e.V.
Ortssektion Karlsruhe, Im Eichbäumle 85, 7500 Karlsruhe 1, BRD

Das Altlastenproblem wurde bisher in Estland, wie auch in der ganzen UdSSR, von den örtlichen Wissenschaftlern und Politikern begrifflich kaum von der üblichen Umweltproblematik unterschieden. Die Abfallwirtschaft beginnt erst im Rahmen der allgemeinen ökologischen Erweckung ihre Eigenständigkeit zu erkennen. Die unzähligen kleineren, mittleren und großen Deponien erwarten noch ihre Kontrolleure und Katalogisierer. Viele spektakuläre Umweltverschmutzungs- und Zerstörungsfälle lenken die Aufmerksamkeit der immer starker werdenden grünen Bewegung, der Wissenschaftler und der lokalen Behörden oft von der Problematik der Altlasten ab.

In der letzten Zeit werden in der Presse solche Fragen, wie getrennte Müllsammlung für unterschiedliche Abfälle, offen diskutiert. Bis vor kurzem wurde im Hausmüllbereich nur die Trennung von Lebensmittelresten vom üblichem Hausmüll in einigen Gegenden praktiziert. Im Bereich der industriellen Abfallverwertung wird nur Altmetall und -papier mehr oder weniger regelmäßig gesammelt. Trotzdem sind in vielen Unternehmen oft riesige Bestände von Altmetall vorhanden.

Die Umweltsituation in Estland ist sehr schlecht und, wie die offiziellen Stellen selbst behaupten, sporadisch sogar kritisch. Es wächst die Zahl derjenigen, die an Krankheiten des Herzens, der Blut- und Atemwege sowie an Allergien leiden. Die Häufigkeit pathologischer Entwicklungen während der Schwangerschaft und bei Geburten nimmt zu (hauptsächlich in den Gebieten, in denen Brennschiefer gefördert wird). Die estnischen Behörden schließen nicht mehr aus, daß die Gesundheit der Kinder in den Städten Narva und Kohtla-Järve durch die radioaktive Verseuchung geschädigt wurde.

Industrie und Bergbau haben 44 700 ha Land ruiniert. Dazu kommen noch 20 000 ha, die durch die Brennschieferförderung deformiert wurden und nicht mehr für die landwirtschaftliche Nutzung oder für die Beforstung in Betracht gezogen werden können. Berge von Brennschieferasche, die von der Verbrennung in den Kraftwerken stammen, bedecken 2 500 ha. Nur 688 ha von sämtlichen belasteten Territorien wurden 1988 rekultiviert. Das ist um 214 ha weniger, als im Jahre 1987. Von der gesamten kultivierten Fläche sind 6% von der Erosion betroffen.

Die ökologisch am meisten verwüstete Gegend Estlands ist der Bezirk Kohtla-Järve. Hier, im Nord-Osten, hat die Naturverwüstung kaum vorstellbare Maße erreicht. Jährlich fallen zusätzliche 8-10 km$^2$ Land der offenen Brennschieferförderung zum Opfer. Aber die meisten Schadstoffe gelangen aus der Luft in den Boden. In den zwei letzten Jahrzehnten haben die beiden Brennschieferkraftwerke in Narva, die eine Kapazität von 3 000 MW haben, jährlich 400 000 t Schwefel durch ihre Kamine freigelassen. Diese zwei Kraftwerke besetzen den Rang 4 bei den größten europäischen Luftverschmutzern. Insgesamt wurde unter 50 000 ha Brennschiefer abgebaut, wobei 9 000 ha durch die offene Förderung zerstört wurden. Nur 7 175 ha wurden rekultiviert (bewaldet oder landwirtschaftlich nutzbar gemacht). Aber diese Rekultivierung stößt auf große Schwierigkeiten: wegen des hohen Grundwasserspiegels in solchen Gegenden sterben die neugepflanzten Wälder und die Felder sind unbrauchbar. Andererseits droht dem landwirtschaftlich benutzten Boden des Brennschieferförderungsterritoriums eine andere Gefahr: hier ist der Grundwasserspiegel gefährlich niedrig geworden. Keine Lösung wurde bisher für das Problem der Boden- und Binnengewässerverschmutzung durch die halbindustrielle Schweinezucht gefunden.

Die Bewältigung des Altlastenproblems in Estland gehört seit Frühling 1990 zu den Kompetenzen der ersten freigewählten lokalen Räte, die weit größere Vollmachten haben werden, als die bisherigen lokalen sowjetischen Machtorgane. Von dieser neuen Entwicklung erhofft man sich in Estland eine Verbesserung auch auf den verschiedenen Gebieten der Umweltproblematik, unter anderem auch in der Frage der Mülldeponieverwaltung.

Die kommunale Abfallwirtschaft rückte schon Ende 1989 in den Blickpunkt der Presse. Die örtliche Zeitung "Postimees" (Postbote) in Pärnu, die regelmäßig einen Umweltbericht veröffentlicht, hat am 25.01.1990 auch über die Lage des örtlichen Abfallverwaltungssystems geschrieben. Es sind ca. 30 Mülldeponien im Kreis Pärnu registriert. In den kleineren von ihnen werden die Versorgungsarbeiten nur unregelmäßig durchgeführt. Es findet keine Buchführung statt und es wird nicht kontrolliert, was der Müll beinhaltet. Die Deponien wurden ohne eine vorangegangene geologische Erkundung des Bodens eröffnet. Die 33,4 ha große Mülldeponie der Stadt Pärnu wird heute nach 31 Benutzungsjahren als eine sehr intensive Quelle der Grundwasserverschmutzung in der Gegend angesehen. Jährlich gelangen 400 000 m³ auf diesen Müllhaufen, wobei diese Menge auch solche unerlaubte Müllarten wie Tierkadaver, Fleischverarbeitungsreste, Autoreifen und -batterien beinhaltet. Nur die quecksilberhaltigen Lampen werden in der letzten Zeit von einer Sammelstelle zur Weiterverarbeitung gesammelt.

Eine ernsthafte Schwierigkeit ist mit dem praktisch exterritorialen Status der zahlreichen militärischen Basen auf dem estnischen Territorium verbunden. Das Militär gehört zu den größten Umweltverschmutzern und ist wegen seiner besonderen Lage nur sehr bedingt in Richtung Umweltfreundlichkeit lenkbar. Die Presse in Estland brachte viele Berichte über die Boden- und Gewässerverschmutzung durch Öle, Benzine und andere Stoffe in der Umgebung von Militärbasen. In Pärnu wurde eine Benzinrohrleitung von den örtlichen Behörden als technisch unzulänglich erklärt und ihr Betrieb verboten. Trotzdem wurde die Rohrleitung weiter verwendet. Dadurch sind hunderte Tonnen Benzin in einen Fluß gelangt. Das Benzin entflammte sich und brannte mehrere Tage. Viele Vögel und Fische starben. Das Militär hat sich tagelang geweigert, an der Brandbekämpfung teilzunehmen, um nicht wegen der Schuldanerkennung als Verursacher zu gelten.

Eine andere Tatsache ist es, daß viele Militärflieger, die eine gewisse Anzahl von Flugstunden pro Monat vorzeigen müssen, und die nur nach Benzinverbrauch kontrolliert werden, einen Teil des Flugbenzins in den Boden fliessen lassen, oder mit dem "überflüssigem" Sprit die Erde aus dem Himmel begiessen. Über mehrere dadurch entstandene Brände wurde in der Presse berichtet.

Das Umweltbewußtsein ist in Estland viel früher als in anderen Teilen der UdSSR erwacht. Schon in den 60-ern wurden die ersten Umweltschutzgruppen an der Universität Tartu gegründet. Auch das erste Umweltministerium in der UdSSR (ein Staatliches Kommitee) wurde in Tallinn gebildet. Trotzdem, hatten die estnischen Behörden bis vor kurzem fast keinen Einfluss auf die Umweltverschmutzung, die hauptsächlich durch die großen Betriebe mit direkter Unterstellung unter Ministerien in Moskau verursacht wurde. In den letzten 2-3 Jahren hat die estnische Regierung ein umfangreiches Umweltschutz und -sanierungsprogramm erarbeitet. Einige Prinzipien dieses Programms werden im Poster erläutert.

## BODENKONTAMINATION IN ENTWICKLUNGSLÄNDERN UNTER BESONDERER BERÜCKSICHTIGUNG INDIENS

N. GEBREMEDHIN, P. KHANNA UND P.V.R. SUBRAHMANYAM

EINLEITUNG
1. Das Problem der Bodenkontamination in Entwicklungsländern kann nicht getrennt von den vielleicht noch dringenderen Problemen betrachtet werden, die mit der allgemeinen Bodenerosion zusammenhängen. Diese Erscheinung wird nun Gegenstand erheblicher Besorgnis in Entwicklungsländern, da die Bodenerosion, d.h. die Denudierung des Bodens besonders in Wüsten- und Steppengebieten akut wird.
2. Die Bewirtschaftung des Bodens wird vor allem durch die Zusammenwirkung von Klima, geographischer Lage, geologischer Beschaffenheit, sowie dem Bevölkerungsdruck und der Beanspruchung durch die Wirtschaft bestimmt. In den letzten Jahrzehnten waren die menschlich bedingten Veränderungen in der Bodenbewirtschaftung von einem explosionsartig zunehmendem Bedarf an Lebensmitteln, Feuerholz und Bauland bestimmt. Von der gesamten Landfläche der Welt (ca. 14.477 Millionen Hektar, von denen 13.251 Millionen übrigens eisfrei sind), sind gegenwärtig nur 11 Prozent (1.500 Millionen Hektar) bebaut, 24 Prozent Dauerweiden, 32 Prozent Wald und 33 Prozent "sonstiges" Land. Die potentiell landwirtschaftlich nutzbare Fläche wird mit 3.200 Millionen Hektar angesetzt, etwa das Doppelte der gegenwärtigen Nutzfläche. Von der landwirtschaftlich nutzbaren Fläche werden gegenwärtig in den Industrieländern 70 Prozent und in den Entwicklungsländern 36 Prozent genutzt. Der Nutzungsgrad ist jedoch von Gegend zu Gegend sehr verschieden. In Südostasien werden z. B. 92 Prozent des bebaubaren Bodens genutzt, in Lateinamerika dagegen nur 15 Prozent.
3. Die Ergiebigkeit des Ackerlandes hängt vor allem davon ab, wie der Boden auf die Bebauung reagiert. Der Boden ist keine tote Masse, sondern eine fein ausgewogene Ansammlung von Mineralienteilchen, organischen Stoffen und lebenden Organismen in dynamischem Gleichgewicht. Die Bodenbildung erstreckt sich über sehr lange Zeiträume. Wenn aber das Bodenumfeld sich ändert (z.B. durch das Entfernen der Vegetation) wird dieses empfindliche Gleichgewicht gestört. Durch sorgfältige Bebauung und Bodenpflege (z.B. durch organisches Düngen) kann dies aber ausgeglichen werden. Leider werden in zu vielen Fällen keine derartigen Vorkehrungen getroffen. Dann setzt die Bodenerosion ein, die bei zu dichter Besiedlung oder ungeeigneter menschlicher Tätigkeit innerhalb weniger Jahrzehnte, ja sogar in einigen Jahren eintreten kann und oft nicht mehr gutzumachen ist.

4. In den letzten Jahrzehnten hat sich die Bewirtschaftung von Feld- Ökosystemen durch den Menschen zunehmend intensiviert - mit Be- und Entwässerung, konzentrierter Energie- und Chemikalienaufnahme und besonders mit gezüchteten, ertragreichen Getreidesorten, die zunehmend in Monokultur angebaut werden. Dies hat wohl den Ernteertrag in letzter Zeit allgemein gesteigert, erfordert jedoch eine zunehmend künstliche Beeinflussung der Feld-Ökosysteme, die oft zur Destabilisierung führt. Außerdem hat zu intensives Abweiden und zu starke Bebauung von Steilhängen, sowie auch die Entwaldung zum Verlust von riesigen, potentiell fruchtbaren Bodenflächen geführt.

5. Im Laufe der Geschichte sind im Vergleich zu den gegenwärtig landwirtschaftlich genutzten 1.500 Million Hektar fast 2.000 Millionen Hektar verloren gegangen. Heute gehen jedes Jahr 5-7 Millionen Hektar Ackerland (0,3 - 0,5 Prozent) durch Bodenerosion verloren. Wenn diese Entwicklung nicht mehr aufzuhalten ist, scheint es, daß alle Programme der Landgewinnung für Ackerbau diesen Landverlust und die Nutzung des Bodens für andere Zwecke, die sich ebenso schnell vollziehen, nicht ausreichen, um den Verlust wettzumachen. Also geht Ackerland fast ebenso schnell verloren, wie neues Land urbar gemacht wird. Die FAO- Untersuchung "Landwirtschaft bis zum Jahr 2000" hat ergeben, daß die Boden- und Wasserkonservierungsmaßnahmen bis zum Ende des Jahrhunderts ein Viertel des Ackerlandes erfassen müssen, um eine Besserung zu bringen.

6. Dieser Beitrag hat die Bodenkontamination zum Thema. Im folgenden soll ein Beispielsfall aus Indien angeführt werden. Die Fallstudie zeigt, daß zusätzlich zur typischen Bodenerosion durch Bewässerung, schlechte Drainage, starke Energie- und Chemikalienaufnahme auch die industriebedingte Bodenkontamination immer besorgniserregender wird. Diesen Problemen kann nur durch eine umweltfreundliche, koordinierte Land- und Wasserwirtschaft wirksam beggnet werden. Leider hat aber die 1982 zu diesem Zweck von UNEP gestartete internationale Bodenpolitik infolge mangelnder finanzieller Unterstützung nicht viel erreicht.

Es folgt die Beschreibung der Fallstudie aus Indien:

INFORMATIONEN ÜBER DIE IN INDIEN ALS FOLGE NATÜRLICHER, MENSCHLICHER UND INDUSTRIELLER EINFLÜSSE AUFTRETENDEN BODENKONTAMINATIONEN

7.0 Salzige und alkalische Böden in Indien
7.1 In 14 Provinzen des Landes wurde salziger und alkalischer Boden gefunden. Insgesamt sind ca. 71.650 km$^2$ hiervon betroffen. Das Problem ist durch ein Steppen- und Wüstenklima bedingt. Jegliches Wasser an der Bodenoberfläche verdampft und verursacht somit einen hohen Wasserverlust. Dieser Prozeß hinterläßt Salze an der Bodenoberfläche.

Infolge des hohen Grundwasserspiegels drängt das Wasser im Boden nach oben, die Drainage ist schlecht und der Natriumgehalt in den verhärteten Unterbodenschichten hoch. Der Boden saugt sich voll, weil Wasser aus den nicht ausgemauerten Kanälen in die Erde sickert und die Bewässerung mit salzigem, trübem Wasser erfolgt. In Küstengebieten wird der Boden auch durch eindringendes Meerwasser und den salzigen Wind zu salzig und ausgelaugt. Den Berichten gemäß nimmt die salzige, ausgelaugte Bodenfläche infolge dieser Ursachen weiter zu. So ist sie z.B. in Uttar Pradesch zwischen 1938 und 1984 von 8900 km$^2$ (1938) auf 12.950 km$^2$ (1984) gewachsen - eine ungeheuer große Fläche, die dort unfruchtbar geworden ist.
7.2 Die Sanierung dieser Flächen in Indien wird vom Central Soil Salinity Research Institute durchgeführt, das Unterstützung durch den Staat, die Zentralstellen des Landwirtschaftsministeriums und die Universitäten erhält.[1]

## 8.0. Abfalldeponien und Bodenkontamination

8.0.1. Hierzulande werden alle festen Haushalts- und Industrieabfälle gegenwärtig auf Auffüllplätzen deponiert. Weiterhin werden über 75 Prozent des gesammelten Faulschlamms - nur bis zu einem gewissen Grade oder gar nicht geklärt - direkt zum Düngen und Bewässern von über 55.000 Hektar Ackerland in der Umgebung von Groß- und Kleinstädten verwendet.

8.0.2. Gelegentlich werden Boden- und Ernteschäden infolge der Bewässerung mit Industrieabwasser gemeldet, es sind aber keine quantitativen Daten über den Umfang des Schadens oder der Kontamination vorhanden. Einige Fallstudien sind jedoch bekannt, wo Versuche durchgeführt wurden, um die potentielle Kontamination durch eine Bewässerung mit Industrieabwasser zu bestimmen.

## 8.1 Industrie- und Haushaltsabwasserentsorgung an Land

8.1.1 Gerbereiabfälle wurden an Land oder in natürlichen, ins Grundwasser mündende Kanäle ausgeschwemmt und haben zu Grundwasser- und Bodenkontamination mit Natriumchlorid geführt. Dies wird besonders aus Tamil Nadu und Uttar Pradesch berichtet, wo sich ein konzentriertes Wachstum dieser Industrie abzeichnete.

8.1.2 Abwasser von Chemiewerken wird entweder in Klärteiche gepumpt oder zur Bewässerung der Äcker benutzt. Es wurde beobachtet, daß durch eine Bewässerung mit verdünntem Chemieabwasser (1:10) nicht nur die Qualität und Fruchtbarkeit des Bodens beeinträchtigt, sondern auch das Grundwasser kontaminiert wurde. Hierbei nahm der Salzgehalt des bewässerten Bodens um 10 Prozent zu.

8.1.3 Eine vom Central Pollution Control Board[2] (Umweltschutzamt) durchgeführte Untersuchung zeigte, daß sich bei Bewässerung mit häuslichem und Industrieabwasser Schwermetalle im Boden ansammelten. Bei der Bewässerung mit Industrieabwasser sammelte sich im Boden mehr Schwermetall an als bei der Bewässerung mit häuslichem Abwasser und Rohrbrunnenwasser. In Tabelle 1 ist der Schwermetallgehalt in der obersten Bodenschicht für drei verschiedene Wasserarten angegeben.

Tabelle 1: Schwermetallansammlung in mit häuslichem und Industrieabwasser bewässertem Boden

| Schwermetall | Bewässerung mit | | | |
|---|---|---|---|---|
| | Rohr-brunnen | Faul-wasser | Rohr-brunnen | Industrie-abwasser |
| Chrom, mg/kg | 7,0 | 30,9 | 27,5 | 266,4 |
| Nickel, mg/kg | 9,0 | 31,3 | 31,0 | 68,0 |
| Kupfer, mg/kg | 3,5 | 10,0 | 26,0 | 76,0 |
| Zink, mg/kg | 20,0 | 107,8 | 53,5 | 303,0 |
| Cadmium, mg/kg | 1,0 | 3,3 | 1,5 | 6,5 |
| Blei, mg/kg | 3,8 | 41,7 | 15,5 | 58,0 |

8.1.4. Es wird weiter berichtet, daß auch Pflanzen einen erheblichen Schwermetallgehalt aufweisen, der sich proportional zum Metallgehalt des Bewässerungswassers verhält.

8.1.5. In Pandschab war der Cadmium- und Bleigehalt bei mit häuslichen Abwässern bewässertem Boden im Vergleich zu Rohrwasser-bewässertem Boden doppelt so hoch gestiegen. Durchschnittlicher DTPA-Gehalt - extrahierbarer Cadmium- und Bleigehalt des Bodens, siehe Tabelle 2.

Tabelle 2: Durchschnittlicher DTPA-Gehalt - Extrahierbares Cadmium und Blei in Böden, die mit Rohrbrunnen bzw. häuslichen Abwässern bewässert wurden

| Ort | Rohrbrunnen-Bewässerung | | Abwasser-Bewässerung | |
|---|---|---|---|---|
| | Cadmium | Blei | Cadmium | Blei |
| | (mg/kg Boden) | | (mg/kg Boden) | |
| Abonar | 0,05 | 0,15 | 0,06 | 0,76 |
| Bhatinda | 0,02 | 0,20 | 0,04 | 0,69 |
| Dschalandhar I | 0,05 | 0,85 | 0,17 | 0,89 |
| Dschalandhar II | 0,05 | 0,82 | 0,17 | 1,09 |
| Amritsar I | 0,06 | 0,50 | 0,09 | 1,65 |
| Amritsar II | 0,06 | 0,50 | 0,14 | 1,58 |
| Durchschnitt | 0,05 | 0,54 | 0,10 | 1,28 |

8.1.6 Mit dem Abwasser der Stadt Nagpur werden seit über zwanzig Jahren 1000 Hektar Land bewässert. Der Schwermetallgehalt des Abwassers ist sehr niedrig (Cu 0,1mg/l; Zn 0,8mg/l; frei von Cd und Ni). Die Schwermetallkonzentrationen im Abwasser-bewässerten Boden sind im Vergleich zum untersuchten Boden aus naheliegenden Gründen minimal.

8.1.7. Ein kleines Papierwerk führt seit 16 Jahren sein gesamtes Werksabwasser nach biologischer Aufbereitung an Land (120 Hektar) zur Bewässerung der Felder ab. Trotz des zunehmend höheren Salzgehaltes und immer ausgelaugten Bodenzustandes ist der Ernteertrag nicht schlechter geworden. Das Grundwasser zeigte insgesamt einen Anstieg im gelösten Feststoffanteil.[5]

8.1.8. Beim Abwasser von einer Zink-Hütte zeigte sich, daß der Boden am Ufer des Flusses, in den das Abwasser mündete, Zink in höheren Konzentrationen aufnahm und diese Konzentration mit zunehmender horizontaler Entfernung vom Fluß abnahm.[6]

8.1.9. Ein Chemiewerk, das Karbamat-Pestizide herstellt, erzeugte (1977-84) saures Abwasser mit 15-20 Prozent HCl. Nach der Neutralisierung mit kalzinierter Soda/Kalkstein wurde es in Werksnähe in Solarverdampfungsteichen (SEP) mit einer Gesamtfläche von 14 Hektar gespeichert. Die SEP wurden auf einem Boden mit einer 10-15m dicken, plastischen Tonschicht gebaut und innen vollkommen mit einer Polyethylenfolie ausgekleidet. Untersuchungen des National Environmental Engineering Research Institute (NEERI) ergaben keine Kontamination von Grundwasser und Boden bis zu einer radialen Entfernung von 10 km von den SEP - abgesehen von einer kleinen Zone in Teichnähe (40m), wo evtl. Abwasser übergelaufen war.[7]

8.1.10 Die frühere Entsorgung eines Farben-Halbzeug-Herstellers (Salzsäure) richtete im Ackerland (6,5 km$^2$) stromabwärts von der Werksabwasserkläranlage erheblichen Schaden an. Nach der Neutralisierung wurde das saure Abwasser in einen natürlichen Abwasserkanal geleitet. Infolge der Bodenbeschaffenheit sickerte das Abwasser wie durch einen Filter in den benachbarten Boden und das Grundwasser. Untersuchungen haben bewiesen, daß das Brunnenwasser in der betroffenen Gegend ausnahmslos braun war, insgesamt einen größeren Anteil an gelösten Feststoffen aufwies und selbst für die Landwirtschaft unbrauchbar wurde. Der Boden in der betroffenen Gegend wurde dunkelbraun, an vielen Stellen bildete sich an der Oberfläche eine Salzschicht. Das Sickerwasser von der Erde ist selbst ein Jahr nach Einstellung des Werksbetriebs noch braun.[8]

## 8.2. Bodenkontamination infolge der Luftverschmutzung

8.2.1. NEERI-Untersuchungen haben eindeutig bewiesen, daß der Boden in einem Radius von 10km von Betrieben wie Raffinerien, Papierwerken, Kohlekomplexen, Aromatenwerken, Düngeranlagen und Kohlebergwerken keine merkliche Kontamination infolge dieser Industriebetriebe aufweist. Jedoch ergab sich, daß der hohe Salz- und Laugengehalt mancher Böden, besonders im Umfeld einer Raffinerie, auf die Bewässerung mit ungeeignetem Wasser zurückzuführen war.

8.2.2 In der Nähe von Wärmekraftwerken ist im Vergleich zum Boden in einer Entfernung von 22km vom Wärmekraftwerk ein merklicher Anstieg der Schwermetallkonzentration im Boden festzustellen. Sie liegt jedoch unter den in der Fachliteratur ausgewiesenen Toleranzgrenzen, wie aus den Daten in Tabelle 3 ersichtlich.

8.2.3 Ähnlich war auch um ein Kohleindistriegebiet herum eine Schwermetallkonzentration im Boden zu beobachten, die Werte liegen aber unter den Bodentoleranzgrenzen. Das zeigt, daß durch Kohlewerke keine ernste Kontamination verursacht wurde.[9]

Tabelle 3: Schwermetallgehalt im Boden in der Nähe eines Wärmekraftwerks[10,11,12]

| Schwermetall | Bodenkonzentration in Werksnähe mg/kg | Bodenkonzentration in 22km Entfernung mg/kg | Kontamination in normalen Böden mg/kg | Bodengrenzwerte mg/kg |
|---|---|---|---|---|
| Fe | 18,6 | 5,9 | 1000-40.000 | - |
| Mn | 327,5 | 238,0 | 50-300 | - |
| Zn | 53,2 | 14,5 | <20 | 300 |
| Cu | 12,2 | 8,5 | <15 | 100 |
| Cr | 29.7 | 14,0 | < 2 | 100 |
| As | 40,6 | 47,3 | - | 20 |
| Pb | 39,3 | 7,6 | <25 | 100 |

8.3 Bodenkontamination infolge der Industriemüll-Entsorgung

8.3.1 Feste Industrieabfälle werden in vielen Teilen des Landes ohne weiteres auf dem Boden deponiert. Industiebetriebe in städtischen Ballungsgebieten fahren ihre festen Abfälle einfach auf die städtische Mülldeponie. Über den Umfang des durch eine solch ungeeignete Entsorgung bedingten Schadens sind keine Daten verfügbar.

8.3.2 Die indische Phosphatdüngerindustrie erzeugt jedes Jahr als Nebenprodukt fast 2,0 Millionen Tonnen phosphathaltigen Gips (BPG). Die BPG-Entsorgung erfolgt gegenwärtig in einem Freigelände neben dem Düngerwerk. Über dem Grad der Boden- und Grundwasserkontamination in der Umgegend von Düngerwerken sind keine Daten verfügbar.

BIBLIOGRAPHIE
1. Task force formulation meeting, Centre for Studies on Land Environment, NEERI, 1990.
2. Recycling of sewage and industrial waste on land, RERES 1/1985-86, CPCB, Neu-Delhi, 1986.

3. Kansal, B.D. und Sing, J., Influence of the minicipal wastewater and soil properties on the accumulation of heavy metals in plants. Int. Konf. über Schwermetalle in der Umwelt, Heidelberg, Sept. 1983, Vol. 413-416, CEP Consultants, Edinburg.
4. Juwarkar, A.S., A case study on use of sewage for crop irrigation, FAO, Rom, 1987.
5. Environmental Impact Assessment of Small Pulp and Paper Mill Using Wastewater for Crop Irrigation, UNEP, 1989.
6. Totawat, K. L., Effect of treated effluent discharged from zinc smelter, Debari, on fields, crops and well water adjoining the effluent stream, Tech. Report, 1989.
7. Assessment of polution damage due to solar evaporation pond at UCIL. Bhopal, NEERI-Bericht, 1990.
8. Unveröffentlichte Daten, NEERI, 1990.
9. EIA of Madras Refineries Limited, Madras, and EIA of Manuguru Coal Project, NEERI Reports, 1989.
10. Unveröffentlichte Daten, NEERI, 1990.
11. Cottenie, A., Sludge treatment and disposal in relation to heavy metal, Int. Konf. über Schwermetalle in der Umwelt, 167-175, 1981.
12. Kloke, A., Reuse of sludges and treated wastewater in agriculture, Water Sci. Tech., 14, 61-72, 1982.

DER ILLEGALE HANDEL MIT TOXISCHEM SONDERMÜLL IN DER TÜRKEI

IBRAHIM ALYANAK[1] UND ZEYNEP YÖNTEM[2]
[1]TECHNISCHE FAKULTÄT, UNIVERSITÄT DOKUZ EYLÜL, DENIZLI, TÜRKEI
[2]UNTERSEKRETARIAT FÜR UMWELT, ANKARA, TÜRKEI

Als Folge der Industrialisierung der entwickelten Länder ist toxischer Sondermüll in großen Mengen angefallen. Es ist offensichtlich, daß derartige Abfallstoffe, die negative und unabänderliche Auswirkungen für die Umwelt und Gesundheit haben, auch beim Publikum unbeliebt sind.

Die Länder, die ungeeignete oder unzureichende Landflächen besitzen, finden es, mit Rücksicht auf die Reaktion ihrer eigenen Bevölkerung, am einfachsten und angemessensten, solche Abfallstopffe auf illegale Weise in andere Länder zu schicken.

Diejenigen Länder, die über derartige schädliche Abfallstoffe und ihre Auswirkungen noch nicht voll informiert sind, haben unter diesem Verkehr gelitten durch die Handlungsweise einiger Firmen, die mühelos auf illegale Weise Geld verdienen wollen.

Die Türkei ist ebenfalls von den negativen Auswirkungen des internationalen Transports von schädlichen Abfallstoffen betroffen worden, besonders während der jüngstvergangenen Jahre.

(1) Dieses Problem kam in der Türkei zutage, als einige internationale Firmen der Stadt Bandirma und anderen Städten vorschlugen, spezialisierte Abfallverbrennungsanlagen zu erstellen und ihre eigenen Abfallstoffe in diesen Anlagen zu verbrennen. Auf Grund des von diesen Städten ausgesprochenen Wunsches für die Verwirklichung dieser Vorschläge griffen das Ministerium und die zuständigen Organisationen ein, und die Vorschläge wurden abgelehnt

(2) Der zweite Fall waren die PCB-Abfälle, die als Brennstoff an eine Zementfabrik geschickt wurden. Nach ein Jahr andauernden Verhandlungen schlossen die Zementfabrik im Seenbezirk "Göltas A.S. Göller Bölgesi Cimento Fabrikasi" der Firma Göltas Inc. und die deutsche Firma Weber aus Salach ein Übereinkommen über den Export von Industrieabfällen in Form von Ersatztreibstoff ab. Infolgedessen beantragte die Firma Weber am 21.1.1987 bei der Bezirksverwaltung Göppingen die Zulassung. Dieser Ersatzbrennstoff bestand aus Altöl, Schweröl, Ölen, Kohle, Azeton, Methanol, Glykol, Petroläther-Schlämmen (nicht halogeniert), Lackabfällen, alten Lackresten, alten Anstrichfarben, Farbschlamm und Klebstoffabfällen. Am 28.8.1987 genehmigte die

Bezirksverwaltung Göppingen die Ausfuhr der Abfallstoffe und ein Vertrag für die jährliche Ausfuhr von 50 000 Tonnen des Ersatzbrennstoffs an Göltag wurde unterzeichnet. Außerdem wurde die Ausfuhr von zusätzlichen 200 000 Tonnen des Ersatzbrennstoffs jährlich zur Benutzung in anderen Zementfabriken oder sonstigen industriellen Anlagen geplant.

Es war jedoch klar, daß der importierte Brennstoff kein "Preßtorf" war, sondern ein Gemisch, das durch Imprägnieren von Holzwolle mit den Industrieabfällen, die nicht nur verschiedene gefährliche Chemikalien sondern auch PCB enthielten, hergestellt wurde. Die Analyse zeigte das Vorkommen von verschiedenen toxischen Stoffen und insbesondere karzinogenen organischen Substanzen wie PCB in den festen und flüssigen Industrieabfällen.

Nach dem Einspruch durch das Staatsministerium, das dem Untersekretär für Umwelt untersteht, und durch die zuständigen Organisationen, traf die Umweltbehörde der Provinz Isparta die Entscheidung Nr.1 vom 13. 4. 1988 für den Rücktransport dieser Abfallstoffe in das exportierende Land.

(3) Der dritte Fall betraf das Schiff 'Petersberg'. Das MS Petersberg lief vom Ostseehafen Eckernförde mit gefährlichen Abfallstoffen an Bord aus, um nach der Türkei zu fahren. Unter Vertrag für den Bayrischen I Loyd, sollte das Schiff schadstoffbelasteten Boden von der bankrott gegangenen Farbenfabrik Vinzenz Magner in Wien nach Büyüktemiz in der Türkei befördern. Dieses Schiff, das die Flagge der Bundesrepublik Deutschland führt, lief am 18.5.1988 von Wien aus und traf am 23.5.1988 in Izmir ein und gab seine Fracht als 1.666.720 kg "unschädlicher, ungefährlicher Industriesand" aus. Der Käufer war, nach Angabe des Frachtbriefes, die Firma Büyüktemiz.
Nachdem das Schiff auch von Rumänien abgewiesen worden war, lag es im Schwarzen Meer fest, mit dem Kapitän, Klaus Gropjahn, seiner Frau und seinen Kindern und vier Besatzungsmitgliedern an Bord. Verlassen und Betreten des Schiffes war nur erlaubt, wenn Vorräte oder ärztliche Hilfe benötigt wurden.

Nach Angaben von Radio Ankara verließ das Schiff die türkischen Gewässer am 28. September. Ende Oktober gaben die rumänischen Behörden die Erlaubnis, daß das Schiff durch die Donau nach Deutschland segeln dürfe. Die Abfahrt war jedoch verzögert, weil der Wasserstand zu niedrig war und weil ein Streit zwischen Deutschland und Österreich ausbrach darüber, wer für die österreichischen Abfallstoffe an Bord eines deutschen Schiffes verantwortlich sei.

Die sowjetischen Behörden versprachen dem deutschen Minister für Transport, Herrn Warnke, am 24. Dezember 1988, dem MS Petersberg Erlaubnis zu geben, seine Ladung unter Aufsicht der Sowjets in zwei kleinere deutsche Schiffe im Hafen Ustdunaijst umzuladen.

Im Januar 1989 kam das Schiff wiederum nach Istanbul, diesmal um Vorräte zu laden, und fuhr dann nach Rußland zurück, wo es auf das Steigen des Wasserstands in der Donau wartet.

Am 26. Juni 1989 ankerte das Schiff wieder in Baikirkapi zum Besatzungswechsel, und fuhr aus der türkischen Meerenge durch das Mittelmeer. Nach Angaben des Exporteurs war das Abfallhandelsschema 'Petersberg' ein Versuch, ein "brauchbares Exportverfahren zu finden". Faktum, Zürich, waren verantwortlich für die Herstellung des Kontakts mit Büyüktemiz und für die Beschaffung des - wahrscheinlich gefälschten - Dokuments. Ursprünglich war geplant, 50 000 Tonnen zu verschiffen.

(4) Der vierte Fall betrifft die Fässer mit giftigem Inhalt am Strand.

Die ersten Fässer wurden am 30. Juli 1988 vor der Küste von Alacam gesichtet. Die letzten wurden Anfang 1990 bei Rize gesichtet.

Die Mehrzahl wurden im August und September angetrieben, und 80% der Fässer wurden in der Gegend von Samsun und Sinop gefunden. Aber der Fundbereich war sehr ausgedehnt, von Istanbul bis Rize.

Wir empfingen 21 leere und 29 volle Plastikfässer und 131 leere und 186 volle Metallfässer, insgesamt 367. Einige davon sind mit Löchern versehen und haben einen Beutel in den Fässern.

Einige der Markierungen und Beschriftungen, die auf den für die Untersuchungen genommenen Fässern gefunden wurden, wurden untersucht und es wurden schwarze Markierungen (R) auf gelbem Hintergrund gefunden, die "refuttu", d. h. Abfälle bezeichnen, und nicht, wie anfangs angenommen, Radioaktivität.

Es wurde festgestellt, daß die Fässer einen natürlichen Belastungswert für Radioaktivität aufwiesen. Aber die Analysen zeigten, daß sie toxische Industrieabfälle enthielten, Farbabfallstoffe mit chlorierten Kohlenwasserstoffen, Abfälle von Polymerisaten.

Daraufhin erging eine Warnung über die Fässer an das Publikum; durch diese Vorfälle kam der Fremdenverkeh an unserer Schwarzmeerküste praktisch zum Stillstand und alle Motels leerten sich. Das führte zu großen wirtschaftlichen Verlusten.

Außerdem wurden die Fische aus dem Schwarzen Meer, die 90% des Bedarfs für Fisch in der Türkei decken, nicht mehr verlangt und nicht mehr gegessen, insbesondere nicht von der Bevölkerung der Schwarzmeerküste, und dadurch verloren wir eine wichtige Nahrungsquelle und unsere Konservenindustrie wurde wirtschaftlich stark geschädigt.

Es ereigneten sich ernstliche Unfälle, wie durch die aufgebrochenen Fässer in Zonguldak Kilimi. Wegen der Ausbreitung von toxischen Gasen wurde die Ansiedlung evakuiert, aber ein Mädchen im Säuglingsalter starb an den Folgen der toxischen Gase.

Während einer späteren Untersuchung wurde eine Anzahl von Dokumenten in den Fässern gefunden. Dadurch wurde unsere Überzeugung, daß die Fässer aus Italien stammten, vertieft und gestärkt.

Unsere anfänglichen Feststellungen wurden bestätigt durch das Ergebnis der Untersuchungen, die von der Außenhandelsabteilung des Premierministeriums durchgeführt wurden.

Die Ergebnisse dieser Untersuchungen wurden erst kürzlich bekannt. Das ist der Grund, weshalb wir unsere Antwort auf den Vorschlag der italienischen Regierung für Zusammenarbeit und einen Besuch italienischer Fachleute aufschieben mußten.

Anfang 1987 wurden gefährliche Abfallstoffe in italienischen Häfen (wie Marina di Carrara, Coigio) verladen (in Schiffen wie Akbay-1, Carine). Der Bestimmungshafen dieser Schiffe war Sulina in Rumänien, ein Freihandelsgebiet, wo Güter nur kurzfristig gelagert werden dürfen.

Unsere Erkundigungen ergaben, daß Sulina keine Endablagerungs- oder Zerstörungsanlagen hat.

Im ersten Halbjahr 1987 war ein lebhafter Versand von gefährlichen Abfallstoffen von Italien nach Rumänien im Gange. Z.B., wie beschrieben, in Akbay-1, beladen durch die italienischen Firmen SIRTECO und NAVALBUO in Marina di Carrara am 23.7.1987. Die Grünen protestierten gegen diese Verladung, und sie wurde deshalb eingestellt.

Wir glauben, daß die italienischen Behörden während des gesamten Verlaufs unserer Untersuchungen genau die gleichen Informationen und Beweise bereits zu Händen hatten. Aber die Informationen und das Beweismaterial wurden von Italien nicht an die türkischen Behörden weitergeleitet.

Wir fanden mit Hilfe der rumänischen Behörden heraus, daß die gefährlichen Abfallstoffe, die im Freihafen Sulina ankamen, später im Juli und August 1988 auf unter panamanischer Flagge selgelnde Schiffe verladen wurden. Zu diesem Zeitpunkt waren die gefährlichen Abfallstoffe noch das Eigentum und unter der Kontrolle Italiens. Überdies wurde die Verladung unter Aufsicht eines italienischen Chemikers durchgeführt, der im Auftrag Italiens, des Eigentümers der gefährlichen Abfallstoffe, im Hafen anwesend war.

Zeugenaussagen beweisen außerdem, daß diese an Bord der panamanischen Schiffe geladenen Fässer dieselben Fässer waren, die an der türkischen Schwarzmeerküste an Land gespült wurden.

Zur Zeit sind Arbeiten im Gange, um die Akte über die italinischen Fässer zu vervollständigen. Die türkischen Landesgesetze und Regelungen werden jetzt revidiert. Aus diesem Grunde kann das Beweismaterial, zumindest ein Teil davon, nicht an Italien weitergegeben werden.

SCHWERMETALLE UND ARSEN IN BÖDEN UND PFLANZEN BELASTETER STADT-
STANDORTE UND IHRE VERBREITUNG IN METRO MANILA, PHILIPPINEN.
TEIL II: SITUATION IN PFLANZEN

E.-M. PFEIFFER, J. FREYTAG und H.-W. SCHARPENSEEL
INSTITUT FÜR BODENKUNDE, UNIVERSITÄT HAMBURG

## 1. UNTERSUCHUNGSOBJEKT

Diese Studie analysiert die flächenhafte Schwermetall- und Arsenbelastung in Metro Manila, einer der am stärksten urbanisierten und industrialisierten Großstädte Südostasiens. Die Höhe toxischer Schwermetall- und Arsengehalte und die Belastungszentren sollten herausgearbeitet werden. Die Durchführung der Untersuchung in Form eines Rasters sollte die Erkennung von Immissionszentren und u.U. sogar bei weiterer Datenauswertung das Erkennen einzelner Emittenten zulassen.
Die Untersuchung gibt einen ersten generellen Überblick über die Höhe und die flächenhafte Verbreitung der Schwermetalle im Großraum Metro Manila, wobei sich die Aussagen auf Gesamtgehalte in Reis, Gemüse und Graspflanzen stützen.

## 2. MATERIAL UND METHODEN

Für die rasterhafte Probennahme wurde das Nationale Philippinische Koordinatensystem der amtlichen topographischen Karten 1:10 000 und 1:25 000 zugrundegelegt. Die Pflanzenproben wurden nach einer Kurzwäsche bei 100 C getrocknet und pulverisiert. Die Multielementanalyse erfolgte mittels totalreflektierender Röntgenfluoreszenzanalyse (TRFA) und AAS.

## 3. RESULTATE

Während Cadmium und Arsen nur leicht erhöhte Konzentrationen zeigten, wurden extreme Gehalte an Blei, Zink, Kupfer, Chrom, Nickel und Quecksilber in den 134 untersuchten Pflanzenproben gefunden:
Cadmium: Minimumwert (Min)= 0,09 ppm , Maximumwert (Max)= 1,34 ppm; 88% aller untersuchten Pflanzenproben enthielten weniger als 0,4 ppm Cd in der Trockensubstanz. Cadmium ist hinsichtlich der aktuellen Belastung in Metro Manila von untergeordneter Bedeutung.
Arsen: Min = 0,1 ppm, Max = 17,9 ppm; 50% aller Pflanzen hatten höhere Gehalte als 3 ppm Arsen, aber keine Pflanze erreichte den kritischen Grenzwert von 20 ppm As. Vereinzelte hohe Werte wurden in Grasproben aus dem belasteten Bereich einer Batteriefabrik im Nordwesten Metro Manilas gemessen.
Blei: Min = 0,5 ppm, Max = 528 ppm; mehr als 50 % aller untersuchten Pflanzen zeigten höhere Gehalte als die Normalkonzentration von 6 ppm. 12 % überschritten den kritischen Grenzwert von 50 ppm Pb in der Trockensubstanz. Die höchsten Bleigehalte wurden in Gras- und Gemüsepflanzen von belasteten Standorten in Nähe der o.g. Batteriefabrik gemessen.
Zink: Min = 10 ppm, Max = 1041 ppm; 47% aller untersuchten Pflanzenproben zeigten höhere Gehalte als die tolerierbaren Konzentrationen von 100 ppm Zn; 10 % hatten mehr als den

kritischen Gehalt von 300 ppm Zink. Der Maximalwert wurde in Gräsern eines Weidelandstandortes gefunden.

Kupfer: Min = 4,5 ppm, Max = 160 ppm; mehr als 53 % aller Pflanzenproben erreichten den kritischen Wert von 30 ppm Cu; 5 % der Proben enthalten mehr als 100 ppm. Die Extremwerte wurden in Gemüsepflanzen im nordwestlichen Stadtgebiet mit hoher Bevölkerungsdichte gemessen.

Nickel: Min = 0,01 ppm, Max = 78 ppm; höhere Werte als Normalgehalte von 3 ppm wurden in 61 % aller Pflanzenproben gemessen; fast 22% erreichten kritische Konzentrationen von mehr als 30 ppm Nickel. Der Maximalgehalt wurde in Graspflanzen von Straßenrandstandorten gefunden.

Chrom: Min = 0,2 ppm, Max = 67 ppm; mehr als 70 % aller Pflanzen haben höhere Werte als 3 ppm Cr, 10% überschreiten den kritischen Wert von 30 ppm. Extremgehalte werden in Graspflanzen im nördlichen Bereich von Metro Manila mit hoher Bevölkerungsdichte bestimmt.

Quecksilber: Min = 0,09 ppm, Max = 4,5 ppm; 37 % aller Pflanzen hatten kritische Gehalte von 0,1 bis 0,5 ppm, 6 % hatten extreme Gehalte von mehr als 1,5 ppm Hg. Die höchsten Gehalte wurden in Graspflanzen von Stadtgebieten südlich des Parsig River festgestellt.

## 4. SCHLUSSFOLGERUNGEN

Viele der untersuchten Pflanzen zeigten für mehr als ein Schwermetall erhöhte Konzentration. Die hohen Schwermetallgehalte in den Pflanzen sind oft mit hohen Gehalten in den dazugehörigen Bodenproben korrelliert (siehe Teil 1 dieser Untersuchung). Die Kenntnis über die Schwermetallbelastung im städtischen Bereich gewinnt besonders an Bedeutung dadurch, daß verbreitet kleine Flächen im unmittelbaren Stadtzentrum für die Nahrungsmittelproduktion und für den Reisanbau genutzt werden. Große Teile der Bevölkerung decken ihren Gemüsebedarf durch eigenen Anbau auf belasteten Stadtstandorten. Auch wenn man in Betracht zieht, daß die gemessenen Konzentrationen vorwiegend auf den Pflanzenoberflächen gefunden wurden und somit für einen Eintrag über die Luft sprechen, ist zu bedenken, daß die Schwermetalle über die Nutzung der Futterpflanzen direkt oder indirekt über den Verzehr der Gemüsepflanzen in die menschliche Nahrungskette gelangen. Gemüse werden häufig an Straßenrändern, Freiflächen und in Nähe von Industriegebieten kultiviert. Graspflanzen von Straßenrändern und anderen belasteten Grünflächen werden oft als Weideland genutzt. Der Transfer von solchen belasteten Futterpflanzen über die Nahrungskette ist von Bedeutung. Für einige Schwermetalle wurden bereits Extremgehalte festgestellt, während andere Elemente, gemessen an den Normalgehalten, erst in leicht erhöhten Konzentrationen auftraten. Die Verteilung der Schwermetalle und des Arsen in Pflanzen - genauso wie die gemessenen Werte in den korrespondierenden Bodenproben - zeigen, daß die Belastung bisher noch nicht flächenhaft für die gesamte Stadt gilt, jedoch bereits deutliche Belastungszentren vorhanden sind. Die Hauptbelastungszentren sind ohne Ausnahme im Nordwesten Metro Manilas in den alten Stadtgebieten mit hoher Bevölkerungs- und Industriedichte lokalisiert.

SAMMLUNG UND WEITERVERWENDUNG VON ALTÖL IN ENTWICKLUNGSLÄNDERN

JÜRGEN PORST und ULRICH FRINGS

Firma PORST CONSULT, D-8510 Fürth, Königstraße 125


1. EINLEITUNG
Die unkontrollierte Behandlung gebrauchter Mineralöle hat ernstzunehmende Folgen für die menschliche Gesundheit und die Umwelt, da immer die Gefahr besteht, daß bei falscher Entsorgung Trinkwasserressourcen verunreinigt werden. In der Arabischen Republik Jemen (ARJ) gibt es wie in den meisten Entwicklungsländern aufgrund fehlender gesetzlicher Regulierungen bis heute keine sichere und überwachte Altölentsorgung.

2. PROBLEMHINTERGRUND
In der ARJ fielen 1985 ca. 34 000 000 Liter Altöl an. Davon waren 99,8% Schmieröl aus Verbrennungsmotoren und 0,2% Industrieöle (Hydrauliköl und Transformatorenöl). Altöl entsteht zu 88% im Transportsektor, der Rest in der Landwirtschaft (Motorpumpen zur Bewässerung) und bei der Elektrizitätserzeugung (Dieselaggregate).

Von den landesweit anfallenden Altölmengen wären ca. 50% innerhalb der Städte zu entsorgen und bleiben somit punktuell konzentriert; entlang den Fernstraßen bleiben ca. 21% und in den restlichen ländlichen Regionen ca. 29% übrig. Knapp ein Viertel dieser Altölkontingente bleibt in oder in der Nähe von KFZ-Werkstätten oder "allgemein bekannten" Ölwechselplätzen, der Rest ist weiter verteilt.

Üblicherweise wird Altöl an Ort und Stelle des Ölwechsels im Untergrund versickern lassen oder an immer gleichen Stellen auf den Boden gekippt. Dieses Verhalten zeigen die meisten KFZ-Werkstätten und Selbstwechsler.

Es überrascht deshalb nicht, daß viele Trinkwasserbrunnen in der ARJ über tolerierbare Grenzen hinaus mit Mineralölrückständen verunreinigt sind. Ein weiteres Gesundheitsrisiko entsteht, wenn Brot in Backöfen mit offener Brennerflamme gebacken wird und als Brennstoff Altöl verwendet wird, wie es in der ARJ allenthalben zu beobachten ist. Solche Brote weisen oft einen erhöhten Gehalt an polycyclischen aromatischen Kohlenwasserstoffen auf.

Für die meisten Entwicklungsländer der Größe der ARJ und für entlegene Gebiete in größeren Entwicklungsländern, vor allem für jene mit wachsender Motorisierung, ist die skizzierte Situation charakteristisch.

In der ARJ ist zumindest ansatzweise eine Weiterverwendung von Altöl zu beobachten: Kleine Kalkbrennereien und ein Zementwerk setzen Altöl dem üblichen Brennstoff (Schwer- oder Dieselöl) zu. Die Einsammlung geschieht - regional begrenzt - durch diese Firmen selbst oder durch ein privates Sammelunternehmen.

## 3. PROBLEMLÖSUNG

In der ARJ ist es ohne großen Aufwand möglich, ein Altölsammelsystem zu errichten. Innerhalb von drei flächenhaften Entsorgungsgebieten und vier eher kleinräumigen Regionen kann das anfallende Altöl eingesammelt und vorbehandelt werden, um anschließend in den drei Zementwerken des Landes und eventuell in Kalk- oder Gipsbrennereien als Zuschlag zum normalen Brennstoff verbrannt zu werden.

Die Sammlung sollte durch private, lizensierte Unternehmen unter staatlicher Kontrolle nach klaren administrativen Vorgaben erfolgen, die das Altöl in geeigneten Zwischenlagern speichern, vorbehandeln und an Weiterverwender verkaufen. Diese Weiterverwender müssen gegebenenfalls Emissionsminderungsmaßnahmen einführen.

Bei Gewährung minimaler staatlicher Hilfen (Darlehen, Zuschüsse) und unter sachkundiger Beratung von öffentlicher Seite (auch als Entwicklungsprojekt) ist ein solches Sammelsystem ökologisch sinnvoll und unter wirtschaftlichen Gesichtspunkten lohnend durchzuführen.

Die Zweitraffination von Altöl (echtes Recycling) zu wiederverwendbarem Schmieröl ist erst ab bestimmten Mindestmengen von Altöl wirtschaftlich, die in der ARJ und ähnlichen Ländern zwar schon anfallen, aber nicht wirtschaftlich einzusammeln sind, jedenfalls so lange nicht, wie keine strikten gesetzlichen Vorgaben wie z.B. in der Bundesrepublik Deutschland existieren.

Somit bleibt die Weiterverwendung von Altöl als Additiv zu flüssigem fossilen Brennstoff in den erwähnten Produktionsstätten nach Klärung prozeßtechnischer und emissionsrelevanter Fragen die einzige schnell umsetzbare Alternative zum aktuell praktizierten Verkippen. Denn nur so ist die weitere Kontamination der ohnehin knapper werdenden Trinkwasservorräte rasch zu stoppen.

Hydraulik- und Transformatorenöle können in mobilen Kleinfiltrationsanlagen mechanisch an Ort und Stelle (z.B. Straßenbaumaschinen auf der Baustelle direkt) gereinigt werden, so daß sie sofort wieder für den ursprünglichen Zweck einsetzbar sind. Auf diese Weise wird ein Vermischen dieser Ölsorten mit gebrauchten Schmierölen aus Verbrennungsmotoren verhindert.

## 2. BEWERTUNG DES GEFÄHRDUNGSPOTENTIALS, STANDARDE, usw.

ENTWICKLUNG UND ANWENDUNG VON KRITERIEN FÜR DIE BODEN-
QUALITÄT UND SANIERUNG VON ALTLASTEN

ROBERT L. SIEGRIST

ENVIRONMENTAL SCIENCES DIVISION, OAK RIDGE NATIONAL LABORA-
TORY, OAK RIDGE, TENNESSEE, 37831, USA

1. VORBEMERKUNG

Ein kritisches und zugleich irritierendes Problem bei schadstoffbelastetem Land war seit jeher, den Grad der Belastung und das Ausmaß der erforderlichen Sanierungsmaßnahmen für schadstoffbelastete Böden und Sedimente zu bestimmen. Es sind verschiedene Verfahrensweisen zur Lösung dieses schwierigen Problems entwickelt worden, und die Streitfrage, welche davon am besten geeignet ist, bleibt unentschieden. Mit der zunehmenden Anzahl von schadstoffbelasteten Grundstücken, die in den meisten Fällen nicht katastrophal belastet sind, ist das Interesse an einer auf Kriterien basierenden Verfahrensweise gestiegen. Obwohl die Entwicklung und Anwendung von generischen Kriterien mit Schwierigkeiten verbunden ist, dienen sie im Rahmen eines allgemeinen Programms für das Management von schadstoffbelasteten Böden einem deutlichen Zweck, und sie werden immer häufiger in mehr und mehr Zuständigkeitsbereichen in der ganzen Welt angewendet.

2. EINFÜHRUNG

Mit giftigen und gefährlichen Substanzen belastetes Land ist ein kritisches Umweltproblem für Nationen in der ganzen Welt. Wesentlich für seine Lösung ist die Entwicklung und Anwendung von Strategien und Methoden zur Bewertung des Grades der Belastung und des Ausmaßes der für ein bestimmtes Grundstück erforderlichen Sanierungsarbeiten.

Als Gastwissenschaftler in Norwegen in den Jahren 1988-1989 hat der Verfasser eine internationale Untersuchung durchgeführt, um die Vorgehensweisen für die Festlegung von Sanierungszielen für schadstoffbelastetes Land und die für die Erreichung dieser Ziele angewendeten Technologien zu identifizieren (1). Die auf diese Weise erhaltenen Informationen sollten der norwegischen Regierung bei der Entwicklung und Durchführung eines neuen Programms für die Beurteilung und Sanierung von schadstoffbelastetem Land helfen. Ein wesentlicher Gesichtspunkt bei dieser Untersuchung betraf die Einstellung zu und die Anwendung von "vorgegebenen Normen, Richtlinien und Kriterien" (weiterhin einfach als "Kriterien" bezeichnet) für schadstoffbelastete Böden. Die in zehn Ländern, nämlich in den Vereinigten

Staaten, Kanada, England, den Niederlanden, Westdeutschland, Frankreich, Dänemark, Schweden, Finnland und Norwegen angewendeten Strategien und Verfahren wurden einer Prüfung unterzogen. Die Informationen wurden aus der veröffentlichten Literatur, durch persönliche Anfragen und Ortsbesuche gesammelt. Nach dieser Untersuchung wurde das Thema weiterhin in den USA behandelt. Diese Abhandlung gibt einen Überblick über die Vorgehensweisen für die Festlegung von Sanierungszielen für schadstoffbelastete Grundstücke und diskutiert den Zweck und den Anwendungsbereich allgemeiner Kriterien und ihre Anwendung in der ganzen Welt.

3. ÜBERBLICK ÜBER DIE VORGEHENSWEISEN ZUR FESTLEGUNG VON SANIERUNGSKRITERIEN

Vorgehensweisen zur Festlegung von Sanierungskriterien für schadstoffbelastetes Land sind weitgehend unterschiedlich in den verschiedenen Ländern und auch innerhalb der Länder (Tabelle 1)(1-5). Nur in wenigen Fällen gibt es klare, einheitliche nationale Richtlinien. Beurteilung der Bedeutung der Belastung und Festlegung von Sanierungszielen ist im allgemeinen ein nicht-systematisches Verfahren, das durch verschiedene Faktoren beeinflußt wird, wie z.B.: 1) Grundstückstyp und Art der Schadstoffbelastung, 2) vorhandene anwendbare Normen und Kriterien, 3) zuständige Gesetze und Vorschriften, 4) Grundstückseigentümer, und 5) Aufmerksamkeit und Einstellung der Öffentlichkeit. Es ist häufig der Fall, daß keine klaren Sanierungsziele in der Form von annehmbaren Restkonzentrationen der Schadstoffe festgelegt sind. In solchen Fällen wird ein Übereinkommen über eine annehmbare Vorgehensweise bei der Sanierung getroffen, aus dessen Resultaten sich das tatsächliche Sanierungsziel ergibt. Wo klare Sanierungsziele gesetzt sind, sind verschiedene Vorgehensweisen zur Anwendung gekommen, einschließlich von: 1) örtlichen Verhandlungen und für einen Einzelfall geltende Entscheidungen, 2) Sanierung zur Erreichung der natürlichen Belastungswerte, 3) Anwendung von festgelegten Normen, Richtlinien oder Kriterien, 4) Erstellung von ortsspezifischen mathematischen Modellen, Risikobewertungen und Entscheidungen über Risikomanagement, oder 5) eine Kombination dieser Vorgehenweisen.

Die Frage, welche Vorgehensweise zur Festlegung von Sanierungszielen die "beste Vorgehensweise" ist, ist ausführlich diskutiert und debattiert worden. Ein Aspekt dieser Debatte hat sich auf die Aufstellung und Anwendung von festgelegten Normen, Richtlinien und Kriterien (weiterhin einfach als "Kriterien" bezeichnet) konzentriert.

Tabelle 1. Vorgehensweisen bei der Festlegung von Sanierungskriterien für schadstoffbelastete Grundstücke und Anwendung von Bodenqualitäts- und Sanierungskriterien (nach 1)

Land  Vorgehensweisen zur Festlegung von Sanierungskriterien

**NORDAMERIKA**
Vereinigte Staaten: Für NPL*-Standorte(z.B. Superfund): Benutzung von anwendbaren, einschlägigen und zuständigen Bundes- und Landesanforderungen, soweit vorhanden, und formell festgelegte, ortsspezifische Risikobewertungsmethoden. Für Nicht-NPL-Land liegen weitgehend unterschiedliche Verfahren in den verschiedenen Staats- und Regierungs-Zuständigkeitsbereichen vor und umfassen eine Vielzahl von allgemeinen Kriterien und natürlichen Belastungswerten sowie grundstücksspezifische formelle Risikobewertungsmethoden. [3, 10, 11, 25]
Kanada: Nur in Quebec ist ein formelles Vorgehen festgelegt, und eine umfassende Liste von allgemeinen, aus der "Niederländische Liste" übernommenen und abgewandelten Kriterien wird als anfängliche Richtlinie und zur Übersicht benutzt, unter Benutzung ortsspezifischer Risikobewertung, soweit anwendbar. Environment Canada unterstützt die Entwicklung nationaler Kriterien im Jahr 1990 [3, 17, 18]

**WESTEUROPA**
England: Kein nationales System. Richtlinien nationaler Körperschaften in Bezug auf "Grenzkonzentrationen" für einige Schadstoffe, die gewöhnlich auf industriellem Gelände gefunden werden, das häufig zur Wiederverwendung vorgesehen ist (z.B. ehemalige Gaswerke). [12,26]
Niederlande: Nationale Vorschriften für die Erhaltung der "Multifunktionalität" des Bodens. Generische Kriterien (Gütegrade A-B-C-) für die Bewertung des Grades der Schadstoffbelastung seit 1983 eingeführt (oft als "Niederländische Liste" bezeichnet). Vergleichswerte für gute Bodenqualität (neuer Gütegrad A) 1987 eingeführt. Schadstoffbelastetes Land muß bis zu multifunktionaler Qualität (Gütegrad A) saniert werden, solange nicht gezeigt werden kann, daß dies technisch oder finanziell nicht möglich oder umweltschädlich ist. [6, 7, 9, 13-16]
Bundesrepublik Deutschland: Keine nationale Vorgehensweise, Kontrolle durch die Landesregierungen. Benutzung der "Niederländischen Liste" unter Berücksichtigung der örtlichen Bedingungen. Westdeutsche "Richtlinien-/Grenzwerte" für die Schadstoffbelastung von Böden werden entwickelt, auf Grundlage der Bodenschutzstrategie, die 1985 eingeführt wurde.[8,20,27]
Frankreich: Keine nationale Vorgehensweise, Kontrolle durch die Ortsverwaltungen. Anwendung von qualitativen Risikobewertungen. Bei Belastung durch natürlich vorkommende Substanzen müssen die natürlichen Belastungswerte berücksichtigt werden. Entwicklung von Normen für die Schadstoffbelastung von Böden wird z. Zt. erwogen. [19,20]

* National Priority List (Nationale Prioritätenliste)

Tabelle 1. Vorgehensweisen bei der Festlegung von Sanierungskriterien für schadstoffbelastete Grundstücke und Anwendung von Bodenqualitäts- und Sanierungskriterien (nach 1), Fortsetzung

| Land | Vorgehensweisen zur Festlegung von Sanierungskriterien |
|---|---|
| SKANDINAVIEN | |
| Dänemark: | Keine nationale Vorgehensweise, Kontrolle durch die Ortsverwaltungen. Benutzung der "Niederländischen Liste" als allgemeine Richtlinie und zur Sichtung, sowie von bestehenden dänischen Normen, soweit vorhanden. Endgültige Entscheidung über einzelne Grundstücke auf Grundlage von ortsspezifischen Überlegungen. Formelle Methode für Risikobewertung im Entwicklungsstadium. [21,28] |
| Schweden: | Keine nationale Vorgehensweise. Bisher nur begrenzte Erfahrungen. Anwendung von generischen Kriterien (z.B. "Niederländische Liste"), soweit vorhanden, als anfängliche Richtlinie, aber ortsspezifische Entscheidung auf Grund der örtlichen, einschließlich der technischen, politischen, wirtschaftlichen und psychologischen Faktoren.[22] |
| Finnland: | Keine nationale Vorgehensweise. Bisher nur begrenzte Erfahrungen. Anwendung von generischen Kriterien (z.B. "Niederländische Liste") als anfängliche Richtlinie. [23, 29] |
| Norwegen: | Keine nationale Vorgehensweise. Bisher nur begrenzte Erfahrungen. Anwendung von generischen Kriterien (z.B. "Niederländische Liste"), soweit vorhanden, als anfängliche Richtlinie. Ortsspezifische Entscheidung auf Grundlage der vorgesehenen Benutzung des Grundstücks, der technischen Durchführbarkeit und der Kosten, sowie der sekundären Umweltbelastung während der Sanierungsarbeiten. [24] |

## 4. ENTWICKLUNG UND ANWENDUNG VON BODENQUALITÄTSKRITERIEN
### 4.1 Zweck und Anwendungsbereich numerischer Kriterien

Numerische Kriterien sind im wesentlichen generische Schadstoffkonzentrationen, die sich leicht auf ein einzelnes Grundstück oder ein einzelnes Problem anwenden lassen und eine vorläufige, wenn auch nicht endgültige, Beurteilung des vorliegenden Problems ermöglichen. Numerische Kriterien sind für verschiedene Zwecke erforderlich, unter anderem 1) zur Durchführung einer anfänglichen Bewertung der Wichtigkeit der Schadstoffbelastung eines bestimmten Grundstücks (z.B. wie "schmutzig" das Grundstück ist), 2) als Richtlinie für die Sanierungsarbeiten während ihrer Ausführung (z.B. wie viel Boden ausgegraben werden muß), 3) als Vergleichswert bei der Beurteilung, ob die Sanierung wirkungsvoll durchgeführt worden ist, 4) als Grundlage für die Bewertung der Leistung von Behandlungsanlagen für schadstoffbelastete Böden, und 5) zur Beurteilung, für welche Art der Wiedernutzung schadstoffbelastetes Land nach der Behandlung geeignet ist.

In enger Verbindung mit den eigentlichen Kriterien stehen zahlreiche Probleme in Bezug auf das Management und die Auswertung der Daten. Bei schadstoffhaltigen Grundstücken sind außerdem die Entnahmemethode, Analyse und Auswertung von Proben, die zur Erstellung der Datenbasis dienen, auf welche die Kriterien angewendet werden sollen, von großer Wichtigkeit. Während in vielen Fällen Standard-Labormethoden für die Analyse der physikalischen und chemischen Kennwerte angewendet werden, besteht zunehmend die Notwendigkeit für Kriterien auf Grundlage von tragbaren, im Feld benutzbaren Instrumenten und Geräten, die Echtzeitdaten liefern. Das ist nützlich für die Leitung von Untersuchungsarbeiten (z.B. Bodenbohrungen und Probenahme aus Testgrabungen) und von Wert während der Grundstückssanierung (z.B. für die Leitung der Ausgrabung von schadfür Neuentwicklung stoffhaltigem Boden).

## 4.2 Der Stand der Anwendung von Bodenqualitäts- und Sanierungskriterien

Kriterien für Bodenqualität und -sanierung werden von mehr und mehr Einzelpersonen, Institutionen und Aufsichtsstellen angewendet bzw. empfohlen (1-4). Das Interesse ist gestiegen wegen der zunehmenden Anzahl von schadstoffhaltigen Grundstücken in vielen Ländern und der Erkenntnis, daß komplizierte grundstücksspezifische Untersuchungen physisch undurchführbar sind und daß generische Kriterien erforderlich sind, um den Vorgang der Sanierung von Grundstücken zu rationalisieren. Die Grundzüge einiger Listen von Kriterien, die weltweit angewendet werden, sind in Tabelle 2 angeführt, und eine weitere Diskussion folgt.

Einzelpersonen, denen die Entscheidung über ein schadstoffbelastetes Grundstück obliegt, drücken häufig den Wunsch und Bedarf für spezifische Bodenqualitätskriterien für schadstoffbelastetes Land aus (1). Leicht benutzbare, umfassende Kriterien wurden als unerläßlich für die Vereinfachung der anfänglichen Bewertung und Sichtung von Grundstücken angesehen.

Die Forderung nach eindeutigen Sanierungskriterien ist häufig gestellt worden, von Eigentümern, Entwicklungsunternehmern und künftigen Nutzern schadstoffbelasteter Grundstücke. Ebenso deutlich war jedoch eine starkes Verständnis für die Schwierigkeiten und möglichen Probleme bei der Entwicklung und Anwendung von Kriterien, und die Überzeugung, daß bei der Aufstellung von endgültigen Sanierungszielen die Anpassungsfähigkeit an die Besonderheiten einzelner Grundstücke erforderlich ist.

Tabelle 2. Grundzüge einiger ausgewählter Listen von Kriterien für schadstoffbelastete Grundstücke (nach 1).

| Einzelheiten | Niederlande | Quebec, Kanada | Ontario, Kanada | Großbritannien |
|---|---|---|---|---|
| Verantwortliche Behörde | Bundesministerium für Wohnungswesen, Raumordnung & Umwelt | Provincial Ministry of the Environment | Provincial Ministry of the Environment | Department of the Environment |
| Datum der Einführung | 18983/87 | 1988 | 1984 | 1983/87 |
| Übliche Bezeichnung | Niederlän- dische Liste | - | - | "Schwellen- Werte" |
| Gesetzliche Normen? | Nein | Nein | Nein | Nein |
| Berücksicht. Schadstoffe | 12 Metalle; 7 anorgan., 25 organ., Schadstoffe; 7 sonstige | 14 Metalle; 12 anorgan., 65 organ. Schadstoffe; 3 sonstige | 18 Metalle; 1 anorgan., 1 organ. Schadstoffe | 10 Metalle; 6 anorgan., 2 organ. Schadstoffe |
| Kontaminierung/ Richtwerte berücksicht. | Drei | Drei | Ein | Zwei |
| Berücksicht. Medien | Böden, Grundwasser | Böden Grundwasser | Böden | Böden |
| Bodeneigenschaften berücks. | Nein | Nein | Begrenzt | Nein |
| Landnutzung berücksicht. | Nicht angegeben | Nicht angegeben | Ackerland Wohnland/ Parkland Gewerbe, Industrie | Gärten/ Schrebergärten, Parks, Spiel/Sportplätze |
| Datenqualitätsvorschriften | Nein | Nein | Nein | Ja |
| Maßnahmen bei Überschreitung | Untersuchung und/oder Sanierung | Untersuchung und/oder Sanierung | Nicht vorgeschrieben | Sanierung oder andere Landnutzung |

Das erste Land, das eine nationale, umfassende Serie von Kriterien für schadstoffbelastetes Land aufstellte, waren die Niederlande. 1983 wurde eine nationale Verordnung erlassen, die das Konzept der "Multifunktionalität" von Land begründete und Kriterien für die Beurteilung der Bedeutung einer Schadstoffbelastung des Bodens und Grundwassers, sowie Richtlinien für die Bewertung von Grundstücken und die Sanierung (Niederländische Liste") umfaßte. Zur Förderung einer weitreichenden Bodenschutzstrategie wurden kürzlich Vergleichswerte für "gute Bodenqualität" erstellt. Diese Kriterien waren nicht als Normen gedacht, sondern eher als Richtwerte für die Entscheidung, ob es notwendig ist, (weitere) Untersuchungen und Risikobewertungen anzustellen. In der Praxis sind die Kriterien jedoch angewendet worden, als ob sie wirklich Normen seien, in Teilen der Niederlande und auch in anderen Ländern. In den Niederlanden ist diese Vorgehensweise nun seit über 5 Jahren bei der Sanierung von mehreren hundert Grundstücken zur Anwendung gekommen.

Die Anwendung umfassender numerischer Kriterien scheint in anderen Ländern beliebter zu werden, besonders ihre Anwendung bei der anfänglichen Bewertung des Grades der Schadstoffbelastung und des wahrscheinlichen Ausmaßes der Sanierungsarbeiten. 1988 wurde in der Provinz Quebec in Kanada eine umfassende Liste von Kriterien veröffentlicht, die weitgehend die "niederländische Liste" zur Grundlage hat. Die kanadische Regierung hat in jüngster Zeit ein Projekt eingeleitet, das die Aufstellung nationaler Kriterien für Kanada zum Ziel hat. Aufstellung ähnlicher Listen von Kriterien wird ebenfalls von anderen gesetzgebenden Körperschaften erwogen (z.B. Westdeutschland, Frankreich).

Andere Behörden von National- und Provinzialregierungen haben ebenfalls Kriterien in Form von annehmbaren Grenzwerten für Schadstoffkonzentrationen im Boden aufgestellt. Sie sind zwar weit weniger umfassend als die Listen der Niederlande oder Quebecs, sollen aber als Richtlinien bei der Grundstücksbewertung und -sanierung dienen. Einige dieser Listen konzentrieren sich auf häufig vorkommende Typen von schadstofbelasteten Grundstücken (z.B. im Boden versenkte undichte Benzintanks oder Kohlevergasungsanlagen). In vielen Fällen hängen die Kriterien von der Art der beabsichtigten Nutzung des Geländes ab (z.B. Tabelle 2).

In fast allen Fällen sind die Bodenqualität und die Sanierungskriterien nicht gesetzliche Normen, sondern eher Richtlinienkriterien, die dafür gedacht sind, unter voller Berücksichtigung der ortsspezifischen Faktoren zur Anwendung zu kommen. Die Ausnahmen sind anscheinend einige berüchtigte Stoffe, wie z.B. polychlorierte Biphenyle (PCB), einige polyzyklische aromatische Kohlenwasserstoffe (PAK) und Dioxine.

Selbst in den Zuständigkeitsgebieten, in denen noch keine spezifischen Kriterien für die Sanierung von schadstoffbelastetem Land formuliert worden sind, wird häufig auf die bestehenden Kriterien, wie etwa die "niederländische Liste", Bezug genommen (Tabelle 1). Es werden auch häufig bestehende nationale und internationale Normen direkt oder in abgeänderter Form angewendet, die im Rahmen von Programmen oder Gesetzen entwickelt wurden, welche keinen Zusammenhang mit schadstoffbelastetem Land haben. Beispiele sind die Trinkwassernormen, Umweltwasserqualitätsnormen, Grenzwerte für Niederschlagsablaufwasser, Einschränkungen des Abladens von Abwasserfaulschlamm auf landwirtschaftlich genutzten Böden, Luftreinheitsnormen für Betriebe, Luftreinheitsnormen für die Umwelt usw. Es ist bemerkenswert, daß in manchen Fällen die Qualitätsnormen für Grundwasser einigermaßen gleichwertig mit den Trinkwassernormen festgelegt worden sind (z.B. in Wisconsin, USA, Dänemark, den Niederlanden). In einigen Fällen sind Hinweise auf bestehende Normen formell in ein Sanierungsprogramm für Abfalldeponien mit eingefügt worden (z.B. Superfund-Programm in den USA).

5. DISKUSSION

Es ist offensichtlich, daß die Entwicklung und Anwendung von Bodenqualitäts- und Sanierungskriterien für schadstoffbelastete Grundstücke viele potentielle Vor- und Nachteile mit sich bringt (Tabelle 3). Es kann nicht behauptet werden, daß auf Kriterien basierende Vorgehensweisen die "besten" Vorgehensweisen für die Behandlung von schadstoffbelastetem Land darstellen, sondern sie sind eher als ein notwendiger Bestandteil eines allgemeinen Programms für die Behandlung von schadstoffbelastetem Land anzusehen. Numerische Kriterien erleichtern auch die Aufstellung von nationalen oder regionalen Bodenschutzprogrammen und ermutigen die Bemühungen um eine Wiedernutzbarmachung von schadstoffbelastetem Land.

Die Entwicklung und Anwendung von wissenschaftlich gut begründeten und zugleich praktisch anwendbaren und allgemein anerkannten spezifischen Kriterien für schadstoffbelastetes Land ist zweifellos eine schwierige Aufgabe. Die Kriterien für Bodenqualität sollten im Idealfall viele Faktoren berücksichtigen, einschließlich der damit verbundenen Gefahren, der Besonderheiten eines Grundstücks (Transport, Vorgeschichte, Exposition), Umwelt- und Gesundheitsgefährdung, Überwachungsmöglichkeiten und Sanierungstechnologie, die verfügbaren finanziellen Mittel und institutionelle Einschränkungen. Die vorgesehene Landnutzung wird ebenfalls weitgehend als ein Faktor im Prozeß der Entwicklung und Anwendung von Kriterien anerkannt. Kriterien sollten möglichst auf Bundesebene festgelegt werden und sollten mit bestehenden Normen und Kriterien und allen einschlägigen Gesetzen und Vorschriften verträglich sein.

Tabelle 3. Beispiele für die Vor- und Nachteile der Entwicklung und Anwendung von Bodenqualitäts- und Sanierungskriterien

Vorteile
o   Rasche und einfache Anwendung.
o   Ähnliche Grundstücke können ähnlich behandelt werden.
o   Nützlich für anfängliche Beurteilung des Wichtigkeitsgrades der Schadstoffbelastung.
o   A priori-Informationen erleichtern Planung und Ausführung.
o   Ermutigt Entwicklungsunternehmer zu Sanierungs- und Wiederherstellungsarbeiten.
o   Möglichkeit der Übereinstimmung mit Strategien für Umweltnormen.
o   Vorhandensein von schadstoffhaltigem Land wird leichter verständlich für Nicht-Fachleute.
o   Erleichtert Rechenschaftsberichte über Umweltzustand industrieller Grundstücke.
o   Erleichtert Überwachung/Zulassung industrieller Grundstücke.
o   Kann zur Beurteilung der Leistung von Bodenbehandlungsanlagen benutzt werden.
o   Bedeutet Endgültigkeit und verringert örtliche politische Beeinflussung.

Nachteile
o   Manche wichtigen ortsspezifischen Rücksichten können oft nicht beachtet werden.
o   Für viele besorgniserregende giftige Stoffe sind keine Normen, Richtlinien und Kriterien formuliert worden. Bestehende Normen, die im Rahmen anderer Programme formuliert worden sind, sind nicht immer anwendbar für schadstoffhaltiges Land.
o   Generische Werte setzen ein Maß an Verständnis, Wissen und Überzeugung voraus, das wahrscheinlich nicht vorhanden ist.
o   Wenn Werte erst einmal festgelegt sind, wird die ortsspezifische Anpassung oft erschwert.

Bei der Entwicklung einer Liste von Kriterien können generische Risikobewertungen für eine Anzahl von typischen schadstoffbelasteten Grundstücken und Geländen dazu benutzt werden, eine Reihe von Kriterienzielen abzuleiten. Aus der Gesamtheit dieser Ziele kann dann eine 'annehmbare' Liste von Kriterien zusammengestellt werden, unter Aufsicht einer anerkannten Kommission von Fachleuten, die alle betroffenen Gruppen vertreten, einschließlich der technischen, politischen, sozialökonomischen, rechtlichen und Körperschaften und der Bürgerschaft. Bei der Entwickung einer umfassenden Liste sollte darauf geachtet werden, eine Rangordnung der in die Liste aufgenommen Schadstoffe aufzustellen, unter voller Berücksichtigung der am häufigsten vorkommenden Schadstoffe, sowie der giftigsten, ausdauerndsten und am leichtesten beweglichen Schadstoffe.

Welche Kriterien auch aufgestellt werden, es sollten einige Aufklärungen über die Umweltüberwachungsmethoden und die Interpretation von Daten gegeben werden. Die Kriterien sollten hinreichend anpassungsfähig sein, um auch gültige ortsspezifische Faktoren zu berücksichtigen und eine umfassende Risikobewertung auszulösen, wo das erforderlich ist. Und schließlich sollte die Kriterienliste periodisch einer Prüfung unterzogen und überarbeitet werden, so daß die ständig wachsenden Kenntnisse auf diesem Gebiet mit einbezogen werden können.

## 6. BIBLIOGRAPHIE

1) Siegrist, R.L. 1989. International review of approaches for establishing cleanup goals for hazardous waste contaminated land. Final res. rept. to Norwegian State Poll. Cont. Agency by Inst. for Georesources and Pollution Res., Aas-NLH, Norwegen, 81 S.
2) International perspectives on cleanup standards for contaminated land. Proc. Third International Conf. on New Frontiers for Hazardous Waste Management, U.S. Environmental Protection Agency, Pittsburgh, PA, USA, September 1989, S. 348-358.
3) Richardson, G.M. 1987. Inventory of cleanup criteria and methods to select criteria. Unveröff. Ber., Industrial Programs Branch, Environ. Kanada, Ottawa, Ontario. 46 S.
4) Fitchko, J. 1989. Criteria for contaminated soil/ sediment cleanup. Pudvan Publishing Company, Northbrook, IL, USA.
5) Smith, M.A. 1988. An international study on social aspects etc. of contaminated land. In: K. Wolf, W.J. van den Brink, F.J. Colon (Herausg.), Contaminated Soil '88, Kluwer Acad Publ., London, S. 415-424.
6) Moen, J.E.T., J.P. Cornet und C.W. Evers, 1986. Soil protection and remedial actions: criteria for decision making and standardization of requirements. In: J.W. Assink und W.J. Vandenbrink (Herausg.). Contaminated Soil. Martinus Nijhoff Publ., Dordrecht, Niederlande. S. 441-448.
7) Moen, J.E.T. 1988. Soil protection in the Netherlands. In: K. Wolf et al. [siehe 2.], S. 1495-1503.

8) Bachmann, G. und D.F.W.von Borries. 1988. Soil protection and abandoned hazardous waste sites. In: K. Wolf et al. [siehe 5.], S. 1549-1554.
9) Van Drunen, T.S.G. und F.B. deWalle. Soil pollution and reuse of cleaned-up soils in the Netherlands. Proc. Conf. Soil, The Aggressive Agent. Okt. 1988. IBC Technical Services Ltd., IBC House, Canada Road, Surrey, England.
10) U.S. Congress, Office of Tech. Assessment. 1985. Kapitel 4: Strategies for setting cleanup goals, In: Superfund Strategy, Report OTA--ITE-252. S. 103-121.
11) Kavanaugh, M. 1988. Hazardous waste site management: water quality issues. Colloquium by the Water Sci. and Tech. Board, U.S. Natl. Res. Council. Feb., 1987. Natl. Academy Press, Washington, D.C. S. 1-10.
12) Beckett, M. 1988. Current policies in the U.K. and elsewhere. L.U.T. Short course on Contaminated Land. Sept., 1988. 12 S.
13) Vegter, J.J., J.M. Roels und H.F. Bavinck. 1988. Soil quality standards; science or science fiction. In: K. Wolf et al. [siehe 5.], S. 309-316.
14) Bavinck, H.F. 1988. The Dutch reference values for soil quality. Min. für Wohnungswesen, Physische Planung und Umwelt, Leidschendam, Niederlande. 9 S.
15) DeBruijn, P.D. und F.B. deWalle. 1988. Soil standards for soil protection and remedial action in the Netherlands. In: K. Wolf et al. [siehe 5.], S 339-349.
16) Vegter, J.J. 1988. Leitender Sekretär der Tech. Komm. für Bodenschutz, Minist. für Wohnungswesen, Physische Planung und Umwelt, Leidschendam, Niederlande. Persönl. Mitteilung, 16. Dez. 1988.
17) Anonym. 1988. Contaminated sites rehabilitation policy. Gouvernement du Quebec, Ministere de l'Environement, Direction des substances dangereuses. Sainte-Foy, Quebec, Kanada. 43 S.
18) Lupul, S.L. 1988. Branch Head, Industrial Wastes Branch, Alberta Environ., Waste and Chemicals Div., Edmonton, Kanada. Persönl. Mitteilung, 8. Dez. 1988.
19) Goubier, R. 1988. Inventory evaluation and treatment of contaminated sites in France. In: K. Wolf et al. [siehe 5.], S. 1527-1535.
20) Palmarck, M. et al. 1987. Contaminated land in the European Communities: Summarizing Rept. UBA-FB. Komm. der Europäischen Gemeinschaft, Brüssel, 216 S.
21) Keiding, L.M., L.W. Sorensen und C.R. Petersen. 1988 On investigation and redevelopment of contaminated sites. Ber. der Konf. über Auswirk. der Abfallbeseitigung auf Grundwasser. Aug. 1988. Kopenhagen, Dänische Wasserbehörde.

22) Von Heidenstam, O. 1988. Schwedische Nationel. Behörde für Umweltschutz, Stockholm. Persönl. Mitteilung., 10. Nov. 1988.
23) Assmuth, T. et al. 1988 Assessing risks of toxic emissions from waste deposits in Finland. In: K. Wolf et al. [siehe 5.], S. 1137-1146.
24) Johannsen, J. 1988. Norwegische Landesbehörde für Schadstoffkontrolle, Oslo. Persönl. Mitteilung, 9. Aug. & 6. Dez. 1988.
25) U.S. Environ. Prot. Agency. 1987. Hazardous Waste System. Office of solid wastes and emergency response, Washington D.C. S 3-7.
26) ICRCL. 1987. Guidance on the asessment and redevelopment of contaminated land. ICRCL 59/83 (2. Ausg.), Dept. of Environ., London. 20 S.
27) Franzius, V. 1988. Bundesamt für Umwelt, Berlin. Persönl. Mitteilung, 26. Okt. 1988.
28) Sorensen, L.W. 1988. Amt für Abfalldeponie, Nationale Umwelschutzbehörde, Kopenhagen, Persönl. Mitteilung, 5. Okt. 1988.
29) Assmuth, T. 1988. Techn. Forschungsamt, Nationale Behörde für Wasser und Umwelt, Helsinki. Persönl. Mitteilung, 8. Nov. 1988.

**Ökotoxikologische Risikoabschätzung als Grundlage für die Entwicklung von Bodenqualitätskriterien.**

Carl A.J. Denneman und Jannita G. Robberse

Ministerium für Wohnungsbau, Planung und Umwelt
P.O.Box 450, 2260 MB Leidschendam, Niederlande

1. ZUSAMMENFASSUNG

Die Niederländische Regierung hat sich für eine progressive Risikoabschätzungsstrategie entschieden. Diese Strategie zielt darauf ab, Risikoniveaus in Übereinstimmung mit neuesten wissenschaftlichen Entwicklungen festzulegen. Zum gegenwärtigen Zeitpunkt findet eine Bewertung und Neueinfestlegung beider Zielwerte statt. Dies sind das Niveau eines vernachlässigbaren Risikos und die C-Werte, die das Niveau einer "ernstlichen Bedrohung" darstellen. Eine wichtige Grundlage für diese Bewertung sind zwei Studien über die Ökotoxizität mehrerer Stoffe und aktuelle Risikoabschätzungsmethoden, die vom Nationalen Institut für Volksgesundheit und Umweltschutz (RIVM) ausgeführt wurde. Die Ergebnisse dieser Strategie sind ein wichtiger Schritt zur Implementierung ökotoxikologischer Argumente bei der Festlegung von Normen.

2. EINLEITUNG

2.1 Festlegung von Normen unter Bezugnahme auf eine Risikoabschätzung

Die Risikoabschätzung wurde zu einem der Ausgangspunkte der Umweltschutzpolitik im Niederländischen Nationalen Umweltpolitikplan (1) gemacht. Sie wurde im Jahre 1986 erstmalig in die Umweltschutzpolitik der Niederlande eingeführt (2).
Auf der Grundlage der Konzeption der Risikoabschätzung wurde ein System von Normenfestlegungen entwickelt, in dem drei Typen von Normen unterschieden werden können: Zielwerte, Grenzwerte und Interventionswerte (1, 2). Siehe auch Abbildung 1.

Zielwerte geben die Konzentration einer Substanz an, bei dem die Risiken für Menschen, Pflanzen, Tiere, Ökosysteme und andere Teile der Umwelt vernachlässigbar sind. Sie stellen eine "saubere" Umwelt dar. Ein wichtiger Zweck dieser Werte ist, die Notwendigkeit und das Ziel von Umweltschutzmaßnahmen auf nationaler Ebene zu begründen.

| Art der Norm | Risikoniveau | Bestehende Norm in der Bodenpolitik |
|---|---|---|
| Interventions-wert | Ernstliche Bedrohung | C-Wert |
| Grenzwert | maximal zulässiges Niveau | |
| Zielwert | vernachlässigbares Niveau | Bezugswert |

Abbildung 1: Normen und Risikoniveaus

Bezugswerte gemäß Veröffentlichung im Jahre 1987 (3) sind einen wichtigen Aspekt der Bodenschutzpolitik. Sie sind ein erster Versuch, die Konzeption von Zielwerten zu quantifizieren. Bezugswerte beruhen auf einer Untersuchung von Untergrundsniveau von Schwermetallen und Arsen in nicht verunreinigten Böden in den Niederlanden. Für alle Substanzen wurde der gewünschte Schutz des Grundwassers als Trinkwasserquelle berücksichtigt. Bezugswerte gehen nicht von einer Bewertung ökotoxikologischer Daten aus. Zu dem betreffenden Zeitpunkt war es nicht möglich, die Ökotoxikologie bei der Entwicklung von Bodenqualitätsnormen einzusetzen. Demzufolge wurden Bezugswerte als eine Hypothese des Niveaus festgelegt, dem nur vernachlässigbare Risiken für das Ökosystem eintreten (4).

Grenzwerte können in Fällen formuliert werden, in denen die vorhandene Qualität als Teil der Umwelt der Qualität der Zielwerte nicht entspricht. Sie geben eine Umweltqualität an, die innerhalb einer bestimmten Planungszeit erreicht werden sollte. Grenzwerte liegen zwischen den Niveaus vernachlässigbaren Risikos und den maximal zulässigen Risikoniveaus. Die Konzeption von Grenzwerten wird bis jetzt in der Bodenpolitik nicht angewandt.

Interventionswerte stellen ein Risikoniveau oberhalb des maximal zulässigen Risikoniveaus dar, bei dem eine unverzügliche Aktion notwendig ist. In den C-Werten, die einen wichtigen Aspekt des Gesetzes "Interimwet Bodemsanering" darstellen, wurden Interventionswerte für Böden quantifiziert. Dieses Gesetz wurde erstmalig im Jahre 1983 veröffentlicht und ist immer noch in Gebrauch (5).
Eine Überschreitung dieser Konzentrationen bedeutet, daß eine "ernstliche" Bedrohung für die menschliche Gesundheit oder die Umwelt besteht. Dies kann ein Grund für eine Sanierung des verunreinigten Bodens und/oder Grundwassers sein.
Die C-Werte wurden hauptsächlich auf humantoxikologischen Argumenten basiert, die nicht in einer allgemein akzeptierten Risikoabschätzungsmethode implementiert waren, sondern nach Expertengutachten gewichtet wurden. Abgesehen hiervon wurden keine ökotoxikologischen Kriterien eingesetzt.

## 2.2 Ökotoxikologische Risikoabschätzung

Bei Einführung der Risikoabschätzungsstrategie wurde es notwendig, eine einheitliche Art und Weise zu entwikeln, nach der ökotoxikologische Argumente bei der Quantifizierung der verschiedenen Risikoniveaus berücksichtigt werden sollten. Abgesehen davon mußten politische Entscheidungen hinsichtlich der Frage getroffen werden, was ein Niveau mit vernachlässigbarem Risiko und was ein Niveau mit "ernstlicher Bedrohung" ist. Diese Entscheidungen sind niemals rein wissenschaftlich. Das Akzeptieren eines bestimmten Risikos ist eine politische Entscheidung.

In den letzten Jahren wurden verschiedene Methoden zur Bewertung der Auswirkungen von Substanzen auf Ökosysteme entwickelt. Der Nationaler Gesundheitsrat beurteilte diese Risikoeinschätzungsstrategien (6). Das Gremium entschied, daß die von Van Straalen und Denneman (7) vorgeschlagene Methode die besten Möglichkeiten bot, um in Risikoabschätzungspolitiken für die Umwelt angewandt zu werden. Durch eine Extrapolation der bekannten Konzentrationen ohne beobachtete nachteilige Auswirkungen (NOEC = No Observed Adverse Effect Concentration) für eine toxische Substanz für einige repräsentative Proben schätzt diese Methode eine Beziehung zwischen dem Anteil der Gattungen in einem Ökosystem, bei der der betreffende NOEC-Wert überschritten ist und der Konzentration der toxischen Substanz im Boden ab. Für eine zuverlässige Anwendung dieser Methoden sind zumindest 5 NOEC-Werte erforderlich. In Berichten, die auf Anordnung des "Technischen Ausschusses für Bodenschutz" (TCB) entworfen wurden, wurde die Anwendung der Methode illustriert (8, 9, 10).

Die Methode von Van Straalen wurde von der Niederländischen Regierung als die Methode eingeführt, die zur Berücksichtigung ökotoxikologischer Auswirkungen von Substanzen auf Ökosysteme bei der Festlegung von Normen berücksichtigt werden sollten (11). Die Anwendung dieser Methode beruht auf der Annahme, daß ein Schutz der Struktur (qualitative und quantitative Verteilung der Gattungen) auch die funktionellen Eigenschaften des Systems sichern würde. In 'Omgaan met Risico's' (11) werden die Niveaus für vernachlässigbares und maximal zulässiges Risiko quantifiziert. Das Niveau, bei dem 95% der Gattungen in einem Ökosystem vollständig geschützt sind, wurde als maximal zulässiges Risikoniveau gewählt. Gewöhnlich werden Ökosysteme einem Gemisch von Substanzen ausgesetzt. Demzufolge liegt das Niveau vernachlässigbaren Risikos im Prinzip bei 1% dieses maximal zulässigen Niveaus (11). In der Bodenpolitik wird vorgeschlagen, das Niveau einer "ernstlichen Bedrohung" für die Umwelt bei einer Konzentration einer toxischen Substanz festzulegen, bei der 50% der Gattungen in einem Ökosystem Werten ausgesetzt sind, die über ihrem NOEC-Wert liegen.

Sowohl die Einführung der ökotoxikologischen Methodenlehre als auch die Definition von Risikoniveaus führt zur

Evaluierung von Bezugswerten und C-Werten auf der Grundlage
einer ökotoxikologischen Risikoabschätzungsstrategie. Im
vorliegenden Artikel werden wir die Möglichkeiten einer
Implementierung von ökotoxikologischen Risikostrategien bei
der Festlegung von Normen illustrieren.

## 3. RISIKOABSCHÄTZUNGSNIVEAUS

### 3.1 Einleitung

Im Jahre 1989 wurde das Nationale Institut für Volksgesundheit und Umweltschutz (RIVM) beauftragt, Risikoniveaus zu
bestimmen, die für die Formulierung von Zielwerten für Boden,
Grundwasser und Oberflächenwasser benötigt werden (12). Im
vorliegenden Artikel konzentrieren wir uns auf Zielwerte für
Böden.

Daneben wurde das RIVM ebenfalls im Jahre 1989 beauftragt,
die vorhandene Liste von C-Werten zu überprüfen und
nötigenfalls zu revidieren. Bei dieser Beurteilung sollten
sowohl humantoxikologische als auch ökotoxikologische
Argumente herangezogen werden. Im vorliegenden Artikel
berichten wir über die Ergebnisse dies ökotoxikologischen
Teils dieser Risikoabschätzung (13).

In den RIVM-Studien wurden die folgenden Ausgangspunkte
gewählt:
- die Ermittlung muß von verfügbaren Toxizitätsdaten
  ausgehen;
- für die Festlegung der verschiedenen Risikoniveaus muß
  eine vergleichbare Strategie herangezogen werden;
- die Bestimmung von Risikoniveaus muß soweit möglich von der
  Methode von Van Straalen & Denneman (7) ausgehen;
- die Risikoniveaus müssen sowohl für Land- als auch für
  Unterwasserböden relevant sein;
- die Risikoniveaus müssen entsprechend der Menge
  organischer Masse (OM) und Lutum in Böden differenziert
  werden. Diese Differenzierung wird zunächst auf
  Bezugswerte angewandt (3).

### 3.2 Zielwerte

Die vorhandenen Toxizitätsdaten für Bodenorganismen reichen
für die meisten Substanzen nicht aus, um die Methode von Van
Straalen und Denneman anwenden zu können. Wenn nur wenige
Toxizitätsdaten verfügbar waren, ist bei der Bestimmung des
Risikoniveaus von einer weniger komplizierten Methode, der
EPA-Methode (12) ausgegangen.

Eine indirekte Methode zur Festlegung von Risikoniveaus für
Böden verläuft über Risikoniveaus von Gewässern. Es wird
allgemein angenommen, daß landlebende Bodenorganismen in den
meisten Fällen ebenso empfindlich gegenüber toxischen
Substanzen sind wie Wasserorganismen. Unter Annahme eines
Gleichgewichts und von Verteilungskoeffizienten können
Risikoniveaus für Gewässer auf Bodenkonzentrationen

umgerechnet werden, die in Böden dasselbe Risikoniveau
darstellen.

In Tabelle 1 wird eine Auswahl von festgestellten Risikoniveaus mit den Bezugswerten verglichen.

Tabelle 1. Risikoniveaus, Bezugswerte und vorgeschlagene Zielwerte für 9 Substanzen (definiert für einen sogenannten Standardboden (organische Substanz 10%, Lutum 25%)).

| Substanz | Bezugswert (mg/kg) | maximal zulässiges Niveau (mg/kg) | vernachlässiges Niveau (mg/kg) | vorgeschlagene Zielwerte (mg/kg) |
|---|---|---|---|---|
| Kadmium | 0.8 | 0.17 | 0.0017 | 0.8 |
| Blei | 85 | 22 | 0.22 | 85 |
| Kupfer | 36 | 3.5 | 0.035 | 36 |
| Chrysan | 0.01 | 2.0 | 0.02 | 0.02 |
| Benzo(a)pyren | 0.1 | 2.5 | 0.03 | 0.03 |
| Benzo(ghi)-Perylen | 10 | 2.0 | 0.02 | 0.02 |
| Atrazin | | 0.0052 | 0.000052 | 0.000052 |
| Parathion | 0.01 | 0.004 | 0.00004 | 0.00004 |
| Dieldrin | 0.01 | 0.05 | 0.0005 | 0.0005 |

Schwermetalle und Arsen.
Für die drei in der Tabelle aufgeführten Metalle standen genügend Toxizitätsdaten zur Verfügung, um die Methode von Van Straalen und Denneman anwenden zu können. Für diese drei Metalle liegen die maximal zulässigen Niveaus in derselben Größenordnung wie die Bezugswerte, die als die stärkste vorkommende Konzentration dieser Verunreinigungsstoffe in verhältnismäßig schwach verunreinigten Gebieten beobachtet werden können. Für Oberflächengewässer wurde dasselbe Ergebnis festgestellt. Die "natürlichen" Untergrundkonzentrationen liegen weit über den Niveaus vernachlässigbaren Risikos für Ökosysteme, die mit der vorhandenen Risikoabschätzungsstrategie bestimmt wurden. Wahrscheinlich verursachen Metalle in "natürlichen" Situationen Auswirkungen auf Ökosysteme. Da es nicht relevant ist, Zielwerte zu definieren, die unter den normalen Bodenkonzentrationen für natürlich auftretende Substanzen liegen, kann die heutige Ausführung der Risikoabschätzungspolitik nicht als Grundlage für die Festlegung von Zielwerten für Metalle dienen.

Polyaromatische Kohlenwasserstoffe und Pestizide.
Für polyaromatische Kohlenwasserstoffe und Pestizide standen nicht genügend Toxizitätsdaten für landlebende Bodenorganismen zur Verfügung, als daß man die Methode von Van Straalen und Denneman hätte anwenden können. Dagegen wurde über Risikoniveaus von Gewässern eine Abschätzung der

Risikoniveaus in Böden für diese Substanzen angestellt. Im
Fall von Pestiziden wurden diese Risikoniveaus mit den
wenigen Toxizitätsdaten verglichen, die für Bodenorganismen
zur Verfügung standen. Die so berechneten Konzentrationen
vernachlässigbaren Risikos für Böden liegen unter den
Bezugswerten, die auf dem gewünschten Schutz des Grundwassers
als Trinkwasserquelle beruhen. Bei der Formulierung von
Zielwerten ist eine Verschärfung der Bezugswerte unter
Berücksichtigung der Auswirkungen auf das Ökosystem erforderlich.

## 3.3 C-WERTE

Wie bereits erwähnt, sind C-Werte repräsentativ für
Konzentrationen mit "ernstlicher Bedrohung". Es wird
vorgeschlagen, dieses Niveau bei einer Konzentration einer
toxischen Substanz festzulegen, bei der für 50% der Gattungen
in einem Ökosystem die NOEC-Werte überschritten werden. Für
viele Substanzen reicht die Anzahl verfügbarer
Toxizitätsdaten für landlebende Bodenorganismen nicht aus, um
die Risikoabschätzungsmethode von Van Straalen und Denneman
anwenden zu können. Dieses Problem trat auch bei den
Zielwerten auf. Demzufolge werden anstelle der Vorzugsmethode
alternative Methoden angewandt. Auf diese Weise sind die
Ergebnisse der verschiedenen Methoden vergleichbar. Eine
vollständige Übersicht über das Verfahren steht in einem Bericht des RIVM-Instituts (13).

Tabelle 2. Vorgeschlagene C-Werte, die eine "ernstliche
Bedrohung" für die Umwelt darstellen und
gegenwärtig gültige C-Werte für toxische
Substanzen (mg/kg); ein "ungünstigster" Boden
enthält 2% organische Materie und 5% Lutum, ein
Standardboden 10% organische Materie und 25%
Lutum.

| Substanz | gegenwärtig gültige C-werte | vorgeschlagene C-werte ("ungunstigster Fall") | vorgeschlagene C-werte (Standard) |
|---|---|---|---|
| Kadmium | 20 | 7 | 12 |
| Blei | 600 | 200 | 290 |
| Kupfer | 500 | 100 | 190 |
| Polyaromatische Kohlenwasserstoffe[1] | 200 | 8 | 40 |
| Atrazin[2] | 10 | 17 | 90 |
| Parathion[2] | 10 | 0.7 | 3.5 |
| 2,4,5-T[2] | 5 | 1 | 5 |

[1] die Gesamtmenge von 10 polyaromatischen Kohlenwasserstoffen (PCA's)
[2] in der vorhandenen Liste wurden Pestizide nicht einzeln
aufgeführt; eine Unterscheidung wird nur zwischen
chlorinierten und nicht-chlorinierten Pestiziden
vorgenommen.

In Tabelle 2 wird für bestimmte Substanzen ein Vergleich zwischen den vorgeschlagenen C-Werten auf der Grundlage von ökotoxikologischen Kriterien und den heute gültigen Werten angestellt. Die vorgeschlagenen Werte sind für zwei Bodentypen angegeben, nämlich einen Boden mit einem sehr niedrigen Gehalt organischer Materie und Lutum, der als "ungünstigster Fall" betrachtet werden kann (organische Materie 2%, Lutum 5%) und den sogenannten Standardboden (organische Materie 10%, Lutum 25%). Bei den heute gültigen Werte wird nicht bezüglich der Menge organischer Materie und Lutum unterschieden. Sie können jedoch mit den für einen Standardboden vorgeschlagenen Werten verglichen werden.

Für vier Substanzen, nämlich Kadmium, Blei, Kupfer und 2,4,5-T standen genügen Toxizitätsdaten zur Verfügung, um die Methode von Van Straalen und Denneman (7) anwenden zu können und auf diese Weise einen Vorschlag für C-Werte festzulegen. Für die anderen Substanzen mußten alternative Methoden benutzt werden. Die Werte für Atrazin und Parathion konnten ausgehend von Toxizitätsdaten für landlebende Organismen festgelegt werden. Für PCA-Substanzen mußten Toxizitätsdaten für Gewässer benutzt werden und sie wurden unter Benutzung von Verteilungskoeffizienten auf Bodenwerte umgerechnet.

Eine "ernstliche Bedrohung" für die Umwelt kann sowohl von einzelnen Substanzen als auch von einem Gemisch ausgehen. Wenn Substanzen vergleichbare Eigenschaften haben, kann man sich mit der Formulierung eines C-Wertes für der Gruppe der Substanzen begnügen. Der TCB-Ausschuß (14) vertritt die Ansicht, daß die Ökotoxizität von PCA-Substanzen beurteilt werden kann, indem man die Gesamtmenge der 10 PCA-Substanzen mißt, die in der vorhandenen Liste einzeln aufgeführt sind (5). Aus diesem Grund wurde nur ein C-Wert für diese Gesamtmenge in die Tabelle aufgenommen.

Ein vergleichbares Verfahren kann auch auf Gruppen von Pestiziden mit demselben Wirkungsmechanismus angewandt werden. Bei Substanzen mit unterschiedlichen Eigenschaften kann jedoch auch eine Akkumulierung von Risiken auftreten. In dem RIVM-Bericht wurde ein erster Versuch angestellt, die Risiken von Mischungen toxischer Substanzen auf einheitliche Weise zu quantifizieren (13). Diese Entwicklung ist jedoch noch nicht genügend weit fortgeschritten, um in der Risikoabschätzungspolitik angewandt werden zu können.

Es scheint, daß für die meisten in der Tabelle aufgeführten Substanzen die ökotoxikologischen Kriterien zu niedrigeren C-Werten führen. Für Kadmium, Blei, Kupfer und Parathion betragen die Vorschlagswerte ungefähr die Hälfte der heute gültigen Werte. Für 2,4,5-T gibt es keinen Unterschied, während der vorgeschlagene Wert für Atrazin viel höher liegt als heute. Aus dem RIVM-Bericht scheint hervorzugehen, daß dieser Trend mit den Ergebnissen für andere beurteilte toxische Substanzen übereinstimmt, die hier nicht erwähnt sind. Dies führt zu der Schlußfolgerung, daß in den heute gültigen C-Werten das Niveau einer "ernstlichen Bedrohung" für die Umwelt unterschätzt wird.

Es muß betont werden, daß diese Schlußfolgerungen auf ökotoxikologischen Kriterien beruhen, während die endgültige Revision der C-Werte auch humantoxikologische Kriterien beinhalten wird.

## 4. DISKUSSION

Die niederländische Regierung hat sich für eine progressive Risikoabschätzungsstrategie entschieden. Wissenschaftliche Entwicklungen werden beobachtet und wenn möglich bei der Festlegung von Risikoniveaus berücksichtigt. Diese Strategie kann nur über eine enge Zusammenarbeit mit der wissenschaftlichen Welt zum Erfolg führen.

Die gewählte Risikoabschätzungsstrategie führt bei der Festlegung von Normen ökotoxikologische Argumente ein. Abhängig von der Menge verfügbarer Toxizitätsdaten werden diese Daten bei einer Risikoabschätzungsmethode berücksichtigt, nach der ein gewähltes Risikoniveau berechnet werden kann (7, 12, 13). Auf diese Weise wird die Festlegung von Normen auf eine breitere Grundlage gestellt und die verschiedenen Risikoniveaus werden auf sinnvolle Weise miteinander in Beziehung gesetzt.

Es kann der Schluß gezogen werden, daß für beide Niveaus wichtige Verbesserungen im Vergleich zur früheren Situation erreicht werden konnten. Allerdings macht die Anwendung der Strategie deutlich, daß es noch Unsicherheiten gibt. Dies liegt meistens an mangelnden Toxizitätsdaten für Bodenorganismen, wodurch es für die meisten Substanzen bei beiden Niveaus unmöglich wird, die Vorzugsmethode zur Risikoabschätzung heranzuziehen (7). Auch die Überprüfung der Ergebnisse der Methode ist zu beachten. Es muß vermerkt werden, daß diese Unsicherheiten nun identifiziert sind. Wir hoffen, daß dies als eine Ermutigung und Herausforderung für die Wissenschaftler wirkt, zusätzliche Anstrengungen zu entwikeln, um zu Vorschlägen für eine weitere Verbesserung der vorgelegten Strategie zu kommen. In der Vergangenheit ist dies ebenfalls eingetreten, nachdem eine Aufforderung zu einer Stellungnahme zu den vorgeschlagenen Bezugswerten ergangen war (4).

Unabhängig von den Unsicherheiten liefert die Anwendung der ökotoxikologischen Risikoabschätzungsstrategie Argumente für eine Verschärfung der Bezugs- und C-Werte für die meisten Substanzen.

Zielwerte und C-Werte gelten sowohl für Landböden als auch für Unterwasserböden. Es ist nicht realistisch, für beide Bodenarten unterschiedliche Werte zu definieren, da Unterwasserböden zu Landböden werden können und umgekehrt. Aus einem Bericht des TCB-Ausschusses (8) geht hervor, daß wasserlebende Bodenorganismen gleichartige oder eine niedrigere Empfindlichkeit gegenüber toxische Substanzen wie landlebende Bodenorganismen haben. Daher ist es wahrscheinlich, daß die Vorschlagswerte unabhängig davon, ob sie von Toxizitätsdaten für wasserlebende oder für landlebende Bodenorganismen ausgehen, beide Gruppe von Bodenorganismen in zufriedenstellender Weise schützen.

Es muß betont werden, daß die vorliegende Strategie darauf abzielt, allgemeine Risikoniveaus festzulegen. Dies bringt mit sich, daß die berechneten Werte mit einer gewissen Nuancierung auf bestimmte lokale Situationen angewandt werden müssen. Wenn ein C-Wert überschritten wird, sind die lokalen Umstände, beispielsweise der pH-Wert, bei der Beantwortung der Frage wichtig, ob an einer bestimmten Stelle eine "ernstliche Bedrohung" besteht. Die Beurteilung der örtlichen Bodeneigenschaften wird mit der Einführung der Differenzierung bezüglich organischer Materie und Lutum-Gehalt des Bodens weniger subjektiv.

Die vorgelegte Strategie stellt den Beginn einer neuen Periode in der Risikoabschätzungspolitik dar. Sie betrifft die Festlegung von allgemeinen Risikoniveaus, wobei soweit wie möglich dieselben Verfahren und Ausgangspunkte benutzt werden. Erstmalig wurden ökotoxikologische Argumente benutzt und Risikoniveaus nach einer Risikoabschätzungsmethode berechnet. Demzufolge können Risikoniveaus als Teile eines Rahmens mit solider Grundlage betrachtet werden. Dies bedeutet ein logischeres und besser verständliches System von Normen. Es kann zu einer Steigerung wissenschaftlicher Anstrengungen führen, die auf eine weitere Verbesserung der Strategie abzielen.

## 6. LITERATURANGABEN

(1) Nationaal Milieubeleidsplan, Tweede Kamer, sessie 1988-1989, 21 137 no. 1-2.
(2) Meerjaren Programma - Milieubeheer (IMP 1986-1990) Tweede Kamer, sessie 1985-1986, 19204, nrs. 1-2.
(3) Meerjaren Programma - Milieubeheer 1988-1991. Tweede Kamer, sessie 1987-1988, 2020, nrs 1-2.
(4) Vegter J.J., J.M. Roels & H.F. Bavinck (1988) Soil quality standards: science or science fiction. In: Contaminated soil '88; K. Wolf, W.J. van den Brink & F.J. Colon (eds), Kluwer Academic Publishers, Dordrecht.
(5) Interimwet Bodemsanering (1983) Ministerie van Volkshuisvesting Ruimtelijke Ordening en Milieubeheer.
(6) Gezondheidsraad (1988) Ecotoxicologische Risicoevaluatie van stoffen No 28. Den Haag.
(7) Van Straalen, N.M. & C.A.J. Denneman (1989) Ecotoxicological evaluation of soil quality criteria. Ecotox. Environ. Saf. 18, 241-251.
(8) Technische Commissie Bodembescherming (1989) Rapport normering van waterbodems. TCB, A98/06-R.
(9) Technische Commissie Bodembescherming (1989) Oecotoxicologische evaluatie von referentiewaarden voor gehalten van bestrijdingsmiddelen in den bodem. TCB, A89/10-R.

(10) Technische Commissie Bodembescherming (1989) Een oecotoxicologische risico-evaluatie van referentie-, LAC-en EEG-waarden voor de gehalten van zware metalen in de bodem. TCB, A89/10-R.
(11) Omgaan met Risico's, bijlage bij het Nederlands Nationaal Milieubeleidsplan, Tweede Kamer, 1988-89 sessie, 21 137 no 5.
(12) Van der Meent, D., T. Aldenberg, J.H. Canton, C.A.M. van Gestel & W. Slooff (1990) Streven naar waarden. RIVM rapport no. 670101 001.
(13) Denneman, C.A.J. & C.A.M. van Gestel (1990) Bodemverontreiniging en bodemecosystemen: voorstel voor C-(toetsings)waarden op basis van ecotoxicologische risico's. RIVM rapport no. 725201001.
(14) Technische Commissie Bodembescherming (1989) Advies Beoordeling van bodemveronreiniging met polycyclische aromaten. TCB, A89/03).

WIE ZULÄNGLICH SIND DIE METHODEN DER GEFAHRENBEURTEILUNG AUF GRUND VON STANDARDWERTEN FÜR BODENKONTAMINATION?

JOOP J. VEGTER, JOKE VAN WENSEM & JOLIJTH DE JONGH

TECHNISCHES BODENSCHUTZKOMITEE, P.O. BOX 450, 2260 MB LEIDSCHENDAM, DIE NIEDERLANDE

ZUSAMMENFASSUNG

In den Niederlanden begegnet man der Bodenkontamination mit Maßnahmen, die auch von manchen anderen Industrieländern übernommen worden sind. Hierbei wird eine Gefahrenabschätzung auf Grund von Standardwerten mit einer standortspezifischen Gefahrenbeurteilung kombiniert. In letzter Zeit wurden neue Standardwerte hierfür vorgeschlagen, die auf den (öko)toxikologischen Auswirkungen von Bodenkontaminationsstoffen basieren. In diesem Zusammenhang sollen die Folgen dieser neuen Entwicklung erörtert werden. Man argumentiert, daß sich die Gefahrenabschätzung bei der Bodenkontamination nicht auf einen einfachen Vergleich zwischen der Konzentration eines Schadstoffs im Boden und einem Boden-Standardwert reduzieren läßt. Eine standortspezifische Gefahrenbeurteilung wird immer noch für notwendig erachtet, um der komplexen Bodenzusammensetzung und den vielfachen Aufnahmewegen gerecht zu werden. Trotz der Beschränkungen, die für allgemeingültige Bodenstandardwerte für die Gefahrenbewertung gelten, ist die Einbeziehung der (öko)toxikologischen Argumente bei der Festlegung der Standardwerte geeignet, in der Entscheidungsphase manches klarer und homogener darzustellen. Bei der örtlichen Bodenkontamination in Stadtgebieten, die normalerweise von relativ wenigen, genau definierten chemischen Substanzen in hoher Konzentration gekennzeichnet ist, dürfte die Notwendigkeit von Vorbeugungs- oder Abhilfemaßnahmen größtenteils durch einen Vergleich der Felddaten mit den Standardwerten zu untermauern sein.

EINLEITUNG

Das niederländische Bodenschutzgesetz bildet die Rechtsgrundlage zur Verhinderung der Bodenkontamination und zur Sanierung kontaminierter Bodenflächen. Nach diesem Gesetz steht die Bodenkontamination mit einer ganzen Reihe verschiedener menschlicher Aktivitäten in Verbindung, welche die Bodenqualität evtl. irreversibel beeinflussen. Die Kontamination beschränkt sich keinesfalls nur auf eine stellenweise Kontamination des Bodens durch chemische Substanzen oder Sondermülldeponien. In den meisten Industrieländern sind nur Bodenprobleme der letzteren Art als größeres Umweltproblem erkennbar. Folglich konzentriert sich die Entwicklung von Verfahren zur Gefahrenabschätzung und Technologien zur Vorbeugung und Reinigung größtenteils auf die Ermittlung und Lösung von örtlichen Bodenproblemen.

Selbst in den Niederlanden, einem der dichtestbevölkerten Länder der Welt mit einem hohen Anteil an Stadtgebieten, werden nur etwa zehn Prozent der Bodenoberfläche stark von den Auswirkungen der Wohn- und Industriegebiete beeinflußt. Die meisten Fälle, in denen Sanierung in Frage kommt, konzentrieren sich auf diese Gebiete. Der größte Teil (70%) der Niederlande ist der Landwirtschaft gewidmet und etwa 10% der Oberfläche ist von seichten Gewässern bedeckt (s. Abb.1). Im letzteren Fall kommt infolge der Wasserverschmutzung im Schlamm eine weit verbreitete Bodenkontamination in großem Ausmaß vor und kann infolge der zu intensiven Agrarwirtschaft künftig auch an Land vorkommen. Die Güte des Grundwassers ist bereits durch erhebliche Mengen von Nitrat und Phosphat bedroht, die von tierischem Dünger und Insektenvernichtungsmitteln stammen.

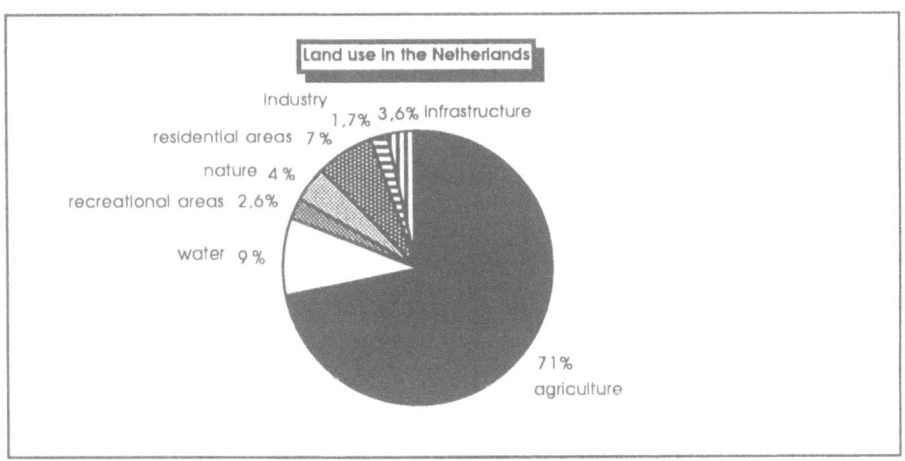

ABBILDUNG 1.   Landnutzung in den Niederlanden.

Legende:    industry - Industrie
            residential areas - Wohngebiete
            nature - Naturschutzgebiete
            recreational areas - Freizeitflächen
            water - Binnengewässer
            agriculture - Landwirtschaft

In den Niederlanden wird die Bodenkontamination mit eindeutigen, quantitativen Bodenstandardwerten für chemische

Substanzen und einer standortspezifischen Gefahrenabschätzung erfaßt. Dieses Verfahren, das mit der bekannten ABC-Liste begann, um einen Maßstab für die vorhandene Kontamination festzulegen und die Notwendigkeit einer weiteren, standortspezifischen Gefahrenabschätzung aufzuzeigen, entwickelt sich nun im Hinblick auf eine mehr standardwertorientierte allgemeine Gefahrenabschätzung. Die neuen Bezugswerte (1) und besonders die neuen C-Werte (2) basieren in weit höherem Maße auf (Öko)toxikologischen Wirkungen als die alten A- und C-Werte. Folglich enthält ein Vergleich der Felddaten mit diesen neuen Standardwerten einige Elemente der Gefahrenabschätzung, die vorher nur in eingehenderen standortspezifischen Gefahrenbeurteilungen vorhanden waren.

In diesem Zusammenhang sollen einige Folgen dieser neuen Entwicklung genauer untersucht werden.

## AUF STANDARDWERTEN BASIERENDE GEFAHRENABSCHÄTZUNG

Im allgemeinen werden bei der Gefahrenabschätzung oft die vielen Wege betrachtet, auf denen Schadstoffe Menschen oder andere Tier- und Pflanzenarten erreichen. Eine gegebene chemische Konzentration im Boden (Cs - s. Abb. 2) kann zu einer gefährlichen Konzentration (Cl) in einem Zielorganismus führen, wenn die Konzentration der chemischen Substanz im Boden (Cs) hoch, die Aufnahme bedeutend (E ist groß) und die chemische Substanz toxisch ist. Bei einer ausschließlich auf Standardwerten basierenden Gefahrenabschätzung reduziert sich das ganze Problem auf einen Vergleich zwischen der Konzentration eines Schadstoffes im Boden (Cs) und dem entsprechenden Bodenstandardwert (N). Offensichtlich lassen sich für diesen Zweck brauchbare Bodenstandardwerte in Anbetracht der Kontaminationswege und (öko)tixikologischen Wirkungen evtl. nur schwer herleiten. Dieses Problem war bereits Gegenstand zahlreicher Diskussionen in früheren Konferenzen über Bodenkontamination (siehe z.B. Vegter und andere 1988, 3). Die Fortschritte, die in letzter Zeit bei der Herleitung von Bodenstandardwerten in den Niederlanden zu verzeichnen sind, werden auf der diesjährigen Konferenz von Denneman & Robberse (2) geprüft und von Van Wensem & Vegter (4) hierzu einige methodologische Verfeinerungen präsentiert.

Eine Reihe von anderen Aspekten beim Problem der Gefahrenabschätzung durch den Vergleich von Schadstoffkonzentrationen mit Standardwerten sind weniger bekannt. Hierzu gehören die räumlichen Größenordnungen bei negativen Auswirkungen der Verschmutzung relativ zur Probenahmestrategie, die Möglichkeit, daß in größeren verschmutzten Gegenden weitere Auswirkungen an Bedeutung gewinnen und letztlich, aber nicht unwesentlich, das Problem der Gefahrenbeurteilung bei einem Schadstoffgemisch, wenn nur

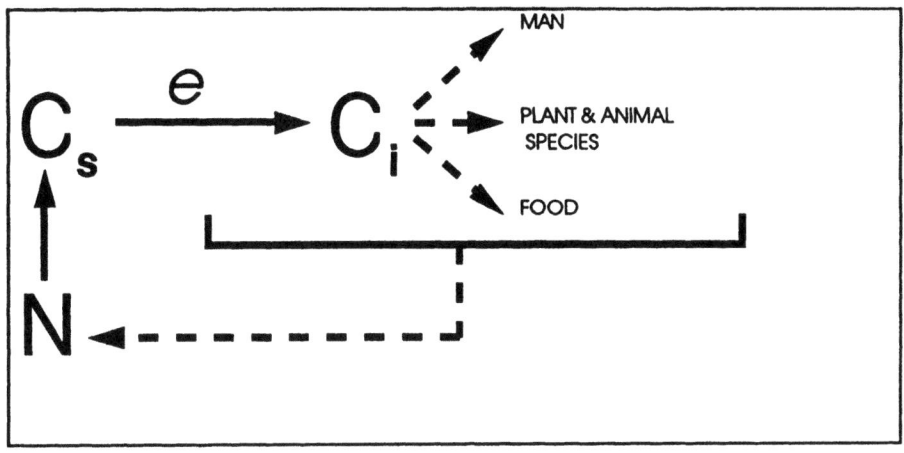

ABBILDUNG 2. Skizze zur Erläuterung der Grenzen, die einer auf Standardwerten basierenden Gefahrenabschätzung gesetzt sind. Hierbei wird vorausgesetzt, daß die Komplexität der Kontaminationswege und die Auswirkung der Kontamination in einem Bodensystem sich für jede Substanz auf einen einzigen Standardwert (N) reduzieren läßt. Die Gefahren werden durch Vergleich der Konzentration im Boden ($C_S$) mit dem Standardwert abgeschätzt.

Legende: man - Mensch
plant & animal species - Pflanzen- und Tierarten
food - Nahrungsmittel

Standardwerte für Einzelsubstanzen verfügbar sind. Das technische Bodenschutzkomitee (TCB), ein Beratungsausschuß, der vom Ministerium für Wohnungsbau, Physikalische Planung und Umweltschutz zur wissenschaftlichen Beratung auf dem Gebiet des Bodenschutzes gebildet wurde, hat vor kurzem einige wichtige Empfehlungen zu den obigen Fragen herausgegeben.

GRÖSSENEINHEITEN BEI DER PROBENAHME

Da Bodenstandardwerte vor allem von Toxizitätsdaten aus dem Labor hergeleitet werden, muß man voraussetzen, daß die Bodenverschmutzungsdosis in der Praxis und im Labor ähnlich sind. Diese Voraussetzung läßt sich, abgesehen von relativ kleinen und hochgradig kontaminierten Standorten, wo die Wahrscheinlichkeit einer kritischen Schadstoffdosis annähernd gleich eins ist, wohl kaum erfüllen. Unter anderen Umständen muß die räumliche Größeneinheit, auf der der Vergleich zwischen der (durchschnittlichen) Konzentration im Boden und dem Standardwert basiert, definiert werden. Das folgende Beispiel soll diesen Punkt verdeutlichen. Die Erdmenge, die Kleinkinder im Alter von 2-4 Jahren in den Mund nehmen und schlucken, ist Gegenstand einer heftigen Debatte geworden (5). Selten ist die Menge aber größer als 200mg am Tag (6). Um diese innerliche Aufnahmedosis zu berechnen, muß der Wert mit der Konzentration der chemischen Substanz im Boden multipliziert werden. Da diese Konzentration anhand von Bodenproben berechnet werden muß, führen nur die im täglichen "Nahrungssuchbereich" eines Kindes gesammelten Proben zu sinnvollen Ergebnissen. Die Probenahmeprogramme bei Untersuchungen kontaminierter Standorte sind ziemlich grob gerastert, d.h. der durchschnittliche Probenahmeabstand ist im Vergleich zum "Nahrungssuchbereich" eines Kindes relativ groß. Die entsprechenden Informationen über Schadstoffkonzentrationen im Boden, die zur Beantwortung der Frage notwendig sind, ob Kinder an kontaminierten Standorten in erheblichem Maße toxischen Substanzen in gefährlicher Konzentration ausgesetzt sind, wird erst verfügbar, wenn die Bodenprobenahme auf eine Weise erfolgt, die das Verhalten von Kleinkindern berücksichtigt.

Vegter und andere (3) schlugen vor, Bodenbezugswerte für die räumliche Größeneinheit an der Quelle zu bestimmen, damit sie für eine quellenorientierte Bodenschutzstrategie verwendbar sind. Es wurde argumentiert, daß die durchschnittlichen Konzentrationen pro Hektar in den meisten Fällen ausreichen. Es werden aber auch Informationen in kleinerem Umfang für eine auf Standardwerten basierende Gefahrenabschätzung bei kontaminierten Standorten gebraucht. Deshalb wäre es evtl. zweckmäßiger, das Problem auf zwei Ebenen anzugehen. Die untere Ebene könnte der kleinsten Größeneinheit entsprechen, auf der Dosis und Auswirkungen als relevant zu betrachten sind. Daraus ergibt sich wiederum die physikalische Größe der zugrundeliegenden Probenahmeeinheit. Aus mehreren Probenahme-Grundeinheiten kann der Mittelwert berechnet werten, um Durchschnittswerte pro Hektar oder in Bezug auf andere interessante räumliche Größeneinheiten zu erhalten.

Die Untersuchungen der Beziehung zwischen den für die Wirkungen der Schadstoffe relevanten räumlichen Größeneinheiten und der Probengröße, die zur Bestimmung der Wahrscheinlichkeit des Eintretens von Auswirkungen in der Praxis erforderlich ist, sind generell unzureichend. Einige Anhaltspunkte für eine Mindestprobengröße bei der Gefahrenabschätzung sind der vom niederländischen Staat herausgegebenen Schrift "Premises for risk management" (7) zu entnehmen. Darin sind die Unbedenklichkeits- und Höchstwerte bei Gefahren für Menschen und Ökosysteme genau angegeben.

Die Auswirkungen auf Menschen werden vom politischen Standpunkt aus auf die Einzelperson bezogen angegeben, die ökotoxikologischen Auswirkungen auf andere Tier- und Pflanzenarten dagegen auf den Bevölkerungs- und Ökosystemwert bezogen. Wenn die Kriterien für die Beurteilung ökologischer Gefahren ebenfalls auf die Basis des Einzellebewesens gestellt würden, wäre die Mindestprobengröße gleich dem sehr kleinen Nahrungssuchbereich einzelner Bodenorganismen und Pflanzen. Da nur die Auswirkungen auf Bevölkerungs- und Ökosystemebene betrachtet werden, geht es hier um wesentlich höhere Größenordnungen. So wird die Mindestfläche für eine Bodenprobenahme evtl. anhand der Auswirkungen auf Menschen, besonders Kleinkinder, bestimmt. Eine Probenahme-Grundeinheit von ca 50m2, vergleichbar mit einem kleinen Hintergarten, kann als klein genug gelten. In der Praxis besteht eine Probe dieser Größe oft aus einem Gemisch zahlreicher kleiner Bodenstichproben (8). Das ist unter der Voraussetzung einer nicht zu kleinen Zahl von Bodenstichproben akzeptabel.

DIE GRÖSSE EINER KONTAMINIERTEN BODENFLÄCHE

Wenn die Gefahrenabschätzung auf den Bodenkonzentrationen der Schadstoffe basiert, ergibt sich daraus für eine kleine Fläche dieselbe Gefährdung wie für eine große Fläche, wenn nicht zusätzliche Kriterien hinsichtlich der Flächengröße angewandt werden. Zwischen einer kleinen und einer großen kontaminierten Fläche besteht nicht nur ein quantitativer Unterschied. Besonders bei der Betrachtung der möglichen ökologischen Auswirkungen von enormem Ausmaß müssen zusätzliche Auswirkungen der Bodenkontamination berücksichtigt werden, die bei einer kleinen Fläche vielleicht nicht vorkommen. Eine kleine Fläche mag wohl nur ein kleiner Teil eines größeren Ökosystems sein, dagegen kann eine große Fläche mehrere Ökosysteme enthalten und muß entsprechend beurteilt werden. Dies gewinnt auch wesentliche Bedeutung, wenn es um Sanierung geht: die Isolierung einer kleinen Fläche rettet ein Ökosystem, wogegen die Isolierung einer großen Fläche mehrere Ökosysteme zerstört.

Es wird deutlich, daß die ökologischen Folgen der Bodenverschmutzung besonders auf großen Flächen nur auf standortspezifischer Basis betrachtet werden können. Jedoch können einige Aspekte der Größe einer kontaminierten Fläche evtl. in eine einfache, auf Standardwerten basierende Vorentscheidung eingebunden werden. Bei der von der niederländischen Regierung vorgeschlagenen Gefahrenschutzpolitik wird die ökologische Wirkung eines Schadstoffs an dem Prozentsatz der Arten gemessen, die bis zu einem gewissen Grade negative Auswirkungen spüren (7). Weil größere Flächen mehr Arten enthalten, sollte der betreffende Prozentsatz der Gesamtfläche entsprechend gewichtet werden, um einen aussagefähigeren Wert für die ökologische Bodenqualität zu erhalten. Zahlreiche Untersuchungen auf dem Gebiet der Inseltheorie und Biogeographie (9,10) haben gezeigt, daß die Beziehung zwischen der Zahl der Arten und der Flächengröße mit einer Funktion einfacher Potenz zu beschreiben ist. Das TCB (11) schlug vor, diese Beziehung bei der Bewertung der ökologischen Gefahren bei Schädlingsvernichtungsmitteln zu benutzen, die u.a. auf der Fläche basieren sollte, auf der diese angewandt werden (s. Abb. 3).

---

Van Straalen & Denneman (12) geben folgende Formel für den Bruchteil der Arten (q) an, der eine Dosis in gefährlicher Konzentration aufnimmt, wenn die Umweltkonzentration gleich C ist.

$$q = \frac{1}{1 + \exp\left\{\frac{\pi^2(X_m - \ln C)}{3 \times s_m \times d_m}\right\}}$$

$X_m$ = Mittelwert der logarithmierten NOEC-Werte für m Arten
$s_m$ = Standardabweichung der logarithmierten NOEC-Werte für m Arten
$d_m$ = Korrekturfaktor für Fehler bei der Abschätzungsprozedur

Eine Wichtung von q entsprechend der Anzahl Arten, die an einem bestimmten Standort eine Dosis aufnehmen, ist mit Hilfe von Art-Fläche-Beziehungen (11) möglich. Die allgemeine Formel für diese Beziehung lautet:

$$S_T = c \times A_T^Z \rightarrow S_2 = \left|\frac{A_P}{A_T}\right|^Z \times S_T \rightarrow s = \left|\frac{A_P}{A_T}\right|^Z$$

S = Anzahl der Arten
A = Fläche (m$^2$)
T = Gesamtfläche
P = Prozentsatz der Gesamtfläche
c = Konstante
Z = Exponent in der Exponentialfunktion
s = relative Artdichte (in %) in Fläche P
Der Prozentsatz der Arten, die auf einer bestimmten Teilfläche (P) eine Dosis in gefährlicher Konzentration aufnehmen, ist sq.

---

ABBILDUNG 3. Die Anwendung einer Arten-Flächen-Beziehung bei der ökotoxikologischen Gefahrenabschätzung nach dem Vorschlag des TCB für die Beurteilung der Nebenwirkungen von Schädlingsbekämpfungsmitteln.

GEMISCH-TOXIZITÄT

Ein erhebliches Problem bei der Gefahrenabschätzung stellt die Bewertung der kombinierten Wirkung mehrerer chemischer Substanzen dar. Dieses Problem kann besonders bei größeren, diffuser kontaminierten Flächen an Bedeutung gewinnen, wo die Konzentration einzelner Substanzen niedriger als bei der stellenweisen Bodenkontamination ist. Im letzteren Fall können ein paar chemische Substanzen dominieren, wodurch die Notwendigkeit einer detaillierten Beurteilung der Gemischtoxizität entfällt. Bei der herkömmlichen Methode werden zur Bestimmung der Gemisch-Toxizität die Standardwerte für die einzelnen Chemikalien um einen Sicherheitsfaktor (7, 13) reduziert (N, s. Abb. 2). In Anbetracht des Zwecks, den die Gefahrenabschätzung verfolgt, ist dies nicht wünschenswert, weil dann die Gefahren der Kontamination von einer einzigen Substanz überschätzt werden.

Eine Methode, die auf dem Prinzip der Konzentrationsaddition basiert und die von der US Environmental Protection Agency (14) zur Gefahrenabschätzung benutzt wurde, wäre besser. In den Niederlanden wird die Verwendung der Konzentrationsadditionsmethode vom TCB für polyaromatische Kohlenwasserstoffe (15) empfohlen. Bei dieser Methode wird der Bodenkonzentrationswert Cs und der Standardwert N für jede Substanz berücksichtigt. Ist ihre Summe größer als Eins, wird der Bodenstandardwert für die Substanzenkombination überschritten.

Vom toxikologischen Standpunkt aus ist die Konzentrationsaddition nur für Substanzen mit ähnlicher Wirkungsweise zulässig. Wie jedoch von Deneer (16) ausgeführt, haben selbst Substanzen mit unterschiedlichen primär-toxischen Mechanismen wesentliche Nebenwirkungen gemeinsam. Er behauptet auch, daß zwischen der Empfindlichkeit eines Toxizitätsparameters und dem Additionsgrad eine umgekehrt proportionale Beziehung zu erwarten ist. Weil die von der niederländischen Regierung für ökotoxikologische Gefahren vorgeschlagenen Kriterien auf dem Biokoloniebevölkerungs- und Ökosystemniveau und nicht auf dem individuell physiologischen Niveau gewählt sind, wo die primär toxischen Vorgänge stattfinden, ist für spezifische Einzelsubstanzen ein kleiner Empfindlichkeitsgrad zu erwarten. Die Prozesse dagegen sind wahrscheinlich sehr intensiv. Also kann eine Vielzahl von Chemikalien zur Gesamt-Ökotoxizität des Bodens beitragen.

Um die Folgen der Bodenkontamination für Kolonien von Bodenorganismen zu bewerten, müssen die kombinierten Auswirkungen aller Chemikalien auf Wachstum, Vermehrung und Sterblichkeit berücksichtigt werden (..). Da die relative Bedeutung dieser demographischen Parameter von der Lebensgeschichte der Art abhängt, scheint dies gegenwärtig nur bei wenigen, gründlich erforschten Arten durchführbar. Als

Näherungswert kann das Konzentrationsadditionsprinzip auf alle Substanzen angewandt werden, die von einem der obigen Bevölkerungsparameter beeinflußt werden, es sei denn, die zusätzlichen Informationen über spezifische Wirkungsweisen einer Substanz zeigen, daß sie sich nicht rein additiv verhalten.

Bis jetzt wurden nur die Auswirkungen eines Substanzengemisches auf eine einzige Art erörtert. Nach der Gefahrenkontrollpolitik werden aber die ökologischen Kontaminationsgefahren durch Berechnung des Prozentsatzes der Arten in einem Ökosystem gemessen, das evtl. demselben negativen Effekt unterliegt. Der höchstzulässige Gefahrenpegel wird auf 5% festgelegt. Das Pegel, auf dem die Gefahr als unbedenklich betrachtet wird, wird auf 1% des höchstzulässigen Wertes festgelegt, um zu berücksichtigen, daß Ökosysteme gewöhnlich einem Substanzengemisch ausgesetzt sind. Wenn die Wirkung verschiedener Chemikalien auf verschiedene Arten unabhängig voneinander ist, kann die 5-Prozent-Grenze ohne weiteres überschritten werden, selbst wenn die auf einzelnen Chemikalien beruhende Gefahr unbedenklich ist. Angenommen, der Unbedenklichkeitswert für einzelne Substanzen entspricht einem kleinen Prozentsatz, z.B. 1%, der Arten, die evtl. immer noch eine negative Wirkung spüren. Angenommen, es ist keine Abhängigkeit vorhanden, dann kann nachgewiesen werden, daß die Kombinationswirkung eines Gemisches mit mehr als fünf Substanzen den zulässigen Wert überschreitet.

FOLGERUNGEN

Ein Ziel der Bodensanierungspolitik in den Niederlanden bestand darin, daß in ähnlichen Situationen ähnliche logische Schlüsse zu ziehen sind (17). Das ist natürlich mit allgemeingültigen Bodenstandardwerten einfacher. Da Entscheidungen hinsichtlich Sanierungsmaßnahmen auf kontaminierten Flächen auf den mit der Kontamination verbundenen Gefahren basieren, werden Entscheidungen durch die Berücksichtigung der (öko)toxikoligischen Argumente bei Bodenstandardwerten gleichförmiger und eindeutiger.

Ohne eine gut definierte Probenahmestrategie zum aussagefähigen Vergleich der Felddaten mit Standardwerten ist diese Verbesserung der Entscheidungen aber ziemlich beschränkt. Wenn Standardwerte auf (öko)toxikologischen Auswirkungen basieren, muß die Probenahme die räumliche Größenordnung der Einwirkung reflektieren. Eine weitere Verbesserung der auf Standardwerten basierenden Gefahrenabschätzung kann durch Richtlinien für die Beurteilung der Toxizität eines Gemisches und Kriterien für die Größe einer kontaminierten Fläche erreicht werden.

In Anbetracht der Komplexität des Bodens und der vielen Wege, auf denen Schadstoffe die Volksgesundheit oder die Umwelt beeinflussen, besonders in größeren Kontaminationsgebieten, wird durch die Verwendung von Standardwerten nie die Notwendigkeit für standortspezifische Beurteilung entfallen. Werden die Grenzen der allgemeingültigen Standardwerte berücksichtigt, können sie als hinreichend für ihren Zweck gelten: erster Anhaltspunkt für die mit der Bodenkontamination verbundenen Gefahren. Bei stellenweiser Bodenkontamination in Stadtgebieten, die gewöhnlich von relativ wenigen, genau definierten chemischen Substanzen in hoher Konzentration gekennzeichnet ist, kann die Notwendigkeit von Vorbeugungs- oder Sanierungsmaßnahmen bereits größtenteils durch einen Vergleich der Felddaten mit Standardwerten nachgewiesen werden.

BIBLIOGRAPHIE

1) Multi year programme, Environmental management 1988-1991 Zweite Kammer, Sitzungperiode 1987-1988, 20202, Nr. 1-2. Staatsuitgeverij, Den Haag.
2) Denneman, C.A.J. & J.G. Robberse, 1990. Ecotoxicological risk assessment as a base for development of soil quality criteria. Proceedings of the third international KfK/TNO conference on soil contamination. Kluwer Akademic Publishers, Dordrecht.
3) Vegter, J.J., J.M. Roels & H.F. Bavinck, 1988. Soil quality standards: Science or science fiction. In: Wolf, K. und andere (Red.), Contaminated Soil '88: 309-316. Kluwer Akademic Publishers, Dordrecht.
4) Van Wensem, J. & J.J. Vegter. Ecotoxicological trigger values: is pooling of all available data possible? Third international KfK/TNO conference on soil contamination, Karsruhe. In Wolf, K. und anderen (Red.). Kluwer Akademie-Verlag, Dordrecht.
5) Advies Sanering Steendijkpolder-Zuid, März 1988. Technische commissie bodembescherming, Leidschendam.
6) Clausing, Pl, B. Brunekreef & J. van Wijnen. Een schatting van de ingestie van bodem- en stofdeeltjes door jonge kinderen. Verslag Vakgroep Gesondheidsleer 1989-364, LU-Wageningen.
7) VROM, 1989. Premises for risk management, Nachtrag zum niederländischen Umweltschutzplan. Zweite Generalstaatskammer, Sitzungsperiode 1988-1989, 21 317 Nr. 5.
8) Advies Protocol bodembemonstering overige organische meststoffen, März 1990. Technische commissie bodembescherming, Leidschendam.
9) Nys, R.J.V., 1987. Ecologie theorie en praktijk, Nachdruck. Stichting leefmilieu, Antwerpen. 358 Seiten.10. May, R.M. 1975. Patters of species abundance and diversity. In: Cody, M.L. & J.M. Diamond (Red.), Ecology and Evolution of communities. The Belknap Press of Harvard University Press, Cambridge.
11) Advies Bodembescherming en bestrijdingsmiddelen, März 1990. Technische commissie bodenmbescherming, Leidschendam.

12) Van Straalen, N.M. & C.A.J Denneman, 1989. Ecotoxicological evaluation of soil quality criteria. Ecotox. Environ. Saf. 18: 241-251.
13) Kansen voor waterorganismen. DBW/RIZA. Notanr. 89.016a.
14) Siegrist, R.L. International review of approaches for establishing cleanup goals for hazardous waste contaminated land. Institute of Georesources and Pollution Research, Norway.
15) Advies Beoordeling van bodemverontreiniging met polycyclische aromaten, April 1989. Technische commissie bodembescherming, Leidschendam.
16) Deneer, J.W. The toxicity of aquatic Pollutants: OSAR's and mixture toxicity studies. Doktorarbeit, Riojksuniversiteit Utrecht 1988.
17) Bavinck, H.F., J.M. Roels & J.J. Vegter. The importance of measurement procedures in curative and preventive soil protection. In: Wolf, K. und andere (Red.), Contaminated Soil '88: 125-133 Kluwer Akademie-Verlag, Dordrecht.

ÖKOTOXIKOLOGISCHE GRENZWERTE: IST DIE SAMMLUNG ALLER VERFÜGBAREN DATEN MÖGLICH?

JOKE VAN WENSEM & JOOP J. VEGTER. TECHNICAL SOIL PROTECTION COMMITTEE, P.O. BOX 450, 2260 MB LEIDSCHENDAM, NIEDERLANDE.

ZUSAMMENFASSUNG

Zur Gefahrenabschätzung bei Chemikalien wurden einige Methoden vorgeschlagen, die auf der verschiedenen Empfindlichkeit der Arten basieren. Der Grundfaktor bei diesen Methoden ist die hochgradige Abhängigkeit der Gefahrenabschätzung von der Verschiedenheit und Menge der zur Abschätzung benutzten Daten. Für diese Methoden sind unbedingt Eingabedaten erforderlich. In diesem Artikel wird die Möglichkeit einer Datensammlung über eine Reihe von chemischem Substanzen für unterschiedliche Umweltbereiche erörtert, um die Varianz abzuschätzen und mehr Eingabedaten zu erhalten.

EINLEITUNG

Bis vor kurzem konnte sich die Gefahrenabschätzung bei Chemikalien für in Ökosystemen existierende Arten nur auf relativ wenige Daten stützen. Gewöhnlich wurde der niedrigste LC50-Wert der Datensammlung für eine bestimmte chemische Substanz gewählt und dieser durch einen ziemlich willkürlichen Sicherheitsfaktor geteilt. Also gingen die in den höheren Werten enthaltenen Informationen über die Gefährdung verloren. 1987 legte Kooijmman ein neues Verfahren für die Gefahrenabschätzung vor, das auf der unterschiedlichen Empfindlichkeit der Arten basiert. Diesem Verfahren liegt die Annahme zugrunde, daß die chemische Empfindlichkeit einer Art mit einem doppeltlogarithmischen Streufaktor darstellbar sei. Bei diesem Verfahren werden alle für eine chemische Substanz verfügbaren LC50-Werte verwendet. Es stützt sich auf die Eingabe von Meßdaten akut toxischer Substanzen. Kooijmans Methode war dann Gegenstand einiger Änderungen, das Grundprinzip ist jedoch heute anerkannt.

Van Straalen & Denneman führten als neuen Standardwert 1989 den NOEC-Wert ein (NOEC = no observed effect concentrations: Konzentrationen, bei denen keine Wirkung zu beobachten ist). Da ein NOEC-Wert auf einer ständigen Dosis mit niedrigen Konzentrationen basiert, ist der NOEC-Wert in einer Feld-Situation relevanter. Kürzlich (1990) modifizierten Wagner & Løkke (1990) die Methode von Van Straalen & Denneman, indem sie den doppeltlogarithmischen Streufaktor durch einen lognormalen Streufaktor ersetzten. Dieser Faktor gilt nun als echter Streufaktor für die Empfindlichkeitsparameter der Arten.

## HÖCHSTZULÄSSIGE KONZENTRATION UND UNSCHÄRFEFAKTOREN

Die Methoden sind auf zwei Probleme anwendbar. In Vorwärtsrichtung wird eine unveränderliche Konzentration bei der chemischen Substanz vorausgesetzt und die Wahrscheinlichkeit eines unzulässigen ökologischen Schadens muß rechnerisch ermittelt werden. In Rückwärtsrichtung wird ein unveränderliches höchstzulässiges Gefahrenmoment vorausgesetzt, wobei die diesem Grenzwert entsprechende Konzentration einer chemischen Substanz in der Umwelt rechnerisch bestimmt werden muß (Van Straalen, 1990).

In diesem Zusammenhang soll das Problem in Rückwärtsrichtung erörtert werden. Die Extrapolation der höchstzulässigen Konzentrationen und Unschärfefaktoren läßt sich nach der Methode von Van Straalen & Denneman darstellen. Die ökologische Gefahr ist als die Wahrscheinlichkeit vorstellbar, mit der eine Art in einer Symbiose eine Dosis mit einer Konzentration über der wirkungsfreien Grenze aufnimmt. Einfachkeitshalber wird vorausgesetzt, daß die Wahrscheinlichkeit, daß eine Art eine Dosis aufnimmt, gleich eins ist. Dieser Punkt wir von Vegter et al. (1990) erörtert.

Bei dieser Methode wird bei den NOEC-Werten für eine Reihe zusammengehörender Arten ein doppeltlogarithmischer Streufaktor vorausgesetzt. Daten für diese wahrscheinliche Streuung werden anhand der über NOEC-Werte in der zugänglichen Literatur verfügbaren Informationen berechnet. Der ökologische Risikofaktor einer chemischen Substanz ist darstellbar als die Fläche unter der Streukurve links von der höchstzulässigen Umweltkonzentration (s. Abb. 1). Das niederländische Ministerium für Wohnungsbau, Physikalische Planung und Umweltschutz schlägt vor, die höchstzulässige Konzentration (MAC) einer chemischen Substanz zu definieren als die Konzentration, bei der 5% der Arten eine höhere Dosis als die wirkungsfreie Konzentration aufnehmen (VROM, 1989). Für den doppeltlogarithmischen und den lognormalen Streufaktor kann das 5-prozentige Fraktil und somit die höchstzulässige Konzentration rechnerisch ermittelt werden (Van Straalen & Denneman, 1989; Wagner & Løkke, 1990).

Das Rechenverfahren sollte auch einen Unschärfefaktor für Fehler infolge der rechnerischen Herleitung der Parameter von der Datenreihe der NOEC-Werte berücksichtigen, weil die rechnerischen Parameter evtl. von den echten Streuparametern abweichen. Wie die MAC-Unschärfefaktoren in der doppeltlogarithmischen und lognormalen Streufunktion richtig abzuleiten sind, wird weiter diskutiert (Aldenberg et al., 1990; Wagner & Løkke, 1990).

All diese Methoden basieren teilweise auf gemeinsamen Funktionsgrundsätzen. Mit zunehmender Varianz der NOEC-Daten in einer Gruppe wandert der MAC-Wert vom geometrischen Mittel weiter nach links. Der Unschärfefaktor beim MAC-Wert wird größer, wenn der Datenumfang bei der Berechnung des NOEC-Mittelwerts und die Varianz der NOEC-Werte relativ gering sind. Eine zuverlässige Berechnung der Empfindlichkeitsunterschiede bei verschiedenen Arten setzt die Verfügbarkeit entsprechend vieler NOEC-Werte von verschiedenen Artgruppen voraus. Dies unterstreicht die enorme Notwendigkeit von Daten über NOEC-Werte für alle potentiell gefährlichen Chemikalien. Leider werden bei herkömmlichen ökotoxikologischen Chemikalientests weitgehend nur LC50- Werte bestimmt. Insbesondere fehlen NOEC-Werte für Bodenorganismen.

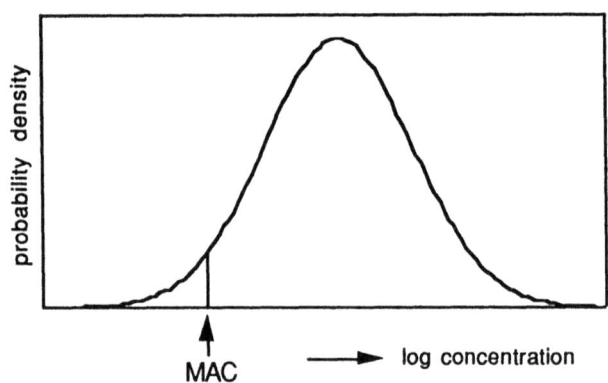

ABBILDUNG 1. Lognormaler Streufaktor beim NOEC-Wert einer chemischen Substanz für bestimmte Arten. Die mögliche Gefährdung der Umwelt durch die chemische Substanz ist darstellbar als die Fläche unter der Streuwertkurve links von der höchstzulässigen Konzentration (MAC).

Legende: probability density - Wahrscheinlichkeitsdichte
log concentration - Logarithmus der Konzentration

## BIOLOGISCHE ÄHNLICHKEIT

Die Extrapolationsmethoden basieren auf der Varianz der NOEC- Werte. Tatsächlich ist diese Varianz auf drei Hauptfaktoren zurückzuführen: Schwankungen infolge von Chemikalien, Arten und Bereichen, z.B. Wasser, Boden, Schlamm und Luft. Es wurde die Hypothese aufgestellt, daß eine Gruppe von Arten auf verschiedene Chemikalien in verschiedenen Umweltbereichen (teilweise) gleich reagiert. Dies kann bedeuten, daß die unterschiedliche Empfindlichkeit einer Artenguppe ungeachtet der chemischen Substanz oder des Umweltbereichs evtl. gleich ist. Diese Hypothese wurde für zwei verschiedene Datengruppen geprüft. Eine Datenguppe setzte sich aus bestimmten NOEC-Werten für Wasser- und

Bodenorganismen zusammen. Nach Empfehlungen von Denneman & Van Gestel (1990) wurden bei der Auswahl und Neuberechnung der Daten gewisse Kriterien angewandt. Dabei ergaben sich folgende wichtige Datenänderungen:

1. Die Verwendung eines geometrischen Gruppenmittelwertes für NOEC-Werte für taxonomisch eng verwandte Arten. Damit wird die Dominanz von NOEC-Werten einer taxonomischen Gruppe, die bereits sattsam untersucht wurde, vermieden - in der Kenntnis, daß die Varianz innerhalb von taxonomisch verwandten Gruppen kleiner ist als die Varianz zwischen taxonomisch verschiedenen Gruppen. Dieser Mittelwert wurde auf Wasser- und Bodenorganismen angewandt.

2. Für Bodenorganismen wurden alle NOEC-Werte, basierend auf dem Lehm- und Humusgehalt des Versuchsbodens, auf einen "Standardbodenwert" gebracht. Dies ist als grober Korrekturfaktor für die Bio-Verfügbarkeit der Chemikalien darstellbar (Van Straalen & Denneman, 1989).

Die zweite Datengruppe enthielt alle Rohdaten. Die Daten für Bodenorganismen stammen von Denneman & Van Gestel (1990), die für Wasserorganismen von Van de Meent et al. (1990). Chemikalien mit weniger als fünf NOEC-Werten wurden bei der Analyse nicht berücksichtigt. Die Daten für Mikroorganismen wurden ebenfalls nicht verwendet.

Tabelle 1 gibt einen Überblick über die bei der Analyse berücksichtigten Chemikalien und Anzahl von NOEC-Werten.

TABELLE 1. Bei der Analyse berücksichtigte Datengruppen. Die chemischen Substanzen sind bei den Rohdaten und den Auswahldaten angegeben, ebenso die Anzahl (n) der für die einzelnen chemischen Substanzen verfügbaren NOEC-Werte. Datenquellen: Denneman & Van Gestel, 1990 (Bodenorganismen) und Van de Meent et al., 1990 (Wasserorganismen).

| Auswahldaten | | | | Rohdaten | | | |
|---|---|---|---|---|---|---|---|
| Boden | n | Wasser | n | Boden | n | Wasser | n |
| Kadmium | 9 | Kadmium | 5 | Kadmium | 49 | Kadmium | 29 |
| Kupfer | 8 | Kupfer | 5 | Kupfer | 38 | Kupfer | 41 |
| Blei | 8 | Blei | 9 | Blei | 40 | Blei | 32 |
| Carbofuran | 6 | Zink | 6 | Carbofuran | 15 | Zink | 30 |
| 2,4,5-T | 5 | Quecksilber | 5 | 2,4,5-T | 31 | Quecksilber | 18 |
| | | Nickel | 5 | | | Nickel | 15 |
| | | Malathion | 5 | | | Malathion | 13 |
| | | Parathion | 5 | | | Parathion | 14 |
| | | | | | | TBTO | 7 |
| | | | | | | Atrazin | 11 |
| | | | | | | Azinfos | 10 |
| | | | | | | Diazinon | 11 |

Zuerst wurde geprüft, of die Datengruppen für verschiedene Chemikalien als Proben mit lognormaler Streuung zu betrachten sind. Die grafische, logarithmische Darstellung des Mittelwerts der NOEC-Werte für jede chemische Substanz [log(NOEC-Mittelwert)] in Abhängigkeit der Varianz der NOEC-Werte [log(NOEC-Wert-Varianz)] jeder chemischen Substanz ergab die Diagramme in Abb. 2. Dies stellt ein grafisches Verfahren zur Erfassung des Datenstreufaktors dar.

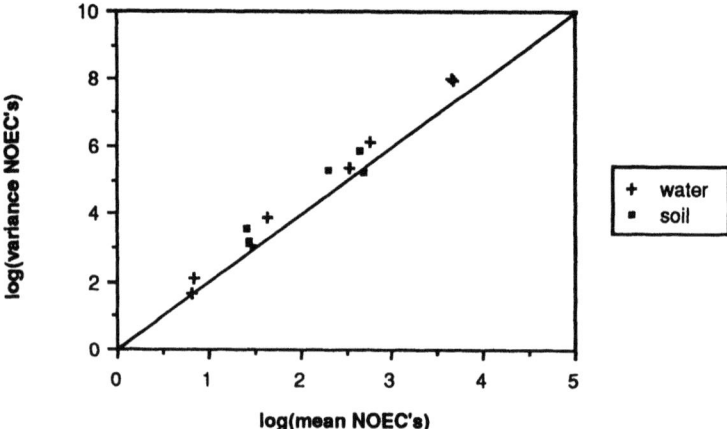

Abb. 2a. Auswahldatengruppe.

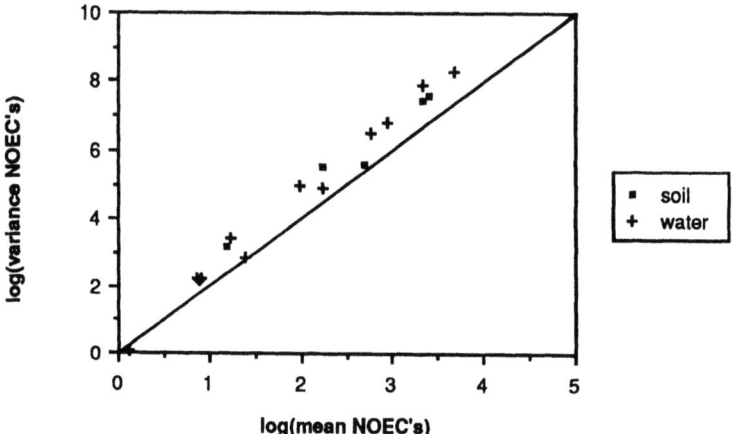

Abb. 2b. Rohdatengruppe.

ABBILDUNG 2. Der Logarithmus des NOEC-Mittelwertes relativ zum Logarithmus der NOEC-Wert-Varianz im Diagramm. Die Funktion stellt die Gleichung y = 2x (Steigung = 2) dar. Berechnete Steigung in Abb.2a.: 2,104 ($r$ = 0,99), in Abb.2b.: 2,216 ($r$ = 0,99).

Eine lineare Beziehung zwischen den Parametern mit einer Steilheit von 2 zeigt, daß die Daten mit einem einzigen lognormalen Streufaktor beschrieben werden können (Slob, 1986). Wir kommen zu dem Schluß, daß die Steilheit (siehe Legende von Abb. 2) in beiden Fällen nicht wesentlich abweicht von 2, der zu erwartenden Steilheit in der Verhältnisgleichung für die Proben bei lognormalem Streufaktor. Für Wasser- und Bodenorganismen gilt eine ähnliche Verhältnisgleichung. Auf Grund der in Abb. 2 dargestellten Ergebnisse formten wir die Daten logarithmisch um und berechneten Mittelwert und Varianz für jede chemische Substanz in der Datengruppe.

Ein genauerer Vergleich der Varianz relativ zum Auswahlverfahren und den verschiedenen Umweltbereichen ist nur für Kupfer, Kadmium und Blei möglich. Über diese Chemikalien sind Daten für Wasser- und Bodenorganismen in Form von Auswahldaten und Rohdaten verfügbar. Um den Vergleich allgemeiner zu machen, berechneten wir für jede Zelle von Tabelle 2 die mittlere Varianz bei diesen drei Metallen nach einer Methode von Volmer et al. (1988).

TABELLE 2. Mittlere Varianz der logarithmisch umgeformten NOEC-Werte für Kupfer, Kadmium und Blei, berechnet nach der Formel von Volmer et al. (1988).
a. Varianz der NOEC-Werte. b. Mittlere Varianz der NOEC-Werte für Kupfer, Kadmium und Blei. Freiheitsgrade sind in Klammern angegeben.

| a. | Auswahldaten | | Rohdaten | |
|---|---|---|---|---|
|  | Wasser | Boden | Wasser | Boden |
| Kupfer | 0,187 | 0,138 | 0,151 | 0,363 |
| Kadmium | 0,610 | 0,247 | 0,455 | 0,977 |
| Blei | 0,332 | 0,233 | 0,664 | 1,076 |
| b. | Auswahldaten | | Rohdaten | |
| Wasser | 0,365 | (16) | 0,397 | (98) |
| Boden | 0,265 | (22) | 0,825 | (124) |
| Wasser & Boden | 0,307 | (38) | 0,636 | (222) |

Die Auswahlverfahren für Wasser- und Bodenorganismen waren nicht identisch. Die kleinere mittlere Varianz bei den Auswahldaten für Kupfer, Kadmium und Blei für Bodenorganismen im Vergleich zu Wasserorganismen zeigt, daß die Standardisierung der NOEC-Werte auf einen Standardboden die Varianz weiter verringert als die Berechnung eines einzigen NOEC-Gruppenmittelwertes für taxonomisch eng verwandte Arten (Tabelle 2).

Bei den Auswahldaten unterscheidet sich die mittlere Varianz bei Wasserorganismen nicht wesentlich von der mittleren Varianz bei Bodenorganismen. Also könnte der Varianz-Mittelwert für Wasser- und Bodenorganismen verwendbar sein. Durch Verwendung eines Varianz- Mittelwertes bei der Gefahrenabschätzung nach dem Vorschlag von Volmer et al. (1988) für taxonomische Gruppen ohne Informationsverlust hinsichtlich der Empfindlichkeitsunterschiede müßte sich die Vorbedingung, daß die Varianzabweichung klein sein muß, erfüllen lassen.

Die in Abb. 2 dargestellte grafische Methode zeigt, daß sich die Daten mit einem einzigen lognormalen Streufaktor beschreiben lassen. In diesem Fall ist eine homogene Varianz zu erwarten. Dies wurde mit Cochrans C (maximale Varianz geteilt durch die Summe der Varianzen) geprüft; bei nicht wesentlichen Prüfungen wurde die Varianz als homogen betrachtet. (p>0,05). Neun verschiedene Datenuntergruppen wurden für die beiden Datengruppen geprüft. Die beiden Umweltbereiche und Chemikalien von zwei Gefahrenklassen, Metalle und organische Verbindungen, wurden hierbei unterschieden (siehe Tabelle 3). Die Auswertung der Ergebnisse zeigt, daß die Rohdatengruppe in den meisten Fällen heterogene Varianzen aufwies. Deshalb sind nur die Ergebnisse der Auswahldatengruppe aufgeführt (Tabelle 3).

TABELLE 3. Testergebnisse bei Prüfung der Homogenität der Varianzen in Auswahldatenuntergruppen; p-Werte sind angegeben. Der Test wird nicht als wesentlich betrachtet und die Varianzen gelten als homogen, wenn p>0,05. Df = Freiheitsgrade; n = Anzahl der analysierten Chemikalien.

| Datengruppe | p-Wert | Df | n |
|---|---|---|---|
| komplett | 0,010 | 68 | 13 |
| Wasser | 0,046 | 37 | 8 |
| Boden | 0,192 | 31 | 5 |
| Wasser, Metalle | 0,050 | 29 | 6 |
| Wasser, organische Verbindungen | 0,562 | 8 | 2 |
| Boden, Metalle | 0,641 | 22 | 3 |
| Boden, organische Verbindungen | 0,890 | 9 | 2 |
| Metalle | 0,007 | 51 | 9 |
| Organische Verbindungen | 0,335 | 17 | 4 |

Aus Tabelle 3 ist zu entnehmen, daß die Varianzen der logarithmisch umgeformten NOEC-Mittelwerte bei den einzelnen chemischen Substanzen nicht in der ganzen Datengruppe homogen sind. Innerhalb der Umweltbereiche verhält sich die Veränderlichkeit homogen. Das gilt auch für Metalle und organische Verbindungen in den Umweltbereichen. Die gemeinsame Betrachtung der Daten für Metalle oder organische Verbindungen von Wasser- und Bodenorganismen zeigt eine homogene Varianz bei orgtanischen Verbindungen, aber eine heterogene Varianz bei Metallen. Das bedeutet, daß zumindest in manchen Fällen die Daten über die Artenempfindlichkeit gegen Chemikalien gemeinsam betrachtet werden können, um die Varianz zuverlässiger zu bestimmen.

DISKUSSION

Vor kurzem wurde einige Methoden zur Gefahrenabschätzung bei Chemikalien vorgeschlagen, die auf der Empfindlichkeitsdifferenz zwischen verschiedenen Arten basieren. Bei all diesen Methoden ist die Gefahrenabschätzung stark von der Varianz und Anzahl der in die Rechnung einbezogenen Daten abhängig. Das Ergebnis unserer Untersuchung zeigt, daß diese Daten - und in gewissen Fällen auch Daten über Wasser- und Bodenorganismen - zur Bestimmung der Varianz und zur Vermehrung der Eingabedaten für die Prüfmethoden auf verschiedene Chemikalien verwendbar sind.

Eine Heterogenität bei der Varianz in Rohdaten-Untergruppen kann durch ein Ungleichgewicht der Datengruppen infolge der Dominanz durch Daten von eng verwandten Arten bedingt sein. In manchen Auswahldaten- Untergruppen ist die Heterogenität aber nicht so leicht zu erklären. Die kleine Abweichung der berechneten Steilheit vom Wert 2 (s. Abb. 2) und die Streuung der Untergruppen um diesen Steilheitswert herum kann hierfür verantwortlich sein. Im allgemeinen spricht aber alles dafür, daß bei ausgewogenen, standardisierten, logarithmisch umgeformten Datengruppen eine homogene Varianz zu erwarten ist.

In den Fällen, wo eine homogene Varianz bei logarithmisch umgeformten NOEC-Werten für verschiedene Chemikalien feststellbar ist, ist die Toxizität der Chemikalien als das Vielfache einer Grundwirkung mit derselben Varianz zu betrachten. Möglicherweise ist diese Erscheinung dadurch zu erklären, daß die Toxizität von Chemikalien aspezifisch ist und eine Artenguppe (in puncto Varianz) mehr oder weniger gleich auf diese Chemikalien reagiert, der mittlere Effekt aber immer noch sehr unterschiedlich sein kann.

Im ersten Teil dieses Beitrags wurde erläutert, daß eine größere Menge Eingabedaten die Unschärfefaktoren für die höchstzulässige Konzentration verringert. Bis jetzt war man nur an der unteren (linken) "Unbedenklichkeitsgrenze" des MAC-Werts interessiert, weil die Methode den Schutz der Art als Hauptzweck hatte. Bei der Beurteilung des MAC- Wertes sind zwei Fehlerarten möglich. Im ersten Fall kann der echte MAC-Wert niedriger als der Rechenwert sein. Das bedeutet, daß ein größerer Prozentsatz der Art eine Dosis aufnimmt, die größer ist als die wirkungsfreie. Zum Schutz von Ökosystemen ist das unerwünscht. Im zweiten Fall kann der echte MAC-Wert höher sein. Das bedeutet, daß Bodenarten mit dem

Konzentrationsrechenwert fälschlich als gefährlich beurteilt werden. Und das ist unerwünscht für die Hygienepolitik.

Bis jetzt wurde die Bodenkontamination mit Chemikalien in den Niederlanden nach provisorischen Bodengütekriterien, sogenannten Bezugswerten, beurteilt. Diese Werte basieren nur teilweise auf ökotoxikologischen Untersuchungen. Wissenschaftler wurden vom Staat aufgefordert, an einem wiederholten Informationsaustausch zur Begutachtung der Bezugswerte teilzunehmen (Vegter et al., 1988). Das erscheint nun in Anbetracht der oben ausgeführten Extrapolationsmethoden (Van Straalen, 1990; Denneman & Robberse, 1990) möglich. Es müssen nun Entscheidungskriterien zur Berichtigung der Bezugswerte aufgestellt werden. Wir schlagen vor, die "Unbedenklichkeitsgrenzen" um das 5-prozentige Fraktil als entscheidendes Kriterium zu verwenden. Solange ein Bezugswert zwischen der unteren und oberen Bedenklichkeitsgrenze für das 5-prozentige Fraktil liegt, besteht kein Grund, den Wert zu berichtigen. Das zeigt deutlich, warum es so wichtig ist, das 5- prozentige Fraktil bei kleinem Unbedenklichkeitsintervall zuverlässig zu berechnen.

**DANKSAGUNG**

Die Verfasser danken Dr. N.M. Van Straalen und Dr. C.A.J. Denneman für die anregenden Gespräche und Miranda Aldham-Breary M.Sc. für die englischen Textkorrekturen.

**BIBLIOGRAPHIE**
1) Aldenberg, T., W. Slob & J.M. Knoop 1990. Three methods for optimising ecotoxicological protection levels from NOEC toxicity data. Part I: Toxicological protection levels. Vorveröffentlichung RIVM, Bilthoven.
2) Denneman, C.A.J. & C.A.M. Van Gestel, 1990. Bodemverontreiniging en bodemecosystemen: voorstel voor C-(toetsings)waarden op basis van exotoxicologische risico's. RIVM Bericht Nr. 725201001, Bilthoven.
3) Denneman, C.A.J. & J.G. Robberse, 1990. Ecotoxicological risk assessment as a base for development of soil quality criteria. Proceedings of the third international KfK/TNO conference on contaminated soil. Kluwer Academiic Publishers, Dordrecht.
4) Kooijman, S.A.L.M., 1987. A safety factor for LC50 values allowing for differences in sensitivity among species. Water Res. 21: 269-276.
5) Slob, W., 1986. Strategies in applying statistics in ecological research. Doktorarbeit, Vrije Universiteit, Amsterdam.
6) Van der Meent, D., T. Aldenberg, J.H. Canton, C.A.M. Van Gestel & W. Slooff, 1990. Streven naar waarden. RIVM Bericht Nr. 670101001, Bilthoven.

7) Van Straalen, N.M. & C.A.J. Denneman, 1989. Exotoxicological evaluation of soil quality criteria. Exotox. Environ. Saf. 18: 241-251.
8) Van Straalen, N.M., 1990. New methodologies for estimating the ecological risk of chemicals in the environment. Wird veröffentlicht in: Proceedings, 6th Conference Int. Ass. Engineering Geology. Balkema, Rotterdam.
9) Vegter, J.J., 1990. On adequacy of standards-based risk evaluation methods for contaminated soils. Proceedings of the third international KfK/TNO Conference on contaminated soil. Kluwer Academic Publishers, Dordrecht.
10) Vegter, J.J., J.M. Roels & H.F. Bavinck, 1988. Soil quality stadards: science or science fiction. In: Wolf, K. et al. (Red.), Contaminated Soil '88: 309-316. Kluwer Academic Publishers, Dordrecht.
11) Volmer, J., W. Kördel & W. Klein, 1988. A proposed method for calculating taxonomic-group-specific variances for use in ecological risk assessment. Chemospere 17: 1493-1500.
12) VROM, 1989. Premises for risk management. Nachtrag zum holländischen Umweltschutzplan. Zweite Generalstaatskammer, Sitzungsperiode 1988-1989, 21 317 Nr. 5.
13) Wagner, C. & H. Løkke, 1990. Estimation of ecotoxicological protection levels from NOEC toxicity data. Vorveröffentlichung, Technische Universität Dänemark, Lyngby.

# WIE BELASTET IST WIRKLICH BELASTET - WEITERE KRITIK UND AUSARBEITUNG DES KONZEPTS VON GRENZWERTEN DER SCHADSTOFFBELASTUNG

TIMO ASSMUTH
NATIONALE BEHÖRDE FÜR WASSER UND UMWELT, TECHNISCHES FORSCHUNGSAMT, P.O. BOX 250, 00101 HELSINKI, FINNLAND

## 1. ALLGEMEINES

Die grundsätzlichen und technischen Probleme und Beschränkungen der Konzentrationsgrenzwerte für die Schadstoffbelastung des Bodens, die sich in gegenwärtigen Vorschlägen widerspiegeln, umfassen die Notwendigkeit einer exakten Beschreibung ihrer Anwendung, des Einschlusses von Kofaktoren und der Verbesserung der Maßnahmen. Es werden Empfehlungen für die Entwicklung von Grenzwerten im Zusammenhang mit dem Treffen von Entscheidungen in Bezug auf Bodenqualität gegeben.

## 2. PROBLEME MIT GRENZWERTEN FÜR DIE SCHADSTOFFBELASTUNG DES BODENS

Der Begriff der maßnahmenauslösenden Grenzkonzentrationswerte für die Schadstoffbelastung des Bodens leidet unter einer Anzahl von grundsätzlichen Problemen und Einschränkungen:

I. Universelle Normen für alle Gebiete, Schadstoffansammlungen und Anwendungen sind grundsätzlich unrealistisch (Götz 1988)
II. Konzentrationen sollten mit Matrixmengen kombiniert werden, um brauchbare Werte für die Definition der Annehmbarkeit zu entwickeln.
III. Konzentrationswerte, die nicht die Fähigkeit zur Ausbreitung (z.B. Bodentyp) und die Aussetzung (z.B. Land- und Wassernutzung) berücksichtigen, sind nur begrenzt anwendbar.

Technische Hindernisse für die Einführung von Normen werden durch die mangelnde Verläßlichkeit und Gültigkeit der Messungen verursacht:

IV. Die Methoden der Bodenanalyse besonders für Spurenschadstoffe sind kaum genormt. Trotz der Gütekonrolle in Labors sind viele anlytische Ergebnisse nicht vergleichbar wegen der verschiedenen Methoden und Unklarheiten z.B. über Vorbehandlung.
V. Methoden der Probenahme, die eine verläßliche Bewertung der Konzentrationen im Boden ermöglichen, werden nicht oft genug angewendet.

Weitere Kritik ergibt sich aus der Analyse der vorliegenden Grenzwertvorschläge (siehe Barkowski et al. 1988):
- die Definitionen der Schadstoffe und Schadstoffgruppen waren oft unklar;
- die Zuweisung von Grenzwerten steht manchmal im Widerspruch mit der relativen Toxizität der verschiedenen Verbindungen;
- das Verhältnis der Grezwerte zu den unterschiedlichen natürlichen Belastungswerten (siehe I) ist oft unklar;
- Grenzwerte für Boden sind teilweise unlogischerweise verschieden von denen für andere Medien.

Argumente zugunsten von klaren, auf Strategien begründeten Grenzwerten (Vegter et al. 1988) haben gewisse Verdienste. Wegen der damit verbundenen und derzeitigen Probleme ist die Entwicklung von Grenzwerten eine der Hauptaufgaben bei der Kontrolle der Schadstoffbelastung des Bodens.

EMPFEHLUNGEN FÜR DIE AUSARBEITUNG VON GRENZWERTEN

Für die Ausarbeitung von Richtlinien über chemische Bodenqualität für umwelttoxikologische und technische Zwecke werden die folgenden Vorgehensweisen und Maßnahmen vorgeschlagen:

A. Die Ziele, Grundprinzipien und Einschränkungen für jedes Anwendungsgebiet von Grenzkonzentrationswerten müssen klar dargelegt werden.
B. Die Methoden der Probenahme und Analyse von wichtigen Mikroschadstoffen im Boden sollten so schnell wie möglich standardisiert werden, unter Einschluß von Verfahren zur Erzielung und Verbesserung des Gültigkeitsbereiches, der Wiederholbarkeit und der Genauigkeit von Messungen.
C. Definitionen der zu berücksichtigenden Substanzen müssen in Richtung auf größere chemische Logik hin ausgearbeitet werden.
D. Bei der Zuweisung von Grenzwerten müssen die umwelttoxikologischen Informationen benutzt werden.
E. Wichtige Nebenfaktoren wie Mengen der Substanzen und Verbreitungs- und Gefährdungspotential müssen berücksichtigt werden (z.B. Definition von Grenzmengen, Berücksichtigung der Bodentyp- und Bodennutzungskoeffizienten bzw. -kategorien und Belastungsgrenzen).
F. Natürliche Belastungswerte und andere Vergleichswerte für die Konzentration und Strömung müssen bei den Grenzwerten und ihrer Anwendung besser berücksichtigt werden.
G. Es sollte eine Harmonisierung der Grenzwerte für Boden mit denen für andere Medien versucht werden.
H. Grenzwerte müssen selbst dann auf intelligente Weise und mit Vorsicht als Richtlinien für auf Einzelfälle ausgerichtete Bewertungen und Entscheidungen benutzt werden.

Als Ergänzung scheinen Methoden für die Risikoquantifizierung (z.B. Transport- und QSAR-Modelle) und insbesondere anpassungsfähige Hilfssysteme für Risikomanagement-Entscheidungen brauchbar für die Ausarbeitung und Anwendung von Grenzwerten zu sein, im Hinblick auf die vielen unterschiedlichen und zueinander in Beziehung stehenden Nebenfaktoren bei der Aufstellung derartiger Normen und ihrer Beziehung auf die Beurteilung von Grundstücken (Assmuth & Melanen 1990).

4. BIBLIOGRAPHIE
1. Assmuth, T. & Melanen, M., 1990. Methodological and policy related problems and opportunities in risk assessment at contaminated soil sites. Ber. 1. Int. ISEP-Konf. Envirotech, Wien, 20.-22. 2. 1988. Band 3.
2. Götz, D., 1988. Essays concerning the discussion of limiting values for residual values of hazardous substances. Ber. 2. Int. TNO/BMFT Konf. Schadstoffbelastete Böden, Hamburg, S. 317-326.
3. Vegter, J.J. et al., 1988. Soil quality standards: science or science fiction - an inquiry into the methodological aspects of soil quality criteria. Ber. 2. Int. TNO/BMFT Konf. Schadstoffbelstete Böden, Hamburg, S. 309-316.
4. Barkowski, D. et al., 1988. Zusammenstellung von Orientierungswerten für die Medien Feststoffe, Gas und Wasser. In: Franzius, V. et al. (Herausg.): Handbuch der Altlastensanierung. 4.1.8. 42 S.

## VORLÄUFIGE SANIERUNGSLEITWERTE FÜR MINERALÖLKOHLENWASSERSTOFFE IN BÖDEN UND GRUNDWASSER

B. GRAS, P. FRIESEL

UMWELTBEHÖRDE HAMBURG, STEINDAMM 22, 2000 HAMBURG 1

### 1. EINLEITUNG

In Hamburg als bedeutendem Hafen-, Raffinerie- und Industriestandort gehen Boden- und Grundwassergefährdungen bei etwa 60% der z.Z. bearbeiteten Altlasten im Hafen und bei mehr als 80% der aktuellen Schadensfälle im gesamten Stadtgebiet von Kohlenwasserstoffverunreinigungen aus.

Die Umweltbehörde Hamburg hat für die Sanierung von Untergrundverunreinigungen mit Mineralölkohlenwasserstoffen im Hinblick auf eine Grundwassergefährdung Leitwerte erarbeitet (Tab.1) und ein entsprechendes Analysenschema vorgegeben. Damit soll eine einheitliche Bewertung von Meßergebnissen und die Formulierung vergleichbarer und nachvollziehbarer Sanierungsanforderungen erreicht werden. Die Sanierungsleitwerte berücksichtigen die Eigenschaften der vorgefundenen Kohlenwasserstoffe, die für den Hamburger Raum typische hydrogeologische Situation und die jeweilige Grundwassernutzung.

Die in Tab.1 vorgestellten Werte sind im Entwurfsstadium (Stand Mai 1990) und werden z.Z. in der Hamburger Verwaltung diskutiert.

### 2. EIGENSCHAFTEN UND ANALYTIK DER MINERALÖLKOHLENWASSERSTOFFE

Mineralölkohlenwasserstoffe im Sinne dieser Leitwerte sind Gemische, die je nach Herkunft und Umwandlungsprozessen im Untergrund stark in ihren Eigenschaften -vor allem Mobilität, Abbaubarkeit, Toxizität- variieren können. Die Leitwerte in Tab.1 können auf Diesel, Heizöl, Kerosin, Rohöl, Schweröl, Schmieröl und deren Umwandlungsprodukte angewandt werden. Sie sind definiert über die Untersuchung auf Kohlenwasserstoffe nach dem Einheitsverfahren (DIN 38 409, Teil H 18). Benzin, Benzol, Toluol, Xylol, PAKs und sonstige Beimengungen werden durch diese Leitwerte nicht geregelt, ihre Bewertung erfolgt nach anderen Kriterien.

Kohlenwasserstoffgemische mit hohem Anteil an n-Alkanen und/oder niedrig siedenden Komponenten sind wegen ihrer Mobilität als stärker grundwassergefährdend einzuschätzen als solche, in denen diese Anteile niedrig sind, sei es durch die Ausgangszusammensetzung, sei es durch Umwandlungsprozesse im Boden. Die zur Charakterisierung der Mobilität (s.Tab.1) vorgeschriebene Analysenmethode ist die Gaschromatographie.

<u>Analysenmethode</u>: Bodenproben werden im Soxhlet mit Trichlortrifluorethan (TTE) extrahiert. Von einem Aliquot des Extraktes wird das TTE abrotiert und der Rückstand gravimetrisch bestimmt ("org. Extrakt"). Beträgt dieser mehr als 100 mg/kg, wird mit einem anderen Aliquot die Kohlenwasserstoffbestimmung nach H 18 durchgeführt. Wenn der Extrakt 500 mg/kg überschreitet, wird von diesem ein IR-Spektrum gefertigt (PAKs!). Dieser Extrakt kann meist auch für die Gaschromatographie eingesetzt werden (Kapillare, FID), wobei die Entscheidung "mobil-wenig mobil" nach dem Überwiegen von n-Alkan-Peaks und der Fraktion vor dem n-Pentacosan (C-25) gefällt wird. Grundwasser wird nach der DIN-Vorschrift analysiert.

### 3. HYDROGEOLOGISCHE SITUATION

Das Grundwassergefährdungspotential einer Bodenverunreinigung hängt auch von der Schutzsituation des Aquifer, vor allem seiner Tiefenlage und der Dichtigkeit der Deckschichten, ab. Hamburg liegt in einem pleistozänen Gebiet, in dem Geschiebemergel und tertiäre Tone die jeweiligen sandigen Aquifere trennen, wobei elsterzeitliche Rinnen tief in das Tertiär einschneiden. Die Stadt wird durchzogen vom Elbtal, einem Urstromtal, das im Holozän durch schluffig-tonigen "Klei" abgedeckt wurde und in dem durch flächenhafte Aufschüttungen flutsichere Industriegebiete in Hafennähe geschaffen wurden.

Die Leitwerte berücksichtigen diese unterschiedlichen Situationen: Kontaminationen in Auffüllungen oberhalb der Kleischicht (Tab.1:a,b,c), im pleistozänen Grundwasserleiter (Tab.1:d,e) oder ein flacher, nicht nutzbarer Grundwasserleiter über Geschiebemergel (Tab.1:f). Auch mögliche vertikale (Tab.1:c,e) oder horizontale (Tab.1:b) Austräge finden ihren Niederschlag.

**4. GRUNDWASSERNUTZUNG**

Grundwaser, das für die Trinkwassergewinnung genutzt wird, ist besonders zu schützen, wie auch in den Bestimmungen für Wasserschutzgebiete festgelegt ist. Dem wird in dem Konzept Rechnung getragen, indem für Bodenverunreinigungen in Einzugsgebieten von Wassergewinnungsanlagen bei Entfernungen zur Fassung von weniger als 2km niedrigere Werte gefordert werden (Tab.1:e).

**5. ANWENDUNG DER LEITWERTE**

Bei Überschreiten des einschlägigen Leitwertes im Boden und/oder im Grundwasser sind im Hinblick auf den Grundwasserschutz Sanierungsmaßnahmen erforderlich. Das jeweilige Sanierungsziel gilt als erreicht, wenn in dem in situ verbleibenden Boden mit hinreichender Sicherheit der Leitwert eingehalten wird. Im wiederverfüllten Boden darf der halbe Wert im Mittel nicht überschritten werden. Die Festlegung von Leitwerten ersetzt nicht die Einzelfallentscheidung, bei der auch ein Abweichen von diesen Leitwerten sinnvoll sein kann.

**Tab.1: VORLÄUFIGE SANIERUNGSLEITWERTE FÜR KOHLENWASSERSTOFFE (KW)** (Entwurf, Stand Mai 1990)

| Kontaminierter bzw. gefährdeter Bereich | Leitwerte für Boden | | Leitwerte für Grundwasser |
|---|---|---|---|
| a) Stauwasserbereich ("dichte" Kleischicht, kein Austrag) | bei fließfähiger Phase: Abpumpen | | ------- |
| b) Stauwasserbereich ("dichte" Kleischicht, seitlicher Austrag) | mobile KW:<br>wenig mobile KW: | 2 g/kg TS<br>5 g/kg TS | 0,4 mg/l |
| c) "Stauwasserbereich" (Austrag in das Grundwasser) | mobile KW:<br>wenig mobile KW: | 1 g/kg TS<br>2 g/kg TS | 0,2 mg/l |
| d) Grundwasserleiter (>2km zu Fassung) | mobile KW:<br>wenig mobile KW: | 1 g/kg TS<br>2 g/kg TS | n.n.(0,1 mg/l) |
| e) Grundwasserleiter (<2km zu Fassung) bzw. Gefährdung tiefer GW-Leiter) | mobile KW:<br>wenig mobile KW: | 0,5 g/kg TS<br>1 g/kg TS | n.n.(0,1 mg/l) |
| f) Grundwasserleiter (oberhalb von Geschiebemergel) | mobile KW:<br>wenig mobile KW: | 1 g/kg TS<br>2 g/kg TS | 0,2 mg/l |

PRÜFWERTE UND VERFAHRENSREGELN FÜR KONTAMINIERTE BÖDEN

M. SCHULDT

Umweltbehörde Hamburg, Baumwall 3, D-2000 Hamburg 11
Bundesrepublik Deutschland

In den letzten Jahren hat sich herausgestellt, daß städtische
Böden vielfach erheblich mit Schadstoffen belastet sind, so daß
stellenweise die Nutzungsfähigkeit von Grundstücken eingeschränkt ist oder sogar Sanierungsmaßnahmen erforderlich wurden. Für die Abwehr dieser Art von Gefahren steht im deutschen
Umweltrecht kein spezielles, sondern nur das klassische Instrument des Polizei- und Ordnungsrechts zur Verfügung.

Für die Bewältigung dieser Problematik wurden im Stadtstaat
Hamburg Verfahrensregeln und Prüfwerte entwickelt und erprobt.
Mit Prüfwerten sollen bei einer vorläufigen Risikobetrachtung
auffällige Schadstoffgehalte von weniger auffälligen geschieden
werden. Dieser Versuch, den Gefahrenbegriff stärker zu opera-
tionalisieren, ist gleichzeitig ein Beitrag zur Transparenz des
Verwaltungshandelns. Die Prüfwerte sollen Schadstoffgehalte im
Boden bezeichnen, bei deren Überschreitung für bestimmte
Schutzobjekte und Nutzungen Gefährdungen vom Boden ausgehen
*können*, also ein Gefährdungspotential besteht. Für den Vollzug
bedeutet dies, daß oberhalb dieser Werte Prüfungen aller Umstände des Einzelfalls eingeleitet werden, um festzustellen,
 ob - über die bloße Möglichkeit hinaus - tatsächlich eine Gefahr besteht, und gegebenenfalls Maßnahmen zu ergreifen, um die
Gefahr abzuwehren bzw. ihre Entstehung zu verhindern. Diese
Prüfwerte sind aber insbesondere dann nützlich, wenn es um die
Typisierung einer Vielzahl von Wirkungsmechanismen und Verhaltensweisen geht mit dem Ziel, Gefahrensituationen zu antizi-
pieren und möglichst auszuschließen. Damit sind sie vor allem
in der Bauleit- und Landschaftsplanung, der Prüfung von Folgenutzungen auf Altlastflächen und der Beurteilung der Entsor-
gungsmöglichkeiten verunreinigter Böden anwendbar.

Da das Prüfwertkonzept die Arbeit der Verwaltung erleichtern
soll, muß die Anzahl der Prüfwerte überschaubar sein. Die
Praxis zeigt, daß Bündelungen möglich sind, wobei der empfindlichste Pfad dann ausschlaggebend wird. Bei der Konstruktion
und Anwendung von Prüfwerten sind einige Probleme zu überwinden, z.B. die Festlegung des tolerierbaren "Restrisikos", die
Abgrenzung der Prüfwerte von Qualitätszielen für den Bodenschutz, die Verwendung von Gesamtgehalten bei Schwermetallen
und die Festlegung von Probenahmestandards.

Vorläufige Prüfwerte sind zunächst für Arsen und Schwermetalle festgelegt worden (vgl. Tabelle 1); Prüfwerte für weitere Schadstoffe werden zur Zeit erarbeitet.

Grundsätzlich ergibt sich ein Handlungsbedarf, wenn auf einer Fläche der für die jeweilige Nutzungsart gültige Prüfwert überschritten wird. Je nach Fragestellung ist die tatsächliche oder die geplante Nutzung der Fläche zu berücksichtigen.

TABELLE 1. Vorläufige Prüfwerte für Bodenbelastungen durch Arsen und Schwermetalle im Hinblick auf verschiedene Gefährdungspfade (Gesamtgehalte in mg/kg)

|  | Prüfwerte | | | |
|---|---|---|---|---|
|  | für den Nutzpflanzenanbau N [1] | für das Grundwasser G | für die menschliche Gesundheit in Wohngebieten etc. auf Dauer D | akut A |
| Arsen | 50 | 50 | 100 | 100 |
| Blei | 300 | 300 | 500 | 3000 |
| Cadmium | 2 | 5 | 40 | 40 |
| Chrom [2] | 100 | 200 | 200 | 500 |
| Kupfer | 100 | 300 | (500) [3] | 3000 |
| Nickel | 100 | 200 | 300 | 4000 |
| Quecksilber | 2 | 5 | 10 | 200 |
| Zink | 500 | 1000 | 2000 | 2000 |

[1] für sandige Böden mit normalen Humusgehalten und pH-Werten im schwach sauren bis schwach alkalischen Bereich; bei noch sorptionsschwächeren Böden sind ggf. niedrigere Prüfwerte vorzusehen
[2] Festlegung im Hinblick auf Chrom (VI)
[3] Festlegung zum Schutz der biologischen Aktivität und der Vegetationsvielfalt; relevant bei Planungen

LITERATUR

Bodenbelastung mit Schwermetallen in Hamburg (1990). Mitteilung des Senats an die Bürgerschaft der Freien und Hansestadt Hamburg. Drucksache 13/5693 vom 20.03.1990.
Schuldt, M. (1990). Hamburger Ansätze zur Beurteilung von Bodenverunreinigungen. In D. Rosenkranz, G. Einsele und H.-M. Harreß (Hrsg.), Handbuch Bodenschutz, Beitrag Nr. 3540. Berlin: Erich Schmidt Verlag.

BGRENZUNG DER GRUNDWASSER-SCHUTZGEBIETE IN DEN NIEDERLANDEN

J. DE JONGH, N.A. DE RIDDER & J.J. VEGTER.

TECHNISCHES BODENSCHUTZKOMITEE, P.O. BOX 450,
2260 MB LEIDSCHENDAM, DIE NIEDERLANDE

Das technische Bodenschutzkomitee ist ein Beratungsausschuß für den Minister für Wohnungsbau, physikalische Planung und Umweltschutz. Das Komitee legt dem Minister Empfehlungen über technische Fragen auf dem Gebiet des Bodenschutzes vor.

In einer Arbeitsguppe des technischen Bodenschutzkomittees wurde die Abgrenzung von Grundwasserschutz-Zonen erörtert. Dieses Plakat basiert auf dem Bericht der Arbeitsgruppe.

Nach dem niederländischen Bodenschutzgesetz kann ein spezifischer, zusätzlicher Schutzpegel für Grundwasserschutz-Zonen realisiert werden.

Bis jetzt wurden nur einfache Grundwasserstömungsmodelle zur Bestimmung der Größe einer Schutzzone eingesetzt. Diese Modelle basieren auf durchschnittlichen Grundwasserströmungsgeschwindigkeiten.

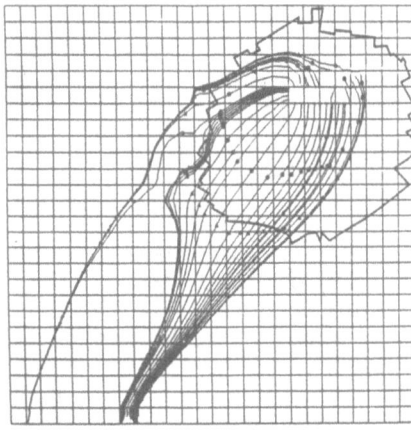

ABBILDUNG 1
Strömungsverlauf und Schutzzone für eine Grundwasserabzugsquelle.

Ein Beispiel für das Strömungsverhalten und die Schutzzone einer Grundwasserabzugsquelle verdeutlicht, wie wesentlich die Verbesserung der Grundwasserströmungsmodelle ist. Etwa 40% dieser Schutzzone liegt außerhalb des neu berechneten Einzugsgebiets der Abzugsquelle.

Ein besseres Verständnis der Frequenzstreuung der örtlichen Mengenströme im Hinblick auf die Einzugsgebiete ist unbedingt erforderlich.

ABBILDUNG 2
Bodenprofil und
Modellaufbau

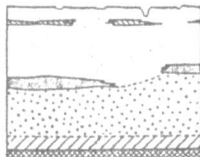 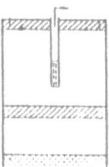

Der künftige Modellaufbau sollte die relevanten Aspekte des Untergrundes umfassen, damit das Modell für Prognosen mehr Gewicht bekommt.

Zur Gewinnung von (teilweise) abgegrenztem Grundwasser müssen weitere Verbesserungen durch Einbeziehung der Heterogenität des Bodens in vertikaler und lateraler Richtung in Grundwasserströmungsmodellen erzielt werden. Die Geostatistik und sedimentologischen Erfahrungen können hierzu einen wertvollen Beitrag leisten.

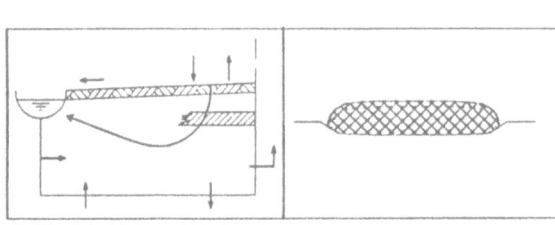

ABBILDUNG 3
Sonstige
Anwendungsgebiete

Ökosystem                    Deponie

Eine weitere Verbesserung der Grundwasserströmungsmodelle in Verbindung mit entsprechender Überwachung ist neben anderen Umweltschutzmaßnahmen ebenfalls wesentlich. Ein Beispiel wären Maßnahmen zum Schutz von im Wasser lebenden Ökosystemen vor kontaminiertem Grundwasser. Ansonsten wäre die Prognose hinsichtlich der Ausbreitung von Kontaminationsstoffen im Umkreis von Deponien zu erwähnen.

Technisches Bodenschutzkomitee
P.O. Box 450
2260 MB Leidschendam
Die Niederlande

ATMOSPHÄRISCHE ABLAGERUNGEN ALS QUELLE VON SCHWERMETALLEN UND ORGANISCHEN SCHADSTOFFEN IN AGRO-ÖKOSYSTEMEN.

K.C. JONES

INSTITUTE OF ENVIRONMENTAL AND BIOLOGICAL SCIENCES, LANCASTER UNIVERSITY, LANCASTER, LA1 4YQ, GROSSBRITANNIEN

1. ZUSAMMENFASSUNG

Dieser Artikel beschreibt den Nachweis für Änderungen des Schadstoffgehalts von Böden und Kulturpflanzen, die durch den Eintrag atmosphärischer Ablagerungen hervorgerufen worden sind. Dabei werden Schwermetalle und organische Spurenschadstoffe getrennt behandelt. Es wird der Standpunkt vertreten, daß praktisch alle Böden der industrialisierten Länder über ihre natürlichen Belastungswerte hinaus durch Lufteinträge mit bestimmten Spurensubstanzen kontaminiert worden sind (hauptsächlich Pb, Cd, polyzyklische aromatische Kohlenwasserstoffe (PAKs), polychlorierte Biphenyle (PCBs) sowie polychlorierte Dibenzo-p-Dioxine und -Furane (PCDD/Fs)). Im Falle von Pb haben die kumulierten Ablagerungseinträge die aktuelle Pb-Belastung der britischen Oberböden in mehreren Jahrhunderten ungefähr verdoppelt. Dessen ungeachtet gibt es nur wenige Belege für einen gleichzeitigen Anstieg des Schadstoffgehalts in britischen Kulturpflanzen während des zwanzigsten Jahrhunderts. Da in der Tat i) die Zusammensetzung der Kulturpflanzen stark durch die direkten Ablagerungen auf dem oberirdischen Teil der Pflanze beeinflußt werden; ii) die Wurzelaufnahme und der Transfer bodenbürtiger Schwermetalle und schwer abbaubarer organischer Schadstoffe ineffiziente Prozesse sind; und iii) sich die Güte der britischen Luft in den letzten 10 - 20 Jahren im allgemeinen verbessert hat, könnte die Vegetationsbelastung durch viele Schadstoffe durchaus etwas niedriger liegen als in den früheren Dekaden dieses Jahrhunderts.

2. EINLEITUNG
2.1. Eigenschaften des Boden/Pflanzensystems

Agro-Ökosysteme sind Schadstoffeinträgen durch den Einsatz von Düngemitteln, durch das Ausbringen von Klärschlamm auf den Böden, und durch atmosphärische Ablagerungen ausgesetzt. Offensichtlich unterscheiden sich für verschiedene Schadstoffe die unterschiedlichen Eintragsformen hinsichtlich ihrer Bedeutung. Dabei ist aber zu beachten, daß eine *langfristige* Beeinflussung der Bodengüte durch Einträge über längere Zeiträume entsteht. Langfristig besitzen Einträge durch atmosphärische Ablagerungen wahrscheinlich die größte

Signifikanz, und natürlich erfolgt ihr Eintrag in *allen* Boden/Pflanzensystemen. Demgegenüber bilden das Ausbringen von Klärschlamm oder der Einsatz spezifischer Pestizide wesentliche Einträge nur für einen kleinen Teil der nationalen Bodenressourcen. So wird beispielsweise in Großbritannien nur auf etwa 1% der Böden Klärschlamm aufgebracht.

Neben diesen unterschiedlichen Einträgen unterscheiden sich auch die Bodensysteme in ihrer Reaktion auf die Schadstoffeinträge merklich. Böden besitzen die Fähigkeit zur Pufferung von Änderungen, die von Eigenschaften wie ihrem Gefüge, dem Gehalt an organischen Substanzen und dem pH-Wert abhängig ist. Obwohl in Böden auch kurzfristige Fluktuationen auftreten, (wie beim pH-Wert der Bodenlösung oder beim Redoxpotential), liegt doch das Hauptinteresse bei den langfristigen Änderungen. Zu Änderungen kommt es, wenn die Pufferkapazität des Bodens oder seine Adsorptions- und Rückhaltekapazität für Schadstoffe überschritten wird. Böden besitzen im allgemeinen die Fähigkeit, Schwermetalle und organische Schadstoffe langfristig zurückzuhalten und zu speichern. Wenn ihre Pufferkapazität allerdings überschritten wird, treten ernste Folgen ein; der Versuch, unerwünschte Änderungen rückgängig zu machen, ist mit komplizierten Bewirtschaftungsproblemen verbunden.

Ein Problem, dem man begegnet, wenn man nach langfristigen Trends bei Böden sucht, besteht darin, daß sie sich vor Ort als enorm variabel erweisen - vertikal, horizontal, physikalisch und chemisch. Der Boden bildet außerdem eine komplexe Matrix, in der viele Prozesse gleichzeitig ablaufen können, so daß die Identifizierung der grundlegenden Prozesse, durch die das Schadstoffverhalten in einem bestimmten Bodensystem festgelegt wird, schwierig sein kann. So können verschiedene organische Chemikalien beispielsweise ausgelaugt, abiotisch und biotisch abgebaut werden, verdampfen und von Pflanzen aufgenommen werden - dies alles beeinflußt die langfristige Persistenz einer Chemikalie im Boden.

Offensichtlich ist eines der Ziele, die bei der Untersuchung von Bodenprozessen verfolgt werden, daß Vorhersagen zu langfristigen Veränderungen möglich werden. Dabei haben Bodenkundler und Umweltchemiker unter anderen das akute Problem, ihre Beobachtungen aus dem Labor auf die Verhältnisse vor Ort zu übertragen. Zwei Beispiele sollen die gegenwärtigen Unzulänglichkeiten unseres Verständnisses der fundamentalen Bodenprozesse illustrieren. Erstens haben Forscher, die sich mit der Migration organischer Chemikalien in die Bereiche des Unterbodens und in das Grundwasser befassen, herausgefunden, daß die Modelle, die sie mit Hilfe von Laboruntersuchungen zum Chemikalientransport durch Säulen von gepackten homogenisierten Böden entwickelt haben, keine zuverlässige Vorhersage der Geschwindigkeit und der

Tiefe erlauben, bis zu der Chemikalien in strukturierten Feldböden migrieren [1]. Zweitens haben kürzlich durchgeführte Untersuchungen gezeigt, daß Abschätzungen zur Persistenz organischer Chemikalien aus kontrollierten Laborversuchen mit Lösungen von 14C-markierten Verbindungen nur geringe Ähnlichkeit mit Feldbeobachtungen haben können, wenn der Schadstoff den Boden in einer 'umweltrelevanten' Form erreicht [2].

Die obigen Ausführungen beziehen sich auf die Untersuchung langfristiger Änderungen in Böden. Bei Prüfung der Hinweise auf eine langfristige Änderung in der Zusammensetzung von Kulturpflanzen muß aber eine andere Art von Faktoren berücksichtigt werden. Erstens werden Kulturpflanzen kurzzeitig angebaut; sie werden geerntet und in regelmäßigen Abständen vom Boden entfernt. Ihre Zusammensetzung unterliegt deshalb einem jahreszeitlichen/jährlichen 'Rauschen'. Dies kann bei der Identifizierung langfristiger Trends zu Schwierigkeiten führen. 'Rauschen' wird aber über Zeiträume von Jahrzehnten und Jahrhunderten auch durch andere Faktoren wie etwa veränderte Verfahren der Bodenbewirtschaftung hervorgerufen. Ein anderer wichtiger Faktor ist die Entwicklung unterschiedlicher kultivierter Varianten für die Hauptarten landwirtschaftlicher Kulturpflanzen. Die Schadstoffaufnahme aus dem Boden ist bekanntermaßen nicht nur von Art zu Art verschieden, sondern selbst bei den verschiedenen kultivierten Varietäten derselben Art. Natürlich haben sich deshalb, da seit dem zweiten Weltkrieg intensivere landwirtschaftliche Verfahren eingeführt worden sind, die angebauten Kulturpflanzen verändert, so daß die Kontinuität fehlt, auf deren Grundlage die tieferliegenden Trends hinsichtlich der Zusammensetzung von Kulturpflanzen verläßlich beurteilt werden können. Infolge des Einsatzes von Düngemitteln und Chemikalien zur Kontrolle von Pflanzenpathogenen haben auch die Erträge in der zweiten Hälfte dieses Jahrhunderts stark zugenommen. Dies ist ein Faktor, der bei der Suche nach Änderungen der Schadstoff-*konzentrationen* zu größerer Verwirrung führen kann. Schließlich, und dies ist für Schwermetalle und organische Schadstoffe vielleicht am wichtigsten, sind Kulturpflanzen atmosphärischen Einträgen ausgesetzt, die in vielen Fällen gegenüber den Einträgen aus dem Boden dominieren. Die Schadstoffbelastung von Kulturpflanzen ist im allgemeinen eine Mischung von Aufnahmen über das Wurzelsystem, von direkten Aufnahmen über das Blatt und Transfer innerhalb der Pflanze, sowie von auf der Oberfläche abgelagerten und zurückgehaltenen Schadstoffen, die an feine Partikel gebunden sind. Folglich können sich langfristige Änderungen der Luftgüte zumindest teilweise in langfristigen Änderungen der Zusammensetzung von Kulturpflanzen widerspiegeln.

## 2.2. Ansätze zur Untersuchung zeitlich langfristiger Trends

Die wesentlichen Informationen zu zeitlich langfristigen Trends der Umweltqualität erhält man durch: a). Die Analyse von Material, das in diskreten identifizierbaren Schichten abgelagert worden ist - altersbestimmte Torf-, Sediment- und Eiskerne sind zu diesem Zweck verwendet worden. Bei derartigen Untersuchungen gibt es zwei größere Quellen von Unsicherheit, nämlich die zuverlässige Altersbestimmung und das 'Mischen' oder 'Verschmieren', dem die Probe vor Ort ausgesetzt ist. Zwei Beispiele für diese Effekte sind die biogene Durchmischung des Sedimentmaterials oder das Auslaugen von Schadstoffen durch Torfkerne. Zu beachten ist, daß Torf eine eher spezialisierte Bodenform darstellt, und daß Untersuchungen zur zeitlichen Variation der atmosphärischen Einträge in ombrotrophe Moore wertvolle Informationen liefern, die auf Mineralböden übertragen werden können. Bei den meisten landwirtschaftlich genutzten Böden sind die Einträge in die oberen Schichten oder in die Kulturbodenschicht von größtem Interesse, wobei diese eine integrierte Aufzeichnung der kumulierten Einträge aus langfristigen Ablagerungen ermöglichen kann. b). Die Analyse archivierter oder gelagerter Proben, wobei die Probe zu irgendeinem Zeitpunkt der Vergangenheit entnommen und bis zur Analyse in einem kontaminationsfreien Zustand aufbewahrt worden ist. Diese letzgenannte Kategorie ist für Untersuchungen von Böden und Kulturpflanzen besonders wichtig, da verschiedene landwirtschaftliche Experimente durchgeführt worden sind, bei denen in Abständen Boden- und Vegetationsproben genommen und in Archiven aufbewahrt worden sind [3]. Ein wichtiger Vorzug solcher langfristigen Experimente besteht darin, daß es sich dabei im allgemeinen um wohldefinierte und verständliche Systeme handelt, auch wenn wegen der Heterogenität des Bodens vor der Extrapolation der standortspezifischen Beobachtungen in einen breiteren Kontext mit der nötigen Sorgfalt zu verfahren ist.

## 3. LANGFRISTIGE VERÄNDERUNGEN IN DER ZUSAMMENSETZUNG VON BÖDEN UND KULTURPFLANZEN.

### 3.1. Schwermetalle

3.1.1. <u>Böden</u>. Steinnes hat gezeigt, daß langfristige Einträge aus atmosphärischer Ablagerung die biogeochemischen Fluxe verschiedener Elemente - namentlich Pb, Cd, As und Se - in skandinavischen Boden/Pflanzensystemen substantiell verändert haben. Seine Untersuchungen betreffen Böden, die durch einen niedrigen pH-Wert und einen hohen Anteil von organischen Substanzen charakterisiert sind (> 70% der Böden haben ein pH von 3,6 - 4,5, wobei der Anteil organischer Substanzen im Bereich 50 - 90% liegt). Es handelt sich überwiegend um podsolige Böden und Torfe, die in Skandinavien dominieren [z.B. 4 - 6].

Eine der ersten Beobachtungen von Steinnes und seinen Mitarbeitern war, daß die Schwermetallverteilung in norwegischen Böden deutliche regionale Unterschiede zeigt. Die höchsten Schwermetallkonzentrationen wurden in überwiegend unbewohnten Bereichen mit sehr hohem jährlichen Niederschlag festgestellt. Die Pb-, As- und Cd-Konzentrationen liegen in Südnorwegen durchweg um ungefähr eine Größenordnung höher als in Nordnorwegen. Die Böden zeigen außerdem als Funktion der Tiefe substantielle Unterschiede, so daß bei diesen Elementen eine starke Oberflächenanreicherung auftritt. Steinnes hat daraus geschlossen, daß diese Beobachtungen als Folge regionaler Unterschiede der atmosphärischen Schwermetalleinträge über die Jahrhunderte zu verstehen sind. Südnorwegen erhält größere Schwermetalleinträge aus den industrialisierten Gebieten West- und Osteuropas als der Norden des Landes. Westeuropa kann auf eine lange Geschichte des Abbaus und der Förderung von Schwermetallen zurückblicken, in Großbritannien beispielsweise bis in römische Zeiten. Vor Jahrhunderten müssen die ineffizienten Verhüttungsverfahren zu einer substantiellen atmospärischen Kontamination mit Schwermetallen und schwefelhaltigen Gasen geführt haben, wobei der weitreichende Transport der relativ flüchtigen Schwermetalle zusammen mit feinen Aerosolen erfolgte [7]. In Großbritannien haben verschiedene Untersuchungen gezeigt, daß Metalle in den Oberböden mineralisierter Bereiche über viele Jahrhunderte persistent sind. Abschätzungen zufolge stammen mehr als 80% der Schwermetallbelastung norwegischer Luft aus Quellen außerhalb des Landes [8]. Steinnes hat auch in der Vegetation deutliche regionale Unterschiede der Pb- und Cd-Konzentration beobachtet; die Konzentrationen liegen im Süden 5mal höher als im Norden des Landes. Dies könnte eine Folge der verschiedenen Böden und/oder des jahreszeitlichen Ablagerungseintrags sein, der direkt auf den oberirdischen Teil der Pflanze erfolgt. Untersuchungen an norwegischen ombrotrophen Torfmooren geben weitere Hinweise darauf, daß die langfristigen Einträge sich jetzt als kumulierte Belastung des Oberflächenbereichs darstellen. Ohne das Alter der Torfkerne zu ermitteln, hat Steinnes einfach die Metallkonzentrationen in unterschiedlichen Profiltiefen miteinander verglichen. So sind zum Beispiel im Süden die Pb- und As-Konzentrationen an der Oberfläche ungefähr zwanzigmal höher als in 50 cm Tiefe. Selbst im Norden gibt es eine allerdings weniger ausgeprägte Oberflächenanreicherung, die darauf hindeutet, daß auch abgelegene Standorte von diesen Einträgen nicht unbeeinträchtigt geblieben sind. Für andere Elemente ergibt sich ein anderes Bild; so gibt es beispielsweise im Cu- und Zn-Gehalt der Vegetation zwischen Nord- und Südnorwegen keine Unterschiede. Für Se ist das Ablagerungsmuster wegen der Kombination von natürlichen Einträgen flüchtiger gasförmiger Selenverbindungen, die von den Ozeanen emittiert werden, und der anthropogenen Komponente deutlich komplizierter. Immerhin gibt es bei ombrotrophen Torfen aus dem Südosten Norwegens von 50 cm Tiefe bis zur Oberfläche immer noch eine Zunahme um ungefähr den Faktor 10, auch wenn die zeitlichen Trends durch Se-Umschichtung innerhalb des Torfprofils kompliziert geworden sein mögen.

Die nächste wichtige Frage, die zu klären war, betraf den potentiellen Transfer von Schwermetallen aus den Böden und der Vegetation in die menschliche Nahrungskette. Frøslie et al [9] haben die Metallkonzentrationen in Lammleber von Weidetieren aus verschiedenen Regionen miteinander verglichen, wobei diese Regionen so ausgewählt waren, daß sie unterschiedlich kumulierte Belastungen aus atmosphärischen Einträgen aufwiesen. Dabei zeigten die Elemente ein unterschiedliches Verhalten. Bei Blei war die Korrelation signifikant für $p < 0,001$; Cd und Se korrelierten signifikant für $p < 0,01$, und As für $p < 0,05$. Bei Mo, Zn und Cu wurde keine signifikante Korrelation beobachtet. Die Folgen dieser regionalen Unterschiede für die Humanexposition bedürfen noch der Klärung.

Ein anderes wichtiges Gebiet zukünftiger Forschung betrifft die möglichen Effekte der in den Oberböden akkumulierten Schwermetalle auf die mikrobiellen Bodenprozesse. Steinnes et al. haben angemerkt, daß "...die hohen Bleikonzentrationen *(in norwegischen Oberböden)* Werte erreichen, die nachgewiesenermaßen schädliche Wirkungen auf mikrobielle Prozesse im Boden ausüben". Es handelt sich hierbei um ein gegenwärtig eher strittiges Forschungsgebiet, aber *wenn* derartige Wirkungen auftreten, dann hat dies über mikrobiell vermittelte Prozesse des Nährstoffkreislaufs (in Böden hauptsächlich N und P) wichtige Folgen für die langfristige Fruchtbarkeit des Bodens.

Interessant ist die Beobachtung, daß die Rate des Schwermetalleintrags aus der Atmosphäre in Großbritannien und andernorts in Europa während der siebziger und achtziger Jahre abgenommen hat [10, 11]. Nichtsdestoweniger übersteigen wahrscheinlich die Einträge noch immer die Abgänge aus dem Bodensystem, weil die Migration aus der Ackerkrume in die Unterflur extrem langsam erfolgt, und die Entfernung über die Aufnahme durch Kulturpflanzen extrem ineffizient ist. Folglich besitzen Schwermetalle im Boden außerordentlich lange Verweilzeiten. 1942 wurde beispielsweise bei Woburn in Großbritannien ein Langzeitexperiment begonnen, um die Entwicklung und Wirkung von Schwermetallen zu untersuchen, die durch Klärschlammaufbringung in den Boden eingebracht wurden [12]. Bis in die Mitte der achtziger Jahre gab es noch immer keine Hinweise auf eine signifikante Bewegung über die Tiefe hinaus, bis zu der der Boden kultiviert wird. Langfristige Vorhersagen können deshalb gravierend falsch sein; immerhin besagen die Schätzungen von McGrath [12], daß die Verweilzeiten für Cd und Pb in den sandigen Lehmböden bei Woburn 7500 beziehungsweise 35000 Jahre betragen.

Davies [13] hat den Schwermetallgehalt von nahezu 700 Proben aus Oberböden und Unterfluren in Wales gemessen, einem Gebiet, das eine lange Tradition im Abbau und der Gewinnung von Metallen besitzt. Er beobachtete substantielle Oberflächenanreicherungen bei Cd und Pb, und eine leichte Anreicherung bei Cu und Zn. Die Verhältnisse Oberboden (A-Horizont) : Unterflur (B-Horizont) betrugen 2,4:1, 2,1:1, 1,1:1 und 1,1:1 für Cd, Pb, Cu bzw. Zn. Der Median der Oberflächenkonzentrationen von Cd und Pb betrug 0,29 bzw. 35 mg/kg, und 0,12 bzw. 17 mg/kg für die Unterflur.

Der Bleigehalt landwirtschaftlich genutzter Böden ist eine Funktion der kumulativen Pb-Einträge aus atmosphärischer Ablagerung, der lokalen Geochemie und des Bodentyps. Gegenwärtig liegen typische Pb-Bodenkonzentrationen in England und Wales bei ~40 mg/kg. Nach einer Schätzung von Chamberlain [7] lassen sich ~3 mg/kg Einträgen zuschreiben, die aus der Verwendung von Pb als Kraftstoffadditiv ab 1946 resultieren, und immerhin ~17 mg/kg den historischen Pb-Emissionen, die ab 1700 in die britische Atmosphäre gelangt sind. Auf dieser Grundlage ist ungefähr die Hälfte der gegenwärtigen Pb-Belastung britischer Oberböden langfristig anthropogenen Ursprungs. Schätzungen zufolge war die in Großbritannien landwirtschaftlich genutzte Fläche Mitte der achtziger Jahre landesweit einem Eintrag von ca. 1540 t Pb/Jahr aus atmosphärischer Ablagerung ausgesetzt, dies entspricht einem mittleren Eintrag von ca. 300 g Pb/ha [14]. Der einzige weitere signifikante Beitrag für die in Großbritannien landwirtschaftlich genutzte Fläche ist Klärschlamm, der landesweit ca 100 t Pb/Jahr ausmacht.

Die langfristigen Cd-Einträge industrieller Herkunft sind schwieriger abzuschätzen, aber mit Sicherheit werden die gegenwärtigen Einträge stark durch atmosphärische Ablagerungen und die Gegenwart von Cd-Verunreinigungen in Phosphatdüngern beeinflußt. Es gibt deutliche Hinweise, daß diese beiden Einträge zu einer langfristigen Akkumulation von Cd in Oberböden geführt haben [15, 16]. Die gegenwärtig in Großbritannien landwirtschaftlich genutzten Böden enthalten ca. 0,3 mg Cd/kg; wahrscheinlich stammen 50% dieser Belastung, und möglicherweise mehr, aus langfristigen anthropogenen Einträgen über die Jahrhunderte. Mit anderen Worten: *alle* Böden der industrialisierten Länder sind mit bestimmten Schwermetallen oberhalb der vorindustriellen Konzentrationen kontaminiert.

3.1.2 <u>Kulturpflanzen</u>. Es gibt deutliche Hinweise auf eine langfristige Zunahme der Schwermetallbelastung von Böden in den industrialisierten Ländern. Als nächste Frage muß geklärt werden: "Gibt es Hinweise auf einen allgemeinen begleitenden Anstieg der Schwermetallkonzentrationen in Kulturpflanzen?" Sie hat wichtige Folgen für die Humanexposition, da für viele Schwermetalle, insbesondere Pb und Cd, Nahrungsmittel auf Pflanzenbasis die Hauptquelle der ernährungsbedingten Aufnahme sind. Insbesondere im Fall von Cd ist in den letzten Jahren die Frage gestellt worden, ob die langfristige Zunahme der Bodenbelastung durch Cd auch langfristige Folgen für die menschliche Gesundheit hat, da bekanntermaßen eine breite positive Korrelation zwischen den Cd-Konzentrationen in Böden und in Pflanzen existiert.

Jones und Johnston [16] haben Proben von Kulturpflanzen analysiert, die im Rahmen dreier langfristiger landwirtschaftlicher Experimente geerntet und archiviert worden waren. Diese Experimente wurden für Cd in den vierziger und fünfziger Jahren des vorigen Jahrhunderts in der Experimentalstation Rothamsted (Großbritannien) begonnen. Für die Böden der Felder dort war bereits früher ein Anstieg von Cd als Folge von Einträgen aus atmosphärischer Ablagerung und aus Phosphatdüngern nachgewiesen worden. Für Gruppen von Jahren zwischen 1860 und 1986 wurden in jedem Experiment Weidegräser, Weizen und Gerste von den unterschiedlich behandelten Feldern (Kontroll- oder 'Null'-Behandlung, P-Düngung, Meliorisierung durch Stalldung, NPK-Düngung - gekalkt und ungekalkt) archiviert. Für die verschiedenen Behandlungen ergaben sich merkliche Unterschiede in der Cd-Konzentration. So wurde beispielsweise Cd von Weidegräsern stärker aufgenommen, wenn P-Dünger ausgebracht oder der Boden gekalkt worden war. Die Cd-Aufnahme wurde von den großen Ertragsdifferenzen und wahrscheinlich auch von anderen Faktoren beeinflußt. Hierzu gehören in dem permanenten Weidelandexperiment Änderungen der botanischen Zusammensetzung; in den Experimenten mit Weizen und Gerste Kuländerungen; bei einigen Feldern Änderungen des Bodengehalts an organischen Substanzen und des Boden-pHs; sowie Änderungen der atmosphärischen Cd-Ablagerungen im Verlauf der Zeit. Alle diese potentiell verwirrenden Faktoren machten die Interpretation der Ergebnisse schwierig. Es konnte jedoch gefolgert werden, daß es von einer Ausnahme abgesehen nur wenige Hinweise auf eine langfristige Zunahme der Cd-Konzentration in den Kulturpflanzen von Rothamsted gibt, die sich auf eine zugrundliegende Änderung der Cd-Konzentration im Boden zurückführen ließen.

Zu beachten ist, daß die Zunahme des Boden-Cd bei Rothamsted im Rahmen akzeptierter, allgemein eingesetzter landwirtschaftlicher Verfahren erfolgte. Die Bewirtschaftung des Bodens durch Zuführung von Kalk oder Stalldung kann zur Senkung des Cd-Gehalts und der Cd-Entnahme durch die Kulturpflanzen führen. Der Stalldung hat zusätzliche organische Substanzen zugeführt, die das Cd sowohl gegen Auslaugung als auch gegen Aufnahme durch die Pflanzen geschützt haben können. Wenn im Boden große Mengen organischer Substanzen vorhanden sind, wie dies in Park Grass (dem permanenten Weidelandexperiment bei Rothamsted) der Fall ist, ist der

Cd-Gehalt der Weidegräser in mit NPK oder Stalldung behandelten Feldern derselbe. Die über die Jahre eingesetzten Superphosphate scheinen mit Cd nicht besonders angereichert gewesen zu sein (sie wiesen sehr viel niedrigere Werte auf als die, die gegenwärtig in Großbritannien verwendet werden), während die Rate der atmosphärischen Cd-Ablagerung im allgemeinen repräsentativ für die in Großbritannien landesweit typische ist. Unter diesen Bedingungen haben sich die Cd-Konzentrationen in Weidegräsern und im Getreide nicht nennenswert geändert, auch wenn es einige Hinweise auf eine leichte Erhöhung der Cd-Konzentration im Weizen aus Broadbalk gibt. Allerdings müssen weitere Untersuchungen durchgeführt werden, um das Ausmaß, die Signifikanz und die möglichen Ursachen etwaiger Änderungen des Cd-Gehalts von Getreide im letzten Jahrhundert zu ermitteln.

Bemerkenswerterweise haben Experimente, die eine positive Korrelation zwischen Boden-Cd und Pflanzen-Cd ergeben haben, dieses Ergebnis auf Grundlage eines breiten Bereiches von Cd-Bodenkonzentrationen erzielt. So benutzte beispielsweise Davis [17] Böden mit Konzentrationen bis zu 20 mg Cd/kg, während die Zunahmen bei ländlichen (landwirtschaftlich genutzten) Böden, die aus der langfristigen Akkumulierung von abgelagerten Cd resultieren, typischerweise im Sub-mg-Cd/kg-Bereich liegen. Über diesen Bereich können aber atmosphärische Einträge durchaus auch von Bedeutung für die Bestimmung des Cd-Gehalts der Vegetation sein. Untersuchungen von Tjell und Mitarbeitern haben beispielsweise gezeigt, daß selbst in ländlichen Gebieten 60% des Cd und bis zu 90% des Pb in Weidegräsern aus der Atmosphäre stammen können [18, 19].

Während Boden/Pflanzen-Untersuchungen einen überzeugenden Zusammenhang zwischen Metallgehalten in den geringen Konzentrationen, wie sie für ländliche Böden repräsentativ sind, erst noch nachweisen müssen, beleuchten jüngere Pb-Daten aus Rothamsted die potentielle Bedeutung des atmosphärischen Einflusses, denn dort sind die Pb-Konzentrationen der Luft repräsentativ für die in ländlichen / semiländlichen Gebieten [20]. Diese Studie untersuchte den Pb-Gehalt von Weidegräsern im Zeitraum von 1956 bis 1988 und zeigte für die Jahre, für die Luftdaten verfügbar waren (1972 - 1988), eine Korrelation zum Bleigehalt der Luft in Großbritannien. Die Studie erbringt Hinweise auf eine allmähliche Senkung der Pb-Konzentrationen in Weidegräsern während des Untersuchungszeitraums, und auf eine kürzliche stärkere Abnahme als Folge der Reduzierung des Benzin-Pb am Anfang des Jahres 1986. Die jüngste allgemeine Verbesserung des Bleigehalts der Luft hat wichtige Folgen für die Bleikonzentration von Nahrungsmitteln pflanzlichen Ursprungs und deutet darauf hin, daß für die achtziger und neunziger Jahre im Vergleich zu den Bleiwerten im Zeitraum von 1950 bis 1980 eine allgemeine Verbesserung erwartet werden darf.

## 4. SPURENORGANIKA

Wie bei Schwermetallen bildet die atmosphärische Ablagerung für Bodensysteme eine langfristige Quelle von organischen Spurenschadstoffen. Einige Verbindungen, die auf diese Weise in Agro-Ökosysteme eingedrungen sind, sind vollständig synthetische Substanzen, die von der Menschheit durch einen Teil dieses Jahrhunderts industriell oder als landwirtschaftliche Chemikalien eingesetzt worden und in der Umwelt ubiquitär geworden sind. Polychlorierte Biphenyle (PCBs) und viele der chlorierten organischen Pestizide wie DDT und seine Abbauprodukte fallen in diese Kategorie; sie sind in die Umwelt gelangt, seit sie in den zwanziger und dreißiger Jahren erstmals hergestellt worden sind, und können jetzt in *allen* Oberböden nachgewiesen werden. Kürzlich ist der Versuch unternommen worden, den aktuellen Konzentrationsbereich derartiger Schadstoffe anzugeben; die Konzentrationen von PCBs in Oberböden beispielsweise liegen typischerweise im Bereich 1 - 100 µg/kg [21, 22].

Andere organische Schadstoffe, die hinsichtlich des Umweltschutzes gegenwärtig von Interesse sind, mögen in der Umwelt zwar auch natürlich auftreten, aber ihre Bodenkonzentrationen können durch anthropogene Einträge substantiell beeinflußt werden. Polychlorierte Dibenzo-p-Dioxine und -Furane (PCDDs/PCDFs) fallen ebenso in diese Kategorie [23] wie polyzyklische aromatische Kohlenwasserstoffe (PAKs). Jones *et al* haben kürzlich den zeitlichen Konzentrationsverlauf von PAKs in Böden und Pflanzen untersucht, die seit Mitte des neunzehnten Jahrhunderts in Rothamsted gesammelt worden waren, und über das letzte Jahrhundert eine nennenswerte Zunahme nachgewiesen. PAKs sind Nebenprodukte von unvollständigen Verbrennungen und gelangen deshalb auf natürlichem Wege in die Umwelt, sobald Vegetation verbrannt wird. Die Gesamt-PAK-Belastung von Bodenproben aus der Ackerkrume von Rothamsted ist seit 1880/90 etwa viermal größer geworden, wobei einige Verbindungen (insbesondere Benz-[b]-Fluoranthen, Benz-[k]-Fluoranthen, Benz-[a]-Pyren, Benz-[e]-Pyren, Pyren, Benz-[a]-Anthrazen und Indeno-[1,2,3-cd]-Pyren) substantiell stärkere Zunahmen zeigten. Über das letzte Jahrhundert sind die mittleren Anstiegsraten individueller PAKs in den Feldern von Rothamsted mit den gegenwärtigen atmospärischen Ablagerungsraten in semiländlichen Bereichen vergleichbar. Die Hauptquelle von PAKs in den Böden von Rothampsted waren regionalen Niederschläge anthropogener PAKs aus der Verbrennung fossiler Brennstoffe, die in den industrialisierten Ländern allgemein zu *regionalen* Zunahmen der Bodenbelastung durch PAKs geführt haben [25]. Folglich variiert die PAK-Belastung zeitgenössischer Oberböden merklich längs des Gradienten abgelegen-ländlich-städtisch-industriell, und spiegelt so die kumulativen atmosphärischen Einträge in das System wieder. Demgegenüber zeigen die Kulturpflanzen, die jährlich in Rothamsted geerntet worden sind, eher die allgemeinen zeitlichen Trends, als daß sie den Anstieg der PAK-Bodenkonzentrationen wiedergäben. Die Vegetationsdaten deuten darauf hin, daß die gegenwärtigen Einträge viel geringer sind als zu verschiedenen Zeitpunkten der Vergangenheit, als noch mehr Kohle zur Beheizung von Wohnungen verbraucht wurde; die verfügbaren Daten belegen, daß die PAK-Einträge in die Umwelt in den vierziger und fünfziger Jahren am größten waren [26]. Die PAK-Daten bieten ein extremeres Beispiel für die Anmerkungen, die bereits zu den Metalleinträgen in die Vegetation gemacht worden sind, nämlich daß die Aufnahme aus dem Boden sehr ineffizient ist, und daß die Zusammensetzung der Blätter durch luftgebundene Einträge dominiert wird. Aus der Tatsache, daß die PAK-Bodenbelastung bei Rothamsted im Laufe der Zeit angestiegen ist, folgt, daß zwischen den Einträgen (d.h. der atmosphärischen Ablagerung) und den Verlusten (potentiell durch Auslaugung, Verflüchtigung, biotischen und abiotischen Abbau sowie Entnahme durch Pflanzen) ein Ungleichgewicht bestanden hat. Die Zunahme der PAK-Bodenbelastung deutet darauf hin, daß diese Verbindungen in Böden sehr viel persistenter sind, als frühere laborgestützte Experimente vermuten ließen [siehe 2, 27].

Danksagung
    Der Autor dankt Mr. A. E. Johnston und seinen Mitarbeitern in Rothamsted für die ständige Unterstützung und ihr Interesse an der Untersuchung langfristiger Änderungen in der Zusammensetzung von Böden und Kulturpflanzen.

5. BIBLIOGRAPHIE
1) Jury, W.A., Elabd, H. und Resketo, M. (1986). Water Resoources Research 22, 749.
2) Wild, S.R., Obbard, J.P., Munn, C., Berrow, M. und Jones, K.C. (im Druck). Sci. Total Environ.
3) Jones, K.C., Symon, C.J. und Johnston, A.E. (1987). Sci. Total Environ. 61, 131
4) Steinnes, E. (1984) In: Pollutants in Porous Media: the unsaturated zone between soil surface and groundwater (Schadstoffe in porösen Medien: Die ungesättigte Zone zwischen Bodenoberfläche und Grundwasser). (Herausgegeben von B. Yaron, G. Dagan und J. Goldshmid), S. 115-122, Springer-Verlag, Berlin.
5) Steinnes, E. (1987) In: Lead, Mercury, Cadmium and Arsenic in the Environment (Blei, Quecksilber, Kadmium und Arsen in der Umwelt). (Herausgegeben von T.C. Hutchinson und K.M. Meema), S. 107-117, J. Wiley and Sons Ltd.
6) Steinnes, E., Solberg, W., Petersen, H.M. und Wren, C.D. (1989). Water, Air, Soil Pollut. 45, 207.
7) Chamberlain, A.C. (1983). Atmos. Environ. 17, 693.

8) Pacyna, J.M., Semb, A. und Hansen, J.E. (1984). Tellus 36B, 163.
9) Frøslie, A., Norheim, G., Rambæk, J.P. und Steines, E. (1985). Bull. Environ. Contam. Toxicol. 34, 175.
10) Salmon, L., Atkins, D.H.F., Fisher, E.M.R., Healy, C. und Law, D.V. (1978). Sci Total Environ. 9, 161.
11) Cawse, P.A. (1987). In: Pollutant Transport and Fate in Ecosystems (Schadstofftransport und Entwicklung in Ökosystemen). (Herausgegeben von P.J. Coughtrey, M.H. Martin und M.H. Unsworth), S. 89-112. Blackwell, Oxford.
12) McGrath, S.P. (1987). In: Pollutant Transport and Fate in Ecosystems (Schadstofftransport und Entwicklung in Ökosystemen). (Herausgegeben von P.J. Coughtrey, M.H. Martin und M.H. Unsworth), S. 301-317. Blackwell, Oxford.
13) Davies, B.E. (1985). in: Proceedings of the 1st Int. Symp. on Geochemistry and Health. Science Reviews Ltd.
14) Hutton, M. und Symon, C. (1986). Sci. Total Environ. 57, 129.
15) Jones, K.C., Symon, C.J. und Johnston, A.E. (1987). Sci. Total Environ. 67, 75.
16) Jones, K.C. und Johnston, A.E. (1989). Environ. Pollut. 57, 199.
17) Davis, R.D. (1984). Experientia 40, 117.
18) Tjell, J.C., Hovmand, M.F. und Mosbæk, H. (1979). Nature 280, 425.
19) Hovmand, M.F., Tjell, J.C. und Mosbæk, H. (1983). Environ. Pollut. 30,27.
20) Jones, K.C., Symon, C.J., Taylor, P.J.L., Walsh, J. und Johnston, A.E. (im Druck). Atmos. Environ.
21) HMIP (1989). Determination of polychlorinated biphenyls, polychlorinated dibenzo-p-dioxins and polychlorinated dibenzofurans in UK soils (Messung polychlorierter Biphenyle, polychlorierter Dibenzo-p-Dioxine und polychlorierter Dibenzofurane in britischen Böden). Her Majesty's Inspectorate of Pollution Technical Report. London, HMSO 50 pp.
22) Jones, K.C. (1989). Chemosphere 18, 2423.
23) Kjeller, L.O., Rappe, C., Jones, K.C. und Johnston, A.E. (im Druck). Chemosphere.
24) Jones, K.C., Stratford, J.A. et al. (1989). Environ. Sci. Technol. 23, 95.
25) Jones, K.C., Stratford, J.A., Waterhouse, K.S. und Vogt, N.B. (1989). Environ. Sci. Technol. 23, 540.
26) Jones, K.C., Grimmer, G., Jakob, J. und Johnston, A.E. (1989). Sci. Total Environ. 78, 117.
27) Wild, S.R., Waterhouse, K.S., McGrath, S.P. und Jones, K.C. (im Druck). Environ. Sci. Technol.

ERFAHRUNGEN MIT DER ANWENDUNG DES MINDESTUNTERSUCHUNGSPROGRAMMES KULTURBODEN

Wilhelm König

Landesanstalt für Ökologie, Landschaftsentwicklung und Forstplanung NW, Ulenbergstraße 1, 4000 Düsseldorf 1

1. EINFÜHRUNG

Im Hinblick auf die Untersuchung und Beurteilung von Altlasten-Verdachtsstandorten ist ein differenziertes Vorgehen nach Schutzgütern bzw. Einwirkungspfaden erforderlich (LAGA 1989).

Dafür wurden bzw. werden in Nordrhein-Westfalen spezifische Leitfäden entwickelt, wie das "Mindestuntersuchungsprogramm Kulturboden" (LÖLF 1988) für den Schadstoffübergang vom Boden zur Pflanze. Alle haben ein schrittweises Vorgehen und eine Beurteilung anhand von Prüf- oder Schwellenwerten gemeinsam.

Zur Erläuterung des Mindestuntersuchungsprogrammes Kulturboden wird in Abb. 1 das vereinfachte Ablaufschema gezeigt.

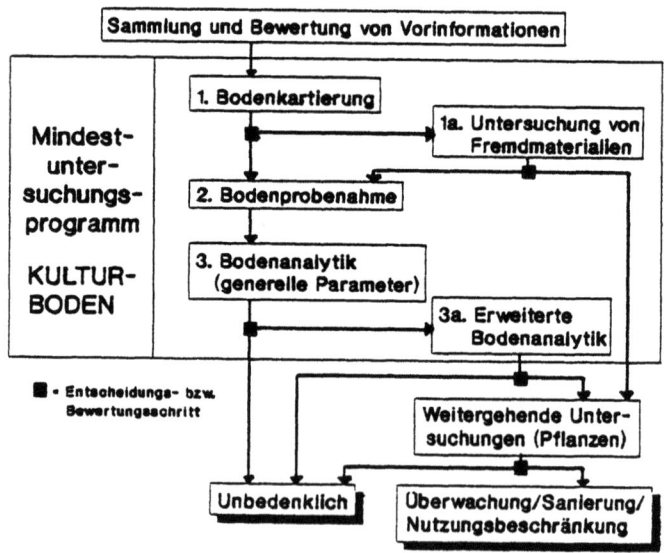

Abb. 1 Ablauf des Mindestuntersuchungsprogrammes Kulturboden

Im folgenden wird über Erfahrungen der Anwendung, insbesondere der Schwellenwerte, berichtet. Im einzelnen möchte ich auf folgende Aspekte eingehen:

- Anwendungsbeispiel zu den Schritten "Bodenkartierung und -untersuchung"
- Verhältnis zwischen Schwellenwerten im Boden und Lebensmittelrichtwerten für Gemüse (Cadmium, Blei, Thallium)

2. ANWENDUNGSBEISPIEL ZU DEN SCHRITTEN "BODENKARTIERUNG UND -UNTERSUCHUNG"

Bei der modellhaften Anwendung des Programmes in einer Kleingartenanlage, die vor ca. 50 Jahren auf einer Schlackenhalde errichtet wurde, zeigte sich die Bedeutung dieser beiden Untersuchungsschritte für das weitere Vorgehen und die Interpretation der Ergebnisse. Wie aus Abb. 2 hervorgeht, konnte durch die rastermäßige Bodenkartierung und -sondierung die Abgrenzenzung der Altablagerung gegenüber der fehlerhaften Kartenvorgabe exakt erfolgen. Die Sondierung wurde im 50 m-Raster begonnen und in den Übergangsbereichen auf 25 m verengt. Die Bereiche mit den gewachsenen Böden ließen sich für die weiteren Untersuchungen als Kontrollflächen einsetzen.

Abb. 2  Ergebnisse der Bodenkartierung

Die danach folgende Bodenuntersuchung zeigte zunächst bei dem Bodenparameter "organischer Kohlenstoff" teilweise überraschend hohe Werte. Da die höchsten Werte allgemein in der Schicht von 60-100 cm auftraten (Abb. 3), konnte es sich nicht ausschließlich um Humus-Kohlenstoff handeln, vielmehr deutet dieser Befund auf hohe Anteile an unvollständig verbrannten Asche- oder Schlacke-Bestandteilen hin. Dieser Parameter hat sich damit als geeigneter Indikator für die abgelagerten Materialien und damit eingetragene Schadstoffe herausgestellt. Der Ablagerungsbereich ließ sich zudem weiter unterteilen. Der enge Zusammenhang mit der Schadstoffverteilung geht z.B. aus der Zuordnung der Arsengehalte hervor (Abb. 4). Diese Einteilung der Untersuchungsfläche ließ sich dann auch später bei den Pflanzenuntersuchungen übernehmen, wodurch eine gezielte Reduzierung der zu untersuchenden Gärten möglich war.

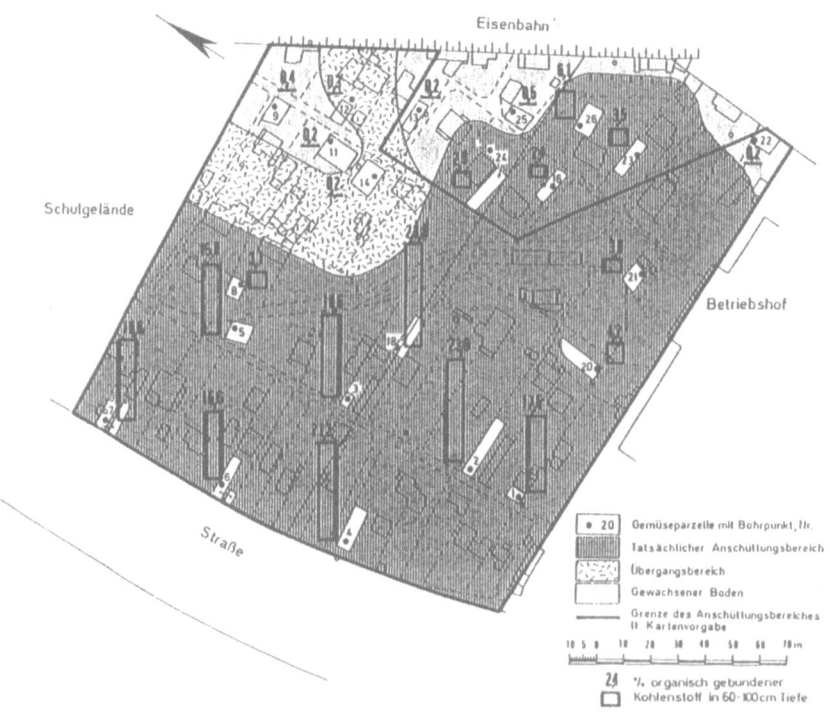

Abb. 3  Bodenuntersuchung in Gemüseparzellen

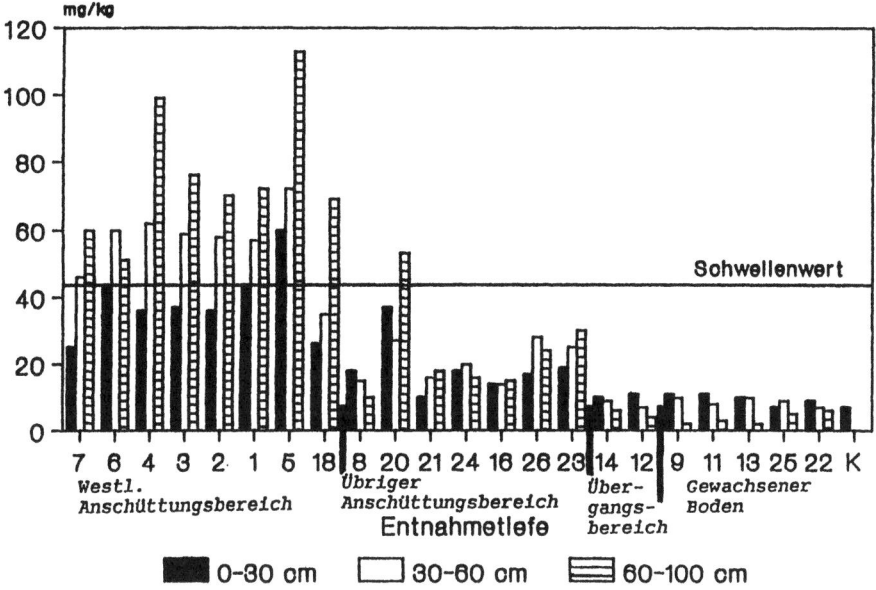

Abb. 4  Arsengehalte der Böden in Gemüsebeeten

3. VERHÄLTNIS ZWISCHEN SCHWELLENWERTEN UND LEBENSMITTEL-RICHTWERTEN

Bei der Beurteilung der Schwermetallgehalte in Pflanzen anhand der Lebensmittelrichtwerte des Bundesgesundheitsamtes (BGA 1986) ist vorauszuschicken, daß auch diese nicht als direkte Entscheidungskriterien für Sanierungsmaßnahmen, sondern mehr als Hinweis auf erhöhte Gehalte und als Prüfwert im Hinblick auf die Betrachtung von Produktionsmengen, Verwertungswege und Verzehrsanteile zu sehen sind.

Bei Cadmium sind in zahlreichen Untersuchungen Zusammenhänge von Gesamtgehalten und pH-Werten im Boden zu dem Gehalt in der Pflanze nachgewiesen worden. In bezug zu den Beurteilungskriterien hat sich dieses in den Erhebungsuntersuchungen von großstädtischen Klein- und Hausgärten z.B. bei Sellerie - wie in Tab. 1 gezeigt - ergeben. Während 51 bzw. 23 % der Proben gleichgerichtet unter bzw. über den Beurteilungswerten liegen, ist bei 17 % bei erhöhten Gesamtgehalten von einer geringen Verfügbarkeit auszugehen. 9 % überschreiten allerdings den Lebensmittelrichtwert bei Bodenwerten unter dem zugehörigen Schwellenwert. Für solche wird die ergänzende Anwendung des $CaCl_2$-Extraktes aus dem Boden als notwendig angesehen (SAUERBECK und STYPEREK 1987).

Tab. 1 Zuordnung von Cadmiumgehalten in Böden und Sellerie zu Schwellen- bzw. Richtwert

| Boden–Schwellenwert<br>bei pH<6,5 = 1 mg/kg<br>bei pH≥6,5 = 2 mg/kg | ≤ Schw.-w. | >Schw.-w. | >Schw.-w. | ≤ Schw.-w. |
|---|---|---|---|---|
| Sellerie–Lebensmittel-Richtwert =<br>= 0,2 mg/kg FS | ≤ Richtw. | ≤Richtw. | >Richtw. | >Richtw. |
| Anzahl der Proben – absolut (n = 186) | 95 | 31 | 43 | 17 |
| Anzahl der Proben – relativ in % | 51 | 17 | 23 | 9 |

Beim Blei ist es hingegen schwieriger, Zusammenhänge zwischen Boden und Pflanze zu erkennen. Vermehrt ergibt sich jedoch, daß Wurzelgemüse den relativ niedrig angesetzten Richtwert auch bei Bleigehalten im Boden um den Schwellenwert überschreitet. Dieses zeigt z.B. eine Untersuchung von Kleingartenanlagen im Stadtgebiete Herne, in der Bodenwerte von 50-300 mg Pb/kg festgestellt wurden. Dabei überschreiten die Möhren mit 3 von 43 Proben als einzige Gemüseart den Lebensmittelrichtwert (Abb. 5). Da bezogen auf diese Gehalte in den Möhren der Abstand bis zur Ausschöpfung der WHO-Werte erheblich ist, sehe ich in diesen Ergebnissen weniger ein Problem des Schwellenwertes als des für bestimmte Gemüsearten zu niedrig angesetzten Lebensmittelrichtwertes.

Eine ähnliche Problematik besteht bei Thallium, für das bisher ein einheitlicher Lebensmittelrichtwert von 0,1 mg/kg FS gilt. Aus Abb. 6 gehen die sehr starken artspezifischen Unterschiede verschiedener Gemüsearten hervor. Bei dieser Untersuchung in Oberhausen zeigte sich, daß trotz nicht nachweisbarer Immissionsbelastung durch Thallium selbst bei Bodenwerten unter 0,5 mg Tl/kg die Gehalte im Grünkohl z.T. weit oberhalb des doppelten Lebensmittelrichtwertes liegen. Ich halte daher - ähnlich wie bei Blei und Cadmium - eine Differenzierung des Lebensmittelrichtwertes für notwendig.

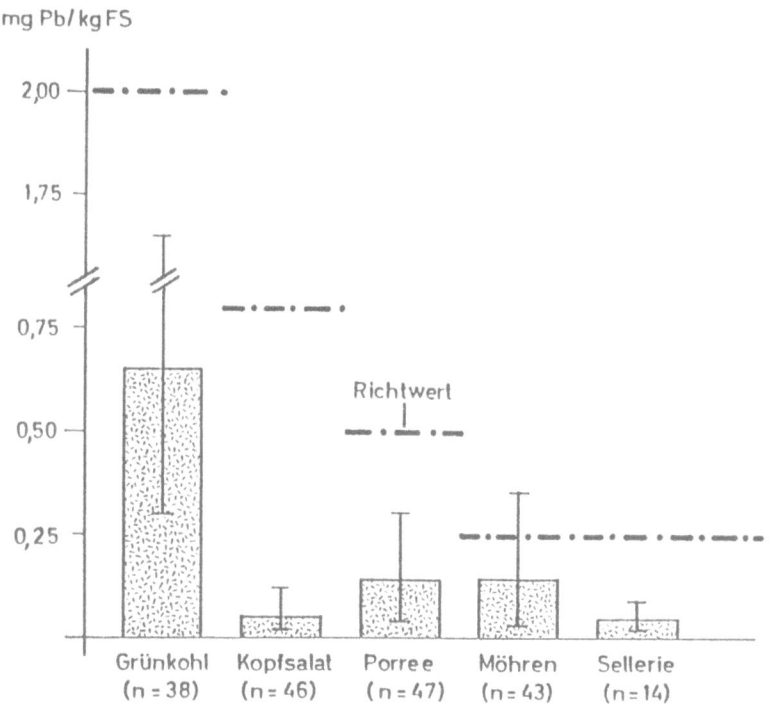

Abb. 5  Bleigehalte in Gemüse aus Gärten der Stadt Herne

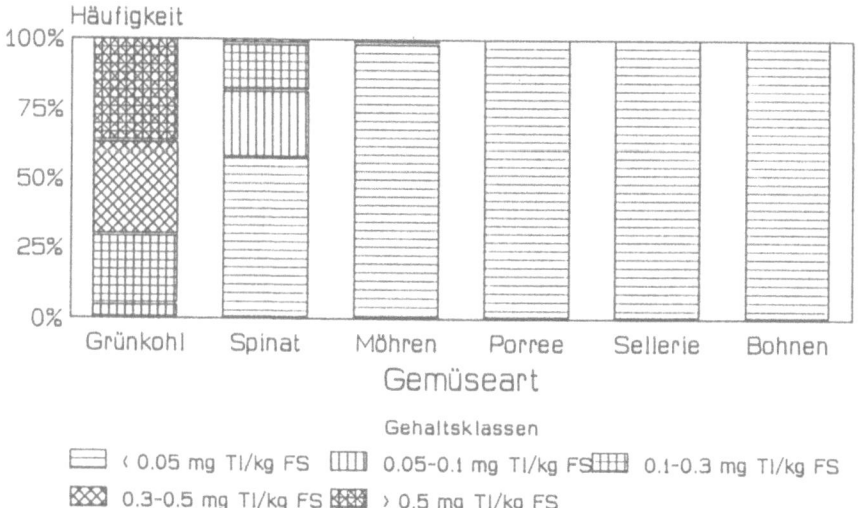

Abb. 6  Thalliumgehalte in Gemüse aus Gärten des Ruhrgebietes

## 4. BIBLIOGRAPHIE

BGA, (Bundesgesundheitsamt): Bundesgesundheitsblatt 29, S. 22, 1986.

LAGA (Länderarbeitsgemeinschaft Abfall): Erfassung, Gefahrenbeurteilung und Sanierung von Altlasten. Informationsschrift, Entwurf von Februar 1989

LÖLF (Landesanstalt für Ökologie, Landschaftsentwicklung und Forstplanung NRW - Hrsg.): Mindestuntersuchungsprogramm Kulturboden zur Gefährdungsabschätzung von Altablagerungen und Altstandorten im Hinblick auf eine landwirtschaftliche oder gärtnerische Nutzung, Recklinghausen 1988

Sauerbeck, D. und P. Styperek: Schadstoffe im Boden, insbesondere Schwermetalle und organische Schadstoffe aus langjähriger Anwendung von Siedlungsabfällen. Teilbericht Schwermetalle, 1987 UBA-Texte 16/88 Berlin, 1988

**BLEIBELASTUNG VON BODEN UND GRUNDWASSER AUF WURFTAUBENSCHIESSANLAGEN**

Rolf Hahn
Landesanstalt für Umweltschutz Baden-Württemberg, Griesbachstr. 3,
7500 Karlsruhe 21


Der Eintrag von Blei auf Böden ist durch das Verschießen von Bleischrotmunition auf Wurftaubenschießanlagen nicht unerheblich. Nach Angaben des Verbandes der Hersteller von Jagd-, Sportwaffen und Munition werden in der Bundesrepublik pro Jahr ca. 1.350 to Blei auf diesen Anlagen verschossen.

In Baden-Württemberg wurden exemplarisch drei Wurftaubenanlagen untersucht. Die zur Zeit verschossenen Bleischrotmengen auf diesen Anlagen betragen zwischen 1,8 und 9 to pro Jahr.

In unterschiedlicher Entfernung von den Schießständen wurden Bodenproben mit dem Erdbohrstock aus fünf unterschiedlichen Tiefen bis maximal 50 cm entnommen. Bei zwei Schießplätzen war es möglich, Grundwasserproben unterstromig zum Gelände zu entnehmen.

Aus den einzelnen Bodenproben wurden die Anteile mit einem Durchmesser > 2 mm ausgesiebt. Die meist verwitterten Bleikugeln wurden aus dem Grobanteil aussortiert. Zur Bestimmung der Bleikonzentration wurde ein salpetersaurer Aufschluß des Feinanteils durchgeführt und das Blei mit Hilfe der Flammen-AAS analysiert. Weiterhin wurden Nullproben entnommen, um eine vorhandene Hintergrundbelastung zu ermitteln.

### Ergebnisse:

In den Nullproben wurden maximal 180 mg/pro kg Blei gefunden.
In der Regel wurden die höchsten Bleimengen in den Bodenproben analysiert die ca. 100-140 m entfernt von der Wurftaubenanlage entnommen wurden. Ob-

wohl aus jeder Bodenprobe evtl. vorhandene Schrotkugeln aussortiert wurden, ergaben die analytischen Untersuchungen an einigen Punkten Bleikonzentrationen, die erheblich über dem nach der Klärschlammverordnung zulässigen Grenzwert von 100 mg/kg liegen.

Im wesentlichen resultieren diese erhöhten Konzentrationen nicht von Schwermetallionen, die an die Bodenmatrix adsorbiert sind. Vermutlich sind die sehr hohen Belastungen auf einzelne kleinste Schrotsplitter zurückzuführen, die nur schwer abzutrennen sind.

Im wässrigen Eluat dieser Bodenproben findet man entsprechend hohe Konzentrationen an Blei, die den Grenzwert der Trinkwasserverordnung (40 µg/l) zum Teil erheblich überschreiten.

Die Untersuchungen zur Tiefenverteilung im Hauptbereich der Munitionsdeposition ergaben, daß die Bleimengen ab 20 cm Bodentiefe in der Regel kleiner als 100 mg/kg sind.

Die Analysen unterstrom gezogener Grundwasserproben wiesen keine Bleikonzentrationen über der analytisch bedingten Nachweisgrenze auf. Offensichtlich wird trotz zum Teil erheblicher Deposition von Bleischrotmunition derzeit nur ein sehr kleiner Teil an Schwermetallen ausgewaschen und in der Bodenmatrix adsorbiert.

Auf einem Schießplatz wurden drei Kleinlysimeter in ca. 1 m Tiefe eingebaut, mit denen Aussagen über das Auswaschverhalten von Blei im Untergrund möglich ist. Das anfallende Sickerwasser wird regelmäßig auf Blei und andere Schwermetalle untersucht.

Bisher wurden 5 Probenahmen durchgeführt. Nur in einer Probe lag die Bleikonzentration mit 75 µg/l über dem Wert der Trinkwasserverordnung (40 µg/l). In den meisten Sickerwasserproben waren die Bleiwerte äußerst niedrig. Die Untersuchungen werden fortgesetzt.

AUSWIRKUNGEN VON ASCHE-AUFLANDUNGSTEICHEN AUF BENACHBARTE BÖDEN

E.S. KEMPA, A. JĘDRCZAK
TECHNISCHE HOCHSCHULE, 65-246 ZIELONA GORA, POLEN

1. EINFÜHRUNG

Asche und Schlacke sind Produkte der Kohlenverbrennung. In einem polnischen Kraftwerk entstehen 10000 Jato Schlacken und 48700 Jato Feinasche. Die Schlacke wird verwertet, die Schlacke wird in alte Kiesgruben verschickt, die etwa 2,5 km vom Kraftwerk entfernt sind. Der Transport erfolgt hydraulisch; das Wasser fließt im geschlossenen Kreislauf. In den Ascheteichen gibt es Flächen, die über dem Wasserspiegel liegen. Ausgetrocknete und kleine Aschepartikeln werden daher vom Wind ausgetragen und setzen sich auf der umgebenden Bodenfläche ab.

Die Untersuchungen ergaben, daß Steinkohlenasche die Böden mit Magnesium, Kalium und Phosphor anreichern; das gilt auch für verschiedene Mikroelemente wie z.B. Bor, Mangan und Zink (Gumz et al., 1958, Kempa et al., 1989). Der Ascheanteil im Boden erhöht dessen Sorptionsvermögen und die Wasseraufnahme, vermindert die Azidität (Jordan, Kleczkowski, 1984). Ungeachtet der positiv bewerteten Auswirkungen, gibt es in der Literatur auch kritische Standpunkte. Sie gehen grundsätzlich auf den zu hohen Aschebestandteil im Boden zurück, der eine Minderung der Pflanzenernte nach sich zieht. Hingewiesen wird auf den Phosphormangel, da P in ungelöster Form als Aluminiumphosphat ausgeschieden wird. Andere Autoren heben zu hohe Konzentrationen von Al, Fe, Mn, B, As, Be, Cr und Pb hervor, die ggfs. toxisch auf Pflanzen einwirken. Kohleasche gleicht nicht Kohleasche, da bereits die chemische Zusammensetzung der Kohlen recht verschieden sein kann. Braunkohleasche beinhaltet z.B. mehr Calcium- und Magnesiumoxyde und eignet sich besser als Bodenkonditionierungsmittel.

Asche, die man in die Teiche hydraulisch pumpt, hat wenigere Konditionierungsbestandteile im Vergleich zur Asche die pneumatisch gefördert wird. Im ersten Fall löst sich nämlich ein Teil der Calcium- und Magnesiumoxyde im Kreislaufwasser auf. Der Bericht diskutiert die Wirkung der Ascheteiche auf die Umgebung. Besonders hervorgehoben werden die Änderungen des pH-Wertes und des Salzgehaltes des Bodens.

2. CHARACTERISTIK DES GELÄNDES UND DER ASCHEZUFÜHRUNG

2,5 km vom Kraftwerk entfernt liegen 5 größere und mehrere kleine, mit Wasser gefüllte Kiesgruben. Zwei Gruben: S-1 und S-2 wurden für die Aufnahme von Kohlenasche vorbereitet, die übrigen wurden mit Fischbrut besetzt; der größte Teich dient den Erholungszwecken. Mit der Ascheaufladung wirde im Jahre 1975 begonnen. Teich S-1, mit einer Fläche von 0,065 $km^2$ und einem Volumen von 224.000 $m^3$ ist bereits vollgefüllt. Z.Zt. wird der zweite Teich (S-2) aufgelandet; seine Fläche beträgt 0,22 $km^2$ und sein Volumen ist 524.000 $m^3$. Die Höhe der Deiche ist ungleichmäßig und sie ragt von 0,5 bis 3,5 m über dem Wasserspiegel.
Die Asche wird mit einer ringförmigen Förderleitung hydraulisch zugeführt. An die Ringleitung sind mit Schiebern ausgerüstete Lateralen angeschlossen. Die Speisung des Teiches kann auf diese Weise an verschiedenen Stellen erfolgen. Das (Ab)wasser fließt über Wehre ab und kommt anschliessend in Klärbecken. Von dort kommt es erneut in den

Wasserkreislauf und sorgt für die hydraulische Förderung neuer Ascheportionen.

## 3. CHARACTERISTIK DER ASCHE
TABELLE 1. Chemische Zusammensetzung der Steinkohlenasche

| Parameter | Gehalt, % der TS | | |
|---|---|---|---|
| | Probe A | B | C |
| Dichte, g/cm³ | 2,158 | 2,365 | 2,123 |
| Glühverlust | 18,7 | 5,8 | 16,0 |
| $SiO_2$ | 40,0 | 51,2 | 45,0 |
| $Al_2O_3$ | 22,8 | 21,8 | 24,1 |
| $Fe_2O_3$ | 5,7 | 11,9 | 5,4 |
| CaO | 4,0 | 2,1 | 2,2 |
| MgO | 2,1 | 2,4 | 2,0 |
| $K_2O$ | 2,5 | 2,6 | 2,7 |
| $Na_2O$ | 1,1 | 0,53 | 0,68 |
| $TiO_2$ | 0,84 | 0,78 | 0,84 |
| $P_2O_5$ | 0,46 | 0,33 | 0,29 |
| $SO_3$ | 0,38 | 0,28 | 0,15 |

Die Konzentration von Schwermetallen war relativ niedrig: Zn und Pb von $10^{-3}$ bis $5 \times 10^{-1}$ %; Mo, Be, Cu und Sn $10^{-3}$%. Die Asche gehört zu den Aluminiumsilikaten, für welche der Quotient $SiO_2:Al_2O_3 > 2$ und der Gehalt an CaO < 15% ist. Der Anteil an $Al_2O_3$ und $Fe_2O_3$ ist höher als der statistische Durchschnittswert für die beiden Oxyde. Ein Teil der Bestandteile ist im Wasser lösbar. Beispiele sind in Tabelle 2 dargelegt.

## 4. METHODIK UND ZIELE DER UNTERSUCHUNGEN
Die im Jahre 1987 durchgeführten Untersuchungen hatten grundsätzlich zum Ziel
- die Abschätzung der Auswirkung der Ascheteiche auf umgebende Böden,
- eine eingehende Analyse der Bodenversalzung.

Teile der genannten Untersuchungen wurden bereits anderswo diskutiert (Kempa, Jędrczak, 1988; Kempa et al., 1989).
Im April 1987 wurden 126 Bodenproben von einer Gesamtfläche von 2,5 x 2,5 km entnommen. Diese Fläche wurde mit Hilfe eines Netzes von Rechteckkoordinaten entsprechend eingeteilt. Die Seite eines Rechteckes betrug 250 m. Längs des Grundwasserstromes wurden zusätzlich Bodenproben aus tieferen Bodenschichten (I-IX) entnommen (vergl. Abb. 1).

TABELLE 2. Analysen des Wasserextraktes von Kohleaschen

| Parameter | Einheit | Waschverfahren bei 20°C | | | Wasserprobe, Teichoberfläche*) |
|---|---|---|---|---|---|
| | | 1 h | 6 h | 24 h | |
| Reaktion | pH | 10,8-11,1 | 11,2-11,5 | 11,5-11,6 | 8,8-9,4 |
| p-Alkalität | mval/L | 6,0- 7,0 | 7,0- 9,1 | 7,6- 9,5 | 2,2-5,0 |
| (p+m) Alkalität | " | 7,6- 9,0 | 9,0-11,0 | 9,7-11,6 | 4,0-5,9 |
| Gesamthärte | " | 10,7-13,3 | 13,4-16,2 | 14,3-17,4 | 8,2-14,6 |
| Chloride | mg/L | 39-52 | 42-55 | 41-62 | 927-1310 |
| Sulfate | " | 123-173 | 184-220 | 195-237 | 240-420 |
| Natrium | " | 11-15 | 12-18 | 13-18 | 405-820 |
| Kalium | " | 4,3- 5,3 | 4,4- 5,3 | 4,6- 5,2 | 17-62 |
| Calcium | " | 109-150 | 144-168 | 162-170 | 94-240 |
| Magnesium | " | 63- 71 | 75- 95 | 75-108 | 32-67 |

*) Dem Kreislaufwasser wurden zur damaligen Zeit Regenerate und Spülwässer aus der Ionenaustauschanlage des Kesselhauses zugesetzt. Diese Abwässer sind für die hohen Na- und Cl-Werte verantwortlich.

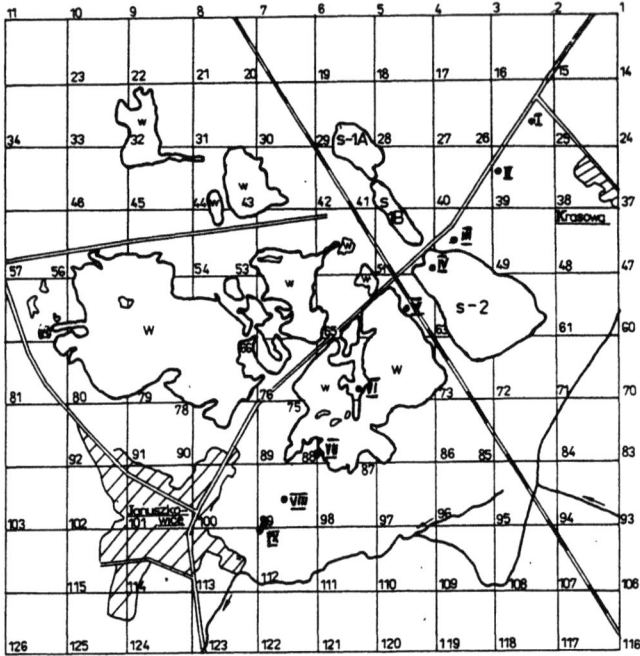

Abb.1 Situation der Teiche und ihrer Umgebung
Legende: S1-A und B, S-2 - Asche-Auflandungsteiche, W- mit Wasser
gefüllte Kiesgruben; I-IX Bodenproben aus tieferen Schichten,
1-126 Bodenproben von der Oberfläche (0-0,20 m).

Im November 1987 folgte eine zweite Bodenprobennahme. Die derzeit analysierte Fläche wurde eingeengt; sie hatte nur einen Ausmaß von 1,25 x 1,75 km.
In den Wasserextrakten wurden folgende Parameter bestimmt: pH, elektrolytische Leitfähigkeit, Chloride, Sulfate, Natrium, Kalium, Magnesium, Calcium. In der ersten Versuchserie wurde (grundsätzlich zum Vergleich) die Reaktion pH im Wasserextrakt wie in einer 1n KCl-Lösung bestimmt. In manchen Proben noch zusätzlich: die pflanzenverträgliche Verbindungen von P und K, die Gesamtmengen von N, P, K, Ca, und Na, pH, die Sorptionskapazität, der Glühverlust, das austauschbare Al und weiterhin solche Mikroelemente wie: Fe, Mn, Zn, Cu, Pb, Cd, Ni.
An mehreren Punkten wurde auch die chemische Zusammensetzung der Gräser untersucht. Die untersuchten Grasarten: das Knäuelgras (Dactylis vulgaris) und das Schafgras (Festuca rubra). In den Gräsern wurde Folgendes bestimmt: der Glührückstand und der Glühverlust sowie die Metalle: N, P, K, Ca, Cu, Na, Zn, Fe, Mn, Ni, Pb und Cd.

5. DISKUSSION DER ERGEBNISSE
Der Salzgehalt der Böden wird in Tabellenform am Poster vorgestellt. Für die Iso-Konzentration von $SO_4$ und $Cl^-$, wie für die Leitfähigkeit werden entsprechende Karten aufgezeichnet.

Die Sulfatgehalte in den Bodenproben aus den oberen Schichten schwanken zwischen 38 und 576 mg/kg, je nach Entfernung von den Teichen und Himmelsrichtung. In der ersten Serie wurden drei Flächen mit höheren Sulfatkonzentrationen als 100 mg/kg festgestellt. Die erste Fläche liegt östlich von S1A und B; in unmittelbarer Nähe wurden 200 mg/kg gemessen und verantwortlich dafür dürften die vom Wind verwehten, kleine

Aschepartikeln sein. Die zweite Fläche liegt östlich der Ortschaft Januszkowice, in einer Entfernung von etwa 500 m vom Ortszentrum. Die Sulfate kommen aus den Gasemissionen der Haushalte und individuellen Heizquellen. Die dritte Fläche leigt westlich von S1-A, zwischen den zwei kleinen Teichen (vergl. Abb. 1). Die Sulfaten kommen hier angespült mit dem Regenabfluβ, denn bei Starkregen ist dieser Transportmittel für die Ablagerungen an der Oberfläche.

Ähnliche Verteilung an der untersuchten Fläche haben auch die Chloride. Zwei Flächen mit höheren Cl-Gehalten decken sich mit den zwei erstgenannten Flächen mit höheren Sulfatgehalten überein, wobei die Cl-Gehalte zwischen 17 und 246 mg/kg schwankten. Gemessene Maxima waren:
Serie 1  Punkt 31: 130 mg Cl/kg,   480 mg $SO_4$/kg,
         Punkt 72: 246 mg Cl/kg,   330 mg $SO_4$/kg,

Serie 2  Punkt 31: 182 mg Cl/kg,   480 mg $SO_4$/kg,
         Punkt 72: 464 mg Cl/kg,   720 mg $SO_4$/kg.
Werte für die elektrolytische Leitfähigkeit, ein Maβ der gesamten Versalzung (des Salzgehaltes) waren proportional zu den Erstgenannten. Beide Untersuchungsserien trennen voneinander nur einige Monate; der Anstieg der Bodenversalzung ist aber markant.

Die Autoren beabsichtigen die Vorbereitung einer alle Aspekte umfassenden Studie. Die Veröffentlichung wird an anderer Stelle erfolgen.

## 6. LITERATUR

Canter, L.W., Knox, R.C. (1986). Ground-Water Pollution Control. Chelsea, Mi.: Lewis Publishers Inc.

Gumz, W., Kirsch, H., Mackowsky, M.-Th. (1958). Schlackenkunde. Berlin: Springer Verlag.

Jordan, H., Kleczkowski, A.S. u.a. (1984). Ochrona wód podziemnych (Grundwasserschutz). Warschau: Wydawnictwo Geologiczne (polnisch).

Kempa, E.S., Jędrczak, A. (1988). Migration of Soluble Ash Components from a Tip to Groundwater. Wat.Sci.Tech., Vol. 20, No. 3, pp. 237-244. London: Pergamon Press.

Kempa, E.S., Jedrczak, A., Hrynkiewicz, Z. (1989). Reduction of Salinity at and around Ponds of Combustion Residues. Proc. of the 2nd International Landfill Symposium - ISWA, Sardinia '89. Paper D.XV. Milan: C.I.P.A. s.r.l.

DIE RÄUMLICHE VERTEILUNG DER NITRATKONZENTRATION IM KÜSTEN-
NAHEN GRUNDWASSERLEITER DER REGION HADERA

B. AZMON

HYDROLOGICAL SERVICE, WATER COMMISSION - P.O.B. 33140 -
HAIFA 31331

ZUSAMMENFASSUNG

Dieser Beitrag befaßt sich mit der räumlichen Verteilung von Nitraten im küstennahen Grundwasserleiter der Region Hadera.

Aspekte des Nitratgehalts im küstennahen Grundwasserleiter der Region Hadera sind:
a) Verteilung. Die Verteilung der Nitratkonzentration zeigt, daß die meisten Brunnen die früher empfohlene Maximalkonzentration für Nitrat in Trinkwasser von 45 mg/l oder sogar die maximale zulässige Konzentration von 90 mg/l erreicht haben.
b) Langfristige Änderungen. Die Jahresmittelwerte der Nitratkonzentration von 1982-1988 überschreiten den Richtwert von 45 mg/l, liegen aber unter dem maximalen zulässigen Wert von 90 mg/l. Im Vergleich zum Nitratgehalt in den sechziger Jahren beträgt die Zunahme mindestens ein Drittel.
c) Betrachtet werden drei Umweltbereiche: (1) Landwirtschaft, (2) Städte und (3) Dünen. daraus folgt, daß außer 1988 der Nitratgehalt in den Dünen geringer ist als in städtischen oder landwirtschaftlichen Gebieten.
d) Referenzprobe.
21 Brunnen, die als Referenzprobe für die Veränderung der Nitratkonzentration dienen können (identische Brunnen), zeigen, daß sich der Mittelwert seit 1973 im Vergleich zu den Jahresmittelwerten des Zeitraums 1982-1988 nicht erheblich geändert hat.
Andererseits ist er doppelt so groß wie der Mittelwert sämtlicher Brunnen.
e) Der Einfluß von Abstand und Tiefe.
Die Jahresmittel der Nitratkonzentration für Brunnen in der Nähe des Flusses Hadera (Abstand vom Ufer weniger als 200 Fuß (1 Fuß = 0,3048 m)) zeigen relativ niedrige Werte, möglicherweise aufgrund der Beimischung von Frischwasser oder Nitratreduktion.
Der Einfluß der Tiefe auf die Nitratkonzentration in denselben Brunnen (in der Nähe des Hadera-Flusses) wird anhand der hohen Korrelationskoeffizienten deutlich.

BIBLIOGRAPHIE
1) Azmon B., 1988, The spatial distribution of Nitrates concentrations in the costal aquifer - Hadera region (Die räumliche Verteilung der Nitratkonzentration im küstennahen Grundwasserleiter der Region Hadera), The 9th Conference of the Israel Society for Ecology and Environmental Quality sciences, S. 5-13, Tel-Aviv.
2) Kanfi Y., Ronen D., 1981, Problems related to the monitoring of nitrates in groundwater (Probleme im Zusammenhang mit der Überwachung von Nitraten in Grundwasser), Developments in Arid Zone Ecology and Environmental Quality, Proceedings of an International Meeting, 12th Scientific Conference of the Israel Ecological Society, S. 279-288.
3) Shuval H.I., 1981, The impending water crisis in Israel (Die drohende Wasserkrise in Israel), Developments in Arid Zone Ecology and Environmental Quality, S. 101-114.

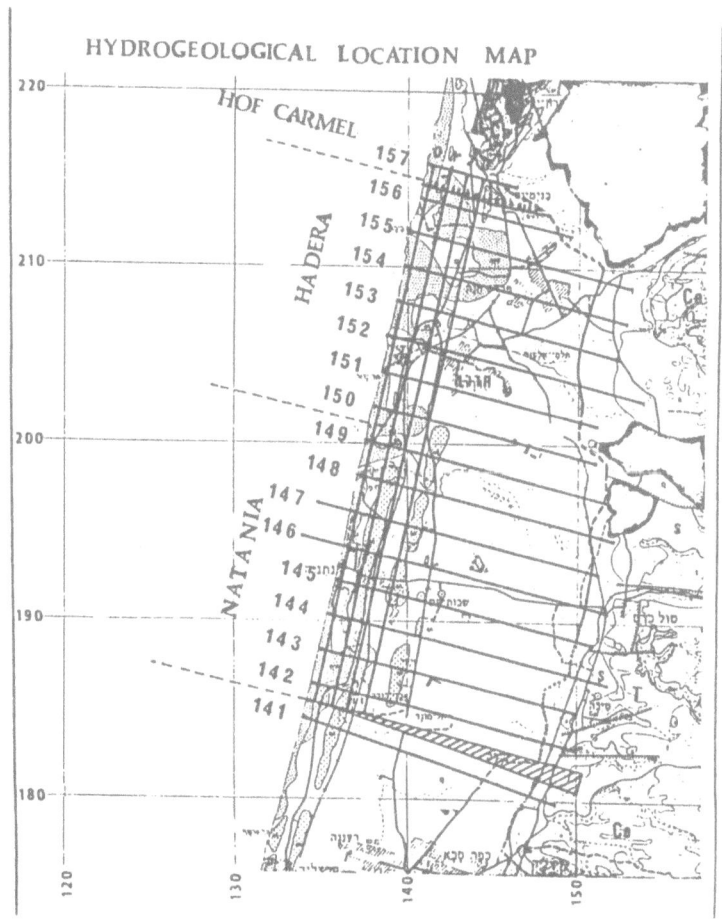

HINTERGRUNDWERTE NORDRHEIN-WESTFÄLISCHER GRUNDWÄSSER

WOLFGANG LEUCHS & HENNING FRIEGE

LANDESAMT FÜR WASSER UND ABFALL NRW, DÜSSELDORF

1. EINLEITUNG

Zur Beurteilung von Grundwasser im Einflußbereich von Altlastverdachtsflächen oder Schadensfällen gewinnen Belastungswerte des Umfeldes zunehmend an Bedeutung. In Nordrhein-Westfalen können solche Daten, grundsätzlich aus der landesweiten Grundwasser-Überwachung der insgesamt 1800 Meßstellen abgeleitet werden.

Die gemessenen Stoffkonzentrationen schwanken in unbeeinflußten oder großräumig verunreinigten, hydrogeologisch einheitlichen Regionen (= Grundwasser-Regionen) um einen Mittelwert und ergeben in der graphischen Darstellung eine Glockenkurve. Lokal, z.B. durch Altlasten, stark verunreinigtes Grundwasser weist dagegen auch höhere Meßwerte auf, die nicht mehr als geogene bzw. großräumig anthropogene Belastung einer Region angesehen werden können.

2. ERGEBNISSE

Hintergrundkonzentrationen des Grundwassers (= 95 Percentil der Glockenkurve) stehen bisher, differenziert für 54 Grundwasserregionen (von 68 Regionen in NRW) von den Parametern DOC, Leitfähigkeit, Chlorid, Sulfat, Natrium und Ammonium-N zu Verfügung; sie sind im Leitfaden zur Grundwasseruntersuchung bei Altablagerungen und Altstandorten publiziert (LWA 1989; vgl. Tabelle 1). Darüber hinaus kann für Kupfer, Nickel und Chrom ein Hintergrundwert von < 0,02 µg/l für alle Grundwasserregionen angegeben werden.

Tabelle 1. Schwankungsbreite von Grundwasser-Hintergrundwerten in 54 Grundwasserregionen Nordrhein-Westfalens

| | | | | | | |
|---|---|---|---|---|---|---|
| Leitfähigkeit | [mS/m] | : 55-185 | Ammonium-N | [mg/l] | : | 0,02-1,0 |
| Chlorid | [mg/l] | : 30-140 | Natrium | [mg/l] | : | 12-92 |
| Sulfat | [mg/l] | : 35-260 | DOC | [mg/l] | : | 1,0-20 |
| | | | Kupfer, Nickel, Chrom | [mg/l] | : | < 0,02 |

Da für AOX, Bor, Daphnien- und Leuchtbakterientoxizität, die nach o.g. Leitfaden ebenfalls im Rahmen der Orientierungsphase untersucht werden sollten, damals kein ausreichendes Datenmaterial vorlag, wurden vorläufige Schwellenwerte aufgestellt:
- Bor = 0,05 mg/l nach Grundwasser-Untersuchungen im Berliner Raum (Kerndorff et el. 1985)
- AOX = 0,01 mg/l entsprechend der Bestimmungsgrenze im Grundwasser
- $G_D$, $G_L$ = 1 da davon ausgegangen wurde, daß Grundwasser nicht daphnien - bzw. leuchtbakterientoxisch ist.

Eine erste Auswertung der AOX-Konzentrationen aus 13 Grundwasserregionen hat ergeben, daß die natürliche AOX-Belastung zwischen 0,01 und 0,02 mg/l schwankt.

Die bisherigen Untersuchungen der Daphnientoxizität und Leuchtbakterientoxizität scheinen die Eignung dieser Biotestverfahren im Zusammenhang mit Grundwasseruntersuchungen bei Altlasten im wesentlichen zu bestätigen. Über 90% unbelasteter Grundwasserproben aus repräsentativ ausgewählten Meßstellen sind nicht biotoxisch, wohingegen Toxizitäten von Grundwasser, das mit Schwermetallen oder chlorierten Kohlenwasserstoffen belastet ist, festgestellt wurden.

## 3. DISKUSSION UND AUSBLICK

Wie die Erfahrungen in der Praxis belegen, ist es in hydrochemisch einheitlichen Regionen möglich, mit den auf diese Weise erstellten Belastungswerten des Grundwassers, lokale Auffälligkeiten zu erkennen. In industriellen Ballungsräumen wird die Zuordnung des erhöhten Meßwertes zu einer bestimmten Schadstoffquelle (hier: Altlast) dagegen nur durch die vergleichende Beobachtung von Grundwasser-Oberstrom und Grundwasser-Unterstrom erfolgen können.

Durch die Erhöhung der Meßhäufigkeit der grundwassergefährdenden Wasserinhaltsstoffe in der nordrhein-westfälischen Grundwasserüberwachung ist es beabsichtigt, neben den genannten Parametern auch für AOX, Kohlenwasserstoffe, Phenole, PAK, BTX, CKW, Schwermetalle, Bor und Cyanid flächendeckend Belastungswerte zur Verfügung zu stellen. Die vorliegenden Werte müssen wegen der ständig neu anfallenden Daten überprüft und ggf. korrigiert werden. Darüber hinaus ist geplant für Grundwasser verschiedenen Bildungsalters getrennt Belastungswerte zu ermitteln. Möglicherweise ergeben sich dabei für einige Grundwasser-Regionen auch Hinweise auf die unveränderte geogene Grundwasser-Zusammensetzung.

## 4. BIBLIOGRAPHIE

Kerndorff, M., Brill, V., Schleyer, R., Friesel, P. und Milde, G. (1985). Erfassung grundwassergefährdender Altablagerungen. <u>Wabolu-Heft 5/85</u>.

LWA (1989). <u>Leitfaden zur Grundwasseruntersuchung von Altablagerungen und Altstandorten</u>. LWA-Materialien 7/89.

## SCHADSTOFF-BELASTUNGEN VON BÖDEN UND AUFWUCHS LANGJÄHRIG MIT KLÄRSCHLAMM GEDÜNGTER FLÄCHEN

Dipl.-Ing.agr. G. Gelbert und Prof. Dr. mult. E. v. Boguslawski

INSTITUT FÜR PFLANZENBAU UND PFLANZENZÜCHTUNG I
DER JUSTUS-LIEBIG-UNIVERSITÄT GIESSEN

In Rauischholzhausen werden drei Versuchsreihen mit Gaben von praktisch vertretbaren Mengen Klärschlamm durchgeführt: "Verwertung von Klärschlamm auf Ackerland (KSnA)" seit 1969, "Verwertung von Klärschlamm auf Grünland (KSnG)" seit 1969 sowie "Verwertung von Müllklärschlamm-Kompost auf Ackerland (MKK)" seit 1972. Diese drei langjährigen Versuchsreihen haben bereits sehr umfangreiche Erkenntnisse über die Auswirkungen der Anwendung von Siedlungsabfällen verschiedener Aufbereitung geliefert.

### SCHWERMETALLGEHALTE

Im Boden des Ackerland-Versuches (0-25 cm) liegen nach 20jähriger Versuchsdauer noch keine kritischen Schwermetallgehalte vor. Eine Verlagerung im Profil in den Unterboden (50-100 cm) konnte nur für Zn und für Cd festgestellt werden. In dem Versuch mit Müllklärschlamm-Kompost werden Cd, Hg, Zn und vor allem Pb mit steigender MKK-Zufuhr angereichert. Eine Verlagerung in den Unterboden konnte für Cd, Zn und Pb festgestellt werden. Alle Bodengehalte bleiben noch weit unter den Grenzwerten der KSVO. Der Grünlandboden weist bei der hohen Schlammgabe teilweise hohe Schwermetallgehalte auf. Die Gehalte im Oberboden (0-10 cm) liegen 1987 in der Nähe der Grenzwerte oder geringfügig darüber, Zn weit darüber. Alle Elemente zeigen eine deutliche Abhängigkeit von der Höhe der KS-Gabe, bei den meisten ist auch ein Anstieg im Laufe der Zeit sowie eine Verlagerung angedeutet.

In Sommerweizen werden mit der KS-Düngung mit einer Ausnahme bei der hohen Gabe (s. Abbildung1, im Korn 1988) keine kritischen Werte erreicht. Durch die Zufuhr von MKK auf Ackerland wurde der ZEBS-Richtwert für Weizenkorn bisher nicht erreicht. Die Gehalte im Aufwuchs des Grünlandversuches bleiben unter den Richtwerten der FMVO.

Zwischen Bodengesamt- und Pflanzengehalten besteht - wie auch bei den anderen Versuchen - meist kein signifikanter Zusammenhang.

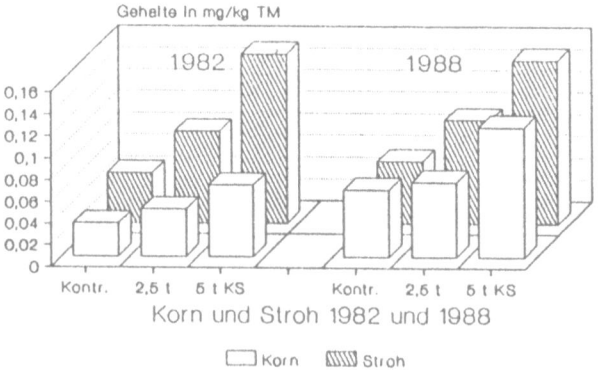

Abb. 1: Schwermetalle im Aufwuchs
Cadmiumgehalte in Sommerweizen

## POLYCYCLISCHE AROMATISCHE KOHLENWASSERSTOFFE (PAK)

Einige Varianten der drei beschriebenen langjährigen Versuchsreihen wurden auf 18 verschiedene Polycyclische Aromatische Kohlenwasserstoffe (PAK) untersucht.[1] Bei den meisten Stoffen läßt sich eine Anreicherung mit zunehmender KS-Düngung im Oberboden feststellen, bei Grünland mit wesentlich deutlicherer Ausprägung als bei Ackerland. In den KS-Varianten des Grünlands ist eine geringfügige Verlagerung festzustellen.

In den Pflanzen erreichen die meisten Stoffe in den 3 Grünlandschnitten (KSnG) sowie in Rübenkörper und Rübenblatt (MKK) jeweils Gehalte gleicher Größenordnungen, während sie in Getreide (Korn und Stroh) niedriger liegen.

Abb. 2: Polycyclische Aromaten im Aufwuchs Benz(a)pyren in 3 Grünlandschnitten

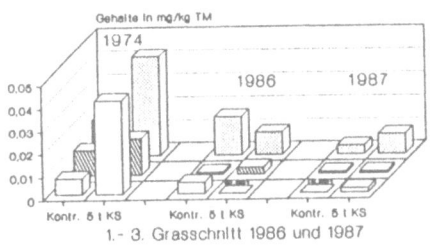

Zwischen den jeweiligen KS- bzw. MKK-Stufen lassen sich keine eindeutigen Unterschiede nachweisen. Es hat sich nach unseren bisherigen Ergebnissen gezeigt, daß zwischen erhöhten Bodengehalten an PAK und Gehalten in der Pflanzensubstanz kein Zusammenhang besteht. Die <u>Abbildung 2</u> stellt exemplarisch die drei Grünlandschnitte in drei Jahren dar.

## DIOXINE UND FURANE[2]

Bei allen drei Versuchen sind im Boden bis auf zwei Ausnahmen geringfügige Erhöhungen durch die Klärschlamm- bzw. Kompostgaben festzustellen, wie aus <u>Abbildung 3</u> zu ersehen ist. Im Grünland (KSnG) in der Schicht 0-10 cm wurden aufgrund der fehlenden Durchmischung erheblich höhere Gehalte angereichert als im Ackerland in der Krume von 0-25 cm.

MKK und KSnA unterscheiden sich generell nicht. Die einzige unterhalb der Krume aus 25-100 cm (in der hohen KS-Gabe) entnommene Probe weist auffallend gleiche Gehalte auf wie die Kontrolle des KSnA in der Krume. Dies deutet auf eine gewisse Grundbelastung hin, die in unseren Böden bei 3,8-4,0 TE liegt. Selbst durch 21 Jahre KS-Gaben von 5 t wurde diese nur auf 5 TE in der hohen Gabe angehoben (s. Abb. 3).

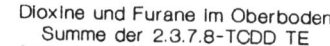

Abb. 3:
Dioxine und Furane im Oberboden
Summe der 2.3.7.8-TCDD TE

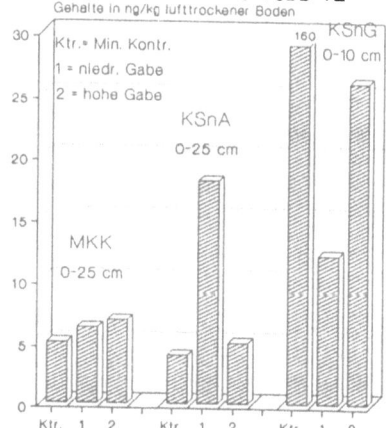

Die größte Belastung in TE wird bei den meisten Proben durch tetrachlorierte Dibenzofurane erzeugt. Das Seveso-Gift 2.3.7.8-TCDD konnte nur in der Variante I C 2 (KSnA) - allerdings mit einem relativ hohen Wert von 12 ng - nachgewiesen werden.

Aus der konsequenten langjährigen Durchführung ergibt sich ein besonderer Aussagewert dieser Versuchsreihen über die Belastungen des Landes mit Schwermetallen und organischen Schadstoffen. Durch die Anwendung der dreifachen KSVO-Mengen Klärschlamm bleibt die Anreicherung und Pflanzenaufnahme von Schadstoffen auf einem niedrigen Niveau.

---

[1] Untersuchungen von Prof. Steinwandter, LUFA Darmstadt
[2] Untersuchungen von Institut Fresenius, Darmstadt

BELASTUNG DURCH BODENRADIOAKTIVITÄT

C. WINDER, P.B.J.M. OUDE BOERRIGTER UND F.B. DE WALLE
TNO-SCMO NIEDERLÄNDISCHE ORGANISATION FÜR ANGEWANDTE WISSEN-
SCHAFTLICHE FORSCHUNG, STUDIENZENTRUM FÜR UMWELTFORSCHUNG,
DELFT, NIEDERLANDE

ZUSAMMENFASSUNG

Die durchschnittliche jährliche Belastung durch Radioaktivität in den Niederlanden ist im Vergleich zu den meisten anderen Ländern gering (2,5 mSv/a). Etwa 80% stammen aus natürliche Quellen und können nur teilweise durch gesetzliche Bestimmungen kontrolliert werden. Weniger als 2% stammen aus nicht-nuklearen Industrien und der Energieerzeugung (Kern- und konventionelle Kohlekraftwerke). Die individuelle Gefährdung durch diese Quellen könnte den vernachlässigbaren Gefährdungsgrad überschreiten. Weitere Untersuchungen zur die Rolle des Bodens für die radioaktive Strahlung sind notwendig.

1. VERTEILUNG NATÜRLICHER RADIONUKLIDE IN NIEDERLÄNDISCHEN BÖDEN

Während der Bildung der Erdkruste wurden natürliche Radionuklide mit dem Boden und anderen Erdmaterialien vermischt. Die wichtigsten Radionuklide sind Isotope des Kaliums ($^{40}K$) und Isotope des Urans ($^{238}U$) und Thoriums ($^{232}Th$). Ihre Halbwertszeiten sind 1¼ Milliarden Jahre, bzw. 4½ Milliarden und 14 Milliarden Jahre. Bei ihrem Zerfall senden sie Alpha- (α-), Beta- (β-) und/oder Gamma- (γ-)-strahlen aus. Wichtige Tochternuklide des $^{238}U$ sind Radium ($^{226}Ra$) und das Edelgas Radon ($^{222}Rn$). Dieses Gas kann aus dem Boden in die Luft abgegeben werden. Während seines Zerfalls strahlt es α-Partikel aus und bildet radioaktive Folgeprodukte, die sich an Aerosole anlagern und eingeatmet werden können.

Im Strahlenschutz werden die folgenden Einheiten benutzt:
- Becquerel (Bq): Anzahl der pro Sekunde zerfallenden Atome
- Sievert (Sv): Einheit des Dosisäquivalents. Bei dieser Einheit werden die verschiedenen Eigenschaften und Wirkungen der Strahlung auf den menschlichen Körper berücksichtigt.

Die Radon-Freisetzung aus dem Boden wird durch verschiedene Faktoren beeinflußt:
- Tongehalt:
  Natürliche Radionuklide sind in den Böden der Niederlande nicht gleichmäßig verteilt. Messungen an Boden-

proben zeigten, daß die Nuklide Radium und Thorium im allgemeinen in Verbindung mit Tonpartikeln auftreten. Bei einem Tongehalt von 70% kann die Radiumaktivität bis auf 50 Bq/kg und die Thoriumaktivität bis auf 75 Bq/kg ansteigen. Die Kaliumaktivität erreichte 700 Bq/kg [Ac85]. Die Dosen der $\gamma$-Exposition schwankten zwischen 0,06 und 0,4 mSv/a mit einem Mittelwert von 0,2 mSv/a. Die Strahlung wird von $^{40}$K, Isotopen des $^{238}$U und $^{232}$Th und von $^{137}$Cs erzeugt. Dieses langlebige Produkt radioaktiver Niederschläge trägt weniger als 1% zur Gesamtstrahlung bei. Hohe Strahlungsintensitäten wurde in Gebieten mit lehmigem Boden gemessen, niedrigere Werte in Gebieten mit sandigem Boden [Do85]. Messungen für Radongas in 1,5 Meter Höhe über dem Boden schwankten zwischen 1 und 10 Bq/m$^3$ mit einem Mittelwert von 3,5 Bq/m$^3$ (zusätzliche 0,35 mSv/a). Die höchsten Werte wurden über Tonböden gemessen [Put86]. In Tonböden können die Konzentrationen bis auf 3000 Bq/m$^3$ ansteigen [PEO86].

- Feuchtigkeitsgehalt
  Bei einem gewissen Feuchtigkeitsgehalt erreicht die Radonfreisetzung einen Maximalwert. Bei höherem oder geringerem Feuchtigkeitsgehalt ist die Freisetzung geringer.
- Salzgehalt, pH-Wert, Redoxpotential (pE-Wert):
  Diese Faktoren beeinflussen das Verhalten des Radiums und Thoriums im Boden und dadurch auch die Radonfreisetzung;
- Bodenbedeckung (Schnee, wassergesättigter Oberboden):
  Diese Schichten können die Freisetzung aus dem Boden verhindern.
- Vorhandensein von Gebäuden:
  Die Temperatur in einem Haus unterscheidet sich von der im Freien. Auf diese Weise bestehen Unterschiede im Luftdruck, und mehr Radon strömt aus dem Boden in das Haus.

## 2. ANTHROPOGENER BEITRAG ZU RADIONUKLIDEN IM BODEN

Es können drei Hauptgruppen menschlicher Tätigkeiten unterschieden werden, die zur Emission von Radionukliden führen können: Kernkraftwerke und andere Anwendungen künstlicher Radionuklide, Kohlekraftwerke, und einige andere nicht-nukleare Industrien.

### 2.1 Anwendung künstlicher Radionukliden

Unter normalen Bedingungen emittieren Kernkraftwerke $^3$H, $^{131}$I und $^{14}$C und radioaktive Aerosole wie $^{51}$Cr, $^{60}$Co, $^{65}$Zn $^{134}$Cs $^{137}$Cs und $^{144}$Ce in geringen Konzentrationen in die Luft. Oberflächengewässer können mit Nukliden wie $^3$H, $^{60}$Co, $^{134}$Cs und $^{137}$Cs belastet werden, die im Kühlwasser enthalten sind. In Hotlabors werden radioaktive Materialien wie $^{99m}$Tc, $^{125}$I, $^{131}$I und $^{210}$Po als Traceristope benutzt. In manchen Verbrauchsgütern kommen ebenfalls Radionuklide vor. Beispiele sind Tritium ($^3$H) in Leuchtfarben, Leuchtstoffröhren-Startern und Betaleuchten, sowie Thorium ($^{232}$) in Glühbirnen und Glühstrümpfen. Diese Verbrauchsgüter werden verbrannt oder als normale Abfälle deponiert. Tabelle 1 zeigt die maximalen Mengen von radioaktivem Material, die in den Niederlanden emittiert werden.

TABELLE 1. Emission von radioaktivem Material in den Niederlanden (x $10^{12}$ Bq/a.) [VROM88, Jo88]

|  | Luft | Oberflächen-gewässer | Boden | Insgesamt |
|---|---|---|---|---|
| Nuklearanlagen | 250 | 8 | 0 | 258 |
| Hotlabors | 0,01 | 0,2 | 0,01 | 0,2 |
| Verbrauchsgüter | 58 | 0 | 57 | 115 |
| Gesamtwert | 310 | 8 | 57 | 370 |

Die Humanexposition in der Nähe von Kernkraftwerken kann einen errechneten maximales Dosisäquivalent von 0,01 mSv/a erreichen. Kernkraftwerke und Nuklearanlagen im Ausland geben eine durchschnittliche Dosis von 0,0001 mSv/a ab. Die errechnete durch Konsumgüter abgegebene Dosis ist 0,01 mSv/a [VROM84].

Im ersten Jahr nach dem Unfall in Tschernobyl brachte der radioaktive Niederschlag eine zusätzliche durchschnittliche Dosis von 0,06 mSv mit sich. Zur Zeit erbringen einige langlebige Nuklide wie $^{90}$Sr, $^{137}$Cs und $^{239}$Pu immer noch zusätzliche 0,01 mSv/a.

## 2.2 Kohlekraftwerke

Kohle enthält ebenfalls natürliche Radionuklide, und ihre Konzentrationen sind mit den normalen Bodenkonzentrationen vergleichbar. Im Verlauf der Verbrennung werden sie in den Abfallprodukten Flugasche und Flugstaub angereichert; der Konzentrationsfaktor schwankt zwischen 5 und 10. Die Flugasche wird gesammelt und deponiert oder im Straßenbau wiederverwendet. Der Flugstaub wird in die Luft emittiert. In den Niederlanden werden jährlich 47 x $10^9$ Bq aus Flugstaub und 5000 x $10^9$ Bq aus Flugasche emittiert. Nur 5 bis 30% dieses Flugstaubs werden auf niederländischen Böden abgelagert. Andererseits werden große Mengen aus ausländischen Kraftwerken eingeschleppt. Die Ablagerung von Flugstaub auf Ackerland erhöht die Konzentration von Radionukliden im Mutterboden. Über die "Nahrungskette" trägt Strahlung aus Flugstaub eine zusätzliche individuelle Expositionsdosis von 0,00009 mSv/a bei [Kö86].

2.3 Nicht-nukleare Industrien
Die übrigen nicht-nuklearen Industrien benutzen große Mengen von Erdmaterialien. In einigen Verfahren werden große Mengen von radioaktiven Produkten emittiert oder in Abfallprodukten angereichert. In der Reihenfolge abnehmender Bedeutung sind dies: Die Düngemittelindistrie, Eisen- und Stahlindustrie, Ziegeleien und sonstige Industrien, die Baustoffe herstellen.
In Tabelle 2 werden geschätzte Werte für die maximalen Mengen einiger Radionuklide angegeben, die von den nicht-nuklearen Industrien der Niederlande an die Luft oder die Oberflächengewässer abgegeben werden.

TABELLE 2. Emission durch nicht-nukleare Industrien ($\times 10^9$ Bq/a) [Pu88]

|  | $^{210}$Pb | $^{210}$Po | $^{222}$Rn | Gesamtwert |
|---|---|---|---|---|
| Luft | 1700 | 2100 | 3500 | 7300 |
| Oberflächengewässer | 1000 | 2600 | - | 3600 |
| Gesamtwert | 2700 | 4700 | 3500 | 10900 |

Wenn man annimmt, daß die in die Luft emittierten Nuklide sämtlich auf dem Boden abgelagert werden, wird die durch $^{210}$Pb verursachte jährliche Strahlungsdosis pro Person um 0,03 mSv/a, und die durch $^{210}$Po verursachte um 0,0011 mSv/a erhöht.

2.4 Gesamte zusätzliche Emissionen durch menschliche Tätigkeit
Tabelle 3 zeigt eine Zusammenfassung der Emissionen und Ablagerungen von Radionukliden durch einige menschliche Tätigkeiten.

TABELLE 3: Beiträge verschiedener Quellen zur Emission und Ablagerung von Radionukliden durch menschliche Tätigkeiten.

|  | Emission $10^9$ Bq/a | Ablagerung auf Boden $10^9$ Bq/a | Exposition via Boden mSv/a | Exposition insgesamt mSv/a |
|---|---|---|---|---|
| Kernkraftwerke | 260 000 | 0 | n. v. | 0,01 @ |
| Hotlabors | 200 | 200 | n. v. | n. v. |
| Verbrauchsgüter | 115 000 | 75 000 | 0,01 @ | 0,01 @ |
| Flugstaub, Kohlekraftwerke | 47 | 47 * | 0,00009 | 0,0005 |
| Flugasche, Kohlekraftwerke | 5 000 | n. v. | n. v. | n. v. |
| Nicht-nukleare Industrien | 11 000 | 7 300 | 0,004 | 0,025 |
| Summe nach 1987 | 391 000 | 65 000 | 0,015 | 0,046 |

Zeichenerklärung siehe nächste Seite.

n. v.   = nicht verfügbar
*       = vollständige Ablagerung in den Niederlanden vorausgesetzt
@       = Maximaler geschätzter Wert
#       = vollständige Ablagerung des in die Luft emittierten Anteils in den Niederlanden vorausgesetzt.
          Der restliche Anteil wird ins Wasser abgegeben und kann auf diesem Wege in die Sedimente gelangen.

Als Folge der Emissionen und unter Verwendung der maximalen Schätzwerte für die Ablagerungen aus der Verwendung von Radionukliden, aus den nicht-nuklearen Industrien und aus konventionellen Kraftwerken, betrug die geschätzte Dosis im Jahr 1987 pro Person 0,046 mSv/a. Ablagerungen auf dem Boden trugen ein Drittel zu dieser Dosis bei.

## 3. SCHLUSSFOLGERUNGEN

In Tabelle 4 wird eine Übersicht über die Beiträge aller Strahlenquellen zur Dosis einer Durchschnittsperson in den Niederlanden gegeben (= 2,5 mSv/a).

TABELLE 4. Strahlungsdosis für eine Durchschnittsperson in den Niederlanden (100% = 2,5 mSv/a)

| Quellen | Beitrag in Prozent |
|---|---|
| Natürliche Radionuklide | 81 |
| Ärztliche Behandlung | 16 |
| Nicht-nukleare Industrien (einschl. Kohlekraftwerke) | 0,6 |
| Funktionelle Anwendungen | 0,5 |
| Sonstige Quellen (z.B. Niederschlag/Tschernobyl) | 1,9 |
| Summe | 100,0% |

Etwa 30% der gesamten radioaktiven Belastung stammen aus natürlichen Radionukliden im Boden [Ac86]. Expositionen durch diese Quelle erfolgen hauptsächlich in Gebäuden. Radongas wird auf vielen komplizierten Wegen aus dem Boden freigesetzt und sammelt sich im Luftraum unter den Häusern an. Von dort kriecht es durch Risse und andere Öffnungen in die Wohnräume. Die Strategie der Regierung zur Verminderung der Strahlenexposition aus natürlichen Quellen konzentriert sich auf Maßnahmen zur Vermeidung des Eindringens hoher Konzentrationen von Radon in Häuser. Die gegenwärtig noch laufenden Untersuchungen zeigen, daß eine Verbesserung der natürlichen Ventilation im Luftraum unter den Häusern und die Isolierung der Wohnraumfußböden kostenwirksame Maßnahmen sind.

Zugleich sind weitere Untersuchungen erforderlich, um den Einfluß der Bodeneigenschaften auf die Radonfreisetzung quantitativ zu bestimmen.

Belastungen durch Radionuklide, die von den nichtnuklearen Industrien und bei der Anwendung von Radionukliden freigesetzt werden, müssen ebenfalls berücksichtigt werden. Vor kurzem hat das Niederländische Ministerium für Wohnungswesen, Stadtplanung und Umwelt den Grenzwert für eine vernachlässigbare Gefährdung auf $10^{-8}$/a und den maximalen Gefährdungsgrenzwert für jede dieser Quellen auf $10^{-6}$/a festgelegt. Das Wirkungs-Dosisäquivalent von 1 mSv/a ergibt eine Gefährdung von $2,5 \times 10^{-5}$ pro Person. Das heißt, daß die maximale annehmbare Dosis gleich 0,04 mSv/a ist. Bei Anwendung dieses Umrechnungsfaktors auf die Gesamtexposition von 0,046 mSv/a, die durch menschliche Tätigkeiten verursacht wird (Tabelle 3), kann man eine maximale Gefährdung von $1,2 \times 10^{-6}$ berechnen. Ein Teil dieser Strahlungsdosis, nämlich 0,015 mSv/a, stammt aus dem Boden.

Es ist möglich, daß für manche Quellen an manchen Orten die Dosis pro Person den Wert für vernachlässigbare Gefährdung, d.h. $10^{-8}$/a, überschreiten kann.

In Zukunft wird die Strahlungsdosis aus künstlichen Quellen, die den Weg über den Boden nimmt, vielleicht an Bedeutung zunehmen. Die Deponierung von Abfällen wie Flugasche kann diese Strahlungsdosis erhöhen.

Aus diesen Gründen sind mehr Untersuchungen zur Rolle des Bodens als Strahlungsquelle erforderlich.

## 4. BIBLIOGRAPHIE

1) Ackers, J.G. (November 1985). Concentratie van radionucliden in bouwmaterialen en gronsoorten. Report nr. 8 serie Stralenbescherming of the Department of Housing, Urban planning and Environment, Den Haag.
2) Ackers, J.G. (Februar 1986). Stralingsbelasting uit natuurlijke bron in Nederland; een parameterstudie. Report nr. 19 serie Stralenbescherming of the Department of Housing, Urban planning and Environment, Den Haag.
3) Dongen, R. van, Potma, C.J.M., Stoute J.R.D. (Mai 1985). Natuurlijke achtergrondstraling in Nederland. Deel 1: vrije-veldmetingen. Report nr. 4 serie Stralenbescherming of the Department of Housing, Urban planning and Environment, Den Haag.
4) Jong, P. de (Dezember 1988). Emissie- en productnormen. Rapport nr. 39E serie Stralenbescherming of the Department of Housing, Urban planning and Environment, Den Haag.
5) Köster, H.W., Leenhouts H.P., Frissel M.J. (Juni 1986). Radioactiviteit van vliegas in het milieu en de daruit voortvloeiende stralingsbelasting. Report nr. 21 serie Stralenbescherming of the Department of Housing, Urban planning and Environment, Den Haag.
6) Stichting Projectbeheerbureau EnergieOnderzoek (März 1986). Straling in het lefmilieu. Resultaten van het

oderzoeksprogramma Stralingsaspecten van woonhygiëne en verwante radio-ecologische problemen (SAWORA). Utrecht.
7) Put L.W., Veldhuizen A., Meijer R.J. de (Februar 1986). Radonconcentraties en Nederland. Rapport nr. 14 serie Stralenbescherming of the Department of Housing, Urban planning and Environment, Den Haag.
8) Punte A., Meijer R.J. de, Put L.W. (Juli 1988). Schatting van de radiologische consequenties van lozingen in de atmosfeer en op het oppervlaktewater veroorzaakt door niet-nucleaire industriële processen in Nederland. Report nr. 40 serie Stralenbescherming of the Department of Housing, Urban planning and Environment, Den Haag.
9) (VROM) Department of Housing, Urban planning and Environment, (September 1985). Indicatief Meerjarenprogramma Straling 1985-1989. Den Haag.
10) (VROM) Department of Housing, Urban planning and Environment (1988). Department of Agriculture, Nature Management and Fisheries. Milieueffectrapportage 27 Effectvoorspelling. IX Straling. Den Haag.
11) (VROM) Department of Housing, Urban planning and Environment and department of Social Affairs and Employment (1990). Omgaan met risico's van straling. Den Haag.

VERHALTEN VON ALKYLBENZOLSULFONATEN IM SYSTEM BODEN -SICKERWASSER - GRUNDWASSER

THOMAS, W. UND EBEL, W.

BSR-BODENSANIERUNG UND RECYCLING GMBH
WESTRING 23      D-4630 BOCHUM F.R.G.


1.EINLEITUNG
Im Rahmen der Sanierung eines industriellen Altstandortes der Chemie-
branche wird als ein Teilprojekt Anreicherung und räumliche Verteilung
von linearen Alkylbenzolsulfonat (LAS)-Gemischen untersucht.Diese
Stoffgruppe stellt als Tensid einen großen Anteil in Waschmitteln dar.
   Zur chemischen Charakterisierung und somit auch zur Bewertung
ihres Umweltverhaltens ist hervorzuheben,daß Tenside im Molekül
sowohl einen wasserlöslichen als auch einen wasserabweisenden Teil
auf- weisen.
   Durch Verluste bei Produktion,Lagerung und Transport sind am
Untersuchungsstandort neben weiteren Chemikalien nachhaltige Mengen
an LAS in den Boden und von dort aus ins Grundwasser gelangt.
   In der vorliegenden Studie gilt es den Verbleib dieser Stoffgruppe
über den Emissionspfad Boden-Sickerwasser-Grundwasser zu verfolgen
und Sanierungsmaßnahmen zur Reinigung abzuleiten.

2.UNTERSUCHUNGSSTANDORT
Das Gesamtgelände des untersuchten ehemaligen Chemiestandortes gliedert
sich in Freiflächen,Gebäudekomplexen und Ablagerungen von Abfällen
und Produktionsrückständen über und unter Geländeniveau.Als Schwerpunkt der Verunreinigung durch LAS erwiesen sich Freiflächen im Bereich
alter Chemikalien-Lagertanks am Kesselwagen-Ladegleis.
   In Hinsicht auf eine kurze Charakterisierung der hydrogeologischen
Verhältnisse am Standort kann folgendes dargestellt werden:im Bereich
der Niederrheinischen Tiefebene gelegen besteht der Untergrund aus
quartärzeitlichen fluviatilen Lockersedimentablagerungen des Rheins.
Die Mittelterrasse besteht aus ca. 20 m - mächtigen Sand-und Kiesschichten in Wechsellagerung.Die oberflächennah anstehende Auelehmschicht von nur ca. 1m Mächtigkeit ist durch vielfältige bauliche
Eingriffe in Form inselartiger Reste anzusprechen.
   Der Grundwasserstauer in Form tertiärer Feinsedimente steht in ca.
20m unter GOK an.Bei Grundwasser-Flurabständen von 4m kann für die
Mächtigkeit des Grundwasserstockwerks ein Betrag von ca. 16 m angegeben
werden.

3.RÜCKSTÄNDE IM BODEN
Untersuchungen über die Anreicherung von LAS in Böden wurden vornehmlich im Zusammenhang mit der Bewertung von Klärschlamm-Ausbringungen
auf landwirtschaftliche Flächen durchgeführt.Den Ergebnissen derartiger
Studien zur Folge kann von einer nachhaltigen Akkumulation von LAS
in Böden nicht ausgegangen werden.Der Grund dafür wird in der hohen
Biodegradationsrate dieser Stoffgruppe unter natürlichen Bedingungen

gesehen.Unter aeroben Bedingungen werden Halbwertzeiten für den mikrobiellen Abbau von LAS in Böden von 3-35 Tagen angegeben.
Die Ergebnisse von GC-MS-Analysen verunreinigter Bodenproben zeigen auch an solchen Probenahmestellen an denen über mehrere Jahre keine Einwirkung von Chemikalien stattgefunden hatte gut interpretierbare LAS-Substanzgemisch-Muster.Das Spektrum der Einzelsubstanzen reicht vom Butylhexylbenzol bis hin zum Methyldodecylbenzol.
Bezogen auf den Bestimmungsparameter MBAS korrelieren die Bodenrückstände mit Werten von 20 - 50 mg/l im Bodeneluat.
Unter den gegebenen chemischen Bedingungen am Untersuchungsstandort ist davon auszugehen,daß sowohl die Sauerstoffverhältnisse als auch andere zusätzlich vorhandene Verunreinigungen den natürlichen Abbau der LAS im Boden verhindern.

4.RÜCKSTÄNDE IM GRUNDWASSER
Im Bereich des Untersuchungsstandortes ist das Grundwasser nachhaltig durch LAS verunreinigt.Das Belastungszentrum am Kesselwagen-Ladegleis zeigt eine auf dem Grundwasser aufschwimmende LAS-Schicht von ca. 0.5m.Die Wasserphase im Bereich des Verunreinigungszentrums weist MBAS-Konzentrationen von 20-40 mg/l auf.Im Verlauf einer Strecke von 200m Grundwasserstrom-abwärts gehen die Gehalte auf ca. 10 mg/l zurück, um dann über den Verlauf weiterer 100 m auf Werte < 0.1 mg/l abzusinken.Ein derartiges Konzentrationsprofil kann nicht auf den Effekt der Verdünnung allein zurückgeführt werden.Vielmehr ist auch beim erreichen erniedrigter Schwellenwerte der beschleunigte natürliche Abbau zu vermuten.
Die GC-MS-Musteridentifikation zeigt auch für die analysierten Grundwasserproben ein dem Boden in hohem maße vergleichbares Bild;die Peakrelationen der Einzelverbindungen geben keinen Hinweis auf den selektiven Abbau spezifischer Moleküle.

5.AUSBLICK
Für die kombinierte Sanierung von Boden und Grundwasser an den Verunreinigungszentren werden derzeit mehrere Verfahren erprobt.Im Zuge einer gestuften Vorgehensweise soll zunächst die aufschwimmende Phase im Grundwasser selektiv abgezogen werden.Anschließend kann dann mittels hydraulischer Maßnahme die unterliegende Wasserphase entnommen werden um die LAS-Konzentrationen nachhaltig zu reduzieren.Dies ist dann in Verbindung mit einer Bodenspülung vorgesehen.
Parallel dazu gilt es die Bedingungen für den mikrobiellen Abbau der LAS im Grundwasser weitergehend zu untersuchen,um eine In-Situ Degradation zu unterstützen.

6.BIBLIOGRAPHIE

Berna,J.L.et.al.(1989).The Fate of LAS in the Environment.Tenside Surfactants Detergents 26,101-107.
Larson,R.J.et.al.(1989).Behavior of LAS in Soil Infiltration and Groundwater .Tenside Surfactants Detergents 26,116-121.
Lehmann,H.J.(1973).Moderne Waschmittel.Chemie in unserer Zeit 19/3 ,82-89.
Schöberl,P.(1989).Basic Principles of LAS Biodegradation.Tenside Surfactants Detergents 26,86-94.

UMWELTHYGIENISCHE GRUNDLAGEN UND PROBLEMATIK DER RICHTWERTFEST-
SETZUNG FÜR SCHADSTOFFE IN BÖDEN

THOMAS EIKMANN, SABINE MICHELS, THORSTEN KRIEGER, HANS JOACHIM
EINBRODT

INSTITUT FÜR HYGIENE UND ARBEITSMEDIZIN DER RWTH AACHEN
PAUWELSSTR. (KLINIKUM), D-5100 AACHEN

1. EINLEITUNG

Wegen der großen Anzahl von Altlasten in der Bundesrepublik Deutschland und ihrer toxikologisch oft schwierigen Beurteilbarkeit erscheint es aus der Sicht der Präventivmedizin dringend erforderlich, allgemeinverbindliche Kriterien zu erarbeiten, mit denen eine realistische Abschätzung des humantoxikologischen Potentials der Bodeninhaltsstoffe möglich ist.

Die bisher angewandten Regelwerke bzw. Richtlinien (Kloke-Werte, Hollandliste, Klärschlammverordnung u.a.) sind in Hinblick auf andere Schutzziele als den gesundheitlichen Schutz des Menschen entwickelt worden und können daher unter diesem Gesichtspunkt nur hilfsweise Anwendung finden. Da es aber nahezu unmöglich ist, bei der sehr großen Anzahl von Altlasten eine genaue Einzelfallprüfung hinsichtlich einer möglichen humantoxischen Gefährdung - insbesondere bei bebauten Geländen - durchzuführen, besteht bei den betroffenen Kommunen oder Ordnungsbehörden der begründete Wunsch, Regelwerke an der Hand zu haben, die es auch dem Nichtfachmann erlauben, auf der Grundlage einer dem Laien verständlichen Richtlinie hier zumindest eine Grundentscheidung zu treffen, ob Handlungsbedarf möglicherweise im Sinne einer Sanierung oder Nutzungsänderung besteht.

2. AUFNAHMEPFADE

Die Aufnahme von Stoffen durch den Menschen - sei es auf oralem, inhalativem oder cutanem Weg - beschreibt lediglich den Pfad, den eine Substanz über die Oberfläche hinaus in den Körper des Menschen nehmen kann.

Entscheidend für die Wirksamkeit eines Schadstoffes ist die nach der Aufnahme tatsächlich absorbierte Menge der Wirksubstanz. Die Absorption kann über die Alveolen (nach Inhalation), das Darmepithel (nach oraler Aufnahme), aber auch über die Haut direkt (cutan) erfolgen.

2.1. Inhalative Aufnahme

2.1.1. Nicht-flüchtige Schadstoffe. Die Aufnahme von partikulär gebundenen, nichtflüchtigen Schadstoffen wird immer dann angenommen, wenn größere Teile oder auch die gesamte Altlast keine Vegetation oder eine andere Art der Bedeckung (z.B. Asphalt etc.) aufweist. Das Fehlen von Pflanzenbewuchs wird relativ häufig bei Hüttenhalden beobachtet, bei denen hohe Konzentrationen von phytotoxischen Metallen vorliegen.

Hier kann es zur Abwehung von Stäuben und nachfolgender Inhalation durch den Menschen kommen. Eine wichtige Rolle bei der Aufnahme spielt dabei neben der Konzentration, der Einwirkungszeit und der stoffabhängigen Schadwirkung insbesondere die Korngröße der Partikel. Vor allem dies unterscheidet Stäube von Gasen und Dämpfen. Als biologisch besonders relevant ist der alveolengängige Feinstaub einzustufen. Nach der Johannesburger Konvention von 1959 betrifft dies Teilchen mit einem aerodynamischen Durchmesser von 1-7 µm. Diese lungengängigen Staubteilchen gelangen bis zu den Lungenbläschen und können dort direkt in die Blutbahn übergehen.

Allerdings ist anhand von Angaben aus der Literatur anzunehmen, daß es im allgemeinen durch Abwehung von toxischen Stäuben allein nicht zu Belastungen des Menschen kommt. So konnte bei der Untersuchung von Anwohnern einer Halde aus bleihaltigem Flotationssand keine vermehrte Aufnahme durch Inhalation nachgewiesen werden, obwohl die Halde durch Wanderung bereits Hausgärten einer angrenzenden Wohnsiedlung erreicht hatte (EINBRODT et al. 1985). Begehen oder auch Freizeittätigkeiten ohne bedeutende Aufwirbelung von Bodenmaterial reichen offensichtlich nicht aus, um eine vermehrte Aufnahme von partikulären Schadstoffen zu verursachen (EIKMANN 1988a).

Wirkungen beim Menschen sind hauptsächlich dann anzunehmen, wenn es zu einer aktiven Freisetzung von Stäuben aus kontaminiertem Material kommt. So ergaben Schwebestaubmessungen über einem Sportplatz mit Tennenbelägen aus Hüttenasche (ehemaligem Haldenmaterial) mit mäßig hoher Bodenbleikonzentration bei trockenem Wetter in verschiedenen Spiel- und Trainingssituationen toxikologisch bedenkliche Bleigehalte in der Luft. Die errechnete Belastung wurde als potentielle Gefährdung beispielsweise von Fußballspielern angesehen (DRESCH et al. 1976).

Auch bei der Freisetzung von Stäuben auf einem ehemaligen Zinkhüttengelände durch Moto-Cross-Fahrer wurde eine verstärkte Bleiaufnahme festgestellt (EIKMANN 1988b).

Untersuchungen zur Belastung von Sportlern und Arbeitern durch Arsen aus Tennenbelägen zeigten, daß bei hohen Konzentrationen eine Erhöhung der Arsen-Ausscheidung im Urin bei den Sportlern beobachtet werden konnte (EIKMANN u.a. 1984). Bei den Arbeitern, die entsprechend vorsichtig mit dem Belagmaterial umgingen, wurden dagegen erstaunlich niedrige mittlere Ausscheidungswerte gefunden, was auch mit dem geringeren Atemminutenvolumen erklärt werden kann.

Auch der direkte Kontakt zum Boden kann eine relevante Exposition zu Schadstoffen verursachen. Im Rahmen einer epidemiologischen Untersuchung von Bewohnern einer Altlast wurden bei sogenannten "Bauhelfern" (Eigeninitiative beim Eigenheimbau), die beim Aushub von Bodenmaterial beteiligt waren, eine im Vergleich zu anderen Bewohnern erhöhte Quecksilber-Ausscheidung im Urin festgestellt (EINBRODT & EIKMANN 1987).

Als ein weiterer möglicher Belastungspfad ist der Transport von kontaminiertem Bodenmaterial anzusehen, bei dem es durch nicht ausreichende Abdeckung zu Abwehung und Verschleppung von Schadstoffen, u.U. weit entfernt vom ursprünglichen Standort, kommen kann. Darüberhinaus kann die sekundäre Sedimentation als

Straßenstaub zur vermehrten oralen Aufnahme von Schadstoffen durch spielende Kinder am Straßenrand führen.

2.1.2 <u>Flüchtige Schadstoffe</u>. Die Aufnahme von flüchtigen Schadstoffen durch Gasaustritt aus dem Boden scheint gegenüber der partikulären Inhalation eine erheblich größere Bedeutung zu besitzen. Hier ist eine Belastung von Be- und Anwohnern sowie Nutzern häufiger nachweisbar (EIKMANN 1988b).

Dies ist natürlich am ehesten dann gegeben, wenn eine Bebauung direkt auf dem kontaminierten Boden vorhanden ist. Hier kann es unter ungünstigen Umständen zur Gasanreicherung in Innenräumen kommen. Insbesondere in Kellerräumen, aber auch in Toiletten (direkte Verbindung zum Abwassersystem) konnten teilweise sehr hohe Schadstoffkonzentrationen in der Luft nachgewiesen werden. Ein konkreter Hinweis auf diese Gefahr ist immer das Auftreten von Geruchsbelästigungen und/oder der Nachweis von Methan und Kohlendioxid in Kellern von Altlastbebauungen.

Durch den möglichen Aufenthalt von Bewohnern bis zu 24 Stunden täglich in diesem Bereich kann eine erhebliche Aufnahme gegeben sein. Als Risiko-Kollektive sind hier Kleinkinder, ältere und kranke Personen und Hausfrauen anzusehen. Auch Anwohner von Altlasten können durch Migration der Schadgase über die Altlast hinaus nicht unerheblich gefährdet werden. Die Konzentration der flüchtigen Schadstoffe ist hier aber im allgemeinen geringer als direkt auf dem Altlastgelände (EIKMANN 1988b).

2.2. <u>Orale Aufnahme</u>

Die Gefahr der oralen Aufnahme von Schadstoffen aus dem Boden scheint am ehesten bei Kleinkindern gegeben. Vor allem bei Untersuchungen über die Aufnahme von Schwermetallen kamen verschiedene Autoren zu mittleren täglichen Mengen zwischen 50 mg und 10 g Boden. Die breite Streuung dieser Werte ist vermutlich auf die jeweils getroffenen Annahmen und Schätzungen - z.B. über die Anzahl der Hand-zu-Mund-Aktivitäten beim Spielen - zurückzuführen.

Erst BINDER et al. (1986) und CLAUSING et al. (1987) konnten mit Hilfe von Tracersubstanzen (die den Körper unverändert passieren) realistische Werte für die tägliche Bodenaufnahme ermitteln. Durch den Vergleich mit Kindern, die wegen eines Krankenhausaufenthaltes keinen Kontakt zu Boden hatten, fanden die Autoren Werte zwischen 55 und 180 mg für die mittlere tägliche Aufnahme. Daher hat die Altlastenkommission Nordrhein-Westfalen 1988 den bis dahin angenommenen Wert von 10 g auf 1 g Boden/Tag für Kleinkinder zwischen zwei und fünf Jahren festgesetzt. Für diese Altersgruppe spielt die Aufnahme von Schadstoffen über den Boden gegenüber anderen Aufnahmepfaden sicher eine bedeutende Rolle und muß bei Wirkungseinschätzungen unbedingt berücksichtigt werden.

So wurden bei einer epidemiologischen Untersuchung in einem Gebiet mit erheblicher Immisssionsbelastung durch Blei bei einer Anzahl von Kindern stark erhöhte Bleiwerte im Blut nachgewiesen,obwohl sie in einem der Areale mit den niedrigsten Immissionswerten wohnten. Bei Gesprächen mit den Eltern stellte sich heraus, daß im Nahbereich der Wohnungen eine größtenteils unbewachsene Schlackenhalde einer schon vor 50 Jahren stillgelegten und abgebrochenen Zinkhütte als Spielplatz benutzt worden war. Klinische Untersuchungen ergaben, daß diese Kinder vermehrt unter Bauchschmerzen bzw. Koliken litten. Bei fast allen konnten darüberhinaus sogenannte Bleibänder in den Wachstumszonen der Röhrenknochen im Röntgenbild nachgewiesen werden (EINBRODT et al. 1974).

Eine direkte Korrelation zwischen der Hand-zu-Mund-Aktivität der Kinder konnte auch bei einer Untersuchung von Kindern in der Umgebung einer Bleihütte gefunden werden (EWERS & BROCKHAUS 1987). Hier wiesen Kleinkinder im Durchschnitt höhere Blutbleiwerte als ältere Kinder und Jugendliche auf. Außerdem waren erhebliche Unterschiede - entprechend der Spielaktivität der Kinder - zwischen Winter und Sommer festzustellen.

Eine Belastung Erwachsener auf oralem Wege kommt dagegen in den meisten Fällen durch Aufnahme kontaminierter Nutzpflanzen aus Haus- oder Kleingärten zustande.

Ein weiterer Belastungspfad bei der oralen Aufnahme kann in der Kontamination des Grundwassers liegen, die bei Altlasten häufig vorkommt. Die Problematik liegt im möglichen Gebrauch des kontaminierten Grundwassers aus Hausbrunnen. Dies geschieht häufig trotz behördlichen Verbots, z.B. durch Verwendung als Gießwasser für Gartengemüse. Es wird auch immer wieder berichtet, daß trotz amtlicher Schließung von Hausbrunnen dieses Wasser als Trinkwasser verwendet wird.

2.3. Aufnahme über die Haut

Die Hautkontamination ist insgesamt als unbedeutend einzuschätzen. Die theoretisch mögliche Aufnahme von fettlöslichen Substanzen oder Lösungen durch direkten Hautkontakt erfordert sehr hohe Schadstoffkonzentrationen, wie sie normalerweise weder bei Altlasten noch bei anderen kontaminierten Böden an der Oberfläche gefunden werden. Die Absorption als Gas oder Dampf über die Haut muß schon unter anderen extremen Expositionsbedingungen als fast unmöglich eingeschätzt werden und kann deshalb für den Altlastenbereich nicht berücksichtigt werden.

3. NUTZUNGSARTEN

Bei der Festlegung von Nutzungsarten wurde versucht, die kaum überschaubare Zahl möglicher Nutzungen des Bodens auf eine kleine Anzahl von Nutzungsarten (Nutzungsszenarien) zu reduzieren. Ansatzpunkte waren dabei zum einen bestimmte Nutzergruppen (spielende Kleinkinder bzw. Jugendliche, Sportler, Schrebergartennutzer usw.), zum anderen die Konstellation von Aufnahmepfaden (überwiegend orale Aufnahme, gemischte inhalative und orale Aufnahme usw.). Es wurde bewußt darauf verzichtet, alle Transfermöglichkeiten vom Boden zum Menschen im Detail zu berücksichtigen, sondern mit einfachen Modellen und Szenarien eine generelle Einschätzung zu ermöglichen.

Durch Charakterisierung der Nutzergruppen und deren jeweilige Tätigkeiten und durch Hinweise auf spezifische Bodenbeschaffenheiten innerhalb einer Nutzungsart soll die Beurteilbarkeit erleichtert werden.

3.1. Kinderspielplätze

Bei Kinderspielplätzen sind als empfindlichste Nutzergruppe Kleinkinder in der Altersstufe zwischen 1 und 6 Jahren anzusehen. Die toxikologischen Kriterien sind demgemäß an dieser Personengruppe zu orientieren und gewähren anderen, weniger empfindlichen bzw. geringer exponierten Nutzern (ältere Kinder, begleitende Erwachsene) ausreichend Schutz.

Als dominierender Aufnahmepfad ist hier die orale Bodenaufnahme durch buddelnde Kleinkinder anzusehen. Eine inhalative Exposition zu Schadstoffen im Boden ist im allgemeinen hier nicht anzunehmen.

Bei der Beprobung des Bodens und entsprechend auch bei der Beurteilung der Ergebnisse muß zwischen dem Spielsand des Sandkastens und dem eigentlichen Bodenbereich des Kinderspielplatzes unterschieden werden. Da die Kleinkinder außerhalb des Sandkastens ihre Buddelaktivitäten in erster Linie in dem vegetationsfreien Umfeld in unmittelbarer Nähe ausüben, sollte sich die Beurteilung bei dieser Nutzungsart auch nur auf diesen Bereich beziehen. Teile des Kinderspielplatzes mit Vegetation, z.B. Rasen, fallen bei der Beurteilung eher in die Kategorie "Parkanlagen, Grünflächen, Wohnumfeld".

Als humanrelevante und zu beprobende Bodentiefe ist die sogenannte Buddeltiefe von Kleinkindern mit 35 cm festzulegen.

### 3.2. Haus- und Kleingärten

Als empfängliche Nutzergruppen in Haus- und Kleingärten sind neben Kleinkindern und Kindern auch Erwachsene anzusehen. Kinder können bei ihren Spielaktivitäten natürlich u.U. in gleicher Weise wie auf Kinderspielplätzen exponiert sein; da aber Häufigkeit und Intensität im allgemeinen weniger ausgeprägt sind, ist die Bildung einer eigenen Kategorie hier durchaus angemessen.

Erwachsene haben durch ihre gartenspezifische Freizeittätigkeit in diesem Nutzungsbereich häufig direkten Kontakt zum Boden und müssen hier wie Kinder, aber mit geringerer Intensität, als exponiert eingestuft werden.

Als Aufnahmepfad steht bei den Kleinkindern wiederum die orale Aufnahme im Vordergrund, die auch bei Kindern und Erwachsenen in geringerem Maße berücksichtigt werden muß. Allerdings muß bei der gärtnerischen Nutzung eine, wenn auch geringe, inhalative Exposition angenommen werden. So kann es durch das Aufwirbeln von Bodenmaterial bei Platzregen (dem sogenannten Rain Splash) zur Aerosolbildung und auch weiterfolgend zur sekundären Sedimentation von kontaminiertem Bodenmaterial auf Pflanzen kommen.

Die Gesamtexposition bei der Nutzungsart "Haus- und Kleingärten" ist für Kleinkinder und Kinder insgesamt als geringer einzustufen als bei "Kinderspielplätzen".

Als humanrelevante Bodentiefe ist die für gärtnerische Nutzung angenommene Grabetiefe von bis zu 35 cm anzusehen.

### 3.3. Sportplätze, Freizeitanlagen

Relevante Nutzergruppen sind bei dieser Nutzungsart in erster Linie Sportler, spielende Jugendliche und u.U. auch häufige Zuschauer von sportlichen Aktivitäten. Als dominierender Aufnahmepfad ist die Inhalation anzunehmen, während die orale Aufnahme hier im allgemeinen vernachlässigt werden kann.

Zu dieser Nutzungsart sind entsprechend der DIN 18 035 Großspielfelder, Kleinspielfelder, Leichtathletikanlagen, Tennisfelder und Freizeitanlagen, aber darüber hinaus auch Bolzplätze oder ähnliche nicht besonders ausgewiesene oder befestigte Flächen zu zählen. Spielfelder mit Rasenbelägen oder Freizeitanlagen mit einer Vegetations- oder anderen Bedeckung sind nicht in diese Nutzungsart einzustufen. Bei Spielflächen mit Rasenbelägen sind allerdings Teilbereiche ohne Vegetation (z.B. Spielfläche vor dem Fußballtor) nach diesen Nutzungsartkriterien zu beurteilen.

Als relevante Bodentiefe wird entsprechend DIN 18 035 eine Probennahmetiefe bis 5 cm festgesetzt.

### 3.4. Parkanlagen, Grünflächen, Wohnumfeld

Diese Nutzungsart muß im Vergleich zu den anderen als am wenigsten kritisch eingestuft werden. Neben Kleinkindern, Kindern und Jugendlichen - die aufgrund ihrer jeweiligen altersspezifischen Spielaktivitäten im Vergleich zu den Erwachsenen immer einen erheblich größeren Kontakt zum Boden haben - können aber auch Erwachsene hier in geringfügigem Ausmaß als exponiert eingestuft werden.

Ein dominierender Aufnahmepfad für Schadstoffe im Boden kann hier aufgrund der weiten Nutzungs- und Expositionsmöglichkeiten nicht genannt werden.

Trotz der möglichen großen Variation von Nutzung und Exposition erscheint es gleichwohl sinnvoll, eine eigene Kategorie zu schaffen, weil viele Flächen durch die anderen Nutzungsarten nicht erfaßt und damit keiner Beurteilung zugänglich gemacht werden. Charakteristisch ist für diese Nutzungsart, daß immer eine Bedeckung des Bodens vorhanden ist, z.B. durch Vegetation, Bodenplatten aus Stein oder andere Materialien, Wegeabdeckungen oder -verfestigungen und vieles andere mehr. Ein direkter Kontakt zum Boden sollte nur in geringem Ausmaß möglich sein und eher die Ausnahme bilden.

Sondernutzungen, wie beispielsweise das Spielen von Kindern und Jugendlichen auf vegetationsfreien Feldern in unmittelbarer Nähe zur Wohnbebauung, bedürfen einer Sonderbeurteilung, jedoch im Rahmen dieser Nutzungsart.

Als humanrelevante Bodentiefe wird bei dieser Nutzungsart eine Tiefe von 10 cm festgesetzt.

### 4. KONVENTIONEN

Bei der Entwicklung von Prüf-, Richt- oder Grenzwerten bedarf es immer (beispielsweise zur Vergleichbarkeit von Meßergebnissen und -verfahren) der Festlegung von Konventionen. Diese basieren zwar auf wissenschaftlich abgesicherten Erkenntnissen, sind gleichwohl aber innerhalb einer bestimmten Toleranzbreite als "willkürliche" Übereinkunft anzusehen.

Wichtig für alle Regelwerke, die den Boden betreffen, ist die Art und Weise der Probenahme, die Aufbereitung des Probenmaterials und deren Analytik anzusehen. Hier gibt es bereits eine ganze Reihe von Konventionen, von denen die wichtigsten im folgenden kurz aufgeführt sind.

Für die Nutzungsarten "Kinderspielplätze" und "Haus- und Kleingärten" wird eine humanrelevante Bodentiefe bis 35 cm angenommen, die erfahrungsgemäß in etwa der Buddeltiefe von

Kleinkindern und Grabetiefe bei gärtnerischer Nutzung entspricht. Die Bodenschichten 0 bis 5, 5 bis 15 und 15 bis 35 cm Tiefe sind getrennt (zur Erfassung möglicher Immissionseinträge) zu untersuchen; die Bodenschicht mit dem höchsten Wert ist maßgebend für mögliche Einschränkungen der Nutzung.

Bei "Sportplätzen, Freizeitanlagen" mit Tennenbelägen bzw. festgetretener Bodenoberfläche wird im Sinne der Tennenbelags-Richtlinie (DIN 18 035) eine Probenahmetiefe von 5 cm empfohlen.

Bei der Nutzungsart "Parkanlagen, Grünflächen, Wohnumfeld" wird, da in der Regel nicht gärtnerisch genutzte Böden bzw. Vegetationsdecken vorliegen, eine Probenahme bis zur Tiefe von 10 cm angegeben.

Darüber hinaus sind auch im Rahmen der humantoxikologischen Begründung der Prüfwerte Konventionen aus dem medizinisch-biologischen Bereich erforderlich. Als wichtigster Einzelpunkt wird hier die Festlegung einer täglichen Bodenaufnahmerate für Kleinkinder angesehen, da nur von ihr ausgehend eine vergleichende Schadstoffbilanzierung und Festlegung von Richtwerten auf oralem Wege erfolgen kann.

Die Bodenaufnahmerate von Kleinkindern wird mit 1 g pro Tag angenommen.

## 5. RICHTWERTE

Entsprechend den verschiedenen Nutzungsarten der Böden erscheint es sinnvoll, zwei humantoxikologisch begründete Werte abzuleiten: einen Richt- und einen Interventionswert.

Der "Richtwert" für Schadstoffe in Böden ist so begründet, daß bei dessen Einhaltung innerhalb der angegebenen Nutzungsart bei nicht-cancerogenen Stoffen eine gesundheitliche Gefährdung von Menschen nicht anzunehmen ist, bei cancerogenen bzw. cocancerogenen Stoffen eine über das normalerweise vorhandene Risiko hinausgehende Gefährdung nicht zu erwarten ist.

Bei Überschreiten des "Interventionswertes" ist ein Risiko gegeben, bei dem aus Gründen der Gesundheitsvorsorge unverzügliches Handeln empfohlen wird. Ziel geeigneter Maßnahmen muß es sein, die mögliche Exposition zu den Schadstoffen kurzfristig zu unterbinden.

Bei Konzentrationen, die zwischen dem Richtwert und dem Interventionswert liegen, muß dann in jedem Fall eine qualifizierte Einzelfallprüfung erfolgen.

## 6. GESAMTBEURTEILUNG

Im Gegensatz zu den bislang angewandten Regelwerken sollen die beiden vorgestellten Richtwerte eine Entscheidungshilfe bezogen auf eine mögliche humantoxische Wirkung von Schadstoffen im Boden geben. Bei der Festlegung von Bodenbereichen und Konventionen muß deshalb die vielfältige Nutzung des Bodens durch unterschiedliche Gruppen von Menschen, unter Berücksichtigung ihrer besonderer Verhaltensweisen und Sensibilitäten, Berücksichtigung finden.

Die im Boden vorliegenden Verunreinigungen sind, wie jede Chemikalie, in großen Mengen für den Menschen mehr oder weniger toxisch. Eine humantoxikologische Bewertung darf sich jedoch nicht nur auf die Beschreibung der Giftigkeit einer Substanz beschränken, sondern muß die tatsächlich auf den Menschen treffende Menge der einzelnen Stoffe berücksichtigen.

Deshalb ist die jeweilige Nutzung der Bodenbereiche von großem Interesse, weil aus ihr Aussagen über dominierende Aufnahmepfade bzw. spezielle Expositionssituationen getroffen werden können. Nur unter Berücksichtigung aller aufgeführten Parameter kann dann eine Abschätzung zur Relevanz der Schadstoffgehalte im Boden getroffen werden. Die Beurteilung von Schadstoffkonzentrationen allein auf der Grundlage klinisch-toxikologischer Daten ohne Bezug zum Bodenumfeld muß demgegenüber als nicht zulässig abgelehnt werden.

## 7. BIBLIOGRAPHIE

Einbrodt,H.J., Riedel,F.N., Eikmann,Th., Walliser,L., Jacobi,N. (1985). Altlasten und Umweltgefährdung - am Beispiel des ehemaligen Erzbergbaus im Raum Mechernich (Eifel). Wiss.Umw. (ISU) 2:149-157

Eikmann,Th. (1988a). Epidemiologische Untersuchungen im Umfeld von Altlasten. In Franzius,V., Stegmann,R., Wolf,K. (Hrsg.): Handbuch Altlastensanierung, 1.3.2.2 S.1-8 R.v.Decker's Verlag, Heidelberg

Dresch,W.H., Einbrodt,H.J., Schröder,A. (1976). Zur Beurteilung einer möglichen Gesundheitsgefährdung durch bleihaltige Sportplatzbeläge. Sportarzt u. Sportmed. 9: 216-220

Eikmann,Th., Schmidt,J., Wewer,B., Einbrodt,H.J. (1984). Zur Umweltbelastung des Menschen durch Arsen - II.Mitteilung: Belastung von Sportlern und Arbeitern durch Tennenbelagsmaterial. Staub-Reinhalt. Luft 44: 187-191

Einbrodt, H.J. & Eikmann,Th. (Berichterstatter) (1987). Ergebnisbericht und Gutachterliche Stellunganhme zur Reihenuntersuchung der Siedlungsbewohner des Geländes der ehemaligen Zinkhütte im Stadtgebiet Essen-Bergeborbeck

Eikmann,Th. (1988b). Epidemiologische Untersuchungen im Umfeld von Altlasten. In Franzius,V., Stegmann,R., Wolf,K. (Hrsg.): Handbuch Altlastensanierung, 3.2.3.1 S.1-7 R.v.Decker's Verlag, Heidelberg

Binder,S., Sokal,D., Maughan,D. (1986). Estimating soil ingestion: The use of tracer elements in estimating the amount of soil ingested by young children. Arch. Environ. Health 41: 341-345

Clausing,P., Brunekreef,B., van Wijnen,J.H. (1987). A method for estimating soil ingestion by children. Int. Arch. Occup. Environ. Health 59:73-83

Einbrodt,H.J., Rosmanith,J., Schröder,A. (1974). Beim Spielen durch Blei vergiftet. Umwelt 3:30-32

Ewers,U. & Brockhaus,A. (1987). Die biologische Überwachung der Schadstoffbelastung des Menschen und ihre Bedeutung bei der Beurteilung umwelttoxikologischer Einflüsse. Öff. Gesundh.-Wes. 49: 639-647

# TOXIKOLOGISCHE BETRACHTUNGEN ZUR EINHALTUNG VON GRENZWERTEN BEI BODENSANIERUNGEN

MAJA STEIGMEIER UND ANDRE BACHMANN

MBT UMWELTTECHNIK AG, VULKANSTRASSE 110, CH-8048 ZÜRICH

## 1. EINLEITUNG

Infolge eines Lagerhausbrandes in Schweizerhalle (Schweiz) ist der dortige Boden mit Pestiziden verunreinigt. Hauptsächlich handelt es sich dabei um Organophosphorverbindungen sowie um Oxadixyl und quecksilberhaltige Pestizide. Das betroffene Areal wird nun saniert, dabei stellte sich die Frage nach der zulässigen Menge der verbleibenden Schadstoffe im Boden. Im folgenden soll am Beispiel der mengenmässig wichtigsten Pestizide (Oxadixyl und die Phosphorsäureester Disulfoton, Thiometon, Etrimfos, daneben Formothion) die Einhaltung von gesetzlichen Grenzwerten unter toxikologischen Gesichtspunkten diskutiert werden.

### 1.1. Expositionswege für den Menschen

Zur Abschätzung einer Gefährdung durch die Schadstoffe mussten zuerst die möglichen Expositionswege erkannt werden. Für den Menschen sind dies die folgenden:

- direkt:  orale Aufnahme
          dermale Aufnahme
          Inhalation
- indirekt: über die Nahrung (Pflanzen)
           über das Trinkwasser

Da das Areal in Zukunft industriell genutzt werden soll, ist die orale und dermale Aufnahme von Bodenmaterial durch die Bevölkerung auszuschliessen. Infolge der geringen Flüchtigkeit der fraglichen Substanzen ist eine Kontamination der Luft vernachlässigbar. Eine direkte Gefahr für die Bevölkerung durch Einatmen von Dämpfen besteht folglich nicht. Von entstandenen Merkaptanen (Hydrolyseprodukte der Phosphorsäureester), welche leichtflüchtig sind, kann ev. eine Geruchsbelästigung ausgehen, da die Geruchsschwelle bei den Merkaptanen extrem niedrig ist. Ihre Toxizität ist jedoch wesentlich geringer als diejenige der Phosphorsäureester (PSE) und ist daher wegen der erwartungsgemäss geringen Menge für die Bevölkerung vernachlässigbar. Wegen der vorgesehenen industriellen Nutzung besteht für Tiere und Pflanzen keine Gefahr durch direkten Kontakt. Zu untersuchen ist hingegen, ob eine Gefährdung des Grundwassers vorliegt: als hauptsächlicher Expositionsweg für die Bevölkerung ist ein möglicher Schadstofftransport vom Boden via Grundwasser ins Trinkwasser anzusehen.

## 1.2. Vorgehen zur Bestimmung der zulässigen Schadstoffkonzentration im Boden

Aufgrund der relevanten Expositionswege für den Menschen und der nachfolgend erstellten Risikoanalyse wurde geschlossen, dass die bestimmende Grösse bei dieser Bodensanierung die Schadstoffkonzentration im Grund-/-Trinkwasser ist. Deshalb musste zuerst festgelegt werden, welche Schadstoffkonzentrationen im Grundwasser resp. im Trinkwasser verantwortet werden können. Anschliessend konnte mit Hilfe von kontaminationshydrogeologischen Modellrechnungen die zulässige Schadstoffkonzentration im Boden (nach der Reinigung) festgesetzt werden. Dieses Referat befasst sich mit der Festlegung des Pestizidgehalts im Wasser, der als akzeptierbar betrachtet werden kann.

## 2. TOXIKOLOGIE DER BESCHRIEBENEN PESTIZIDE

### 2.1. Wirkungsmechanismus

Die Phosphorsäureester Disulfoton, Thiometon und Formothion sind systemische Insektizide und Akarizide, Etrimfos ist ein nicht-systemisches Insektizid. Die Wirkung der Phosphorsäureester beruht auf einer Hemmung der Acetylcholinesterase. Oxadixyl ist ein Fungizid.

### 2.2. Toxizitätsdaten Säuger

Von Bedeutung sind vorallem die akut toxischen Wirkungen der Phosphorsäureester. Teilweise sind sie stark toxisch, andere Verbindungen sind weniger giftig (Tabelle 1).

TABELLE 1. Akute Toxizität und NOEL (No Observed Effect Level) der fraglichen Pestizide bei Ratten [2], [3], [5], [10].

|           | $LD_{50}$ oral (mg/kg) | $LD_{50}$ dermal (mg/kg) | NOEL (mg/kg Futter/Tag) |
|-----------|------------------------|--------------------------|-------------------------|
| Disulfoton | 3-9                   | 20                       | 1                       |
| Etrimfos   | 1600-1800             | >2000                    | 9                       |
| Formothion | 400-500               | 400-1700                 | 20                      |
| Thiometon  | 120-130               | >1000                    | 2.5                     |
| Oxadixyl   | 1900-3500             | >2000                    | 250                     |

## 2.3. Toxizität für Wasserorganismen und Pflanzen

Wie für Säuger sind die fraglichen Verbindungen auch für Wasserorganismen sehr unterschiedlich toxisch. Im folgenden sind einige Toxizitätsdaten der relevanten Verbindungen zusammengefasst.

| | | | |
|---|---|---|---|
| PSE | $LC_{50}$ Fische (48 h) | 5000 bis 40'000 µg/l | [5] |
| | $EC_{50}$ Daphnien (24 h) | Disulfoton 740 µg/l | |
| | | Etrimfos 6 µg/l | |
| | | Formothion 16'000 µg/l | |
| | | Thiometon 8'200 µg/l | [9] |
| Oxadixyl | $LC_{50}$ Fische (96 h) | > 300'000 µg/l | [3] |
| | $EC_{50}$ Daphnien (48 h) | 500'000 µg/l | [3] |

Ueber die Toxizität gegenüber Pflanzen stehen keine genauen Daten zur Verfügung. In [2] werden jedoch sowohl PSE als auch Oxadixyl als "gut pflanzenverträglich" bezeichnet, was durchaus logisch erscheint, weil diese Substanzen ja gegen Insekten- und Pilzbefall an Pflanzen angewendet werden.

## 2.4. ADI, WHO-Empfehlung für Pestizide im Trinkwasser

Die Frage nach den toxikologisch zulässigen Pestizidmengen im Trinkwasser kann beispielsweise mit dem ADI (Acceptable Daily Intake) in Verbindung gebracht werden. Unter der Annahme eines täglichen Trinkwasserkonsums von 2 Litern pro Person, bei 10 kg Körpergewicht von 1 Liter, können die nach ADI zulässigen Mengen der einzelnen Pestizide im Trinkwasser berechnet werden (Tabelle 2).

TABELLE 2. Gemäss ADI (Acceptable Daily Intake) zulässige Pestizidmengen im Trinkwasser unter der Annahme eines täglichen Trinkwasserkonsums von 2 Litern pro Person, bei 10 kg Körpergewicht von 1 Liter. BW: Body weight.

| Substanz | ADI (µg/kg) | 70 kg BW | 50 kg BW | 10 kg BW |
|---|---|---|---|---|
| | | | µg/l Trinkwasser | |
| Disulfoton | 2 | 70 | 50 | 20 |
| Etrimfos | 3 | 105 | 75 | 30 |
| Formothion | 20 | 700 | 500 | 200 |
| Thiometon | 3 | 105 | 75 | 30 |
| Oxadixyl | 125 | 4380 | 3130 | 1250 |

Quellen: [3], [9]

Mit der oben angegebenen Menge ist der ADI "ausgeschöpft". Nach Empfehlungen der WHO sollen die Trinkwassergrenzwerte 1% des ADI (berechnet für 70 kg BW) nicht übersteigen. Man muss sich allerdings bewusst sein, dass dies wiederum eine willkürliche, nicht toxikologisch begründete Grenze ist. So setzt beispielsweise Holland seinen Grenzwert bei 10% des ADI an. In Tabelle 3 sind für die verschiedenen Pestizide die entsprechenden Mengen angegeben.

TABELLE 3. Pestizidmengen im Trinkwasser, die 1% resp. 10% des ADI (Acceptable Daily Intake) ausmachen unter der Annahme eines täglichen Trinkwasserkonsums von 2 Litern pro Person, bei 10 kg Körpergewicht von 1 Liter.

| Körpergewicht | 70 kg | 50 kg | 10 kg | 70 kg | 50 kg | 10 kg |
|---|---|---|---|---|---|---|
| | 1% des ADI (WHO) | | | 10% des ADI (NL) | | |
| | µg/l Trinkwasser | | | | | |
| Disulfoton | 0.7 | 0.5 | 0.2 | 7 | 5 | 2 |
| Etrimfos | 1 | 0.75 | 0.3 | 10 | 7.5 | 3 |
| Formothion | 7 | 5 | 2 | 70 | 50 | 20 |
| Thiometon | 1 | 0.75 | 0.3 | 10 | 7.5 | 3 |
| Oxadixyl | 44 | 31 | 13 | 440 | 310 | 125 |

Zu bemerken ist noch, dass aus den freigesetzten Pestiziden Metaboliten gebildet werden können. Ueber deren Toxizität liegen nur wenige Daten vor; teilweise sind sie etwas stärker toxisch als die Ausgangssubstanzen. Die Unterschiede dürften jedoch allgemein wenig ausmachen (Faktor 2 bis 3, ev. bis 5). Ausgehend von Chemodynamikstudien [5] ist die Wahrscheinlichkeit gering, dass sich wegen der Metaboliten eine Gesundheitsgefährdung durch das Wasser erhöht.

## 3. GESETZLICHE GRENZWERTE

In der Schweiz existieren Toleranzwerte für Pestizide im Trinkwasser: 0.1 µg/l pro Einzelsubstanz resp. 0.5 µg/l für die Gesamtmenge aller Pestizide. Wenn man sich die teilweise sehr unterschiedlichen Toxizitäten von Pestiziden vor Augen hält (Abschnitt 2.2), erkennt man bald, dass der Wert 0.1 µg/l pro Einzelsubstanz willkürlich, nicht toxikologisch begründet ist. Ebenso verhält es sich mit der Summengrenze von 0.5 µg/l, wo Wirkungsmechanismus der Komponenten und damit allfällige additive Wirkungen nicht berücksichtigt werden. Es wurde somit nicht primär von toxikologischen Ueberlegungen ausgegangen, sondern beispielsweise davon, dass Pestizide generell nicht ins Trinkwasser gehören. Anthropogene Einflüsse sollen möglichst vom Wasser ferngehalten werden (Reinheitsgebot des Wassers). Die angesetzten Werte dienen also nicht primär zur Abwendung einer direkten Gesundheitsgefährdung. Eine Ueberschreitung ist toxikologisch gesehen noch nicht bedenklich.

## 4. VERGLEICH MIT BELASTUNG DURCH LEBENSMITTEL

Um eine Beziehung zur Pestizidbelastung durch Nahrungsmittel herzustellen, werden in Tabelle 4 diejenigen Mengen von Nahrungsmitteln aufgeführt, die unter Berücksichtigung der Pestizidrichtwerte gemäss FIV [4] den ADI ebenfalls ausschöpfen.

TABELLE 4. Nahrungsmittelmengen, die unter Berücksichtigung der Pestizidrichtwerte gemäss FIV [4] den ADI (Acceptable Daily Intake) ausschöpfen für ein Körpergewicht von 70 kg.

|            | Etrimfos | Formothion | Thiometon | Oxadixyl |
|------------|----------|------------|-----------|----------|
|            |          | Gramm pro Tag |        |          |
| Salat      | 350      |            |           |          |
| Aepfel     | 520      |            |           |          |
| Zwetschgen | 1050     |            |           |          |
| Kirschen   |          | 1700       |           |          |
| Trauben    |          |            |           | 1400     |
| Obst allg. |          |            | 520       |          |
| Bohnen     | 520      |            |           |          |

## 5. KONTAMINATION IN DER UMWELT: NORMALFALL VERSUS UNFALL

Zur Erläuterung der von uns gebrauchten Beurteilungsgrundlagen muss kurz auf Unterschiede zwischen einem Unfall wie in Schweizerhalle und dem Normalfall eingegangen werden.

Grenzwerte für schädliche Stoffe werden für den Normalfall festgelegt, um einerseits unter Einbezug von Sicherheitsfaktoren Risiken für Mensch und Umwelt auszuschliessen und um andererseits eine Grundlage zur Vereinfachung vieler nötiger Entscheidungen zu schaffen. Diese Grenzwerte haben generelle Geltung, meist ohne Rücksicht auf den Einzelfall. Sie sind als allgemein akzeptierte ökologische und präventivmedizinische Massnahmen zu verstehen. Sie sollen Schutz bieten vor zukünftigen vermeidbaren zu hohen Belastungen, dienen also der Prävention.

Ganz anders sieht die Situation jedoch aus, wenn ein Schaden bereits eingetroffen ist: in diesem konkreten Fall geht es dann nicht um Prävention, sondern um Therapie. Es handelt sich dann um einen Einzelfall, in dem unter Einbezug aller verfügbaren Daten individuell zu entscheiden ist, welche "Grenzwerte" eingehalten werden sollen. Bezüglich Toxizität und vorallem Exposition bestehen oft genauere Daten als im obenerwähnten Normalfall. Wegen der genaueren Daten wird das Risiko meist besser bestimmbar. Für den konkreten Fall kann damit in Absprache mit den Behörden eine Ueberschreitung von gesetzlichen Grenzwerten durchaus vernünftig sein, solange sie keine gesundheitliche Gefährdung darstellt. Gesundheitliche Risiken sind dann für diesen bestimmten Fall abzuschätzen, der Schaden muss soweit behoben werden, bis seine Folgen toxikologisch verantwortbar sind. Es geht bei der Schadenbehebung nicht nur um die unmittelbaren Risiken für Mensch, Tiere und Pflanzen, sondern die durch die Sanierung verursachte Umweltbelastung muss ebenfalls berücksichtigt werden. Aufwand und Nutzen müssen sich die Waage halten. Es ist kaum vertretbar, einen vorhandenen Schaden soweit zu sanieren, bis sämtliche gesetzlichen Grenzwerte erreicht sind und dabei die Umwelt durch grosse Energieaufwendung und Schadstoffemission (z.B. Verbrennung) im Endeffekt weit stärker zu belasten. Nun spielen bei der Frage nach dem Ausmass einer Sanierung oft politische Ueberlegungen mit, die eventuell zu härteren Massnahmen Anlass geben als dies toxikologisch nötig wäre. Dies ist völlig akzeptabel, nur müssen sich die an der Entscheidung beteiligten Personen darüber im klaren sein, dass dann politische, nicht die Gesundheitsgefährdung betreffende Ueberlegungen wegweisend sind.

## 6. SCHLUSSFOLGERUNG

Zunächst muss darüber entschieden werden, ob für das Grundwasser die gleichen Anforderungen wie für das Trinkwasser gelten. Toxikologisch gesehen sollte aus den in Abschnitt 2.2. dargestellten Gründen klar unterschieden werden zwischen Grundwasser und Trinkwasser und Anforderungen bezüglich Reinheit an letzteres gestellt werden, weil vom **Trink**wasser eine direkte Wirkung auf den Menschen ausgeht. Damit wird der konkrete Fall einer eventuellen Gesundheitsgefährdung vor aufwendige präventive Gesamtmassnahmen gestellt. Trotzdem müssen natürlich schädliche Effekte auf Wasserorganismen in die Ueberlegungen bezüglich zulässige Kontamination des Grundwassers miteinbezogen werden.

Die in Abschnitt 2.4. und 4 dargestellten Werte machen deutlich, dass es eine Ermessensfrage ist, wie hoch im Falle dieser Bodensanierung (d.h. nach bereits eingetretenem Störfall, nicht prophylaktisch unter Normalbedingungen) der Grenzwert im Trinkwasser angesetzt werden soll, da zudem der ADI ebenfalls mit Sicherheitsfaktoren behaftet ist und eine Ueberschreitung nicht sofort eine gesundheitliche Gefährdung bedeutet. Damit auch ein Kleinkind, d.h. ein empfindlicher Teil unserer Bevölkerung, berücksichtigt wird, schlagen wir vor, bei der Berechnung der zulässigen Pestizidkonzentration von 10 kg Körpergewicht auszugehen. Dann sind in der täglich konsumierten Wassermenge Pestizidkonzentrationen, die in der Grössenordnung von 50% bis 100% des ADI liegen, toxikologisch für die Bevölkerung unbedenklich. Weil Oxadixyl viel weniger toxisch ist als die PSE, sind letztere für die zulässige Pestizidmenge im Trinkwasser massgebend. Wegen des gleichen Wirkungsmechanismus kann der tiefste ADI (2 µg/kg BW) als "Summen"-ADI für die PSE angenommen werden. Somit liegt die aus unserer Sicht nicht gesundheitsgefährdende Menge PSE bei 10 bis 20 µg pro Liter Trinkwasser. In Anbetracht der Toxizität für Daphnien sollte die untere Limite dieses Bereichs, also etwa 10 µg/l, angestrebt werden. (Dazu ist zu sagen, dass Etrimfos-Konzentrationen in diesem Bereich zwar für Daphnien toxisch sind. Weil Etrimfos jedoch nur einen Teil der Gesamtmenge PSE ausmacht und Daphnien im Gegensatz zu anderen Wasserorganismen auf PSE extrem empfindlich sind, dürfte für die Umwelt als Ganzes kein Risiko bestehen). Man erkennt also, dass die toxikologisch akzeptablen Schadstoffkonzentrationen um einiges über den gesetzlichen Grenzwerten liegen. Deshalb muss in Absprache mit den Behörden festgelegt werden, welche Konzentrationen toxikologisch **und** politisch vertretbar sind.

## 7. LITERATUR

[1] Verhalten von Chemikalien im Rhein, biologischer Zustand und Wiederbelebung des Rheins nach dem Brand in Schweizerhalle: zweiter Zwischenbericht an die Regierung des Kantons Basel-Landschaft (1987). EAWAG (Eidgenössische Anstalt für Wasserversorgung, Abwasserreinigung und Gewässerschutz), Dübendorf.

[2] Perkow W. (1983). Wirksubstanzen der Pflanzenschutz- und Schädlingsbekämpfungsmittel, 2. Auflage. Berlin und Hamburg: Paul Paray.

[3] The Pesticide Manual, a World Compendium (1987). C.R. Worhing (Ed), 8. Auflage. British Cooperation Protection Council.

[4] Verordnung über Fremd- und Inhaltstoffe in Lebensmitteln (Fremd- und Inhaltstoffverordnung) vom 27. Feb. 1986. Bern: EDI.

[5] Organophosphorus Insecticides: a General Introduction (1986). Environmental Health Criteria 63. World Health Organization, Geneva.

[6] Datensammlung zur Toxikologie der Herbizide (1986). Deutsche Forschungsgemeinschaft DFG. Weinheim: VCH.

[7] Datensammlung zur Abschätzung des Gefährdungspotentials von Pflanzenschutzmittel-Wirkstoffen für Gewässer (1985). DVWK Schriften 74, Berlin und Hamburg: Paul Parey.

[8] Grundlagen zur Beurteilung der Gefährdung von Mensch und Umwelt als Folge der Bodenkontamination (1989). EWI (Elektrowatt Ingenieurunternehmung AG), Zürich.

[9] nicht publizierte Angabe der Sandoz AG.

[10] Maier-Bode H. (1971). Pflanzenschutzmittelrückstände. Stuttgart: E. Ulmer.

STANDARDVERFAHREN ZUR ERMITTLUNG VON SANIERUNGSZIELEN (SES)

K.T. VON DER TRENCK UND P. FUHRMANN

LANDESANSTALT FÜR UMWELTSCHUTZ BADEN-WÜRTTEMBERG
D-7500 KARLSRUHE 21

1. EINLEITUNG
Sanierungsziele für kontaminierte Umweltmedien ergeben sich aus der Rückwärtsverfolgung der duldbaren Belastung der Schutzgüter zu den kontaminierten Umweltmedien über die Expositionspfade. Das hier vorgestellte "Standardverfahren zur Ermittlung von Sanierungszielen" (SES) dient der Standardisierung und damit der Erleichterung dieses Prozesses. In seinem Rahmen werden Schadstoffe, Kriterien für die Empfindlichkeit des jeweiligen Schutzgutes und Expositionspfade miteinander verknüpft. Diese drei Kategorien können als Dimensionen einer 3-dimensionalen Matrix aufgefaßt werden. Die Folgenutzung einer Altlast ist eine politische Entscheidung. Durch die künftige Nutzung und die standortspezifischen Rahmenbedingungen werden die Schutzgüter (Kleinkinder oder Arbeiter in den besten Jahren; ein naturnahes Ökosystem oder eine Industrieansiedlung) festgelegt und damit die maßgeblichen Wirkungswerte sowie die relevanten Expositionspfade ausgewählt, die unter anderem auch verhaltensabhängig sind. Daher kann das hier vorgeschlagene SES nur einzelfallspezifisch zur Anwendung kommen. Anhand zweier Beispiele, einer Quecksilber-Altlast und eines Emissionsschadensfalles durch Dioxine, wird das SES erläutert.

2. SKIZZIERUNG DES "SES"
Sanierungsziele für kontaminierte Umweltmedien werden aus der duldbaren Belastung der betroffenen Schutzgüter unter Berücksichtigung der Effizienz des Schadstofftransfers über die relevanten Belastungspfade ermittelt.
Die duldbare Belastung ergibt sich aus der Art und der Potenz der Wirkung der vorhandenen Schadstoffe. Sie ist so festzusetzen, daß der Bestand der Schutzgüter gesichert ist. 'Duldbar' ist in diesem Zusammenhang unter dem Aspekt der Vorsorge zu verstehen. Damit ist die duldbare Belastung abhängig von Eigenschaften sowohl der zu schützenden Objekte, Organismen oder Biozönosen als auch der einwirkenden Schadstoffe.
Eine stoffbedingte Schadwirkung kann nicht ohne Exposition eines Schutzgutes gegenüber dem betreffenden Schadstoff auftreten. Der Expositionspfad (Abb. 1) besteht aus einer Reihe von Verdünnungs-, Anreicherungs-, Umwandlungs- und Eliminationsschritten. Diese Prozesse bestimmen das Schicksal eines Schadstoffes in der Umwelt. Beim Durchlaufen dieser Schritte unterliegt die Schadstoffkonzentration einer örtlichen und zeitlichen Variation, die durch Ausbreitungsmodelle und pharmakokinetische Gleichungen beschrieben werden kann. Im einfachsten Fall kann der Schadstofftransfer unter Konstanthaltung der Ausgangskonzentration sowie von Ort und Zeit durch einen Transferfaktor ausgedrückt werden, der durch Division der wirksamen Endkonzentration im Schutzgut durch die Ausgangskonzentration im kontaminierten Umweltmedium ermittelt wird.

## Abb. 1: Expositionspfade ausgehend von Altlasten und Schadensfällen

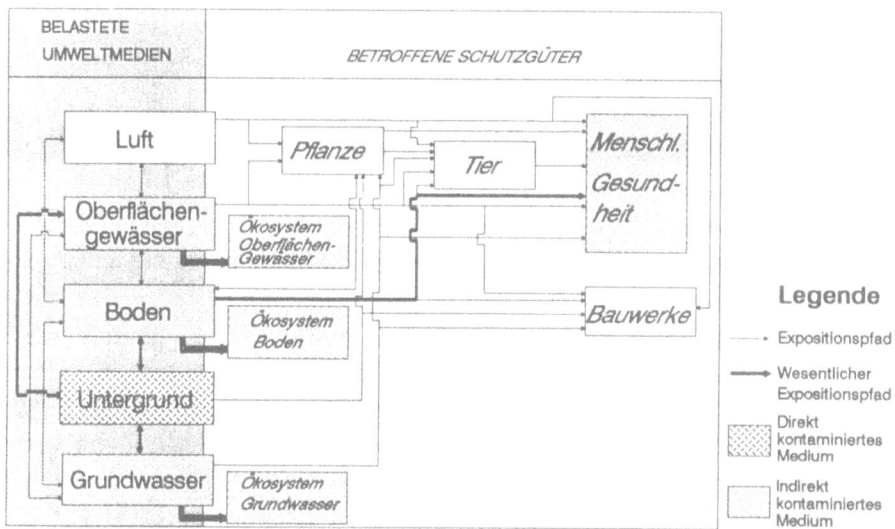

Ein Sanierungsziel ergibt sich also aus der duldbaren Belastung durch Rückwärtsverfolgung der Expositionspfade. Das Verfahren zu seiner Ermittlung (SES) besteht in der Verknüpfung von Schadstoffen, Schadwirkungen (Wirkungswerten, die die Empfindlichkeit der Schutzgüter charakterisieren) und Ausbreitungsarten. Dazu ist eine dreidimensionale Zielmatrix zu erstellen (Abb. 2), da das vielfach geforderte Vorgehen nach einer zweidimensionalen Tabelle aus Substanzen und Wirkungswerten der möglichen Komplexität der Standortbedingungen nicht gerecht wird.

### 2.1. Schadstoffe

Bei den Schadstoffen handelt es sich um die in Altlasten oder Schadensfällen angetroffenen Umweltkontaminanten, über deren Eigenschaften Daten bereitgehalten werden müssen angefangen mit den notorischsten Vertretern.

### 2.2. Wirkungswerte

Die Wirkungswerte hängen von den bedrohten Schutzgütern ab. Primär sind der Mensch und naturnahe Biozönosen zu betrachten, so daß Sanierungsziele nach human- und ökotoxikologischen Kriterien ermittelt werden. Auf eine humantoxische Wirkung wird meist anhand der Ergebnisse aus Tierversuchen, seltener aus Beobachtungen am Menschen (Kasuistik, Epidemiologie) geschlossen. Irreversible Wirkungen wie chemische Kanzerogenese, Fruchtschädigung oder Erbgutveränderung wiegen dabei schwerer als eine rein akute Toxizität, deren Symptome sich nach Aufheben der Exposition wieder zurückbilden.

Das Gebiet der Ökotoxikologie steckt noch in den Anfängen. Als Modelle zur Feststellung schädigender Substanzwirkungen werden hier im wesentlichen Wasserlebewesen sowie einige terrestrische Pflanzenspezies verwendet.

## 2.3. Exposition

Hinsichtlich der Expositionspfade (Abb. 3) ist eine Vorratshaltung von Daten wegen der vielfältigen Umwelteinflüsse auf den Schadstofftransport am problematischsten. Nur in einfach gelagerten Fällen wird ein Transferfaktor in grober Näherung ein Ausbreitungsmodell ersetzen können, und auch Ausbreitungsmodelle sind nur bei bekannten Randbedingungen anwendbar.

Oft setzt sich ein Ausbreitungspfad aus einer Vielzahl von Einzelschritten zusammen. Vom Grundwasser gehen beispielsweise die Expositionspfade 40 bis 49 aus (Abb. 3). Einige dieser Pfade enthalten als eine bestimmende Größe die Resorptionsquote, den Prozentsatz der aufgenommenen Schadstoffmenge, der ins Blut resorbiert wird, also die Barrieren der Magen-Darm-Wand, der äußeren Haut oder des Alveolardeckepithels der Lunge überwindet. Nicht nur die orale Aufnahme über das Trinkwasser muß betrachtet werden, sondern auch die dermale beim Waschen und Baden und die inhalative beim Baden und Duschen beispielsweise. Weitere nicht stoffspezifische Einflußgrößen, die neben der Resorptionsquote eine Rolle spielen, sind die Menge an verzehrten Nahrungsmitteln, Verluste bei der Zubereitung und die Zusammensetzung des Speisezettels oder Warenkorbes.

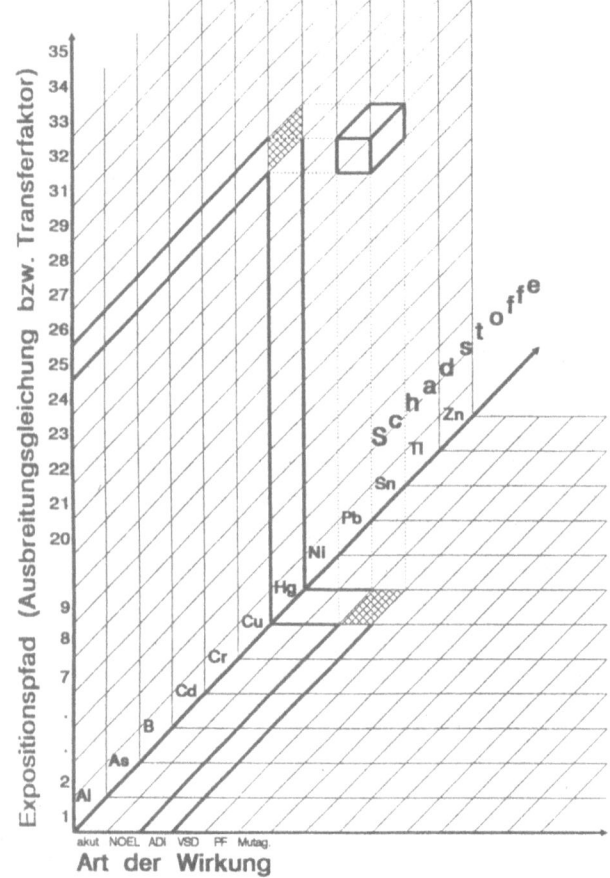

Abb. 2: Dreidimensionale Zielmatrix

## 2.4. Nutzung

Schließlich ist zu betonen, daß das vorgestellte SES nur einzelfallorientiert angewandt werden kann, weil die Nutzung einer Fläche nach erfolgter Sanierung eine gesellschaftliche/politische Entscheidung ist, die für jeden Fall gesondert getroffen werden muß. Die Nutzungsentscheidung bestimmt die relevanten Wirkungsarten über die Auswahl der Schutzgüter und legt die Expositionspfade zu diesen Schutzgütern fest. So werden durch die angestrebte Nutzung und die fallspezifischen Rahmenbedingungen in der Zielmatrix (Abb. 2) bestimmte Elemente aktiviert, die sich aus Stoffkonstanten und kinetischen Gleichungen zusammensetzen und dann zu den gewünschten Sanierungszielen als fallspezifischen Lösungen dieser Gleichungen führen.

## 3. BEISPIELE
### 3.1. Eine Quecksilber-Altlast
3.1.1. <u>Hintergrund Informationen</u>. Als natürlicher Bestandteil der Erdkruste kommt Quecksilber in meßbaren Konzentrationen in der Umwelt vor. Normale Bodengehalte bewegen sich zwischen 0,01 und 1,0 mg Hg/kg; in der Luft findet man Konzentrationen zwischen 1 und 50 ng/m$^3$ und in den Ozeanen von 20 bis 200 ng/l (Hessisches Umweltministerium, 1983; Berlin, 1979). Diese natürlichen Hintergrundwerte sind toxikologisch nicht bedenklich, aber sie speisen einen globalen Quecksilber-Kreislauf, der durch Verflüchtigung, Vulkanismus, Verwitterung und Ablagerung in einem Fließgleichgewicht gehalten wird. Lokale, anthropogene Quecksilber-Kreisläufe können jedoch sehr wohl toxikologische Bedeutung erlangen. Bekannt ist die Minamata Krankheit, die durch die Einleitung von Quecksilber mit Industrieabwässern in die Minamata Bucht in Japan ausgelöst wurde. Mikrobielle Methylierung und Biokonzentration des Methylquecksilbers über die marine Nahrungskette führten zu einer Vergiftungsepidemie, in deren Verlauf 111 der an dieser Bucht lebenden Menschen

**Abb. 3: Aufstellung der wichtigsten Expositionspfade**

| Ausgangsmedium | Schutzgut | Pfad-Nr.: | Nahrungsketten - Fortsetzung durch Pfadnummer |
|---|---|---|---|
| Luft | Ökosystem Oberflächengewässer | 1 | |
| | Ökosystem Boden | 2 | |
| | Mensch (Lunge) | 3 | |
| | Tier | 4 → 7 | |
| | Pflanze | 5 → 8 / 9 → 7 | |
| | Bauwerk | 6 | |
| Nahrungskette | | | |
| Tier | Mensch (Magen) | 7 | |
| Pflanze | Mensch (Magen) | 8 | |
| | Tier | 9 | |
| Oberflächengewässer | Ökosystem Oberflächengewässer | 10 | |
| | Luft | 11 | |
| | Ökosystem Boden | 12 | |
| | Untergrund | 13 | |
| | Ökosystem Grundwasser | 14 | |
| | Mensch (Lunge) | 15 | |
| | Mensch (Magen) | 16 | |
| | Mensch (Haut) | 17 | |
| | Tier | 18 → 7 | |
| | Pflanze | 19 → 8 / 9 → 7 | |
| | Bauwerk | 36 | |
| Boden | Ökosystem Boden | 20 | |
| | Luft | 21 | |
| | Ökosystem Oberflächengewässer | 22 | |
| | Untergrund | 23 | |
| | Ökosystem Grundwasser | 24 | |
| | Mensch (Magen) | 25 | |
| | Mensch (Haut) | 26 | |
| | Tier | 27 → 7 | |
| | Pflanze | 28 → 8 / 9 → 7 | |
| | Bauwerk | 29 | |
| Untergrund | Ökosystem Oberflächengewässer | 31 | |
| | Ökosystem Boden | 32 | |
| | Ökosystem Grundwasser | 33 | |
| | Pflanze | 34 → 8 / 9 → 7 | |
| | Bauwerk | 35 | |
| Grundwasser | Ökosystem Grundwasser | 40 | |
| | Ökosystem Oberflächengewässer | 41 | |
| | Ökosystem Boden | 42 | |
| | Untergrund | 43 | |
| | Mensch (Lunge) | 44 | |
| | Mensch (Magen) | 45 | |
| | Mensch (Haut) | 46 | |
| | Tier | 47 → 7 | |
| | Pflanze | 48 → 8 / 9 → 7 | |
| | Bauwerk | 49 | |

Symptome zeigten und 48 tödlich geschädigt wurden (Henschler, 1980). Vorherrschend sind beim Methylquecksilber die neurotoxischen und die embryotoxischen Effekte. Die Symptomatik ist charakterisiert durch die Entwicklung von Parästhesien, Tremor und Ataxie über Lähmungen, Taubheit, konzentrische Einengung des Gesichtsfeldes, die zur völligen Blindheit fortschreitet, bis zum Koma (Goyer, 1986). Durch die Auswertung des Desasters von Minamata und anderer Massenvergiftungen durch Quecksilber kommt die Weltgesundheitsorganisation zu ihrer Empfehlung (acceptable daily intake, ADI), die tägliche Aufnahme von Gesamtquecksilber auf 0,6 µg/kg/d zu begrenzen (WHO, 1980). Der ADI kann als Kriterium für die Formulierung von Sanierungszielen herangezogen werden.

3.1.2. Fallbeispiel. Lösungen anorganischer Quecksilbersalze sind in einigen Gegenden Baden-Württembergs immer noch in Gebrauch für die Haltbarmachung von Holz im Falle von Hopfenstangen und Weinpfählen. Die Pfähle werden in langen Betontrögen durch 14-tägiges Liegen in der Lösung und anschließendes Abtropfenlassen imprägniert. Diese Vorgehensweise sowie auch verschüttete und durch Undichtigkeiten der Betontröge in den Untergrund gelangte Quecksilberlösung verursachten erhebliche Kontaminationen, die bis in die Hunderte und Tausende von Milligrammen an Quecksilber pro Kilogramm lufttrockenem Boden reichen.

Die als Beispiel gewählte Altlast befindet sich in einer Kleinstadt, wo eine holzverarbeitende Firma ihren Betrieb eingestellt hat, und die Stadt die Entwicklung des ehemaligen Betriebsgeländes in ein Wohngebiet mit Hausgärten plant. In diesem Fall ist das empfindlichste Schutzgut die Gesundheit von Kleinkindern, die auf dem verunreinigten Boden spielen und sich durch gelegentliches Verschlucken kleiner Erdmengen gefährden können. Eine Standardannahme für diesen Expositionspfad (Pfad Nr. 25 in Abb. 3) ist eine tägliche orale Bodenaufnahme von 1 g durch Kleinkinder (Eikmann et al., 1989; SRU, 1989). Diese Annahme ergibt einen Transferfaktor von 1/10 000 für die orale Bodenaufnahme eines 10 kg schweren Kindes.

Bei Verwendung des ADI-Wertes als für die menschliche Gesundheit abgeleitetem Wirkungswert ist die für nicht beruflich belastete Personen in der BRD bekannte Hintergrundbelastung mit Quecksilber über Nahrung, Luft und Wasser von 0,11 - 0,39 µg/kg/d (WHO, 1980) zu berücksichtigen. Nach Subtraktion der Obergrenze der Hintergrundbelastung (0,4 µg/kg/d) stehen als auszuschöpfender Rest des ADI-Wertes nur noch 0,2 µg/kg/d zur Verfügung. Durch Division dieser Zahl durch den Boden - Kleinkind Transferfaktor von 1/10 000 d$^{-1}$ ergibt sich ein Sanierungsziel von 2 mg/kg für die obere Bodenschicht in Wohngebieten. Dieser anhand toxikologischer Überlegungen abgeleitete Wert stimmt gut mit dem Quecksilber-Grenzwert der Klärschlammverordnung (1982) für das Aufbringen von Klärschlämmen zur Düngung landwirtschaftlich genutzter Böden überein.

## 3.2. Ein Emissionsschadensfall durch Dioxine
3.2.1. Hintergrund Informationen. Die Emission Polychlorierter Dibenzodioxine und Dibenzofurane (PCDD/F oder einfach "Dioxine") wird im wesentlichen wegen der in Tierversuchen bei extrem niedrigen Dosen nachgewiesenen oder vermuteten Kanzerogenität dieser Stoffklasse begrenzt. Da diese Verbindungen offenbar nicht mutagen sind, wird ihnen eine tumorpromovierende Wirkung und kein Initiatorpotential zugeschrieben. Für Promotoren ist eine Schwellendosis zu postulieren, unterhalb derer keine schädigenden Effekte auftreten. Die Frage einer Schwellendosis für Dioxine ist aber noch nicht entschieden. Die US-EPA vertritt gegenwärtig die Auffassung,

daß 2,3,7,8-TCDD ein sehr potenter Promotor und möglicherweise trotz fehlender Genotoxizität ein vollständiges Kanzerogen ist. Daher wird dort der Ansatz einer Wirkungsschwelle nicht für ratsam gehalten, und der EPA-Grenzwert für die menschliche Aufnahme von 0,1 pg/kg/d entspringt nicht wissenschaftlicher Erkenntnis sondern einer wissenschaftspolitischen Entscheidung (Barnes, 1990).

In der Bundesrepublik Deutschland hat sich als Ergebnis des Karlsruher Dioxin-Symposiums ein vorläufiger Richtwert von 1 pg/kg/d für eine maximale menschliche Dioxinaufnahme herauskristallisiert (Lingk und Rosenkranz, 1990). Doch wird sogar dieser höhere Wert von der tatsächlichen mittleren Aufnahme von Dioxinäquivalenten in Industriestaaten von 1,4 pg/kg/d überschritten (Travis et al., 1989). Angesichts dieser Zahlen müssen zusätzliche Dioxinquellen, wie Schadensfälle sie darstellen, besonders kritisch beurteilt und rigoros eingedämmt werden.

3.2.2. Fallbeispiel. Eine der größten Dioxin-Verunreinigungen des Landes Baden-Württemberg wurde durch Emissionen einer Kabelverschwelanlage in einer Stadt in der Nähe von Karlsruhe hervorgerufen. Im Laufe einer jahrzehntelangen Betriebszeit häuften sich im umliegenden Wohngebiet bis zu 8000 ng TEQ an Dioxinen/kg Gartenboden in der oberen Schicht an. Wegen der Schwere dieser Kontamination stellte sich die Frage nach einem Bodenaustausch zum Schutze der Anwohner. Dabei kam dem Sanierungsziel wegen seiner Auswirkung auf die Größe der zu sanierenden Fläche große Bedeutung zu.

Auch in diesem Fall ist durch die mögliche Bodeningestion die Gesundheit der dort lebenden Kleinkinder das empfindlichste Schutzgut. Die US-EPA setzt für das Alter von ein bis sechs Jahren eine tägliche orale Bodenaufnahme von 0,2 g/d an. Multiplikation dieser Zahl mit einer 50%igen Resorptionsquote und Division durch ein Körpergewicht von 10 kg ergibt einen Transferfaktor vom Boden in Kleinkinder von 1/100 000 $d^{-1}$. Die Kombination mit dem neuen deutschen Richtwert von 1 pg/kg/d führt zu einem Sanierungsziel von 100 ng/kg Boden, wenn Kleinkinder nicht von der kontaminierten Fläche ferngehalten werden können.

Bisher wurde kaum auf pharmakokinetische Zusammenhänge eingegangen. Filser (1989) stellte eine pharmakokinetische Gleichung für Kleinkinder auf, die folgende Gegebenheiten berücksichtigt:
- die Vorbelastung durch 6-monatiges Stillen (144 ng TEQ/kg Fettgewebe),
- die Verdünnung der Dioxine durch das Körperwachstum,
- eine tägliche Dioxinaufnahme mit der Nahrung (106 pg TEQ/d),
- eine Eliminationshalbwertszeit von 8 Jahren,
- unterschiedliche Zufuhren an TEQ mit kontaminierter Erde im Kleinkindalter und
- unterschiedliche Resorptionsquoten.

Mit Hilfe dieser Gleichung wurde der Fettgewebsgehalt bis zum Alter von 3 Jahren bei unterschiedlichen Restkonzentrationen an Dioxinen in Gartenerde (Sanierungszielen) berechnet. Die Ergebnisse sind in Tabelle 1 aufgeführt:

TABELLE 1. Zeitlicher Konzentrationsverlauf von Dioxin-TEQ im Fettgewebe von Kleinkindern in Abhängigkeit von der Belastungssituation

| Fall | täglich inge-stierte Erde {mg} | TEQ Boden-Konta-mina-tion {ng/kg} | Resorp-tions-rate | resor-bierte Tages-dosis {ng/d} | TEQ im Fettgewebe {ng/kg} bei Lebensalter | | | | |
|---|---|---|---|---|---|---|---|---|---|
| | | | | | 0.5J | 1J | 1.5J | 2J | 3J |
| A | | 0 | | 0.106 | 144 | 110 | 104 | 99 | 93 |
| B | 200 | 100 | 50% | 0.116 | " | " | 105 | 101 | 96 |
| C | 1000 | 100 | 100% | 0.206 | " | " | 114 | 117 | 121 |
| D | 200 | 1000 | 50% | " | " | " | " | " | " |
| E | 1000 | 1000 | 100% | 1.106 | " | " | 203 | 274 | 377 |

In den Fällen A und B ist eine langsame Abnahme des Dioxingehalts im Fettgewebe der exponierten Kinder zu erwarten. Die Unterschiede in den Grundannahmen der Fälle C und D heben sich gerade auf, so daß in diesen Fällen ein langsames weiteres Anwachsen der während der Stillperiode aufgebauten hohen Dioxinwerte resultiert. Fall E hat einen drastischen weiteren Anstieg der Dioxin-Konzentration zur Folge. Aus diesen Ergebnissen läßt sich der folgende Schluß ziehen:

Nur durch ein Sanierungsziel von 100 ng/kg für Böden, mit denen Kleinkinder intensiv in Kontakt kommen, ist der in der Stillempfehlung der DFG implizierte Abbau des Dioxinspiegels nach dem Abstillen zu erreichen. Damit bestätigt das pharmakokinetische Modell als Bestandteil des Expositionspfades Nr. 25 (Abb. 3) das Sanierungsziel von 100 ng/kg. In diesem Ansatz wird ein dynamisches Kriterium für die menschliche Gesundheit benutzt: Der Dioxin-Gehalt im Fettgewebe von Kleinkindern muß nach dem 1. Lebensjahr weiter abnehmen. Das Ausweichen auf dieses dynamische Kriterium ist bedingt durch das Fehlen eines festen Wertes für eine Dioxin-Fettgewebskonzentration, die einem definierten akzeptierbaren Risiko entspricht.

3.3. Abschließende Zusammenfassung

Das vorgestellte Verfahren (SES) befindet sich im Lande Baden-Württemberg seit 1988 in der Entwicklung und Erprobung. Damit wird eine Sanierung der vordringlichsten und umfassend erkundeten Altlasten schon ermöglicht. Das Verfahren läßt die Entscheidung über Sanierungsziele auf der politischen Ebene und macht die Erfordernis der Sammlung sämtlicher schadstoff- und standortspezifischer Informationen zur Fundierung dieser Entscheidung deutlich. Standortspezifische Informationen fehlen in den gebräuchlichen 2-dimensionalen Grenzwertlisten. Es sind also drei Dimensionen erforderlich: <u>Wirkungswerte</u> und <u>Expositionsdaten</u> für die vorhandenen <u>Schadstoffe</u>. Wissenslücken (z.B. fehlende Parameter für Ausbreitungsmodelle) können in begründeten Fällen durch Standardannahmen (z.B. Transferfaktoren) überbrückt werden.

## 4. BIBLIOGRAPHIE

Barnes, D. (1990, Januar). TEQs and EPA's risk assessment. Vortrag auf dem Symposium "Health Effects and Safety Assessment of Dioxins and Furans" in Karlsruhe.

Berlin, M. (1979). Mercury. In L. Friberg et al. (Eds.), Handbook on the toxicology of metals, 503-530. Amsterdam: Elsevier.

Eikmann, Th., Michels, S., Krieger, Th., und Einbrodt, H.J. (1989). Medizinische Aspekte bei der Untersuchung und Bewertung von Altlasten. Forum Städtehygiene 40, (Juli/August): 239-244.

Filser, J.G. (1989). Vorläufige Stellungnahme zur Belastung von Kleinkindern durch inkorporierte Erde, die PCDD/F enthält. München: Institut für Toxikologie der GSF, persönliche Mitteilung.

Goyer, R.A. (1986). Toxic effects of metals. In C.D. Klaassen et al. (Eds.), Toxicology, 582-635. New York: Macmillan.

Greenwood, M.R. and Von Burg, R. (1984). Quecksilber. In E. Merian et al. (Eds.), Metalle in der Umwelt, 511-539. Weinheim: VCH.

Henschler, D. (1980). Wichtige Gifte und Vergiftungen. In W. Forth et al. (Eds.), Allgemeine und spezielle Pharmakologie und Toxikologie, 572-642. Mannheim: B.I. Wissenschaftsverlag.

Hessisches Umweltministerium (1983). Quecksilberbericht; Umweltschutz in Hessen. Wiesbaden: Der Hessische Minister für Landesentwicklung, Umwelt, Landwirtschaft und Forsten.

Klärschlammverordnung (1982). Klärschlammverordnung (AbfKlärV) der Bundesregierung vom 25. 6. 1982. Bundesgesetzblatt Teil I: 734-36.

Lingk, W. und Rosenkranz, D. (1990). Sachstandbericht des BGA und des UBA zum Dioxin-Symposium und zur fachöffentlichen Anhörung in Karlsruhe. Berlin: Umweltbundesamt, unveröffentlichter Bericht.

SRU (1989). Altlasten. Sondergutachten des Rates von Sachverständigen für Umweltfragen. Wiesbaden, vorläufiger Bericht, unveröffentlicht.

Travis, C.C., Hattemer-Frey, H.A., and Silbergeld, E. (1989). Dioxin, dioxin everywhere. Environ. Sci. Technol. 23, (No. 9): 1061-63.

WHO (1980). Umwelt- und Gesundheitskriterien für Quecksilber. Umweltbundesamt, Hrg. der deutschen Übersetzung von "Environmental Health Criteria: Mercury". Berlin: Erich Schmidt Verlag.

AGAPE - EIN MODELL ZUR ABSCHÄTZUNG DES GEFÄHRDUNGSPOTENTIALS
ALTLASTVERDÄCHTIGER FLÄCHEN

ANNEGRET KRISCHOK-PEPPERNICK
UMWELTBEHÖRDE - BODENSCHUTZPLANUNG -,Baumwall 3, 2000 Hamburg 11

In Hamburg sind gegenwärtig rund 1800 altlastverdächtige Flächen erfaßt worden. Es wird damit gerechnet, daß ca. 1000 Flächen zu untersuchen sind. Es ergibt sich somit die Notwendigkeit, die Untersuchungen nach Prioritäten durchzuführen. Zu diesem Zweck ist AGAPE /1/ entwickelt worden.

AGAPE ist auf der Grundlage des Hazard Ranking System /2/ der amerikanischen Umweltbehörde entwickelt worden mit dem Ziel, das Gefährdungspotential für die Umwelt zu bewerten. AGAPE stellt die erste Stufe der Gefahrenbeurteilung altlastverdächtiger Flächen in der Altlastenbehandlung dar.

In AGAPE werden fünf Gefährdungspfade betrachtet:
- Grundwasser,
- Oberflächenwasser,
- Boden,
- Luft und
- Direkter Kontakt.

In jedem der fünf Gefährdungspfade werden drei Kategorien anhand unterschiedlicher Kriterien geprüft:
- Stoffe,
- Freiwerden und
- Umgebung.

In Stoffe werden die Stoffeigenschaften und ihre Menge geprüft. Diese Kategorie verzweigt sich in einen allgemeinen und einen spezifischen Teil. Wenn die Stoffe in der altlastverdächtigen Fläche nicht bekannt sind, wählt man den allgemeinen Zweig, in der die möglichen Ablagerungen grob kategorisiert und bewertet werden. Liegen dagegen genauere Erkenntnisse oder Schätzungen - beispielsweise aufgrund der Betriebsbranchenart - vor, so sollte eine genauere Abschätzung über den spezifischen Zweig erfolgen.

In Freiwerden wird die Möglichkeit geprüft, daß Schadstoffe mit dem Schutzgut in Berührung kommen. Es werden dafür zwei gleichwertige Zweige betrachtet:
- Es gibt Anhaltspunkte oder Bestätigungen dafür, daß bereits Verunreinigungen eingetreten sind.
- Es wird die Wahrscheinlichkeit einer Schadstoffausbreitung abgeschätzt, indem die möglichen Barrieren zum Schutzgut bewertet werden.

In Umgebung wird die Empfindlichkeit am möglichen Expositionspunkt bewertet. Dafür werden die Abstände zum jeweiligen Schutzgut, das von einer Schadstoffausbreitung betroffen wäre, gestaffelt bewertet.

Die Kategorien werden mit ingesamt 32 Kriterien (s. Abb.) geprüft und quantifiziert. Sie sind so ausgewählt, daß
- sie sich am Verhalten der Schadtsoffe im betroffenen Gefährdungspfad orientieren und
- die Daten ohne zusätzliche Beprobungsaufwand relativ schnell und einfach ermittelt werden können.

| Gefährdungspfad / Kategorie | Grundwasser (W1) | Oberflächenwasser (W2) | Luft (A1) | Direkter Kontakt (A2) | Boden (A3) |
|---|---|---|---|---|---|
| Stoffe(S) S=S1vS2 — S1 | Gesamtmenge, Art(9)*, Aggregatzustand | Gesamtmenge, Art(17), Aggregatzustand | Gesamtmenge, Art(13), Aggregatzustand (Alter) | Gesamtmenge, Art(12), Aggregatzustand | Gesamtmenge, Art(7), Aggregatzustand |
| S2 | Einzelstoffmenge, Löslichkeit(3), Toxizität | Einzelstoffmenge, Löslichkeit(3), Persistenz, Toxizität(3), Hautverträglichkeit, Wassergefährdung(3) | Einzelstoffmenge, Flüchtigkeit, Toxizität(3), Hautverträglichkeit, Umweltverträglichkeit(3) | Einzelstoffmenge, Löslichkeit, Flüchtigkeit, Hautverträglichkeit, Toxizität(3) | Einzelstoffmenge, Löslichkeit(3), Toxizität(3) |
| Freiwerden(F) F=F1 v (F2dF3) — F1 | Anhaltspunkte(36), Meßwerte(36) | Anhaltspunkte(36), Meßwerte(36) | Anhaltspunkte(3), Meßwerte(3) | Anhaltspunkte(9) | Anhaltspunkte(36), Meßwerte(36) |
| F2 | Hydrogeologischer Aufbau | Gefälle, Oberflächengewässer-Abstand | Bewuchs/Versiegelung | Zugänglichkeit(3), Bewuchs/Versiegelung | |
| F3 | Dichtung, Wasserbehandlung | Dichtung, Wasserbehandlung | Dichtung | Dichtung | Dichtung, Wasserbehandlung |
| Umgebung (U) | Grundwassernutzung(3), Biotopschutz | Gewässergüte(3), Gewässernutzung, Biotopschutz | Bevölkerungsdichte(2), Nutzpflanzenanbau, Wohnabstand(2), Biotopschutz | Bevölkerungsdichte, Wohnabstand | Bevölkerungsdichte, Nutzpflanzenanbau, Biotopschutz |

* Gewichtungsfaktor in Klammern

Die Kriterien werden ganzzahlig zwischen null und drei Punkten bewertet. Die genaue Zuordnung der Punkte kann einem Kriterienkatalog entnommen werden. Diese Werte werden in einem Auswertebogen für den entsprechenden Gefährdungspfad eingetragen (vergl. Abb. 2). Die drei Kategorien tragen zum Ergebnis eines Gefährdungspfades bei. Sie sind untereinander gleichwertig und können maximal 50 Punkte erlangen. Ihr Ergebnis wird durch die pfadspezifischen Kriterien (s. Abb.) erzielt. Die mutipikative Verknüpfung der Kategorien führt zu einem Ergebnis für den Gefährdungspfad (s. Abb. ). Dieser kann maximal 100 Punkte betragen. Das Gesamt- Gefährdungspotential ergibt sich als spezieller Mittelwert aus den Einzelpfad-Ergebnissen. Aus dem Gesamt-Gefährdungspotential und den Einzelpfadergebnissen wird die Prioritätsstufe für weitere Untersuchungen festgelegt:
- Stufe 1: Vorrangige Untersuchungen
- Stufe 2: Nachrangige Untersuchungen
- Stufe 3: Untersuchungen nur im Zusammenhang mit Bau- oder Planungsvorhaben.

AGAPE wird noch nicht routinemäßig angewandt. Es wird gegenwärtig erprobt: Die bisherigen Durchläufe haben gezeigt, daß tendenziell die vorhandenen Problempunkte gut widergespiegelt werden können.

LITERATURHINWEISE:

1. Krischok, Annegret: AGAPE - Abschätzung des Gefährdungspotentials altlastverdächtiger Flächen zur Prioritätenermittlung; bisher unveröffentlichtes Manuskript für die Umweltbehörde Hamburg, 1989
2. EPA (Environment Protection Agency): Appendix A - Uncontrolled Hazardous Waste Site Ranking System; A User Manual, in: National Oil and Hazardous Sustances Pollution Contingency Plan, Federal Register/Vol. 4, Seite 31219 ff. Washinton, D.C. 1982

## ALTLASTEN IN DER BAULEITPLANUNG - DARGESTELLT AM BEISPIEL HAMBURG

ANNEGRET KRISCHOK-PEPPERNICK

UMWELTBEHÖRDE HAMBURG - BODENSCHUTZPLANUNG - ,BAUMWALL 3, D-2000 HAMBURG 11

Altlasten in der Bauleitplanung - dieser Themenkomplex ist durch zwei Ereignisse besonders aktuell geworden:
- Am 01.07.1987 ist das Baugesetzbuch in der Bundesrepublik Deutschland in Kraft getreten. Danach sollen u.a. im Bebauungsplan solche Flächen ge-kennzeichnet werden, "deren Böden erheblich mit umwelt-gefährdenden Stoffen belastet sind". Gemeint sind, wenn auch nicht ausdrücklich so bezeichnet, Altlasten.
- Eine nordrhein-westfälische Stadt ist vom Bundesgerichtshof zur Zahlung von rd. 250.000 DM Schadensersatz verurteilt worden. Hintergrund dafür ist, daß die beklagte Stadt 1977 in einem Bebauungsplan eine Mülldeponie als Wohngebiet ausgewiesen hat. Die Gemeinde als Planungsträgerin hat damit ihre Amtspflicht verletzt.

Spätestens durch diese beiden Ereignisse ist deutlich geworden, daß ein koordiniertes Vorgehen zwischen den planenden Dienststellen und denen notwendig ist, die für die Gefahrenabwehr von Altlasten zuständig sind.

In Hamburg hat sich eine Vorgehensweise entwickelt, die im wesentlichen auf folgenden Grundsätzen beruht:

- Jeder B-Plan wird vor Planaufstellung auf Altlastenrelevanz geprüft.
- Bei relevanten Bebauungsplänen prüft die Umweltbehörde, ob von der Fläche eine Gefahr ausgeht oder befürchtet werden muß, die dann ggf. beseitigt werden muß.
- Liegt keine Gefahr vor, wird in Amtshilfe die Frage einer Gefahr durch und für die zukünftige Nutzung geprüft; ggf. werden Untersuchungen veranlaßt.
- Die Untersuchungsergebnisse werden im Hinblick auf "Kennzeichnungspflicht" überprüft.
- Die Abwägungsergebnisse werden im Erläuterungstext zum Bebauungsplan dargestellt.

Der Verfahrensablauf zur Berücksichtigung von Altlasten in der Bauleitplanung ist dem nachstehenden Schema zu entnehmen.

## LITERATUR

Bönnighausen, Krischok, Lange: <u>Altlasten - Erfassung, Bauleitplanung, Finanzierung</u>, Hamburg 1988

Stadtplanungsdienst 1/1989: <u>Berücksichtigung von Altlasten in der Bauleitplanung</u>, Hamburg 1989

308

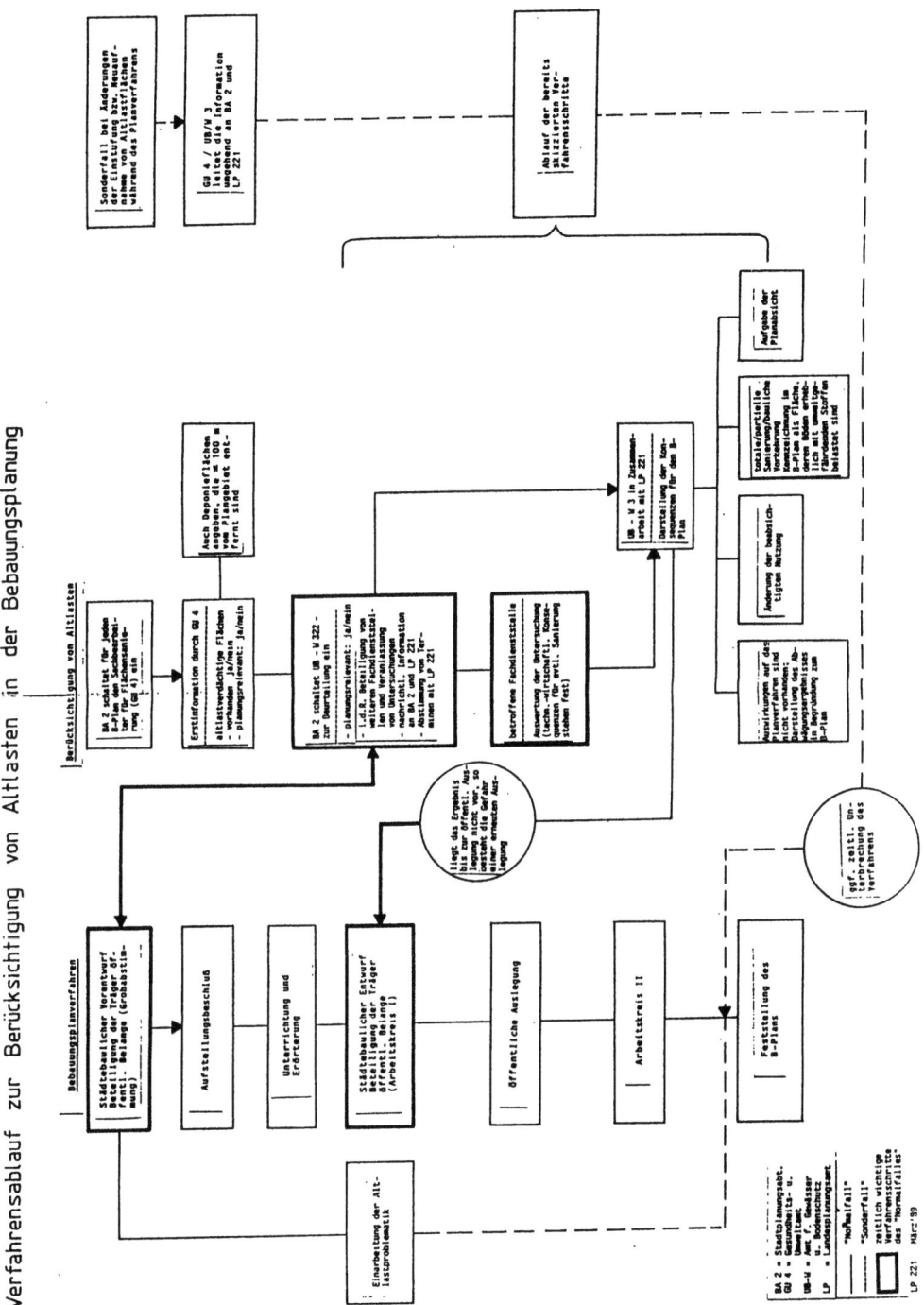

# EIN NUTZUNGSORIENTIERTES BEWERTUNGSSYSTEM FÜR ALTLASTEN BEZOGEN AUF DIE BEWERTUNGSBEREICHE: MENSCHLICHE GESUNDHEIT, WIRTSCHAFTLICHE BELANGE UND NATÜRLICHE UMWELT

STOLPE, H.; JUNGE, H.

THEMENKREIS: BEWERTUNG DES GEFÄHRDUNGSPOTENTIALS (B1)

Altlasten als Schadstoffemittenten haben drei verschiedene mögliche Auswirkungsbereiche: die menschliche Gesundheit, wirtschaftliche Belange und die natürliche Umwelt. Alle drei Bereiche können beeinträchtigt oder geschädigt werden.

Ein transparenter, öffentlich nachvollziehbarer Bewertungsprozeß muß hierauf eingehen. Er muß für alle drei Bereiche die Frage beantworten, ob eine Gefahr oder eine Schädigung besteht. Es gibt also drei voneinander unabhängige, nicht gegeneinander verrechenbare Bewertungsbereiche.

Das Gefährdungspotential einer Altlast ist durch die Gefährlichkeit der in ihr enthaltenen Stoffe bezogen auf die unterschiedlich empfindlichen (potentiell oder tatsächlich) betroffenen Nutzungen und Funktionen im jeweiligen Auswirkungsbereich bestimmt.

Das Hauptaugenmerk bei der Bewertung von Altlasten liegt gewöhnlich auf dem Auswirkungsbereich **menschliche Gesundheit**. Er läßt sich unterteilen in:

- direkten Kontakt, wie er beim Aufenthalt im Gefahrenbereich gegeben ist,
- Nahrungsaufnahme, also die Gefährdung über die Nahrungskette und
- Aufnahme von Trinkwasser, ein Sonderfall der Nahrungskette.

Daß auch **wirtschaftliche Belange** durch Altlasten beeinträchtigt werden können, ist einleuchtend. Weniger im allgemeinen Bewußtsein ist, daß Altlasten sich auf den Naturhaushalt auswirken. Dabei sind gerade die Auswirkungen auf die **natürliche Umwelt**, wie sie neben Altlasten von vielen verschiedenen Schadstoffquellen ausgehen, in ihrer Summe langfristig am gravierendsten, auch wenn sie einzeln und kurzfristig möglicherweise geringfügig sind.

Die möglichen Wirkungszusammenhänge in den drei Auswirkungsbereichen sind vielfältig. Sie beziehen sich auf verschiedene Pfade wie den Luftpfad, den Sickerwasserpfad (Bodenbereich) und den Grundwasser-/Oberflächenwasserpfad.

Für das Beispiel der grundwasserbezogenen Wirkungszusammenhänge gilt für die drei Auswirkungsbereiche folgendes:

---

Anschrift der Autoren: Dr. Harro Stolpe, Dipl.-Ing. Hartwig Junge,
AHU - Büro für Hydrogeologie und Umwelt GmbH, Bachstraße 62 - 64, 5100 Aachen

Im Auswirkungsbereich **menschliche Gesundheit** ist Wasser bzw. Grundwasser als Lebensmittel und als Teil der Umgebung des Menschen zu berücksichten, mit dem er in unmittelbaren Kontakt kommen kann: z.B. in Badegewässern oder im Zusammenhang mit Bodenvernässungen.

Hinsichtlich **wirtschaftlicher Belange** hat das Grundwasser Bedeutung als Wirtschaftsgut für öffentliche sowie private Betreiber von Wassergewinnungsanlagen.

Für die **natürliche Umwelt** ist Grundwasser als Teil des Naturhaushaltes z.B. im Zusammenhang mit der Vegetation in Feuchtgebieten zu berücksichtigen.

Anhand dieser begrifflichen Systematik lassen sich Altlasten sowohl planerisch im Sinne einer Vorbewertung als auch konkret objektbezogen im Zusammenhang mit örtlichen Untersuchungen beschreiben und bewerten. Für einen Standort werden jeweils drei getrennte Bewertungen abgegeben. Es wird dargestellt, ob eine hohe, mittlere oder geringe Gefährdung der menschlichen Gesundheit besteht. Es wird die Größenordnung des wirtschaftlichen Schadens monetär abgeschätzt, und es wird eine Aussage gemacht, wo und in welchem Umfang die natürliche Umwelt gefährdet ist.

Das von der AHU entwickelte, auf diesen begrifflichen Unterscheidungen beruhende Bewertungssystem ist einfach, nachvollziehbar und kommt ohne nutzwertanalytische Verrechnungen von Sachverhalten aus unterschiedlichen Bewertungsbereichen aus. Es ist handlungsorientiert und auch für die Verwaltung handhabbar, da sich die Bewertungsbereiche an geläufigen rechtlichen und administrativen Abgrenzungen orientieren.

Hinsichtlich der Bewertungsbereiche **menschliche Gesundheit** und **wirtschaftliche Belange** lassen sich - mit Einschränkungen - relativ einfach Bewertungen anhand von Richt- und Grenzwerten sowie Entschädigungsüberlegungen ableiten.

Bei der Bearbeitung hat sich aber auch gezeigt, daß für eine umfassende Beurteilung der Auswirkung von Altlasten auf die **natürliche Umwelt** nur ungenügende Maßstäbe zur Verfügung stehen - und dies obwohl gerade solche Auswirkungen langfristig im Sinne einer Erhaltung der allgemeinen Lebensgrundlagen am bedeutendsten sind. Bei der Aufstellung solcher Umweltqualitätsmaßstäbe besteht ein wichtiges Forschungsdefizit nicht nur im Zusammenhang mit der Altlastenproblematik.

ARBEITSSCHUTZKONZEPTIONEN BEI DER ALTLASTENSANIERUNG

PROF. DIPL.-ING. D. GÖNNER

HAUPTGESCHÄFTSFÜHRER DER TIEFBAU-BERUFSGENOSSENSCHAFT

1. EINLEITUNG
   Zur Vermeidung von Gesundheitsbeeinträchtigungen für die an
   der Sanierung bzw. Sicherung von Altlasten Beteiligten und
   Menschen in der Nachbarschaft derartiger Baustellen sind
   bereits in der Planungsphase detaillierte Sicherheitsstrategien festzulegen.

2. GEFÄHRDUNGSABSCHÄTZUNG
   Grundlage aller Sanierungsplanungen hinsichtlich des Ar-
   beits- und Emissionsschutzes sind möglichst umfangreiche
   Gefahrstoffermittlungen vor Beginn der eigentlichen Sanierungsarbeiten.
   Neben einer Analytik der Bodenluft bzw. der Luft in Schächten, Bohrungen und Pegeln mit einer Darstellung der Art der
   Stoffe, der Konzentration, dem Brand- und Explosionsverhal-
   ten, der Mobilität und Toxizität, sind deren Ergebnisse hinsichtlich zu erwartender Transportvorgänge, synergistischer
   Effekte und der durchzuführenden Arbeitsschritte zu bewerten.

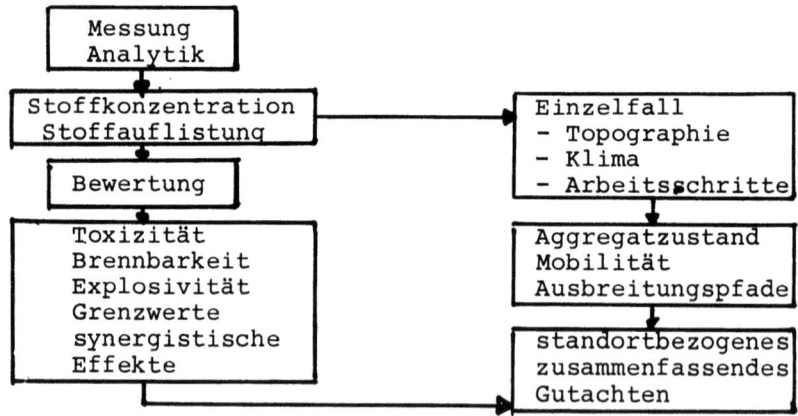

Abb. 1   Vorgehensweise bei der Bewertung des Gefahren-
         potentiales

3. BESCHREIBUNG DER SCHUTZMASSNAHMEN
Auf der Grundlage der Ergebnisse aus der Gefährdungsabschätzung sind nun seitens des Auftraggebers Sicherheitsstrategien für den Arbeitsschutz festzulegen, die sich auf alle vorgesehenen Sanierungsschritte beziehen müssen und hinsichtlich der zu erwartenden Gefährdungen am denkbar ungünstigsten Fall orientiert sein müssen.
So sind für das Sanierungsgebiet einzelne Schutzzonen, die Bereiche unterschiedlicher Gefährdungspotentiale umfassen, festzulegen und die für diese Zonen erforderlichen Schutzmaßnahmen zu beschreiben. Neben der zonenbezogenen Festlegung von Schutzmaßnahmen ist auch eine tätigkeitsbezogene Beschreibung der zu verwendenden Schutzausrüstungen möglich.

Neben den technischen, organisatorischen und persönlichen Schutzmaßnahmen ist auch ein meßtechnisches Überwachungsprogramm zur Überwachung der Arbeitsplätze und ggf. zur Emissionskontrolle zu erarbeiten. Direkt anzeigende, einfache Meßverfahren über Indikatorsubstanzen sind dabei bevorzugt vorzusehen.

Ein auf den Einzelfall abgestimmtes arbeitsmedizinisches Begleitprogramm muß neben der Eignungsuntersuchung Angaben zu Überwachungsuntersuchungen enthalten, um abklären zu können, inwieweit Gefahrstoffe aufgenommen wurden und arbeitsbedingte Gesundheitsgefährdungen aufgetreten sind.

4. ZUSTÄNDIGKEITEN FÜR ARBEITSSCHUTZMASSNAHMEN
Die für den Einzelfall vorzusehenden Organisations- und Verantwortlichkeitsstrukturen sind schriftlich vor Beginn der Sanierungsarbeiten festzulegen und im Bauvertrag zu vereinbaren.
Für die Überwachung der festgelegten Sicherheitsstrategien ist eine fachlich geeignete Person seitens des Auftraggebers zu bestimmen, die möglichst während der gesamten Sanierungsdauer vor Ort tätig sein muß.
Von dieser Regelung unberührt bleibt die alleinige Verantwortung, die ein Unternehmer für die Durchführung von Arbeitsschutzmaßnahmen seiner Arbeitnehmer trägt.

5. ZUSAMMENFASSUNG
Der Erfolg einer Sanierungsmaßnahme hinsichtlich sicherheitstechnischer Maßnahmen ist gewährleistet, wenn seitens des Auftraggebers eine sorgfältige, die Belange des Arbeits- und Emissionsschutzes berücksichtigende Sanierungsplanung durchgeführt, die Arbeiten sorgfältig überwacht und seitens der Auftragnehmer den hohen Anforderungen des Arbeits- und Emissionsschutzes gerecht werdende, sachliche und personelle Ausstattungen vorhanden sind.

Literatur:
Tiefbau-Berufsgenossenschaft (1989)
Sonderdruck "Altlastensanierung"; Abruf-Nr. 780.2 bei der Tiefbau-Berufsgenossenschaft, München

Fachübergreifende Verbundbegleitung des F + E Verbundprojektes Dortmund "Weiterentwicklung und Erprobung von Sanierungstechnologien:

**KONZEPTION EINER VERTRÄGLICHKEITSPRÜFUNG FÜR**

**ALTLASTENSANIERUNGSMASSNAHMEN**

N. Simmleit und I. Wegemann

Fresenius Consult GmbH, Im Maisel 14, D-6204 Taunusstein-Neuhof

Die Sanierung von Altlasten findet bei der betroffenen Bevölkerung oft keine genügende Akzeptanz, da die Praxis durch eine ungenügende Rückkopplung und Abstimmung zwischen technischen, ökologischen, sozioökologischen und rechtlichen Komponenten gekennzeichnet wird. Das Fehlen eines Gesamtsystems für Altlastensanierungen behindert die praktische Umsetzung sinnvoller und neuer Sanierungstechnologien.

Im technischen Teil des F+E Verbundprojekts Dortmund wird angestrebt, ein langfristig nutzbares Altlasten-Sanierungssystem zu entwickeln, bestehend aus Entnahmeverfahren zur emissionsarmen Entnahme von kontaminiertem Boden, einer thermischen Reinigungsanlage und Konzepten zur Wiederverwendung des thermisch gereinigten Bodens.

Erstmals in der BRD wird parallel zum technischen Teil des F+E Verbundprojekts von mehreren wissenschaftlichen Institutionen eine fachübergreifende Verbundbegleitung durchgeführt mit dem Ziel, die Randbedingungen aller Phasen der Altlastensanierung zu erfassen und zu einem akzeptablen und verträglichen Handlungskonzept umzusetzen. Neben den technischen Sanierungsmöglichkeiten sollen dabei insbesondere Aspekte der Umweltverträglichkeit, Sozialverträglichkeit, Raumverträglichkeit, Risikoanalyse und der administrativen Umsetzung von Sanierungsmaßnahmen berücksichtigt werden.

Das hier beschriebene Forschungsvorhaben hat innerhalb der fachübergreifenden Verbundbegleitung folgende Aufgaben und Arbeitsziele:

1) Entwicklung und Erprobung von Strategien zur Koordination von fachübergreifenden Verbundbegleitungen;
2) Synthese der Einzelergebnisse der anderen Teilnehmer (Naturwissenschaftler, Ingenieure, Planer, Juristen und Soziologen) und Entwicklung von interdisziplinären Kriterien für eine ganzheitliche Verträglichkeitsprüfung von Altlastensanierungen;
3) Formulierung der Ergebnisse in Handlungsanweisungen, die es ermöglichen, das zu entwickelnde Konzept der ganzheitlichen Verträglichkeitsprüfung auch auf andere Felder zu übertragen.

Das Forschungsvorhaben begann im Juni 1990 und ist für drei Jahre konzipiert, wobei die erste Phase insbesondere für organisatorische und koordinierende Tätigkeiten eingeplant ist. Die erste Aufgabe ist die Definition von Querschnittsbereichen zwischen den einzelnen Teilaufgaben der fachübergreifenden Verbundbegleitung und dem technischen Teil. Daraus sollen dann die interdisziplinären Kriterien für eine ganzheitliche Verträglichkeitsprüfung definiert werden. Als ein wichtiger Punkt werden dabei insbesondere die Diskrepanzen zwischen der technischen und subjektiven Risikoabschätzung diskutiert.

Entwicklung eines Handlungsrahmens zur Verbesserung der sozialen Akzeptanz
bei der Altlastensanierung

Andrea Rahrbach (Dipl.-Soziologin, Dipl. Volkswirtin)
Dr. Rainer Hachmann
Dr. Wolfgang Ulrici


Die Stadt Dortmund hat das Battelle-Institut e.V., Frankfurt, mit der Durchführung des o.g. Forschungsvorhabens beauftragt.

Die Arbeiten werden im Battelle-Institut von einem interdisziplinären Projektteam der Abteilung Technologie Management und Assessment durchgeführt.

Die wesentlichen Ziele des Projektes sind:

- die beispielhafte Ermittlung der sozioökonomischen Folgen der Aufdeckung von Altlasten und von Maßnahmen zu ihrer Sanierung,

- die Entwicklung von modellhaften Orientierungshilfen und Handlungsempfehlungen zur Vermeidung bzw. Verminderung solcher im Zusammenhang mit der Erkennung von Altlasten und ihrer Sanierung entstehenden politisch-sozialen Konflikte.

Die Ermittlung der sozioökonomischen Folgen wird sowohl an einem abgeschlossenen als auch an einem laufenden Sanierungsvorhaben durchgeführt. Als Fallbeispiele sind vorgesehen:

- Dortmund-Dorstfeld-Kerngebiet (abgeschlossen)
- Dortmund II (laufend; noch zu bestimmen)
- Sanierungsfälle aus anderen Kommunen (abgeschlossen und laufend; zur Zeit noch unbestimmt).

Die für das Fallbeispiel Dortmund-Dorstfeld-Kerngebiet erforderlichen Arbeiten umfassen zunächst die ex-post Ermittlung der sozialen sowie der lokal- und regionalwirtschaftlichen Folgen der Sanierungsmaßnahmen. Hierzu werden eine Sozialverträglichkeitsprüfung (z.B. in bezug auf Wohn- und Arbeitsumfeld, Freizeit und Kultur) und eine kommunalwirtschaftliche Analyse (z.B. in bezug auf Geschäftsumsätze, Arbeitsplätze und Immobilien) durchgeführt. Für das laufende Sanierungsvorhaben Dortmund II und für die anderen Sanierungsfälle werden unter den gleichen Aspekten soziale und wirtschaftliche Folgenabschätzungen vorgenommen.

Auf der Grundlage der vorangegangenen Analysen werden die wesentlichen Konfliktbereiche identifiziert und untersucht, welche Möglichkeiten zur Verminderung der Konflikte genutzt wurden bzw. bestehen. Die verbleibenden Konflikte werden analysiert und in bezug auf ihre soziale und wirtschaftliche Dimension bewertet.

Zur Erarbeitung modellhafter Orientierungshilfen ist vorgesehen,

- drei Workshops zum Thema "Entwürfe für Zukunftsmodelle" zu veranstalten, an denen jeweils eine Reihe sachkundiger Vertreter von Behörden, Wissenschafts und Umweltverbänden/Bürgerinitiativen teilnehmen und ihre Erfahrungen und Kenntnisse einbringen,

- Einzelinterviews mit Bürgern, Behördenvertretern und Politikern aus Kommunen mit Altlastensanierungsvorhaben durchzuführen,

- die Erkenntnisse aus der Sozialverträglichkeitsprüfung und der kommunalwirtschaftlichen Analyse einzubringen.

Im Rahmen eines abschließenden Workshops ist vorgesehen, die vorliegenden Entwürfe für künftige Modellösungen in bezug auf ihre Realisierbarkeit, Obertragbarkeit und Akzeptanz zu bewerten.

Die gewonnenen Ergebnisse werden in Form eines Leitfadens, geordnet nach organisatorischen, rechtlichen, finanziellen, sozioökonomischen und technischen Aspekten, für die Bewältigung künftiger Sanierungsfälle aufbereitet.

Projektteam:

Projektleitung:
Dipl.rer.pol. Dipl.-Soz. Andrea Rahrbach
Battelle-Institut e.V.
Technologie Management und Assessment
Am Römerhof 35
6000 Frankfurt/Main 90
Tel. 969/7908-2679

Dr. Rainer Hachmann
Uhdeweg 28
2000 Hamburg 52
Tel. 040/8 90 16 52

Dr. Wolfgang Ulrici
Blücherstr. 13
5300 Bonn 1
Tel. 0228/21 44 40

# Raumverträglichkeit von Altlastensanierungen
## - ein Forschungsansatz innerhalb des F+E-Projekts Dortmund -

F. CLAUS, S. KRAUS, W. WÜRSTLIN

Universität Dortmund, Fachbereich Raumplanung, Postfach 500 500, 4600 Dortmund 50

Gefährdungen, Belastungen und Beeinträchtigungen, die von Altlasten ausgehen, sind mittlerweile zumindest im Ansatz allgemein bekannt. Hier hat sich in den letzten Jahren das Problembewußtsein bei der betroffenen Bevölkerung, bei Politikern und in der Administration geschärft.

Hinter dem Umgang mit Altlasten und ihrer Sanierung stehen im Einzelfall allerdings noch viele Fragezeichen. Dazu gehören beispielsweise auch Fragen nach der zukünftigen Entwicklung umliegender Flächennutzungen sowie nach Auswirkungen der Sanierung selbst auf die betroffene Bevölkerung. Die Beantwortung dieser Fragestellungen wird auf kommunaler Ebene gefordert, der Forschungsansatz folgt demgemäß hauptsächlich der Perspektive einer Stadtverwaltung.

Aufgrund der Komplexität der Anforderungen und der notwendigen Entscheidungen sowie der wenigen (positiven) Erfahrungen mit Altlastensanierungen besteht hier Forschungsbedarf für ein Handlungsraster inclusive einer Untersuchungscheckliste zur Erstellung von Altlastensanierungskonzepten.

Im Rahmen des F+E-Verbundprojektes Dortmund wird von der Universität Dortmund, Fachbereich Raumplanung, eine Konzeption zur Raumverträglichkeitsprüfung von Altlastensanierungen als Teilaufgabe der Fachübergreifenden Verbundbegleitung entwickelt. Ziel der Arbeiten ist es, Umweltfolgenabschätzung und städtebauliches Konzept als entscheidende Teilschritte eines umsetzbaren Sanierungskonzeptes zu einer Raumverträglichkeitsprüfung zusammenzuführen. Hierzu werden in der Stadt Dortmund verallgemeinerungsfähige Raumproblemtypen mit Altlastenflächen ausgewählt, beispielhaft verschiedene Sanierungsmöglichkeiten durchgespielt und auf ihre Raumverträglichkeit untersucht.

Bei der Altlastensanierung stehen auf der einen Seite die Verminderung des vorhandenen Gefährdungspotentials der Altlast und die Abschwächung des Nutzungsdrucks auf die (häufig vorübergehend brachliegenden) Fläche sowie die Abwendung eines drohenden Imageverlust des Stadtteils. <u>Diesen Entlastungen stehen Belastungen und Beeinträchtigungen durch eine Altlastensanierung gegenüber</u>. So sind Umwelteinwirkungen oder Belästigungen der Anwohner am Standort selbst, am Ort der eventuellen Sanierungsanlage, am Ort der Verwendung der Reststoffe der Sanierung sowie in einem jeweils abzugrenzenden Einwirkungsraum zu erwarten. Auswirkungen solcher Sanierungsmaßnahmen können beispielsweise länger andauernde Lärmimmissionen, stoffliche Immissionen oder Nutzungsbeschränkungen für angrenzende Flächen aufgrund zusätzlichen Flächenbedarfs für Boden-Zwischenlager sein. Außerdem könnte eine sehr empfindliche Nachbarnutzung, wie beispielsweise ein Kinderspielplatz, für die Dauer der Sanierung geschlossen werden. Ziel jeder Altlastensanierung sollte aber eine positive Umweltbilanz sein.

Sanierungsumfang und Reinigungsleistung eines Sanierungsverfahrens haben ebenfalls entscheidenden Einfluß auf die Wiedernutzbarkeit der sanierten Flächen. Der bau- und transporttechnische Aufwand sowie der zeitliche und räumliche Umfang einer Sanierungsmaßnahme können Störungen und Nutzungsbeschränkungen für den betroffenen Stadtteil verursachen und ggf. infrastrukturelle Voraussetzungen erforderlich machen. Daher besitzt eine Entscheidung über ein Altlastensanierungskonzept meist auch Tragweite für die Entwicklung des jeweiligen Stadtteils.

Die an ein Altlastensanierungskonzept zu stellenden Anforderungen umfassen
- entsprechende Umweltqualitätsziele für den Standort und die umliegenden Einwirkungsräume,
- Nutzungserwartungen und entwicklungspolitische Zielsetzungen für das betreffende Gelände, das Quartier oder den Stadtteil,
- Transparenz des Konzeptes und Partizipationsmöglichkeiten für Betroffene.

Die Raumverträglichkeitsprüfung für Altlastensanierungen soll diesen Anforderungen gerecht werden, indem

- Umweltfolgenabschätzung,
- Sozialverträglichkeitsprüfung und
- städtebauliche Leitlinien

zu einem integrierten Konzept verknüpft werden. Dies erfordert stete Rückkopplungen und Abstimmungen zwischen konkurrierenden Zielen untereinander und mit den technischen, rechtlichen, sozialen und finanziellen Möglichkeiten und Grenzen geplanter Maßnahmen.

Zur Bestimmung der Umweltverträglichkeit werden kleinräumig Umweltqualitätsziele entwickelt und zur Bewertung der abgeschätzten Umweltfolgen einer jeweiligen Sanierung herangezogen. Ebenso werden raumrelevante Auswirkungen der Altlastensanierungen, d.h. sich aus der Sanierung ergebende Chancen, Potentiale oder Einschränkungen, mit einem städtebaulichen Zielkonzept abgeglichen.

Die Erkenntnisse dieser Untersuchung fließen ein in Empfehlungen für ein raumverträgliches Handling von Altlastenfällen. Diese werden Bestandteil eines gemeinsamen Handbuchs zur Konflikt- und Beeinträchtigungsminderung bei Altlastensanierungsvorhaben der Fachübergreifenden Verbundbegleitung.

Die hier vorgestellte Teilaufgabe beschränkt sich dabei auf die Untersuchung der Umweltfolgen und -verträglichkeit und die Entwicklung eines integrierten städtebaulichen Konzeptes. Die Sozialverträglichkeit von Altlastensanierungen soll als Teilaufgabe im Rahmen der Fachübergreifenden Verbundbegleitung durch das Battelle Institut untersucht werden.

ENTWICKLUNG UND AUSWAHL EINES SYSTEMS ZUR INTERSUBJEKTIVIERTEN RISIKOABSCHÄTZUNG BEI TECHNOLOGIEN ZUR ALTLASTENSANIERUNG

Hans L. Jessberger, Michael Musold
Lehrstuhl für Grundbau und Bodenmechanik,
Ruhr-Universität Bochum

Die Sanierung von Altlasten und die Wiedernutzbarmachung der kontaminierten Flächen ist in den letzten Jahren zunehmend in das Blickfeld des öffentlichen Interesses gerückt. Vor diesem Hintergrund ist auch die Entwicklung neuer Sanierungsverfahren zu sehen, wobei ein Endpunkt noch nicht erreicht ist.

Im Vordergrund der Verfahrensentwicklung und -auswahl stehen zunächst die erzielbare Reinigungsleistung und die Verfahrenskosten. Eine systematische Untersuchung der Gefahren, die mit den Verfahren möglicherweise verbunden sind, erfolgt oft erst zu einem späteren Zeitpunkt. Dies führt vielfach dazu, daß den Verfahren mit Skepsis und einer gewissen Abwehr begegnet wird. Dies sind die Punkte, an denen eine Risikoanalyse hilfreich eingreifen kann.

Technisches Risiko ist nach der üblichen Definition das Produkt aus Schadenswahrscheinlichkeit und Schadensausmaß. In diesem Sinne werden Risikoanalysen bei Anlagen mit hohem Gefahrenpotential wie z.B. Chemieanlagen durchgeführt. Hilfsmittel bei der Durchführung der Risikoanalyse sind Ausfalleffekt- (DIN 25 448), Fehlerbaum- (DIN 25 424) und Störfallablaufanalyse (DIN 25 419). Eine eigenständige Norm für Risikoanalysen gibt es jedoch nicht. Die konsequente Anwendung der o.g. Regeln führt zur systematischen Erfassung von Verfahrensabläufen, Anlagenkomponenten, Sicherheitseinrichtungen und möglichen Ausfallwahrscheinlichkeiten. Neben dieser Form der Risikoanalyse existieren weitere Verfahren zur Risikoabschätzung. Genannt sei hier das PAAG-Verfahren, bei dem die Erfassung der Ausfallwahrscheinlichkeiten von untergeordneter Bedeutung ist.

Bei Verfahren zur Altlastensanierung ist eine Risikoabschätzung bislang nicht vorgenommen worden. Dies soll im F+E-Verbundprojekt Dortmund erstmalig geschehen. Die Schwachstellen und Gefahren, die mit den Sanierungstechnologien verbunden sind, werden somit systematisch offengelegt.

In Rückkopplung mit den technischen Partnern des Verbundprojektes werden Modelle für die Risikoabschätzung bei Altlastensanierungsverfahren entwickelt und am konkreten Fall auf ihre Gültigkeit überprüft. Damit kann die Verfahrensentwicklung ergänzend und unterstützend begleitet werden. Es wird angestrebt, im Zuge der Begleitung der Forschungsprojekte möglicherweise fehlgerichtete Entwicklungen zunächst aufzuzeigen und an Verbesserungen mitzuwirken. Dadurch wird eine Verfahrensoptimierung unter den Gesichtspunkten Sicherheit und Zuverlässigkeit erreicht.

Entscheidend für die Akzeptanz eines Verfahrens ist jedoch in den meisten Fällen nicht das tatsächlich vorhandene technische Risiko, sondern die subjektive Empfindung dieses Risikos. Hier soll in Abstimmung mit den Partnern der fachübergreifenden Verbundbegleitung, die in ihren Projekten Einflußfaktoren der subjektiven Risikowahrnehmung erarbeiten, untersucht werden, inwieweit sich gemeinsame Maßstäbe für eine sachgerechte Beurteilung der Sanierungsverfahren finden lassen.

Die in dieser Weise erarbeiteten Modellvorstellungen sollen in eine Handlungsanweisung münden, die den beteiligten Institutionen und Gruppen als Leitlinie für zukünftige Sanierungsfälle zur Verfügung steht.

Fachübergreifende Verbundbegleitung des F + E Verbundprojektes Dortmund "Weiterentwicklung und Erprobung von Sanierungstechnologien:

## ENTWICKLUNG EINES BEWERTUNGSMODELLS ZUR GEFAHRENBEURTEILUNG BEI ALTLASTEN : KONZEPTION UND ERSTE ERGEBNISSE

R. Hempfling[1], T. Mathews[2], N. Simmleit[1] und P. Doetsch[2]

[1] Fresenius Consult GmbH, Im Maisel 14, D-6204 Taunusstein-Neuhof
[2] focon Ingenieurgesellschaft mbH, Theaterstraße 106, D-5100 Aachen

Die von Altlasten ausgehenden Einwirkungen auf Mensch und Umwelt werden entscheidend von Standorteigenschaften und Nutzungscharakteristika geprägt. Eine umfassende Gefahrenbeurteilung muß deshalb die meßbaren Eigenschaften der Boden-Kontamination in Zusammenhang mit der Schadstofffreisetzung, -ausbreitung- und -einwirkung sowie der Ansprüche und Nutzungsanforderungen an die durch Altlasten beeinflußten Umweltkompartimente Boden, Wasser und Luft bewerten. Dies kann durch ein spezifisches Meß- oder Bewertungsinstrumentarium erreicht werden, welches das Gefährdungspotential von Altlasten in Abhängigkeit von der Beeinträchtigung anthropogener Nutzungen und ökologischer Funktionen sowie der akuten und/oder chronischen Schädigung des Menschen erfaßt.

Die Ausweisung von Schutzgütern als Wertsystem ermöglicht es, eine Transformation von Kontaminationsmeßwerten in Gefährdungspotentiale vorzunehmen. Hierbei sind v.a. Standorteigenschaften, die das Freiwerden, Ausbreiten und Einwirken von Kontaminanten beeinflussen, als Randbedingungen zu berücksichtigen. Die Bewertungssystematik baut auf der Grundlogik der Nutzwertanalyse auf und beschreibt eine Bewertungsmatrix mit den zwei gegenübergestellten Systemen Verdachtsflächenzustand und Spektrum der Schutzgüter. Die auf praktisch relevante Ursache-Wirkungsbeziehungen reduzierte Matrix ermöglicht es, das Gefährdungspotential in Abhängigkeit von den Standorteigenschaften, der aktuellen und geplanten Nutzung und einer eventuellen Schädigung des Menschen abzuschätzen.

Zur Erstellung von Grundbewertungsfunktionen wurde zunächst das Szenario – Kinderspielplatz – als "worst case" herangezogen. Für dieses Szenario werden Regeln für eine toxikologische Grundbewertung sowie deren Modifikation erstellt. Beginnend mit ausgewählten Schwermetallen wird eine Grundbewertungsfunktion mit Hilfe von toxikologischen Daten und Bodenrichtwerten definiert, die in Abhängigkeit von Schadstoffgehalten im Boden Gefährdungsstufen zwischen 0 und 100 umfassen. Dabei bedeutet die Bewertungszahl 0 ($GW^*_0$) aus der Grundbewertung, daß keine zusätzliche Gefährdung durch die Altlast vorliegt, $GW^*_{25}$ wird abgeleitet von ADI-Werten und $GW^*_{90}$ von $LD_{50}$-Werten. Mit Hilfe dieser 3 Punkte ist es möglich, eine stetige Funktion zu definieren, die eine relative zusätzliche Gefährdung in Abhängigkeit der Bodenkonzentrationen angibt. Gefährdungen < 50 werden als tolerierbar betrachtet, während Gefährdungen > 50 die Notwendigkeit einer Sanierung anzeigen. Die ermittelten Grundbewertungsfunktionen werden mit den bisher publizierten Richt- und Orientierungswerten für Bodenkonzentrationen verglichen und diskutiert.

In den nächsten Schritten werden diese Grundbewertungen durch die Transformationsfaktoren Repräsentanz der Proben, Freisetzung, Ausbreitung, Einwirkung und Kanzerogenität modifiziert. In diese Modifikation gehen somit Faktoren wie Art der analysierten Proben, Tiefenlage der Kontamination, Bodeneigenschaften, Sicherung des Grundstückes, Versiegelung und Bedeckung des Grundstückes, Resorbierbarkeit von Schadstoffen und ein eventuelles Krebsrisiko mit ein. Um schließlich mit den ermittelten Gefährdungswerten eine Aussage über die Gesamtgefährdung treffen zu können, werden die Gefährdungswerte mittels einer entscheidungslogischen Wertsyntheseregel zu einem gefährdungsadäquaten Gesamtindex aggregiert.

Dieses in der Konzeption und am Beispiel des Kinderspielplatzes vorgestellte Bewertungsmodell soll im Verlauf des Projektes auf andere Schutzgüter bzw. Gefährdunspfade ausgeweitet werden, um schließlich eine nutzungorientierte und schutzgutbezogene Bewertung des Gefährdungspotentials von Altlasten zu ermöglichen.

Fachübergreifende Verbundbegleitung
des F+E-Verbundprojektes Dortmund
"Weiterentwicklung und Erprobung von Sanierungstechnologien"

## Harmonisierung von Genehmigungsabläufen bei der Altlastenbehandlung

J. Lohrengel-Goeke, H.-J. Ziegeler

Institut für Umweltschutz Universität Dortmund (INFU)
Postfach 50 05 00 D-4600 Dortmund 50

## Problemstellung

In der Rhein-Ruhr-Region entscheidet die Sanierung von Altlasten mit über den erfolgreichen wirtschaftlichen Strukturwandel. Zugleich leistet sie einen Beitrag zur Freiraumsicherung und Steigerung der Lebensqualität. Dennoch treten gerade in räumlicher Nähe zu kontaminierten Flächen oder Behandlungsanlagen Widerstände seitens der Wohnbevölkerung und anderer betroffener Gruppen auf. Sie wollen die Beurteilung von Umweltverträglichkeit und Anlagensicherheit von Sanierungstechnologien und -verfahren nicht nur Sachverständigen und Behörden überlassen. Daher wird aus strukturpolitischer Sicht häufig eine zu lange Dauer der Genehmigungsverfahren beklagt. Für die Antragsteller und Betreiber einer Bodenreinigungsanlage führt die derzeitige Genehmigungspraxis dazu, daß in einigen Fällen die Bevölkerung mit ihrem legitimen Beteiligungs- und Informationsinteresse für Verzögerungen verantwortlich gemacht wird. Zum anderen sind aber auch die Antragsteller durch unvollständig eingereichte Unterlagen für solche Verfahrensverzögerungen verantwortlich.

Insgesamt ist allen an Genehmigungsverfahren Beteiligten klar, daß die gesamte administrativ-organisatorische Vorgehensweise noch uneinheitlich und verbesserungsbedürftig ist. Hier besteht eine dringende Aufgabe, die angesprochenen Probleme zu strukturieren und für die Harmonisierung zukünftiger Verfahrens- und Genehmigungsabläufe Lösungsansätze zu finden.

## Ziele und Ergebnisse

Am Anfang der Arbeiten steht die Analyse und Bewertung der Verfahrens- und Genehmigungsabläufe in der Vergangenheit. Hier ist bei den behördeninternen Vorgänge zu fragen, inwieweit Verwaltungen in der Lage sind, derartige Verfahren dem Problemlösungsdruck sowohl zeitlich als auch inhaltlich anzupassen. Angesprochen werden muß zudem die Frage des fachlichen Profils der Behörde sowohl projektbezogen als auch bezogen auf den Umgang mit der Öffentlichkeit. Ziel ist es, die Wechselbeziehungen zwischen Technikgestaltung und Genehmigungsaufwand zu verdeutlichen. Aber auch die Relevanz örtlicher Standortfaktoren sowie die Identifikation von Hinderungs- und Verzögerungsgründen werden herausgearbeitet. Die Dauer der Verfahren sind je nach der Art der Genehmigung derzeit recht unterschiedlich. Studien in NRW zeigen, daß hier Verfahren nach Bundes-Immissionsschutzgesetz in der Regel sechs bis zwölf Monate dauern, abfallrechtliche Planfeststellungsverfahren dagegen sogar zwischen zwei und zweieinhalb Jahren sowie wasserrechtliche Zulassungsverfahren eine durchschnittliche Dauer von zwei bis drei Jahren haben.

Ein zweiter Arbeitsschritt umfaßt dann die Analyse der rechtlichen und administrativen Rahmenbedingungen. Hierbei sind die unterschiedlichen Sanierungsträger, die unterschiedlichen Rechtsvoraussetzungen sowie die unterschiedlichen Verfahrenszuständigkeiten in Betracht zu ziehen, da es an praktikablen, gerechtigkeitsorientierten Umsetzungsstrategien einschließlich der Rechtsinstrumente bezogen auf eine einheitliche Vorgehensweise fehlt.

Der dritte Arbeitsschritt schließlich soll aus den zuvor gewonnenen Erkenntnissen Verbesserungsmöglichkeiten vornehmlich im rechtlichen und administrativen Bereich herausarbeiten. Die Genehmigungsverfahren müssen dabei beschleunigt werden, ohne bestehende materiell-rechtliche, rechtsstaatliche oder demokratische Verfahrensstandards zu beeinträchtigen. Einige "Beschleunigungsmöglichkeiten" sind hier bereits im Vorfeld abzusehen: So ist zum einen die personelle Situation in den Genehmigungsbehörden nicht immer ausreichend. Zulassungsbehörden müßten personell so ausgestattet sein, daß sie zu einer beschleunigten Bescheidung des Antrags in der Lage sind und organisatorische Konsequenzen insbesondere durch straffe Fristsetzung sowohl behördenintern als auch im Verhältnis zu anderen zu beteiligenden Behörden und Verbänden ziehen können. Schließlich ist in einigen Fällen eine nicht ausreichende fachliche Qualifikation einzelner Beteiligter gerade im Hinblick auf die Öffentlichkeitsarbeit zu beanstanden.

ABSCHÄTZUNG DER HUMANEXPOSITION BEI PLÄNEN ZUR WIEDER-
NUTZBARMACHUNG VON ALTLASTEN

LIS M. KEIDING[1] UND DANNA BORG[2]

[1]NATIONAL AGENCY OF ENVIRONMENTAL PROTECTION, [2]N & R CONSULT,
DÄNEMARK

1. ZUSAMMENFASSUNG

Es wird eine allgemeine Charakterisierung der "Empfindlichkeit" verschiedener Pläne zur Wiedernutzbarmachung von Altlasten vorgestellt. Für diese "Empfindlichkeit" entscheidend ist das vom Nutzungsgrad der sanierten Altlast abhängige Ausmaß, in dem die Bevölkerung Bodenschadstoffen ausgesetzt wird. Unter Berücksichtigung von typischen täglichen Expositionszeiten, von Abschätzungen der Expositionswahrscheinlichkeit und von potentiell exponierten Bevölkerungsgruppen, die gegen Schadstoffe in unterschiedlichen Stufen und Arten der Anfälligkeit gegenüber Schadstoffen, wird die Humanexposition anhand der allgemeinen Charakterisierung einiger typischer Pläne zur Wiedernutzbarmachung abgeschätzt.

2. EINLEITUNG

Es gibt derart viele Altlasten in Dänemark, daß die vollständige Sanierung aller Gelände extrem teuer und zeitaufwendig wäre. Deshalb wird häufig von der Möglichkeit zur Genehmigung einer spezifischen Wiedernutzbarmachung Gebrauch gemacht, ohne daß der Standort deshalb aus dem Register der Chemiemülldeponien gestrichen würde. Um die Auswahl von Abhilfemaßnahmen zu optimieren, die angemessen aber nicht zu teuer sind, muß für die zukünftige Entwicklung eine Gefährdungsabschätzung durchgeführt werden.

Häufig wird eine Abschätzung zur Höhe der Gesundheitsrisiken z.B. für Bewohner der kontaminierten Flächen gefordert, wenn Entscheidungen über Sanierungsmaßnahmen anstehen. Aus epidemiologischen Untersuchungen, die zur Klärung möglicher Zusammenhänge zwischen Bodenkontaminationen und Gesundheitsrisiken durchgeführt worden sind, konnten nur selten klare Folgerungen gezogen werden. Dies liegt bei retrospektiven Untersuchungen an methodischen Problemen, während bei prospektiven Untersuchungen mit Gruppen, die potentiell toxischen Chemikalien ausgesetzt werden, ethische Erwägungen zu berücksichtigen sind. Dies bedeutet, daß Studien über Bevölkerungsgruppen oder Individuen, die im Zusammenhang mit der Nutzung kontaminierter Flächen exponiert worden sind, keine angemessene Grundlage für Entscheidungen über Sanierungsmaßnahmen oder über künftige Flächennutzungen bieten. Für diese Zwecke ist eine Gefährdungsabschätzung erforderlich, in der die Risiken einer chemischen Kontamination, die potentiellen Auswirkungen auf Menschen und Pflanzen und als Wichtigstes die Exposition beurteilt werden.

Von der nationalen dänischen Behörde für Umweltschutz ist ein Report (1) gefördert worden, in dem die unterschiedlichen Aspekte der Gefährdungsabschätzung bei Altlasten untersucht werden, und zwar unter besonderer Berücksichtigung der Gesundheit von Personen, die diese Flächen nutzen. Ausgehend von diesem Bericht beschreibt der vorliegende Beitrag einige Aspekte der Gefährdungsabschätzung.

3. ZUSAMMENHÄNGE ZWISCHEN GEFÄHRDUNGSABSCHÄTZUNGEN UND PLÄNEN ZUR WIEDERNUTZBARMACHUNG

3.1. Allgemeine Erwägungen

Typische Pläne zur Wiedernutzbarmachung von Altlasten berücksichtigen unterschiedliche Zielgruppen und Belastungspfade; deshalb unterscheiden sich Ausmaß und Folgen der Exposition durch kontaminierten Boden je nach der Endnutzung des Geländes.

In der Gefährdungsabschätzung muß die Kategorie der künftigen Nutzung festgelegt werden, also z.B. Wohnungsbau, Industrieansiedlung usw., damit die Exposition spezifischer Zielgruppen, beispielsweise von Kindern, erkannt werden kann. Die Analyse der unterschiedlichen Pläne zur Wiedernutzbarmachung führt zu einer Beschreibung des Nutzungsmusters der Anlage und der zugehörigen Zielgruppe. Auf Grundlage dieser Analyse kann die tägliche Expositionsdauer für spezielle Zielgruppen abgeschätzt werden. Darüber hinaus können die wesentlichen Belastungspfade für die exponierten Zielgruppen identifiziert werden, wie zum Beispiel Inhalation, Hautkontakt und Ingestion (Verzehr von Boden (Pika), Feldfrüchte, Ingestion von Staub).

Diese Parameter werden in einer allgemeinen Charakterisierung zusammengestellt, wobei die unterschiedlichen Typen der Wiedernutzbarmachung der Empfindlichkeit der Zielgruppen zugeordnet werden, Tabelle 1. Die unterschiedlichen Typen der Wiedernutzbarmachung werden nach folgenden Kriterien ausgewählt:
- typisch für Pläne zur Wiedernutzbarmachung von aktuellem Interesse
- führt normalerweise zu Problemen bei der Abwicklung eines Bauprojektes auf dem kontaminierten Gelände
- gibt einen Überblick über Probleme, die verschiedene Pläne zur Wiedernutzbarmachung betreffen.

Tabelle 1 zeigt, daß sich die typischen Nutzungsmuster für die ausgewählten Typen der Wiedernutzbarmachungspläne hinsichtlich folgender Punkte unterscheiden:

- Expositionsdauer
- Wahrscheinlichkeit der Exposition als Funktion der Zugänglichkeit der Schadstoffe und der relevanten Belastungspfade
- potentiell exponierte Bevölkerungsgruppen (unterschiedliche Arten und Stufen der Anfälligkeit gegenüner Schadstoffen wie zum Beispiel bei Kindern, gesunden Erwachsenen und bei Kranken)

Nuancen der Nutzungsmuster können in einer Tabelle wie der vorliegenden nicht berücksichtigt werden, aber selbst die einbezogenen groben Merkmale können in Bezug auf Altlasten einen Eindruck von bestimmten für verschiedene Wiedernutzbarmachungspläne interessante Aspekte vermitteln.

Um den Hintergrund der in die Tabelle aufgenommenen Merkmale zu erläutern, werden zwei Beispiele detaillierter ausgeführt.

3.2. Beispiele

3.2.1. Wohnblocks. Das Gelände wird zu einem vorgegebenen Prozentsatz bebaut. Die Blocks verfügen häufig über Keller mit Lagerräumen, Waschküche, Sicherheitsraum, Gemeinschaftseinrichtungen usw..

Es werden Grünflächen, Spielplätze und Parkplätze angelegt. In diesem Fall wird davon ausgegangen, daß keine privaten Gemüsegärten vorhanden sind, wie es sonst üblich ist.

Das Nutzungsmuster von Wohnblocks unterscheidet sich in entscheidenden Punkten beispielsweise vom Nutzungsmuster von Geländen, die für Gewerbe oder Büros vorgesehen sind.

Der Schadstoff-Belastungspfad verläuft teilweise über die Inhalation von Innenluft, die durch flüchtige Schadstoffe unterhalb der Wohnblocks belastet sein kann, und teilweise über Hautkontakte mit dem Boden bei im Freien spielenden Kindern. Weitere Beiträge zur Gesamtexposition von Kindern können die Ingestion von Boden und die Inhalation von aufgewirbeltem Bodenstaub sein. Die tägliche Expositionsdauer der Wohnblockbewohner beträgt potentiell 24 Stunden, die ganze Woche. Während in Gewerbe- und Bürogebäuden die Exposition gesunder Erwachsener auf Werktage beschränkt ist, können sich in Wohnblocks auch empfindlichere Personengruppen wie Senioren, Kranke, schwangere Frauen und Kinder aller Altersstufen aufhalten.

Demzufolge haben wir es bei dem Szenario der Wohnblocks mit 4 potentiellen Belastungspfaden zu tun (Inhalation flüchtiger Schadstoffe in Innenräumen, Hautkontakt, Ingestion von Boden und Inhalation von Bodenstaub), die die empfindlichsten Bevölkerungsgruppen (zum Beispiel kleinere Kinder) potentiell 24 Stunden am Tag beeinträchtigen können. Der Plan zur Wiedernutzbarmachung ist deshalb als sehr "empfindlich" gegenüber Schadstoffen zu charakterisieren, obgleich er weniger empfindlich ist als bei einer Nutzung des Geländes für Einfamilienhäuser.

TABELLE 1. "Empfindlichkeit" von Plänen zur Wiedernutzbarmachung als Funktion der Wahrscheinlichkeit einer Bodenschadstoffexposition der Nutzer.

| Aspekte typischer Pläne zur Wiedernutzbarmachung | Typische tägliche Expositionsdauer *: je nach Jahreszeit | Expositionswahrscheinlichkeit (- bis +++) Durch Inhalation 1) | Durch Hautkontakt | Durch Boden/ Staub-Ingestion | Potentiell exponierte Bevölkerungsgruppen | Allgemeine Charakterisierung |
|---|---|---|---|---|---|---|
| **Verkehrsflächen usw.** bedeckt mit | | | | | | Relativ "unempfindlich" gegenüber Schadstoffen |
| - Asphalt | Minuten | - | - | - | Gesunde Erwachsene | |
| - Kies | Minuten | (+) | - | - | | |
| - Gras | Minuten | (+) | - | - | | |
| **Gewerbe- und/oder Bürogebäude** | | | | | | Teilweise "empfindlich" je nach Qualität der Innenluft |
| Gebäude | 8 Stunden | ++ | - | - | Gesunde Erwachsene | |
| Parkplätze | Minuten | (+) | - | - | | |
| Grünflächen | Minuten* | (+) | (+) | - | | |
| **Wohnblocks** | | | | | Gesunde Erwachsene Kinder, Schwangere, Senioren und Kranke | Sehr "empfindlich" gegenüber Schadstoffen |
| Gebäude | 12 - 24 Std. | ++ | - | - | | |
| Parkplätze (Asphalt) | Min. - Std. | (+) | - | - | | |
| Grünflächen | 4 - 12 Std.* | (+) | + | + | | |
| Spielplätze | 4 - 12 Std.* | + | +++ | +++ | | |
| **Einfamilienhäuser** | | | | | Gesunde Erwachsene Kinder, Schwangere, Senioren und Kranke | Extrem "empfindlich" gegenüber Schadstoffen |
| Haus | 24 Stunden | +++ | - | + | | |
| Garten (Gras) | 4 - 12 Std.* | (+) | (+) | (+) | | |
| Blumenbeete/ Gemüsegarten | 4 - 12 Std.* | (+) | +++ | ++ | | |
| Früchte/ Feldfrüchte | (3/4 des Jahres) | - | - | ++ | | |

1): Eine Exposition durch Inhalation von Schadstoffdämpfen ist natürlich nur dann möglich, wenn im Boden flüchtige Schadstoffe vorhanden sind. Darüber hinaus ist die Exposition gegebenenfalls nur in bodennahen Räumen möglich, in die Dämpfe diffundieren können.

TABELLE 1, Fortsetzung

| Aspekte typischer Pläne zur Wiedernutzbarmachung | Typische tägliche Expositionsdauer *: je nach Jahreszeit | Expositionswahrscheinlichkeit (- bis +++) | | | Potentiell exponierte Bevölkerungsgruppen | Allgemeine Charakterisierung |
|---|---|---|---|---|---|---|
| | | Durch Inhalation 1) | Durch Hautkontakt | Durch Boden/ Staub-Ingestion | | |
| **Freizeitflächen** | | | | | Gesunde Erwachsene Kinder, Schwangere, Senioren und Kranke | Extrem "empfindlich" oder relativ "unempfindlich", je nach aktueller Projektplanung |
| Gras | 3 - 5 Std.* | (+) | + | + | | |
| Beete mit Blumen/ Sträuchern | Min./Std.* | (+) | ++ | ++ | | |
| Spielplätze | 3 - 5 Std.* | + | +++ | +++ | | |
| Wege | Minuten | (+) | (+) | − | | |
| **Geschäfte** | Personal/ Kunden | | | | Gesunde Erwachsene Kinder, Schwangere, Senioren und Kranke | |
| - Schuhe | 8 Std./ Jedes ½ Jahr | ++ | − | − | | Weniger "empfindlich" |
| - Lebensmittel | 8 Std./ 1 Std. | ++ | − | (+) | | Teilweise "empfindlich" |
| **Kindertagesstätten** | 8 Stunden* | ++ | − | + | Kleinere Kinder, gesunde Erwachsene, Schwangere | Sehr "empfindlich" gegenüber Schadstoffen |
| Gebäude | 8 Stunden* | + | +++ | +++ | | |
| Gras/Boden Spielplätze | 8 Stunden* | + | +++ | +++ | | |
| Flächen mit Belag | 8 Stunden* | − | − | − | | |
| Parkplätze | Minuten | − | − | − | | |
| **Schulen** | | | | | Größere Kinder, gesunde Erwachsene, Schwangere | Ziemlich "empfindlich" gegenüber Schadstoffen |
| Gebäude | 4 - 8 Std. | ++ | − | + | | |
| Flächen mit Belag/ Parkplätze | 2 Stunden | − | − | − | | |
| Gras/ Sportanlagen | 1 Stunde* | (+) | ++ | (+) | | |
| **Altenheime** | | | | | Senioren und Kranke, gesunde Erwachsene, Schwangere | Ziemlich "empfindlich" hinsichtlich der Luftqualität in tiefer gelegenen Innenräumen |
| Gebäude | 24 Stunden | ++ | − | − | | |
| Parkplätze | Minuten | − | − | − | | |
| Grünflächen | 0 - 3 Std.* | (+) | − | − | | |

3.2.2. Einfamilienhäuser. Das typische Einfamilienhaus hat eine Grundfläche von 100 - 200 m², eventuell einen Keller, und ist von 500 - 1500 m² Gartenfläche umgeben.

Private Gärten sind durch typische Aktivitäten wie Spielen, Pflege von Blumenbeeten, Ziehen von Gemüsen usw. gekennzeichnet. Darüber hinaus werden gegebenenfalls vergleichsweise tiefe Mulden oder Gruben zum Sonnenbaden, für Schwimmbecken o.ä. ausgehoben.

Die Belastungspfade verlaufen deshalb in Innenräumen über Schadstoffe, die entweder flüchtig sind oder als Staub verbreitet werden, über den Hautkontakt mit kontaminiertem Boden, über die Ingestion von Boden, über die Inhalation von Bodenstaub und über den Verbrauch selbstgezogener Gemüse.

Was die Feldfrüchte betrifft, so ist eine Familie in manchen Fällen in der Lage, soviel Gemüse usw. zu ziehen, daß der Bedarf der Familie für den größten Teil des Jahres gedeckt wird. Die potentiell exponierten Bewohner können, wie schon im Szenario der Wohnblocks, jeden Empfindlichkeitsgrad gegenüber Schadstoffen aufweisen. Demzufolge können die Bewohner eines Einfamilienhauses der Summe von fünf verschiedenen potentiellen Schadstoffbeiträgen ausgesetzt sein (Bodeningestion, Inhalation von Dämpfen in der Innenraumluft oder von Bodenstaub, Hautkontakt und Verzehr von Feldfrüchten). Die Bewohner, darunter auch die empfindlichsten, sind gegebenenfalls 24 Stunden am Tag exponiert, und unter Umständen dauert die Exposition ihr ganzes Leben an. Wenn darüber hinaus Kellerräume, die von kontaminiertem Boden umgeben sind, häufig benutzt werden, kann dies zu einer verstärkten Schadstoffexposition führen. Ein Wiedernutzbarmachungsplan mit Einfamilienhäusern ist deshalb als extrem "empfindlich" gegenüber Schadstoffen zu charakterisieren.

4. DIE WICHTIGSTEN BELASTUNGSPFADE BEI KONKRETEN PROJEKTEN ZUR WIEDERNUTZBARMACHUNG

Bei der Durchführung einer Gefährdungsabschätzung ist es wichtig, die entscheidenden Belastungspfade einzukreisen bzw. zu klären, ob überhaupt wesentliche Belastungspfade vorhanden sind. Dabei muß bedacht werden, ob es schon entscheidend ist, wenn Augen und Nase sichtbaren oder übelriechenden Schadstoffen exponiert sind, oder erst wenn sich eine Exposition mit dem Risiko toxikologischer Effekte ergibt.

Bezüglich der toxikologischen Effekte kann eine Klärung folgender Aspekte der Exposition und der Zielgruppen hilfreich sein:

1) Wenn Kinder zu kontaminiertem Oberboden Zugang haben, ist die Exposition der Kinder insbesondere durch Ingestion von Boden oder Staub für die Gefährdungsabschätzung von Bedeutung.

2) Wenn auf dem Boden Feldfrüchte gezogen werden, muß die Exposition über diesen Pfad abgeschätzt werden. Beim häuslichen Anbau von Feldfrüchten muß außerdem berücksichtigt werden, daß kleine Kinder in den Anbaubereichen auch spielen und Boden verzehren können. In diesem Falle kann das kindliche Bodenessen der entscheidende Faktor der Gefährdungsabschätzung sein.
3) Wenn die Möglichkeit besteht, daß Schadstoffe die Luftgüte in Innenräumen beeinträchtigen, kann dies für die Gefährdungsabschätzung entscheidend sein.
4) Wenn weder der Oberboden zugänglich ist noch die Möglichkeit besteht, daß Schadstoffe die Luftgüte in Innenräumen beeinträchtigen, kann die Kontamination im Hinblick auf den Wiedernutzbarmachungsplan unbedenklich sein.

Einige Schadstoffe können leicht über die Haut aufgenommen werden. In Fällen von häufigen und ausgedehnten Hautexpositionen kann dies einen wichtigen Belastungspfad darstellen. Insbesondere bei Plänen zur Wiedernutzbarmachung, bei denen nur Erwachsene beispielsweise durch Arbeit mit oder im Boden exponiert werden, kann anstatt der Bodeningestion der Hautkontakt die entscheidende Rolle spielen.

Die Inhalation von Schadstoffen aus Altlasten ergibt für den menschlichen Organismus im allgemeinen keine entscheidende Dosis, wenn die Exposition über Ingestion oder Hautkontakt relevant ist (2).

Die wohlbekannten lokalen Effekten einiger Schadstoffe, wie zum Beispiel Hautekzeme oder Reizungen des Atmungssystems, erlauben eine einfache Entscheidung, ob Hautkontakt oder Inhalation entscheidende Belastungspfade sind.

Auch die Schwellenwerte für Beeinträchtigungen und mögliche Folgen für die exponierte Gruppe spielen bei der Ermittlung des entscheidenden Belastungspfades eine Rolle. Hier müssen die sogenannten anfälligen Personengruppen berücksichtigt werden. Dieser Gegenstand wird im folgenden und abschließenden Teil des vorliegenden Artikels behandelt.

## 5. ANFÄLLIGE PERSONENGRUPPEN
### 5.1. Definition.

"Anfällige Gruppen" sind in diesem Zusammenhang Personen, die aufgrund ihres Alters oder aufgrund eines angeborenen oder erworbenen anomalen oder krankhaften Zustands besonders empfindlich auf toxische chemische Substanzen reagieren.

In Tabelle 1 wurden als eines der Merkmale der Wiedernutzbarmachungspläne die "potentiell exponierten Bevölkerungsgruppen" angeführt. Hier werden jetzt Beispiele für die besondere Anfälligkeit einer dieser Gruppen vorgestellt.

5.2. Beispiel

5.2.1 Kleinkinder. Sowohl organische als auch anorganische chemische Substanzen werden im allgemeinen bei Kindern besser als bei Erwachsenen über den Darmtrakt aufgenommen. Die geringere körperinterne Umwandlung und die schlechtere Ausscheidung durch die unreifen Nieren können beim Kleinkind auch zu einer stärkeren Akkumulierung der Substanzen führen.

Solange ein Kind noch klein ist, ist die Entwicklung einiger Organsysteme noch nicht abgeschlossen. Diese Entwicklung kann deshalb von Schadstoffen gestört werden. So reagieren beispielsweise Kleinkinder auf einige hirnschädigenden Substanzen besonders empfindlich. Die allgemeinen Prinzipien zur Abschätzung der chemikalieninduzierten Gesundheitsrisiken im Säuglingsalter und in der frühen Kindheit werden von der WHO (3) beschrieben.

Junge Menschen tragen im allgemeinen für den Rest ihres Lebens ein höheres Risiko, negative Auswirkungen z.B. durch kanzerogene Substanzen mit langer Latenzzeit zwischen Exposition und Krebserkrankung zu erleiden.

Darüber hinaus sind Kleinkinder, verglichen mit größeren Kindern oder mit Erwachsenen, aufgrund ihres Entwicklungszustandes aus mehreren Gründen stärker oder in einer speziellen Weise exponiert. Die folgende Zusammenfassung zeigt, welche Punkte dabei berücksichtigt werden müssen:

- größere Körperoberfläche relativ zum Körpergewicht
- höherer Stoffwechsel und damit höherer Luftaustausch und höhere Nahrungsmittelaufnahme pro Gewichtseinheit
- spezielle Anforderungen an die Zusammensetzung der Nahrung, einschließlich Abhängigkeit des Säuglings von Milch
- spezielles Verhalten, zum Beispiel Krabbeln und "in-den-Mund-stecken", mit den zugehörigen Expositionen.

6. FOLGERUNGEN

Eine Gefahrenabschätzung muß die Analyse der Expositionswahrscheinlichkeit von besonders anfälligen Personengruppen einschließen. Zusammen mit einer groben Abschätzung der Expositionswahrscheinlichkeit über verschiedene Belastungspfade und der typischen täglichen Expositionsdauer, kann eine nützliche allgemeine Charakterisierung der "Empfindlichkeit" unterschiedlicher Pläne zur Wiedernutzbarmachung vorgenommen werden.

7. BIBLIOGRAPHIE

1) Miljørapport nr. 123 (1990): <u>Risikovurdering af forurenede grunde.</u> Miljøstyrelsen, Dänemark (Zusammenfassung in englischer Sprache).
2) Comments Toxicology (1987) Band 1, Nr. 3-4. <u>Assessing Health Risks from Contaminated Soils</u> (Abschätzung von

Gesundheitsgefährdungen durch kontaminierte Böden). 171-242.

3) Environmetal Health Criteria 59, (1986). <u>Principles for Evaluating Health Risks from Chemicals during Infancy and Early Childhood; The Need for a Special Approach</u> (Prinzipien zur Abschätzung der chemikalieninduzierten Gesundheitsrisiken im Säuglingsalter und in der frühen Kindheit; die Notwendigkeit eines speziellen Ansatzes). WHO, Genf.

ARBEITSMEDIZIN IN DER ALTLASTENSANIERUNG

Rumler R. Tiefbau-Berufsgenossenschaft
München BRD

Arbeiten auf kontaminiertem Gelände sind mit Risiken behaftet, deren Einschätzung im Wesentlichen vom Kenntnisstand über das vorhandene Gefahrstoffaufkommen abhängt. Das Unfall- und Berufskrankheitsgeschehen für diese Tätigkeiten ließ bislang keine Häufung gegenüber vergleichbaren Tiefbauarbeiten erkennen. Dies ist kein Grund zur Entwarnung oder verminderten Aufmerksamkeit. Das Hauptaugenmerk der arbeitsmedizinischen Betreuung liegt in der Verhütung von schadstoffinduzierten chronischen Erkrankungen und Krankheitsbildern mit langer Latenzzeit.

## Aufgaben der Arbeitsmedizin

Wie auch in anderen Arbeitsbereichen ist vor Antritt der Tätigkeit die Eignung festzustellen. Ein ärztliches Urteil soll sowohl hinsichtlich der zu erwartenden Schadstoffbelastung als auch der Belastung durch persönlichen Körperschutz erfolgen. Während der Arbeiten ist der Gesundheitszustand durch Nachuntersuchungen zu überprüfen. Festgestellte Gesundheitsbeeinträchtigungen werden dokumentiert. Besteht die Vermutung eines kausalen Zusammenhangs mit der Tätigkeit, fließen diese Erkenntnisse wieder umgehend in den Arbeitsschutz ein.

## Arbeitsmedizinisches Untersuchungsprogramm

Auf kontaminiertem Gelände wird in den meisten Fällen ein komplexes Gefahrstoffgemisch vorgefunden. Auswirkungen solcher Gemische auf den Menschen sind in der Regel nicht vorherzusagen. Besondere Aufmerksamkeit muß daher den Gefahrstoffen gewidmet werden, die durch hohe Toxizität, durch krebserregende und erbgutverändernde Eigenschaften und durch hohes Aufkommen hervortreten. Letztere können unter Umständen die Funktion einer Leitsubstanz einnehmen. Ein medizinisches Untersuchungsprogramm beinhaltet demnach notgedrungen Untersuchungstechniken, die den einzelnen Gefahrstoff berücksichtigen. Dies bedeutet für sich eine unzulässige Problemreduzierung, stellt jedoch nach heutigem Wissen den einzigen gangbaren Weg dar. Nichts destotrotz können unspezifische Organveränderungen, insbesondere durch Tests im Blut und Urin frühzeitig erkannt werden, sodaß mit Einschränkungen auch in der Altlastensanierung eine gute medizinische Prävention möglich

ist. Ein problemgerechtes medizinisches Untersuchungsprogramm
sollte die folgenden Anforderungen beachten:

- Berücksichtigung toxikologischer Zusammenhänge
- Belastung durch Atem- und Körperschutz
- Engmaschige Nachuntersuchungen
- Flexibler Einsatz des Bio-Monitorings
- Umsetzung neuerer Erkenntnisse (Literatur, eigene Erfahrungen usw.)

Auf der Basis dieser Grundsätze wurden vom Arbeitsmedizinischen Dienst der Tiefbau-Berufsgenossenschaft entsprechende Untersuchungsempfehlungen veröffentlicht (1).
In der Überwachung kommt dem Gefahrstoffnachweis in biologischen Materialien besondere Bedeutung zu (Bio-Monitoring). Diese sensible Untersuchungsmethode bietet gute Möglichkeiten Gefahrstoffbelastungen zu erfassen, bevor ernsthafte Erkrankungen auftreten. Zur statistischen Bearbeitung der Daten aus dem Bio-Monitoring wurde ein Erfassungsbogen entwickelt, der die Befunde mit den zugehörigen Merkmalen aus der Arbeitsbereichsanalyse verknüpft. Die Auswertung dieser Bögen soll Belastungsschwerpunkte aufzeigen. Zur Erfassung konkurrierender Faktoren aus dem Privatbereich wird neben der üblichen medizinischen Anamnese ein zusätzlicher Befragungsbogen verwendet.

Expertensystem

Im Rahmen von Sanierungsprojekten sind sowohl von der Gefahrstofferfassung her als auch von den medizinischen Befunden her vielfältige Daten zu erwarten. Erweitert werden diese Erfahrungen durch technische Informationen über Art und Umfang des Unternehmens, durch die getroffenen Arbeitsschutzmaßnahmen, durch begleitende Meßaktivitäten und durch Kenntnisse über das Unfall- und Berufskrankheitsgeschehen. Es empfiehlt sich diese Daten zu sammeln, zu ordnen und zu analysieren um das daraus resultierende Wissen zukünftigen Projekten zur Verfügung zu stellen. Unsere Arbeitsgruppe hat deshalb ein Bearbeitungsprogramm mit Durchführungsvorschlägen erarbeitet, das nach geeigneter EDV-Aufbereitung in der Lage sein soll, dem Anwenderkreis alle sicherheitsrelevanten Fragen zu beantworten. Zur Zeit wird im Rahmen des Forschungsprojektes Gefahrstoffinformationssystem Bau" geprüft, inwieweit dieses Bearbeitungsprogramm in das Vorhaben integriert werden kann. (2)

Lit. (1) Rumler R. (1989) Fachtagung Altlastensanierung. Arbeitsmedizinische Betreuung bei der Altlastensanierung. Tagungsband Tiefbau-Berufsgenossenschaft, Am Knie 6, 8000 München, BRD
(2) Rühl R. (1990) XII Weltkongress für Arbeitsschutz. GIS Gefahrstoff-Informationssystem der Berufsgenossenschaften der Bauwirtschaft. Vortragsblock A 5 Informationssysteme

ARBEITSSCHUTZ AN DEPONIEN

VOLKMAR WILHELM

WÜRTTEMBERGISCHER GEMEINDEUNFALLVERSICHERUNGSVERBAND, D-7000 STUTTGART, PANORAMASTRAßE 11

## 1. EINLEITUNG

Bei der Diskussion über Umweltbelastungen durch Deponien wird häufig übersehen, daß die Beschäftigten an Deponien unmittelbar an der Emissionsquelle von Gefahrstoffen (z.B. Deponiegas, Staub, infektiöse Keime) tätig werden und dadurch gefährdet sind. Darüber hinaus sind sie einer Reihe weiterer Gefährdungen und Belastungen ausgesetzt. Dies sind z.B. gefährliche Fahrzeugbewegungen, Schwingungen von Erdbaumaschinen, Hineintreten und -fassen in spitze und scharfe Gegenstände, Belastungen durch Staub, Nässe, Kälte, Hitze, Geruch und Insekten.
Um diese Gefährdungen und Belastungen zu beseitigen bzw. zu reduzieren, sind umfangreiche sicherheitstechnische Maßnahmen erforderlich. Diese beziehen sich sowohl auf Bau und Ausrüstung der Deponie als auch den Deponiebetrieb.

## 2. SICHERHEITSTECHNISCHE ASPEKTE BEI BAU UND AUSRÜSTUNG VON DEPONIEN

Da vom Deponiegas Brand-, Explosions- und Gesundheitsgefahren ausgehen, sollen **Betriebsgebäude** und ähnliche Einrichtungen möglichst nicht auf gaswegigem Gelände errichtet werden. Betriebsgebäude auf gaswegigem Gelände müssen so ausgeführt sein, daß Deponiegas nicht in diese Bauwerke eindringen kann, z.B. durch Anlage aktiver Entgasungseinrichtungen im Bereich um Betriebsgebäude, Errichten von Betriebsgebäuden auf steifen und gasdichten Bodenplatten, Aufstelzung der Gebäude, um eine ausreichende Unterlüftung sicherzustellen. Wenn diese Maßnahmen das Eindringen von Deponiegas nicht zuverlässig verhindern, ist durch Lüftungsmaßnahmen und Überwachung der Raumluft sicherzustellen, daß sich keine gefährliche Atmosphäre bildet. Ver- und Entsorgungsleitungen müssen so ausgeführt und verlegt sein, daß Deponiegas nicht in diese Leitungen und in die Betriebsgebäude eindringen kann.
**Schächte und unterirdische Bauwerke** sind so auszuführen und einzurichten, daß zu regelmäßigen Kontroll- und Wartungsarbeiten nicht eingestiegen werden muß. Steigleitern und Steigeisengänge sollen nur bis 5 m Bauhöhe vorhanden sein. Für tiefere Bauwerke müssen geeignete Einfahreinrichtungen, z.B. Silobefahrgeräte zur Verfügung stehen. Die Elektroinstallation muß mit explosionsgeschützten elektrischen Betriebsmitteln vorgenommen werden. Die Belüftung muß gewährleisten, daß an jeder Arbeitsstelle ein Sauerstoffgehalt von mehr als 19 Vol.-% vorhanden ist, die maximale Arbeitsplatzkonzentration nicht überschritten wird und keine explosionsfähige Atmosphäre in gefahrdrohender Menge entstehen kann.
Die sicherheitstechnischen Maßnahmen, die für **Deponiegasanlagen** getroffen werden sollen, sind vor Bauausführung in einem sicherheitstechnischen Konzept darzustellen und von einem Sachverständigen prüfen zu lassen.

Die wesentlichen Anforderungen an solche Anlagen sind: Absicherung möglicher Zündquellen (z.B. Gasförderaggregate, Gasfackeln, Gasverbrauchseinrichtungen) mit Explosionssicherungen, druckstoßfeste Gasförderaggregate und Überwachung der Gaskonzentration mit ortsfesten Gaswarneinrichtungen.
Die **Einbaugeräte** müssen der UVV "Bagger, Lader, Planiergeräte, Schürfgeräte und Spezialmaschinen des Erdbaues (Erdbaumaschinen)" entsprechen.

## 3. ANFORDERUNGEN FÜR EINEN SICHEREN DEPONIEBETRIEB

Da es immer wieder zu schweren, oft tödlichen Unfällen, durch den **Fahrzeugverkehr** auf Deponien kommt, ist der Verkehr so zu regeln, daß Personen nicht gefährdet werden. Es ist zweckmäßig, die Deponiefläche in die Bereiche Zu- und Abfahrtswege, Rangierbereiche, Entladebereiche und Einbaubereiche einzuteilen.
Im Entlade- und Einbaubereich kann eine Gefährdung vermieden werden, wenn ankommende Fahrzeuge eingewiesen werden, sich außer den Einweisern nur die Personen im Entlade- und Einbaubereich aufhalten, die für das Entladen von Fahrzeugen erforderlich sind, Einweiser Warnkleidung tragen und Fahrzeuge untereinander einen seitlichen Mindestabstand von mindestens 1,5 m einhalten.
Weiter ist zu beachten, daß Fahrzeuge von unbefestigten Kippkanten einen Sicherheitsabstand von 10 m einhalten müssen.
Das **Arbeiten in Schächten und unterirdischen Bauwerken** ist mit besonderen Gefahren verbunden. Diese Arbeiten dürfen erst nachdem die erforderlichen Maßnahmen getroffen worden sind und die Arbeiten schriftlich freigegeben worden sind, ausgeführt werden. Zu den erforderlichen Maßnahmen gehören z.B. Einsatz von tragbaren Gaswarngeräten, Belüftungsgeräte, Atemschutzgeräte, Rettungshubgeräte, nicht funkenziehende Werkzeuge.
Unter Berücksichtigung der betrieblichen Gegebenheiten und der vorgesehenen Arbeitsverfahren ist eine **Betriebsanleitung** in verständlicher Form und Sprache aufzustellen. Diese soll die für einen sicheren Betrieb notwendigen Hinweise enthalten. Dies sind zum Beispiel: Aufsicht, Verhalten der Beschäftigten auf der Deponie, Benutzung persönlicher Schutzausrüstungen, Verhalten im Gefahrfall, Betrieb und Instandhaltung von Deponiegaseinrichtungen.

## 4. ARBEITSMEDIZINISCHE VORSORGEUNTERSUCHUNGEN

Arbeitsmedizinische Vorsorgeuntersuchungen sind Erstuntersuchungen vor Aufnahme der Beschäftigung und Nachuntersuchungen während dieser Beschäftigung und nach deren Beendigung. Die Untersuchungen sind von einem, nach § 6 der UVV "Arbeitsme- dizinische Vorsorge" bzw. nach § 30 der Gefahrstoffverordnung ermächtigten Arzt, unter Berücksichtigung auftretender Gefahrstoffe, gefahrstoffspezifischer Gesundheitsgefährdungen und der zu verwendenden persönlichen Schutzausrüstungen unter Beachtung der berufsgenossenschaftlichen Grundsätze für arbeitsmedizinische Vorsorgeuntersuchungen durchzuführen. Bei den nachfolgend aufgeführten **Einwirkungen bzw. Tätigkeiten**, die häufig an Deponien vorkommen, sind solche Untersuchungen vorgeschrieben:
Asbest, Tragen von Atemschutzgeräten, Benzol, Fluor und seine anorganischen Verbindungen, silikogener Staub, Strahlmittel, Schwefelwasserstoff, Vinylchlorid, Toluol, Xylol, Trichlorethen, Tetrachlorethen.

## 5. LITERATUR
Bundesverband der Unfallversicherungsträger der öffentlichen Hand e. V. (BAGUV), München, Sicherheitsregeln für Deponien - GUV 17.4, Entwurf Dezember 1989

SICHERHEITSTECHNISCHE ASPEKTE BEI PLANUNG, BAU UND BETRIEB VON DEPONIEGAS-
ANLAGEN

VOLKMAR WILHELM

WÜRTTEMBERGISCHER GEMEINDEUNFALLVERSICHERUNGSVERBAND, D-7000 STUTTGART, PANORAMASTRASSE 11


1. EINLEITUNG
   Beim anaeroben Abbau organischer Müllbestandteile bildet sich Deponiegas. Dieses wird in zunehmendem Maße mit Gasabsaugeanlagen dem Müllkörper entzogen und anschließend verbrannt oder einer Verwertung zugeführt. Die maßgeblichen Gründe für die Installation von Deponiegasanlagen sind:
- Verhinderung von Geruchsemissionen,
- Vermeidung von Brand- und Explosionsgefahren,
- Verhinderung von Vegetationsschäden auf und in der Umgebung der Deponie,
- Schutz der Ozonschicht (Methan ist vermutlich an der Zerstörung der Ozonschicht beteiligt),
- Nutzung des Energiepotentials

Bei der Konzeption solcher Anlagen sind umfangreiche sicherheitstechnische Maßnahmen. insbesondere im Bereich des Explosionsschutzes zu berücksichtigen. Da die Randbedingungen bei Deponiegasanlagen in erheblichem Umfang von denen der öffentlichen Gasversorgung abweichen, wurden die sicherheitstechnischen Maßnahmen, die an Deponiegasanlagen erforderlich sind, im Rahmen eines FuE-Vorhabens erarbeitet /1/. Diese Maßnahmen werden in den "Sicherheitsregeln für Deponien", die voraussichtlich Ende 1990 in Kraft gesetzt werden, verbindlich vorgeschrieben /2/. Die wesentlichsten Anforderungen an Deponiegasanlagen werden im Folgenden dargestellt.

2. SICHERHEITSTECHNISCHES KONZEPT
   An Deponiegasanlagen kann Explosionsgefahr auftreten, wenn
- explosionsfähige Gemische angesaugt werden oder
- bei Betriebsstörungen Luft in das System eindringt und sich dadurch gefährliche explosionsfähige Atmosphäre (g.e.A.) bildet oder
- Deponiegas i n Räume eindringt und es zur Bildung g.e.A. kommt und
- eine Zündung des explosionsfähigen Gemisches wahrscheinlich ist.

Da insbesondere bei Betriebsdeponien davon auszugehen ist, daß Luft in das Gassystem eindringen kann, ist für Deponiegasanlagen stets ein sicherheitstechnisches Konzept zu erarbeiten. Ein solches sicherheitstechnisches Konzept umfaßt sowohl Bau und Ausrüstung der Anlage als auch die Anforderungen, die an den Betrieb zu stellen sind. Das sicherheitstechnische Konzept ist vor dem Bau der Anlage von einem Sachverständigen zu prüfen. Vor der ersten Inbetriebnahme ist die Anlage ebenfalls von einem Sachverständigen zu prüfen.

3. ANFORDERUNGEN AN BAU UND AUSRÜSTUNG VON DEPONIEGASANLAGEN
   Priorität im Explosionsschutz haben Maßnahmen, welche die Bildung g.e.A. verhindern oder einschränken (primärer Explosionsschutz). Das heißt, daß auf der Saugseite das Entgasungssystem so dicht und der anzulegende Unterdruck so gering sein soll, daß Luftzutritte gar nicht oder nur in geringem

Umfang möglich sind. Beschädigungen am Entgasungssystem durch Setzungen und den Fahrzeugverkehr, vor allem während der Betriebsphase können zu spontaner Bildung g.e.A. führen. Deshalb wird gefordert, daß die Gaskonzentration auf der Saugseite mit Gaswarneinrichtungen kontinuierlich überwacht wird und die Gasförderung unterbrochen wird, bevor das Gasgemisch den Explosionsbereich erreicht. Als Meßprinzip eignet sich die Sauerstoff- und die Methanmessung. Damit der Fördervorgang beim Auftreten g.e.A. rechtzeitig unterbrochen wird, ist eine solche Einrichtung auf die maximale Strömungsgeschwindigkeit des Gases, die maximale Verzögerungszeit des Meßsystems und die Schließzeit von Schnellschlußschiebern (wenn diese vorgesehen werden) abzustimmen.
Wenn auf der Druckseite Gasaustritte zu erwarten sind, ist die Raumluft zu überwachen und bei Erreichen der Alarmschwelle die g.e.A. durch technische Lüftung zu beseitigen.
Beim Versagen der Gaswarneinrichtung und Auftreten g.e.A. muß verhindert werden, daß eine Zündung erfolgt bzw. müssen die weiteren Anlagenteile nach erfolgter Zündung geschützt werden. Zündquellen an Deponiegasanlagen können sein: Gasförderaggregate, Meßgeräte, Rohrleitungen (elektrostatische Aufladungen), Gasfackeln und Gasverbrauchseinrichtungen (z.B. Gasmotor). Die Gasleitungen müssen deshalb aus nicht aufladbarem Material hergestellt werden. Die weiteren Zündquellen sind vom übrigen System mit flammendurchschlagsicheren Armaturen (Explosionsrohrsicherungen, Detonationssicherungen) abzutrennen. Gasförderaggregate sind explosionsdruckfest auszuführen.
Entwässerungseinrichtungen müssen so ausgeführt sein, daß Luft aus dem Entwässerungssystem nicht angesaugt werden kann. Der Wasserstand von Entwässerungseinrichtungen sollte kontinuierlich meßtechnisch überwacht werden. Fehlendes Wasser an Wasservorlagen muß ergänzt werden können, ohne daß hierzu in Schachtbauwerke eingestiegen werden muß.

4. BETRIEB VON DEPONIEGASANLAGEN

Deponiegasanlagen sind aufwendige technische Einrichtungen deren Funktionstüchtigkeit und sicherheitstechnische Zuverlässigkeit nur durch eine regelmäßige, Wartung, Pflege, Eichung und Funktionskontrolle der einzelnen Anlagenteile gewährleistet werden können. Die durchzuführenden Arbeiten an diesen Anlagen sind in einer detaillierten Betriebsanweisung zu regeln, wobei insbesondere das Verhalten des Personals bei Stör- und Alarmfällen zu berücksichtigen ist. Beispiele für Regelungen innerhalb dieser Betriebsanweisungen sind: Anfahren der Deponiegasanlage, Dichtheitsprüfungen nach Instandsetzungen oder Änderungen, Ablesen, Kontrolle und Eichung von Gaswarneinrichtungen, Überprüfung der Funktionstüchtigkeit von Kondensatabscheidern, Siphons und Absperrklappen, Festlegung der Intervalle für die durchzuführenden Arbeiten. Arbeiten an diesen Anlagen dürfen nur gründlich unterwiesenen und qualifizierten Personen übertragen werden. Die durchgeführten Überwachungs-, Wartungs- und Instandsetzungsarbeiten sind zu protokollieren.

5. LITERATUR

/1/ Gasabsauge- und Verwertungsanlagen an Mülldeponien - Anleitung zur Entwicklung sicherheitstechnischer Konzepte - Ergebnisse des FuE-Vorhabens 1430293 der Universität Stuttgart, Umweltbundesamt Berlin
/2/ Sicherheitsregeln für Deponien - GUV 17.4, Entwurf Dezember 1989 Bundesverband der Unfallversicherungsträger der öffentlichen Hand e.V., München

# Auswahl von Erkundungsmethodik und Arbeitsschutz für eine Altdeponie

Thomas Poller

**THALEN** Consulting GmbH, Neuenburg, FRG

## 1. Einleitung

Im Rahmen der Erkundung einer Verdachtsfläche, welche vornehmlich mittels einer Dokumentenerfassung und -auswertung durchgeführt wurde, zeigte sich, daß die ehemalige Tongrube vermutlich mit Hausmüll sowie flüssigen Industrieabfällen verfüllt wurde. Zur Beseitigung des vorhandenen Informationsdefizites, vor allem im Hinblick auf die notwendigen Sanierungsmethoden und die damit verbundenen Arbeitsschutzmaßnahmen, waren Erkundungen am Deponiekörper erforderlich.

## 2. Vorgehensweise

Bei der Ablagerung von Hausmüll entsteht ein methanhaltiges Gas, welches explosive Gemische in Verbindung mit Luft bilden kann. Zudem können im Gas toxische Spurenstoffe wie z.B. CKW, FCKW u.v.a. enthalten sein. Das diesbezügliche Gefährdungspotential ist daher für spätere Bauarbeiten an der Deponie zu beschreiben.

Im Zuge der Erkundung wurden abgestufte Erkundungsschritte ausgeführt, welche mit entsprechenden Arbeitschutzmaßnahmen verknüpft sind. Dies waren im folgenden:

- Überprüfung der Deponieoberfläche auf Gasaustritte und explosive Gasgemische
- Einbau von Gassonden im Oberflächenbereich zur weiteren Abschätzung der Gaszusammensetzung
- Konzeption eines geeigneten Beprobungssystems für Deponiegase und Sickerflüssigkeiten

## 3. Ergebnissse

Das Stufenprogramm der Erkundung hat sich bewährt. Die Deponiegasanalysen bestätigten, daß ein signifikantes Gefährdungspotential vorhanden ist. Für folgende bautechnische Maßnahmen an bzw. in der Deponie ist daher ein umfangreiches Arbeitsschutzkonzept zu erstellen. Dabei ist zu berücksichtigen, wo Gasaustritte möglich sind. Von besonderer Bedeutung ist zudem, daß im Umfeld des Deponiestandortes Gefährdungen anderer Personen wie Spaziergänger, Schaulustige u. a. ausgeschlossen sind.

ARBEITSSCHUTZMASSNAHMEN BEI ERKUNDUNG UND SANIERUNG VON ALTLASTEN ANHAND VON ZWEI PRAXISBEISPIELEN.


MAXIMILIAN VUGA & LARS FRIMAN
KULTURTECHNIK GMBH, Bremen
AG. Geotechnik


1. ERKUNDUNGS- UND BAUMASSNAHMEN AUF DER ALTABLAGERUNG A 381.1 IN BREMEN

Bei Beginn der Bauarbeiten zur Errichtung eines Parkhauses wurde eine mit Schwermetallen, Teeren, Phenolen (zum Teil noch in Flaschen) und Klinikabfällen kontaminierte Altablagerung entdeckt. Nach sofortigem Baustop wurde die "Altlast" von der Kulturtechnik GmbH, Bremen untersucht (Volumen, Konzentrationen). Befund: Zum Teil akute Gefährdung, z. B. durch Phenole (dermal, leichte Resorption und Hautschädigung sowie inhalativ, durch lösemittel- und partikelgetragene Aufnahme über die Atmung).

Da nicht davon ausgegangen werden konnte, daß alle gefährlichen Deponieinhaltstoffe (z. B. Klinikabfälle) analytisch nachgewiesen worden waren, wurden für den gesamten Baustellenbereich Arbeitsschutzmaßnahmen (Atemschutz, Vermeidung eines direkten Kontaktes) angeordnet und diese durch einen "Altlasten-erfahrenen" Chemiker überwacht. Zur Überprüfung der gasförmigen Schadstoffe wurden ein Photoionisationsdetektor (PID) und Drägerröhrchen eingesetzt.

Die Standardschutzausrüstung bestand aus chemikalienbeständigen Schutzhandschuhen, Einweg-Schutzanzügen, Bausicherheitsgummistiefeln und Schutzhelm. Bei Spritzwasser wurde ein Gesichtsschutz angelegt. Das Tragen einer Atemschutzmaske (P 3) in der Baugrube wurde bei Konzentrationen von 1/10 MAK bzw. TRK (Phenole, Benzol, Naphtalin) angeordnet (Überwachung durch PID/Drägerröhrchen).

Die Arbeitsschutzmaßnahmen umfaßten außerdem die medizinische Vor- und Nachsorge (TBG, Arbeitsmedizinischer Dienst) und Einweisung der Mitarbeiter in persönliche Sicherheitsmaßnahmen (schriftliche Arbeiten unter Atemschutzgeräten G 26; Betriebsanweisung vor Ort).

2. SANIERUNG DES GASWERKGELÄNDES IN NIENBURG

Ein mit Teeren, Phenolen und Cyaniden kontaminiertes ehemaliges Gaswerkgelände wurde 1989 saniert. Alle Mitarbeiter der an der Sanierung beteiligten Unternehmen mußten sich zunächst einer Untersuchung ihres Gesundheitszustandes (G 26) unterziehen und wurden hinsichtlich der Arbeitsschutzmaßnahmen (Betriebsanweisung) eingewiesen. Im Rahmen einer Notfallplanung wurde das zuständige Krankenhaus informiert und die Ärzte hinsichtlich der vorkommenden Schadstoffe unterrichtet.

Bei Beendigung der Sanierung erfolgte eine medizinische Nachsorgeuntersuchung aller Mitarbeiter.

Die Baustelle wurde durch eine permanente Absperrung eingezäunt, so daß die kontaminierten Bereiche nur durch eine Schwarz-Weiß-Schleuse betreten werden konnte. Vor dem Eingang zum Schwarz-Bereich wurde eine Stiefelwaschanlage installiert.

Das gesamte Gelände wurde regelmäßig mit dem PID auf gasförmige Emissionen (insbesondere im Grenzbereich zur Straße) untersucht. Bei 1/10 MAK wurde zusätzlich zur Standardschutzausrüstung das Tragen von Atemschutzmasken (P 3) angeordnet. Die Arbeiten wurden hinsichtlich des Arbeitsschutzes durch einen Chemiker begleitet.

Beim Aushub wurden Flächen nur angeschnitten und möglichst nicht großflächig freigelegt. Problematisch war die Grundwasserreinigung, da hier Gase aus den Wasseraufbereitungscontainern trotz Abdeckung freigesetzt wurden. Die Einleitung des gereinigten Wassers in das Kanalnetz wurde vor Ort durch Messung des CSB kontrolliert. In 6 Wochen wurden ca. 2200 t kontaminierten Bodens behandelt.

## 3. BIBLIOGRAPHIE

Burmeier, H. (1987) "Arbeiten im Bereich kontaminierter Standorte - Maßnahmen zum Schutz der Beschäftigten"- TIEFBAU-BG, 9: 1-8 (Sonderdruck).

Burmeier, H. (1989) "Arbeitsschutzmaßnahmen bei Bauarbeiten in schadstoffbelasteten Bereichen" - TIEFBAU-BG, 4: 274-280

Burmeier, H., Dreschmann, P., Egermann, R., Ganse, J., Rumler, R. (1990): "Sicheres Arbeiten auf Altlasten", focon-Aachen

Friman, L. und Marose, U. (1987) "Untersuchungen und Gefährdungsabschätzung für Gaswerksstandorte" Wasser, Luft und Betrieb, 11-12: 52

Lüdersdorf, R., Schäche, G., Quantz, D. (1988) "Messung gesundheitsschädlicher Stoffe bei der Sanierung kontaminierter Grundstücke" - ZbL. Arbeitsmed. 38: 135-141

Ohse, R. und Schäcke, G. (1988) "Vorsorgeuntersuchungen bei Beschäftigten im Bereich der Boden- und Grundwassersanierung" -ZbL. Arbeitsmed. 38: 142-149

METHODEN ZUR BEGRÜNUNG VON THERMISCH GEREINIGTEN BÖDEN

IGNACIO CAMPINO, TÜV HESSEN, ESCHBORN, EHEM. HERMANN TRAUTMANN GMBH, ESSEN
HEINZ DIETER MÜHLBERGER UND WOLFGANG SCHOKNECHT, STADT DORTMUND

1. EINLEITUNG
Die thermische Behandlung von Böden kontaminiert mit organischen Verbindungen ist eine einsetzbare Dekontaminierungsmethode. Oft stellt sich die Frage der weiteren Nutzungsmöglichkeiten des behandelten Materials, denn die thermische Behandlung verändert verschiedene physikalische und chemische Eigenschaften des Bodens und liefert ein biologisch inaktives Material. Die wichtigsten Folgen der thermischen Behandlung sind:
- Beeinträchtigung bzw. Zerstörung der Tonfraktion
- Verlust der organischen Substanz
- Abnahme der Wasserspreicherkapazität
- Fixierung der pflanzenverfügbaren Phosphate
- Zunahme des pH-Wertes
- Zunahme des Gehaltes an extrahierbaren Kationen

Zur Prüfung der Eigenschaften eines nach dem Verfahren von der Firma Ed. Züblin AG, Stuttgart, behandelten Bodens als Pflanzensubstrat wurde ein Feldversuch während 1988 und 1989 in Dortmund-Dorstfeld durchgeführt.

2. MATERIAL UND METHODE
Die Versuchsanlage bestand aus 10 Behandlungen, und diese wurden mit einer PEHD-Folie einzeln abgedichtet, um das Sickerwasser sammeln zu können. Für jede Behandlung wurden etwa 3 m$^3$ thermisch behandelter Boden benutzt. Die Behandlungen waren:
1. Kontrolle ohne Zuschlagsstoffe.
2. Kontrolle II. Dem thermisch behandelten Boden wurden 20 Vol.-% Gartenboden beigemengt. Zusätzlich erfolgte eine Düngung mit Stickstoff (Harnstoffderivat). Phosphor (Superphosphat), Kalium und Magnesium.
3. Mineralisch I. Der Boden wurde mit den Hauptnährstoffen Stickstoff (Harnstoffderivat), Phosphor (Superphosphat), Kalium und Magnesium angereichert.
4. Mineralisch II. Wie "Mineralisch I", aber der Dünger wurde als Langzeitdünger, eingeschlossen in Kunstharzkügelchen, verabreicht. Damit sollte eine hohe Auswaschung der Kationen zumindest verringert werden.
5. Mineralisch III. Wie "Mineralisch I", aber der Phophor wurde als AGROSIL LR (9,5 % $P_2O_5$) verabreicht.
6. Mineralisch IV. Wie "Mineralisch I", aber das Kalium wurde gebunden an einem Tonmineral gegeben. Damit sollte verhindert werden, daß das Kalium ausgewaschen wird.
7. Organisch I. Der ausgeglühte Boden wurde mit etwas 20 Vol.-% Laubkompost vermischt.
8. Organisch II. Wie "Organisch I", aber es kam eine mäßige Mineraldüngergabe (Stickstoff, Phosphor, Kalium und Magnesium) hinzu.
9. Biologisch I. Wie "Mineralisch I", aber es wurde noch eine Impfung des Bodens mit kommerziell hergestellten Bodenbakterienkulturen vorgenommen.
10. Biologisch II. Wie "Mineralisch I", aber es wurde eine Gabe von auf dem

Markt erhältlichen Pilzmycel verabreicht.
Alle Behandlungen wurden mit einer artenreichen Mischung mit dem Naßsaatverfahren angesät. Das Saatgut enthielt verschiedene Kleearten und wurde daher mit den entsprechenden Knöllchenbakterien geimpft. Der Originalboden läßt sich als Lößlehm bezeichnen. Die thermische Behandlung erfolgte bei 600°C.

## 3. VERLAUF DES VERSUCHES

Das langjährige Niederschlagsmittel in Dortmund liegt bei 740 mm. Der regenreichste Monat ist mit etwa 80 mm der Mai. Die Wachstumsperiode beider Versuchsjahre war durch zum Teil längere Trockenheitsperioden gekennzeichnet. Dies bewirkte im ersten Jahr eine sehr verzögernde Vegetationsentwicklung.

## 4. ERGEBNISSE

Zunächst wird auf die Ergebnisse der bodenkundlichen Parameter und dann auf die der pflanzenbaulichen Untersuchungen eingegangen. Zum Schluß werden die Ergebnisse der Untersuchungen des Sickerwassers vorgestellt und diskutiert.

### 4.1. BODENKUNDLICHE PARAMETER

Die Wasserspeicherkapazität des thermisch gereinigten Bodens im Mittel aller Behandlungen betrug am Anfang des Versuches etwa 30 Gew.-%. Die Unterschiede zwischen den verschiedenen Behandlungen waren relativ gering. Der Originalboden hatte einen Wert von 50 Gew.-%. Am Ende des Versuches zeigten vor allem die Behandlungen mit Kompost etwas höhere Werte (ca. 33 Gew.-%) im Vergleich zu den restlichen Behandlungen. Die Kationenaustauschkapazität des thermisch gereinigten Bodens im Mittel aller Behandlungen lag bei etwa 10,7 meq/100 g. 14 Monate später betrug dieser Wert 11,6 meq/100 g. Zwischen den Behandlungen traten sowohl am Anfang als auch am Ende des Versuches erhebliche Unterschiede auf. Die Behandlungen 7 und 8 zeigten relativ günstige Werte. . Weitere Parameter befinden sich in der Tabelle 1.
Der pH-Wert lag im deutlich alkalischen Bereich. Die Behandlungen mit Kompost erreichten etwas niedrigere Werte im Vergleich zu den anderen Behandlungen. Dies läßt sich mit der Nachlieferung von organischen Säuren aus dem Kompost erklären. Die Nährstoffversorgung war im allgemeinen im ersten Jahr besser als im zweiten Jahr. Auswaschung von Kationen und Festlegung des Phosphates sind die Ursachen für eine Senkung der Werte innerhalb der Versuchsperiode (BAREKZAI, 1984). Die Zunahme des Calciumgehaltes deutete auf eine Nachlieferung aus dem thermisch gereinigten Boden hin.
Aus der Sicht der Pflanzenernährung war der pH-Wert bei allen Behandlungen etwas zu hoch. Die Phosphorversorgung war bei der Behandlung 1 (Kontrolle ohne Zusätze) zu niedrig, um ein gesundes Pflanzenwachstum zu erlauben. Bei allen anderen Behandlungen war der Gehalt an Nährstoffen ausreichend.

### 4.2. PFLANZENKUNDLICHE PARAMETER

Im ersten Beobachtungsjahr mußte festgestellt werden, daß nur die Behandlungen 2 und 8 einen Deckungsgrad von mehr als 50 % erreichten. (Tab.2)
Im zweiten Jahr war der Deckungsgrad aller Behandlungen deutlich höher als im ersten Jahr, dennoch nur die Behandlungen 2 und 8 erreichten ein befriedigendes Ergebnis. Die Höhe der Vegetation war im Mittel aller Messungen stets unter 20 cm. Die Vegetation auf den Behandlungen 2 und 8 bestand hauptsächlich aus Festuca rubra und F. ovina. Auch Lotus corniculatus, Trifolium repens, Achillea millefolium und Sanguisorba minor kamen in geringen Anteilen vor. Bei den Behandlungen mit Mineraldüngern (Behandlung 3-6) und den Behandlungen mit biologischen Impfstoffen (Behandlung 9 und 10) gab es eine sehr starke Ausbreitung von Funaria hygrometrica(Drehmoos)im Spätwinter und Frühjahr. Im Spätfrühjahr starb das Moos ab. Dies kann als eine An-

Tabelle 1   Einige Bodenparameter

| Behandlung | pH in KCl | $P_2O_5$ [1] | $K_2O$ [1] mg/100g | $Na_2O$ [1] | $CaO$ [2] | $MgO$ [1] |
|---|---|---|---|---|---|---|
| \multicolumn{7}{l}{Untersuchungsjahr 1988 (Mittelwert von 2 Messungen)} |
| 1 | 9,3 | 3,0 | 66,8 | 48,4 | 4,0 | 6,1 |
| 2 | 8,7 | 31,8 | 35,5 | 38,2 | 6,4 | 7,6 |
| 3 | 9,1 | 21,3 | 41,5 | 41,0 | 14,5 | 12,7 |
| 4 | 9,1 | 11,2 | 58,5 | 43,0 | 3,5 | 9,7 |
| 5 | 9,3 | 12,4 | 73,5 | 56,5 | 2,8 | 9,1 |
| 6 | 9,1 | 15,2 | 46,9 | 59,9 | 4,1 | 7,9 |
| 7 | 8,9 | 9,3 | 32,7 | 39,9 | 6,6 | 12,6 |
| 8 | 8,7 | 20,1 | 38,0 | 36,6 | 8,1 | 11,3 |
| 9 | 9,1 | 18,4 | 24,2 | 34,3 | 4,6 | 11,4 |
| 10 | 9,1 | 20,7 | 37,8 | 35,7 | 8,9 | 15,9 |
| Mittel | 9,1 | 16,3 | 45,5 | 43,4 | 6,4 | 10,4 |
| \multicolumn{7}{l}{Untersuchungsjahr 1989 (Mittelwert von 4 Messungen)} |
| 1 | 8,9 | 2,5 | 35,7 | 35,3 | 9,5 | 5,9 |
| 2 | 8,7 | 14,2 | 29,8 | 48,1 | 9,2 | 5,0 |
| 3 | 9,1 | 7,2 | 24,6 | 29,3 | 15,3 | 6,4 |
| 4 | 9,1 | 5,3 | 33,0 | 39,9 | 11,1 | 6,6 |
| 5 | 9,1 | 6,5 | 29,2 | 36,2 | 7,8 | 6,8 |
| 6 | 9,1 | 5,0 | 23,6 | 46,5 | 12,3 | 6,5 |
| 7 | 8,8 | 5,5 | 25,7 | 39,9 | 11,0 | 6,1 |
| 8 | 8,5 | 6,9 | 26,3 | 36,2 | 13,2 | 5,7 |
| 9 | 9,1 | 5,9 | 25,0 | 39,5 | 9,4 | 5,8 |
| 10 | 9,0 | 10,7 | 31,8 | 44,8 | 12,1 | 5,8 |
| Mittel | 8,9 | 7,0 | 28,5 | 39,6 | 11,1 | 6,1 |

[1] Pflanzenverfügbarer Gehalt nach der DL-Methode
[2] Wasserextraktion

zeige für eine ausreichende Nährstoff- aber eine mangelhafte Wasserversorgung bewertet werden. Nur bei den Behandlungen mit Boden bzw. mit Kompost konnten sich anspruchsvollere Pflanzen ansiedeln. Aus dieser Tatsache kann der Schluß gezogen werden, daß der limitierende Faktor für die Rekultivierung des thermisch gereinigten Bodens weniger in einer ungünstigen Nährstoffversorgung lag, sondern viel mehr in einem ungünstigen Wasserhaushalt. Die Zugabe von Kompost und Boden hatten vor allem eine Erhöhung der Wasserspeicherkapazität zur Folge.
Von allen Behandlungen lieferten nur die mit Gartenboden ein befriedigendes Ergebnis.

Tabelle 2  Der Deckungsgrad (D in %) und die Pflanzenhöhe (H in cm).

| Behandlung | 1988 [1] | | 1989 [1] | |
|---|---|---|---|---|
| | D | H | D | H |
| 1 | 6,5 | 4,5 | 19,6 | 2,8 |
| 2 | 71,3 | 16,0 | 83,0 | 10,8 |
| 3 | 15,0 | 5,8 | 42,8 | 5,0 |
| 4 | 12,5 | 7,8 | 52,8 | 6,4 |
| 5 | 8,5 | 6,5 | 42,4 | 5,4 |
| 6 | 18,0 | 7,5 | 48,2 | 7,0 |
| 7 | 30,0 | 7,3 | 55,0 | 10,0 |
| 8 | 60,0 | 7,8 | 75,0 | 12,0 |
| 9 | 25,0 | 5,6 | 59,0 | 5,4 |
| 10 | 21,8 | 4,8 | 59,0 | 5,8 |
| Mittel | 26,9 | 10,3 | 54,7 | 7,1 |

[1] Mittelwert aus 4 Untersuchungen

## 4.3. UNTERSUCHUNGEN DES SICKERWASSERS

Die Untersuchungen des Sickerwassers zielten vor allem darauf ab, potentielle Belastungen des Grundwassers durch die Ausbringung thermisch gereinigter Böden in der Landwirtschaft zu erkennen.
Der pH-Wert des Sickerwassers lag im ersten Jahr bei allen Behandlungen deutlich im alkalischen Bereich (Tab. 3). Im zweiten Jahr wurde vor allem bei den Behandlungen mit Boden (Behandlung 2), Kompost (Behandlung 7 und 8) bzw. AGROSIL (Behandlung 5) eine Abnahme beobachtet.
Die Auswaschung von Kalium und Natrium war hoch. Offensichtlich hatte die thermische Behandlung den Austauscherkomplex stark beeinträchtigt. Der Gehalt an Calium und Magnesium im Sickerwasser blieb mit weniger als 20 mg/l weit unter den Werten von Kalium und Natrium. In diesem Vorhaben wurden die Veränderungen der Tonminerale durch die thermische Behandlung nicht untersucht, aber die Ergebnisse lassen den Schluß zu, daß ein wesentlicher Teil des Kationenbelages der Tonminerale durch die thermische Behandlung freigesetzt wurde. Nach den EG-Richtlinien für die Beurteilung der Trinkwasserqualität beträgt die zulässige Höchstkonzentration für Kalium 12 mg/l. Damit übersteigt das Sickerwasser den Wert um etwa das 30-fache.
Der Gehalt an Calcium und Magnesium blieb deutlich unter des Grenzwertes. Der Gehalt an Natrium überstieg den Richtwert, blieb aber unterhalb der zulässigen Höchstkonzentration.
Der Gehalt an Nitrat blieb stets unter 12 mg/l und damit unterhalb des Grenzwertes 25 mg/l. Der Gehalt von Sulfat bei allen Behandlungen in beiden Jahren lag oberhalb des Richtwertes von 25 mg/l, blieb aber stets unter der zulässigen Höchstkonzentration. Der Gehalt an Chlorid bewegte sich um den Richtwert von 25 mg/l.
Aus diesen Ergebnissen ist zu entnehmen, daß der thermisch gereinigte Boden auf Grund der überhöhten Beweglichkeit des Kaliums nicht in unbegrenzten Mengen in die freie Landschaft eingesetzt werden darf. Da allerdings das Kalium aus den Tonmineralen stammte und ohne Begleitung eines Anions wie z. B. Sulfat oder Chlorid im Sickerwasser erscheint, ist die ökologische Bewertung dieser Aussage schwierig.

Tabelle 3   Der pH-Wert sowie der Gehalt an einigen Kationen und Anionen im Sickerwasser

| Behandlung | Parameter | | | | | |
|---|---|---|---|---|---|---|
| | pH | K+ | Na+ | $NO_3-$ mg/l | $SO_4+2$ | Cl- |

Untersuchungen 1988 (Mittelwert von 2 Messungen)

| | pH | K+ | Na+ | $NO_3-$ | $SO_4+2$ | Cl- |
|---|---|---|---|---|---|---|
| 1 | 11,4 | 280,3 | 90,7 | 2,9 | 44,9 | 28,2 |
| 2 | 12,1 | 436,5 | 160,6 | 2,9 | 104,1 | 41,7 |
| 3 | 11,7 | 401,3 | 109,1 | 3,7 | 33,6 | 27,5 |
| 4 | 10,7 | 377,3 | 102,4 | 6,1 | 38,0 | 15,5 |
| 5 | 11,5 | 448,0 | 176,6 | 5,7 | 60,1 | 16,1 |
| 6 | 11,7 | 457,3 | 184,0 | 5,0 | 98,6 | 19,5 |
| 7 | 11,6 | 413,8 | 154,9 | 4,6 | 90,7 | 46,3 |
| 8 | 11,7 | 348,5 | 118,9 | 2,9 | 89,3 | 49,5 |
| 9 | 11,8 | 304,5 | 96,4 | 6,0 | 37,8 | 10,7 |
| 10 | 12,2 | 442,3 | 152,6 | 5,9 | 99,2 | 21,5 |
| Mittel | 11,6 | 391,0 | 134,5 | 4,5 | 69,6 | 27,7 |

Untersuchungen 1989 (Mittelwert von 4 Messungen)

| | pH | K+ | Na+ | $NO_3-$ | $SO_4+2$ | Cl- |
|---|---|---|---|---|---|---|
| 1 | 10,6 | 198,6 | 59,1 | 2,1 | 69,7 | 24,8 |
| 2 | 9,8 | 274,1 | 80,9 | 3,2 | 66,7 | 33,0 |
| 3 | 10,8 | 234,5 | 61,7 | 2,4 | 60,9 | 22,0 |
| 4 | 11,1 | 230,5 | 58,3 | 6,4 | 53,0 | 17,0 |
| 5 | 7,9 | 227,6 | 86,5 | 3,8 | 43,7 | 19,5 |
| 6 | 10,6 | 234,9 | 71,4 | 3,3 | 45,8 | 19,0 |
| 7 | 9,9 | 184,4 | 52,7 | 10,4 | 44,4 | 23,5 |
| 8 | 9,8 | 205,1 | 55,4 | 5,2 | 46,7 | 45,5 |
| 9 | 10,9 | 220,2 | 49,0 | 3,4 | 82,4 | 28,0 |
| 10 | 10,4 | 361,8 | 86,3 | 5,0 | 55,5 | 30,5 |
| Mittel | 10,2 | 237,2 | 64,3 | 7,5 | 56,9 | 26,3 |

Der thermisch behandelte Boden kann aber als Kaliumdünger-Ersatz in der Landwirtschaft und im Gartenbau eingestzt werden. Die Gaben könnten 200–500 t/ha bzw. 20-50 kg/m$^2$ betragen. Dabei sollten allerdings die Eigenschaften des Bodens am Standort sowie die Entfernung zum nächsten Gewässer bzw. Wasserschutzgebiet berücksichtigt werden.

## 5. SCHLUSSFOGERUNGEN

Die Tatsache, daß der thermisch gereinigte Boden biologisch inaktiv, alkalisch und phosphorarm war, stelle kein unüberwindbares Hindernis für seine Rekultivierung dar. Aufwendige Düngungsmaßnahmen und Impfung mit Mikroorganismen waren nicht erfolgreich. Dagegen Kompost mit einer leichten Düngung erbrachten ein befriedigendes Ergebnis.

## 6. LITERATUR

BAREKZAI, A und K. MENGEL. (1985)
Alterung von wasserlöslichem Düngerphosphat bei verschiedenen Bodentypen.

Dieses Projekt wurde von der Stadt Dortmund unter Bezuschussung des Regierungspräsidenten Arnsberg finanziert.

REKULTIVIERUNG THERMISCH GEREINIGTER BÖDEN NACH
DEM MUSTER DER NATÜRLICHEN SUKZESSION

Dirk Bruns, Christopher Reimann und Maren Jochimsen

## 1. Einleitung und Problemstellung

Mit Schadstoffen verunreinigte Böden werfen nicht nur das vielfältige Problem ihrer Sanierung sondern in zunehmendem Maße auch das ihrer anschließenden Wiedernutzbarmachung nach erfolgter Dekontamination auf. Der Anfall großer Mengen gereinigten Altlastenmaterials führt verstärkt zu der Forderung, diese Substrate wieder an ihren Ursprungsort zu verbringen und in die Landschaft zu integrieren. Es entstehen Flächen, deren Böden stark veränderte Eigenschaften aufweisen und die einer natürlichen Wiederbegrünung große Schwierigkeiten entgegenzusetzen scheinen. Die üblichen Verfahren der Rekultivierung derartiger Flächen beinhalten allgemein einen hohen Kosten- und Technikaufwand (Übererdung, Aufforstung, Einsaat handelsüblicher Saatmischungen) und sind sowohl in ökologischer als auch in ökonomischer Hinsicht fragwürdig: Nur selten werden standortgerechte Artenzusammensetzungen verwendet, so daß naturferne Forsten entstehen, die u. a. der Forderung nach Schaffung von Ausgleichs- und Rückzugsbiotopen nicht gerecht werden können.

In der Natur gibt es kaum einen Standort, der nicht von Pionierarten besiedelt werden kann. Im Laufe mehrerer Jahre bis Jahrzehnte stellt sich an ihm durch die Abfolge verschiedener Pflanzengemeinschaften eine stabile Schlußgesellschaft ein, wobei die Geschwindigkeit dieser Entwicklung unter anderem von der Verfügbarkeit geeigneter Diasporen abhängig ist (JOCHIMSEN 1987). Diese Erkenntnis führte zu der Überlegung, die Dauer der Pionierphase durch eine gezielte Einsaat standortgerechter Arten wirkungsvoll zu verkürzen. Bereits im ersten Jahr entsteht ein natürliches Initialstadium aus ein-, zwei- und mehrjährigen Kräutern und Gräsern. Diese Pioniervegetation bildet die notwendige Voraussetzung für eine spätere autochthone Ansiedlung anspruchsvollerer Arten und die Entwicklung sogenannter Ausgleichsbiotope. Außer einer Initialdüngung zur Verbesserung der Nährstoffsituation wird auf landschaftspflegerische Eingriffe wie Übererdung des Problemmaterials oder Pflanzung von Gehölzen verzichtet, was zu einer kostengünstigeren Methode und einem höheren ökologischen Wirkungsgrad führt. Aufgrund der positiven Erfahrungen mit der Begrünung von Bergematerial nach dem Muster der natürlichen Sukzession entstand der Gedanke, einen ähnlichen Problemlösungsansatz auch für die Rekultivierung thermisch gereinigter Altlastenböden zu wählen (JOCHIMSEN 1990).

## 2. Untersuchungsgebiet

Die Einrichtung der Versuchsflächen wurde durch die Ruhrkohle AG (RAG), die Bergbau AG Westfalen sowie die Landesentwicklungsgesellschaft Nordrhein-Westfalen ermöglicht. Die Anlage der Flächen erfolgte auf dem ehemaligen Gelände der Zeche "Königsborn 3/4" in Bönen/Landkreis Unna, auf dem sich ursprünglich eine Kokerei sowie zwei Gasometeranlagen befanden. Aus dieser Umgebung stammt das für die Untersuchung verwendete thermisch gereinigte Altlastenmaterial.

Dem organischen Schadstoffpotential (MAK und PAK) dieser ehemaligen Industrieanlage entsprechend kam ein thermisches Reinigungsverfahren zum Einsatz, bei dem der kontaminierte Boden in einem Drehrohrofen bei einer Temperatur von 600°C verbrannt wurde (Versuchsanlage Königsborn).

Nach erfolgter Behandlung wurde das gereinigte Material wieder an die ausgekofferten Stellen verbracht. - Die hohe Brenntemperatur verändert das Ausgangssubstrat wesentlich: Verlust des organischen Kohlenstoffes, Zerstörung der Tonminerale und des Bodengefüges, vollständige biologische Inaktivierung. Daher kann im vorliegenden Fall nicht mehr von einem Boden im eigentlichen Sinne gesprochen werden. Das gereinigte Material zeichnet sich durch einen geringen Stickstoff- und extrem niedrigen Phosphorgehalt bei überdurchschnittlich hohem Kaliumgehalt aus. Die vorherrschende Korngröße ist Schluff, wobei das Material nach der Ausbringung auf die Versuchsflächen zu starker Verdichtung neigt.

## 3. Methodik

Den Standorteigenschaften entsprechend wurden nach pflanzensoziologischen Kriterien (OBERDORFER 1983) zwei Wildkräutermischungen zusammengestellt, die vor allem Ruderalarten der krautigen Vegetation oft gestörter Plätze enthielten. Die meisten dieser Pflanzen haben sich aufgrund ihrer geringen Standortsansprüche bezüglich der Nährstoff- und Wasserversorgung bei der Begrünung von Bergematerial bereits bewährt (JANZEN & JOCHIMSEN 1989). Das Mischungsverhältnis beruht auf der pflanzensoziologischen Stetigkeit und dem Tausendkorngewicht der einzelnen Arten.

Die aus 48 Vertretern des pflanzensoziologischen Verbandes DAUCO-MELILOTION (Honigkleeflur) bestehende erste Mischung wurde in den Saatgutstärken 5 g/m$^2$ und 10 g/m$^2$ ausgebracht. Eine weitere Versuchsvariante dieser Pflanzengemeinschaft in der Stärke 10 g/m$^2$ enthielt keine Leguminosen. Die zweite Mischung umfaßte 25 Arten der Assoziation Arctio-Artemisietum vulgaris, die innerhalb des Verbandes ARCTION (Klettenflur) die geringsten Nährstoffansprüche an den Standort stellt. Sie wurde

nur in der Stärke 10 g/m² ausgesät (vergl. Tab. 1). Die in der
Tabelle 1 aufgeführten Nullflächen ohne Einsaat sollen über die
sich am Wuchsort aus dem Samenanflug einstellende Spontanvegetation Aufschluß geben. Die Aussaat erfolgte im Herbst bzw.
Winter 1989/90.

Zur Verbesserung der Nährstoffsituation wurde Ende April 1990
auf vier der insgesamt 15 Versuchsflächen (à 204 m²) eine Initialdüngung vorgenommen: 5 g/m² N (entspricht 18,5 g/m² Kalkammonsalpeter) und 10 g/m² $P_2O_5$ (entspricht 55,5 g/m² Superphosphat). Auf drei Versuchsflächen erfolgte zur Verbesserung
der Bodenbedingungen eine organische Düngung mit Grünkompost
(Herkunft: Kompostwerk Kreis Unna). Das Kompostmaterial wurde
im Dezember 1989 vor der Einsaat der Flächen in einer Stärke
von 4 kg/m² ca. 15 cm tief eingefräst.

## 4. Vorläufige Ergebnisse

Die Vorstellung erster Ergebnisse dieser Pilotstudie ist zum
jetzigen Zeitpunkt nur im Ansatz möglich. Die Resultate der
Bonitierungen und Biomassebestimmungen liegen erst nach Abschluß der laufenden Vegetationsperiode vor.

Nach der Aussaat im Herbst/Winter 1989/90 ist die Saat auf
allen Versuchsflächen im Frühjahr 1990 gut und in einer befriedigenden Vitalität aufgelaufen. Die hohe Keimungsbereitschaft der ausgewählten Artenkombinationen spiegelt sich auch
in den Wiederfindungsraten der einzelnen Arten von 82 % in der
DAUCO-MELILOTION- und von 86 % in der ARCTION-Mischung wieder.
Naturgemäß unterscheidet sich die Dichte der Keimlinge der
beiden Aussaatstärken 5 g/m² und 10 g/m² beträchtlich. Die
Zählung der Individuen pro m² (Tab. 1) im Mai 1990 ergab für
die 5g-Flächen im Mittel eine um 42,3 % geringere Individuendichte als auf den 10g-Flächen. Im Zuge der weiteren Vegetationsentwicklung wird jedoch auf den letztgenannten Flächen
aufgrund der verstärkten Konkurrenz und der damit verbundenen
höheren Mortalitätsrate ein Ausgleich zwischen den verschiedenen Saatstärken erwartet. Endgültigen Aufschluß über die optimale Individuendichte und die daraus folgende Konsequenz für
die notwendige Aussaatstärke werden die sommerlichen Bonitierungen der Vegetation liefern.

Im Hinblick auf den Deckungsgrad (Tab. 1) macht sich die
Halbierung der Saatgutmenge weniger stark bemerkbar. Auf den
10g-Flächen erreicht die Pflanzendecke durchschnittlich 27,5 %
Deckung, auf den 5g-Flächen dagegen 18 %. Den stärksten Bewuchs
weisen trotz des zwei Monate späteren Aussaattermins und den
vergleichsweise niedrigen Individuenzahlen die Kompostflächen
(Versuchsflächen 13 und 14) auf. Die Pflanzen fanden dort aufgrund der verbesserten Nährstoffsituation die günstigeren
Startbedingungen vor. Ein vergleichbarer Effekt war auf den
Ende April gedüngten Flächen (Versuchsfläche 1, 2, 3 und 8)
noch nicht zu beobachten.

| Fläche | Saatgutmischung | Saatgutstärke (g/m$^2$) | Aussaattermin | Behandlung | Deckungsgrad (%) | Individuen pro m$^2$ |
|---|---|---|---|---|---|---|
| 1 | D.-MEL. | 10 | 9.11.89 | Dünger | 30 | 1795 |
| 2 | D.-MEL. | 5 | 9.11.89 | Dünger | 20 | 1070 |
| 3 | - | - | - | Dünger | 0 | 0 |
| 4 | D.-MEL. | 10 | 9.11.89 | - | 25 | 2510 |
| 5 | D.-MEL. | 5 | 9.11.89 | - | 20 | 1350 |
| 6 | - | - | - | - | 0 | 0 |
| 7 | ARCT. | 10 | 9.11.89 | - | 20 | 2340 |
| 8 | ARCT. | 10 | 9.11.89 | Dünger | 35 | 2255 |
| 9 | D.-M.o.L. | 10 | 9.11.89 | - | 30 | 1370 |
| 10 | D.-MEL. | 10 | 4.01.90 | - | 20 | 2170 |
| 11 | D.-MEL. | 5 | 4.01.90 | - | 10 | 1390 |
| 12 | - | - | - | - | 0 | 0 |
| 13 | D.-MEL. | 10 | 4.01.90 | Kompost | 35 | 1395 |
| 14 | D.-MEL. | 5 | 4.01.90 | Kompost | 22 | 735 |
| 15 | - | - | - | Kompost | <1 | 1 |

D.-MEL. = DAUCO-MELILOTION
ARCT. = ARCTION
o.L. = ohne Leguminosen

Tabelle 1: Versuchsaufbau und vorläufige Ergebnisse (Mai 1990)

Weitere Unterschiede hinsichtlich der Behandlung zeigten sich im Auftreten dominanter Arten. Auf den im November eingesäten DAUCO-MELILOTION-Flächen hatte Isatis tinctoria (Färber-Waid) einen entscheidenden Anteil an der Gesamtdeckung, während auf den Kompostflächen Matricaria inodora (Geruchslose Kamille) und Geranium pusillum (Kleiner Storchschnabel) dominierten. In der ARCTION-Mischung stellte Sinapis arvensis (Acker-Senf) aufgrund seiner Größe die vorherrschende Art dar. Kein nennenswerter Bewuchs war zum Zeitpunkt der ersten Bonitierung auf den Nullflächen zu verzeichnen. Eine Ausnahme bildete hier lediglich die Kompostvariante, auf der sich infolge Verwehung einige der ausgesäten, aber auch weitere, vermutlich aus dem Kompostmaterial selbst stammende Arten eingestellt hatten.

## 5. Zusammenfassung

Positive Erfahrungen mit der Begrünung von Bergematerial ermutigten, Rekultivierungsversuche nach dem Muster der natürlichen Sukzession auch auf andere Problemstandorte wie die thermisch gereinigten Altlastenböden auszudehnen.

Die aus der Umgebung einer Kokerei sowie zweier Gasometeranlagen stammenden, mit organischen Schadstoffen kontaminierten Böden wurden nach einer Thermobehandlung bei 600°C wieder an ihren Ursprungsort verbracht. Zur Rekultivierung kamen zwei Saatgutmischungen aus den pflanzensoziologischen Verbänden DAUCO-MELILOTION und ARCTION zum Einsatz (Aussaat Herbst/Winter 1989/90), die jeweils in den Saatstärken 5 g/m$^2$ und 10 g/m$^2$ ausgebracht wurden. Zur Verbesserung der Nährstoffsituation wurden Stickstoff- und Phosphatdünger sowie auf zwei Parzellen eine rein organische Düngung mit Kompost verwendet.

Im Frühjahr 1990 lief die Saat auf allen Versuchsflächen gut und in befriedigender Vitalität auf. Unterschiede in der Individuendichte beruhten naturgemäß auf den verschiedenen Aussaatstärken. In Bezug auf den Deckungsgrad wirkte sich die Halbierung der Saatgutstärke dagegen weniger deutlich aus. Die Resultate der Bonitierungen und Biomassebestimmungen werden erst nach Abschluß der laufenden Vegetationsperiode vorliegen.

## 6. Bibliographie

JANZEN, D. & M. JOCHIMSEN (1989): Struktur und Biomasse - Vegetationsentwicklung in Abhängigkeit von verschiedenen Standortfaktoren (Halde Waltrop).
Ver. Ges. Ökol. XVIII (Essen 1988): 85-88.

JOCHIMSEN, M. (1987): Vegetation development on mine spoil heaps - a contribution to the improvement of derelict land based on natural succession.
In: MIYAWAKI, A., A. BOGENRIEDER, S. OKUDA & J. WHITE (Hrsg.): Vegetation ecology and creation of new environments. Proceed. Intern. Symp. Tokyo (Tokai University Press): 245-252.

JOCHIMSEN, M. (1990): Advantages and possibilities of recultivating fallow land in accordance with natural succession. Options Méditerranéennes (in press).

OBERDORFER, E. (1983): Süddeutsche Pflanzengesellschaften, Teil III.
Stuttgart - New York, 2. Auflage.


**Anschrift der Autoren**

Dirk Bruns (cand. rer. nat.)
Dipl.-Geoök. Christopher Reimann
Prof. Dr. Maren Jochimsen
Universität-GHS Essen
FB 9 Biologie (Pflanzensoziologie und -ökologie)
Universitätsstraße 5
Postfach 10 37 64
D-4300 Essen 1

REKULTIVIERUNG PHYTOTOXISCHER MIOZÄNSÄNDE

HENRYK GREINERT

POLYTECHNIK INSTITUTE, 65-246 ZIELONA GORA, UL. PODGORNA 50, POLEN

ZUSAMMENFASSUNG

Das Ziel der vorliegenden Untersuchungen bestand in der Ermittlung der Ursachen für die schlechten Ergebnisse, die bei der forstlichen Rekultivierung von ehemaligem Kippengelände (Łęknika auf der Nysa Łużycka) erzielt worden waren. Bodenbildendes Material des ehemaligen Kippengeländes sind pyrithaltige ($FeS_2$) Miozänsände. Als Folge der Oxidation von Pyrit wird $H_2SO_4$ gebildet, die den Boden stark übersäuert. Die großen Kalkmengen, die zur Entsäuerung eingesetzt wurden, verbesserten zwar den pH-Wert, die Kiefern wuchsen aber trotzdem schlecht oder starben sogar ab, obwohl die üblichen Dosen NPK gegeben wurden. Die 1986 - 1989 durchgeführten Experimente zur ergänzenden Düngung zeigten, daß der Hauptgrund für die ungenügende Wiederherstellung in einem Mangel an Stickstoff bestand, der von den Pflanzen assimiliert werden konnte. Eine Dosis von 100 kg N/ha in Form von Ammoniumnitrat verbesserte das Kiefernwachstum radikal und führte zu einem sehr raschen Unterwuchs zwischen den Reihen, der seinerseits die vorher intensive Erosion beendete.

EINLEITUNG

In Polen werden Braunkohlevorkommen hauptsächlich in Miozänmoränen angetroffen, die häufig Pyrit ($FeS_2$) enthalten. Der Abbau der Braunkohle erfolgt heute hauptsächlich im Tagebau. Das durch Abbau an die Oberfläche gebrachte Pyrit wird entsprechend den folgenden Reaktionen oxidiert:

$$2\ FeS_2 + 7\ O_2 + 2\ H_2O = 2\ H_2SO_4 + 2\ FeSO_4$$
$$4\ FeSO_4 + 2\ H_2SO_4 + O_2 = 2\ Fe_2(SO_4)_3 + 2\ H_2O$$
$$Fe_2(SO_4)_3 + 6\ H_2O = 2\ Fe(OH)_3 + 3\ H_2SO_4$$

Als Ergebnis dieser Prozesse werden die an die Oberfläche geförderten Formationen sehr sauer, in manchen Fällen bis pH 2. Eine derartig übersäuerte Formation wird für Pflanzen toxisch. Auch die zahlreichen Wasserbecken am Boden der offenen Gruben enthalten stark saures Wasser (pH 2 - 3) und lassen keine Anzeichen von Leben erkennen (Solski A. et al, 1988). Darüber hinaus enthalten Miozänformationen, insbesondere Sände, nur sehr geringe Mengen von Stickstoff, Kalium, Phosphor und Magnesium, die von Pflanzen assimiliert werden können.

Die oben beschriebenen Bedingungen wurden auf einer Fläche von etwa 400 Hektar einer Braunkohlengrube in Lęknika auf der Nysa Łużycka beobachtet. Das Verfahren, phytotoxische Formationen mit Boden abzudecken, der für Pflanzen geeignet ist, kam bei einer so großen Fläche nicht in Frage, da geeignetes Bodenmaterial in der Nähe nicht verfügbar war. Nach Abschluß von Laboruntersuchungen und Vegetationsexperimenten entwickelte eine Gruppe unter Leitung von Professor T. Skawina (1976) ein Verfahren zur Aufforstung, das für dieses Gelände am besten geeignet war, und das den Sanierungsverfahren für ehemalige Abbauformationen ähnelte, die in der Deutschen Demokratischen Republik eingesetzt worden waren (Katzur J., 1977, Schwabe H., 1977). Es bestand in der Neutralisierung der exzessiven Bodenübersäuerung durch große Kalkgaben, die auf Grundlage der hydrolytischen Azidität berechnet wurden, und im Einsatz von Mineraldünger in Dosierungen, die für die eingeführten Baumarten unverzichtbar sind (Baule H., Fricker C., 1977). Das rekultivierte Land wurde hauptsächlich mit gemeinen Kiefern (Pinus silvestris L) bepflanzt, da diese vergleichsweise bescheidene Ansprüche an pH und Nährstoffe stellen. Ungefähr 70% der Kiefern faßten Wurzeln, während die restlichen 30% im ersten Jahr nach der Anpflanzung abstarben. Die Bereiche, in denen die Kiefern abstarben, bilden unregelmäßige Flecken in dem rekultivierten Gebiet. Das weitere Wachstum der Kiefern erfolgte allerdings sehr langsam. Die Nadeln der meisten Bäume waren kurz und fielen nach einem Jahr ab. Sie zeigten Symptome von Stickstoff- und Kaliummangel, seltener von Magnesiummangel. Selbst 10 Jahre nach dem Anpflanzen der Kiefern war die Oberfläche zwischen den Reihen zu ungefähr 80% frei von jedem Bewuchs. Die wenigen Pflanzen, die dort wachsen (Corynephorus canescens L., Rumex acetosella L., Calamagrostis arundinacea Roth., Festuca ovina L.), sind extrem klein und zeigen ebenfalls Symptome mangels verschiedener Nährstoffe. Infolge des fehlenden Bewuchses und wegen der erheblichen Erosionsneigung des Bodens wurden ungefähr 50% aller Flächen erodiert, und zwar selbst solche mit geringem Gefälle (Wasser- und Schluchtenerosion).

Unter Berücksichtigung der sehr ermutigenden Ergebnisse, die J. Bender (1983) in Experimenten mit Laubbäumen auf den Kippen des Konin-Kohlebeckens erzielt hat (Landrekultivierung nach der sogenannten Methode der polnischen Akademie der Wissenschaften), wurde 1986 ein Experiment mit relativ hohen Dosen von NPK-Düngemitteln eingeleitet. Die erheblich höheren Dosierungen, als sie aus dem Bedarf der Kiefern an Nährstoffen folgen würden, zielten auf eine Verbesserung der Bedingungen für die Entwicklung der Bodenmikroflora.

EIGENSCHAFTEN DES GELÄNDES UND DES BODENS

Das Gebiet des ehemaligen Braunkohlebergbaus in Lęknika gehört zu dem Unterdistrikt, der als Sasko-Lużycka-Ebene bezeichnet wird, einer Mikroregion der Lużycki-Höhen innerhalb des Mużakowski-Rückens. Es liegt in einer Höhe von 140 - 150 m über dem Meeresspiegel. Die mittlere jährliche Niederschlagsmenge beträgt 653 mm, die mittlere Jahrestemperatur 8°C. Die grundlegenden Eigenschaften des Materials, das die ehemaligen Kippen bildet, werden in Tabelle 1 zusammengefaßt. Das oben erwähnte Gelände wurde infolge der Niederschlagserosion extrem stark differenziert. Der Boden wird dadurch in Fraktionen aufgeteilt, das organische Material (hauptsächlich Kohlenstaub) wird vom mineralischen Anteil getrennt, und die Nährstoffe werden ausgewaschen.

Die ausgewaschenen Nährstoffe werden zu zahlreichen anthropogenen Wasserbecken transportiert, die als "anthropogene Seenplatte" bezeichnet werden (Tabelle 2).

UNTERSUCHUNGSMETHODEN

Zur Rekultivierung des oben erwähnten Geländes wurden im Braunkohlenbergbau in Lęknika planungsgemäß die folgenden Dosierungen verwendet:
- Magnesiumdünger in Dosierungen, die auf Grundlage der ermittelten hydrolytischen Aziditäten berechnet wurden, überwiegend im Bereich von 35 - 50 Tonnen/Hektar;
- Stickstoff in Form von Kalkammonsalpeter, 50 kg N/ha vor dem Pflanzen der Bäume + 25 kg N/ha nach einem Jahr, Kopfdüngung;
- Kalium in Form von 60% Kalisalz, 90 kg $K_2O$/ha;
- Phosphor in Form von gemahlenem Phosphaterz, 70 kg $P_2O_5$/ha.

Wie bereits erwähnt, zeigte die obige Düngung hinsichtlich des Kiefernwachstums keine befriedigenden Ergebnisse. Deshalb wurden im Herbst 1986 zwei rekultivierte Bereiche

| Behandlungs-nummer | Magnesium-dünger | NPK, kg/ha/Jahr | | |
|---|---|---|---|---|
| 1 | 0 | | 0 | |
| 2 | 8 t/ha | | 0 | |
| 3 | 0 | N-100 | $P_2O_5$- 70 | |
| 4 | 0 | N-100 | | $K_2O$-160 |
| 5 | 0 | N-100 | $P_2O_5$- 70 | $K_2O$-160 |
| 6 | 0 | N-100 | $P_2O_5$-140 | $K_2O$-320 |
| 6a | 0 | N-100 | $P_2O_5$-140 | $K_2O$-320 |
| 7 | 8 t/ha | N-100 | $P_2O_5$- 70 | |
| 8 | 8 t/ha | N-100 | | $K_2O$-160 |
| 9 | 8 t/ha | N-100 | $P_2O_5$- 70 | $K_2O$-160 |
| 10 | 8 t/ha | N-200 | $P_2O_5$-140 | $K_2O$-320 |
| 10a | 8 t/ha | N-400 | $P_2O_5$-140 | $K_2O$-320 |

ausgewählt. Auf dem einen wuchsen sechsjährige Kiefern (A), auf dem anderen einjährige (B). Die Düngungsversuche dort wurden entsprechend der vorstehenden Tabelle durchgeführt.

TABELLE 1. Ausgewählte Eigenschaften der rekultivierten Flächen nach der mechanischen Nivellierung und vor der Düngung (Mittelwert von n = 20).

| Bodeneigenschaften | von - bis | Mittel |
|---|---|---|
| Mechanische Zusammensetzung (%): | | |
| Sand (1,0 - 0,1 mm) | 52,00 - 69,00 | 64 |
| Schluff (0,1 - 0,02 mm) | 20,00 - 29,00 | 23 |
| Ton (unter 0,02 mm) | 11,00 - 22,00 | 13 |
| Gesamt-S (%) | 0,17 - 0,65 | 0,39 |
| Organisches Material (%) | 0,81 - 3,10 | 1,83 |
| Gesamt-N (%) | 0,011 - 0,067 | 0,035 |
| pH ($H_2O$) | 2,00 - 3,8 | 3,07 |
| pH (1 n KCl) | 1,98 - 3,28 | 2,92 |
| Für Pflanzen verfügbare Elemente: | | |
| Phosphor (mg $P_2O_5$ /100 g) | 0,1 - 1,5 | 0,6 |
| Kalium (mg $K_2O$ /100 g) | 1,0 - 7,0 | 2,4 |
| Magnesium (mg Mg /100 g) | 0,3 - 18,6 | 2,9 |
| Schüttdichte (g/cm³) | 1,16 - 1,64 | 1,42 |
| Kapillarwasserkapazität (Gew.-%) | 20,9 - 36,4 | 25,6 |

TABELLE 2. Konzentration einiger Nährstoffe im Wasser verschiedener anthropogener Becken der "Seenplatte" nach A. Solski 1988.

| Nr. des Wasserbeckens | pH | in mg/l | | | | | |
|---|---|---|---|---|---|---|---|
| | | $N-NH_4$ | $N-NO_3$ | Ca | Mg | K | Na | Fe |
| 20 | 3,0 | 4,40 | 1,37 | 75 | 127 | 6,5 | 6,3 | 0,02 |
| 44 | 3,1 | 0,91 | 0,30 | 39 | 35 | 22 | 13 | 2,5 |
| 46 | 2,6 | 7,0 | 0,20 | 56 | 34 | 3,9 | 1,8 | 112 |
| 47 | 2,8 | 0,15 | 0,35 | 42 | 38 | 10 | 14 | 41 |
| 48 | 2,8 | 0,33 | 0,43 | 35 | 53 | 9,6 | 5,6 | 39 |

Die oben angegebenen Düngemitteldosierungen sind als Zusatzdüngung zu den Gaben zu verstehen, die zur Rekultivierung des ganzen Geländes eingesetzt wurden.

Die NPK-Düngung wurde in den drei aufeinander folgenden Jahren 1987, 1988 und 1989 vorgenommen, während der Magnesiumdünger nur einmal im Herbst 1986 ausgebracht wurde. In jedem Jahr wurden Nadel- und Bodenproben für die chemische Analyse genommen. Das Wachstum der Kiefern und der Pflanzen zwischen den Reihen wurde systematisch beobachtet; außerdem wurden die Bäume morphologisch vermessen.

TABELLE 3. Mittlere Höhen sowie Höhen- und Breitenwachstum des oberen Wirtels und Gewicht von 100 Kiefernnadeln aus Versuchsfeld B, 1989.

| Behandlungs-nummer | Mittel Höhe | cm | Jahresmittel Höhen-wachstum | Breiten-wachstum | Gewicht von 100 einjährigen Nadeln |
|---|---|---|---|---|---|
| 1   | 28 | 95,6  | 26,5 | 20,2 | 2,26 |
| 2   | 26 | 82,3  | 21,3 | 15,1 | 1,60 |
| 3   | 33 | 148,0 | 58,8 | 38,1 | 3,59 |
| 4   | 20 | 140,1 | 59,2 | 38,8 | 3,44 |
| 5   | 25 | 157,6 | 61,2 | 36,1 | 3,03 |
| 6   | 19 | 148,9 | 56,1 | 38,7 | 4,20 |
| 6a  | 25 | 144,1 | 56,2 | 40,6 | 4,50 |
| 7   | 26 | 143,0 | 59,7 | 38,7 | 3,35 |
| 8   | 11 | 134,7 | 53,6 | 36,0 | 3,15 |
| 9   | 33 | 123,4 | 51,3 | 34,9 | 3,68 |
| 10  | 21 | 128,9 | 49,9 | 35,6 | 3,45 |
| 10a | 13 | 111,5 | 42,1 | 28,2 | 2,56 |

TABELLE 4. N-, P-, K-, Ca- und Na-Gehalt von einjährigen Kiefernnadeln, Feld B, 1989.

| Behandlungs-nummer | N % | P (ppm) | K (ppm) | Ca (ppm) | Na (ppm) |
|---|---|---|---|---|---|
| 1   | 1,34 | 1691 | 6399 | 305 | 79  |
| 2   | 1,52 | 1896 | 2552 | 417 | 192 |
| 3   | 1,42 | 1971 | 6330 | 181 | 145 |
| 4   | 1,34 | 1436 | 6156 | 295 | 189 |
| 5   | 1,38 | 1621 | 6833 | 238 | 111 |
| 6   | 1,87 | 2226 | 6502 | 197 | 189 |
| 6a  | 1,79 | 1760 | 6382 | 677 | 213 |
| 7   | 1,53 | 2053 | 5994 | 363 | 345 |
| 8   | 1,49 | 1763 | 5739 | 820 | 188 |
| 9   | 1,53 | 1896 | 6506 | 372 | 193 |
| 10  | 1,89 | 1491 | 6087 | 456 | 219 |
| 10a | 2,57 | 2170 | 5176 | 199 | 199 |

DISKUSSION DER ERGEBNISSE

Die Untersuchungsergebnisse werden in den Tabellen 3 - 5 dargestellt. Da der Platz des vorliegenden Artikels beschränkt ist, können weder die Ergebnisse der dreijährigen Untersuchung noch das vollständige Material des Jahres 1988 vorgelegt werden. Die Daten aus allen diesen Jahren der Untersuchung bestätigen aber die Annahme, daß der Hauptgrund für das unangemessen geringe Wachstum der Kiefern ein Mangel an Nährstoffen war, die den Pflanzen zur Verfügung standen.

TABELLE 5. Bodenreaktion, hydrolytische Azidität und Konzentrationen von löslichem P, K und Ca in 4 Bodenprofilen des Versuchsfeldes B.

| Behand-lung | Tiefe cm | pH H$_2$O | pH KCl | Hydrolytische Aktivität mval/100g | Lösliche Egner-lösung P | Lösliche Egner-lösung K | Elemente - ppm 0,03 n CH$_3$COOH P | 0,03 n CH$_3$COOH K | 0,03 n CH$_3$COOH Ca |
|---|---|---|---|---|---|---|---|---|---|
| 0 | 0- 5 | 7,4 | 6,7 | 1,65 | 58,2 | 22 | 32,7 | 18 | 2340 |
| | 5- 10 | 6,7 | 6,4 | 3,60 | 12,7 | 18 | 13,6 | 12 | 500 |
| | 10- 15 | 5,6 | 4,4 | 4,80 | 12,7 | 18 | 8,6 | 16 | 220 |
| | 15- 20 | 4,7 | 3,9 | 7,65 | 9,1 | 12 | 8,6 | 12 | 20 |
| | 20- 30 | 4,1 | 3,7 | 8,10 | 6,4 | 12 | 11,4 | 10 | 0 |
| | 30- 50 | 1,0 | 3,7 | 8,55 | 10,9 | 12 | 7,3 | 12 | 0 |
| | 50-100 | 3,9 | 3,6 | 8,25 | 12,7 | 14 | 7,3 | 12 | 0 |
| NPK | 0- 5 | 6,8 | 6,5 | 2,25 | 46,3 | 78 | 23,6 | 72 | 1170 |
| | 5- 10 | 6,7 | 6,4 | 4,50 | 28,2 | 64 | 25,4 | 62 | 1000 |
| | 10- 15 | 6,4 | 5,5 | 6,00 | 10,9 | 78 | 14,5 | 72 | 350 |
| | 15- 20 | 5,6 | 4,5 | 6,30 | 6,4 | 62 | 7,3 | 64 | 130 |
| | 20- 30 | 4,8 | 4,5 | 5,70 | 4,5 | 26 | 5,0 | 20 | 0 |
| | 30- 50 | 4,6 | 4,4 | 5,25 | 4,5 | 12 | 6,3 | 10 | 0 |
| | 50-100 | 4,3 | 4,2 | 6,75 | 1,0 | 12 | 11,4 | 16 | 0 |
| 2 NPK | 0- 5 | 7,1 | 6,5 | 2,00 | 10,9 | 162 | 72,7 | 156 | 1780 |
| | 5- 10 | 6,0 | 4,9 | 5,40 | 26,4 | 234 | 21,4 | 212 | 500 |
| | 10- 15 | 4,7 | 4,0 | 6,15 | 8,2 | 84 | 11,4 | 70 | 190 |
| | 15- 20 | 4,7 | 4,0 | 7,85 | 9,1 | 108 | 11,5 | 92 | 220 |
| | 20- 30 | 4,6 | 3,9 | 9,00 | 4,5 | 70 | 16,4 | 72 | 130 |
| | 30- 50 | 4,0 | 3,8 | 11,70 | 13,6 | 52 | 7,3 | 50 | 100 |
| | 50-100 | 4,2 | 3,9 | 5,25 | 1,0 | 22 | 1,4 | 24 | 0 |
| NPK + Kalk | 0- 5 | 4,7 | 4,0 | 7,50 | 15,4 | 124 | 10,0 | 102 | 320 |
| | 5- 10 | 4,4 | 3,9 | 12,30 | 8,2 | 78 | 13,6 | 78 | 290 |
| | 10- 15 | 4,3 | 3,8 | 7,50 | 15,4 | 56 | 8,6 | 54 | 160 |
| | 15- 20 | 4,1 | 3,7 | 7,65 | 9,1 | 40 | 11,4 | 40 | 100 |
| | 20- 30 | 3,9 | 3,6 | 7,65 | 9,1 | 46 | 10,0 | 42 | 70 |
| | 30- 50 | 4,0 | 3,6 | 7,50 | 4,5 | 20 | 8,6 | 18 | 0 |
| | 50-100 | 4,0 | 3,6 | 8,10 | 4,5 | 18 | 6,3 | 16 | 0 |

Dies gilt insbesondere für Stickstoff und Kalium, obwohl diese Nährstoffe in Dosierungen bereitgestellt worden waren, die in der Praxis als ausreichend gelten (Baule H., Fricker C., 1971).

Im ersten Jahr des Experiments (1987) war der offensichtlichste Effekt der Düngung, daß die Oberfläche der Bereiche, in denen Stickstoffdünger eingesetzt worden waren, grün wurden, so daß eine nahezu 100prozentige Vegetationsdeckung erreicht wurde. Die Wassererosion hörte wegen des reichen Unterwuchses auf.

Die Kiefernnadeln nahmen an Gewicht und Länge zu und wurden intensiv grün. Das Jahreswachstum wurde im zweiten Jahr der Düngung erheblich größer. Das dritte Jahr der Düngung belegte hauptsächlich die außerordentlich vorteilhaften Eigenschaften einer Düngung mit Stickstoffbeteiligung. Wenn man das Jahreswachstum und das Nadelgewicht betrachtet, kann der Düngungseffekt auf jüngere (B) und ältere Bäume (A) als fast identisch angesehen werden. Natürlich zeigte die Düngung der jüngeren Bäume bessere Ergebnisse hinsichtlich ihres allgemeinen Zustandes. Gedüngte jüngere Bäume sind gerade und haben sich selbst dort gut entwickelt, wo viele der älteren Bäume trotz grüner Nadeln und guten Wachstums infolge der Streßwirkung eines mehrjährigen Mangels an Nährstoffen deformiert und krumm gewachsen sind.

Wie Tabelle 3 zeigt, wurden die größte Höhe und das beste Jahreswachstum der Kiefern bei der Kombination 5 beobachtet, also bei Volldüngung mit NPK. Die Resultate der Kombinationen NP, NK und 2 NPK (3, 4 und 6) waren nur geringfügig schlechter. Zusätzliches Kalken ohne NPK behinderte das Wachstum der Kiefern dagegen stark. Im allgemeinen wurden für die Kombinationen NP, NK und NPK mit Kalkzusatz schlechtere Ergebnisse erzielt als für dieselben Kombinationen ohne Kalkzusatz, auch wenn die Kombinationen mit Kalkzusatz keine deutliche Änderung des pH-Wertes zeigten (Tabelle 5).

Die Ursache des schwächeren Kiefernwachstums in diesem Falle könnte in der nachteiligen Wirkung von Kalk auf die Ernährungsphysiologie der Kiefern liegen, worauf beispielsweise ein schwedischer Autor hingewiesen hat (Wunder W., 1984). Tatsächlich ist die Aufrechterhaltung der richtigen, für Kiefern angemessenen Kalziumkonzentration im Boden keine einfache Aufgabe; dies nicht nur infolge der Schwierigkeiten, die sich aus der Heterogenität des von einem Bulldozer nur schlecht mit Kalk gemischten Bodenmaterials ergeben - auch die Berechnung der Kalkdosis auf Grundlage der hydrolytischen Azidität ist nicht perfekt, da bei diesem Verfahren nur die Kalkdosis berechnet wird, die zur Neutralisierung der im Boden befindlichen $H_2SO_4$ benötigt wird, während die gegebenenfalls später noch freigesetzte Säure nicht berücksichtigt wird. Aus Arbeiten von K. Rasmussen und M. Willems (1981) folgt, daß Kalken den Prozeß der $FeS_2$-Oxidation verlangsamen und so über mehrere Jahre verlängern kann. Während dieses Zeitraums können die Bodenbedingungen instabil (labil) bleiben, sie ähneln dann eher Verwitterungsprozessen als solchen der Bodenbildung.

Infolge des sogenannten "Verdünnungseffektes" spiegelt sich der Effekt der angewandten Düngung nur schwach im chemischen Gehalt der Kiefernnadeln wieder (Tabelle 5). Nur im Falle der höchsten Stickstoffdosierungen wird eine nennenswerte Zunahme des N-Gehalts beobachtet. Dagegen wiesen die Nadeln bei allen Kombinationen einen vergleichsweise geringen Kalziumgehalt auf.

In rekultivierten Flächen ist Kalzium die hervorragende Komponente, deren Konzentration beträchtlich erhöht wurde. Infolge der großen Kalkdosen wurde auch der Boden-pH erhöht.

Veränderungen in den Bodenprofilen treten am häufigsten in Tiefen von 10 - 20 cm auf (Tabelle 5). Die Konzentration löslicher Formen von Kalium und Phosphor wurde auch an der Oberfläche erhöht, auch wenn die absoluten Werte noch relativ niedrig liegen.

FOLGERUNGEN
1. Die zur Rekultivierung des Geländes eingesetzten Mengen von NPK gewährleisten keine ausreichende Versorgung der Kiefern mit Nährstoffen.
2. Das Wachstum der Kiefern wurde durch Düngung mit Stickstoff am günstigsten beeinflußt. Für ein gutes Baumwachstum war eine Dosis von 100 kg N/ha ausreichend.
3. Die Effekte einer Düngung mit Kalisalzen und Superphosphat waren schwach.
4. Eine zusätzliche Düngung mit Kalk führte zu negativen Resultaten.

BIBLIOGRAPHIE
1) Baule H., Fricker C., (1971). Nawożenie drzew lesnych. PWRiL Warszawa.
2) Bender J., (1983). Theoretical base of industrial landscape recultivation (Theoretische Grundlagen der Rekultivierung industrieller Landschaften). Recultivation of technogeneous areas. Ed. Szegi. Maatalja Coal Mining Co. Gyöngyös, 113-118.
3) Katzur J., (1977). Die Grundmelioration von schwefelhaltigen extrem sauren Kipprohböden. Technik und Umweltschutz. Wiedernutzbarmachung devastierter Böden. 18, 52-62.
4) Rasmussen K., Willems M., (1981). Pyrite oxidation and leaching in excavated lignite soil (Pyritoxidation und Auslaugung in Kippen des Braunkohlenbergbaus). Acta Agric. Scand. 31, 107-115.
5) Schwabe H., (1977). Forstliche Rekultivierung von Kippen des Braunkohlenbergbaus. Technik und Umweltschutz. Wiedernutzbarmachung devastierter Böden. 18, 149-155.
6) Skawina T., (1977). Problems of biological reclamation on waste lands from lignite strip mining activities (Probleme der biologischen Rekultivierung von Ödflächen, die beim Braunkohlentagebau entstehen). Symposium on Environmental Problems resulting from Coal Industry activities. Katowice.
7) Solski A., Jędrczak A., Matejczuk W., (1988). Sklad chemiczny wód zbiorników "pojezierza antropogenicznego" w rejonie Tuplice - Łęknica (The chemical composition of water reservoirs of "anthropogenic lakeland" in Tuplice - Łęknica area (Die chemische Zusammensetzung von Wasserreservoiren der "anthropogenen Seenplatte im Gebiet Tuplice - Łęknica)). Zeszyty Naukowe WSI w Zielonej Górze. 84/4, 65-76.
8) Wunder W. (1984). Negativwirkung infolge Boden- und Gewässerkalkung in Schweden. Allg. Forstzeitschr. 33/34, 846.

ERGEBNISSE BEGLEITENDER UNTERSUCHUNGEN VON SANIERUNGSTECHNIKEN UND PROBLEME
DER WIEDERVERWENDBARKEIT VON GEREINIGTEN BODENMATERIALIEN

D. Goetz und A.N.H. Claussen
Institut für Bodenkunde, Universität Hamburg, Allende-Platz 2,
2000 Hamburg 13

Es wurden Bodenmaterialien nach der Behandlung mit unterschiedlichen Sanierungstechniken untersucht (BMFT/UBA gefördertes Projekt Nr. 14704792). Die durchgeführten Untersuchungen beinhalten die bodenchemische und bodenphysikalische Klassifizierung, sowie die Auslaugung der Reinigungsprodukte (Goetz & Claussen 1988).

MATERIALIEN

Eine Übersicht über die bisher untersuchten Bodenmaterialien zeigt die Tabelle 1.

Tabelle 1: untersuchte Bodenmaterialien aus unterschiedlichen Sanierungsprojekten und einige Ergebnisse

| Probenbezeichnung | Herkunft | Reinigungsverfahren | C-Gesamt (%) | Kationenaustauschkapazität (mval/100gTS) | pH-Wert (Wasser) |
|---|---|---|---|---|---|
| E | Kokerei | thermisch | 1,0 | 6,5 | 12,0 |
| F | Kokerei | thermisch | 1,1 | 6,5 | 12,0 |
| G-EIN | Ölkonta- | Wäsche | 1,0 | 3,1 | 8,5 |
| G-AUS | mination | | 0,25 | <0,87 | 8,7 |
| H-EIN | Ölkonta- | Wäsche | 1,0 | 4,7 | 8,5 |
| H-AUS | mination | | 0,7 | 0,93 | 9,0 |
| I-EIN | Holzimpr- | Wäsche | 0,19 | 1,0 | 8,3 |
| I-AUS | ägnation | | 0,17 | <0,87 | 8,7 |
| J | Kokerei | pyrolytisch | 13,0 | 10,7 | 10,8 |

EIN bzw. AUS bezeichnen das kontaminierte Eingangs- bzw. gereinigte Ausgangsmaterial.

ERGEBNISSE

Nur für das Bodenwaschverfahren konnten bisher Untersuchungen für kontaminiertes Eingangs- und dekonatminiertes Ausgangsmaterial durchgeführt werden. Der Reinigungseffekt ist in der Tabelle 1 an der Kationenaustauschkapazität zu erkennen. Die Reinigung erfolgt in erster Linie durch die Abtrennung der kleinen Korngrößenfraktionen und der organischen Bodensubstanz. Mit diesen Bodenbestandteilen werden auch die wesentlichen Schadstofffrachten abgetrennt. Die gröberen Körner können abhängig von Intensität und Dauer des Waschvorganges auch oberflächlich gereinigt werden. Durch die Abfuhr der sorptionsaktiven Bodenbestandteile wird die Speicherfähigkeit des Bodens für Nähr- und Schadstoffe verringert. In dem Bodenmaterial noch vorhandene Restkontaminationen können deshalb auch mobiler sein und können beim Wiedereinbau wegen der besseren Wasserleitfähigkeit des feinmaterialarmen Materials unter Umständen zu einer stärkeren Grundwasserbeeinflussung führen als das Ausgangsmaterial in situ.

Durch die direkte thermische Bodenbehandlung entsteht aus dem kontaminierten Boden ein vollständig neues Produkt. Bei der Verbrennung mit Temperaturen zwischen 800 bis 1000 °C wird aus dem bindigen Boden ein pelletartiges, rötliches, stark alkalisch reagierendes Material produziert (Goetz, Claussen & Kühn 1989). Verschiedene bodeneigene Minerale, insbesondere Tonminerale werden in andere Mineralformen überführt, so daß sich Struktur und chemische Eigenschaften stark verändern. Die Aufoxidierung des Materials und das stark alkalische Milieu führen zu einer weitgehenden Immobilisierung der anorganischen Schwermetalle mit Ausnahme der entstandenen 6-wertigen Chromate. Die niedrigeren Temperaturen (500 bis 600 °C) und die reduzierenden Bedingungen bei der pyrolytischen Bodenbehandlung führen zu deutlich geringeren Veränderungen der Produkte gegenüber der direkten Verbrennung. Die primären Silikate werden kaum und die Tonminerale weniger stark verändert. Das Material behält etwa die Korngrößenzusammensetzung der Ausgangssubstanz. Organische Bodenbestandteile werden vollständig denaturiert und liegen als Holzkohle oder in rußartiger Form vor. Eine Einbindung anorganischer Schadstoffe in Minerale erfolgt nicht. Der pH-Wert der wässrigen Aufschlämmung von pyrolisierten Bodenmaterialien liegt trotz der geringeren Temperaturen bei über pH 10.

DISKUSSION

Auf der Grundlage der untersuchten Materialien und der 3 verschiedenen Verfahren deuten sich einige Anwendungsschwerpunkte für die Bodenreinigung an. Bodenwaschverfahren müssen technologisch sehr genau auf den Boden und die Kontaminationsart abgestimmt sein um die Restgehalte zu minimieren und eine vernünftige Relation zwischen gereinigtem Bodenmaterial und den zu entsorgenden stark kontaminierten Reststoffen zu erreichen. Der gewaschene und damit klassierte Boden kann bei entsprechendem Reinigungsgrad auch für anspruchsvollere Verwendungszwecke eingesetzt werden.

Die direkte thermische Bodenbehandlung erlaubt eine sehr zuverlässige Dekontamination praktisch aller Bodenarten bei einer sehr breiten Schadstoffpalette. Die Endprodukte dieser Behandlung lassen sich trotz der durchgreifenden Umformung mit entsprechenden kulturtechnischen Maßnahmen auch wieder in einen Kulturboden umwandeln. Materialgerechte Anwendungsbereiche sollten in Versuchen erschlossen werden.

Die pyrolytische Bodenbehandlung ist wegen der niedrigeren Aufheizung des Bodenmaterials eine kostengünstigere Bodenreinigungsvariante. Organische Schadstoffe werden aber nicht total ausgetrieben und anorganische Kontaminationen bleiben weitgehend unverändert. Dementsprechend können bei der Wiederverwendung des gereinigten Bodenmaterials Einschränkungen bestehen. Eine Kultivierung des Materials ist in ähnlicher Weise möglich wie bei dem Material aus der direkten thermischen Behandlung.

LITERATUR

Goetz, D. und Claussen, A.N.H. (1988): Untersuchungen zu thermisch, physikalisch-chemisch und biologisch gereinigten kontaminierten Standorten.- In: Altlastensanierung 1988 - 2. Internationaler TNO/BMFT-Kongreß - April 1988 in Hamburg; (eds) Wolf, K. & Van den Brink, W.J., S. 551 ff.

Goetz, D.; Claussen, A.N.H. & Kühn, M. (1989): Eigenschaften von thermisch gereinigten Bodenmaterialien.- Mitt. Dtsch. Bodenkundl. Ges., 59, Bd. 1, S. 343-348

Goetz, D. & Holz, C. (1989): Stoffaustrag aus thermisch gereinigtem Bodenmaterial im Freilandlysimeterversuch.- Mitt. Dtsch. Bodenkdl. Ges., 59, Bd.1, S. 349-354

ERMITTLUNG DES GEFÄHRDUNGSPOTENTIALS EINES ERHOLUNGSPARKS
AUF EINER GESCHLOSSENEN DEPONIE

M. STAMMLER; O. SCHUSTER; R. ROHDE

ENVI SANN GMBH, 6384 SCHMITTEN 1

1. EINLEITUNG

Im Norden von Berlin (West) wird ein ehemaliges Deponiegelände mit einer Fläche von ca. 10 ha als Freizeit- und Erholungspark genutzt. Einrichtungen für Sport-, Spiel- und andere Freizeitgestaltungsmöglichkeiten sind vorhanden. Von 1958 bis 1982 wurde die Deponie als Hausmülldeponie betrieben; wahrscheinlich wurden jedoch auch Industrieabfälle und toxische Materialien eingebracht.

Bereits durchgeführte Untersuchungen im südlichen und westlichen Umfeld der Deponie zeigten teilweise unzulässige Schadstoffkonzentrationen. Bei der chemischen Analyse von Grund- und Oberflächenwasser, Schlamm und ausgewählten Bodenproben wurden polyaromatische Kohlenwasserstoffe, Phenole sowie Kupfer, Zink und Blei gefunden.

Ziel der durchgeführten Untersuchungen war, vom Deponiekörper ausgehende Emissionen zu erfassen, welche die erholungssuchenden Menschen gefährden könnten. Im Hinblick auf die Nutzung stand zunächst die Untersuchung oberflächennaher Bereiche des Deponiekörpers im Vordergrund.

2. METHODEN

An 20 repräsentativen Stellen des Deponiekörpers wurden Bodenluftproben aus Grundwasser-Beobachtungsrohren sowie mittels eines Schlitzrohrs aus Bohrlöchern in Entnahmetiefen von - 60 cm bis - 6 m u.G.O.K. entnommen. Mittels Teströhrchen wurde sofort auf flüchtige organische und metallorganische Verbindungen untersucht. Der Gehalt an Chlorkohlenwasserstoffen angereichert an Aktivkohlekartuschen wurde mit einer GC-ECD-Methode bestimmt.

An 20 ausgewählten Stellen wurden Bodenproben entweder als Mischprobe über die gesamte Tiefe der Bohrung oder als Bohrprobe mit definierter Tiefe entnommen. Nach der Klärschlammverordnung wurden die Schwermetallgehalte und nach DIN flüchtige Schwermetalle bestimmt. Flüchtige Kohlenwasserstoffe wurden mit einer Head-Space-Technik bestimmt.

## 3. ERGEBNISSE UND DISKUSSION

In den Bodenluftproben wurden keine flüchtige Schwermetallverbindungen gefunden. Die flüchtigen chlorierten Kohlenwasserstoffe Chloroform, Tetrachlormethan, 1.1.1.-Trichlorethan, Trichlorethen und Tetrachlorethen lagen im Bereich von maximal einigen µg/m³, meistens sogar unterhalb der Bestimmungsgrenze.

Allgemein anerkannte stoffbezogene Imissionsgrenzwerte existieren für diese Verbindungen zur Zeit nicht. Aufgrund der Tatsache, daß die Konzentrationen mehr als 10-100 fach unter den MAK-Werten liegen und beim Austritt von Bodenluft mit einer Verdünnung durch Verwehen zu rechnen ist, können spezifische Gesundheitsrisiken durch Inhalation dieser Substanzen nicht abgeleitet werden. Mulden und Sicken könnten jedoch höhere Schadstoffkonzentrationen aufweisen.

In den Bodenproben wurden folgende Schwermetallkonzentrationen gefunden: Blei 7,8 bis 331 mg/kg TS, Kupfer 8,8 bis 174 mg/kg TS, Nickel 3,6 bis 13,2 mg/kg TS, Arsen 1,3 bis 7,9 mg/kg TS, Quecksilber 0,02 bis 0,58 mg/kg TS und Cadmium 0,07 bis 1,53 mg/kg TS. Die Mittelwerte der Schadstoffkonzentrationen liegen noch innerhalb der Kategorie I (Wasserschutzgebiet) der "Berliner Liste". Somit kann keine akute Gefährdung des Menschen durch Ingestion dieser Stoffe abgeleitet werden.

Auffällig war der hohe Sulfid-Gehalt des Oberflächenwassers. Bei dem vorherrschenden pH-Wert von 7 ist er zwar unbedenklich, kann jedoch bei Verschiebungen des pH-Wertes, z.B. durch Freisetzung von Säuren aus Bleibatterien, zu Geruchsbelästigungen und eventuell zu Gesundheitsschädigungen durch freigesetzten Schwefelwasserstoff führen.

## 4. SCHLUSSFOLGERUNG

In Anbetracht der Nutzung der ehemaligen Deponie als Erholungspark muß das Gelände solange als potentiell gefährdend eingestuft werden, bis es eingehend untersucht wurde. Aus diesen Untersuchungen könnte sich sogar die Notwendigkeit einer periodischen Langzeitüberwachung ergeben.

* Unser Dank gilt der Senatsverwaltung für Stadtentwicklung und Umweltschutz, im Besonderen den Herren J.Strobel und W.Böhm für die Unterstützung dieser Arbeiten, viele hilfreiche Diskussionen und für die Erlaubnis, die Ergebnisse zu veröffentlichen.

DIE MIKROBIELLE GEMEINSCHAFT VON DEPONIEBÖDEN UND DER EINFLUSS VON DEPONIEGAS AUF DIE BODENSANIERUNG UND WIEDERBEGRÜNUNG

SHARON D. WIGFULL UND PAUL BIRCH

ENVIRONMENT & INDUSTRY RESEARCH UNIT, POLYTECHNIC OF EAST LONDON, ROMFORD ROAD, LONDON E15 4LZ

1. EINLEITUNG

Auf Grundlage von Proben, die sanierten Deponien im Südosten Englands entnommen worden sind, wurde eine umfangreiche Datenbank zu mikrobiologischen und physikalischchemischen Bodenbedingungen erstellt. Die Altlasten wurden über einen Zeitraum von Jahren unter Verwendung verschiedener Bodentypen saniert und werden gegenwärtig als Landschaftsparks oder öffentliche Grasflächen genutzt.

Ergebnisse von Feld- und Laboranalysen, die an Gasproben aus Deponieböden durchgeführt worden sind, haben darauf hingedeutet, daß eine Kontamination mit Deponiegas in so ausreichenden Mengen erfolgen kann, daß die physikalischchemischen Bodeneigenschaften und das Pflanzenwachstum verändert werden. Arbeiten von Adamse et al. (1972) zeigten eine Zunahme der methanoxidierenden Organismen in der Nähe von natürlichen Gasleckagen (< 95% Methan). Dessen ungeachtet ist die Wirkung der Gaskontamination auf die Rolle und Aktivität der mikrobiellen Gemeinschaft und ihre Bedeutung für die Sanierung noch nicht geklärt.

Die Vorhersage von Gaskontaminationen im Bodenprofil und die Wiederholung derartiger Ereignisse sind vor Ort unmöglich. Um die Wirkung dieser Gase auf die Gemeinschaft der Bodenmikroben zu untersuchen, wurden folglich parallele Labor-Mikrokosmen aus Deponieböden erstellt. Die Inkubationstemperaturen der Böden wurden entsprechend den Feldbedingungen der Datenbank und den von Flowers et al. (1977) mitgeteilten Daten variiert. Auf Grundlage von vor Ort in Bohrungen durchgeführten Messungen und von Werten, die vom Ministry of Agriculture Fisheries & Food (Anon, 1988) ermittelt worden sind, wurde auch die Zusammensetzung der Bodenatmosphäre variiert.

2. VERFAHREN

Die Mikrokosmen wurden unter Verwendung von 100 ml Borsilikatkolben mit Schraubverschlüssen erstellt. Diese wurden mit 100 g Deponieboden gefüllt, der auf 50% Wasserfassungsvermögen voreingestellt war, und mit Gummisepta abgedichtet. Aus dem Luftinhalt von ungefähr 56 ml wurden Luftanteile entnommen und durch die experimentellen Gase ersetzt, die durch das Septum mit einer gasdichten Spritze injiziert wurden. Die endgültige Atmosphäre bestand zu 33% aus experimentellem Gas, der Rest war unbehandelte Luft. Als experimentelle Gase wurden Methan, Kohlendioxid und ein Gemisch von 60% Methan\40% Kohlendioxid verwendet. Parallele Mikrokosmen wurden bei 5, 15, 25 und 35°C für 14 Tage inkubiert. Sowohl vor als auch nach der Inkubation wurden Bodenproben für die physikalisch-chemische und die mikrobiologische Untersuchung entnommen.

3. ERGEBNISSE

i) Der Gesamtstickstoff nahm bei allen Böden ab, in die Gas eingebracht worden war, die Erhöhung der Temperatur hatte aber keine signifikanten Effekte.

ii) Der Boden-pH stieg mit der Temperatur an, während die Gasbehandlung keinen signifikanten Effekt hatte.

iii) Der verfügbare Phosphor nahm nach allen Gasbehandlungen, aber nicht signifikant mit der Temperatur ab.

iv) Im Vergleich zum Kontrollversuch nahm die Anzahl der Bodenpilze nach allen Gasbehandlungen ab. Erhöhte Temperaturen reduzierten die Pilzzahlen signifikant in Böden, die mit Methan/Kohlendioxid behandelt worden waren.

v) Die Anzahl der anaeroben Mikroorganismen nahm bei allen Gasbehandlungen und mit steigender Temperatur zu.

vi) Im Vergleich zu den Kontrollversuchen nahmen methanoxidierende Organismen bei allen Gaszusätzen zu. Die Behandlung mit Methan zeigte den größten Effekt.

vii) Die mikrobielle Dehydrogenase-Aktivität nahm bei allen Böden ab, denen Gas zugesetzt worden war. Eine Erhöhung der Bodentemperatur führte zur Abnahme der Aktivität in den Kontrollböden, zeigte aber bei den mit Gas behandelten Böden keinen Effekt.

4. DISKUSSION

Die Ergebnisse deuten darauf hin, daß eine Kontamination der Bodenatmoshäre mit Komponenten des Deponiegases sowohl die mikrobiologischen als auch die physikalisch-chemischen Eigenschaften des Bodens verändert. Die Anzahl der anaeroben Mikroorganismen nahm zu, während der Gehalt an Stickstoff und verfügbarem Phosphor sowie die Anzahl der Pilze alle signifikant abnahmen. Die signifikanten Reduktionen der mikrobiellen Aktivität bestätigen, daß die Funktion der mikrobiellen Bodengemeinschaft gestört wurde. Weitere Laboruntersuchungen haben gezeigt, daß die Erholung insbesondere der Pilze länger als 6 Monate dauern kann.

In der Praxis könne viele Deponien den erwünschten Endpunkt ihrer Sanierung nicht erreichen oder nicht halten. Die Kontamination der Bodendecke mit Komponenten der Deponiegase könnte einer der Gründe hierfür sein. Die niedrigen Werte von Pflanzennährstoffen wie anorganischem Stickstoff und Phosphor sowie die Reduktion der Sauerstoffkonzentrationen können zu den sehr mäßigen Erfolgen der Wiederbegrünung führen. Die geringe Biomasse der Pilze beeinträchtigt die Wiederentwicklung und Erhaltung der Bodenstruktur und die Zersetzungsgeschwindigkeit des organischen Materials. Die Folge ist, daß eine Bodenkontamination selbst bei vergleichsweise geringen Konzentrationen die mikrobiell vermittelten Prozesse einschließlich des Stickstoffumsatzes unterbricht und die erneute Vegetationsbegründung beeinträchtigt.

## 5. BIBLIOGRAPHIE
1. Adamse, A.D., Hoeks, J., Debout, A.J.M. und Van Kessel, J.F. (1972). Microbial activities in soil near natural gas leaks (Mikrobielle Bodenaktivität in der Nähe natürlicher Gasleckagen). <u>Archives fur Microbiologie</u> 83 31-35.
2. Flower, F.B., Leone, I.A., Gilman, E.F, und Arthur, J.J. (1977). Vegetation kills in landfill environs (Vegetationssterben in Deponieumgebungen). <u>Proceedings of the 3rd Annual Municipal Waste Research Symposium</u>.
3. Anon (1988). Joint Agricultural Land Restoration Experiments (Gemeinsame Experimente zur Sanierung landwirtschaftlicher Böden). Final Report for Bush Farm, Upminster, Essex. Technical Section. DoE, MAFF, SAGA.

# NUTZBARMACHUNG EINES EHEMALIGEN KOKEREI- UND ZECHENGELÄNDES NACH UNKONTROLLIERTEM ABBRUCH

MEINERS, H.G.; LIESER, U.

THEMENKREIS: PRAKTISCHE ERFAHRUNGEN (C1)

## 1. PROBLEM UND AUFGABE

Die Kokerei und Zeche Sachsen in Hamm wurde 1979 bis auf eine Maschinenhalle abgerissen. Der Abbruch wurde unkontrolliert durchgeführt, d.h. die Schadstoffe wurden vor dem Abriß nicht aus den Betriebsgebäuden und Freiflächen entfernt; kontaminiertes Material wurde mit nichtkontaminiertem Material vermischt. Die Betriebsfläche und das Abbruchmaterial wurden nach dem Abriß mit bis zu 10 m mächtigem Bergematerial und Bauschutt überdeckt. Die Fläche stellt heute eine ca. 50 ha große Brachfläche dar, die durch eine Straße erschlossen ist und auf der die Maschinenhalle als einziges Gebäude besteht. Seit 1987 besteht für das Gelände ein Gestaltungsrahmenplan für eine Industrie- und Gewerbenutzung. Die AHU wurde von der Landesentwicklungsgesellschaft Nordrhein-Westfalen (LEG) beauftragt, eine Gefährdungsabschätzung und eine **nutzungsbezogene Sanierungsuntersuchung** durchzuführen. Die Arbeiten wurden - je nach Aufgabenstellung - in Arbeitsgruppen, bestehend aus Geologen, Planern, Bauingenieuren, Chemikern und Toxikologen [1], durchgeführt.

## 2. ERGEBNIS DER GEFÄHRDUNGSABSCHÄTZUNG UND SANIERUNGSUNTERSUCHUNG

Das ehemalige Zechen- und Kokereigelände kann in Abhängigkeit vom Untergrundaufbau und der Schadstoffsituation in vier Bereiche gegliedert werden, für die jeweils ein nutzungsbezogenes Sanierungskonzept entwickelt wurde:

Bereich A: Maschinenhalle und Umgebung
Geringmächtige Aufschüttung bis 3 m über natürlichem Boden; bereichsweise geringe Kontamination durch Schwermetalle und PAK.
Geplante Nutzung: Gewerbenutzung mit Außenanlagen und Grünfläche.
Vorgeschlagene Sanierung: Keine Sanierung im Bereich von Bebauung und Verkehrsfläche; bereichsweise Auftrag von unbelastetem Boden im Bereich von Grünflächen; Bodenaustausch oder Auftrag von unbelastetem Boden in Bereichen von Sondernutzungen. Diese Teilfläche ist mit geringem Sanierungsaufwand nutzbar.

---

Anschrift der Autoren:
Dr. Hans-Georg Meiners, Dipl.- Geol. Ulrich Lieser, AHU-Büro für Hydrogeologie und Umwelt GmbH, Bachstraße 62 - 64, 5100 Aachen;

Bereich B: Ehemalige Gasreinigung
Geringmächtige Aufschüttung bis 3 m über natürlichem Boden; hohe Kontamination durch PAK, Cyanide und Ammonium; Geruchsbelastung. Grundwasser- und Sickerwasserbelastung durch Ammonium, Cyanide und PAK.
Geplante Nutzung: Grünfläche.
Vorgeschlagene Sanierung: Bodenaustausch, on-site-Reinigung durch mikrobiologische Verfahren.

Bereich C: Ehemalige Entphenolung, Kläranlage, Ammoniak-Benzol-Wäsche
Aufschüttung bis 10 m über Lippeterrasse. Hohe Bodenbelastung in und unter der Aufschüttung; hohe Grundwasserbelastung durch Salze (Chlorid, Sulfat), Phenole, Aromate, Ammonium, PAK. Hohe Geruchsbelastung bei Offenlegung des Bodens.
Geplante Nutzung: Industrie- und Gewerbenutzung.
Vorgeschlagene Sanierung: Gebäudesicherung durch Gasdrainagen, Bodenabdeckung in Freibereichen, Generell geringe Versiegelung, hydraulische Sanierung des Grundwassers, evtl. Sanierung der ungesättigten Bodenzone durch Reinfiltration von vorgereinigtem Grundwasser.

Bereich D: Halden, ehemalige Benzolanlage
Bergehalden bis 30 m hoch, teilweise im Bereich der Benzolanlage. Bisher keine Untersuchungen.
Geplante Nutzung: Grünfläche, Biotop.
Vorgeschlagenes Sanierungsziel: Beeinträchtigung der geplanten Grünflächennutzung und Biotopnutzung sowie der geplanten benachbarten Gewerbenutzung und Grundwasserkontamination sind auszuschließen.

## 3. SCHLUSSFOLGERUNGEN

Durch den **unkontrollierten Abriß** von Betriebsgebäuden entstehen unübersichtliche Schadstoffsituationen, die nur mit großem Aufwand zu untersuchen und zu sanieren sind. Industriebrachen sollten daher vor dem Abriß untersucht und nach einem Abrißplan kontrolliert abgerissen werden. Dabei ist auf eine Separierung von Schadstoffen und unbelastetem Material zu achten.

Konzepte für die Nutzung, Untersuchung und Sanierung für Altstandorte sollten aufeinander abgestimmt sein und sich in Abhängigkeit von den jeweiligen Ergebnissen verändern lassen (Flexibilität zugunsten starrer Vorgaben). Dies setzt die enge Zusammenarbeit zwischen denjenigen voraus, die mit der Planung der Nutzung und mit der **Sanierungsplanung** beschäftigt sind.

Große Altlastenflächen sollen in Abhängigkeit von der Schadstoffbelastung, der Nutzbarkeit und der **Sanierungsdringlichkeit** in Teilflächen gegliedert werden. Vorgeschlagen werden die Kategorien: dringend sanierungsbedürftig (aufgrund der Gefahrenlage), mit großem Sanierungsaufwand nutzbar (langfristig nutzbar) und mit geringem Sanierungsaufwand nutzbar (kurzfristig nutzbar).

[1] In der Arbeitsgruppe wirkten mit: Stadt Hamm (CLU, UWB, Amt für Stadtentwicklung); Kommunalverband Ruhrgebiet (KVR); Landesentwicklungsgesellschaft Nordrhein-Westfalen (LEG); Ing.-Büro Prof. Dr. Jessberger und Partner, Bochum; Institut für Hygiene und Arbeitsmedizin, RWTH Aachen; Forschungsinstitut für Wassertechnologie, RWTH Aachen

**SANIERUNG EINER MASCHINENFABRIK FÜR WOHN- UND GEWERBENUTZUNG**

MEINERS, H.-G.; BORGMANN, A.; WITTKE, S.

THEMENKREIS: PRAKTISCHE ERFAHRUNGEN (C1)

1. PROBLEM UND AUFGABE

In Betriebsgebäuden einer ehem. Fabrik für Bohrmaschinen in Köln-Ehrenfeld wurden im Rahmen einer Gefährdungsabschätzung eine umfangreiche Schadstoffbelastung festgestellt:

- PCB-haltiges Holzparkett (bis 15 mg/kg PCB)
- schwermetall- und PAK-haltige Stäube auf Wänden, Trägern und dem Hallenboden (Blei bis 5.600 mg/kg, PAK bis 1.600 mg/kg)
- asbesthaltige Bauelemente (TOSCHI-Rohre)
- PCB-haltige Kondensatoren

Die Betriebsgebäude sollten erhalten bleiben und für Wohn- und Gewerbe genutzt werden.

Die AHU wurde von der Landesentwicklungsgesellschaft Nordrhein-Westfalen (LEG) beauftragt, einen Sanierungsplan für die Betriebsgebäude zu erarbeiten und die Sanierung gutachtlich zu begleiten. Die Sanierungsarbeiten wurden von Spezialfirmen durchgeführt. Vorgabe vom Auftraggeber war, die Sanierung innerhalb von 10 Wochen durchzuführen.

Die Sanierungsplanung wurde nutzungsbezogen durchgeführt. Hauptziel war es, die Schadstoffe soweit aus den Gebäuden zu entfernen, daß eine dauerhafte Wohn- und Gewerbenutzung ohne Gesundheitsbeeinträchtigung gewährleistet werden kann. Ein weiteres Ziel war es, Schadstoffe bei der Sanierung von unbelastetem Material zu trennen, um Deponiekosten niedrig zu halten und Bauschutt zu recyceln.

2. SANIERUNGSPLANUNG UND SANIERUNGSÜBERWACHUNG

Die **Sanierungsplanung** bezog sich auf folgende Tätigkeiten:

- Demontage der asbesthaltigen Bauelemente,
- Ausbau der elektrischen Kondensatoren,
- Entfernung des schwermetallbelasteten Wandputzes und lösemittelfreie Reststaubbindung,
- Abfräsen der Oberfläche des Betonfußbodens,

---

Anschrift der Autoren:
Dr. Hans-Georg Meiners; Dipl.-Ing. Andreas Borgmann; Dipl.-Ing. Stephan Wittke;
AHU - Büro für Hydrogeologie und Umwelt GmbH, Bachstraße 62 - 64, 5100 Aachen

- Lösen und Ausbau des brüchigen, nicht mehr verwendbaren Betonbodens,
- Ausbau des PCB-haltigen Holzparketts.

Der Umgang mit asbesthaltigen Stäuben und kontaminierten Baustoffen erforderte ein detailliertes Arbeits- und Immissionsschutzkonzept. Dies beinhaltete:
- Sicherung des Betriebsgeländes durch einen Wachdienst,
- Einrichtung eines Schwarz-Weiß-Bereiches,
- Einwegschutzanzüge und Atemschutzmasken (P3) für die Entfernung der asbesthaltigen Baustoffe,
- leichte Atemschutzmasken beim Reinigen der Wände und des Betonbodens.

Der asbesthaltige Bauschutt und die abgefrästen und aufgesaugten Zementstäube wurden deponiert, das PCB-haltige Holzparkett wurde verbrannt, der abgefräßte und ausgebaute Betonboden recycelt.

Die **Sanierungsüberwachung** umfaßte:
- die Festlegung des genauen Sanierungsumfanges vor Ort, z.B. beim Abfräsen des Betonbodens,
- die Separierung kontaminierter von nichtkontaminierten Materialien,
- die Veranlassung von Sofortmaßnahmen bei unerwarteten Schadstoffunden,
- die Kontrolle der Abfallentsorgung,
- die Überwachung von Arbeits- und Immissionsschutzmaßnahmen,
- die Sicherung und Dokumentation des Sanierungserfolges.

Die Quantifizierung des Sanierungserfolges hatte folgendes Ergebnis:
- Die Asbestfaserbelastung der Hallenluft lag nach Beendigung der Sanierung unter 400 Fasern/m$^3$.
- Die Bleibelastung des Wandputzes lag nach der Sanierung zwischen 10 und 190 mg/kg (Max. Wert vor Sanierung: 5.600 mg/kg)

Wandputzbleigehalte von 190 mg/kg können als unbedenklich eingestuft werden. Zum Vergleich: Das Bundesgesundheitsamt Berlin sieht einen Richtwert für Blei im Hausstaub von 150 mg/kg vor.

Die Dokumentation des Sanierungserfolges belegt, daß das gesetzte Sanierungsziel erreicht wurde. Seit Herbst 1989 werden die sanierten Betriebsgebäude zu Wohn- und Gewerbezwecken genutzt.

## 3. SCHLUSSFOLGERUNGEN

Sanierungsplanung und Sanierungsüberwachung sind wichtige Bestandteile einer Sanierungsmaßnahme. Sie sorgen für einen zügigen und effektiven Sanierungsablauf und sichern die Qualität der Sanierung. Insbesondere die transparente Dokumentation und die Quantifizierung des Sanierungserfolges erhöht die Akzeptanz bei der Bevölkerung bzw. bei nachfolgenden Nutzern.

If you have any concerns about our products,
you can contact us on
**ProductSafety@springernature.com**

In case Publisher is established outside the EU,
the EU authorized representative is:
**Springer Nature Customer Service Center GmbH
Europaplatz 3, 69115 Heidelberg, Germany**

Printed by Libri Plureos GmbH
in Hamburg, Germany

ALTLASTENSANIERUNG '90

Altlastensanierung '90 ist der Kongressband des Dritten Internationalen KfK/TNO-Kongresses über Altlastensanierung (10.–14. Dezember 1990, Karlsruhe, Bundesrepublik Deutschland) --

Veranstalter:

Kernforschungszentrum Karlsruhe GmbH (KfK)
Niederländische Organisation für angewandte naturwissenschaftliche Forschung (TNO)

in Zusammenarbeit mit

Bundesministerium für Forschung und Technologie (BMFT),
Bundesministerium für Umwelt, Naturschutz und Reaktorsicherheit (BMU)
 und das Umweltbundesamt (UBA),
Landesanstalt für Umweltschutz Baden-Württemberg (LfU),
Universität Karlsruhe,
Zentrum für Schadstofforschung (CHMR) der Universität Pittsburgh,
Amerikanisches Umweltschutzamt (EPA)

mit Förderung durch

Kommission der Europäischen Gemeinschaft,
Bundesministerium für Forschung und Technologie (BMFT),
Niederländisches Ministerium für Wohnungswesen, Raumordnung und Umwelt (VROM),
Umweltministerium Baden-Württemberg,
Stadt Karlsruhe

Die diesem Bericht zugrundeliegende Veranstaltung wurde mit Mitteln des Bundesministers für Forschung und Technologie gefördert.

Die Kongressberichte enthalten die Meinung des jeweiligen Verfassers, die nicht unbedingt der Meinung und Auffassung der Herausgeber oder der obengenannten Veranstalter entspricht.

# Altlastensanierung '90

*Dritter Internationaler KfK/TNO Kongress über Altlastensanierung,
10.–14. Dezember 1990, Karlsruhe, Bundesrepublik Deutschland*

*Herausgeber:*

F. ARENDT

Projekt Schadstoffbeherrschung in der Umwelt,
Kernforschungszentrum Karlsruhe,
Karlsruhe, BRD

M. HINSENVELD

University of Cincinnati,
Department of Civil and Environmental Engineering,
Cincinnati, Ohio, USA

und

Niederländische Organisation für angewandte naturwissenschaftliche Forschung TNO,
Apeldoorn, Niederlande

W.J. VAN DEN BRINK

TNO-Zentralabteilung für in- und externe Kommunikation,
Den Haag, Niederlande

**Band I**

Springer Science+Business Media, B.V. 1990

ISBN 978-0-7923-1059-4     ISBN 978-1-4899-3806-0 (eBook)
DOI 10.1007/978-1-4899-3806-0

© Springer Science+Business Media Dordrecht 1990
Originally published by TNO/BMFT 1990
Softcover reprint of the hardcover 1st edition 1990
Alle deutschen Rechte vorbehalten.

Für Auskünfte über Übernahmerechte können Sie sich wenden an:
Projektträger 'Abfallwirtschaft und Altlastensanierung'
beim Umweltbundesamt
Bismarckplatz 1
1000 Berlin 33
BRD
Telefon: +49-30 8903-0

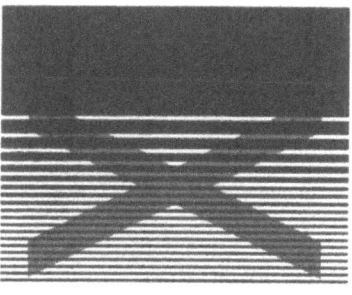

**INHALT - ÜBERBLICK**

BAND 1

| | |
|---|---:|
| Inhalt (Band 1 & 2) | IX |
| Schirmherrschaft, Beiräte | XLI |
| Vorworte | XLVII |
| Einleitung | LI |
| Altlasten - Bedeutung und Perspektiven für den Umweltschutz in der Industriegesellschaft | LIII |

**1. STRATEGIEN, PROGRAMME, RECHTLICHE UND WIRTSCHAFTLICHE FRAGEN**
1.1 Industriestaaten — *3*
1.2 Osteuropäische Länder — *137*
1.3 Neue Industriestaaten und Entwicklungsländer — *167*

**2. BEWERTUNG DES GEFÄHRDUNGSPOTENTIALS, STANDARDE, usw.**
2.1 Richtlinien, Grenzwerte — *185*
2.2 Verunreinigungsquellen, Hintergrundwerte, Verbreitung — *239*
2.3 Bewertung des Gefährdungspotentials — *281*
2.4 Arbeitsschutz während Erkundung und Sanierung — *325*
2.5 Folgenutzung von sanierten Standorten — *345*

**3. GRUNDLEGENDE ASPEKTE VON BÖDEN UND VON KONTAMINANTEN**
3.1 Adsorption, Lösbarkeit — *379*
3.2 Mobilität — *457*
3.3 Toxizität — *503*
3.4 Biologische Abbaubarkeit — *523*

**4. ERKUNDUNG UND ÜBERWACHUNG VON STANDORTEN**
4.1 Entscheidungsfindung, Expertensysteme — *589*
4.2 Standorterkundung, Probenahmestrategien, Methodik — *651*
4.3 Vor-Ort Analytik — *867*
4.4 Analyse von Proben — *915*

| | |
|---|---:|
| Autorenverzeichnis | LXI |
| Stichwörterverzeichnis | LXXXV |

BAND 2

Inhalt (Band 1 & 2)                                                  IX

**5. SANIERUNGSTECHNIKEN**
5.1  Übersichtsreferate                                              *945*
5.2  Thermische Verfahren                                            *987*
5.3  Extraktionsverfahren, Flotation                                 *1011*
5.4  Biologische Verfahren                                           *1045*
5.5  Bodenluftabsaugung                                              *1157*
5.6  Übrige Sanierungstechniken                                      *1197*
5.7  Sickerwasser- und Grundwasserreinigungsverfahren                *1229*

**6. SICHERUNGSTECHNIKEN; VORBEUGUNG**
6.1  Grössere Sanierungsarbeiten, bautechnische Aspekte              *1299*
6.2  Physikalische Isolierung                                        *1317*
6.3  Immobilisierung, Stabilisierung                                 *1399*
6.4  Auswahl von Deponiestätten, Vorbeugung gegen
     zukünftige Altlasten                                            *1455*

**7. VERUNREINIGTE SEDIMENTE**
7.1  Programme, Richtlinien, usw.                                    *1477*
7.2  Sanierungstechniken                                             *1529*
7.3  Folgenutzung                                                    *1573*

**8. RÜSTUNGSALTLASTEN**
                                                                     *1587*

Autorenverzeichnis                                                   XLI

Stichwörterverzeichnis                                               LXV

**INHALT**

BAND 1

| | |
|---|---|
| Schirmherrschaft, Beiräte | XLI |
| Vorwort<br>A. Rörsch | XLVII |
| Vorwort<br>W. Klose | XLIX |
| Einleitung<br>F. Arendt, M. Hinsenveld & W.J. van den Brink | LI |
| Altlasten - Bedeutung und Perspektiven für den Umweltschutz in der Industriegesellschaft<br>H.W. Thoenes | LIII |

**1. STRATEGIEN, PROGRAMME, RECHTLICHE UND WIRTSCHAFTLICHE FRAGEN**

*1.1 Industriestaaten*

| | |
|---|---|
| Bodenschutzpolitik in den Niederlanden, das zweite Jahrzehnt<br>K.W. Keuzenkamp, H.G. von Meijenfeldt & J.M. Roels | 3 |
| Die Rechnung wird präsentiert: Gründe für die Geltendmachung von Bodensanierungskosten in den Niederlanden<br>H.G. von Meijenfeldt & E.C.M. Schippers | 13 |
| Schadstoffbelastete Industriegrundstücke in den Niederlanden<br>L.J.J. Gravesteyn | 21 |
| Der öffentliche Bedarf nach neuen Verfahren zur Bodensanierung<br>S.H. Brunekreef | 25 |
| Superfund - Ergebnisse und Erfahrungen bei der Suche nach neuen Lösungen für alte Probleme<br>W.W. Kovalick, Jr. | 29 |
| Technische und administrative Grundlagen der Altlastensanierung in Österreich<br>K.L. Zirm | 41 |

Bodenbelastungsgebiet Pratteln (Schweiz) -
Metastasenbildung und Notwendigkeit eines
Bodenbelastungskatasters
*D. Winistörfer*     51

Analyse der Erfassungsmethoden von Altlasten auf
Grundlage einer Pilotstudie
*T. Assmuth & O. Lääperi*     53

Strategien und Programme zur Sanierung
schadstoffbelasteter Grundstücke in Italien
*W. Ganapini, F. Perghem & A. Milani*     67

Beitrag zum Workshop 'Kontaminierte Industriegelände'
*R. Goubier*     73

Industrielle Altlasten
*G. Zimmermeyer*     75

Expertenmodell zur Kostenberechnung von Bodensanierungen -
Frühzeitige Übersicht über Zeit und Kosten
*L.N.J.M. van der Drift*     79

Ein neues Verfahren zur Kontrolle der Schadstoffbelastung
des Bodens im Industriegelände 'Europoort-Botlek'
*W. Visser & F. Rodewijk*     89

Bodensanierung bei Industriegrundstücken: Clusterkonzept
und Zustimmung
*F.H. Mischgofsky, F.A. Weststrate & W. Visser*     101

Leben auf Bodenabdecksystemen - Interessenkonflikt
zwischen Einwohnern und Regierung
*A.Ch.E. van de Vusse & J.D. de Rijk*     117

Die Zustandsstörerhaftung für bereits sanierte
Industriegrundstücke
*K. Fritsch*     127

Genehmigung von Anlagen und Verfahren zur thermischen
Bodenreinigung und Flusssedimentverwertung
*E. Beitinger, E. Gläser & J. Spanier*     131

Positive Konsequenzen des Altlastenproblems für die
Entsorgung schwach kontaminierter Abfallstoffe
*F. Konz*     135

1.2    Osteuropäische Länder

Altlasten des Erzbergbaues
*W. Förster*     137

**Band 1**

Altlastensituation in Polen
E.S. Kempa  145

Probleme der Bodenverseuchung durch alte Deponien in der
Tschechischen und Slowakischen Föderativen Republik
J. Mikolás  155

Das Altlasten-Problem in Estland
E. Gabowitsch  165

*1.3 Neue Industriestaaten und Entwicklungsländer*

Bodenkontamination in Entwicklungsländern unter
besonderer Berücksichtigung Indiens
N. Gebremedhin, P. Khanna & P.V.R. Subrahmanyam  167

Der illegale Handel mit toxischem Sondermüll in der
Türkei
I. Alyanak & Z. Yöntem  175

Schwermetalle und Arsen in Böden und Pflanzen belasteter
Stadtstandorte und ihre Verbreitung in Metro Manila,
Philippinen. Teil II: Situation in Pflanzen
E.-M. Pfeiffer, J. Freytag & H.-W. Scharpenseel  179

Sammlung und Weiterverwendung von Altöl in
Entwicklungsländern
J. Porst & U. Frings  181

**2. BEWERTUNG DES GEFÄHRDUNGSPOTENTIALS, STANDARDE, usw.**

*2.1 Richtlinien, Grenzwerte*

Entwicklung und Anwendung von Kriterien für die
Bodenqualität und Sanierung von Altlasten
R.L. Siegrist  185

Ökotoxikologische Risikoabschätzung als Grundlage für
die Entwicklung von Bodenqualitätskriterien
C.A.J. Denneman & J.G. Robberse  197

Wie zulänglich sind die Methoden der Gefahrenbeurteilung
auf Grund von Standardwerten für Bodenkontamination?
J.J. Vegter, J. van Wensem & J. de Jongh  207

Ökotoxikologische Grenzwerte: ist die Sammlung aller
verfügbaren Daten möglich?
J. van Wensem & J.J. Vegter  219

Wie belastet ist wirklich belastet - weitere Kritik und
Ausarbeitung des Konzepts von Grenzwerten der
Schadstoffbelastung
T. Assmuth 229

Vorläufige Sanierungsleitwerte für
Mineralölkohlenwasserstoffe in Böden und Grundwasser
B. Gras & P. Friesel 233

Prüfwerte und Verfahrensregeln für kontaminierte Böden
M. Schuldt 235

Begrenzung der Grundwasser-Schutzgebiete in den
Niederlanden
J. de Jongh, N.A. de Ridder & J.J. Vegter 237

2.2 Verunreinigungsquellen, Hintergrundwerte, Verbreitung

Atmosphärische Ablagerungen als Quelle von
Schwermetallen und organischen Schadstoffen in Agro-
Ökosystemen
K.C. Jones 239

Erfahrungen mit der Anwendung des
Mindestuntersuchungsprogrammes Kulturboden
W. König 251

Bleibelastung von Boden und Grundwasser auf Wurftaubenschießanlagen
R. Hahn 259

Auswirkungen von Asche-Auflandungsteichen auf
benachbarte Böden
E.S. Kempa & A. Jedrczak 261

Die räumliche Verteilung der Nitratkonzentration im
küstennahen Grundwasserleiter der Region Hadera
B. Azmon 265

Hintergrundwerte nordrhein-westfälischer Grundwässer
W. Leuchs & H. Friege 267

Schadstoff-Belastungen von Böden und Aufwuchs langjährig
mit Klärschlamm gedüngter Flächen
G. Gelbert & E. von Boguslawski 269

Belastung durch Bodenradioaktivität
C. Winder, P.B.J.M. Oude Boerrigter & F.B. de Walle 271

Verhalten von Alkylbenzolsulfonaten im System
Boden-Sickerwasser-Grundwasser
W. Thomas & W. Ebel 279

Band 1

## 2.3 Bewertung des Gefährdungspotentials

Umwelthygienische Grundlagen und Problematik der
Richtwertfestsetzung für Schadstoffe in Böden
Th. Eikmann, S. Michels, Th. Krieger & H.J. Einbrodt    281

Toxikologische Betrachtungen zur Einhaltung von
Grenzwerten bei Bodensanierungen
M. Steigmeier & A. Bachmann    289

Standardverfahren zur Ermittlung von Sanierungszielen
(SES)
K.T. von der Trenck & P. Fuhrmann    297

AGAPE - ein Modell zur Abschätzung des
Gefährdungspotentials altlastverdächtiger Flächen
A. Krischok-Peppernick    305

Altlasten in der Bauleitplanung - dargestellt am
Beispiel Hamburg
A. Krischok-Peppernick    307

Ein nutzungsorientiertes Bewertungssystem für Altlasten
bezogen auf die Bewertungsbereiche: menschliche
Gesundheit, wirtschaftliche Belange und natürliche
Umwelt
H. Stolpe & H. Junge    309

Arbeitsschutzkonzeptionen bei der Altlastensanierung
D. Gönner    311

Konzeption einer Verträglichkeitsprüfung für
Altlastensanierungsmassnahmen
N. Simmleit & I. Wegemann    313

Entwicklung eines Handlungsrahmens zur Verbesserung der
sozialen Akzeptanz bei der Altlastensanierung
A. Rahrbach, R. Hachmann & W. Ulrici    315

Raumverträglichkeit von Altlastensanierungen - ein
Forschungsansatz innerhalb des F+E-Projekts Dortmund
F. Claus, S. Kraus & W. Würstlin    317

Entwicklung und Auswahl eines Systems zur
intersubjektivierten Risikoabschätzung bei Technologien
zur Altlastensanierung
H.L. Jessberger & M. Musold    319

Entwicklung eines Bewertungsmodells zur
Gefahrenbeurteilung bei Altlasten: Konzeption und erste
Ergebnisse
R. Hempfling, T. Mathews, N. Simmleit & P. Doetsch    321

Harmonisierung von Genehmigungsabläufen bei der
Altlastenbehandlung
J. Lohrengel-Goeke & H.-J. Ziegeler                                    323

## 2.4 Arbeitsschutz während Erkundung und Sanierung

Abschätzung der Humanexposition bei Plänen zur
Wiedernutzbarmachung von Altlasten
L.M. Keiding & D. Borg                                                 325

Arbeitsmedizin in der Altlastensanierung
R. Rumler                                                              335

Arbeitsschutz an Deponien
V. Wilhelm                                                             337

Sicherheitstechnische Aspekte bei Planung, Bau und
Betrieb von Deponiegasanlagen
V. Wilhelm                                                             339

Auswahl von Erkundungsmethodik und Arbeitsschutz für
eine Altdeponie
Th. Poller                                                             341

Arbeitsschutzmaßnahmen bei Erkundung und Sanierung von
Altlasten anhand von zwei Praxisbeispielen
M. Vuga & L. Friman                                                    343

## 2.5 Folgenutzung von sanierten Standorten

Methoden zur Begrünung von thermisch gereinigten Böden
I. Campino, H.D. Mühlberger & W. Schoknecht                            345

Rekultivierung thermisch gereinigter Böden nach dem
Muster der natürlichen Sukzession
D. Bruns, Chr. Reimann & M. Jochimsen                                  351

Rekultivierung phytotoxischer Miozänsände
H. Greinert                                                            357

Ergebnisse begleitender Untersuchungen von
Sanierungstechniken und Probleme der Wiederverwendbarkeit
von gereinigten Bodenmaterialien
D. Goetz & A.N.H. Claussen                                             365

Ermittlung des Gefährdungspotentials eines Erholungsparks
auf einer geschlossenen Deponie
M. Stammler, O. Schuster & R. Rohde                                    367

Band 1

Die mikrobielle Gemeinschaft von Deponieböden und der
Einfluss von Deponiegas auf die Bodensanierung und
Wiederbegrünung
S.D. Wigfull & P. Birch                                              369

Nutzbarmachung eines ehemaligen Kokerei- und
Zechengeländes nach unkontrolliertem Abbruch
H.G. Meiners & U. Lieser                                             373

Sanierung einer Maschinenfabrik für Wohn- und
Gewerbenutzung
H.G. Meiners, A. Borgmann & S. Wittke                                375


## 3. GRUNDLEGENDE ASPEKTE VON BÖDEN UND VON KONTAMINANTEN

### 3.1 Adsorption, Lösbarkeit

Verstärkte Auswaschung organischer Umweltchemikalien
durch Bindung an gelösten Kohlenstoff?
I. Kögel-Knabner, P. Knabner & H. Deschauer                          379

Der Beitrag von Bodenkonstituenten zur Adsorption von
Chemikalien
H. Kishi & Y. Hasimoto                                               387

Wechselwirkungen organischer Schadstoffe mit
Bodenkomponenten in wässrigen und ölkontaminierten
Systemen
J. Gerth, W. Calmano & U. Förstner                                   395

Desorptionskinetik flüchtiger organischer Verbindungen
bei Aquifer Material
P. Grathwohl, J. Farrell & M. Reinhard                               401

Retention von Quecksilber II auf natürlichem Quarzsand:
nicht-lineares Verhalten bei sehr niedrigen
Konzentrationen
J.M. Strauss, M.A. Bues & L. Zilliox                                 409

Physikalisch-chemische Modelle für das Bodenverhalten von
Metallionen
W.H. van Riemsdijk, J.C.M. de Wit, M.M. Nederlof,
L.K. Koopal & F.A.M. de Haan                                         419

Die Löslichkeit von Eisenzyanid in Böden
J.C.L. Meeussen, M.G. Keizer & W.H. van Riemsdijk                    429

Die Bedeutung von physikalisch-chemischen
Substanzeigenschaften neuer Agrochemikalien für die
Sorption an Bodenmaterial und gelösten organischen
Kohlenstoff
H. Deschauer & I. Kögel-Knabner ............................................. *439*

Der Abbau von Phenol und Benzol im Boden
E.S. Kempa, T. Butrymowicz & A. Jedrczak ............................. *441*

Untersuchungen zur Totalsorption von Cd, Pb, Zn und Cu
an einigen Böden in Polen
I. Szymura ......................................................................................... *445*

Sequentielle Extraktion von Schwermetallen aus Sedimenten
von Überschwemmungsgebieten
H. Leenaers ....................................................................................... *449*

Lösbarkeit von Cd, Pb und Zn in Böden mit hoher geogener
und zusätzlich anthropogener Belastung
M. Filipinski & M. Grupe ................................................................ *453*

### 3.2 Mobilität

Retention von Blei und Zink aus einer Gichtstaubdeponie
durch einen tonigen Untergrund
J.-F. Wagner ..................................................................................... *457*

Mobilisierung von Schadstoffen durch Abbauvorgänge
P. Spillmann ..................................................................................... *463*

Strategien zur Erkundung der Schadstoffbelastung und des
Gefährdungspotentials einer Altlast
M. Zarth ............................................................................................. *481*

Methodenvergleich bei der in-situ Messung der
Gebirgsdurchlässigkeit in Bohrungen und
Grundwassermeßstellen
M. Bruns ............................................................................................ *483*

Regulationsmechanismen der Spurenmetallöslichkeit beim
anaeroben Abbau fester kommunaler Abfälle
S. Peiffer, K. Pecher & R. Herrmann .......................................... *485*

Extraktionsverfahren zur Abschätzung der potentiellen
Mobilität von Schwermetallen im Boden
S. Düreth-Joneck & J. Reich ......................................................... *487*

Verhalten eines Organophosphorpestizides in einem
gesättigten porösen Medium: experimentelle Versuche.
Einfluss der Zusammensetzung der festen Phase
C. Penelle, A. Exinger, P. Muntzer & L. Zilliox ...................... *489*

Band 1

Einfluß organischer Substanzen und der Anordnung von
Probeentnahmestellen in Grundwasserleitern auf die
Repräsentanz der Meßwerte
K. Münnich       491

Pestizidauslaugung durch heterogene ungesättigte Böden
S.E.A.T.M. van der Zee & F.A.M. de Haan       493

Stofftransport in holozänen Marschenablagerungen –
experimentelle Untersuchungen und mathematische Modelle
W. Schneider, A. Baermann, P. Döll & W. Neumann       497

Wechselwirkungen von Tonen bzw. Tonsteinen mit
ausgesuchten Sickerwässern
K.-H. Hesse & H.-D. Schumacher       499

CABADIM – ein Computer Modell zur Dimensionierung von
Kapillarsperren
S. Wohnlich       501

### 3.3 Toxizität

Toxische Wirkungen von Schadstoffen auf die
Mineralisierung von Substraten bei niedrigen
Umgebungskonzentrationen in Böden, Unterböden und
Sedimenten
P. van Beelen, A.K. Fleuren-Kemilä, M.P.A. Huys,
A.C.H.A.M. van Mil & P.L.A. van Vlaardingen       503

Ein Test mit höheren Pflanzen für Schadstoffbelastung
von Böden
M. Hauschild       515

Einsatz von Biotests zur Untersuchung von
Ölkontaminationen in Böden
J. Gunkel & W. Ahlf       519

Mikrobieller Nitratabbau in Unterböden eines
landwirtschaftlich genutzten Trinkwassereinzuggebietes
M. Lehn-Reiser, G. Benckiser, A. Pitzer & J.C.G. Ottow       521

### 3.4 Biologische Abbaubarkeit

Löslichkeit und Abbaubarkeit des Benzinzusatzes MTBE
(Methyl-Butyläther) und von Verbindungen aus Benzin
in Wasser
H. Møller Jensen & E. Arvin       523

Chemodynamik von Chlorphenolen während des sequentiellen
Abbaus fester kommunaler Abfälle
K. Pecher, S. Peiffer & R. Herrmann       529

Verbleib und langfristige Persistenz polyzyklischer
aromatischer Kohlenwasserstoffe (PAKs) in
landwirtschaftlich genutzten und mit Klärschlamm
behandelten Böden
S.R. Wild, M.L. Berrow & K.C. Jones  533

Laborversuche an ungestörten Grossproben zur biologischen
in situ-Sanierung kohlenwasserstoffbelasteter Böden
N.-Ch. Lund & G. Gudehus  541

Abbauverhalten von polyzyklischen aromatischen
Kohlenwasserstoffen (PAK) im Untergrund
M. Stieber, K. Böckle, P. Werner & F.H. Frimmel  551

Kinetik der Mineralisation von Dibenzofuran und
Dibenzo-p-dioxin in heterogenen Systemen durch
Bodenbakterien
K. Figge, R.-M. Wittich, A. Wernitz, A. Uphoff,
H. Harms & P. Fortnagel  559

PAK-Abbau durch Bakterien - Bewertungsverfahren zur
mikrobiellen Bodendekontaminierung
W. Weißenfels, U. Walter, M. Beyer & J. Klein  561

Biologische Untersuchungsmethoden zur Prüfung der
Möglichkeit und des Verlaufs mikrobieller
Bodensanierungen insbesondere bei
Mineralölverunreinigungen
M. Sellner  563

Untersuchungen zur Veränderung der mikrobiellen
Lebensgemeinschaften beim Einsatz mikrobiologischer
in-situ Sanierungsverfahren
P. Kämpfer, P.M. Becker & W. Dott  565

Einfluss von tensidproduzierenden Mikroorganismen auf
den Abbau eines Modellöls durch eine ursprüngliche
Bodenpopulation
E. Goclik, R. Müller-Hurtig & F. Wagner  567

Einfluss von mikrobiellen Tensiden auf den
Mineralisierungsgrad von Kohlenwasserstoffen in
Modellsystemen des Bodens
R. Müller-Hurtig, A. Oberbremer, R. Meier & F. Wagner  569

Die Beziehung zwischen der Geschwindigkeit, mit der
Phenyl-Quecksilber-II-Azetat biologisch abgebaut wird,
und der Mikrobenaktivität auf der Oberfläche poröser
Medien
C. Bicheron & M.A. Bues  571

Band 1

Bakterieller Abbau von Dibenzo-p-dioxin und chlorierten
Derivaten durch das Bakterium *Pseudomonas* spec. RW1
R.-M. Wittich, H. Wilkes, K. Figge, W. Francke &
P. Fortnagel                                                575

Aerobe Mineralisierung von 1,2,4-Trichlorbenzol und
1,2,4,5-Tetrachlorbenzol durch *Pseudomonas* sp.
P. Sander, R.-M. Wittich & P. Fortnagel                     577

Steigerung des biologischen Abbaus polyzyklischer
aromatischer Kohlenwasserstoffe im Boden
J. Birnstingl, S.R. Wild & K.C. Jones                       579

Die Toxizität von Trichlorethen und 1,1,1-Trichlorethan
für methanoxidierende Mikroorganismen
K. Broholm, T.H. Christensen, B.K. Jensen & L. Olsen        583


## 4. ERKUNDUNG UND ÜBERWACHUNG VON STANDORTEN

### 4.1 Entscheidungsfindung, Expertensysteme

Ein Hilfssystem zur Entscheidungsfindung für das
Management schadstoffbelasteter Böden
W. Visser, R. Janssen & M. van Herwijnen                    589

Neuronale Netze als Hilfssysteme für die
Entscheidungsfindung - neue Hilfsmittel für den Umgang
mit Bodenkontaminationen
R. Huele                                                    601

Auswahlkriterien und Auswahl von Sanierungsmaßnahmen
und deren Durchführung; erläutert am Beispiel eines
ehemaligen Betriebes der Eisen- und Stahlindustrie in
Düsseldorf
K. Hoffmann                                                 607

Bewertung von Altlasten zur Dringlichkeitseinstufung
und Ermittlung des Handlungsbedarfs
C. Hillmert                                                 615

EDV-Altlastenkataster in einem kommunalen
Planungsverband - Wege zur Konflikterkennung und
Problemlösung
B. Stuck                                                    623

Erfahrungen bei der Beurteilung von Altlasten mit
Unterstützung durch das Expertensystem XUMA
W. Eitel, W. Geiger & R. Weidemann                          629

Das Expertensystem XUMA zur Unterstützung der Erkundung
und Bewertung von Altlasten
*W. Geiger, R. Weidemann & W. Eitel* 637

Die Rolle der Expertensysteme bei der Beurteilung von
kontaminiertem Boden und Grundwasser
*R. Huele, R. Kleijn & W. van der Naald* 639

Bewertungsverfahren zur Abschätzung des
Gefährdungspotentials für das Grundwasser bei
kontaminierten Standorten
*H. Bremer & U. Rohweder* 641

Ein Datenbank- und Informationssystem zur Untersuchung
von Altstandorten des Steinkohlenbergbaus
*M. Böhmer & W. Skala* 643

Aufgaben der Bodenkunde bei der Altlastensanierung
*W. Burghardt* 645

Bodenkundliche Kartieranleitung urban, gewerblich und
industriell überformter Flächen - bodenkundliche
Grundlage der Ermittlung, Bewertung und Sanierung von
Altlasten
*Arbeitskreis Stadtböden der Deutschen Bodenkundlichen
Gesellschaft - W. Burghardt* 647

Darstellung der Ergebnisse des Verbundvorhaben
Georgswerder, Hamburg
*J.H. Fischer* 649

### 4.2 Standorterkundung, Probenahmestrategien, Methodik

Bewertung von Grundwasserprobenahmetechniken zur
Erkundung und Überwachung von Altlasten
*G. Teutsch, B. Barczewski & H. Kobus* 651

Geophysikalische Methoden für die Untersuchung alter
Abfalldeponien
*R. Cossu, G. Ranieri, M. Marchisio, L. Sambuelli,
A. Godio & G.M. Motzo* 663

Sanierungsplanung - von der orientierenden Untersuchung
zur Wiedernutzung der Fläche
*Chr. Weingran* 673

Modellstandorte Baden-Württemberg - Ergebnisse für
die Praxis der Altlastenerkundung
*H. Neifer* 681

## Band 1

Vergleichende Anwendung von Erkundungstechniken am
Modellstandort 'Mühlacker'
*R. Crocoll & W. van der Galiën*   687

Probenahmestrategie und Testverfahren für ausgekofferte
und gereinigte Böden
*C.W. Versluijs*   697

Nutzungskonvergente Sanierung – Modellvorhaben
Povel/Nordhorn: Strategien, Erfahrungen und Ergebnisse
*P. Rongen, D. Schuller & A. Virmani*   705

Phasen einer Altlastensanierung am Beispiel der
Betriebsdeponie Bielefeld-Senne
*J. Peters & A. Wiebe*   713

Bündelung von Altlasten bei der Untersuchung
kontaminierter Industriegebiete
*J.W. van Vliet & W.D.E. van Pampus*   721

Umweltgeophysik bei der Altlastenerkundung
*A. Straßburger*   729

Flächendeckende historische Erhebung altlastverdächtiger
Altablagerungen und Altstandorte in Baden-Württemberg
*P. Fuhrmann*   737

Einsatz verschiedener Verfahren zur Altlasterkundung am
Beispiel des Modellstandortes Osterhofen
*G. Battermann & A. Bender*   745

Bodenkontamination durch gefährliche Gase: Untersuchung,
Überwachung, Diagnose und Behandlung
*G. Grantham & M.K.D. Eddis*   753

Sanierungsmaßnahmen auf dem Gelände der Gasversorgung
München
*E. Holzmann, M. Koch & J. Schuchardt*   769

Leitfaden zur Grundwasseruntersuchung im Festgestein
bei Altablagerungen und Altstandorten
*W.G. Coldewey & L. Krahn*   771

Gefährdungsabschätzung von 4 Altdeponien im
Einzugsbereich eines Wasserwerks
*L. van Straaten*   773

Das Verhalten halogenierter Kohlenwasserstoffe (CKW)
im Boden
*M. Stammler, R. Rohde & P. Geldner*   775

Ein einfaches Bewertungsverfahren zur Abschätzung des
Belastungspotentials organischer Umweltchemikalien in
Böden
N. Litz & H.-P. Blume                                         777

Mehrphasiger Ansatz zur Beurteilung des
Kontaminationsgrades von Mülldeponien auf Polderflächen
M. Siegerist & D. Langemeijer                                 779

Altlasten auf einer ehemaligen Bleihütte:
Untersuchungsergebnisse und mögliche
Sanierungsmaßnahmen
M. Wahlström, P. Vahanne & L. Maidell-Münster                 783

Altlastenprogramm des Landes Niedersachsen - gezielte
Nachermittlung
D. Horchler                                                   785

Stichprobenahmen auf Gittern und Simulationsmodelle bei
Untersuchungen von schadstoffbelastetem Grundwasser
B. Lamoree & J. Manschot                                      787

Kartierung von Grundwasserstauern in quartären
Lockersedimenten mit reflexionsseismischen Verfahren
H. Stümpel, W. Rabbel & R. Kirsch                             791

Erkundung und Sanierung eines Mineralölschadensfalles
unter Flugvorfeldbedingungen
N. Molitor, P. Ripper & R. Schmidt                            793

Entwicklung standardisierter Probenahmestrategien für
Bodenuntersuchungen in den Niederlanden
D. Hortensius, R. Bosman, J. Harmsen & D. Wever               795

Bewertung von Bodendaten bei der Stillegung von
Oberflächendeponien (Impoundments)
W.E. Kelly, I. Bogardi & A. Bardossy                          807

Expertenwissen und (geo)statistische Methoden:
komplementäre Hilfsmittel zur Untersuchung von
Bodenkontaminationen
J.P. Okx, G.B.M. Heuvelink & A.W. Grinwis                     817

Untersuchung von Feststoffen bei Altablagerungen und
Altstandorten
H. Friege                                                     829

Systematische Probenahmestrategien für die Untersuchung
der Schadstoffbelastung von Boden und Porenwasser
R. Bosman & F.P.J. Lamé                                       837

Band 1

Der Einfluss der Probengrösse und des Orts der
Probenahme auf die Qualitätsprüfung von behandeltem
Boden
F.P.J. Lamé, M. Albert & R. Bosman        841

Verbesserung der Kostenwirksamkeit von Untersuchungen
der Schadstoffbelastung des Bodens
J.P. Okx        845

Erkundung von Altlasten mit Hilfe geophysikalischer
Verfahren
B.-M. Schulze & R. Muckelmann        849

Fernerkundung mit Hilfe eines
Thermal-/Multispektralscanners bei der
Altlastenerkundung
H. Henseleit, M. Sartori & B. Jourdan        851

Untersuchungsstrategien für Altlastverdachtsflächen:
Beprobung und Analytik
P. Friesel, M. Sellner & S. Sievers        853

Entnahme von Porendampfproben als Untersuchungsverfahren
bei Bodenkontaminationen
W. van Oosterom & F. Spuy        855

Dreidimensionale Erkundung der Schadstoffausbreitung im
Grundwasserleiter durch horizontierte
Grundwasserprobenahme in Grundwassermeßstellen mittels
Pneumatic-Packer-Tauchpumpe
D. Quantz        859

Entwicklung von Methoden für die Probenahme von
schadstoffhaltigen Böden und Sedimenten zur Bestimmung
flüchtiger organischer Verbindungen
R.L. Siegrist        861

## 4.3 Vor-Ort Analytik

Einführung Workshop Vorortanalytik
H. Seng        867

Schnelle Vor-Ort Boden-Analytik: ein mobiles
GC/MS-System im Vergleich mit Laborverfahren
G. Matz, W. Schröder & P. Kesners        869

Faseroptik-modifizierte spektroskopische
Analysenverfahren zur Überwachung umweltrelevanter
Schadstoffe
J. Bürck, W. Faubel, E. Gantner, U. Hoeppener-Kramar &
H.J. Ache        877

Feldanalysen und Bestimmung von Standorteigenschaften
durch die US-Umweltschutzbehörde
*E.N. Koglin & J.C. Tuttle* 885

Angepasste Vor-Ort-Analytik für
Altlastensanierungsprojekte
*J. Jager & L. Schanne* 887

Vor-Ort Analysen, Fakt oder Fantasie? Einige Gedanken
zum Thema Vor-Ort-Analytik
*D.H. Meijer* 893

Neue Strategien zur Bestimmung der Schadstoffbelastung
in Altlasten unter Einsatz eines mobilen
Massenspektrometers
*M. Zarth* 897

Schnellbestimmung von chlororganischen Verbindungen in
Bodenproben
*R. Darskus, H. Schlesing, C. von Holst & R. Wallon* 899

Vor-Ort-Analyse organischer Schadstoffe in Boden-,
Grundwasser- und Bodenluftproben von einem ehemaligen
Gaswerksgelände mit einer mobilen Gaschromatograph/
Massenspektrometer-Einheit
*J. Kölbel-Boelke & A.G. Loudon* 901

Membran-ATR-Methode zur kontinuierlichen Bestimmung von
Chlorkohlenwasserstoffen in Luft und Wasser
*R.C. Wyzgol, P. Heinrich, H.-J. Hochkamp, A. Hatzilazaru,
K. Lebioda, S. Aschhoff & B. Schrader* 903

Entwicklung eines kadmium-selektiven Sensors auf der
Basis eines Ionensensitiven-Feldeffekttransistors
*U. Jegle, J. Reichert & H.J. Ache* 905

Bestimmung von Schadstoffen in Wasser mit Prüfröhrchen
*C. Herziger* 907

Vor-Ort-Methoden bei der Bodenluftuntersuchung von
Altlasten
*M. Kerth* 909

Flächendeckende Vor-Ort-Analytik von leichtflüchtigen
aromatischen und chlorierten Kohlenwasserstoffen im
Bodengas mittels eines transportablen Gaschromatographen
(GC)
*A. Rosenberger & M. Koch* 911

Möglichkeiten und Grenzen der repräsentativen Beprobung
von festen Abfällen und Konsequenzen für die
Abfallanalytik
*E. Thomanetz* 913

Band 1

## 4.4 Analyse von Proben

Ein Methodenvergleich zur Analytik der PAK in
Feststoffproben
I. Blankenhorn                                                      915

Methoden der Rohstoffsuche angewandt auf die Erkundung
und Sanierung von kontaminierten Standorten
G. Zeibig                                                           921

Röntgenstrahlmikroanalyse für eine differenziertere
Beurteilung von Umweltgefahren durch schwermetallhaltige
Bodenverunreinigungen und Abfallprodukte
G.P.M. van den Munckhof & M.A. Smithers                             927

Zur Problematik von Schwermetallbestimmungen in
Deponiegasen
K. Koch & O. Vierle                                                 931

Untersuchung von Schadstoffen in Böden mit Prüfröhrchen
E. Eickeler                                                         933

Eine neue Methode zur Bestimmung der gesamten
organischen Belastung teerölkontaminierter Gaswerksböden
D. Maier, C. Lund & G. Gudehus                                      935

Vergleich unterschiedlicher Analysenverfahren zur
Bestimmung flüchtiger organischer Halogenverbindungen
in Schlämmen und festen Matrices
J. Alberti, A. Brocksieper, P. Bachhausen & H. Friege               937

Ein optischer Sensor zur Bestimmung von
Schwermetall-Ionen
R. Czolk, J. Reichert & H.J. Ache                                   939

Ein faseroptischer Sensor zur Bestimmung von Ammonium
in Gewässern
J. Reichert, W. Sellien & H.J. Ache                                 941

Analytische Verfahren zur Erfolgskontrolle bei der
mikrobiologischen Bodenreinigung
W. Püttmann & W. Goßel                                              943


**Adressen erstgenannter Autoren**                                  LXI

**Stichwörterverzeichnis**                                          LXXXV

BAND 2

## 5. SANIERUNGSTECHNIKEN

### 5.1 Übersichtsreferate

Die Behandlung alter Müllablagerungen - fehlendes
Wissen, fehlende Technik
*H. Seng* — 945

NATO/CCMS Pilot Studie 'Demonstration von
Sanierungstechnologien für kontaminierte Böden und
Grundwasser' - Neueste Ergebnisse, Dezember 1990
*D.E. Sanning, E.R. Soczó & K. Stief* — 963

Alternative physikalisch-chemische und thermische
Reinigungsverfahren für schadstoffbelastete Böden
*M. Hinsenveld, E.R. Soczó, G.J. van de Leur,
C.W. Versluijs & E. Groenedijk* — 973

Reinigung kontaminierter Böden - Sonderforschungsbereich
188 der DFG
*R. Stegmann* — 985

### 5.2 Thermische Verfahren

Zehn Jahre Erfahrungen mit der thermischen Behandlung
von Böden
*R.C. Reintjes & C. Schuler* — 987

Kombination von thermischer Bodenbehandlung und in-situ
Bodensanierung auf dem Betriebsgelände einer
Sondermüllverbrennungsanlage
*H.P. Drescher, R. Lehbrink & K. Leifhold* — 999

Untersuchungen zur Zerstörbarkeit von FCKW in
Müllverbrennungsanlagen
*J. Vehlow, L. Stieglitz & W. Vilöhr* — 1007

Großtechnische Erprobung des DBA-Pyrolyseverfahrens
zur Behandlung organisch kontaminierter Böden
*K. Mackenbrock & K. Horch* — 1009

### 5.3 Extraktionsverfahren, Flotation

Untersuchungen der physikalischen Mechanismen bei der
Reinigung kontaminierter Böden durch Waschverfahren
*J. Werther & M. Wilichowski* — 1011

Sanierung eines ehemaligen Gaswerkstandorts mit einem
in situ Hochdruck-Bodenwaschverfahren
M. Ziegler & H. Balthaus                                              1023

Erfahrungen mit dem Dywinex-Waschverfahren beim
Reinigen metallbelasteter Böden
D. Rudat                                                              1033

On-site Bodensanierung - Bodenwäsche mit dem
San-O-Clean-System
U.G.O. Peterson                                                       1035

Physikalisch-chemische Bodenreinigung nach dem
Harbauer-Verfahren
R. Hennig                                                             1037

Laboruntersuchungen zur Charakterisierung kontaminierter
Böden und zur Beurteilung von Reinigungsverfahren
F. Elias & U. Wiesmann                                                1039

Methode Mosmans als Bodenreinigungstechnik
C. Mosmans                                                            1041

Physikalisch-chemische Bodenreinigung System
Hafemeister
H.J. Aust                                                             1043


5.4  Biologische Verfahren

MT/TNO-Forschung zum biologischen Abbau in Böden und
in Sedimenten, die mit Öl und polyzyklischen
aromatischen Kohlenwasserstoffen (PAKs) kontaminiert
sind
G.J. Annokkée                                                         1045

Erfahrungen mit der mikrobiologischen Bodensanierung
D. Stroh, T. Niemeyer & H. Viedt                                      1051

Ermittlung der biotechnischen Sanierbarkeit
kontaminierter Böden
B. Sprenger & H.G. Ebner                                              1063

Grundlegende Untersuchungen zur Optimierung der
biologischen Reinigung ölkontaminierter Böden
S. Lotter, R. Stegmann & J. Heerenklage                               1071

Landbehandlung von DEHP-kontaminiertem Boden
J. Maag & H. Løkke                                                    1079

## Band 2

Erfahrungen mit der mikrobiologischen On-site
Dekontamination lösemittelverunreinigter Böden und
Bauschuttmassen
P. Bachhausen                                                1089

Biologische Reinigung schadstoffbelasteter Böden in
regionalen Entsorgungszentren
H. Schüßler & H. Kroos                                       1095

Bodensanierung mit Weißfäulepilzen
E. Trude                                                     1097

Praxisversuche im Bereich der Reinigung ölhaltiger
Böden in einem biologischen Trommelreaktor (BTR) bei
Feldkapazität
G.P.M. van den Munckhof & M.F.X. Veul                        1099

Entwurf eines Slurry-Prozesses zur biotechnologischen
Altlastensanierung
R.H. Kleijntjens, T.A. Meeder, M.J. Geerdink &
K.Ch.A.M. Luyben                                             1103

Erfahrungen mit einem horizontalen Bio-Bodenmischer
zur mikrobiologischen Behandlung feinstkörniger Böden
- das HBBM-Verfahren
J. Parthen, W. Claas, B. Sprenger, H.G. Ebner &
K. Schügerl                                                  1105

Bildung und Abbau phenolischer Verbindungen bei einer
mikrobiologischen Bodensanierung
P. Bröcking, B. Sprenger, H.G. Ebner &
D. von Wachtendonk                                           1107

Ergebnisse einer biologischen Sanierung der Unterflur
eines Industriegeländes
P.A. de Boks, H.M.C. Satijn & A.G. Veltkamp                  1109

Kinetische Studien des mit Wasserstoffperoxid
beschleunigten biologischen In-Situ-Abbaus von
Kohlenwasserstoffen in einer mit Wasser gesättigten
Bodenzone
E.R. Barenschee, O. Helmling, S. Dahmer, B. Del Grosso
& C. Ludwig                                                  1123

Sanierung durch biologische Behandlung in-situ von mit
Aromaten, polyzyklischen und phenolischen Verbindungen
kontaminierten Böden
H.B.R. van Vree, L.G.C.M. Urlings & P. Geldner               1131

Hydraulische Untergrundsanierung mit biologischer
Reinigung in-situ und on-site
J. Weidner, K. Wichmann & C. Czekalla                        1135

Mikrobiologische in-situ Sanierung auf dem Gelände
einer ehemaligen Teerchemiefabrik
P. Geldner & W. Böhm                                                    1137

Biologische in-situ Sanierung eines mit Benzin
kontaminierten Unterbodens
R. van den Berg, J.H.A.M. Verheul & D.H. Eikelboom                      1139

Vorstellung einer In situ-Bodensanierung einer mit
Mineralöl kontaminierten Tankanlage
U. Rosenbrock & H. Niebelschütz                                         1143

'Ehemaliges Gaswerk Ohligs' in Solingen - Feldversuche
zur biologischen Sanierung PAK-belasteter Böden
H. Bullmann, M. Odensaß & H.-P. Wruk                                    1145

Entwicklung mikrobiologisch/adsorptiver Methoden zur
Dekontaminierung von PAK-belasteten Böden
J. Klein & M. Beyer                                                     1147

Boden- und Grundwassersanierung auf dem Gelände der
Altölraffinerie Pintsch-Öl, Hanau - Großversuche zur
Erprobung mikrobiologischer Sanierungsverfahren
A. Riss & P. Ripper                                                     1149

Biologische Sanierung von kontaminiertem Boden -
Laborversuche
C. Jørgensen, B.K. Jensen, T.H. Christensen, L. Kløft
& A.N. Madsen                                                           1151

Entwicklung eines biologischen Verfahrens zur Sanierung
von Kokereiböden: mikrobieller Abbau von polyzyklischen
aromatischen Kohlenwasserstoffen
D. Bryniok, B. Eichler, A. Köhler, W. Clemens,
K. Mackenbrock, D. Freier-Schröder & H.-J. Knackmuss                    1155

5.5    Bodenluftabsaugung

Drucklufteinblasung und Bodenluftabsaugung als
kombiniertes Verfahren zur Sanierung kontaminierter
Grundwässer - Beobachtungen in Locker- und
Festgesteinen
U. Böhler, J. Brauns, H. Hötzl & M. Nahold                              1157

Untersuchung der Zirkulationsströmung um den
kombinierten Entnahme- und Einleitungsbrunnen zur
Grundwassersanierung am Beispiel des
Unterdruck-Verdampfer-Brunnens (UVB)
W. Bürmann                                                              1165

Vakuumextraktion in einer Deponie für Chemieabfälle
W. van Oosterom & S. Denzel                                             1173

Band 2

In-situ Sanierung von CKW-Schadensfällen: Modellversuche
zur Lufteinblasung (In-Situ-Strippen) in Lockergesteinen
K. Wehrle     1183

In-situ Dampfextraktion eines Toluol-kontaminierten
Bodens
F. Spuy, L.G.C.M. Urlings & S. Coffa     1185

In-situ-Grundwasserreinigung von strippbaren
Schadstoffen mit dem Unterdruck-Verdampfer-Brunnen
(UVB): numerische Berechnungsergebnisse
B. Herrling, W. Bürmann & J. Stamm     1189

Bodenbelüftung: Entfernung und biologischer Abbau von
Kohlenwasserstoffen aus belasteten Böden
B. Lindhardt & J. Jacobsen     1191

Luftdesorbierung flüchtiger organischer Verbindungen -
ein Sanierungs-Pilotprogramm
P. Parenti & G. Cicerone     1195

5.6  Übrige Sanierungstechniken

Elektrosanierung: Sachverhalt und zukünftige
Entwicklungen
R. Lageman, W. Pool & G.A. Seffinga     1197

In-Situ Extraktion von Schadstoffen aus
Sondermülldeponien durch Elektroosmose
P.C. Renaud     1205

Hydraulische Spaltenbindung zur Erhöhung der
Flüssigkeitsströmung
L.C. Murdoch, G. Losonsky, I. Klich & P. Cluxton     1217

Deponiegasverwertung mit Membranen - erste
Betriebserfahrungen einer Pilotanlage
R. Rautenbach & K. Welsch     1227

5.7  Sickerwasser- und Grundwasserreinigungsverfahren

Untersuchungen zur chemisch/physikalischen Behandlung
des Sickerwassers einer Sondermülldeponie
C. Först, L. Stieglitz & H. Barth     1229

Flüssigkeitsentzug aus Altlasten. Planung und
Dimensionierung von Entnahmesystemen
T. Meschede & K. Günther     1237

Entwicklung und Betrieb einer Pilotanlage zur
biologischen Reinigung von Sickerwässern der Altdeponie
Hamburg-Georgswerder
H. Krebs, M.A. Rubio, O. Debus & P.A. Wilderer  1245

Biologische Behandlung von chlorphenol-haltigen
Abwässern in Sequencing Batch Reaktoren
J. Kaufmann, H. Krebs, O. Debus, P.A. Wilderer &
M.A. Rubio  1253

Der Einfluß von Sequencing Batch Reactor
Verfahrensstrategien auf mikrobielle Evolutionsprozesse
bei der Behandlung von Sickerwässern der Altdeponie
Hamburg-Georgswerder
M.A. Rubio, H. Krebs, O. Debus, L. Davids &
P.A. Wilderer  1255

Der biologische Abbau flüchtiger Schadstoffe bei
Einsatz eines Membranbegasungssystems zur
Sauerstoffversorgung in einer
Sickerwasserreinigungsanlage
O. Debus, H. Krebs, M.A. Rubio & P.A. Wilderer  1257

Biologischer Abbau von Dibenzofuran in einem Membran
Biofilm Reaktor
M.M. Kniebusch, J. Wendt, R.-D. Behling, P.A. Wilderer
& M.A. Rubio  1259

Verfahren zur Elimination lipophiler chlororganischer
Verbindungen aus hochkontaminierten Deponiesickerwässern
E. Thomanetz & D. Jung  1261

Ergebnisse der Untersuchungen zur Oxidation organischer
Inhaltsstoffe in hochkontaminierten
Deponie-Sickerwässern unter Einsatz von
Wasserstoffperoxid und Anwendung von UV-Strahlung
E. Thomanetz & W. Röder  1263

Biologische Vorbehandlung von Deponiesickerwasser vor
Membranverfahren, Beispiel Deponie
Mechernich/Euskirchen
C.F. Seyfried & U. Theilen  1265

Sicherung von Hausmüll-Deponien durch kontrollierte
Deponiegasnutzung in Verbindung mit biologischer
Sickerwasser- und Kondensatbehandlung
K. Wichmann, C. Czekalla & P. Vollmer  1267

Aufarbeitung von Deponiesickerwasser mittels
Umkehrosmose und Eindampfung
R. Rautenbach, K. Arz, C. Erdmann & R. Mellis  1269

## Band 2

Aufbereitung von Deponie-Sickerwasser mit innovativer
Membran-Technik
*Th.A. Peters*   1271

Grundwasserbelastung durch Ölprodukte - Sanierung eines
Industriegeländes mit einer Grundwasserreinigungsanlage
*P. Jahn & A. Reher-Path*   1273

In-situ Behandlung von mit chlorierten
Kohlenwasserstoffen kontaminiertem Grundwasser
*J. Svoma*   1275

Sanierung schwermetallverunreinigten Grundwassers durch
den Einsatz von Ionenaustauscheranlagen
*J. Johannsen, M. Krutz, E. Petzold & S. Süring*   1277

Sanierungsprogramm für einen kontaminierten
Grundwasserleiter in Ville Mercier, Quebec, Kanada
*R.M. Booth, M. Halevy & J.W. Schmidt*   1279

Grundwassersanierung mit Hilfe der Zirkulationsströmung
um den kombinierten Entnahme- und Einleitungsbrunnen -
Funktion und Bemessung des Brunnens
*W. Bürmann*   1283

Grundwassersanierung eines ehemaligen Gaswerkgeländes
*H.-G. Edel*   1285

Behandlungsverfahren für die Chromentfernung aus
Grundwasser
*K. Zotter & I. Licskó*   1287

Biologische Grundwasserreinigung - Praktische
Erfahrungen
*H.M.M. Bosgoed, B.A. Bult & L.G.C.M. Urlings*   1289

Planung, Bau und Betriebsergebnisse einer
grosstechnischen Anlage zur biotechnologischen
Enteisenung und Entmanganung mit simultaner Elimination
von leichtflüchtigen Chlorkohlenwasserstoffen aus einem
Grundwasser
*V. Quentmeier & M. Saake*   1291

Entwicklung eines Bioreaktors zum Abbau xenobiotischer
Verbindungen im Grundwasser
*W. de Bruin, P. Vis, G. Bröerken, A. Rinzema, H. Rozema
& G. Schraa*   1295

Biologische und chemische Behandlung kontaminierter
Grundwässer
*J. Behrendt & U. Wiesmann*   1297

## 6. SICHERUNGSTECHNIKEN; VORBEUGUNG

### 6.1 Grössere Sanierungsarbeiten, bautechnische Aspekte

Bautechnische Sanierung von Altlasten
H.L. Jessberger — 1299

CINDU, ein einmaliges Bodensanierungsprojekt in Utrecht, Niederlande
A.W.J. van Mensvoort & P.W. de Vries — 1307

Entnahme von kontaminierten Böden und Abfallstoffen aus den Flüssigkeitsmüllbecken V und VI auf der Deponie Georgswerder
J. Bartels-Langweige — 1315

### 6.2 Physikalische Isolierung

Überdachung von Deponien
J. Schnell & H. Meseck — 1317

Untersuchungen zur Wirksamkeit bindiger mineralischer Deponieabdichtungen
B. Vielhaber, S. Melchior & G. Miehlich — 1323

Sanierung und Nutzbarmachung einer Zinkschlackendeponie
C. Schmidt — 1331

Pilotstudie über Verfahren der Oberflächenstabilisierung bei Endlagern in oberflächennahen Formationen im Südwesten der USA
F.J. Barnes, E.J. Kelly & E.A. Lopez — 1333

Labortechnische und baupraktische Erfahrungen mit wasserglasvergüteten Dichtsystemen
P. Belouschek & J.U. Kügler — 1337

Feldexperimente zur Bewertung der unterflurigen Wasserbewirtschaftung in von Schneeschmelzen dominierten semi-ariden Regionen der USA
J. Nyhan, T. Hakonson & S. Wohnlich — 1339

Das Zurückhaltevermögen von Abkapselungstechniken bezüglich Gasen
G. Rettenberger & S. Urban-Kiss — 1343

Sanierung einer Altdeponie durch Oberflächenabdichtung mit Geosynthetics
S.E. Hoekstra & R.A. Beine — 1345

Der Einsatz von Kapillarsperren in Deponieabdecksystemen
S. Melchior, G. Braun & G. Miehlich — 1347

Band 2

| | |
|---|---:|
| Einsatz von Geotextilien bei der Verhinderung der Rekontamination ausgetauschter Böden durch Regenwürmer<br>I. Campino & H.-P. Wruk | 1349 |
| Standortbezogene Sicherung einer Hüttenschlackenhalde<br>E. Adam, J. Brauns, H. Hötzl, F. Lamm, U. Ritscher & F. Francke | 1351 |
| Einsatz neuentwickelter mineralischer Abdichtungsmassen bei Altlastensanierung<br>K. Finsterwalder & J. Spirres | 1353 |
| Der Einfluß der Gefügestruktur auf die Eigenschaften eines mineralischen Abdichtungselements<br>H. Müller-Kirchenbauer, H. Schrewe, C. Schlötzer & J. Rogner | 1355 |
| Entwicklung und Stand der Dichtwandtechnik<br>D. Stroh & A. Poweleit | 1357 |
| Dichtwände im Einphasen-Verfahren<br>J.M. Seitz | 1359 |
| Schlitzwandaushub als mineralische Komponente einer Oberflächenabdeckung<br>H. Müller-Kirchenbauer, J. Rogner, W. Friedrich & J. Ehresmann | 1361 |
| Der Einfluss von Chemikalien auf die Durchlässigkeit von mineralischen Barrieren<br>F.T. Madsen | 1363 |
| Ermittlung von Stofftransportparametern in Ton und deren Bedeutung für die Barrierenwirkung von Abdichtungen<br>W. Schneider & J.J. Göttner | 1371 |
| Versuchsgerät zur Ermittlung der Biegezugfestigkeit und Grenzdehnung von bindigen Böden<br>J. Henne & U. Smoltczyk | 1381 |
| Asbesthaltige Abfälle richtig deponieren - Status und Ausblick<br>J. Kleineberg | 1383 |
| Ansätze für Eignungsuntersuchungen zur Dichtmassenbeständigkeit gegenüber Prüfflüssigkeiten<br>H. Müller-Kirchenbauer, W. Friedrich & J. Rogner | 1385 |
| Herstellen von Deponieabdichtungen in ungünstigen Witterungsperioden<br>T. Sasse & E. Biener | 1387 |

Vor- und Nachteile verschiedener Eignungstests für
tonige Deponiebarrieren
J.-F. Wagner, Th. Egloffstein & K.A. Czurda                1389

Technische Realisierung einer neu entwickelten und
langzeitbeständigen mineralischen Basisabdichtung
B. Diedrich, K. Gronemeier & D. Peters                     1391

### 6.3 Immobilisierung, Stabilisierung

Verfestigung/Stabilisierung von schadstoffbelasteten
Böden - ein Überblick
P.L. Bishop                                                1399

Immobilisierung polychlorierter Biphenyle durch
organophile Bindemittel - eine Fallstudie
R. Soundararajan                                           1411

Zement-gestützte Verfestigung von Industrieabfällen,
die mit organischen Schadstoffen verunreinigt sind
D.M. Montgomery, C.J. Sollars & R. Perry                   1417

Wann Immobilisierungsverfahren angewendet und wie sie
bewertet werden können
E. Mulder                                                  1421

Verhaltensprüfung von verfestigten und stabilisierten
Abfallmaterialien zur Umweltbewertung und Gütekontrolle
H.A. van der Sloot                                         1425

Die langfristige Stabilität von verfestigten Abfällen,
ermittelt anhand von physikalischen und morphologischen
Parametern
W.E. Grube, Jr.                                            1429

Anwendung der Güteanforderungen der TA Abfall auf eine
Versuchsdeponie verfestigter kontaminierter Böden
P. Beckefeld                                               1441

Beurteilung des Langzeitverhaltens schwermetallhaltiger
Abfälle auf der Deponie: Entwicklung eines
aussagekräftigen Elutionsverfahrens
S. Cremer & P. Obermann                                    1443

Mineralogische Methoden zur Untersuchung der Einbindung
organischer Schadstoffe durch Verfestigung
G. Hirschmann, R. Khorasani, C. Schweer & U. Förstner      1445

Theorie und Praxis des anorganischen/organischen
Stabilisierungs-/Verfestigungsprozesses
R. Soundararajan                                           1449

**Band 2**

Abhandlung über die Rückstände der Hausmüllverbrennung
A.J. Chandler, T. Eighmy, J. Hartlen, O. Hjelmar,
D. Kosson, S. Sawell, H.A. van der Sloot & J. Vehlow   1453

### 6.4 Auswahl von Deponiestätten, Vorbeugung gegen zukünftige Altlasten

Umgang mit wassergefährdenden Stoffen
H.-P. Lühr   1455

Vorbeugen gegen zukünftige Altlasten (Sicherer Umgang
mit umweltgefährdenden Stoffen)
A. von Saldern   1463

Verwirklichung des geologischen Mehrfachbarrierenprinzips
in bindigen Lockergesteinen der Küstenregion
D. Ortlam   1465

Sichere Lager und Deponien für Abfallstoffe - Aufgabe,
Sicherheitskonzept, Lösungen
H. Bomhard   1469

Endlagerung von Reststoffen in einer Untertagedeponie
Th. Brasser & W. Brewitz   1473

Vermeidung von Boden- und Grundwasserverunreinigungen
im Tiefbau
J. Karstedt & K. Kromrey   1475

## 7. VERUNREINIGTE SEDIMENTE

### 7.1 Programme, Richtlinien, usw.

Behandlung schadstoffbelasteter Sedimente in den
Niederlanden
A.B. van Luin & P.B.M. Storteldor   1477

Bewertung von sanierten kontaminierten Sedimenten
M. Diependaal & H.J. van Veen   1493

Die Hafenschlammanalyse im Hinblick auf potentielle
Umweltschäden
C.T. Bowmer & M.C.Th. Scholten   1501

Beweglichkeit von Schwermetallen in der
Sedimentoberfläche unter eutrophen Umweltbedingungen:
die Lagune von Venedig als ein Studienfall
A. Marcomini, A. Sfriso & A.A. Orio   1513

Ein ausgeglichenes Sanierungsbaggerprogramm
W.D. Rokosch  1515

Statements zum Workshop 'Polluted sediments'
G. Miehlich  1517

Entsorgungsproblematik des Baggergutes und neue Aspekte in der Bucht von Izmir
I. Alyanak  1519

## 7.2 Sanierungstechniken

Schadstoffbelastete Hafen- und Fluss-Sedimente in den Niederlanden: Entwicklungsprogramm 1989-1990; Trennung mit Hydrozyklonen
M.R.B. van Dillen & F.M. Schotel  1529

Extraktion von Metallen aus schadstoffhaltigen Sedimenten mit Hilfe von Mineralsäuren
J. Joziasse, H.J. van Veen & G.J. Annokkée  1543

Aufbereitung von Hafenschlick
H. Lorson & J. Grote  1553

Sanierung des Geulhaven in Rotterdam
J.H. Volbeda & S.J.B.C. Bonte  1561

## 7.3 Folgenutzung

Erkenntnisse über die Auswirkungen maschineller Baggergutbehandlung auf die bodenmechanischen Stoffeigenschaften
W. Blümel & G. von Bloh  1573

Sedimentmanagement: Gedanken über Bewertung der Sedimentqualität, Deponieauslegung und Nutzanwendung
B. Malherbe  1581

Isolierung von Hafenschlick-Deponien für die landwirtschaftliche Nutzung
M. Siegerist & E. de Jong  1583

## 8. RÜSTUNGSALTLASTEN

Rüstungsaltlasten - Sachstand und Perspektiven
U. Schneider  1587

Rüstungsaltlasten in der Bundesrepublik Deutschland
W. Spyra  1589

**Band 2**

Verbesserung des APE 1236-Verbrennungsofens zur
Erfüllung der RCRA-Vorschriften
*R.G. Anderson*   1591

Probleme der Umweltverträglichkeit bei der Entsorgung
von Munition durch Abbrand im Freien
*N.H.A. van Ham & A. Verweij*   1595

Verbrennungsanlage der Wehrwissenschaftlichen
Dienststelle für schädliche Sonderabfälle
*H. Martens*   1597

Bodensanierung im Anlagenverbund - Sanierungskonzept
für die Rüstungsaltlasten in Stadtallendorf
*B. Körbitzer, H. Witte & E. Schramm*   1601


**Adressen erstgenannter Autoren**   XLI

**Stichwörterverzeichnis**   LXV

## Sonstige Beiträge

Nachstehende Beiträge konnten aus technischen Gründen nur in der englischsprachigen Ausgabe dieses Buches (*Contaminated Soil '90*, ISBN 0-7923-1058-6) veröffentlicht werden.

### 1.1 Industriestaaten

Contaminated industrial sites
*E.F. Thairs*

### 1.2 Osteuropäische Länder

Soil contamination in Hungary
*L. Vermes*

### 2.2 Verunreinigungsquellen, Hintergrundwerte, Verbreitung

Heavy metal contamination in the Culebro river basin soils
*M. Rodriguez Barrera, M.D. Tenorio Sanz & M.E. Torija Isasa*

### 4.2 Standorterkundung, Probenahmestrategien, Methodik

Burning chemical waste disposal site: investigation, assessment and rehabilitation
*D.L. Barry, J.M. Campbell & E.H. Jones*

### 6.2 Physikalische Isolierung

Leachate free hazardous waste landfill
*K. Rohrhofer & F. Kohzad*

### 7.1 Programme, Richtlinien, usw.

Remediation of contaminated sediments in the Laurentian Great Lakes
*M.A. Zarull*

**DRITTER INTERNATIONALER KfK/TNO-KONGRESS
ÜBER ALTLASTENSANIERUNG**

**KARLSRUHE, DEUTSCHLAND, 10.-14. DEZEMBER 1990**

**SCHIRMHERRSCHAFT**

J.G.M. Alders
*Netherlands Minister for Housing, Physical Planning and the Environment, Den Haag. Niederlande.*

K. Collins
*President of the Environment Committee of the European Parliament, Strassbourg. Frankreich.*

H.-G. Franck
*Mitglied des Präsidiums des Verbandes der Chemischen Industrie, Frankfurt. Deutschland.*

A. Kiess
*Präsident der Landesanstalt für Umweltschutz, Karlsruhe. Deutschland.*

W. Klose
*Vorstand des Kernforschungszentrums Karlsruhe GmbH, Karlsruhe. Deutschland.*

H. Kunle
*Rektor der Universität Karlsruhe, Karlsruhe. Deutschland.*

H. von Lersner
*Präsident des Umweltbundesamtes, Berlin. Deutschland.*

H. Riesenhuber
*Bundesminister für Forschung und Technologie, Bonn. Deutschland.*

C. Ripa di Meana
*Member of the Commission of the European Communities, Brussel. Belgien.*

A. Rörsch
*TNO Board of Management, Den Haag. Niederlande.*

S. Schulhof
*President of the Center for Hazardous Materials Research, University of Pittsburgh, Pittsburgh. USA.*

G. Seiler
*Oberbürgermeister der Stadt Karlsruhe. Deutschland.*

R.E. Selman
*Chairman of the Association of the Dutch Chemical Industry, Leidschendam. Niederlande.*

K. Töpfer
*Bundesminister für Umwelt, Naturschutz und Reaktorsicherheit, Bonn. Deutschland.*

E. Vetter
*Umweltminister Land Baden-Württemberg, Stuttgart. Deutschland.*

L. Zilliox
*Director of IMF, Louis Pasteur University, Strassbourg. Frankreich.*


**WISSENSCHAFTLICHER BEIRAT**

C.J. Duyverman, Honorary Chairman
*Netherlands Organization for Applied Scientific Research TNO, Den Haag. Niederlande.*

F. Arendt, Chairman
*Kernforschungszentrum Karlsruhe GmbH, Karlsruhe. Deutschland.*

M. Hinsenveld, Vice Chairman
*Netherlands Organization for Applied Scientific Research TNO, Apeldoorn. Niederlande.*

W.J. van den Brink, Secretary
*Netherlands Organization for Applied Scientific Research TNO, Den Haag. Niederlande.*

S.H. Eberle
*Kernforschungszentrum Karlsruhe GmbH, Karlsruhe. Deutschland.*

V. Franzius
*Umweltbundesamt, Berlin. Deutschland.*

G. Gudehus
*Universität Karlsruhe, Karlsruhe. Deutschland.*

H. Schnurer
*Bundesministerium für Umwelt, Naturschutz und Reaktorsicherheit, Bonn. Deutschland.*

W. Schött
*Bundesministerium für Forschung und Technologie, Bonn. Deutschland.*

H. Seng
*Landesamt für Umweltschutz Baden-Württemberg, Karslruhe.*
*Deutschland.*

R. Stegmann
*Technische Universität Hamburg-Harburg, Hamburg. Deutschland.*

K. Wolf
*Freie und Hansestadt Hamburg, Umweltbehörde, Hamburg.*
*Deutschland.*


**WISSENSCHAFTLICHE REFERENTEN**

P. Bardos
*Warren Spring Laboratory, Stevenage. Großbritannien.*

E. Berkey
*Center for Hazardous Materials Research, University of*
*Pittsburgh, Pittsburgh, PA. USA.*

R. Bosman
*Netherlands Organization for Applied Scientific Research TNO,*
*Delft. Niederlande.*

A.G. Buekens
*Vrije Universiteit Brussel, Brussel. Belgien.*

T.H. Christensen
*Technical University of Denmark, Lyngby. Dänemark.*

R. Cossu
*Università di Cagliari, Cagliari. Italien.*

F.H. Frimmel
*Universität Karlsruhe, Karlsruhe. Deutschland.*

N.G. Gebremedhin
*United Nations Environment Programme, Nairobi. Kenya.*

S. Gotoh
*National Institute for Environmental Studies, Tsukuba,*
*Ibaraki. Japan.*

F.A.M. de Haan
*Agricultural University Wageningen, Wageningen. Niederlande.*

R. Häberli
*Nationales Forschungsprogramm 'Boden', Liebefeld (Bern).*
*Schweiz.*

J. van Hasselt
*NBM Bodemsanering, Den Haag. Niederlande.*

A.B. Holtkamp
*Netherlands Ministry of Housing, Physical Planning and the Environment, Leidschendam. Niederlande.*

H. Hötzl
*Universität Karlsruhe, Karlsruhe. Deutschland.*

H. Hulpke
*Bayer AG, Leverkusen-Bayerwerke. Deutschland.*

H.L. Jessberger
*Ruhr-Universität Bochum, Bochum. Deutschland.*

G. Kühnel
*Bundesministerium für Umwelt, Naturschutz und Reaktorsicherheit, Bonn. Deutschland.*

E.W.B. de Leer
*Netherlands Organization for Applied Scientific Research TNO, Delft. Niederlande.*

F.H. Mischgofsky
*Delft Geotechnics, Delft. Niederlande.*

E. Murillo Matilla
*Commission of the European Communities, Brussel. Belgien.*

P.L. Nowicki
*Amenagement-Environnement, Lille. Frankreich.*

D.E. Sanning
*U.S. Environmental Protection Agency, Cincinnati, Ohio. USA.*

F. Selenka
*Ruhr-Universität Bochum, Bochum. Deutschland.*

E.R. Soczó
*National Institute for Public Health and Environmental Protection (RIVM), Bilthoven. Niederlande.*

W.D. Sondermann
*Strauss & Sondermann Rechtsanwälte, Essen. Deutschland.*

U. Springer
*Umweltministerium Baden-Württemberg, Stuttgart. Deutschland.*

O. Tabasaran
*Universität Stuttgart, Stuttgart. Deutschland.*

F. van Veen
*TAUW Infra Consult B.V., Deventer. Niederlande.*

H.J. van Veen
*Netherlands Organization for Applied Scientific Research TNO, Apeldoorn. Niederlande.*

L. Vermes
*University for Agricultural Sciences, Gödöllö. Ungarn.*

F.B. de Walle
*Netherlands Organization for Applied Scientific Research TNO, Delft. Niederlande.*

K. Zirm
*Umweltbundesamt, Wien. Österreich.*


**ORGANISATIONSAUSSCHUSS**

W.J.C. Melgert, Chairman
*Netherlands Organization for Applied Scientific Research TNO, Den Haag. Niederlande.*

S. van de Graaf, Secretary
*Netherlands Organization for Applied Scientific Research TNO, Den Haag. Niederlande.*

H. Borrmann
*Kernforschungszentrum Karlsruhe GmbH, Karlsruhe. Deutschland.*

W.J. van den Brink
*Netherlands Organization for Applied Scientific Research TNO, Den Haag. Niederlande.*

B. Kurstak
*Karlsruher Kongreß- und Ausstellungs-GmbH, Karlsruhe. Deutschland.*

E. Schröder
*Kernforschungszentrum Karlsruhe GmbH, Karlsruhe. Deutschland.*

P. Zietemann
*Zietemann GmbH Ausstellungs- und Kongreßorganisation, Karlsruhe. Deutschland.*

VORWORT

A. RÖRSCH
TNO VERWALTUNGSRAT

   1985 ergriff die niederländische Organisation für angewandte naturwissenschaftliche Forschung TNO in Zusammenarbeit mit dem Ministerium für Wohnungswesen, Raumordnung und Umwelt die Initiative zu einem Kongreß über ein bedeutendes Umweltproblem: Die Schadstoffbelastung von Boden und Grundwasser. Wir nannten ihn, ziemlich selbstbewußt, den <u>Ersten</u> Internationalen TNO-Kongreß über Altlastensanierung. Tatsächlich erwies sich die Schadstoffbelastung von Boden und Grundwasser als ein Umweltproblem von solchen Ausmaßen, daß die TNO schon bald nach dem ersten erfolgreichen Kongreß mit den Vorbereitungen für einen zweiten begann, diesmal in Zusammenarbeit mit der Umweltbehörde der Freien und Hansestadt Hamburg.
   Und nun stehen wir kurz vor dem dritten Kongreß, der zusammen mit dem Kernforschungszentrum Karlsruhe organisiert wird. Wir empfinden es als eine Ehre, daß das Bundesministerium für Forschung und Technik (BMFT) auch diesen Kongreß großzügig unterstützt und ihn erneut zu einem BMFT-Status-Seminar erhoben hat.
   Die Kongresse (auf englisch kurz als Contaminated Soil '85, Contaminated Soil '88 und Contaminated Soil '90 bezeichnet) haben mehr und mehr an Bedeutung und Prestige gewonnen, wie schon die steigende Zahl von Teilnehmern und Beiträgen zum wissenschaftlichen Programm zeigt.
   Der Kongreß des Jahres 1990 wird, wie üblich, eine vollständige Übersicht über den Entwicklungsstand des Wissens zur Schadstoffbelastung und Sanierung des Bodens geben. Beim Studium der Beiträge in diesen Sitzungsberichten wird deutlich, daß im Vergleich zu den früheren Kongressen Fortschritte auf verschiedenen Gebieten erzielt worden sind. Es wird auch klar, daß wir für manche Probleme überhaupt noch keine Lösung gefunden haben; in einigen Fällen fehlt das Know-how; gelegentlich ist die praktische (technische) Durchführung schwierig; in einigen Fällen verhindern auch finanzielle Aspekte eine rasche und wirksame Lösung; und machmal sind bei der Übertragung der Ergebnisse aus wissenschaftlichen Forschungsarbeiten und Entwicklungen in die Praxis - oder vielmehr bei den politischen Implikationen der zu treffenden Maßnahmen - kaum Fortschritte sichtbar.
   In einigen Ländern beginnt ein Umweltbewußtsein erst jetzt zu erwachen, und erst kürzlich haben die politischen Veränderungen in einigen europäischen Ländern deren ge-

waltige und lange vernachlässigten Umweltprobleme aufgedeckt.

Solange nicht alle Fälle von Schadstoffbelastung des Bodens und Grundwassers gelöst worden sind, müssen Ideen, Erkenntnisse, Meinungen, Erfahrungen wie wissenschaftliche und technische Ergebnisse ausgetauscht werden. Die TNO möchte diesen Prozeß fördern - nicht nur durch aktive Beteiligung an Forschungsarbeiten, sondern auch, indem sie Fachleuten der ganzen Welt ein Podium bietet, auf dem diese ihre Erfahrungen austauschen und Probleme diskutieren können, um dann mit neuen Erkenntnissen in ihr Land zurückzukehren.

# VORWORT

**PROF. DR. W. KLOSE**
Mitglied des Vorstands des KfK

Ausgelöst durch eine Reihe spektakulärer Schadensfälle und in Zusammenhang mit dem deutlich gestiegenen Umweltbewußtsein in der deutschen Öffentlichkeit, findet das Problem der Altlasten und ihrer Sanierung in der Bundesrepublik Deutschland in den letzten Jahren zunehmende Beachtung. Die Initiative der holländischen TNO für den 1. Altlastenkongreß 1985 in Utrecht wurde daher in Deutschland sehr begrüßt und vom Bundesminister für Forschung und Technologie zum Anlaß genommen, weitere Veranstaltungen als gemeinsame niederländisch-deutsche Veranstaltung folgen zu lassen. Der nunmehr in Karlsruhe stattfindende 3. Internationale Kongreß über Altlastensanierung wird auf Veranlassung des BMFT erstmals durch das Kernforschungszentrum Karlsruhe mitgestaltet und sowohl vom BMFT als auch vom Land Baden-Württemberg finanziell gefördert.

Das Kernforschungszentrum Karlsruhe ist als Großforschungseinrichtung aufgrund seiner technischen Ausstattung besonders geeignet für komplexe Technologie-Entwicklungen. Es orientiert sich mit seinen Arbeiten an den forschungspolitischen Zielsetzungen des Bundes und der Landesregierung. In den letzten Jahren hat die Umweltforschung immer mehr an Bedeutung gewonnen und verfügt heute über ca. 20 % der vorhandenen Forschungskapazität. Gegenstand der Arbeiten sind dabei insbesondere die Untersuchung der Ausbreitungsvorgänge bei Schadstoffen in Luft, Wasser und Boden und die daraus resultierenden klimatologischen und biologischen Auswirkungen sowie die Entwicklung von Verfahren und Anlagen zur Verhinderung und Verringerung der Schadstoffemissionen in die Umwelt. Ein wesentlicher Teil dieser Arbeiten bezieht sich speziell auf Fragen der Abfallbeseitigung und der Altlastensanierung. Seit 1987 werden die umweltbezogenen F + E-Arbeiten des Kernforschungszentrums in einem Projekt "Schadstoffbeherrschung in der Umwelt" (PSU) zusammengefaßt.

Die dabei mit der Universität Karlsruhe und der Landesanstalt für Umweltschutz Baden-Württemberg (LfU) bestehende enge Kooperation erfolgt im Rahmen des von allen drei Institutionen gemeinsam gebildeten "Forschungsschwerpunkt Umwelt Karlsruhe" (FUM). Fragen der Altlastensanierung werden in allen 3 Institutionen bearbeitet, in der Universität u.a. am Engler-Bunte-Institut, das sich mit der Erkundung und Sanierung von Grundwasserschäden befaßt; die Landesanstalt für Umweltschutz ist zuständig für die landesweite Erfassung und Bewertung kontaminierter Standorte und erprobt gegenwärtig verschiedene Erkundungs-, Sicherungs- und Sanierungsmethoden an insgesamt 9 Modellstandorten; das Kernforschungszentrum Karlsruhe entwickelt ein Expertsystem zur Risikobewertung von Altablagerungen, führt Arbeiten zur Sickerwasserbehandlung durch und koordiniert im Auftrag der Landesregierung entsprechende Forschungsarbeiten an Hochschulen und in der Wirtschaft im Rahmen des Projekts "Wasser, Abfall, Boden" (PWAB).

Mein besonderer Dank gilt den Verantwortlichen der niederländischen TNO für die exzellente Zusammenarbeit bei der Vorbereitung dieses Kongresses.

Bei den Kongreßvorbereitungen haben auch LfU und Universität Karlsruhe wertvolle Hilfestellung geleistet. Dafür möchte ich mich an dieser Stelle bei allen Beteiligten bedanken. Dies gilt in besonderem Maße für die Gestaltung des Exkursionsprogramms sowie für die thematische Erweiterung des Kongresses bei den Workshops, zu der auch die Sonderveranstaltung über Altlastenprobleme in Osteuropa unter der Schirmherrschaft des BMU gehört. Die letztere war, angesichts der aktuellen politischen Entwicklungen, ein besonderes Anliegen der deutschen Seite, da sie erstmals die Möglichkeit bietet, auch die Altlastenprobleme auf dem Gebiet der ehemaligen DDR und der osteuropäischen Nachbarn auf einem großen internationalen Kongreß öffentlich zu diskutieren. Besonderer Dank gilt dabei dem BMFT, das durch die großzügige Bereitstellung von Sondermitteln auch die Beteiligung von Fachleuten aus den betroffenen Gebieten ermöglicht hat.

Ihnen wie auch allen anderen Kongreßteilnehmern wünsche ich, daß der durch den Kongreß ermöglichte Austausch von Erkenntnissen und Erfahrungen dazu beiträgt, die Umweltgefährdung durch Altlasten zu beseitigen und die Entstehung weiterer Altlasten künftig zu verhindern.

EINLEITUNG

F. ARENDT, M. HINSENVELD UND W.J. VAN DEN BRINK

Sobald ein Kongreß die Aufmerksamkeit einer wachsenden Anzahl von Wissenschaftlern und Fachleuten auf sich zieht, steigt natürlich auch die Zahl der Beiträge. Ihre Anzahl hat gegenüber dem vorhergehenden Kongreß über Altlastensanierung erheblich zugenommen: diese Bände enthalten mehr als 300 Beiträge aus etwa 20 Ländern. Um den Umfang der Verhandlungen praktikabel zu halten, mußte die Länge der Artikel und Poster auf 8 bzw. 2 Seiten beschränkt werden.

Nach unseren Erfahrungen werden die Kongreß-Verhandlungen nach Abschluß des Kongresses häufig auch als Nachschlagewerk genutzt. Die Beiträge waren deshalb in einer Form anzuordnen, die für gedruckte Informationen geeignet ist - also nicht in der Reihenfolge ihres Vortrags.
Der erste Band enthält die Artikel, die sich auf Strategien, Gefährdungsabschätzungen sowie auf das Verhalten und die Analyse von Schadstoffen beziehen, während der zweite Band die technischen Artikel enthält, die sich mit Sanierungs- und Schutzverfahren sowie mit belasteten Sedimenten befassen.

Eine Neuheit dieses Kongresses sind die sieben Workshops. Der Zweck dieser speziellen Treffen ist ein doppelter: sie sollen erstens den Fachleuten die Möglichkeit bieten, ihr Spezialgebiet detaillierter zu diskutieren, und sie sollen zweitens den Spezialisten direkter mit abweichenden Auffassungen konfrontieren, als dies bei einem Kongreßvortrag möglich ist. Die Hauptbeiträge der Workshops und die Kommentare der Diskussionsrunde wurden in die Verhandlungen mit aufgenommen, soweit sie zum Zeitpunkt der Drucklegung verfügbar waren.

Anhand der Verhandlungen lassen sich viele neue Entwicklungen beobachten. Die theoretische Grundlage der Normen ist erheblich erweitert worden. Viele Länder haben Bestandsaufnahmen ihrer Altlasten durchgeführt, oder sind doch im Begriffe, dies zu tun. Und in immer mehr Ländern sind auch einschlägige Gesetze erlassen worden. Hinsichtlich der technischen Entwicklung ist die große Anzahl von Beiträgen bemerkenswert, die zur Behandlung in-situ eingereicht worden sind, und die sich insbesondere mit biologischen Verfahren und der Luftdesorbierung befassen. Immobilisierungstechniken sind zwar noch immer Gegenstand von Diskussionen, fanden aber mehr Beachtung als auf dem vorhergehenden Kongreß über

Altlastensanierung. Ein aufstrebendes Verfahren, das in diesem Zusammenhang nicht unerwähnt bleiben darf, ist die Elektroosmose. Und schließlich beginnt auch das Fachwissen der Bergtechnik langsam in das Feld der Bodensanierung einzusickern.

Die jüngsten politischen Veränderungen in Osteuropa führen auch dort zu einem wachsenden Interesse an Umweltproblemen. Aus diesem Grunde wurde eine Sondersitzung des Kongresses, organisiert als Workshop, der Bodenkontamination in einer Reihe osteuropäischer Länder gewidmet.

Wir möchten die Gelegenheit nutzen, unseren Dank für die begeisterte Mitarbeit aller Autoren auszusprechen. Die Bereitwilligkeit, mit der sie ihre Ergebnisse zu teilen bereit waren, ist ein besonders positiver Aspekt dieses Kongresses.

Wir danken ferner den Übersetzern und denen, die Korrektur gelesen haben, und ganz besonders Herrn H. Borrmann und Frau U. Fuhr vom Kernforschungszentrum Karlsruhe (KfK) sowie Frau S. van de Graaf und ihren Kollegen von der niederländischen Organisation für angewandte naturwissenschaftliche Forschung TNO. Zu danken ist schließlich dem Verleger, der auch diesmal ausgezeichnete Arbeit geleistet hat.

Wir hoffen, daß dieser Kongreß seinen Beitrag zur Beschleunigung von Entwicklungen insbesondere auf dem Gebiet der Altlastensanierung und allgemein des Umweltschutzes leistet. Der blaue Planet, auf dem wir leben, verdient unser äußerstes Engagement.

ALTLASTEN - BEDEUTUNG UND PERSPEKTIVEN FÜR DEN UMWELTSCHUTZ
IN DER INDUSTRIEGESELLSCHAFT

PROFESSOR DR. HANS WILLI THOENES

RAT VON SACHVERSTÄNDIGEN FÜR UMWELTFRAGEN, WIESBADEN


1. EINFÜHRUNG
   Innerhalb der letzten Monate ist der Begriff "Altlasten" in einem
besonderen Maße schillernd geworden. Er wird nicht nur im Bereich des
Umweltschutzes, sondern neuerdings auch von der Finanz- und Versicherungswirtschaft im Zusammenhang mit alten Schulden und finanziellen
Verbindlichkeiten benutzt. Wir müssen zur deutlichen Unterscheidung in
Zukunft von ökologischen Altlasten sprechen.
   Vorschläge für eine Definition sind im Bericht "Erfassung, Gefahrenbeurteilung und Sanierung von Altlasten" der Arbeitsgruppe "Altablagerungen und Altlasten" der Länderarbeitsgemeinschaft Abfall (LAGA) sowie
im Sondergutachten "Altlasten" des Rates von Sachverständigen für Umweltfragen (SRU) enthalten.

2. ZUR BEDEUTUNG DER ALTLASTEN IM UMWELTSCHUTZ
   Von dem früheren Bürgermeister der Stadt New York in USA, Herrn John
Lindsey, stammt folgender Ausspruch: "Der Mensch lebt fünf Wochen ohne
Nahrung, fünf Tage ohne Wasser, aber keine fünf Minuten ohne Luft".
   Diese so charakteristisch dargestellte Zeitabhängigkeit des Wohlbefindens des Menschen von den Umweltmedien Boden, Wasser und Luft hat sicher
auch in der Vergangenheit zu einer Priorität der Aktivitäten im Umweltschutz beigetragen. Die Maßnahmen zur Reinhaltung der Luft und des
Wassers standen im Vordergrund aller Umweltschutzbemühungen. Der Schutz
des Bodens fand weniger Beachtung, meistens nur in Verbindung mit dem
ständig steigenden Flächenverbrauch der Industriegesellschaft.
   Erst die Gefahren, die mit kontaminierten Böden für die Gesundheit des
Menschen und für die Umwelt auftraten, rückten den Schutz des Bodens
verstärkt in das öffentliche und fachliche Bewußtsein. Schadstoffe an
Ablagerungsplätzen und im Boden wurden zu einer neuen Schlagzeile im
Umweltschutz. Diese Art der Umweltbelastung macht uns sehr deutlich, in
welchem Maße in der Vergangenheit die Kräfte der Selbstregulierung und
der Selbstheilung in der Natur überschätzt worden sind.
   Ein besonderes und herausragendes Merkmal dieser Umweltbelastung ist
ihre Wechselwirkung zwischen den Umweltmedien Boden und Wasser. Der
bisher fast ausschließlich sektoral betriebene Umweltschutz hat in der
Vergangenheit diese Vernetzung nicht ausreichend berücksichtigt. Hier
stellt sich nicht nur eine besondere umweltpolitische Zielsetzung, sondern auch eine nicht einfache fachliche Aufgabe. Sie steht beispielhaft
für die ökologisch so dringend notwendige Weiterentwicklung von der
sektoralen zur integralen Betrachtungsweise im Umweltschutz.
   Im umweltpolitischen Raum ordnet man Altlasten in der Regel unter den
Oberbegriffen der Abfallwirtschaft. Diese Zuordnung ist historisch bedingt. Jede Industriegesellschaft stößt bei der Frage nach kontaminierten

Böden zuerst auf die Ablagerungen von Abfällen aus früherer Zeit. Beschränkt man das Problem nur auf diese Altablagerungen, so unterschätzt man den Umfang und die Bedeutung der Altlasten für den Umweltschutz in den Industriegesellschaften.

Neben den Kontaminationen an Plätzen mit Abfallaltablagerungen bestehen Bodenbelastungen durch den Umgang mit umweltgefährdenden Stoffen im Bereich der gewerblichen Wirtschaft oder öffentlicher Einrichtungen sowie durch undichte Rohrleitungen und Kanalsysteme.

Zu den zahlreichen Beispielen altlastverdächtiger Altstandorte zählt der Rat von Sachverständigen für Umweltfragen (Altlasten-Gutachten Tz 66) auch die Grundstücke stillgelegter Tankstellen. Ende 1968 waren in der Bundesrepublik Deutschland 46 859 Tankstellen in Betrieb. Durch Straffung des Vertriebes waren es Ende 1989 nur noch 18 928, so daß mit 27 931 stillgelegten Tankstellen gerechnet werden muß. Untersuchungen werden zeigen, welcher Grad an Kontaminationen im Einzelfall vorliegt.

Die Gesamtlänge des öffentlichen Abwassernetzes betrug 1988 in der Bundesrepublik Deutschland einschließlich der Anschlußleitungen 885 700 km (Umweltbericht 1990 des Bundesministers für Umwelt, Naturschutz und Reaktorsicherheit, S. 135). 10 bis 20 % der Leitungen sind sanierungsbedürftig, in einigen Städten sind sogar über 50 % der Leitungen beschädigt. Die beschädigten Abwasserleitungen stellen eine Gefahr für den Untergrund und das Grundwasser dar.

Anreicherungen von Schadstoffen in Böden und im Untergrund können die Regelungsfunktionen, die Lebensraumfunktionen und gegebenenfalls die Produktionsfunktionen nachteilig verändern. Hierdurch werden derartige Verunreinigungen schwerpunktmäßig zu einem Bodenschutzproblem, wobei durch die Wechselwirkungen mit dem Umweltmedium Wasser auch der Schutz des Grundwassers und des Oberflächenwassers berührt wird.

Das mit der Bodenbelastung verbundene Risiko für die belebte und unbelebte Umwelt wird durch die Art des Schadstoffes und der Wahrscheinlichkeit seiner Ausbreitung und der Exposition bestimmt. Die sich daraus ergebende notwendige Gefahrenabwehr prägt heute in erster Linie die Bedeutung der Altlasten im Umweltschutz. Soweit durch Kontamination im Boden und Untergrund das Wasserrecht maßgeblich ist, gestattet der Besorgnisgrundsatz (§§ 26 Abs. 2, 34 Abs. 2 WHG) eine Sanierung ohne strenge Bindung an den polizeirechtlichen Gefahrenbegriff.

Teilaufgabe der Bauleitplanung in der Bundesrepublik Deutschland ist die Umweltvorsorge. Hierzu trägt u. a. die Pflicht der Gemeinde bei, gemäß den Vorschriften des Baugesetzbuches (§ 9 Abs. 5 Ziff. 3 BauGB) bei der Aufstellung von Bauleitplänen diejenigen Flächen zu kennzeichnen, deren Böden erheblich mit umweltgefährdenden Stoffen belastet sind. Für Flächen, die in einem Flächennutzungsplan für eine Bebauung vorgesehen werden sollen, enthält § 5 Abs. 3 Ziff. 3 BauGB eine entsprechende Regelung. Die Kennzeichnungspflicht macht nicht am polizei- und ordnungsrechtlichen Gefahrenbegriff halt. Der Begriff der erheblichen Belastung mit umweltgefährdenden Stoffen deckt auch die Einbeziehung festgestellter Altablagerungen und Altstandorte, deren Risikopotential unterhalb der Gefahrenschwelle bleibt, aber für die künftige Nutzung erheblich ist.

Mit Kontaminationen belastete Grundstücke und nicht sanierte Altlasten können eine an den Belangen des Umweltschutzes orientierte Stadtentwicklung behindern, indem sie den Verbrauch von Freiflächen und die Inanspruchnahme bisher weitgehend unbelasteter Böden fördern. Um die Geschwindigkeit, mit der der besiedelte Raum in Gebiete vordringt, die zuvor dem Außenbereich zugerechnet werden konnten oder die innerhalb des Innenbereiches wichtige ökologische Ausgleichsfunktionen übernahmen, nicht noch

mehr zu beschleunigen, müssen schadstoffbelastete Grundstücke, die als Industrie- oder Gewerbebrache nicht genutzt werden, in ein Flächenrecycling einbezogen werden.

Wenn nicht nur die Abwehr akuter Gefahren, sondern auch das Gebot der Vorsorge im Bodenschutz die Erfassung, Untersuchung und Sanierung schadstoffbelasteter Böden bestimmt, wird dieses Teilgebiet des Umweltschutzes mit seinem Querschnittscharakter für Schutzgüter und Umweltmedien noch erheblich an Bedeutung gewinnen.

Altlasten haben international gesehen in den einzelnen Ländern einen unterschiedlichen umweltpolitischen Stellenwert. Wir erleben das in diesen Monaten mit aller Deutlichkeit und Härte, wenn wir die Situation an den Industriestandorten in den Ländern der ehemaligen DDR und in Osteuropa betrachten.

Die zum Schutz unserer Umwelt notwendige Bewältigung der Probleme der Altlasten stellt nicht nur eine aus fachlicher, sondern auch eine aus organisatorischer und finanzieller Sicht große Herausforderung dar. Wenn es gelingt, den Bürgern zu zeigen, daß das Problem zu bewältigen ist, könnte ein Stück Vertrauenskapital für das Gebiet der Umweltschutztechnik gebildet werden. Hierzu ist aber eine vollständige Information der betroffenen Kreise erforderlich. Programme zur Beteiligung der Öffentlichkeit und zur Einbeziehung der Betroffenen in die Entscheidungsvorbereitung sollten daher Bestandteil eines jeden Sanierungsplanes sein.

Aus Kreisen der Skeptiker hörte man in der Vergangenheit bei der Frage nach der Bedeutung der Altlasten sehr oft die Antwort: "Altlasten sind einerseits nicht zu überschätzen und andererseits nicht zu unterschätzen". Der Rat von Sachverständigen für Umweltfragen ist in seinem Sondergutachten über Altlasten der Auffassung, daß der ganze Umfang und die ganze Problematik unterschätzt werden.

## 3. PERSPEKTIVEN BEI DER GEFÄHRDUNGSABSCHÄTZUNG

Bei der Abschätzung der Gefährdung der Schutzgüter steht zunächst der Schutz der menschlichen Gesundheit im Vordergrund. Belastungen von Ökosystemen durch die vorliegenden Kontaminationen können durchaus Gefahren im Sinne des polizeilichen Gefahrenbegriffes darstellen (Gassner 1981). In Zukunft sollten mehr als bisher auch die ökologischen bzw. ökotoxikologischen Auswirkungen berücksichtigt werden. Dieses dichotomische Schutzgutdenken beruht auf der Erkenntnis, daß der Mensch nicht nur über eine direkte stoffliche Exposition, sondern aufgrund des komplexen ökologischen Vernetzungsgefüges ebenso durch eine Störung seiner Umwelt in seinem Wohlbefinden und seiner Gesundheit beeinträchtigt werden kann.

Durch eine dichotomische Behandlung der Schutzziele könnten erweiterte Möglichkeiten der Sanierung auch im Sinne der Vorsorge im Umweltschutz geschaffen werden.

Bei der Beurteilung der Gesundheitgefährdung an altlastverdächtigen Flächen ist eine Abstufung der Nutzungsintensität und -sensibilität sinnvoll. Nutzungen mit Daueraufenthalt von Menschen im Bereich Wohnen und Arbeiten sowie die Nutzung von Wasser als Trinkwasser haben ein besonderes Schutzbedürfnis. Weniger sensibel sind demgegenüber Nutzungen mit eingeschränkter Verweildauer aus dem Bereich Freizeit. Eine weitere Abstufung ergibt sich bei den Nutzungen als Verkehrsfläche oder Parkplatz.

Wir können in den letzten Jahren einen beträchtlichen Zugewinn an Erfahrungen und Erkenntnissen über die für eine Gefährdungsabschätzung wichtigen Eigenschaften der für Altlasten spezifischen Stoffe und deren Ausbreitungsmechanismen auf den verschiedenen Pfaden feststellen. Es ist das Verdienst der Arbeitsgruppe "Altablagerungen und Altlasten" der Länderarbeitsgemeinschaft Abfall (LAGA), einen Leitfaden erarbeitet zu

haben, der Arbeitshilfen und vorhandene Lösungsansätze vermittelt und zu einem systematischen Vorgehen bei der Untersuchung und Gefährdungsabschätzung beiträgt.

Heute bestehen noch Grenzen in der Ermittlung des Gefährdungspotentials. Sie liegen in der komplexen Natur der Kontaminationen, die eine vollständige Erfaßbarkeit der Zusammensetzung und Mengen der Schadstoffe einschließlich ihrer Reaktionsprodukte außerordentlich erschwert. Die weiteren Grenzen ergeben sich durch noch vorhandene Lücken im Wissen. Voraussetzung ist aber, das Gefährdungspotential möglichst umfassend und sicher zu ermitteln. Hierzu ist die Verbesserung unserer Kenntnisse über das Verhalten und den Verbleib von Stoffen im Abfallkörper, in Böden, in der Bodenluft, im natürlichen Untergrund und im Grundwasser notwendig. Von besonderer Wichtigkeit ist in diesem Zusammenhang, das Gebiet der numerischen Simulationsmodelle zum Transport reaktiver Schadstoffe weiter zu entwickeln. Ihr Einsatz kann bei den Problemen des Erkennens und Voraussagens von kritischen Beeinträchtigungen in Bodenkörpern und Grundwasser und im besonderen Maße bei den zu erwartenden Effekten der vorgesehenen Sanierungsmaßnahmen im Rahmen von Prognosemodellen einen wertvollen Beitrag zur Behandlung des Altlastenproblems leisten.

Für die Anwendung der stoff- und konzentrationsbezogenen Kriterien liegen inzwischen Vorschläge im Bericht der Länderarbeitsgemeinschaft Abfall und im Sondergutachten des Rates von Sachverständigen für Umweltfragen vor. Man sollte bei ihrer Anwendung zwischen dem Einsatz zur Erkennung von Verunreinigungen und ihrer Verwendung zur Beurteilung des Gefährdungspotentials unterscheiden. Stoffbezogene Prüfwerte (Schwellenwerte) können für die Altlastenproblematik hilfreich sein. Sie sollten medienbezogen, schutzgut- und nutzungsabhängig so festgelegt werden, daß bei ihrer Überschreitung Gefährdungen bestehen können. Besonderer Bedarf besteht nach weiteren Prüfwerten (Schwellenwerten) für die Beurteilung von Bodenbelastungen in Abhängigkeit vom Bodentyp, der Bodennutzung und den zu erfüllenden Bodenfunktionen. Mit der Erarbeitung derartiger Werte ist die Frage nach dem Dekontaminationsumfang verunreinigter Böden eng verknüpft.

Inwieweit die bemerkenswerten Arbeiten aus den Niederlanden (VROM 1988) über die Festlegung von Bodenqualitätskriterien auch auf die Verhältnisse in der Bundesrepublik übertragen werden können, kann erst mit Hilfe der Ergebnisse aus dem in Arbeit befindlichen Bodeninformationssystem entschieden werden. Alle stoffbezogenen Prüfwertkonzepte können nur einen anleitenden und mehr empfehlenden Charakter im Hinblick auf die Auslösung von Maßnahmen haben. Es ist immer daran zu denken, daß Abwehrmaßnahmen im Altlastenbereich einem einzelfallbezogenen Relativierungsvorbehalt unterliegen.

Um eine Beurteilung der möglichen Gesundheitsgefährdung durch die aus Altlasten aufgenommenen Schadstoffe zu erleichtern, ist es notwendig, für eine weitere Zahl von anorganischen und besonders organischen Stoffen duldbare tägliche Aufnahmemengen zu ermitteln. Außerdem sind die Wissenslücken in der Ökologie bzw. Ökotoxikologie bezüglich der langfristigen Wirkungen von Schadstoffen in Böden und im Untergrund auszufüllen. Hier sollte ein Schwerpunkt in der Umweltforschung liegen.

Wenn die Ergebnisse der Forschungsarbeiten sowie alle weltweit anfallenden Erkenntnisse systematisch zusammengetragen werden, dann werden sich die mit einer Abschätzung verbundenen Unsicherheiten der Aussage über das Gefährdungspotential ständig verringern.

Bei der Bewertung einer großen Zahl von altlastverdächtigen Flächen ist die Anwendung eines formalisierten Bewertungsverfahrens sinnvoll;

hierdurch ist die notwendige Prioritätensetzung möglich. Die sich aus dem
formalisierten Bewertungsverfahren ergebenden Schlußfolgerungen sollten
als Vorentscheidung verstanden werden, die eine individuelle Prüfung
jeden Einzelfalles erfordert. Hierzu sollte ein Gremium von Experten
eingesetzt werden.

Die Perspektive einer Kostenreduzierung für die Untersuchungen und
Bewertungen des Gefährdungspotentials ist als günstig anzusehen. Intelligente Probenahmetechniken, die konsequente Anwendung von Screeningverfahren und der Module für Mindestuntersuchungsprogramme (Fehlau 1989) sowie
vor Ort einsetzbare Meßverfahren sind die Voraussetzungen für effiziente,
zeit- und kostengünstige Lösungen.

Bei allen analytischen Untersuchungen sollte die Qualitätssicherung
oberste Priorität haben. Die eingeschaltete Untersuchungsstelle sollte
einen Qualitätssicherungsleitfaden vorlegen.

## 4. PERSPEKTIVEN BEI DEN SANIERUNGSMASSNAHMEN

Sanierungsmaßnahmen sollen sicherstellen, daß von der Altlast nach der
Sanierung keine Gefährdung und gegebenenfalls nur beherrschbare, d. h.
geringe, bekannte und kontrollierbare Beeinträchtigungen der Umwelt
ausgehen. Diese Definition, aus der Erfahrung der letzten Jahre geboren,
macht deutlich, daß es nicht mehr in jedem Fall möglich ist, die Kontamination so zu vermindern, daß der Status quo ante wieder hergestellt
wird. Die Entscheidung, welche Restbelastung und welches Risiko als
hinnehmbar und welcher Sanierungsgrad damit als ausreichend gilt, kann
zwar durch wissenschaftliche Erkenntnisse gestützt werden; sie ist letztendlich aber eine politische Entscheidung.

Sicherungsmaßnahmen, z. B. Einkapseln, die die Emissionswege langfristig unterbrechen und Dekontaminationsmaßnahmen, die die Schadstoffe
in kontaminiertem Erdreich oder Grundwasser bzw. in Abfällen eliminieren,
sind gleichberechtigt, wenn hierdurch die Gefährdung bezogen auf die
entsprechenden Schutzgüter und Nutzungen nicht mehr besteht. Bei der
Anwendung von Sicherungsmaßnahmen ist eine ständige Überwachung erforderlich. Bezogen auf einen langfristigen Schutz der Umwelt ist eine
Dekontamination als höherwertig zu betrachten, besonders dann, wenn
hierzu umweltverträgliche Maßnahmen eingesetzt werden. Die einfache
Umlagerung (Auskoffern) des Kontaminationskörpers mit anschließender
Verbringung des unbehandelten Materials auf Sonderdeponien ist abzulehnen, da diese Maßnahme als Problemverlagerung in Raum und Zeit anzusehen ist. Ganz besondere Ausnahmefälle bedürfen einer überzeugenden
Begründung.

Die Diskussion um den erforderlichen Sanierungsgrad hält immer noch
an. In der Bundesrepublik Deutschland orientiert sich der Sanierungsgrad
an der vorhandenen oder geplanten Nutzung (Strategie der Nutzungsanpassung; Holland und Straßer 1989; Grubert 1990). Hierbei ergeben sich zwei
mögliche Wege. Im ersten Fall bleiben die vorliegenden Verunreinigungen
in den Umweltmedien, wobei dann bestimmte Nutzungen ausgeschlossen werden. So sollten Flächen stillgelegter Sonderabfall- und Hausmülldeponien,
die nur eingekapselt werden können, für eine Wohnbebauung nicht in Frage
kommen.

Beim zweiten strategischen Weg ist das Nutzungsziel mit dem Sanierungsziel abzustimmen. Hier gibt es eine Vielzahl von Varianten. Will man
z. B. einen negativen Einfluß auf den Grundstückswert weitgehend ausschließen, dann können Restkonzentrationen von Schadstoffen nur in der
Größenordnung vergleichbarer weiträumiger Hintergrundbelastungen des
Bodens und Untergrundes bestehen bleiben (ARGEBAU 1988). Wo diese Abhängigkeit vom Grundstückswert nicht so entscheidend ist, kann es schutzgut-

und nutzungsorientiert Abstufungen im Sanierungsgrad geben. Prinzipiell darf nach der Sanierung kein rechtlich unzulässiges Risiko mehr bestehen; dieses Risiko muß einzelfallbezogen beurteilt werden. Daraus können sich für den gleichen Schadstoff bei unterschiedlicher Exposition infolge unterschiedlicher Nutzung und besonders bei verschiedenen Standortverhältnissen unterschiedlich hohe tolerable Reststoffkonzentrationen ergeben. Bei den Kriterien zur Beurteilung des Risikos dieser tolerablen Reststoffkonzentrationen sind noch Wissenslücken zu schließen, besonders im ökotoxikologischen Bereich.

Bei den Sanierungsmaßnahmen ist der Grundsatz der Verhältnismäßigkeit zu berücksichtigen, wonach die vorgesehenen Maßnahmen geeignet, erforderlich und auch angemessen sein müssen (LAGA 1990). Um dieses ausgewogen planen zu können, sollte die Sanierungsplanung ein unverzichtbarer Bestandteil jeder Sanierungsmaßnahme sein. Die Sanierungsplanung muß eine Sanierungsuntersuchung mit Machbarkeitsstudien enthalten, die die Realisierbarkeit des Vorhabens mit alternativen Sanierungslösungen zur Auswahl stellt. Die Prüfung der Umweltverträglichkeit, die Betrachtung der Kostenwirksamkeit, die Beurteilung der Eigenschaften des Kontaminationskörpers nach der Behandlung, der Grad der Nachsorge mit den Folgekosten und das Programm zur Einbeziehung der betroffenen Kreise sind wichtige Parameter. Weitere Einzelheiten sind im Sondergutachten "Altlasten" (SRU 1989) beschrieben.

Mit der zwingenden Einführung der Sanierungsplanung und der Machbarkeitsstudie soll mehr Systematik, Transparenz und Vertrauen erreicht werden. Das Stadium der ständigen Pilotprojekte und der überproportionalen Inanspruchnahme von "trial and error" muß mehr und mehr der Vergangenheit angehören. Die Voraussetzungen für eine überzeugende und planbare Sanierungstechnik liegen vor. Inzwischen gibt es eine Vielzahl von Sicherungs- und Dekontaminationsverfahren, die teilweise erprobt sind und in einigen Fällen sich schon großtechnisch bewährt haben. Diese Aussage bedeutet nicht, daß bei sehr ungünstigen Schadstoff-, Boden- oder Grundwasserverhältnissen noch weitere Entwicklungsarbeit auf dem verfahrenstechnischen Weg sinnvoll und geboten ist. Auch sollten die Forschungsanstrengungen zur verfahrenstechnischen Optimierung biotechnischer Dekontaminationen nicht vernachlässigt werden. Generell muß aber gesagt werden, daß es, wie überall in der komplexen Umwelttechnik, keinen "Königsweg" der Altlastensanierung geben wird. Die Hoffnung, alle Probleme durch in-situ-Verfahren, d. h. ohne Bodenbewegung und ohne Störung der ökologischen Funktionen, lösen zu können, hat keine erfolgversprechende Perspektive. Die Weiterentwicklung der bisher angewandten Sanierungstechniken wird sich durch individuell angepaßte Verfahrenskombinationen und durch Fortschritte im Detail auszeichnen. Der Wettbewerb der Verfahren wird zur Kostensenkung beitragen.

## 5. SCHLUSSWORT

Jede Industriegesellschaft hat ihre Vergangenheit nicht nur in der gewerblichen und industriellen Entwicklung, sondern auch in den anthropogenen Belastungen im Boden, Untergrund und Wasser. Derartig belastete Flächen wurden in der Vergangenheit meist ohne Rücksicht auf die Hinterlassenschaft genutzt. Die Folgen für die betroffenen Menschen und für die Umwelt sind bekannt. Heute existiert eine Sicherungs- und Dekontaminationsstrategie, die hilft, die Gefährdungen aus Altlasten zu beherrschen. Dieser Weg sollte nicht nur konsequent, sondern auch energischer weitergegangen werden.

Hierbei sind alle Erfahrungen zu verwerten, um zukünftig neue Altlasten zu vermeiden. Eine wirksame Vermeidung kann kurzfristig nur durch umfas-

sende Schutzmaßnahmen bei in Betrieb befindlichen Anlagen erreicht werden; langfristig ist eine schnellere Entwicklung der stoff- und prozeßinduzierten Schadstoffverminderung notwendig.

## 5. BIBLIOGRAPHIE

Sondergutachten "Altlasten" des Rates von Sachverständigen für Umweltfragen (SRU), (1989) Metzler-Poeschel, Stuttgart.

LAGA Informationsschrift "Erfassung, Gefahrenbeurteilung und Sanierung von Altlasten" (1990), Länderarbeitsgemeinschaft Abfall (1990) Erich Schmidt Verlag, Berlin

Bundesminister für Umwelt, Naturschutz und Reaktorsicherheit (1990), Umweltbericht Bundesanzeiger Verlag, Köln

Bundesministerium für Forschung und Technologie, Bonn (1990) Forschungskonzepte Abfallwirtschaft und Altlasten zum Programm Umweltforschung und Umwelttechnologie (1989-1994)

ARGEBAU (1988) Arbeitsgemeinschaft der für das Bau- Wohnungs- und Siedlungswesen zuständigen Minister der Länder), Altlasten im Städtebau, Deutscher Gemeindeverlag, Köln

Fehlau, K.P. (1989) Aufgaben, Probleme und Aktivitäten bei der Ermittlung und Sanierung von Altlasten in: Verein Deutscher Ingenieure (VDI) Seminar 13./14. Juni 1989, VDI-Bildungswerk, Düsseldorf

Aspekte der Altlastenbeurteilung aus behördlicher Sicht gwf-Gas-Erdgas 8, 428-433

Holland, K.J. und Straßer, H. (1988), Bewertung von Altlasten hinsichtlich der Flächennutzung in: Handbuch der Altlastensanierung, Hrsg.: Franzius, V.; Stegmann, R.; Wolf, K. R. v. Decker's Verlag, Heidelberg

Grubert, H. (1990), Strategien zur Nutzungsanpassung von Altstandorten, in: Tagungsband "Sanierung kontaminierter Standorte 1990", S. 217-223, Fortbildungszentrum Gesundheits- und Umweltschutz, Berlin

Gassner, E. (1981), Naturschutz als Gefahrenabwehr Natur und Recht 3, 6-11

VROM NL (1988) Ministerie van Volkshuisvesting, Ruimtelijke Ordening en Milieu beheer, Niederlande, Leidraad Bodensanering, Dell II, 's Gravenhage: Sdu uitgeverij

# 3. GRUNDLEGENDE ASPEKTE VON BÖDEN UND VON KONTAMINANTEN

## VERSTÄRKTE AUSWASCHUNG ORGANISCHER UMWELTCHEMIKALIEN DURCH BINDUNG AN GELÖSTEN KOHLENSTOFF?

INGRID KÖGEL-KNABNER[1], PETER KNABNER[2], UND HELMUT DESCHAUER[1]

[1]LEHRSTUHL FÜR BODENKUNDE UND BODENGEOGRAPHIE, UNIVERSITÄT BAYREUTH, POSTFACH 10 12 51, D-8580 BAYREUTH.
[2]INSTITUT FÜR MATHEMATIK, UNIVERSITÄT AUGSBURG, UNIVERSITÄTSSTR. 8, D-8900 AUGSBURG.

## 1. ABSTRACT

Die Sorption organischer Umweltchemikalien in Böden kann als Verteilungs- oder Sorptionsprozeß im Gleichgewicht zwischen drei Phasen betrachtet werden: gelöst, sorbiert an lösliche organische Makromoleküle und sorbiert an die feste Bodenmatrix. Am Beispiel eines neuen, sauren Herbizids wird gezeigt, daß organische Umweltchemikalien eine Bindung mit gelöster organischer Substanz eingehen können. Sorptionsisothermen werden sowohl für die Sorption an die feste Bodenmatrix (Ap Horizont) als auch für die Sorption an wasserlösliche organische Bodensubstanz bestimmt. Aus diesen Daten wird eine effektive Gleichgewichtsisotherme für die Sorption an die Bodenmatrix berechnet, die die Sorption von Umweltchemikalien an löslichen Kohlenstoff berücksichtigt. Im Vergleich zwischen diesem Drei-Phasen-Modell mit dem konventionellen Zwei-Phasen-Modell wird der Einfluß der löslichen organischen Makromoleküle auf die Auswaschung organischer Umweltchemikalien verdeutlicht.

## 2. EINLEITUNG

Zur Abschätzung der Mobilität organischer Umweltchemikalien dienen häufig Sorptionsuntersuchungen. Die Modellvorstellungen zum Sorptions- und Leachingverhalten organischer Umweltchemikalien in Böden gehen bisher von einem Zwei-Phasen-System der Verteilung oder Bindung der Umweltchemikalie zwischen Wasser (A) und der organischen Bodenmatrix (B) als wichtigstem Adsorbenten aus. Im natürlichen System des Bodens kann aber auch die (kolloidal) gelöste organische Bodensubstanz als Sorbent (C) dienen (Ballard, 1971; Bengtsson et al., 1987; Morel und Gschwend, 1987). Wir müssen also von einem **Drei-Phasen-System** ausgehen (Gschwend und Wu, 1985). Gelöste organische Bodensubstanz kann so als Carrier für organische Umweltchemikalien dienen und ihre Mobilität erhöhen. Dies wurde bisher überwiegend für Modellsysteme bestehend aus neutralen, hydrophoben Umweltchemikalien und (Modell-)huminsäuren untersucht (Bouchard et al., 1989).

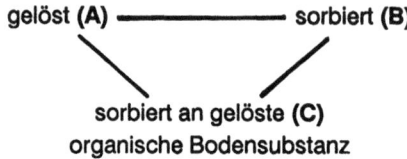

Ziel der vorliegenden Arbeit ist es, das Bindungsverhalten eines neuen, sauren Herbizids im Drei-Phasen-System Boden-Wasser-Kolloide zu beschreiben und den Einfluß auf Sorption und Verlagerung im Modell zu erfassen. Besonders wichtig ist dabei die Verwendung möglichst naturnaher Wasserextrakte (wasserlösliche organische Bodensubstanz WOBS).

## 3. MATERIAL UND METHODEN
3.1. Sorbat

Das experimentelle Herbizid Quinmerac gehört zur Substanzklasse der Chinolincarbonsäuren (2-Methyl-7-chlor-chinolin-8-carbonsäure). Quinmerac soll bevorzugt gegen Galium aparine in Weizen und Zuckerrüben angewendet werden (Wuerzer et al., 1985). Quinmerac wird als Suspension in Mengen von 0.25 - 0.75 kg ha$^{-1}$ aufgebracht. Die Löslichkeit von Quinmerac in Wasser beträgt 210 mg L$^{-1}$. Für alle Sorptionsexperimente wurde Quinmerac in einer 50 % Formulierung verwendet (BAS 518 H, Wuerzer et al., 1985).

3.2. Sorbenten

Als Sorbent diente der Ap-Horizont eines Anmmorgleys unter landwirtschaftlicher Nutzung. Wasserlösliche organische Bodensubstanz (WOBS) wurde durch Extraktion aus dem luftgetrockneten (25 °C), gesiebten (< 2mm) Ap-Horizont des Anmoorgleys bei einem Boden/Wasser-Verhältnis von 1/2 gewonnen (Deschauer, 1990).

3.3. Sorptionsisothermen

Sorptionsversuche wurden im Batch-Verfahren bei einem Boden/Wasser-Verhältnis von 1/3 durchgeführt (Deschauer und Kögel-Knabner, 1990). Sorptionsisothermen wurden mit linearer Regression für die Meßdaten in logarithmischer Skala nach Freundlich errechnet: $x/m = K_f C^{1/n}$. Dabei bezeichnet x/m die Masse an sorbiertem Herbizid pro Masse Boden, C die Konzentration des Herbizids in Lösung, und $K_f$ den Sorptionskoeffizienten. Für 1/n = 1 ist die Isotherme linear und ergibt den Verteilungskoeffizienten $K_d$ ($x/m = K_d C$).

Die Bestimmung der Sorption von Quinmerac an WOBS erfolgte durch Trennung der freien und gebundenen Phase des Herbizids mittels Ultrafiltration (Amicon) bei einer Ausschlußgrenze von MG = 1000. Im sogenannten continuous flow-Verfahren kann aus den Elutionskurven eine Sorptionsisotherme für die Sorption von Quinmerac an die WOBS berechnet werden (Gamble et al., 1986; Grice et al., 1973).

## 4. ERGEBNISSE UND DISKUSSION

### 4.1. Sorptionsisothermen

Die Sorptionsisotherme für die Sorption an den Ap-Horizont eines Anmoorgleys (Abb. 1) ergibt Verteilungskoeffizienten $K_d$ zwischen 0.8 und 3.5. Bezogen auf organischen Kohlenstoff ergeben sich Verteilungskoeffizienten $K_{oc}$ von 4.2 bis 18.4. Bis zu einer Konzentration von etwa 20 µg mL$^{-1}$ Quinmerac ist die Sorption linear.

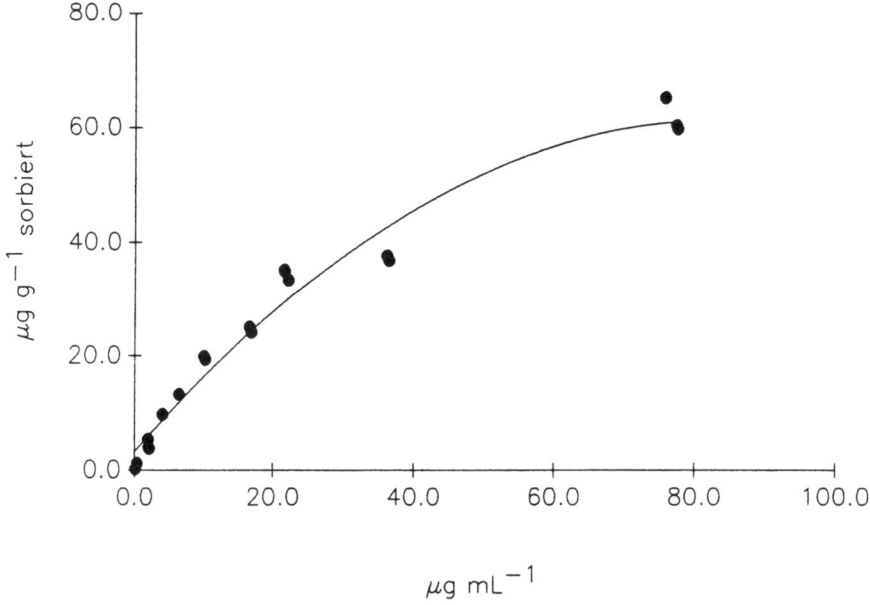

**Abb. 1:** Sorptionsisotherme für die Sorption von Quinmerac an Boden (Ap-horizont, Anmoorgley).

Abb. 2 zeigt das Elutionsverhalten von Quinmerac im continuous-flow-Experiment der Ultrafiltration. Bei Berücksichtigung der Interferenzen mit der UF-Membran ist zu sehen, daß Quinmerac in der Gegenwart von WOBS verzögert eluiert wird. Aus dem Vergleich dieser beiden Kurven kann die Sorptionsisotherme für die Sorption von Quinmerac an WOBS berechnet werden. Die Sorption an die WOBS ist wesentlich höher als die Sorption an die Bodenmatrix mit Verteilungskoeffizienten $K_{oc}$ von 1500 bis 3000 (Abb. 3).

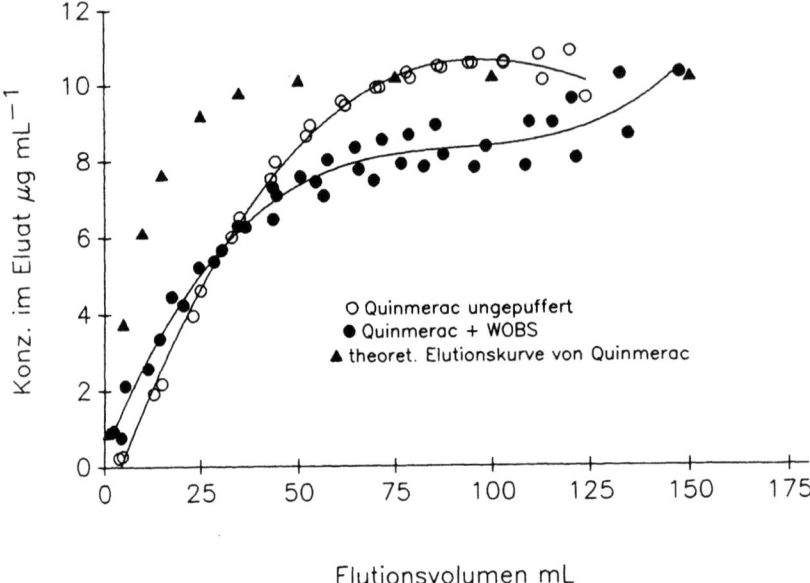

**Abb. 2:** Verzögerte Elution bei der Ultrafiltration von Quinmerac in Gegenwart von WOBS.

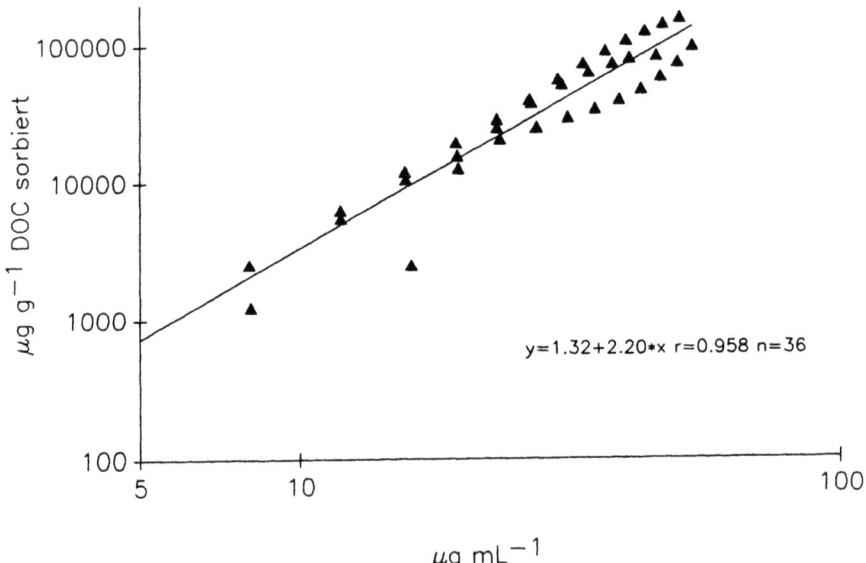

**Abb. 3:** Sorptionsisotherme für die Sorption von Quinmerac an WOBS, berechnet aus Ultrafiltration.

## 4.2. Effektive Isotherme

Der Einfluß der WOBS auf die Sorption läßt sich im Batch-Versuch nicht ermitteln. Daher wird dieser Einfluß für verschiedene Konzentrationen an WOBS rechnerisch erfaßt. Dazu leitet man ein Transportmodell für die Gesamtkonzentration einer Umweltchemikalie in Lösung (A+C) her: Die Adsorptionsprozesse sind im Gleichgewicht, beschrieben durch Isothermen, wie sie etwa oben bestimmt wurden, und die Phase (C) wird nicht an den Boden sorbiert. Der Massenfluß der gelösten Phasen (A) oder (C) besteht aus einem diffusiv-dispersiven und einem konvektiven Anteil, die in einheitlicher Weise mit dem gleichen Diffusions-Dispersionskoeffizienten und dem gleichen volumetrischen Wasserfluß beschrieben werden. Außerdem wird für beide Phasen (A) und (C) der gleiche Wassergehalt benutzt.

Dann impliziert das Massenerhaltungsgesetz die Dispersions-Konvektionsgleichung für $C_{(A+C)}$ mit einem Senkenterm aufgrund der Adsorption von $C_{(A)}$, der Konzentration der Phase (A), an den Boden. Diese Gleichung kann in eine Differentialgleichung allein in der Unbekannten $C_{(A+C)}$ umgeformt werden, da zu einem bestimmten Wert von $C_{(A+C)}$ in eindeutiger Weise ein zugehöriger Wert von $C_{(A)}$ existiert, obwohl es im allgemeinen keinen expliziten Ausdruck dafür gibt. Deshalb erfüllt $C_{(A+C)}$ die Dispersions-Konvektionsgleichung mit einem Senkenterm, der als die Konsequenz eines **einzigen** Adsorptionsprozesses interpretiert werden kann. Dieser kann durch eine funktionale Beziehung zwischen $C_{(A+C)}$ und der sorbierten Konzentration beschrieben werden, die wir die **effektive Isotherme** nennen. Die Konzentration $C_{(WOBS)}$ der WOBS geht in die Definition der effektiven Isotherme ein, so daß diese in Ort oder Zeit variiert, falls dasselbe für $C_{(WOBS)}$ zutrifft. Der Wert der effektiven Isotherme ist geringer als der entsprechende Wert der Isotherme für die Sorption an Boden. Dies spiegelt in **quantitativer** Weise die erhöhte Mobilität der Umweltchemikalie wider, die eine Folge der Sorption an die WOBS ist.

Im allgemeinen gibt es keine explizite Form für die effektive Isotherme, da eine solche auch für die Abhängigkeit von $C_{(A)}$ von $C_{(A+C)}$ fehlt. Dennoch kann der Wert der effektiven Isotherme für einen festen Wert von $C_{(A+C)}$ einfach numerisch angenähert werden, wenn die beiden anderen Isothermen in geschlossener Form vorliegen. Im Spezialfall einer linearen Sorptionsisotherme an die WOBS, mit einem Sorptionskoeffizienten $K_{f(WOBS)}$, erhalten wir

$$C_{(A)}/C_{(A+C)} = 1/(1 + K_{f(WOBS)} C_{(WOBS)}).$$

Es ist dieser Faktor kleiner 1, der in der Isotherme für die Asorption an den Boden zusätzlich auftritt, um die effektive Isotherme zu erzeugen. Ist also die Sorption an den Boden durch die Freundlich-Form beschrieben mit $K_{f(Boden)}$ und $1/n$, hat die effektive Isotherme Freundlich-Form mit der Potenz $1/n$, aber mit einem veränderten $K_f$-Wert $K_{f(eff)}$, der sich ergibt durch die Formel

$$K_{f(eff)} = K_{f(Boden)} \, 1/(1 + K_{f(WOBS)} C_{(WOBS)})^{1/n}.$$

Abb. 4 zeigt die berechnete effektive Isotherme für Quinmerac bei verschiedenen WOBS-Konzentrationen. Deutliche Unterschiede für $K_{f(eff)}$ sind nur bei hohen Konzentrationen von WOBS (100 mg L$^{-1}$) festzustellen.

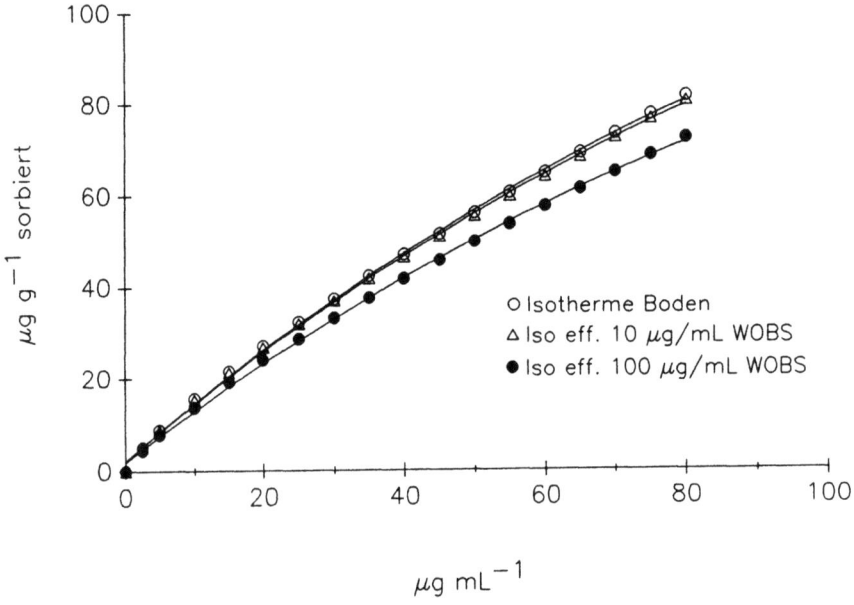

**Abb. 4:** Effektive Sorptionsisothermen für die Sorption von Quinmerac an Boden bei unterschiedlichen WOBS-Konzentrationen.

Abhängig von der relativen Stärke der beiden in Konkurrenz stehenden Sorptionsprozesse kann die effektive Isotherme neues qualitatives Verhalten aufweisen. Wir nehmen an, daß beide Isothermen an den Boden und an die WOBS durch die Freundlich-Form beschrieben sind, gegeben durch $K_{f(Boden)}$ und $1/n$ bzw. $K_{f(WOBS)}$ und $1/m$, mit $1/n < 1$. Dann ist die Isotherme an den Boden vom Typ (H) in der Klassifikation von Giles et al. (1974), was die starke Sorption für kleine Konzentrationen widerspiegelt. Ist $1/m \geq 1/n$, so ist die effektive Isotherme auch vom Typ (H), im Fall $1/m < 1/n$ hingegen vom Typ (S), entsprechend einer starken Abschwächung der Sorption für kleine Konzentrationen des Sorbats.

## 5. SCHLUSSFOLGERUNGEN

Unter folgenden Bedingungen ist ein Einfluß von wasserlöslicher organischer Bodensubstanz auf das Sorptionsverhalten von Quinmerac zu erwarten:

- hohe Konzentration von Quinmerac in Lösung, oder

hohe Gehalte an WOBS, z.B. nach Aufbringung von Kompost, Klärschlamm, Gülle, oder nach verstärkter Freisetzung von WOBS durch Düngung oder Kalkung.

## 6. DANK

Wir danken Gisela Badewitz für ihre engagierte Mitarbeit im Labor. Die Arbeiten wurden von der BASF Limburgerhof finanziell unterstützt.

## 7. LITERATUR

Ballard, T.M. (1971). Role of humic carrier substances in DDT movement through forest soil. Soil Sci. Soc. Am. Proc. 35: 145-147.

Bengtsson, G., Enfield, C.G., und Lindquist R. (1987). Macromolecules facilitate the transport of trace organics. Sci. Total Environ. 67: 159-164.

Bouchard, D.C., Enfield, C.G., und Piwoni, M.D. (1989). Transport processes involving organic chemicals. In B.L. Sawhney und K. Brown (Eds.), Reactions and movement of organic chemicals in soils, 349-372. SSSA Spec. Publ. No. 22, Madison.

Deschauer, H. (1990). Untersuchungen zur Sorption eines neuen Herbizids an die Ap-Horizonte verschiedener Ackerböden und deren wasserlösliche organische Bodensubstanz. Bayreuther Bodenk. Ber., im Druck.

Deschauer, H., und Kögel-Knabner, I. (1990). Sorption behavior of a new acidic herbicide in soils. Chemosphere, eingereicht.

Gamble, D.S., Haniff, M.I., und Zienius, R.H. (1986). Solution phase complexing of atrazine by fulvic acid: a theoretical comparison of ultrafiltration methods. Anal. Chem. 54: 732-734.

Giles, C.H., Smith, D., und Huiton, A. (1974). A general treatment and classification of the solute adsorption isotherm. I.Theoretical. J. Colloid Surface Sci. 47: 755-765.

Grice, R.E., Hayes, M.H.B., Lundie, P.R., und Cardew, M.H. (1973). Continuous flow method for studying adsorption of organic chemicals by humic acid preparation. Chem. Ind. 3: 233-235.

Gschwend, P.M., und Wu, S. (1985). On the constancy of sediment water partition coefficients of hydrophobic organic pollutants. Environ. Sci. Technol. 19: 90-96.

Krogmann, H. (1986). Methoden zur ökotoxikologischen Bewertung von Umweltchemikalien. Teil I: Laborversuche zur Adsorption/Desorption von PCB und Picloram. Diss. Univ. Hamburg.

Moreale, A., und Van Bladel, R. (1980). Behaviour of 2,4-D in Belgian soils. J. Environ. Qual. 9: 627-633.

Morel, F.M.M., und Gschwend, P.M. (1987). The role of colloids in the partitioning of solutes in natural waters. In W. Stumm (Ed.) Aquatic surface chemistry, 405-422, New York: Wiley.

Wuerzer, B., Berghaus, R., Hagen H., Kohler R.D., und Merkert J. (1985). Characteristics of the new herbicide BAS 518 H. Proc. Brit. Crop Prot. Conf. - Weeds 1: 63-70.

DER BEITRAG VON BODENKONSTITUENTEN ZUR ADSORPTION VON CHEMI-
KALIEN

H. KISHI UND Y. HASIMOTO

FACULTY OF SCIENCE AND TECHNOLOGY, KEIO UNIVERSITY, JAPAN
3-14-1, HIYOSHI, KOHOKUKU, YOKOHAMA, 223 JAPAN

ZUSAMMENFASSUNG
Im allgemeinen wird davon ausgegangen, daß die Stärke der Adsorptivität für Chemikalien in Böden, $koc$, konstant ist. Es zeigte sich aber, daß der $koc$-Wert für die untersuchten Chemikalien in verschiedenen Böden unterschiedlich ist. In dieser Untersuchung läßt sich der Zusammenhang zwischen $kd$ und $Coc$ für fünf Bodentypen und fünf Chemikalien ausdrücken als $kd = Koc \cdot Coc + a$, wobei $Koc$ als ein 'Mittelwert' über den Beitrag der organischen Substanzen zu $kd$ definiert ist, und der Achsenabschnitt $a$ einen Anteil der Adsorptionskapazität durch Bodenkonstituenten charakterisiert, die nicht aus organischem Kohlenstoff bestehen. Dabei ergab sich, daß der Quotient aus $Koc$ und $koc$ für jeden Bodentyp und alle Chemikalien nahezu konstant war.

1. EINLEITUNG

Im allgemeinen bestimmt der Bodengehalt an organischem Kohlenstoff die Adsorptionskapazität für hydrophobe organische Verbindungen. Der Adsoptionskoeffizient $kd$ einer Chemikalie in Böden nimmt normalerweise Werten an, die mit den Bodenkomponenten und insbesondere mit dem Gehalt an organischem Kohlenstoff variieren. Man bildet deshalb üblicherweise den Ausdruck $koc$, den Adsorptionskoeffizienten, der sich durch Normierung von $kd$ auf den Bodengehalt an organischem Kohlenstoff ergibt. Der Koeffizient $koc$ sollte dann für jede chemische Spezies in unterschiedlichen Böden einen konstanten Wert besitzen.

Allerdings unterscheiden sich die $koc$-Werte für einzelne Chemikalien in der Literatur um einen Faktor 2 bis 6, zum Beispiel 240 (Briggs, 1981) bis 1290 (Schwarzenbach et al., 1981) für Naphtalin und 544 (Swan et al., 1979) bis 1730 (Chiou et al., 1979) für Lindan. Diese Unterschiede in $koc$ können nicht nur durch einen unterschiedlichen Gehalt an organischem Kohlenstoff verursacht werden, sondern auch durch andere Bodenkomponenten. In diesem Beitrag werden die Ursachen für die Variationen in der Messung der Adsorption von Chemikalien in Böden untersucht, und zwar unter Verwendung von sechs alizyklischen und aromatischen Verbindungen mit $koc$-Werten zwischen 700 und 25000 sowie von sechs Bodentypen mit unterschiedlichem Gehalt an organischem Kohlenstoff und unterschiedlichen Tonmineralen.

## 2. EXPERIMENTELLES

Die physikalischen und chemischen Eigenschaften der verwendeten Böden werden in Tabelle 1 zusammengefaßt. Für die Adsorptionstests mit den Chemikalien wurden jeweils 10 kg von 6 Bodentypen mit unterschiedlichem Gehalt an organischem Kohlenstoff gesammelt und für die Sorptionsversuche vorbereitet. Für die Experimente wurden diese Böden luftgetrocknet und in Polyethylen-Flaschen aufbewahrt. Zuerst wurde der Wassergehalt der Böden auf Grundlage der Massen bestimmt, dann nach den üblichen Verfahren der Wassergehalt in gesättigtem Zustand. Daraufhin wurde 24 Stunden vor Versuchsbeginn soviel Wasser zugefügt, bis die Böden auf 60% ihres Wasserfassungsvermögens bei Sättigung eingestellt waren. Dies führte dazu, daß der physikalische Zustand und das Aussehen der Böden dem unter natürlichen Bedingungen ungefähr entsprachen.

TABELLE 1. Physikalische und chemische Bodeneigenschaften

| Boden Nr. | Bodentextur | Tonmineral | CEC meq/100g | Coc | pH 1:1($H_2O$) |
|---|---|---|---|---|---|
| 1 | Toniger Lehm | Kaolinit | 12,4 | $1,42 \times 10^{-2}$ | 5,91 |
| 2 | Leichter Ton | Mon. | 13,2 | $1,51 \times 10^{-2}$ | 5,18 |
| 3 | Leichter Ton | Mon.-Illit | 28,3 | $3,23 \times 10^{-2}$ | 5,26 |
| 4 | Sandiger Lehm | Allophan | 26,3 | $7,91 \times 10^{-2}$ | 5,41 |
| 5 | Toniger Lehm | Allophan | 35,0 | $10,40 \times 10^{-2}$ | 4,89 |

CEC: Kationenaustauschkapazität; Coc: Gehalt an organischem Kohlenstoff; Mon.: Montmorillonit

Der Wert des Adsorptionskoeffizienten wurde mit Hilfe von Gleichgewichtsversuchen bei konstantem Volumen ermittelt.

Zur Herstellung der Testlösungen wurde den Böden eine Lösung bekannter Konzentration quantitativ zugesetzt. Zehn Proben (Mischungen von Boden und der gelösten Chemikalie) wurden mechanisch geschüttelt. Die Chemikalienkonzentration in der flüssigen Phase der zentrifugierten Probe wurde in bestimmten Zeitabständen solange gemessen, bis das Gleichgewicht erreicht war. Die Menge der vom Boden adsorbierten Chemikalie wurde aus der Konzentration der Chemikalie in der flüssigen Phase bestimmt, sobald die Lösung ihre Gleichgewichtskonzentration erreicht hatte. Aus den Ergebnissen des oben beschriebenen Adsorptionstests wurde dann das Adsorptionsgleichgewicht der Chemikalie zwischen Wasser und Boden ermittelt. Für die Messung des Adsorptionskoeffizienten wurden die experimentellen Bedingungen gewählt, die in Vortests als optimal ermittelt worden waren. Mit den

Böden wurde eine Serie von gelösten Chemikalien unterschiedlicher Konzentrationen bei konstanter Temperatur (20°C) ins Gleichgewicht gesetzt. Die Menge Qe der adsorbierten Chemikalien wurde als Funktion der Gleichgewichtskonzentration Ce graphisch dargestellt.

## 3. ERGEBNISSE UND DISKUSSION
### 3.1 Adsorptionskoeffizienten in verschiedenen Bodentypen

Für jeden Bodentyp wurden die experimentellen Ergebnisse für die Gleichgewichtskonzentration Ce und die Menge der adsorbierten Chemikalie Qe in die Freundlich'sche Isothermengleichung (Glg. 1) eingesetzt, um den Adsorptionskoeffizienten $k$d für die Chemikalie zu ermitteln. Diese Gleichung kann verwendet werden, wenn der Adsorptionsexponent 1/n der Chemikalie kleiner als Eins ist, 1/n < 1. Für 1/n > 1 wurde die Henry'sche Isothermengleichung Qe = $k$d·Ce verwendet.

$$Qe = k\mathrm{d} \cdot Ce^1 \qquad (1)$$

Der Wert von $k$oc einer Chemikalie wird ermittelt, indem $k$d mit dem Bodengehalt an organischem Kohlenstoff Coc normalisiert wird. Das heißt, der Adsorptionskoeffizient einer Chemikalie, bezogen auf eine Einheit organischen Kohlenstoffs, ist $k$oc = $k$d/Coc. Obwohl ein eindeutiger Wert gefordert wird, streuen die verfügbaren $k$oc-Werte für eine Chemikalie und einen bestimmten Bodentyp normalerweise in einem breiten Bereich.

Mit Hilfe der oben beschriebenen Methoden wurde $k$d für sechs Chemikalien und fünf Böden mit unterschiedlichem Gehalt an organischem Kohlenstoff ermittelt (Tabelle 2).

Die normalisierten $k$oc-Werte einer Chemikalie sollten eng beieinander liegen. Tatsächlich streuen die $k$oc-Werte für die Chemikalien in Tabelle 2 für verschiedene Böden über einen weiten Bereich. Unterschiede in der Bodenzusammensetzung, insbesondere die Art des Tonminerals im Boden, könnten ein sehr wichtiger Faktor sein, der die $k$oc-Messungen beeinflußt.

Für Lindan in Böden lagen die Korrelationskoeffizienten r von log Qe-Ce in der Isothermengleichung über 0,99.

Um die Ursache der $k$oc-Variation zu ermitteln, wurde eine graphische Analyse von Koc als 'Mittelwert' von $k$oc durchgeführt (Abbildung 1). Koc ist die Steigung der Regressionsgeraden von $k$d, dargestellt über $k$oc (dem Bodengehalt an organischem Kohlenstoff), wie Gleichung 2 zeigt. Der Achsenabschnitt α charakterisiert einen Anteil der Adsorptionskapazität durch Bodenkonstituenten, die nicht aus organischem Kohlenstoff bestehen.

$$k\mathrm{d} = \mathrm{Koc} \cdot \mathrm{Coc} + \alpha \qquad (2)$$

Allerdings gilt der Beitrag dieses Anteils nur für einen 'gemittelten' Boden. Normalerweise wird $k$oc für jeden Boden getrennt gemessen.

TABELLE 2. Die Parameter aus Freundlich's Gleichung und Adsorptionskoeffizienten für verschiedene Chemikalien und Böden

| Chemikalie | Boden-Nr. | 1/n | $k_d$ | r | $k_{oc}$ |
|---|---|---|---|---|---|
| Lindan | 1 | 0,794 | 9,82 | 0,995 | 690 |
| | 2 | 0,905 | 20,0 | 0,999 | 1300 |
| | 3 | 0,805 | 37,4 | 0,993 | 1200 |
| | 4 | 1,00 | 75,8 | 1,00 | 960 |
| | 5 | 0,938 | 79,4 | 1,00 | 760 |
| Naphtalin | 1 | 0,912 | 6,28 | 1,00 | 440 |
| | 2 | 0,842 | 12,6 | 0,999 | 830 |
| | 3 | 0,810 | 24,0 | 0,995 | 740 |
| | 4 | 0,785 | 33,1 | 0,998 | 420 |
| | 5 | 0,996 | 56,2 | 0,991 | 540 |
| Diphenyl | 1 | 1,00 | 15,6 | 0,990 | 1100 |
| | 2 | 1,00 | 31,8 | 0,994 | 2100 |
| | 3 | 0,98 | 56,8 | 0,990 | 1800 |
| | 4 | 1,00 | 90,0 | 0,996 | 1100 |
| | 5 | 0,775 | 124 | 0,999 | 1200 |
| 1,2,3-Tri- | 1 | 0,854 | 20,7 | 0,990 | 1500 |
| chlorbenzol | 2 | 1,00 | 36,5 | 0,999 | 2400 |
| | 3 | 0,965 | 85,7 | 0,999 | 2700 |
| | 4 | 0,979 | 143 | 0,996 | 1800 |
| | 5 | 1,00 | 180 | 1,00 | 1700 |
| 1,2,3,4-Tetra- | 1 | 0,893 | 47,0 | 0,999 | 3300 |
| chlorbenzol | 2 | 1,00 | 122 | 0,988 | 8100 |
| | 3 | 0,866 | 180 | 0,989 | 5600 |
| | 4 | 0,883 | 315 | 0,997 | 3000 |
| | 5 | 1,00 | 341 | 0,976 | 3300 |
| Dieldrin | 1 | 0,954 | 195 | 0,995 | 14000 |

1/n: Adsorptionsexponent; $k_d$: Adsorptionskoeffizient; r: Korrelationskoeffizient; $k_{oc}/k_d$: auf den Bodengehalt an organischem Kohlenstoff normalisierte Werte.

Bei der Messung des Adsoptionskoeffizienten mit Boden #i wird der Anteil der Sorptionskapazität $a_i$, der anderen Konstituenten als dem organischen Kohlenstoff zuzuschreiben ist, als Achsenabschnitt der Gerade (gestrichelte Linie) ermittelt, die durch den Adsorptionskoeffizienten $k_{di}$ des Bodens #i mit der Steigung $K_{oc}$ verläuft, die parallel zur Regressionsgeraden für andere Bodentypen ist.

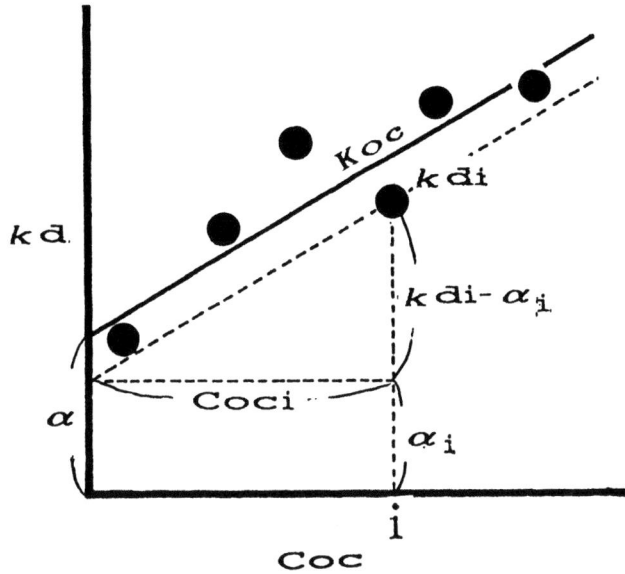

Abbildung 1. Adsorptionskoeffizienten als Funktion des Gehalts an organischem Kohlenstoff, lineare Regression:
$kd = Koc \cdot Coc + a$   ---   $kdi = Koc \cdot Coci + ai$

Für jede experimentell untersuchte Chemikalie wurden die Adsorptionskoeffizienten $kd$ gegen den Kohlenstoffgehalt Coc der Böden aufgetragen. Als Steigung der Regressionsgerade wurde eine Proportionalitätskonstante Koc ermittelt; sie stellt den 'mittleren' oder repräsentativen $koc$-Wert einer Chemikalie dar. Tabelle 3 zeigt die Koc-Werte für die verschiedenen Chemikalien, die sich aus der linearen Regression Coc-$kd$ ergeben.

TABELLE 3. Beziehung zwischen Adsorptionskoeffizient und Gehalt an organischem Kohlenstoff.

| Chemikalien | Koc | a | r |
|---|---|---|---|
| Lindan | 764 | 7,11 | 0,972 |
| Naphtalin | 464 | 3,73 | 0,960 |
| Diphenyl | 1060 | 11,6 | 0,981 |
| 1,2,3-Trichlorbenzol | 1730 | 8,48 | 0,984 |
| 1,2,3,4-Tetrachlorbenzol | 2970 | 55,6 | 0,959 |

$kdi = Koc \cdot Coci + a$; Koc ist die Steigung der Regressionsgeraden zwischen Gehalt Coc an organischem Kohlenstoff und Adsorptionskoeffizienten $kd$. Koc und a beschreiben die Beiträge von organischem Kohlenstoff bzw. sonstigen Substanzen zu $kd$. r ist der Korrelationskoeffizient der Geradengleichung Coci-$kdi$.

## 3.2 Beitrag des organischen Kohlenstoffs zum Adsorptionskoeffizienten im Boden

Der Beitrag des organischen Kohlenstoffs und anderer Konstituenten zum Adsorptionskoeffizienten in jedem Boden #i kann dargestellt werden als $Koc \cdot Coci/kdi$ und $\alpha i/kdi$ (= 1 - $Koc/koci$) (Glg. 3 und Glg. 4).

$$Koc \cdot Coci/kdi = Koc/koci \qquad (3)$$

$$\alpha i/kdi = (kdi - Koc \cdot Coci)/kdi = 1 - Koc/koci \qquad (4)$$

Die Werte $Koc/koci$ und $\alpha i/kdi$ werden für alle Chemikalien und alle Böden in Tabelle 4 zusammengefaßt.

Die $Koc/koci$-Verhältnisse für einen Bodentyp waren für verschiedene Chemiklien ähnlich, wobei diese Werte in den Böden #1, #4 und #5 nahezu bei 1,00 und in den Böden #2 bzw. #3 bei 0,6 lagen (Tabelle 4).

Die Beiträge des organischen Kohlenstoffs und deshalb natürlich auch der anderen Bodenkonstituenten sind für jeden Boden unabhängig von der geprüften Chemikalie ähnlich. Damit kann der Beitrag der organischen Kohlenstoffverbindungen zur Adsorption durch Messung von $koc$ bei einem Bodentyp ermittelt werden, wenn zuvor Koc durch Messungen an verschiedenen Bodentypen bestimmt worden war. Wenn derartige Informationen zu den adsorptiven Bodeneigenschaften verfügbar sind, ergibt sich Koc aus $koci$, der Spezialisierung von $koc$ auf einen Boden, durch Multiplikation mit dem Kompensationsfaktor $Koc/koci$ erhalten, wobei $koci$ durch eine Messung an nur einem Bodentyp bestimmt wird.

TABELLE 4. Beitrag von organischen Substanzen ($Koc/koc$) und anderen ($\alpha/kd$) zur Adsorption in Böden

| Boden-Nr. | 1 | 2 | 3 | 4 | 5 |
|---|---|---|---|---|---|
| Tonmineral | Kaolinit | Mont. | Mont.-Illit | Allophan | Allophan |
| Coc | 0,0142 | 0,0153 | 0,0323 | 0,0791 | 0,104 |
| Chemikalie | | | | | |
| Lindan | 1,10(-0,10) | 0,58(0,42) | 0,66(0,34) | 0,80(0,20) | 1,00(0,00) |
| Naphthalen | 1,05(-0,05) | 0,56(0,44) | 0,62(0,38) | 1,11(-0,11) | 0,86(0,14) |
| Diphenyl | 0,81(0,19) | 0,50(0,50) | 0,60(0,40) | 0,92(0,08) | 0,83(0,17) |
| 1,2,3-Trichlorbenzol | 1,13(-0,13) | 0,69(0,31) | 0,62(0,38) | 0,91(0,09) | 0,95(0,05) |
| 1,2,3,4-Tetrachlorbenzol | 0,90(0,10) | | | | |
| ($\Sigma Koc/koc)/5$ | 1,00±0,14 | 0,58±0,08 | 0,63±0,03 | 0,94±0,13 | 0,91±0,08 |
| ($\Sigma \alpha/kd)/5$ | (0,00±0,13) | (0,42±0,08) | (0,38±0,03) | (0,07±0,13) | (0,09±0,08) |

$Koc/koci$. In Klammern die Werte für $\alpha/kdi$. 5 ist die Anzahl der Bodentypen.

BIBLIOGRAPHIE
1) Briggs, G.G. (1981). Theoretical and Experimental Relationships Between Soil Adsorption, Octanol-Water Partition coefficients, Water Solubilities, Bioconcentration Factors, and the Parachor (Theoretische und experimentelle Beziehung zwischen Bodenadsorption, Oktanol/Wasser-Verteilungskoeffizienten, Wasserlöslichkeiten, Biokonzentrationsfaktoren und Parachor). J. Agric. Food Chem., 29, 1050-1059.
2) Schwarzenbach, R.P. und Westall, J. (1981). Transport of Nonpolar Organic Compounds from Surface Water to Groundwater (Transport unpolarer organischer Verbindungen vom Oberflächenwasser in das Grundwasser). Laboratory Sorption Studies, Environ. Sci. & Techn. 15, 1360.
3) Swan, R.L., McCall, P.J., Laskowski, D.A. und Dishburger, H.J. (1979). Estimation of Soil Sorption Constants of Organic Chemicals by High-Performance Liquid Chromatography (Abschätzung der Bodensorptionskonstanten von organischen Chemikalien durch Hochleistungs-Flüssigchromatographie). D. R. Branson und K.L. Dickson (Herausgeber), Aquatic Toxicology and Hazard Assessment, ASTM SPT 737, 43-48.
4) Chiou, C.T., Peters, L.J., Freed, V.H. (1979). A Physical Concept of Soil-Water Equilibria for Nonionic Organic Compounds (Ein physikalisches Konzept des Boden/Wasser-Gleichgewichts für nichtionische organische Verbindungen). Science, 206, 831.

WECHSELWIRKUNGEN ORGANISCHER SCHADSTOFFE MIT BODENKOMPONENTEN
IN WÄSSRIGEN UND ÖLKONTAMINIERTEN SYSTEMEN

J. GERTH, W. CALMANO und U. FÖRSTNER

ARBEITSBEREICH UMWELTSCHUTZTECHNIK, TECHNISCHE UNIVERSITÄT
HAMBURG-HARBURG, POSTFACH 901403, 2100 HAMBURG 90

1. EINLEITUNG
   Durch eine Kontamination mit Öl werden Böden in ihren
elementaren Funktionen gestört und zusätzlich mit zahlreichen
organischen Spurenstoffen belastet. Vor allem Altöl enthält
verschiedene schwer abbaubare organische Schadstoffe. Extrem
hohe Konzentrationen an unterschiedlichen Schadstoffen wurden
in Ölbecken von Mülldeponien gefunden, die zur Ablagerung von
Rückständen aus der Pestizidproduktion genutzt wurden
(Umweltbehörde Hamburg, 1988).
   Während die Bindung organischer Spurenstoffe durch
Bodenkomponenten aus der wässrigen Phase bereits sehr eingehend
untersucht wurde, ist über die Wechselwirkungen zwischen
Schadstoffen in der Ölphase und den Feststoffen des Bodens nur
wenig bekannt. Als dichte organische Matrix besitzt Öl eine
hohe Affinität zu unpolaren organischen Schadstoffen. Öl kann
jedoch auch polare und ionare organische Spurenstoffe
enthalten, die entweder über eine Kontamination in die Ölphase
gelangen oder durch mikrobiellen Abbau entstehen. Von
derartigen Substanzen sind Wechselwirken mit den geladenen
Oberflächen von Bodenpartikeln zu erwarten.
   Gegenstand dieser Untersuchungen ist die Bindung von $\gamma$-
Hexachlorcyclohexan ($\gamma$-HCH), Anthracen, 2,4-
Dichlorphenoxyessigsäure (2,4-D) und 2-Chlor-4-äthylamino-6-
isopropylamino-1,3,5-triazin (Atrazin) als Modellschadstoffe an
Bodenmaterial und isolierte Bodenkomponenten. Davon sind $\gamma$-HCH
und Anthracen unpolare Stoffe. Mit 2,4-D wurde eine organische
Säure ($pK_a$=2.7) und mit Atrazin eine schwache Base ($pK_a$=1.7)
ausgewählt.

2. MATERIAL UND METHODEN
2.1 Böden. Die Untersuchungen wurden mit Proben aus dem Ah- und
Bt-Horizont einer Parabraunerde (Orthic Luvisol, Typic
Hapludalf) sowie einem synthetischen Goethit (G) durchgeführt.
Einige ausgewählte Eigenschaften der Bodenproben
(Korngrößenfraktion <2mm) sind in Tabelle 1 aufgeführt.
Zusätzlich wurde von beiden Bodenproben die Tonfraktion (<2μm)
isoliert (Proben LA und LB). Der synthetische Goethit hatte
eine Oberfläche von 62 m²/g und einen Ladungsnullpunkt bei pH
6.8.

TABELLE. 1 Kenndaten des verwendeten Bodenmaterials (<2mm).

|    | <2$\mu$m % | pH[1] | $C_{org}$ % | $Fe_d$[2] % | KAK[3] m.e./100g |
|----|---|---|---|---|---|
| Ah | 2.4  | 4.5 | 1.1 | 0.8 | 3.0 |
| Bt | 12.6 | 4.5 | 0.1 | 1.7 | 5.4 |

[1] in 0.01M $CaCl_2$
[2] dithionitlösliches Eisen
[3] Kationenaustauschkapazität

**2.2. Sorptionsuntersuchungen in wässriger Lösung.** 4g luftgetrockneter Boden (Proben Ah und Bt) wurden mit 20ml einer schadstoffhaltigen 0.01M $CaCl_2$-Lösung versetzt, so daß entsprechend der OECD-Prüfrichtlinie 106 "Adsorption/Desorption" 200g Feststoff in einem Liter suspendiert wurden. Nach einer Schüttelzeit von 18 Stunden wurden die Proben zentrifugiert und die gelösten Anteile durch den Einsatz von $^{14}C$-markierten Verbindungen bestimmt. Der Gehalt an sorbierten Schadstoffen wurde aus der Differenz zwischen der Anfangs- und der Gleichgewichtskonzentration errechnet. Zur Untersuchung der pH-Abhängigkeit bei der Bindung von 2,4-D und Atrazin wurden Suspensionen durch Zugabe von HCl bzw. $Ca(OH)_2$ auf Werte zwischen pH 3.5 und 8 eingestellt.

Bei der Untersuchung von Tonfraktionen läßt sich die Feststoffmenge sowie das Lösungsvolumen ganz erheblich reduzieren. So wurden die Sorptionsversuche mit den Proben LA und LB mit nur 20mg Feststoff in 6ml Lösung (3.33g/l) durchgeführt.Mit den Tonfraktionen werden nur die chemisch besonders reaktiven Bodenbestandteile untersucht. Der Vorteil dieses Verfahrens ist vor allem darin zu sehen, daß nur relativ geringe Mengen an radioaktiv markierten Abfällen entstehen.

**2.3. Sorptionsuntersuchungen in Öl.** Dieser Versuchsabschnitt wurde nur mit den Bodentonfraktionen und Goethit durchgeführt. 10mg gefriergetrockneten Feststoffs wurden mit 3ml eines synthetischen Öls versetzt (3.33g Feststoff pro Liter). Das Modellöl wurde mit dem jeweils zu untersuchenden Schadstoff angesetzt und bestand aus folgenden Komponenten: Hexadecan (45 Gew.%), Pristan (20%), cis-Decalin (10%), n-Nonylbenzol (16.8%), 2-Methylnaphthalin (6.45%), Dibenzothiophen (1.5%), Anthracen (0.2%) und Perylen (0.05%). Für Sorptionsversuche mit Anthracen wurde die Konzentration dieser Komponente verändert. Die sorbierten Anteile wurden aus der Anfangskonzentration und der nach 18-stündiger Schüttelzeit noch in der Ölphase verbliebenen Schadstoffkonzentration errechnet.

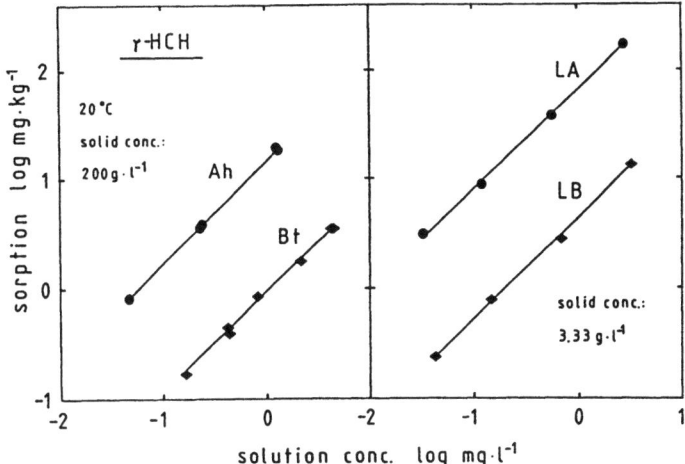

Abb. 1. Sorptionsisothermen des γ-HCH für die Bodenproben Ah und Bt sowie deren Tonfraktionen LA und LB.

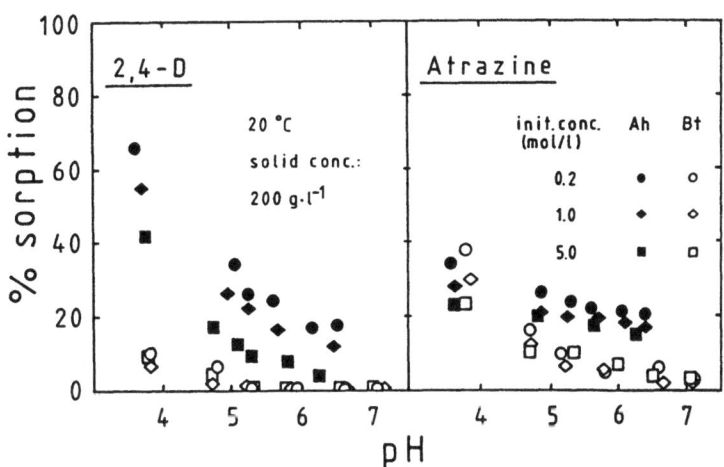

Abb. 2. pH-abhängige Sorption von 2,4-D und Atrazin durch die Bodenproben Ah und Bt.

3. ERGEBNISSE UND DISKUSSION
3.1. <u>Sorption im Feststoff-Wasser-System.</u> In Abb. 1 sind Sorptionsisothermen des γ-HCH für die Bodenprobem Ah und Bt und den daraus isolierten Tonfraktionen LA und LB dargestellt. Die Sorptionsdaten können mit Hilfe der Freundlich-Gleichung
$y/m = K_f \, c^{1/n}$
beschrieben werden. Dabei ist y/m die pro Kg Sorbent gebundene Schadstoffmenge in mg und c die Lösungskonzentration in mg/l; n und $K_f$ sind Konstanten. $K_f$ gibt die bei c = 1 gebundene

Sorbatmenge wieder während 1/n ein Maß für die Steigung der Isothermen im doppeltlogarithmischem Maßstab darstellt. Mit Werten für 1/n zwischen 0.902 und 0.931 verlaufen die in Abb. 1 dargestellten Isothermen nahezu parallel. Die unterschiedlichen $K_f$-Werte für Ah (14.3) und Bt (0.9) kennzeichnen die weitaus stärkere Sorption von γ-HCH durch Probe Ah. Dieser Effekt kann auf den höheren Gehalt dieser Probe an organischem Kohlenstoff zurückgeführt werden. Die Tonfraktionen LA und LB weisen deutlich höhere $K_f$-Werte auf (64.8 bzw. 4.4), da die besonders reaktiven Bodenkomponenten in konzentrierter Form vorliegen. Das Verhältnis der $K_f$-Werte (Ah/Bt = 15.8, LA/LB = 14.6) ist jedoch ähnlich und zeigt, daß die Sorptionseigenschaften von Böden mit den daraus isolierten Tonfraktionen gekennzeichnet werden können.

Die Sorption von 2,4-D und Atrazin steigt mit abnehmendem pH bei unterschiedlichen Anfangskonzentrationen deutlich an (Abb. 2). Dieser Effekt wurde auch von Kukowski und Brümmer (1987) gefunden ist beim 2,4-D und der Probe Ah am stärksten ausgeprägt. Je nach Anfangskonzentration werden bei pH<4 zwischen 40 und 70% gebunden. Dagegen wird diese Substanz von der Probe Bt nur zu relativ geringen Anteilen sorbiert. Atrazin wird jedoch von dieser Probe bei pH-Werten <4.5 stärker sorbiert als von Ah. Bei pH 3.8 wird Atrazin zu 39% gebunden.

3.2. <u>Sorption im Feststoff-Öl-System.</u> Innerhalb des untersuchten Konzentrationsbereiches (γ-HCH: 1-1000mg/l; Anthracen: 0.03-1000mg/l) wurden die unpolaren Stoffe von den untersuchten Bodenkomponenten aus der Ölphase nicht sorbiert. In Übereinstimmung mit den Ergebnissen von Boyd und Sun (1990) zeigt dies, daß die Ölphase eine deutlich höhere Affinität zu unpolaren Stoffen besitzt als die in Probe LA angereicherte organische Bodensubstanz.

TABELLE 2. Prozentuale Sorption im Feststoff-Öl-System.

|         | Anfangskonz. mg/l | Sorbent LA | LB | G |
|---------|-------------------|------|------|------|
| Atrazin | 0.38 | 1.0 | 37.0 | 0.1 |
| Atrazin | 1.4 | 1.2 | 3.1 | 2.2 |
| Atrazin | 5.8 | 1.1 | 0.3 | 1.6 |
| 2,4-D | 0.02 | 90.9 | 93.9 | 97.8 |
|       | 1.0 | 80.8 | 80.2 | 97.5 |

Atrazin wird von den Proben LA und G nur zu geringen Anteilen sorbiert während Probe LB diesen Stoff bei einer niedrigen Anfangskonzentration von 0.38mg/l relativ stark bindet (Tab. 2). Dies zeigt, daß die Oberflächen der Feststoffe durch eine Belegung mit Öl nicht inaktiviert werden. Obwohl die Zusammensetzung der Tonfraktionen noch nicht genau untersucht

wurde, ist bereits bekannt, daß sich die Probe LB hauptsächlich
aus silicatischen Tonmineralen zusammensetzt. Atrazin wird
daher wahrscheinlich im Zusammenhang mit
Kationenaustauschvorgängen gebunden.

2,4-D wird vom Goethit bis zu 98% und von den Tonfraktionen
LA und LB je nach Anfangskonzentration zu 80 bis 94% gebunden.
Dieser Stoff wird damit weitaus stärker als aus wässrigen
Lösungen sorbiert. Über den Mechanismus, der diesem Effekt
zugrunde liegt, können nur Vermutungen angestellt werden, da
der Aufbau der Feststoff/Öl-Grenzfläche zu wenig bekannt ist.
Die in gefriergetrockneter Form verwendeten Feststoffe sind an
ihrer Oberfläche mit wenigen Lagen an Wassermolekülen benetzt,
so daß eine Feststoff/Wasser/Öl-Grenzfläche vorliegt. Die
elektrische Doppelschicht auf der Oberfläche ist wahrscheinlich
im Vergleich zum rein wässrigen System sehr dünn und enthält
eine relativ hohe Ionenkonzentration. Dadurch könnte die Anzahl
an variablen Ladungen stark erhöht sein. Aufgrund des geringen
Wassergehalts bilden die 2,4-D Anionen eine nur geringe
Hydrathülle aus und gelangen deshalb wahrscheinlich näher an
positive Ladungen an der Oberfläche heran als im vollständig
hydratisierten Zustand. Diese Interpretation muß jedoch durch
weitere Untersuchungen verifiziert werden.

## 4. SCHLUSSFOLGERUNGEN

Die Ölphase in ölkontaminierten Böden stellt eine starke
Senke für unpolare organische Schadstoffe dar. Eine Bindung
durch die organische Bodensubstanz findet nicht oder nur in
sehr geringem Umfang statt. Schwach basische und vor allem
anionische organische Spurenstoffe können dagegen von
Bodenpartikeln aus der Ölphase gebunden werden. Die Sorption
anionischer Schadstoffe kann noch wesentlich stärker sein als
im wässrigen System. Dieser Effekt beruht wahrscheinlich auf
den Eigenschaften der stark modifizierten elektrischen
Doppelschicht auf den Oberfläche der Partikel.

## 5. BIBLIOGRAPHIE

Boyd, S.A. und Sun, S. (1990). Residual petroleum and
polychlorobiphenyl oils as sorptive phases for organic
contaminants in soils. Environ. Sci. Technol. 24: 142-144.

Kukowski, H. und Brümmer, G. (1987). Untersuchungen zur Ad-
und Desorption von ausgewählten Chemikalien in Böden. In
Umweltforschungsplan des Bundesministers für Umwelt,
Naturschutz und Reaktorsicherheit, Forschungsbericht 10602045,
97 pp.

Umweltbehörde Hamburg, Amt für Altlastensanierung (1988).
Überwachung und Sanierung der Deponie Georgswerder, Bericht 6,
Hamburg, 1988.

Anmerkung: Die Untersuchungen wurden im Rahmen des
Teilprojektes C3 des Sonderforschungsbereiches 188 der
Deutschen Forschungsgemeinschaft "Reinigung kontaminierter
Böden" durchgeführt. Das Modellöl wurde von Teilprojekt D5
bereitgestellt; die Kenndaten der Böden wurden von den
Teilprojekten D1 und D2 ermittelt.

# DESORPTIONSKINETIK FLÜCHTIGER ORGANISCHER VERBINDUNGEN BEI AQUIFER MATERIAL

PETER GRATHWOHL[1], JAMES FARRELL, MARTIN REINHARD
Dept. of Civil Eng., Stanford University, Stanford, CA 94305, U.S.A.; [1]jetzige Adresse: Geologisches Institut, Universität Tübingen, Sigwartstr. 10, 7400 Tübingen, West Germany

**Kurzfassung**
  Sorption und Desorption leichtflüchtiger, halogenierter Kohlenwasserstoffe wurden mit Hilfe frontaler Gaschromatographie untersucht. Aquifermaterial mit nur geringen Anteilen an organischem Kohlenstoff oder Glasperlen wurden in HPLC-Säulen gepackt, die on-line an einen Flammen-Ionisationsdetektor angeschlossen waren, um die Extraktion flüchtiger organischer Verbindungen bei der Bodenluftabsaugung in der vadosen Zone zu simulieren. Das untersuchte Aquifermaterial umfaßte einen schluffigen Sand mit 0.15% oc aus dem Santa Clara Valley, Kalifornien und einem Feinsand mit 0.02% oc aus Borden, Ontario. Die Entfernung der flüchtigen Verbindungen von feuchtem Material verlief nur sehr langsam. Nach dem Austausch von ca. 30 Porenvolumen wurde der Schadstoffaustrag unabhängig vom Volumenstrom. Bei wasserfreiem (ofentrockenem) Material blieb der Schadstoffaustrag über die gesamte Extraktionszeit proportional dem Volumenstrom. Die Zeit um 90% Trichlorethen auszutragen, war bei feuchten Proben deutlich höher als bei trockenem Material, obwohl dieses gleichzeitig eine weitaus größere Sorptionskapazität aufwies. Die Ergebnisse deuten darauf hin, daß der Transport solcher Verbindungen im intrapartikulären Bereich auf molekulare Diffusion im Wasser zurückgeht. Bereits ein Wassergehalt, der sich allein durch die Adsorption von Wasser bei einer relativen Luftfeuchtigkeit von annähernd 100% einstellt, reicht aus, um diese Ungleichgewichtsbedingungen hervorzurufen. Nach diesen Ergebnissen werden Sanierungsmaßnahmen, wie die Absaugung von Bodenluft, oft unter Ungleichgewichtsbedingungen durchgeführt. Die Dekontamination der Feststoffphase verläuft sehr viel langsamer als die Abnahme der Schadstoffkonzentration in der mobilen Phase - der Bodenluft. Dies wird vor allem dann zutreffen, wenn poröse Komponenten wie zum Beispiel Fragmente sedimentärer Gesteine verbreitet sind.

**Einführung**
  Die Kinetik der Sorptions- und Desorptionsprozesse ist zur Abschätzung von Transport und Verbleib von Schadstoffen im Untergrund von grundlegender Bedeutung. Der Wirkungsgrad von Sanierungsmethoden, wie z.B. Bodenluftabsaugungen und hydraulischen Maßnahmen ist wesentlich von der Kinetik der Sorptionsprozesse abhängig. Neuere experimentelle Arbeiten (Ball und Roberts, 1990; Ball, 1989) und Feldbeobachtungen (Curtis et al., 1986; Harmon et al., 1989) zeigen, daß sich das Sorptionsgleichgewicht bei organischen Chemikalien in manchen Fällen nur sehr langsam einstellt. Steinberg et al. (1987) fanden, daß die Desorptionsrate von 1,2-Dibromethan von Ackerböden nur sehr gering ist. Für die Schwierigkeit einmal sorbierte Verbindungen im gleichen Zeitraum wieder zu desorbieren, wurden irreversible Prozesse verantwortlich gemacht (DiToro und Horzempa, 1982). Pignatello (1989) verglich langsame aber reversible Sorption mit irreversiblen Prozessen und definierte die "resistente" Sorption als einen Prozeß, der zwar reversibel ist, wobei aber die vollständige Desorption nur nach einem längeren Zeitraum möglich ist. Im Gegensatz dazu wurden Vorgänge, welche die Rückgewinnung des Sorbats in der ursprünglichen Form wegen chemischer Umwandlung nicht zulassen, als "irreversibel" bezeichnet.
  Eine langsame Desorption beeinflußt den Verbleib von Schadstoffen im Untergrund. Dadurch kann zum Beispiel der biologische Abbau von Schadstoffen behindert werden (Werner, 1989). Desorptionsraten dominieren die Effizienz von Boden-Sanierungsmethoden wie z.B. hydraulischen Maßnahmen und Bodenluftabsaugungen. Dies wird auch belegt durch die häufige Be-

obachtung während der Sanierung der gesättigten und ungesättigten Zone, daß die Schadstoffkonzentrationen in extrahiertem Wasser oder der Bodenluft nach einem anfänglich schnellen Rückgang nur noch sehr langsam abklingen. Diese geringen Dekontaminationsraten ("tailing") können das Ergebnis von Heterogenitäten im mikroskopischen und makroskopischen Bereich sein. Makroskopische Heterogenitäten werden durch Zonen unterschiedlicher Permeabilität und Sorptionskapazität im Feldmaßstab wie z.B. Ton- oder Torflinsen repräsentiert, die ein gleichmäßiges Durchströmen des Untergrundes verhindern. Im inter- und intra-partikulären Bereich bilden Aggregate, "dead-end" Poren, poröse Gesteinsbruchstücke oder Akkumulationen von organischem Material Heterogenitäten im mikroskopischen Bereich, die der mobilen Phase (Wasser oder Luft) ebenfalls nicht zugänglich sind. In beiden Fällen wird der Stofftransport von der stationären zur mobilen Phase durch die molekulare Diffusion bestimmt. Wenn die Diffusionsgeschwindigkeit klein gegenüber der Geschwindigkeit der mobilen Phase ist, können diese Heterogenitäten als Langzeit-Schadstoffquelle wirken, was einen nur langsam abklingenden Schadstofffluß ("tailing") zur Folge hat.

Ziel dieser Studie war es, die bei der Bodenluft-Sanierung relevanten Sorptions- und Desorptionsprozesse im mikroskopischen Bereich in der ungesättigten Zone zu erfassen. Die gezeigten Ergebnisse zur Desorptionskinetik gehen auf Untersuchungen an physikalischen Modellen im Labormaßstab zurück. Dazu wurden zwei ähnliche chromatographische Systeme verwendet, die aus je einer, an einen Flammen-Ionisationsdetektor (FID) angeschlossenen, Bodensäule bestanden. Durchbruchs- und Elutionskurven für Trichlorethen (TCE) und Chloroform (TCM) wurden an natürlichem Material (Borden Sand, Santa Clara Valley - schluffiger Sand) und Glasperlen bei wassergesättigtem Trägergas gemessen. Beim Borden Sand wurden zusätzlich Versuche mit Perchlorethen (PCE) durchgeführt.

**Material und Methoden**

Zwei natürliche Aquifermaterialien (Borden Sand, Santa Clara Valley), sowie Glaskugeln wurden in den Säulenexperimenten verwendet. Das Material aus Borden (Ontario) stammt von einem Sand-Aquifer und hat 0.02% oc. Das Santa Clara Valley Aquifermaterial besteht aus schluffigem Sand und Kies mit 0.15% oc. Hiervon wurden nur die Kornfraktionen < 2mm Durchmesser benutzt. Das Material wurde in HPLC-Säulen aus rostfreiem Stahl gepackt, die an einen FID angeschlossen wurden, der auf einem Hewlett Packard 8590 Gas-Chromatographen installiert war. Abbildung 1 zeigt den Versuchsaufbau.

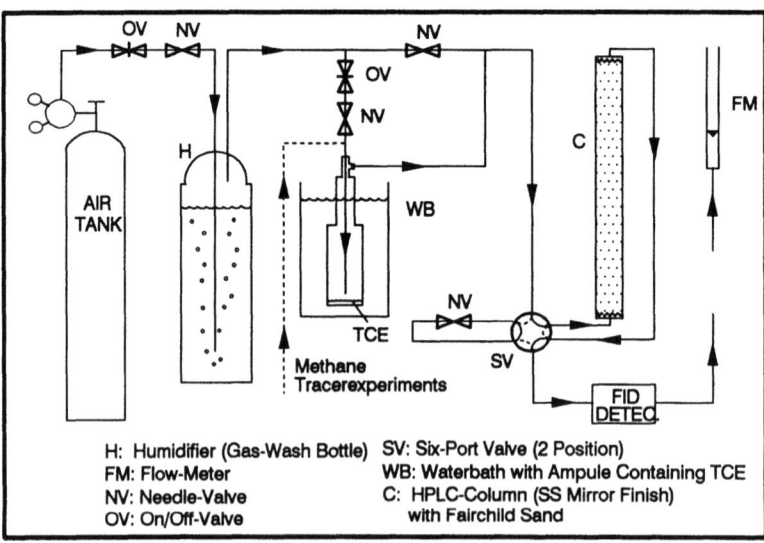

Abbildung 1. Versuchsaufbau

Um das Austrocknen der feuchten Proben zu verhindern wurde das Trägergas zur Befeuchtung durch eine wassergefüllte Gaswaschflasche geführt. Zur Bestimmung der Tot-Volumina und Dispersions-Charakteristika der Säulen-Systeme wurde als konservativer Tracer ein Methan(5%)/Argon-Gemisch verwendet. Die Säule wurde mit der Schadstoff/Trägergas(Luft oder $N_2$)-Mischung bis zum Durchbruch gespült und für einige Tage bis Wochen zur Gleichgewichtseinstellung verschlossen. TCE Elutionsprofile, die nach 3 Wochen Gleichgewichtseinstellung gemessen wurden, unterschieden sich nicht signifikant von denen nach einer Woche Gleichgewichtseinstellung gemessenen, was zeigte, daß die Sorption hinreichend nahe am Gleichgewicht war. Beide Systeme wurden ausgiebig ohne Probe getestet, um sicherzustellen, daß keine vom System induzierten Effekte wie z.B. eine Sorption der organischen Verbindungen oder Lecks die Messungen verfälschten.

Das FID-Signal wurde mittels eines PE-Nelson Daten Systems (Cupertino, CA) aufgezeichnet. Zur Eichung des FID wurde das Trägergas beprobt und auf einem zweiten GC analysiert. Sämtliche Chemikalien wurden von Aldrich Company Inc., WIS ("Gold-Label") oder Baker Chemical Co., Philadelphia, N.J. ("Analyzed") bezogen und verwendet wie erhalten.

**Ergebnisse und Diskussion**

Zwei typische Durchbruchs- und Elutionskurven zeigt Abbildung 2. Der Durchbruch von TCE schien relativ schnell zu erfolgen. Aufgrund geringer Instabilitäten im Eingangssignal konnte jedoch nur ein "scheinbarer" Durchbruch des TCE bestimmt werden (ca. 98% Durchbruch). Andererseits war es jedoch möglich, mit dem FID Elutionsprofile bis zu einem 1/10000 der Ausgangskonzentration zu messen. Alle Elutionsprofile für das natürliche Material zeigten ein ausgeprägtes "tailing". Elutionsprofile, die bei unterschiedlichen Volumenströmen gemessen wurden, konvergierten nach einer relativ kurzen Zeit (etwa 30 Porenvolumina) wie in Abbildung 3 dargestellt. Dies zeigt, daß der Schadstoffaustrag im "tailing"-Teil vom Volumenstrom unabhängig wird. Geringe Wassergehalte von 3% (Gew.-%), die bereits durch die Adsorption von Wasser bei einer Luftfeuchtigkeit von annähernd 100% erzielt werden, reichen aus, um dieses ausgeprägte "tailing" zu verursachen. Nach der Kelvin-Gleichung sind bei rel. Luftfeuchtigkeiten von 98% bzw. 99% bereits Poren bis zum Radius von 51.7nm bzw. 104nm durch Kapillarkondensation mit Wasser gefüllt.

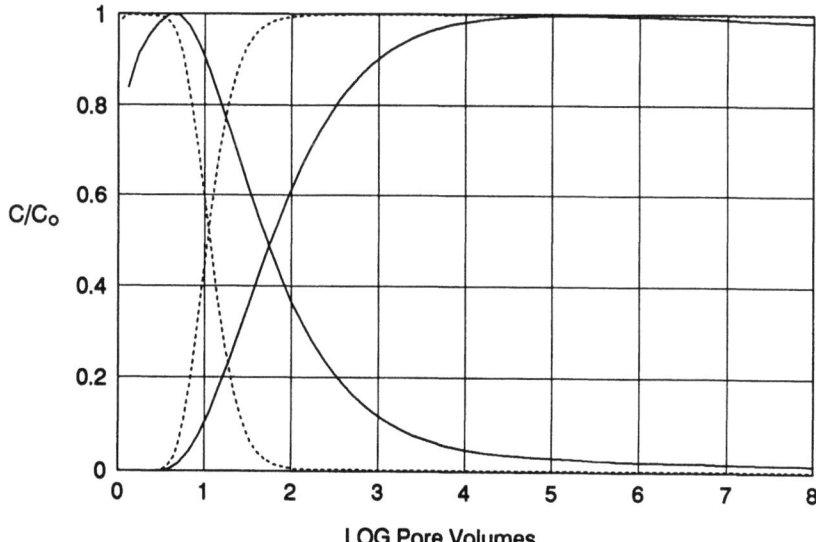

Abbildung 2. Methan (gestrichelt) und TCE Durchbruchs- und Elutionsprofile (schluffiger Sand, Santa Clara Valley, CA; w=3%)

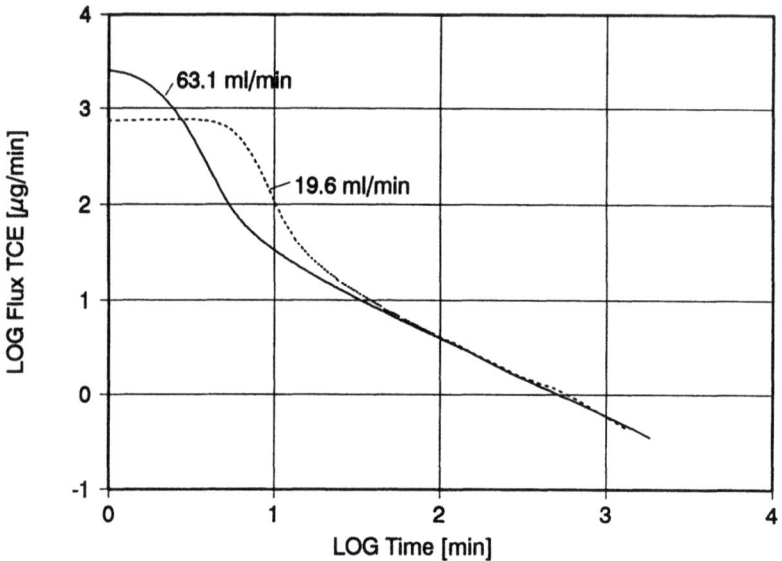

Abbildung 3. Konvergierende Elutionsprofile bei unterschiedlichen Volumenströmen (TCE; schluffiger Sand, Santa Clara Valley, CA; w=3.0%)

Sogar ein Wassergehalt von 6.2%, der unter Feldbedingungen zu erwarten wäre, hatte keinen signifikanten Einfluß auf den "tailing"-Teil der Elutionsprofile (Abbildung 4). Danach spielen Haft- und pendulares Wasser in diesem Fall keine wesentliche Rolle beim Stofftransport.

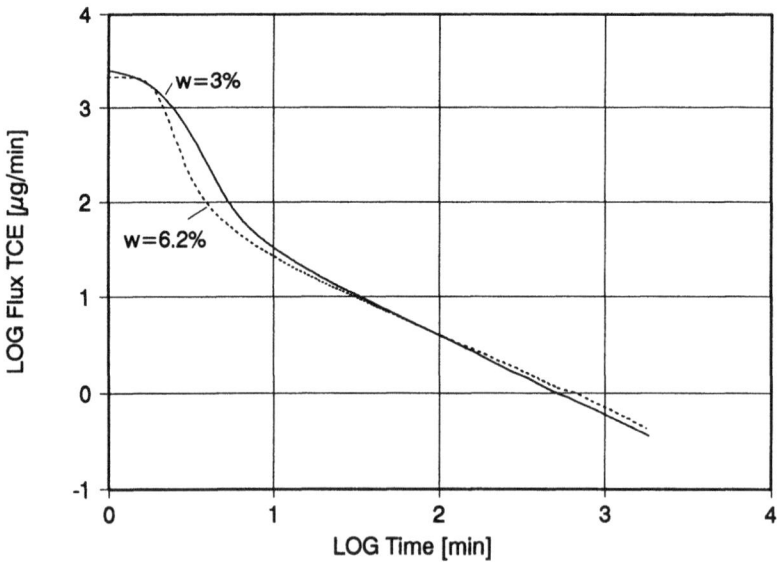

Abbildung 4. Elutionsprofile bei unterschiedlichen Wassergehalten (Gew.-% Trockenmasse): 3% und 6.2% - welcher z.B. unter Feldbedingungen eher zu erwarten wäre (TCE; schluffiger Sand, Santa Clara Valley, CA).

Ein vom Volumenstrom unabhängiger Schadstoffaustrag konnte nur bei den feuchten Proben beobachtet werden. Bei trockenen Proben (ofentrocken über Nacht bei 110°C) blieb der Schadstoffaustrag proportional zum Volumenstrom (Abbildung 5).

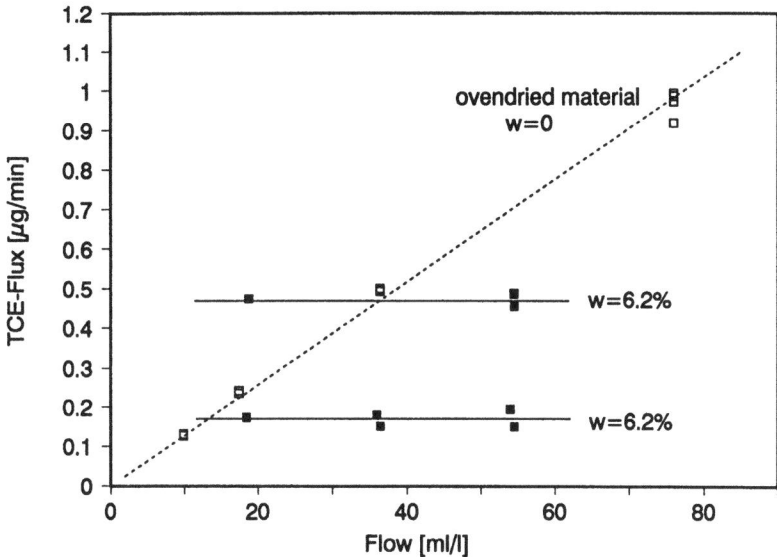

Abbildung 5. TCE Fluß im "tailing"-Teil der Elutionsprofile für zwei feuchte (gefüllte Symbole; w=6.2%) und ofentrockene (offene Symbole) Proben (TCE; schluffiger Sand, Santa Clara Valley, CA)

Die Experimente mit ofentrockenem Sand und trockenem Trägergas zeigten gegenüber den feuchten Proben einen 500fachen Anstieg der Retardation des TCE. Trotz dieses dramatischen Anstieges der Sorption dauerte es nur 9 bzw. 10 Tage um 90% des TCE bei Volumenströmen von 75.6ml/min bzw. 17.6ml/min zu entfernen, wogegen für eine feuchte Probe (w=6.2%) bei einem Volumenstrom von 54.6ml/min 54 Tage notwendig wären, um ebenfalls 90% zu entfernen. Während 90% des TCE im "trockenen" Experiment im Laufe des tatsächlichen Elutionslaufes desorbiert werden konnten, wurde die Zeit um 90% im "feuchten" Experiment rückzugewinnen aus dem "tailing"-Teil des Elutionsprofiles extrapoliert, das in log-log Darstellung immer linear verlief.

Die Extraktion der Probe mit Methanol nach Abschluß des Elutionslaufes (als die Konzentration in der mobilen Phase auf 1/5000 der Anfangskonzentration abgefallen war) zeigte, daß nur etwa die Hälfte des anfänglich vorhandenen TCE entfernt worden war (Abbildung 6).

Der Borden Sand, welcher im zweiten experimentellen System untersucht worden war, zeigte weniger "tailing" als das Santa Clara Valley (SCV) Aquifermaterial. Während 54 Tage notwendig waren, um 90% des TCE aus dem SCV Material zu eluieren, dauerte es nur 7.45 Stunden, um Perchlorethen (PCE) zu 90% aus Borden Sand zu entfernen. Dabei sind jedoch unterschiedliche Versuchsbedingungen, wie z.B. die Temperatur (Borden Sand, 30°C; SVC, 20°C), zu berücksichtigen. Daß Unterschiede im oc-Gehalt (Borden: oc=0.02% bzw. SCV: oc= 0.15%), der Mineralogie und der Korngrößenverteilung (das SVC-Material enthielt Korngrößen bis 2mm Durchmesser, während das Borden Material kleiner als 0.18mm war) zum unterschiedlichen "tailing"-Verhalten führten, kann ebenfalls angenommen werden.

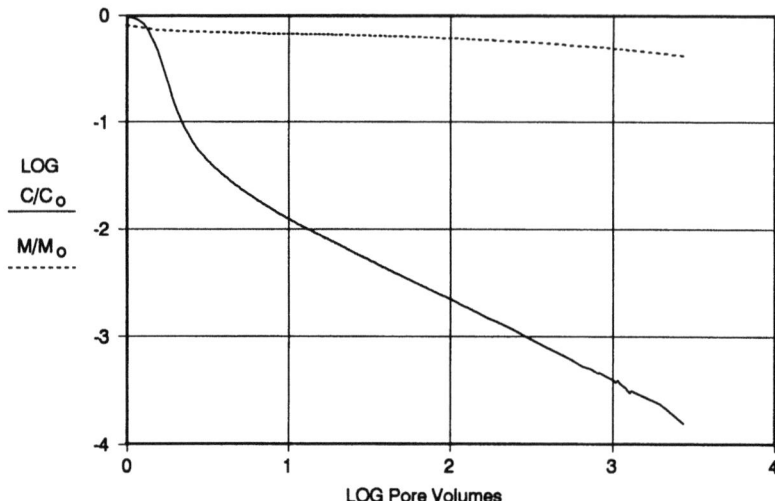

Abbildung 6. Entwicklung der TCE Konzentration im Trägergas ($C/C_o$; durchgezogen) und der Gesamt-TCE Gehalt in der Säule ($M/M_o$; gestrichelt); w=6.2% (TCE; schluffiger Sand, Santa Clara Valley, CA)

Abbildung 7 zeigt ein Elutionsprofil für PCE für den Borden Sand. Erst nach 26 Stunden war der PCE-Fluß im Elutionsprofil unter der Nachweisgrenze des FID. Nach diesen 26 Stunden wurde die Säule für 24 Stunden verschlossen und dann ein zweites Mal gespült. Dabei stieg die Anfangs-Konzentration in der Gas-Phase um das 63fache im Vergleich zum Ende des vorherigen Laufes. Dies entspricht 0.74% der anfänglichen PCE-Konzentration im ersten Lauf. Die Säule wurde im zweiten Elutionslauf für 24 Stunden gespült und anschließend für 6 Tage verschlossen. Die Anfangs-Konzentration im nun dritten Elutionslauf betrug 1.3% der Anfangs-Konzentration des ersten Laufes. Die Tatsache, daß die Konzentration zu Beginn des dritten Laufes höher war als zu Beginn des zweiten Laufes zeigt hier, daß mehr als 24 Stunden zur Gleichgewichtseinstellung zwischen Feststoff- und Gas-Phase notwendig waren.

Zusätzlich wurden Elutionsexperimente mit nicht-porösen Glaskugeln von 0.18 bis 0.25mm Durchmesser durchgeführt. Nach der Gleichgewichtseinstellung mit dem wassergesättigten Trägergas (100% relative Luftfeuchtigkeit) betrug die Wasserbeladung etwa 0.5%. Abbildung 8 zeigt die Elution von PCE für die wasserbeladenen Glaskugeln im Vergleich mit Borden Sand. Da die Sorption an den Glaskugeln viel geringer war als am Borden Sand, konnte das "tailing" nur über 2 Stunden beobachtet werden (danach war der PCE-Fluß zu gering, um vom FID noch erfaßt werden zu können). Nach dem ersten Lauf wurde die Säule ebenfalls für 24 Stunden verschlossen und danach ein zweites Mal gespült. Dabei stieg die PCE Konzentration in der Gas-Phase um das 192fache der Konzentration am Ende des ersten Laufes an. Das zeigt, daß sogar die nichtporösen Festkörper nicht im Gleichgewicht mit der Gas-Phase waren. Zu Vergleichszwecken enthält Abbildung 8 auch ein Elutionsprofil des konservativen Tracers - Methan(5%)/Argon.

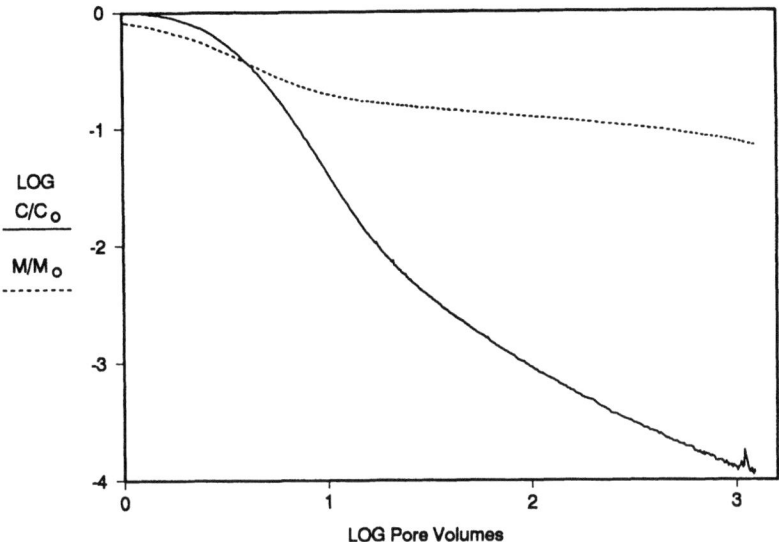

Abbildung 7. PCE-Elution (Borden Sand).

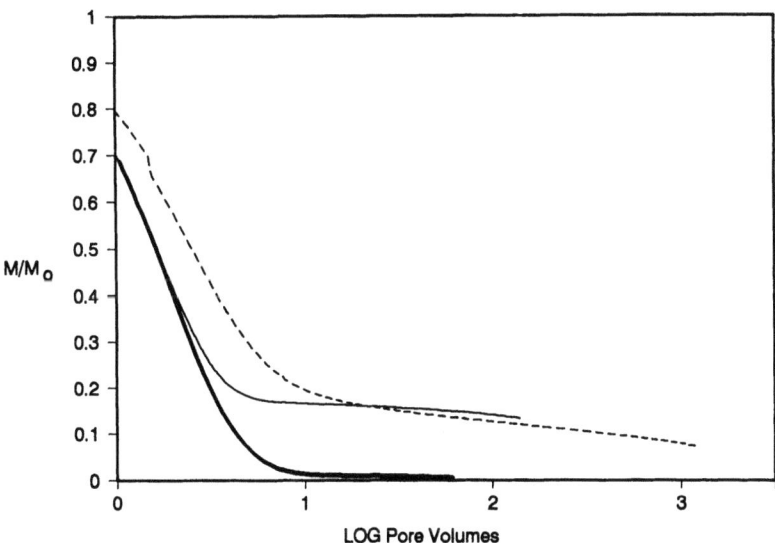

Abbildung 8. Vergleich der PCE-Elution: Borden Sand (gestrichelt) - Glaskugeln, sowie die Elution von Methan(5%) in Argon (fett) - ebenfalls Glaskugeln.

Unsere Ergebnisse zeigen, daß unter Feldbedingungen der Austrag flüchtiger organischer Verbindungen im intra-partikulären Bereich von der Diffusion im Wasser kontrolliert wird. Da der Transport der Schadstoffe in die Gasphase diffusionskontrolliert abläuft, kann ein intermittierender Betrieb von Absauganlagen eine effizientere Entfernung intra-partikulär eingelagerter organischer Verbindungen darstellen.

**Literatur**

Ball, W.P., Roberts, P.V. (1990): Diffusive rate limitations in the sorption of nonpolar organic chemicals by natural solids.-Paper presented at the ACS Symposium on Organics in Sediments and Water, 199th National Meeting of the ACS, Boston, MA, April22-27, 1990.

Ball, W.P. (1989): Equilibrium partitioning and diffusion rate studies with halogenated organic chemicals and sandy aquifer material.- PhD Dissertation, Stanford University. Stanford California, USA.

Curtis, G.B., Roberts, P.V., Reinhard, M. (1986): A natural gradient experiment on solutetransport in a sand aquifer.- 4.Sorption of organic solutes and its influence on mobility.-Water Resources Research, 22, (13): 2059-2067.

Di Toro, D.M., Horzempa, L.M. (1982): Reversible and resistant components of PCB adsorption - desorption isotherms.- Environ. Sci. Technol., 16, (9): 594-602.

Harmon, T.C., Ball, W.B., Roberts, P.V. (1989): Nonequilibrium transport of organic contaminants in groundwater.- 405-439; In: Sawhney, B.L., Brown, K.(Eds.): Reactions and movement of organic chemicals in soils. - SSSA Special Publication Number22, 474 S. Madison, Wisconsin, USA (Soil Science Society of America).

Pignatello, J.J. (1989): Sorption dynamics of organic compounds in soils and sediments.- pp. 45-80 In: Sawhney, B.L., Brown, K.(Eds.): Reactions and movement of organic chemicals in soils.- SSSA Special Publication Number 22, 474 S. Madison, Wisconsin, USA (Soil Science Society of America).

Steinberg, S.M., Pignatello, J.J., Sawhney, B.L. (1988): Persistence of 1,2-dibromoethane in soils: entrapment in intraparticle micropores.- Environ. Sci. & Technol., 21: 1201-1208.

Werner, P. (1989): Factors limiting the biodegradation of organic compounds in the subsurface during remediation measures.- International Symposium on Processes Governing the Movement and Fate of Contaminants in the Subsurface Environment. Stanford, California, U.S.A., July 23-26, 1989.

*Vorliegende Arbeit wurde durch Grant R-812913 der US EPA (Office of Exploratory Research), Washington, D.C. zum Teil finanziert. Weitere finanzielle Unterstützung wurde durch die Deutsche Forschungsgemeinschaft im Rahmen eines Forschungsstipendiums für P. Grathwohl zur Verfügung gestellt.*

RETENTION VON QUECKSILBER II AUF NATÜRLICHEM QUARZSAND: NICHT-LINEARES VERHALTEN BEI SEHR NIEDRIGEN KONZENTRATIONEN

STRAUSS J.M.*, BUES M.A.*'**, ZILLIOX L.*

* INSTITUT DE MECANIQUE DES FLUIDES DE STRASBOURG - URA CNRS 854 - UNIVERSITE LOUIS PASTEUR - 2 RUE BOUSSINGAULT - 67000 STRASBOURG - FRANKREICH
** I.U.T. LOUIS PASTEUR - 3 RUE SAINT PAUL - 67300 SCHILTIGHEIM - FRANKREICH

1. ZUSAMMENFASSUNG

Die Retention von Quecksilber II auf natürlichem Quarzsand wird mit Kolonnenversuchen geprüft. Stufenweise Injektionen werden mit verschiedenen Einspritzkonzentrationen ($5,1.10^{-7}$ M bis $3,7 \times 10^{-6}$ M) und in 10 und 20 cm langen Kolonnen durchgeführt. Alle anderen Parameter außer diesen beiden werden konstant gehalten. Ergebnisse zeigen, daß das Verhalten dieses Metalls beim Transport durch das Medium die Funktion der Ausgangsbedingungen und des Beobachtungsumfangs ist. Dieses nichtlineare Verhalten soll durch die Sättigung einer schnell reagierenden ersten Gruppe von Oberflächenstellen bedingt sein. Die zweite Gruppe reagiert viel langsamer und immer noch linear mit einer Quecksilberlösung.

2. EINLEITUNG

Die Retention von Metallspurenelementen an der Oberfläche von Mineralien in festem Zustand (Oxiden, Hydroxiden und Oxyhydroxiden) ist bei niedriger Konzentration hauptsächlich auf Oberflächenkoordination zurückzuführen (Schindler et al., 1976, Hohl und Stumm, 1976, Stumm und Morgan, 1981). In einfachster Form führt das Modell der Oberflächenkomplexbildung, d.h. einzahniger Oberflächenkomplex auf Oberflächenstellen einer Art zur Langmuirschen Gleichung, welche die Beziehung zwischen den Metallkonzentrationen in der Lösung und dem auf der Oberfläche sorbierten Metall im Gleichgewichtszustand beschreibt. Bei konstantem pH-Wert sowie konstanter Ionenstärke und Temperatur sind die Werte dieser Linie gleicher Temperatur konstant (Farley et al., 1985). Bei steigender Sorbatkonzentration wird der Sättigungszustand oft nicht erreicht und deshalb das Gleichgewicht mit der Freundlichschen Gleichung beschrieben. Dieses Verhalten läßt sich durch das Vorhandensein von mehreren Oberflächengruppen (Benjamin und Leckie, 1981, Förstner, 1989, Dzombak und Morel, 1986) oder die Bildung eines Niederschlags auf der Oberfläche (Farley et al., 1985) erklären. Untersuchungen dieser Art werden gewöhnlich in Prüfkammern durchgeführt. Infolge der geschwindigkeitsbegrenzenden Schritte bei diesen Untersuchungen können die Ergebnisse je nach Versuchszeit stark variieren (Farley et al., 1985). Kolonnenversuche mit stufenweiser Injektion können unter Umständen das Vorhandensein von mehreren Mechanismen verschiedener Kinetik aufzeigen, die zu berücksichtigen sind, um den an der festen Oberfläche stattfindenden Austausch zu erklären (Schweich und Sardin, 1981, Villermaux, 1985, Behra, 1987, Theis et al., 1988, Strauss und Buès, 1989,Strauss und Behra 1990). Wir stellen in diesem Zusammenhang neue Ergebnisse von Kolonnenversuchen vor, die zur Untersuchung des Transports einer Quecksilber- II-Lösung durch gesättigten, natürlichen Quarzsand durchgeführt wurden, und werden erörtern, wie die anfängliche Quecksilberkonzentration und die Kolonnenlänge die Durchbruchkurven beeinflussen. Im folgenden werden diese Kurven als BTC bezeichnet.

## 3. MATERIAL UND METHODEN
### 3.1 Theoretische Aspekte

Das theoretische Modell für die Übertragung eines interaktiven, gelösten Stoffes durch ein gesättigtes, homogenes, isotropes, poröses Medium kann für eine eindimensionale Verschiebung durch folgende Gleichung erfaßt werden (Bear, 1972, de Marsily, 1981):

$$\frac{\delta C}{\delta t} + \frac{m_s}{V_p}\frac{\delta C_{fix}}{\delta t} = K_{al}\frac{\delta^2 C}{\delta x^2} - u\frac{\delta C}{\delta x}$$

C ist die Konzentration im flüssigen Zustand (mol/l), $C_{fix}$ im festen Zustannd (mol/g), $m_s$ ist die Masse in der Kolonne in festem Zustand (g), $V_p$ ihr Porenvolumen (l), $K_{al}$ der Streufaktor (m²/s) und u die mittlere Porentransportgeschwindigkeit (m/s).

Glied (1) und (2) beschreiben Streuung und Konvektion, Glied (3) die Retentionserscheinungen. Bei Vorhandensein von zwei Mechanismen - einem plötzlichen oder sehr schnellen und einem zweiten, langsameren, der einem Geschwindigkeitsgesetz ersten Grades entspricht, lautet diese Gleichung mit dimensionsloser Variabler wie folgt:

$$R\frac{\delta C^*}{\delta t^*} + \frac{\delta C^*_{2fix}}{\delta t^*} = \frac{1}{Pe_C}\frac{\delta^2 C^*}{\delta x^{*2}} - \frac{\delta C^*}{\delta x^*} \qquad C_{fix} = C_{1fix} + C_{2fix}$$

$$\frac{\delta C^*_{2fix}}{\delta t} = K_1 C^* - K_{-1} C_{2fix}$$

$$C^* = \frac{C}{C_o} \qquad t^* = \frac{ut}{L} \qquad x^* = \frac{x}{L} \qquad Pe_C = \frac{uL}{K_{al}}$$

$$C^*_{2fix} = \frac{C_{2fix} m_s}{C_0 V_p} \qquad R = 1 + \frac{m_s}{V_p} \frac{dC_{1fix}}{dC}$$

$$K_1 = \frac{LK_1}{u} \qquad K_{-1} = \frac{Lk_{-1}}{u}$$

$k_1$ und $k_{-1}$ sind Geschwindigkeitskonstanten ersten Grades ($s^{-1}$). L ist die Kolonnenlänge (m).

Ist $dC_{fix}/dC$ konstant und gleich $K_{d1}$, dann sind diese Gleichungen identisch mit denen von Cameron und Klute (1977). Hat der zweite Mechanismus keine wesentliche Wirkung auf den ersten Teil der BTC, dann kann R ohne weiteres mit einer stufenweisen Injektion bestimmt werden, weil R die Abszisse der BTC in einem reduzierten Koordinatensystem mit $C/C_0=0,5$ ist (Brissaud und Couchat, 1978, Dufey et al., 1982, Cameron und Klute, 1977). Andernfalls läßt sich ein Universal- Streufaktor zur Beschreibung des Gleichgewichtszustandes bestimmen, und zwar durch einen einfachen Massenausgleich beim Injizieren, bis $C/C_0=1$ ist.

Im Fall eines momentanen Gleichgewichts entsprechend der Langmuirschen Gleichung können drei Konzentrationsintervalle bestimmt werden:

$C_{fix} = k_1C/(1+k_2C) \quad dC_{fix}/dC = K_d = K_1 \qquad C<C_1 = 10\_.k_2C$

$\qquad dC_{fix}/dC = K_1/(1+k_2C)^2 \quad C_1<C<10k_2C = C_{sat}$

$\qquad dC_{fix}/dC = 0 \qquad\qquad C_{sat}<C$

## 3.2 Artenspezifische Untersuchung

Da bei kationischen Arten zu erwarten, ist, daß sie mit Oberflächenstellen reagieren, wurde eine artenspezifische Berechnung durchgeführt, um ihre Konzentrationen zu ermitteln. Hierfür haben wir das von Westall (1979) entwickelte Programm MicroQL eingesetzt und die Ionenstärke mit der Davisschen Gleichung berücksichtigt (Stumm und Morgan, 1981). Die Ergebnisse sind Tabelle 1 zu entnehmen.

Tabelle 1: Relative Konzentrationen von Quecksilber-II-Kationen in einer NaCl $10^{-2}$ M Lösung.

| $(Hg)_T$ | $(Hg^{2+})/(Hg)_T$ | $(HgOH^+)/(Hg)_T$ | 1. Art | FI | pH |
|---|---|---|---|---|---|
| $5,1.10^{-7}$M | | | | | |
| $1,3.10^{-6}$M | $1,1.10^{-9}$ | $1,6.10^{-7}$ | $HgCl_2$ | 0,01 | 5,6 |
| $2,4.10^{-6}$M | | | 90,8% | M | |
| $3,7.10^{-6}$M | | | | | |

## 3.3 Versuchsaufbau

Kurze Kolonnen aus Altuglas in verschiedenen Längen (L = 10cm, $d_{int}$ = 2,4cm; L = 20cm, $d_{int}$ = 2,4 oder 5,0cm), gefüllt mit natürlichem Quarzsand, der etwas Lehm (1°/oo) und Fe-, Mn- und Al-Oxid- und Hydroxidspuren in Form von Oberflächenbelag enthält (s. Abb. 1). Beim Versuch wird eine Quecksilber-II-Lösung mit verschiedenen Einspritzkonzentrationen im Beisein von zentimolarem NaCl schrittweise injiziert. Vor der Injektion wird der Sand mit dem Natriumsalz ins Gleichgewicht gebracht. Die Lösungen werden mit MilliQ-gereinigtem Wasser aufbereitet. Die Versuchtemperatur beträgt 20±1°C und der pH-Wert 5,6. Die mittlere Porentransportgeschwindigkeit liegt bei $9 \cdot 10^{-5}$ m/s, die Wasserleitfähigkeit bei $1 \cdot 10^{-7} \pm 0,2$ m$^2$/s und das Verhältnis von Sandmasse und Porenvolumen bei 4200 ± 300 g/l. Die Proben werden oben und unten an den Kolonnen entnommen. Die in den Flüssigkeiten vorhandene Gesamtmasse Quecksilber wird im flammenlosen Atomabsorptionsverfahren gemessen. Beim Injizieren verfolgen wir die Entwicklung der Gesamt-Quecksilberkonzentration in der eluierten Flüssigkeit pro Zeiteinheit. Die Ergebnisse sind als BTC in einem reduzierten Koordinatensystem entweder als (C/Co, V/Vp) oder (C/Co, (V/Vp)/R) dargestellt.

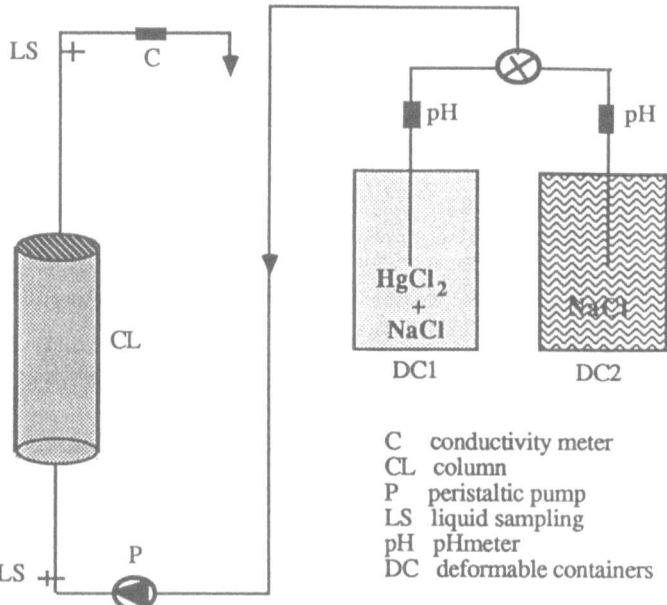

Abbildung 1 : Versuchsaufbau

| | | | |
|---|---|---|---|
| C | Leitfähigkeitsmesser | LS | Flüssigkeitsprobenahme |
| CL | Kolonne | pH | pH-Wert-Messer |
| P | peristaltische Pumpe | DC | verformbare Behälter |

## 4. ERGEBNIS UND DISKUSSION
### 4.1 Einfluß der anfänglichen Quecksilber-Konzentration

Abbildung 2 zeigt die BTC der schrittweisen Injektionen in den kurzen Kolonnen für vier verschiedene Einspritzkonzentrationen. Die allgemeine Kurvenform ist gleich, wenn die Kurven sich auch nicht gegenseitig überlagern. Es ist eine Verzögerung mit anschließendem raschem C/Co-Anstieg zu beobachten. Danach nimmt die Gesamt-Quecksilberkonzentration langsam zu, bis ein scheinbares Gleichgewicht, d.h. C=Co erreicht ist. Mit zunehmenden Co-Werten werden die BTC nach links verschoben, wobei der erste Steilheitsgrad sich verschärft. Der Einfluß der Anfangskonzentration zeigt, daß sich die Mechanismen nicht linear verhalten. Das Vorhandensein von zwei unterschiedlichen Steilheitsgraden deutet darauf hin, daß mindestens zwei Retentionsmechanismen zu berücksichtigen sind. Das heißt: zwei Oberflächengruppen reagieren mit dem Metall in der Lösung, die eine schneller, die andere langsamer. Das nichtlineare Verhalten kann durch die Sättigung an einer oder beiden Oberflächen bedingt sein.

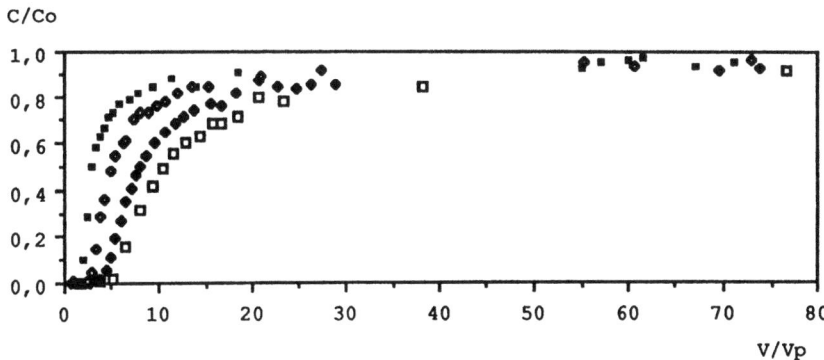

Abbildung 2: Reaktion der BTC auf die schrittweise Injektion einer Quecksilberlösung in eine Sandkolonne von L = 10cm. Einfluß der anfänglichen Konzentration: Co und u sind (□) $5,1 \cdot 10^{-7}$M, $9,6 \cdot 10^{-5}$m/s; (♦) $1,3 \cdot 10^{-6}$M, $9,0 \cdot 10^{-5}$m/s; (◊) $2,4 \cdot 10^{-6}$M, $8,3 \cdot 10^{-5}$m/s; (■) $3,7 \cdot 10^{-6}$M, $7,5 \cdot 10^{-5}$ m/s.

Für jeden Versuch wird ein "scheinbarer Verzögerungsfaktor", $R_{app}$, bestimmt und die Ergebnisse in Abhängigkeit von $(V/Vp)/\bar{R}_{app}$ dargestellt (s. Abb. 3).

In diesem neuen Koordinatensystem ist eine gute Überlagerung der BTC zu beobachten. Ein lineares Modell wie das von Cameron und Klute könnte gute Simulationsergebnisse mit einer Verzögerungsfaktor-Funktion der Einspritz-

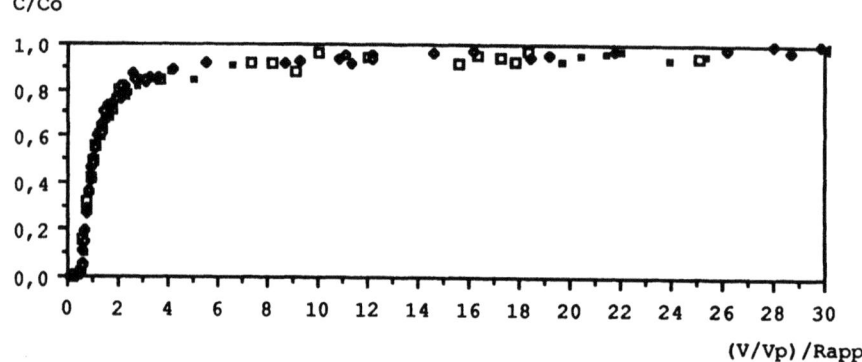

Abbildung 3: Reaktion der BTC auf die schnittweise Injektion einer Quecksilberlösung in eine Sandkolonne von L = 10cm. ($\square$) $5,1.10^{-7}$M, $R_{app}$ = 10,5; ($\blacklozenge$) $1,3.10^{-6}$M, $R_{app}$ = 8; ($\lozenge$) $2,4.10^{-6}$M, $R_{app}$ = 5; ($\blacksquare$) $3,7.10^{-6}$M, $R_{app}$ = 2,8.

konzentration ergeben, obwohl sie eigentlich konstant sein müßte. Die kinetischen Konstanten für den zweiten Mechanismus würden konstant gehalten. Dies stimmt mit unseren Gleichgewichtsdaten überein (s. Abb. 4).

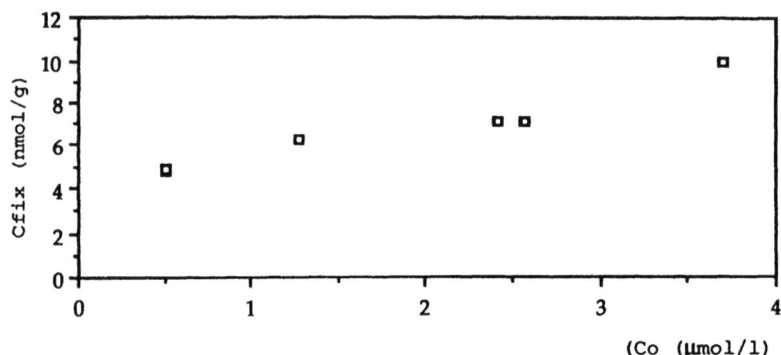

Abbildung 4: Sorptionsgleichgewichtsdaten für Kolonnenversuche mit Quecksilber II auf natürlichem Quarzsand

## 4.2 Auswirkungen der Kolonnenlänge

Auf Abbildung 5 sind fünf BTC dargestellt, die der schrittweisen Injektion der Quecksilberlösung mit zwei verschiedenen Konzentrationen in Kolonnen von 10 und 20cm Länge entsprechen. Daraus ist ersichtlich, daß der scheinbare Verzögerungsfaktor für die niedrigste Ausgangskonzentration mit der Länge zunimmt. Für die andere Konzentration bleibt er bei unseren Versuchbedingungen konstant; die beiden Kurven überlagern sich gegenseitig mit verschiedenen Werten für $P_{ec}$. Bei einem ausreichend hohen Co-Wert wie z.B. $c_0 > 10 C_{sat}$, kann der Anstieg der Konzentration am Austritt als repräsentativ für die Sorption an der zweiten Stelle betrachtet werden, da $dC_{1fix}/dC$ vernachlässigt werden kann.

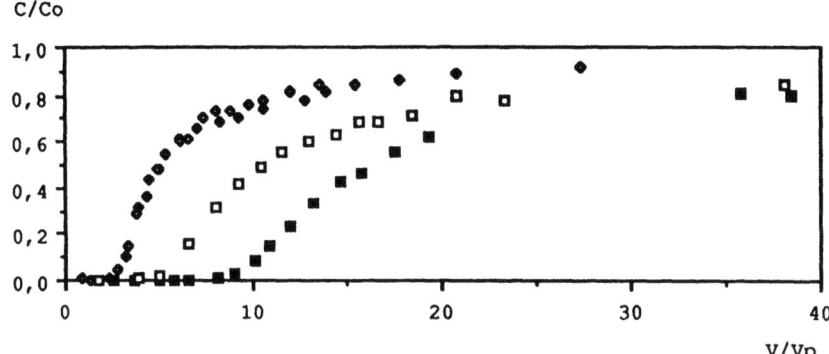

Abbildung 5: Reaktion der BTC auf die stufenweise Injektion einer Quecksilberlösung in eine Sandkolonne: Einfluß der Länge. $C_0 = 5,1.10^{-7}$M (□) L = 10cm, u = $9,6.10^{-5}$ m/s, (■) L = 20cm, u = $9,0.10^{-5}$ m/s; $C_0 = 2,4.10^{-6}$M (♦) L = 10cm, u = $8,4.10^{-5}$m/s, (◊) L = 20cm, u = $9,0.10^{-5}$ m/s.

Dann können der Teilungsfaktor der "langsamen" Stelle und die Gesamtzahl der schnellen Stellen bestimmt werden: $Kd2 \approx 2,2.10^{-3}$ l/g und (Standort 1)$_T$ = $1,8.10^{-9}$ mol/g. Auch $C_1$ läßt sich ungefähr bestimmen: die Konzentration beträgt ca. $10^{-8}$ bis $10^{-9}$ M. Dieser Wert deckt bei kleinerer Einspritzkonzentration ($5.10^{-8}$ M) mit anderen Versuchsergebnissen, die trotzdem dieses nichtlineare Verhalten unterstreichen (Strauss, 1987).

Könnte das Oberflächenniederschlagsmodell unsere Ergebnisse erklären? Ein Oberflächenniederschlag auf Quarz oder Oxiden ist wegen des nur schwach sauren pH-Wertes der Lösungen und den sehr niedrigen $Hg^{2+}$-Konzentrationen minimal.

## 5. FOLGERUNGEN

Die Retention von Quecksilber II auf natürlichem Quarzsand muß beschrieben werden, um die Bildung von zweierlei Oberflächenkomplexen zu berücksichtigen. Selbst bei sehr niedrigen Konzentrationen kationischer Arten, d.h. $Hg^{2+}$ und $HgOH^+$, haben wir ein nicht-lineares Verhalten beobachtet. Durch die ausreichend schnelle Sättigung der Gruppe von Oberflächenstellen läßt sich erklären, daß keine Kinetik mitspielt. Diese Ergebnisse könnten mit einem linearen Model und einer Verzögerungsfaktor-Funktion der Ausgangsbedingungen und einer Beobachtungsskala simuliert werden. Es wäre aber gefährlich, ein solches Modells auf wasserführende Schichten anzuwenden.

Danksagung: Mein besonderer Dank gilt Ann Wolf für die Korrektur des englischen Endtextes und der Firma SANDOZ AG für ihre Unterstützung.

BIBLIOGRAPHIE
1) Bear, J. (1972). Dynamics of fluids in porous media. Elsevier, New York, 764 S.
2) Behra, Ph. (1987). Etude du comportement d'un micropollutant métallique - le mercure - aucours de sa migration à travers un milieu poreux saturé: identification expérimentale des mecanismes d'échanges et modélisation des phénomènes. Doktorarbeit, Université Louis Pasteur, Strasbourg (F), 191 S.
3) Benjamin, M.M., Leckie, J.O. (1981). Multiple-site adsorption of Cd, Cu, Zn and Pb on amorphous iron oxyhydroxide. J. Coll. Interf. Sol., 79: 209-221.
4) Brissaud, F., Couchat, P. (1978). Interaction liquide-solide et migration des solutés en milieu poreux saturé. Bull. B.R.G.M. (2) III, 4: 293-301.
5) Cameron, D.R., Klute, A. (1977). Convective-dispersive solute transport with a combined equilibrium and kinetic model. Water Resour. Res., 13: 183-188.
6) Dufey, J.E., Sheta, T.H., Gobran, G.R., Laudeloup, H. (1982). Dispersion of chloride, sodium and calcium ions in soils as affected by exchangeable sodium. Soil. Sci. Soc. Am. J., 46: 47-50.
7) Dzombak, D.A. und Morel, F.M.M. (1986). Sorption of cadmium on hydrous ferric oxide at high sorbate/sorbent ratios: equilibrium, kinetics and modelling. J. Coll. Interf. Sci., 112: 588-598.
8) Farley, K.J., Dzumbak, D.A., Morel, F.M.M. (1985). A surface precipitation model for the sorption of cations on metal oxides. J. Coll. Interf. Sci., 106: 226-242.
9) Förstner U. (1989). Contaminated sediments. Erdwissenschaftliche Vortragsnotizen, 21, Springer Verlag: 157 S.
10) Hohl, H. und Stumm, W. (1976). Interactions of $Pb^{2+}$ with hydrous $\Gamma$-$Al_2)_3$. J. Coll. Interf. Sci., 55: 281-288.
11) Marsily, G. de, 1981. Hydrogéologie Quantitative. Masson, Paris: 215 S.
12) Schindler, P.W., Fürst, B., Dick, R., Wolf, P.U. (1976). Ligand properties of surface silanol groups. Surface complex formation with $Fe^{3+}$, $Cu^{2+}$, $Cd^{2+}$ and $Pb^{2+}$. J. Coll. Interf. Sci., 55: 469-475.

13) Schweich, D. und Sardin, M. (1981). <u>Adsorption, partition, ion exchange and chemical reaction in batch reactors or in columns. A review</u>. J. Hydrol., 50: 1-33.
14) Strauss, J.M., (1987). <u>Contribution à l'étude du comportement d'un micropolluant métallique - le mercure - au cours de son transport en milieu poreux saturé</u>. Mémoire de DEA, Université Louis Pasteur, Strasbourg: 85 S.
15) Strauss, J.M. und Bues, M.A. (1989). <u>Réduction d'echelle en hydrodynamique des milieux poreux : application à l'étude du transfert d'un micropolluant métallique</u>. Proc. 9ème Congrès Français de Mécanique, Metz, 5.-8. Sept. 1989: 120-121.
16) Strauss, J.M. und Behra, Ph. (1990): <u>Evidences for a double step mechanism controlling trace metal retention on natural surfaces</u>. Internat. Conf. on Metals in Soils, Waters, Plants and Animals, 30. Apr. - 3. Mai 1990, Orlando, USA.
17) Stumm, W. und Morgan, J.J. (1981). <u>Aquatic chemistry</u>. Wiley, New York: 780 S.                              Theis
, T.L., Iyer, R., Kaul, L.W. (1988). <u>Kinetic studies of cadmium and ferricyanide adsorption on goethite</u>. Environ. Sci. Technol., 22: 1013-1017.
18) Villermaux, J. (1985). <u>Génie de la réaction chimique: conception et fonctionnement des réacteurs</u>. Tec. & Doc., Lavoisier, Paris: 401 S.
19) Westall, J. (1979). <u>Microol. I. A chemical equilibrium program in Basic</u>. EAWAG, Swiss Federal Institute of Technology, Dübendorf, Schweiz: 42 S.

PHYSIKALISCH-CHEMISCHE MODELLE FÜR DAS BODENVERHALTEN VON METALLIONEN

W.H. VAN RIEMSDIJK, J.C.M. DE WIT, M.M. NEDERLOF, L.F. KOOPAL[*] UND F.A.M. DE HAAN

WAGENINGEN AGRICULTURAL UNIVERSITY
DEPARTMENT OF SOIL SCIENCE AND PLANT NUTRITION
P.O. BOX 8005, 6700 EC WAGENINGEN, DIE NIEDERLANDE
[*]DEPARTMENT OF PHYSICAL AND PLANT COLLOID CHEMISTRY
P.O. BOX 8038, 6700 EK WAGENINGEN, DIE NIEDERLANDE

1. ZUSAMMENFASSUNG

Das Verhalten von Metallionen in Böden ist wichtig wegen ihrer Wechselwirkung mit Flora&Fauna und wegen ihrer möglichen Auslaugung. Zur Beschreibung der Adsoption von Metallionen in Böden werden gegenwärtig überwiegend empirische Modelle verwendet. Diese empirischen Modelle besitzen nur einen sehr beschränkten Anwendungsbereich und sind als Grundlage für die Entwicklung eines allgemeinen Konzepts zur Bewertung der Bodenqualität nicht sonderlich geeignet.
Bei der Adsorption von Metallionen in Böden bilden Tone, Metall(hydr)oxide und die organischen Substanzen des Bodens wichtige reaktive Oberflächen. Metall(hydr)oxide und organische Bodensubstanzen können Metallionen durch Bildung von Oberflächenkomplexen binden. Diese reaktiven Oberfläche besitzen variable Ladungs- und variable Potentialcharakteristika, und sie sind chemisch heterogen. Gegenwärtig werden physikalisch-chemische Modelle entwickelt, die diese Charakteristika berücksichtigen. Diskutiert wird der aktuelle Stand der Modellentwicklung. Die Modelle können die Grundlage für eine Beschreibung der Adsorption von Metallionen in Böden bilden. Zu diesem Zweck ist aber eine bessere Charakterisierung der Bodenoberflächen erforderlich.

2. EINLEITUNG

Der Metallgehalt eines Bodens kann die Qualität des Bodens ungünstig beeinflussen. Dies kann erfolgen durch ungünstige Einflüsse auf Flora&Fauna in oder "auf" dem Boden, wie Würmer, Bodenmikroben, Pilze und Pflanzen, oder durch negative Auswirkungen auf die Güte des Bodenwassers, die ihrerseits negative Auswirkungen auf die Güte des Trinkwassers haben können. Für die Bewertung der Bodenqualität wird ein quantitativer Zusammenhang zwischen Metallgehalt, Zusammensetzung der festen Phase sowie Lösungsbedingungen wie pH, Salzgehalt, Konzentration der gelösten Liganden usw. einerseits und andererseits den negativen Effekten auf Flora&Fauna sowie die Wassergüte benötigt. Die Bodenqualität ist damit indirekt definiert. Im Prinzip können die maximal zulässigen Belastungswerte z.B. für Cadmium in einer Nutzpflanze oder in Trinkwasser für einen gegebenen Boden in eine maximal zulässige Cadmiumkonzentration übersetzt werden. Um eine derartige 'Übersetzung' aber durchführen zu können, sind Grundlagenkenntnisse zum Verhalten des Metallions im Boden und seiner Beziehung zu Effekten auf Flora&Fauna und auf die Metallauslaugung erforderlich. Wegen der Komplexität des Bodensystems ist gegenwärtig noch keine korrekte Vorhersage möglich, wie die Metallionen über die verschiedenen reaktiven Oberflächenplätze der Feststoffe und die verschiedenen Spezies in der Lösung verteilt werden. Wichtige reaktive Oberflächen im Boden werden von den organischen Bodensubstanzen, z.B. Fulvo- und Huminsäuren, den Metall(hydr)oxiden von Aluminium, Eisen und Mangan, sowie von Tonmineralen wie Illit und Montmorillonit gebildet. Diese Oberflächen besitzen hinsichtlich der Adsorption von Metallen relativ verschiedene Eigenschaften. In Abbildung 1 werden die verschiedenen Wechselwirkungen eines Metallions in einer Bodenumgebung schematisch dargestellt. Das Metallion kann mit gelösten anorganischen und organischen Liganden reagieren und so eine lösliche Metallspezies bilden. Das Metallion kann auch mit den verschiedenen Oberflächenliganden reagieren, die auf verschiedenen reaktiven Phasen vorhanden sind, und so Metall-Oberflächenkomplexe bilden, die mit der festen Phase assoziiert sind. Darüber hinaus kann das Metallion an biotischen Oberflächen adsorbiert und/oder durch Aufnahmemechanismen in die lebenden Organis-

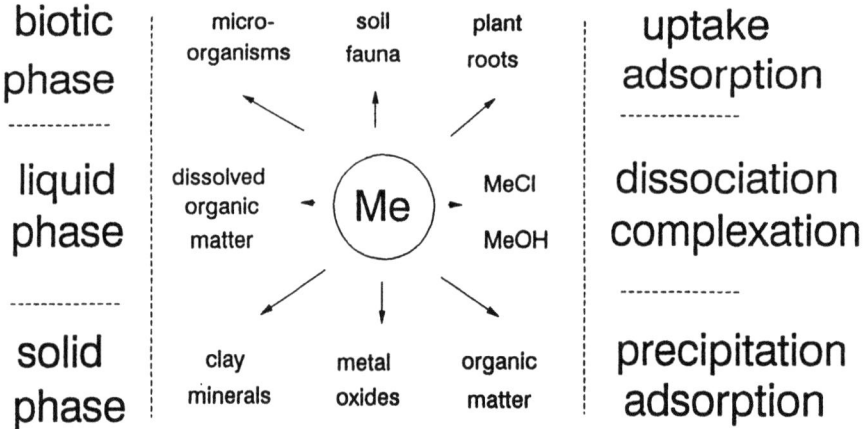

Abbildung 1. Schematische Darstellung der verschiedenen Wechselwirkungen eines gelösten Metallions in einer Bodenumgebung

Legende: -- siehe nächste Seite --

Legende zu Abb. 1:
: biotic phase - biotische Phase
liquid phase - flüssige Phase
solid phase - feste Phase
micro-organisms - Mikroorganismen
soil fauna - Bodenfauna
plant roots - Pflanzenwurzeln
organic matter - organische Substanzen
metal oxides - Metalloxide
clay minerals - Tonminerale
dissolved organic matter - gelöste organische Substanzen
uptake adsorption - Adsorption durch Aufnahme
dissociation complexation - Dissoziierung Komplexbildung
precipitation adsorption - Adsorption durch Ausfällung

men transportiert werden. Der Effekt eines bestimmten Metallgehalts im Boden wird von allen diesen parallel ablaufenden Reaktionen beeinflußt, deren Anteil wiederum von den Bodeneigenschaften und von "Umwelt"-Faktoren wie pH und Salzgehalt beeinflußt wird.

Da die Adsorption von Metallionen an speziellen Adsorptionsplätzen - also auf molekularer Ebene - erfolgen kann, müssen diese Wechselwirkungen auch auf molekularer Ebene verstanden werden, wenn hinsichtlich von Fragen, die die Bodenqualität betreffen, Fortschritte erzielt werden sollen.

Adsorptionsmessungen mit Metallionen werden häufig unter nur mangelhaft definierten Bedingungen durchgeführt. Oft sind die Lösungsbedingungen nicht gut definiert, und regelmäßig können sich diese Bedingungen sogar für verschiedene Meßpunkte unterscheiden (z.B. wird während der Adsorption des Metallions der pH-Wert nicht überwacht). Die reaktiven Oberflächen des Bodens sind auch nicht besonders gut charakterisiert. Häufig stehen ausschließlich Informationen zu den unterschiedlichen Korngrößenfraktionen, zum Gehalt an organischen Substanzen und zur Kationenumtauschkapazität zur Verfügung.

Die Adsorption von Metallionen in Böden wird gegenwärtig im allgemeinen durch empirische oder halbempirische Adsorptionsgleichungen beschrieben. Die angefitteten Parameter einer empirischen Adsorptionsgleichung wie der von Freundlich oder Langmuir sind im besten Falle fallspezifische Konstanten, die nur unter sehr eingeschränkten Bedingungen gültig sind. Deshalb können diese empirischen Gleichungen weder dazu verwendet werden, das Adsorptionsverhalten von Metallen auf Lösungsbedingungen zu extrapolieren, die außerhalb des Meßbereichs liegen, noch können sie zur Abschätzung des Adsorptionsverhaltens in einem anderen Boden eingesetzt werden. Wegen seiner beschränkten Anwendbarkeit ist der empirische Ansatz für die Entwicklung eines generellen Konzepts zu Bewertung der Bodenqualität also nicht sonderlich geeignet.

Für eine korrekte Gefährdungsabschätzung bei Metallkontaminationen und ein besseres Verständnis der Metallaufnahme und der Toxizität von Metallen ist es deshalb wesentlich, daß unsere Kenntnisse zum Verhalten von Metallionen im Boden sowohl qualitativ als auch quantitativ erweitert werden. Ein weiterer wichtiger Aspekt bei der Gefährdungsabschätzung ist die heterogene Natur der Böden, und zwar sowohl im lokalen wie auch im regionalen Maßstab.

Mechanistische physikalisch-chemische Adsorptionsmodelle dürften mit einiger Wahrscheinlichkeit genereller als empirische Modelle anwendbar sein. Wegen der sehr unterschiedlichen chemischen Eigenschaften der reaktiven Oberflächen und wegen der Variation der relativen Verfügbarkeit dieser Oberflächen in den Böden scheint der Versuch, ein physikalisch-chemisches Wechselwirkungsmodell für einen Boden zu entwickeln, nicht sehr vielversprechend. Lohnender erscheint dagegen der Ansatz, zuerst Adsorptionsmodelle für die individuellen Bodenkomponenten zu entwickeln. Sobald diese Untersysteme besser verstanden sind, können die Konzepte auf das Bodensystem im Ganzen angewendet werden.

Die physikalisch-chemischen Konzepte des Kationenaustauschs bei Tonmineralen sind vergleichsweise gut etabliert, auch wenn gegenwärtig eine Vielzahl von verschiedenen Austauschmodellen verwendet wird. Die Wechselwirkung der Ionen mit den Kantenflächen des Tonminerals, die unterschiedliche Ladungseigenschaften aufweisen, ist ein kompliziertes Phänomen, das bisher noch nicht völlig verstanden wird.

Im folgenden liegt der Schwerpunkt bei den kürzlich erzielten Fortschritten in der Entwicklung von mechanistischen Adsorptionsmodellen für Metall(hydr)oxide und organische Bodensubstanzen.

3. PHYSIKALISCH-CHEMISCHE MODELLE
3.1 <u>Organische Bodensubstanzen</u>

Der größte Anteil der organische Bodensubstanzen gehört zur Feststoffmatrix des Bodens. Ein kleiner und variabler Anteil ist in der Bodenlösung vorhanden. Beide Fraktionen sind für das Verhalten von Metallionen im Boden von großer Bedeutung. Die gelöste Fraktion führt durch Bildung von Metallkomplexen mit der gelösten organischen Substanz zu einer Konzentrationserhöhung des Gesamtmetalls in der Bodenlösung. Diese Konzentrationserhöhung des Gesamtmetalls erleichtert den Metalltransport zu den Pflanzenwurzeln oder in die Unterflur. Die "Löslichkeit" organischer Bodensubstanzen ist damit hinsichtlich der Mobilität der Metallionen von Interesse.

Natürliche organische Substanzen bilden ein komplexes Gemisch von physikalisch und chemisch heterogenen Makromolekülen. Die wichtigsten reaktiven Gruppen bei natürlichen organischen Substanzen sind verschiedene Typen von -OH-Gruppen: phenolische, karboxylische, alkoholische usw.. Ein realistisches Modell der Metallbindung muß diese Heterogenität berücksichtigen.

Ein weiterer Aspekt ist der, daß die reaktiven Gruppen ein Proton dissoziieren können, woraus eine pH-abhängige negative Ladung des Makromoleküls resultiert. Die resultierende Ladung führt zu einem elektrostatischen (Oberflächen-) Potential, das die Ionenadsorption beeinflußt. Ein Modell der Metallbindung muß diesen Aspekt der variablen Ladung und des variablen Potentials berücksichtigen.

Die Protonenbindung kann mit Hilfe eines Satzes von Ladungs/pH-Kurven untersucht werden, die bei verschiedenen Elektrolytkonzentrationen gemessen werden. Die Salzabhängigkeit der Ladungs/pH-Kurven wird durch das variable elektrostatische Potential verursacht, das eine Funktion des pH-Werts und der Salzkonzentration ist. Um die Elektrostatik zu beschreiben, wird ein Zweischichten-Modell benötigt.

Hinsichtlich der physikalischen Struktur von Makromolekülen kann von unterschiedlichen Annahmen ausgegangen werden; man kann sie als porös oder nicht porös behandeln, als starre Stäbe oder Kugeln, oder auch als flexible Spiralen, die schwellen können. Die Struktur des Makromoleküls muß im Zweischichten-Modell berücksichtigt werden. Ein kritischer Vergleich der verschiedenen Modelloptionen ist bisher aber noch nicht vorgenommen worden.

Eine zulässige vereinfachende Annahme besteht darin, die Mischung der verschiedenen Makromoleküle als ein Ensemble von Partikeln mit mittleren strukturellen Eigenschaften zu behandeln, also etwa mit einem mittleren Partikelradius, einem mittleren Molekulargewicht und einem mittleren elektrostatischen Potential. Der Vorzug dieses Ansatzes besteht darin, daß die Anwendbarkeit eines gewählten Zweischichten-Modells beurteilt werden kann, ohne daß a priori Annahmen über die chemische Heterogenität gemacht werden müssen. Sobald ein geeignetes Zweischichten-Modell gewählt worden ist, kann die intrinsische chemische Heterogenität ermittelt und analysiert werden (1, 2).

Diese Prozedur wurde auf mehrere Datensätze für Humin- und Fulvosäuren angewandt (1, 3, 4). In den meisten Fällen konnte die Annahme einer sphärischen nicht-porösen Geometrie in Verbindung mit einer diffusen Doppelschicht die beobachteten Salzeffekte beschreiben. Die mittleren in der Modellbeschreibung benutzten Radien waren recht ähnlich, nämlich 1 ± 0,1 nm. In einigen anderen Fällen wurde ein stärkerer Salzeffekt beobachtet, der einer flächigen Geometrie und einer diffusen Doppelschicht nach Gouy Chapman entspricht. Die ermittelte Dichte von reaktiven Plätzen reichte von 0,4 bis 1,0 Plätze pro nm². Die chemische Heterogenität der untersuchten Proben wird von reaktiven Gruppen dominiert, deren intrinsische Protonaffinität im Bereich von log $K_H$ = 2 - 6 liegt. Das Ladungsverhalten wird von Gruppen des Karboxyltyps dominiert, die in verschiedenen chemischen Umgebungen auftreten können, so daß die Affinitätskonstanten über einen Bereich streuen.

Im Falle der Adsorption von Metallionen wird das System komplexer. Nicht nur die Protonen-Affinitätskonstanten sind verteilt, sondern auch die Metall-Affinitätskonstanten.

Es kann zur Konkurrenz zwischen der Bindung eines Protons und eines Metallions kommen sowie zu elektrostatischen Wechselwirkungen zwischen der Oberfläche und den adsorbierenden Ionen. Ein weiterer komplizierender Faktor besteht darin, daß verschiedene Bindungsstöchiometrien der Metallionen auftreten können, z.B. die Bildung von einzahnigen und/oder zweizahnigen Komplexen.

Die Analyse der Bindung von Metallionen an natürliche organische Substanzen ist ein extrem kompliziertes Problem. Immerhin können die primären physikalisch/chemischen Eigenschaften der organischen Substanz auf Grundlage des bereits diskutierten Protonenbindungsverhaltens unabhängig ermittelt werden. Die Arbeiten zur Erweiterung der Datenanalyse und zur Modellentwicklung werden mit dem Ziel fortgeführt, auch die Bindung der Metallionen zu berücksichtigen.

### 3.2 Metall-(hydr)oxide

#### 3.2.1 Primäres Ladungsverhalten.
Die reaktiven Oberflächen der Metall-(hydr)oxide können sowohl Kationen als auch Anionen adsorbieren, und zwar durch Bildung von Oberflächenkomplexen zwischen den Sauerstoffgruppen der Metall-(hydr)oxide in der reaktiven Oberfläche und der adsorbierten Spezies. Die primäre Oberflächenladung der Metall-(hydr)oxide (d.h. die Oberflächenladung in Abwesenheit spezifischer Adsorptionen, ausgenommen Protonen) kann je nach pH positiv, Null oder negativ sein.

Zur Beschreibung der Ionenadsorption an Metall-(hydr)oxiden sind verschiedene Modelle entwickelt worden. Die meisten Modelle gehen davon aus, daß ein spezifisches Metall-(hydr)oxid chemisch homogen ist (d.h. ein Typ von reaktiver Gruppe). Das Ladungsverhalten wurde durch eine einstufige Prononisierungsreaktion (Ein-pK-Modell) (5) oder durch eine zweistufige Protonisierungsreaktion (Zwei-pK-Modell) beschrieben. Dabei wurden verschiedene Zweischichten-Modelle benutzt, etwa mit konstanter Kapazität (6), rein diffus nach Gouy Chapman (7), Stern-Gouy Chapman (5, 8), sowie das Dreischichten- (9) und das Mehrschichten-Modell (10).

Was die Partikelgeometrie betrifft, so verwenden alle zitierten Zweischichten-Modelle eine ebene Geometrie. Die große Bandbreite der benutzten Modelle zeigt, daß das

primäre Ladungsverhalten mit den verschiedenen Zweischicht-
Modellen nahezu gleich gut beschrieben werden kann, und daß
hinsichtlich der Frage, welches Modell zu bevorzugen sei,
keine einheitliche Auffassung besteht. Die verschiedenen
Modelle führen nur deshalb zu ähnlichen Ergebnissen, weil
die physikalischen Konstanten als Fitparameter behandelt
werden. Der für einen Parameter ermittelte Wert hängt von
der Wahl des Modells ab. Selbst bei Verwendung desselben
Zweischichten Modells ergeben sich unterschiedliche Werte
für die Protonen-Affinitätskonstanten (11).

Vom Grundsätzlichen her ist die Unbestimmtheit der
Modellkonstanten eine außerordentlich unbefriedigende Situation. Sie ist aber auch unter praktischen Gesichtspunkten
problematisch, weil die veröffentlichten Modellkonstanten
nur im Kontext eines speziellen Modellansatzes gültig sind.

Die häufig gemachte Annahme, daß die Metall-(hydr)oxid-
Oberflächen nur einen Typ von reaktiven Gruppen besitzen,
ist physikalisch nicht sehr realistisch. Es können drei
Typen von Gruppen auftreten, nämlich Oberflächensauerstoff,
der mit dem darunterliegenden Metallatom einfach, zweifach
oder dreifach koordiniert ist. Kürzlich ist ein Mehrplatz-
Komplexierungsmodell (MUSIC, von MUlti SIte Complexation)
entwickelt worden, das eine a priori Abschätzung der intrinsischen Protonen-Affinitätskonstanten der unterschiedlichen
Typen von reaktiven Gruppen für eine Reihe von Metall-
(hydr)oxiden vorzunehmen (12).

Auch die zweischichtige Struktur am Feststoff/Wasser-
Übergang ist kritisch diskutiert, und ein Erwartungswert für
die Stern'sche Schichtkapazität abgeleitet worden (8). Das
MUSIC-Modell führt zusammen mit einer Stern-Gouy-Chapman
Doppelschicht für verschiedene Metall-(hydr)oxide zu guten
Vorhersagen der experimentellen Ladungskurven (8,13).

3.2.2 Adsorption von Metallionen. Die verschiedenen im
vorhergehenden Abschnitt diskutierten Modelle können so
erweitert werden, daß sie auch die spezifische Adsorption
von Kationen und Anionen beschreiben. Dabei sind Annahmen
zur Oberflächenspezies zu machen, die tatsächlich gebildet
wird, und es muß die Position des adsorbierten Metallions
relativ zur Oberfläche gewählt werden. Das adsorbierte
Metallion kann in derselben Ebene positioniert werden, in
der auch die Protonen adsorbiert werden, oder in einem
geringen Abstand zur Oberfläche.

Bis vor kurzem war es nicht möglich, die Struktur der
Oberflächenkomplexe in einem wässerigen System zu bestimmen.
Neue spektroskopische Verfahren (14, 15) erlauben es jetzt,
die Oberflächenstruktur der adsorbierten Spezies zu untersuchen. Obwohl die spektroskopischen Ergebnisse zeigen, daß
der Oberflächenkomplex bei einigen Metallionen möglicherweise zweigezahnt ist, wird gegenwärtig in den Modellen
normalerweise davon ausgegangen, daß nur eingezahnte Spezies
vorhanden sind.

Ein, zwei und manchmal sogar noch mehr Metallionen-Affinitätskonstanten werden als Fitparameter verwendet, um die experimentellen Resultate zur Metallbindung als Funktion von pH und Metallionen-Konzentration zu beschreiben (7). Die absoluten Werte der ermittelten Affinitätskonstanten hängen auch hier stark vom gewählten Adsorptionsmodell ab.

Zu beachten ist, daß die Adsorption von Spurenmetallen nicht nur eine Funktion des pH-Werts ist, sondern auch der Konzentration anderer spezifisch adsorbierender Ionen. In der Bodenumgebung können die Konzentrationen von Kalzium, Zink, Hydrogenkarbonat, Sulfat und Phosphat die Adsorption von Spurenmetallen beeinflussen. Für eine angemessene Beschreibung der Adsorption von Spurenmetallen in Böden müssen die Affinitätskonstanten anderer spezifisch adsorbierender Ionen bekannt sein, die die Adsorption des untersuchten Spurenmetalls beeinflussen können. Insbesondere Phosphat adsorbiert stark an Eisen- und Aluminium-(hydr)oxid und kann so die Adsorption von Spurenmetallen beeinflussen. Bei niedrigem pH kann die Adsorption von Spurenmetallen auch durch Konkurrenz mit $Al^{3+}$ beeinflußt werden.

## 4. ANWENDUNG DER PHYSIKALISCH-CHEMISCHEN ADSORPTIONSMODELLE AUF DAS BODENSYSTEM

Es steht zu erwarten, daß unser Verständnis des Verhaltens von Metallionen in Böden von den Fortschritten profitiert, die bei der Untersuchung der fundamentalen Aspekte der Ionenbindung an Bodenkonstituenten erzielt worden sind. Um die physikalisch-chemischen Adsorptionsmodelle für Bodenkomponenten auf das Bodensystem insgesamt anwenden zu können, müssen diese Modelle zunächst noch weiter entwickelt werden. Insbesondere die Modelle zur Bindung von Metallionen an organische Bodensubstanzen stecken noch in den Kinderschuhen. Ein Beispiel für die Anwendung eine physikalisch-chemisch orientierten Modells zur Beschreibung der Aluminiumadsorption in einem torfigen Boden ist von Tipping vorgestellt worden (16). Auch die Adsorptionsmodelle für Metall-(hydr)oxide entwickeln sich noch, aber auf diesem Gebiet liegt der Stand des Könnens schon auf einem höheren Niveau.

Für die Anwendung der vielversprechendsten physikalisch-chemischen Adsorptionsmodelle auf Böden ist es u.a. erforderlich, daß die Anzahl der reaktiven Plätze von Metall-(hydr)oxiden sowie der Gehalt an organische Bodensubstanzen und Tonmineralien in einem Boden abgeschätzt werden kann. Da die pH-Abhängigkeit der Adsorption von Metallionen für Metall-(hydr)oxide, Ton und organische Bodensubstanzen verschieden ist, hängt ihre relative Bedeutung nicht nur vom verfügbaren Flächeninhalt der reaktiven Oberlächen ab, sondern auch vom pH-Wert. Eine direkte Messung des Flächeninhalts der reaktiven Oberlächen ist kaum durchführbar. Es müssen indirekte Methoden eingesetzt werden. Der Gehalt an amorphen Metall-(hydr)oxiden mit großen Oberflächen kann durch selektive Extraktion bestimmt werden; dafür muß dann der Zusammenhang zwischen extrahierter Menge und spezifischer Oberfläche ermittelt werden.

Der Vorzug, den der Einsatz physikalisch-chemischer Adsorptionsmodelle gegenüber mehr empirischen Modellen hat, besteht darin, daß die vielen Faktoren, die Einfluß auf die Bindung von Metallionen in Böden nehmen, in die Struktur des Modells eingehen. Der Ansatz könnte deshalb zu breiter anwendbaren Konzepten für die Interpretation der Bodenqualität beitragen.

DANKSAGUNG

Das Umweltforschungsprogramm zur Bodenqualität der europäischen Gemeinschaft (Projekt-Nr. EV4V-0100-NL(GDF)) und das integrierte Bodenforschungsprogramm der Niederlande (Projekt-Nr. PCBB 8948) haben zur Finanzierung dieser Arbeit beigetragen.

BIBLIOGRAPHIE
1) De Wit, J.C.M., Van Riemsdijk, W.H., Nederlof, M.M., Kinniburgh, D.G. und Koopal, L.K. (1990) Analysis of ion binding on humic substances and the determination of intrinsic affinity distributions. Anal. Chim. Acta 232: 198-207.
2) Nederlof, M.M., Van Riemsdijk, W.H. und Koopal, L.K. (1990) Determination of adsorption affinity distributions: A general frame work for methods related to local isotherm approximations. J. Colloid Interface Sci. 135: 410-426.
3) De Wit, J.C.M., Van Riemsdijk und Koopal, L.K. (1990) Proton and Metal ion binding on humic substances. In: -- (Ed.), Metal Speciation, Separation and recovery.
4) De Wit, J.C.M., Nederlof, M.M., Van Riemsdijk, W.H. und Koopal, L.K. (1990) Determination of proton and metal ion affinity distributions for humic substances. Water Air and Soil Pollution (im Druck).
5) Van Riemsdijk, W.H., De Wit, J.C.M., Koopal, L.K. und Bolt G.H. (1987) Metal ion adsorption on heterogeneous surfaces. Adsorption models. J. Colloid Interface Sci. 116: 511-522.
6) Stumm, W., Huang, C.P. und Jenkins, S.R. (1970) Specific chemical interaction affecting the stability of dispersed systems. Croat. Chem. Acta 42: 223-245.
7) Dzomback, D.A. und Morel, F.M. (1990) Surface complexation modelling. Hydrous Ferric Oxide. Wiley, New York, 393 pp.
8) Hiemstra, T. und Van Riemsdijk, W.H. (1990) Physical chemical interpretation of primary charging behaviour of metal(hydr)oxides. Colloids and surfaces (Im Druck).

9) Davis, J.A., James, R.O. und Leckie, J.O. (1978) Surface ionisation and complexation at the oxide/water interface. I. Computation of electrical double layer properties in simple electrolytes. J. Colloid Interface Sci. 63: 481-499.
10) Bowden, J.W., Posner, A.M. und Quirk, J.P. (1977) Ionic adsorption on variable charge mineral surfaces. Theoretical charge development and titration curves. Aust. J. Soil Res. 15: 121-136.
11) Koopal, L.K., Van Riemsdijk, W.H. und Bolt, G.H. (1989) Surface ionization and complexation models: A comparison of methods for determining model parameters. J. Colloid Surface Sci. 118: 117-136.
12) Hiemstra, T., Van Riemsdijk, W.H. und Bolt, G.H. (1989) Multi-site proton adsorption modelling at the solid/solution interface of (hydr)oxides: A new approach. I. Model description and evaluation of intrinsic reaction constants. J. Colloid Interface Sci. 133: 91-104.
13) Hiemstra, T., Van Riemsdijk, W.H. und De Wit, J.C.M. (1989) Multi-site proton adsorption modelling at the solid/solution interface of (hydr)oxides: A new approach. II. Application to various important (hydr)oxides. J. Colloid Interface Sci. 133: 105-117.
14) Motschi, H. (1987) Aspects of the molecular structure in surface complexes; spectroscopic investigations. In: W. Stumm (Herausgeber), Aquatic surface chemistry: Chemical processes at the particle-water interface. Wiley, New York, p. 111-125.
15) Schenck, C.V. und Dillard, J.G. (1983) Surface analysis and the adsorption of Co(II) on Goethite. J. Colloid Interface Sci. 95: 398-409.
16) Tipping, E. und Hurley, M.A. (1988) A model of solid-solution interactions in acid organic soils, based on the complexation properties of humic substances. J. Soil Sci. 39: 505-519.

DIE LÖSLICHKEIT VON EISENZYANID IN BÖDEN

J.C.L. MEEUSSEN, M.G. KEIZER UND W.H. VAN RIEMSDIJK

DEPARTMENT OF SOIL SCIENCE AND PLANT NUTRITION
WAGENINGEN AGRICULTURAL UNIVERSITY
P.O. BOX 8005, 6700 EC WAGENINGEN, DIE NIEDERLANDE

1. ZUSAMMENFASSUNG

Böden, die mit Eisenzyanid-Mineralien kontaminiert oder mit gelöstem Eisenzyanid versetzt waren, wurden in einem Säulenexperiment ausgelaugt und in Chargenexperimenten bei verschiedenen pH-Werten extrahiert. Die Zyanidkonzentrationen in den Sickerwässern und Extrakten erwiesen sich zwar als abhängig vom Boden-pH, zeigten aber keinen Zusammenhang mit dem Gesamt-Zyanidgehalt der Böden. Die in verschiedenen Böden gemessene Beziehungen zwischen pH-Wert und der Konzentration $Fe(CN)_6(t)$ waren der vergleichbar, die beim Auflösen des reinen Minerals Preußisch Blau beobachtet wurden. Dies zeigt, daß sich die $Fe(CN)_6$-Konzentration im Grundwasser höchstwahrscheinlich im Gleichgewicht mit diesem Mineral einstellt.

2. EINLEITUNG

In den Niederlanden sind mehrere hundert alte Gaswerksgelände mit großen Mengen von Eisenzyaniden kontaminiert, die für hohe Zyanidkonzentrationen im Grundwasser sorgen. Die möglichen Gefahren, die von diesen Altlasten für die Umwelt und insbesondere für die menschliche Gesundheit ausgehen, hängen stark von der Art des Zyanids und seinem Verhalten im Boden ab. Im Falle von Gaswerksgeländen tritt Zyanid vorwiegend als Eisenzyanid-Komplex auf (z.B. $Fe(CN)_6^{3-}$ oder $Fe(CN)_6^{4-}$) (1), die eine relativ harmlose Form des Zyanids darstellen (2). Allerdings dissoziieren diese Komplexe sehr schnell, wenn sie Licht ausgesetzt werden, und bilden dabei toxisches freies Zyanid ($HCN(aq)$ und $CN^-$). Auch im Grundwasser kommt es zur Dissoziierung, weil Eisenzyanid-Komplexe unter den dort herrschenden Bodenbedingungen thermodynamisch instabil sind (1). Diese thermische Dissoziierung erfolgt allerdings extrem langsam, so daß Zyanidkomplexe weiterhin die dominierende Spezies im Grundwasser bleiben. Das Verhalten der Zyanidkomplexe dominiert deshalb das Gesamtverhalten von Zyanid in Böden.

Bei diesem Verhalten ist insbesondere die Partitionierung des Zyanids auf die Bodenlösung und die feste Bodenphase von Bedeutung. Diese Partitionierung bestimmt nämlich die $Fe(CN)_6$-Konzentration im Grundwasser, die nicht nur vom toxikologischen Standpunkt von Interesse ist, sondern auch die Transportgeschwindigkeit des Zyanids durch den Boden bestimmt. Die Zyanidpartitionierung kann von mehreren Prozessen beeinflußt werden, z.B. von der elektrostatischen Sorption der negativ geladenen Eisenzyanid-Ionen an positiv geladenen Bodenplätzen, oder durch Ausfällen/ Auflösung schwach löslicher Mineralien wie $Fe_4(Fe(CN)_6)_3$ (Preußisch Blau) (3). Alle Prozesse besitzen ihre eigenen Charakteristika wie Abhängigkeit vom pH-Wert, Redoxpotential, Reaktionsdauer, Gesamt-Zyanidgehalt im Boden, Bodenzusammensetzung usw.. Die Kenntnis des tatsächlich dominierenden Prozesses verbessert die Möglichkeit, das Zyanidverhalten auf Bodeneigenschaften zurückzuführen.

Das Ziel dieser Untersuchung besteht in der Klärung der Frage, ob das Zyanidverhalten in unterschiedlichen Böden durch das Löslichkeitsgleichgewicht mit mineralischem Zyanid bestimmt wird. Wenn man die blaue Farbe Zyanid-kontaminierter Böden mit der Farbe des Minerals Preußisch Blau vergleicht, kommt man leicht auf die Vermutung, daß Preußisch Blau in diesen Böden vorhanden ist. Das gewährleistet allerdings nicht, daß die $Fe(CN)_6$-Konzentrationen in der Bodenlösung durch das Gleichgewicht mit diesem Mineral bestimmt werden. Dies könnte beispielsweise durch die Lösungs- und/ oder Ausfällungskinetik verhindert werden. Zur Untersuchung dieser Gleichgewichte wurden Experimente durchgeführt. Um zu klären, in welchem Ausmaß die Gleichgewichte durch die Kinetik, den pH-Wert und den Gesamt-Zyanidgehalt des Bodens beeinflußt werden, wurde ein Säulenexperiment mit zwei Böden aus kontaminierten Geländen und zwei sauberen Böden durchgeführt, die mit gelöstem Eisenzyanid versetzt wurden. Um auch den Einfluß des pH-Wertes auf die Gleichgewichte zu untersuchen, wurden mit drei kontaminierten Böden und einem der mit Zyanid versetzten Böden Chargenexperimente bei verschiedenen pH-Werten durchgeführt. Die Ergebnisse dieser Experimente wurden mit denen eines ähnlichen Extraktionsexperiments verglichen, das mit reinem Preußisch Blau durchgeführt wurde.

## 3. EXPERIMENTELLER ABSCHNITT
### 3.1 Säulenexperimente
Die Säulenexperimente wurden mit zwei kontaminierten Böden aus dem Gelände früherer Gaswerke (A und B) und zwei "künstlich" kontaminierten Böden (C und D) durchgeführt. Die künstlich kontaminierten Böden wurden hergestellt, indem 1l 0,01 M $K_4Fe(CN)_6$-Lösung 300 g des Bodenmaterials zugesetzt wurden. Nach drei Tagen wurden die Lösungen dekantiert, die feuchten Böden homogenisiert und im Verhältnis 1:1 mit Quarz gemischt. Von dieser Mischung wurden 250 g pro Säule verwendet. Bei einem Säulendurchmesser von 90 mm betrug die Schichtstärke der Bodenmischung in der Säule etwa 2,5 cm. Bei den Böden C und D handelte es sich um Sandböden, die 378

bzw. 173 mmol/kg mit Ammoniumoxalat extrahierbares Eisen enthielten, und einen ursprünglichen PH-KCl von 3,0 und 4,4. Der Zusatz von $K_4Fe(CN)_6$ ließ den pH-Wert beider Böden steigen. Einer der kontaminierten Böden (A) wurde feucht gelagert und vor dem Experiment nicht getrocknet. Der andere Boden (B) wurde luftgetrocknet gelagert.

Der Gesamt-Zyanidgehalt aller Böden wurde mit Hilfe von getrockneten Proben bestimmt (Tabelle 1). Die Säulen wurden für ca. 3 Wochen mit 0,01 M $CaCl_2$ bei einer Geschwindigkeit von ca. einem Porenvolumen pro Tag perkoliert, und anschließend für 2 Wochen mit einer Geschwindigkeit von 0,2 Porenvolumina. Abschließend wurden die Säulen noch einmal mit einer Geschwindigkeit von einem Porenvolumen pro Tag perkoliert. Bei den Austrittsprodukten wurde die $Fe(CN)_6(t)$-Konzentration, der pH-Wert und das Redoxpotential (Eh) ermittelt. Der Prozentsatz des aus den Säulen ausgelaugten Zyanids wurde aus deren anfänglichem Zyanidgehalt und den Zyanidkonzentrationen der Austrittsprodukte berechnet.

3.2 <u>Chargenexperimente</u>

Die Chargen-Extraktionsexperimente wurden mit Proben der Böden A, B und D sowie mit Bodenmaterial von einem anderen Gelände durchgeführt: E (dieser Boden enthielt 0,0132 mol/kg $Fe(CN)_6$). Die Extraktion erfolgte, indem 80 ml der Extraktionslösung 20 g des luftgetrockneten Bodens zugesetzt wurden. Die verschiedenen pH-Werte der Lösungen wurden durch Mischen von 0,01 M $CaCl_2$ in verschiedenen Verhältnissen mit 0,03 M HCl oder 0,03 M NaOH eingestellt. Die Proben wurden für drei Tage bei 20°C mit 5 Umdrehungen pro Minute rotiert. Die Böden A und B wurden außerdem in einem Experiment mit einer Extraktionsdauer von 5 Wochen verwendet. Nach der Extraktion wurden die Lösungen gefiltert und in den Filtraten pH-, Redoxpotential und die $Fe(CN)_6(t)$-Konzentration bestimmt.

Die Extraktion (Lösung) des reinen Minerals Preußisch Blau erfolgte, indem anstelle von 20 g Boden 2 g Mineral verwendet wurden. Die Lösung wurde vom festen Material durch 20minütiges Zentrifugieren bei 32600 g getrennt.

3.3 <u>Chemische Analysen</u>

Die Bestimmung des Gesamtzyanids wurde automatisch nach einer spektrophotometrischen Methode durchgeführt (4), für die Messung des pH-Werts wurde eine Glas-Kalomelelektrode und für die von Eh eine Platin-Kalomelelektrode verwendet.

Der Gesamt-Zyanidgehalt der Böden wurde nach Extraktion mit NaOH bestimmt. 5 g des getrockneten Bodens wurden 50 ml 0,3 M NaOh zugesetzt. Diese Mischung wurde für 3 Stunden bei 100°C auf einem siedenden Wasserbad erhitzt. Nach dem Abkühlen wurde die Lösung mit demineralisiertem Wasser auf 100 ml verdünnt und auf Gesamtzyanid analysiert.

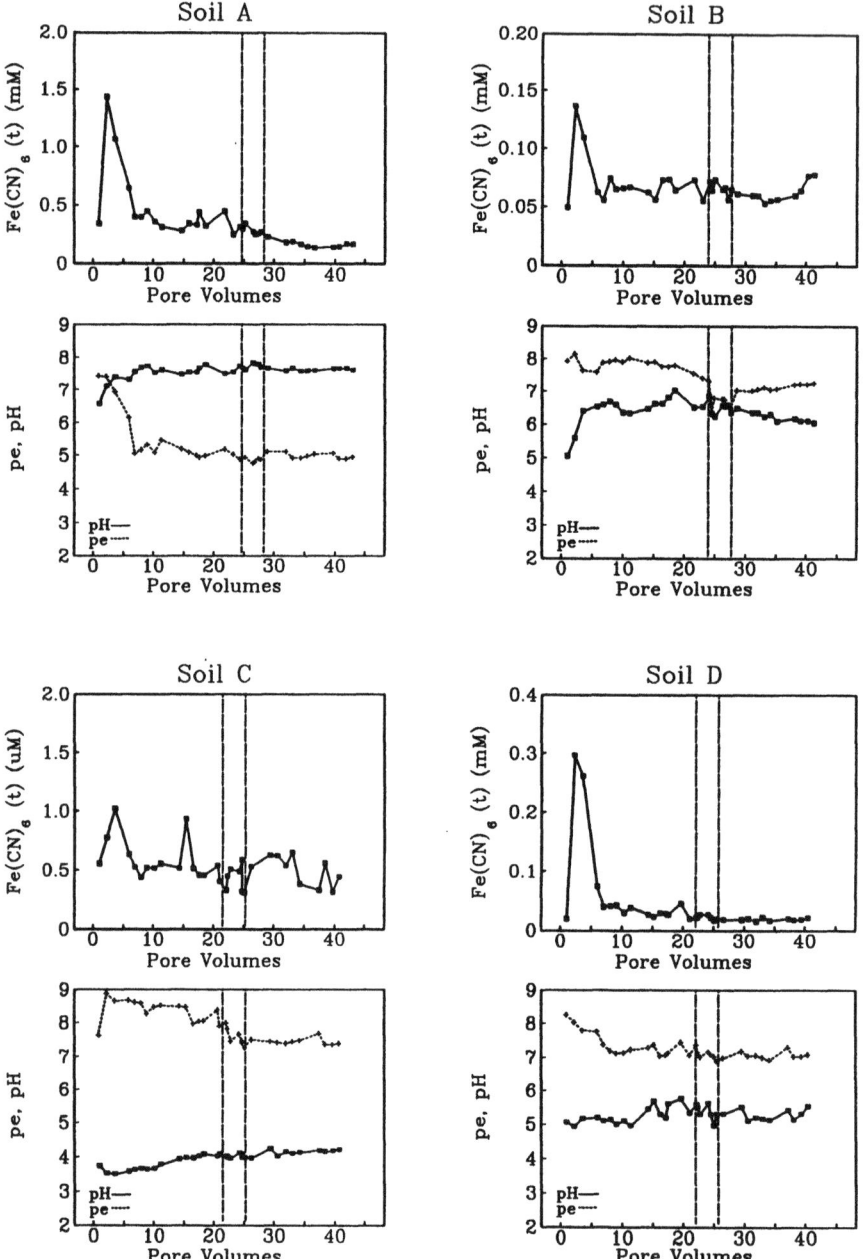

Abbildung 1. In den Austrittsprodukten der Säulen gemessene Konzentrationen $Fe(CN)_6(t)$, pH- und pe-Werte. Die Fläche zwischen den gestrichelten Geraden kennzeichnet den Zeitraum mit reduzierter Durchsatzrate.

Legende: soil A, B, C, D - Boden A, B, C, D
pore volumes -Porenvolumina

## 4. ERGEBNISSE
### 4.1 Säulenexperimente

Die Ergebnisse der Säulenexperimente (Abbildung 1) zeigen, daß in allen Fällen innerhalb einer begrenzten Menge des perkolierten Porenvolumens eine vergleichsweise stabile Gesamt-$Fe(CN)_6$-Konzentration erreicht wird. Dasselbe gilt für die pH- und pe-Werte (Eh = 0,059 pe). Ein Absenken der Perkolationsgeschwindigkeit auf ein Fünftel (0,2 Porenvolumina pro Tag) der ursprünglichen Geschwindigkeit änderte die $Fe(CN)_6(t)$-Konzentration bei keiner der Säulen. Offensichtlich werden die Konzentrationen der Austrittsprodukte bei den eingestellten Perkolationsgeschwindigkeiten nicht von der Lösungs/Desorptionskinetik bestimmt. Dies zeigt, daß gelöstes und ausgefälltes oder adsorbiertes Zyanid im Gleichgewicht sind. Die insbesondere bei den Säulen A, B und D anfänglich höheren $Fe(CN)_6(t)$-Konzentrationen der Austrittsprodukte beruhen möglicherweise auf dem Transport von Zyanid, das mit kleinen Partikel assoziiert ist, die im Anfangsstadium des Experiments aus den Säulen gewaschen werden. Bemerkenswert ist weiter, daß die $Fe(CN)_6(t)$-Konzentrationen bei den Böden A und D nicht abfallen, obwohl während des Experiments ein beträchtlicher Teil des anfänglich vorhandenen Zyanids ausgelaugt wurde (Tabelle 1). Daraus folgt, daß kein Zusammenhang zwischen der in diesen Böden vorhandenen Gesamtmenge an Zyanid und den Konzentrationen von $Fe(CN)_6(t)$ im Austrittsprodukt besteht.

TABELLE 1. Gesamtmenge des ursprünglich in den Böden enthaltenen Zyanids und während des Perkolationsexperiments ausgelaugter Prozentsatz.

| Boden | Anfangsgehalt an $Fe(CN)_6$ (Mol/kg) | Ausgelaugtes $Fe(CN)_6$ (%) |
|---|---|---|
| A | 0,0620 | 18 |
| B | 0,232 | <1 |
| C | 0,0168 | <1 |
| D | 0,0038 | 43 |

Die Zusammensetzung der Austrittsprodukte aus den verschiedenen Säulen zeigt, daß die Konzentrationen dieser Lösungen nicht von der Gesamtmenge von $Fe(CN)_6$ abhängt, die im Boden vorhanden ist (Abbildung 2a), anscheinend aber vom pH-Wert des Austrittsprodukts (Abbildung 2b).

### 4.2 Chargenexperimente

#### 4.2.1 Kontaminierte Böden.
Um den Zusammenhang zwischen pH-Wert und $Fe(CN)_6(t)$ in der Bodenlösung weiter zu untersuchen, wurden drei kontaminierte Böden (A, B und E) bei verschiedenen pH-Werten extrahiert. Die Ergebnisse werden in Abbildung 3 vorgestellt. Wie man sieht, bestehen zwischen dem pH-Wert und log $(Fe(CN)_6(t))$ in den Extrakten der ver-

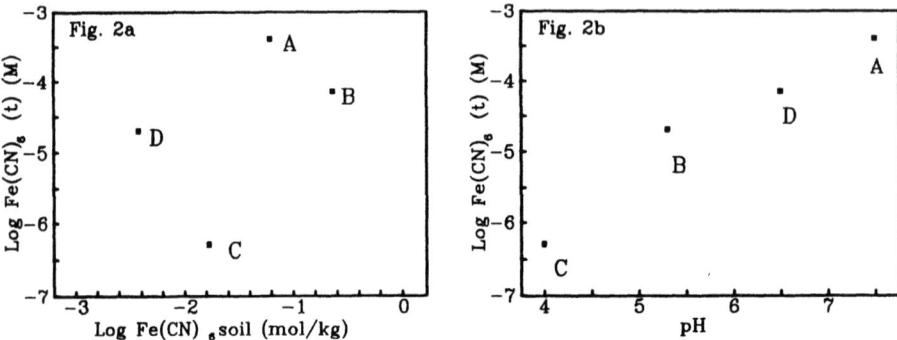

Abbildung 2. Abhängigkeit der $Fe(CN)_6(t)$-Konzentrationen in den Säulenaustrittsprodukten vom Gesamt-$Fe(CN)_6$-Gehalt des Bodens (a) und vom pH-Wert (b). Die dargestellten Werte stellen die mittlere Zusammensetzung des Austrittsprodukts nach den ersten zehn perkolierten Porenvolumina dar.

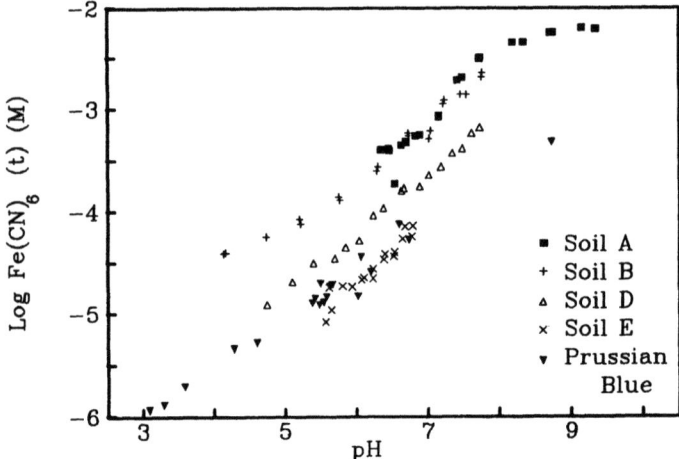

Abbildung 3. Abhängigkeit von $\log (Fe(CN)_6(t))$ vom pH-Wert in den Extrakten von Preußisch Blau und von den Böden, die im Chargenexperiment verwendet wurden.

schiedenen Böden mehr oder minder lineare Beziehungen mit gleicher Steigung; dies deutet auf ein Gleichgewicht mit einem ähnlichen Zyanidmineral hin. Die Abweichung von der Linearität, die für höhere pH-Werte bei Boden A auftritt, wird durch die vollständige Auflösung des vorhandenen Zyanidminerals verursacht. Unter derartigen Umständen führt eine Erhöhung des pH-Werts natürlich nicht mehr dazu, daß sich die Menge des gelösten $Fe(CN)_6(t)$ vergrößert. Um die Größenordnung des systematischen Fehlers abzuschätzen, der möglicherweise durch die Lösungskinetik eingeführt wird, wurde das Experiment mit den Böden A und B wiederholt, wobei die Reaktionszeit anstelle von 3 Tagen 5 Wochen betrug. Die ermittelten Ergebnisse unterschieden sich aber nicht von denen des Kurzzeitexperiments; dies zeigt, daß der Gleichgewichtszustand innerhalb von 3 Tagen erreicht wird.

4.2.2 <u>Künstlich kontaminierte Böden</u>. Die Extraktionsergebnisse des künstlich kontaminierten Bodens D (Abbildung 3) zeigen eine ähnliche Beziehung zwischen dem pH-Wert und log ($Fe(CN)_6(t)$), wie sie in den Chargenexperimenten mit den kontaminierten Böden (A und B) beobachtet wurde. Dies zeigt, daß die Zyanidmineralien, die im kontaminierten Boden vorhanden sind und möglicherweise bei hohen Temperaturen in einem industriellen Prozeß gebildet worden sind, und die Mineralien, die sich bei der Reaktion von gelöstem $Fe(CN)_6$ mit dem Bodenmaterial gebildet haben, von ähnlichem Typ sein können.

4.3.3 <u>Preußisch Blau</u>. Ein Lösungsexperiment, das mit dem reinen Mineral Preußisch Blau ohne Beteiligung von Bodenmaterial durchgeführt wurde (Abbildung 3), zeigt eine Beziehung zwischen dem pH-Wert und log ($Fe(CN)_6(t)$), die mit den in den vorherigen Bodenexperimenten beobachteten vergleichbar ist. Dies macht es sehr wahrscheinlich, daß die $Fe(CN)_6$-Konzentrationen in den Böden ebenfalls durch das Gleichgewicht mit einem Mineral vom Typ des Preußisch Blau ($Fe_4(Fe(CN)_6)_3$) bestimmt werden. Im Gleichgewicht ist das Produkt aus $(Fe^{3+})^4$ und $(Fe(CN)_6^{4-})^3$ gleich dem Löslichkeitsprodukt von Preußisch Blau (Gleichung 1).

$$Fe_4(Fe(CN)_6)_3 \longleftrightarrow 4\ Fe^{3+} + 3\ Fe(CN)_6^{4-} \qquad (1)$$

Wegen des Gleichgewichts mit Eisenhydroxiden wie $Fe(OH)_3(s)$ oder $Fe_3(OH)_8(s)$ ist die $Fe^{3+}$-Aktivität in Bodenlösungen pH-abhängig. Ein Anstieg des pH-Werts führt dazu, daß die $Fe^{3+}$-Aktivität abfällt. Die $Fe(CN)_6^{4-}$-Aktivität wird dann dadurch erhöht, daß etwas Preußisch Blau in Lösung geht, was zu einer erhöhten $Fe(CN)_6$-Konzentration führt. Neben diesem pH-Effekt wird die $Fe(CN)_6(t)$-Konzentration direkt durch Komplexbildung von $Fe(CN)_6^{4-}$ mit Kationen wie $Ca^{2+}$, $K^+$ und $Na^+$, sowie durch Oxidation von $Fe(CN)_6^{4-}$ zu $Fe(CN)_6^{3-}$ beeinflußt. Diese Reaktionen ermöglichen es, daß die $Fe(CN)_6$-Konzentration sehr viel höher ist als die $Fe(CN)_6^{4-}$-Aktivität. Deshalb hängt die Gesamt-$Fe(CN)_6(t)$-Konzentration im Gleichgewicht mit dem Mineral Preußisch Blau nicht nur vom Löslichkeitsprodukt dieses Minerals ab, sondern auch vom pH-Wert, dem Redoxpotential und den Konzentrationen der komplexierenden Ionen. Das Löslichkeitsprodukt von Preußisch Blau, für das in der Literatur ein Wert von

$3{,}0 \cdot 10^{-41}$ angegeben wird (7, 8), wurde ermittelt, indem nur die $Fe(CN)_6(t)$-Konzentration gemessen wurde, und ohne Komplexierungs- oder Oxidationsreaktionen zu berücksichtigen. Er ist deshalb wahrscheinlich nicht korrekt.

## 5. DISKUSSION

Aus den Ergebnissen der Experimente kann geschlossen werden, daß die $Fe(CN)_6$-Konzentrationen in Bodenlösungen durch das Gleichgewicht mit einem dem Preußisch Blau ähnlichen $Fe(CN)_6$-Mineral bestimmt werden. Über dieses Gleichgewicht scheinen die $Fe(CN)_6$-Konzentrationen zum großen Teil vom pH-Wert dominiert zu werden (Abbildung 2b). Die restlichen Löslichkeitsunterschiede zwischen den verschiedenen Böden und reinem Preußisch Blau (Abbildung 3) können verschiedene Ursachen haben: unterschiedliche Grade der Komplexierung von $Fe(CN)_6$, geringe Unterschiede in der Löslichkeit der Eisenhydroxid-Mineralien, unterschiedliche pH-Abhängigkeit der $Fe^{2+}$-Aktivität wegen der pH-abhängigen Oxidationskinetik, und Variationen im Löslichkeitsprodukt des $Fe(CN)_6$-Minerals wegen Variationen der Kristallinität und Zusammensetzung. Ein besseres Verständnis für die relative Bedeutung dieser Faktoren wird eine bessere Abschätzung des Ausmaßes erlauben, in dem Bodenparameter die $Fe(CN)_6(t)$-Konzentrationen in Bodenlösungen beeinflussen.

## 6. FOLGERUNGEN

- Die Gesamt-$Fe(CN)_6$-Konzentration von Lösungen, die mit zyanidhaltigen Böden im Gleichgewicht stehen, hängt nicht von der Zyanidmenge ab, die insgesamt im Boden vorhanden ist.
- Angaben zum Gesamtgehalt von Zyaniden in Böden sind deshalb nur von beschränktem Nutzen, wenn mögliche Gefährdungen durch Altlasten abgeschätzt werden sollen.
- Die $Fe(CN)_6(t)$-Konzentrationen in Extrakten von zyanidhaltigen Böden werden großenteils vom pH-Wert der Lösung bestimmt.
- Das Zyanid in originär wie in künstlich kontaminierten Böden zeigt ein $Fe(CN)_6(t)$-Lösungsverhalten, das dem von reinem Preußisch Blau vergleichbar ist.
- Die $Fe(CN)_6(t)$-Konzentration in Bodenlösungen werden deshalb höchstwahrscheinlich durch das Gleichgewicht mit einem Mineral bestimmt, das dem Preußisch Blau ähnlich ist.

## 7. DANKSAGUNG

Diese Arbeit wurde teilweise vom niederländischen integrierten Bodenforschungsprogramm gefördert. Wir danken Frau W.D. Lukassen für die Durchführung der experimentellen Arbeiten.

8. BIBLIOGRAPHIE
1) Meeussen, J.C.L., Keizer, M.G. und Haan, F.A.M. De (1990). The Chemical Stability and Dissociation Rate of Iron-Cyanide Complexes in Soils. Zur Veröffentlichung eingereicht bei Environmental Science & Technology.
2) Dreisbach, R.H. und Robertson, W.O. (1986). Handbook of Poisoning. Appleton & Lange, Norwalk, Connecticut.
3) Sharpe, A.G. (1976). The Chemistry of Cyano Complexes of the Transition Metals. Academic Press, New York.
4) Meeussen, J.C.L., Temminghoff, E.J.M., Keizer, M.G. und Novozamsky, I. (1989). Spectrophotometric Determination of Total Cyanide, Iron - Cyanide Complexes, Free Cyanide ans Thiocyanate in Water by a Continuous Flow System. The Analyst, 114: 959-963.
5) Lindsay, W.L. (1979). Chemical Equilibria in Soils. Wiley-Interscience, New York.
6) Lindsay, W.L. (1988). Solubility and Redox Equilibria of Iron Compounds in Soils. In J.W. Stucki, B.A. Goodman und U. Schwertman (Herausgeber), Iron in Soils and Clay Minerals. D. Reidel, Dordrecht.
7) Sillén, L.G. und Martell, A.E. (1971). Stability Constants of Metal-ion Complexes. London.
8) Tananaev, I.V. Glushkova, M.A. und Seifer, G.B. (1956). Order of Solubility of Ferrocyanides. Zhur Neorg. Khim. 1: 66-69.

# DIE BEDEUTUNG VON PHYSIKALISCH-CHEMISCHEN SUBSTANZEIGENSCHAFTEN NEUER AGROCHEMIKALIEN FÜR DIE SORPTION AN BODENMATERIAL UND GELÖSTEN ORGANISCHEN KOHLENSTOFF.

HELMUT DESCHAUER UND INGRID KÖGEL-KNABNER

LEHRSTUHL FÜR BODENKUNDE UND BODENGEOGRAPHIE, UNIVERSITÄT BAYREUTH, POSTFACH 10 12 51, D-8580 BAYREUTH, FRG.

## 1. EINLEITUNG

Die Vielzahl neuer Pestizide wirft das Problem auf, mit relativ geringem Aufwand Vorhersagen über das Sorptionsverhalten einer großen Anzahl von Verbindungen treffen zu müssen. In verschiedenen Ansätzen werden hierzu einzelne Substanzeigenschaften oder die Molekülstruktur herangezogen. Die Wasserlöslichkeit und der Octanol-Wasser-Verteilungskoeffizient ($K_{ow}$) sind hier zu nennen.

Quantitative Structure Activity Relationship (QSAR) benutzt die Molekülstruktur und die Substituentenanordnung um die genannten Parameter zu berechnen. Für hydrophobe, neutrale und wenig reaktive Verbindungen kann die Sorption damit ausreichend genau quantifiziert werden (MEANS et al., 1982; HERMENS, 1989). Ionisierbare Substanzen mit ihren komplexen Substanzeigenschaften können eine Vielzahl von Wechselwirkungen mit dem Substrat eingehen und werden in ihrem Verhalten direkt vom Substrat beeinflußt. Die Vorhersage des Sorptionsverhaltens aus einzelnen Parametern wird dadurch erschwert.

## 2. MATERIAL UND METHODEN

### 2.1. Quinmerac

Quinmerac ist ein experimentelles Herbizid der Firma BASF aus der Substanzklasse der Chinolin-8-carbonsäuren und wird für die Bekämpfung von Galium aparine im Weizen- und Zuckerrübenanbau eingesetzt.

Löslichkeit: 210 mg L$^{-1}$

$pK_a$-Werte: $pK_{a1} = 2.92$   $pK_{a2} = 5.19$

$K_{ow}$: 0.42 (pH = 5)

### 2.2 Sorptionsversuche

Zur Bestimmung des Sorptionsverhaltens wurden Batchversuche an verschiedenen Oberbodenhorizonten durchgeführt. Eine Kennzeichnung der Horizonte ist in DESCHAUER (1990) zu finden. Sorptionsisothermen wurden bei verschiedenen Boden/Wasser Verhältnissen (1/5 und 1/3) bestimmt. Durch Einstellung des pH-Werts an einem Oh-Horizont mit 0.1 N HCl und 0.1 N NaOH sowie 0.1 N Ca(OH)$_2$ wurde der Einfluß des pH auf die Sorption getestet. Die Sorptionskinetik wurde ebenfalls bei verschiedenen pH-Werten ermittelt. Desorptionsexperimente wurden bei einem Boden/Wasser Verhältnis von 1/5 mit CaCl$_2$-Lösung durchgeführt.

### 2.3. Sorption an DOC

Für die Sorptionsversuche wurden Wasserextrakte aus den Böden hergestellt, und bis zum Gebrauch durch Gefriertrocknung konserviert. Die Bindung von Quinmerac an wasserlösliche organische Bodensubstanz (WOBS) wurde in continuous-flow Versuchen mit

Ultrafiltration bestimmt (Grice et al, 1973; Deschauer, 1990). Aus Elutionskurven des Quinmerac mit und ohne WOBS in der Zelle kann dabei sowohl die maximale Sorptionskapazität als auch eine Sorptionsisotherme berechnet werden (Kögel-Knabner et al., 1990).

## 3. ERGEBNISSE
### 3.1. Kinetik
Die Gleichgewichtseinstellung der Sorption war bei pH 4 nach 6 Stunden abgeschlossen. Dagegen waren bei pH 8 ca. 24 Stunden notwendig. In beiden Fällen konnte eine schnelle Phase der Sorption (<15 min) und eine langsame Phase unterschieden werden.
### 3.2. Einfluß des pH-Wertes
Für den Oh-Horizont konnte mit abnehmendem pH ein deutlicher Anstieg der Sorption verzeichnet werden. Bei pH-Werten > 5 war die Sorption abhängig vom Auftreten mehrwertiger Kationen in der Lösung. Der ermittelte Übergangsbereich (pH=4.5-5.5) entspricht dem $pK_{a2}$ von Quinmerac.
### 3.3 Sorptionsisothermen und Desorption
Die ermittelten Sorptionsisothermen sind nicht linear. Die Freundlich-Sorptionskoeffizienten $K_f$ zeigen die relativ geringe Sorption der Verbindung ($K_f$=0.4-2.9). Die Sorption steigt mit abnehmendem Wassergehalt im Batchversuch an. Der Kohlenstoffgehalt der Böden erklärt nicht die Unterschiede in der Sorption verschiedener Horizonte ($K_{oc}$=4.1-15.2). Im Desorptionsversuch ist keine Hysterese festzustellen. Auch bei pH 4 ist die Sorption vollständig reversibel.
### 3.4. Sorption an DOC
Die Sorptionsisotherme für die Bindung an wasserlösliche organische Bodensubstanz (WOBS) ergibt eine deutlich höhere Sorption von Quinmerac als an Gesamtboden ($K_{oc}$= $K_f$/% org. C = 2000-3000). Die Bindung wird ebenfalls von der Kationenzusammensetzung der Lösung beeinflußt. Nur mit mehrwertigen Kationen in der Lösung konnte eine Sorption festgestellt werden.

## 4. SCHLUSSFOLGERUNG
Quinmerac ist eine ionisierbare Verbindung, deren Sorptionsverhalten entscheidend vom pH-Wert, dem Kohlenstoffgehalt und der Kationenbelegung des Bodens bestimmt wird. Die pH-abhängigen Molekülformen (Anion bei pH>5, darunter neutrale Form) bedingen eine Bindung über verschiedene Sorptionsmechanismen, die eine unterschiedliche Kinetik aufweisen. Der Einfluß von mehrwertigen Kationen bei pH-Werten > 5 und die deutlich höhere Sorption bei pH<4 lassen auf Kationenbrückenbindungen und hydrophobe Wechselwirkungen als entsprechende Bindungsformen schließen.

Die genannten Konzepte zur Vorhersage des Sorptionsverhaltens können auf Grund der komplexen Wechselwirkungen zwischen Substanz und Substrat nur erste Hinweise geben. Zur Beschreibung des Sorptionsverhaltens sind sie nicht ausreichend.

## 5. LITERATUR
Deschauer, H., 1990: Untersuchungen zur Sorption eines neuen Herbizids an die Ap-Horizonte verschiedener Ackerböden und deren wasserlösliche organische Bodensubstanz. Bayreuther Bodenkundl. Ber., im Druck.
Hermens, J. L. M., 1989: Quantitative Structure-Activity Relationships of environmental pollutants. In Hutzinger, O. (Ed.), The Handbook of environmental chemistry Vol. 3D Reactions and processes, 111-162. Berlin: Springer.
Means, H. C.; Wood, S. G.; Hassett, J. J.; Banwart, W. L., 1982: Sorption of amino- and carboxy-substituted polynuclear hydrocarbons by sediments and soils. Environ. Sci. Technol. 16, 93-98.
Grice, R. E., Hayes, M. H. B., Lundie, T.R., Cardew, M. H., 1973: Continuous flow method for studying adsorption of organic chemicals by humic acid preparation. Chem. Ind. 3, 233-235.
Kögel-Knabner, I., Knabner, P., Deschauer, H., 1990: Enhanced leaching of organic chemicals in soils due to binding to dissolved organic carbon ? Proc. third international KfK/TNO conference on contaminated soil, im Druck.

DER ABBAU VON PHENOL UND BENZOL IM BODEN


E.S. KEMPA, T. BUTRYMOWICZ, A. JĘDRCZAK
TECHNISCHE HOCHSCHULE, 65-246 ZIELONA GORA, POLEN


1. EINFÜHRUNG
Die Wanderung der organischen und anorganischen Verunreinigungen in Böden und im Grundwasser wird immer noch sehr intensiv untersucht. Das nachstehende Studium befaßte sich mit dem Sorptionsvermögen verschiedener Böden, die mit Phenol und Benzol im künstlich angereicherten Abwasser beschickt wurden.
Wie berichtet, die Versuchen wurden im Labormaßstab durchgeführt. Gleichzeitig waren dies Vorversuche; weitere Untersuchungen, sowohl an Lysimetern, wie im technischen Maßstab sind bereits geplant. Die letzten auf einer neu eingerichteten Deponie. Im Labor wurden verschiedene Bodenarten und Prozeßtechnologien getestet. Wichtig war nicht nur die Konzentration von Phenol und Benzol im Zufluß und im Abfluß, sondern in erster Linie das Sorptionsverhalten und -vermögen der untersuchten Bodenarten. Verschiedene Böden bilden, wie bekannt, eine Barriere zwischen den abgelagerten Abfällen und der unberührten Bodensohle.
In zahlreichen Staaten wurden bereits vor Jahren die zulässigen Konzentrationen von Schmutzstoffen (chemischen Verbindungen) festgelegt, die als gasartige Emissionen in die Luft oder als Abwässer in die Oberflächengewässer abgeführt werden. Immer noch fehlen ähnliche gesetzliche Vorschriften für zulässige Konzentrationen bei Ablagerung von solchen Substanzen im Boden; es handelt sich hier grundsätzlich um lösbare Stoffe, die in den Grundwasserstrom geraten können.

Ein spezieller Augenmerk ist den toxischen Substanzen zu widmen. Für eine große Anzahl chemischer Substanzen sind die MDI bzw. $LD_{50}$-Werte bekannt. Da im Boden lebende Mikroorganismen wirken und weiter wirken sollen, muß man diese Grenzwerte in Betracht ziehen. Anhand der Fachliteratur wurde angenommen, daß sowohl Phenol wie Benzol unter natürlichen Verhältnissen, grundsätzlich im Boden abbaubar sind.

2. ZIELE UND MASSTAB DER FORSCHUNG
Als Hauptziel der Versuche sei der Abbau von Phenol und Benzol genannt, wobei beide Verbindungen in gelöster Form dem synthetischen Abwasser zugegeben wurden. Mit diesem Abwasser wurden folgende Bodenarten gespeist: Torf, Ton und Sand. Beste Reinigungsvermögen haben leichte Bodenformationen, relativ trockene, doch mit hohen Humusanteil und großen Wasserfassungsvermögen. Tonartige Böden kann man z.B. nicht so leicht mit Wasser sättigen, wie sandige Formationen.
Während einer regenreichen Periode wird deshalb der Abbau langsamer. Andererseits verlangsamt das spezifische Sorptionsvermögen die Mobilität der gefährlichen Stoffe im Boden.

Laut Literaturangaben, kann man bei besten Verhältnissen bis zu 500 g Phenol per $m^2$ Fläche im Jahr abbauen. In der Praxis sollte man diese Zahl durch 2 oder sogar durch 3 teilen. Die nachstehenden Versuche wurden in kleinen Bodenfiltern durchgeführt: Durchmesser der Filter ϕ 20 mm, Höhe der Filterschicht: 350 mm. Die Zahl der Filter: 15 Stück.

## 3. VERSUCHSBEDINUNGEN

Jeder Filter wurde mit Torf, Ton oder Sand gefüllt. Zu jeder Bodenart gehörten 5 Filter, die in nachstehender Weise arbeiten:

Filter Nr. 1 - nur als Sorptionsfilter,
Filter Nr. 2 - Sorption + aerober Abbau,
Filter Nr. 3 - Sorption + aerober Abbau unter Zugabe von Nährstoffen,
Filter Nr. 4 - Sorption + anaerober Abbau,
Filter Nr. 5 - Sorption + anaerober Abbau unter Zugabe von Nährstoffen.

Vor dem Aufbau der Filtern Nr. 1 wurden die drei verschiedenen Bodenarten (Filterschichten) bei 105°C ausgetrocknet und durch einen 1-mm Sieb feingesiebt. Die übrigen Filterschichten (mit natürlicher Feuchte) wurden ebenfalls wie oben durchgesiebt. In den Filtern 4 und 5 wurde sowohl der Zufluß des Abwassers wie den Filterschicht (vor der Beschickung) mit einem Inertgas entlüftet.

Das synthetische Abwasser wurde laut ISO-Rezeptur zubereitet; dem Abwasser wurde nachher eine Menge von Phenol oder Benzol zugegeben, die einer Konzentration von 50 mg/l entsprach. Die zugegebenen Nährstoffe (Filter 3 & 5), sollten den biologischen Abbau beschleunigen. Die Beschickung der Filter mit dem Abwasser erfolgte 1-mal pro Woche, sieben Wochen lang.

Phenol wurde mit 4-Aminoantipyrin nach vorgehender Extraktion mit Chloroform, Benzol gas-chromatographisch bestimmt. Um die Aufstellung einer Stoffbilanz zu ermöglichen, wurde das Folgende bestimmt:
- die den Filtern zugeführte Phenol- oder Benzolmenge, mg,
- die Konzentrationen von Phenol und Benzol im Zufluß und im Abfluß der Abwässer, mg/l,
- die spezifische Sorptionskapazität der Bodenarten, mg/g,
- weitere Einzelbestimmungen wie im normalen Abwasser.

## 4. ERGEBNISSE

### 4.1. Abbau von Phenol

| Filter Nr. | Bodenart, % zugeführter Menge | | |
|---|---|---|---|
| | Sand | Ton | Torf |
| 1 | 69,81 | 82,84 | 74,97 |
| 2 | 88,62 | 95,23 | 87,91 |
| 3 | 94,27 | 98,07 | 90,78 |
| 4 | 77,02 | 94,10 | 81,49 |
| 5 | 80,98 | 95,17 | 89,15 |

Das spezifische Sorptionsvermögen des Torfes, des Tones und des Sandes war: 0,1318; 0,0531 und 0,0363 mg/g, entsprechend.

### 4.2. Abbau von Benzol

| Filter Nr. | Bodenart, % zugeführter Menge | | |
|---|---|---|---|
| | Sand | Ton | Torf |
| 1 | 87,84 | 86,02 | 39,98 |
| 2 | 87,91 | 96,76 | 64,92 |
| 3 | 89,41 | 96,93 | 67,37 |
| 4 | 85,51 | 96,05 | 63,72 |
| 5 | 87,85 | 96,93 | 65,71 |

Für Benzol war die spezifische Sorptionskapazität (in gleicher Reihe wie oben): 0,0521; 0,040 und 0,0325 mg/g und entsprechend kleiner als für Phenol.

## 5. DISKUSSION DER ERGEBNISSE

Wie man erwarten konnte, zeichnen sich die untersuchten Bodenarten durch diverse Sorptionskapazitäten aus. Torf sorbierte die untersuchten Stoffen am besten; niedrigste Werten waren für den sandigen Boden zu verzeichnen. Der biologische (?) Abbau war nur ein klein wenig besser

unter aeroben Verhältnissen. Die Zugabe von Nährstoffen erhöhte den Abbau um weitere Prozente. Obwohl die Differenzen nicht allzu groß waren, konnte man sie doch einwandfrei messen.
Die Autoren arbeiten an diesem Problem weiter. Größere Lysimeter sind bereits im Betrieb. Eine Deponie für Abfälle aus der Fertigung von Mineralwolle ist inzwischen gebaut worden. Die Abfälle dieser Art enthalten Phenol und Benzol, da für die Herstellung der Isolierungsprodukte folgende Rohstoffen verwendet werden: Basalt, Koks und Phenol-Formaldehydharze.

## 6. LITERATUR

Butrymowicz, T. (1989). Zulässige Lasten von Phenol und Benzol bei verschiedenen Bodenarten (Dopuszczalne ładunki fenolu i benzenu dla gleb). Unveröffentlichte Diplomarbeit, TH Zielona Gora (polnisch).

Fresenius, W., Quentin, K.E., und Schneider, W. (Edits.) (1988). Water Analysis, Berlin-Heidelberg: Springer-Verlag.

Kempa, E.S. (1983). Müll- und Abfallwirtschaft (Gospodarka odpadami miejskimi). Warschau: Bauverlag ARKADY.

Meinck, F., Stooff, H., und Kohlschütter, H. (1968). Industrie-Abwässer, 4.Auflage. Stuttgart: Gustav Fischer Verlag.

UNTERSUCHUNGEN ZUR TOTALSORPTION VON CD, PB, ZN UND CU AN EINIGEN BÖDEN IN POLEN

IRENA SZYMURA

TECHNICAL AND AGRICULTURAL UNIVERSITY, 85-029 BYDGOSZCZ, POLEN

1. EINLEITUNG

Die rasche industrielle Entwicklung der letzten Jahre hat zu einer zunehmenden Verunreinigung der Böden durch eine Vielzahl biologisch nicht abbaubarer Schwermetalle geführt. Von diesen wirken einige in kleinen Konzentrationen als Spurennährstoffe, während sie sich in hohen Konzentrationen im Boden akkumulieren und so zu einer Kontamination des Getreides und der Nahrungskette führen. Die Untersuchung der Sorptionsphänomene hat einen hohen Stellenwert, wenn es um die Klärung der Mechanismen geht, die der Verunreinigung des Bodens zugrunde liegen. Das Ziel der vorliegenden Arbeit besteht in der Klärung der Frage, wie landwirtschaftlich genutzte Böden in Polen die folgenden Schwermetalle sorbieren: Cd, Pb, Zn und Cu.

2. EXPERIMENTELLES

Untersucht wurden zehn Oberböden [0-20 cm] aus landwirtschaftlich genutzten Gebieten im nordwestlichen Polen. Einige ausgewählte Eigenschaften werden in Tabelle 1 zusammengefaßt.

TABELLE 1. Ausgewählte Eigenschaften der untersuchten Böden

| Boden | Ton % | $CaCO_3$ % | Organischer Kohlenstoff % | KUK meq/100 g Boden |
|---|---|---|---|---|
| A | 7 | 0,4 | 1,14 | 14,6 |
| B | 6 | 0,0 | 0,91 | 12,0 |
| C | 11 | 0,5 | 1,71 | 19,6 |
| D | 23 | 0,2 | 0,42 | 18,8 |
| E | 2 | 0,2 | 0,40 | 5,5 |
| F | 3 | 0,0 | 0,31 | 4,8 |
| G | 7 | 0,4 | 0,50 | 6,7 |
| H | 14 | 1,8 | 0,82 | 11,3 |
| I | 10 | 1,2 | 0,88 | 10,1 |
| J | 9 | 0,4 | 0,62 | 8,3 |

Die Sorptionsexperimente wurden durch Zusetzen von 20 cm³ einer wässerigen Lösung mit anfänglichen Metallkonzentrationen zwischen 0 und 100 µg/cm³ zu 0,2 g der luftgetrockneten Bodenproben durchgeführt. Nachdem die Suspensionen für 20 h bei 293 K geschüttelt worden waren, wurden sie zentrifugiert, und die überstehende Flüssigkeit wurde filtriert. Die Einzelheiten des zur Badäquilibrierung eingesetzten Verfahrens sind bereits anderweitig beschrieben worden [1]. Die Restmetallkonzentrationen der Lösungen wurden mit einem Atomabsorptionsspektrometer Pye Unicam SP9-800 bestimmt.

## 3. ERGEBNISSE UND DISKUSSION

Um die Menge des sorbierten Metalls pro Masseneinheit des Bodens [X] zu ermitteln, wurden die Metallkonzentrationen [c] der Gleichgewichtslösung mit den anfänglichen Metallkonzentrationen verglichen. Es zeigte sich, daß die Sorptionsdaten für die vier Schwermetalle statistisch am besten [r ≥ 0,9873] an eine linearisierte Langmuirsche Adsorptionsisotherme $c/X = 1/kQ + c/Q$ angefittet werden konnten, wobei Q das Adsorptionsmaximum und k die Langmuirsche Bindungsenergie bezeichnet.

Das Rückhaltevermögen der zehn untersuchten Böden für die vier Schwermetalle wurde durch ihre Adsorptionsmaxima ausgedrückt. Die berechneten Bereiche der Q-Werte sind: 2,7-6,4 µg Cd/mg, 3,8-8,1 µg Pb/mg, 3,6-7,2 µg Zn/mg und 4,9-8,8 µg Cu/mg. Ein Vergleich dieser Daten deutet darauf hin, daß die Sorptionskapazität der Böden für die vier Schwermetalle in der Reihenfolge Cu>Pb>Zn>Cd abnimmt. Ein ähnliches Phänomen wurde von Abd-Elfattah und Wada mitgeteilt [2].

Interessant ist auch die Beobachtung, daß im Falle von Cu und Zn alle in dieser Studie ermittelten Adsorptionsmaxima die Kationenumtauschkapazität [KUK] der untersuchten Böden übersteigt. Ein derartiges Verhalten kann von der Heterogenität der adsorbierenden Oberflächen der Bodenbestandteile hervorgerufen werden, und/oder dadurch, daß eher eine parallele Sorption von monovalenten $MeOH^+$-Kationen und zweiwertigem $Me^{2+}$ erfolgt als die Fällung von $Me[OH]_2$.

Die entscheidenden Bodenparameter, die die Sorptionskapazität für Schwermetalle bestimmen, wurden auf Grundlage der statistischen Signifikanz der berechneten Korrelationskoeffizienten [r] zwischen den Langmuir-Maxima und den Eigenschaften aus Tabelle 1 ermittelt. Dabei ergab sich, daß organischer Kohlenstoff der Hauptfaktor für die Sorption von Cu [R = 0,872], Pb [r = 0,773] und Cd [r = 0,812] ist, während der Tonanteil nur bei der Sorption von Zink eine signifikante Rolle spielt.

Trotz gewisser Unterschiede zwischen den Sorptionsmechanismen für verschiedene Metalle ist die Sorption ein Phänomen, das auf jeden Fall die Verteilung der Schwermetalle zwischen der flüssigen und festen Phase des Bodens reguliert.

4. FOLGERUNGEN
- Die Sorption von Schwermetallen durch verschiedene landwirtschaftlich genutzte polnische Böden kann durch eine Langmuirsche Adsorptionsisotherme beschrieben werden.
- Die Sorptionskapazität der untersuchten Böden nimmt in der Reihenfolge Cu>Pb>Zn>Cd ab.
- Die Adsorptionsmaxima für Cu und Zn überschreiten infolge der parallelen Sorption von monovalenten Kationen wie MeOH$^+$ die KUK-Werte der Böden.
- Der organische Kohlenstoff des Bodens ist der Hauptfaktor für die Sorption von Cu, Pb und Cd, während der Tonanteil nur die Sorption von Zn signifikant beeinflußt.

BIBLIOGRAPHIE
1. Petruzelle G., Szymura I., Lubrano L. und Cervelli S.: Retention of Copper and Cadmium by soil influenced by different adsorbents (Rückhaltung von Kupfer und Chrom durch Boden, der von unterschiedlichen Adsorbern beeinflußt wird). <u>Agrochimica</u> 32, 240-243, 1988.
2. Abd-Elfattah A. und Wada K.: Adsorption of Pb, Cu, Zn, Co, and Cd by soils, that differ in cation-exchange materials (Adsorption von Pb, Cu, Zn, Co and Cd durch Böden, die sich hinsichtlich der kationenaustauschenden Materialien unterscheiden). <u>Journal of Soil Science</u> 32, 271-283, 1981.

SEQUENTIELLE EXTRAKTION VON SCHWERMETALLEN AUS SEDIMENTEN VON ÜBERSCHWEMMUNGSGEBIETEN

H. LEENAERS

CSO CONSULTANTS FOR ENVIRONMENTAL MANAGEMENT AND SURVEY, P.O. BOX 30, 3734 ZG DEN DOLDER, DIE NIEDERLANDE
DEPARTMENT OF PHYSICAL GEOGRAPHY, UNIVERSITY OF UTRECHT, P.O. BOX 80.115, 3508 TC UTRECHT, DIE NIEDERLANDE

EINFÜHRUNG

Metallreiche Sedimente, die ursprünglich aus alten Bergwerken, Grubenwässern und Abraum stammen, sorgen für den Eintrag von Schwermetallen in den Fluβ Geul (Niederlande). Eine weitere Metallquelle besteht in der gegenwärtigen Wiederaufarbeitung älterer, lokal hochgradig kontaminierter Sedimente entlang des Fluβlaufs, da der Kanal durch ein Überschwemmungsgebiet verläuft. Sobald die Schwermetalle in die Sedimente des Überschwemmungsgebietes aufgenommen worden sind, die als langfristige 'Senke' wirken, ist für die Abschätzung der Umweltbelastung nicht mehr die Gesamtmenge der Schwermetalle von Bedeutung, sondern die Form, in der sie vorliegen. Zur Abschätzung der relativen Bindungsstärke von Metallen in unterschiedlichen chemischen Phasen wurden Extraktionsverfahren entwickelt, die häufig zu einem sequentiellen Extraktionsschema kombiniert werden.

DAS SEQUENTIELLE EXTRAKTIONSSCHEMA

Im März 1987 wurden nach einer Sturmflut in der Geul 8 Proben von Hochwasserablagerungen entnommen. Die Proben wurden durch Sieben in Fraktionen < 63 µm bzw. > 63 µm geteilt und mit Hilfe einer geringfügig modifizierten Version der Extraktionsmethode analysiert, die von Calmano & Förster (1983) vorgeschlagen worden ist:
(1) <u>Austauschbare Kationen</u> - 1 M Ammoniumazetat, pH 7, Feststoff/Lösungsverhältnis (R) = 1:20, 2 Stunden schütteln;
(2) <u>Karbonatfraktion</u> - 1 M Natriumazetat, pH 5, R = 1:20, 5 Stunden schütteln bei 20°C;
(3) <u>Leicht reduzierbare Phasen</u> - 0,1 M Hydroxylaminhydrochlorid + 0,01 M $HNO_3$, pH 2, R = 1:30, 12 Stunden schütteln;
(4) <u>Mäβig reduzierbare Phasen</u> - 0,2 M Ammoniumoxalat + 0,2 M Oxalsäure, pH 3, R = 1:100, 24 Stunden schütteln;
(5) <u>Organische Fraktion</u>, einschlieβlich Sulfide - 30% $H_2O_2$ + $HNO_3$, 85°C, extrahiert mit 1 M Ammoniumazetat, R = 1:100, 24 Stunden schütteln;
(6) <u>Restfraktion</u> - konzentrierte $HNO_3$, 120°C, R = 1:40.

Diese Methode kann mit der Mobilität der Sediment-Wirtsfraktionen in folgender allgemeiner Weise in Zusammenhang gebracht werden:

* <u>Redox-Änderungen</u> haben ihre signifikanteste Wirkung auf die Metallfreisetzung in der Reihenfolge Stufe 5 > Stufe 3 > Stufe 4;

* <u>pH-Änderungen</u> haben ihre signifikanteste Wirkung auf die Metallfreisetzung in der Reihenfolge Stufe 1 > Stufe 2 > Stufe 3 und 4.

ERGEBNISSE

<u>Blei</u>: Der Prozentsatz des in den ersten 3 Auslaugungsstufen freigesetzten Bleis variiert in der Fraktion < 63 µm von 20 bis 70% und in der Fraktion > 63 µm von 40 bis 60%. Blei wird überwiegend in der Karbonatfraktion angetroffen (25 - 50%), und in sehr viel geringerem Umfang in der leicht reduzierbaren (0-20%) oder der Austauschfraktion (< 5%).

<u>Zink</u>: Der in den drei ersten Stufen freigesetzte Prozentsatz ist im Mittel größer (60 - 70%), und es gibt keine einzelne dominante Wirtsfraktion. Die Karbonatfraktion enthält sehr gleichbleibend 30% Zink, und die leicht reduzierbare Fraktion etwa 10 - 35%.

<u>Cadmium</u>: Cadmium ist das einzige der untersuchten Metalle, daß in erheblichem Maße in der Austauschfraktion auftritt (5 - 30%). Diese Fraktion enthält Metalle, die locker gebunden an die Oberfläche assoziiert und deshalb potentiell am mobilsten sind. Die Karbonatfraktion enthält in beiden Korngrößenfraktionen ca. 30% Cadmium, wobei die gröbere Fraktion (> 63 µm) vergleichsweise reich an der leicht reduzierbaren Fraktion ist (10 - 20%).

<u>Effekte der Korngröße</u>: Zwischen den Fraktionen < 63 µm und > 63 µm bestehen praktisch keine Unterschiede, und zwar weder hinsichtlich der Gesamtmengen von Pb, Zn und Cd, die potentiell mobil sind, noch hinsichtlich der Verteilung der Metalle über die Wirtsfraktionen. Offensichtlich sind die Erzpartikel und Haldenabfälle in der grobkörnigeren Fraktion alle inert und setzen Metalle in einer Geschwindigkeit frei, die in derselben Größenordnung liegt wie bei der Fraktion < 63 µm.

<u>Änderungen im Verlauf des Flusses</u>: Die Verdünnung mit vergleichsweise 'sauberen' Sedimenten von Hängen und Nebenflüssen führt flußabwärts zu einem exponentiellen Abfall der Gesamtkonzentration von Pb, Zn und Cd. Diesem positiven Verdünnungsprozeß wirken aber in erheblichem Ausmaß chemische Prozesse entgegen, die eine Freisetzung der Metalle aus ihrer verbleibenden Wirtsfraktion zur Folge haben (ein-

schließlich der mäßig reduzierbaren und der organischen Fraktion), so daß sie in potentiell mobile Wirtsfraktionen übergehen können. Mit anderen Worten: Obwohl die totalen Metallkonzentrationen mit wachsendem Abstand von der Quelle rasch abnehmen, nimmt die chemische Mobilität der Schwermetalle zu.

BIBLIOGRAPHIE
1) Clamano, W., Förstner, U. (1983), Chemical extraction of heavy metals in polluted river sediments in Central Europe (Chemische Extraktion von Schwermetallen aus verschmutzten zentraleuropäischen Flußsedimenten), Science of the Total Environment, 28, 77-90.
2) Leenaers, H., Rang, M.C. & Schouten, C.J. (1988), Variability of the metal content of flood deposits (Variabilität des Metallgehalts von Hochwasserablagerungen), Environmental Geology and Water Science, 11, 1, 95-106.
3) Leenaers, H. (1989), Downstream changes of total and partioned metal concentrations in flood deposits of the River Geul (Änderungen in den totalen und partitionierten Metallkonzentrationen der Hochwasserablagerungen im Verlauf des Flusses Geul), GeoJournal, 19, 1, 37-43.

LÖSBARKEIT VON CD, PB UND ZN IN BÖDEN MIT HOHER GEOGENER UND
ZUSÄTZLICH ANTHROPOGENER BELASTUNG

M. FILIPINSKI* und M. GRUPE**

\* Geologisches Landesamt Schleswig Holstein, Mercatorstr. 7,
  2300 Kiel
\*\* Bodentechnologisches Institut des Niedersächsischen Landes-
  amtes for Bodenforschung, Fr.-Mißler-Str. 46, 2800 Bremen 1

1. EINLEITUNG
   In Böden werden oft Schwermetallkonzentrationen gemessen,
die die von vielen Autoren ermittelten Durchschnittsgehalte
und z.T. sogar die Bodengrenzwerte der Klärschlammverordnung
(AbfKlärV., 1982) um das Mehrfache überschreiten. Die primären
Ursachen dieser extrem hohen Schwermetallbelastung sind häufig
lokale Vererzungen. Durch Abbau und Verarbeitung der Erze
werden diese geogen vorhandenen Schwermetalle in andere Bindungsformen überführt und durch Stäube oder Haldenaufschüt-
tungen im weiteren Umfeld abgelagert. Die Auswirkungen dieser
Veränderungen auf die Lösbarkeit bzw. Mobilität der Schwermetalle Cd, Pb und Zn werden in Böden aus dem Stolberger Raum
untersucht.

2. MATERIAL UND METHODEN
   Die Böden im Untersuchungsgebiet (TK 25 Nr. 5618) sind
Braunerden aus Kalken des Mitteldevons, die in Abhängigkeit
von den verschiedenen Horizonten (A-, B- und C-Horizont) Gesamtgehalte von 15 bis 124 mg Cd/kg, von 2600 bis 7100 mg
Pb/kg und 2045 bis 3840 mg Zn/kg Boden aufweisen. Hierbei
wurde davon ausgegangen, daß der Ah-Horizont einem anthropogenen Einfluß durch Immissionen ausgesetzt war (Bleihütten in
näherer Umgebung) und die Schwermetalle dabei in einer überwiegend anthropogenen/pedogenen Bindungsform vorliegen. Im
C-Horizont wird eine lithogene Bindungsform erwartet und der
B-Horizont wird als eine Übergangsstufe zwischen lithogen
und pedogener Bindungsform angesehen, wobei ein anthropogener
Schwermetalleintrag ausgeschlossen wird. Um zu prüfen, ob
Unterschiede in der Mobilität der Schwermetalle in Abhängigkeit von ihrer Herkunft (anthropogen, pedogen, lithogen) bestehen, wurde die Lösbarkeit der Schwermetalle in den Horizonten durch verschiedene Aufschlußmethoden und Extraktionsmittel bestimmt. Durchgeführt wurden Extraktionen mit Neutralsalzen (1 M $NaNO_3$, 0,1 M $CaCl_2$), Komplexbildnern (DTPA,
0,02 M EDTA), verdünnten Mineralsäuren ("Doppelsäure", 0,1 M
HCl, 0,4 M $HNO_3$), Königswasserauszug sowie der Gesamtaufschluß.

3. ERGEBNISSE UND DISKUSSION
   Bei den Extraktionsmitteln zeigten sich deutlich unterschiedliche Lösbarkeiten der Schwermetalle. Dies ist am Bei-

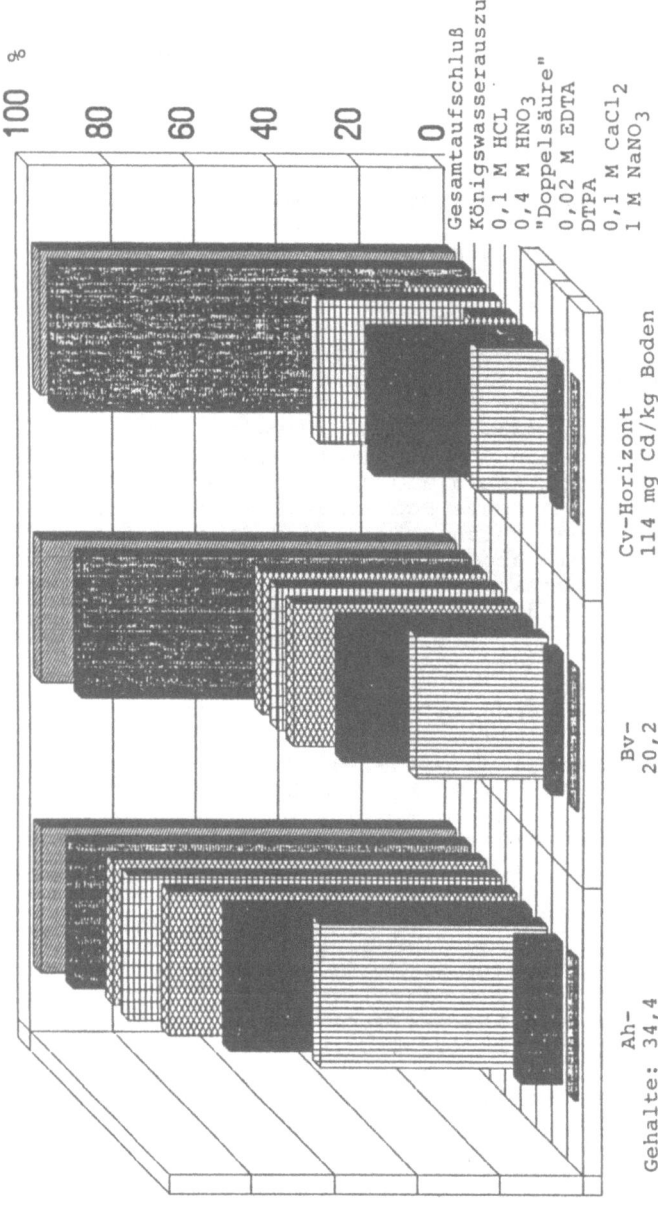

Abb. 1) Löslichkeit von Cd in unterschiedlichen Aufschlußmethoden und Extraktionsmitteln.

spiel von Cd in Abb. 1 dargestellt.

Aufgrund der hohen pH-Werte der Böden konnten durch Neutralsalze kaum Schwermetalle gelöst werden. Auch die mit verdünnten Mineralsäuren gelösten Cd-, Pb- und Zn-Gehalte waren von der Menge des gelösten Kalkes im Boden abhängig, sie zeigten aber, wie auch die Komplexbildner die Unterschiede in der Mobilität zwischen anthropogen, pedogen und lithogen vorhandenem Cd, Pb und Zn deutlich. Bei den Komplexbildnern ist das Lösbarkeitsverhalten im Vergleich zu den sonst verwendeten Extraktionsmitteln, kaum vom pH-Wert des Boden abhängig. Es wird deutlich, daß der mobile Anteil an Cd, Pb und Zn im Ah-Horizont am höchsten ist und daß eine Abnahme der Lösbarkeit mit der Bodentiefe zu verzeichnen ist (A-Horizont > B-Horizont > C-Horizont). Grund hierfür sind die im Oberboden eingetragenen Immissionen die in leicht mobilisierbarer Form vorliegen.

## 4. ZUSAMMENFASSUNG

In den Untersuchungen konnte verdeutlicht werden, daß die Lösbarkeit von Schwermetallen von der Art der Belastung abhängt. Dabei sind anthropogen angereicherte Schwermetalle leichter mobilisierbar als Schwermetalle in pedogenen oder lithogenen Bindungsformen (anthropogen > pedogen > lithogen).

Bei Auswahl der Extraktionsmittel muß vor allem auf die Bodenreaktion geachtet werden, da zum Beispiel mit Neutralsalzen bei hohen pH-Werten (um 7) kaum meßbare Schwermetallgehalte gelöst werden. Komplexbildner zeichnen die Lösbbarkeit der unterschiedlichen Schwermetallanreicherungen deutlich nach.

# RETENTION VON BLEI UND ZINK AUS EINER GICHTSTAUBDEPONIE DURCH EINEN TONIGEN UNTERGRUND

JEAN-FRANK WAGNER

LEHRSTUHL FÜR ANGEWANDTE GEOLOGIE, UNIVERSITÄT KARLRUHE, KAISERSTR. 12, D-7500 KARLSRUHE, B.R.DEUTSCHLAND

## KURZFASSUNG

Durch das Studium einer ca. 40 Jahre alten Gichtstaubdeponie auf einem tonigen Untergrund (Oberer Lias) wurde die Eignung von Ton als Barrieregestein für eine Schwermetalldeponie überprüft. Konzentrationsprofile zeigen daß alle Schwermetalle (hauptsächlich Zink und Blei) durch Sorptionsprozesse in den obersten Zentimetern unterhalb der Ton/Deponie-Grenzfläche zurückgehalten wurden. Die Ergebnisse belegen daß im vorliegenden Fall keine potentielle Gefahr einer Grundwasserverunreinigung besteht. Die Geländebeobachtungen kommen Vorhersagen aus Laborversuchen bezüglich der Verlagerung von Schwermetallen in feinkörnigen Materialien sehr nahe.

## 1. EINLEITUNG

Der natürliche Untergrund einer Deponie kann als Barriere gegenüber der Migration von Schadstoffen ins Grundwasser wirken. Um als geeignete Barriere zu gelten, muß der Untergrund folgende Anforderungen erfüllen: geringe Durchlässigkeit, hohe Sorptionskapazität, große Mächtigkeit und Homogenität.

Viele Tone und Tongesteine erfüllen diese Anforderungen. Die Eignung eines Untergrundes als Barriere wird normalerweise in sehr einfachen (statische Schüttelversuche) oder komplizierteren (dynamische Säulenversuche) Laboruntersuchungen bestimmt. Aber die Übertragung von Labordaten auf natürliche Gegebenheiten ist sehr oft mit einer großen Anzahl von Unsicherheiten behaftet. Deshalb wurde der Ist-Zustand der Schadstoffverteilung in einem Deponieuntergrund gemessen. Die Ergebnisse lassen sich mit Vorhersagen aus Laborversuchen vergleichen.

Eine Transportgleichung ist sowohl bei Labor- als auch bei Felduntersuchungen möglichst genau zu lösen. Die eindimensionale Transportgleichung für gekoppelte Diffusion und Advektion eines reagierenden Stoffes in einem gesättigten porösen Medium ist wie folgt:

$$\partial c / \partial t = (D/R)(\partial^2 c / \partial x^2) - (v_a / R)(\partial c / \partial x) \qquad (1)$$

wobei c = Stoffkonzentration in der flüssigen Phase, t = Zeit, D = Diffusions-Dispersionskoeffizient, R = Retardationsfaktor, x = Transportweg und $v_a$ = Abstandsgeschwindigkeit.

Die vorliegende Arbeit beschreibt ausschließlich Ergebnisse von Geländemessungen (Daten über die Migration von Schwermetallen in einem ähnlichen Ton unter Laborbedingungen werden anderweitig beschrieben).

## 2. STANDORTBESCHREIBUNG UND UNTERSUCHUNGSMETHODEN

Bei dem deponierten Material handelt es sich um Gichtstaubschlämme mit hohen Schwermetallgehalten (im Mittel 170 g/kg Zn, 40 g/kg Pb und 0,3 g/kg Cd). Diese Werte sind etwas niedriger bzw. höher im alten bzw. neuen Teil der Deponie. Die Gichtstaubdeponie, mit einer Mächtigkeit von 10 - 15 m, befindet sich im Südwesten Luxemburgs (Hüttenwerk ARBED-Esch-Belval).

Der Deponieuntergrund ist ein verwitterter, stark plastischer, grauer Ton mit einer Mächtigkeit von ca. 3 m. Darunter folgt das anstehende, unverwitterte Tongestein, ein oberliassischer Bitumenschiefer (Toarcium), mit einer Mächtigkeit von ca. 40 m. Korngrößenverteilung, Atterberg'sche Zustandsgrenzen und mineralogische Zusammensetzung des tonigen Untergrundes sind in Tabelle 1 zusammengestellt.

TABELLE 1. Beschreibung des tonigen Deponieuntergrundes.

| | | |
|---|---|---|
| 5-10 % Quarz | 40-50 % Ton | Ausrollgrenze 25 % |
| 0-3 % Calzit | 20-30 % Schluff | Fließgrenze 60 % |
| quellfähige Tonminerale | 20-30 % Feinsand | |
| (haupsächlich Illit-Smektit mixed layer) | | |
| Kaolinit | | |

Die Felduntersuchungen bestanden im wesentlichen in einer Beprobung von 11 Bohrkernen, welche den Deponieschlamm zur Gänze und den tonigen Untergrund bis in eine Tiefe zwischen 2 und 4 m durchteuften. Im Labor wurden die Kerne in sehr dünne Scheiben (4-10 mm) geschnitten, aus denen die Schwermetall- und Chloridkonzentrationen des Porenwassers ermittelt wurden. Zusätzlich wurden die Schwermetallkonzentrationen nach einem Königswasseraufschluß bestimmt.

## 3. ERGEBNISSE

Der erste Parameter der Transportgleichung (1), welcher bestimmt wurde war die Migrationszeit t. Der genaue Ablagerungszeitpunkt wurde mit Hilfe alter Karten und Luftbildaufnahmen zwischen 1939 und 1952 festgelegt. Somit beträgt die Migrationszeit mindestens 40 Jahre. Die Schwermetallkonzentrationen im Porenwasser waren dermaßen gering, daß sie nicht mit dem Atom-Absorptions-Spektrometer (AAS) gemessen werden konnten. Deshalb wird in den Abbildungen die Schwermetallverteilung im Ton unterhalb der Gichtschlammdeponie nur als Gesamtkonzentrationsprofil dargestellt. Abb. 1 zeigt, daß Blei und Zink sehr stark in den obersten 2-3 cm unterhalb der Ton/Deponiegrenzfläche zurückgehalten werden. Darunter gehen die Werte sehr schnell zurück und erreichen nach 5-8 cm die natürlichen Belastungswerte. Ein ähnliches Verhalten wird bei Kadmium beobachtet (Abb. 2).

Die Vorhersage der Schwermetallverlagerung in Tonen wird normalerweise aus Porenwasserkonzentrationsprofilen berechnet. Da in dieser Geländestudie die Porenwasserkonzentrationen unterhalb der AAS-Nachweisgrenze lagen, konnte nur mit Gesamtkonzentrationen gearbeitet werden. In Abb. 1 bzw. Abb. 2 sind die berechneten und die gemessenen Blei- und Zink- bzw. Kadmiummigrationsprofile für t = 40 Jahre dargestellt. Für die Berechnung der Migrationsprofile wurden folgende Annahmen gemacht. Es besteht erstens eine lineare Beziehung zwischen der Konzentration an sorbierten Schwermetallen am Ton und der Schwermetallkonzentration in der Gleichgewichtslösung. Zweitens ist die Advektion vernachlässigbar, das heißt der Schwermetalltransport ist auf reine Diffusion zurückzuführen. Eine Fehler-

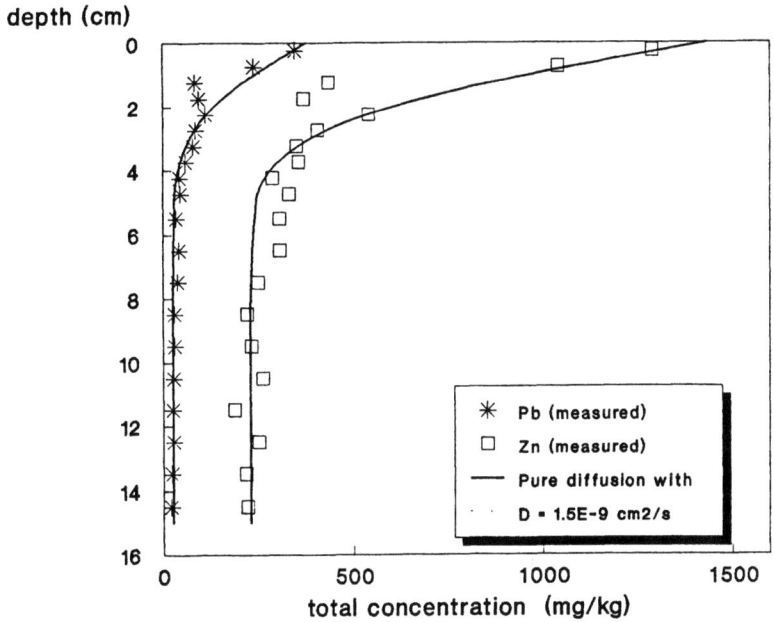

Abb.1: Blei- und Zinkkonzentration im Ton unterhalb der Deponie, gemessen und berechnet für einen rein diffusiven Transport mit t = 40 Jahre.

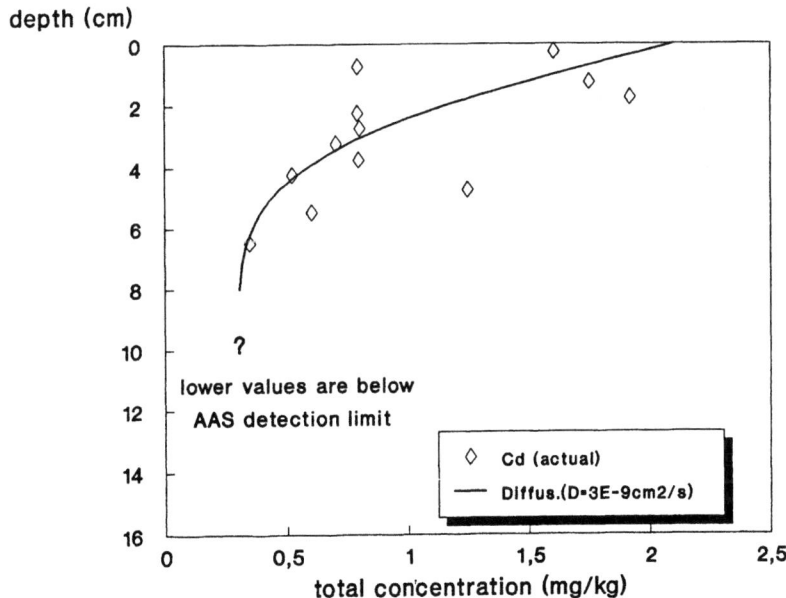

Abb.2: Kadmiumkonzentration im Ton unterhalb der Deponie, gemessen und berechnet für einen rein diffusiven Transport mit t = 40 Jahre.

funktionslösung für das zweite Fick'sche Gesetz (Ogata 1970) läßt sich folgendermaßen schreiben:

$$c/c_0 = \text{erfc } x/2\sqrt{D_s t} \qquad (2)$$

$D_s$ = effektiver Diffusionskoeffizient, welcher die Sorption in der Weise beinhaltet, daß:

$$D_s = D_0 \tau / R \qquad (3)$$

wobei $D_0$ = Diffusionskoeffizient in freier Lösung, $\tau$ = Tortuositätsfaktor und R = Retardationsfaktor.

Ein angenommener Wert $D_s$ = 1,5 * $10^{-9}$ bzw. 3 * $10^{-9}$ cm$^2$/s gibt die gemessenen Blei- und Zink- bzw. Kadmiumprofile in Abb. 1 bzw. Abb. 2 sehr gut wieder. Ein solch niedriger $D_s$-Wert heißt aber, daß der Retardationsfaktor für Blei und Zink für diesen Ton sehr hoch ist (in der Größenordnung zwischen 500 und 1000, je nachdem welcher Wert für $\tau$ gewählt wird). Ein Vergleich dieser Geländedaten mit Laborergebnissen vorangegangener Arbeiten des Verfassers an verschiedenen Tonen (Wagner 1988, Czurda et al. 1989) zeigt, daß die Schwermetallmigration in diesem tonigen Untergrund ähnlich oder sogar geringer ist als Vorhersagen aus diesen Arbeiten hätten erwarten lassen. Eine ähnlich geringe Schwermetallverlagerung in einem tonigen Untergrund einer Hausmülldeponie wird von Yanful und Quigley (1986) beschrieben.

4. SCHLUSSFOLGERUNGEN

Aus der Schwermetallverteilung in einem tonigen Untergrund einer Gichtstaubdeponie lassen sich folgende Punkte folgern:
- Sämtliche Schwermetalle wurden in einer Tiefe von einigen cm unterhalb der Deponie/Ton-Grenzfläche zurückgehalten.
- Die Schwermetallverlagerung läßt sich mit einer rein diffusiven Transportgleichung modellieren.
- Die Schwermetallmigration in den tonigen Untergrund ist ähnlich oder sogar geringer als aus Laborversuchen erwartet.
- Eine Gefährdung des Grundwasser durch Schwermetalle kann ausgeschlossen werden, wenn eine geeignete Tonbarriere, wie in der vorliegenden Studie, existiert.

5. DANKSAGUNG

Diese Arbeit wurde teilweise durch das Forschungsvorhaben 7261/03/436/01 der Kommision der Europäischen Gemeinschaften finanziert (fünftes EGKS Forschungsprogramm).

6. BIBLIOGRAPHIE

Czurda, K.A., Böhler, U., and Wagner, J.-F. (1989). Clay Basins as Especially Suitable Areas for Hazardous Waste Repositories. In T. Thanasuthipitak and P. Ounchanum (Eds.), Proc. Int. Symp. on Intermontane Basins: Geology & Resources, Chiang Mai, Thailand, January 30-February 2, 1989: 146-160.

Ogata, A.: 1970, Theory of Dispersion in a Granular Medium. U. S. Geol. Surv. Prof. Paper, 411-I, Washington, D.C., 34 p.

Wagner, J.-F. (1988). Migration of Lead and Zinc in Different Clay Rocks. In Proc. Int. Symp. Hydrogeology and Safety of Radioactive and Industrial Hazardous Waste Disposal, Orléans, June 7-10, Documents du B.R.G.M., 160, Orléans, France: B.R.G.M. Editions, 617-628.

Yanful, E.K., and Quigley, R.M. (1986). Heavy Metal Deposition at the Clay/Waste Interface of a Landfill Site, Sarnia, Ontario. In Proc. 3rd Canadian Hydrogeol. Conf., Saskatoon, April 1986: 35-42.

# MOBILISIERUNG VON SCHADSTOFFEN DURCH ABBAUVORGÄNGE

PETER SPILLMANN

LEICHTWEIβ-INSTITUT FÜR WASSERBAU DER TECHNISCHEN UNIVERSITÄT BRAUNSCHWEIG, BEETHOVENSTRAβE 51 A, 3300 BRAUNSCHWEIG

**ZUSAMMENFASSUNG**
In interdisziplinären Forschungsvorhaben der Deutschen Forschungsgemeinschaft (DFG) wurde der Wasser- und Stoffhaushalt von Abfalldeponien untersucht. Es wurde festgestellt, daß die organische Substanz der Abfälle in großem Umfang chemische Belastungen binden kann. Soweit die Chemikalien nicht abgebaut oder dauerhaft estgelegt werden, sind sie remobilisierbar, wenn das in der organischen Substanz gespeicherte Wasser durch deren Abbau freigesetzt wird. Diese Zeitverzögerung ist bei der Überwachung alter Ablagerungen zu beachten und bei dem Betrieb neuer Deponien zu vermeiden.

## 1. PROBLEMATIK
In der Vergangenheit wurden Industrieabfälle gemeinsam mit Hausmüll abgelagert. Durch Messungen im Grundwasser wurde nachgewiesen, daß die organische Substanz des Hausmülls den Abbau der organischen Industrieprodukte und die Ausfällung der Schwermetalle förderte (z. B. Golwer et al., 1970 oder Nöring et al., 1965). Deshalb wurde diese Methode in Merkblättern empfohlen. Erst nach Einrichtung von Sondermüll-Deponien und Sondermüll-Verbrennungsanlagen wird der Industrieabfall von Hausmüll getrennt beseitigt. In geringer Konzentration sind Industrieabfälle noch immer im Hausmüll enthalten und die getrennte Beseitigung ist nicht in allen Ländern selbstverständlich. Deshalb muß sowohl für die alten Ablagerungen die Frage beantwortet werden, in welchem Umfang durch den Abbau der organischen Abfälle als auch für neue Deponien die darin eingelagerten Industrieabfälle mobilisiert werden.

## 2. UNTERSUCHUNGSMETHODE
Im interdisziplinären Forschungsvorhaben der Deutschen Forschungsgemeinschaft (DFG) "Wasser- und Stoffhaushalt von Abfalldeponien und deren Wirkungen auf Gewässer" und dem anschließenden Forschungsschwerpunkt der DFG "Schadstoffe im Grundwasser" wurden seit 1976 insgesamt 15 zylindrische Ausschnitte aus Deponien als stauchbare Großlysimeter (Abb. 1) gebaut, in denen u. a. die Auswirkung unterschiedlicher Deponietechniken und die Ablagerung von Klärschlamm auf den Wasserhaushalt und Austrag von Chemikalien untersucht wird. Sie sind so konstruiert, daß die Wände den Sackungen folgen und während

der Beobachtungszeit Gas-, Wasser- und Feststoffproben aus verschiedenen Höhen entnommen werden können.

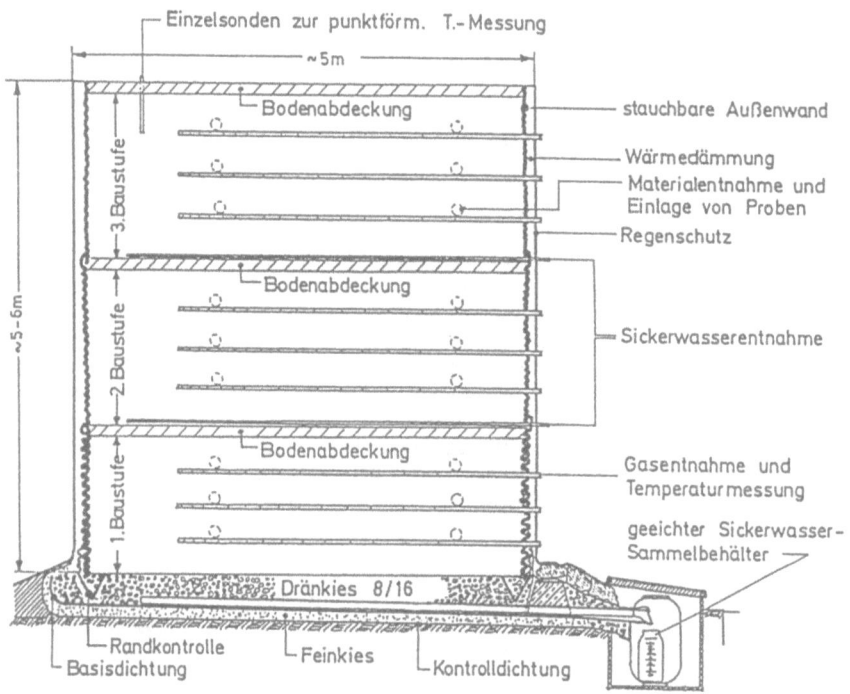

Abb. 1. Zylindrischer Deponieausschnitt, konstruiert als stauchbarer Großlysimeter.

Folgende Ablagerungen wurden untersucht:
- Hausmüll, sofort verdichtet
- Hausmüll mit Klärschlamm in "Linsen", sofort verdichtet
- Hausmüll mit Klärschlamm gemischt, ca. 1 Jahr lang biochemisch aerob abgebaut und dann verdichtet.

Die sofort verdichteten Abfälle wurden parallel mit und ohne Erdabdeckung abgelagert. Klärschlamm wurde nach aerober Stabilisierung und Entwässerung einwohnergleich (1 Einwohner Müll, 1 Einwohner Schlamm) zugegeben.

Zusätzlich zur allgemeinen industriellen Grundbelastung des Hausmülls wurden folgende Ablagerungen gezielt in drei steigenden Belastungsstufen mit Industrieabfällen belastet:
- Hausmüll, sofort verdichtet, ohne und mit Erdabdeckung
- Hausmüll mit Klärschlamm einwohnergleich gemischt und vor der Verdichtung biochemisch aerob abgebaut.

Als abfalltypische Industrieabfälle wurden gewählt (Tab. 1):
- Cyanid
- Phenolschlamm
- Galvanik-Schlamm (Analyse Tab. 2)
- Pestizide (Lindan, Simazin, Strukturformeln Abb. 2).

TABELLE 1. Definierte Zugabe von Chemikalien in drei Steigerungsstufen (Typen der Ablagerungen und Lage der Chemikalien s.Skizze unter der Tabelle).

| Steigerungs-stufe der Zugabe | zugegebene Chemikalien, Masse in kg | | | | |
|---|---|---|---|---|---|
| | Galvanik-schlamm | Phenol-schlamm | Barium-cyanid | Simazin | Lindan |
| 1.Stufe | 110 | 130 | 100 | 1,5 | 0,8 |
| 2.Stufe | 600 | 340 | 100 | 3,0 | 1,6 |
| 3.Stufe | 1000 | 500 | 200 | 6,5 | 10,0 |

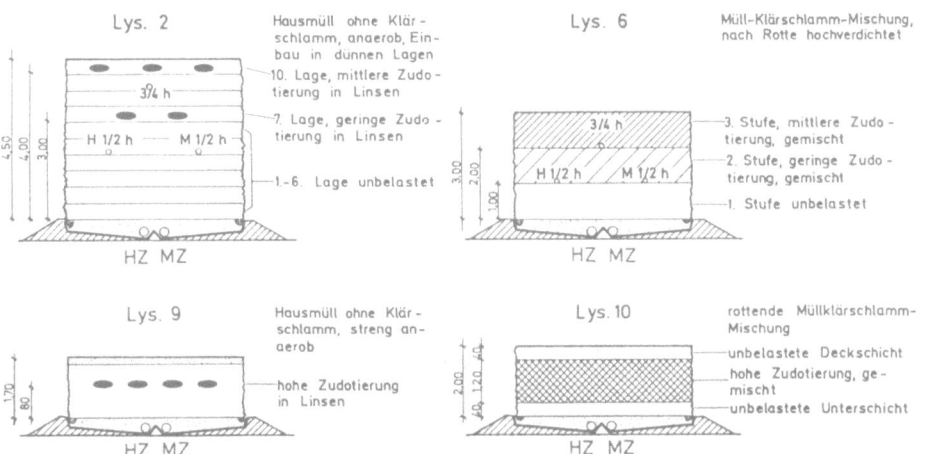

TABELLE 2. Schwermetallgehalte der eingebauten Galvanikschlämme (Auszug aus den Analysen des Institutes Fresenius, Wiesbaden).

| Kennwert bzw. Bestandteil | Dimension | Lys 2 | Lys 6 | Lys 9 Lys10 |
|---|---|---|---|---|
| Trocknungsverlust, 105°C | % | 68 | 73 | 77 |
| ges. Eisen | %TS | 8,75 | 3,22 | 0,57 |
| Mangan | mg/kgTS | 2200 | 6390 | 1340 |
| Nickel | mg/kgTS | 20900 | 43 | 176000 |
| Blei | mg/kgTS | 3400 | 215 | 572 |
| Cadmium | mg/kgTS | 590 | 15 | 3 |
| Chrom | mg/kgTS | 84400 | 91 | 55000 |
| Kupfer | mg/kgTS | 5300 | 163 | 7400 |
| Zink | mg/kgTS | 30000 | 1503 | 443 |

| Aktivsubstanz: | Lindan | Simazin |
|---|---|---|
| Wirkstofftyp: | Organochlor-Insektizid | Triazin-Herbizid |
| Handelspräparat: | Verindal-Ultra | Gesatop 50 |
| Chemische Bezeichnung: | Gamma-1,2,3,4,5,6-Hexachlorcyclohexan | 2-Chlor-4,6-bis-ethyl-amino-s-triazin |

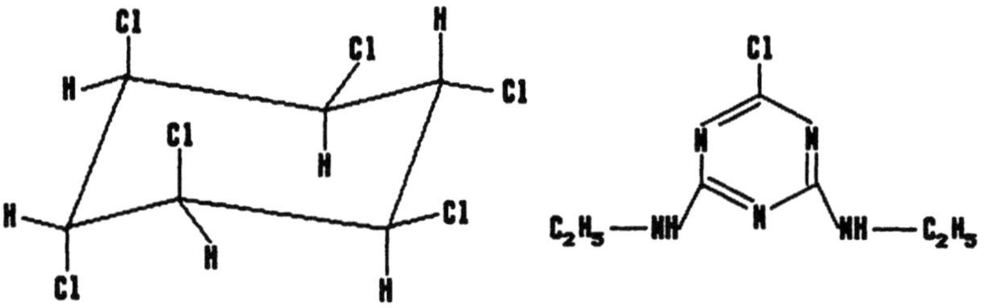

| Summenformel: | $C_6H_6Cl_6$ | $C_7H_{12}Cl_5$ |
|---|---|---|
| Molekulargewicht: | 290,85 | 201,66 |
| Löslichkeit: (in Wasser, 20°C) | 10 mg/l | 5 mg/l |
| Dampfdruck: (mm Hg bei 20°C) | $9,4 \times 10^{-6}$ | $6,1 \times 10^{-9}$ |

Abb. 2. Strukturformeln der zudotierten Pestizide.

Der Aufbau der Ablagerungen begann im September 1976 und endete im Oktober 1979. Im Mai 1981 wurden die mit Erdzwischenabdeckungen abgelagerten Abfälle zur Bestimmung der Massenbilanzen und der Zersetzungsgrade ausgebaut (Einzelheiten s. Spillmann, Hrsg., 1986). Die übrigen Lysimeter, vor allem der mit Industrieabfällen belastete Hausmüll, werden z. Z. noch beobachtet.

Zur Berechnung der klimatischen Wasserbilanz werden die Niederschläge auf den einzelnen Lysimetern sowie die rel. Feuchte und die Lufttemperatur am Standort gemessen. Da am Standort der Anlage für deutsche Verhältnisse nur wenig Niederschlag fällt - nur ca. 450 mm in trockenen Jahren - werden die Abfälle bei Bedarf künstlich beregnet.

## 3. ERGEBNISSE
### 3.1. Einfluß der klimatischen Wasserbilanz auf den Wassereintrag

Der Wassereintrag (die Differenz aus Niederschlag abzüglich Verdunstung) hängt ab vom Niederschlag, von der klimatisch möglichen Verdunstung und dem für die Verdunstung verfügbaren Wasservorrat an der Oberfläche der Abfälle. Aufgrund der hier durchgeführten Abflußmessungen an wassergesättigten Ablagerungen wurde festgestellt, daß unter durchschnittlichen mitteleuropäischen Bedingungen von unbewachsener, verdichteter Mülloberfläche, von einer Oberfläche eines verdichteten Müll-Klärschlamm-Gemisches oder einer Sandabdeckung nur maximal 18mm bis 20 mm eines Niederschlagsereignisses in der folgenden Trockenperiode verdunsten. Für eine meßbar höhere Verdunstung ist auch in langen Trockenperioden der kapillare Aufstieg zu gering. Der Wassereintrag in die Deponie kann deshalb aus der klimatischen Wasserbilanz nach Haude (verwendet vom deutschen Wetterdienst) für mitteleuropäische Durchschnittswerte durch folgende Rechenoperation abgeschätzt werden (Abb. 3):

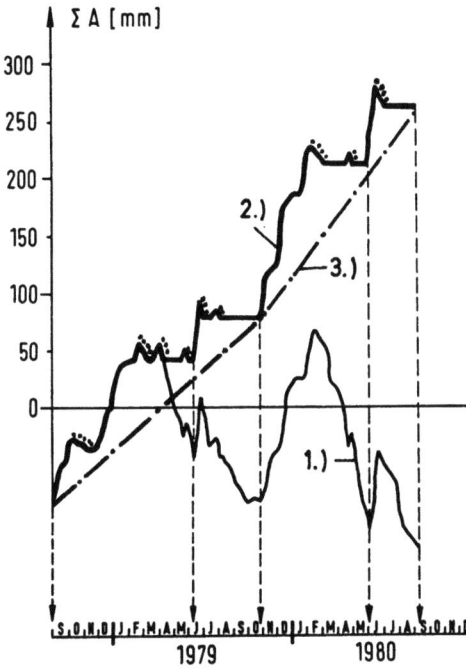

Abb. 3. Ermittlung des Niederschlagseintrages in die Deponie aus der klimatischen Wasserbilanz nach Haude.

1.) Aus der Tagesbilanz (Niederschlag abzüglich Verdunstung) nach Haude wird die Jahresbilanz als Jahressummenlinie ermittelt (dünne Linie).
2.) Die positiven Teilsummen der Bilanz nach Haude (ansteigende Kurvenabschnitte) werden in einer neuen Kurve (dicke Linie) addiert, die negativen Teilsummen der auf einen Anstieg folgenden Trockenperiode (fallende Kurvenabschnitte) aber nur bis zu 20 mm abgezogen (dicke gestrichelte Kurvenabschnitte). Der Betrag des Abzuges darf außerdem den Betrag des vorausgegangenen Anstiegs nicht überschreiten.
3.) Die Verbindung der Jahresminima (in Deutschland ca. 1. November des ersten Jahres bis 31. Oktober des folgenden Jahres) ergibt die Summe des Jahreseintrages (dicke, strichpunktierte Linie) und gleicht etwa dem Verlauf der Abflußsummenkurve, sobald die Speicherkapaziät der Abfälle erschöpft ist.

### 3.2. Feststoffhaushalt.
Der Umfang des Abbaues und vor allem die Abbaugeschwindigkeit der organischen Abfälle hängen sehr wesentlich von den Ablagerungsbedingungen ab. Die Hydrolysierung der organischen Substanz zu organischen Säuren kurz nach deren Ablagerung (gekennzeichnet u. a. durch einen pH-Wert < 7 und eine hohe organische Belastung des Sickerwassers von CSB > 10 000 mgO$_2$/l) trägt nicht zu einer deutlich meßbaren Massenreduktion bei. Dieser Zustand dauert umso länger, je schneller und je dichter die Deponie aufgebaut wird. Dichte Zwischenabdeckungen ver-

längern die saure Phase unter sonst gleichen Bedingungen auf etwa das Dreifache einer Ablagerung ohne Bodentrennschichten oder mit Sandabdeckung. Wie von Betriebsdeponien bekannt, kann die saure Phase im Extremfall mehr als 10 Jahre andauern.

Durch langsamen Aufbau mit durchlässiger Oberfläche vor allem der ersten 2 m innerhalb 1 bis 2 Jahren kann die hohe Säurebelastung der Anfangsphase verkürzt und ein weitgehender Abbau im basischen Bereich (pH > 7) eingeleitet werden. Unter diesen Bedingungen wurden ca. 20 Gew.-% als Abbau der Müll-Trockensubstanz innerhalb 5 Jahren gemessen. Das waren ca. 50 Gew.-% der abbaubaren organischen Substanz. Der Abbau des Klärschlammes konnte unter diesen deponieähnlichen Bedingungen nicht getrennt gemessen werden. Der potentielle Umfang des Schlammabbaues auf der Deponie hängt von der Schlammbehandlung auf der Kläranlage ab. Da der Schlamm auch nach hohen Kalkzugaben in Deponien nachweislich nachfaulen kann (Alyanak et al., 1981 in Gay et al., 1981), ist unter den basischen Bedingungen und Temperaturen von ca. 30° C mindestens der gleiche Endwert zu erwarten, der nach weitgehender Faulung im Faulturm erreichbar ist. In ergänzenden Untersuchungen außerhalb des Schwerpunktes wurde nachgewiesen, daß der weitgehende anaerobe Abbau unter basischen Bedingungen gezielt dadurch eingeleitet werden kann, daß der Abfall mindestens 3 Monate lang aerob abgebaut und erst dann verdichtet wird.

Wurde der Abfall so gelagert, daß er vor der Verdichtung 1 Jahr lang störungsfrei aerob abgebaut werden konnte, wurde die abbaubare Trockensubstanz um ca. 50 Gew.-% verringert. Das entsprach ca. 10 bis 15 Gew.-% der untersuchten Müll-Klärschlamm-Gemische. Etwa der gleiche Abbau organischer Substanz ist aus der Kompostierung bekannt. Unter besonders günstigen Bedingungen (Nährstoffausgleich und mechanische Aufbereitung) wurden nachweislich 60 Gew.-% der organischen Substanz abgebaut (Spillmann, 1988). Der Anteil dieser Massenreduktion am gesamten Abfall hängt von dessen Zusammensetzung ab. Wurden die Wertstoffe (Papier, Glas, Blech, Hartplastik) aussortiert, reduziert der gezielte aerobe Abbau den Restmüll um ca. 25 Gew.-% (Spillmann, 1989).

### 3.3. Speicherkapazität

Die Speicherkapazität des Abfalls gegenwärtiger Zusammensetzung wird weitgehend von der faserhaltigen, organischen Substanz beeinflußt. Sie speichert etwa die gleiche Masse Wasser, die sie selbst trocken wiegt. Ihr Abbau verringert deshalb beträchtlich die Speicherkapazität. Im schlammfreien Müll sowie in wenig abgebauten, anaeroben Müll-Klärschlamm-Gemischen wurden ca. 45 Gew.-% Wassergehalt (ca. 0,8 t Wasser je 1 t Müll-TS) als Speicherkapazität gemessen. Das gerottete Müll-Klärschlamm-Gemisch speicherte dauerhaft nur 40 Gew.-% Wasser (ca. 0,7 t Wasser je 1 t Müll-TS). Bereits kleine Klärschlammlinsen wirkten stauend und erhöhten den Wassergehalt des Mülls auf ca. 55 Gew.-% (ca. 1,2 t Wasser je 1 t Müll-TS).

Z. Z. der Anlieferung enthält der Müll bereits ca. 25 Gew.-% bis 30 Gew.-% Wasser (ca. 0,3 t bis 0,4 t Wasser je 1 t Müll-

TS). Wird die Speicherkapazität durch eindringenden Niederschlag gesättigt, nimmt 1 t Müll-Trockensubstanz zusätzlich ca. 0,4 t bis 0,5 t Wasser auf. Wird durch biochemischen Abbau die Abfallmasse von 1 t TS auf 0,8 t TS verringert, werden dadurch ca. 0,15 t Wasser je 0,8 t Speicherinhalt wieder freigesetzt. Wird das entstehende Methan in den oberen Abfallschichten oxidiert, fallen noch ca. 50 Gew.-% der abgebauten Masse als Wasser an (ca. 0,5 t Wasser je 1 t abgebauter TS). Von den zunächst 0,4 t bis 0,5 t Wasser des gespeicherten Niederschlages fallen dann bis zu 0,25 t Wasser wieder als Sickerwasser an, so daß effektiv nur 0,15 t bis 0,25 t Wasser je 1 t Müll-TS gespeichert werden.

Werden Müll und Klärschlamm intensiv gemischt, wird der Schlamm durch Kontakt vor allem mit dem Papier des trockenen Mülls entwässert. Werden z. B. 2 t Müll (WG ≈ 30 Gew.-%, Speicherkapazität ca. 45 Gew.-%) mit 1 t Faulschlamm (WG = 70 Gew.-%) intensiv gemischt, gleicht sich die Feuchte aus, weil die Kapillarkräfte vor allem des Papiers denen des Klärschlammes gleichen (Spillmann, 1988):

2 t Müll    = 1,400 t Müll-TS    + 0,600 t Wasser
1 t Schlamm = 0,300 t Schlamm-TS + 0,700 t Wasser

3 t Gemisch = 1,700 t Abfall-TS  + 1,300 t Wasser

            = WG = 43 Gew.-%

Es werden dann nur noch ca. 0,04 t Wasser aus dem Niederschlag in 3 t Gemisch gespeichert. Diese Kapazität liegt im Bereich der Meßgenauigkeit und kann vernachlässigt werden. Werden ca. 20 Gew.-% der Mülltrockensubstanz abgebaut (der Faulschlamm ist bereits z. Z. der Ablagerung weitgehend abgebaut), werden ca. 65 kg Wasser je 1 t Gemisch abgegeben. Wird das dabei entstehende Methan oxidiert, fallen noch ca. 47 kg Wasser je 1 t Gemisch aus der Oxidation an.

Durch Konsolidation unter hohen Auflasten kann ein weitgehend abgebauter und anschließend dünnschichtig verdichteter Abfall sowohl mit wie ohne Schlamm auf ca. 30 Gew.-% entwässert werden (Collins und Ramke, 1986). Diese Möglichkeit besteht auch für biologisch abgebaute Altablagerungen, wenn diese umgelagert und dünnschichtig verdichtet werden oder wenn über alten Hausmüllablagerungen in großer Schichtdicke Boden und Bauschutt abgelagert werden. Die Reduktion des Wassergehaltes von 45 Gew.-% auf 30 Gew.-% setzt dann je 1 t Abfall bzw. Abfallgemisch 0,21 t Wasser frei.

Zusammengefaßt ist festzustellen, daß der Müll zu Beginn der Ablagerung zwar eine hohe Speicherkapazität enthält, die aber durch Abbau verlorengeht. Durch anschließende Konsolidierung wird mehr Wasser abgegeben als gespeichert wurde (Tab. 3). Müll-Klärschlamm-Gemische in etwa einwohnergleichen Massenverhältnissen geben durch Abbau und Konsolidierung Wasser ab. Die Speicherung ist unbedeutend (Tab. 4). Wird der Abbau vor der Verdichtung gezielt durch aeroben Abbau mit Anfangstemperaturen über 70° C erzielt, wird das Wasser aus biochemischer Oxidation zusätzlich zum Niederschlagsanteil von maximal 20 mm je Ereignis verdunstet.

TABELLE 3. Speicherkapazität von Hausmüll und deren Abnahme durch Abbau und Konsolidierung; Speicherbilanz bezogen auf den Anlieferungszustand.

| Zustand der Abfälle | | Müll feucht t | Wassergehalt Gew.-% | Müll TS t | Wasser im Müll t | Speicherbilanz t |
|---|---|---|---|---|---|---|
| unzersetzt | Anfuhr | 1,00 | 30 | 0,70 | 0,30 | 0 |
| | max.Speicher | 1,27 | 45 | 0,70 | 0,57 | +0,27 |
| zersetzt | max.Speicher (oxidiert) | 1,02 - | 45 - | 0,56 (0,14*) | 0,46 (+0,07**) | +0,16 (+0,09) |
| konsolidiert | Endspeicher (oxidiert) | 0,80 - | 30 - | 0,56 (0,14*) | 0,24 (+0,07**) | -0,06 (-0,13) |

\* mögliche Oxidation org. Massen: 0,70-0,56 = 0,14 tTS Müll
\*\* Wasser aus Oxidation: 0,5*0,14 = 0,07 t

TABELLE 4. Speicherkapazität eines Müll-Klärschlamm-Gemisches aus 1t Müll und 0,5t entwässertem Faulschlamm und dessen Abnahme durch Abbau und Konsolidierung; Speicherbilanz bezogen auf den Anlieferungszustand.

| Zustand der Abfälle | Abfall feucht t | Wassergehalt Gew.-% | Abfall TS t | Wasser im Abf. t | Speicherbilanz t |
|---|---|---|---|---|---|
| Müll, unzersetzt | 1,0 | 30 | 0,70 | 0,30 | |
| Schlamm, ausgefault | 0,5 | 70 | 0,15 | 0,35 | |
| Gemisch | 1,5 | 43 | 0,85 | 0,65 | 0 |
| Müll, zersetzt | | | 0,56 | | |
| Schlamm, ausgefault | | | 0,15 | | |
| Gemisch (oxidiert) | 1,3 | 45 | 0,71 (0,14*) | 0,58 (+0,07**) | -0,07 (-0,14) |
| Gemisch, zersetzt Σ u. konsolidiert (oxidiert) | 1,0 | 30 | 0,71 (0,14*) | 0,30 (+0,07**) | -0,35 (-0,42) |

\* mögliche Oxidation org. Massen: 0,70-0,56 = 0,14 tTS Müll
\*\* Wasser aus Oxidation: 0,5*0,14 = 0,07 t

## 3.4. Schadstoffrückhalt durch Bindung im Abfall

Durch Untersuchung der organischen Substanz in Müll-Sickerwässern wurde nachgewiesen, daß durch den biochemischen Abbau huminstoffähnliche Substanzen entstehen, die mit fortschreitendem Abbau naturähnlicher werden (Frimmel u. Weis, 1990). Ein Kennzeichen der huminstoff-ähnlicher werdenden Abbauprodukte ist die zunehmende Komplexierungsfähigkeit für Schwermetalle, hier gemessen mit Kupfer. Das bedeutet, daß Schwermetalle mit zunehmendem Abbau fester an die organische Substanz gebunden werden. Der Austrag der Schwermetalle hängt davon ab, ob die metallbindende organische Substanz in der Deponie verbleibt, abgebaut oder mit dem Sickerwasser ausgetragen wird. Wasser- und Feststoffhaushalt der Ablagerung beeinflussen deshalb entscheidend den Austrag abgelagerter Schwermetalle.

Die Bindung organischer Industrieprodukte an Abfall wurde im Vergleich zu Ackerböden von Herklotz (1985) mit Lindan und Simazin an fein gemahlenen Proben aus den ausgebauten Großlysimetern untersucht. Charakterisiert wurden die Adsorption und die Desorption durch die FREUNDLICH-Gleichung und den Verteilungskoeffizienten

$$K_d = C_a / C_e$$

$K_d$ = Verteilungskoeffizient zwischen adsorbierter und in Lösung befindlicher Menge der Chemikalien

$C_a$ = ug Chemikalie je g Adsorbens

$C_e$ = ug Chemikalie je ml Gleichgewichtslösung

Es wurde nachgewiesen, daß die Adsorption beider Stoffe durch die organische Substanz gefördert wird. Der Umfang der Adsorption und vor allem der Desorption ist jedoch sehr unterschiedlich. Die 6-fach chlorierte ringförmige Kohlenwasserstoffverbindung Lindan wurde deutlich fester adsorbiert als das einfach chlorierte, nur teilweise ringförmige Triazin. Bei der Interpretation dieser Ergebnisse ist aber zu beachten, daß nach 10 Desorptionsschritten die Desorptionskurven des Simazins bereits nahezu waagerecht verliefen, während die für Lindan noch nahezu geradlinig anstiegen (ausgenommen die der mineralischen Parabraunerde, aus der nach 5 Schritten das Lindan zum größten Teil desorbiert war). Ferner ist zu erkennen, daß der sehr hohe Anteil organischer Substanz (bis zu 30 Gew.-% organisch C) im Hausmüll nicht mehr Chemikalien binden konnte als die organische Substanz eines humusreichen, anmoorigen Ackerbodens (nur ca. 17 Gew.-% organisch C). Der weitgehend mineralische Ackerboden aus Parabraunerde (ca. 1,1 Gew.-% organisch C) konnte beide Chemikalien nur in sehr geringem Umfang binden.

Die Mobilitätsstudien in Säulen mit nur grob gemahlenem und damit deponieähnlicherem Kornaufbau des Abfalles ergaben, daß zwischen schlammfreiem Müll und Müll-Klärschlamm-Gemischen keine wesentlichen Unterschiede bestanden, daß aber ein biochemisch weitgehend abgebautes Material trotz geringerer organischer Masse einen meßbar gleichen oder größeren Rückhalt erzielen kann als das unzersetzte. Für Simazin wurde eine Halbierung des Durchganges durch 5 cm und 10 cm dicke Schichten gemessen. Aus dem Vergleich mit der Adsorptionsmessung ist das allerdings nur als Verzögerung der Desorption zu bewerten. Die Bindung des Lindans war trotz des Abbaues organischer Abfallsubstanz im durchgerotteten Abfall gleich hoch wie im wenig zersetzten Abfall und genauso hoch wie im anmoorigen Ackerboden. In 10 cm dicken Schichten aller drei Substrate wurden ca. 10 mg Lindan je 1 cm² Querschnittsfläche noch nach 1000 mm Wasserdurchgang vollständig zurückgehalten, während die weitgehend mineralische Parabraunerde unter gleichen Bedingungen bereits 23 Gew.-% der Belastung passieren ließ. In Verbindung mit den Ergebnissen der Sorptionsmessungen ist daraus zu schließen, daß Lindan wesentlich länger als Simazin, aber nicht auf Dauer, von der organischen Substanz zurückgehalten wird. Diese Ergebnisse stimmen mit den Huminstoffuntersuchungen von Frimmel und Weis (1990) überein, nach denen die organischen Abbauprodukte sich in Richtung auf die sorptionsstärkeren Huminstoffe eines Moores unter günstigen Bedingungen entwickeln und nach mehrjährigem, biochemischen Abbau etwa eine Zwischenstellung zwischen Ausgangsmaterial und natürlichen Huminstoffen einnehmen können.

Zur Prognose für belastete Abfallablagerungen können aus den Untersuchungen von Herklotz, 1985, folgende Schlüsse gezogen werden:
- Die organische Substanz der Abfälle kann organische Chemikalien in großem Umfang adsorbieren.
- Der Abbau der organischen Substanz erhöht die Sorptionsfähigkeit der verbleibenden Abbauprodukte, mindert deshalb nicht die Sorptionsfähigkeit der Abfallablagerung.
- Wird die organische Substanz durchströmt und sind die sorbierten Chemikalien bis dahin nicht abgebaut oder chemisch stabil festgelegt, ist deren Desorption möglich.

### 3.5. Einfluß des Wasser- und Feststoffhaushaltes auf die Sickerwasserbelastung mit Chemikalien

Durch die Messung der Sickerwasserabflüsse aus Großlysimetern wurde nachgewiesen, daß ca. 10 % bis 15 % des Niederschlages aus Müll abfließen können, solange dessen Speicherkapazität nicht gesättigt ist und auch extreme Abflußspitzen können lange vor Sättigung der Speicherkapazität auftreten (Spillmann, 1978 und Spillmann (Hrsg.), 1986). Damit ist der Abfluß in bevorzugten Bahnen nachgewiesen. Solange die Ablagerung aufgebaut wird, nimmt die Speicherkapazität der Deponie mit jeder Schicht zu. Der Abfluß von Sickerwasser in bevorzugten Sickerbahnen ist kein Beweis, daß die Speicherkapazität gesättigt ist. Gleichzeitig beginnt in den unteren Schichten der Abbau, dessen Geschwindigkeit und Umfang von der Deponietechnik abhängen. Bei gleicher Abfallablagerung pro 1 m² und Jahr nimmt deshalb der jährliche Zuwachs der Speicherkapazität ab. Wird die Einbautechnik so gewählt, daß nach 1 Jahr Lagerzeit bereits die Methan-Phase erreicht wird, ergibt sich

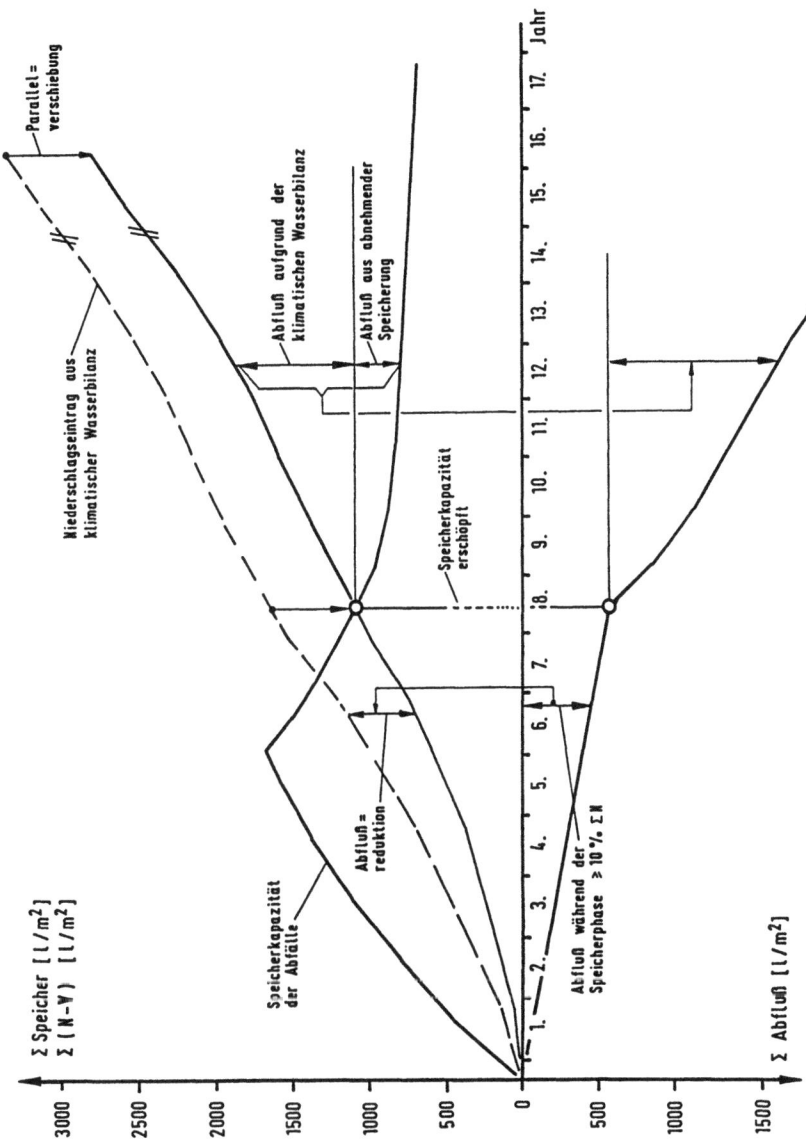

Abb. 4. Zusammenhang von Niederschlagseintrag, Wasserspeicherung, Materialabbau und Sickerwasserabfluß

z. B. für eine 10 m hohe Deponie mit einer Ablagerung von ca.1,5 t Hausmüll je 1 m² und Jahr etwa die Speicherkurve der Abb. 4. In diesem schematischen Beispiel wurde eine Massenreduktion von 20 Gew.-% innerhalb 5 Jahren und eine Konsolidierung innerhalb 50 Jahren angenommen. (Im konkreten Einzelfall muß die Speicherkurve nach den Ergebnissen Punkt 3.1. bis 3.3. abgeschätzt werden). Ermittelt man die Summe des eindringenden Niederschlages aus der klimatischen Wasserbilanz nach Punkt 3.1. und zieht davon ca. 10 % des Niederschlages als bevorzugten Abluß ab, erhält man die Summenkurve des genutzten Speichervolumens. Diese schneidet die fallende Summenkurve der Speicherkapazität. Von diesem Zeitpunkt an fließt nicht nur der eindringende Niederschlag vollständig als Sickerwasser ab, sondern es fließt außerdem zwischenzeitlich gespeichertes Wasser aus den kleinen Hohlräumen ab. Der Abfluß steigt deshalb steil an. Dieser Vorgang ist nicht nur eine theoretische Folgerung aus den Ergebnissen nach Punkt 3.1. bis 3.3., sondern wurde auch an den Deponieausschnitten tatsächlich gemessen (Abb. 5).

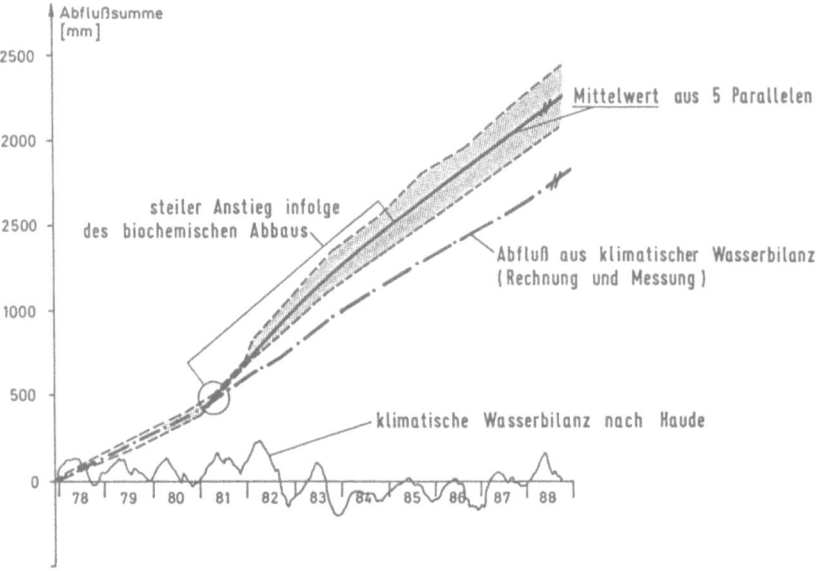

Abb. 5. Erhöhung des Sickerwasserabflusses durch Abbauvorgänge, gemessen an Deponieausschnitten.

Da die von der organischen Substanz adsorptiv gespeicherten Belastungen nach Punkt 3.4. remobilisierbar sind, ist von diesem Zeitpunkt an eine Erhöhung der Sickerwasserbelastungen zu erwarten. In Abb. 6 und 7 sind die Remobilisierungen der

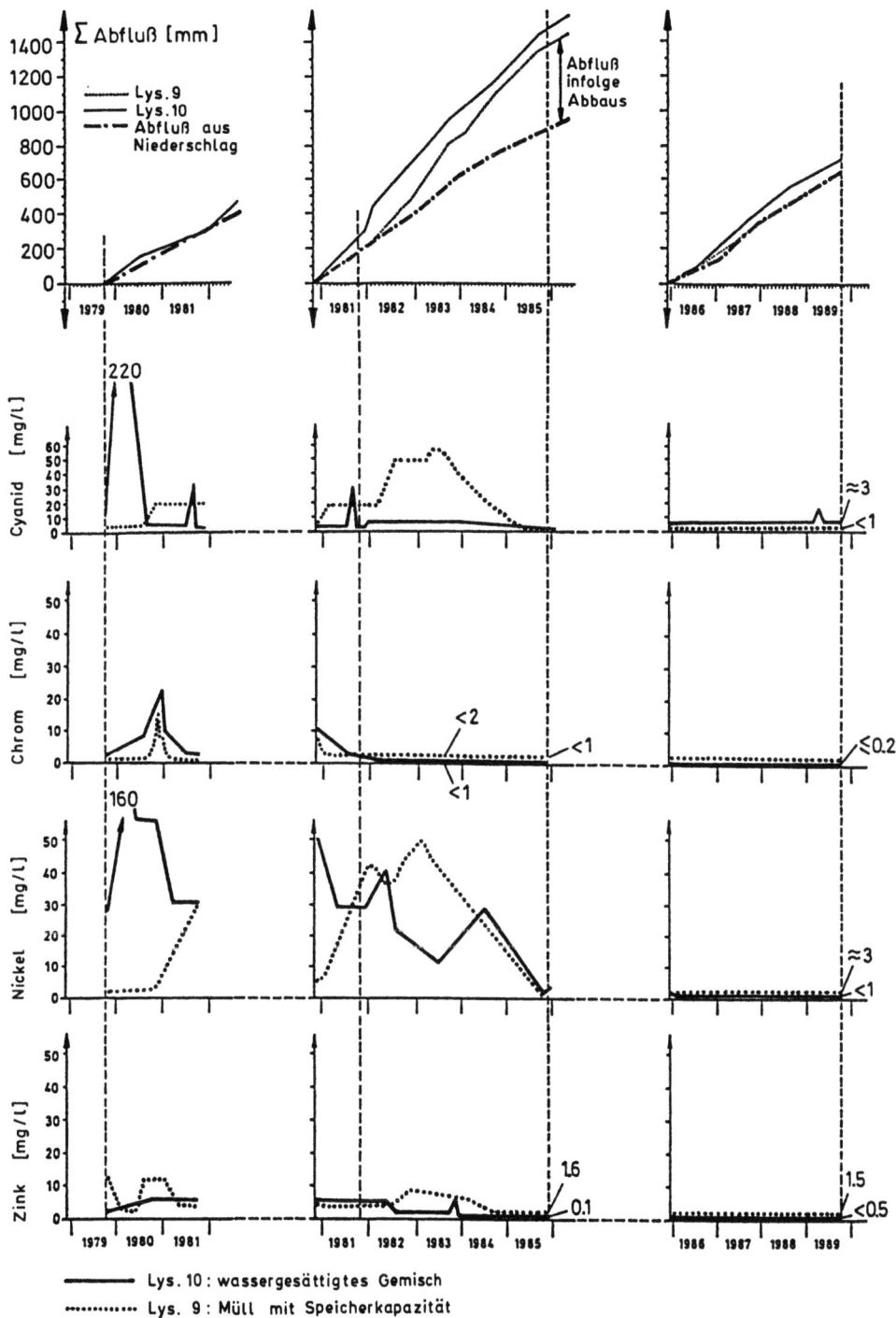

Abb. 6. Zusammenhang zwischen Sickerwasserabfluß, Abbauvorgängen und chemischer Sickerwasserbelastung; hier: Cyanid, Chrom, Nickel, Zink.

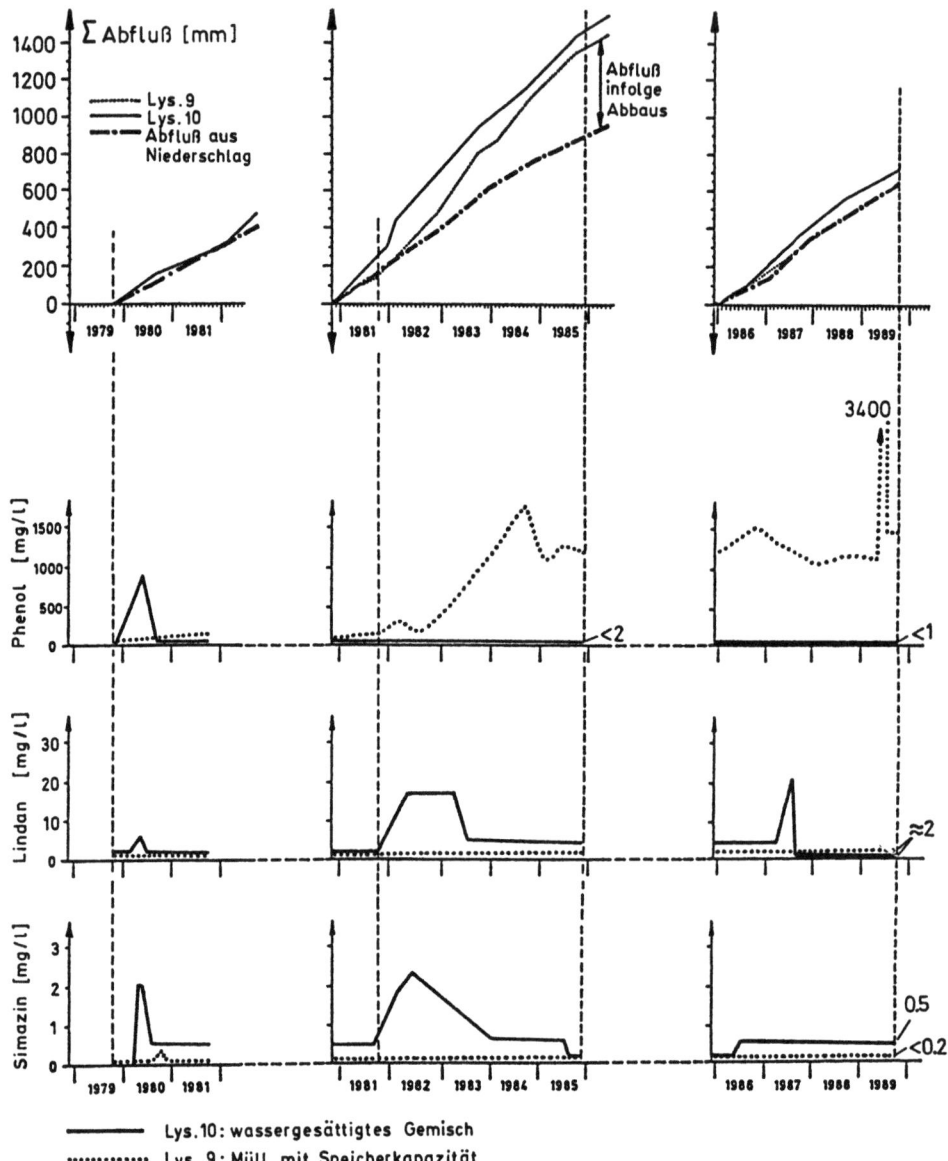

Abb. 7. Zusammenhang zwischen Sickerwasserabfluß, Abbauvorgängen und chemischer Sickerwasserbelastung; hier: Phenol, Lindan, Simazin.

hier besonders untersuchten Stoffe dargestellt:

    Nickel
    Chrom        Galvanikschlamm
    Zink

    Cyanid
    Phenol (als Phenolindex)

    Lindan
    Simazin      organische Chemikalien

Die Ergebnisse zeigen eindeutig, daß - abgesehen von Anfangsspitzen - in der Speicherphase das Sickerwasser wenig belastet wird. Erst wenn der Speicher gesättigt und teilweise biochemisch abgebaut wird, werden mit dem gespeicherten Wasser aus kleinen Poren belastende Stoffe ausgetragen.

Zur Antwort auf die z. Z. diskutierten Fragen, ob Schadstoffe aus alten Deponien ausgewaschen werden können und ob unter aeroben oder anaeroben Bedingungen höhere Belastungen zu erwarten sind, kann folgender Beitrag abgeleitet werden:
- Cyanide sind aus aeroben Ablagerungen in höheren Raten mobilisierbar als in anaeroben Deponien. Sie wurden in geringer Konzentration auch in Sickerwässern des "unbelasteten Mülls" gemessen, sind also typisch für den aeroben Abbau.
- Phenole (gemessen als Phenolindex) werden aus anaeroben Ablagerungen mobilisiert. Sie werden auch im Sickerwasser aus "unbelastetem Hausmüll" gemessen, sind also typisch für den anaeroben Abbau.
- Schwermetalle werden unter beiden Bedingungen ausgetragen, wenn eine hohe Belastung (z. B. Galvanikschlamm) vorliegt.
- Adsorbierte organische Chemikalien sind voraussichtlich remobilisierbar, wenn sie nicht abgebaut werden.

Der Abbau chlorierter, ringförmiger Kohlenwasserstoffverbindungen in der Methanphase wurde im Labor nachgewiesen (Inst. Fresenius, Wiesbaden und Inst. f. Siedlungswasserwirtschaft, TU Braunschweig).

## 4. FOLGERUNGEN FÜR DIE ÜBERWACHUNG ALTER ABLAGERUNGEN UND DEN KÜNFTIGEN DEPONIEBETRIEB

Die Messungen an allseitig kontrollierbaren Deponieausschnitten bestätigen die älteren Messungen im Grundwasserabstrom von Deponien, nach denen die organische Substanz den Rückhalt umweltbelastender Stoffe erheblich fördert. Sie zeigen außerdem, daß mit fortschreitendem Abbau der organischen Substanz zwar die organische Masse abnimmt, die Bindungskräfte im Restmüll aber zunehmen. Insgesamt konnte weder für den anaeroben Abbauweg im basischen Bereich (Methanphase) noch für den aeroben Abbau Nachteile im Vergleich zum Ausgangsmaterial nachgewiesen werden. Teilweise wurde eine Zunahme der Bindungskräfte erkennbar.

Neu ist die Erkenntnis, daß nicht abgebaute und nicht stabil festgelegte Stoffe zu einem großen Teil remobilisierbar sind, sobald das Sickerwasser nicht nur in bevorzugten Bahnen abfließt, sondern auch das feinporige Material durchströmt. Besonderen Anteil an diesem Vorgang hat der umfangreiche Abbau organischer Substanz, weil dadurch das im feinporigen Material gespeicherte Wasser freigesetzt wird.

Für die Überwachung sowohl alter Ablagerungen als auch neuer Deponien mit üblichem Betrieb ist aus diesen Messungen an Deponieausschnitten zu schließen, daß die für die Umweltbelastungen maßgebenden Stoffe voraussichtlich erst nach Ende des Betriebes auftreten werden. Während des Betriebes wird in der Regel mehr Speicherkapazität eingebaut als durch Niederschlag gesättigt und biochemisch abgebaut werden kann, so daß in dieser Zeit nur ein kleiner Teil des belasteten Feinmaterials durchströmt wird. Eine sorgfältige Überwachung der Sickerwässer ist deshalb so lange noch nach Abschluß der Deponie erforderlich, wie nicht sicher eine Remobilisierung von Belastungen ausgeschlossen werden kann. Dazu sind abflußproportional genommene Sammelproben erforderlich.

Mit Stichproben sind die maßgebenden Frachten nur zufällig erfaßbar, weil der Abfluß des u. U. hoch belasteten Wassers der feinen Poren auf ungünstige hydraulische Bedingungen beschränkt sein kann, die nach Termin und Umfang nicht vorhersehbar sind (z. B. Schneeschmelze trifft auf gesättigtes Speichervolumen).

Dicht sperrende Abdeckungen gegen den Niederschlag verschieben zeitlich das Problem, lösen es aber nicht. Werden dagegen die Abfälle unter der Sperre kontrolliert bewässert, werden die Remobilisierungen beherrschbar und können innerhalb einer gezielten Behandlung gelöst und zumindest reduziert werden, soweit nicht die Schadstoffe in Behältern abgelagert wurden. Untersuchungen zu dieser Frage werden z. Z. am Leichtweiß-Institut der TU Braunschweig durchgeführt.

Für die künftigen Betrieb von Deponien ist aus den Stoffbilanzen und der Bindungskapazität zu schließen, daß der biochemische Abbau gezielt und beherrschbar vor der Verdichtung durchgeführt werden sollte. Dadurch wird die Mobilisierung infolge Abbauvorgängen im Deponiekörper vermieden. Sofern zur Vorbehandlung zumindest in der Anfangsphase geschlossene Reaktoren eingesetzt werden, besteht nachweislich auch die Möglichkeit, Chemikalien - z. B. Chlorphenol - biochemisch gezielt abzubauen. Da das biochemisch abgebaute Material ohne grobe Hohlräume mit hoher Dichte abgelagert werden kann, wird der Abfall nach der Verdichtung nur noch langsam durchsickert. Werden im Deponiekörper langzeitig dauerhafte und reparierbare Entwässerungsschlitze als bevorzugte Sickerbahnen gezielt eingebaut, ist eine spätere hydraulische Mobilisierung von Schadstoffen weitgehend ausgeschlossen, ohne daß der Abbau der organischen Substanz bis zu naturähnlichen Reststoffen durch Wassermangel behindert wird. Die Abdeckung ist für dieses System wasserhemmend mit hoher Verdunstung durch Bewuchs, aber nicht wassersperrend auszuführen.

## 5. BIBLIOGRAPHIE

Alyanak, I., G. C. W. Gay, K. F. Henke, G.Rettenberger, O. Tabasaran (1981). Teil B: Schlammkennwerte. In: Gay et al. (1981).

Collins, H.-J. u. H.-G. Ramke (1986). Einfluß der Entwässerung (Setzung) auf die Nutzungsdauer von Deponien gemischter Abfälle. Hannover: Technische Informationsbibliothek.

Frimmel, F. H. und M. Weis (1990). Ageing Effects of Highmolecular Weight Organic Acids which can be isolated from Landfill Leachates. Beitrag zur IAWPRC-Konferenz in Kyoto.

Gay, G. CH. W., K. F. Henke, G. Rettenberger, O. Tabasaran (1981). Standsicherheit von Deponien für Hausmüll und Klärschlamm. Bielefeld: Erich Schmidt Verlag, ISBN 3 - 503 - 01399-7

Golwer, A., G. Matttheß und W. Schneider (1970). Selbstreinigungsvorgänge im aeroben und anaeroben Grundwasserbereich. Vom Wasser 37, S. 61 - 90.

Gorbach, H., H.-H. Rump u. W. Schneider (1986). Chemische Analysen. In: Spillmann (Hrsg.) (1986).

Herklotz, K. (1985). Sorptions- und Mobilitätsverhalten von ausgewählten Pestiziden in Hausmüll, Böden und Porengrundwasserleitern. Hannover: Universität Hannover, Diss. am Fachbereich Gartenbau.

Nöring, F., A. Golwer und G. Mattheß (1965). Auswirkungen von Industrie- und Hausmüll auf das Grundwasser. Mens. Congr. Int. Ass. Hydrogeologie 7, S. 165 - 171.

Spillmann, P. (1988). Einflüsse verschiedener Deponietechniken einwohnergleicher Müll- und Klärschlammassen auf die Nutzungsdauer von Abfalldeponien. Braunschweig: Mitteilungen des Leichtweiß-Institutes für Wasserbau der TU Braunschweig, H. 96, ISSN 0343-1223.

Spillmann (Hrsg.) (1986). Wasser- und Stoffhaushalt von Abfalldeponien und deren Wirkungen auf Gewässer. Weinheim: VCH-Verlag, ISBN 3-527-27121-X.

Spillmann, P. u. H.-J. Collins (1978). Einfluß eines Sickerwasserkreislaufes aufden Wasserhaushalt eines rottenden, ländlichen Hausmülles. Müll und Abfall 10 (11), S. 331 - 339.

Spillmann, P. (1989). Die Verlängerung der Nutzungsdauer von Müll- und Müll-Klärschlammdeponien. Abfallwirtschaft in Forschung und Praxis, H. 27. Berlin: Erich Schmidt Verlag, ISBN 3503 028080

# STRATEGIEN ZUR ERKUNDUNG DER SCHADSTOFFBELASTUNG UND DES GEFÄHRDUNGSPOTENTIALS EINER ALTLAST

MARTIN ZARTH

UMWELTBEHÖRDE HAMBURG, AMT FÜR ALTLASTENSANIERUNG
Amelungstraße 3, D-2000 Hamburg 36, FRG


Der überwiegende Anteil der Analysedaten, die bei der Untersuchung von Altlasten produziert werden, dient der Abschätzung des Vorkommens der Schadstoffe sowie deren zukünftiger Ausbreitung in die Umgebung der Altlast. Dies ist eine der entscheidenden Grundlagen für die Abschätzung des Gefährdungspotentials, das selbst wiederum die Entscheidung über Sanierungsmaßnahmen mitbestimmt.

Soweit Schadstoffvorkommen und -ausbreitung Gegenstand der Untersuchungen sind, stellt sich die Altlast als ein dreidimensionales Transportsystem dar, in dem sich die Schadstoffe aufgrund einer Vielzahl von Prozessen ausbreiten. Um eine systematische Untersuchung eines solchen, meist sehr komplexen Systems zu ermöglichen, sollte die Altlast incl. ihrer Umgebung zunächst räumlich in Kompartimente untergliedert werden, wie z. B. der Müllkörper selbst, die ungesättigte Bodenzone, der Grundwasserbereich und die Atmosphäre. Die Kompartimente sebst sind wiederum aus einer einzigen oder aber aus mehreren, sich durchdringenden festen, flüssigen oder gasförmigen Phasen aufgebaut. Die verschiedenen Diffusions- und Strömungsprozesse laufen eng an diese räumlich Struktur geknüpft sowohl innerhalb der einzelnen Phasen als auch an deren Grenzflächen ab.

Man kann oft recht gut zunächst die Prozesse in jedem einzelnen Kompartiment untersuchen und aus deren Zusammenwirken dann den Gesamttransport abschätzen. Eine andere Strategie besteht darin, die vor Ort festgestellten Ganglinien der Schadstoffkonzentrationen in die Zukunft zu extrapolieren. Die verläßlichsten Aussagen erhält man allerdings erst, wenn man beide Strategien kombiniert einsetzt, indem man aus den gemessenen Ganglinien auf die zugrundeliegenden Prozesse schließt und aus beidem die Vorhersagen ableitet.

Die EDV-Hilfsmittel sollten alle drei Untersuchungsstrategien optimal unterstützen. Es wird vorgeschalgen, für jede Altlast eine eigene Datenbank mit jeweils gleicher Struktur anzulegen. Diese Bank sollte entsprechend den verschiedenen Datentypen in fünf Bereiche unterteilt sein. In die Datenbank können die oft über langen Zeiträume anfallenden Daten sukzessive eingelesen werden. Dadurch wird jederzeit ein flexibler Zugriff auf den gesamten Datenbestand möglich. Für die Datenauswertung sollten dem Sachbearbeiter mehrere Graphik- und Statistik-Programme baukastenartig zur Verfügung stehen. Außerdem können Simulationsmodelle in einigen Teilbereichen eingesetzt werden, in denen die erforderlichen Voraussetzungen gegeben sind.

Abb. 1: Ablaufschema für die Auswertung der Untersuchungsdaten

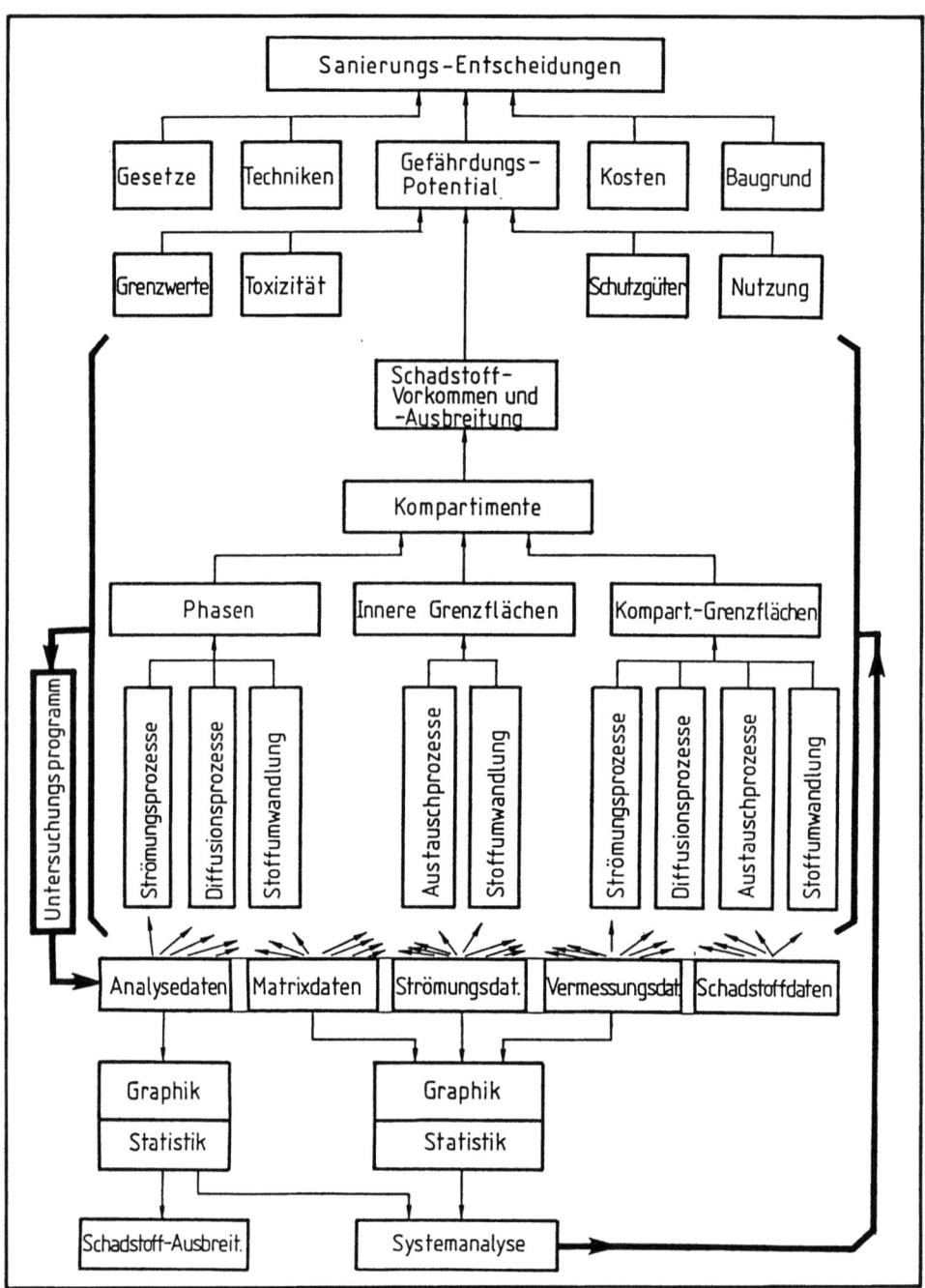

**METHODENVERGLEICH BEI DER IN-SITU MESSUNG DER GEBIRGSDURCHLÄSSIGKEIT IN BOHRUNGEN UND GRUNDWASSERMEßSTELLEN**

Michael Bruns, Geo-Infometric/Niedersachsen, Richthofenstraße 29, D-3200 Hildesheim

## 1. EINLEITUNG

Bei hydrogeologischen Untersuchungen im Zusammenhang mit Altlasten, Deponien und industriellen Altstandorten werden in zunehmenden Maße Verfahren zur Messung der Untergrunddurchlässigkeiten in einzelnen Bohrungen bzw. Grundwasserleitern eingesetzt (Bestimmung von $K_f$-Wert bzw. Transmissivität der geologischen Barriere). Aus der Vielzahl der eingesetzten Tests werden im folgenden einige aufgezählt:
Drill - Stem - Test (DST), Pulse-Test, Einschwingverfahren, WD - Test, Slug / Bail - Test, Auffüll - Test, Pumpversuch / Wiederanstieg, Open - End - Test

## 2. VERGLEICH DER VERFAHREN

Drill-Stem-Test, Pulse-Test und WD-Test benötigen einen Teststrang mit Einzel- oder Doppelpackern, der mit Bohrgestänge in das Bohrloch abgelassen wird. Aus diesem Grund werden diese Tests in der Regel während oder unmittelbar im Anschluß an die Bohrarbeiten durchgeführt. Durch den hohen technischen Aufwand und die zusätzlichen Stillstandszeiten des Bohrpersonals entstehen hohe Kosten.

Open-End-Tests werden während der Bohrarbeiten in Lockersedimenten zur groben Abschätzung der Durchlässigkeiten bestimmter Horizonte eingesetzt. Der Test ist einfach durchzuführen. Kosten entstehen vor allem durch Stillstandszeiten des Bohrpersonals. Ein Nachteil besteht vor allem darin, daß nur sehr kleine Schichtabschnitte erfaßt werden.

Slug/Bail-Tests mit Verdrängungskörper, Auffüll-Test (im Prinzip ein Slug-Test) und das Einschwingverfahren zeichnen sich durch einen geringeren apparativen Aufwand, hohe Mobilität und geringe Personalkosten bei für die Praxis hinreichend genauen Ergebnissen aus. Dadurch wird bei relativ geringem Kostenaufwand eine flächendeckende Untersuchung der Untergrunddurchlässigkeiten möglich. Ein weiterer Vorteil des Verfahrens mit Verdrängungskörper ergibt sich, vor allem bei kontaminierten Grundwässern, aus der Tatsache, daß dem Aquifer weder Wasser zugeführt noch entnommen wird.

Bei guten bis sehr guten Durchlässigkeiten werden Pumpversuche als Einbohrloch-Test eingesetzt, da sie in diesen Bereichen höhere Genauigkeiten aufweisen. Des weiteren finden Pumpversuche in Verbindung mit Grundwasserprobennahmen Verwendung. Bei einer hohen Förderrate ist der apparative Aufwand ungünstig (große Pumpe, Energieversorgung). Probleme ergeben sich auch mit der Ableitung ggf. kontaminierten Wassers.

Zur Aufzeichnung und Auswertung der Versuchsdaten von Slug- und Bail-Tests bzw. Pumpversuchen wurde ein spezielles EDV-Programm entwickelt. Die Wasserspiegeländerungen werden mit Hilfe eines tragbaren Computers mit angeschlossenem Druckaufnehmer registriert. Die Ablesegeschwindigkeit ist einstellbar und wird nach manueller Voreinstellung im Dialogsystem softwaremäßig dem Testverlauf angepaßt. Bestehende Grundwassermeßstellen lassen sich ebenso testen wie offene Bohrlöcher. Mit Hilfe von Einzel- und Doppelpackern lassen sich Bohrungen auch abschnittsweise untersuchen.

Dieses Programm hat sich auch zur Steuerung und exakten Dokumentation von Grundwasserprobennahmen bewährt. So werden neben der Druckänderung simultan durch Meßsonden auch die physikochemischen Parameter Temperatur, Sauerstoffgehalt, pH-Wert und Leitfähigkeit aufgezeichnet. Die Messung erfolgt in einer speziell konstruierten Durchflußzelle. Die genannten Parameter werden in einem Plot als Ganglinie ausgegeben. Nach Abschalten der Förderpumpe kann über den Wiederanstieg die Permeabilität des Grundwasserleiters ermittelt werden.

## 3. AUSWERTUNG DER MEßDATEN

Die gespeicherten Daten werden programmtechnisch gefiltert und für die Auswertung des Slug/Bail-Tests in eine normierte, einfach- und doppeltlogarithmische Darstellung überführt. Anschließend erfolgt eine rechnergestützte Anpassung an unterschiedliche Typkurven. Für die Auswertung des Pumpversuchs werden die Daten in eine normierte, einfachlogarithmische Form überführt. Aus der Steigung der Geraden werden die Permeabilitätswerte ermittelt.

REGULATIONSMECHANISMEN DER SPURENMETALLÖSLICHKEIT BEIM ANAEROBEN ABBAU
FESTER KOMMUNALER ABFÄLLE

S. Peiffer[1], K. Pecher[2] und R. Herrmann[2]

[1] Limnologische Forschungsstation der Universität Bayreuth
[2] Lehrstuhl für Hydrologie, Universität Bayreuth,
Postfach 101251, 8580 Bayreuth

1. EINLEITUNG
Das Poster diskutiert die Bedeutung biogeochemischer Prozesse während des
anaeroben mikrobiellen Abbaus fester kommunaler Abfälle für die Mobilisierung der abfallbürtigen Schwermetalle Eisen, Zink, Cadmium, Blei und Kupfer. Im weiteren wird der Einfluß von gemeinsam mit Hausmüll abgelagertem
cadmiumhaltigen Klärschlamm auf die Mobilität der Metalle dargestellt sowie die Auswirkung von Sauerstoffzufuhr zu anaeroben Schlämmen diskutiert.

2) EXPERIMENTELLES
Die Untersuchungen wurden experimentell mit Hilfe einer zu diesem Zweck
konzipierten Laborsimulationsanlage durchgeführt. Diese Anlage erlaubt die
kontinuierliche Messung wichtiger Systemvariablen, z.B. pH-Wert, in einem
mit kommunalem Abfall gefüllten wassergesättigten Bioreaktor, dessen Sikkerwasser kontinuierlich umgewälzt wurde. Zusätzlich besteht die Möglichkeit der regeltechnischen Kontrolle dieser Sytemvariablen.

3) ERGEBNISSE UND DISKUSSION
Besondere Bedeutung kommt der Konzentration an $H_2S$ im Sickerwasser zu,
welches die Metallionen als Metallsulfid ausfällt. Je geringer die Konzentration an $H_2S$, desto eher ist es im Sickerwasser gelösten Komplexbildnern möglich, mit Metallionen eine Verbindung einzugehen und sie somit in
Lösung zu bringen. Mit Hilfe des $pH_2S$-Wertes ($pH_2S = -\lg a(H_2S)$ ), einer
dem pH-Wert analogen Meßgröße, die man mit einer $pH_2S$-Elektrode (INGOLD)
erfassen kan, läßt sich die $H_2S$-Aktivität leicht *in-situ* messen. Es ist
möglich $pH-pH_2S$-Diagramme zu konstruieren (analog den $pH-E_h$-Diagrammen),
die es erlauben, mit Hilfe der beiden Meßgrößen pH und $pH_2S$ vorherzusagen, welche Metallverbindung in Anwesenheit von $H_2S$ dominiert. Das
aus Experimenten abgeleitete $pH-pH_2S$-Diagramm für Eisen (Abb. 1a) zeigt,
daß die während der sauren Phase des anaeroben Abbaus organischer Substanz
auftretenden Fettsäuren in der Lage sind, auch bei hohen $H_2S$-Konzentrationen Eisen aus der festen Eisensulfidphase auszulaugen. Im Gegensatz
dazu wird die Löslichkeit von Cadmium (Abb. 1b) und Zink durch Bisulfidkomplexe bestimmt. Fettsäuren spielen als Komplexbildner weder für $Cd^{2+}$-
noch für $Zn^{2+}$-Ionen eine Rolle. Für $Pb^{2+}$- und $Cu^{2+}$-Ionen wurde eine starke
Konkurrenz eines unbekannten selektiven Komplexbildners gegenüber dem Sulfidion gefunden mit sehr hohen Stabilitätskonstanten ( > $10^{14}$ mol/l). Infolgedessen wurden unerwartet hohe Blei und Kupferkonzentrationen in Anwesenheit von $H_2S$ gemessen, die weit über der theoretischen Löslichkeit der
jeweiligen Metallsulfide lagen.
 Die Beimischung von Cd-haltigem Klärschlamm zu den kommunalen Abfällen
führt zu keiner Erhöhung der Cadmiumkonzentration im anaeroben sulfidischen System. Dies bedeutet, daß auch in diesem Fall die Fixierung von Cd

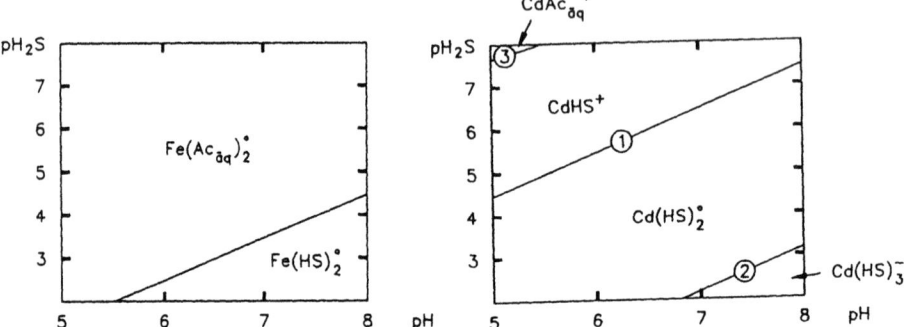

Abb. 1: pH-pH$_2$S-Diagramm zur Vorhersage der Speziation von Eisen- (Abb. 1a) und Cadmiumionen (Abb 1b) im sulfidischen System Müllsickerwasser (Gesamtkonzentration an Fettsäuren 100 mmol/l, aus Peiffer, 1989)

als CdS erfolgt. Gelangt jedoch O$_2$ in dieses System, resultiert eine starke Freisetzung von Cd und Zn aus dem Klärschlamm und induziert eine Reihe geochemischer Folgereaktionen, für die ein Reaktionsmodell aufgestellt wurde (Abb. 2). Der zugeführte Sauerstoff reagiert hauptsächlich mit FeS unter Bildung von SO$_4^{2-}$ und Fe$^{3+}$, wobei letzteres als feste Eisenhydroxidphase ausfällt. Die dabei freiwerdenden Protonen führen im Ionentausch mit der Klärschlammmatrix ganz allgemein zu einer Aufhärtung des Sickerwassers mit Ca$^{2+}$- und Mg$^{2+}$-Ionen, im besonderen aber zu einer massiven Freisetzung von Zn$^{2+}$- und Cd$^{2+}$-Ionen aus der mit Cd kontaminierten Klärschlammmatrix.

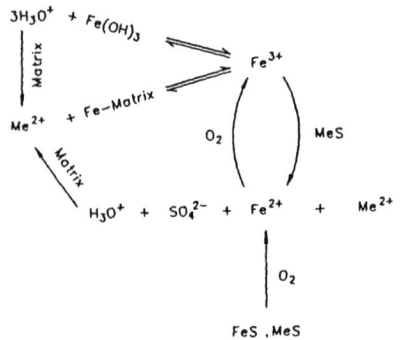

Abb. 2: Modellvorstellung über die Oxidation von Metallsulfiden und die Wechselwirkung zwischen Matrix und den entstehenden Reaktionsprodukten (Peiffer, 1989)

4) SCHLUSSFOLGERUNG

Es zeigt sich, daß alleine die Existenz von H$_2$S noch kein Garant für eine Immobilisierung von Schwermetallionen in anaeroben Schlämmen ist, sondern auch die Existenz von löslichkeitserhöhenden Komplexbildnern zu berücksichtigen ist, deren Wechselspiel in pH-pH$_2$S-Diagrammen diskutiert und mit Hilfe des gemessenen pH$_2$S-Wertes und pH-Wertes abgeschätzt werden kann. Die Zufuhr von O$_2$ und Reoxidation der im Verlauf des anaeroben Abbaus in Schlämmen akkumulierten Reduktantien wie FeS führt zur Remobilisierung fixierter Schwermetallionen.

LITERATUR:
- Peiffer S. (**1989**) Biogeochemische Regulation der Spurenmetalllöslichkeit während der anaeroben Zersetzung fester kommunaler Abfälle. Dissertation, Lehrstuhl für Hydrologie, Universität Bayreuth.
- Peiffer S. (**1990**) Der pH$_2$S-Wert - ein Maß für die Koordinationsbereitschaft von Metallionen in sulfidischen Systemen. Zur Veröffentlichung in "Vom Wasser", Band 75, 1990, akzeptiert.

EXTRAKTIONSVERFAHREN ZUR ABSCHÄTZUNG DER POTENTIELLEN MOBILITÄT VON SCHWERMETALLEN IM BODEN

S. DÜRETH-JONECK, J. REICH

INSTITUT FÜR SIEDLUNGSWASSERWIRTSCHAFT, UNIVERSITÄT KARLSRUHE

## 1. EINLEITUNG

Zur Beurteilung des Gefährdungspotentials durch Schwermetalle in Böden und Standorten von Abfallablagerungen muß deren Mobilisierbarkeit bekannt sein. Mobilisierbar soll hier heißen, daß die Substanzen sowohl pflanzenverfügbar als auch verlagerbar sind oder aufgrund der Umgebungsbedingungen in diesen Zustand gelangen können.

Die Faktoren, die die Bewegung und Festlegung und somit die Bindungsformen von Schwermetallen steuern, hängen von den Metallen selbst ab (Art, Konzentration) und vom Umgebungsmilieu (Bodentyp, Textur, Mineralbestand, organische Substanz, pH-Wert, Redoxverhältnisse, Wassergehalt).

Bislang existieren nur zwei standardisierte Verfahren (DEV S4 und DEV S7), die die wasserlöslichen Anteile bzw. den Gesamtgehalt (außer die silikatisch gebundenen) der Schwermetalle liefern. Beide lassen Größen, die unter natürlichen Bedingungen auf Schwermetalle einwirken, weitgehend außer Acht.

Daneben wurden zahlreiche Vorschläge für sequentielle Extraktionsschemata gemacht, mit denen operationell definierte Bindungsformen ermittelt werden sollen. Die Fülle verschiedenster Ansätze, die bezüglich der verwendeten Extraktionsmittel, deren Konzentration und des Feststoff-Flüssigkeitsverhältnisses variieren, erlauben keine allgemeine Anwendung. Darüberhinaus bieten auch sie keinen Aufschluß über die potentielle Mobilität der Schwermetalle.

## 2. ZIELSETZUNG UND DURCHFÜHRUNG

In der vorliegenden Untersuchung sollten zunächst die bestehenden Verfahren, mit dem Ziel einer Vereinheitlichung, direkt miteinander verglichen werden. Darauf aufbauend sollten im Labor unter kontrollierten Bedingungen die mobilisierend wirkenden Faktoren in Batch- und Säulenversuchen verändert und damit ihre Einflußstärke bestimmt werden. Parallel dazu dienen ungestörte, freidränende Bodenlysimeter im Freiland, als Referenz, die die unter natürlichen Bedingungen erfolgende Mobilisierung liefern. Es soll ein Weg aufgezeigt werden, wie die potentielle Mobilität von Schwermetallen, mit einer Art Zeitraffereffekt, durch einfache Laboruntersuchungen abgeschätzt werden kann.

Jeweils 2g lufttrockener Oberboden von zehn unterschiedlich kontaminierten Standorten wurden mit verschiedenen bindungsspezifischen Reagenzien extrahiert. Die Versuchsdurchführung orientierte sich streng an den in der Literatur vorgegebenen Bedingungen.

In einem zweiten Schritt wurden einzelne Einflußparameter variiert: Eintrag mechanischer Energie, Verhältnis Feststoff/Flüssigkeit, Art des Elutionsmittels, Temperatur,pH-Wert, Redoxverhältnisse.

## 3. ERGEBNISSE UND DISKUSSION

Die Vorversuche bestätigen die Erwartungen, daß ein hoher Schwermetallgesamtgehalt im Boden einher geht mit den höchsten prozentualen Anteilen an den mobilen Fraktionen (löslich, austauschbar, desorbierbar). Die Tabelle veranschaulicht die elementcharakteristische Verteilung über die Bindungsformen für Pb, Cu und Zn. Sie verdeutlicht auch die kaum übereinstimmenden Ergebnisse innerhalb der Gruppen von Elutionsmitteln, die als spezifisch für Bindungsformen gelten.

Tabelle 1: Pb, Cu, Zn in Eluaten bindungsspezifischer Reagenzien

| Reagenz | Bindungsform | Pb | Cu % | Zn |
|---|---|---|---|---|
| $H_2O$ | löslich | n.n. | n.n. | n.n. |
| $NH_4$-Acetat | austauschbar | 10.7-31.8 | n.n.-1.2 | n.n.-5.2 |
| $CaCl_2$ | austauschbar | 10.7.-31.8 | n.n.-1.2 | n.n.-5.2 |
| $KNO_3$ | austauschbar | n.n. | n.n. | n.n. |
| $NH_4$-Oxalat | absorbiert | n.n.-1.6 | n.n.-34.2 | n.n.-24.8 |
| Acetat | adsorbiert | n.n.-15.9 | n.n.-5.9 | 12.9-42.2 |
| KF | adsorbiert | n.n. | n.n.-10.9 | n.n. |
| EDTA | organisch | 35.3-42.1 | 45.8-62.7 | 24.9-53.3 |
| NaOH | organisch | n.n. | 3.5-44.1 | 2.9-19.3 |
| $Na_2P_2O_7$ | organisch | n.n.-20.5 | 19.3-46.6 | 22.9-52.0 |
| Königswasser | Gesamtgehalt | 100 | 100 | 100 |

n.n.= nicht nachweisbar

Die noch laufenden Vergleichsuntersuchungen zwischen Extraktionen im Labor und den Freilandexperimenten sollen eine weitere Erläuterung dieses Befundes erlauben.

## 4. LITERATUR

Brümmer, G.W., GERTH, J. und Herms, U. (1986): Heavy metal species, mobility and availability in solids. Z. Pflanzenern. u. Bodenkunde 149, 382-398

Förstner, U. (1983):Bindungsformen von Schwermetallen in Sedimenten und Schlämmen: Sorption/Mobilisierung, chemische Extraktion und Bioverfügbarkeit,Fresenius Z. Anal. Chemie 316, 604-611

Herms,U. und Brümmer,G. (1984): Einflußgrößen der Schwermetallöslichkeit und -bindung in Böden. Z. Pfl. u. Bodenk. 147, 400-424

Lake, D.L., Kirk, P.W.W. and Lester, J.N. (1984): Fractionation, characterization and speciation of heavy metals in sewage sludge and sludge-amended soils.A review. J. Env. Quality 13, 2, 175-183.

Sposito, G., Lund, L. and Chang, A. (1982): Zur Untersuchung der Grundwassergefährdung durch abgelagerten Flugstaub aus Steinkohlekraftwerken. Z. Wasser-Abwasser-Forsch. 22, 203-213.

Stover, R.C., Sommers, L.E. und Silviera, D.J. (1976): Evaluation of metals in wastewater sludge. J WPCF 48, 2165-2175.

VERHALTEN EINES ORGANOPHOSPHORPESTIZIDES IN EINEM GESÄTTIGTEN PORÖSEN
MEDIUM : EXPERIMENTELLE VERSUCHE. EINFLUSS DER ZUSAMMENSETZUNG DER FESTEN
PHASE.

PENELLE C.[*,**], EXINGER A.[**], MUNTZER P.[*], ZILLIOX L.[*]

Université Louis Pasteur de Strasbourg
[*] Laboratoire d'Hydrodynamique des Milieux Poreux, Institut de Mécanique
   des Fluides - URA CNRS 854 - 2, rue Boussingault, F - 67000 Strasbourg
[**] Laboratoire d'Hydrologie, Faculté de Pharmacie
   74, Route du Rhin, F - 67401 Illkirch - Cedex.

1. EINFÜHRUNG

Am 1. November 1986, folgend einem Großbrand in einem Lager der Firma
Sandoz, Schweizerhalle (CH) floβ, das mit Phytosanitärprodukten belastete
Löschwasser, in den Rhein. Die Untersuchungen des Flußwassers bewiesen das
Vorhandensein einer Insektenvernichtungsverbindung, Disulfoton. Diese
Substanz wirkt als Acetylcholinesterase hemmend. Seine Wasserlösichkeit
(20°C) ist 25 mg pro Liter und seine Stabilität ist bezüglich hoch
(Halbwertszeit : 1.4 Jahre, pH = 7). Sein Werden im Fluß wurde von
verschiedenen Autoren studiert (CAPEL et al. 1988, Mossman et al. 1988).

Bezüglich der hohen Giftigheit dieser Verbindung liegt unser Interesse an
der Übertragungsgefahr vom Fluß in das Grundwasser, welches im Elsaß die
Hauptquelle an Trinkwasser ist. (Penelle 1987, Penelle et al. 1989).

Dieser Aussicht nach, wurden Disulfoton Wasserlösungen durch eine mit
natürlichem Quarzsand gefüllte Saüle geführt. Die Wasserlösungen wurden
gaschromatographisch bestimmt. (Kapilarsaüle, thermoionische Detektion).

2. ERGEBNISSE UND AUSLEGUNGEN

Der Versuchssand ohne weitere Aufbereitung hält Disulfoton nicht zurück,
welches als Tracer des Wassers wandert (Abb. 1).

Nach Auswaschen der auf den Sandkörnern fixierten Tone erscheint ein
Zurückhalten der Disulfotons.

Dieses Zurückhalten wird noch viel Sträker nach Elution der Tone und
Eisen- und Manganoxiden und -hydroxiden. In diesem Fall bringt die
Beimischung von Natriumchlorid oder von Atrazin keine beachtliche Änderung.
Versuche mit verschiedenen Konzentrationen an Disulfoton zeigen eine
Verzögerung der Elution für die geringeren Konzentrationen (Abb. 2). Eine
Massebilanz zeigt, daß die Menge, die zurückgehalten wird, zirka dieselbe
bleibt.

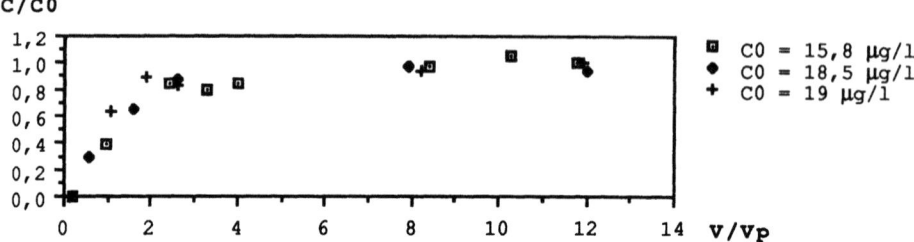

ABBILDUNG 1. Elutionskurven für Disulfotonslösungen durch ein poröses Medium, das aus einem unbehandelten Quarzsand besteht.

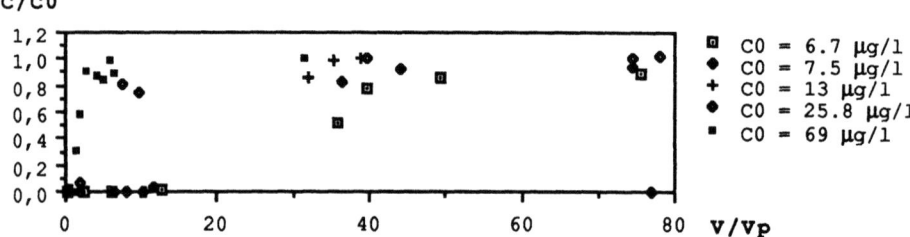

ABBILDUNG 2. Elutionskurven für Disulfotonslösungen durch ein poröses Medium, das aus einem Quarzsand besteht, aus welchem Tone und Eisen und Manganoxide und hydroxide ausgewaschen sind.

3. DANKAUSSPRUCH

Die Verfasser möchten sich bei der Firma Sandoz AG für finanzielle Unterstützung bedanken.

4. LITERATUR

Capel, P.D., Giger, W., Reichert, P., and Wanner, O. (1988). Accidental input of pesticides into the Rhine River. Environ. Sci. Technol. 22 : 992-997.

Mossman, D.J., Schnoor, J.L., and Stumm, W. (1988). Predicting the effects of a pesticide release to the Rhine River. Journal WPCF. Vol 60. N° 10 : 1806-1812.

Penelle, C., Behra, Ph., Exinger, A., Muntzer, P., and Zilliox, L. (1989). Transport of organophosphorus pesticides (Disufoton, Etrimfos) through saturated porous media. International symposium on contaminant transport in groundwater; Stuttgart. 4-6 april 1989. Kobus & Kinzelbach (eds) Balkema, Rotterdam : 147-151.

Penelle, C. (1990). Comportement d'un pesticide organophosphoré au cours de sa propagation en milieu poreux saturé. Thèse de l'Université Louis Pasteur de Strasbourg. Soutenance prévue en juillet 1990.

Sandoz Documents. (1986). Sandoz AG. Agro Entwicklung. Analytische Chemie. Basel.

Schwarzenbach, R. (1988). Quality control of groundwater. 9th International Course on Groundwater Management. ETH Hönggerberg Zürich (CH) March 7-11.

EINFLUβ ORGANISCHER SUBSTANZEN UND DER ANORDNUNG VON PROBEENT-
NAHMESTELLEN IN GRUNDWASSERLEITERN AUF DIE REPRÄSENTANZ DER
MEβWERTE

K. MÜNNICH
Leichtweiβ-Institut der Technischen Universität Braunschweig,
Beethovenstr. 51a, 3300 Braunschweig


1. PROBLEMATIK
   Im Rahmen des DFG-Schwerpunktes "Schadstoffe im Grundwasser"
werden am Leichtweiβ-Institut in 4 künstlichen Aquiferen (Abb.
1) das Transport- und Abbauverhalten von typischen Inhaltsstoffen aus Deponiesickerwässern untersucht (s.a. Collins, 1988).
Durch die Bilanzierung der Eingangs- und Ausgangsfrachten wurde
festgestellt, daβ die heute üblichen Meβmethoden und Probeent-
nahmetechniken für organisch stark belastete Grundwässer zu
einer erheblichen Fehleinschätzung der wirklichen Belastung
führen können.

2. VERSUCHSDURCHFÜHRUNG
   In den Grundwassergerinnen wurden Markierungsversuche mit
Lithiumchlorid durchgeführt. Durch die Zugabe von Müllsickerwasser wurde eine organische Belastung des Grundwassers hervorgerufen. Es wurden Entnahmesonden entwickelt, die eine gleichzeitige Probenahme aus verschiedenen Tiefen ermöglichen (Abb.
2). Von diesen Sonden wurden 4 im Abstand von 50 cm vor den
festinstallierten, linienförmigen Entnahmen eingebaut, so daβ
sich ein rasterförmiges Entnahmeschema ergab.

3. ERGEBNISSE
   Aus dem Verlauf und der Auswertung der Tracerdurchgangskurve
(Abb. 3) wird erkennbar, daβ durch die organische Belastung:
- Ein Tracer, der im Grundwasser zu einer korrekten Ermittlung
  von Abstandsgeschwindigkeiten führt, beim Vorhandensein
  einer organischen Belastung stark retardiert wird.
- Die Dispersivität - eine Kenngröβe für einen Aquifer - ist
  viel geringer als sie aufgrund des Bodenmaterials sein
  sollte.
Durch die Verdichtung des Probenahmenetzes wurde folgendes
festgestellt (Abb.4):
- In Grundwasserleitern, deren Korngerüst homogen aufgebaut
  ist, bilden sich räumlich eng begrenzte Flieβwege und
  Stromfäden aus, deren Konzentrationen erheblich von der
  groβräumigen Strömung abweichen können.
- Mit einer zur Zeit üblichen Entnahmemethode können solche
  unregelmäβigen Konzentrationen nicht zutreffend erfaβt werden.

4. FOLGERUNGEN
   Die eingesetzten Markierungsstoffe müssen der organischen
Belastung angepaβt sein, um den Aquifer zutreffend beschreiben

zu können. Bei einem punktförmigen Stoffeintrag müssen, um eine repräsentative Probe zu erhalten, die Abstände der Sonden so eng sein, daß sich die Probenahmebereiche berühren.

## 5. LITERATUR

Collins, H.-J. (1988): Untersuchungen über Umsetzungs- und Transportprozesse in belasteten Grundwasserleitern unter kontrollierbaren Randbedingungen.
In: Altlastensanierung '88 (Wolf,K.; v.d. Brink, W.J.; Colon, F.J.; (Hrsg.). Kluwer Academic Publishers

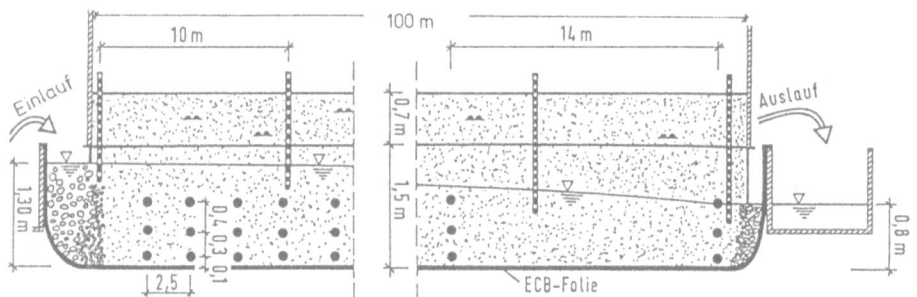

Abb.1:Längsschnitt durch ein Gerinne

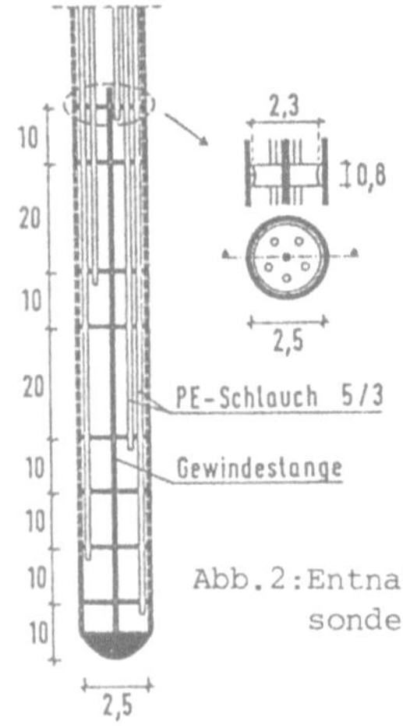

Abb.2:Entnahmesonde

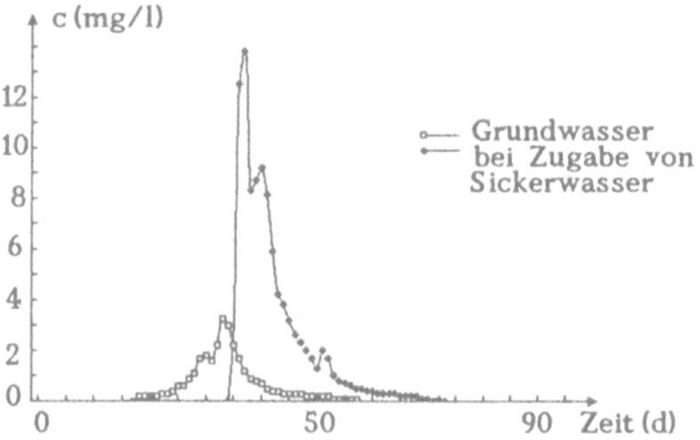

Abb.3:Tracerdurchgangskurve

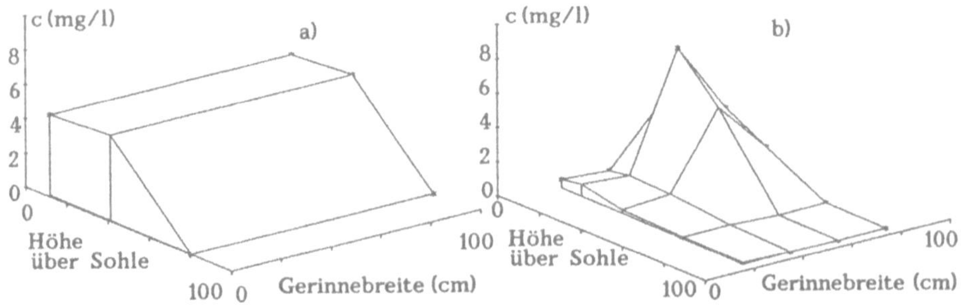

Abb.4;Stoffverteilung bei a)linienförmiger und b)rasterförmiger Entnahme

PESTIZIDAUSLAUGUNG DURCH HETEROGENE UNGESÄTTIGTE BÖDEN

S.E.A.T.M. VAN DER ZEE UND F.A.M. DE HAAN

SOIL SCIENCE & PLANT NUTRITION, AGRICULTURAL UNIVERSITY WAGENINGEN, NL.

1. EINFÜHRUNG

Screening-Modelle für Pestizide, die z.B. zur Abschätzung der Grundwassergefährdung durch Auslaugung eingesetzt werden, benötigen als Eingabe normalerweise die mittleren Fließgeschwindigkeiten (v) und die Retardierungsfaktoren (R). Es ist bekannt, daß sowohl v als auch R im allgemeinen räumlich variabel sind. So führen zufällige Variationen des organischen Kohlenstoffgehalts ($O_c$) zur zufälligen Verteilung von R, da die Pestizidadsorption angemessen durch

$$s = k\, O_c\, c^n; \quad R = 1 + \rho\, s(c_0)/c_0\theta \qquad (1)$$

beschrieben werden kann, wobei k und n Parameter sind ($0 < n \leq 1$), $\rho$ die Trockenrohdichte, $\theta$ die Bodenfeuchte (relativer Bodenwassergehalt bezogen auf das Gesamtvolumen) und $c_0$ die Zulaufkonzentration für eine Säule ist, die anfänglich keine Pestizide enthält. Vernachlässigt man die Porengrößenverteilung [Van der Zee und Van Riemsdijk, 1987], die eine Einflußgröße von sekundärer Bedeutung darstellt, dann wird die Pestizidfront beschrieben durch

$$c(z,t) = c_0 \exp(-\mu z\theta/K(\theta)); \quad t > Rz\theta/K(\theta) \qquad (2)$$

und Null sonst (dabei ist $\mu$ der Geschwindigkeitskoeffizient, $K(\theta)$ die hydraulische Leitfähigkeit und z die Tiefe).

2. RÄUMLICHE VARIABILITÄT

Wenn nur der Fluß (K) räumlich variabel ist, während $\theta$ konstant bleibt (0,14), dann wird die über das Feld gemittelte Konzentration ($\bar{c}$) nicht mehr durch (2) gegeben, wie Abbildung 1 zeigt. Die Streuung von v führt statt dessen dazu, daß für $\bar{c}$ gilt

$$\bar{c}(z,t) = c_0 - \int_0^{c_0} F_c\, d\bar{c} \qquad (3a)$$

$$F_c = \frac{1}{2}\left\{ erfc\left[\frac{\ln(t)-m}{s\sqrt{2}}\right] + H(t-\beta R)\left(erfc\left[\frac{\ln(R\beta)-m}{s\sqrt{2}}\right] - erfc\left[\frac{\ln(t)-m}{s\sqrt{2}}\right]\right)\right\} \qquad (3b)$$

wobei m und s der Mittelwert bzw. die Standardabweichung von ln($t_r$) sind, während $t_r$ die Verweilzeit (= $Rz\theta/K(\theta)$) ist und für K eine logarithmische Normalverteilung angenommen wurde. Darüber hinaus ist H die Heaviside'sche Stufenfunktion und $\beta = \mu^{-1}\ln(c_0/\tilde{c})$. Mit den von Van Ommen et al. [1989] angegebenen Parameterwerten für den Fluß führt dies zu den Kurven der Abbildung 1, wenn man R = 25,6 und $\mu$ = 0,92 (Jahr$^{-1}$) setzt. Daraus folgt, daß die Heterogenität des Flusses im Vergleich zu dem Fall, daß diese Variabilität vernachlässigt wird, zu einem beschleunigten Durchbruch führt. Um den Auslaugungsfluß (nach z = L) abzuschätzen, kann man entweder $\tilde{c}(L,t)$ mit der mittleren Perkolationsrate $\bar{K}$ bei dieser Tiefe multiplizieren (Ansatz der residenten Konzentration), oder man mittelt über die lokalen Flüsse (Flußkonzentrationsansatz, wobei der lokale Fluß durch $c(L,t)\cdot K(\theta)$ gegeben ist). Wie Abbildung 2 für fehlenden Zerfall zeigt, unterscheidet sich der zuletztgenannte (richtige) Ansatz vom residenten Ansatz, wenn $K(\theta)$ räumlich variiert. Insbesondere wird der Durchbruch für einen viel früheren Zeitpunkt vorhergesagt, als dies beim Ansatz der residenten Konzentration der Fall ist. Die Ergebnisse der Abbildungen 1 und 2 legen nahe, daß der Pestiziddurchbruch in die gesättigte von der räumlichen Variabilität kontrolliert wird, die deshalb berücksichtigt werden sollte.

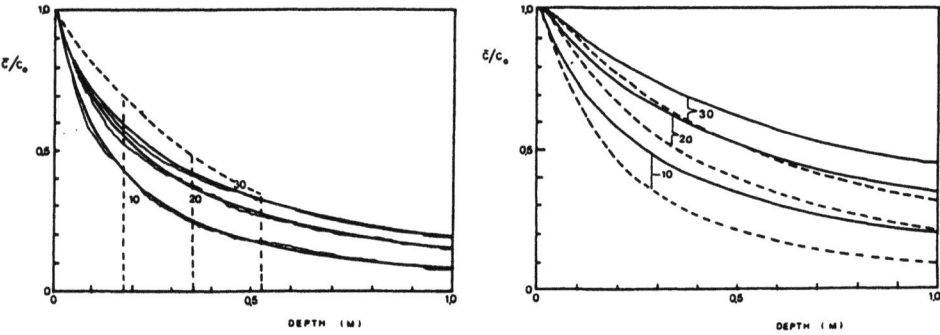

Abbildung 1: Die Fronten von $\tilde{c}(z,t)$ mit Zeitangaben in Jahren - Abb. 1a: durchgezogene Kurven (Glg. 3) und dünne Kurven (Monte-Carlo-Simulation) Gebrochene Kurven mit gemittelten Parametern (Glg. 2). Abb. 1b: dasselbe bei fehlendem Zerfall (CV(R) = 1 durchgezogene und CV(R) = 0 gebrochene Kurven).

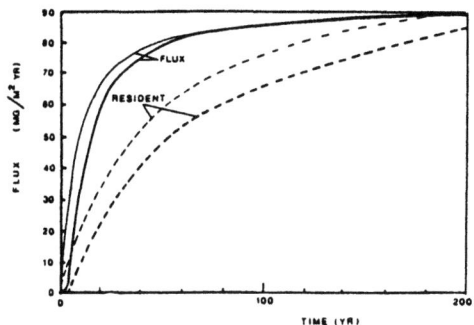

Abbildung 2: Durchbruchkurven für v stochastisch und R = 25,6 (dünne Kurven), bzw. für v und R beide stochastisch (CV(R) = 1) bei fehlendem Zerfall. Siehe Text.

## 3. BIBLIOGRAPHIE
Van Ommen, H.C., J.W. Hopmans und S.E.A.T.M. van der Zee, Prediction of solute breakthrough from scaled soil physical properties (Vorhersage des Lösungsdurchbruchs anhand skalierter physikalischer Bodeneigenschaften), J. Hydrol., 105, 63-273, 1989

Van der Zee, S.E.A.T.M. und W.H. van Riemsdijk, Transport of reactive solutes in spatially variable soil systems (Transport von reaktiven Lösungen in räumlich variablen Bodensystemen), Water Resour. Res., 23, 2059-2069, 1987

## Stofftransport in holozänen Marschenablagerungen
### - Experimentelle Untersuchungen und mathematische Modelle -

W. Schneider, A. Baermann, P. Döll und W. Neumann

Geologisches Landesamt Hamburg, Oberstraße 88, 2000 Hamburg 13

Holozäne Marschenablagerungen sind im Küstenbereich Norddeutschlands weit verbreitet und bilden meist die untere, natürliche Basisabdichtung von Deponien und Altstandorten zum Schutz der oberflächennahen Grundwasserleiter. Die Wirksamkeit dieser marinen Ablagerungen als Schadstoffbarriere kann nur beurteilt werden, wenn alle relevanten Transportmechanismen und deren Parameter durch Labor- und Feldversuche bestimmt und mit mathematischen Stofftransportmodellen ausgewertet werden. Nur auf diesem Wege können seriöse Aussagen und Prognosen zur langfristigen Schadstoffverlagerung in geringdurchlässigen Böden getroffen werden. Eine Übertragbarkeit dieses Untersuchungskonzeptes auf technische Dichtungsschichten ist gegeben.

Im Bereich der Deponie Georgswerder lassen sich die unterlagernden Marschenablagerungen genetisch in die Substrate Klei, Mudde und Torf untergliedern (Busse et al., 1985). Klei ist ein stark toniges, marines Sediment mit Anteilen an organischer Substanz. Die schluffigen und z.T. feinsandigen Torf- und Muddeablagerungen sind reicher an organischer Substanz. Für die Laborexperimente (Säulenversuche) zur Bestimmung der Durchlässigkeiten und des Stofftransportverhaltens wurden ungestörte Klei-, Torf- und Muddeproben im direkten Umfeld der Deponie Georgswerder entnommen.

Die Durchlässigkeitsuntersuchungen an den drei verschiedenen Substraten erfolgten mit Wasser sowie mit verschiedenen anorganischen und organischen Testlösungen. Neben anorganischen Tracern (Bromid, Chlorid) wurde das Verhalten von arsen- und cadmiumhaltigen wässrigen Lösungen untersucht. Die in Wasser gelösten (maximale Löslichkeit) organischen Inhaltsstoffe gliedern sich in lipophile Substanzen (Chlorbenzole, HCH-Isomere und leichtflüchtige

Halogenkohlenwasserstoffe u.a.), organische Säuren (Phenole, Chlorphenole, Chlorphenoxyessigsäuren) sowie Basen und Verbindungen mit anderen funktionellen Gruppen (Aniline und Pflanzenschutzmittel). Diese Stoffe stellen in der Regel die Hauptkontaminanten bei Deponien und Altlasten dar.

Durch Säulenversuche an Proben mit unterschiedlichem Durchmesser (3,5 cm, 6 cm, 10 cm und 25 cm) konnte der Einfluß des Probenvolumens auf das Durchlässigkeitsverhalten quantifiziert werden. Die ermittelten Durchlässigkeitsbeiwerte in Großbodensäulen waren im Vergleich zu den kleinmaßstäblichen Durchlässigkeitszellen um bis zu eine Potenz höher. Die Durchlässigkeitsbeiwerte für Klei liegen bei $k = 10^{-10}$ bis $10^{-9}$ m/s. Für Torf und Mudde ergeben sich je nach Tongehalt Durchlässigkeitsbeiwerte von $k = 10^{-8}$ bis $10^{-7}$ m/s. Aus der Literatur (Keller et al., 1985) sowie aus Voruntersuchungen ergibt sich, daß Durchlässigkeiten im Deponiemaßstab höher sind als im Labormaßstab; daher wurde ein geohydraulischer Versuch zur Bestimmung der vertikalen Durchlässigkeiten im Geländemaßstab (Aquitardreaktionstest) durchgeführt.

Die Durchbruchskurven aus den Säulenversuchen wurden mit einem mathematischen Inversionsmodell ausgewertet. Auf diese Weise konnten erstmals für jeden Schadstoff und jedes Bodensubstrat die wichtigen Transportparameter Dispersionskoeffizient und Sorptionskoeffizient bestimmt werden. Diese Ergebnisse wurden benutzt, um ein zweidimensional-vertikales Finite-Elemente-Stofftransportmodell aufzubauen. Mit diesem Modell wurde, unter Verwendung verschiedener Parameterkombinationen, der Transport unterschiedlicher organischer Schadstoffe durch die Marschenablagerungen unterhalb der Deponie Georgswerder abgeschätzt.

LITERATUR

Busse, R. , Kadner, M.R., Kausch, F. und Wüstenhagen, K. (1985). Geotechnische Untersuchungen im Bereich der Mülldeponie Georgswerder. Ber. 5. Nat. Tag. Ing.-Geol.: 33-43. Kiel.

Keller, C.K., van der Kamp, G. und Cherry, J.A. (1985). Fracture permeability and groundwater flow in clayey till near Saskatoon, Saskatchewan, Can. Geotech. J. 23: 229-240.

WECHSELWIRKUNGEN VON TONEN BZW. TONSTEINEN MIT AUSGESUCHTEN SICKERWÄSSERN

HESSE, K.-H., Prof. Dr.
SCHUMACHER, H.-D., Dipl.-Geologe
Technische Universität Berlin

1. EINLEITUNG
   Vorgestellt werden Ergebnisse an drei verschiedenen Tonen bzw. Tonsteinen in Bezug auf Veränderungen ihrer Durchlässigkeit infolge langzeitiger Durchströmung mit verschieden, künstlichen Sickerwässern.
2. UNTERSUCHUNGSPROGRAMM
   Untersucht wurden zwei quellfähige, mesozoische Tonsteine mit mittlerem Ionenrückhaltevermögen und ein känozoischer Ton, die aufgrund ihrer Beschaffenheit bzw. natürlichen Lagerung als Untergrundabdichtung für Deponien in Frage kommen. Die Untersuchungen wurden im Labor an Vollverguẞkörpern und Triaxialzellen mit 10 cm Durchmesser und Probenhöhen von max. 12 cm durchgeführt. Verwendet wurden Sickerflüssigkeiten mit bekannter Zusammensetzung, die hochkonzentrierte NaCl- und $K_2SO_4$ -Sole, Phenol sowie $PbCl_2$ in wechselnden Kombinationen enthielten. Neben einer kontinuierlichen Bestimmung der Durchlässigkeit über mehr als zwei Jahre mittels einer dafür entwickelten, elektronischen Meßwerterfassung wurden parallel dazu die Eluate auf ihre Zusammensetzung und deren Veränderung im Laufe der Zeit analysiert. Ferner wurden in mehrmonatigen Abständen Einzelproben auf ihre Tonmineralvergesellschaftung untersucht, wodurch sich im Vergleich mit den Ausgangswerten Hinweise auf Veränderungen im Mineralspektrum ergaben. Dieses Material wurde anschließend mit typischen Auslaugungsmedien auf Remobilisierbarkeit von eingebauten oder adsorbierten Ionen untersucht. Ermittelt wurden die bodenphysikalischen Parameter vor, während und nach Durchströmung. Dabei wurde besonderer Wert auf die Veränderungen der Wasser- bzw. Flüssigkeitsaufnahme der durchströmten Proben gelegt. Schließlich sollen rasterelektronenmikroskopische Aufnahmen Strukturveränderungen im untersuchten Material belegen. Die Symbiose aller Untersuchungen wird Hinweise auf die Frage geben, in welchem Zeitraum sich die Durchlässigkeit von Tonen ändert, welche Faktoren sie beeinflussen und wie sich diese eventuell steuern lassen.
3. ERGEBNISSE
   Obwohl die beiden Unterkreidetonsteine sich nur geringfügig in ihrer tonmineralogischen Zusammensetzung unterscheiden, verhalten sie sich unterschiedlich in ihrer Durchlässigkeit. Während der Barreme-Tonstein eine Durchlässigkeit von etwa 1-5 *10E-11 m/s besitzt, liegt diese beim Wealden-Tonstein etwa eine Zehnerpotenz höher. Die Durchlässigkeit entwickelt sich in Abhängigkeit von der durchströmenden Flüssigkeit zunächst unterschiedlich. Dies ist einmal auf den Austausch der vorhandenen Porenflüssigkeiten zurückzuführen, die in ihrer Ausgangszusammensetzung unterschiedlich hohe Salinität zeigen, sowie auf die verschieden hoch befrachteten Sickerlösungen. Schwach mineralisierte Sickerwässer bewirken zunächst eine Abnahme der Durchlässigkeit um etwa eine Zehnerpotenz. Dieser Trend kehrt sich aber nach ca. 500 Tagen um. Hoch belastete Sickerlösungen erhöhen die Durchlässigkeit im Beobachtungszeitraum von über zwei Jahren geringfügig. Vor

allem das in einigen Sickerlösungen enthaltene Phenol zeigt Einflüsse auf
die Durchlässigkeit und das Rückhaltevermögen der Tonsteine. Hier spielen
vermutlich Verbindungen des Phenols mit organischen Bestandteilen der Tonsteine eine Rolle. Phenol beeinflußt auch die restlichen Sickerwasserkomponenten. Das Rückhaltevermögen der Tonminerale bewirkt unterschiedliche
Durchgangsgeschwindigkeiten der verschiedenen Ionen. Phenol trat in max.
60 % der Ausgangskonzentration beim Wealden-Tonstein auf. Im Eluat des
Barreme-Tonstein waren max. 10 % zu finden. Das in einigen Sickerflüssigkeiten enthaltene Blei wurde in keinem Eluat nachgewiesen.

Die dritte Probenserie besteht dagegen aus nicht quellfähigem Miozänton.
Diese zeigt mit $1*10E-11$ bis $1*10E-12$ m/s die geringste Durchlässigkeit.
Aufgrund seines Tonmineralspektrums hat dieser Ton aber das schlechteste
Rückhaltevermögen. Die Sickerlösungen tauchen nach Passieren der Probenkörper in nahezu unveränderter Ausgangskonzentration auf. Auch die bodenphysikalischen Parameter zeigen keinen Unterschied zwischen Ausgangsprobe
und durchströmten Material. Die Untersuchungen ergeben, daß sowohl kleinste
Unterschiede in der Zusammensetzung des Tones sowie auch des Sickerwassers
Unterschiede im Durchlässigkeitsverhalten und bei den bodenphysikalischen
Parametern bewirken. Ferner zeigt sich, daß diese Veränderungen sich in
langen Zeiträumen abspielen, und eine kurzzeitige Bestimmung der Durchlässigkeit nicht ausreicht. Die Größe der Veränderungen läßt sich frühestens
nach Austausch der Porenflüssigkeit abschätzen, vorausgesetzt die Sickerwasserzusammensetzung kann konstant gehalten oder aber in ihrer Eigenschaft
dem Verhalten der Tone angepaßt werden.

## 4. LITERATUR

Hesse, K.-H. und Schumacher, H.-D. (1989): Auswirkungen kontaminierter
Sickerwässer auf die Durchlässigkeit toniger Gesteine. Ber. 7. Nat. Tag.
Ing. Geol., 265-276, (Hrsg.: Deutsche Gesell. f. Erd- u. Grundbau, Deutsche
Geol. Ges., Bensheim 1989)

# CABADIM - EIN COMPUTER MODELL ZUR DIMENSIONIERUNG VON KAPILLARSPERREN

STEFAN WOHNLICH

LEHRSTUHL ANGEWANDTE GEOLOGIE, UNIVERSITÄT (TH) KARLSRUHE
D-7500 KARLSRUHE

## KURZFASSUNG

In Kapillarsperren wird vertikaler Fluß von Bodenwasser durch eine scharfe Schichtgrenze zwischen relativ feinerem Bodenmaterial (obere Schicht) und gröberem Material (untere Schicht) unterbunden. Das nach unten fließende Bodenwasser wird so lange in der oberen Schicht fest gehalten, bis ein bestimmter hydraulischer Grenzgradient überschritten wird, der zum Ausfließen des Wassers aus den feineren Poren in die darunter liegenden gröberen Poren führt. Die Höhe dieses hydraulischen Grenzgradienten wird als "kritische Höhe" ($h_{crit}$) bezeichnet. Die Gültigkeitsgrenzen des Kapillarsperrenkonzeptes können aus Gleichgewichtsbetrachtungen an der Grenzschicht abgeleitet werden. Danach wird kein nach unter gerichteter Fluß auftreten, wenn die Summe der Bodenwasserpotentiale in der oberen Schicht immer kleiner sind als in der darunter liegenden Schicht:

$$\psi_{m1} + \psi_{g1} < \psi_{m2} + \psi_{g2}$$

$\psi_{m1}$ = Matrixpotential in der oberen Schicht
$\psi_{g1}$ = Gravitationspotential in der oberen Schicht
$\psi_{m2}$ = Matrixpotential in der unteren Schicht
$\psi_{g2}$ = Gravitationspotential in der unteren Schicht

Die kritische Druckhöhe für reines Wasser kann somit aus der folgenden Gleichung errechnet werden:

$$-\frac{\psi_{m1} - \psi_{m2}}{\rho_w g} = h_1 - h_2 = h_{crit}$$

$\rho_w$ = Dichte des Wassers
$g$ = Gravitationskonstante

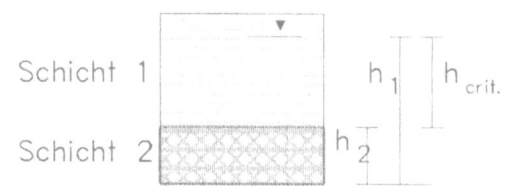

ABBILDUNG 1: Schema der hydraulischen Druckbedingungen in Kapillarsperren.

Die Effektivität von Kapillarsperren beruht damit auf der horizontale Leitfähigkeit (Interflow) oberhalb der Kapillargrenze. Ein Versagen der Kapillarsperre wird nicht auftreten, solange der maximal mögliche Interflow immer größer ist als die maximal von oben zusickernde Wassermenge. Der Interflow hängt hauptsächlich von dem hydraulischen Durchlässigkeitsbeiwert der oberen Schicht und der Neigung der Grenzfläche ab.

Für einen homogenen, gleichförmigen Sand oder Kies können die Matrixpotentiale für die Berechnung der kritischen Höhe aus der Differenz der Kapillardrücke in den beiden Schichten errechnet werden. $h_{crit}$ bezeichnet dabei die theoretische Mächtigkeit der quasi-gesättigten Zone in der oberen Schicht, die maximal vor dem Durchbrechen von Bodenwasser vorhanden sein kann. Die dafür benötigten Kapillardrücke können über den Lufteintrittswert berechnet werden, der vornehmlich von der Porengröße abhängig ist. Letzterer kann mittels mehrerer Formeln berechnet werden. In dem Modell CABADIM wurde die Formel nach BOUSSINESQ zur Berechnung des Interflow herangezogen.

Das Modell CABADIM (Capillary Barrier Dimensioning) berechnet die maximal möglichen lateralen Abflußmengen in Abhängigkeit von Hangneigung und Körnung der beiden beteiligten Schichten. Außerdem wird die kritische Druckhöhe für unterschiedliche Materialien berechnet.

In Abbildung 2 ist die maximale Interflowmenge in mm/Stunde ($=1/Stunde*m^2$) für drei verschiedene Hangneigungen und verschiedene effektive Porenradien ($r_{eff}$) der oberen Schicht aufgetragen. Z.B. zeigt ein toniger Schluff ($r_{eff}\approx 0,01mm$) eine sehr geringe Interflowkapazität für alle drei Neigungen. Im Gegensatz dazu weist ein Grobsand ($r_{eff}\approx 0,2mm$) eine respektable Interflowkapazität von 0,7 bis 1,9 mm/h, je nach Neigung, auf.

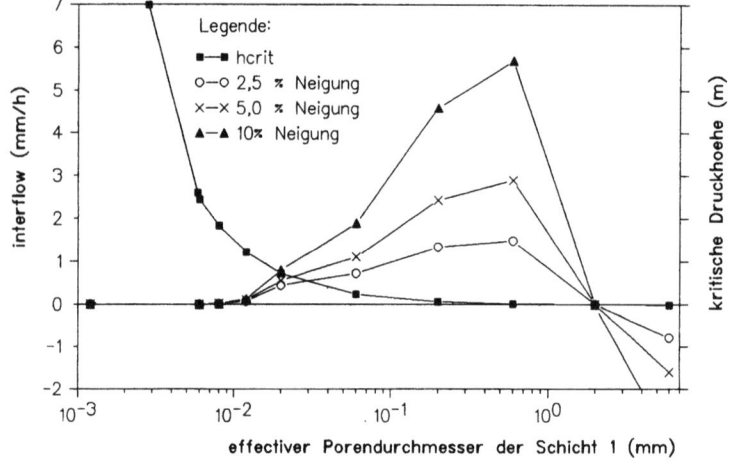

ABBILDUNG 2: Optimale Auslegung einer Kapillarsperre. Die untere Schicht ist ein Mittelkies.

Versuche im Feld wie im Labormaßstab haben gezeigt, daß das CABADIM Modell in der Lage ist die optimale Auslegung von Kapillarsperren zu berechnen. Dieses Optimum ist dann erreicht, wenn eine hohe Interflowkapazität mit einem hohen Wasserspeichervermögen verbunden ist. In dem oben gezeigten Beispiel ist das Optimum dort zu finden, wo sich die Kurven von der kritischen Druckhöhe mit denen der lateralen Abflußmenge kreuzen. An diesem Punkt wird das zusickernde Wasser möglichst rasch lateral abgeleitet, so daß sich kein zu hoher Gradient aufbauen kann. Gleichzeitig ermöglicht eine hohe kritische Druckhöhe die Speicherung von relativ viel Wasser in der oberen Schicht und kann damit als Puffer bei kurzzeitigen, extremen Sickermengen (z.B. während der Schneeschmelze) dienen.

Wohnlich, S. (1990): Die Dimensionierung von Kapillarsperren für Oberflächenabdichtungen. Z. dt. geol. Ges., 141: (im Druck), Hannover.

TOXISCHE WIRKUNGEN VON SCHADSTOFFEN AUF DIE MINERALISIERUNG VON SUBSTRATEN BEI NIEDRIGEN UMGEBUNGSKONZENTRATIONEN IN BÖDEN, UNTERBÖDEN UND SEDIMENTEN

P. VAN BEELEN, A.K. FLEUREN-KEMILA, M.P.A. HUYS, A.C.H.A.M. VAN MIL UND P.L.A. VAN VLAARDINGEN

NATIONAL INSTITUTE OF PUBLIC HEALTH AND ENVIRONMENTAL PROTECTION, P.O. BOX 1, 3720 BA BILTHOVEN, NIEDERLANDE

1. ZUSAMMENFASSUNG

Es wird ein neuartiges Verfahren für die Untersuchung der Wirkung von Giftstoffen auf die Mineralisierung natürlicher und xenobiotischer Stoffe bei niedrigen Konzentrationen beschrieben. Das Verfahren besitzt ökologische Relevanz, da es sich in situ der Mikroflora- mineralisierenden Substrate bei Umgebungskonzentrationen bedient und kein unnatürlich schnelles Wachstum zuläßt. Es wird aufgezeigt, daß dieses Verfahren empfindlicher als herkömmliche Methoden sein kann, durch die die Mineralisierung von Substraten bei hohen Konzentrationen gesteuert wird. Bei einem Vergleich mit dem etablierten Regenwurm-Toxizitätstest erweist sich das Verfahren als empfindlicher auf 2,3,4,5-Tetrachlorphenol und Pentachlorphenol, allerdings als weniger empfindlich auf 3-Chlorphenol. Darüber hinaus zeichnet es sich durch schnellere Durchführbarkeit aus und kann für Böden, Unterböden und Sedimente eingesetzt werden. Die Empfindlichkeit für Giftstoffe variiert in erheblichem Umfang zwischen unterschiedlichen Böden und verschiedenen Substraten. Dies bedeutet, daß Giftstoffe eine relativ niedrige Konzentration aufweisen sollten, um Wirkungen auf Böden und Mineralisierungsprozesse zu verhindern, die in der Umwelt auftreten.

2. EINLEITUNG

Falls die entsprechenden Bedingungen für einen biologischen Abbau vorliegen, können viele Schadstoffe durch im Unterboden vorhandene Bakterien abgebaut werden [Van Beelen, 1990]. Eine belastete Stelle auf dem Oberboden verursacht häufig eine große Schadstoff-Fahne, die langsam mit der Grundwasserströmung mitwandert. Häufig ist die Schadstoffkonzentration am Anfang der Fahne größer als an ihren Rändern, weil hier biologischer Abbau, Sorption oder Dispersion die Schadstoffkonzentration absenken. Im Zentrum der Fahne kann die Konzentration des Schadstoffes dermaßen hoch sein, daß ein biologischer Abbau inhibiert wird. Unter diesen Umständen können selbst problemlos auf biologischem Weg abbaubare Verbindungen viele Jahre lang persistieren.

Werden die Konzentrationen der Schadstoffe auf ein Niveau abgesenkt, bei dem sie nicht länger toxisch sind, dann kann häufig eine hohe biologische Abbaurate beobachtet werden, bis ein begrenzender Faktor weiteres Wachstum der adaptierten Mikroflora inhibiert. Dieser Prozeß des biologischen Abbaus hängt vom Vorhandensein spezialisierter Bakterien ab, die zu einer Zersetzung des Schadstoffes in der Lage sind. Liegen diese Bakterien nicht in großer Anzahl vor, dann wird möglicherweise eine langfristige Adaptationszeit benötigt, bevor diese Bakterien eine ausreichende und somit einen substantiellen Abbau der Schadstoffe erlaubende Zahl erreichen. Die erwähnte Anpassungszeit kann viele Monate in Anspruch nehmen, und unter bestimmten Umständen kann dieser Adaptationsprozeß sogar überhaupt nicht auftreten [Spain und Van Veld, 1983]. Ist ein substantielles Wachstum der Unterbodenbakterien auf dem Substrat möglich, folgt die Mineralisierungsrate einer Wachstumskinetik [Van Beelen et al., 1990b].

$$S(t) = S_0 + X_0 * (1 - \exp(\mu_{max} * t)) \qquad (1)$$

$S(t)$ = die Substratkonzentration zum Zeitpunkt t.
$S_0$ = die Substratkonzentration bei Prozeßbeginn (t=0).
$X_0$ = die benötigte Substratkonzentration, um die anfängliche Biomasse der Substrat-abbauenden Bakterien zu bilden.
$\mu_{max}$ = die maximale Wachstumsrate pro Stunde = ln 2/ Bildungsdauer.

Während der Verzögerungsphase ist $X_0*(1 - \exp(\mu_{max} * t))$ im Vergleich zu $S_0$ vernachlässigbar. Nach diesem Zeitraum nimmt die Substratkonzentration ab, bis $S(t)$ Null erreicht und die Formel ihre Gültigkeit verliert.

Ab bestimmten Werten wird die Schadstoffkonzentration zu niedrig, als daß sie substantielles Wachstum spezialisierter Mikroorganismen auf der Verbindung zuließe. Diese Konzentration hängt ab von der verfügbaren Anzahl spezialisierter Bakterien, der Beschaffenheit des Spurenschadstoffes und den örtlichen Gegebenheiten. Für die Mineralisierung des Paranitrophenol in Sedimenten wurde eine Schwellenwertkonzentration für die Adaptation von 10µg/l berichtet. Bei unter dieser Konzentration liegenden Werten verfügen die spezialisierten, Paranitrophenol abbauenden Bakterien über keinerlei Vorteile ähnlichen Bakterien gegenüber, die nicht dazu in der Lage sind, eine Zersetzung der Verbindung herbeizuführen. Der Abbau der Verbindung ist bei diesen niedrigen Konzentrationen von der autochthonen Mikroflora abhängig. Unter diesen Gegebenheiten kann der Substratverbrauch durch eine Kinetik erster Ordnung beschrieben werden [Van Beelen et al., 1990]:

$$S(t) = S_o * \exp(-\text{Rate} * t) \qquad (2)$$

wobei Rate = $\mu_{max} * X_o/K_m$ = ln 2 /hlife
hlife = die zu einer Herabsetzung der Substratkonzentration um einen Faktor 2 benötigte Zeit
$K_m$ = die Affinitätskonstante aus der Monod-Gleichung. Bei einer Substratkonzentration von $K_m$ erfolgt der Abbau mit der halben maximalen Abbaurate. Diese Affinitätskonstante ist in Gleichung (1) nicht enthalten, da diese Gleichung nur für weit über $K_m$ liegende Konzentrationen gültig ist.

Die absolute Abbaurate nimmt mit der Zeit ab, wodurch die Persistenz einiger ansonsten leicht abbaubarer Verbindungen bei niedrigen Konzentrationen in der Umwelt erklärt wird.
Für die Trinkwasseraufbereitung ist die Mineralisierung abbaubarer organischer Verbindungen im Grundwasser von Bedeutung. Beträgt im für die Trinkwasseraufbereitung genutzten Grundwasser die Konzentration organischer Verbindungen mehr als 1µg/l, so gestattet dies ein erneutes Wachstum der Bakterien im Trinkwasserverteilungssystem [Van der Kooij und Hijnen, 1985]. Darüber hinaus kann erwartungsgemäß davon ausgegangen werden, daß die Mineralisierung nicht leicht biologisch abbaubarer Spurenschadstoffe inhibiert wird, wenn die Mineralisierung eines leicht zersetzbaren Substrates wie beispielsweise Azetat vergiftet wird. Es wurde von uns ein Untersuchungsverfahren entwickelt, für das frische, mit einem gleichen Gewicht an filtersterilisiertem Grundwasser verdünnte Bodenproben genutzt werden. Eine geringe Menge (1µg/l) an $^{14}C$ markiertem Azetat wird beigegeben und durch die in der Probe vorhandenen Bodenbakterien in markiertes Kohlendioxid mineralisiert. Werden die in der Probe befindlichen Bodenbakterien durch Zugabe eines Giftstoffes vergiftet, wird die Mineralisierungsrate des Azetats herabgesetzt. Die Konzentration des die Mineralisierungsrate um 50% reduzierenden Giftstoffes ist IC50, wohingegen die eine 10%ige Herabsetzung nach sich ziehende Konzentration IC10 ist. Die Wirkung von Giftstoffen auf die Respiration einer Boden-Mikroflora kann als ein logistisches Reaktionsmodell dargestellt werden [Haanstra et al., 1985]:

$$\%P(c) = \%\text{leer}/(1+\exp(\text{Steigung}*(\log(c)-\log(IC50)))) \qquad (3)$$

c = Konzentration des Giftstoffs in mg/kg.
%P(c) = Prozentsatz des bei einer Konzentration c produzierten Kohlendioxid.

%leer = Prozentsatz des ohne Zugabe eines Giftstoffes produziertem Kohlendioxid.
Steigung = die Steigung der Dosis-Wirkungskurve.

Sind IC50 und IC10 bekannt, läßt sich die Steigung wie folgt bestimmen: Bei der Giftstoffkonzentration IC10 beträgt der Prozentsatz des nach einer bestimmten Inkubationszeit gebildeten Kohlendioxid lediglich 90% des Leerwertes. Nach Einsetzen von c = IC10 und %leer / %P(c) = 100/90 in Gleichung (3) folgt:

Steigung = -ln(100/90)-1)/log(IC50/IC10)           (4)

Sind daher sowohl IC50 als auch IC10 bekannt, läßt sich die Wirkung einer beliebigen Giftstoffkonzentration auf den Prozeß berechnen. Das logistische Wirkungsmodell besitzt keine effektlose Dosis. Bei niedrigen Konzentrationen des Giftstoffes wird der Wert von exp(Steigung*(log(c)-log(IC50))) sehr klein.

Der Prozentsatz des gebildeten Kohlendioxid %P(t) entspricht dem Prozentsatz des verbrauchten, mit einem Ausbeutefaktor %max/100 korrigierten Azetat. Dieser Ausbeutefaktor beträgt nicht 100%, da ein Teil des $^{14}C$ vom Substrat im Boden inkorporiert ist und nicht in $^{14}CO_2$ umgewandelt wird.

%P(t) = %max*(100-%S(t))/100           (5)

Wurde alles Substrat verbraucht, dann ist %P(t) = %max. Einsetzen der Gleichung (5) in die Gleichungen (1), (2) oder (3) ermöglicht die Berechnung des Prozentsatzes von gebildetem Kohlendioxid aus dem Prozentsatz an verbrauchtem Azetat oder umgekehrt.

3. ERGEBNISSE

Die Wirkung von 25mg Pentachlorphenol (PCP) je kg Boden auf die Mineralisierung von 0,1g Azetat/Liter wird in Abbildung 1 verdeutlicht. Die Abnahme der Mineralisierungsrate in den mit PCP versetzten Proben wird durch die Verringerung der intialen Biomasse verursacht. PCP inhibiert einen erheblichen Teil der ursprünglichen Organismengemeinschaft, was bedeutet, daß die initiale Biomasse $X_o$ niedriger wird. Anhand des Verhältnisses $X_o/S_o$ in der unversetzten und der mit PCP versetzten Probe kann errechnet werden, daß 4,5/22 = 20% der ursprünglichen Biomasse nicht inhibiert wird. Von daher wird annähernd 80% der mikrobiellen Organismengemeinschaft durch die Zugabe von 25mg PCP je kg Boden inhibiert; die Mineralisierung des Azetats schreitet allerdings weiter voran, da die PCP- resistenten Spezies ebenfalls zu einer Azetat- Mineralisierung befähigt sind.

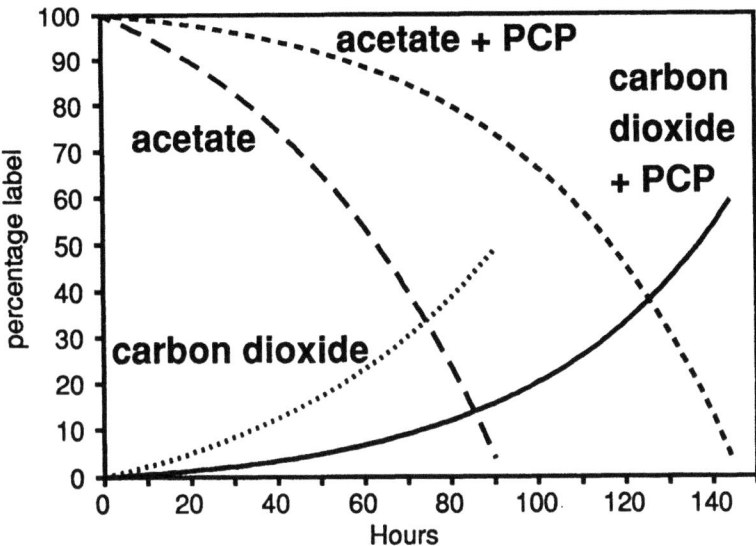

Abbildung 1  Die Mineralisierung des Azetats bei 0,1 g/l unter aeroben Bedingungen bei 10°C in einem mit mineralem Medium versetzten Oberboden. Für die Proben ohne Pentachlorphenol (PCP), wurde die Kurve gemäß Gleichung (1) mit $X_o/S_o$ = 25% und einer Generationszeit von 39 Stunden angepaßt. Die Kohlendioxid-Kurve zeigte $X_o/S_o$ = 22% und eine Generationszeit von 37 Stunden. Für die PCP enthaltenden Proben wurde die gleiche Gleichung mit $X_o/S_o$ = 4,2% und einer Generationszeit von 32 Stunden für die Azetat-Kurve verwendet. Die Kohlendioxid-Kurve zeigte $X_o/S_o$ = 4,5% und eine Generationszeit von 30 Stunden.

Bei Zugabe einer geringen Substratmenge ist die ursprüngliche Mikroflora nicht in der Lage, auf dem 1µg Azetat/Liter enthaltenden Bodenschlamm zu wachsen. Im Boden und Unterboden ist eine Beschränkung des verfügbaren Substrates häufig gegeben, und es gibt nur selten Situationen, in denen umfangreiche Substrat-Mengen bereitstehen. Von daher ist die Heranziehung der im Boden vorhandenen, autochthonen mikrobiellen Organismengemeinschaft für die Beurteilung der Wirkung von Umweltschadstoffen in der Feldsituation von größerer Relevanz als die Nutzung einer arti-

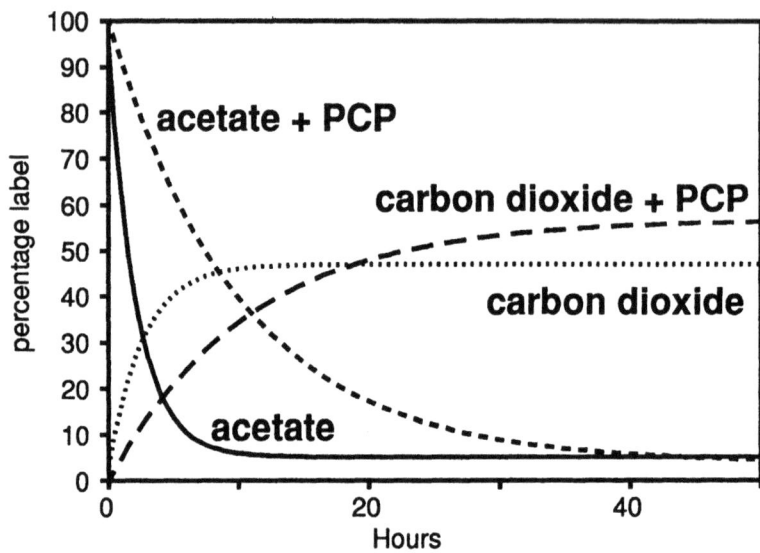

Abbildung 2. Die Mineralisierung des Azetats bei 1µg/l im gleichen Boden und unter den gleichen, bereits in Abb. 1 verwendeten Bedingungen. Die Mineralisierung zeigte eine Kinetik erster Ordung gemäß Gleichung (2). In der kein PCP enthaltenden Probe wies die Azetat-Kurve eine Halbwertszeit von 1,5 Stunden, die Kohlendioxid-Kurve eine Halbwertszeit von 1,8 Stunden und einen maximalen Kohlendioxid-Prozentsatz von 48%. In der PCP enthaltenden Probe betrug die Halbwertszeit des Azetats 6 Stunden, die Kohlendioxid-Kurve zeigte eine Halbwertszeit von 7,5 Stunden und der maximale Prozentsatz an gebildetem Kohlendioxid betrug 60%.

fiziell herangezüchteten Mikroflora. Abb. 2 verdeutlicht, daß die Mineralisierung von 1µg Azetat/Liter über eine Kinetik erster Ordnung bei einer Halbwertszeit von 1,5 bis 1,8 Stunden voranschreitet. Werden 25mg PCP je kg Boden hinzugefügt, geht die Mineralisierung ebenfalls mit einer Kinetik erster Ordnung vonstatten, weist allerdings eine Halbwertszeit von 6 bis 7 Stunden auf. Gleichung (2) zeigt, daß die Halbwertszeit umgekehrt proportional zur Biomasse $X_o$ verläuft. Von daher ließ die Zugabe von PCP 1,5/6 = 25% der initialen Biomasse uninhibiert. Die initiale Inhibierung ist ähnlich der Wirkung, wie sie von der Hinzufügung von 25mg PCP/kg zu dem mit einer hohen Azetatkonzentration versehenen Boden ausgeübt wird. Das abschließende Ergebnis ist allerdings anders, da die resistenten Spezies in der Lage sind zu wachsen, und im Fall einer hohen Azetatkonzentration die Inhibierung der empfindlichen Arten auszugleichen. Die resistenten Spezies fahren im Fall einer niedrigen Azetatkonzentration mit der Azetat-Mineralisierung fort. Da die Biomasse der resistenen Arten geringer als die Gesamt- Biomasse ist, schreitet die Mineralisierung weniger schnell voran, so daß in den mit PCP versetzten Proben eine höhere Azetatkonzentration zurückbleibt. Wie in Abb. 1 verdeutlicht, werden 90 Stunden benötigt, um Azetat in Abwesenheit von PCP zu mineralisieren; unter Hinzufügung von PCP sind hierzu 145 Stunden erforderlich. Die für die Azetat-Mineralisierung aufgewendete Zeit wird folglich um einen Faktor 145/90=1,6 erhöht. Gemäß Abb. 2 werden annähernd 8 Stunden benötigt, um den überwiegenden Azetat- Anteil zu mineralisieren, und dieser Zeitraum wird bei Zusetzung von PCP auf 40 Stunden ausgeweitet. Mithin dauert es fünfmal länger, den überwiegenden Teil des Azetats zu mineralisieren.

In Abb. 3 wird die Wirkung des PCP auf die Azetat-Mineralisierung im gleichen Boden, unter den gleichen, bereits in Abb. 2 verwendeten Bedingungen und nach 24stündiger Inkubationszeit dargestellt. Der aus dieser Kurve ermittelte IC50-Wert beträgt 52mg PCP/kg, ein im Vergleich zu Abb. 2 hoher Wert, wo die Hinzufügung von 25mg PCP/kg 80% der Mikroflora inhibierte.

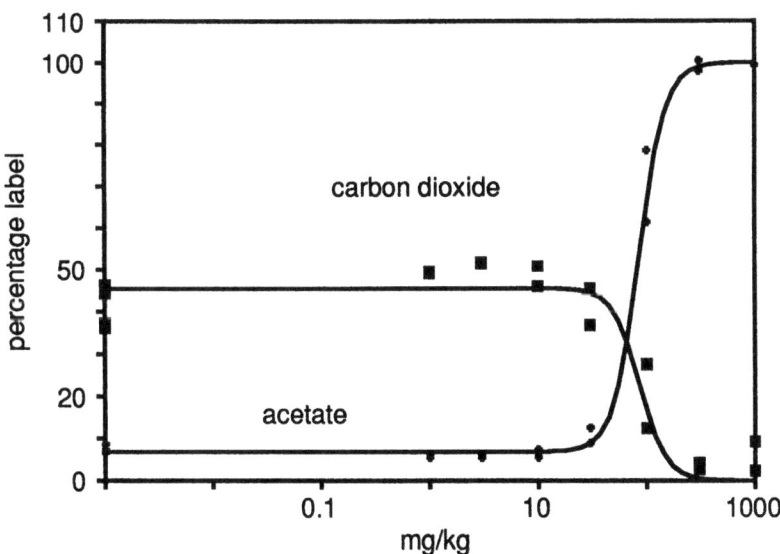

Abbildung 3. Die Wirkung des PCP auf die Azetat- Mineralisierung bei 1µg/l unter aeroben Bedingungen bei 10°C im gleichen, wie für Abb. 1 genutzten Boden. Die Kurven für den Azetat-Verbrauch und die Kohlendioxid-Produktion wurden an Gleichung (3) angepaßt.

Ein Vergleich des IC50 von PCP auf die Mineralisierung von 1µg Azetat/Liter mit dem entsprechenden Wert auf die Mineralisierung bei einer hohen Azetatkonzentration (Boden 7a und 7b oder 8a und 8b in Tabelle 1) verdeutlicht, daß die Toxizitätsprüfung bei niedriger Substratkonzentration empfindlicher als das herkömmliche Prüfverfahren bei hoher Substratkonzentration ist. Tabelle 1 zeigt zudem, daß hinsichtlich der Empfindlichkeit erhebliche Differenzen zwischen sandigen Böden oder Unterböden mit ähnlichen Bodeneigenschaften, jedoch mit unterschiedlichen mikrobiellen Aktivitäten, vorliegen.

Was die Boden-Ökotoxikologie im Feldversuch anbelangt, so stellt der Regenwurm Eisenida fetida einen bestens etablierten Prüforganismus dar. Um die im vorliegenden Aufsatz beschriebene, neuartige Methode mit der eingeführten, Regenwürmer nutzenden Toxizitätsprüfung zu vergleichen, wurden beide Testverfahren im gleichen Labor an den gleichen Bodenproben durchgeführt. Tabelle 2 weist auf, daß für 2,3,4,5-Tetrachlorphenol und PCP die AzetatMineralisierung das empfindlichere Prüfverfahren als das die Überlebensrate von Regenwürmern heranziehende Verfahren war. Lediglich für 3-Chlorphenol erwies sich der Regenwurm- Versuch als empfindlicher. Der Mineralisierungstest hatte eine Inkubationszeit von 1 Stunde, und es wird kein substantieller Abbau der Giftstoffe erwartet, da die Halbwertszeit dieser Chlorphenole mehr als zwei Tage beträgt [Van Gestel und Ma, 1988].

Tabelle 1: Die Wirkung von Giftstoffen auf die Azetat-Mineralisierung

| Boden | Giftstoff | Inkubation | IC50 | IC10 |
|---|---|---|---|---|
| 4 | PCP | anaerob | 0,4 | 0,1 |
|   | Zink | anaerob | 540 | 370 |
|   | HCl | anaerob | pH 4,9 | pH 5 |
| 5 | PCP | anaerob | 1,3 | 0,6 |
|   | PCP |  | 6,6 | 3,8 |
|   | HCl | anaerob | pH 5,3 | pH 5,8 |
|   | HCl |  | pH 5,5 | pH 6,5 |
| 6 | HCl |  | pH 2,8 | pH 3,9 |
|   | Chlorit |  | 34 | 14 |
|   | Cadmium |  | 59 | 19 |
| 7a | PCP |  | 880 | 690 |
| 7b | PCP | * | 1800 | 1200 |
| 8a | PCP |  | 52 | 34 |
| 8b | PCP | * | 215 | 181 |

* Die Azetatkonzentration betrug 1µg/l mit Ausnahme der Experimente 7a und 8a, wo sie sich auf 1 beziehungsweise 0,1g/l belief. Für diese beiden Experimente wurden die IC50- und IC10-Werte nicht auf die Inkubationszeit korrigiert.

Tabelle 2: Ein Vergleich der Wirkung von Chlorphenolen auf die Azetat-Mineralisierung und auf die Überlebensrate des im gleichen Boden untersuchten Regenwurmes Eisenia fetida

| Giftstoff | IC50 | IC10 | LD50 |
|---|---|---|---|
| 3-Monochlorphenol | 590 | 520 | 56-100 |
| 3,4-Dichlorphenol | 134 | 82 | 100-180 |
| 2,4,5-Trichlorphenol | 58 | 46 | 52 |
| 2,3,4,5-Tetrachlorphenol | 74 | 59 | 116 |
| PCP | 52 | 28 | 94 |

Alle Werte in mg toxisches Ion/kg Boden. Die LD50-Werte wurden anhand von [Van Gestel und Ma, 1988] bestimmt.

In aeroben Sedimenten ist die Mineralisierung chlorierter aromatischer wie auch aliphatischer Verbindungen für die Entfernung eben dieser Verbindungen aus der Umwelt von Wichtigkeit. Aus diesem Grund wurde außerdem jeweils $^{14}C$ markiertes Chloroform und 4-Monochlorphenol ausgewählt. Diese Verbindungen werden bei niedrigen Umgebungskonzentrationen gemäß einer Kinetik erster Ordnung in methanogenen Sedimenten schnell mineralisiert. Es wird davon ausgegangen, daß jedes Substrat durch eine Gruppe unterschiedlicher Bakterien mineralisiert wird, die jeweils ihre eigene, spezifische Sensitivität für Giftstoffe besitzt. Tabelle 3 führt die Wirkungen unterschiedlicher Giftstoffe auf die drei Substrate auf. Die Azetat- Mineralisierung unter methanogenen Bedingungen kann durch methanogene Bakterien geleistet werden, die Essigsäure in Methan und Kohlendioxid spalten. Die anaerobe Mineralisierung des Azetats wird von daher im Vergleich zur aeroben Azetat-Mineralisierung durch unterschiedliche Spezies mit verschiedenen Sensibilitäten versehen.

Tabelle 3 verdeutlicht die Effekte unterschiedlicher Giftstoffe auf die Mineralisierung von Azetat, Chloroform oder 4-Monochlorphenol. Die niedrige Empfindlichkeit der Chloroform-Mineralisierung für die Zugabe von Quecksilber (II) ist möglicherweise durch die Quecksilber-Ausfällung mit im Sediment vorliegendem Sulfid oder Karbonat bedingt. In diesem System ist Zink (II) stärker toxisch als Quecksilber (II). Die Hintergrundkonzentrationen des Zink im Sediment des Rheins reichen von 420mg/kg im Ijsselmeer bis hin zu 1170mg/kg im Haringvliet [Sloof et al., 1989]. Die circa 200mg/kg der verwendeten Sedimente ausmachende Hintergrundkonzentration des Zink verhinderte nicht die reduktive Entchlorung, wohingegen eine über diese Hintergrundkonzentrationen hinausgehende, geringe Hinzufügung eine inhibierende Wirkung ausübt. Die Wirkung der Zink-Zugabe auf die reduk-

Tabelle 3  Die Wirkung von Giftstoffen auf die Mineralisierung von Azetat (1µg/l), Chloroform (4µg/l)
oder 4-Monochlorphenol (2µg/l) mit $^{14}C$ Mar-
kierung in anaerobem Flußsediment

| Giftstoff | Substrat | IC50 | IC10 |
|---|---|---|---|
| Benzol | Azetat | 220 | 60 |
|  | Chloroform | 380 | 110 |
|  | 4-Monochlorphenol | 350 | 100 |
| 1,2-Dichlorethan | Azetat | 13 | 0,6 |
|  | 4-Monochlorphenol | 120 | 22 |
| Chloroform | Azetat | 0,12 | 0,03 |
|  | 4-Monochlorphenol | 0,17 | 0,04 |
| PCP | Azetat | 42 | 18 |
|  | Chloroform | 100 | 28 |
|  | 4-Monochlorphenol | 9,5 | 2,8 |
| Zink | Azetat | >1000 |  |
|  | Chloroform | 170 | 53 |
|  | 4-Monochlorphenol | 20 | 8 |
| Quecksilber | Azetat | >1000 |  |
|  | Chloroform | 1500 | 420 |

Die IC50- und IC10-Werte sind in mg toxisches Ion/kg Trockensediment aufgeführt. Die Halbwertszeit von Azetat betrug 0,2 - 0,4 Stunden, von 4-Monochlorphenol 1,4 Stunden und von Chloroform 3,4 - 6 Tage.

tive Entchlorung des Chloroform oder 4-Monochlorphenol wird in Tabelle 3 verdeutlicht. In unseren Experimenten wurde zwei Stunden vor Substratzugabe eine konzentrierte $ZnCl_2$ Lösung beigefügt. Ohne Sorption würde die Konzentration des zusätzlichen Zink in der Inkubationsflasche circa 2,6mg Zn(II) pro Liter Sedimentschlamm bei der Konzentration betragen, die 8mg/kg erbringt. Möglicherweise lief der Sorptionsprozeß zu langsam ab, als daß das Auftreten toxischer Wirkungen verhütet werden konnte, und das Wachstum der für die Entchlorung sorgenden Bakterien war zu langsam, um nach Ablauf von zwei Stunden eine Erholung zu zeigen. Dies bedeutet, daß unfallbedingte Zinkverschüttung umfangreichere Wirkung als kontinuierliche Ableitung der gleichen Zinkmenge über einen langen Zeitraum haben wird. Zink führt zu einer schnellen Inhibierung der Mineralisierung des 4-Monochlorphenol, wohingegen die Azetat-Mineralisierung Zink gegenüber unempfindlich ist. Hierdurch wird veranschaulicht, daß die Mikroflora nicht als eine einzelne Population angesehen werden sollte, sondern vielmehr als eine Organismengemeinschaft vieler funktioneller Gruppen an Mikroorganismen, die jeweils für eine spezialisierte Funktion verantwortlich sind. Es ist offensichtlich, daß wesentlich niedrigere Werte als die hier mitgeteilten vorliegen sollten, um die inhibierenden Wirkungen auf jedweden der Tausende von Mineralisierungsprozessen zu verhüten, die in natürlichen Sedimenten ablaufen.

5. BIBLIOGRAPHIE
1) Haanstra, L., Doelman, P. und Oude Voshaar, J.H. (1985). The use of sigmoidal dose response curves in soil ecotoxicological research. Plant and Soil 84: 293-297.
2) Sloof, W., Cleven, R.F.M.J., Janus, J.A. und Ros, J.P.M. (1989). Exploratory report zinc. RIVM report 758904002.
3) Spain, J.C. und van Veld, P.A. (1983). Adaptation of natural microbial communities to degradation of xenobiotic compounds: Effects of concentration, exposure, time, inoculum and chemical structure. Appl. Environ. Microbiol. 45: 428-435.
4) Van Beelen, P. (1990). Degradation of organic polutants in groudwater. Stygologia - im Druck.
5) Van Beelen, P., Fleuren-Kemila, A.K., Huys, M.P.A., van Montfort, A.C.P und van Vlaardingen, P.L.A (1990). The effects of xenobiotic compounds on the mineralization of acetate in subsoil microcosms. Env. Tox. Chem. - eingereicht.
6) Van Gestel, C.A.M. und Ma, W.-C. (1988). Toxicity and bioaccumulation of chlorophenols in earthworms, in relation to bioavailability in soil. Ecotox. Env. Saf. 15: 289-297.
7) Van der Kooij, D. und Hijnen, W.A.M. (1985). Determination of the concentration of maltose- and starch- like compounds in drinking water by growth measurements with a well defined strain of a Flavobacterium species. Appl. Environ. Microbiol. 49: 765-771.

# EIN TEST MIT HÖHEREN PFLANZEN FÜR SCHADSTOFFBELASTUNG VON BÖDEN

MICHAEL HAUSCHILD

ZENTRUM FÜR UMWELTBIOTECHNIK IM LABOR FÜR UMWELTWISSENSCHAFT UND ÖKOLOGIE
TECHNISCHE UNIVERSITÄT DÄNEMARK, DK-2800 LYNGBY, DÄNEMARK.

## EINFÜHRUNG

Die Anwendung von Biotests bei der Untersuchung und regelmäßgen Kontrolle von großen Mengen an schadstoffbelastetem Boden bringt mit sich den Bedarf für einen schnellen und empfindlichen Test mit höheren Pflanzen.

Anbauen von Testpflanzen im schadstoffhaltigen Boden stellt sicher, daß nur die Toxizität für Pflanzen und des für die Pflanzen verfügbaren Anteils der Schadstoffe im Boden zum Ausdruck kommt.

Andere Pflanzentests benutzen die Verminderung des Wachstums der Testpflanzen als Wirkungsparameter. Das erfordert eine lange Testdauer (einen Monat) und führt deshalb zur Anhäufung großer natürlicher Wachstumsunterschiede. Solche Tests sind deshalb zu langsam und nicht empfindlich genug, um als routinemäßige Tests für schadstoffbelasteten Boden brauchbar zu sein.

Vermindertes Wachstum ist eine der später erscheinenden Auswirkungen von Streß bei Pflanzen, der eine Reihe von biochemischen und physiologischen Veränderungen vorausgehen. Ein Test mit höheren Pflanzen, der eine dieser früheren Streßauswirkungen als Wirkungsparameter benutzt, könnte sowohl das Problem einer langen Testzeit als auch das der unzureichenden Empfindlichkeit lösen. Putreszin (1,4-Diaminobutan) ist eine Verbindung aus der Gruppe der Di- und Polyamine, die in allen Pflanzen vorkommen und eine pflanzenhormonartige Wirkung auf mehrere wichtige Lebensfunktionen der Pflanzen ausüben.

Der Stoffwechsel der Di- und Polyamine steht in Zusammenhang mit demjenigen des allgemein verbreiteten Streßhormons Ethylen. So werden nach verschiedenen Streßeinwirkungen (Dürre, Mangel an mineralischen Nährstoffen, Säurestreß, phytotoxische Metalle und Behandlung mit $O_3$- und $SO_3$-Gas) hohe Putreszinspiegel in Pflanzenzellen gefunden. Es erscheint deshalb möglich, Putreszin als Streßanzeiger in Tests mit höheren Pflanzen zu benutzen.

Diese Abhandlung beschreibt Beobachtungen über die Anhäufung von Putreszin in den Blättern der Keimpflanzen Erbsen, Tomaten und Gersten, die hydroponisch herangezogen und Streß durch Chrom (VI) ausgesetzt wurden.

EXPERIMENTE

Die Keimpflanzen wurden zwei bis drei Wochen lang in einer Nährlösung herangezogen, ehe sie einem Streß durch Hinzufügen von Cr(VI) in Konzentrationen von 0 bis 50 ppm zur Nährlösung ausgesetzt wurden. Nach einer Aussetzungszeit von sechs Stunden bis zu 14 Tagen wurde die Putreszinkonzentration in den Blättern bestimmt.

Pflanzenarten: Erbse (Pisum sativum var. Ping Pong), Tomate (Lycopersicum esculentum var. Eminento F1) und Gerste (Hordeum vulgare var. Bomi 1508).

Wachstumsbedingungen: Tag/Nacht-Verhältnis: 16/8 h; Temperatur: 25°C/15°C; Luftfeuchtigkeit: 80% rel. L.F.; Lichtintensität: 400 µEm$^{-2}$s$^{-1}$ (PAR). Nährlösung: Hoagland Nr. 3.

Streßaussetzung der Pflanzen: Durch Zusatz von $CrO_3$ zur Nährlösung, bis zum Erreichen der Endkonzentrationen von 0, 10, 15, 50, 100 bzw. 150 ppm.

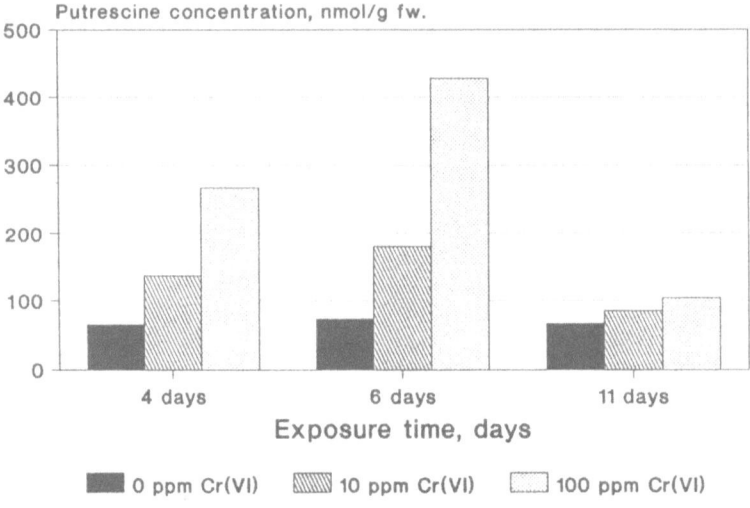

Putreszin in Blättern der 2. Generation von Erbsenkeimlingen nach Cr(VI)-Exposition in einer Nährlösungskultur.

ERGEBNISSE UND DISKUSSION

Die Abbildung zeigt eine deutliche Erhöhung des Putreszinspiegels in Blättern der Erbsenkeimpflanzen nach nur viertägiger Aussetzung gegenüber 10 ppm Cr(VI), wobei die Putreszinkonzentration mit der steigenden Cr(VI)-Konzentration ansteigt. Ein Höchstwert des Spiegels tritt nach sechs Tagen Aussetzung auf, und danach folgt ein Rückgang zum natürlichen Spiegel nach 11 Tagen, selbst bei den Pflanzen, die dem stärksten Streß ausgesetzt wurden. Ähnliche Ergebnisse wurden bei Tomaten und Gerste beobachtet.

Das Verschwinden des Putreszins könnte durch verschiedene Mechanismen bewirkt werden: 1) Umsetzung des Putreszins in ein anderes Polyamin, wenn die Ethylenerzeugung aufgehört hat, die diese Umsetzung blockiert. 2) Konjugierung des Putreszins oder Bindung an Bestandteile der Zellwand (nur freie Polyamine wurden bestimmt). 3) Oxydierung des Putreszins durch Diaminoxydasen. Aber wodurch auch das Verschwinden des freien Putreszins verursacht sein mag, es ist offensichtlich, daß die Dauer der Aussetzungszeit bei der Ausführung der Tests eine entscheidende Rolle spielt.

Bei Gerste wurde die Korrelation zwischen der Putreszininduktion und anderen Erscheinungen, die bekannterweise mit Streß in Verbindung stehen - verringertes Wachstum und erhöhte Chitinaseaktivität der Blattextrakte - untersucht. Es zeigte sich, daß, obwohl Putreszinkonzentrationen nach nur einem Tag Aussetzung gegenüber 150 ppm Cr(VI) stark erhöht waren, die Chitinaseaktivität erst nach zwei Aussetzungstagen induziert wurde, und Wachstumsverminderung wurde nach zwei bis vier Tagen beobachtet.

Die Versuche zeigen also, daß Putreszin tatsächlich ein Indikator für einen von einer Pflanze gefühlten Streß ist, und daß es tatsächlich eher auftritt als andere Streßanzeiger, wie erhöhte Chitinaseaktivität oder vermindertes Wachstum. Es scheint deshalb als Streßanzeiger in einem schneller durchführbaren Test mit höheren Pflanzen geeignet zu sein.

# EINSATZ VON BIOTESTS ZUR UNTERSUCHUNG VON ÖLKONTAMINATIONEN IM BODEN

J. Gunkel und W. Ahlf

TUHH, AB Umweltschutztechnik, Eißendorferstr. 40
2000 Hamburg 90

Eine ökotoxikologische Bewertung von Öl in Böden versucht die Wirkung einer derartigen Kontamination auf die Biozönose abzuschätzen. Unter dem Blickwinkel einer möglichen biologischen Sanierung steht die Mikroflora dabei im Mittelpunkt. Eine grundlegende Untersuchung sollte prüfen, ob Biotests eine Voraussage der Effekte im Boden ermöglichen.

In einem Kurzzeitexperiment wurde dazu eine Parabraunerde mit bis zu 4 Gewichtsprozent Dieselöl versetzt und über den Zeitraum von einer Woche täglich beprobt. Um eine umfassende Aussage über die Ökotoxizität zu erhalten, wurde sie mit 8 verschiedenen Methoden direkt oder in wäßrigen Eluaten untersucht. Zu den direkten Verfahren gehörte die Bestimmung der Bodenaktivität durch Messung verschiedener Bodenenzym-Aktivitäten, die neben Phosphatase- und Dehydrogenase-Aktivität auch den Umsatz von Fluoresceindiacetat (FDA) als Maß für die gesamthydrolytische Aktivität des Bodens mit einschlossen. Ergänzt wurden die direkten Verfahren durch einen Phytotoxizitätstest mit Kresse und den Prüfparametern Keimzahl und Biomasse.

Die indirekten Verfahren verwendeten ein wäßriges Eluat aus den Bodenproben. Dieses Eluat wurde im Standard-Algentest und in Bakterientests zur Ermittlung der Cyto- und Gentoxizität eingesetzt. Als mikrobielle Testorganismen dienten neben Stammkulturen auch eine aus dem Boden angereicherte und kultivierte Mischpopulation.

Die Ergebnisse der indirekten Verfahren zeigten eine geringe akute Toxizität des Dieselöls für Mikroorganismen in verschiedenen Testsystemen und weisen damit deutlich auf die biologische Sanierbarkeit solcher Kontaminationen hin. Die Abbaubarkeit der Kontamination in der Parabraunerde wurde in Bioreaktorversuchen bestätigt.

Bei den bodenenzymatischen Messungen als direkte Verfahren konnte mit allen 3 eingesetzten Verfahren übereinstimmend ebenfalls keine toxische Wirkung des Dieselöls festgestellt werden. Da Enzyme im Boden jedoch in sehr unterschiedlichen Formen vorliegen können, von denen bei der Messung vermutlich nur ein Teil erfaßt wird, müssen solche Verfahren als relativ unsensitiv eingestuft werden.

Als einziger Test zeigte der Kressetest eine akute Hemmwirkung des Dieselöls. Sowohl die Keimungsfähigkeit als auch die Biomasse reagierte empfindlich und proportional zur Belastungsstärke.

Die Ergebnisse veranschaulichen zusammengefaßt die Bedeutung eines breiten Spektrums an Biotests mit verschiedenen, auch bodenrelevanten Testorganismen, um eine verläßliche Aussage über die ökotoxikologische Wirkung zu erhalten. Nur so kann die Komplexität und Heterogenität des Bodens mit erfaßt werden, was die Voraussetzung für eine Bewertung mit den Parametern Stoffwirkung und Abbaubarkeit darstellt.

## MIKROBIELLER NITRATABBAU IN UNTERBÖDEN EINES LANDWIRTSCHAFT- LICH GENUTZTEN TRINKWASSEREINZUGSGEBIETES

Lehn-Reiser M, Benckiser G., Pitzer A. und J.C.G. Ottow[*]
[*]Institut für Mikrobiologie und Landeskultur, Justus-Liebig-Universität, Senckenbergstr. 3, D-6300 Giessen, FRG

EINLEITUNG

Die Intensivierung der landwirtschaftlichen Produktion erhöht die Gefahr der $NO_3^-$-Einwaschung in das Grundwasser (Obermann, 1990). Ein Teil der Wasserwerke verfügt noch über tolerierbare Nitratkonzentrationen im Förderwasser, weil das natürliche mikrobielle Nitratabbauvermögen des Untergrunds noch nicht erschöpft ist. Insbesondere der Denitrifikation kommt in der ungesättigten Zone und im Aquifer als reinigender Vorgang große Bedeutung zu. Leider sind die Kenntnisse über die denitrifizierende Mikroflora und über die ökologischen Voraussetzungen für die $NO_3^-$-Atmung im Unterboden und im Aquifer relativ gering und bedürfen einer systematischen Untersuchung. Zur Abschätzung der Denitrifikationskapazitäten verschiedener Böden eines gefährdeten Wassereinzugsgebietes wurden in den Jahren 1989/90 Proben bis zur Grundwasseroberfläche entnommen und hinsichtlich ihrer Denitrifikationsleistung analysiert. Die Untersuchungen wurden in Zusammenarbeit mit dem Institut für Geologie, Abtlg. Hydrogeologie der Universität Bochum und dem Institut für Bodenwissenschaften der Universität Göttingen durchgeführt (Obermann, 1990).

MATERIAL UND METHODEN

Das Untersuchungsgebiet bei Viersen (Nordrhein-Westfalen) umfaßt ca 600 ha und ist durch eine heterogene Bodenzusammensetzung (Parabraunerden, Kolluvien, Eschböden, Auenlehme, Gleye, anmoorige Böden) gekennzeichnet. Die landwirtschaftliche Betriebsformen (intensiver Acker- und Feldfutterbau, Wiesen- und Weidenutzung) können als repräsentativ für die BRD gelten. In 15 repräsentativen Profilen wurden bis zur Schottergrenze bzw. Grundwasseroberfläche ca 50 g-Bodenproben in 30-100 cm Abständen entnommen, in zwei Hälften geteilt und direkt auf dem Feld in luftdicht verschließbare (Silikonsepten) Laborflaschen (100 ml) eingewogen. Nach 1 min. Durchspülung mit $N_2$ wurde die $N_2O$-Reduktase der Denitrifikanten mit Acetylen [1 % v/v] blockiert. Im Labor wurden die Proben 48 h lang im Dunkeln bebrütet (25°C) und die Gasphase nach 24 und 48 h gaschromatographisch auf $N_2O$ analysiert (=aktuelle Denitrifikationskapazität=aDk). Die chemischen Analysen ($NO_3^-$, $NH_4^+$, $C_{org}$, $N_t$, pH-Wert sowie $Fe^{++}$) wurden an den anderen Probenhälften durchgeführt. Die Populationsdichten an Denitrifikanten wurden mit der Röhrchenverdünnungsmethode an aseptisch gezogenen Proben bestimmt und in MPN $g^{-1}$ trockener Boden (TB) ausgedruckt.

ERGEBNISSE UND DISKUSSION

Denitrifikanten wurden in der ungesättigten Zone aller untersuchten Bodenprofile nachgewiesen (Ausnahme: Bereich 2,40-4,20 m einer Parabraunerde). Die Populationsdichten an Denitrifikanten sank von $10^4$-$10^6$ (30-60 cm Tiefe) auf $10^1$-$10^3$ Keime $g^{-1}$ TB (7 m). Die $C_t$-Gehalte im Unterboden waren im allgemeinen gering (0,05-5 mg C $g^{-1}$ TB). Die aktuellen $N_2O$-Freisetzungen (errechneter Wert nach 2-tägiger Inkubationszeit) und die korrespondierenden $NO_3^-$-Konzentrationen wurden über das Profil aufsummiert und in kg $N_2O$-N bzw. $NO_3^-$-N $ha^{-1}$ ausgedruckt. Zusätzlich wurden die Nitrat/Lachgas-Verhältnisse berechnet. Diese lagen zwischen 4-14 (hohe aDk), 3 Schläge), 145-336 (mittlere aDk, 8 Schläge, 1190-1540 (geringe aDk, 3 Schläge) und 3700-6580 (sehr geringe aDk, 3 Schläge) und erlauben eine Untergliederung der untersuchten Böden hinsichtlich ihrer aktuellen Denitrifikationskapazität. Das Ausmaß der aDk hing erwartungsgemäß vor allem vom Gehalt an verfügbarem Kohlenstoff, von den Nitratkonzentrationen und von der Populationsdichte an Denitrifikanten ab. In bestimmten Bodentiefen folgten die $Fe^{2+}$-Konzentrationen dem Denitrifikationsverlauf.

DANKSAGUNG

Die Untersuchungen werden vom Bundesministerium für Forschung und Technologie (BMFT), Bonn, gefördert. Wir danken Frau G. Will für ihre technische Unterstützung.

LITERATUR

Böttcher J., Strebel C. and W.H.M. Duynisveld (1990): Microbial denitrification in the ground water of a sandy aquifer kinetics and stream-tube model. Mitteilgn.Dtsch.Bodenkundl. Gesellsch. (in press).
Obermann P. (1990): Nitratumsatz unterhalb der Wurzelzone in landwirtschaftlich genutzten Trinkwassereinzugsgebieten. Zwischenbericht 1989, BMFT-Forschungsvorhaben 0339250 A.

LÖSLICHKEIT UND ABBAUBARKEIT DES BENZINZUSATZES MTBE (METHYL-BUTYLÄTHER) UND VON VERBINDUNGEN AUS BENZIN IN WASSER

HANNE MØLLER JENSEN UND ERIK ARVIN.

ABTEILUNG FÜR UMWELTTECHNOLOGIE, GEB. 115, TECHNISCHE UNIVERSITÄT DÄNEMARKS, DK-2800, LYNGBY.

1. ZUSAMMENFASSUNG

Die Wasserlöslichkeit und der biologische Abbau des Benzinzusatzes MTBE (Methyl-Butyläther) wurden im Chargenbetrieb in Laborversuchen untersucht. Die Löslichkeit von MTBE in Wasser im Gleichgewicht mit einer Modell-Benzinmischung mit einer anfänglichen MTBE-Konzentration von 6,3% (Gew./Gew.) war etwa 900mg/l. Kein biologischer Abbau von 10mg/l MTBE und 3mg/l TAME (Amyl-Methyläther), einem anderen Benzinzusatz, wurde innerhalb von 60 Tagen und 30 Tagen beobachtet. Andererseits wurden alle aromatischen Kohlenwasserstoffe im Modellbenzin ohne Schwierigkeiten innerhalb von 1 - 2 Wochen oder sogar rascher abgebaut. Vier Typen von Matrixmaterial wurden getestet: ein sandiges Material aus einem Grundwasserleiter; ein Mutterboden und zwei Arten von Belebtschlamm. Eine Durchsicht der Fachliteratur ergab überraschend wenig Informationen über dieses Thema.

2. EINFÜHRUNG

Um die Oktanzahl von Benzin zu erhöhen, werden verschiedene Zusätze angewendet. Diese Zusätze sind verschiedene Alkohole und Äther (sogenannte Oxygenate). MTBE (Methyl-Butyläther) ist einer der am häufigsten benutzten Benzinzusätze, der in Konzentrationen von 5 - 15 Volumen-% benutzt wird. MTBE und andere Äther sind relativ leicht in Wasser löslich. Diese Verbindungen können deshalb im Zusammenhang mit Benzinverschüttungen eine Bedrohung für das Grundwasser bilden. Ernstliche Bedenken verursachen auch die löslichsten und giftigsten Bestandteile des Benzins, nämlich die BTX-Verbindungen: Benzol, Toluol, Ethylbenzol und die Xylol-Isomeren. Diese Orientierungsuntersuchung wurde durchgeführt, weil wenig Informationen über die Löslichkeit und inbesondere über den biologischen Abbau von MTBE vorliegen.

3. MATERIAL UND METHODEN

Die Wasserlöslichkeit des MTBE wurde im Chargenbtrieb experimentell bestimmt. 0,89 g MTBE und 13,25g eines Modell-Benzins (bestehend aus 8,6% Benzol, 34,8% Toluol, 17,4% Ethylbenzol, 34,8% o/m-Xylol und 4,4% Naphthalin (Gew./Gew.)) wurden in 920 ml Wasser eingebracht. Das Benzin/Wasser-Gemisch wurde mit einem magnetischen Rührapparat gerührt. Um die Bildung einer Benzin/Wasser-Emulsion zu vermeiden, wurde die Rührgeschwindigkeit so eingestellt, daß nur ein schwacher Wirbel gebildet wurde. Ein Gleichgewicht wurde innerhalb von 24 Stunden erzielt. Der biologische Abbau von MTBE und TAME wurde in einfachen Chargenversuchen untersucht, in Flaschen von 2-5 l, die ein Mineralmedium enthielten. Die Experimente wurden unter aeroben Bedingungen bei 20°C durchgeführt. Vergleichsversuche über den biologischen Abbau bei Zusatz von 10 g/l des Grundwasserleitermaterials und 10 ml/l eines wässerigen Extrakts desselben Materials wurden durchgeführt. Der Extrakt wurde hergestellt durch Hinzufügen von 50 ml Wasser zu 50 g des Grundwasserleitermaterials und starkes Schütteln der Mischung, und anschließendes Abgießen in Flaschen. Weil die biologische Abbaurate mit dem Bodenextrakt etwas erhöht war, wurde diese Methode für die weiteren Versuche benutzt. Außerdem wurden zwei Arten Belebtschlamm aus Abwasserbehandlungsanlagen als Impfmaterial benutzt. Die resultierende Konzentration der Schwebstoffe in den Flaschen war 70 mg/l.

Die Konzentrationen des MTBE, TAME und der aromatischen Kohlenwasserstoffe wurde durch gaschromatographische Analyse mit einem FID-Detektor überwacht. Die MTBE-Analyse wurde mit einer headspace-Methode durchgeführt. Für die Analyse der aromatischen Kohlenwasserstoffe wurden Proben von 10ml mit 0,5 ml Pentan vermischt, wobei Undekan als interner Standard benutzt wurde.

4. ERGEBNISSE UND DISKUSSION
1.1 Löslichkeit von MTBE

Die Löslichkeit der Modellbenzinmischung wird in Tabelle 1 angegeben. Die experimentellen Ergebnisse scheinen einigermaßen gut mit den Konzentrationen übereinzustimmen, die auf der Grundlage eines sehr einfachen Löslichkeitsmodells errechnet wurden, wobei ein Aktivitätskoeffizient von 1 angenommen wurde.

$S = S_P \cdot X_{eq}$
S   : Wasserlöslichkeit der Verbindung im
      Gleichgewichtszustand
$S_P$  : Wasserlöslichkeit der reinen Verbindung
$X_{eq}$ : Molarbruchteil in der Benzinphase im
      Gleichgewichtszustand

4.2 Biologischer Abbau von MTBE, TAME und aromatischen Kohlenwasserstoffen

Die Ergebnisse der Untersuchung über den Abbau von MTBE und TAME sind in Tabelle 2 zusammengestellt. Der biologische Abbau von MTBE wurde am gründlichsten untersucht. Wie aus Tebelle 1 ersichtlich ist, wurde kein Abbau von MTBE nach 60

TABELLE 1. Experimentelle und berechnete Daten zur Wasserlöslichkeit von MTBE und aromatischen Kohlenwasserstoffen

| Verbindung | Löslichkeit der reinen Verbindung (mg/l) | Literatur | Errechnete Löslichkeit (mg/l) | Experimentelle Daten* (mg/l) |
|---|---|---|---|---|
| Benzol | 1780 | 6 | 175 | 146 |
| Toluol | 515 | 6 | 190 | 140 |
| Ethylbenzol | 152 | 6 | 25 | 26 |
| o,m-Xylol | 186 | 6 ; 7 | 61 | 62 |
| Naphthalin | 31 | 4 ; 7 | 1,2 | 3,8 |
| MTBE | 48000 | 9 | 766 | 867 |

* Gemessene Konzentrationen der Verbindungen in der wässerigen Phase.

Tagen im Experiment bei Impfung mit Grundwasserleitermaterial gefunden, obwohl die aromatischen Kohlenwasserstoffe nach 13 Tagen abgebaut waren. Mit den anderen Impfmaterialien fand kein Abbau von MTBE nach 40 Tagen statt. Als Vergleich mit disen Ergebnissen wurde eine anderer als Benzinzusatz benutzter Äther, TAME, untersucht. Nach 32 Tagen wurde kein Abbau der ursprünglichen 3mg/l TAME beobachtet, während die zugesetzten 3 mg/l Toluol ohne Schwierigkeit abgebaut wurden (nach 3 Tagen).

TABELLE 2. Ergebnisse des biologichen Abbaus von MTBE, TAME und aromatischen Kohlenwasserstoffen

| Impfstoff | Verbindung | % Abbau | Beobachtungszeit |
|---|---|---|---|
| (1) | 10 mg/l MTBE | 0 | 60 Tage |
|  | 3,5 mg/l aromatische KW. | 100 | 13 Tage |
| (2,3) | 10 mg/l MTBE | 0 | 40 Tage |
|  | 3,5 mg/l aromatische KW. | 100 | 9 Tage |
| (3) | 10 mg/l TAME | 0 | 32 Tage |
|  | 3 mg/l Toluol | 100 | 3 Tage |

(1) sandiges Grundwasserleitermaterial
(2) Mutterboden
(3) Belebtschlamm

Es ist bekannt, daß die aromatischen Kohlenwasserstoffe, Benzol, Toluol, Ethylbenzol, o/m-Xylol und Naphthalin unter aeroben Bedingungen leicht biologisch abgebaut werden. Das wurde auch in dieser Untersuchung gefunden. Dadurch wird bestätigt, daß das angewendete System die erwartete biologische Abbaufähigkeit besaß.

In der Literatur waren keine Informationen über den biologischen Abbau von MTBE und TAME zu finden. Aber der biologische Abbau von MTBE ist in einem Feldexperiment untersucht worden. Nach 112 Tagen wurde kein Abbau der anfänglichen Konzentration von 320 mg/l beobachtet (3).

Die Toxizität des MTBE und der aromatischen Kohlenwasserstoffe wurde in einem Klassifizierungsversuch untersucht. Der Einfluß von MTBE auf den Abbau der aromatischen Kohlenwasserstoffe wurde für Ausgangskonzentrationen von 0, 4, 40 und 200 mg/l MTBE untersucht. Bis zu 40 mg/l MTBE hatten keine Wirkung, während der Zusatz von 200 mg/l MTBE eine schwache Hemmwirkung ausübte: Der Abbau von o/m-Xylol wurde um einen Tag verzögert. Die akute Toxizität von MTBE für die Kohlenwasserstoff-abbauenden Bakterien scheint also ziemlich gering zu sein.

Die Eigenhemmwirkung der aromatischen Kohlenwasserstoffe wurde ebenfalls untersucht. Bis zu 10 mg/l aromatischer Kohlenwasserstoffe wurde keine Wirkung gefunden, aber bei 55 mg/l aromatischer Kohlenwasserstoffe war der Abbau völlig gehemmt. Auf Grundlage dieser Ergebnisse ist anzunehmen, daß die in den Experimenten angewendeten Konzentrationen keine Hemmungswirkung ausübten.

Es wird allgemein berichtet, daß ätherartige Verbindungen schwierig abzubauen sind. Mit Belebtschlamm wurde kein Abbau von 200-1000 mg/l Diethyläther gefunden, und bei 200-1000 mg/l Ethylenglykol-Diethyl wurden nur 2% nach 10 Tagen gefunden (5). Die Tertiärstruktur von MTBE ist wahrscheinlich für die Bakterien nicht leicht angreifbar. Es ist offensichtlich nötig, den Abbau dieser Verbindung in langfristigen Experimenten zu untersuchen.

## 5. SCHLUSSFOLGERUNGEN

Diese Orientierungsuntersuchung hat gezeigt, daß der Benzinzusatz MTBE eine hohe Wasserlöslichkeit aufweist. Außerdem scheinen die ätherartigen Verbindungen MTBE und TAME innerhalb von 1 bis 2 Monaten nicht biologisch abgebaut zu werden. Literaturrecherchen zeigten, daß überraschend wenig Informationen über diese Fragen verfügbar sind. Wegen der weitverbreiteten Anwendung dieser Chemikalien sind weitere Untersuchungen über die Umweltauswirkungen von MTBE und anderen ätherartigen Verbindungen, die als Benzinzusätze benutzt werden, notwendig.

## 6. LITERATUR
1) Aamand, J.C., Jørgensen, E. und B.K. Jensen, 1989. Mikrobenanpassung an den Abbau von Kohlenweasserstoffen in schadstoffbelastetem und nicht schadstoffbelastetem Grundwasser. Journal of Contaminant Hydrology, 4; S. 299-312.

2) Arvin, E., B.K. Jensen und A.T. Gundersen, 1989. Substratwechselwirkungen beim biologischen Abbau von Benzin. Appl. Environ. Microbiol., 12, S.3221-3225.
3) Barker, J.F., 1989. Persönl. Mitteilung. Waterloo Centre for Groundwater Research, University of Waterloo, Waterloo, Ontario, Canada. N2L 3G1.
4) Clark, R.C. und W.D. Macleod, 1977. Eintrag, Transportmechanismen und beobachtete Konzentrationen von Petroleum in der marinen Umwelt. Aus: Effects of petroleum on arctic and subarctic environments and organisms, Band. 1. Nature and fate of petroleum, Harausg. D.C. Malins. New York.
5) Ludzack, F.J. und M.B.Ettinger. 1960. Chemische Strukturen, die widerstandsfähig gegen aerobe biochemische Stabilisierung sind. J. Water Pollut. Control Fed. 32, S. 1173-1200.
6) McAuliffe, A. 1966. Wasserlöslichkeit von Paraffin, Zykloparaffin, Olefin, Azetylen, Zykloolefin und aromatischen Kohlenwasserstoffen. The Journal of Physical Chemistry. 70; S. 1267-1275
7) McGill, W.B., M.J. Roswell und D.W.S. Westlake. 1981. Biochemie, Ökologie und Mikrobiologie von Petroleumbestandteilen im Boden. Aus: Soil Biochem. Band 5. Herausg. E.A. Poul & J.N. Ladd. Marcel Dekker, New York.
8) Neff, J.M. 1979. Polyzyklische aromatische Kohlenwasserstoffe in der aquatischen Umwelt. Applied Science Publishers Ltd., London.
9) Der Merck-Index. 1983. Herausg. M. Windholz. Merck & Co., Inc., Rahway, N.J., USA.

## CHEMODYNAMIK VON CHLORPHENOLEN WÄHREND DES SEQUENTIELLEN ABBAUS FESTER KOMMUNALER ABFÄLLE (KURZFASSUNG)

K. Pecher[1], S. Peiffer[2], R. Herrmann[1]
[1] Lehrstuhl für Hydrologie der Universität Bayreuth, Postfach 101251, 8580 Bayreuth
[2] Limnologische Station, Universität Bayreuth, Postfach 101251, 8580 Bayreuth

Mit Hilfe von Laborexperimenten wurde das Verhalten von Chlorphenolen unterschiedlicher Chlorierungsgrade während des phasenweisen anaeroben Abbaus fester kommunaler Abfälle untersucht. Der Schwerpunkt der Untersuchung lag auf der Ermittlung des Einflusses zeitvarianter Milieubedingungen im 3-Phasensystem Müll-Sickerwasser-Faulgas auf die Mobilität und Stabilität der organischen Schadstoffe. Die Milieubedingungen stellen sich dabei als Folge der biologischen Aktivität verschiedener Mikroorganismenpopulationen ein.

Die zu diesem Zweck konzipierte Laborsimulationsanlage ermöglicht zwei Versuchsführungen:
- Experimente in Bioreaktoren mit sich selbst überlassenem Versuchsablauf. Hierfür waren spezielle Bedingungen (Wassersättigung des Abfallsubstrats, Sickerwasserkreislaufführung) notwendig.
- Experimente mit regeltechnischer Manipulation von kontinuierlich gemessenen Systemvariablen (z.B. pH-Wert).

Eine Transformation der Chlorphenole (Abb. 1) während der anaeroben Abbausequenz erfolgte stets unter methanogenen Milieubedingungen.

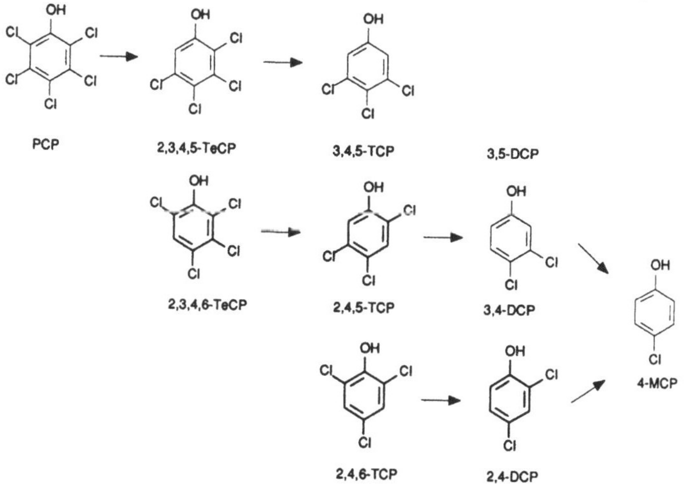

Abb.1: Abbauschema der Chlorphenole (die fett gezeichneten Verbindungen wurgen in Reaktorversuchen und Flaschentests, die schwach gezeichneten nur in Flaschentests untersucht)

Die Persistenz während acidogener Phasen zu Beginn des Müllabbaus kann nicht durch eine unzureichende Akklimatisierung vorhandener Mikroorganismen

an die zudotierten Schadstoffe erklärt werden. Dies haben neben den Reaktorversuchen Begleitexperimente (Flaschentestverfahren) mit Sickerwässern der acidogenen und methanogenen Abbauphasen gezeigt. Offensichtlich sind methanogene Konsortien i.Vgl. zu acidogenen Bakterien hinsichtlich des Bioabbaus der Chlorphenole bevorteilt.
Aufgrund der detektierten Metaboliten (Abb. 1) kann reduktive Dechlorierung (ortho-Dechlorierung) als Abbaureaktion angenommen werden.

Das Mobilitätsverhalten der Chlorphenole wurde mit einem Adsorptionsmodell beschrieben, welches auf Ergebnissen von Batchversuchen mit zerkleinertem Müllmaterial und verschiedenen Modellsickerwässern beruht.

Nach diesen Ergebnissen existieren für protonierte und deprotonierte Chlorphenolspezies unterschiedliche Adsorptionsmechanismen an der festen Müllmatrix. Beteiligte physikalisch-chemische Gleichgewichte sind in Abb. 2 dargestellt.

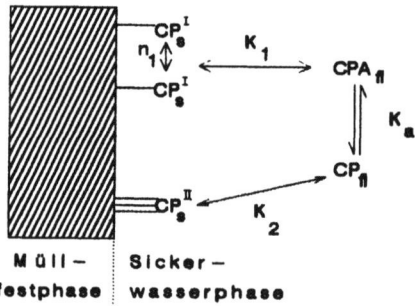

Abb. 2: schematische Darstellung der mit dem Adsorptionsmodell beschriebenen Gleichgewichte (CPA:Chlorphenolat, CP:Chlorphenol)

Die Adsorptionsisotherme

$CP_s{}^{tot} = K \cdot (CP_{fl}{}^{tot})^n$, $n \in R$

$CP_s{}^{tot}$ : Gesamtkonzentration des Chlorphenols an der Müllfestphase in µmol kg$^{-1}$

$CP_{fl}{}^{tot}$ : Gesamtkonzentration des Chlorphenols im Sickerwasser in µmol kg$^{-1}$

K : Adsorptionskonstante
n : FREUNDLICH-Exponent

läßt sich formal zerlegen in:

$CP_s{}^I = K_1 \cdot CPA_{fl}{}^{n_1}$
$CP_s{}^{II} = K_2 \cdot CP_{fl}{}^{n_2}$

$CPA_{fl}$ : Konzentration des Chlorphenolatanions im Sickerwasser in µmol kg$^{-1}$

$CP_{fl}$ : Konzentration der protonierten Spezies im Sickerwasser in µmol kg$^{-1}$

$K_{1,2}$ und
$n_1, n_2$ : Parameter der FREUNDLICH -Isothermen für deprotonierte (Index 1) und protonierte Spezies (Index 2)

$CP_s{}^{I,II}$ : resultierende Konzentrationen des Chlorphenols am

Adsorber durch Adsorption von deprotonierter (Index I) und protonierter Spezies (Index II).

Mit

$CP^{tot} = (CP_s^I + CP_s^{II}) \cdot m_s + (CPA_{fl} + CP_{fl}) \cdot m_{fl}$

$CP^{tot}$ : Gesamtmenge an Chlorphenol in µmol
$m_s$ : Masse der Festphase in kg
$m_{fl}$ : Masse der Flüssigphase in kg

und

$CPA_{fl} = CP_{fl} \cdot 10^{pH-pKa}$

folgt

$CP^{tot} = m_s \cdot (K_1 \cdot CP_{fl}^{n1} \cdot 10^{n1(pH-pKa)} + K_2 \cdot CP_{fl}^{n2}) + m_{fl} \cdot (CP_{fl} \cdot 10^{pH-pKa} + CP_{fl})$

Setzt man

$a = m_s \cdot K_1 \cdot 10^{n1(pH-pKa)}$
$b = m_s \cdot K_2$
$c = m_{fl} \cdot (10^{pH-pKa} + 1)$

so gelangt man zu

$CP^{tot} = a \cdot CP_{fl}^{n1} + b \cdot CP_{fl}^{n2} + c \cdot CP_{fl}$

Diese Gleichung war iterativ mit Hilfe des NEWTON-Verfahrens zu lösen. Abb. 3 zeigt die Sensitivität des Modells auf die Variation der Adsorptions-

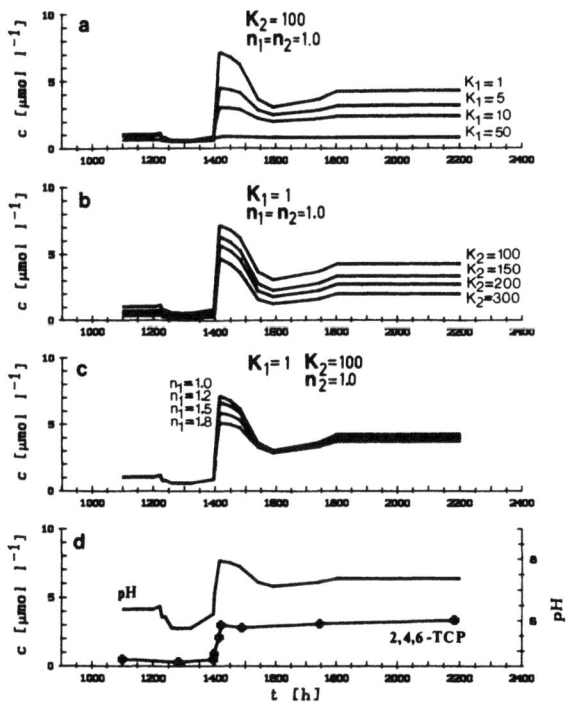

Abb. 3: Vergleich von errechneten (a-c) und gemessenen (d) Sickerwasserkonzentrationen für 2,4,6-TCP im pH-kontrollierten Reaktorexperiment.

parameter $K_1$, $K_2$ und $n_1$ für 2,4,6-TCP während der Endphase eines kontrollierten Reaktorversuchs. Der Variationsbereich der Parameter umfaßt den in Adsorptionsversuchen gemessenen Wertebereich für verschiedene Adsorber.

Aus den gewonnenen Ergebnissen des biochemischen Stabilitäts- und physikalisch-chemischen Mobilitätsverhaltens der untersuchten Xenobiotika werden Überlegungen zu neuen Deponierungsstrategien vorgestellt.

VERBLEIB UND LANGFRISTIGE PERSISTENZ POLYZYKLISCHER AROMATISCHER KOHLENWASSERSTOFFE (PAKS) IN LANDWIRTSCHAFTLICH GENUTZTEN UND MIT KLÄRSCHLAMM BEHANDELTEN BÖDEN

S.R. WILD[1]*, M.L. BERROW[2] UND K.C. JONES[1]

[1]INSTITUTE OF ENVIRONMENTAL AND BIOLOGICAL SCIENCES, UNIVERSITY OF LANCASTER, BAILRIGG, LANCASTER, LA1 4YQ, GROSSBRITANNIEN
[2]MACAULAY LAND USE RESEARCH INSTITUTE, CRAIGIEBUCKLER, ABERDEEN, AB9 2QJ, GROSSBRITANNIEN

1. ZUSAMMENFASSUNG

Es werden PAK-Daten aus zwei ähnlichen langfristigen Feldversuchen vorgestellt, bei denen Klärschlämme mit dominierenden Konzentrationen einzelner Metalle (Cu, Cr, Ni, Zn) ausgebracht wurden. Die Abnahme der mit dem Schlamm eingebrachten PAKs wurde mit Hilfe archivierter Proben überwacht. Dabei ergab sich, daß die meisten Felder nach 20 Jahren ungefähr 90% der eingebrachten PAKs verloren hatten. Die Verluste im Boden sind eine Funktion der PAK-Struktur. Die Halbwertszeiten variieren von unter 2 Jahren für das zweiringige Naphtalen bis zu über 16 Jahren für das siebenringige Coronen. Die Halbwertszeit für $\Sigma$PAK lag im Bereich von ungefähr 3 - 13 Jahren. Es wird vermutet, daß der für den Rückgang der PAKs wichtigste Prozeß der biologische Abbau ist. Bei einem Versuchsstandort war der PAK-Verlust geringer, vermutlich wegen Unterschieden im Bodentyp. Es gibt Hinweise darauf, daß hohe Ni-Konzentrationen die Abnahme der PAKs beeinträchtigen können.

2. EINLEITUNG

Das Ausbringen von Klärschlämmen auf landwirtschaftlich genutzte Böden wird allgemein als die sinnvollste Methode zur Entsorgung dieser Schlämme angesehen. Es führt dem Boden essentielle Nährstoffe wieder zu, und es verbessert die Bodenstruktur. In Europa werden mindestens 30% des insgesamt anfallenden Klärschlamms auf landwirtschaftlichen Nutzflächen ausgebracht (1). In Großbritannien werden etwa 40% der jährlich anfallenden 1,2 Millionen Tonnen (Trockenmasse) landwirtschaftlich genutztem Boden ausgebracht, und dieser Anteil dürfte in Zukunft noch steigen, da kürzlich entschieden wurde, das Verklappen von Klärschlämmen auf See ab 1998 einzustellen.

Klärschlamm enthält bekanntlich verschiedene unerwünschte chemische Stoffe, die sorgfältig kontrolliert werden müssen, wenn er auf landwirtschaftlichen Nutzflächen ausgebracht wird. Die EG hat Richtlinien zur Beschränkung des Schwermetallgehalts erlassen (2), entsprechende Richtlinien zur Beschränkung der Gehalte an organischen Stoffen gibt es aber gegenwärtig nicht. Dies überwiegend deshalb, weil hinsichtlich der Signifikanz der breiten Palette chemischer Verbindungen, die im Schlamm enthalten sein können, für Umwelt und Gesundheit noch Ungewißheiten bestehen. Es ist noch nicht einmal geklärt, welche Kriterien zur Beurteilung der Signifikanz von Spurenorganika herangezogen werden sollen. Es gibt aber eine Gruppe von Verbindungen, die in Klärschlämmen ubiquitär zu sein scheinen, nämlich die polyzyklischen aromatischen Kohlenwasserstoffe (PAKs). Ihnen gilt besonderes Interesse, weil viele bekanntermaßen oder mutmaßlich Karzinogene/Mutagene sind. Individuelle PAKs werden in Klärschlämmen typischerweise in Konzentrationen von 1 - 10 mg/kg angetroffen, wobei Schlämme aus Industriegebieten im allgemeinen stärker belastet sind. Die Bodenkonzentrationen variieren beträchtlich, typische Werte für Großbritannien sind 1 - 1000 µg/kg (3). Das Ausbringen von Schlamm auf Land vergrößert folglich die PAK-Belastung des Bodens. Um allerdings die Signifikanz dieser Einträge beurteilen zu können, werden Informationen zur Persistenz von PAKs in schlamm-behandelten Böden und zur Wahrscheinlichkeit ihres Transfers in Pflanzen, Viehbestand und Grundwasser benötigt. Experimentelle Untersuchungen zeigen, daß der PAK-Abbau je nach Verbindung und Versuchsbedingungen hochgradig variabel ist. So werden beispielsweise für Naphtalen (eine Verbindung mit zwei Ringen) in der Literatur Halbwertszeiten zwischen 0,02 und 46 Wochen angegeben, und für Benz-[a]-Pyren (eine Verbindung mit fünf Ringen) solche zwischen 0,3 und 300 Wochen (4). Einige PAKs sind nur mangelhaft untersucht worden, und unter Feldbedingungen gewonnene Daten stehen nur in extrem beschränktem Umfang zur Verfügung. Offensichtlich sind derartige Informationen zu Zwecken der Gefährdungsabschätzung aber wichtig. Der vorliegende Artikel liefert relevante Informationen, indem er die Entwicklung und langfristige Persistenz von PAKs in zwei langfristigen Feldversuchen zusammenfaßt.

3. MATERIAL UND METHODEN
3.1. Einzelheiten der Feldversuche
  Im Jahre 1968 begannen der britische Agricultural Development Advisory Service (ADAS) und das Macaulay Institute for Soil Research (jetzt Macaulay Land Use Research Institute) gemeinsam mit zwei Feldversuchen in Luddington und in der Lee Valley Experimental Horticultural Station. Diese Experimente, die in der Versuchsdurchführung im wesentlichen identisch sind, aber auf verschiedenen Bodentypen durchgeführt werden, wurden aufgenommen, um die Aufnahme ausgewählter Metalle aus Klärschlamm-behandelten Böden durch Kulturpflanzen zu untersuchen. Die Böden unterscheiden sich im wesentlichen dadurch, daß der Boden in Luddington

aus sandigem Lehm mit einem geringen Anteil an organischen Substanzen (< 2%) besteht, und der in Lee Valley aus schluffigem Lehm mit einem Anteil organischer Substanzen von mehr als 5%.

An beiden Standorten wurden 1968 Klärschlämme, die entweder mit Cr, Cu, Ni, Zn kontaminiert waren, oder vergleichsweise unbelasteter Klärschlamm mit unterschiedlichen Auftragsraten ausgebracht. Schlamm- und Bodenproben, die seit 1968 zu verschiedenen Zeitpunkten entnommen worden waren, wurden archiviert und jetzt hier auf PAKs analysiert. Für die Zwecke dieser Untersuchung wurden sechs Felder ausgewählt - ein unbehandeltes Kontrollfeld und fünf mit Schlamm behandelte Felder, wobei die Behandlung durch die unterschiedlichen Schlämme mit einer Rate von 125 Tonnen pro Hektar (Trockengewicht) erfolgte. Nach dem Ausbringen wurde der Schlamm bis zu einer Tiefe von 15 cm eingegraben oder eingefräst. Weitere Einzelheiten werden an anderem Ort erläutert (5, 6).

### 3.2. Probenextraktion und Analyse

10 g Boden oder 2 g Klärschlamm wurden für 3 Stunden mit Dichlormethan (DCM) Soxhlet-extrahiert. Die Extrakte wurden dann durch Passieren durch eine Sep-Pak Florisil-Kartusche und einen Millex 0,5 µm Filter gereinigt. Daraufhin wurden die Proben unter Stickstoff bis zur Trockenheit eingedampft und mit DCM aufgenommen, und zwar in einem Volumen von 1 ml bei Böden und einem von 5 ml bei Schlämmen. Die Extrakte wurden durch HPLC mit Fluoreszenznachweis analysiert. Eine Injektion von 2 µl wurde getrennt auf eine HPLC-Säule Spherisorb S5 ODS2 mit einem Azetonitril/Wassergradienten und einer Laufzeit von 30 Minuten gegeben. Die Datenverarbeitung erfolgte auf einem Minichrom-System mit manueller Peakauswertung.

### 4. ERGEBNISSE

Sowohl in Luddington als auch in Lee Valley führte der Zusatz von Klärschlämmen zu einer signifikanten Erhöhung der PAK-Konzentration im Boden. Das Ausmaß der Erhöhung war deutlich vom PAK-Gehalt des Schlammes abhängig. Die auf den Feldern von Lee Valley ausgebrachten Schlämme enthielten durchweg mehr PAKs als die in Luddington ausgebrachten, auch wenn sie in ihren Metallgehalten sehr ähnlich waren. Dies hatte zur Folge, daß die Böden in Lee Valley eine größere Zunahme der PAK-Belastung aufwiesen. Die Konzentrationen waren auch deshalb größer, weil der Boden in Lee Valley eine geringere Schüttdichte aufweist. Die Zn-reichen und die Cu-reichen Schlämme waren in Luddington bzw. in Lee Valley am stärksten mit PAKs kontaminiert. Die Abbildungen 1 und 2 zeigen für alle Felder der beiden Standorte den zeitlichen Verlauf der Bodenkonzentrationen, während Abbildung 3 die gemittelten Restmengen der mit dem Schlamm in die Böden eingebrachten PAKs zeigt (Mittelwert über alle Felder).

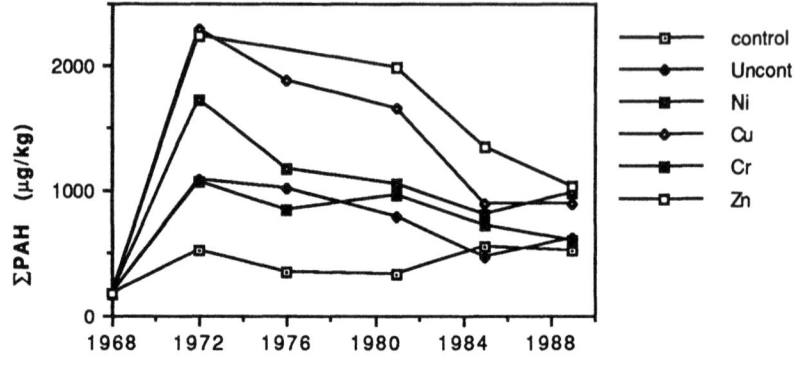

Abbildung 1. Der zeitliche Verlauf der Bodenkonzentration von ΣPAK (µg/kg) in Luddington.

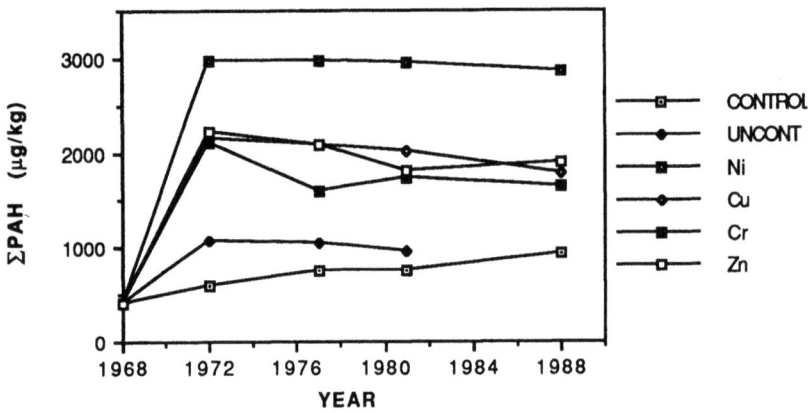

Abbildung 2. Der zeitliche Verlauf der Bodenkonzentration von ΣPAK (µg/kg) in Lee Valley.

Die berechneten Halbwertszeiten werden in Tabelle 1 zusammengefaßt. Die ΣPAK-Bodenkonzentrationen nahmen im Verlauf der Zeit ab. Allerdings war diese Abnahme in Lee Valley nicht so ausgeprägt, da dort ein größerer PAK-Eintrag aus der Atmosphäre erfolgt (wie sich aus den zunehmenden ΣPAK-Konzentrationen des Kontrollfelds ergibt).

Die Daten weisen verschiedene interessante Merkmale auf. Zuerst ist klar, daß es hinsichtlich der Verlustraten zwischen den verschiedenen Verbindungen deutliche Unterschiede gibt. So sind beispielsweise mit dem Schlamm einge-

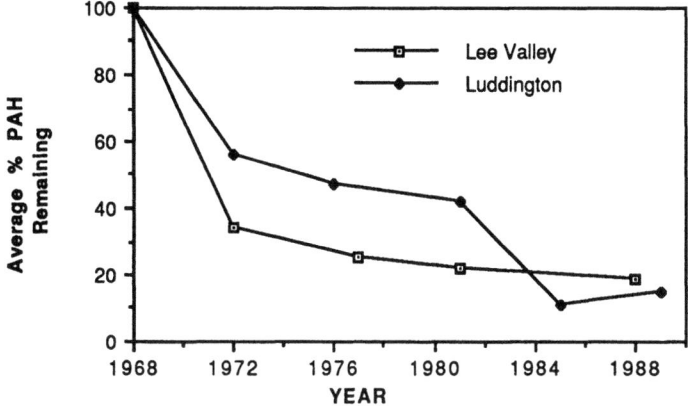

Abbildung 3. Mittlerer Prozentsatz der restlichen PAKs in allen Feldern von Luddington und Lee Valley.

TABELLE 1. Geschätzte Halbwertszeiten der mit Klärschlamm eingebrachten PAKs in den Böden von Luddington und Lee Valley.

| Verbindung | Mittlere Halbwertszeit (in Jahren) | |
|---|---|---|
| | Luddington | Lee Valley |
| Naphtalen | <2,1 | <2,3 |
| Azenaphten/Diphenylenmethan | <3,2 | <2,3 |
| Phenanthren | 5,7 | 4,4 |
| Anthrazen | 7,9 | 2,6 |
| Fluoranthen | 7,8 | 3,1 |
| Pyren | 8,5 | 3,1 |
| Benzchrysen | 8,1 | 3,6 |
| Benz-[b]-Fluoranthen | 9 | 3,5 |
| Benz-[k]-Fluoranthen | 8,7 | 2,9 |
| Benz-[a]-Pyren | 8,2 | 3,2 |
| Benz-[qhi]-Perylen | 9,1 | 9,5 |
| Coronen | 16,5 | 9,3 |
| ΣPAK | 8 | 3,6 |

brachtes Naphtalen und Azenaphten/Diphenylenmethan 1972 durchweg nicht mehr nachweisbar, während Verbindungen wie Coronen überhaupt keine Verluste aufweisen. Der allgemeine Trend ist, daß die PAKs mit geringerem Molekulargewicht größere Verluste aufweisen. Zweitens traten die Verluste in Lee Valley rascher als in Luddington ein. Dies liegt wahrscheinlich am unterschiedlichen Bodentypus. Der Boden in Luddington besteht aus sandigem Lehm mit einem pH von 5,8 und einem geringen Anteil an organischen Substanzen (< 2%), während der Boden in Lee Valley einen pH-Wert von 6,5, einen höheren Anteil an organischen Substanzen (> 5%), eine größere Kationenaustauschkapazität und eine geringere Schüttdichte aufweist. Möglicherweise besitzen die Böden in Lee Valley eine größere mikrobielle Aktivität als in Luddington. In Luddington waren die PAK-Halbwertszeiten signifikant länger als früher mitgeteilte (4), während sich die Halbwertszeiten in Lee Valley besser in die anderen Daten einfügen. Diese Halbwertszeiten stellen den PAK-Verlust durch verschiedene Prozesse dar, nämlich durch biologischen Abbau, Verflüchtigung, und durch abiotische Zersetzung. Die Beiträge zu den PAK-Verlusten durch andere Mechanismen wie Aufnahme durch Pflanzen, Bewegung über die Grenzen und Migration aus der Ackerkrume dürften beschränkt sein (4). Wahrscheinlich ist der umfassende biologische Abbau der wichtigste Mechanismus für die PAK-Verluste in diesen Böden.

Interessanterweise scheinen auf den Feldern, die mit Ni-reichem Schlamm behandelt worden sind, geringere PAK-Verluste aufzutreten. 1988/89 enthielten die Ni-Felder immer noch 35% und 32% der PAKs, die 1968 in Luddington bzw. Lee Valley eingebracht worden waren. Die Gründe für dieses Verhalten sind nicht klar, es könnte aber auf eine metallinduzierte Unterdrückung mikrobieller Prozesse hindeuten. Nicht bekannt ist, ob die Ursache in der hohen Ni-Konzentration oder in der Gegenwart eines oder mehrerer anderer Schadstoffe zu suchen ist.

## 5. FOLGERUNGEN

Die beschriebenen Feldversuche bestätigen Laboruntersuchungen zum Zusammenhang zwischen Struktur und biologischer Abbaubarkeit. Die Halbwertszeiten der zweiringigen Verbindung Naphtalen lagen unterhalb der Zeitauflösung von zwei Jahren; das andere Extrem, Coronen (eine siebenringige Verbindung), besitzt eine Halbwertszeit von bis zu 16 Jahren. Der Abbau in Lee Valley scheint rascher zu erfolgen, weil die Bodenbedingungen für eine größere mikrobielle Aktivität förderlich sind. An beiden Standorten erweisen sich die PAKs auf den Feldern als persistenter, die mit Ni-reichem Schlamm behandelt worden sind. Die Gründe für dieses Verhalten sind nicht klar, es könnte aber auf eine Unterdrückung mikrobieller Prozesse durch Ni und/oder andere Schadstoffe zurückzuführen sein.

Danksagung

SRW wurde als Forschungsstudent gemeinschaftlich vom britischen Natural Environment Research Council und dem Water Research Centre (WRc) gefördert. Wir danken beiden Organisationen für ihre Unterstützung.

BIBLIOGRAPHIE
1) Sauerbeck, D. Effects of agricultural practices on the physical, chemical and biological properties of soils: Part II - use of sewage sludge and agricultural wastes (Auswirkungen landwirtschaftlicher Verfahren auf die physikalischen, chemischen und biologischen Bodeneigenschaften: Teil II - Verwendung von Klärschlamm und landwirtschaftlichen Abfällen). In: Scientific Basis for Soil Protection in the European Community. H. Barth und P. L'Hermite (Herausgeber). Elsevier Applied Science Publishers Ltd 181-210, 1987.
2) Department of the Environment. The use of sewage sludge in agriculture: a national code of practice (Die verwendung von Klärschlamm in der Landwirtschaft: nationale Verfahrensrichtlinien). HMSO, London, 1989.
3) Jones, K.C., Stratford, J.A., Waterhouse, K.S. und Vogt, N.B. Organic contaminants in Welsh soils: polynuclear aromatic hydrocarbons (Organische Schadstoffe in waliser Böden: polyzyklische aromatische Kohlenwasserstoffe). Environ. Sci. Technol. 23, 540-550, 1989.
4) Wild, S.R., Obbard, J.P., Munn, C.I., Berrow, M.L. und Jones, K.C. The long-term persistence of polynuclear aromatic hydrocarbons (PAHs) in an agricultural soil amended with metal contaminated sewage sludges (Die langfristige Persistenz polyzyklischer aromatischer Kohlenwasserstoffe (PAKs) in landwirtschaftlich genutzten und mit metallkontaminierten Klärschlämmen behandelten Böden) Sci. Total Environ., (im Druck).
5) Berrow, M.L. und Burridge, J.C. Trace elements levels in soils: effects of sewage sludge (Bodenkonzentrationen von Spurenelementen: Die Effekte von Klärschlamm). In: Inorganic Pollution and Agriculture. MAFF Reference Book no. 326, HMSO, London, 159-183, 1980.
6) Berrow, M.L. und Burridge, J.C. Persistence of metals in available form in sewage sludge treated soils under field conditions (Persistenz in verfügbarer Form vorliegender Metalle in mit Klärschlamm behandelten Böden unter Feldbedingungen). Proc. Int. Conf. Heavy Metals in the Environment, Amsterdam, CEP Consultants Ltd., Edinburgh, 202-205, 1981.

# LABORVERSUCHE AN UNGESTÖRTEN GROSSPROBEN ZUR BIOLOGISCHEN IN SITU-SANIERUNG KOHLENWASSERSTOFFBELASTETER BÖDEN

Dipl.-Ing. N.-Ch. Lund, o. Prof. Dr.-Ing. G. Gudehus
Lehrstuhl für Bodenmechanik und Grundbau, Universität Karlsruhe (FRG)

*Zur biologischen in situ-Sanierung kohlenwasserstoffbelasteter Böden wurde ein geotechnisches Verfahren zur Versorgung von Bodenmikroorganismen mit Sauerstoff, Ammonium und Phosphat entwickelt und in Laborversuchen mit kontaminierten, ungestörten Großproben (ø = 0.6 m, h = 1.0 m) erprobt. Nachfolgend werden das Verfahren und einige Laborergebnisse beschrieben, wobei die Bilanzierung der biologischen Abbaureaktion im Vordergrund steht*[1].

## BIOLOGISCHER ABBAU VON KOHLENWASSERSTOFFEN

Bei der Anwendung von biologischen Verfahren zur Sanierung kohlenwasserstoffbelasteter Böden soll die *natürliche Reinigungskraft* von Mikroorganismen, d.h. ihre Fähigkeit, die Schadstoffe als Energie- und Kohlenstoffquelle in den Stoffwechselhaushalt aufzunehmen und in Biomasse, d.h. neue Mikroorganismen, Wasser und Kohlendioxid abzubauen, ausgenutzt werden. In situ ergibt sich dabei die Aufgabe, durch geeignete geotechnische Methoden die Lebensbedingungen der Mikroorganismen im Untergrund in der Weise zu beeinflussen (zu optimieren), daß eine ausreichende Sanierung eines kontaminierten Bodens mit wirtschaftlich vertretbarem Aufwand erreicht wird.

Einen Eindruck von der Arbeitsweise kohlenwasserstoffverwertender Mikroorganismen gibt Abb. 1. Es handelt sich um die lichtmikroskopische Aufnahme eines Öltropfens. In dem Tropfen sind wannenförmige Einbuchtungen zu erkennen, in die stellenweise stäbchenförmige Mikroorganismen eingelagert sind. Die Aufnahme stammt von einer Wasserprobe aus dem 1. Großproben-Versuch, der weiter unten beschrieben wird.

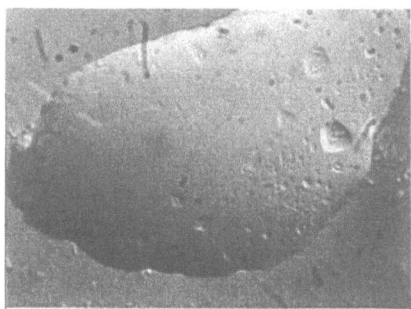

Abb. 1  Lichtmikroskopische Aufnahme eines Öltropfens (l ≈ 200 μm) mit Mikroorganismen (Photo von P. Werner, Engler-Bunte-Institut, Uni. Karlsruhe)

Bei einer biologischen Sanierung ist ein Abbau unter *aeroben* Bedingungen, d.h. unter Sauerstoffverbrauch anzustreben, da hiermit die größten Abbauraten erzielt werden. Abb. 2 zeigt das Schema einer aeroben Abbaureaktion stark vereinfacht. Dargestellt sind die organischen und anorganischen

---
[1] Die Arbeiten wurden im Rahmen des Forschungsvorhabens: "In situ-Sanierung kohlenwasserstoffbelasteter Böden durch Mikroorganismen" durchgeführt, welches vom Land Baden-Württemberg, Projekt Wasser-Abfall-Boden (PWAB) gefördert wurde.

Nährstoffe, die von den kohlenwasserstoffverwertenden Mikroorganismen (z.B. den sog. Pseudomonaden) aufgenommen werden und in einer Reaktionskette (Aufspaltung, Zitronensäurezyclus, Atmungskette) zu den Abbauendprodukten mineralisiert werden (näheres z.B in [1]).

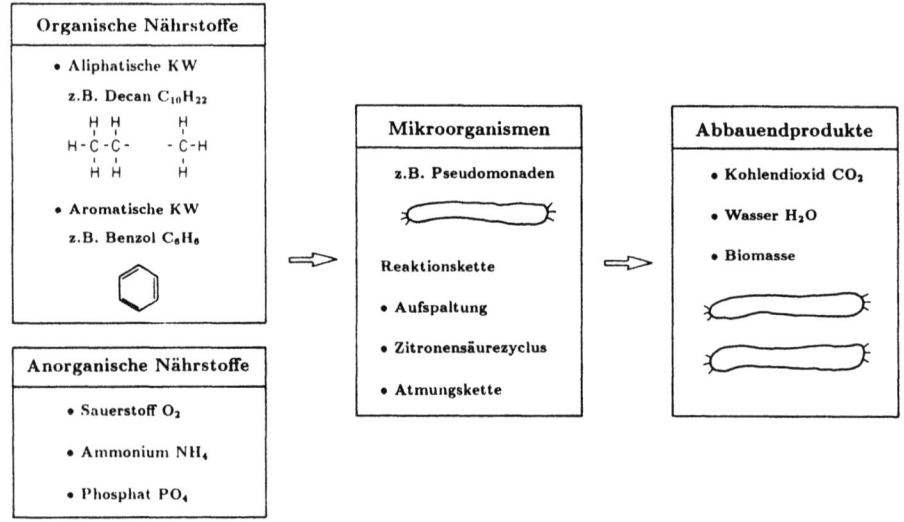

Abb. 2   Vereinfachtes Schema zum Abbau von Kohlenwasserstoffen

Eine quantitative Abschätzung des für die aeroben Abbaureaktionen notwendigen Sauerstoffs erlaubt die folgende stöchiometrische Bilanzgleichung [2]:

$$C_x H_y O_z + s \cdot O_2 \; \rightleftharpoons \; x \cdot CO_2 + \frac{y}{2} \cdot H_2 O$$

Die Gleichung besagt, daß zur vollständigen *chemischen* Oxidation von 1 Mol eines beliebigen Kohlenwasserstoffs mit einem Kohlenstoffanteil $x$, einem Wasserstoffanteil $y$ und ggfs. einem Sauerstoffanteil $z$ (z.B. Phenol $C_6 H_6 O$), $s$ Mole Sauerstoff verbraucht werden und $x$ Mole Kohlendioxid sowie $y/2$ Mole Wasser entstehen. Die Sauerstoffzahl $s$ errechnet sich aus der Beziehung:

$$s \; = \; x + \frac{y}{4} - \frac{z}{2}$$

In Tab. 1 ist der chemische Sauerstoffbedarf für verschiedene aliphatische und aromatische Kohlenwasserstoffe angegeben, wie sie z.B. bei Kontaminationen mit Mineralölprodukten oder im Bereich ehemaliger Gaswerksstandorte angetroffen werden. Die auf jeweils 1 kg der Kohlenwasserstoffe bezogenen Werte wurden mit den obigen Gleichungen berechnet und verdeutlichen, daß zur chemischen Oxidation von organischen Verbindungen, die keine Sauerstoffatome enthalten, eine Sauerstoffmenge in der Größenordnung von *3.0 bis 3.5 kg/kg* notwendig ist.

Bei einer *biologischen* Oxidation der Schadstoffe kann der Sauerstoffbedarf geringer sein, da je nach dem Anteil der Kohlenwasserstoffe, die in Baustoffe bzw. Biomasse abgebaut werden, entsprechend weniger Sauerstoff in der Atmungskette verbraucht wird. Nach HARTMANN [3] beträgt der Anteil der Schadstoffe, die in Biomasse umgewandelt werden, in Abhängigkeit von den Lebensbedingungen und der Art der an der Abbaureaktion beteiligten Organismen maximal 50 %. D.h., zum aeroben Abbau von 1 kg Kohlenwasserstoffe sind rund *1.5 bis 3.5 kg Sauerstoff* notwendig. Diese Sauerstoffmenge muß den Bodenmikroorganismen zur Verfügung gestellt werden.

Um die notwendige Sauerstoffmenge zu den Mikroorganismen im Boden zu transportieren, wird bei den meisten der bisher angewendeten in situ-Sanierungsverfahren als Sauerstoffträger Wasser über

| Substanz | Strukturformel | Molekular-gewicht [g/mol] | Sauerstoff-bedarf [kg/kg Substanz] |
|---|---|---|---|
| Aliphatische Kohlenwasserstoffe | | | |
| n-Pentan | $C_5H_{12}$ | 72 | 3.555 |
| Hexan | $C_6H_{14}$ | 86 | 3.535 |
| Octan | $C_8H_{18}$ | 114 | 3.508 |
| Nonan | $C_9H_{20}$ | 128 | 3.500 |
| n-Decan | $C_{10}H_{22}$ | 142 | 3.493 |
| Dodecan | $C_{12}H_{26}$ | 170 | 3.482 |
| Heptadecan | $C_{17}H_{36}$ | 240 | 3.467 |
| Octadecan | $C_{18}H_{38}$ | 254 | 3.402 |
| Aromatische Kohlenwasserstoffe | | | |
| Benzol | $C_6H_6$ | 78 | 3.077 |
| Phenol | $C_6H_6O$ | 94 | 2.383 |
| Toluol | $C_7H_8$ | 92 | 3.130 |
| Naphthalin | $C_{10}H_8$ | 128 | 3.000 |
| Acenaphthen | $C_{12}H_{10}$ | 154 | 3.013 |
| Fluoren | $C_{13}H_{10}$ | 166 | 2.988 |
| Phenanthren | $C_{14}H_{10}$ | 178 | 2.966 |
| Fluoranthen | $C_{16}H_{10}$ | 202 | 2.930 |
| Benz[a]anthracen | $C_{18}H_{12}$ | 228 | 2.947 |
| Benzo[a]pyren | $C_{20}H_{12}$ | 252 | 2.920 |

Tabelle 1   Molekulargewicht und chemischer Sauerstoffbedarf ausgewählter Kohlenwasserstoffe

Brunnen oder Injektionslanzen eingespeist und im Kreislauf geführt. Dabei ist das Wasser mit Luftsauerstoff (Luft enthält 23 Gew.% Sauerstoff) oder technischem Sauerstoff gesättigt, oder das Wasser wird mit Ozon oder Wasserstoffperoxid angereichert.

Der Erfolg dieser Art Wasserspülung ist aus verschiedenen Gründen anzuzweifeln. So ergibt sich im Falle der Sättigung des Wassers mit Luftsauerstoff unter Atmosphärendruck und bei Raumtemperatur infolge des geringen Sauerstoffpartialdrucks lediglich eine Sauerstoffkonzentration von rund 9 mg/l. Das bedeutet: zur biologischen Sanierung von z.B. 1 m³ mit Heizöl verunreinigtem Mittelsand mit einer Trockendichte von $\rho_D = 1600$ kg/m³, der bei einer Schadstoffkonzentration von 10 g/kg Boden 16 kg Kohlenwasserstoffe enthält, müssen ca. 3000 bis 6000 m³ Wasser (!) durch dieses Bodenvolumen gepumpt werden. Dies ist sowohl aus wirtschaftlichen als auch aus zeitlichen Gründen kaum realisierbar.

Bei der Anwendung von technischem Sauerstoff oder durch die Einleitung von Ozon oder Wasserstoffperoxid in das Wasser kann der Gehalt an Sauerstoff zwar erhöht werden (z.B. im zuerst genannten Fall ca. auf das Fünffache), doch ist diese Konzentrationserhöhung mit einem größeren Kostenaufwand verbunden, der die Wirtschaftlichkeit dieser Verfahrensvarianten in Frage stellt. Zudem können aus der lokal hohen Sauerstoffkonzentration im Bereich der Einspeisebrunnen oder -lanzen durch Verockerungsvorgänge (Ausfällungen von Oxidhydraten und Hydroxiden von Eisen- und Manganverbindungen) Verstopfungen der Bodenporen resultieren, so daß eine gleichmäßige Sauerstoffversorgung der kontaminierten Bodenzonen verhindert wird. Dies ist auch einer der Gründe, weshalb WERNER [4] eine biologische in situ-Sanierung mit Wasserspülung nur in sandig-kiesigen oder kiesig-sandigen Böden mit einer Mindestdurchlässigkeit von $5 \cdot 10^{-4}$ m/s für möglich hält. Bei diesen grobklastischen Böden haben Ausfällungen hinsichtlich der Aufrechterhaltung des Spülungskreislaufes eine geringe Bedeutung.

## BIOLOGISCHE IN SITU-SANIERUNG DURCH KOMBINIERTE LUFT-WASSER-SPÜLUNG

Resultierend aus den dargestellten Problemen bei der Sauerstoffversorgung wurde ein geotechnisches in situ-Verfahren konzipiert, bei dem die Sauerstoffversorgung der Bodenmikroorganismen durch Einspeisen von gewöhnlicher *Luft* in den *ungesättigten* Boden erfolgt.

Die ausschließliche Einspeisung von Luft in den Boden reicht jedoch nicht aus, um einen biologischen Abbau zu aktivieren. Neben der Belüftung muß von der Geländeoberkante aus eine *Wassersickerströmung* eingerichtet werden, wobei der Boden ungesättigt bleiben muß, damit die Luft in den Porenräumen strömen kann.

Dem Wasser kommen zwei Aufgaben zu: Erstens können die Mikroorganismen Nährstoffe, also auch die Kohlenwasserstoffe, nur aus dem Wasser aufnehmen. Zweitens müssen mit dem Wasser den Mikroorganismen wachstumsfördernde Nährstoffe wie Ammonium und Phosphat bereitgestellt werden, die für den Abbau der Schadstoffe ebenfalls notwendig sind (vgl. Abb. 2).

Das gleichzeitige Auftreten der Luft- und Wasserströmung im Boden soll durch eine entsprechende Steuerung der Strömungen dazu führen, daß der im Wasser durch biologischen Abbau verbrauchte Sauerstoff aus der vorbeiströmenden Luft wieder in das Wasser diffundiert, wodurch die Flüssigkeit ständig mit Luftsauerstoff gesättigt ist. Da die Sauerstoffkonzentration im Wasser niedrig (aber konstant) ist, sind Verockerungsvorgänge im Boden vermutlich nicht oder nur im geringeren Maße zu erwarten, so daß auch feinkörnigere Lockergesteinsböden dekontaminiert werden können. Die Wechselwirkung zwischen Schadstoff, Wasser, Luft und Mikroorganismen ist in Abb. 3 skizziert.

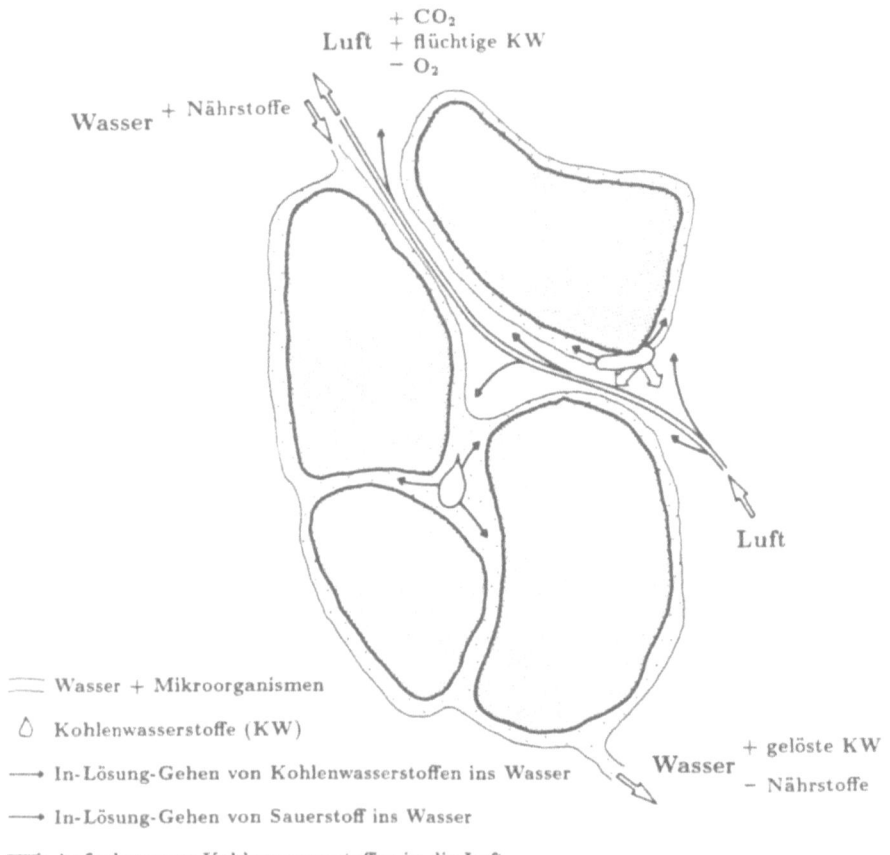

Abb. 3 Wechselwirkung zwischen Schadstoff, Wasser, Luft und Mikroorganismen im nicht gesättigten Boden bei einer biologischen Sanierung durch kombinierte Luft-Wasser-Spülung

Abb. 3 verdeutlicht auch, daß eine Abnahme der Schadstoffe im kontaminierten Boden nicht nur durch den biologischen Abbau der Kohlenwasserstoffe, sondern auch durch den Austrag der Schadstoffe mit dem Luft- und dem Wasserstrom erreicht wird. Die Luft nimmt flüchtige Kohlenwasserstoffe auf (vgl. Verfahren der Bodenluftabsaugung), das Prozeßwasser gelöste Kohlenwasserstoffe. Die Luft und das Prozeßwasser sollen daher übertägig einer entsprechenden Aufbereitungsanlage zugeführt werden. Die Sanierungsrate ergibt sich somit aus folgender Beziehung:

$$\begin{array}{r} \text{biologische Abbaurate} \\ + \text{ Luftaustragsrate} \\ + \text{ Wasseraustragsrate} \\ \hline = \text{Sanierungsrate } [g/(kg\ Boden \cdot Tag)] \end{array}$$

## LABORVERSUCHE

Mit den bisher durchgeführten Laborversuchen wurden die nachstehenden *Ziele* verfolgt:

- *Erprobung und Optimierung* des oben angedeuteten biologischen Sanierungsverfahrens.
- *Bilanzierung* der Bioreaktion, d.h. Erfassung des Anteils der biologisch abgebauten Menge an Kohlenwasserstoffen und der Menge der mit der Luft und dem Wasser ausgetragenen Schadstoffe.
- Versuchsdurchführung unter *feldähnlichen Bedingungen*, um damit vergleichbare und für eine Dimensionierung und Steuerung einer in situ-Anlage nutzbare Daten zu erhalten.

Im Zuge der Versuche wurde auch untersucht, inwiefern eine der biologischen Sanierung vorangestellte hydraulische Sanierung zu einer Reduzierung der Schadstoffkonzentration im Boden führt, um so die Zeitdauer einer biologischen Sanierung zu verkürzen.

Um unter feldähnlichen Bedingungen zu arbeiten und den Einfluß des Bodenaufbaus (Schichtung, Textur) und der Durchlässigkeit des Bodenmaterials zu erfassen, wurden die Versuche mit *ungestörten Großproben* ($\emptyset$ = 0.6 m, h = 1.0 m) durchgeführt, die mit Hilfe des *Gefrierverfahrens* aus dem gewachsenen Boden gewonnen wurden.

### Entnahme der Großproben

Bei der Anwendung des Gefrierverfahrens zur Feldentnahme der Großproben wird eine Gefrierlanze in den Boden geschlagen und in diese kontinuierlich flüssiger Stickstoff geleitet. Beim Verdampfen aus der Lanze entzieht der Stickstoff (Temperatur -286 °C) dem Boden Wärme. Nachdem sich um die Lanze ein Frostkörper mit einen Durchmesser von 0.7 m gebildet hat, wird dieser mit Hilfe eines Krans aus dem ihn umgebenden Boden herausgezogen (Abb. 4). Die gezogene Probe wird anschließend mit einem Hochdruckwasserstrahl auf die erforderlichen Versuchsmaße zurechtgeschnitten [5].

### Versuchsstand

Zur Durchführung der Versuche wurde ein neuer Versuchsstand aufgebaut. Dieser bietet die Möglichkeit, sowohl eine hydraulische oder pneumatische Sanierung kontaminierter Großproben als auch eine biologische Sanierung mit kombinierter Luft-Wasser-Spülung zu erproben (Abb. 5). Kernstück der Anlage ist eine Druckzelle ("Bioreaktor"), in die die ungestörte und noch gefrorene Großprobe (umgeben von einem Gummimantel) eingebaut wird. In der Zelle wird die Probe mit einem hydrostatischen Druck beaufschlagt, der den in situ-Erddruck simuliert und ein Auseinanderfallen bzw. eine weitreichende Störung der Probe nach dem Auftauen verhindert.

Über eine zentral angeordnete, perforierte Lanze in der Probe kann sowohl Luft als auch Wasser horizontal und/oder vertikal eingespeist werden. Zahlreiche Meßgeber sowie die Möglichkeit der Entnahme von Luft-, Wasser- und Bodenproben aus der Großprobe erlauben eine Steuerung der Sanierung und eine wissenschaftliche Auswertung der Vorgänge in der Probe. In diesem Zusammenhang sind besonders ein $CO_2$- und ein $O_2$-Meßgerät hervorzuheben, mit denen während der biologischen Sanierung die Konzentration der entsprechenden Gaskomponenten in der Abluft erfaßt bzw. die biologische Aktivität in der Probe quantitativ beobachtet werden kann (s.u.).

**Abb. 4** Gefrorene Großprobe       **Abb. 5** Versuchsstand

**Versuchsablauf**

Der Versuchsablauf war bei den zwei an dieser Stelle beschriebenen Versuchen identisch. In beiden Fällen wurde mit einer sandig-kiesigen Probe mit einer mittleren Durchlässigkeit bezüglich Wasser von rund $5 \cdot 10^{-4}$ m/s gearbeitet.

Nach dem Auftauen wurde die Probe mit einer definierten Menge einer Kohlenwasserstofflösung künstlich kontaminiert, indem die Lösung von oben in die Probe versickert wurde. Die Lösung enthielt die aliphatischen Kohlenwasserstoffe n-Decan (94.33 Gew.%), Pristan und n-Hexadecan (beide 1.89 Gew.%) sowie den aromatischen Kohlenwasserstoff Naphthalin (1.89 Gew.%). Diese Schadstoffe sind typisch für Bodenkontaminationen mit Mineralölprodukten.

Nach der Versickerung der Schadstoffe über die Probenhöhe begann eine *hydraulische Sanierung*, bei der die Probe radial mit Wasser gespült wurde. Das Wasser sollte die beweglichen Kohlenwasserstoffe von den Bodenkörnern lösen und/oder aus den Porenräumen verdrängen und schließlich aus der Probe ausspülen. Damit sollte die Schadstoffkonzentration in der Probe verringert und die Zeitdauer für die biologische Sanierung verkürzt werden. Zur Anreicherung von wachstumsfördernden Nährstoffen im Boden wurde dem Spülwasser bereits während der hydraulischen Sanierung Phosphat und Ammonium zugegeben. Der Vorgang endete mit dem Entsättigen der Probe, d.h. mit dem vertikalen Abströmen des Porenwassers aus der Probe.

Während der anschließenden *biologischen Sanierung* wurde, entsprechend der geplanten Vorgehensweise bei einer in situ-Sanierung, in die ungesättigte Großprobe kontinuierlich radial Luft eingespeist und von oben axial nährsalzhaltiges Wasser versickert.

**Versuchsergebnisse**

Bei der *hydraulischen Sanierung* in den beiden Großproben-Versuchen bestätigte sich, daß die Schadstoffkonzentration im Boden mit Hilfe einer Wasserspülung nur soweit reduziert werden kann, bis die sog. Restsättigung erreicht ist und die beweglichen Schadstoffe aus dem Boden entfernt sind. Bei der Schadstoff-Restsättigung ist die Durchlässigkeit des Bodens bezüglich der verbliebenen Kohlenwasserstoffe praktisch gleich Null.

Die Restsättigung hängt im wesentlichen vom Feinkornanteil der Böden ab. Für sandig-kiesige Erdstoffe z.B. gibt SCHWILLE [6] einen Konzentrationsbereich der Kohlenwasserstoffe zwischen 6.3 und 7.6 g/(kg Boden) an. In den Großprobenversuchen wurde beim hydraulischen Durchspülen der obere Grenzwert dieses Intervalls erreicht.

Im Zuge der *biologischen Sanierung* der beiden Proben konnte gezeigt werden, daß das vorgeschlagene Verfahren gut geeignet ist, die Mikrobiologie in einem kontaminierten Boden, der vergleichbare Schadstoffe enthält, anzuregen und somit biologische Abbauprozesse in Gang zu bringen. Im folgenden werden einzelne Ergebnisse aufgeführt:

In Abb. 6 und Abb. 7 sind die *Delta-$O_2$- und $CO_2$-Meßwerte*, die in der Abluft der Probe beim 2. Großproben-Versuch gemessen wurden, über die Versuchszeit aufgetragen[2]. Die Werte erreichten nach einer Anlaufphase ein Maximum, um anschließend mit zunehmender Versuchsdauer abzunehmen. Dieser Abfall geht mit der Verringerung der Schadstoffkonzentration in der Probe einher (Die Schwankungen der Meßdaten ab dem 16. Versuchstag resultieren aus dem Wechsel von einer kontinuierlichen zu einer intermittierenden Wasserversickerung, um den Wassergehalt in der Probe zu senken.). Insgesamt wurde beim 2. Versuch eine Sauerstoffmenge von $m_{O2} = 5083$ g verbraucht und eine Kohlendioxidmenge von $m_{CO2} = 4209$ g gebildet.

Neben der qualitativen Beobachtung der biologischen Aktivität bieten die $O_2$- und $CO_2$-Meßwerte die Möglichkeit, die *Menge an biologisch abgebauten Kohlenwasserstoffen* in guter Näherung zu berechnen. Voraussetzung hierfür ist, daß der nachgewiesene $O_2$-Verbrauch und die $CO_2$-Entstehung durch Änderungen des Lösungsgleichgewichtes der Gase im Sickerwasser infolge chemischer Reaktionen nicht verfälscht wird. Dies konnte mit Hilfe des Gesetzes von HENRY-DALTON zur Löslichkeit von Gasen in Wasser und unter Berücksichtigung des Kalk-Kohlensäure-Gleichgewichtes in Wasser [2] ausgeschlossen werden.

Grundlage für die Berechnung der Menge an abgebauten Kohlenwasserstoffen bildet die folgende Gleichung der Abbaureaktion für den eingesetzten Kohlenwasserstoff Decan (94.33 Gew.%), die eine Erweiterung der oben angegebenen stöchiometrischen Gleichung darstellt und den Anteil der Kohlenwasserstoffe berücksichtigt, der in Biomasse umgewandelt wird:

$$C_{10}H_{22} + O_2 + NadH_2 + 15 \cdot (1-u) \, O_2$$
$$\longrightarrow u \cdot \{C_{10}H_{21}OH + H_2O\} + Nad + (1-u) \cdot \{10\, CO_2 + 12\, H_2O\}$$

Der Term $O_2 + NadH_2$ in der Gleichung gibt den molekularen Sauerstoffverbrauch im ersten Schritt der Abbaureaktion an, in welchem das Decan in einen primären Alkohol umgewandelt wird. Diese Umwandlung wird durch das Enzym $NadH_2$ katalysiert. Der Term $15 \cdot (1-u)\, O_2$ entspricht dem Sauerstoffverbrauch in der Atmungskette, in der die überschüssigen Wasserstoffatome aus den Stoffwechselvorgängen zu Wasser oxidiert werden. Der Faktor $u$ gibt den Anteil des primären Alkohols an, der beim Abbau in Biomasse mineralisiert wird ($0 \leq u \leq 0.5$). Auf der rechten Seite der Bilanzgleichung wird dieser Anteil durch den Term $u \cdot \{C_{10}H_{21}OH + H_2O\}$ ausgedrückt. Ferner sind auf der rechten Seite die Endprodukte Kohlendioxid und Wasser erfaßt.

Unter Berücksichtigung der Molekulargewichte $M$ der an der Abbaureaktion beteiligten Stoffe ($M_{C10H22} = 142$ g/mol, $M_{O2} = 32$ g/mol, $M_{CO2} = 44$ g/mol) ergeben sich aus der Reaktionsgleichung zwei unabhängige Formeln zur Bestimmung der Menge an abgebauten Kohlenwasserstoffen $m_{KW}$:

$$m_{KW}(O_2) = \frac{1}{16 - 15 \cdot u} \cdot \frac{M_{C10H22}}{M_{O2}} \cdot m_{O2} \quad [g]$$

$$m_{KW}(CO_2) = \frac{1}{10 \cdot (1-u)} \cdot \frac{M_{C10H22}}{M_{CO2}} \cdot m_{CO2} \quad [g]$$

Der Faktor $u$ in diesen Gleichungen kann über das Verhältnis der Menge an verbrauchtem Sauerstoff und der Menge an entstandenem Kohlendioxid berechnet werden:

$$u = \frac{16 - 10 \cdot q_m}{15 - 10 \cdot q_m} \quad \text{mit} \quad q_m = \frac{m_{O2}}{M_{O2}} \cdot \frac{M_{CO2}}{m_{CO2}}$$

Für den 2. Versuch ergibt sich, daß ungefähr 37.5 % der mineralisierten Kohlenwasserstoffe in Biomasse umgewandelt wurden und damit eine Menge an biologisch abgebauten Kohlenwasserstoffen von $m_{KW}(O_2) = m_{KW}(CO_2) = 2174$ g angegeben werden kann. Zusammen mit den Mengen der mit

---

[2]Delta-$O_2$-Wert: Differenz zwischen der Sauerstoffkonzentration in der Einspeise- und der Abluft

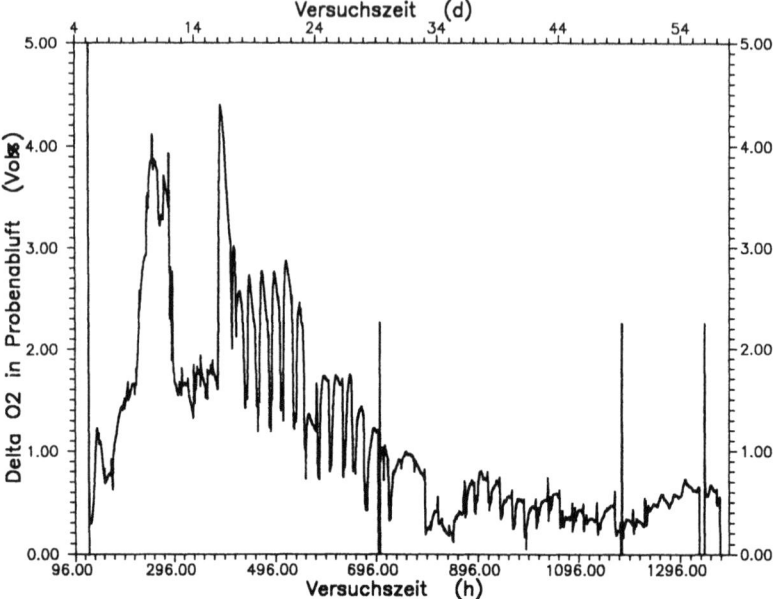

**Abb. 6** Delta-$O_2$-Konzentration in der Abluft der Großprobe

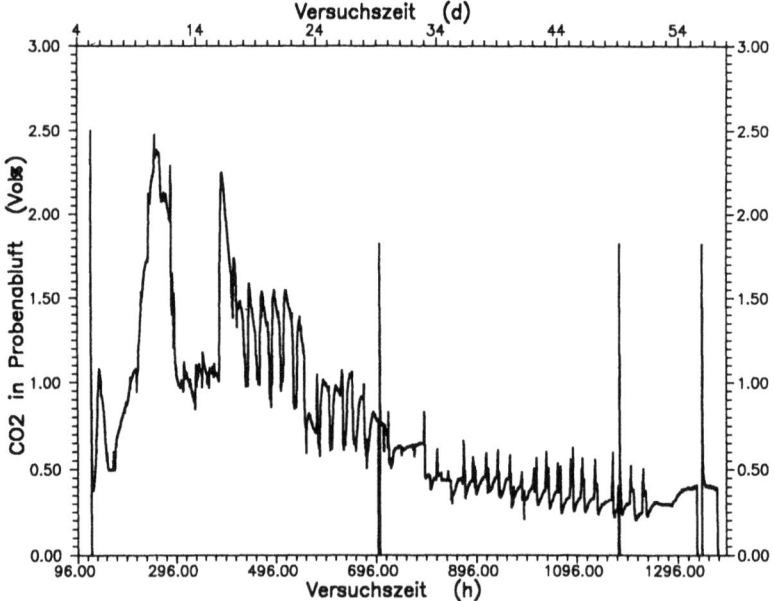

**Abb. 7** $CO_2$-Konzentration in der Abluft der Großprobe

dem Wasser bzw. der Luft aus der Probe ausgespülten bzw. ausgetragenen Kohlenwasserstoffe konnte so erstmalig eine vollständige *Mengenbilanz* für einen Abbauversuch aufgestellt werden. In Tab. 2 ist die Bilanz für den 2. Versuch aufgelistet.

| Ursache für die Änderung der Kohlenwasserstoffkonzentration in der Probe (KW: Kohlenwasserstoffe) | Schadstoffmenge [g], erfaßt durch | | | Anteil [%] |
|---|---|---|---|---|
| | Gewichtsbestimmung | Berechnungen auf der Grundlage der Analysen | $O_2$-/$CO_2$-Messung | |
| I. Kontamination der Probe | | | | |
| 1. Versickerungsmenge | 5115.0 | – | – | – |
| 2. Ausgetretene KW am Probenfuß | 503.9 | – | – | – |
| Differenz 1. - 2. | 4611.1 | – | – | 100.0 |
| II. Hydraulische Sanierung (4 d) | | | | |
| 3. Ausgespülte KW im Wasser | 757.1 | – | – | 16.5 |
| III. Biologische Sanierung (52.3 d) | | | | |
| 4. Ausgespülte KW im Wasser | – | 26.3 | – | 0.6 |
| 5. Ausgespülte KW in der Luft | – | 527.4 | – | 11.4 |
| 6. Biologisch abgebaute KW | – | – | 2174.0 | 47.1 |
| Summe 4. - 6. | – | 536.9 | 2174.0 | 59.1 |
| Summe 3. - 6. | 757.1 | 536.9 | 2173.8 | 75.6 |

Tabelle 2  Mengenbilanz des 2. Großproben-Versuches

Die Mengenbilanz zeigt, daß beim 2. Versuch in 57 Tagen insgesamt rund 75.6 % der Schadstoffe aus der Probe entfernt wurden. Dieses Ergebnis wurde durch die Analysen von zwei Mischproben, die am Ende des Versuches aus dem gesamten Bodenmaterial der Großprobe gewonnen wurde, sehr gut bestätigt.

Bei den Versuchsergebnissen ist kritisch anzumerken, daß die Temperatur in den Großproben bei beiden Versuchen jeweils bei 20 °C lag und damit um rund 10 °C höher war, als die in unseren Breitengraden zu erwartende Bodentemperatur. Da die Wachstums- bzw. Abbaurate der Mikroorganismen temperaturabhängig ist, und da die Versuche aus Zeitgründen nicht bis zur vollständigen Elimination der Schadstoffe aus den Proben durchgeführt wurden, kann die Leistungsfähigkeit des angewendeten biologischen Verfahrens nicht abschließend beurteilt werden kann. – In Tab. 3 sind die mittleren Schadstoffkonzentrationen in den Großproben nach den einzelnen Versuchsabschnitten bei den bisher durchgeführten Versuchen aufgelistet.

| Mittlere Kohlenwasserstoffkonzentration g/(kg Boden) | Versuch I (71 d) | Versuch II (57 d) |
|---|---|---|
| nach der Kontamination | 9.63 | 8.89 |
| nach der hydraulischen Sanierung | 7.69 | 7.43 |
| nach der biologischen Sanierung bzw. beim Abbruch des Versuches | 1.50 | 1.70 |

Tabelle 3  Mittlere Schadstoffkonzentrationen bei den Großproben-Versuchen

## ZUSAMMENFASSUNG

Ein biologisches in situ-Verfahren zur Sanierung kohlenwasserstoffbelasteter Böden wurde vorgestellt, bei dem die Sauerstoffversorgung von Bodenmikroorganismen durch Einspeisen von gewöhnlicher Luft in den ungesättigten Boden erfolgt. Neben der Belüftung wird von der Geländeoberkante aus eine Wassersickerströmung eingerichtet, wobei der Boden ungesättigt bleiben muß, damit die Luft in den Porenräumen strömen kann. Mit dem Wasser sollen den Mikroorganismen Ammonium und Phosphat bereitgestellt werden.

Das Verfahren wurde in Laborversuchen mit ungestörten, kontaminierten Großproben, die mit Hilfe des Gefrierverfahrens gewonnen wurden, erprobt. Bei den Versuchen konnte gezeigt werden, daß das vorgeschlagene biologische Verfahren gut geeignet ist, die Mikrobiologie in einem kontaminierten Boden, anzuregen und somit biologische Abbauprozesse in Gang zu bringen. Mit Hilfe einer Kohlendioxid- und Sauerstoffmessung in der Abluft der Probe konnte die biologische Aktivität in der Probe qualitativ und quantitativ erfaßt werden, und zusammen mit den Analyseergebnissen von Wasser- und Abluftproben wurde erstmalig eine vollständige Mengenbilanz für Abbauversuche aufgestellt.

## Literaturverzeichnis

[1] Schlegel, H. G.: Allgemeine Mikrobiologie. Georg Thieme Verlag, Stuttgart, New York, 1981.

[2] Sontheimer, Spindler, Rohmann: Wasserchemie für Ingenieure. DVGW-Forschungsstelle am Engler-Bunte-Institut der Universität Karlsruhe (TH). Eigenverlag, 1980.

[3] Hartmann, L.: Biologische Abwasserreinigung. Springer-Verlag, Berlin, Heidelberg, New York. 1983.

[4] Werner, P.: Kritische Betrachtung biologischer Sanierungstechniken bei ehemaligen Gaswerksgeländen. gwf - Das Gas- und Wasserfach. 130. Jahrgang, 8, 1989.

[5] Lund, N.-Ch., Gudehus. G.: Biologische in situ-Sanierung kohlenwasserstoffbelasteter Böden. In: Vorträge zur Baugrundtagung in Karlsruhe. Deutsche Gesellschaft für Erd- und Grundbau e.V., 1990.

[6] Schwille, K.: Die Kontamination des Untergrundes durch Mineralöl – ein hydrologisches Problem. Deutsch. Gewässerk. Mittl. 10: 194 – 207, Koblenz, 1966.

ABBAUVERHALTEN VON POLYZYKLISCHEN AROMATISCHEN KOHLENWASSERSTOFFEN (PAK) IM UNTERGRUND

M. STIEBER, K. BÖCKLE, P. WERNER, F. H. FRIMMEL

DVGW-FORSCHUNGSSTELLE AM ENGLER-BUNTE-INSTITUT DER UNIVERSITÄT KARLSRUHE, FRG

1. EINLEITUNG UND ZIELSETZUNG

Polyzyklische aromatische Kohlenwasserstoffe stellen eine Klasse chemischer Verbindungen dar, von denen viele bereits in sehr geringen Konzentrationen als toxisch, mutagen und karzinogen bekannt sind /1, 2/. Es wird geschätzt, daß Krebserkrankungen beim Menschen in 60-90 % aller Fälle auf einen Kontakt mit Umweltchemikalien, die PAK enthalten, zurückzuführen sind /3/. Die Hauptmenge an PAK entsteht weltweit bei industriellen Prozessen wie der Verbrennung von Kohle, der Verarbeitung von Mineralöl und der Teerdestillation. In die Luft emittierte PAK adsorbieren an Aerosolen und werden in dieser Form über den Regen in Oberflächengewässer und Böden eingetragen. Unter der Einwirkung von UV-Strahlung erfolgt in der Atmosphäre, an Bodenoberflächen sowie in Gewässern (bis max. 7 m Tiefe) ein Abbau der PAK durch Photooxidation.

Durch eine Vielzahl von Untersuchungen ist schon lange bekannt, daß PAK von Mikroorganismen abgebaut werden können /4, 5/. Die Abbaukinetik steht in umgekehrtem Verhältnis zum Molekulargewicht.

Böden von ehemaligen Gaswerks- und Kokereistandorten sind auf Grund unsachgemäßer Abfallentsorgung und Leckagen in Produktionsanlagen zum Teil sehr hoch mit PAK kontaminiert (Konzentrationsbereich g/kg Boden). Da diese Verbindungen am Boden fest adsorbiert vorliegen und in der Regel die zum biologischen Abbau notwendigen Randbedingungen (z. B. hinreichende Sauerstoffzufuhr) nicht erfüllt sind, sind PAK in kontaminierten Standorten äußerst persistent. In der Praxis handelt es sich meist um eine Mischkontamination verschiedener PAK, wobei häufig noch andere aliphatische und aromatische Kohlenwasserstoffe vorkommen. Eine Übertragung von Laborergebnissen zum Abbau in die Praxis ist in den meisten Fällen nicht möglich.

Die wichtigsten Faktoren, die nach derzeitigem Wissensstand limitierend auf den Abbau wirken, sind die folgenden:
- pH-Wert, Temperatur, Sauerstoff- und Nährsalzversorgung, Toxizität der Schadstoffe und derer Metaboliten, Bioverfügbarkeit der Kohlenwasserstoffe (verringert durch Adsorption an und Einbindung in die Bodenmatrix) /6, 7/.

Die Mehrzahl der Arbeiten auf diesem Gebiet wurden unter Laborbedingungen mit Einzelsubstanzen und Reinkulturen durchgeführt /1/.

Ziel der vorliegenden Arbeit war es, in Laborversuchen zunächst den Abbau von PAK in praxisorientierten Gemischen nachzuvollziehen, wobei es darauf ankam, den Abbau zu bilanzieren und die Toxizität der Ausgangsprodukte sowie von deren Metaboliten zu erfassen. Darüber hinaus galt es, die Bioverfügbarkeit der Schadstoffe zu erhöhen.

2. METHODIK

In Laborversuchen wurde das Abbauverhalten von PAK-Gemischen in ver-

schiedenen Böden untersucht:
- modellhafte Bedingungen: Sand künstlich mit einem PAK-Gemisch aus zehn Komponenten kontaminiert
- reale Bedingungen: kiesig-sandiger Boden von einem PAK-kontaminierten Gaswerksgelände.

2.1 Versuchsbedingungen
Je 2 kg der kontaminierten Böden wurden in Laborperkolatoren /8/ eingebracht und unter verschiedenen Betriebsbedingungen einer Kreislaufspülung unterzogen:
- Der Boden war vollständig geflutet; die Versorgung der Mikroorganismen mit Sauerstoff erfolgte über das Wasser.
- Die Spülung des gefluteten Bodens erfolgte anfangs von oben nach unten (Durchflußgeschwindigkeit 1,3 m/h) oder, wenn es durch zu geringe Durchlässigkeit des Bodens zu einer Sauerstofflimitierung kam, von unten nach oben (Durchflußgeschwindigkeit 5 m/h).

Die Versuchsansätze mit künstlich kontaminiertem Boden wurden mit Mischkulturen von PAK-adaptierten Mikroorganismen angeimpft. Im Boden des Gaswerksgeländes waren standorteigene, an die Schadstoffe adaptierte Mikroorganismen in ausreichender Menge vorhanden (rd. $10^3$/ml).

Die für den Bau- und Energiestoffwechsel wichtigen Verbindungen wie Ammonium, Nitrat und Phosphat wurden entsprechend ihrer Umsetzung dem Spülwasser zudosiert. Zur Optimierung der Lebensbedingungen der Bakterien erfolgte bei Versuchsbeginn die Zugabe einer Nährsalzlösung.

2.2 Untersuchungsparameter
2.2.1 Mikrobiologische Untersuchungen
- Bestimmung der Gesamtzellzahlen (mikroskopisch), Koloniezahlen (Nutrient-Agar) und der Anzahl der kohlenwasserstoffverwertenden Bakterien (C-Quelle Naphthalin) /9/
- Bestimmung der Toxizität mit dem Leuchtbakterienhemmtest /10/

2.2.2 Physikalisch-chemische Untersuchungen
- Temperatur, pH-Wert, Wasserdurchfluß, Sauerstoffgehalt
- gelöster organisch gebundener Kohlenstoff (DOC)
- spektraler Absorptionskoeffizient (SAK) bei 254 nm
- PAK in Wasser und Boden (Bestimmung mit GC/FID nach Extraktion)
- Kohlenstoffdioxidgehalt der Abluft durch Fällung als Bariumcarbonat

3. ERGEBNISSE UND DISKUSSION
Im folgenden sollen die Ergebnisse von zwei ausgewählten Versuchen mit künstlich kontaminiertem Sand und belastetem Boden aus einem Gaswerksstandort (s. o.) dargestellt und diskutiert werden.

3.1 Konzentrationsverlauf der PAK in Wasser und Boden
Bereits in den ersten drei Tagen des Perkolatorbetriebs mit künstlich kontaminiertem Boden sank die Gesamtkonzentration der PAK im Spülwasser von rund 26 auf 10 mg/l (s. Abb. 1), was überwiegend auf die schnelle Abnahme der Naphthalinkonzentration zurückzuführen war. Die Konzentrationen der höhermolekularen Verbindungen erniedrigten sich deutlich langsamer. Ab dem 35. Versuchstag waren nur noch Spuren der Schadstoffe im Spülwasser nachweisbar. Durch Zugabe eines anorganischen Lösungsvermittlers zum Spülwasser (Natriumpyrophosphat, 0,1 % Endkonzentration) konnte eine kurzfristige, geringfügige Erhöhung der PAK-Konzentration im Wasser erreicht werden. Ein vergleichbarer Konzentrationsverlauf zeigte sich bei dem Versuch mit Gaswerksboden, wobei, trotz höherer Belastungen im Boden (s. Abb. 3 u. 4), deutlich geringere Konzentrationen im Spülwasser auftraten (s. Abb. 2).

Naphthalin war bereits nach 4 Tagen nicht mehr nachweisbar. Vom 11. Versuchstag an konnten keine PAK mehr im Wasser gefunden werden, wobei bei diesem Boden der Zusatz des Lösungsvermittlers keine Wirkung zeigte.

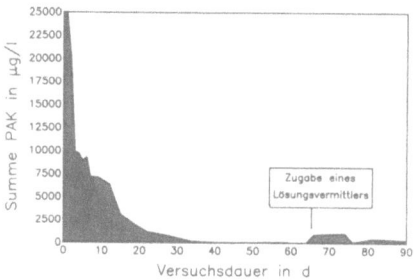 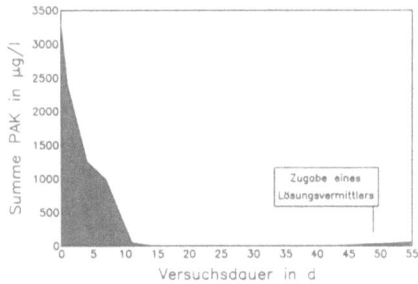

Abb. 1: Künstl. kontam. Sandboden         Abb. 2: Gaswerksboden

Konzentrationsverlauf der PAK im Spülwasser

Entscheidend für die zu Versuchsbeginn großen Konzentrationsunterschiede der PAK im Spülwasser der beiden Anlagen war in erster Linie die unterschiedliche Struktur und Zusammensetzung der beiden kontaminierten Böden. Es ist bekannt /11/, daß Schluff- und Tonfraktionen von Böden eine hohe Adsorptionskapazität gegenüber PAK aufweisen, d. h. die Menge der durch Wasser ausspülbaren PAK wird außer von der Löslichkeit der Verbindungen auch von der pedologischen Zusammensetzung des Bodens beeinflußt. Da der Gaswerksboden einen relativ hohen Schluffanteil hatte, konnten aus diesem trotz höherer PAK-Kontamination deutlich weniger PAK ins Spülwasser übergehen. Diese Ergebnisse ließen bereits erwarten, daß der schon in der Einleitung erwähnte abbaulimitierende Faktor der Bioverfügbarkeit der Schadstoffe sich auf den PAK-Abbau im Gaswerksboden stärker auswirken würde als im künstlich kontaminierten Sand. Die in den Abb. 3 und 4 dargestellten Ergebnisse der Bodenanalysen bestätigen diese Erwartung.

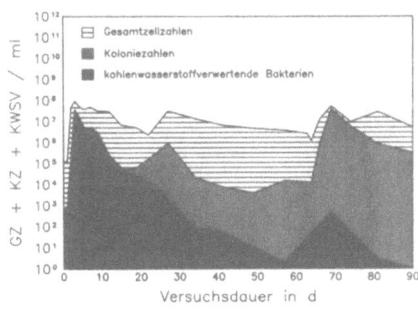 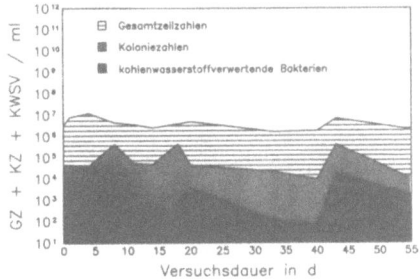

Abb. 3: Künstl. kontam. Sandboden         Abb. 4: Gaswerksboden
        (Versuchsdauer 90 Tage)                   (Versuchsdauer 55 Tage)

Anfangs- und Endkonzentrationen der PAK

Die PAK-Analysen des Sandbodens zeigten, daß die Behandlung in den Laborperkolatoren zu einer deutlichen Reduktion der Schadstoffe im Boden führte. Insgesamt erfolgte eine Abnahme von 85 % in 90 Tagen. Die Behandlung des Gaswerksbodens erbrachte weitaus geringere Erfolge. Hier konnten in 55 Tagen 33 % der Schadstoffe eliminiert werden. Eine weitere Reduktion der Schadstoffe durch Verlängerung der Versuchsdauer auf 90 Tage war auf Grund der starken Adsorption der PAK am Gaswerksboden (vgl. Abb. 2) sowie des größeren Anteils an höhermolekularen Verbindungen nicht zu erwarten. Bei beiden Versuchen verringerte sich die Geschwindigkeit des Abbaus mit zunehmendem Molekulargewicht der PAK.

Verbindungen wie Benzo(a)pyren, Benzo(g,h,i)pyren oder Indeno(1,2,3-cd)pyren waren unter den Versuchsbedingungen in dem eingesetzten Gaswerksboden völlig persistent.

### 3.2 Entwicklung der kohlenwasserstoffverwertenden Bakterien

Sowohl in der Versuchsanlage mit künstlich kontaminiertem Sand als auch in der mit Gaswerksboden erfolgte innerhalb der ersten Versuchstage eine deutliche Vermehrung von kohlenwasserstoffverwertenden Bakterien (s. Abb. 5 und 6), deren Anzahl sich im Versuchsverlauf wieder reduzierte. Die wesentlich höheren Zahlen (bis Faktor 1000) der kohlenwasserstoffverwertenden Bakterien in dem Versuch mit künstlich kontaminiertem Boden können auf die höheren PAK-Konzentrationen im Wasser und damit auf deren bessere Verfügbarkeit zurückgeführt werden. Bei beiden Versuchen korrelierten die Kurvenverläufe der kohlenwasserstoffverwertenden Bakterien mit dem Verlauf der PAK-Konzentrationen im Spülwasser (vgl. hierzu die Abb. 1 u. 2).

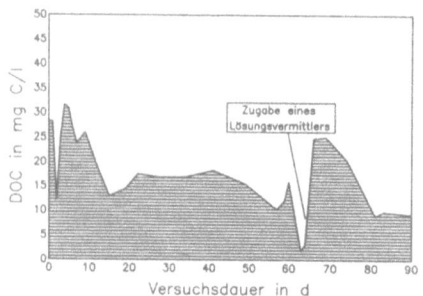 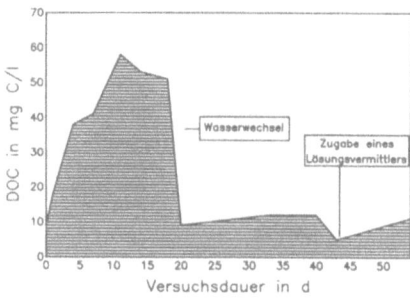

Abb. 5: Künstl. kontam. Sandboden        Abb. 6: Gaswerksboden

Mikrobiologische Kenndaten im Versuchsverlauf

### 3.3 Gelöster organisch gebundener Kohlenstoff (DOC), spektraler Absorptionskoeffizient bei 254 nm (SAK) und Toxizität

Die DOC-Werte nahmen bei beiden Versuchen in den ersten Tagen deutlich zu und verringerten sich im weiteren Versuchsverlauf (Bild 7 und 8). Da sich die SAK-Werte ähnlich verhielten, wurde auf eine graphische Darstellung dieser Befunde verzichtet. Die UV-Absorption betrug bei Versuchsbeginn rd. 10 $m^{-1}$ (künstl. kontamin. Sandboden) bzw. 50 $m^{-1}$ (Gaswerksboden). Die sprunghafte DOC-Abnahme im Spülwasser des Gaswerksbodens wurde durch eine aus versuchstechnischen Gründen anfallende Erneuerung des Spülwassers verursacht. Dies hatte jedoch wenig Bedeutung für das Gesamtsystem, da zu diesem Zeitpunkt die PAK-Konzentration im Spülwasser bereits unter den

Nachweisgrenzen lag.

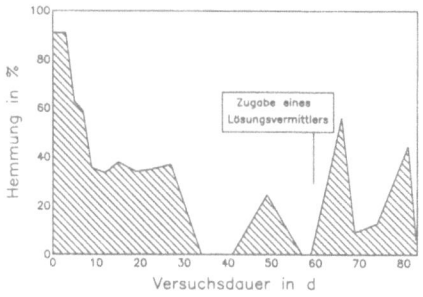
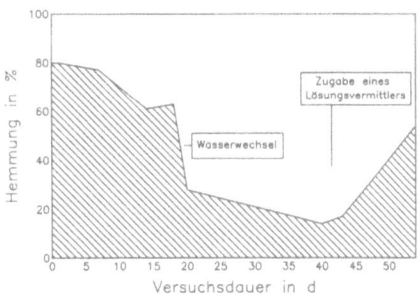

Abb. 7: Künstl. kontam. Sandboden          Abb. 8: Gaswerksboden

Konzentration des gelösten organisch gebundenen Kohlenstoffs im Versuchsverlauf

Die anfängliche Konzentrationserhöhung der im Wasser gelösten organischen Verbindungen ist nur durch eine Anreicherung von Zwischenprodukten des mikrobiellen PAK-Abbaus zu erklären. Es handelt sich hauptsächlich um aromatische Verbindungen, wie die Analysen des SAK belegen. Die durch Lösungsvermittlerzugabe aufgetretene Erhöhung von DOC und SAK deutet auf eine Anreicherung von Zwischenprodukten im Boden hin. Zum Versuchsende hin sanken bei beiden Versuchen die DOC- und SAK-Werte wieder ab (DOC <10 mg/l, SAK <50 m$^{-1}$), so daß von einem weitergehenden Abbau der aufgetretenen Zwischenprodukte ausgegangen werden kann. Diese Befunde geben erste Hinweise auf die Metabolitenbildung, die bei Sanierungsverfahren unbedingt berücksichtigt werden muß. Z. Zt. ist allerdings noch wenig über die Bedeutung und die Zusammensetzung der Zwischenprodukte bekannt.
Durch die Erfassung des entstandenen $CO_2$ über die Abluft der Versuchsanlage konnte bei dem Versuch mit künstlich kontaminiertem Boden die tatsächliche Mineralisationsrate berechnet werden: Es ergab sich, daß von den insgesamt nicht mehr nachweisbaren PAK 75 % mineralisiert worden waren.
Die Toxizitätsuntersuchungen (Hemmung der Lichtemission von Leuchtbakterien) führten bei beiden Versuchen zu ähnlichen Kurvenverläufen (Abb. 9 u. 10).
Die hohen PAK-Konzentrationen im Spülwasser bewirkten bei Versuchsbeginn eine Hemmung der Lichtemission von 80-90 %. Mit abnehmender PAK-Konzentration verminderte sich in dem Versuch mit künstlich kontaminiertem Boden auch die prozentuale Hemmung (Abb. 9). Es konnte eine sehr gute Übereinstimmung zwischen den Konzentrationsverläufen von Fluoranthen bzw. Pyren und den Toxizitätswerten festgestellt werden. In dem Perkolatorversuch mit Gaswerksboden war zu einem Zeitpunkt, an dem im Wasser keine PAK mehr nachweisbar waren, immer noch eine Hemmwirkung von ca. 70 % vorhanden (Abb. 10). Die gute Übereinstimmung der Toxizitätskurven mit dem Verlauf der DOC-Werte belegt, daß auch im Wasser gelöste, bisher nicht identifizierbare Verbindungen für die toxische Wirkung der Proben verantwortlich waren.

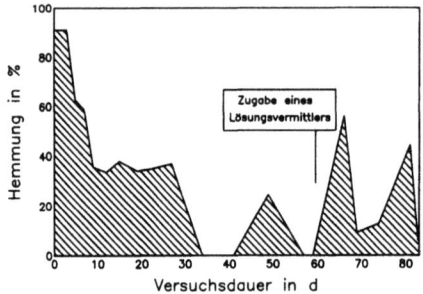 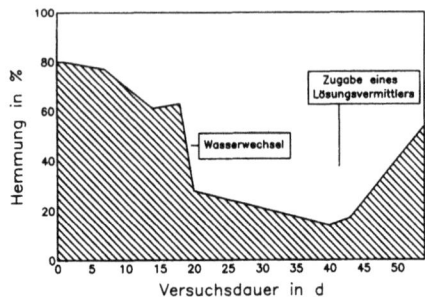

Abb. 9: Künstl. kontam. Sandboden      Abb. 10: Gaswerksboden

Toxizität im Versuchsverlauf (Leuchtbakterientest)

## 4. SCHLUSSBETRACHTUNG UND AUSBLICK

Die vorliegende Arbeit befaßt sich mit dem Abbau von PAK unter praxisorientierten Bedingungen im Hinblick auf den Einsatz von mikrobiellen Sanierungsverfahren bei kontaminierten Standorten. Bedingt durch die immer größer werdende Altlastenproblematik insbesondere bei ehemaligen Gaswerks- und Kokereistandorten kommt dem natürlichen Abbau der Kontaminanten eine herausragende Bedeutung zu. Im Rahmen mehrerer Forschungs- und Entwicklungsvorhaben werden die mikrobiellen Abbauprozesse von PAK z. Zt. näher untersucht, um sie ggf. gezielt zur Lösung bei bestimmten Altlastenproblemen einsetzen zu können. Obwohl bereits biologische Verfahren kommerziell von verschiedenen Firmen angepriesen werden, muß hier deutlich zum Ausdruck gebracht werden, daß es bislang nicht möglich ist, mittels Mikroorganismen mit PAK kontaminierte Altlastenstandorte zu sanieren. Wie die Befunde aus der Arbeit zeigen, genügt es eben nicht, ausschließlich die Ausgangssubstanzen der Kontamination zu messen, sondern es müssen auch die beim Metabolismus entstehenden Zwischenprodukte und deren Umweltverträglichkeit berücksichtigt werden.

Es besteht also noch ein immenser Forschungsbedarf, ehe es möglich sein wird, auf Mikrobiologie basierende Methoden bei der Sanierung PAK-belasteter Standorte erfolgversprechend und mit gutem Gewissen anwenden zu können.

Vor allem gilt es, die noch offenen Fragen zur Toxizität und zur Mutagenität der Ausgangssubstanzen, aber auch der Zwischenprodukte zu beantworten. Darüber hinaus ist es erforderlich, die abbaulimitierenden Faktoren besser zu kennen. Dabei spielt die Bioverfügbarkeit der Schadstoffe eine entscheidende Rolle. Die Abbaukinetik wird nicht nur vom molekularen Aufbau der Schadstoffe, sondern neben vielen anderen Einflußgrößen auch von deren Einbindung in die Bodenmatrix und deren Wasserlöslichkeit bestimmt.

Die Autoren danken sowohl dem PWAB des Kernforschungszentrums Karlsruhe für die bisherige großzügige Unterstützung der Arbeiten als auch dem BMFT, das die weitere Förderung des Vorhabens übernommen hat.

## 4. BIBLIOGRAPHIE

/1/ Thole, S., Werner, P. (1986). Bodenkontamination mit polyzyklischen aromatischen Kohlenwasserstoffen (PAK) und Möglichkeiten der Sanierung durch mikrobiellen Abbau. Literaturstudie. Universität Karlsruhe, Engler-Bunte-Institut, Wasserchemie.

/2/ IARC (International Agency for Research on Cancer) (1983). Polynuclear aromatic compounds. Part 1. Chemical, environmental and experimental data. Monographs of the evaluation of the carcinogenic risk of chemicals to humans. Lyon 32: 31-39.

/3/ Miller, R. M., Singer, G. M. Rosen, J. D., Bartha, R. (1988). Photolysis primes biodegradation of Benzo(a)pyrene. App. Environ. Microbiol., Vol. 54, 7: 1724-1730.

/4/ Heitkamp, M. A., Cerniglia, C. E. (1989). Polycyclic aromatic hydrocarbon degradation by a mycobacterium sp. in microcosms containing sediment and water from a pristine ecosystem. App. Environ. Microbiol., Vol. 55, 8: 1968-1973.

/5/ Van der Hoek, J. P., Urlings, L. G., Grobben, C. M. (1989). Biological removal of polycyclic aromatic hydrocarbons, benzene, toluene, ethylbenzene, xylene, and phenolic compounds from heavily contaminated ground water and soil. Environmental Technology Letters, Vol. 10: 185-194.

/6/ Werner, P. (1989). Experiences in the use of microorganisms in soil and aquifer decontamination. In Kobus u. Kinzelbach (Eds.), Contaminant Transport in Groundwater, 59-63. Rotterdam: Balkema.

/7/ Rebhun, M., Rav-Acha, Ch. (1989). Adsorption of non-ionic organics on clay fractions. IAWPRL Paper Abstracts, International Symposium 1989, Standford University, California, USA.

/8/ Battermann, G., Werner, P. (1987). Feldexperimente zur mikrobiologischen Dekontamination. In Franzius (Ed.), Abfallwirtschaft in Forschung und Praxis, Band 22, 167-185. E. Schmid Verlag.

/9/ Werner, P. (1982). Mikrobiologische Untersuchung der Aktivkohlefiltration zur Trinkwasseraufbereitung. Veröffentlichungen des Bereich und des Lehrstuhls für Wasserchemie und der DVGW-Forschungsstelle am Engler-Bunte-Institut der Universität Karlsruhe. Heft 19.

/10/ DIN 38 412 Deusche Einheitsverfahren zur Wasser-, Abwasser und Schlammuntersuchung. Normausschuß Wasserwesen (NAW) im DIN, Deutsches Institut für Normung e. V., Berlin (ed.). Teil 34 (Entwurf Stand Dezember 1988): Bestimmung der Hemmwirkung von Abwasser auf die Lichtemission von Photobacterium Phosphoreum.

/11/ Means, J. C., Ward, S. G., Hasselt, J. J., Banwart, W. L. (1980). Sorption of polynuclear aromatic hydrocarbons by sediments and soils. Environ. Sci. Technol., 14: 1524-1528.

# KINETIK DER MINERALISATION VON DIBENZOFURAN UND DIBENZO-P-DIOXIN IN HETEROGENEN SYSTEMEN DURCH BODENBAKTERIEN

K. Figge*), R.-M. Wittich**), A. Wernitz*), A. Uphoff*),
H. Harms**), P. Fortnagel**)

*) NATEC Institut für naturwissenschaftlich-technische
   Dienste GmbH, D-2000 Hamburg
**) Institut für Allgemeine Botanik, Abt. Mikrobiologie,
    Universität Hamburg, D-2000 Hamburg

Der Abbau von Dibenzofuran (DBF) durch den Bakterienstamm Pseudomonas sp. HH 69 bzw. durch ein Konsortium aus dem gleichfalls abbauaktiven Stamm Pseudomonas sp. NRM und dem begleitenden, Nocardia-ähnlichen Stamm NRH wurde in Flüssigkulturen sowie in Mustern unterschiedlicher Böden zeitlich verfolgt und bilanziert.

Die unter Einsatz von uniform $^{14}$C-markiertem DBF erzielten Versuchsergebnisse zeigen, daß Stamm und Konsortium in durchlüfteten Flüssigkulturen (Batchverfahren) das DBF als Energie- und Kohlenstoffquelle nutzten und dieses dabei schnell zu über 65 % in Kohlendioxid, zu ungefähr 20 % in Biomasse und nur zu ca. 10 % in intermediäre, langsamer abbaubare Metabolite überführten.

Dieselben Mikroorganismen wiesen auch in verschiedenen, DBF-kontaminierten Böden vergleichbar gute Abbauleistungen auf. So wurden z.B. durch den Stamm Pseudomonas sp. HH 69 unterschiedlich große DBF-Mengen, die gleichmäßig verteilt in Konzentrationen von 0,2 bis 200 ppm in sterilen Bodenmustern vorlagen, innerhalb von 10 Tagen ebenfalls zu über 65 % in Kohlendioxid überführt.

Außerdem wurde auf gleichem Wege der Abbau von $^{14}$C-markiertem Dibenzo-p-dioxin (DBD) durch den Bakterienstamm Pseudomonas paucimobilis RW1 untersucht. Die dabei erhaltenen Ergebnisse bezüglich Abbaugeschwindigkeit und -leistung sind mit denen vergleichbar, die für den Abbau von DBF gefunden wurden.

## PAK-ABBAU DURCH BAKTERIEN - BEWERTUNGSVERFAHREN ZUR MIKROBIELLEN BODENDEKONTAMINIERUNG

W. WEIßENFELS[*], U. WALTER, M. BEYER, J. KLEIN

DMT - GESELLSCHAFT FÜR FORSCHUNG UND PRÜFUNG MBH,
FRANZ-FISCHER-WEG 61, 4300 ESSEN 13, FRG

Der Einsatz eines mikrobiologischen Sanierungsverfahrens setzt Untersuchungen zur generellen biologischen Abbaubarkeit der am konkreten Standort vorliegenden Kontamination voraus. Diese Untersuchungen werden unter idealisierten Bedingungen, d.h. Inkubation von kontaminiertem Bodenmaterial als Suspension in Airlift-Schlaufenreaktoren, durchgeführt. Die Bioreaktoren ermöglichen dabei neben der Einstellung konstanter, definierter Bedingungen hinsichtlich Temperatur, Sauerstoffversorgung, Nährsalzangebot, pH-Wert und Durchmischung über die gesamte Versuchsdauer auch die Beurteilung des Schadstoffabbaus im Verlauf der Inkubation durch regelmäßige Analysen nach Probenahme aus der homogenen Bodensuspension.

Es wurden 2 verunreinigte Böden verschiedener Standorte mit unterschiedlicher Zusammensetzung an polyzyclischen aromatischen Kohlenwasserstoffen (PAK) untersucht. Der mikrobielle Abbau von Schadstoffen wurde in beiden Bodenproben im Vergleich mit identisch behandelten Sterilkontrollen nachgewiesen. Während dabei für Boden A ein weitgehender Schadstoffabbau mit der standorteigenen Mikroorganismenpopulation festgestellt wurde (Abb. 1), zeigte sich für Boden B erst nach Zugabe geringer Mengen von Boden A, in dem PAK-abbauende Mikroorganismen vorhanden waren, eine signifikante Verringerung der Kontamination (Abb. 2). Das hier vorgestellte Bewertungsverfahren bildet eine Entscheidungsgrundlage zur Beurteilung, ob eine biologische Sanierung generell möglich ist und ob diese den Einsatz von Abbauspezialisten erfordert.

Die Anreicherung einer Mischkultur mit dem entsprechenden Abbaupotential erfolgte auf Anthracenöl. Dieses weist einen Gesamt-PAK-Gehalt von ca. 500 mg/g auf, wobei Phenanthren, Fluoren, Fluoranthen und Pyren mengenmäßig überwiegen. Die in Submerskultur angereicherte Mischpopulation ist in der Lage, neben den genannten Verbindungen auch Acenaphthen, Dibenzofuran, Dibenzothiophen, Anthracen, Benz(a)anthracen und Chrysen sowohl im komplexen Gemisch, als auch als einzige Kohlenstoff- und Energiequelle zu verwerten. Im komplexen Gemisch setzt die Verwertung der 4-Kern-Aromaten erst ein, nachdem die Degradation der 3-Kern-Aromaten weitgehend abgeschlossen ist (Abb. 3). Der Abbau erfolgt also in Abhängigkeit von der Wasserlöslichkeit und somit von der biologischen Verfügbarkeit der Einzelkomponenten.

Um die Einsetzbarkeit der angereicherten Mischkultur bei der Sanierung PAK-belasteter Böden zu prüfen, wurden Abbauversuche in praxisnahen Systemen durchgeführt. Dabei konnten die erzielten Ergebnisse unter realitätsnahen Bedingungen reproduziert werden.

[*] neue Adresse: Ruhrkohle Öl und Gas GmbH, Gleiwitzer Platz 3, 4250 Bottrop, FRG

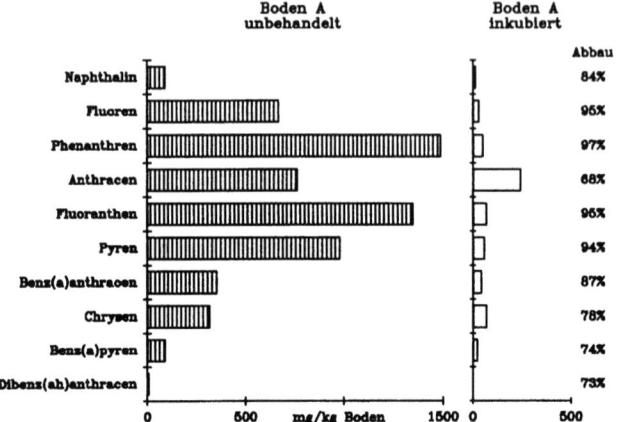

Abb. 1: PAK-Abbau in Boden A nach 4 wöchiger Inkubation im Airlift-Reaktor

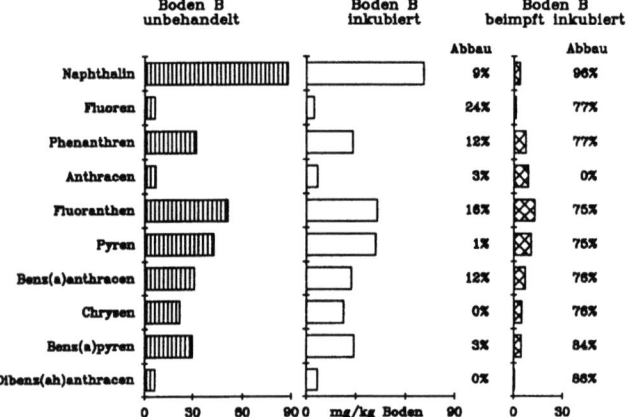

Abb. 2: PAK-Abbau in Boden B nach 4 wöchiger Inkubation im Airlift-Reaktor

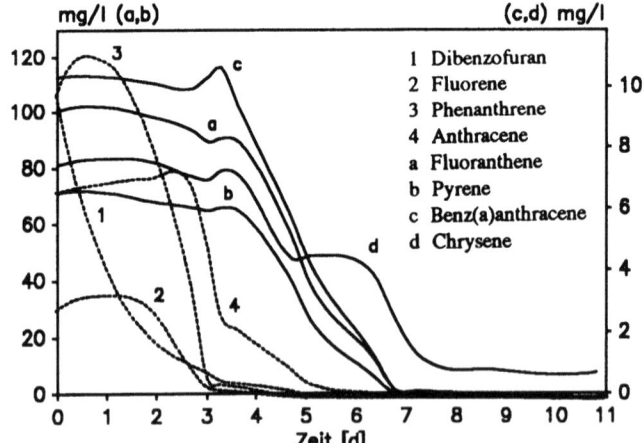

Abb. 3: Abbau von 4-Kern-Aromaten (—) durch eine bakterielle Mischkultur im 2 l Rührkesselreaktor (30°C, pH 7, 600 rpm) im Vergleich zu den Abbaukinetiken der 3-Ring-Systeme (--)

# BIOLOGISCHE UNTERSUCHUNGSMETHODEN ZUR PRÜFUNG DER MÖGLICHKEIT UND DES VERLAUFS MIKROBIELLER BODENSANIERUNGEN INSBESONDERE BEI MINERALÖLVERUNREINIGUNGEN

## M. SELLNER

Amt für Umweltuntersuchungen, Umweltbehörde Hamburg, Gazellenkamp 38, 2000 Hamburg 54, Bundesrepublik Deutschland

Bei Bodenverunreinigungen mit mikrobiell abbaubaren Schadstoffen werden biologische Sanierungsmethoden prinzipiell für vorteilhaft gehalten, weil dabei keine zu beseitigenden Abfälle entstehen und weil die sanierten Böden lebendige, auch als Pflanzenstandort geeignete, Substrate sind. Es muß jedoch in jedem Einzelfall eine Prüfung für eine Auswahl geeigneter Methoden sowie der für die Durchführung der Sanierung wichtigen Randbedingungen erfolgen.

Neben der analytischen Bestimmung des vorliegenden Stoffinventars, sowohl in der Art und Menge der abbaubaren Substanzen als auch möglicher den Abbau störender oder inhibierender Stoffe und der Beurteilung der Untergrundverhältnisse , werden im Amt für Umweltuntersuchungen dafür auch bodenbiologische Parameter bestimmt. Einerseits werden mit Biotests die summarische Wirkungen der Verunreinigungen erfaßt, andererseits gilt es, den mikrobiellen Besatz und die mikrobielle Aktivität zu ermitteln, um das Abbaupotential des verunreinigten Bodens abzuschätzen. Diese bodenbiologischen Methoden werden zunächst generell für die Beurteilung einer mikrobiellen Sanierungsmöglichkeit eingesetzt, dann aber auch als begleitende Untersuchungen zum Sanierungsverlauf und schließlich auch bei der Erfolgskontrolle.

Als Bioteste werden der Leuchtbakterientest, der Pflanzenzelltest mit Wiesenlabkrautzellkulturen, der Wurzellängentest mit Gartenkresse und der Keimungs- und Wachstumstest mit Stoppelrüben eingesetzt. Der Leuchtbakterientest und der Pflanzenzelltest werden jeweils in wäßrigen Bodenprobeneluaten durchgeführt, wobei als Maß für die Toxizität derjenige Verdünnungsfaktor des Eluats herangezogen wird, bei dem gerade keine Wirkung mehr feststellbar ist. Im Leuchtbakterientest wird bei Substanzen, die den Stoffwechsel der Bakterien hemmen, ein vermindertes Leuchten der Bakterien in einem Biolumineszensphotometer gemessen. Die Kontaktzeit von nur 30 min ist für einen Biotest vergleichsweise sehr kurz. Im Pflanzenzelltest zeigen tablettenförmig in ein Gel eingebette Zellkulturen ihre Schädigung über eine Verfärbungsreaktion innerhalb von 48 h an, die mit bloßem Auge sichtbar ist. Im Wurzellängentest wird die Länge der Wurzel und das Frischgewicht von Gartenkresse bestimmt, die auf einem Sieb auf den Bodeneluaten für 7 Tagen angezogen wurde. Im Keimungs- und Wachstumstest werden Stoppelrübensamen direkt auf den Boden in Pflanzgefäßen ausgelegt. Die Ausfallrate bei der Keimung der Pflanzen und ihr Frischgewicht werden nach einer 14tägigen Anzucht unter standardisierten Bedingungen mit Kontrollansätzen verglichen.

Zur Bestimmung des mikrobiellen Besatzes werden Bodeneluate auf Agarplatten ausgestrichen, bebrütet und anschließend die aerobe Keimzahl bestimmt. Ein Plattierungsverfahren speziell für kohlenwasserstoffabbauende Mikroorganismen wird derzeit erprobt. Die Aktivität der Mikroorganismen wird einerseits über die $CO_2$-Produktion bei der Atmung ermittelt. Andererseits werden enzymatische Verfahren eingesetzt, wobei in der Regel der Umsatz künstlicher, chromogener Substrate photometrisch bestimmt wird, wie z.B. bei der Messung der Dehydrogenasen-aktivität.

Bei der Beurteilung mikrobieller Sanierungsmöglichkeiten von Schadensfällen werden zunächst als Bioteste der Leuchtbakterientest und der Pflanzenzelltest eingesetzt. Mit ihnen kann relativ einfach und schnell eine größere Probenanzahl getestet werden, die insbesondere in der Erkundungsphase kontaminierter Standorte anfällt. Weiterhin werden der natürliche mikrobielle Besatz und die Aktivität am Standort ermitellt. Bei den $CO_2$-Messungen werden dabei auch Testansätze mit Nitrat- und Phosphatzusätzen untersucht, um festzustellen, ob diesbezüglich ein stoffwechsellimitierender Mangel besteht, der bei der Sanierung behoben werden muß. Weiterhin wird in Testansätzen mit Nitrat, Phosphat und einer zusätzlichen Glucosegabe im Überschuß die Gesamtbiomasse abgeschätz. In einzelnen Fällen werden auch verkürzt Abbauversuche durchgeführt.

Bei den begleitenden Untersuchungen zum Sanierungsverlauf und insbesondere bei der Erfolgskontrolle werden die Bioteste um den Wurzellängentest und den Keimungs- und Wachstumstest ergänzt. Im Hinblick auf die Bewertung der Wiederverwendungsmöglichkeiten des sanierten Bodens, beispielsweise als Pflanzenort, sind diese Resultate von Bedeutung. Die Bestimmungen des mikrobiellen Besatzes und der Aktivität werden beibehalten.

Die beschriebenen biologischen Untersuchungsverfahren werden neben der generellen Beurteilung kontaminierter Standorte vornehmlich bei der On-Site Sanierung von Mineralölschadensfälle in Biobeeten eingesetzt. Die Beete werden direkt nach ihrer Errichtung, dann zwischenzeitlich ein oder mehrmals zur Erfassung des Sanierungsverlaufs und abschließend zur Erfolgskontrolle beprobt. Um mögliche Inhomogenitäten in der Kohlenwasserstoffbelastung in den Biobeeten zu erfassen, wurden bisher je 100 m³ zu sanierenden Bodens eine Mischprobe aus fünf Einzelproben entnommen und untersucht. Bei Biobeeten mit einer Schichthöhe > 0,8 m wurden getrennt Proben aus dem oberen und unteren Bereich des Biobeets entnommen. Die zu erreichenden Sanierungsleitwerte wurden meist mit einem Restkohlenwasserstoffgehalt von 500 mg/ kg Boden vorgegeben.

## UNTERSUCHUNGEN ZUR VERÄNDERUNG DER MIKROBIELLEN LEBENSGEMEINSCHAFTEN BEIM EINSATZ MIKROBIOLOGISCHER IN-SITU SANIERUNGSVERFAHREN

PETER KÄMPFER, PETRA MARIA BECKER und WOLFGANG DOTT

FACHGEBIET HYGIENE, FACHBEREICH UMWELTTECHNIK, TECHNISCHE UNIVERSITÄT BERLIN, AMRUMERSTR. 32, D-1000 BERLIN 65

Große Mengen Kohlenwasserstoffe (einschließlich chlorierter Verbindungen) gelangten in den Boden auf dem Werksgelände des früheren Altöl-Aufbereitungsbetriebes Pintsch-Öl GmbH, Hanau (1). Es ist beabsichtigt, mikrobiologische in-situ Behandlungsverfahren anzuwenden, um den verunreinigten Boden zu dekontaminieren (2,4). Für Vergleichsstudien wurden fünf in-situ Zellen auf dem Gelände eingerichtet, die durch Dichtwände vom umgebenden Boden abgetrennt, und mit einer Grundwasseraufbereitungsanlage verbunden wurden. Die hier dargestellten Ergebnisse entstammen Untersuchungen, die vor den Sanierungsmaßnahmen erhoben wurden. So ist geplant durch den Einsatz unterschiedlicher Elektronen-Akzeptoren ($NO_3^-$, $O_2$, $H_2O_2$) und den Einsatz von Tensiden die Zusammensetzung der mikrobiellen Biozönosen und deren Veränderungen während der mikrobiellen Behandlung zu verfolgen.
Jede in-situ Zelle enthält einen Multilevel Brunnen für die Entnahme von Grundwasserproben aus drei verschiedenen Tiefen (4,0 - 5,0 m, 5,5 - 6,5 m, 7,0 - 8,0 m).
Insgesamt wurden 15 Proben am 26. Juli 1989 aus den Multilevel Brunnen entnommen (in-situ Zellen I - V, Oben, Mitte, Unten; durchnumeriert von 1 bis 15), und 3 weitere aus Brunnen im Zentrum und an den Rändern des kontaminierten Geländes (Brunnen 140, 144, 146; Proben 17 bis 19). Eine weitere Probe wurde direkt nach der Grundwasseraufbereitung entnommen (Probe 16). Durch den Einsatz unterschiedlicher kultureller Verfahren wurde ein breites Spektrum aerober Mikroorganismen aus den verschiedenen Proben isoliert.
Die Koloniezahlen oligotropher, copiotropher und Kohlenwasserstoff-verwertender Bakterien sowie Pilze wurde auf Mineralsalz Agar, $R_2A$ Agar, DEV Agar, Kohlenwasserstoff Agar und Würzeagar bestimmt.
Pilze konnten nur in den Proben 1, 4 und 17 nachgewiesen werden. Die Koloniezahlen auf Würzeagar schwankten im Bereich zwischen 10 und 60 KBE/ml.
Neben der quantitativen Bestimmung, wurden die mikrobiellen Populationen physiologisch charakterisiert und durch ein biologisches Testverfahren identifiziert (3). Insgesamt 48 Reinkulturen, die aus jeder Probe von $R_2A$ Agar (5) isoliert wurden, wurden mit insgesamt 90 physiologischen Tests untersucht, wobei das resultierende Testprofil über numerische Verfahren mit einer Datenbank verglichen wurde.(Tabelle 1). Die Mehrzahl der isolierten Bakterien gehörten zu den Gram-negativen Gattungen *Pseudomonas*, *Alcaligenes* und *Flavobacterium*. Neben Vertretern Gram-positiver Organismen der Genera *Bacillus* und *Micrococcus* konnten auch Proactinomyceten und Actinomyceten identifiziert werden. Die hohen Koloniezahlen in den Proben 3, 7, 8 und 16 auf $R_2A$ Agar korrelierten mit einer geringen Diversität dieser Proben. Die Anreicherung Kohlenwasserstoff-verwertender Bakterien zeigte, daß in der Probe, die nach der Grundwasseraufbereitung entnommen wurden, ähnliche Werte wie in den Grundwasserproben gefunden wurde. Ein Vergleich der bakteriellen Aktivitäten zeigte weiterhin, daß eine große Anzahl der Isolate in der Lage war, langkettige Fettsäuren zu metabolisieren. Somit ist die β-Oxidation (und somit das Abbaupotential für Alkane) weitverbreitet unter den Bodenorganismen.

(1) Ripper, P., Früchtenicht, H., and Scharpf, H.-J. (1988). Umweltschadensfall Pintsch-Hanau. wlb: 5.
(2) Riss, A., Ripper, P. (1989). DECHEMA BIOTECHNOLOGY CONFERENCES Vol.3B: 973-977.
(3) Dott, W., and Kämpfer, P. (1988). Wat. Sci. Technol. 20: 221-227.
(4) Riss, A., and Ripper, P. (1991). (diese Ausgabe).
(5) Reasoner, D.J., and Geldreich, E.E. (1985). Appl. Environ. Microbiol. 49: 1-7.

TABELLE 1: ZUSAMMENSETZUNG DER BAKTERIELLEN LEBENSGEMEINSCHAFTEN AUS VERSCHIEDENEN PROBEN; REINKULTUREN WURDEN VON R2A AGAR ERHALTEN

Anzahl Isolate aus den Proben 1 bis 19

| Species / Probe | 1 | 2 | 3 | 4 | 5 | 6 | 7 | 8 | 9 | 10 | 11 | 12 | 13 | 14 | 15 | 16 | 17 | 18 | 19 |
|---|---|---|---|---|---|---|---|---|---|---|---|---|---|---|---|---|---|---|---|
| Acinetobacter lwoffii | 2 | - | - | 1 | - | - | - | - | - | - | - | - | - | - | - | - | - | - | - |
| Aeromonas hydrophila | - | - | - | - | - | - | - | - | - | - | - | - | - | - | - | 1 | 1 | - | - |
| Agrobacterium tumefaciens | - | - | - | - | - | - | - | - | - | - | - | - | - | - | 1 | - | - | - | - |
| Alcaligenes xylos. sp. denitr. | - | - | - | - | 1 | 1 | 3 | - | - | - | - | - | - | - | - | - | - | - | - |
| Arthrobacter ilicis | - | - | - | - | - | - | - | 1 | - | - | - | - | - | - | - | - | - | - | - |
| Arthrobacter pascens | - | - | 1 | - | - | - | - | - | - | - | - | - | - | - | - | - | - | - | - |
| Arthrobacter ramosus | - | 1 | - | - | - | - | - | - | - | - | - | - | - | - | - | - | - | - | - |
| Aureobacterium terregens | - | 2 | 1 | - | - | - | - | - | - | - | - | - | - | - | - | - | - | - | - |
| Bacillus brevis | 2 | - | - | - | - | - | - | - | - | - | - | - | 3 | - | 1 | - | - | - | - |
| Bacillus circulans | - | - | - | - | - | - | - | - | - | - | 2 | - | - | - | - | - | - | - | - |
| Bacillus coagulans | - | - | - | - | 9 | 8 | - | - | - | - | 1 | 1 | - | - | - | - | - | - | - |
| Bacillus lentus | - | 1 | - | 1 | 1 | - | - | - | - | - | - | - | 1 | - | - | - | - | - | 1 |
| Bacillus macerans | 1 | 1 | 1 | - | - | - | 1 | - | 1 | - | - | - | - | - | - | - | - | - | - |
| Bacillus sphaericus | 3 | 1 | - | - | - | 1 | - | - | - | 1 | - | - | - | - | 1 | - | - | - | 1 |
| Bacillus species | 5 | 3 | - | - | 3 | 1 | - | 1 | 1 | 2 | 8 | 3 | 4 | 1 | 3 | 2 | - | 10 | 1 |
| Clavibacter michiganensis | - | 2 | 1 | - | - | - | 1 | - | - | - | 1 | - | - | - | - | - | - | - | - |
| Comamonas testosteroni | 2 | 15 | 21 | 16 | 5 | 10 | 24 | 27 | 22 | 8 | 19 | 11 | 16 | 15 | 6 | - | 4 | - | 3 |
| Corynebacterium matruchotii | - | - | - | - | - | 1 | - | - | - | - | - | - | - | - | - | - | - | - | - |
| Curtobacterium flaccumfaciens | - | - | - | - | - | - | 1 | - | - | - | - | - | - | - | - | - | - | - | - |
| unidentified "coryneform" | 2 | 3 | - | - | 1 | 2 | 3 | - | 2 | 28 | 3 | 2 | 1 | 4 | 1 | - | 2 | 18 | 3 |
| Flavobacterium breve | 2 | 1 | 1 | 2 | - | - | - | 1 | - | - | - | - | 1 | 5 | 1 | 1 | 2 | 9 | - |
| Flavobacterium group IIb | 4 | 1 | - | 3 | 2 | - | - | - | 1 | - | - | - | - | - | 1 | 7 | - | 3 | - |
| Flavobacterium odoratum | - | 1 | 5 | 1 | 2 | 3 | - | - | 1 | - | 1 | 1 | 2 | - | - | 6 | - | 3 | - |
| Flavobacterium species | - | - | - | - | - | - | - | - | - | - | - | - | - | - | - | - | 4 | - | 1 |
| Flavimonas oryzihabitans | - | - | - | - | - | - | - | 1 | - | - | - | - | - | - | - | - | - | - | - |
| Micrococcus luteus | - | - | - | - | - | - | - | 5 | - | - | - | - | - | - | - | - | - | - | - |
| Micrococcus varians | - | - | - | - | 1 | - | - | - | - | - | - | - | - | - | - | - | - | - | - |
| Micrococcus spec. | - | - | - | - | 1 | 8 | - | 1 | - | - | - | - | - | - | - | - | - | - | - |
| Nocardia asteroides | - | - | - | - | - | - | - | 1 | - | - | - | 2 | - | - | 1 | - | - | - | - |
| Nocardia species | - | - | - | 2 | 1 | - | - | - | - | - | - | 1 | - | 3 | - | 6 | - | 4 | - |
| Pimelobacter simplex | - | - | - | - | - | - | - | - | - | - | - | - | - | - | - | - | 1 | - | - |
| Pseudomonas alcaligenes | 1 | - | - | - | - | 1 | - | - | - | - | 1 | 1 | - | 3 | - | - | - | 1 | - |
| Pseudomonas diminuta | - | - | - | - | - | - | - | 1 | - | - | 1 | - | 16 | 1 | 2 | - | 1 | - | - |
| Pseudomonas fluorescens | 7 | - | 6 | 7 | 6 | 1 | - | - | - | - | 2 | 2 | - | 1 | 1 | 2 | 1 | - | - |
| Pseudomonas paucimobilis | 1 | 1 | - | - | - | - | - | - | - | 1 | - | - | - | - | - | - | - | - | - |
| Pseudomonas pickettii | 1 | 1 | 1 | 3 | - | - | 14 | 7 | - | - | - | 2 | 10 | 19 | 2 | 1 | - | - | 2 |
| Pseudomonas pseudoalcaligenes | 1 | - | - | - | - | - | - | - | 1 | 1 | - | 2 | - | - | - | 33 | 2 | - | 2 |
| Pseudomonas vesicularis | 1 | - | - | - | - | - | - | - | - | - | - | - | - | - | - | - | - | - | - |
| Shewanella putrefaciens | 1 | - | - | - | - | - | - | - | - | - | - | - | - | - | - | - | - | - | - |
| Streptomyces species | - | - | - | - | 1 | 1 | 1 | - | - | - | 1 | - | - | - | - | - | - | - | - |
| Xanthomonas maltophilia | 5 | - | - | 4 | - | - | - | 1 | - | - | - | - | - | - | - | - | - | - | 2 |
| Yeast | - | 1 | - | - | - | - | - | - | - | - | 1 | - | - | - | - | 6 | - | - | - |
| Inactive isolates | 5 | 11 | 7 | 3 | 8 | 5 | - | 1 | 1 | - | 1 | 13 | 1 | 2 | - | 2 | - | 15 | 1 |
| Not identified isolates | 2 | 2 | 3 | 5 | 6 | 7 | 1 | 2 | 17 | 7 | 7 | 4 | 5 | 4 | 6 | 3 | 5 | 1 | 10 |

## EINFLUSS VON TENSIDPRODUZIERENDEN MIKROORGANISMEN AUF DEN ABBAU EINES MODELLÖLS DURCH EINE URSPRÜNGLICHE BODENPOPULATION

E. Goclik, R. Müller-Hurtig und F. Wagner

Institut für Biochemie und Biotechnologie der TU Braunschweig, Konstantin Uhde Str.5, 3300 Braunschweig

### 1. EINLEITUNG

Der Abbau eines Modellöls in Submerskultur mit 10 % Bodenanteil unter optimalen Bedingungen(T, pH, Sauerstoffversorgung, Mineralsalzmedium) wird durch Zusatz von Biotensiden beschleunigt (1,2,3). Aufgrund hoher Produktionskosten für Biotenside wurde nun untersucht, ob durch Zusatz der entsprechenden, Biotensid produzierenden Mikroorganismen der gleiche Effekt erreicht werden kann. Ein Kriterium für die Auswahl der Bakterien war, daß das Biotensid auch unter Bedingungen des KW-Abbaus gebildet werden mußte. Demnach wurde Rhodococcus erythropolis ausgewählt, der zellassoziierte Trehalosedicorynomycolate im Gegensatz zu den meisten Biotensidbildnern während des Wachstums überproduziert (4). Weiterhin wurde Pseudomonas spec. DSM 2874 zugesetzt, der die extrazellulären Rhamnolipide bei pH-Werten im Neutralbereich bilden kann (5).

### 2. MATERIAL UND METHODEN

Für den KW-Abbau wurde ein Ackerboden aus sandigem Schluff nahe einer Autobahn entnommen. Als tensidproduzierende Bakterien wurden Rhodococcus erythropolis DSM 43215 und Pseudomonas spec. DSM 2874 eingesetzt. Medien und die submersen Kultivierungsbedingungen mit 10 % Bodenanteil sind in (3) beschrieben. Das Modellöl enthielt 48 Gew% Tetradecan, 20 Gew% 1,2,4-Trimethylcyclohexan, 10 Gew% 1-Hexadecen, 10 Gew% Pristan, 6,5 Gew% Naphthalin und 5,5 Gew% 1-Phenyldecan. Die Versuche wurden in Schüttelkultur bzw. im 10l Bioreaktor durchgeführt.

### 3. ERGEBNISSE

3.1.Der Einfluß von Rhodococcus erythropolis wurde durch die folgenden Kultivierungen bestimmt.
A:Boden als Inokulum für $7 \times 10^9$ ölabbauende Mikroorganismen pro Liter
B:Boden und 182 mg/l Trehalosedicorynomycolate
C:Boden und 6,22 g/l autoklavierte Biomasse von Rhodococcus erythropolis mit 19,5 mg/l gebundenen Trehalosedicorynomycolaten
D:autoklavierter Boden und $7 \times 10^9$ Zellen pro Liter (1,6 ml/l) aus einer Vorkultur von Rhodococcus erythropolis
E:Boden und $7 \times 10^9$ Zellen/l aus einer Vorkultur von Rhodococcus erythropolis
Während der KW-Abbau durch Bodenmikroorganismen (A,B,C) durch zwei Abbauphasen geprägt ist, tritt beim Abbau in Anwesenheit von vermehrungsfähigen Zellen von Rhodococcus erythropolis (D,E) nur eine Abbauphase auf. Die Lagphase in den Ansätzen B,D und E ist im Vergleich zum Abbau nur durch Bodenorganismen (A) sowie Ansatz C verkürzt. In der ersten Abbauphase wird von den Bodenorganismen das vergleichsweise leicht wasserlösliche Naphthalin abgebaut, in der zweiten die übrigen Kohlenwasserstoffe. Rhodococcus erythropolis dagegen baut bevorzugt die schlechter wasserlöslichen Komponenten des Gemisches ab, die für das Bakterium aufgrund seiner hydrophoben Zellwand besser verfügbar sein könnten. Der Verlauf bei Zusatz autoklavierter Biomasse von Rhodococcus erythropolis (C) entspricht dem Verlauf bei Abbau nur mit Bodenorganismen (A). Weitere Ergebnisse sind in Tabelle 1 dargestellt.

Die Abbaurate bis zur 90 %igen Eliminierung in den Ansätzen D und E mit wachsenden Zellen von Rhodococccus erythropolis entspricht der Rate bei Zusatz von Trehalosedicorynomycolaten

(B), wobei aber in Ansatz D der Eliminierungsgrad aufgrund unvollständiger Naphthalin- und Pristanverwertung geringer ist. Zudem ist im weiteren Verlauf der Kultivierung eine Verlangsamung des Abbaus bei D und E zu erkennen, was auf die Bildung von Aggregaten von Rhodococcus erythropolis zurückzuführen ist. Aus dem Vergleich der Kultivierungen, z.B. aus dem Verlauf von A und C, ist jedoch zu schließen, daß der Effekt eines Zusatzes von Rhodococcus erythropolis auf den Eigenabbau von Kohlenwasserstoffen beschränkt bleibt, die Dicorynomycolate also nicht in ausreichenden Maße für die Bodenorganismen verfügbar sind (6).

Tabelle 1: Charakteristika des KW-Abbaus

Die Abbaurate wurde bis zu einem Eliminierungsgrad von 90% des KW-Gemisches ermittelt.

| Kultivierung | Abbaurate (g/kg BoTM/d) | KW-Eliminierung (%) | mineralisierte C-Atome (%) | Oxidationsgrad der übrigen C-Atome (%) |
|---|---|---|---|---|
| A: Boden | 30.3 | 93 | 29 | 58 |
| B: Boden,Di | 49.7 | 98.5 | 28 | 56 |
| C: Boden,aut Rh.er. | 29.5 | 96 | 26 | 94 |
| D: Rh.er. | 43.5 | 90 | 30 | 25 |
| E: Boden,Rh.er. | 45.2 | >99 | 39 | 21 |

Abkürzungen: Di: Trehalosedicorynomycolate
Rh.er.: Rhodococcus erythropolis
aut: autoklaviert
BoTM: Bodentrockenmasse

3.2 Pseudomonas spec. DSM 2874 bildet während des unlimi-tierten Wachstums zwar weniger Rhamnoselipide als unter limitierten Bedingungen, jedoch in ausreichender Menge, um n-Alkane zu kleinen Tröpfchen emulgieren zu können, die auch von den KW-abbauenden Bodenorganismen leichter metabolisiert werden könnten. Weiterhin können bereits geringe Konzentrationen an Rhamnolipiden von 20 mg/l den KW-Abbau der Bodenpopulation fast ebensogut beschleunigen wie der Zusatz von 200 mg/l Sophoroselipide. Der Zusatz von $7 \times 10^9$ Zellen/l an Pseudomonas spec. DSM 2874 verkürzt die Anpassungszeit der Bodenmikroorganismen für die Verwertung des Naphthalins, die dieser Pseudomonas-Stamm nicht verwerten kann, von 45 auf 36 h. Die zweite Anpassungszeit bis zur Metabolisierung der übrigen Kohlenwasserstoffe sinkt von 49 h auf 6 h. Da Pseudomonas allein in Gegenwart des autoklavierten Bodens diese Kohlenwasserstoffe ebenfalls zur gleichen Zeit abbaut, muß die Verkürzung der zweiten Anpassungszeit nicht durch die Bereitstellung von Rhamnolipiden für die Bodenpopulation bedingt sein.

4. BIBLIOGRAPHIE

(1) Müller-Hurtig, R., Meier, R., Kindervater, R. and Wagner, F.(1989), In: Dechema Biotechnology conferences Vol.3 Part B. Verlag Chemie, Weinheim, 823-826
(2) Oberbremer, A., and Müller-Hurtig, R.(1989) Appl. Microbiol. Biotechnol. 31: 582-586
(3) Oberbremer, A., Müller-Hurtig, R., and Wagner, F.(1990) Appl. Microbiol. Biotechnol. 32: 485-489
(4) Rapp, P., Bock, H., Wray, V., and Wagner, F.(1979) J Gen. Microbiol. 115: 491-503
(5) Syldatk, C., Lang, S., Matulovic, U., and Wagner, F.(1984) Z Naturforsch. 40c:61-67
(6) Goclik, E., Müller-Hurtig, R., and Wagner, F. (1990) Appl. Microbiol. Biotechnol.(eingereicht)

# EINFLUSS VON MIKROBIELLEN TENSIDEN AUF DEN MINERALISIERUNGSGRAD VON KOHLENWASSERSTOFFEN IN MODELLSYSTEMEN DES BODENS

R. Müller-Hurtig, A. Oberbremer, R. Meier, und F. Wagner
Institut für Biochemie und Biotechnologie, TU Braunschweig, Konstantin Uhde Str. 5, 3300 Braunschweig

## 1. EINLEITUNG

Beim mikrobiellen Abbau von Kohlenwasserstoffen können Metaboliten entstehen, die toxischer als der Kohlenwasserstoff selbst sind. Zum Beispiel kann aus Undekan Undekansäure gebildet werden, die die Elongation der Fettsäuren bei Bakterien hemmen kann (1). Deshalb ist es notwendig, den Einfluß von mikrobiellen Tensiden nicht nur auf den Ölabbau durch eine ursprüngliche Bodenpopulation, sondern auch auf das Ausmaß der Mineralisierung zu untersuchen. Im einfachsten Modellsystem des Bodens, d.h. in Submerskultur mit 10% Bodenanteil, kann die Abbaurate der Bodenpopulation von 25,7 auf bis zu 46,5 g Kohlenwasserstoffgemisch pro kg Bodentrockenmasse und Tag gesteigert werden, indem die Grenzflächenspannung mittels der zugesetzten Sophoroselipide herabgesetzt wird (2). Die Abbaurate für ein Heizöl läßt sich ebenfalls von 25,3 auf 32,8 g Kohlenwasserstoffe pro kg Bodentrockenmasse und Tag durch zugesetzte Sophoroselipide erhöhen. Dabei werden 90 % des Heizöls eliminiert, während die Eliminierung des Modellöls zu 99 % erfolgt (3). Demgegenüber bleiben 27 % des anfänglichen chemischen Sauerstoffbedarfs in Form von Metaboliten erhalten (2). Daraufhin wurde das Ausmaß der Mineralisierung zu $CO_2$ und der mittlere Oxidationsgrad der verbleibenden C-Atome der Metaboliten in Submerskultur mit Bodenanteil mit Hilfe der Abgasanalyse bestimmt. In Festbettraktoren mit gesiebtem Boden, bei denen dem perkolierenden Mineralsalzmedium ausreichend Wasserstoffperoxid zudosiert wurde (4), konnte der Verbrauch dieses Sauerstoffdonors untersucht werden.

## 2. MATERIAL UND METHODEN

Für die Untersuchungen wurde ein sandiger Schluffboden nahe einer Autobahn entnommen. Die Medien und die Wachstumsbedingungen für die Submerskultur (2,3) und für die Bodenfestbettreaktoren (4) wurden bereits beschrieben. Das Modellöl enthält 48 Gew.% Tetradecan und Pentadecan, 20 Gew.% 1,2,4-Trimethylcyclohexan, 10 Gew.% 1-Hexadecen, 10 Gew.% Pristan, 6,5 Gew.% Naphthalin und 5,5 Gew.% 1-Phenyldecan, das Heizöl von Mobil Oil weist einen Siedebereich von 180-360°C auf.

Der Mineralisationsgrad wurde wie folgt berechnet:
mineralisierte C-Atome(%) = 100 $n_{CO_2}/(n_{CO_2,tot}$ x KW-Eliminierungsgrad)
mit $n_{CO_2}$: Menge des bisher produzierten $CO_2$
$n_{CO_2,tot}$: Gesamtmenge des für die Mineralisierung benötigten Sauerstoffs
Die folgende Gleichung wurde zur Berechnung des durchschnittlichen Oxidationsgrades der Metaboliten-C-Atome verwendet:
a($CO_2$) + b$O_2$ + c $NH_4$ - d($CH_{1,92}O_{0,3}N_{0,24}$Asche) + e $CO_2$ + f($C_xH_yO_z$)
mit: a($CO_2$): eliminierte KW, d($CH_{1,92}O_{0,3}N_{0,24}$Asche): Formel für Biomasse und f($C_xH_yO_z$): Metaboliten und Wasser
Der mittlere Oxidationsgrad der Metaboliten-C-Atome ergibt sich zu:
Oxidationsgrad (%) = 100 $z/(2x + 0,5 y)$

## 3. ERGEBNISSE

Innerhalb der ersten auftretenden Abbauphase beim Abbau des Kohlenwasserstoffgemisches wurde allein Naphthalin zu 99 % metabolisiert, aber nur 27 % wurden zu $CO_2$ mineralisiert, während bei Zusatz von Sophoroselipiden zusätzlich in dieser Abbauphase 11-18 % der übrigen Komponenten des Modellöls metabolisiert wurden (Tabelle 1). Nach einer zweiten Anpassungszeit wurden diese hydrophoben Komponenten fast vollständig metabolisiert. Der

Mineralisierungsgrad von nur 17 % konnte durch den Zusatz der Sophoroselipide auf 39 % gesteigert werden. Nach einer dritten Abbauphase, die nur in Gegenwart zugesetzter Biotenside beobachtet wurde, lag der Mineralisierungsgrad bei 50 %. Zusätzlich verdoppelte sich in Gegenwart von Sophoroselipiden der mittlere Oxidationsgrad der Metaboliten-C-Atome, dessen prozentuale Werte nur untereinander vergleichbar sind. Demgegenüber blieb das Ausmaß der Mineralisierung eines Heizöls auch bei Zusatz von Sophoroselipiden unverändert bei 23 %. Allein der Oxidationsgrad der Metaboliten stieg von 26 auf 54 %, nachdem 90 % des Heizöls eliminiert waren. In den weiteren Abbauphasen wurden überwiegend die gebildeten Metaboliten weiter abgebaut.

Tabelle 1: Auswirkung von zugesetzten Sophoroselipiden auf die Öl-Eliminierung, den Mineralisierungsgrad und den Oxidationsgrad der verbleibenden Metaboliten beim Abbau des Modellöls

|  | ohne Tensidzusatz | Zusatz von Sophoroselipiden |
|---|---|---|
| 1.Abbauphase:$O_2$(mol/l) | 0,03 | 0.06 |
| $CO_2$(mol/l) | 0,013 | 0.037 |
| KW-Eliminierung(%) mit: | 6,4 | 23,6 |
| KW-Mineralisierungsgrad(%) | 27 | 22 |
| Metaboliten-Oxidationsgrad(%) | 50 | 25 |
| 2.Abbauphase:$O_2$(mol/l) | 0.339 | 0,480 |
| $CO_2$(mol/l) | 0,118 | 0,321 |
| KW-Eliminierung(%) mit: | 89 | 95 |
| KW-Mineralisierungsgrad(%) | 17 | 39 |
| Metaboliten-Oxidationsgrad(%) | 34 | 40 |
| 3.Abbauphase:$O_2$(mol/l) | - | 0,466 |
| $CO_2$(mol/l) | - | 0,112 |
| KW-Eliminierung(%) mit: | - | 99 |
| KW-Mineralisierungsgrad(%) | - | 50 |
| Metaboliten-Oxidationsgrad(%) | - | 66 |

Als zweites Modellsystem wurden Festbettreaktoren mit gesiebtem Boden eingesetzt. Durch den Zusatz von Glykolipiden zum perkolierenden Mineralsalzmedium ließ sich der Eliminierungsgrad von ca. 50 % nach 10 Tagen um bis zu 20 % erhöhen, während 40 % mehr Sauerstoff verbraucht wurde, sodaß theoretisch statt bis zu 20 bis zu 28 % der Kohlenwasserstoff-C-Atome mineralisiert sein könnten.

4. BIBLIOGRAPHIE

(1) Hortmann, L., and Rehm, H.J.(1984). Inhibitory effect of undecanoic acid on the biosynthesis of long-chain fatty acids in Mortierella isabellina. Appl. Microbiol. Biotechnol. 20, 139-145
(2) Oberbremer, A., Müller-Hurtig, R., and Wagner, F.(1990). Effect of the addition of microbial surfactants on hydrocarbon degradation in a soil population in a stirred reactor. Appl. Microbiol. Biotechnol. 32, 485-489
(3) Oberbremer, A.(1990). Einfluß von Biotensiden auf den mikrobiellen Ölabbau in einem Ackerboden: Untersuchungen in Rühr- und Festbettreaktoren. Dissertation TU Braunschweig
(4) Müller-Hurtig, R., Meier, R., Kindervater, R., and Wagner, F. (1989). Effect of added microbial surfactants on hydrocarbon degradation in fixed bed soil columns. In: Dechema Biotechnology Conferences Vol 3 Part B, Verlag Chemie, Weinheim, 823-826

DIE BEZIEHUNG ZWISCHEN DER GESCHWINDIGKEIT, MIT DER PHENYL-QUECKSILBER-II-AZETAT BIOLOGISCH ABGEBAUT WIRD, UND DER MIKROBENAKTIVITÄT AUF DER OBERFLÄCHE PORÖSER MEDIEN.

BICHERON C.*, BUES M.A.*,**

UNIVERSITE LOUIS PASTEUR, STRASBOURG I
* LABORATOIRE D'HYDRODYNAMIQUE DES MILIEUX POREUX, INSTITUT DE MECHANIQUE DES FLUIDES - URA CNRS 854 - 2, RUE BOUSSINGAULT, F - 67000 STRASBOURG
** INSTITUT UNIVERSITAIRE DE TECHNOLOGIE
3, RUE SAINT-PAUL, F - 67300 SCHILTIGHEIM

Die Wirkung menschlicher Tätigkeit (z.B. Verwendung toxischer Produkte - Schwermetallverbindungen usw.) stellt eine latente Bedrohung der Grundwasserqualität dar. In diesem Zusammenhang befassen wir uns mit PQA (Phenyl-Quecksilber-II-Azetat), einem infolge seiner toxischen Wirkung gefährlichen Schädlingsbekämpfungsmittel, das in Wasser und Rheinschlamm gefunden wurde. Um zu verhindern, daβ PQA vom Schlamm in die wasserführenden Schichten weiterwandert, untersuchen wir seine bakteriologischen Abbaumechanismen mit Pseudomonas Fluorescens. Im Rheinwasser wurde eine quecksilberresistente Variante von P. Fluorescens gefunden (Mirgain und andere, 1989). Unter optimalen Wachstumsbedingungen (Kammerversuche im Labor - Inkubationstemperatur: 25°C - Medium: Abdala-Flüssigkeit, angesetzt mit Casaminosäuren, Natriumsalzen, Natriumzitrat), wird PQA biologisch wirksam abgebaut (s. Abb. 1a). Die Verringerung der anfänglichen PQA-Konzentration (gleich 1 µg/ml) vollzieht sich in der logarithmischen Anfangswachstumsphase der Mikroorganismen (s. Abb. 1b). Nach 3 Stunden ist kein PQA mehr im flüssigen Zustand zu finden (Hochleistungs-Flüssigchromatografie). Teilweise wird das injizierte PQA sofort in der Bakterienwand adsorbiert.

Können dieselben Mikroorganismen in natürlicher Umgebung PQA in bedeutenden Mengen abbauen? Bei der Beantwortung dieser Frage sind mehrere Mechanismen zu berücksichtigen.

1. chemisch-physikalische Mechanismen bei Mikroorganismen und/oder auf einem Medium in festem Zustand
2. Konvektiv-dispersiver Transport durch ein gesättigtes, poröses Medium
3. Biologische Abbaumechanismen im porösen Medium

1. CHEMISCH-PHYSIKALISCHE MECHANISMEN (Adsorption-Desorption)

Die PQA-Fixierungsgeschwindigkeit auf einem porösen Medium (Sand) wird mit Prüfkammerversuchen im Reaktor bestimmt, wobei eine wäßrige PQA-Lösung (Konzentration gleich 1 µg/ml) mit Sand gemischt wird (s. Abb. 2). Bei unseren Versuchbedingungen ist der Fixiergeschwindigkeitswert (T) beim thermodynamischen Gleichwewichtszustand gleich 0,5 µg PQA pro Gramm Sand. Sobald der Gleichgewichtszustand erreicht ist, werden Mikroorganismen in Suspension in die Reagenzgläser im Reaktor injiziert. Nach der Injektion hängen die Fixiergeschwindigkeitswerte (T) von PQA von den Eigenschaften der Mikroorganismen ab:
* Bei Mikroorganismen-Induktion (1) - 30 Minuten Induktionszeit mit $HgCl_2$ bei 0,8 µg/ml: T-Werte unverändert
* Ohne Mikro-Organismen-Induktion (2) T-Werte nehmen ab. Der (bereits auf dem porösen Medium fixierte) PQA-Sand wird wieder flüssig.

2. KONVEKTIV-DISPERSIVER TRANSPORT

Das Reaktorversuchsverfahren wurde auf Kolonnenversuche (mit Sandfüllung) abgestimmt. In Gegenwart eines Verdrängungsgeschwindigkeitsfeldes wurden verschiedene PQA-Konzentrationen injiziert. Mit Durchbruchkurven und Massenausgleich konnten wir den Fixierungsgeschwindigkeitswert für PQA berechnen (Bicheron und Buès, 1990). Je niedriger die Einspritzkonzentration, desto bedeutsamer ist anscheinend die Verzögerung der Elution. Dies könnte auf das Vorhandensein von Stellen mit beschränkter Fixierung auf dem porösen Medium zurückzuführen sein. Überall, wo die Einspritzkonzentration vorhanden ist, ergibt sich ein scheinbares Gleichgewicht für C/Co=1.

3. BIOLOGISCHE ABBAUMECHANISMEN IM PORÖSEN MEDIUM

Bis jetzt haben wir bei den oben beschriebenen Versuchen niemals einen biologischen Abbau von PQA festgestellt. Da biologische Abbaumechanismen anscheinend aber durch Adsorptionserscheinungen verzögert sind, (Zobell, 1943), war vielleicht die Kontaktzeit bei unserem Verfahren zu kurz, um eine bakteriologische Tätigkeit zu beobachten. Also sind zur Bestätigung dieser Hypothese weitere Untersuchungen erforderlich.

4. DANKSAGUNG

Diese Forschungsarbeit wurde finanziell durch die SANDOZ LTD. unterstützt.

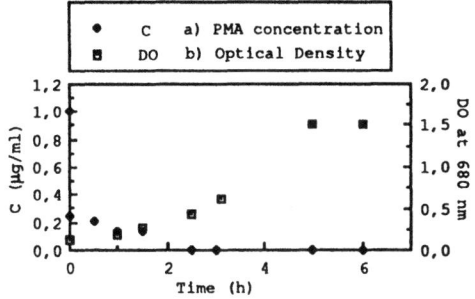
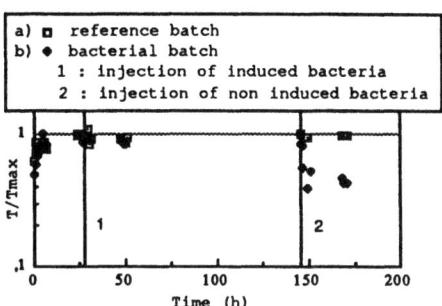

Abbildung 1: Biologischer Abbau von PQA als Funktion des bakteriellen Wachstums

Abbildung 2: PQA-Fixierungsgeschwindigkeit als Funktion der bakteriellen Eigenschaften

Legende:
   a) PMA-Konzentration
   b) optische Dichte

   a) Bezugscharge
   b) bakterielle Charge
      1) Injektion induzierter Bakterien
      2) Injektion nicht induzierter Bakterien

Time (h) - Zeit (Std)

5. BIBLIOGRAPHIE
1) Bicheron, C., Buès, M.A. (1990). Transport de l'acétate de phényl mercure à travers un milieu poreux saturé. Veröffentlichung in der Zeitschrift <u>Journal Français d'Hydrologie</u>.
2) Bitton, G. (1975). Adsorption of viruses onto surfaces in soil and water. <u>Water Research</u>. Vol. 9 : S. 473-484.
3) Lance, J.C., Gerba, C.P. (1984). Effect of ionic composition of supending solution on virus adsorption in soil column. <u>App. Environ. Microbiol</u>. VOL 47, Nr. 3: S. 484-488.
4) Mirgain, I., Werneburg, B., Harf, C., und Monteil, H. (1989). Phenyl mercuric acetate biodegradation by environmental strains of Pseudomonas species. <u>Res. Microbiol. 140</u>: S. 695-707.
5) Zobell, C.E. (1943). The effect of solid surfaces upon bacterial activity. <u>Scripps Institution of Oceanography</u>, News Series No. 204: S. 39-56.

# BAKTERIELLER ABBAU VON DIBENZO-P-DIOXIN UND CHLORIERTEN DERIVATEN DURCH DAS BAKTERIUM PSEUDOMONAS SPEC. RW1

R.-M. WITTICH[1], H. WILKES[2], K. FIGGE[3], W. FRANCKE[2] UND P. FORTNAGEL[1]

ABT. FÜR MIKROBIOLOGIE DES INSTITUTS FÜR ALLGEMEINE BOTANIK[1], OHNHORSTSTRASSE 18, INSTITUT FÜR ORGANISCHE CHEMIE[2], MARTINLUTHER-KING-PLATZ 4, UND NATEC-INSTITUT[3], BEHRINGSTRASSE 154, D-2000 HAMBURG, GERMANY

## EINLEITUNG

Hochgiftige polychlorierte Dibenzo-p-dioxine und Dibenzofurane werden fortdauernd durch die Verbrennung von Haus- und Industriemüll freigesetzt, wodurch es letztlich zur unerwünschten Kontamination der Biosphäre (1,2) und somit von Nahrungsmitteln kommt (3). Weitere Quellen dieser Verbindungen waren beträchtliche Verunreinigungen von Pentachlorphenol und halogenierten Pestiziden. Obige Xenobiotika sind sehr beständige Verbindungen und widerstehen nicht nur dem mikrobiellen Abbau (4,5).

## ERGEBNISSE

Im Verlauf unserer intensiven Suche nach geeigneten Mikroorganismen mit Fähigkeiten zum biologischen Abbau, der Umwandlung und Entgiftung dioxinartiger Verbindungen gelang die Isolierung von Bodenbakterien aus kontaminierten Standorten. Diese waren in der Lage den biologischen Abbau oder die Oxidation beziehungsweise die Umwandlung der uns interessierenden Verbindungen zu gewährleisten (6,7). Dibenzo-p-dioxin, welches als eine Modellverbindung für unsere physiologischen Untersuchungen eingesetzt wurde, wird sowohl in Flüssigkulturen als auch in heterogenen, definierten Modellböden vollständig abgebaut. Monochloriertes Dioxin und solche dihalogenierten Isomere, welche den Zweitsubstituenten am bereits halogenierten aromatischen Kern tragen, werden zu den entsprechenden Chlorbrenzkatechinen umgesetzt. Diejenigen dichlorierten Dioxine, die jeweils einen Halogensubstituenten pro aromatischem Kern aufweisen, werden gegenüber den erstgenannten Verbindungen jedoch mit deutlich geringerer Aktivität - verursacht durch die Inaktivierung des aromatischen Systems - umgesetzt.

## AUSBLICK

Im Zusammenwirken mit chemischen und physikalischen Techniken wird die mikrobielle Behandlung von Böden sowie anderen Systemen zum Abbau von Xenobiotika zukünftig von Interesse sein. Zu diesem Zweck bedarf es jedoch noch der weiteren Isolierung bzw. der in vitro- und/oder in vivo-Konstruktion von Hochleistungsstämmen zum produktiven biologischen Abbau polychlorierter Dioxine und Furane.

## DANKSAGUNG

Obiges Forschungsprojekt wird vom Bundesminister für Forschung und Technologie gefördert.

## LITERATUR

(1) Czuczwa, J. M., and Hites, R. A. (1984). Environmental fate of combustion-generated polychlorinated dioxins and furans. Environmental Science & Technology 18: 444-450.

(2) Reischl, A., Thoma, H., Reissinger, M., and Hutzinger, O. (1987). PCDD und PCDF in Koniferennadeln. Naturwissenschaften 74: 88-89.

(3) Ryan, J. J., Lizotte, R., Sakuma, T., and Mori, B. (1985). Chlorinated dibenzo-p-dioxins, chlorinated dibenzofurans, and pentachlorophenol in canadian chicken and pork samples. Journal of Agricultural and Food Chemistry 33: 1021-1026.

(4) Philippi, M., Krasnobajew, V., Zeyer, J., and Hütter, R. (1981). Fate of TCDD in microbial cultures and in soil under laboratory conditions.In T. Leisinger, R. Hütter, A. M. Cook and J. Nüesch (Eds.), Microbial degradation of xenobiotic and recalcitrant compounds, 221-233. London: Academic Press.

(5) Ward, C. T., and Matsumura, F. (1978). Fate of 2,3,7,8-tetrachlorodibenzo-p-dioxin (TCDD) in a model aquatic environment. Archives of Environmental Contamination and Toxicology 7: 349-357.

(6) Fortnagel, P., Wittich, R.-M., Harms, H., Schmidt, S., Franke, S., Sinnwell, V., Wilkes, H., and Francke, W. (1989). New bacterial degradation of the biaryl ether structure, regioselective dioxygenation prompts cleavage of ether bonds. Naturwissenschaften 76: 523-524.

(7) Wittich, R.-M., Wilkes, H., Figge, K., Francke, W., and Fortnagel, P. (1990). Biodegradation of dibenzo-p-dioxin and some of its monohalogenated and dihalogenated derivatives. Unpublished manuscript.

# AEROBE MINERALISIERUNG VON 1,2,4-TRICHLORBENZOL UND 1,2,4,5-TETRACHLORBENZOL DURCH *PSEUDOMONAS* SP.

PETER SANDER, ROLF-MICHAEL WITTICH UND PETER FORTNAGEL
Institut für Allgemeine Botanik, Abt. Mikrobiologie, Universität Hamburg, Ohnhorststraße 18, D-2000 Hamburg 52

## EINLEITUNG

Chlorierte Benzole finden in großen Mengen als Grundstoffe in der Pestizid-Produktion, als sogenannte Luftverbesserer, sowie als Lösungsmittel eine weite Anwendung. Aufgrund ihrer chemischen Stabilität, ihrer Persistenz gegen mikrobiellen Angriff und des durch die Chlor-Kohlenstoff Bindung am aromatischen Kern bedingten hohen Fremdstoffcharakters akkumulieren chlorierte Benzole in der Umwelt. Ihre Eliminierung durch Abbau mit Hilfe spezialisierter Bakterienkulturen erscheint daher als eine nützliche Methode, wie anhand der Mineralisierung von Monochlorbenzol (5) und den drei isomeren Dichlorbenzolen (1,2,6,7) gezeigt werden konnte. Über den Abbauweg von Trichlorbenzolen (TCB)(4) und Tetrachlorbenzolen (TeCB)(3,8) gibt es kaum Informationen.

## ERGEBNISSE

Die zu den Pseudomonaden gehörenden Bakterien wurden aus Bodenproben der Georgswerder Industrie-Mülldeponie (Hamburg) durch Einsatz spezieller Anreicherungstechniken mit halogenierten Benzolen und Toluolen als Substrat, isoliert. Der Stamm PS12 wächst auf Chlorbenzol, allen drei isomeren Dichlorbenzolen und auf 1,2,4-Trichlorbenzol (1,2,4-TCB). Der Stamm PS14 verwertet die gleichen Verbindungen und 1,2,4,5-Tetrachlorbenzol als alleinige Kohlenstoff- und Energiequelle. Die Verdopplungszeiten von PS12 auf 1,2,4-TCB und von PS14 auf 1,2,4,5-TeCB betragen in statischen Kulturen 6,0 bzw. 9,0 Stunden.

Das Wachstum von Stamm PS12 und Stamm PS14 führt mit steigenden Konzentrationen an 1,2,4-TCB bzw. 1,2,4,5-TeCB zu einem fast linearen Anstieg der Zellmasse (Trübung und Proteingehalt) und Chloridfreisetzung in das Medium. Die dadurch bedingte Abnahme des pH unter 6,2 macht die Etablierung einer biotischen Umgebung für den biologischen Abbau höher chlorierter Xenobiotika erforderlich, wenn eine mikrobiologische Behandlung kontaminierter Flächen angestrebt wird.

In Gegenwart von Hexachlorbenzol (HCB) nimmt die Mineralisation von 1,2,4,5-TeCB durch Stamm PS14 überraschenderweise signifikant zu. Das HCB wird dabei jedoch offensichtlich nicht angegriffen. Im Gegensatz dazu hemmen 1,2,3-TCB, 1,3,5-TCB, 1,2,3,4-TeCB und 1,2,3,5-TeCB den 1,2,4,5-TeCB Abbau.

## LITERATUR

1. de Bont, J.A.M., M.J.A.W. Vorage, S. Hartmans, and W.J.J. van den Tweel. 1986. Microbial degradation of 1,3-dichlorobenzene. Appl. Environ. Microbiol. 52: 677-680.

2. Haigler, B.E., S.F. Nishino, and J.C. Spain. 1988. Degradation of 1,2-dichlorobenzene by a Pseudomonas sp. Appl. Environ. Microbiol. 54: 294-301.

3. Holliger, C., G. Schraa, A.J.M. Stams, A.J.B. Zehnder. 1989. Anaerobic reductive dechlorination of chlorinated benzenes. Frühjahrstagung der VAAM, DGHM und NVvM in Marburg. In: Forum Mikrobiologie Jan./Feb., 1-2, S. 104 (P251).

4. van der Meer, J.R.W. Roelofsen, G. Schraa, and A.J.B. Zehnder. 1987. Degradation of low concentrations of dichlorobenzenes and 1,2,4-trichlorobenzene by Pseudomonas sp. strain P51 in nonsterile soil columns. FEMS Microbiol. Ecology 45: 333-341.

5. Reineke, W., and H.-J. Knackmuss. 1984. Microbial metabolism of haloaromatics: isolation and properties of a chlorobenzene-degrading bacterium. Appl. Environ. Microbiol. 47: 395-402.

6. Schraa, G., M.L. Boone, M.S.M. Jetten, A.R.W. van Neerven, P.J. Colberg, and A.J.B. Zehnder. 1986. Degradation of 1,4-dichlorobenzene by Alcaligenes sp. strain A175. Appl. Environ. Microbiol. 52: 1374-1381.

7. Spain, J.C. and S.F. Nishino. 1987. Degradation of 1,4-dichlorobenzene by a Pseudomonas sp.. Appl. Environ. Microbiol. 53: 1010-1019.

8. Springer, W. und H.G. Rast. 1988. Biologischer Abbau mehrfach halogenierter mono- und polyzyklischer Aromaten. gwf Wasser/Abwasser 129 H.1 S. 70-75.

STEIGERUNG DES BIOLOGISCHEN ABBAUS POLYZYKLISCHER AROMATISCHER KOHLENWASSERSTOFFE IM BODEN

J. BIRNSTINGL, S.R. WILD UND K.C. JONES*

INSTITUT FÜR UMWELTWISSENSCHAFT UND BIOLOGIE, UNIVERSITÄT LANCASTER, LANCASTER, LA1 4YQ, GROβBRITANNIEN.

1. ZUSAMMENFASSUNG

Biologischer Abbau ist einer der wichtigsten Wege für die Zerstörung von polyzyklischen aromatischen Kohlenwasserstoffen (PAK) im Boden, und die Zerstörungsraten in schadstoffbelasteten Böden können gesteigert werden. Es sind jedoch systematische, auf Experimenten basierende Untersuchungen erforderlich, um klarzustellen, welcher Faktor (bzw. welche Faktoren) diesem Vorgang im Feld Grenzen setzen, damit die vollen Möglichkeiten des biologischen Abbaus zur wirksamen Behandlung des Bodens optimiert werden können.

2. HERKUNFT DER POLYZYKLISCHEN AROMATISCHEN KOHLENWASSERSTOFFE

Polyzyklische aromatische Kohlenwasserstoffe (PAK) sind chemische Verbindungen, die zwei oder mehr miteineinander verschmolzene Benzolringe enthalten. Viele verschiedene derartige Verbindungen kommen in der Natur vor (1), aber sie treten auch mehr und mehr als weitverbreitete Schadstoffe in der Umwelt auf. Sie werden gebildet, wenn organische Verbindungen hohen Temperaturen ausgesetzt werden, durch pyrolytische Verfahren, unvollständge Verbrennung von fossilen Treibstoffen und organischen Verbindungen (2) und, in geringerem Ausmaβ und bei weit niedrigeren Temperaturen, in Rohölkrusten.

Die Verbrennung des natürlichen Pflanzenwuchses hat zu allgemeinen natürlichen Belastungswerten für PAK im Boden und in Sedimenten geführt. Aber die Verbrennung von fossilen Kraftstoffen und andere vom Menschen durchgeführte Prozesse wie die Verbrennug von Abfallstoffen und Getreidestoppeln haben die Belastung der Umwelt mit diesen Verbindungen während der vergangenen 100 - 150 Jahre stark erhöht (2).

2.1 Abwasserschlamm als PAK-Quelle

Stadtgebiete sind wichtige Quellen von PAK, und es hat sich gezeigt, daβ die Konzentrationen in der Luft und im Boden in Landgebieten mit dem Abstand von den Städten wesentlich abnehmen (3). PAK geraten mit dem Abfluβ in die Abwasseranlage, und wegen ihrer fettanziehenden/wasserabstoβenden Beschaffenheit werden sie an der Feststoffphase konzentriert (4), anstatt die Anlagen durch das Abwasserableitungsrohr wieder zu verlassen. Etwa 40% des in Groβbritannien produzierten Abwasserschlamms wird auf landwirtschaftlich genutztes Land aufgebracht und bildet dadurch eine wichtige Quelle von PAK für den Boden (5,6).

2.2 Erdöl als PAK-Quelle

Erdöl kann große Mengen von PAK enthalten, die durch natürliche Sickerung oder versehentliche Verschüttungen in den Boden gelangen können. Die Fraktionen des Rohöls nach der Destillation haben einen unterschiedlichen Gehalt an PAK. Unvollständige Verbrennung oder Erhitzen dieser Fraktionen, wie etwa in Motoren oder Kurbelgehäusen von Kraftwagen erhöhen den PAK-Gehalt wesentlich. PAK können deshalb als Ölrückstände aus den verschiedensten Ölfraktionen auf dem Boden verschüttet oder abgelagert werden.

Die Schadstoffbelastung des Bodens durch Öl kann unter verschiedenen Umständen erfolgen. Trotz der Aufmerksamkeit der Nachrichtenmedien sind Großverschüttungen aus Tankern, Rohrleitungen und Lagerbehältern verhältnismäßig unwichtige Quellen, verglichen mit der ständigen Eingabe geringer Mengen durch Straßenverkehr, Haushaltsabwasser und unterirdische Lagerbehälter. Die Beseitigung von Ölabfällen durch direktes Aufbringen auf den Boden (Landbehandlungsverfahren) erregt ebenfalls wachsende Aufmerksamkeit als eine billige und wirksame Beseitigungsmethode.

3. UMWELTAUSWIRKUNGEN DER PAK UND BEHANDLUNG PAK-BELASTETER BÖDEN

Bedenken wegen der Ansammlung, Ausdauer und Auswirkungen der PAK in der Umwelt wachsen ständig. Die akute Toxizität der PAK von niedrigem Molekulargewicht, wie z.B. Naphthalin, ist erwiesen (7). Für PAK von höherem Molekulargewicht ist gezeigt worden, daß sie genetich toxisch sind und eine Fähigkeit zur biologischen Anhäufung in der Nahrungskette besitzen können (7). Die Umweltschutzagentur der USA und die EWG führen 16 PAK als Prioritäts-Schadstoffe an, wegen ihrer Toxizität, krebserzeugenden, mutationserzeugenden und genetisch toxischen Wirkung und ihrer allgemeinen Verbreitung.

Die Behandlung von mit PAK belasteten Böden ist eine Voraussetzung für viele Programme zur Entwicklung von Grundstücken. Die Beseitigung des schadstoffbelasteten Materials durch konventionelle Verfahren in Deponien oder durch Verbrennung kann aufwendig sein und verlegt überdies das Problem nur an andere Orte. Biologische Sanierungsverfahren benutzen die natürliche Fähigkeit von Mikroorganismen, organische Schadstoffe abzubauen, und erregen wachsende Aufmerksamkeit als kostenwirksame Alternative für konventionelle Beseitigungsverfahren. Wenn sie sich als wirksam erweisen, können die Schadstoffe in-situ bis zu ihren grundlegenden mineralischen Bestandteilen abgebaut und dadurch unschädlich gemacht werden. Minaralisierung organischer Schadstoffe ist zwar eine natürliche Fähigkeit von Mikroorganismen, aber sie findet unter normalen Umweltbedingungen nur langsam oder überhaupt nicht statt. Eine Anzahl der wahrscheinlich begrenzend wirkenden Faktoren für den biologischen Abbau von PAK sind beschrieben worden. Sie lassen sich grob in drei Gruppen einteilen:

a) Physikalische Faktoren

Physikalische Eigenschaften der Bodenumwelt, durch die der biologiche Abbau beeinflußt wird, umfassen Temperatur, pH und Bodenstruktur. Temperatur und pH können unter kontrollierten Bedingungen relativ leicht beeinflußt werden, und es sind empfohlene optimale Werte für den biologischen Abbau von Erdöl-Kohlenwasserstoffen festgestellt worden (8). Die physikalisch-chemischen Eigenschaften verschiedener Bodentypen sind weitgehend unterrschiedlich, und sie haben eine entscheidende Bedeutung für die Bioverfügbarkeit sowohl von Schadstoffen als auch von wichtigen Nährstoffen. Die Anwendung von grenzflächenaktiven Stoffen zur Erhöhung der Bioverfügbarkeit ist vorgeschlagen worden (9), aber die Wirkung und das langfristige Verhalten dieser Stoffe muß noch festgestellt werden.

b) Chemische Faktoren

Die chemische Struktur der PAK ist von großem Einfluß auf ihren biologischen Abbau; die Widerstandsfähigkeit nimmt mit steigendem Molekulargewicht zu. Um ihren verbesserten biologischen Abbau zu erwirken, ist die Beeinflussung der Nährstoffzufuhr betont worden. Stickstoff, Phosphor und Sauerstoff werden allgemein als sehr wichtig angesehen, und die verbesserte Versorgung von schadstoffbelasteten Grundstücken mit diesen Nährstoffen ist weitgehend üblich. Weniger Aufmerksamkeit wird dagegen der Möglichkeit einer Verbesserung der Nährstoffzufuhr in Form von voluminösen Materialien, wie etwa Kompost, Stallmist oder Abwasserschlamm gewidmet. Diese Materialien können den biologischen Abbau erfolgreich steigern, indem sie dem schadstoffbelasteten System begrenzende Nährstoffe zuführen, als Impfstoff und somit als Quelle für eine relativ ausgeglichene Gemeinschaft von abbauenden Organismen dienen, natürlich vorkommende oberflächenaktive Stoffe zuführen und möglicherweise auch einen kollaborativen Stoffwechsel der widerstandsfähigeren PAK steigern. Ein weiterer, physikalischer Vorteil dieser Möglichkeit wäre vielleicht auch die Verbesserung der Bodenstruktur und dadurch verbesserte Belüftung und Dränage, die zu einer besseren Verfügbarkeit von Nährstoffen führt.

c) Biologische Faktoren

Die Fähigkeit von natürlichen Mikrobengemeinschaften, gewisse Kohlenwasserstoffe, einschließlich von vielen PAK, die als Schadstoffe auftreten abzubauen, ist umstritten. Die Aufmerksamkeit ist seit einiger Zeit auf die Möglichkeit gerichtet, isolierte "speziell entwickelte Impfstoff"-Mikroorganismen zuzuführen, die imstande sind, auf dem betreffenden Material zu wachsen. Trotz der innewohnenden Schwierigkeiten scheint dieses Verfahren für einige spezifische Schadstoffe, unter anderem auch für chlorierte aromatische Kohlenwasserstoffe, erfolgreich zu sein (10). Die Anwendung von Pflanzen zur Anregung des Abbaus von PAK hat ebenfalls Aufmerksamkeit erregt. Die Verbesserung des biologischen

Abbaus durch diese Mathoden muß noch weiter untersucht werden.

Verschiedene Fachleute haben diese Faktoren unterschiedlich bewertet und dadurch vielleicht die geländgespezifischen Unterschiede aufgezeigt und das Ausmaß der Unsicherheiten betont, die in diesem Arbeitsfeld noch bestehen. In der Universität Lancaster sind Untersuchungen im Gange, die einige dieser Unsicherheiten klären sollen. Unsere Untersuchungen werden in Zusammenarbeit mit Biotreatment Limited und dem Water Research Centre duchgeführt.

## 4. LITERATUR

1) Blumer, M.; 1976. Polyzyklische aromatische Verbindungen in der Natur. Scientific American, 234, S. 34-45.
2) Jacob, J., Karcher, W., Bellardo, J.J., Waystaffe, P.J; 1986. Polyzyklische aromatische Kohlenwasserstoffe von Bedeutung für die Umwelt und Arbeitswelt. Anal. Chem. 323, S. 1-10.
3) Jones, K.C., Stratford, J.A., Waterhouse, K.S., Vogt, N.B.; 1989. Organische Schadstoffe im Boden in Wales: Polyzyklische aromatische Kohlenwasserstoffe. Environ. Sci. Technol., 23, S. 540-550.
4) Wild, S.R., McGrath, S.P. und Jones, K.C.; 1990. Der Gehalt an polyzyklischen aromatischen Kohlenwasserstoffen in archivierten Abwasserschlämmen. Chemosphere (im Druck).
5) Wild, S.R., Obbard, J.P., Munn, C.I., Berrow, M.L. und Jones, K.C.; 1990. Das langfristige Ausdauern von polyzyklischen aromatischen Kohlenwasserstoffen (PAK) in einem mit metallverschmutztem Abwasserschlamm behandelten Ackerboden. Sci. Total Environ..
6) Wild, S.R., Waterhouse, K.S., McGrath, S.P. und Jones, K.C.; Organische Schadstoffe in einem Ackerboden mit bekannter Vorgeschichte einer Abwasserschlammbehandlung; polyzyklische aromatische Kohlenwasserstoffe (im Druck).
7) Cerniglia, C.E. und Heitkamp, M.A.; 1984. Mikrobieller Abbau in der aquatischen Umwelt. In: Metabolism of Polynuclear Aromatic Hydrocarbons in the Aquatic Environment. Herausg.: Varanasi, U.; CRC Press, Inc. BOCA RATON, Florida, USA.
8) Song, H., Wang, X. und Bartha, R.; 1990. Biologische Sanierung von Treibstoffverschüttungen auf dem Boden. Appl. Environ. Microbiol. 56, S. 652-656.
9) Viney, I. und Bewley, R.J.F.; 1990. Einführende Untersuchungen über die Entwicklung einer mikrobiellen Behandlung von Polychlorierten Biphenylen. Arch. Environ. Contam. Toxicol. 19.
10) Morgan, P. und Watkinson, R.J.; 1990 Mikrobiologiche Methoden für die Sanierung von mit halogenisierten organischen Verbindungen verschmutztem Boden und Grundwasser. FEMS Microbiological Reviews (im Druck).

# DIE TOXIZITÄT VON TRICHLORETHEN UND 1,1,1-TRICHLORETHAN FÜR METHANOXIDIERENDE MIKROORGANISMEN

KIM BROHOLM, THOMAS H. CHRISTENSEN, BJØRN K. JENSEN UND LAJLA OLSEN

DEPARTMENT OF ENVIRONMENTAL ENGINEERING, BUILD. 115, TECHNICAL UNIVERSITY OF DENMARK, DK-2800 LYNGBY

## 1. ZUSAMMENFASSUNG

Der Einfluβ von Trichlorethen (TCE) und 1,1,1-Trichlorethan (TCA) auf den Methanverbrauch einer gemischten Kultur von methanoxidierenden Mikroorganismen wurde im Labor in Chargenexperimenten untersucht. Zunehmende Konzentrationen von TCE und TCA führten zu einem abnehmenden Methanverbrauch. Bei einer Konzentration von 13 mg TCE/l war der Methanverbrauch vollständig gehemmt, während bei der höchsten untersuchten Konzentration von 103 mg TCA/l noch immer ein Methanverbrauch beobachtet wurde. Zur Simulation des Methanverbrauchs bei unterschiedlichen Konzentrationen von TCE und TCA wurde ein Modell verwendet, daβ die konkurrierende Hemmung zwischen Methan und TCE oder TCA beschreibt. Die Simulationen deuten darauf hin, daβ die konkurrierende Hemmung derjenige Mechanismus sein kann, der die inhibierende Wirkung des TCE auf den Methanverbrauch verursacht, während für die Toxizität des TCA ein anderer, bisher noch nicht identifizierter Mechanismus verantwortlich ist.

## 2. EINLEITUNG

Die biologische Behandlung von Böden und Grundwassern, die mit chlorierten aliphatischen Verbindungen wie z.B. TCE und TCA kontaminiert sind, kann mit methylotrophen Mikroorganismen durchgeführt werden, die zusammen mit einer Mischung aus Methan und Sauerstoff zugeführt werden. Allerdings kann die praktische Anwendbarkeit dieses biologischen Verfahrens durch die Toxizität der aliphatischen Verbindungen beeinträchtigt werden, wenn sie in hohen Konzentrationen auftreten.

Der Zweck der vorliegenden Arbeit besteht in der Untersuchung der Wirkungen, die TCE und TCA in hohen Konzentrationen auf eine gemischte Kultur methylotropher Mikroorganismen ausüben.

## 3. MATERIAL UND METHODEN

Die Experimente wurden als einfache Chargenexperimente in Flaschen von 117 ml durchgeführt. Die Flaschen waren mit Miniert-Ventilen ausgerüstet, die eine mehrfache Entnahme von Luftproben zu unterschiedlichen Zeitpunkten gestatteten. Die Flaschen enthielten Mikroorganismen und ein mineralhaltiges Medium mit einem Volumen von insgesamt 10 ml, im Luftraum Methan mit einer Anfangskonzentration von 2 Volumen-%, und TCE oder TCA in Konzentrationen zwischen 0 und 104 mg/l in der flüssigen Phase. Die Konzentrationen von Methan, TCE und TCA wurden überwacht, indem zu verschiedenen Zeitpunkten Luftproben zur Analyse durch GC/FID oder GC/ECD entnommen wurden. Die Biomasse wurde über den Proteingehalt der Wasserproben bestimmt.

4. ERGEBNISSE

Als ein Beispiel zeigt Abbildung 1 die Abnahme der Methankonzentrationen. Sie ist Ausdruck der methylotrophen Aktivität im Experiment in Gegenwart unterschiedlicher Konzentrationen von TCE. Die Rate des Methanabbaus nahm für zunehmenden TCE-Konzentrationen unterhalb von 13 mg/l ab. Oberhalb von 13 mg/l wurde eine vollständige Hemmung des Methanabbaus beobachtet. Diese Beobachtungen werden von den gemessenen Proteinkonzentrationen gestützt, die bei TCE-Konzentrationen oberhalb von 13 mg/l kein Wachstum der Biomasse zeigten, während das schnellste Wachstum bei völliger Abwesenheit von TCE beobachtet wurde. In dem Experiment mit unterschiedlichen TCA-Konzentrationen wurde für zunehmende TCA-Konzentrationen ein abnehmender Methanabbau beobachtet. Eine TCA-Konzentration von 103 mg/l hemmte den Methanabbau nicht vollständig; dies ist ein erheblicher Unterschied zu der toxischen Konzentration von 13 mg/l, die für TCE beobachtet wurde.

Die beobachtete abnehmende Rate des Methanabbaus bei zunehmenden Konzentrationen von TCE und TCA deutet darauf hin, daß der verantwortliche Mechanismus eine konkurrierende Hemmung sein könnte. Eine konkurrierende Hemmung tritt auf, wenn zwei Substrate durch dasselbe Enzym umgewandelt werden, so daß es zur Konkurenz der beiden Substrate kommt. Das Enzym Methan-Monooxygenase ist die erste Stufe der Methanoxidation und wird auch als verantwortlich für den ersten Schritt der Umwandlung von TCE und TCA angesehen. Zur Simulation der beobachteten Verläufe des Methanverbrauchs bei unterschiedlichen TCE- und TCA-Konzentrationen wurde ein mathematisches Modell verwendet, das das Wachstum der Biomasse und den Methanverbrauch beschreibt und dabei die konkurrierende Hemmung berücksichtigt. Die durchgezogenen Kurven in Abbildung 1 stellen die optimalen Simulationen für den Methanverbrauch bei unterschiedlichen TCE-Konzentrationen dar. Das Modell wurde anhand der Protein- und Methankonzentrationen in völliger Abwesenheit von TCE verifiziert, bevor der letzte Parameter, der die konkurrierende Hemmung berücksichtigt, durch einen Fit an die restlichen Methanverbrauchskurven abgeschätzt wurde. Die Simulationen beschreiben die Beobachtungen recht gut und deuten damit darauf hin, daß die konkurrierende Hemmung der Mechanismus ist, der die Inhibierung des Methanverbrauchs durch TCE bewirkt. Das Modell versagte bei der Beschreibung des Methanverbrauchs bei verschiedenen Konzentrationen von TCA. Dies bedeutet, daß andere Mechanismen als die konkurrierende Hemmung für die Inhibierung des Methanverbrauchs durch TCA verantwortlich sind.

Die Resultate dieser Experimente und Simulationen zeigen, daß TCE ein viel stärkerer Hemmstoff als TCA ist, und daß der Mechanismus, der hinter der Inhibierung des Methanverbrauchs durch TCE, nicht aber durch TCA steht, vermutlich eine konkurrierende Hemmung ist. Entsprechend unseren Ergebnissen hängt der Zeitraum, der für eine Dekontamination von Böden und Grundwassern durch eine biologische Behandlung erforderlich ist, von der TCE- und TCA-Konzentration ab, weil die biologische Aktivität mit zunehmender Konzentration von TCE und TCA abnimmt. Die beobachtete maximale TCE-Konzentration, bei der eine biologische Behandlung möglich ist, beträgt 6,5 mg/l entsprechend einer Bodenkonzentration von 20 mg/kg (dabei wird von einem Verteilungskoeffizienten von 0,2 l/kg ausgegangen). Eine derartige Konzentration wird in kontaminierten Böden häufig beobachtet.

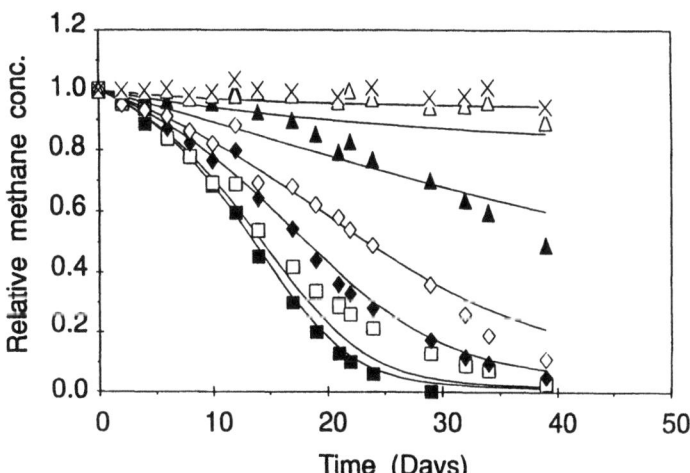

Abbildung 1. Biologischer Abbau von Methan durch eine gemischte Kultur von Methanotrophen in Gegenwart der folgenden TCE-Konzentrationen (in mg/l): 0(■), 0,3 (□), 1,7 (♦), 3,1 (◊), 6,5 (▲), 13 (Δ) und 23 (X). Die Anfangskonzentration des Methans im Luftraum betrug 2 Volumen-%. (————) sind Simulationen mit einem Modell, das die konkurrierende Hemmung zwischen Methan und TCE berücksichtigt.

# 4. ERKUNDUNG UND ÜBERWACHUNG VON STANDORTEN

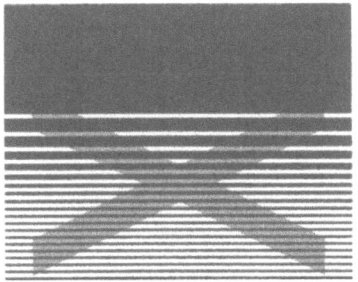

EIN HILFSSYSTEM ZUR ENTSCHEIDUNGSFINDUNG FÜR DAS MANAGEMENT SCHADSTOFFBELASTETER BÖDEN

W. VISSER
NATIONAL INSTITUTE OF PUBLIC HEALTH AND ENVIRONMENTAL HYGIENE (RIVM)
P.O. BOX 1, 3720 BA BILTHOVEN

R. JANSSEN UND M. VAN HERWIJNEN
FREE UNIVERSITY, INSTITUTE FOR ENVIRONMENTAL STUDIES (IVM)
P.O. BOX 7161, 1007 MC AMSTERDAM

1. EINLEITUNG

Nach den Bestimmungen des vorläufigen Gesetzes zur Bodensanierung müssen in den Niederlanden 6000 Altlasten dringend saniert werden. Die zur Lösung dieses Problems verfügbaren Mittel sind beschränkt, während die geschätzten jährlichen Kosten der Sanierung Dfl. 500.000.000,- betragen. Wegen der Komplexität der beteiligten Faktoren ist die Ermittlung einer angemessenen Sanierungsstrategie schwierig. Die Sanierungsmaßnahmen müssen speziell auf den Schadstofftyp, die Art des Bodens, die geologischen und hydrologischen Eigenschaften und die Nutzung des Bodens abgestimmt werden. Darüber hinaus sind die Daten, die zu verschiedenen Aspekten des Problems verfügbar sind, nicht klar strukturiert und den Entscheidungsträgern deshalb nicht einfach zugänglich. Diese Situation macht deutlich, daß ein systematischer Ansatz benötigt wird, der einerseits kosteneffiziente und umweltverträgliche Optionen fördert und andererseits konsistente und transparente Entscheidungen erleichtert.

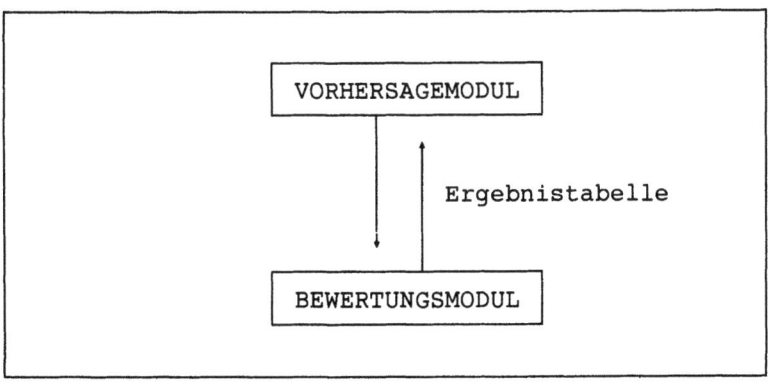

Abbildung 1. Struktur des Systems

Die "Richtlinien zur Bodensanierung" bilden einen Rahmen für die Untersuchung von und Prioritätsbildung bei Altlasten. Sie führen außerdem Aspekte/Kriterien für die Wahl von Sanierungsoptionen auf. Allerdings erfolgt weder eine übergreifende Beschreibung des Auswahlverfahrens, noch wird ein vollständiges Verfahren zur Prüfung und Auswahl der Optionen gegeben. Genau dies ist das Ziel des Hilfssystems zur Entscheidungsfindung, das gegenwärtig entwickelt wird.

Der vorliegende Beitrag beschreibt unser Hilfssystem zur Entscheidungsfindung für das Management von schadstoffbelasteten Böden. Das System ist darauf ausgelegt, die Wahl einer angemessenen Sanierungsstrategie für eine Altlast zu erleichtern.

Das System besteht aus zwei Hauptmodulen (siehe Abbildung 1): einem Vorhersagemodul und einem Bewertungsmodul. Das Vorhersagemodul hat die Aufgabe, für eine gegebene Altlast die Effekte von Sanierungsoptionen vorherzusagen. Das Modul enthält die Charakterisierung der Altlast, Informationen zu den Verfahren, eine Prozedur zur Verknüpfung der standortspezifischen Eigenschaften mit den technischen Informationen, und Verfahren zur Vorhersage der Ergebnisse, zu denen die verschiedenen Optionen bei einer gegebenen Altlast führen. Das Bewertungsmodul hat die Aufgabe, diese Informationen soweit aufzuarbeiten, daß eine oder mehrere empfohlene Optionen gewählt werden können, und/ oder Empfehlungen zu ergänzenden Untersuchungen zu geben. Dieses Modul enthält eine Prozedur zur Eliminierung ineffizienter Optionen oder solcher, die den gesetzlichen Bestimmungen nicht entsprechen, eine Prozedur zur Umsetzung physikalischer Ergebnisse in Bewertungspunkte, Prozeduren, um eine Rangordnung der Optionen herzustellen, sowie einen umfangreichen Satz von Prozeduren für die Empfindlichkeitsanalyse. Das System ist dem offiziellen niederländischen Verfahren zur Sanierung von Altlasten angepaßt und soll überwiegend von Vertretern der örtlichen Behörden eingesetzt werden. Finanziell wird das Projekt vom niederländischen integrierten Bodenforschungsprogramm unterstützt.

## 2. VORHERSAGEMODUL

Abbildung 2 zeigt ein Flußdiagramm der Elemente und Funktionen des Vorhersagemoduls. Ausgangspunkt für dieses Modul ist eine angemessene Beschreibung der Altlast. Beschrieben wird der Standort durch einen Satz unterschiedlicher Eingabeparameter, zu denen unter anderem die folgenden gehören:
- Typ und Konzentration der Schadstoffe im Boden und im Grundwasser;
- horizontale und vertikale Verteilung der Schadstoffe;
- Bodencharakteristika pro Bodenstratum (Tiefe, Textur, Porosität, Konsistenz, Heterogenität usw.);

- Gegenwart von Steinen, Behältern oder anderen Abfallprodukten;
- geohydrologische Situation (Grundwasserspiegel, dessen Variationen, Grundwasserströmung);
- Landnutzung (aktuelle und für die Zukunft geplante).

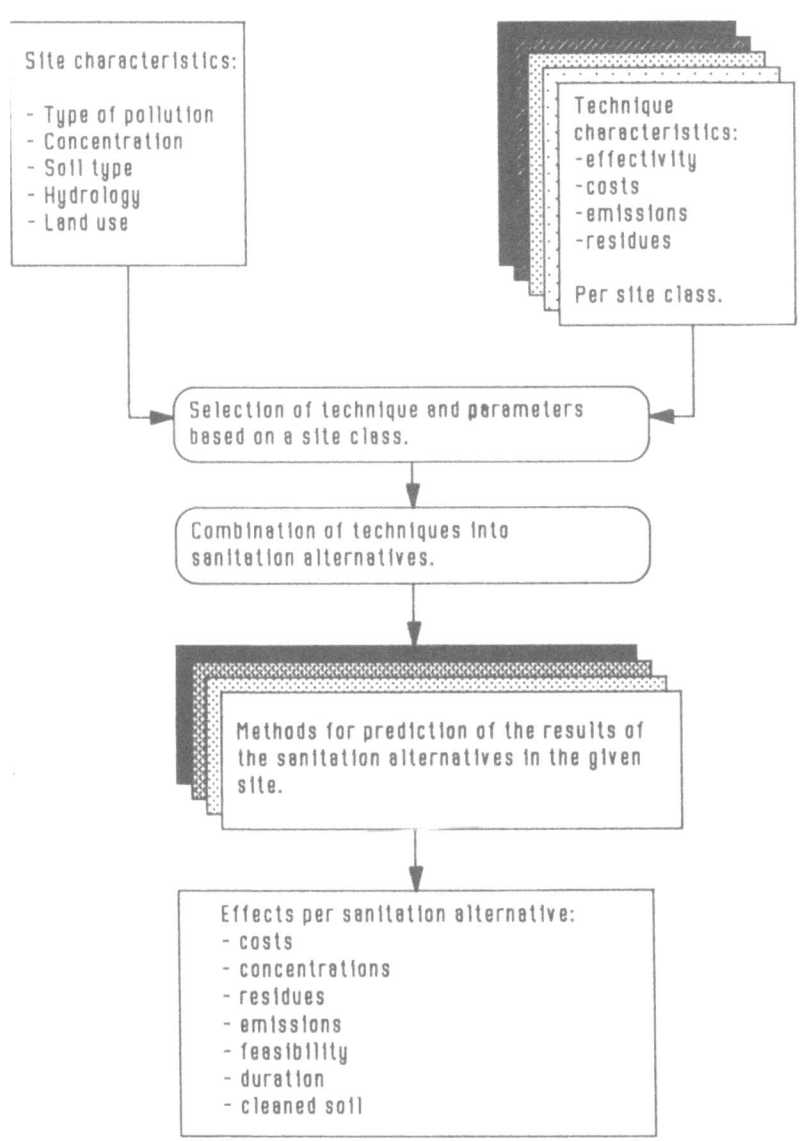

Abbildung 2. Prozeduren des Vorhersagemoduls

-- Legende siehe nächste Seite --

Legende zu Abb. 2:

Eigenschaften der
Altlast:
- Art der Verunreinigung
- Konzentration
- Bodentyp
- Hydrologie
- Landnutzung

Verfahrenseigenschaften:
- Effektivität
- Kosten
- Emissionen
- Rückstände

Für jede Kategorie von
Altlasten

Wahl des Verfahrens und der
Parameter auf Grundlage der
Altlastenkategorie

Zusammenfassung von Verfahren
zu Sanierungsoptionen

Verfahren zur Vorhersage der
Ergebnisse von Sanierungsoptionen
für die gegebene Altlast

Auswirkungen der jeweiligen Sanierungsoption:
- Kosten
- Konzentrationen
- Rückstände
- Emissionen
- Durchführbarkeit
- Dauer
- gereinigter Boden

Das System ist nicht auf die Wahl der Sanierungsverfahren an sich beschränkt, sondern erlaubt die optimale Wahl aus einem Gesamtsatz von Sanierungsmaßnahmen. Eine Option besteht also nicht nur aus dem eigentlichen Sanierungsverfahren, sondern aus allen Schritten, die zur Sanierung der Altlast durchgeführt werden müssen. So sind beispielsweise Auskofferung, Vorbereitung des ausgekofferten Materials vor der Behandlung, Reinigung, Behandlung der Abfallprodukte und Wiederverwendung des gereinigten Bodens mögliche Bestandteile einer Sanierungsoption. Die Eigenschaften der Sanierungsverfahren werden in einem getrennten Untermodul aufgeführt. Dieses Modul enthält die Fähigkeiten und Beschränkungen der verschiedenen verfügbaren Verfahren, und zwar bezogen auf den Bodentyp (sandige und lehmige Böden, Lehm- und Tonböden, organische Böden, extrem heterogene Böden).

Der erste Schritt besteht in der Wahl eines potentiell geeigneten Sanierungsverfahrens. Die Wahl erfolgt durch Vergleich der Standortparameter mit den technologischen Merkmalen. Der nächste Schritt besteht in der Zusammenstellung potentiell geeigneter Sanierungsoptionen aus der Liste der insgesamt verfügbaren Optionen, die in einem anderen Unter-

modul zusammengefaßt sind. Eine Option besteht aus ein oder zwei Sanierungsverfahren und sonstigen technischen Maßnahmen. Zwei Beispiele sind:
1. Isolierung, Auskofferung, Vorbehandlung, Verbrennung, Behandlung des gereinigten Materials vor der Wiederverwendung, Wiederverwendung des gereinigten Materials (zum Beispiel am Standort selbst);
2. Auskofferung, Vorbehandlung, Extraktion, biologische Behandlung des Extraktionsschlamms, Wiederverwendung des gereinigten Materials (zum Beispiel im Straßenbau).

Ein zentrales Element des Vorhersagemoduls ist die Berechnung der Folgen, die die potentiell geeigneten Optionen haben; dies wird im Berechnungs-Untermodul durchgeführt. Das Modul benötigt die folgenden Daten als Eingangsparameter:
- wichtige Eigenschaften des Standorts (verschiedene technische Maßnahmen können auf unterschiedliche Standorteigenschaften zurückgreifen);
- physikalische/chemische Eigenschaften der Schadstoffe;
- technologische Merkmale;
- Kosten der technischen Maßnahmen;
- einige allgemeine Daten wie Inflationsraten und wirtschafliche Indizes.

Die Aufgabe des Berechnungsmoduls besteht in der Vorhersage der Folgen von Sanierungsoptionen und einer Illustration der Zusammenhänge zwischen Verunreinigung, Linderungsstrategien und Linderungskosten. Die vorhergesagten Ergebnisse werden in einer Tabelle zusammengefaßt, die das nächste Untermodul bildet. In dieser Tabelle werden die Ergebnisse nach 7 Gruppen von Bewertungskriterien geordnet:

- Kosten : Investitationskosten, Gewinnungskosten, Kosten für die Deponierung der Abfälle;
- Abfallprodukte;
- Emissionen : Atmosphäre und Grundwasser (Typ, Konzentrationen, Gesamtmengen);
- Gereinigter Boden - A : Restschadstoffe (Typ, Konzentrationen) und Gesamtmenge des gereinigten Bodens;
- Gereinigter Boden - B : Auslaugungseigenschaften und Toxizität der Restschadstoffe;
- Gereinigter Boden - C : intrinsische Qualität (Textur, Porosität, Bodenstruktur, Gehalt an organischen Substanzen, pH, Gehalt an Nährstoffen, Vorhandensein von Pflanzen und Bodenfauna);
- Sonstige Kriterien : Sanierungsdauer, Belästigung durch Gerüche, Lärm oder das Verlassen von Häusern, Zuverlässigkeit der technischen Maßnahmen).

Die Ergebnistabelle ist das abschließende Untermodul des Vorhersagemoduls und dient als Eingabe für das Bewertungsmodul.

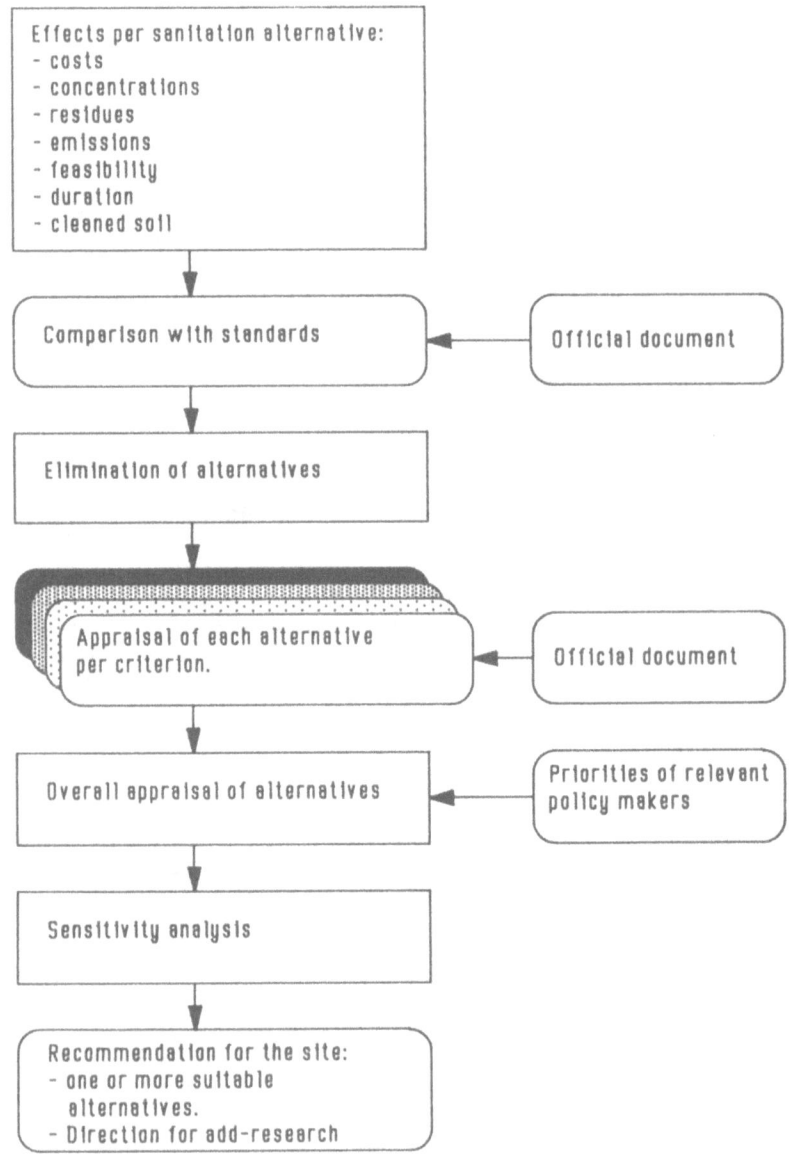

Abbildung 3. Prozeduren des Bewertungsmoduls

-- Legende siehe nächste Seite --

Legende zu Abb. 3:

    Auswirkungen der jeweiligen Sanierungsoption:
- Kosten
- Konzentrationen
- Rückstände
- Emissionen
- Durchführbarkeit
- Dauer
- gereinigter Boden

| | |
|---|---|
| Vergleich mit den Vorschriften | Offizielle Unterlagen |
| Eliminierung von Optionen | |
| Billigung der jeweiligen Option für jedes Kriterium | Offizielle Unterlagen |
| Billigung der Optionen im Ganzen | Prioritäten der politischen Entscheidungsträger |

Empfindlichkeitsanalyse

Empfehlung für die Altlast:
- Eine oder mehrere geeignete Optionen
- Hinweise auf ergänzende Untersuchungen

## 3. BEWERTUNGSMODUL

Die vom Vorhersagemodul erzeugte Ergebnistabelle dient als Eingabe für das Bewertungsmodul. Diese Tabelle enthält die Sanierungsoptionen für die Altlast, und für jede Option die vorhergesagten Ergebnisse. Das Bewertungsmodul hat die Aufgabe, diese Informationen so zu verarbeiten, daß für die vorgegebene Altlast die geeignetste Option ausgewählt werden kann. Wenn die geeignetste Option nicht mit ausreichender Sicherheit ermittelt werden kann, werden Empfehlungen für weitere Untersuchungen gegeben. Abbildung 3 zeigt die Elemente des Bewertungsmoduls.

Im ersten Schritt werden alle irrelevanten Optionen eliminiert. Optionen sind irrelevant, wenn sie Umweltgrenzwerte oder Beschränkungen beispielsweise hinsichtlich der Kosten überschreiten. In der nächsten Prozedur werden unter Verwendung von offiziellen Unterlagen und von Expertisen für jedes Kriterium Bewertungsfunktionen abgeschätzt (Keeney und Raiffa, 1976; Ott, 1978). Diese Bewertungsfunktionen werden benutzt, um beispielsweise Konzentrationswerte in Bewertungsindizes zu übersetzten, die für jedes Kriterium zwischen 0 und 100 liegen und als Ersatz für die normalerweise nicht verfügbaren Dosis/Wirkungsfunktionen dienen. Abbildung 4 zeigt das Beispiel einer Bewertungsfunktion, die Bodenkonzentrationen von flüchtigen aromatischen Kohlenwasserstoffen unverbindlich in einen Bewertungsindex transformiert. Der Verlauf der Bewertungsfunktionen kann in Abhängigkeit von politischen Vorgaben ausgebildet werden, wie etwa den Grenzwerten für eine multifunktionale Nutzung ("A-Werte") oder den Grenzwerten, bei denen eine Sanierung erforderlich ist ("C-Werte").

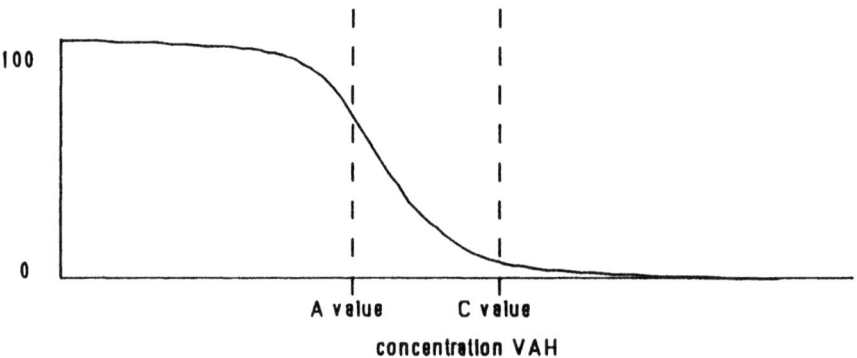

Abbildung 4. Beispiel einer Bewertungsfunktion

Um die relative Bedeutung von Kriterien innerhalb einer Gruppe und zwischen Gruppen von Bewertungskriterien abzuschätzen, wird eine Wichtungsprozedur eingesetzt (Saaty, 1980). Der erste Typ von Gewichten berücksichtigt überwiegend das Fachwissen, der zweite überwiegend die politischen Prioritäten. Die Bewertungsindizes und die Gewichte dienen als Eingabe für zwei Bewertungsverfahren: 1) das Idealpunkt-Verfahren ordnet die Optionen nach der Verbesserung der Umweltqualität, die insgesamt durch die jeweilige Option erzielt werden kann, 2) das Kosteneffizienz-Verfahren ordnet die Optionen nach der Verbesserung der Umweltqualität, die unter Berücksichtigung der zugeordneten Kosten erzielt werden kann. In Abbildung 5 werden 10 Optionen nach ihrem Verhalten bezüglich zweier Kriterien eingestuft. Die Einstufung erfolgt anhand des Abstands, den die Optionen zum Idealpunkt in der rechten oberen Ecke des Diagramms aufweisen. Die Einstufung kann visuell ermittelt werden, indem die Gerade von der oberen rechten zur unteren linken Ecke verschoben wird. Der Winkel der Gerade ist ein Maß für die relativen Gewichte, die den beiden Kriterien zugeordnet werden. In Abbildung 6 werden die 10 Optionen nach ihrer Kosteneffizienz eingestuft. Hier liegt der Idealpunkt in der oberen linken Ecke. Die Gerade stellt Punkte gleicher

Kosteneffizienz dar. Die Einstufung wird dadurch vorgenommen, daß die Gerade um den Kostenpunkt Null rotiert wird.

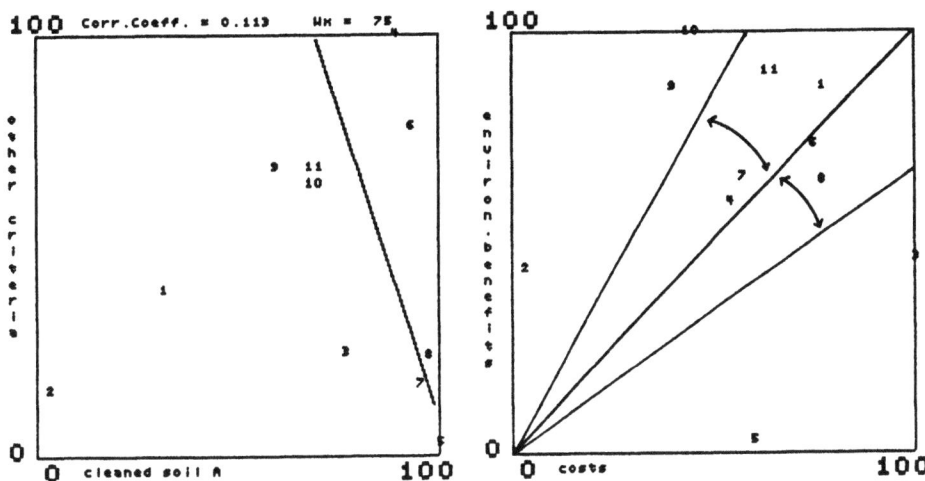

Abbildung 5. Idealpunkt-Verfahren

Abbildung 6. Kosteneffizienz-Verfahren

Aufgenommen wurde auch eine breite Verfahrenspalette für die Empfindlichkeitsanalyse, um die Empfindlichkeit der gewählten Option auf Unsicherheiten in der Bewertung und den Gewichten beurteilen zu können. Wenn die Wahl der besten Option nicht mit ausreichender Sicherheit möglich ist, stehen weitere Verfahren bereit, um zu ermitteln, welche Form zusätzlicher Untersuchungen für die Wahl der besten Option am effektivsten ist.

4. FOLGERUNGEN

Der Wert des Systems kann sich nur in praktischen Anwendungen erweisen. Gegenwärtig wird ein Prototyp entwickelt. Das schwierigste Problem bei der Systementwicklung besteht darin, ein vernünftiges Gleichgewicht zwischen einer ausreichend genauen Modellierung der Sanierungstechnologien zu finden, die die beteiligten Bodenkundler befriedigt, und einem angemessenen Grad der Verdichtung, der auch die politischen Entscheidungsträger zufriedenstellt. Der Einsatz von Bewertungsfunktionen erlaubt fachliche Beurteilungen in Situationen, in denen Modelle für eine angemessene Beschreibung der Auswirkungen auf die Ökosysteme nicht verfügbar sind. Die Verfahren zur Empfindlichkeitsanalyse sichern die korrekte Anwendung verfügbarer, aber unsicherer Informationen und können zur Optimierung der Forschungsaufwendungen führen. Schon die Anzahl der Entscheidungen, die in den Niederlanden zur Sanierung von Altlasten getroffen werden müssen, begründet die Notwendigkeit der Entwicklung eines Hilfssystems für derartige Entscheidungen. Erst die Auswertung der Entscheidungssituationen und der Einsatz des beschriebenen Systems können Auskunft darüber geben, ob der bisher betriebene Aufwand sich gelohnt hat.

BIBLIOGRAPHIE
1) Ohne Angabe des Verfassers (1983/1988). Handbook of Remedial Action Techniques (Handbuch der Sanierungsverfahren, auf niederländisch). Staatsuitgeverij, Den Haag, Die Niederlande.
2) Ohne Angabe des Verfassers (1983/1988). Soil Clean Up Guidelines (Richtlinien für die Bodensanierung, auf niederländisch). Staatsuitgeverij, Den Haag, Die Niederlande.
3) Bresser, J.Th.A. (1984). Beleidseffectiviteit en waterkwaliteitsbeleid, een bestuurskundik oderzoek. Proefschrift Technische Universiteit Twente, Enschede.
4) Denneman, C.A.j., T.P. Traas, N.M. van Staalen & E.N.G. Joosse (1989). Ecotoxicologische advieswaarden voor stofgehalten in de bodem. Milieu, 1989/1.
5) Herwijnen, M. van, R. Jansen & P. Rietveld (1990). Herbestemming van landbouwgrond: een multicriteria benadering. Nederlandse Geografische Studies 107. Koninklijk Nederlands Geografisch Genootschap/ Instituut voor Milieuvraagstukken, Vrije Universiteit, Amsterdam.
6) Hogerwerf, A. (Herausgeber) (1989). Overheidsbeleid. Samson, Alphen a/d Rijn.
7) Janssen, R. & M. van Herwijnen (1989). Beslissings Ondersteunend Systeem voor Discrete Alternatieven. Systeembeschrijving en handleiding. Instituut voor Milieuvraagstukken, Vrije Universiteit, Amsterdam.
8) Keeney, R.L. & Raiffa (1976). Decisions with multiple objectives; preferences and value trade offs (Entscheidungen mit mehrfachen Zielsetzungen; Präferenzen und Bewertungskompromisse). Wiley, New York.
9) Leidraad bodemsannering (1983). Aflevering 4, November 1988. Staats uitgeverij, 's-Gravenhage.
10) Ott, W.R. (1978). Environmental indices, Theory and Practice (Umweltindizes, Theorie und Praxis). Ann Arbor Science Publishers Inc., Ann Arbor, Michigan.
11) Rietveld, P. & R. Janssen (erscheint demnächst). Sensitivity analysis in discrete multiple criteria decision problems; on the siting of nuclear power plants (Empfindlichkeitsanalyse in diskreten Entscheidungsproblemen mit multiplen Kriterien; zur Standortwahl bei Kernkraftwerken). European Journal of Operational Research.

12) RIVM (1989). <u>Information System on Environmental Technology</u> (privates System). Bilthoven, Die Niederlande.
13) Saaty, T.L. (1980). <u>The analytical hierarchy proces</u> (Der analytische Hierarchieprozeß). McGraw Hill, New York.
14) Steuer, R.E. (1986). <u>Multiple Criteria Optimization: Theory, Computation and Application</u> (Optimierung multipler Kriterien: Theorie, Berechnung und Anwendung). Wiley, New York.

NEURONALE NETZE ALS HILFSSYSTEME FÜR DIE ENTSCHEIDUNGS-
FINDUNG
NEUE HILFSMITTEL FÜR DEN UMGANG MIT BODENKONTAMINATIONEN

RUBEN HUELE

CENTRE FOR ENVIRONMENTAL STUDIES, LEIDEN UNIVERSITY

Ein ständig wiederkehrendes Thema strategieorientierter Umweltforschung ist der Konflikt zwischen der Unvollständigkeit oder Verschwommenheit von Daten auf der einen Seite und der dringenden Notwendigkeit einer Antwort auf der anderen. Entscheidungsträger aller Ebenen können nicht auf eine eindeutige und zuverlässige Antwort warten, und die Umwelt kann dies auch nicht. Trotz finanzieller und zeitlicher Beschränkungen werden umsetzbare Antworten aber sofort gebraucht.

Um diesen Konflikt zwischen Verschwommenheit und Eile zu lösen, sind neue Verfahren zur besseren Nutzung der verfügbaren Informationen entwickelt worden. Wir beobachten innovative Methoden wie den Gruppen-orientierten Ansatz von Dr. Keesman, die erstaunlichen genetischen Algorithmen von David Goldberg und die zunehmende Nutzung der Mustererkennung durch Expertensysteme und neuronale Netze. Dabei handelt es sich nicht nur um Beiträge zum traditionellen Kanon der statistischen Methoden, sondern um essentiell neue Hilfsmittel, die schon ihrer Struktur halber den Einsatz von Computern fordern.

Wir behaupten, daß jede mögliche Konstruktion einer tragbaren industrialisierten Welt, wenn es sie denn gibt, sich in erheblichem Umfang auf die Informationstechnik stützen muß. Nur wenn der vollständige Lebenszyklus eines Produkts genauestens überwacht wird, können wir hoffen, unerwünschte Nebeneffekte wie Schadstoffbelastungen, Abfall und eine unkluge Nutzung von Rohstoffen zu vermeiden. Diese Nebeneffekte sind, metaphorisch gesprochen, das Rauschen des Systems. Dieses Rauschen muß durch Strategien der Datenverarbeitung reduziert werden, die sich grob in das Sammeln von Daten, ihre Analyse und die Optimierung von Lösungen unterteilen lassen. Im Mittelpunkt dieses Beitrags steht die Diagnose von Bodenkontaminationen.

Wie überall sonst auch hat sich die Organisation der naturwissenschaftlichen und spezifischer noch der Umweltforschung durch die Verfügbarkeit billiger und leistungsfähiger Rechner verändert. Das Zeitalter der Lochkarten ist vorbei. Die Daten werden in maschinenlesbarer Form gespeichert, so daß Datensätze aus vielen Quellen sortiert und gefiltert werden können. Um zum Problem kontaminierter Böden zurückzukehren, führt dies zu einer Tendenz, große Boden-

Datenbanken einzurichten, und zwar landesweit ebenso wie auf der Ebene von Provinzen oder Gemeinden. Bisher ist keine voll betriebsbereit.

In den Niederlanden unterhält das Umweltministerium eine Datenbank, die alle Fälle von Bodenkontaminationen aufnehmen soll, wie sie im Bodenschutzgesetz definiert worden sind. Die Datenbank wird kommerziell betrieben, da das Ministerium für die eingeleiteten Kontrollmaßnahmen finanziell verantwortlich ist. Dies bildet für die Provinzen und Großstädte einen starken Anreiz, die Daten im erforderlichen Format bereitzustellen. Viele Fälle sind aber zu geringfügig, als daß sie für eine nationale Finanzierung in Betracht kämen, so daß die erforderlichen Maßnahmen lokal im Rahmen allgemeiner Tiefbauarbeiten durchgeführt werden. Damit bleiben sie für das ministerielle System unsichtbar, was seine Nutzung als Forschungsquelle ernsthaft beeinträchtigt.

Auf einer stärker dezentralisierten Ebene versucht die Stadt Rotterdam, Informationen aus den verschiedenen Gemeinde-Datenbanken in einem Boden-Informationssystem zusammenzufassen. Die Daten sind über viele Verwaltungsbehörden gestreut - auf vielen großen Rechnern, in vielen Formaten, zu mannigfachen Zwecken. Die technischen Hemmnisse bei der Zusammenführung dieser Daten sind zwar enorm, aber doch klein im Vergleich zu den administrativen. Da eine Entscheidung zu Gunsten eines großen Zentralsystems getroffen wurde, wird es wahrscheinlich noch mindestens ein Jahr brauchen, bis dieses voll zugänglich ist.

Diese Verzögerungen sind sehr bedauerlich, da die Daten viel Analysematerial enthalten. Eine sorgfältige Analyse auf Fallebene trägt nämlich erheblich zum Verständnis bei, wie wirkungsvoll die verschiedenen Verfahren zur Bodenkontrolle sind. Der Aufbau voluminöser Zentraldatenbanken dürfte für eine derartige Analyse nicht erforderlich sein, wenn er auch zu Buchhaltungs- und Archivierungszwecken verdienstvoll ist.

Je stärker die Beschränkungen der großen Datenbanken fühlbar werden, desto mehr kommt es zur Einführung von Mikrocomputern. Mikrocomputer werden zur Analyse und Überwachung aller Arten von Umweltproblemen genutzt, zum Entwurf von Lösungen, und um noch ein weiteres Scenario durchzuspielen. Die Wichtigkeit dieser Entwicklung kann kaum überbetont werden. Zur hurtigen Handhabung komplexer Informationen sind komplexe und flexible Maschinen unverzichtbar. Entscheidungen, die unter Zeitdruck zu fällen sind, bedürfen schneller Methoden, wobei ein Kompromiß zwischen Genauigkeit und Geschwindigkeit zu treffen ist. Die großen allwissenden Systeme unter zentraler Überwachung mit langen Entwicklungszeiten werden von kleinen dezentralen Systemen abgelöst, die eine vernünftige Schätzung liefern können. Gefördert wird diese Entwicklung durch den Umstand, daß die technische Leistung der kleinen Maschinen mehr und mehr die der Großrechner erreicht. Darüber hinaus ist für die Mikros eine Fülle guter Software-Tools verfügbar.

Bei den neuen Techniken, die gegenwärtig entwickelt werden, handelt es sich im wesentlichen um gute Abschätzungsmodelle, auch wenn die den Schätzungen zugrunde liegenden Methoden unterschiedlich sind. Die Expertensysteme stützen ihre Abschätzungen auf die Mustererkennung. Das Muster kann vorab explizit definiert oder von bekannten Fällen abgeleitet werden: das erste führt zu regelgestützten Maschinen, das zweite zu neuronalen Netzen. Je weniger Daten für eine erfolgreiche Erkennung benötigt werden, desto besser. Da es auf Schnelligkeit ankommt, werden viele Beinahe-Treffer höher bewertet als wenige Schüsse ins Schwarze. Angesichts der einander widersprechenden Anforderungen an Geschwindigkeit und Genauigkeit muß der Entwickler eines Expertensystems sich entscheiden, wieviel Zeit er auf die Perfektion der Eingabe verwenden will, und welche Streubreite bei den Ergebnissen noch akzeptabel ist.

Eines der Hauptprobleme bei der Entwicklung eines effektiven Hilfssystems zur Entscheidungsfindung im Zusammenhang mit Bodenkontrollmaßnahmen ist die Definition des Objektes und seiner Eigenschaften. "Objekt" wird hier im Sinne der objekt-orientierten Programmierung verstanden. Die signifikanten Eigenschaften eines kontaminierten Bodens festzulegen erweist sich als schwieriger als vorher vermutet. Im Idealfall könnte man den kleinsten Satz unabhängiger Daten bestimmen, aus dem alle anderen Falldaten abzuleiten sind, darunter auch die beste Kontrollmethode. Der Aufbau eines Systems zur Bewertung neuer Fälle würde dann im Prinzip dem Öffnen der Datenbank mit allen Schlüsseln entsprechen. Fehlende oder unsichere Daten würden dann anstelle von nur einer zu einem Satz von Bewertungen führen. Allerdings existiert noch keine vollständige Objektbeschreibung, und es ist zweifelhaft, ob es sie je geben wird.

Bei der Wahl einer Strategie zur Kontaminationskontrolle handelt es sich vom Grundsatz her um ein im technischen Sinne schlecht definiertes Problem. Selbst wenn es eine präzise Beschreibung des Bodenzustands als Datenbankgröße gäbe, wäre es unmöglich, bei allen anderen Aspekten, die zu einer Entscheidung beitragen, genauso zu verfahren. Die Wahl einer Kontrollmethode wird immer durch sich fortwährend ändernde finanzielle, logistische und politische Erwägungen beeinflußt.

In der kurzen Geschichte der Bodenkontamination konnte sich noch keine Tradition herausbilden, die den medizinischen Disziplinen der Diagnose und Epidemiologie vergleichbar ist. Gäbe es den Beruf eines Umwelt-Bodendiagnostikers, wäre die Entwicklung von Hilfssystemen für die Entscheidungsfindung um ein Vielfaches einfacher, wenn auch keineswegs ein Kinderspiel. Die Informationen, die zur Bewertung eines kontaminierten Bodens erforderlich sind, müssen jetzt aus vielen Disziplinen zusammengesammelt werden, die im Kopf eines einzelnen Experten nur selten gleichzeitig verfügbar sind. Wenn man die Unsicherheit einer Beurteilung durch Expertengruppen vermeiden will, muß für eine Formalisierung ihres kollektiven Verständnisses gesorgt werden. Aber selbst wenn und sobald die Bodendiagnostik in die Verwaltung eingebunden ist, wird ein Hilfssystem für die Entscheidungsfindung benötigt; weniger vielleicht, um das kollektive Urteil zu formalisieren, als vielmehr, um mit fehlenden Daten und Ungewißheiten zurecht zu kommen.

Das Modell der Diagnose ist eine Funktion, die einen Vektor aus relevanten Eingabedaten auf einen Ausgangsvektor von Zuständen abbildet. Diese Funktion kann als ein Satz von Gewichten betrachtet werden, die den Eingabedaten zugeordnet werden. Offensichtlich besteht das Problem, wie das Expertenwissen zu modellieren ist, in der effektiven Definition der Ein- und Ausgabedaten und der Gewichte, die ihrerseits die Transformation definieren. Diese Gewichte können auf zweierlei Weise ermittelt werden: sie können theoretisch zugeordnet werden, oder sie können aus bekannten Sätzen von Ein- und Ausgabevektoren abgeleitet werden. In diesem Zusammenhang ist die Feststellung wichtig, daß die Ein- und Ausgabedaten in beiden Fällen durch theoretische Erwägungen definiert werden.

Die Frage, wie ein Hilfssystem zur Entscheidungsfindung für ein gegebenes Gebiet entwickelt werden kann, berührt deshalb drei strategische Aspekte.
- Erstens: Die Sammlung großer Datenmengen in einer zentral gepflegten Datenbank. Die Entwicklung kann quälend langsam und sehr teuer sein.
- Zweitens: Die Beschreibung des unterliegenden Musters entweder durch einen Satz von Regeln oder einen Satz von Gewichten. Im ersten Fall kommt man zu einem regelgestützten System, im zweiten zu einem neuronalen Netz.
- Drittens: Die Bereitstellung eines geeigneten Algorithmus zur Suche nach optimalen Lösungen, nachdem die Situation ausgewertet worden ist und mehr als eine Lösung gefunden wurde.

Das neuronale Netz ist als Modell am wenigsten weit entwickelt, aber die Ergebnisse der letzten Jahre sind sehr vielversprechend. Das angemessene Anwendungsgebiet ist noch nicht klar umrissen. Nach verbreiteter Auffassung liegt die Hauptfunktion bei der Mustererkennung, bei der bemerkenswerte Erfolge erzielt werden konnten. Und wie bei jeder Diagnose ist die Bewertung einer Kontamination offensichtlich dem Erkennen eines Musters äquivalent. Um zu einer Entscheidung zu kommen, muß das Irrelevante aus den Daten gefiltert werden. Will man hier Fortschritte erzielen, scheinen die Alternativen im Sammeln von mehr Daten oder der Entwicklung besserer Filter zu bestehen.

In den letzten drei Jahren haben wir im Zentrum für Umweltstudien der Universität Leiden mit einem System zur Bewertung von Bodenkontaminationen gekämpft. Dabei gab es nur wenige Fehler, die wir ausgelassen haben. Wir haben mit falschen Definitionen gearbeitet, eine schlecht angepaßte Nutzerschnittstelle entworfen und neigten zu einer unerwünschten Genauigkeit. Der Erfolg unserer anderen Umwelt-Informationssysteme gibt uns allerdings beträchtlichen Auftrieb und ermutigt uns, weiter zu machen. Nach einer fundamentalen Überholung unserer Techniken beginnen wir 1991 erneut.

Ausgehend von einem kleinen Satz von Fällen werden wir versuchen, einen Satz nützlicher Ein- und Ausgabedaten festzulegen: weder zu allgemein noch zu detailliert. Die Genauigkeit fordert eine genau detaillierte Eingabe, die Schnelligkeit eine grobe und gerundete. Diese Anforderungen widersprechen sich offensichtlich, und so wird es einiger sorgfältiger Erwägungen bedürfen, um die beiden im Gleichgewicht zu halten. Das System soll Expertengutachten nicht ersetzen, sondern Vorschläge liefern, die von Experten beurteilt werden. Ein Teil des Systems wird auf ein regelgestütztes System zurückgreifen, ein anderer auf ein neuronales Netz.

Beim Experimentieren mit einem neuronalen Netz, das mit Rückverfolgung arbeitete, konnten wir beobachten, daß es in einigen Fällen bemerkenswert gut funktionierte. Die Löslichkeit von Salzen konnte innerhalb akzeptabler Grenzen gut vorhergesagt werden. Die Verbrennungswärme wurde unter Verwendung chemischer Eigenschaften als Eingabe so gut abgeschätzt, daß die Abweichung zum bekannten Wert innerhalb von 10% lag. Die aus toxikologischen Parametern vorhergesagten Werte für zulässige tägliche Aufnahme sind bis jetzt falsch, vermutlich deshalb, weil wir die Eingabedaten noch nicht geeignet definiert haben. Abschätzungen der kritischen Konzentrationen von Bodenschadstoffen, den sogenannten B- und C-Werten, waren in einigen Fällen ziemlich gut, während sie in anderen weit daneben lagen. Das ist allerdings nicht weiter verwunderlich, da der Wertesatz nicht auf Grundlage einer konsistenten Methode abgeleitet wurde.

Allgemeine Folgerungen

Da das Sammeln großer Datenmengen zu langsam ist und die Formulierung von Regeln an der Verschwommenheit des Gegenstandes scheitert, halten wir neuronale Netze für sehr vielversprechend. Natürlich darf man nicht erwarten, daß sie das Sammeln von Daten und regelgestützte Systeme ersetzen können, aber sie werden in wohldefinierten Bereichen eine Ergänzung bilden. Bevor allerdings neuronale Netze zur Entwicklung von Expertensystemen eingesetzt werden können, sind weitere Untersuchungen zu ihrer angemessenen Nutzung und zu ihrer Empfindlichkeit auf Eingabevariationen erforderlich.

BIBLIOGRAPHIE

1) Alexander, Igor (ed); <u>Neural Computing Architectures, the design of brain-like machines</u>. North Oxford Academic Publishers, 1989.
2) <u>The Byte Summit</u>. Byte, Vol 15, number 9, september 1990.
3) Goldberg, David E.; Genetic Algorithms, in <u>Search, Optimization an Machine Learning</u>. Addison Wesley Publishing Company inc., 1989.
4) Keesman, K.J.; A set-membership approach to the identification and prediction of ill-defined systems: application of a water quality system. Enschede 1989.
5) Lawrence, Jeanette; Untangling neural nets, in <u>Dr. Dobb's Journal</u> no 163, april 1990.
6) Van der Naald, Wytze et al.; Grasbol: Kennissysteem voor risicoanalyse bij bodemverontreiniging. CML Mededelingen 43, Leiden 1989.
7) Zimmerman, Hans J.; Fuzzy Sets, Decision Making and Expert Systems. Kluwer Academic Publishers, Boston 1987.

AUSWAHLKRITERIEN UND AUSWAHL VON SANIERUNGSMAßNAHMEN UND DEREN DURCH-
FÜHRUNG; ERLÄUTERT AM BEISPIEL EINES EHEMALIGEN BETRIEBES DER EISEN- UND
STAHLINDUSTRIE IN DÜSSELDORF

VON K. HOFFMANN

1. SITUATION

Im Stadtgebiet von Düsseldorf bestand auf einer Fläche von rd. 45 ha
seit etwa 100 Jahren ein Röhrenwerk. Dieser Betrieb wurde 1987 stillgelegt. Wie nicht anders zu erwarten, zeigte sich im Rahmen einer
Gefährdungsabschätzung und anschließender Sanierungsuntersuchungen, die
das Büro des Verfassers im Auftrage der Mannesmannröhren-Werke AG durch-
führte, daß der Boden an einer Vielzahl von Stellen (Abb. 1) durch
folgende Schadstoffe kontaminiert ist:
- Mineralöle im Sinne der DIN 38409 Teil 18
- polare aliphatische Kohlenwasserstoffe
- Trichlorethen
- polycyclische aromatische Kohlenwasserstoffe (PAK)
- Monoaromate (BTX)
- Schwermetalle.

Schadstoffverteilung im Untersuchungsgebiet   Abb.: 1

Die Kontaminationen reichten teilweise bis unter den Grundwasserspiegel. Auch dieses erwies sich stellenweise durch Mineralölkohlenwasserstoffe und polare Kohlenwasserstoffe sowie durch Trichlorethen kontaminiert. Ausgehend von der ehemaligen sogenannten Tri-Entfettung hat sich eine Trichlorethenfahne im Grundwasser gebildet, die bis rd. 500 m nach Grundwasserunterstrom reicht.

Bei der organoleptischen Ansprache erwiesen sich einige Böden als stark durch "Öl" kontaminiert, jedoch ergaben die Analysen nach DIN 38409 Teil 18 häufig nur relativ geringe Mineralölkohlenwasserstoffgehalte. Da bei dieser Methode durch Vorschalten einer $AL_2O_3$-Säule nur die unpolaren, also im engeren Sinne Mineralölkohlenwasserstoffe erfaßt werden, wurde probeweise auf diese Säule verzichtet, so daß sowohl polare als auch unpolare Kohlenwasserstoffe mittels Infrarotspektroskopie erkannt werden konnten. Es zeigte sich dabei, daß die Kohlenwasserstoffbelastung in erheblichem Umfange auch auf polare Stoffe zurückzuführen ist (Abb. 2).

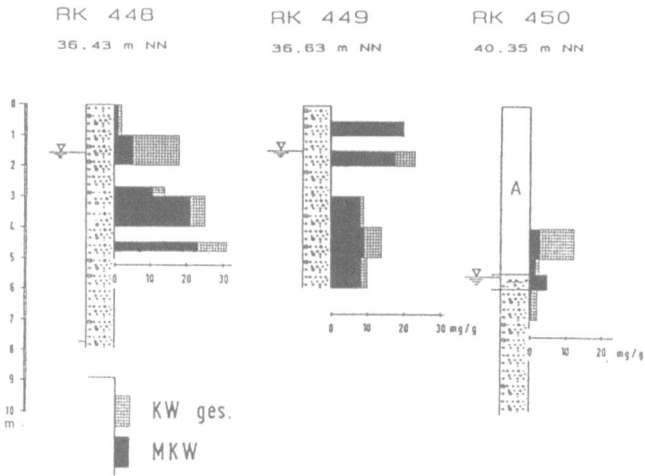

**KW-gesamt- und MKW-Gehalt in Bodenproben**  Abb. 2

Mittels GC-MS-Analyse wurde bei diesen Proben festgestellt, daß die Belastung aus einem Gemisch von ketten- und ringförmigen, aliphatischen sowie aromatischen Kohlenwasserstoffen und einer breiten Auswahl von sauerstoffhaltigen Substanzen besteht. Diese Stoffe stellen zum größten Teil Oxidationsprodukte der Kohlenwasserstoffe dar, die auf den Arbeitsvorgang der Metallvergütung (Eintauchen von glühendem Metall in Anwesenheit von Luft) zurückzuführen sind. Teilweise ist auch eine natürliche Alterung durch mikrobiellen Abbau anzunehmen.

In den meisten Schadensbereichen lag eine Mischung unterschiedlicher Kontaminanten vor, wobei jedoch stets ein Schadstoff bei weitem überwog.

Das fragliche Gelände wurde von seinem bisherigen Eigentümer, der Mannesmannröhren-Werke AG, veräußert und soll erneut einer industriellen oder gewerblichen Nutzung zugeführt werden. Zu diesem Zweck hat die Stadt Düsseldorf ein Bebauungsplanverfahren eingeleitet.

2. SANIERUNGSERFORDERNIS

Das Begehren zur Sanierung einer Altlast kann ausgelöst werden durch die Anwendung des
- Abfallrechtes
- Wasserrechtes
- Bergrechtes (Abschlußbetriebsplan)
- allgemeinen Ordnungsrechtes.

Im vorliegenden Falle setzte die Genehmigung des Bebauungsplanes durch den Regierungspräsidenten Düsseldorf voraus, daß der Boden- und Grundwasserzustand unbedenklich ist. Hieraus sowie aus ordnungsrechtlichen Gesichtspunkten ergab sich somit die Notwendigkeit zur Durchführung von Sanierungsmaßnahmen.

Zu deren Zweck erstellte der Sachverständige ein Sanierungskonzept, das Eingang in einen öffentlich-rechtlichen Vertrag zwischen der Mannesmannröhren-Werke AG und der Stadt Düsseldorf fand. In diesem Vertragswerk sind die Sanierungsziele festgeschrieben. Diese lauten bezüglich der Böden:
- Mineralölkohlenwasserstoffe        $\leq$1.000 mg/kg
- CKW                                $\leq$100 µg/kg
- PAK    Einzelfallentscheidung durch Sachverständigen
         in Abstimmung mit der Aufsichtsbehörde        -
- BTX    behandelt wie PAK                             -

Bezüglich der grundwassergesättigten Bodenzone und des Grundwassers selbst wurde als Sanierungsziel die Durchführung von Maßnahmen gefordert, die entsprechend dem derzeitigen Stand der Technik den negativen Einfluß vorhandener Verunreinigungen auf das Grundwasser minimieren. Die Sanierung gilt dann als beendet, wenn entweder ein negativer Einfluß der Verunreinigungen auf die Grundwasserqualität auszuschließen oder dieser nicht mehr reduzierbar ist. Ferner orientiert sich das Sanierungsziel an der Grundwasserbelastung oberstrom des zu sanierenden Gebietes.

Bei der Aufstellung des Sanierungskonzeptes wurden folgende Bewertungskriterien zugrundegelegt:
1. Schadstoffpotential
    - Art des Schadstoffes (Toxizität, Umweltrelevanz)
    - Konzentration und Menge des Schadstoffes (Schadstoffinhalt)
    - räumliche Verteilung des Schadstoffes
2. Emissionspfad
    - Feststoff
        . in situ (Kontakt)
        . Verwehungen (Staub)
    - Grundwasser
    - Gasphase (Luftemission)
3. Schutzgut - Adressat
    - Mensch
    - Flora
    - Fauna
    - Wasser
4. Nutzung
    - vorhandene
    - geplante

Die Kriterien zeigen, daß das Sanierungsziel nicht nur vom Schadstoffpotential, sondern in mindestens dem gleichen Umfange sowohl von den natürlichen (geogenen) als auch anthropogen geprägten Verhältnissen abhängt. Die Sensibilität einer Nutzung bestimmt ebenfalls in erheblichem Umfange das Sanierungsziel. Dieses hängt auch vom Sanierungs- bzw. Sicherungsverfahren ab. Unterschiedliche Verfahren führen zu unterschiedlichen Zielen.

Bei der Aufstellung des Sanierungskonzeptes wurde ebenfalls berücksichtigt, daß der Idealfall einer Sanierung, d.h. die Wiederherstellung des ursprünglichen, nicht kontaminierten Zustandes weder technisch noch unter Zugrundelegung der Verhältnismäßigkeit der Mittel erreichbar ist. Zwangsläufig verbleibt somit ein Restrisiko. Im vorliegenden Falle spielte insbesondere eine wesentliche Rolle, daß das Gelände zwar wieder einer gewerblichen oder industriellen, d.h. wenig sensiblen, Nutzung zugeführt wird, sich die fragliche Fläche aber im Bereich gut durchlässiger Ablagerungen der Rheinterrassen befindet. Eine Grundwasserentnahme zu Trinkwasserzwecken erfolgt jedoch nicht im Einflußbereich des ehemaligen Röhrenwerksgeländes.

## 3. AUSWAHL VON SANIERUNGSVERFAHREN

Nach dem sich aus der Bewertung der vorgenannten Faktoren und gemäß dem öffentlich-rechtlichen Vertrag die Notwendigkeit einer Sanierung ergeben hatte, wurden die zum Zeitpunkt der Konzepterarbeitung verfügbaren Sanierungsverfahren nach folgenden Kriterien zum Zweck der Verfahrenswahl untersucht:
- ökologische Wirksamkeit
- technische Machbarkeit
- Anwendungssicherheit/Zuverlässigkeit
- Verbleib von Reststoffen/Konzentraten
- zeitliche Durchführbarkeit der Maßnahmen
- mögliche Nebenwirkungen
- Beeinflussung Dritter
- Kontrollierbarkeit
- erforderliche Genehmigungsverfahren
- Kosten.

An Verfahren wurden geprüft:
- on-site-Verfahren
  . thermische Verfahren
  . Extraktionsverfahren
  . mikrobiologische Verfahren
- in-situ-Verfahren
  . Extraktionsverfahren (ungesättigter und gesättigter Boden)
  . chemische Verfahren
  . mikrobiologische Verfahren
- Sicherungsverfahren, d.h. solche, bei denen keine „Vernichtung" der Schadstoffe erfolgt
  . Möglichkeiten der Deponierung schadstoffbelasteter Böden
  . Fixierungs- und Einschließungsverfahren
  . hydraulische Maßnahmen
- Grundwassersanierung on-site
  . konventionelle Sanierungsbrunnen mit nachgeschaltetem Leichtstoffabscheider
  . CKW-Desorption (Strippung) und Adsorption an Aktivkohle
- Grundwassersanierung in situ
  . Unterdruckverdampferbrunnen (UVB-Verfahren)
  . mikrobielle Behandlung.

Im vorliegenden Falle spielte die zeitliche Durchführbarkeit der Maßnahmen eine wesentliche Rolle, da die Flächen möglichst kurzfristig wieder einer Nutzung zugeführt werden sollten. Damit schieden sämtliche Verfahren von vorneherein aus, bei denen die Sanierungszeit nicht exakt vorherbestimmbar war. Dies bedeutete, daß eine on-site-Bodensanierung durch mikrobiologische Behandlung ausgeschlossen werden mußte, da dies bedeutet hätte, daß die betreffenden Flächen über einen erheblichen Zeitraum nicht genutzt werden könnten. Eine spätere in-situ-Sanierung des Grundwasserkörpers durch mikrobiologische Verfahren stellt jedoch möglicherweise nach wie vor eine Alternative dar, sofern die konventionelle Sanierung des Grundwassers durch Abschöpfen von Öl nicht zu dem gewünschten Sanierungsziel führt und sofern die diesbezüglichen mikrobiologischen Verfahren sich als ausreichend anwendungssicher erweisen sollten.

Im Hinblick auf die Sanierungszeit erschien es angebracht, sich nicht auf ein einziges Verfahren zu konzentrieren, sondern mehrere parallel auszuwählen. Damit fiel die Wahl auf:
- Bodenreinigung
    . Hochdruckbodenwäsche
    . thermische on-site Extraktion der Schadstoffe und anschließende Hochtemperaturverbrennung der in die Gasphase überführten Stoffe
    . Bodenluftabsaugung von leichtflüchtigen Substanzen
        .. in Mieten
        .. in situ
- Grundwasserreinigung
    . Grundwasserförderung mit anschließendem Stripping der leichtflüchtigen Stoffe und Abscheiden mittels Aktivkohlefilter
    . UVB-Verfahren und Abscheiden der leichtflüchtigen Schadstoffe mit Hilfe von Aktivkohlefiltern
    . konventionelle Mineralölreinigung mit Hilfe von Sanierungsbrunnen, Abschöpfen des Öls mittels Skimmeranlage und Reinigung über Leichtstoffabscheider
    . sekundäre Grundwasserreinigung unter Einsatz von Mikroorganismen, sofern sich die betreffenden Verfahren in Zukunft als einsatzreif erweisen sollten.

Im Zuge der Auswahl der Verfahren hatten die einschlägigen Firmen Versuchsergebnisse vorzulegen, die mit dem an Ort und Stelle gewonnenen Material stattfanden. Nach der technischen Prüfung erfolgte bei den Verfahren, die sich von der technischen Seite her als infragekommend erwiesen hatten, eine Preisanfrage.

## 4. SANIERUNGSERGEBNISSE

Da mittlerweile der größte Teil der Sanierungsmaßnahmen abgeschlossen ist, zum Abschluß noch kurz einige Ergebnisse:
1. Hochdruckbodenwäsche nach dem Verfahren der Firma Klöckner Oecotec
   Nach Zwischenlagerung des kontaminierten Bodens und anschließender Absiebung des Grobkorns über 60 mm wurde der Boden in 125 Chargen à 245 m³ in die Hochdruckbodenwaschanlage eingegeben. Das diesbezügliche Ablaufschema zeigt Abb. 3.
   - Kohlenwasserstoffe: Reinigungsleistung rd. 88 % bei Eingangsbelastung von durchschnittlich 2.000 mg/kg und maximal rd. 40.000 mg/kg
   - Austrag aus der Bodenwaschanlage in Form von:
     . gereinigtem Boden   ca. 90 % des Einsatzes
     . Sedimentfilterkuchen ⎫
     . Flotat               ⎬ ca. 10 %
     . humose Stoffe        ⎭

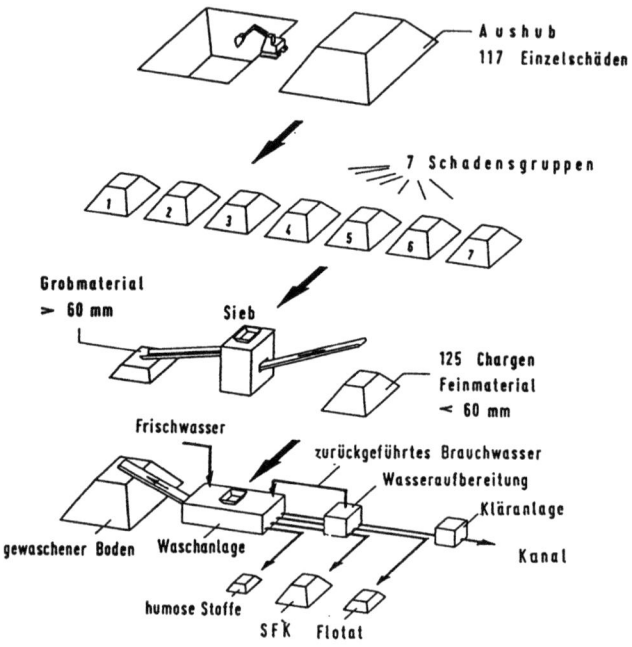

Ablauf der Bodenbehandlung durch Bodenwäsche          Abb.: 3


2. Absaugung in Mieten
   Das Sanierungsziel von 100 µg/kg konnte nur bei etwa 35 % der eingesetzten Böden erreicht werden. Bei den restlichen verblieb eine Belastung, aber stets unter 1.000 µg/kg lag. Dies ist zurückzuführen auf teilweise Mischkontaminationen, d.h., gemeinsames Vorkommen von Mineralölkohlenwasserstoffen und leichtflüchtigen CKW, ferner erheblicher organischer Kohlenstoffgehalte und Verklumpung der behandelten Böden infolge teilweise erhöhten Feinkornanteils.
3. Bodenluftabsaugung
   Diese wurde bisher nicht eingesetzt.
4. Thermische Behandlung
   Infolge verzögerter, erst seit kurzem vorliegender Genehmigung ist dieses Verfahren, das vor allem zur Behandlung PAK-belasteter Böden vorgesehen war, noch nicht zum Einsatz gelangt.
5. UVB-Verfahren
   Die Ergebnisse waren sehr wechselhaft. Der Ersteinsatz in einem Brunnen erbrachte ausgezeichnete Ergebnisse, wobei die Konzentration von über 10.000 µg/l innerhalb eines Zeitraumes von rd. 8 Monaten auf 20 µg/l gesenkt werden konnte (Abb. 4). Noch in einer Entfernung von rd. 150 m wurde innerhalb dieses Zeitraumes eine Abnahme von 19.000 µg/l auf 160 µg/l beobachtet. Die zur Kontrolle durchgeführten quasi kontinuierlichen Bodenluftmessungen in diesbezüglichen Pegeln sowie laufende Grundwasserkontrollen in der Umgebung des

Sanierungsbrunnens ergaben keine Hinweise auf ein Abdriften der leichtflüchtigen CKW mit dem Grundwasser. Bei einem zweiten Einsatz in einem exakt gleichen Brunnen und mit gleicher, nur von einer Stelle zur anderen umgesetzten Anlage, zeigte absolut keine Wirkung. Über die Gründe hierfür kann nur spekuliert werden. Aus diesem Grunde wurde anschließend die Reinigung des Grundwassers von CKW mittels Grundwasserförderung und Desorption in einer sogenannten Strip-Anlage durchgeführt.

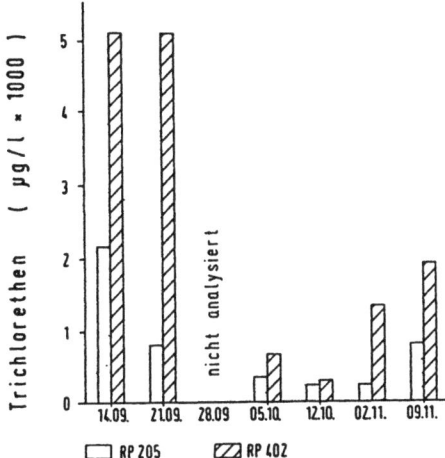

**CKW-Abnahme in den Pegeln 205, 402**       **Abb.: 4**

6. CKW-Reinigung des Grundwassers in einer Desorptionsanlage
Die Maßnahme ist noch nicht abgeschlossen. Es zeigen sich jedoch positive Ergebnisse. Problematisch ist der hohe Eisengehalt des Grundwasser, der zu häufigen Verockerungen führt.
Sämtliche Sanierungsarbeiten wurden gutachterlich durch permanente Präsenz begleitet und erfolgten unter strenger Überwachung durch die zuständige Aufsichtsbehörde.
Insgesamt ist festzustellen, daß die eingesetzten Methoden, abgesehen vom UVB-Brunnen, der nur wechselhafte Ergebnisse lieferte, positiv zu bewerten sind. Wie nahezu bei allen Sanierungsfällen zeigte sich auch im Falle des ehemaligen Röhrenwerkes Lierenfeld, daß jede Sanierungsmaßnahme einen Einzelfall darstellt. Allgemein gültige und praktikable Bewertungs- und Anforderungsmaßstäbe gibt es bisher nicht. Sie sind von Fall zu Fall festzulegen.

BEWERTUNG VON ALTLASTEN ZUR DRINGLICHKEITSEINSTUFUNG UND ERMITTLUNG DES HANDLUNGSBEDARFS

COSIMA HILLMERT

LANDESANSTALT FÜR UMWELTSCHUTZ BADEN-WÜRTTEMBERG, D-7500 KARLSRUHE 21

## 1. EINLEITUNG

Aufgrund einer ersten systematischen Erhebung sind in Baden-Württemberg bislang über 6.500 Altablagerungen bekannt, von denen etwa 1.200 im Einzugsgebiet von öffentlichen Trinkwasserfassungen liegen. Da diese Altlasten nicht alle parallel bearbeitet werden können, müssen Prioritäten gesetzt werden. Um die zur Verfügung stehenden finanziellen Mittel möglichst sparsam einzusetzen, wird bei der Bearbeitung einer Altlast der Kenntnisstand jeweils stufenweise erweitert.

Ende 1987 begann man in der Wasserwirtschaftsverwaltung von Baden-Württemberg mit der Anwendung eines Altlastenbearbeitungsverfahrens zur Feststellung von Prioritäten zur weiteren Bearbeitung und zur Festlegung des Handlungsbedarfs in Abhängigkeit vom jeweiligen Kenntnisstand.

Obwohl jedes Objekt wegen der Komplexität seiner einzelnen Faktoren als Einzelfall bearbeitet werden muß, ist es jedoch nötig, um landeseinheitlich vorzugehen, gewisse Vereinheitlichungen in der Betrachtung vorzunehmen und den groben Rahmen für das weitere Vorgehen vorzugeben.

## 2. VERFAHRENSABLAUF

Die Bearbeitung eines Objekts erfolgt in mehreren Schritten (s. Bild 1). Als erstes muß das Objekt registriert, "erhoben" und vorklassifiziert werden. (Einzelheiten dazu s. Vortrag von P. Fuhrmann in C1). Hat sich ein weiterer Handlungsbedarf ergeben, werden zunächst über die Flächen bereits vorliegende Informationen gesichtet, ausgewertet und zusammengestellt.

Zu dieser historischen Erkundung ($E_{0-1}$) gehören u. a. Aktenstudien, Befragungen von Zeitzeugen, Auswertung vorliegender Luftbilder und vorhandener Gutachten, sowie eine Standortbegehung. Die dabei gewonnenen Erkenntnisse gehen in die erste Bewertung ein, bei der auch das Beweisniveau 1 (BN 1) festgestellt wird. Es kann entschieden werden, ob als weiterer Handlungsbedarf die Fläche aus der weiteren Bearbeitung "ausgeschieden und archiviert" wird (A), ob sie auf Wiedervorlage "belassen" wird (B) oder ob eine "orientierende technische Erkundung" ($E_{1-2}$) durchgeführt werden muß.

In der orientierenden Erkundung ($E_{1-2}$) wird durch erste systematische Messungen und Untersuchungen das Objekt soweit erkundet, daß ein Überblick besteht über Art und Umfang der Schadstoffkontamination in der Altlast sowie in den betroffenen Schutzgütern. Damit ist das Beweisniveau 2 (BN 2) erreicht und die Ergebnisse werden erneut bewertet und es kann festgelegt werden, ob die Fläche "archiviert" (A) oder ob sie in der weiteren Bearbeitung "belassen" wird (B), ob eine weitere technische, die "nähere Erkundung" notwendig ist ($E_{2-3}$) oder ob eine "fachtechnische Kontrolle" ausreicht (C).

Im Rahmen der "näheren Erkundung" ($E_{2-3}$) liegen durch ergänzende technische Untersuchungen und Messungen umfassende Kenntnisse über das räumliche Ausmaß der Schadstoffe in der Altlast, über die Expositionswege sowie ihre Ausbreitung und Wirkung in den jeweiligen Umweltkompartienten vor. Durch diesen Kenntnisstand ist das Beweisniveau 3 (BN 3) erfüllt und die Informationen werden erneut bewertet.

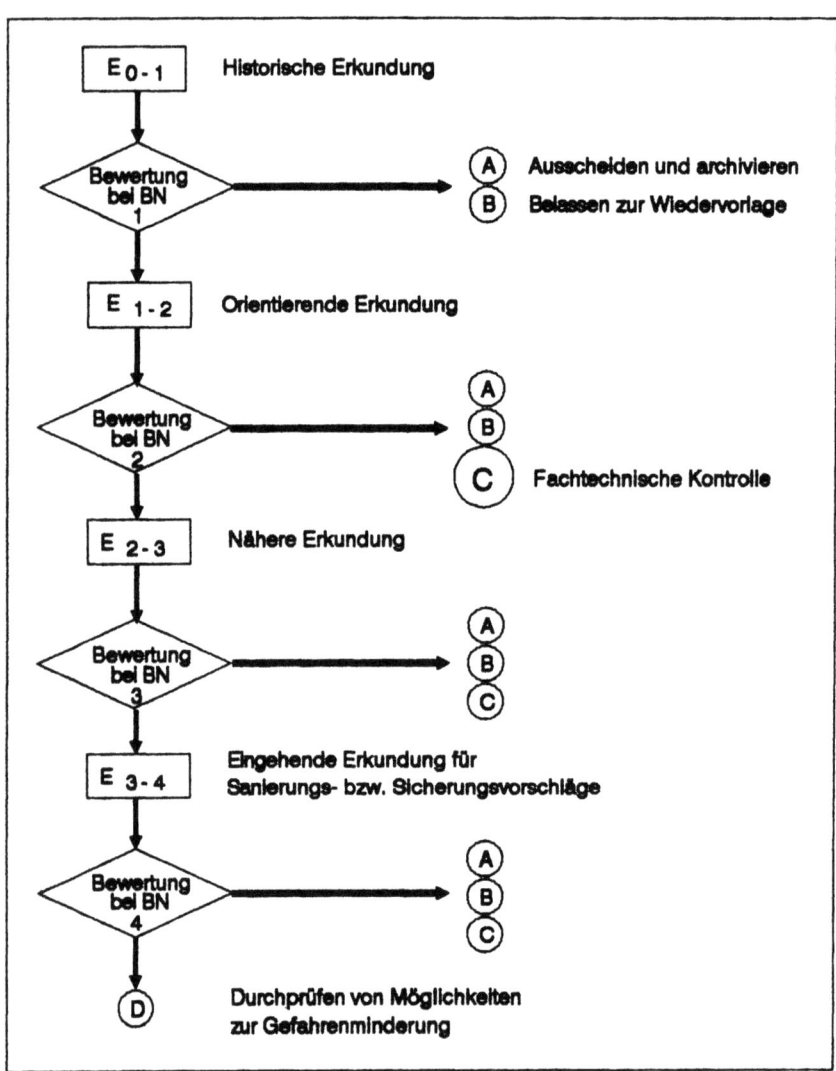

Bild 1: Ablaufschema stufenweiser Erkundung und Bewertung eines Einzelfalls

Als weiterer Handlungsbedarf wird auf Grundlage der vorliegenden Informationen entschieden, ob die Altlast wiederum aus der Bearbeitung ausgeschieden (A), oder in der Altlastendatei zur Wiedervorlage belassen (B), ob sie fachtechnisch kontrolliert werden muß (C) oder ob eine "eingehende Erkundung für Sanierungs- und Sicherungsvorschläge" ($E_{3-4}$) notwendig ist.

Bei der "eingehenden Erkundung für Sanierungs- und Sicherungsvorschläge" ($E_{3-4}$) werden alternative Sanierungs- und Sicherungsvorschläge entwickelt. Durch ergänzende Detailuntersuchungen können diese Alternativen beurteilt und auf ihre Kosten-Wirksamkeit bewertet werden.

Es hat sich gezeigt, daß es sinnvoll ist, für die Bewertung die Schutzgüter Grundwasser, Oberflächengewässer, Luft und Boden zu unterscheiden. Dabei ist das Schutzgut, das mit dem höchsten gewichteten Risiko für die Prioritätensetzung ($R_{PS}$) bewertet wurde, das Schutzgut, das über die Bearbeitungsdringlichkeit entscheidet. Zur Festsetzung des Handlungsbedarfs ist das tatsächliche Risiko ($R_{HB}$) maßgeblich, das in Verbindung mit dem festgestellten Beweisniveau (Informationsstand der Erkundung) zum weiteren Handlungsbedarf führt (s. Bild 2).

So ergibt sich z. B. bei einem handlungsbestimmenden Risiko ($R_{HB}$) von 4,5 bei Beweisniveau 1(BN1) ein Handlungsbedarf von $E_{1-2}$, während bei $R_{HB}$ von 2,5 bei BN 3 als Handlungsbedarf "fachtechnische Kontrolle" (C) festgelegt wird.

Die Festlegung der Bewertungszahl und die Ermittlung des jeweiligen Handlungsbedarfs ist in Baden-Württemberg Aufgabe einer Bewertungskommission. Diese kann in begründeten Fällen einen von der beschriebenen Vorgehensweise abweichenden Handlungsbedarf festsetzen.

## 3. PRINZIP DER BEWERTUNG

Dieses Bewertungsverfahren ist ein relatives Verfahren, das dazu dient, komplizierte Sachverhalte, nämlich das Gefahrenpotential, das von einer Altlast ausgeht durch den Vergleich mit vorgegebenen Standards zu bewerten und somit auch völlig unterschiedliche Flächen miteinander zu vergleichen. Als Ergebnis wird für die jeweilige Objekt ein relativer Zahlenwert ermittelt, eine Bewertungsziffer. Dieser Zahlenwert weist dem Objekt einen Platz in der Prioritätenliste zu.

Durch dieses Analogieverfahren ist es jedoch nicht möglich, für einen Standort eine absolute Gefährlichkeit zu bestimmen, ihn zu beurteilen.

Bei der in Baden-Württemberg durchgeführten standardisierten Bewertung wird die Gefährdung betrachtet, die von einer Altlast für die zu schützenden Umweltmedien (= Schutzgüter) Grundwasser, Oberflächengewässer, Boden und Luft ausgeht. Das Verfahren ist im Baukastenprinzip aufgebaut. Im ersten Schritt wird die Stoffgefährlichkeit $r_o$ als standortunabhängige, jedoch expositionsabhängige Größe festgesetzt. In die standortabhängige Betrachtung sind der Schadstoffaustrag aus dem Objekt ($m_I$), der Expositionspfad von Schadstoffherd zum betrachteten Schutzgut - der Schadstoffeintrag in das Schutzgut ($m_{II}$) sowie der Transport und die Wirkung der Schadstoffe im Schutzgut ($m_{III}$) zu bewerten. Zur Festsetzung der Priorität der Bearbeitung wird die Bedeutung des Schutzgutes ($m_{IV}$) bestimmt.

Die Risikowerte ermitteln sich wie folgt:

Stoffgefährlichkeit ($r_o$) · Austrag ($m_I$) = Risiko des Austrags ($r_I$),

Austragsrisiko ($r_I$) · Eintrag ($m_{II}$) = Risiko des Eintrags ($r_{II}$),

Eintragsrisiko ($r_{II}$) · Transport + Wirkung ($m_{III}$) = Risiko der örtlichen Verhältnisse ($r_{III}$),

Risiko d. örtl. Verhältnisse ($r_{III}$)· Bedeutung ($m_{IV}$) = gewichtetes Risiko ($r_{IV}$),

wobei $r_{III}$ häufig dem handlungsbestimmenden Risiko ($R_{HB}$) und $r_{IV}$ dem Risiko für die Prioritätensetzung ($R_{PS}$) entspricht (s. Bild 3).

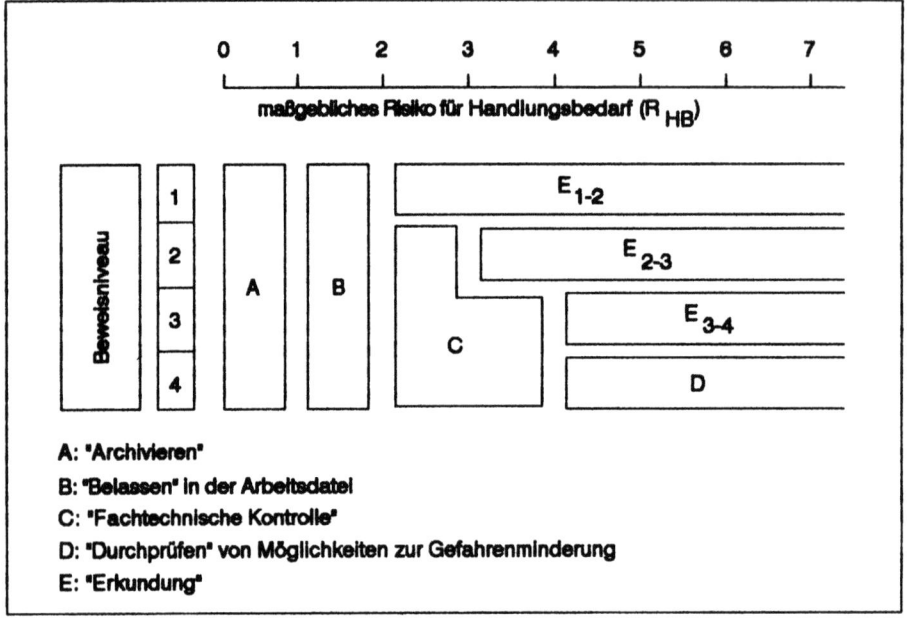

Bild 2: "Handlungs - Matrix"

### 3.1. Stoffgefährlichkeit in Vergleichslage

Der erste Schritt für die Bewertung eines gefahrverdächtigen Altstandortes bzw. Altablagerung ist die Festlegung der Stoffgefährlichkeit $r_o$. Da das Transportverhalten und die Wirkung eines Stoffes für die Schutzgüter jeweils verschieden sein kann, ist es notwendig, die Stoffgefährlichkeit für jedes Schutzgut getrennt zu ermitteln.

Z. Zt. wird im Rahmen eines Forschungsprojekts ein Bewertungssystem entwickelt, daß es ermöglicht, anhand von Einzelstoffkonzentrationen und der Zuordnung zu ökotoxikologischen und physikalischen-chemischen Daten die Stoffgefährlichkeit zu ermitteln.

Derzeit wird die Stoffgefährlichkeit festgelegt durch eine Abschätzung der potentiellen Deponierbarkeit des vorliegenden Stoffgemisches in einer Hausmülldeponie nach den Regeln der Technik (s. Deponiemerkblatt der LAGA vom 01.09.1978) und des sich daraus ergebenden Handlungsbedarfs für die Schutzgüter Grundwasser, Oberflächengewässer, Boden und Luft.

Dabei bezeichnet (A) ein Stoffgemisch, daß bei der Deponierung auf der Standardhausmülldeponie gänzlich ungefährlich ist, bei (B) wäre eine Kontrolle nicht nötig, bei (C) erforderlich und bei (D) die Deponierung gefährlich (s. Bild 4).

Je nach Grad der Stoffgefährlichkeit lassen sich Zwischenwerte festlegen. Z. Zt. ist das Expertensystem XUMA in Entwicklung, das den gesamten Bewertungsprozeß unterstützen soll (s. Workshop W4).

### 3.2. Berücksichtigung der örtlichen Verhältnisse

Für jeden der die örtlichen Verhältnisse betrachtenden Schritte ist eine Vergleichslage definiert, die häufig anzutreffende Verhältnisse widerspiegelt und mit dem Faktor 1,0 belegt worden. Verhältnisse, die von ihrer

**Standardisierte Ausgangssituationen**

- definierte Vergleichslagen: Hausmülldeponie nach den Regeln der Technik
  (LAGA - Merkblatt vom 1.9.1978)
- definierte Vergleichslagen (= mittlere Verhältnisse) für den Schadstoffaustrag $m_I$, Schadstoffeintrag $m_{II}$, Schadstofftransport und Wirkung im Schutzgut $m_{III}$ und Bedeutung des Schutzgutes $m_{IV}$ von jeweils 1,0.

**Vorgehensweise**

| | Bestimmung der/s | | Wertebereich |
|---|---|---|---|
| Standortunabhängig | Stoffgefährlichkeit in Vergleichslage | $r_0$ | 0,2 bis 6,0 |
| Berücksichtigung der Standortverhältnisse | Schadstoffaustrag | $r_I = m_I * r_0$ | $m = 0,3$ bis $2,0$ |
| | Schadstoffeintrag | $r_{II} = m_{II} * r_I$ | $m = 1,0 =$ Vergleichslage |
| | Schadstofftransport und Wirkung im Schutzgut | $r_{III} = m_{III} * r_{II}$ $\hat{=}$ i. a. $R_{HB}$ | $m < 1,0 =$ Verhältnisse günstiger als Vergleichslage |
| Wichtung | Bedeutung des Schutzgutes | $r_{IV} = m_{IV} * r_{III}$ $\hat{=}$ i. a. $R_{PS}$ | $m > 1,0 =$ Verhältnisse ungünstiger als Vergleichslage |

Bild 3: Bewertungsschema

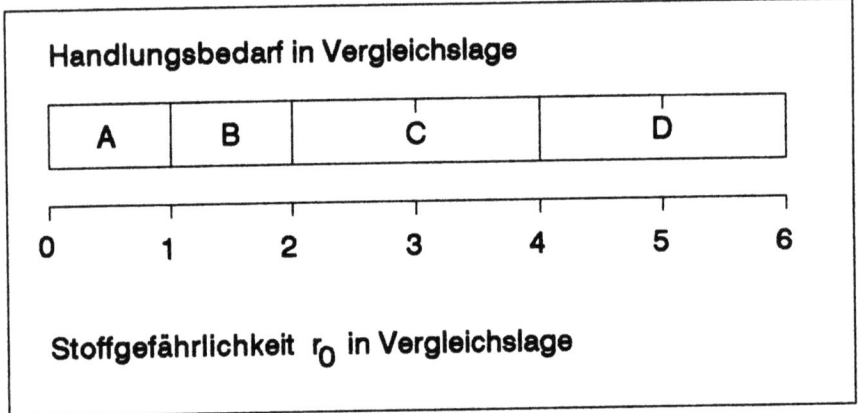

Bild 4: Beziehung Stoffgefährlichkeit zu Handlungsbedarf jeweils in Vergleichslage

Wirkung der Vergleichslage entsprechend, werden wie die Vergleichslage bewertet. Sind die örtlichen Gegebenheiten günstiger für den Schadstofftransport anzusehen als die Vergleichslage, so wird die Situation mit einem Faktor größer als 1,0 bewertet, bei ungünstigeren Situationen wird der Faktor kleiner als 1,0. Dazu sind im Altlastenhandbuch, Teil 1 [1] Beispielsituationen beschrieben. Für die Bewertung eines Einzelfalls müssen die örtlichen Verhältnisse Schritt für Schritt von ihrem Einfluß auf den Schadstofftransport mit den beschriebenen Situationen verglichen und der entsprechenden zugeordnet werden.

3.2.1. Bewertung des Schadstoffaustrags $m_I$
Betrachtet werden hier die Wirksamkeit von technischen Barrieren gegen den Austrag von Schadstoffen aus der Altlast. Für die Betrachtung spielen folgende Faktoren eine wichtige Rolle:
- Art der Schadstoffe sowie ihre physikalisch-chemischen Eigenschaften und Peristenz
- Lage des Objekts
- Oberflächenabdeckung, -abdichtung, Oberflächenwasserableitung
- seitliche Abschirmung
- Entgasungeinrichtungen
- Sickerwassersammlung, -speicherung, -ableitung, -behandlung
- Volumen, Fläche, Mächtigkeit des Objektes
- Wasserzutrittsmengen und Arten
- Windverhältnisse
- Art des Bewuchses
- Anlagenstandorte und Prozesse
- Anlagenbauten, -erweiterungen, -stillegungen
- Kriegseinwirkungen, Explosionen usw.
- (Teil-) Sanierungs- und Sicherungsmaßnahmen.

Der Vergleichslage entspricht eine nach den Regeln der Technik errichtete Deponie (LAGA-Merkblatt vom 01.09.1978). Sind die Verhältnisse ungünstiger für das Schutzgut als die Vergleichslage, z. B. fehlende Sohlabdichtung bei der Betrachtung des Schutzgutes Grundwasser, so wird der m-Faktor erhöht; bei günstigeren Verhältnissen für das Schutzgut Grundwasser, beispielsweise einer Sohlabdichtung, die den Richtlinien für eine Sondermülldeponie entsprechen ist $m_I$ kleiner als 1,0.

### 3.2.2. Bewertung des Schadstoffeintrags $m_{II}$

Zur Festsetzung des Schadstoffeintrags $m_{II}$ in das Schutzgut wird der Weg zwischen dem Objekt und dem Schutzgut betrachtet. Entscheidend für die Bewertung ist, wieviel von den ausgetragenen Schadstoffen in das Schutzgut eingetragen und auf dem Weg zum Schutzgut nach Art und Menge verändert werden. Dabei sind folgende Faktoren von Bedeutung:
- Länge des Transportweges
- Vorhandensein der Transportmedien Wasser, Luft und Deponiegas
- Art und physikalisch-chemische Eigenschaften der Schadstoffe
- Aufbau des Untergrundes (Porengrößenverteilung, Wasserdurchlässigkeit, physikalisch-chemische Eigenschaften des Untergrundes)
- Trennelemente, besondere Wegsamkeiten
- Volumen und Verteilung der Bodenluft
- Art des Bodenlebens
- kleinklimatische Verhältnisse
- Grundwasserflurabstand
- hydraulische Gefälle (auch: Oberflächengewässer, Grundwasser)

### 3.2.3. Bewertung von Schadstofftransport und -wirkung $m_{III}$

Bei der Bewertung von Transport und Wirkung wird berücksichtigt, wie sich die Stoffe nach Art und Menge im Schutzgut verändern und welche Wirkung sie auf das Schutzgut haben. Dabei werden folgende Punkte berücksichtigt:
- Art und physikalisch-chemische Eigenschaften der Schadstoffe
- Art der Belastung (stoßweise, kontinuierlich)
- Art, Aufbau und chemisch-physikalische Eigenschaften des Schutzgutes
- Art und Aktivität der Biozönose
- Einwirkungszeit
- Vorbelastung des Schutzgutes
- Abbau oder Festlegung von Schadstoffen
- Empfindlichkeit des Schutzgutes

### 3.3. Festlegung der Handlungspriorität

Durch die "Bewertung der Bedeutung" $m_{IV}$ der Art der Nutzung des Schutzgutes wird die Dringlichkeit der weiteren Bearbeitung festgelegt.

Es ist im Rahmen dieses Papiers leider nicht möglich auf die Einzelwerte in dem Bewertungsverfahren einzugehen. Bisher sind ca. 1.500 Bewertungen durchgeführt worden. Die dabei gewonnenen Erfahrungen und die Ergebnisse der laufenden Forschungsprojekte gehen in die Fortschreibung des Bewertungsverfahrens ein. Zur weiteren Vertiefung wird auf die beiden Altlastenhandbücher [1, 2] und Arbeitspapiere (unveröffentlicht) verwiesen.

### 4. BIBLIOGRAPHIE

[1] Ministerium für Umwelt Baden-Württemberg (Hrsg.) (1988). Altlasten-Handbuch, Teil I, Altlastenbewertung. Heft 18 der Reihe "Wasserwirtschaftsverwaltung": Stuttgart (2. verbesserte Auflage).

[2] Ministerium für Umwelt Baden-Württemberg (Hrsg.) (1988). Altlasten-Handbuch, Teil II, Untersuchungsgrundlagen. Heft 19 der Reihe "Wasserwirtschaftsverwaltung": Stuttgart.

# EDV - Altlastenkataster in einem kommunalen Planungsverband
# Wege zur Konflikterkennung und Problemlösung

Bernhard Stuck
Umlandverband Frankfurt

## Ziel

Die Zahl der Flächen, auf denen der Boden negativ anthropogen verändert und damit schadstoffbelastet ist, scheint ständig zu wachsen. Das mag aus der Vergangenheit resultieren mit einem den heutigen wissenschaftlichen und technischen Ansprüchen nicht genügenden Umgang mit Chemie und Abfallstoffen. Das läßt sich aber gleichfalls begründen mit gestiegenen Umweltstandards und mit einem gewandelten Umweltbewußtsein. Eine notwendige aktive Problembewältigung darf jedoch nicht an daraus abgeleiteten politischen Schuldzuweisungen scheitern. Für eine umfassende Umweltvorsorge und nachsorgende Umweltreparatur auf kommunaler Ebene ist vielmehr die gesicherte und lückenlose Kenntnis über bestehende oder zu erwartende Umweltbelastungen durch alte Müllkippen und aufgelassene Industriegelände eine entscheidende Grundlage. Aus dieser Zielsetzung heraus ergibt sich die Notwendigkeit, insbesondere stillgelegte kommunale und industrielle Deponiestandorte - Altablagerungen - und ehemalige Betriebsgelände - Altstandorte - zu kartieren, um deren Auswirkungen transparent machen zu können. Sowohl wegen der Anzahl der zu erfassenden Standorte, als auch wegen der Vielschichtigkeit von möglichen Nutzungskonflikten zeigt sich die zentrale Speicherung und Verarbeitung der Informationen mittels elektronischer Datenverarbeitung als sinnvoll. Nur damit wird sichergestellt, daß die vielfach unzureichenden und dezentral vorhandenen Kenntnisse über einzelne Standorte sicher dokumentiert und wirkungsvoll ausgewertet werden können. Durch die Schaffung entsprechender Zugriffsmöglichkeiten lassen sich die Informationen aus dem EDV-Kataster frühzeitig in Planungsprozesse und sonstige Vorhaben auf kommunaler Ebene integrieren. Insbesondere in einem Verdichtungsraum wie dem Umlandverband Frankfurt (UVF) als einer unter starkem Flächennutzungsdruck stehenden Region /Lit.1/ sind solche Entscheidungshilfen bei der Abwägung unterschiedlicher Belange notwendig.

## Rahmenbedingung UMWISS

Um die wenn auch nicht der Form nach gesetzlich vorgeschriebenen Entscheidungshilfen (z.B. nach dem Baugesetzbuch) bereitstellen zu können, verknüpft das im Ausbau befindliche Umwelt-Informationssystem UMWISS /Lit. 2/ die Umweltdatenbestände mit dem geographisch-technischen Informationssystem. Erstere sind Umwelt-Dateien zu den Bereichen Lärm, Luft, Boden, Altlasten usw., während in dem geographischen System thematische Karten und Daten wie Natur- und Landschaftsschutzgebiete, Wasser- und Heilquellenschutzgebiete, Bodenformen, Geologie, Bebauungspläne und Flächennutzungen usw. abgelegt sind.

Aus den mit Pilotfunktion zuerst realisierten Umweltbereichen Lärm und Altlasten /Lit.3/ wurde für das gesamte Umweltinformationssystem die folgende dreiteilige Grundstruktur übernommen:

1. Methoden-/Modellebene
Unverzichtbarer Bestandteil eines jeden Umwelt-Informationssystems sind die Methodenprogramme oder EDV-Modelle, mit deren Unterstützung die Informationen aufgearbeitet und bereitgestellt werden und so als Grundlage und Hilfe bei der Entscheidungsfindung dienen.

2. Alphanumerische Datenebene
Jedes Methodenprogramm benötigt Eingangsdaten und gibt Ergebnisse wiederrum in Form von Daten ab. Bei komplexeren Umweltmodellen sind dies neben allgemein beschreibenden Informationen auch raumbezogene Daten, wie z.B. Abgrenzungen von Altablagerungen, Lage von Meßstellen und Probenahmepunkten usw. Sie werden für das graphische Informationssystem mit Metergenauigkeit abgespeichert (Gauß=Krüger) und können bei Bedarf abgerufen und als Zuordnungsgröße verwendet werden. Sämtliche anderen Daten, die für Modellanwendungen erforderlich sind, werden entweder aus bestehenden Datenbanken und Dateien extrahiert, speziell für diese Zwecke erhoben und eingegeben oder aber von anderen Dienststellen und Behörden, teilweise direkt auf Datenträger, erworben.

3. Graphische Datenebene
Die flexible Verarbeitung von graphischen Informationen nimmt beim Umwelt-Informationssystem einen bedeutenden Stellenwert ein. Neben der Datenerhebung und -aufbereitung wird sie vielmehr auch eingesetzt, um verschiedene geographische thematische Informationen miteinander zu verknüpfen. Damit lassen sich Problemschwerpunkte graphisch in Form von farbigen Karten darstellen. Sie sind somit nicht nur für Fachleute anschaulich, sondern können je nach Modifikation auch politischen Entscheidungsträgern dienen oder Bürgern notwendige Konsequenzen transparent machen /Lit.4/.

Durch die Leistungsfähigkeit der Kombination von alphanumerischer mit graphischer Datenverarbeitung wird zunehmend der Aufwand für eigene Datenerhebungen und Eingaben reduziert. So können z.B. Flächengrößen, Höhenangaben über N.N., Geländeneigungen, Geologie, Boden, Entfernungen zu verschiedenen Nutzungen usw. automatisch mit Hilfe des geographischen Informationssystems ermittelt werden oder unabhängig davon gewonnene Daten auf deren Plausibilität geprüft werden. In der Praxis bedeutet das für viele nicht eindeutig definierte Verdachtsflächen, daß auch ohne zeit- und kostenintensive Zusatzerfassungen weitgehend ein zur Erstbewertung und Konflikterkennung notwendiges Grundgerüst an Informationen automatisch erzeugt werden kann. Gleichzeitig steigt dadurch der Wahrheitsgehalt der einzelnen Informationen und damit die Wertigkeit der gesamten Verdachtsflächendatei und deren Anwendungen.

**Vorgehensweise**
Bei Strategien zur Lösung der Altlastenproblematik stehen im Vordergrund die Umweltgefährdungen, die von kontaminierten Standorten ausgehen können. Erstes Bewertungsziel ist deshalb, die Eintrittswahrscheinlichkeit unvorhersehbarer Ereignisse schrittweise zu erkennen und zu minimieren oder zu beseitigen. Dabei sind folgende Arbeitsschritte notwendig:

* Erfassung, mit systematischer Lokalisation, Identifikation, Kartierung und Dokumentation
* Bewertung, mit vergleichender Erstbewertung, gezielter Informationsverdichtung, Bewertung zur Festlegung von Untersuchungsprogrammen, Durchführung von Analysen und Detailbewertung der Untersuchungsergebnisse mit Festlegung notwendiger Maßnahmen
* Altlastensanierung mit Überwachungs-, Sicherungs-, Sanierungsmaßnahmen und/oder im einfachsten Fall Nutzungsänderungen.

Weiterhin sind die Ergebnisse aus diesen drei Arbeitsschritten in jeweils geeigneter Form zu integrieren in die Aufgabenpalette kommunaler Planung, Stichwort Umweltvorsorge. Erstes Ziel hierbei ist die Vermeidung sich gegenseitig ausschließender Nutzungen mit dem Ergebnis der Zuordnung geeigneter Nutzungen zueinander. Als Negativbeispiele hierzu hatten wir in der Bundesrepublik Deutschland die Fälle Bielefeld-Brake und Dortmund-Dorstfeld.

**Lösung**
Die flächendeckende Lösung der Altlastenproblematik ist nur über die systematische Erfassung von Altlasten und altlastenverdächtigen Standorten möglich (Abb.1) /Lit. 5/. Dabei gehört zu jedem Einzelfall eine mehr oder weniger vollständige Materialsammlung. Die Rolle von Behörden und sonstigen Dienststellen besteht hierbei in offener und enger Kooperation unter Einbeziehung mehrerer Fachdisziplinen. Zu den einzelnen Standorten gehören jeweils 48 Einzelkriterien, die EDV-mäßig verschlüsselt und abgespeichert werden.

Um für den Anwender einen maximalen Qualitätsstandard des Informationsgehaltes zu bieten, muß die Zugriffsberechtigung auf die Datenbestände - auch aus Gründen des Datenschutzes - auf einen vorher definierten Benutzerkreis beschränkt werden. Damit ist das Instrumentarium "Altlastenverdachtsflächen" von der Anwendungsseite her begrenzt auf den behördeninternen Verkehr, das heißt auf Planungsverbände, auf Kreis- oder Kommunalverwaltungen.

Die Pflege und der Zugriff auf die alphanumerischen Daten erfolgt mit unterstützender Software, die vom Anwender ohne besondere EDV-Kenntnisse bedient werden kann. Beispielsweise können die einzelnen Daten zu den Altablagerungsstandorten auf maskengesteuerten Bildschirmen abgerufen, ergänzt und aktualisiert werden oder als sogenanntes "Stammblatt" allgemein zur Verfügung gestellt werden (Abb.2). Weitere EDV-Programme (Dialog) stehen für Datenanalysen zur Verfügung. Mit ihrer Hilfe können im "Frage-Antwort-Spiel" die Standorte nach angebotenen Auswahlkriterien sortiert und klassifiziert werden. Schließlich bietet das eigens zu diesem Zweck entwickelte EDV-Programm "REBLAUS" /Lit. 6/ die Möglichkeit, alle Standorte einer vergleichenden Erstbewertung nach Datenlage zuzuführen. Diese beprobungslose EDV-gestützte Risikoabschätzung kann selbstverständlich nicht Sondierungen oder chemische Analysen vor Ort ersetzen. Sie soll und kann auch keineswegs den Fachverstand einzelner zuständiger Sachbearbeiter verdrängen. Vielmehr basiert deren Konzeptionierung auf nicht ausreichenden personellen und finanziellen Kapazitäten in den öffentlichen Verwaltungen /Lit. 7/, um trotzdem in einem vertretbaren zeitlichen und personellen Rahmen eine erste Konflikterkennung durchführen zu können. Angesichts der bisher weit über 1000 erfaßten Altablagerungen und der

erwarteten schätzungsweise über 2000 Altstandorte (bei steigender Tendenz) /Lit. 8/ ein nicht unerheblicher Mosaikstein bei der ersten Lösung dieses Mengenproblems. In diesem Risikoprogramm "REBLAUS" wurden mögliche negative Auswirkungen von Altdeponien über die Medien Luft, Wasser, Boden und direkter Kontakt auf dafür empfindliche Umwelt- und Lebensbereiche als sogenannte Wirkungspfade definiert, in ihrer Gefährlichkeit zueinander relativiert und programmtechnisch umgesetzt. Eine hohe Gewichtung haben dabei die Bereiche Wasserschutz und Wohnen/Arbeit/Freizeit erhalten, intensive anthropogene Nutzungen also, die über direkten Kontakt, Gasmigration, Versickerung oder mittelbar über die Nahrungskette von Altlastenauswirkungen betroffen sein können. Als Ergebnis erhält der Nutzer eine Rangfolge der einzelnen Standorte nach sogenannten Dringlichkeiten, nach denen - zeitlich gestaffelt - weitere Maßnahmen (Überwachung, Sicherung, Sanierung oder gegebenenfalls unproblematisch) durchgeführt werden sollten. Unter Inanspruchnahme von Zuschüssen des Landes Hessen nach den Altlastenfinanzierungsrichtlinien (AFR) führt der Verband im Auftrag der zuständigen Kommunen nach dieser Dringlichkeitsliste Orientierende Untersuchungen /Lit. 8/ an zahlreichen Standorten durch.
Parallel zu den alphanumerischen Dateien muß auch die Lage und Abgrenzung der Standorte dokumentiert werden. Hierzu ist der Zugriff auf ein leistungsfähiges, graphisches EDV-System mit entsprechender Software notwendig. Innerhalb dieses Systems stehen damit die Altablagerungen als thematische Karte zur Verfügung. Die Datenpflege und Verarbeitung unterstützen anwenderfreundliche Softwarepakete. Mit ihrer Hilfe können zu verschiedenen Themenbereichen einzelne Konfliktkarten für Problemlagen erstellt werden, die ansonsten mit herkömmlichen Planungsmethoden wegen deren Komplexität nicht oder nur mit unverhältnismäßig hohem Aufwand an Personal und Material erkennbar und darstellbar wären. Damit lassen sich für den vorbeugenden Umweltschutz Maßnahmen besser initiieren und es können die Auswirkungen von Planungsalternativen umfassender verdeutlicht werden; ein sowohl für den Fachplaner als auch für die politischen Gremien hilfreiches Instrumentarium. Möglich oder in Vorbereitung sind Konfliktdarstellungen zwischen Altablagerungen und der Realnutzung, dem Flächennutzungsplan, den Bebauungsplänen, dem Grund- und Oberflächenwasser, den geologischen Situationen und den anstehenden Böden sowie sinnvolle Kombinationen dieser Themenbereiche (Beispiel: Abb. 3).

**Perspektive**

Das Altlastenkataster soll zum einen dazu dienen, Nutzungskonflikte mit kontaminierten Flächen und deren Auswirkungen transparent und abschätzbar zu machen, um Planungsfehler künftig verhindern zu können. Hierzu wurde routinemäßig seit 1985 bei allen in der Aufstellung befindlichen Bebauungsplänen, Vorhaben im Außenbereich und bei wasser- und abfallwirtschaftlichen Planungen, zu denen der Verband als Träger Öffentlicher Belange Stellungnahmen abgeben muß oder bei denen er selbst Planungsträger ist, geprüft, ob es zu Konflikten durch Altlastenverdachtsflächen kommen kann /Lit. 9/. Gegebenenfalls wird mit den oben beschriebenen Ansätzen das Gefährdungspotential ermittelt und der Genehmigungsbehörde mitgeteilt. Bei ungefähr 9% der über 800 bisher geprüften Vorhaben waren entsprechende Bedenken und Anregungen notwendig, die teilweise direkt zu Festsetzungen, Auflagen oder Planänderungen seitens der Genehmigungsbehörden geführt haben. Die stetige Zunahme der sogenannten "Positivflächen" zeigt auch für die Zukunft die Notwendigkeit dieser Routineprüfung auf.

Zum anderen werden zahlreiche Standorte genauer untersucht, soweit ein besonderes Erfordernis nach dem Modell "REBLAUS" oder nach sonstigen Vorgaben (z.B. behördliche Anordnungen) besteht. Dabei fällt eine große Zahl von Meß- und Analysedaten an, je nach Untersuchungskonzeption für die Medien Wasser, Boden und Luft. Gleichzeitig sind weitere Grundinformationen diesen Meßdaten zugeordnet wie geographische Lage von Probenahmepunkten und Meßstellen, Ausbauzustand, verwendete Meß- und Analyseverfahren usw. Alle diese zusätzlichen Daten müssen ebenfalls gespeichert und in Relation zueinander gebracht werden können. Hierfür ist ein geeignetes Instrumentarium einzusetzen, was dem Verband in Form der Datenbank "Schadstoffkataster" vorliegt. Sie wurde mit Mitteln des Bundesministers für Forschung und Technologie (BMFT) entwickelt und wird schon seit einigen Jahren mit Erfolg im Bereich der Trägerschaftsaufgabe Abwasserüberwachung /Lit. 10/ eingesetzt. Durch die modulare Struktur, die die Daten in inhaltlich unterschiedliche Informationsblöcke unterteilt mit der Möglichkeit, spezifische Informationsinhalte einheitlich zu erfassen, ist das System offen auch für die Überwachung und Auswertung der Untersuchungen an Altablagerungen und Altstandorten.

**Literatur**
/1/ Umlandverband Frankfurt (Hrsg.): Informations- und Planungssystem - Information- and Planning-System. Frankfurt, 1985.
/2/ Umlandverband Frankfurt (Hrsg.): Umweltschutzbericht Teil Umweltinformationssystem UMWISS. Frankfurt, 1989.
/3/ Stuck, Bernhard: Entwicklung von Umweltteilkatastern, Kurzfassung zum Difu-Seminar. Berlin, 1986.
/4/ Du Bois, Wolfgang; Kammermeier, Toni; Stuck, Bernhard: Modulares Umweltinformationssystem UMWISS, 2. UVP-Kongress. Freiburg, 1990.
/5/ Umlandverband Frankfurt (Hrsg.): Umweltschutzbericht Teil IV Altablagerungen, Band 1 Erfassung und Lösungsansätze. Frankfurt, 1987 (vergriffen).
/6/ Stuck, Bernhard: EDV-Kataster kontaminierte Standorte, Kurzfassung zum Difu-Seminar. Berlin, 1985.
/7/ Fiebig, Karl-Heinz; Ohligschläger, Gerd: Altlasten in der Kommunalpraxis. Berlin, 1989.
/8/ Hessische Landesanstalt für Umwelt (Hrsg.): Handbuch Altablagerungen
Teil 1 Das Altablagerungskataster in Hessen. Wiesbaden, 1988
Teil 2 Orientierende Untersuchungen. Wiesbaden, 1988
Teil 2a Orientierende Gasuntersuchungen. Wiesbaden, 1989
Teil 3 Bebauung von Altablagerungen. Wiesbaden, 1987
Teil 5 Die Verdachtsflächendatei in Hessen. Wiesbaden, 1989.
/9/ Kotthoff, Siegfried und Mitverfasser: Altlasten im Städtebau. Köln, 1989.
/10/ Ilic, Pedrac; Lahnstein, Gerd: Aufbau und Betrieb einer Datenbank "Schadstoffkataster", Korrespondenz Abwasser, Heft 12/1986, S.1208ff.

**Abbildungen**
1. Erfassung
2. Stammblatt
3. Konfliktkarte

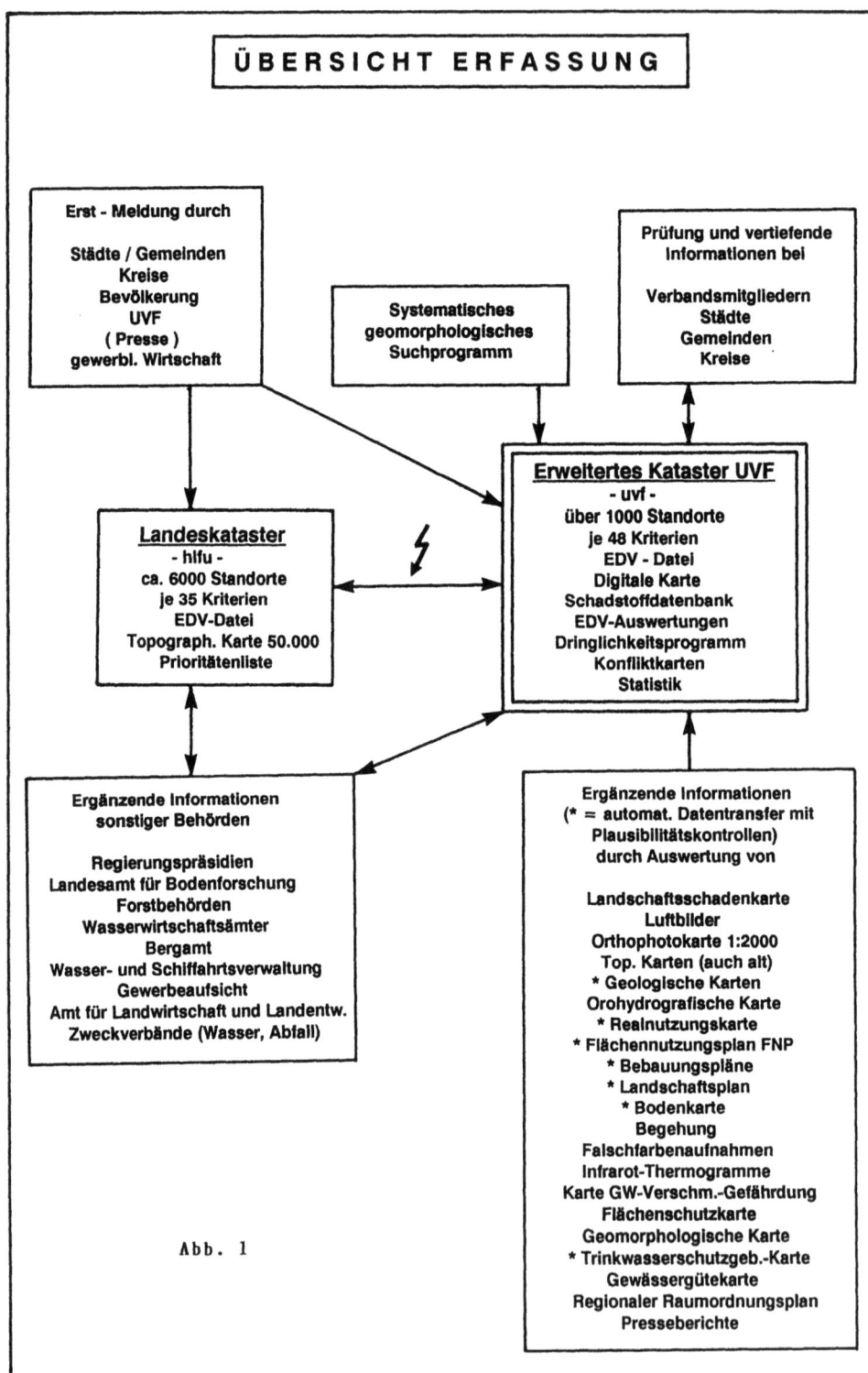

Abb. 1

```
SCHL.-NR.:              999007000999              ausdruck: 16.05.1990
KREIS:                  RHEIN-MAIN                Datenstand: 08.1989
STADT/GEMEINDE:         MAINSTADT
STADTTEIL/ORTSTEIL:     UNTERDORF
NR.D. TOP.-KARTE (TK50): 5916
RECHTSWERT:             3477850                   -- Stammblatt --
HOCHWERT:               5523545
UVF-NUMMER:             56999.
LANDSCHAFTSSCHADENKARTE: 5916/578
UVF-ORTHOPHOTOKARTE NR.: 7723
ORTSUEBLICHER NAME:     BEISPIEL KIPPE FELDRAIN
LAGE:                   GEMARKUNG UNTERDORF       FLUR 13    FLST. 145/5
```

```
ART DES STANDORTES:    (geschlossen)            FIRMENEIGENE DEPONIE DER KAT. 1
ABFALLARTEN (SOWEIT BEKANNT BZW. VERMUTET):
        BEKANNT (17106  KAT 1)  BAU- UND ABBRUCHHOLZ
        BEKANNT (14700)         LEDERABFAELLE
        BEKANNT (35322  KAT 2)  BLEIAKKUMULATOREN
        VERMUTET(31409  KAT 1)  BAUSCHUTT
        VERMUTET(31411  KAT 1)  BODENAUSHUB
VORKOMMNISSE:                                   GRUNDWASSERVERUNREINIGUNG VERMUTET
                                                EROSION    FESTGESTELLT
GELAENDEVERAENDERUNGEN:                         VERFUELLUNG
MAX. FLAECHE IN M2:                             200000
FLAECHE ZU EINEM BEST. ZEITPUNKT // ZEITPUNKT:  40800 // 05.1958
MAX. VOLUMEN IN M3:                             50000000
VOLUMEN ZU EINEM BEST. ZEITPUNKT // ZEITPUNKT:  12000000 // 1956
BETRIEBSBEGINN -- ENDE:                         1950  --  12.1973
EIGENTUEMER:                                    PRIVAT
BETREIBER:                                      FA.FARBEN GMBH
GENEHMIGUNGSBEHOERDE:                           KEINE
ART DER ZULASSUNG / RECHTSGRUNDLAGE:            UNBEK.
BEBAUUNGSPLAN:  a) AUSWEISUNG FUER DEN STANDORT:: WOHNBAUFLAECHEN
                b) AUSWEISUNG IN DER UMGEBUNG:    GEMISCHTE BAUFLAECHEN
REKULTIVIERUNGSZIEL/FOLGENUTZUNG:               BAUGELAENDE
REKULTIVIERUNG SEIT -- BIS:                     1977  --  12.1983
TRINKWASSERSCHUTZGEBIET:                        JA/ZONE III A
HEILQUELLEN-SCHUTZGEBIET:                       NEIN/-
STANDORTGEGEBENHEITEN:                          NAHE ZU OBERFLAECHENGEWAESSER
                                                ANGESCHNITTENES GRUNDWASSER
    REALNUTZUNG:        a) AUF DEM STANDORT:    BEBAUUNG
                        b) IN DER UMGEBUNG:     BEBAUUNG
                                                ACKERLAND
    FNP-AUSWEISUNG:     a) AUF DEM STANDORT:    WOHNBAUFLAECHE
                                                GEMISCHTE BAUFLAECHE
                        b) IN DER UMGEBUNG:     WOHNBEBAUUNG
                                                PARKANLAGEN
DATUM EINES HYDROGEOLOGISCHEN GUTACHTENS DES HLFB: 250768
GEOLOGIE: a) UNTERGRUND IM BEREICH DES STANDORTES: LOESS; ABSCHWEMM-MASSEN, LEHM
          b) UNTERGRUND IN DER UMGEBUNG:        LOESS
          a) LINEARE STRUKTUREN IM BEREICH DES STANDORTES: TERASSENGRENZE VERMUTET
                                                VERWERFUNG VERMUTET
          b) LINEARE STRUKTUREN IN DER UMGEBUNG: TERRASSENGRENZE VERMUTET
BESCHAFFENHEIT DES GRUNDWASSERLEITERS:          UNBEKANNT
LAGE DES HOECHSTEN ZU ERW. GRUNDWASSERSTANDES:  INNERHALB DER SCHADSTELLE
ABDICHTUNG DER DEPONIESOHLE / WAENDE / OBERFLAECHE: KEINE / KEINE / KULTURFAEHIGER BODEN
BODEN:    a) FORMEN IM BEREICH DES STANDORTES:  PARABRAUNERDE, LEHMIG
          b) FORMEN IN DER UMGEBUNG:            PARABRAUNERDE, LEHMIG
SICKERWASSERERFASSUNG // BEHANDLUNG:            NEIN // NEIN
SICKERWASSERUNTERSUCHUNG // TURNUS:             NEIN // -
GASFASSUNG/-ABLEITUNG:                          NEIN
GRUNDWASSER-/OBERFLAECHENWASSERUNTERSUCHUNGEN AN FOLGENDEN ORTEN:
    OBERFLAECHENNAHE BRUNNEN:
    TIEFBRUNNEN:
    BETRIEBSWASSERBRUNNEN:
    ABSCHOEPFBRUNNEN:
    WASSERWERKSBRUNNEN:                         3
    PRIVATBRUNNEN:
    BEREGNUNGSBRUNNEN:
    PEGELMESSTELLEN:                            4
    FLIESSENDES / STEHENDES GEWAESSER:          0 / 1
    ANGESCHNITTENES GRUNDWASSER:
    SONSTIGE:
MESSTELLENUNTERSUCHUNGS-TURNUS:                 JA/UNREGELMAESSIG
SONST. KONTROLLUNTERSUCHUNGEN:                  BODEN
ART DER ABLAGERUNG IN DER VERGANGENHEIT:        HINWEIS AUF INDUSTRIEABFAELLE
FRUEHERER ZUSTAND DES GELAENDES:                SAND-/KIESGRUBE
```

Abb. 2

**Nachbarschafts-Konflikte zw. Altablagerungen und geplanter Flaechennutzung**
-- Entwurf --

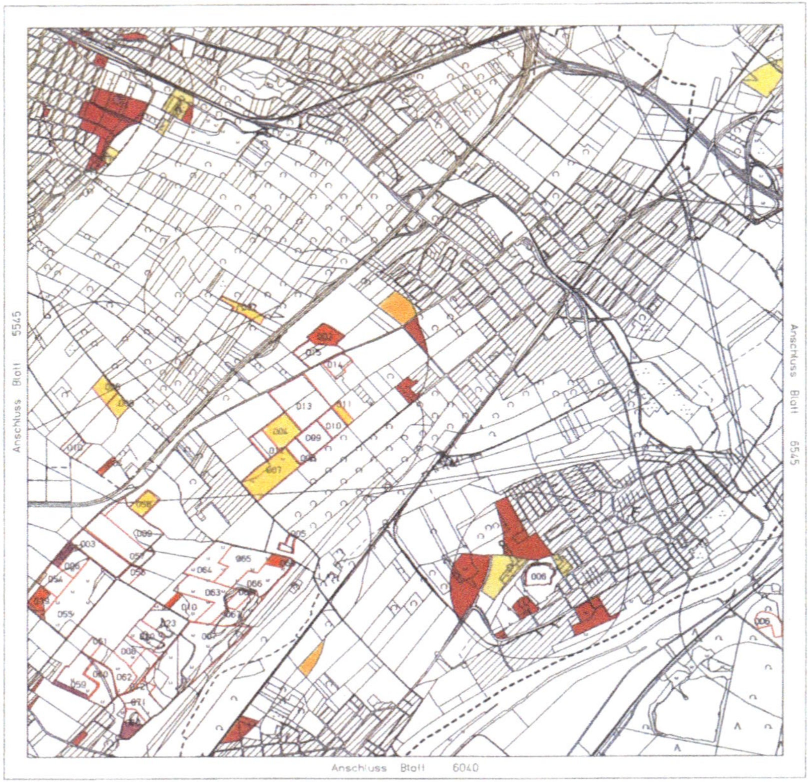

- Neubauflaeche auf Altablagerung
- Neubauflaeche nahe bei Altablagerung
- Neu ausg. Gruenanlage auf Altablagerung
- Neu ausg. Gruenanlage nahe bei Altablagerung
- Wohnungsferne Gaerten und Erwerbsgartenbau auf Altablagerung
- Wohnungsferne Gaerten und Erwerbsgartenbau nahe Altablagerung

- bebaute Flaechen
- Gartenland
- Streuobstanlage, Gaertnerei, Obstplanlage
- Broch-, Oedland, Sukzessionsflaechen
- Wald
- Nutzungsgrenzen
- Kreisgrenzen
- Gemeindegrenzen
- Ortsteilgrenzen

Abb. 3

Umlandverband Frankfurt

Quelle:
- Realnutzung des UVF gemaess Luftbildinterpretation 1985,
- Altablagerungskataster des UVF (Stand: April 1990)
- Flaechennutzungsplan des UVF

verwendeter Abstandsradius: 500m

Copyright 1990 by Umlandverband Frankfurt

UMWISS - Referat Umweltschutz

ERFAHRUNGEN BEI DER BEURTEILUNG VON ALTLASTEN MIT UNTERSTÜTZUNG DURCH DAS EXPERTENSYSTEM XUMA

W. Eitel+, W. Geiger*, R. Weidemann*

+ Landesanstalt für Umweltschutz Baden-Württemberg
  Abteilung Boden, Abfall, Altlasten
  Griesbachstr. 3
  D-7500 Karlsruhe 21

* Kernforschungszentrum Karlsruhe
  Institut für Datenverarbeitung in der Technik
  Postfach 36 40
  D-7500 Karlsruhe 1

1. EINLEITUNG

In Baden-Württemberg werden Altlasten systematisch erfaßt und bewertet. Bevorzugt behandelt werden die kontaminierten Flächen, von denen Gefahren für Menschen oder Schutzgüter ausgehen können. Das nachfolgend beschriebene Expertensystem soll Fachleute bei dieser Arbeit unterstützen. Das Expertensystem XUMA[1] (Expertensystem Umweltgefährlichkeit von Altlasten) wird vom Institut für Datenverarbeitung in der Technik des Kernforschungszentrums Karlsruhe und von der Abteilung Boden, Abfall, Altlasten der Landesanstalt für Umweltschutz Baden-Württemberg (LfU) in einem gemeinsamen Forschungsvorhaben entwickelt (siehe Geiger, Weidemann und Eitel, 1990). Es wird auf einem Explorer II von Texas Instruments mit der Expertensystem-Entwicklungsumgebung Inference ART und dem Datenbanksystem RTMS implementiert. Die Programme sind in LISP und ART geschrieben.

2. ÜBERBLICK

Das Expertensystem umfaßt die Funktionen:
1. Bewertung
2. Erstellung eines Analysenplans

---

[1] Das Vorhaben wird durch das Projekt Wasser-Abfall-Boden des Landes Baden-Württemberg gefördert.

3. Erfassung von Analysen
4. Beurteilung
5. Erklärung
6. Wissenserwerb

Die Funktion Bewertung dient primär zur Bestimmung eines Zahlenwertes für eine erste vergleichende Einschätzung der Umweltgefährlichkeit von Altlasten; dieser Zahlenwert wird zur Prioritätensetzung bei der weiteren Erkundung und Sanierung der Altlasten herangezogen. Die zweite Funktion unterstützt den Benutzer bei der Zusammenstellung eines Fall-spezifischen Analysenplans für den schadstoffbelasteten Standort. Mit der dritten Funktion werden die Ergebnisse der chemisch-physikalischen Analysen in das System eingegeben. Mit der vierten Funktion wird die Beurteilung eines Falls, d. h. eine Stellungnahme in Art eines Gutachtens, unterstützt. Die fünfte Funktion dient dazu, die Herleitung der abgeleiteten Aussagen für den Benutzer transparent und nachvollziehbar zu machen und mit der letzten Funktion können die zuständigen Fachexperten das Bereichswissen in der Wissensbasis ändern und ergänzen.

Die Bedienung des Systems durch den Benutzer erfolgt soweit möglich mit Hilfe von maus-sensitiven Auswahlmenüs. Wo dies nicht möglich ist, wie z. B. bei der Erfassung von Analysenergebnissen, werden Formulare mit Eingabe über Tastatur verwendet. Zu den Auswahlmenüs gibt es Informationenmenüs, die dem Benutzer Informationen zu der aktuell benutzten Funktion, zu den zur Auswahl stehenden Objekten (z. B. Branchen, Stoffe) oder zum weiteren Ablauf bieten.

Im folgenden wird auf die zentrale Anwendungsfunktion des Systems, die Beurteilung, sowie auf die Erklärungskomponente und erste Einsatzerfahrungen mit diesen Funktionen näher eingegangen.

3. BEURTEILUNG

Grundlage für die Beurteilung einer Altlast sind die Ergebnisse der Erkundung. Zur Einschätzung des von der Altlast ausgehenden Gefahrenpotentials kommt dabei der chemisch-physikalischen Erkundung eine besondere Bedeutung zu. Der mit der Beurteilung befaßte Fachmann steht dann im allgemeinen vor der Aufgabe, große Analysendatenmengen zu sichten, zu ordnen und zu beurteilen. Mit der Funktion Beurteilung unterstützt XUMA den Fachmann bei dieser Arbeit. Auf der Basis von Analysenergebnissen werden Aussagen abgeleitet zur Einschätzung der Umweltgefährlichkeit, Hinweise zu weiterem

Untersuchungsbedarf und andere Aussagen, wie Hinweise auf Inkonsistenzen, Plausibilitätskontrollen, Statistiken, Hinweise auf Faktoren, die das Gefahrenpotential erhöhen können. In einer weiteren, bisher noch nicht verwirklichten Funktion erfolgt dann die Berücksichtigung der örtlichen Verhältnisse entsprechend dem im Altlastenhandbuch Baden-Württemberg beschriebenen Vorgehen.

Ausgehend von einem mit Unterstützung durch die Funktion "Erstellung eines Analysenplanes" erarbeiteten, dem Einzelfall angepaßten, Analysenplan erfolgt die Untersuchung einer belasteten Fläche und der (möglicherweise) beeinträchtigten Schutzgüter Grundwasser, Oberflächenwasser, Boden und Luft. Es werden u. a. Proben von Boden, Abfall, Eluaten, Sickerwasser, Grundwasser, Oberflächenwasser, Luft, Bodenluft und Deponiegas untersucht.

In die Beurteilung fließen außer den Ergebnissen der chemisch-physikalischen Untersuchungen selbst auch Informationen aus dem Analysenplan (wurden die richtigen Parameter untersucht?), den Probenahmeprotokollen und den Analysenprotokollen ein.

XUMA enthält in hierarchischer Struktur Regeln zur Beurteilung von Untersuchungsergebnissen
- einzelner Parameter,
- einer gesamten chemischen Analye,
- Proben, zu denen mehrere Analysen und ein Probenahmeprotokoll gehören können,
- die Proben eines bestimmten Bereiches und
- aller Proben eines Falles.

Zur Beurteilung der Ergebnisse der Untersuchung einzelner Parameter wurden 25 Grenz- und Vergleichswerttabellen aus den Bereichen Wasser, Boden, Feststoffe-Abfälle, Luft mit ca. 100 verschiedenen Parametern sowie eigene Erfahrungs- und Vergleichswerte auf ihre Anwendbarkeit hin überprüft, mögliche Anwendungsbereiche definiert und in die Wissensbasis des Systems übernommen. Werten aus diesen Grenz- und Vergleichswerttabellen wurden aufgrund der an zahlreichen Einzelfällen gewonnenen Erfahrungen nach eigenen Definitionen insgesamt 6 Qualitätsklassen zugeordnet. Dabei entspricht Qualitätsklasse I den natürlichen Hintergrundwerten, Qualitätsklasse II gilt als tolerierbar, III heißt näher untersuchen, IV, V und VI mittleres, hohes und sehr hohe Gefährdungspotential mit unmittelbarer Gefährdung.

Beispiel: Anwendung der Trinkwasserverordnung für Grundwasser: Wenn der Meßwert kleiner gleich 0,2 mal dem Grenzwert ist, gilt Qualitätsklasse I. Die Tabellen wurden in Gruppen zusammengefaßt, z. B. für Grundwasser, Oberflächenwasser, Boden. Innerhalb der Gruppen wurden Prioritäten festgelegt. Für Oberflächenwasser gilt mit abnehmender Priorität die EG-Richtlinie über die Qualitätsanforderungen an Oberflächengewässer für die Trinkwasserversorgung, die Schweizer Qualitätsziele für Oberflächenwasser (A-Werte) und das Arbeitsblatt W 151 des Deutschen Vereins von Gas- und Wasserfachmännern über die Eignung von Oberflächenwasser für die Trinkwassergewinnung. Gibt es innerhalb einer Gruppe von Tabellen keine Möglichkeit einer Zuordnung, können andere Tabellen herangezogen werden. Für Grundwasser z. B. wurde folgende Prioritätsfolge definiert: Grundwasser-, Trinkwasser-, Oberflächenwassertabellen. Es besteht die Möglichkeit, die Tabellen in ihrer Prioritätsreihenfolge solange heranzuziehen, bis eine Beurteilung möglich ist oder es können alle relevanten Tabellen herangezogen werden. Wenn für den gemessenen Wert kein Vergleichswert gefunden wird, werden vergleichbare Ersatzparameter mit ähnlichen Eigenschaften vorgeschlagen, z. B. o-Xylol für p-Xylol.

Es gibt zusammenfassende Regeln zur Beurteilung von Analysen, Proben, Bereichen und des gesamten Falles. Beispiel: Wurde Originalsubstanz und Eluat untersucht und einzelne Parameter des Eluates wurden in Qualitätsklasse V oder VI eingestuft, dann bestimmt das Eluat allein die Beurteilung der Probe.

Beispiele für weitere Regeln, die zu beurteilenden Aussagen führen: Wenn der Abdampfrückstand einer wäßrigen Probe ungefähr gleich dem Glührückstand ist, dann ist der Anteil an organischer Substanz gering. Wenn die Summe der Konzentrationswerte der untersuchten Parameter bei einer Wasserprobe deutlich kleiner als der Abdampfrückstand ist, dann wurden wesentliche Anteile nicht analysiert. Lassen sich aus den Meßwerten widersprüchliche Aussagen ableiten, z. B. Hinweise auf niedrige und hohe organische Anteile, wird ein entsprechender Hinweis ausgegeben.

Die Beurteilung eines Falles enthält eine Einstufung in eine Qualitätsklasse, Statistiken über die Verteilung der Meßwerte in verschiedenen Probenarten und beurteilende Aussagen in Textform.

```
┌─────────────────────────────────────────────────────────────────────────┐
│             Beurteilung der Analyse: 201.83   25.07.1983   Eluat        │
│ Analysenergebnisse                                                       │
│ Farbe, qualitativ              =  gelb                                   │
│ elektr. Leitfähigkeit          =  430    uS/cm                           │
│ Ammonium                       =  0,200  mg/l                            │
│ Chlorid                        <  10     mg/l                            │
│ Cyanid, gesamt                 =  0,750  mg/l                            │
│ Phenol, gesamt                 =  0,900  mg/l                            │
│ Abdampfrückstand               =  1146   mg/l                            │
│ Gluehrueckstand (550 C)        =  1112   mg/l                            │
│ Kohlenwasserstoffe (IR)        =  3,400  mg/l                            │
│ ----------------------------------------------------------------------- │
│ Mineraloel                     =  3,400  mg/l                            │
│ Gluehverlust bei 550 C         =  34     mg/l                            │
│                                                                          │
│ Beurteilungsergebnisse                                                   │
│ Beurteilungen ueber Grenzwert-Tabellen:                                  │
│ 'Abdampfrueckstand' wird eingestuft in Qualitaetsklasse II - Tolerierbar (TVO). │
│ 'Ammonium'         wird eingestuft in Qualitaetsklasse II - Tolerierbar (TVO). │
│ 'Chlorid'          wird eingestuft in Qualitaetsklasse I - Im Bereich der │
│                    Hintergrundwerte (EG-TW).                             │
│ 'Cyanid, gesamt'   wird eingestuft in das Qualitaetsklassen-Intervall IV bis VI │
│                    (TVO).                                                │
│ 'Mineraloel'       wird eingestuft in Qualitaetsklasse IV - Mittleres    │
│                    Gefaehrdungspotential (NDL-GW).                       │
│ 'Phenol, gesamt'   wird eingestuft in Qualitaetsklasse V - Hohes         │
│                    Gefaehrdungspotential (NDL-GW).                       │
│ 'elektr. Leitfähigkeit' wird eingestuft in Qualitaetsklasse II - Tolerierbar (TVO). │
│                                                                          │
│ Definitive Aussagen:                                                     │
│ Der Anteil an organischer Substanz im Abdampfrückstand ergibt sich rechnerisch zu │
│ ungefaehr 2%.                                                            │
│ Ein wesentlicher Anteil der enthaltenen Stoffe ist nicht analysiert.     │
│ Der Wert von 'Abdampfrückstand' ist normal.                              │
│ Der Wert von 'Gluehrueckstand' ist normal.                               │
│ Der Parameter 'Farbe, Extinktion bei 436 nm' sollte analysiert werden.   │
│ Es existieren indirekte Hinweise auf 'Rohteer'. Grund: Farbe.            │
│                                                                          │
│ Potentielle Aussagen:                                                    │
│ Es gibt Hinweise, dass der organische Anteil im Abdampfrückstand hoch sein │
│ könnte. Grund: Abdampfrückstand >> elektrische Leitfähigkeit.            │
│                                                                          │
│ Gesamtergebnis:                                                          │
│ Die Analyse wird eingestuft in das Qualitaetsklassen-Intervall V bis VI. │
└─────────────────────────────────────────────────────────────────────────┘
```

Abb. 1. Beispiel für die Beurteilung einer Analyse.

TABELLE 1. Beispiele für Beurteilungsregeln.

*Regeln zu Grenzwerttabellen:*

Wenn eine Sickerwasser-Untersuchung zu beurteilen ist
   und der Wert mindestens eines Parameters in Qualitätsklasse IV - VI liegt,
dann sind die Abwassertabellen heranzuziehen.

Wenn ein Meßwert x mit der Niederländischen Boden-Tabelle verglichen wird
   und für den B- und C-Wert des Parameters gilt: B-Wert < x ≤ C-Wert,
dann liegt der Meßwert in Qualitätsklasse III.

*Regel zur Beurteilung eines einzelnen Analysenparameters:*

Wenn der pH-Wert < 5 ist,
dann ist die Löslichkeit von Schwermetallen erhöht.

*Regel zur Zusammenfassung auf Probenebene:*

Wenn bei einer Wasserprobe als Trübung im Probenahmeprotokoll klar und
   im Analysenprotokoll nicht klar angegeben ist,
dann hat sich die Probe nach der Probenahme chemisch verändert.

*Regel zur Zusammenfassung auf Fallebene:*

Wenn bei Sickerwasserproben 'Cyanid, gesamt' oder 'Kohlenwasserstoffe (IR)'
   hoch oder sehr hoch ist,
dann sollte das Grundwasser analysiert werden.

## 4. ERKLÄRUNG

Für die Akzeptanz des Systems ist von ganz wesentlicher Bedeutung, daß dessen Schlußfolgerungen für den Benutzer transparent und nachvollziehbar sind. Hierfür wurde eine Erklärungskomponente implementiert, welche dem Benutzer die Herleitung der Aussagen mit natürlichsprachlichen Texten darlegen kann (Huber, 1988). Jede angezeigte Aussage des Systems ist maus-sensitiv. Wenn der Benutzer eine Aussage mit der Maus anklickt, ruft er die Erklärungskomponente auf. Er kann dann wählen, ob er die lokale oder die globale Rechtfertigung der Aussage wünscht. Bei der lokalen Rechtfertigung (Abb. 2) werden nach der Aussage selbst die letzte Regel, die zu dieser Aussage geführt hat, und die erfüllten Bedingungen (Prämissen) aufgelistet. Bei der globalen Rechtfertigung wird der gesamte Ableitungsbaum der Aussage aufgezeigt, d. h. die Ableitung der Aussage aus den Analysenergebnissen und den Fakten und Regeln in der statischen Wissensbasis; dabei wird die Struktur des Ableitungsbaums durch entsprechende Einrückungen dargestellt.

> Lokale Rechtfertigung
>
> Das zu erklaerende Faktum lautet:
>
> Der Anteil an organischer Substanz im Abdampfrueckstand ergibt sich rechnerisch aus dem Gluehrueckstand zu ungefaehr 38%.
>
> und wurde hergeleitet durch die Regel G2-GLUEHRUECKSTAND-2:
>
> Wenn Gluehverlust und Abdampfrueckstand bekannt sind,
> .. dann berechnet sich der Anteil an organischer Substanz naeherungsweise
> .. zu: Gluehverlust / Abdampfrueckstand.
>
> mit den erfuellten Praemissen:
>
> Die Analyse '207.83 25.07.83 Eluat' ergab: Abdampfrueckstand = 210 mg/l
>
> Die Analyse '207.83 25.07.83 Eluat' ergab: Gluehverlust = 80 mg/l.

Abb. 2. Beispiel für die von der Erklärungskomponente gelieferte lokale Rechtfertigung einer Aussage.

## 5. ERFAHRUNGEN

XUMA wird bei der LfU im Testbetrieb eingesetzt. Überraschend war die leichte Bedienbarkeit auch für EDV-unerfahrene Anwender. Das System hat sich als Hilfsmittel bei der Beurteilung von Schadensfällen sehr gut bewährt. Die einzelnen Regeln zur Beurteilung mögen für sich gesehen dem Experten zum Teil trivial erscheinen. In der lückenlosen Anwendung und durch die Verknüpfung mehrerer Regeln kommt das System jedoch zu Aussagen, auf die auch ein Fachmann nicht immer ohne weiteres kommt. Auch widersprüchliche Hinweise und nicht plausible Aussagen können eine wertvolle Hilfe sein, sie geben Anlaß zur Überprüfung des Datenmaterials und der Regeln. Es ist dann ggf. möglich, Regeln abzuändern, Maßstäbe neu zu eichen oder neue Tabellen und Regeln aufzunehmen. Für den Fachmann ist es wertvoll, daß die Beurteilung nicht anhand einer einfachen Grenzwertliste als ja-nein Entscheidung fällt, sondern daß mehrere Listen mit definierten Anwendungsbereichen und Randbedingungen zu Beurteilungsvorschlägen führen. Andere Funktionen erleichtern ebenfalls spürbar die Arbeit des Fachmannes, z. B. die übersichtliche Art der Darstellung von Analysenergebnissen, Statistikfunktionen und die Möglichkeit, ähnliche Fälle zu Vergleichszwecken heranzuziehen. Die Basis einer Beurteilung wird durch das System transparent und nachvollziehbar. Dem beurteilenden Fachmann bleibt der notwendige, dem Einzelfall angemessene Entscheidungsspielraum. Auch in Zukunft wird nur der Fachmann XUMA als Hilfsmittel anwenden können.


6. LITERATUR

Geiger, W., Weidemann, R. und Eitel, W., (1990). Das Expertensystem XUMA zur Unterstützung der Erkundung und Bewertung von Altlasten. Dieser Kongreß.

Huber, K.-P. (1988). Erklärungskomponente für das Expertensystem XUMA unter Berücksichtigung verschiedener Benutzerklassen. Kernforschungszentrum Karlsruhe, KfK 4478.

Ministerium für Umwelt Baden-Württemberg (Hrsg.) (1988). Altlasten-Handbuch, Teil 1, Altlasten-Bewertung, Wasserwirtschaftsverwaltung, Heft 18.

Weidemann, R. und Geiger, W. (1989). XUMA - Ein Assistent für die Beurteilung von Altlasten. In A. Jaeschke, W. Geiger und B. Page (Hrsg.), Informatik im Umweltschutz, Informatik-Fachberichte 228, S. 385 - 394. Berlin: Springer-Verlag.

DAS EXPERTENSYSTEM XUMA ZUR UNTERSTÜTZUNG DER ERKUNDUNG UND
BEWERTUNG VON ALTLASTEN

W. Geiger*, R. Weidemann*, W. Eitel[+]

* Kernforschungszentrum Karlsruhe
  Institut für Datenverarbeitung in der Technik
  Postfach 3640
  D-7500 Karlsruhe 1

[+] Landesanstalt für Umweltschutz Baden-Württemberg
  Abteilung Boden, Abfall, Altlasten
  Griesbachstr. 3
  D-7500 Karlsruhe 21

1. EINLEITUNG

In Baden-Württemberg wie auch in anderen Bundesländern sind Programme angelaufen, um die Altlasten landesweit systematisch zu erkunden und zu erfassen sowie hinsichtlich ihrer Umweltgefährdung zu bewerten. Um die mit der Erkundung und Gefährdungsabschätzung befaßten Fachleute zu unterstützen, wird vom Institut für Datenverarbeitung in der Technik des Kernforschungszentrums Karlsruhe und von der Abteilung Boden, Abfall, Altlasten der Landesanstalt für Umweltschutz Baden-Württemberg (LfU) in einem gemeinsamen Forschungsvorhaben das Expertensystem Umweltgefährlichkeit von Altlasten (XUMA) entwickelt (Weidemann und Geiger, 1989).

2. ZIELE VON XUMA

Das Expertensystem XUMA soll die Fachleute in der Landesanstalt für Umweltschutz und in den Wasserwirtschaftsämtern als 'intelligenter Assistent' unterstützen und von Routinearbeiten entlasten. Es soll den Sachbearbeitern das Wissen der wenigen Fachexperten auf diesem Gebiet leichter zugänglich machen und sicherstellen, daß die Erfahrungen aus den Sanierungen sowie andere neue Erkenntnisse unverzüglich in die Bewertungen einfließen. Daneben soll das System zur landesweiten Vereinheitlichung des Vorgehens sowie der Bewertungskriterien beitragen.

3. FUNKTIONEN

3.1. Anwendungsfunktionen

Das System unterstützt die Altlasten-Sachbearbeiter in drei Phasen ihrer Tätigkeit:

Die Funktion 'Bewertung' hilft den Sachbearbeitern in der Phase der systematischen Erkundung einer Vielzahl von Altlasten bei deren Erstbewertung. Ziel dieser Funktion ist es, eine Gefährdungskennziffer zu bestimmen, die zur Prioritätensetzung bei der weiteren Untersuchung und Sanierung der Altlasten herangezogen werden kann, sowie den weiteren Handlungsbedarf zu ermitteln. Hierbei wird, da in dieser Phase i. allg. noch keine Analysenergebnisse zur Verfügung stehen, von den Ergebnissen der historischen Erkundung mit groben Angaben über die abgelagerten Stoffe und ihre Anteile (z.B. 60% Hausmüll, 5% Galvanikschlämme etc.) ausgegangen. Bei der Bewertung wird entsprechend dem für Baden-Württemberg entwickelten Bewertungsverfahren vorgegangen (Ministerium für Umwelt Baden-Württemberg, 1988).

Bei der Zusammenstellung der Analysenparameter für die chemisch-analytische Erkundung werden die Sachbearbeiter durch die Funktion 'Erstellung eines Analysenplans' unterstützt. Dabei wird von den in der historischen Erkundung gewonnenen konkreten Branchen- und Stoffhinweisen zu der jeweiligen Altlast ausgegangen. Um aus diesen Hinweisen einen Analysenplan ableiten zu können, ist in der XUMA-Wissensbasis Wissen über branchenspezifische Abfälle sowie Wissen über Stoffe und chemisch-physikalische Analysenparameter gespeichert.

Nachdem Proben der Altlast entsprechend dem Analysenplan in einem Labor untersucht worden sind, hilft die Funktion 'Beurteilung' den Sachbearbeitern bei der Beurteilung der Analysenergebnisse und Erarbeitung einer Stellungnahme in Art eines Gutachtens. Auf der Basis der Analysenergebnisse werden Aussagen zur Beurteilung der Stoffgefährlichkeit der Altlast, Hinweise zum weiteren Untersuchungsbedarf sowie andere Beurteilungsaussagen (z.B. Hinweise auf Inkonsistenzen in den Analysendaten, Statistiken) abgeleitet. Zur Durchführung dieser Aufgabe sind in der XUMA-Wissensbasis Grenz- und Vergleichswerttabellen einschließlich zugehörigem Wissen, Regeln zur Beurteilung von Analysenparametern sowie Regeln zur Zusammenfassung der Beurteilungsaussagen für Analysen, Proben und Fälle gespeichert (Geiger, Weidemann und Eitel, 1989).

3.2. Expertensystem-Funktionen

Neben den oben genannten Anwendungsfunktionen enthält das System noch expertensystemspezifische Komponenten. Mit der Erklärungskomponente kann sich der Benutzer die Herleitung der abgeleiteten Aussagen aus den fallspezifischen Daten sowie den fallunabhängigen Fakten und Regeln in der Wissensbasis darlegen lassen (Huber, 1988). Mit der Wissenserwerbskomponente können die dazu authorisierten Fachexperten der LfU das Bereichswissen in der Wissensbasis ergänzen und ändern (Clausen, 1989).

4. STAND DER ARBEITEN

Das Expertensystem wird auf einem LISP-Rechner Explorer II von Texas Instruments mit dem Datenbanksystem RTMS und der Expertensystem-Entwicklungsumgebung Inference ART implementiert. In einer ersten Ausbaustufe wurde ein Prototyp des Expertensystems entwickelt, der die Funktionen 'Erstellung eines Analysenplans', 'Beurteilung' und 'Wissenserwerb' sowie eine Erklärungskomponente enthält, und dessen Wissensbasis die Branchen Gaswerke, Kokereien und Teerdestillationen (Kohleveredelungsbetriebe) umfaßt. Der Prototyp ist in der LfU installiert und im testweisen Einsatz (Eitel, Geiger und Weidemann, 1990). Das System wird schrittweise sowohl in Bezug auf die abgedeckten Branchen als auch funktional weiter ausgebaut, wobei auch der Bereich Sanierung mit einbezogen werden soll.

5. LITERATUR

Clausen, U. (1989). Eine interaktive Wissenserwerbskomponente für ein wissensbasiertes Altlastensystem. Kernforschungszentrum Karlsruhe, KfK 4600.

Eitel, W., Geiger, W. und Weidemann, R. (1990). Erfahrungen bei der Beurteilung von Altlasten mit Unterstützung durch das Expertensystem XUMA. Dieser Kongreß.

Geiger, W., Weidemann, R. und Eitel, W. (1989). Konzepte des Expertensystems XUMA für Altlasten. KfK-Nachrichten, Jahrg. 21 (1989), Heft 3, S. 133 - 137.

Huber, K.-P. (1988). Erklärungskomponente für das Expertensystem XUMA unter Berücksichtigung verschiedener Benutzerklassen. Kernforschungszentrum Karlsruhe, KfK 4478.

Ministerium für Umwelt Baden-Württemberg (Hrsg.) (1988). Altlasten-Handbuch, Teil 1, Altlasten-Bewertung. Wasserwirtschaftsverwaltung, Heft 18.

Weidemann, R. und Geiger, W. (1989). XUMA - Ein Assistent für die Beurteilung von Altlasten. In A. Jaeschke, W. Geiger und B. Page (Hrsg.), Informatik im Umweltschutz, Informatik-Fachberichte 228, S. 385 - 394. Berlin: Springer-Verlag.

DIE ROLLE DER EXPERTENSYSTEME BEI DER BEURTEILUNG VON KONTAMINIERTEM BODEN UND GRUNDWASSER

RUBEN HUELE, RENE KLEIJN, WYTZE VAN DER NAALD

UMWELTSTUDIENZENTRUM, UNIVERSITÄT LEIDEN, P.O. BOX 9518, 2300 RA LEIDEN, TEL. 277486

In den letzten Jahren waren rapide Fortschritte bei der Entwicklung von METHODEN und DATENERFASSUNG für die Beurteilung der Boden- und Grundwasserkontamination zu verzeichnen. Trotzdem entstehen noch Probleme infolge:
- mangelnde ERREICHBARKEIT der Daten
- UNSCHÄRFE der Methoden und Daten

EXPERTENSYSTEME können helfen, diese Probleme zu lösen. Hierbei sind zwei Haupttypen zu unterscheiden:

REGELGESTÜTZTE SYSTEME mit folgenden Merkmalen:
- starres System
- die Überwachung der Meßwerte basiert auf klarer Parametererkennung und genauer Erfassung der Beziehungen zwischen den Parametern mit Formeln

Vorzüge und Anwendungsbereich:
- hohe Rohdatenverarbeitungskapazität, also Minimierung der Unschärfefaktoren durch vorherige Summierung der Daten
- Experten werden dazu motiviert, Kenntnisse über ein bestimmtes Gebiet zu präzisieren
- geeignetes Medium zur Verfügbarmachung von Fachkenntnissen für ein breiteres Anwendungsgebiet

NEURONALE NETZE mit folgenden Merkmalen:
- die Rechenmodelle korrigieren sich selbst
- automatische Mustererkennung und Berechnung entscheidender Faktoren

Vorzüge und Anwendungsbereich:
- Mustererkennung in Fällen, für die es noch keine detaillierte Modellstruktur gibt
- anschließende Erklärung von Werten und Gutachten bei der Datenbewertung
- kann das Problem fehlender oder widersprüchlicher Daten bewältigen
- als Analysewerkzeug von Experten und Entscheidungsverantwortlichen einsetzbar

ANWENDUNGSGEBIETE

REGELGESTÜTZTE SYSTEME

GRASBOL: Regelgestütztes Expertensystem zur Gefahrenabschätzung bei Bodenkontamination

GRASBOL kann:
- Bodenkonzentrationen an verschiedenen Stellen mit Bezugswerten (in den Niederlanden den ABC-Werten) vergleichen
- folgende Informationen über Schadstoffe liefern:
    - mögliche Aufnahmewege
    - mögliche Auswirkungen auf die Gesundheit
    - mögliche Kontaminationsquellen
    - weitere Literatur
- die Aufnahmedosis berechnen für:
    - mehrere Risikogruppen bei einem Schadstoff
    - eine Risikogruppe bei mehreren Schadstoffen
- den Dosis-Rechenwert mit der zulässigen täglichen Aufnahmedosis eines Schadstoffs vergleichen.

NEURONALE NETZE

Analyse von ADI-Werten direkt nach Berechnung:

ADI-Werte sind Expertengutachten, die auf toxikologischen Daten basieren. Diese Gutachten stützen sich auf verschiedene, größtenteils unvollständige Datengruppen. Ein neuronales Netz kann ein Modell für diese Bewertung auf Grund von vorherigen Gutachten entwickeln. Mit diesem Modell ist es möglich,
- kritische Parameter im Bewertungsprozeß zu ermitteln
- nicht-offizielle, aber in der Praxis verwendbare ADI-Werte für neue Substanzen problemlos herzuleiten
- ein konsequentes Bewertungsmodell für eine Gruppe verwandter Substanzen zu erstellen und daraus Summenparameter herzuleiten.

BEWERTUNGSVERFAHREN ZUR ABSCHÄTZUNG DES GEFÄHRDUNGSPOTENTIALS
FÜR DAS GRUNDWASSER BEI KONTAMINIERTEN STANDORTEN

H. BREMER, U. ROHWEDER

FREIE UND HANSESTADT HAMBURG, UMWELTBEHÖRDE, GEWÄSSER- UND
BODENSCHUTZ (W2)


ANLASS UND ZIELE
   Bei der Wasserbehörde der Freien und Hansestadt Hamburg
sind ca. 200 Fälle von Untergrundverunreinigungen in den unterschiedlichsten Phasen in Bearbeitung. Darüber hinaus gibt es
ca. 500 weitere konkrete Hinweise auf grundwassergefährdende
Untergrundverunreinigungen; außerdem sind weit mehr als 1.000
allgemeine Verdachtsflächen registriert.
   Da aufgrund des nur begrenzt verfügbaren Personals und der
knappen Haushaltsmittel nicht alle Fälle gleichzeitig mit
gleicher Intensität bearbeitet werden können, ist die Wasserbehörde gezwungen, ständig eine Auswahl bzw. Wertung darüber
vorzunehmen, welche Untergrundverunreinigungen wann und mit
welcher Intensität weiterzuverfolgen sind.
   Als Konsequenz aus dieser Problemstellung wurde in Hamburg
bereits 1981 ein erstes einfaches Bewertungsverfahren entwickelt, das sich gut bewährt hat. Im Jahr 1985 erfolgte eine
grundlegende Überarbeitung und Verfeinerung des Verfahrens zur
Abschätzung des Gefährdungspotentials für das Grundwasser und
zur Prioritätenfestlegung.

BEWERTUNGSKRITERIEN
   Der Katalog der Bewertungskriterien beinhaltet neben Art,
Menge und Eigenschaften der im Boden und Grundwasser angetroffenen Schadstoffe insbesondere die örtlichen (hydrogeologischen) Verhältnisse im Schadensgebiet sowie die Lage zu
Nutzungen des gefährdeten bzw. bereits verunreinigten Grundwasserleiters. Um eine einheitliche Bewertung der schadstoff-
spezifischen Kriterien zu gewährleisten, wurde eine Klassifizierung der Schadstoffe vorgenommen. Diese Einstufung, in
der auch Schwellenwerte angegeben sind, wurde speziell für
das Bewertungsverfahren vorgenommen und ist daher nicht als
allgemeingültig anzusehen.

AUFBAU DES VERFAHRENS
   Das Bewertungsverfahren ist als additive Punkte-Skala
(0-100 Punkte) aufgebaut, wobei höhere Punktzahlen ein höheres
Gefährdungspotential bedeuten. Die Skala stellt jedoch keinen
absoluten Maßstab dar. Die Wichtung der Bewertungskriterien
untereinander und die Punkteabstufung innerhalb der einzelnen

Kriterien wurden auf der Basis in- und ausländischer Literatur sowie aufgrund von Erfahrungen in Hamburg unter Berücksichtigung ausgewählter, in Bearbeitung befindlicher bzw. bereits sanierter Altlasten festgelegt.

FORTSCHREIBUNG DES VERFAHRENS

Die Erfahrungen bei der Anwendung dieses Verfahrens sowie die aus der öffentlichen Diskussion entstandenen Anregungen und Kritiken haben die Wasserbehörde veranlaßt, das Bewertungsverfahren erneut dem neuesten Erkenntnisstand auf dem Gebiet der Altlastenuntersuchung und -sanierung anzupassen und fortzuschreiben.

Die Schwerpunkte bei der Überarbeitung des Bewertungsverfahrens liegen bei:

- der Ergänzung der Bewertungsfaktoren (z.B. Schadstoffeigenschaften, Grundwasserbewegung, Spezifizierung nach unterschiedlichen Bodenarten, grundwasserempfindlichen Gebieten, usw.)
- und der Aktualisierung des Schadstoffkataloges.

Außerdem wird im Zuge der Überarbeitung geprüft, ob ein mehrgliedriges Verfahren entsprechend den Bearbeitungsphasen bei der Untersuchung und Sanierung von Altlasten eingeführt werden soll.

EIN DATENBANK- UND INFORMATIONSSYSTEM ZUR UNTERSUCHUNG VON ALTSTANDORTEN
DES STEINKOHLENBERGBAUS

Assessor des Markscheidefachs Dipl.-Ing. Manfred Böhmer
Ruhrkohle AG/Montan-Grundstücksgesellschaft mbH

Prof. Dr. Wolfdietrich Skala
Lehrgebiet für Mathematische Geologie FU Berlin

1. EINLEITUNG
Die Verursachung von Umweltbelastungen im Boden und im Grundwasser durch
den Bergbau geht z.T. bis in das vorige Jahrhundert zurück. Hierfür kommen
im wesentlichen die Kokereien mit ihren dazugehörigen Kohlenwertstoffanla-
gen in Frage (Brikettfabriken, Teer- und Gasgewinnungsanlagen, chemische
Betriebe).
Um diese Industriebrachen einer neuen Nutzung zuführen zu können, muß auf
diesen Grundstücken eine Gefährdungsabschätzung durchgeführt werden. Entscheidungen über erforderlich Sanierungsmaßnahmen sind abhängig von der
Bewertung dieser Gefährdungsabschätzung. Hierzu sind Quervergleiche zwischen den Meßwerten nötig, um die Gefährdungspfade der Kontaminierung und
die Schadstoffausbreitung erkennen und bewerten zu können.

Mit einem modular aufgebauten Software-System, das im Rahmen einer Pilot-
studie zwischen der RAG und dem Lehrgebiet für mathematische Geologie der
FU Berlin entwickelt wurde, können die Geologie, die Hydrologie sowie die
Schadstoffausbreitung im Boden und im Grundwasser modelliert werden.
Entscheidungen über ggf. erforderliche Sanierungsmaßnahmen sollen durch
ein Expertensystem unterstützt werden, das als Prototyp vorgestellt wird.
Nach Abschluß der derzeitigen Erprobungsphase an einem ausgewählten
Kokereistandort soll ein Informations-, Auswerte- und Entscheidungssystem
vorgestellt werden, für dessen Erstellung folgende Arbeiten durchgeführt
wurden.

2. STATISTISCHE UNTERSUCHUNGEN DER WASSER-INHALTSSTOFFE
In diesem Projektteil wurden die verfügbaren hydrochemischen Variablen
(pH-Wert, Leitfähigkeit, Chlorid etc.) einschl. der Analytik von Kohlenwasserstoffen eingehend statistisch untersucht. Multivariate statistische
Auswertungen (multiple Regressionen, Clusteranalysen, Hauptkomponentenana-
lysen etc.) sollten Zusammenhänge zwischen den erfaßten Parametern klären,
relevante Größen herausarbeiten bzw. Empfehlungen hinsichtlich einer eventuellen Reduktion des Analysenaufwandes geben. Zeitreihenanalysen wurden
exemplarisch durchgeführt, um Aussagen über die zeitabhängige Variabilität
relevanter Einflußgrößen an einzelnen Pegeln treffen zu können. Diese
könnten ggf. für Belange der Vorhersage zeitabhängiger Entwicklungen Einsatz finden.

3. GEOMETRISCHE EINGRENZUNG DES GRUNDWASSERLEITERS UND SIMULATION VON
STRÖMUNGSVERHÄLTNISSEN UND STOFFAUSBREITUNG MITTELS DETERMINISTISCHER
MODELLE

Um Grundlagen für Sanierungskonzepte erarbeiten zu können, empfiehlt es sich, mögliche Schadstoffahnen und Verteilungsmuster im Grundwasser mit Hilfe deterministischer Grundwassermodellierung und Transportmodelle abzuschätzen. Die Basis dieses EDV-gestützten Auswertungsschrittes stellt die Erarbeitung eines räumlichen geologischen Modelles dar, d.h., die geometrische Eingrenzung des betrachteten Grundwasserleiters (Einzugsgebiete, Vorfluter, Brunnen etc.) und die Regionalisierung der hydraulisch wirksamen Aquiferkenngrößen.

Die Untersuchungen konnten unter Beweis stellen, daß sich die Kombination geostatistischer Verfahren mit deterministischen Modellen gut dazu eignet, die Auswirkungen einer kokereispezifischen Verunreinigung auf das Grundwasser abzuschätzen. Es zeigte sich dabei, daß bei einer weiträumigen und gleichmäßigen Beprobung sowohl von Wasserinhaltsstoffen, als auch von hydraulisch wirksamen Parametern (Durchlässigkeiten, Aquifermächtigkeiten etc.) mit Hilfe fortgeschrittener geostatistischer Verfahren eine gute Grundlage zur deterministischen Modellierung von Schadstoffausbreitungen im Grundwasser geschaffen werden kann. Sind diese Voraussetzungen nicht gegeben, so können dennoch - jedoch mit einem höheren zeitlichen Aufwand - durch Kalibrierung des Modells fehlende Werte für die hydraulischen Grundparameter erarbeitet werden.

## 4. EIN EXPERTENSYSTEM ZUR UNTERSTÜTZUNG DER SANIERUNGSPLANUNG

Ziel dieses Projektteils ist die Konzipierung und prototypische Implementierung eines Leitsystems zur Unterstützung der Sanierungsplanung, d.h. eines wissensbasierten Systems, das aufgrund einer Risikobewertung von Grundwasser und Boden kontaminierter Standorte in der Lage ist, Entscheidungshilfe bei der Wahl der Sanierungsmethoden und des Sanierungsumfangs zu leisten - letzteres im Hinblick auf spätere Nutzungen. Unter diesen Vorgaben hat das Expertensystem im einzelnen die folgenden Aufgaben zu erfüllen:

Nach der Erfassung und Archivierung von vorliegenden Informationen über den Standort (anthropogene und natürliche Standortbedingungen) steht der Vergleich von Analyseergebnissen mit Grenz- und Richtwerten im Vordergrund. Anschließend ist eine Einschätzung der geologischen und hydrologischen Situation des Standortes sowie der Bedingungen einer möglichen Schadstoffausbreitung vorzunehmen. Auf dieser Grundlage sollen Vorschläge für Maßnahmen zur Sanierung bzw. weiteren Untersuchung abgeleitet werden.

Das vorliegende EDV-gestützte Expertensystem gliedert sich demgemäß in drei Hauptteile, die durch Ein- und Ausgabeinformationen gekennzeichnet sind wie folgt:

1. Informationen über den Standort:
   a) Allgemeine Standortdaten
   b) Anthropogene Standortdaten
   c) Natürliche Standorte
2. Gefährdungsabschätzung:
   - chemische Analysenparameter
   - Richt- und Grenzwerte
3. Sanierungshilfe:
   a) Eingabe
      - allgemeiner Daten
      - "sanierungsrelevanter" Daten
   b) Empfehlung zur Auswahl einschlägiger Sanierungsverfahren (auf Wunsch mit Erläuterungen)
   c) Eignungstest bestimmter Sanierungstechniken.

AUFGABEN DER BODENKUNDE BEI DER ALTLASTENSANIERUNG


W. BURGHARDT

ANGEWANDTE BODENKUNDE, UNIVERSITÄT-GHS ESSEN, UNIVERSITÄTSSTR.5,
4300 ESSEN 1

1. EINLEITUNG
   Die Sanierung von Altlasten hat das Ziel, Schadstoffe aus dem Boden zu entfernen. Gleichrangiges Ziel muß die Erhaltung des Bodens und seiner Multifunktionalität sein. Der Beitrag der Bodenkunde zur Bodensanierung betrifft somit die Optimierung der Sanierungsmaßnahmen selbst sowie der Nutzungseignung der Böden. Daraus ergeben sich vielfältige Beziehungen zwischen der Altlastensanierung und den Bodeneigenschaften. Diese sind in der Übersicht 1 aufgeführt.

2. AUFGABENSTELLUNG
   Die Aufgabenstellung läßt sich in die 3 Teilbereiche gliedern:
1. Orientierungskriterien der Planung der Altlastensanierung, 2. Einfluß der Altlast und des Sanierungsverfahrens auf Bodeneigenschaften und 3. Bedeutung der Bodeneigenschaften für die Altlast vor und nach Sanierung.
   Die Planung der Altlastensanierung muß sich an mehreren Kriterien orientieren, die auch Bodeneigenschaften beinhalten. Bei einer schadstoff- und technikgeprägten Altlastensanierung finden diese jedoch nur untergeordnet eine Berücksichtigung. Für planerische Ansätze zur Optimierung des Sanierungserfolges hinsichtlich der Erfüllung von Funktionen und Nutzungsansprüchen muß der Boden jedoch eine starke Beachtung finden.
   Die Beziehung Boden-Sanierung ist zweiseitig. Die Altlast selbst wie auch das Sanierungsverfahren wirken sich auf die Bodeneigenschaften aus. Ebenso beeinflussen Boden und Substrat die Eigenschaften von Altlasten sowie den Erfolg der Sanierung und Rekultivierung.
   Die Kenntnis der Bodeneigenschaften zur Erfüllung von Bodenfunktionen ist Voraussetzung für einen Sanierungserfolg. Eigenschaften von Altlasten können sich auf benachbarte Flächen auswirken. Sanierungsmaßnahmen bedingen auch Eingriffe in benachbarte Flächen. Die Sanierung verändert je nach angewandter Technik den Boden unterschiedlich.
   Merkmale der Altlast wie auch der Sanierungserfolg werden durch Bodeneigenschaften bestimmt. Eine sorgfältige Erfassung der Bodenmerkmale ist daher erforderlich. Die Sanierungstechniken sind den Bodeneigenschaften anzupassen. Dabei kann es sinnvoll sein, sich auch an der Rekultivierbarkeit des sanierten Bodens zu orientieren. Wird der sanierte Boden auf anderen als der sanierten Fläche weiter verwendet, sollte die Sanierungstechnik auch die Ansprüche an den Boden am neuen Ablagerungsort berücksichtigen.

ÜBERSICHT 1. Bedeutung des Bodens bei der Altlastensanierung

1. Orientierungskriterien für die Planung der Sanierung
---

1.1. Altlastenmerkmale

1.2. Sanierungsziele

1.3. Sanierungstechnologien

1.4. Sanierungsschäden

1.5. Bodenverbesserungsmaßnahmen nach Sanierung

1.6. Nutzungseignung

1.7. Bodenerhaltung und -schutz

2. Einfluß der Altlast und Sanierung auf Bodenparameter
---

Vor Sanierung

2.1. Bodenfunktionen vor Sanierung

2.2. Beeinflussung der Bodenfunktionen durch Altlasten

2.3. Einfluß der Altlast auf Böden der angrenzenden Flächen

Sanierungsprozeß

2.4. Einfluß der Sanierungsmaßnahmen auf Böden der Sanierungsfläche, Bodenzerstörung

2.5. Einfluß der Sanierung auf Böden benachbarter Flächen

Nach Sanierung

2.6. Bodennutzungseignung

2.7. Schadstoffpfade nach Wiederbelastung

2.8. Belastbarkeit des Bodens

2.9. Empfindlichkeit des Bodens bei Belastungen

2.10. Entwicklung des Bodenlebens

2.12. Bodenökologie

2.13. Bodenentwicklungsprozesse

3. Bedeutung von Bodeneigenschaften für die Altlastensanierung, Rekultivierung und Bodenwiederverwendung
---

Altlast

3.1. Einfluß Bodeneigenschaften auf Schadstoffpfade aus der Altlast

3.2. Einfluß der Bodeneigenschaften auf Schadstoffwirkungen in der Altlast

3.3. Einfluß Bodeneigenschaften auf Schadstoffverteilung in der Altlast

Sanierungsprozesse

3.4. Einfluß von Boden- und Substrateigenschaften auf Sanierungstechnik und -erfolg

3.5. Optimierung der Sanierungstechnik bezüglich des Reinigungserfolges

3.6. Optimierung der Sanierungstechnik bezüglich Verbesserung der Bodeneigenschaften für
- Bodenfunktion
- Entwicklung des Bodenlebens
- vielfältige Bodennutzung
- Bodenökologie
- Bodenentwicklungsprozesse

Rekultivierung

3.7. Einfluß der Sanierungstechnik auf Rekultivierbarkeit

3.8. Verbesserung des Sanierungserfolges durch Rekultivierung

Bodenwiederverwendung

3.9. Bodeneigenschaften nach Sanierung zur Bodenwiederverwendung für Nutzungsziele anderer Standorte

3.10. Nicht wiederverwendbare Sanierungsreste

BODENKUNDLICHE KARTIERANLEITUNG URBAN, GEWERBLICH UND INDUSTRIELL ÜBER-
FORMTER FLÄCHEN - BODENKUNDLICHE GRUNDLAGE DER ERMITTLUNG, BEWERTUNG UND
SANIERUNG VON ALTLASTEN

ARBEITSKREIS STADTBÖDEN DER DEUTSCHEN BODENKUNDLICHEN GESELLSCHAFT -
W. BURGHARDT

ANGEWANDTE BODENKUNDE, UNIVERSITÄT-GHS ESSEN, UNIVERSITÄTSSTRASSE 5,
4300 ESSEN 1

1. EINLEITUNG
  Böden können durch Kontamination mit Schadstoffen zu Altlasten werden
oder auf Altablagerungen und Substraten der Altstandorte entstehen. Urban,
gewerblich und industriell überformte Flächen (Stadtböden) wie auch Altablagerungen werden erst in jüngster Zeit kartiert. Solche Vorhaben wurden
in der Bundesrepublik Deutschland in Berlin, Eckernförde, Hamburg, Hannover
und Kiel bereits durchgeführt oder begonnen. Weitere Projekte sind in
Planung. Dazu wurde vom Arbeitskreis Stadtböden der Deutschen Bodenkundlichen Gesellschaft ein Konzept zur Stadtbodenkartierung (Arbeitskreis
Stadtböden, 1989) entwickelt. Dieses Konzept kann auch zur Altlastenermittlung, -bewertung und Sanierung dienen und soll daher vorgestellt werden.

2. KONZEPT DER BODENKUNDLICHEN KARTIERUNG VON STADTBÖDEN
  Die Kartierung der Stadtböden baut auf der in der freien Landschaft entwickelten Methodik auf. Von besonderer Bedeutung für die Kartierung von
Stadtböden und Altlasten sind die Entwicklung von Konzeptkarten, die Substrat und Merkmalserfassung, die Ableitung von Schätzgrößen, Funktionalisierung, Klassifikation, Regionalisierung und Probenahme.
Die Kartierung von Stadtböden wird im Maßstab 1:5000 empfohlen. Für eine
spezielle Altlastenkartierung ist ein größerer Maßstab erforderlich.
2.1. Konzeptkarte
  In Stadtböden sind Bohrungen und die Anlage von Bodenprofilen aus mehreren Gründen extrem aufwendig. Infolge der hohen räumlichen Merkmalsvaria-
bilität ist die Übertragung der an Bohrpunkten gewonnenen Ergebnisse auf
die Fläche problematisch. Daher wird als erster Schritt der Stadtbodenkartierung die Erstellung einer Konzeptkarte empfohlen.
In der Konzeptkarte werden die für die Erfassung von Bodenmerkmalen und
der Bodenbildung bedeutsamen Informationen zur Entwicklung der abiotischen
und biotischen Naturraumausstattung, zur Flächennutzungsgeschichte, zu Bo-
denauftrag, -abtrag und -durchmischung, zur stofflichen Zusammensetzung der
Auf- und Einträge sowie Versiegelung verarbeitet. Mit der bodenkundlichen
Konzeptkarte werden somit über den Stoffbestand und die Flächennutzungsana-
lyse Altlastenverdachtsflächen flächendeckend erfaßt.
2.2. Substrat- und Merkmalserfassung
  Für Aussagen zu Prozessen der Bodenentwicklung, zur Bodennutzung und zu
Bodenfunktionen ist ein hochentwickeltes System der Bodenmerkmalserfassung

erforderlich. Besonderes Kennzeichen der Stadtböden ist das Vorkommen von technogenen Substraten wie Bauschutt, Müll, Aschen, Schlacken, Klär- und Industrieschlämmen. Zur Identifikation und Kennzeichnung technogener Substrate werden "Steckbriefe" entwickelt.
Das im ländlichen Raum angewandte Kartiersystem der Erfassung von Basismerkmalen wurde erweitert hinsichtlich der Kennzeichnung von Farben, Körnung, Skelettgehalt (Steine), Lagerungsart und -dichte, Porengrößenverteilung, Gefüge, Verfestigungsgrad, Konsistenz, organischer Substanz natürlichen und technischen Ursprunges, Carbonatgehalt, Durchwurzelung, Gase und Gerüche. Systeme zur Schätzung und Klassifikation dieser Merkmale wurden erarbeitet (Burghardt, 1988). Ergänzend wurden einfache Feldmethoden eingeführt.

## 2.3. Schätzgrößen

Aus den Merkmalen lassen sich Schätzgrößen z.B. zum Bodenwasserhaushalt, zur Durchwurzelung, Kationenaustauschkapazität, zu Nährstoffreserven, zum Schadstoffbindungsvermögen, Basenhaushalt, Verdichtungs- und Verschlämmungsneigung, Erosionsgefährdung ableiten. Für Stadtböden sind diese Arbeiten noch nicht abgeschlossen.

## 2.4. Funktionalisierung

Auf der Grundlage der Schätzgrößen kann eine funktionale Kennzeichnung der Böden z.B. für den Bodenschutz, die Altlastenbewertung, Erfordernisse der Schutz- und Sanierungsmaßnahmen bei Altlasten, Standorteignung für Flora und Bodenfauna, zur Wassergewinnung, Bebaubarkeit, Eignung als Deponiestandort und zur Risikoabschätzung bei verschiedenen Nutzungsformen vorgenommen werden.

## 2.5. Klassifikation

Die Klassifikation von Böden kann auf der Grundlage der bei der Konzeptkartenentwicklung überwiegend erfaßten Faktoren der Bodenbildung, der Bodenmerkmale, der aus diesen abgeleiteten bodenbildenen Prozesse sowie der funktionalen Kennzeichnung von Böden erfolgen. Entsprechend kann auch eine Klassifikation für Altlasten entwickelt werden.

## 2.6. Regionalisierung

Zur Funktionalisierung ist eine eindeutige Kennzeichnung der Bodeneigenschaften und Belastungen von Flächen erforderlich. Für eine Flächeninhaltsbeschreibung ist daher eine Regionalisierung der Merkmale bzw. Merkmalskombination durchzuführen. Diese erfolgt mit Hilfe der Konzeptkarte, statistischen Verfahren, von Merkmalssequenzen und kleinräumigen Strukturen.

## 3. SCHLUSSFOLGERUNG

Die Kartierung von Stadtböden läßt sich auch auf Altlasten anwenden. Die bodenkundliche Kartierung ermöglicht eine wesentliche Verbesserung der Altlastenkennzeichnung. Es wird somit empfohlen, Altlastenermittlung, Altlastenbeurteilung und Bodenkartieung als integrale Aufgabe zu behandeln.

## 4. BIBLIOGRAPHIE

Arbeitskreis Stadtböden, W. Burghardt (1988). Substrate und Substratmerkmale von Böden der Stadt- und Industriegebiete. Mitteilgn. Dtsch. Bodenkundl. Gesellsch., 56: 311-316.

Arbeitskreis Stadtböden (1989). Kartierung von Stadtböden - Empfehlungen des Arbeitskreises Stadtböden der Deutschen Bodenkundlichen Gesellschaft für die bodenkundliche Kartieranleitung urban, gewerblich und industriell überformter Flächen (Stadtböden). UBA-Texte 18/89, Berlin, Umweltbundesamt.

Kneib, W.D. (1984). Konzept der Flächeninhaltsbeschreibung in Bodenkarten. Mitteilgn. Dtsch. Bodenkundl. Gesellsch., 40: 183-190.

DARSTELLUNG DER ERGEBNISSE DES VERBUNDVORHABEN GEORGSWERDER, HAMBURG


Jens H. Fischer
GDS Grafik Design Studio GmbH, Kommunikationsagentur


Der Autor ist seit Anfang 1989 beauftragt, im Rahmen des Verbundvorhabens Georgswerder jedes wissenschaftliche Teilvorhaben <u>einzeln</u> textlich und insbesondere grafisch aufzubereiten und <u>insgesamt</u> das Verbundvorhaben in einem möglichst effektiv zu präsentieren. Unabhängig vom Dokumentationsmedium, z.B. Bericht, Vortrag oder Diaserie, sind die Ziele dieses übergreifenden Teilvorhabens, die Hamburger Deponie möglichst effizient zu sanieren, die F&E-Ergebnisse für andere Altlasten übertragbar darzustellen; insbesondere geht es jedoch um die Wirkung auf die Öffentlichkeit und die politische Entscheidungsoptimierung. Das Umweltproblem Deponie Georgswerder fordert einschließlich der Sanierungstechnologie und -arbeiten nicht allein wissenschaftliche Leistungen heraus, sondern auch politische Konsequenzen inklusive optimaler Information für die betroffenen Bürger.

Dieses übergreifende Teilvorhaben hat die Aufgabe, ein Informations- bzw. Kommunikationsproblem zu lösen: Ein sehr heterogener Sender, sprich: Teilnehmer des Verbundvorhabens, bestehend aus ca. 8 verschiedenen wissenschaftlichen Teildisziplinen mit individueller und zum Teil in sich widersprüchlicher Sprache und Sachgrafik; und auf der anderen Seite ein sehr heterogener Empfänger, sprich: Wissenschaftler, Bürger, Politiker.

In einem analytischen Teil werden zunächst beispielhaft wissenschaftliche Texte und Grafiken unter den genannten Zielsetzungen bewertet. In bezug auf die <u>Textgestaltung</u> wird festgestellt, daß Vorworte, Einleitungen und Zusammenfassungen in einer (All-)gemeinsprachform oder in einer terminologisch nur leicht von dieser abweichenden Fachsprache formuliert werden. Definitionen, Theoreme und Ergebnisse sind dagegen sprachlich stark fachspezifisch reglementiert. Der Kern der (chemischen, physikalischen, mathematischen...)

Aussagen wird dagegen meistens in den Formeln spezifischer Konstruktionssprache wiedergegeben. Dabei führen die Fachbeiträge zum Teil einen Ballast an Informationen und Daten mit sich, die zu einem Nebeneinander der Spezialgebiete führen. Es wird im nachhinein vom Autor versucht, derartige Störfaktoren auszuschalten, um die erfolgversprechenden Ansatzpunkte zur Durchführung naheliegender Sanierungsschritte aufzudecken.

Im zweiten Teil des Berichts werden beispielhaft grafische Darstellungen analysiert und produziert, die o.a. angesprochene Probleme lösen helfen sollen. Bei der Visualisierung z.B. eines Modells zum Flüssigkeitsentzug aus der Deponie kann man es darauf abgesehen haben, das Original der technischen Lösung möglichst genau zu simulieren oder darauf, ein durchschaubares Modell als eine prinzipielle Lösung zu erstellen. Zwei divergierende Faktoren spielen dabei eine Rolle: der eine ist die Übereinstimmung mit dem Original, der andere die Übersichtlichkeit der Zusammenhänge. Eine gute Grafik zwingt den Wissenschaftler zu Eindeutigkeit und Komplexitätsreduktion. Insgesamt wurden bisher 50 Grafiken vom Autor aufbereitet.

Im Schlußteil dieses Vorhabens werden Regeln, Hilfen und Tips dokumentiert, die die Präsentationsqualität wissenschaftlicher Verbundvorhaben im allgemeinen verbessern sollen. Die Texte werden verständlicher, z.B. durch einfachere Formulierungen, logischen Aufbau und nützliche Redundanz; Texte werden interessanter, z.B. durch typografische Textgestaltung, Tabellarisierung, Schaubilder und Diagramme. Anhand von acht wichtigen Bildkategorien wird das gleiche für Grafiken angestrebt. Im einzelnen für: Karten und Pläne, Schnittzeichnungen, Ablaufschemata, Organigramme, stilisierte Vorgänge, Verfahrensdarstellungen, quantitative Darstellungen, Koordinatensysteme und Tabellen.

Im Hintergrund der Untersuchungen und Beispiele steht ein hier einmal grundsätzlich behandeltes Kommunikationsproblem interdisziplinärer Forschung, nämlich: wer (Absender) wem (Empfänger) was (Inhalt) warum (Intention) in welcher Situation (nähere Umstände der Präsentation) wie (Methode) mitteilt.

**Bewertung von Grundwasserprobenahmetechniken zur Erkundung und Überwachung von Altlasten**

G. Teutsch, B. Barczewski, H. Kobus

Lehrstuhl für Hydraulik und Grundwasser, Institut für Wasserbau der Universität Stuttgart, Pfaffenwaldring 61, 7000 Stuttgart 80, F.R.G.

## 1. EINLEITUNG

Bei der hydrogeologischen Standortbewertung und bei allen Grundwasserüberwachungsmaßnahmen spielt das Gewinnen repräsentativer Grundwasserproben eine wesentliche Rolle. Eine falsche oder unzureichende Probenahme und die daraus resultierende Fehlbeurteilung kann vor allem im Bereich der Altlasten-Gefährdungsabschätzung mit erheblichen gesundheitlichen und/oder finanziellen Risiken verbunden sein. Aussagefähige Probenbefunde setzen eine im Hinblick auf die Aquifer- und Bohrlochhydraulik und die zu beprobenden chemischen Parameter korrekte Probenahmetechnik sowie den Einsatz geeigneter Probenahmegeräte voraus. Hierbei muß grundsätzlich davon ausgegangen werden, daß das Abteufen einer Grundwassermeßstelle, die Entnahme und Beförderung von Grundwasser an die Oberfläche sowie die Aufbewahrung und der Transport ins Labor die Wasserprobe mit unterschiedlichsten Materialien in Kontakt bringt und zugleich wechselnden Temperaturen und Drücken aussetzt. Diese Einflüsse können die Beschaffenheit der Probe z.T. erheblich verändern und müssen deshalb untersucht und quantifiziert werden, um unerwünschte Nebeneffekte möglichst gering zu halten.

In diesem Referat werden die wichtigsten Einflussfaktoren dargestellt und diskutiert. Ferner wird eine Bewertung unterschiedlicher Probenahmetechniken und Probenahmesysteme vorgenommen. Insbesondere wird auf die Eignung verschiedener Systeme, die bei der Altlastenerkundung und -überwachung häufig vorzufindenden organisch hochbelasteten Grundwässer adäquat zu beproben, eingegangen. Zusätzlich werden einige neue Geräteentwicklungen sowie das am Institut für Wasserbau entwickelte Grundwasserprobenahme-Expertensystem CASES (Teutsch et al., 1989) kurz vorgestellt.

## 2. EINFLUSSFAKTOREN AUF DIE GRUNDWASSERPROBENBESCHAFFENHEIT

Ziel der Grundwasserbeprobung ist es, die physikalischen, chemischen und biologischen Beschaffenheitsparameter des Grundwassers in einer der Zielsetzung entsprechenden, repräsentativen Weise zu bestimmen. Die Grundwasserprobe ist dann repräsentativ, wenn sie die tatsächlichen in-situ Verhältnisse am Ort und zum Zeitpunkt der Probenahme widerspiegelt.

Die Repräsentativität einer Grundwasserprobe wird bestimmt durch den Typ der Meßstelle, die zum Meßstellenausbau verwendeten Materialien, die Bohrlochhydraulik, das gewählte Probenahmeprinzip sowie Material und Eigenschaften des Probenahmegerätes und des Fördersystems.

Grundsätzlich gilt, daß hydraulische Gesichtspunkte vor allem dann zu berücksichtigen sind, wenn signifikante Unterschiede in der vertikalen Verteilung des Kontaminanten innerhalb des Aquifers vorliegen und diese zu bestimmen das Ziel ist. Hingegen sind Aspekte der chemischen Integrität einer Grundwasserprobe v.a. dann zu berücksichtigen, wenn entweder eine Interaktion mit den verwendeten Materialien oder die Veränderung eines für die Fragestellung wesentlichen, thermodynamischen Parameters bei der Zutageförderung zu befürchten sind. Die Entwicklung eines geeigneten Grundwasserprobenahmekonzeptes erfordert demnach eine klare Vorstellung zur Hydrogeologie des Standortes sowie die Vorgabe des Beprobungsziels, des zu erwartenden Parameterumfangs und der vorgesehenen Probenzahl.

### 2.1 Typ der Grundwasserbeschaffenheitsmeßstelle

Man kann fünf Grundtypen von Grundwasserbeschaffenheitsmeßstellen unterscheiden (vgl. Abbildung 1):

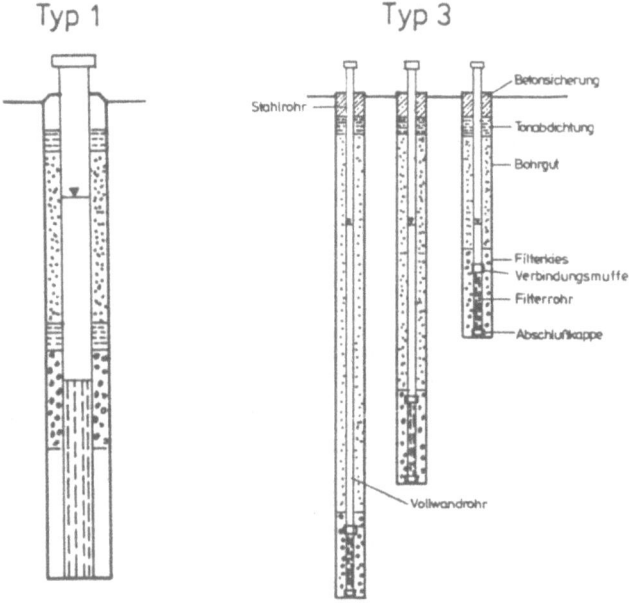
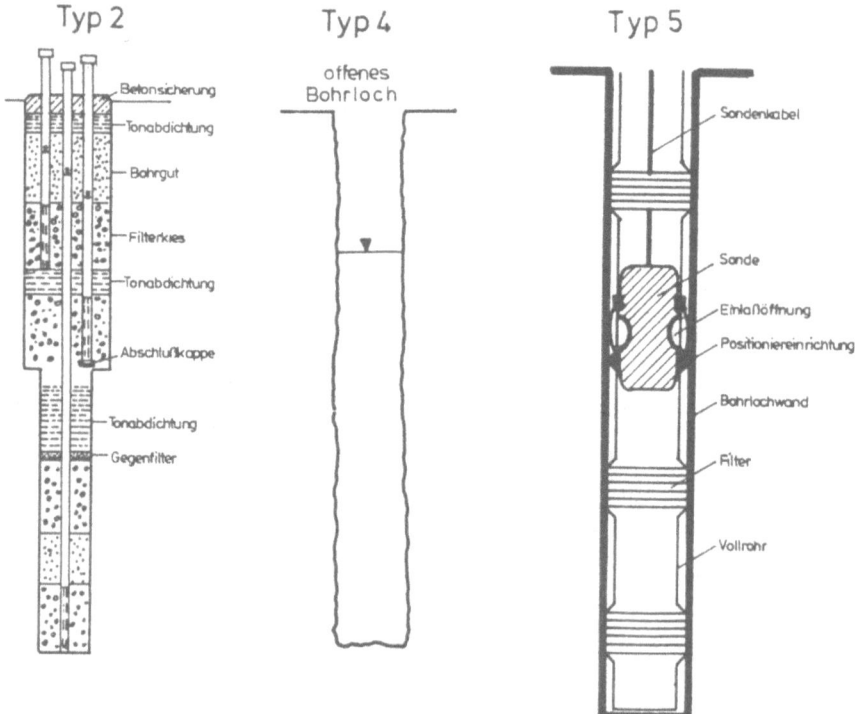

Abb. 1: Grundwassergütemeßstellentypen

(1)  Einfachmeßstelle mit Standardausbau (üblicherweise 4" bis 6")

(2)  Mehrfachmeßstelle gebündelt in Einzelbohrung (üblicherweise 2" in Bohrung mit > 10")

(3)  Mehrfachmeßstelle als separate Bohrungen unterschiedlicher Tiefe (Piezometernest)

(4)  Einfachmeßstelle als 'offenes Loch' (nur in Festgesteinuntergrund, üblicherweise 4" bis 6")

(5)  Mehrfachmeßstelle als Einzelbohrung mit Sonderausbau für Mehrfachbeprobungssystem (üblicherweise 3" bis 6")

Weitaus am häufigsten vorzufinden sind die Einfachmeßstellen vom Typ (1). Diese Meßstellen bieten den Vorteil, auch für hydraulische Tests verwendbar zu sein, insbesondere wenn sie in 5" oder 6" ausgebaut werden. Sie haben andererseits den Nachteil, ohne besondere Einbauten nicht für eine tiefenorientierte Beprobung verwendbar zu sein.

Die Mehrfachmeßstelle vom Typ (2) wird häufig dort eingesetzt, wo aufgrund der größeren Tiefe nur eine einzige Bohrung erstellt werden kann und eine tiefenorientierte Beprobung erforderlich ist. Von Vorteil sind vor allem die geringeren Erstellungskosten gegenüber den Typ(3)- und Typ(5)-Mehrfachmeßstellen. Die Probleme liegen vor allem im schwierigen Einbau der Abdichtungen zwischen den einzelnen Peilrohren, die oft eine hydraulische Schwachstelle darstellen. Ferner können aufgrund des üblicherweise kleinen Durchmessers der Peilrohre nach Ausbau keine hydraulischen Tests mehr durchgeführt werden.

Die Mehrfachmeßstelle (Piezometernest) vom Typ (3) ist vom Prinzip zur tiefenorientierten Beprobung die wohl am besten geeignete. Aufgrund der hohen Erstellungskosten stehen jedoch meist nur wenige 'Piezometer' (üblicherweise 2-4 fach Meßstellen) mit kleinen Duchmessern zur Verfügung, die nur eingeschränkt für hydraulische Tests verwendbar sind.

Die Einfachmeßstelle als 'offenes Loch' im Festgestein - Typ (4) - kann sowohl für Integralproben als auch zur tiefenorientierten Beprobung verwendet werden. Aufgrund der fehlenden Filterpackung kann die tiefenorientierte Beprobung mit einfachen Doppelpackersystemen erfolgen, falls keine ausgedehnte Vertikalklüftung im Bohrlochbereich vorliegt.

## 2.2 Meßstellenausbaumaterialien

Die Auswahl geeigneter Materialien für den Meßstellenausbau hängt direkt von der zu untersuchenden Parameterpalette ab. Eine weitreichende Vorplanung ist notwendig, da Veränderungen nach Fertigstellung der Meßstelle nicht möglich sind.
Drei Kategorien sind zu unterscheiden:

(1)  Spülzusätze
(2)  Abdichtungen, vor allem im Ringraum
(3)  Vollrohr- und Filtermaterialien

Unter dem Gesichtspunkt einer möglichst geringen Beeinflußung des Grundwassers durch Spülzusätze ist die Verwendung einer reinen Luft- oder Wasserspülung zu empfehlen, wobei im Falle der Luftspülung allerdings die Gefahr des Ausblasens von kontaminiertem Grundwasser besteht. In Abhängigkeit von den physikalischen Eigenschaften der angetroffenen Schichten und der eingesetzten Ausrüstung kann die Verwendung von Spülzusätzen notwendig werden. Die am häufigsten eingesetzten Spülzusätze sind Bentonite, Polymere und oberflächenaktive Substanzen. Bentonite können lokal den pH-Wert des Grundwassers deutlich und nachhaltig erhöhen, während organische Polymere das Wachstum von Bakterien fördern. Alle abbaubaren organischen Zusätze beeinflussen ferner die Redox-Bedingungen im Grundwasser (EPA, 1986).

Zur Abdichtung des Ringraumes werden üblicherweise Bentonite, Bentonit-Zement Suspensionen, Beton und Dämmer verwendet, wobei für die Grundwasserprobenahme primär die hydraulische Wirksamkeit der Abdichtung von Bedeutung ist. Eine nachträgliche Kontrolle der Position der Abdichtung kann bei Einsatz '$\gamma$-strahlenden' Tonmaterials mit dem $\gamma$-Log erfolgen.

Tabelle 1 gibt einen Überblick über Eigenschaften und Einsatzmöglichkeiten der wichtigsten für Filter- und Vollrohre verwendeten Werkstoffe. In den letzten Jahren sind zu diesem Thema zahlreiche wissenschaftliche Untersuchungen durchgeführt worden. Besonders zu erwähnen sind in diesem Zusammenhang die von der amerikanischen Umweltbehörde (EPA) publizierten umfangreichen Regelwerke. Eine umfassende Übersicht über die Literatur zum Thema der Meßstellenausbaumaterialien ist als DVWK-Mitteilung (1990) erschienen.

TABELLE 1. Hartmaterialien und flexible Materialien für den Meßstellenausbau (Teutsch und Ptak, 1987)

| | |
|---|---|
| **Hartmaterialien:** | |
| Teflon | chemisch inert, geringe Sorptionseigenschaften bei hoher Oberflächengüte, besonders geeignet für aggressive Sickerwässer mit hohem Gehalt an organischen Bestandteilen, Materialqualität herstellerabhängig |
| Edelstahl | geeignet zum Einbau in aggressiven Sickerwässern mit hohem Gehalt an organischen Bestandteilen, langsame Korrosion im sauren Bereich insbesondere bei hohen Cl-Gehalten möglich, Korrosionsprodukte vor allem Fe- und eventuell Cr- und Ni-Verbindungen |
| PVC | unbeständig gegen aggressive Sickerwässer mit hohem Gehalt an organischen Bestandteilen, sollte vornehmlich für Meßstellen zur Beprobung anorganischer Inhaltsstoffe verwendet werden |
| Galvan. Stahl | Korrosion im sauren Bereich, insbesondere bei hohen Sulfidgehalten, Korrosionsprodukte sind vor allem Fe-, Mn-, Zn- und Cd-Verbindungen, korrodierte Oberflächen haben ausgeprägte Adsorptionseigenschaften |
| **Flexible Materialien:** | |
| Teflon | empfohlen für die meisten Überwachungsaufgaben, insbesondere zur Überwachung des Gehaltes an organischen Substanzen, leicht zu reinigen, dadurch geringe Verschleppungsgefahr |
| Polypropylen, PE (linear) | geeignet für korrosive, jedoch nicht für organisch stark belastete Wässer, nur sehr geringe Gehalte an herstellungsbedingten Fremdbestandteilen |
| PVC (flexibel) | ungeeignet zur Beprobung organisch stark belasteter Wässer, hoher Gehalt an herstellungsbedingten Fremdstoffen, die bevorzugt ausgeschieden werden |
| Viton, Silikon, Neopren | ungeeignet zur Beprobung organisch stark belasteter Wässer, Sorptionseffekte stark ausgeprägt, Beeinflußung muß im Einzelfall überprüft werden |

## 2.3 Meßstellenhydraulik

Das Einrichten einer Grundwassermeßstelle ist immer mit einer gewissen Veränderung der natürlichen Grundwasserströmung im unmittelbaren Umfeld der Meßstelle verbunden. Einerseits kann je nach Meßstellenausbau und $k_f$-Verhältnis des Ringraumfilters zum Aquifer eine Fokussierung oder Defokussierung des natürlichen Strömungsfeldes stattfinden (Palmer, 1989). Andererseits kann schon ein geringer vertikaler hydraulischer Gradient eine erhebliche Vertikalströmung innerhalb der Meßstelle induzieren. Dies ist vor allem in Meßstellen mit langen Filterstrecken zu beobachten.

Die Meßstellenhydraulik spielt vor allem dann eine wichtige Rolle, wenn vertikale Konzentrationsunterschiede vorliegen. Wie Abbildung 2 zeigt, kann ein falscher Meßstellenausbau unter diesen, im Nahfeld von Altlasten häufig anzutreffenden Bedingungen, zu einer Verschleppung der Kontamination in höher oder tiefer gelegene Aquiferbereiche führen.

Die Beprobung einer solchen Meßstelle würde zu einer falschen Einschätzung über die Ausdehnung der Grundwasserkontamination führen. Auch eine Probenahme unter Einsatz von Packern könnte das Problem vermutlich nicht lösen, da ein Abpumpen des kontaminierten Wassers aus dem anfänglich sauberen unteren Aquiferbereich zu lange dauern würde. Ferner würde weiteres kontaminiertes Wasser auch nach Einbau des Packers durch den Filterkies im Ringraum nach unten perkolieren können.

Aus den genannten Gründen ist es deshalb gerade im Falle von Altlasten empfehlenswert, Grundwassermeßstellen möglichst nicht tiefer zu planen, als eine Grundwasserkontamination vermutet wird. Für den Fall daß die Tiefenausdehnung der Kontamination nicht bekannt ist, sollten präventiv Absperrmöglichkeiten (Vollrohrstrecke und Ringraumabdichtung) in regelmäßigen Abständen vorgesehen werden. Diese können dann, falls erforderlich, unter Einsatz stationärer Packersysteme aktiviert werden.

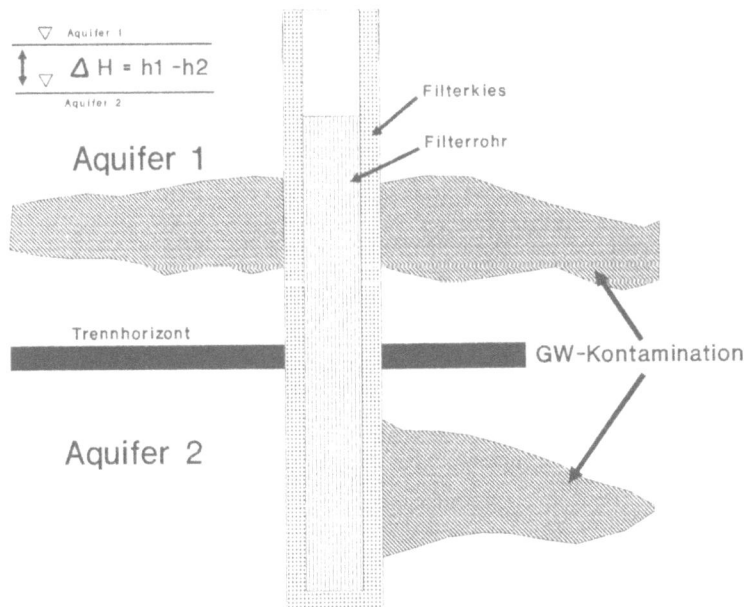

Abb. 2: Verschleppung einer Grundwasserkontamination in tiefer gelegene Aquiferbereiche aufgrund eines fehlerhaften Meßstellenausbaus.

## 2.4 Grundwasserprobenahmesysteme

Ein Probenahmesystem kann ein einfacher Schöpfer, eine Unterwasserpumpe oder ein kompliziert aufgebauter Mehrfachprobennehmer (multi-level) sein. Die Auswahl des am besten geeigneten Probenahmesystems hängt in erster Linie von der Zielsetzung ab. Man unterscheidet im allgemeinen zwischen der Mischbeprobung und der tiefenorientierten Beprobung, wobei die tiefenorientierte Beprobung dann zum Einsatz kommt, wenn die vertikalen Unterschiede in den Schadstoffkonzentrationen erfasst werden sollen.

### 2.4.1 Mischbeprobung.
Der Mischprobengewinnung sollte ein mindestens zweimaliges Abpumpen des gesamten Meßstellenwasservolumens vorausgehen. Anschließend wird mit Hilfe desselben oder eines zweiten Fördersystems ein kontinuierlicher oder alternierender Volumenstrom erzeugt, um die Wasserprobe zu gewinnen. Dabei wird üblicherweise davon ausgegangen, daß die Konzentration der gewonnenen Proben gemäß Gleichung 1 dem durchflußgemittelten Konzentrationswert entspricht.

$$c = \frac{1}{q} \int_0^m u(z)\, c(z)\, dz$$

Darin ist c die durchflußgemittelte Konzentration, q der spezifische Durchfluß und u(z) bzw. c(z) die vertikale Geschwindigkeits- bzw. Konzentrationsverteilung.

Die richtige Durchführung der Mischprobenahme ist Gegenstand zahlreicher Richtlinien (DIN 38401 - Teil 13, DVWK Merkblatt 203, Urban und Schettler, 1980) die jedoch hauptsächlich auf Erfahrungswerten basieren. Systematische Untersuchungen zur Frage der Repräsentativität der Mischprobe wurden von Barczewski und Marschall (1989) in einem Großversuchsstand im Labor durchgeführt. Diese zeigten, daß die zuflußgemittelte Probenahme (Mischprobe) im allgemeinen unabhängig von der Entnahmerate, der Entnahmetiefe, und dem verwendeten Probenahmegerät ist. Kaleris (1989) konnte unter Verwendung eines numerischen Modells, das unter anderem auch die Reibungsverluste in der Meßstelle berücksichtigt, zeigen, daß nur für sehr lange Meßstellen und nur bei großen Pumpraten die Entnahmeposition eine Rolle spielt.

### 2.4.2 Tiefenorientierte Beprobung.
Die tiefenorientierte Grundwasserprobenahme kann ohne besondere Einbauten in dafür vorgesehene Mehrfachmeßstellen des Typs (2) und (3) oder in Sondermeßstellen des Typs (5) (z.B. WESTBAY-System) erfolgen. Die Tiefe der Beprobung ist im Falle der Meßstellentypen (2) und (3) durch die Filterposition und im Falle des Typs (5) durch die Position der Probenahmeöffnungen fest vorgegeben. Alternativ hierzu gibt es die Möglichkeit, stationäre (Rohmann, 1986), halbstationäre (Teutsch und Ptak, 1989; Barczewski und Marschall, 1990) oder mobile Ein- oder Mehrfachpackersysteme (Andersen, 1982) in Einfachmeßstellen des Typs (1) einzubauen und damit eine tiefenorientierte Probenahme durchzuführen. Der besondere Vorteil der tiefenorientierten Probenahme in Einfachmeßstellen des Typs (1) liegt dabei in der sehr großen Zahl bereits vorhandener Meßstellen, die hierfür verwendet werden können bzw. in der einfachen und kostengünstigen Erstellung neuer Meßstellen. Einige neue Systeme werden in Abschnitt 3 vorgestellt.

Systematische Untersuchungen in einem im Maßstab 1:1 konstruierten Modell einer Grundwassermeßstelle haben allerdings gezeigt, daß die zur tiefenorientierten Beprobung häufig eingesetzten Doppelpackersysteme in vollverfilterten Meßstellen nicht zur repräsentativen Erfassung vertikaler Konzentrationsprofile geeignet sind (Barczewski und Marschall, 1989). Deutlich bessere Ergebnisse erzielt man hingegen mit Dreifachpackersystemen (Andersen, 1979, 1982), vor allem dann, wenn das vertikale $k_f$-Profil im Bereich der Meßstelle vorab bekannt ist und die Förderraten für die drei Packersegmente entsprechend der Durchlässigkeiten der bepumpten Aquiferbereiche eingestellt werden (Barczewski und Marschall, 1990).

### 2.4.3 Fördersysteme.
Für die Grundwasserprobenahme stehen sehr unterschiedliche Fördersysteme zur Verfügung. Tabelle 2 gibt einen Überblick über die Eigenschaften der gängigsten Systeme. Grundsätzlich können alle aufgeführten Fördersysteme sowohl zur Mischprobengewinnung als auch zur tiefenorientierten Beprobung verwendet werden. In Packersystemen zur tiefenorientierten Beprobung findet man jedoch vornehmlich Kreisel-, Kolben- und Peristaltikpumpensysteme, die eine kompakte Probennehmerbauweise gestatten. Am vielseitigsten, zur Beprobung auch organisch hochbelasteter Grundwässer einsetzbar, sind regelbare 12 Volt Kolbenschwingpumpen aus Edelstahl oder Messing, die jedoch nach unserer Kenntnis bisher nicht in kommerziellen Probenahmesystemen eingesetzt werden.

TABELLE 2. Fördersysteme zur Grundwasserbeprobung (Teutsch und Ptak, 1987)

| | |
|---|---|
| Membranpumpe (bladder pump) | Verwendung weitgehend inerter Materialien möglich, keine Belüftung, keine Entgasung, Pumprate über weiten Bereich regelbar, auch zum Klarpumpen geeignet, große Förderhöhe, Verschleppung durch sorgfältiges Reinigen vermeidbar |
| Schöpfer | Verwendung weitgehend inerter Materialien möglich, Verhältnis Oberfläche zu Volumen günstig und deshalb geringe Verflüchtigung z.B. bei CKW, ungeeignet zum Klarpumpen, Belüftung der Probe beim Umfüllen in Probenflaschen, Verschleppung durch sorgfältiges Reinigen vermeidbar, in-situ Bedingungen konservierbar bei Einsatz gut schließender Ventile |
| Mechanische Verdrängungspumpen (z.B.Kolbenpumpe) | Verwendung weitgehend inerter Materialien möglich, große Förderhöhe, Pumprate über weiten Bereich regelbar, Entgasung der Probe minimal, Verschleppung durch sorgfältiges Reinigen vermeidbar |
| Gasverdrängungspumpen | Verwendung inerter Gase möglich (z.B. $N_2$), bei Verwendung von Luft oder $O_2$ Oxidation durch Ausfällung von Metallen möglich, Strippen leichtflüchtiger Bestandteile möglich, Verschleppung durch sorgfältiges Reinigen vermeidbar |
| Tauchpumpen | Verwendung weitgehend inerter Materialien möglich, große Förderhöhe, Pumprate nur durch Schieber regelbar, erhebliche Druckschwankungen im Bereich der Laufräder (Kavitation) kann zur Entgasung der Probe führen, Verschleppung durch sorgfältiges Reinigen vermeidbar |
| Vakuumpumpen (z.B. Peristaltikpumpe) | Verwendung weitgehend inerter Materialien bei Kreiselpumpen möglich, bei Peristaltikpumpen bieten die flexiblen Schläuche kritische Adsorptionsoberflächen (evtl. hochqualitative Viton-Schläuche), nur bis ca. 8 m Saughöhe zu verwenden, leichtflüchtige Bestandteile entweichen, Verschleppung bei Kreiselpumpe durch sorgfältiges Reinigen und bei der Peristaltikpumpe durch Schlauchwechsel vermeidbar |

## 3. NEUE PROBENAHMETECHNIKEN UND PROBENAHMESYSTEME
### 3.1 Das In-Line-Packer-System

Das In-Line-Packer-System (Teutsch und Ptak, 1989) ist ein halbstationäres, modulares Packersystem, das in Einfachmeßstellen des Typs (1) eingebaut und wieder entnommen werden kann. Es besteht aus einem oder mehreren Packermodulen, die in den Filterbereich der Meßstelle abgesenkt und dort durch eine gemeinsame Druckleitung mit Wasser oder Luft gefüllt werden (Abbildung 3). Dabei wird das gesamte in den Bereichen vorhandene Wasservolumen verdrängt und so eine Vertikalzirkulation vermieden. Kleine seitlich in unterschiedlicher Höhe angebrachte Einlaßöffnungen liegen direkt am Filterrohr an, um eine möglichst unverfälschte Wasserprobe direkt aus dem Aquifer zu erhalten. Die Einlaßöffnungen sind im Inneren des Packers entweder mit je einer Pumpe oder Saugleitung verbunden, die nach oben geführt ist. Aufgrund des für Leitungs- und Pumpeneinbauten praktisch komplett zur Verfügung stehenden Bohrlochdurchmessers, können in einer 5" Meßstelle bis zu 25 Probenahmepunkte vorgesehen werden. Um vertikale Strömungen innerhalb der Filterpackung möglichst gering zu halten, werden alle Probenahmeöffnungen gleichzeitig aktiviert. Bei neuen Meßstellen können speziell hierfür entwickelte Tondichtringe beim Schütten der Filtepackung in den Ringraum eingebaut und so eine Vertikalzirkulation vermieden werden. Das In-Line-Packer-System, in einer Ausführung mit 10 Einlaßöffnungen, wird zur Zeit innerhalb eines Forschungsprojektes in einem Kies-Sand Aquifer und im Labor erprobt. Es ist grundsätzlich auch für den Einsatz in nicht ausgebauten Meßstellen des Typs (4) in Festgesteinaquiferen zur tiefenorientierten Probenahme sehr gut einsetzbar.

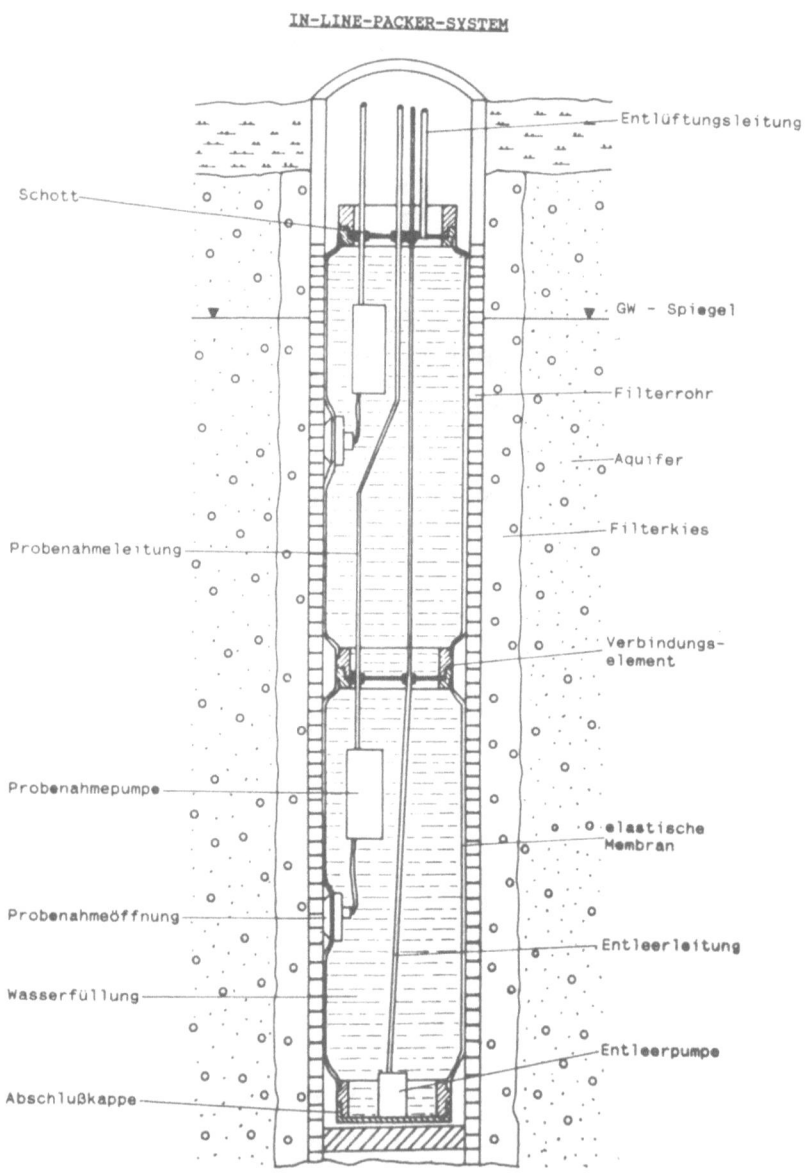

Abb. 3: Das In-Line-Packer-System (Teutsch und Ptak, 1989)

## 3.2 Das Multipackersystem

Das am Institut für Wasserbau entwickelte Multipackersystem dient zur mobilen, halbstationären oder stationären tiefenorientierten Beprobung von Meßstelln des Typs (1). In Abbildung 4 ist das System schematisch dargestellt. Anders als bei dem unter 3.1 beschriebenen In-Line-Packer-System, bei dem die Probenahme nahezu punktförmig erfolgt, wird beim Multipackersystem die Probe zwischen je 2 Packerelementen entnommen. Das System läßt variable Packerabstände, Packerlängen und Packerdurchmesser zu und bietet damit eine optimale Flexibilität. Aufgrund der erforderlichen Leitungsdurchführungen durch die Packerelemente, ist die Zahl der maximal in einer Meßstelle verwendbaren Elemente begrenzt. Im Falle einer 5" Meßstelle liegt die Begrenzung bei 8 Packern. Die Probenahme aus den abgepackten Segmenten erfolgt durch Absaugen mit Miniaturtauchpumpen, die oberhalb des obersten Packerelements untergebracht sind. Beim mobilen Einsatz des Systems sollte das Verhältnis der Pumpraten in den einzelnen Segmenten annähernd dem Verhältnis der Transmissivitäten in den zu beprobenden Aquiferschichten sein, um eine repräsentative Probe zu erhalten. In mehreren Feldeinsätzen zur tiefenorientierten Beprobung konnte die Überlegenheit des Multipackersystems gegenüber einfachen Doppelpackersystemen nachgewiesen werden (Barczewski und Marschall, 1990).

## 4. DAS EXPERTENSYSTEM ZUR GRUNDWASSERPROBENAHME 'CASES'

Eine der Möglichkeiten das Regel- und Faktenwissen über die Gewinnung repräsentativer Grundwasserproben zu organisieren besteht darin, ein sogenanntes Expertensystem aufzubauen, in dem alle wesentlichen Informationen objektiv und reproduzierbar gesammelt und verarbeitet werden. Die grundsätzliche Eignung eines Expertensystems zur Bearbeitung dieser Fragestellung ist vor allem durch den heuristischen Charakter des vorhandenen Expertenwissens gegeben. Formale Modelle fehlen in diesem Bereich ganz oder sind nicht repräsentierbar.

Das System wurde auf der Grundlage der über mehrere Jahre am Institut für Wasserbau durch Feldeinsätze, Laborexperimente, eigene Geräteentwicklungen, Literaturstudien und durch numerische Simulationsrechnungen angesammelten Erfahrung im Bereich der Grundwasserprobenahme erstellt. Im allgemeinen sind diese Erfahrungen über mehrere Personen, Berichte und Publikationen verteilt und damit für Dritte nicht ohne weiteres zugänglich. Das Expertensystem CASES (Chemical Aquifer Sampling Expert System) (Teutsch et al., 1989) soll hier durch die einheitliche Darstellung und Verarbeitung der gespeicherten Regeln und Fakten Abhilfe schaffen.

Als Input verwendet das System Daten zur hydrogeologischen Situation, den Ausbau der Probenahmestelle (Bohrloch) und die zu analysierenden chemischen Parameter. Das Programm ermöglicht, die für die vorgegebene Situation am besten geeignete Probenahmestrategie (Mischbeprobung, tiefenorientierte Beprobung, Einsatz von Einfach- oder Mehrfachpackern etc.) zu suchen und das damit verbundene optimale Probenahmesystem zu identifizieren. Dabei werden neben einigen qualitativen Regeln zur Grundwasser- und Bohrlochhydraulik vor allem zahlreiche Regeln der Materialverträglichkeit zwischen den zu beprobenden chemischen Parametern, dem Bohrlochausbau und dem Probenahmesystem berücksichtigt. Da in den seltensten praktischen Fällen ideale Probenahmebedingungen vorherrschen, beinhaltet das System viele Regeln, die nicht zum Ausschluß eines Probenahmesystems, jedoch zu einer Warnung oder einem Hinweis führen. Diese Information wird in der sogenannten Erklärungskomponente des Systems so genutzt, daß der Benutzer jederzeit fragen kann, warum eine bestimmte Technik oder ein bestimmtes Gerät weniger oder nicht geeignet ist.

Das System ist in PROLOG und C geschrieben und im Augenblick auf einer UNIX-Workstation und in einer vereinfachten Version auch auf einem PC implimentiert. Der Einsatz erfolgt augenblicklich ausschließlich zur Erprobung und zur Schulung. Es ist vorgesehen, das System im Laufe des Jahres 1991 um ein numerisches Modell für bohrlochhydraulische Berechnungen zu ergänzen.

## 5. ZUSAMMENFASSUNG

In diesem Referat werden die für die Gewinnung repräsentativer Grundwasserproben wichtigsten Einflußfaktoren, wie Meßstellenausbau, Meßstellenhydraulik, verwendete Ausbaumaterialien sowie Art des Probenahmesysteme beschrieben und bewertet. Besondere Bedeutung hat dabei die tiefenorientierte Beprobung, wie sie vor allem im Bereich von Deponien und Altlasten zur Gefährdungsbeurteilung und zu Überwachungszwecken eingesetzt werden muß. Es werden zwei hierfür besonders geeignete Probenahmesysteme vorgestellt.

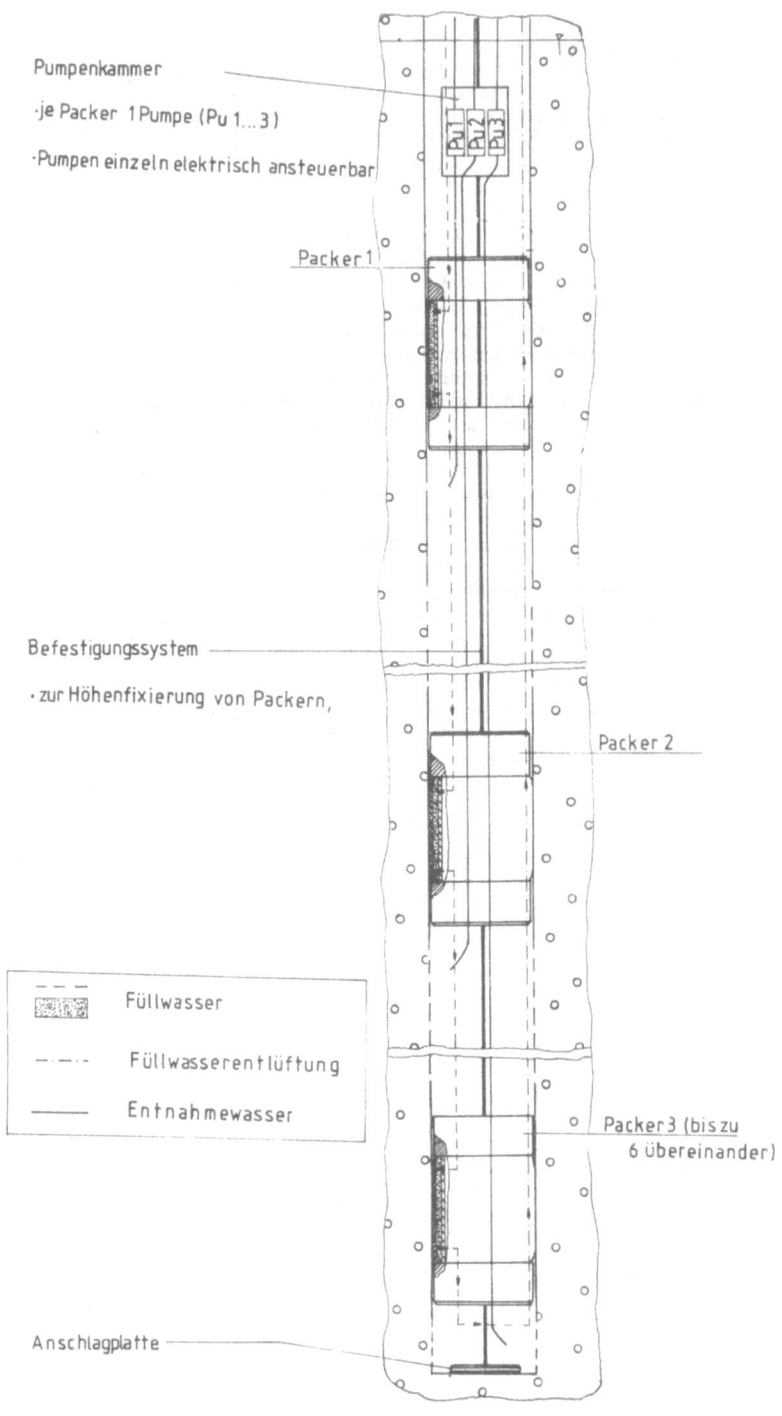

Abb. 4: Das Multipackersystem (Barczewski und Marschall, 1990)

## 6. BIBLIOGRAPHIE

Andersen, L.J. (1982). Technique for Groundwater Sampling. Proceedings International Association of Hydrogeologists Congress, Memoires Vol. XVI, Part 1. Praque, Czechoslovakia.

Andersen, L.J. (1983). Groundwater Sampling Techniques. Proceedings Intern. UNESCO/TNO Symposium on Methods and Instrumentation for the Investigation of Groundwater Systems, Noordwijkerhout, Netherlands.

Barczewski, B., and Marschall, P. (1989). The influence of sampling methods on the results of groundwater quality measurements, Proceedings IAHR Intern. Symposium on Contaminant Transport in Groundwater, Stuttgart, F.R.G..

Barczewski, B., und Marschall, P. (1990). Untersuchungen zur Probenahme aus Grundwassermeßstellen, Wasserwirtschaft 90, Heft 10 (in Vorbereitung).

DIN 38402 - Teil 13 (1984). Probenahme aus Grundwasser.

DVWK-Merkblätter zur Wasserwirtschaft (1982). Entnahme von Proben für hydrogeologische Grundwasseruntersuchungen, Merkblatt 203, Bonn.

DVWK-Mitteilungshefte (1990). Einflüsse von Meßstellenausbau und Pumpenmaterialien auf die Beschaffenheit einer Wasserprobe, Mitteilung 20 (bearb. durch Frank Remmler), Bonn.

EPA (1986). RCRA Ground-water monitoring technical enforcement guidance document, U.S. Government Printing Office, Washington D.C., U.S.A.

Kaleris (1989). Inflow into monitoring wells with long screens, Proceedings IAHR Intern. Symposium on Contaminant Transport in Groundwater, Stuttgart, F.R.G..

Rohmann, U. (1986) Vorgänge im Grundwasserleiter und deren Erfassung - Aufbau eines mobilen Meßlabors, DVGW Schriftenreihe Wasser, Nr. 106.

Palmer, C.D. (1989). The effect of monitoring well storage on the shape of breakthrough curves - a theoretical study. J. of. Hydrology 97, 45-57.

Teutsch, G. und Ptak, T. (1987). Vorstudie zur Überprüfung der Realisierungsmöglichkeiten für ein Demonstrationsprojekt Wasser und Boden, Wiss. Bericht Nr. 87/2, HWV 076, Institut für Wasserbau der Universität Stuttgart.

Teutsch, G., Dinges, R., Wieck, M., Frick, A. (1989): CASES - Ein Expertensystem zur Grundwasserprobenahme, Institut für Wasserbau der Universität Stuttgart / Fachbereich Wirtschaftsinformatik der FH Reutlingen (Programmdokumentation).

Teutsch, G. und Ptak, T. (1989). The In-Line-Packer-System: A modular multilevel sampler for collecting undisturbed groundwater samples, Proceedings IAHR Intern. Symposium on Contaminant Transport in Groundwater, Stuttgart, F.R.G..

Urban, D. und Schettler, G. (1980) Untersuchungsergebnisse zur Gewinnung repräsentativer Grundwasserproben für die chemische Analyse aus Pegelbrunnen, WWT 12.

GEOPHYSIKALISCHE METHODEN FÜR DIE UNTERSUCHUNG ALTER ABFALL-
DEPONIEN

R. COSSU**, G. RANIERI**, M. MARCHISIO***, L. SAMBUELLI**,
A. GODIO**, G.M. MOTZO*.

* C.S.I.A., TECHNISCHES ZENTRUM FÜR UMWELTSANIERUNG, UNI-
VERSITÄT CAGLIARI, ITALIEN; ** ABTEILUNG FÜR LANDNUTZUNG,
TECHNISCHE UNIVERSITÄT TURIN, ITALIEN; *** TECHNISCHE FAKUL-
TÄT, UNIVERSITÄT PISA, ITALIEN.

1. EINFÜHRUNG

Bei der Bewertung der erforderlichen Parameter für die Diagnose von alten Abfalldeponien im Hinblick auf Sanierung werden gewöhnlich mechanische Probenahmen durchgeführt, um Proben der verschiedenen Materialien (Biogas, Sickerwasser, Abfallmaterial, Boden usw.) zur Analyse zu erhalten.

Die hier beschriebene Untersuchung sollte die Anwendbarkeit von geophysikalischen Methoden durch eine experimentelle Feldstudie bewerten, die an zwei alten Deponien für kommunale Feststoffabfälle (FSA) durchgeführt wurde. Die Untersuchung zielte darauf hin, eine optimale methodologische Reihenfolge für die Ermittlung mehrerer geophysischer Parameter zu erarbeiten, die es erlauben würde, Aufklärungen über den Zustand der Deponie in Hinsicht auf das Auftreten von Gasansammlungen, gespannten Sickerwasserspiegeln, bevorzugten Abflußwegen für Sickerwasser zu erhalten, sowie für die Definition des eingebrachten Abfallmaterials und der Eigenschaften des darunterliegenden Bodens.

Das Forschungsprogramm umfaßte mechanische Sondierungen und Analysen (sowohl im Feld als auch im Labor) an Probematerial, um den Wert der experimentellen geophysikalischen Daten zu bemessen.

Die Arbeiten sind noch im Gange, und diese Abhandlung legt die Ergebnisse der geologischen Untersuchung dar.

2. GEOPHYSIKALISCHE METHODEN UND PARAMETER

Es folgt hier eine kurze Beschreibung der geophysikalischen Methoden und Parameter, die bei der Untersuchung alter Deponien wesentlich erscheinen, und die bei diesen Arbeiten benutzt wurden.

a) Elektrische Methoden

Diese Methoden untersuchen gewöhnlich die Wirkungen eines elektrischen Stroms unter der Oberfläche. Für diese Forschungsarbeit wurden die folgenden Methoden in Betracht gezogen: Spezifische Widerstandsmethode, Mise-á-la-masse und

induzierte Polarisierung (IP). Bei der spezifischen Widerstandsmethode wird ein unterirdischer elektrischer Strom zwischen zwei Elektroden (AB) erzeugt, und die Potentialverteilung wird durch zwei Empfängerelektroden (MN) erfaßt. Der scheinbare spezifische Widerstand des Bodens und der Abfallstoffe wird aus den beobachteten Werten für Stromstärke und Potential und aus dem Abstand zwischen den Elektroden berechnet, durch welche die Eindringtiefe des Stroms bestimmt wird. Bei der Mise-á-la masse-Methode wird eine stromführende Elektrode (A) in den leitenden Körper eingeführt und eine zweite Elektrode (B) wird in sehr großer (ideal unendlicher) Entfernung eingeführt. Die Potentialverteilung wird durch Empfänger-Dipole (M,N) gemessen, die an verschiedenen Punkten auf die Bodenoberfläche aufgebracht werden. Diese Methode eignet sich z.B. dafür, die Sickerwasserströmungen innerhalb der Deponie zu beschreiben. Die IP-Methoden basieren auf Beobachtung der Zerfallskurve, die der Unterbrechung des im Boden erzeugten Stroms entspricht (TD, Time-Domain-Modus), oder auf Beobachtung des spezifischen Widerstandes bei verschiedenen Frequenzen (FD, Frequenz-Domain-Modus). Die im TD-Modus gefundenen Parameter sind die Ladungsaufnahme
und die Zeitkonstanten, und im FD-Modus der Frequenzeffekt und der Metallfaktor.

b) <u>Elektromagnetische Methoden</u>

Diese Mehoden benutzen im allgemeinen einen künstlich erzeugten Wechselstrom. Bei den hier beschriebenen Arbeiten wurde die VLF (Very-Low-Frequency) -Methode benutzt. Die Methode nutzt die Auswirkungen im Boden aus, die durch von militärischen Stationen in verschiedenen Gebieten der Welt ausgesendete Radiowellen von sehr niedriger Frequenz (10-20 Hz) erzeugt werden. Diese Methode, bei der die In-Phase- und In-Quadratur-Komponenten des sekundären magnetischen Feldes gemessen werden, ermöglicht die Berechnung des spezifischen Widerstands des Bodens und die Auffindung von Diskontinuitäten in geologischen Körpern. In alten Deponien können auf diese Weise Gasansammlungen, gespannte Sickerwassersspiegel und andere Ungleichförmigkeiten leichter aufgefunden werden.

c) <u>Seismische Methoden</u>

Diese Methoden basieren auf der Ausbreitung elastischer Wellen, die durch verschiedene schockerzeugende Vorgänge (Hammerschläge, Vibrationen, Explosionen, Implosionen usw.) erzeugt werden. Diese Wellen werden mit Hilfe von elektrodynamischen Empfängern (Geophonen) beobachtet. Seismische Methoden liefern Informationen über die Geometrie und die elastischen Eigenschaften der Deponien. Für diese Arbeit wurden unter den verschiedenen Möglichkeiten die Refraktionsmethode und die tomographische Methode ausgewählt.

## 3. VERFAHREN

### 3.1 Beschreibung der alten Deponien

Die Untersuchung wurde in zwei alten Deponien durchgeführt, in Imola (Gebiet Emilia Romagna) und Livorno (Gebiet Toscana). Die Deponie in Imola (Abb. 1a) liegt an einem Hügel, mit einem maximalen Gefälle von 28-32%. Der feste Untergrund der Deponie besteht aus graublauen, marlartigen schluffigen Tonen aus dem marinen unteren Pleistozän. Die Umgebung weist eine typischen Gulli-Erosions-Morphologie auf. Das eingefüllte Abfallvolumen ist 1,5 Millionen m³. Das Abladen der kommunalen Abfälle war schlecht kontrolliert, und sie wurden häufig mit dem im Gebiet vorhandenen tonigen Boden vermischt. Vorkehrungen für das Ablassen von Sickerwasser und Biogas sind nicht vorhanden.

Die geotechnische Stabilität dieser Deponie stellt ein ernsthaftes Problem dar. Heute ist an einer nahegelegenen Stelle eine neue, voll kontrollierte und ausgerüstete Mülldeponie in Betrieb.

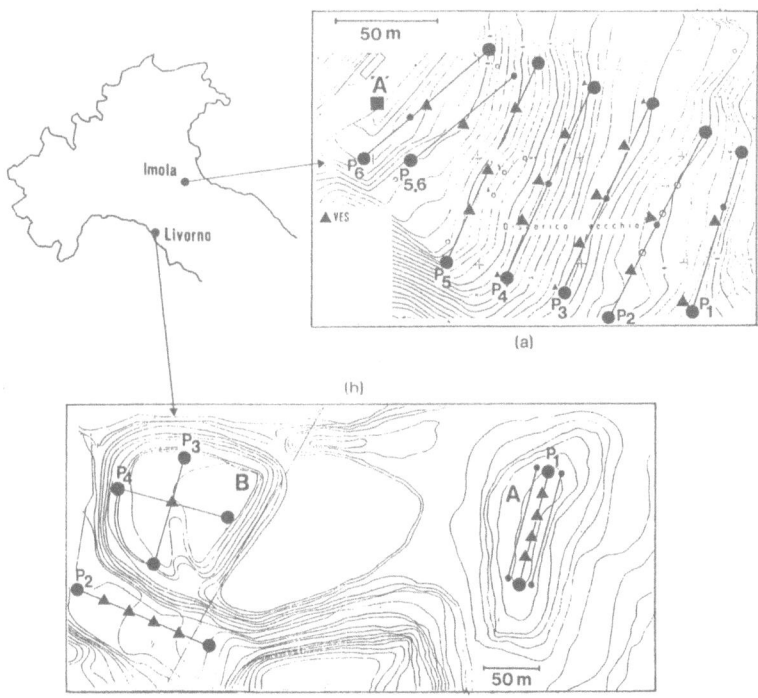

Abbildung 1. Karte der Deponien in Imola (a) und Livorno (b), mit Angabe der Meßprofile. "A" ist die Position der Stromelektrode in der Mise-á-la-Masse-Untersuchung.

Die Deponie in Livorno besteht aus zwei getrennten Abfallablagerungen über Bodenhöhe (Abb, 1b). Die ältere (A) ist 25m hoch und das Abfallvolumen ist nahezu 500 000m³.

Die andere Deponie (B) ist während der vergangenen vier Jahre gebildet worden und ist 15m hoch. Der feste Untergrund besteht aus schlammigem Ton, mit sandigen Rändern von einer Gesamtdicke von 30-40m. Die Abfälle sind in 2m dicken Schichten abgelagert und mit Sand bedeckt worden. Die neuere Deponie hat ein Abzugssystem für Sickerwasser, das täglich gesammelt und in einer Behandlungsanlage für Haushaltsabwasser behandelt wird. Eine Anlage zum Absaugen von Biogas ist nicht vorhanden.

3.2 Benutzte Instrumente
a) Für spezifischen Widerstand, I.P. und für die Mise-á-la-masse-Messungen wurde folgende Geräte benutzt:
  - ein Motor-Generator (BRIGGS & STRATTON, 8 HP) und Wechselstromerzeuger 60 V, 115 Hz, 3 kVA;
  - ein Zeittakt-Sender (1, 2, 4, 8 s) und ein Frequenzbereichs-Sender (von 0,01 Hz bis 8964 Hz), Mod. IPT-1, (PHOENIX, Kanada), 3 kVA, mit Taktgeberantrieb und Stromregulator;
  - ein Zeittakt- und Frequenzbereichs-Empfänger, Mod. ELREC 6 (BRGM, Frankreich) mit automatischer SP-Aussperrung, gleichzeitiger Messung aller Parameter an 6 Dipolen, automatischer Fourier-Transformation von Zeittakt-Wellen und Speicherung von bis zu 1800 Meßwerten und geometrischen Parametern.
b) Für elektromagnetische VLF-Messungen:
  - ein OHNI VLF-Empfänger (EDA, Kanada) und VLF-Meßfühler, mit automatischer gleichzeitiger Aufzeichnung der Parameter (Gesamtfeld, Kippwinkel, In-Phasen- und In-Quadratur-Komponenten und Richtung) für drei Stationen und Speicherung von bis zu 1600 Meßwerten und geometrischen Parametern.
c) Für seismische Messungen:
  - ein Refraktions-Digitalsystem, Mod. TERRALOC (ABEM, Schweden), 12 Kanal-Hoch-Zeitauflösung und 100 Hz-Geophone für Felduntersuchungen oder 3-D-Geophone für Untergrundbeobachtungen und tomographische Untersuchungen.

3.3 Methodik
Für die Imola-Deponie
  - VSF-elektromagnetische Beobachtungen wurden in Abständen von jeweils 2m entlang 6 Profilen, SW-NO, 100 m Länge, durchgeführt, unter Benutzung der GBR-UK- und NAA-USA-Stationen.
  - IP-Messungen (spezifischer Widerstand (RO), Ladungsaufnahme (m) und Frequnzeffekt (F.E.)) entlang denselben Profilen, mit einer Dipol-Dipol-Anordnung. Die Dipol-

Länge betrug 4 oder 5 m, und die Messungen wurden an 6 MN-Dipolen/allen AB-Dipolen durchgführt.
- 2 seismische Profile entlag den Linien 1 und 2.
- 1 seismische Tomographie über zwei Öffnungen im Profil 2
- 29 vertikale elektrische Sondierungen (VES) mit einer Schlumberger-Anordnung (A max. -200m und 8 Messungen/ Dekade), mit Messung der IP-Parameter.
- eine Mise-á-la-masse-Anordnung mit Potential-Elektroden entlang den Profilen 6 und 5-6 und stromführenden Elektroden in Positionen A (im Sammelbrunnen für Sickerwasser) und B. (Siehe Abb. 1a.)

In der Deponie in Livorno führten wir folgende Messungen durch:
- 3 VLF-Profile (A,B,C); 200 m Länge.
- 4 Dipol-Profile (A, E, E, F) 150 m Länge.
- 13 vertikale elektrische Sondierungen (x) (AB max. = 200m)
- 2 seismische Profile (siehe Abb. 1b).

## 4. ERGEBNISSE UND DISKUSSION

Die VLF-Messungen (Phasenkomponente und Quadraturkomponente) wurden nach der Karous-Hijelt-Methode gefiltert, um Pseudoquerschnitte von gleicher Stromdichte gegenüber scheinbarer Tiefe zu ermitteln, welche die Verteilung des scheinbaren spezifischen Widerstands im Boden zeigen. Die IP-Messungen ergaben die Pseudoquerschnitte des scheinbaren spezifischen Widerstandes, der Ladungsaufnahme und des Frequenzeffekts durch direkte Messung.

Pseudoquerschnitte des Metallfaktors (MF), die aus den Frequezeffekt-Werten nach Normalisierung auf die spezifischen Widerstandswerte für Gleichstrom erhalten wurden, und Pseudoquerschnitte der Zeitkonstante aus den "m"-Werten im ersten Teil der Zerfallskurve (0 - 250 ms) wurden berechnet.

Die Resultate der vertikalen elektrischen Sondierungen, automatisch I-D interpretiert, werden entlang jedem Profil angegeben, um interpolierte Querschnitte des tatsächlichen spezifischen Widerstands in Bezug auf die gemessenen Parameter zu erhalten.

Alle untersuchten Profile in beiden Deponien zeigen ein konstantes Verhalten für den Untergrund und unterschiedliches Verhalten in Bezug auf im Landfüllmaterial vorhandene Inhomogenitäten.

Der Untergrund ist besonders durch niedrigen spezifischen Widerstand und hohe Werte für Ladungsfähigkeit, Frequenzeffekt, Zeitkonstante sowie mäßige Werte für den Metallfaktor gekennzeichnet. Die Zonen der voraussichtlichen Biogasansammlung weisen hohen spezifischen Widerstand und hohe Werte für Ladungsaufnahme und Zeitkonstante auf, bei mäßigen Werten für den Frequenzeffekt und den Metallfaktor. Die Zonen der voraussichtlichen Sickerwasseransammlung zeigen im Gegensatz dazu sehr niedrigen spezifischen Widerstand und hohe Werte für Ladungsaufnahme, Frequenzeffekt, Zeitkonstante und Metallfaktoren, die zwischen extrem hohen und negativen Werten schwanken.

Die Gebiete, in denen vermutlich anorganisches Material abgeladen wurde, zeigen hohen spezifischen Widerstand und niedrige Werte für die IP-Parameter.

Die VLF-Pseudoquerschnitte zeigen Maximalwerte der Komponenten in Quadratur und in Phase für Tonformationen (Untergrund) und im Gegensatz dazu Komponenten für Gebiete von höherem spezifischem Widerstand, die wahrscheinlich mit der Abfalldeponie zusammenhängen. Die negativen Werte der Komponenten in Phase und in Quadratur zeigen anscheinend das Vorkommen von Sickerwasser an.

Alle Pseudoquerschnitte der verschiedenen Profile zeigen den dreidimensionalen Trend von Zonen, die durch homogene physikalische Faktoren gekennzeichnet sind (Abfallmaterial, Sickerwasser, Biogas usw.). Der Lauf des Sickerwassers wurde mit der Mise-á-la-Masse-Methode untersucht, abgeändert für IP-Messungen, wobei das Sickerwasser als das leitende und polarisierbare Medium angesehen wurde.

Abbildungen 2, 3 und 5 zeigen die gefundenen Pseudoquerschnitte für einige der wichtigeren Profile, die in den beiden Deponien untersucht wurden. Abb. 4 zeigt Karten für spezifischen Widerstand und Metallfaktor, die mit Hilfe der Mise-á-la-Masse-Methode erhalten wurden.

In der Imola-Deponie besteht, aufgrund der allgemeinen, bereits diskutierten Überlegungen, die Möglichkeit, daß ein Gebiet der Biogasansammlung 32 m vom Ausgangspunkt und eine Sickerwasseransammlung bei 20 m im gezeigten Profil liegt (Abb. 2). Die Anomalien bei 72 m entlang dem Profil und in 15m Tiefe könnten auf eine Ansammlung eines besonderen Materials hindeuten, zu dessen Identifizierung mechanische Probenahmen ausgeführt werden sollen.

Die Profile der Livorno-Deponie scheinen nicht durch Ansammlungen von Sickerwasser gekennzeichnet zu sein; das dürfte auf die wirksamere Ableitung von Sickerwasser zurückzuführen sein, die in dieser Deponie durchgeführt wird.

Anzeichen für Gebiete vermutlicher Biogasansammlung liegen im Abstand von 20 m vor. Eine Ansammlung von biologisch nicht abbaubarem Material (inaktives Material, wie Plastik, Glas, Autoreifen usw.) scheint zwischen 50 und 65 m vorzuliegen (Abb. 5).

Die durchgeführten seismischen Messungen ermöglichten keine exakte Definition der für Abfallmaterial typischen Wellengeschwindigkeit, weil wegen der benutzten Methode der Schockenergieerzeugung nur schwache Signale vorhanden waren. Aus demselben Grund ergab die quer über Öffnungen durchgeführte Tomographie keine verläßlichen Resultate.

Weitere Tests mit zwei verschiedenen Energieerzeugungsmethoden (Explosion und Luftgewehr) sind geplant.

5. SCHLUSSFOLGERUNGEN

Die Variationen verschiedener geophysischer Parameter und die sich daraus nach einem kombinierten Vergleich ergebenden integrierten Informationen scheinen geeignet, die in Deponien auftretenden Inhomogenitäten zu beschreiben.

Das macht es möglich, innerhalb von kurzer Zeit und kostengünstig globale Parameter für eine Untersuchung des Zustands einer Deponie zu erhalten.

Dieser Aspekt ist deshalb besonders wichtig im Hinblick auf die Regenerierung alter Abfalldeponien, wofür im allgemeinen nur wenige grundlegende Informationen vorliegen. Die Verläßlichkeit dieses Verfahrens muß noch erwiesen werden durch Vergleich mit durch direkte Untersuchungen und Labortestmethoden erzielten Resultaten.

6. BIBLIOGRAPHIE
1) Armando, E, Marchisio, M., Ranieri, G., Sambuelli L. (1989). Erste Ergebnisse von geophysikalischen Untersuchungen an Abfalldeponien für kommunale Feststoffabfälle (auf italienisch). Verhandlungen der GNTS-Konferenz, Rom, November 1989.
2) L. Musca, L. Pani (1990). Kontrolle und Überwachung alter Deponien mit Hilfe geophysikalischer Methoden, Universität Cagliari, Italien. Diplomarbeit.

DANKSAGUNG

Die Verfasser danken für die finanzielle und technische Unterstützung durch die Stadtverwaltungen von Imola (AMI), von Livorno (AAMPS) und durch CISA - Technisches Zentrum für Umweltsanierung, Cagliari.

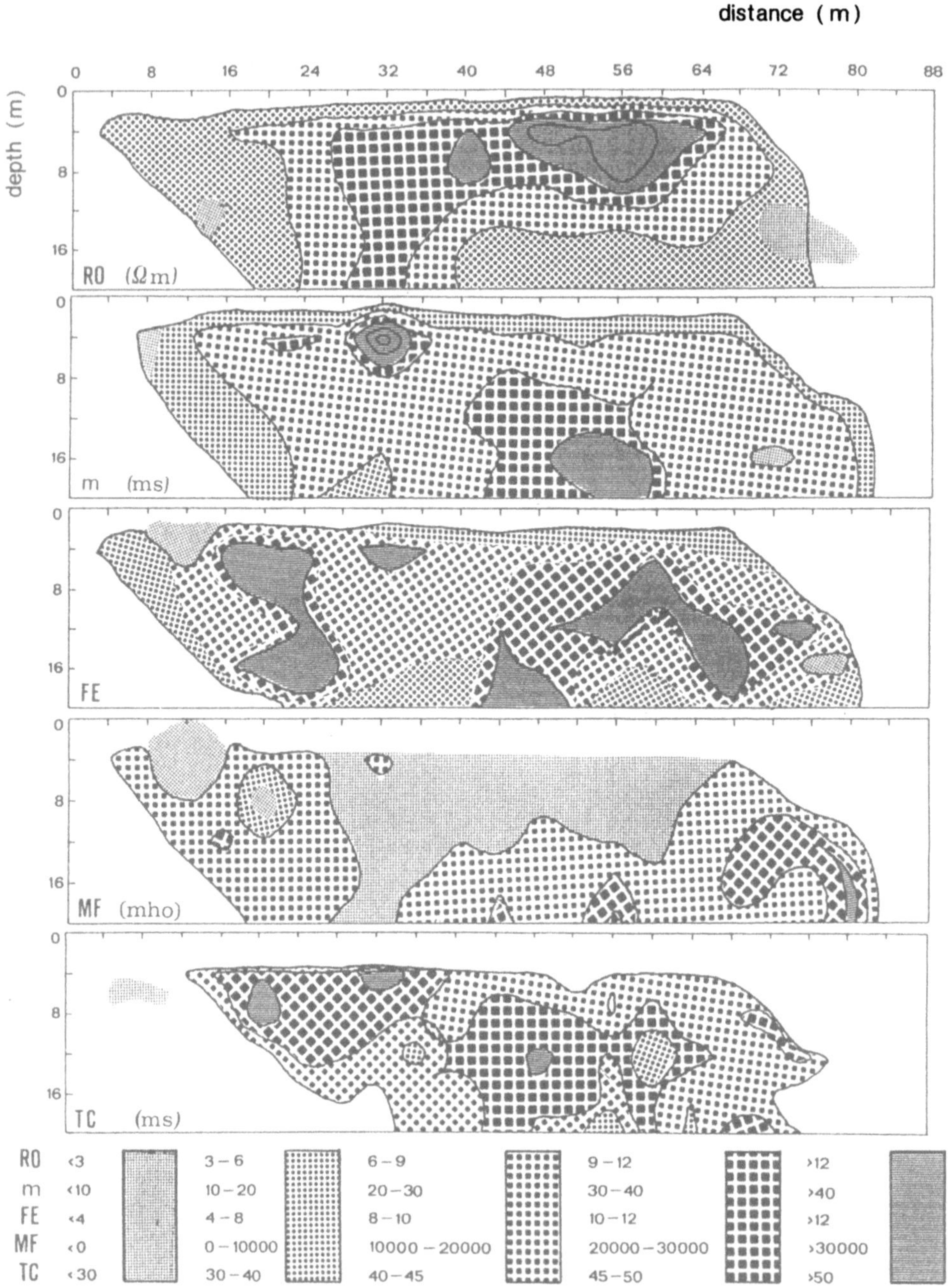

| RO | <3 | | 3–6 | | 6–9 | | 9–12 | | >12 | |
| m | <10 | | 10–20 | | 20–30 | | 30–40 | | >40 | |
| FE | <4 | | 4–8 | | 8–10 | | 10–12 | | >12 | |
| MF | <0 | | 0–10000 | | 10000–20000 | | 20000–30000 | | >30000 | |
| TC | <30 | | 30–40 | | 40–45 | | 45–50 | | >50 | |

Abbildung 2. Pseudoquerschnitte entlang Profil n. 5 (siehe Abb. 1a) für scheinbaren spezifischen Widerstand (RO), Ladungsaufnahme (m), Frequenzeffekt (FE), Metallfaktor und Zeitkonstante (TC) in der Imola-Deponie.

Legende: depth – Tiefe; distance – Entfernung

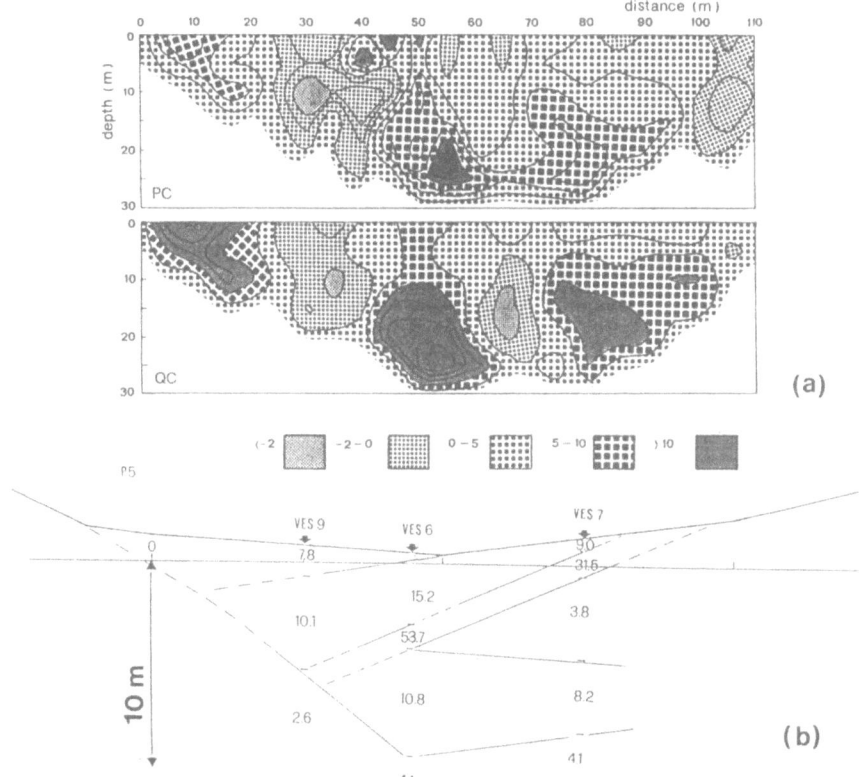

Abbildung 3. Pseudoquerschnitte (a) entlang Profil n. 5 (siehe Abb. 1a) für die gefilterte VLF-Komponente (PC), und in Quadratur (QC) und Querschnitt (b) entlang demselben Profil des spezifischen Widerstands aus VES-Daten in der Imola-Deponie.

Legende: depth - Tiefe; distance - Entfernung

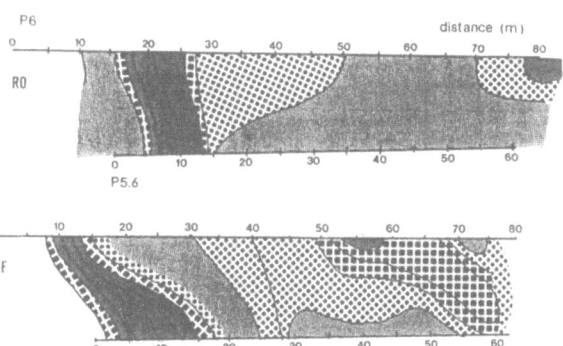

Abbildung 4. Karte der scheinbaren spezifischen Widerstände (RO) und Metallfaktoren (MF) aus der Mise-á-la-Masse-Untersuchung in der Imola-Deponie, im Gebiet zwischen Profilen 5 und 6 (siehe Abb. 1a)

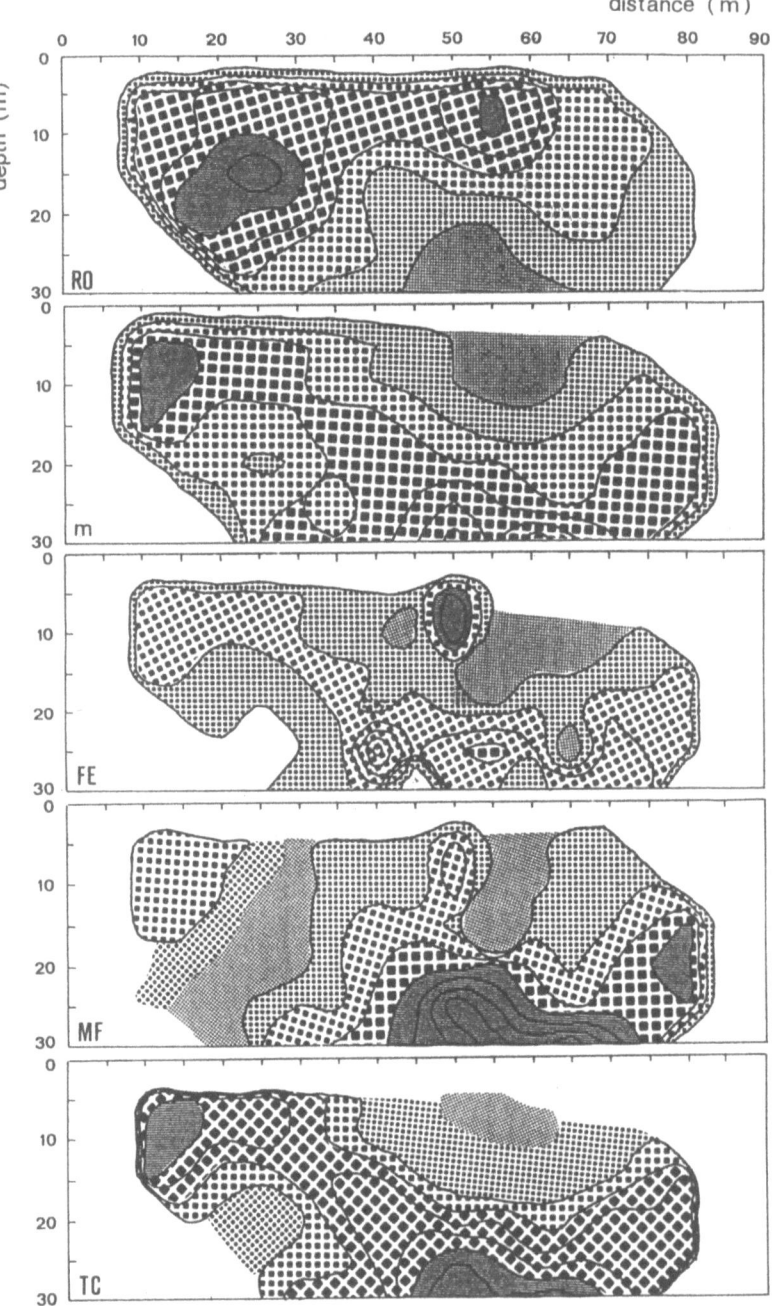

Figure 5  Pseudosection along profile n. 3 (see Figure 1b) of apparent
Abbildung 5 resistivity (RO), chargeability (m) frequency effect (FE), metal
factor (MF) and time constant (TC) at Livorno Landfill site.

SANIERUNGSPLANUNG

VON DER ORIENTIERENDEN UNTERSUCHUNG ZUR WIEDERNUTZUNG DER FLÄCHE

DIPL.-ING. CHRISTIAN WEINGRAN

LANDESENTWICKLUNGSGESELLSCHAFT NORDRHEIN-WESTFALEN

1. REAKTIVIERUNG VON INDUSTRIE- UND GEWERBEBRACHEN DURCH DIE GRUNDSTÜCKSFONDS

Die Entstehung von Brachflächen ist ein Indiz für den Strukturwandel, durch den insbesondere in den altindustrialisierten Verdichtungsräumen weite Areale ihre großindustrielle Funktion verloren haben. Es handelt sich hierbei insbesondere um Flächen, die durch die Produktions- und Verkehrsanlagen der Kohle-, Stahl- und Chemieindustrie belegt waren. Da die Schrumpfungs- bzw. Umschichtungs- und Verlagerungsprozesse keineswegs abgeschlossen sind, wird man auch künftig mit dem Entstehen weiterer derartiger Brachflächen rechnen müssen.

Während Flächen, oft in zentraler Lage, brachfallen und zu einem Hemmnis für die innerstädtische Entwicklung werden können, werden bei Ansiedlung und Umsiedlung nach wie vor Freiflächen im Außenbereich in Anspruch genommen. Angesichts der bereits heute festzustellenden hohen Flächeninanspruchnahme für Siedlungszwecke, entspricht die Wiedernutzung von Brachen einer Strategie, die zum Ziel hat, den Freiraumverbrauch zu begrenzen und die ökologische Funktion freier, unbebauter Flächen zu erhalten.

Brachflächen sind allerdings nicht nur das Resultat von Umstrukturierungsprozessen, die mit dem Verlust von Arbeitsplätzen und der Aufgabe von Industriestandorten verbunden sind. Sie stellen ein bedeutendes Potential für die ökologische und ökonomische Erneuerung dar, mit ihrer Wiedernutzung verbinden sich vielfältige Chancen.

Eine Wiedernutzbarmachung von Brachflächen ist demnach sowohl aus umwelt- als auch aus strukturpolitischen Gesichtspunkten geboten.

Das Land Nordrhein-Westfalen hat dem schon 1980 Rechnung getragen und den Grundstücksfonds Ruhr (GRF) als zentrales Instrument zur Reaktivierung von Brachflächen eingerichtet. Ziel ist es, durch Aufbereitung von Brachflächen ein erweitertes Flächenangebot für ansiedlungswillige Betriebe zu schaffen und zur Verbesserung der Wohnumfeldsituation in Städten und Gemeinden beizutragen.

Anhaltende strukturelle Anpassungsprozesse und die Erfolge des Grundstücksfonds Ruhr beim Ankauf, der Aufbereitung und der Bereitstellung nutzbarer Flächenpotentiale führte 1984 zu der Entscheidung der Landesregierung, einen zusätzlichen landesweiten Fonds einzurichten, um auf vergleichbare Probleme in anderen Landesteilen reagieren zu können. Mit der Schaffung der Fonds wurde ein übergreifend koordinierter Einsatz von Mitteln zur Reaktivierung von Brachen ermöglicht, die Gemeinden wurden gleichzeitig finanziell und administrativ entlastet.

Bis Oktober 1987 beschränkten sich die Aufgaben der Grundstücksfonds auf die Vorbereitung und Durchführung des Erwerbes, Freilegung, Baureifmachung und Wiederveräußerung. Seit Oktober 1987 ist die Aufgabenpalette der LEG für die Grundstücksfonds wesentlich erweitert worden. Jetzt können die Gemeinden die LEG mit der Erarbeitung städtebaulicher Rahmenpläne zur Beurteilung von Nutzungs- und Verwertungsmöglichkeiten, der Entwurfsbearbeitung des Bebauungsplanes und einer Vermarktungskonzeption für die Gewerbe- und Industriegebiete beauftragen. Die Aufgabe der Fonds ist also über den bodenordnerischen Ansatz hinaus zu einem umfassenden entwicklungspolitischen Auftrag erweitert worden.

Die Verfahrensabläufe innerhalb der beiden Grundstücksfonds regeln die Richtlinien für Ankauf, Freilegung, Baureifmachung und Wiederveräußerung von Gewerbe-, Industrie- und Verkehrsbrachen im Rahmen des Grundstücksfonds Nordrhein-Westfalen und des Grundstückfonds Rhein-Ruhr vom 29.10.1987 (ML.-NWNr.: 70, 27.11.1987).

Zur Finanzierung des Grundstücksfonds stellt das Land jährlich Mittel in den Haushaltsplan ein.

Bis zum 31.12.1988 wurden durch den Grundstücksfonds Ruhr und den Grundstücksfonds Nordrhein-Westfalen 137 Brachen mit einer Gesamtfläche von ca. 15 Mio. m2 angekauft. Die Verwertungsabsichten sehen für 51 % (GRF) bzw. 55 % (GFNW) dieser Flächen künftig wieder eine Gewerbe- und Industrienutzung vor. 43 % bzw. 40 % sind für Grün-, Freizeit- und Erschließungsflächen vorgesehen. Der Rest von 6 bzw. 5 % soll für Wohnen genutzt werden.
Bis zum 31.12.1988 konnten aus den beiden Fonds ca. 2,3 Mio. m2 wieder veräußert werden. Die Rückflüsse aus den Veräußerungen fließen den Fonds wieder zu.

2. ALTLASTENPROBLEMATIK IN DEN GRUNDSTÜCKSFONDS
Bei der Einrichtung des Grundstücksfonds Ruhr im Jahre 1980 fand der Aspekt Altlasten keine Berücksichtigung. Erst im Vollzug des Programmes, d.h. bei der Baureifmachung der ersten angekauften Zechen- und Kokereigelände, wurde deutlich, daß eine Nutzbarkeit derartiger Flächen ohne weiteres nicht gegeben ist. Die industriell-gewerbliche Vergangenheit hat ihre Spuren hinterlassen: Schadstoffanreicherungen im Grund- und Oberflächenwasser, zum Teil erhebliche Verunreinigungen des Bodens, schadstoffbelastete Reste der Bausubstanz, ungeordnete Ablagerungen von Produktionsrückständen, großflächige und mächtige Auffüllungen. Nicht selten muß, bedingt durch unkontrollierten Abbruch, mit einer flächendeckenden Kontamination gerechnet werden.

Während die Großbrachen der Kohle- und Stahlindustrie vor allem wegen der enormen Mengen an kontaminierten Materialien zu einem ökonomischen, technischen und umweltpolitischen Problem werden, liegt der Problemschwerpunkt bei den kleinteiligen Gewerbebrachen im GFNW eher bei dem komplexen Schadstoffspektrum und der Durchführung gezielter, umweltverträglicher Sanierungsmaßnahmen für abgrenzbare Teilflächen.

Brachflächen, das zeigt die inzwischen gewonnene Erfahrung, müssen in jedem Fall als Altlastenverdachtsflächen gehandhabt werden, ein Verdacht, der sich in der überwiegenden Mehrzahl der bisher bearbeiteten Projekte als begründet erwiesen hat. Der Prozeß des Brachflächenrecycling wird durch die Altlastenproblematik in erheblichem Maße behindert, rechtliche Probleme, die mangelnde Verfügbarkeit geeigneter Sanierungstechnologien und vor allem der Engpaß bei der Finanzierung führen zu zeitlichen Verzögerungen im Planungsprozeß.

3. DER UMGANG MIT DEN ALTLASTEN
Altlastensanierung ist auf vielfältige Weise mit dem Prozeß der Wiedernutzbarmachung von Brachflächen verknüpft. So nimmt sie Einfluß auf städtebauliche Konzepte, auf den Zeitpunkt, den Ablauf und die Durchführung von Freiräumen und Erschließung der Flächen:
- Die Entwicklung von Planungs- und Nutzungskonzepten für altlastenbetroffene Flächen erfordert eine vielfache und intensive Abstimmung und die enge Kooperation zwischen Ingenieur- bzw. Naturwissenschaftlern und Planern. Nur so kann man den Wechselwirkungen von Planung und Altlastensanierung gerecht werden. Der Ansatz, Sanierungsstandards aus städtebaulichen Zielvorstellungen zu entwickeln bzw. daran zu orientieren, macht deutlich, daß Altlastensanierung in den Grundstücksfonds weit mehr sein kann als nur Gefahrenabwehr.
- Die Abwicklung der "klassischen" Aufgaben des Grundstücksfonds, die Freilegung und Baureifmachung (d.h. Abbruch, Entfundamentierung, Gestaltung der Geländeoberfläche), aber auch die Erhaltung von Baudenkmälern, wird von Anforderungen bestimmt, die sich aus der Gefährdungsabschätzung bzw. Sanierungsplanung ergeben. So ist vielfach ein Abbruch von Gebäuden bzw. eine Wiedernutzung erst möglich, nachdem z.B. die Entfernung von kontaminiertem Mauerputz, von schadstoffbelasteten Stäuben oder aber die Demontage von Asbestprodukten vorgenommen wurde.
- Die verkehrliche Erschließung, die Konzipierung und Realisierung von Ver- und Entsorgungssystemen erfordert umfassende Kenntnisse der Altlastensituation. Soweit Sicherungskonzepte verfolgt werden, können Verkehrsflächen als Elemente dieser Sicherung ausgebildet werden.

Altlastensanierung ist weit mehr als die Umsetzung einer technischen Sanierungsmaßnahme. Sie ist darüber hinaus ein komplexer Planungs- und Entscheidungsprozeß, der
- angesichts der komplizierten Fragestellungen strukturierte Arbeitsabläufe, interdisziplinäre Zusammenarbeit, in erheblichem Umfang Möglichkeiten zu Koordination und Information vorsehen muß,
- angesichts des nicht zu verkennenden Handlungsdruckes durch Straffung zeitlicher Abläufe, die Entwicklung von Routinen bei Untersuchungen und bei der Abstimmung einer Begrenzung altlastenbedingter Verzögerungen zum Ziel hat.

- Darüber hinaus erfordern die vielfältigen Verknüpfungen eine eindeutige Strukturierung der Projektabwicklung, die Transparenz des zeitlichen und inhaltlichen Ablaufes von Projekten sowie die Definition von Schnittstellen für Entscheidungen, Abstimmungs- bzw. Koordinierungsbedarf.

Neben dem Versuch, den Prozeß der Altlastensanierung zu optimieren, dürfte es von erheblicher Bedeutung sein, Akzeptanz für Vorbereitung und Durchführung und nicht zuletzt für das "Ergebnis" der Sanierungs- bzw. Sicherungsmaßnahmen zu erreichen. Eine der wesentlichen Voraussetzungen für einen Erfolg der Strategie der Wiedernutzbarmachung von Brachflächen wird es sein, Altlastensanierung so zu betreiben, daß sie nachvollziehbar und glaubwürdig ist. Dazu gehören, neben einer problemorientierten Herangehensweise, insbesondere die Transparenz von Entscheidungs- und Bewertungsprozessen sowie die umfassende Dokumentation und Verfügbarkeit von Daten.

Im folgenden werden die Arbeitsphasen beim Umgang mit Industriebrachen näher erläutert. Es wird versucht, einen Einblick in die Tätigkeit der Grundstücksfonds und einen Überblick über die gewonnenen Erfahrungen, aber auch die nach wie vor zu konstatierenden Probleme, Defizite und Mängel zu geben.

### 3.1. Die Erstbewertung

Die Frage nach umweltgefährdenden Belastungen stellt sich bei der Projektbearbeitung erstmals im Zusammenhang mit der grundstücksbezogenen ergänzenden Prüfung. Alle verfügbaren Hinweise (von den Vorbesitzern zur Verfügung gestellt) auf potentielle Kontaminationen werden in einer Erstbewertung berücksichtigt. Sie dient als Grundlage zur Festsetzung des Betrages, mit dem der Vorbesitzer an den Kosten der Untersuchung und Sanierung beteiligt werden soll. Diese Kostenbeteiligung wird auf einen vorkalkulierten Höchstsatz beschränkt, der in einem vorgegebenen Zeitraum abgerufen werden muß.

### 3.2. Rekonstruktion der Nutzungsgeschichte und Aufnahme des Ist-Zustandes

Die Recherche der Nutzungsgeschichte und die Aufnahme des Ist-Zustandes haben sich zu einem Arbeitsschritt von wesentlicher Bedeutung entwickelt, der einer ersten systematischen Beurteilung der Fläche dient. Die vertiefte Auswertung von Akten und Plänen von Kartenwerken, Luftbildern, die Auswertung von objektbezogenem Verwaltungswissen und seine Ergänzung durch informelle Informationsquellen, wie z.B. die Befragung ehemaliger Mitarbeiter und Anwohner, sind zu einer wichtigen Grundlage geworden für
- die Lokalisierung von Kontaminationspotentialen,
- die Erfassung des zu erwartenden Schadstoffinventars,
- die Konzeptionierung von Untersuchungsprogrammen.

Die so gewonnenen Erkenntnisse und zusammengestellten Informationen sollen auch die Beurteilung erlauben, ob es Hinweise auf Gefahren gibt, die Sofortmaßnahmen erforderlich machen.

Bei Brachflächen, deren Bausubstanz bereits vor dem Ankauf abgerissen wurde, konzentriert sich die Nutzungsrecherche auf die Lokalisierung von potentiell kontaminierten Bereichen sowie die Angaben zum Schadstoffinventar.

Bei bestehender Bausubstanz hat die Recherche darüber hinaus die Aufgabe, den Ist-Zustand aufzunehmen, das dabei erarbeitete Gebäudekataster beinhaltet Hinweise auf relevante Untersuchungsparameter, Beprobungspunkte und erlaubt damit die Aufstellung von Untersuchungsprogrammen, die nach Art und Umfang auf den konkreten Einzelfall zugeschnitten sind.

Auch eine qualifizierte Durchführung dieses Arbeitsschrittes, die häufig mit langwierigen und aufwendigen Recherchen verbunden ist, kann nur eine Reduzierung des Risikos von Fehleinschätzungen bewirken, sie jedoch nicht verhindern, da z.B. die Auswirkungen unbekannter Zwischennutzungen, von (kriegsbedingten) Unfällen u.a. in diesem Arbeitsschritt nicht erfaßt werden können.

### 3.3. Gefährdungsabschätzung

Die angekauften Brachen werden grundsätzlich, also unabhängig von den Ergebnissen der Erstbewertung und der Nutzungsrecherche als Verdachtsfläche behandelt und einer Gefährdungsabschätzung unterzogen. Wie Gefährdungsabschätzungen durchgeführt werden sollen, dafür gibt es weder Mindestanforderungen an Inhalt und Umfang, noch verbindliche methodische Hinweise für die Durchführung von Untersuchungen und Bewertungen. Art, Umfang und Qualität der Untersuchungen sind allerdings von entscheidender Bedeutung für Aussagekraft, Zuverlässigkeit, aber auch Glaubwürdigkeit von Untersuchungsergebnissen. Die erhobenen Daten müssen eine gesicherte Beantwortung von zentralen Fragestellungen ermöglichen:

- Gibt es ein Schadstoffpotential, um welche Mengen an Schadstoffen handelt es sich und wie sind sie räumlich verteilt?
- Über welchen Belastungspfad können Menschen direkt und/oder indirekt mit Schadstoffen in Kontakt kommen, durch welche Aktivitäten kann dies geschehen?
- Gibt es die Möglichkeit der Beeinträchtigung der allgemeinen Umwelt?
- Welche Mengen an Schadstoffen werden von Menschen aufgenommen, ergeben sich daraus (akut und/oder latent) gesundheitliche Beeinträchtigungen?

Während einer verläßlichen Quantifizierung des Schadstoffpotentiales und seiner räumlichen Verteilung, u.a. durch
- altstandorttypische Probleme (z.B. die Inhomogenität des Untergrundes, der selten ein gewachsener Boden ist, verhindert eine repräsentative Probenahme),
- Fehler und Mängel bei der Entnahme, der Konservierung, dem Transport und der Aufbereitung von Proben,
- Mängel von analytischen Methoden, die nur bedingt für die Problemstellung geeignet sind,
- die begrenzte Anzahl von Untersuchungspunkten und -parametern,
- den Zeitpunkt und die Häufigkeit von Untersuchungen und Beobachtungen

Grenzen gesetzt werden, erschweren methodische Defizite bei der Bewertung, der Mangel an Erkenntnissen über akute und/oder chronische Wirkungen von Einzelsubstanzen und Schadstoffgemischen, die Quantifizierung der Schadstoffmengen, die über unterschiedliche Belastungspfade aufgenommen werden können, nachvollziehbar begründete Bewertungen der Schadstoffpotentiale bzw. der von ihnen ausgehenden Gefahren.

Obwohl in der alltäglichen Praxis der Gefährdungsabschätzung wegen fehlender einheitlicher und abgesicherter Kriterien und erprobter Methoden nicht unerhebliche Mängel festzustellen sind, obwohl individuelle und nicht von einem breiten Konsens getragene Einschätzungen und Kriterien zum Ausgangspunkt von Bewertungen gemacht werden, erfordert die Strategie der Wiedernutzbarmachung von Brachflächen heute Entscheidungen und praktisches Handeln. Dies scheint dann vertretbar zu sein, wenn
- die Gefährdungsabschätzung in einem von Vorsicht und Besorgnis gekennzeichneten Abwägungsprozeß vorgenommen wird,
- das Vorsorgeprinzip bestimmend für das Handeln ist,
- Entscheidungen und Bewertungen transparent gemacht werden und nachvollziehbar sind und
- Defizite und Fragestellungen, für die es keine abschließenden Antworten gibt, dargestellt werden.

Die Untersuchungsstrategie für die Gefährdungsabschätzung orientiert sich an den Ergebnissen der Nutzungsrecherche. Generell wird mit einem stufenweise angelegten Beprobungskonzept gearbeitet. Es erlaubt im ersten Schritt den Nachweis von Kontaminationsschwerpunkten, die nach der Nutzungsrecherche zu vermuten waren, einen groben Überblick zur räumlichen Verteilung von Schadstoffen und eine frühzeitige Beurteilung, ob Sofortmaßnahmen erforderlich sind. Eine weitere Beprobungsstufe dient, soweit erforderlich, der Verdichtung von Informationen und bezieht das gesamte Gelände in die Beprobung ein. Für beide Stufen sind, angepaßt an örtliche Verhältnisse, Beprobungsstrategie, Beprobungstechnik, Probenauswahl und die Abstufung des Analysenprogrammes zu formulieren. Sämtliche Daten, die in die Abschätzung der Gefährdung eingehen, sind umfassend zu dokumentieren, so daß im Nachhinein die Bedingungen der Probenahme, die Kriterien für die Auswahl von Proben, etc. nachvollziehbar sind.

## 3.4. Sanierungsuntersuchung

Im Verlauf dieser Arbeitsphase erfolgt die Festlegung der Sanierungsziele, die Auswahl der Sanierungsstrategie, die Konzeptionierung von Sanierungsvarianten sowie schließlich die Erarbeitung einer Sanierungsempfehlung, die Grundlage für weitere Entscheidungen ist. Gleichzeitig erfolgt, soweit dies für die Sanierungsuntersuchung erforderlich ist, eine Ergänzung und Verdichtung der Daten (z.B. die Ermittlung von zusätzlichen bodenmechanischen Kennwerten, die Prüfung der Wirksamkeit von bestimmten Behandlungstechnologien, die Einordnung von Abfällen in Deponieklassen, etc.).

Die Festlegung von Sanierungszielen ist ein komplexer Entscheidungsprozeß, in dessen Verlauf eine Vielzahl von Randbedingungen (z.B. technische, finanzielle, ökologische und planerische) Berücksichtigung finden müssen. Aus den Sanierungszielen sind mediale bzw. funktionale Schutznormen für unterschiedliche Schutzgüter zu entwickeln. In der Praxis erfolgt die Festlegung von Sanierungszielen zur Zeit durch den unmittelbaren Bezug auf die vorgesehene Nutzung einer Fläche.

Mit der Festlegung eines Sanierungszieles und der sich daran anschließenden Auswahl einer geeigneten Sanierungsstrategie erfolgt der Einstieg in einen Optimierungsprozeß, der auf der einen Seite bestimmt wird von den qualitativen Anforderungen an aufbereitete und sanierte Flächen, wie z.B.:
- weitgehend uneingeschränkte Nutzbarkeit der Flächen nach Sanierung und Aufbereitung,
- auch langfristig keine unkalkulierbaren Risiken nach Abschluß von Sanierungs- und Sicherungsmaßnahmen,
- altlastenspezifische Fragestellungen sind kein Hemmnis für beabsichtigte Nutzung und die Vermarktung,
- Art und Umsetzung der Maßnahmen werden von Nutzern und Investoren akzeptiert.

Diesem Anforderungsprofil, das sich aus der spezifischen Aufgabenstellung der Grundstücksfonds ableitet, stehen auf der anderen Seite begrenzte finanzielle Kapazitäten als bestimmender Faktor gegenüber. Eine Sanierung im Wortsinn, d.h. die Wiederherstellung des Zustandes vor der Kontamination, scheidet daher in der Regel schon aus finanziellen Gründen aus.

Neben der passiven Strategie der Nutzungsanpassung sind für die Sanierung grundsätzlich drei Strategien in Betracht zu ziehen:
1. die Dekontamination, d.h. die Beseitigung des Schadstoffpotentiales durch Zerstören oder Entfernen der Schadstoffe,
2. die Sicherung, d.h. das Fixieren und/oder Isolieren des Schadstoffpotentiales an Ort und Stelle und
3. die Umlagerung, d.h. das Aufnehmen und Verbringen auf Deponien.

Diese Strategien sind zunächst auf ihre prinzipielle Eignung für den Standort zu prüfen. Strategien oder aber Varianten dieser Strategien können ausscheiden, da ihre Machbarkeit an Grenzen stößt. Das Spektrum der möglichen Varianten wird dabei insbesondere von der Verfügbarkeit geeigneter Technologien, der Akzeptanz der Technologien sowie von den verfügbaren finanziellen Mitteln und der für die Maßnahmen zur Verfügung stehenden Zeit bestimmt.

Darüber hinaus sind Charakteristika der Brachen, wie ihre Größe, das Vorhandensein von (un-)belasteter Bausubstanz, die Tatsache eines bereits erfolgten unkontrollierten Abbruches, die Art und Verteilung von Kontaminationen (abgrenzbare Bereiche, Kontaminationen im Boden und/oder Aufschüttung, homogenes oder inhomogenes Schadstoffpotential?), schließlich die Bedeutung der Fläche für räumliche Entwicklungskonzepte, ihre Lage und damit auch ihre Vermarktbarkeit von erheblicher Bedeutung für die Auswahl der Varianten.

In der Vergangenheit war das Spektrum der möglichen Sanierungsvarianten durch die fehlende Verfügbarkeit von erprobten und geeigneten Technologien zur Dekontamination auf die Deponierung sowie die Sicherung beschränkt.

Die Deponierung, keine Sanierung im eigentlichen Sinne, verlagert mit hohen Kosten das Schadstoffpotential an einen anderen Ort. Angesichts begrenzter Deponiekapazitäten und aus grundsätzlichen abfallwirtschaftlichen Erwägungen wird die Deponierung künftig mit einiger Sicherheit lediglich als Teilstrategie von integrierten Entsorgungs-, Sanierungs- bzw. Sicherungskonzepten Verwendung finden. Dies wird insbesondere für weitgehend punktuelle Bodenverunreinigungen, aber auch für kontaminierten Bauschutt gelten.

Die Sicherung von Altlasten, insbesondere ausgeführt als Oberflächenabdeckung bzw. -abdichtung wurde und wird in der Praxis der Grundstücksfonds vielfach als geeignete Strategie angesehen. Insbesondere bei großflächigen Brachen, die auch großflächig verteilt Kontaminationen aufweisen können, sind mit den zur Verfügung stehenden finanziellen Mitteln in der Regel nur Sicherungsmaßnahmen vorstellbar. Sicherungsmaßnahmen können dann in Betracht gezogen werden, wenn die stofflichen und (hydro-)geologischen Voraussetzungen gegeben sind, eine sowohl objektive als auch subjektive Verträglichkeit der Sicherungsmaßnahme mit der vorgesehenen Nutzung vorliegt. Die Unterbrechung von relevanten Gefährdungspfaden muß langfristig mit hoher Wahrscheinlichkeit als gesichert gelten. Sicherungsmaßnahmen haben den Charakter von Zwischenlösungen. Dies ergibt sich zum einen aus dem derzeit nicht abschätzbaren Langzeitverhalten von Schadstoffpotentialen und Sicherungsvorrichtungen, zum anderen aber auch aus der Vorläufigkeit der Kriterien, die bei der Entscheidung für die Sicherung herangezogen werden können. Sicherungsmaßnahmen erfordern laufende Kontrolle ihrer Wirksamkeit. In regelmäßigen Zeitabständen ist darüber hinaus zu prüfen, ob der Stand der Technik und die Erkenntnisse der Gefahrenbeurteilung das Festhalten an der Strategie der Sicherung nach wie vor möglich macht. Auch Nutzungsänderungen können neue Überlegungen erforderlich machen. Langfristig kann sich daher eine Sanierung von gesicherten Altlasten als notwendig erweisen.

Die schnelle Verfügbarkeit, die gegenüber den Dekontaminationsverfahren häufig geringen Kosten und die Umsetzung mit einfachen und erprobten bautechnischen Verfahren gelten als Vorteile von Sicherungsmaßnahmen. Nachteilig erweisen sich die eingeschränkte Verfügbarkeit der Flächen und die Bedenken wegen weiterer Auflagen und möglicherweise erforderlich werdender Sanierungsmaßnahmen zu einem späteren Zeitpunkt. Angesichts steigender Anforderungen an die Bodenbeschaffenheit nachgefragter Flächen, skeptischer Beurteilung durch potentielle Investoren können Probleme bei der Vermarktung nicht ausgeschlossen werden. Die Transparenz des Sanierungsprozesses dürfte in diesem Zusammenhang von besonderer Bedeutung sein.

Die Strategie der Dekontamination scheitert bis zum jetzigen Zeitpunkt - bis auf wenige Ausnahmen - an der Verfügbarkeit erprobter und geeigneter Sanierungstechnologien. Zwar wird ein breites Spektrum von Verfahren zur thermischen, extraktiven und mikrobiologischen Behandlung von verunreinigten Böden angeboten, vielfach haben die Anlagen jedoch nur eine geringe Leistungsfähigkeit, beschränkt sich die Wirksamkeit auf bestimmte Bodenarten und ein schmales Schadstoffspektrum. In der alltäglichen Praxis sind es jedoch Böden, die mit Bauschutt, Schlacken und Bergematerial versetzt sind, es können gleichzeitig organische und anorganische, leicht und schwer lösliche, biologisch abbaubare und den biologischen Abbau hemmende Schadstoffe in den Böden vorkommen, der Anteil bestimmter Kornfraktionen, der Wassergehalt u.ä. Parameter können erheblichen Schwankungen unterliegen.

Die Sanierungsuntersuchung erfordert eine intensive interdisziplinäre Kooperation und Kommunikation. Dies insbesondere zwischen den Umwelttechnikern auf der einen Seite und den Planern und Entwicklern von Nutzungskonzepten auf der anderen Seite. Es hat sich als sinnvoll erwiesen, den Teilschritten der Altlastensanierung Phasen der städtebaulichen Planung und Konzeptentwicklung zuzuordnen. Frühzeitige und häufige Rückkopplungen ermöglichen realistische Konzepte sowie Zeit- und Finanzpläne. Die zentrale Bewirtschaftung der Grundstücksfonds hat sich in der Vergangenheit in diesem Zusammenhang als vorteilhaft erwiesen und den Koordinationsaufwand, der für die vielfältigen Abstimmungen erforderlich ist, durch Verkürzung von Zeitabläufen und Kommunikationswegen begrenzt.

### 3.5. Abbruch- und Sanierungsplanung

Diese Arbeitsphase umfaßt die Konkretisierung der ausgewählten Sanierungsvariante, die Erarbeitung der Unterlagen für Genehmigungsverfahren, von ausführungsreifen Planlösungen sowie die Vorbereitung und Durchführung der Ausschreibung der Sanierungs- und Sicherungsmaßnahmen. Die Abbruch- und Sanierungsplanung beinhaltet die Konzeptionierung der Sanierungsbegleitung und der Maßnahmen zum Arbeits- und Immissionsschutz.

Geplante und kontrollierte Abbruchmaßnahmen sollen sicherstellen, daß abfallwirtschaftliche Grundprinzipien, die Minimierung von Abfällen, Konzentrieren von Schadstoffen, Vermeiden von Verdünnungen oder Vermischen von Abfällen gezielt zur Geltung kommen. Gleichzeitig sollen sie dazu beitragen, daß Gefährdungen für das Personal der vor Ort arbeitenden Firmen und die Umwelt ausgeschlossen werden können.

Die Umsetzung von Abbruchkonzepten erfordert praxisnahe Vorgaben und gezielte Hinweise, z.B. für die abbruch- und sanierungsbegleitende Beprobung oder aber Maßnahmen zur Separierung von Schadstoffen.

### 3.6. Durchführung von Abbruch und Sanierung

Die Ausführung der Abbruch- und Sanierungsmaßnahmen erfolgt auf Grundlage der im Rahmen der Sanierungsplanung festgelegten Vorgehensweise. Von zentraler Bedeutung für diesen Arbeitsschritt ist die umfassende Kontrolle und Überwachung sämtlicher Aktivitäten vor Ort. Diese Aufgaben werden von einer Sanierungsbegleitung bzw. Sanierungsüberwachung wahrgenommen, die darüber hinaus verantwortlich ist für Koordinierung, Planung und Steuerung sowie die Dokumentation und kontinuierliche Berichterstattung. Die Sanierungsbegleitung hat auf der Baustelle, soweit es altlastenspezifische Fragestellungen angeht, eine weitgehende Weisungsbefugnis.

Zu den vordringlichen Aufgaben zählen
- die Umsetzung des Abbruch- und Sanierungskonzeptes durch Anweisungen zum Vorgehen, Steuerungen des Ablaufes und begleitende Analytik,
- die Separierung von unterschiedlich kontaminierten Materialien, die Zuordnung zu Behandlungs- oder Deponierungskategorien,
- die Veranlassung und Überwachung von Arbeitsschutzmaßnahmen.

Die Sanierungs- und Abbruchbegleitung wird je nach Schwerpunkt der Aufgabenstellung durch ein chemisches Labor oder aber ein technisches Fachbüro gestellt, bei komplizierten Fragestellungen werden interdisziplinäre Arbeitsgruppen vorgesehen.

Der Überwachungs- und Steuerungsaufwand ist verständlicherweise bei Firmen, die nicht über Erfahrungen mit kontrollierten Abbruch- und Sanierungsmaßnahmen verfügen, besonders hoch. Die Fähigkeit und Bereitschaft, sensibel mit den altlastenbedingten Problemen umzugehen, die Schadstoffproblematik ernst zu nehmen, eine flexible Steuerung der Baustelle sicherzustellen, die auch unvorhersehbare Gegebenheiten berücksichtigt, die Ausstattung mit Geräten, die ein kleinteiliges, schrittweises Vorgehen ermöglichen und eine weitgehende Separierung erlauben, die Vorhaltung und das Nutzen von Schutzausrüstungen, die Ausbildung des Personales in der Handhabung dieser Geräte, sind bei traditionellen Abbruch- und Tiefbaufirmen nicht in jedem Fall gegeben.

Einige wesentliche Aspekte, die Unterschiede zwischen kontrolliertem und unkontrolliertem Abbruch verdeutlichen, sind in der folgenden Gegenüberstellung enthalten:

| Kontrollierter Abbruch | Unkontrollierter Abbruch |
|---|---|
| * spezialisierte Sanierungs- und Abbruchfirmen mit<br>- qualifizierten Fachkräften<br>- Spezialausrüstung und Geräten<br>- Dekontaminierungs- und Behandlungskapazitäten<br>- Know-how für die Lösung komplexer Probleme | * Baufirmen/Abbruchfirmen |
| * Arbeitsschutz und Emissionsschutz<br>- Vorhalten von Schutzausrüstung<br>- Schwarz-Weiß-Bereiche<br>- Ausbildung und Einweisung des Personals | *    ? |
| * Sanierungs- und Abbruchbegleitung<br>(site-manager) | * Bauleitung |
| * Abbruch- und Sanierungsplanung<br>- abfallwirtschaftliche Kriterien | * unkontrollierter Abbruch<br>- Vermischung unterschiedlich kontaminierter Materialien |
| - stufenweises und kleinteiliges Vorgehen | - Problembereiche und -stoffe werden nicht fachgerecht behandelt |
| * Kontinuierliche analytische Überwachung | * Punktuelle Probenahme bei optischen oder geruchlichen Auffälligkeiten |

### 3.7. Dokumentation und Monitoring

Auf die Bedeutung einer umfassenden Dokumentation, die den Prozeß der Altlastensanierung von den Recherchen zur Nutzungsgeschichte bis zur abschließenden Kontrolle des Sanierungserfolges darstellt, wurde bereits mehrfach hingewiesen. Sie richtet sich in erster Linie an die zuständigen Fachbehörden und an potentielle Investoren, denen mit den zusammengestellten Daten eine "Bodenzustandserklärung" zugänglich gemacht werden kann.

Insbesondere bei gesicherten Altlasten muß gewährleistet sein, daß die Informationen, die in der Dokumentation zusammengefaßt sind, langfristig verfügbar bleiben und eine Kontrolle der festgeschriebenen Restriktionen erfolgt.

Sicherungsmaßnahmen machen in aller Regel für mehr oder weniger lange Zeiträume eine kontinuierliche Kontrolle der Wirksamkeit erforderlich.

### 4. SCHLUSSBEMERKUNGEN

Die Diskussion um Altlasten kann in dem Bereich des Bodenschutzes eingeordnet werden. Die Entstehung der Mehrzahl der Altlasten fällt in die Zeit, in der Bodenschutz noch keine Beachtung fand, die gekennzeichnet ist durch einen fahrlässigen und verantwortungslosen Umgang mit dem Umweltmedium Boden.

Die Sanierung der Altlasten, die Beseitigung der bereits eingetretenen Bodenverunreinigungen, d.h. die Reparatur der eingetretenen Schäden, wird - soweit möglich - mit erheblichem administrativen, technischen und finanziellen Aufwand betrieben.

Eine Entstehung von Neulasten kann nach den Erfahrungen, die beim nachsorgenden Bodenschutz gemacht wurden, nur verhindert werden, wenn Vorsorgeaspekte im Bodenschutz künftig stärkere Berücksichtigung finden. Mögliche Ansatzpunkte bieten:
- Vermeidung durch Reduzierung des Umganges mit boden- und wassergefährdenden Stoffen,
- gesicherte Lagerung und kontrollierter Umgang mit boden- und wassergefährdenden Stoffen,
- die Einbeziehung des Bodens in ein regelmäßiges Umweltmonitoring (bezogen auf einzelne Grundstücke oder aber Industriegebiete),
- ein gesetzlicher Genehmigungsvorbehalt bei Betriebsstillegungen, verbunden mit Rekultivierungsverpflichtungen, etc.,
- ein förmliches Verfahren bei der Umnutzung von industriellen und gewerblichen Flächen, die Vorlage einer Bodenzustandserklärung als Voraussetzung für den Verkauf industriell oder gewerblich genutzter Grundstücke.

**MODELLSTANDORTE BADEN-WÜRTTEMBERG**

Ergebnisse für die Praxis der Altlastenerkundung

Baudirektor H. Neifer,
Institut für Altlastensanierung

Landesanstalt für Umweltschutz Baden-Württemberg, Karlsruhe

## 1. EINLEITUNG

Im Zusammenhang mit der systematischen Aufarbeitung der Altlastenproblematik in Baden-Württemberg wurde unter anderem eine "Modellstandortkonzeption" [1] realisiert. An ausgewählten Standorten (Modellstandorte) sollten Erfahrungen mit der Bearbeitung von Altlasten gewonnen werden, die es ermöglichen sollen, bei anderen Standorten besser arbeiten zu können. Das Programm an diesen Modellstandorten beinhaltet insbesondere, bekannte Verfahren und Techniken für die Erkundung, Sanierung und Sicherung bzw. Überwachung und Langzeitkontrolle zu erproben und vergleichend einzusetzen. Daraus sollen Hilfen für die Praxis der Altlastenbearbeitung abgeleitet werden, was das Vorgehen bei der Bearbeitung von Einzelfällen anbetrifft bzw. die Eignung verschiedener Methoden, Geräte und Verfahren.

An den Modellstandorten wird seit dem Jahre 1987 gearbeitet, seit 1988 wird der Bereich der technischen Erkundung bearbeitet.

Die Arbeiten werden vom Altlastenfonds Baden-Württemberg getragen.

## 2. ERGEBNISSE

Die nachfolgenden Ausführungen stützen sich auf die Ergebnisse der technischen Erkundung an den Modellstandorten Baden-Württemberg, die mittlerweile weitgehend abgeschlossen bzw. weit fortgeschritten sind.

### 2.1 Erkundung des Umfeldes von Altablagerungen bzw. Altstandorten

Bei den Modellstandorten Baden-Württemberg hat sich im Hinblick auf das Schutzgut Grundwasser folgendes generelles Vorgehen als Strategie für die Erkundung des Umfeldes von Altablagerungen bewährt:
- Voraussetzung aller Arbeiten ist eine eingehende und ausführliche historische Erkundung, deren Ergebnisse zu Beginn der technischen Erkundungen vertieft auszuwerten sind, u.a. durch Beschaffung von möglichst umfangreichem Luftbildmaterial sowie dessen Auswertung.
- Daran anschließend sollte eine flächenhafte Erkundungsphase ohne größere Eingriffe in den Untergrund eingeschaltet werden, in deren Rahmen insbesondere:
  - geophysikalische Verfahren sowie biologische und geologische Kartierungen,
  - oberflächennahe Sondierungen und gegebenenfalls Schürfe sowie
  - Bodenluftmessungen
  
  zum Einsatz kommen.
- Die so gewonnenen Informationen sind auszuwerten, um damit die Bohrpunkte zur Erkundung des Grundwassers festzulegen.

- Daran anschließend sind Bohrungen durchzuführen, um das Grundwasser bzw. den Untergrundaufbau zu erkunden, gegebenenfalls durch Kernbohrungen. Die Bohrungen sind in der Regel zu qualifizierten Grundwassermeßstellen auszubauen, was bei der Wahl des Bohrdurchmessers zu berücksichtigen ist. Nur mit derart ausgebauten Meßstellen ist es möglich, im Rahmen der Erkundung zuverlässige Daten, u.U. über einen längeren Zeitraum zu gewinnen.
- Probenahme und Analytik des Wassers bzw. gegebenenfalls der gewonnenen Kerne; Wiederholung zu verschiedenen Jahreszeiten, bei unterschiedlichen Grundwasserständen u. dgl.
- Auswertung und Festlegung der weiteren Erkundungen/Bohrungen.
- Durchführung einer Bewertung zur Gefährdungsabschätzung und Festlegung des weiteren Handlungsbedarfs.

Mit dieser Strategie kann ein gezieltes und sparsames Vorgehen bei der Erkundung erreicht werden (s. Abb.).

## 2.2 Erkundung des Inhalts von Altablagerungen

Der Erkundung des Inhalts von Altablagerungen kommt, da dies die Quelle der Verunreinigung darstellt, große Bedeutung zu. Die Erfahrungen an den Modellstandorten Baden-Württemberg sowie die der Literatur entnehmbaren Erkenntnisse verbieten aber eine direkte Untersuchung des Inhalts der Altablagerung durch Entnahme und Untersuchung von Abfallproben. Um eine einigermaßen repräsentative Aussage zu treffen, wäre wegen der extremen Inhomogenität des Materials eine Vielzahl von Proben notwendig.

Folgendes Vorgehen wird empfohlen:
- Vertiefte Auswertung der historischen Erkundung und Beschaffung von möglichst umfangreichem Luftbildmaterial einschließlich Auswertung insbesondere zur Ermittlung der Ablagerungsgeschichte.
- Gegebenenfalls Anwendung geophysikalischer und biologischer Verfahren zur Ermittlung bzw. Verifizierung der Ablagerungsgrenzen.
- Untersuchung der **Immissionen**, insbesondere:
  - Entnahme von Sickerwasserproben aus vorhandenen Fassungsanlagen bzw. unkontrollierten Austritten,
  - Entnahme von Bodenluft- bzw. Deponiegasproben in einem Grobraster von ca. 3 bis 5 Sondierungen je Hektar bzw. je Altablagerung
- Gegebenenfalls Sondierbohrungen mit Kerngewinn auf der Altablagerung zur Verifizierung unterschiedlicher Ablagerungsbereiche aufgrund der Ergebnisse der historischen Erkundung
- Chemisch-physikalische Untersuchungen:
  - umfassende chemisch-physikalische Analyse des Sickerwassers sowie Ermittlung der Sickerwassermenge (wenn kein Sickerwasser gewonnen werden kann, können hilfsweise Proben von möglichst nahe gelegenen Grundwassermeßstellen herangezogen werden)
  - Deponiegas bzw. Bodengasuntersuchungen auf $CO_2$, $CH_4$, $N_2$ sowie $O_2$ einschließlich Temperatur sowie auf leichtflüchtige aromatische und chlorierte Kohlenwasserstoffe einschließlich deren Abbauprodukte wie z.B. Vinylchlorid, gegebenenfalls Gasdruck und Gasmenge.

- Ablagerungsgut (Kernmaterial von Sondierungen): dieses Material ist nur qualitativ nach Abfallart und Schichtenaufbau anzusprechen sowie auf Wassergehalt und Gehalt an organischen Stoffen (Trocken- und Glührückstand) zu untersuchen. Chemische Analysen haben sich auf Ausnahmefälle zu beschränken.

Damit ist die Altablagerung hinsichtlich ihres Inhalts in der Regel technisch ausreichend erkundet. Vertiefende Untersuchungen müssen sich auf Ausnahmefälle beschränken, z.B. wenn ein Abtrag oder eine Aufarbeitung des Deponiematerials vorgesehen ist.

## 2.3 Vorgehen bei der Erkundung von Gaswerken als Beispiel für das Vorgehen bei Altstandorten

Auch bei Altstandorten kommt der historischen Erkundung als Grundlage für ein gezieltes Vorgehen bei der technischen Erkundung ein hoher Stellenwert zu. Anhand alter Pläne (sofern diese nicht vorhanden sind anhand alter Luftbilder) können mutmaßliche Verschmutzungsschwerpunkte festgelegt werden.

Die Erkundung dieser Altstandorte hat ebenfalls stufenweise zu erfolgen, was sich insbesondere in der Rastergröße niederschlägt, die sich zwischen orientierender Erkundung und näherer Erkundung (siehe Altlastenhandbuch Baden-Württemberg [2]) wesentlich unterscheidet.

Das bei den Rastersondierungen anfallende Bohrmaterial ist mit Sorgfalt organoleptisch anzusprechen und chemisch zu untersuchen. Dabei kann sich eine "Vollanalyse" des Bodens auf wenige einzelne Bodenproben beschränken. Ansonsten sind die maßgebenden Leitparameter wie nachfolgend beschrieben, zu verwenden; umfangreiche Analysen dienen lediglich der Verifizierung und Absicherung dieser Leitparameter.

Bei den Arbeiten am Modellstandort Geislingen ließen sich folgende Stoffe bzw. Stoffgruppen als Leitparameter verwenden:
- Für Gasreinigungsmasse:
  Cyanid gesamt
  Sulfat
- Für Schlacken:
  die Schwermetalle Blei und Zink
- Für Teerverunreinigungen:
  PAK
  Phenole (als Phenolindex)
  BTX-Aromaten
- Für Ammoniak-Wasser:
  Ammonium
  Cyanide
  Phenolindex

Daraus wurde ein reduziertes Leitparameterprogramm entwickelt mit:
- Standardparameter: PAK, Phenolindex, Cyanide
- Erweiterte Leitparameterliste: PAK, Phenolindex, Cyanide, BTX, Ammonium

Mit diesen Parametern konnten Bodenverunreinigungen vertikal und horizontal abgegrenzt werden.

## 2.4 Weitere Ergebnisse

Für einzelne Fragestellungen wurden vertiefte Auswertungen durchgeführt, so für geophysikalische Erkundung von Altlasten sowie für die Bestimmung von PAK (Methodenvergleich); beide Themenkreise werden in anderen Vorträgen auf diesem Symposium gesondert behandelt.

Für den Summenparameter AOX wurde versucht, durch umfangreiche Untersuchungen von Grundwasserproben, die erhöhte AOX-Werte aufwiesen, diese Werte durch Einzelsubstanzen zu erklären. Als Ergebnis der Untersuchungen kann festgehalten werden, daß es nicht gelingt, den AOX durch Einzelsubstanzen zu erklären, wenn der AOX nicht ausschließlich durch leichtflüchtige chlorierte Kohlenwasserstoffe verursacht wurde. Trotz umfangreicher Einzelsubstanzbestimmungen konnten ansonsten im Mittel nur 10% des AOX-Wertes durch Einzelsubstanzen belegt werden. Deshalb kann der Parameter AOX im Bereich der Altlastenerkundung lediglich als Leitparameter für die Unterscheidung höher oder nicht belasteter Proben verwendet werden; er kann nicht Grundlage einer Gefährdungsabschätzung sein.

## 3. AUSBLICK

Nachdem die Arbeiten an den Modellstandorten noch nicht vollständig abgeschlossen sind und insofern auch die Aufarbeitung und Auswertung der Erkenntnisse noch nicht abgeschlossen ist, konnte hier nur ein erster Zwischenstand dargestellt werden. Als nächster wichtiger Schritt der Aufarbeitung der Ergebnisse ist vorgesehen, einen Leitfaden zu entwickeln, in dem aufbauend auf das Bewertungsverfahren Baden-Württemberg, die zur Beantwortung der bewertungsrelevanten Sachverhalte in Frage kommenden Techniken für die einzelnen Erkundungsstufen beschrieben und zugeordnet werden. Damit soll ein Beitrag geleistet werden, die Altlastenerkundung zielgerichteter und wirtschaftlicher durchführen zu können.

## 4. LITERATUR

[1] Neifer, H. (1988). Modellstandortkonzeption Baden-Württemberg. In Kongreßband Altlastensanierung '88 TNO/BMFT (11.-15. April 1988) in Hamburg.

[2] Ministerium für Umwelt Baden-Württemberg, 1988; Altlastenhandbuch Baden-Württemberg, Teil I und II.

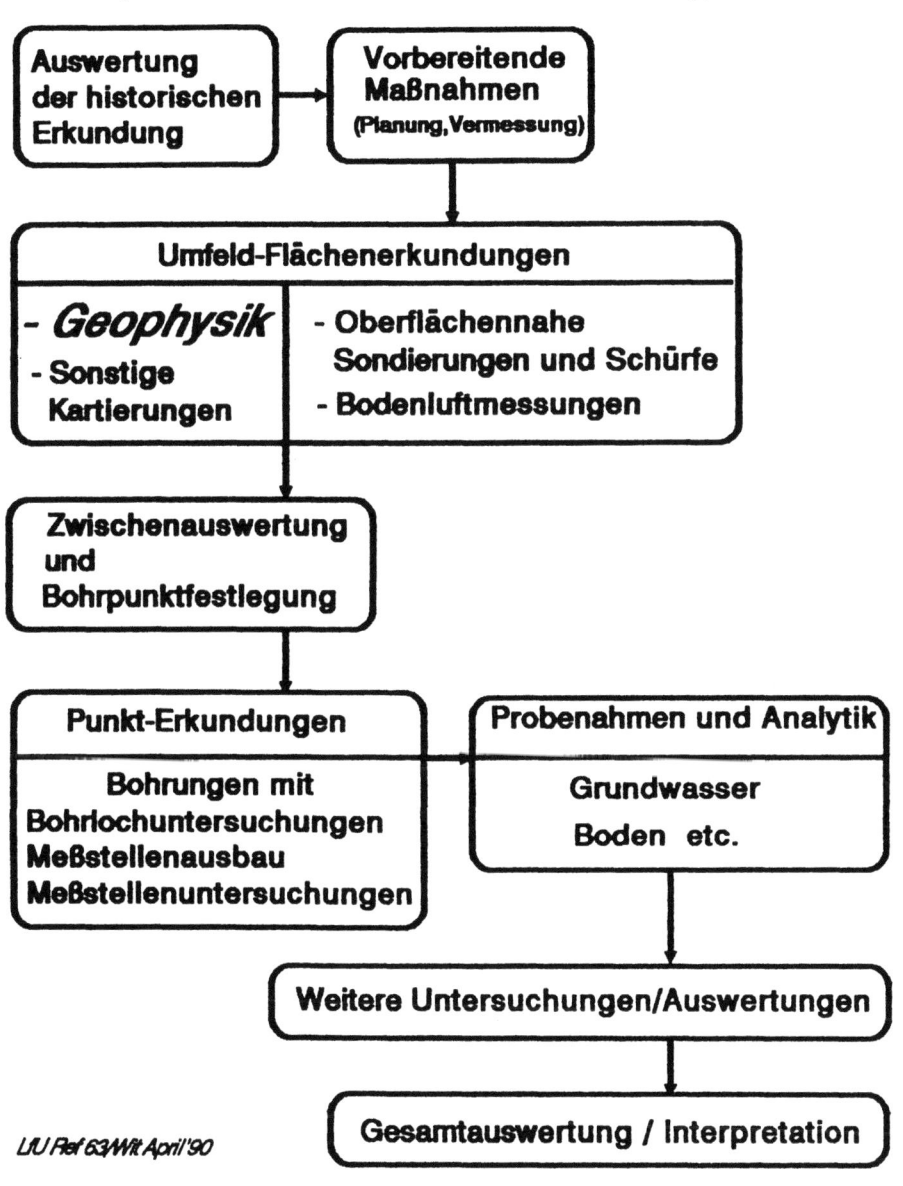

# VERGLEICHENDE ANWENDUNG VON ERKUNDUNGSTECHNIKEN AM MODELLSTANDORT "MÜHLACKER"

CROCOLL, R. & VAN DER GALIEN, W.

Inhaltsverzeichnis

1. Einleitung
2. Standorttyp "Gipskeuper"
3. Modellstandort "Mühlacker"
   3.1 Standortbeschreibung
   3.2 Erkundungstechniken
   3.3 Ergebnisse
4. Schlußfolgerung


## 1. EINLEITUNG

Die Landesanstalt für Umweltschutz, Karlsruhe, betreibt seit 1987 acht Modellstandorte im Land Baden-Württemberg. Es handelt sich dabei um verschiedene Altlasten, an denen exemplarisch und modellhaft Erkundungs- und Sanierungstechniken erprobt werden sollen. Diese Maßnahmen werden finanziell durch den Altlastenfonds des Landes Baden-Württemberg getragen.

Einer dieser Standorte, der Modellstandort "Mühlacker", wird von unsere Arbeitsgemeinschaft WEBER-IFU-TAUW betreut. Der Standort liegt nordöstlich der Stadt Mühlacker auf den Schichten des Gipskeupers, dessen Ton- und Mergelsteine auch heute noch als idealer "naturdichter" Untergrund gelten.

Trotz der idealen Voraussetzungen für einen Deponiestandort wurden leichtflüchtige chlorierte Kohlenwasserstoffe in erheblichen Mengen im Grundwasser nachgewiesen. Die Ausbreitung der Schadstoffe in der ungesättigten und gesättigten Zone wurde durch verschiedene Erkundungstechniken beobachtet.

Folgende Untersuchungen wurden bereits durchgeführt:

**GEOPHYSIK**

- * Elektromagnetik
- Induzierte Polarisation
- * Geoelektrik
- * Refraktionsseismik
- * Reflexionsseismik
- * Eigenpotential Messung
- Georadar (EMR)
- Geomagnetik
- Gravimetrie
- * Bohrlochgeophysik

* **HYDROGEOLOGIE**

- Bohrungen
- Slug-Bail-Tests
- Horizontierte Beprobung
- Grundwasserstandsmessung

**BODENLUFT**

- CKW-Bodenluftuntersuchung
- $CO_2$-Bodenluftuntersuchung
- Rn-Bodenluftuntersuchung

**BIOMONITORING**

- Lumbricidenuntersuchung
- Pflanzenwuchstest
- Flechtenkartierung
- Daphnientests

**CHEM.-PHYS. UNTERSUCHUNGEN**

- Boden
- * Grundwasser
- Sickerwasser
- Oberflächengewässer

**SONSTIGE UNTERSUCHUNGEN**

- Niederschlagsmessung
- Bodenkartierung
- Historische Erkundung
- Luftbildauswertung
- Sickerwasserbilanz

Darüber hinaus erfolgte ein Pumpversuch über einen Zeitraum von 2 Monaten (Ergebnisse stehen noch aus). Die Untersuchungen werden ergänzt durch einen z.Zt. noch laufenden kombinierten Markierungsversuch, bei dem auch Tracer in den Deponiekörper eingespeist wurden, um so Ausbreitungsvorgänge in der ungesättigten Zone nachvollziehen zu können.

Abb.1:

Lage des Untersuchungsgebietes

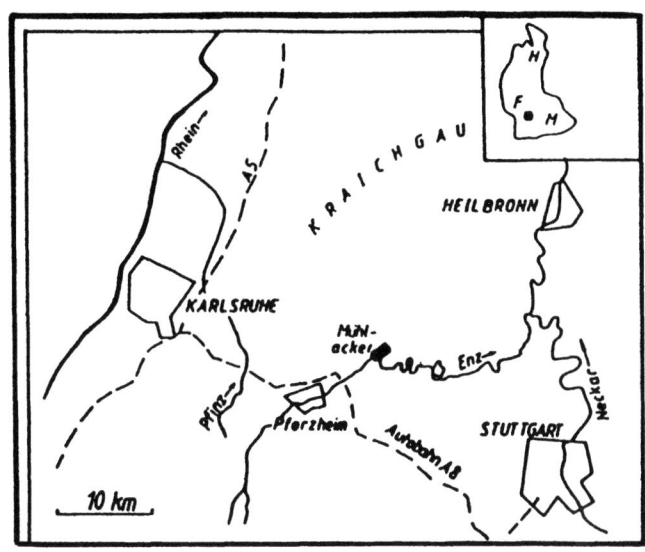

## 2. STANDORTTYP "GIPSKEUPER"

Bei dem in Baden-Württemberg auftretenden Gipskeuper handelt es sich um eine verhältnismäßig einheitliche Folge von Ton- und Mergelsteinen, die in Teilbereichen erhebliche Gehalte an Gips aufweisen. Aufgrund seiner großen Mächtigkeit von etwa 120 m und der damit verbundenen weiten Verbreitung sind Standorte von Altablagerungen im Gipskeuper, vor allem im Nordwürttembergischen Raum, relativ häufig. Hinzu kommt, daß der Gipskeuper schon früh als "Geologische Barriere" erkannt und deshalb als bevorzugter Deponiestandort ausgewiesen wurde.

Zur Beurteilung des Gipskeupers als hydrogeologische Barriere sind folgende Kriterien relevant:

- Im unverwitterten Ausgangszustand handelt es sich um einen geringdurchlässigen Kluftgrundwasserleiter.

- Durch die Auslaugung der Gipsschichten kommt es primär zur Verkarstung des Untergrundes und sekundär zu Nachsackungen an der Oberfläche (Erdfälle). Es handelt sich dann um eine Kombination aus Kluft- und Karstgrundwasserleiter.

- Nach Abschluß der Gipsauslaugung ist der Schichtverband meist völlig aufgelöst; die Ton- und Mergelsteine sind größtenteils verwittert und mit Residualschluffen der Gipsauslaugung durchsetzt. Teilweise sind noch Hohlräume erhalten. Es handelt sich folglich um eine Kombination aus Grundwassergeringleiter im Lockergestein, Kluftaquifer und Karstgrundwasserleiter.

## 3. MODELLSTANDORT "MÜHLACKER"

### 3.1 Standortbeschreibung

Der Modellstandort "Mühlacker" liegt im Bereich des ausgelaugten Gipskeupers. Bei dem Standort handelt es sich um eine ehemalige Sondermülldeponie. Zur Einrichtung der Deponie wurden in der stark bindigen, etwa 8 m mächtigen Verwitterungsschicht 4 Becken angelegt und mit etwa 7.000 cbm Galvanikschlämmen, Lackschlämmen und Lösemittel verfüllt. Als Problemstoffe sind zu nennen: Schwermetalle und leichtflüchtige chlorierte Kohlenwasserstoffe.

Weitere Informationen zum Standort vgl.:

| | |
|---|---|
| NEIFER: | Modellstandorte Baden-Württemberg: Ergebnisse für die Praxis der Altlastenerkundung (D1) |
| NEIFER: | Modellstandortkonzeption Baden-Württemberg (2. TNO/BMFT-Kongress 1988) |
| STRAßBURGER: | Umweltgeophysik bei der Altlastenerkundung (C1) |
| VAN OOSTEROM & DENZEL: | Vaccum extraction on a chemical waste disposal site - a pilot plant with on site analysis (D2) |

### 3.2 Erkundungstechniken

Zur modellhaften Erkundung des Standortes wurden umfangreiche Erkundungstechniken erprobt, mit dem Ziel, die Schadstoffausbreitung am Standort möglichst detailliert zu erfassen, um somit übertragbare Erkenntnisse gewinnen zu können für die Auswahl geeigneter Erkundungstechniken zur Erkundung von Altablagerungen im Standorttyp "Gipskeuper".

Die Hauptziele dieser Modellerkundung lassen sich in folgende drei Themenbereiche aufgliedern:

1) Exemplarische Erfassung des Deponiekörpers

2) Erfassung der Einwirkung der Deponie auf den Boden und das Biotop im Umfeld

3) Hydrogeologische Erkundung des tieferen Untergrundes

Die für die hydrogeologische Erkundung relevanten Erkundungstechniken sind auf der oben stehenden Übersicht mit * gekennzeichnet. Deren wichtigste Ergebnisse sollen im Folgenden kurz vorgestellt werden.


## 3.3 Ergebnisse

Hinsichtlich der Erkundung der Schadstoffausbreitung in der ungesättigten und gesättigten Zone ergaben die Untersuchungen folgende Ergebnisse:

- Durch die Reflexionsseismik konnte eine bedeutende Störung nachgewiesen werden, die den Deponiebereich tangiert. (Der Reflektor lag in 50 - 70 m Tiefe).

- Durch die Eigenpotentialmessungen konnte diese Störung indirekt nachgewiesen werden. Die Störung bildet eine hydraulische Grenze, die zwei unterschiedliche Grundwasserregime trennt. Zum einen ein Bereich der sich durch eine hohe Mineralisation des Grundwassers (Gipswasser) auszeichnet, zum anderen ein Bereich mittlerer Mineralisation mit sehr geringen Sulfatgehalten (ca. 30 mg/l). Diese Grundwasserzonierung macht sich durch deutliche EP-Differenzen bemnerkbar. (Der Flurabstand beträgt etwa 30 m).

- In der ungesättigten Zone unterhalb des Deponiekörpers wurden Residualschluffe angetroffen, auf denen sich zum Teil hochkantaminierte Schichtwässer stauen. Diese Schichtwässer wurden bedingt durch die geoelektrische Kartierungen und Sondierungen nachgewiesen. Die Eigenpotentialmessungen zeigen hier ebenfalls Anomalien.

- Diese Residualschluffe bewirken innerhalb der ungesättigten Zone zunächst eine Schadstoffausbreitung entlang deren Schichteinfallen. Danach gelangen die Schadstoffe diffus ins Grundwasser. Dieser Ausbreitungsmechansimus in der ungesättigten Zone erklärt auch das Auftreten von Belastungen im Grundwasserzustrom.

- Erste Ergebnisse des Markierungsversuches deuten darauf hin, daß dieser Ausbreitungsvorgang in der ungesättigten Zone rasch abläuft. Ein erster Eintrag der Markierungsstoffe im Grundwasser wurde bereits nachgewiesen. Dies ergibt eine mittlere Geschwindigkeit der vertikalen Ausbreitung in der ungesättigten Zone von 0,7 m/Tag.

- Nach dem Eintrag der Schadstoffe ins Grundwasser erfolgt ein Transport in Richtung zur Störung, die hier eine Drainagewirkung aufweist.

- Der Aquifer und damit die Schadstoffverteilung innerhalb des Gipskeupers ist sehr uneinheitlich. Dies konnte durch bohrlochgeophysikalische Untersuchungen und horizontierte Grundwasserbeprobungen nachgewiesen werden. Z.T. waren innerhalb des Gispkeuperaquifers bis zu 6 unterschiedliche Grundwasserhorizonte festzustellen.

- Erste Ergebnisse des Pumpversuches zeigen, daß der Gipskeuperaquifer deutliche Richtungsanisotropien der Durchlässigkeit aufweist. Diese Anisotropie wird in der Hauptsache durch die Störung hervorgerufen. Zusätzlich ist noch eine zweite Richtung erkennbar, die etwa senkrecht zu der Störung verläuft. Hierbei handelt es sich um ein Kluftmuster, das durch die elektromagnetischen Untersuchungen nachgewiesen ist.

Die Ergebnisse der Untersuchungen am Modellstandort "Mühlacker" zeigen, daß der Standort Gispkeuper nur bedingt als "Geologische Barriere" bezeichnet werden kann. Seine Barrierewirkung beruht vor allem auf die natürliche Dichtungswirkung der oberflächennahen Verwitterungsschicht. Wird diese Barriere zerstört bzw. durchsickert, kommt es zu einer relativ raschen Ausbreitung im Kluftkörper der Ton- und Mergelsteine. Treten innerhalb dieses Bereiches Residualschluffe der Gipsauslaugung auf, so erfolgt die weitere Ausbreitung zunächst entlang deren Konturen. Nach Erreichen des Grundwassers setzt sich die Zonierung der Schadstoffverteilung innerhalb des Aquifers fort. Konzentrationsverteilungen sind deshalb immer dreidimensional zu interpretieren. Die weitere Ausbreitung im Grundwasser gehorcht dem Kluft- und Störungsmuster.

## 4. SCHLUSSFOLGERUNG

Es wird deutlich, daß erst durch den Einsatz verschiedenster Erkundungstechniken eine Beschreibung der Ausbreitungsvorgänge in diesem hydrogeologisch komplizierten Untergrund möglich ist. In der folgenden Abbildung ist das Modell der Schadstoffausbreitung skizziert und die Erkundungstechniken genannt, die die entsprechende Ergebnisse geliefert haben.

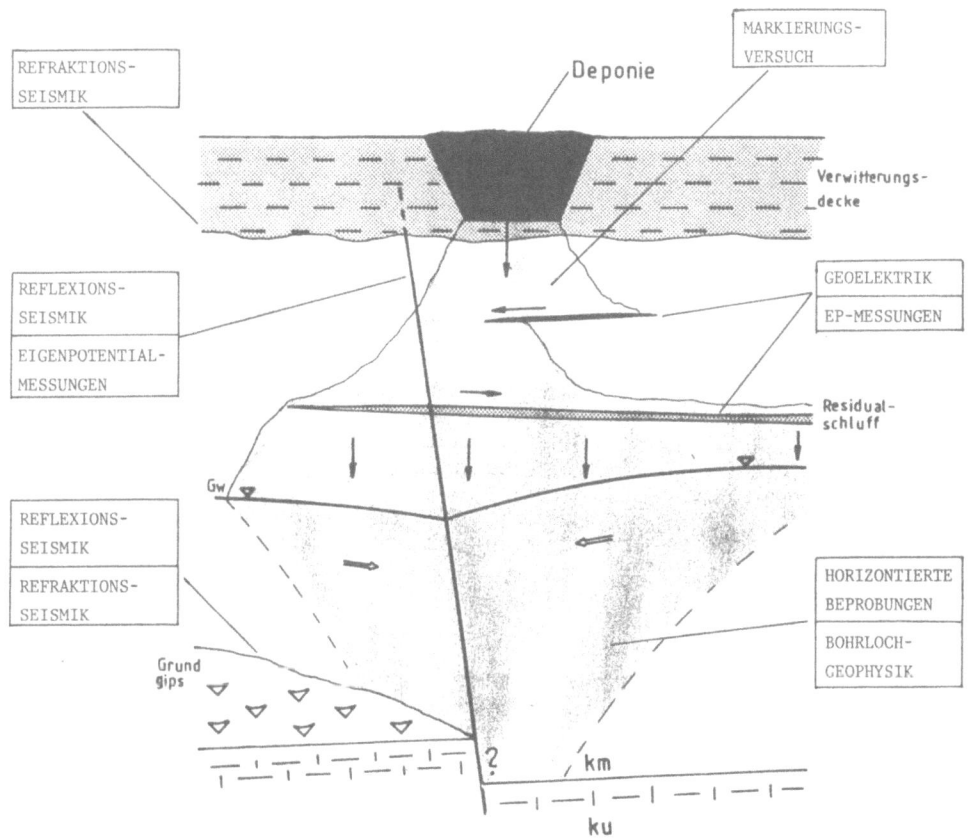

Abb.2: Schadstoffausbreitung und Erkundungstechniken

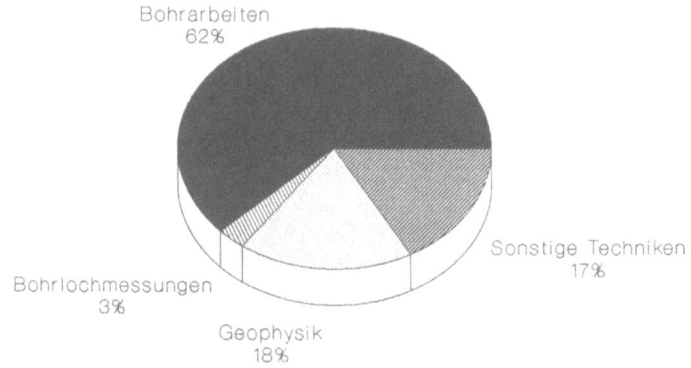

Abb.3: Kostenverteilung der technischen Erkundungen

Deutlich wird auch der sehr geringe Kostenanteil von Bohrlochmessungen. Sie sollten standardmäßig bei der Estellung von Grundwassermeßstellen durchgeführt werden, da sie einen erheblichen Beitrag zur Beurteilung der Hydrogeologie liefern.

Es bleibt kritisch anzumerken, daß auch geophysikalische Erkundungsmethoden ihre Grenze haben und nicht in jedem Falle brauchbare Ergebnisse liefern können. Ihr Einsatz stellt immer nur eine Versuch dar, neue Anhaltspunkte für die weitere Erkundung einer Altlast zu erhalten.

Grundlage für die Verifizierung dieser Ergebnisse sind die "harten Daten", die durch Bohrungen und chemisch-physikalische Untersuchungen gewonnen wurden. Die Erfahrungen haben gezeigt, daß der Aufwand für diese relativ teuren Methoden - vor allem für die Bohrarbeiten - durch den Einsatz der geophysikalischen Methoden optimiert werden kann.

Das Altlastenkonzept des Landes Baden-Württemberg sieht eine stufenweise Erkundung vor. Bei der Übertragung der am Modellstandort "Mühlacker" gewonnenen Erkenntnisse auf den hier beschriebenen Standorttyp empfiehlt sich damit folgende Vorgehensweise (bezogen auf das Schutzgut Grundwasser).

HISTORISCHE ERKUNDUNG

ORIENTIERENDE ERKUNDUNG

Grundwassermeßstellen (1-3)
Bohrlochgeophysik

NÄHERE ERKUNDUNG

Horizontierte Beprobungen
Seismische Untersuchungen
Weitere Grundwassermeßstellen (3-5)
Bohrlochgeophysik
Horizontierte Beprobungen

EINGEHENDE ERKUNDUNG

Geophysikalische Untersuchungen
(z.B. Geoelektrik, Geomagnetik, Eigenpotentialmessungen etc. je nach Fragestellung)
Weitere Grundwasser- bzw. Schichtwassermeßstellen
Spezialuntersuchungen
(z.B. Markierungsversuch)

Bei der Betrachtung der Kostenverteilung wird deutlich, daß der finanzielle Aufwand für geophysikalisch Untersuchungen im Vergleich zum Aufwand für die Bohrarbeiten relativ gering ist, diese jedoch einen wichtigen Beitrag leisten können zur gezielten Lokation von Bohrungen.

PROBENAHMESTRATEGIE UND TESTVERFAHREN FÜR AUSGEKOFFERTE UND GEREINIGTE BÖDEN

C.W. VERSLUIJS

RIVM: NATIONAL INSTITUTE OF PUBLIC HEALTH AND ENVIRONMENTAL PROTECTION, P.O. BOX 1, 3720 BA BILTHOVEN, DIE NIEDERLANDE

ZUSAMMENFASSUNG

Vor kurzem wurden die Methoden, die in den Niederlanden zum Testen gereinigter Böden eingesetzt werden, vom RIVM in Zusammenarbeit mit der TNO[*] ausgewertet. Es zeigte sich, daß die gegenwärtig gewählte offizielle Methode von den meisten Beteiligten weder für vollständig noch für durchführbar gehalten wurde.

Nach einer Bestandsaufnahme der Ansichten verschiedener Parteien, darunter die auftraggebenden örtlichen Behörden und Vertreter von Bodensanierungsfirmen, wurde eine neue Methode vorgeschlagen.

Besondere Aufmerksamkeit wurde einer soliden statistischen Grundlage gewidmet, bei der die Unsicherheit für die Produzenten wie für die Abnehmer von gereinigtem Boden ausgeglichen ist. Die resultierende Methode arbeitet mit 99-Perzentilen: der Test ist bestanden, wenn 99% der Charge die Grenzwerte nicht überschreitet. Die Prozedur besteht aus zwei Schritten. Die Sreubreite der Meßergebnisse im ersten Schritt bestimmt, ob der zweite Schritt der Testprozedur durchgeführt werden muß.

Bei der vorgeschlagenen Methode wurde der Probenahmestrategie und der Teststatistik besondere Aufmerksamkeit gewidmet. Unter Vorwegnahme von Ergebnissen des nationalen Normenausschusses enthalten die Vorschläge standardisierte Prozeduren für die Lagerung und Präparation von Proben sowie für das analytische Vorgehen.

Dieser Beitrag greift auf Arbeiten zurück, die detaillierter in den Veröffentlichungen [1] und [2] beschrieben worden sind.

1. EINLEITUNG

In den Niederlanden werden Pläne zur Bodensanierung mehrerer tausender Altlasten vorbereitet. Dies ist zwar eine kostspielige Maßnahme, sie wird aber angesichts der Bedrohung für die Umwelt und die öffentliche Gesundheit weithin als sinnvoll angesehen.

[*]TNO: Netherlands Organisation for Applied Scientific Research, P.O. Box 217, 2600 AE Delft, Die Niederlande.

Wenn man eine Menge Geld für die Sanierung kontaminierter Böden ausgeben soll, dann ist eine Vorbedingung, daß eine ausreichende Qualität der Ergebnisse gewährleistet ist. Genau dieser Punkt scheint viele der Beteiligten zu enttäuschen. Die niederländischen Richtlinien für Sanierungsmaßnahmen [3] zeigen in dieser Hinsicht einen Mangel an detaillierten Bestimmungen. Die in diesen Richtlinien eingeführten, international bereits wohlbekannten Bezugswerte A, B und C [4] erleichtern vor Ort die Beurteilung, wie schwer die Belastung ist; die Richtlinien führen aber explizit keine Methoden an, wie die Restkonzentrationen vor Ort oder im gereinigten Boden geprüft werden sollen. Dies ist der Gegenstand des vorliegenden Beitrags.

1986 wurde von Intron auf Einladung der vereinigten Auftragnehmer eine Testprozedur für Konzentrationswerte in dekontaminierten Böden vorgeschlagen [5]. Diese "Intron-Methode" wurde von den nationalen Behörden für einen Prüfungszeitraum von zwei Jahren zur Anwendung empfohlen. Nach diesem Zeitraum wurden die gesammelten Erfahrungen von einer Arbeitsgruppe ausgewertet, deren Mitglieder von der TNO und dem RIVM gestellt wurden [1].

Zu der Auswertung gehörten eine Reihe von Interviews, die mit Anwendern der Methode geführt wurden. In diesen Interviews kamen viele Probleme zur Sprache, die in engem Zusammenhang mit der Prüfung der gereinigten Böden standen, wie z.B. Probenahme und chemische Analyse, Interpretation der Bezugswerte und Annehmbarkeit der Prüfungskosten.

Die Standardisierung von Methoden zur Probenahme, Probenvorbehandlung und chemischen Analyse wurden als sehr wichtig eingestuft, ohne daß sie bei der verfügbaren Methode ausreichend berücksichtigt seien. Um die Testergebnisse und die Bezugswerte vergleichbar zu machen, sollten die analytischen Testmethoden soweit wie möglich mit dem Verfahren übereinstimmen, mit dem die Bezugswerte für die Bodenqualität ermittelt werden. Die bestehenden Richtlinien ließen hinsichtlich der anzuwendenden chemischen Analysemethoden zu viel freien Raum für divergierende Interpretationen. Den empfohlenen analytischen Methoden mangele es an den geforderten Nachweisgrenzen, der Reproduzierbarkeit oder an Validierungsverfahren.

Die aktuellen Bezugswerte wurden von den Beteiligten manchmal als Mittelwerte und manchmal als x-Perzentile (dem Wert, unterhalb dessen mindesten x% der geprüften Stichproben liegen sollten, z.B. mit x = 90) interpretiert.

Auch hatte es den Anschein, daß die vollständige Methode aus Kostengründen oder wegen mangelnden Vertrauens in die Ergebnisse nur selten angewendet wurde.

Eine statistische Auswertung der Ergebnisse, die von der Intron-Prozedur geliefert wurden, zeigte, daß die Ermittlung der zu analysierenden Stichprobenzahl nicht auf Grundlage einer korrekten statistischen Methode erfolgte. Wegen einer

Trennung des Mittels und der Streubreite in der Wahl der Testparameter [6] waren die Testergebnisse nicht immer unzweideutig, einheitlich und logisch. Aus diesem Grunde war zweifelhaft, inwieweit die ermittelten Ergebnisse gesetzlich durchsetzbar waren.

Nach dieser Lektion wurde empfohlen, eine neue Testmethode zu entwickeln.

## 2. TESTGRUNDLAGEN

Bei der Entwicklung einer neuen Testmethode ist einer der ersten zu klärenden Punkte der präzise Zweck des Tests. Eine Prüfung der Restkonzentrationen kann mehrere legitime Ziele haben, wie z.B.

- die Ermittlung des Wirkungsgrades eines Dekontaminierungsprozesses (dazu werden Proben von unbehandeltem und behandeltem Boden benötigt),
- die Prüfung der Zeitabhängigkeit des Dekontaminierungsprozesses,
- die Überprüfung, ob die Restkonzentrationen möglicherweise die vorgeschriebenen Grenzwerte überschreiten,
- eine Prüfung der Möglichkeiten zur Wiederverwendung des Bodens,
- Gegengutachten zu erzielten Testergebnissen.

Im allgemeinen kann für jedes dieser Ziele ein unterschiedlicher Test spezifiziert werden. Der nachfolgend beschriebene Test ist ausschließlich auf die Prüfung möglicher Überschreitungen der vorgeschriebenen Grenzwerte für Restkonzentrationen nach Auskofferung und Dekontaminierung ausgelegt. Für Sanierungsmaßnahmen in-situ oder für andere Situationen vor Ort müssen zusätzliche Prozeduren entwickelt werden.

Eine Hauptanforderung an die Auslegung des Test war, daß der Prozedur auch unter wechselnden Verhältnissen gefolgt werden kann, ohne daß sie auf die Gültigkeit statistischer oder sonstiger Vorraussetzungen allzu empfindlich ist.

Bei diesen Tests sind zwei Fehler möglich: eine Charge mit Konzentrationen unterhalb der Bezugswerte wird aufgrund der Stichproben zu Unrecht verworfen, oder eine Charge mit Konzentrationen oberhalb der Bezugswerte wird aufgrund der Stichproben zu Unrecht angenommen. Der erste Fehler bildet ein Risiko zu Lasten des Produzenten, der zweite ein Risiko zu Lasten des Abnehmers. Bei der vorgeschlagenen Methode werden beide Risiken mit einer Wahrscheinlichkeit von 1 aus 100 in Rechnung gestellt.

Das neue Protokoll [2] empfiehlt eine statistische Testprozedur auf Grundlage des 99%-Perzentils. Die Charge wird angenommen, wenn 99% des Chargenvolumens Konzentrationswerte unterhalb der akzeptierten Standardwerte für die Bodenqualität aufweisen. Die vorgeschlagene Methode besteht aus zwei Schritten. In den meisten Fällen führt schon der erste

Schritt zur Entscheidung. Die Streubreite der Ergebnisse in diesem ersten Schritt definiert die Anzahl der erforderlichen Proben, die zum Abschluß des Tests im zweiten Schritt erforderlich sind. Der Vorteil eines Tests in zwei Schritten besteht darin, daß nur eine minimale Anzahl von Proben analysiert werden muß. Ein Nachteil ist die mögliche Verzögerung, wenn zwei Schritte durchgeführt werden müssen. Sobald ausreichende Erfahrungen vorliegen, kann eine Abschätzung der erforderlichen Probenzahl möglicherweise aber auch schon vorher erfolgen, so daß hier ein Potential für die Beschleunigung der Prozedur besteht.

Bei der Auswertung der Intron-Methode hatte sich gezeigt, daß das Fehlen detaillierter Vorschriften für die Probenahme und Probenbehandlung ein ernster Mangel war. Aus diesem Grund wurden derartige Vorschriften in die vorgeschlagene Testmethode integriert. Sie sollen hier nur kurz besprochen werden, weitere Einzelheiten findet man am angegebenen Ort [2].

Das Grundprinzip der Probenahme besteht in der Möglichkeit, jede Teilmenge des Bodens mit gleicher Wahrscheinlichkeit als Probe zu nehmen. Bei Probenahmen aus Erdhaufen ist dies nur schwierig zu erreichen, weil Proben aus dem Inneren im allgemeinen mit geringerer Wahrscheinlichkeit genommen werden (die Probenahmevorrichtung hat nur eine endliche Länge). Auch grobe Partikel werden mit geringerer Wahrscheinlichkeit als Probe genommen (die Probenahmevorrichtung hat eine Öffnung beschränkter Größe und neigt dazu, grobe Partikel beseite zu stoßen). Je nach Art und Weise, in der der Haufen aufgebaut wurde, wird auch ein natürlicher Separationsprozeß durchlaufen, der im allgemeinen dafür sorgt, daß ein größerer Anteil grober Partikel sich am Grund des Haufens befindet. Alle diese Eigenschaften sorgen dafür, daß Probenahmen aus Haufen fehleranfällig sind. Für eine genauere Prozedur ist deshalb die Probenahme am Förderband unmittelbar nach der Reinigung des Bodens vorzuziehen. Wenn dies korrekt erfolgen soll, muß jedesmal ein voller Querschnitt des Förderbands entnommen werden. Aufgrund der Erfahrung, daß die Ergebnisse während des Behandlungszeitraums in gewissem Grade variieren können, wurde eine geschichtete zufällige Probenahme gewählt. Das bedeutet, daß der Behandlungszeitraum in eine Reihe von Zeiteinheiten aufgeteilt wird. In jeder Zeiteinheit wird eine Probe entnommen, und zwar zu einem zufälligen Zeitpunkt innerhalb dieser Zeiteinheit. Durch diese Prozedur werden auch eventuelle zyklische Effekte vermieden. Um eine Abhänigkeit der Proben voneinander zu vermeiden, sollte die Zeiteinheit länger als die Verweilzeit des Bodens im Reinigungsprozeß gewählt werden. Die Verwendung automatischer Probenehmer wird empfohlen.

Um die Meßvariationen zu reduzieren, werden Testproben durch Mischen mehrerer Primärproben hergestellt. Diese Reduzierung der Variation reduziert in der Folge die erforderliche Anzahl der zu analysierenden Proben. Darüber hinaus steht auch zu erwarten, daß die Annahme normalverteilter Messungen für die Testproben häufiger als für die Primärproben gültig ist. Zur Herstellung der Testproben werden zufällig gewählte Kombinationen von Primärproben zusammengestellt und bei tiefen Temperaturen gemahlen. In dieser Prozedur werden die Inhomogenitäten der Testprobe stark reduziert. Obwohl in dieser Prozedur Informationen zur Variabilität der Charge verloren gehen, wird sie als entscheidend für die Erzeugung reproduzierbarer Laborergebnisse angesehen. Für flüchtige Verbindungen ist ein anderer Ansatz erforderlich: Jede Primärprobe wird gesondert extrahiert, und die Extraktionsmittel werden vor der chemischen Analyse kombiniert.

3. ABLAUF DES RIVM/TNO-TESTS
1) Legen Sie den Testwert L fest, unterhalb dessen 99% der dekontaminierten Charge liegen sollten (L = zulässiger 99-Perzentil-Wert).
2) Entnehmen Sie der behandelten Charge entsprechend den Anweisungen zur Stichprobennahme 180 nicht ausgewählte Primärproben*.
3) Entnehmen Sie der erhaltenen Sammlung von Primärproben 48 nicht ausgewählte Proben. Teilen Sie die 48 Proben nicht ausgewählt in 8 Gruppen zu je 6 Proben. Stellen Sie aus jeder Gruppe durch sorgfältiges Mischen und Mahlen bei tiefen Temperaturen eine Testprobe her. Ermitteln Sie die Schadstoffkonzentrationen in den 8 Testproben.
4) Berechnen Sie Mittelwert und Varianz der in Schritt 3 gemessenen Konzentrationen:

$$\text{Mittel: } \bar{x}_8 = \frac{1}{8} \sum_{i=1}^{8} x_i, \quad \text{Varianz: } s_8^2 = \frac{1}{7} \sum_{i=1}^{8} (x_i - \bar{x}_8)^2$$

5) Wenn $\bar{x}_8 > L$ (L aus Schritt 1), ist die Charge zu verwerfen.
6) Wenn $\bar{x}_8 < L$, fortfahren und die Anzahl n der erforderlichen Proben gemäß $n = 324 * (s_8^2 / L^2)$ ermitteln.
7) Wenn $n \leq 8$, akzeptieren Sie die Charge.
8) Wenn $n > 30$, verwerfen Sie die Charge.

* Wenn die Stichprobenintervalle kleiner als die Rückhaltezeit des Bodens im Reinigungsprozeß werden, kann die Anzahl der Proben auf minimal 120 Primärproben reduziert werden (die Testproben sind dann aus 4 Primärproben herzustellen).

9) Wenn 8 < n ≤ 30 ist, fahren Sie fort und entnehmen Sie der in Schritt 2 zusammengestellten Sammlung von Primärproben nicht ausgewählt 6*(n-8) Proben. Teilen Sie die 6*(n-8) Proben nicht ausgewählt in Gruppen zu je 6 Proben. Stellen Sie aus jeder Gruppe durch sorgfältiges Mischen und Mahlen bei tiefen Temperaturen eine Testprobe her. Ermitteln Sie die Schadstoffkonzentrationen in den Testproben. Dies führt dazu, daß die Anzahl der Messungen von 8 auf n erhöht wird.

10) Berechnen Sie Mittelwert und Varianz der n Messungen:

Mittel: $\bar{x}_n = \frac{1}{n} \sum_{i=1}^{n} x_i$, Varianz: $s_n^2 = \frac{1}{n-1} \sum_{i=1}^{n} (x_i - \bar{x}_n)^2$

11) Wenn $\{\bar{x}_n + a_n * \sqrt{(s_n^2)}\} \leq L$ (mit $a_n$ aus der nachstehenden Tabelle), ist die Charge angenommen, andernfalls ist sie zu verwerfen.

| n | 8 | 10 | 12 | 14 | 16 | 18 | 20 | 22 | 24 | 26 | 28 | 30 |
|---|---|---|---|---|---|---|---|---|---|---|---|---|
| $a_n$ | 0 | 0,4 | 0,6 | 0,7 | 0,8 | 0,9 | 1,0 | 1,0 | 1,1 | 1,2 | 1,2 | 1,2 |

Diese Prozedur geht von einer kontinuierlichen (Normal-) Verteilung der gemessenen Konzentrationen aus. Dies gilt nicht, wenn die Nachweisgrenzen in der Nähe des Testwerts (L) liegen. Deshalb wird die Wahl von Testwerten empfohlen, die mindestens um einen Faktor 10 oberhalb der Nachweisgrenzen liegen. Ein Vergleich der Nachweisgrenzen der für die chemische Analyse der Bodenmatrix verfügbaren Verfahren mit den Bezugswerten hat ergeben, daß damit im allgemeinen keine schwerwiegenden Probleme verbunden sind.

Die Prozedur ist im Zuge ihrer Entwicklung einmal im Rahmen von Sanierungsmaßnahmen geprüft worden, um eventuelle Mängel zu beseitigen und zu überprüfen, ob sie effektiv formuliert worden ist.

4. BEWERTUNG

Auch wenn die vorgeschlagene Methode mehrere Mängel eliminiert hat, halten wir es doch für klüger, mit dieser Methode unter wechselnden Bedingungen praktische Erfahrungen zu sammeln. Während dieses Zeitraums sollte die Methode unter kontinuierlicher Sammlung und Überwachung der Ergebnisse voll implementiert werden. Dabei werden auch Erkenntnisse zu Aspekten wie der Gültigkeit von Varaussetzungen der statistischen Theorie, der im allgemeinen benötigten Anzahl von Testproben und der Testkosten gewonnen. Wenn neue Anforderungen gestellt werden oder neue Erkenntnisse verfügbar sind, sollte der Test erneut bewertet werden. Eine solche Vorgehensweise hilft, die Methode auf dem neuesten Stand zu halten, und die Anwendung des Tests als beste denk-

bare Alternative gesetzlich durchsetzbar zu machen. Er wird
für alle Beteiligten nützlich sein: für die Auftraggeber als
Hilfe bei der Rechtfertigung der Sanierung, und für die Auftragnehmer als Beweis für die Güte ihres Produkts.
  Beispiele für mögliche Verbesserungen der Methode, die
aber ihre grundlegende Struktur intakt lassen, sind die
folgenden:
- Nach Gy's Theorie der Probenerhebung [7] muß die Größe
  der Probe von den Eigenschaften des entnommenen Materials (wie Korngrößenverteilung und Heterogenität)
  bestimmt werden. Gegenwärtig ist es bei der Probenahme
  aus dekontaminierten Böden durchgängige Praxis, Proben
  von 1 kg zu nehmen. Die potentiellen Ungenauigkeiten,
  die mit dieser Praxis verbunden sind, werden von der TNO
  noch weiter untersucht und könnten zur Verwendung angepaßter Proben führen.
- Die angenommene Normalverteilung für die Konzentrationswerte der Testproben kann gegen andere Verteilungen ausgetauscht werden, ohne daß die Gesamtstruktur dadurch
  gestört wird.

Unter Vorwegnahme neuer Anforderungen gibt es mehrere
Gründe für eine Tendenz, sich nicht ausschließlich auf Restkonzentrationen zu beschränken:
  * Die natürlichen Belastungswerte sind variabel und hängen
    in erster Linie vom Bodengehalt an Humus und Lutum ab
    [4]. Aus diesem Grund haben die niederländischen Richtlinien für Sanierungsmaßnahmen [3] eine Abhängigkeit des
    Bezugswertes von der verfügbaren Humus- und Lutumfraktion eingeführt. Dies könnte das Bedürfniss nach
    zusätzlichen Prüfungen dieser Parameter wecken und so
    zusätzliche Unsicherheiten in die Testprozedur einführen.
  * Der Prozeß der Bodenreinigung kann die Schadstoffe in
    einem Maße mobilisieren, daß geringere Konzentrationen
    schädlicher wirken können [8]. Dies könnte zur Forderung
    bestimmter Auslaugeigenschaften für die Restschadstoffe
    führen, wie sie in jüngeren Konzepten der niederländischen Baustoffordnung auftauchen.
  * Die Bodeneigenschaften können durch das Dekontaminierungsverfahren erheblich verändert werden; im allgemeinen geht die Qualität des Bodens zurück [9], und auch
    die effektiven Konzentrationen der Restschadstoffe
    können sich von den effektiven Konzentrationen der ungestörten Böden unterscheiden, von denen die Bezugswerte
    abgeleitet worden sind. Dies könnte zu dem Wunsch nach
    einer Prüfung der zusätzlichen Bodeneigenschaften
    führen, um die Qualität des gereinigten Bodens beurteilen zu können.
  Für die zuletzt genannten beiden Punkte ist das Mahlen
der Proben bei tiefen Temperaturen nicht zweckmäßig.

Diese Punkte müssen bei der nächsten Bewertung wahrscheinlich beachtet werden. Damit könnte das, was als einfache Abschätzung der mittleren Schadstoffkonzentration in gereinigten Böden begann, nach allem doch noch etwas komplizierter werden.

5. BIBLIOGRAPHIE
1) Bosman, R.; Lamé, F.P.J; Versluijs, C.W.: Evaluatie van ervaringen met de Intron-keuringsmethode voor gereinigde grond (Bewertung der Erfahrungen mit der Intron-Testprozedur für Konzentrationswerte in dekontaminierten Böden), TNO R 89/023 oder RIVM 738707003, Delft / Bilthoven, 1989.
2) Bosman, R.; de Kwaadsteniet, J.W.; Lamé, F.P.J; Versluijs, C.W.: Een keuringsmethode voor gereinigde grond (Eine Testmethode für Konzentrationswerte in Böden, die in einem Behandlungsprozeß dekontaminiert worden sind), TNO R 89/024 oder RIVM 738707004, Delft / Bilthoven, 1990.
3) Handboek Bodemsanering (Richtlinien für die Bodensanierung), Staatsuitgeverij, Den Haag, 1983.
4) Moen, J.E.T.; Soil Protection in the Netherlands, in: Contaminated Soil '88, (Wolf, K. et al., eds), Kluver Dordrecht, 1988.
5) v.d. Wijdeven, A.; Eerland, D.; Opleveringscontrole van procesmatig gereinigde grond en gereinigd grondwater (Methode für eine Abnahmeprüfung für Boden und Grundwasser nach einem Reinigungsprozeß), Stichting RAW, Ede, 1985.
6) Verhagen, E.J.H.; Review of thermal and extraction soil treatment plants in the Netherlands, in: Contaminated Soil '88, (Wolf, K. et al., eds), Kluver Dordrecht, 1988.
7) Gy, P.M.; Sampling of particulate materials, theory and practice. Developments in Geomathematics 4. Elsevier Scientific Publishing Company, Amsterdam 1982.
8) Versluijs, C.W.; Aalbers, Th.G. et al.; Comparison of leaching behaviour and bioavailability of heavy metals in contaminated soils and soils cleaned up with several extractive an thermal methods, in: Contaminated Soil '88, (Wolf, K. et al., eds), Kluver Dordrecht, 1988.
9) Diependaal, M.; van Veen, H.J.; Visser, W.J.F.; How clean are cleaned sediments? - Ecological judgement of the remediation of polluted sediments, in: Contaminated Soil '90, Kluwer, Dordrecht, 1990.

NUTZUNGSKONVERGENTE SANIERUNG - MODELLVORHABEN POVEL/NORDHORN
STRATEGIEN, ERFAHRUNGEN UND ERGEBNISSE

P. RONGEN, D. SCHULLER* UND A. VIRMANI

NORDAC GMBH & CO. KG, EINSIEDELDEICH 15, D-2000 HAMBURG 26
UNIVERSITÄT OLDENBURG, FACHBEREICH CHEMIE, P.O. BOX 2503,
D-2900 OLDENBURG*

## Einleitung

Das Sanierungsgebiet Povel/Nordhorn, Niedersachsen (BRD), ist ein ca. 15 ha umfassendes Gelände einer 1980 aufgelassenen Textilfabrik in unmittelbarer Nähe des Nordhorner Stadtkerns.

Das Gelände wird im Westen und Süden von Wohnbebauung umschlossen; im Norden und Osten begrenzt der Flußlauf der Vechte sowie der Nordhorn-Almelo-Kanal das Altstandortterrain. Etwa 60% des Geländes umfassen die im Norden gelegenen Flußauen und Altarme des eiszeitlich angelegten und anthropogen überformten Vechte-Tales.
Der südliche Teil des Gebietes ist eine in den Mäanderbogen der Ur-Vechte hineinragende Talsandfläche, die mit einer Flugsanddecke überlagert ist.

Das gesamte Gelände wurde im Laufe der 100 jährigen Produktionszeit des Betriebes sowohl durch den Nutzungswandel (produktionsbedingt) als auch durch die vorherrschenden Entsorgungstechniken (entsorgungsbedingt) mit unterschiedlichen Schadstoffen, Schadstoffkombinationen und -konzentrationen in differierenden Tiefen belastet.
Neben den produktions- und entsorgungsspezifischen Schadstoffzentren wurden durch die konventionell ausgeführte Demontage der betrieblichen Infrastruktur zusätzlich flächenhafte Kontaminationen geschaffen.

Mit Hilfe von Bundesmitteln (Bundesbauministerium, Bundesumweltministerium), Landesmitteln (Nds. Sozialministerium), Kommunalmitteln (Stadt Nordhorn) wird in Form eines Modellvorhabens das o.a. Gelände nutzungskonvergent saniert mit dem Ziel, den überwiegenden Teil des Geländes uneingeschränkter Nutzung zuzuführen, d.h., ein hochwertiges, stadtkernnahes und attraktives Wohngebiet zu schaffen.

## 2. Geologie/Hydrogeologie und Schadstoffkarriere

Der Altlaststandort liegt im Bereich der sogenannten "Nordhorner Sandebene", die eine Teillandschaft des eiszeitlich (pleistozän) angelegten und nacheiszeitlich (holozän) überformten Ems-Vechte-Urstromtales ist. Die Geologie entspricht der exogenen Morphodynamik dieses Erdzeitalters und besteht aus den pleistozänen Sedimenten der Saale- und Weichsel-Kaltzeit und der Eem-Warmzeit. Die Ablagerungen des Holozäns (Jetztzeit) sind äolischer und fluviatiler Herkunft (Wind- und Flußablagerungen). Die oberen Deckschichten sind Auffüllungen aus der 100jährigen Produktionsgeschichte des Standortes.

Bei den pleistozänen Sedimenten handelt es sich um geschichtete Feinsande, die z. T. von schluffigen und kiesigen Sequenzen unterbrochen werden. Die eemzeitlichen Ablagerungen bestehen aus Torfmudden und tonig-schluffigen Sanden. Sie bilden in einer Tiefe von 15 - 18 m unter Geländeoberkante einen Grundwasserstauer, der die beiden bis zu 15 m mächtigen kaltzeitlichen Schichtpakete voneinander trennt.

Die holozänen Ablagerungen bestehen aus Dünensanden sowie Fluß- und Auensedimenten, die durch Wechsellagerung von Torfen, schluffigen Feinsanden und Faulschlämmen (Mudden) gekennzeichnet sind.

Die bis zu 3 m mächtigen, anthropogenen Auffüllungen bestehen unter anderem aus feinem Erdaushub, grobem und feinem Bauschutt, Kalk, Kessel- und Flugaschen, Hausmüll- und hausmüllähnlichen Substratem sowie unterschiedlichen Produktionsabfällen.

Im Sanierungsgebiet sind in den holozänen und pleistozänen Deckschichten zwei Grundwasserstockwerke ausgebildet.

Das erste Stockwerk umfaßt die holozänen und weichsel-zeitlichen Sedimente bis in eine Tiefe von 15 m unter Geländeoberkante, das zweite Stockwerk die saale-zeitlichen Ablagerungen in einer Tiefe von 18 - 33 m unter Geländeoberkante.

Das erste Grundwasserstockwerk ist horizontal und vertikal unterschiedlich belastet. Generell liegt die vertikale Grenze der Schadstoffausbreitung in einer Tiefe von 0 - 3 m, partiell werden Tiefen von 9 m bzw. im Falle einer Kontamination mit chlorierten Kohlenwasserstoffen (CKW) auch 15 m erreicht.

Das zweite Grundwasserstockwerk ist nach bisheriger Analyse nicht belastet. Es dient der Stadt Nordhorn als Reservoir für die Notwasserversorgung.

Die Fließrichtung des nichtgespannten Grundwassers des ersten Stockwerkes ist West-Nordwest. Der Zustrom zum Vorfluter (Vechte) erfolgt westlich des Stadtkerns im tiefer gelegenen Vechtetal. Die flußnahen Randbereiche des heutigen Geländes, insbesondere zwei verfüllte Altarme, standen in unmittelbarem hydraulischen Kontakt mit dem Vorfluter und waren dem Pumpeffekt der periodisch und episodisch auftretenden Wasserstandsschwankungen des Oberflächengewässers ausgesetzt. Dies führte in den am stärksten belasteten Bereichen der Flußaue zu einer erhöhten Schadstoffmigration.

Aufgrund der Interdependenzen zwischen geologisch/hydrologischer Ausgangssitutation und industrieller Nutzung des Altstandortes kann das Gelände in drei Kontaminationszonen untergliedert werden:

a) Talsandfläche

Hierbei handelt es sich um den hochwasserfreien, im Zentrum und im Süden des Geländes gelegenen Talsandsockel. Er diente als Standort für die großen Produktionshallen und -gebäude des Textilunternehmens.

Die Schadstoffbelastung dieser Zone ist, mit Ausnahme eines CKW-Kontaminationsfeldes im Süden des Geländes (Durchmesser ca. 60 m), gering.

Bei der CKW-Belastung handelt es sich um Di-, Tri- und Tetrachlorethen, deren Konzentration im Boden (6-15 m Tiefe) zwischen 15 und 140 ppm (EOX) schwankt. Das Grundwasser ist in diesem Bereich zwischen 0,2 und 0,4 ppm (AOX) mit CKW belastet.

Die Schwermetallgehalte des Bodens der Talsandfläche liegen generell unterhalb der Richtwerte der Klärschlammverordnung. Im Übergangsbereich der Flußaue steigen die Schwermetallgehalte an. Dies ist eine Folge der flächenhaften Verteilung von Farbschlämmen durch den unkontrollierten Abbruch der Klär- und Neutralisationsbecken.

Gelegentlich treten kleinere Mineralölverunreinigungen auf.

b) Flußaue

Im Norden wird der Talsandsockel halbkreisförmig von der Flußaue der Vechte eingefaßt. Dieser durchschnittlich 70 m breite Gürtel diente sowohl der Ablagerung der produktions- und betriebstechnischen Abfälle als auch der Anlage von Entsorgungseinrichtungen (z. B. Mülldeponie, Neutralisations und Klärbecken, Lagerplätze für Leergut usw.). Neben flächenhaft ausgebrachten festen Abfällen (u.a. Steinkohleaschen, feiner Erdaushub, Bauschutt, ortsfremde Granulate z. B. Gießereisande) sind vor allem die durch den Abbruch verteilten Farbschlämme das Hauptkontaminationspotential.

Die Schwermetallkonzentrationen variieren wie folgt:

Cd 2 bis 6.100 ppm, Pb 120 bis 4.500 ppa, Hg 0,5 bis 14 ppm, Zn 200 bis 220.000 ppm.

Die CKW-Belastung schwankt zwischen 5 und 42 ppm (EOX). Bei den Kohlenwasserstoffen überwiegen die Mineralöle mit flächenhaft verbreiteten Konzentrationen zwischen 600 und 53.000 ppm.

Phenole (180 bis 3.500 ppm), Teeröle (60 bis 800 ppm) und Benzolhomologe (25 bis 200 ppm) sind überwiegend in kleineren Schadstoffnestern oder -wannen angereichert.

c) Altarme

Die Altarme sind mit ihren Vefüllungen und randlichen Anfüllungen diffuse Deponiekörper hohen Kontaminationspotentials, die mit grobem Bauschutt durchsetzt sind und somit kavernöse Systeme mit hoher Durchlässigkeit darstellen.

Aufgrund des heterogenen Stoffgemenges, das sich aus allen Abfallkategorien zusammensetzt und des kavernös ausgebildeten Porensystems ist eine Kontaminationszone entstanden, in der die Schadstoffe teilweise frei flotieren können. Neben den Schwermetallen aus den Farbschlämmen sind es vor allem Organika, die das Gefährdungspotential dieser Schadstoffbassins darstellen.

Folgende Schadstoffgehalte wurden in den Füllmassen dieses Bereiches gemessen:

Cd 5 bis 1.000 ppm, Hg 0,5 bis 30 ppm, Pb 180 bis 3.600 ppm, Zn 380 bis 63.000 ppm, Phenole 0,5 bis 3.200 ppm, Benzol 0,2 bis 320 ppm, Teeröle 60 bis 4.200 ppm, Mineralöle 3.000 bis 12.000 ppm, PAK 0,5 bis 120 ppm.

Teeröle, Maschinenfette, Farben/Lacke, Lösungsmittel (Tuluol, Xylol) und CKW wurden teilweise als Konzentrate in den Originalgebinden vorgefunden.

3. Observation und Gefährdungsabschätzung

Der Geländesanierung wurde eine Phase der Voruntersuchung vorgeschaltet, die in den folgenden Arbeitsschritten bestand:

a) Historische Recherche über Produktionsverfahren, eingesetzte Grundprodukte, Standorte von Produktions- und Nebenanlagen incl. Nutzungswandel/Standortwechsel

b) Topographische Erfassung von Verdachtsflächen und zwar

- Färbereistandorte
- Kläranlagen/Neutralisationsbecken
- Altarme der Vechte
- Mülldeponie (betriebseigen)
- Chemikalienlager / Waschplätze für Leergutreinigung
- Einsatzorte von halogenierten Lösemitteln
- betriebseigenes Kraftwerk

c) Orientierende Bohrungen durch Rammkernsondierungen

(25 Bohrungen T = 8m) und Baggerschurfe incl. Boden-, Wasser- u. Luftanalytik in den Verdachtsflächen

d) Klassifikation von Ablagerungen und Schadstoffen nach der Herkunft (vgl. Rongen, 1989)

- Abfälle und Reststoffe aus der lokalen Produktion (Farbschlämme etc.)

- Abfälle und Reststoffe aus der lokalen Energieversorgung (Aschen, Öle, etc.)

- Abfälle und Reststoffe aus der Instandhaltung und Erweiterung der Infrastruktur sowie des Maschinen- und Geräteparks

- Hausmüll und hausmüllähnliche Abfälle

- angefrachtete externe Produktionsabfälle und Füllmaterialien (Gießereisande, Schlacken etc.)

Bei der Auswertung der ersten Observationsergebnisse zeichnete sich ein heterogenes Verteilungsbild der vertikal und z. T. horizontal erfaßten Kontaminationszonen ab.

Näherungsweise konnten die Kontaminationszonen analog zu den Verdachtsflächen (Straßer, H. et al., 1989; Holland et al., 1990) festgelegt werden. Modelle oder definitive Aussagen über die Ausbreitung solcher Zentren oder schadstoffhaltiger Schichten incl. zu erwartender Kontakthöfe/Migrationsbreiche sowie daraus resultierender Massen waren aufgrund der Heterogenität der Auffüllungen und des bis zu 4 m Tiefe durch Baumaßnahmen, Abbruch- und Erdarbeiten zerstörten geologischen/pedologischen Profils nicht möglich.

Desgleichen schieden optische und geophysikalische flächenbezogene Untersuchungsmethoden (vgl. Feld et al., 1985) in dem mit Bauschutt, Betonfundamenten und Abfällen aller Art wiederverfüllten Gelände aus, da die zu erwartenden Ergebnisse aus solchen Untersuchungen die Konfusion des Substrat- und Schadstoffbildes nicht wesentlich aufgehoben hätten.

Da durch die bau- und produktionstechnische Recherche und den vorliegenden Observationsdaten die eingesetzten Rohstoffe, Chemieprodukte und Abfälle in ihrer Spannbreite bekannt waren, wurden gebietsspezifische Aushubklassen festgelegt. Sie dienten sowohl der Vorsortierung beim Aushub als auch der Zuordnung der analysierten Massen zu den jeweiligen Sanierungsverfahren.

### 4. Sanierungsverfahren

Anstelle weiterer Rasterbohrungen wurden standortadäquate Detektionsmethoden eingesetzt um großflächige Perforationen von

Sperrschichten und damit das Verdriften von Schadstoffen zu vermeiden.

Hierbei wurden 2 generelle Strategien (Rongen, 1989) angewandt:

a) Die infrastrukturorientierte Strategie
   (Koinzidenzprinzip oder monokausale Detektion)

b) Die Gelände-/milieuorientierte Strategie
   (Collageprinzip oder multikausale Detektion)

Infrastrukturorientierte Strategien der Detektion von Kontaminationen folgen dem Koinzidenzprinzip, d.h., wo Infrastrukturen existieren, ist immer ein Zusammenhang zwischen Ursache (Bau oder Betrieb von Einrichtungen) und Wirkung (Schadstoffanreicherung oder -migration) zu finden bzw. zu vermuten.

Gebäude- bzw. milieuorientierte Strategien sind als Collageprinzip (oder Faziesprinzip) mit multikausaler Detektion zu verstehen. Hier sind aus der Vielzahl von makroskopischen Detailbeobachtungen und den Meßergebnissen der chemischen/physikalischen Analytik Kontaminationsbilder für das Gelände/Teilflächen zusammengefügt.

Beide Strategien ermöglichen einen gezielten Aushub einzelner Areale oder Kontaminationsschwerpunkten um aushubbedingte Materialvermischungen soweit wie möglich zuvermeiden. Dies geschieht unter ständiger Kontrolle vor Ort (Geologe - sensorische Vorsortierung am Bagger) und der permanenten Rückkopplung mit den Analysenergebnissen des auf dem Gelände installierten Labors (Chemiker u. 5 techn. Assistenten). Die während des Aushubs vorsortierten Massen werden grundsätzlich gesiebt (< 3,5 cm) und in Chargen zwischen 5 und 20 m3 je nach Verdachtsmoment beprobt und analysiert. Als Summenparameter für die Analysen wurden festgelegt:

- Schwermetalle (Cd, Pb, Hg, Zn)
- Phenole
- Mineralölkohlenwasserstoffe
- chlorierte Kohlenwasserstoffe
- polyzyklische aromatische Kohlenwasserstoffe

Mit den Methoden wurden erhebliche Kostenreduktionen/Massenreduktionen bzgl. der zu reinigenden oder/und zu deponierenden Substrate erzielt.

Gleichzeitig konnte nicht oder nur schwach kontaminierter Boden - den unterschiedlichen Nutzungsansprüchen/Auflagen des zukünftigen Bebauungsgebietes entsprechend - unmittelbar wiederverwendet werden. Ebenso wurde unbelasteter Bauschutt (> 3,5 cm Durchm.) ausgesiebt, geschreddert und der Wiedernutzung (Straßen- und Wegebau) direkt zugeführt.

Die generelle Massenbilanz nach fast abgeschlossener Aushubphase ergibt folgenden Stand (August 1990):

Aushub: 90.000 m3 - Prognose 100.000 m3

Differenzierung nach Reinigungsklassen etc.

| | | |
|---|---|---|
| unbelastet/gereinigt/Bauschutt 1)<br>im Gelände eingebaut | 52.200 m3 | 58 % |
| Biologische/milieuorientierte Reinigungsverfahren (schwach-mittel kontaminierte Böden)<br>mittelfristige Sanierung | 19.900 m3 | 22,1 % |
| Zwischenlager/Hochdruckbodenwäsche (hochkontaminierte Böden)<br>kurzfristige Sanierung | 16.000 m3 | 17,8 % |
| Konzentrate (Deponieentsorgung incl. Abfälle aus der Bodenwäsche) | 1.900 m3 | 2,1 % |

1) Kategorie A-NL-Liste

Neben den Exkavationsbereichen, die der uneingeschränkten Wohnnutzung zugeführt werden, soll der Bereich der ehe-maligen Mülldeponie als Grünfläche im Bebauungsplan ausgewiesen werden. Die Mülldeponie wird mit einer Schlitzwand und einer Oberflächenabdichtung gesichert. Das s.g. CKW-Feld wird über ein parallel zum Bodenaushub eingesetztes Stripping-Verfahren saniert.

Das Modellvorhaben Povel stellt eine Möglichkeit des Managements von Altlasten dar. Entscheidend ist neben den Aushub-, Sortier- und Sanierungstechniken vor allem das Flächenmanagement für die o.g. Prozeßtechniken. Neben Platzbedarf ist ein solches, im Wanderbau betriebenes Sanierungsverfahren, wo Aushub und Teilsanierung parallel ablaufen, vom Faktor Zeit abhängig. Steht genügend Zeit - im vorgelegten Falle 3 Jahre bis zur ersten Bebauung - zur Verfügung, so können die im Modellvorhaben entwickelten kostengünstigen Verfahren angewandt werden. Die Finanzierungsplanungen im Bereich der öffentlichen Haushalte sind damit von den Größenordnungen her überschaubar.

**Literatur:**

Feld, R. et al. (1985). Physikalische Untersuchungsmethoden und Bewertung von Ergebnissen in konkreten Beispielen. In: Materialien 1(1985). Umweltbundesamt (Eds.): Symposium "Kontaminierte Standorte und Gewässerschutz". Berlin

Holland, K.J. et al. (1990). Folgenutzung von Altstandorten: Praxisbericht über die Sanierung in Nordhorn-Povel.

Rongen, P. (1989). Identifikation kontaminierter Böden. In: Rosenkranz D. et al. (Eds.), Bodenschutz-Handbuch. Berlin

Straßer, H. et al. (1989). Bewertungskriterien für die Folgenutzung eines Altstandortes am Beispiel des Sanierungsfalles Nordhorn/Povel, UBA-Texte 32/89. Berlin

PHASEN EINER ALTLASTENSANIERUNG AM BEISPIEL DER
BETRIEBSDEPONIE BIELEFELD - SENNE

J. PETERS, A. WIEBE

1. ZUSAMMENFASSUNG

Zwischen dem Auftreten erster Verunreinigungen im Grundwasser und dem Einleiten von Gegenmaßnahmen vergeht häufig viel Zeit. Am Beispiel werden Zeit- und Mittelbedarf für hy-raulische Sicherungsmaßnahmen und bauliche Instandsetzung von Deponieelemente vorgestellt. Dabei sind die Phasen Be-trieb einschl. Fehlervermutung, Erkundung u. Sanierungsplanung einschl. Sicherungsmaßnahmen sowie Sanierung zu durchlaufen. Für diese Phasen werden im Fall Bielefeld - Senne 3 - 7, 3 - 4 und mindestens 3 Jahre veranschlagt.

2. DER FALL DEPONIE BIELEFELD SENNE
2.1. Beschreibung der Deponie

Die Deponie Senne liegt am Südrand des Teutoburger Waldes in Wasserschutzgebiet Zone III in einer ehemaligen Sandabgrabung. Die 17 ha große Deponie wurde ab 1972 in 17 Abschnitten verfüllt. Das Verfüllvolumen beträgt ca. 2,5 Mio m3. Abbildung 1 zeigt die Teilabschnitte der Deponie und das installierte Entwässerungssystem.

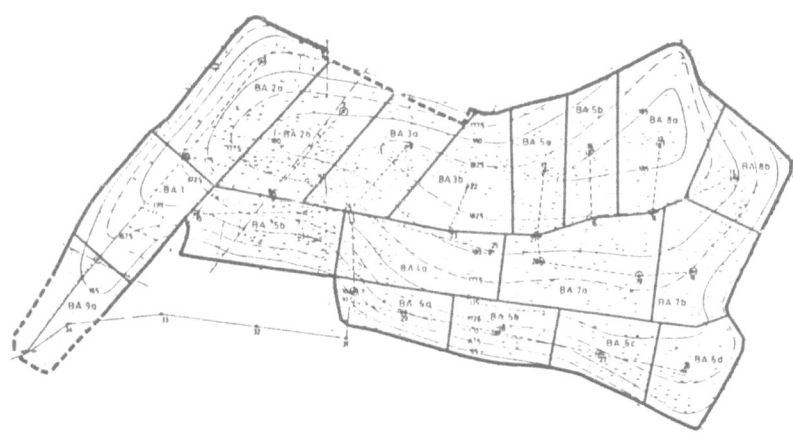

Abb. 1: Lageplan Deponie Senne

Wesentliches Konstruktionsmerkmal der Deponie ist Trennung der Verfüllabschnitte durch Wälle. Unterhalb der Folie ist die Sickerwassersammelleitung in diesen Wällen geführt. Diese Leitung sollte über bis zu 20 m hohe Schächte, die durch die Folie geführt wurden, gewartet und kontrolliert werden. Der Schächte sind aus Schachtringen von jeweils 1 m Höhe und 1 m Durchmesser aufgebaut. Abbildung 2 zeigt einen Systemschnitt durch die Schachtkonstruktion.

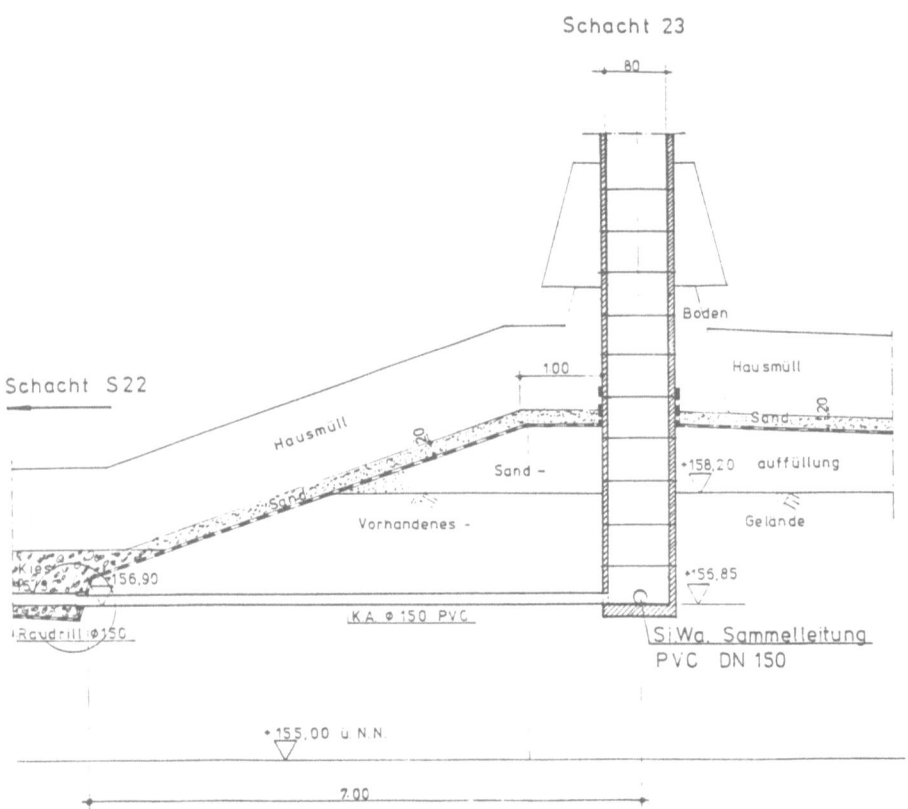

Abb. 2: Systemschnitt Schacht- u. Sohlaufbau, Deponie Senne

## 2.2. Schadensdaten

Aus dem Betriebstagebuch lassen sich einige Schadensfälle ermitteln, die nach Erkennen jeweils beseitigt wurden. Erste auffällige Werte in Kontrollbrunnen wurden auf die bekannten (beseitigten) Schäden zurückgeführt. Tabelle 1 zeigt einige emissionsrelevante Ereignisse im Verfüllzeitraum.

| Zeitraum | Ereignis | Belastung |
|---|---|---|
| 1972 | Inbetriebnahme mit 4 Kontroll-Brunnen, | |
| 1975 | Geruchsbelästigung | Luft |
| 1976 | Geruchsfilter in Schächte | |
| 1977 | Bau eines Belüftungsbeckens | |
| 1980 | Verstopfung des Sickerwasserhauptsammlers | Boden Grundw. |
| 1980/81 | Unterbrechung der Sickerwasserhaltung Baumaßnahme, Wasserübertritt in Boden | Boden Grundw. |
| 1981 | Belüftungsbecken im Grundwasser | Boden Grundw. |
| 1981 | Riß in Dichtfolie des Belüftungsbecken festgestellt | Boden Grundw. |
| 1981 | Grundwasserverunreinigung in Hausbrunnen | Grundw. |
| 1982 | 40 m Grundbruch in Belüftungsbecken | Boden Grundw. |
| 1982 | Verbot des Hausbrunnenbetriebs | |
| 1982 | Bau von 2 Kontrollbrunnen | |
| 1983 | Bau von 7 Kontrollbrunnen | |
| 1984 | Folienanschluß in SiWa-Schacht defekt, SiWa-Einstau | Boden Grundw. |
| 1984 | Rollringe in Ableitung unter Folie verrutscht | Boden Grundw. |
| 1984 | Schlauch in betrieblicher SiWa-Haltung defekt | Boden |
| 1984 | Anschluß Privathäuser an Wasserversorgung | |
| 1986 | Gutachten Grundwasser | |
| 1986 | Beginn Erkundungsplanung | |
| 1989 | Betrieb Grundwassersanierung in 2 Brunnengalerien | |
| 1989 | Bau von Erkundungsgruben | |
| 1990 | Sanierung von 2 Schächten | |

Tab. 1: Auswahl emissionsrelevanter Ereignisse
während der Betriebszeit der Deponie Senne

3. SANIERUNGSPHASEN
3.1. Betriebsphase

In Tabelle 1 sind mehrere "Betriebsunfälle aufgelistet, die
durch jeweils gezielte Gegenmaßnahmen behoben werden sollten.
Erste ernsthafte Probleme sind ab 1980 für den Bereich der
Sickerwasserableitung dokumentiert. Die gravierendste Reparaturmaßnahme ist in den Arbeiten an einem Kontrollschacht
von 1984 - 1986 zu sehen.

zur Erkundung der Grundwasserverhältnisse notwendig waren, im zeitlichen Ablauf. Nach dem Abschlußbericht konnte auf der Grundwasserseite von der Erkundungs- und Planungsphase in den Sicherungsbetrieb gegangen werden.

| Zeitraum | Gutachten | Brunnen | Sonst. |
|---|---|---|---|
| Erkundungs- und Planungsphase | | | |
| 9/86 | Anfrage | 4 Kbr. | |
| 3/87 | Auftrag | | |
| 9/87 | | + 5 Kbr. | Pumpversuch |
| 1/88 | | 9 K-u. Pbr. | Abpumpen |
| 1/88 | Modellierung | | |
| 5/88 | Stofftransport-modell | | |
| 8/88 | Abschlußbericht | | |
| Sanierungsphase | | | |
| 12/88 | Sanierungsbe-gleitung | + 3 Kbr. | |
| 1/89 | Datensammlung | insges. 11 Br. | Abpumpen |
| 5/89 | 2.Galerie | 2 Pbr., 1 Kbr. | |
| 6/89 | | 2. Galerie Pbr. | Abpumpen |
| Kbr=Kontrollbrunnen Pbr=Pumpbrunnen | | | |

Tab. 2: Aktivitäten zur Durchführung von hydraulischen Sicherungsmaßnahmen

Die Auswertung der Grundwassermodelle führte zu einer Dauerbegleitung des Abpumpbetriebes im Strömungsmodell. Die Modellrechnung gab Hinweise auf den Umfang des Schadens: ca. 18.500 m3/a Sickerwasser mußten im betrachteten Abstromgebiet in das Grundwassergebiet eingedrungen sein. Das entspricht je nach angenommenem Einzugsgebiet bis zu 30 - 50 % des zu erwartenden Sickerwasseranfalls /1/.

### 3.2.2. Deponietechnik

Aufgrund des Schadenstyps - Austritt erheblicher Sickerwassermengen - sind drei prinzipielle Schadensfälle möglich, die jeweils Auswirkungen auf den Handlungsspielraum in den Sanierungsaktivitäten haben. Tabelle 3 zeigt die Schadensmöglichkeiten und Folgen für Sanierungen.

Dieser bautechnischen Betriebsphase ist über die Grundwasserkontrolle eine emissionstechnische Betriebsphase beigestellt. Die Dauer dieser Betriebsphase hängt u. a. von der Trägheit des Meßinstrumentes Kontrollbrunnen und der Häufigkeit der Messungen ab.

### 3.1.1. Grundwasser

In der Senne steht Grundwasser hoch (0 - 4m) an und fließt relativ schnell (0,2 - 0,8 m/d). Die Auswertung von Pumpversuchen zeigt, daß ein Schadensereignis im Bereich der zentralen Kontrollschächte nach ca. 1,5 a in Kontrollbrunnen gemessen werden kann /1/.

Realistisch ist die Akzeptanz der Grenzwertüberschreitung bei Meßintervallen von 3/a nach der Trendstabilisierung zu erwarten. Im Fall der Deponie Senne hat es von ersten Anzeichen einer Grundwasserverunreinigung bis zur Einschätzung, daß die Schadensursache durch die eingeleiteten Maßnahmen nicht beseitigt werden konnte, 3 Jahre gedauert. Bei weit auseinander liegenden Brunnen, geringer Ab-standsgeschwindigkeit oder geringer Fahnenauffächerung kann dies erheblich länger dauern. Hinzu kommt der Optimismus, daß eingeleitete bauliche Maßnahmen den Fehler beheben.

### 3.1.2. Deponietechnik

An baulich-konstruktiven Fehlern wurden im Laufe der Betriebszeit im wesentlichen erkannt

- Behinderungen im Sickerwasserablauf (nach 8 Jahren) und
- Lageveränderungen von Schachtringen im Müllbereich.

Die Behinderungen im Sickerwasserablauf führten zu einer Baumaßnahme, die weitere Probleme im Basisbereich (Folienanschluß, Betonkorrosion) aufzeigte. Dies deutete auf prinzipielle Konzept- und Materialfehler hin. Aus der Baumaßnahme am Schacht S 24 konnte keine Sanierungskonzeption abgeleitet werden, da es sich planerisch und bautechnisch um eine "Reparaturmaßnahme" und nicht um einen "Sanierungstestfall" handelte. Diese 1984 eingeleitete und 1986 abgeschlossene Baumaßnahme war ein Anlaß für eine Betriebsunterbrechung-/Denkpause. Aus baulicher Sicht war die Betriebsphase mit der Fehlererkennung 12 - 14 Jahre nach Betriebsbeginn vorläufig abgebrochen.

### 3.2. ERKUNDUNGS- UND PLANUNGSPHASE
### 3.2.1. Grundwasser

Die detaillierte Erkundung der Grundwasserverhältnisse ist nicht nur Voraussetzung für hydraulische Sicherungsmaßnahmen, sondern bietet auch Hilfen für die Formulierung von Schadenshypothesen. Tabelle 2 zeigt die Einzelschritte, die

| Fall | Schadensbeschreibung | Sanierungsmöglichkeit |
|------|----------------------|----------------------|
| A | Folie flächig defekt | Oberflächendichtung, hydraulische Sicherung, SiWa - Brunnen |
| B | Folie am Tiefpunkt defekt | Suche an neuralgischen Punkten, sonst wie A keine Brunnen |
| C | Ableitungssystem defekt | Rekonstruktion sonst wie A keine Brunnen |

Tab. 3: Schadensmöglichkeiten und Folgen für die Sanierung

Im Fall A ist eine Sanierung nicht möglich. Der Fall B beschreibt die Suche nach der Stecknadel im Heuhaufen. Der Fall C stellt den eigentlich sanierungsfähigen Schadensfall dar.

| Zeitraum | Vorgang |
|----------|---------|
| 1984 | Anschluß Folie/Schacht, S24 defekt |
|  | Schachtfußbereich, S24 defekt |
|  | Sickerwassersammler, S24 defekt |
| 1986 | Abschluß Sanierung S 24 |
| 1986 | Ideenwettbewerb zu Deponiesanierung |
| 1986 | Planerauftrag Sanierung |
| 1986 | Planerauftrag Erkundungsmaßnahmen |
| 1988 | Aufschlußbohrungen in Deponie |
| 1989 | Planung Erkundung und Rekonstruktion |
| 1989 | Durchführung Erkundungsmaßnahme |

Tab. 4: Aktivitäten zur Durchführung von Erkundungs- und Sanierungsmaßnahmen

Konstruktion und Zustand der Einrichtungen des Ableitungssystems - schief stehende und korrodierte Betonschachtringe, keine Setzungsberechnung, PVC-Kanalrohr ohne Bettung - lassen diesen Fall wahrscheinlich erscheinen. Diese Schadenshypothese war vor Ort zu überprüfen.

Hierfür sollte ein Erkundungsgrube bis auf die Deponiesohle niedergebracht werden. Den Erkundungsarbeiten wurde ein systematischer Entscheidungsstammbaum zugrunde gelegt, der in Abbildung 2 aufgezeigt ist. Tabelle 4 zeigt den für die Erkundungsphase notwendigen Zeitbedarf.

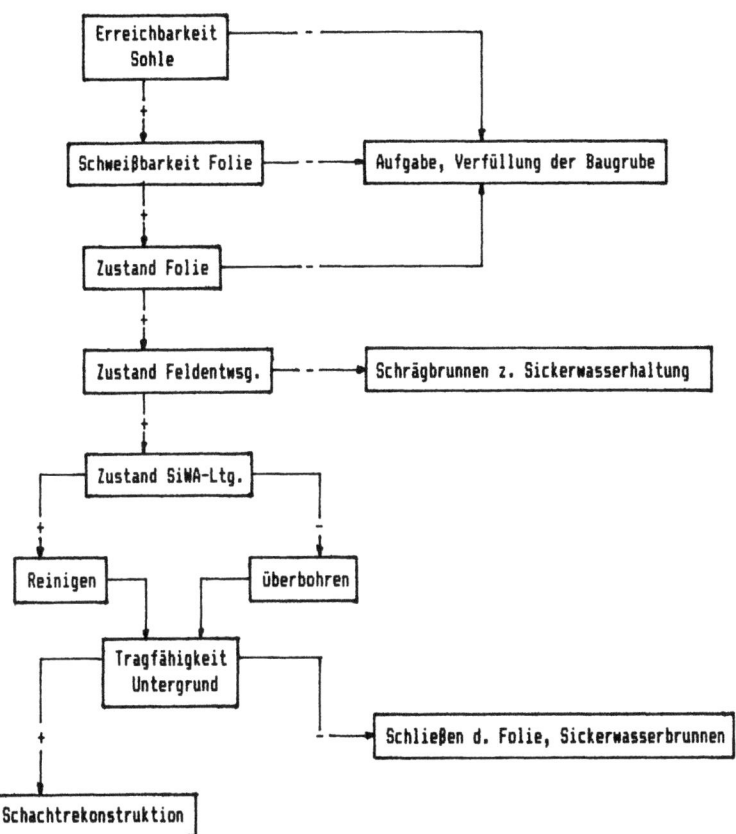

Abb. 3: Entscheidungsstammbaum zur Erkundungsmaßnahme

Die Erkundungsergebnisse bestätigten die Schadenshypothese. So konnte festgestellt werden, daß die Folie auch an kritischen Stellen funktionsfähig ist /2/. Die Feldentwässerungen arbeiten nach Spülarbeiten zufriedenstellend. Der Untergrund ist für den Einbau neuer Schächte geeignet und ausreichend tragfähig /3/. Eine bauliche Instandsetzung ist unter diesen Voraussetzungen möglich. Das vorhandene PVC - Sickerwasserableitungssystem ist hinsichtlich Materialeigenschaften und Dimensionierung den chemischen und bodenmechanischen Beanspruchungen nicht gewachsen /4/. An zentralen Punkten ist das Rohr horizontal bzw. vertikal aberissen, sodaß Sickerwasser direkt in den Untergrund geleitet wurde.

Gleichzeitig zeigte die Erkundung, daß die Technik vorhanden ist, das Sickerwasserableitungs- und -kontrollsystem auszutauschen. Der Zeitraum für die Planung, Durchführung und Auswertung der Erkundungsmaßnahmen betrug im Falle Senne ca. 3 Jahre.

## 3.3. SANIERUNGSPHASE
### 3.3.1. Grundwasser

Die Sanierungsphase für Grundwasser ist direkt abhängig vom Erfolg der deponietechnischen Sanierung und der Abstandsgeschwindigkeit. Es wird erwartet, daß die 1. Brunnengalerie ab 1993 - 1995 und die 2. Galerie ab 2005 nur noch zu Kontrollzwecken genutzt werden muß.

### 3.3.2. Deponietechnik

Die Sanierung der Deponie ist in den Schritten Instandsetzung des Entwässerungs- und Kontrollsystems, Endgestaltung mit Oberflächendichtung und Gasfassung sowie Reaktorbetrieb geplant. Die Maßnahmen sollen bis etwa 1993 bzw. 1997 realisiert sein. Der Reaktorbetrieb einer Deponie sollte solange erfolgen bis das Sicherungssystem (Sanierungsgalerien) Leckagen anzeigt bzw. das Emissionspotential in der Deponie soweit abgebaut wurde, daß die Emissionen "immissionsneutral" an einer vorab definierten Betrachtungsgrenze sind. Ein Zeitraum kann hierfür z. Zt. nicht genannt werden.

## 4. KOSTEN
### 4.1. Grundwasser

Es wird für die Betriebskosten von einem Greifen der Maßnahmen in 1993 (Grundwasserhaltung an der 2. Brunnengalerie) bzw. 2005 (1. Brunnengalerie) ausgegangen. Die einmaligen Kosten für Gutachter und Brunnenbau betragen ca. 500.000 DM. Über die Betriebsdauer der Grundwasserhaltung fallen jährlich ca. 1 Mio DM, hauptsächlich Einleitgebühren, an.

### 4.2. Deponietechnik

Die Kosten für die Instandsetzung des vorhandenen Entwässerungssystems mit Austausch der PVC-Leitung und Hauptschächten sowie Schließen der Endschächte betragen netto ca. 28 Mio DM. Hinzu kommen ca. 10 Mio DM für die geplante Oberflächenabdichtung, sodaß die Sanierung bis zum Jahr 2005 ca. 45 - 50 Mio DM kosten wird. Dies entspricht volumenspezifischen Sanierungskosten von rd. 20 DM/m3.

## LITERATUR

/1/ Sloaka u. Harder: Abschlußbericht z. Deponie Senne, Gutachten i. A. Stadt Bielefeld, 8/88, unveröffentlicht
/2/ Knipschild: Prüfbericht PE-Foliendichtung, 1/90, Gutachten i. A. Stadt Bielefeld, unveröffentlicht
/3/ Kühn: Erdbautechnische Untersuchungen ia Schachtbereich Deponie Senne 1/90, i. A. Bielefeld, unveröffentlicht
/4/ Materialprüfanstalt Hannover: Prüfbericht über PVC - Sickerwassersaamelrohre 1/90, i. A. Bielefeld, "

BÜNDELUNG VON ALTLASTEN BEI DER UNTERSUCHUNG KONTAMINIERTER INDUSTRIEGEBIETE

J.W. VAN VLIET UND W.D.E. VAN PAMPUS

BKH CONSULTING ENGINEERS, DEN HAAG, NIEDERLANDE

1. EINFÜHRUNG

Bei der Untersuchung der Schadstoffbelastung des Bodens und Grundwassers in Industriegebieten kann die Bündelung von Altlasten bessere Einsichten in die Probleme der Schadstoffbelastung und dadurch wirkungsvollere Sanierungsmaßnahmen ermöglichen. Eine bessere Einschätzung der Auswirkungen von Sanierungsarbeiten bei einer einzelnen Altlast kann erreicht werden, wenn ein Industriegebiet als Ganzes untersucht wird und Gruppen von individuellen Altlasten definiert werden. Gruppen einzelner Altlasten können auf verschiedene Arten gebildet werden, z.B. nach dem Typ der Industriebetriebe, wie etwa chemische Industrie, oder nach der geographischen Lage, d. h. Industriealtlasten am selben Ort. Der Nutzeffekt einer Untersuchung der Schadstoffbelastung des Bodens und die erzielten Ergebnisse hängen davon ab, wie gut solche Gruppen formuliert sind. Im allgemeinen kann man sagen, je eher während einer Untersuchung eine Gruppe gebildet wird, umso besser, obwohl es recht gut möglich ist, die Gruppen während eines späteren Stadiums weiter auszuarbeiten. Aus diesen Gruppen können Altlasten- oder <u>Behandlungseinheiten</u> gebildet werden, mit zusammenhängenden Gründen und Auswirkungen der Schadstoffbelastung des Bodens.

2. BÜNDELUNG INDIVIDUELLER ALTLASTEN

Bei der Untersuchung der Schadstoffbelastung des Bodens und Grundwassers in Industriegebieten bietet die Bündelung inividueller Altlasten mehrere Vorteile. Sie ist nicht nur eine wirkungsvollere Methode für die Handhabung großer Datenmengen, sondern erbringt auch verläßlichere Resultate und ist außerdem eine kostenwirksamere Methode für die Durchführung solcher Untersuchungen und der Sanierungsarbeiten.

Geohydrologische Daten, die für ein gesamtes Industriegebiet zusammengestellt werden, sind auch für alle Altlasten in diesem Gebiet gültig, ohne Rücksicht auf die Anzahl der Altlasten oder die Ausdehnung des Gebiets. Die Bündelung von individuellen Altlasten ermöglicht auch, mehr als eine Quelle eines bestimmten Schadstoffs zu identifizieren, wo das zutrifft. Andererseits kann die Untersuchung einer einzelnen Altlast oft nicht hinreichende Einsichten in den Ursprung eines Schadstoffs aus mehreren Quellen erbringen.

Bei großen Industriealtlasten kann die Identifizierung mehrfacher Quellen eines Schadstoffs jedoch weniger problematisch sein. Selbst wenn ein weitläufiges Industriegelände mehrere verschiedene Typen von Produktionsanlagen und Lagern einschließt, kann es für die Zwecke der Untersuchung einer Schadstoffbelastung des Bodens und Grundwassers als eine zusammengehörige Einheit angesehen werden.

Die Größe einer Gruppe von individuellen Altlasten ist ein wichtiger Faktor in der wirkungsvollen Anwendung dieser Methode. Vom technischen Standpunkt aus sind größere Gruppen besser, aber von organisatorischen Standpunkt her gesehen sind Gruppen aus sehr großen oder aus über ein weites Gebiet verstreuten Altlasten schwierig zu handhaben, und das kann zu verminderter Leistung bei den Untersuchungsverfahren und Sanierungsarbeiten führen.

Untersuchungen der Schadstoffbelastung und Sanierungsarbeiten erstrecken sich oft über die Grenzen einer einzelnen Altlast hinweg und haben dadurch Auswirkungen auf andere Altlasten. Das bedeutet in der Praxis, daß manche Industrien, ob sie nun Schadstoffbelastung verursachen oder nicht, zwangsläufig in die Untersuchungen der Schadstoffbelastung und die Sanierungsarbeiten verwickelt werden. So können z.B. Grundwasserableitungen während der Beseitigung von Schadstoffbelastungen die Situation auf benachbarten Altlasten verändern und deshalb eine kompliziertere Sanierungsaktion nötig machen, die zur Miterfassung von mehr als einem benachbarten Grundstück und weiter entfernt gelegenen Altlasten führt.

## 3. BEHANDLUNGSEINHEITEN

Altlasten können in örtliche oder Behandlungseinheiten gruppiert werden; das sind Gruppen von Altlasten, bei denen keine Sanierungsarbeiten für Schadstoffbelastung des Bodens oder Grundwassers auf einem Gelände vorgenommen werden können, ohne andere Altlasten der Gruppe zu beeinflussen. So besteht eine örtliche Gruppe aus Altlasten, bei denen die Gründe und Auswirkungen der Schadstoffbelastung des Bodens und Grundwassers miteinander zusammenhängen. Bündelung der einzelnen Altlasten in einem Industriegebiet führt zur Identifizierung einer oder mehrerer Behandlungseinheiten.

Die individuellen Altlasten können in verschiedenen Stadien der Untersuchung in Behandlungseinheiten gruppiert werden, wenn Daten verfügbar werden während
- der geohydrologischen Untersuchung und in Abhängigkit von der Situation, und bei der Bildung geohydrologischer Modelle;
- der Zusammenstellung der historischen und technischen Daten über die Nutzung des Gebiets;
- der Identifizierung der wahrscheinlichen Schadstoffquellen.

Wenn die Behandlungseinheiten identifiziert sind, können Boden- und Grundwasseruntersuchungen in jeder Einheit bzw. Gruppe durchgeführt werden. Es kann möglich und wünschenswert sein, die Gruppen in kleinere Einheiten zu unterteilen.

In Fällen, wo die Schadstoffe in die Grundwasserleiter eingedrungen sind, aus denen Grundwasser für industrielle und andere Zwecke entnommen wird, kann es notwendig werden, auch andere, weiter entfernt gelegene Altlasten in eine Behandlungseinheit einzubeziehen.

Auf der Grundlage der Beziehungen zur Umgebung können zwei Arten von Behandlungseinheiten unterschieden werden:
- zwangsläufige Behandlungseinheiten, d. h. eine Gruppe von Altlasten, bei denen die Gründe für und die Auswirkungen der Schadstoffbelastung des Bodens zusammenhängen; das bedeutet, daß Sanierungsarbeiten auf einem Gelände nicht möglich sind, ohne die Situation der Schadstoffbelastung auf einer anderen Altlast der Einheit zu beeinflussen.
- nicht zwangsläufige Behandlungseinheiten, d. h. Gruppen von Altlasten, für die gemeinsame Maßnahmen zur Behandlung der Schadstoffbelastung des Bodens kostenwirksam sind und die Durchführung von Sanierungsarbeiten auf einem Grundstück die Situation auf anderen Altlasten der Einheit nicht negativ beeinflußt.

3. FALLSTUDIE

Im Auftrag der Provinzverwaltung von Nordbrabant untersuchte die Firma BKH Consulting Engineers die Schadstoffbelastung auf einem Industriegelände von etwa 40 ha Größe (siehe Abb. 1). Rund 20 Handels- und Industriebetriebe sind auf diesem Gelände tätig, darunter mechanische Industrien, Lebensmittelfabrikanten und Druckereien. Dieses Industriegelände wurde in der Mitte der fünfziger Jahre auf bis dahin landwirtschaftlich genutztem Land eingerichtet.

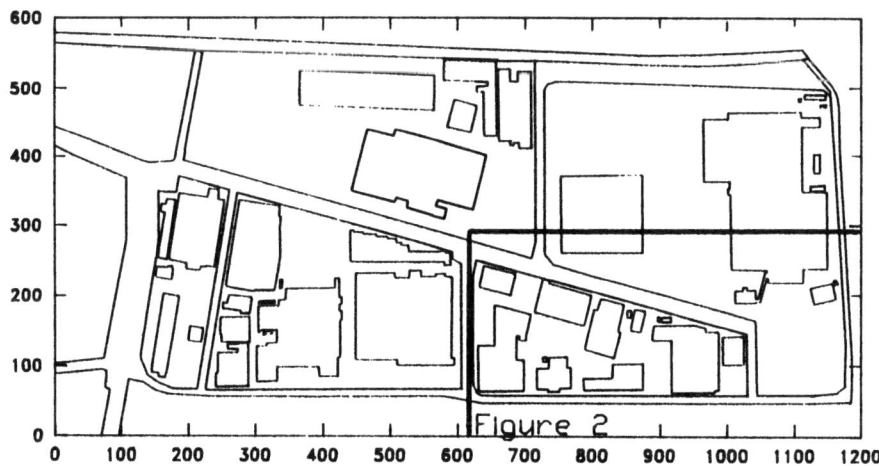

Abbildung 1. Plan des Industriegeländes

In der Anfangsphase der Untersuchung über die
Schadstoffbelastung wurden alle verfügbaren Daten über das
Gebiet gesammelt, die Bodentypen wurden auf der Grundlage
von Sinneswahrnehmungen kartographisch erfaßt und ein Grund-
wasserüberwachungsnetz wurde installiert. Boden- und Grund-
wasserproben wurden entnommen. Alle Daten wurden in einer
Computerdatenbank gespeichert und mit Hilfe geostatistischer
Methoden analysiert.

Die Ergebnisse der Untersuchungen zeigten, daß der Boden
an einigen Stellen schadstoffbelastet war. Ein großer Teil
der Grundwasserverschmutzung konnte auf flüssige Treibstoffe
und andere in Industrieprozessen benutzte Chemikalien
zurückgeführt werden. Die wesentlichen Schadstoffe waren
organische Verbindungen, die verhältnismäßig leicht im
Grundwasser löslich sind, wie etwa flüchtige chlorierte
Kohlenwasserstoffe, z.B. Trichlorethylen, und deshalb sind
die Schadstoffe über ein ausgedehntes Gebiet verbreitet.

Felduntersuchungen und geohydrologische Untersuchungen
zeigten, daß die Ableitungen aus lebensmittelverarbeitenden
Industrien eine Bedrohung der Grundwasseranreicherungszonen
darstellten. In einigen Teilen des Gebiets wurde eine
Mischung von Schadstoffen aus verschiedenen Quellen gefunden. Selbst da wo die wahrscheinlichen Quellen eines
Schadstoffs eingegrenzt werden konnten, war es schwierig,
den Beitrag aller einzelnen Quellen zum gemeinsamen Grund-
wassersystem zu bemessen. Das lag im wesentlichen an der
ziemlich komplizierten Geohydrologie und daran, daß das
Gebiet dicht bebaut ist.

Auf der Grundlage der Untersuchungsergebnisse wurden
einige Teilgebiete unterschieden. Die gleiche Art von durch
Sickerwasser schadstoffbelastetem Grundwasser wurde an 8
verschiedenen Stellen gefunden (siehe Abb. 2), während
schadstoffbelastetes Grundwasser aus einem Grundwasserleiter
in 8 bis 16 m Tiefe unter der Bodenoberfläche an weiteren
Stellen in einem größeren Bereich gefunden wurden. Auf diese
Weise wurden auf Grundlage der Grundwassertiefe mehrere
Behandlungseinheiten unterschieden.

Ehe Sanierungsmaßnahmen, oder zumindest Maßnahmen zur
Kontrolle der Schadstoffbelastung des Bodens und Grundwassers getroffen werden können, muß die beste und kostengünstigste Methode ermittelt werden. Bei dieser Studie wurde
eine Rastermethode angewendet, bei der das Gelände in eine
Anzahl von Sektoren von etwa gleicher Größe unterteilt wurde
und die Kosten der Sanierungsmaßnahmen für jeden dieser
Sektoren auf Grund der Erfahrungen in anderen ähnlichen
Situationen geschätzt wurden. Zu diesem Zeitpunkt, wie bei
allen anderen Entscheidungspunkten während der Untersuchung,
wurde der Bedarf für weitere Informationen berücksichtigt.

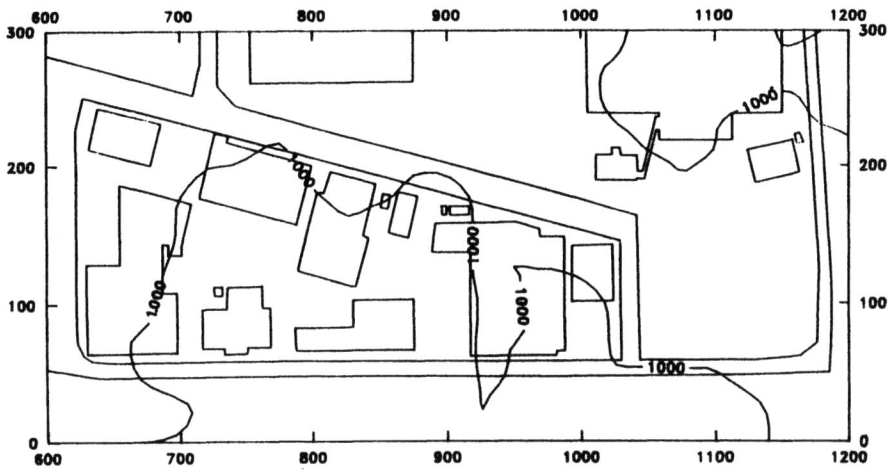

Abbildung 2. Das Migrationsbild für Trichlorethylen in Sickergrundwasser in einem Teil des Industriegeländes

## 5. VORTEILE DER BEHANDLUNGSEINHEITEN

Die Sanierung von schadstoffbelastetem Grundwasser an einem einzelnen Ort oder Sektor des gesamten Geländes hat Auswirkungen für das Grundwasser und die löslichen Materialien in der Umgebung. Um diese Auswirkungen zu begrenzen, können deshalb die Behandlungseinheiten entsprechend der Tiefe und der Ausgiebigkeit des Grundwassers definiert werden. Eine Anzahl von Behandlungseinheiten können auf folgende Weise unterschieden werden:

- Tiefe des Sickergrundwassers und der tieferliegenden Grundwasserleiter (siehe Abb. 3);
- Nutzung des Gebiets: Ein Gebäude, das mehrere Schadstoffquellen enthält; mehrere Gebäude, die auf einer Schadstoffquelle stehen; ein Gebiet, das mehrere Produktionsanlagen umfaßt.

Mehrere Altlasten umfassende Sanierungsarbeiten sind kostengünstiger in Hinsicht auf die Ausnutzung der technischen Ausrüstung und der Reinigungsanlagen als die individuelle Behandlung dieser Altlasten. Außerdem sind solche Arbeiten leichter durchführbar. Die Erfahrungen am Industriegelände in Nordbrabant und an anderen Industriegeländen mit mehreren verschiedenen Industrien zeigen, daß die Untersuchung und Behandlung eines Einzelgrundstücks gewöhnlich weniger rationell und nicht so kostengünstig ist.

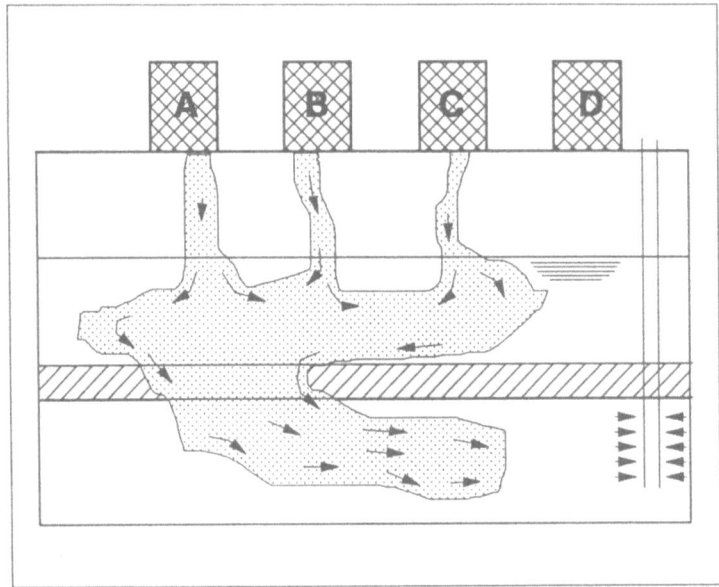

Abbildung 3. Schematischer Querschnitt zur Erläuterung der Einteilung in verschiedene Behandlungseinheiten auf Grundlage der Grundwasserkontamination und der Tiefe der Grundwasserleiter.

Zur Reduzierung der Kosten könnten also mehrere Firmen oder Industrieunternehmen freiwillig eine gemeinsame Behandlungseinheit bauen. Pläne für den Neubau oder die Erweiterung von Anlagen und Einrichtungen können ebenfalls dazu führen, daß eine Firma an einer Behandlungseinheit teilnimmt. Aber der Grad, bis zu dem die Umgebung eines einzelnen schadstoffbelasteten Grundstücks mit berücksichtigt werden muß, ist abhängig von den industriellen Unternehmungen, der Nutzung des umgebenden Gebiets, der Geohydrologie und den Eigenschaften der Schadstoffe.

Erfahrungen deuten darauf hin, daß die Mitglieder einer Behandlungseinheit gewisse Bedingungen einhalten müssen. Kein Mitglied einer Behandlungseinheit sollte die folgenden Arbeiten ohne Rücksprache mit den anderen Mitgliedern beginnen: Neue oder veränderte Einleitungen in das Grundwasser, Erdarbeiten in Kombination mit Dränagearbeiten, oder auch tiefe Fundamentausgrabungen, die zur Durchbrechung von Grundwassereingrenzungen führen könnten. Diese Anforderungen treffen auch auf nicht-schadstofferzeugende Industrien zu, die in der Nähe einer zwangsläufigen Behandlungseinheit liegen, wenn sie irgenwelche der oben beschriebenen Arbeiten durchführen wollen. Tätigkeiten, die nicht direkt mit den Boden- und Grundwassersanierungsarbeiten in Zusammenhang stehen, müssen also bei der Bildung von Behandlungseinheiten ebenfalls berücksichtigt werden.

Wenn die Schadstoffe aus mehreren Quellen stammen, ist
es fraglich, in welchem Ausmaß es möglich ist, nur eine
dieser Quellen zu behandeln. Der finanzielle Aufwand muß in
einem vernünftigen Verhältnis zur Umweltverbesserung stehen.
Wenn nicht alle Quellen bekannt sind oder sofort behandelt
werden können, sollte also die Grundwasserqualität überwacht
werden, und es sollten Maßnahmen getroffen werden, um eine
weitere Ausbreitung der Schadstofe zu verhindern, bis die
anderen wesentlichen Schadstoffquellen identifiziert und
saniert werden können. Die Kontrolleinheit sollte so klein
wie möglich sein, sie kann aber ebenso groß sein und dieselben Merkmale haben wie eine Behandlungseinheit. Die Größe
und Ausdehung der Kontrolleinheit muß auf der Grundlage der
Begrenzungen der Schadstoffverbreitung festgelegt werden.

6. SCHLUSSFOLGERUNGEN
Untersuchungen auf der Grundlage der geographischen
Gruppenbildung können dazu führen, daß mehrere Behandlungs-
einheiten definiert werden können. In Hinsicht auf das
Sickerwasser und tiefliegende Grundwasserleiter können oft
mehrere Behandlungseinheiten notwendig sein. Die Größe einer
Behandlungseinheit hängt von verschiedenen Faktoren ab, wie
- Geohydrologie: Tiefe des Grundwasserspiegels; Durch-
  lässigkeit; Adsorptionsfähigkeit; Einsickern oder Infil-
  tration; Vorhandensein von Grundwassereingrenzungen;
  natürliche Grundwasserströmung und Ableitung.
- Nutzung des Gebiets; bebauter Anteil des Gebiets;
  Gelände von verschiedenen Firmen benutzt; Anzahl der
  Schadstoffquellen; nicht gepflasterter oder asphal-
  tierter Anteil des Bodens; und Dauer der Nutzung des
  Grundstücks;
- Produktionsmerkmale: Lagerung von Flüssigkeiten; Benutzung von löslichen oder dispergierenden Stoffen; Wasser-
  management; Kompliziertheit der industriellen Verfahren.
Diese Methode der Bündelung einzelner Altlasten in Be-
handlungseinheiten soll bei der Untersuchung der Schadstoffbelastung es Bodens und Grundwassers auf anderen Industriealtlasten in der Provinz Nordbrabant angewendet werden.
Diese Strategie für die Untersuchung von Industriegeländen,
die aus einer Anzahl individueller Altlasten bestehen, ist
besonders sachdienlich in der gegenwärtigen Situation in den
Niederlanden und ist vielleicht auch auf andere komplexe
Industriegebiete und in anderen Ländern der Welt anwendbar.

7. LITERATUR
1) Keereweer, H.W.C.G., und van Vliet, J.W., 1989. Inte-
   graal bodemonderzoet voorkomt ellende achteraf. Milieu
   Markt 12, Dezember 1989; S. 25-28.
2) Van Pampus, W.D.E., und van Vliet, J.W., 1990. Cluster-
   onderzoek sluit beter aan bij sanering bedrijfslocaties.
   Land+Water-Milieutechniek, April 1990; S. 118-121.

**UMWELTGEOPHYSIK BEI DER ALTLASTENERKUNDUNG**

Dipl.-Ing. Andreas Straßburger - Baurat -
Institut für Altlastensanierung

Landesanstalt für Umweltschutz Baden-Württemberg, Karlsruhe


Die Umweltgeophysik wird bei der Altlastenerkundung immer stärker eingesetzt.
Dieses Referat zeigt Möglichkeiten und Grenzen geophysikalischer Untersuchungsmethoden auf und stellt "Leitlinien zur Geophysik an Altlasten" vor. Diese Leitlinien sollen die Anwendung der Geophysik im Umweltbereich und besonders bei der Altlastenerkundung unterstützen und die Umweltgeophysik einem breiteren Fach-Publikum nahebringen.

## 1. EINLEITUNG

Was heißt "Umweltgeophysik" denn genau?
Seit ca. 70 Jahren sind geophysikalische Untersuchungsmethoden zur Erschließung mineralischer Rohstoffe entwickelt und eingesetzt worden. Diese zerstörungsfreien Methoden mit geringer Erkundungstiefe, aber hoher Auflösung können zur Lösung umweltgeologischer wie umweltrelevanter Fragestellungen eingesetzt werden. Daher der Begriff "Umweltgeophysik".
Altlasten verschiedener Art können zu einer Beeinträchtigung und Gefährdung der Umwelt und damit unserer Gesundheit führen. Die Erhebung und Erkundung der Altlasten erfordert meist große technische und finanzielle Aufwendungen, die es zu verringern gilt. Die bisher im Bereich der angewandten Geologie und Geotechnik verwendeten geophysikalischen Untersuchungsverfahren können hier Hilfestellung leisten.
Während bei Bohrungen und Schürfarbeiten u.U. abdichtende Schichten perforiert werden, wird bei geophysikalischen Messungen - als zerstörungsfreie Untersuchungen - weder der Aufbau des Untergrundes bzw. einer Deponie, noch ihre Abdichtung beeinträchtigt.
Geophysikalische Messungen bei der Altlastenerkundung können zur Lösung folgender Probleme angewendet werden:
- **Lokalisierung:** Bei flächendeckenden Erhebungen und bei der Untersuchung von Einzelflächen kann die Geophysik einen Überblick flächenhaft verschaffen, wo Bereiche liegen, in denen Altlasten zu vermuten sind, die von der Oberfläche her nicht zu erkennen sind.
- **Identifizierung:** Für die Abschätzung eines Gefährdungspotentials ist die Kenntnis der Verteilung bestimmter Schadstoffe innerhalb von Altlasten erforderlich. Die Geophysik kann dabei Angaben über die räumliche und flächige Verbreitung des gesuchten Materials (z.B. Hausmüll/Erdaushub) machen, während Bohrungen nur punktbezogene Informationen liefern.
- **Ausbreitung:** Schadstoffe im Umfeld von Deponien können dann durch geophysikalische Messungen aufgespürt werden, wenn durch sie die physikalischen Eigenschaften des Untergrunds meßbar verändert worden sind. Dies gilt insbesondere bei salinar gekennzeichneten Schadstoffeinträgen, die sich im Abstrom von Altlasten ausbreiten.

Dem erfahrenen Geophysiker wie auch Geologen sind die prinzipiellen Einsatzgrenzen bzw. Anwendungsbereiche geophysikalischer Erkundungsverfahren im Umweltbereich dem Grunde nach bekannt, man kann z.B. mit Seismik die gewachsene geologische Untergrundstruktur ermitteln oder mit der Geomagnetik basaltische Lagerstätten finden.

Da nicht jedes Verfahren gleichermaßen für altlastenrelevante Fragestellungen geeignet ist, ist es nötig, bestimmte geophysikalische Verfahren entsprechenden Fragestellungen zuzuordnen, z.B. zu den Fragen:
- Um was für eine Altlast handelt es sich?
- Wie groß ist die Ausdehnung der Altlast?
- Können Einzelobjekte in- bzw. außerhalb der Altlast geortet werden?
- Werden Sickerwege in- bzw. außerhalb der Altlast festgestellt?
- usw.

Für die o.g. Einsatzbereiche an Altlasten steht ein großes Spektrum von Methoden zur Verfügung (Geomagnetik, Geoelektrik, Seismik etc.).

Zur Beantwortung wurden daher umweltgeophysikalische Untersuchungsmethoden in die Arbeiten des Institutes für Altlastensanierung eingebunden, mit dem Ziel an den Modellstandorten [1] "Leitlinien zur Geophysik an Altlasten" zu erstellen.

Die Eignung der einzelnen Meßverfahren zur Altlastenerkundung wird nachfolgend vorgestellt.

## 2. VORSTELLUNG DER "LEITLINIEN GEOPHYSIK"

Im Rahmen des Modellstandortprogrammes als einem Teil der Altlastenkonzeption des Landes Baden-Württemberg [2], das durch den Altlastenfonds des Landes Baden-Württemberg finanziell getragen wird, wurden in den Jahren 1988 bis 1990 diverse Erkundungsverfahren wie Sondierungen, Bohrungen und auch umfangreiche geophysikalische Untersuchungen nach den Altlastenhandbüchern Baden-Württemberg [3] und [4] vorgenommen.

Ziel dabei ist es, beim Einsatz Erfahrungen und Ergebnisse zu sammeln, die es erlauben, bei anderen Standorten gezielter, sachgerechter und damit insgesamt kostengünstiger und rascher erkunden zu können.

Die entsprechenden Untersuchungen - insgesamt 59 Einzelvorhaben - wurden innerhalb eines Geophysikrahmenprogramms an den Modellstandorten über Ingenieurbüros durchgeführt. Neue geophysikalische Methoden wurden aber nicht entwickelt.

Getragen von der Leitidee, daß zu allererst Übersichtskartierungen vor Detailerkundungen durchzuführen sind, wurde ein Grobablaufplan für die verschiedenen Erkundungstechniken entwickelt (siehe Abb. 1). Dieser Ablaufplan als Entscheidungsplan markiert den Stellenwert der geophysikalischen Untersuchungen als ein früh anzusetzendes Erkundungsverfahren.

Alle Ergebnisse der Modellstandorte wurden standortübergreifend durch das Niedersächsische Landesamt für Bodenforschung in Hannover (NLfB) im Rahmen der geowissenschaftlichen Gemeinschaftsaufgaben der Länder ausgewertet und mündeten in den "Leitlinien zur Geophysik an Altlasten". Diese Leitlinien zur Geophysik werden den Wasserwirtschaftsämtern, den Ingenieurbüros, den Städten und Kommunen etc. zur Verfügung gestellt, die mit den entsprechenden Aufgaben konfrontiert sind. Sie sollen [siehe 5]:
1. Geophysikalische Untersuchungen in einem neuen Aufgabengebiet wie der Altlastenerkundung einführen und verbreiten,
2. Unterstützung und Hinweise bei der Verfahrensauswahl geben,
3. Hinweise zur Auswertung und Interpretation liefern,

4. durch konzeptionelles Vorgehen insgesamt die Erkundungen wirtschaftlicher gestalten.

Kernpunkt dieses Werkes ist neben einer allgemeinen Einführung und diversen Checklisten für die Praxis eine Entscheidungsmatrix, wie sie Abb. 2 zeigt.

Hierbei können nun für altlastenrelevante Fragestellungen (linke Spalte) die unterschiedlichen geophysikalischen Untersuchungsmethoden (rechts) ausgewählt werden.

Mit der Matrix-Zusammenstellung wird einem "Nicht-Fachmann" aufgezeigt, daß er auf keinen Fall z.B. gravimetrische Untersuchungen beauftragen darf, wenn er z.B. die Mächtigkeit der Abdeckung ermitteln will, da gibt es einfachere und weitaus billigere und damit bessere Verfahren.

Die grundsätzlichen und weiteren geophysikalischen Einsatzmöglichkeiten auf bzw. im Umfeld von Altlasten konnten im Modellstandortprogramm mit diesen Arbeiten nachgewiesen und bestimmt werden.

Zur Altlastenerkundung sollte möglichst eine Kombination von Verfahren eingesetzt werden. Dies empfiehlt sich auch deshalb, weil geophysikalische Ergebnisse zumeist mehrdeutig sein können. Die Daten verschiedener Methoden sind abzugleichen und anderen Resultaten anderer Disziplinen gegenüberzustellen.

Die Relation der Kosten für einen einzigen Bohrmeter im Vergleich mit geophysikalischen Messungen fällt deutlich zugunsten der Geophysik aus (siehe Abb. 3). Während Bohrungen nur Informationen liefern, die sich weitgehend auf einen Punkt bzw. auf eine Säule beziehen, ergibt die Geophysik flächenhafte oder sogar räumlich ausgedehnte, detaillierte Informationen. Es ist außerdem möglich, Einlagerungen mit markanten physikalischen Eigenschaften kontinuierlich zu verfolgen.

Geophysikalische Untersuchungen ersetzen keine Bohrungen, aber diese können nach dem Einsatz der Geophysik an die für die Altlastenerkundung optimale Stelle plaziert werden! Fehlbohrungen können so vermieden werden. Damit wird der Geophysikeinsatz vor den eigentlichen, dann wenigen Bohrungen auch wirtschaftlich sinnvoll.

Neben diesen naturgemäß allgemeinen Aussagen können detailliertere Empfehlungen nur einzelfallbezogen mit einem erfahrenen Geophysiker und Hydrogeologen erarbeitet werden. Das heißt auch, daß die Fachwelt aufgefordert ist, weitere Untersuchungsverfahren auf der Forschungs- und Entwicklungsebene insbesondere auf altlastenrelevante Fragestellungen anzupassen, maßzuschneidern und vorzuschlagen.

## 3. VORGEHEN IM EINZELFALL

Die Anwendung dieser Verfahrensleitlinien zur Geophysik für einen Untersuchungsauftrag bedarf einer intensiven Zusammenarbeit zwischen Auftraggeber, Hydrogeologen und Geophysiker, die sich wie folgt beschreiben läßt:
1. Verfahrensvorauswahl durch den Auftraggeber anhand der "Leitlinien zur Geophysik an Altlasten". Abschätzung eines möglichen Kostenrahmens.
2. Zur Ausarbeitung einer sachgerechten und flexibel formulierten Leistungsbeschreibung Geophysiker hinzuziehen bzw. bei größerem Umfang Planungsauftrag erteilen.
3. Versand dieser Leistungsbeschreibung als Preisanfrage.
4. Auswahl einer Geophysikfirma mit entsprechenden Referenzen und freihändiger Vergabe.

5. Beauftragung mit Höchstpreisvertrag
6. Auswertung und Interpretation in enger Zusammenarbeit zwischen beauftragter Firma, Geophysiker und Hydrogeologe des Auftraggebers.
7. Berichtsabfassung.
Die Anforderungen an die Darstellungen in einem Bericht können wie folgt aufgelistet werden:
- Vorstellung des Gesamtuntersuchungsvorhabens
- Beschreibung der hydrogeologischen Situation
- Beschreibung der Teilmaßnahme "Geophysikalische Untersuchungen"
- Angabe der Störeinfluß- und Randbedingungen
- Beschreibung der Meßanordnung
- Abweichungen, Erkenntnisse bei der Durchführung der Messungen
- Interdisziplinäre Auswertung und Interpretation
- Anschauliche Ergebnisdarstellung in 3-D-Bildern, farbigen Flächenplänen etc.
- Diskussion der Erkenntnisse und Ergebnisse
- Beschreibung und Vorstellung der darauf aufbauenden Erkenntnisse
- Vorschlag für weitere Untersuchungen

Dieses Vorgehen garantiert, daß die vielfältigen Möglichkeiten der umweltgeophysikalischen Untersuchungsmethoden Zeit- und kostengünstig ausgeschöpft werden, wobei auch verschiedene Vergabegrundsätze der öffentlichen Hand wie auch Verordnungen anderer Art berücksichtigt werden.

## 4. ZUSAMMENFASSUNG

Die vorgestellten "Leitlinien zur Geophysik an Altlasten" stellen ein wirtschaftliches Entscheidungsverfahren im Rahmen der umweltgeophysikalischen Untersuchungen für die bei der Altlastenerkundung tätigen Institutionen und Firmen dar. Mit ihrer Hilfe können konventionelle Erkundungen und Untersuchungen unterstützt und gezielter eingesetzt werden.

Unterstrichen wird diese Aussage nicht nur durch das sehr günstige Kosten-Aussageverhältnis sondern auch mit der vorteilhaften Möglichkeit zur interdisziplinären Zusammenarbeit verschiedener Fachrichtungen.

Die Umweltgeophysik hat also ein klares Anwendungsgebiet bei der Altlastenerkundung!

## 5. LITERATUR

[1] H. Neifer, Landesanstalt für Umweltschutz Baden-Württemberg, Karlsruhe: "Modellstandortkonzeption Baden-Württemberg", in Kongreßband "Altlastensanierung '88 TNO/BMFT", 11. bis 15. April 1988 in Hamburg.
[2] Mitteilung der Landesregierung Baden-Württemberg: "Stufenplan zur Altlastensanierung", Landtagdrucksache 10/831 vom 29.11.1988, Stuttgart.
[3] Ministerium für Umwelt Baden-Württemberg: "Altlastenhandbuch Teil I, Altlastenbewertung", 2. Auflage Dezember 1988, Karlsruhe.
[4] Ministerium für Umwelt Baden-Württemberg: "Altlastenhandbuch Teil II, Untersuchungsgrundlagen", 2. Nachdruck Dezember 1988, Karlsruhe.
[5] Tagungsband: "Symposium geophysikalische Erkundung von Altlasten", 16. bis 18. Januar 1990, Karlsruhe.
[6] Niedersächsisches Landesamt für Bodenforschung: "Leitlinien zur Geophysik an Altlasten (aus der Auswertung geophysikalischer Untersuchungen an Modellstandorten)", im Auftrag der Landesanstalt für Umweltschutz Baden-Württemberg, 1990, Karlsruhe.

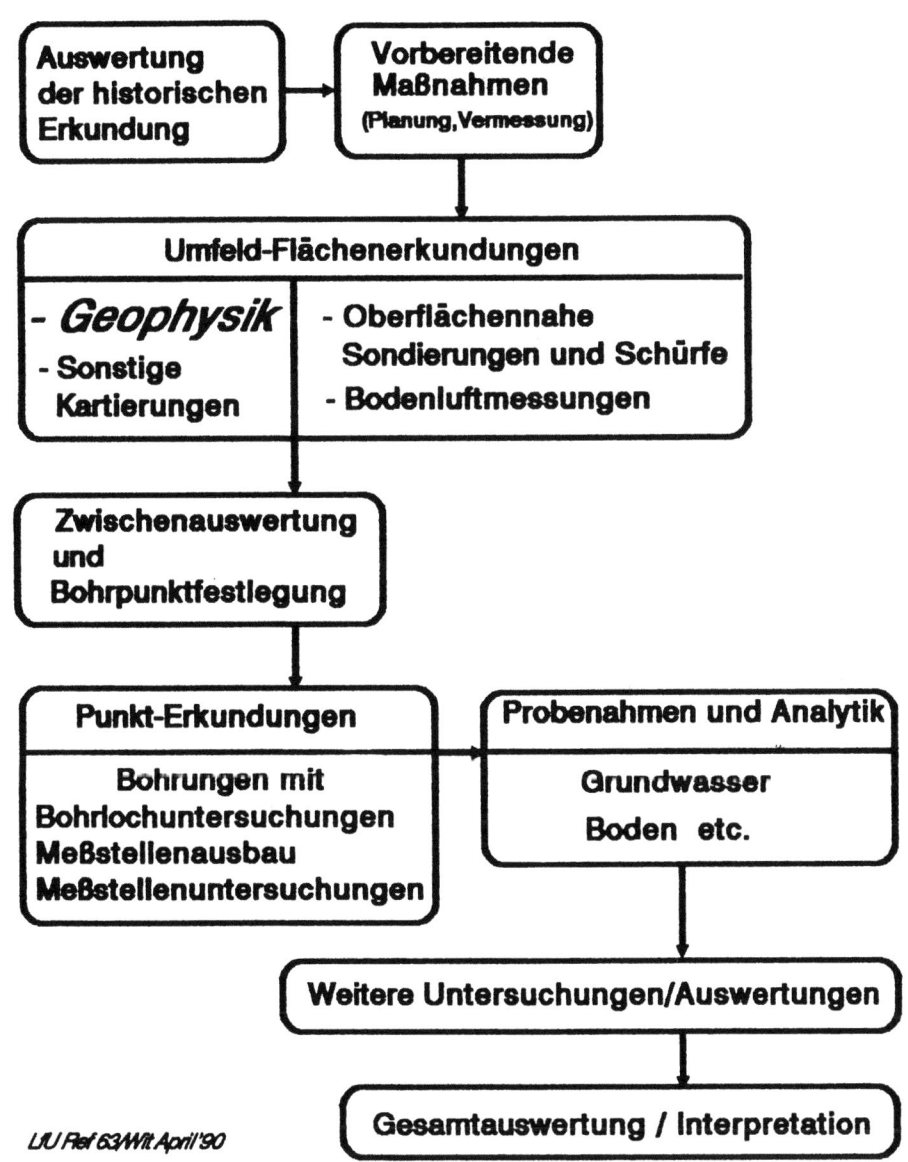

Abb. 1: Grobablaufplan

| Verfahren\Fragestellungen | Geomagnetik | Geoelektrische Kartierung | Widerstands-sondierung | Induzierte Polarisation | Eigenpotential-messung | Elektromagnetische Kartierung | VLF | Bodenradar | Refraktions-seismik | Reflexions-seismik | Gravimetrie | Geothermik |
|---|---|---|---|---|---|---|---|---|---|---|---|---|
| Lokalisierung, Ausdehnung | + | + | − | (+) | − | + | (+) | (+) | (+) | − | (−) | − |
| Abdeckung : Durchlässigkeit | − | + | (−) | + | + | + | (+) | + | − | − | − | (−) |
| Abdeckung : Mächtigkeit | − | − | + | (+) | − | − | − | (+) | − | − | − | − |
| Mächtigkeit der Altlast | − | − | + | − | − | − | − | (+) | + | − | − | − |
| Ortung von Einzelobjekten 1) | (+) | + | − | (+) | (+) | + | + | + | − | − | − | − |
| Sickerwege in der Altlast | − | + | − | (+) | (+) | (+) | (+) | (+) | − | − | − | + |
| Sickerwege im Umfeld/Untergrund 2) | − | (+) | − | + | (+) | + | (+) | − | + | (+) | − | (−) |
| Sohlabdichtung : Einbau | − | − | + | − | (−) | − | − | − | − | − | − | − |
| Sohlabdichtung : Natürlich | − | − | + | − | − | (−) | − | − | (+) | (+) | − | − |

1) auch Schadstoffkonzentrationen
2) auch Erkundung von Verwerfungs- und Karstsystemen

+ Geeignet
(+) Nicht in allen Fällen geeignet
(−) In Ausnahmefällen geeignet
− Nicht geeignet

**Abb. 2:** Entscheidungsmatrix Methodenauswahl (Quelle [6])

| Methode | Anzahl Meßpunkte | Vermessene Profil-Meter*) | Vermessene Fläche*) |
|---|---|---|---|
| | (-) | (m) | (m²) |
| Geomagnetik | 60 - 250 | 100 - 800 | 200 - 1000 |
| Geoelektrische Kartierung | 6 - 20 | 80 - 200 | 250 - 1200 |
| Widerstandssondierung | 1 - 2 | - - - | - - - |
| Induzierte Polarisation | 3 - 6 | 30 - 70 | 100 - 650 |
| Elektromagnetische Kartierung | 15 - 50 | 80 - 400 | 1000 - 3600 |
| Bodenradar | - - - | 40 - 200 | - - - |
| Eigenpotentialmessung | 4 - 10 | 20 - 100 | 200 - 1000 |
| Refraktionsseismik | 1 - 3 | 6 - 40 | - - - |
| Reflexionsseismik | 1 - 7 | 10 - 20 | - - - |

Bemerkungen:

*) Die Werte wurden abgeleitet unter der Annahme der bei der Altlastenerkundung üblicherweise verwendeten Meßraster

Abb. 3: Kostenrelation: Geophysikalische Arbeiten, die für die Kosten eines Bohrmeters (ca. 200 DM) ausgeführt werden können (Quelle [6])

FLÄCHENDECKENDE HISTORISCHE ERHEBUNG ALTLASTVERDÄCHTIGER ALTABLAGERUNGEN UND ALTSTANDORTE IN BADEN-WÜRTTEMBERG

Peter Fuhrmann

Landesanstalt für Umweltschutz Baden-Württemberg, Karlsruhe

1. EINFÜHRUNG

Die erste Phase der Bearbeitung von altlastverdächtigen Flächen (und Altlasten) wird im allgemeinen als "Erfassung" bezeichnet. Sie umfaßt in der Regel die Feststellung und Lokalisierung einer Verdachtsfläche und die Erschließung aller über sie unter Umständen an den verschiedensten Stellen vorliegenden Informationen, die üblicherweise Grundlage einer Erstbewertung sind. Für die Erfassung ist aus fachlicher Sicht ein enges fachliches Raster erforderlich. Ein einstufiges Verfahren hat für die Feststellung und Lokalisierung von Verdachtsflächen den Nachteil, daß für alle gefundenen Flächen ein relativ hoher Erkundungsaufwand betrieben wird. Bei näherer Betrachtung nach Abschluß der Erfassung erweist sich dieser Aufwand aufgrund des abgeschätzten Gefährdungspotentials bzw. des sich ergebenden Handlungsbedarfes für viele Flächen im Nachhinein als überflüssig. Der unnötige Aufwand ließe sich nur dadurch vermeiden, indem für die Feststellung der Verdachtsflächen ein gröberes Raster angewandt wird, wodurch jedoch das Risiko wächst, eine wirklich potentielle Verdachtsfläche zu "übersehen".

Um diese Nachteile eines einstufigen Erfassungsverfahrens zu vermeiden, wird in Baden-Württemberg ein zweistufiges Verfahren zur Erfassung von altlastverdächtigen Flächen bzw. Altlasten angewandt. Dabei wird unterschieden in eine **flächendeckende historische Erhebung**, die der Feststellung, Lokalisierung und der Gewinnung gewisser Mindestinformationen dient und der anschließenden **einzelfallspezifischen historischen Erkundung**, die das Zusammentragen aller verfügbaren Informationen über den jeweiligen Standort zum Ziel hat. Technische Erkundungsmaßnahmen werden in diesem Rahmen nicht durchgeführt. Die Entscheidung über die Notwendigkeit einer historischen Erkundung einer bei der historischen Erhebung festgestellten Fläche, wird im Rahmen einer **Vorklassifizierung** getroffen. Als Ergebnis der Vorklassifizierung der Verdachtsflächen wird in Abhängigkeit von dem vermuteten Gefährdungspotential zwischen drei Handlungsalternativen unterschieden. Außer weiter historisch erkundet, kann die Fläche aus der aktiven weiteren Bearbeitung ausgeschieden (= archiviert) oder für eine weitere Bearbeitung zeitlich zurückgestellt werden.

Im folgenden wird die in Baden-Württemberg praktizierte flächendeckende historische Erhebung beschrieben.

2. ZIEL DER HISTORISCHEN ERHEBUNG

Ziel der flächendeckenden historischen Erhebung ist es, die bisher nicht bekannten Flächen und Standorte in Baden-Württemberg vollständig zu erfassen, von denen eine Gefahr für die Umwelt ausgehen kann (altlastverdächtige Flächen). Dabei werden sowohl Altablagerungen als auch Altstandorte einbezogen. Aufgrund der bereits durchgeführten Arbeiten zur Feststellung von Altablagerungen kommt den Altstandorten dabei besondere Bedeutung zu. Die vorgesehene vollständige Erfassung der altlastverdächtigen Flächen erfordert eine sehr gründliche Arbeitsweise. Eine Übersicht über die wichtigsten potentiellen Altstandorten ist in Anlage 1 zusammengestellt. Die Aufstellung ist nicht abschließend, gegebenenfalls sind weitere Branchen zu berücksichtigen.

Bei der historischen Erhebung von Altstandorten werden nur ehemalige Standorte von potentiell altlastverdächtigen Industrie- und Gewerbebetrieben berücksichtigt, deren Flächen zum Zeitpunkt der Erhebung nicht mehr einer altlastverdächtigen Nutzung unterliegen. Potentiell altlastverdächtige industrielle und gewerbliche Standorte, die zur Zeit in Betrieb sind ("aktive Standorte") werden bei der Erhebung nicht berücksichtigt, da sie im Rahmen der geltenden Vorschriften ohnehin einer Überwachung unterliegen.

Die flächendeckende historische Erhebung ist sehr umfassend und weitgehend zu verstehen. Sie hebt nicht nur auf die erfahrungsgemäß tatsächlich gefahrrelevanten, sondern gezielt auf alle bereits altlastverdächtigen Flächen ab, um einen möglichst vollständigen Überblick zu erhalten.

Von den erhobenen Flächen sollen zunächst nur die folgenden "Mindestinformationen" festgestellt werden:
- Name/Bezeichnung,
- Standort/Lagebeschreibung (nähere Beschreibung, Gemeinde/Ortsteil, Straße/Gewann, Flurstück, TK 25, Rechts- und Hochwert),
- Grundstückseigentümer zum Erhebungszeitpunkt,
- Gewässernähe (Name/Bezeichnung, Lagebeschreibung),
- Art der gefahrverdächtigen Fläche,
- nähere Standortbeschreibung,
- vorliegende Stoffgruppe,
- Ablagerungs-/Produktionszeitraum,
- Art des Umgangs, der Lagerung und Ablagerung,
- derzeitige Nutzung am Standort,
- gefährdete Schutzgüter,
- gefährdete Objekte und
- besondere Anhaltspunkte, Hinweise für mögliche Gefährdungen.

Der Umfang dieser Mindestinformationen wurde mit der Maßgabe festgelegt, daß sie mit einem möglichst geringen Aufwand festzustellen sind und dennoch eine Abschätzung der Wahrscheinlichkeit des Gefahrverdachts und der Größe des vermutlichen Gefährdungspotentials erlauben, sowie die darauf basierende Entscheidung über den weiter erforderlichen Handlungsbedarf des Einzelfalls mit ausreichender Sicherheit ermöglichen.

Die Dokumentation dieser Informationen erfolgt auf einheitlichen Formularen, die gleichzeitig als Grundlage für deren Erfassung in die Verdachtsflächendatei dienen. Parallel dazu erfolgt eine kartographische Dokumentation der erhobenen Flächen.

## 3. DURCHFÜHRUNG DER HISTORISCHEN ERHEBUNG
### 3.1 Bisherige Vorgehensweise

Zu Beginn der historischen Erhebung in Baden-Württemberg konnte nicht auf einschlägige Erfahrungen mit dieser Aufgabenstellung zurückgegriffen werden. Es wurde daher festgelegt, die Erhebungsarbeiten zunächst auf 16 "Pilot-Gemeinden" zu beschränken. Diese Pilot-Gemeinden wurde so ausgewählt, daß sie die vielfältigen Gegebenheiten in Baden-Württemberg bezüglich ihrer Fläche und Einwohnerzahl, ihrer Industriedichte, der hydrogeologischen Verhältnisse usw. möglichst umfassend repräsentieren.

Um den Aufwand für die flächendeckende historische Erhebung zu begrenzen, wurden dafür in erster Linie Quellen herangezogen, die entsprechende Übersichts- und Querschnittsinformationen versprachen. Als Informationsquellen wurden im wesentlichen genutzt:

- Akten des Wasserwirtschaftsamtes,
- aktuelle und historische Stadtpläne,
- aktuelle und historische topographische Karten,
- historische Luftbilder,
- Bau- und Gewerbeakten sowie ggfs. andere einschlägige Akten der Gemeinden,
- Grundbuchamt,
- öffentliche und private Archive (Kommunen, Kammern, Verbände, Firmen, Medien),
- Landes- und städtische Adressbücher aus verschiedenen Zeiten und
- Branchenverzeichnisse aus verschiedenen Zeiten.

Dabei werden keine systematischen multitemporalen Auswertungen aller existierenden Stadtpläne, Karten, Luftbilder, Adressbücher und Branchenverzeichnisse durchgeführt. Die Auswertung beschränkt sich in der Regel auf die bei den genannten Stellen vorliegenden Unterlagen.

Soweit erforderlich, wurden auch orts- und geschichtskundige Personen (z.B. Behördenvertreter, Firmenmitarbeiter, Grundstückseigentümer) befragt.

Die aufgrund dieser Informationsquellen festgestellten möglichen altlastverdächtigen Flächen wurden in der Öffentlichkeit besichtigt um deren tatsächliche Relevanz zu überprüfen. Dabei erfolgten teilweise zusätzliche Befragungen von Anwohnern.

Mit dieser Art der "konventionellen Erhebung" wurde eine sehr große Anzahl altlastverdächtiger Flächen mit extrem unterschiedlichen vermuteten Gefährdungspotentialen festgestellt. Daraus ergab sich die Notwendigkeit zusätzlicher Kriterien zur Eingrenzung der vermutlich tatsächlich altlastrelevanten und zur Ausgrenzung der mit großer Wahrscheinlichkeit irrelevanten Flächen. Zu diesem Zweck wurde der "Branchenkatalog zur historischen Erhebung von Altstandorten" [2] aufgestellt, der eine bessere Einschätzung der ggfs. zeitlich variierenden Altlastenrelevanz einer Vielzahl von Branchen einschließlich deren gewerblicher oder industrieller Ausübung erlaubt. Daneben wurden Negativlisten mit Gewerbearten erarbeitet, die wegen ihres vernachlässigbaren Gefährdungspotentials bei der historischen Erhebung unberücksichtigt bleiben können, auch wenn dort mit gefährlichen Stoffen in geringen Mengen umgegangen wurde. Trotz dieser Konzentration auf die eher relevanten altlastverdächtigen Flächen wurde in den Pilot-Gemeinden durchschnittlich eine Verdachtsfläche (Altablagerungen und Altstandorte) pro 300-400 Einwohnern festgestellt. Für die Gesamtfläche des Landes Baden-Württemberg würde dies einer Verdachtsflächenzahl von bis zu 30.000 entsprechen!

Diese absehbaren Fallzahlen und die für deren Erhebung erforderlichen Kosten (nach bisherigen Erfahrungen DM 300,-- bis 400,-- pro festgestellter Verdachtsfläche) verdeutlichen die Notwendigkeit einer optimierten Vorgehensweise.

3.2 Erweiterte historische Erhebung

Bei der Anwendung des zweistufigen Erfassungsverfahren wurde festgestellt, daß bei bestimmten Branchen die aufgrund des Vorklassifizierungsergebnisses durchgeführten historischen Erkundungen, trotz eines erheblichen Aufwandes, nur noch sehr wenige Zusatzinformationen aus einer begrenzten Anzahl von zusätzlichen Quellen erbrachten. Um diese unwirtschaftliche Vorgehensweise zu vermeiden, wurde die "Erweiterte historische Erhebung" entwickelt. Die erweiterte historische Erhebung sieht neben den für die konventionelle Erhebung genutzten Quellen eine Auswertung vor von:
- Akten der unteren Wasserbehörde, der Gewerbeaufsichtsbehörde, der Industrie- und Handelskammer und der Gebäudeversicherungsanstalt,

- Firmen- und Betriebsakten,
- **Thematische Karten** (wasser- und abfallwirtschaftlicher Atlas, geologische Karten, hydrogeologische Kartierung usw.) und
- Meßergebnisse, Untersuchungsberichte, Gutachten usw. über die Medien Wasser, Boden und Luft.

In die Befragung orts- und geschichtskundiger Personen sind einzubeziehen (ehemalige und aktive):
- Mitarbeit des Wasserwirtschaftsamtes und der unteren Wasserbehörde sowie der kommunalen Verwaltung (z.B. Bürgermeister, Ortsbaumeister usw.)
- Mitarbeiter von Firmen,
- Grundstückseigentümer, -pächter usw. und
- mit der Fläche örtlich und über einen längeren Zeitraum vertraute Personen (z.B. Anwohner, Briefträger, Feuerwehrleute usw.)

Daneben findet anstelle einer einfachen Besichtigung eine sorgfältige Begehung der Standorte statt.

Durch die erweiterte historische Erhebung sollen möglichst alle über die verschiedenen Einzelfälle unter Umständen an den verschiedensten Stellen vorliegenden Informationen erfaßt werden. Eine Beschränkung auf einen Mindestinformationsinhalt ist nicht vorgesehen. Das Ergebnis der erweiterten historischen Erhebung erlaubt eine erste Bewertung der Fläche nach dem in Baden-Württemberg praktizierten Bewertungsverfahren.

Die Entscheidung der erforderlichen Erhebungsart einer altlastverdächtigen Fläche muß unmittelbar bei deren Feststellung getroffen werden können, um tatsächlich eine effektivere Durchführung der Arbeiten zu ermöglichen. Als Grundlage dafür wird der "Branchenkatalog zur historischen Erhebung von Altstandorten" [2] herangezogen. In Abhängigkeit der dort angegebenen Altlastenrelevanz ("2" für "uneingeschränkt altlastenrelevant", "1" für "mit zeitlicher Einschränkung altlastenrelevant" und "0" für "mit Einschränkung altlastenirrelevant"), der Betriebsstruktur (Betriebsfläche, Beschäftigtenzahl) und des Betriebszeitraumes der jeweiligen Einzelfläche ergibt sich der Handlungsbedarf nach folgendem Schema (HISTE = konventionelle historische Erhebung, ErHISTE = erweiterte historische Erhebung):

| Art der Fläche bzw. Betriebsmaßstab | | Erhebungsart | | | |
|---|---|---|---|---|---|
| Altablagerungen | | grundsätzlich HISTE | | | |
| Altstandorte | Einstufung laut Branchenkatalog | "2" | "1" | "0" | kein Datenblatt vorhanden |
| | industriell | ←——————— HISTE ———————→ | | | |
| | gewerblich [1] | ErHISTE | HISTE | ( HISTE )[2] | nach Rücksprache mit dem WWA |
| | kleingewerblich / handwerklich | HISTE | ( HISTE )[2] | ——— | ——— |

[1] erfahrungsgemäß ab ca. 10 Beschäftigte, Betriebsdauer > ca. 10 Jahre, einzelfallbezogen !
[2] falls die auf den Datenblättern vermerkten "Hinweise" bzw. relevante Betriebszeiträume zutreffen

Unabhängig davon werden grundsätzlich alle chemischen Reinigungen (reine Annahmestellen werden nicht erhoben!), Tankstellen, Schrottplätze und Mineralölgroßhandlungen/Tanklager einer erweiterten historischen Erhebung unterzogen.

Obwohl zur Zeit (März 1990) noch keine umfassenden Erfahrungen mit der erweiterten historischen Erhebung vorliegen, ist abzusehen, daß zwar die Kosten für die Gesamterfassung der dafür infrage kommenden Fälle reduziert werden können, daß aber insbesondere wegen der großen Fallzahlen auf Landesebene dennoch ein optimiertes Erhebungsverfahren erarbeitet werden muß.

## 4. OPTIMIERTES ERHEBUNGSVERFAHREN
### 4.1 Vorgehensweise
Die Notwendigkeit eines optimierten Erhebungsverfahrens ergibt sich aus den hohen Kosten für die bisher angewandten Verfahren.

Als erster Schritt zu dessen Erarbeitung wurden/werden in Baden-Württemberg verschiedene mögliche Methoden einer flächendeckenden Erhebung von altlastverdächtigen Flächen, die teilweise in der Literatur ausführlich beschrieben bzw. zur Anwendung empfohlen werden, in ausgewählten Testgebieten versuchsweise durchgeführt. Die Testgebiete sind teilweise mit den Pilot-Gemeinden identisch, teilweise umfassen sie ganze Landkreise. Im einzelnen werden durchgeführt: multitemporale Auswertungen von Flurkarten, der Deutschen Grundkarte, der Topographischen Karte TK 25, von Stadtplänen, Luftbildern und Branchenverzeichnissen. Außerdem werden die Ergebnisse einer in den Jahren 1970/71 durchgeführten Industrieabfallerhebung ausgewertet. Bei der Anwendung der verschiedenen Erhebungsmethoden wurde auf eine jeweils isolierte Durchführung geachtet. Dadurch soll das Einfließen von quellenfremden Informationen verhindert und Verfälschungen der verfahrensspezifischen Ergebnisse vermieden werden.

Die Arbeiten haben das Ziel, Anwendbarkeit, Aussagekraft und Aufwand der verschiedenen Verfahren für eine flächendeckende historische Erhebung in der Praxis zu erproben.

### 4.2 Ergebnisse
Die Ergebnisse der einzelnen Untersuchungen lagen zur Zeit der Berichtsabfassung nur teilweise vor. Eine abschließende zusammenfassende Bewertung ist voraussichtlich erst anläßlich des mündlichen Vortrages möglich.

Die ersten Ergebnisse weisen jedoch darauf hin, daß die multitemporale Auswertung von Flurkarten und von Branchenverzeichnissen wegen des damit verbundenen immensen Zeitaufwandes als Methode für eine flächendeckende historischen Erhebung altlastverdächtiger Flächen nur sehr bedingt geeignet sind. Sie dürften nur in Einzelfällen als "Ersatzquellen" in Betracht kommen, falls andere geeignetere Quellen nicht zur Verfügung stehen.

Die multitemporale Auswertung von Stadtplänen erscheint nur in solchen Fällen erfolgversprechend, in denen die Stadtpläne originär erarbeitet und nicht auf der Grundlage redundanten Kartenmaterials (Flurkarten, topographische Karten) erarbeitet werden. Dies ist in der Regel nur bei Städten mit eigenem Stadtmessungsamt der Fall.

Darüber hinaus wird aus den bisher vorliegenden Einzelergebnissen der verschiedenen Methoden deutlich, daß sie sich hinsichtlich Quantität der festgestellten Verdachtsflächen und des "Erfüllungsgrades" bezüglich der gewünschten Informationen erheblich unterscheiden.

### 4.3 Weiteres Vorgehen
Im Rahmen der weiteren Bearbeitung ist vorgesehen, die bei den verschiedenen Erhebungsmethoden festgestellten Verdachtsflächen einschließlich der Ergebnisse der konventionellen Erhebung mit ihren Sach- und Grafikdaten in einheitlicher Form EDV-gestützt zu dokumentieren. Auf der Basis dieser

Datenbank soll zunächst ein einfacher Abgleich und eine Identifizierung der bei verschiedenen Methoden festgestellten Flächen erfolgen. Auf dieser Grundlage werden die verschiedenen Einzelergebnisse bezüglich ihrer Informationsquantität und -qualität und des dafür erforderlichen Aufwandes bewertet. Daran schließt sich eine intensive fachliche Gesamtauswertung an. Dabei werden unter der Fragestellung "mit welchem Verfahren wurden welche Flächen warum/warum nicht und mit welchem Aufwand festgestellt?" Anwendbarkeit, Effizienz und Kombinationsmöglichkeiten der verschiedenen Methoden geprüft.

Ziel ist die Erarbeitung einer standardisierten Vorgehensweise für <u>die</u> flächendeckende historische Erhebung, die eine fachlich und wirtschaftlich optimierte Auswertung der verfügbaren Quellen unter Berücksichtigung der jeweiligen Verhältnisse des Einzelfalls ermöglicht. Erwartet wird eine Methode, die sowohl für regionale Unterschiede z.B. bezüglich der sachlichen und organisatorischen Rahmenbedingungen als auch für unterschiedliche Verhältnisse bezüglich der verfügbaren Quellen Vorgehensweisen für die praktische Arbeit empfiehlt.

## 5. HOCHRECHNUNG DER ERGEBNISSE AUS DEN PILOT-GEMEINDEN AUF LANDESEBENE

Die Ergebnisse der flächendeckenden historischen Erhebungen in den Pilot-Gemeinden sollen als Grundlage für eine Abschätzung des "Altlastenpotentials" auf Landesebene dienen. Im Rahmen einer in Abstimmung mit dem Statistischen Landesamt z.Zt. durchgeführten "Hochrechnung" sollen die zu erwartende Gesamtzahl an altlastverdächtigen Flächen, der Anteil der aufgrund der Vorklassifizierungen weiterbearbeitungsbedürftigen Fälle sowie die Fallzahlenentwicklung im Rahmen der weiter fortschreitenden Altlastenbearbeitung (wieviele Fälle müssen bis zu welcher Stufe technisch erkundet bzw. gesichert oder saniert werden?) abgeschätzt werden. Aufgrund dieser Fragestellung kommt der Repräsentativität der ausgewählten Pilot-Gemeinden besondere Bedeutung zu. Bei der Auswahl der Pilot-Gemeinden wurde zwar versucht, die verschiedenartigen Verhältnisse innerhalb des Landes zu berücksichtigen. Eine systematische Untersuchung deren Repräsentativität wurde jedoch nicht durchgeführt.

Aus diesem Grund wird in der ersten Stufe der Hochrechnung die Repräsentativität der bisher ausgewählten Pilot-Gemeinden auf ihre statistische Zuverlässigkeit überprüft. Die dafür erforderlichen altlastenspezifischen Kenngrößen einer Gemeinde werden als Grundlage dafür ebenfalls erarbeitet. Auf der Basis der danach für erforderlich gehaltenen Anzahl an Pilot-Gemeinden - soweit erforderlich müssen zusätzliche bearbeitet werden - soll dann die Abschätzung des zu erwartenden Altlasten-Gefährdungspotentials auf Landesebene erfolgen. Damit sollen Aussagen über den erforderlichen Finanz-, Personal- und Zeitbedarf zur Bewältigung der Altlastenproblematik in Baden-Württemberg ermöglicht werden.

Die Ergebnisse der Hochrechnung sollen anläßlich des mündlichen Vortrags vorgestellt werden.

## 6. LITERATUR

[1] Umweltministerium Baden-Württemberg, 1988: Altlastenhandbuch, Teil I
[2] Landesanstalt für Umweltschutz Baden-Württemberg (Herausgeber) 1990: Branchenkatalog zur historischen Erhebung von Altstandorten (Veröffentlichung in Vorbereitung)

**Anlage 1**

Bei den nachfolgend aufgeführten **Wirtschaftszweigen** ist die Wahrscheinlichkeit für eine **Schadstoffbelastung** besonders hoch. Dies gilt vor allem für die Bereiche Lagerung, Produktion, Be- und Verarbeitung, Ab- und Umfüllung sowie Anwendung von umweltgefährdenden Stoffen im industriellen und großgewerblichen Maßstab. Die Anwendung dieser Stoffe im kleingewerblichen Maßstab sowie die ausschließliche Lagerung, der Handel und Vertrieb konfektionierter Ware sind in der Regel als weniger kritisch einzuschätzen.

- Chemische Industrie (Herstellung und Verarbeitung von chemischen Grundstoffen und Erzeugnissen, Chemikalienaufbereitung),
- Gaswerke, Kokereien, Teerverarbeitung,
- Eisenerzbergbau, NE-Metallerzbergbau,
- Metallverformung, Oberflächenveredelung, Härtung,
- Schmelzhütten, Giessereien, Stahlwerke, Walzwerke,
- Mineralölgewinnung,
- Mineralölverarbeitung,
- Altölaufbereitung,
- Chemische Reinigung,
- Gummi-Erzeugung und -Verarbeitung, z.B. Reifenherstellung, Vulkanisierwerke,
- Kunststoffherstellung und -verarbeitung,
- Lackierbetriebe,
- Verarbeitung von Asbest, Herstellung von Asbestzementwaren,
- Gerbereien (Ledererzeugung und -verarbeitung, Pelzveredelung),
- Druckereien, Vervielfältigung,
- Zellstoff-, Papier- und Pappeerzeugung,
- Holzimprägnierwerke, Furnierwerke, Sperrholzwerke, Holzfaserplattenwerke, Holzspanplattenwerke und Abbeizbetriebe,
- Hersteller von Lacken und Anstrichmitteln und Konfektionieren dieser Produkte,
- Spraydosenabfüllbetriebe, Hersteller von Polyurethan-Formteilen, Formschaumhersteller,
- Tierkörperbeseitigungsanlagen,
- Glashütten, Glasverarbeitung, Glasveredelung,
- Emaillierbetriebe,
- Feinkeramische Industrie,
- Elektronische Industrie, insbesondere Leiterplattenherstellung,
- Herstellung von Batterien und Akkumulatoren,
- Textilgewerbe, z.B. Färben und Veredeln von Gewebe, Herstellung von beschichtetem Gewebe,
- Kfz-Werkstätten, Schrottplätze,
- Arzneimittelherstellung,
- Schmuckindustrie,
- Zwischenlagerung und Behandlung von Sonderabfall,
- Großhandlung und -lagerung von Chemikalien, Brenn- und Kraftstoffen, Dünge- und Pflanzenbehandlungsmitteln.

EINSATZ VERSCHIEDENER VERFAHREN ZUR ALTLASTERKUNDUNG AM
BEISPIEL DES MODELLSTANDORTES OSTERHOFEN

Battermann, G. und Bender, A.

Technologieberatung Grundwasser und Umwelt GmbH
Kurfürstenstraße 87 a, 5400 Koblenz


1. EINLEITUNG

Im Rahmen der Altlastenproblematik wird im Bundesland
Baden-Württemberg ein Modellprogramm über die Erkundung und
Sanierung von Altstandorten und Altlasten durchgeführt, bei
dem eine Reihe von sogenannten Modellstandorten erkundet werden [9]. Die Finanzierung wird dabei über den Altlastenfond
Baden-Württemberg abgewickelt, Auftraggeber ist die Landesanstalt für Umweltschutz. Das Ziel der modellhaften Erkundung
ist in der beispielhaften Erprobung unterschiedlicher Verfahren sowie ihrer Anwendungsmöglichkeiten und -grenzen, insbesondere im parallelen Einsatz, zu sehen. Darüber hinaus sind
verallgemeinerungsfähige Aussagen zu gewinnen, die es erlauben, künftige Altstandorte mit der größtmöglichen Effektivität und Wirtschaftlichkeit zu bearbeiten. Insgesamt ist die
Fortentwicklung der im Altlastenhandbuch [1] beschriebenen
Verfahren angestrebt.

Ein Standort dieses Programmes ist die ehemalige Haus-
und Sperrmülldeponie Osterhofen im Landkreis Ravensburg. Das
gesamte Deponieareal umfaßt eine frühere ca. 5 ha große Kiesgrube in einer glazial geprägten Landschaft. Der östliche
Teil der Grube ist etwa 8 m hoch mit Müll verfüllt und mit
einer Oberflächenabdichtung versehen (Abb. 1). Die versikkernde Niederschlagsmenge wird zum Teil über eine Dränageleitung gefaßt. Der westliche Teil ist unverfüllt und zeigt die
anstehenden Kiesschichten.

ABBILDUNG 1. Schnitt durch den Deponiekörper.

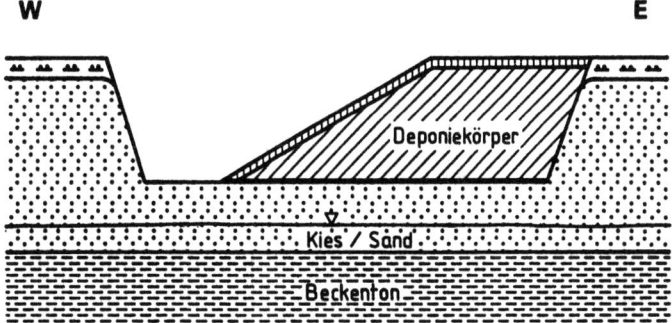

Das Erkundungsprogramm am Modellstandort Osterhofen wurde
in verschiedenen Phasen durchgeführt und bezog sich sowohl
auf den Altlastbereich selbst als auch auf die nähere Umgebung. Früher durchgeführte Untersuchungen hatten bereits Kontaminationen über den Bodenluft- und Grundwasserpfad nachgewiesen.

## 2. UMFELDERKUNDUNG GRUNDWASSER

In der ersten Phase wurde die Geologie der Umgebung mittels
Geoelektrik erkundet. Insgesamt wurde dabei eine Strecke von
ca. 17 km auf sich kreuzenden Profilen angeordnet, in Hummelanordnung, vermessen. In die einzelnen geoelektrischen Profilschnitte wurden die Bohrprofile von insgesamt etwa
30 Grundwassermeßstellen als Eichpunkte eingearbeitet. Durch
diese kombinierte Anwendung war es möglich die Aquiferbasis,
bestehend aus Beckentonen und Geschiebemergeln, mit einer
Auflösung von ± 1 - 2 m zu ermitteln. Es konnte dabei gezeigt
werden, daß bei dieser kombinierten Anwendung, insbesondere
bei hohen Leitfähigkeitskontrasten zwischen bindigem und
nicht bindigem Material, die geoelektrische Widerstandskartierung ein geeignetes und schnelles Verfahren im Vergleich
zu Bohraufschlüssen darstellt. Bei Kosten von ca. 1.500,--
bis 2.000,-- DM/km Profillänge steht bei diesen geologischen
Bedingungen ein kostengünstiges Verfahren zur Verfügung.

Das vorhandene Netz an Grundwassermeßstellen [3] wurde
auf eine Anzahl von 35 ausgebaut. Drei der Meßstellen wurden
als Referenzmeßstelle im Grundwasseranstrom lokalisiert. Die
übrigen wurden in mehreren Reihen senkrecht zum Grundwasserabstrom angeordnet. Die Beeinflussung des Grundwassers wurde
durch periodische Beprobung aller Grundwassermeßstellen erkundet, zusätzlich wurden zu Vergleichszwecken jeweils auch
Proben aus dem Deponiesickerwassersammeltank auf dem Deponiegelände entnommen. Die chemisch-physikalische Analytik erlaubte, eine Kontaminationsfahne im Grundwasserabstrom der
Deponie in ihrer räumlichen Ausdehnung deutlich zu erfassen
(Abb. 2). Die Kernzone der Kontaminationsfahne war, bedingt
durch die überwiegende Ablagerung von Hausmüll mit hohen Anteilen an organischer Substanz, durch ausgeprägt reduziertes
Milieu charakterisiert. Zur räumlichen Erfassung der Grundwasserkontamination waren daher neben der Leitfähigkeit, als
Maß für die aus der ehemaligen Deponie ausgetragene Salzfracht, die Parameter Sauerstoff, Ammonium und Nitrat geeignet. Insbesondere Nitrat, welches, bedingt durch intensive
landwirtschaftliche Nutzung in der Umgebung, in Konzentrationen oberhalb des Grenzwertes der Trinkwasserversorgung im
Grundwasserleiter vorliegt, konnte durch fast vollständige
Reduktion in der Kontaminationsfahne zur Abgrenzung gegen das
von der Deponie unbeeinflußte Grundwasser eingesetzt werden.
Als weniger geeignet erwies sich in diesem Zusammenhang der
Parameter Bor, üblicherweise Leitparameter für Hausmüll [2],
der nur in der Kernzone der Kontamination nachgewiesen werden
konnte.

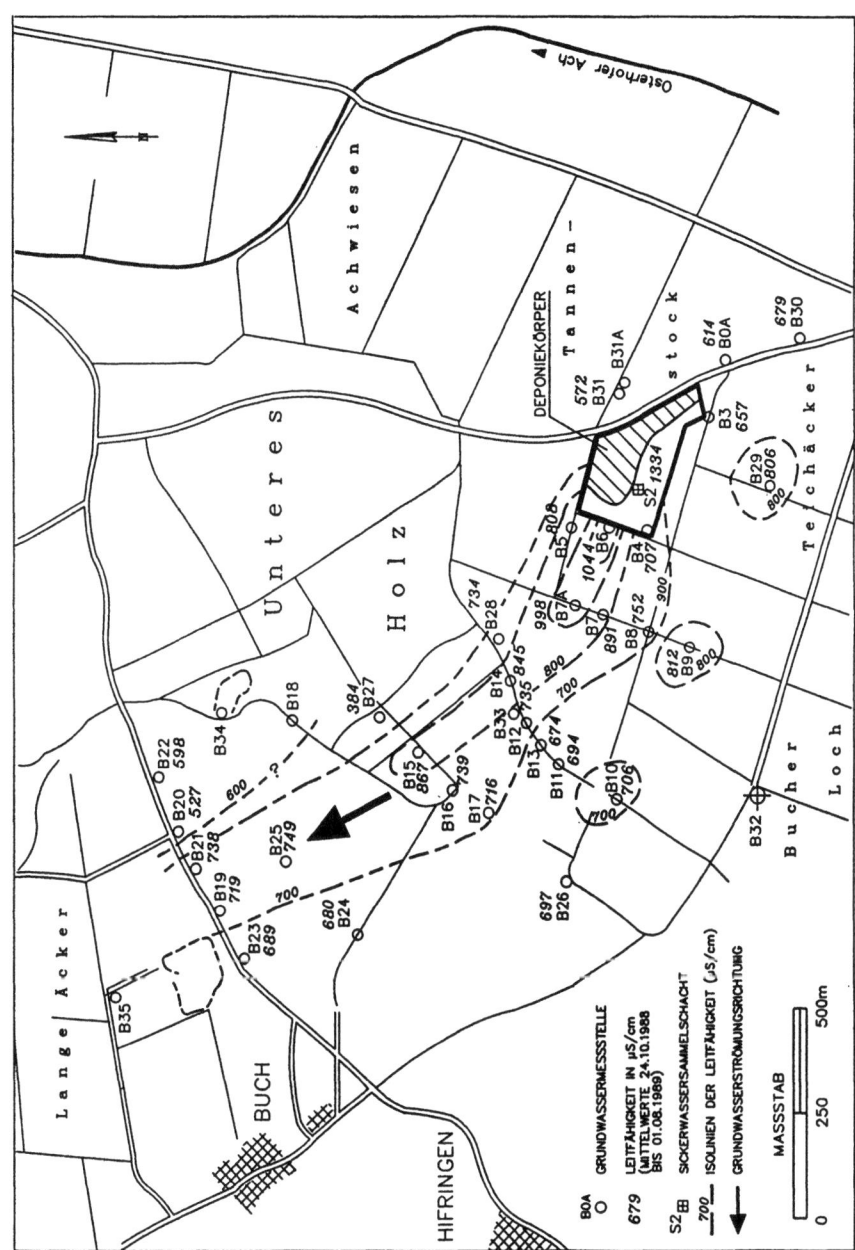

ABBILDUNG 2. Kontaminationsfahne im Grundwasser (hier: z.B. Leitfähigkeit).

Parallel zur chemisch-physikalischen Analytik wurden Isotopenbestimmungen von Tritium, Deuterium ($^2H$) und schwerem Sauerstoff ($^{18}O$) an Proben der Grundwassermeßstellen sowie des Deponiesickerwassers durchgeführt. Die aufgrund von vermuteten Verdunstungs- und biologisch-chemischen Isotopenaustauscheffekten [4] zu erwartenden Anreicherungen stabiler Isotope waren allerdings im Grundwasserabstrom der Deponie nicht mit eindeutiger Korrelation nachzuweisen. Demgegenüber konnten anhand der Tritiumuntersuchungen Altersbestimmungen des Grundwassers gewonnen werden, die mit den Ergebnissen eines Tracerversuchs und der aus hydraulischen Kennwerten ermittelten Abstandsgeschwindigkeit gut übereinstimmen.

Integrierend für die gesamten Untersuchungen im Grundwasser wurde ein kombiniertes Strömungs- und Transportmodell [6, 7, 8] mit dem Ziel eingesetzt die Ausbreitungsmechanismen im Grundwasserleiter anhand ausgewählter Parameter zu simulieren. Dabei konnten sowohl die Form als auch die Konzentrationsverteilungen innerhalb der Schadstoffahne gut nachgebildet werden. Auf dieser Grundlage wurde es ermöglicht, Prognoseberechnungen für unterschiedliche hydraulische Maßnahmen durchzuführen.

## 3. INDIREKTE ERKUNDUNG DES DEPONIEKÖRPERS
### 3.1 Geophysik

In der zweiten Phase wurde der Deponiekörper durch den parallelen Einsatz verschiedener geophysikalischer Verfahren erkundet. Die Fragestellung bezog sich dabei bei jedem Verfahren auf die Erkundung der vertikalen und horizontalen Ablagerungsgrenzen, der Basisabdichtung sowie von Inhomogenitäten oder Auffälligkeiten innerhalb des Deponiekörpers. Zum Einsatz gelangten die geoelektrische Kartierung, die Refraktionsseismik, das Georadar und die Induzierte Polarisation.

Die Geoelektrik unterscheidet verschiedene Schichten im Untergrund nach ihrem spezifischen elektrischen Widerstand. Zur Erkundung des Deponiekörpers wurden mehrere sich kreuzende Profile in Abständen von 20 - 50 m vermessen. Durch den hohen elektrischen Widerstand des anstehenden Kieses im Gegensatz zu dem niedrigen Widerstand des Deponiematerials konnte die laterale Abgrenzung des Deponiekörpers gut erfaßt werden, die Basisabdichtung konnte nicht nachgewiesen werden.

Ähnliche Ergebnisse wurden mit der Induzierten Polarisation gewonnen. Durch die hohe Aufladungsfähigkeit des Deponiematerials war auch mit diesem Verfahren eine gute laterale Abgrenzung zum Nebengestein vorzunehmen, während die vertikale Abgrenzung nur mit ungenügender Genauigkeit zu erfassen war.

Die Refraktionsseismik, deren Prinzip auf der materialspezifischen Ausbreitungsgeschwindigkeit seismischer Wellen beruht [5], konnte bezüglich der lateralen Abgrenzung etwa die Genauigkeit der elektrischen Verfahren erreichen. Die vertikale Abgrenzung des Deponiekörpers dagegen konnte durch die stark unterschiedlichen Wellengeschwindigkeiten zwischen Müllmaterial und anstehendem Kies gut erfaßt werden, allerdings nicht in der absoluten Tiefenlage. Im Rahmen der Erkundung von Müllmaterial durch Refraktionsseismik ist zu beachten, daß bedingt durch die sehr starke Energiedämpfung im Müll eine hochenergetische Anregungsquelle in Form von Sprengseismik erforderlich ist, um befriedigende Ergebnisse zu erzielen.

Das Georadarverfahren, das auf dem materialspezifischen Ausbreitungs- und Brechungsverhalten hochfrequenter elektromagnetischer Wellen beruht, ermöglicht die Erfassung von Kontrasten der Dielektrizitätskonstanten. Aufgrund der vom Feuchtigkeitsgehalt des Untergrundes abhängigen begrenzten Eindringtiefe und mangelndem Auflösungsvermögen erbrachte das Verfahren aber die schlechtesten Resultate, so daß selbst die laterale Abgrenzung der Deponie nur vermutet werden konnte.

Allen Verfahren gemeinsam war die fehlende Möglichkeit, Aussagen über den inneren Aufbau des Deponiekörpers treffen zu können. In der vergleichenden Bewertung von Kosten und Nutzen konnte festgestellt werden, daß von den eingesetzten Verfahren die Geoelektrik durch fast universelle Anwendbarkeit, leichte Handhabung im Gelände und günstige Kosten die größten Vorteile in sich vereinigt, dies trifft insbesondere zu, wenn eine Altdeponie in hochohmigem Gestein zu erkunden ist, da dann durch hohe Leitfähigkeitskontraste die besten Ergebnisse bezüglich einer Abgrenzung zu erzielen sind.

3.2 Deponiegas

In der dritten Phase erfolgten Gassondierungen im Deponiekörper und im angrenzendem Umfeld. Das zu untersuchende Gebiet wurde dabei in einem 30 m-Raster durch teilweise tiefendifferenzierte Gassondierungen bis in eine maximale Tiefe von 4 m beprobt. Je Sondierloch wurde dabei eine Gasmenge von 10 l in einem Zeitraum von 20 Minuten abgesaugt, die Konzentration der Permanentgase Methan, Kohlendioxid, Sauerstoff und Stickstoff wurden vor Ort mittels direkter Kopplung an einen Gaschromatographen ermittelt. Leichtflüchtige halogenierte Kohlenwasserstoffe und BTX-Aromate (Benzol, Toluol, Xylol) wurden durch ein Absorberröhrchen in der Spitze der Gassonde erfaßt und nach Desorption im Labor analysiert. Durch differenzierte Probennahme in 10 Minuten-Intervallen, konnte zudem die zeitliche Veränderung der Zusammensetzung des Deponiegases beobachtet werden.

Die Anwendung der Methode ermöglichte auf indirektem Wege Aussagen über die Zusammensetzung des Deponiekörpers. Die hohen Methan- und Kohlendioxidgehalte deuten auf einen Deponiekörper, mit überwiegenden Anteilen an organischem Material, der sich in der Methanphase befindet. Die meist niedrigen Anteile an LHKW sowie BTX-Aromaten bekräftigen diesen Befund. Darüber hinaus konnte durch hohe Methangasgehalte in der Umgebung des Deponiekörpers die weitgehende Gasundurchlässigkeit der Oberflächenabdichtung nachgewiesen werden, die maßgebliche Gasmigrationen in das Nebengestein bewirkt.

4. DIREKTE ERKUNDUNG DES DEPONIEKÖRPERS

In der vierten Phase der Erkundung wurde der Deponiekörper aufgeschlossen und beprobt. Zur Verifizierung der geophysikalischen Erkundung sowie der Ergebnisse der Gassondierungen und vor allem zur Verfahrenserprobung wurden auf einem eng begrenzten Testfeld von weniger als 10 m² verschiedene Bohrverfahren eingesetzt. Auf der genannten Fläche wurden zunächst 10 Rammkernsondierungen mit einem Durchmesser von 50 mm, 3 Schlauchkernbohrungen mit einem Kerndurchmesser von 100 mm und 3 Greiferbohrungen mit einem Durchmesser von 600 mm abgeteuft. Zuletzt wurde die gesamte Fläche durch einen Schurf ausgekoffert. Bei jedem der Verfahren wurden chemisch-physikalische Analysen von 50 cm Mischproben, 1 m Mischproben und Mischproben über die gesamte Tiefe durchgeführt. Die Tiefe der Bohrungen wurde so geplant, daß die Basis des Deponiekörpers nicht im Rahmen der Testfeldarbeiten erreicht wurde, da bei Durchteufen der Basis eine Gefährdung des Grundwassers nicht sicher ausgeschlossen werden konnte. Generell sind Bohrungen durch die Basisabdichtung eines Deponiekörpers möglichst zu vermeiden, Aushubmaßnahmen sollten nur bei speziellen Fragestellungen gemacht werden.

Der parallele Einsatz der genannten Bohrverfahren wurde nach Durchführung der Maßnahmen und statistischer Auswertung der Analysenergebnisse in bezug auf ihre technische Durchführung, Möglichkeiten und Grenzen der Beprobung, Arbeitsschutz und Kosten bewertet (vgl. Tabelle 1). Letztendlich konnte gezeigt werden, daß Rammkernsondierungen das geeignetste Verfahren für eine größere Anzahl von Probennahmepunkten darstellen. Gleichzeitig erlaubt es als wirtschaftlichstes Verfahren durch eine größere Anzahl den Überblick über den Inhalt eines Deponiekörpers in flächiger Verteilung.

Allerdings bleibt festzuhalten, daß unabhängig vom gewählten Aufschlußverfahren in der Regel mangelnde Repräsentativität ein unüberwindlicher Nachteil aller direkten Erkundungen aus einem ungeordnet aufgebauten Deponiekörper ist. Zudem sind ausreichende und aufwendige Arbeitsschutzmaßnahmen zu ergreifen, die neben der persönlichen Schutzausrüstung für alle Beschäftigten regelmäßige Arbeitsplatzmessungen auf Methan und toxische Spurengase enthalten. Als zweckmäßig erwies sich hier die Kombination eines tragbaren Photoionisationsdetektors (PID) mit einem Ex-Ox-Gerät zur Bestimmung der Unteren Explosionsgrenze (UEG). Unabhängig von einem Meßgeräteeinsatz ist aus Gründen des Arbeitsschutzes, bei Bohrungen in Deponien mit Methangasentwicklung regelmäßiges Spülen des Bohrloches mittels Inertgas (Stickstoff) vorzusehen.

## 5. SCHLUSSBEMERKUNG

Die Erfahrungen im Rahmen der modellhaften Erkundung machen deutlich, daß bei der Untersuchung eines potentiellen Schadstoffherdes zunächst der Schadstoffaustrag in die Schutzgüter Grundwasser, Luft und Boden untersucht werden sollte. Als zweckmäßig erwies sich ein stufenweises Analysenprogramm, welches auf das vermutete Schadstoffinventar abzustimmen ist, wobei Summen- und Leitparameter die erste Stufe bilden sollten [1, 2].

Für die integrierende Erfassung von Strömungsbedingungen und der Ausbreitung von Kontaminationen im Grundwasserbereich erwies sich der Einsatz eines kombinierten Strömungs- und Transportmodells durch eine ausreichende Anzahl an Meßstellen als zweckmäßig. Im Hinblick auf etwaige spätere Sanierungs-

TABELLE 1. Bewertung der Aufschlußverfahren im Deponiekörper.

| | Bohrsondierungen | Schlauchkernbohrungen | Greiferbohrungen | Schurf |
|---|---|---|---|---|
| Technische Durchführung | (+) leichte Durchführung<br>(+) keine Infrastruktur erforderlich<br>(-) Probleme bei Bohrfortschritt | (-) Infrastruktur erforderlich<br>(-) evtl. Probleme durch kleinere Störkörper | (-) Infrastruktur erforderlich<br>(+) keine Probleme durch kleinere Störkörper | (-) Infrastruktur erforderlich<br>(-) aufwendiger Verbau<br>(+) keine Probleme durch kleine Störkörper |
| Möglichkeiten/ Grenzen Beprobung | (+) weitgehend ungestörte Proben<br>(-) kleine Probenmenge | (+) weitgehend ungestörte Proben<br>(+) Bestimmung flüchtiger Parameter<br>(-) aufwendige Bearbeitung der Proben im Labor | (-) nur gestörte Proben<br>(+) große Probenmenge zur Aussortierung der Müllbestandteile | (+) Beurteilung der Lagerungsverhältnisse<br>(+) beliebige Probenmengen<br>(+) Entnahme von Sonderproben |
| Arbeitsschutz | weitgehend unproblematisch | problematisch bei Anwesenheit von Methan (Ex-Gefahr) | problematisch bei Anwesenheit von Methan (Ex-Gefahr) | kritisch (potentielle Gefährdung durch Schurfbegehung und -verbau) |
| Wirtschaftlichkeit | relativ preiswert | teuer | sehr teuer (insbesondere Baustelleineinrichtung und Entsorgung von Deponiematerial) | sehr teuer (insbesondere Verbau und Entsorgung von Deponiematerial) |

maßnahmen im Grundwasser ist das Grundwassermodell ein unverzichtbares Instrument für Prognoseberechnungen.

Bei der Erkundung des Ablagerungskörpers sowie seiner lateralen und vertikalen Begrenzungen sollte der Einsatz geophysikalischer Verfahren als obligatorisch angesehen werden, da im Vergleich zu Bohrungen kostengünstig und schnell flächige Aussagen zu erhalten sind. Insbesondere bei unbekannten Abgrenzungen eines Ablagerungskörpers kann bei Einsatz eines geeigneten, auf die geologischen Verhältnisse am jeweiligen Standort abgestimmten geophysikalischen Verfahrens eine ausreichende Auflösungsgenauigkeit zwischen Ablagerung und Nebengestein in der Größenordnung von ± 2 - 3 m erreicht werden. Die Verfahren sind darüber hinaus im Hinblick auf Arbeitsschutzmaßnahmen als weitgehend unproblematisch einzustufen. Direkte Beprobungen des Deponiekörpers durch Bohr- oder sonstige Aufschlußverfahren sind, soweit möglich, zu vermeiden, da ihre Repräsentativität relativ gering ist und zudem Probleme hinsichtlich des Arbeitsschutzes zur Vermeidung von Gefährdungen des eingesetzten Personals nur durch kostspielige Maßnahmen auszuschließen sind.

## 6. LITERATUR

1. Ministerium für Ernährung, Landwirtschaft, Umwelt und Forsten, Baden-Württemberg (1987): "Altlastenhandbuch, Teil I und II". Stuttgart.

2. Kerndorff, H.; Brill, V.; Schleyer, R.; Friesel, P.; Milde, G. (1985): Erfassung grundwassergefährdender Altablagerungen, Ergebnisse hydrogeochemischer Untersuchungen. Institut für Wasser-, Boden- und Lufthygiene des Bundesgesundheitsamtes (WaBoLu - Heft 5).

3. Landesanstalt für Umweltschutz Baden-Württemberg (1988/89): "Zwischenberichte zur modellhaften Erkundung der ehemaligen Deponie Osterhofen" (unveröffentlicht). Technologieberatung Grundwasser und Umwelt GmbH. Koblenz.

4. Moser; Rauert (1980): "Isotopenmethoden in der Hydrologie". Lehrbuch der Hydrologie Bd. 8. Verlag Bornträger. Stuttgart.

5. Militzer; Weber (1985): "Angewandte Geophysik I und II". Akademie Verlag. Berlin.

6. Battermann, G. (1988): Praktische Erfahrungen bei hydraulischen Sanierungsmaßnahmen. Altlasten 2. Thomé-Kozmiciezky (Hrsg.), S. 1021 - 1043. EF-Verlag. Berlin.

7. Zenz, Th. und Zipfel, K. (1989): Grundwasserschutz durch Einsatz numerischer Modelle zum Stofftransport. Brunnenbau, Bau von Wasserwerken, Rohrleitungsbau, Heft 6, 40. Jahrgang, S. 336 - 341.

8. Battermann, G.; Zipfel, K.; Kußmaul, H. (1989): Transport under instationary groundwater flow conditions - Verification of numerical modeling, investigations and remedial actions. Contaminant Transport in Groundwater. Kobus & Kinzelbach (eds). Balkema. Rotterdamm.

9. Neifer, H. (Landesanstalt für Umweltschutz, 1988): Modellstandortkonzeption Baden-Württemberg. Kongreßberichte Altlastensanierung TNO/BMFT. Hamburg.

BODENKONTAMINATION DURCH GEFÄHRLICHE GASE: UNTERSUCHUNG, ÜBERWACHUNG, DIAGNOSE UND BEHANDLUNG

GARY GRANTHAM UND MELANIE K.D. EDDIS

ASPINWALL & COMPANY LTD, WALFORD MANOR, BASCHURCH, SHREWSBURY, SY4 2HH, GROSSBRITANNIEN

## 1. ZUSAMMENFASSUNG

1.1 Dieser Beitrag bietet einen Überblick über die aktuellen Untersuchungs-, Überwachungs- und Sanierungsverfahren, die bei Bodenkontaminationen mit Gas eingesetzt werden. Zusammen mit den Quellen der Boden-Gaskontamination werden die Methoden zu ihrer Identifizierung beschrieben. Unter Rückgriff auf die Erfahrungen der Autoren, die sie im Laufe vieler Untersuchungen in Großbritannien und in Europa gesammelt haben, wird eine Reihe von vier Fallstudien dazu benutzt, das Prinzip dieser Verfahren und der verfügbaren Methoden zur Gasüberwachung und zum Gebäudeschutz zu erläutern.

1.2 Die Fallstudien betreffen den Bau einer Autobahn-Tankstelle auf einer aufgegebenen Deponie im Südosten Englands, die Identifizierung einer Gasquelle auf einem Erschließungsgebiet in der Nähe einer Deponie, die auf dem Gelände eines Kohlenbergwerks liegt, die Kontrolle der Gasmigration aus einer gefüllten Deponie, und die Bewertung von Gasen, die aus mit Chemikalien belasteten Böden austreten.

## 2. BRITISCHE RICHTLINIEN

2.1 In Großbritannien haben Umweltbewußtsein und diesbezügliche Besorgnisse in den letzten Jahren so zugenommen, daß Umweltfragen in den Programmen aller politischen Parteien jetzt eine hohe Priorität besitzen. Die Öffentlichkeit verlangt eine strengere Kontrolle der Umwelt, und politisch konzentriert sich die Aufmerksamkeit auf Altlasten mit historischen Bodenkontaminationen. Deponien, viele Industriegebiete und die Gelände von Kohlenbergwerken werden durch das Auftreten gefährlicher Bodengase beeinträchtigt.

2.2 Die Sanierung von kontaminiertem Boden unterliegt Vorschriften, die von den örtlichen Planungsbehörden festgelegt werden. Die Verordnung 27/87 [1] bestimmt, daß Kontaminationsprobleme bei der Festlegung des Planungsziels berücksichtigt werden müssen. Auch wenn es in Großbritannien keine gesetzlichen Vorschriften zur Erschließung gaskontaminierter Altlasten gibt, so hat doch die Zentralregierung eine Reihe von Richtlinien herausgegeben, die den örtlichen Planungsbehörden bei der Vorgabe von Auflagen helfen, die vor der Erschließung einer Altlast erfüllt werden müssen.

2.3 Das interministerielle Komitee zur Wiedererschließung von kontaminiertem Land (Interdepartmental Committee on the Redevelopment of Contaminated Land, ICRCL) hat eine Reihe von Richtlinien herausgegeben, die sich auf die Erschließung von kontaminiertem Land beziehen [2 und 3]. Hierzu gehört auch Land, das wahrscheinlich durch gefährliche Gase kontaminiert ist. Später hat auch die Regierung ein Papier zur Müllbewirtschaftung herausgegeben [4], das sich mit Deponiegas befaßt und Richtlinien enthält, die sich speziell auf die Wiedererschließung aufgegebener Deponien beziehen. Das Institut für Müllbewirtschaftung hat Ratschläge veröffentlicht [5], in denen Anforderungen an die Überwachung von Deponiegas diskutiert werden.

3. RISIKEN IM ZUSAMMENHANG MIT GEFÄHRLICHEN GASEN
3.1 Zu den gefährlichen Gasen, die man häufig auf Altlasten antrifft, gehören Methan, Kohlendioxid und Wasserstoff, sowie viele potentiell toxische Spurenkomponenten. Die Hauptgefahren bei Methan und Wasserstoff sind Feuer und Explosionen. Die Ansammlung von Kohlendioxid oder inerten Gasen in abgeschlossenen Räumen kann zur Sauerstoffverarmung mit der Folgegefahr des Erstickens führen.
3.2 Die durch Gaskontamination bedingten Risiken sind sehr viel schwerwiegender als bei den meisten anderen Formen der Bodenkontamination. Trotzdem hat sich gezeigt, daß Richtlinien zu gasförmigen Schadstoffen nur unter Schwierigkeiten zu formulieren sind, und zwar hauptsächlich aus den folgenden drei Gründen:

a) Feste oder flüssige Schadstoffe sind gefährlich aufgrund der kumulierten toxischen Effekte nach Ingestion, wegen schädlicher Hautkontakte oder wegen ihrer karzinogenen Eigenschaften. Brennbare Gase wie Methan stellen eine Feuer- oder Explosionsgefährdung dar. Es ist deshalb sehr viel logischer, ein "Akzeptables Risiko" für chemische Schadstoffe als für Methan zu definieren, da im allgemeinen jede Möglichkeit einer Explosion nicht akzeptabel ist.

b) Feste oder flüssige Schadstoffe besitzen eine beschränkte Mobilität innerhalb des Bodens, und ihre Konzentrationen sind zeitlich nur langsam veränderlich. Im Gegensatz dazu können sich Gaskonzentrationen in durchlässigen Strata sehr rasch ändern. Wir haben beobachtet, wie sich Methankonzentrationen in wenigen Stunden von weniger als 1 auf mehr als 60 Volumen% geändert haben, und und in einem oder zwei Tagen von sehr niedrigen Werten (weniger als 1% der unteren Explosionsgrenze) auf mehr als 10 Volumen%. Die Möglichkeiten derartiger Änderungen müssen vollständig verstanden worden sein, bevor Überwachungsergebnisse interpretiert und Ratschläge gegeben werden können.

c) Die Signifikanz von Methan im Boden hängt stärker als bei vielen anderen Schadstoffen von der Nutzung oder geplanten Nutzung des Geländes ab. So stellt Methan beispielsweise für die Sicherheit von Hausbewohnern eine ernste Bedrohung dar, und die angemessenen und erforderlichen Sanierungsmaßnahmen hängen von den Besitzern derartiger Gebäude ab. Die Auswirkungen auf die Vegetation können ebenfalls wichtig sein, und auch hier werden sich die Sanierungsmaßnahmen je nach der vorgeschlagenen Endnutzung der Altlast unterscheiden.

4. QUELLEN GEFÄHRLICHER GASE

4.1 Ein vorläufiges Ziel jeder Untersuchung, bei der das Auftreten potentiell gefährlicher Gase für denkbar gehalten wird, besteht in der Ermittlung der Quelle, aus der das Gas stammt. Gelingt dies nicht, werden gegebenenfalls ungeeignete und potentiell ineffektive Sanierungsmaßnahmen gewählt. Wenn die Quelle oder die Quellen des Gases identifiziert worden sind, können der Mechanismus seiner Entstehung und die potentiellen Migrationspfade von der Quelle untersucht werden. Diese Informationen erlauben nicht nur die Festlegung potentieller Zielgebiete, sie werden auch soweit möglich bei der Standortuntersuchung und bei der Überwachung verwendet. Gefährliche Gase können aus den folgenden Quellen stammen:

| Gas | Hauptbestandteile | Nebenbestandteile | Quelle des Gases |
|---|---|---|---|
| Deponiegas | Methan Kohlendioxid (Wasserstoff) | Zahlreiche organische Verbindungen in Spuren | Anaerobe Zersetzung abbaubarer Abfälle in Deponien |
| Sumpfgas | Methan Kohlendioxid | Kann Schwefelwasserstoff enthalten | Anaerober mikrobiologischer Abbau toter, normalerweise wassergesättigter Vegetation |
| Faulgas | Methan Kohlendioxid | Kann Schwefelwasserstoff enthalten | Anaerober mikrobiologischer Abbau von fäulnisfähigen Komponenten des Abwassers |
| Grubengas | Methan (Ethan) | Höhere Alkane, Helium | Alter anaerober Abbau von Vegetation, erzeugt in geologischen Zeitskalen. Normalerweise mit kohleführenden Strata assoziiert. |
| Erdgas (Leitungsnetz) | Methan (Ethan) | Höhere Alkane | Derselbe Prozeß wie bei der Bildung von Grubengas. Einige natürlich auftretende Spurengase (z.B. He) können vor Einspeisung in das Netz entfernt werden |

4.2 Weitere Quellen gefährlicher Gase sind u.a. Leckagen, das Verschütten oder die Deponierung von Chemikalien im Boden und der in-situ Abbau von Sickerwasser und anderweitig organisch kontaminiertem Grundwasser. Darüber hinaus können natürlich auftretende Gase unter bestimmten Bedingungen eine Gefährdung darstellen (z.B. das radioaktive Gas Radon).

4.3 Die am häufigsten angetroffene Quelle gefährlicher Gase im Boden ist Deponiegas, bei dem die Komponente, die den größten Anlaß zur Besorgnis bietet, wegen seiner Entflammbarkeit Methan ist. Daraus folgt allerdings weder, daß Methan die einzige, noch auch die größte Gefährdung bildet, die in Zusammenhang mit Deponiegas droht. Auch deutet die Gegenwart von Methan nicht immer auf eine Deponie als Quelle hin.

4.4 Es gibt eine Reihe von Verfahren, mit deren Hilfe die Quelle des Gases ermittelt werden kann. Diese können, insbesondere wenn das beobachtete Gas einer Quellenkombination entstammt, sehr zeitaufwendig und technisch anspruchsvoll sein. Die Verfahren sind schon in früheren Veröfentlichungen beschrieben worden [6, 7]; es handelt sich u.a. um:
- a) den Vergleich der Verhältnisse der Haupt-Gaskomponenten mit denen typischer Gasquellen;
- b) die Bewertung der Nebenbestandteile des Gases (so deutet z.B. das Auftreten von Helium auf Grubengas hin);
- c) Die Analyse der Spurenkomponenten des Gases (so deutet z.B. die Gegenwart halogenierter Kohlenwasserstoffe auf anthropogene Quellen wie Deponiegas hin);
- d) Radiokarbon-Datierung (Kohlenstoff 14), um das Alter des Gases zu ermitteln.

5. UNTERSUCHUNGSVERFAHREN

5.1 Jede Untersuchung hat die folgenden allgemeinen Ziele:
- a) das Ausmaß des aktuellen Auftretens von Gas zu klären;
- b) die Bereiche mit hohen Konzentrationen gefährlicher Gase zu identifizieren;
- c) einzuschätzen, wie sich Gasdruck, Konzentration und Zusammensetzung im Lauf der Zeit und als Funktion anderer Umweltfaktoren, etwa des Atmosphärendrucks, ändern;
- d) abzuschätzen, welchen Risiken Häuser, Lagereinrichtungen, sonstige Gebäude und die Vegetation durch die Gase ausgesetzt sind;
- e) Festlegung von Grenzwerten, oberhalb derer unverzüglich die vereinbarten Sanierungsmaßnahmen (Zwangsbelüftung oder Räumung des Anwesens) eingeleitet werden müssen;
- f) zu verstehen, wie sich das Gas am Standort verhält, und mit Hilfe dieser Informationen die langfristig

am besten geeignete Sanierungslösung zu realisieren, um die Gefährdung durch das Gas zu minimieren;
g) bei Neuerschließung die Gestaltung geeigneter Schutzmaßnahmen zu erleichtern, die unter allen denkbaren Bedingungen von Gasemissionen nicht zu einer Gefährdung der Sicherheit führen.

5.2 Die Untersuchung der Altlast sollte in folgende Phasen gegliedert werden:

a) Sichtung aller zur Altlast verfügbaren Informationen, die möglicherweise bei der Identifizierung der Gasquelle helfen können;

b) Einleitende Auswertung von Gasemissionen (brennbare Gase) an der Oberfläche und in Oberflächennähe, um "heiße Flecken" mit hohen Gaskonzentrationen zu identifizieren. Gegebenenfalls können Falschfarben-Infrarot-Luftaufnahmen angefertigt werden, um Bereiche mit gestreßter Vegetation zu identifizieren, wie sie bei Sauerstoffmangel oder dem Auftreten phytotoxischer Gase entstehen können;

c) Detaillierte Untersuchung des Auftretens von Gasen. Dazu gehört die Installation permanenter Sonden zur Gasüberwachung. Wenn die einleitende Auswertung in bestimmten Bereichen hohe Gaskonzentrationen ergeben hat, werden die permanenten Sonden in diesen Bereichen konzentriert. Andernfalls werden die permanenten Sonden gleichmäßig über das gesamte Gelände verteilt.

d) Routineüberwachung von Druck und Zusammensetzung des Gases. Diese muß in den folgenden drei Monaten mindestens viermal durchgeführt werden, wobei die Gasproben zur bestätigung der Ergebnisse einer Laboranalyse zu unterziehen sind. Das Ziel der Überwachung besteht darin, die Gleichgewichtsbedingungen des Gases am Standort und seine Quelle zu ermitteln, so daß geeignete Sanierungsmaßnahmen eingeleitet werden können, die eine sichere Erschließung des Standorts erlauben.

## 6. FALLSTUDIEN

6.1 In den folgenden vier Fallstudien werden die Methoden erläutert, die Aspinwall & Company einsetzt, um bei mit gefährlichen Gasen kontaminierten Geländen eine kompetente Beratung durchführen zu können. Alle Fälle liegen 1988 und später. Sie wurden aus über 300 gasbezogenen Projekten ausgewählt, an denen die Gesellschaft während der letzten Jahre beteiligt war, um als Beispiele für die Untersuchungsverfahren, die Identifizierung der Gasquelle, die Migrationskontrolle und den Gebäudeschutz zu dienen.

FALLSTUDIE A: Geplante Autobahn-Tankstelle an der M25 bei Thurrock, Südost-England.

Diese Fallstudie wird vorgelegt, um die Technik der Gasuntersuchung und die Verfahren zum Schutz von Gebäuden vor dem Eindringen von Gasen zu erläutern.

A1 Hintergrund

A1.1 Das Gelände liegt an der Autobahn M25 unmittelbar nördlich vom Dartford-Tunnel in Essex. Es diente früher als Kies- und Kreidegrube und wurde dann im Zeitraum von 1978 bis 1984 mit industriellen und kommerziellen Abfällen verfüllt.

A1.2 Die Esso Petroleum Company baut auf diesem Gelände mit Genehmigung des Ministeriums für Verkehr eine Tankstelle. Zur Anlage gehören ein Restaurantgebäude, ein Motel, die Tankstelle, Parkplätze und ein Picknickplatz.

A2 Untersuchung der Gasbelastung

A.2.1 1984 wurde eine Studie zur Durchführbarkeit der Erschließung durchgeführt; sie bestand aus einer Sichtung der historischen Daten, die zum Gelände ermittelt werden konnten, und einigen wenigen Arbeiten vor Ort. Die Ergebnisse dieser Studie zeigten, daß eine aktive Gasbildung erfolgte, und daß weitere Untersuchungen erforderlich waren, um das Verhalten des Gases auf dem Gelände vollständig zu verstehen.

A.2.2 1987 wurde Aspinwall & Company damit beauftragt, eine detaillierte Beurteilung des auf dem Gelände auftretenden Deponiegases vorzunehmen. Die Untersuchung bestand aus folgendem:

a) Niederbringen von 21 Bohrlöchern bis zum Grund der Abfälle unter Einsatz von Schlagverfahren;

b) Erweiterung von drei Bohrlöchern in das darunterliegende Muttergestein (Kreide) durch Bohren;

c) Entnahme von Proben aus den Abfällen mit anschließender Laboranalyse, um das Potential der zukünftigen Gasbildung und die Möglichkeit einer Verbrennung der Abfälle zu klären;

d) Installation speziell angefertigter Gasprobennehmer, um die Überwachung des Gasdrucks und der Zusammensetzung in verschiedenen Tiefen des Füllmaterials zu erleichtern;

e) Durchmusterung des gesamten Geländes durch Probenehme im Oberboden bis zu 1 Meter Tiefe, um die Gaszusammensetzung in der Nähe der Oberfläche zu untersuchen;

f) Thermographische Luftbildauswertung, um alle Bereiche mit signifikanten Gasemissionen an der Oberfläche zu erfassen.

A2.3 Die Hauptbestandteile des Gases wurden vor Ort und im Labor analysiert. Außerdem wurden Proben für die Analyse auf Spurenkomponenten entnommen, die mit gaschromatographischen/massenspektrometrischen Verfahren (GCMS) durchgeführt wurde. Die Ergebnisse der Untersuchung zeigten, daß die Abfälle bis zu 18 Meter tief waren, und daß sie aktiv Gas mit Methankonzentrationen in der Größenordnung von 50 bis 60 Volumen% sowie etwa 30 Volumen% Kohlendioxid bildeten. In den meisten Bohrlöchern wurde ein Überdruck von etwa 30 bis 40 Pascal gemessen.

A2.4 Um den wahrscheinlichen Gasstrom aus den Abfällen abzuschätzen, wurden Labortests zur Ermittlung des Zersetzungsgrades der Abfälle durchgeführt. Der Zellulose- und Ligningehalt sowie der Heizwert wurden analysiert, und daraus die "maximale vorhersehbare" Rate der Gasproduktion berechnet. Diese wurde mit den bekannten Gaserzeugungsraten einer Reihe anderer Altlasten verglichen, so daß schließlich 1000 m³/Std als maximaler Auslegungswert festgelegt werden konnte. Allerdings wurde vermutet, daß die tatsächliche Produktionsrate im Bereich von 250 bis 500 m³/Std und damit sehr viel niedriger liegen würde.

A3  Beschreibung der Gebäudeschutz-Auslegung

A3.1 Das Gelände wurde in drei Nutzungsbereiche mit unterschiedlichen Überwachungsstufen unterteilt. Für das gesamte Gelände wurde ein Konzept mit mehrfachen Abdichtungen entwickelt, wobei das Restaurantgebäude mit vier Abdichtungen, die Tankstelle mit drei und der Infrastrukturbereich (einschließlich Parkplätzen, Zufahrtstraßen und Grünflächen) mit zwei Abdichtungen ausgestattet wurden.

A.3.2 <u>Das Restaurantgebäude</u>. Die vier Abdichtungen, die zur Kontrolle des Gases beim Restaurantgebäude vorgesehen wurden, bestehen aus zwei aktiven Extraktions-/Ventilationssystemen und zwei Permeabilitätssprüngen. Das Hauptkontrollsystem besteht aus einem Netz horizontaler Extraktionsrohre, die in einer granularen Deckschicht über den Abfällen verlegt wurden. Unter jedem Extraktionsrohr wurde im Abfall ein Graben ausgehoben. Das System wird entsprechend dem Ergebnis der Testversuche auf einen Unterdruck (relativ zum atmosphärischen Druck) von bis zu 5 mb (500 Pascal) abgepumpt.

A.3.3 Die granulierte Deckschicht wird mit 0,5 Metern verdichtetem Ton überdeckt, um durch den Permeabilitätssprung die Gasströmung in das Sammelsystem zu fördern und den Luftzutritt zu minimieren. Der Ton wird mit Polyethylen-Folien abgedeckt, um Feuchtigkeitsverluste und die Rißbildung zu minimieren. Die Pumpleistung in diesem Bereich wird durch einen Ring vertikaler Extraktionsbrunnen verstärkt, die auf dem Umfang des Gebäudes liegen. Sie werden normalerweise nicht abgepumpt, stehen aber zur Verbesserung der Gasextraktion in bereit.

A3.4 Das sekundäre aktive Kontrollsystem besteht aus einem ventilierten unterirdischen Hohlraum, der sich zwischen Unterseite der Gebäudeplatte und Oberseite der Tondecke befindet. Der Hohlraum hat eine mittlere Höhe von 0,9 Metern und wird unter normalen Betriebsbedingungen aktiv ventiliert. Ein zweiter Permeabilitätssprung wird durch eine gasdichte Membran oberhalb der Bodenplatte bereitgestellt, die durch das ganze Gebäude läuft und von Wartungsöffnungen nicht durchbrochen wird.

A3.5 <u>Der Tankstellenbereich</u>. Die drei Abdichtungen zur Gaskontrolle bestehen in diesem Bereich aus einem aktiven

Extraktionssystem und zwei Permeabilitätssprüngen. Die wichtigste Maßnahme zur Kontrolle des Gases bestand in diesem Bereich aus der vollständigen Entfernung aller Abfälle und ihren Austausch gegen eine inerte Verfüllung. Die importierte Verfüllung wurde unten und an den Seiten mit verdichtetem Ton ausgekleidet, der den ersten Permeabilitätssprung bildet. Der zweite Permeabilitätssprung wird für das Gebäude im Tankstellenbereich bereitgestellt; er besteht aus einer gasdichten Membran in der Bodenplatte.

A3.6 Die abschließende Kontrollvorrichtung besteht aus einem Ring vertikaler Gasextraktionsbrunnen, der um das Gelände liegt und innerhalb der Abfälle positioniert ist. Diese Brunnen durchdringen den Abfall in voller Tiefe und werden ständig abgepumpt.

A3.7 <u>Der Infrastrukturbereich</u>. In den Bereichen des Geländes, in denen sich keine öffentlich zugänglichen Gebäude oder abgeschlossene Flächen befinden, werden zur Kontrolle des Gases zwei Abdichtungen bereitgestellt. Das Hauptkontrollsystem besteht aus der aktiven Gasextraktion über das horizontale Gas-Sammelsystem, während die sekundäre Kontrolle durch eine verdichtete Tonschicht gewährleistet wird, wie sie weiter oben für das Restaurantgebäude beschrieben wurde.

FALLSTUDIE B: Ermittlung der Quelle von Gasemissionen
Diese Fallstudie wird vorgelegt, um die Verfahren zu erläutern, die bei der Diagnose von Gasquellen eingesetzt werden können.

B1 Hintergrund

B1.1 Aspinwall & Company wurden aufgefordert, Belege dafür beizubringen, inwieweit entflammbare Gase, die auf einer Parzelle eines Erschließungsgebiets entdeckt worden waren, aus einer benachbarten Deponie stammten. Das Erschließungsgebiet lag auf dem Gelände einer Zeche, die in viktorianischer Zeit betrieben worden war, und auf dem ein abgedeckter Schacht lag. Auch auf der benachbarten Deponie lag ein aufgegebener Schacht, der dazu benutzt wurde, einen durch Abbau von Ton entstandenen Hohlraum zu füllen.

B1.2 <u>Geologie</u>. Die Geologie des Geländes bestand bis zu einer Tiefe von ungefähr 15 Metern unterhalb der Oberfläche (m u.d.O.) aus glazialem Tillit, der Strata mit Steinkohlenflözen überdeckte, die als Schlammton oder Sandstein beschrieben werden. Unterhalb der Deponie wurde eine geologische Störung nachgewiesen, die sich durch das Erschließungsgebiet erstreckt. Der glaziale Tillit enthielt Kies- und Sandlinsen. Oberhalb des Tillits lagen 1,0 - 6,0 m Grubenschutt.

B1.2 <u>Geschichte des Geländes</u>. Die Gegenwart brennbarer Gase auf dem Gelände wurde durch die Beobachtung von Blasen nachgewiesen, die in stehendem Wasser am aufgegebenen Schacht und längs der Deponiegrenze entstanden. Die anschließende Abdeckung des Schachts und die Installation eines Grabens zur Gasentlüftung reduzierten den Gasstrom zum Gelände; allerdings ergaben Untersuchungen, die für den Bauherrn durchgeführt wurden, daß in der Bodenmasse unterhalb des Geländes höhere Konzentrationen brennbarer Gase auftraten. Daraufhin wurde in der Deponie ein aktives Gasextraktionssystem installiert, das die Menge des brennbaren Gases auf dem Gelände weiter reduzierte, allerdings nicht auf Null. Aspinwall & Company sowie andere Beratungsfirmen brachten Bohrungen nieder und übernahmen anschließend die Überwachung.

B2 Methanquellen

B2.1 Es wurden sechs potentielle Methanquellen identifiziert, die zum auf dem Gelände nachgewiesenen Gas beitragen konnten. Dabei handelte es sich um Grubengas, Deponiegas (aus der benachbarten Deponie), Deponiegas (aus dem Füllmaterial des Erschließungsgebiets), Gas aus dem Leitungsnetz, Faulgas und Sumpfgas. Auch wenn wegen einiger sumpfiger Bereiche ein gewisser Beitrag von Sumpfgas zu erwarten war, wurde doch vermutet, daß die dominanten Quellen entweder Deponiegas oder Steinkohlengas seien.

B3 Potentielle Migrationspfade

B3.1 <u>Horizontale Migrationspfade</u>. Es wurden verschiedene Migrationspfade identifiziert, die dem Gas eine horizontale Bewegung aus der Deponie durch den Boden erlauben konnten. Hierzu gehörte die Passage durch den anthropogenen Boden an der Oberfläche des Geländes, durch die Sandlinsen im Geschiebelehm, den Geschiebelehm und durch das Muttergestein selbst, insbesondere längs der Verwerfungslinie.

B3.2 <u>Vertikale Migrationspfade</u>. Zu den potentiellen vertikalen Migrationspfaden, auf denen Gas von unten bis an die Oberfläche befördert werden konnte, gehörte die aufwärtsgerichtete Migration durch den Geschiebelehm, anthropogene Pfade wie den abgedeckten Schacht oder alte Bohrungen, und durch das Muttergestein.

B4 Sammlung und Bewertung der Daten

B4.1 Um die Quelle des Gases und seinen Migrationspfad durch den Boden zu ermitteln, wurden alle Daten ausgewertet, die in 20 Gasüberwachungsbohrungen angefallen waren. Diese Bohrungen waren über das gesamte Erschließungsgelände und längs der Deponiegrenze verteilt. In ihnen waren Probennehmer in diskreten Horizonten installiert, die entweder im Füllmaterial, im Geschiebelehm oder im Muttergestein lagen.

B4.2 Es standen erhebliche Datenmengen zu den Konzentrationen von brennbarem Gas, Sauerstoff und Kohlendioxid zur Verfügung, die regelmäßig entweder täglich oder wöchentlich gemessen wurden. Darüber hinaus wurden in ausgewählten Bohrungen Gasproben zur Analyse durch Gaschromatographie, GCMS und Kohlenstoff-14-Datierung entnommen.

B4.3 <u>Gaschromatographie (GC)</u>. Eine GC-Analyse quantifiziert die prozentuale Zusammensetzung der wichtigsten vorhandenen Gase (Sauerstoff, Stickstoff, Kohlendioxid und Methan); sie erlaubt auch die Messung kleinerer Beimischungen von Kohlenmonoxid, Helium, Wasserstoff oder Alkanen. Die relativen Anteile dieser Gase können dazu benutzt werden, Hinweise auf die Quelle des Gases zu erlangen. Untersucht wurden der Methan:Kohlendioxid-Quotient (MKQ) und der Methan:Ethan-Quotient (MEQ). Die folgende Tabelle zeigt typische Quotienten für das Deponiegas und das örtliche Grubengas:

|     | Deponiegas | Örtliches Grubengas |
|-----|------------|---------------------|
| MKQ | 1,5        | 16-80               |
| MEQ | 11000      | 16-80               |

B4.4 Die MKQs wurden mit den Ergebnissen von Gasproben aus dem Muttergestein, dem Geschiebelehm und dem Füllmaterial verglichen. Zunächst wurden die Konzentrationen auf Verdünnung mit Luft korrigiert. Diese Berechnung beruhte hauptsächlich auf der Annahme, daß aller Stickstoff aus der Luft stammt. Der MKQ der Bohrungen längs der Deponiegrenze lag im Bereich von 0,08 bis 13,6 und zeigte damit, daß die Quelle hauptsächlich Deponiegas ist, das entweder schon längere Zeit im Boden liegt, oder mit einer geringen Menge Grubengas angereichert ist. Die Bohrungen im Geschiebelehm lieferten durchweg ähnliche Ergebnisse wie die im Muttergestein; alle MKQs lagen über 15, der Spitzenwert bei 172. Es wurde die Ansicht vertreten, daß diese Ergebnisse erheblich über dem Bereich liegen, der bei Migration von Deponiegas zu erwarten ist, und daß deshalb im Muttergestein eine signifikante Methanquelle aus Grubengas vorhanden ist.

B4.5 <u>Analyse der Spurengase</u>. Die Spurengaskonstituenten wurden analysiert, indem ein bekanntes Gasvolumen in Tenax-Röhrchen adsorbiert, und dann die Probe einer GCMS-Analyse unterzogen wurde [7]. Es wurde eine breite Palette von Verbindungen beobachtet, die für Deponiegas charakteristisch sind, darunter einige halogenierte Kohlenwasserstoffe, von denen bekannt ist, daß sie in Grubengas nicht auftreten. Allerdings traten auch höhere Kohlenwasserstoffe auf, die im Deponiegas nicht nachgewiesen worden waren, und so wurde wieder geschlossen, daß eine Mischung von Gruben- und Deponiegas vorlag.

B4.6 <u>Kohlenstoff-14-Analyse</u>. Der Kohlenstoff-14-Gehalt von Deponiegas ist typischerweise zu 90% bis 190% neuzeitlich, während der von reinem Grubengas, das aus alten Kohlenstoffquellen entsteht, normalerweise zu weniger als 1% neuzeitlich ist. Der Prozentsatz an neuzeitlichem Kohlenstoff-14 in der Probe kann deshalb eine Abschätzung des prozentualen Anteils von Deponiegas erlauben. Der aktuelle atmosphärische Kohlenstoff-14-Gehalt ist zu ungefähr 120%

neuzeitlich. Ein neuzeitlicher Kohlenstoffgehalt von 40%
könnte dehalb darauf hindeuten, das 33% aus einer jüngeren
Quelle stammen und der Rest von älteren.

B4.7 Zwischen dem Gehalt an neuzeitlichen Kohlenstoff in
den Proben aus dem Ton und denen aus dem Muttergestein gab
es einen deutlichen Unterschied. Alle Gasproben aus dem Ton
lagen im Bereich 108% - 116,3% modern, während der Gehalt an
neuzeitlichem Kohlenstoff bei den Proben aus dem Muttergestein zwischen 31% und 80% lagen.

B5  Folgerungen

B5.1 Die Daten, die bei der Analyse von Gasproben aus
einer Vielzahl von Positionen und Tiefen des Erschließungsgebiets und der Deponie gesammelt worden waren, stützten die
Theorie, daß das Deponiegas in gewissem Ausmaß in den Ton
unterhalb des Geländes migriert war. Es konnte auch gezeigt
werden, daß es im Muttergestein ein signifikantes Reservoir
von altem Gas gab, das unabhängig von der Deponie war, mit
dem sich aber einiges Deponiegas gemischt hatte. Die Kohlen-
stoff-14-Ergebnisse deuteten darauf hin, das dieses Gas in
vertikaler Richtung nur sehr wenig migriert war; es wurde
deshalb geschlossen, daß die Hauptquelle der Gasemissionen
an der Oberfläche Deponiegas war, das überwiegend aus der
benachbarten Deponie stammte, daß aber die organischen
Bestandteile des Füllmaterials auf dem Gelände selbst auch
einen Beitrag lieferten. Berücksichtigt wurde, daß die
Kombination von Füllmaterial über das Gelände und die Gegenwart von Grubengas im Muttergestein ausreichend gewesen
wären, um bei der Gebäudeauslegung Maßnahmen zur Gaskontrolle erforderlich zu machen, selbst wenn die benachbarte Deponie nicht vorhanden gewesen wäre.

FALLSTUDIE C: Fertiggestellte Deponie Mellings Tip, Nordwest-England

Diese Fallstudie wurde aufgenommen, um die Verfahren zu
erläutern, die zur Standortuntersuchung und zur Kontrolle
der Gasmigration aus einer sanierten Deponie in angrenzende
gemischt genutzte Flächen verfügbar sind.

C1  Hintergrund

C1.1 Mellings Tip liegt in Nordwest-England etwa 1,5 km
östlich des Zentrums von Preston Town. Die Deponie wurde an
einer nach Osten weisenden Steilwand eingerichtet. Zur
Palette der dort wahrscheinlich deponierten Abfälle gehören
Chemieabfälle, Galvanikabwässer, Gaswasser, kontaminierter
Boden, Abfälle aus der Textilindustrie, Sulfitablaugen und
Mühlenkesselasche. Das Gelände wird im Westen von einer
öffentlichen Straße begrenzt, auf deren anderer Seite Wohn-
und Industriegebäude stehen. Aspinwall & Company wurde
beauftragt, die Deponie zu untersuchen und zu klären, ob die
benachbarten Gebäude durch die Migration von Gas gefährdet
sind.

C2 Standortuntersuchung

C2.1 Die Untersuchung wurde in drei Phasen durchgeführt:

C2.2 **Phase Eins** bestand aus einer Schreibtischstudie, in der die Geschichte der Deponie geprüft und die lokale Geologie untersucht wurde.

C2.3 **Phase Zwei** bestand aus einer vorläufigen Untersuchung mit dem Ziel, oberflächennah auftretende Gase innerhalb und außerhalb des Geländes zu identifizieren, die nördliche Grenze der deponierten Abfälle zu ermitteln, und die lokale oberflächennahe Geologie zu verifizieren. Bei dieser Untersuchung wurden vier Verfahren eingesetzt:

  a) Probenahme von Bodengas innerhalb des Geländes, um die Gasverteilung zu klären.

  b) Flache Bohrungen mit einem motorisierten Erdbohrer auf dem Umfang des Geländes zur Installation einer permanenten Gasüberwachung und von Probenahmepunkten.

  c) Manuelle Bohrungen längs der nördlichen Grenze, um die Ausdehnung der Abfälle zu erfassen.

  d) Installation eingetriebener Probenahme- und Überwachungspunkte im Abfallkörper.

C2.4 **Phase Drei** bestand aus einer detaillierteren Untersuchung, bei der mit Schlagverfahren tiefe Bohrlöcher niedergebracht und Gasprobennehmer in geologischen Horizonten von speziellem Interesse installiert wurden. Die Untersuchung zeigte, daß die Geologie des Geländes und der Umgebung wie folgt aussah:

| Lithologie | Ungefähre Stärke (Meter) |
|---|---|
| Füllmaterial | 0 - 5,0 |
| Geschiebelehm | 3,0 |
| Sand ("Oberer Sand") | 6,0 |
| Geschiebelehm | 7,0 |
| Sand ("Mittlerer Sand"), an der Unterseite gesättigt | 3,0 |

C2.5 Die Ergebnisse der routinemäßigen Gasuntersuchung zeigen, daß Deponiegas aus den Abfällen durch das Füllmaterial sowie den oberen Sand, und in geringerem Umfang auch durch den mittleren Sand zu den benachbarten Wohn- und Industriegebäuden migriert. Zwischen den Gebäuden und dem Rand der Deponie ist der Boden mit Beton abgedeckt, der die Entlüftung des Gases in die Atmosphäre verhindert. Es besteht die Gefahr, daß Gas in Gebäude und Versorgungseinrichtungen eindringt und sich dort akkumuliert.

C3 Maßnahmen zur Kontrolle der Gasmigration

C3.1 Aspinwall & Company empfahlen eine zweiphasige Gaskontrolle. Um zu verhindern, daß oberflächennahes Gas durch die obere Schicht der Verfüllung migriert, wurde ein passiver Gasentlüftungsgraben in dem Fußweg ausgehoben, der neben der Deponie verläuft. Der Graben war so tief, daß er bis in die oberen Schichten des Geschiebelehms reichte. Die gesamte Grabenfläche zur Straße hin wurde mit einer Membran ausgekleidet, die eine nur geringe Permeabilität für Gas besaß; daraufhin wurde der Graben wieder mit krümeligem sauberen Boden verfüllt.

C3.2 Zur Kontrolle der tieferen Gasmigration durch die obere Sandschicht, die unter dem Geschiebelehm liegt, muß eine aktiv gepumpte Extraktionsvorrichtung installiert werden. Um den optimalen Brunnenabstand zu ermitteln, wurden Bohrungen niedergebracht und das Gas probeweise abgepumpt. Die Ergebnisse zeigen, daß der optimale Brunnenabstand in der oberen Sandschicht 70 Meter beträgt.

C3.3 Auch die mittlere Sandschicht wurde probeweise abgepumpt, aber die in dieser Schicht sehr viel niedrigeren Gaskonzentrationen machen eine aktive Kontrollvorrichtung nicht erforderlich. Der Entwurf der Gasextraktionsanlage für die obere Sandschicht ist jetzt fertiggestellt worden und geht, sobald der Kunde sie genehmigt hat, in die Ausschreibung.

FALLSTUDIE D - Chemieanlage, West Midlands, Großbritannien
Diese Fallstudie wird vorgelegt, um zu zeigen, daß es neben Deponie- und Grubengas auch andere nennenswerte Methanquellen gibt.
D1 Hintergrund

D1.1 Aspinwall & Company wurden an dieser Untersuchung beteiligt, um Ausmaß und Ursachen der hohen Phenolkonzentrationen im lokalen Grundwasser zu ermitteln. Zu den möglichen Phenolquellen gehörten die Auslaugung einer historischen Kontamination, insbesondere auf dem Gelände einer alten Teersäure-Destillationsanlage, auf dem erhebliche Phenolmengen gelagert worden waren, die Leckage von Phenol aus Tanks und Rohrleitungen, die Leckage aus Abläufen, oder seltene Fälle von Verschütten.

D1.2 Als einleitende Phase bei der Identifizierung der Quelle der Grundwasserkontamination wurde das Ausmaß der Oberflächenkontamination untersucht. Dazu diente eine Bodengassonde und ein Flammenionisationsdetektor (Gastec), der auf niedrige Konzentrationen von brennbaren Gasen und Dämpfen anspricht. Untersucht wurden Bodengasproben, die auf dem gesamten Gelände an mehr als 200 Punkten entnommen worden waren. Sie erlaubten die Identifizierung von sechs Bereichen, in denen durchgehend hohe Konzentrationen brennbarer Gase beobachtet wurden. Einige Messungen lagen mit 34% oberhalb von 500 ppm (1% der unteren Explosionsgrenze (UEG) für Methan) deutlich über den erwarteten Werten.

D1.3 Die hohen Bodenkonzentrationen von brennbarem Gas im Boden hatten wichtige Konsequenzen für die Sicherheit auf dem Gelände, die vorher nicht beachtet worden waren. Der Umfang der Untersuchung wurde deshalb auf die Identifi-

zierung der Gasquelle und die Abschätzung der Gefahren erweitert, die ihr Vorhandensein mit sich bringt.
D2 Standortuntersuchung

D2.1 Die weitere Untersuchung der Gaskontamination auf dem Gelände erfolgte durch Installation von 10 Bodengassonden; die regelmäßige Überwachung der wichtigsten Gaskomponenten mit Hilfe tragbarer Instrumente; sowie durch das Anlegen einer Testgrube, um die Art des Oberbodens untersuchen und Bodenproben für die Analyse entnehmen zu können.

D2.2 Die Routinemessungen mit den permanenten Sonden ergaben Konzentrationen von brennbarem Gas, die zwischen weniger als 1% UEG und 48 Volumen% lagen; die Kohlendioxid-Konzentrationen reichten von 0,4% bis 16,5%. Derartige Konzentrationen sind typisch für Gas, das in einer aktiven Deponie entsteht, allerdings lagen unter dem Gelände weder Abfälle, noch waren natürliche Methanquellen wie Torf oder Marschböden vorhanden.

D2.3 Die Untersuchungen in der Testgrube ergaben, daß unter dem Gelände Ton, Sand und Kies lag, die alle außer mit Phenolen noch mit einer Vielzahl anderer organischer Verbindungen stark kontaminiert waren.

D3 Interpretation

D3.1 <u>Bodenanalyse</u>. Die Analyse der Bodenproben aus der Testgrube vermittelte den Eindruck, daß die Kontamination hauptsächlich durch Teer-Nebenprodukte verursacht worden war, wobei auf dem gesamten Gelände eine breite Palette von "schweren" organischen Verbindungen vorhanden war. Insbesondere waren Phenole und Pyridinbasen weit verbreitet, während andere spezielle Schadstoffe wie Toluol, Xylol und Naphtalen an den Stellen angetroffen wurden, an denen sie bekanntermaßen gelagert oder verschüttet worden waren. Die Kontamination erstreckte sich über das ganze Gelände, und es gab so gut wie keine erkennbare Korrelation zwischen schwerer Gas-, Boden- oder Wasserkontamination.

D3.2 <u>Die wichtigsten Gaskomponenten</u>. Ein Vergleich der Konzentrationen von Methan, Kohlendioxid, Sauerstoff und Stickstoff, die durch GC-Analyse gemessen worden waren, zeigte, daß die Konzentration des brennbaren Gases in keinem offensichtlichen Zusammenhang mit der Tiefe oder der Position auf dem Gelände stand. Offensichtlich wurde die Interpretation der Gaszusammensetzung durch Faktoren wie Oxidation des Methans, in Lösung gegangenes Kohlendioxid und Verdünnung mit Luft kompliziert.

D3.3 <u>Spurengase</u>. Die wichtigsten auf dem Gelände produzierten und gelagerten Substanzen waren lösliche Phenole und Vebindungen auf Teerbasis mit niedrigem Dampfdruck. Das Auftreten flüchtiger Spurenverbindungen, die bei der GCMS-Analyse nachgewiesen wurden, würde deshalb auf die Gegenwart anderer Schadstoffe wie Öle oder Lösungsmittel hindeuten, oder auf die Abbauprodukte von Phenolen und anderen löslichen Schadstoffen. Der Abbau von Schadstoffen im Boden erfolgt entweder aerob oder anaerob. Jeder Pfad führt zu einer unterschiedlichen Folge von Abbauprodukten, von denen einige als Dämpfe im Bodengas nachweisbar sind. Die Natur der Spurengase kann deshalb zur Klärung der Frage verwendet werden, ob es auf dem Gelände eine gemeinsame Gasquelle gibt (z.B. aus dem Grundwasser), oder ob das Gas aus dem lokalen Abbau von Schadstoffen in der Nähe der jeweiligen Bodenprobe stammt.

D3.4 Es wurde zwar eine breite Palette von Verbindungen nachgewiesen, aber viel weniger, als bei Deponiegas zu erwarten wären. Die am stärksten vertretenen Familien waren C5-C10 Alkane und Alkene, C3 Alkylbenzole und Toluol. Auch halogenierte Lösungsmittel und Benzol wurden nachgewiesen.

D3.5 Diese Ergebnisse führten zusammen mit den geringen Konzentrationen von mit Zyklohexan extrahierbarem Material zu der Folgerung, daß das brennbare Gas am wahrscheinlichsten aus dem Abbau von Phenol und Quellen auf Teerbasis im Boden stammt. Dabei erfolgt der Abbau zuerst aerob, geht dann aber nach dem Verbrauch des Sauerstoffs in eine anaerobe Phase über, die zur Bildung von Methan führt. Der Abbau von Phenolen und anderen Schadstoffen im Grundwasser wurde als eine weitere, aber nicht so bedeutende Quelle eingestuft.

D4 Empfehlungen und Folgerungen

D4.1 Als Ergebis dieser Untersuchung wurden eine Reihe von Empfehlungen ausgesprochen, darunter die Extraktion und Behandlung des Grundwassers; die Prüfung vorhandener Gebäude auf das Auftreten brennbarer Gase; die Integration eines gewissen Maßes an Gasschutz in allen neuen Gebäuden; und die Überwachung des Gases auch außerhalb der Geländegrenzen, um eventuelle Gefahren für Nachbargrundstücke beurteilen zu können.

D4.2 Diese Untersuchung beleuchtet den Umstand, daß gefährliche Gase selbst dann im Boden eines Geländes auftreten können, wenn ihre einzige Quelle die chemische Kontamination ist, die infolge des Routinebetriebs in einer chemischen Anlage entsteht. Es ist deshalb möglich, daß jede Fläche mit stark kontaminierten Böden Methan in so hohen Konzentrationen erzeugen könnte, daß sie maximale Gasschutzmaßnahmen in Gebäuden erforderlich macht; gleichzeitig könnte die Gefahr einer Migration aus dem Gelände genauso groß wie bei einer aktiven Deponie sein.

## 7. ABSCHLIESSENDE BEMERKUNGEN

7.1 Aspinwall & Company hat über 300 Projekte abgewickelt, bei denen es um die Kontamination von Boden durch gefährliche Gase ging. Diese umfangreiche Erfahrung hat es der Gesellschaft ermöglich, bei der Untersuchung und Behandlung von gaskontaminiertem Land einen standardisierten Ansatz zu verwenden. Die wichtigsten Folgerungen, die wir aus dieser Arbeit ziehen können, sind die folgenden:

a) Gefährliche Gase entstammen einer Vielzahl von Quellen. Dazu gehören sowohl anthropogene Quellen wie der Abbau von Abfallmaterial oder von chemischen Schadstoffen, als auch natürliche Quellen wie Sumpf- oder Grubengas.
b) Um das Verhalten des Gases zu verstehen, seine Quelle zu identifizieren und die mit dem Gas verbundenen Risiken beurteilen zu können, ist eine vollständige und detaillierte Untersuchung erforderlich.
c) Wenn die Untersuchung durchgeführt und das Verhalten des Gases geklärt worden ist, können Sanierungsmaßnahmen geplant und durchgeführt werden, um die Gefahren, die mit dem Auftreten von Gas verbunden sind, zu reduzieren.
d) Es steht eine Reihe bewährter Lösungen zur Verfügung, um Gebäude und die Nutzer von gaskontaminiertem Gelände zu schützen. Damit kann das gaskontaminierte Land wieder bewirtschaftet und einer sicheren und nützlichen Verwendung zugeführt werden.

## 8. BIBLIOGRAPHIE

1) Department of Environment (1989). Landfill sites, development control. Circular 17/89. HMSO.
2) ICRCL (1987). Guidance on the assessment and redevelopment of contaminated land. ICRCL 59/83. Second Edition. Juli 1989.
3) ICRCL (1988). Notes on the redevelopment of landfill sites. ICRCL 17/78. Seventh Edition. Mai 1988.
4) Department of Environment (1989). Waste management paper 27. The control of landfill gas. HMSO London. ISBN 0 1175 2175 2.
5) Institute of Waste Management (1989). Monitoring of landfill gas. IWM 3 Albion Place, Northampton NN1 1UD.
6) Young, P.J. und Grantham G. (1989). Measuring methane and identifying the source. Paper presented to Yorkshire and Humberside Pollution Advisory Council. Barnsley Conference Centre. 20. Juli 1989.
7) Brookes, B.I. und Young, P.J. (19983). The development of sampling and gas chromatography-mass spectrometry analytical Procedures to identify and determine the minor organic components of landfill gas. Talanta 86. (September): 665-676.

"SANIERUNGSMASSNAHMEN AUF DEM GELÄNDE DER GASVERSORGUNG MÜNCHEN"

Dr.-Ing. Ekkehard Holzmann *, Dr.rer.nat. Michael Koch *, Dipl.-Ing. (TU) Jörg Schuchardt **
* Dorsch Consult Ingenieurgesellschaft mbH, Hansastr. 20, 8000 München 21
** Stadtwerke München, HA Gasversorgung, Unterer Anger, 8000 München 2


1. EINLEITUNG
Das zur Sanierung bestimmte Gelände umfaßt die gesamte Fläche des Gaswerkes München, dessen Inbetriebnahme im April 1909 erfolgte. Die Leistung betrug maximal 320.000 m³ pro Tag.
Die 1. Sanierungsphase hat im März 1990 begonnen und umfaßt den inneren Bereich, vor allem die ehemalige Ammoniak- und Naphtalinfabrik und die Benzolwaschanlage sowie die Turmreinigung und die Hochbehälter für das Gaswaschwasser. Großräumige, zusammenhängende Kontaminationsbereiche sind nach den Voruntersuchungsergebnissen nicht zu erwarten. Die Verteilung ist eher diffus und linsenförmig. Diese Linsen befinden sich zum Teil in der gesättigten Bodenzone und können relativ hohe Konzentrationen an Kohlenwasserstoffen und PAK's enthalten. Zudem ist der Oberboden deutlich durch Blei und Cyanid kontaminiert. Aus der Existenz der Bodenverunreinigungen mit der Möglichkeit eines direkten Kontaktes zu Menschen - vor allem da im zu sanierenden Bereich der Bau von Verwaltungsgebäuden geplant ist - und den leicht erhöhten PAK-Konzentrationen im Grundwasser wurde ein genereller Sanierungsbedarf abgeleitet.
Eine interdisziplinäre Arbeitsgruppe mit Vertretern der Stadtwerke München, der Aufsichtsbehörde, den beratenden Fachbehörden, einem unabhängigen Gutachterbüro, einem beratenden Ing. Büro für die Koordination und Überwachung der Sanierung und einem wissenschaftlichen Institut entwickelte gemeinsam ein auf die örtlichen Belange angepaßtes Sanierungskonzept.
Primäres Ziel ist die Reinigung des gesamten kontaminierten Bodenmaterials on site mittels Bodenwaschverfahren. Dazu ist eine Umbauung der Baugrube und eine Wasserhaltung mit Wasseraufbereitung notwendig.
Innerhalb des umbauten, aber noch nicht ausgehobenen Bereiches werden neue in situ-Verfahren unter wissenschaftlicher Betreuung getestet und anschließend wird durch weiteren Aushub der Baugrube eine Erfolgskontrolle durchgeführt.
Darüberhinaus wird, ebenfalls unter wissenschaftlicher Betreuung, versucht, die belasteten Reinigungsrückstände mittels geeigneter Verfahren bzw. Verfahrenskombinationen weiterhin so zu reinigen, bzw. zu behandeln, daß einmal eine Wiederverwertung in Abhängigkeit von der Nutzung ermöglicht wird, oder zum anderen, daß der Anteil des letztendlich zu deponierenden Abfalls minimiert wird.
Dieser relativ hohe Aufwand, der parallel zur eigentlichen Reinigung getrieben wird, soll zu Erfahrungen und Erkenntnissen führen, die die Behandlung der verbleibenden kontaminierten Flächen auf dem Gaswerksgelände kosteneffektiv ermöglichen.

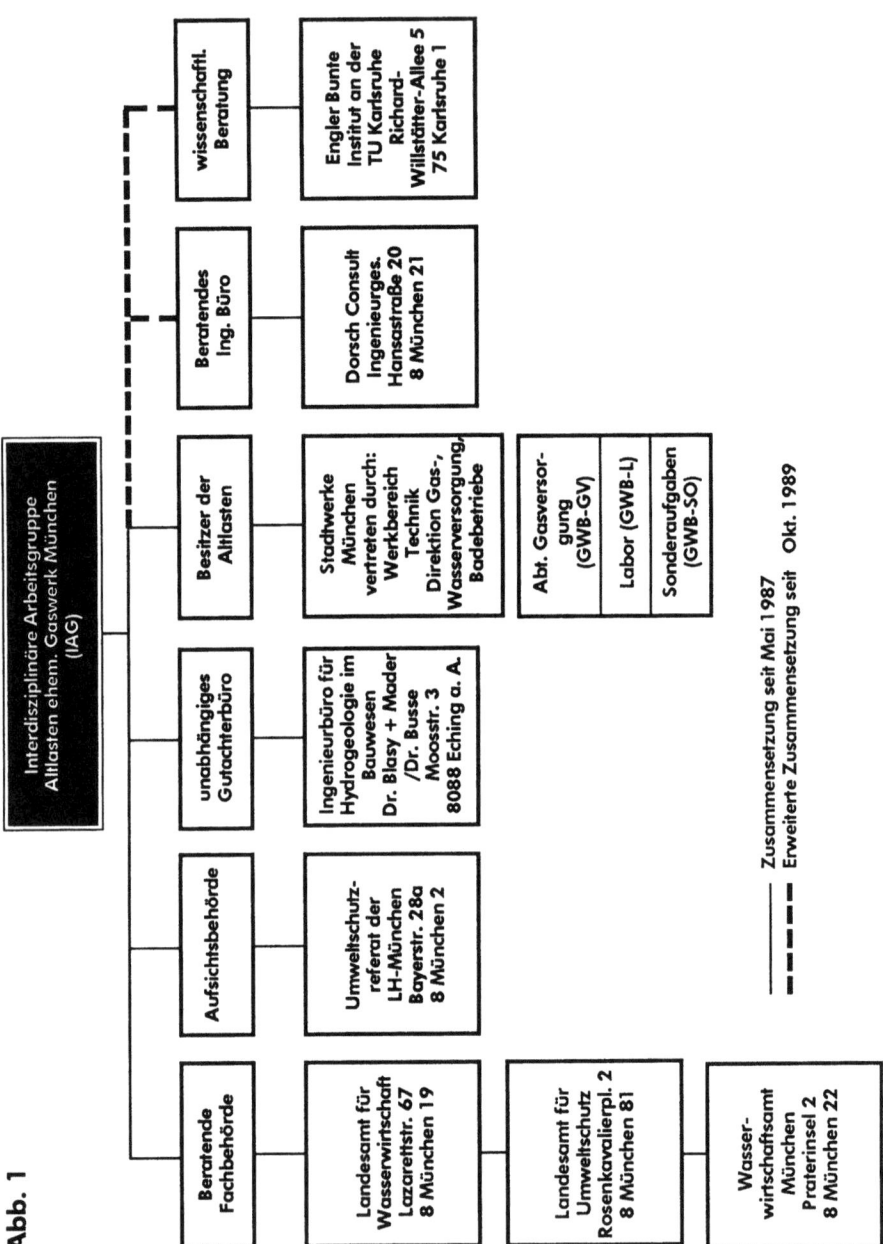

Abb. 1

# LEITFADEN ZUR GRUNDWASSERUNTERSUCHUNG IM FESTGESTEIN BEI ALTABLAGERUNGEN UND ALTSTANDORTEN

WILHELM G. COLDEWEY
DEUTSCHE MONTAN TECHNOLOGIE (DMT) BOCHUM
BUNDESREPUBLIK DEUTSCHLAND
UND LUDGER KRAHN
GEOLOGISCHES LANDESAMT NW KREFELD
BUNDESREPUBLIK DEUTSCHLAND

## 1. EINLEITUNG

Für den Minister für Umwelt, Raumordnung und Landwirtschaft des Landes Nordrhein-Westfalen (Bundesrepublik Deutschland) erarbeitet das Institut für Wasser- und Bodenschutz - Baugrundinstitut - der DMT den "Leitfaden zur Grundwasseruntersuchung im Festgestein bei Altablagerungen und Altstandorten". Der Leitfaden stellt eine Vielzahl von möglichen Untersuchungsverfahren zusammen und wertet die Verfahren hinsichtlich ihrer Anwendungsmöglichkeit und des Kostenrahmens. Anhand des Leitfadens soll der Sachbearbeiter vor Ort diejenigen Untersuchungsmethoden auswählen können, mit deren Hilfe noch offene Fragen bzw. Fragenkomplexe geklärt werden können. Da der Leitfaden auf die Grundwasseruntersuchung im Festgestein abgestellt ist, werden in einem gesonderten Kapitel die spezifischen Besonderheiten des Festgesteines wie Trennflächengefüge und Ausbreitung von Schadstoffen detailliert dargestellt.

## 2. VORUNTERSUCHUNG

Die Untersuchungen an Altablagerungen und Altstandorten gliedern sich in Vor- und Hauptuntersuchungen. In der Voruntersuchung geht es besonders um die detaillierte Ermittlung der geologischen und hydrogeologischen Gegebenheiten. Ziel der Voruntersuchung ist es, für die Hauptuntersuchung geeignete Grundwasseraufschlüsse auszuwählen bzw. neue Grundwassermeßstellen optimal zu positionieren. Voraussetzung hierzu ist die genaue Kenntnis der durch die Tektonik vorgegebenen Fließwege. Aus Kostengründen wird zunächst auf vorhandene Unterlagen zurückgegriffen. Es schließen sich die Geländeuntersuchungen an, die sich besonders auf die Erfassung der tektonischen Gegebenheiten erstrecken. Bei der Beurteilung der Fließwege kann die Untersuchung der Grundwasser - und Sickerwasserbewegung im Bereich des überlagernden Lockergestein (Talschutt, Hangschutt) von Bedeutung sein. Die hydrogeologischen Untersuchungen erstrecken sich auf die Erfassung der Grundwasseraufschlüsse, die Messung der Grundwasserstände sowie eine Abschätzung des Wasserhaushaltes. Alle erhobenen Daten über Geologie, Hydrogeologie, Hydrochemie und Schadstoffaustrag werden in einem Bericht und in thematischen Karten zusammengestellt und bewertet. In diesem Bericht werden dann Empfehlungen über die Anordnung und Anzahl noch zu errichtender Grundwassermeßstellen gemacht.

## 3. HAUPTUNTERSUCHUNG

Die Hauptuntersuchung gliedert sich in Orientierungs- und Detailphase. In der <u>Orientierungsphase</u> gilt es zu klären, ob Schadstoffe aus der Altablagerung in das Grundwasser gelangen. Ergeben sich aus der vergleichenden Untersuchungen des Grundwassers im Anstrom- und Abstrombereich Hinweise auf Kontaminationen, so wird die <u>Detailphase</u> eingeleitet. In der Detailphase wird das Meßstellennetz verdichtet, insbesondere, wenn sich konkrete Anhaltspunkte für die Gefährdung von Grundwasserfassungsanlagen (z.B. Trinkwasserbrunnen) ergeben. In diesem Fall ist die Kartierung der Ausbreitung des Schadstoffes erforderlich.

Im Leitfaden werden praktische Hinweise zur Funktionskontrolle vorhandener und zum Bau neuer Grundwassermeßstellen gegeben.

Geophysikalische Bohrlochmessungen können bei der genauen Bestimmung des Schichtenaufbaus sowie von Zonen erhöhter Wasserwegsamkeit hilfreich sein. Zum Nachweis einer möglichen hydraulischen Verbindung zwischen Altablagerungen und den Grundwassermeßstellen werden Kurzzeitpumpversuche durchgeführt.

In einem abschließenden Bericht erfolgt die Gefährdungsabschätzung unter Berücksichtigung des Untergrundaufbaus, der Belastung des Grundwassers und der Grundwassernutzung im Abstrombereich.

Im Anhang des Leitfadens werden verschiedene hydrogeologische Standorttypen von Altablagerungen zusammengestellt und im Hinblick auf die Untersuchungsmethodik erläutert.

## GEFÄHRDUNGSABSCHÄTZUNG VON 4 ALTDEPONIEN IM EINZUGSBEREICH EINES WASSERWERKS

Leonardo van Straaten, Geo-Infometric/Niedersachsen, Richthofenstraße 29, D-3200 Hildesheim

### 1. VORGANG

Im Einzugsgebiet der Brunnengalerie eines Wasserwerkes liegen 4 Altdeponien, die von 1965 bis 1975, zeitlich versetzt, mit Siedlungs- und Gewerbeabfällen verfüllt wurden (Abb.1). Über Fragen der allgemeinen Grundwassergefährdung hinaus ergeben sich folgende Fragestellungen:

- Zuordnung von Kontaminationen zu den einzelnen Deponien sowohl zeitlich als auch räumlich (Beweissicherung),
- Gefährdung der Trinkwasserversorgung,
- Gefährdung der Nutzer oberirdischer Gewässer.

Der Untergrund besteht aus ca. 17 m mächtigen Fein- bis Mittelsanden mit unterschiedlichen Schluffanteilen. An der Basis dieses Grundwasserleiters über dem stauenden Unterkreide-Ton befindet sich eine ca. 1 m mächtige Kieslage (Abb.2). Die Grundwasserströmung wird hauptsächlich durch die wechselnden Entnahmen des Wasserwerkes, untergeordnet durch einen Baggersee und durch lokal begrenzte Entnahmen, beeinflußt.

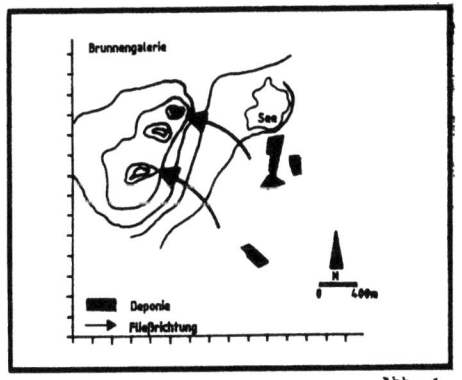

Abb. 1     Abb. 2

### 2. VORGEHENSWEISE BEI DER GEFÄHRDUNGSABSCHÄTZUNG:

Der erste Untersuchungsschritt bestand darin, die bereits in großem Umfang vorliegenden hydrochemischen Daten mittels EDV-Programmen auszuwerten : Zeitreihen, Isolinienberechnungen für diverse Parameter, Dreiecksdiagramme mit Zeitabhängigkeit und Piperdiagramme, Säulendarstellungen (Abb.3 und 4). Auf statistische bzw. geostatistische Auswerteverfahren wurde bewußt verzichtet.

Die Ergebnisse dieser Auswertung bildeten die Grundlage für weitere Maßnahmen wie Bohrungen, Durchlässigkeitsmessungen, Grundwasserbeprobung und -analytik.

Zur besseren Interpretation der Ergebnisse wurden einfache Transportberechnungen durchgeführt.

### 3. WESENTLICHE ERGEBNISSE:

- Die Hauptionen, insbesondere aber die Chloridkonzentration als Funktion der Zeit, gemessen an verschiedenen Grundwassermeßstellen, belegen den Stoffaustrag aus den Deponien und einen konvektiven Transport in Richtung Wasserwerk.
- Das Grundwasser zeigt im Nahbereich der Deponien eine starke Aufhärtung, deutlich erhöhte CSB- und AOX-Werte sowie Kontaminationen durch Ammonium, Formaldehyd und FCKW.
- Im Gegensatz zu den Hauptionen wurden diese Kontaminanten in größeren Entfernungen von den Deponien nicht mehr nachgewiesen. Der fehlende Nachweis könnte jedoch probenahmebedingt sein.
- Da insgesamt 4 zeitlich und räumlich getrennte "Input"-Ereignisse von einer gewissen zeitlichen Erstreckung vorliegen, sind Folgeuntersuchungen sowie die Planung von Sicherungs- und Sanierungsmaßnahmen ohne den Einsatz eines Grundwassermodells nicht durchführbar.

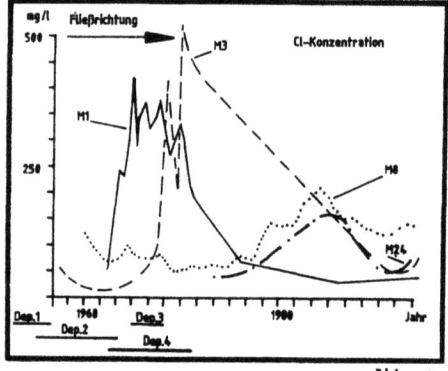

Abb. 3

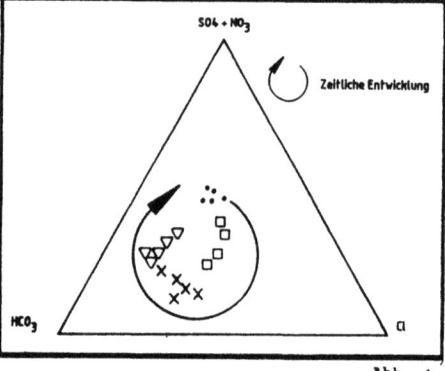

Abb. 4

DAS VERHALTEN HALOGENIERTER KOHLENWASSERSTOFFE (CKW) IM BODEN

M. STAMMLER; R. ROHDE; P. GELDNER

ENVI SANN GMBH, 6384 SCHMITTEN 1

1. EINLEITUNG
Ein Wasserwerk berichtete, daß einige ihrer Trinkwassergewinnungsbrunnen durch chlorierte Kohlenwasserstoffe (CKW) kontaminiert sind. Im weiteren Umgebungsbereich des Wasserwerks sind unterschiedliche Industriebereiche angesiedelt. Folgende Maßnahmen wurden eingeleitet:
- Einrichtung von Überwachungsbrunnen
- Umfangreiches chemisch-analytisches Programm
- Geohydrologisches Untersuchungsprogramm
- Grundwasser-Fließ und Transportmodell.

2. UNTERSUCHUNGSERGEBNISSE
Mehrere der im weiten Umfeld des Einzugsgebiets angelegten Überwachungsbrunnen enthielten CKW-Konzentrationen im $\mu$g/Liter Bereich. Vorwiegend wurden Trichlorethylen (TCE) und Tetrachlorethylen (PCE) gefunden, nachweislich Substanzen, die von der anliegenden Industrie eingesetzt wurden. In einigen Brunnen fanden sich darüberhinaus noch cis 1,2 Dichlorethylen (DCE) und Vinylchlorid (VC), Substanzen, die nachweislich nicht von der Industrie eingesetzt wurden. Ferner wurde beobachtet, daß in der Regel hohe DCE (VC) Konzentrationen assoziiert sind mit geringen TCE und PCE Konzentrationen und umgekehrt. Die geologischen Erkundungen in den Bereichen der Industriegelände ergaben eine stockwerkähnliche Gliederung der Aquifer. Der obere Grundwasserleiter (OGWL) ist ca. 35 - 40 m mächtig und ist durch eine etwa 10 m mächtige Mergelbank vom unteren Grundwasserleiter getrennt. Bis in Teufen von 70 m wurden CKW nachgewiesen, d.h. beide Aquifer sind kontaminiert. Wegen der Grundwassersenke, die durch die Entnahmebrunnen des Wasserwerks erzeugt wird, liegen die Industriestandorte im Wassereinzugsgebiet des Wasserwerks.

3. SCHLUSSFOLGERUNGEN
- Die CKW-Kontamination in den Wasserwerksbrunnen sind von den Kontaminationen auf den Industriegeländen verursacht.
- Trichlorethylen (TCE) und Tetrachlorethylen (PCE) als überwiegend alleinige Grundwasserverunreinigungen sind stabil und bleiben über mehrere Jahre (>3 Jahre) im Boden und Grundwasser unverändert.

- Unter anaeroben Bedingungen, z.B. in mit organischen Stoffen belasteten Abwässer werden TCE und PCE dehalogeniert (vermutlich durch Mikroorganismen).

| Substrat | | Kontamination | Produkte |
|---|---|---|---|
| Abwasser org. belastet | PCE | $\begin{array}{c}Cl \quad\;\; Cl\\ \;\;C=C\\ Cl \quad\;\; Cl\end{array}$ | cis 1,2 DCE |
| | TCE | $\begin{array}{c}Cl \quad\;\; Cl\\ \;\;C=C\\ H \quad\;\; Cl\end{array}$ | cis 1,2 DCE<br>cis 1,2 DCE $\rightarrow$ VC<br>VC $\rightarrow CO_2$, HCl, $H_2O$ |
| Unbelastetes Grundwasser | PCE<br>TCE<br>1,2 DCE | | keine Änderung |

- DCE kann als Leitsubstanz dienen, die die Gegenwart anderer (organischer) Kontaminanten anzeigt.

4. WEITERES VORGEHEN
   - Lokalisierung der Kontaminationsquellen,
- Konzeption von konstruktiven und hydraulischen Maßnahmen zur Reduzierung (Vermeidung) der CKW-Ausbreitung.
- Überwachung der Maßnahmen.

* Unser Dank gilt der Senatsverwaltung für Stadtentwicklung und Umweltschutz, im Besonderen der Herren J. Strobel u. W. Böhm für die Unterstützung dieser Arbeiten, viele hilfreiche Diskussionen und für die Erlaubnis, die Ergebnisse zu veröffentlichen.

# EIN EINFACHES BEWERTUNGSVERFAHREN ZUR ABSCHÄTZUNG DES BELASTUNGSPOTENTIALS ORGANISCHER UMWELTCHEMIKALIEN IN BÖDEN

Litz, N. und Blume H.-P.*

*INSTITUT F. PFLANZENERNÄHRUNG U. BODENKUNDE, OHLSHAUSENSTR. 40, 23 KIEL

## 1. EINLEITUNG

Der Eintrag von Umweltchemikalien in Böden über den Luft- und Wasserpfad sowie geringe bis mäßige Belastungen durch Altlasten trifft für eine große Anzahl von Standorten zu. Daher ist es sinnvoll ein einfaches Bewertungsverfahren zur Hand zu haben, welches auf der Grundlage verfügbarer Daten (Bodenkarten, Klimaatlanten, Flurabstandskarten und geologischen Karten) oder im Feld erhebbare Daten (Bodenart, Humusgehalt, pH, Grundwassserstand) eine Abschätzung des Belastungspotentiales hinsichtlich der Dauer der Belastung, der Grundwasser gefährdung belasteter Böden ermöglicht. Das Verfahren erlaubt eine Übertragung in die Fläche, sofern ausreichend kleinräumige Daten vorliegen, und kann insbesondere im Rahmen von Umweltverträglichkeitsprüfungen und Belastbarkeitsabschätzungen von Standorten Verwendung finden.

## 2. METHODE UND ERGEBNISSE

Grundlage des Verfahrens bilden eigene Untersuchungen und Literaturauswertungen zum Verhalten von organischen Umweltchemikalien in normalen Ackerböden. Standortspezifische Modifikationen von Sorption, Abbau und Bewegung in bestimmten Böden ergeben sich dann aus Bodenart, Humusgehalt, pH-Wert, Grundwasserstand, Mitteltemperatur und klimatischer Wasserbilanz.
Am Beispiel von LAS (lineares Alkylbenzolsulfonat), PCB (2,2`4,5,5`-Pentachlorbiphenyl) und Tetrachlorethen (PER), die unter Feldbedingungen auf zwei verschieden Böden getestet wurden, wird das Verfahren auf seine Tauglichkeit hin überprüft. Für die drei von 47 ausgewählten Substanzen (s. Litz und Blume 1989) werden die Ausgangsdaten in Tabelle 1 aufgeführt. Für Chemikalien mit weiter Verbreitung in Produktion, Anwendung und langjährigen Einträgen kann eine Aufwertung um eine Belastungsklasse erfolgen. Dies gilt auch für Belastungsbereiche (Straßenrändern, Industriegebiete) bei Chemikalien mit geringerer Bedeutung.

Tabelle 1: Eingangsdaten ausgewählter Umweltchemikalien (1 sehr gering bis 5 sehr stark, Klasseneinteilung s. Litz und Blume 1989)

| Chemikalie | Sorption durch | | | Abbau | | Flüchtig- | Immissions- |
|---|---|---|---|---|---|---|---|
| | Humus | Ton | pH | aerob | anaerob | keit | zuschlag |
| PCB | 5 | 3 | - | 1 | 1 | 1 | 0 |
| PER | 1-2 | 1 | 0 | 3 | 2 | 3 | 1 |
| LAS | 3-4 | 1 | - | 4 | 3 | 2 | 1 |

In Tabelle 2-14 sind die ermittelten Bewertungen angegeben. Sie stimmen für LAS und PCB recht gut überein mit Untersuchungen an diese Standorten, die von Blume et al., Scharpenseel et al. und Friesel et al. (1983) und Litz und Blume 1987 durchgeführt wurden. Für PER wären höherere Gefährdungsstufen zu erwarten, doch handelt es sich bei den in der Literatur beschriebenen Fällen zumeist um Unfall- oder Leckagesituationen. PER, LAS und PCB wurden in der Parabraunerde und der Rostbraunerde wie folgt verlagert: PER<LAS<PCB, wobei PER in bis zu 75 cm Tiefe innerhalb von 24 Tagen verlagert wurde. (Böden: Parabraunerde aus Geschiebelehm unter Acker, eben, Oberboden: Sl 3, 3,2 % org. Subst. pH 6.4; Unterboden (<3 dm): sL, pH 6,4-7,5, < 0,5 % org. Subst., Grundwasser > 10 m; Klima: 590 mm/a, Jahresmitteltemperatur 8,9 °C, Sommerhalbjahr 13,7 °C, KWBa 2. Rostbraunerde aus Geschiebesand unter Kiefernforst, eben, <0,5 % org. Subst., Grundwasser > 10 m; Klima: 620 mm/a, Jahres- mitteltemperatur 8,1 °C, Sommerhalbjahr 12,9 °C, KWBa 2). Literatur: Blume H.-P. (1990): 2.7.5 Kontamination von Böden mit Pflanzenschutzmitteln und Litz N. (1990): 2.7.6 Belastung mit organischen Verbindungen in Blume H.-P. (Hrg): Handbuch Bodenschutz Ecomed Landsberg, im Druck, Blume et al., Scharpeseel et al. und Friesel et al. (1983) in Führ et al. (1983) Methoden zur ökotoxikologischen Bewertung von Chemikalien Bd. 2, Jül-Spez-224, Litz et al. (1987): The Behavior of Linear Alkylbenzolesulfonate in Different Soils: A Comparison between Field and Laboratory studies, Ecotoxicol. Environm. Saf. 14, 103-116, Litz N. und Blume H.-P. (1989): Verhalten von organischen Chemikalien in Böden und dessen Abschätzung nach einer Kontamination. Z. f. Kulturtech. u. Landentwickl. 30, 355-364

Tafel 2: Bewertung des Risikos einer Belastung zweier Böden durch Chemikalien

| Böden | Parabraunerde | | | Rostbraunerde | | |
|---|---|---|---|---|---|---|
| Umweltchemikalie | LAS | PCB | PER | LAS | PCB | PER |
| Bindung (n. Tab. 1) | 3,5 | 5 | 1,5 | 3,5 | 5 | 1,5 |
| - durch Humus | 2,5 | 4 | 1 | 3,0 | 4,5 | 1 |
| - durch Ton | 0,5 | 1,5 | 0,5 | 0 | 1,5 | 0 |
| - durchh pH-Einfluß | 0 | 0 | 0 | 1 | 1 | 0 |
| *BINDUNGSSTUFE (0-5):* | *3* | *5* | *1,5* | *4* | *5* | *1* |
| Eliminierung | | | | | | |
| - Abbau (n. Tab. 1) | 4 | 1 | 3 | 4 | 1 | 3 |
| - Temperatureinfluß | 4 | 1 | 3 | 4 | 1 | 3 |
| - Einfluß d. Feuchte | 0 | 0 | 0 | 0 | 0 | 0 |
| - Einfluß d. Luft | 0 | 0 | 0 | 0 | 0 | 0 |
| - Einfluß S-Wert | 0 | 0 | 0 | -0,5 | -0,5 | -0,5 |
| - Einfluß d. Bindung | 0 | -0,5 | 0 | -0,5 | -0,5 | -0,5 |
| - Flüchtigkeit | 0,5 | 0 | 1 | 0,5 | 0 | 1 |
| *ELIMINIERUNGSSTUFE (0-5):* | *4,5* | *0,5* | *4* | *3,5* | *0* | *3* |
| Grundwassergefährdung | | | | | | |
| - Bindung Oberboden | 3 | 5 | 1,5 | 4 | 5 | 1 |
| - Zuschlag Unterbod. | 0,5 | 0,5 | 0,5 | 0 | 0 | 0 |
| - Eliminierung | 4,5 | 0,5 | 4 | 3,5 | 0 | 3 |
| (Bindung+Elimin.):2 | 4 | 3 | 3 | 3,75 | 2,5 | 2 |
| Klimat. Wasserbilanz | 150 | 150 | 150 | 150 | 150 | 150 |
| - Einfluß Nutzung | 50 | 50 | 50 | -50 | -50 | -50 |
| - Einfluß Relief | 0 | 0 | 0 | 0 | 0 | 0 |
| Bewegungstufe (0-5) | 2 | 3 | 3 | 1,75 | 3 | 3,5 |
| *GW-GEFÄHRDUNGSSTUFE* | *1* | *2* | *2* | *1* | *2* | *2,5* |
| (1-5, n. GW-Stufe 7): | sehr gering | gering | gering | sehr gering | gering | mittel |
| *IMMISSIONSKORRIGIERTE* | *2* | *2* | *3* | *2* | *2* | *3,5* |
| *GW-GEFÄHRDUNGSSTUFE:* | gering | gering | mittel | gering | gering | erhöht |

MEHRPHASIGER ANSATZ ZUR BEURTEILUNG DES KONTAMINATIONSGRADES VON MÜLLDEPONIEN AUF POLDERFLÄCHEN

MARCO SIEGERIST UND DAAN LANGEMEIJER

BKH CONSULTING ENGINEERS, DEN HAAG, DIE NIEDERLANDE

1. EINLEITUNG

Die Provinzbehörden von Zuid-Holland haben BKH Consulting Engineers beauftragt, 125 Mülldeponien der Provinz zu untersuchen. Zwischen Juli 1988 und Mai 1989 untersuchte BKH eine Polderfläche von ungefähr 13500 ha, die als Weideland genutzt wird. Das Gebiet ist durch lange Landstreifen charakterisiert, die durch zahlreiche Entwässerungsgräben getrennt werden. In den sechziger und siebziger Jahren waren viele Gräben und Torfgruben aufgefüllt worden, weil sie den Einsatz moderner landwirtschaftlicher Verfahren behinderten. Als Füllmaterial wurden unter anderem landwirtschaftliche Abfallprodukte, Hausmüll, Bauschutt, Lumpen, Schredder und andere kommerzielle, häusliche und industrielle Abfälle verwendet. Viele Altlasten bestehen aus vergleichsweise leichtem Material wie Hausmüll und Lumpen, das mit Schutt abgedeckt ist. Die Deponieflächen variieren beträchtlich, nämlich von 10 bis 10000 m².

2. DAS MEHRPHASIGE UNTERSUCHUNGSPROGRAMM

BKH entwickelte ein mehrphasiges Altlasten-Untersuchungsprogramm (siehe Abbildung 1). Dieses ermöglichte im Wege fortschreitender Auslese erst die Identifizierung der belasteten Standorte, und dann zur anschließenden Behandlung ihre Zusammenfassung in Fälle von Bodenverunreinigung.

In der ersten Phase wurden leicht zugängliche Unterlagen gesammelt und untersucht, wie z.B. Genehmigungen der Deponieanlagen, Berichte der lokalen und regionalen Behörden sowie Untersuchungsberichte zu Boden und Grundwasser. Die Positionen der Altlasten wurden auf Luftaufnahmen und auf Karten überprüft.

In der zweiten Phase wurden dann Feldinspektionen und Interviews mit den Benutzern bzw. Eignern der Flächen durchgeführt, um die in der ersten Phase gewonnenen Daten zu verifizieren und zusätzliche Informationen zu sammeln. Die Bodenabdeckungen wurden manuell aufgebohrt, um die Bodenqualität hinsichtlich ihrer Stärke und Zusammensetzung beurteilen zu können, und um sensorisch wahrnehmbare Verunreinigungen zu identifizieren. Wo die Schuttschichten an der Oberfläche dies zuließen, wurde auch die Müllverfüllung untersucht. Schließlich wurden Altlasten auf Grundlage der

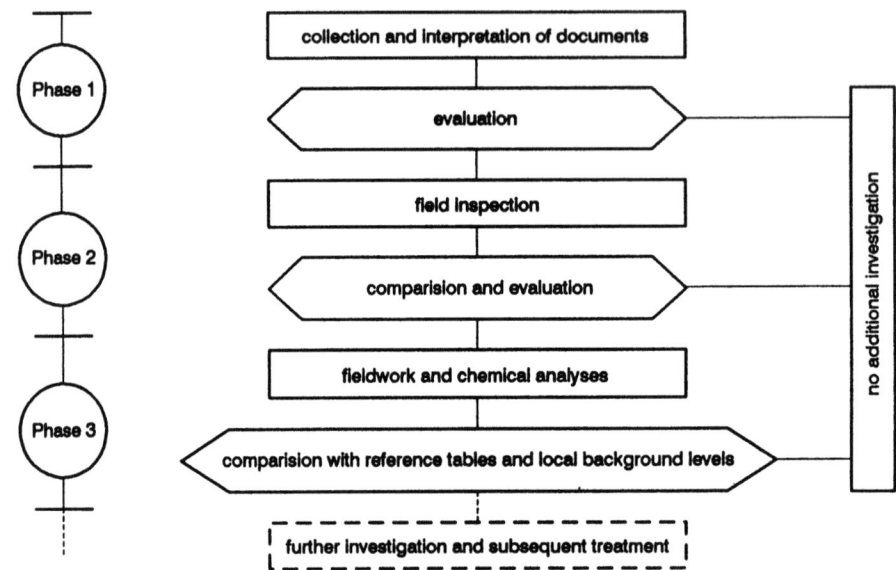

Abbildung 1. Mehrphasiges Untersuchungsprogramm

Legende: Sammeln und Interpretieren der Unterlagen
Auswertung
Feldinspektion
Vergleich und Bewertung
Arbeiten vor Ort und Analysen
Vergleich mit Referenztabellen und natürlichen lokalen Belastungswerten
Weitere Untersuchung mit anschließender Behandlung

Quer: Keine zusätzliche Untersuchung

Abfallstoffe, der Qualität der Bodenabdeckung und der Kippenfläche zur weiteren Untersuchung ausgewählt.

In der dritten Phase wurden auf den ausgewählten Altlasten mechanische Bohrungen mit einem Erdbohrer niedergebracht. Proben der Bodenabdeckung, der Müllverfüllung und des Perkolats wurden analysiert. Der Vergleich der Ergebnisse mit nationalen Referenztabellen zur Boden- und Grundwasserverschmutzung sowie mit den natürlichen lokalen Belastungswerten führte zur Identifizierung der belasteten Standorte, bei denen detaillierte Untersuchungen und Maßnahmen zur Linderung der Bodenverunreinigung durchgeführt werden sollten.

In der abschließenden Phase wurden die ausgewählten Altlasten zu Gruppen zusammengefaßt, wobei das Material der Müllverfüllung, der Verunreinigungsgrad, die Lage der

Altlast und die Herkunft des Mülls als Kriterien dienten.
Die Müllkippen wurden so zu Fällen von Bodenverunreinigungen
gruppiert, bei denen die technischen, organisatorischen und
Standortkritereien berücksichtigt wurden, die von den
niederländischen Gesetzen für eine Linderung der
Bodenverunreinigung gefordert werden.

3. ERGEBNISSE UND FOLGERUNGEN

Die theoretische Untersuchung der ersten Phase ergab
Hinweise auf insgesamt 119 potentiell belastete Standorte,
von denen in der zweiten Phase 23 zur weiteren Untersuchung
ausgewählt wurden. Der Vergleich mit den nationalen Grenzwerten und den natürlichen lokalen Belastungswerte führte
zur Identifizierung von 16 Standorten, die einer detaillierten Untersuchung unterzogen und bei denen Bodensanierungs-
maßnahmen durchgeführt wurden. Als Ergebnis der Gruppenbildung wurde die Anzahl der Fälle mit Bodenverunreinigungen
auf 5 reduziert.

Das mehrphasige Verfahren eignet sich für Untersuchungen, die eine große Anzahl von Müllkippen mit stark
variierenden Eigenschaften umfassen. Der Ansatz erlaubt eine
fortschreitende Auslese von Standorten, wodurch die große
Anzahl von Fällen, in denen potentiell Bodenverunreinigungen
vorliegen, auf eine beschränkte Anzahl von Fällen reduziert
wird, in denen eine Sanierung erforderlich ist. Der Ansatz
bietet den weiteren Vorzug der Kosteneffizienz, da die relativ hohen Kosten für mechanische Bohrungen und chemischen
Analysen auf eine ausgewählte Anzahl von Standorten beschränkt werden können.

Gegenwärtig werden auf derselben Polderfläche weitere
210 Müllkippen nach demselben Verfahren untersucht.

4. BIBLIOGRAPHIE
1) BKH (1989). Bijzonder inventariserend onderzoek sloot-
   dempingen te Bergambacht. Nicht veröffentlichter Bericht
   der Provinz Zuid-Holland.
2) BKH (1990). Bijzonder inventariserend onderzoek sloot-
   dempingen te Vlist. Nicht veröffentlichter Bericht der
   Provinz Zuid-Holland (in Vorbereitung).

**Altlasten auf einer ehemaligen Bleihütte: Untersuchungsergebnisse und mögliche Sanierungsmaßnahmen**

Margareta Wahlström [1], Pasi Vahanne [1], Leena Maidell-Münster [2]

[1] Technisches Forschungszentrum in Finnland, SF-02150 Espoo, Finnland
[2] Umweltbüro der Stadt Vantaa, Viertolankuja 4 A, SF-01300 Vantaa

Von 1929-1984 wurde in der Stadt Vantaa eine Bleihütte betrieben. Rohmaterialen waren Bleiakkumulatoren und Bleischrott. Die anfallenden Schlacken wurden z.T. auf dem Fabrikgelände gelagert, das in der Nähe eines wichtigen Grundwassergebietes liegt. Auf dem Grundstück soll nun ein Geschäfts- und Verwaltungszentrum errichtet werden. Das Grundwasser in der näheren Umgebung wurde untersucht, dabei wurden keine signifikant höheren Bleiwerte gefunden. In den oberen Bodenschichten wurden erhöhte Bleiwerte gefunden. Neue Untersuchungen wurden veranlaßt, die wie folgt aufgeteilt wurden:

- Lokalisierung von Schlackenresten und kontaminierter Böden durch Geländeuntersuchungen und Probenentnahmen
- Abschätzung von bleihaltigen Bodenmengen
- Abschätzung von sanierungsbedürftigen Bodenschichten
- mögliche Sanierungstechniken.

Auf dem 14100 $m^2$ Gelände wurden 31 Bohrungen und Baggerschürfungen durchgeführt. Am Rande des Hüttengeländes wurden Bodenproben bis 1 m Tiefe genommen. Auf dem Inneren des Hüttengeländes wurden Schürfungen bis zu 2-3 m Tiefe unternommem. Schlacke wurde auf dem Inneren des Geländes fast überall gefunden, hingegen nicht in den Randgebieten. Die Schlacke war mit Sand und Lehm aufgeschüttet. Die durchschnittliche Schichthöhe bei der Schlacke betrug 1,2 m. Unterhalb des Schüttgutes war eine dünne Torfschicht und darunter Sand und Lehm. Das Grundwasser stand sehr hoch an, so daß in den Schürfungen in einigen Fällen Grundwasser nachlief.

Insgesamt wurden 83 Proben entnommen. In allen Proben wurden Blei und in einigen auch Zinn und Antimon bestimmt. Zusätzlich wurden noch Analysen direkt in den Schlacken und den Mischungen von Schlacke und aufgeschütteten Böden durchgeführt. Neben den Schwermetallanalysen wurde auch der pH, die Wasserdurchlässigkeit, die Korngrößenverteilung und der Humusgehalt gemessen.

Tabelle 1. Boden und Schlackenmaterial auf einer alten Bleihütte

| Material | Bleigehalt | Bodenmenge |
|---|---|---|
| Aufgeschüttete Oberboden | 100-77000 mg*kg$^{-1}$ | 6500 m$^3$ |
| Schlacke | im Durchschnitt 9% | 4500 m$^3$ |
| Boden und Schlackenmischung (1 Probe) | 34000 mg*kg$^{-1}$ | 3600 m$^3$ |
| Torf | 130-70000 mg*kg$^{-1}$ | 2500 m$^3$ |
| Boden unterhalb der Torf | 8-230 mg*kg$^{-1}$ | - |
| Boden aus dem Vegetationsgebiet | 21-780 mg*kg$^{-1}$ | - |

Die oberen Bodenschichten waren beträchtlich durch Blei kontaminiert (Tab.1). Dies wurde teils durch die Luftemission der Bleihütte verursacht. Die Torfschichten unterhalb der Schlacken scheinen sehr effektiv das Blei absorbiert zu haben. Die Böden können in sechs unterschiedlich kontaminierte Schichten unterteilt werden. Eine vollständige Kartierung war nicht möglich.

Folgende Sanierungsmethoden wurden für die Sanierungskonzeption überprüft. Hierzu zählten:
- Wiederverwendung des Bleis aus der Schlacke
- Physikalisch-chemische Behandlung des kontaminierten Bodens
- Verfestigung der Böden und eine Endlagerung in einer stillgelegten Erzgrube
- Stabilisierung der geringer kontaminierten Böden und eine Endlagerung in Deponien
- Endlagerung der gesamten kontaminierten Böden in einer Problemmülldeponie
- Verbrennung der kontaminierten Torfschichten in einer Sondermüllverbrennungsanlage.

Die Untersuchungsergebnissen zur Sanierungskonzeption lassen sich wie folgt zusammenfassen:
- Eine Wiederverwendung der Schlacke in einer Bleihütte erscheint prinzipiell möglich aber unwirtschaftlich
- die übrigen Sanierungskonzepte, außer einer Endlagerung in einer Sondermülldeponie und die Verbrennung von Torf, erfordern weitere Untersuchungen.

Besonders die im Sanierungskonzept aufgeführten Behandlungsmethoden erfordern weitere Untersuchungen hinsichtlich der Deponiestandorte und eine exakte Kostenabschätzung. Den Grundstückseigentümern ist daher die Ausarbeitung eines Sanierungskonzeptes auferlegt worden. Besonders muß dabei eine Gefährdung des Grundwassers berücksichtigt und vermieden werden.

**ALTLASTENPROGRAMM DES LANDES NIEDERSACHSEN - GEZIELTE NACH-
ERMITTLUNG -**

Dieter Horchler, Geo-Infometric/Niedersachsen,
Richthofenstraße 29, D-3200 Hildesheim

Die zentrale Erfassung, Gefährdungsabschätzung und Sanierung
von Altablagerungen in Niedersachen basiert auf einem Ministererlaß vom 25.06.1985. Dieses "Altlastenprogramm" gliedert
sich in 4 Phasen (I: Erfassung/Dokumentation, II: Bewertung
Prioritätenbildung, III: Untersuchung/Gefährdungsabschätzung,
IV: Überwachung/Sanierung).

Der Zweck der Erfassung von Altablagerungen ist:
- örtliche und räumliche Abgrenzung (Lokalisierung)
- alle ermittelten Daten und Informationen auf Dauer verfügbar halten (Zentraldatei)
- alle vorhandenen Kenntnisse als Grundlage für eine Detailuntersuchung und Gefährdungsabschätzung erheben, zusammenstellen und dokumentieren
- Unterlagen für Bauleit- und Raumplanung, für wasserwirtschaftliche Fachplanungen und sonstige Vorhaben, die beeinflußt werden können, bereitstellen.

Nahziel ist es, die Voraussetzungen für eine Erstbewertung
und Prioritätenbildung (Phase II) zu schaffen.

Da sich gezeigt hat, daß der Kenntnisstand der behördlichen
Erhebungen für eine zentrale Erstbewertung in den meisten
Fällen nicht ausreicht, werden in Niedersachsen z.Z.
"gezielte Nachermittlungen" als Bestandteil der Phase I durch
Fachbüros durchgeführt.

Für alle erfaßten Altablagerungen soll ein Mindestmaß an Informationen zusammengetragen werden. Dieser Mindestanspruch
besteht für folgende Fragenkomplexe:

1 Mögliches Gefahrenpotential

   Abgelagerte Abfallarten, Abgelagertes Volumen

2 Freisetzungs- und Ausbreitungsmöglichkeiten von Stoffen

   Untergrunddurchlässigkeit, Lage und Abstand der Deponiesohle zum Grundwasser,

3 Standortgegebenheiten

   Lage zu: nächsten Vorfluter, Natur- und Landschaftsschutzgebieten, Trinkwassergewinnungsanlagen, Heilquellenschutzgebieten, "Wasserschutzgebieten", "Wasservorrangsgebieten", Bebauung.

Zur Umsetzung dieser Anforderungen auf der Grundlage eines Handbuches wurde ein Bearbeitungs- und Dokumentationssystem entwickelt. Es beinhaltet:

- Beschaffung aller erforderlichen und verfügbaren Unterlagen wie alte und neue topographische und geologische Karten, Luftbilder, Baugrund- oder sonstige Gutachten u.s.w.,
- Auswertung dieser Unterlagen im Hinblick auf die Fragestellungen
- Durchführung von in diesem Zusammenhang erforderlichen Sondierarbeiten,
- Geländebegehungen zur Beschreibung und fotografischen Dokumentation der Standorte, Durchführung von Zeitzeugen-Befragungen,
- Ausfüllen der ADV-Erfassungsbögen gemäß Anforderungskatalog,
- Einstufung der Altablagerung in einen hydrogeologischen Standorttyp,
- Dokumentation und Erstellung eines Untersuchungsberichtes.

Die beschriebenen Arbeiten müssen teilweise nacheinander, aufeinander aufbauend oder auch parallel zueinander ausgeführt werden. Dabei hängt die Dauer der einzelnen Arbeitsschritte von zahlreichen, nicht vorhersehbaren Faktoren ab. Hier hat sich der Einsatz moderner Planungs- und Bürotechnik bewährt.

Inzwischen liegen Erfahrungen bei der Bearbeitung mehrerer hundert Standorte vor. Die Ergebnisdokumentation, ein Kataster in Form einer ergänzbaren Loseblattsammlung, wird vorgestellt. Es beinhaltet die Abschnitte:

Kurzcharakteristik, Geländeerfassungsbogen, Fotodokumentation, Grundwassermeßstellencharakteristik, Multitemporale Kartenanalyse, Aktuelle Flächennutzung, Geologisch-hydrogeologische Situation, EDV-Erfassungsbogen

STICHPROBENAHMEN AUF GITTERN UND SIMULATIONSMODELLE BEI UNTERSUCHUNGEN VON SCHADSTOFFBELASTETEM GRUNDWASSER

B. LAMOREE UND J. MANSCHOT

BKH CONSULTING ENGINEERS, DEN HAAG, DIE NIEDERLANDE

1. EINLEITUNG

Die Untersuchung von Bodenverunreinigungen ist teuer und zeitaufwendig. Deshalb besteht die Notwendigkeit eines effizienteren Einsatzes der verfügbaren Untersuchungsverfahren, nämlich:
- Sammlung historischer Daten;
- Stichprobenahme und Analyse von Boden und Grundwasser;
- geostatistische Verarbeitung der verfügbaren Daten;
- Simulation der Transportprozesse im Grundwasser.

Zwei Verfahren, die einen effizienteren Einsatz dieser Hilfsmittel erlauben, sind die Stichprobenahme auf Gittern und die Simulation durch Computermodelle. Die Anwendbarkeit dieser beiden Verfahren bei Untersuchungen der Grundwasserbelastung wird im Rahmen einer Studie geprüft, die zu Bodenverunreinigungen in einem Industriegebiet der Niederlande durchgeführt wurde.

2. UNTERSUCHUNGSVERFAHREN

Gittermethode

Bei der Methode der Stichprobenahme auf einem Gitter wird das Untersuchungsgebiet in ein Netz von Einheiten unterteilt, in denen Proben genommen werden. Die statistische Analyse der Probenahmeergebnisse erlaubt es dann, Folgerungen zum Ausmaß der Verunreinigungen zu ziehen. Die Gittermethode ist insbesondere für Altlasten geeignet, bei denen mit vergleichsweise immobilen Schadstoffen zu rechnen ist, oder wenn es mehrere Quellen der Verunreinigung gibt, oder wenn diese nicht lokalisiert werden können. Die Methode kann selbst dann eingesetzt werden, wenn keine historischen Daten verfügbar sind. Wenn die Folgerungen allerdings zuverlässig sein sollen, muß das Probennetz um so dichter sein, je weniger Informationen verfügbar sind. Dies führt zu hohen Kosten.

Simulationsmethode

Die Simulationsmethode nutzt historische Daten effizienter aus. Ein Simulationsmodell für die Grundwasserströmung und den Schadstofftransport benötigt Daten zur hydrogeologischen Situation und zum Verhalten der Schadstoffe im Grundwasser. Wenn diese Methode eingesetzt wird, besteht die Strategie der Probenahme und der Analyse darin, die im Rahmen des Modells erzielten Ergebnisse zu verifizieren. Die Methode eignet sich besonders für Altlasten mit einer klar definierten Hydrogeologie, bei denen zudem die Schadstoffe mobil sind und das Quellengebiet der Verunreinigung wohlbekannt ist. Die bessere Nutzung der historischen Daten im Simulationsmodell führt zu einer effizienteren Durchführung der Felduntersuchungen, und zwar insbesondere der Probenahme und der Analyse.

3. FALLSTUDIE

Effizienz und Effektivität der Stichprobenahme auf Gittern und der Simulationsmethode wurden im Rahmen einer Studie geprüft, die zu Bodenverunreinigungen in einem Industriegebiet von 3,5 ha in der niederländischen Provinz Noord-Brabant durchgeführt wurde. Die Felduntersuchungen wurden nach der Methoden der Probenahme auf Gittern durchgeführt, wobei die Untersuchungsstrategie historische Daten zu den Quellen der Verunreinigung berücksichtigte. Nach jeder Entnahme und Analyse von Grundwasserproben wurde die Situation erneut beurteilt. Abbildung A zeigt das Netz und das Ausmaß der Verunreinigung.

Gegen Ende der Untersuchungen wurde ein geeignetes Simulationsmodell zur Grundwasserströmung und zum Schad-

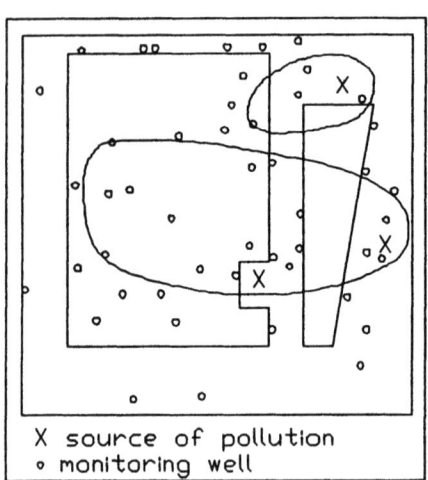
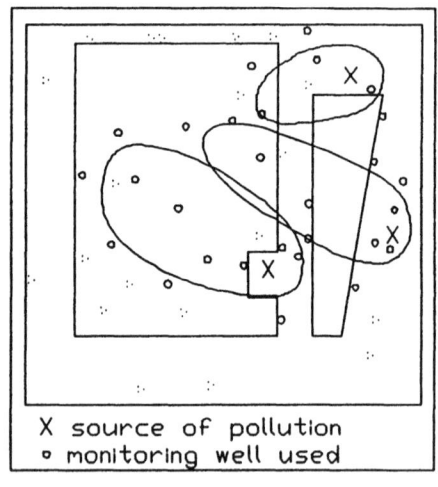

Abb. A: Probenahme auf einem Gitter

Abb. B: Simulationsmethode

Legende: source of pollution - Quelle der Verunreinigung
monitoring well (used) - (berücksichtigter) Beobachtungsbrunnen

stofftransport verfügbar. Für die Computersimulation wurden nur die historischen Daten und die Ergebnisse der ersten Probenahme verwendet. Abbildung B zeigt die Ergebnisse der Simulation und die benutzten Probepunkte.

## 4. FOLGERUNGEN

Die Probenahme auf Gittern und die Simulationsmethode führten bei dieser Fallstudie zu ähnlichen Ergebnissen, wobei aber die Simulationsmethode weniger Zeit und weniger Probenahmen benötigte. Obwohl die Simulationsmethode nicht so teuer und zeitsparender ist, kann sie nur eingesetzt werden, wenn die folgenden Kriterien erfüllt sind:
- das Quellengebiet der Verunreinigung kann lokalisiert werden;
- Beginn und Dauer der Verunreinigung sind bekannt;
- die Schadstoffe im Grundwasser sind vergleichsweise mobil.

Wenn diese Bedingungen nicht erfüllt sind, kann die Gittermethode ein geeignetes Untersuchungsverfahren sein. In den Situationen, in denen es keine klaren Hinweise darauf gibt, welche der beiden Methoden sich besser eignet, können sie für die Untersuchung auch kombiniert werden.

KARTIERUNG VON GRUNDWASSERSTAUERN IN QUARTÄREN LOCKERSEDIMENTEN
MIT REFLEXIONSSEISMISCHEN VERFAHREN

H. STÜMPEL, W. RABBEL, R. KIRSCH

INSTITUT FÜR GEOPHYSIK, UNIVERSITÄT KIEL

Für die Beurteilung des Gefährdungspotentials von Altlasten und die Planung neuer Deponiestandorte müssen die geologischen Untergrundsverhältnisse bekannt sein. Dieses gilt besonders für die grundwasserstauenden Schichten, die den Schutz des Grundwassers vor Deponiesickerwasser gewährleisten sollen.

Im Folgenden wird der Einsatz reflexionsseismischer Messungen für die Kartierung von Grundwasserstauern gezeigt. Die Reflexionsseismische Feldtechnik, die sich bei der Untersuchung tieferer Untergrundstrukturen (z.B. für die Erdöl und -gasexploration) bewährt hat, muß für die Anwendung im Flachgrundbereich modifiziert werden. Dazu werden am Institut für Geophysik folgende Entwicklungen durchgeführt:
- hochfrequente Anregungs- und Aufnahmetechnik für seismische Wellen mit Feldkonfigurationen zur Unterdrückung störender Oberflächenwellen
- digitale Registrierapperatur mit hoher Digitalisierungsrate
- Auswertesoftware, die auf Kleinrechnern eingesetzt werden kann

Abb. 1 zeigt ein Registrierbeispiel aus einem Deponiegelände in Norddeutschland. Es ergibt sich eine Abfolge von Reflexionshorizonten, die durch eine Wechsellagerung von Grundwasserleitern und -stauern hervorgerufen wird. Die geologische Interpretation

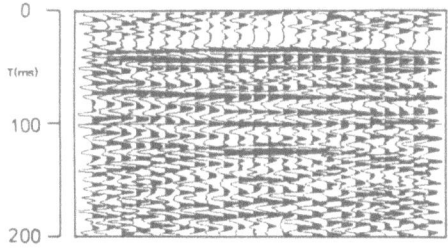

Abb. 1 Registrierbeispiel einer reflexionsseismischen Messung

der seismischen Horizonte erfolgt durch Tiefenvergleich mit den Ergebnissen von Aufschlußbohrungen. Aus einem Raster von seismischen Profilen ergibt sich eine dreidimensionale Darstellung des Untergrunds (Abb. 2), aus der Schichtenfolge und Lagerungsverhältnisse erkennbar werden.

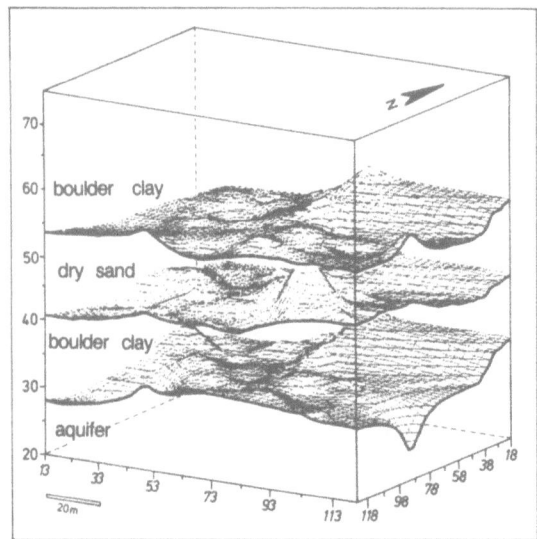

Abb. 2 Seismisch bestimmtes Untergrundmodell

Kleinräumige Störkörper im Grundwasserstauer wie z.B. Sandlinsen, durch die ein Schmutzwassertransport erfolgen kann, zeichnen sich im Seismogramm als Diffraktionshyperbeln ab. Die Auswertung erfolgt mit Hilfe eines Raytracing-Programms, (Abb. 3), daraus ergeben sich Tiefenlage und Ausdehnung des Störkörpers.

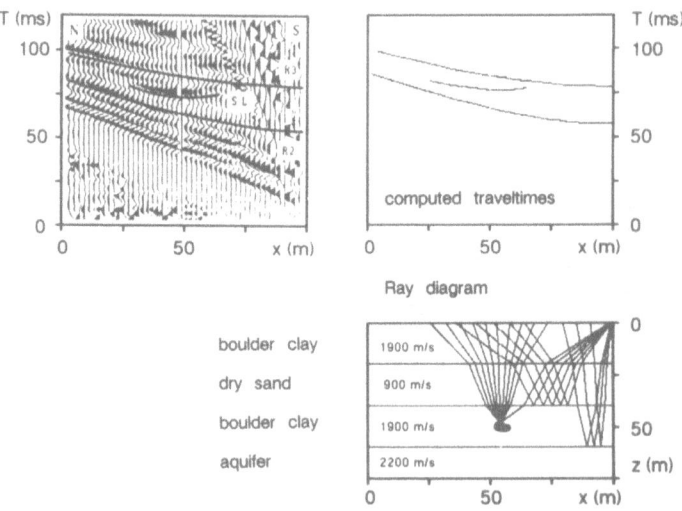

Abb. 3 Bestimmung von Störkörpern mit dem Raytracing-Verfahren

# ERKUNDUNG UND SANIERUNG EINES MINERALÖLSCHADENSFALLES UNTER FLUGVORFELDBEDINGUNGEN

N. Molitor, P. Ripper, R. Schmidt,

Trischler und Partner GmbH,
Berliner Allee 6, 6100 Darmstadt

## Einleitung

Unter dem Flugvorfeld der Rhein-Main Air Base wurde im Juni 1989 ein massiver alter Kerosinschaden entdeckt. Neben der auf dem Grundwasser aufschwimmenden Kerosinphase wurde im Grundwasser eine erhebliche Belastung mit gelösten Kohlenwasserstoffen, insbesondere Benzol und Toluol nachgewiesen. Der Schadensfall liegt in der Trinkwasserschutzzone III der Wasserwerke Hinkelstein.
Das Ingenieurbüro Trischler und Partner wurde beauftragt, die erforderlichen Erkundungen und Untersuchungen einzuleiten, ein Sanierungskonzept zu erstellen und die Sanierungsmaßnahmen ingenieurmäßig zu begleiten.
Ziel ist es, die Ausbreitung der Kerosinlinse auf dem Grundwasser zu verhindern, die Kerosinphase abzuschöpfen und das kontaminierte Grundwasser sowie den Boden langfristig zu regenerieren. Bei der Sanierungsplanung wurden technische und wirtschaftliche Lösungen entwickelt, die unter den schwierigen Randbedingungen des laufenden militärischen Flughafenbetriebes und einer geplanten Neubaumaßnahme im Schadensbereich ausführbar sind.
Die Planung und Durchführung der Arbeiten erfolgte in enger Abstimmung zwischen den deutschen Behörden, den amerikanischen Betreibern, dem Ingenieurbüro und den ausführenden Unternehmen.

## Standortsituation

Die Erkundung des Schadensausmaßes erfolgte mit 34 Grundwassermeßstellen, die in einem 50 m Raster angeordnet sind, welches in den Randbereichen auf 25 m verdichtet wurde. Aus den Schichtstärkebestimmungen ergibt sich eine ovale, in Grundwasserfließrichtung gestreckte Kerosinlinse von ca. 300 m Länge, 200 m Breite und ca. 40.000 m² Fläche. Die im Boden versickerte Kerosinmenge wird mit ca. 1.400 m³ abgeschätzt.
Der Flurabstand beträgt 8 - 9 m, der Aquifer besteht aus sandig-kiesigen Terrassenablagerungen des Mains mit schluffigen Beimengungen. Die hydraulische Durchlässigkeit wurde mit ca. $4 \cdot 10^{-4}$ m/s ermittelt. Das Grundwasser ist mit aus dem Kerosin herausgelösten Schadstoffen (KW H 18, BTX-Aromate) belastet.

## Sanierungskonzeption

Die Ausbreitung der Kerosinlinse und der ungehinderte Schadstoffabtransport mit dem Grundwasser war im Sinne einer Gefahrenabwehr kurzfristig zu unterbinden. Die Planung der Hauptsanierung im Sinne einer Schadstoffentfernung strebt eine zügige und wirtschaftliche Lösung an.
Bei der Aufstellung des Sanierungskonzeptes wurden außerdem folgende Randbedingungen des Militärflughafens berücksichtigt:

- Nutzung als Flugvorfeld
- Passagierbetrieb durch das Passenger Terminal
- Erweiterung/Neubaumaßnahmen des Passenger Terminals
- Sicherheitsbestimmungen auf dem Flugvorfeld

Das entwickelte Sanierungskonzept umfaßt eine gestufte Vorgehensweise mit folgenden Schritten:

Sofortmaßnahmen:

- Stillegen und Entfernen defekter Treibstoffleitungen
- Eingrenzung des Schadensbereiches
- Verhinderung der Kerosinausbreitung durch hydraulische Maßnahmen (Gefahrenabwehr)

Hauptsanierungsphase:

- Abschöpfung der Kerosinphase (Mehrphasenabschöpftechnik)
- Förderung von belastetem Grundwasser
- Wasseraufbereitung
- Wiederversickerung des aufbereiteten Wassers

Nachsanierungsphase:

- Bodenreinigung durch Bodenluftspülung
- Langfristige Grundwassersanierung

Die genannten Maßnahmen sind untereinander verknüpft; insbesondere sind hydraulische Maßnahmen einschließlich der Wasseraufbereitung für verschiedene Sanierungsschritte erforderlich (Gefahrenabwehr, Kerosinabschöpfung, Grundwassersanierung). Sie stellen dabei einen entscheidenden Kostenfaktor dar, so daß ihrer Optimierung im Rahmen der Planung besondere Bedeutung zukommt.

Hierzu wurden u.a. numerische Simulationsrechnungen auf der Basis der Finite-Elementemethode durchgeführt und verschiedene Sanierungsvarianten geprüft und verbessert. Als Ergebnis wurde für die Gefahrenabwehr der Bau und Betrieb von 3 Sanierungsbrunnen vorgeschlagen, während sich für die Hauptsanierung der Betrieb von 5 - 7 Sanierungsbrunnen in der Symmetrieachse der Kerosinlinse und 10 - 12 Versickerungsbrunnen außerhalb der Linse als besonders günstig herausstellen; diese Brunnenanordnung ist außerdem für eine Nachsanierung mittels Bodenluftspülung geeignet.

Mit diesem Konzept ist eine schnelle Gefahrenabwehr und eine wirtschaftliche Gesamtsanierung gewährleistet.

Die Gefahrenabwehr wurde im Winter 1989 erfolgreich in Betrieb genommen. Die Detailplanung der Hauptsanierung erfolgt unter Berücksichtigung der Ergebnisse der Sanierungsentwicklung im Rahmen der Gefahrenabwehr.

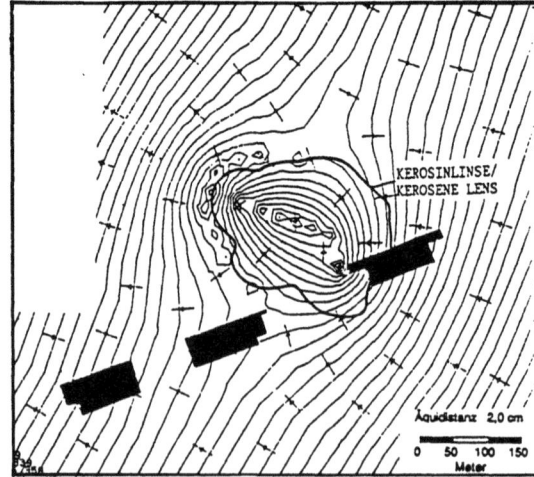

Abb. 1: 7-Brunnen-Variante mit Wiederversickerung

ENTWICKLUNG STANDARDISIERTER PROBENAHMESTRATEGIEN FÜR BODEN-
UNTERSUCHUNGEN IN DEN NIEDERLANDEN

D. HORTENSIUS[1], R. BOSMAN, J. HARMSEN UND D. WEVER.

1. EINFÜHRUNG

Seit 1980 ist die Schadstoffbelastung des Bodens ein wesentliches Umweltproblem in den Niederlanden. Es wurde eine rasch zunehmende Anzahl von verdächtigen Grundstücken gefunden, und heute wird angenommen, daß es notwendig sein wird, einhunderttausend (Industrie-) Grundstücke zu untersuchen. Ein wesentlicher Teil dieser Grundstücke wird in Zukunft gemäß der (vorläufigen) Bodensanierungsverordnung und den Bodensanierungsrichtlinien saniert werden müssen. Außerdem sind Untersuchungen auf eine vielleicht vorhandene Schadstoffbelastung des Bodens seit 1980 obligatorisch für gewisse Kategorien an Orten, wo Häuserbau geplant ist. Seit 1980 sind viele Bodenuntersuchungen durchgeführt worden, und weitaus mehr werden in der nächsten Zeit durchgeführt werden müssen. Standardisierung der Bodenuntersuchungen ist wichtig, um die Qualität der wissenschaftlichen Informationen, die für Entscheidungen notwendig sind, zu verbessern. Diese Standardisierung ist seit 1985 eine wesentliches Aufgabe des Normenausschusses "Bodenqualität" des Niederländischen Normeninstituts (NNI). Zahlreiche Normen (-entwürfe) für die Bodenuntersuchung, im wesentlichen in Bezug auf die chemische, physikalische und biologische Untersuchung von Bodenproben im Labor, sind seitdem veröffentlicht worden. 1989 wurde ein Entwurf für Richtlinien über Untersuchungsstrategien für Erkundungsuntersungen des Bodens der Öffentlichkeit zur Stellungnahme vorgelegt. Die darin beschriebene Strategie umfaßt sowohl die Probenahme (Arbeit im Feld) als auch die analytische Strategie (Laborarbeit). In dieser Abhandlung werden die Prinzipien des Richtlinienentwurfs beschrieben.

2. UNTERSUCHUNGEN ZUR SCHADSTOFFBELASTUNG DES BODENS IN DEN NIEDERLANDEN

1983 wurde ein gesetzliches Rahmenwerk geschaffen, um das Problem der Schadstoffbelastung des Bodens in den Niederlanden zu bewältigen, nämlich die (vorläufige) Bodensanierungsverordnung. Anleitungen für die Durchführung und Erfüllung dieser Verordnung werden in den Richlinien für die Bodensanierung [1] gegeben. Nach diesen Richtlinien werden vermutlich schadstoffbelastete Grundstücke in einem schrittweisen Verfahren untersucht.

---
[1]Korrespondierender Verfasser, Niederländisches Normeninstitut, Postfach 5059, 2500 GB Delft, Die Niederlande

a. Bestandsaufnahme
Die Bestandsaufnahme der (historischen) Informationen über ein vermutlich schadstoffbelastetes Grundstück geben eine erste Einsicht in die Art und die örtliche Lage der erwarteten Schadstoffe und ihre Ausbreitung in der Umgebung.
b. Orientierungsuntersuchung
Die Orientierungsuntersuchung umfaßt die chemische Untersuchung einer begrenzten Anzahl von Boden-, Schlamm- oder Grundwasserproben und sollte allgemeine Informationen über die Art, örtliche Lage und Konzentration der vorliegenden Schadstoffe geben. Wenn gewisse Schwellenwerte überschritten werden (zur Zeit werden in den Niederlanden die sogenannten B-Werte benutzt), muß eine weitere Untersuchung durchgeführt werden.
c. Weitere Untersuchung
Die weitere Untersuchung umfaßt eine ausgedehnte chemische und hydrogeologische Untersuchung und sollte vollständige Informationen über Art, örtliche Verteilung, Konzentrationen und (Gefahr einer) Ausbreitung der Schadstoffe ergeben und eine Bewertung der Gefahren für die öffentliche Gesundheit und die Umwelt erlauben. Wenn gewisse Schwellenwerte (die sogenannten C-Werte) überschritten werden, muß eine Sanierungsuntersuchung durchgeführt werden.
d. Sanierungsuntersuchung
Dieser Schritt unmfaßt die Untersuchung und den Vergleich der verschiedenen Möglichkeiten für die Sanierung des schadstoffbelasteten Grundstücks.

Die beiden ersten Schritte in diesem Verfahren sind kritisch: Wenn Schadstoffbelastung eines Grundstücks vorliegt, sollte sie bei der Orientierungsuntersuchung gefunden werden. Das Hauptziel dieser Untersuchung sollte deswegen sein, mit möglichst großer Gewißheit festzustellen, ob eine bestimmte Form der Schadstoffbelastung des Bodens vorliegt oder nicht.

Das in den Richtlinien für die Bodensanierung vorgeschriebene Verfahren wird nur an sogenannten 'verdächtigen' Grundstücken durchgeführt: Es muß ein Verdacht vorliegen, daß das Grundstück schadstoffbelastet ist. Auf Grund dieses Verdachts kann ein Grundstück in das jährlich aufgestellte Sanierungsprogramm der betreffenden Provinz mit eingeschlossen (die regionalen Behörden sind für die Bodensanierung verantwortlich) und wie oben beschrieben untersucht werden.

Seit 1987 gibt es eine zweite Kategorie von Untersuchungen über die Schadstoffbelastung des Bodens in den Niederlanden. Diese Art der Untersuchung ist für gewisse Kategorien von Baugrundstücken obligatorisch und kann als eine allgemeine Forderung in der Bauverordnung enthalten sein. Das Ziel ist, soweit wie möglich den Bau von Häusern auf schadstoffhaltigem Boden zu verhindern.

Diese Form der Untersuchung umfaßt zwei Phasen:
1. Datenbestandsaufnahme
2. Nachweis-Bodenuntersuchung

Die beiden Phasen sind mehr oder weniger vergleichbar mit den ersten beiden Schritten des in den Richtlinien für die Bodensanierung beschriebenen Verfahrens. Sie unterscheiden sich jedoch in Bezug auf den Umfang der Untersuchung und auf die Art der untersuchten Grundstücke. Eine Nachweis-Bodenuntersuchung ist weniger umfassend als eine Orientierungsuntersuchung, und wird überdies auch dann durchgeführt, wenn kein Verdacht besteht, daß das Grundstück schadstoffbelastet ist, während eine Orientierungsuntersuchung nur durchgeführt wird, wenn deutliche Anzeichen dafür vorliegen, daß das Grundstück schadstoffbelastet ist. Dieser Unterschied hängt zusammen mit den verschiedenen Gültigkeitsbereichen der gesetzlichen Verordnungen, die die Grundlage für diese beiden Unetrsuchungsformen bilden.

Eine dritte Kategorie von Bodenuntersuchungen erregt wachsendes Interesse: Die Untersuchung von zur Zeit industriell benutzten Grundstücken. Mehrere Ziele solcher Untersuchungen können identifiziert werden: Eine Erfassung des Ausmaßes der Schadstoffbelastung des Bodens auf industriell genutzten Grundstücken, eine Bewertung der (zukünftigen) Notwendigkeit von Bodensanierungen und eine Begutachtung des gegenwärtigen Zustands des Bodens auf einem industriell genutzten Grundstück im Hinblick auf gesetzliche Haftung in der Zukunft.

3. STANDARDISIERUNG DER BODENUNTERSUCHUNGEN

In den Richtlinien für die Bodensanierung werden keine Einzelheiten über die technischen Aspekte der Bodenuntersuchungen gegeben. Nach mehrjähriger Erfahrung wurde es klar, daß genaue Anweisungen und eine Standardisierung der verschiedenen Aspekte der Bodenuntersuchungen notwendig waren. Die ersten Versuche einer Standardisierung waren auf die im Labor angewendeten analytischen Methoden hin ausgerichtet. Sie führten zur Veröffentlichung von vorläufigen Richtlinien durch die niederländische Regierung im Jahre 1986 [2], und seit 1987 sind Normenentwürfe und endgültige Normen vom Niederländischen Normeninstitut (NNI) veröffentlicht worden. Die NNI-Normen wurden vom Normenausschuß "Bodenqualität" erarbeitet, der mehrere Unterausschüsse und Arbeitsgruppen hat, die alle Aspekte der Bodenuntersuchungen behandeln.

Die Bedeutung von Richtlinien für die Probenahme- und Untersuchungsstrategien wurde im NNI-Ausschuß in den frühen achtziger Jahren erkannt. Ein Dokument über Strategien war bereits 1986 in Arbeit. Das einzige damals verfügbare Dokument über Untersuchungsstrategien war eine Norm, die für die Nachweis-Bodenuntersuchung entwickelt worden und von der Gemeinschaft der niederländischen Stadtverwaltungen als Richtlinie für die obligatorische Untersuchung gewisser Arten von Baugrundstücken veröffentlicht worden war [3]. Es war die Idee der verantwortlichen Arbeitsgruppe des Normenausschusses, eine Untersuchungsstrategie für die erste Untersuchungsphase sowohl für verdächtige als auch für unverdächtige Grundstücke zu entwickeln. Die Untersuchungsstrategien sollten deshalb für die (ersten Phasen der) drei Arten von Bodenuntersuchungen anwendbar sein, die im vorhergehenden Abschnitt identifiziert wurden. 1989 wurde ein Richtlinienentwurf über Untersuchungsstrategien für die Erkundungsuntersuchungen des Bodens vom niederländischen Normeninstitut zur öffentlichen Stellungnahme veröffentlicht.

## 4. STRATEGIE FÜR DIE KLASSIFIZIERUNG EINES GRUNDSTÜCKS
### 4.1 Allgemeine Beschreibung
Im Richtlinienentwurf wird vorgeschrieben, daß auf Grundlage einer Bestandsaufnahme der verfügbaren Informationen über ein Grundstück die Einordnung in eine der folgenden Kategorien erfolgen sollte:

I   unverdächtiges Grundstück
II  verdächtiges Grundstück, diffus verteilte Schadstoffe vorhanden.
III verdächtiges Grundstück; Vorhandensein punktförmiger Schadstoffquelle(n) an einer (oder mehreren) bekannten Stelle(n).
IV  verdächtiges Grundstück; Vorhandensein punktförmiger Schadstoffquelle(n) an einer (oder mehreren) unbekannten Stelle(n).

Für jede Kategorie wird eine besondere Untersuchungsstrategie vorgeschrieben, um festzustellen, ob die aufgestellte Hypothese gerechtfertigt ist. Diese Strategien umfassen Probenahmen (Arbeiten im Feld) und eine analytische Strategie (Laborarbeiten). Nach Durchführung der Erkundungsuntersuchung können weitere (ins einzelne gehende) Untersuchungen des Grundstücks notwendig werden (siehe Ablaufdiagramm in Abb. 1).

Der Grundgedanke hinter dieser Strategie für die Erkundungsuntersuchung des Bodens ist, daß innerhalb des begrenzten Umfanges einer solchen Untersuchung die Möglichkeit, eine vorliegenden Schadstoffbelastung aufzufinden, dadurch verbessert werden kann, daß auf der Grundlage der über das Grundstück verfügbaren Informationen eine spezielle Strategie gewählt wird. Die Bestandsaufnahme der vorhandenen Informationen ist deswegen ein kritischer Schritt des Verfahrens. Denn wenn eine falsche Hypothese aufgestellt und geprüft wird, ist es möglich, daß falsche Schlüsse über die Schadstoffsituation gezogen werden. Wegen des begrenzten Umfanges der Erkundungsuntersuchung und der Abhängigkeit von der zu prüfenden Hypothese bedeutet eine Verneinung der hypothetischen Situationen in Hinsicht auf Kategorien II, III und IV nicht, daß das Gegenteil der Hypothese zutrifft, sondern nur, daß einen neue Hypothese oder weitere Untersuchungen erforderlich sind, um die Situation richtig zu bewerten. Wenn ein Grundstück z.B. in Kategorie III eingestuft ist und die Erkundungsuntersuchung zeigt, daß keine punktförmigen Schadstoffquellen an den vermuteten Stellen vorhanden sind, so bedeutet das nicht, daß gar keine Schadstoffe vorhanden sind, denn es sind keine Untersuchugen über diffuse Schadstoffbelastung oder punktförmige Schadstoffquellen an unbekannten Stellen durchgeführt worden. Nur eine Erkundungsuntersuchung nach der Strategie für unverdächtige Grundstücke (Kategorie I) kann zu der Schlußfolgerung führen, daß das Grundstück nicht schadstoffbelastet ist. Dieses oben beschriebene Verfahren wurde gewählt, weil die Gefahr, daß nach Durchführung einer Erkundungsuntersuchung des Bodens irrtümlich geschlossen wird, daß der Boden nicht mit Schadstoffen belastet ist, so gering wie möglich sein sollte.

### 4.2 Bestandsaufnahme der verfügbaren Informationen

Um es zu ermöglichen, Grundstücke in die oben beschriebenen Kategorien einzustufen, ist eine äußerst gründliche Bestandsaufnahme aller (historischen) Daten erforderlich. Entsprechend dem Richtlinienentwurf sollte eine solche Bestandsaufnahme sowohl historische als auch aktuelle Information umfassen.

a) Historische Informationen:
- Die verchiedenen Nutzungsarten des Grundstücks in der Vergangenheit;
- Die früheren Nutzungsarten, die zu Schadstoffbelastung des Bodens geführt haben könnten;
- Die Stellen auf dem Grundstück, wo solche Arbeiten durchgeführt wurden;
- Sonstige historische Informationen, z.B. über benachbarte Grundstücke, Vorhandensein von Grundwasserbrunnen usw.

Solche Informationen können u.a. gefunden werden durch:
- Durchsuchung von Archiven (der Gemeinden, Industrien usw.);
- Interviews mit (ehemaligen) Arbeitern, (ehemals) in der Nachbarschaft lebenden Bürgern, die durch Anzeigen in den Ortszeitungen gefunden werden können;
- alte (Infrarot-) Luftbildaufnahmen
- Sensorische Wahrnehmungen bei Grundstücksbesichtigungen zur ersten Orientierung
- Informationen über die industriellen Verfahren, die auf dem Grundstück durchgeführt wurden.

b) Aktuelle Informationen
- Gute Karten des Grundstücks;
- Daten über die Bodenstratifzierung und die hydrogeologische Situation;
- Daten über Kabel, Rohrleitungen, Abfälle, Verhärtungen usw.
- Informationen über chemische Untersuchungen, die in der Nähe des Grundstücks durchgeführt wurden;
- Informationen über ähnliche Orte

. Kennwerte der erwarteten Schadstoffe
. Ergebnisse von goe-elektrischen Untersuchungen.

Wenn die Bestandsaufnahme der Informationen zu einer klaren Annahme führt, wird das Grundstück entsprechend klassifiziert. Wenn nötig, kann das Grundstück in verschiedene Sektoren eingeteilt werden, um verschiedene Strategien für jeden der Sektoren zu ermöglichen.

Über die Ergebnisse dieser Bestandaufnahme und die Gründe für die Wahl einer Hypothese über die Verteilung der Schadstoffe muß Bericht erstattet werden.

## 5. STRATEGIE FÜR DIE ERKUNDUNGSUNTERSUCHUNG DES BODENS AUF KLASSIFIZIERTEN GRUNDSTÜCKEN

### 5.1 Unverdächtige Grundstücke

Unverdächtige Grundstücke werden untersucht, indem eine vorbestimmte Anzahl von Grundwasser- und Bodenproben entsprechend der Größe des Grundstücks entnommen werden (siehe Tabelle 1). Die Proben werden chemisch auf eine weite Palette an chemischen Verbindungen untersucht (siehe Tabelle 2). Das Grundstück kann als nicht schadstoffbelastet angesehen werden, wenn keine der Proben sich als schadstoffhaltig erwiesen hat, d. h. wenn keine der Proben Schadstoffe in Konzentrationen enthielt, die gewisse Vergleichs- oder Schwellenwerte überschreiten. Außerdem müssen die mittleren gefundenen Konzentrationen den Ansprüchen für die Abwesenheit diffus verteilter Schadstoffe im Boden entsprechen (siehe Abschnitt 5.2).

TABELLE 1. Untersuchungsschema für eine Nachweis-Bodenuntersuchung an einem unverdächtigen Grundstück

| Grundstück Größe (ha) | Anzahl Bohrungen | | | Anzahl Proben | | | Anzahl Analysen | | |
|---|---|---|---|---|---|---|---|---|---|
| | davon bis 0,5m | davon bis 2m | davon mit Beobacht.-brunnen | Mutterboden 0,05m | Unterboden 0,5 bis 2,0m | Grundwasser | Mutterboden 0,05m | Unterboden 0,5 bis 2,0m | Grundwasser |
| Kleine Grundstücke bis zu 10ha: | | | | | | | | | |
| 0,2 | 12 | 3 | 1 | 12 | 9 | 1 | 2 | 1 | 1 |
| 1 | 20 | 6 | 2 | 20 | 18 | 2 | 3 | 2 | 2 |
| 2 | 30 | 9 | 3 | 30 | 27 | 3 | 4 | 3 | 3 |
| 3 | 40 | 12 | 4 | 40 | 36 | 4 | 5 | 4 | 4 |
| p | 10+ 10xp | 3+ 3xp | 1+ 1xp | 10+ 10xp | 9+ 9xp | 2+ 1xp | 1+ 1xp | 1+ 1xp | 1+ 1xp |
| Große Grundstücke von 10ha aufwärts: | | | | | | | | | |
| 50 | 200 | 55 | 20 | 200 | 165 | 20 | 20 | 15 | 20 |
| p | 100+ 2xp | 30+ 0,5xp | 10+ 0,2xp | 100+ 2xp | 90+ 0,2xp | 10+ 0,2xp | 10+ 0.2xp | 10+ 0,1xp | 10+ 0,2xp |

TABELLE 2. Chemische Analysen für unverdächtige Grundstücke

| | Mutter-boden | Unter-boden | Grund-wasser |
|---|---|---|---|
| * Schwermetalle (Pb,Zn,Cd,Cu,Ni,As,Hg,Cr) | X | X | X |
| * Gesamtzyanid | X | X | X |
| * Extrahierbare organ. Halogene (EOX) | X | X | X |
| * Mineralöl (IR-Analyse) | X | X | X |
| * Polyzykl. aromat. Kohlenwasserstoffe (PAK) | X | | |
| * Flüchtige organ. (aromat. oder chlorierte) Verb. | | X | X |
| * pH und elektrische Leitfähigkeit (El) | | | X |
| * Naphthalin | | | X |
| * Phenol-Index (dampfdestillierbare Phenole) | | | X |
| * Lutum, organische Stoffe (zur Bestimmung der Vergleichswerte | X | X | |

## 5.2 Verdächtige Grundstücke mit diffus verteilten Schadstoffen

Zur Unterschung dieser Kategorie von Grundstücken werden Proben in einer stratifizierten Zufallsverteilung entnommen. Die Mindestanzahl Proben ist 4, für jeden zusätzlichen Hektar um 1 erhöht. Eine Anzahl gemischter Proben wird aus den Einzelproben hergestellt. Die Boden- und Grundwasserproben werden auf die Verbindungen untersucht, deren Vorkommen auf dem Grundstück nach den Informationen aus der Bestandsaufnahme erwartet werden kann (siehe 4.2).

Die folgende Hypothese wird für jede Probe geprüft: Die mittlere Konzentration des Schadstoffs überschreitet den Schwellenwert.

Drei Testvoraussetzungen müssen gemacht werden:
. Der Variationskoeffizient für die in einer bestimmten Probe gefundenen Konzentration ist etwa 100% (wenn er nicht als kleiner erwiesen wird), d.h. die Standardabweichung in den aus einer Anzahl von Proben erhaltenen Ergebnissen ist gleich der mittleren gefundenen Konzentration (diese Voraussetzung basiert auf praktischen Erfahrungen).
. Die gemessenen Konzentrationen sind log-normal verteilt, d. h. der natürliche Logrithmus der Konzentrationen entspricht einer Normalverteilung.
. Die Variation der Ergebnisse als Resultat der chemischen Vorbehandlung, Herstellung der Mischproben und Analysen ist vernachlässigbar.

Daraus ergibt sich, daß die oben angegebene Hypothese verworfen werden kann, wenn:

$c \cdot e^{0,5 + 1.645/\sqrt{n}}$ < Schwellenwert,

wobei

c der geometrische Mittelwert der gemessenen Konzentrationen $c_1 \ldots c_n$ ist und

n die Anzahlt der analysierten Mischproben.

Der Faktor $e^{0,5+1.645\sqrt{n}}$ kann als ein Unsicherheitsfaktor angesehen werden, der zur Korrektur der mittleren Konzentration benutzt wird, ehe diese mit dem Schwellenwert verglichen werden kann.

Der Wert des Unsicherheitsfaktors steigt, wenn weniger Proben analysiert werden. In Tabelle 3 werden die Unsicherheitsfaktoren für verschiedene Probenzahlen angeführt.

TABELLE 3. Unsicherheitsfaktoren im Verhältnis zur Probenzahl

| Anzahl der Proben | Sicherheitsfaktor (Koeff. = 100%) |
|---|---|
| 40 | 2,14 |
| 20 | 2,38 |
| 15 | 2,52 |
| 10 | 2,77 |
| 8 | 2,95 |
| 6 | 3,23 |
| 4 | 3,75 |

### 5.3 Verdächtige Grundstücke mit punktförmigen Schadstoffquellen an bekannten Stellen

Für die Untersuchung von punktförmigen Schadstoffquellen, werden Boden- und Grundwasserproben innerhalb des Bereichs der vermutlichen Quellen entnommen.

Die Anzahl der Beobachtungsbrunnen sollte der Größe der vermutlichen Quellenzone und der Anzahl der punktförmigen Quellen auf dem Grundstück proportional sein. Aus jedem Brunnen wird eine Grundwasserprobe entnommen und einzeln analysiert.

Es sollten zumindest 4 Bohrungen für die Entnahme von Bodenproben an jeder vermuteten punktförmigen Schadstoffquelle entnommen werden, aber die Anzahl sollte genau entsprechend der jeweiligen Situation festgelegt werden. Die Bodenproben müssen einzeln analysiert werden (d. h. 4 oder mehr Analysen). Es sollten keine Mischproben hergestellt werden.

Die Boden- und Grundwasserproben werden für die Verbindungen analysiert, deren Gegenwart nach den in der Bestandsaufnahme gefundenen Informationen (siehe Abschnitt 4.2) an der punktförmigen Schadstoffquelle vermutet werden. Außerdem sind Beobachtungen durch Sinneswahrnehmungen während der Probenahme und zusätzlich durchgeführte Felduntersuchungen bedeutende Faktoren für die Ausarbeitung einer spezifischen Analysenstrategie.

### 5.4 Verdächtige Grundstücke mit punktförmigen Schadstoffquellen an unbekannten Stellen

Zwei Fälle können unterschieden werden:

1. Das wahrscheinlich schadstoffbelastete Gebiet umfaßt weniger als 10% des Gesamtgrundstücks:
   In diesem Fall ist die Wahrscheinlichkeit, die vermutete punktförmige Quelle durch Entnahme von Bodenproben aufzufinden, sehr gering. Deshalb werden in diesem Fall nur Grundwasserproben entnommen, in denen wasserlösliche Schadstoffe oft noch aufgefunden werden können, vorausgesetzt, daß die Schadstoffquelle nicht erst neuen Datums ist. (d.h. daß wenig oder gar kein Transport in das Grundwasser stattgefunden hat). Es sollten zumindest 4 Beobachungsbrunnen gebohrt werden. Wenn das Grundstück größer als 1 ha ist, muß zumindest eine zusätzliche Probe für jeden zusätzlichen Hektar entnommen werden. Alle Grundasserproben werden individuell auf pH und elektrische Leitfähigkeit untersucht, und auf die Verbindungen, deren Gegenwart vermutet wird.
2. Das wahrscheinlich schadstoffbelastete Gebiet umfaßt mehr als 10% des Gesamtgrundstücks:
   In diesem Fall ist die Wahrscheinlichkeit, die vermutete Schadstoffbelastung aufzufinden, wesentlich größer. Für kreisförmige Schadstoffquellen kann die Wahrscheinlichkeit wie folgt berechnet werden:
   Anzahl Proben = verdächtiges Gebiet/Quellengebiet
   Die errechnete Anzahl Proben sollte zur Erhöhung der Verläßlichkeit um 4 erhöht werden. Nach diesen Überlegungen sollten die Bohrungen gleichmäßig über das Grundstücke verteilt (d.h. zufallsmäßig stratifiziert[2]) werden.

Für die Untersuchung des Grundwassers ist eine geringe Anzahl Beobachtungsbrunnen, z.B. zumindest 1 pro Hektar, ausreichend. Aus jedem Beobachtungsbrunnen wird eine Grundwasserprobe entnommen und individuell untersucht.

Bodenproben werden auf die Verbindungen analysiert, deren Auftreten vermutet wird.

Grundwasserproben werden auf pH und elektrische Leitfähigkeit untersucht, und für die Verbindungen analysiert, deren Auftreten auf Grund der Bestandsaufnahme der verfügbaren Informationen (siehe Abschnitt 4.2) vermutet wird.

## 6. ABSCHLIESSENDE BEMERKUNGEN

Die Anwendung der Richtlinien, deren Grundzüge hier beschrieben worden sind, sollte zu einer gleichförmigeren Durchführung der Erkundungsuntersuchungen des Bodens und auch zu einer gleichförmigeren Bewertung schadstoffbelasteter Grundstücke führen. Die während der öffentlichen Umfrage erhaltenen Kommentare waren sehr unterschiedlich: Manche Leute sahen die Richtlinien als eine allzu enge Zwangsjacke an, andere begrüßten die klaren Richtlinien, besonders in Bezug auf die Mindestanzahl von Proben, die entnommen werden müssen. Die endgültige Fassung der Richtlinien soll Ende 1990 fertiggestellt sein.

Das strategische Prinzip des Richtlinienentwurfs wurde von der TNO für die Erstellung eines Führers für die Erkundungsuntersuchung von schadstoffbelasteten Grundstücken innerhalb des Rahmenwerks der Bodensanierungsverordnung benutzt, die als Teil der überarbeiteten Richtlinien für die Bodensanierung veröffentlicht werden sollen. Die Ergebnisse werden auch im Technischen Ausschuß ISO/TC 190 "Bodenqualität" der Internationalen Normenorganisation diskutiert.

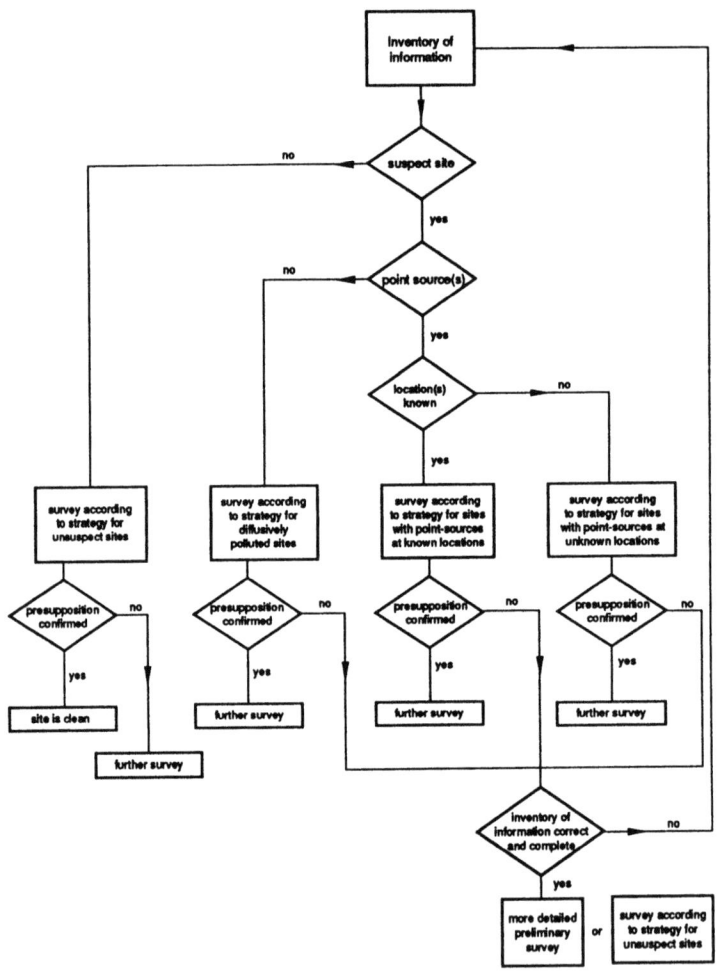

Abbildung 1.  Flußdiagramm der standardisierten Untersuchungsstrategie für Bodenerkundungen

Legende:    -- siehe nächste Seite --

Legende zu Abbildung 1:

  further survey - Weitere Untersuchung
  Inventory of information - Bestandsaufnahme der Informationen
  inventory of information correct and complete - Bestandsaufnahme der Informationen korrekt und vollständig
  location(s) known - Stelle(n) bekannt
  more detailed preliminary survey - Mehr ins einzelne gehende Orientierungsuntersuchung
  point sources - Punktfömige Quelle(n)
  presupposition confirmed - Vermutung bestätigt
  site is clean - Grundstück ist nicht schadstoffbelastet
  survey according to strategy for diffusely polluted sites - Untersuchung entsprechend der Strategie für 'Diffus schadstoffbelastete Grundstücke'
  survey according to strategy for sites with point sources at known locations - Untersuchung entsprechend der Strategie für 'Grundstücke mit punktförmigen Schadstoffquellen an bekannten Stellen'
  survey according to strategy for sites with point sources at unknown locations - Untersuchung entsprechend der Strategie für 'Grundstücke mit punktförmigen Schadstoffquellen an unbekannten Stellen'
  survey according to strategy for unsuspect sites - Untersuchung entsprechend der Strategie für 'Unverdächtige Grundstücke'
  survey according to strategy for unsuspect sites - Untersuchung entsprechend der Strategie für 'Unverdächtige Grundstücke'
  suspect site - Verdächtiges Grundstück
  yes - ja; no - nein; or - oder

Weitere Richtlinien für die Untersuchung schadstoffbelasteter Grundstücke sollen vom Ausschuß des Niederländischen Normeninstituts entwickelt werden. Im Hinblick auf die Anzahl der verdächtigen Grundstücke können nur systematische und standardisierte Untersuchungsstrategien die hochwertigen Information beibringen, die zur Aufstellung der richtigen Prioritäten und für das Treffen guter Entscheidungen erforderlich sind.


7. BIBLIOGRAPHIE
1) Richtlinien für die Bodensanierung, Ministerium für Wohnungswesen, Raumordnung und Umweltschutz (VROM) Staatsuitgeverij, s-Gravenhage, 1983, mit Überarbeitungen bis 1990 (auf niederländisch).

2) Vorläufige Richtlinien für Probenahmen und Analysen, Bericht der DHV-Berater, Herausg. Ministerium für Wohnungswesen, Raumordnung und Umweltschutz (VROM) Bodenschutzserie Nr. 55B, Staatsuitgeverij, 's-Gravenhage, 1986 (auf niederländisch).
3) Normenstrategie für Nachweisuntersuchungen des Bodens, Bericht der DHV-Berater, Herausg. Vereinigte Niederländische Gemeinden, 's-Gravenhage, 1986 (auf niederländisch).
4) Entwurf NPR 5740: Boden - Strategie für Erkundungsuntersuchungen von Böden, Herausg.: Niederländisches Normeninstitut, 1989 (auf niederländisch).

BEWERTUNG VON BODENDATEN BEI DER STILLEGUNG VON OBERFLÄCHEN-
DEPONIEN (IMPOUNDMENTS)

W.E. KELLY, I. BOGARDI UND A. BARDOSSY

DEPARTMENT OF CIVIL ENGINEERING, UNIVERSITY OF NEBRASKA-
LINCOLN, LINCOLN, NE, U.S.A. AND INSTITUTE FOR WATER
RESOURCES, UNIVERSITY OF KARLSRUHE, KARLSRUHE, BRD

1. ZUSAMMENFASSUNG

Es wird eine Methode zur Bewertung von Bodendaten bzw. zur Ermittlung des Ausmaßes einer eventuellen Bodenkontamination bei der Stillegung von Oberflächendeponien vorgestellt. Diese wird anhand von Daten aus einer Fallstudie erläutert. Die Methode besteht aus folgenden Schritten: Entwurf des Programms zur Bodenprobenahme; Auswertung der Daten und Ermittlung des Umfangs der Kontamination. Die Methode stützt sich auf die Geostatistik unter Einschluß von Variogrammanalysen sowie Punkt-, Block- und Indikatorkriging. Die Entscheidungsanalyse, der abschließende Schritt der Methode, ist so allgemein gehalten, daß sie an die verschiedenen vorgeschlagenen gesetzlichen Bestimmungen angepaßt werden kann.

2. HINTERGRUND

Oberflächendeponien sind seit vielen Jahren als Zwischenlager für flüssige Abfallstoffe verwendet worden. In einigen Fällen verfügen derartige Becken auch über eine Auskleidung. Als Folge der strengeren Umweltbestimmungen werden viele Becken modernisiert oder beseitigt. Wenn ein Becken außer Betrieb genommen wird, kann es erforderlich werden, den Kontaminierungsgrad von Boden und Grundwasser zu ermitteln, um die Notwendigkeit einer Sanierung zu klären. Der Zweck dieses Artikels besteht darin, einen Ansatz für die Ermittlung des Ausmaßes der Bodenkontamination zu beschreiben. Zur Illustrierung des Ansatzes dient eine Fallstudie.

3. ANSATZ

Das Ziel der Methode ist es, das Auftreten und der Umfang von Kontaminationen in der Auskleidung oder im Unterboden zu beschreiben. Zu diesem Zweck ermöglicht die Methode: 1) den Entwurf eines Programms zur Bodenprobenahme; 2) Die Auswertung der Bodenprobedaten; und 3) eine Definition von Grad und Ausmaß der Bodenkontamination.

3.1. Entwurf des Programms zur Bodenprobenahme

Zuerst müssen der oder die Bodenparameter definiert werden, durch die eine Kontamination des Beckens charakterisiert wird. Man kann davon ausgehen, daß die Kontamination des natürlichen Bodens oder, falls vorhanden, der Bodenauskleidung und damit die zur Charakterisierung der Bodenkontamination gewählten Parameter eine unbekannte räumliche Verteilung aufweisen. Der Kontaminationsgrad kann nämlich trotz räumlicher Korrelation hochgradig variabel sein. In derartigen Fällen kann die erforderliche Anzahl der Probenpositionen nicht im Voraus berechnet werden, weil die räumliche Verteilung nicht bekannt ist. Das Programm zur Bodenprobenahme sollte so ausgelegt werden, daß es zwei Kriterien erfüllt: 1) Minimierung der Anzahl von Messungen, und 2) Bereitstellung einer ausreichenden Anzahl von Messungen an den richtigen Positionen zur Ermittlung der räumlichen Verteilung.

### 3.2. Auswertung der Bodenprobedaten

Die Bodenprobedaten können mit Hilfe des Programmes Geo-EAS (Geostatistical Environmental Assessment Software) ausgewertet werden, das von der USEPA (1988) entwickelt worden ist. Die Auswertung durchläuft die folgenden Schritte: 1) statistische Analyse der Meßdaten, 2) Regressionsanalyse für je zwei der gemessenen Bodenparameter, 3) Abschätzung der räumlichen Verteilung mit Hilfe von Variogrammen, 4) Kriging-Interpolation und Konturkartierung.

### 3.3. Entscheidungsanalyse

In der dritten Phase werden unter Verwendung von Grenzwerten für die Kontaminationsparameter zwei mögliche Ergebnisse erzielt: 1) der Aufwand bei der Bodenprobenahme war ausreichend für den Nachweis, daß der unterliegende Boden oder die Bodenauskleidung <u>nicht</u> kontaminiert sind; oder 2) aufgrund der verfügbaren Probendaten ergibt sich die Wahrscheinlichkeit, daß der Boden oder die Auskleidung (oder Teile davon) kontaminiert sind.

## 4. FALLGESCHICHTE

Eine vor 14 Jahren angelegte Oberflächendeponie diente der Aufnahme verschiedener Abfallstoffe, darunter Schwermetalle und flüchtige organische Verbindungen. Das Becken bestand aus einer flexiblen Folienauskleidung (Hypalon) über einer verdichteten Tonauskleidung. Der dazu verwendete Ton war von außerhalb herangeschafft worden. Unmittelbar unterhalb der Folie befand sich ein Nachweissystem für Leckagen, das aus einem perforierten Rohr in einem Sandmantel bestand. Die Bodenauskleidung unterhalb des Sandmantels war etwa 30 cm stark.

### 4.1. Programm zur Bodenprobenahme

Im vorliegenden Fall waren die Bodenparameter, durch die die beckenseitige Kontamination charakterisiert wurden, ebenso vorherbestimmt wie das Probenahmegitter. Das Probenahmegitter bestand aus 28 Proben, die auf einem regulären Gitter entnommen wurden, und 22 Proben, die bei Flicken oder Rissen der Auskleidung entnommen wurden. Idealerweise hätten einige Proben in verschiedenen Richtungen und engeren

Abständen zu einem oder mehreren Gitterpunkten entnommen werden sollen, um die räumliche Verteilung zu ermitteln. Die Analyse zeigte aber, daß die durchgeführte Probenahme angemessen war, um die räumliche Verteilung der geprüften Parameter festzulegen.

4.2. Auswertung der Bodenprobedaten

Die Bodendaten wurden in zwei Schritten ausgewertet. Die Daten wurden zuerst statistisch analysiert, dann wurde eine geostatistische Analyse durchgeführt.

4.2.1. Statistische Analyse. Zuerst wurden die beiden Datensätze ausgewertet, um zu klären, ob sie zu einem Datensatz zusammengefaßt werden können. Die Ergebnisse dieser Analyse zeigten, daß die Annahme der Homogenität mit einem Konfidenzgrad > 90% akzeptiert werden konnte. Das heißt, es gibt zwischen den beiden Datensätzen keine signifikanten Unterschiede. Wir benutzten deshalb für die Auswertung den kombinierten Datensatz (50 Datenpunkte).

Als nächstes wurde die Korrelation zwischen den Bodenparametern ermittelt. So zeigt beispielsweise das Streudiagramm für Kupfer und Chrom (Abb. 1), daß diese Metalle korreliert sind. Das Streudiagramm für Azeton und Chrom zeigt keine Korrelation. Da die Metalle korreliert sind, wäre es möglich, für ein Metall die Zahl der Probenahmen zu reduzieren und die nicht gemessenen Daten aufgrund der Korrelation aus den Meßdaten für ein anderes Metall abzuschätzen. Das Fehlen einer Korrelation zwischen Metallen und Azeton bedeutet dagegen, daß die Metallmessungen keinen Ersatz für direkte Messungen von Azeton bieten.

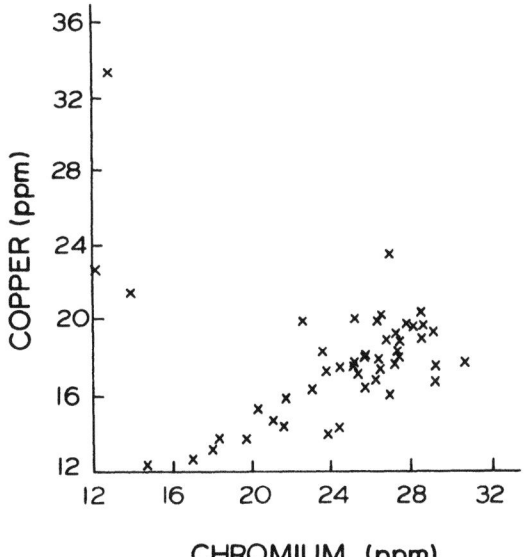

ABBILDUNG 1.   Streudiagramm für Kupfer und Chrom

4.2.2. <u>Geostatistische Analyse</u>. Dann wurden die Bodenprobedaten mit Hilfe von Geo-EAS (Geostatistical Environmental Assessment Software) ausgewertet, das von der USEPA (1988) entwickelt worden ist.

Der erste Schritt der geostatistischen Analyse besteht aus einer Strukturanalyse mit Hilfe von Variogrammen. Ein empirisches und ein angefittetes theoretisches Variogramm für Kupfer wird in Abb. 2 dargestellt. Die Variogramme zeigen, daß alle diese Variablen räumlich stark korreliert sind. Deshalb wäre eine Auswertung mit Hilfe der klassischen Statistik, bei der die räumliche Korrelation vernachlässigt wird, nicht korrekt. Bei der Berechnung des Variogramms für Kupfer wurde der Ausreißer (mit dem Wert 33,5) unterdrückt. Eine analytische Gegenprobe ergab, daß dieser Ausreißer nicht in das Muster der anderen Daten paßte (die Differenz übertraf die Standardabweichung um mehr als das Sechsfache). Die Berechnung des Azeton-Variogramms wurde durch die Werte "unterhalb der Nachweisgrenze" kompliziert. Diese Werte wurden in der Analyse durch einen Wert von 5 plus Zufallsfehler ersetzt (wobei von einer Normalverteilung mit Standardabweichung 2,5 ausgegangen wurde). Dieser Zufallsfehler entspricht einer Nachweisgrenze für Azeton von 10. Dies spiegelt sich im vergleichsweise großen "Nugget"-Wert (1000) des Variogramms. Der "Nugget"-Wert ist der Variogrammwert im Abstand Null.

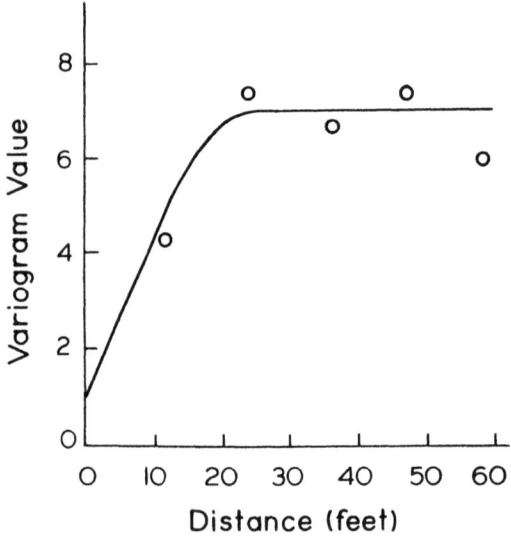

ABBILDUNG 2. Variogramm für Kupfer

Legende: Variogram Value - Variogrammwert
Distance (feet) - Abstand (Fuß)

Zur Kartierung der drei Metalle und des Azetons wurde dann Punkt-Kriging eingesetzt (Abb. 3 zeigt ein Beispiel für Chrom).

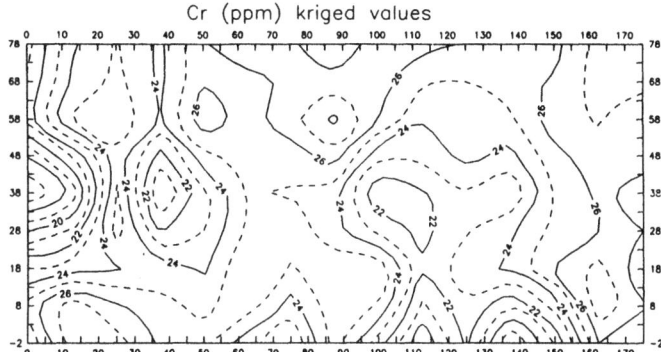

ABBILDUNG 3. Kriging-Karte für Chrom.
Legende: Cr (ppm) kriged v. - Kriging-Werte für Chrom (ppm)

Die Entscheidungsanalyse wurde mit Hilfe von Block-Kriging durchgeführt (Journel und Huijbregts, 1978). Das Block-Kriging liefert einen geschätzten Blockwert des Parameters und die Standardabweichung für das Blockmittel. Für das Block-Kriging wurde die Fläche in 112 Blöcke von 12,5 Fuß mal 10 Fuß aufgeteilt. Als Beispiel zeigt Tabelle 1 die Ergebnisse des Block-Krigings für Chrom. Für Azeton wurde Kriging mit unbestimmten Daten (Journel, 1986) verwendet. Dies hatte zur Folge, daß die Standardabweichungen bei Azeton sehr viel größer sind als bei den Metallen.

4.3. Entscheidungsanalyse

Das Ziel der Entscheidungsanalyse besteht in der Ermittlung der wahrscheinlichen Kontamination der Bodenauskleidung. Zu diesem Zweck verwendeten wir die Ergebnisse des Block-Krigings und die Grenzwerte für die Bodenparameter. Die Entscheidungsanalyse war kein Bestandteil der ursprünglichen Fallstudie.

4.3.1. Grenzwerte. Gegenwärtig gibt es in den USA anscheinend keine Bodenkriterien, die eine breite Anwendung finden und zur Festlegung akzeptabler Grenzwerte für die Bodenparameter herangezogen werden können.

Während in den Vereinigten Staaten auf Bodenkriterien nur gelegentlich zurückgegriffen wird, werden sie in Europa extensiv genutzt, und beginnen in Kanada genutzt zu werden.

TABELLE 1. Ergebnisse des Block-Krigings für Chrom

Block-Krigingwerte für Cr (ppm) (Blöcke 12,5 x 10 Fuß)

| | | | | | | | | | | | | | |
|---|---|---|---|---|---|---|---|---|---|---|---|---|---|
| 21,8 | 25,1 | 24,4 | 24,3 | 25,9 | 26,6 | 25,8 | 25,9 | 26,6 | 25,3 | 25,6 | 25,7 | 26,5 | 27,6 |
| 22,6 | 25,9 | 24,6 | 24,7 | 26,3 | 26,0 | 26,9 | 26,9 | 25,4 | 24,9 | 24,8 | 26,0 | 26,8 | 27,0 |
| 20,9 | 25,3 | 23,6 | 23,8 | 26,3 | 25,1 | 27,0 | 26,5 | 23,9 | 24,3 | 24,3 | 24,9 | 26,7 | 26,5 |
| 16,4 | 23,5 | 22,5 | 21,6 | 25,5 | 24,9 | 26,0 | 24,0 | 21,7 | 23,7 | 23,3 | 23,9 | 26,2 | 26,1 |
| 17,1 | 23,7 | 23,6 | 21,7 | 24,3 | 25,0 | 24,9 | 23,1 | 21,3 | 22,2 | 22,5 | 23,5 | 25,9 | 26,0 |
| 21,7 | 23,7 | 24,1 | 22,7 | 24,6 | 25,7 | 25,0 | 24,9 | 23,0 | 22,4 | 23,8 | 24,8 | 26,6 | 26,1 |
| 24,9 | 25,1 | 24,0 | 24,0 | 25,6 | 25,0 | 24,5 | 26,1 | 23,1 | 22,3 | 23,6 | 23,2 | 26,6 | 27,0 |
| 27,0 | 27,3 | 26,0 | 25,1 | 24,6 | 22,8 | 23,9 | 25,6 | 20,7 | 20,9 | 21,1 | 19,4 | 24,6 | 26,8 |

Kriging-Standardabweichung für Cr (ppm) (Blöcke 12,5 x 10 Fuß)

| | | | | | | | | | | | | | |
|---|---|---|---|---|---|---|---|---|---|---|---|---|---|
| 1,7 | 2,2 | 2,5 | 3,0 | 3,2 | 2,5 | 2,5 | 2,6 | 2,5 | 3,2 | 3,0 | 2,6 | 2,9 | 2,3 |
| 2,6 | 2,3 | 3,2 | 2,9 | 2,6 | 3,2 | 2,7 | 2,8 | 3,2 | 2,6 | 3,0 | 3,2 | 2,3 | 2,7 |
| 2,8 | 2,3 | 3,2 | 2,9 | 2,6 | 3,2 | 2,7 | 2,8 | 3,2 | 2,5 | 3,0 | 3,1 | 2,3 | 2,9 |
| 1,7 | 2,2 | 2,4 | 2,9 | 3,1 | 2,5 | 3,0 | 3,1 | 2,4 | 3,1 | 3,0 | 2,3 | 2,1 | 1,8 |
| 2,1 | 1,8 | 1,9 | 2,9 | 3,1 | 2,1 | 2,5 | 3,0 | 2,5 | 3,1 | 2,9 | 2,3 | 2,2 | 2,2 |
| 2,9 | 1,7 | 2,8 | 2,9 | 2,5 | 2,7 | 2,2 | 2,7 | 3,0 | 2,5 | 2,5 | 3,0 | 2,3 | 3,0 |
| 2,8 | 2,1 | 3,0 | 2,7 | 1,7 | 2,7 | 2,6 | 2,0 | 2,4 | 2,4 | 2,1 | 2,9 | 2,3 | 2,5 |
| 2,6 | 2,2 | 1,9 | 1,8 | 1,8 | 2,0 | 2,9 | 2,0 | 2,0 | 3,1 | 2,8 | 2,4 | 3,0 | 2,6 |

Die in den Niederlanden vorgeschlagenen Grenzwerte hängen davon ab, welche Prozentsätze von organischem Material und Ton in einem bestimmten Boden vorhanden sind. Moen (1988) gibt einen Satz von Bezugswerten an, die auf den Prozentsätzen von organischen Substanzen und Ton in einem Boden basieren. Der Grenzwert für Chrom ist Cr = 50 + 2$\underline{L}$; der für Kupfer Cu = 15 + 0,6($\underline{L}$ + $\underline{H}$); und der für Zink Zn = 50 + 1,5(2$\underline{L}$ + $\underline{H}$); dabei ist $\underline{L}$ der Prozentsatz von organischem Material und $\underline{H}$ der Gewichtsprozentsatz für Material, dessen Korngröße Ton entspricht. Die Konzentrationen sind in mg/kg (ppm) angegeben. Wenn die Konzentrationen kleiner als oder gleich dem berechneten Bezugswert sind, gilt der Boden als multifunktional. Diese Werte werden, soweit dies noch nicht geschehen ist, die "$\underline{A}$"-Werte ersetzen, die seit 1983 in den Niederlanden für Bodensanierungen verwendet wurden. Der "$\underline{A}$"-Wert ist derjenige Wert, unterhalb dessen der Boden als nicht kontaminiert galt.

British Columbia (1989) hat Bodenstandards für die Sanierung des Pacific Place vorgegeben. Auch hier gibt es drei Bodengruppen. Böden mit Werten unterhalb des $\underline{A}$-Wertes gelten als nicht kontaminiert; dies ist der Standard für Wohnbereiche. Böden, die stärker als der $\underline{A}$-Wert, aber schwächer als der $\underline{B}$-Wert kontaminiert sind, gelten als leicht kontaminiert; ihre Sanierung ist nicht erforderlich. Die $\underline{A}$-Werte sind: Chrom 20, Kupfer 30 und Zink 80; die $\underline{B}$-Werte sind: Chrom 250, Kupfer 100 und Zink 500.

Spezielle Werte für Methylenchlorid, TCE oder Azeton wurden nicht angegeben. Man darf allerdings davon ausgehen, daß ein A-Wert von 0,1 mg/kg und ein B-Wert von 1 mg/kg vernünftig wäre.

Im vorliegenden Fall betragen die Nachweisgrenzen für Methylenchlorid 5 ppb, für TCE 5 ppb und für Azeton 10 ppb. Bei Methylenchlorid und TCE wird jeweils nur ein Wert oberhalb der Nachweisgrenze mitgeteilt. Demgegenüber lagen 27 von 50 Azetonwerten oberhalb der Nachweisgrenze.

Ausgehend von der verfügbaren Literatur wurde für die Entscheidungsanalyse von folgenden Grenzwerten ausgegangen: nicht kontaminiert - Chrom < 20, Kupfer < 30 und Zink < 80. Für Azeton liegt der Grenzwert bei 100. Ein Boden wird als leicht kontaminiert aber nicht als sanierungsbedürftig eingestuft, wenn die Chromwerte zwischen 25 und 250, die Kupferwerte zwischen 30 und 100, die Zinkwerte zwischen 80 und 500, und die Azetonwerte zwischen 100 und 1000 liegen. Als kontaminiert gilt der Boden bei Chrom > 250, Kupfer > 100, Zink > 500 und Azeton > 1000.

4.3.2. *Analyse*. Um die räumliche Verteilung und die Unbestimmtheiten zu berücksichtigen, wurde für den Zustand der Auskleidung (nicht kontaminiert, leicht kontaminiert, kontaminiert) die folgende Regel aufgestellt: Die Auskleidung gilt als nicht kontaminiert, leicht kontaminiert oder kontaminiert, wenn die Wahrscheinlichkeit für irgendeinen Block größer als 50% ist, daß der tatsächliche Wert den entsprechenden Grenzwert erreicht oder überschreitet.

TABELLE 2. Ergebnisse des Indikator-Krigings für Chrom

Wahrscheinlichkeit für Cr ≥ 20 ppm (in %) (Blöcke 12,5 x 10 Fuß)

| | | | | | | | | | | | | | |
|---|---|---|---|---|---|---|---|---|---|---|---|---|---|
| 84,9 | 99,0 | 96,0 | 92,6 | 96,9 | 99,6 | 99,0 | 99,0 | 99,6 | 95,2 | 96,8 | 98,5 | 98,7 | 99,9 |
| 84,1 | 99,5 | 92,4 | 94,6 | 99,2 | 96,8 | 99,5 | 99,4 | 95,2 | 97,2 | 94,6 | 97,0 | 99,8 | 99,5 |
| 63,1 | 98,8 | 87,5 | 90,9 | 99,2 | 94,6 | 99,5 | 99,0 | 89,0 | 95,5 | 92,4 | 94,1 | 99,8 | 98,8 |
| 1,4 | 94,9 | 85,1 | 71,1 | 96,0 | 97,7 | 97,6 | 90,2 | 75,7 | 88,1 | 86,6 | 95,2 | 99,8 | 99,9 |
| 9,0 | 98,0 | 97,2 | 71,9 | 91,6 | 99,1 | 97,6 | 84,8 | 69,9 | 76,1 | 80,7 | 93,4 | 99,6 | 99,7 |
| 72,3 | 98,3 | 92,6 | 82,5 | 96,8 | 98,2 | 98,8 | 96,7 | 84,0 | 82,6 | 93,4 | 94,4 | 99,8 | 97,9 |
| 95,8 | 99,2 | 90,5 | 92,8 | 99,9 | 96,9 | 95,8 | 99,9 | 89,6 | 82,6 | 95,7 | 86,3 | 99,8 | 99,8 |
| 99,6 | 99,9 | 99,9 | 99,8 | 99,5 | 91,4 | 91,1 | 99,8 | 64,5 | 61,8 | 66,1 | 40,0 | 94,2 | 99,5 |

Wahrscheinlichkeit für Cr ≥ 20 ppm (in %) (Blöcke 12,5 x 10 Fuß)
Indikatoransatz

| | | | | | | | | | | | | | |
|---|---|---|---|---|---|---|---|---|---|---|---|---|---|
| 95,2 | 99,9 | 98,8 | 96,8 | 98,3 | 99,9 | 99,4 | 98,6 | 97,1 | 97,7 | 99,9 | 99,9 | 99,9 | 99,9 |
| 79,3 | 95,0 | 92,3 | 90,4 | 99,2 | 99,6 | 99,9 | 93,1 | 88,2 | 94,8 | 99,7 | 99,9 | 99,9 | 99,9 |
| 50,9 | 73,5 | 73,8 | 75,0 | 91,4 | 97,7 | 93,9 | 77,1 | 67,8 | 81,2 | 95,1 | 99,1 | 99,9 | 99,9 |
| 21,3 | 60,7 | 53,6 | 56,7 | 81,0 | 94,8 | 86,4 | 59,9 | 42,0 | 65,7 | 89,4 | 98,8 | 99,9 | 99,9 |
| 32,7 | 73,3 | 64,4 | 60,0 | 81,5 | 96,2 | 88,7 | 61,8 | 43,4 | 69,6 | 90,0 | 98,3 | 99,9 | 99,9 |
| 62,8 | 90,1 | 89,3 | 84,1 | 91,1 | 92,7 | 93,6 | 81,0 | 67,3 | 82,1 | 93,6 | 91,4 | 98,3 | 99,9 |
| 81,1 | 99,9 | 99,9 | 99,5 | 94,6 | 77,2 | 83,5 | 88,2 | 74,5 | 74,2 | 77,1 | 71,6 | 86,3 | 98,4 |
| 90,2 | 98,8 | 99,9 | 99,9 | 83,4 | 48,0 | 60,4 | 76,3 | 47,7 | 45,6 | 42,2 | 40,3 | 70,2 | 90,7 |

Um das Entscheidungskriterium auf die Bodenauskleidung anzuwenden, wurden zwei Methoden benutzt. Die Wahrscheinlichkeit für das Überschreiten eines Grenzwertes wurde unter Verwendung der Kriging-Abschätzung und ihrer berechneten Standardabweichung ermittelt, wobei für die Fehler von einer Normalverteilung ausgegangen wurde. Außerdem haben wir zur Ermittlung des Zustands das Verfahren des Indikator-Krigings eingesetzt (Carr und Bailey, 1986). Der Vorteil des Indikator-Krigings liegt darin, daß keine Annahmen zur Art der Fehlerverteilung gemacht werden müssen. Ein Nachteil des Indikator-Krigings ist, daß nur die Ordnungsbeziehung zwischen dem berechneten Wert und dem definierten Grenzwert berücksichtigt wird.

Für Chrom ist die Wahrscheinlichkeit in den meisten Blöcken größer als 50%, daß der Wert größer als oder gleich dem Grenzwert von 20 ist (Tabelle 2). Die Wahrscheinlichkeit, daß der Wert in einem der Blöcke größer als 250 ist, ist nahezu Null. Daraus folgt, daß die Auskleidung mit Chrom leicht kontaminiert ist.

Für Kupfer und Zink ist die Wahrscheinlichkeit, 30 (Kupfer) oder 80 (Zink) zu überschreiten, für alle Blöcke kleiner als 0,1%. Damit ist die Bodenauskleidung als nicht durch Kupfer und Zink kontaminiert anzusehen.

Für Azeton liegt die Wahrscheinlichkeit, daß Azeton 100 überschreitet, bei der Mehrzahl der Blöcke unter 50%. Bei einigen Blöcken liegt diese Wahrscheinlichkeit nahe 50%, und in drei Blöcken ist sie größer als 50%. Daraus folgt, daß die Auskleidung mit Azeton leicht kontaminiert ist.

5. FOLGERUNGEN

Die statistische Analyse ergab, daß zwischen den Daten der Proben, die an zuvor festgelegten Gitterpunkten entnommen wurden, und denen der Proben, die unter Rissen und Flicken der Hypalonauskleidung entnommen wurden, kein signifikanter Unterschied besteht.

Methylenchlorid und TCE wurden nur in einer Position mit Werten in der Nähe der Nachweisgrenze beobachtet. Für diese Parameter wurde keine Analyse durchgeführt.

Die Metalle sind leicht korreliert. Die Metalle sind nicht mit Azeton korreliert.

Die Metall- und Azetonparameter zeigen räumliche Verteilung und räumliche Korrelation. Deshalb ist eine geostatistische Analyse erforderlich. Der kombinierte Datensatz erlaubte eine angemessene Definition der räumlichen Verteilung und Korrelation.

Auf Grundlage der Bodenprobedaten und der durchgeführten geostatistischen und Entscheidungsanalysen wird geschlossen, daß die Auskleidung zwar leicht, aber nicht bis zu Werten kontaminiert ist, die einer Sanierung bedürften. Die Entscheidungsanalyse basiert auf Grenzwerten und den berechneten Wahrscheinlichkeiten für ihre Überschreitung innerhalb der angegebenen Blockgröße. Da hinsichtlich der Grenzwerte kein Konsens besteht, wurden Werte verwendet, die für die gegenwärtige Praxis repräsentativ sind. Die Entscheidungsanalyse erlaubt aber auch die Berücksichtigung alternativer Grenzwerte.

## 6. BIBLIOGRAPHIE

1) British Columbia Ministry of Environment (1989). British Columbia Standards for Managing Contamination at the Pacific Place Site (Normen für Britisch-Columbia zur Handhabung von Kontaminationen der Altlast Pacific Place), Victoria, B.C., Kanada, April.
2) Carr, J.R. und Bailey, R.E. (1986). An Indicator Kriging Model for Investigation of Seismic Hazard (Ein Kriging-Indikatormodell zur Untersuchung seismischer Risiken). Mathematical Geology, 18, 477-488.
3) EPA (1988). Geo-EAS, Geostatistical Environmental Assessment Software (Geostatistische Software für die Umweltbeurteilung), EPA, Environmental Monitoring Systems Laboratory, Las Vegas, NV 89193.
4) Journel, A.G. (1986). Constrained Interpolation and Qualitative Information - The Soft Kriging Approach (Eingeschränkte Interpolation und qualitative Information - der weiche Kriging-Ansatz). Mathematical Geology, 18, 269-286.
5) Journel, A.G. und Huijbregtsd, Ch.J. (1978). Mining Geostatistics, Academic Press, New York.
6) Moen, J.E.T. (1988). Soil Protection in the Netherlands (Bodenschutz in den Niederlanden). In K. Wolf, W.J. van den Brink, F.J. Colen (Eds.), Contaminated Soil '88, 1495-1503.

EXPERTENWISSEN UND (GEO)STATISTISCHE METHODEN: KOMPLEMENTÄRE HILFSMITTEL ZUR UNTERSUCHUNG VON BODENKONTAMINATIONEN

J.P. OKX[1], G.B.M. HEUVELINK[2] UND A.W. GRINWIS[3]

1) TAUW INFRA CONSULT B.V., P.O. BOX 479, 7400 AL DEVENTER, DIE NIEDERLANDE
2) UNIVERSITY OF UTRECHT, DEPARTMENT OF PHYSICAL GEOGRAPHY, P.O. BOX 80115, 3508 TC UTRECHT, DIE NIEDERLANDE
3) PROVINCE OF OVERIJSSEL, P.O. BOX 10078, 8000 GB ZWOLLE, DIE NIEDERLANDE

1. ZUSAMMENFASSUNG

Die Optimierung der Probenahmestrategie innerhalb bestimmter wirtschaftlicher Randbedingungen ist das wichtigste Ziel bei der Untersuchung von Bodenkontaminationen. Anhand der vorgelegten Fallstudie wird gezeigt, daß die Kombination von Expertenwissen und (Geo) Statistik eine wesentliche Vorraussetzung für das Erreichen dieses Zieles ist. Die (Geo) Statistik ist wichtig, um Informationen zu sammeln und Hypothesen zur räumlichen Struktur der Verbreitungsmodelle von Bodenkontaminationen zu prüfen. Das Expertenwissen erlaubt es dann, die weniger überzeugenden dieser Hypothesen zu verwerfen und so die Anzahl der möglichen Probenahmestrategien zu reduzieren.

2. EINLEITUNG

Eine Probenahmestrategie muß kosteneffizient sein. Die gewählte Strategie muß entweder einen vorgegebenen Konfidenzgrad bei minimalen Kosten oder einen akzeptablen Konfidenzgrad bei vorgegebenen Kosten erreichen (Gilbert, 1987). Die Auslegung optimaler Probenahmestrategien mit Hilfe der Theorie regionalisierter Variablen (Matheron, 1971) ist von einer Reihe von Autoren unterschiedlich beschrieben worden (Burgess et al., 1981, 1984; McBratney et al., 1981, 1983; Lamé et al., 1988). Auch wenn sich diese Methoden als nützlich erwiesen haben, sollten die Ergebnisse immer von einem Experten für Bodenkontaminationen geprüft werden, um unnötige Ausgaben zu vermeiden. In der vorgelegten Fallstudie wird gezeigt, daß Expertenwissen und (Geo) Statistik als komplementäre Hilfsmittel beim Erreichen der optimalen Kosteneffizienz anzusehen sind. Die Studie wurde von der TAUW Infra Consult B.V. und dem Fachbereich physikalische Geographie der Universität Utrecht im Auftrag der Provinz Overijssel durchgeführt.

3. DEFINITION DES PROBLEMS

1948 wurde in Hengelo (Die Niederlande) mit der Produktion des Insektizides Hexachlorcyclohexan (HCH) begonnen.

HCH ist eine Mischung von HCH-Isomeren. Nach 1950 wurde bekannt, daß nur das Gamma-Isomer - besser unter dem Namen Lindan bekannt - für die lethale Wirkung auf Insekten verantwortlich ist. Das Gamma-Isomer wurde deshalb aus der Mischung isoliert und als Insektizid verkauft. Für die anderen Komponenten der HCH-Mischung, hauptsächlich Alpha- und Beta-HCH, konnte keine Verwendung gefunden werden; das Material wurde deshalb als Abfallprodukt auf dem Werksgelände abgekippt. Die Produktion wurde 1952 eingestellt, und 1954 wurde das Gelände von einer anderen Firma übernommen. Bei deren Chlor-Alkali-Produktionsprozeß wurde Quecksilber (Hg) als Elektrode für die Elektrolyse von Natriumchlorid (NaCl) in Chlor ($Cl_2$) und Natrium (Na) verwendet. Während dieses Zeitraums wurde ein Teil der abgekippten HCH-Abfälle mit Hg kontaminiert.

Nach 1974 wurde das Abfallmaterial in Fässer verpackt und in einer Kaligrube in der Bundesrepublik Deutschland gelagert. Allerdings wurden in der Nachbarschaft des ehemaligen Werks eine große Anzahl stark kontaminierter Gelände entdeckt. Offensichtlich war ein Teil des Abfallmaterials, das mit HCH und HG kontaminiert war, vor 1974 zum Verfüllen und Anheben von über 200 verschiedenen Geländeflächen verwendet worden. Eine dieser Flächen (Altlast 51) wurde zur Entwicklung einer optimalen Probenahmestrategie benutzt.

## 4. EXPERIMENTELLE UND ANALYTISCHE PROZEDUREN
### 4.1 Experimentelle Prozeduren

Wegen der wirtschaftlichen Beschränkungen konnten nur 30 Proben entnommen werden, um die räumliche Struktur der Schadstoffverteilung auf Altlast 51 zu untersuchen. Die kleine Anzahl von Messungen beeinträchtigt die Aussagekraft der geostatistischen Analyse: die Wahrscheinlichkeit, daß 30 Proben nicht repräsentativ für die untersuchte Fläche sind ist größer als die Wahrscheinlichkeit, daß beispielsweise 120 Proben für diese Fläche nicht repräsentativ sind. Man muß deshalb im Auge behalten, daß die Ergebnisse und Folgerungen dieser Studie davon abhängen, wie repräsentativ die gewählten Proben waren.

Die Abstände zwischen den Probenpositionen im Gelände, dessen Abmessungen etwa 110 x 200 $m^2$ betrugen, reichten von 0,5 m bis zu etwa 30 m. Die Proben wurden in Gruppen über verschiedene Probenahmeabstände angeordnet (Abbildung 1). Obwohl das Schema der Probenahme der Technik der geschachtelten Probenahme ähnelt (Webster, 1977; Nortcliff, 1978), sind wir den genauen Prozeduren für eine geschachtelte Probenahme nicht gefolgt.

In einem früheren Stadium war mit Hilfe eines einfachen manuellen Erdbohrers eine große Anzahl von Tiefenmessungen (n = 345) des ungestörten Profils vorgenommen worden. Die Abstände zwischen diesen Bohrlöchern betragen etwa 6 m. Die

Bohrlöcher sind in einer Reihe paralleler, geradliniger
Schnitte angeordnet (Abbildung 1).

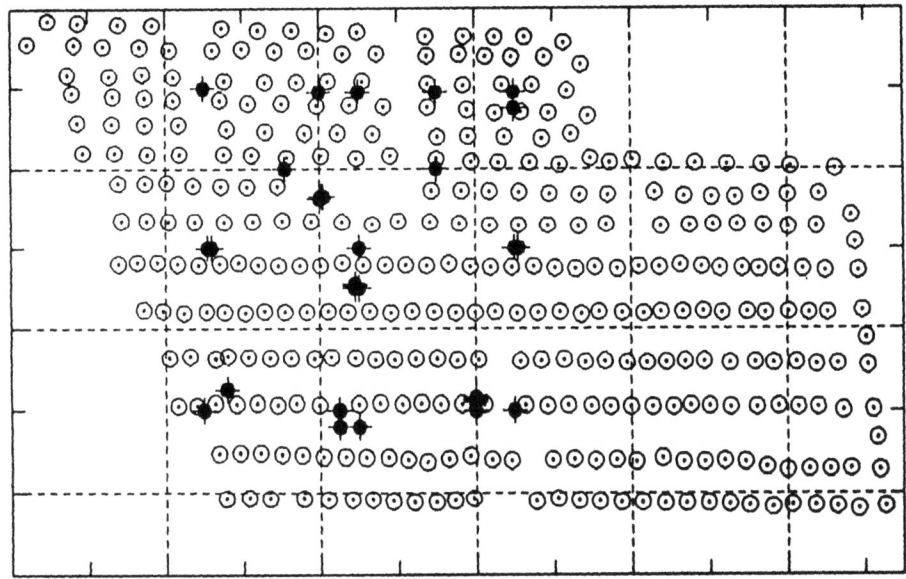

Abbildung 1. Schema der Probenahme für chemische Analysen
(n = 30) und für die Tiefenmessung des ungestörten Profils (n = 345).

## 4.2 Analytische Prozeduren

Die Methode zur Bestimmung des HCH-Gehalts basiert auf
kapillarer Gaschromatographie mit elektrochemischer Detektion (GC/ECD). Nachdem die Probe entsprechend den vorläufigen praktischen Richtlinien, die in den Niederlanden
Anwendung finden (VPR B85-24 / Ohne Angabe des Verfassers,
1985) behandelt worden waren, wurde eine Teilprobe von 20 g
für die Analyse verwendet. Die Teilprobe wurde mit Azeton
und Leichtbenzin extrahiert. Nach Einengen wurde der Leichtbenzin-Extrakt durch deaktiviertes Aluminiumoxid gefiltert.
Der gereinigte Extrakt wurde auf 1 ml eingeengt; daraufhin
wurde die HCH-Konzentration mit Hilfe von GC/ECD gemessen
(VPR C85-16 / Ohne Angabe des Verfassers, 1985). Die Nachweisgrenze betrug 10 µg/kg.

Die Methode zur Bestimmung des Hg-Gehalts basiert auf
der atomaren Absorptionsspektrometrie (AAS, Kaltdampfverfahren) und wird in NEN 6449 (Ohne Angabe des Verfassers,
1981) beschrieben. Eine Probe von 1 g wird mit Permanganat
und Persulfat aufgeschlossenen. Anschließend an diese Prozedur wird das Hg(II) mit Zinn(II)chlorid zu metallischem Hg

reduziert. Der Quecksilberdampf wird mit AAS bestimmt. Die
Nachweisgrenze betrug 0,1 µg/kg.

### 4.3 Geostatistische Prozeduren

In der jüngeren Literatur konnte gezeigt werden, daß die
Geostatistik erfolgreich auf Daten zur Bodenkontamination
angewendet werden kann (Lamé et al., 1988; Leenaers et al.,
1989; Rang et al., 1987). Die Theorie bietet ein bequemes
Hilfsmittel, die räumliche Variabilität der Bodenverunreinigung in Form eines Semi-Variogramms zusammenzufassen, das
anschließend dazu verwendet werden kann, den Kontaminationsgrad an Stellen abzuschätzen, an denen keine Proben entnommen wurden. Das Kriging (wie diese Technik bezeichnet
wird) ist eine Form der gewichteten lokalen Mittelwert-
bildung, die optimal in dem Sinne ist, daß sie Schätzwerte
ohne systematische Fehler und mit minimaler bekannter
Varianz liefert (Leenaers et al., 1989). Man muß allerdings
beachten, daß Kriging auf der Vorraussetzung basiert, daß
die intrinsische Hypothese erfüllt ist, d.h., daß die untersuchte räumliche Variable einen konstanten Mittelwert und
eine Kovarianzfunktion besitzt, die nur vom Punktabstand
abhängt. Das Punkt-Kriging (Burgess und Webster, 1980a) ist
ein exaktes Interpolationsverfahren, wobei die interpolierten Werte sich auf Flächen oder Volumina beziehen, die der
Fläche oder dem Volumen der Originalprobe äquivalent sind.

Angesichts der großflächigen, aber kurzreichweitigen
Natur von Bodenkontaminationen führt das Punktkriging häufig
zu Karten mit vielen abrupten Spitzen und Senken. Dies kann
durch Kriging über Flächen vermieden werden, ein Verfahren,
das als Block-Kriging bezeichnet wird. Beim Block-Kriging
wird anstelle eines Punktes $x_0$ eine Fläche $H_v$ mit Zentrum
bei $x_0$ betrachtet. Dies führt nicht nur zu glatteren Karten,
sondern auch zu kleineren Abschätzungsvarianzen (Burgess und
Webster, 1980b).

## 5. ERGEBNISSE
### 5.1 Modellierung der Kontaminationsgrade

Die Ergebnisse der chemischen Analysen der 30 entnommenen Proben werden in Tabelle 1 zusammengefaßt. Die B-
Werte - oberhalb derer die Untersuchungen weiter zu führen
sind - für Hg und HCH werden in den Richtlinien des niederländischen Umweltministeriums mit 2 mg/kg bzw. 1 mg/kg angegeben.

Man erkennt, daß die Verteilungen der HCH- und Hg-
Konzentrationen hochgradig schief sind. Deshalb wurden vor
der Konstruktion der entsprechenden Semi-Variogramme logarithmische Transformationen ausgeführt. Die resultierenden
Semi-Variogramme werden in Abbildung 2 dargestellt. Um sphärische Semi-Variogramm-Modelle an die experimentellen Daten
des Semi-Variogramms anzufitten, wurde ein Algorithmus mit
gewichteten Fehlerquadratsummen eingesetzt. Dieser ergab
Semi-Variogramme mit Reichweiten von 35 m und 19 m für Hg

TABELLE 1   Einige statistische Parameter der HCH- und Hg-
            Konzentrationen (mg/kg)

|                      | Hg  | HCH |
|----------------------|-----|-----|
| Anzahl der Proben    | 30  | 30  |
| Mittelwert           | 2,9 | 102 |
| Standardabweichung   | 9,3 | 347 |
| Variationskoeffizient| 3,2 | 3,4 |
| Schiefe              | 5,2 | 3,6 |

bzw. HCH. Um zu klären, ob die Daten zur Zurückweisung der intrinsischen Hypothese Anlaß geben, wurde eine Gegenprüfung durchgeführt. Bei dieser Gegenprüfung werden die Werte für

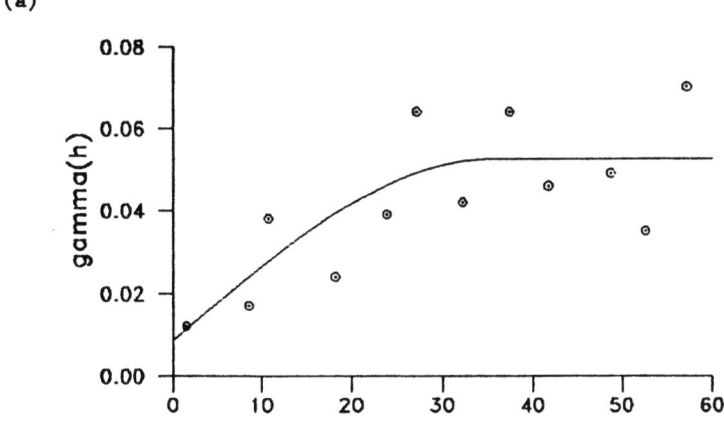

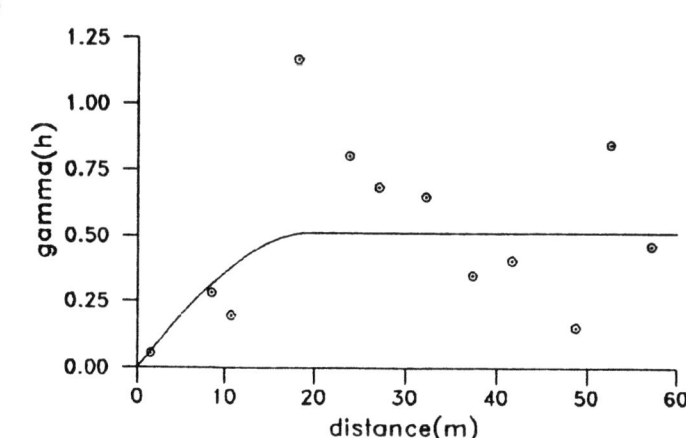

Abbildung 2.   Semi-Variogramme für Quecksilber (a) und Hexa-
               chlorcyclohexan (b).

jede Probenposition durch Kriging der benachbarten Probenwerte abgeschätzt (wobei der abzuschätzende Wert selbst ausgelassen wird). Der Quotient aus beobachtetem und berechnetem Fehler (die Kriging-Standardabweichung) muß normalverteilt mit Mittelwert Null und Varianz 1 sein. Auch wenn die Gegenprüfung in die Nähe der kritischen Werte kam, führte sie nicht zum Verwerfen der intrinsischen Hypothese.

Im Prinzip können die angefitteten Semi-Variogramme dazu verwendet werden, den optimalen Probenahmeabstand zu ermitteln. Auf Grundlage zusätzlicher Informationen beschlossen wir allerdings, nicht in dieser Weise zu verfahren. Hierfür gibt es eine Reihe von Gründen:

- erstens konnten wir zwar die Hypothese des sationären Verhaltens statistisch nicht verwerfen, die Informationen zum Verfüllungsprozeß deuten aber darauf hin, daß die intrinsische Hypothese möglicherweise nicht erfüllt ist. Wenn man davon ausgeht, daß die Varianz innerhalb einer Lastwagenfüllung kleiner ist als die Varianz zwischen verschiedenen Lastwagenfüllungen, ist ein leicht diskontinuierliches Flickenmuster wie in Abbildung 3 zu erwarten;
- da zweitens nur eine kleine Anzahl von Datenpunkten zur Verfügung stand, ist es nicht unwahrscheinlich, daß die Voraussetzung eines stationären Verhaltens akzeptiert wird, selbst wenn sie nicht erfüllt ist; und
- drittens wären die Kosten der Probenahme wegen der kurzen Reichweiten der Semi-Variogramme für Hg und HCH sehr hoch gewesen.

Wir entschlossen uns statt dessen, die ganze Deponie als homogen zu behandeln und ihren Inhalt mit Hilfe der nicht räumlichen Statistik zu beschreiben, wie dies in den 'Richtlinien für Untersuchungen von Bodenkontaminationen' der TNO (1989) dargestellt wird. Demzufolge müssen künftige Maßnahmen für die Deponie als Ganzes durchgeführt werden. Es

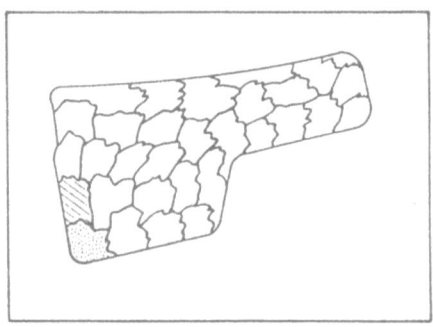

Abbildung 3. Hypothetisches Verbreitungsmodell der Deponie

bleibt damit nur noch das Problem, die Größe der Deponie zu ermitteln. Dies kann durch Kartierung der Tiefe des ungestörten Profils erfolgen.

5.2 <u>Modellierung der Deponie</u>
Das experimentelle Semi-Variogramm für die Tiefe des ungestörten Profils, das aus den 345 manuellen Bohrungen abgeleitet wurde, konnte ohne Transformationen konstruiert werden (Abbildung 4).

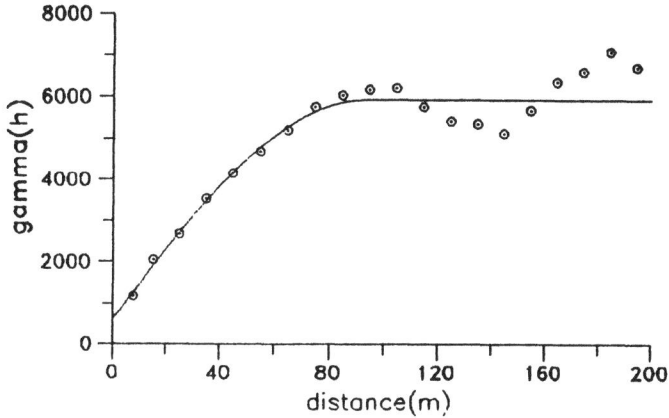

Abbildung 4. Semi-Variogramm der Tiefe des ungestörten Profils.

Das sphärische Modell, das an die Punkte des experimentellen Semi-Variogramms angefittet wurde, besaß eine geringe Körnung und eine Reichweite von 104 m. Eine Gegenprüfung führte nicht zum Verwerfen der Kriging-Hypothese. Wegen der relativ großen Reichweite, der schwachen Körnung und der geringen Meßkosten eignet sich die geostatistische Interpolation zur Kartierung der Tiefe des ungestörten Profils.
Das optimale Probenahmeintervall hängt nicht nur vom Semi-Variogramm und der gewünschten Genauigkeit ab, sondern auch von der Größe der abzuschätzenden Blöcke. Um große Blöcke mit einer vorgegebenen Genauigkeit abzuschätzen, werden weniger Messungen gebraucht, als dies bei derselben Genauigkeit für kleinere Blöcke der Fall ist. Unglücklicherweise bedeuten größere Blöcke auch eine geringere räumliche Auflösung. In Tabelle 2 werden die Standardabweichungen für verschiedene Kombinationen von Probenahmeintervallen und Blockgrößen zusammengefaßt. Die Berechnungen wurden mit Hilfe des Computerprogramms OSSFIM durchgeführt (McBratney und Webster, 1981).

TABELLE 2. Standardabweichungen (cm) für die verschiedenen Kombinationen von Probenahmeintervallen (m) und Blockgrößen bei der Abschätzung der Tiefe (m) des ungestörten Profils.

| Probenahme-intervall | Blockgröße | | | | | |
|---|---|---|---|---|---|---|
| | 3,6 | 5,4 | 9,0 | 18,0 | 27,0 | 36,0 |
| 3,6 | 12,4 | 10,7 | 8,3 | 5,1 | 5,7 | 9,5 |
| 5,4 | 15,6 | 13,9 | 11,1 | 7,3 | 5,3 | 5,2 |
| 9,0 | 20,5 | 19,0 | 16,0 | 11,2 | 8,5 | 6,8 |
| 18,0 | 29,1 | 27,9 | 25,6 | 19,9 | 15,3 | 12,9 |
| 27,0 | 35,6 | 34,6 | 32,6 | 27,7 | 22,8 | 18,6 |
| 36,0 | 41,0 | 40,1 | 38,4 | 34,0 | 29,7 | 25,4 |

Wir interpolierten die Tiefe des ungestörten Profils aus den 345 Messungen mit Hilfe von Block-Kriging bei einer Blockgröße von 6,0 x 6,0 m². Die resultierenden Karten werden in Abbildung 5 dargestellt.

Wie man Abbildung 5(b) entnehmen kann, beträgt die Kriging-Standardabweichung etwa 15 cm, ausgenommen nur die Ecken, in denen keine Proben genommen wurden. Dies stimmt mit den Werten aus Tabelle 2 überein. Die erzielte Genauigkeit von 15 cm ist zufriedenstellend.

## 6. FOLGERUNGEN

'... Zu den richtigen Folgerungen aus einer Analyse der räumlichen Variabilität gelangt man nur, wenn Geostatistiker und Umweltexperte eng zusammenarbeiten, oder besser noch, wenn der Umweltexperte die Analyse selbst durchführt ...' (nach Journel und Huijbregts, 1978).

Expertenwissen oder Vorabinformationen und (Geo)Statistik sind in der Tat komplementär und wesentliche Hilfsmittel, um bei der Untersuchung kontaminierter Böden zu vernünftigen Folgerungen zu kommen. Der Einsatz dieser Hilfsmittel führte uns zu der Folgerung, daß in dieser Studie die Modellierung der räumlichen Schadstoffverteilung gefährlich ist und nur mit sehr hohem Kostenaufwand erreicht werden kann. Wir kamen deshalb zu der Entscheidung, das gestörte Profil der Deponie als homogene Einheit zu behandeln, und daß eine Beschreibung der Kontaminationsgrade innerhalb der Deponie mit Hilfe nicht-räumlicher Statistik vorzuziehen sei.

Die geostatistische Analyse der Tiefe des ungestörten Profils lieferte zufriedenstellende Ergebnisse. Die Analyse zeigte, daß der Grad der räumlichen Korrelation groß genug war, um auf Grundlage der 345 verfügbaren Messungen eine adäquate Tiefenkartierung durchzuführen. Die Karten der Mittelwerte und der Standardabweichungen, die mit Hilfe von

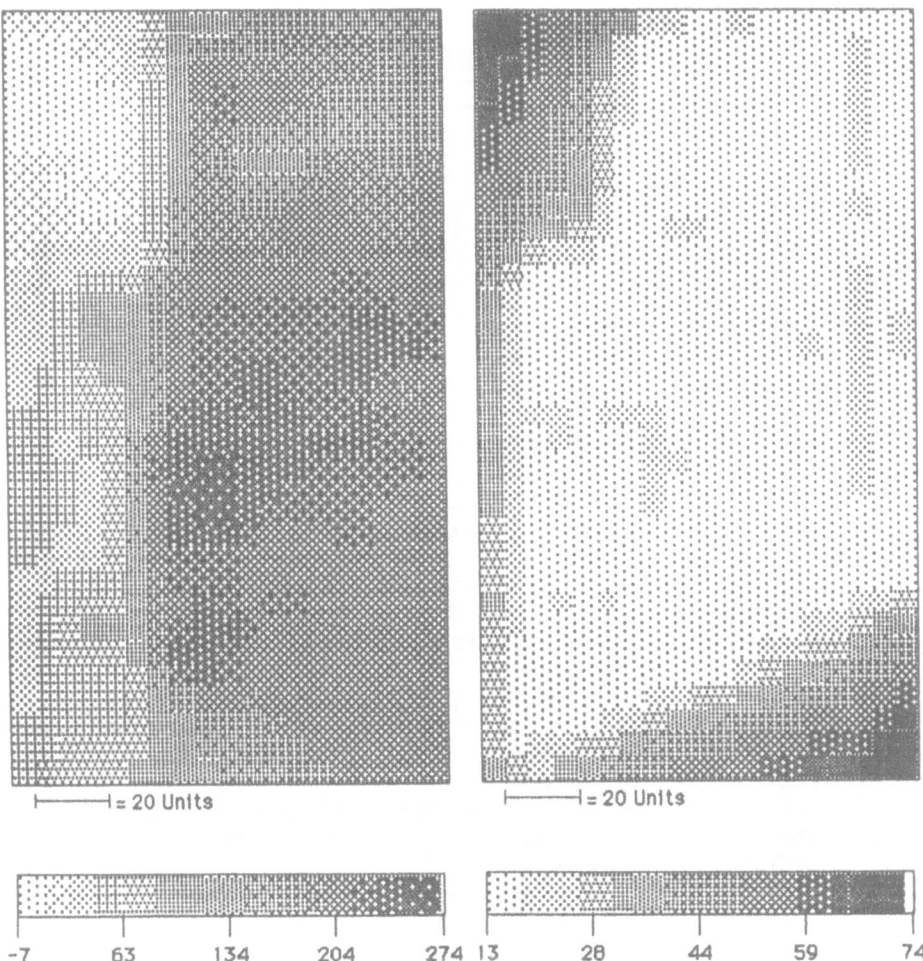

Abbildung 5  Abschätzung und Fehlerkarte der Tiefe des ungestörten Profils.

Block-Kriging konstruiert wurden, bilden eine solide Grundlage für die Abschätzung des Gesamtvolumens der Deponie. Die Analyse führte auch zu wertvollen Informationen hinsichtlich der optimalen Probenahme-Strategie, die einzusetzen ist, um die Deponiegröße bei den restlichen Altlasten zu ermitteln.

## 7. BIBLIOGRAPHIE

1) Ohne Angabe des Verfassers (1985). Voorlopige Praktijkrichtlijnen (VPR) voor Bemonstering en Analyse bij Bodemverontreiniging, Overleggroep Kwaliteitsstandaard Bodemonderzoek.
2) Ohne Angabe des Verfassers (1981). NEN 6449 Water. Bepaling van het totale gehalte aan kwik met behulp van atomaire-absorptiespectrometrie. Ontsluiting met permaganat en persulfaat. Nederlands Normalisatie Instituut.
3) Ohne Angabe des Verfassers (1989). Leidraad Bodemsanering: Aanpak van het Nader Onderzoek (uitgewerkte versie), Hoofsgroep Maatschappelijke Technologie TNO.
4) Burgess, T.M. und Webster, R. (1980a). Optimal Interpolation and Isarithmic Mapping of Soil Properties: I. The Semi-Variogram and Punctual Kriging. Journal of Soil Science, 31, pp. 315-331.
5) Burgess, T.M. und Webster, R. (1980b). Optimal Interpolation and Isarithmic Mapping of Soil Properties: II. Block Kriging. Journal of Soil Science, 31, pp. 333-341.
6) Burgess, T.M., Webster, R. und McBratney, A.B. (1981). Optimal Interpolation and Isarithmic Mapping of Soil Properties: IV. Sampling Strategy. Journal of Soil Science, 32, pp. 643-659.
7) Burgess, T.M. und Webster, R. (1984). Optimal Sampling: Strategies for Mapping Soil Types. II. Risc Functions and Sampling Intervalls. Journal of Soil Science, 35, pp. 655-665.
8) Gilbert, R.O. (1987). Statistical Methods for Environmental Pollution Monitoring, Van Nostrand Reinhold Company Inc..
9) Journel, A.G. und Huijbregts, Ch.J. (1978). Mining Geostatistics, Academic Press.
10) Lamé, F.P.J., Bosman, R. Defize, P.R., van Geer, F.C. und Lambert, J. (1988). Kriging Interpolation as a Sampling Strategy in Local Soil Pollution. In: Wolf, K., van den Brink, W.J. und Colon, F.J. (Herausgeber), Contaminated Soil '88, pp. 171-178. Kluwer Academic Publishers.
11) Leenaers, H., Okx, J.P. und Burrough, P.A. (1989). Co-Kriging: An Accurate and Inexpensive Means of Mapping Floodplain Soil Pollution by Using Elevation Data. Proceedings of the Third International Geostatistics Congress, 5.-9. September 1988, Avignon, Frankreich.
12) Matheron, G. (1971). The Theory of regionalized Variables and its Applications. Les Cahiers du Centre de Mophologie Mathématique de Fontainebleau, Ecole Nationale Supérieur des Mines de Paris.
13) McBratney, A.B. und Webster, R. (1981). The Design of Optimal Sampling Schemes for Local Estimation and Mapping of Regionalized Variables. II. Program and

Examples. Computers & Geosciences, Vol. 7, No. 4, pp. 335-365.
14) McBratney, A.B. und Webster, R. (1983). Optimal Interpolation and Isarithmic Mapping of Soil Properties: V. Co-Regionalization and Multiple Sampling Strategy. Journal of Soil Science, 34, pp. 137-162.
15) Nortcliff, S. (1978). Soil Variability and Reconnaissance Soil Mapping: A Statistical Study in Norfolk. Journal of Soil Science, 29, pp. 403-418.
16) Rang, M.C., Okx, J.P. und Burrough, P.A. (1987). The Use of Geostatistical Methods within the Framework of the Dutch Soil Sanitation Operation. In: van Duijvenbooden, W. und van Waegeningh, H.G. (Herausgeber), Vulnerability of Soil and Groundwater to Pollutants, Proceedings and Information, Nr. 36, 30. März - 3. April 1987.
17) Webster, R. (1977). Quantitative and Numerical Methods in Soil Classification and Survey. University Press.

**UNTERSUCHUNG VON FESTSTOFFEN BEI ALTABLAGERUNGEN UND ALTSTANDORTEN**

HENNING FRIEGE

LANDESAMT FÜR WASSER UND ABFALL NRW
POSTFACH 5227   D-4000 DÜSSELDORF 1

## 1. EINFÜHRUNG

In der Bundesrepublik Deutschland gibt es bislang keine allgemein anerkannten Strategien für die Untersuchung von Altablagerungen und Altstandorten. Es besteht somit die Gefahr, daß sich damit auch die Maßstäbe für Gefährdungsabschätzungen wie auch für die Sanierungsziele völlig unterschiedlich entwickeln. Allein im größten Bundesland Nordrhein-Westfalen (NRW) müssen über 13000 Verdachtsflächen hinsichtlich möglicher von ihnen ausgehender Gefährdungen bewertet werden. Die Altlastensituation in NRW ist aufgrund der mehr als 150-jährigen Industriegeschichte und infolge der Zerstörungen des Zweiten Weltkriegs besonders komplex. Um eine möglichst einheitliche Vorgehensweise bei der Untersuchung und Gefährdungsabschätzung von Verdachtsflächen zu erreichen, haben die zuständigen Landesbehörden zahlreiche Richtlinien und Arbeitshilfen für die kommunalen Behörden, die Industrie und die Gutachter entwickelt (MURL 1988, LÖLF 1988, LWA 1989). Diese Schriften können nicht im Sinne eines "Kochbuchs" benutzt werden; in allen Publikationen dieser Art wird immer wieder auf die Beachtung der mit der einzelnen Verdachtsfläche verbundenen spezifischen Probleme hingewiesen. So enthält beispielsweise der "Leitfaden zur Grundwasseruntersuchung bei Altablagerungen und Altstandorten" (LWA 1989) detaillierte Hinweise zur Auswertung hydrogeologischer Informationen, zur Probenahmestrategie, zum Ausbau von Meßstellen, zur Untersuchungsstrategie, zur Analytik und zur Qualitätssicherung. Der Benutzer des Leitfadens muß aber selbst über die für den spezifischen Fall richtige Strategie entscheiden.

Im folgenden werden die Grundzüge eines weiteren Leitfadens vorgestellt, in dem die Untersuchung und Bewertung von Feststoffen (belasteter Boden, Abfall) bei Verdachtsflächen behandelt wird.

## 2. GRUNDLAGEN

Für die Vorgehensweise bei der Untersuchung von Verdachtsflächen gelten folgende allgemeine Grundsätze:
1) Im Rahmen der Erstbewertung sind die möglichen relevanten Ausbreitungspfade für Schadstoffe zu ermitteln. Die Untersuchungen sollten sich auf diese wesentlichen Wirkungspfade beschränken.
2) Sofern der Verdacht auf Grundwasserkontamination durch die betreffende Altlast vorliegt, sollte das Grundwasser im

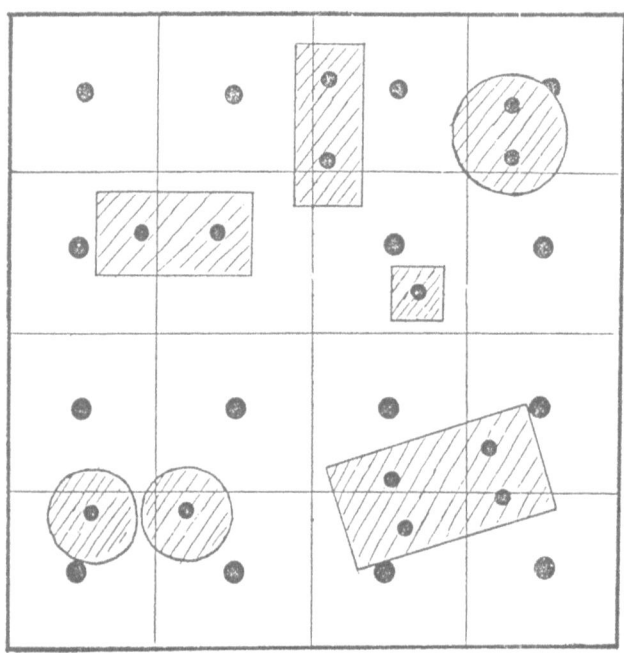

Abb. 1: Probenahmestellen bei einem Altstandort

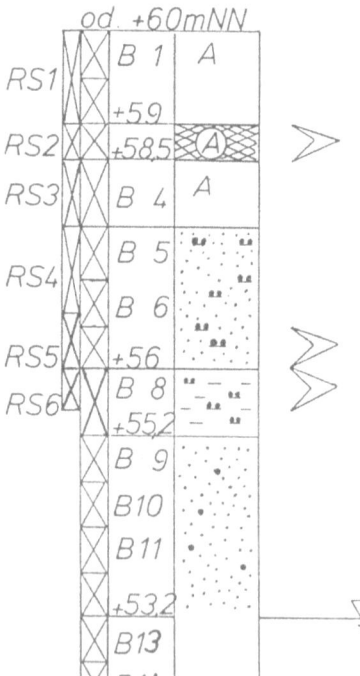

Abb. 2: Probenahmen an einem Bohrkern für die Gefährdungsabschätzung (Pfeile); A = Zentrum der Kontamination

Unterstrom und Oberstrom der Verdachtsfläche untersucht werden (LWA 1989); dies dient auch der Entscheidungshilfe für weitergehende Untersuchungen. Bohrungen in dem fraglichen Gelände sollten erst dann erfolgen, wenn eine Grundwasserbelastung nachgewiesen wurde.
3) Wenn die Verdachtsfläche bebaut ist oder für Spiel- oder Freizeitaktivitäten genutzt wird, sollte eine Untersuchung der Bodenoberfläche erfolgen.
4) Die Untersuchungsstrategie besteht aus einem abgestuften Programm, das im ersten Schritt möglichst einfache Analysenverfahren umfaßt, d.h. Gruppenparameter und Screening-Verfahren; in weiteren Schritten können dann komplexere Methoden eingesetzt werden. Listen prioritärer Schadstoffe werden nur für bestimmte Typen von Altstandorten eingesetzt.

Folgende Wirkungspfade werden in dem "Leitfaden zur Untersuchung von Feststoffen" behandelt:
- Der Transport von Schadstoffen in das Grundwasser.
- Die Aufnahme belasteten Bodens durch Kleinkinder.
- Die Verwehung von kontaminiertem Boden (Staub).
Hinsichtlich der Verfrachtung von Schadstoffen über das System Boden-Pflanze(-Weidevieh)-Mensch sei auf das "Mindestuntersuchungsprogramm Kulturboden" (LÖLF 1988) verwiesen.

## 3. PROBENAHMESTRATEGIE

Belastete Böden und Abfallablagerungen sind äußerst heterogen zusammengesetzt. Daher werden im Regelfall sehr viele Proben benötigt, um ein repräsentatives Bild der Belastung zu erhalten. Bei der Erarbeitung einer Probenahmestrategie ist zwischen Altablagerungen und Altstandorten zu unterscheiden. Während bei Altablagerungen die Beprobung in einem Raster (z.B. 10x10 m oder 20x20 m) meist unvermeidlich ist, lassen sich für einen Altstandort oft Informationen aus Akten, Photos, Karten und Firmenschriften erhalten, die zu einer gezielten Niederbringung von Bohrungen im Bereich von Produktionsanlagen, Lagerhäusern, Abwasserkanälen, Umschlagplätzen und Tanks genutzt werden können. Insbesondere hat sich die Auswertung von Luftbildern und alten Karten bewährt (MURL 1987). In Abb. 1 ist die Kombination von Probenahmeraster und gezielten Bohrungen schematisch dargestellt.

## 3.1 PROBEN AUS BOHRKERNEN

Direkt nach der Entnahme eines Bohrkerns sollten Proben in regelmäßigen Abständen (z.B. 0,5 m oder 1,0 m) aus dem Kern gesichert werden. Für die Gefährdungsabschätzung reicht jedoch im allgemeinen die Untersuchung weniger Proben aus, die bei Schichtwechsel und von den offensichtlich kontaminierten Abschnitten des Bohrkerns entnommen werden sollten. Diese Empfehlungen sind an einem typischen Beispiel in Abb. 2 wiedergegeben: Eine geruchlich auffällige Schicht aus Bauschutt ist die Quelle der Belastung (A), die sich in einer darunter befindlichen sandigen Schicht und einer noch tiefer liegenden Kleischicht ausbreitet. Dies kann durch Analyse der drei mit einem Pfeil gekennzeichneten Proben ermittelt werden, während weitere Proben (RS1...RS6, B1...B14) zurückgestellt und ggf. später untersucht werden.

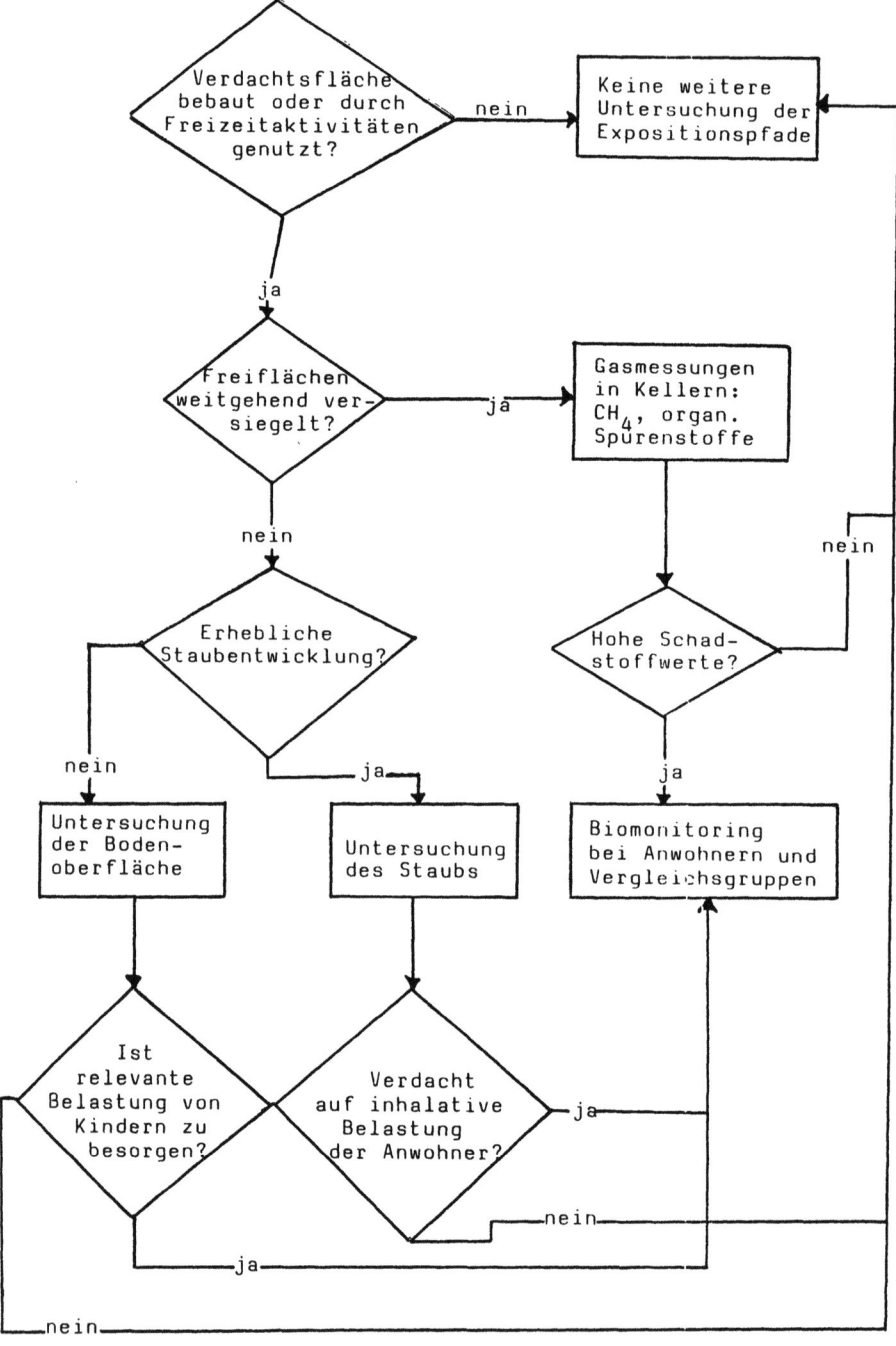

Abb. 3: Strategie zur Gefährdungsabschätzung für eine bewohnte Altlast

## 3.2 BEPROBUNG DES OBERBODENS

Sofern Kinder auf der Verdachtsfläche spielen, besteht die Möglichkeit einer Belastung durch die Ingestion kontaminierten Oberbodens. Im Rahmen einer konservativen Abschätzung ist von einer täglichen Aufnahme von 1 g Boden auszugehen. Bei dieser Art der Probenahme müssen zahlreiche Stichproben von der Verdachtsfläche zu wenigen Mischproben vereinigt werden, deren Zahl von der Größe der Fläche abhängt. Die Beprobungstiefe sollte wegen der Spielaktivitäten von Kindern bei ca. 25 cm liegen.

## 3.3 PROBENAHME BEI VERWEHUNG

Sofern der dritte oben erwähnte Wirkungspfad eine Rolle spielt ("Boden - Staubverwehung - Mensch"), sollten Staubniederschlags- und Schwebstaubproben untersucht werden; die Analyse des Oberbodens ist hierfür nicht aussagekräftig.

Die Beprobungsstrategie für bebaute Altlasten sollte sich jeweils an der Nutzung und an einigen wichtigen Kennzeichen des Grundstücks orientieren, die für die potentiellen Wirkungspfade von Bedeutung sind (Abb. 3). In vielen Fällen wird es erforderlich sein, zunächst die Belastung der Außenluft bzw. der Innenraumluft zu untersuchen. Bei positivem Befund kann ein biologisches Monitoring (Blut, Urin...) sinnvoll sein.

## 4. ANALYSENSTRATEGIE

Wie schon in Abschnitt 2 ausgeführt wurde, bedarf es zur Untersuchung von Verdachtsflächen einer Analysenstrategie, um den "chemischen Zoo" von 100000 industriell hergestellten Verbindungen in sinnvoller Weise zu erfassen. Mit einigen recht einfachen Kenngrößen soll daher zunächst eine Übersicht über die Art der Belastung und die Bodeneigenschaften gewonnen werden. Eine solche Strategie wurde bereits für die Charakterisierung von Grundwässern entwickelt (LWA 1989, Friege 1988).
In Tab. 1 sind einige wesentliche Kenngrößen aufgeführt, die zur Gefährdungsabschätzung bei der Untersuchung von Feststoffen herangezogen werden können. Dabei ist zwischen Basisinformationen über Bodeneigenschaften (Tab. 1a), chemischen Parametern für die Analyse wichtiger Gruppen toxischer Verbindungen (Tab. 1b) und Biotests zur Erkennung toxischer Effekte (Tab. 1c) zu unterscheiden. Zwischen einzelnen geochemischen und chemischen Kenngrößen, aber auch zwischen chemischen und biologischen Parametern bestehen natürlich Zusammenhänge. Was die Untersuchung von Feststoffen im Hinblick auf die Auslaugung von grundwassergefährdenden Stoffen angeht, so sollten die Erkenntnisse aus den Grundwasseruntersuchungen zur Aufstellung einer Liste analytischer Parameter herangezogen werden. Sofern die Art der Kontamination bereits eingegrenzt werden kann, sollten selbstverständlich spezifische chemische und biologische Parameter für die Untersuchung herangezogen werden. Für Altstandorte liegen mittlerweile gut dokumentierte Erhebungen (siehe z.B. KUR 1990) zum früheren Gebrauch von Chemikalien bei zahlreichen technischen Prozessen vor.
Sämtliche Untersuchungen müssen im übrigen von einem Programm zur Qualitätssicherung begleitet werden.

Tab. 1a: Wichtige bodenkundliche bzw. geolog. Kenngrößen

|  | TOC | Kationen-Austausch-Kapazität | Korn-größe | Aussehen | Säure-Base Kapazität |
|---|---|---|---|---|---|
| Durchlässigkeit |  |  | S | (S) |  |
| Porosität |  |  | S | (S) |  |
| Rückhaltevermögen | S | E |  | (S) |  |
| Säure-/Base-Bildungsvermögen |  |  |  |  | E |

Tab. 1b: Wichtige chemische Parameter

|  | pH | Elektr. Leitf. | Farbe/Geruch | ICP-OES | IR-Sp. | POX/EOX | Screening mit GC | HPLC |
|---|---|---|---|---|---|---|---|---|
| Lösliche Salze (Chlorid,...) |  | E |  |  |  |  |  |  |
| Lösliche Schwermetalle |  | E |  | (S) | A |  |  |  |
| Benzol, Toluol, Xylole |  |  | (S) |  |  | F | H |  |
| PAK's |  |  | (S) |  |  | F | H |  |
| Chlorierte Aliphaten |  |  | (S) |  |  |  | H | H |
| Chlorierte Aromaten |  |  | (S) |  |  |  | H | H |
| Mineralöl |  |  | (S) |  |  | F | H |  |
| Polare organische Komponenten |  |  |  |  | (F) |  |  | M |

Tab. 1c: Wichtige Biotests

|  | Keimzahl | Ames-Test | Kresse-Test | TOC |
|---|---|---|---|---|
| Toxizität | S | S |  |  |
| Phytotoxizität |  |  | S |  |
| Biolog.abbaubare organ.Subst. |  |  |  | S |

Abkürzungen:
- S  Analyse aus dem Feststoff
- A  Königswasser-Aufschluß
- E  Wäßrige Elution der Probe
- H  Extraktion mit unpolarem Lösemittel (z.B. Hexan)
- F  Extraktion mit Trichlortrifluorethan
- M  Extraktion mit polarem Lösemittel (z.B. Dichlormethan)

Für die Gefährdungsabschätzung bei belasteten Oberböden können
zwei Maßstäbe herangezogen werden: Zum einen stehen für
zahlreiche Regionen in NRW Daten zur Hintergrundbelastung mit
Schwermetallen zur Verfügung, für einige Industrieregionen auch
Daten für PAK's. Ein Bodenmonitoring für PCB's und PCDD's/PCDF's
("Dioxine") in einem sehr groben Raster wurde 1989 begonnen. Die
Verwendung regionaler Hintergrunddaten hat sich für die
Bewertung von Grundwasseranalysen als sehr hilfreich erwiesen,
weil sich eine örtliche Kontamination aus der großflächigen
anthropogenen oder geogenen Belastungssituation herausheben muß.
Dies gilt in ähnlicher Weise auch für den Oberboden oder auch
den Staubniederschlag. Zum anderen können Schwellenwerte auf der
Basis tolerierbarer täglicher Aufnahmewerte (ADI) abgeschätzt
werden. Wie bereits dargelegt wurde, sollte für die
Gefährdungsabschätzung auf dem Pfad "Oberboden - Ingestion -
Mensch" eine tägliche Aufnahme von 1 g für Kleinkinder
zugrundegelegt werden.
Die Gefährdungsabschätzung im Hinblick auf die Ausbreitung von
Schadstoffen in tiefere Schichten bis hinein ins Grundwasser
hängt von den geologischen Gegebenheiten und den Ergebnissen
des Grundwasser-Monitorings ab. Ein einheitlicher Weg für die
Gefährdungsabschätzung steht für diesen Wirkungspfad nicht zur
Verfügung.

## 5. SCHLUSSFOLGERUNGEN
Der hier kurz beschriebene Leitfaden umfaßt allgemeine
Verfahren zur Untersuchung von Feststoffen bei
Verdachtsflächen (Oberboden, tiefere Schichten, Abfälle). Die
spezifischen Gegebenheiten einer Verdachtsfläche müssen
ermittelt werden und in die Untersuchungsstrategie einfließen.

## 6. LITERATUR
Friege, H. (1988): Meßstrategien zur Altlastenuntersuchung,
in: Handbuch der Altlastensanierung (Hrsg.: Franzius,
Stegmann, Wolf), Kap. 3.2.2.1.
KVR - Kommunalverband Ruhrgebiet (1990): Erfassung möglicher
Bodenverunreinigungen auf Altstandorten, Essen.
LÖLF - Landesanstalt für Ökologie, Landschaftsentwicklung und
Forstplanung NRW (1988): Mindestuntersuchungsprogramm
Kulturboden, Recklinghausen.
LWA - Landesamt für Wasser und Abfall NRW (1989): Leitfaden
zur Grundwasseruntersuchung bei Altablagerungen und
Altstandorten, Düsseldorf.
MURL - Ministerium f. Umwelt, Raumordnung und Landwirtschaft
NRW (1987): Die Verwendung von Karten und Luftbildern bei der
Ermittlung von Altlasten, Düsseldorf.
MURL - Ministerium f. Umwelt, Raumordnung und Landwirtschaft
NRW (1988): Hinweise zur Ermittlung und Sanierung von
Altlasten, Düsseldorf.
Danksagung: Der genannte Leitfaden wird von einer
Arbeitsgruppe erstellt, der folgende Mitarbeiter der
Umweltverwaltung angehören: Herr Dr. Lemmer, Frau Dr. Gabriel,
Herr Dr. Fehlau, Herr Küchen, Herr Dr. Barrenstein, Herr Dr.
Leuchs, Herr Eckhoff, Frau Baiersdorf, Herr Juhnke, Herr Dr.
Crößmann. Meinen Kolleginnen und Kollegen möchte ich an dieser
Stelle für ihre Mitarbeit herzlichen Dank sagen.

SYSTEMATISCHE PROBENAHMESTRATEGIEN FÜR DIE UNTERSUCHUNG DER
SCHADSTOFFBELASTUNG VON BODEN UND PORENWASSER

R. BOSMAN UND F.P.J. LAMÉ
TNO-GRUPPE TECHNOLOGIE FÜR DIE GESELLSCHAFT, ABTEILUNG FÜR
UMWELTCHEMIE

1. EINFÜHRUNG
Systematishe Strategien für die Probenahme aus schadstoffbelasteten Böden und Porenwasser sind entwickelt worden. Sie werden in dieser Abhandlung dargestellt als zwei Schritte, die als 'Orientierungsuntersuchung' und 'weitere Untersuchung' bezeichnet werden.
Das Grundprinzip der Strategien ist, daß nach einer gründlichen Bestandsaufnahme aller verfügbaren (historischen) Informationen über ein bestimmtes Grundstück eine Hypothese über die räumliche Verbreitung der Schadstoffe im Boden/Grundwasser und/oder dem Gewässerboden aufgestellt wird. Nach Entnahme von Proben und chemischen Analysen müssen die Ergebnisse interpretiert und mit der aufgestellten Hypothese verglichen werden. Für diesen Vergleich wird eine mathematische Methode gewählt. In den Fällen, in denen die Hypothese im Widerspruch zu den Ergebnissen steht, muß entweder eine neue Hypothese aufgestellt oder die Bestandsaufnahme wiederholt oder erweitert werden.

1. ORIENTIERUNGSUNTERSUCHUNG
In dieser Untersuchung soll festgestellt werden, ob die erwarteten Schadstoffe vorhanden sind oder nicht. Drei wesentliche Formen der räumlichen Verbreitung dieser Schadstoffe sind unterschieden worden:
1. Homogene Verbreitung der Schadstoffe
2. Heterogene Verbreitung an bekannter Stelle
2. Heterogene Verbreitung an unbekannter Stelle
Für eine homogen verbreitete Schadstoffbelastung wird die verdächtige Bodenschicht des zu untersuchenden Gebiets in Flächeneinheiten von etwa 500-1000m$^2$ eingeteilt. Drei Proben werden aus jeder Einheit entnommen und zu einer Gesamtprobe für jede Flächeneinheit vermischt. Aus der Bodenschicht über und unter der verdächtigen Schicht wird eine Probe pro Einheit entnommen, und die Proben von je 5 Einheiten werden miteinander gemischt und analysiert. Alle Proben werden nur für die Verbindungen oder Elemente analysiert, deren Vorhandensein als Schadstoffe erwartet wird. Wenn keine Schadstoffbelastung gefunden wird, wird der Schluß gezogen, daß der Verdacht unbegründet war, aber es kann nicht daraus geschlossen werden, daß das Grundstück sauber, d. h. überhaupt nicht schadstoffbelastet ist. Ehe

dieser letztere Schluß gezogen werden kann, muß das Grundstück auf das Vorhandensein von weiteren chemischen Verbindungen und Elementen untersucht werden. Wenn Schadstoffe gefunden werden, muß die Hypothese einer homogenen Verbreitung des Schadstoffs getestet werden; die Hypothese über die räumliche Verbreitung gilt als widerlegt, wenn der Variationskoeffizient größer als 2 ist.

Für einen heterogen verbreiteten Schadstoff an bekannter Stelle werden drei bis fünf Proben aus dem verdächtigen Bereich entnommen. Die Hypothese eines heterogen verbreiteten Schadstoffs an bekannter Stelle gilt als widerlegt, wenn die Hälfte oder mehr als die Hälfte der Proben nicht schadstoffbelastet ist. In diesem Fall kann geschlossen werden, daß entweder die erwarteten Schadstoffe nicht vorhanden sind, oder daß ihre Lage nicht bekannt ist.

Für einen heterogen verteilten Schadstoff an unbekannter Stelle muß die Größe des Bereichs der Hauptkonzentration (Zentrum) der Schadstoffbelastung geschätzt werden. Wenn dieser Bereich weniger als 10% des Grundstücks umfaßt, besteht wenig Hoffnung, ihn zu finden. Für Zentrum/ Grundstück-Verhältnisse von über 10% wird die Anzahl Proben entsprechend der Verhältniszahl gewählt. Für Zentrumsbereiche von 100 - 1000m$^2$ (als Teil von Grundstücken im Größenbereich zwischen 500 - 10000m$^2$) müssen etwa 4 - 12 (gemischte) Proben analysiert werden. Die Hypothese eines heterogen verteilten Schadstoffs an unbekannter Stelle gilt als widerlegt, wenn mehr als drei Proben schadstoffbelastet sind.
In diesem Fall ist der schadstoffbelastete Bereich viel größer als angenommen oder die Verteilung ist homogener.

Für Grundwasser und Porenwasser sind vergleichbare Strategien entwickelt worden.

## 3. WEITERE UNTERSUCHUNG

Diese Untersuchung ist eine Weiterführung der Orientierungsuntersuchung. Der Zweck dieser Untersuchung ist es, das Ausmaß des schadstoffbelasteten Bereichs in drei Dimensionen zu bestimmen und festzustellen, ob eine ernstliche Gefährdung für Menschen und/oder die Umwelt vorliegt.

Auch hier muß eine Hypothese über die räumliche Verteilung der Schadstoffe aufgestellt werden. In diesem Stadium kann nur eine homogene Verteilung oder heterogene Verteilung an bekannter Stelle untersucht werden. Wenn die Stelle nicht bekannt ist, muß eine Orientierungsuntersuchung durchgeführt werden.

Für homogen verteilte Schadstoffe werden 6 Proben pro Hektar aus jeder Bodenschicht (von etwa 50 cm) für die erwarteten Verbindungen analysiert, und der Variationskoeffizient der mittleren Konzentration wird bestimmt. Mehr Proben werden entnommen und analysiert, wenn dieser Koeffizient größer als 20% ist. Gemischte Proben werden analysiert für andere als die erwarteten Verbindungen, wie polyzyklische aromatische Kohlenwasserstoffe, extrahierbare organische Halogene, Zyanid, Erdöl; Bodenkennwerte wie pH, CEC, Lutum, organische Stoffe, Partikelgrößenverteilung, Wassergehalt, Kalzium, Magnesium, Chlorid, Sulfat, Nitrat, Karbonat, Oxalat-extrahierbares Aluminium und Eisen müssen ebenfalls bestimmt werden. Die Ergebnisse geben einen allgemeinen Überblick über die Bodenzusammensetzung und können häufig als Grundlage für eine begründete Beurteilung der Gefährlichkeit der Schadstoffe für die Umwelt und somit auch für Menschen dienen.

Für heterogen verteilte Schadstoffe basiert die Untersuchung im wesentlichen auf einem Koordinatensystem, mit einem 5m-Raster. In den 9 zentralen Rasterpunkten werden Proben in Schichttiefen von 1 Meter genommen. Die Probenahme wird in den weiteren Stadien fortgesetzt, bis zwei schadstoffreie Proben nacheinander gefunden werden. Dieses Kriterium wird sowohl in horizontaler als auch in vertikaler Richtung angewendet. Auf der Grundlage der Ergebnisse können die sogenannte A-und C-Kontur des schadstoffbelasteten Bereichs festgelegt werden (der A-Wert ist der Vergleichswert für schadstoffreie Bereiche; der C-Wert ist ein Testwert für Sanierungsarbeiten.).

Das Grundstück wird in Flächeneinheiten von 1000 m$^2$ eingeteilt, aus denen Proben entnommen und zur allgemeineren Charakterisierung des Boden untersucht werden, wie es für die homogen verteilten Schadstoffe durchgeführt wurde. Zur Untersuchung der Bodenstruktur muß mindestens ein tiefes Bohrloch erzeugt werden. Das Grundwasser muß auf die erwarteten Verbindungen, aber auch auf Schwermetalle, flüchtige Kohlenwasserstoffe, extrahierbare oranische Halogenverbindungen, Zyanid, Mineralöl und Phenole untersucht werden. Nach all den oben erwähnten Untersuchungen muß die Ausbreitung der Schadstoffe in der Vergangenheit untersucht werden. Ein physikalisch-chemisches Modell muß erstellt werden, um nachzuprüfen, ob die Verteilung der Schadstoffe verständlich ist. Diese Vorgehensweise verringert das Risiko, daß ein (wesentlicher) Teil des schadstoffbelasteten Bereichs nicht gefunden wird.

Für Grundwasser und Porenwasser sind vergleichbare Strategien entwickelt worden.

4. DANKSAGUNG

Diese Entwicklung von Strategien wurde ermöglicht durch die finanzielle Unterstützung des 'Ministeriums für Wohnungswesen, Raumordnung und Umwelt' der Niederlande.

DER EINFLUSS DER PROBENGRÖSSE UND DES ORTS DER PROBENAHME
AUF DIE QUALITÄTSPRÜFUNG VON BEHANDELTEM BODEN

F.P.J. LAMÉ, M. ALBERT UND R. BOSMAN

TNO-GRUPPE TECHNOLOGIE FÜR DIE GESELLSCHAFT, ABTEILUNG FÜR
UMWELTCHEMIE.

1. EINFÜHRUNG

Der Einfluß der Probengröße auf die Streuung der Analysenergebnisse ist einer der Aspekte der Bodenforschung, denen bisher nicht viel Aufmerksamkeit gewidmet wurde. Besonders bei der Qualitätsprüfung von entgiftetem Boden, wo die Streuung innerhalb einer Charge ein wichtiger Faktor für die Annahme oder Ablehnung der Charge ist, muß die Beziehung zwischen Probengröße und Streuung festgestellt werden. Die Auswirkung der Größe der einzelnen Probe auf die Streuung der Proben ist an mit komplexen Zyaniden verschmutztem Boden untersucht worden, und die Ergebnisse zeigen, daß die Streuung sowohl durch die Anzahl der Proben als auch durch die Größe der einzelnen Probe beeinflußt werden kann.

2. DEFINITION DES PROBLEMS

Bei der Qualitätsprüfung von behandeltem Boden ist nicht nur die restliche Konzentration eines Schadstoffs von Interesse. Wegen des Risikos für die Umwelt bei der Benutzung des behandelten Bodens ist es auch notwendig, daß Informationen über die höchste Konzentration innerhalb der behandelten Menge verfügbar sind. Gemäß den Theorien über die Probenahme von partikulärem Material (1,2,3,4,5) wird die Streuung nicht nur durch die Anzahl der Proben beeinflußt, sondern auch durch die Probengröße (d. d. das Volumen jeder der individuell entnommenen Proben). Diese Theorien wurden jedoch nicht speziell für die Probenahme von (schadstoffbelastetem) Boden entwickelt, und sie können deshalb nicht ohne weitere Untersuchungen auf das Bodengefüge angewendet werden. Auf Grund dieser Überlegungen hat die TNO ein Forschungsprogramm aufgestellt, das die Auswirkungen der Probengröße auf die Streuung der Analysenergebnisse untersuchen soll.

3. THEORETISCHE GRUNDLAGEN

Wenn ein Schadstoff aus partikulärem Material besteht, beeinflußt die Partikelgröße des Schadstoffs die Wahrscheinlichkeit, daß eine schadstoffbelastete Partikel in einer Probe auftritt. Die Beziehung zwischen der Probengröße und der Größe der schadstoffbelasteten Partikel übt einen großen Einfluß auf die Auffindung einer wesetlich höheren Konzentration in der Probe aus. Je größer die Partikel, umso höher ist die Konzentration in einer Probe, die diese Partikel enthält. Dementsprechend, wenn eine Partikel verhältnismäßig klein ist, ist die Konzentration in einer Probe, in der diese Partikel enthalten ist, nur wenig höher als die Konzentration in anderen Proben ohne solch eine schadstoffbelastete Partikel. Im ersteren Fall wird die Streuung weitgehend von der die Partikel enthaltenden Probe beeinflußt, im letzteren Fall dagegen nicht.

Deshalb ist eine quantitative Erfassung der Beziehung zwischen der Probengröße und der Größe der schadstoffbelasteten Partikel notwendig. Es gibt jedoch mehrere Faktoren außer der Partikelgröße, die einen Einfluß auf die Streuung ausüben (z.B. die Konzentration des Schadstoffs in der schadstoffhaltigen Partikel, die Partikelgrößenverteilung der schadstoffhaltigen Partikel und die Anzahl der schadstoffhaltigen Partikel). Bei der Voraussage der Mindestgröße der Proben sollten alle die oben erwähnten Faktoren berücksichtigt werden. Die Theorien über Stichproben, die oben erwähnt wurden (1,2,3,4,5), beschreiben alle die Probengröße mit Bezug auf ähnliche Faktoren wie die hier angeführten. Ihre Voraussagen stimmen aber nicht mit den experimentellen Ergebnissen überein.

## 4. EXPERIMENTELLE ARBEITEN

Proben aus einer Charge von Boden eines ehemaligen Gaswerks, der mit PAK und Zyanid verschmutzt ist, wurden während des Reinigungsverfahrens entnommen. 60 Proben von 10 bis 15 Kilogramm wurden vom Förderband entnommen, und zwar sowohl Proben des schadstoffbelasteten Bodens als auch Proben des gereinigten Bodens. Im Labor wurden Proben von 400, 50, 1 und 0,1 Gramm des schadstoffbelasteten Bodens aus jeder der ursprünglichen 60 Proben entnommen. Der Gesamtzyanidgehalt (6) der Proben und Teilproben wurde auf eine Weise analysiert, die eine Analyse für unausgeglichene Streuung durchführbar machte.

## 5. ERSTE ERGEBNISSE UND AUSWERTUNG

Es wurden die folgenden Resultate gefunden:

| | 400 Gramm | 50 Gramm | 1 Gramm | 0,1 Gramm |
|---|---|---|---|---|
| Durchschnittliche Zyanidkonzentration | 506 mg/kg | 480 mg/kg | 501 mg/kg | 1194 mg/kg |
| $\sigma_t^2$ (Gesamtstreuung) | 27312 | 8042 | 28706 | 3,07*107 |
| $\sigma_0^2$ (in den ursprüglichen Proben) | 24848 | 7932 | 27189 | n. b. |
| $\sigma_1^2$ (durch Homogenisierung) | 2374 | n. b. | n. b. | n. b. |
| $\sigma_2^2$ (durch die Analysen) | 90 | 110 | 1517 | n. b. |

[n. b. = nicht berechnet]

Die Probenserien von 400, 50 und 1 Gramm zeigen etwa die gleiche Streuung. Daraus kann geschlossen werden, daß für diese Charge auf dieser Stufe die Probengröße keinen Einfluß auf die Streuung ausübt. Die Proben von 0,1 Gramm dagegen zeigen eine sehr viel größere Streuung. Untersuchung der Schadstoffbelastung zeigte, daß der größte Teil des Zyanids in Eisenaggregaten mit Durchmessern von weniger als 1 bis etwa 10mm angesammelt ist. Die Mehrzahl dieser Aggregate haben eine Durchmesser von 1 bis 3mm. In Proben von 0,1 Gramm ist eine solche Partikel ein wesentlicher Teil der gesamten Probe. Wegen des hohen allgemeinen Zyanidgehalts in den Proben, verursacht durch die sehr kleinen Partikel (weniger als 38μm) und die relativ geringe Zyanidkonzentration in einem Aggregat zeigen die Proben von 1, 50 und 400 Gramm keine wesentliche Erhöhung der Streuung, wie es bei den Proben von 0,1 Gramm der Fall ist. Daraus kann geschlossen werden, daß für diese besondere Charge Proben bis zu 1 Gramm eine gute Beschreibung der Gesamtcharge geben. Weitere Untersuchungen über dieses Thema sind noch im Gange.

6. BIBLIOGRAPHIE
1) Gy P.M., Entwicklungen in der Geomathematik 4, Elsevier Scientific Publishing Company, 1982. ISBN 0 444 42079 7, "Probenahme von partikulären Materialien, Theorie und Praxis".
2) Stange, K., Chemie-Ing.-Techn. 53, Nr. 8 (1963), S.580-582. "Die Mischgüte einer Zufallsmischung aus drei und mehr Komponenten".
3) Harnby, N. et al. (Herausg.): Butterworths Serie der Chemischen Technik, Butterworths (1985) ISBN 0 408 11574 2, "Mischen in den Veredelungsindustrien".
4) Visman, J., Materialien, Forschung und Normen, Band. 9 No. 11 (1969), S. 8-66, "Eine allgemeine Theorie der Probenahme".
5) Ingamells, C.O. et al., Talanta 20 (1973), S. 547-568, "Vorschlag für eine Probenahmekonstante für die Anwendung bei geochmischen Analysen.".
6) Technicon Auto Analyser II, Industrial Method Nr. 315-74W, August 1974.

Diese Untersuchung wurde ermöglicht durch die finanzielle Unterstützung des Niederländischen Integrierten Bodenuntersuchungsprogramms und das Ministerium für Wohnungswesen, Raumordnung und Umwelt der Niederlande.

# VERBESSERUNG DER KOSTENWIRKSAMKEIT VON UNTERSUCHUNGEN DER SCHADSTOFFBELASTUNG DES BODENS

J.P. OKX

TAUW INFRA CONSULT B. V., POSTFACH 479, 7400 AL DEVENTER, DIE NIEDERLANDE

## 1. EINFÜHRUNG

Die Untersuchung der Schadstoffbelastung des Bodens und die damit verbundenen Sanierungsarbeiten sind kostspielig. Um die größtmögliche Kostenwirksamkeit sicherzustellen, ist eine Optimierung der Probenahmestrategie erforderlich. Die Auslegung der optimalen Probenahmestrategien ist von vielen Autoren beschrieben worden. Singer (1972) hat das ELIPGRID-Programm entwickelt, das es erlaubt, die Wahrscheinlichkeit einer erfolgreichen Auffindung von 'heißen Flecken' mit Hilfe von quadratischen, rechteckigen oder sechseckigen Rastern zu berechnen. Dieses Programm wurde von Zirschky und Gilbert (1985) benutzt, um Nomogramme (Abb. 1) zu entwickeln, die es ermöglichen, leicht zugängliche Informationen über den geschätzten Erfolg, ausgedrückt als verbleibende 'Gefährdung des Verbrauchers', für ein ausgewähltes System der Probenahme zu erhalten. In dieser Arbeit wird gezeigt, daß nur einige wenige Änderungen des Programms und der sich daraus ergebenden Nomogramme erforderlich sind, um Informationen über die Kostenwirksamkeit einer Intensivierung der Probenahme zu erhalten.

## 2. PROBENAHMESTRATEGIE

Die Probenahmestrategie spielt eine wesentliche Rolle bei Untersuchungen der Schadstoffbelastung. Probenahmestrategien können in urteilsbegründete und statistische Probenahmen eingeteilt werden. Eine urteilsbegründete Probenahme setzt voraus, daß Informationen über Zonen vermutlicher schlechter Bodenqualität vorhanden sind. Wenn keine solchen Informationen vorliegen, muß statistische Probenahme durchgeführt werden.

Obwohl in solchen Fällen eine unausgerichtete Zufallsverteilung der Probenahmen theoretisch die besten Resultate erbringen sollte (Gilbert, 1987), wird der Einfachheit halber häufig systematische Probenahme gewählt. Die größte Gefahr bei der Ausführung systematischer Probenahme tritt in Fällen auf, wo Zyklizität zu erwarten ist. Um Schwierigkeiten bei der systematischen Probenahme zu vermeiden, sind genaue Kenntnisse des Schadstoffbelastungsvorgangs erforderlich. (Okx et al., 1990).

## 3. ERMITTLUNG DER GEFÄHRDUNG DES VERBRAUCHERS

Die Auswirkungen einer Intensivierung der Probenahme auf die Wahrscheinlichkeit, eine 'heiße Stelle' von gewissen Ausmaßen nicht aufzufinden (Gefährdung des Verbrauchers) werden in Tabelle 1 gezeigt. Die Zahlen basieren auf den Nomogrammen von Zirschky und Gilbert (1985).

TABELLE 1. Gefährdung des Verbrauchers ($\beta$) bei verschiedenen Probenahmedichten.

| Rasterabstand (G) | Kostenfaktor | Radius (L) des kreisförmigen heißen Flecks | | | |
|---|---|---|---|---|---|
| | | 5 m | 10 m | 25 m | 50 m |
| 100 m | 1 | 99 | 96 | 80 | 20 |
| 71 m | 2 | 98 | 95 | 60 | 0 |
| 50 m | 4 | 96 | 87 | 20 | 0 |
| 35 m | 8 | 93 | 73 | 0 | 0 |

Die Gefährdung des Verbrauchers ($\beta$) ist offensichtlich nicht eine Funktion des Rasterabstands (G) allein, sondern des Verhältnisses zwischen dem Radius der 'heißen Stelle' und dem Rasterabstand. Eine niedrige Verhältniszahl L/G - ungenügende Anzahl von Probenahmen - führt zu einer hohen Gefährdung des Verbrauchers. Verbesserung ist möglich, aber nur mit erheblichen Kosten. Eine hohe Verhältniszahl L/G - übergroße Anzahl von Probenahmen - führt zu einer geringen Gefährdung des Verbrauchers. Eine Verbesserung in Bezug auf Verringerung der Gefährdung über einen gewissen Punkt hinaus würde nur sehr geringfügig sein.

## 4. BESTIMMUNG DER KOSTENWIRKSAMKEIT

Offensichtlich gibt es nur einen spezifischen Bereich für L/G, in dem eine intensivere Probenahme zu einer wesentlichen Verminderung der Gefährdung führt. Die Auswirkung einer Intensivierung der Bemühungen wird ausgedrückt durch das Verhältnis:

$$d(\beta) / d(L/G)$$

Wenn das Verhältnis L/G durch die Kosten der Probenahmen ersetzt wird, ergibt sich eine noch direktere Information über die Kostenwirksamkeit einer intensiveren Probenahme. Versuche zur Optimierung der Kostenwirksamkeit streben an, die Untersuchungen genau entsprechend dem Ausmaß des Schadstoffbelastungsvorgangs einzustellen. Bestimmung des Ausmaßes des untersuchten Vorgangs der Schadstoffbelastung ist deshalb sehr wichtig, weil der Unterschied zwischen der (auf den Vorgang bezogenen) systematischen Variation und der Störeffekte selbst vom Ausmaß abhängt (Burrough, 1983), ist es augenscheinlich, daß Entscheidungen getroffen werden müssen. Diese Entscheidungen werden von den Informationen über die erwarteten Wirkungen des Schadstoffs auf den Boden, das Grundwasser und die Lebewesen bestimmt. Weil diese Informationen nicht in allen Fällen zur Verfügung stehen werden, ist es offensichtlich, daß Fachkenntnisse erforderlich sind.

5. DISKUSSION UND SCHLUSSFOLGERUNGEN

Die Gefahr, eine 'heiße Stelle' von gewissen Dimensionen mit einem gewissen Probenahmeaufwand nicht aufzufinden, können mit Hilfe eines nomographischen Verfahrens quantitativ bestimmt werden, das von Zirschky und Gilbert (1984) beschrieben wurde. Die Entwickler von Strategien sollten sich der verbleibenden Gefahr bewußt sein, daß 'heiße Flecken' nach der Untersuchung noch vorhanden sind, und es ist die Aufgabe von Beratern, zahlenmäßige Angaben über diese Wahrscheinlichkeit zu machen.

Wenn die verbleibende Gefährdung als zu groß angesehen wird, sollte es klar sein, daß wesentliche Verbesserungen der Wirksamkeit der Untersuchungen nur dann möglich ist, wenn das Ausmaß der Untersuchungen und das Ausmaß des Schadstoffbelastungsvorgangs miteinander im Gleichgewicht stehen. Leider ist die Bestimmung des Ausmaßes eines Schadstoffbelastungvorgangs nicht ein einfaches Verfahren, und deshalb sind die speziellen Kenntnisse von Experten erforderlich.

6. BIBLIOGRAPHIE
1) Burrough, P.A., 1983. Mehrfachskalen-Quellen der räumlichen Schadstoffverteilung im Boden. I. Die Anwendung des Fraktalkonzepts auf verschachtelte Niveaus der Bodenvariation. Journal of Soil Science, Nr. 34, S. 577-597 (auf englisch).
2) Gilbert, R.O., 1987. Statistische Methoden bei der Überwachung der Schadstoffbelastung der Umwelt. Van Norstrand Reinhold Company, New York (auf englisch).
3) Okx, J.P., Heuvelink, G.M.B. und Grinwis, A.W., 1990. Expertenwissen und (Geo-) Statistik: Einander ergänzende Hilfsmittel bei der Untersuchung der Schadstoffbelastung des Bodens. (vorliegender Band).
4) Singer, D.A.; 1972. ELIPGRID: Ein Fortran-IV-Programm zur Berechnung der Erfolgswahrscheinlichkeit für die Auffindung elliptischer Ziele mit quadratischen, rechteckigen und sechseckigen Rastern. Geocam Programs, Nr. 4, S. 1-16.
5) Zirschky, J. und Gilbert, R.O.; 1984. Auffinden von 'Heißen Flecken' auf Grundstücken mit gefährlichem Sondermüll. Chemical Engineering, Nr. 91, S. 97-100.

# ERKUNDUNG VON ALTLASTEN MIT HILFE GEOPHYSIKALISCHER VERFAHREN

Bernd-Michael Schulze, Rolf Muckelmann

Geophysik Consulting GmbH, GeCon
Marthastr. 10
2300 Kiel 1
Tel: (++ 49) 431-67 24 24
Fax: (++ 49) 431-67 38 53


Der Einsatz geophysikalischer Verfahren zur Untersuchung von Altstandorten und Altdeponien ist zur Beantwortung von 3 Fragestellungen angezeigt:

1. Großräumige Kartierung eines Geländes auf mögliche Altablagerungen.

2. Untersuchung eines bekannten Standortes im Hinblick auf seine Ausdehnung, seine Begrenzung und ggfls. auch im Hinblick auf seine interne Gliederung.

3. Erkundung der allgemeinen geologischen und hydrogeologischen Verhältnisse im Umfeld eines Standortes.

Voraussetzung für den erfolgreichen Einsatz geophysikalischer Verfahren zur Erkundung ist, daß aufgrund der Ablagerungen laterale und/oder vertikale Änderungen der physikalischen Eigenschaften des Untergrundes eingetreten sind. Hierbei sind in erster Linie die elektrischen und die magnetischen Eigenschaften sowie die Festigkeit des Materials zu nennen. Deshalb kommt der Einsatz geophysikalischer Verfahren insbesondere für solche Standorte in Betracht, an denen anderes als das natürlich anstehende Material eingelagert wurde

Die Geophysik bietet Verfahren an, die es zulassen, sehr schnell größere Flächen zu untersuchen, um die Ausdehnung und Begrenzung von Ablagerungsflächen zu bestimmen. Nachteilig auf die Untersuchungen kann sich die Bebauung an der Oberfläche auswirken. Der erfolgreiche Einsatz geophysikalischer Untersuchungsmethoden erfordert deshalb in der Planungsphase möglichst genaue Kenntnisse über den zu untersuchenden Standort.

Neben der direkten Untersuchung, etwa des abgelagerten Materials, im Hinblick auf seine räumliche Begrenzung und evtl. auch interne Gliederung, werden geophysikalische Untersuchungsmethoden aber auch für die Erkundung des geologischen und hydrogeologischen Umfeldes eingesetzt. Mit Hilfe geophysikalischer Messungen kann ggfls. Aufschluß für die Bereiche unterhalb, z.B. der Deponiesohle, gewonnen werden.

Bereiche, in denen eine Kontamination des Bodens aufgrund versickerter Stoffe eingetreten ist, sind geophysikalisch nur dann erfolgreich zu bearbeiten, wenn hierdurch eine Änderung der wesentlichen physikalischen Parameter des Bodens erfolgt ist. Dieses könnte z.B. durch die Erhöhung der elektrischen Leitfähigkeit aufgrund von ionenbefrachteten Sickerstoffen verursacht sein.

Beispiele des Einsatzes der Geophysik zur Untersuchung von Altstandorten belegen den erheblichen Beitrag, den diese Methode zur Beantwortung der oben aufgeworfenen Fragestellung liefern kann.

# FERNERKUNDUNG MIT HILFE EINES THERMAL-/MULTISPEKTRAL-SCANNERS BEI DER ALTLASTENERKUNDUNG

| H.HENSELEIT | M.SARTORI | B.JOURDAN |
|---|---|---|
| HENSELEIT & PARTNER | SPACETEC | TIEFBAUAMT |
| FREIBURG | FREIBURG | VILLING.-SCHWENNINGEN |

## 1. EINLEITUNG

Bei der Erkundung einer ehemaligen Mülldeponie wurde die Fernerkundung mit Hilfe eines Thermal-/Multispektralscanners angewandt, um eine flächendeckende Aussage über Ausgasungen, Feuchtigkeit und Sickerwasseraustritte, Inhomogenitäten im Deponieaufbau und Wachstumsanomalien zu erhalten. Zur Ermittlung der Wachstumsanomalien wurde gleichzeitig ein Falschfarbenluftbild angefertig.

Die erkundete Deponie ist zwischen 1932 und 1978 betrieben worden und erhielt danach eine Endabdeckung aus Erdaushub mit unterschiedlicher Bepflanzung. Auf dem zu erkundenden Areal von ca. 13 ha waren ca. 1.000.000 m3 Hausmüll, Bauschutt und Erdaushub, sowie Klärschlämme und Industrieabfälle abgelagert worden.

Wegen der besonderen Lage der Altlast zu einem bedeutenden Trinkwassergewinnungsgebiet war eine umfassende Datenaufnahme wesentlich.

## 2. VORGEHENSWEISE

Für die Fernerkundung wurden an zwei Terminen mit guter Strahlungswetterlage (1.Termin Winterbefliegung 2.Termin Sommerbefliegung) jeweils abends und morgens ein Meßflug durchgeführt. Die hierbei erhaltenen Scannerdaten wurden geometrisch entzerrt und auf dem Rechner nach physikalischen Gesichtspunkten verknüpft. Die Verknüpfung erfolgte multispektral und multitemporal. Die auf Magnetband gespeicherten Temperaturdaten können weiterverarbeitet oder z.B. als flächendeckende farbkodierte Temperaturkarten wiedergegeben werden.

## 3. GERÄTE- UND AUFNAHMEDATEN

Für die Fernerkundung wurde ein Helikopter vom Typ Bell 206L-1 "Long Ranger" ausgewählt. Die Scanner-Befliegung erfolgte in 120 m Höhe mit einer Geschwindigkeit von ca.80 km/h. Die Falschfarbenfotos

wurden aus 350 m Flughöhe aufgenommen.
Für die Scanner-Befliegung wurde ein Multispektral-Scanner DS-1250 von Daedalus Enterprises mit folgenden Betriebsparametern eingesetzt:
- Wellenbereich          0,38 - 14,0 µm
- Scan Rate              80 scans/sec
- Auflösung              0,2 °C im Infrarotbereich
- Temperaturbereich      - 10 °C bis + 50 °C
                         im Infrarotbereich
- Sichtweite             87 Grad 20 Minuten

Die Falschfarbenfotos wurden mit einem Kodak Ektachrome Infrarotfilm 2430 mit Kodak-Wratten Filter Nr. 16 aufgenommen.

## 4. ERGEBNISSE

Durch die geometrisch exakte multitemporale Verknüpfung von Temperaturpunkten konnten Wärmeflüsse ermittelt und in einer thematischen Karte dargestellt werden. Diese Wärmeflüsse geben Auskunft über chemisch/biologische Prozesse im Innern der Deponie und über ihre Wechselwirkung mit der Oberfläche der Deponie - z.B. beeinträchtigen Gasaustritte die thermische Trägheit des Bodens und lassen sich damit multitemporal klassifizieren - ebenso wie Vernässungen oder Inhomogenitäten im Bodenaufbau, die wiederum zu einer anderen multitemporalen Klassifizierung führen. Ferner konnten durch Messung der von den Pflanzen reflektierten Sonnenstrahlung Unterschiede in der Vegetationsvitalität u.a. als Folge von Gasaustritten festgestellt werden. Es wurden daraus folgende weitere Karten entwickelt und im Maßstab 1:1000 dargestellt: Karte der Vegetationsanomalien, der Oberflächenarten, der Feuchtstellen und Karte der Ausgasungsbereiche.

Die Ergebnisse wurden durch Felderkundungen abgesichert. Sie führten auch dazu, daß Felderkundungen (Bohrsondierungen, FID-Messungen, biologische Kartierung, geophysikalische Verfahren) gezielt durchgeführt und gestrafft werden konnten.

Über die Ergebnisse aus Fernerkundung und Felderkundung wurde eine vergleichende Dokumentation vorgelegt. Sie ermöglicht einen detaillierten Überblick über das Emissionsverhalten der Deponie und bildet die Grundlage für eine Sanierungsplanung.

Weitere Ergebnisse wurden bei Einsätzen an anderen Orten erzielt: Lage und Ausdehnung einer Altlast ohne visuelle Indikatoren - unsachgemäß gelagerter Sondermüll - Lokalisierung chemisch-thermischer Reaktionen.

# UNTERSUCHUNGSSTRATEGIEN FÜR ALTLASTVERDACHTSFLÄCHEN: BEPROBUNG UND ANALYTIK

P. FRIESEL, M. SELLNER, S. SIEVERS

AMT FÜR UMWELTUNTERSUCHUNGEN, UMWELTBEHÖRDE HAMBURG
GAZELLENKAMP 38, 2000 HAMBURG 54, BUNDESREPUBLIK DEUTSCHLAND

## 1. EINLEITUNG

In Anbetracht der Vielzahl möglicherweise bedenklich belasteter Altablagerungen und Altstandorte ist es erforderlich, ökonomische Verfahren zur Untersuchung von Verdachtsflächen zu entwickeln, die gleichwohl hinreichende Grundlagen für Entscheidungen etwa im Hinblick auf Sanierungen, Raumplanung und Immobilienhandel liefern. Zwar lassen sich für Beprobungs- und Analysestrategien bei Böden keine universell anwendbaren Rezepte angeben, es ist jedoch möglich, bestimmte Elemente einer breit anwendbaren Methodik zu benennen, die im Interesse der Rechts- und Wettbewerbsgleichheit zumindest auf nationaler Ebene vereinheitlicht werden sollten.

In der Untersuchungsstrategie des Hamburger Amtes für Umweltuntersuchungen wird durch ein hierarchisch gegliedertes Untersuchungskonzept mit sukzessiver Erweiterung der Parameter und Einbeziehung zusätzlicher Proben angestrebt, den Untersuchungsaufwand in Abhängigkeit vom jeweiligen Kenntnisstand zu optimieren.

## 2. BEPROBUNG

Sondierungen werden je nach Flächengröße zumindest im 50m-Raster, ggf. nach Vorinformationen modifiziert und verdichtet, bis wenigstens auf die erste dichtende Schicht abgeteuft und im 0,5m Abstand beprobt (jeweils ca. 1 kg, Weckgläser). Bei Verdacht auf Leichtsieder werden vorher zusätzlich headspace abgefüllt. Sachkundiges Personal vor Ort bestimmt insbesondere die Endteufe und führt die Probenahme durch. Meist werden nach Ergebnissen weitere Bohrungen erforderlich.

## 3. PROBENAUSWAHL

Alle Proben werden im Labor sensorisch begutachtet. Auf der Basis dieser Ergebnisse sowie sonstiger Informationen etwa zur Fallgeschichte und zur Geologie erfolgt eine Auswahl von Proben für das Labor und die Festlegung der Analyseparameter. Auch wenn Auffälligkeiten fehlen, wird eine Mindestprobenzahl nach Stufe I (s.u.) untersucht, wobei Bodenoberfläche, Aufschüttungen, stauende Schichten und Grundwasserstand besonders berücksichtigt werden, so daß mindestens etwa 20% der Proben, bei Flachbohrungen mindestens 35%, untersucht werden.

## 4. PARAMETERAUSWAHL UND UNTERSUCHUNGEN

Zwar kann es eine mit vertretbarem Aufwand allgemein anwendbare Liste von Untersuchungsparametern prinzipiell nicht geben, es hat sich jedoch ein abgestufter Parametersatz bewährt, der naturgemäß im konkreten Einzelfall den Erfordernissen angepaßt wird. Aus den Ergebnissen der Analysenstufe I lassen sich Hinweise auf eine Reihe gängiger Bodenverunreinigungen wie Hausmüll, Bauschutt, Mineralöl, Salze sowie organisch-chemische Stoffe, ins

| ANALYSEN-STUFE I | | |
|---|---|---|
| | 1. pH-Wert, | 5. organischer Extrakt, |
| | 2. Leitfähigkeit, | 6. Kohlenwasserstoffe/IR, |
| | 3. Trockenverlust, | 7. extrahierbare organische |
| | 4. Glühverlust, | Halogenverbindungen (EOX). |

bes. PAK und Chlororganika entnehmen. Zur Zeit wird der zusätzliche Einsatz von Biotesten in der Analysenstufe I erprobt; Eluatuntersuchungen mit dem Leuchtbakterien- und dem Pflanzenzelltest (Wiesenlabkrautzellenkultur) geben vergleichsweise schnell Aussagen zur toxischen Belastung der Bodenproben. Bei vermuteter Herbizidverunreinigung werden auch Pflanzenteste eingesetzt (Keimungs- und Wachstumstest mit Stoppelrübe und Hafer, Wurzellängentest mit Kresse).

In vielen Fällen wird nach den Ergebnissen der Analysenstufe I eine Erstbewertung des Schadens möglich sein, die weiteren Untersuchungen sind dann auf den speziellen Fall zuzuschneiden. In Hamburg hat sich -wohl auch bedingt durch die hiesige Industriestruktur- für die zweite Untersuchungsstufe das folgende Schema bewährt.

ANALYSENSTUFE II

| Veranlassung | Parameter |
|---|---|
| EOX > 20 mg/kg | Chlorbenzole |
| ( >10 mg/kg in | Chlorphenole |
| gewachsenen | HCHs |
| Böden) | PCBs |
| | |
| Org. Extr. bzw. | Benzol/Toluol/Xylol/ |
| Kohlenwasser- | Ethylbenzol(BTEX) |
| stoffe > 1 g/kg | Naphthalin |
| Aromaten im IR | PAK (nach EPA) |
| Gaswerksverdacht | Phenolindex |
| | |
| hohe Leitfähigkeit | As, Cu, Zn, Ni, Cr (ICP) |
| Schlacken,Pigmente | Cd, Pb, (AAS) |
| Galvanikschlämme | Hg (Hydrid-AAS) |
| | |
| Blaufärbung | Gesamtcyanid |
| Gaswerksverdacht | (bei hohen Befunden: leicht |
| Galvanikschlämme | freisetzbares Cyanid) |

Bei hohen Werten für Chlorbenzole oder -phenole und in bestimmten PCB-Fällen werden Analysen auf polychlorierte Dibenzodioxine und -furane durchgeführt, wobei zumindest alle 2.3.7.8-substituierten Kongenere so erfaßt werden, daß das toxische Äquivalent ermittelt werden kann.

## 4. SICHERUNG DER ANALYSENQUALITÄT

In neuerer Zeit tritt bei Analysen zur Altlastenproblematik zunehmend der Aspekt der Qualitätssicherung in den Vordergrund. Dabei wird für ein staatliches Labor neben der Sicherung der eigenen Analysenqualität die Aufgabe der Prüfung der von Dritten durchgeführten Untersuchungen sowie die Qualitätskontrolle bei im staatlichen Auftrag tätigen Labors immer wichtiger. Hierzu sind insbesondere Methodenvorschläge zu erarbeiten und Ringtests durchzuführen, wobei das Fehlen standardisierter Analyseverfahren für Bodenproben ein besonderes Problem darstellt.

## 5. BEWERTUNG DER ERGEBNISSE

Entscheidende Schwierigkeit bei der Altlastuntersuchung ist nach wie vor, daß es keine einschlägigen allgemein anerkannten Qualitätsmaßstäbe für Böden gibt. In der bisherigen Praxis müssen Bewertungskriterien für den Einzelfall erarbeitet werden. Wünschenswert wären bundeseinheitliche Richtlininien, die unter Berücksichtigung der angewandten Methoden für die Einzelparameter Werte für Standorte unterschiedlicher Nutzung festlegen.

ENTNAHME VON PORENDAMPFPROBEN ALS UNTERSUCHUNGSVERFAHREN BEI
BODENKONTAMINATIONEN

W. VAN OOSTEROM UND F. SPUY
TAUW INFRA CONSULT B.V. DEVENTER - DIE NIEDERLANDE

1. EINLEITUNG

Viele Schadstoffe in Grundwasser und Boden gehören zur Gruppe der flüchtigen (chlorierten) Kohlenwasserstoffe. Ihre relativ geringen Koc-Werte (im allgemeinen weniger als 100 dm$^3$/kg) sind der Grund dafür, daß die Konzentrationen im Boden normalerweise gering sind. Selbst bei geringen Bodenkonzentrationen können aber wegen der Flüchtigkeit dieser Verbindungen im Porendampf nennenswerte Konzentrationen gemessen werden. Deshalb kann die Entnahme von Porendampfproben bei Bodenkontaminationen nützlich sein, wenn es darum geht, die Quelle oder das Ausmaß einer Kontamination zu ermitteln.

2. TECHNIK DER PROBENAHME

Zur Entnahme von Bodendampfproben stehen gegenwärtig viele Techniken zur Verfügung. TAUW Infra Consult hat eine Probenahmetechnik entwickelt, die nach dem Prinzip der Anreicherung von im Porendampf vorhandenen Schadstoffen auf einem ausgewählten Adsorber arbeitet. Eine individuelle Probenahmepumpe wird dazu verwendet, den Porendampf bei relativ niedrigem, aber konstantem Durchsatz zu sammeln (40-200 ml/Min.). Im allgemeinen werden die Schadstoffe auf Aktivkohle oder Tenax adsorbiert. Die Dauer der Probenahme hängt von den erwarteten Schadstoffkonzentrationen und den gewünschten Nachweisgrenzen ab. Nach der Probenahme kann die Bestimmung der flüchtigen aromatischen oder chlorierten Kohlenwasserstoffe mit Hilfe eines Gaschromatographen erfolgen, der mit einem FID/ECD-Nachweissystem ausgerüstet ist. In einigen Fällen kann diese Technik zur Probenahme von Porendampf auch in Kombination mit semiquantitativen Methoden wie der Dräger-Methode oder einem tragbaren Analysator für organische Dämpfe eingesetzt werden.

3. PRAKTISCHE ANWENDUNG

Der Porendampf-Probenehmer wurde in mehreren Fällen eingesetzt, um die Quelle der Kontamination zu lokalisieren. Dies wird an einigen ausgewählten Fällen erläutert.

A. Bestimmung von Tetrachlorethylen in der Umgebung einer chemischen Reinigung

In der Umgebung einer aufgegebenen chemischen Reinigung wurden hohe Konzentrationen von Tetrachlorethylen im Boden und im Grundwasser entdeckt. Um die Verteilung des Tetrachlorethylens im Boden (0 - 2 m unterhalb der Oberfläche) zu untersuchen, wurden etwa 50 Porendampfproben gesammelt. Der Nachweis des Tetrachlorethylens wurde semiquantitativ mit Drägerröhrchen und einem mobilen PID-Detektor durchgeführt. Um die Resultate dieses Verfahrens zu verifizieren, wurden einige Porendampfproben auch auf Tenax adsorbiert und chemisch auf das Auftreten von Tetrachlorethylen analysiert.

Die Ergebnisse der chemischen Analyse stimmten mit denen der semiquantitativen Methode gut überein. Die Porendampfuntersuchung ergab, daß eine starke Kontamination längs eines alten Siels auftrat, das zum Ablassen von Abwässern verwendet worden war.

B. <u>Bestimmung von Trichlorethylen in der Umgebung eines Speichertanks</u>

Nach Leckagen und Verschütten wurde um den Speichertank für Trichlorethylen eine Bodenkontamination beobachtet. Um die Möglichkeit einer Bestimmung von Trichlorethylen mit Hilfe von Porendampfanalysen zu untersuchen, wurden sowohl Boden- als auch Porendampfproben von ausgewählten Stellen analysiert. Die Ergebnisse der Analyse auf Trichlorethylen werden in Tabelle 1 zusammengefaßt. Abbildung 1 zeigt in doppelt-logarithmischer Darstellung die Korrelation zwischen den Konzentrationen von Trichlorethylen im Boden und im Porendampf.

TABELLE 1. Ergebnisse der chemischen Analysen von Boden- und Porendampfproben

| Meß-punkt | Abstand von der Quelle (m) | Konzentration im Boden (mg/kg) | Konzentration im Porendampf (mg/m$^3$) |
|---|---|---|---|
| A | 1,5 | 1300 | 4775 |
| B | 10 | 32 | 95 |
| C | 15 | 2,0 | 9,1 |
| D | 22,5 | <0,1 | 1,9 |

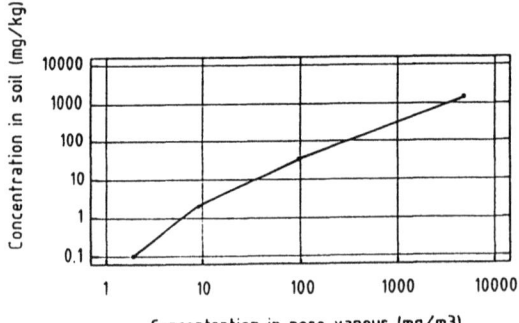

Abbildung 1. Korrelation zwischen den Konzentrationen von Trichlorethylen im Boden und im Porendampf.

Tabelle 1 und Abbildung 1 zeigen, daß die Korrelation zwischen den Konzentrationen von Trichlorethylen im Boden und im Porendampf bei diesem Gelände hoch ist (Korrelationskoeffizient 0,99 für die logarithmierten Daten). Die inverse Beziehung zwischen Abstand und Trichlorethylen-Konzentration ist offensichtlich. Aus den Ergebnissen kann gefolgert werden, daß Porendampfanalysen dazu verwendet werden können, das Auftreten von Trichlorethylen im Boden dieses Geländes und auch in schwach kontaminierten sonstigen Standorten zu untersuchen.

4. FOLGERUNGEN

Porendampfanalysen sind eine geeignete Methode, um Bodenkontaminationen mit flüchtigen (chlorierten) Kohlenwasserstoffen zu untersuchen. Insbesondere bei der Untersuchung schwach kontaminierter Böden können Porendampfanalysen wegen der großen Empfindlichkeit von FID/ECD sehr nützlich sein.

# DREIDIMENSIONALE ERKUNDUNG DER SCHADSTOFFAUSBREITUNG IM GRUNDWASSERLEITER DURCH HORIZONTIERTE GRUNDWASSERPROBENAHME IN GRUNDWASSERMEßSTELLEN MITTELS PNEUMATIC-PACKER-TAUCHPUMPE

Dieter Quantz

NAFU Naturwissenschaftliches Forschungs- und
Untersuchungslaboratorium in der BIB GmbH
Haynauer Str. 53, D-1000 Berlin 46, FRG

Bei der Erkundung von Altlasten und Chemikalienunfällen ist die Grundwasserbeeinträchtigung der Hauptgesichtspunkt. Nur durch möglichst genaue Erkundung der Schadstoffausbreitung im Aquifer durch ein Netz von Grundwassermeßstellen läßt sich eine sachgemäße Bewertung des Schadens durchführen. Neben der horizontalen Ausbreitung der durch den Grundwasserstrom transportierten Schadstoffe spielt aber auch die vertikale Ausbreitung der Substanzen im Grundwasserleiter eine große Rolle. Insbesondere bei mächtigeren Grundwasserleitern im Lockergestein mit relativ undurchlässigen Einschaltungen divergieren die tatsächlichen Schadstoffverteilungen oft erheblich mit der Tiefe. Das gilt vor allem für Schadstoffe, die gut wasserlöslich sind, die mit den unterschiedlichen, durch weniger permeable Schichten getrennte Aquiferbereichen im Grundwasser transportiert werden können. Ein Beispiel wäre hier die Ausbreitung von Cyaniden im Grundwasser bei Schäden durch Gaswerks- oder Galvanikabfälle.

Eine weitere, von der Verbreitung her wichtige Schadstoffgruppe ist die der halogenierten Kohlenwasserstoffe, deren vertikale Ausbreitung im Grundwasser wichtige Hinweise zur Schadensursache geben können. Hier wird durch die schichtenweise Untersuchung von Art und Konzentration in die Tiefe die Verteilung der Ausbreitungsfahne und damit eine Aussage über die Schadensart (z.B. Tröpfcheninfiltration mit vollständiger Lösung der HKW oder Eintrag in Phase, Absinken bis zum Stauer und, daraus resultierend, ein Konzentrationsgefälle von unten nach oben). Hier führt eine zweidimensionale -laterale- Betrachtung der Schadensausbreitung in die Irre.

Durch nur oberflächlich in den Aquifer einbindende oder über den gesamten Aquifer verfilterte Beobachtungsrohre, die per Durchschnittsproben untersucht werden, sind diese Verteilungen nicht zu ermitteln.

In der Regel können bei kleineren Schadensfällen aus Kostengründen nicht, wie es empfohlen wird [1,2], dichte Meßstellennetze mit 2-3fach ausgebauten DN 125-Peilrohren, bei denen der Aquifer in verschiedenen Tiefen verfiltert ist, errichtet werden. Bei deren Beprobung werden ebenfalls mehrere Daten pro Meßstelle über die Tiefe erhalten. Der Kostendruck dieser Lö-

sung führt dann in der Regel zu einer sehr geringen
Meßstellendichte bei Erkundungen oder zu dem Ausbau einfacher
(unvollständig verfilterter) DN 50-Rammbrunnen, die nur Daten
von der Grundwasseroberfläche liefern.

Als Ausweg bietet sich der Ausbau mehrfach gestuft ausgebauter, nach geologischen Gesichtspunkten alternierend mit Filterstrecken und Blindverrohrung versehener Grundwassermeßstellen an, die durch eine, mittels Pneumatic-Doppelpackern auf diese Filterintervalle beschränkte Tauchpumpenapparatur schichtenweise beprobt werden. Für DN 125-Meßstellen ist die dafür erforderliche Technik weitgehend vorhanden [2,3,4]. Technische Schwierigkeiten gab es bisher aber bei kleineren Meßstellendurchmessern.

In unserem Institut ist dazu eine Probenahmemethode entwickelt worden, kostengünstige DN 50-Meßstellen mehrstufig als Bohrbrunnen zu errichten und mit einer im Hause entwickelten Pneumatic-Doppelpacker-Tauchpumpenkombination horizontiert zu beproben. Diese Einrichtung (System NAFU) hat sich auch im täglichen Einsatz bei mehreren Schadensfällen bewährt.

Der Vorteil dieser Probenahmetechnik ist die Möglichkeit, relativ preiswert repräsentative Pumpproben aus genau definierten Schichten des Aquifers zu entnehmen, so daß auch bei einfachen Schadenfällen, wie z.B. einer chemischen Reinigung oder einer Galvanik, die genaue Schadensverteilung durch ein dichtes Grundwasserbeobachtungsmeßstellennetz ermittelt werden kann, aus dem zusätzlich die Konzentrationsunterschiede der Schadstoffe mit der Tiefe hervorgehen.

Auf der Basis dieser Meßwerte lassen sich gezielt Ausbreitungsberechnungen der Schadstoffe in verschiedenen Tiefenbereichen des Grundwasserleiters durchführen. Das bildet die Grundlage, ökonomische Sanierungsverfahren entwickeln zu können.

BIBLIOGRAPHIE

[1] Leitfaden für die Beurteilung von Grundwasserverunreinigungen, MinErnLandwFor,BW (1983), Stuttgart
[2] DVWK Merkblatt 203/1982 (1982), Verlag Paul Parey, Berlin
[3] DIN 4021 Teil 3, Pkt. 11.3.3,(1976) Beuth Verlag, Berlin
[4] Richter,W. & Lillich, W. (1975): Abriß der Hydrogeologie, Stuttgart (Schweizerbart)

ENTWICKLUNG VON METHODEN FÜR DIE PROBENAHME VON SCHADSTOFF-
HALTIGEN BÖDEN UND SEDIMENTEN ZUR BESTIMMUNG FLÜCHTIGER
ORGANISCHER VERBINDUNGEN

ROBERT L. SIEGRIST

ENVIRONMENTAL SCIENCES DIVISION, OAK RIDGE NATIONAL LABORA-
TORY, OAK RIDGE, TENNESSEE, 37831, USA

1. EINFÜHRUNG

Flüchtige organische Verbindungen (FOV) wie z.B. Trichlorethan und Toluol sind oft von besonderem Interesse in Deponien mit gefährlichen Abfallstoffen, die schadstoffhaltige Böden und Sedimente enthalten. Weil viele FOV gesundheitsschädlich sind und die Sanierung von Grundstücken teuer ist, müssen die Entscheidungen über das Ausmaß der Belastung und der Sanierungsarbeiten auf der Grundlage von genauen Messungen der FOV getroffen werden. Es ist deshalb bedauerlich, daß die Messung von FOV in Böden und Sedimenten mit einem negativen systematischen Fehler behaftet ist (d. h. gemessener < wirklicher Wert); eine wesentliche und schwierig erfaßbare Fehlerquelle sind insbesondere die Verdunstungsverluste. Trotzdem gibt es bisher keine Standardmethode für die Entnahme von Boden- und Sedimentproben für FOS-Analysen. Stattdessen sind normalerweise eine Vielzahl verschiedener fundamentaler Verfahren bei der Entnahme von Bodenproben angewendet worden, obwohl in jüngster Zeit bessere Materialien und verfeinerte Methoden entwickelt worden sind (z.B. spezielle Miniatur-Bodenkernzieher, Probesicherung im Feld in speziellen Ausstoß- und Abfanggefäßen, oder Lösungsmittelimmersion im Feld). Es wird heute weitgehend anerkannt, daß standardisierte Verfahren notwendig sind, bei denen die besonderen Eigenschaften und das Verhalten der FOV berücksichtigt werden, ebenso wie die häufig schwierigen Umstände, unter denen die Proben entnommen werden (z.B. nasses/kaltes Wetter, schmutzige/ staubige Umgebung, gesundheitsgefährdende Orte). Diese Abhandlung legt die wichtigsten Ergebnisse neuer Forschungs- und Entwicklungsarbeiten vor, die eine Standardisierung der Methoden für die FOV-Probenahme zum Ziel hatten.

2. ÜBERBLICK ÜBER DIE FORSCHUNGSARBEITEN UND ENTWICKLUNG VON STANDARDMETHODEN.

Die Forschungsarbeiten über die Auswirkungen der Methoden, die bei der Bodenprobenahme angewendet werden, auf die Bestimmung von FOV haben sich auf einige wenige Untersuchungen beschränkt, wie weiter unten beschrieben. 1989 wurde im Institut für Bodenschätze und Umweltforschung in Aas, Norwegen, eine Methodik entwickelt und angewendet, um die Auswirkungen des Umwälzens der Proben, des freien Raums im Gefäß, der Unversehrtheit des Sammelgefäßes und der Aufbewahrung in Methanol im Feld auf die Ergebnisse der FOV-Bestimmung festzustellen (1). Ein natürlicher sandiger Boden wurde in eine Glaskolonne eingeschlossen und mit einer wässerigen Lösung verunreinigt, die sechs zu messende FOV enthielt: Methylenchlorid (MC), 1,2-Dichlorethan (DCA), 1,1,1-Trichlorethan (TCA), Trichlorethen (TCE), Toluol (TOL) und Chlorbenzol (CB) Nach kontrollierter Entsättigung und Gleichgewichtsherstellung bei 10°C wurden identische Bodenproben bei einer Umgebungstemperatur von 20°C entnommen und sofort in einen Kühlschrank von 4°C eingebracht. Die gemessenen FOV-Konzentrationen waren direkt von der Exaktheit der Probenahme abhägig (Abb. 1). So ergaben z.B. aufgerührte Proben, die in Plastikbeuteln aufbewahrt wurden, die niedrigsten (oft nicht meßbaren) FOV-Konzentrationen, während nicht aufgerührte Proben, die unter Methanol in mit Teflon gedichteten Glasbehältern auf bewahrt wurden (Methode C) immer die höchsten Resultate ergaben. Selbst die höchsten gemessenen Konzentrationen entsprachen jedoch nur 28 bis 83% der erwarteten FOV-Konzentration, die zur Zeit der Probenahme im Boden vorhanden war (1). Der mit den verschiedenen Methoden der Probenahme verbundene negative relative systematische Fehler wurde berechnet, und dabei wurde der höchste gemessenen Wert (d. h. Methode C: Einbringen unter Methanol im Feld) als Bezugswert benutzt.

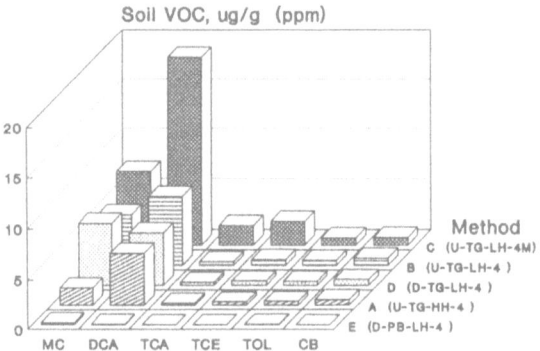

Abbildung 1. FOV-Gehalt in Bodenproben als Funktion der Probenahmemethode, nach Bestimmungen in einem Laborversuch in Norwegen.

Legende:    Soil VOC - FOV im Boden
            Method - Methode
            disturbed - umgewälzt
            plastic bag - Plastikbeutel
            low headspace - geringer Luftraum
            high headspace - großer Luftraum

Für Bodenproben, die in mit Teflon gedichteten Glasgefäßen aufbewahrt wurden, war der relative systematische Fehler am größten, wenn die Proben nicht im Feld mit Methanol überlagert wurden (bis zu 81%), gefolgt von einem wesentlich geringeren Effekt bei einem großen Luftraum (bis zu 17%) und Umwälzen der Probe (bis zu 15%). Bei in Plastikbeuteln aufbewahrten Proben war der relative systematische Fehler sehr groß (bis zu 100%). Im allgemeinen sank der systematische negative Fehler mit zunehmender Ansaugungsaffinität der gemessenen FOV mit dem Boden (d. h. niedrigere Henry-Konstante, $K_h$ und höherer Verteilungskoeffizient, $K_d$). Siegrist et al. planen weitere Untersuchungen.

Die Ergebnisse der oben beschriebenen Laboruntersuchungen wurden durch eine kürzlich durchgeführte Felduntersuchung bestätigt, die in den USA durchgeführt wurde (2). Während der Untersuchung von mit Lösungsmitteln verunreinigtem Boden in einer Fabrikanlage in Pennsylvanien wurden Proben von Böden aus schlammigem Ton bis zu tonigem Schlamm aus mit geteilten Sonden entnommenen Bodenprofilen und sowohl nach konventionellen Methoden (Probe in eine mit Teflon versiegelte VOA-
Phiale eingebracht), als auch unter Methanol in Behälter eingebracht. Alle Proben wurden gekühlt bei 4°C aufbewahrt. Die gemessenen Konzentrationen an TCE und 1,1-Dichlorethen zeigten, daß der relative negative systematische Fehler für die in 40ml VOA-Phialen aufbewahrten Proben typisch etwa 80% oder mehr war, im Vergleich mit Proben, die sofort in Methanol eingebracht wurden (Abb. 2).

Untersuchungen werden z. Zt. im Environmental Monitoring Systems Laboratory (EMSL) der U.S. Environmental Protection Agency (EPA) in Las Vegas, Nevada durchgeführt (3). Sandiger Lehmboden wird in Glaskolonnen eingeschlossen und durch Dampfphasendiffusion mit 6 Test-FOV belastet. Vergleiche werden angestellt zwischen den gemessenen FOV-Konzentrationen in mit vier verschiedenen Methoden der Bodenkernentnahme gesammelten Proben (gefütterte und ungefütterte geteilte Sonde und dünnwandiges Rohr) und zwei Aufbewahrungsmethoden (Teflongedichtetes Glasgefäß, Ausstoß- und Abfang-Phiale).

Bemühungen um die Entwicklung von Standarmethoden für die Probenahme zur FOV-Bestimmung sind in den USA im Gange. Ein technischer Ausschuß der American Society of Testing and Materials (ASTM) hat seit einigen Jahren eine Standardmethode auszuarbeiten versucht und prüft und bearbeitet z.Z. einen Stanndardentwurf (4), der u. a. die Einbringung unter Methanol im Feld umfaßt. Die U.S, Environmental Protection Agency (EPA) hat ebenfalls Arbeiten mit dem Ziel der Entwicklung einer Standardmethode für die Probenahme durchgeführt, und hat zu diesem Zweck die in EMSL durchgeführten Forschungsarbeiten und eine Veröffentlichung über den gegenwärtigen Stand der Probenahmemethoden für VOF (5) finanziell gefördert. Schließlich soll das weitgehend benutzte Methodenhandbuch der EPA, SW-846, neu bearbeitet werden.

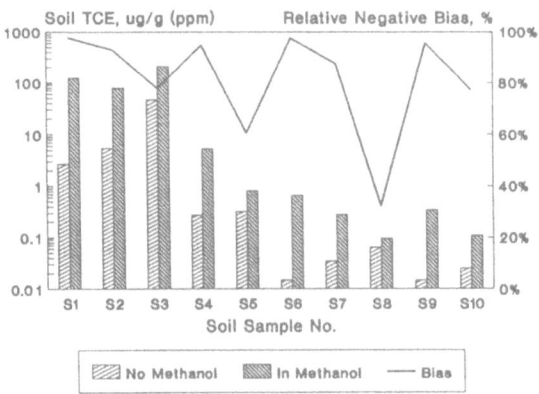

Abbildung 2. FOV-Gehalt in Bodenproben aus einer Deponie für gefährlichen Sondermüll in den USA als Funktion der Probenahmemethode (nach (2)).

Legende:  Soil TCE µg/g (ppm) - Boden-TCE µg/g (ppm)
Relative Negative Bias % - Relativer negativer systematischer Fehler %
Soil Sample No.- Bodenprobe Nr.
No Methanol - Ohne Methanol
In Methanol - In Methanol
Bias - Systematischer Fehler

3. SCHLUSSFOLGERUNGEN UND EMPFEHLUNGEN

Während noch weitere Forschungs- und Entwicklungsarbeiten für die Standardisierung der Probenahme für die FOV-Messung im Gange sind, sind bereits die folgenden Schlußfolgerungen und Empfehlungen möglich: Aufbewahrung von Boden- und Sedimentproben in Behältern von geringer Verläßlichkeit (z.B. durchlässige (Plastikbeutel, schlecht verschlossene Glasgefäße) ist entschieden unhaltbar. Für die Analyse von FOV mit relativ hohen Absorptions-Affinitäten (d. h. niedrige $K_h$- und hohe $K_d$-Werte), kann die Entnahme einer umgewälzten Probe und Aufbewahrung in einem mit Teflon gedichteten Glasgefäß unter Kühlung auf 4°C normalerweise eine ähnliche Genauigkeit ergeben wie mehr komplizierte Methoden der Probenahme. Für solche Proben können Resultate von gleicher Genauigkeit erzielt werden, wenn die Probe unter Umwälzen entnommen und ein Aufbewahrungsgefäß völlig mit der Probe gefüllt wird, als wenn die Probe ohne Umwälzen entnommen und in einem nur teilweise gefüllten Behälter aufbewahrt wird. Bei FOV mit realitiv niedriger Bodensorptionsaffinität, ist zur Erzielung genauer Resultate die Entnahme einer Probe ohne Umwälzen und Einbringen in Methanol im Feld, sowie Aufbewahrung in einem mit Teflon gedichteten Glasgefäß unter Kühlung auf 4°C erforderlich.

4. BIBLIOGRAPHIE
1) Siegrist, R.L.; Jenssen, P.D. 1990. Evaluation of sampling method effects on volatile organic compound measurements in contaminated soils. Environmental Science & Technology. Im Druck, Erscheinungsdatum: August 1990.
2) Urban, M.J. et al. 1989. In: Fifth Annual Waste Testing and Quality Assurance Symposium, U.S. Environmental Protection Agency; Washington D.C. 1989; S. II-87 bis II-101.
3) Lewis, T. 1990. U.S. - EPA Environmental Monitoring Laboratory, Las Vegas, Nevada, USA. Persönl. Mitteilung.
4) American Society of Testing and Materials, 1916 Race Street, Philadelphia, Pennsylvania, 19193, USA.
5) Brown, K. 1990. U.S. EPA, EMSL, Las Vegas, Nevada, USA. Persönl. Mitteilung.

**Einführung Workshop Vorortanalythik**

Ltd. BD Dr.-Ing. Hansjörg Seng

Sie alle wissen, wie wenig abgesichert die Daten bezüglich der chemischen Beschaffenheit bei einem Abfalltransport sind - übrigens meist weniger abgesichert als die Daten bezüglich der Radioaktivität - oder wie ungenügend oftmals Sanierungsentscheidungen durch Analysendaten abgesichert sind. Warum? Wegen der Schere "Analysenkosten/Beseitigungs- bzw. Sanierungskosten". Nehmen wir z.B. einen schwach kontaminierten Boden, bei dem ich für jeden $m^3$ des Materials eine chemische Analyse machen müßte, um einigermaßen repräsentativ in meiner Entscheidung sein zu können. Wenn dann diese Analyse 2.000,- DM/$m^3$ kostet, so ist es aus wirtschaftlichen Gründen geboten, ihn gar nicht erst zu analysieren, sondern ihn gleich als hochkontaminierten Sonderabfall oder Boden zu entsorgen, z.B. auf einer Sondermülldeponie (300,- DM/t) oder in einer Bodenreinigungsanlage (400,- DM/t).

Wir sind alle aufgerufen, uns mit dieser Situation nicht abzufinden. Wir brauchen andere Strategien, andere Geräte, vielleicht auch andere Organisationsformen.

Bis zu 30 % des Geldes bei der Altlastensanierung ist erfahrungsgemäß (Niederlande, USA) für die chemische Analytik auszugeben. Dennoch führt dies zu keiner befriedigenden Absicherung der Entscheidungen. Das Vorgehen hält einen Vergleich mit den Vorgehen in den Bereichen Abwasser oder Grundwasser in keiner Weise stand. Wenn ich eine Probe analysiere, muß die Frage gestattet sein, ob die Arbeit, die ich jetzt mache, überhaupt sinnvoll ist. Welche Fragestellungen sind mit dieser Analyse zu lösen. Dabei spielt die vorangegangene Probenahme und -behandlung eine zentrale Rolle. Aber auch auf mögliche Veränderungen im Grundwasser, im Ökosystem, auf einen möglichen Kontakt zum Menschen, mögliche Stoffrückhaltung und Stoffabbau im Boden, kann sich meine Frage richten.

Heute möchte ich einen Aufruf machen
an die Geräteindustrie, angepaßte Hardware zu entwickeln. Dabei ist ein Zusammenspiel zwischen chemischer Analysentechnik und physikalischer Sondierungstechnik gemeint (Beispiel: Baggerschaufel mit eingebautem Gaschromatograph)zum anderen

an Strategen und Statistiker, die richtige Software zu entwickeln, das Zusammenspiel zwischen der Hardware und den tätigen Menschen vorzudenken, zu planen, abgestimmt auf die praktischen Fragestellungen.

SCHNELLE VOR-ORT BODENANALYTIK: EIN MOBILES GC/MS-SYSTEM IM
VERGLEICH MIT LABORVERFAHREN


Gerhard Matz, Wolfgang Schröder, Peter Kesners

Technische Universität Hamburg-Harburg
2100 Hamburg 90, Harburger Schloßstr.20


1. EINLEITUNG
   Organische Chemikalien wie aromatische, halogenierte oder
polyzyklische aromatische Kohlenwasserstoffe als Kontaminationen
des Bodens, stellen das wesentliche analytische Problem bei der
Erkundung und Sanierung von Altlasten dar.
   Die im Boden mobilen Stoffe, in der Regel die leichtflüchtigen oder gut wasserlöslichen, sind relativ schnell weit verbreitet und homogen im Boden verteilt. Stoffe mit geringer Mobilität
im Boden treten dagegen häufig als Quellen mit hoher Konzentration und starken Gradienten in der Verteilung auf, d.h. der
Boden ist stark inhomogen verunreinigt.
   Insbesondere aufgrund dieser Inhomogenität und der Notwendigkeit, die Belastung des Bodens dreidimensional zu erfassen,
d.h. in der Fläche und der Tiefe, ergeben sich bei der Erkundung
und Sanierung von größeren Flächen schnell tausende von Proben,
die analysiert und beurteilt werden müssen. Die große Anzahl von
Proben erfordert Analyseverfahren, die speziell auf diese Randbedingungen hin optimiert worden sind und schnell und zuverlässig zu Ergebnissen führen.
   Die hier beschriebenen Gaschromatographie-Massenspektrome-
trie-Verfahren (GC-MS-Verfahren), die direkt vor Ort bei Sondierungen eingesetzt werden, stellen die Alternative zu dem bisher
betriebenen Vorgehen bei der Beurteilung von kontaminierten Flächen dar. Das herkömmliche Vorgehen bei analytischen Beurteilung
von Bodenproben, die z.B. durch Rammkernsondierungen gewonnen
werden, besteht in Allgemeinen aus den Schritten (1) Olfakto-
metrie, (2) Bestimmung von Summenparametern, (3) Gaschromatographie und (4) Gaschromatographie-Massenspektrometrie.
   Die Aussagekraft, aber auch die Analysendauer und -kosten
nehmen von 1 bis 4 stark zu, sodaß in der Regel bei der großen
Anzahl von Proben die meisten Proben nach 1 subjektiv ausgewählt, die weiteren Proben nach 2, 3, oder 4 analysiert werden.
   Mit den vor Ort eingesetzten GC-MS-Schnellverfahren kann
aufgrund der Analysendauer von 5 Minuten jede Probe, die bei
einer Sondierung gewonnen wird, analysiert werden. Es soll
gezeigt werden, daß sich daraus eine neue Qualität bei der Beurteilung von Bodenverunreinigungen ergibt.

2. MOBILES GASCHROMATOGRAPH-MASSENSPEKTROMETER-SYSTEM
   Die Analyseverfahren sind auf der Basis eines speziellen
Meßsystems, einem mobilen Massenspektrometer [1,2] mit Schnell-

einlaß-Sonde oder Gaschromatographen und Datensystem, entwickelt worden.

Die zu analysierenden Stoffe werden entweder über die Schnelleinlaßsonde, einer geheizten 3,5m langen GC-Einlaßleitung mit oder ohne Temperaturprogramm dem Massenspektrometer zugeführt, oder nach effektiverer gaschromatographischer Trennung über die Gaschromatograph-Sonde analysiert.

Das Massenspektrometer besitzt eine Elektronenstoß-Ionenquelle (70eV), ein Quadrupol-Massenfilter (Massenbereich 1-400u) und wird von einer Ionengetterpumpe bepumpt. Es zeichnet sich durch weitgehend automatischen Betrieb, einfache Handhabung und lange Serviceintervalle aus.

In dem Datensystem können
- die Meßergebnisse eines Meßtages verarbeitet, ausgewertet und gespeichert werden,
- mit Hilfe von Massenspektrenbibliotheken mit 50.000 Spektren können unbekannte Stoffe identifiziert werden und
- aus einer Gefahrstoffdatenbank können relevante Stoffdaten wie Dampfdruck, MAK-Werte usw. entnommen werden.

Das Gerät wird in einem Geländewagen oder Meßkontainer direkt in der Nähe der Probennahme auf Altlasten betrieben.

3. ANALYSEVERFAHREN

Es ist eine ganze Palette von Schnell-Analyseverfahren für Kontaminationen von Luft, Boden, Oberflächen und Wasser entwickelt worden (s. Abb.1)[3,4], von denen die Bodenverfahren hier kurz erläutert werden sollen.

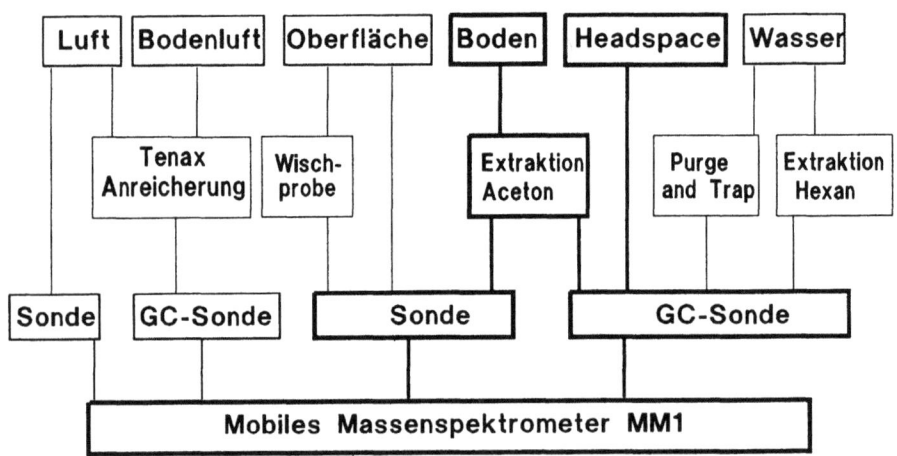

Abb.1.: Übersicht über die Analyseverfahren, die mit dem mobilen GC-MS-System vor Ort eingesetzt werden

Die Verfahren werden eingesetzt, wenn die Verteilung von Kontaminationen im Boden anhand von z.B. Rammkernsondierungen untersucht werden sollen. Sie liefern
- sofort qualitative Ergebisse, d.h. die Identifikation von Stoffen oder Stoffgruppen,

- sofort halbquantitative Ergebnisse, d.h. Konzentrationsangaben in Größenordnungen wie z.B. "zwischen 1 und 10 ppm" für den jeweilig identifizierten Stoff, und
- quantitative Ergebnisse mit einem Fehler von ca.±30%, wenn das Gerät für den jeweiligen Stoff kalibriert worden ist

und lassen einen schnellen Überblick über die Kontamination zu.

### 3.1. Headspace-GC-MS-Analyse

Die Headspace-GC-MS-Analyse wird eingesetzt, wenn schnell leichtflüchtige Stoffe im Boden zu bestimmen sind. Mit Hilfe einer Polypropylen-Einmalspritze mit abgeschnittenem Kanülenansatz wird durch Einstecken in den Boden 6g Boden aufgenommen und in ein gasdicht verschließbares Septumglas gefüllt. Die Probe wird mit einem internen Standard (Deuteriertes Benzol und Naphthalin), der einer Konzentration von 10mg/kg Boden entspricht, versehen und danach im Wasserbad auf 80 °C erhitzt.

Der Einspritzblock der GC-Sonde ist mit einem speziellen Headspace-Einlaß versehen. Von dem entstehenden Gasgemisch werden ca.500 µl in die 3 m lange Dickfilm-GC-Kapillare (DB1-CB, 5 µm) gesogen und mit Temperaturprogramm von 30-120 °C gaschromatographisch getrennt. Ein Chromatogramm als Analysenbeispiel ist in Abb.2 dargestellt.

Dieses Verfahren liefert Ergebnisse für Kontaminationen im Bereich von 0,1 mg/kg bis 100 mg/kg Boden (Sättigung des Gases in Probenflaschen) innerhalb von ca. 5min, und zwar für flüchtige Stoffe (bis zu Dichlorbenzol).

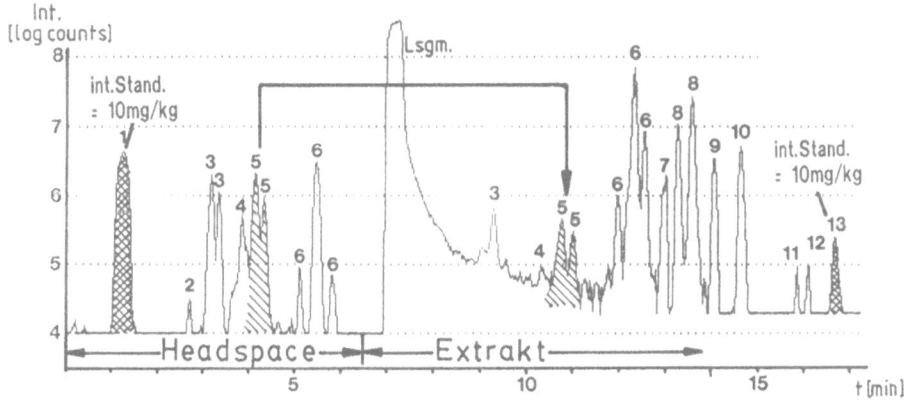

Abb.2.: Chromatogramm einer Headspace-Analyse mit anschließender Extrakt-Untersuchung derselben Probe (Substanzliste: 1. $d_6$-Benzol, 2. Tetrachlorethen, 3. Xylol, 4. Alkylaromat, 5. Dichlorbenzol, 6. Trichlorbenzol, 7. Dichlormethoxy-Benzol, 8. Tetrachlorbenzol, 9. Trichlormethoxybenzol, 10. Pentachlorbenzol, 11. Pentachlorcyclohexen, 12. Hexachlorbenzol, 13. $d_{10}$-Anthracen

### 3.2. Extrakt-GC-MS-Analyse

Schwererflüchtige Stoffe können mit der Extrakt-GC-MS-Analyse ermittelt werden. Die Bodenextrakte werden hergestellt, indem 1 g Boden in 10 ml Aceton mit internen Standards ($d_8$-Naphthalin, $d_{10}$-Anthracen) im Ultraschallbad extrahiert werden. Von dem Extrakt, dessen Ausbeute ca.80% ± 20% beträgt, werden 10 µl in den Einspritzblock der GC-Sonde (T=240°C) injiziert und mit Temperaturprogramm bis 220°C analysiert. In Abb.2 rechts ist das Chromatogramm der gleichen Bodenprobe wie in Abb.2 links dargestellt. Die in der Headspace-Analyse gefundenen Verbindungen werden zum Teil durch das Lösungsmittel überdeckt.

Dieses Verfahren liefert quantitative Ergebnisse für schwerflüchtige Substanzen innerhalb von 10 min mit Nachweisgrenzen im Bereich von 1 mg/kg bis 1g/kg Boden.

### 3.3. Extrakt-Schnell-Analyse

Die Extrakt-Schnell-Analyse wird mit Hilfe der Schnelleinlaß-Sonde durchgeführt. 50µl des Aceton-Extraktes werden auf Aluminiumfolie als Probenträger gebracht, mit dem 220 °C heißen Sondenkopf der Schnelleinlaß-Sonde durch Kontakt verdampft und injiziert. Auf der 3,5 m langen Einlaßleitung (DB5-CB, 0,25µm) werden die Substanzen bei hoher Temperatur (T=220°C) nicht getrennt; das bedeutet, das Stoffe bis zu $C_{30}$ innerhalb von 1 bis 3 Minuten massenspektrometrisch erfaßt werden. Mit diesem Verfahren läßt sich ein hoher Probendurchsatz erzielen, wie in Abb.3. zu sehen ist.

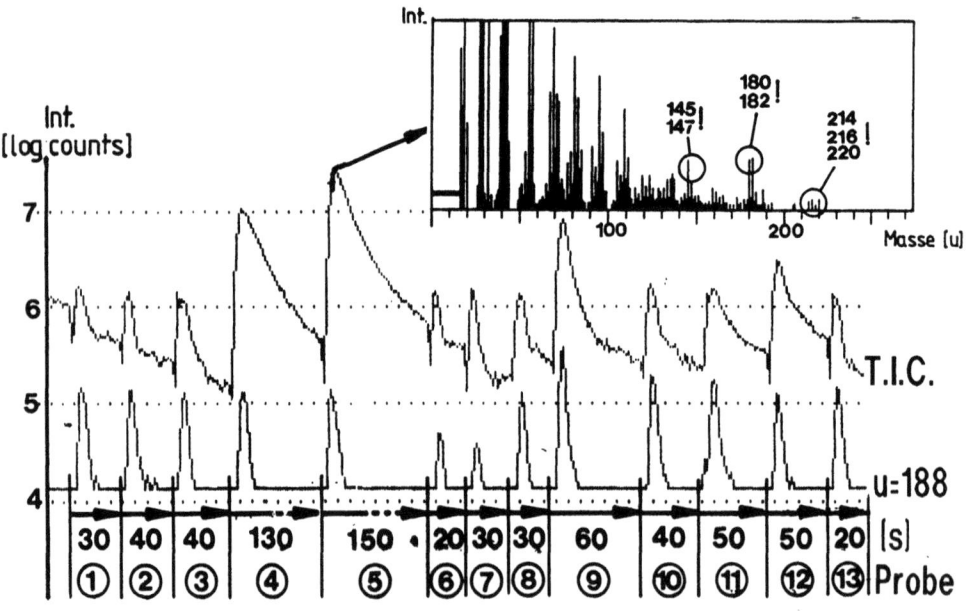

Abb.3.: Schnell-Analysenlauf von 13 Bodenproben-Extrakten

Das Chromatogramm ist die Abbildung von 13 direkt aufeinanderfolgenden Analysen. Die obere Spur stellt den Totalionenstrom (TIC:Massen 60-399u) und die untere Spur die Intensität des Standards (Masse 188u) dar. Die im 1-Sekundentakt aufgezeichneten Massenspektren geben dabei Aufschluß über organische Inhaltsstoffe im Gemisch und ermöglichen eine gezielte Selektion kontaminierter Proben. Bei einer durchschnittlichen Analysendauer von 2 min kann parallel zum Bohrfortschritt gearbeitet werden mit einer Nachweisgrenze von einigen mg/kg Boden.

Das Verfahren läßt sich mit einem Summenparameter-Verfahren (z.B. H18) vergleichen, wobei der Vorteil ist, daß im Chromatogramm einzelne Hauptkomponenten erkannt werden können.

Die Proben 4,5 und 9 sind stärker kontaminiert und müssen deshalb zusätzlich mit GC-Trennung näher untersucht werden. Abb.4 zeigt die GC-MS-Analyse der Probe 5, in der bereits im Gemisch-Massenspektrum (Abb.3) signifikante, auf Chlorverbindungen hinweisende Massen auftreten.

Das Chromatogramm ist mit Temperaturprogramm von 30-220 °C in 3 min und Trennung auf der 3,5 m langen GC-Kapillare der Schnelleinlaß-Sonde aufgenommen worden. Die Einzelsubstanzen sind im Chromatogramm als Peaks der Spuren B,C,D (Massen 180,214 und 217u) zu erkennen und im Massenspektrum zu identifizieren.

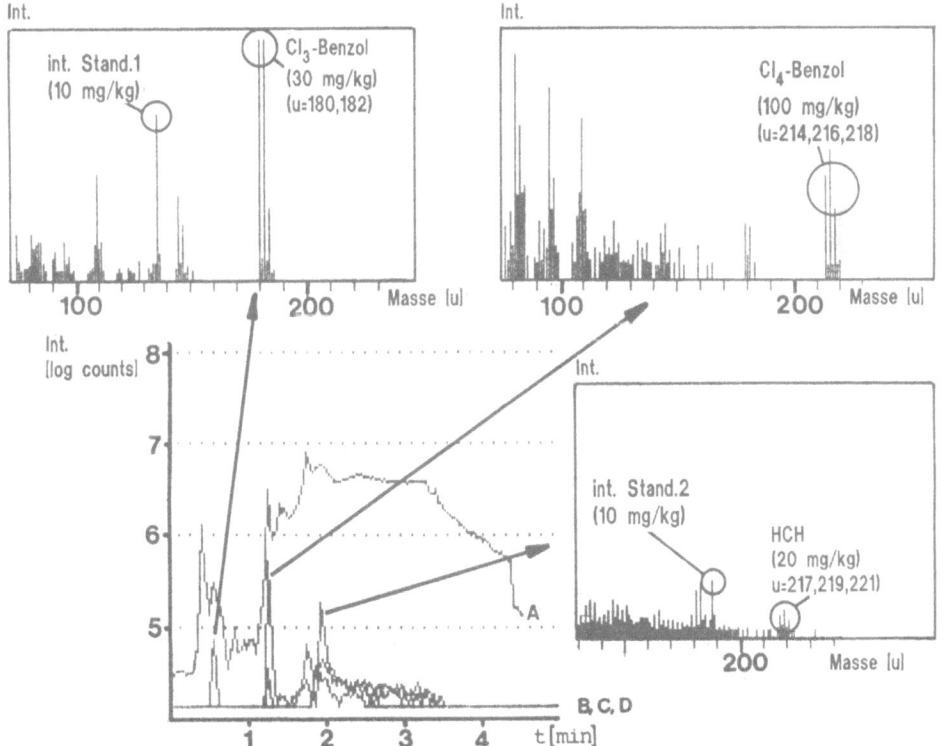

Abb.4.: Schnell-GC-MS-Analyse eines Bodenextraktes mit Einzelstoffbestimmung, Probe 5 aus Abb.3.

## 4. QUALITÄT DER ANALYSE

Bei der Entwicklung der Verfahren wurde besonders auf die Überprüfbarkeit der Analysenergebnisse geachtet und auf die Sicherheit bei der Probenaufbereitung, die im Feld unter erschwerten Bedingungen abläuft und trotzdem zuverlässig sein muß.

Als interner Standard werden dem Extraktions-Lösungsmittel deuterierte Stoffe zugegeben, die verwechslungsfrei in den Analysenläufen wiederfindbar sind. An ihren Signalen erkennt man die Qualität der Extraktion und der Injektion. Stark adsorbtionsfähiges Material z.B. führt zur Signal-Verringerung und läßt den Rückschluß auf eine geringere Effektivität der Extraktion zu. Dieser Effekt wird zu Protokoll gegeben und bei der Berechnung der Konzentrationen berücksichtigt.

Die automatische Funktionsüberwachung des Massenspektrometers wird ergänzt durch die Messung des Argonsignals. Da Luft als Trägergas eingesetzt wird, mit einer Argonkonzentration von 1%, gewährleistet eine gleichbleibende Signalhöhe und -lage der Masse 40, die jede Minute überprüft wird, die Kontrolle über die Stabilität des Gerätes. Dieses ist beim kontinuierlichen Betrieb des Gerätes notwendig, da die Aufmerksamkeit des Bedienpersonals auf die Probenaufbereitung und Auswertung gerichtet ist.

Alle mit der Probe und den Extrakten in Berührung kommenden Gegenstände werden nur für eine Probe verwendet, sodaß keine Verschleppung von einer auf die nächste Probe auftreten kann.

## 5. VERGLEICH MIT LABORVERFAHREN

Die hier beschriebenen Schnellanalyseverfahren liefern eine mit herkömmlichen Laborverfahren verglichen neue Analysenqualität aufgrund der Tatsache, daß jede Probe direkt nach der Probenahme analysiert werden kann. Das geht bei der verkürzten Analysendauer durch die schnelle Probenaufbereitung (2 min), Maximaldauer je GC-Lauf von 5 min und die kleine Probenmenge auf Kosten der Genauigkeit der Analyse. Es hat sich aber gezeigt, daß aufgrund der Inhomogenität der Bodenproben auf Genauigkeit der Analyse verzichtet werden kann. Vor Ort kann nämlich die Probenahmestrategie auf die Bodenqualität angepaßt werden. So können z.B. homogene Bodenschichten durch geringe Analysenzahl beurteilt werden, inhomogene dagegen verdichtet beprobt werden.

Von größtem Wert ist jedoch die sofortige Aufzeichnung des Konzentrationsprofils für die Beurteilung einer Sondierung. Dies gilt für die Feststellung der Grenzen der Kontamination, in der Tiefe aber auch in der Fläche und kann zu einer intelligenten Leitung der Sondierungsarbeiten führen.

Diese Aussagen sind begründet in der Erfahrung aus einer Reihe von Sondierungen, die vor Ort und zum Teil parallel dazu im Labor mit Standardverfahren analysiert wurden.

### 5.1. Sondierungsbeispiel 1

714 Bodenproben einer Altlast mit vorwiegend leichtflüchtigen Verunreinigungen sind mit dem Headspace-GC-MS-Verfahren und parallel dazu im Labor mit Headspace-GC-FID-ECD, nach Summenparametern und olfaktorisch analysiert worden.

Der von der Qualität der Analyse her mögliche Vergleich zwischen den Ergebnissen der beiden Headspace-Verfahren zeigt

gravierende Unterschiede, sowohl qualitativ als auch quantitativ. Nur 30% der Konzentrationswerte, diskutiert am Beispiel Toluol, das bei 229 Proben detektiert worden ist, weichen voneinander um einen Faktor < 2 ab. 30% weichen um einen Faktor 2 bis 10 und 40% mehr als einen Faktor 10 voneinander ab.
Die auffallend großen Abweichungen, zur Hälfte ca. werden zu große sowie zu kleine Werte beim Laborverfahren angegeben, haben wahrscheinlich zwei Hauptgründe: 1. Undichtigkeiten im Probenglas können bei zu langer Probenlagerzeit zum Verlust der leichtflüchtigen Stoffe führen, d.h. zu kleine Konzentrationen werden angegeben. 2. Überlagerungen des Toluolpeaks im GC bei starker Kohlenwasserstoffbelastung, die durch Vergleich im MS festgestellt worden sind, liefern zu große Werte. Außerdem reicht das Analysevermögen der Gaschromatographie bei komplexen Belastungen erwartungsgemäß nicht aus, die Schadstoffpattern richtig zu interpretieren, sodaß in jedem Fall massenspektrometrisch analysiert werden sollte. Nur 1% der Schnellanalysen sind falsch, d.h. haben zu um den Faktor 10 zu kleinen Konzentrationen geführt.

### 5.2. Sondierungsbeispiel 2

Bei einer Hamburger Altlast mit schwerflüchtiger Kontamination, Kohlenwasserstoffen und polyzyklishen Aromaten, stehen von 75 der 147 Proben Laborergebnisse von IR- und GC-MS-Verfahren zum Vergleich zur Verfügung. 50% der Ergebnisse zeigen übereinstimmend PAK's, 40% übereinstimmend keine Schadstoffe und 10% keine Übereinstimmung.

Im Gegensatz zu den leichtflüchtigen Kontaminationen treten die schwerflüchtigen in der Regel sehr viel inhomogener auf. Das ist deutlich geworden, wenn aufgrund starker Abweichungen der Laborergebnisse Schnell-Analysen mehrfach wiederholt wurden und stark streuende Ergebnisse (bis zu Faktor 10) erzielt wurden. Bei schwerflüchtigen Stoffen sollte deshalb in der Nähe der Grenze der Kontamination, zur analytischen Absicherung der Grenze, eine Mehrfachprobennahme und -analyse durchgeführt werden.

### 5.3. Sondierungsbeispiel 3

Im ersten Halbjahr 90 laufen Sondierungen auf einer Hamburger Altlast mit leicht- bis schwerflüchtigen Verbindungen. Es stellt sich die Frage, wie die enorme Datenflut von z.Zt. (20.Mai 90) 5000 im Feld analysierter Proben zu verarbeiten ist, wenn die Daten nicht vor Ort direkt selektiert und für die Führung der Sondierung verwendet werden.

## 6. ZUSAMMENFASSUNG

Die Ergebnisse zeigen, daß als Alternative zu dem gängigen Verfahren der olfaktorischen Bestimmung der Bodenkontamination, Messung von Summenparametern, Analyse durch Gaschromatographie und in besonderen Fällen durch GC-MS, die Sofort-GC-MS-Analyse sehr große Vorteile bietet. Das liegt an der hohen Aussagekraft, mit der jede Probe beurteilt wird (s. Abb.5) im Gegensatz zum herkömmlichen Verfahren, bei dem nur ausgesuchte Proben mit GC-MS analysiert werden.

Aufgrund der geringen Analysendauer werden
- alle Proben einer Sondierung sofort vermessen, und
  ein kompletter Überblick ist schnell gewährleistet,

- Bohrarbeiten optimiert, d.h. Bohrtiefen neu festgelegt oder Bohrraster verändert,
- besondere Proben selektiert, die zur Kontrolle oder weitergehenden Analyse ins Labor geschickt werden,
- Schutzmaßnahmen bei den Bohrarbeiten eingeleitet.

Auf diese Weise kann der oft monatelange Zeitverzug von Sondierung bis zum Beginn der Sanierung vermieden werden und die Sanierung analytisch optimal begleitet werden. Da das einhergeht

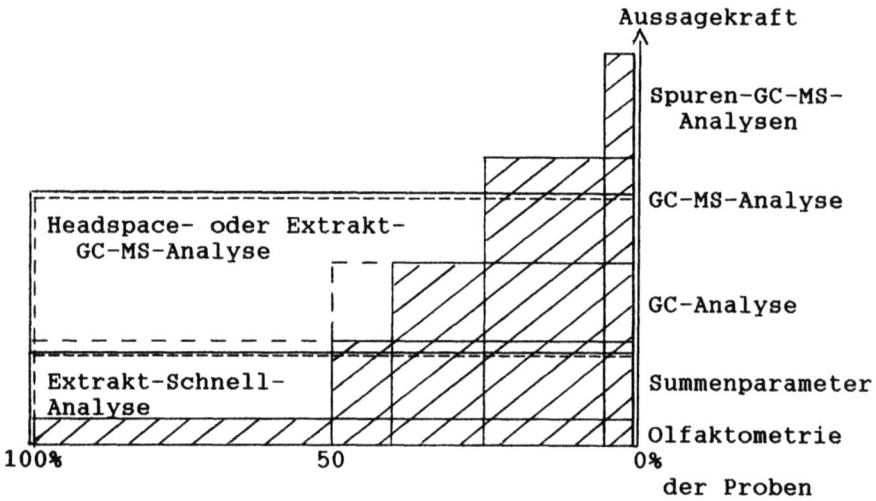

Abb.5: Vor-Ort Schnellanalyse-Verfahren, deren Aussagekraft und Häufigkeit des Einsatzes im Vergleich mit den herkömmlichen Verfahren (schraffierte Flächen)

mit einer sehr viel kleineren Zahl von Proben, die transportiert und im Labor analysiert werden muß, sollte die vor Ort Schnell-Analytik bei höherem Aussagewert kostengünstiger und effektiver als die herkömmliche Analytik im Labor arbeiten.

Die Arbeiten zum Beitrag sind vom BMFT und Land Hamburg im Rahmen des Forschungsvorhabens "Sanierung der Deponie Hamburg Georgswerder" gefördert worden.

7. BIBLIOGRAPHIE
[1] G. Matz, W. Schröder, "Boden- und Luft-Analyse vor Ort mit einem mobilen Massenspektrometer", 2.Int.TNO/BMFT Kongreß über Altlastensanierung, Wolf u.a.,Kluwer Academic Publishers, April 88
[2] Firmenbroschüren MM1 von BRUKER-FRANZEN ANALYTIK, Bremen
[3] G. Matz, W. Schröder, P. Kesners, "Vor-Ort-Analytik zur Erkundung von Rüstungsaltlasten mit mobilem GC-MS-System", in Altlasten 3, K.J. Thomé-Kozmiensky, EF Verlag
[4] G. Matz, W. Schröder, "Boden-Schnell-Analytik: Die Erkundung von Altlasten im Feld mit GC-MS-System", Laborpraxis Spezial, Chromatographie Spektroskopie '90.

# FASEROPTIK- MODIFIZIERTE SPEKTROSKOPISCHE ANALYSENVERFAHREN ZUR ÜBERWACHUNG UMWELTRELEVANTER SCHADSTOFFE

J.Bürck, W.Faubel, E.Gantner, U.Hoeppener- Kramar, H.-J. Ache
Kernforschungszentrum Karlsruhe, Institut für Radiochemie
Postfach 3640, D- 7500 Karlsruhe 1, F.R.G.

## 1. EINLEITUNG

Die Belastung von Grundwasser durch Schadstoffemissionen aus Altablagerungen erfordert aufgrund des Gefährdungspotentials für die Bevölkerung eine chemisch-analytische Überwachung der dabei auftretenden organischen und anorganischen Schadstoffe. Bei der Erkundung und Erfassung der räumlichen Schadstoffverteilung in altlastverdächtigen Flächen steht die diskontinuierliche Entnahme von Boden-, Bodenluft-, Sickerwasser- oder Grundwasserproben im Vordergrund, wobei die Proben nach entsprechender Aufbereitung anschließend im Labor mittels nachweisempfindlicher instrumenteller Analysetechniken (z.B GC-MS oder AAS) untersucht werden.

Hingegen ist bei der Langzeitüberwachung von bereits erkundeten Altlastenstandorten, bei denen das Schadstoff-"Spektrum" bekannt ist, eine kontinuierliche Vor- Ort- Analytik der Schadstoffemissionen erforderlich, bis ein Dekontaminations- oder Immobilisierungskonzept gefunden ist und mit der Sanierung begonnen werden kann. Aber auch vor allem bei der Sanierung selbst, z.B. beim in-situ stripping von LCKW's, ist eine kontinuierliche und schnelle in-line- Analytik notwendig, um den Erfolg der Sanierungsmaßnahme nachweisbar dokumentieren und bewerten zu können. Hierbei können lichtleitergekoppelte, auf spektroskopischen Verfahren beruhende in-line- und on- line- Instrumente einen wertvollen Beitrag leisten.

Im Institut für Radiochemie des Kernforschungszentrums Karlsruhe (IRCh/KfK) wurden seit einigen Jahren verschiedene lichtleiteradaptierte Analysengeräte für den Einsatz in der Überwachung von chemischen Prozessen entwickelt und getestet, welche grundsätzlich auch für die Überwachung von Sanierungsprozessen oder -anlagen aus dem Umweltbereich geeignet sind.

Es handelt sich dabei um die vom Meßprinzip her spurenanalytischen Methoden der Laser- Fluorimetrie und -photoakustischen Spektroskopie/ thermo-optischen Techniken mit Nachweisgrenzen von $10^{-6}$ - $10^{-8}$ mol/l sowie um die UV/VIS/NIR-Spektralphotometrie und die Laser-Raman-Spektroskopie (LRS), bei denen die Verfahrensempfindlichkeit im Konzentrationsbereich $10^{-3}$ - $10^{-4}$ mol/l liegt. Die Nachweisgrenzen dieser beiden Methoden, welche in der Lichtleiteradaption schon weit fortgeschritten sind, können aber z.B. durch Mehrfachreflexionsküvetten oder Farbkomplexbildner (Spektralphotometrie) bzw. durch Ausnutzung des oberflächenverstärkten Ramaneffektes (SERS) in den ppm-Bereich verbessert werden.

Die Übertragung des Anregungs- und Meßlichtes zwischen Gerät und Sensorende (Optrode) bzw. Durchflußmeßküvette erfolgt über 50 - 500 m lange Lichtleiterfasern. Diese Systemkonfiguration ermöglicht eine zentrale Meßwerterfassung und -weiterverarbeitung durch **ein** Instrument, wobei durch die Verwendung von optischen Faserschaltern die Sensorenden an mehreren Stellen des zu überwachenden Systems z.B. in Sanierungsbrunnen oder -anlagen installiert sein und nacheinander abgefragt werden können.

## 2. SPEKTROSKOPISCHE ANALYSENVERFAHREN
### 2.1. Laserinduzierte Fluorimetrie (LIF)

Für die fluorimetrische in-line Analyse wässriger Medien wird am IRCh ein zeitauflösendes Laser-Fluorimeter eingesetzt Abb.1 (1). Bei diesem Verfahren wird die Abnahme der Lumineszenzintensität mit der Zeit nach einer pulsförmigen Anregung verfolgt. Gegenüber der konventionellen Methode der Aufnahme von Lumineszenzspektren besitzt die zeitaufgelöste Messung einige Vorteile:
- höhere Selektivität durch Messung des zusätzlichen Parameters Lebensdauer;
- höhere Empfindlichkeit durch Messung gegen einen Untergrund Null (bis pg/ml);
- relative Matrixunabhängigkeit durch Extrapolation der Meßwerte auf den Zeitpunkt der Anregung; dadurch werden Konkurrenzdesaktivierungsprozesse (Löschung) eliminiert und die Matrixeffekte reduzieren sich auf Absorptionsprozesse und Komplexierungsreaktionen (2).

Die Lebensdauern umweltrelevanter lumineszierender Substanzen reichen vom Millisekunden-Bereich bis zu den heutigen Nachweisgrenzen.

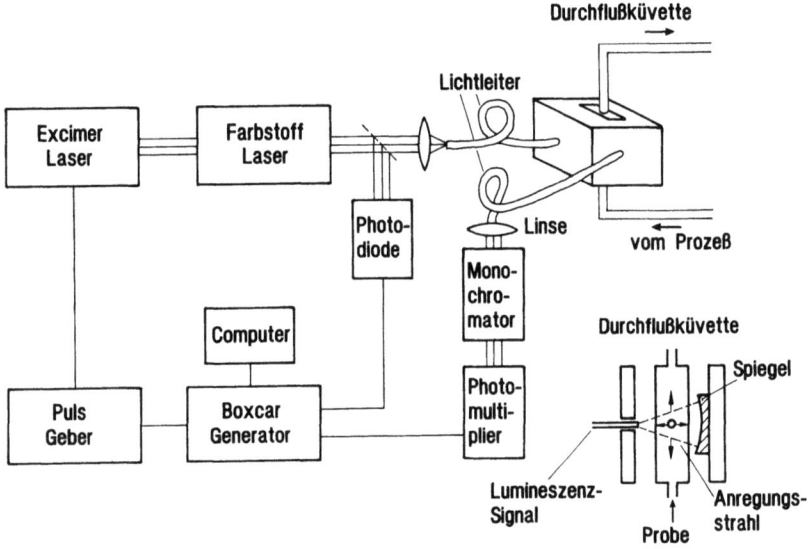

Abb. 1. Schematischer Aufbau der Laser-induzierten Fluorimetrie

Das am IRCh vorhandene Laserfluorimeter erlaubt Messungen von 60 ns aufwärts. Damit sind alle lumineszierenden anorganischen Spezies und zahlreiche organische Substanzen, z.B. Umweltschadstoffe wie einige Phenole, Mineralöle oder PAH's der Messung zugänglich. Als Beispiel seien Naphtalin und seine Zersetzungsprodukte genannt, die derzeit untersucht werden.

Die Kombination von Excimer-Laser, Farbstofflaser und Frequenzverdopplerkristall ermöglicht eine Anregung zwischen 250 und 900 nm. Der Laser erlaubt eine schmalbandige Anregung hoher Intensität. Die Aufnahme der Abklingkurve erfolgt innerhalb von 30 Sekunden mit dem Boxcar Generator. Neuerdings wird ein Speicheroszillograph zur Meßwerterfassung eingesetzt, der die Meßzeit auf 0,5 Sekunden verkürzt. In der jetzigen Durchflußanordnung können Ströme mit Geschwindigkeiten bis zu 240 ml/min kontinuierlich überwacht werden. Da sowohl das anregende Laserlicht (bis herab zu ca. 300 nm) als auch das Lumineszenzlicht durch

Multimode-Quarzfasern übertragen wird, ist die räumliche Trennung von Meßküvette und Anregungs- und Detektionseinheit möglich. Die Signalübertragung über Lichtleiter führt bei der derzeitigen Anordnung zu einem Intensitätsverlust von ca. 50 %.

Das Verfahren ist zur Spurenbestimmung lumineszierender Substanzen in transparenten Strömen geeignet. Für eine Standardisierung muß die Zusammensetzung der Lösungen und deren Temperatur bekannt sein. In komplexeren Strömen wird man sich entweder eine Schlüsselsubstanz zur Messung auswählen, die geringe Querempfindlichkeit zeigt oder eine Mehrpunktanregung zur Selektivitätserhöhung heranziehen. Nicht-lumineszierende Substanzen können durch Reaktion mit lumineszierenden Komplexbildnern, z.B. in FIA-Systemen, sichtbar gemacht werden.

## 2.2. Laserinduzierte photoakustische Spektroskopie (LIPAS)/thermo- optische Verfahren

Laserinduzierte thermo-optische spektralphotometrische Verfahren haben sich in den letzten Jahren nicht nur bei gasförmigen oder festen Stoffen, sondern auch bei Messungen in wässrigen und organischen Medien als leistungsfähige Techniken zur Bestimmung kleinster Absorptionen erwiesen. Erst vor kurzem veröffentlichte Arbeiten auf dem Teilgebiet der laserinduzierten photoakustischen Spektroskopie (LIPAS) beschäftigen sich mit der Messung von Aktiniden und Lanthaniden in Grundwasser. Hierbei wurden einerseits Informationen über Oxidationszustände und Komplexierung der Spezies erhalten und andererseits eine signifikante Verbesserung der Nachweisgrenze um 2 - 3 Größenordnungen gegenüber der konventionellen Spektralphotometrie erzielt (3). Auf dem Teilgebiet der thermischen Linse und der photothermischen Ablenkung (PDS) wurden für Aktiniden/Lanthaniden in wässriger Lösung ähnliche Resultate erzielt. Über Spurenbestimmungen von Metallionen und organischen Spezies in verschiedensten Lösungsmitteln konnte ebenfalls berichtet werden (4).

Das allgemeine Meßprinzip der photothermischen Nachweismethoden ist die direkte Detektion der strahlungslosen Relaxation eines angeregten Elektronen- oder Schwingungszustandes;

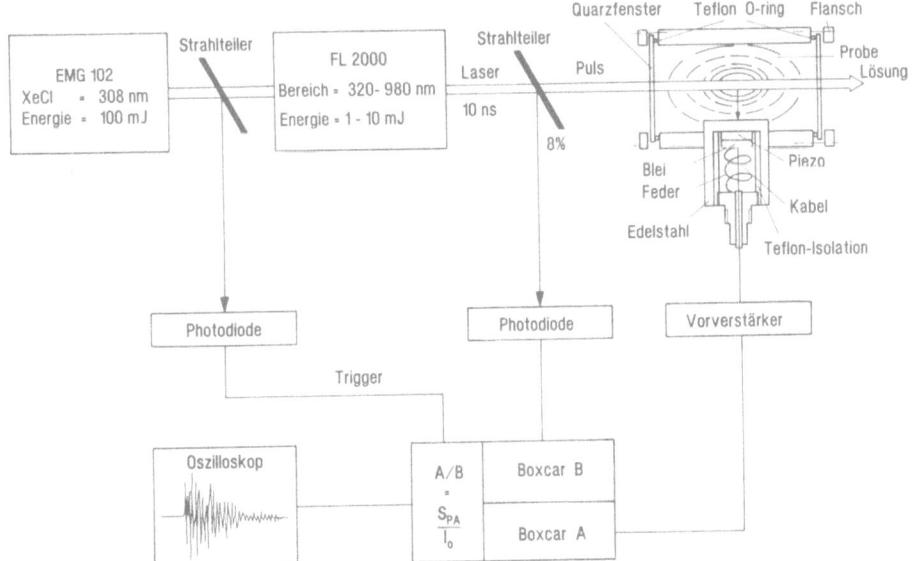

Abb. 2. Schematischer Aufbau der Laser-induzierten photoakustischen Spektroskopie (LIPAS)

bei dieser strahlungslosen Relaxation wird die Energie des angeregten Zustandes auf das Lösungsmittel in Form von Wärme übertragen. In unseren Experimenten werden zwei verschiedene Detektionsmethoden eingesetzt: a) die photoakustische Spektroskopie (Abb. 2) weist die Druckwelle, welche nach der Absorption eines Anregungsimpulses entsteht, mittels eines piezoelektrischen Druckaufnehmers nach; b) bei der photothermischen Ablenkungsspektroskopie (Abb. 3) wird die Probe durch einen modulierten Pumplaserstrahl mit einem Gauß-Verteilungsprofil angeregt. Die strahlungslose Relaxation der angeregten Zustände erzeugt eine Temperaturverteilung mit einem Maximum im Zentrum des Strahles, wodurch wiederum ein in den meisten Fällen negativer Gradient des Quotienten aus Brechungsindex und Temperatur erzeugt wird. Die "aufgeheizte" Probe wirkt wie eine optische Linse, durch welche ein zweiter Meßstrahl (He-Ne- Laser) abgelenkt wird. Die Größe dieser Ablenkung (PDS) oder die Signalhöhe des Piezokristalles (LIPAS) entsprechen direkt den Analytkonzentrationen.

Ziel unserer Arbeiten auf dem Gebiet der thermo-optischen Methoden, die sich bisher mit dem Nachweis von Aktiniden und Lanthaniden sowie von organischen Molekülen wie ß- Carotin, Cytochrom C und Toluol beschäftigten, ist es diese Messungen auf den Nachweis von organischen Schadstoffen in Wässern auszudehnen. So wurde als ein Beispiel aus dem Bereich der Pestizide DNOC ( 2- Methyl- 4,6 - Dinitrophenol ) in wässriger Lösung gemessen. Aus der Verdünnungsreihe einer $1 \cdot 10^{-4}$ molaren Lösung von DNOC wurden für beide Methoden Eichdaten im Bereich $1 \cdot 10^{-4}$ - $1 \cdot 10^{-7}$ mol/l bestimmt. Untersuchungen an anderen Pestiziden des 4,6- Dinitrophenol- Typs sind im Gange.

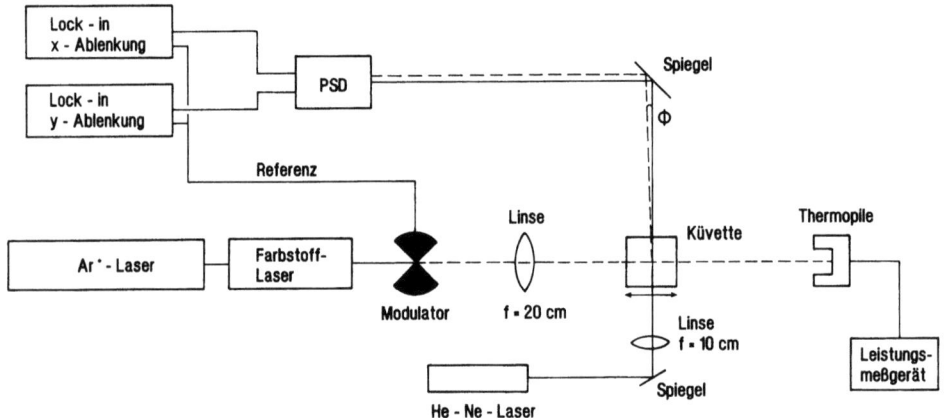

Abb. 3. Schematischer Aufbau der photothermischen Ablenkungsspektroskopie (PDS)

Im Hinblick auf "Feldexperimente" wurde zunächst mit der Miniaturisierung der PDS- Technik begonnen. Hierbei werden die 3 Meter Weglänge zwischen He-Ne- Laser und dem zweidimensionalen positionsempfindlichen Detektor (Abb.3) durch Anwendung eines kompakten Monoblocks (Größe 20·10·5 cm) ersetzt. Die Übertragung der Laseranregungsstrahlen zu den Meßküvetten ist - sowohl beim LIPAS- als auch beim PDS- Instrument - mit ähnlichen Techniken wie bei der Fluorimetrie und der Laser-Raman-Spektroskopie über Lichtleiter vorgesehen (vgl. Abb. 1 und 5). In-line- Messungen sind geplant und eine Durchflußküvette, welche direkt am Probenahmeort installiert werden kann, befindet sich in der Konstruktion.

## 2.3. UV/VIS/NIR- Spektralphotometrie

Die UV/VIS/NIR- Spektralphotometrie ist aufgrund der verwendeten einfachen und robusten Weißlichtquellen - verglichen mit den anderen hier vorgestellten spektroskopischen Techniken - die bezüglich der Lichtleiteradaption und Meßlichterzeugung am einfachsten zu handhabende und billigste Methode. Die Faseroptikanpassung von Spektralphotometern ist schon seit mehreren Jahren technisch weit fortgeschritten und die Leistungsfähigkeit solcher Instrumente konnte bei der in-line Überwachung verschiedenster chemischer Prozeßströme erfolgreich demonstriert werden (5,6). Abb. 4 zeigt den Aufbau eines UV/VIS/NIR- Spektralphotometers, welches über Quarzglaslichtleiter mit einer Transmissions- Durchflußmeßzelle verbunden ist. Licht einer Weißlichtquelle (Wolframhalogenlampe) wird über eine Fokussieroptik in einen Lichtleiter (500 $\mu$m Durchmesser) eingekoppelt, welcher das Meßlicht zu einer am Meßort installierten Meßküvette oder -sonde überträgt. Das durch die zu messende(n) Substanz(en) geschwächte Licht wird über einen zweiten Lichtleiter zum Spektrometer zurückgeleitet und dort nach spektraler Zerlegung durch ein holographisches Gitter von einer Si- oder Ge-Photodiode registriert, wobei die Meßzeiten für das "Scannen" eines Spektrums zwischen 10 Sekunden und einer Minute liegen.

Insbesondere durch den Einsatz neuer chemometrischer Auswertetechniken wie z.B. der partial least squares- (PLS) Regressionsmethode, sind auch bei stark überlappenden Absorptionsspektren einzelner Spezies Mehrkomponentenanalysen möglich. Der Vorteil dieser Auswertemethoden liegt darin, daß sie nicht nur die Absorptionswerte bei einer oder zwei Meßwellenlängen, sondern die Information des gesamten Spektrums (bis zu einige hundert Wellenlängen) zur Konzentrationsermittlung heranziehen. Die effektive Anwendung chemometrischer Techniken setzt allerdings voraus, daß die Konzentrationsbereiche und die Zusammensetzung des zu messenden Substanzgemisches näherungsweise bekannt sind, um vor einer in-situ- Überwachung ein entsprechendes Kalibriermodell entwickeln und an realistischen Proben testen zu können. Dies geschieht an Hand der Absorptionsspektren eines Eichprobensatzes, dessen Konzentrationen durch eine analytische Referenzmethode genau bekannt sind und welcher die zu messenden Spezies in möglichst variierenden Zusammensetzungen enthalten sollte.

Die VIS-Spektralphotometrie ist wegen ihrer relativ geringen Empfindlichkeit und der Farblosigkeit vieler Schadstoffe als Direktmessung nur bei höher kontaminierten Wässern und beim Vorhandensein farbiger Spezies einsetzbar (z.B. wasserlösliches Ammonium-hexacyanoferrat(II) bei mit Cyanidkomplexen belasteten Böden alter Gaswerkstandorte). Eigene Messungen für Aquokomplexe von Cu(II)- und Ni(II)-Ionen ergaben z.B. Nachweisgrenzen von 5 ppm bei Verwendung einer Transmissionsküvette mit 5 cm optischer Schichtdicke.

Der Einsatz farbkomplexbildender Reagenzien hingegen erlaubt es, die Spektralphotometrie als Spurenmethode bis in den sub-ppm -Bereich anzuwenden. So gibt es heute in der diskontinuierlichen bzw. on-line Wasseranalytik photometrische Methoden für verschiedene anorganische und organische Schadstoffe, wie z.B. Cu(II), Ni(II), Cr(VI) und $NO_2^-$. Auch für organische Schadstoffe sind entsprechende Farbreaktionen bekannt, so bilden z.B. LCKW's mit Pyridin intensiv gefärbte Komplexe (7). Für eine on-line- Messung muß das Reagenz entweder in die Meßküvette oder in einem Fließinjektionsanalysensystem zudosiert werden.

In besonderen Fällen wie bei Abwässern aus Galvanikbetrieben, kann der zu messende Schadstoff schon als Farbkomplex (z.B. Cu-EDTA oder Ni-Tartrat) vorliegen. Bei eigenen Untersuchungen zur Messung solcher Komplexe im Zusammenhang mit der Behandlung von Galvanikabwässern (14) ergab sich für Cu- EDTA eine Nachweisgrenze von 1 ppm.

Eine Möglichkeit zur Empfindlichkeitssteigerung der NIR- Spektralphotometrie ist die Messung der Lichtabsorption von organischen Schadstoffen, welche sich im hydrophoben Mantel (Silikon, Teflon) von PCS- Lichtleitern (plastic clad silica) aus belasteten Abwässern anreichern, wobei der Lichtleiter selbst als "Meßsonde" benutzt wird. Hierbei ist durch die Abwesenheit von Wasser, welches stark im Nahen Infrarotgebiet absorbiert, keine Störung durch dessen Banden vorhanden. Das Meßlicht dringt bei der Reflektion an der Grenzfläche Faserkern/-mantel als sogenannte quergedämpfte Welle etwas in den Fasermantel ein und kann auf diesem kurzen Weg teilweise von den Schadstoffmolekülen geschwächt werden. Das über eine Lichtleiterlänge von einigen Metern viele Male reflektierte Licht enthält damit Information über das spektrale Absorptionsvermögen der angereicherten Stoffe und kann spektroskopisch analysiert werden.

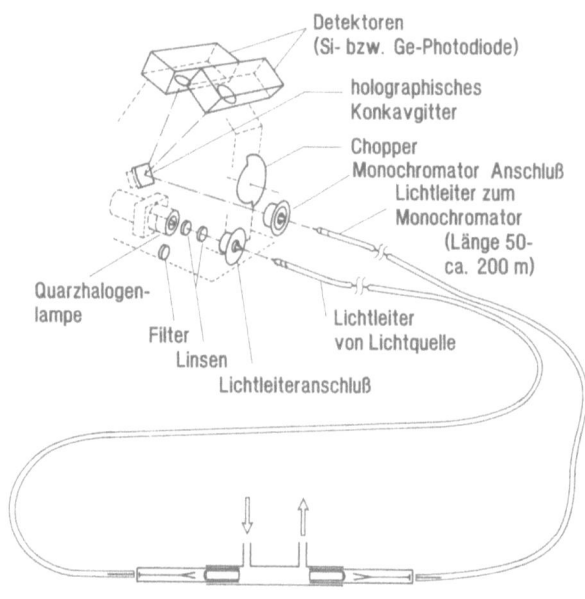

Abb. 4. Aufbau des Faseroptikspektralphotometers mit in-line-Durchflußküvette

### 2.4. Laser- Raman- Spektroskopie ( LRS )

Die als "fingerprint"-Methode bekannte LRS ist in der Wasseranalytik bisher z.B. zur Bestimmung verschiedener Oxyanionen (8) oder von Phenolen und anderen Aromaten (9) in Abwässern eingesetzt worden. Erste Anwendungen des empfindlichkeitssteigernden SERS-Effekts z.B. zur Spurenanalyse von N-haltigen Aromaten in Oberflächen- und Grundwässern wurden inzwischen ebenfalls beschrieben (10). Außer für Laboranalysen eignet sich die LRS grundsätzlich aber auch zur "in-line"- oder "on-line"-Überwachung chemischer Prozesse, da mit ihr chemische Spezies sowohl in organischen als auch in wässrigen Medien ohne Reagenzzugabe oder sonstige Probenvorbereitung bestimmt werden können und mit der Verfügbarkeit von Lichtleitern sowie von empfindlichen Simultandetektoren inzwischen die Voraussetzungen für prozeßanalytische Anwendungen gegeben sind.

Für "remote"-Anwendungen der LRS müssen Laser und Spektrometer mit Lichtleitern an den zu überwachenden Prozeß angekoppelt werden. Wegen des äußerst lichtschwachen Ramaneffekts ist dabei auf optimale Effizienz der Streulichtsammlung zu achten, wenn eine merkliche Verschlechterung der Verfahrensempfindlichkeit vermieden werden soll. Gute Ergebnisse lassen sich speziell mit sogenannten "180°-Optroden" der in (11) beschriebenen Art erreichen, an deren Probenende eine zentrale, das Laserlicht transportierende Faser von mehreren zu dieser Faser parallel verlaufenden Sammelfasern in möglichst dichtem Abstand umgeben ist. Eine zusätzliche Steigerung der Empfindlichkeit kann nach (12) in Verbindung mit Kapillarrohren erreicht werden.

Erste eigene Untersuchungen wurden mit spezialgefertigten Lichtleitern des in (11) beschrieben Typs mit Längen bis zu 50 m durch geführt, die die Ermittlung der Leistungsdaten derartiger Ramanoptroden unter dem Aspekt ihrer Brauchbarkeit für die Überwachung flüssiger Prozeßströme zum Ziel hatten. Nach den dabei erhaltenen Ergebnissen (13) lassen sich derartige Lichtleiter auch über Strecken von 50 m bei tolerablen Intensitätsverlusten und ohne Störungen durch das Satellitenspektrum des Fasermaterials für remote-Messungen verwenden, wenn die Optrode so an den Prozeß angepaßt wird, daß der Anteil des in die Sammelfasern rückreflektierten Laserlichts möglichst gering ist. Die in (12) beschriebene Verbesserung der Empfindlichkeit in Verbindung mit Kapillarrohren konnte zwar bestätigt werden, jedoch ist ihre Handhabung problematisch, so daß ihr Einsatz in der Prozessanalytik aus praktischen Gründen nicht infragekommen dürfte.

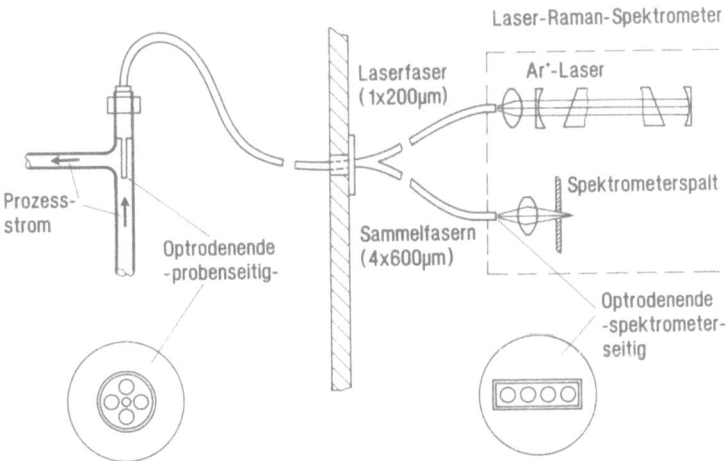

Abb. 5. Laser- Raman- Spektroskopie mit lichtleiter-gekoppelter Optrode

In Fortsetzung dieser bisher grundlegenden Arbeiten soll nun im Rahmen des KfK-Arbeitsschwerpunkts "U+S" die lichtleitergekoppelte LRS zur Prozessüberwachung an einer Ionenaustauscherversuchsanlage eingesetzt werden, mit der nach dem "MARIX"-Verfahren (14) die umweltfreundliche Aufbereitung von Galvanikabwässern erprobt wird. Geeignete Einsatzmöglichkeiten der LRS sind dabei die Verfolgung der Herstellung des zur Regeneration verwendeten $Mg(HCO_3)_2$ durch Auflösen von MgO mit $CO_2$ unter Druck sowie die Messung typischer komplexbildender Badzusätze (EDTA, Tartrat u.a.) während der Austauscherregeneration.

## 3. LITERATUR

(1) Schoof,S., Mainka,E., Hellmund,E.: in Laing,W. R.(ed.): Proc. 28 th Conf. Anal. Chem. Energ. Technol.,(1985),Knoxville, Tenn., 1986.
(2) Lakowicz,J. R.: Principles of fluorescence spectroscopy, 496 pp., Plenum Press, New York, 1983.
(3) Torres,R. A., Palmer,C. E.,Baisden,P. A., Russo,R. E. and Silva,R. J.: Anal. Chem., 62 (1990) 298 - 303.
(4) Ramis Ramos,G., Garcia Alvarez-Coque,M. C., Smith,B. W., Omenetto,N. and Winefordner,J. D.: Appl.Spectros., 42 (1988), 341 - 346.
(5) Fitch,P., Gargus,A. G.: Int. Laboratory (Sept. 1986), 100-110.
(6) Bürck,J., Krämer,K., König,W.: KfK-4672 (Feb. 1990).
(7) Milanovich,F. P., Garvis,D. G., Angel,S. M., Klainer,S. and Eccles,L.: Analytical Instrumentation, Vol. 15, (1986), 137.
(8) Baldwin,S. F., Brown,C. W.: Water Res. 6 (1972), 1601.
(9) Marley,N. A., Mann,Ch. K., Vickers,Th. J.:Appl. Spectrosc. 39 (1985), 628.
(10) Carrabba,M. M., Edmonds,R. B., Rauh,R. D.: Anal. Chem. 59 (1987), 2559.
(11) Schwab,S. D., McCreery,L. D.: Anal. Chem. 56 (1984), 2199.
(12) Schwab,S. D., McCreery,R. L.: Appl.Spectrosc. 41 (1987), 126.
(13) Gantner,E., Steinert,D.: zur Veröffentlichung eingereicht bei Fresenius' Z. Anal. Chem.
(14) Höll,W. W., Horst,J.: Vom Wasser 71 (1988), 65.

FELDANALYSEN UND BESTIMMUNG VON STANDORTEIGENSCHAFTEN DURCH
DIE US-UMWELTSCHUTZBEHÖRDE

ERIC N. KOGLIN
U.S. ENVIRONMENTAL PROTECTION AGENCY
ENVIRONMENTAL MONITORING SYSTEMS LABORATORY
LAS VEGAS, NEVADA 89193-3478 USA

JEFFREY C. TUTTLE
ECOLOGY AND ENVIRONMENT, INC.
ARLINGTON, VA 22209 USA

Die US-Umweltschutzbehörde (US EPA) ist nach dem Comprehensive Environmental Response, Compensation and Liability Act of 1980 "Superfund" (Umweltschutzgesetz 1980 "Superfund") einschließlich Superfund Amendments und Reauthorizaton Act of 1986 (Superfund- Nachtrags- und -Neu-Ratifizierungsgesetz 1986) verantwortlich für die Durchführung der Sanierung von gefährlichen Sonderaltlasten.
Der Superfund-Sanierungsprozeß läuft in mehreren Phasen ab. Er beginnt mit der Standortbestimmung und -inspektion. Darauf folgt die Sanierung und schließlich die Rehabilitation im Register. Die Bestimmung der Standorteigenschaften ist beo diesem Prozeß ein kritischer Schritt, da die Wahl und Wirkung einer Sanierungstechnologie fast ausschließlich von den während der Voruntersuchung (Remedial Investigation = RI) erfaßten Daten abhängt. Weiterhin stellt die RI infolge der langen Wartezeit auf gültige Analysedaten oft die längste Phase in diesem Prozeß dar. Eine Feldinstrumentierung zur Erstellung von Echtzeit- oder nahezu Echtzeitdaten kann den Superfund-Prozeß erheblich beschleunigen und somit die dabei entstehenden Kosten senken. Deshalb ist es wesentlich für die Behörde, Spezialisten, die eine entsprechende Feldinstrumentierung entwickeln, bei der Leistungsverbesserung ihrer Geräte und der Weiterentwicklung der betreffenden Technologie zur Erfüllung der gegenwärtigen und künftigen überwachungstechnischen Erfordernisse zu fördern, damit die Behörde ihrer Aufgabe gerecht werde kann und die Erwartungen der Öffentlichkeit hinsichtlich des Superfund-Programms nicht enttäuschen muß.
In diesem Vortrag sollen zwei Themen im Rahmen der Aufgabenstellung der Arbeitsgruppe erörtert werden. Das erste wird von Herrn Koglin behandelt: er gibt eine Kurzbeschreibung des von der US- Umweltschutzbehörde verwalteten Programms für modernste Feldüberwachungsmethoden (Advanced Field Monitoring Methods Program). Im Rahmen dieses Programms sollen innovative und neu entwickelte Technologien zur Bestimmung der Standorteigenschaften vorgeführt und

darüber berichtet werden (Technologietransfer), um Benutzern Alternativen zu herkömmlichen Technologien anzubieten. In diesem Zusammenhang wird ein Überblick über die Methoden und Organisation, sowie die gegenwärtige und künftige Tätigkeit gegeben.

Das zweite Thema wird von Herrn Tuttle behandelt und gilt einer innovativen Methode der Standorteigenschaftsbestimmung. Als Auftragnehmer des US-Umweltschutzamtes im Rahmen des Felduntersuchungsteams (FIT)-Zone II verwendet Ecology and Environment, Inc. routinemäßig hochentwickelte Methoden und Systeme zur Bestimmung der Standorteigenschaften bei Sondermülldeponien im Rahmen des Superfund- Programms. Die Die Standortgutachtenstelle des US-Umweltschutzamtes entwickelte das vom FIT durchgeführte Feldanalyse-Unterstützungsprojekt (FASP), um die Superfund-Tätigkeit am Ort mit Analysegeräten zu unterstützen. Hierzu werden Laborwagen eingesetzt. Durch die Kombination von FASP-Laborwagen und Unterflur-Probenahme sind Entscheidungen direkt am Probenahmeort möglich, um eine bessere Bestimmung der Standorteigenschaften zu ermöglichen und die Feldaktionen rationeller zu gestalten. Daher ergeben sich im Vergleich zu herkömmlichen Bohr- und Analysemethoden beachtliche Kosteneinsparungen. Der Vortrag konzentriert sich auf Fallstudien, bei denen die oben beschriebenen Technologien vom FIT angewandt wurden.

# ANGEPASSTE VOR-ORT-ANALYTIK FÜR ALTLASTENSANIERUNGSPROJEKTE

J. JAGER, L. SCHANNE
ITU-Ingenieurgemeinschaft Technischer Umweltschutz GmbH, Saarbrücken

## 1. PROBLEMSTELLUNG

Im Vorfeld von Altastensanierungen werden in der Phase der Erkundung und Sanierungsplanung meist kostenintensive und umfangreiche chemisch-analytische Untersuchungen durchgeführt, die eine weitestgehende Charakterisierung der kontaminierenden Schadstoffe und die Bestimmung ihrer Konzentrationen im Hinblick auf Gefährdungseinstufung und Massenermittlungen zum Ziele haben. Charakteristisch für diese notwendige Sanierungsvorbereitung ist die Anwendung genormter Analyseverfahren, deren Durchführung die beteiligten Labors häufig wochenlang beschäftigt.
Besondere Anforderungen an die Analytik wie Zeitbedarf, Kostenminimierung durch Problemanpassung der Analyseverfahren spielen in dieser Bearbeitungsphase eine untergeordnete Rolle. Ganz anders wird die Situation in einem konkreten Sanierungsfall. Altlastensanierungen, mit Ausnahme von in situ-Verfahren, bedingen üblicherweise das Auskoffern der kontaminierten Massen, Sortierung vor Ort in verschiedene Kontaminationsgrade und Materialarten, Behandlung der Massen (siebensortieren, waschen, thermische oder biologische Behandlung, Transport, Renaturierung, etc.), Wiedereinbau, usw. Je nach Kontaminanten erhalten Problemkreise wie Emissionsminderung (Geruch, Dämpfe, Staubverwehung), Immissionskontrolle im Umfeld und Arbeitsschutzmessungen eine hervorragende Bedeutung im Ablaufgeschehen des Sanierungsprojektes.
Eine funktionierende vor-Ort-Analytik wird in diesem Scenario zu einer essentiellen Forderung, die den Erfolg, den finanziellen Rahmen und den Zeitablauf der Sanierungsmaßnahme wesentlich mitbestimmt.

## 2. BESONDERHEITEN EINER OPTIMAL ANGEPASSTEN VOR-ORT-ANALYTIK

Wie unterscheidet sich eine optimierte vor-Ort-Analytik von der "normalen", genormten Analytik des Routinelabors und welche speziellen Aufgaben hat sie zu erfüllen? Dies läßt sich am anschaulichsten an einem speziellen Sanierungsfall entwickeln.
Die ITU GmbH hatte im April 1989 die Sanierung des kresolverseuchten Autobahnparkplatzes Sylsbek an der Bundesautobahn Hamburg-Lübeck übernommen. Ca. 5000 kg o-Kresol waren durch kriminelles Verhalten eines Tanklastzugfahrers in die Kanalisation und über den Parkplatz verteilt worden. In unkoordinierten Notmaßnahmen

wurden 4000 m³ kontaminierte Erde und Bauschutt (Kanalisation, Straßenaufbruch, Pflastersteine, Holzreste, etc.) unsortiert aufgeschüttet und emittierten solche Kresolmengen in die Luft, daß in der Nachbarschaft wohnende Familien evakuiert werden mußten. Der Parkplatz war nur noch mit Gasmaske zu betreten und mußte gesperrt werden.

Das von der ITU entwickelte und mit den Landesbehörden abgestimmte Sanierungskonzept sah folgendes vor:

1. Phase: Sofortmaßnahmen (nach Ordnungsrecht)
Abdeckung der Massen mit einer Doppellage gewebeverstärkter Folie mit Zwischengasabsaugung und Abluftreinigung über Biofilter, Reinigung von Teilflächen, Minimierung emittierender Oberflächen.

2. Phase: Sortieren/Brechen/Sieben, Bodenteilreinigung auf einen Grenzwert von 64 mg/kg Kresol, gasdichte Verpackung und Abtransport zur SAD Rondeshagen. Gasdichte Verpackung hochkontaminierter Chargen und Abtransport zur thermischen Behandlung in den Niederlanden. Überdachung der kontaminierten Massen und Arbeitsflächen (Zelt), Abluftanlage mit Biofilter-Reinigungsstufe, Schwarz-Weiß-Bereiche für Personal und Maschinen.

Die notwendige vor Ort-Analytik hatte folgende Aufgaben zu erfüllen:
- schnelle Bestimmung der Kresolkonzentrationen im Boden
Zur Vorsortierung der Böden nach Belastungsklassen und zur Entscheidung über den Erfolg des Waschverfahrens mußten möglichst innerhalb einer Stunde die Kresolkonzentrationen der Böden bestimmt werden. Ein höherer Zeitbedarf der Analytik hätte Wartezeiten für Personal und Maschinen bedeutet.

- schnelle Bestimmung der Kresolkonzentration in Waschwässern
In ähnlicher Weise mußten die sukzessive Abnahme der Kresolkonzentrationen in Waschwässern nacheinanderfolgender Waschvorgänge verfolgt werden. Auch hierfür wurde ein photometrisches Schnellverfahren ausgearbeitet (ausschlaggebendes Kriterium: Zeitbedarf).

- Emissionsüberwachung
Die Biofilter der Abluftreinigung bedurften einer regelmäßigen Überwachung bezüglich ihrer Wirkungsgrade und der Austrittskonzentrationen. Hierfür mußten täglich eintretende und austretende Luft beprobt und analysiert werden (Gasmeßtechnik).

- Immissionsüberwachung
Ebenfalls täglich wurden an festgelegten Punkten in der Umgebung der Sanierungsfläche Kresol-Immissionskonzentrationen gemessen.

- Arbeitsschutzmessungen
Die Kresolkonzentration in der Atemluft des Zeltinnenraumes überstieg fast andauernd die zulässige Höchstkonzentration, so daß entsprechende Arbeitsschutzmaßnahmen getroffen werden mußten. Die Überwachung erfolgte durch tägliche Messungen.

## 3. EINRICHTUNG, METHODEN UND ROUTINE DES SYLSBEKER VOR-ORT-LABORS

Zur Erledigung dieser Aufgaben wurde von der ITU GmbH ein vor Ort-Container-Labor errichtet und speziell ausgestattet. Da lediglich eine Substanz (o-Kresol) in den verschiedensten Medien und Probearten bestimmt werden mußte, konnte die gesamte Analytik bezüglich der Bestimmungsmethode auf **einem** Basisverfahren aufgebaut werden. Für die Medien Luft, Wasser, Boden mußten die Probenahme- und Probeaufbereitungsverfahren angepaßt und optimiert werden.
Als Basisverfahren diente die bekannte oxidative Kupplungsreaktion von Phenolen mit Aminoantipyrin. Der entstehende Antipyrinfarbstoff kann photometrisch quantifiziert werden. Das als Bestimmung des Phenolindex in Wässern bezeichnete Verfahren ist in DIN 38409 Teil 16 (DEV-H16) in verschiedenen Varianten beschrieben.

Luftanalytik

Das in der zu beprobenden Zu- oder Abluft bzw. der Umgebungsluft (Immissionsmessungen) enthaltene o-Kresol wurde entsprechend VDI Richtlinie 3485 in 0.1n-NaOH absorbiert (z.B. 2 $m^3$ Luft in 100 ml 0.1n-NaOH) und ein aliquoter Teil der NaOH der photometrischen Analyse unterzogen. Die Nachweisgrenze lag für die Immissionsmessungen bei 0.05 mg/$m^3$. Für Emissionsmessungen (Input- und Output der Biofilter) wurden geringere Mengen Probenluft benötigt (Meßwerte im Bereich weniger mg/$m^3$). Für die Gasmeßtechnik mußten die entsprechenden Probenahmesysteme in genügender Zahl vorgehalten werden (Gaspumpen, Gasuhren, Impinger, etc.). Folgende Probenahmestellen wurden täglich beprobt und die Kresolkonzentrationen bestimmt (ca. 15 Luftbeprobungen am Tag):
Luft im Arbeitszelt, Biofilterzuluft, Biofilterabluft (5 Langzeitmessungen), Immissionskonzentrationen an den Grundstücksgrenzen, an der Absackanlage und an einem Biofilter (5 immissionsrelevante Punkte)

Wasserproben

Während der Sanierungsmaßnahmen waren regelmäßig eine Reihe verschiedener Wässer auf ihre Kresolkonzentrationen zu überprüfen. Ungefaßtes Wasser im kontaminierten Zeltbereich, Ablaufwasser der Biofilter, Pegelwässer des Grundwassermonitorings, Wasserchargen der beiden Bodenwaschanlagen, Wässer der Waschwassertanks. Für die Routineanalytik wurde eine vereinfachte Verfahrensvorschrift angewendet (ohne Extraktion (Anreicherung) des Farbstoffs mit Chloroform), welche bei einem minimalen Zeitaufwand von ca. 30 Minuten über eine Nachweisgrenze von ca. 0.1 mg/l verfügte. Gerade für die Optimierung des Bodenwaschverfahrens war nicht die Genauigkeit und Empfindlichkeit der Analysenmethode relevant, sondern vor allem der Zeitaufwand und die Zahl der pro Zeiteinheit durchsetzbaren Proben. Lediglich für die Grundwasserproben wurde das zeitaufwendigere Verfahren mit Anreicherung des Farbstoffs durch Chloroformextraktion angewendet. Gelegentlich mußten im Falle von

Wasserproben mit Eigenfärbung (gelbliche Bodenwaschwässer) bei der Einfachmethode geringere Empfindlichkeiten in Kauf genommen werden, was aber auf Grund der Konzentrationsbereiche meist unerheblich war. Für die Bodenwaschanlagen waren 20 bis 30 tägliche Wasserproben keine Seltenheit.

## Bodenproben

Problematisch war die Kresolbestimmung in Bodenproben. Hier wird üblicherweise der photometrischen Bestimmung ein Abtrennungsschritt durch Destillation der flüchtigen Phenole vorgeschaltet. Allerdings hatte dieser Schritt einen für den Betriebsablauf in Sylsbek nicht akzeptablen Zeitaufwand von ca. 5 Std. zur Folge. Außerdem ergaben diesbezügliche Versuchsreihen insbesondere bei humusreichen Böden erhebliche Blindwerte bis zu 2 mg/kg und Wiederfindungsraten unter 80 %. Da täglich etwa 30 bis 60 Bodenproben untersucht werden mußten, wurden für verschiedene Anwendungsbereiche (zu waschende Böden über ca. 63 mg/kg Kresol, wenig kontaminierte Böden im Bereich um 1 bis 10 mg/kg, unerheblich gering kontaminierte Böden < 1 mg/kg) angepaßte Analysenmethoden entwickelt und experimentell abgesichert. Die einfachste Variante (Zeitaufwand ca. 40 Minuten) bestand darin, den Boden (ca. 100 g) mit wenig 0.1n-NaOH (100 ml) im Ultraschallbad zu extrahieren, den wäßrigen Extrakt klar zu zentrifugieren und anschließend photometrisch die Kresolkonzentration zu bestimmen. Je nach Konzentrationsbereich lag die Nachweisgrenze zwischen 1 und 0.1mg/kg. Bei humusreichen Bodenproben (z.B. Material der Biofilter) traten intensive gelbbraune Eigenfärbungen auf, welche die photometrische Bestimmung störten. Diese Huminsäuren konnten durch Ansäuern ausgefällt, anschließend durch Zentrifugieren abgetrennt und nach Alkalisieren nur noch schwachgefärbte Lösungen erhalten werden, deren Photometrie nur noch unwesentlich gestört wurde.
Wurden Bodenproben untersucht, deren Kresolgehalte unter 1 mg/kg lagen, mußte der alkalische Bodenextrakt nach Ansäuern, Kresolextraktion mit Chloroform und Ausschütteln des Chloroformextrakts mit NaOH von braunen Begleitstoffen befreit werden, um eine hinreichend tiefe Nachweisgrenze zu erreichen. Gleichzeitig wurde mit der zwischengeschalteten Chloroformextraktion der Blindwert um ca. den Faktor 10 verringert. Die Wiederfindungsrate der Methode wurde in entsprechenden Aufstockungsexperimenten zu 85 bis 95 % bestimmt. Die Nachweisgrenze lag bei wenig humushaltigen, sandigen Proben bei 0.05 mg/kg. Zeitaufwand der Methode etwa 2.5 Stunden. Die empfindlichste Methode bestand in der Destillation des angesäuerten NaOH-Bodenextrakts und Bestimmung des Phenolindex im Destillat (H 16-2). Hier konnten bestenfalls Nachweisgrenzen bis 0.01 mg/kg erreicht werden. (Zeitaufwand ca. 8 Stunden).
Aus dem dargestellten Methodenspektrum ist zu erkennen, daß sich die apparative Laboraustattung wegen der Beschränkung auf ein Basisverfahren, das lediglich bezüglich der Probenvorbereitung und -aufarbeitung variiert wurde, einfach, robust und unempfindlich sein konnte. Neben der üblichen Grundausrüstung (2 Waagen verschiedener Emfindlichkeit, Abzug, Spüle) wurden nur die zur Extraktion benötigten Geräte (Ultraschallbad, Glasgeräte, Filter, Zentrifuge), das Photometer, ein

thermostatisiertes Wasserbad sowie die Gasprobenahmeeinrichtungen benötigt. Die komplette Geräteausrüstung konnte in einem kleinen Container in unmittelbarer Nähe zu dem Arbeitszelt untergebracht werden.

Das Labor war täglich 8 bis 10 Stunden mit einem erfahrenen Laboranten, zeitweise auch im Zweischichtbetrieb über ca. 16 Stunden hinweg besetzt. Die Probenahmen und die Auswertung erfolgten durch einen Meßingenieur der ITU (benannte Meßstelle nach BImSchG, § 26). Parallel zu den "Betriebsanalysen" des ITU-vor-Ort-Labors wurden durch ein unabhängiges Institut stichprobenartig Kontrollanalysen durchgeführt.

## 4. ZUSAMMENFASSUNG

Aus diesen Erfahrungen des Projektes "Sylsbek" lassen sich aus der Sicht der ITU folgende Forderungen an die betrieblich orientierte vor-Ort-Analytik formulieren:

1. Es muß diejenige Analytik vor Ort verfügbar sein, die zum ordnungsgemäßen Betrieb der Sanierungsanlagen unabdingbar ist. Dazu gehören die Bereiche
   - verfahrenstechnisch bedingte Analytik
   - Arbeitsschutz
   - Emissionsüberwachung
   - Immissionskontrolle.

2. Die Analytikverfahren müssen schnell sein (Entscheidungen, Wartezeiten technischer Einrichtungen und des bedienenden Personals).

3. Die Verfahren müssen robust, wenig störanfällig und abgesichert sein.

4. Die Verfahren müssen leicht erlernbar und kontrollierbar sein.

5. Der Einsatz von empfindlicher high-tech-Analytik ist möglichst zu vermeiden, da auf der Baustelle Probleme wie Erschütterungen, Raumtemperaturen, Schmutz und Staub von erheblicher Bedeutung sind, und die entsprechend notwendigen Vorsorgemaßnahmen erhöhte Kosten verursachen.

6. Die chemische Analytik muß durch Luftmeßtechnik (typischer Arbeitsbereich einer Meßstelle nach BImSchG) ergänzt werden.

Daraus ergibt sich für die Bauleitung bzw. die umwelttechnische Leitung eines Sanierungsprojektes, daß die betreffende Firma über das know-how und ein erfahrenes naturwissenschaftliches Personal verfügen muß, das zur Erstellung eines vor Ort-Labors, der dazugehörigen robusten Schnellverfahren, der angepaßten Luftmeßtechnik und der Kontrollmechanismen im Hintergrund (Kontrolle des vor-Ort-Labors) unabdingbar ist.

**VOR-ORT-ANALYSEN,**

**FAKT ODER FANTASIE?**


Einige Gedanken zum
Thema Vor-Ort-Analytik

D.H. Meijer, TAUW Infra Consult BV, Deventer

1  EINFÜHRUNG

In den letzten Jahren nahm die Nachfrage nach Vor-Ort-Analysen spürbar zu. Bevor die verschiedenen Möglichkeiten und Methoden der Vor-Ort-Analytik besprochen werden, ist zuerst eine tiefergehende Studie notwendig, damit die Vor-Ort-Analytik in den richtigen Kontext gesetzt werden kann. Die Nutzbarkeit der verschiedenen Methoden werden anhand von Projekten, bei denen TAUW Infra Consult B.V. Vor-Ort-Analysen durchgeführt hat, illustriert. Aufgrund dieser Informationen werden einige Schlußfolgerungen gezogen.

2  HINTERGRÜNDE DER VOR-ORT-ANALYTIK

Wenn die Entwicklungen auf dem Gebiet der Umweltanalytik in Betracht gezogen werden, dann sind zwei unterschiedliche Linien zu erkennen.

Einerseits gibt es die Analysen, die durchgeführt werden, um Informationen über die Entwicklungen in unserer Umwelt zu erhalten. Diese Analysen werden meist mehr oder weniger wissenschaftlich durchgeführt. Die analytische Qualität sollte bekannt sein und muß gut sein. Ergebnisse werden statistisch bearbeitet, um diese Informationen zu erhalten. Im Allgemeinen sind diese Analysen teuer und nehmen bei der Durchführung viel Zeit in Anspruch.

Andererseits besteht eine deutliche Nachfrage nach schnellen und preiswerten Analysen, insbesondere in den Fällen, wo der Fortgang eines Projektes von diesen Analysen abhängt. Als Beispiel kann die Besichtigung des Bodens aus Sanierungsprojekten genannt werden.

## 3   VOR-ORT-ANALYSEN

Es ist klar, daß Vor-Ort-Analysen im ersten Fall keine Alternativen bieten, aber im zweiten Fall könnten sie sicher von Nutzen sein. Bei Vor-Ort-Analysen sind die folgenden Arten zu unterscheiden:

1. Feldtests

   Feldtests sind in verschiedenen Bereichen sehr bekannt, wie z.B. klinische Tests für Blutzucker, Urinproteine usw. Auch für Wasseranalysen gibt es Feldtests, die kommerziell erhältlich sind.
   Für Umweltproben gibt es nur wenige. Testkits zur Bestimmung von Organochlorkohlenwasserstoffe in Transformatoröl können käuflich erworben werden. TAUW Infra Consult B.V. hat einen Feldtest zur Bestimmung von Poly-Aromatischen Kohlenwasserstoffen (PAK) in Umweltproben entwickelt.

   Die Vorteile dieser Tests sind, daß sie schnell und preiswert sind. Das heißt, daß sie bei Voruntersuchungen zur Feststellung des Umfanges einer Kontamination oder zum Folgen eines gut definierten Prozesses, wie z.B. einer Bodensanierung benutzt werden können.

   Ein großer Nachteil ist die Unzuverlässigkeit, besonders bei komplexen Matrizen wie Boden- oder Abfallproben. Diese Tests sollten deshalb nur für die Art von Proben angewendet werden, für die sie entwickelt wurden. Wenn TAUW Infra Consult B.V. solche Tests benutzt, werden immer Referenzproben im Labor mittels zertifizierten Methoden untersucht. Auf diese Weise erhält man eine Art Kalibrierung der Feldtests.

2. Anwendung eines mobilen Labors

   Bei einige Projekten hat TAUW Infra Consult B.V. einen Lastkraftwagen wie ein komplettes Labor ausgestattet. Dies hat den Vorteil, daß die Ergebnisse sehr schnell zu generieren sind, weil das mobile Labor nur für das bestimmte Projekt arbeitet. Dabei ist die Kommunikation zwischen Auftraggeber und Labor sehr effizient und effektiv, was zu einem sehr flexiblen System führt.

   Ein anderer großer Vorteil ist, daß zertifizierte Methoden wie in einem normalen Labor angewendet werden können. Das erhöht die Qualität der Analysen sehr.

Natürlich hat diese Methode auch seine Nachteile. Aufgrund des Einsatzes eines LKW's, Labortechniker und moderner Instrumente sind die Kosten höher als beim Feldtest. Ein anderer Nachteil ist, daß aufgrund des geringen Raums nur wenige, wenn nicht sogar nur ein Parameter vor Ort analysiert werden können.

TAUW Infra Consult B.V. hat bei einem Bodensanierungsprojekt von Tetrachloräthylen in Amsterdam (NL) und bei einer Bodenluftsanierung auf Chlorkohlenwasserstoffe in Mühlacker (BRD) ein mobiles Labor benutzt. Zur Zeit wird ein mobiles Labor für GC-Analysen von Öl und Aromaten zur Untersuchung an Tankstellen eingerichtet.

**SCHLUSSFOLGERUNGEN**

Wenn man die Anwendung von Vor-Ort-Analysen erwägt, sollte man die verschiedenen Aspekte in Betracht ziehen. Wenn eine Minimalisierung der Kosten die Hauptsache ist, kommen Feldtests in Betracht, wobei man die geringere Qualität oder womöglich nicht zuverlässige Ergebnisse akzeptieren muß.

Wenn die Geschwindigkeit das Wichtigste ist, gibt es zwei Möglichkeiten. Man kann Feldtests mit einer geringeren Qualität oder ein mobiles Labor benutzten. Bevor ein mobiles Labor gebaut wird, sollte die geschwindigkeitsbestimmende Stufe bekannt sein. Wenn die Analyse selbst die Geschwindigkeit bestimmt, hat die Anwendung hiervon kaum einen Zweck. Wenn der Transport der Proben und die Probenlogistik das Problem sind, kann ein mobiles Labor von Nutzen sein, besonders, wenn die Distanzen groß sind. Daß dies nicht immer lohnend ist, zeigt folgendes Beispiel. TAUW Infra Consult B.V. wollte ein mobiles Labor für Abfallanalysen in Polen benutzen. Wegen der hohen Kosten hat man sich dann doch für einen Transport der Proben nach Deventer (NL) und zur Analyse im Hauptlabor entschieden.

Bei Nutzung eines mobilen Labors sollte das Parameterpaket eingeschränkt und gut definiert sein, z.B. Chlorkohlenwasserstoffe, PAK, Mineralöl, Metalle mit AAS usw.

Wenn alle Aspekte in Betracht gezogen werden, kann die Anwendung von Vor-Ort-Analysen sicher Vorteile haben.

## NEUE STRATEGIEN ZUR BESTIMMUNG DER SCHADSTOFFBELASTUNG IN ALTLASTEN UNTER EINSATZ EINES MOBILEN MASSENSPEKTROMETERS

MARTIN ZARTH

UMWELTBEHÖRDE HAMBURG; AMT FÜR ALTLASTENSANIERUNG
Amelungstraße 3, D-2000 Hamburg 36, FRG

Eine wesentliche Entscheidungs-Grundlage für die Sanierung von Altlasten ist die ausreichende Kenntnis der vorhandenen Schadstoffbelastung. Der hierfür zu produzierende Satz von Analysedaten sollte möglichst 1. ausschließlich Daten mit hohem Informationsgehalt, 2. vollständig alle benötigten Informationen und 3. keine unnötig exakten oder nicht benötigte Daten enthalten.

Der Aufwand für die Produktion dieses Datensatzes sollte dabei so gering wie möglich gehalten werden. Art und Umfang eines derartigen, optimalen Datensatzes sind abhängig von der Art des vorhandenen Schadstoffspektrums und der Inhomogenität der Schadstoffbelastung. Wie der optimale Datensatz aussieht, kann man daher letztendlich erst dann sagen, wenn man die Schadstoffbelastung bereits kennt. Zu Beginn der Untersuchungen weiß man zwangsläufig nur sehr vage, wo welche Analysen am günstigsten wären. Erst durch die im Laufe der Untersuchungen anfallenden Daten erhält man zunehmend Erkenntnisse darüber, welche weiteren Untersuchungen die günstigsten sind.

Eine Annäherung an den optimalen Datensatz ist daher um so besser möglich, je unmittelbarer die Ergebnisse der vorangehen Untersuchung für die Planung der weiteren zur Verfügung stehen. Außerdem sind diejenigen Untersuchungsmethoden und -strategien am günstigsten, bei denen sich der Grad der Identifizierung des Schadstoffspektrums sowie der Grad der Quantifizierung flexibel an den jeweils sich herausstellenden Informationsbedarf anpassen läßt.

Die im Rahmen eines vom BMFT geförderten FuE-Projekts an der TU Hamburg-Harburg entwickelte vorort Analytik mit einem mobilen Massenspektrometer (MM-1) erfüllt sehr weitgehend die genannten Anforderungen. Die Ergebnisse liegen in der Regel 5 bis 30 Minuten nach der Probenahme vor und können sofort bei den weiteren Untersuchungen berücksichtigt werden. So können Bohrungen und Sondierungen genau bis zur Belastungsgrenze abgeteuft werden. Das Sondierraster kann gezielt verdichtet und an den Rand der Belastung herangeführt werden. Unnötige Bohrmeter und Sondierungen, die wenig Informationen liefern würden, können weitgehend vermieden werden.

Die Analysemethoden ohne GC-Trennung decken ein sehr weites Spektrum organischer Schadstoffe ab, ohne dieses bereits genauer zu identifizieren. Die Aussortierung unbelasteter Proben ist dadurch mit einem Minimum an Aufwand (Analysedauer etwa 5 min) bei hoher Verläßlichkeit möglich. Bei vorgeschalteter GC-Trennung (Analysedauer etwa 15 min) wird das Schadstoffspektrum in Form eines Fingerprints identifiziert, der das gesamte Schadstoffspektrum erfaßt und umfangreiche Daten zur relativ weitgehenden Identifizierung der einzelnen Schadstoffe bereits implizit enthält. Die tatsächliche Identifizierung bedarf eines z. T. erheblichen Auswerteaufwands, der, bei den wichtigsten Stoffen beginnend, bis zum jeweils erforderlichen Ausmaß betrieben werden kann. Eine isomerenspezifische Identifizierung ist bei vielen Stoffen bereits mit dem MM-1 möglich, bei den anderen ist eine ergänzende Laboranalytik erforderlich.

Eine vollständige Quantifizierung in absoluten Konzentrationen ist keinesfalls für jeden Schadstoff in jeder Probe erforderlich. Mit der MM-1-Analytik ist der Grad der Quantifizierung in mehreren, gut aufeinander abgestimmten Stufen möglich. Zunächst ist der Totalionenstrom des unaufgetrennten Schadstoffspektrums ein geeigneter Summenparameter für die Angabe einer relativen Konzentration sowie der Größenordnung der Absolutkonzentration. Bei GC-getrennten Spektren ist eine relative Konzentrationsangabe durch Total- oder Selektivionenströme für jeden einzelnen Schadstoff gegeben. Die Absolutkonentrationen lassen sich schließlich durch Standards chemisch ähnlicher Substanzen oder isotopenmarkierter Originalsubstanz mit einer Genauigkeit von bis zu 30% bestimmen.

Die volle Leistungsfähigkeit der MM-1-Analytik kommt bei Altlasten mit sehr komplexem, inhomogenem, vorher weitgehend unbekanntem organischem Schadstoffspektrum zum tragen. Bei weniger schwierigen Verhältnissen und bei bereits voruntersuchten Altlasten kann die MM-1-Analytik ebenfalls sehr nutzbringend eingesetzt werden.

Mit der MM-1-Analytik ist es grundsätzlich möglich, jedes Untersuchungsprogramm bis zu dem festgestellten, sinnvollen Detaillierungsgrad in einem Zug durchzuführen. Die Gesamtdauer überschreitet dabei nur unwesentlich die Dauer der Bohrungen und Sondierungen.

Die Kosten für die MM-1-Analytik liegen deutlich unterhalb derer vergleichbarer Laboranalytik, wobei die Zeit- und strategischen Vorteile sowie die Zusatzleistungen der MM-1-Analytik noch nicht berücksichtigt sind.

Die dargestellte Leistungsfähigkeit der MM-1-Analytik hat sich im Rahmen mehrerer, umfangreicher Untersuchungsprogramme herausgestellt. Die Weiterentwicklung der Methoden läßt in absehbarer Zeit noch erhebliche Leistungssteigerungen erwarten, insbesondere bezüglich Erweiterung des Schadstoffspektrums, besserer Quantifizierung sowie Standardisierung der Methoden.

Die MM-1-Analytik ist in dem Vortrag von G. Matz et al. ausführlich beschrieben.

SCHNELLBESTIMMUNG VON CHLORORGANISCHEN VERBINDUNGEN IN BODENPROBEN

R. DARSKUS, H. SCHLESING, C. VON HOLST, R. WALLON

BIOCONTROL INSTITUT FÜR CHEMISCHE UND BIOLOGISCHE UNTERSUCHUNGEN INGELHEIM GMBH, POSTFACH 16 30, 6507 INGELHEIM, B.R.D.

Die Sanierung eines mit chlororganischen Verbindungen kontaminierten Werksgeländes erfordert Testverfahren, die eine schnelle Einstufung des Kontaminationsgrades von Bodenproben erlaubt (Zeitlimit: 30 Minuten). Als Schätzgröße für die Konzentration an Chlorbenzolen, Chlorphenolen und HCHs in Boden ist der EOX-Wert geeignet [1]. Die entsprechende Bestimmungsmethode beinhaltet eine Soxhlet-Extraktion (Zeitbedarf: 2 Stunden), wodurch eine Anwendung für die oben formulierte Aufgabe nicht in Frage kommt. In der vorliegenden Arbeit wird dieses Verfahren mit folgenden - weniger zeitaufwendigen - Methoden verglichen:

- modifiziertes Meßverfahren mit dem "Organochlortest" (Burger)
- Erfassung der chlororganischen Verbindungen in der Gasphase über einer Bodenprobe mit einem Photoionisationsdetektor (TIS)
- Chlor-N-Soil-Test (Dexsil)

Vergleichsmessungen wurden an 9 Bodenproben mit unterschiedlichem Kontaminationsgrad und geologischer Struktur durchgeführt. Die wichtigsten Merkmale der Verfahren sind in Tabelle 1, die Meßergebnisse in Tabelle 2 zusammengefaßt.

Die von uns entwickelte Methode zur Bestimmung der thermisch desorbierbaren chlororganischen Verbindung liefert fast ausschließlich höhere Werte als das EOX-Verfahren. Vermutlich ist die thermische Desorption effektiver als die Soxhlet-Extraktion.

Mit einer Ausnahme (Probe 92/03) ist die Reihenfolge entsprechend dem Kontaminationsgrad der Bodenprobe bei beiden Methoden identisch. Daraus schließen wir, daß die "Burger-Methode" alternativ zum "EOX-Verfahren" verwendet werden kann. Die Messungen des Photoionisationsdetektors zeigen, daß trotz der relativ konstanten Meßbedingungen (geschlossenes System) das Meßsignal keine Aussage über den Kontaminationsgrad des Bodens erlaubt. Der "Chlor-N-Soil"-Test konnte wegen mangelnder Verfügbarkeit nur bei drei Proben getestet werden. Entsprechend den Spezifikationen des Farbtestes (violett "wenig", gelbbraun "stark" belastet ist diese Methode prinzipiell geeignet. Eine Kalibrierung des Umschlagpunktes steht noch aus.

[1] Jürgens, H.-J., Roth, R., Schlesing, H. (1988): Fallstudie und Vorschläge zur Dekontamination des Geländes einer stillgelegten Herbizidfabrik. In K. Wolf, W.J. van den Brink and F.J. Colon (Eds.), Altlastensanierung '88, Vol. 2, 1067-1073, Kluwer, Academic Publishers, Dordrecht

Tabelle 1: Vergleich der verwendeten Meßverfahren

| Kriterium | "Wickbold" | "Burger" | PID | "chlor-N-soil" |
|---|---|---|---|---|
| Meßprinzip | Extraktion mit org. Lsm. | therm. Desorption der org. Verb. | Erfassung bei RT flücht. Verb. | Extraktion mit org. Lsm. |
| | therm. Erzeugung von Cl-Ionen | therm. Erzeugung von Cl-Ionen | | chem. Erzeugung von Cl-Ionen |
| | Cl-Bestimmung Ionenchromatographie | Cl-Bestimmung ionenselektive Elektrode | | Farbtest |
| | anerkanntes Verfahren für EOX-Bestimmung | -- | -- | -- |
| Aussagekraft des Meßwertes | direkt auswertbares Meßergebnis | direkt auswertbares Meßergebnis | grober Schätzwert | Konzentration gr. od. kl. als Grenzwert |
| Ausrüstung | Labor erforderlich | Labor erforderlich | Messung vor Ort | Messung von Ort |
| Probenmenge | 40 g | 2 g | frei wählbar | 1-10 g |
| Handhabung | mittel | aufwendig | sehr einfach | einfach |
| Zeitbedarf | ca. 4 Stunden | 30 Minuten | 5 Minuten | 30 Minuten |

Tabelle 2: Meßergebnisse

| Probe | geologische Daten der Probe | "Wickbold" (ppm Cl) | "Burger" (ppm Cl) | PID (Meßsignal) | "chlor-N-soil" |
|---|---|---|---|---|---|
| 5/05 | Holzreste, Sand Schluff | 403,0 | 655,0 | 5,6 | |
| 33/15 | Schluff, Torf | 36,0 | 89,0 | 9,3 | |
| 86/06 | Sand | 858,0 | 2813,0 | 60,0 | gelbbraun |
| 57/01 | Mutterboden | 74,0 | 11,0 | 3,5 | |
| 92/03 | Pflanzenreste | 2,0 | 346,0 | 4,3 | |
| 92/04 | Sand | 257,0 | 325,0 | 109,0 | schwach violett |
| 96/07 | Pflanzenreste | -- | -4,4 | 1,4 | violett |
| 102/08 | Schluff | 42,0 | 272,0 | 11,5 | |
| 116/01 | Sand | 215,0 | 178,0 | 3,0 | |

VOR-ORT-ANALYSE ORGANISCHER SCHADSTOFFE IN BODEN-, GRUNDWASSER- UND BODENLUFTPROBEN VON EINEM EHEMALIGEN GASWERKSGELÄNDE MIT EINER MOBILEN GASCHROMATOGRAPH / MASSENSPEKTROMETER-EINHEIT

J. KÖLBEL-BOELKE und A.G. LOUDON

BRUKER-FRANZEN ANALYTIK GMBH, Fahrenheitstr. 4, D-2800 Bremen 33, BRD

## 1. ZUSAMMENFASSUNG
Ein speziell entwickeltes mobiles Gaschromatographie/Massenspektrometrie-Analysesystem (MM-1) wurde auf dem Gelände eines ehemaligen Gaswerks zur Vor-Ort-Analyse organischer Verbindungen in Boden-, Grundwasser- und Bodenluftproben eingesetzt.

## 2. METHODE
### 2.1. Bodenluft- und Grundwasserproben
Für die Bodenluftanalytik wurden 1,5 l Luft mit einer kleinen Pumpe durch ein Tenaxröhrchen gesogen, um die organischen Verbindungen zu adsorbieren. Für die Analyse von Wasser wurden 200 ml Wasser in einer Gaswaschflasche 15 min mit Stickstoff durchspült und die ausgetriebenen Substanzen auf einem Tenax-Röhrchen gesammelt. Das Tenax-Röhrchen wurde in die Desorptionseinheit des Gaschromatographen eingesetzt. Die Substanzen wurden desorbiert, über eine 20 m lange GC-Kapillare getrennt und massenspektrometrisch analysiert. Die Spektren und Chromatogramme wurden im externen Datensystem des MM-1 gespeichert. Die Identifizierung der Verbindungen erfolgte durch den Vergleich der aufgenommenen Spektren mit den in der MM-1-Spektrenbibliothek gespeicherten Spektren.

### 2.2. Bodenproben
Ca. 1 g Boden wurde mit 5 ml Pentan extrahiert. 50 $\mu$l des Extraktes wurden auf einen speziellen Injektor pipettiert. Als fast alles Pentan verdampft war, wurde die Probe mit der MM-1-Luft-/Bodensonde durch Aufpressen des heißen Sondenkopfes auf den Injektor aufgenommen. Die Verbindungen wurden über eine 3,5 m lange GC-Kapillare getrennt. Die Substanzidentifizierung erfolgte wie unter 2.1. beschrieben.

## 3. VERGLEICH DER ANALYSENERGEBNISSE VON BODEN-, GRUNDWASSER- UND BODENLUFTPROBEN VON GLEICHEN PROBENAHMESTELLEN
Alle umweltrelevanten organischen Verbindungen, die in den verschiedenen Proben nachgewiesen wurden, sind in Tabelle 1 zusammengestellt.
Die Spalte "Bohrloch 2" stellt die Ergebnisse je einer Bohrkern-, Grundwasser- und Bodenluftprobe vor, die aus etwa den gleichen Tiefen entnommen wurden. Ein Vergleich der Bodenluft- und Wasseranalysen zeigt, daß in etwa die gleichen Verbindungen ermittelt wurden. Mit der Bodenanalytikmethode konnten die leichtflüchtigen organischen Verbindungen, die in der Bodenluft und dem Wasser gefunden wurden, nicht nachgewiesen werden. Dafür konnten mit dieser Methode schwerflüchtige Verbindungen analysiert werden. Die Analyse verschiedener Matrices zeigte, daß diese zum Teil sehr verschiedene, potentiell gefährliche Substanzen beherbergten, was zum Teil an der unterschiedlichen Flüchtigkeit der verschiedenen Substanzen liegt. Die Analyse sowohl der leicht- als auch der schwerflüchtigen Substanzen ist somit in zwei verschiedenen Analysenschritten möglich.
Die Spalte "Grundwassermeßstelle" stellt die Ergebnisse von Grundwasser- und Bodenluftproben dreier Brunnen vor. In allen Fällen war das Wasser stark mit einer großen Anzahl organischer Substanzen kontaminiert. Dagegen wechselte der Kontaminationsgrad der Bodenluft beträchtlich von Brunnen zu Brunnen. In Brunnen 3 wurden nur ganz wenige der im Wasser gefundenen Verbindungen auch in der Bodenluft nachgewiesen. Dies ist wahrscheinlich zurückzuführen auf Unterschiede in den hydrogeologischen, physikalischen und eventuell auch brunnenbautechnischen Parametern.

Tabelle 1. Untersuchung verschiedener Probenahmestellen auf einem alten Gaswerksgelände: Vergleich der umweltrelevanten organischen Substanzen in Boden-, Grundwasser- und Bodenluftproben sowie in Grundwasser- und Bodenluftproben

| Probenahmestelle | Bohrloch 2 | | | Grundwassermeßstelle | | | | | |
|---|---|---|---|---|---|---|---|---|---|
| | | | | 1 | | 2 | | 3 | |
| Art der Probe (B = Boden, W = Grundwasser, L = Bodenluft) | B | W | L | W | L | W | L | W | L |
| Schwefelkohlenstoff | - | - | + | - | - | - | - | - | - |
| Benzol | - | + | + | + | + | - | - | + | - |
| Toluol | - | + | + | + | + | + | + | + | - |
| Tetrachloroethen | - | + | + | + | + | + | + | + | + |
| Ethylbenzol | - | + | + | + | + | + | + | + | - |
| Xylol | - | + | + | + | + | + | + | + | + |
| Styrol | - | + | + | + | + | - | - | + | - |
| Isopropylbenzol | - | + | + | + | + | - | - | + | - |
| n-Propylbenzol | - | + | + | + | + | + | - | + | - |
| Ethyltoluol | - | + | + | + | + | + | + | + | - |
| Trimethylbenzol | - | + | + | + | + | + | + | + | - |
| 2-Methylstyrol | - | + | + | + | + | + | + | - | - |
| Inden | + | + | + | + | + | + | + | + | - |
| C-4 Alkylbenzol | - | + | + | + | + | + | + | + | - |
| s-Butylbenzol | - | + | + | + | + | + | + | + | - |
| Methylbenzofuran | - | + | + | + | + | - | - | - | - |
| 1,2,3,4,-Tetrahydronaphthalin | + | - | + | + | + | + | + | + | - |
| Naphthalin | + | + | + | + | + | + | + | + | + |
| Dimethylbenzofuran | + | + | - | + | + | - | - | - | - |
| Methylnaphthalin | + | + | + | + | + | + | + | + | - |
| Biphenyl | + | + | + | + | + | + | - | + | - |
| Ethylnaphthalin | + | + | + | + | + | + | + | + | - |
| Dimethylnaphthalin | - | + | + | + | + | + | - | + | - |
| Acenaphthen | + | + | + | + | - | + | - | + | - |
| Isopropylnaphthalin | + | + | - | + | - | + | - | + | - |
| Dibenzofuran | + | + | + | + | - | + | - | + | - |
| Trimethylnaphthalin | - | + | - | + | - | - | - | - | - |
| Fluoren | + | + | + | + | - | + | - | + | - |
| Xanthen | + | + | - | + | - | + | - | + | - |
| Methylfluoren | + | - | - | - | - | - | - | - | - |
| Anthracen | + | - | - | - | - | - | - | - | - |
| Methylanthracen | + | - | - | - | - | - | - | - | - |
| Pyren | + | - | - | - | - | - | - | - | - |
| Methylpyren | + | - | - | - | - | - | - | - | - |

+ nachgewiesen    - nicht nachgewiesen

## 4. SCHLUSSFOLGERUNG

Die Analyse verschiedener Arten von Proben derselben Probenahmestelle hat gezeigt, daß es für die umfassende Untersuchung eines solcherart kontaminierten Standortes häufig notwendig ist, mehr als eine Typ von Matrix zu untersuchen.

# MEMBRAN-ATR-METHODE ZUR KONTINUIERLICHEN BESTIMMUNG VON CHLORKOHLENWASSERSTOFFEN IN LUFT UND WASSER

R.C. Wyzgol, P. Heinrich, H.-J. Hochkamp, A. Hatzilazaru, K. Lebioda, S. Aschhoff, B. Schrader

Institut für Physikalische und Theoretische Chemie, Prof. Dr.-Ing. B. Schrader
Universität - Gesamthochschule - Essen, Universitätsstr. 5, D-4300 Essen 1

## 1. EINLEITUNG

Die schnelle kontinuierliche Kontrolle der Belastung von Abwässern oder Abluft durch organische Substanzen stellt, insbesondere für den Fall halogenierter Verbindungen, in vielen Fällen noch ein Problem dar. Um einer zunehmenden Umweltbelastung durch diese Substanzklasse vorzubeugen, wäre in Betrieben der chemischen Industrie sowie bei der Sanierung von Altlasten eine kontinuierliche Abluft- und Abwasserkontrolle wünschenswert. Zur Zeit wird in den meisten Fällen die zu untersuchende Probe in ein Labor gebracht, wo sie mit leistungsstarken, aber zeit- und arbeitsaufwendigen Verfahren untersucht wird.

## 2. MESSMETHODE

Wir entwickeln einen Infrarot-Meßkopf zur kontinuierlichen Überwachung von Abwasser sowie zur Abluftkontrolle. Die Grundlage des Verfahrens ist die von uns erarbeitete Membran-ATR-Methode /1/ (ATR: attenuated total reflection /2/). Die eingesetzten ATR-Kristalle tragen eine Polymermembran (Abb. 1), die die zu bestimmenden Substanzen aus der Probe reversibel und proportional zur Konzentration anreichert (extrahiert).

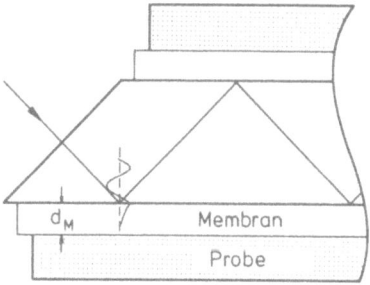

Abb. 1. Membran-ATR-Methode

Die Membran schließt darüber hinaus das die Messung störende Wasser aus. Die Messung erfolgt an der Membran mittels der in dem Kristall totalreflektierten Infrarotstrahlung. Durch die Kombination von Extraktion und Messung zu einem Schritt werden Zeitbedarf und apparativer Aufwand verringert. Bedingt durch den Anreicherungsfaktor, der 10 bis 10000 betragen kann, ist es möglich, halogenierte Kohlenwasserstoffe in geringer Konzentration in wäßrigen Proben mittels eines Infrarot-Photometers oder einfachen Miniaturspektrometers kontinuierlich und quantitativ zu bestimmen.

## 3. ERGEBNISSE

Anhand von Modellmessungen an einem Laborspektrometer (Nicolet 5SXB, 32 bis 64 Interferogramme, spektrale Auflösung 2 cm$^{-1}$, ATR-Kristall aus ZnSe mit 11 Reflexionen, 25 μm dicke PDMS-Membran) wurde die Methode überprüft /3/. Abb. 2 zeigt die erreichten Nachweisgrenzen /4/ als Funktion der substanzspezifischen Parameter Anreicherungsfaktor $f_{P/W}$, maximaler Extinktionskoeffizient $\epsilon_{max}$ (cm$^2$mol$^{-1}$1000) und Molmasse M.

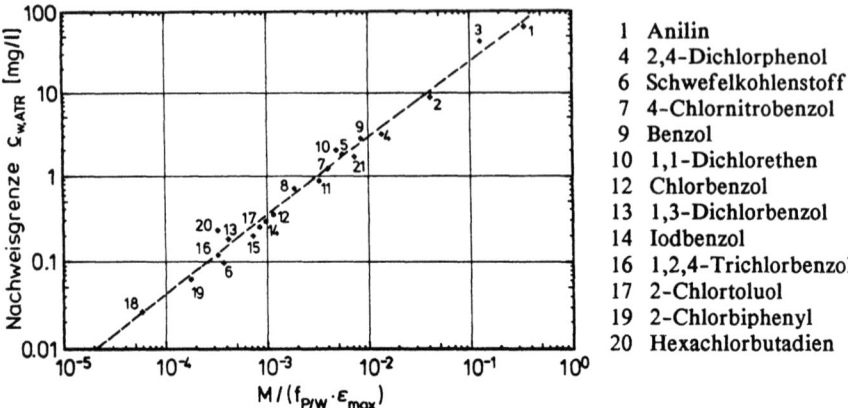

| | |
|---|---|
| 1 | Anilin |
| 4 | 2,4-Dichlorphenol |
| 6 | Schwefelkohlenstoff |
| 7 | 4-Chlornitrobenzol |
| 9 | Benzol |
| 10 | 1,1-Dichlorethen |
| 12 | Chlorbenzol |
| 13 | 1,3-Dichlorbenzol |
| 14 | Iodbenzol |
| 16 | 1,2,4-Trichlorbenzol |
| 17 | 2-Chlortoluol |
| 19 | 2-Chlorbiphenyl |
| 20 | Hexachlorbutadien |

**Abb. 2.** Nachweisgrenze als Funktion der Substanzparameter

Die Nachweisgrenze wird maßgeblich durch den Anreicherungsfaktor (Verteilungskoeffizient Polymer/Wasser) bestimmt, der aus der Wasserlöslichkeit der Substanz abgeschätzt werden kann /3/. Die Zeitkonstante der Messung liegt im Bereich von Minuten. Ein Verlaufsfilter-Infrarotphotometer (Abb. 3) befindet sich derzeit in der Erprobung. Damit kann der mittlere Infrarotbereich abgetastet werden, wobei Spektren mit einer mittleren Auflösung von 30 cm$^{-1}$ resultieren. Die Hauptaufgabe des Gerätes soll aber die kontinuierliche Messung von wäßrigen Proben bei diskreten Wellenlängen sein.

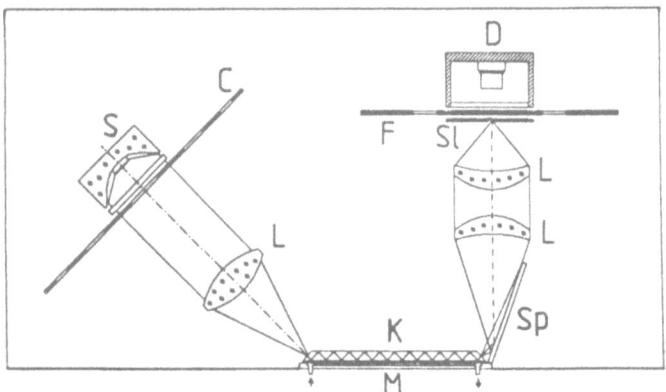

**Abb. 3.** Skizze eines Infrarot-Photometers mit Membran-ATR-Anordnung. S: Strahler, Sp: Spiegel, C: Chopper, L: Linse, K: ATR-Kristall, M: Membran, F: Interferenzfilter, Sl: Spalt, D: Detektor

Wir danken dem BMFT für die Finanzierung des Forschungsvorhabens.

## 4. LITERATUR
1. Opitz, N., Lübbers, D.W., Schrader, B. Patent angemeldet
2. Harrick, N.J. (1979). Internal Reflection Spectroscopy, 2. Aufl., Harrick Scientific Corporation, New York
3. Wyzgol, R.C. (1989). Dissertation, Universität Essen - Gesamthochschule, Essen
4. Kaiser, H. (1965). Z. Anal. Chem. 201: 1

# ENTWICKLUNG EINES KADMIUM-SELEKTIVEN SENSORS AUF DER BASIS EINES IONENSENSITIVEN-FELDEFFEKTTRANSISTORS

U. Jegle, J. Reichert und H.J. Ache

Kernforschungszentrum Karlsruhe GmbH
Institut für Radiochemie
Postfach 3640, D-7500 Karlsruhe 1, FRG

Im Bereich der Umweltanalytik werden Echtzeit-Informationen angestrebt. Einige der dadurch entstehenden Anforderungen können mit Hilfe der Entwicklung und Anwendung chemisch modifizierter Sensoren auf Feldeffekttransistorbasis (Chem-FET) erfüllt werden.

Für die Entwicklung eines Kadmiumsensors wurden Ionen-selektive Feldeffekttransistoren (ISFET) durch Beschichtung des $Si_3N_4$-Gates mit einer $Cd^{++}$-selektiven Polymermembran modifiziert. Diese Technik könnte bei der Anwendung jeweils entsprechender Membranen auf die Bestimmung anderer Schwermetalle ausgedehnt werden.
Das Einschwingverhalten und die Driftcharakteristik der unbeschichteten Sensoren (Transducer) wurde durch Potential-messungen einer Reihe von Puffern (von pH 3 über pH 7 nach pH 9 und zurück nach pH 7) untersucht. Jeder Sensor besitzt eine individuelle und reproduzierbare Signalcharakteristik. Um den Chem-FETs eine Kadmium-Sensitivität zu verleihen, werden diese mit einer Polymermembran beschichtet, die aus den Komponenten Polyvinylchlorid (PVC), Weichmacher und Kadmium-Ionophor zusammengesetzt ist. Die Sensorsignale wurden in Kadmiumchlorid-lösungen verschiedener Konzentrationen ($10^{-3}$ mol/l - $10^{-5}$ mol/l) aufgenommen. An diesen Lösungen war eine nahezu Nernstsche Steigung von 59 mV/Dekade zu beobachten. Dieser Wert steht in Übereinstimmung mit bereits veröffentlichten Ergebnissen.
In Zukunft wird der Sensor zur Verbesserung der Reproduzierbarkeit und der Langzeitstabilität modifiziert werden müssen.

# BESTIMMUNG VON SCHADSTOFFEN IN WASSER MIT PRÜFRÖHRCHEN

Claudia Herziger
Drägerwerk AG
Lübeck
West Germany

## Zusammenfassung

Das Dräger-Luft-Extrationsverfahren (DLE) ist ein Schnelltest zur Bestimmung leichtflüchtiger Substanzen im Wasser. Mit diesem Verfahren können, unter Verwendung geeigneter Prüfröhrchen, Schadstoffkonzentrationen im Wasser vor Ort schnell, kostengünstig und reproduzierbar bestimmt werden.
Das DLE-Verfahren trägt somit zur Entscheidungsfindung bei, ob weitere kostenintensive Laboranalysen zur Standortbeurteilung erforderlich sind.

## Einleitung

Das DLE-Verfahren zur Bestimmung von leichtflüchtigen Schadstoffen im Wasser basiert auf der Extraktion der Schadstoffe

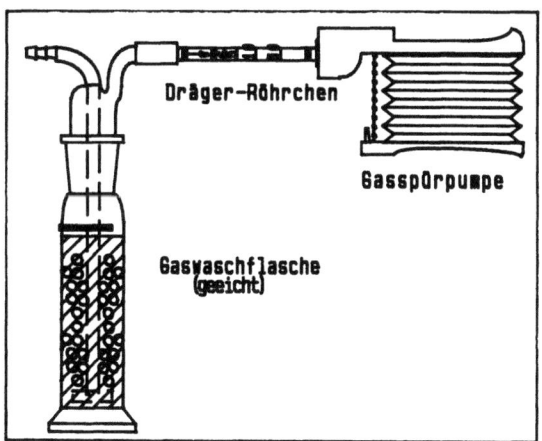

Fig. 1 Meßsystem für DLE-Verfahren

aus einer wässrigen Probe und der gleichzeitig verlaufenden quantitativen Bestimmung des extrahierten Schadstoffs mittels geeigneter Prüfröhrchen.
Die Extraktion erfolgt in einer speziell für dieses Verfahren kalibrierten Gaswaschflasche mit bekannter Extraktionseffektivität (Fig.1).

**Vorgehensweise**

Zur Messung der Schadstoffkonzentration im Wasser wird die zu untersuchende Probe in eine DLE-Gaswaschflasche gefüllt. Dann wird durch eine in dieser Flasche befindliche poröse Fritte ein definiertes Luftvolumen mittels Prüfröhrchenpumpe gesaugt. In den bei diesem Ausstripp-Prozeß gebildeten Luftblasen reichert sich der Schadstoff an, gelangt in die Gasphase und bewirkt eine Verfärbung im Prüfröhrchen. Die Länge der verfärbten Zone ist dabei ein Maß für die Schadstoffkonzentration in der Luft. Die Ermittlung der Schadstoffkonzentration in der Wasserprobe erfolgt rechnerisch unter Berücksichtigung verschiedener Extraktions-Parameter.
Einen wichtigen Vorteil dieser dynamischen Extraktion bietet ein der Gaswaschflasche vorgeschaltetes Aktivkohle-Röhrchen. Es versorgt die Gaswaschflasche mit gereinigter Luft, so daß dieses Verfahren auch in schadstoffbelasteter Atmosphäre erfolgen kann, ohne das Meßergebnis zu beeinflussen.

**Literatur**

Dr. Bäther, W. (1988). Das Dräger-Luft-Extraktionsverfahren - ein Schnelltest zur Bestimmung von Schadstoffen in Wasser. Drägerheft 340: 13-20.
Schwedt, G. (1989). Dräger-Luft-Extraktionsverfahren (DLE). Labor Praxis 12.

## VOR-ORT-METHODEN BEI DER BODENLUFTUNTERSUCHUNG VON ALTLASTEN

MICHAEL KERTH

GEO-INFOMETRIC GMBH, HERMANNSTR. 3, D-4930 DETMOLD

Bei der Untersuchung von Altablagerungen und Altstandorten sind Bodenluftmessungen zur Abschätzung des Gefährdungspotentials von großer Bedeutung, da durch anaerobe Abbauprozesse Methan entstehen kann und toxische Spurengase vorkommen können.
Auf Grund der meist eng begrenzten finanziellen Mittel ist dabei häufig nur eine Untersuchung weniger ausgewählter Bodenluftproben auf eine beschränkte Zahl von Parametern möglich.
Die praktische Erfahrung der letzten Jahre hat dabei gezeigt, daß bei sehr vielen Bodenluftuntersuchungen lediglich Gehalte im Bereich der Hintergrundbelastung oder unterhalb der Nachweisgrenzen feststellbar sind.
Vor diesem Hintergrund kommt dem Einsatz von Vor-Ort-Methoden zur Eingrenzung von Belastungsschwerpunkten und schnellen Entscheidung über eine weitergehende Untersuchung bestimmter Bodenluftproben eine große Bedeutung zu.

**VOR-ORT-METHANMESSUNGEN**
Zur Vor-Ort-Messung von Methan in der Bodenluft haben sich Handmeßgeräte (Meßprinzip Wärmetönung und katalytische Verbrennung) bewährt. Die Messung kann unmittelbar nach einem Ausbau der Sondierung zu einer Kurzzeitgasmeßstelle erfolgen. Bei der Messung sollte der Meßwertverlauf unbedingt protokolliert werden, da die Methangehalte häufig bis zu einem Maximalwert ansteigen und anschließend wieder abfallen. Durch Anschluß einer "Gasmaus" zwischen Sondierloch und Handmeßgerät ist es möglich, bei bestimmten Gehalten (Maximalwert oder Dauerwert) Bodenluftproben zu entnehmen. Ein Vergleich der während der Probenahme gemessenen Gehalte mit den gaschromatographisch (GC-WLD) im Labor bestimmten Gehalten zeigt generell eine gute Übereinstimmung der Ergebnisse.
Beim Einsatz eines GC-Meßwagens vor Ort wird häufig zunächst eine bestimmte Menge der Bodenluft abgesaugt und verworfen. Anschließend erfolgt die Absaugung einer definierten Bodenluftmenge und deren Untersuchung auf die Deponiegashauptkomponenten. In Fällen, in denen nur geringe Methanmengen im Untergrund vorhanden sind (z. B. in Randbereichen von Altablagerungen), ist es bei dieser Vorgehensweise nicht auszuschließen, daß die Meßstelle bei der Absaugung vor der Probenahme bereits leergepumpt wurde. Im Vergleich dazu bietet die Probenahmemethode mit einer Gasmaus bei gleichzeitiger

Methanmessung den Vorteil, daß gegebenenfalls vorhandene, nur geringe Methanmengen im Boden nachgewiesen werden können und aus dem Meßwertverlauf erste Aussagen zu den vorhandenen Methanmengen möglich sind.

Das eingesetzte Handmeßgerät erlaubt Aussagen über das Vorkommen von Methan bzw. brennbaren Bestandteilen der Bodenluft bis zu Gehalten von weniger als 0,1 Vol.-% Methan, wobei Anzeigen unterhalb dieses Wertes nur als qualitative Aussage zu bewerten sind. Der Vor-Ort-Nachweis solcher Methanspuren ist aber insbesondere im Bereich der Randbebauungen von Altablagerungen zur Beurteilung und gegebenenfalls zur Planung einer detaillierteren Untersuchung möglicher Migrationspfade von Bedeutung.

**VOR-ORT-SPURENGASUNTERSUCHUNG**

Bei der Untersuchung von Spurengasen in der Bodenluft besteht häufig die Schwierigkeit, aus einer großen Zahl von Sondierungen einige wenige für eine Beprobung und anschließende Untersuchung im Labor auszuwählen. In Bereichen von Altablagerungen erfolgt die Auswahl der zu beprobenden Meßstellen häufig auf Grundlage der Methankonzentrationen (hohe Methangehalte = Probenahme). Diese Vorgehensweise ist aber wenig sinnvoll, da nicht notwendigerweise die Bereiche mit hohen Methangehalten der Bodenluft auch hohe Spurengasgehalte aufweisen. Versuche zur Auswahl von Sondierungen auf Grundlage von Messungen mit Prüfröhrchen, die eine Vielzahl von Spurengasen erfassen, waren wenig erfolgreich, da Verfärbungen des Prüfröhrchens in praktisch jeder Sondierung auftraten, ohne daß auch nur halbquantitative Aussagen zur Spurengasbelastung möglich waren. Stoffspezifische Prüfröhrchen dagegen können in Fällen, bei denen die in der Bodenluft vorkommenden Stoffe bekannt sind (z. B. CKW-Schadensfälle) erfolgreich eingesetzt werden.

Prinzipiell hat sich der Einsatz eines tragbaren Photoionisationsdetektors (PID) bewährt. Mit diesem Gerät ist ein schneller Überblick zur Spurengasbelastung der Bodenluft und einer dadurch optimierten Probenahmestrategie zur Auswahl von Sondierungen für die Laboranalyse möglich.

Durch Einsatz von Lampen mit unterschiedlicher Ionisierungsenenergie (z. B. 10,2 und 11,7 eV-Lampe) ist es möglich, ein breites Spurengasspektrum zu erfassen. Z. T. ist es durch den Einsatz unterschiedlicher Lampen möglich, schon vor Ort Belastungen der Bodenluft mit verschiedenen Stoffen (z. B. Benzin- gegenüber Mineralöl-Bestandteilen) zu unterscheiden.

Bei einer Bodenluftprobenahme werden häufig mehrere Liter Bodenluft auf Adsorberröhrchen angereichert. Die an dieser Probe im Labor bestimmten Gehalte stellen damit Durchschnittsgehalte der abgesaugten Bodenluftmenge da. Durch eine PID-Messung vor und nach Durchführung der Beprobung kann festgestellt werden, ob eine Veränderung der Spurengasgehalte während der Probenahme auftrat.

"FLÄCHENDECKENDE VOR-ORT-ANALYTIK VON LEICHTFLÜCHTIGEN AROMATISCHEN UND CHLORIERTEN KOHLENWASSERSTOFFEN IM BODENGAS MITTELS EINES TRANSPORTABLEN GASCHROMATOGRAPHEN (GC)"

Dipl.-Ing. (FH) Anita Rosenberger, Dr.rer.nat. Michael Koch;
Dorsch Consult, Ingenieurgesellschaft mbH, Hansastr. 20, 8000 München 21

1. EINLEITUNG

Die entscheidenden Vorteile dieser Vor-Ort-Analytik liegen in der Tatsache, daß über eine Veränderung des Probenrasters oder der Probenahmetiefe sofort auf die Analysenergebnisse reagiert werden kann, um ein genaueres Bild von der Verteilung und Intensität der vorhandenen Kontamination zu erhalten.

2. VERFAHREN

Zum Einsatz kommt ein transportabler GC mit beheizbarem Injektor und Säulenofen sowie einem Photoionisationsdetektor (PID).

Für die Probenahme wird im allgemeinen von einem 25 m-Raster ausgegangen. Da die Analysenergebnisse unmittelbar und vor Ort vorliegen, kann bei detektierten erhöhten Kontaminationen das Beprobungsraster verengt werden, so daß eine Eingrenzung des Belastungsherdes sofort möglich ist. Zur Sondierung kommt je nach Sondiertiefe eine Rammsonde oder ein Vibrationshammer zum Einsatz. Das Abpumpen des Bodengases erfolgt durch eine Pumpe mit Unterdruckkontrolle und Durchflußmesser über einen Schlauch. Mittels Mikroliterspritze wird dann die zu analysierende Gasprobe dirket aus diesem Schlauch, d.h. also direkt aus dem Gasstrom entnommen und sofort in den Gaschromatographen eingespritzt.

Die injizierte Probe wird mittels eines Helium-Trägergasstroms über eine Kapillarsäule oder eine gepackte Säule transportiert und in die Einzelkomponenten aufgetrennt. Die Detektion erfolgt am PID. Dieser Detektor besteht im wesentlichen aus einer Lampe und einer Ionisationskammer. Die aus der Säule im Detektor ankommende Substanz wird mittels der Strahlungsenergie der Lampe ionisiert.

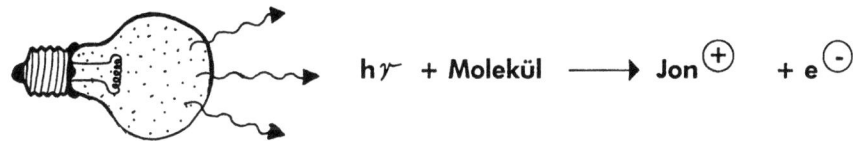

Abb. 1: Prinzip der Photoionisation

Die erzeugten elektrischen Signale werden von der geräteinternen Software sofort ausgewertet und das Chromatogramm sowie das Analysenergebnis über Plotter ausgegeben.

## 3. ANWENDUNG

Diese Art der Vor-Ort-Analytik eignet sich besonders für flächendeckende Altlastenuntersuchungen, z.B. in Zusammenhang mit Grundstücksumnutzungen oder Grundstücksverkäufen sowie Bauvorhaben und läßt auch Rückschlüsse auf Grundwasserverunreinigungen zu, so daß Untersuchungspegel optimal positioniert werden können.

## 4. BEISPIELE

Zur Dokumentation der Anwendung sollen zwei Beispiele vorgestellt werden.

Im ersten Fall handelt es sich um ein ehemaliges Bundesbahnausbesserungswerk, das in einen Gewerbepark mit Sondergrünflächen wie Kleingärten und Sportplatz umgewandelt werden soll. Aus der ehemaligen Nutzung konnte u.a. eine potentielle Kontamination mit BTX und LHKW abgeleitet werden. Die Überprüfung durch Bodengasanalysen ergab eine Häufung relativ geringer Konzentrationen der relevanten Parameter im Bereich der ehemaligen Ausbesserungshalle. Die direkte Bodenverunreinigung durch BTX und LHKW konnte aufgrund der Meßwerte als unbedenklich betrachtet werden. Eine Grundwasserbelastung war jedoch nicht ausgeschlossen. Deshalb wurde empfohlen, die Grundwasserqualität durch gezielte Analysen zu überprüfen.

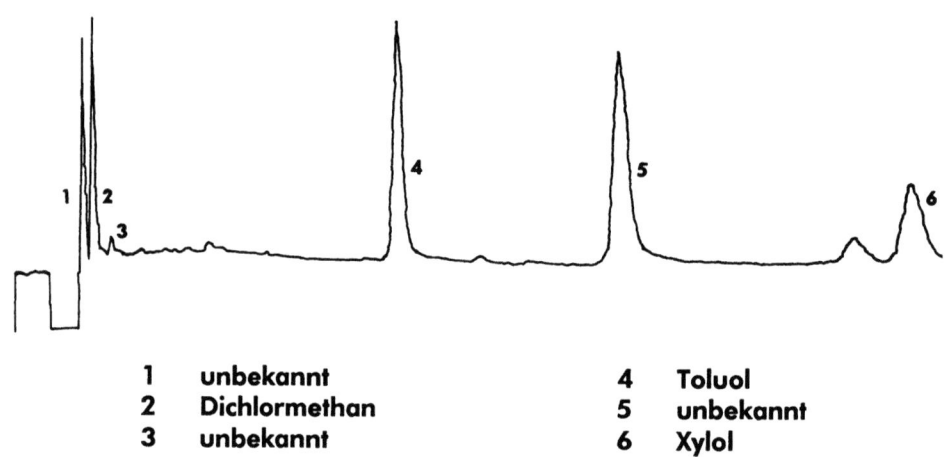

| 1 | unbekannt     | 4 | Toluol    |
| 2 | Dichlormethan | 5 | unbekannt |
| 3 | unbekannt     | 6 | Xylol     |

Abb. 2: Beispiel eines typischen Chromatogramms

Der zweite Fall betrifft eine Kleingartenanlage. Bei Aushubarbeiten zum Bau eines Vereinsheimes wurde festgestellt, daß sich die Anlage auf einer Kiesgrube befindet, die u.a. mit Industriemüll verfüllt wurde. Bodengasanalysen auf BTX und LHKW ergaben eine Kontamination der Bodenluft durch diese Substanzen. Hinweise für eine derzeitige Migration von Schadstoffen aus dem Deponiekörper ins Grundwasser konnten nicht erbracht werden. Als wirtschaftlich vertretbare und gleichzeitig die Sicherheit der Umwelt gewährleistende Maßnahme wurde eine Bodenluftsanierung bei gleichzeitiger mehrjähriger Grundwasserüberwachung empfohlen.

In beiden Untersuchungen wurden selbstverständlich zu berücksichtigende schwerflüchtige und nichtflüchtige Substanzen durch ergänzende Bodenanalysen in das Gutachten miteinbezogen.

# Möglichkeiten und Grenzen der repräsentativen Beprobung von festen Abfällen und Konsequenzen für die Abfallanalytik

Akad. Rat Dr.-Ing. Dipl.-Chem. E. Thomanetz, Universität Stuttgart

Bei jeder Analytik ist eine wichtige - in der Praxis oftmals wenig berücksichtigte - **Gesetzmäßigkeit** von Bedeutung:

Die Varianz $s^2$ als statistisches Maß für den Fehler der gesamten Analysenprozedur, welche aus der Probenahme, der Probenaufbereitung und der eigentlichen Messung besteht, ergibt sich nach dem **Fehlerfortpflanzungsgesetz** durch **Addition** der betreffenden einzelnen Varianzen.

$$s^2_{Gesamt} = s^2_{Probenahme} + s^2_{Probenaufbereitung} + s^2_{Messung}$$

**Es ist bekannt, daß der bei der Probenahme gemachte Fehler** i.a. **recht groß** ist. Je nach zu beprobendem Material können hier **Fehler von mehreren zehn bis über tausend Prozent** gemacht werden, während der Fehler bei der Messung mit high-tech Geräten im Labor i.d.R. nur wenige Prozente, z. T. unter einem Prozent, beträgt.

Vor diesem Hintergrund wird deutlich, daß **nicht** auf die weit entwickelte Laboranalytik das Augenmerk zu richten ist, sondern vielmehr auf die **weit weniger entwickelte** Technik der Probenahme und Probenaufbereitung.

Im Unterschied zu der Beprobung **rieselfähiger Schüttgüter aus bewegtem Strom**, für welche die Industrie Probenahmetechniken entwickelt hat, stellen sich die Verhältnisse bei der Probenahme von Abfällen oder von Material aus Altlasten **wesentlich anders** dar:

- Abfälle und Altlastenmaterial liegen i.d.R. als **ruhendes Haufwerk** vor.
- Abfälle stellen i.a. **kein rieselfähiges Material** dar, sondern sie sind oftmals von pastöser Konsistenz oder grobstückig und/oder von beträchtlicher Uneinheitlichkeit betreffend ihrer Korngröße und Kornverteilung.
- In Abfällen und Altlastenmaterial sind oftmals interessierende **leichtflüchtige Komponenten** enthalten, welche bereits bei der Probenahmeprozedur verlustig gehen.

Es kann gezeigt werden, daß eine, auf mathematischer Statistik beruhende praktikable, repräsentative Probenahme aus ruhenden Haufwerken fester Abfälle oder aus Altlasten bzw. Deponien nicht möglich ist.

In der Folge bieten sich drei Auswege:

- **Verzicht auf Abfallanalytik**, dafür stoffliche Angaben vom Abfallerzeuger,
- **Schnell-Analytik ohne Probenahme** des Abfalls (Sondiertechniken),
- orientierende qualitative oder halbquantitative kostengünstige **Schnelltests** an den zwangsläufig nicht repräsentativen Abfallproben.

Betreffend Sondiertechniken und Schnelltests können heute **eine Reihe interessanter Verfahren** genannt werden, von denen allerdings trotz erheblichem Bedarf nur wenige in der Praxis Anwendung finden.
Ein Grund hierfür liegt darin, daß die meisten Verfahren **noch in der Entwicklung** sind und ihre Praxisbewährung erst noch nachweisen müssen.
Ein weiterer Grund liegt in der **Nicht-Justiziabilität** der genannten Verfahren – ein Sachverhalt, welcher der Änderung bedarf. So ist zu empfehlen, daß sich mit dem Thema Abfall- und Altlasten-Schnellanalytik entsprechende Ausschüsse befassen sollten, welche durch Ringversuche und Qualitätskontrollen geeignete Verfahren **der Normung** zuführen.

EIN METHODENVERGLEICH ZUR ANALYTIK DER PAK IN FESTSTOFFPROBEN

Dr. Iris Blankenhorn
Institut für Altlastensanierung

Landesanstalt für Umweltschutz Baden-Württemberg, Karlsruhe

1. EINLEITUNG
Ehemalige Gaswerke, von denen es allein in Baden-Württemberg ca. 100 Anlagen gibt - die letzten wurden Mitte der sechziger Jahre stillgelegt - produzierten bei der Herstellung von Stadtgas u.a. spezifische Schadstoffe, die heute ein erhebliches Umweltproblem darstellen können. Zu typischen bei der Gaserzeugung anfallenden Prozeßrückständen zählen u.a. Steinkohlenteer und dessen Destillate. Durch unsachgemäße Lagerung und Entsorgung der bei der Kohlevergasung anfallenden Teermassen können deshalb heute Boden und Grundwasser von ehemaligen Gaswerkstandorten kontaminiert sein.

Zu den charakteristischen im Steinkohlenteer enthaltenen Verbindungen zählen vor allem die polycyclischen aromatischen Kohlenwasserstoffe (PAK oder PAH), Verbindungen mit mindestens zwei kondensierten Benzolringen und möglichen Substituenten an den einzelnen Wasserstoffatomen. Generell entstehen PAK bei unvollständiger Verbrennung oder Pyrolyse von organischem Material und sind heute häufig in Wasser, Boden und Luft nachzuweisen. Eine wichtige Stellung unter den organischen Schadstoffen nehmen die PAK deshalb ein, da sie zu der größten chemischen Stoffklasse von heute bekannten Karzinogen zählen [1], als bekannteste karzinogene Verbindung ist hier das Benzo[a]pyren zu nennen.

Die US-Umweltbehörde EPA hat 1976 16 PAK zur Überwachung und Begrenzung von Schadstoffen im Wasser festgelegt, die erfahrungsgemäß am häufigsten in der Umwelt nachzuweisen sind (Abb. 1) und die heute in der Regel bei Altlastenuntersuchungen ebenfalls als Einzelstoffe analysiert werden.

2. PROBLEMSTELLUNG
Für die Analyse von 6 PAK in Trinkwasser nach der deutschen Trinkwasserverordnung (TVO) steht eine genormte Methode mittels Dünnschichtchromatographie zur Verfügung [2]. Als Normentwürfe existieren ISO-Methoden für die Überprüfung der Wasserqualität auf 6 PAK mit verschiedenen Verfahren [3]. Für die Untersuchung von Wasser und Bodenproben hat das Bundesland Nordrhein-Westfalen eine Vorschrift im Entwurf veröffentlicht [4], das die Trennung von 12 PAK mittels HPLC und Fluoreszensdetektion beschreibt. Dieses Verfahren wird auch ausführlich unter [5] vorgestellt, wobei dort beschrieben ist, wie die einzelnen Verfahrensschritte durch Vergleichsuntersuchungen in ihrer Zuverlässigkeit überprüft worden sind. Auf nationaler oder internationaler Ebene gibt es solche standardisierten Methoden für die Untersuchung von kontaminierten Böden oder Abfällen noch nicht.

Deshalb werden im Rahmen der Modellstandortkonzeption Baden-Württemberg [6,7] innerhalb eines Arbeitskreises Fragen zur Probenahme und zu chemisch-physikalischen Untersuchungsmethoden bei der Altlastenerkundung diskutiert, um für die Modellstandorte Baden-Württembergs ein einheitliches Vorgehen zu gewährleisten. In diesem Zusammenhang wurde auch über Methoden

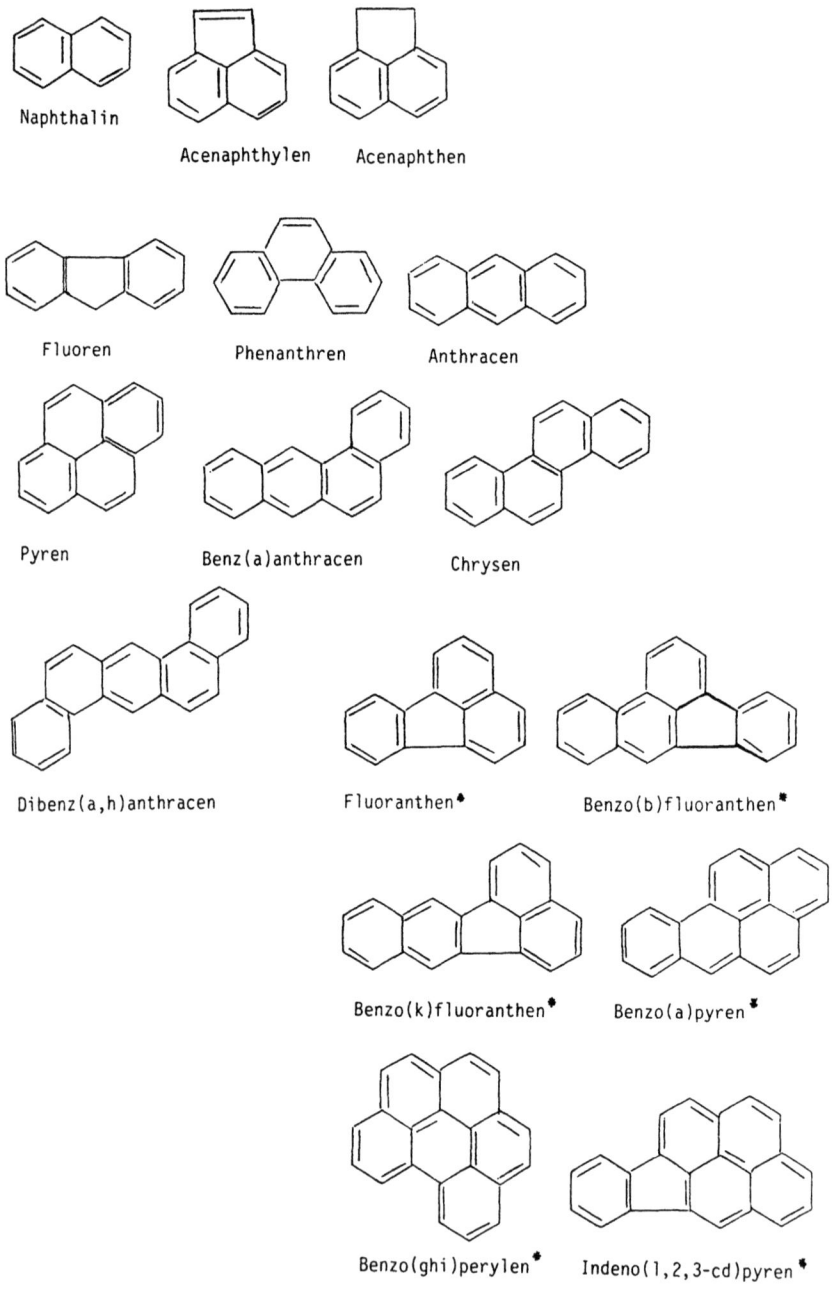

**Abb. 1:** Die 16 polycyclischen aromatischen Kohlenwasserstoffe (PAK) nach EPA sowie die 6 PAK nach Trinkwasserverordnung (TVO)*

zur Bestimmung von polycyclischen aromatischen Kohlenwasserstoffen in Boden- und Abfallproben gesprochen und festgestellt, daß Erkenntnisse über die Vergleichbarkeit verschiedener Methoden fehlen.

Zur Zeit werden von den an den Modellstandorten sowie von anderen in Baden-Württemberg tätigen Labors Verfahren zur PAK-Analytik angewandt, die sich sowohl in der Probenaufbereitung (Trocknung, Extraktion, Reinigung) wie auch in der eigentlichen analytischen Methode z.T. deutlich unterscheiden. Tabelle 1 zeigt eine Zusammenstellung der einzelnen Methoden der Modellstandortlabors. Hierbei wird ersichtlich, daß vor allem beim Extraktionsverfahren und den verwendeten Lösungsmitteln Unterschiede bestehen. So werden Aceton, Toluol, Cyclohexan oder Hexan als Lösungsmittel verwendet, und die Proben werden sowohl kalt nur durch Schütteln wie durch Soxhletextraktion extrahiert. Die meisten Labors analysieren ihre Proben dann mit Gaschromatographie und massenspektroskopischer Detektion, die Detektion mit FID und die Hochdruckflüssigkeitschromatographie werden jeweils nur in zwei Fällen verwendet.

Der Einfluß dieser verschiedenen Verfahrensschritte läßt sich nur in umfangreichen Vergleichsuntersuchungen systematisch klären. Um einen ersten Vergleich der Methoden relativ schnell zu erhalten, wurde eine Vergleichsuntersuchung von standardisierten Proben durch die an den Modellstandorten beteiligten Labors durchgeführt. Hiermit sollte auch eine Aussage zur Vergleichbarkeit von Ergebnissen verschiedener Labors möglich sein.

## 3. DURCHFÜHRUNG

### 3.1 Organisation des Vergleichs

Dieser Methodenvergleich wurde im Auftrag der Landesanstalt für Umweltschutz durch das Labor TAUW Infra Consult B.V. in Deventer (Holland) durchgeführt.

Es wurden fünf verschiedene Proben zur Untersuchung verwendet:

a) gereinigter sandiger Boden aus einer thermischen Behandlung = "Blindprobe ohne PAK-Gehalt"
b) Probe a) unter Zugabe einer Standardlösung
c) Probe a) mit Beimengungen von Teerrückständen aus dem Modellstandort Geislingen
d) + e) Proben eines Gaswerkes aus Holland mit unterschiedlichen PAK-Konzentrationen

### 3.2 Herstellung der Proben

Die Proben wurden mit Kryogenverreibung homogenisiert. Hierzu werden die Proben mit Flüssigstickstoff gefroren und anschließend in einer Kreuzschlagmühle auf Korngröße < 125 µm vermahlen. Jede dieser so hergestellten Probe wurde vom vorbereitenden Labor fünfmal analysiert, um die ausreichende Homogenität der Proben zu überprüfen und zu gewährleisten. Die PAK-Gehalte der Proben liegen zwischen ca. 3 mg/kg bei Probe a) und 120 mg/kg bei Probe e). Die genau ermittelten Gehalte mit Standardabweichung werden mit den Analysenergebnissen der Labors während des Vortrags vorgestellt.

### 3.3 Aufgabe der teilnehmenden Labors

Die teilnehmenden Labors erhielten für ihre Untersuchungen je Bodenprobe ca. 100 g Material. Die Aufgabe war, jede Probe dreimal mit der vom jeweiligen Labor üblicherweise angewandten Methode zu analysieren. Die Ergebnisse mit Angabe der Methode, der Nachweisgrenzen u.ä. waren auf ein mitgeliefertes Formblatt einzutragen.

TABELLE 1: PAK-Analysenmethoden der am Methodenvergleich beteiligten Labors

| Labor-Nr. | Probenvorbereitung | Extraktions-verfahren/ Lösungsmittel | Clean-up | Analysen-verfahren |
|---|---|---|---|---|
| 1 | zerkleinern, homogenisieren | 4h Soxhlet, Cyclohexan | Silicagel | GC-MS |
| 2 | - | 8h Heißextraktion, Aceton | desaktiviertes Aluminiumoxid | GC-MS |
| 3 | zerkleinern, verreiben mit $Na_2SO_4$ | 2,5h Soxhlet, n-Hexan | Verdünnen | GC-MSD |
| 4 | - | 2h Schütteln bei Raumtemperatur, Aceton/Cyclohexan | Florisil | GC-FID |
| 5 | zerkleinern | Schütteln bei Raumtemperatur Cyclohexan | - | HPLC, Fluoreszenz |
| 6 | - | Soxhlet, Toluol | desaktiviertes Kieselgel 100 | GC-MSD |
| 7 | verreiben mit $Na_2SO_4$ | 4,5h Soxhlet, Hexan | - | GC-FID |
| 8 | zerkleinern, verreiben mit $Na_2SO_4$ | Schütteln und Soxhlet, Toluol | - | GC-MSD |
| 9 | zerkleinern | Extraktion bei Raumtemperatur, Aceton/Petrolether | Aluminiumoxid 11% $H_2O$ | HPLC, UV/Fluoreszenz |

4. ERGEBNISSE UND DISKUSSION

Die Abgabe der Untersuchungsergebnisse der einzelnen Labors und die darauf folgende statistische Auswertung und Zusammenstellung der Untersuchungsergebnisse war zum Zeitpunkt der Referaterstellung noch nicht erfolgt. Die Ergebnisse werden deshalb aktuell im Vortrag vorgestellt und diskutiert.

5. LITERATUR

[1] Bjorseth, A., Randahl, T. (Hrsg.) (1985). Handbook of Polycyclic Aromatic Hydrocarbons, Volume 2: Emission sources and recent progress in analytical chemistry. New York: Marcel Dekker
[2] DIN 38409 Teil 13. Deutsche Einheitsverfahren zur Wasser-, Abwasser- und Schlammuntersuchung; Summarische Wirkungs- und Stoffkenngrößen (Gruppe H); Bestimmung von polycyclischen aromatischen Kohlenwasserstoffen (PAK) im Trinkwasser (H 13).
[3] ISO/DIS 7981. Water quality-Determination of six specified polynuclear hydrocarbons - Part 1: Thin layer chromatographic method, Part 2: High performance liquid chromatographic method.
[4] Landesamt für Wasser und Abfall Nordrhein-Westfalen (1987). Abfallwirtschaft Nr. 13, Bestimmung von polycyclischen aromatischen Kohlenwasserstoffen in Wasser und Feststoffen (PAK), Entwurf. Düsseldorf.
[5] Plöger, E., Reupert, R. (1986). Bestimmung von PAKs in Wasser, Sedimenten, Schlamm und Abfall mit Hilfe der HPLC. Gewässerschutz-Wasser-Abwasser 88: 136-167.
[6] Ministerium für Umwelt Baden-Württemberg (1988). Konzeption zur Behandlung von altlastenverdächtigen Flächen und Altlasten in Baden-Württemberg (Stufenplan). Landtagsdrucksache 10/831. Stuttgart.
[7] Neifer, H. (1988). Modellstandortkonzeption Baden-Württemberg. In Kongreßband Altlastensanierung '88 TNO/BMFT (11.-15. April 1988) in Hamburg.

# METHODEN DER ROHSTOFFSUCHE ANGEWANDT AUF DIE ERKUNDUNG UND SANIERUNG VON KONTAMINIERTEN STANDORTEN

GERWIN ZEIBIG

NATURWISSENSCHAFTLICHES FORSCHUNGS- UND UNTERSUCHUNGS-
LABORATORIUM IN DER BIB GMBH
Haynauerstr. 53, D-1000 Berlin 46, FRG

1. EINLEITUNG
   Die Vorgehensweisen bei der Erkundung und Sanierung von Böden, die mit anorganischen Substanzen kontaminiert sind, lassen sich in vielen Bereichen mit Arbeitstechniken und -konzepten vergleichen, die bei der Rohstoffsuche verwandt werden. Die Analogien lassen sich bis ins Detail verfolgen. Es ist nützlich und wirtschaftlich sinnvoll, auf die umfangreichen Erfahrungen und Methoden zurückzugreifen, die im Bereich der Rohstoffsuche seit langem vorhanden sind. Wie dies möglich ist, wird im vorliegenden Beitrag anhand von praktischen Erfahrungen mit geochemischen Methoden gezeigt.

2. GEGENÜBERSTELLUNG VON VORGEHENSWEISEN
   Das Ziel bei der Erkundung von potentiell kontaminierten Böden ist es zu erkennen, ob ein Standort unter den gegenwärtigen vorgegebenen Grenzwerten sanierungsbedürftig ist oder nicht. Wie bei der Rohstoffsuche ist daher das Ausmaß der Anomalie gegenüber den geogenen Grundwerten zu untersuchen. Der Unterschied ist, daß das gleiche Element in einem Fall als Schadstoff, im anderen Fall als Wertstoff betrachtet wird. In Tabelle 1 sind zur Verdeutlichung der Übereinstimmung die einzelnen Arbeitsphasen bei der Erkundung und Nutzung einer Erzlagerstätte den Arbeitsphasen bei der Erkundung und Beseitigung eines kontaminierten Geländes gegenübergestellt.
   Der gleichartige Einsatz von Techniken aus geowissenschaftlichen, geochemischen, geophysikalischen und verfahrenstechnischen Disziplinen sowohl auf dem Rohstoff- wie auch auf dem Umweltsektor erfordert einen Wissenstransfer, damit nicht schon vorhandene Techniken erneut entwickelt werden.
   Dies geschieht heute in vielfältiger Weise, so z.B. auf dem Sektor der Sanierung, wo Techniken aus dem Bergbau wie Flotation, Magnetscheidung und andere Trennverfahren verwandt werden. Besonders auf den Gebieten der Probenahme und der Untersuchung sind die Aufgabenstellungen sehr ähnlich, so daß eine Verfahrensübernahme direkt erfolgen kann.
   Weiterhin bieten geochemische und die zur Auswertung nachgeschalteten geostatistischen Verfahren aus dem Rohstoffsektor viele Möglichkeiten zur Erkennung von Anomalien gegenüber den natürlichen Belastungswerten. Sie ermöglichen ebenso, die analytischen Daten sinnvoll zu ordnen und auf ihre charakteristischen Merkmale zu reduzieren.

TABELLE 1. Gegenüberstellung von Arbeitsphasen

|  | Erkundung und Nutzung: Erzlagerstätte | Erkundung und Sanierung: kontaminierter Standort |
|---|---|---|
| **Phase 1** | **Projektierung** | **Standortstudie** |
| Ziel 1 | Abschätzung möglicher Rohstoffanreicherungen | Abschätzung möglicher Kontaminationen |
| Ziel 2 | Vorläufige Bewertung | Vorläufige Bewertung |
| **Phase 2** | **Prospektion** | **Vorerkundung** |
| Ziel 1 | Bestätigung des Rohstoffpotentials | Bestätigung des Gefährdungspotentials |
| Ziel 2 | Erstbewertung | Erstbewertung |
| **Phase 3** | **Exploration** | **Haupterkundung** |
| Ziel 1 | Detailerfassung | Detailerfassung |
| Ziel 2 | Bewertung der Rohstoffanreicherung aus der Sicht der<br>- Geowissenschaften<br>- Ökonomie<br>- Aufbereitungstechnik<br>- Politik | Bewertung der Kontamination aus der Sicht der<br>- Geowissenschaften<br>- Ökologie<br>- Aufbereitungstechnik<br>- Politik |
| **Phase 4** | **Exploitation** | **Sanierung** |
| Ziel 1 | Aufkonzentrierung des Rohstoffes | Aufkonzentrierung oder Zersetzung der Kontamination |
| Ziel 2 | Wirtschaftliche Nutzung | Beseitigung der Gefährdung |

## 3. FALLBEISPIELE ZUR ÜBERTRAGUNG VON GEOCHEMISCHEN METHODEN

### 3.1 Erfassung der natürlichen Belastungswerte

Zur Differenzierung der anthropogen Bodenbelastung von gesteinsspezifischen Untergrundwerten eignen sich besonders Normierungsverfahren und Streudiagramme. Bei der Beurteilung von Kontaminationen sind diese Verfahren sinnvolle und notwendige Ergänzungen zu den nur eingeschränkt nutzbaren Grenzwertlisten, die regional verschiedene Elementverteilungen nicht berücksichtigen. Zur Verdeutlichung dieser Methoden dient das folgende Beispiel.

Bei der Erkundung eines stillgelegten Geländes der metallverarbeitenden Industrie ergab die Datenanalyse eine geogen bedingte Korrelation zwischen Eisen und Aluminium (Abbildung 1). Da einige Schwermetalle im untersuchten Probenumfang ebenfalls eng mit Eisen assoziiert waren, kam diesem Zusammenhang eine besondere Bedeutung zu.

Die geologische Situation des Untersuchungsraumes ist durch eiszeitliche Sande geprägt. In diesen Sedimenten, die im wesenlichen aus Quarz bestehen, liegen als wesentliche Aluminium-Träger nur Tonminerale vor. Daher steigt mit zunehmenden

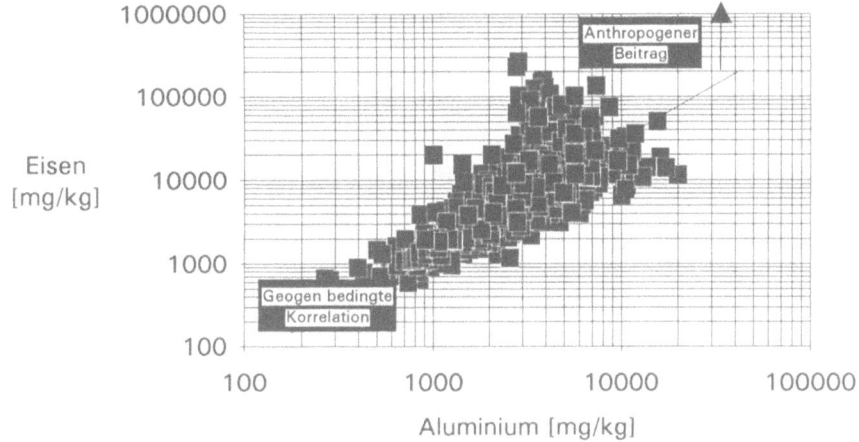

Abb. 1 Differenzierung von natürlichen Belastungswerten und Kontaminationen mit Hilfe einer mineralogisch bedingten Korrelation

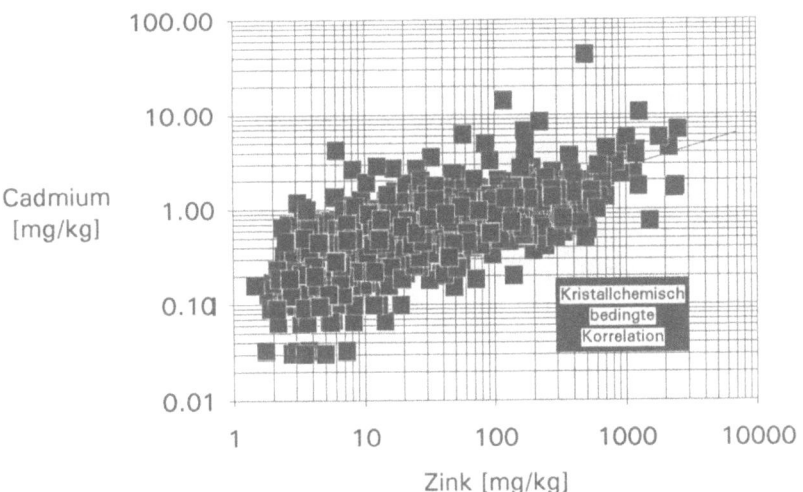

Abb. 2 Differenzierung von natürlichen Belastungswerten und Kontaminationen mit Hilfe einer kristallchemisch bedingten Korrelation

Tongehalt die Konzentration von Aluminium. Zugleich nimmt der Eisengehalt zu, da im Untersuchungsraum eisenhaltige Tonminerale vorherschen. Diese mineralogisch Ursache erklärt die Korrelation in Abbildung 1.

Der anthropogene Einfluß zeigt sich in Proben, die von dieser Korrelation abweichen. Diese liegen in einem Konzentrationsbereich über 10000 mg/kg Eisen (Abbildung 1).

Neben den mineralogischen Zusammenhängen sind zur Normierung der natürlichen Belastungswerte auch kristallchemische Gesetze nützlich. Aus den Analysendaten von Bodenproben eines anorganisch weitgehend unbelasteten Gewerbegeländes ergibt sich eine Korrelation zwischen Cadmium und Zink (Abbildung 2). Verantwortlich hierfür ist die Substitution von Zink durch Cadmium, die sich auf Grund des kristallchemisch ähnlichen Verhaltens ergibt. So wird zum Beispiel im Mineral Zinkblende (ZnS) Zink durch bis zu 0.5 Gew.-% Cadmium substituiert. Dieser Zusammenhang wiederum kann wie im obigen Beispiel dafür benutzt werden, anthropogene Cadmiumbelastungen zu erkennen, da diese von der geogen bedingten Korrelation abweichen.

### 3.2 Bestimmung der Bindungsart und Mobilität von Schadstoffen

Das Ziel bei der Sanierung eines kontaminierten Standortes ist, den Schadstoff aus dem Boden zu entfernen. Wie bei der Aufbereitung von Erzen muß zuerst die chemische Bindung (Trägerphase) des Schadstoffes und dessen Mobilität ermittelt werden. Die Bestimmung der Mobilität eines Schadstoffes ist außerdem für die Beurteilung des Gefährdungspotentiales von Bedeutung. Hierzu stehen aus dem Bereich der Rohstoffsuche verschiedene Methoden zur Verfügung.

Das folgende Beispiel zeigt die Identifizierung einer Schadstoffträgerphase durch Kombination von chemischen und mikroskopischen Verfahren. Die Siebfraktionen eines mit Kupfer belasteten Bodens wurden chemisch untersucht.

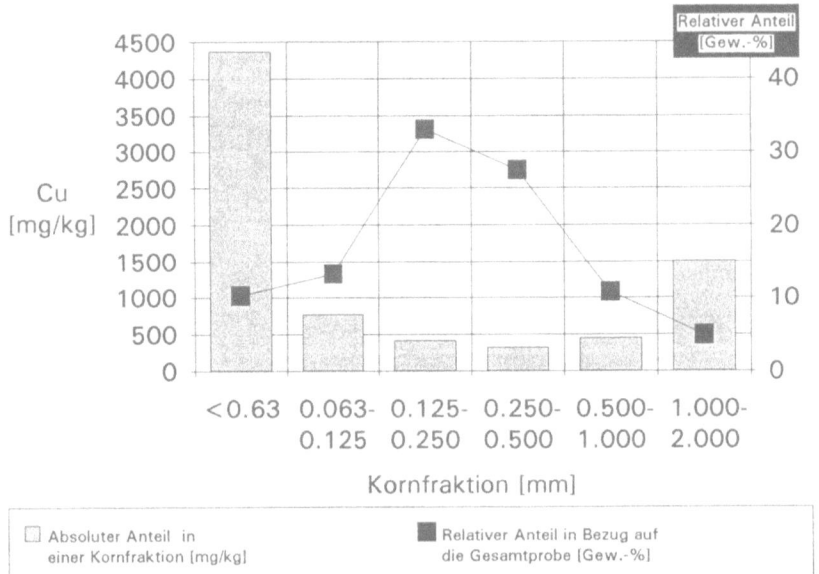

Abb. 3 Kupferverteilung in einem kontaminierten Boden

Die Ergebnisse zeigen, daß Kupfer besonders hoch in der Schluff- und Tonfraktion konzentriert ist. Bezogen auf die Gesamtprobe liegt Kupfer jedoch im wesentlichen in der Sandfraktion vor (Abbildung 3). Hier schwanken die Kupferkonzentrationen einheitlich um 500 mg/kg. Aus diesen Ergebnissen konnte gefolgert werden, daß der Hauptanteil der Kupferkontamination nicht adsorptiv an die sonst typischen Schadstoffträger für Schwermetalle gebunden ist.

Die Bestätigung erfolgte durch lichtmikroskopische Überprüfungen. Bei den Untersuchungen wurden grüne Ausfällungen gefunden, die tropfenförmig an größere Quarzminerale angelagert waren. Die chemische Identifizierung wurde mit dem Elektronenmikroskop durchgeführt.

Ein weiteres Beispiel zeigt eine Methode zur Bestimmung der Mobilität von anorganischen Schadstoffen, die aus den Analysentechniken der geochemischen Exploration in modifizierter Form übernommen wurde.

Einer Suspension aus wässriger Lösung und Sediment wurde ein Kationenaustauscherharz im Batchverfahren zugesetzt. Nach Abtrennung der Suspension wurde das Ionenaustauscherharz eluiert und das Eluat analysiert. Die in Abbildungen 4 dargestellten Ergebnisse zeigen, daß sich ein großer Anteil der untersuchten Spurenelemente leicht mobilisieren läßt. Für diesen Anteil muß eine sorptive Bindung angenommen werden.

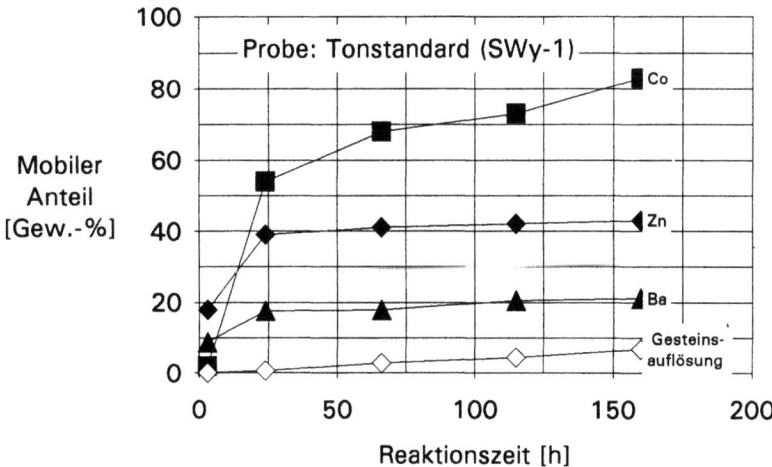

Abb. 4 Mobilisierung von Spurenelementen durch Batchversuche mit einem Kationenaustauscher. Dabei werden Ionenaustauscherharz und Boden in einer Suspension vermischt.

### 3.3 Datenanalyse mit statistischen Verfahren

Die Erstellung von kumulativen Häufigkeitsverteilungen erleichtert die Bewertung des Schadstoffpotentials. Korrelationsrechnungen ermöglichen Rückschlüsse auf den Verursacher oder den Mechanismus, der zur Kontamination führte. Diese Verfahren wurden erfolgreich bei der Beurteilung eines stark belasteten Geländes der metallverarbeitenden Industrie eingesetzt.

In Abbildung 5 ist die kumulative Häufigkeitsverteilungen für das Element Blei dargestellt. Mit Hilfe der Darstellung ist es möglich, sofort die wichtigsten Informationen aus dem Datenmaterial zu erkennen. Man kann ablesen wieviel Prozent der Proben sich innerhalb oder außerhalb bestimmter Referenzwerte befinden. Außerdem wird ersichtlich, daß der Median der Proben (der Wert, der den Probenumfang in zwei gleich große Hälften teilt) bei 510 mg/kg Blei liegt. Somit ist keine statistische Normalverteilung gegeben, da der Mittelwert der Proben 2190 mg/kg beträgt.

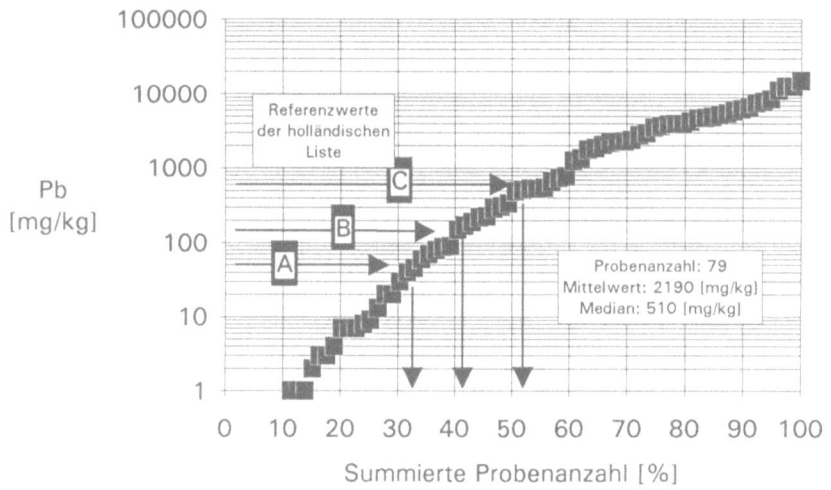

Abb. 5 Kumulative Häufigkeitsverteilung für Blei

Durch die Erstellung einer Korrelationsmatrix konnte für den Untersuchungsraum eine Abhängigkeit der Elemente Antiomon, Arsen, Blei und Zinn zueinander erkannt werden. Diese war auf die unsachgemäße Ablagerung von Flugstaub der Abgasreinigung zurückzuführen. Somit ist es möglich bei der Sanierungsüberwachung den Untersuchungsumfang auf eines dieser Indikatorelemente zu reduzieren.

4. ZUSAMMENFASSUNG

Die Übertragung von schon vorhandenen Techniken aus dem Rohstoffsektor in angepaßter Form kann die Kosten bei der Erkundung und Sanierung von kontaminierten Standorten senken.

So ermöglicht die Anwendung von mineralogischen Gesetzen die Differenzierung natürlicher Belastungswerte von anthropogenen Einträgen. Spezifische Aufbereitungs- oder Mobilisierungsverfahren tragen dazu bei, Trägerphasen der Schadstoffe zu identifizieren. Statistische Verfahren können bei der Beurteilung und Sanierung hilfreich sein.

Röntgenstrahlmikroanalyse für eine differenziertere Beurteilung von Umweltgefahren durch schwermetallhaltige Bodenverunreinigungen und Abfallprodukte

Ger P.M. van den Munckhof/Umwelttechnologe
Witteveen+Bos, Beratende Ingenieure, Postfach 233, 7400 AE Deventer, Niederlande

Mark A. Smithers,
SGM, Postfach 8039, NL-7550 KA Hengelo

### Schwermetalluntersuchung von Böden (Standardverfahren)
In den Niederlanden werden viele Untersuchungen durchgeführt, die sich mit Bodenverunreinigungen durch Schwermetalle befassen. Schwermetalluntersuchungen von Bodenproben werden normalerweise nach dem von der niederländischen Regierung in den VPR-Richtlinien vorgeschriebenen Standardverfahren VPR-C85-01 vorgenommen (Anl. 1). Bei diesem Standardverfahren wird die gesamte Metallkonzentration des Bodens nach der Zerstörung der Proben mit Königswasser ermittelt. Die Anwendung dieser sehr starken Säure führt zur vollständigen Zerstörung der Bodenmatrix. Als Folge werden sämtliche in der Bodenmatrix eingeschlossenen sowie von den Bodenpartikeln adsorbierten Schwermetalle unabhängig von ihrer Bindungsfestigkeit freigesetzt. In die Bodenmatrix eingeschlossene Schwermetalle sind jedoch unbeweglich. Darum gibt eine Bestimmung der Gesamtkonzentration von Schwermetallen nach der Zerstörung durch diese Säure keinen Aufschluß über die Wanderung der Metallen.

### Auslaugungsexperimente
Neben der oben beschriebenen Gesamtanalyse werden manchmal Auslaugungsexperimente nach den niederländischen SOSUV-Richtlinien durchgeführt (Anl. 2). Diese Auslaugungsexperimente geben Aufschluß über das Auslaugungsverhalten von Metallen bei spezifischer Bodenverunreinigung oder Abfallprodukten über einen kurzen, mittleren oder langen Zeitraum. Ein Mangel des SOSUV-Auslaugungsverfahrens ist, daß es ausschließlich quantitative Informationen ergibt, beispielsweise über die Konzentration und den Prozentsatz der aus einer bestimmten Bodenprobe oder einem Abfallstoff ausgelaugten Schwermetalle. Das Verfahren gibt keine Auskunft über Art und Mikrostruktuur der spezifischen Verunreinigung.

### Röntgenstrahlmikroanalyse
Eine adäquate Charakterisierung einer Verunreinigung durch Metalle ergibt sich aus einer Kombination der XRD-Analyse (X-ray diffraction = Röntgendiffraktion) und der SEM/EDX-Analyse (Scanning Electron Microscopy/Energy Dispersive X-ray analysis = Rasterelektronmikroskopie/Energiedispersions-Röntgenanalyse). Bei der Anwendung des XRD-Verfahrens können unterschiedliche Kristalle und Minerale identifiziert werden. Die SEM/EDX-Technik ermöglicht eine quantitative und qualitative Analyse sehr kleinen Volumen (bis annähernd 1 Kubikmikron). Andere Vorteile dieser Technik sind, daß die untersuchten Gebiete sichtbar

Abbildung 1: SEM-Bild von dem Industriellen Abfallstof und X-ray Bilder von Blei und Silizium.

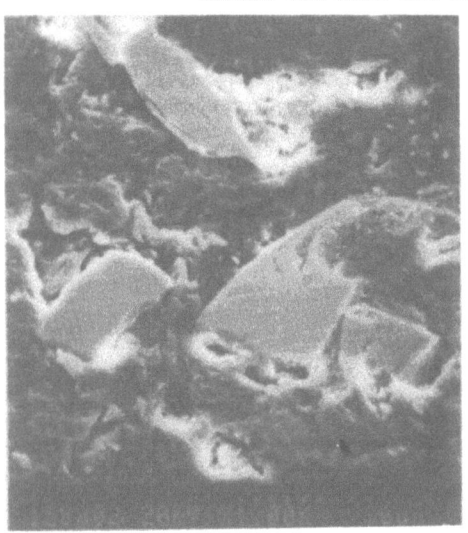 

Abbildung 2: ED-Spektrum von einer angularen glasartigen Struktur.

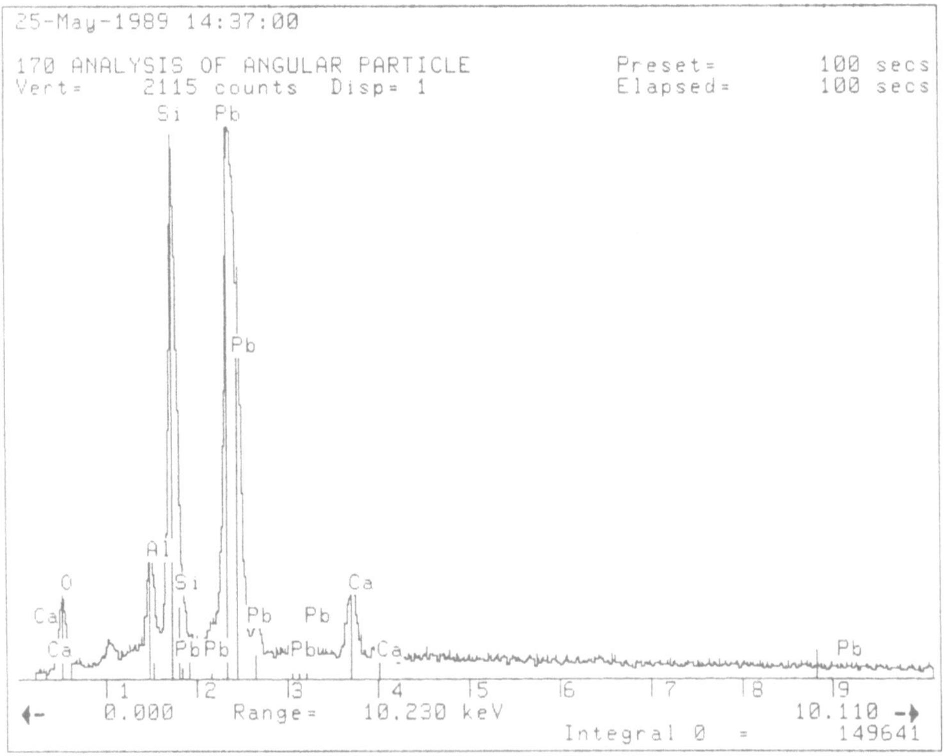

gemacht und X-ray Bilder, die die Verteilung der Elemente zeigen, erstellt werden können.

**Projekte**
Witteveen+Bos wurde kürzlich als Berater in verschiedenen Forschungsprojekten zu Boden- und Sedimentverunreinigung beauftragt. In diesen Projekten wurden die XRD- und die SEM/EDX-Techniken zur Bestimmung der Verunreinigung angewandt.
Eine der Untersuchungen betraf einen spezifischen Industriellen Abfallstof. Dieser Abfallstof enthielt sehr hohe Blei- und zum Teil auch Zinkkonzentrationen. Die oben erwähnten Techniken erbrachten, daß sich das Blei in angularen glasartigen Strukturen (Silikaten) befand, siehe Abbildung 1 und 2. Es zeigte sich, daß das Zink in mit Tonmineralen verbundenen Oxyden und Hydrooxyden vorkam.
Durch die Auslaugungsexperimente wurde keine Auslaugung von Blei und nur eine geringe Auslaugung von Zink nachgewiesen. Auf der Grundlage der Ergebnisse der Auslaugungsversuche sowie der XRD- und SEM/EDX-Analysen konnte dieser Abfallstof bezüglich der Bleikonzentration als ungefährlich bezeichnet werden.

**Ausblick**
Zusammen mit Auslaugungsexperimenten können XRD- und SEM/EDX-Analysen nützliche Mittel zur Bestimmung der Beeinflussung der Umwelt durch Schwermetallverunreinigungen sein. Mit hilfe dieser Techniken kann ebenfalls die Art der Mikrostruktur unterschiedlicher Industrieabfälle bestimmt werden. Aus diesen Gründen können diese Verfahren im Prinzip in Rechtsfällen bezüglich Bodenverunreinigungen als Beweismaterial dienen.

**Anlagen**
1. Voorlopige praktijkrichtlijnen (VPR) voor bemonstering en analyse bij bodemverontreinigingsonderzoek
   VROM, Hoofdafdeling Bodem, december 1985.
2. A standard leaching test for combustion residues
   Bureau energie onderzoek projecten.
   Stichting energie onderzoek centrum Nederland, juni 1984.
3. Reed, S.J.B. (1975)
   Electron Microprobe Analysis
   Cambridge University Press.
4. Goldstein, J.I. and Yakowitz, H. (1975)
   Practical Scanning Electron Microscopy
   Plenum Press, New York.

# Zur Problematik von Schwermetallbestimmungen in Deponiegasen

Koch, K; Vierle, O.

Bayerisches Landesamt für Umweltschutz
D-8000 München 81

An sechs für Bayern repräsentativen Abfalldeponien wurden im Rahmen eines Grundsatzprogramms Untersuchungen auf ausgewählte flüchtige Schwermetallemissionen im Deponiegas durchgeführt.

Die Probenahme mit angesäuerter Kaliumdichromatlösung wurde zur Schwermetallanreicherung optimiert.

Die quantitative Erfassung der Schwermetalle Blei und Cadmium im Konzentrationsbereich von wenigen Mikrogramm pro Kubikmeter erfolgte am Atomabsorptionsspektrometer mit der Graphitrohrtechnik. Arsen- und Quecksilberbestimmungen in ähnlichen Konzentrationsbereichen erfolgten mittels der Hydrid- bzw. Kaltdampftechnik am Atomabsorptionsspektrometer.

In folgender Tabelle sind die niedrigsten und höchsten Konzentrationen der Schwermetalle Arsen, Blei, Calcium und Quecksilber aus jeweils vier Messungen an sechs verschiedenen Mülldeponien zusammengestellt:

| Element | Meßwerte | | Grenzwerte nach TA Luft (1. BImSch VWV, Absatz 3.1.4) | |
|---|---|---|---|---|
| Arsen | NW: | < 0,004 µg/m³ | | |
| | HW: | 16,734 µg/m³ | (Klasse II): | 1 mg/m³ |
| Blei | NW: | < 0,3 µg/m³ | | |
| | HW: | 8,1 µg/m³ | (Klasse III): | 5 mg/m³ |
| Cadmium | NW: | 0,05 µg/m³ | | |
| | HW: | 0,83 µg/m³ | (Klasse I): | 0,2 mg/m³ |
| Quecksilber | NW: | 0,10 µg/m³ | | |
| | HW: | 14,0 µg/m³ | (Klasse I) | 0,2 mg/m³ |

NW: niedrigster Wert    HW: Höchstwert

Die gemessenen Schwermetallgehalte in Deponiegasen weisen erhebliche Schwankungen auf, deren Ursachen noch nicht aufgeklärt sind. Parallelbeprobungen ergaben übereinstimmenden Ergebnisse, so daß analytische Unsicherheiten nahezu auszuschließen sind.

Weitergehende Untersuchungen von Deponiegas und dazugehörigem Sickerwasser sowie eine Differenzierung von tatsächlichen gasförmigen Emissionen und in im Deponiegas mit ausströmenden Wassertröpfchen gelösten Schwermetallen sind geplant.

# UNTERSUCHUNG VON SCHADSTOFFEN IN BÖDEN MIT PRÜFRÖHRCHEN

Edgar Eickeler
Drägerwerk AG
Lübeck
West Germany

## Zusammenfassung

Mit Hilfe der Bodenluft-Untersuchung mit der Dräger-Stitz-Sonde und geeigneten Dräger-Röhrchen kann sowohl die Verteilung von leichtflüchtigen Schadstoffen im Boden, als auch der Belastungsschwerpunkt schnell, kostengünstig und reproduzierbar bestimmt werden.

Obwohl Bodenluft-Messungen keine Aussagen über die Gesamtschadstoffkonzentration zulassen, sind die von großer Bedeutung zur Ermittlung relativer Schadstoffkonzentration im Boden und somit zum Aufspüren von Konzentrationsschwerpunkten und Kontaminationsfahnen im Grundwasser geeignet.

## Einleitung

Um mit dieser spezifischen Methode aussagekräftige Ergebnisse zur Standortbewertung zu erhalten, erfolgt die Bodenluft-Untersuchung nach einem standardisierten Meßplan mit festgelegten Meßrastern bzw. einzeln festgelegten Sondierstellen.

Bei der Sondierung ist der Verteilungsmechanismus der Schadstoffe im Boden zu berücksichtigen. Gelangen beispielsweise flüchtige Chlorkohlenwasserstoffe in den Boden, so sinken sie mehr oder weniger geschlossen in den Untergrund. Während ein Teil der Substanzen aufgrund ihres genügend großen Dampfdruckes in die Gasphase übergeht und in den verfügbaren Probenraum eindringt, gelangt ein weiterer Teil ins Grundwasser und verursacht dort eine gleichmäßige Belastung in Grundwasserfließrichtung. Aus dieser Zone heraus findet erneut ein diffuser Transport der Schadstoffe in das darüberbefindliche Erdreich statt, so daß oberhalb der Schadstoffahne eine erhöhte Schadstoffkonzentration nachweisbar ist.

## Verfahren

Zur Messung der Schadstoffkonzentration in der Bodenluft wird die Dräger-Stitz-Sonde mit einem Kunststoff- oder Motorhammer auf das gewünschte Tiefenniveau gebracht.

Die Entnahme-Kapillarsonde wird in das Bohrstockgestänge eingeführt. Anschließend wird ein definiertes Bodenluftvolumen durch ein in der Aufnahmekammer der Kapillarsonde befindliches Prüfröhrchen mittels handbetätigter bzw. automatischer Prüfröhrchenpumpe angesaugt.

Der in der Bodenluft vorhandene Schadstoff verursacht eine Verfärbung im direktanzeigenden Kurzzeit-Röhrchen, wobei die Länge der gebildeten Farbzone ein Maß für die Bodenluftkonzentration des Schadstoffes ist. Werden Aktivkohle-Probenahme-Röhrchen verwendet, um die Bodenluftkonzentration unterhalb des Meßbereichs der direktanzeigenden Dräger-Röhrchen zu erfassen, so erfolgt anschließend eine GC-Analyse der Bodenluft im Labor.

**Bibliographie**

Bäther, W. (1988). Das Dräger-Luft-Extraktionsverfahren - ein Schnelltest zur Bestimmung von Schadstoffen in Wasser. Drägerheft 340: 13-20.

Bäther, W. und Löffelholz, R. (1988). Bodenluftuntersuchungen von kontaminierten Böden. Chemie-Technik 6: 106 + 108.

EINE NEUE METHODE ZUR BESTIMMUNG DER GESAMTEN ORGANISCHEN BELASTUNG TEERÖLKONTAMINIERTER GASWERKSBÖDEN

D. MAIER, C. LUND und G. GUDEHUS
UNIVERSITÄT KARLSRUHE

1. EINLEITUNG UND PROBLEMSTELLUNG

Zur Beurteilung des biologischen Sanierungserfolges bei mit Teerölen belasteten Gaswerksböden werden Analysenverfahren benötigt, die möglichst quantitative Aussagen zum Gesamtgehalt der Böden an Öl- und Teerprodukten sowie deren Metaboliten erlauben. Die direkte Bestimmung des organisch gebundenen Kohlenstoffs in den Böden im Sinne einer Elementaranalyse scheitert an der Bildung von Kohlenstoffdioxid beim Kalkbrennen oder bei der Verbrennung von Ruß-, Kohle- oder Koksteilchen.

2. LÖSUNGSWEG

Ausgehend von der bekannten Zusammensetzung von Teeren und Teerölen aus der bei der Stadtgaserzeugung angewandten trockenen Destillation von Kohle wurde ein Verfahren gesucht, das diese nur wenig wasserlöslichen Verbindungen in gut wasserlösliche Derivate umwandelt.

Dieses Verfahren wurde in der Kaltsulfonierung gefriergetrockneter Gaswerksböden mit konzentrierter Schwefelsäure gefunden. Die so behandelten Böden erlauben beim anschließenden Waschprozeß mit bidestilliertem Wasser eine quantitative Überführung der sulfonierten Teer- und Ölprodukte in die wässrige Phase, die anschließend mit den in der Wasseranalytik üblichen DOC- und COD-Bestimmungsmethoden untersucht werden kann. Versuche mit reinen Teerölen, Teerpartikeln und teerhaltigen Sanden aus dem Karlsruher Gaswerksgelände bestätigen die analytische Idee.

3. ERGEBNISSE

Bei der Kaltsulfonierung von 1 g einer gefriergetrockneten durch Teeröle schwarz gefärbten und stark riechenden Kiesfraktion $\leq$ 2 mm mit 100 ml $H_2SO_4$ (D = 1,84 g/cm³) gelang es, nach einer Schüttelzeit von 60 Minuten sämtliche Teerprodukte in die Schwefelsäure als sulfonierte Teeröle zu überführen. Nach Abdekantieren der Schwefelsäure und Waschen des Kieses mit destilliertem Wasser blieb ein geruchloser und mit weißen Kiesteilchen durchsetzter Kies als Rückstand übrig. Die Wiederholung der Sulfonierung mit frischer Schwefelsäure ließ keine weitere Verfärbung derselben erkennen.

Von der abdekantierten Schwefelsäure wurden nach dem Absetzen der verbliebenen feinen Bodenpartikel 10 ml mit einer Pipette entnommen und unter Kühlung vorsichtig mit bidestilliertem Wasser auf 100 ml aufgefüllt. Die abgekühlte verdünnte Schwefelsäure wurde durch ein 0,45 µ-PVC Membranfilter filtriert und zur DOC-Bestimmung nach der UV-Methode im DOHRMANN-Analysator eingesetzt. Aus 5 verschiedenen Ansätzen wurden folgende Resultate für den C-Gehalt des kontaminierten Gaswerksbodens erhalten:

1. Ansatz: 7.100 mg C/kg Boden
2. Ansatz: 7.200 mg C/kg Boden
3. Ansatz: 7.500 mg C/kg Boden
4. Ansatz: 7.250 mg C/kg Boden

Bezogen auf den höchsten C-Wert lagen die Abweichungen bei den Einzelansätzen im Bereich von $\pm$ 2,6 %. Die beschriebene Methode soll im Rahmen eines vom BMFT bezuschußten Forschungsvorhabens zur Sanierung des ehemaligen Gaswerksgeländes der Stadt Karlsruhe als Kontrollmethode eingesetzt werden.

Vergleich unterschiedlicher Analysenverfahren zur Bestimmung
flüchtiger organischer Halogenverbindungen in Schlämmen und
festen Matrices

Alberti, Jörg; Brocksieper, Anke; Bachhausen, Paul;
Friege, Henning

Landesamt für Wasser und Abfall NRW,
Postfach 5227, 4000 Düsseldorf 1


1. Einleitung
Für die Analytik leichtflüchtiger organischer Halogenverbindungen in Feststoffen fehlt es bislang an standardisierten Analysenverfahren.
Zwar wurde im November 1989 mit der DIN 38414-S 17 ein Verfahren für die Bestimmung "ausblasbarer organisch gebundener Halogene" (POX genormt; hier handelt es sich jedoch um einen Gruppenparameter, so daß für die Bestimmung der Einzelsubstanzen weiterhin unterschiedlichste "Hausmethoden" eingesetzt werden).
Es werden deshalb drei grundsätzlich verschiedene, literaturbekannte Verfahren für die Untersuchung von Feststoffen auf leichtflüchtige Halogenkohlenwasserstoffe hinsichtlich ihrer Leistungsfähigkeit und ihrer Automatisierungsmöglichkeit miteinander verglichen.

2. Beschreibung der Verfahren
Bei den untersuchten Methoden - die in allen Fällen eine gaschromatographische Analyse einschließt - handelt es sich um folgende:
   1. Extraktionsverfahren (Extraktion)
      Ein Dampfraumanalysenverfahren, bei dem zu den Feststoffen ein wasserlösliches Extraktionsmittel zugegeben wird und so die extrahierten Halogenkohlenwasserstoffe per Dampfraum GC untersucht werden.
   2. "Variable loading equilibrium-Technik" (VLE)
      Ein Dampfraumanalysenverfahren, bei dem der Dampfraum nach Einstellung verschiedener Gleichgewichte mit GC untersucht wird.
   3. Purge and trap-Verfahren ("POX"):
      Ausblasen, Adsorbieren an XAD-4Harz, Eluieren mit Diethylether/Pentan und GC-Analyse

3. Ergebnisse und Auswertung
Zur Untersuchung wurden vor allem Klärschlämme und Sedimente herangezogen. Die Analysenergebnisse von je zwei Verfahren wurden substanzbezogen in einem Koordinatensystem dargestellt. Die "POX"-Methode wurde als Referenzverfahren gewählt. Hieraus kann man erkennen, ob die Meßwerte gleichmäßig um die Winkelhalbierende streuen, oder ob ein Verfahren bevorzugt höhere oder niedrigere Werte liefert.
Diese Auswertung ergab, daß keine eindeutigen Trends hinsichtlich bestimmter Methoden, sondern matrix- und substanzabhängige Trends zu erkennen waren.
4. Anwendbarkeit der Verfahren

Die Vor- und Nachteile der drei Methoden sind in der nachfolgenden Tabelle dargestellt:

| | VLE | Extraktion | POX |
|---|---|---|---|
| Anwendbarkeit für inhomogenes Material | nein | ja | ja |
| GC-Analyse | kompliziert, zeitaufwendig | einfach | einfach |
| Möglichkeit der Automation | ja | für Probenaufbereitung nicht möglich | |
| Anwendbarkeit für hochbelastete Proben | nein | ja | ja |
| Störungen durch Memoryeffekte | ja | ja | nein |
| Störungen durch Lösungsmittel | nein | ja | mittel |

5. Bibliographie

Brocksieper, A. (1990). Vergleichende Untersuchungen zur Bestimmung von leichtflüchtigen Halogenkohlenwasserstoffen in Sedimenten und Klärschlämmen, Diplomarbeit, Fachhochschule Gießen-Friedberg

Friege, H., Alberti, J., Bachhausen, P., Analytik leichtflüchtiger Halogenwasserstoffe in Abfällen und kontaminierten Böden, Fachgespräch Altlastenanalytik (Febr. 1989) der UNI Stuttgart

Kolb, B.. Die Analyse von Schadstoffen mittels der gaschromatischen Dampfraumanalyse, CLB, 38. Jahrgang, Heft 1, 1987

Preuß, A., Attig, R.. Einfache Bestimmung leichtflüchtiger halogenierter oder aromatischer Kohlenwasserstoffe in Boden- und Schlammproben durch Dampfraumgaschromatographie, Z. Analy. Chem. 325, 531-533 (1986)

Hachenberg, H.. Die Headspace-GC als Analyse- und Meßmethode, Hoechst AG, Ffm-Hoechst (Januar 1988).

DIN 38407-F4 (Mai 1988),
DIN 38407-F5 (Entwurf, Okt.'89).
DIN 38414-S17 (Nov. 1989).

# EIN OPTISCHER SENSOR ZUR BESTIMMUNG VON SCHWERMETALL-IONEN

R. CZOLK, J. REICHERT, H.J. ACHE
Kernforschungszentrum Karlsruhe GmbH
Institut für Radiochemie
Postfach 3640, D-7500 Karlsruhe 1

Chemische Sensoren mit verbesserten Spezifikationen könnten eine wichtige Rolle in der Umweltanalytik spielen. Zur Bestimmung von Spurenmetallen würde sich für Sensoren mit hoher Selektivität und Empfindlichkeit ein breites Anwendungsfeld in der in-line-Kontrolle und Fernüberwachung eröffnen. Für die Entwicklung eines optischen Schwermetallsensors ist ein Farbindikator notwendig, der durch Komplexierung der zu detektierenden Spezies seine spektralen Eigenschaften ändert. Als sehr empfindliche Indikatoren können zum Beispiel Porphyrinderivate eingesetzt werden. Zur Entwicklung eines Cadmium-sensitiven optischen Sensors wurde das Verhalten von immobilisiertem Tetra(p-sulfonatophenyl)-porphyrin (TPPS) untersucht.

Wie Voruntersuchungen in wässriger Lösung (0,1 M Tris/HCl; pH=8.8) ergaben, ist der spektrophotometrische Nachweis von Cadmium mit TPPS sehr empfindlich (Nachweisgrenze: $1 \cdot 10^{-8}$ mol/l) und selektiv. Interferenzen anderer Schwermetallspezies ($M^{++}$), wie Blei(II), Quecksilber(II) oder Kupfer(II), können aufgrund der unterschiedlichen Absorptionsbanden der $M^{++}$-TPPS-Komplexe diskriminiert werden.

Ein Sensor wurde hergestellt, indem TPPS als Sulfonsäurechlorid über ein sog. Spacer-Molekül (1,3-Diaminopropan) an VA-Epoxy (quervernetztes Polyvinylalkohol mit Oxiran-Gruppen) chemisch gebunden wurde. Das modifizierte Pulver wurde mit einem optisch transparenten Silikonklebstoff auf einen Glasträger fixiert. Die so erzeugten Sensorschichten hatten eine Ansprechzeit auf Cadmium von 40 Minuten. Die Nachweisempfindlichkeit liegt bei $3 \cdot 10^{-6}$ mol/l $Cd^{++}$. Auch nach der Immobilisierung des TPPS unterscheiden sich die spektralen Veränderungen bei der Komplexierung anderer Metallspezies.

Eine zweite Art des Sensoraufbaus bestand aus einer dünnen (< 5µm) Polyvinylchlorid (PVC)-Membran in einer Zusammensetzung, die der Herstellung ionensensitiver Elektroden ähnlich ist (Weichmacher und PVC im Verhältnis 2:1, sowie Zusatzstoffe). Um ein optisch nachweisbare Menge des Komplexes in der Membran zu erhalten, muß das durch die Komplexierung entstehende Potential kompensiert werden. Dies wird durch den Zusatz von Komponenten erreicht, die Anionen und/oder Kationen komplexieren können (sog. Ionophore). Zur Membranherstellung wurde eine Mischung der Membrankomponenten, gelöst in Tetrahydrofuran (THF), auf eine rotierende Glasscheibe unter THF-Atmosphäre pipettiert. Als Indikator wurde das wasserunlösliche Tetraphenylporphyrin eingesetzt. In diesem Fall wurde Tridodecylamin (Protonen-Ionophor) als Gegen-Ionophor verwendet. Die Ansprechzeit dieses Systems ist > 8 h. Die Nachweisgrenze liegt bei $5 \cdot 10^{-5}$ mol/l Cadmium und die Langzeitstabilität bei > 21 Tagen. Es wurde auch versucht das wasserlösliche TPPS durch Tridodecylmethylammonium-Chlorid (TDMA) in der hydrophoben PVC-Membran zu fixieren. Gleichzeitig diente TDMA durch den Transport von Anionen als Co-Ionophor. Die Ansprechzeit dieser Sensoren stimmt mit der Komplexierungszeit in Lösung (20 Minuten) überein. Jedoch blutet der Indikator aus, so daß die Langzeitstabilität bei ca. 5 h liegt.
Alle vorgestellten Sensoren sind reversibel.

Zur Zeit erfolgt die Optimierung der Sensoren hinsichtlich ihrer Ansprechzeit, einer reproduzierbaren Herstellung und der Selektivität. Das vorgestellte Konzept soll erweitert werden, um verschiedene Schwermetallionen über die individuelle spektrale Charakteristik ihrer TPPS-Komplexe zu detektieren.

# EIN FASEROPTISCHER SENSOR ZUR BESTIMMUNG VON AMMONIUM IN GEWÄSSERN

J. REICHERT, W. SELLIEN, H.J. ACHE
Kernforschungszentrum Karlsruhe GmbH
Institut für Radiochemie
Postfach 3640, D-7500 Karlsruhe 1

Zur Bestimmung von Ammonium in Grundwasserströmungen, Trinkwasser oder Abwässern wurde ein optischer Sensor entwickelt. Die Konkurrenz zu ionenselektiven Elektroden erfordert eine möglichst einfache und preisgünstige Instrumentierung bei vergleichbaren Spezifikationen, d.h. Nachweisgrenze: 0,05 mg/l; Ansprechzeit: Einige Minuten.

Als Nachweisreaktion wird die durch Ammoniak erfolgende Deprotonierung eines pH-Indikators benutzt, der in einer gaspermeablen Membran fixiert ist. Diese Reaktion wird spektral verfolgt. Bedenkt man die relativ geringen Konzentrationen an verfügbaren Ammoniak und die Tatsache, daß zur optischen Detektion eine gewisse Menge an Indikator umgesetzt werden muß, erscheint es erforderlich, die eingesetzte Indikatorkonzentration gering zu halten und möglichst dünne Membranen zu verwenden, um kurze Ansprech-zeiten zu erhalten, d.h. der pK des Indikators und dessen Konzentration müssen an ein gegebenes Sensor-Design optimiert werden.

Als Lichtquelle werden zwei Leuchtdioden (LED) der Wellenlänge 595 nm und 660 nm verwendet. Der Detektor besteht aus einer Photodiode kombiniert mit zwei Sample-and-Hold-Verstärkern, die das gepulste Meßlicht logisch und damit spektral zuordnen. Hergestellt wird der Sensor, indem in eine dünne poröse Teflon-Membran der Indikator Bromphenolblau eingebracht wird. Die basische Absorptionsbande des Indikators liegt bei 580 nm und kann mit den beiden LED's sehr gut erfasst werden ($A_{595} - A_{660}$). Die Messungen werden in Reflexion durchgeführt, wobei das Licht über Plastik-Lichtleiter geführt wird.

Zur Zeit wird mit dieser Anordnung eine Nachweisgrenze von 0,05 mg/l Ammonium (in Phosphatpuffer, pH 8) erreicht, was den geforderten Spezifikationen entspricht. Die Ansprechzeit ist konzentrationsabhängig: Anstieg des Sensorsignals ca. 1 - 10 min., Relaxation ca. 10 - 50 min. Mögliche Interferenzen durch Bicarbonat können bis zu einem 100-fachen Überschuß toleriert werden. Zur Zeit werden weitere Interfenten geprüft. Es wurde auch mit Langzeitexperimenten begonnen, um die Standzeit des Sensors abschätzen zu können.

# ANALYTISCHE VERFAHREN ZUR ERFOLGSKONTROLLE BEI DER MIKROBIOLOGISCHEN BODENREINIGUNG

Wilhelm Püttmann & Wolfgang Goßel

Lehrstuhl für Geologie, Geochemie und Lagerstätten des Erdöls und der Kohle, RWTH Aachen, Lochnerstr. 4-20, D-51 Aachen

## EINLEITUNG

Zur Zeit werden in der Bundesrepublik von etwa 80 Unternehmen Verfahren zur mikrobiologischen Bodensanierung angeboten. Obwohl der Wissensstand über die solchen Verfahren zugrunde liegenden Vorgänge als sehr unbefriedigend eingestuft wird (BMFT, 1988), wird deren Einführung in den Markt bereits mit Vehemenz betrieben. Als Erfolgskontrolle wird bei Kohlenwasserstoff-Kontaminationen in der Regel immer noch die IR-KW-Methode (DIN 38409, H-18) eingesetzt trotz der Tatsache, daß eingehend auf die Mängel dieser Methode hingewiesen worden ist (PÜTTMANN, 1988; HÜTTERMANN et al., 1988; JAGER et al., 1988).

## ANALYTISCHE VERFAHREN

Allein durch die Bestimmung der im Boden verbliebenen Kohlenwasserstoffe kann keine Aussage darüber getroffen werden, welcher Anteil an Kohlenwasserstoffen im Zuge der Sanierungsmaßnahmen (besonders bei der Mietentechnik) durch Ausgasung in die Atmosphäre verlagert worden ist. Insbesondere bei Verwendung von Beetabdeckungen und bei einem regelmäßigen Umwenden der Mieten (HENKE, 1989) ist mit beträchtlicher Ausgasung besonders im Fall von Vergaserkraftstoff- und Kerosin-Kontaminationen zu rechnen. Selbst für den Fall von Heizöl-Kontaminationen sind bei Anwendung dieser speziellen Technik noch beträchtliche Ausgasraten nachweisbar, wie durch die Begleitanalytik an einem entsprechenden Sanierungsverfahren mit den Methoden der Gaschromatographie nachgewiesen worden ist. Da die angebotenen Verfahren überwiegend mit aeroben Bakterien arbeiten, ist die biochemische Bildung von Oxidationsprodukten (Metaboliten) aus den Kohlenwasserstoffen unumgänglich. Die IR-KW-Methode erlaubt keine Aussage darüber, in welchem Umfang Oxidationsprodukte von Kohlenwasserstoffen nach der mikrobiologischen Behandlung noch im Boden verblieben sind.

Die Anwendung aufwendiger analytischer Verfahren läßt allerdings erkennen, daß nur ein Teil der Kohlenwasserstoffe mikrobiell zu $CO_2$ mineralisiert wird. Dabei handelt es sich vorwiegend um die Komponenten, die eine vergleichsweise geringe Toxizität aufweisen (Alkane). Darüber hinaus werden abhängig von der Art der Kontamination zum Teil beträchtliche Mengen an Oxidationsprodukten von Kohlenwasserstoffen bei mikrobiellen Umsetzungen in Altlasten und bei Sanierungsvorhaben generiert. Diese werden irrtümlich häufig als Humus oder Huminstoffe bezeichnet.

- Der Einsatz von Gaschromatographie in Kopplung mit Massenspektrometrie hat gezeigt, daß bei mikrobieller Überarbeitung von Diesel/Heizöl-Kontaminationen die gesättigten Kohlenwasserstoffe zwar rasch abgebaut werden, die hochtoxischen alkylier-

ten Naphthaline und Phenanthrene dagegen nahezu unangetastet bleiben.
-Die Untersuchung von Sickerwässern aus mikrobiellen Sanierungsmaßnahmen hat erbracht, daß diese reich sind an Phenolen und weiteren polaren Komponenten. Gekennzeichnet sind diese Sickerwässer durch hohe CSB- und niedrige BSB-Werte.

-Isotopengeochemische Untersuchungen ($\delta^{13}C$) belegen, daß in den Ausscheidungsprodukten von Mikroorganismen nach der Umsetzung fossiler Kohlenwasserstoffe eine Konjugation von fossilem Kohlenstoff mit biologischen Substraten vorliegt und folglich ein Einbau des fossilen Kohlenstoffs in die Biomasse erfolgt ist.
-Durch Pyrolyse-Massenspektrometrie lassen sich die fossilen Anteile in den Konjugaten pyrolytisch wieder freisetzten und massenspektrometrisch erfassen. Auch eine Änderung des pH-Milieus kann eine Zersetzung der Konjugate wieder einleiten.

Von der mit diesen Verfahren erfaßbaren Produktpalette sind lediglich die Alkylnaphthaline und Alkylphenanthrene auch der in der heutigen Praxis eingesetzten Qualitätskontrolle (H-18) für die biologische Bodenreinigung zugänglich.
Damit wird analytisch bestätigt, daß ein großer Teil des fossilen organischen Materials - nach unseren Erfahrungen 20-60%, in Abhängigkeit von der Zusammensetzung der Mineralölfraktionen - bei der mikrobiologischen Sanierung von Kontaminationen mit mineralölstämmigen Produkten durch Metabolisierung und Konjugation mit biologischem Material in die Biosphäre und Hydrosphäre eingeschleust wird.

Sowohl das bisher wenig beachtete Phänomen der Ausgasung von Kohlenwasserstoffen als auch deren Metabolisierung stellen lediglich eine Verlagerung der Problematik dar und lassen Zweifel daran aufkommen, daß mikrobiologische Verfahren für die Reinigung von Böden und Sanierung von Altlasten, bei denen mineralölstämmige Produkte als Kontamination vorliegen, geeignet sind.

LITERATURVERZEICHNIS
BMFT (1988) Statusbericht zur Altlastensanierung, Sonderdruck zum 2. Int. TNO/BMFT-Kongress in Hamburg (Ed. BMFT Ref. 326) 137.
Henke G.A. (1989) Optimierte biologische Bodensanierung kontaminierter Standorte. <u>Wasser, Luft und Boden 3</u>, 54-55.
Hüttermann A., Loske D. und Majcherczyk A. (1988) Der Einsatz von Weißfäulepilzen bei der Sanierung von besonders problematischen Altlasten. In: <u>Altlasten 2</u>, (Ed. K.J. Thomé-Kozmiensky), 713-726, EF-Verlag für Energie- und Umwelttechnik GmbH.
Jager J., Messerschmidt K. und Tiebel C. (1988) Kompostierung kontaminierter Böden. In: <u>Altlasten 2</u>, (Ed. K.J. Thomé-Kozmiensky), 727-737, EF-Verlag für Energie- und Umwelttechnik GmbH.
Püttmann W. (1988) Analytik des mikrobiellen Abbaus von Mineralölen in kontaminierten Böden. In: <u>Altlastensanierung 88</u>, (2. Int. TNO/BMFT-Kongress; Eds. Wolf K. et al.) Band 1, 189-199, Kluwer Academic Publishers, Dordrecht.

**Adressen erstgenannter Autoren**

E. Adam                           1351
Universität Karlsruhe, Institut für Bodenmechanik und
Felsmechanik, Postfach 6980, 7500 Karlsruhe 1. *Deutschland.*

J. Alberti                         937
Landesamt für Wasser und Abfall Nordrhein-Westfalen, Postfach
5227, 4000 Düsseldorf 1. *Deutschland.*

I. Alyanak                        175, 1519
Dokuz Eylül University, Denizli Mühendislik Fakültesi, 20017
Denizli. *Türkei.*

R.G. Anderson                     1591
Tooele Army Depot, Tooele, Utah. *USA.*

G.J. Annokkée                     1045
Netherlands Organization for Applied Scientific Research TNO,
Postfach 342, 7300 AH Apeldoorn. *Niederlande.*

T. Assmuth                        53, 229
National Board of Waters and the Environment, Postfach 250,
00101 Helsinki. *Finnland.*

H.J. Aust                         1043
Dieter Hafemeister Umwelttechnik, Freiheit 20-21, 1000 Berlin
20. *Deutschland.*

B. Azmon                          265
Hydrological Service, Water Commission, Postfach 33140, Haifa
31331. *Israel.*

P. Bachhausen                     1089
BASF Lacke+Farben AG, Postfach 6123, 4400 Münster.
*Deutschland.*

E.R. Barenschee                   1123
Degussa AG, Abt. IC-ATAO, Postfach 1345, 6450 Hanau 11.
*Deutschland.*

F.J. Barnes                       1333
Los Alamos National Laboratory, Los Alamos, New Mexico 87545.
*USA.*

D.L. Barry                        XXXIX
WS Atkins Planning Consultants, Woodcote Grove, Ashley Road,
Epsom, Surrey KT18 5BW. *Großbritannien.*

J. Bartels-Langweige              1315
iwb-Ingenieurgesellschaft, Pockelsstrasse 9, 3300
Braunschweig. *Deutschland.*

G. Battermann                     745
Technologieberatung Grundwasser und Umwelt GmbH, Postfach 225,
5400 Koblenz. *Deutschland.*

P. Beckefeld  1441
Technische Universität Braunschweig, Institut für Grundbau und
Bodenmechanik, Postfach 3329, 3300 Braunschweig. *Deutschland.*

P. van Beelen  503
National Institute for Public Health and Environmental
Protection (RIVM), Postfach 1, 3720 BA Bilthoven. *Niederlande.*

J. Behrendt  1297
Technische Universität Berlin, Institut für Verfahrenstechnik,
Strasse des 17.Juni 135, 1000 Berlin 12. *Deutschland.*

E. Beitinger  131
Ed. Züblin AG, Albstadtweg 3, 7000 Stuttgart-Möhringen.
*Deutschland.*

P. Belouschek  1337
Universität Gesamthochschule Essen, Forschungsstelle
Umweltchemie, Postfach 103764, 4300 Essen 1. *Deutschland.*

R. van den Berg  1139
National Institute for Public Health and Environmental
Protection (RIVM), Postfach 1, 3720 BA Bilthoven. *Niederlande.*

C. Bicheron  571
Université Louis Pasteur de Strasbourg, Institut de Mécanique
des Fluides, URA CNRS 854, 2 rue Boussingault, 67000
Strasbourg Cedex. *Frankreich.*

J. Birnstingl  579
Lancaster University, Institute of Environmental and
Biological Sciences, Lancaster LA1 4YQ. *Großbritannien.*

P.L. Bishop  1399
University of Cincinnati, Department of Civil and
Environmental Engineering, Cincinnati, Ohio 45221. *USA.*

I. Blankenhorn  915
Landesanstalt für Umweltschutz Baden-Württemberg,
Griesbachstrasse 3, 7500 Karlsruhe 21. *Deutschland.*

W. Blümel  1573
Universität Hannover, Institut für Grundbau, Bodenmechanik und
Energiewasserbau, Callinstrasse 32, 3000 Hannover 1.
*Deutschland.*

U. Böhler  1157
Universität Karlsruhe, Lehrstuhl für Angewandte Geologie,
Postfach 6380, 7500 Karlsruhe. *Deutschland.*

M. Böhmer  643
Ruhrkohle AG, Montan-Grundstücksgesellschaft mbH, Postfach
103262, 4300 Essen 1. *Deutschland.*

P.A. de Boks  1109
IWACO bv, Postfach 183, 3000 AD Rotterdam. *Niederlande.*

H. Bomhard                    1469
Dyckerhoff & Widmann AG, Postfach 810280, 8000 München 81.
*Deutschland.*

R.M. Booth                    1279
Environment Canada, Wastewater Technology Centre, 867
Lakeshore Road, Burlington, Ontario L7R 4A6. *Kanada.*

H.M.M. Bosgoed                1289
TAUW Infra Consult BV, Postfach 479, 7400 AL Deventer.
*Niederlande.*

R. Bosman                     837
Netherlands Organization for Applied Scientific Research TNO,
Postfach 217, 2600 AE Delft. *Niederlande.*

C.T. Bowmer                   1501
Netherlands Organization for Applied Scientific Research TNO,
Postfach 57, 1780 AB Den Helder. *Niederlande.*

Th. Brasser                   1473
GSF Institut für Tieflagerung, Theodor-Heuss-Strasse 4, 3300
Braunschweig. *Deutschland.*

H. Bremer                     641
Umweltbehörde Hamburg, Amt für Umweltschutz, Hermannstrasse
40, 2000 Hamburg 1. *Deutschland.*

P. Bröcking                   1107
HP-biotechnologie GmbH, Brauckstrasse 51, 5810 Witten.
*Deutschland.*

K. Broholm                    583
Technical University of Denmark, Department of Environmental
Engineering, Building 115, 2800 Lyngby. *Dänemark.*

W. de Bruin                   1295
Agricultural University Wageningen, Department of
Microbiology, Hesselink van Suchtelenweg 4, 6703 CT
Wageningen. *Niederlande.*

S.H. Brunekreef               25
NV Service Centrum Grondreiniging, Europalaan 400, 3526 KS
Utrecht. *Niederlande.*

D. Bruns                      351
Universität Gesamthochschule Essen, Fachbereich
Pflanzensoziologie und -ökologie, Postfach 103764, 4300 Essen
1. *Deutschland.*

M. Bruns                      483
Geo-Infometric/Niedersachsen, Richthofenstrasse 29, 3200
Hildesheim. *Deutschland.*

D. Bryniok                    1155
Fraunhofer-Institut für Grenzflächen- und
Bioverfahrenstechnik, Nobelstrasse 12, 7000 Stuttgart 80.
*Deutschland.*

H. Bullmann              1145
Stadt Solingen, Amt für Umweltschutz, Frankfurter Damm 23,
5650 Solingen. *Deutschland.*

J. Bürck                 877
Kernforschungszentrum Karlsruhe GmbH, Institut für
Radiochemie, Postfach 3640, 7500 Karlsruhe 1. *Deutschland.*

W. Burghardt             645, 647
[Arbeitskreis Stadtböden der Deutschen Bodenkundlichen
Gesellschaft]
Universität Gesamthochschule Essen, Angewandte Bodenkunde,
Universitätsstrasse 5, 4300 Essen 1. *Deutschland.*

W. Bürmann               1165, 1283
Universität Karlsruhe, Institut für Hydromechanik,
Kaiserstrasse 12, 7500 Karlsruhe 1. *Deutschland.*

I. Campino               345, 1349
TÜV Hessen e.V., Abteilung Umweltschutz, Postfach 5920, 6236
Eschborn/Taunus. *Deutschland.*
(vormals/formerly: Hermann Trautmann GmbH, 4300 Essen 1).

A.J. Chandler
-> H.A. van der Sloot

F. Claus                 317
Universität Dortmund, Fachbereich Raumplanung, Postfach
500500, 4600 Dortmund 50. *Deutschland.*

W.G. Coldewey            771
DeutscheMontanTechnologie (DMT), Institut für Wasser- und
Bodenschutz, Postfach 102749, 4630 Bochum 1. *Deutschland.*

R. Cossu                 663
C.I.S.A., Environmental Sanitary Engineering Centre,
University of Cagliari, Via Marengo 34, 09123 Cagliari.
*Italien.*

S. Cremer                1443
Ruhr-Universität Bochum, Arbeitsbereich Hydrogeologie,
Universitätsstrasse 150, 4630 Bochum 1. *Deutschland.*

R. Crocoll               687
Dr.-Ing. Werner Weber Ingenieur-Gesellschaft mbH,
Bleichstrasse 21, 7530 Pforzheim. *Deutschland.*

R. Czolk                 939
Kernforschungszentrum Karlsruhe GmbH, Institut für
Radiochemie, Postfach 3640, 7500 Karlsruhe 1. *Deutschland.*

R. Darskus               899
biocontrol Institut für chemische und biologische
Untersuchungen Ingelheim GmbH, Postfach 1630, 6500 Mainz.
*Deutschland.*

O. Debus                    1257
Technische Universität Hamburg-Harburg, Arbeitsbereich
Gewässerreinigung, Eissendorfer Strasse 42, 2100 Hamburg 90.
*Deutschland.*

C.A.J. Denneman             197
Ministry of Housing, Physical Planning and Environment,
Postfach 450, 2260 MB Leidschendam. *Niederlande.*

H. Deschauer                439
Universität Bayreuth, Lehrstuhl für Bodenkunde und
Bodengeographie, Postfach 101251, 8580 Bayreuth. *Deutschland.*

B. Diedrich                 1391
Dr. Pieles + Dr. Gronemeier Consulting GmbH, Mathildenstrasse
25, 2300 Kiel 14. *Deutschland.*

M. Diependaal               1493
Netherlands Organization for Applied Scientific Research TNO,
Postfach 186, 2600 AD Delft. *Niederlande.*

M.R.B. van Dillen           1529
Ministry of Transport and Public Works, Institute for Inland
Water Management and Waste Water Treatment, Postfach 17, 8200
AA Lelystad. *Niederlande.*

H.P. Drescher               999
Bonneberg + Drescher Ingenieurgesellschaft mbH,
Industriestrasse, 5173 Aldenhoven. *Deutschland.*

L.N.J.M. van der Drift      79
Heidemij Adviesbureau BV, Postfach 264, 6800 AG Arnhem.
*Niederlande.*

S. Düreth-Joneck            487
Universität Karlsruhe, Institut für Siedlungswasserwirtschaft,
Am Fasanengarten, 7500 Karlsruhe 1. *Deutschland.*

H.-G. Edel                  1285
Ed. Züblin AG, Albstadtweg 3, 7000 Stuttgart-Möhringen.
*Deutschland.*

E. Eickeler                 933
Drägerwerk AG, Moislinger Allee 53/55, 2400 Lübeck 1.
*Deutschland.*

Th. Eikmann                 281
RWTH Aachen, Institut für Hygiene und Arbeitsmedizin,
Pauwelsstrasse 30, 5100 Aachen. *Deutschland.*

W. Eitel                    629
Landesanstalt für Umweltschutz Baden-Württemberg,
Griesbachstrasse 3, 7500 Karlsruhe 21. *Deutschland.*

F. Elias                    1039
Technische Universität Berlin, Institut für Verfahrenstechnik,
Strasse des 17.Juni 135, 1000 Berlin 12. *Deutschland.*

K. Figge                      559
NATEC Institut für naturwissenschaftlich-technische Dienste
GmbH, Postfach 1568, 2000 Hamburg 50. *Deutschland*.

M. Filipinski                 453
Geologisches Landesamt Schleswig-Holstein, Mercatorstrasse 7,
2300 Kiel. *Deutschland*.

K. Finsterwalder              1353
Dyckerhoff & Widmann AG, Postfach 100964, 4300 Essen 1.
*Deutschland*.

J.H. Fischer                  649
GDS Grafik Design Studio GmbH, Grosser Burstah 42, 2000
Hamburg 11. *Deutschland*.

C. Först                      1229
Kernforschungszentrum Karlsruhe GmbH, Institut für Heisse
Chemie, Postfach 3640, 7500 Karlsruhe 1. *Deutschland*.

W. Förster                    137
Bergakademie Freiberg, Sektion Geotechnik und Bergbau, Gustav
Zeuner Strasse 1, O-9200 Freiberg. *Deutschland*.

H. Friege                     829
Landesamt für Wasser und Abfall Nordrhein-Westfalen, Postfach
5227, 4000 Düsseldorf 1. *Deutschland*.

P. Friesel                    853
Umweltbehörde Hamburg, Amt für Umweltuntersuchungen,
Gazellenkamp 38, 2000 Hamburg 54. *Deutschland*.

K. Fritsch                    127
Anwaltssozietät Hoffmann, Liebs & Partner, Rotthäuser Weg 12,
4000 Düsseldorf 12. *Deutschland*.

P. Fuhrmann                   737
Landesanstalt für Umweltschutz Baden-Württemberg,
Griesbachstrasse 3, 7500 Karlsruhe 21. *Deutschland*.

E. Gabowitsch                 165
Verein zur Förderung der unabhängigen Kultur in der UdSSR
e.V., Ortssektion Karlsruhe, Im Eichbäumle 85, 7500 Karlsruhe
1. *Deutschland*.

W. Ganapini                   67
Lombardia Risorse, Environmental Planning Department, Via
Dante 12, 20121 Milano. *Italien*.

N. Gebremedhin                167
United Nations Environment Programme, Technology and
Environment Branch, Postfach 30552, Nairobi. *Kenya*.

W. Geiger                     637
Kernforschungszentrum Karlsruhe GmbH, Institut für
Datenverarbeitung in der Technik, Postfach 3640, 7500
Karlsruhe 1. *Deutschland*.

G. Gelbert            269
Justus-Liebig-Universität, Institut für Pflanzenbau und
Pflanzenzüchtung I, Ludwigstrasse 23, 6300 Giessen.
*Deutschland*.

P. Geldner            1137
Saco GmbH, Bismarckstrasse 73, 1000 Berlin 12. *Deutschland*.

J. Gerth            395
Technische Universität Hamburg-Harburg, Arbeitsbereich
Umweltschutztechnik, Eissendorfer Strasse 40, 2100 Hamburg 90.
*Deutschland*.

E. Goclik            567
Technische Universität Braunschweig, Institut für Biochemie
und Biotechnologie, Konstantin Uhde Strasse 5, 3300
Braunschweig. *Deutschland*.

D. Goetz            365
Universität Hamburg, Institut für Bodenkunde, Allende-Platz 2,
2000 Hamburg 13. *Deutschland*.

D. Gönner            311
Tiefbau-Berufsgenossenschaft, Tiergartenstrasse 39, 3000
Hannover 71. *Deutschland*.

R. Goubier            73
Agence Nationale pour la Récupération et l'Elimination des
Déchets, Postfach 406, 49004 Angers Cedex. *Frankreich*.

G. Grantham            753
Aspinwall & Company Ltd, Walford Manor, Baschurch, Shrewsbury,
SY4 2HH. *Großbritannien*.

B. Gras            233
Umweltbehörde Hamburg, Steindamm 22, 2000 Hamburg 1.
*Deutschland*.

P. Grathwohl            401
Eberhard-Karls-Universität Tübingen, Institut für Geologie und
Paläontologie, Sigwartstrasse 10, 7400 Tübingen 1.
*Deutschland*.

L.J.J. Gravesteyn            21
Ministry of Housing, Physical Planning and Environment,
Postfach 450, 2260 MB Leidschendam. *Niederlande*.

H. Greinert            357
Polytechnic Institute, 65-246 Zielona Góra, ul. Podgórna 50.
*Polen*.

W.E. Grube, Jr.            1429
U.S. Environmental Protection Agency, Office of Research and
Development, 26 W Martin Luther King Drive, Cincinnati, Ohio
45268. *USA*.

J. Gunkel  519
Technische Universität Hamburg-Harburg, Arbeitsbereich
Umweltschutztechnik, Eissendorfer Strasse 40, 2100 Hamburg 90.
*Deutschland.*

R. Hahn  259
Landesanstalt für Umweltschutz Baden-Württemberg,
Griesbachstrasse 3, 7500 Karlsruhe 21. *Deutschland.*

N.H.A. van Ham  1595
Netherlands Organization for Applied Scientific Research TNO,
Postfach 45, 2280 AA Rijswijk. *Niederlande.*

M. Hauschild  515
Technical University of Denmark, Laboratory of Environmental
Sciences and Ecology, Building 224, 2800 Lyngby. *Dänemark.*

R. Hempfling  321
Fresenius Consult GmbH, Im Maisel 14, 6204 Taunusstein-Neuhof.
*Deutschland.*

J. Henne  1381
Universität Stuttgart, Institut für Geotechnik, Postfach
801140, 7000 Stuttgart 80. *Deutschland.*

R. Hennig  1037
Harbauer GmbH&Co KG, Postfach 126860, 1000 Berlin 12.
*Deutschland.*

H. Henseleit  851
Henseleit & Partner, Kunzenweg 25, 7800 Freiburg i.Br.
*Deutschland.*

B. Herrling  1189
Universität Karlsruhe, Institut für Hydromechanik, Postfach
6980, 7500 Karlsruhe 1. *Deutschland.*

C. Herziger  907
Drägerwerk AG, Moislinger Allee 53/55, 2400 Lübeck 1.
*Deutschland.*

K.-H. Hesse  499
Technische Universität Berlin, Institut für Geologie und
Paläontologie, Ackerstrasse 76, 1000 Berlin 65. *Deutschland.*

C. Hillmert  615
Landesanstalt für Umweltschutz Baden-Württemberg,
Griesbachstrasse 3, 7500 Karlsruhe 21. *Deutschland.*

M. Hinsenveld  973
University of Cincinnati, Department of Civil and
Environmental Engineering, 741 Baldwin Hall (ML 71),
Cincinnati, Ohio 45221-0071. *USA.*
(vormals/formerly: Netherlands Organization for Applied
Scientific Research TNO, 7300 AH Apeldoorn.
*Niederlande).*

G. Hirschmann          1445
Büro Dr. R. Wienberg, Peutestrasse 51, 2000 Hamburg 28.
*Deutschland.*

S.E. Hoekstra          1345
Akzo Industrial Systems bv, Postfach 9300, 6800 SB Arnhem.
*Niederlande.*

K. Hoffmann            607
Beratender Hydro- und Ingenieurgeologe, Friedrich-Ebert-
Strasse 30, 4300 Essen 1. *Deutschland.*

E. Holzmann            769
Dorsch Consult Ingenieurgesellschaft mbH, Hansastrasse 20,
8000 München 21. *Deutschland.*

D. Horchler            785
Geo-Infometric/Niedersachsen, Richthofenstrasse 29, 3200
Hildesheim. *Deutschland.*

D. Hortensius          795
Netherlands Normalization Institute, Postfach 5059, 2600 GB
Delft. *Niederlande.*

R. Huele               601, 639
Leiden University, Centre for Environmental Studies, Postfach
9518, 2300 RA Leiden. *Niederlande.*

J. Jager               887
ITU - Ingenieurgemeinschaft Technischer Umweltschutz GmbH,
Wilhelm-Heinrich-Strasse 5, 6600 Saarbrücken. *Deutschland.*

P. Jahn                1273
Energie-Anlagen Berlin GmbH, Postfach 301207, 1000 Berlin 30.
*Deutschland.*

U. Jegle               905
Kernforschungszentrum Karlsruhe GmbH, Institut für
Radiochemie, Postfach 3640, 7500 Karlsruhe 1. *Deutschland.*

H.L. Jessberger        319, 1299
Ruhr-Universität Bochum, Lehrstuhl für Grundbau und
Bodenmechanik, Postfach 102148, 4630 Bochum 1. *Deutschland.*

J. Johannsen           1277
Institut für Bodensanierung, Wasser- und Luftanalytik GmbH,
Hennenerstrasse 60a, 5860 Iserlohn 9. *Deutschland.*

K.C. Jones             239
Lancaster University, Institute of Environmental and
Biological Sciences, Lancaster LA1 4YQ. *Großbritannien.*

J. de Jongh            237
Technical Soil Protection Committee, Postfach 450, 2260 MB
Leidschendam. *Niederlande.*

C. Jørgensen  1151
Technical University of Denmark, Department of Environmental Engineering, Building 115, 2800 Lyngby. *Dänemark.*

J. Joziasse  1543
Netherlands Organization for Applied Scientific Research TNO, Postfach 342, 7300 AH Apeldoorn. *Niederlande.*

P. Kämpfer  565
Technische Universität Berlin, Fachbereich Umwelttechnik, Fachgebiet Hygiene, Amrumerstrasse 32, 1000 Berlin 65. *Deutschland.*

J. Karstedt  1475
Institut für Umwelttechnik GmbH, Nauheimer Strasse 27, 1000 Berlin 33. *Deutschland.*

J. Kaufmann  1253
Technische Universität Hamburg-Harburg, Arbeitsbereich Gewässerreinigung, Eissendorfer Strasse 42, 2100 Hamburg 90. *Deutschland.*

L.M. Keiding  325
National Agency of Environmental Protection, Strandgade 29, 1401 Copenhagen K. *Dänemark*

W.E. Kelly  807
University of Nebraska-Lincoln, Department of Civil Engineering, W348 Nebraska Hall, Lincoln, Nebraska, 68508-0531. *USA.*

E.S. Kempa  145, 261, 441
Polytechnic Institute, Institute of Sanitary Engineering, ul. Podgórna 50, 65-246 Zielona Góra. *Polen.*

M. Kerth  909
Geo-Infometric GmbH, Hermannstrasse 3, 4930 Detmold. *Deutschland.*

K.W. Keuzenkamp  3
Ministry of Housing, Physical Planning and Environment, Postfach 450, 2260 MB Leidschendam. *Niederlande.*

H. Kishi  387
Keio University, Faculty of Science and Technology, Japan 3-14-1, Hiyoshi, Kohokuku, Yokohama, 223. *Japan.*

J. Klein  1147
DMT-Gesellschaft für Forschung und Prüfung mbH, Franz-Fischer-Weg 61, 4300 Essen 13. *Deutschland.*

J. Kleineberg  1383
Sachverständigenbüro Kleineberg, Ebertstrasse 47, 7500 Karlsruhe 1. *Deutschland.*

R.H. Kleijntjens  1103
Delft University of Technology, Department of Biochemical Engineering, Julianalaan 67, 2628 BC Delft. *Niederlande.*

M.M. Kniebusch 1259
Technische Universität Hamburg-Harburg, Arbeitsbereich
Gewässerreinigung, Eissendorfer Strasse 42, 2100 Hamburg 90.
*Deutschland.*

K. Koch 931
Bayerisches Landesamt für Umweltschutz, Rosenkavalierplatz 3,
8000 München 81. *Deutschland.*

I. Kögel-Knabner 379
Universität Bayreuth, Lehrstuhl für Bodenkunde und
Bodengeographie, Postfach 101251, 8580 Bayreuth. *Deutschland.*

E.N. Koglin 885
U.S. Environmental Protection Agency, Environmental Monitoring
Systems Laboratory, Las Vegas, Nevada 89193-3478. *USA.*

J. Kölbel-Boelke 901
Bruker-Franzen Analytik GmbH, Fahrenheitstrasse 4, 2800 Bremen
33. *Deutschland.*

W. König 251
Landesanstalt für Ökologie, Landschaftsentwicklung und
Forstplanung Nordrhein-Westfalen, Ulenbergstrasse 1, 4000
Düsseldorf 1. *Deutschland.*

F. Konz 135
Koppentalstrasse 16, 7000 Stuttgart 1. *Deutschland.*

B. Körbitzer 1601
Lurgi GmbH, Postfach 111231, 6000 Frankfurt am Main.
*Deutschland.*

W. Kovalick, Jr. 29
U.S. Environmental Protection Agency, Technology Innovation
Office, 401 M Street, S.W. (OS-110), Washington, D.C. 20460.
*USA.*

H. Krebs 1245
Technische Universität Hamburg-Harburg, Arbeitsbereich
Gewässerreinigung, Eissendorfer Strasse 42, 2100 Hamburg 90.
*Deutschland.*

A. Krischok-Peppernick 305, 307
Umweltbehörde Hamburg, Bodenschutzplanung, Baumwall 3, 2000
Hamburg 11. *Deutschland.*

R. Lageman 1197
Geokinetics v.o.f., Poortweg 4, 2612 PA Delft. *Niederlande.*

F.P.J. Lamé 841
Netherlands Organization for Applied Scientific Research TNO,
Postfach 217, 2600 AE Delft. *Niederlande.*

B. Lamoree 787
BKH Consulting Engineers, Postfach 93224, 2509 AE The Hague.
*Niederlande.*

H. Leenaers 449
CSO Consultants for Environmental Management and Survey,
Postfach 30, 3734 ZG Den Dolder. *Niederlande.*

M. Lehn-Reiser 521
Justus-Liebig-Universität, Institut für Mikrobiologie und
Landeskultur, Senckenbergstrasse 3, 6300 Giessen. *Deutschland.*

W. Leuchs 267
Landesamt für Wasser und Abfall Nordrhein-Westfalen, Postfach
5227, 4000 Düsseldorf 1. *Deutschland.*

B. Lindhardt 1191
COWIconsult, Parallelvej 15, 2800 Lyngby. *Dänemark.*

N. Litz 777
Bundesgesundheitsamt, Institut für Wasser-, Boden- und
Lufthygiene, Versuchsfeld Marienfelde, Schickauweg 58, 1000
Berlin 49. *Deutschland.*

J. Lohrengel-Goeke 323
Universität Dortmund, Institut für Umweltschutz, Postfach
500500, 4600 Dortmund 50. *Deutschland.*

H. Lorson 1553
Noell GmbH, Abteilung TT, Postfach 6260, 8700 Würzburg 1.
*Deutschland.*

S. Lotter 1071
Technische Universität Hamburg-Harburg, Arbeitsbereich
Umweltschutztechnik, Eissendorfer Strasse 40, 2100 Hamburg 90.
*Deutschland.*

H.-P. Lühr 1455
Technische Universität Berlin, Institut für Wassergefährdende
Stoffe, Hardenbergplatz 2, 1000 Berlin 12. *Deutschland.*

A.B. van Luin 1477
Ministry of Transport and Public Works, Institute for Inland
Water Management and Waste Water Treatment, Postfach 17, 8200
AA Lelystad. *Niederlande.*

N.-Ch. Lund 541
Universität Karlsruhe, Institut für Bodenmechanik und
Felsmechanik, Postfach 6980, 7500 Karlsruhe 1. *Deutschland.*

J. Maag 1079
Technical University of Denmark, Laboratory of Environmental
Sciences and Ecology, Building 224, 2800 Lyngby. *Dänemark.*

K. Mackenbrock 1009
Deutsche Babcock Anlagen AG, Parkstrasse 29, 4150 Krefeld 11.
*Deutschland.*

F.T. Madsen 1363
Eidgenössische Technische Hochschule, Institut für Grundbau
und Bodenmechanik, Sonneggstrasse 5, 8092 Zürich. *Schweiz.*

D. Maier  935
Stadtwerke Karlsruhe, Postfach 6169, 7500 Karlsruhe 1. *Deutschland.*

B. Malherbe  1581
HAECON nv, Deinsesteenweg 110, 9810 Gent. *Belgien.*

A. Marcomini  1513
University of Venice, Department of Environmental Sciences, Calle Larga S. Marta 2137, 30123 Venice. *Italien.*

H. Martens  1597
Wehrwissenschaftliche Dienststelle der Bundeswehr, Postfach 1320, 3042 Münster. *Deutschland.*

G. Matz  869
Technische Universität Hamburg-Harburg, Arbeitsbereich Messtechnik, Harburger Schlossstrasse 20, 2100 Hamburg 90. *Deutschland.*

J.C.L. Meeussen  429
Agricultural University, Department of Soil Science and Plant Nutrition, Postfach 8005, 6700 EC Wageningen. *Niederlande.*

H.G. Meiners  373, 375
AHU Büro für Hydrogeologie und Umwelt GmbH, Bachstrasse 62-64, 5100 Aachen. *Deutschland.*

S. Melchior  1347
Universität Hamburg, Institut für Bodenkunde, Allende-Platz 2, 2000 Hamburg 13. *Deutschland.*

A.W.J. van Mensvoort
-> P.W. de Vries

T. Meschede  1237
IGB Ingenieurbüro für Grundbau, Bodenmechanik und Umwelttechnik, Heinrich-Hertz-Strasse 116, 2000 Hamburg 76. *Deutschland.*

H.G. von Meijenfeldt  13
Ministry of Housing, Physical Planning and Environment, Postfach 450, 2260 MB Leidschendam. *Niederlande.*

D.H. Meijer  893
TAUW Infra Consult BV, Postfach 479, 7400 AL Deventer. *Niederlande.*

G. Miehlich  1517
Universität Hamburg, Institut für Bodenkunde, Allende-Platz 2, 2000 Hamburg 13. *Deutschland.*

J. Mikolás  155
Federal Committee for the Environment, Slezská 9, 12029 Praha 2. *Die Tschechoslowakei.*

F.H. Mischgofsky  101
Delft Geotechnics, Postfach 69, 2600 AB Delft. *Niederlande.*

N. Molitor  793
Trischler und Partner GmbH, Postfach 104322, 6100 Darmstadt. *Deutschland.*

H. Møller Jensen  523
Technical University of Denmark, Department of Environmental Engineering, Building 115, 2800 Lyngby. *Dänemark.*

D.M. Montgomery  1417
Taywood-ENSR, Westmont Centre, Delemere Road, Hayes, Middx UB4 0HD. *Großbritannien.*
(vormals/formerly: Imperial College of Science, Technology and Medicine, Centre for Toxic Waste Management, London SW7 2BU).

C. Mosmans  1041
Mosmans Mineraaltechniek BV, Rijnstraat 15, 5347 KL Oss. *Niederlande.*

E. Mulder  1421
Netherlands Organization for Applied Scientific Research TNO, Postfach 342, 7300 AH Apeldoorn. *Niederlande.*

R. Müller-Hurtig  569
Technische Universität Braunschweig, Institut für Biochemie und Biotechnologie, Konstantin Uhde Strasse 5, 3300 Braunschweig. *Deutschland.*

H. Müller-Kirchenbauer  1355, 1361, 1385
Universität Hannover, Institut für Grundbau, Bodenmechanik und Energiewasserbau, Callinstrasse 32, 3000 Hannover 1. *Deutschland.*

G.P.M. van den Munckhof  927, 1099
Witteveen+Bos Consulting Engineers, Postfach 233, 7400 AE Deventer. *Niederlande.*

K. Münnich  491
Technische Universität Braunschweig, Leichtweiß-Institut für Wasserbau, Postfach 3329, 3300 Braunschweig. *Deutschland.*

L.C. Murdoch  1217
University of Cincinnati, Department of Civil and Environmental Engineering, Center Hill Facility, 5995 Center Hill Road, Cincinnati, Ohio 45224. *USA.*

H. Neifer  681
Wasserwirtschaftsamt Kirchheim/Teck, Max-Eyth-Strasse 57, 7312 Kirchheim/Teck. *Deutschland.*
(vormals/formerly: Landesanstalt für Umweltschutz Baden-Württemberg, 7500 Karlsruhe 21).

J.W. Nyhan  1339
Los Alamos National Laboratory, Los Alamos, New Mexico 87545. *USA.*

J.P. Okx  817, ·845
TAUW Infra Consult BV, Postfach 479, 7400 AL Deventer. *Niederlande.*

W. van Oosterom          855, 1173
TAUW Infra Consult BV, Postfach 479, 7400 AL Deventer.
*Niederlande.*

D. Ortlam          1465
Niedersächsiches Landesamt für Bodenforschung, Aussenstelle
Bremen, Werderstrasse 101, 2800 Bremen 1. *Deutschland.*

P. Parenti          1195
Ansaldo Sistemi Industriali spa, Divisione Ambiente, Via Dei
Pescatori 35, 16129 Genova. *Italien.*

J. Parthen          1105
HP-biotechnologie GmbH, Brauckstrasse 51, 5810 Witten.
*Deutschland.*

K. Pecher          529
Universität Bayreuth, Lehrstuhl für Hydrologie, Postfach
101251, 8580 Bayreuth. *Deutschland.*

S. Peiffer          485
Universität Bayreuth, Limnologische Forschungsstation,
Postfach 101251, 8580 Bayreuth. *Deutschland.*

C. Penelle          489
Université Louis Pasteur de Strasbourg, Institut de Mécanique
des Fluides, URA CNRS 854, 2 rue Boussingault, 67000
Strasbourg Cedex. *Frankreich.*

J. Peters          713
Stadtreinigungsamt Bielefeld, Eckendorfer Strasse 57, 4800
Bielefeld. *Deutschland.*

Th.A. Peters          1271
Consulting für Membrantechnologie und Umwelttechnik,
Broichstrasse 91, 4040 Neuss 1. *Deutschland.*

U.G.O. Peterson          1035
SAN Sanierungstechnik für den Umweltschutz GmbH,
Fahrenheitstrasse 8, 2800 Bremen 33. *Deutschland.*

E.-M. Pfeiffer          179
Universität Hamburg, Institut für Bodenkunde, Allende-Platz 2,
2000 Hamburg 13. *Deutschland.*

Th. Poller          341
Thalen Consulting GmbH, Urwaldstrasse 39, 2932 Neuenburg.
*Deutschland.*

J. Porst          181
Porst Consult, Königstrasse 125, 8510 Fürth. *Deutschland.*

W. Püttmann          943
RWTH Aachen, Lehrstuhl für Geologie, Geochemie und
Lagerstätten des Erdöls und der Kohle, Lochnerstrasse 4-20,
5100 Aachen. *Deutschland.*

D. Quantz 859
Berliner Institut für Baustoffprüfungen GmbH, Haynauerstrasse 53, 1000 Berlin 46. *Deutschland*.

V. Quentmeier 1291
Aqua Consult GmbH, Lange Laube 29, 3000 Hannover 1. *Deutschland*.

A. Rahrbach 315
Battelle-Institut e.V., Am Römerhof 35, 6000 Frankfurt am Main 90. *Deutschland*.

R. Rautenbach 1227, 1269
RWTH Aachen, Institut für Verfahrenstechnik, Turmstrasse 46, 5100 Aachen. *Deutschland*.

J. Reichert 941
Kernforschungszentrum Karlsruhe GmbH, Institut für Radiochemie, Postfach 3640, 7500 Karlsruhe 1. *Deutschland*.

R.C. Reintjes 987
Research & Engineering Consultants bv, Ecotechniek bv, Postfach 8270, 3503 RG Utrecht. *Niederlande*.

P.C. Renaud 1205
Centre de Recherches Lyonnaise des Eaux-Degremont, 38, rue du Président Wilson, 78230 Le Pecq. *Frankreich*.

G. Rettenberger 1343
FH Trier, Schneidershof, 5500 Trier. *Deutschland*.

W.H. van Riemsdijk 419
Agricultural University, Department of Soil Science and Plant Nutrition, Postfach 8005, 6700 EC Wageningen. *Niederlande*.

A. Riss 1149
Trischler und Partner GmbH, Postfach 104322, 6100 Darmstadt. *Deutschland*.

M. Rodriguez Barrera XXXIX
Universidad Complutense de Madrid, Faculdad de Farmacia, Departamento de Nutrición y Bromatologia II. Madrid. *Spanien*.

K. Rohrhofer XXXIX
Consultant for Water and Waste Management, Carl Reichertgasse 27, 1170 Wien. *Österreich*.

W.D. Rokosch 1515
Rijkswaterstaat, Dredging Division, Postfach 5807, 2280 HV Rijswijk. *Niederlande*.

P. Rongen 705
NORDAC GmbH & Co. KG, Einsiedeldeich 15, 2000 Hamburg 26. *Deutschland*.

A. Rosenberger 911
Dorsch Consult Ingenieurgesellschaft mbH, Hansastrasse 20, 8000 München 21. *Deutschland*.

U. Rosenbrock          1143
ARGUS Umweltbiotechnologie GmbH, Niemetzstrasse 47/49, 1000
Berlin 44. *Deutschland.*

M.A. Rubio          1255
Technische Universität Hamburg-Harburg, Arbeitsbereich
Gewässerreinigung, Eissendorfer Strasse 42, 2100 Hamburg 90.
*Deutschland.*

D. Rudat          1033
Dyckerhoff & Widmann AG, Postfach 810280, 8000 München 81.
*Deutschland.*

R. Rumler          335
Tiefbau-Berufsgenossenschaft, Am Knie 6, 8000 München.
*Deutschland.*

A. von Saldern          1463
HPC Harress Pickel Consult GmbH, Marktplatz 1, 8856
Harburg/Schwaben. *Deutschland.*

P. Sander          577
Universität Hamburg, Institut für Allgemeine Botanik,
Ohnhorststrasse 18, 2000 Hamburg 52. *Deutschland.*

D.E. Sanning          963
U.S. Environmental Protection Agency, Office of Research and
Development, 26 W Martin Luther King Drive, Cincinnati,
Ohio 45268. *USA.*

T. Sasse          1387
Umtec, Ingenieurgesellschaft für Abfallwirtschaft und
Umwelttechnik, Stresemannstrasse 52, 2800 Bremen 1.
*Deutschland.*

C. Schmidt          1331
Dr.-Ing. Steffen Ingenieurgesellschaft m.b.H., Ruhrtalstrasse
417, 4300 Essen-Kettwig. *Deutschland.*

U. Schneider          1587
PGBU Planungsgesellschaft Boden & Umwelt mbH, Friedrich-Ebert-
Strasse 33, 3500 Kassel. *Deutschland.*

W. Schneider          497, 1371
Geologisches Landesamt Hamburg, Oberstrasse 88, 2000 Hamburg
13. *Deutschland.*

J. Schnell          1317
Philipp Holzmann AG, Münsterstrasse 291, 4000 Düsseldorf 30.
*Deutschland.*

M. Schuldt          235
Umweltbehörde Hamburg, Amt für Umweltschutz, Baumwall 3, 2000
Hamburg 11. *Deutschland.*

B.-M. Schulze          849
Geophysik Consulting GmbH, Marthastrasse 10, 2300 Kiel 1.
*Deutschland.*

H. Schüßler                 1095
biodetox Gesellschaft zur biologischen Schadstoffentsorgung
mbH, 3061 Ahnsen. *Deutschland*.

J.M. Seitz                  1359
Bilfinger+Berger Bauaktiengesellschaft, Postfach 100562, 6800
Mannheim 1. *Deutschland*.

M. Sellner                  563
Umweltbehörde Hamburg, Amt für Umweltuntersuchungen,
Gazellenkamp 38, 2000 Hamburg 54. *Deutschland*.

H. Seng                     867, 945
Landesanstalt für Umweltschutz Baden-Württemberg,
Griesbachstrasse 3, 7500 Karlsruhe 21. *Deutschland*.

C.F. Seyfried               1265
Universität Hannover, Institut für Siedlungswasserwirtschaft
und Abfalltechnik, Welfengarten 1, 3000 Hannover 1.
*Deutschland*.

M. Siegerist                779, 1583
BKH Consulting Engineers, Postfach 93224, 2509 AE The Hague.
*Niederlande*.

R.L. Siegrist               185, 861
Oak Ridge National Laboratory, Environmental Sciences
Division, Oak Ridge, Tennessee 37831. *USA*.

N. Simmleit                 313
Fresenius Consult GmbH, Im Maisel 14, 6204 Taunusstein-Neuhof.
*Deutschland*.

H.A. van der Sloot          1425, 1453
Netherlands Energy Research Foundation (ECN), Postfach 1, 1755
ZG Petten. *Niederlande*.

R. Soundararajan            1411, 1449
RMC Environmental and Analytical Laboratories, 214 West Main
Plaza, West Plains, Missouri 65775. *USA*.

P. Spillmann                463
Technische Universität Braunschweig, Leichtweiß-Institut für
Wasserbau, Postfach 3329, 3300 Braunschweig. *Deutschland*.

B. Sprenger                 1063
HP-biotechnologie GmbH, Brauckstrasse 51, 5810 Witten.
*Deutschland*.

F. Spuy                     1185
TAUW Infra Consult BV, Postfach 479, 7400 AL Deventer.
*Niederlande*.

W. Spyra                    1589
Der Polizeipräsident in Berlin, Direktion Polizeitechnische
Untersuchungen, Gothaerstrasse 1a, 1000 Berlin 62.
*Deutschland*.

M. Stammler   367, 775
Envi Sann GmbH, Kreuzweg 15, 6384 Schmitten 1. *Deutschland*.

R. Stegmann   985
Technische Universität Hamburg-Harburg, Arbeitsbereich Umweltschutztechnik, Eissendorfer Strasse 40, 2100 Hamburg 90. *Deutschland*.

M. Steigmeier   289
MBT Umweltschutztechnik AG, Vulkanstrasse 110, 8048 Zürich. *Schweiz*.

M. Stieber   551
DVGW-Forschungsstelle am Engler-Bunte-Institut, Universität Karlsruhe, Postfach 6980, 7500 Karlsruhe 1. *Deutschland*.

H. Stolpe   309
AHU Büro für Hydrogeologie und Umwelt GmbH, Bachstrasse 62-64, 5100 Aachen. *Deutschland*.

L. van Straaten   773
Geo-Infometric/Niedersachsen, Richthofenstrasse 29, 3200 Hildesheim. *Deutschland*.

A. Straßburger   729
Landesanstalt für Umweltschutz Baden-Württemberg, Griesbachstrasse 3, 7500 Karlsruhe 21. *Deutschland*.

J.M. Strauss   409
Université Louis Pasteur de Strasbourg, Institut de Mécanique des Fluides, URA CNRS 854, 2 rue Boussingault, 67000 Strasbourg Cedex. *Frankreich*.

D. Stroh   1051, 1357
Hochtief AG, Postfach 101762, 4300 Essen 1. *Deutschland*.

B. Stuck   623
Umlandverband Frankfurt, Am Hauptbahnhof 18, 6000 Frankfurt am Main 1. *Deutschland*.

H. Stümpel   791
Universität Kiel, Institut für Geophysik, Ohlshausenstrasse 40-60, 2300 Kiel. *Deutschland*.

J. Svoma   1275
Stavební geologie, Na Markvartce 16, 160 00 Praha 6. *Die Tschechoslowakei*.

I. Szymura   445
Technical and Agricultural University, Department of Agriculture, 6/8 Bernardynska Street, 85-029 Bydgoszcz. *Polen*.

G. Teutsch   651
Universität Stuttgart, Institut für Wasserbau, Pfaffenwaldring 61, 7000 Stuttgart 80. *Deutschland*.

E.F. Thairs     XXXIX
Confederation of British Industry, 103 New Oxford Street,
London WC1A 1DU. *Großbritannien.*

H.W. Thoenes     LIII
Rat von Sachverständigen für Umweltfragen, Postfach 5528, 6200
Wiesbaden. *Deutschland.*

E. Thomanetz     913, 1261, 1263
Universität Stuttgart, Institut für Siedlungswasserbau,
Wassergüte- und Abfallwirtschaft, Bandtäle 1, 7000 Stuttgart
80. *Deutschland.*

W. Thomas     279
BSR-Bodensanierung und Recycling GmbH, Westring 23, 4630
Bochum. *Deutschland.*

K.T. von der Trenck     297
Landesanstalt für Umweltschutz Baden-Württemberg,
Griesbachstrasse 3, 7500 Karlsruhe 21. *Deutschland.*

E. Trude     1097
Noell-KRC Umwelttechnik GmbH, Postfach 6260, 8700 Würzburg 1.
*Deutschland.*

J.J. Vegter     207
Technical Soil Protection Committee, Postfach 450, 2260 MB
Leidschendam. *Niederlande.*

J. Vehlow     1007
Kernforschungszentrum Karlsruhe GmbH, Laboratorium für
Isotopentechnik, Postfach 3640, 7500 Karlsruhe 1. *Deutschland.*

L. Vermes     XXXIX
University for Agricultural Sciences, Department of Water
Management and Land Reclamation, 2103 Gödöllö. *Ungarn.*

C.W. Versluijs     697
National Institute for Public Health and Environmental
Protection (RIVM), Postfach 1, 3720 BA Bilthoven. *Niederlande.*

B. Vielhaber     1323
Universität Hamburg, Institut für Bodenkunde, Allende-Platz 2,
2000 Hamburg 13. *Deutschland.*

W. Visser     89
Delft Geotechnics, Postfach 69, 2600 AB Delft. *Niederlande.*

W. Visser     589
National Institute for Public Health and Environmental
Protection (RIVM), Postfach 1, 3720 BA Bilthoven. *Niederlande.*

J.W. van Vliet     721
BKH Consulting Engineers, Postfach 93224, 2509 AE The Hague.
*Niederlande.*

J.H. Volbeda　　　　　　1561
Hollandsche Aanneming Maatschappij BV, Postfach 166, 2280 AD
Rijswijk. *Niederlande.*

H.B.R.J. van Vree　　　　1131
TAUW Infra Consult BV, Postfach 479, 7400 AL Deventer.
*Niederlande.*

P.W. de Vries　　　　　　1307
P.W. de Vries BV Consulting Engineer, Bilderdijklaan 6, 3818
WE Amersfoort. *Niederlande.*

M. Vuga　　　　　　　　343
Kulturtechnik GmbH, Friedrich-Missler-Strasse 42, 2800 Bremen.
*Deutschland.*

A.Ch.E. van de Vusse　　117
Delft University of Technology, Science Shop, Kanaalweg 2b,
2628 EB Delft. *Niederlande.*

J.-F. Wagner　　　　　　457, 1389
Universität Karlsruhe, Lehrstuhl für Angewandte Geologie,
Postfach 6380, 7500 Karlsruhe. *Deutschland.*

M. Wahlström　　　　　　783
Technical Research Centre of Finland, Chemical Laboratory,
Vuorimiehentie 5, 02150 Espoo. *Finnland.*

K. Wehrle　　　　　　　1183
Universität Karlsruhe, Institut für Bodenmechanik und
Felsmechanik, Postfach 6980, 7500 Karlsruhe 1. *Deutschland.*

J. Weidner　　　　　　　1135
Consulaqua Hamburg Beratungsgesellschaft mbH, Billhorner Deich
2, 2000 Hamburg 26. *Deutschland.*

Chr. Weingran　　　　　673
Landesentwicklungsgesellschaft Nordrhein-Westfalen, Willem van
Vloten Strasse 48, 4600 Dortmund 30. *Deutschland.*

W.D. Weißenfels　　　　561
Ruhrkohle Öl und Gas GmbH, Gleiwitzer Platz 3, 4250 Bottrop.
*Deutschland.*
(vormals/formerly: DMT-Gesellschaft für Forschung und Prüfung
mbH, 4300 Essen 13).

J. van Wensem　　　　　219
Technical Soil Protection Committee, Postfach 450, 2260 MB
Leidschendam. *Niederlande.*

J. Werther　　　　　　　1011
Technische Universität Hamburg-Harburg, Arbeitsbereich
Verfahrenstechnik I, Eissendorfer Strasse 38, 2100 Hamburg 90.
*Deutschland.*

K. Wichmann　　　　　　1267
Consulaqua Hamburg Beratungsgesellschaft mbH, Billhorner Deich
2, 2000 Hamburg 26. *Deutschland.*

S.D. Wigfull  369
Polytechnic of East London, Environment & Industry Research Unit, Romford Road, London E15 4LZ. *Großbritannien.*

S.R. Wild  533
Lancaster University, Institute of Environmental and Biological Sciences, Lancaster LA1 4YQ. *Großbritannien.*

V. Wilhelm  337, 339
Württembergischer Gemeindeunfallversicherungsverband, Postfach 106062, 7000 Stuttgart 10. *Deutschland.*

C. Winder  271
Netherlands Organization for Applied Scientific Research TNO, Postfach 186, 2600 AD Delft. *Niederlande.*

D. Winistörfer  51
Uhlandstrasse 8, 4053 Basel. *Schweiz.*

R.-M. Wittich  575
Universität Hamburg, Institut für Allgemeine Botanik, Ohnhorststrasse 18, 2000 Hamburg 52. *Deutschland.*

S. Wohnlich  501
Universität Karlsruhe, Lehrstuhl für Angewandte Geologie, Postfach 6380, 7500 Karlsruhe 1. *Deutschland.*

R.C. Wyzgol  903
Universität Gesamthochschule Essen, Institut für Physikalische und Theoretische Chemie, Universitätsstrasse 5, 4300 Essen 1. *Deutschland.*

M. Zarth  481, 897
Umweltbehörde Hamburg, Amt für Altlastensanierung, Amelungstrasse 3, 2000 Hamburg 36. *Deutschland.*

M.A. Zarull  XXXIX
Lakes Research Branch, National Water Research Institute, Canada Centre for Inland Waters, 867 Lakeshore Road, Burlington, Ontario L7R 4A6. *Kanada.*

S.E.A.T.M. van der Zee  493
Agricultural University, Department of Soil Science and Plant Nutrition, Postfach 8005, 6700 EC Wageningen. *Niederlande.*

G. Zeibig  921
Berliner Institut für Baustoffprüfungen GmbH, Haynauerstrasse 53, 1000 Berlin 46. *Deutschland.*

M. Ziegler  1023
Philipp Holzmann AG, Postfach 10000, 6078 Neu-Isenburg. *Deutschland.*

G. Zimmermeyer  75
Gesamtverband des Deutschen Steinkohlenbergbaus, Glückaufhaus, Friedrichstrasse 1, 4300 Essen 1. *Deutschland.*

K.L. Zirm                           *41*
Umweltbundesamt, Spittelauer Lände 5, 1090 Wien. *Österreich.*

K. Zotter                           *1287*
Research Centre for Water Resources Development, Postfach 27, 453 Budapest. *Ungarn.*

Stichwörterverzeichnis

Abbau 777
Abbau von Uran 139
Abbaugeschwindigkeit und -leistung 559
Abdecksysteme 1299, 1323, 1347, 1383
Abdeckungskonstruktionen 1340
Abdichtung des Ringraumes 653
Abdichtung 1379
Abdichtungselemente 1355
Abdichtungsmaterialien 1344
Abdichtungssysteme 1299, 1353, 1391
Abfallager 1469
Abgase 145
Abkapselungstechniken 1343
Ablagerungen des Bergbaues 143
Abschätzung des Gefährdungspotentials 481
Absetzanlagen 139, 140, 141, 143
Abwasser 145, 907
adsorbiert 1353
Adsorption 419, 572, 1227, 1285
Adsorptionsvermögen 1470
aeroben Abbau 1107
Aktivkhole 1135, 1189, 1299
Altablagerung 145, 681, 682, 683, 737
Altlasten 140, 143, 281, 325, 647
Altlastenbehandlung 323
Altlastenerkundung 729, 851
Altlastenerkundung und -überwachung 651
Altlastenfonds 687
Altlastenkataster 143
Altlastensanierung 645
Altlastensanierungvorhaben 318
Altlasten-Untersuchungsprogramm 779
Altstandsorte 737
Altöl 181
Ammoniak 941, 1285
Ammonium 1241, 1242, 1245, 1246, 1249, 1252, 1285, 1286
anaeroben Abbaus fester kommunaler Abfälle 529
Analyse 911, 915
Analysemethoden 233, 907, 1445
Analysengeräte 877
Analysenplan 638
Analysenverfahren 877, 935, 937
Analyse-Gerät 904
Analyse-Methoden 854
Analytik 911, 912
analytische Methoden 877
analytisches Verfahren 943
Anionenausschluss-Konzept 1375

anorganische Zyanid 989
Aquifer 775
Arbeitsmedizin 335
Arbeitsschutz 311, 337, 1299, 1316
Arbeitsschutzmassnahmen 341, 343
aromatsiche Kohlenwasserstoffe 525, 1135
Arsen 179
Art des Probenahmesysteme 569
Asbest 1383
Atmosphärische Ablagerungen 239
Ausbaumaterialien 659
ausgelaugt 429
Ausgrabung 1299
Auskofferung 1315
Auslaugungen 141
Auslaugverhalten 1441
autochthone Bakterien 1151
Baggergut 131, 1517, 1573
Baggertechniken 1299
Bakterien 563, 565, 577, 1135
Barrierenwirkung 1371, 1377, 1378
Bauleitplanung 307
Behandlung von Sedimenten in belüfteten Becken 1047
Behandlung vor Ort 1035
Behandlungseinheiten 721
Behandlungsmethoden 101
Behörden 165
Belastungen und Beeinträchtigungen durch eine Altlastensanierung 317
Belebtschlamm 1255
Benzin 524
Benzol 1289, 1135
Bergschäden 142, 143
Bergwerksabfälle 373
Beschleunigungsmöglichkeiten 323
Bestandsaufnahme 796, 837
Betriebserfahrung 1009
Beurteilung 630
Bewegung 777
Bewertungskriterien 641
Bewertungsverfahren 617, 641
Biegezugfestigkeit 1381, 1382
Bioabbau 530
Biodegradation 1149, 1197, 1289
biologisch 986
biologische Abbau 524, 533, 551, 575, 1045, 1079
biologische Abbaubarkeit 577, 1066
biologische Behandlung 565, 570, 1045, 1051, 1097, 1135, 1155, 1245, 1252, 1253, 1265,

1267, 1553
biologische Behandlungsstufe 1257
biologische Behandlung von Schluff 1041
biologische Beschaffenheitsparameter 651
biologische Grundwasserbehandlung 1295, 1296, 1289
biologische Reinigung 1245, 1247
biologische Sanierung 1145, 1151
biologische Techniken 1103
biologische Testverfahren 1064
biologische und chemische Behandlung 1297
biologische Ölabbau 1071
biologischer Abbau 1191, 1259, 1295, 1529
biologischer Testverfahren 1501
biologisches Sanierungsverfahren 1145
biologisches Verfahren 1145
Biomobilität 1501
Bioreaktoren 1046, 1071, 1295
biotechnologische Altlastensanierung 1103
Biotensid 567, 570
Biotest (biologisches Testverfahren) 565
Biotests 519, 563
Bioverfügbarkeit 551, 553, 556, 1155
Bio-Monitorings 336
Bis-(2-Ethylhexyl)-Phthalat (DEPH) 1079
Blei 259, 450, 457, 458, 459, 500, 769
Boden 553, 559, 885, 986, 1040, 1045
Bodenabdecksystem 117
Bodenabdeckung 1299, 1349
Bodenbakterien 559
Bodenbelastungsgebiet 51
Bodenbelastungskatasters 52
Bodendampf-Extraktion 1185
Bodendecke 370
Bodeneigenschaften 645
Bodenfauna 1349
Bodenfunktionen 645
Bodengas 911
Bodengasanalysen 912
Bodenkundliche Kartieranleitung 647
Bodenluft 311, 746, 909, 912, 933, 1003, 1166, 1283
Bodenluftabsaugung 1157, 1159, 1161, 1183
Bodenluft-Extraktion 1290
Bodenmerkmalserfassung 647
Bodenproben 259, 800, 1195
Bodenprobenahme 808, 854
Bodensanierungen 289
Bodenschicht 837
Bodenschlamm 1105
Bodenschutz 679, 986, 1455
Bodenstandardwerte 207
Bodentransport 1299
Bodenwasser 501
Bodenwäsche 1011, 1035
Boden- und Grundwasserschutz 1475
Bohrungen 731, 749
Brand 166
Brand-, Explosions- und Gesundheitsgefahren 337

Bromid 1375
Brunnen 1238, 1299
Cadmium (Cd) 269, 450, 455, 485, 939, 940
chemische Barriere 1465
chemische Behandlung 1553
chemische Integrität 651
chemische 651
chemisch-physikalisches Verfahren 986
chlorierte Kohlenwasserstoffe (CKW) 367, 687, 775, 853, 907, 911, 933, 1135, 1157, 1158, 1159, 1160, 1165, 1189, 1227, 1229, 1257, 1283
chlororganische Verbindungen 885
Chlorphenole 529
Chrom 1278
clay 1387
Cluster-Verfahren 89, 101
Computermodellen 90, 501, 787
Crossflow-Microfiltration 1271
Cyaniden 859, 769
Dampfextraktion 1185
Dampfraumanalysenverfahren 937
das erste Umweltministerium in der UdSSR 166
Datenanalysen 625, 925
Definitionen 230
Denitrifikanten 522
Denitrifikation 521
Deponie 135, 165, 166, 337, 367, 457, 459, 460, 497, 745, 773, 791, 849, 1271, 1229, 1237, 1245, 1253, 1265, 1267, 1299, 1315, 1317, 1323, 1339, 1347, 1353, 1355, 1360, 1363, 1371, 1377, 1381, 1382, 1383, 1391, 1441, 1473
Deponieabdichtungen 1323, 1389
Deponieböden 369
Deponieflüssigkeiten 1255
Deponiegas 369, 931
Deponiegasanlagen 339
Deponiegasverwertung 1227
Deponien und Altlasten zur Gefährdungsbeurteilung 569
Deponieoberflächenabdeckungen 1361
Deponierückstande 1453
Deponiesickerwasser 1269, 1270, 1363, 1443
Deponie/Ton 461
Deponieuntergrundes 1379
Deponigasanlagen 339
DH der Verdampfung 1412
Dibenzofuran 559
Dibenzo-P-Dioxin 559
Dichtsystemen 1347
Dichttrennwände 136
Dichtungsbahn 1346
Dichtwand 1299, 1343, 1353, 1361
Dichtwandtechnik 1357
Diffusion 1373, 1427
Diffusionskoeffizient 1375, 1378, 1379
diffusive 1385
diffusiver Stofftransport 1377
Dioxine 297, 575, 1259

Dioxine und Furane 270
Dispersion 1375
DOC- und COD-Bestimmungsmethoden 935
Drainage 1332
Drainsysteme 1299
Drei-Phasen 1103
Dränage 1327
durchflussgemittelten Konzentrationswert 656
Durchlässigkeit 499, 1363, 1385
Durchlässigkeitsbeiwert 1378
Durchlässigkeitsuntersuchungen 497
Dynagrout 1391
Effekte der Konrgrösze 450
Eindampf 1270
Eindampfung 1269
Einfachmessstelle als offenes Loch im Festgestein Typ (4) 653
Einfachmessstellen 653
Einkapselung 1299, 1353, 1357, 1383, 1385
Einphasendichtwände 1359
Eintrittskapillardruck 1183
Elektroosmose 1205
Elektrosanierung 1197
Emissionsschutz 1316
Empfehlungen für ein raumverträgliches Handling von Altlastenfällen 318
Entnahmetechniken 1315
Entscheidungsfindung 590
Entscheidungsplan 730
Entwicklungsprogramm 1529
Entwässerung 713, 1573
EOX 885
Erdfälle 141
Erfassung 737
Erholungspark 367
Erkennen 179
Erkennung 179
Erkundigung, Bestandsaufnahme 714
Erkundung 341, 615, 681, 682, 683, 745
Erkundungstechniken 689
Erosion 1333
Erzbergbau 137, 138, 143
Expertensystem CASES (Chemical Aquifer Sampling Expert System) 659
Expertensystem 629, 636, 637, 644
Exposition 297
extrahiert 429
Extraktion 455, 907, 1043, 1553
Extraktionsbrunnen 1195
Extraktionsverfahren 487
Extrapolation 220
Fallstudie 753, 373, 376, 922
FCKW 1007
Fernerkundung 851, 852
Fernüberwachung 939
Filtergeschwindigkeit 1377, 1378, 1379
Filterschichten 1299
Filter- und Vollrohre 654
Finanzierung 41
Fliessstrecken des Porenwassers 1373

Flockungshilfmittel 1575
Flotation 1043
Fluss 166
flüchtige organische Substanzen 901, 907, 933, 1246, 1257
flüchtige organische Verbindungen 367
flüchtige Stoffe 1250
flüchtige Substanzen 1252
Flügelscherfestigkeit 1577
Flüssigkeitsentzug 1237
Flüssigkulturen 559
flächenhafte Verbreitung 179
F+E–Verbundprojektes Dortmund 317
Fördersysteme 656
$\Upsilon = 0.29$ 1375
Gas 1267, 1299
Gaschromatographen 911
gasromatographisch 1108
Gaschromatographie 901
Gasdurchlässigkeit 1344
Gasemission 1343
Gasen 1343
Gasmigration 1343
Gasphase 1007
Gaswerk 6638, 683, 769, 842, 901, 915, 1023, 1145, 1155, 1285, 1298
Gaswerkgelände 343
Gaswerksböden 935
Gaswerksgelände 429
GC 911
Gebäudeschutz 758
Gefahrenabschätzung 207
Gefahrenabschätzung 219
Gefährdung 1475
Gefährdungdabschätzung 312, 321, 325, 373, 643, 829, 422, 637, 773, 835
Gefährdungspotential 309, 487
gefährliche Substanzen/Abfallstoffe 145
Genehmigung 131
Genehmigungsverfahren 323
Geologische Barriere 688, 1465
geophysikalischer Untersuchungsmethoden 850
geostatistische Analyse 810
Geosynthetics 1346
Geotextilien 1299, 1349
Geschichte 145
Gesetze 131
Gesundheit der Kinder 165
Gesundheitsbeeinträchtigungen 311, 335
Gesundheitsgefährdungen 338
Gewässer 145
Gipskeuper 688
Grenzwerte 128, 219, 233, 289, 1067
Gruben 137, 138, 141
Grundwasser 267, 641, 746, 1183, 1278, 1297
Grundwasserbehandlung 1299
Grundwassergefährdung 777
Grundwasserleiter 491, 641, 644, 750, 775, 791
Grundwassermodellierung 716
Grundwasserproben 259, 788

Grundwasserprobenahme 492, 859
Grundwasserreinigung 1038, 1135, 1149, 1159, 1162, 1273
Grundwassersanierung 1285
Grundwasserschutz 233, 237, 345, 1455
Grundwasserströmungen 491, 941
Grundwasserströmungsmodelle 237
Hafenschlammanalyse 1501
Hafenschlick-Deponien 1583
Halden 137, 138, 139, 140, 141, 142, 143
halogenierte Kohlenwasserstoffe 859, 903, 1135
Handbuchs zur Konflikt- und Beeinträchtigungsminderung bei Altlastensanierungsvorhaben 138
Handlungsbedarf 615, 617
Handlungsraster inclusive einer Untersuchungscheckliste zur Erstellung von Altlastensanierungskonzepten 317
Handlungsrichtlinien 314
Hausmüll 1453
Hausmüll-Verbrennungsrückstände 1453
heterogene 422
Heterogenität 238
Hexachlorcyclohexan (HCH) 395, 1289
Hilfssystem 590
Hintergrundbelastung 835
Hintergrundkonzentrationen 267
historische Erhebung 737
historische Erkundung 737
historischen Bergbaus 140
Hohlräume 140, 141
Humanexposition 325
humantoxikologischen Potentials 281
hydraulische Barriere 1465
hydraulische Gesichtspunkte 651
hydraulische Leitfähigkeit 1327
hydrodynamischer Dispersionskoeffizient 1375
Hydrozyklonen 1529
Hüttenindustrie 137, 143
Identifikation von Verzögerungsgründen 323
immissionsneutraler Abfall 1469
immobilisiert 939, 1259
Immobilisierung 486, 939, 1384, 1445
Industrie 607
Industriebereiche 775
Industriegebieten 721
Industriegelände 89, 109, 375, 775, 1273
industrielle Ballungsgebiete 145
Informationen 590
Infrarotspektroskopie 904
In-Line-Packer System 657
innovative Technologien 30
interdisziplinäre Forschung 314
in-situ 1149, 1165, 1197
in-situ Behandlungsmethode 1197
in-situ Hochdruckwaschverfahren 1023
in-situ Behandlung 565, 1135, 1157, 1162
in-situ Bodensanierung 1143
in-situ Extraktion 1205
in-situ Massnahmen 1003

in-situ Reinigung des Grundwassers 1189
in-situ-Strippen 1165, 1183, 1283
Ionenaustauscher 1277
Ionenaustauscherharz 925
Isolierung 565, 1583
Isotherme 383, 379
Kadmium 363, 458, 459, 460, 905
Kaltsulfonierung 935
Kapillarsperren 501, 1347
Kartierung 625, 791, 849
Kinetik 559
Klassierung 1011, 1573
Klassifizierung 365
Klärschlamm 269, 533, 937
Kohlenwasserstoffe (KW) 233, 498, 542, 567, 568, 569, 608, 943, 1051, 1071, 1143, 1105, 1149, 1191, 1295
Kokereien 1155
Kommunikation 649
Konfliktminderung 315
konkurrierende Hemmung 583
Kontaminationen 141
Kontaminationsschicht 1011, 1015
kontaminiertem Boden 1151
Kontrolle 615
konvektiv 1377, 1386
Konzentrationsgradient 1377
Konzentrationsgrenzwerte 229
Konzeptkarte 647
Kooperation und Kommunikation 678
Kosten 102, 731, 1316, 1384
Krankheiten des Herzens, der Blut- und Atemwege sowie an Allergien 165
Kriging 811
kristallographische Barriere 1465
Kriterien 281
Kupferschieferbergbau 137, 139
KW-Abbau 567
Laborversuch 1151, 1361, 1386
Lagersysteme als Erd- und als Betonbauwerke 1470
Lagerung 1463
Landbehandlung 1046, 1079
Landfill 1387
Landwirtschaftlich 533
landwirtschaftliche Zwecke 1583
Langzeitsicherheit 1473
Langzeitverhalten 1474
Lauenburger Schichten 1465
Leaching 379
Lichtleiter 877
Lichtleiterfasern 877
Lithium- und Cadmiumbromid 1372
Luft 543
Luftdesorbierung flüchtiger organischer Verbindungen 1195
Lufteinblasung 1183
Luftemission 1299
Löschwasserrückhaltung 1464
Löslichkeit 523

Management von Altlasten 307
Massenspektrometrie 901
mathematische Stofftransportmodellen 497
Maximal-Permeationsrate 1379
medizinisches Untersuchungsprogram 336
Mehrfachmessstelle vom Typ (2) 653
Mehrfachmessstelle (Piezometernest) vom Typ (3) 653
mehrphasige Strömungen 1240
mehrphasige Strömungsvorgänge 1237
mehrphasiger Ansatz 779
Membran 903, 905, 941, 1227, 1254, 1259, 1271
Membran Biofilm Reaktor 1259
Membranbegasungssystem 1255
Mengenbilanz 549
menschliche Gesundheit 309
Messstellenausbau 659
Messstellenhydraulik 655, 659
Metaboliten 569, 943
Metallabscheidung 1033
Metallaufnahme 422
Metallionen 419
Metallkontaminationen 422
Metastasen 52
Methan 754, 909, 1227
methanhaltiges 341
Methode 915
Methoden zur Begräbung von thermisch gereinigten Böden 345
methylotrophen Mikroorganismen 583
Migration 1299
Migrationsgeschwindigkeit des Bromids 1373
mikrobiell abbaubaren Schadstoffen 563
mikrobielle Abbaubarkeit 1147
mikrobielle Behandlung 565, 569, 575, 577, 1135
mikrobiellen Abbauprozesse 556
mikrobieller Bodensanierungen 563
mikrobiologische Behandlung 565, 943, 1051, 1095, 1143
mikrobiologische Bodensanierung 1107
mikrobiologische Dekontaminationsmethode 1147
mikrobiologische in-situ Sanierung 1137
mikrobiologische on site Sanierung 1105
mikrobiologische Reinigung 1286
mikrobiologische Sanierung 944
mikrobiologisches Verfahren 944, 1146
Mikroorganismen , 370, 519, 541, 551, 552, 556, 561, 565, 567, 571, 1143
Mineralisation 559
mineralische Abdichtungen 1377
mineralische Barrieren 1363
Mineralisierungsgrad 569
Mischbeprobung 656
mittlere Fliessgeschwindigkeit des Porenwassers 1373
mittlere Porenwassergeschwindigkeit 1375
mittlerer Verteilungskoeffizient 1375
mobil 1375
mobile Analyseneinheit 901

mobiles GC/MS-System 869
Mobilität 924
mobilitätsmindernde Wirkung der Sorption 1373
mobil-immobil 1375
Mobil-Konzept 1375
Modell 379, 383
modelltheoretischen Konzepte 1371
modelltheoretische Auswertung 1375
morphologische 1430
MTBE 523
Multibarrierendichtung 135
Multipackersystem 659
multispektralscanner 851, 852
Mülldeponien 779
Nassextraktion 1033
nationale Programme 41
natürliche Belastungswerte 922
natürliche Umwelt 309
natürlichen Sikzession 351
Nichteisenmetallen 1033
nicht-immissionsneutraler Abfall 1469
Niederschlagswässer 1331
Nutzbarmachung 1331
Nutzungserwartungen 318
Nutzungsänderung 281
Nutzwertanalyse 321
Oberflächenabdichtung 1343, 1345
Oberflächenabdichtungssystem 1346
Oberflächenstabilisierung 1333
Oberflächenverteilung 1015
Oberflächen- und Schadstoffverteilungskurven 1015
offenstehende Grubenräume 143
off-site 1033
ökologische Auswirkunge 212, 1501
Ökosysteme 565
öl 1103, 1237
ölkontaminierte Böden 1071
ölverunreinigte Böden 1095
Ölabscheider-Inhalte 1095
Ölprodukte 1273, 1445
on site 769, 1149, 1165
organische Halogenverbindungen 937
organische Kontaminationen 1197
Österreich 41
Oxidation 486
PAK-Analytik 917
pathologischer Entwicklungen während der Schwangerschaft 165
Pb 455
Permeationsrate 1379
Pestizid 439, 489
Pflanzen 180, 1299
Phenol 343, 499, 1105, 1108
Photogrammetrische Methoden 41
physikalische 651
physikalische Barriere 1465
physikalische Behandlung 1265
physikalische Tests 1429
physikalische und morphologische

parameter 1429
physikalisch/chemische Bodenreinigung 1038
phytotoxische 358
pH-Wert 368, 1443
Pilot 1103
Pilotanlage 1195
Pingen 140
Pioniervegetation 351
Planung 41, 625, 1384, 1517
Polarität 1411
polyaromatische Kohlenwasserstoffe (PAKs) 181, 239, 270, 551, 533, 551,   552, 553, 554, 555, 556, 561, 769, 915, 917, 991, 1009, 1045, 1105, 1441, 1145, 1040, 1051, 1146, 1155, 1290, 1298
polycyclische Aromaten 1065
Porenwassergeschwindigkeit 1373
positive Umweltbilanz 317
potentiellen Mobilität 487
praktisch vertretbaren Mengen Klärschlamm 269
Priorität 615, 617, 622
Probenahme 797, 841
Probenahmegerät 491
Probenahmemethode 491, 860
Probenahmeraster 831
Probenahmestrategie 209, 829, 910
Probenahmesysteme 651
Probenahmetechniken 651
Pseudokörner 1355
Puffern (von pH 3 über pH 7 nach pH 9 und zurück nach pH 7) 905
Pumpen 716
Purge und trap-Verfahren 937
Pyrolyse 1009
π-Orbitalen 1413
Qualität der Analyse 874
Qualitätskontrolle 1299, 1445
Qualitätssicherung 1299
Quecksilber 297
radioaktive Verseuchung 165
Radioaktivität 141
Radon 141
Raumordnung 1384
Raumverträglichkeitsprüfung 318
Reaktoren 1103
Rechtliche Rahmenbedingungen 323
Redox-Potential 1443
Regelungen 41
Regenwässer 1349
Regierung (Politik, Rolle) 41
Reinhaltung des Bodens 145
Reinigung 769, 986
Reinigungsflüssigkeit 1207
rekultivieren 1009
Rekultivierung 345, 351, 357, 645, 1299
repräsentativer Grundwasserproben 651
rezirkuliert 1151
Risikoanalyse 108, 290, 1463
Risikobewertung 123
Risikomanagement 1455

Risikominimierung 1463
Rolle von Behörden 131, 625
Routineüberwachung 758
Rückstände der Hausmüllverbrennung 1453
Rüstungsaltlasten 1601
Räumung 1561
Sand 489, 1036, 1040, 1387
Sandfang-Rückstände 1095
sandiger Obenboden 1340
sanierte Industriegrundstücke 127
Sanierung 143, 281, 343, 1009, 1191, 1331, 1601
Sanierungsmassnahme 373, 376, 607, 877, 943,1143
Sanierungsstrategie 677
Sanierungstechnik 365, 644, 645, 1036, 1043, 1157, 1162, 1278
Sanierungsuntersuchung 676
Sanierungsverfahren 592, 610, 1185
Sanierungsziele 297, 609
Sauerstoffversorgung 543
Schadstoffahnen 644
Schadstoffausbreitung 693
Schadstoffbeständigkeit 1385
Schadstoffemission 138, 143
Schadstofflösung 1377
Schadstoffvorkommen und -ausbreitung 481
Schadstoffverteilung 1014
Schadstoff-Fahne 933
Schadwirkung 297
Schichtdicke 1377
Schichtdicke der Tonabdichtung 1379
Schlämmen 485, 486
Schlitzwandaushub 1361
Schluff 1040, 1068
Schluff- und Tonfraktionen 1105
Schnellbestimmung 885
Schwerkraftabscheidungsmethoden 1529
Schwermetalle 179, 239, 269, 368, 455, 485, 486, 905, 931, 939, 940, 1033, 1197, 1277, 1443, 1473
schwermetallbelastet 142
Schwermetallmigration 1389
Schwermetallsensor 939
Schwermetallverbindungen 141
Schütteltest 1443
Schächte 140
Schädlingsbekämpfungmittel 571
Sensor 939, 940, 941, 942
Sequencing Batch Reaktoren (SBR) 1253, 1255
Seveso-Gift 270
Sickerwasser 260, 345, 485, 486, 499, 714, 1229, 1245, 1252, 1257, 1259, 1265, 1267, 1270, 1271, 1299, 1317, 1331, 1473
Sickerwassermenge 1270
silt 1387
slurry state soil cleaning 1105
Slurry-prozess 1103
Sohldichtung 1357
Sondermülldeponien 1205
Sorption 379, 381, 777

Sorptionsisotherme 380, 382, 384, 439
Spurengasen 910
Spülzusätze 653
stabilisierte Abfallmaterialien 1425
Stabilisierung/Verfestigung polychlorierter
    Biphenyle 1411
Stofftransportmechanismen 1375
Stofftransportmodell 498
Stofftransportparameter 1371
Stofftransportvorgänge 1371
Stollen 140
Strategie 29, 89, 314, 624
Strategie der Probenahme 788
Strategie der Systemtechnik 1470
Strategie der Werkstofftechnik 1470
Strategien für die Probenahme 837
Strategien zur Erkundung 481
strippbare Schadstoffe 1189
Strömungsmodell 1283
städtebauliche Leitlinien 318
städtischen Bereich 180
Stäube 1299, 1384
Superfunds 29
Suspension 1103
Säureregeneration 1553
Tagesbrüche 140, 141
Technische Hindernisse 229
technogenen Substraten 648
Teeren 343
Teerölen 935, 1023
Teilaufgabe der Fachübergreifenden Verbundbegleitung 317
Testfeld 1361
thermal 851
thermische Behandlung 131, 135, 349, 1001
thermische Bodenbehandlung 987
thermische Desorption 885
thermisches Reinigungsverfahren 352
Tiefbau 1475
tiefenorientierte Beprobung 569, 656
Tiefenverlagerung des Lithiums 1373
Toluol 1185
Ton , 396, 457, 458, 459, 460, 489, 499, 808,
    1355, 1371, 1381, 1382
Tonabdichtungen 1371, 1377
Tonsteine 499
Ton/Deponie 458
toxisch 551, 552, 555, 556, 583
Transparenz 318
Transportmechanismen 1371
Treffen von Entscheidungen 229
Trichlorethen 583
Trinkwasser 289, 291, 349, 775, 941
Trinkwasserbrunnen 181
übersäuerte 357
Überwachung 376, 678, 877, 903, 1317, 1441
Überwachungsmethoden 101
Überwachungszwecken 569
Umkehrosmose 1265, 1269, 1271
Umkehrosmosestufe 1270

Umweltanalytik 905
Umweltauswirkungen 1425
Umweltfolgenabschätzung 318
Umweltforschung 137
Umweltgeophysik 729
Umweltqualitätsziele 318
Umwelttechnik 1601
Umwelt-Informationssystem 623
Universität Dortmund, Fachbereich
    Raumplanung 317
Unterboden 521
Untergrundabdichtung 1299, 1455
untersuchter Ton 1372
Untersuchung der Altlast 758
Untersuchungsstrategien 797
unverdächtige Grundstücke 800
Uranbergbau 139
Uranerzbergbau 141
Vakuum 1192
Vegetation 346
Vegetationsbegründung 371
Vegetationsdecke 1340
Vegetationstyp 1333
Verantwortung 312
Verbreitung Schadstoffe 837
Verbrennung 1007
Verbrennungsanlage 987
Verdampfer 1189, 1270
Verfahren 911, 1185
Verfestigung 1441, 1445
Verhalten 380, 384, 429, 489
Verhalten von Chlorphenolen 529
Verhalten von organischen Umweltchemikalien 777
Verhalten von Schadstoffen 1043
Verhinderung des Eindringens von Sickerwasser
    in das Grundwasser 136
Verordnung 30
Verschmutzung durch die halbindustrielle
    Schweinezucht 166
Verträglichkeitsprüfung 313
Verwahrung 141
Verweilzeit 1378, 1379
Vorbeugen 1463
Vorbeugung 1455
Vorklassifizierung 737
Vor-Ort-Methoden 909
warhscheinliche Auslaugbarkeit 1425
Waschverfahren 1040
Wasser und Rheinschlamm 571
Wassergleichgewicht 1333
Wasserstoffperoxid 569
Weichschichten des Holozäns 1465
Wiedernutzbarmachung 325, 351, 373, 375, 673
Wiedernutzung 307, 1384
Wiedernutzung (von Flächen) 1349
Wiederverwendbarkeit von gereinigten Bodenmaterialen 365
wirtschaftliche Belange 309
Wirtschaftsgut 1095

Wärmeflüsse 852
Xenobiotika 532, 575, 577
Zeitraffereffekt 487
Zement 1429
Zink 450, 458, 457, 459
Zinnerzbergbau 137, 140
Zugänglichkeit der Schadstoffe 1147
Zwischenprodukten 555, 556
Zyaniden 841
Zyanidgehalt 429

MIX
Papier aus verantwortungsvollen Quellen
Paper from responsible sources
FSC® C105338

If you have any concerns about our products,
you can contact us on
**ProductSafety@springernature.com**

In case Publisher is established outside the EU,
the EU authorized representative is:
**Springer Nature Customer Service Center GmbH
Europaplatz 3, 69115 Heidelberg, Germany**

Printed by Libri Plureos GmbH
in Hamburg, Germany

ALTLASTENSANIERUNG '90

Altlastensanierung '90 ist der Kongressband des Dritten Internationalen KfK/TNO-Kongresses über Altlastensanierung (10.-14. Dezember 1990, Karlsruhe, Bundesrepublik Deutschland) --

Veranstalter:

Kernforschungszentrum Karlsruhe GmbH (KfK)
Niederländische Organisation für angewandte naturwissenschaftliche Forschung (TNO)

in Zusammenarbeit mit

Bundesministerium für Forschung und Technologie (BMFT),
Bundesministerium für Umwelt, Naturschutz und Reaktorsicherheit (BMU)
   und das Umweltbundesamt (UBA),
Landesanstalt für Umweltschutz Baden-Württemberg (LfU),
Universität Karlsruhe,
Zentrum für Schadstofforschung (CHMR) der Universität Pittsburgh,
Amerikanisches Umweltschutzamt (EPA)

mit Förderung durch

Kommission der Europäischen Gemeinschaft,
Bundesministerium für Forschung und Technologie (BMFT),
Niederländisches Ministerium für Wohnungswesen, Raumordnung und Umwelt (VROM),
Umweltministerium Baden-Württemberg,
Stadt Karlsruhe

Die diesem Bericht zugrundeliegende Veranstaltung wurde mit Mitteln des Bundesministers für Forschung und Technologie gefördert.

Die Kongressberichte enthalten die Meinung des jeweiligen Verfassers, die nicht unbedingt der Meinung und Auffassung der Herausgeber oder der obengenannten Veranstalter entspricht.

# Altlastensanierung '90

*Dritter Internationaler KfK/TNO Kongress über Altlastensanierung,
10.–14. Dezember 1990, Karlsruhe, Bundesrepublik Deutschland*

*Herausgeber:*

F. ARENDT

Projekt Schadstoffbeherrschung in der Umwelt,
Kernforschungszentrum Karlsruhe,
Karlsruhe, BRD

M. HINSENVELD

University of Cincinnati,
Department of Civil and Environmental Engineering,
Cincinnati, Ohio, USA

und

Niederländische Organisation für angewandte naturwissenschaftliche Forschung TNO,
Apeldoorn, Niederlande

W.J. VAN DEN BRINK

TNO-Zentralabteilung für in- und externe Kommunikation,
Den Haag, Niederlande

Band II

Springer Science+Business Media, B.V. 1990

ISBN 978-0-7923-1059-4      ISBN 978-1-4899-3806-0 (eBook)
DOI 10.1007/978-1-4899-3806-0

© Springer Science+Business Media Dordrecht 1990
Originally published by TNO/BMFT 1990
Softcover reprint of the hardcover 1st edition 1990
Alle deutschen Rechte vorbehalten.


Für Auskünfte über Übernahmerechte können Sie sich wenden an:
Projektträger 'Abfallwirtschaft und Altlastensanierung'
beim Umweltbundesamt
Bismarckplatz 1
1000 Berlin 33
BRD
Telefon: +49-30 8903-0

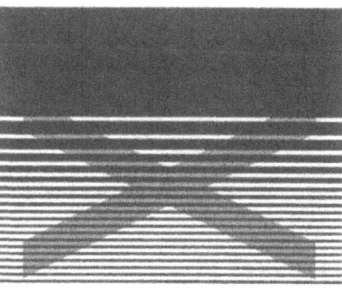

# INHALT - ÜBERBLICK

### BAND 1

| | |
|---|---:|
| Inhalt (Band 1 & 2) | IX |
| Schirmherrschaft, Beiräte | XLI |
| Vorworte | XLVII |
| Einleitung | LI |
| Altlasten - Bedeutung und Perspektiven für den Umweltschutz in der Industriegesellschaft | LIII |

**1. STRATEGIEN, PROGRAMME, RECHTLICHE UND WIRTSCHAFTLICHE FRAGEN**
| | |
|---|---:|
| 1.1 Industriestaaten | 3 |
| 1.2 Osteuropäische Länder | 137 |
| 1.3 Neue Industriestaaten und Entwicklungsländer | 167 |

**2. BEWERTUNG DES GEFÄHRDUNGSPOTENTIALS, STANDARDE, usw.**
| | |
|---|---:|
| 2.1 Richtlinien, Grenzwerte | 185 |
| 2.2 Verunreinigungsquellen, Hintergrundwerte, Verbreitung | 239 |
| 2.3 Bewertung des Gefährdungspotentials | 281 |
| 2.4 Arbeitsschutz während Erkundung und Sanierung | 325 |
| 2.5 Folgenutzung von sanierten Standorten | 345 |

**3. GRUNDLEGENDE ASPEKTE VON BÖDEN UND VON KONTAMINANTEN**
| | |
|---|---:|
| 3.1 Adsorption, Lösbarkeit | 379 |
| 3.2 Mobilität | 457 |
| 3.3 Toxizität | 503 |
| 3.4 Biologische Abbaubarkeit | 523 |

**4. ERKUNDUNG UND ÜBERWACHUNG VON STANDORTEN**
| | |
|---|---:|
| 4.1 Entscheidungsfindung, Expertensysteme | 589 |
| 4.2 Standorterkundung, Probenahmestrategien, Methodik | 651 |
| 4.3 Vor-Ort Analytik | 867 |
| 4.4 Analyse von Proben | 915 |

| | |
|---|---:|
| Autorenverzeichnis | LXI |
| Stichwörterverzeichnis | LXXXV |

BAND 2

Inhalt (Band 1 & 2)                                              IX

## 5. SANIERUNGSTECHNIKEN
5.1 Übersichtsreferate                                          *945*
5.2 Thermische Verfahren                                        *987*
5.3 Extraktionsverfahren, Flotation                            *1011*
5.4 Biologische Verfahren                                      *1045*
5.5 Bodenluftabsaugung                                         *1157*
5.6 Übrige Sanierungstechniken                                 *1197*
5.7 Sickerwasser- und Grundwasserreinigungsverfahren           *1229*

## 6. SICHERUNGSTECHNIKEN; VORBEUGUNG
6.1 Grössere Sanierungsarbeiten, bautechnische Aspekte         *1299*
6.2 Physikalische Isolierung                                   *1317*
6.3 Immobilisierung, Stabilisierung                            *1399*
6.4 Auswahl von Deponiestätten, Vorbeugung gegen
    zukünftige Altlasten                                       *1455*

## 7. VERUNREINIGTE SEDIMENTE
7.1 Programme, Richtlinien, usw.                               *1477*
7.2 Sanierungstechniken                                        *1529*
7.3 Folgenutzung                                               *1573*

## 8. RÜSTUNGSALTLASTEN
                                                               *1587*

Autorenverzeichnis                                              *XLI*

Stichwörterverzeichnis                                          *LXV*

**INHALT**

**BAND 1**

| | |
|---|---|
| Schirmherrschaft, Beiräte | XLI |
| Vorwort<br>A. Rörsch | XLVII |
| Vorwort<br>W. Klose | XLIX |
| Einleitung<br>F. Arendt, M. Hinsenveld & W.J. van den Brink | LI |
| Altlasten - Bedeutung und Perspektiven für den Umweltschutz in der Industriegesellschaft<br>H.W. Thoenes | LIII |

**1. STRATEGIEN, PROGRAMME, RECHTLICHE UND WIRTSCHAFTLICHE FRAGEN**

*1.1 Industriestaaten*

| | |
|---|---|
| Bodenschutzpolitik in den Niederlanden, das zweite Jahrzehnt<br>K.W. Keuzenkamp, H.G. von Meijenfeldt & J.M. Roels | 3 |
| Die Rechnung wird präsentiert: Gründe für die Geltendmachung von Bodensanierungskosten in den Niederlanden<br>H.G. von Meijenfeldt & E.C.M. Schippers | 13 |
| Schadstoffbelastete Industriegrundstücke in den Niederlanden<br>L.J.J. Gravesteyn | 21 |
| Der öffentliche Bedarf nach neuen Verfahren zur Bodensanierung<br>S.H. Brunekreef | 25 |
| Superfund - Ergebnisse und Erfahrungen bei der Suche nach neuen Lösungen für alte Probleme<br>W.W. Kovalick, Jr. | 29 |
| Technische und administrative Grundlagen der Altlastensanierung in Österreich<br>K.L. Zirm | 41 |

Bodenbelastungsgebiet Pratteln (Schweiz) -
Metastasenbildung und Notwendigkeit eines
Bodenbelastungskatasters
D. Winistörfer  51

Analyse der Erfassungsmethoden von Altlasten auf
Grundlage einer Pilotstudie
T. Assmuth & O. Lääperi  53

Strategien und Programme zur Sanierung
schadstoffbelasteter Grundstücke in Italien
W. Ganapini, F. Perghem & A. Milani  67

Beitrag zum Workshop 'Kontaminierte Industriegelände'
R. Goubier  73

Industrielle Altlasten
G. Zimmermeyer  75

Expertenmodell zur Kostenberechnung von Bodensanierungen -
Frühzeitige Übersicht über Zeit und Kosten
L.N.J.M. van der Drift  79

Ein neues Verfahren zur Kontrolle der Schadstoffbelastung
des Bodens im Industriegelände 'Europoort-Botlek'
W. Visser & F. Rodewijk  89

Bodensanierung bei Industriegrundstücken: Clusterkonzept
und Zustimmung
F.H. Mischgofsky, F.A. Weststrate & W. Visser  101

Leben auf Bodenabdecksystemen - Interessenkonflikt
zwischen Einwohnern und Regierung
A.Ch.E. van de Vusse & J.D. de Rijk  117

Die Zustandsstörerhaftung für bereits sanierte
Industriegrundstücke
K. Fritsch  127

Genehmigung von Anlagen und Verfahren zur thermischen
Bodenreinigung und Flusssedimentverwertung
E. Beitinger, E. Gläser & J. Spanier  131

Positive Konsequenzen des Altlastenproblems für die
Entsorgung schwach kontaminierter Abfallstoffe
F. Konz  135


1.2  Osteuropäische Länder

Altlasten des Erzbergbaues
W. Förster  137

Band 1

Altlastensituation in Polen
E.S. Kempa                                                                  145

Probleme der Bodenverseuchung durch alte Deponien in der
Tschechischen und Slowakischen Föderativen Republik
J. Mikolás                                                                  155

Das Altlasten-Problem in Estland
E. Gabowitsch                                                               165

1.3  Neue Industriestaaten und Entwicklungsländer

Bodenkontamination in Entwicklungsländern unter
besonderer Berücksichtigung Indiens
N. Gebremedhin, P. Khanna & P.V.R. Subrahmanyam                             167

Der illegale Handel mit toxischem Sondermüll in der
Türkei
I. Alyanak & Z. Yöntem                                                      175

Schwermetalle und Arsen in Böden und Pflanzen belasteter
Stadtstandorte und ihre Verbreitung in Metro Manila,
Philippinen. Teil II: Situation in Pflanzen
E.-M. Pfeiffer, J. Freytag & H.-W. Scharpenseel                             179

Sammlung und Weiterverwendung von Altöl in
Entwicklungsländern
J. Porst & U. Frings                                                        181


2.    BEWERTUNG DES GEFÄHRDUNGSPOTENTIALS, STANDARDE, usw.

2.1  Richtlinien, Grenzwerte

Entwicklung und Anwendung von Kriterien für die
Bodenqualität und Sanierung von Altlasten
R.L. Siegrist                                                               185

Ökotoxikologische Risikoabschätzung als Grundlage für
die Entwicklung von Bodenqualitätskriterien
C.A.J. Denneman & J.G. Robberse                                             197

Wie zulänglich sind die Methoden der Gefahrenbeurteilung
auf Grund von Standardwerten für Bodenkontamination?
J.J. Vegter, J. van Wensem & J. de Jongh                                    207

Ökotoxikologische Grenzwerte: ist die Sammlung aller
verfügbaren Daten möglich?
J. van Wensem & J.J. Vegter                                                 219

Wie belastet ist wirklich belastet - weitere Kritik und
Ausarbeitung des Konzepts von Grenzwerten der
Schadstoffbelastung
T. Assmuth                                                        229

Vorläufige Sanierungsleitwerte für
Mineralölkohlenwasserstoffe in Böden und Grundwasser
B. Gras & P. Friesel                                              233

Prüfwerte und Verfahrensregeln für kontaminierte Böden
M. Schuldt                                                        235

Begrenzung der Grundwasser-Schutzgebiete in den
Niederlanden
J. de Jongh, N.A. de Ridder & J.J. Vegter                         237

## 2.2 Verunreinigungsquellen, Hintergrundwerte, Verbreitung

Atmosphärische Ablagerungen als Quelle von
Schwermetallen und organischen Schadstoffen in Agro-
Ökosystemen
K.C. Jones                                                        239

Erfahrungen mit der Anwendung des
Mindestuntersuchungsprogrammes Kulturboden
W. König                                                          251

Bleibelastung von Boden und Grundwasser auf Wurftaubenschießanlagen
R. Hahn                                                           259

Auswirkungen von Asche-Auflandungsteichen auf
benachbarte Böden
E.S. Kempa & A. Jedrczak                                          261

Die räumliche Verteilung der Nitratkonzentration im
küstennahen Grundwasserleiter der Region Hadera
B. Azmon                                                          265

Hintergrundwerte nordrhein-westfälischer Grundwässer
W. Leuchs & H. Friege                                             267

Schadstoff-Belastungen von Böden und Aufwuchs langjährig
mit Klärschlamm gedüngter Flächen
G. Gelbert & E. von Boguslawski                                   269

Belastung durch Bodenradioaktivität
C. Winder, P.B.J.M. Oude Boerrigter & F.B. de Walle               271

Verhalten von Alkylbenzolsulfonaten im System
Boden-Sickerwasser-Grundwasser
W. Thomas & W. Ebel                                               279

**Band 1**

## 2.3 Bewertung des Gefährdungspotentials

Umwelthygienische Grundlagen und Problematik der
Richtwertfestsetzung für Schadstoffe in Böden
*Th. Eikmann, S. Michels, Th. Krieger & H.J. Einbrodt* 281

Toxikologische Betrachtungen zur Einhaltung von
Grenzwerten bei Bodensanierungen
*M. Steigmeier & A. Bachmann* 289

Standardverfahren zur Ermittlung von Sanierungszielen
(SES)
*K.T. von der Trenck & P. Fuhrmann* 297

AGAPE - ein Modell zur Abschätzung des
Gefährdungspotentials altlastverdächtiger Flächen
*A. Krischok-Peppernick* 305

Altlasten in der Bauleitplanung - dargestellt am
Beispiel Hamburg
*A. Krischok-Peppernick* 307

Ein nutzungsorientiertes Bewertungssystem für Altlasten
bezogen auf die Bewertungsbereiche: menschliche
Gesundheit, wirtschaftliche Belange und natürliche
Umwelt
*H. Stolpe & H. Junge* 309

Arbeitsschutzkonzeptionen bei der Altlastensanierung
*D. Gönner* 311

Konzeption einer Verträglichkeitsprüfung für
Altlastensanierungsmassnahmen
*N. Simmleit & I. Wegemann* 313

Entwicklung eines Handlungsrahmens zur Verbesserung der
sozialen Akzeptanz bei der Altlastensanierung
*A. Rahrbach, R. Hachmann & W. Ulrici* 315

Raumverträglichkeit von Altlastensanierungen - ein
Forschungsansatz innerhalb des F+E-Projekts Dortmund
*F. Claus, S. Kraus & W. Würstlin* 317

Entwicklung und Auswahl eines Systems zur
intersubjektivierten Risikoabschätzung bei Technologien
zur Altlastensanierung
*H.L. Jessberger & M. Musold* 319

Entwicklung eines Bewertungsmodells zur
Gefahrenbeurteilung bei Altlasten: Konzeption und erste
Ergebnisse
*R. Hempfling, T. Mathews, N. Simmleit & P. Doetsch* 321

Harmonisierung von Genehmigungsabläufen bei der
Altlastenbehandlung
J. Lohrengel-Goeke & H.-J. Ziegeler                      323

### 2.4 Arbeitsschutz während Erkundung und Sanierung

Abschätzung der Humanexposition bei Plänen zur
Wiedernutzbarmachung von Altlasten
L.M. Keiding & D. Borg                                   325

Arbeitsmedizin in der Altlastensanierung
R. Rumler                                                335

Arbeitsschutz an Deponien
V. Wilhelm                                               337

Sicherheitstechnische Aspekte bei Planung, Bau und
Betrieb von Deponiegasanlagen
V. Wilhelm                                               339

Auswahl von Erkundungsmethodik und Arbeitsschutz für
eine Altdeponie
Th. Poller                                               341

Arbeitsschutzmaßnahmen bei Erkundung und Sanierung von
Altlasten anhand von zwei Praxisbeispielen
M. Vuga & L. Friman                                      343

### 2.5 Folgenutzung von sanierten Standorten

Methoden zur Begrünung von thermisch gereinigten Böden
I. Campino, H.D. Mühlberger & W. Schoknecht              345

Rekultivierung thermisch gereinigter Böden nach dem
Muster der natürlichen Sukzession
D. Bruns, Chr. Reimann & M. Jochimsen                    351

Rekultivierung phytotoxischer Miozänsände
H. Greinert                                              357

Ergebnisse begleitender Untersuchungen von
Sanierungstechniken und Probleme der Wiederverwendbarkeit
von gereinigten Bodenmaterialien
D. Goetz & A.N.H. Claussen                               365

Ermittlung des Gefährdungspotentials eines Erholungsparks
auf einer geschlossenen Deponie
M. Stammler, O. Schuster & R. Rohde                      367

**Band 1**

Die mikrobielle Gemeinschaft von Deponieböden und der
Einfluss von Deponiegas auf die Bodensanierung und
Wiederbegrünung
*S.D. Wigfull & P. Birch* 369

Nutzbarmachung eines ehemaligen Kokerei- und
Zechengeländes nach unkontrolliertem Abbruch
*H.G. Meiners & U. Lieser* 373

Sanierung einer Maschinenfabrik für Wohn- und
Gewerbenutzung
*H.G. Meiners, A. Borgmann & S. Wittke* 375


3. **GRUNDLEGENDE ASPEKTE VON BÖDEN UND VON KONTAMINANTEN**

3.1 Adsorption, Lösbarkeit

Verstärkte Auswaschung organischer Umweltchemikalien
durch Bindung an gelösten Kohlenstoff?
*I. Kögel-Knabner, P. Knabner & H. Deschauer* 379

Der Beitrag von Bodenkonstituenten zur Adsorption von
Chemikalien
*H. Kishi & Y. Hasimoto* 387

Wechselwirkungen organischer Schadstoffe mit
Bodenkomponenten in wässrigen und ölkontaminierten
Systemen
*J. Gerth, W. Calmano & U. Förstner* 395

Desorptionskinetik flüchtiger organischer Verbindungen
bei Aquifer Material
*P. Grathwohl, J. Farrell & M. Reinhard* 401

Retention von Quecksilber II auf natürlichem Quarzsand:
nicht-lineares Verhalten bei sehr niedrigen
Konzentrationen
*J.M. Strauss, M.A. Bues & L. Zilliox* 409

Physikalisch-chemische Modelle für das Bodenverhalten von
Metallionen
*W.H. van Riemsdijk, J.C.M. de Wit, M.M. Nederlof,
L.K. Koopal & F.A.M. de Haan* 419

Die Löslichkeit von Eisenzyanid in Böden
*J.C.L. Meeussen, M.G. Keizer & W.H. van Riemsdijk* 429

Die Bedeutung von physikalisch-chemischen
Substanzeigenschaften neuer Agrochemikalien für die
Sorption an Bodenmaterial und gelösten organischen
Kohlenstoff
H. Deschauer & I. Kögel-Knabner 439

Der Abbau von Phenol und Benzol im Boden
E.S. Kempa, T. Butrymowicz & A. Jedrczak 441

Untersuchungen zur Totalsorption von Cd, Pb, Zn und Cu
an einigen Böden in Polen
I. Szymura 445

Sequentielle Extraktion von Schwermetallen aus Sedimenten
von Überschwemmungsgebieten
H. Leenaers 449

Lösbarkeit von Cd, Pb und Zn in Böden mit hoher geogener
und zusätzlich anthropogener Belastung
M. Filipinski & M. Grupe 453

## 3.2 Mobilität

Retention von Blei und Zink aus einer Gichtstaubdeponie
durch einen tonigen Untergrund
J.-F. Wagner 457

Mobilisierung von Schadstoffen durch Abbauvorgänge
P. Spillmann 463

Strategien zur Erkundung der Schadstoffbelastung und des
Gefährdungspotentials einer Altlast
M. Zarth 481

Methodenvergleich bei der in-situ Messung der
Gebirgsdurchlässigkeit in Bohrungen und
Grundwassermeßstellen
M. Bruns 483

Regulationsmechanismen der Spurenmetallöslichkeit beim
anaeroben Abbau fester kommunaler Abfälle
S. Peiffer, K. Pecher & R. Herrmann 485

Extraktionsverfahren zur Abschätzung der potentiellen
Mobilität von Schwermetallen im Boden
S. Düreth-Joneck & J. Reich 487

Verhalten eines Organophosphorpestizides in einem
gesättigten porösen Medium: experimentelle Versuche.
Einfluss der Zusammensetzung der festen Phase
C. Penelle, A. Exinger, P. Muntzer & L. Zilliox 489

Band 1

Einfluß organischer Substanzen und der Anordnung von
Probeentnahmestellen in Grundwasserleitern auf die
Repräsentanz der Meßwerte
K. Münnich                                                      491

Pestizidauslaugung durch heterogene ungesättigte Böden
S.E.A.T.M. van der Zee & F.A.M. de Haan                         493

Stofftransport in holozänen Marschenablagerungen -
experimentelle Untersuchungen und mathematische Modelle
W. Schneider, A. Baermann, P. Döll & W. Neumann                 497

Wechselwirkungen von Tonen bzw. Tonsteinen mit
ausgesuchten Sickerwässern
K.-H. Hesse & H.-D. Schumacher                                  499

CABADIM - ein Computer Modell zur Dimensionierung von
Kapillarsperren
S. Wohnlich                                                     501

*3.3 Toxizität*

Toxische Wirkungen von Schadstoffen auf die
Mineralisierung von Substraten bei niedrigen
Umgebungskonzentrationen in Böden, Unterböden und
Sedimenten
P. van Beelen, A.K. Fleuren-Kemilä, M.P.A. Huys,
A.C.H.A.M. van Mil & P.L.A. van Vlaardingen                     503

Ein Test mit höheren Pflanzen für Schadstoffbelastung
von Böden
M. Hauschild                                                    515

Einsatz von Biotests zur Untersuchung von
Ölkontaminationen in Böden
J. Gunkel & W. Ahlf                                             519

Mikrobieller Nitratabbau in Unterböden eines
landwirtschaftlich genutzten Trinkwassereinzuggebietes
M. Lehn-Reiser, G. Benckiser, A. Pitzer & J.C.G. Ottow          521

*3.4 Biologische Abbaubarkeit*

Löslichkeit und Abbaubarkeit des Benzinzusatzes MTBE
(Methyl-Butyläther) und von Verbindungen aus Benzin
in Wasser
H. Møller Jensen & E. Arvin                                     523

Chemodynamik von Chlorphenolen während des sequentiellen
Abbaus fester kommunaler Abfälle
K. Pecher, S. Peiffer & R. Herrmann                             529

Verbleib und langfristige Persistenz polyzyklischer
aromatischer Kohlenwasserstoffe (PAKs) in
landwirtschaftlich genutzten und mit Klärschlamm
behandelten Böden
S.R. Wild, M.L. Berrow & K.C. Jones   533

Laborversuche an ungestörten Grossproben zur biologischen
in situ-Sanierung kohlenwasserstoffbelasteter Böden
N.-Ch. Lund & G. Gudehus   541

Abbauverhalten von polyzyklischen aromatischen
Kohlenwasserstoffen (PAK) im Untergrund
M. Stieber, K. Böckle, P. Werner & F.H. Frimmel   551

Kinetik der Mineralisation von Dibenzofuran und
Dibenzo-p-dioxin in heterogenen Systemen durch
Bodenbakterien
K. Figge, R.-M. Wittich, A. Wernitz, A. Uphoff,
H. Harms & P. Fortnagel   559

PAK-Abbau durch Bakterien - Bewertungsverfahren zur
mikrobiellen Bodendekontaminierung
W. Weißenfels, U. Walter, M. Beyer & J. Klein   561

Biologische Untersuchungsmethoden zur Prüfung der
Möglichkeit und des Verlaufs mikrobieller
Bodensanierungen insbesondere bei
Mineralölverunreinigungen
M. Sellner   563

Untersuchungen zur Veränderung der mikrobiellen
Lebensgemeinschaften beim Einsatz mikrobiologischer
in-situ Sanierungsverfahren
P. Kämpfer, P.M. Becker & W. Dott   565

Einfluss von tensidproduzierenden Mikroorganismen auf
den Abbau eines Modellöls durch eine ursprüngliche
Bodenpopulation
E. Goclik, R. Müller-Hurtig & F. Wagner   567

Einfluss von mikrobiellen Tensiden auf den
Mineralisierungsgrad von Kohlenwasserstoffen in
Modellsystemen des Bodens
R. Müller-Hurtig, A. Oberbremer, R. Meier & F. Wagner   569

Die Beziehung zwischen der Geschwindigkeit, mit der
Phenyl-Quecksilber-II-Azetat biologisch abgebaut wird,
und der Mikrobenaktivität auf der Oberfläche poröser
Medien
C. Bicheron & M.A. Bues   571

Band 1

Bakterieller Abbau von Dibenzo-p-dioxin und chlorierten
Derivaten durch das Bakterium *Pseudomonas* spec. RW1
R.-M. Wittich, H. Wilkes, K. Figge, W. Francke &
P. Fortnagel                                                    575

Aerobe Mineralisierung von 1,2,4-Trichlorbenzol und
1,2,4,5-Tetrachlorbenzol durch *Pseudomonas* sp.
P. Sander, R.-M. Wittich & P. Fortnagel                         577

Steigerung des biologischen Abbaus polyzyklischer
aromatischer Kohlenwasserstoffe im Boden
J. Birnstingl, S.R. Wild & K.C. Jones                           579

Die Toxizität von Trichlorethen und 1,1,1-Trichlorethan
für methanoxidierende Mikroorganismen
K. Broholm, T.H. Christensen, B.K. Jensen & L. Olsen            583


4.   ERKUNDUNG UND ÜBERWACHUNG VON STANDORTEN

4.1  Entscheidungsfindung, Expertensysteme

Ein Hilfssystem zur Entscheidungsfindung für das
Management schadstoffbelasteter Böden
W. Visser, R. Janssen & M. van Herwijnen                        589

Neuronale Netze als Hilfssysteme für die
Entscheidungsfindung - neue Hilfsmittel für den Umgang
mit Bodenkontaminationen
R. Huele                                                        601

Auswahlkriterien und Auswahl von Sanierungsmaßnahmen
und deren Durchführung; erläutert am Beispiel eines
ehemaligen Betriebes der Eisen- und Stahlindustrie in
Düsseldorf
K. Hoffmann                                                     607

Bewertung von Altlasten zur Dringlichkeitseinstufung
und Ermittlung des Handlungsbedarfs
C. Hillmert                                                     615

EDV-Altlastenkataster in einem kommunalen
Planungsverband - Wege zur Konflikterkennung und
Problemlösung
B. Stuck                                                        623

Erfahrungen bei der Beurteilung von Altlasten mit
Unterstützung durch das Expertensystem XUMA
W. Eitel, W. Geiger & R. Weidemann                              629

Das Expertensystem XUMA zur Unterstützung der Erkundung
und Bewertung von Altlasten
*W. Geiger, R. Weidemann & W. Eitel* 637

Die Rolle der Expertensysteme bei der Beurteilung von
kontaminiertem Boden und Grundwasser
*R. Huele, R. Kleijn & W. van der Naald* 639

Bewertungsverfahren zur Abschätzung des
Gefährdungspotentials für das Grundwasser bei
kontaminierten Standorten
*H. Bremer & U. Rohweder* 641

Ein Datenbank- und Informationssystem zur Untersuchung
von Altstandorten des Steinkohlenbergbaus
*M. Böhmer & W. Skala* 643

Aufgaben der Bodenkunde bei der Altlastensanierung
*W. Burghardt* 645

Bodenkundliche Kartieranleitung urban, gewerblich und
industriell überformter Flächen - bodenkundliche
Grundlage der Ermittlung, Bewertung und Sanierung von
Altlasten
*Arbeitskreis Stadtböden der Deutschen Bodenkundlichen
Gesellschaft - W. Burghardt* 647

Darstellung der Ergebnisse des Verbundvorhaben
Georgswerder, Hamburg
*J.H. Fischer* 649

## 4.2 Standorterkundung, Probenahmestrategien, Methodik

Bewertung von Grundwasserprobenahmetechniken zur
Erkundung und Überwachung von Altlasten
*G. Teutsch, B. Barczewski & H. Kobus* 651

Geophysikalische Methoden für die Untersuchung alter
Abfalldeponien
*R. Cossu, G. Ranieri, M. Marchisio, L. Sambuelli,
A. Godio & G.M. Motzo* 663

Sanierungsplanung - von der orientierenden Untersuchung
zur Wiedernutzung der Fläche
*Chr. Weingran* 673

Modellstandorte Baden-Württemberg - Ergebnisse für
die Praxis der Altlastenerkundung
*H. Neifer* 681

Band 1

Vergleichende Anwendung von Erkundungstechniken am
Modellstandort 'Mühlacker'
R. Crocoll & W. van der Galiën — 687

Probenahmestrategie und Testverfahren für ausgekofferte
und gereinigte Böden
C.W. Versluijs — 697

Nutzungskonvergente Sanierung - Modellvorhaben
Povel/Nordhorn: Strategien, Erfahrungen und Ergebnisse
P. Rongen, D. Schuller & A. Virmani — 705

Phasen einer Altlastensanierung am Beispiel der
Betriebsdeponie Bielefeld-Senne
J. Peters & A. Wiebe — 713

Bündelung von Altlasten bei der Untersuchung
kontaminierter Industriegebiete
J.W. van Vliet & W.D.E. van Pampus — 721

Umweltgeophysik bei der Altlastenerkundung
A. Straßburger — 729

Flächendeckende historische Erhebung altlastverdächtiger
Altablagerungen und Altstandorte in Baden-Württemberg
P. Fuhrmann — 737

Einsatz verschiedener Verfahren zur Altlasterkundung am
Beispiel des Modellstandortes Osterhofen
G. Battermann & A. Bender — 745

Bodenkontamination durch gefährliche Gase: Untersuchung,
Überwachung, Diagnose und Behandlung
G. Grantham & M.K.D. Eddis — 753

Sanierungsmaßnahmen auf dem Gelände der Gasversorgung
München
E. Holzmann, M. Koch & J. Schuchardt — 769

Leitfaden zur Grundwasseruntersuchung im Festgestein
bei Altablagerungen und Altstandorten
W.G. Coldewey & L. Krahn — 771

Gefährdungsabschätzung von 4 Altdeponien im
Einzugsbereich eines Wasserwerks
L. van Straaten — 773

Das Verhalten halogenierter Kohlenwasserstoffe (CKW)
im Boden
M. Stammler, R. Rohde & P. Geldner — 775

Ein einfaches Bewertungsverfahren zur Abschätzung des
Belastungspotentials organischer Umweltchemikalien in
Böden
N. Litz & H.-P. Blume                                           777

Mehrphasiger Ansatz zur Beurteilung des
Kontaminationsgrades von Mülldeponien auf Polderflächen
M. Siegerist & D. Langemeijer                                   779

Altlasten auf einer ehemaligen Bleihütte:
Untersuchungsergebnisse und mögliche
Sanierungsmaßnahmen
M. Wahlström, P. Vahanne & L. Maidell-Münster                   783

Altlastenprogramm des Landes Niedersachsen - gezielte
Nachermittlung
D. Horchler                                                     785

Stichprobenahmen auf Gittern und Simulationsmodelle bei
Untersuchungen von schadstoffbelastetem Grundwasser
B. Lamoree & J. Manschot                                        787

Kartierung von Grundwasserstauern in quartären
Lockersedimenten mit reflexionsseismischen Verfahren
H. Stümpel, W. Rabbel & R. Kirsch                               791

Erkundung und Sanierung eines Mineralölschadensfalles
unter Flugvorfeldbedingungen
N. Molitor, P. Ripper & R. Schmidt                              793

Entwicklung standardisierter Probenahmestrategien für
Bodenuntersuchungen in den Niederlanden
D. Hortensius, R. Bosman, J. Harmsen & D. Wever                 795

Bewertung von Bodendaten bei der Stillegung von
Oberflächendeponien (Impoundments)
W.E. Kelly, I. Bogardi & A. Bardossy                            807

Expertenwissen und (geo)statistische Methoden:
komplementäre Hilfsmittel zur Untersuchung von
Bodenkontaminationen
J.P. Okx, G.B.M. Heuvelink & A.W. Grinwis                       817

Untersuchung von Feststoffen bei Altablagerungen und
Altstandorten
H. Friege                                                       829

Systematische Probenahmestrategien für die Untersuchung
der Schadstoffbelastung von Boden und Porenwasser
R. Bosman & F.P.J. Lamé                                         837

Band 1

Der Einfluss der Probengrösse und des Orts der
Probenahme auf die Qualitätsprüfung von behandeltem
Boden
F.P.J. Lamé, M. Albert & R. Bosman 841

Verbesserung der Kostenwirksamkeit von Untersuchungen
der Schadstoffbelastung des Bodens
J.P. Okx 845

Erkundung von Altlasten mit Hilfe geophysikalischer
Verfahren
B.-M. Schulze & R. Muckelmann 849

Fernerkundung mit Hilfe eines
Thermal-/Multispektralscanners bei der
Altlastenerkundung
H. Henseleit, M. Sartori & B. Jourdan 851

Untersuchungsstrategien für Altlastverdachtsflächen:
Beprobung und Analytik
P. Friesel, M. Sellner & S. Sievers 853

Entnahme von Porendampfproben als Untersuchungsverfahren
bei Bodenkontaminationen
W. van Oosterom & F. Spuy 855

Dreidimensionale Erkundung der Schadstoffausbreitung im
Grundwasserleiter durch horizontierte
Grundwasserprobenahme in Grundwassermeßstellen mittels
Pneumatic-Packer-Tauchpumpe
D. Quantz 859

Entwicklung von Methoden für die Probenahme von
schadstoffhaltigen Böden und Sedimenten zur Bestimmung
flüchtiger organischer Verbindungen
R.L. Siegrist 861

4.3 Vor-Ort Analytik

Einführung Workshop Vorortanalytik
H. Seng 867

Schnelle Vor-Ort Boden-Analytik: ein mobiles
GC/MS-System im Vergleich mit Laborverfahren
G. Matz, W. Schröder & P. Kesners 869

Faseroptik-modifizierte spektroskopische
Analysenverfahren zur Überwachung umweltrelevanter
Schadstoffe
J. Bürck, W. Faubel, E. Gantner, U. Hoeppener-Kramar &
H.J. Ache 877

Feldanalysen und Bestimmung von Standorteigenschaften
durch die US-Umweltschutzbehörde
E.N. Koglin & J.C. Tuttle   885

Angepasste Vor-Ort-Analytik für
Altlastensanierungsprojekte
J. Jager & L. Schanne   887

Vor-Ort Analysen, Fakt oder Fantasie? Einige Gedanken
zum Thema Vor-Ort-Analytik
D.H. Meijer   893

Neue Strategien zur Bestimmung der Schadstoffbelastung
in Altlasten unter Einsatz eines mobilen
Massenspektrometers
M. Zarth   897

Schnellbestimmung von chlororganischen Verbindungen in
Bodenproben
R. Darskus, H. Schlesing, C. von Holst & R. Wallon   899

Vor-Ort-Analyse organischer Schadstoffe in Boden-,
Grundwasser- und Bodenluftproben von einem ehemaligen
Gaswerksgelände mit einer mobilen Gaschromatograph/
Massenspektrometer-Einheit
J. Kölbel-Boelke & A.G. Loudon   901

Membran-ATR-Methode zur kontinuierlichen Bestimmung von
Chlorkohlenwasserstoffen in Luft und Wasser
R.C. Wyzgol, P. Heinrich, H.-J. Hochkamp, A. Hatzilazaru,
K. Lebioda, S. Aschhoff & B. Schrader   903

Entwicklung eines kadmium-selektiven Sensors auf der
Basis eines Ionensensitiven-Feldeffekttransistors
U. Jegle, J. Reichert & H.J. Ache   905

Bestimmung von Schadstoffen in Wasser mit Prüfröhrchen
C. Herziger   907

Vor-Ort-Methoden bei der Bodenluftuntersuchung von
Altlasten
M. Kerth   909

Flächendeckende Vor-Ort-Analytik von leichtflüchtigen
aromatischen und chlorierten Kohlenwasserstoffen im
Bodengas mittels eines transportablen Gaschromatographen
(GC)
A. Rosenberger & M. Koch   911

Möglichkeiten und Grenzen der repräsentativen Beprobung
von festen Abfällen und Konsequenzen für die
Abfallanalytik
E. Thomanetz   913

Band 1

### 4.4 Analyse von Proben

Ein Methodenvergleich zur Analytik der PAK in
Feststoffproben
*I. Blankenhorn* — 915

Methoden der Rohstoffsuche angewandt auf die Erkundung
und Sanierung von kontaminierten Standorten
*G. Zeibig* — 921

Röntgenstrahlmikroanalyse für eine differenziertere
Beurteilung von Umweltgefahren durch schwermetallhaltige
Bodenverunreinigungen und Abfallprodukte
*G.P.M. van den Munckhof & M.A. Smithers* — 927

Zur Problematik von Schwermetallbestimmungen in
Deponiegasen
*K. Koch & O. Vierle* — 931

Untersuchung von Schadstoffen in Böden mit Prüfröhrchen
*E. Eickeler* — 933

Eine neue Methode zur Bestimmung der gesamten
organischen Belastung teerölkontaminierter Gaswerksböden
*D. Maier, C. Lund & G. Gudehus* — 935

Vergleich unterschiedlicher Analysenverfahren zur
Bestimmung flüchtiger organischer Halogenverbindungen
in Schlämmen und festen Matrices
*J. Alberti, A. Brocksieper, P. Bachhausen & H. Friege* — 937

Ein optischer Sensor zur Bestimmung von
Schwermetall-Ionen
*R. Czolk, J. Reichert & H.J. Ache* — 939

Ein faseroptischer Sensor zur Bestimmung von Ammonium
in Gewässern
*J. Reichert, W. Sellien & H.J. Ache* — 941

Analytische Verfahren zur Erfolgskontrolle bei der
mikrobiologischen Bodenreinigung
*W. Püttmann & W. Goßel* — 943

**Adressen erstgenannter Autoren** — LXI

**Stichwörterverzeichnis** — LXXXV

BAND 2

## 5. SANIERUNGSTECHNIKEN

### 5.1 Übersichtsreferate

Die Behandlung alter Müllablagerungen - fehlendes
Wissen, fehlende Technik
*H. Seng* — 945

NATO/CCMS Pilot Studie 'Demonstration von
Sanierungstechnologien für kontaminierte Böden und
Grundwasser' - Neueste Ergebnisse, Dezember 1990
*D.E. Sanning, E.R. Soczó & K. Stief* — 963

Alternative physikalisch-chemische und thermische
Reinigungsverfahren für schadstoffbelastete Böden
*M. Hinsenveld, E.R. Soczó, G.J. van de Leur,
C.W. Versluijs & E. Groenedijk* — 973

Reinigung kontaminierter Böden - Sonderforschungsbereich
188 der DFG
*R. Stegmann* — 985

### 5.2 Thermische Verfahren

Zehn Jahre Erfahrungen mit der thermischen Behandlung
von Böden
*R.C. Reintjes & C. Schuler* — 987

Kombination von thermischer Bodenbehandlung und in-situ
Bodensanierung auf dem Betriebsgelände einer
Sondermüllverbrennungsanlage
*H.P. Drescher, R. Lehbrink & K. Leifhold* — 999

Untersuchungen zur Zerstörbarkeit von FCKW in
Müllverbrennungsanlagen
*J. Vehlow, L. Stieglitz & W. Vilöhr* — 1007

Großtechnische Erprobung des DBA-Pyrolyseverfahrens
zur Behandlung organisch kontaminierter Böden
*K. Mackenbrock & K. Horch* — 1009

### 5.3 Extraktionsverfahren, Flotation

Untersuchungen der physikalischen Mechanismen bei der
Reinigung kontaminierter Böden durch Waschverfahren
*J. Werther & M. Wilichowski* — 1011

Sanierung eines ehemaligen Gaswerkstandorts mit einem
in situ Hochdruck-Bodenwaschverfahren
M. Ziegler & H. Balthaus                                          1023

Erfahrungen mit dem Dywinex-Waschverfahren beim
Reinigen metallbelasteter Böden
D. Rudat                                                          1033

On-site Bodensanierung - Bodenwäsche mit dem
San-O-Clean-System
U.G.O. Peterson                                                   1035

Physikalisch-chemische Bodenreinigung nach dem
Harbauer-Verfahren
R. Hennig                                                         1037

Laboruntersuchungen zur Charakterisierung kontaminierter
Böden und zur Beurteilung von Reinigungsverfahren
F. Elias & U. Wiesmann                                            1039

Methode Mosmans als Bodenreinigungstechnik
C. Mosmans                                                        1041

Physikalisch-chemische Bodenreinigung System
Hafemeister
H.J. Aust                                                         1043


5.4  Biologische Verfahren

MT/TNO-Forschung zum biologischen Abbau in Böden und
in Sedimenten, die mit Öl und polyzyklischen
aromatischen Kohlenwasserstoffen (PAKs) kontaminiert
sind
G.J. Annokkée                                                     1045

Erfahrungen mit der mikrobiologischen Bodensanierung
D. Stroh, T. Niemeyer & H. Viedt                                  1051

Ermittlung der biotechnischen Sanierbarkeit
kontaminierter Böden
B. Sprenger & H.G. Ebner                                          1063

Grundlegende Untersuchungen zur Optimierung der
biologischen Reinigung ölkontaminierter Böden
S. Lotter, R. Stegmann & J. Heerenklage                           1071

Landbehandlung von DEHP-kontaminiertem Boden
J. Maag & H. Løkke                                                1079

Band 2

Erfahrungen mit der mikrobiologischen On-site
Dekontamination lösemittelverunreinigter Böden und
Bauschuttmassen
P. Bachhausen  1089

Biologische Reinigung schadstoffbelasteter Böden in
regionalen Entsorgungszentren
H. Schüßler & H. Kroos  1095

Bodensanierung mit Weißfäulepilzen
E. Trude  1097

Praxisversuche im Bereich der Reinigung ölhaltiger
Böden in einem biologischen Trommelreaktor (BTR) bei
Feldkapazität
G.P.M. van den Munckhof & M.F.X. Veul  1099

Entwurf eines Slurry-Prozesses zur biotechnologischen
Altlastensanierung
R.H. Kleijntjens, T.A. Meeder, M.J. Geerdink &
K.Ch.A.M. Luyben  1103

Erfahrungen mit einem horizontalen Bio-Bodenmischer
zur mikrobiologischen Behandlung feinstkörniger Böden
- das HBBM-Verfahren
J. Parthen, W. Claas, B. Sprenger, H.G. Ebner &
K. Schügerl  1105

Bildung und Abbau phenolischer Verbindungen bei einer
mikrobiologischen Bodensanierung
P. Bröcking, B. Sprenger, H.G. Ebner &
D. von Wachtendonk  1107

Ergebnisse einer biologischen Sanierung der Unterflur
eines Industriegeländes
P.A. de Boks, H.M.C. Satijn & A.G. Veltkamp  1109

Kinetische Studien des mit Wasserstoffperoxid
beschleunigten biologischen In-Situ-Abbaus von
Kohlenwasserstoffen in einer mit Wasser gesättigten
Bodenzone
E.R. Barenschee, O. Helmling, S. Dahmer, B. Del Grosso
& C. Ludwig  1123

Sanierung durch biologische Behandlung in-situ von mit
Aromaten, polyzyklischen und phenolischen Verbindungen
kontaminierten Böden
H.B.R. van Vree, L.G.C.M. Urlings & P. Geldner  1131

Hydraulische Untergrundsanierung mit biologischer
Reinigung in-situ und on-site
J. Weidner, K. Wichmann & C. Czekalla  1135

Mikrobiologische in-situ Sanierung auf dem Gelände
einer ehemaligen Teerchemiefabrik
P. Geldner & W. Böhm  1137

Biologische in-situ Sanierung eines mit Benzin
kontaminierten Unterbodens
R. van den Berg, J.H.A.M. Verheul & D.H. Eikelboom  1139

Vorstellung einer In situ-Bodensanierung einer mit
Mineralöl kontaminierten Tankanlage
U. Rosenbrock & H. Niebelschütz  1143

'Ehemaliges Gaswerk Ohligs' in Solingen - Feldversuche
zur biologischen Sanierung PAK-belasteter Böden
H. Bullmann, M. Odensaß & H.-P. Wruk  1145

Entwicklung mikrobiologisch/adsorptiver Methoden zur
Dekontaminierung von PAK-belasteten Böden
J. Klein & M. Beyer  1147

Boden- und Grundwassersanierung auf dem Gelände der
Altölraffinerie Pintsch-Öl, Hanau - Großversuche zur
Erprobung mikrobiologischer Sanierungsverfahren
A. Riss & P. Ripper  1149

Biologische Sanierung von kontaminiertem Boden -
Laborversuche
C. Jørgensen, B.K. Jensen, T.H. Christensen, L. Kløft
& A.N. Madsen  1151

Entwicklung eines biologischen Verfahrens zur Sanierung
von Kokereiböden: mikrobieller Abbau von polyzyklischen
aromatischen Kohlenwasserstoffen
D. Bryniok, B. Eichler, A. Köhler, W. Clemens,
K. Mackenbrock, D. Freier-Schröder & H.-J. Knackmuss  1155

5.5 Bodenluftabsaugung

Druckluftabeinblasung und Bodenluftabsaugung als
kombiniertes Verfahren zur Sanierung kontaminierter
Grundwässer - Beobachtungen in Locker- und
Festgesteinen
U. Böhler, J. Brauns, H. Hötzl & M. Nahold  1157

Untersuchung der Zirkulationsströmung um den
kombinierten Entnahme- und Einleitungsbrunnen zur
Grundwassersanierung am Beispiel des
Unterdruck-Verdampfer-Brunnens (UVB)
W. Bürmann  1165

Vakuumextraktion in einer Deponie für Chemieabfälle
W. van Oosterom & S. Denzel  1173

Band 2

In-situ Sanierung von CKW-Schadensfällen: Modellversuche
zur Lufteinblasung (In-Situ-Strippen) in Lockergesteinen
K. Wehrle                                                        1183

In-situ Dampfextraktion eines Toluol-kontaminierten
Bodens
F. Spuy, L.G.C.M. Urlings & S. Coffa                             1185

In-situ-Grundwasserreinigung von strippbaren
Schadstoffen mit dem Unterdruck-Verdampfer-Brunnen
(UVB): numerische Berechnungsergebnisse
B. Herrling, W. Bürmann & J. Stamm                               1189

Bodenbelüftung: Entfernung und biologischer Abbau von
Kohlenwasserstoffen aus belasteten Böden
B. Lindhardt & J. Jacobsen                                       1191

Luftdesorbierung flüchtiger organischer Verbindungen -
ein Sanierungs-Pilotprogramm
P. Parenti & G. Cicerone                                         1195


5.6  Übrige Sanierungstechniken

Elektrosanierung: Sachverhalt und zukünftige
Entwicklungen
R. Lageman, W. Pool & G.A. Seffinga                              1197

In-Situ Extraktion von Schadstoffen aus
Sondermülldeponien durch Elektroosmose
P.C. Renaud                                                      1205

Hydraulische Spaltenbindung zur Erhöhung der
Flüssigkeitsströmung
L.C. Murdoch, G. Losonsky, I. Klich & P. Cluxton                 1217

Deponiegasverwertung mit Membranen - erste
Betriebserfahrungen einer Pilotanlage
R. Rautenbach & K. Welsch                                        1227


5.7  Sickerwasser- und Grundwasserreinigungsverfahren

Untersuchungen zur chemisch/physikalischen Behandlung
des Sickerwassers einer Sondermülldeponie
C. Först, L. Stieglitz & H. Barth                                1229

Flüssigkeitsentzug aus Altlasten. Planung und
Dimensionierung von Entnahmesystemen
T. Meschede & K. Günther                                         1237

Entwicklung und Betrieb einer Pilotanlage zur
biologischen Reinigung von Sickerwässern der Altdeponie
Hamburg-Georgswerder
H. Krebs, M.A. Rubio, O. Debus & P.A. Wilderer   1245

Biologische Behandlung von chlorphenol-haltigen
Abwässern in Sequencing Batch Reaktoren
J. Kaufmann, H. Krebs, O. Debus, P.A. Wilderer &
M.A. Rubio   1253

Der Einfluß von Sequencing Batch Reactor
Verfahrensstrategien auf mikrobielle Evolutionsprozesse
bei der Behandlung von Sickerwässern der Altdeponie
Hamburg-Georgswerder
M.A. Rubio, H. Krebs, O. Debus, L. Davids &
P.A. Wilderer   1255

Der biologische Abbau flüchtiger Schadstoffe bei
Einsatz eines Membranbegasungssystems zur
Sauerstoffversorgung in einer
Sickerwasserreinigungsanlage
O. Debus, H. Krebs, M.A. Rubio & P.A. Wilderer   1257

Biologischer Abbau von Dibenzofuran in einem Membran
Biofilm Reaktor
M.M. Kniebusch, J. Wendt, R.-D. Behling, P.A. Wilderer
& M.A. Rubio   1259

Verfahren zur Elimination lipophiler chlororganischer
Verbindungen aus hochkontaminierten Deponiesickerwässern
E. Thomanetz & D. Jung   1261

Ergebnisse der Untersuchungen zur Oxidation organischer
Inhaltsstoffe in hochkontaminierten
Deponie-Sickerwässern unter Einsatz von
Wasserstoffperoxid und Anwendung von UV-Strahlung
E. Thomanetz & W. Röder   1263

Biologische Vorbehandlung von Deponiesickerwasser vor
Membranverfahren, Beispiel Deponie
Mechernich/Euskirchen
C.F. Seyfried & U. Theilen   1265

Sicherung von Hausmüll-Deponien durch kontrollierte
Deponiegasnutzung in Verbindung mit biologischer
Sickerwasser- und Kondensatbehandlung
K. Wichmann, C. Czekalla & P. Vollmer   1267

Aufarbeitung von Deponiesickerwasser mittels
Umkehrosmose und Eindampfung
R. Rautenbach, K. Arz, C. Erdmann & R. Mellis   1269

## Band 2

Aufbereitung von Deponie-Sickerwasser mit innovativer
Membran-Technik
*Th.A. Peters*   1271

Grundwasserbelastung durch Ölprodukte - Sanierung eines
Industriegeländes mit einer Grundwasserreinigungsanlage
*P. Jahn & A. Reher-Path*   1273

In-situ Behandlung von mit chlorierten
Kohlenwasserstoffen kontaminiertem Grundwasser
*J. Svoma*   1275

Sanierung schwermetallverunreinigten Grundwassers durch
den Einsatz von Ionenaustauscheranlagen
*J. Johannsen, M. Krutz, E. Petzold & S. Süring*   1277

Sanierungsprogramm für einen kontaminierten
Grundwasserleiter in Ville Mercier, Quebec, Kanada
*R.M. Booth, M. Halevy & J.W. Schmidt*   1279

Grundwassersanierung mit Hilfe der Zirkulationsströmung
um den kombinierten Entnahme- und Einleitungsbrunnen -
Funktion und Bemessung des Brunnens
*W. Bürmann*   1283

Grundwassersanierung eines ehemaligen Gaswerkgeländes
*H.-G. Edel*   1285

Behandlungsverfahren für die Chromentfernung aus
Grundwasser
*K. Zotter & I. Licskó*   1287

Biologische Grundwasserreinigung - Praktische
Erfahrungen
*H.M.M. Bosgoed, B.A. Bult & L.G.C.M. Urlings*   1289

Planung, Bau und Betriebsergebnisse einer
grosstechnischen Anlage zur biotechnologischen
Enteisenung und Entmanganung mit simultaner Elimination
von leichtflüchtigen Chlorkohlenwasserstoffen aus einem
Grundwasser
*V. Quentmeier & M. Saake*   1291

Entwicklung eines Bioreaktors zum Abbau xenobiotischer
Verbindungen im Grundwasser
*W. de Bruin, P. Vis, G. Bröerken, A. Rinzema, H. Rozema
& G. Schraa*   1295

Biologische und chemische Behandlung kontaminierter
Grundwässer
*J. Behrendt & U. Wiesmann*   1297

## 6. SICHERUNGSTECHNIKEN; VORBEUGUNG

### 6.1 Grössere Sanierungsarbeiten, bautechnische Aspekte

Bautechnische Sanierung von Altlasten
H.L. Jessberger   1299

CINDU, ein einmaliges Bodensanierungsprojekt in
Utrecht, Niederlande
A.W.J. van Mensvoort & P.W. de Vries   1307

Entnahme von kontaminierten Böden und Abfallstoffen
aus den Flüssigkeitsmüllbecken V und VI auf der Deponie
Georgswerder
J. Bartels-Langweige   1315

### 6.2 Physikalische Isolierung

Überdachung von Deponien
J. Schnell & H. Meseck   1317

Untersuchungen zur Wirksamkeit bindiger mineralischer
Deponieabdichtungen
B. Vielhaber, S. Melchior & G. Miehlich   1323

Sanierung und Nutzbarmachung einer Zinkschlackendeponie
C. Schmidt   1331

Pilotstudie über Verfahren der Oberflächenstabilisierung
bei Endlagern in oberflächennahen Formationen im
Südwesten der USA
F.J. Barnes, E.J. Kelly & E.A. Lopez   1333

Labortechnische und baupraktische Erfahrungen mit
wasserglasvergüteten Dichtsystemen
P. Belouschek & J.U. Kügler   1337

Feldexperimente zur Bewertung der unterflurigen
Wasserbewirtschaftung in von Schneeschmelzen dominierten
semi-ariden Regionen der USA
J. Nyhan, T. Hakonson & S. Wohnlich   1339

Das Zurückhaltevermögen von Abkapselungstechniken
bezüglich Gasen
G. Rettenberger & S. Urban-Kiss   1343

Sanierung einer Altdeponie durch Oberflächenabdichtung
mit Geosynthetics
S.E. Hoekstra & R.A. Beine   1345

Der Einsatz von Kapillarsperren in Deponieabdecksystemen
S. Melchior, G. Braun & G. Miehlich   1347

Band 2

Einsatz von Geotextilien bei der Verhinderung der
Rekontamination ausgetauschter Böden durch Regenwürmer
I. Campino & H.-P. Wruk — 1349

Standortbezogene Sicherung einer Hüttenschlackenhalde
E. Adam, J. Brauns, H. Hötzl, F. Lamm, U. Ritscher &
F. Francke — 1351

Einsatz neuentwickelter mineralischer Abdichtungsmassen
bei Altlastensanierung
K. Finsterwalder & J. Spirres — 1353

Der Einfluß der Gefügestruktur auf die Eigenschaften
eines mineralischen Abdichtungselements
H. Müller-Kirchenbauer, H. Schrewe, C. Schlötzer &
J. Rogner — 1355

Entwicklung und Stand der Dichtwandtechnik
D. Stroh & A. Poweleit — 1357

Dichtwände im Einphasen-Verfahren
J.M. Seitz — 1359

Schlitzwandaushub als mineralische Komponente einer
Oberflächenabdeckung
H. Müller-Kirchenbauer, J. Rogner, W. Friedrich &
J. Ehresmann — 1361

Der Einfluss von Chemikalien auf die Durchlässigkeit
von mineralischen Barrieren
F.T. Madsen — 1363

Ermittlung von Stofftransportparametern in Ton und
deren Bedeutung für die Barrierenwirkung von
Abdichtungen
W. Schneider & J.J. Göttner — 1371

Versuchsgerät zur Ermittlung der Biegezugfestigkeit und
Grenzdehnung von bindigen Böden
J. Henne & U. Smoltczyk — 1381

Asbesthaltige Abfälle richtig deponieren - Status
und Ausblick
J. Kleineberg — 1383

Ansätze für Eignungsuntersuchungen zur
Dichtmassenbeständigkeit gegenüber Prüfflüssigkeiten
H. Müller-Kirchenbauer, W. Friedrich & J. Rogner — 1385

Herstellen von Deponieabdichtungen in ungünstigen
Witterungsperioden
T. Sasse & E. Biener — 1387

Vor- und Nachteile verschiedener Eignungstests für
tonige Deponiebarrieren
*J.-F. Wagner, Th. Egloffstein & K.A. Czurda* — 1389

Technische Realisierung einer neu entwickelten und
langzeitbeständigen mineralischen Basisabdichtung
*B. Diedrich, K. Gronemeier & D. Peters* — 1391

### 6.3 Immobilisierung, Stabilisierung

Verfestigung/Stabilisierung von schadstoffbelasteten
Böden - ein Überblick
*P.L. Bishop* — 1399

Immobilisierung polychlorierter Biphenyle durch
organophile Bindemittel - eine Fallstudie
*R. Soundararajan* — 1411

Zement-gestützte Verfestigung von Industrieabfällen,
die mit organischen Schadstoffen verunreinigt sind
*D.M. Montgomery, C.J. Sollars & R. Perry* — 1417

Wann Immobilisierungsverfahren angewendet und wie sie
bewertet werden können
*E. Mulder* — 1421

Verhaltensprüfung von verfestigten und stabilisierten
Abfallmaterialien zur Umweltbewertung und Gütekontrolle
*H.A. van der Sloot* — 1425

Die langfristige Stabilität von verfestigten Abfällen,
ermittelt anhand von physikalischen und morphologischen
Parametern
*W.E. Grube, Jr.* — 1429

Anwendung der Güteanforderungen der TA Abfall auf eine
Versuchsdeponie verfestigter kontaminierter Böden
*P. Beckefeld* — 1441

Beurteilung des Langzeitverhaltens schwermetallhaltiger
Abfälle auf der Deponie: Entwicklung eines
aussagekräftigen Elutionsverfahrens
*S. Cremer & P. Obermann* — 1443

Mineralogische Methoden zur Untersuchung der Einbindung
organischer Schadstoffe durch Verfestigung
*G. Hirschmann, R. Khorasani, C. Schweer & U. Förstner* — 1445

Theorie und Praxis des anorganischen/organischen
Stabilisierungs-/Verfestigungsprozesses
*R. Soundararajan* — 1449

Band 2

Abhandlung über die Rückstände der Hausmüllverbrennung
A.J. Chandler, T. Eighmy, J. Hartlen, O. Hjelmar,
D. Kosson, S. Sawell, H.A. van der Sloot & J. Vehlow     1453

6.4   Auswahl von Deponiestätten, Vorbeugung gegen zukünftige Altlasten

Umgang mit wassergefährdenden Stoffen
H.-P. Lühr     1455

Vorbeugen gegen zukünftige Altlasten (Sicherer Umgang
mit umweltgefährdenden Stoffen)
A. von Saldern     1463

Verwirklichung des geologischen Mehrfachbarrierenprinzips
in bindigen Lockergesteinen der Küstenregion
D. Ortlam     1465

Sichere Lager und Deponien für Abfallstoffe - Aufgabe,
Sicherheitskonzept, Lösungen
H. Bomhard     1469

Endlagerung von Reststoffen in einer Untertagedeponie
Th. Brasser & W. Brewitz     1473

Vermeidung von Boden- und Grundwasserverunreinigungen
im Tiefbau
J. Karstedt & K. Kromrey     1475


7.   **VERUNREINIGTE SEDIMENTE**

7.1   Programme, Richtlinien, usw.

Behandlung schadstoffbelasteter Sedimente in den
Niederlanden
A.B. van Luin & P.B.M. Stortelder     1477

Bewertung von sanierten kontaminierten Sedimenten
M. Diependaal & H.J. van Veen     1493

Die Hafenschlammanalyse im Hinblick auf potentielle
Umweltschäden
C.T. Bowmer & M.C.Th. Scholten     1501

Beweglichkeit von Schwermetallen in der
Sedimentoberfläche unter eutrophen Umweltbedingungen:
die Lagune von Venedig als ein Studienfall
A. Marcomini, A. Sfriso & A.A. Orio     1513

Ein ausgeglichenes Sanierungsbaggerprogramm
*W.D. Rokosch*   1515

Statements zum Workshop 'Polluted sediments'
*G. Miehlich*   1517

Entsorgungsproblematik des Baggergutes und neue Aspekte
in der Bucht von Izmir
*I. Alyanak*   1519

## 7.2 Sanierungstechniken

Schadstoffbelastete Hafen- und Fluss-Sedimente in den
Niederlanden: Entwicklungsprogramm 1989-1990; Trennung
mit Hydrozyklonen
*M.R.B. van Dillen & F.M. Schotel*   1529

Extraktion von Metallen aus schadstoffhaltigen
Sedimenten mit Hilfe von Mineralsäuren
*J. Joziasse, H.J. van Veen & G.J. Annokkée*   1543

Aufbereitung von Hafenschlick
*H. Lorson & J. Grote*   1553

Sanierung des Geulhaven in Rotterdam
*J.H. Volbeda & S.J.B.C. Bonte*   1561

## 7.3 Folgenutzung

Erkenntnisse über die Auswirkungen maschineller
Baggergutbehandlung auf die bodenmechanischen
Stoffeigenschaften
*W. Blümel & G. von Bloh*   1573

Sedimentmanagement: Gedanken über Bewertung der
Sedimentqualität, Deponieauslegung und Nutzanwendung
*B. Malherbe*   1581

Isolierung von Hafenschlick-Deponien für die
landwirtschaftliche Nutzung
*M. Siegerist & E. de Jong*   1583

## 8. RÜSTUNGSALTLASTEN

Rüstungsaltlasten - Sachstand und Perspektiven
*U. Schneider*   1587

Rüstungsaltlasten in der Bundesrepublik Deutschland
*W. Spyra*   1589

Band 2

Verbesserung des APE 1236-Verbrennungsofens zur
Erfüllung der RCRA-Vorschriften
*R.G. Anderson*   1591

Probleme der Umweltverträglichkeit bei der Entsorgung
von Munition durch Abbrand im Freien
*N.H.A. van Ham & A. Verweij*   1595

Verbrennungsanlage der Wehrwissenschaftlichen
Dienststelle für schädliche Sonderabfälle
*H. Martens*   1597

Bodensanierung im Anlagenverbund - Sanierungskonzept
für die Rüstungsaltlasten in Stadtallendorf
*B. Körbitzer, H. Witte & E. Schramm*   1601

**Adressen erstgenannter Autoren**   XLI

**Stichwörterverzeichnis**   LXV

**Sonstige Beiträge**

Nachstehende Beiträge konnten aus technischen Gründen nur in der englischsprachigen Ausgabe dieses Buches (*Contaminated Soil '90*, ISBN 0-7923-1058-6) veröffentlicht werden.

### 1.1 Industriestaaten

Contaminated industrial sites
*E.F. Thairs*

### 1.2 Osteuropäische Länder

Soil contamination in Hungary
*L. Vermes*

### 2.2 Verunreinigungsquellen, Hintergrundwerte, Verbreitung

Heavy metal contamination in the Culebro river basin soils
*M. Rodriguez Barrera, M.D. Tenorio Sanz & M.E. Torija Isasa*

### 4.2 Standorterkundung, Probenahmestrategien, Methodik

Burning chemical waste disposal site: investigation, assessment and rehabilitation
*D.L. Barry, J.M. Campbell & E.H. Jones*

### 6.2 Physikalische Isolierung

Leachate free hazardous waste landfill
*K. Rohrhofer & F. Kohzad*

### 7.1 Programme, Richtlinien, usw.

Remediation of contaminated sediments in the Laurentian Great Lakes
*M.A. Zarull*

**DRITTER INTERNATIONALER KfK/TNO-KONGRESS
ÜBER ALTLASTENSANIERUNG**

**KARLSRUHE, DEUTSCHLAND, 10.-14. DEZEMBER 1990**


**SCHIRMHERRSCHAFT**

J.G.M. Alders
*Netherlands Minister for Housing, Physical Planning and the Environment, Den Haag. Niederlande.*

K. Collins
*President of the Environment Committee of the European Parliament, Strassbourg. Frankreich.*

H.-G. Franck
*Mitglied des Präsidiums des Verbandes der Chemischen Industrie, Frankfurt. Deutschland.*

A. Kiess
*Präsident der Landesanstalt für Umweltschutz, Karlsruhe. Deutschland.*

W. Klose
*Vorstand des Kernforschungszentrums Karlsruhe GmbH, Karlsruhe. Deutschland.*

H. Kunle
*Rektor der Universität Karlsruhe, Karlsruhe. Deutschland.*

H. von Lersner
*Präsident des Umweltbundesamtes, Berlin. Deutschland.*

H. Riesenhuber
*Bundesminister für Forschung und Technologie, Bonn. Deutschland.*

C. Ripa di Meana
*Member of the Commission of the European Communities, Brussel. Belgien.*

A. Rörsch
*TNO Board of Management, Den Haag. Niederlande.*

S. Schulhof
*President of the Center for Hazardous Materials Research, University of Pittsburgh, Pittsburgh. USA.*

G. Seiler
*Oberbürgermeister der Stadt Karlsruhe. Deutschland.*

R.E. Selman
*Chairman of the Association of the Dutch Chemical Industry,
Leidschendam. Niederlande.*

K. Töpfer
*Bundesminister für Umwelt, Naturschutz und Reaktorsicherheit,
Bonn. Deutschland.*

E. Vetter
*Umweltminister Land Baden-Württemberg, Stuttgart. Deutschland.*

L. Zilliox
*Director of IMF, Louis Pasteur University, Strassbourg.
Frankreich.*


**WISSENSCHAFTLICHER BEIRAT**

C.J. Duyverman, Honorary Chairman
*Netherlands Organization for Applied Scientific Research TNO,
Den Haag. Niederlande.*

F. Arendt, Chairman
*Kernforschungszentrum Karlsruhe GmbH, Karlsruhe. Deutschland.*

M. Hinsenveld, Vice Chairman
*Netherlands Organization for Applied Scientific Research TNO,
Apeldoorn. Niederlande.*

W.J. van den Brink, Secretary
*Netherlands Organization for Applied Scientific Research TNO,
Den Haag. Niederlande.*

S.H. Eberle
*Kernforschungszentrum Karlsruhe GmbH, Karlsruhe. Deutschland.*

V. Franzius
*Umweltbundesamt, Berlin. Deutschland.*

G. Gudehus
*Universität Karlsruhe, Karlsruhe. Deutschland.*

H. Schnurer
*Bundesministerium für Umwelt, Naturschutz und
Reaktorsicherheit, Bonn. Deutschland.*

W. Schött
*Bundesministerium für Forschung und Technologie, Bonn.
Deutschland.*

H. Seng
*Landesamt für Umweltschutz Baden-Württemberg, Karslruhe.
Deutschland.*

R. Stegmann
*Technische Universität Hamburg-Harburg, Hamburg. Deutschland.*

K. Wolf
*Freie und Hansestadt Hamburg, Umweltbehörde, Hamburg.
Deutschland.*


**WISSENSCHAFTLICHE REFERENTEN**

P. Bardos
*Warren Spring Laboratory, Stevenage. Großbritannien.*

E. Berkey
*Center for Hazardous Materials Research, University of
Pittsburgh, Pittsburgh, PA. USA.*

R. Bosman
*Netherlands Organization for Applied Scientific Research TNO,
Delft. Niederlande.*

A.G. Buekens
*Vrije Universiteit Brussel, Brussel. Belgien.*

T.H. Christensen
*Technical University of Denmark, Lyngby. Dänemark.*

R. Cossu
*Università di Cagliari, Cagliari. Italien.*

F.H. Frimmel
*Universität Karlsruhe, Karlsruhe. Deutschland.*

N.G. Gebremedhin
*United Nations Environment Programme, Nairobi. Kenya.*

S. Gotoh
*National Institute for Environmental Studies, Tsukuba,
Ibaraki. Japan.*

F.A.M. de Haan
*Agricultural University Wageningen, Wageningen. Niederlande.*

R. Häberli
*Nationales Forschungsprogramm 'Boden', Liebefeld (Bern).
Schweiz.*

J. van Hasselt
*NBM Bodemsanering, Den Haag. Niederlande.*

A.B. Holtkamp
*Netherlands Ministry of Housing, Physical Planning and the Environment, Leidschendam. Niederlande.*

H. Hötzl
*Universität Karlsruhe, Karlsruhe. Deutschland.*

H. Hulpke
*Bayer AG, Leverkusen-Bayerwerke. Deutschland.*

H.L. Jessberger
*Ruhr-Universität Bochum, Bochum. Deutschland.*

G. Kühnel
*Bundesministerium für Umwelt, Naturschutz und Reaktorsicherheit, Bonn. Deutschland.*

E.W.B. de Leer
*Netherlands Organization for Applied Scientific Research TNO, Delft. Niederlande.*

F.H. Mischgofsky
*Delft Geotechnics, Delft. Niederlande.*

E. Murillo Matilla
*Commission of the European Communities, Brussel. Belgien.*

P.L. Nowicki
*Amenagement-Environnement, Lille. Frankreich.*

D.E. Sanning
*U.S. Environmental Protection Agency, Cincinnati, Ohio. USA.*

F. Selenka
*Ruhr-Universität Bochum, Bochum. Deutschland.*

E.R. Soczó
*National Institute for Public Health and Environmental Protection (RIVM), Bilthoven. Niederlande.*

W.D. Sondermann
*Strauss & Sondermann Rechtsanwälte, Essen. Deutschland.*

U. Springer
*Umweltministerium Baden-Württemberg, Stuttgart. Deutschland.*

O. Tabasaran
*Universität Stuttgart, Stuttgart. Deutschland.*

F. van Veen
*TAUW Infra Consult B.V., Deventer. Niederlande.*

H.J. van Veen
*Netherlands Organization for Applied Scientific Research TNO, Apeldoorn. Niederlande.*

L. Vermes
*University for Agricultural Sciences, Gödöllö. Ungarn.*

F.B. de Walle
*Netherlands Organization for Applied Scientific Research TNO, Delft. Niederlande.*

K. Zirm
*Umweltbundesamt, Wien. Österreich.*


**ORGANISATIONSAUSSCHUSS**

W.J.C. Melgert, Chairman
*Netherlands Organization for Applied Scientific Research TNO, Den Haag. Niederlande.*

S. van de Graaf, Secretary
*Netherlands Organization for Applied Scientific Research TNO, Den Haag. Niederlande.*

H. Borrmann
*Kernforschungszentrum Karlsruhe GmbH, Karlsruhe. Deutschland.*

W.J. van den Brink
*Netherlands Organization for Applied Scientific Research TNO, Den Haag. Niederlande.*

B. Kurstak
*Karlsruher Kongreß- und Ausstellungs-GmbH, Karlsruhe. Deutschland.*

E. Schröder
*Kernforschungszentrum Karlsruhe GmbH, Karlsruhe. Deutschland.*

P. Zietemann
*Zietemann GmbH Ausstellungs- und Kongreßorganisation, Karlsruhe. Deutschland.*

VORWORT

A. RÖRSCH
TNO VERWALTUNGSRAT

1985 ergriff die niederländische Organisation für angewandte naturwissenschaftliche Forschung TNO in Zusammenarbeit mit dem Ministerium für Wohnungswesen, Raumordnung und Umwelt die Initiative zu einem Kongreß über ein bedeutendes Umweltproblem: Die Schadstoffbelastung von Boden und Grundwasser. Wir nannten ihn, ziemlich selbstbewußt, den Ersten Internationalen TNO-Kongreß über Altlastensanierung. Tatsächlich erwies sich die Schadstoffbelastung von Boden und Grundwasser als ein Umweltproblem von solchen Ausmaßen, daß die TNO schon bald nach dem ersten erfolgreichen Kongreß mit den Vorbereitungen für einen zweiten begann, diesmal in Zusammenarbeit mit der Umweltbehörde der Freien und Hansestadt Hamburg.
Und nun stehen wir kurz vor dem dritten Kongreß, der zusammen mit dem Kernforschungszentrum Karlsruhe organisiert wird. Wir empfinden es als eine Ehre, daß das Bundesministerium für Forschung und Technik (BMFT) auch diesen Kongreß großzügig unterstützt und ihn erneut zu einem BMFT-Status-Seminar erhoben hat.
Die Kongresse (auf englisch kurz als Contaminated Soil '85, Contaminated Soil '88 und Contaminated Soil '90 bezeichnet) haben mehr und mehr an Bedeutung und Prestige gewonnen, wie schon die steigende Zahl von Teilnehmern und Beiträgen zum wissenschaftlichen Programm zeigt.
Der Kongreß des Jahres 1990 wird, wie üblich, eine vollständige Übersicht über den Entwicklungsstand des Wissens zur Schadstoffbelastung und Sanierung des Bodens geben. Beim Studium der Beiträge in diesen Sitzungsberichten wird deutlich, daß im Vergleich zu den früheren Kongressen Fortschritte auf verschiedenen Gebieten erzielt worden sind. Es wird auch klar, daß wir für manche Probleme überhaupt noch keine Lösung gefunden haben; in einigen Fällen fehlt das Know-how; gelegentlich ist die praktische (technische) Durchführung schwierig; in einigen Fällen verhindern auch finanzielle Aspekte eine rasche und wirksame Lösung; und machmal sind bei der Übertragung der Ergebnisse aus wissenschaftlichen Forschungsarbeiten und Entwicklungen in die Praxis - oder vielmehr bei den politischen Implikationen der zu treffenden Maßnahmen - kaum Fortschritte sichtbar.
In einigen Ländern beginnt ein Umweltbewußtsein erst jetzt zu erwachen, und erst kürzlich haben die politischen Veränderungen in einigen europäischen Ländern deren ge-

waltige und lange vernachlässigten Umweltprobleme aufgedeckt.

Solange nicht alle Fälle von Schadstoffbelastung des Bodens und Grundwassers gelöst worden sind, müssen Ideen, Erkenntnisse, Meinungen, Erfahrungen wie wissenschaftliche und technische Ergebnisse ausgetauscht werden. Die TNO möchte diesen Prozeß fördern - nicht nur durch aktive Beteiligung an Forschungsarbeiten, sondern auch, indem sie Fachleuten der ganzen Welt ein Podium bietet, auf dem diese ihre Erfahrungen austauschen und Probleme diskutieren können, um dann mit neuen Erkenntnissen in ihr Land zurückzukehren.

# VORWORT

**PROF. DR. W. KLOSE**
Mitglied des Vorstands des KfK

Ausgelöst durch eine Reihe spektakulärer Schadensfälle und in Zusammenhang mit dem deutlich gestiegenen Umweltbewußtsein in der deutschen Öffentlichkeit, findet das Problem der Altlasten und ihrer Sanierung in der Bundesrepublik Deutschland in den letzten Jahren zunehmende Beachtung. Die Initiative der holländischen TNO für den 1. Altlastenkongreß 1985 in Utrecht wurde daher in Deutschland sehr begrüßt und vom Bundesminister für Forschung und Technologie zum Anlaß genommen, weitere Veranstaltungen als gemeinsame niederländisch-deutsche Veranstaltung folgen zu lassen. Der nunmehr in Karlsruhe stattfindende 3. Internationale Kongreß über Altlastensanierung wird auf Veranlassung des BMFT erstmals durch das Kernforschungszentrum Karlsruhe mitgestaltet und sowohl vom BMFT als auch vom Land Baden-Württemberg finanziell gefördert.

Das Kernforschungszentrum Karlsruhe ist als Großforschungseinrichtung aufgrund seiner technischen Ausstattung besonders geeignet für komplexe Technologie-Entwicklungen. Es orientiert sich mit seinen Arbeiten an den forschungspolitischen Zielsetzungen des Bundes und der Landesregierung. In den letzten Jahren hat die Umweltforschung immer mehr an Bedeutung gewonnen und verfügt heute über ca. 20 % der vorhandenen Forschungskapazität. Gegenstand der Arbeiten sind dabei insbesondere die Untersuchung der Ausbreitungsvorgänge bei Schadstoffen in Luft, Wasser und Boden und die daraus resultierenden klimatologischen und biologischen Auswirkungen sowie die Entwicklung von Verfahren und Anlagen zur Verhinderung und Verringerung der Schadstoffemissionen in die Umwelt. Ein wesentlicher Teil dieser Arbeiten bezieht sich speziell auf Fragen der Abfallbeseitigung und der Altlastensanierung. Seit 1987 werden die umweltbezogenen F + E-Arbeiten des Kernforschungszentrums in einem Projekt "Schadstoffbeherrschung in der Umwelt" (PSU) zusammengefaßt.

Die dabei mit der Universität Karlsruhe und der Landesanstalt für Umweltschutz Baden-Württemberg (LfU) bestehende enge Kooperation erfolgt im Rahmen des von allen drei Institutionen gemeinsam gebildeten "Forschungsschwerpunkt Umwelt Karlsruhe" (FUM). Fragen der Altlastensanierung werden in allen 3 Institutionen bearbeitet, in der Universität u.a. am Engler-Bunte-Institut, das sich mit der Erkundung und Sanierung von Grundwasserschäden befaßt; die Landesanstalt für Umweltschutz ist zuständig für die landesweite Erfassung und Bewertung kontaminierter Standorte und erprobt gegenwärtig verschiedene Erkundungs-, Sicherungs- und Sanierungsmethoden an insgesamt 9 Modellstandorten; das Kernforschungszentrum Karlsruhe entwickelt ein Expertsystem zur Risikobewertung von Altablagerungen, führt Arbeiten zur Sickerwasserbehandlung durch und koordiniert im Auftrag der Landesregierung entsprechende Forschungsarbeiten an Hochschulen und in der Wirtschaft im Rahmen des Projekts "Wasser, Abfall, Boden" (PWAB).

Mein besonderer Dank gilt den Verantwortlichen der niederländischen TNO für die exzellente Zusammenarbeit bei der Vorbereitung dieses Kongresses.

Bei den Kongreßvorbereitungen haben auch LfU und Universität Karlsruhe wertvolle Hilfestellung geleistet. Dafür möchte ich mich an dieser Stelle bei allen Beteiligten bedanken. Dies gilt in besonderem Maße für die Gestaltung des Exkursionsprogramms sowie für die thematische Erweiterung des Kongresses bei den Workshops, zu der auch die Sonderveranstaltung über Altlastenprobleme in Osteuropa unter der Schirmherrschaft des BMU gehört. Die letztere war, angesichts der aktuellen politischen Entwicklungen, ein besonderes Anliegen der deutschen Seite, da sie erstmals die Möglichkeit bietet, auch die Altlastenprobleme auf dem Gebiet der ehemaligen DDR und der osteuropäischen Nachbarn auf einem großen internationalen Kongreß öffentlich zu diskutieren. Besonderer Dank gilt dabei dem BMFT, das durch die großzügige Bereitstellung von Sondermitteln auch die Beteiligung von Fachleuten aus den betroffenen Gebieten ermöglicht hat.

Ihnen wie auch allen anderen Kongreßteilnehmern wünsche ich, daß der durch den Kongreß ermöglichte Austausch von Erkenntnissen und Erfahrungen dazu beiträgt, die Umweltgefährdung durch Altlasten zu beseitigen und die Entstehung weiterer Altlasten künftig zu verhindern.

EINLEITUNG

F. ARENDT, M. HINSENVELD UND W.J. VAN DEN BRINK

Sobald ein Kongreß die Aufmerksamkeit einer wachsenden Anzahl von Wissenschaftlern und Fachleuten auf sich zieht, steigt natürlich auch die Zahl der Beiträge. Ihre Anzahl hat gegenüber dem vorhergehenden Kongreß über Altlastensanierung erheblich zugenommen: diese Bände enthalten mehr als 300 Beiträge aus etwa 20 Ländern. Um den Umfang der Verhandlungen praktikabel zu halten, mußte die Länge der Artikel und Poster auf 8 bzw. 2 Seiten beschränkt werden.

Nach unseren Erfahrungen werden die Kongreß-Verhandlungen nach Abschluß des Kongresses häufig auch als Nachschlagewerk genutzt. Die Beiträge waren deshalb in einer Form anzuordnen, die für gedruckte Informationen geeignet ist - also nicht in der Reihenfolge ihres Vortrags.

Der erste Band enthält die Artikel, die sich auf Strategien, Gefährdungsabschätzungen sowie auf das Verhalten und die Analyse von Schadstoffen beziehen, während der zweite Band die technischen Artikel enthält, die sich mit Sanierungs- und Schutzverfahren sowie mit belasteten Sedimenten befassen.

Eine Neuheit dieses Kongresses sind die sieben Workshops. Der Zweck dieser speziellen Treffen ist ein doppelter: sie sollen erstens den Fachleuten die Möglichkeit bieten, ihr Spezialgebiet detaillierter zu diskutieren, und sie sollen zweitens den Spezialisten direkter mit abweichenden Auffassungen konfrontieren, als dies bei einem Kongreßvortrag möglich ist. Die Hauptbeiträge der Workshops und die Kommentare der Diskussionsrunde wurden in die Verhandlungen mit aufgenommen, soweit sie zum Zeitpunkt der Drucklegung verfügbar waren.

Anhand der Verhandlungen lassen sich viele neue Entwicklungen beobachten. Die theoretische Grundlage der Normen ist erheblich erweitert worden. Viele Länder haben Bestandsaufnahmen ihrer Altlasten durchgeführt, oder sind doch im Begriffe, dies zu tun. Und in immer mehr Ländern sind auch einschlägige Gesetze erlassen worden. Hinsichtlich der technischen Entwicklung ist die große Anzahl von Beiträgen bemerkenswert, die zur Behandlung in-situ eingereicht worden sind, und die sich insbesondere mit biologischen Verfahren und der Luftdesorbierung befassen. Immobilisierungstechniken sind zwar noch immer Gegenstand von Diskussionen, fanden aber mehr Beachtung als auf dem vorhergehenden Kongreß über

Altlastensanierung. Ein aufstrebendes Verfahren, das in diesem Zusammenhang nicht unerwähnt bleiben darf, ist die Elektroosmose. Und schließlich beginnt auch das Fachwissen der Bergtechnik langsam in das Feld der Bodensanierung einzusickern.

Die jüngsten politischen Veränderungen in Osteuropa führen auch dort zu einem wachsenden Interesse an Umweltproblemen. Aus diesem Grunde wurde eine Sondersitzung des Kongresses, organisiert als Workshop, der Bodenkontamination in einer Reihe osteuropäischer Länder gewidmet.

Wir möchten die Gelegenheit nutzen, unseren Dank für die begeisterte Mitarbeit aller Autoren auszusprechen. Die Bereitwilligkeit, mit der sie ihre Ergebnisse zu teilen bereit waren, ist ein besonders positiver Aspekt dieses Kongresses.

Wir danken ferner den Übersetzern und denen, die Korrektur gelesen haben, und ganz besonders Herrn H. Borrmann und Frau U. Fuhr vom Kernforschungszentrum Karlsruhe (KfK) sowie Frau S. van de Graaf und ihren Kollegen von der niederländischen Organisation für angewandte naturwissenschaftliche Forschung TNO. Zu danken ist schließlich dem Verleger, der auch diesmal ausgezeichnete Arbeit geleistet hat.

Wir hoffen, daß dieser Kongreß seinen Beitrag zur Beschleunigung von Entwicklungen insbesondere auf dem Gebiet der Altlastensanierung und allgemein des Umweltschutzes leistet. Der blaue Planet, auf dem wir leben, verdient unser äußerstes Engagement.

ALTLASTEN - BEDEUTUNG UND PERSPEKTIVEN FÜR DEN UMWELTSCHUTZ
IN DER INDUSTRIEGESELLSCHAFT

PROFESSOR DR. HANS WILLI THOENES

RAT VON SACHVERSTÄNDIGEN FÜR UMWELTFRAGEN, WIESBADEN


1. EINFÜHRUNG
Innerhalb der letzten Monate ist der Begriff "Altlasten" in einem
besonderen Maße schillernd geworden. Er wird nicht nur im Bereich des
Umweltschutzes, sondern neuerdings auch von der Finanz- und Versicherungswirtschaft im Zusammenhang mit alten Schulden und finanziellen
Verbindlichkeiten benutzt. Wir müssen zur deutlichen Unterscheidung in
Zukunft von ökologischen Altlasten sprechen.
Vorschläge für eine Definition sind im Bericht "Erfassung, Gefahrenbeurteilung und Sanierung von Altlasten" der Arbeitsgruppe "Altablagerungen und Altlasten" der Länderarbeitsgemeinschaft Abfall (LAGA) sowie
im Sondergutachten "Altlasten" des Rates von Sachverständigen für Umweltfragen (SRU) enthalten.

2. ZUR BEDEUTUNG DER ALTLASTEN IM UMWELTSCHUTZ
Von dem früheren Bürgermeister der Stadt New York in USA, Herrn John
Lindsey, stammt folgender Ausspruch: "Der Mensch lebt fünf Wochen ohne
Nahrung, fünf Tage ohne Wasser, aber keine fünf Minuten ohne Luft".
Diese so charakteristisch dargestellte Zeitabhängigkeit des Wohlbefindens des Menschen von den Umweltmedien Boden, Wasser und Luft hat sicher
auch in der Vergangenheit zu einer Priorität der Aktivitäten im Umweltschutz beigetragen. Die Maßnahmen zur Reinhaltung der Luft und des
Wassers standen im Vordergrund aller Umweltschutzbemühungen. Der Schutz
des Bodens fand weniger Beachtung, meistens nur in Verbindung mit dem
ständig steigenden Flächenverbrauch der Industriegesellschaft.
Erst die Gefahren, die mit kontaminierten Böden für die Gesundheit des
Menschen und für die Umwelt auftraten, rückten den Schutz des Bodens
verstärkt in das öffentliche und fachliche Bewußtsein. Schadstoffe an
Ablagerungsplätzen und im Boden wurden zu einer neuen Schlagzeile im
Umweltschutz. Diese Art der Umweltbelastung macht uns sehr deutlich, in
welchem Maße in der Vergangenheit die Kräfte der Selbstregulierung und
der Selbstheilung in der Natur überschätzt worden sind.
Ein besonderes und herausragendes Merkmal dieser Umweltbelastung ist
ihre Wechselwirkung zwischen den Umweltmedien Boden und Wasser. Der
bisher fast ausschließlich sektoral betriebene Umweltschutz hat in der
Vergangenheit diese Vernetzung nicht ausreichend berücksichtigt. Hier
stellt sich nicht nur eine besondere umweltpolitische Zielsetzung, sondern auch eine nicht einfache fachliche Aufgabe. Sie steht beispielhaft
für die ökologisch so dringend notwendige Weiterentwicklung von der
sektoralen zur integralen Betrachtungsweise im Umweltschutz.
Im umweltpolitischen Raum ordnet man Altlasten in der Regel unter den
Oberbegriffen der Abfallwirtschaft. Diese Zuordnung ist historisch bedingt. Jede Industriegesellschaft stößt bei der Frage nach kontaminierten

Böden zuerst auf die Ablagerungen von Abfällen aus früherer Zeit. Beschränkt man das Problem nur auf diese Altablagerungen, so unterschätzt man den Umfang und die Bedeutung der Altlasten für den Umweltschutz in den Industriegesellschaften.

Neben den Kontaminationen an Plätzen mit Abfallaltablagerungen bestehen Bodenbelastungen durch den Umgang mit umweltgefährdenden Stoffen im Bereich der gewerblichen Wirtschaft oder öffentlicher Einrichtungen sowie durch undichte Rohrleitungen und Kanalsysteme.

Zu den zahlreichen Beispielen altlastverdächtiger Altstandorte zählt der Rat von Sachverständigen für Umweltfragen (Altlasten-Gutachten Tz 66) auch die Grundstücke stillgelegter Tankstellen. Ende 1968 waren in der Bundesrepublik Deutschland 46 859 Tankstellen in Betrieb. Durch Straffung des Vertriebes waren es Ende 1989 nur noch 18 928, so daß mit 27 931 stillgelegten Tankstellen gerechnet werden muß. Untersuchungen werden zeigen, welcher Grad an Kontaminationen im Einzelfall vorliegt.

Die Gesamtlänge des öffentlichen Abwassernetzes betrug 1988 in der Bundesrepublik Deutschland einschließlich der Anschlußleitungen 885 700 km (Umweltbericht 1990 des Bundesministers für Umwelt, Naturschutz und Reaktorsicherheit, S. 135). 10 bis 20 % der Leitungen sind sanierungsbedürftig, in einigen Städten sind sogar über 50 % der Leitungen beschädigt. Die beschädigten Abwasserleitungen stellen eine Gefahr für den Untergrund und das Grundwasser dar.

Anreicherungen von Schadstoffen in Böden und im Untergrund können die Regelungsfunktionen, die Lebensraumfunktionen und gegebenenfalls die Produktionsfunktionen nachteilig verändern. Hierdurch werden derartige Verunreinigungen schwerpunktmäßig zu einem Bodenschutzproblem, wobei durch die Wechselwirkungen mit dem Umweltmedium Wasser auch der Schutz des Grundwassers und des Oberflächenwassers berührt wird.

Das mit der Bodenbelastung verbundene Risiko für die belebte und unbelebte Umwelt wird durch die Art des Schadstoffes und der Wahrscheinlichkeit seiner Ausbreitung und der Exposition bestimmt. Die sich daraus ergebende notwendige Gefahrenabwehr prägt heute in erster Linie die Bedeutung der Altlasten im Umweltschutz. Soweit durch Kontamination im Boden und Untergrund das Wasserrecht maßgeblich ist, gestattet der Besorgnisgrundsatz (§§ 26 Abs. 2, 34 Abs. 2 WHG) eine Sanierung ohne strenge Bindung an den polizeirechtlichen Gefahrenbegriff.

Teilaufgabe der Bauleitplanung in der Bundesrepublik Deutschland ist die Umweltvorsorge. Hierzu trägt u. a. die Pflicht der Gemeinde bei, gemäß den Vorschriften des Baugesetzbuches (§ 9 Abs. 5 Ziff. 3 BauGB) bei der Aufstellung von Bauleitplänen diejenigen Flächen zu kennzeichnen, deren Böden erheblich mit umweltgefährdenden Stoffen belastet sind. Für Flächen, die in einem Flächennutzungsplan für eine Bebauung vorgesehen werden sollen, enthält § 5 Abs. 3 Ziff. 3 BauGB eine entsprechende Regelung. Die Kennzeichnungspflicht macht nicht am polizei- und ordnungsrechtlichen Gefahrenbegriff halt. Der Begriff der erheblichen Belastung mit umweltgefährdenden Stoffen deckt auch die Einbeziehung festgestellter Altablagerungen und Altstandorte, deren Risikopotential unterhalb der Gefahrenschwelle bleibt, aber für die künftige Nutzung erheblich ist.

Mit Kontaminationen belastete Grundstücke und nicht sanierte Altlasten können eine an den Belangen des Umweltschutzes orientierte Stadtentwicklung behindern, indem sie den Verbrauch von Freiflächen und die Inanspruchnahme bisher weitgehend unbelasteter Böden fördern. Um die Geschwindigkeit, mit der der besiedelte Raum in Gebiete vordringt, die zuvor dem Außenbereich zugerechnet werden konnten oder die innerhalb des Innenbereiches wichtige ökologische Ausgleichsfunktionen übernahmen, nicht noch

mehr zu beschleunigen, müssen schadstoffbelastete Grundstücke, die als Industrie- oder Gewerbebrache nicht genutzt werden, in ein Flächenrecycling einbezogen werden.

Wenn nicht nur die Abwehr akuter Gefahren, sondern auch das Gebot der Vorsorge im Bodenschutz die Erfassung, Untersuchung und Sanierung schadstoffbelasteter Böden bestimmt, wird dieses Teilgebiet des Umweltschutzes mit seinem Querschnittscharakter für Schutzgüter und Umweltmedien noch erheblich an Bedeutung gewinnen.

Altlasten haben international gesehen in den einzelnen Ländern einen unterschiedlichen umweltpolitischen Stellenwert. Wir erleben das in diesen Monaten mit aller Deutlichkeit und Härte, wenn wir die Situation an den Industriestandorten in den Ländern der ehemaligen DDR und in Osteuropa betrachten.

Die zum Schutz unserer Umwelt notwendige Bewältigung der Probleme der Altlasten stellt nicht nur eine aus fachlicher, sondern auch eine aus organisatorischer und finanzieller Sicht große Herausforderung dar. Wenn es gelingt, den Bürgern zu zeigen, daß das Problem zu bewältigen ist, könnte ein Stück Vertrauenskapital für das Gebiet der Umweltschutztechnik gebildet werden. Hierzu ist aber eine vollständige Information der betroffenen Kreise erforderlich. Programme zur Beteiligung der Öffentlichkeit und zur Einbeziehung der Betroffenen in die Entscheidungsvorbereitung sollten daher Bestandteil eines jeden Sanierungsplanes sein.

Aus Kreisen der Skeptiker hörte man in der Vergangenheit bei der Frage nach der Bedeutung der Altlasten sehr oft die Antwort: "Altlasten sind einerseits nicht zu überschätzen und andererseits nicht zu unterschätzen". Der Rat von Sachverständigen für Umweltfragen ist in seinem Sondergutachten über Altlasten der Auffassung, daß der ganze Umfang und die ganze Problematik unterschätzt werden.

## 3. PERSPEKTIVEN BEI DER GEFÄHRDUNGSABSCHÄTZUNG

Bei der Abschätzung der Gefährdung der Schutzgüter steht zunächst der Schutz der menschlichen Gesundheit im Vordergrund. Belastungen von Ökosystemen durch die vorliegenden Kontaminationen können durchaus Gefahren im Sinne des polizeilichen Gefahrenbegriffes darstellen (Gassner 1981). In Zukunft sollten mehr als bisher auch die ökologischen bzw. ökotoxikologischen Auswirkungen berücksichtigt werden. Dieses dichotomische Schutzgutdenken beruht auf der Erkenntnis, daß der Mensch nicht nur über eine direkte stoffliche Exposition, sondern aufgrund des komplexen ökologischen Vernetzungsgefüges ebenso durch eine Störung seiner Umwelt in seinem Wohlbefinden und seiner Gesundheit beeinträchtigt werden kann.

Durch eine dichotomische Behandlung der Schutzziele könnten erweiterte Möglichkeiten der Sanierung auch im Sinne der Vorsorge im Umweltschutz geschaffen werden.

Bei der Beurteilung der Gesundheitgefährdung an altlastverdächtigen Flächen ist eine Abstufung der Nutzungsintensität und -sensibilität sinnvoll. Nutzungen mit Daueraufenthalt von Menschen im Bereich Wohnen und Arbeiten sowie die Nutzung von Wasser als Trinkwasser haben ein besonderes Schutzbedürfnis. Weniger sensibel sind demgegenüber Nutzungen mit eingeschränkter Verweildauer aus dem Bereich Freizeit. Eine weitere Abstufung ergibt sich bei den Nutzungen als Verkehrsfläche oder Parkplatz.

Wir können in den letzten Jahren einen beträchtlichen Zugewinn an Erfahrungen und Erkenntnissen über die für eine Gefährdungsabschätzung wichtigen Eigenschaften der für Altlasten spezifischen Stoffe und deren Ausbreitungsmechanismen auf den verschiedenen Pfaden feststellen. Es ist das Verdienst der Arbeitsgruppe "Altablagerungen und Altlasten" der Länderarbeitsgemeinschaft Abfall (LAGA), einen Leitfaden erarbeitet zu

haben, der Arbeitshilfen und vorhandene Lösungsansätze vermittelt und zu einem systematischen Vorgehen bei der Untersuchung und Gefährdungsabschätzung beiträgt.

Heute bestehen noch Grenzen in der Ermittlung des Gefährdungspotentials. Sie liegen in der komplexen Natur der Kontaminationen, die eine vollständige Erfaßbarkeit der Zusammensetzung und Mengen der Schadstoffe einschließlich ihrer Reaktionsprodukte außerordentlich erschwert. Die weiteren Grenzen ergeben sich durch noch vorhandene Lücken im Wissen. Voraussetzung ist aber, das Gefährdungspotential möglichst umfassend und sicher zu ermitteln. Hierzu ist die Verbesserung unserer Kenntnisse über das Verhalten und den Verbleib von Stoffen im Abfallkörper, in Böden, in der Bodenluft, im natürlichen Untergrund und im Grundwasser notwendig. Von besonderer Wichtigkeit ist in diesem Zusammenhang, das Gebiet der numerischen Simulationsmodelle zum Transport reaktiver Schadstoffe weiter zu entwickeln. Ihr Einsatz kann bei den Problemen des Erkennens und Voraussagens von kritischen Beeinträchtigungen in Bodenkörpern und Grundwasser und im besonderen Maße bei den zu erwartenden Effekten der vorgesehenen Sanierungsmaßnahmen im Rahmen von Prognosemodellen einen wertvollen Beitrag zur Behandlung des Altlastenproblems leisten.

Für die Anwendung der stoff- und konzentrationsbezogenen Kriterien liegen inzwischen Vorschläge im Bericht der Länderarbeitsgemeinschaft Abfall und im Sondergutachten des Rates von Sachverständigen für Umweltfragen vor. Man sollte bei ihrer Anwendung zwischen dem Einsatz zur Erkennung von Verunreinigungen und ihrer Verwendung zur Beurteilung des Gefährdungspotentials unterscheiden. Stoffbezogene Prüfwerte (Schwellenwerte) können für die Altlastenproblematik hilfreich sein. Sie sollten medienbezogen, schutzgut- und nutzungsabhängig so festgelegt werden, daß bei ihrer Überschreitung Gefährdungen bestehen können. Besonderer Bedarf besteht nach weiteren Prüfwerten (Schwellenwerten) für die Beurteilung von Bodenbelastungen in Abhängigkeit vom Bodentyp, der Bodennutzung und den zu erfüllenden Bodenfunktionen. Mit der Erarbeitung derartiger Werte ist die Frage nach dem Dekontaminationsumfang verunreinigter Böden eng verknüpft.

Inwieweit die bemerkenswerten Arbeiten aus den Niederlanden (VROM 1988) über die Festlegung von Bodenqualitätskriterien auch auf die Verhältnisse in der Bundesrepublik übertragen werden können, kann erst mit Hilfe der Ergebnisse aus dem in Arbeit befindlichen Bodeninformationssystem entschieden werden. Alle stoffbezogenen Prüfwertkonzepte können nur einen anleitenden und mehr empfehlenden Charakter im Hinblick auf die Auslösung von Maßnahmen haben. Es ist immer daran zu denken, daß Abwehrmaßnahmen im Altlastenbereich einem einzelfallbezogenen Relativierungsvorbehalt unterliegen.

Um eine Beurteilung der möglichen Gesundheitsgefährdung durch die aus Altlasten aufgenommenen Schadstoffe zu erleichtern, ist es notwendig, für eine weitere Zahl von anorganischen und besonders organischen Stoffen duldbare tägliche Aufnahmemengen zu ermitteln. Außerdem sind die Wissenslücken in der Ökologie bzw. Ökotoxikologie bezüglich der langfristigen Wirkungen von Schadstoffen in Böden und im Untergrund auszufüllen. Hier sollte ein Schwerpunkt in der Umweltforschung liegen.

Wenn die Ergebnisse der Forschungsarbeiten sowie alle weltweit anfallenden Erkenntnisse systematisch zusammengetragen werden, dann werden sich die mit einer Abschätzung verbundenen Unsicherheiten der Aussage über das Gefährdungspotential ständig verringern.

Bei der Bewertung einer großen Zahl von altlastverdächtigen Flächen ist die Anwendung eines formalisierten Bewertungsverfahrens sinnvoll;

hierdurch ist die notwendige Prioritätensetzung möglich. Die sich aus dem formalisierten Bewertungsverfahren ergebenden Schlußfolgerungen sollten als Vorentscheidung verstanden werden, die eine individuelle Prüfung jeden Einzelfalles erfordert. Hierzu sollte ein Gremium von Experten eingesetzt werden.

Die Perspektive einer Kostenreduzierung für die Untersuchungen und Bewertungen des Gefährdungspotentials ist als günstig anzusehen. Intelligente Probenahmetechniken, die konsequente Anwendung von Screeningverfahren und der Module für Mindestuntersuchungsprogramme (Fehlau 1989) sowie vor Ort einsetzbare Meßverfahren sind die Voraussetzungen für effiziente, zeit- und kostengünstige Lösungen.

Bei allen analytischen Untersuchungen sollte die Qualitätssicherung oberste Priorität haben. Die eingeschaltete Untersuchungsstelle sollte einen Qualitätssicherungsleitfaden vorlegen.

## 4. PERSPEKTIVEN BEI DEN SANIERUNGSMASSNAHMEN

Sanierungsmaßnahmen sollen sicherstellen, daß von der Altlast nach der Sanierung keine Gefährdung und gegebenenfalls nur beherrschbare, d. h. geringe, bekannte und kontrollierbare Beeinträchtigungen der Umwelt ausgehen. Diese Definition, aus der Erfahrung der letzten Jahre geboren, macht deutlich, daß es nicht mehr in jedem Fall möglich ist, die Kontamination so zu vermindern, daß der Status quo ante wieder hergestellt wird. Die Entscheidung, welche Restbelastung und welches Risiko als hinnehmbar und welcher Sanierungsgrad damit als ausreichend gilt, kann zwar durch wissenschaftliche Erkenntnisse gestützt werden; sie ist letztendlich aber eine politische Entscheidung.

Sicherungsmaßnahmen, z. B. Einkapseln, die die Emissionswege langfristig unterbrechen und Dekontaminationsmaßnahmen, die die Schadstoffe in kontaminiertem Erdreich oder Grundwasser bzw. in Abfällen eliminieren, sind gleichberechtigt, wenn hierdurch die Gefährdung bezogen auf die entsprechenden Schutzgüter und Nutzungen nicht mehr besteht. Bei der Anwendung von Sicherungsmaßnahmen ist eine ständige Überwachung erforderlich. Bezogen auf einen langfristigen Schutz der Umwelt ist eine Dekontamination als höherwertig zu betrachten, besonders dann, wenn hierzu umweltverträgliche Maßnahmen eingesetzt werden. Die einfache Umlagerung (Auskoffern) des Kontaminationskörpers mit anschließender Verbringung des unbehandelten Materials auf Sonderdeponien ist abzulehnen, da diese Maßnahme als Problemverlagerung in Raum und Zeit anzusehen ist. Ganz besondere Ausnahmefälle bedürfen einer überzeugenden Begründung.

Die Diskussion um den erforderlichen Sanierungsgrad hält immer noch an. In der Bundesrepublik Deutschland orientiert sich der Sanierungsgrad an der vorhandenen oder geplanten Nutzung (Strategie der Nutzungsanpassung; Holland und Straßer 1989; Grubert 1990). Hierbei ergeben sich zwei mögliche Wege. Im ersten Fall bleiben die vorliegenden Verunreinigungen in den Umweltmedien, wobei dann bestimmte Nutzungen ausgeschlossen werden. So sollten Flächen stillgelegter Sonderabfall- und Hausmülldeponien, die nur eingekapselt werden können, für eine Wohnbebauung nicht in Frage kommen.

Beim zweiten strategischen Weg ist das Nutzungsziel mit dem Sanierungsziel abzustimmen. Hier gibt es eine Vielzahl von Varianten. Will man z. B. einen negativen Einfluß auf den Grundstückswert weitgehend ausschließen, dann können Restkonzentrationen von Schadstoffen nur in der Größenordnung vergleichbarer weiträumiger Hintergrundbelastungen des Bodens und Untergrundes bestehen bleiben (ARGEBAU 1988). Wo diese Abhängigkeit vom Grundstückswert nicht so entscheidend ist, kann es schutzgut-

und nutzungsorientiert Abstufungen im Sanierungsgrad geben. Prinzipiell darf nach der Sanierung kein rechtlich unzulässiges Risiko mehr bestehen; dieses Risiko muß einzelfallbezogen beurteilt werden. Daraus können sich für den gleichen Schadstoff bei unterschiedlicher Exposition infolge unterschiedlicher Nutzung und besonders bei verschiedenen Standortverhältnissen unterschiedlich hohe tolerable Reststoffkonzentrationen ergeben. Bei den Kriterien zur Beurteilung des Risikos dieser tolerablen Reststoffkonzentrationen sind noch Wissenslücken zu schließen, besonders im ökotoxikologischen Bereich.

Bei den Sanierungsmaßnahmen ist der Grundsatz der Verhältnismäßigkeit zu berücksichtigen, wonach die vorgesehenen Maßnahmen geeignet, erforderlich und auch angemessen sein müssen (LAGA 1990). Um dieses ausgewogen planen zu können, sollte die Sanierungsplanung ein unverzichtbarer Bestandteil jeder Sanierungsmaßnahme sein. Die Sanierungsplanung muß eine Sanierungsuntersuchung mit Machbarkeitsstudien enthalten, die die Realisierbarkeit des Vorhabens mit alternativen Sanierungslösungen zur Auswahl stellt. Die Prüfung der Umweltverträglichkeit, die Betrachtung der Kostenwirksamkeit, die Beurteilung der Eigenschaften des Kontaminationskörpers nach der Behandlung, der Grad der Nachsorge mit den Folgekosten und das Programm zur Einbeziehung der betroffenen Kreise sind wichtige Parameter. Weitere Einzelheiten sind im Sondergutachten "Altlasten" (SRU 1989) beschrieben.

Mit der zwingenden Einführung der Sanierungsplanung und der Machbarkeitsstudie soll mehr Systematik, Transparenz und Vertrauen erreicht werden. Das Stadium der ständigen Pilotprojekte und der überproportionalen Inanspruchnahme von "trial and error" muß mehr und mehr der Vergangenheit angehören. Die Voraussetzungen für eine überzeugende und planbare Sanierungstechnik liegen vor. Inzwischen gibt es eine Vielzahl von Sicherungs- und Dekontaminationsverfahren, die teilweise erprobt sind und in einigen Fällen sich schon großtechnisch bewährt haben. Diese Aussage bedeutet nicht, daß bei sehr ungünstigen Schadstoff-, Boden- oder Grundwasserverhältnissen noch weitere Entwicklungsarbeit auf dem verfahrenstechnischen Weg sinnvoll und geboten ist. Auch sollten die Forschungsanstrengungen zur verfahrenstechnischen Optimierung biotechnischer Dekontaminationen nicht vernachlässigt werden. Generell muß aber gesagt werden, daß es, wie überall in der komplexen Umwelttechnik, keinen "Königsweg" der Altlastensanierung geben wird. Die Hoffnung, alle Probleme durch in-situ-Verfahren, d. h. ohne Bodenbewegung und ohne Störung der ökologischen Funktionen, lösen zu können, hat keine erfolgsversprechende Perspektive. Die Weiterentwicklung der bisher angewandten Sanierungstechniken wird sich durch individuell angepaßte Verfahrenskombinationen und durch Fortschritte im Detail auszeichnen. Der Wettbewerb der Verfahren wird zur Kostensenkung beitragen.

## 5. SCHUSSWORT

Jede Industriegesellschaft hat ihre Vergangenheit nicht nur in der gewerblichen und industriellen Entwicklung, sondern auch in den anthropogenen Belastungen im Boden, Untergrund und Wasser. Derartig belastete Flächen wurden in der Vergangenheit meist ohne Rücksicht auf die Hinterlassenschaft genutzt. Die Folgen für die betroffenen Menschen und für die Umwelt sind bekannt. Heute existiert eine Sicherungs- und Dekontaminationsstrategie, die hilft, die Gefährdungen aus Altlasten zu beherrschen. Dieser Weg sollte nicht nur konsequent, sondern auch energischer weitergegangen werden.

Hierbei sind alle Erfahrungen zu verwerten, um zukünftig neue Altlasten zu vermeiden. Eine wirksame Vermeidung kann kurzfristig nur durch umfas-

sende Schutzmaßnahmen bei in Betrieb befindlichen Anlagen erreicht werden; langfristig ist eine schnellere Entwicklung der stoff- und prozeßinduzierten Schadstoffverminderung notwendig.

## 5. BIBLIOGRAPHIE

Sondergutachten "Altlasten" des Rates von Sachverständigen für Umweltfragen (SRU), (1989) Metzler-Poeschel, Stuttgart.

LAGA Informationsschrift "Erfassung, Gefahrenbeurteilung und Sanierung von Altlasten" (1990), Länderarbeitsgemeinschaft Abfall (1990) Erich Schmidt Verlag, Berlin

Bundesminister für Umwelt, Naturschutz und Reaktorsicherheit (1990), Umweltbericht Bundesanzeiger Verlag, Köln

Bundesministerium für Forschung und Technologie, Bonn (1990) Forschungskonzepte Abfallwirtschaft und Altlasten zum Programm Umweltforschung und Umwelttechnologie (1989-1994)

ARGEBAU (1988) Arbeitsgemeinschaft der für das Bau- Wohnungs- und Siedlungswesen zuständigen Minister der Länder), Altlasten im Städtebau, Deutscher Gemeindeverlag, Köln

Fehlau, K.P. (1989) Aufgaben, Probleme und Aktivitäten bei der Ermittlung und Sanierung von Altlasten in: Verein Deutscher Ingenieure (VDI) Seminar 13./14. Juni 1989, VDI-Bildungswerk, Düsseldorf

Aspekte der Altlastenbeurteilung aus behördlicher Sicht gwf-Gas-Erdgas 8, 428-433

Holland, K.J. und Straßer, H. (1988), Bewertung von Altlasten hinsichtlich der Flächennutzung in: Handbuch der Altlastensanierung, Hrsg.: Franzius, V.; Stegmann, R.; Wolf, K. R. v. Decker's Verlag, Heidelberg

Grubert, H. (1990), Strategien zur Nutzungsanpassung von Altstandorten, in: Tagungsband "Sanierung kontaminierter Standorte 1990", S. 217-223, Fortbildungszentrum Gesundheits- und Umweltschutz, Berlin

Gassner, E. (1981), Naturschutz als Gefahrenabwehr Natur und Recht 3, 6-11

VROM NL (1988) Ministerie van Volkshuisvesting, Ruimtelijke Ordening en Milieu beheer, Niederlande, Leidraad Bodensanering, Dell II, 's Gravenhage: Sdu uitgeverij

# 5. SANIERUNGSTECHNIKEN

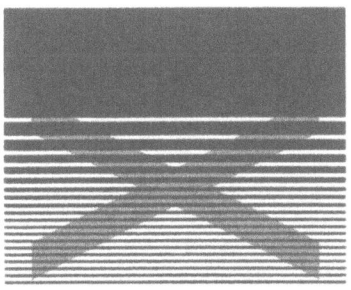

# DIE BEHANDLUNG ALTER MÜLLABLAGERUNGEN - FEHLENDES WISSEN, FEHLENDE TECHNIK

DR.-ING. HANSJÖRG SENG
LANDESANSTALT FÜR UMWELTSCHUTZ BADEN-WÜRTTEMBERG, D-7500 KARLSRUHE 21

## RÜCKBLICK, AUSBLICK

So wie unsere heutigen Altlasten das Werk nicht nur einer Generation ist, so wird ihre Beseitigung auch nicht nur Anstregungen einer Generation benötigen. Blickt man in diesem Sinne vorwärts, so stellt sich die Frage der Bezüge zur künftigen Abfallwirtschaft.

Jedes Abfallbeseitigungskonzept hat seine Basis in einer Vielzahl von Deponien unterschiedlicher Kategorien; auf der untersten Ebene
- die Untertagedeponie, darüber
- die neue Sonderabfalldeponie nach TA Abfall, in der dritten Ebene
- die Hausmülldeponie, die künftig durch die Monodeponie mit kombinierter Dichtung ersetzt werden wird, dann
- die Bauschuttdeponie, die in den meisten Fällen eine mineralische Dichtung aufweisen wird und schließlich auf der 5. Ebene
- die Erddeponie.

Diverse Behandlungstechniken bauen darauf auf.

Wirken Maßnahmen an alten Müllablagerungen in ein derartiges künftiges Abfallwirtschaftssystem hinein? Wenn ja, wie? Könnte man den in der Vergangenheit abgelagerten Müll an seiner derzeitigen Lagerstelle belassen ggfs. nach Durchführung gewisser Sicherungsmaßnahmen zum Schutz der Gewässer, Böden und Luft, fände in der Tat keine Beeinflussung statt. Wird das Sichern solcher Ablagerplätze aber sehr aufwendig, insbesondere wenn aufgrund der langen Zeit Sicherungsmaßnahmen wiederholt durchgeführt werden müssen, dann sind Altmüllumlagerungen bzw. -behandlungen untersuchungswürdige Alternativen. Für die Umlagerung kommen die genannten Deponien als Bestimmungsort in Frage. Eine Behandlung des Altmülls kann in-situ, on-site und ex-site z.B. in sogenannten Bodensanierungszentren aber auch in Abfallbehandlungsanlagen z.B. in Bauschuttaufbereitungsanlagen oder Müllverbrennungsanlagen erfolgen.

Von dem in den letzten 50 Jahren angefallenen Hausmüll liegt schätzungsweise noch ein Anteil von etwa zwei Drittel in alten Müllplätzen, von lediglich einem Drittel in Deponien der ersten Generation, die nicht mal überall eine ausreichende Sohlabdichtung aufweisen. Blickt man 50 Jahre in die Zukunft, so ist es nicht unwahrscheinlich, daß zu den bereits heute in den Deponien der ersten Generation liegenden Abfällen die gleiche Menge Hausmüll noch dazukommen wird und in den Deponien der zweiten Generation mit einer kombinierten Dichtung nur noch ein geringer Hausmüllanteil abgelagert werden wird. Dabei gehe ich davon aus, daß spätestens in 20 Jahren aller Hausmüll vor seiner Ablagerung vorbehandelt wird. Geht man einmal von einer thermischen Vorbehandlung aus, so ist mit einer großen Menge an Schlacke zu rechnen, für die Deponieraum, wenn auch minderwertiger Qualität, benötigt wird. Steht künftig ein großes als Grundlast ständig verfügbares Potential an Müllverbrennungskapazität zur Verfügung, das durch die thermische Durchsatzleistung begrenzt ist, so ist es nicht abwägig von der Annahme auszugehen, daß ein Prozentsatz von 15 % dieser Kapazität für eine thermische Behandlung alten Mülls mit einem relativ niedrigen Heizwert genutzt werden kann. Der Altmüll sollte eben nur dann, wenn freie Kapazität in der Müllverbrennungsanlage zur Verfügung steht, durchgesetzt werden. Es wird darauf hingewiesen, daß die meisten der 45 Müllverbrennungsanlagen in Deutschland die Nennleistung, bezogen auf das Müllgewicht, nicht erreichen und die Energieumsetzungskapazität der begrenzende Faktor ist; ferner daß in manchen Fällen die Reservekapazität (Stand by) bis zu 30 % beträgt. Sollte es in Zukunft zudem zu einem Rückgang des Hausmüllanfalls infolge Vermeidungs- und Verwertungsmaßnahmen tatsächlich kommen, stünde darüber hinaus Kapazität zur Altmüllverbrennung zur Verfügung.

Selbstverständlich erhebt sich dabei die Frage, ob im Falle jeder Altmüllablagerung der Aufwand einer Behandlung in einer Müllverbrennungsanlage bzw. einer Umlagerung gerechtfertigt ist. In Modellvorhaben sollte geprüft werden, inwieweit in sogenannten Abhaldungsaktionen für die Müllverbrennung geeignete Altmüllanteile sich absondern lassen. Dabei wird die in der Vergangenheit übliche gemeinsame Ablagerung von Sonderabfällen, Hausmüll und Bauschutt ein besonderes Problem darstellen. Neue Techniken z. B. modifizierte Bauschuttaufbereitungstechniken sind miteinzusetzen bzw. zu entwickeln. Unter Umständen lassen sich einerseits auf diese Weise neue Ablagerungsflächen (Flächenrecycling) gewinnen und andererseits die Kiesausbeutung reduzieren. Denkt man daran, daß die technischen Einrichtungen bei unseren Deponien der 1. Generation technische Bauwerke sind, die auch nur eine begrenzte Lebensdauer haben, so könnten in weiterer Zukunft unter Umständen freie Kapazitäten in Müllverbrennungsanlagen für die Behandlung auch dieses Mülls genutzt werden. Dadurch wäre es möglich, die technischen Einrichtungen dieser Deponiestandorte zu reparieren und auf den neuesten Stand zu bringen und so wieder neuen Deponieraum zur Verfügung zu stellen. Auf die in großen Mengen zu erwartenden Abfälle für Monodeponien in Zukunft wird hingewiesen. Alleine in Baden-Württemberg werden dies künftig voraussichtlich 1,5 Mio t/a sein.

Eine weitere Möglichkeit, die genannt werden muß, ist die Umlagerung von altem Müll in Deponien der ersten bzw. zweiten Generation. Dies wird dann sinnvoll sein, wenn Sicherungs- und Sanierungsmaßnahmen an der Altablagerung aufwendiger sind und zudem weniger Sicherheit gewährleisten. Dies dürfte insbesondere bei kleinen Müllkippen an hydrogeologisch empfindlichen Standorten der Fall sein.

Dieses hypothetisch aufgezeichnete Bild wirft verschiedene Fragen auf.

## DIE GEFAHREN ALTER MÜLLABLAGERUNGEN FÜR DIE SCHUTZGÜTER

Die erste Frage, die sich stellt, ist die nach dem vom Altmüll ausgehenden Risiko.

Wir haben es hier mit drei Phänomenen zu tun.

Erstes Phänomen: In vielen im Lockergestein gelegenen alten Hausmüllablagerungen können im Grundwasser unterstromig keine Schadstoffe festgestellt werden. Häufig auch dann nicht, wenn Industrieabfälle mitabgelagert worden sind. Dieses Phänomen gilt es aufzuklären, um eine abschließende Bewertung des Standortes vornehmen zu können.

Zweites Phänomen: Im Zuge von Baumaßnahmen angetroffene alte Hausmüllablagerungen zeigen in den allermeisten Fällen noch hohe Anteile organischen Materials. Anaerobe Verhältnisse sind vorherrschend. Dies gilt auch für Deponien aus den 50-er Jahren.

Drittes Phänomen: In der Bundesrepublik, aber auch in den Niederlanden und in den Vereinigten Staaten von Amerika, drückt man sich um Entscheidungen, alte Müllablagerungen zu bewerten und zu behandeln, herum.

Lassen sich die Erfahrungen mit Deponien Rückschlüsse auf die von alten Müllablagerungen ausgehenden Gefahren zu?

Deponien lassen aufgrund ihrer Sohlabdichtung zumindest bessere Erkenntnisse über den Wasserhaushalt abgelagerten Mülls erhoffen. Allerdings sind die meisten Deponien jünger als 20 Jahre. Bedauerlicherweise sind wenig Messungen an Deponien gemacht worden. Ein Langzeituntersuchungsprogramm wurde an der Landesanstalt für Umweltschutz für Deponien entwickelt. An acht Standorten im Bundesgebiet wurde aufgezeigt, wie in der Praxis Messungen und Aufzeichnungen vorgenommen und ausgewertet werden können bis hin zur Bereitstellung eines entsprechenden Computerprogrammes. Ehrig (1) hat an 15 Deponien 5 Jahre lang Messungen durchgeführt und wissenschaftlich ausgewertet. Im Leichtweis-Institut in Braunschweig (2) stehen seit 1977 5 Meter hohe Müll-Lysimeter bis zum heutigen Tage unter Beobachtung. Ehrig (3) hat ferner den Stoffhaushalt einer Müllablagerung im Labor so simuliert, daß eine Woche im Labor drei bzw. sechs Jahre Lagerzeit in der Deponie gleichkommt. Zusammenfassend kann festgestellt werden, daß sich zwar in den ersten fünf maximal zehn Jahren einer Deponie unterschiedliche Phasen im Stoffhaushalt einstellen, die auch zu unterschiedlichen Gas- und Sickerwasseraustritten führen, daß aber danach alle abgelagerten Abfälle egal welche Behandlung sie erfahren haben sich in Annäherung, was das Langzeitverfahren anbetrifft, gleich verhalten. Ehrig hat die von ihm vorgenommenen fünfjährigen Messungen extrapoliert und kam dabei zu Emissionsdauern von 100 bzw. 140 Jahren, bei Chloriden und bei Stickstoff von 400 bis 500 Jahren. Diese pessimistischen Annahmen wurden durch andere Wissenschaftler bestätigt. In einem Workshop in der Schweiz im Jahre 1989, der sich mit dem Leitbild für die Schweizer Abfallwirtschaft, der "Endlagerqualität abzulagernden Stoffe", befaßte, kam zu dem Ergebnis, daß bei Hausmüllablagerungen mit Emissionen über sehr lange Zeiträume gerechnet werden muß. Die Frage, nach welchem Zeitraum mit dem Eindringen der Sauerstofffront in den anaeroben Deponiekörper gerechnet werden muß, was zur Freisetzung der sulfidisch gebundenen Schwermetallen bzw. zu der adsorptiv an der organischen Substanz gebundenen organischen Schadstoffen führen kann, und ob bei so einem "Kritischwerden" der Deponie es zu einem stoßweisen Austrag von Schadstoffen kommt, blieb offen.

Was läßt sich nun von diesem Wissen über Deponien auf alte Müllablagerungen übertragen?

Einerseits war die Einbauart - die offene Schüttkante, Schwelbrände

- anders, zum anderen fand in manchen Fällen eine Einstauung durch Wasser statt. Ferner wurden meist Hausmüll, Industrieabfälle und Bauschuttabfälle gemeinsam abgelagert.

In dem Modellstandortprogramm des Landes Baden-Württemberg wird nun u.a. den aufgeworfenen Fragen nachgegangen, zusätzlich jedoch auch der Frage, wie sich ein Schadstoffaustrag auf die geologischen Barrieren und die Schutzgüter auswirkt. Diese Frage wurde bei Deponien bisher meist nicht untersucht, aufgrund der optimistischen Annahme, daß ein Austrag überhaupt nicht stattfindet. An den Modellstandorten wird eine umfangreiche Erkundung durchgeführt mit dem Ziel Erkenntnisse für die 6.500 anderen Altablagerungen im Lande zu sammeln und insgesamt ein effektives Vorgehen zu ermöglichen. Es werden verschiedene Erkundungsverfahren parallel getestet. In Tafel 1 sind allgemeine Empfehlungen für Altmüllablagerungen aufgelistet, die bereits heute ausgesprochen werden können. Das Erkundungsprogramm wird durch wissenschaftliche Untersuchungen begleitet. Entsprechende Maßnahmen sind in den Tafeln 2 und 3 niedergelegt. Es kann bereits heute davon ausgegangen werden, daß aufwendige technische Erkundungen zur exakten Inventarisierung des Schadstoffinhalts in einer Hausmüllablagerung nicht empfohlen werden können. Dagegen sollte der historischen Erkundung, der geophysikalischen Erkundung sowie der Erfassung der Deponiegasströme sowie der Wasseraustrittsstellen sowie der Barrierewirkungen im Untergrund besondere Aufmerksamkeit geschenkt werden. Der Untersuchungsaufwand hat in einem angemessenen Verhältnis zu dem voraussichtlichen Risiko für die Schutzgüter und dem Sicherungsaufwand zu stehen. Infolgedessen kommt den Empfehlungen zur Beschränkung des Erkundungsaufwandes bei alten Müllablagerungen eine besondere Bedeutung bei. Eine erkundete Altablagerung läßt sich dann auf der im Bild 1 dargestellten Bewertungsebene plazieren, und der Handlungsbedarf läßt sich ableiten. Dabei bedeuten

A... Ausscheiden aus der Altlastendatei
B... Belassen in der Altlastendatei
C... Fachtechnische Kontrolle
D... Durchprüfen von Gefahrenminderungsmaßnahmen.

$r_0$ ist ein Wert, der die Stoffgefährlichkeit charakterisiert. $m_I$, $m_{II}$, $m_{III}$ sind Faktoren, die die Qualität der Lage des Abfalls bzw. kontaminierten Bodens kennzeichnen. Näheres siehe Altlastenhandbuch Baden-Württemberg (4).

## SANIERUNGS- UND SICHERUNGSMAßNAHMEN

Gefahrenminderungsmaßnahmen sind Sicherungs- und Sanierungsmaßnahmen, die es erlauben, eine Altablagerung in der Bewertungsebene nach links (Sicherungs- und Umlagerungsmaßnahmen) und nach unten (biologische, physikalische, chemische und thermische Behandlungsmaßnahmen) zu verlagern. In Tafel 4 sind die Ziele der Sicherungs- und Sanierungsmaßnahmen sowie die voraussichtliche Ereignung der verschiedenen Sanierungsmaßnahmen für die Altmüllbehandlung beschrieben und bewertet. Dabei ist besonders zu beachten, daß Sicherungsmaßnahmen z. B. eine Oberflächenabdichtung, nur einen temporären Schutz von Wasser und Luft bis zum Zeitpunkt einer abschließenden Behandlung oder Umlagerung des Altmülls gewährleisten. Wirksamkeit und Kosten der alternativen Sanierungs- und Sicherungsmaßnahmen sind im Rahmen einer Kostenwirksamkeitsbetrachtung nach Altlastenhandbuch Baden-Württemberg einander gegenüberzustellen. Bei der Entscheidung sind auch sonstige Wirkungen wie in Tafel 5 dargestellt zu berücksichtigen. Die Kostenwirksamkeitsbetrachtung setzt voraus, daß am Standort auf die verschiedenen Sanierungs- und Sicherungsmaßnahmen eingehende Erkundungen ($E_{3-4}$) durchgeführt werden. Dabei können vom Standort unabhängige sogenannte Sanierungsuntersuchungen z.B. zum Austesten der zweckmäßigen Verfahrenstechnik notwendig werden. Eine Tafel 6 ist eine erste Stufe solcher Untersuchungen aufgezeigt, die sich mit den Möglichkeiten einer Mitbehandlung in Müllverbrennungsanlagen beschäftigen. In Tafel 7 sind Abhaldungs- und Aufbereitungstechniken aufgelistet, die einer Erprobung bedürfen.

Zu den verschiedenen technischen Maßnahmen können folgende Anmerkungen gemacht werden.

## 1. ERKUNDUNG

Grundsätzlich besteht die Möglichkeit, Boden- bzw. Abfallproben, Deponiegas und Sickerwasser zu entnehmen und zu analysieren. Die Abfallproben differieren im Zentimeterbereich bereits erheblich. In integraler Aussage über den Stoffhaushalt ist daher am ehesten von Deponiegas- bzw. Sickerwasserproben zu erwarten.

Hierbei muß jedoch berücksichtigt werden, daß in der Regel kaum ein Zusammenhang zwischen der Porenwasserkonzentration und der Sickerwasserkonzentration zu beobachten ist. Zusätzlich ist die Sickerwasserqualität meist von der Pumprate abhängig. Das Deponiegas erscheint somit als integraler Indikator für den Zustand der Deponie geeigneter zu sein. Auch werden die augenblicklich beherrschenden Klimaverhältnisse von Einfluß sein.

## 2. OBERFLÄCHENABDICHTUNG

Eine Oberflächenabdichtung stellt aus gegenwärtiger Sicht die geeignetste Möglichkeit dar, den Schadstoffaustrag aus einer Deponie in kurzer Zeit zu reduzieren. Hierbei muß jedoch sichergestellt sein, daß keine seitlichen Wassereinträge in die Deponie vorhanden sind. Zusätzlich ist eine sichere Deponiegaserfassung notwendig.

Der biologische Abbau in der Deponie wird infolge einer Oberflächenabdichtung in der Regel nicht beeinträchtigt. Die in der Deponie vorhandene Feuchte sichert den Fortgang des biologischen Abbaus. In besonders gelagerten Fällen bestehen Korrekturmöglichkeiten durch gezielte Wasserzugabe.

Die Oberflächenabdichtung stellt eine schnelle und reversible Maßnahme dar das Gefährdungspotential einer Altablagerung zu reduzieren bis geeignete Sanierungstechnologien verfügbar sind.

## 3. ÜBERWACHUNG

Bei Altablagerungen, deren Bewertung nach durchgeführter Erkundung den Handlungsbedarf C ... fachtechnische Kontrolle ggfs. auch erst nach Durchführung entsprechender Sicherungs- und In-situ-Sanierungsmaßnahmen ergibt, müssen einer langfristigen Überwachung unterzogen werden. Zumindest ein Teil der für die Erkundung geschaffener Meßeinrichtungen könne hierfür verwandt werden. Die fachtechnische Kontrolle soll gewährleisten, daß Änderungen im Stoffhaushalt einer Altablagerung z.B. ihr "Kritischwerden" mit nachfolgendem erhöhten Schadstoffaustrag rechtzeitig erkannt und andererseits das Ergebnis der Erkundung mit anschließender Bewertung einer wiederholten Überprüfung unterzogen werden. Ausreichend repräsentative und andererseits im Hinblick auf die lange Zeitdauer der Überwachung kostengünstiger Überwachungstechniken sind zu entwickeln. Die Eignung verschiedener biologischer Verfahren ist zu überprüfen. So ist es denkbar, Veränderungen der Sickerwasserzusammensetzung dadurch auf einfache Weise zu erkennen, daß die anfallenden Sickerwässer einer Altablagerung in einem Teichsystem erfaßt und ihre Wirkung auf verschiedene Pflanzen und Tiere verfolgt wird. Im Falle einer im Grundwasser gelegenen Altablagerung käme ein künstlicher Grundwasseraufschluß unterhalb der Ablagerung für eine diesbezügliche Beobachtung in Frage. Auf diese Weise ließe sich mit relativ geringem Aufwand eine größere Zahl Altablagerungen in einem Gemeindegebiet z.B. durch einen Bediensteten des Gartenbauamts im wöchentlichen Turnus durch bloße Inaugenscheinnahme überwachen.

## 4. UMLAGERUNG

Bei der Umlagerung von Altmüll gilt es folgendes zu bedenken:
- Es müssen Maßnahmen zur Entgasung der Deponie getroffen werden. Hierbei muß berücksichtigt werden, daß das Deponiegas auch ein Transportmedium für Schadstoffe darstellen kann.
- Während der Abhaldung müssen die Arbeitsschutz- und Nachbarschutzprobleme zufriedenstellend gelöst werden. In diesem Zusammenhang muß mit Akzeptanzproblemen bei der Bevölkerung gerechnet werden. Schadstoffbelastungen können bei Menschen zu sehr unspezifischen Symptomen führen.
- Eine Versiegelung der Altablagerung kann während der Abhaldung notwendig werden, da während dieser Phase die Gefahr eines Schadstoffaustrag ins Grundwasser in besonders hohem Maße gegeben sein kann.

Eine Umlagerung einer Altablagerung kann bereits zu einer Volumenreduktion führen, weil hierdurch das Porenvolumen des Altmülls verringert wird. In der Praxis wurden Volumenreduktion von ungefähr **20 % beobachtet**. Die Umlagerung auf eine gut gesicherte Deponie erscheint insbesondere für kleinere Altablagerungen mit hohem Gefährdungspotential sinnvoll.

## 5. MITVERBRENNUNG VON ALTMÜLL IN HAUSMÜLLVERBRENNUNGSANLAGEN

Eine Mitverbrennung von Altmüll in Hausmüllverbrennungsanlagen bis zu einem Anteil von 20 % erscheint ohne eine Verminderung des Massendurchsatzes an Frischmüll möglich.

Andererseits ist eine Verbrennung von Altmüll besonders dann sinnvoll, wenn die Mineralisierung des Altmülls noch nicht sehr weit forgeschritten ist und somit die Gefahren für die Schutzgüter noch relativ hoch sind. In diesem Fall ist ferner eine deutliche Reduktion des Müllvolumens zu erzielen. Bei stark oder vollständig mineralisiertem Altmüll ist bei einer Verbrennung nur noch mit einer geringen Volumenreduktion zu rechnen. Gleiches gilt, wenn der Altmüll hohe Bauschuttanteile aufweist.

In jedem Falle sind die möglichen Auswirkungen einer Altmüllmitverbrennung gründlich in praktischen Versuchen zu ermitteln und ggf. die geeignetsten Gegenmaßnahmen ausfindig zu machen. Diese werden von Anlage zu Anlage verschieden sein. In Tafel 9 sind mögliche Untersuchungen aufgelistet.

6. ALTMÜLLAUFBEREITUNG

Wenn es möglich ist, den Altmüll in eine schadstoffbelastete und unbelastete Fraktion aufzubereiten, so wäre es denkbar, die unbelastete Fraktion, die mindestens Bauschuttqualität aufweist, auf Deponien der 4. Kategorie abzulagern. In Einzelfällen kann ein Einsatz als Baustoff möglich sein.

Die schadstoffbelastete Fraktion kann ggf. physikalisch, thermisch oder auch biologisch weiterbehandelt werden.

Techniken zur Aufbereitung von Altmüll stehen augenblicklich noch nicht zur Verfügung. Es sind jedoch eine Anzahl von Techniken wie Bodenwäsche, Bauschuttrecycling und Erzaufbereitung vorhanden, die wertvolle Beiträge zur Entwicklung einer solchen Technologie beitragen können.

Für eine Aufbereitung von Altmüll eignen sich besonders bereits stark mineralisierte Deponien mit hohem Bauschuttanteil. Eine Entwicklung von hierzu geeigneten Techniken erscheint sinnvoll. Ob diese Techniken geeignet sind, auch Altmüll mit höherem organischen Anteil aufzubereiten, kann gegenwärtig noch nicht eindeutig beantwortet werden.

Um eine Entwicklung dieser Techniken zu initiieren, wäre es sinnvoll, zunächst zu versuchen, Bauschuttdeponien mit geringen Hausmüllanteilen aufzubereiten. Ausgangspunkt hierbei wäre die Technik des Bauschuttrecyclings, die mit den Methoden der Bodenwäsche kombiniert werden müßte.

Bei Altablagerungen mit noch hohem organischen Anteil wäre es denkbar, zunächst lediglich eine Oberflächenabdichtung durchzuführen und erst dann, wenn der biologische Abbau des Altmülls möglichst weit vorangeschritten ist, eine Aufbereitung des Altmülls. Der organische Anteil des Altmülls stellt für jedes Aufbereitungsverfahren das eigentliche Problem dar.

7. IN SITU SANIERUNGSMAßNAHMEN

Alternative In-situ-Sanierungsmaßnahmen für alte Müllablagerungen sind zu entwickeln. Denkbar ist eine aktive Entgasung zur Beschleunigung des Stoffabbaus bzw. zur Verdampfung leichtflüchtiger Schadstoffewie chlorierter Kohlenwasserstoffe. Die Reaktion einer Altablagerung auf eine Übersaugung könnte u.U. einen Rückschluß auf den Grad des Stoffabbaus in der Deponie zulassen. Einer Beschleunigung eines Stoffabbaus könnte auch ein Lufteintrag in die Altablagerung dienen. Neben dem $CO_2$ könnten auch andere leichtflüchtige Schadstoffe wie sie bei einer Kompostierung entstehen, mitausgasen. Denkbar wäre auch, durch geeignete In-situ-Maßnahmen einen Köhlungsvorgang bzw. eine Schwelung künstlich herbeizuführen. Voraussetzung hierfür wäre eine Oberflächenabdeckung zur Unterbindung des Sauerstoffzutrittes. Eine weitere Maßnahmen wäre die Hohlraumverfüllung mit Bentoniten u.U. nur an solchen Stellen, an denen mobile Schadstoffe lagern bzw. eine Abdichtung zum Untergrund hin besonders notwendig erscheint. Schließlich ist noch eine Zugabe huminstoffstabilisierender Substanzen denkbar ggfs. mit einer Zugabe von Chemikalien z.B. Kalk zur Stabilisierung des alkalischen Milieus. Auf diese Weise ließe sich der Zeitpunkt des "Kritischwerdens" einer Deponie herauszögern ggfs. bis zum Zeitpunkt der Verfügbarkeit von Verbrennungskapazität.

ZUSAMMENFASSUNG

Ein schöner Gedanke! Die Müll- und Schuttablagerungen unserer Väter und Großväter sind Zwischenlager solange, bis adäquate Techniken zur thermischen und stofflichen Verwertung verfügbar geworden sind. Die Zwischenlager werden so betrieben, daß ein möglichst geringer Schadstoffaustrag z. B. aufgrund einer Oberflächenabdichtung, dagegen ein gleichmäßiger Austrag leichtflüchtiger organischer Schadstoffe zusammen mit dem Methan des Deponiegases im Sinne einer Selbstsanierung, stattfindet. Die Zwischenläger sind in Abhängigkeit von der Qualität ihrer Lage und dem Zeitpunkt ihres "Kritischwerdens" bzw. ihrer Reparaturfälligkeit ggfs. zu räumen, zu reparieren und wieder zu verwenden ("Mehrwegdeponie"). Der Kiesabbau könnte reduziert, ein Anreiz zur Abfallvermeidung, der Altlasten wegen, geschaffen werden.

(1) Broschüre, Informationstag zum "Swiss Workshop on Land Disposal of Solid Wastes", Schloßgut Münsingen, 18. März 1988, Hsg,: Baccini/Ryser, CH 3310 Münsingen, Alte Bahnhofsstr. 5
(2) Deutsche Forschungsgemeinschaft Wasser- u. Stoffhaushalt von Abfalldeponien und deren Wirkung auf Gewässer, VLH + Verlagsgesellschaft GmbH, Weinheim

(3) Ehrig, Untersuchungen zur Gasproduktion aus Hausmüll, Müllabfall 5/86
(4) Wasserwirtschaftsverwaltung Baden-Württemberg, Altlastenhandbuch Teil 1 + 2, Heft 18 und 19, Herausgegeben von der Landesanstalt für Umweltschutz Baden-Württemberg, 7500 Kalrsruhe, Griesbachstr. 5

Tafel 1
**Allgemeine Empfehlungen für die Erkundung alter Müllablagerungen**

1. Magnetik (Begrenzung in der Fläche)
2. Seismik (Begrenzung in der Tiefe)
5. Rammkernsondierung 60 mm für "Black Box" Altablagerung ausreichend zur Bestätigung historischer Erkundungen
6. Deponiegas (Einfachpegel) erster Anhalt über biologische Aktivität bzw. auch Restalkalität
7. Bodenluft (bei großer Deponiegasproduktion wenig aussagekräftig!)
8. Großschürfe zur Überprüfung!
9. Schwerpunkt legen auf Umfelderkundung
10. Teilsanierung als Erkundungs-Hilfe


Tafel 2
**Standortunabhängige Untersuchungen zum Stoffhaushalt in Altmüllablagerungen**

- mikrobiologischer Abbau und Umbau
- Bewegung durch Konvektion, Dispersion, Diffusion
- Inlösunggehen, Verdampfen, Sorption
- Bindung von xenobiotischen Stoffen an Huminsubstanzen
- Speicherkapazitäten
- Adsorption Abhängigkeit vom pH-Wert, Temperatur, Salzgehalt
- Huminifizierungsgrad
- Mikroskopische Strukturanalysen

Versuchsmaterial: verrotteter Hausmüll + Huminstoffzugabe

Versuchseinrichtung:

Kleinlysimeter
Großlysimeter
Thermowaage mit MS-Kopplung
+ Vorortuntersuchungen

Bild 1

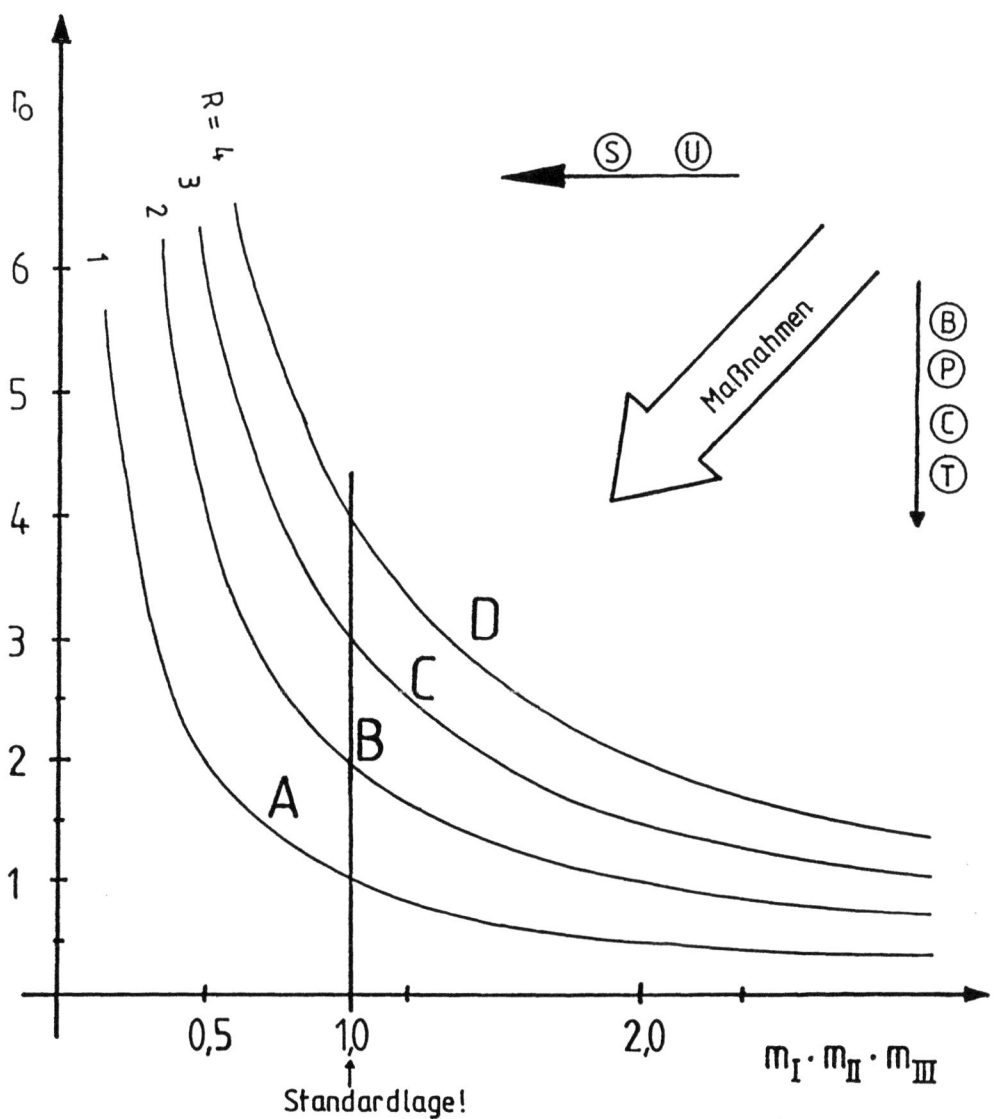

Tafel 3
Zusätzliche Untersuchungen an einem Modellstandort

- Untergrunduntersuchung (Großschürf)
  - Silhaut ($m_{II}$)
  - Schichtung
  - Ionenaustauschkapazität

- Stoffhaushalt Abfall
  - Aktinomyceten
  - Huminifizierungsgrad
  - Restalkalität
  - Eisensalze

- Übersaugung zur Abschätzung der Gasergiebigkeit


Tafel 4
Beurteilung von Sicherungs- und Sanierungsverfahren für alte Müllablagerungen

──── (S) .... Sicherungsmaßnahmen
- Zeitgewinnen für "Selbstsan."
- Frachtverteilung auf größere Zeiträume ("Aktivierung der Geologischen Barriere")
- Hinauszögern des "Kritischwerdens"
- Zeitgewinn bis neue Technologien verfügbar
- Zeitgewinn bis MVA-Kapazitäten frei

──── (U) .... Umlagerung (Transport in günstigeres "Lager"

|  |  | Böden | Altmüll |  |
|---|---|---|---|---|
| (B) | **Biologisch** | + | (+) | (Lkw) |
| (P) | **Physik** | + | ? |  |
| (CH) | **Chem.** | + | ? |  |
| (T) | **Therm.** | + | (+) |  |

Tafel 5
**Sonstige Wirkungen von Sicherungs- und Sanierungsmaßverfahren für alte Müllablagerungen**

|  | S | U | $T_{MVA}$ | $T_{SO}$ | B | P |
|---|---|---|---|---|---|---|
| $CO_2$-Eintrag Atmosphäre | (-) | (-) | -- | -- | - | + |
| $CH_4$-Eintrag Atmosphäre | - | - | + | + | + | + |
| Energieverbrauch | (-) | - | (+) | -- | (-) | - |
| Baustoffgewinnung | (-) | (-) | + | (+) | - | ++ |
| Deponieflächengewinnung | - | - | + | + | (+) | + |
| Straßenbelastung | + | - | - | + | + | + |
| Nachbarschaftsschutz | (-) | (-) | (-) | (-) | - | - |
| Anreiz zur Abfallvermeidung |  |  | + | + |  |  |
| Arbeitsbeschaffung |  |  | + |  |  | + |

Tafel 6
**1. Stufe von Untersuchungen in einer Müllverbrennungsanlage**

Mischversuche im Bunker
1:2, 1:3, 1:4 mit Greifer
Feinanteilausfall messen

Beobachtung des Gutbettes
Über eine volle Schicht v. 8 h z.B.
20 t/h ---→ 160 t pro Mischung

Beobachtung des Temperaturverlaufs
Vortrocknungszone        /Ausbrandzone
"Einschingungsvorgänge"

Rohgasseitige Staubbeprobung
2 x 8 h Meßkampagne im Rahmen eines laufenden Meßprogramms
Fluorstaubmessungen

Beobachtung des Rostdurchfalls
Schlackenbeprobung

Tafel 7
**Entwicklung und Erprobung von Abhaldungs- und Aufbereitungstechniken am Modellstandort und an der Bauschuttaufbereitungsanlage**

- Bagger (Seil-, Polyp, Saug-, Hydraulikbagger klimatisiert
- Sieb (Rüttel-, Trommel-,
- Leseband/Sichtkontrolle
- Erstreinigung (Hochdruck, Dampf, Sand)
- Magnet
- Chinesischer Hut, Dorr-Raspel
- Schwimm-Sink Te., Hydrozyklon
- Ballistik
- Schwingungsverfahren, Ultraschall
- Flockung, Flotation
- Mietenkompostierung
- Vorort-Analytik Halbleitersensoren
- Emissionskontrolle

Tafel 8

Weitergehende Untersuchungen in Müllverbrennungsanlagen (MVA) zur Vorbereitung der Altmüllverbrennung

- Massen- u. Wärmebilanz
    - im MVA-Labor und im praktischen Betrieb

- Untersuchungen am Rost
    - Aufgabe von Grobteilen
    - Altmüll Zu- und Vermischung
    - <u>mechanische Schürung</u> des Müllbettes
    - Rauchgasverwirbelung der Sekundärluft
    - Stützbrenner
    - Primärluftrückführung
    - <u>Verlängerung der Trocknungszone</u>
    - Messung von CO, $O_2$, T im Rauchgas
    - Rauchgasgeschwindigkeit
    - <u>Dioxin-Novosynthese</u> bei versch. <u>Gutbetthöhen</u>
    - <u>Roststandzeitenermittlung</u>
    - Überhitzungskontrolle

- Untersuchungen am Kessel
    - Strahlungskessel
    - <u>Anbackungen am Überhitzer</u>
    - $H_2O$ + Säuregehalt wegen Taupunktüberschreitung
    - Flugstaubanalyse (Sand, Feinteile, Siebkurven)

- Untersuchungen an der Schlacke
    - Feinanteil (Verwertungsprobleme)
    - <u>Rostdurchfall,</u> Rückführung der Feinteile

- Untersuchungen im Bunker
    - <u>Mischversuche</u>
    - $CH_4$-Entstehung

NATO/CCMS PILOT STUDIE "DEMONSTRATION VON SANIERUNGSTECHNOLO-GIEN FÜR KONTAMINIERTE BÖDEN UND GRUNDWASSER" NEUESTE ERGEBNISSE, DEZEMBER 1990

| DONALD E. SANNING | ESTER SOCZO | KLAUS STIEF |
|---|---|---|
| DIREKTOR DER PILOTSTUDIE U.S.EPA | CO-DIREKTOR DER PILOTSTUDIE RIVM, NIEDERLANDE | CO-DIREKTOR DER PILOTSTUDIE UBA, BUNDESREPUBLIK DEUTSCHLAND |

1. EINLEITUNG

Der Zweck der Pilot Studie des NATO/Commitee on the Challenges of Modern Society (NATO/CCMS) "Demonstration von Sanierungstechnologien für kontaminierte Böden und Grundwasser" ist, den Austausch von Informationen über neue und verfügbare Technologien zu fördern, die geeignet sind mit dem Altlastenproblem fertig zu werden. Die Pilot Studie basiert auf einer periodischen Bewertung der Ergebnisse durch eine internationale Gruppe von Experten aus den beteiligten Ländern. Die Studie, die über 5 Jahre laufen soll, wird von den USA als Pilotland und der Bundesrepublik Deutschland und den Niederlanden als Co-Pilotländern geleitet.

Dieser Beitrag ist der fünfte in einer Serie von Veröffentlichungen, in denen jährlich oder häufiger über den Fortschritt der Studie berichtet wird, wenn die verfügbaren Informationen das rechtfertigen (1,2,3,4).

In diesem Beitrag wird vorrangig der Status der Studie präsentiert, der zur Dritten Internationalen Konferenz über die Demonstration von Sanierungstechnologien für kontaminierte Böden und Grundwasser verfügbar war, die vom 6. - 9. November 1990 in Montreal, Quebec, Kanada stattgefunden hat.

Folgende Länder waren auf der Konferenz in Montreal vertreten:
* Kanada
* Dänemark
* Bundesrepublik Deutschland
* Frankreich
* Italien
* Niederlande
* Norwegen
* Türkei
* Vereinigtes Königreich
* Vereinigte Staaten von Amerika

Von diesen zehn Ländern waren acht durch offizielle Vertreter ihrer Länder repräsentiert. Italien und die Türkei waren durch aktive NATO Stipendiaten vertreten.

Die an der Pilot Studie Beteiligten treffen zweimal im Jahr zusammen. Jährlich werden ein Internationaler Workshop und eine Internationale Konferenz abgehalten. Die Workshops sind mehr administrativer Natur, wo Standorte /Projekte für die Studie auf demokratischem Wege ausgewählt werden. Auf den Internationalen Konferenzen präsentiert jedes Land die Ergebnisse seiner Demonstrationsprojekte und berichtet über die technischen und ökonomischen Vorteile/Grenzen der verschiedenen innovativen/alternativen Sanierungstechnologien.

Mit der Pilotstudie ist ein sehr aktives NATO/CCMS Stipendiaten Programm verbunden, mit elf Stipendiaten aus sechs Ländern.

Auf der Internationalen Konferenz in Bilthoven, Niederlande, im November 1988 initiierte der Direktor der Pilotstudie ein Programm, durch das es möglich wurde, Experten mit internationalem Ruf als Gastsprecher einzuladen, und über ihre Forschungsgebiete referieren zu lassen. Diese Aktivität ist von allen Beteiligten begrüßt worden und dient als Stimulanz für neue Ideen, um die Umweltprobleme im Arbeitsbereich 'kontaminierte Standorte' zu lösen.

## 2. ÜBERSICHT ÜBER LAUFENDE PROJEKTE

Die Projekte, über die auf der Konferenz im November 1989 in Montreal, Kanada berichtet wurde, sind in Tabelle 1 zusammengestellt.

Der Stand aller Projekte der Pilotstudie im März 1990 kann der Tabelle 2 entnommen werden.

## 3. DISKUSSION DER PROJEKTE, ÜBER DIE AUF DER KONFERENZ IN MONTREAL BERICHTET WURDE.

### 3.1 Biologische Bodenbehandlung

Die U.S. Air Force lagert und transferiert jährlich ca. 3 Mrd. U.S. Gallons von JP-4 Flugbenzin. Unglücklicherweise ergeben sich aus diesen Aktivitäten Bodenkontaminationen infolge von Treibstoffverlusten. Das Airforce Engineering und Service Center ist verantwortlich für die Entwicklung und Prüfung von neuen Technologien. Auf der Basis früherer Forschungsergebnisse wurde entschieden, eine biologische in-situ Sanierungstechnologie auf der Eglin Air Force Base in Florida, U.S.A. zu testen ( Projekt Nr. 1 ). Infolge eines Lecks wurden durch schätzungsweise 75 000 -100 000 l Treibstoff ungefähr 3000 m$^3$ Boden und flach anstehendes Grundwasser (nur 1 m unter der Erdoberfläche) kontaminiert. Günstiger Boden (Seesand, coastal sand) und hydraulische Eigenschaften (Durchlässigkeit von 6x10$^{-2}$cm/s) waren ausgezeichnete Voraussetzungen für die Prüfung der biologischen in-situ Sanierung. Vor Beginn der Feldversuche wurden ungefähr 30 000 l Treibstoff wiedergewonnen. 90 % des Treibstoffes der im Boden verblieb, war oberhalb des Grundwasserspiegel in der Bodenmatrix adsorbiert und gebunden. Ein Nährstoff und Wasserstoffperoxid System wurde geplant, um die relative Wirksamkeit von drei Methoden zu prüfen (Injektionsbrunnen, Infiltrationsgalerien und ein Beregnungssystem), durch die der biologische Abbau in der Vadose Zone und im Grundwasser gefördert werden soll. Wasserstoffperoxid wurde als Sauerstoffquelle verwendet. Ein Hauptproblem war die Stabilität der Peroxide. Infolge schneller Zersetzung konnten schätzungsweise nur 16 % der tatsächlich verfügbaren Sauerstoffmenge in den kontaminierten Boden und das Grundwasser eingeleitet werden. In Laborexperimenten zeigte sich, daß Peroxidase Enzyme, die von Bakterien in der Nähe der Infiltrationsstellen produziert wurden, aller Wahrscheinlichkeit nach die Ursache dieser Zersetzung waren. Nach 18 Monaten war die Konzentration von Aromaten in den Beobachtungsbrunnen von 8 ppm auf 200 ppb gesunken. Es wurde keine signifikante Entfernung von Treibstoffrückständen, die an Bodenteilchen gebunden waren, gefunden. In-situ Feldversuche zur Bodenbelüftung haben gezeigt, daß diese Technik effektiver ist, um große Mengen von Treibstoff in kürzerer Zeit zu entfernen. (5)

In Dänemark wird ein ehemaliges Gaswerksgelände in Fredensborg (Projekt Nr. 2) ebenfalls mit Hilfe von in-situ und on-site mikrobiologischen Behandlungstechniken saniert. Das Gelände ist 5000 m$^2$ groß. Der erste Grundwasserleiter besteht aus sandigem Boden, der zweite Grundwasserleiter ist vom ersten durch eine Torfschicht von ca. 1,5 m getrennt. Die Hauptkontaminanten im Boden sind Steinkohlenteere (100-37000 mg/kg), Cyanide (100-3500 mg/kg) und Naphtalen (5-200 mg/kg) und die Hauptkontaminanten im Grundwasser sind Naphtalen (3000-18 000 ug/l) und Phenol (10-2 300 ug/l). Die am schwersten mit Teer kontaminierten Bereiche wurden ausgekoffert bevor die in-situ Sa-

TABELLE 1. NATO/CCMS Projekte über die auf der Dritten Internationalen Konferenz in Montreal, Canada, Nov. 1989 berichtet wurde

| Nr. Behandlungs-technologie | Kontaminierter Standort | behandelte Kontaminanten | Behandlung | Organisation, Firmen |
|---|---|---|---|---|
| **BODENBEHANDLUNG** | | | | |
| *biologisch* | | | | |
| 1. Gesteigerte aerobe Biorestauration | Eglin AFB, FL United States | Flugbenzin | in-situ | U.S. Air Force Battelle; IT Corporation |
| 2. Mikrobiologische Behandlung | ehem. Gaswerk Fredensborg, DK | Polycycl. Aromaten, KW, Phenole, Cyanide | on-site in-situ | National Agency of Environmental Protection; Danish Geotechnical Institute |
| *physikalisch/chemisch* | | | | |
| 3. K-PEG Prozess | Wide Beach, NY, United States | PCBs | on-site in-situ | U.S.EPA Galson Research Corp. |
| 4. Hochdruckwaschen & Oxidation von Boden | Goldbeck Haus, Hamburg, D | Phenol, Kresol | in-situ | Umweltbundesamt; ARGE Bodensanierung |
| 5. Boden Vakuum Extraction | Verona Well Field Battle Creek, MI U.S.A. | CKW PAK | in-situ | U.S.EPA |
| 6. Electro-Reclamation | Loppersum Niederlande | Arsen | in-situ | Nationales Institut für Gesundheit und Umwelt (RIVM); Geokinetics |
| *Stabilisation/Verfestigung* | | | | |
| 7. In-situ Vitrification | Parsons Chemical Site, Michigan United States | Quecksilber, Blei, Arsen, Pestizide, Dioxin | in-situ | U.S.EPA; Battelle; Geosafe |
| *thermische Behandlung* | | | | |
| 8. Thermische Desorption und Zerstörung (Strahlungsheizung) | Hamburg Bundesrepublik Deutschland | Chlorbenzol, Chlorphenol, HCH, Dioxin, Furane | on-site | Umweltbundesamt; Dekonta GmbH |
| **GRUNDWASSERBEHANDLUNG** | | | | |
| *chemisch/physikalisch* | | | | |
| 9. Pumpen und Behandeln | Ville Mercier, Quebec, Kanada | Dichlorethan, Benzol, versch. Mono-u.polycycl. Aromaten | on-site | Environment Canada |
| 10. UV/Oxidation | San Jose, CA, United States | TCE 1,1-DCA 1,1,1-TCA andere VOCs | on-site | U.S.EPA; Ultrox |

## TABELLE 2. Status aller NATO/CCMS Pilot Study Projekte (März 1990 Oslo, Norwegen)

| Behandlungstechnologie Projekte | Abschlusspräsentation* auf Internationalen Konferenzen | | | | | Gesamtzahl der Projekte |
|---|---|---|---|---|---|---|
| | 1987 | 1988 | 1989 | 1990 | 1991 | |
| **BODEN** | | | | | | |
| biologisch | | 2 | | 2 | 1 | 5 |
| physikalisch/chemisch | 1 | 2 | 2 | 2 | 2 | 9 |
| Stabilisierung/Verfestigung | | 2 | | 1 | 1 | 4 |
| thermisch | 1 | 2 | | 1 | 1 | 5 |
| **GRUNDWASSER** | | | | | | |
| Pumpen und Behandeln | | | 2 | 1 | 2 | 5 |
| Gesamtzahl der Projekte | 2 | 8 | 4 | 7 | 7 | 28 |

\* Zwischenberichte wurden auch aufgenommen, falls die Laufzeit der Projekte mehr als zwei oder 3 Jahre beträgt.

nierung begonnen wurde. Das in-situ System zur Infiltration und Wiederherstellung des Geländes bestand aus zwei Komponenten: einem oberen Infiltrationssystem mit Dränagen und einem unteren Brunnensystem im zweiten Aquifer. Das on-site System zur Wasserbehandlung besteht aus Koagulation/Fällung, Sandfiltration und Umkehrosmose. Das Konzentrat aus der Umkehrosmose wird in einem Bioreaktor (rotating disc biological contractor system) behandelt. Laborexperimente zeigten eine gute Abnahme (98% und mehr) von z.B. Naphtalen und Phenol mit Hilfe der Umkehrosmose. Die Resultate des biologischen Abbaus waren vielversprechend. Die Feldversuche werden im Jahr 1990 beginnen. (6)

### 3.2 Physikalisch/chemische Bodenbehandlung

Der KPEG-Prozess, ein chemisches on-site Behandlungsverfahren, wird auf dem Wide Beach Gelände, New York demonstriert werden (Projekt Nr. 3). Von 1968-1978 wurde mit PCB (Acroclor 1254) kontaminiertes Altöl von der Assoziation von Hausbesitzern zur Staubbindung auf lokalen Straßen eingesetzt. In dieser Zeit wurden ca. 30 000-40 000 US-Gallons Öl verwendet. Im Jahre 1980 wurde ein Abwasserkanal verlegt und der Bodenaushub wurde schließlich als Auffüllboden in Gärten von Eigenheimen und in einem kommunalen Erholungsgelände verwendet. Schätzungsweise 275 Bewohner sind beeinträchtigt. Eine Untersuchung im Jahre 1983 aufgrund von Beschwerden über Geruchsbelästigungen bestätigte das Vorhandensein von PCB in Böden und Grundwasser. Die Wege und Straßen, Gärten und Gräben für Entwässerungsleitungen mußten bis zu Tiefen von 30-100 cm ausgekoffert werden, um PCB-kontaminierten Boden mit mehr als 10 ppm PCB zu entfernen. Bis heute wurde eine Pilot-Version des KPEG-Verfahrens angewendet. Der KPEG-Prozess basiert auf der nucleophilen aromatischen Substitution, um PCB abzubauen. Die Chemikalien, die zugegeben werden, sind Kaliumhydroxid und Polyethylenglykol. Durch den Prozess wird ein nicht-toxisches, nicht-mutagenes und nicht-bioakkumulatives Material gebildet. In einem Mischer wird der kontaminierte Boden mit den Reagentien aufgeschlämmt und in einen Drehtrommelofen gepumpt, wo für eine Zeit von 2-6 h eine Erhitzung auf ca. 100 $^\circ$C stattfindet. Nach der Reaktion wird der dekontaminierte Boden von den Reagentien durch Sedimentation getrennt und das gereinigte Lösemittel wird wiederverwendet. In der Pilotphase wurden PCB-Konzentrationen von 30-260 ppm in den Böden auf PCB-Konzentrationen von 0,7 ppm bis 1,7 ppm reduziert. Die Reaktionszeiten für den Prozess hängen von den Anforderungen an die Sanierung ab. (7)

Ein Hochdruckwaschverfahren, das speziell für die in-situ Sanierung von Böden entwickelt wurde, ist auf dem Gelände einer Chemischen Fabrik in Hamburg, Bundesrepublik Deutschland erprobt worden (Projekt Nr. 4). In der Fabrik wurden von 1889-1963 Desinfektionsmittel hergestellt; heute gehört das Gelände der Stadt Hamburg. Der Boden unter und zwischen den Gebäuden ist hauptsächlich mit Phenol kontaminiert. Konzentrationen zwischen 10 und 10 000 mg/kg sind festgestellt worden. Das Gelände ist ca. 5000 m$^2$ groß und mit einer etwa 4 m dicken Auffüllschicht (Sand, Bauschuttreste) überschüttet. Der natürlich anstehende Boden darunter besteht aus einer geringmächtigen Torfschicht gefolgt von einer Sand- und Muddeschicht. Die Technologie für das vorgesehene in-situ Hochdruckwaschverfahren besteht darin, daß ein Hochgeschwindigkeitswasserstrahl angewendet wird, um den Boden in einem Bohrloch zu erodieren und zu waschen. Mit Hilfe des Hochgeschwindigkeitswasserstrahls (300-600 bar) wird der Boden erodiert und mit Wasser gemischt. Der rotierende Monitor bewegt sich mit konstanter Geschwindigkeit aufwärts, um den Boden bis zur Oberfläche hin zu waschen. Das Boden-Wasser Gemisch wird nach übertage gefördert und mit Hilfe eines chemischen Oxidationsverfahrens gereinigt. Nach der Dekontamination wird der Boden in zwei Klassen separiert. Die Klasse 1 (Grobfraktion) wird wieder in die Erosionsräume verfüllt, die durch das Waschverfahren im Boden entstanden sind. Wenn es nötig ist, kann das Verfüllmaterial mit dem SOILCRETE-Verfahren stabilisiert werden. Das Material der Klasse 2 wird in einer Filterpresse entwässert. Das Wasser wird wiederverwendet. Fünf Testläufe sind durchgeführt worden, um die verschiedensten Betriebsparameter zu ermitteln. Versuchsergebnisse zeigen, daß die Phenolkonzentrationen im Boden auf die geforderten Werte abgenommen haben. Diese Technologie kann für die Behandlung von den verschiedensten Bodenarten angewendet werden, einschließlich Böden mit hohem Tonanteil und organischem Material. (8)

Die Bodenluftabsaugung (Soil Vacuum Extraction, SVE) ist eine lebensfähige Technologie zur Entfernung von flüchtigen organischen Schadstoffen (VOCs) in ungesättigten kontaminierten Böden. Diese Technologie ist für die Sanierung des Verona Well Field Geländes, in Michigan, U.S.A. ausgewählt worden (Projekt Nr. 5). Das Brunnenfeld umfaßt 30 aktive Brunnen, durch die 50 000 Menschen und einige Grundnahrungsmittelbetriebe mit Trinkwasser versorgt werden. Von den 30 Brunnen sind 10 mit VOCs kontaminiert. Untersuchungen ließen vermuten, daß die Kontamination von einer Lösemittelumschlag und -verteilungsanlage stammte. Die geologischen Gegebenheiten des Geländes sind eine Schicht von Fein- und Grobsand mit Schluff und Tonanteilen bis in eine Tiefe von 15 m. Der Grundwasserspiegel liegt ca. 6-7,5 m unter Gelände. Die hydraulische Durchlässigkeit liegt zwischen $2,7 \times 10^{-3}$ und $4,0 \times 10^{-2}$ cm/s. Schwerpunktmäßig wurde die Anwendbarkeit der Technologie bei unterschiedlichen Bodenparametern (z.B. Durchlässigkeiten von $10^{-4}$ bis $10^{-8}$ cm/s), Tiefen des Grundwasserspiegels und Arten der Kontaminanten untersucht. Auf Geländen, bei denen das Grundwasser nur in Tiefen von 3 m oder flacher ansteht, kann es wirtschaftlicher sein, zusätzlich Boden auszukoffern. Das großtechnische Bodenluftabsaugesystem, das für die Sanierung des Geländes hergestellt wurde, besteht aus einem Netz von 23 (4 '" Durchmesser) PVC Brunnen mit geschlitzten Filtern von 1,5 m unter Gelände bis zu 1 m unter dem Grundwasserspiegel. Die Brunnen sind durch ein System von PVC-Leitungen, die über Gelände verlegt sind, verbunden. Die Rohrleitungen sind mit einem Luft/Wasser Separator verbunden, dem für die Dampfphase ein A-Kohle Adsorptions System und eine Vakuum Extraktionseinheit nachgeschaltet ist. Das SVE System ist noch in Betrieb; Schlußfolgerungen basieren auf den Reinigungsergebnissen in der Zeit zwischen März 1988 und September 1989. In dieser Zeit wurden ungefähr 18 000 kg VOCs aus dem Boden entfernt; folglich ist das SVE-Verfahren sehr effektiv für die Entfernung von Kontaminanten aus sandigen Böden. Die Kosten des SVE-Verfahrens betrugen für 1 m³ Boden ca. $ 50 bis $ 60 (einschl. der A-Kohle Adsorption). Von der U.S.EPA wird gegenwärtig ein System zur katalytischen Oxidation (Catox) anstelle von A-Kohlefiltern geprüft, wodurch die Kosten reduziert werden könnten. (9)

Eine niederländische Firma hat eine elektrokinetische Sanierungsmethode entwickelt, die im letzten Jahr in einer großtechnischen Anlage auf einem Gelände in Loppersum, Niederlande getestet wurde (Projekt Nr. 6). Der schwere Boden auf dem Gelände eines ehemaligen Holzveredlungsbetriebes ist bis in eine Tiefe von 2m mit Arsen kontaminiert. Der kontaminierte Bereich war 25m x 15m und die Arsenkonzentration variierte zwischen 20-250 ppm. Die Elektrokinetic basiert auf zwei Prozessen: Elektroosmose und Elektrophorese. Sie bietet die Möglichkeit, einen größeren Schadstofftransport in feinkörnigen Böden zu bewirken und folglich auch die Bewegung von Schadstoffen zu fördern. Der Kern des Elektrokinetischen Systems der Fa. Geokinetics besteht aus Anoden und Kathoden und den dazugehörigen Ummantelungen. Die Ummantelungen der Anoden und Kathoden sind zwar miteinander verbunden, bilden aber dennoch zwei getrennte Zirkulations-Systeme, die mit unterschiedlichen chemischen Lösungen gefüllt sind. Diese Lösungen bestimmen das chemische Milieu im Bereich der Elektroden und sammeln auch die Kontaminanten, die sich durch den Boden bewegen. Diese Lösungen werden in getrennten Systemen behandelt. Laborexperimente, die in Ton, Torf und feinem Sand, die mit Schwermetallen kontaminiert waren, durchgeführt wurden, ergaben Reinigungserfolge von 70 bis 99 %. Vorhergehende Feldversuche, die über 430 h liefen, zeigten eine 75 % Abnahme der Konzentration einer Mischung von Blei und Kupfer in Torfboden mit hohem organischen Anteil. Die erste großtechnische Anwendung wurde auf dem Loppersum-Gelände durchgeführt. Kathoden-Dräns wurden in einer Tiefe von 0,5 bis 1,5 m unter Gelände in einem Abstand von 3 m installiert. 36 Anoden (in drei parallelen Reihen mit 3 m Abstand) wurden im Boden vertikal zwischen den horizontalen Kathodenfiltern in einer Tiefe von 2 m in einem Abstand von 1,5 m angeordnet. Bei Beginn der Behandlung hatte der Ton einen Widerstand von 10 Ohm-Metern und eine Temperatur von 7 °C. Nach 4 Wochen war der Widerstand auf 5 Ohm-Meter gefallen und die Temperatur auf 50 °C gestiegen. Die Stromdichte von 4 amp/m² wurde konstant gehalten. Das Projekt war für 50 Tage geplant. Nach drei Monaten war das Sanierungsziel von 30 ppm auf 75 % des Geländes erreicht. Zu diesem Zeitpunkt wurde die Behandlung beendet und der hochkonzentrierte Boden wurde ausgekoffert und entsorgt. Bei der Auskofferung wurden Metallteile gefunden. Es wird angenommen, daß diese Metallteile der Grund für die Diskrepanz zwischen dem geschätzten und dem tatsächlichen Energieverbrauch auf dem Gelände waren. (10)

### 3.3 Stabilisation/Verfestigung

Die Technologie der Vitrifikation ist von Battelle Pacific Northwest Laboratory entwickelt worden, wo ursprünglich Erfahrungen mit der Immobilisation der verschiedensten radioaktiven Abfälle vorlagen (Projekt Nr. 7). Später wurde der Fa. Geosafe eine Lizenz für die Behandlung schwer kontaminierter Böden erteilt. Durch Vitrifikation können komplexe Abfallströme mit organischen und anorganischen Kontaminationen wirksam behandelt werden. Organika werden mit einer Wirksamkeit von 99,999 % zerstört und Anorganika werden in einem Glas-Monolithen, der bei dem Prozess entsteht, auf Dauer immobilisiert. Diese Technologie kann sowohl in-situ als auch on-site angewendet werden. Die insitu Vitrifikation (ISV) wurde auf dem Parson Chemical/ETM Enterprises Gelände, in Michigan, U.S.A. demonstriert (Projekt Nr. 7). Der Boden ist kontaminiert mit Schwermetallen (z.B. Quecksilber, Blei und Arsen), Pestiziden und Dioxinen (die Konzentration von TCDD schwankte zwischen 0,55 und 1,15 pbb). Die geologischen Gegebenheiten an der Oberfläche, bis zu einer Tiefe von 4,50 m sind bestimmt durch Ton und Lehm mit geringen Sandbändern. Darunter steht entweder Lehm oder Ton mit grobkörnigem Material an. Der Gesamtgehalt an Feuchtigkeit schwankte zwischen relativ trockenem Ton und gesättigten Sandbändern. Zur Anwendung des ISV-Prozesses ist die Absenkung von 4 Elektroden in den Boden im Abstand von 6 m im Quadrat bis zu einer Tiefe von ca. 4,50 m erforderlich. Die Umwandlung der Energie durch das Startermaterial (Graphit und Glas/Porzellan-Mischung) erzeugt Temperaturen, die hoch genug sind (bis zu 2000 °C), um eine Bodenschicht zu schmelzen. Wenn die Schmelzzone wächst, werden nichtflüchtige gefährliche Schadstoffe eingeschlossen und organische Komponenten durch Pyrolyse zerstört. Durch eine Abdeckung, die über dem Gelände plaziert wird, das vitrifiziert werden soll, werden gasförmige Emissionen gefaßt und zu einem Abgas-Behandlungssystem (z.B. Naßwäscher, Kondensator und A-Kohlefilter). Zurückbleibende Asche wird auch in dem geschmolzenen Boden eingeschlossen. Für die Prüfung der Anwendbarkeit des ISV-Prozesses sind folgende Hauptfaktoren zu betrachten: Feuchtigkeitsgehalt, Art der Abfälle, Bodenart und das zu behandelnde Volumen. Der Feuchtigkeitsgehalt des Bodens bestimmt die Kosten und die Effizienz der Technologie. Für Volumina von weniger als 1000 m³ wird das ISV-Verfahren unwirtschaftlich. Die Bodeneigenschaften sind wichtig, um die Volumenabnahme zu schätzen. Die Ergebnisse von Versuchen ergaben, daß die ISV Technologie hervorragend zur Sanierung des Parsons/ETM Geländes geeignet ist. Die Gesamtwirksamkeit ist zu ca. 99,9763 % unter den schlechtesten Bedingungen errechnet worden. (11)

### 3.4 Thermische Bodenbehandlung

Die thermische Bodenbehandlung von kontaminierten Böden durch Strahlungsheizung wird auf einem Firmengelände in Hamburg, Bundesrepublik Deutschland demonstriert, wo früher Herbizide und Pestizide hergestellt wurden (Projekt Nr. 8). In diesem Projekt sollen Chlorbenzol, Chlorphenol, Hexachlorcyclohexan (HCH), Dioxine und Furane behandelt werden. Die thermische Einheit der Behandlungsanlage ist transportabel. Sie ist in Testläufen mit und ohne sauberen nassen Boden für über 600 h betrieben worden. Die Realisierung dieses Projektes hat sich verzögert, weil die erforderliche Betriebserlaubnis noch nicht erteilt wurde. (12)

### 3.5 Grundwasserbehandlung

Das Ville Mercier Gelände liegt am Südufer des St. Lorenz Stromes, 20 km südwestlich von Montreal, in Quebec, Kanada (Projekt Nr. 9). Im Jahre 1968 hatte die "Regie de EAUX du Quebec", eine Regierungsbehörde in Quebec, die Fa. Lasalle Oil Carriers autorisiert, ölhaltige flüssige Abfälle aus der Erdöl- und Petrochemischen Industrie in einer ehemaligen Sand- und Kiesgrube nahe Ville Mercier zu lagern. Es bestand die Absicht, die Öle zu einem späteren Zeitpunkt aufzuarbeiten. Von 1968 bis 1972 wurden schätzungsweise 40 000 m³ flüssiger Abfälle auf dem Mercier Gelände gelagert. Die flüssigen Abfälle bestanden aus gebrauchten Ölen und Raffinerieschlämmen, chlorierten Kohlenwasserstoffen und industriellen Lösemitteln, Farbrückständen, Insektiziden, Pestiziden, Merkaptanen, Polymeren, Säuren, Alkali und anderen undefinierten Rückständen. Im Jahre 1971 waren Brunnen kontaminiert, die Farmer in der Umgebung mit Grundwasser versorgten. Diese Kontamination wurde direkt mit der Lagerung der ölhaltigen Abfälle auf dem Mercier-Gelände in Verbindung gebracht. Im Jahre 1972 wurde die Genehmigung der Fa. Lasalle Oil Carriers aufgehoben. Die Sanierung des Geländes wurde in Angriff genommen, indem die Fa. Tricil den Auftrag bekam, eine Verbrennungsanlage für flüssige Abfälle zu bauen und zu betreiben, in der die Schlämme und organischen Abfälle behandelt werden sollten. Bis 1975 waren die meisten flüssigen Abfälle entfernt und verbrannt. Es dauerte jedoch bis 1982, daß die schlammigen Rückstände mit hauptsächlich nichtbrennbaren Anteilen entfernt, behandelt und auf einer Deponie mit einem Untergrund aus Seeton (marine clay) abgelagert wurden, die 500 m östlich des Mercier-Geländes liegt. Im Jahre 1981 war, aufgrund von Studien, die von der Fa. Hydrogeo durchgeführt wurden, auch bekannt, daß das kontaminierte Grundwaser sich über eine Fläche von 30 km$^2$ ausgebreitet hatte. Nach 1981 entschied das Umweltministerium von Quebec (MENVIQ) die Fa. Foratek International Inc. und die SNC Group eine Machbarkeitsstudie für hydrogeologische Maßnahmen und Behandlungstechnologien durchführen zu lassen, um die technisch und wirtschaftlich attraktivste Option herauszufinden, um mit der vorhandenen und fortschreitenden Kontamination fertig zu werden. Den Empfehlungen der Studie folgend wurde im Jahre 1982 entschieden, daß der Aquifer mit Hilfe eines Pumpen-und-Behandeln-Szenarios saniert werden sollte. Eine Anlage in der am stärksten kontaminierten Zone verspricht den größten Erfolg. Das erste großtechnische kanadische Programm zur Restaurierung eines kontaminierten Grundwassers wurde im Jahre 1983 in der Stadt Mercier, Quebec in Auftrag gegeben. Das MENVIQ stellte zu diesem Zeitpunkt insgesamt $ 5,7 Mio für die Sanierung des Mercier-Geländes zur Verfügung.

Die ursprüngliche Behandlungskette bestand aus den folgenden fünf Behandlungsschritten: aeration-induced Air Stripper, Flash-mixer, Pulsator-Clarifier, Schnellsandfilter (2) und Aktivkohlefiltern (3). Diese Behandlungskette wurde im Januar 1987 modifiziert, um die Möglichkeit zu schaffen, Wasserstoffperoxid und Chlor, sowie Chlordioxide hinzugeben zu können, womit erreicht werden soll, daß die biologische Aktivität in den Aktivkohlesäulen (GCA) beherrscht werden kann. Die Datenanalyse in der Zeit von 1987-1989 ergab eine hohe Reinigungsrate für Eisen (97 %), für 1,1,2 TCEe (89%) und für Phenolverbindungen (91%), und einer geringen Reinigungsrate für DCE (29%) und Mangan (32%).

Aufgrund der verfügbaren Daten wurden die folgenden Schlußfolgerungen gezogen:
* Die Behandlungseinheiten der Behandlungskette arbeiteten nicht so gut, wie ursprünglich angenommen. Folglich werden die physikalisch-chemischen Behandlungsprozesse, die die gesamte Behandlungskette der Mercier-Anlage bestimmen, weiter modifiziert werden müssen, um die Anforderungen des MENVIQ an die behandelten Abflüsse zu erfüllen.
* Die Sanierung des Aquifers ist nach fünf Jahren "Pumpen und Behandeln" noch immer nicht abgeschlossen, wie sich anhand der vorhandenen Kontaminanten und der Konzentrationen im Grundwasser zeigt. (13)

Die Demonstration des Ultrox-Verfahrens erfolgte auf dem Gelände einer ehemaligen Faß-Recycling Anlage in San Jose, Californien, U.S.A. über eine Periode von 2 Wochen im Februar und März 1989. Ungefähr 13,000 U.S. Gallons Grundwasser, das mit leichtflüchtigen Kohlenwasserstoffen (VOCs) verunreinigt ist, wurde im Ultrox-System in 13 Testläufen behandelt. Um den Erfolg jedes Laufes zu bewerten, wurden die Konzentrationen der Indikator-VOCs im Abfluß über Nacht analysiert. Drei der 44 VOCs, die im Grundwasser gefunden worden waren, wurden als Indikator-VOCs ausgewählt. Diese Indikator-VOCs waren Trichlorethylen (TCE); 1,1 Dichlorethan (1,1-DCA) und 1,1,1 -Trichlorethan (1,1,1-TCA). TCE wurde gewählt, weil es eine der Hauptverunreinigungen auf dem Gelände darstellt, und die anderen beiden VOCs wurden gewählt, weil sie relativ schwierig zu oxidieren sind.

Die Ultraviolet (UV) Bestrahlungs/Oxidations-BehandlungsTechnologie, die von der Fa. Ultrox International entwickelt worden ist, verwendet eine Kombination von UV-Strahlung, Ozon und Wasserstoffperoxid, um organische Verbindungen in Wasser zu oxidieren (Projekt Nr. 10). Verschiedene Betriebsparameter können im Ultrox-System eingestellt werden, um die Oxidation von organischen Kontaminanten zu steigern. Diese Parameter sind u.a.: hydraulische Verweilzeit, Dosierung der Oxidantien, UV-Strahlungsintensität und den pH-Wert des Zuflusses. Das Behandlungssystem wird auf 4 auf Kufen montierten Modulen geliefert. Folgende Hauptkomponenten gehören dazu: UV Bestrahlungs/Oxidations Reaktor Modul, Ozonerzeugungs-Modul, Wasserstoffperoxid Zugabe System, Einheit zur katalytischen Ozonzersetzung (Decompozon), um das Reaktor Abgas zu behandeln. Der Reaktor ist in der handelsüblichen Größe, wie er zur Demonstration verwendet wurde, 3' lang, 1,5' breit und 5.5' hoch. Der Reaktor ist durch 5 vertikale Umlenkplatten (baffles) in 6 Kammern unterteilt. Jede Kammer enthält 4 UV Lampen und einen Verteiler (diffuser) der gleichmäßige Ozonblasen bildet und das Ozongas im Grundwasser, das behandelt werden soll, verteilt. Mit dieser Behandlungstechnologie sollen gelöste organische Kontaminanten zerstört werden, einschließlich chlorierter Kohlenwasserstoffe und aromatischer Verbindungen, die im Abwasser oder Grundwasser neben geringen Konzentrationen von abfiltrierbaren Stoffen, Ölen und Fetten vorhanden sind.

Die wichtigsten Erkenntnisse aus der Ultrox-Demonstration können wie folgt zusammengefasst werden:

* Das mit dem Ultrox-System behandelte Grundwasser erfüllte die entsprechenden National Pollutant Discharge Elimination System (NPDES) Standards unter Einhaltung eines Vertrauensbereiches von 95 %. Erfolgreich war: hydraulische Aufenthaltszeit von 40 Minuten, Ozondosierung von 110 mg/l, Zugabe von 13 mg Wasserstoffperoxid /l, alle 24 UV Lampen in Betrieb und ein pH-Wert von 7,2 (nicht eingestellt).
* Die Decomposon Einheit zerstört Ozon im Abgas des Reaktors bis zu einem Wert unter 0,1 ppm (OSHA Standard). Für die Ozonzerstörung wurde eine Effizienz größer als 99,99 % beobachtet. Es wurden im Abgas von der Decomposon Einheit keine flüchtigen Organika festgestellt.
* Das Ultrox-System erreichte einen Reinigungsgrad bis zu 90 % der Gesamt VOCs, die im Grundwasser an dem Standort vorhanden waren. Die Reinigungsgrade für TCE lagen über 99 %. Jedoch lag die Reinigungseffizienz für 1,1-DCA bei 65 % und für 1,1,1-TCA bei 85 %. Die Eliminierung von 1,1-DCA und 1,1,1-TCA scheint auf chemischer Oxidation und auf Strip-Effekten zu beruhen.
* Die Organika, die mit gaschromatographischen (GC) Methoden analysiert wurden, betrugen weniger als 2 % des gesamten organischen Kohlenstoffs (TOC) im Wasser. Die TOC-Abnahme war sehr gering, was darauf hinweist, daß eine partielle Oxidation von Organika (und keine vollständige Umwandlung in Kohlendioxid und Wasser) in dem System stattfand. (14)

4. SCHLUSSFOLGERUNGEN

Wie aus Tabelle 2 zu ersehen ist, sind in den letzten drei Jahren eine große Anzahl von Projekten im Rahmen der NATO/CCMS Pilot Studie betrachtet und bewertet worden.

Auf der Grundlage der letzten Internationalen Konferenz in Montreal kann geschlossen werden, daß es ein wachsendes Interesse an der Entwicklung von in-situ Technologien gibt. Besondere Aufmerksamkeit fanden die Vitrifikation und die Electroreclamation, weil sie neue Perspektiven für die Behandlung kontaminierter Böden eröffnen. Die in-situ Vitrifikation ist eine vielversprechende Technologie für die Behandlung von Böden mit einer Mischung von Kontaminationen (organisch und anorganisch) und die elektrokinetische Sanierung scheint geeignet zu sein für die Behandlung von Ton- und Torfböden, die mit Schwermetallen verunreinigt sind. Auf der Grundlage der Forschungsergebnisse ist anzunehmen, daß die Technologie der in-situ Bioreclamation verbessert werden kann, wenn eine Kombination der Waschwasserkreislaufführung und von Belüftungssystemen eingesetzt wird, um die Biodegradation zu steigern. Experten, die als Gastsprecher eingeladen worden waren, betonten, daß der anaeroben Biodegradation und einer Kombination der anaeroben und aeroben Biodegradation mehr Aufmerksamkeit geschenkt werden sollte.

Während des Workshops in Oslo wurde festgestellt, daß die Pilotstudie die Kooperation zwischen den Teilnehmerländern anregt, was sich in folgendem zeigt:
 * der großen Anzahl von Stipendiaten und Gastsprechern, die sich an der NATO/CCMS Studie beteiligen,
 * dem Austausch von Experten zwischen den ˙Ländern (eingeladene Sprecher, Gastwissenschaftler),
 * der Beteiligung anderer Länder an dem Technologieprogramm der U.S.A.

## 5. BIBLIOGRAPHIE

1.  Sanning, D.E. and Olfenbuttel, R.(1987). NATO/CCMS Pilot Study on Demonstration of Remedial Action Technologies for Contaminated Land and Groundwater. In Proceedings of the Thirteenth Annual Research Symposium, EPA 60079-87-188, Cincinnati Ohio, (July) pp. 172-183
2.  Sanning, D.E., Smith, M.A. and Bell,R.M.(1988). NATO/CCMS Pilot Study on Demonstration of Remedial Action Technologies for Contaminated Land and Groundwater-1988 Activities. In: Altlastensanierung '88, Zweiter Internationaler TNO/BMFT-Kongreß, April 1988, Hamburg. BMFT (Hrsg.)
3.  Sanning, D.E. and Hill, R.D.(1988). NATO/CCMS Pilot Study on Demonstration of Remedial Action Technologies for Contaminates Land and Groundwater-August 1988 Update Activities.
    UNESCO Workshop on 'Impact of Waste Disposal on Groundwater and Surface Water', August 16-19, 1988, Copenhagen, Denmark.
4.  James, S.C. and Sanning, D.E.(1989). The Demonstration of Remedial Actions Technologies for Contaminated Land and Groundwater. The Journal of Air and Waste Management Association (JAPCA), September , Vol. 39, No. 9
5.* Downey, D.C. and Elliott, M.G., Air Force Engineering and Service Center, Tyndall AFB FL 32403
6.* Wenzel,T., Hojgaard & Schultz A/S, Jaegersborg 4, DK 2920, Charlottenlund
7.* King, H., U.S.EPA, Region 2, 26 Federal Plaza, New York, NY 10278, U.S.A
8.* Sondermann, K., GNK Keller GmbH, Spezialtiefbau, Kaiserleistr. 44, D-6050 Offenbach 12, Bundesrepublik Deutschland
9.* Guerriero, M., U.S. EPA, Region 5, Waste Management Division, 230 South Dearborn, Chicago, Il 60604, U.S.A
10.* Lageman, R., Geokinetics, Poortweg 4, 2612 PA Delft, The Netherlands
11.* Burk, E., U.S.EPA, Response Section 1, 9311 Groh Road, Grosse Ile, MI 48138, U.S.A.
12,* Roth, R., Dekonta GmbH, Lotharstr. 26, D-6500 Mainz, Bundesrepublik D
13.* Halvey, M., Environment Canada, Conservation & Protection, Wastewater Technology Center, Burlington, Ontario, Canada
14.* Lewis, N., Office of Research and Development, U.S.EPA, 26 West Martin Luther King Dr., Cincinnati, Ohio 45268, U.S.A.

* The papers of the presentations (No. 5-14), are published in the proceedings NATO/CCMS Third International Conference on Demonstration of Remedial Action Technologies for Contaminated Land and Groundwater, 6-9 November, 1989. Montreal, Canada. JACA Corp., 550 Pinetown Road, Fort Washington, Washington, PA 19034, Phone: 215-643-5466

ALTERNATIVE PHYSIKALISCH-CHEMISCHE UND THERMISCHE
REINIGUNGSVERFAHREN FÜR SCHADSTOFFBELASTETE BÖDEN

M. HINSENVELD[1], E.R. SOCZO[2], G.J. VAN DE LEUR[2], C.W. VERSLUIJS[2] UND E. GROENEDIJK[3]

1. NIEDERLÄNDISCHE ORGANISATION FÜR ANGEWANDTE WISSENSCHAFTLICHE FORSCHUNG
2. NATIONALINSTITUT FÜR ÖFFENTLICHE GESUNDHEIT UND UMWELTSCHUTZ
3. TECHNISCHE UNIVERSITÄT DELFT

1. ZUSAMMENFASSUNG

Diese Untersuchung wurde im Rahmen des integrierten Bodenforschungsprogramms der Niederlande durchgeführt. Das Ziel der Untersuchung war sowohl eine systematische Bewertung als auch eine Auswahl der derzeit weltweit entwickelten Technologien zur Reinigung von schadstoffbelasteten Böden. Dieser Beitrag beschreibt die erste Phase: Eine Übersicht über alternative Methoden und eine erste Auswahl derjenigen, die aussichtsreich zu sein scheinen. In der zweiten Phase soll eine ausführlichere Analyse und eine weitere Auswahl der Methoden ausgeführt werden, gefolgt von einem Forschungsprogramm über die ausgewählten Methoden in der dritten Phase.

2. EINFÜHRUNG

In den Niederlanden sind etwa 15 physikalisch-chemische und thermische Reinigungsanlagen verfügbar. Mit den gegenwärtig angewendeten Methoden läßt sich jedoch ein großer Teil der schadstoffbelasteten Böden nicht oder nur bedingt reinigen. Das trifft besonders auf Böden zu, die mit halogenierten (aromatischen) Kohlenwasserstoffen und/oder Schwermetallen verunreinigt sind. und auf Böden, die hohe Prozentsätze von Feinpartikeln (<0,050 mm) enthalten. Die sich ergebenden Probleme sind z.B.:
- Emission von schädlichen Verbindungen (z.B. bei thermischer Behandlung)
- unannehmbar hohe Restkonzentrationen (wie sie häufig bei Extraktionsmethoden vorkommen) oder
- Erzeugung großer Mengen von schadstoffbelastetem Schlamm (z.B. bei der Reinigung von Ton in Extraktionsanlagen).

Außerdem sind einige der zur Zeit benutzten Verfahren mit sehr hohen Reinigungskosten verbunden. Es ist deshalb unbedingt notwendig, alternative Methoden zu entwickeln, die entweder nicht die oben angeführten Nachteile haben oder mit niedrigeren Kosten verbunden sind.

## 3. SCHADSTOFFBELASTETER BODEN IN DEN NIEDERLANDEN: AUSMASS DES PROBLEMS

Derzeit werden Bodensanierungsarbeiten in zwei Zusammenhängen durchgeführt:
- Sanierung im Rahmen der Vorläufigen Verordnung zur Bodensanierung (IBS), die sogenannten IBS-Altlasten (IBS = Interim wet Bodem Sanering) und
- Sanierungen, die von privaten Parteien durchgeführt werden, sogenannte nicht-IBS-Altlasten.

1987 betrug die Gesamtzahl der potentiellen IBS-Altlasten etwa 7500. Damals wurde geschätzt, daß 1600 davon dringend sanierungsbedürftig seien und im Rahmen der IBS saniert werden müßten. Eine neuere Schätzung der Gesamtzahl der schadstoffbelasteten Altlasten (einschließlich der nicht-IBS-Altlasten) wurde 1988 durchgeführt [1]. Eine Zusammenstellung der Ergebnisse dieser Schätzung ist in Tabelle 1 enthalten.

TABELLE 1. Anzahl der sanierungsbedürftigen Altlasten in fünf industriellen Kategorien.

| Schadstoffquelle | Anzahl der Altlasten | Anzahl der sanierungsbedürftigen Altlasten | Prozentsatz sanierungsbedürftig |
|---|---|---|---|
| Gaswerke | 234 | 234 | 100% |
| Deponien | 3290 | 150 | 5% |
| Kfz-Verwertung | 2100 | 1200 | 60% |
| Ehemalige Industriegelände | ca.400000 | ca.80000 | 20% |
| Gegenwärtige Industriegelände | ca.120000 | ca.25000 | 20% |
| Summe | ca.530000 | ca.110000 | 20% |

## 4. MÄNGEL DER REINIGUNGSVERFAHREN IN DEN NIEDERLANDEN

### 4.1. Merkmale und Mängel der verschiedenen Methoden

*Thermische Verfahren*

In den Niederlanden werden Drehöfen benutzt. Der Boden kann direkt, indirekt oder durch Kombinationen dieser Verfahren erhitzt werden. Gegenwärtig sind diese Verfahren nur für organische Schadstoffe (einschließlich von Zyaniden) anwendbar. Grundsätzlich können diese Verfahren auch für quecksilberhaltige Schadstoffe benutzt werden; aber das wird gegenwärtig nicht praktisch durchgeführt wegen der Emissionsprobleme. Der Energieverbrauch dieser thermischen Verfahren ist ziemlich hoch, und es besteht die Gefahr der Emission von gefährlichen Schadstoffen. In den Niederlanden ist es nicht zulässig, mit chlorierten Kohlenwasserstoffen belastete Böden in thermischen Bodenreinigungsanlagen zu behandeln, wegen der gefährlichen Emissionen.

*Extraktions- und Fraktionierungsverfahren*
Die Mehrzahl der löslichen Verbindungen läßt sich leicht durch Spülen des Bodens mit einem Extraktionsmittel auswaschen. Leider sind die Schadstoffe aber häufig vorzugsweise an den Feinpartikeln im Boden adsorbiert. Die derzeit verfügbaren Extraktionsverfahren nutzen diese Erscheinung aus, indem sie die stark schadstoffbelasteten Feinpartikel von der Hauptmasse des Bodens trennen. Aber eine Folge davon ist, daß Böden mit einem hohen Anteil an Feinpartikeln ein Problem durch übermäßigen Schlammanfall erzeugen. Wenn, wie in einigen Fällen, der größte Teil der Schadstoffe in der Grobfraktion vorliegt, muß diese Franktion vom Boden abgetrennt werden. Zur Zeit sind Extraktionsverfahren und Flotationsverfahren die einzigen Methoden zur Behandlung von Schwermetallen. Die Erfahrung mit in-situ-Behandlungsverfahren sind sehr begrenzt.
*Biologische Verfahren (nicht in dieser Untersuchung behandelt)*
Für diese Verfahren liegen Erfahrungen in großem Maßstab nur für aliphatische und aromatische Kohlenwasserstoffe vor. Gegenwärtig führt die Anwendung dieser Methoden zu langen Verweilzeiten (z.B. Landbehandlungsverfahren). Die Verringerung der Konzentrationen auf zulässige Werte (z.B. A-Werte) ist sehr schwierig. Chlorierte Kohlenwasserstoffe lassen sich kaum biologisch abbauen und Schwermetalle sind kaum zu beseitigen. Zusätzlich zu den erwähnten Problemen kann Verstopfung oder Kanalbildung der Grundwasserleiter bei Anwendung der in-situ-Verfahren vorkommen, und das führt zu unbefriedigenden Reinigungsergebnissen.

4.2. Eigenschaften und Mängel bei verschiedenen Schadstoffen
*Schwermetalle*
Können nur durch Extraktion und Flotation beseitigt werden. Es gibt kein brauchbares Verfahren zur Beseitigung von Schwermetallen aus Ton oder Schlämmen.
*Zyanide*
Können aus allen Bodentypen durch thermische Behandlung beseitigt werden. Ton kann gewisse Probleme bei der Behandlung der Abgase verursachen. Schlämme müssen einen Trockensubstanzgehalt von mindestens 50% haben, sonst treten Probleme bei der Handhabung auf. Zyanide können sowohl durch Extraktion wie auch durch Flotation beseitigt werde, solange der Boden nicht einen hohen Anteil an Feinpartikeln oder organischen Stoffen enthält (Ton und Torf). Biologische Verfahren sind vielleicht anwendbar.
*Nicht-chlorierte aliphatische und einfache aromatische Verbindungen*
Diese Verbindungen lassen sich leicht thermisch behandeln. Extraktion und Flotation können für diese Schadstoffe angewendet werden, es sei denn, daß sie in Ton oder Torf enthalten sind. Die Verbindungen lassen sich leicht bio-

logisch abbauen und werden nicht als ein wesentliches
Problem angesehen.
*Polyzyklische aromatische Verbindungen*
Lassen sich leicht thermisch behandeln, und es werden
niedrige Restkonzentrationen erreicht. Niedrige polyzyklische Verbindungen (mit weniger als vier Ringen) lassen
sich leicht biologisch abbauen. Die biologische Abbaubarkeit
von höheren polyzyklische Verbindungen ist sehr gering.
*Nicht flüchtige chlorierte Kohlenwasserstoffe*
Thermische Verfahren sind prinzipiell zur Behandlung
dieser Verbindungen anwendbar. Es ist jedoch nicht zulässig,
die gegenwärtig verfügbaren Verfahren zur thermischen Reinigung von Boden für diese Verbindungen in den Niederlanden
anzuwenden. Der Grund dafür ist, daß diese Behandlung
gefährlichen Emissionen (z.B. Dioxine) verursacht. Extraktion und das zur Zeit benutzte Flotationsverfahren lassen
sich nur dann für diese Verbindingen anwenden, wenn sie in
Sand oder sandigem Boden auftreten (nicht in Torf oder Ton).
*Flüchtige (chlorierte) Kohlenwasserstoffe und Pestizide*
Aus den oben angeführten Gründen dürfen diese Verbindungen in den Niederlanden nicht mit thermischen Verfahren
behandelt werden. Extraktion und Flotation sind prizipiell
anwendbar, sind aber ziemlich teuer für diese relativ einfachen Verbindungen. Ein besseres Verfahren zur Behandlung
dieser Verindungen ist, sie durch Abtreiben aus dem Boden zu
beseitigen, aber dieses Verfahren ist in den Niederlanden
nicht hoch entwickelt. Wegen ihrer Flüchtigkeit sind zusätzliche Vorsichtsmaßnahmen bei der Handhabung dieser
Schadstoffe erforderlich. Normalerweise sind sehr niedrige
Restkonzentrationen erforderlich.

## 5. ÜBERBLICK UND AUSWAHL DER ALTERNATIVEN VERFAHREN

Eine Bestandsaufnahme der alternativen Verfahren, die
eine Möglichkeit zur Behandlung von Boden oder Schlamm
bieten, ist in Tabelle 2 angeführt. Diese Verfahren sind
entweder neu entwickelte Verfahren für Boden oder bereits
vorliegende Verfahren für anderes Material (z.B. Bergbauverfahren).

TABELLE 2. Überblick über alternative Verfahren

| Verfahren | Entwickelt von | Merkmale |
|---|---|---|
| EX-SITU-VERFAHREN | | |
| *Naßthermische Verfahren* | | |
| Superkritische Oxydation 1 | Modar | gemischter und Postenströmungsreaktor in Serie |
| Superkritische Oxydation 2 | Oxydyne | Vertikalrohr-Reaktor, 3000 m |
| Naßoxydation 1 | Zimpro, Kenneth | Bläschenkolonne |

TABELLE 2. Fortsetzung

| Verfahren | Entwickelt von | Merkmale |
|---|---|---|
| Naßoxydation 2 | Verteck | Vertikalrohr-Reaktor, 1600 m |
| Naßoxydation 3 | RISO | Horizontalrohr-Reaktor |
| *Trockenthermische Verfahren* | | |
| Wirbelschichtofen 1 | Waste Tech | stehendes Bett |
| Wirbelschichtofen 2 | Thyssen | noch nicht konstruiertes stehendes Bett |
| Wirbelschichtofen 3 | Ogden | zirkulierendes Bett |
| Elektrischer Infrarotofen 1 | Shirco | Tunnelofen |
| Elektrischer Infrarotofen 2 | Thagard | Hochtemperatur-Fließwand |
| Plasmareaktor | SKF | Freies Plasma, ca. 2000°C |
| *Thermische Immobilisierungsverfahren* | | |
| Keramikanwendung 1 | Universität Utrecht | Sedimente für Ziegel |
| Keramikanwendung 2 | PBI | Zement, Flugasche |
| Verglasung 1 | Vitrifix | Asbestbehandlung |
| Verglasung 2 | Westinghouse | Elektrischer Pyrolysator |
| Verglasung 3 | Retech | Zentrifugalreaktor |
| Verglasung 4 | Nuclear Research Centre | 2500°C, RAD-Abfälle |
| *Physikalisch-chemische Immoblisierungsverfahren* | | |
| Immobilisierung auf der Grundlage von: | | |
| -Zement | Viele Entwickler | |
| -Kreide und/oder Puzzelan | Viele Entwickler | |
| -Thermoplaste | Viele Entwickler | Bitumen, Paraffine, Polyethylen |
| -organische Polymere | Viele Entwickler | Polyester, Epoxide |
| -Wasserglas | Viele Entwickler | |
| *Entchlorungsverfahren* | | |
| Hydrothermische Zersetzung | Technische Universität Delft | Wasserstoff, 300°C, 18 MPa |
| Ultraviolett-Entchlorung | Atlantic Research Corp. | LARC-System |
| Radiolytische Entchlorung | Atomic Energy, Kanada | Propanol, Gammastrahlung |
| Chemische Entchlorung | EPA | APEG |
| Natriumentgiftung | Degussa | reines Natrium |

TABELLE 2. Fortsetzung

| Verfahren | Entwickelt von | Merkmale |
|---|---|---|
| *Partikeltrennverfahren* | | |
| Abtrennung schwerer Materialien | Kein Entw. für Boden | auf Grundlage des spezifischen Gewichts |
| Zyklonierung schwerer Materialien | Kein Entw. für Boden | auf Grundlage des spezifischen Gewichts |
| Siebsatz-Verfahren | Kein Entw. für Boden | pulsierendes Wasserbett |
| Naβ-Anreicherungstische | Kein Entw. für Boden | Schütteltische |
| Humphrey-Spiralentrennung | Kein Entw. für Boden | Vertikalspirale |
| Reichert-Kegeltrennung | Kein Entw. für Boden | Lochplatte |
| Zusammengpreβtes Ablaβrohr | Kein Entw. für Boden | kegelförmiges Strömungsrohr |
| Rotierender Rundtisch | Kein Entw. für Boden | auf Grundlage von Reibung, Trägheit |
| Kipprahmentrennung | Kein Entw. für Boden | auf Grundlage der Absetzgeschwindigk. |
| Vannertrennung | Kein Entw. für Boden | laufendes Band |
| Bartles-Mozley-Trennung | Kein Entw. für Boden | rotierender Kipprahmen |
| Schaumflotation | Mosmans | Sorption an Luftbläschen |
| Hochgradienten-Magnet-Trennung | Kein Entw. für Boden | paramagnetische Partikel |
| *Extraktionsverfahren* | | |
| Extraktion mit: | | |
| -Komplexbildnern | PBI | Haufenauslaugung |
| -Kronen-Ether | Kein Entwickler | |
| -Säuren | Kein Entwickler | |
| -organischen Lösungsmitteln | Smet Jet; Sanitex | Methylenchlorid |
| -aliphatischen Aminen | Resources Conservation Co. | Umkehrlöslichkeit |
| -Flüssiggasen | CF Systems Corporation | Propan, Butan |
| Superkritischer Extraktion | Critical Fluid Systems | $CO_2$-Extraktion |
| *Sonstige Verfahren* | | |
| Dampfstrippen | Heymans | Strippen in Asphaltmischern |
| Luftstrippen | Viele Entwickler | |
| Chemische und photochemische Oxydation | Ultrox | $H_2O_2$, Ozon und UV-Licht |

TABELLE 2. Fortsetzung

| Verfahren | Entwickelt von | Merkmale |
|---|---|---|
| **IN-SITU-VERFAHREN** | | |
| *Stripp- und Extraktionsverfahren* | | |
| Luftstrippen | Viele Entwickler | |
| Vakuumextraktion | Viele Entwickler | |
| Druckluftinjektion | Viele Entwickler | |
| Dampfstrippen | Heymans | |
| Extraktion mit Säuren | Mourik Groot Ammers | Kadmium-Extraktion |
| *Immobilisierungsverfahren* | | |
| DCR-Verfahren | Viele Entwickler | Kreide |
| Silikagelinjektion | Viele Entwickler | |
| Verglasung | Batelle | Elektroden in-situ |
| *Sonstige Verfahren* | | |
| Elektromeliorisierung | Geokinetics | Elektroden, Zirkulationssystem |
| Adsorption mit DCR oder CAF | Kein Entwickler | Adsorption durch Kreide oder Schaumstoff |
| Hydrolyse | Kein Entwickler | pH-Erhöhung auf etwa 11 |
| Chemische Entchlorung | EPA | APEG |
| Hochfrequenz-Erhitzung | IIT-Forsch.-institut | Elektroden in-situ |

## 6. KRITERIEN FÜR EINE ERSTE AUSWAHL ALTERNATIVER VERFAHREN

Die Informationen über einige der alternativen Verfahren sind begrenzt; deshalb können die alternativen Verfahren für die Reinigung von Boden nur grob bewertet werden. Es muß deutlich verstanden werden: Für neue Verfahren, über die wenige oder nur kommerzielle Information verfügbar sind, ist das Urteil von Wissenschaftlern mit praktischer Erfahrung unentbehrlich. Um eine brauchbare Auswahl zwischen den vielen verschiedenen Verfahren zu treffen, sollten die Kenntnisse von Fachleuten so konsequent und objektiv wie möglich angewendet werden. Ein Klassierungssystem kann dabei ein wichtiges Hilfsmittel sein. Ein solches Klassierungssystem besteht aus: Einer Reihe von Kriterien, einer quantitativen Bewertung dieser Kriterien und einer quantitativen

Bewertung der relativen Wichtigkeit dieser Kriterien. Leider ist es in diesem Beitrag nicht möglich, eine ausführliche Beschreibung des benutzten Klassierungssystems zu geben. Nur die benutzten Kriterien und einige Grundzüge des Klassierungssystems werden unten angeführt. In der Untersuchung wurden vier Kriterien zur ersten Auswahl unter den Verfahren angewendet.

A. *Anwendbarkeit des Verfahrens auf verschiedene Matrizen und Schadstoffe.*

Verfahren, die auf eine weite Auswahl oder Kombination von Matrizen und Schadstoffen anwendbar sind, werden hinsichtlich ihrer Anwendbarkeit hoch klassiert. Das Klassierungssystem berücksichtigt die relative Wichtigkeit der Kombination von organischen Stoffen und Schwermetallen in verschiedenen Bodentypen (Sand, lehmiger Sand, torfhaltiger Sand und Ton).

B. *Priorität in Bezug auf Matrix und Schadstoff*

Im Klassierungssystem wird die relative Priorität der Beseitigung von Schwermetallen aus der Mehrzahl der Matrizen und von polyzyklischen aromatischen Kohlenwasserstoffen und nicht flüchtgen chlorierten Kohlenwasserstoffen aus Ton und Schlämmen berücksichtigt.

C. *Entwicklungsstadium*

Die Untersuchung wurde durchgeführt, um alternative Verfahren zu finden, die innerhalb von kurzer Zeit soweit entwickelt werden könnten, daß sie praktisch anwendbar sind. Aus diesem Grund (und anderen, weniger bedeutenden, hier nicht erwähnten Gründen) führt ein höheres Entwicklungsstadium zu einer höheren Bewertung.

D. *Marktaussichten und Kosten*

Die Bewertung der Marktaussichten wird nur in Ausnahmefällen angewendet. Die meisten Verfahren werden in diesem Kriterium als neutral eingestuft. Nur übertrieben kostspielige oder komplizierte Verfahren, oder sehr billige, einfache usw. Verfahren werden niedriger bzw. höher eingestuft.

Das gegenwärtig benutzte Klassierungssystem ist ein schnell anwendbares, grobes Hilfsmittel zur Auswahl der am aussichtsreichsten erscheinenden Verfahren. In einigen Fällen wurde die durch das Klassierungssystem begründete Einstufung durch zusätzliche Gründe oder nicht im Klassierungssystem berücksichtigte Informationen überstimmt.

## 7. AUSWAHL DER AM VIELVERSPRECHENDSTEN VERFAHREN

Es sind insgesamt 63 alternative Verfahren in der Liste angeführt. Durch Anwendung des Klassierungssystems konnten wir 31 Verfahren aus der Liste streichen. Außerdem konnten 11 Verfahren auf Grund ihrer Einstufung für weitere Untersuchung ausgewählt werden. Eine mittlere Gruppe, deren Einstufung nicht klar war, umfaßte 21 Verfahren. Die Größe dieser Gruppe zeigt an, wie schwierig die Wahl alternativer

Verfahren ist, weil die Informationen entweder sehr begrenzt oder wenig glaubwürdig sind.

*Naßthermische Verfahren (ex-situ)*

In dieser Kategorie wurden zwei der alternativen Verfahren als vielversprechend angesehen: Die superkritische Oxydation von Modar und die Naßoxydation von Zimpro. Beide Verfahren sind ähnlich in Bezug auf Anwendbarkeit und Probleme. Der wesentliche Vorteil der superkritischen Oxydation im Vergleich zur Naßoxydation ist, daß chlorierte Kohlenwasserstoffe behandelt werden können. Die superkritische Oxydation wurde deshalb für weitere Untersuchungen ausgewählt.

*Trockenthermische Verfahren (ex-situ)*

In dieser Kategorie wurden die drei Fließbettöfen, einer der elektrischen Infrarotöfen und der Plasmareaktor als aussichtsreich angesehen. Der elektrische Infrarotofen wird in den USA entwickelt. Es ist empfehlenswert, die Ergebnisse dieser Entwicklung abzuwarten. Fließbettöfen sind für eine weite Auswahl von Matrizen und Schadstoffen geeignet. Sie können außerdem für das Luftstrippen benutzt werden. Im allgemeinen sind sie etwas billiger als Drehöfen, anpassungsfähiger in Bezug auf das behandelte Material und die Verfahrensbedingungen lassen sich leichter kontrollieren. Deshalb sind Fließbettöfen für weitere Untersuchungen ausgewählt worden. Plasmaverfahren können bei vielen verschiedenen Matrizen unter Benutzung von Oxydations-, Reduktions- und pyrolytischen Verfahrensbedingungen angewendet werden. In den Nierderlanden ist dieses Verfahren ziemlich neu. Es wird deshalb empfohlen, das Verfahren genauer zu studieren.

*Thermische Immobilsierungsverfahren (ex-situ)*

Diese Verfahren sind der Vollständigkeit halber in die Untersuchung aufgenommen worden. Im Rahmen dieses Projekts werden diese Verfahren nicht in Betracht gezogen.

*Physikalisch-chemische Immobilisierung (ex-situ)*

Siehe Bemerkungen unter "Thermische Immobilsierungsverfahren"

*Entchlorungsverfahren (ex-situ)*

Die hydrothermische Entchlorung erzeugt keine schädlichen Emissionen und ist deshalb für weitere Untersuchungen ausgewählt worden. Die anderen Verfahren erzielen keine ausreichenden Entchlorungsergebnisse oder erzeugen schädliche Emissionen. Die Mehrzahl der in der Liste angeführten Entchlorungsverfahren haben ein begrenztes Anwendungsfeld. Unter Berücksichtigung des Bedarfs für Entchlorungsverfahren wurde jedoch entschieden, daß auch den anderen in der Liste angeführten Entchlorungsverfahren einige Beachtung geschenkt werden solle.

*Partikeltrennverfahren (ex-situ)*

Partikeltrennverfahren im allgemeinen scheinen recht vielversprechend. Sie sind billig und haben ihre Anwendbarkeit in der Bergbauindustrie erwiesen. Sechs dieser Verfahren sollen genauer untersucht werden (Siebe, Schütteln, Tisch, Spirale, Kipprahmen, Vanner, Bartles-Mozley). Verfahren, deren Anwendbarkeit für nur einige Böden zu erwarten ist, wie Schweretrennung, Schwermaterialzyklonierung, Reichertkegeltrennung, Verengt-Ablaß-Verfahren, Runddrehtisch und Hochgradienttrennung werden nicht für weitere Untersuchungen in Betracht gezogen.

*Extraktionsverfahren (ex-situ)*

In dieser Kategorie scheint nur die Extraktion mit Komplexbildnern aussichtsreich zu sein. Dieses Verfahren soll weiter untersucht werden. Die anderen in der Liste aufgeführten Verfahren befinden sich entweder in einem jüngeren Entwicklungsstadium, oder sie bieten keine Lösung für die dringlichen Probleme.

*Andere ex-situ-Verfahren*

In dieser Kategorie sehen wir nur die chemische und photochemische Oxydation als aussichtsreich an. Diese Verfahren sind jedoch eher für die Wasserreinigung als für die Reinigung von Boden und Schlamm geeignet. Im Rahmen dieser Untersuchung sollen sie nicht weiter in Betracht gezogen werden. Es wird empfohlen, diese Verfahren in ein Forschungsprogramm für die Wasserreinigung mit aufzunehmen. Ex-situ-Strippverfahren sind ziemlich teuer für sehr flüchtige und deshalb prinzipiell leicht zu beseitigende Schadstoffe. Diese Verfahren sollen nicht weiter untersucht werden.

*Stripp- und Extraktionsverfahren (in-situ)*

In dieser Kategorie kann die Elektromeliorisierung für weitere Untersuchungen vorgesehen werden. Dieses Verfahren wird, ebenso wie die anderen Stripp-Verfahren, in Deutschland viel angewendet, und Informationen über das Verfahren sind leicht zugänglich. Es ist nicht notwendig, die Entwicklung anzuregen. Im Rahmen dieser Untersuchung wollen wir deshalb dieses Verfahren nicht weiter betrachten. In-situ-Extraktion wird wahrscheinlich nur für sehr sandige Böden und hochflüchtige Schadstoffe anwendbar sein; Situationen, die sehr selten vorliegen.

*Immoblisierungsverfahren (in-situ)*

Siehe Bemerkungen über "Thermische Immobilisierungsverfahren"

*Sonstige Verfahren (in-situ)*

In dieser Kategorie scheint die Elektromeliorisierung sehr aussichtsreich. Dieses Verfahren bietet die Möglichkeit zur Behandlung von mit Schwermetallen belastetem Ton. Das Verfahren soll weiter untersucht werden. Die anderen in der Liste angeführten Verfahren haben ein recht begrenztes Anwendungsgebiet und bieten keine Lösung für die dringlichen Probleme.

In Phase 2 des Projekts sollen die ausgewählten Verfahren genauer untersucht werden. Die Befunde sollen in 8 Monographien mit den folgenden Titeln beschrieben werden:
1. Superkritische Oxydation
2. Fließbettverbrennung
3. Plasmareaktoren
4. Entchlorungsverfahren
5. Partikeltrennverfahren
6. Schaumflotation
7. Extraktion mit Komplexbildnern
8. Elektromeliorisierung

Auf Grundlage dieser Monographien soll eine Auswahl der Verfahren für weitere Entwicklungen in den Niederlanden gemacht werden.

8. BIBLIOGRAPHIE
1) Zehnjahresbefund Bodensanierung. Stuurgroep Tien Jarenscenario Bodemsanering, Ministerie van VROM, 1989 (auf niederländisch)
2) Handbuch der Bodensanierung, Staatsuitgeverij, 1988 (auf niederländisch)

## Reinigung kontaminierter Böden
## Sonderforschungsbereich 188 der DFG

Prof. Dr. – Ing. Rainer Stegmann

TU Hamburg – Harburg, Arbeitsbereich Umweltschutztechnik,
Eißendorfer Str. 40, D – 2100 Hamburg 90, FRG

1989 wurde von der Deutschen Forschungsgemeinschaft (DFG) ein Sonderforschungsbereich (SFB) "Reinigung kontaminierter Böden" eingerichtet.
Im Rahmen dieses SFB erforschen 14 Teilprojekte der TU Hamburg – Harburg (Sprecher – hochschule) und der Universität Hamburg die Grundlagen für Verfahren zur Sanierung kontaminierter Böden.

**Ausgangssituation**
In der Bundesrepublik gibt es eine große Anzahl kontaminierter Standorte. Es handelt sich dabei z.b. um Industriestandorte, auf denen Produktionsrückstände vergraben oder unsachgemäß gelagert wurden (z.b. ehemalige Gaswerke, Kokereien, Chemiefabriken). Daneben sind vielerorts Untergrundverunreinigungen durch Leckagen in Transportleitungen oder Tanks (Altraffinerien, Flughäfen) entstanden.

Die langfristig einzig sinnvolle Behandlung dieser belasteten Böden stellt die Reinigung des Bodens dar. In der aktuellen Sanierungspraxis werden vor allem mechanische, thermische und biologische Verfahren angewandt. Der Stand der Technik ist dabei durch eine Vielzahl konkurrierender Verfahren gekennzeichnet, die im wesentlichen auf empirischer Grundlage entwickelt wurden. Aufgrund fehlender Grenzwerte sowie unterschiedlichen analytischen Aufwandes fällt die Beurteilung der Reinigungsleistung der Verfahren schwer.

Es ist die Absicht des SFB, Grundlagen für eine zweckmäßige Auswahl von Verfahren und Anlagen für die verschiedenen Anwendungsfälle zu erarbeiten. Der Schwerpunkt liegt dabei auf den biologischen und deren Kombination mit chemisch – physikalischen Verfahren.

Der technische Bodenschutz entwickelt sich zu einer selbständigen wissenschaftlichen Disziplin, in der mit Hilfe der Kenntnisse und Erfahrungen verschiedener Fachdisziplinen Problemlösungen gefunden werden können. Durch die integrierte Zusammenarbeit innerhalb des Sonderforschungsbereiches von Bauingenieuren, Verfahrenstechnikern, Chemikern, Mikrobiologen, Bodenkundlern, Geologen sowie Umweltplanern soll dieses neue Arbeitsgebiet erschlossen werden.

**Forschungsziel**
Der SFB hat sich die Aufgabe gestellt, Grundlagen zu erarbeiten, die es ermöglichen, auf der Basis von Leistungsdaten Verfahren zur Bodenreinigung bezüglich einer zukünftigen technischen Realisierung zu beurteilen.
Neben der Untersuchung und Entwicklung von Reinigungsverfahren sind deshalb analytische und meßtechnische Verfahren zu optimieren, welche die schnelle und umfassende Beschreibung von Prozessen ermöglichen. Wichtig sind in diesem Zusammenhang Untersuchungen zur Definition von Reinigungszielen.

**Lösungsansatz**
Um grundlegende Zusammenhänge erkennen zu können, wird zunächst mit künstlich ölverunreinigten ausgewählten Bodentypen gearbeitet. Dieses Vorgehen bietet sich an, da die Vielfalt der Bodenstrukturen und der Kontaminationen keine universell anwendbaren Behandlungsrezepte zulassen wird. Die Entwicklung methodischer Ansätze in der Bodenreinigung ist auf diese Weise möglich.
Bei der Entwicklung neuer Verfahren zur Bodenreinigung sollen biologische Methoden eine zentrale Stellung einnehmen. Der Boden wird entweder direkt in Bioreaktoren behandelt oder nach einer chemisch – physikalischen Vorbehandlung biologischen Abbauprozessen ausgesetzt.

Bei all diesen Projekten geht es primär um die Aufklärung und Beschreibung der Mechanismen, die zu einem Reinigungsergebnis führen bzw. dieses einschränken. Von Interesse sind insbesondere:
- Physikalische Mechanismen (Ausbreitung, Transport und hydrodynamische Effekte)
- chemisch – pysikalische Mechanismen (Adsorption, Desorption)
- chemische Mechanismen (Spaltung organischer Verbindungen unter der Einwirkung von überkritischem Wasser)
- biologische Mechanismen (biologische Stofftransformation, Selektion und Anreicherung speziellen Mikroorganismen, Sukzession von Arten).

Im folgenden sind die im beteiligten Teilprojekte des SFB aufgeführt.

| Teil-projekt | Thema des Teilprojektes | Teilprojekt-leiter | Institution |
|---|---|---|---|
| **Projektbereich A** | | | |
| A 1 | Hydrolytische und thermische Spaltung organischer Ver-unreinigungen kontaminierter Böden mit überkritischem Wasser zur Erzeugung biologisch abbaubarer Produkte | Prof. Brunner | TU HH, Ver-fahrenstechnik II |
| A 2 | Biologischer Abbau von wässrigen Lösungen aus der mechanischen und thermischen Behandlung von Böden und Schlämmen | Prof. Wilderer | TU HH, Ge-wässerreini-gungstechnik |
| A 4 | Reaktoren für den mikrobiologischen Abbau von Boden-extrakten aus kontaminierten Böden | Prof. Märkl | TU HH, Bio-technologie I |
| A 5 | Verfahrenstechnische Charakterisierung und mechanische Aufbereitung kontaminierter Böden | Prof. Werther | TU HH, Ver-fahrenstechnik I |
| **Projektbereich B** | | | |
| B 1 | Mikrobieller Abbau von niedrigkonzentrierten polyzyk-lischen aromatischen Kohlenwasserstoffen in ölverun-reinigten Böden | Prof. Kasche, Dr. Mahro | TU HH, Bio-technologie II |
| B 3 | Reinigung kontaminierter Böden in Bioreaktoren | Prof. Stegmann | TU HH, Um-weltschutztechnik |
| B 4 | Mineralöllasten – ihre Identifizierung und Analytik zur Optimierung ihres biochemischen und chemischen Ab-baus unter besonderer Berücksichtigung mehrcyclischer Aromaten | Prof. Steinhart, Dr. Herbel | Uni HH, Inst. für Biochemie u. Lebensmittel-chemie |
| **Projektbereich C** | | | |
| C 1 | Ökotoxikologische Bewertung von Bodenverunreinigungen mit Hilfe von Biotests | Dr. Ahlf, Prof. Förstner | TU HH, Um-weltschutztechnik |
| C 3 | Untersuchung der Verteilung von organischen Spuren-stoffen in Systemen bestehend aus Bodenkomponenten/Öl/Wasser (Sorption/Desorption, Lösungsgleichgewichte, Diffusionsverhalten) | Prof. Förstner, Dr. Calmano | TU HH, Um-weltschutztechnik |
| C 6 | Methoden und Strategien zur Optimierung der Behand-lung kontaminierter Böden und belasteter Standorte im Rahmen der Raum- und Umweltplanung | Prof. Pietsch | TU HH, Stadtökologie |
| **Projektbereich D** | | | |
| D 1 | Veränderung bodenchemischer Eigenschaften durch Ölverunreinigung und -dekontamination | Prof. Miehlich | Uni HH, Inst. für Bodenkunde |
| D 2 | Einfluß von Ölkontaminationen auf bodenphysikalische und -mechanische Eigenschaften von kontaminierten Standorten | Dr. Goetz, Prof. Wiechmann | Uni HH, Inst. für Bodenkunde |
| D 4 | Schnelle Vor-Ort-Analyse von kontaminierten Böden | Prof. Matz | TU HH, Elektrotechnik I |
| D 5 | Mikroanalytische Untersuchungen an kontaminierten Böden: Erfassung und Quantifizierung ausgewählter Schadstoffe in unbehandeltem und behandeltem Material | Prof. Francke | Uni HH, Inst. für organische Chemie |

TU HH : Technische Universität Hamburg-Harburg
Uni HH : Universität Hamburg

ZEHN JAHRE ERFAHRUNGEN MIT DER THERMISCHEN BEHANDLUNG VON BÖDEN

R.G. Reintjes und C. Schuler

Ecotechniek bv, Utrecht, Die Niederlande

1. EINFÜHRUNG

Auf dem ersten und zweiten Kongreß berichteten wir über die Entwicklung eines Reinigungsverfahrens für schadstoffbelasteten Boden, insbesondere über die thermische Behandlung. Diese Entwicklung begann mit dem Bau einer kommerziellen Anlage im Jahr 1981. Eine zweite, auf denselben Prinzipien beruhende Anlage wurde 1986 gebaut.

Beide Anlagen sind noch in Betrieb und haben 1 Million Tonnen schadstoffbelasteten Bodens erfolgreich behandelt.

Wir beabsichtigen, hier über den Entwicklungsstand, die Ergebnisse und die ständig fortschreitende Entwicklung zu berichten.

Weil nicht alle Anwesenden mit dem Verfahren vertraut sind, wollen wir es zunächst kurz beschreiben.

Boden, der mit organischen Schadstoffen belastet ist (wir reden hier nicht über mit anorganischen Schadstoffen belasteten Boden), hat in der Regel einen niedrigen Gehalt an organischem Material und deshalb einen sehr geringen Wärmeenergieinhalt.

Der schadstoffbelastete Boden kann deshalb in einer normalen Verbrennungsanlage für Chemieabfälle nicht ökonomisch gereinigt werden, denn die Verbrennung von Chemieabfällen nutzt, wie Sie wissen, den Energiegehalt der zu verbrennenden Abfälle aus. Für die thermische Bodenbehand-

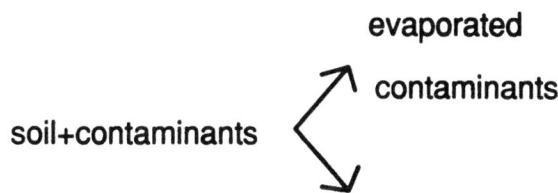

Abbildung 1.

Legende:   Boden + Schadstoffe   verdampfte Schadstoffe

sanierter Boden

lung mußte ein anderes System entwickelt werden. Wir wählten ein zweistufiges System. In der ersten Stufe (Abb. 1) werden die Schadstoffe durch Erhitzen des Bodens, wenn nötig bis auf 600°C, in Gase umgesetzt.

Die entwickelten Dämpfe werden vom Boden getrennt, so daß der zurückbleibende Boden wieder schadstoffrei ist. Der Vorteil dieses Systems ist, daß der Boden nicht bis zu zerstörenden Temperaturen erhitzt wird. Der Boden wird mit Wasser abgekühlt und kann dann auf normale Art wieder genutzt werden, z.B. auf dem Grundstück, von dem er entnommen wurde.

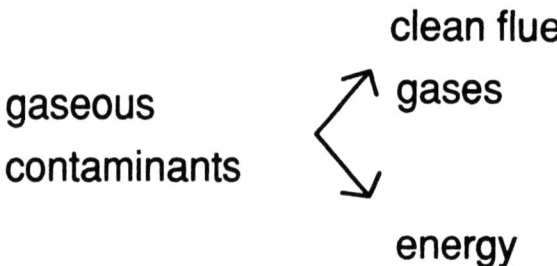

Abbildung 2.

Legende:                                    gereinigte Abgase
                    gasförmige Schadstoffe
                                            Energie

In der zweiten Stufe werden die gasförmigen Schadstoffe zerstört (Abb. 2). Dafür wird ein Nachbrenner benutzt. Die Gase und Dämpfe werden unter Zufuhr von Sauerstoff bei Temperaturen von 900°C bis 1100°C verbrannt. Die zersetzten Dämpfe werden entstaubt und in den Schornstein geleitet. In diesem Ofen wird natürlich viel Wärme erzeugt. Um diese Energie nicht zu verlieren, benutzen wir sie zum Verdampfen der Feuchtigkeit und der Schadstoffe in der ersten Stufe.

Daraus ergibt sich das Schema, das in Abbildung 3 dargestellt wird.

Es ist Ihnen wahrscheinlich klar, daß die Besonderheit dieses Verfahrens in der Konstruktion des Verdampfers liegt, der als Drehofen ausgelegt ist, mit teilweise direkter Befeuerung und teilweise indirekter Erhitzung durch die Abgase des Nachbrenners, und natürlich auch in der Weise, wie die verschiedenen Teile der Anlage miteinander kombiniert sind.

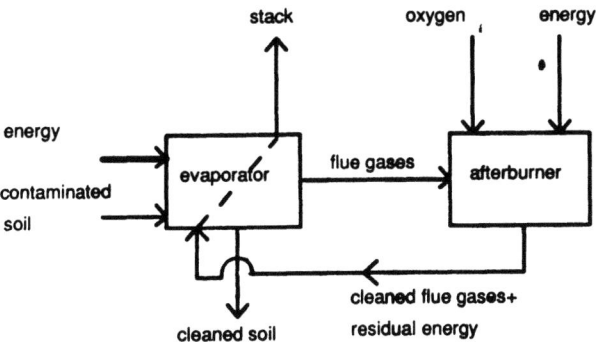

Abbildung 3.

Legende:    stack - Schornstein
            oxygen - Sauerstoff
            energy - Energie
            evaporator - Verdampfer
            flue gases - Abgase
            afterburner - Nachbrenner
            contaminated soil - schadstoffbelaster Boden
            cleaned soil - sanierter Boden
            cleaned flue gases + residual energy -
            gereinigte Abgase + restliche Energie

2. VERGLEICH MIT ANDEREN SYSTEMEN

Mit diesem Verfahren wird alles toxische, verdampfbare organische Material aus dem Boden beseitigt, und zwar ohne Rücksicht auf seine chemische Struktur, seine Menge oder seinen physikalischen Zustand. Alle Bodentypen können behandelt werden, obwohl die Behandlung nicht immer gleichermaßen einfach ist.

Da die chemische Zusammensetzung und Konzentration der zu entfernenden Verunreinigung und der Bodentyp nicht berücksichtigt zu werden brauchen, unterscheidet sich dieses Verfahren z.B. von den biologischen Verfahren und den verschiedenen Auswaschungsmethoden, die sehr empfindlich gegenüber den feinen Fraktionen des Bodens sind.

Das thermische Verfahren beseitigt andererseits weder Schwermetalle noch andere anorganische Stoffe, obwohl das weitverbreitete anorganische Zyanid sehr wohl beseitigt werden kann, weil es bei höheren Temperaturen zu gasförmigem Zyanwasserstoff umgesetzt wird, der ebenfalls im Nachbrenner zerstört werden kann.

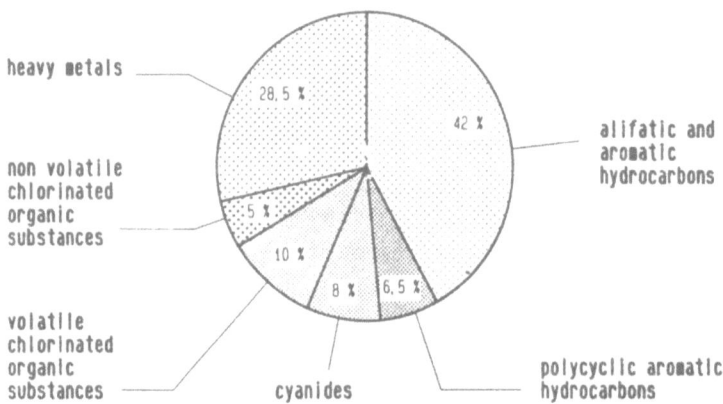

Abbildung 4.

Legende:   DIFFERENT CATEGORIES OF CONTAMINANTS - VERSCHIEDENE SCHADSTOFFGRUPPEN
heavy metals - Schwermetalle
non volatile chlorinated organic substances - nicht flüchtige chlorierte organische Verbindungen
volatile chlorinated organic substances - flüchtige chlorierte organische Verbindungen
cyanides - Zyanide
polycyclic aromatic hydrocarbons - polyzyklische aromatische Kohlenwasserstoffe
alifatic and aromatic hydrocarbons - aliphatische und aromatische Kohlenwasserstoffe

Das thermische Reinigungsverfahren löst also nicht alle Probleme, aber immerhin die Mehrzahl der Probleme, wie aus dem Diagramm in Abb. 4 ersichtlich ist, das die Verteilung von Schadstoffen in belasteten Böden der Niederlande beschreibt. Zumindest 70% der vorkommenden schadstoffbelasteten Böden können thermisch behandelt werden.

Bei dieser thermischen Methode braucht der Boden nur auf eine ziemlich niedrige Temperatur erhitzt zu werden, und das bedeutet einen relativ niedrigen Energieverbrauch.

Das führt dazu, daß die natürlichen organischen Bestandteile des Bodens, wie z.B. Huminsäuren, nicht zer-

stört werden, so daß der Boden als solcher erhalten bleibt
und nicht zu Sand umgesetzt wird, der keine organischen
Bestandteile enthält und dessen Wiedernutzung kaum von
Interesse ist. Aufgrund der integrierten Technologie ist
eine derartige Anlage sehr klein im Vergleich zu ihrem
Durchsatz. Das ermöglicht den Bau von transportablen Anlagen
mit hoher Leistung, ein wesentlicher Vorteil gegenüber
anderen Systemen.


3. DEKONTAMINATIONSERGEBNISSE

Es ist klar, daß für Stoffe mit niedrigem Siedepunkt nur
niedrige Verdampfungtemperaturen erforderlich sind. Tabelle
1 zeigt die erforderlichen Temperaturen.

In der Praxis werden etwas höhere Temperaturen angewendet. In der folgenden Tabelle sind auch die im Nachbrenner erforderlichen Temperaturen angeführt.

TABELLE 1. Verdampfungs- und Zersetzungstemperaturen

| Schadstoff | Erforderliche Temperatur | |
| --- | --- | --- |
| | Verdampfung °C | Zersetzung °C |
| Benzin, Dieselöl | 200 - 300 | 750 |
| Benzol, Toluol, Xylol, Naphthalin | 200 - 300 | 800 |
| Polyzyklische aromatische Verbindungen | 450 - 500 | 850 |
| Zyanide | 450 | 950 |


Ein Maß für die Leistungsfähigkeit des Verfahrens sind
die Restkonzentrationen an polyzyklischen aromatischen
Kohlenwasserstoffen, denn sie sind schwierig zu beseitigen
und die zulässige Restkonzentration ist niedrig.

Statistische Ergebnisse können nur für große Projekte
gegeben werden, deshalb ist für jedes Jahr das größte
Projekt als Beispiel gewählt worden.

Die Mengen in jedem Projekt liegen zwischen 40 000 und
70 000 Tonnen.

Wie aus Abb. 5 ersichtlich ist, konnten die Restkonzentrationen im Verlauf mehrerer Jahre auf Grund der wachsenden
Erfahrungen verringert werden.

Es ist jetzt möglich, die Restkonzentrationen auf Werte
nahe den natürlichen Belastungswerten des Bodens (Bodenklasse A der Niederlande) zu reduzieren, obwohl der Grad der
Schadstoffbelastung der behandelten Böden heute wesentlich
höher ist als vor einigen Jahren. Diese Ergebnisse werden

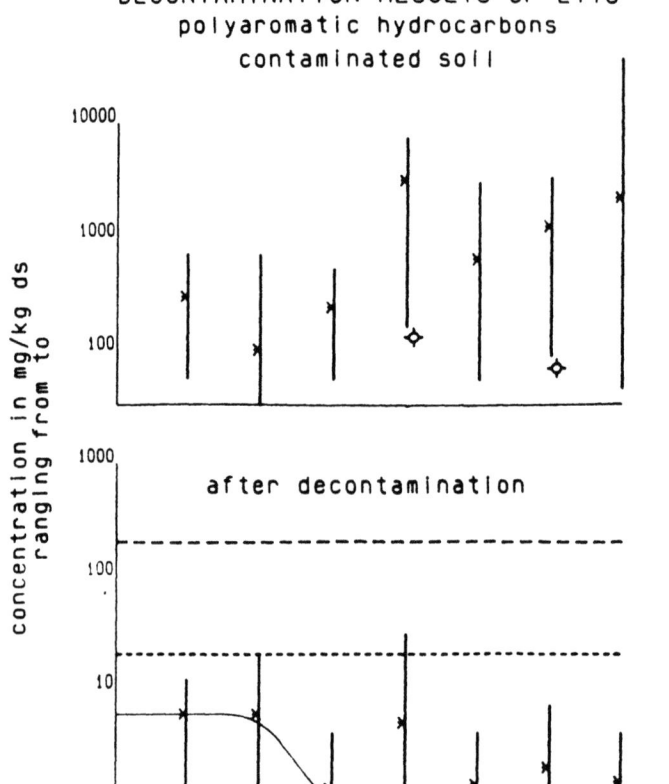

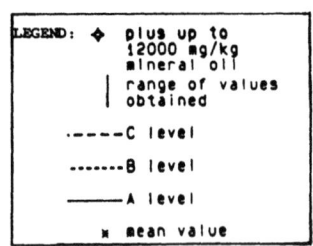

Abbildung 5. Beseitigung von PAKs - Ergebnisse der Großprojekte

Legende: DECONTAMINATION RESULTS ... - DEKONTAMINATIONSERGEBNISSE VON ETTS mit polyzyklischen Kohlenwasserstoffen belasteter Boden

-- Fortsetzung nächste Seite --

Legende zu Abb.- 5 (Fortsetzung)
          after decontamination - nach der Dekontamination
          concentration in mg/kg ds ranging from to -
          Konzentration in mg/kg TS von bis
          year - Jahr
          project - Projekt
Kasten:   LEGEND - ERKLÄRUNG
          plus up to 12000 mg/kg mineral oil - plus bis
          zu 12000 mg/kg Mineralöl
          range of values obtained -'Bereich der
          erzielten Werte
          C level - Gütegrad C
          B level - Gütegrad B
          A level - Gütegrad A
          mean value - Mittelwert

verwirklicht wegen den extremen Anforderungen der niederländischen Regierung, und Sie können sich leicht vorstellen, daß die Kosten dafür hoch sind. In anderen Ländern sind die Anforderungen im allgemeinen weniger streng, und es ist deshalb klar, daß das Verfahren für alle Länder annehmbar ist.

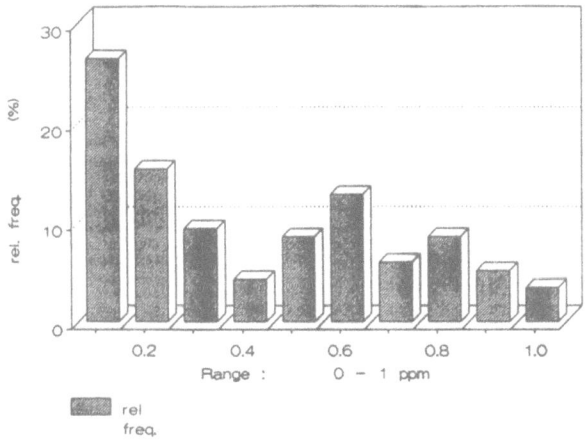

Abbildung 6.   Dekontaminationsergebnisse Cindu, PAK

Legende:    rel. freq. - relative Häufigkeit
            range - Bereich

In Abb. 7 werden Daten für Zyanide angegeben, ein in den Niederlanden häufig vorkommender Schadstoff, und der, wie Sie wissen, eine sehr stabile anorganische Verbindung ist.
Es sieht so aus, als ob sich die erreichbaren Restkonzentrationen nach der Dekontamination mit den Jahren ver-

schlechtert haben. Dies hängt aber offensichtlich damit zusammen, daß die Ausgangsbelastung mit den Jahren deutlich zugenommen hat.

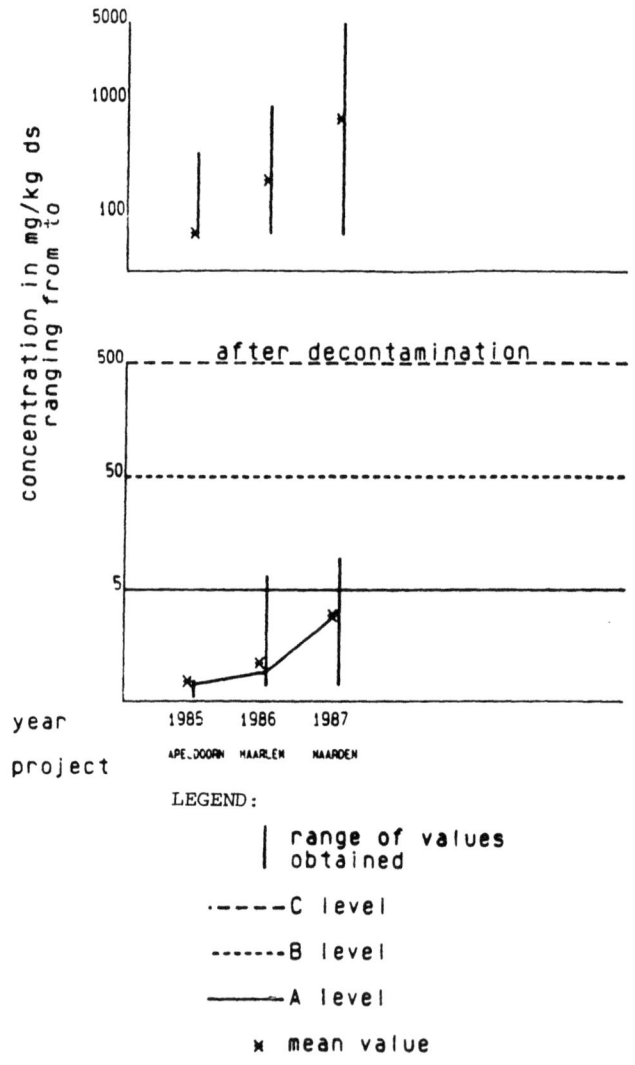

Abbildung 7. Beseitigung von Zyaniden - Ergebnisse der Großprojekte

Legende: -- siehe Abb. 5 --

Polychlorierte Biphenyle und Dioxine sind bisher nicht erwähnt worden. Die Belastung mit diesen Schadstoffen ist in den Niederlanden nicht weit verbreitet.

Es sind deshalb erst in jüngster Zeit Experimente über die Entgiftung von mit diesen Stoffen belasteten Böden angestellt worden.

Wegen der strengen Einschränkungen der Handhabung von chlorierten Substanzen durch die Regierung wurde keine Aufbereitung von mit chlorierten Verbindungen belasteten Böden durchgeführt, und es ist beinahe unmöglich, solche Versuche anzustellen.

Die Leistung des Nachbrenners ist das wichtigste Glied in der Kette. Wir haben deshalb demonstriert, daß das installierte Zersetzungssystem, nämlich der Nachbrenner, etwa vorhandene chlorierte organische Verbindungen wirksam zerstören und beseitigen kann, indem wir Experimente mit international anerkannten Modellsubstanzen durchführten. Diese Studie wurde von der weithin bekannten TNO-Organisation durchgeführt, die als Modellsubstanzen (Tracer) Trichloräthylen und Tetrachlorkohlenstoff wählte.

Unter verschiedenen Bedingungen in Bezug auf Sauerstoffkonzentration und Temperatur liegt der Wirkungsgrad bei der Zersetzung von Trichloräthylen zwischen 99,9625 und 99,9999% und für Tetrachlorkohlenstoff bei 99,9999%. Es ist anzunehmen, daß der Zersetzungsgrad für andere chlorierte organische Verbindungen besser ist als für die Tracer.
Wegen der Auslegung der Anlagen und des Verfahrens ist die Bildung von Dioxin hinter dem Nachbrenner unwahrscheinlich.

Es darf mit Sicherheit angenommen werden, daß chlorierte organische Verbindungen aus belastetem Boden beseitigt und gefahrlos zerstört werden können. Der endgültige Beweis kann nur durch Ausführung von Aufbereitungsversuchen in natürlichem Maßstab erbracht werden.

4. UMWELTFOLGEN DER THERMISCHEN BEHANDLUNG

Das Verfahren darf zu keiner Schadstoffbelastung der Umwelt führen. Das einzige abgeleitete Material sind die Abgase, und der Abgasstrom muß deshalb von Staub, $SO_2$, HCL und HF befreit werden (wenn diese vorhanden sind).

Insbesondere $SO_2$ und HCl können abgegeben werden, wenn schwefel- und chlorhaltige Schadstoffe vorhanden sind. Je nachdem, welche Schadstoffe mit einer bestimmten Anlage beseitigt werden müssen, und je nach den örtlich gültigen Emissionsnormen wird ein Abgasreinigungssystem ausgewählt. Das bedeutet also, daß die z. Zt. betriebenen Anlagen und die Anlagen, die gebaut werden, alle mit verschiedenen Abgasreinigungssystemen ausgerüstet sind. Die Konzentrationen der Stoffe im Ablauf des Gasreinigers sind so niedrig, daß der Ablauf zur Abkühlung des gereinigten Bodens benutzt werden kann. Auf diese Weise gibt das System tatsächlich keine Restabfallströme ab.

## 5. KOSTEN

Die Berechnung der Kosten der Kosten für die Bodensanierung mit diesem Prozeß ist einigermaßen kompliziert.

Die Kosten werden nicht nur durch das eigentliche Verfahren verursacht, sondern in hohem Grade auch durch den Feuchtigkeitsgehalt des Bodentyps, den Schadstoffgehalt und durch Sicherheitsmaßnahmen und Umweltvorschriften.

Wir geben nur die Kosten in den Niederlanden an, umgerechnet mit den entsprechenden Wechselkursen. Wir kommen dann auf Kosten zwischen 70 und 120 USD bzw. 120 bis 250 DM.

## 6. INFORMATIONEN ÜBER DIE ANLAGE

Wie erwähnt, betreibt Ecotechniek zwei Anlagen. Die folgende Abbildung gibt einen Überblick über das Verfahren.

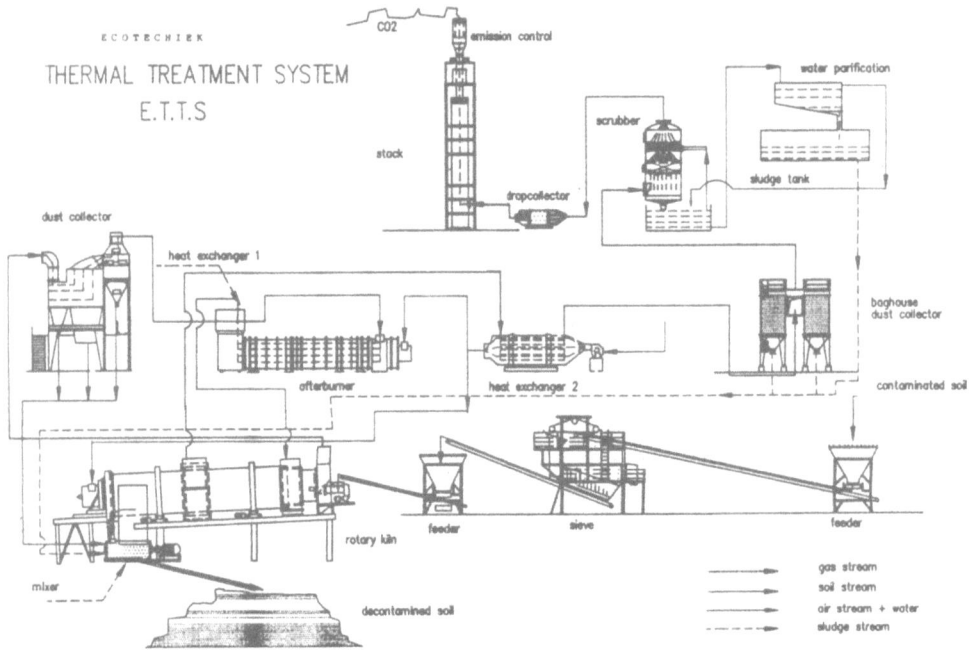

THERMISCHES BEHANDLUNGSSYSTEM E.T.T.S

Legende:   emission control - Emissionskontrolle
           stack - Schornstein
           drop collector - Tropfenkollektor
           scrubber - Rieselturm
           water purification - Wasserreinigung
           sludge tank - Schlammbehälter
           dust collector - Staubabscheider

           -- Fortsetzung nächste Seite --

Legende: (Fortsetzung)

heat exchanger - Wärmetauscher
contaminated soil - Schadstoffbelasteter Boden
afterburner - Nachbrenner
boghouse dust collector - Staubabscheider
Mixer - Mischer
rotary kiln - Drehofen
feeder - Aufgabevorrichtung
sieve - Sieb
decontaminated soil - Dekontaminierter Boden
gas stream - Gasstrom
soil stream - Bodenstrom
air stream + water - Luftstrom + Wasser
sludge stream - Schlammstrom

Der Boden wird in einer Vorbehandlungsstufe gesiebt und auf eine Materialgröße von weniger als 40 mm zerkleinert. Er wird dann in einem Drehofen teilweise indirekt erhitzt. Diese indirekte Erhitzung erfolgt durch die heißen Gase des Nachbrenners. Der Boden wird weiter direkt mit einem Öl- oder Gasbrenner erhitzt. Der gereinigte Boden wird in einen Mischer geleitet und mit Wasser gekühlt und befeuchtet. Die Gase aus dem Ofen werden in einen Nachbrenner geleitet, in dem frische Luft und Energie zugeführt werden. Besonderer Wert wird auf die Rückgewinnung der Energie aus den Abgasen des Nachbrenners gelegt. Die Anlage hat drei Systeme zur Rückgewinnung von Energie, einschließlich des Drehofens.

Es sind außerdem drei Staubsammelsysteme eingebaut, eines davon arbeitet nach einem Naßverfahren, durch das der pH-Wert der Gase reguliert wird, ehe sie den Schornstein verlassen.

KOMBINATION VON THERMISCHER BODENBEHANDLUNG UND IN-SITU
BODENSANIERUNG AUF DEM BETRIEBSGELÄNDE EINER SONDERMÜLL-
VERBRENNUNGSANLAGE

Dr.-Ing. H.P.Drescher, Dipl.-Geol. R.Lehbrink, K.Leifhold

BONNENBERG + DRESCHER, Ingenieurgesellschaft mbH, Aldenhoven


1. EINLEITUNG
    Der vorliegende Bericht gibt einen Überblick über eine
in-situ Bodensanierung auf dem Betriebsgelände einer Sondermüllverbrennungsanlage. Bedingt durch eine offene Lagerung
fester, pastöser und z. T. flüssiger Sonderabfallstoffe auf
ungesicherten Flächen, gelangte nahezu die gesamte Palette der
organischen Chemie in Boden und Grundwasser. Die Sanierungsmaßnahmen bestehen aus der Kombination von thermischer Behandlung der höchstbelastetsten Bodenbereiche und dem Versuch der
in-situ Sanierung von geringer belasteten Geländeabschnitten.
Die in-situ Sanierung wird mit möglichst einfachen Mitteln und
möglichst sanft betrieben, wobei längere Sanierungszeiten in
Kauf genommen werden.

2. GEOLOGISCHER ÜBERBLICK
    Das Betriebsgelände der Sondermüllverbrennungsanlage Widdig
liegt am Nordrand der Stadt Niederkassel in einer ehemaligen
Kiesgrube. Niederkassel liegt zwischen Köln und Bonn. Die
Höhenlage der Geländeoberfläche in der näheren Umgebung des
Betriebsgeländes schwankt zwischen 49 und 51 m ü.NN. Die Betriebsflächen selbst liegen bei etwa 44 m ü.NN.
    Der Untergrund besteht aus einer Wechselfolge von sandigem
und kiesigem Material. Dieses Schichtpaket hat eine mittlere
Mächtigkeit von 22 m. Es handelt sich hierbei um Sedimente der
älteren und jüngeren Niederterrasse des Rheins. Das Liegende
dieser sandigen Kiese wird von einem etwa 10 m mächtigen tertiären Feinsand gebildet. Das Hangende der quartären Schichten
ist im Bereich des Betriebsgeländes durch die Auskiesung und
auch durch "wildes" Deponieren nicht mehr natürlichen Ursprungs. Stellenweise wurden bis zu 7 m mächtige Auffüllungen
ermittelt.
    Die o.g. quartären Sedimente bilden das 1. Grundwasser-
stockwerk. Die Sohle des Grundwasserleiters wird vom tertiären
Feinsand gebildet. Die Sedimente des 1. GW-Stockwerkes haben
eine hohe Durchlässigkeit. Durch Pumpversuche wurden kf-Werte
zwischen 1,2 und 1,6E-02 m/s ermittelt.
    Die natürliche Fließrichtung in der näheren Umgebung ist
nach NW gerichtet (Rhein als Vorfluter). Bei Rheinhochwasser
sind Fließrichtungen nach E zu beobachten. Wegen einer hohen
Grundwasserentnahme durch ein Chemiewerk im Süden wird die
natürliche Fließrichtung dahingehend beeinflusst, daß sich in
der näheren Umgebung des Widdig Geländes eine GW-Senke bzw.

eine Grundwasserrinne mit einem Sattel ausbildet, GW dem Gelände von W und E her zufließt und nach S abströmt.
Der Flurabstand auf dem Betriebsgelände beträgt bei normalen Grundwasserspiegelständen ca. 2 bis 3 m.

## 3. BELASTUNGSSITUATION

Durch das bis etwa 1985 am Standort praktizierte, indiskutable Konzept der offenen Lagerung von festen und pastösen Sonderabfallstoffen gelangte eine Vielzahl von organischen Stoffen und Stoffgemischen infolge Auslaugung bei Niederschlägen in den Boden und in das Grundwasser. Ferner kann das gezielte Vergraben von nicht genehmen Abfällen nicht ausgeschlossen werden. Ursprünglich war das Betriebsgelände nicht durch Betonflächen gesichert. Bei der späteren Anlage von Betonflächen wurden die kontaminierten Schichten des Erdreichs einfach zubetoniert. Auch verschiedene Lageranlagen (z.B.: Auffangwannen mit Schlämmen, Tanks und Ölabscheider) wurden unter neuangelegten Betondecken versteckt.

Im Rahmen einer vom RP Köln angeordneten Untersuchung des Betriebsgeländes wurden Mitte 1985 rasterhaft 37 Erkundungsbohrungen zur Probenahme niedergebracht. Folgende Belastungen des Erdreichs wurden ermittelt:

| | | |
|---|---|---|
| Aliphatische Kohlenwasserstoffe | : max. | 136000 mg/kg |
| Aromatische Kohlenwasserstoffe | : BTX | ca. 100 mg/kg |
| Naphtalin, Methylnaphtalin | : max. | 2100 mg/kg |
| Phenantren | : max. | 37 mg/kg |
| andere PAK's | : max. | 94 mg/kg |
| Tetralin | : max. | 26 mg/kg |
| Alkylbenzole | : max. | 100 mg/kg |
| PCB's | : max. | 6 mg/kg |
| Hexachlorbenzol | : max. | 64 mg/kg |
| Hexachlorbutadien | : max. | 110 mg/kg |

Im Grundwasser wurden maximale EOX-Konzentrationen von 120000 µg/l analysiert. Der Phenolindex lag bei ca. 8 mg/l. KW ges. wurden zu max. 0,7 mg/l analysiert.

Die Verteilung der o.g. Schadstoffe ist inhomogen. Belastungsschwerpunkte lassen sich im Bereich der ehemaligen Abfallhalde sowie im Norden des Geländes ausweisen, wo früher ein Muffelofen mit einem Faßlager betrieben wurde.

Nennenswerte anorganische Verunreinigungen wurden nicht gefunden.

In den Grundwasserproben wurden hohe Kohlendioxid- und Ammoniumgehalte sowie das Fehlen von Sauerstoff und eine reduzierte Nitratbelastung gefunden.

## 4. SANIERUNGSKONZEPT

Auf der Grundlage der Untersuchungsergebnisse wurde von Fa. BONNENBERG + DRESCHER in Abstimmung mit verschiedenen Behörden ein Konzept zur Sanierung des Betriebsgeländes bei gleichzeitigem kommerziellen Weiterbetrieb der Sondermüllverbrennung erarbeitet.

Dieses Sanierungskonzept sah die hydraulische Sicherung des Standortes, Auskoffern und thermische Behandlung der höchstbelasteten Geländebereiche und eine in-situ Sanierung vor. Dabei stellt die in-situ Bodensanierung auch unter abgedichteten Flächen das Kernstück der Sanierungsmaßnahmen dar. Die hydraulische Sicherung und thermische Behandlung verunreinigter Böden sind Stand der Technik.

## 5. GRUNDWASSERBEHANDLUNG

Zur hydraulischen Sicherung des Standortes wird über 5 Brunnen kontinuierlich eine Wassermenge von etwa 100 m³/h gefördert. Das Grundwasser wird in einer Stripanlage von leichtflüchtigen Wasserinhaltsstoffen ($CO_2$, CKW's) befreit. Die schadstoffbeladene Stripabluft wird in die standorteigene SMVA geleitet. Das Grundwasser wird bis zur Sättigungsgrenze mit Sauerstoff angereichert. Innerhalb von 2 Jahren Stripanlagenbetrieb wurde im Zulauf der Anlage der behördlich festgesetzte Sanierungsgrenzwert (Summe leichtfl. CKW: 25 µg/l) erreicht.

## 6. THERMISCHE BEHANDLUNG KONTAMINIERTER BÖDEN

Der Standort Widdig bietet den Vorteil, daß eine komplette Sondermüllverbrennungsanlage mit ihren technischen und logistischen Einrichtungen vorhanden ist. Da die Anlage über eine naßchemische Rauchgasreinigung verfügt, stellen chlorierte Kontaminanten im zu behandelnden Erdreich kein unlösbares Problem dar.

Nach Maßgabe der Behörden wurden insgesamt 4 Geländebereiche mit Höchstbelastungen ausgewiesen (KW-Belastung >10000 mg/kg). Hauptsächlich liegen die Aushublose im Bereich der ehemaligen Abfallhalde im betonierten Betriebsgelände. Hier mußte zunächst der Beton aufgeschnitten werden. Um unkontrolliertes Ausgasen zu vermeiden, wurden tischplattengroße Betonstücke aufgenommen und das anstehende Erdreich ausgebaggert. Die Aushublose zeigten, daß nahezu die gesamte ehemalige Geländeoberfläche bis zu einer Tiefe zwischen 2 und 3 m nicht mehr natürlichen Ursprungs ist. Ferner wurden auch zahlreiche Hinweise auf "wildes" Deponieren gefunden wie z.B. Grabsteine, PVC-Fußbodenbeläge, Bauschuttreste, Flaschen etc. Das Aushubmaterial wurde zunächst zusammen mit hochkalorischen flüssigen Sonderabfallstoffen ausgeglüht. Später wurde das Aushubmaterial nur noch mit Heizöl ausgeglüht. Aus abfallrechtlichen Gründen wird der Ausbrand nicht wieder am Standort verfüllt. Er muß auf einer Bauschuttdeponie endgelagert werden.

## 7. IN-SITU BODENSANIERUNG

Aus der Beprobung des Betriebsgeländes von 1985 konnten Indizien für einen stattfindenden mikrobiellen Schadstoffabbau entnommen werden. So wurden bei Grundwasseranalysen kein freier Sauerstoff gefunden. Auch reduzierte Nitratgehalte in einer landwirtschaftlich intensiv genutzten Umgebung deuteten auf einen gewissen Schadstoffabbau hin. Hohe Ammoniumgehalte (bis 7,3 mg/l) und freies $CO_2$ (bis 75 mg/l) wiesen ebenfalls auf einen funktionierenden KW-Abbau zumindest im wassergesättigten Bereich hin. Der stellenweise ablaufende mikrobielle Abbau sollte durch technische Maßnahme gefördert werden. Die wassergesättigte Bodenzone wird durch das sauerstoffangereicherte Abwasser der Stripanlage mit SAuerstoff versorgt. Somit bleibt nur noch die wasserungesättigte Bodenzone für den Versuch der in-situ Sanierung übrig.

7.1 Vorversuche

Es wurde geplant, durch direkten Lufteintrag in die ungesättigte Bodenzone ausreichende Sauerstoffmengen in den Boden zu bringen. Aus dem bekannten Schadstoffinventar wurde eine Luftmenge von 40 m³/h abgeschätzt. Zur Festlegung der erforderlichen Injektionsdrücke wurden in verschiedenen Geländebereichen Druckbelüftungsversuche durchgeführt. Um Strippeffekte im Boden zu vermeiden, sollten die Injektionsdrücke möglichst niedrig gehalten werden. In mehreren Kurzzeitbelüftungsversuchen (Dauer: 1 h) wurden erforderliche Drücke zwischen 40 und 60 mbar ermittelt. Dabei konnten pro Injektionsstelle Luftvolumenströme von etwa 10 m³/h in den Boden injiziert werden.

Um die Wirkradien der Belüftungsmaßnahmen abzuschätzen, wurden mehrere Langzeitbelüftungsversuche durchgeführt. Die Versuche liefen wie folgt ab: Messung der Sauerstoffgehalte in der Bodenluft in verschiedenen Abständen zum Injektionsort vor Beginn der Injektionen, Einbringen von Umgebungsluft in den Boden über eine Injektionslanze, Messung der Sauerstoffgehalte in der Bodenluft an verschiedenen Meßpegeln in verschiedenen

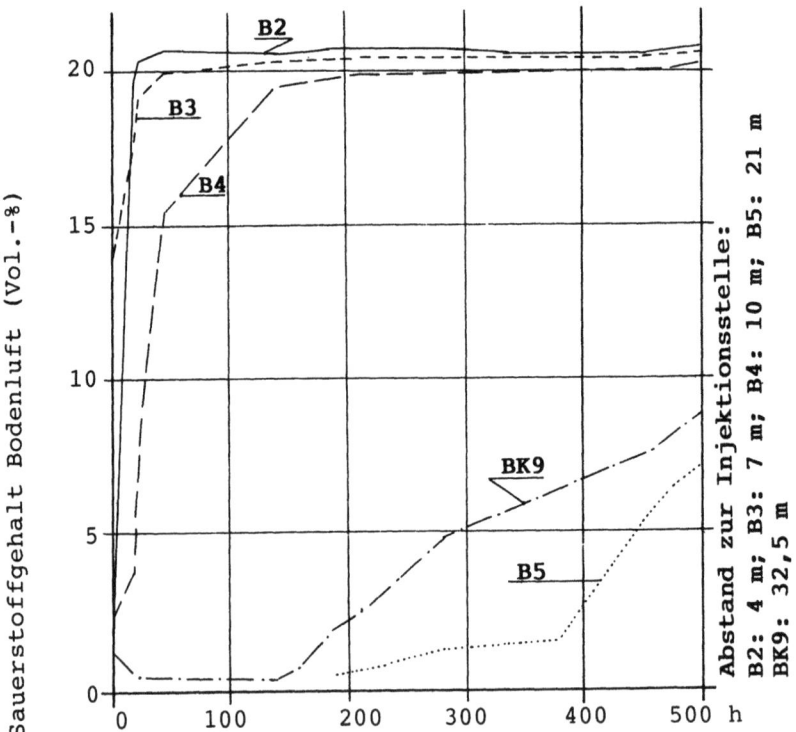

Abb.1) Langzeitbelüftungsversuch im unbefestigten Gelände; Sauerstoffgehalte in der Bodenluft

zeitlichen Abständen, Kontrolle der Meßpegel auf Ausgasen, Messung der Sauerstoffgehalte 14 Tage nach Einstellung der Injektionen. Beispielhaft zeigt die Abb.1 die Ergebnisse eines Belüftungsversuches, der in der Zeit vom 10. bis 31.05.89 mit einer Injektionsrate von ca. 10 m³/h im unbefestigten Gelände durchgeführt wurde.

Das Diagramm zeigt deutlich, daß die Bodenluft in der Nähe des Injektionsortes innerhalb von wenigen Stunden steigende Sauerstoffgehalte aufweist. In etwa 30 m Entfernung stieg der $O_2$-Gehalt erst nach ca. 10 Tagen. An einigen Meßstellen wurde deutlich ein Ausgasen festgestellt. Mittels Druck- und Volumenmessung wurde das Ausgasen nachgewiesen. In 5 m Entfernung zum Injektionsort wurden max. 4,7 mbar gemessen, im Abstand von 21 m wurden immerhin noch 0,8 mbar ermittelt. Somit wurde der Nachweis erbracht, daß nicht nur der Boden in unmittelbarer Nähe des Injektionsortes belüftet wurde, sondern daß sich die Belüftung auch noch in beträchtlicher Entfernung von der Injektionsstelle bemerkbar machten.

An der Meßstelle B5 (Abb.1) lässt sich der Einfluß der Lagerungsdichte und des Wassergehaltes des Bodens qualitativ ablesen. Zwischen der Injektionsstelle und der Meßstelle B5 liegt ein Staunässebereich. Der Einfluß der Injektionsmaßnahmen ist hier erst sehr viel später zu beobachten als an der weiter entfernt liegenden Meßstelle BK9. EinAnstieg des Sauerstoffgehaltes wurde erst nach ca. 13,5 Tagen festgestellt.

14 Tage nach Beendigung der Injektionsversuche wurden erneut die Sauerstoffgehalte in der Bodenluft ermittelt. Es wurde festgestellt, daß die $O_2$-Gehalte wieder auf das ungefähre Niveau wie zu Versuchsbeginn abgesunken waren.

Ein ähnlicher Versuch wurde auch im mit Beton versiegelten Gelände durchgeführt. Hier waren die Versuchsbedingungen infolge behinderten Gasaustauschs zwischen Boden und Atmosphäre weitaus schwieriger.

## 7.2 Technische Durchführung der in-situ Sanierung

Über mehrere Belüftungspositionen am Geländerand wird durch insgesamt 4 Gebläse Umgebungsluft in den Boden eingebracht. Ferner wird durch Berieselungsmaßnahmen zumindest im unbefestigten Gelände Feuchtigkeit dem Boden zugeführt. Diese technischen Maßnahmen werden mit möglichst einfachen Mitteln ausgeführt und laufen nahezu wartungsfrei.

## 7.3 Überwachung der in-situ Maßnahmen

Die in-situ Maßnahmen werden durch diskontinuierliche Messungen der Bodenluft und der Bodenfeuchte sowie durch begleitende mikrobiologische und chemische Analysen überwacht.

7.3.1 Bodenluft. An mehreren Positionen, die wahllos über das Betriebsgelände verteilt sind, werden durch diskontinuierliche Messungen der $O_2$ und $CO_2$-Gehalte der Bodenluft die Wirksamkeit der Luftinjektionen überwacht. In größeren zeitlichen Abständen werden auch einige Schadstoffkomponenten in der Bodenluft gemessen. Die Abbildung 2 lässt deutlich Bereiche mit hohen $O_2$- und niedrigen $CO_2$-Gehalten in der Bodenluft (niedrige KW--Belastungen) und Bereiche mit geringen $O_2$- und hohen $CO_2$-Gehalten in der Bodenluft (hohe KW-Belastung des Bodens) erken-

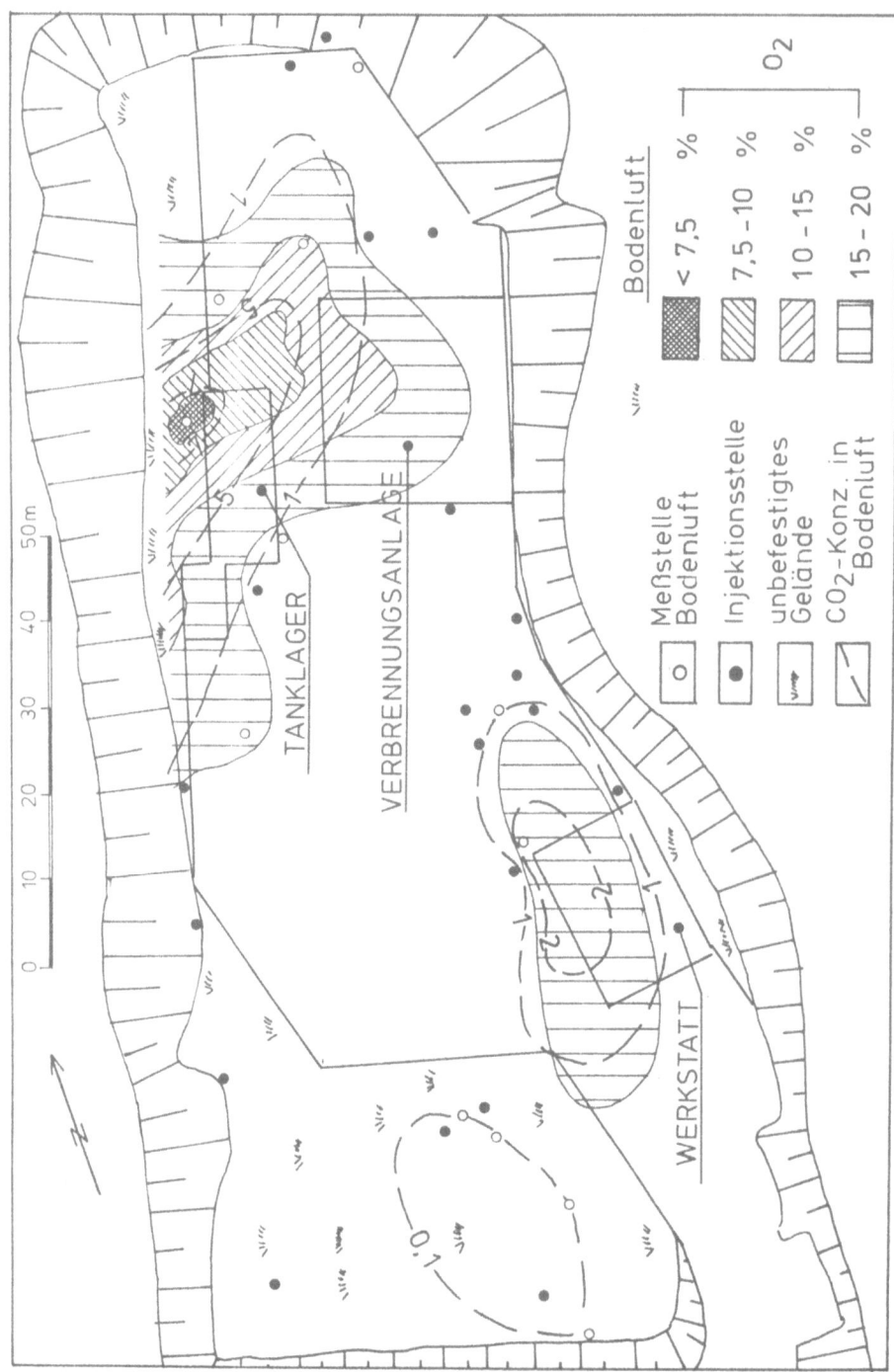

Abb.2) Gelände der SMVA Widdig; Gehalte von Sauerstoff und Kohlendioxid in der Bodenluft (7.2.90)

nen. Insbesondere die hohen $CO_2$-Bildungsraten (bis 12 Vol.-%) weisen auf einen mikrobiellen KW-Abbau hin.

7.3.2 <u>Bodenfeuchte.</u> Die Kontrolle der Bodenfeuchte erfolgt in Anlehnung an DIN 18121,Bl.1. Die Messungen erfolgen an Bodenproben aus verschiedenen Geländebereichen. Die Ergebnisse zeigen, daß die Bodenfeuchtigkeit auch unter den abgedichteten Flächen keinen limitierenden Faktor darstellt. Auf die Bedeutung des Bodenwassers als Transportmittel aller für die Mikroorganismen lebenswichtigen Nährstoffe braucht hier nicht weiter eingegangen zu werden.

7.3.3 <u>Mikrobielle Besiedlung des Untergrundes.</u> Begleitende mikrobiologische Untersuchungen werden in unserem Auftrag vom Forschungsinstitut für Wassertechnologie an der RWTH Aachen durchgeführt.

Zunächst wurden an mehreren Proben, die aus Aushubbereichen stammten, Standardabbauversuche nach STRATEN-WITTE durchgeführt. Diese Versuche zeigten unterschiedlich starke $O_2$-Zehrungen bei verschiedenen Belastungen des Bodens. Bei KW-Gehalten von 40 bis 430 mg/kg wurden nur geringe Zehrungsraten (bis max. 400 mg $O_2$/kg Orig.Substanz) ermittelt, während bei höheren Belastungen (ca. 2200 mg KW/kg Boden) auch höhere Zehrungsraten (600 bis 1200 mg $O_2$/kg) gemessen wurden. Bei diesen Versuchen zeigte die Bestimmung von Gesamtkeimzahlen Besiedlungsdichten, die im Bereich normaler Besiedlungsdichten in natürlichen Böden entsprechen (2,8E06 bis 4,5E07).

Eine flächendeckende Bestimmung von Gesamtkeimzahlen zeigte für den obersten Bodenmeter Besiedlungsdichten von XE06 bis XE07 KBE. In einer Probe wurde eine reduzierte Besiedlung (1,8E04 KBE) gefunden. Ferner wurden bei zwei Proben keine KBE gefunden. Hierfür wurde das Vorhandensein mikrobentoxischer Stoffgemische (aliphatische und aromatische KW, HCB und eine breite Palette substituierter Aromaten und Polycyclen) verantwortlich gemacht.

Die Untersuchungen ergaben bei zwei Proben, daß eine schadstoffadaptierte Mikroflora im Kontaminationsgebiet vorliegt. Die Schadstoffadaptation wurde unter aeroben und denitrifizierenden Bedingungen festgestellt.

7.3.4 <u>Chemische Untersuchung von Bodenproben.</u> Im Zusammenhang mit den mikrobiologischen Untersuchungen wurde das C:N:P-Verhältnis in einigen Bodenproben untersucht. Die Analysen zeigten ebenso wie Analysen von GW-Proben, daß das als optimal angesehene Verhältnis von 120:30:1 nahezu überall eingehalten ist.

Zur Kontrolle der Abbauleistungen der Mikroorganismen wurden Anfang Mai 90,Bodenproben an den gleichen Stellen wie 1985 gezogen und auf Schadstoffgehalte hin untersucht. Hierdurch soll die Abbauleistung unter den Bedingungen des Geländes (Mischkontamination, Betonversiegelung, Bodeninhomogenitäten) ermittelt werden.

# UNTERSUCHUNGEN ZUR ZERSTÖRBARKEIT VON FCKW IN MÜLLVERBRENNUNGSANLAGEN

## J. VEHLOW, L. STIEGLITZ, W. VILÖHR*

KERNFORSCHUNGSZENTRUM KARLSRUHE GmbH
*BOSCH-SIEMENS-HAUSGERÄTE GmbH

### 1. EINLEITUNG UND PROBLEMSTELLUNG

Zur Wärmeisolation von Kühlgeräten werden PUR-Hartschäume verwendet, die als Isolations- und Treibmittel FCKW enthalten, in den meisten Fällen $CCl_3F$ (R11). Das R11-Inventar im Schaum eines Kühlschranks beträgt ca. 400 - 500 g [1] Die Entsorgung dieser PUR-Schäume stellt derzeit ein Problem dar, da sowohl beim Zerkleinern durch Shreddern als auch bei der Ablagerung auf Deponien das R11 in die Atmosphäre entweicht [2], wo es eine wesentliche Rolle beim Abbau der Ozonschicht spielt. Im Kernforschungszentrum Karlsruhe läuft seit Herbst 1989 ein Forschungsprogramm zur gemeinsamen Verbrennung solcher PUR-Schäume mit Hausmüll in der Testanlage TAMARA [3]. Dabei soll der Zersetzungsgrad des R11 in Abhängigkeit von den Verbrennungsparametern und den Massenströmen ermittelt werden. Zusätzlich wird geprüft, ob sich die zu erwartende HF-Freisetzung ungünstig auf die Emission auswirkt.

### 2. VERSUCHSMATERIALIEN UND VERSUCHSDURCHFÜHRUNG

Zu den Versuchen wurde ein PUR-Schaum eingesetzt, der 6,5 Gew.-% R11 enthielt und in Würfel von etwa der Kantenlänge 60 mm geschnitten war. Der PUR-Schaum wurde in Anteilen von 1, 2 und 3 Gew.-% von Hand durch ein Fallrohr direkt in den Aufgabetrichter der TAMARA zugegeben. Der Mülldurchsatz betrug im allgemeinen 250 kg/h. Die Feuerraumtemperaturen lagen bei 850 bzw. bei 950 °C. Der HF- Beprobungstrain bestand aus einem Kondensor und zwei Impingern. Die Analysen wurden ionenchromatografisch mit einer Nachweisgrenze von 0,05 mg/m³ durchgeführt. Zur R11-Bestimmung wurden Rohgasproben in Al-beschichteten Gasbeuteln gesammelt. Dieses Gas wurde direkt in den Gaschromatografen eingespritzt. Es wurde ein ECD-Detektor mit einer Nachweisgrenze von 0,5 µg/m³ eingesetzt.

### 3. VERSUCHSERGEBNISSE

#### 3.1 HF-Freisetzung

Mit dem R11 im PUR-Schaum wurden maximal 67,5 g/h Fluor in die Verbrennungsanlage eingebracht. Dieses tritt nach der Verbrennung zum Teil als HF in der Gasphase auf. Dadurch kann die HF-Konzentration (üblich 5 mg/m³) erheblich ansteigen. Abb. 1 zeigt die Rohgasgehalte an HF

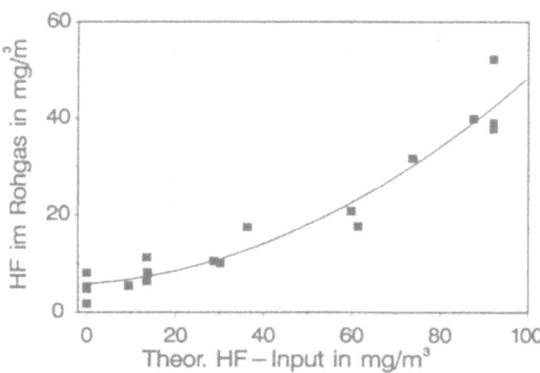

Abb. 1: HF im Rohgas als Funktion des Eintrags

über dem auf den jeweiligen Gasvolumenstrom umgerechneten theoretischen HF-Eintrag. Die Konzentration steigt überproportional mit dem HF-Eintrag. Sie ist im untersuchten Bereich nahezu unabhängig von der Temperatur im Brennraum. Trotz der Erhöhung um teils mehr als den Faktor 10 ist die Abscheidung von HF im nassen Rauchgasreinigungssystem der TAMARA so exzellent, daß im Reingas nur Konzentrationen < 0,2 mg/m³ gefunden wurden. Damit ist auch die Einhaltung eines zukünftigen Grenzwertes von 1 mg/m³ gesichert.

### 3.2 R11-Zerstörung

Nach Literaturangaben liegen die R11-Gehalte im Hausmüll in der Größenordnung von 10 mg/kg [4], was einen 'normalen' R11-Eintrag von ca. 2,5 g/h bei 250 kg/h Mülldurchsatz zur Folge hat. Durch die PUR-Dosierung wurden maximal knapp 500 g/h R11 eingebracht.

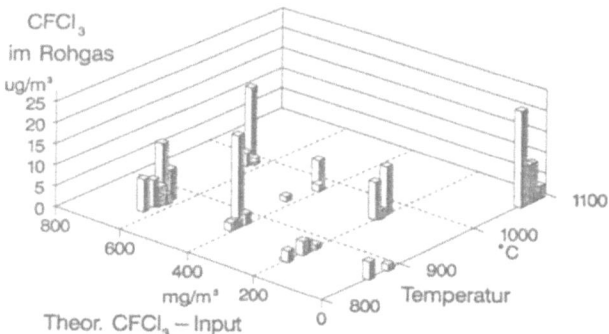

Abb. 2: R11 im Rohgas als Funktion von Eintrag und Temperatur

In Abb. 2 sind die R11-Konzentration im Rohgas der TAMARA in Abhängigkeit der Brennraumtemperatur und des auf den Gasvolumenstrom umgerechneten R11-Eintrags dargestellt. Die R11-Konzentrationen schwanken stark und zeigen weder eine Abhängigkeit vom Eintrag, noch von der Verbrennungstemperatur. Es fällt auf, daß die Konzentrationen mit und ohne PUR-Dosierung etwa in der gleichen Größenordnung liegen, wie ein Vergleich des Mittelwertes für den Betrieb ohne PUR-Schaum (14 Messungen) von $(8 \pm 9)$ µg/m³ mit dem bei Zugabe von PUR-Schaum (31 Messungen) ermittelten von $(5 \pm 5)$ µg/m³ zeigt. Messungen in der Umgebungsluft führten zu R11-Konzentrationen von $(4 \pm 1)$ µg/m³, was etwa um den Faktor 3 über dem Literaturwert für die Atmosphäre liegt [5]. Im Rahmen der untersuchten Parameterschwankungen wird also in TAMARA in erster Näherung immer ein R11-Gehalt in der Größenordnung der Belastung der Umgebungsluft gemessen, d.h., R11 wird bei der Verbrennung praktisch vollständig zerstört. Berechnet man die minimalen Zersetzungsgrade unter der Voraussetzung, daß das Abgas bei Normalbetrieb kein R11 enthält, so ergibt sich als Mittelwert $(99,9988 \pm 0,0014)\%$.

### 4. BEWERTUNG

Nach diesen Ergebnissen erscheint die Verbrennung als aussichtsreicher Entsorgungsweg für R11-beladene PUR-Schäume. In Angriff genommene Modellversuche müssen allerdings noch Aufklärung über eventuell beachtenswerte Zersetzungsprodukte geben. Die Übertragbarkeit dieser Befunde auf kommunale Müllverbrennungsanlagen soll in einem folgenden Großversuch demonstriert werden.

### 4. LITERATUR

[1] M. Wilken, W. Sünderhauf, B. Zeschmar-Lahl, Müll und Abfall 22 (1990) 522
[2] R. Laugwitz, T.Poller, A. Deipser, Müll und Abfall 22 (1990) 311
[3] A. Merz, H. Vogg, AbfallwirtschaftsJournal 1 (1989) 111
[4] A. Deipser, T. Poller, EntsorgungsPraxis (1990) 373
[5] Deutscher Bundestag (Hrsg.), Schutz der Erdatmosphäre, 1989, 154

## Großtechnische Erprobung des DBA-Pyrolyseverfahrens zur Behandlung organisch kontaminierter Böden

Dr. Klaus Mackenbrock, Dr. Klaus Horch, Deutsche Babcock Anlagen AG, Parkstraße 29, D-4150 Krefeld 11

Seit August 1988 wird auf einem ehemaligen Kokereigelände mit dem dort vorgefundenen kontaminierten Material eine großtechnische Pyrolyseanlage auf ihre Reinigungsleistung hin erprobt.
Mittlerweile wurden in kontinuierlichem Betrieb etwa 45.000 t Erdreich gereinigt und wieder eingebaut (Stand: Ende Mai 1990).

Das Erdreich wird bei Wandtemperaturen von ca. 650 °C in einem Drehrohrofen in sauerstofffreier Atmosphäre indirekt erhitzt. Bei diesem Entgasungsvorgang gehen die organischen Schadstoffe in die Gasphase über, werden als Pyrolysegas abgezogen und in einer Brennkammer vollständig ausgebrannt (s. Abb. 1). Die anschließende Rauchgasreinigung gewährleistet Reingaswerte die deutlich unterhalb der gesetzlichen Anforderungen liegen.

Die bisher erhaltenen Betriebsergebnisse zeigen, daß bei der pyrolytischen Behandlung eines mit schwerflüchtigen organischen Stoffen kontaminierten Erdreiches unterschiedlichster Bodenstruktur eine hohe Reinigungseffizienz zu erzielen ist. Mit fortschreitender Betriebsdauer und dabei gewonnener Betriebserfahrung werden immer bessere Ergebnisse erreicht.

So werden bei der Dekontamination des Bodens von kokereitypischen polycyklischen Kohlenwasserstoffen seit Februar 1989 Reinigungsgrade von ca. 99 % erreicht (s. Tabelle 1). Eine weitere Reduzierung auftretender Restkonzentrationen ist durch Variation der Betriebsfahrweise möglich. Seit der 2. Jahreshälfte 1989 liegen die Werte im Austrag unter der Nachweisgrenze von 0,1 mg/kg je Einzelsubstanz.

Keim- und Wachstumsversuche mit verschiedenen Pflanzenarten haben gezeigt, daß nach dem DBA-Verfahren thermisch behandeltes Erdreich bereits unmittelbar nach der Behandlung ohne Einschränkung wieder genutzt werden kann.

Dies bedeutet, daß pyrolytisch behandelter Boden problemlos zu rekultivieren ist und keinesfalls als "totgebrannter" oder "biologisch toter" Boden bezeichnet werden kann. Es zeigte sich bisher eindeutig, daß mit dem gewählten Pyrolyseprinzip zur Sanierung von organisch kontaminiertem Erdreich durch Anwendung einer relativ einfachen Anlagentechnik eine kostengünstige Reinigung des Bodens mit hoher Effizienz zu erzielen ist (s. Tab. 1 u. 2).

DEUTSCHE BABCOCK ANLAGEN AG

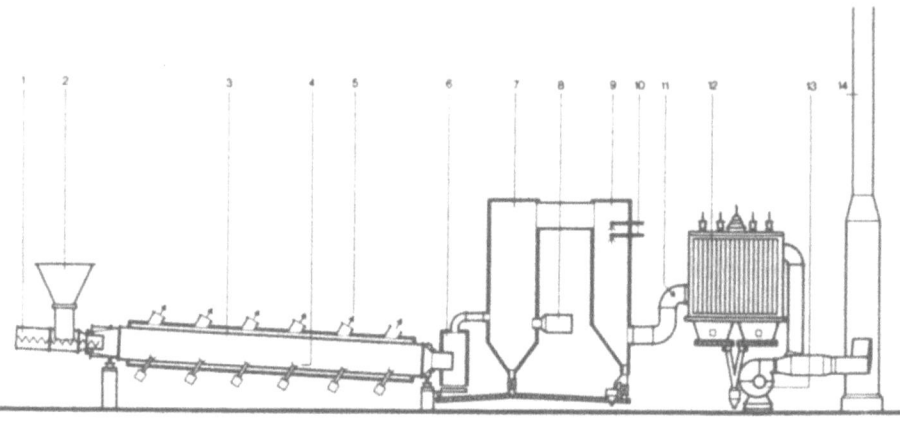

Abb. 1

1 Eintragsschnecke
2 Beschickungstrichter
3 indirekt beheizter Drehofen
4 Drehofenbeheizung
5 Rauchgasabfuhrung
6 Austragsgehäuse
7 Brennkammer
8 Stütz- und Zündbrenner
9 Rauchgaskühler
10 Wassereindüsung
11 Kalkeindüsung
12 Gewebefilter
13 Saugzug
14 Kamin

M 645

## Aufbau einer Anlage zur Pyrolyse von Altlasten

| Datum | 8. März 1989 | | 27. Januar 1989 | |
|---|---|---|---|---|
| | Input mg/kg | Output mg/kg | Input mg/kg | Output mg/kg |
| Naphtalen | 101,00 | 1,7 | 161,60 | 0,5 |
| 2-methyl-naphtalin | 40,20 | 0,5 | 73,80 | 0,1 |
| 1-methyl-naphtalin | 23,40 | 0,3 | 42,90 | 0,1 |
| Dimethylnaphtaline | n.b.* | n.b. | 93,20 | 0,3 |
| Acenaphtylen | n.b. | n.b. | 68,20 | 0,1 |
| Acenaphthen | n.b. | n.b. | 42,30 | 0,1 |
| Fluoren | 156,00 | 0,1 | 238,00 | 0,1 |
| Phenantren | 686,00 | 0,6 | 1055,30 | 1,4 |
| Anthracen | 281,00 | 0,1 | 226,00 | 0,3 |
| Fluoranthen | n.b. | n.b. | 688,60 | 1,3 |
| Pyren | 236,00 | 0,1 | 398,20 | 0,6 |
| Benzo(a)anthracen | 155,00 | 0,2 | 2259,20 | 0,3 |
| Chrysen | 214,00 | 0,5 | 134,60 | 0,9 |
| Benzo(e)pyren | 66,60 | 0,4 | 111,50 | 1,1 |
| Benzo(b)fluoranthen | 112,00 | 0,1 | 168,50 | 5,2 |
| Benzo(k)fluoranthen | 43,70 | 0,1 | 81,90 | 0,3 |
| Benzo(a)pyren | 86,60 | 0,2 | 138,10 | 0,4 |
| Dibenzo(ah)anthracen | 16,80 | 0,1 | 23,20 | 0,1 |
| Benzo(ghi)perylen | 14,00 | 0,1 | 60,20 | 0,1 |
| Indeno(1.2.3.cd)pyren | 33,80 | 0,1 | 69,50 | 0,1 |
| Summe | 2266,10 | 5,2 | 6134,80 | 13,4 |
| Abbaurate in % | | 99,77 | | 99,78 |

*n.b. = nicht bestimmt

Tab. 1: Abbauraten

Tab. 2: Kosten der thermischen Behandlung

| Kosten Art | Kosten DM/t |
|---|---|
| Kapital Kosten | 33 - 40 |
| 6 000 Betriebsstunden pro Jahr | |
| 10 Jahre Abschreibungszeit | |
| 15 % Zinsen | |
| Betriebskosten | 70 - 80 |
| Heizung | |
| Erdgas | |
| Wasser | |
| Elektrizität | |
| Schmiermittel | |
| Kalk | |
| Wartung (2 % der Kapitalkosten) | |
| Versicherung (0,5 % der Kapitalkosten) | |
| Personalkosten | 23 - 43 |
| Gesamt-Behandlungskosten | 130 - 160 |

# UNTERSUCHUNGEN DER PHYSIKALISCHEN MECHANISMEN BEI DER REINIGUNG KONTAMINIERTER BÖDEN DURCH WASCHVERFAHREN

PROF. DR.-ING. J. WERTHER UND DIPL.-ING. M. WILICHOWSKI
TECHNISCHE UNIVERSITÄT HAMBURG-HARBURG
D 2100 HAMBURG 90, FRG

## 1. EINFÜHRUNG

Verschiedene Verfahren zur Bodenwäsche sind bereits seit einigen Jahren in der Bundesrepublik Deutschland im technischen Einsatz. Über die entsprechenden Aufbauten und die erzielten Reinigungsleistungen wurde bereits mehrfach berichtet /1-14/. Zu den Grundlagen der Waschverfahren existieren bislang sehr wenige Untersuchungen, so daß die Verfahrensauswahl im konkreten Fall einer Bodensanierung bzw. die Anpassung eines Verfahrens an eine gegebene Aufgabenstellung letztlich nur auf empirischer Grundlage erfolgen kann.

An der Technischen Universität Hamburg-Harburg wird seit 1989 im Rahmen des Sonderforschungsbereiches 188 "Reinigung kontaminierter Böden" der Deutschen Forschungsgemeinschaft an der Entwicklung von Methoden zur verfahrenstechnischen Charakterisierung der Eigenschaften kontaminierter Böden im Hinblick auf die Anwendung von Waschverfahren sowie an der Untersuchung der Grundlagen von Waschverfahren gearbeitet. An dieser Stelle soll über erste Untersuchungsergebnisse berichtet werden.

## 2. VERFAHRENSPRINZIP DER BODENWÄSCHE

Das Verfahrensprinzip der Bodenwäsche bedeutet in der Verfahrenstechnik die Überführung eines Schadstoffes aus dem Bodenmaterial in eine aufnehmende gasförmige oder flüssige Phase. Das Herauslösen der Schadstoffe kann in der Weise erfolgen, daß an den Feststoffpartikeln anhaftende Kontaminationsschichten abgelöst werden. Falls dies nicht möglich ist, kann eine Bodenreinigung auch derart erfolgen, daß schadstoffhaltige Partikeln von der Restmasse nicht belasteten Bodenmaterials abgetrennt werden. In der Regel muß der Boden ausgehoben und in einer Aufbereitungsanlage behandelt werden. Der gereinigte Boden kann wiederverfüllt oder einer anderen Nutzung zugeführt werden /15/.

In Abb.1 ist der schematische Ablauf eines Bodenwaschverfahrens dargestellt. Nach Entnahme des Bodens kann in Abhängigkeit von seiner Zusammensetzung und der Schadstoffverteilung gegebenenfalls ein unbelasteter Anteil durch Klassierung oder Sortierung abgetrennt werden. Der kontaminierte Anteil wird in der Behandlungsstufe gereinigt. Nach der Reinigung kann der Boden zusammen mit dem zuvor abgetrennten Boden wieder eingebaut werden. Die bei der Behandlung anfallenden Schadstoffkonzentrate werden im allgemeinen als Sonderabfall deponiert, können aber auch mit speziellen Techniken wie z.B. thermischen oder biologischen Verfahren weiterbehandelt werden.

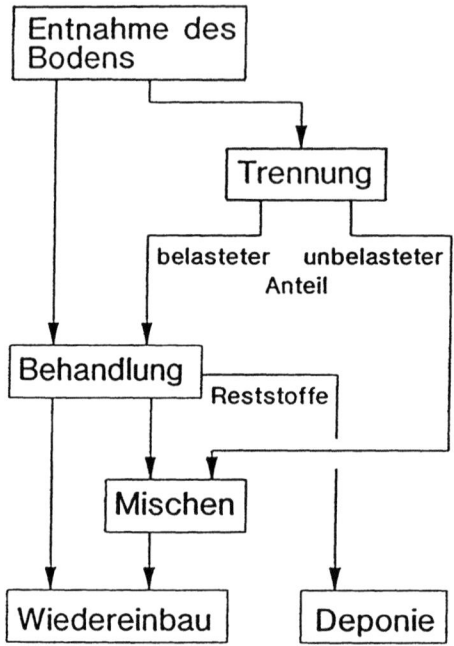

Abb. 1: Schema der Bodenwäsche

3. MECHANISMEN DER BODENWÄSCHE

Die im Rahmen der vorliegenden Arbeit bislang durchgeführten Untersuchungen zu den Grundlagen von Bodenwaschverfahren haben gezeigt, daß grundsätzlich drei Mechanismen im Bereich der Bodenwäsche zu unterscheiden sind:

- das Ablösen der Kontamination von der Feststoffoberfläche

- die Abtrennung von höher belasteten Kornfraktionen aus dem Boden

- die Desagglomeration von Partikelaggregaten mit nachfolgender Abtrennung oder Wäsche der kontaminierten Partikeln

4. VERSUCHSERGEBNISSE ZUR VERFAHRENSTECHNISCHEN CHARAKTERISIERUNG KONTAMINIERTER BÖDEN

Als Untersuchungsgut stand ein mit Dieselkraftstoff kontaminierter Boden von einem Tankstellengelände in Neumünster (Schleswig-Holstein) zur Verfügung. Neben der Siebanalyse wurde die Laser-Beugungsspektroskopie zur Bestimmung der Korngrößenverteilung eingesetzt. Die Laser-Beugungsspektroskopie erlaubt über einen weiten Korngrößenbereich von 0,001 bis 2 mm die Messung der Partikelgrößenverteilung mit einem einheitlichen Verfahren. Die Schadstoffkonzentration wurde mit Hilfe der Soxhlet-Extraktion mit Petrolether 40/60 und gravimetrischer Rückstandsbestimmung untersucht.

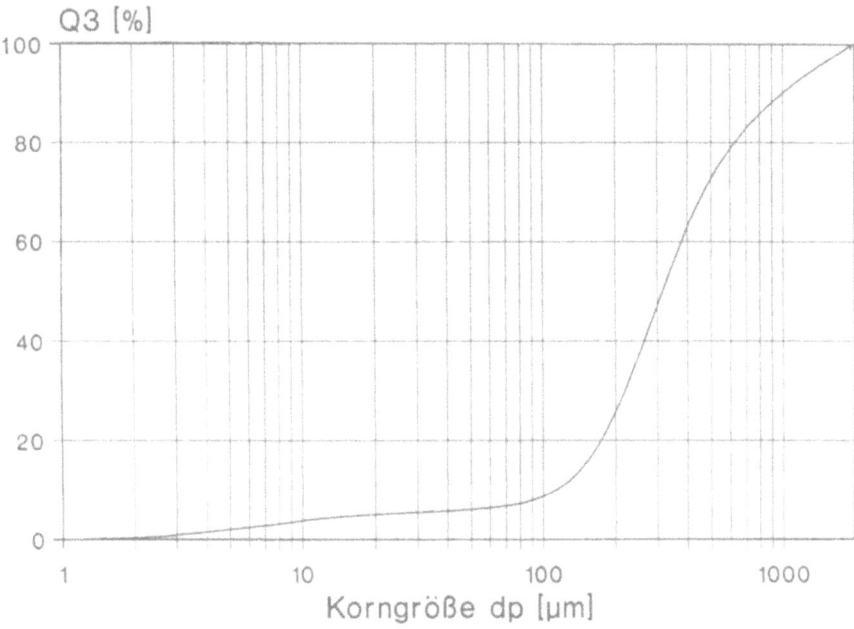

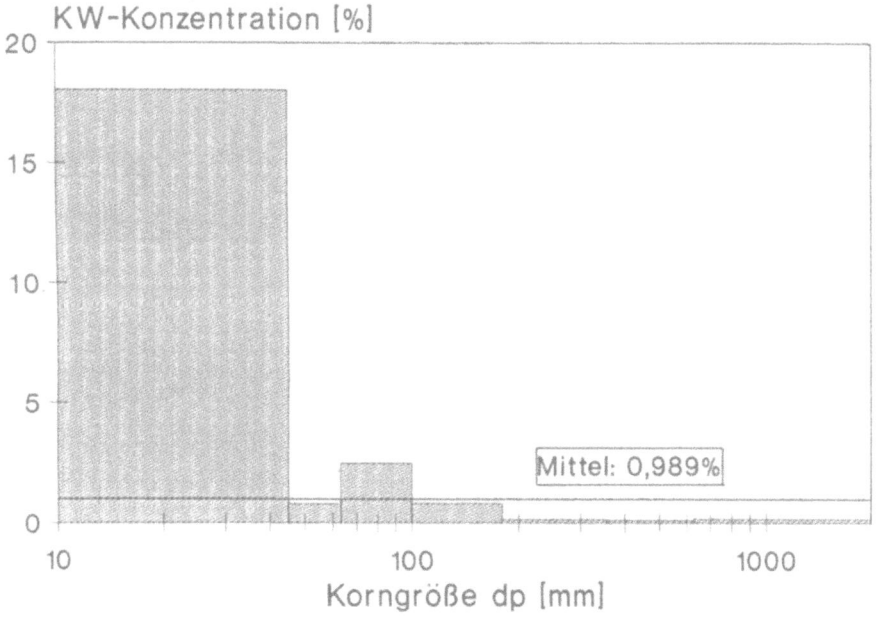

Abb. 2: Korngrößenverteilung (Volumensummenverteilung, ermittelt mit der Laser-Beugungsspektroskopie) und Schadstoffverteilung (Fraktionierung durch Siebung) eines mit Dieselkrafstoff kontaminierten Sandbodens eines Tankstellengeländes (Probe: Färberstraße, Neumünster)

In Abb 2. sind die Korngrößenverteilung und die fraktionellen Gehalte an Dieselkraftstoff einer Bodenprobe des Tankstellengeländes dargestellt. Die Korngrößenverteilung zeigt, daß es sich bei dem Boden um einen Sandboden mit einem Schluffanteil (Massenanteil unterhalb von 0,063 mm) von ca. 6 % handelt. Die Darstellung der korngrößenabhängigen Kontamination zeigt deutlich, daß die Schadstoffe im Feinkornbereich unter 0,045 mm stark konzentriert sind. So liegt die mittlere Belastung des Bodens mit Mineralkohlenwasserstoffen bei 0,99 %; die Konzentration in der Fraktion unterhalb 0,045 mm beträgt dagegen 18,1 Gew.-% Kohlenwasserstoffe pro kg Boden-Trockensubstanz. Für die Bewertung des Sanierungsfalles und die Auswahl eines geeigneten Reinigungsverfahrens muß die auf die Massenanteile der Einzelfraktionen bezogene Schadstoffverteilung berücksichtigt werden. Eine Darstellung dieses Zusammenhanges zeigt die Abb. 3. Bei der gleichzeitigen Auftragung der Korngrößenverteilung und der korngrößenabhängigen Kontamination entspricht die schraffierte Fläche der Gesamtbelastung des Bodens. Bei dieser Darstellung wird deutlich, daß durch eine Abtrennung der Bodenanteile unterhalb von 0,1 mm bereits 82 % der Schadstoffe aus dem Boden entfernt werden können. Gleichzeitig beträgt der Anteil dieser Fraktion jedoch nur ca. 8 % der Gesamtmasse des kontaminierten Bodens.

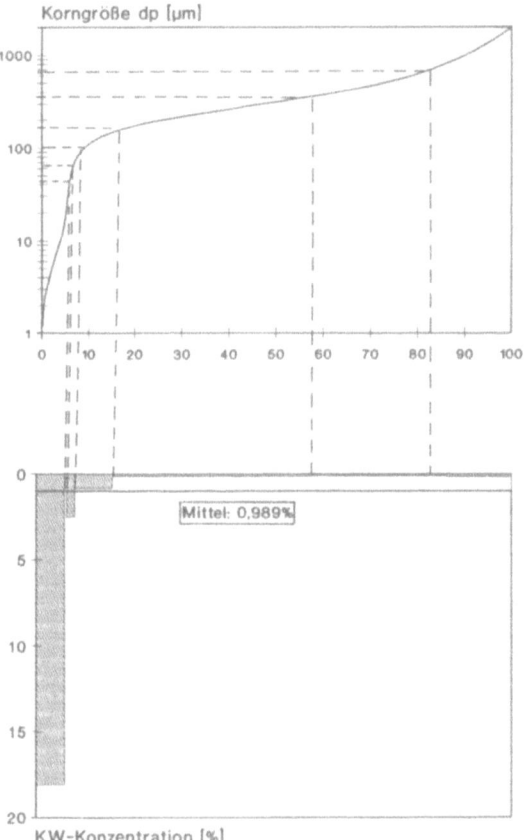

Abb. 3: Korngrößenverteilung und korngrößenabhängige Kontamination eines kontaminierten Sandbodens eines Tankstellengeländes (Probe: Färberstraße, Neumünster)

Die physikalischen Ursachen für die experimentellen Befunde aus der Analyse der Korngrößen- und Schadstoffverteilung müssen in der Adsorption der Kohlenwasserstoffe auf den Partikeloberflächen gesucht werden. In Abb. 4 ist die Oberflächenverteilung der untersuchten Bodenprobe dargestellt, die unter der Annahme kugelförmiger Partikeln aus der Volumensummenverteilung errechnet wurde. Die Abbildung zeigt, daß ca. 70 % der Gesamtoberfläche des Bodens in der Fraktion unterhalb 0,045 mm liegen, die jedoch nur ca. 6 % der Gesamtmasse ausmacht. Ein ähnliches Resultat wurde bereits bei der Analyse der Schadstoffverteilung erhalten. Aufgrund dieser Untersuchungsergebnisse kann eine einfache Modellvorstellung postuliert werden: Geht man davon aus, daß alle Partikeln mit einer gleichmäßig verteilten Kohlenwasserstoffschicht überzogen sind, so kann aus der fraktionellen Schadstoffverteilung die Dicke s der Kontaminationsschicht für jede Fraktion berechnet werden. In Abb. 5 sind die errechneten Dicken der Kohlenwasserstoffschicht für die einzelnen Korngrößenfraktionen aufgetragen. Es zeigt sich, daß die so definierte Kohlenwasserstoffschicht bis hin zu einer Korngröße von 0,63 mm eine annähernd konstante Dicke zwischen 0,1 und 0,3 µm, im Mittel 0,2 µm, aufweist. Diese Schichtdicken erscheinen physikalisch plausibel. In der Fraktion oberhalb 0,63 mm steigt die errechnete Schichtdicke dagegen auf ca. 1,2 µm an. Dieser Anstieg kann mit der verstärkten Adsorption auch in inneren Poren der in dieser Fraktion enthaltenen organischen Bestandteile wie Holz- und Kohlepartikeln erklärt werden.

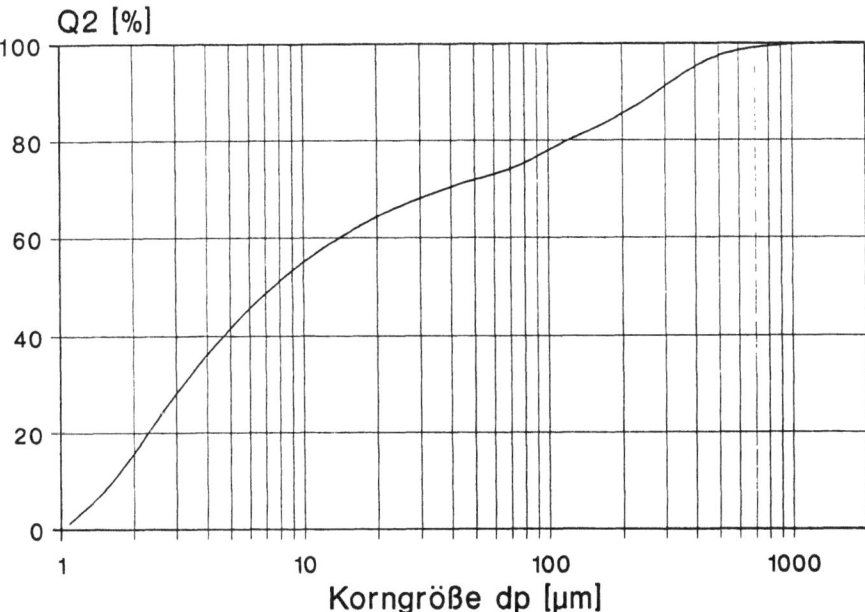

Abb. 4: Oberflächenverteilung des kontaminierten Sandbodens (errechnet aus Volumensummenverteilung)

Die vergleichsweise geringe Streuung der Schichtdicken in Abb. 5 spricht für die Hypothese der Belegung der Partikeln mit einer äußeren Schadstoffschicht. Als weiteres Indiz hierfür darf auch der Verlauf der kumulierten fraktionellen Kontamination im Vergleich zur Oberflächensummenverteilung in Abb. 6 gewertet werden. Die aufgetragenen Oberflächen- und Schadstoffverteilungskurven zeigen, daß die Oberflächen und die Schadstoffe in gleicher Weise über die Kornfraktionen verteilt sind.

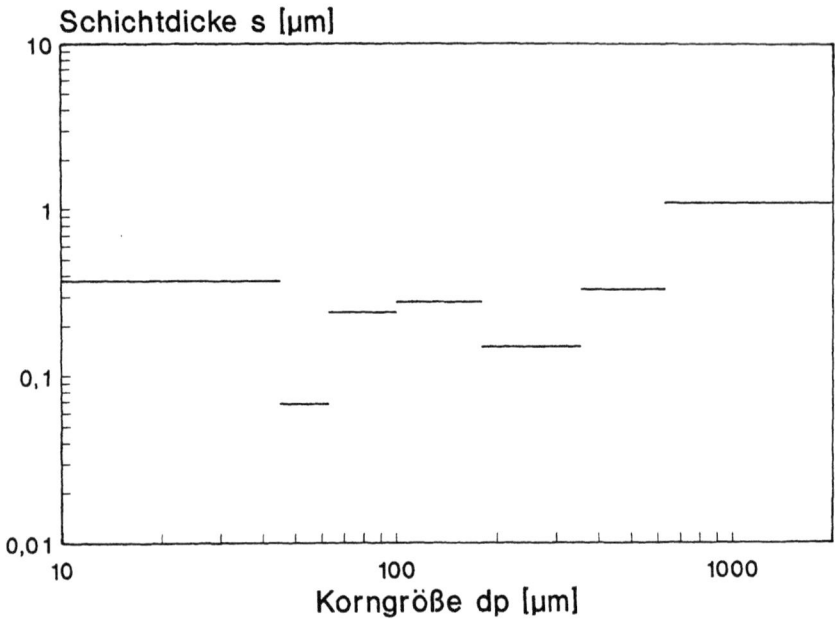

Abb. 5: Partikelgrößenabhängige Schichtdicke s der Kohlenwasserstoffkontamination für den in Abb. 2 und Abb. 3 dargestellten Boden

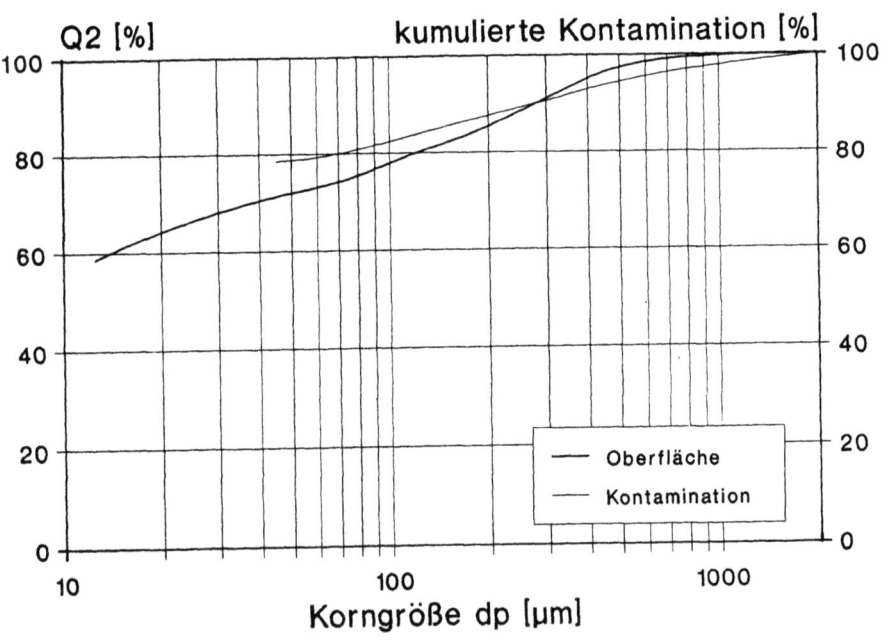

Abb. 6: Oberflächenverteilung und kumulierte Schadstoffverteilung des kontaminierten Sandbodens

Die Belegung der Partikeloberflächen mit einer Kontaminationsschicht bedeutet, daß eine Reinigung des Bodens durch ein mechanisches Ablösen der Schicht möglich sein sollte. In der Praxis entstehen jedoch Probleme bei der Beanspruchung der Partikeln im Feinstkornbereich. Der Oberflächenabtrag ist je nach Art der Beanspruchung nur oberhalb bestimmter Grenzkorngrößen möglich. Eine Reinigung des Bodens mit rein physikalischen Methoden ist somit dann möglich, wenn
a) im Grobbereich die Oberflächen gereinigt und
b) die Feinkornfraktion, die der mechanischen Beanspruchung nicht zugänglich ist, nur einen geringen Anteil an der Gesamtmasse des Bodens ausmacht und deshalb durch eine Klassierung abgetrennt werden kann.

Daß die Möglichkeit der Bodenreinigung mit rein physikalischen Methoden sehr stark von der Bodenbeschaffenheit abhängt, zeigt die Untersuchung eines weiteren ölkontaminierten Bodens, der von einem Gelände einer ehemaligen Farbenfabrik im Hamburger Stadtgebiet stammt. In der Nähe eines ehemals dort befindlichen Altöllagertanks lag eine Ölkontamination des Bodens vor. Eine dort entnommene Bodenprobe wurde hinsichtlich ihrer Korngrößen- und Schadstoffverteilung analysiert, die in Abb. 7 dargestellt sind. Aus der Korngrößenverteilung ist ersichtlich, daß dieser Boden einen sehr hohen Schluffanteil von ca. 80% aufweist. Die fraktionelle Schadstoffverteilung zeigt wiederum eine Akkumulation der Belastung im Feinkornbereich unterhalb 0,1 mm und in der Fraktion oberhalb 0,63 mm. Die Zuordnung von Korngrößenverteilung und korngrößenabhängiger Kontamination in Abb. 8, die einen Eindruck über die massenbezogene Schadstoffverteilung vermittelt, läßt erkennen, daß ein Klassierverfahren bei diesem Boden nicht erfolgversprechend ist, weil bei einer Wäsche und anschließenden Abtrennung der relativ gering kontaminierten Anteile oberhalb von 0,1 mm nur ca. 10 % der Gesamtmasse als gereinigter Boden anfallen würden. Dagegen müßten 90 % der Bodenmasse als Konzentrat mit anderen Methoden weiterbehandelt werden.

## 5. VERSUCHE ZUR BODENWÄSCHE

Die verwendete Versuchsanlage zur Bodenwäsche ist in Abb. 9 dargestellt. Der kontaminierte Boden wird suspendiert und in einem Strahlrohr mit einem Wasserstrahl von 100 bar behandelt. Die anfallende Suspension, die neben den gereinigten Bodenpartikeln emulgierte Öltröpfchen und ungereinigte Bodenanteile enthält, wird anschließend einem Querstromklassierer zugeführt, in dem das Feingut und die Leichtstoffe bei einem Trennkorndurchmesser von 0,1 mm abgetrennt werden. Das Feingut wird nach einer Sedimentationsstufe als Schadstoffkonzentrat von anderen Teilprojekten des Sonderforschungsbereiches weiterbehandelt. Dabei handelt es sich um Untersuchungen zum biologischen Schadstoffabbau im Rahmen des Teilprojektes B3 und der Extraktion und Reaktion mit überkritischem Wasser durch das Teilprojekt A1. Nach Entwässerung des Grobgutes erhält man eine gereinigte Bodenfraktion. Die gesammelten Abwässer sollen schließlich vom Teilprojekt A2 in Membran-Biofilmreaktoren biologisch gereinigt und dem Prozeß wieder zugeführt werden.

In Abb. 10 sind die Ergebnisse eines ersten Wasch- und Klassierversuches zur Reinigung des mit Dieselkraftstoff kontaminierten Bodens vom Tankstellengelände in Neumünster dargestellt. Von dem eingesetzten Boden mit einem Kohlenwasserstoffgehalt von ca. 9900 mg/kg konnten 94 % der Bodenmasse mit einer Restbelastung von weniger als 250 mg/kg (Nachweisgrenze des derzeitig eingesetzten gravimetrischen Analyseverfahrens) abgetrennt werden. Daneben fiel ein Schadstoffkonzentrat mit einem Kohlenwasserstoffgehalt von ca. 17000 mg/kg an, das nur 6 % der eingesetzten Bodenmasse ausmachte. Definiert man den "Reinigungsgrad" durch Zuordnung der Schadstoffkonzentration der gereinigten Bodenfraktion zum Schadstoffgehalt des Einsatzgutes, so liegt der Reinigungsgrad in diesem Versuch oberhalb von 97 %.

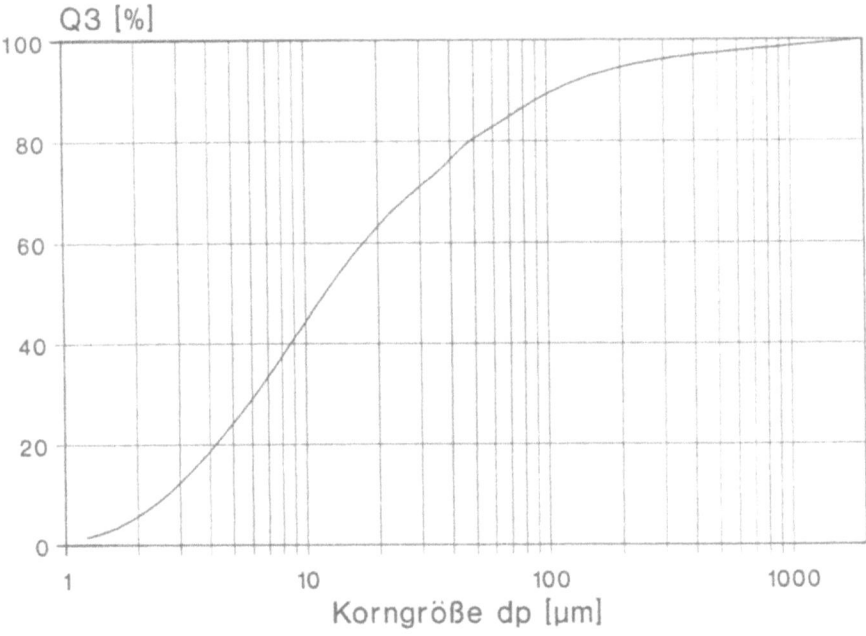

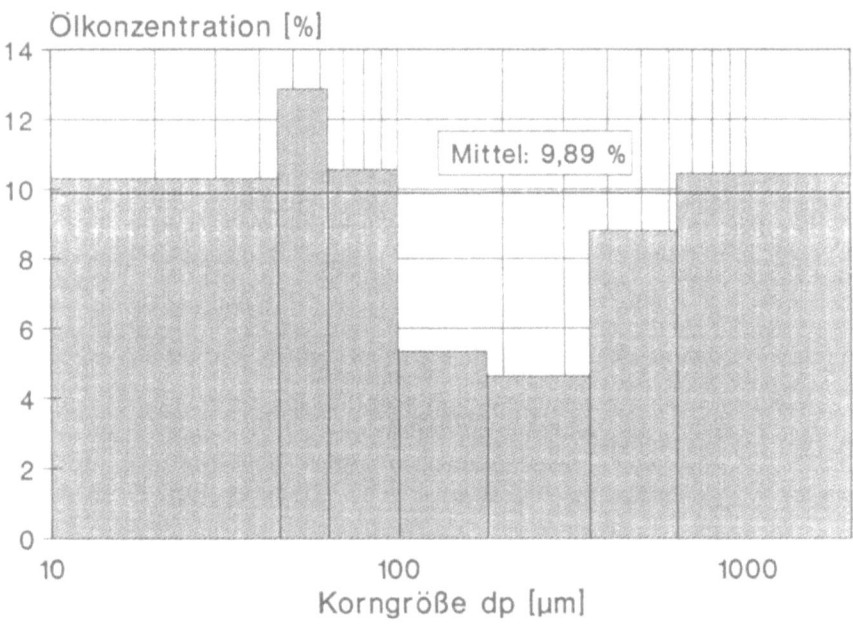

Abb. 7: Korngrößen- und Schadstoffverteilung eines ölkontaminierten sandigen Schluffes (Probe: CND 36, Bergedorf)

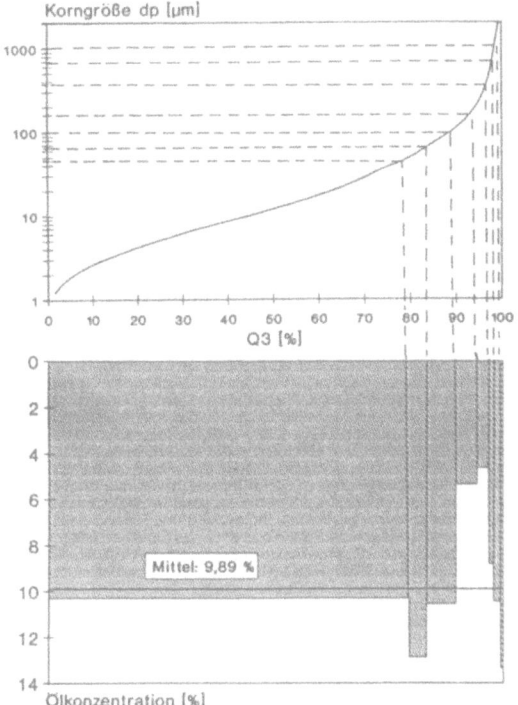

Abb. 8: Korngrößenverteilung und korngrößenabhängige Kontamination des in Abb. 7 dargestellten Bodens

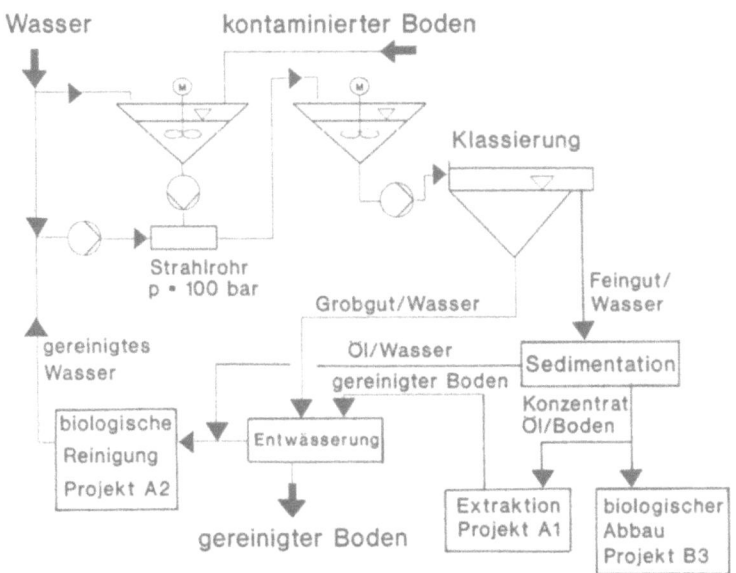

Abb. 9: Fließbild der Bodenwaschanlage

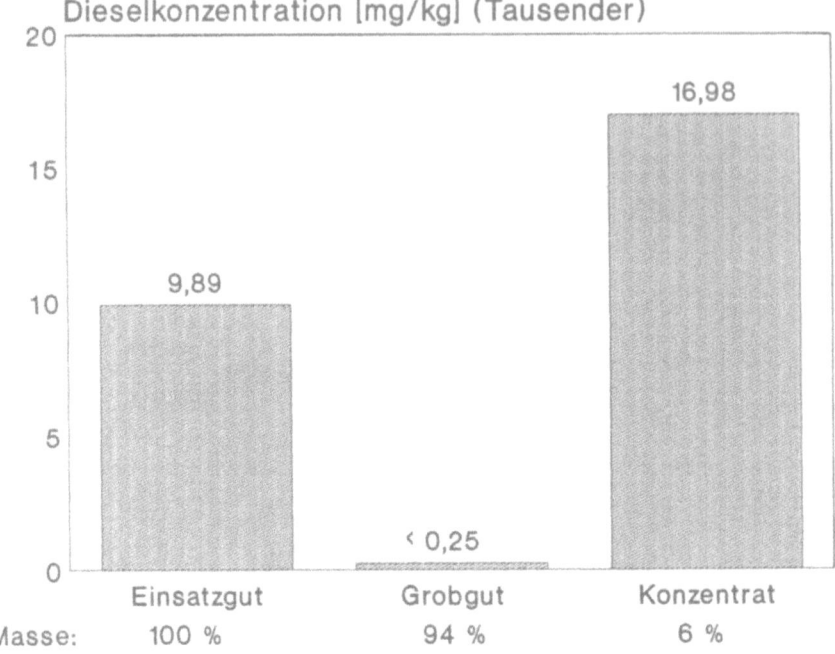

Abb. 10: Ergebnisse eines Wasch- und Klassierversuches des kontaminierten Sandbodens (Probe: Färberstraße, Neumünster)

## 6. ZUSAMMENFASSUNG

Für die Auswahl geeigneter Bodenwaschverfahren zur Sanierung kontaminierter Böden ist die Kenntnis der fraktionellen Schadstoffverteilung von entscheidender Bedeutung. Am Beispiel eines mit Dieselkraftstoff kontaminierten Bodens wird gezeigt, daß die Schadstoffe in Form einer 0,1 bis 0,3 µm dicken Schicht auf den äußeren Oberflächen der Partikeln verteilt sind. Wegen der großen Oberfläche feinkörniger Partikeln sind die Kontaminationen in der Regel im Feinkornbereich unterhalb von 0,1 mm akkumuliert. Böden mit einem geringen Anteil hochkontaminierter Kornfraktionen können, wie am Beispiel des Bodens eines Tankstellengeländes gezeigt wurde, mit einem kombinierten Wasch- und Klassierverfahren weitgehend gereinigt werden. Die physikalische Bodenbehandlung bedeutet in diesem Fall eine Abtragung der Schadstoffe von den Oberflächen im Grobkornbereich und eine Abtrennung des hochkontaminierten Feinanteils. Böden mit einem sehr hohen Feinanteil sind jedoch allein mit Klassierverfahren nicht zu behandeln. Für diese Sanierungsfälle müssen andere Verfahren angewendet werden. Die eigenen Arbeiten konzentrieren sich zur Zeit auf eine Optimierung der Dispergierung während des Waschvorganges. Daneben werden für die mechanische Reinigung insbesondere stark schluffhaltiger Böden andere Verfahren der Aufbereitungstechnik wie die Dichtesortierung und die Flotation zur selektiven Anreicherung der Kontaminationen in einem Schadstoffkonzentrat untersucht.

# 7. LITERATUR

/1/ Heimhardt, H.-J.: Die Anwendung des Hochdruck-Bodenwaschverfahrens bei der Sanierung kontaminierter Böden in Berlin. In: Altlastensanierung '88 (Hrsg.: Wolf, K., van den Brink, W.J., Colon, F.J.). Kluwer Academic Publishers, Dordrecht 1988, p. 887898

/2/ OECOTEC-Hochdruck-Bodenwaschanlage 2000, Produktinformation, Klöckner Umwelttechnik, Duisburg

/3/ Hochdruck-Bodenwaschanlage für die Sanierung alter Industriestandorte, WLB 6 (1989), S. 62

/4/ Sanierung in Norddeutschland, Informationsmaterial des Norddeutschen Altlastensanierungs-Centrums NORDAC, Hamburg 1990

/5/ Bodenwäsche mit Hochdruck erfolgreich, Umweltmagazin, Juni 1990, S. 58-59

/6/ Harbauer-Bodenreinigungsanlage, Informationsmaterial der Kemmer/Harbauer GmbH & Co KG, Berlin 1990

/7/ Sonnen, H.-D. und Klingebiel, S.: Erfahrungen mit einer Bodenreinigungsanlage in Berlin. In: Altlastensanierung '88 (Hrsg.: Wolf, K.; van den Brink, W.J.; Colon, F.J.), Kluwer Academic Publishers, Dordrecht 1988, p. 899-907

/8/ Henning, R. und Werner, W.: Bodenreinigung mit dem Harbauer-Verfahren am Beispiel der mobilen Bodenreinigungsanlage in Wien. Aufbereitungstechnik 31 (1990) Nr.7, S. 372-377

/9/ Lurgi GmbH, Frankfurt, Firmenprospekt

/10/ Peterson; H.G.O.: On-site-Bodensanierung mit dem OIL-CREP-System - Fallbeispiel Bodenwaschanlage. In: Handbuch der Altlastensanierung (Hrsg.: Franzius, V., Stegmann, R., Wolf, K.) R. v. Decker's Verlag, G. Schenk, Heidelberg 1989, Kap. 5.4.1.3.1.

/11/ Klocke, B. und Wilcke, K.: Entwicklung eines technischen Verfahrens zur Beseitigung von Umweltschadstoffen aus dem Erdreich. Vortrag auf dem Internationalen Umweltkongreß 1989 "Der Hafen - eine ökologische Herausforderung", Hamburg 1989

/12/ Müller, G.: Chemische Dekontaminierung - Ein Konzept zur endgültigen Entsorgung schwermetallbelasteter Feststoffe (Baggergut, Böden etc.). In: Altlasten 3 (Hrsg.: Thome-Kozmiensky, K.J) EF-Verlag für Energie- und Umwelttechnik GmbH, Berlin 1989

/13/ Schwermetall-Dekontamination von Schlämmen, Informationsschrift der Fa. Rudolf Otto Meyer, Hamburg 1990

/14/ Sanierung von Industriestandorten, Informationsschrift der Landesgewerbeanstalt Bayern, Nürnberg 1989

/15/ Binder, H.: Extraktions- und Spülverfahren zur Bodensanierung - Überblick -. In: Handbuch der Altlastensanierung (Hrsg.: Franzius, V., Stegmann, R., Wolf, K.). R. v. Decker's Verlag, G. Schenk, Heidelberg 1989, Kap. 5.4.1.3.0.

## Sanierung eines ehemaligen Gaswerkstandorts mit einem in situ Hochdruck-Bodenwaschverfahren

Martin Ziegler und Hansgeorg Balthaus

Philipp Holzmann AG

### Zusammenfassung

Es wird über die Sanierung eines ehemaligen Gaswerkstandorts berichtet. Unterhalb zweier infolge Kriegseinwirkung beschädigter Teerbecken war der Untergrund bis in eine Tiefe von ungefähr 10 m mit Teerölen (bis 20.000 mg/kg Boden) und Zyaniden (bis 600 mg/kg) verunreinigt. Der Untergrund bestand vorwiegend aus einem gleichförmigen Mittelsand, der von einzelnen Auelehmbändern unterschiedlicher Mächtigkeit durchzogen war.

Zur Reinigung des Bodens wurde ein in situ Hochdruckwaschverfahren gewählt, das im Schutz eines zuvor eingerüttelten Hüllrohrs durchgeführt wurde. Die beim Waschvorgang entstehende Mischung aus bereits gewaschenem Boden und verschmutztem Waschwasser wurde abgepumpt und in einer neben dem Sanierungsbereich aufgestellten Separieranlage wieder getrennt. Der gereinigte Boden konnte nach Beprobung wieder eingebaut werden. Das kontaminierte Wasser wurde einer on site errichteten Wasserreinigungsanlage zugeführt, gereinigt und von dort in den Wasserkreislauf zurückgegeben. Der bei der Wasserreinigung anfallende hochkontaminierte Schlamm wurde in off site errichteten Biobeeten mikrobiologisch behandelt.

Durch die Kombination der mikrobiologischen Schlammbehandlung mit der Hochdruckbodenwäsche, bei der das Waschwasser im Kreislauf gefahren wurde, kam eine Sanierungsmethode zum Einsatz, bei der die Bodenverunreinigungen gezielt und kontrolliert beseitigt wurden und bei der letztlich keine Schadstoffe übrig geblieben sind. Das geforderte Reinigungsziel von 20 mg/kg Restbelastung wurde ausnahmslos erreicht.

Bei unterschiedlichen Reinigungstiefen oder bei im Grundriß unregelmäßigen Verunreinigungen kann das Verfahren sehr flexibel angewendet werden. Bei anders aufgebauten Böden, geringeren Reinigungsanforderungen oder bei Kombination mit anderen Sanierungstechniken sind Vereinfachungen im Verfahrensablauf denkbar.

### 1. Einleitung

Seit über 100 Jahren wurde in Deutschland in großem Umfang Stadt- oder Ferngas aus der Verkokung von Steinkohle gewonnen. Gegen Ende der fünfziger Jahre wurde das Stadtgas weitgehend durch Erdgas verdrängt.

Die dadurch stillgelegten Gaswerke stellen aufgrund der in ihnen abgelaufenen chemischen Prozesse Orte mit einer sehr hohen Kontaminationswahrscheinlichkeit dar. Verfahrensbedingt sind bei der Kühlung und Reinigung des im Koksofen aus der Kohle freigesetzten Gases große Mengen an Teer, ammoniakhaltigem Wasser, Phenole, Benzole und Zyanwasserstoff abgeschieden worden. Die Nebenprodukte wurden in speziellen Gewinnungsanlagen ausgesondert und einer weiteren technischen Verarbei-

tung zugeführt. Der anfallende Teer wurde in eigens errichteten
Teerbecken gesammelt und entweder am Standort oder aber meist
in einer zentralen Großdestillationsanlage aufgearbeitet.
   Durch Leckagen, Sorglosigkeit bei der Handhabung, zurückgelassenem Material nach der Stillegung und vor allem durch
Kriegseinwirkung sind ehemalige Gaswerkstandorte mit den unterschiedlichen Schadstoffen verunreinigt. Gelangen die Kontaminationen ins Grundwasser, ist ein dringender Sanierungsbedarf
gegeben.

## 2. Situation am Sanierungsort

Beim Abbruch des ehemaligen Gasbehälters wurden starke Zyanidverunreinigungen im Untergrund entdeckt. Die daraufhin eingeleiteten Untersuchungen zeigten im Bereich eines ehemaligen
Feuerlöschteichs und vor allem aber unterhalb der beiden ehemaligen Teerbecken erhebliche Verunreinigungen mit Teerölen (polyzyklisch aromatische Kohlenwasserstoffe, PAK) und Zyaniden.
   Das mehr oberflächennah verunreinigte Erdreich im Bereich
des Gastanks und des Feuerlöschteichs wurde ausgekoffert und
auf eine Sondermülldeponie gebracht.
   Im Bereich der beiden Teerbecken konnte dieser Weg nicht so
ohne weiteres beschritten werden, da die Verunreinigungen bis
in 10 m Tiefe reichten und damit größtenteils unterhalb des
oberflächennahen Grundwasserspiegels lagen. Außerdem war der
kontaminierte Bereich mit einer Fläche von rund 1.500 m² und
einer Gesamtkubatur von ca. 11.500 m³ recht groß.

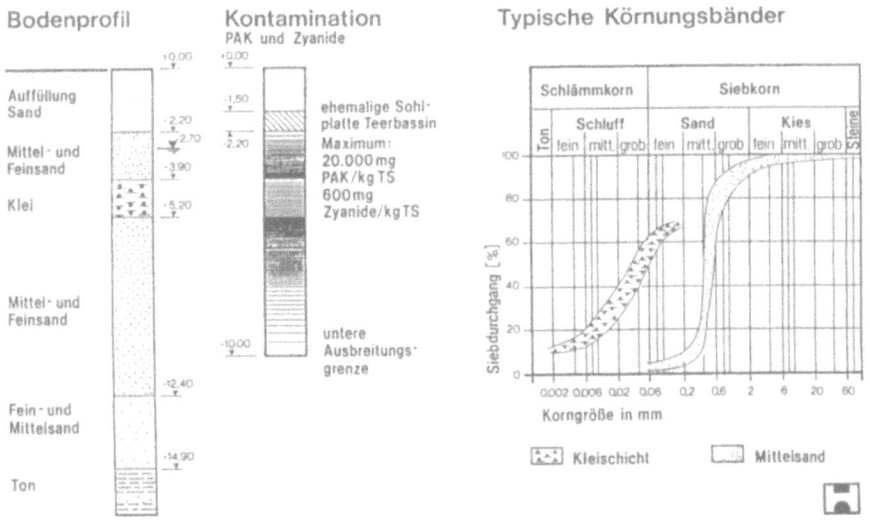

Bild 1: Bodenprofil und Kontamination

Der Boden unterhalb der Teerbecken bestand bis in eine Tiefe von ca. 15 m aus einem locker gelagerten und eng gestuften Mittelsand (Bild 1). Im oberen Bereich war er von einzelnen Auelehmbändern durchzogen, deren Mächtigkeit zwischen wenigen Dezimetern und bis zu zwei Meter schwankte. Die Auelehmschicht stellte keinen durchgehenden Stauer dar, da auch unterhalb dieser Schicht Verunreinigungen angetroffen wurden.

Das Grundwasser stand etwa einen halben Meter unterhalb der Sohle des ehemaligen Teerbeckens an. Wie anhand der Kontaminationsfahne zu erkennen war, war die Grundwasserfließrichtung zur ca. 1 km entfernten Weser gerichtet. Die Fließgeschwindigkeiten waren allerdings sehr gering und eine direkte Kommunikation mit dem Weserwasserstand war nicht gegeben.

Die größten Verunreinigungen wurden oberhalb der Auelehmschicht im Schwankungsbereich des Grundwassers gefunden. Die PAK-Konzentrationen erreichten dort Werte von bis zu 20.000 mg/kg Boden, die Zyanidbelastung erreichte Höchstwerte von 600 mg/kg. In der Auelehmschicht wurden nur geringe Verunreinigungen festgestellt, die aber in der darunter liegenden Sandschicht wieder enorm anstiegen.

Das Sanierungsgebiet war auf zwei Seiten direkt von Gebäuden umgeben, was bei der Auswahl des Sanierungsverfahrens zu berücksichtigen war.

Für die Durchführung der Sanierung wurden die alten Teerbecken abgebrochen und ein Arbeitsplanum mit unbelastetem Sand von 0,5 m bis 1 m Dicke auf den kontaminierten Boden geschüttet. Vorher mußten die für die Gründung der Teerbecken verwendeten Holzpfähle gezogen werden, um die weiter unten beschriebene in situ Hochdruckbodenwäsche nicht zu behindern.

## 3. Sanierungskonzept

Nach Aufdeckung der Verunreinigungen im Untergrund wurden die verschiedenen Sanierungsverfahren in technischer und wirtschaftlicher Hinsicht überprüft. Die Entsorgung des kontaminierten Bodens auf eine Sondermülldeponie hätte ebenso wie die möglichen on und off-site Verfahren, wie thermische Verbrennung, mikrobiologische Behandlung auf Mieten oder Bodenwäsche in einer stationären Anlage, den schwierigen und kostenintensiven Aushub des kontaminierten Boden aus dem Grundwasserbereich erforderlich gemacht. Insbesondere die Grundwasserhaltung mit der erforderlichen permanenten Wasserreinigung stellte einen immensen Kostenfaktor dar. Erschwerend kam hinzu, daß der großflächige Aushub kontaminierten Bodenmaterials durch die leicht flüchtigen Bestandteile zu einer erheblichen Geruchsbelastung für die Umgebung und auch beim Arbeitsschutz zu Problemen geführt hätte.

Eine mikrobiologische in situ Behandlung schied wegen der hohen Schadstoffkonzentrationen und der nahezu undurchlässigen Auelehmschicht aus.

Zur Ausführung kam schließlich ein von der Philipp Holzmann AG entwickeltes und zum Patent angemeldetes in situ Hochdruckwaschverfahren. Es wurde mit einer on site Wasserreinigung und einer off site biologischen Schlammbehandlung kombiniert, die vom ARGE Partner Umweltschutz Nord durchgeführt wurde. Bild 2 gibt einen Überblick über das Gesamtkonzept mit den einzelnen Verfahrensschritten.

Vor der eigentlichen Ausführung wurde das Verfahren in einem Pilotversuch erfolgreich getestet. Die dabei gewonnenen Erfahrungen konnten direkt in Geräteverbesserungen für die Großanwendung umgesetzt werden.

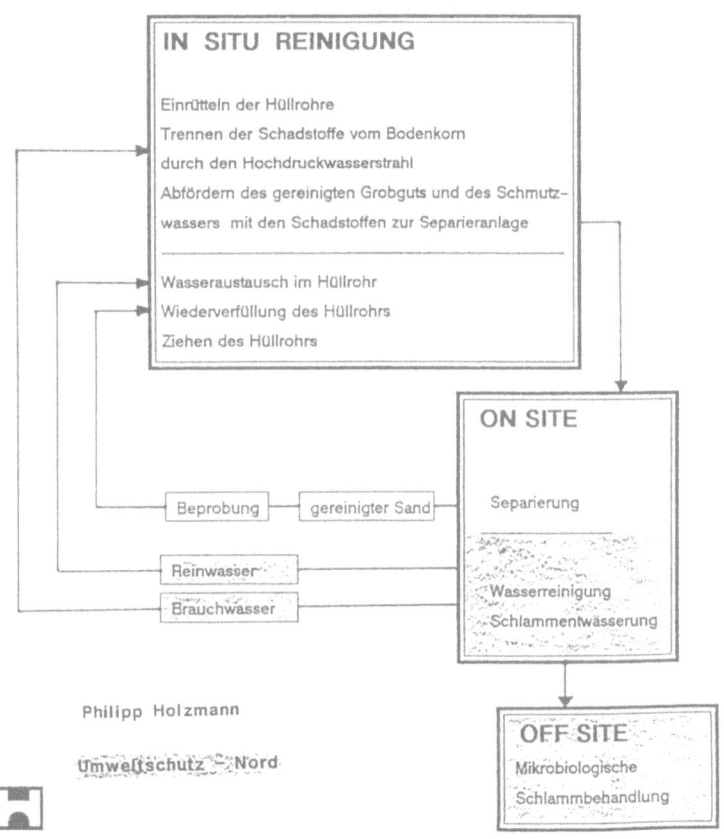

Bild 2: Gesamtkonzept der Bodenreinigung

## 4. Verfahrensbeschreibung

Die Hochdruckbodenwäsche wird im Schutz eines Hüllrohrs durchgeführt. Das Hüllrohr wird dabei mindestens 0,5 m tiefer als die beabsichtigte Reinigungstiefe gesetzt. Zusammen mit der weiter unten beschriebenen automatischen Wasserstandsregulierung wird dadurch vermieden, daß bei der Hochdruckbodenwäsche bereits gereinigte Nachbarbereiche wieder verschmutzt werden. Außerdem ist durch das Hüllrohr der Reinigungsbereich klar definiert und kontrollierbar.

Die Rohre mit 1,5 m Durchmesser konnten mit einem an einem Seilbagger hängenden schweren Rüttler in den locker gelagerten Boden problemlos eingetrieben werden. Das gesamte Sanierungsfeld wurde mit einem Raster sich überschneidender Bohrungen lückenlos überzogen. Durch die Überschneidung wurden etwa 12% des Bodens zweimal gereinigt. Beim Rütteln der Rohre wurde der anstehende Boden verdichtet. Um ein ungewolltes Schrägstellen der Rohre beim Einrütteln zu verhindern, mußten auf zwei gegenüberliegenden Seiten des Rohres immer gleiche Lagerungsverhältnisse vorliegen. Dies konnte durch Einrütteln der Rohre auf Lücke, wie in Bild 3 angegeben, erreicht werden.

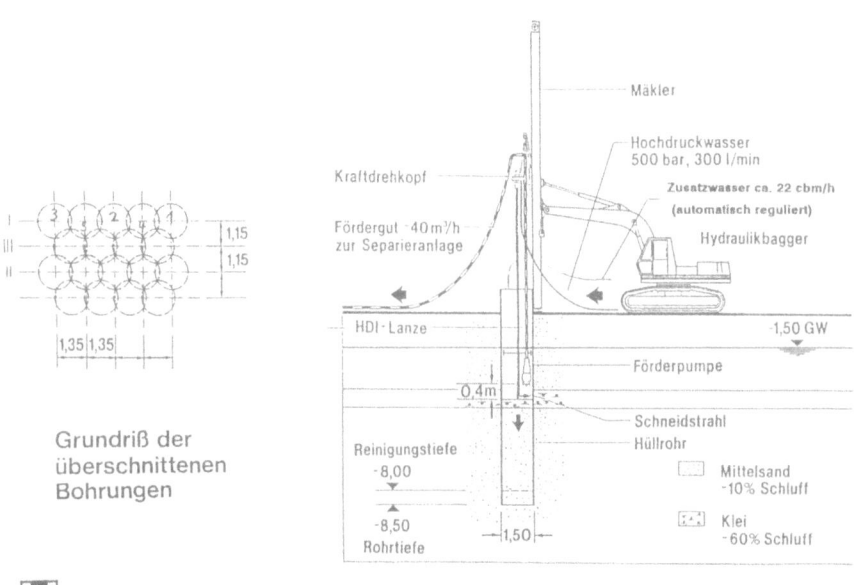

Bild 3: Hochdruckreinigung im Hüllrohr

Als zweiter Schritt erfolgt mit einer separaten Geräteeinheit der eigentliche Waschvorgang (Bild 3). Die Technik der Hochdruckbodenwäsche ist dem aus dem Spezialtiefbau bekannten Verfahren der Hochdruckinjektion HDI) entliehen. Die HDI-Pumpe erzeugt einen Wasserstrahl von bis zu 500 bar Druck und 300 l/min. Durchsatz. Über einen an einem Mäkler geführten Kraftdrehkopf wird der Wasserstrahl in das rotierende und von oben nach unten geführte Bohrgestänge eingeleitet. An dem düsenbestückten Bohrkopf erreicht der Wasserstrahl beim Austritt Geschwindigkeiten von über 250 m/sec.
Die gewaltige kinetische Energie des Wasserstrahls schneidet den Boden auf und löst die zähen und klebrigen Teerverunreinigungen vom Bodenkorn. Gleichzeitig wird der anstehende Boden aufgewirbelt, so daß eine förderfähige Mischung aus bereits gereinigten Boden, Waschwasser und darin suspendierten Bodenfeinteilen und Schmutzstoffen entsteht. Diese Suspension wird mit einer oberhalb des Schneidstrahls angeordneten Baggerpumpe abgepumpt und zur Separieranlage gefördert. Zur Verbesserung der Pumpfähigkeit wird im Bohrloch Zusatzwasser beigegeben.

Durch Konstanthaltung des Wasserstands im Hüllrohr auf dem
Niveau des außen anstehenden Grundwassers wird verhindert, daß
bei zu hohem Wasserstand kontaminiertes Wasser in bereits gereinigte Nachbarbereiche ausgetragen wird und bei zu niedrigem
Wasserstand ein hydraulischer Grundbruch an der Bohrlochsohle
stattfindet. Die Steuerung erfolgt über die Regulierung der
Zusatzwassermenge. Dazu wird eine oben am Bohrrohr angebrachte
Ultraschallsonde benutzt, die kontinuierlich den Abstand zur
Wasseroberfläche im Bohrrohr mißt. Bei Überschreitung der vor-
eingestellten Grenzwerte wird ein entsprechendes Signal an
einen im Zulauf des Zusatzwassers eingebauten Schieber gegeben.

In der Separieranlage wird die bereits gereinigte Bodenfraktion vom Schmutzwasser getrennt. Dafür sind mehrere Trennelemente vorgesehen (Bild 4). Zunächst passiert die Suspension ein
Grobsieb mit 3 mm Maschenweite. Hier werden zum Schutz der
Anlage gröbere Bestandteile abgetrennt. Außerdem wurden an
dieser Stelle Holzreste, die von den Gründungspfählen der Teerbecken stammten, ausgesondert. Die nachfolgende Haupttrennstufe
besteht aus zwei parallel geschalteten Hydrozyklonen mit einem
Trennschnitt von 60 µm. Das verschmutzte Waschwasser gelangt
über den Oberlauf direkt zur Wasserreinigung.

Der Unterlauf der Zyklone passiert zur Feintrennung einen
Aufstromsortierer mit 100 µm Trennschnitt. Der mit gereinigtem
Wasser betriebene Aufstromsortierer sorgt außerdem für eine
Nachwäsche des Bodens. Der Überlauf des Aufstromsortierers
gelangt über eine Siebtrommel, bei der verbliebene Holzreste
abgeschieden werden, in den Zyklonkreislauf zurück. Der Unterlauf mit endgereinigtem Bodenmaterial wird über ein Entwässerungssieb von 0,5 mm Maschenweite aus der Separieranlage ausgetragen. Um ein Versanden des unterhalb des Entwässerungssiebs

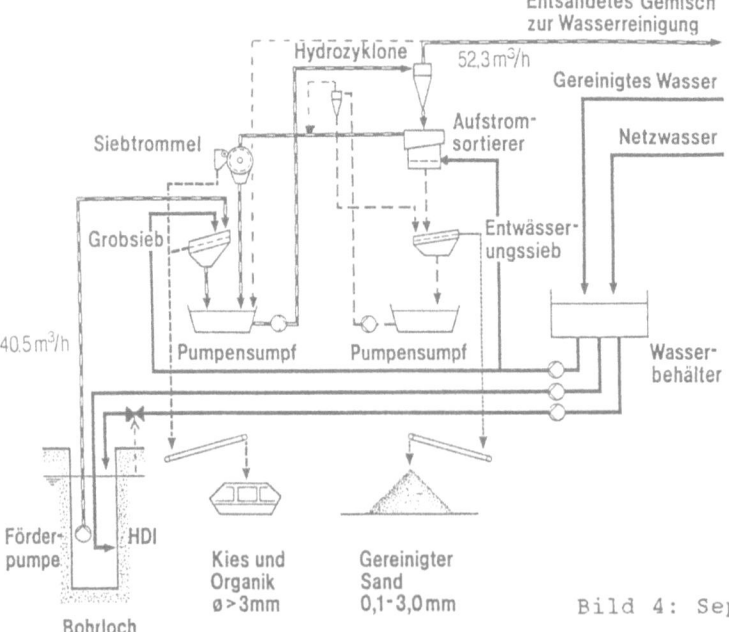

Bild 4: Separieranlage

angeordneten Pumpensumpfes zu vermeiden, wird der Durchgang durch das Entwässerungssieb mit einer nachgeschalteten Zyklonstufe permanent entsandet.

Der ausgetragene Sand steht nach Beprobung für den Wiedereinbau zur Verfügung. Der Einbau erfolgte erst, nachdem im Rahmen der Eigenüberwachung die Einhaltung des Sanierungsziels bestätigt worden war. Überprüft wurde der Summengehalt von 16 PAK's nach der EPA-Liste. Bei Einzelergebnissen durften 30mg/kg und im Mittel 20mg/kg Bodentrockensubstanz nicht überschritten werden. Der Mittelwert entspricht dem B-Wert der Holländischen Liste. Im Rahmen der Fremdüberwachung wurde der Sanierungserfolg mit Hilfe von Rammkernsondierungen an Stichproben des wiedereingebauten Materials überprüft.

Der Einbau des gereinigten Bodens erfolgte mit dem Radlader über einen auf das Bohrrohr aufgesetzten Trichter. Vor der Wiederverfüllung mußte allerdings erst noch das im Hüllrohr verbliebene kontaminierte Waschwasser gegen sauberes Wasser ausgetauscht werden. Da das Schmutzwasser spezifisch schwerer als das Reinwasser war, wurde es mit einer Pumpe am Bohrlochtiefsten abgezogen, während oben gleichzeitig Reinwasser in der entnommenen Menge zugegeben wurde.

Nach dem Wasseraustausch und der Wiederverfüllung wurde das Hüllrohr unter Einsatz des Rüttlers wieder gezogen. Der eingefüllte Boden wurde durch die eingeleitete Rüttelenergie ausreichend verdichtet.

Das in der Separieranlage abgetrennte Schmutzwasser wurde in eine modular aufgebaute Wassereinigungsanlage gegeben (Bild 5). Rund 90% der anfallenden Schmutzwassermenge wurden nach Passieren einer Flockungs-/Fällungsstufe teilgereinigt in den

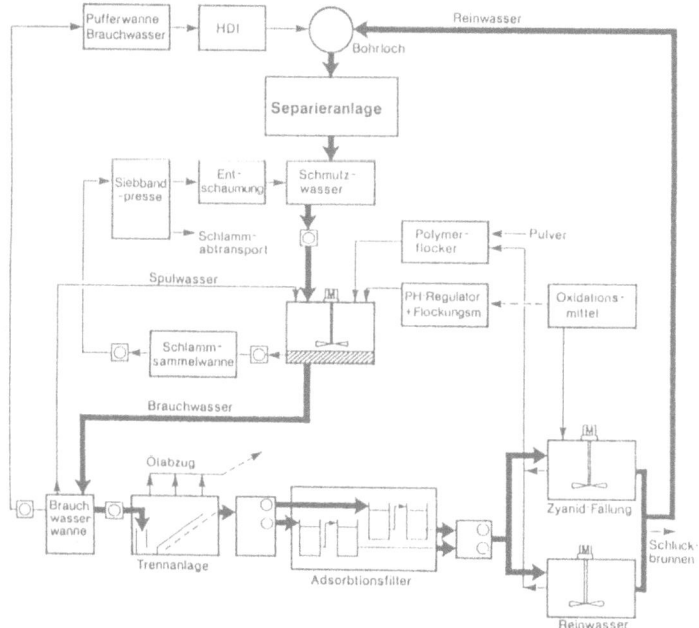

Bild 5: Wasserreinigung

Waschkreislauf zurückgeleitet. Die Restmenge wurde für den Wasseraustausch im Bohrloch einer Vollreinigung mit einem Ölabscheider, einer Aktivkohleeinheit und einer Zyanidentgiftungsstufe unterzogen.

Der bei der Flockung/Fällung anfallende Schlamm enthält die Schadstoffe in konzentrierter Form. Der Schlamm wurde mit einem Dekanter oder mit einer Siebbandpresse entwässert. Der dann stichfeste Schlamm wurde anschließend zu einer ca. 10km entfernten überdachten Anlage zur mikrobiologischen Behandlung abgefahren.

## 5. Zusammenfassende Bewertung und Verfahrensvarianten

Mit der zuvor beschriebenen Verfahrenskombination kam ein Sanierungskonzept zum Einsatz, bei dem letzlich keine Schadstoffe übrigbleiben. Mit der verwendeten Technik wird der Schadensherd nur nadelstichartig auf einer sehr begrenzten Fläche freigelegt. Die Belastung der Umgebung und der ausführenden Mannschaft durch Emissionen bleibt dadurch auf ein Minimum beschränkt.

Das Verfahren erweist sich hinsichtlich der Schadstoffverbreitung im Grundriß und in der Tiefe als sehr flexibel. Insbesondere die Anpassung der Reinigungstiefe an aktualisierte Erkundungen kann zu deutlichen Kostensenkungen beitragen, wenn wie im vorliegenden Fall die erforderliche Reinigungstiefe noch nach der Auftragsvergabe im laufenden Sanierungsbetrieb reduziert werden kann.

Der Einsatz von Hüllrohren und die gewählte Betriebsweise der Hochdruckspülung von oben nach unten mit der on site Separierung garantieren eine lückenlose und genau kontrollierbare Reinigung des Untergrunds. Für das Einbringen der Hüllrohre stehen neben dem Rütteln andere Techniken aus dem Spezialtiefbau zur Verfügung, die auch in nicht rüttelbaren Böden angewendet werden können. Insbesondere können die Hüllrohre auch schräg oder mit Spezialeinrichtungen auch horizontal eingebracht werden, um z.B. Verunreinigungen unterhalb einer bestehenden Bebauung zu beseitigen. Bei weniger tief reichenden Verunreinigungen ist es auch möglich, ein Hüllrohr ortsfest aufzustellen, den verunreinigten Boden konventionell mit einem Ladegerät zu gewinnen und die gesamte Anlage als on site Waschanlage zu betreiben.

Vielversprechend verlief ein Versuch auf der Baustelle, bei dem das Bohrgestänge mit wenig Druck zunächst auf Endtiefe gebracht und anschließend die Hochdruckspülung von unten nach oben durchgeführt wurde. Bei dieser Betriebsweise wird nur das aufsteigende Schmutzwasser abgezogen, während der gereinigte Boden an Ort und Stelle verbleibt. Die gesamte Separierung kann damit entfallen. Diese Betriebsweise ist insbesondere für grobkörnige Böden geeignet, wo die Förderung mit einer Baggerpumpe zur Separieranlage ohnehin kritisch werden würde.

Es ist weiter möglich, nach der Spülung von unten nach oben das Bohrgestänge erneut auf Endtiefe niederzubringen und im Nachgang eine Lösung aus geeigneten Mikroben und benötigten Nährstoffen in den Untergrund einzupressen, um eine mikrobiologische in situ Sanierung in Gang zu setzen. Vorversuche wurden erfolgreich abgeschlossen. Das Verfahren ist zum Patent angemeldet.

Vorstellbar ist auch, anstelle der Mikrobenlösung eine Injektionsflüssigkeit einzupressen, mit der der gerade gereinigte Bodenbereich verfestigt und in seiner Durchlässigkeit vermindert wird. Dadurch ist das Eindringvermögen von Schadstoffen in bereits gereinigte Bereiche erheblich reduziert, so daß der völlige Verzicht auf ein Hüllrohr möglich wird.

Die Ausführungen haben deutlich gemacht, daß das vorgestellte Verfahren in vielerlei Hinsicht auf unregelmäßig verbreitete Schadstoffherde, unterschiedliche Bodenarten und verschiedene Verunreinigungen angepaßt werden kann. Je nach dem Grad der vorhandenen Verunreinigung, dem geforderten Sanierungsziel und dem gewünschten Grad an Kontrollierbarkeit sind Vereinfachungen im Verfahrensablauf denkbar, die die Sanierungskosten senken.

ERFAHRUNGEN MIT DEM DYWINEX-WASCHVERFAHREN BEIM REINIGEN
METALLBELASTETER BÖDEN

Dieter Rudat, Oberingenieur, Dyckerhoff & Widmann AG, München


Als technische Maßnahmen zur Sanierung von Altlasten kommen
Methoden zur Sicherung bzw. Einkapselung und Verfahren zur
Dekontamination on-site und off-site zum Einsatz. Die Dyckerhoff & Widmann AG ist auf beiden Gebieten tätig.
Sicherungsmaßnahmen - wie Dichtwände mit und ohne eingestellte
PEHD-Bahnen und aus einem speziell entwickelten Mineralgemisch
sowie Oberflächenabdeckungen - dienen zur zeitlich begrenzten
Unterbrechung der Kontaminationspfade. Die eigentlichen Schadstoffe verbleiben am Ort und stellen damit eine latente Gefa-
renquelle dar. Dennoch haben diese Maßnahmen vor allem dann
ihre Berechtigung, wenn kurzfristig zur Gefahrenabwehr gehan-
delt werden muß oder wenn Verfahren zur Dekontamination noch
nicht verfügbar sind.

Die DYWINEX-Bodenwaschanlage dient der Dekontamination schadstoffbelasteter Böden. Sie befindet sich zur Zeit in ihrem
ersten großtechnischen Einsatz auf dem Gelände des DYWIDAG-Be-
tonwerks in Hamburg. Dort wird der überwiegend mit Schwer- und
Nichteisenmetallen belastete Boden eines ehemaligen Schrott-
platzes off-site gereinigt. Dazu mußten die 4.500 t kontaminierten Erdreichs zwischengelagert werden.

Die DYWINEX-Anlage arbeitet nach dem Prinzip der Naßextraktion
mit Wasser als Waschmedium. Sie besteht aus der Metallabscheidung, der Bodenwäsche, der Waschwasseraufbereitung sowie der
Schlammentwässerung und ist transportabel in Großcontainern
untergebracht. Das Prozeßwasser wird im Kreislauf geführt. Die
Verfahrensschritte sind (s. Fließbild auf der nächsten Seite):

- Absieben grober Teile größer 120 mm
- Abscheiden der Metallteile
- Trennung der Schadstoffe vom Bodenmaterial, wobei der Trenn-
  schnitt zwischen 20 und 60 μm eingestellt wird
- Abtrennung der belasteten Feinteilchen aus dem Waschwasser
  durch Sedimentation
- Entwässerung des Feinstmaterials.

Der gereinigte Boden ist wiederverwertbar als Verfüllmaterial,
Zuschlagstoff oder im Straßenbau. Die stark kontaminierten
Feinstteile können weiteren Behandlungsschritten unterzogen
werden oder sind als Sonderabfall zu entsorgen.

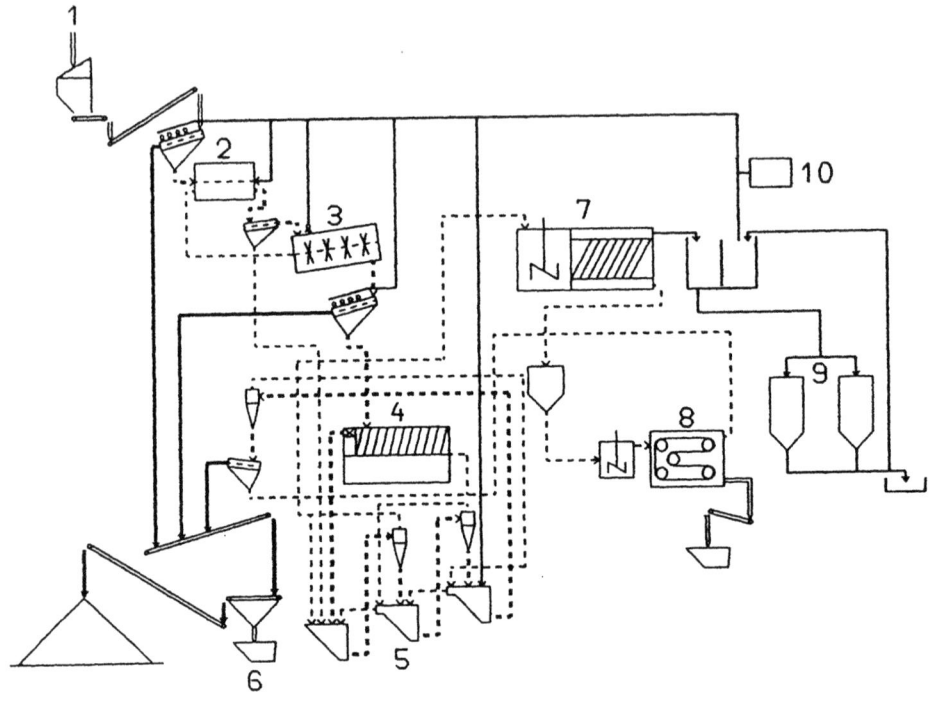

| | |
|---|---|
| 1 Bodenaufgabe | ———— gereinigter Boden |
| 2 Waschtrommel | |
| 3 Schwerterwäsche | ——— gereinigtes Wasser |
| 4 Sandfang | |
| 5 Zyklonstufen | |
| 6 Sortierplatz für Metalle | - - - - - Boden + Wasser |
| 7 Sedimentation | |
| 8 Schlammentwässerung | - - - - - schadstoffhaltiges Wasser |
| 9 Filter | |
| 10 Neutralisation | ===== kontaminierter Boden |

Das Reinigungsergebnis wird laufend durch eine Analytik vor Ort im eigenen Labor und durch Kontrollanalytik in einem Fremdlabor überwacht.
Die Anpassung an andere Böden und Schadstoffgruppen ist möglich und vorgesehen.
Durch die Kooperation mit der Firma Linde AG auf dem Gebiet der Altlastensanierung wird die Angebotspalette kontinuierlich um Verfahren zur chemischen Extraktion, zum mikrobiologischen Schadstoffabbau und zur thermischen Dekontamination erweitert.

ON-SITE-BODENSANIERUNG
Bodenwäsche mit dem SAN-O-CLEAN System

Von: Dipl. Ing. Uwe G.O.Peterson

SAN Sanierungstechnik für den Umweltschutz GmbH
Fahrenheitstr.8
2800 Bremen 33

1. EINLEITUNG
Die Sanierung von Altlasten sowie durch Ölunfälle verursachten Schäden an Stränden und im Boden sind Einsatzgebiete für eine Anlage zur Reinigung kontaminierten Erdreiches. Das hier vorgestellte System arbeitet mit einem als umweltfreundlich eingestuften Reinigungsmittel. Nach Pilotversuchen wurde eine Betriebsanlage gebaut und in verschiedenen Einsätzen getestet. Eine verbesserte, größere Ausführung bestand ihre Bewährungsprobe am Weserufer nach einer Schiffskollision. In den nachfolgenden Jahren wurden umfangreiche Bodenreinigungsaufträge abgearbeitet und sehr gute Reinigungsergebnisse erzielt.
Eine umweltgerechte Lösung würde folgende Aufgabenstellung beinhalten:

- Aufbereitung und Reinigung direkt an der Schadensstelle vor Ort
- Geringhaltung der Entsorgungsmenge
- Geringhaltung der Gesamtkosten der Schadensbeseitigung

Vor einigen Jahren entwickelte die Arbeitsgemeinschaft AEG, Bremer Vulkan und TBSGI eine Anlage zur Reinigung von ölverschmutztem Sand unter Zuhilfenahme eines demulgierenden Kaltreinigers.

2. VERFAHRENSBESCHREIBUNG MIT GERÄTEN ZUR NACHBEHANDLUNG

2.1. <u>Vorbehandlung zur Aufbereitung des Bodens</u>. Durch vorgeschaltete Sieb- und Dosiergeräte erfolgt die Aufgabe des verunreinigten Bodens (Korngröße bis max. 60mm) in die Anlage. Magnetabscheider zur Aussortierung von Eisen- und Stahlteilen sowie Brecherwerk zum Zerkleinern größerer Steinbrocken können in den Verlauf integriert werden.

2.2. <u>Waschen des Bodens mit Abtrennung von Kohlenwasserstoffen</u>. Die Aufgabe des verunreinigten Erdreiches erfolgt über Sieb- und Dosiergeräte in die Mischschnecke. Hier werden Waschaktivatoren zudosiert, je nach Grad der Verschmutzung und entsprechend den vorgegebenen Reinigungszielen. Es wird gewährleistet, daß die Waschaktivatoren an alle zu reinigenden Oberflächen gelangen und daß der verunreinigte Boden ausreichend benetzt und die erforderliche Einwirkzeit zur Ablösung der Verschmutzung erreicht wird.

Da sehr unterschiedliche Verschmutzungen in den unterschiedlichen Erdreichstrukturen auftreten, sollte in einem Vorversuch die optimale Verweilzeit festgelegt werden. Es ist zu empfehlen, vor Beginn eines Reinigungsprozesses eine sogenannte Sieblinie zu erstellen.

Das durch die mechanische Einwirkung des Spülwassers freiwerdende Öl und sonstige schwimmende bzw. wasserlösliche Schadstoffe sowie Schlamm etc. werden mit unterschiedlichen Separationstechniken behandelt. Nach Durchlaufen der Mischschnecke gelangt der vorbehandelte Sand in die Wasch- und Trenntrommel, die das Material im Wasserbad umwälzt und es mittels einer Wendel dem Austragsförderer zuführt. Durch die Reibung der Erdpartikel aneinader werden die durch die Waschaktivatoren angelösten Schadstoffe von der zu reinigenden Oberfläche entfernt. Die an die Wasseroberfläche steigenden Tröpfchen werden durch einen Skimmer abgeschöpft. Das derart gereinigte Material wird dann durch einen Austragsförderer unterhalb der Wasseroberfläche abgezogen und entwässert. Sollte sich jedoch erweisen, daß noch Rückstände von Öl und öllöslichen Stoffen in unzulässiger Konzentration im Erdreich vorhanden sind, sind weitere Waschstufen vorgesehen.

## 3. DURCHGEFÜHRTE VERSUCHSREIHEN ZUR REINIGUNG VON ÖLVERSCHMUTZTEN SAND

Von 1985 - 89 wurden bei Laborversuchen als auch mit einer Anlage bei einer Reinigungskapazität von 10 - 15t/h im Außengelände hervorragende Erfolge erzielt. Die bisherigen Einsätze haben gezeigt, daß auch bei problematischen Stoffen überraschend gute Reinigungsergebnisse erzielt werden. Der Bedarf für Einsätze von mobilen Bodensanierungsanlagen wird zunehmend größer.

## 4. ZUSAMMENFASSUNG

Das SAN-O-CLEAN Waschverfahren arbeitet in wässrigen Systemen und bietet den Vorteil des schonenden Umgangs der am Boden anhaftenden Mikroorganismen, welche zur endgültigen Schadstoffelimination der Restbelastung am gereinigten Boden unabdingbar sind. Die Suche nach dem Ersatz von demulgierenden Kaltreinigern konnte durch neue, genauso effektiv arbeitende SAN-O-CLEAN Waschaktivatoren abgeschlossen werden. Da ein 100%-ige Reinigung kontaminierter Böden nach dem On-Site Verfahren aus Kostengründen nicht anstrebenswert ist, wurde bei der Suche für den Einsatz der SAN-O-CLEAN Produkte besonders auf gute biologische Abbaubarkeit Wert gelegt.

Dieses Verfahren ist eine sinnvolle Ergänzung zu der IN-SITU-Bodenluftabsaugung von leichtflüchtigen Kohlenwasserstoffverbindungen sowie zur Grundwasserstrippung bzw. Grundwasserfilterung über Aktivkohle. Auf diesen Gebieten hat sich die SAN Sanierungstechnik für den Umweltschutz GmbH bereits mit Erfolg das entsprechende Know-How erworben.

**PHYSIKALISCH-CHEMISCHE BODENREINIGUNG NACH DEM HARBAUER-VERFAHREN**

Dr. Roland Hennig, Leiter der Firma Harbauer GmbH & Co. KG

1. EINLEITUNG

Die Firma Harbauer betreibt seit 1986 in Berlin eine Anlage zur Reinigung kontaminierter Böden. Das hierbei eingesetzte Verfahren wurde mit Unterstützung des Bundesministeriums für Forschung und Technologie von der Firma Harbauer entwickelt. Seite Ende 1989 ist eine zweite Harbauer-Bodenreinigungsanlage in Wien in Betrieb. Dieser modernste Typ einer Bodenreinigungsanlage setzt sich modular aus insgesamt 32 Containern zusammen. Die Anlage ist für den Dauerbetrieb konzipiert, mit einer Wasser- und Luftreinigungsanlage ausgestattet und gegen Schallemissionen gekapselt.

Kennzeichen für das Harbauer-Verfahren ist die Übertragung der Schadstoffe von den Bodenpartikeln an eine Waschflüssigkeit. Im Vergleich zu konkurrierenden Verfahren ist der Energieverbrauch beim Harbauer-Verfahren deutlich geringer. Dies ist im wesentlichen auf den gezielten Energieeintrag zur Ablösung der Schadstoffe von den Bodenpartikeln zurückzuführen.

2. HARBAUER-BODENREINIGUNGSANLAGE IN BERLIN

Die Berliner Anlage arbeitet im 2-Schichtbetrieb mit einem wöchentlichen Durchsatz von bis zu 1.500 to Boden. Insgesamt wurden bisher mehr als 50.000 to Boden aus über 30 verschiedenen Sanierungsfällen mit Hilfe dieser Anlage in Berlin gereinigt.

Die kleinsten noch zu reinigenden Körner haben einen Durchmesser von 15 µm. Die Erfahrungen haben gezeigt, daß in der Regel mehr als 98 % der Kontamination mit Hilfe dieses Verfahrens eliminiert werden können.

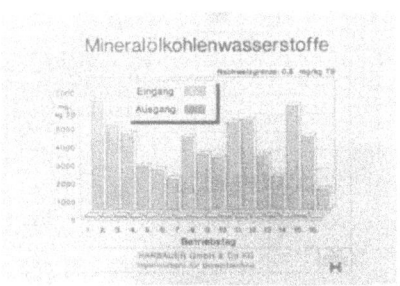

## 3. MOBILE HARBAUER-BODENREINIGUNGSANLAGE

Zur Reinigung von kontaminiertem Mauerwerk und Boden auf einem Grundstück in Wien wurde eine mobile Bauschutt- und Bodenreinigungsanlage geplant und errichtet.

Die Dekontamination des Materials erfolgt nach dem Naßextraktionsverfahren, welches dadurch gekennzeichnet ist, daß die Schadstoffe in einer geeigneten Waschflüssigkeit vollständig aufgelöst werden. Die Reinigungskraft der Waschflüssigkeit wird unterstützt durch die Übertragung von Scherkräften auf die Bodenpartikeln.

Die mobile Bodenreinigungsanlage in Wien ist Ende vergangenen Jahres fertiggestellt worden, läuft im 24-Stundenbetrieb und hat bereits mehr als 10.000 to Boden gereinigt.

Die bisher vorliegenden Erfahrungen haben gezeigt, daß sich mit Hilfe dieser Anlage Böden mit einem Schluffanteil bis 70 % reinigen lassen. Der zu reinigende Boden hat am Eingang eine Cyanidkonzentration von ca. 1.000 mg/kg. Die Ausgangswerte für die verschiedenen Fraktionen liegen in der Größenordnung von 6 mg/kg. Die zu entsorgende Restschlammenge beträgt ca. 0,8 %.

Mobile Bodenreinigungsanlage im Aufbau

Eingehauste, mobile Bodenreinigungsanlage im Betriebszustand

## 4. AUSBLICK

Die Firma Harbauer ist an der Errichtung mehrerer Bodenreinigungszentren in Deutschland und im Ausland beteiligt. Diese Bodenreinigungszentren bestehen aus einer thermischen, physikalisch/chemischen und einer biologischen Bodenreinigungsanlage. Als physikalisch/chemische Bodenreinigung wird das von Harbauer entwickelte Verfahren eingesetzt. Weiterhin verfügt die Firma Harbauer über mobile Boden- und Grundwasserreinigungsanlage, die zu den kontaminierten Grundstücken transportiert und dort nach wenigen Wochen in Betrieb genommen werden können.

# LABORUNTERSUCHUNGEN ZUR CHARAKTERISIERUNG KONTAMINIERTER BÖDEN UND ZUR BEURTEILUNG VON REINIGUNGSVERFAHREN

Dipl.-Ing. F. Elias, Prof. Dr. Ing. U. Wiesmann, TU-Berlin

Technische Universität Berlin, Institut für Verfahrenstechnik,
Sekr. MA 5-7, Straße des 17. Juni 135, 1000 Berlin 12,
Tel.: (030) 314-22695

## 1. EINLEITUNG

Bei den in der Sanierungspraxis durchgesetzten Bodenreinigungsverfahren handelt es sich überwiegend um Waschverfahren. Die angegebenen Reinigungserfolge, die teilweise weit über 90 % liegen, werden durch eine Klassierung des Bodens erreicht. Häufig kann der Boden aufgrund seines bidispersen Charakters in einen Mittelkornbereich (Sand) und in einen Feinkornbereich (Schluff) eingeteilt werden. Bezogen auf die Masse bildet der Mittelkornbereich den Hauptanteil des Bodens. Betrachtet man die Schadstoffverteilung in Abhängigkeit von der Korngröße, so stellt man fest, daß sich der größte Anteil der Schadstoffe am Schluff befindet. Während sich der Sand mit gutem Erfolg reinigen läßt, kann der Schluff aufgrund der größeren Oberfläche und der sehr viel größeren Oberflächenkräfte bislang nicht oder nur sehr unbefriedigend gereinigt werden. Er wird als Schadstoffkonzentrat ausgeschleust und als Sondermüll entsorgt.

## 2. FORSCHUNGSANSATZ

Am Institut für Verfahrenstechnik der TU-Berlin werden an realen mit Öl- und PAK-verunreinigten Böden Reinigungsversuche durchgeführt. In Rührreaktoren wurden Bodenproben von 2 Berliner Standorten (Rudow, Kanalstraße und Britz, Gradestraße) unter optimierten Bedingungen (Energieeintrag, Waschdauer, Zusatz von Lösungsvermittlern) behandelt. Dabei wurden die Parameter Glühverlust (oTS), in Petroleumbenzin extrahierbare Stoffe (PB extr. St.), 9 Polyzyklische Aromaten (PAK) sowie der Chemische Sauerstoffbedarf (CSB) bestimmt.

## 3. ERGEBNISSE

### 3.1. Boden/Sand Wäsche

Bei der Bodenwäsche mit Leitungswasser ohne chemische Zusätze zeigt sich, wenn man den gesamten Boden bilanziert, ein Reinigungserfolg von 15-20 %. Nach differenzierterer Analyse konnte für den Sand ein Reinigungserfolg von ca. 60 % und beim Schluff eine Aufkonzentrierung von 10-13 % festgestellt werden (Abb.:1). Betrachtet man die Konzentrationsverhältnisse der einzelnen Kornklassen, so

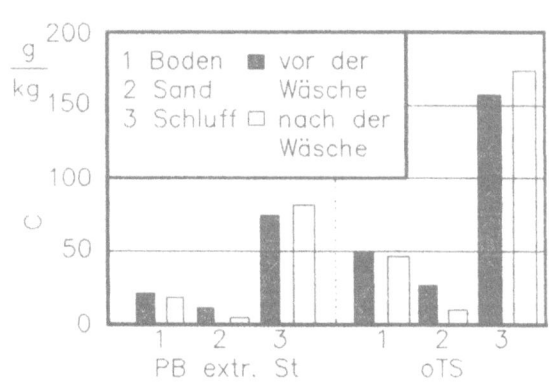

Abb. 1: Konzentrationsprofil einer Bodenwäsche

wird deutlich, daß ein großer Teil des Reinigungserfolges auf eine Klassierung und Abtrennung des Schluffs zurückzuführen ist. Bei Waschversuchen mit klassiertem Sand, und Waschwasserwechsel nach jeder Probenahme, konnte nachgewiesen werden, daß der Reinigungserfolg zu einem Teil auf die weitere Abtrennung von anhaftendem Schluff zurückzuführen ist. Sowohl der Schluff als auch der größte Teil der am Sand adsorbierten Schadstoffe läßt sich schon nach kurzer Zeit abtrennen. Der CSB des Waschwassers stabilisiert sich nach ca. 4 min auf einen Wert der geringfügig über dem des Leitungswassers liegt (Abb. 2 u 3). Die Belastung des Sandes mit Schadstoffen ist relativ gering, oder bereits während der Klassierung des kontaminierten Bodens in Sand/Schluff abgewaschen worden. Die Klassierung wurde in einem Rührreaktor durch mehrmaliges vorsichtiges Aufrühren in Wasser und Trennung durch Dekantieren des im Wasser suspendierten Schluffs nach dem Sedimentieren des Sandes durchgeführt.

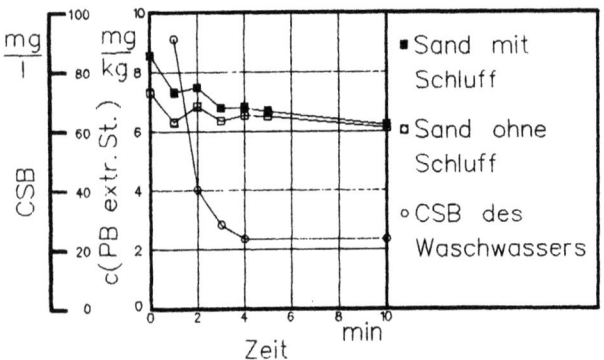

Abb. 2: Konzentrationsprofil einer Sandwäsche bei Wasserwechsel nach jeder Probennahme

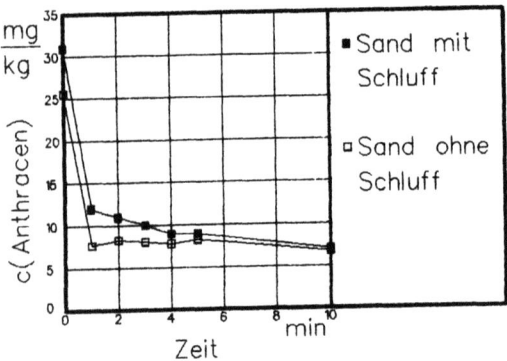

Abb. 3: Anteil des Schluff am Reinigungserfolg bei einer Sandwäsche

### 3.2. Biologischer Abbau am Schluff

Waschversuche mit klassiertem Schluff unter ähnlichen Versuchsbedingungen waren nicht erfolgreich. In einem Batch-Rührreaktor wurden deshalb biologische Abbauversuche durchgeführt. Der Suspension wurden Stickstoff-und Phosphorsalze, sowie adaptierte Biomasse zugesetzt. Die Ergebnisse zeigen eine deutliche Abnahme aller am Schluff bestimmten Parameter. Nach 5 Tagen stabilisierten sich die Werte und ließen sich auch nach längerer Weiterbehandlung nicht weiter absenken (Abb. 4). In weiteren Versuchen konnten die Ergebnisse bestätigt und die Abbauzeit auf ca. 3 Tage verkürzt werden. An einer Optimierung dieses Reinigungsverfahrens wird derzeit gearbeitet.

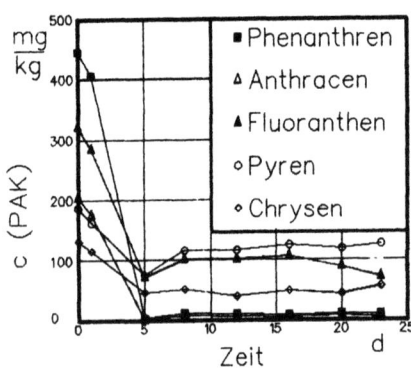

Abb. 4: Biologische Behandlung von mit Öl und PAK kontaminiertem Schluff

Methode Mosmans® als Bodenreinigungstechnik


Ir C. Mosmans



1. **Bodenreinigung mit Hilfe der Flotationstechnik.**
1.1. **Die Methode.** Die Methode Mosmans® wird bereits seit 1983 in den Niederlanden für die Reinigung von verschmutztem Boden und Industriemüll verwendet. Das Verfahren ist aus einer Anzahl von sorgfältig gewählten Mineralscheidungstechniken aufgebaut die, zusammengefügt, in einem kompletten Reinigungsprozeß resultieren.
Der wichtigste, jedoch weitaus der komplizierteste Teil der Methode Mosmans® ist die Technik der Flotation.

1.2. **ausgeführte Projekten.** Mit diesem Verfahren wurden inzwischen verschiedene Reinigungsprojekte ausgeführt. Ein relativ schwieriges Projekt war die Reinigung von Ton auf einem Gaswerkgelände, der mit komplexen Cyaniden und PCA's verschmutzt war. Für die Reinigung der sehr feinen Bruchteile (Schlamm) mußten sehr spezifische Flotationstechniken eingesetzt werden. Zur Zeit ist man mit einer besonderen Reinigungsoperation bei Sandoz AG in Basel, Schweiz, beschäftigt. Dieser Boden ist mit Pestiziden, Herbiziden, Quecksilberverbindungen und Reaktionsprodukten, die während eines Brandes im Jahre 1986 entstanden, verschmutzt.

2. **Die Flotation**
2.1. **Die Scheidung.** Um die Trennung zwischen Boden und Verschmutzung in einem Sand-Wasser-Gemisch zu erreichen, sollen die Teilchen so manipuliert werden, daß der Boden hydrophil und die Verschmutzung hydrophob wird. Diese Manipulation hat nicht zum Ziel, die chemische Struktur der Teilchen zu ändern, sondern die Oberflächen bei selektiver Adsorption zu modifizieren. Die hydrophoben Teilchen werden sich an Luft haften, die von unten ins Boden-Wasser-Gemisch geblasen wird, wodurch eine Scheidung entsteht von gesäubertem Boden und einem Schaum mit der konzentrierten Verschmutzung entsteht.

Die Scheidung folgt aus: $C = C_0 e^{-Kt}$

Wobei
C = noch vorhandene Konzentration der Verschmutzungen im Gemisch
Co= Konzentration der Verschmutzung bei Prozeßbeginn
t = die Prozeßdauer
K = Konstante

Diese theoretisch abgeleitete Formel schien bei einer großen Anzahl verschmutzter Böden eine akzeptabele Vorgehensweise und bietet die Möglichkeit, den Flotationsprozeß optimal zu benutzen.

2.2. **Die Reinigung.** Der ganze Flotationsprozeß basiert auf Oberflächeneigenschaften von Substanzen. Die verfügbare Oberfläche ist von der Korngröße abhängig. Es wird deutlich sein, daß Ton- oder Schlammteilchen viel mehr Oberfläche haben als Sand und darum schwieriger zu beeinflußen sind.

| Korngröße | Substanze | Reinigung |
|---|---|---|
| > 2000 µm | Kies | Klassierung, Schwerkraftaufbereitung sonstige physikalische Scheidungen. |
| < 2000 µm > 200 µm | Grobsand | Attrition und Schwerkraftaufbereitung . |
| < 500 µm > 20 µm | Feinsand | Normale Größe für Flotation wie in Erzaufbereitungstechnik . |
| < 20 µm | Schlamm | Braucht Sonderflotation, Kolloïd und Ionflotation. |

2.3. **Neue Befinden.** Kleine Verschmutzungen, und zwar kleiner als 5 µm, sind im allgemeinen nicht einfach flotierbar. Durch Beifügung eines "carrier" (Trägers) und unter Konditionen, unter denen die ungewollten Teilchen sich an den Träger haften, ist es jedoch möglich, Flotation anzuwenden. Ein gutes Beispiel dafür ist die bereits genannte Reinigung eines Gaswerkgeländes.
Auch bei aufgelösten und emulgierten Komponenten wie schwere Metallionen, Eisencyanidionen, Pestizide (Drins,HCH, phosphorsaure Ester), Chloroform usw. zeigte sich, übrigens erst nach längerem Laborversuch, daß es möglich ist, diese aufgelösten Substanzen an Luftblasen zu adsorbieren und somit eine Reinigung zu erreichen.
Wahrlich ein großer Schritt vorwärts auf dem Gebiet der Reinigung von verschmutztem Boden und Industriemüll.

Mosmans Mineraaltechniek bv

## Physikalisch-chemische Bodenreinigung
## System Hafemeister

Dr. rer. nat. Hans Jürgen Aust

Dieter Hafemeister Umwelttechnik
Freiheit 20-21, 1000 Berlin 20

1.  Die Firma Dieter Hafemeister Umwelttechnik hat in den letzten Jahren eine mobile Bodenreinigungsanlage entwickelt und in mehreren Sanierungsfällen mit Erfolg eingesetzt.

2.  **Prinzipielles Verfahren:**

    1.  Physikalische Trennung der Schadstoffe vom kontaminiertem Boden.
    2.  Die chemisch-technische Aufarbeitung der in der Flotation gelösten Schadstoffe.
    3.  Pressung der konzentrierten und ausgefällten Schadstoffe.
    4.  Die nachgeschaltete thermische Reduktion der Schadstoffe auf ein mögliches Minimum.

        - Noch in der Entwicklungsphase -

Die Anlage hat zur Zeit eine Kapazität von 5 m³/h und ist in 20-Fuß-Containern untergebracht. Die einzelnen Verfahrensschritte sind von der Erdaufgabe bis zum Austritt des gereinigten Bodens gekapselt und garantieren somit einen emissionsfreien Betrieb.

Ebenfalls in einem 20-Fuß-Container ist ein Labor eingebaut, welches für die Qualitätsüberwachung ausgerüstet ist.

Die Zielsetzung des Verfahrens ist, den Gehalt von organischen und anorganischen Schadstoffen soweit wie möglich zu reduzieren, so daß der Boden wieder ohne Umweltrisiken als Verfüllmaterial eingesetzt werden kann.

Das Verfahren darf durch einen Umwandlungsprozeß das vorhandene Gefährdungspotential nicht verlagern, z. B. dadurch, daß der Boden einerseits gereinigt, das Prozeßwasser andererseits hochkontaminiert wiederum freigesetzt wird.

Es sollen möglichst alle Arten von Böden aufbereitet werden können, nicht nur Böden aus sand-kiesigem Bereich, sondern auch Böden mit relativ hohem Schluffanteil. Besonders die Reinigung des Schluffanteils kleiner 63 µm bildet in der Verfahrensweise einen Schwerpunkt der Entwicklung.

Denn die sehr unterschiedlichen Ton- und Schluffarten sowie die komplexen Schadstoffgemische gehen Wechselwirkungen ein, die sich erst am Anfang des Verstehens befinden.

Durch diese spezifischen wie auch unspezifischen Wechselwirkungen der Schadstoffe mit den Schluff- und Tonpartikeln wird die Reinigung bzw. das sedimentative Verhalten entscheidend beeinflußt. Es gibt keinen Sinn, wenn nach der Reinigung von Böden ein relativ hochkontaminierter Schluff- und Schlammanteil anfällt, der dann in großen Mengen auf eine Sondermülldeponie verbracht werden muß, wo er weiterhin als Gefahrenpotential für die gesamte Ökologie angesehen werden muß.

Aus diesen Überlegungen heraus entstand der Gedanke, die hochkonzentrierten Schadstoffe durch einen thermisch-chemischen Umwandlungsprozeß auf ein optimales Minimum zu reduzieren.

Die unterstöchiometrische Verschwelung der isolierten Schadstoffe aus dem kontaminierten Boden wird zur Zeit von uns entwickelt. Auch hier, wie bei der Bodenreinigung, muß ein völlig emissionsfreier Betrieb garantiert werden.

Die gesamte Anlagenkonzeption mobil zu gestalten hat den Vorteil, daß kontaminierte Böden zum einen nicht transportiert werden müssen, zum anderen kein Gefahrguttransport etc. stattfinden muß, da der Boden an Ort und Stelle gereinigt, aufbereitet und wieder eingebaut werden kann.

## 3. Bibliographie

Aust, H. J. (1989)

Anlage zur Reinigung kontaminierter Böden auf physikalisch-chemischer Basis.

Internationaler Umweltkongreß, "Der Hafen - eine ökölögische Herausforderung", S. 382-384, Umweltbehörde Hamburg

FGU-Seminar Berlin 1989, "Sanierung kontaminierter Standorte 1989", S.163-177, Fortbildungszentrum Gesundheits- und Umweltschutz Berlin e. V.

6. Internationaler Recycling Congress (IRC) Berlin, Altlasten, S.605-613, EF-Verlag Berlin

MT/TNO-FORSCHUNG ZUM BIOLOGISCHEN ABBAU IN BÖDEN UND IN SEDIMENTEN, DIE MIT ÖL UND POLYZYKLISCHEN AROMATISCHEN KOHLENWASSERSTOFFEN (PAK'S) KONTAMINIERT SIND

G.J. ANNOKKÉE

NETHERLANDS ORG. FOR APPLIED SCIENTIFIC RESEARCH TNO, DIV. OF TECHNOLOGY FOR SOCIETY (MT), P.O. BOX 342, 7300 AH APELDOORN, DIE NIEDERLANDE

EINLEITUNG
Seit 1980 sind von der TNO zusammen mit niederländischen Privatfirmen verschiedene Dekontaminierungsverfahren für schafstoffbelastete Böden entwickelt worden. Die durchgeführten Untersuchungen galten unter anderem einem Extraktionsprozeß für Schwermetalle, dem Dampfstrippen (flüchtiger) organischer Verbindungen, Separationsverfahren mit Hilfe von Hydrozyklonen, und der biologischen Behandlung von Böden, die mit Öl und PAK's belastet waren.
Ab 1985 wurden die Untersuchungen in Zusammenarbeit mit dem Institut für die Bewirtschaftung von Binnengewässern und die Behandlung von Abwässern (RIZA) auch auf schadstoffbelastete Sedimente (Baggerschlick) ausgedehnt. Im Prinzip wurden dabei Verfahren eingesetzt, die denen für die Behandlung schadstoffbelasteter Böden mehr oder minder ähnlich sind.
Dieser Beitrag befaßt sich mit der biologischen Behandlung.

SCHEMA DER BIOLOGISCHEN BEHANDLUNG (BIOLOGISCHER ABBAU)
Die oben erwähnten Untersuchungen haben für die biologische Behandlung von Böden und Sedimenten zu einem mehr oder minder universell anwendbaren Schema geführt. Dieses Schema wird in Abbildung 1 dargestellt. Das Schema besteht aus vier wesentlichen Schritten:
. Separation durch Hydrozyklonierung
. Bioreaktor
. Landbehandlung
. Belüftete Becken

Im nächsten Abschnitt werden diese Verfahren kurz erläutert, und die bisher erzielten Resultate vorgestellt.

SEPARATION DURCH HYDROZYKLONIERUNG
Mit Hilfe von Hydrozyklonen können Böden und Sedimente in zwei Fraktionen getrennt werden:
. die Grobfraktion (hauptsächlich Sand), die normalerweise nur leicht belastet ist (Unterlauf des Hydrozyklons);

die Feinfraktion (Feinstoffe, Schlamm), die normalerweise stark belastet ist (Überlauf des Hydrozyklons).

Einige Separationsergebnisse von Hydrozyklonen werden in Tabelle 1 zusammengefaßt.

Hydrozyklone können bei verschiedenen Schadstoffen wie Schwermetallen und organischen Substanzen (Öl, PAK's usw.) eingesetzt werden. Sie sind aber nicht in der Lage, alle Böden und Sedimente in die beiden oben erwähnten Fraktionen zu trennen. Außerdem kann der Fall eintreten, daß die Schadstoffe auf die Grob- und die Feinfraktion zu gleichverteilt sind; dann führt die Separation durch hydrzyklonierung natürlich nicht zu einer Schadstoffanreicherung in der Feinfraktion.

### BIOREAKTOR

Der Typ des entwickelten Bioreaktors ist durch eine Drehtrommel mit axialen Leitblechen gekennzeichnet; er ist mit einem kompostierenden Trommelreaktor mehr oder weniger identisch. Der Boden oder das Sediment werden chargenweise als Schlick mit etwa 60% Trockensubstanz behandelt. Es werden Nährstoffe zugesetzt, und in den Reaktor wird Luft eingeblasen. Die Böden werden nicht geimpft, da Impfexperimente nicht zu einer Beschleunigung des Abbaus geführt haben. Es zeigte sich aber, daß die von der autochthonen Population entwickelte Aktivität häufig ausreiche, um eine angemessene Abbaurate zu erzielen. Die Temperatur betrug ungefähr 20°C.

Die Abbildungen 2 und 3 zeigen Ergebnisse des Bodenexperiments.

Die laufenden Experimente mit Sedimenten haben ergeben, daß die Abbaurate bei diesen Materialien durch Impfen vergrößert werden kann.

### LANDBEHANDLUNG VON SEDIMENTEN

Die Landbehandlung (oder Schlickbehandlung) von Böden wird seit dutzenden von Jahren durchgeführt und ist ein wohlbekanntes Verfahren. Allerdings ist nur wenig über das Verhalten belasteter Sedimente bei der Landbehandlung bekannt. Sie unterscheiden sich nämlich insofern von belasteten Böden, als die Sedimente im allgemeinen einen größeren Feinstoffgehalt als Böden aufweisen, der bei der Landbehandlung zu nachteiligen Effekten führt. Das Absetzen des Sediments hat einen nachdrücklich negativen Einfluß auf die Luftzufuhr. Die Separation durch Hydrozyklonierung (siehe oben) erlaubt es aber, durch Entfernung der Feinstoffe eine Grobfraktion zu erhalten, die für die Landbehandlung geeignet ist. Infolge dieser Grobfraktion ist eine gute Luftzufuhr gewährleistet. Die Landbehandlung ist im Labormaßstab geprüft worden; dabei wurde die Grobfraktion eines Sediments verwendet, das mit Öl und PAK's belastet war (siehe Abb. 4).

BEHANDLUNG VON SEDIMENTEN IN BELÜFTETEN BECKEN
Die Feinfraktion des Sediments (der Überlauf des Hydrozyklons) besteht aus einer Suspension mit ungefähr 5 - 10% Feststoffen. Diese Suspension kann in einem belüfteten Becken behandelt werden. TNO hat für derartige Becken ein Konzept entwickelt, bei dem der Schlick intermittierend belüftet und resuspendiert wird. Dem Becken werden Nährstoffe zugesetzt; auch eine Impfung ist möglich. Einige Ergebnisse der Experimente, die mit belüfteten Becken im Labormaßstab erzielt worden sind, werden in Abbildung 5 dargestellt.

AKTUELLER STAND DER FORSCHUNG
Die Forschungsarbeiten zur biologischen Behandlung von Böden in Bioreaktoren und belüfteten Becken befinden sich im Demonstrationsstadium. Gegenwärtig werden Pilotexperimente zur biologischen Behandlung von Sedimenten durchgeführt. Diese Experimente werden vom niederländischen Ministerium für Verkehr und öffentliche Arbeiten sowie von der WBGN finanziert. Die WBGN ist eine Gruppe niederländischer Firmen (Unternehmer, Bagger-, Bodensanierungs- und Ingenieursfirmen), die in Sanierungsprojekten für Altlasten mit schadstoffbelasteten Sedimenten aktiv ist. Die Ergebnisse dieser Experimente werden gegen Ende des Jahres verfügbar sein und dann die Beurteilung erlauben, ob eine biologische Behandlung von Sedimenten auch in praktischen Anwendungen durchführbar ist.

TABELLE 1. Separationsergebnisse der Hydrozyklonierung

| Exp.-Nr. | Boden/Sediment | Haupt-Schadstoff | Konzentrationen (mg/kg TS) | | |
|---|---|---|---|---|---|
| | | | Boden oder Sediment | Grobfraktion | Feinfraktion |
| 1. | Boden | Öl | 3000 | 130 | 32700 |
| 2. | Boden | Öl | 25800 | 3900 | 330000 |
| 3. | Boden | PAK's | 2320 | 625 | 4180 |
| 4. | Boden | PAK's | 2,6 | 1,9 | 10,2 |
| 5. | Sediment | Öl | 30000 | 5500 | 35200 |
| 6. | Sediment | PAK's | 280 | 58 | 525 |

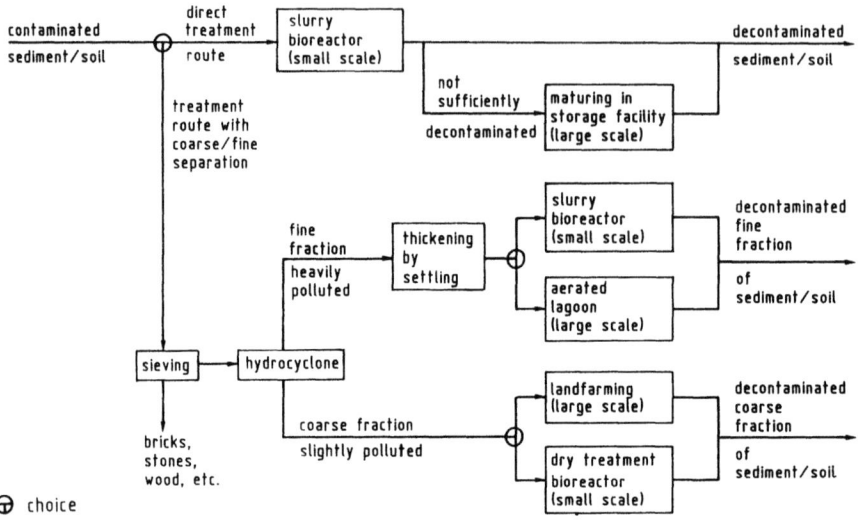

Abbildung 1. Schema für die biologische Behandlung schadstoffbelasteter Böden und Sedimente

Legende:
aerated lagoon - belüftetes Becken
Behandlungsstrecke mit Grob/Feintrennung
bricks, stones, wood etc. - Ziegel, Steine, Holz usw.
choice - Wahlmöglichkeit
coarse fraction slightly polluted - Grobfraktion leicht belastet
contaminated sediment/soil - kontaminiertes/r Sediment/Boden
decontaminated coarse fraction of sediment/ soil - dekontaminierte Grobfraktion des Sediments/Bodens
decontaminated fine fraction of sediment/soil - dekontaminierte Feinfraktion des Sediments/ Bodens
decontaminated sediment/soil - dekontaminiertes/r Sediment/ Boden
direct treatment route - direkte Behandlungsstrecke
dry treatment bioreactor - Trockenbehandlungs-Bioreaktor
fine fraction heavily polluted - Feinfraktion stark belastet
hydrocyclone - Hydrozyklon
landfarming - Landbehandlung
large scale - Großanlage
maturing in storage facility - Reifung in Lagervorrichtung
not sufficiently decontaminated - nicht ausreichend dekontaminiert
sieving - Sieben
slurry bioreactor - Schlamm-Bioreaktor
small scale - Labormaßstab
thickening by settling - Eindicken durch Absetzen

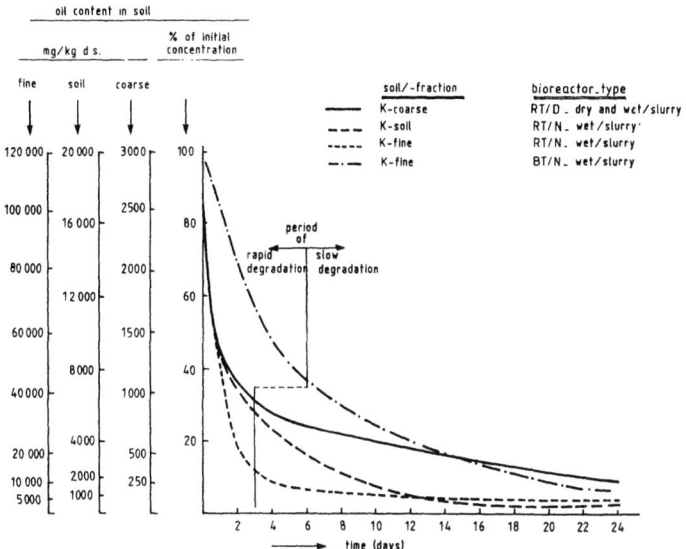

Abbildung 2.  Ölabbau durch Bodenbehandlung im Bioreaktor

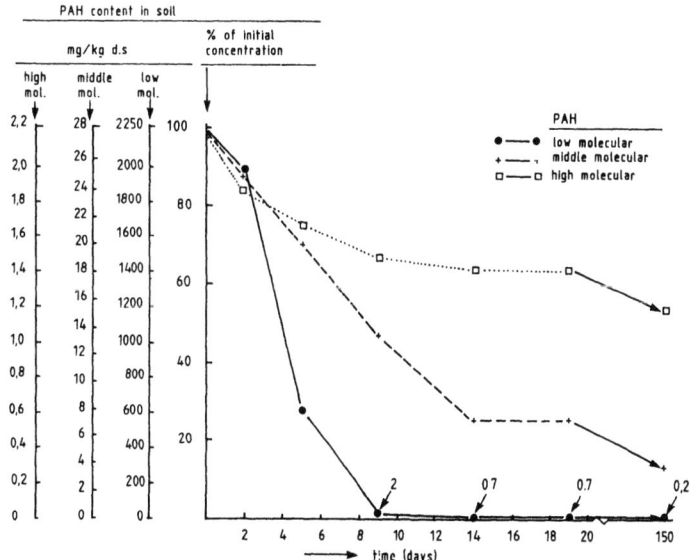

Abbildung 3.  PAK-Abbau durch Bodenbehandlung im Bioreaktor
Legende:     oil/PAK content in soil - Öl-/PAK-Gehalt im
             Boden; % of initial concentration - % der
             Anfangskonzentration; bioreactor type (dry and
             wet; slurry)- Typ des Bioreaktors (trocken und
             naβ; Schlamm); time (days) - Zeit (Tage)

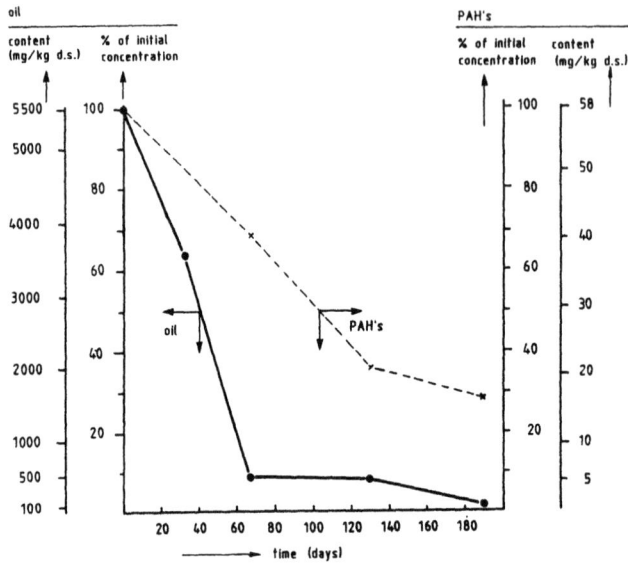

Abbildung 4. Landbehandlung der Grobfraktion (Sand; Unterlauf des Hydrozyklons) eines mit Öl und PAK's belasteten Sediments im Labormaßstab

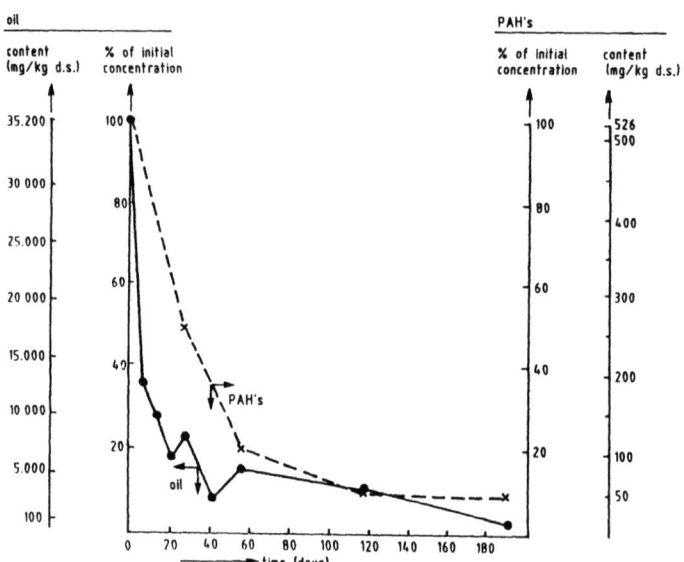

Abbildung 5. Experimente mit der Feinfraktion (Überlauf des Hydrozyklons) eines mit Öl und PAK's belasteten Sediments in belüfteten Becken im Labormaßstab

ERFAHRUNGEN MIT DER MIKROBIOLOGISCHEN BODENSANIERUNG


D. STROH, T. NIEMEYER UND H. VIEDT

HOCHTIEF AG, RELLINGHAUSER STRASSE 53 - 57, 4300 ESSEN 1


1. Einleitung
An 3 ausgeführten Projekten, bei denen jeweils mehrere tausend $m^3$ Boden mit unterschiedlichen Kontaminationen gereinigt werden, wird die Anwendung der mikrobiologischen Bodenreinigung vorgestellt. Die Möglichkeiten und Grenzen des Verfahrens werden aufgezeigt.

2. Gaswerksgelände Krefeld
Bei Umgestaltungsmaßnahmen auf dem Gelände der Stadtwerke Krefeld wurden erhebliche Bodenkontaminationen festgestellt. Eingehende Untersuchungen ergaben, daß der Haupt-Schadensherd auf den Bereich einer früheren Teerabscheidegrube begrenzt war. Ca. 7000 $m^3$ Boden waren mit gaswerkstypischen Ölen, aromatischen Kohlenwasserstoffen, Phenolen, PAK's und anderen Teerölbestandteilen und Gaswerksrückständen verunreinigt. Bereichsweise wurden Teeröle in Phase angetroffen.

Wir haben in hervorragender Kooperation mit den Stadtwerken Krefeld und in Zusammenarbeit mit Professor Hanert, vom Institut für Mikrobiologie der TU Braunschweig, folgende Sanierungsstrategie entwickelt und beschritten.

Im ersten Schritt wurde im Labormaßstab in kg-Versuchen nachgewiesen, daß die im Boden vorhandenen Schadstoffe mikrobiologisch abgebaut werden können.

In einem zweiten Schritt wurde in halbtechnischen Versuchen im $m^3$-Maßstab die Übertragung der im Labor gefundenen Ergebnisse auf großtechnische Verhältnisse der Praxis überprüft.

Im dritten Schritt ist dann schließlich die eigentliche Sanierung realisiert worden.

Ich will nun die wichtigsten Ergebnisse der einzelnen Schritte kurz vorstellen.

In der Laborphase wurde zunächst festgestellt, daß im Boden eine schadstoffabbauende Mikroflora in guter Population vorhanden war. Als limitierender Faktor für den Schadstoffabbau stellte sich Sauerstoffmangel heraus. Bei guter Sauerstoffversorgung und optimaler Nährstoffversorgung begannen die

Bakterien sofort und intensiv mit dem Schadstoffabbau. Die
Schadstoffe, auch die PAK's, wurden bei optimalen Laborbedingungen anfangs sehr schnell abgebaut. Wie häufig bei mikrobiologischen Abbauprozessen festzustellen, stagnierte der
Abbauprozeß nach einer Reinigung von ca. 80 % bis 90 %, und
die schwer abbaubaren Restverunreinigungen blieben übrig (Bild
1). Der Abbauprozeß stagnierte bei einem Gesamt-Kohlenwasser-
stoffgehalt von 500 mg/kg bis 1000 mg/kg Boden. Eluatversuche
zeigten, daß diese Restkontamination praktisch nicht mehr
durch Wasser ausgetragen und verschleppt werden.

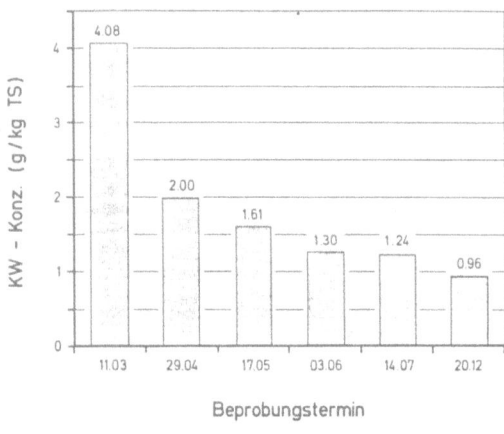

Bild 1:
Abnahme der KW-Konzentra-
tion im Boden (Versuch im
$m^3$-Maßstab)

Als entscheidend für den guten Abbau erwies sich eine optimale Nährstoff- und Sauerstoffversorgung.
In halbtechnischen Versuchen im $m^3$-Maßstab war nun die Frage
zu klären, ob das im Labor gefundene Ergebnis auch auf die
Großtechnik übertragen werden kann. Für die Wirtschaftlichkeit und auch aus Platzgründen war von maßgebender Bedeutung,
wie hoch die Regenerationsmieten maximal aufgebaut werden
konnten.

In Containerversuchen wurden verschiedene Mietenhöhen von 30
cm bis 160 cm Höhe simuliert. Verschiedene Arten der Sauerstoffzufuhr durch aktive Belüftung, eine optimale Steuerung
des Wassergehaltes und geeignete Nährstoffversorgung im Boden
wurden ebenfalls getestet.

In den Containern waren in 30 cm, 80 cm und 120 cm Tiefe Bo-
denluftsonden installiert, mit denen laufend die Luftzusam-
mensetzung gemessen werden konnte. Es war für alle Beteiligten überraschend, wie schnell der Luftsauerstoff verbraucht
oder mit anderen Worten, wie gut die Bodenatmung, d. h. die
Produktion an $CO_2$ war (Bild 2).

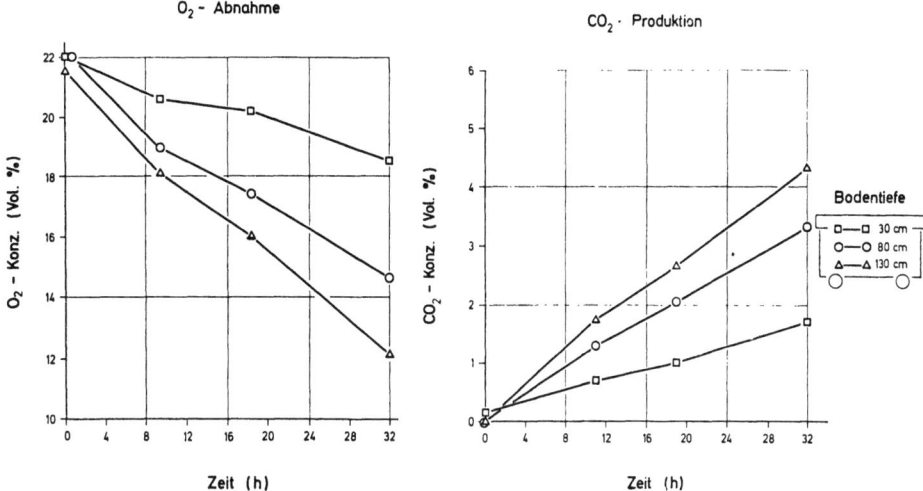

Bild 2: Atmungsaktivität im 1,60 m-Versuchscontainer ohne aktive Belüftung

Das Diagramm zeigt die zeitliche $CO_2$-Zunahme in verschiedener Tiefe des Containers. In 130 cm und 80 cm Tiefe ist bereits nach wenigen Stunden eine beträchtliche $CO_2$-Anreicherung gemessen worden. Am oberen Meßpunkt in 30 cm Tiefe nimmt der $CO_2$-Gehalt langsamer zu, hier erfolgt noch ein Austausch der Bodenluft mit der freien Luft. Analog zur $CO_2$-Akkumulation nimmt der Sauerstoff der Bodenluft ab. Im tiefsten Meßpunkt ist bereits nach einem Tag nahezu die Hälfte des Luftsauerstoffes verbraucht. Dieser Versuch zeigt sehr deutlich, daß ohne aktive Belüftungsmaßnahmen der mikrobiologische Abbau bereits innerhalb weniger Tage zum Erliegen kommen muß. Eine aktive Belüftung ist für optimalen mikrobiologischen Abbau unabdingbar.

Im Vorgriff auf die Ausführung ist in Abbildung 3 die Bodenatmung in der später aufgebauten Sanierungsmiete dargestellt. Ohne aktive Belüftung ist bereits nach 3 - 4 Tagen der Sauerstoff verbraucht, und der mikrobiologische Abbau käme zum Stillstand. Das Diagramm zeigt klar, daß die mikrobiologische Bodenreinigung nur bei aktiver Belüftung funktionieren kann.

Beim Einschalten der aktiven Belüftungseinrichtung konnte festgestellt werden, daß innerhalb von wenigen Minuten die gesamte verbrauchte Luft ausgetauscht war. Durch detaillierte Messungen konnte auch festgestellt werden, daß der Boden gleichmäßig über das gesamte Volumen von Luft durchströmt wurde.

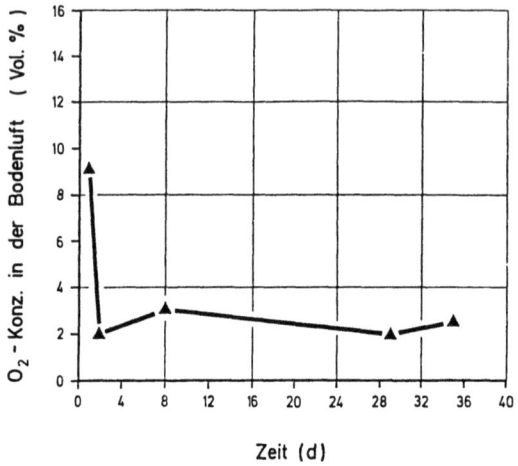

Bild 3:
Abnahme der Sauerstoffkonzentration in der unbelüfteten Regenerationsmiete

Die Atmungsrate, d. h. der verbrauchte Sauerstoff im Boden, stellt einen guten Indikator für den Schadstoffabbau dar (Bild 4). Der Schadstoffabbau verläuft nahezu proportional zu dem Sauerstoffverbrauch. Das Diagramm zeigt den gemessenen Atmungsverlauf in verschiedenen Tiefen des Containers. Die halbtechnischen Versuche zeigen das gleiche Bild wie die Laborversuche. Zunächst erfolgt ein schneller Schadstoffabbau, nach ca. 100 Tagen ist der Schadstoffabbau praktisch abgeschlossen.

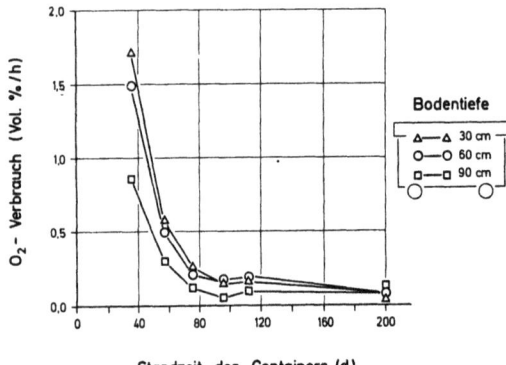

Bild 4:
Verlauf der Bodenatmungsrate über 200 Tage im 1,20 m-Versuchscontainer

Die Frage, ob während des Abbaus möglicherweise noch giftigere Stoffwechselzwischenprodukte entstehen, konnte am Institut von Prof. Hanert ebenfalls eindeutig geklärt werden.

Das Diagramm zeigt den Abbau der KW-Belastung (Bild 5). Neben der chemischen Analyse wurde auch eine toxikologische Bewertung der Giftigkeit des Bodens mit 2 Testverfahren, die sich in der Abwasserbewertung bewährt haben, vorgenommen. Die Giftigkeit wurde im Leuchtbakterientest und im Daphnien-Test ermittelt. Das Diagramm zeigt, daß der Grad der Giftigkeit während des Schadstoffabbaus praktisch parallel zum Schadstoffabbau abnimmt. Zu keinem Zeitpunkt war eine Zunahme der Giftigkeit festzustellen. Hiermit war eindeutig bewiesen, daß während des mikrobiologischen Abbauprozesses keine gefährlichen Metaboliten entstehen.

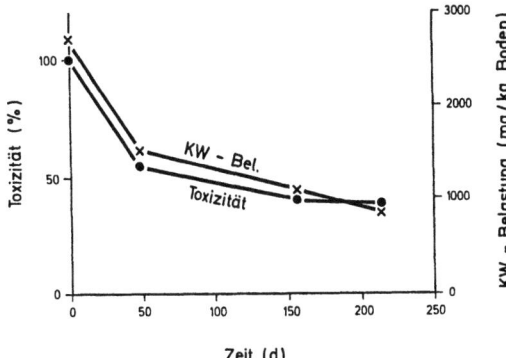

Bild 5:
Abnahme der KW-Belastung und der Toxizität im Boden

Mit den Kenntnissen aus den Laborversuchen und den halbtechnischen Versuchen konnte dann die Sanierung in die Tat umgesetzt werden.

Der Aufbau einer Regenerationsmiete sieht folgendermaßen aus (Bild 6):

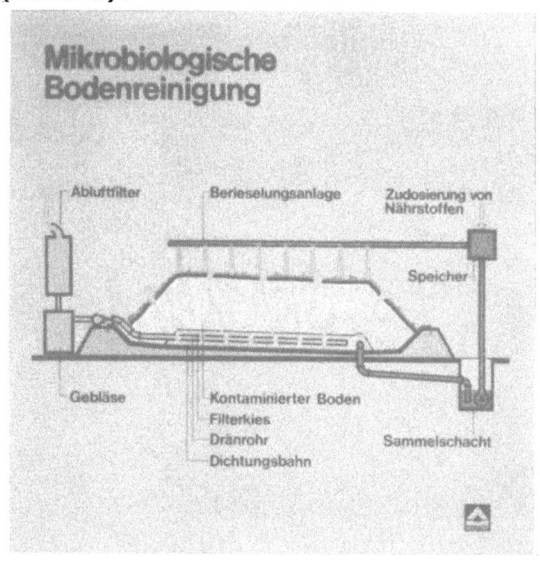

Bild 6:
System Mikrobiologische Bodensanierung

Zunächst ist eine Untergrundabdichtung erforderlich. Auf der Abdichtung wird ein Flächenfilter mit den notwendigen Einrichtungen zur Entwässerung und Belüftung installiert. Darauf muß der vorbehandelte kontaminierte Boden möglichst locker aufgebracht werden. Zur Einstellung von optimalem Wassergehalt und Nährstoffversorgung ist eine Berieselungsanlage notwendig. Das Sickerwasser wird gesammelt und im Kreislauf wieder der Miete zugeführt. Im Bedarfsfall werden Nährstoffe zudosiert.

Die Luft wird durch die Miete gesaugt, und die Abluft über einen Biofilter geführt und gereinigt. Hierdurch wird sichergestellt, daß nicht durch einen Stripeffekt das Problem vom Boden in die Luft verlagert wird. Die Mieten sind mit umfangreichen Meßeinrichtungen bestückt, so daß Belüftung, Wassergehalt, pH-Wert und Nährstoffversorgung von einem zentralen Steuerstand aus automatisch gesteuert werden können.

Von größter Wichtigkeit ist eine gute Aufbereitung und Homogenisierung des Bodens mit optimaler Einstellung des Nährstoffgehaltes.

Bauschutt und grobe Bestandteile wurden aussortiert, in einer Brechanlage zerkleinert und in besonderen Mieten ebenfalls mikrobiologisch behandelt.

Beim Aufbau der Miete ist besonders auf einen lockeren Bodeneinbau zu achten. Er gewährleistet bei Anwendung einer aktiven Belüftung eine Sauerstoffversorgung der gesamten Bodenmiete.

Eine Überdachung gibt die Möglichkeit, kontrolliert optimale Abbaubedingungen zu erzeugen. Eine zentrale Steuereinheit überwacht die Belüftungs- und Bewässerungssysteme vollautomatisch. Der Aufbau der Regenerationsmieten ist im Frühjahr des vergangenen Jahres abgeschlossen worden (Bild 7).

Bild 7: Übersicht der Sanierungsmieten in Krefeld

Begleitende Kontrollen zeigen, daß auch in den Mieten
ein guter Schadstoffabbau ganz analog zu den Laborversuchen
und halbtechnischen Versuchen erfolgt.

Bereits nach ½ Jahr waren die PAK's auf ca. 20 mg/kg Boden
abgebaut. Dieser Wert entspricht dem B-Wert der Holland-
Liste (Bild 8). Die letzten Messungen zeigen, daß wir einen
Endwert von ca. 10 mg/kg Boden, also etwa B/2, erreichen werden.

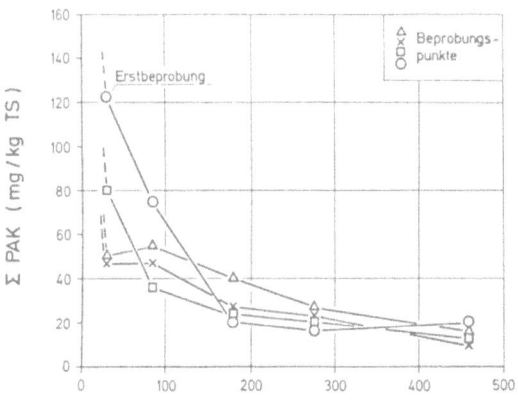

**Bild 8:**
**Abnahme der PAK-Konzen-
tration im belüfteten
Mietenboden**

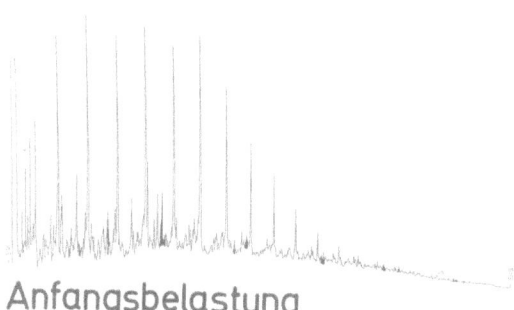

**Bild 9:**
**Schadstoff-Abnahme in
der Regenerationsmiete
- gaschromatografischer
Nachweis**

An dieser Stelle soll aber auch auf die Grenzen des Verfahrens hingewiesen werden. Der Sanierungserfolg ist am Gaschromatogramm zu erkennen, aber dennoch liegt die Gesamtbelastung an schwerabbaubaren, nicht wasserlöslichen Kohlenwasserstoffen in der Miete zur Zeit - wie bei den Laborversuchen - etwa bei 1000 mg/kg Boden (Bild 9). Ein wesentlicher weiterer Abbau ist in kurzer Zeit nicht mehr zu erwarten. Ich bin der Auffassung, daß der gereinigte Boden zur Verfüllung von Lärmschutzwällen im Straßenbau oder aber für andere geeignete Nutzungsmöglichkeiten eingesetzt werden kann und daß damit die Sanierung mit gutem Erfolg abgeschlossen ist. Diese Frage ist noch abschließend mit den Behörden zu klären.

### 3. Mineralölschaden in München

Bei dem zweiten Projekt handelt es sich um einen Schadensfall in München, wo beim Baugrubenaushub 2000 m$^3$ stark kontaminierter Boden angetroffen worden ist. Ursache für die Mineralölkontamination war die Leckage in einer Tankanlage. Der sandige kiesige Boden war mit ca. 4000 mg Heizöl pro kg Boden verunreinigt.

Zunächst haben wir wiederum in Laborversuchen geprüft, wo der limitierende Faktor für den fehlenden Schadstoffabbau liegt. Die Laborversuche haben ergeben, daß infolge mangelnder Versorgung des Bodens mit Nährstoffen kein Schadstoffabbau erfolgt. Als Maß des Schadstoffabbaus haben wir zur Demonstration die Bodenatmung, d. h. die Produktion von $CO_2$ herangezogen (Bild 10). Bei Zugabe von geeigneten Nährstoffen setzt der Schadstoffabbau sofort ein. Durch Vermehrung der Bakterienpopulation wird nach 4 bis 5 Tagen bereits ein Maximum der $CO_2$-Produktion erreicht, und es werden dann ca. 16 mg $CO_2$ pro kg Trockensubstanz des Bodens und pro Stunde produziert. Nach 2 Wochen nimmt die $CO_2$ Produktion ab, weil die Schadstoffe bereits weitgehend abgebaut sind.

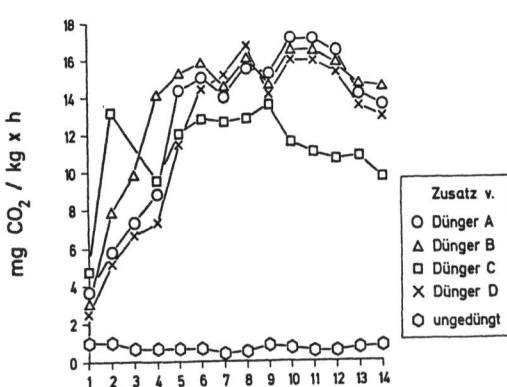

Bild 10:
Einfluß der Nährstoffzugaben auf die mikrobielle Atmungsaktivität

Wir hatten bei diesem Schadensfall ein vorgegebenes Sanierungsziel von 500 mg/kg Boden zu erreichen. Dieses Ziel war im Laborversuch bei geeigneter Nährstoffversorgung bereits nach 3 Wochen Abbauzeit erreicht (Bild 11). Nach 6 Wochen lag die Restkontamination nur noch bei 250 mg/kg Boden.

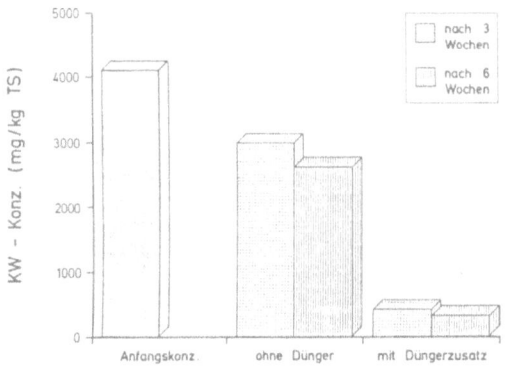

Bild 11:
Einfluß der Nährstoffzugabe auf den mikrobiellen KW-Abbau

Im Gegensatz zu dem vorigen Beispiel, Krefeld, bei dem als Ausgangssituation eine alte Gaswerksrestkontamination mit einer breiten Palette von Schadstoffen vorlag, und wo bei einem Gesamtkohlenwasserstoffgehalt von ca. 1000 mg/kg Boden eine Stagnation eintrat, wird hier bei der verhältnismäßig frischen Kontamination mit leicht abbaubarem Heizöl ein Endwert von 250 mg/kg Boden unterschritten.

Bei der Umsetzung der Laborversuche in die Praxis gestalten sich die Verhältnisse nicht ganz so einfach.

Wichtig ist zunächst, daß der Boden homogenisiert und mit optimalem Gehalt an Nährstoffen versorgt wird. Weitere Voraussetzungen für einen schnellstmöglichen Schadstoffabbau sind ein aktiv saugendes Belüftungssystem und eine Bewässerungsanlage. Beides wird durch ein vollautomatisches Meß-, Kontroll- und Steuerungssystem überwacht.

In der Regenerationsmiete (Bild 12) sind Sensoren zur Bestimmung der Bodenfeuchte und des $O_2$-Gehaltes installiert. Die Meßwerte werden laufend erfaßt, und wenn der Boden zu weit austrocknet, wird die Berieselungsanlage automatisch in Gang gesetzt. Bei einer bestimmten Abnahme des $O_2$-Gehaltes springt die saugende Belüftung an. Das im Kreislauf geführte Sickerwasser wird auf pH-Wert und Nährstoffgehalt überprüft. Im Bedarfsfall erfolgt eine Zudosierung von Nährstoffen. Die Temperatur wird ebenfalls aufgezeichnet.

Bild 12: Übersicht der Sanierungsmiete in München

Der Schadstoffabbau in der Regenerationsmiete läuft gut und das gesteckte Sanierungsziel ist bereits nach ½ Jahr Abbauzeit erreicht worden (Bild 13). Bei der letzten Beprobung im Juli dieses Jahres lagen 7 Proben zwischen 100 und 300 mg Kohlenwasserstoff pro kg Boden, eine Probe lag bei ca. 500 mg/kg. Damit ist die Sanierung mit hervorragendem Erfolg abgeschlossen, und ich hoffe, daß wir nach Ausbau des gereinigten Bodens die hochtechnisierte Infrastruktur wiederholt einsetzen können.

Bei diesem Projekt lagen im Hinblick auf Kontamination und Bodenart günstige Bedingungen vor, so daß die Sanierung bereits nach kurzer Zeit abgeschlossen werden konnte.

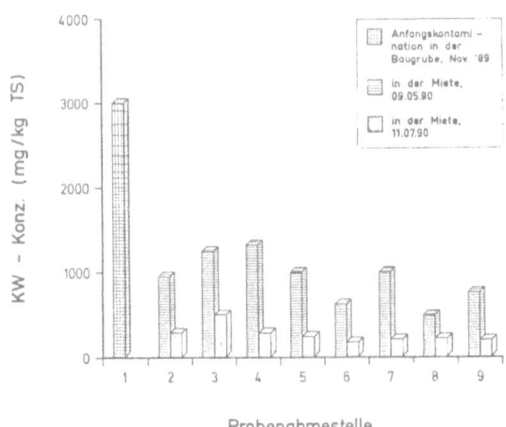

Bild 13: Abnahme der KW-Konzentration in der Regenerationsmiete

## 4. Kerosin-, Löschmittelschaden Frankfurt

Im letzten Beispiel will ich über ein Projekt berichten, wo wir am Flughafen in Frankfurt 22000 m$^3$ mit Kerosin und Löschmitteln verunreinigten Boden zu sanieren haben.

Im Bereich des Feuerwehrübungsplatzes war der Boden bis in 8 m Tiefe sehr stark mit Kerosin und Löschmitteln belastet. Die Kontamination lag bei 5000 bis 12000 mg/kg Boden, Spitzenwerte von 38.000 mg/kg Boden wurden gemessen.

Wir haben auch hier wiederum zunächst in Laborversuchen die Abbaubarkeit der Schadstoffe, insbesondere im Hinblick auf den Einfluß der Löschsmittel überprüft. Die Laborversuche haben ergeben, daß hier als limitierender Faktor mangelnde Sauerstoffversorgung im Boden vorlag (Bild 14). Im Bild wird der Schadstoffabbau von Bodenproben ohne zusätzliche Nährstoffversorgung und mit verschiedener Dosierung von Nährstoffen gezeigt.
Auch bei dem Boden ohne Nährstoffzugabe erfolgt ein guter Abbau. Bei zu viel oder falscher Nährstoffversorgung wird die Situation verschlechtert, bei optimaler Nährstoffversorgung dagegen verbessert. Innerhalb von 9½ Wochen waren die Schadstoffe von 12000 mg Kohlenwasserstoff pro kg Boden auf 2000 mg/kg abgebaut. Die Fortführung der Versuche zeigt, daß das geplante Sanierungsziel von 500 mg/kg Boden erreicht werden kann.

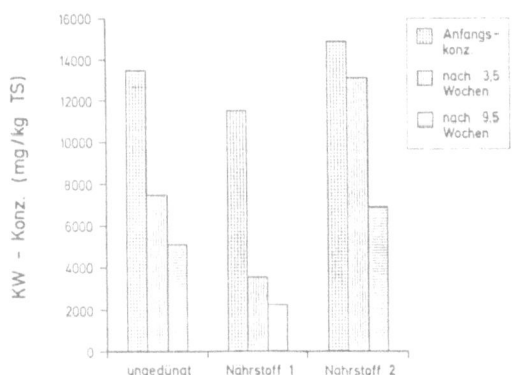

Bild 14:
Einfluß der Nährstoffzugaben auf den mikrobiellen Kerosin-Abbau

Hier in Frankfurt haben wir erstmals Großmieten mit Grundrißabmessungen von 80 m mal 60 m und mit 3 m Höhe angelegt. Auch beim Anlegen dieser Mieten wurde wiederum größter Wert auf einen lockeren Bodeneinbau zur optimalen Sauerstoffversorgung gelegt. Auch diese Großmieten sind wieder mit einer gleichartigen vollautomatischen Meß-, Kontrollund Steuereinrichtung, wie die die Miete in München, eingerichtet worden.

Von April bis Juni diesen Jahres sind die Regenerationsmieten aufgebaut worden, so daß bei Abgabe der schriftlichen Fassung des Beitrages noch nicht über die Abbauergebnisse der Großmiete berichtet werden kann. Über den aktuellen Stand wird im Vortrag berichtet.

## 5. Schlußbetrachtung

In der Klärtechnik von Abwasser benutzen wir die mikrobiologische Reinigungsstufe als selbstverständliches und unersetzliches Verfahren.

Beim Schadstoffabbau im Boden können die Bakterien gleiches leisten. Die theoretischen und labormäßigen Kenntnisse darüber sind schon lange bekannt. Als letztes und wichtiges Glied für die Anwendung hat noch die richtige Technologie zur Umsetzung in der Praxis gefehlt.

Ich glaube, daß wir mit der bei den Stadtwerken Krefeld erstmals in Deutschland in großem Maß ausgeführten Sanierung eines Gaswerksgeländes und mit den automatisch kontrollierten überwachten und gesteuerten Sanierungsmieten in München und bei der Großmiete in Frankfurt einen guten Schritt vorangekommen sind, um diese Lücke zu schließen. Es bleibt noch viel zu tun und wir sind dabei, das Verfahren so zu erweitern, daß auch schwieriger zu behandelnde bindige Böden saniert werden können, und daß wir Möglichkeiten finden, auch die schwerabbaubaren Restkontaminationen noch weiter abzubauen. Bis zur Praxisreife sind bei der Entwicklung der in situ Verfahren noch viele Probleme zu lösen, aber es sind gute Ansätze vorhanden und es ist eine hervorragende Chance für eine wirtschaftliche Sanierung gegeben.

Ich bin fest davon überzeugt, daß sich die mikrobiologische Bodenreinigungsverfahren bei der Bewältigung unserer Altlasten – ähnlich wie in der Klärtechnik – als eines der wichtigsten Verfahren durchsetzen wird.

Es ist völlig klar, daß nicht alle Kontaminationen der Mikrobiologie zugänglich sind. Wir brauchen auch die chemisch-physikalischen und thermischen Verfahren. Dort, wo die Mikrobiologie einsetzbar ist, sollte sie jedoch, und das nicht nur aus wirtschaftlichen Gründen, eingesetzt werden.

ERMITTLUNG DER BIOTECHNISCHEN SANIERBARKEIT KONTAMINIERTER BÖDEN

SPRENGER, B. UND EBNER, H.G.

HP-BIOTECHNOLOGIE GMBH, WITTEN, DEUTSCHLAND

1. EINLEITUNG

Allein in der BRD sind 48.377 Altlastverdachtsflächen (1) bekannt. Davon müssen ca. 10 % saniert werden. Neben der technisch aufwendigen, energieintensiven und teuren Verbrennung von Schadstoffen aus Böden ist nur durch den gezielten Einsatz biotechnischer Vefahren eine Vernichtung der Kontaminanten möglich. Alle anderen Sanierungstechniken führen zu einer räumlichen oder zeitlichen Verlagerung des Problems oder zur Übertragung der Chemikalien in anderen Medien. Während über mikrobiologische Abbauwege einzelner Schadstoffe recht viel bekannt ist, weiß man nur wenig über die Abbaumechanismen in komplexen Schadstoffgemischen und über die mikrobiellen Prozesse in der Matrix Boden. Es ist somit bisher nicht möglich, die mikrobiologische Sanierbarkeit komplex belasteter Böden allein durch theoretische Ansätze vor einer Sanierungsmaßnahme sicher abzuschätzen. Nur durch ein recht aufwendiges praktisches Untersuchungsprogramm ist eine erfolgreiche mikrobiologische Bodenbehandlung tatsächlich abzusichern. Ein solches Programm muß zur Beantwortung folgender Fragen geeignet sein:
- Ist der Boden in seiner vorliegenden kontaminierten Form mikrobiologisch belebt bzw. belebbar?
- In welcher Quantität kommen Mikroorganismen im Boden vor?
- In welcher Qualität kommen Mikroorganismen im Boden vor?
    - welche Schadstoffgruppen können abgebaut werden?
    - welche Einzelstoffe der Kontamination können abgebaut werden?
- Sind zu entfernende Stoffe von im Boden bereits vorhandenen Mikroorganismen auch im Gemisch abbaubar?
- Bis zu welchen Grenzkonzentrationen können diese Stoffe abgebaut werden?
- Müssen Laborstämme zur Entfernung xenobiotischer Stoffe oder Stoffgruppen zusätzlich eingesetzt werden?
- Welche in die Technik umsetzbaren bzw. umgesetzten biologischen Verfahren sind zur Sanierung geeignet?
- Mit welchem zeitlichen und finanziellen Aufwand ist bei einer biotechnischen Sanierung zu rechnen?

Das im folgenden dargestellte biologische Testverfahren erlaubt in einer Versuchszeit von ca. zwei Monaten, die o. a. Fragen zu beantworten.

## 2. TESTVERFAHREN

### 2.1 Probennahme

Ausgehend vom Gefährdungsgutachten wird bei der Probennahme angestrebt, ein möglichst repräsentatives Bodenmaterial zur Untersuchung zu gewinnen. Diese Bodenproben sollen
- typische Standortbedindungen zeigen
- die Vielfalt der Kontamination aufweisen
- die Entwicklung von Mikroorganismen zulassen

Die Bodenproben werden unverzüglich nach der Entnahme ins Labor gebracht und dort bearbeitet.

### 2.2 Ist der kontaminierte Boden mikrobiologisch vital?

Da das Wachstum von Mikroorganismen auch in Altlastböden von Faktoren, wie Feuchte, Nährstoffangebot, Temperatur, pH-Wert und Toxität der Schadstoffkomponenten abhängt, werden diese Parameter in Kombination mit einer mikroskopischen Durchsicht der Probe untersucht. Hierbei ist zu beachten, daß extreme Bodenverhältnisse (starke Trockenheit, niedrige Temperaturen, stark saure bzw. alkalische Bedingungen etc.) das mikrobielle Wachstum behindern. Wird andererseits bei moderaten Bedingungen kein oder nur geringes Wachstum von Bakterien und/oder Pilzen fest-gestellt, so kann daraus auf eine für Mikroorganismen toxische oder besondere Bodenbelastung geschlossen werden. Besonders hoch belastete Bodenpartien findet man allerdings nur partiell und meist in bestimmten Regionen eines Altlastenstandortes vor. Können in gering belasteten Randbereichen bei sonst günstigen Bedingungen Mikroorganismen nicht erfaßt werden, so ist dies überwiegend auf das Fehlen essentieller Nährstoffe zurückzuführen.

### 2.3 Welche Quantität an Mikroorganismen weist der Boden auf?

Wichtige Auskünfte über die Lebensbedingungen in verunreinigten Böden erteilt die Mikroorganismen-konzentration. Sie kann relativ einfach als Gesamt-Lebend-Keimzahl pro Volumen- oder Masseneinheit im Labor bestimmt werden. Dabei lassen hohe Zelltiter meist auch gute Wachstumschancen für jene Mikro-organismen erkennen, welche zum Abbau von Schadstoffen befähigt sind. Zur Gesamtzellzahl-bestimmung kommen Plate-Count-(Bakterien) und Malznährböden (Pilze) zum Einsatz.

Die Zellkonzentrationen unterschiedlicher Bodenproben eines Altlastenstandortes zeigen meistens, daß hohe Zelltiter überwiegend in oberflächennahen und daher gut belüfteten Bodenpartien gefunden werden (Tab. 1). Daß verschiedentlich auch in tieferen Schichten hohe Zelltiter auftreten können, bewies die Probe 3 der hier untersuchten Bodenaufschüttung. Es war ferner zu beobachten, daß auf beiden Nährböden ausschließlich Bakterien wuchsen, obwohl neben dem pH-neutralen PC-auch ein saures Malz-Medium (pH < 5) benutzt wurde und der untersuchte Boden mit pH-Werten um 8 moderate basische Bedingungen aufwies.

## 2.4 Welche Abbaueigenschaften besitzen die im Boden vorhandenen Mikroorganismen?

Aus der Kenntnis der Schadstoffzusammensetzung im Boden sowie der in Absprache mit Behörden erfolgten Auflage, bestimmte toxische Stoffgruppen bzw. Einzelstoffe daraus zu entfernen, wird ein Untersuchungsprogramm erstellt, mit dem die Abbaueigenschaften der im Boden vorhandenen Mikroorganismenflora geprüft werden. Den Mikroorganismen wird dabei als einzige Kohlenstoff- und Energiequelle das Gemisch einer Schadstoffklasse oder ein Einzelsubstrat angeboten.

Beispielhaft sind die Ergebnisse einer derartigen Serie für die Schadstoffgruppen Phenole, Kohlenwasserstoffe und ein selektives Gemisch polycyclischer Aromaten dargestellt (Tab. 2).

**Tab. 1:** Gesamtkeimgehalte eines belasteten Bodenaushubs (Zellen in 1 g Boden)

| Nährboden | Probe: 1 | 2 | 3 | 4 |
|---|---|---|---|---|
| PC | $3,5 \times 10^8$ | $1,9 \times 10^7$ | $8,6 \times 10^6$ | $8,0 \times 10^6$ |
| Malz | $2,0 \times 10^7$ | $3,0 \times 10^6$ | $3,6 \times 10^5$ | $5,6 \times 10^5$ |
| Entnahmetiefe | 0-10 cm | 30-40 cm | 30-70 cm | 0-50 cm |

**Tab. 2:** Keimgehalte abbauspezifischer Mikroorganismen in belasteten Bodenproben (Zellen in 1 g Boden)

| Nährboden: | Phenole | KW | PAK |
|---|---|---|---|
| Probe: | | | |
| 1 | $7,9 \times 10^6$ | $10^6$ | $3,2 \times 10^6$ |
| 2 | $2,3 \times 10^6$ | $10^7$ | $2,1 \times 10^6$ |
| 3 | $7,2 \times 10^6$ | $10^6$ | $4 \times 10^6$ |

**Tab. 3:** Abbaueigenschaften für relevante Einzelstoffe durch ein im Boden vorhandenes Keimspektrum

| Substrat: | Probe 1 | 2 | 3 | 4 |
|---|---|---|---|---|
| Benzol | +++ | + | +++ | ++ |
| Toluol | +++ | ++ | +++ | +++ |
| o-Xylol | +++ | +++ | +++ | +++ |
| m-Xylol | +++ | + | +++ | +++ |
| p-Xylol | +++ | + | +++ | +++ |
| Heptadecan | ++ | ++ | +++ | ++ |
| Octadecan | + | ++ | ++ | ++ |
| 2,3 Dimethylphenol | ++ | + | ++ | + |

+++ = sehr gutes Wachstum
 ++ = gutes Wachstum
  + = befriedigendes Wachstum

Nach unseren bisherigen Erfahrungen liegen in nahezu allen Altlasten bereits hohe Mikroorganismenkonzentrationen vor, die an die enthaltenen Schadstoffgruppen gut adaptiert und zu deren Verwertung gut befähigt sind.

Häufig wird vom Sanierungspflichtigen auch verlangt, die Entfernung charakteristischer Einzelstoffe aus der Kontamination nachzuweisen. Die Möglichkeit dieses spezifischen Abbaus kann unter anderem bereits durch den Nachweis der dazu befähigten Mikroorganismen erbracht werden (Tab. 3).

Dazu wird der Boden-Mischpopulation die entsprechende Schadstoff-Einzelkomponente als alleinige Kohlenstoff- und Energiequelle angeboten. Entwickeln sich in einem derartigen Medium Mikroorganismen und vermehren sie sich auch nach mehrfachem Überimpfen in dem gleichen Medium, so ist die biologische Abbaubarkeit belegt.

2.5 <u>Kann das Schadstoffgemisch von den im Boden vorhandenen Mikroorganismen abgebaut werden?</u>

Kann diese für die mikrobiologische Sanierung eines Bodens besonders wichtige Frage positiv beantwortet werden, so kann die Bodenreinigung mit der vorhandenen Mischpopulation erfolgen. Ist die Antwort hingegen negativ, kann nur die nachträgliche Entwicklung einer dazu befähigten Mischkultur oder ein mehrstufiges Verfahren zur biotechnischen Sanierung benutzt werden. Um diese Antwort möglichst schnell und sicher zu erhalten, erfolgen dazu gezielte Untersuchungen in einem Submersverfahren, bei dem weitgehend optimale Verhältnisse für den mikrobiologischen Abbau von Schadstoffen eingestellt werden.

Als Bioreaktor kommt ein Airlift-Reaktor mit innerem Leitrohr zum Einsatz. Er bietet bei guten Sauerstoffeintragswerten gleichzeitig schonende Mischeigenschaften sowie günstige Stoffübergangsverhältnisse und damit gute Bedingungen für das Mikroorganismenwachstum. Im Reaktor wird ausschließlich die als problematisch geltende Feinstkornfraktion eines kontaminierten Bodens behandelt.

Diese bis in untere $\mu$m-Bereiche gehende Kornfraktion enthält die problematischen Schadstoffe meist in hohen Konzentrationen und extremen Bindungsfestigkeiten. Durch den Nachweis ihres mikrobiologischen Abbaus im Bioreaktor kann auf eine generelle ausreichende Reinigung des kontaminierten Bodens durch Mikroorganismen geschlossen werden.

Bei konstanter Temperatur, Lufteintrag und Feststoffanteil werden im Laborversuch im Batch-Ansatz die pH- und Zellzahlentwicklungen verfolgt und durch chemische Start- und Finalanalysen der Abbau der Schadstoffkonzentrationen im Boden sowie in der Behandlungslösung bestimmt.

Die Ergebnisse einer derartigen Versuchsserie zeigten, daß Zellzahlbestimmung und pH-Verlauf allein nicht als prozeßbeschreibende Größen genutzt werden können. Die chemischen Analysenwerte der Schadstoffe müssen folglich herangezogen werden, um die mikrobiologische Reinigungsleistung zu bestätigen. Die Kenntnis der Schadstoffbelastung im Boden und in den Eluaten vor und nach der mikrobiologischen Behandlung sowie die Konzentrationen der Schadstoffe im

1. Perkolator
2. Horizontalreaktor (Trommelreaktor)
3. Submersreaktor (Airlift-Reaktor)

Mit dem Perkolator werden Verfahren simuliert, bei dem der Boden als statische Phase vorliegt. Großtechnisch angewandt und weitgehend bekannt sind die biologischen in situ-Maßnahmen und die on site-Verfahren der Beet- oder Mietentechnik. Für die in situ-Prüfung werden von uns ungestörte Bohrkerne und für die on site-Prüfung Bodengemische ohne oder mit Zusatz (Stroh, Borke usw.) in einen Perkolator eingebracht und mit Nährlösungen berieselt. Zeigt sich bei den Laboruntersuchungen, daß unter Beachtung der Bodenstruktur, Belastungsart, Mikroorganismenwachstum, Abbaurate und hydrogeologischen Gegebenheiten etc. die technische Behandlung eines Bodens in situ durchführbar sein wird, dürfte dieses Verfahren kostenmäßig das mit Abstand günstigste sein.

Muß der Boden hingegen ausgehoben, transportiert und aufgehaldet werden, bietet sich ein biologisches on site-Verfahren an. Hierbei können Zerkleinerungs- und Vermischungsschritte, die die spätere Reinigung wesentlich verbessern, in jedem Fall sofort integriert werden. Durch sie ergeben sich hinsichtlich Abbau-leistung und Zeitbedarf eine Vielzahl von on site-Varianten, die sowohl auf Kornstruktur, Belastungsart, Mikroorganismen-wachstum sowie auf die geländespezifischen Bedingungen (Kontaminationstiefe, Platzangebot, Bebauung oder Nutzung) angepaßt werden können. Diese umfangreichen Einflüsse können vorab zeitgerafft im Labor mit dem Prüfverfahren untersucht und optimiert werden.

Um eine effektive Reinigung für feinstkornhaltige schluffige und tonige Böden bei schwierigen Kontaminationsverhältnissen zu erreichen, bieten dynamische Verfahren, bei denen der Boden ständig durchmischt wird, große Vorteile. Um diese Verfahren im Labor zu simulieren, setzen wir horizontale Rollreaktoren mit Mischeinrichtungen ein. Dieses Rollreaktor- oder Bodenmischverfahren erlaubt, auch Böden mit sehr heterogener Kornstruktur und selbst hohem Feinstkornanteil mikrobiologisch zu reinigen. Dies beweisen Daten aus Laboruntersuchungen mit einem mit KW, Phenolen und PAK belasteten Boden, der über 80 % Schluff- und Tongehalt enthielt. Hierbei wurde im Airlift-Reaktor überwiegend der Schluff- und Tonanteil, im Rollreaktor sogar das gesamte Kornspektrum < 2 cm Ø behandelt.

Obgleich im Rollreaktor wesentlich ungünstigere Bedingungen für Mikroorganismen als in einem aufwendigen Submersreaktor herrschten, konnten im Rollreaktor erfreulich gute Abbauleistungen erzielt werden (Abb. 1). Kalkuliert und vergleicht man für den technischen Maßstab die Kosten beider Verfahren für die benötigte Wassermenge, den Energieeintrag, die Belüftung zur Aufrechterhaltung der Fluidisierung und zur Sauerstoffversorgung der Mikroorganismen, so spricht ein erheblich günstigeres Preis-Leistungsverhältnis für den Einsatz des Rollreaktors. Zur Zeit werden derartige

Behandlungswasser erlauben schließlich am Ende der
Versuchsserien eine Quantifizierung des Behandlungserfolges.
Durch statistische Bewertung der Daten mehrerer Proben und
Analysen können diese Werte je nach Erfordernis weiter
abgesichert werden.

2.6 <u>Welche Grenzwerte können durch mikrobiologische Methoden erreicht werden?</u>

Für eine seriöse Sanierung ist es wichtig, daß Grenzwerte
für Schadstoffe, von denen eine Gefährdung ausgehen kann, in
behandelten Böden unterschritten werden. Dies ist ebenfalls
für die wässrigen Eluate sicherzustellen. Werden bei
angestrebten Sanierungen Grenzwerte durch Behörden bzw. durch
den Sanierungspflichtigen festgelegt, so müssen diese mit dem
Prüfverfahren sicher zu erreichen sein. Ist dies nach 30 - 40
Tagen nicht der Fall, so müssen die Versuche bis zu einer
sinnvollen Zeitgrenze weitergeführt werden. Kann mit dem hier
beschriebenen Verfahren der Grenzwert eines Stoffes auch dann
nicht erreicht bzw. unterschritten werden, so wird dies ganz
sicher auch bei allen anderen biologischen Verfahren im
Großmaßstab nicht der Fall sein.

2.7 <u>Müssen standortfremde Mikroorganismen eingesetzt
werden?</u>

Wir vertreten die Auffassung, daß der Einsatz von speziell
gezüchteten Mikroorganismen nur in Sonderfällen geschehen
sollte; beispielsweise bei frischen Ölunfällen. Bei Altlasten
kann das im Boden über viele Jahre, oft Jahrzehnte etablierte
Kulturgemisch in der Mehrzahl der Fälle das gesamte Spektrum
der vorliegenden Schadstoffe abbauen. Ein Zusatz von Stoff-
wechselspezialisten bei der Altlastensanierung sollte in
Sonderfällen daher nur dann erfolgen, wenn die vorliegende
Mischkultur selbst unter günstigsten Wachstumsbedingungen die
zu entfernenden Stoffe nicht eliminieren kann.

Vorab muß jedoch im Labor erprobt werden, ob sich Zusatz-
stämme in das vorhandene Mikroorganismensystem etablieren
lassen. Sie dürfen keine nachhaltigen Störfaktoren in die
Abbaueigenschaften des ursprünglichen Stammgemisches
einschleusen. Aus langjährigen Untersuchungen über den
mikrobiellen Abbau von Schadstoffen in Kokereiabwässern (2)
wissen wir, wie schwierig derartige Arbeiten sind. Alle
unsere Bodenuntersuchungen haben bisher gezeigt, daß ein
Zusatz von Fremdkeimen nicht notwendig war, sondern daß die
optimale Einstellung verschiedener Wuchsparameter ausreichte,
um gute Abbauerfolge zu erzielen.

2.8 <u>Welche biotechnischen Verfahren eignen sich für die
Sanierung?</u>

Bei der Sanierung kontaminierter Böden zählen die
aufzuwendenden Kosten, neben Sanierungserfolg, Dauer der
Maßnahme, Akzeptanz usw. zu den sehr wichtigen Parametern,
häufig ist es sogar der wichtigste. Obgleich biologische
Sanierungsverfahren ohnehin vielfach billiger sind als alle
anderen Verfahren, ist ein Hauptziel des Prüfverfahrens,
unter den verschiedenen biologischen Sanierungsverfahrens-
typen das preiswerteste und effektivste Verfahren für den
einzelnen Sanierungsfall herauszufinden. Hierzu stehen drei
Verfahrensprinzipien zur Wahl:

biologische Sanierungsverfahren nach dem Mischsystem von mehreren Unternehmen entwickelt und im Pilotmaßstab erprobt.

Die aufwendigsten und teuersten Verfahren zur biologischen Sanierung kontaminierter Böden sind zweifellos Submersverfahren. Allerdings kann mit ihnen die schnellste und beste Schadstoffabreicherung erfolgen. Ihr Nachteil ist, daß man mit ihnen keine Teerlinsen aufreinigen kann und daß die abschließende Trennung der gereinigten Boden- und Wasserphase voneinander aufwendig ist.

2.9 <u>Mit welchem Zeit- und Finanzaufwand ist bei einer biotechnischen Sanierung zu rechnen?</u>

Die Auswertung aller im Verlauf von ein bis drei Monaten ermittelten Daten und Erfahrungen im Labor-Prüfverfahren erlaubt eine gut abgewogene und vor allem experimentell belegte Eingrenzung und Auswahl eines bevorzugten Sanierungsverfahrens. Dadurch daß,
- das Ausmaß der Bodenverunreinigung bekannt ist
- das Sanierungsziel (Grenzwerte) festgelegt ist
- die Laborbedingungen die technischen Bedingungen weitgehend widerspiegeln
- behördliche Auflagen (Genehmigungen, Betriebsauflagen) bekannt sind

kann eine experimentell abgesicherte, wenn auch nur grobe Kostenkalkulation erfolgen.

Bibliographie:
(1) Hennig, R.: Bodenreinigung mit dem Harbauer-Verfahren am Beispiel der mobilen Reinigungsanlage in Wien
in: Sanierung kontaminierter Standorte, 1990
Bauchen, Sanierungspraxis, Innovation und Trends
Fortbildungszentrum Gesundheit und Umweltschutz Berlin e.V. 20.-29. März 1990, Berlin 183-195
(2) Sprenger, B.: Gemeinsamer aerober Abbau von Inhaltsstoffen eines Kokereiabwassers
in: Biochemie und Mikrobiologie von Kohle und Kohleinhaltsstoffen,
Studiengesellschaft Kohlegewinnung Zweite Generation e.V. 9.-10.07.1987, Essen, 43-49

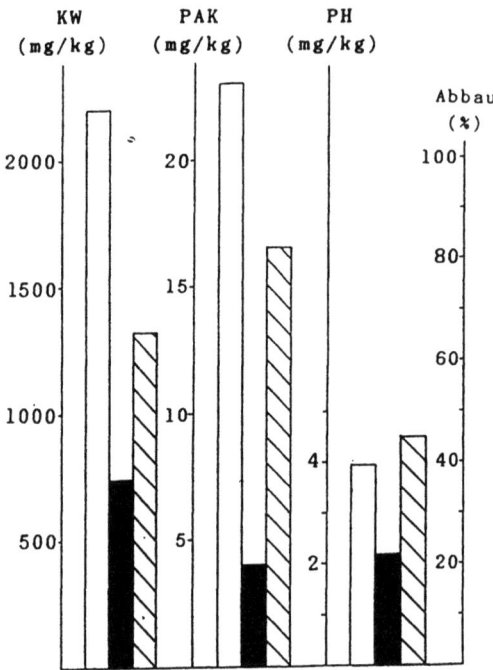

Abb. 1: Start- (☐) und Final- (■) Konzentrationen im Boden sowie prozentualer Abbau (▨) von Kohlenwasserstoffen (KW), PAK und Phenolen (PH) nach 30 Tagen mikrobiologischer Behandlung im Rollreaktor

# Grundlegende Untersuchungen zur Optimierung der biologischen Reinigung ölkontaminierter Böden

S. Lotter, R. Stegmann, J. Heerenklage

TU Hamburg–Harburg, Arbeitsbereich Umweltschutztechnik,
Eißendorfer Str. 40, D–2100 Hamburg 90, FRG

**Zusammenfassung**

Durch die Zugabe von Kompost aus organischen Haushaltsabfällen zu mineralölkontaminiertem Boden (Kontamination: 1 Gewichts–%) kann eine erhebliche Beschleunigung des biologischen Ölabaus erreicht werden.
In zwangsbelüfteten 3–Liter Glasreaktoren fand ein rascher Abbau der Kohlenwasserstoffe (KW) statt. Nach 9 Tagen war eine Reduzierung um 75 % festzustellen. Die Restkonzentrationen im Boden betrugen bei Versuchsende (108 Tage) 300 ÷ 400 mg KW/kgTS.
Zur Beschreibung der mikrobiologischen Abbauprozesse wurden der Sauerstoffverbrauch in 4 Tagen, die $CO_2$–Konzentration in der Abluft und die Bestimmung der Kohlenwasserstoffe nach DIN H18 miteinander verglichen.
Eine erste Bilanzierung der Transformation des Kohlenstoffs der Ölkontamination weist für die Boden/Kompost–Mischungen deutliche Differenzen zum theoretischen Kohlenstoffgehalt auf. Dies ist bei einem nur mit kontaminiertem Boden befüllten Reaktor nicht der Fall. Die Frage der Wechselwirkung zwischen Kontamination und Kompost/Humus wird in weiteren Versuchen genauer untersucht werden.

## 1. Einleitung

Die Reinigung ölkontaminierter Böden stellt eine häufige Problemstellung in der Altlastensanierung dar. Für diese Art der Kontamination bieten sich biologische Reinigungsverfahren als umweltschonende und relativ einfache Sanierungsmöglichkeit an. Dem entspricht die zunehmende Anwendung in der Sanierungspraxis.
Es ergeben sich eine Reihe offener Fragen beim biologischen Ölabbau unter verfahrenstechnischen Bedingungen:
- Die bisher angewandten Mietenverfahren benötigen einen langen Behandlungszeitraum von mehreren Monaten bis zu 2 Jahren (Gebhardt, 1988, Henke, 1989).
- Die Wechselwirkungen zwischen Kontamination, Boden, organischen Bodenpartikeln sind weitgehend unbekannt.
- Die differenzierte analytische Beschreibung einer Ölkontamination wird kaum praktiziert.
- Das Problem von Stripeffekten und der damit verbundenen Verlagerung von Schadstoffen in die Luft ist bislang erst vereinzelt untersucht worden (Schanne, 1989).

Die analytische Begleitung einer Sanierungsmaßnahme ist von herausragender Bedeutung. Dabei gilt es sowohl eine ausreichende Probehäufigkeit und –menge sicherzustellen als auch aussagekräftige und einheitliche Methoden anzuwenden.

Die angesprochenen Fragestellungen wurden z.T. im Rahmen des Sonderforschungsbereiches 188 ("Reinigung kontaminierter Böden") der DFG bearbeitet. Der Sonderforschungsbereich (SFB) arbeitet mit einheitlich ausgewählten Böden und Ölkontaminationen. In den entsprechenden Arbeitsgruppen wurden die Bodenparameter der Böden eingehend beschrieben (Miehlich, Wagner, 1990, Goetz, Wiechmann, Berghausen, 1990). Ferner wurde eine detaillierte Ölanalytik entwickelt (Steinhart et al., 1989).
Im folgenden wird über erste Ergebnisse aus dem Teilprojekt "Reinigung kontaminierter Böden in Bioreaktoren" berichtet.

Zunächst wurden Voruntersuchungen in einem Respirometer durchgeführt. Als nächster Schritt folgte der Einsatz belüfteter, gasdichter 3–Liter Glasreaktoren. In diesem geschlossenen System wurden in der Abluft $CO_2$ und TOC (Gesamter organischer Kohlenstoff) bestimmt; dadurch war eine Quantifizierung der gasförmigen Ölemissionen durch Stripeffekte möglich. Die Bodenproben wurden auf den Kohlenwasserstoffgehalt nach DIN H18 analysiert. Zusätzlich wurden Einzelstoff–messungen der Ölkontamination im Gaschromatograph durchgeführt.

Aufgrund dieser Werte war eine erste Bilanzierung des Kohlenstoffs der Kontamination möglich. Die Ergebnisse dieser Bilanzierung führten zu einem neuen Ansatz für eine detailierte Kohlenstoffbestimmung im System Boden/Humus/Kontamination.

## 2. Versuchseinrichtungen, Boden und Analytik

Der Boden (lehmiger Sand) wurde künstlich mit 1 Gewichts–% Mineralöl kontaminiert. Danach erfolgte bei den entsprechenden Ansätze eine Vermischung mit Kompost. Dieser Kompost stammte aus getrennt gesammelten organischen Küchen– und Gartenabfällen. Er war ca. 6 Monate in offener Mietenkompostierung behandelt worden.

Die Sauerstoffverbrauchsmessungen wurden im Respirometer (Sapromat, Firma Voith, BRD) durchgeführt. Die Glaskolben, in welche die Bodenproben gegeben wurden, befanden sich in einem auf 20 °C temperierten Wasserbad. Durch die Kopplung der Meßeinheit mit einem Personal–Computer war eine kontinuierliche Erfassung der Sauerstoffaufnahme (mg $O_2$) möglich.

Die eingesetzten Test–Reaktoren (Abbildung 1) aus Glas (Volumen 3 l) sind in einem 30 °C – Raum installiert. Im unteren Teil des Reaktors befindet sich ein Sieb, auf welches der Boden bzw. die Boden/Kompost–Mischung gefüllt wird. Am Reaktor sind 3 Probenahmestutzen in verschiedener Höhe angebracht. Die Zwangsbelüftung erfolgt von unter nach oben, wobei die zugeführte Luft durch eine mit Wasser gefüllt Waschflasche geleitet wird, um eine Austrocknung des Bodens zu verhindern.

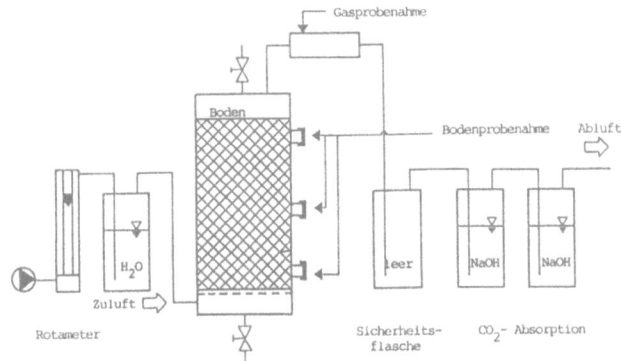

Abbildung 1: Testreaktoren zur biologischen Reinigung kontaminierter Böden (Volumen 3 Liter)

Die Gasproben wurden aus dem Abluftstrom gezogen und sofort in die Gaschromatographen eingespritzt. Die $CO_2$–Bestimmung erfolgte über eine Molekularsieb– und Hayesep–Säule mit einem WLD–Detektor; zur TOC–Bestimmung diente eine unbelegte Widepore–Säule und ein FID–Detektor. Zusätzlich wurde eine $CO_2$–Bestimmung der Abluft über Absorption in Lauge (NaOH) durchgeführt. Die Genauigkeit der gaschromatographischen Bestimmung erwies sich so exakte, daß diese Werte zur Auswertung herangezogen wurden.

Die Bodenproben wurden durch die seitlichen Stutzen entnommen. Nach einer 8–stündigen Soxhlet–Extraktion mit Tri–Chlor–Tri–Fluor–Ethan wurde das Extrakt über Aluminiumoxid gegeben, um polare Verbindungen zu entfernen. Die Bestimmung der Summe der Kohlenwasser–

stoffe erfolgte mit einem IR-Spektrograph, wobei eine Eichkurve des Dieselöls zur Auswertung herangezogen wurde. Dieses Vorgehen entspricht DIN H18 (Anonymus, 1981). In einem Gaschromatograph (Trennsäule: Fused Silica Kapillarsäule; FID-Detektor) wurden die Einzelstoffe des Mineralöls aus dem Bodenextrakt nach einer im SFB entwickelten Methode bestimmt (Steinhart et al., 1989).

## 3. Versuchsergebnisse

Der ölkontaminierte Boden sollte bei hohen Feststoffgehalten behandelt werden (keine Suspendierung). Dafür waren zunächst die optimalen Wassergehalte für Boden und Kompost zu ermitteln. Diese wurden über die maximale Atmungsaktivität bei verschiedenen Wassergehalten bestimmt, wobei die Atmungsaktiviät ($O_2$-Verbrauch in 4 Tagen) im Respirometer gemessen wurde. Für beide Materialien konnte gezeigt werden, daß 80 % der Wasserkapazität den optimalen Wassergehalt darstellen. Die absoluten Wassergehalte betrugen für den benutzten Boden 20 % und für Kompost 45 %. In den Versuchsansätzen wurde der Wassergehalt jeweils auf diese Werte eingestellt.

Im Respirometer konnte der Einfluß verschiedener Kompostgaben zu ölkontaminiertem Boden auf den Sauerstoffverbrauch gemessen werden. Das Verhältnis Boden / Kompost, bezogen auf die Trockensubstanz (TS), betrug 2:1, 3:1 und 4:1. In Kontrollansätzen wurde der Sauerstoffverbrauch der Boden/Kompost-Mischung ohne Ölkontamination bestimmt. In Abbildung 2 ist die $O_2$-Verbrauchsgeschwindigkeit über der Zeit aufgetragen.

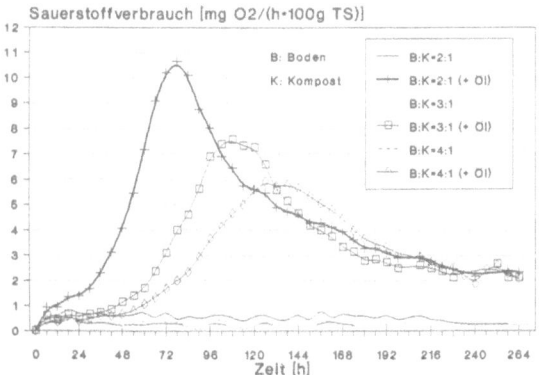

Abbildung 2: Geschwindigkeit des $O_2$-Verbrauchs bei verschiedenen Verhältnissen Boden : Kompost

Die Mischung Boden/Kompost 2:1 wies nach 3 Tagen den maximalen $O_2$-Verbrauch auf, während dieser bei den Mischungen 3:1 und 4:1 zeitlich später auftrat (4,5 und 5,5 Tage). Der kumulierte $O_2$-Verbrauch war nach 12 Tagen bei der 2:1 Mischung am größten. Die Abnahme des Kohlenwasserstoffgehalts ist Tabelle 1 zu entnehmen.

| Boden/ | Kohlenwasserstoffe | | | |
| Kompost | (mg/kgTS) | | (mg/kgTS Boden) | |
| | Beginn | 12 Tage | Beginn | 12 Tage |
| --- | --- | --- | --- | --- |
| 2 : 1 | 6667 | 1294 | 10000 | 1941 |
| 3 : 1 | 7267 | 2815 | 10000 | 3873 |
| 4 : 1 | 7987 | 3106 | 10000 | 3889 |

Tabelle 1: Kohlenwasserstoffgehalte verschiedener Boden/Kompost-Mischungen nach 12 Tagen im Respirometer

Die Kohlenwasserstoff-Ausgangskonzentrationen wurden aus der zugegebenen Ölmenge errechnet. Die Werte nach 12 Tage wurden nach DIN H18 gemessen. Die Umrechnung auf kgTS Boden berücksichtigt die verschiedenen Verdünnungen durch die Kompostzugabe.
Der höhere Anteil organischen Materials beim 2:1 – Ansatz führte in den ersten 12 Tagen zu einem schnelleren und weitgehenderen Ölabbau.

Aufgrund dieser Voruntersuchungen im Respirometer wurde eine Versuchsserie in den 3–Liter Reaktoren angesetzt. Der Boden war wiederum mit 1 Gew.-% Öl kontaminiert. Die Belüftungsrate betrug 2 l/h.
Zwei Reaktoren wurden mit einer 2:1 Boden/Kompost-Mischung befüllt, um die Reproduzierbarkeit zu überprüfen. In einem anderen Reaktor betrug das Verhältnis Boden/Kompost 4:1. Um zu testen inwieweit auf die Kompostzugabe verzichtet werden kann, wurde anstelle des Kompostes in einem weiteren Ansatz Impfmaterial aus einer vorhergehenden Versuchsserie im Verhältnis Boden/Impfmaterial = 2:1 zugegeben. Schließlich diente ein Reaktor, der nur kontaminierten Boden enthielt, als Vergleichsansatz. Die Grundatmung und der TOC-Grundaustrag des Kompostes und des unkontaminierten Bodens wurden in einem zusätzlichen Reakor erfaßt.

In Abbildung 3 sind die gemessenen Kohlenwasserstoffgehalte auf den eingefüllten Boden umgerechnet worden, um die verschiedenen Verdünnungen zu berücksichtigen. Die Reaktoren mit einer Kompostzugabe zeigen einen parallelen Verlauf des Kohlenwasserstoffabbaus. Dagegen weist der Reaktor mit Impfmaterial eine höhere Endkonzentration auf. Der Abbau im Nur–Boden–Reaktor verläuft erwartungsgemäß langsamer und die Endkonzentration liegt am höchsten.

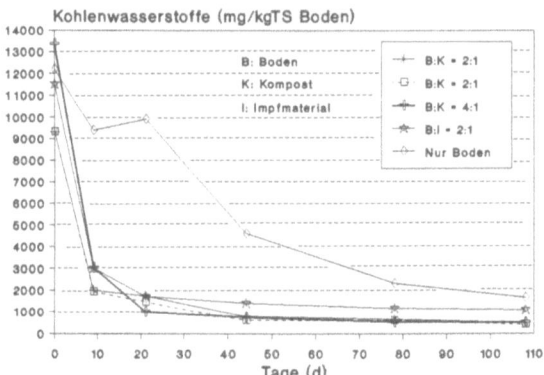

Abbildung 3: Kohlenwasserstoffabbau in Testreaktoren mit Zuschlagstoffen (Kompost, Impfmaterial)

Für die Boden/Kompost-Reaktoren kann festgestellt werden, daß nach 44 Tagen über 90 % der Kohlenwasserstoffe nicht mehr nachgewiesen werden. Bei Versuchsende nach 108 Tagen lagen die Endkonzentrationen bei 300 ÷ 400 mg/kgTS.

Beispielhaft sind in Abbildung 4 die Chromatogramme der Bodenextrakte eines Reaktors mit der Befüllung Boden/Kompost 2:1 dargestellt. Bei Versuchsbeginn sind die typischen Peaks der n-Alkane des Dieselöls erkennbar. Diese sind nach 9 Tagen weitgehend reduziert. Am Versuchsende bleiben einige Spurenstoffe nachweisbar, deren Identifizierung mehr analytischen Aufwand erfordert (GC–MS).

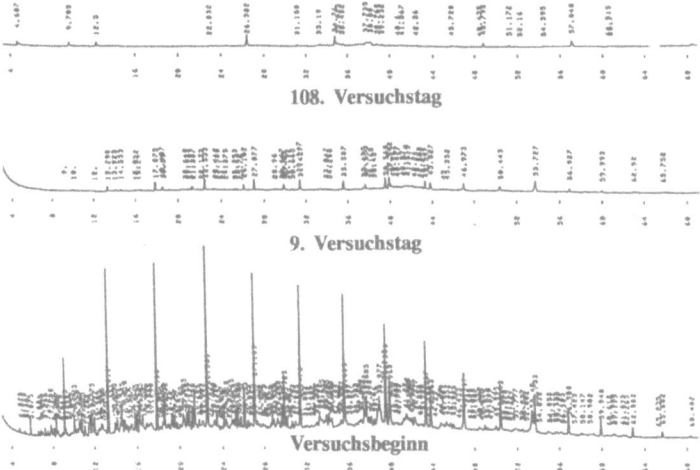

Abbildung 4: Chromatogramme der Bodenextrakte eines Boden/Kompost – Reaktors (Boden/Kompost = 2:1)

Es ist von Interesse, inwieweit der Ölabbau im Boden, durch korrespondierende Parameter beschrieben werden kann. Die Extraktion von Bodenproben ist relativ zeitaufwendig. In Abbildung 5 wurden deshalb folgende Parameter miteinander verglichen:
- Kohlenwasserstoffgehalt (DIN H18)
- $CO_2$ – Konzentration der Abluft
- Atmungsaktivität ($O_2$ – Verbrauch in 4 Tagen)

Die Atmungsaktivität wurde auf mg/2 kg TS umgerechnet, um auf der Y – Achse einen einheitlichen Maßstab verwenden zu können.

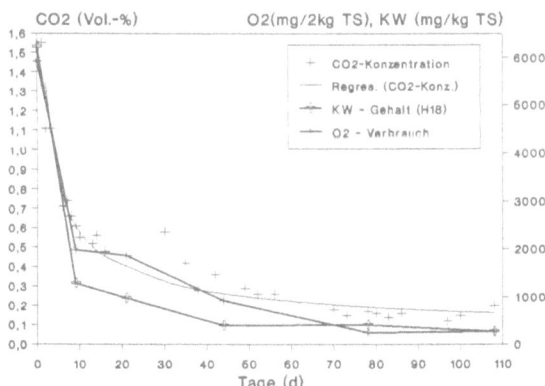

Abbildung 5: Parametervergleich während des Versuchszeitraums von 108 Tagen (Kohlenwasserstoffe, Atmungsaktivität, $CO_2$ – Konzentration der Abluft)

Man erkennt eine deutliche qualitative Übereinstimmung der Kurvenverläufe. Der leichte Anstieg der $CO_2$ – Konzentration nach 10 ÷ 30 Tagen bestätigt sich in anderen Versuchen und bedarf einer weiteren Klärung. Er könnte auf erhöhten Substratumsatz durch Adaptation der Boden/Kompost – Mikroflora an das neue Substrat Dieselöl zurückzuführen sein. Die Bestimmung der Atmungsaktivität oder der $CO_2$ – Konzentration kann unter diesen Versuchsbedingungen Auskunft über den Verlauf des Kohlenwasserstoffabbaus geben. `

## 4. Kohlenstoffbilanz

Die im folgenden aufgestellte Kohlenstoffbilanz im Verlaufe der Behandlung ölkontaminierten Bodens in Testreaktoren soll den aus der Kontamination stammenden Kohlenstoff bzw. dessen Verbleib erfassen. Dabei handelt es sich um eine vereinfachte Methode verglichen mit dem vom McGill et al. (1981) vorgestellten Schema. Sie basiert auf folgenden Ansätzen:
- Vom C-Austrag über $CO_2$ wird der Kohlenstoffgehalt der Raumluft und des Reaktors mit unkontaminiertem Boden abgezogen.
- Der C-Austrag über den TOC der Abluft wird ebenfalls um den TOC des unkontaminierten Reaktors vermindert, da die Belüftung von unkontaminiertem Kompost einen Abluft-TOC verursacht.
- Der C-Gehalt der Kontamination wird über den Anteil des Kohlenstoffs im Ausgangsöl abgeschätzt, der mit 77 % gemessen wurde.
- Der Kohlenwasserstoffgehalt bei Versuchsbeginn wird zu 100 % gesetzt.

In den Abbildungen 6 und 7 sind die Kohlenstoffbilanzen eines Boden/Kompost-Reaktors (Abbildung 6) und des Nur-Boden-Reaktors (Abbildung 7) gegenübergestellt. Der C-Austrag über $CO_2$ und TOC der Abluft ist jeweils als kumulierte Kurve dargestellt. Der C-Gehalt aus der zum jeweiligen Probenahmezeitpunkt im Boden verbliebenen Kontamination wird, wie oben erwähnt, zu 77 % des Kohlenwasserstoffgehalt gesetzt. Dies trifft sicher nicht exakt zu, da sich die Ölzusam

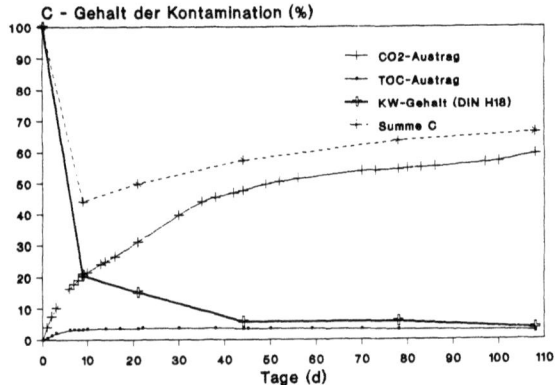

Abbildung 6: Kohlenstoffbilanz eines Boden/Kompost-Reaktors (Boden/Kompost = 2:1) für den Kohlenstoff der Kontamination

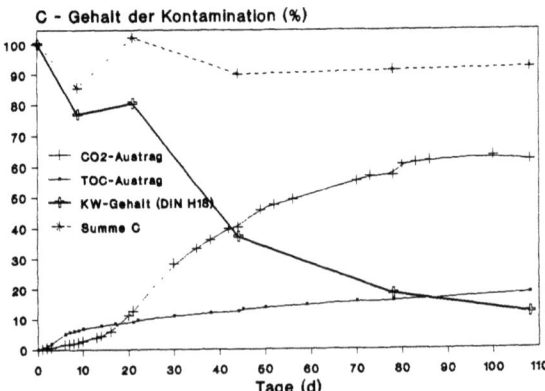

Abbildung 7: Kohlenstoffbilanz des Nur-Boden-Reaktors für den Kohlenstoff der Kontamination

mensetzung durch die Biodegradation verändert. Für eine Annäherung an das Problem der Kohlenstoffbilanzierung erscheint diese Annahme jedoch zulässig. Die Kohlenstoffsumme setzt sich aus der Addition des C–Austrages über $CO_2$ und TOC und des im Boden verbliebenen Kohlenstoffs der Kontamination zusammen.

Die Bilanz der beiden Reaktoren weist einige erhebliche Unterschiede auf. Während der nicht aufgeklärte Bereich in der Kohlenstoffbilanz des Boden/Kompost–Reaktors 35 % beträgt, liegt dieser beim Nur–Boden–Reakor bei lediglich 8 %. Ferner stellt sich der zeitliche Verlauf dieser Differenz bei den Reaktoren unterschiedlich dar.
In beiden Fällen werden ca. 60 % des Ölkohlenstoffs zu $CO_2$ umgesetzt. Dies entspricht den üblichen Werten für biologische Substratverwertungen. Stripvorgänge haben im Nur–Boden–Reaktor einen erheblich größeren Anteil (ca. 20 %) als im Boden/Kompost–Reaktor (ca. 3 %). Die organische Substanz des Komposts adsorbiert möglicherweise Ölinhaltsstoffe und entzieht sie der Analytik. Dadurch könnten die niedrigeren Stripeffekte erklärt werden.

## 5. Diskussion

Vorversuche im Respirometer erwiesen sich als geeignete Methode zur Abschätzung und Optimierung des biologischen Ölabbaus. Die Frage der Vergleichbarkeit von Ergebnissen im Respirometer mit dem Betrieb von Testreaktoren ist noch näher zu untersuchen.
Durch die Zugabe von geeignetem Kompost läßt sich der Ölabbau erheblich beschleunigen. Die Frage der erforderlichen Menge und Qualität ist noch nicht abschließend geklärt. Ein Betrieb der Reaktoren mit Impfmaterial aus dem vorherigen Versuchsansatz deutet auf nachteilige Einflüsse hin (höhere Restkonzentrationen).

Die Analytik stellt ein eigenes Problemfeld dar. Die Kritik an der Bestimmung der Kohlenwasserstoffe nach DIN H18 ist besonders bei biologischen Abbauvorgängen berechtigt (Püttmann, 1988). Polare Metaboliten werden nach dieser Methode nicht erfaßt. Für Kontaminationen mit hohem Aromatenanteil schlägt die DIN H18 selbst andere Meßmethoden vor.
Bei der sich alternativ anbietenden GC–Analytik müssen genaue Vorgaben für die Systemeinstellungen gegeben werden, da ansonsten die GC–Ergebnisse nur relativ zueinander betrachtet werden können (Splitverhältnis, Minimum Area, Integration zur Basislinie).

Die Frage der durch biologische Reinigung erreichbaren Restkonzentrationen bedarf der weiteren Untersuchung. Allein aus den lipophilen Stoffen der Biomasse und der organischen Fraktion des Bodens könnte rechnerisch ein Kohlenwasserstoffwert von 300 mg/kgTS resultieren (Kästner, 1989).

Die Bilanz des Ölkohlenstoffs weist beim Boden/Kompost–Reaktor eine erhebliche Lücke auf. Der Verbleib von 35% des Kohlenstoffs kann zum jetzigen Zeitpunkt noch nicht geklärt werden. Es bestehen die drei folgenden Möglichkeiten:
- Festlegung in der Biomasse
- Einbau oder Adsorption an den Kompost/Humus–Komplex und zwar in einer nicht extrahierbaren Form
- Festlegung in polaren organischen Substanzen, die bei der Kohlenwasserstoffbestimmung nach DIN H18 nicht erfaßt werden.

Diese Frage soll in weiteren Versuchen genauer untersucht werden. Abbildung 8 zeigt das Konzept einer zukünftigen, differenzierten Kohlenstoffbestimmung.

Bei der Boden/Kompost–Mischung teilt sich der gesamte Kohlenstoff in die Kontamination, die Biomasse, die Kompost/Humus–Fraktion sowie den anorganischen Anteil auf.
Der Kohlenstoffgehalt der Kontamination soll nach der Extraktion mit Hilfe des Gaschromatographen bestimmt werden. Der Kohlenstoffgehalt der Biomasse soll mit Hilfe des Respirometers nach der Methode von Anderson und Domsch, modifiziert von Beck, erfaßt werden (Anderson, Domsch, 1978). Diese basiert auf der Zugabe von Glukose und der Messung des substratinduzierten Sauerstoffverbrauchs. Dabei ist noch zu untersuchen, inwieweit diese Methode auf kontaminierte Böden

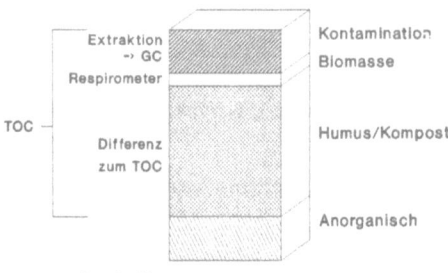

Abbildung 8: Verteilung und Analytik des Kohlenstoffs in kontaminierten Böden

übertragbar ist. Der Kohlenstoffgehalt der Kompost/Humus–Fraktion wird aus der Differenz zum TOC der gesamten Feststoffprobe errechnet.
Mit dieser Vorgehensweise sollte ein besseres Verständnis der Wirkung der Kompostgaben möglich werden.

Diese Arbeit wurde von der Deutschen Forschungsgemeinschaft im Rahmen des Sonderforschungsbereiches 188, Hamburg, ("Reinigung kontaminierter Böden") gefördert.

**Literatur**

Anderson,J.P.E., Domsch,K.H. (1978): A Physiological Method for the Quantitative Measurement of Microbial Biomass in Soils. Soil Biol. Biochem, 10, 215–221.

Anonymus (1981): Deutsche Einheitsverfahren zur Wasser–, Abwasser– und Schlammuntersuchung, Bestimmung von Kohlenwasserstoffen (H 18).

Gebhardt,K.–H. (1988): Verfahren zur on site–Sanierung kontaminierter Böden. In: Altlasten 2 (Hrsg. Thomé–Kozmiensky), Berlin.

Goetz, D., Wiechmann, H., Berghausen,M. (1990): Teilprojekt "Einfluß von Ölkontaminationen auf bodenphysikalische und –mechanische Eigenschaften von kontaminierten Standorten" im SFB 188. Mitteilungen in der SFB–Arbeitsgruppe "Boden", unveröffentlicht.

Henke, G. (1989): Erfahrungsberichte über die biologische on site–Sanierung ölverunreinigter Böden. In: Altlasten 3 (Hrsg. Thomé–Kozmiensky), Berlin.

Kästner, M. (1989): Mikrobiologie in der Bodensanierung. Seminarvortrag im SFB 188, unveröffentlicht.

McGill,W.B., Rowell,M.J., Westlake, D.W.S. (1981): Biochemistry, Ecology and Microbiology of Petroleum Components in Soil. In: Soil biochemistry, Volume 5 (Editors: Paul,E.A., Ladd,J.N.), Marcel Dekker, Inc., New York.

Miehlich,G., Wagner,A. (1990): Teilprojekt "Veränderung bodenchemischer Eigenschaften durch Ölverunreinigung und –dekontamination" im SFB 188. Mitteilungen in der SFB–Arbeitsgruppe "Boden", unveröffentlicht.

Püttmann, W. (1988): Analytik des mikrobiellen Abbaus von Mineralölen in kontaminierten Böden. In: Altlastensanierung '88 (Hrsg. Wolf, von den Brink, Colon), Zweiter Internationaler TNO/BMFT–Kongress, Kluwer Academic Publishers, Dordrecht/Boston/London.

Schanne, L. (1989): Erfahrungen mit der Altlastenkompostierung. In: Altlasten 3 (Hrsg. Thomé–Kozmiensky), Berlin.

Steinhart,H., Herbel,W., Bundt,J., Paschke,A. (1989): Teilprojekt "Mineralöllasten – ihre Identifikation und Analytik zur Optimierung ihres biochemischen und chemischen Abbaus unter besonderer Berücksichtigung mehrcyclischer Aromaten" im SFB 188. Mitteilungen in der SFB–Arbeitsgruppe "Analytik", unveröffentlicht.

LANDBEHANDLUNG VON DEHP-KONTAMINIERTEM BODEN

JAKOB MAAG[1] UND HANS LØKKE[2]

[1]LABORATORY OF ENVIRONMENTAL SCIENCES AND ECOLOGY, TECHNICAL UNIVERSITY OF DENMARK, GEBÄUDE 224, DK-2800 LYNGBY, DÄNEMARK
[2]NATIONAL ENVIRONMENTAL RESEARCH INSTITUTE, DIVISION OF TERRESTRIAL ECOLOGY, VEJLSØVEJ 11, DK-8600 SILKEBORG, DÄNEMARK

ZUSAMMENFASSUNG

Das Potential der passiven Landbehandlung als ein Verfahren zur Sanierung von Boden, der hochgradig mit Bis-(2-Ethylhexyl)-Phthalat (DEHP) kontaminiert war, wurde sowohl in Laborsimulationen als auch in einem Pilotexperiment untersucht. In beiden Fällen wurden Nährstoffe und humöse Substanzen zugesetzt. Auf dem Feld, auf dem die Landbehandlung im Pilotmaßstab erprobt wurde, wurde eine Stickstofffixierende Pflanzendecke angelegt. Die Effekte eines Zusatzes von DEHP-angepaßter Mikroflora wurde mit Hilfe von Laborsimulationen untersucht. In den Laborexperimenten wurde der biologische Abbau des DEHPs nach Zusatz von $^{14}C$-markiertem DEHP verfolgt. Auf dem Feld wurde der Prozeß durch GC/FID-Analysen überwacht. Es wurde festgestellt, daß Boden mit einem Gehalt von 22000 mg DEHP/kg Trockengewicht durch passive Landbehandlung gesäubert werden kann. Die ausgebrachte Menge humöser Substanzen erwies sich nicht als kritisch, währen die Konzentration von leicht verfügbarem Stickstoff einen beträchtlichen Einfluß auf die Abbaurate hatte. Die angelegte Pflanzendecke kann die Stickstoffversorgung verbessern.

EINLEITUNG

Bei der Dekontamination von schadstoffbelastetem Boden muß das angemessene Sanierungsverfahren mit großer Sorgfalt gewählt werden. Diese Wahl sollte sowohl unter ökologischen als auch unter wirtschaftlichen Gesichtspunkten getroffen werden. Wir empfehlen für derartige Maßnahmen eine möglichst extensive Nutzung nicht erneuerbarer natürlicher Ressourcen und die Bevorzugung natürlich ablaufender Prozesse. Darüber hinaus sollten alle entstehenden Abbauprodukte oder Schadstoffrückstände natürlich vorkommenden Substanzen so ähnlich wie möglich sein.
Für eine bestimmte Gruppe nicht persistenter organischer Schadstoffe und unter günstigen Verhältnissen werden diese Bedingungen von der Landbehandlung erfüllt.
Die Landbehandlung als Bodensanierungsverfahren besteht im Ausbreiten des kontaminierten Bodens als vergleichsweise

dünne Schicht auf dem Oberboden, oder, wenn dies erforderlich ist, auf einer Folie eines Materials, das migrierende Schadstoffe zurückhalten kann. Als wichtigster Prozeß der Landbehandlung wird der aerobe mikrobielle Abbau der Schadstoffe angesehen. Dieser Prozeß kann bis zu einem gewissen Grad durch den Einsatz traditioneller landwirtschaftlicher Techniken wie Fräsen, Bewässern und Ausbringen von Nährstoffen, Sekundärsubstraten und Strukturverbesserern optimiert werden. Auch ausgefeiltere Schritte können eingeleitet werden, diese stehen aber in einem gewissen Widerspruch zu wesenseigenen Tugenden der Landbehandlung, nämlich einfach und billig zu sein.

Die Landbehandlung ist kein neues Verfahren. Bis heute wird es am häufigsten in der Variante der Schlammbehandlung überwiegend zur Entsorgung von ölhaltigen Raffinerieabfällen eingesetzt, die wiederholt in einen Oberboden eingebracht werden. Die Landbehandlung ist insbesondere in ihren weniger technisierten Varianten ein vergleichsweise zeitaufwendiger Prozeß. Dieser Prozeß wird gegenwärtig erfolgreich von kommerziellen Bodensanierungsfirmen eingesetzt (Soczo et al., 1988, und Winge & Maag, 1990), am attraktivsten dürfte er aber für Initiativen sein, die keinen oder nur geringen Gewinn erzielen wollen.

Bei der Arbeit, die im vorliegenden Beitrag beschrieben wird, wurde das Potential der passiven Landbehandlung zur Dekontaminierung von DEHP-belastetem Boden sowohl im Labor als auch in einem Pilotexperiment untersucht.

## DEHP

DEHP ist als Weichmacher für PVC weit verbreitet. Die jährliche weltweite Produktion wurde von Wams (1987) auf 3 - 4 Millionen Tonnen geschätzt. Wenn DEHP in großen Konzentrationen auftritt, kann es eine Reihe von umweltschädlichen Eigenschaften besitzen (Wams, 1987 oder Løkke, 1988). DEHP ist ein Schadstoff, der sich aus den folgenden Gründen ideal für eine Landbehandlung eignet:
- DEHP ist unter aeroben Bedingungen biologisch abbaubar. DEHP ist für Mikroorganismen nicht toxisch; einige Stämme können den Abbau von DEHP sogar als ausschließliche Energiequelle für Atmung und Vermehrung einsetzen (Kurane et al., 1979).
- DEHP ist in Wasser nur wenig löslich und besitzt einen großen Oktanol/Wasser-Verteilungskoeffizienten (log(Kow) = 4,88; Wams, 1987). Dies zeigt, daß das Risiko einer DEHP-Migration im Wasserstrom minimal ist.
- DEHP besitzt einen sehr niedrigen Dampfdruck ($3,4*10^{-7}$ mm Hg bei 25°C; Wams, 1987); damit besteht auch keine Gefahr, daß der Schadstoff von der Ackerfläche über die Luft verbreitet wird.

DAS LABOREXPERIMENT

Die Experimente zum biologischen Abbau wurden mit einem sandigen Boden durchgeführt, der ursprünglich mit 22000 mg DEHP/kg Trockengewicht kontaminiert war. Dieses DEHP stammte von einer Firma, die Kabel mit PVC-Isolation herstellt. Der Sand wurde mit Kompost aus der Kompostieranlage der örtlichen Stadtgärtnerei gemischt, und zwar in den Verhältnissen 1+0, 4+1, 1+4 und 1+19, so daß die resultierenden DEHP-Anfangskonzentrationen bei 22000, 17700, 4260 und 1230 mg/kg trockener Boden lagen. Allen Proben wurde eine Nährstofflösung zugesetzt. In dieser Lösung wurde Ammoniumnitrat in zwei Konzentrationen zugesetzt. Die resultierenden Nährstoffgaben werden in Tabelle 1 zusammengefaßt.

TABELLE 1. Zugesetzte Nährstoffe

|  | mg/kg trockener Boden |
|---|---|
| Belasteter Sand: | |
| N, ($NH_4NO_3$), hohe Konzentration: | 460 |
| niedrige Konzentration: | 48 |
| P ($K_2PO_4$) : | 77 |
| K " : | 99 |
| Mischungen von belastetem Sand und Kompost: | |
| N, hohe Konzentration: | 230 |
| niedrige Konzentration: | 24 |
| P : | 77 |
| K : | 99 |

Der zweite untersuchte Faktor war die Impfung der Bodenproben entweder mit Spurenmengen von Boden, der eine DEHP-adaptierte Mikroflora besaß, oder mit frischem Ackerboden. Diese Impfung wurde nur bei Bodenproben durchgeführt, die Kompost enthielten. Für jede Nährstoff/Impfbehandlung wurden drei Replikate angelegt. Bei jeder Bodenmischung wurden alle Operationen in vollständig zufälliger Reihenfolge durchgeführt. Der Abbau wurde durch Verdünnen des ursprünglich vorhandenen DEHPs mit $^{14}C$-markiertem DEHP überwacht, indem das erzeugte $^{14}C$-$CO_2$ durch Absorption in einer NaOH-Lösung und Zählen mit einem Flüssig-Szintillator quantifiziert wurde. Zusätzlich wurden für eine unbalancierte Wahl von Proben abschließende Extraktionen zur Quantifizierung des Mutter-DEHPs durch GC und FID durchgeführt. Die Extraktionen zeigten, daß der Abbau des markierten DEHPs nicht völlig repräsentativ war. Dies liegt wahrscheinlich an der ungenügenden Verteilung des markierten DEHPs, das etwas schneller als das restliche DEHP abgebaut wurde. Die mikrobielle Aktivität wurde verfolgt, indem das insgesamt absorbierte Kohlendioxid durch Titration bestimmt wurde.

Die Bedingungen der Landbehandlung wurden in Mikrokosmen von 250 ml simuliert, die jeweils ein kleines Glasfläschen mit 4 g der Bodenprobe enthielten, einen kleinen Kunststoffbecher mit 1 M wässeriger NaOH-Lösung als $CO_2$-Adsorptionsmittel sowie einen Becher mit reinem Wasser, um die Aufrechterhaltung der geeigneten Feuchtigkeit zu gewährleisten. Je nach dem, in welchem Verhältnis Kompost zugesetzt worden war, lag der Wassergehalt der Böden zwischen 16 und 65% des Bodentrockengewichts. Er wurde nach 55 Tagen eingestellt. Die Impfung erfolgte in Dunkelheit bei 22°C; das produzierte $^{14}C$-$CO_2$ und das insgesamt produzierte $CO_2$ wurde nach 20, 34, 55 und 70 Tagen quantifiziert. Zusätzlicher Sauerstoff wurde beim zwischenzeitlichen Öffenen der Mikrokosmen zugeführt, wenn das Absorptionsmittel ausgetauscht wurde. Berechnungen zufolge war die Sauerstoffmenge, die im Luftraum der Mikrokosmen zur Verfügung stand, für den biologischen Abbau kein begrenzender Faktor.

DAS PILOTEXPERIMENT

Dieses Experiment wurde in Zusammenarbeit mit der dänischen Firma NKT durchgeführt. Ein m³ sandiger Boden, der mit 3000 - 5000 mg DEHP/ kg Trockengewicht kontaminiert war, wurde in einer Zement-Trommelmischer für 3 Stunden mit 120 kg Kompost, 1 m³ Oberboden und 300 g kommerziell vertriebenem NPK-Dünger vermischt. Am folgenden Tag wurde die Mischung auf einem graßbedeckten Feld mit eine Fläche von 20 m² in einer 10 cm starken Schicht ausgebracht. Eine vorherige Untersuchung des Feldes auf DEHP ergab, daß innerhalb der Nachweisgrenze von 0,1 mg/kg trockener Boden kein DEHP vorhanden war. Zur Fixierung des Stickstoffs wurde weißer Klee auf dem Feld gesät, und um eine Wurzelzone zur Minimierung der Erosion zu schaffen, Gras. Der kontaminierte Boden wurde am 19. Mai ausgebreitet, und im folgenden Monat wurde das Feld wegen des heißen und trockenen Wetters ein- oder zweimal wöchentlich bewässert. Wahrend des Restes der Abbauperiode wurde keine weitere Bewässerung durchgeführt.

Zur Bodenprobenahme wurde das Feld in 20 gleiche Flächen aufgeteilt. Aus jeder Fläche wurden nach 0, 53, 89 und 192 Tagen 500 g Boden zur Analyse entnommen. Jede Probe wurde mit ihrer Position im Feld markiert und in zwei Hälften geteilt, die einzeln mit Dichlormethan extrahiert und mit GC und FID auf DEHP analysiert wurden. Die resultierenden Konzentrationen beziehen sich auf das Gewicht des feuchten Bodens. Der Wassergehalt des Bodens lag im Bereich von 86 - 94% Trockenbodengewicht.

ERGEBNISSE UND DISKUSSION
Das Laborexperiment

In Abbildung 1 werden die Residuen des Mutter-DEHPs, die aus der Prouktion von $^{14}C$-$CO_2$ berechnet wurden, für die vier verschiedenen Bodenmischungen als Funktion der Zeit in Tagen dargestellt. Zu beachten ist, daß die Konzentrationsangaben in der Abbildung wegen der oben beschriebenen Unterschiede im Abbau des markierten und nicht markierten DEHP nur nominell sind. Die mittlere relative Abweichung von den tatsächlichen Endkonzentrationen, die durch Extraktion gemessen wurden, betrug 22%. Die Beobachtungen ließen sich durch ein Modell erster Ordnung sehr gut beschreiben. Die berechneten DEHP-Halbwertszeiten werden in Tabelle 2 zusammengefaßt. Die aufgeführten Werte sind nominelle Konzentrationen auf Grundlage des zugefügten, mit $^{14}C$ markierten DEHPs. Die tatsächlichen Werte würden etwas größer sein.

TABELLE 2. DEHP-Halbwertszeit im Laborexperiment. Die aufgeführten Werte stellen nominelle Konzentrationen auf Grundlage des zugefügten, mit $^{14}C$ markierten DEHPs dar.

| Anfangskonz. mg/kg | % Kompost in der Mischung | Berechnete Halbwertszeit in Tagen |
|---|---|---|
| 21900 n *) | 0 | 85 |
| 21900 h | 0 | 33 |
| 17700 n | 19 | 51 |
| 17700 h | 19 | 27 |
| 4260 n | 80 | 28 |
| 4260 h | 80 | 27 |
| 1230 n | 94 | 35 |
| 1230 h | 94 | 35 |

*) n und h beziehen sich auf niedrigen bzw. hohen Stickstoffgehalt.

Die Ergebnisse der abschließenden Bodenextraktion werden in Tabelle 3 gezeigt. Sie wurden durch eine wiederholte GC-Messung an nur einem Extrakt ermittelt.
Bei den Feldproben des Sandbodens, der ursprünglich 22000 mg DEHP/kg Trockengewicht enthielt, wurde im Falle hoher Nährstoffkonzentrationen ein substantieller Abbau von DEHP beobachtet. Daraus folgt, daß im Boden bereits eine adaptierte Mikroflora vorhanden war.
Bei den Bodenmischungen mit wenig Kompost und hohen DEHP-Anfangskonzentrationen erwies sich, daß der Zusatz von Stickstoff einen erheblichen Effekt auf die Abbaurate hat. In diesen Böden trug der Kompost erheblich zur Gesamtmenge des verfügbaren Stickstoffs bei.
Der Zusatz von DEHP-adaptierter Mikroflora führte im Vergleich mit dem Zusatz von Ackerland-Mikroflora nicht zu einer signifikanten Vergrößerung der Abbaurate.
Die hohen Raten, mit denen $^{14}C$-$CO_2$ aus den Böden freigesetzt wurde, und die große Menge von insgesamt produziertem $^{14}C$-$CO_2$ deuten darauf hin, daß in diesen Experimenten der

Abbau von Metaboliten wie MEHP (Mono-(2-Ethylhexyl)-Phtalat) und Phtalat schneller erfolgt ist als der von DEHP selbst.

Der Abbau von DEHP war bei allen zugesetzten Kompostmengen substantiell.

TABELLE 3. Residuen von Mutter-DEHP-Halbwertszeit in Bodenproben aus dem Laborexperiment nach 70 Tagen Abbau bei 22°C, gemessen mit GC-FID.

| Anfangskonz. mg/kg | Residuen mg/kg | Rest % |
|---|---|---|
| 21900 n *) | 18847 | 86 |
| 21900 h | 13920 | 63 |
| 17700 n | 5825 | 33 |
| 17700 n | 10710 | 61 |
| 17700 n | 11230 | 64 |
| 17700 n | 11989 | 68 |
| 17700 h | 6704 | 38 |
| 17700 h | 5443 | 31 |
| 4260 n | 242 | 5,7 |
| 1230 h | 240 | 20 |
| 1230 h | 176 | 14 |
| 1230 h | 193 | 16 |

*) n und h beziehen sich auf niedrigen bzw. hohen Stickstoffgehalt.

## Das Pilotexperiment

Die Egebnisse des Pilotexperiments werden in Abbildung 2 dargestellt. Die Abbildung zeigt die durch Extraktion und GC-FID ermittelten DEHP-Residuen als Funktion der Abbauzeit in Tagen. Der Abbau folgt grob einem Modell 1. Ordnung mit einer DEHP-Halbwertszeit von 73 Tagen. In der ersten Zeit war die Bodentemperatur hoch, so daß die Halbwertszeit ungefähr 45 Tage betrug. Anschließend ging die Abbaurate bei sinkender Bodentemperatur wegen der reduzierten mikrobiellen Aktivität zurück.

Das Pilotexperiment befand sich hinsichtlich der Abbauraten in Übereinstimmung mit den Laborsimulationen, wenn man den Umstand berücksichtigt, daß die mittlere Bodentemperatur im Labor höher lag.

Die nach 100 Tagen reduzierte Abbaurate könnte teilweise durch Mangel an verfügbarem Stickstoff verursacht worden sein. Dies wird im weiteren Verlauf des Experiments überprüft werden.

Um zu klären, ob DEHP in die Unterflur des Feldes migriert ist, wurden Bodenprobe aus einer Tiefe von 0, 10, 15 und 20 cm unterhalb der aufgebrachten Decke aus kontaminiertem Boden entnommen. In diesen Proben wurde kein Mutter-DEHP entdeckt (Nachweisgrenze 0,1 mg/kg Boden). Unglücklicherweise wurden die Proben nicht auf das Auftreten intermediärer Metaboliten analysiert:

Im weiteren Verlauf des Pilotexperiments werden auch die Bodenresiduen weiter verfolgt.

FOLGERUNGEN
- Boden, der mit mindestens 22000 mg DEHP/kg Trockengewicht kontaminiert war, kann durch eine passive Landbehandlung gereinigt werden.
- Boden, der mit mindestens 3000 - 5000 mg DEHP/kg Trockengewicht kontaminiert war, kann durch eine passive Landbehandlung mit Pflanzendecke und Zusatz von Kompost und Oberboden (bis zu einer resultierenden Anfangskonzentration von 2000 mg/kg trockener Boden) gereinigt werden, ohne daß bei der Vegetation sichtbare Effekte auftreten, und bei nur minimalem Risiko einer Infiltration in die Unterflur.
- Die eingebrachte Menge von Kompost und/oder Oberboden scheint nicht kritisch zu sein.
- Die Menge der verfügbaren anorganischen Nährstoffe, und insbosondere die von Stickstoff, ist für die Abbaurate ein kritischer Faktor.
- Das Anlegen einer Stickstoff-fixierenden Pflanzendecke kann die Stickstoffversorgung verbessern und die Gefahr einer Erosion der Behandlungsfläche minimieren.

DANKSAGUNG
Wir danken Herrn Jens Thiesen, NKT, für die Bereitstellung der Daten aus dem Pilotexperiment und die Durchführung der GC-Analysen.

BIBLIOGRAPHIE
1) Kurane, R., T. Suzuki und Y. Takahara (1979). Microbial population and identification of phthalate ester-utilizing microorganisms in activated sludge inoculated with microorganisms. Agric. Biol. Chem., 43(5) p907-917.
2) Løkke, H. (1988). Phthalater. In "Kemiske stoffer i landjordsmiljøer" /Chemische Substanzen in terrestrischen Umgebungen). Ed.: A. Helweg, Teknisk Forlag A/S (In dänischer Sprache), Kapitel 10.3.
3) Soczo, E.R. und Staps, J.J.M. (1988). Review of biological soil treatment techniques in the netherlands. In Contaminated Soil (proceedings) 1988. Ed. Wolf, K. und Brink, F.J., Kluwer Academic Publishers.
4) Wams, T.J. (1987). Diethylhexylphthalat as an environmental contaminant - a review. The Sci. Total Envir., 66p1-66.
5) Winge U. und Maag, J. (1990). Soil remediation by landfarming - a practical guide. Final thesis at the Laboratory of Environmental Sciences and Ecology, Technical University of Denmark. Wird zum 30. Juni 1990 abgeschlossen. In dänischer Sprache (englische Zusammenfassung).

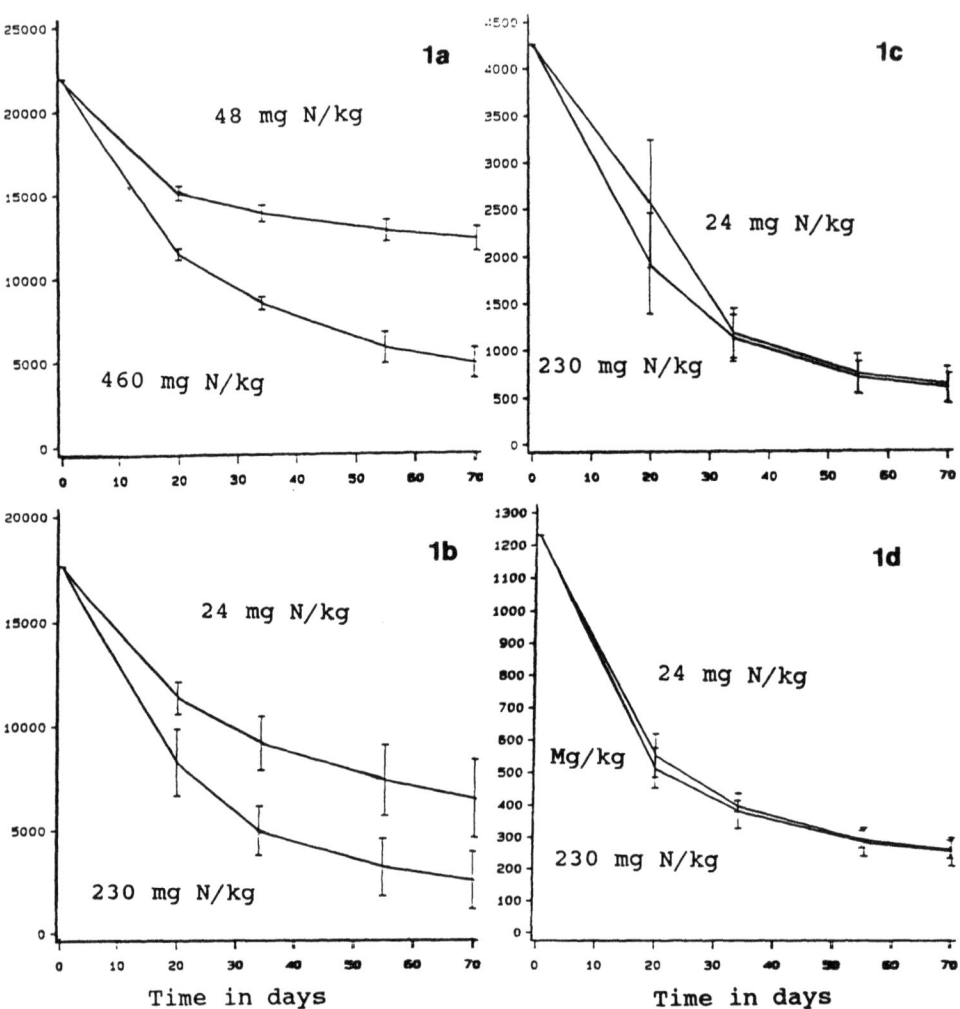

Abbildung 1. Abbau von DEHP in Laborexperimenten bei 22°C. Dargestellt sind die nominellen Rsiduen von Mutter-DEHP, berechnet aus der Produktion von $^{14}C-CO_2$, als Funktion der Inkubationszeit in Tagen. 1a: Anfangskonzentration 21900 mg/kg trockener Boden. Kein Zusatz von Kompost. 1b: Anfangskonzentration 17700 mg/kg trockener Boden. 19% Kompost in der Bodenmischung. 1c: Anfangskonzentration 4260 mg/kg trockener Boden. 80% Kompost in der Bodenmischung. 1d: Anfangskonzentration 1230 mg/kg trockener Boden. 94% Kompost in der Bodenmischung. In 1a wird der Mittelwert von drei Replikaten mit der doppelten Standardabweichung des Mittelwerts gezeigt. In 1b, 1c und 1d wird der Mittelwert von sechs Replikaten mit der doppelten Standardabweichung des Mittelwerts gezeigt.

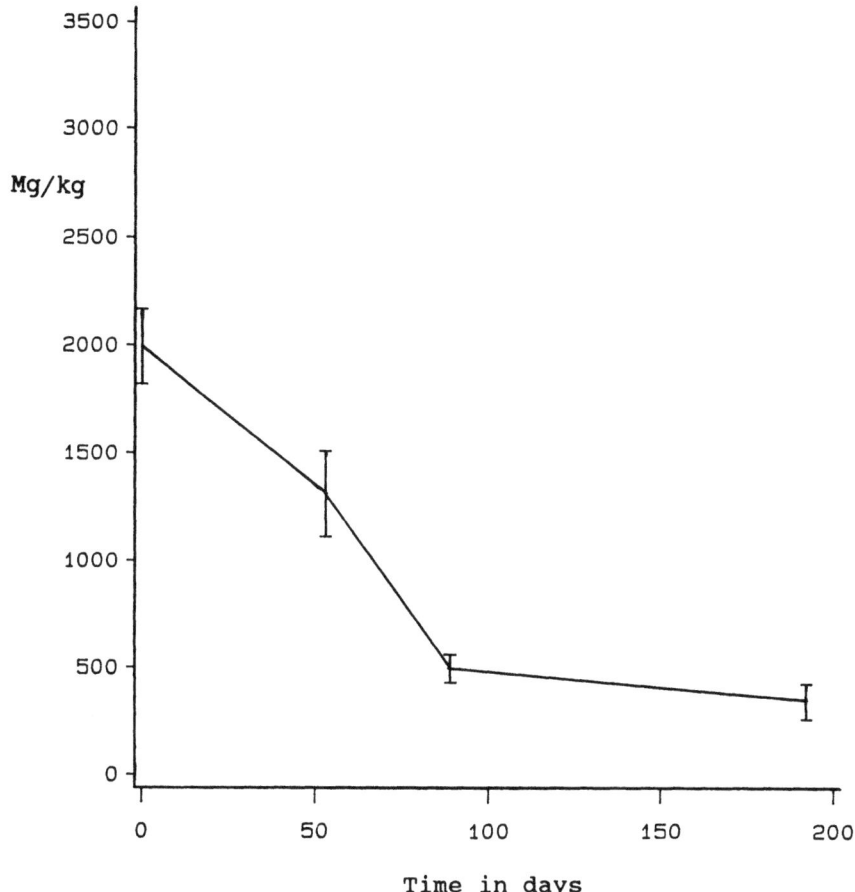

Start 19th of May 1989.

Abbildung 2. Abbau von DEHP im Pilotexperiment. Dargestellt werden die durch GC-FID ermittelten DEHP-Residuen (in mg/kg trockener Boden) als Funktion der Abbauzeit in Tagen. Gezeigt wird der Mittelwert aus 20 Messungen mit der doppelten Standardabweichung des Mittelwerts.

**Erfahrungen mit der mikrobiologischen On-site Dekontamination lösemittelverunreinigter Böden und Bauschuttmassen**

Dr. Peter Bachhausen
BASF Lacke + Farben AG
Entsorgung
Max-Winkelmann-Str. 80
4400 Münster-Hiltrup

Bei der Vorbereitung einer Neubaumaßnahme wurden Verunreinigungen des Bodens unterhalb des abzureißenden Gebäudes gefunden. Ursache für diese Kontaminationen waren die bei jahrzehnte langem Umgang mit Lösemitteln und Lackrohstoffen aufgetretenen Leckagen.
Neben dem Boden unterhalb des Gebäudes waren dementsprechend auch die Kellersohle und die Fundamente belastet. Als Kontaminanten wurden aromatische und aliphatische Kohlenwasserstoffe sowie Fettsäure- und Phthalsäureester ermittelt.

Es zeigte sich eine sehr inhomogene Kontaminationsverteilung. Während Benzol teilweise bis zum Kreidemergel -ca. 3,50 m unter Grund- vorgedrungen war, lag die Kontamination alkylierter Aromaten oberflächennäher. Die Belastung mit Phthalsäure- und Fettsäureestern war im wesentlichen auf die Kellersohle und den Bereich unter Betonfugen und -rissen beschränkt. Terpentinöl zeigte ein ähnliches Verhalten wie die alkylierten Aromaten. Es wurden folgende Maximalkonzentrationen ermittelt.

| | | |
|---|---:|---|
| Benzol | 66 | mg/kg |
| Toluol | 740 | mg/kg |
| Ethylbenzol | 105 | mg/kg |
| Xylole | 2030 | mg/kg |
| Cumol | 24 | mg/kg |
| Mesitylen | 50 | mg/kg |
| tert. Butylbenzol | 141 | mg/kg |
| Terpentinöl | | |
| Phthalsäureester | Gesamt KW incl. polar. | 10200 mg/kg |
| Fettsäureester | | |

Der vorgefundene Boden bestand aus schluffig-tonigem Material mit vereinzelten Sandlinsen. Ab ca. 1,5 - 2 m unter Grund war der Boden feinschluffig, trocken und sehr fest. Derartige Materialien waren bislang überhaupt keiner Sanierung zugänglich. Sie mußten in jedem Fall deponiert werden.

Zur Behandlung der Kontamination bot sich eine mikrobiologische Behandlung an, wenn es gelang den Boden luft- und wasserdurchlässiger zu machen. Dies wurde durch Brechen des Bauschutt auf Sandkorngröße und Mischung dieses gebrochenen Materials mit dem schluffig, tonigem Bodenaushub.

Zur Beurteilung der Dekontamination wurden die von den Fachbehörden vorgegebenen Parameter herangezogen. Da die Analyse der BTX-Aromaten jedoch immer die Einzelkomponenten mitlieferte, konnte der Abbau eben dieser Einzelkomponenten verfolgt werden. Dies war insofern interessant, als neben der gewünschten mikrobiologischen Dekontamination auch physikalische Effekte -Strippen und Eluieren- zur Eliminierung der Verunreinigung beitragen konnten.

Messungen der Luft oberhalb des Bodens ergaben keinen Hinweis auf einen signifikanten Beitrag der Dekontamination durch Strippen. Halbstündige Gesamtkohlenstoffmessungen mit einem Flammenionisationsdetektor ergaben Emissoinsraten bei nicht abgedecktem Boden von 0,04 mg $C/m^2h$. Ähnlich gering ist auch der Beitrag durch Elution anzusehen. So wurden über das Sickerwasser ca. 50 g BTX-Aromaten -gelöst in 280 $m^3$ Wasser- während der 1/2-jährige Behandlung ausgetragen, dies entsprach weniger als einem LPromille der Ursprungsmenge.

Zudem hätte bei einer Dominanz der physikalischen Effekte folgende Eliminationsreihenfolge beobachtet werden müssen:

Benzol>Toluol>Ethylbenzol>Cumol=Xylole>tert.Butylbenzol>Mesitylen

Dahingehend zeigte die beobachtete Reihenfolge:

tert.Butylbenzol>Toluol>Benzol>Xylole>Cumol>Ethylbenzol>Mesitylen

eine erstaunlich gute Übereinstimmung mit Literaturangaben zum biologischen Anbau aromatischer Kohlenwasserstoffe. Da die zugeführten Mikroorganismen in einer Mischkultur vorlagen und nicht, wie in den meisten wissenschaftlichen Arbeiten, als Reinkultur eingesetzt wurden, ergeben sich geringfügige Verschiebungen zur Literatur.

Die Behandlung beruht auf zwei wesentlichen Operationen, nämlich

- der Belüftung
- der Beregnung mit adaptierten Mikroorganismen

es war interessant zu erfahren, welchen Einfluß die Zufuhr an adaptierten Mikroorganismen ausübt. Zur Beobachtung eigneten sich auch hier besonders die BTX-Aromaten. Während mit der Beregnung nach ca. 4,5 Monaten Behandlungsdauer der Durchschnittsgehalt der BTX-Aromaten bei ca. 0,6 % der durchschnittlichen Ausgangskonzentration lag, waren ohne Beregnung noch ca. 4,4 % BTX-Aromaten bestimmbar.

Nach ca. 6,5 Monaten konnte die Behandlung beendet werden, da die erzielten Endwerte die behördlichen Zielvorgaben deutlich unterschritten. Benzol war nicht mehr nachweisbar -<0,01 mg/kg-, die Summe Aromaten lag bei ca. 1 ‰ des Ausgangswertes und an Kohlenwasserstoffen - gemessen nach DIN 38409H18 - fanden sich noch ca. 6,5 %. In Abbildung 2 sind die Ergebnisse zusammengestellt.

Neben den chemischen Untersuchungen wurden auch mikrobiologische Analysen zur Absicherung der Befunde durchgeführt. Es zeigte sich, daß bereits im unbehandelten Bodenaushub neben Pseudomonaden Schimmelpilze als dominierende Spezies vorlagen.

Zur Behandlung des Bodens wurde der Ablauf der Werkskläranlage eingesetzt, da im Abwasser die zu behandelnden Kontaminanten als Inhaltsstoffe vorhanden waren und daher eine gute Adaptation der Mikroorganismen zu erwarten war. In Abbildung 3 ist der mikrobiologische Befund zusammengestellt.

Hierbei zeigte sich, daß eine deutliche Vermehrung der Mikroorganismen stattfand. Dies war auf die gute Einstellung der Milieubedingungen zurückzuführen, zudem bewirkte der zermahlene Beton eine Immobilisierung der Mikroorganismen.

Die überaus positiven Ergebnisse ermutigten zu Abbauversuchen weiterer Kontaminanten. Wegen der zahlreichen Fälle, bei denen neben anderen organischen Verunreinigungen auch Polycyclische Aromatische Kohlenwasserstoffe und/oder Polychlorierte Biphenyle vorliegen, wurden im Labor entsprechende Abbauuntersuchungen mit dem o. g. Verfahren durchgeführt.

Für Polycyclische Aromatische Kohlenwasserstoffe wurden Abbaugrade von bis zu 75 % innerhalb eines 28-tägigen Versuches ermittelt, bei Polychlorierten Biphenylen lagen die Abbaugrade bei ca. 33 % innerhalb 14 Tagen.

BASF

## BIOLOGISCHE BODENDEKONTAMINATION

BEREGNUNG MIT
GEKLÄRTEM ABWASSER

ZU BEHANDELNDES
ERDREICH

DRAINAGE

ABLEITUNG ZUR
BIOLOG. KLÄRANLAGE

BELÜFTUNG

SANDBETT
DICHTBAHN
SCHUTZVLIES
KIESSCHÜTTUNG
FILTERVLIES

BASF Lacke + Farben AG

**Qualität - Partnerschaft - Kosten**

# BASF

## BIOLOGISCHE BODENDEKONTAMINATION

| | Ausgangswerte (mg/kg) | Behördliche Zielwerte (mg/kg) | Endwerte (mg/kg) |
|---|---|---|---|
| BENZOL | 7 | 0,06 | < 0,01 |
| SUMME AROMATEN | 171 | 1 | 0,18 |
| KOHLENWASSERSTOFFE | 432 | 100 | 28 |

BASF Lacke + Farben AG

Qualität - Partnerschaft - Kosten

## 1.) ANZAHL DER MIKROORGANISMEN

- **Ausgangsboden**     $10^4 - 9 \times 10^4$ / g

- **Auslauf Kläranlage**     $1{,}2 \times 10^5 - 1{,}8 \times 10^7$ /g

- **Behandlungsfeld**     $1{,}2 \times 10^5 - 1{,}8 \times 10^7$ /g

## 2.) MIKROORGANISMENARTEN

- **Ausgangsboden**

  bevorzugt Pilze, z.B. Trichoderma resei, Chaetomium, Neurospora, Cladosporium, Botrytis

- **Behandlungsfeld**

  Pseudomenaden, i. wesentlichen Pseudomonas pudia, Acinetobacter, grampositive Kokken, grampositive Stäbchen, besonders Corynebacterium, u. Arthrobacter sowie Hefen-Candida-Arten

- **Auslauf Kläranlage**

  annähernd identisch mit Behandlungsfeld

Biologische Reinigung schadstoffbelasteter Böden in regionalen Entsorgungszentren

Dr.-Ing. Horst Schüßler/Dr. Hein Kroos
biodetox Gesellschaft zur biologischen Schadstoffentsorgung
m.b.H. 3061 Ahnsen

Bei der Sanierung kontaminierter Böden bietet die mikrobielle Behandlung einen großen Vorteil: die toxischen organischen Substanzen werden in Kohlendioxid, Wasser und anorganische Salze zerlegt und zurück bleibt ein biologisch aktiver Boden.

Aus verschiedenen Gründen, z.B. sofortige Geländenutzung oder bei Gefahr weiterer Schadstoffausbreitung, wird bei vielen kontaminierten Standorten heute und zukünftig der belastete Boden ausgebaggert. Bei Schadensfällen mit einer ausreichend großen Bodenmenge (ab ca. 500 cbm) kann es wirtschaftlich interessant sein, ein sogenanntes On-site-Verfahren anzuwenden, bei dem der ausgebaggerte Boden in einer auf dem Gelände errichteten Anlage biologisch gereinigt und anschließend wieder verfüllt oder anderweitig verwendet wird.

Bei kleineren Schadensfällen blieb für die ausgebaggerten Bodenmengen bisher ausschließlich der Weg zur Deponie oder in die Verbrennung. Mit dem Betrieb regionaler Biologischer Entsorgungszentren bietet die Firma biodetox heute die Möglichkeit, auch kleinere Mengen biologisch behandelbarer Böden wirtschaftlich aufzubereiten und einer Wiederverwertung zuzuführen.

Für die On-site-/Off-site-Behandlung setzt biodetox die Biobeet-Verfahrenstechnik ein. Diese Verfahrenstechnik macht ein Auskoffern der kontaminierten Böden erforderlich. Die Behandlung erfolgt entweder am Schadensort selbst, wobei eine Biobeet-Entsorgungsanlage zum vorübergehenden Zweck errichtet wird (On-site) oder in ortsfesten Biobeet-anlagen (Off-site).

Die biodetox-Biobeetanlage zur On-site-/Off-site-Behandlung kontaminierter Böden besteht im wesentlichen aus einem Biofeld und einem FBK-Bioreaktor, ausgebildet als Festbett-Kaskaden-Reaktor. Der zu sanierende Boden wird in das Biobeet eingebracht, gründlich durchmischt und mit speziell gezüchteten schadstoffadaptierten Mikroorganismen und

Nährstoffen schon während des Einbaus unter Einsatz eines patentierten Verfahrens "angeimpft". Eine in die Biobeetanlage integrierte Berieselungsanlage versorgt die in den Boden eingebrachten Mikroorganismen mit den erforderlichen Nährstoffen. Hierdurch wird ein natürlicher Prozeß in Gang gebracht, wobei die Mikroorganismen die Schadstoffe überwiegend bereits im Boden abbauen und zu Kohlendioxid und Wasser umwandeln. Die eventuell gebildeten wasserlöslichen Metabolite werden mit dem Berieselungswasser ausgewaschen, durch eine integrierte Drainage erfaßt und den Bioreaktoren der Anlage zugeleitet. Dort erfolgt der weitere Schadstoffabbau durch den Biofilmaufwuchs der Festbett-Kaskaden. Das so gereinigte Wasser wird als Berieselungswasser wieder in den Kreislauf gegeben.

Durch chemische Analysen des Bodens und der Schadstoffe, bodenmechanische und mikrobiologische Untersuchungen und Abbautests - durchgeführt vor Einbringen des Bodens in das Biobeet - werden zunächst generell die Voraussetzungen für eine erfolgreiche Entsorgung und die voraussichtliche Dauer der biologischen Behandlung ermittelt. Des weiteren werden aufgrund der Analysenergebnisse die erforderlichen Mengen adaptierter Mikroorganismen und Nährsalze festgelegt, sowie ein Dosierungsplan erstellt. Die nach Einbau des Bodens durchgeführte begleitende Analytik ermöglicht die zielgerichtete Steuerung der Prozeßführung.

Ergebnis der Entsorgung ist ein Wirtschaftsgut, d.h. ein biologisch gereinigter, und im Gegensatz zu vielen konventionellen Verfahren lebensfähiger Boden, wobei die Entsorgungskosten z.T. erheblich niedriger liegen als bei anderen, nicht biologischen Verfahren bzw. den derzeitigen Deponiekosten.

In der sich in Betrieb befindlichen Anlage des bez-Ahnsen werden schadstoffbelastete Böden nach dem Abfallschlüssel 314 23 (ölverunreinigter Boden) und 314 24 (sonstige verunreinigte Böden) angenommen und behandelt.

Ab Juni 1990, werden auch die Abfallschlüssel 547 02 (Ölabscheiderinhalte und Benzinabscheiderinhalte), 547 03 (Schlamm aus Öltrennanlagen), 547 04 (Schlamm aus Tankreinigung und Faßwäsche) einbezogen.

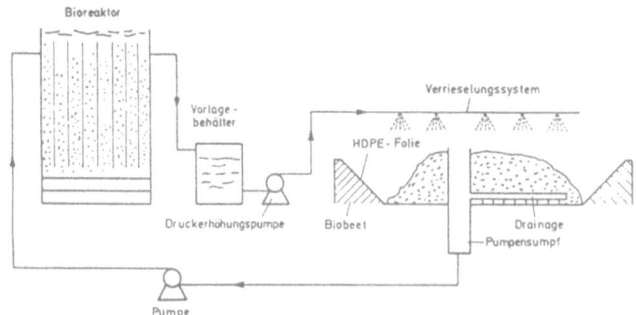

# Bodensanierung mit Weißfäulepilzen

Herr Dr. Trude

Die produktionsspezifischen Industrierückstände von ehemaligen Kokereien und Gaswerken enthalten u.a. die gefährlichen polyzyklischen aromatischen Kohlenwasserstoffe wie z.B. das krebserzeugende Benz(a)pyren. Da Bakterien diese Substanzen nur sehr schwer abbauen, haben wir* ein Verfahren entwickelt, bei dem wir Weißfäulepilze zur Bodensanierung einsetzen. Diese Pilze sind in der Forstwirtschaft gefürchtet, weil sie lebende Bäume befallen und das Lignin des Holzes so mineralisieren, daß nur die im Holz befindliche weiße Zellulose übrig bleibt (Weißfäule). Das Lignin besteht zu einem großen Teil aus Benzolderivaten, also gerade aus den Substanzen, die im Erdreich unschädlich gemacht werden sollen.

Da der Weißfäulepilz ohne ein Lignin/Zellulose-Substrat im kontaminierten Boden nicht wächst, wird er gemeinsam mit Stroh als Nahrungsquelle in das Erdreich eingebracht. Dort baut der Pilz die polyzyklischen aromatischen Kohlenwasserstoffe und andere Schadstoffe zusammen mit dem Lignin aus dem Stroh ab. Sobald das Lignin verbraucht ist werden die Pilze von der normalen Bodenflora verdrängt.

* in Zusammenarbeit mit dem Forstbotanischen Institut der Universität Göttingen

Weißfäulepilze
(Pleurotus florida)

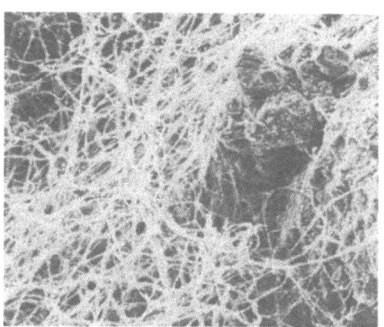

Mikroskopische Aufnahme
des Stroh/Pilzsubstrates

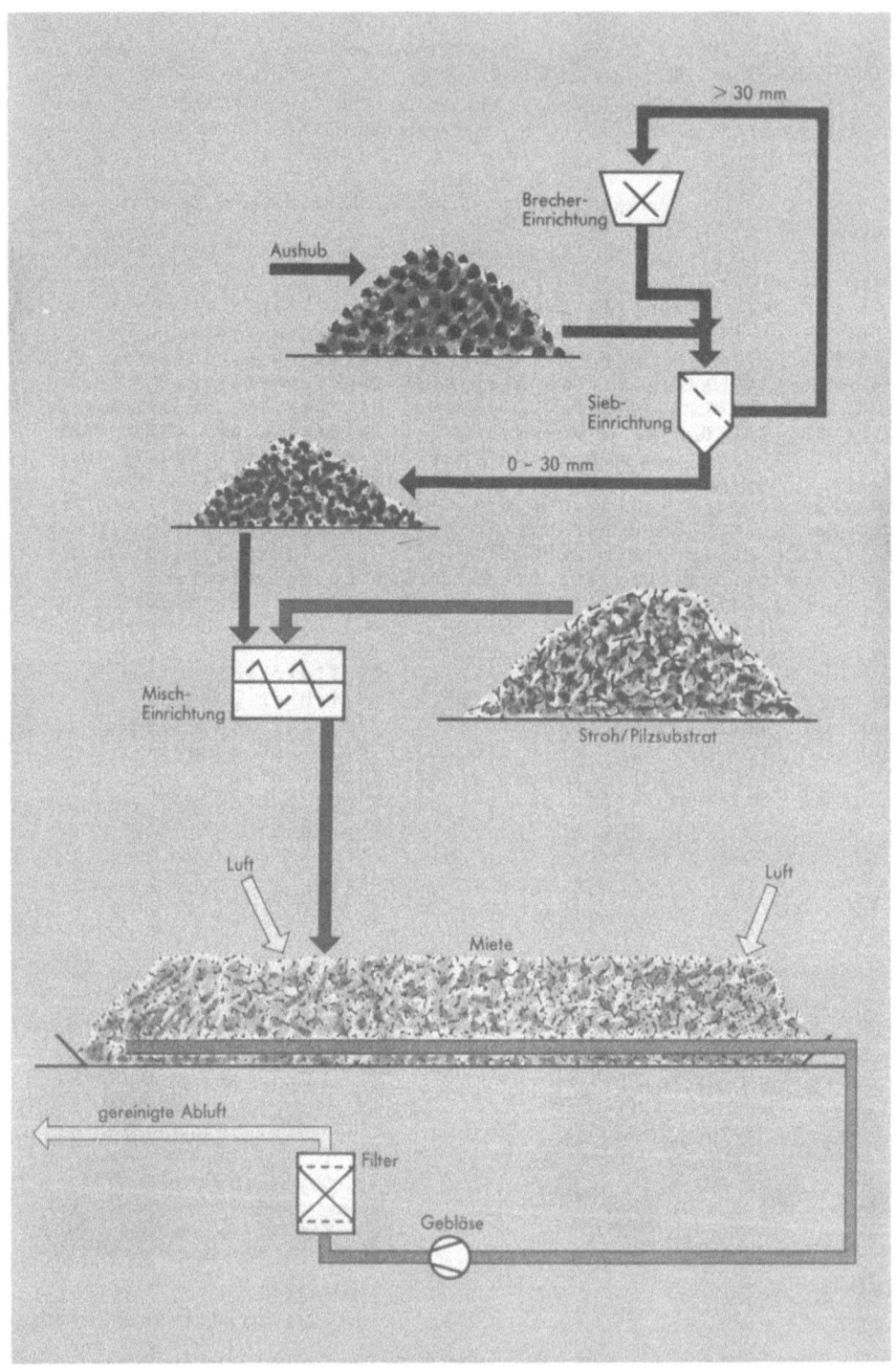

**Praxisversuche im Bereich der Reinigung ölhaltiger Böden in einem biologischen Trommelreaktor (BTR) bei Feldkapazität.**

Ir. Ger P.M. van den Munckhof und Drs. Martin F.X. Veul/Umwelttechnologen.
Witteveen+Bos, beratende Ingenieure, Postfach 233, 7400 AE Deventer, Niederlande.

### Rahmen

Im Rahmen der Entwicklung bio(techno)logischer Bodenreinigungsmethoden hat Witteveen+Bos, beratende Ingenieure in Deventer, die Reinigung ölhaltiger Böden in einem biologischen Trommelreaktor (BTR) unter Praxisbedingungen untersucht. Ziel war die Entwicklung einer Methode, bei der verunreinigte Böden unter konditionierten Bedingungen bei Feldkapazität in kurzer Zeit gereinigt werden können.
Während der Untersuchung hat Witteveen+Bos zusammengearbeitet mit der Landwirtschaftlichen Universität Wageningen (LUW), Abteilung Mikrobiologie und der Firma Broerius Bodemsanering b.v. in Voorthuizen.
Die Untersuchung ist teilweise von dem niederländischen Ministerium für Wohnungswesen, Raumordnung und Umwelt (VROM) und dem niederländischen Wirtschaftsministerium (EZ) finanziert worden.

### Machbarkeitsstudie

Der Versuch verlief in Phasen. Im Mikrobiologielabor der Landwirtschaftlichen Universität in Wageningen wurde im Zeitraum von Juli bis November 1988 zunächst eine Machbarkeitsstudie durchgeführt. Bei diesen Experimenten wurden die optimalen Umweltbedingungen für den biologischen Abbau untersucht. Aus den Experimenten ergibt sich, daß der mesophile Ölabbau bei einer Temperatur von 30-35°C, einem Feuchtigkeitsgehalt von ca. 10 Gewichtsprozent und einer Stickstoffdüngung von 150 mg N pro kg Trockensubstanz (bei einem Ölgehalt von 5.000 mg/kg TS) optimal verläuft. Unter diesen Voraussetzungen findet bei Laborbedingungen innerhalb eines Zeitraums von maximal 2 Wochen ein vollständiger Abbau des Öls statt (bis auf unter 100 mg/kg TS).

### Entwicklungsphase

Bei dem Reaktor der für die Praxisversuche benutzt worden ist, handelt es sich um eine ehemalige DANO-Kompostierungsanlage für Hausmüll, die von der Gemeinde Soest/Baarn verwendet würde (Abbildung 1).
Nachdem der Trommelreaktor von Broerius bv überholt und für die Bodenaufbereitung angepaßt worden war, begann im Juli 1989 die Entwicklungsphase. In dem 25 m langen rotierenden Reaktor mit einem Durchmesser von 3,5 m wird die Erde vermischt und homogenisiert. Eine Heißluftkanone sorgt für eine geëignete Temperatur und ausreichende Sauerstoffzufuhr. Außerdem verfügt das Gerät über eine Berieselungsanlage. Nährstoffe werden über ein Förderband zugeführt (Abbildung 2).

Abbildung 1: Der biologische Trommelreaktor (BTR)

In der Entwicklungsphase wurden schubweise 5 Chargen zu je 50 Tonnen (Naßgewicht) ölverschmutzter Erde in der Trommel aufbereitet. Es handelte sich dabei um einen benzinhaltigen Boden, drei dieselhaltige Böden und einen Boden, der sowohl durch Dieselöl als auch durch Motoröl verunreinigt war.
Außerdem wurden mit "Dieselboden" zwei halbkontinuierliche Versuche durchgeführt. Bei diesen Versuchen wurden täglich auf der Hinterseite 3,5 Tonnen Boden aus der Trommel gedreht und vorn 3,5 Tonnen neuen verunreinigten Bodens in die Trommel eingebracht. Die Gesamtfüllung der Trommel belief sich auf 50 Tonnen und die mittlere Verweildauer betrug ca. 14 Tage.
Die Ölkonzentrationen in den verschiedenen Böden schwankten zwischen 1.000 und 6.000 mg/kg TS.

Der mikrobielle Abbauprozeß in der Trommel wurde mit Hilfe regelmäßiger Analysen von aus der Trommel entnommenen Boden- und Luftproben kontrolliert und gesteuert. An den Bodenproben wurden, außer (chemischen) Analysen der Trockensubstanz, des Humusgehalts, des pH-Werts, des Ölgehalts, der flüchtigen Aromaten und PAKs, auch (MPN-) Zählungen der ölabbauenden Mikroflora durchgeführt. Die Luftproben wurden auf Öl und flüchtige aromaten hin untersucht, um eine Massenbilanz (Abbau gegenüber Verflüchtigung) aufzustellen.

Aus den Praxisversuchen geht hervor, daß das Öl bei einer Bodentemperatur von ca. 22°C im Durchschnitt innerhalb einer Woche auf eine Endkonzentration von 50 bis 350 mg/kg Trockensubstanz abgebaut werden kann. Die mikrobielle Aktivität ist hierbei während der ersten 3-4 Tage am höchsten.

**Fortgang und Perspektiven**

Zur Zeit kann in den Niederlanden prinzipiell nur dann eine Bodenreinigungsmethode angewendet werden, wenn durch die Reinigung der A-Wert des Interimsgesetzes über die Bodensanierung (Interimwet Bodemsanering) erreicht wird. Dieser A-Wert beträgt für Mineralöl in einem Standardboden (mit 10% Humus) 50 mg/kg TS.

Aufgrund der Ergebnisse der Praxisversuche kann nicht garantiert werden, daß mit dem BTR der A-Wert für Öl erreicht wird.
Dasselbe gilt übrigens in noch stärkerem Maße für die Landfarming-Technik, bei der nach zwei Jahren eine Ölkonzentration von 500 bis 1.000 mg/kg TS erreicht wird.
Auf der Grundlage der heutigen niederländischen Politik ist daher festzustellen, daß keine praktische Anwendungsmöglichkeit für die bio(techno)logische Reinigung ölhaltigen Bodens besteht. Jedoch sind weitere Untersuchungen unbedingt zu empfehlen, da diese Methode im Vergleich zu anderen Verfahren umweltfreundlich und energiesparend ist und einen lebenden und gedüngten Boden als Endprodukt ergibt. Es empfiehlt sich, bei diesen weiteren Untersuchungen neben mikrobiologischen Aspekten auch die umwelthygienischen Aspekten biologisch gereinigten Ölbodens zu beachten. Dies ist notwendig, da sich Art und Zusammensetzung des Öls während des Abbauprozesses verändern.
Das bedeutet, daß sich die umwelthygienischen Eigenschaften wie Ökotoxizität und Auslaugbarkeit derartig verändert haben können, daß die Risiken für die Gesundheit der Bevölkerung und die Umwelt neu überdacht werden müssen. In diesem Zusammenhang ist es von Bedeutung, daß gute Ökotoxizitätstests (Bio Assays) und Auslaugbarkeitstests entwickelt werden, um zu einer nuancierteren und aus Umweltschutzgesichtspunkten besser untermauerten Normenerstellung zu gelangen.

Abbildung 2: Prozeßschema der Bodenreinigung in dem biologischen Trommelreaktor

**ENTWURF EINES SLURRY-PROZESSES ZUR BIOTECHNOLOGISCHE ALTLASTENSANIERUNG**

R.H. Kleijntjens, T.A. Meeder, M.J. Geerdink, K.Ch.A.M. Luyben
Department of Biochemical Engineering, Delft University of Technology,
Julianalaan 67, 26298 BC Delft, The Netherlands

Einleitung
Die Behandlung von organisch verschmutztem Boden mit biologischen Techniken gilt als ein vielversprechender Ansatz. Die Entwicklung von Prozessen mit hoher mikrobieller Degradationsrate wird jedoch durch die Komplexität der Bodenmatrix erschwert. Um diese Beschränkungen zu überwinden, wurde ein Slurry-prozess entwickelt, bei dem Suspendierungsreaktoren verwendet werden. In diesen Reaktoren wird der verschmutzte Boden in einer Drei-Phasen (fest-flüssig-Gas)-Suspension von Bodenpartikeln, Wasser, Luft und Mikroorganismen behandelt. Deshalb verläuft die mikrobielle Aktivität unter kontrollierten Bedingungen. Das Ziel dieser Verfahrensentwicklung ist es, einen Entwurf im Grossmassstab für diese biotechnologische Reinigungstechnik herzustellen. Der Entwurf basiert auf technologischen und kinetischen Daten, die sich aus Experimenten sowohl im Labor als auch im Pilotmassstab herleiten.

Entwurf für ein Verfahren im Grossmassstab
Ein kontinuierlich arbeitender Slurry-prozess im Grossmassstab (160$M^3$) wurde für die Behandlung von durch Oel verschmutzte Böden entworfen. Wie im flow-sheet unten angezeigt, bilden vier konisch zulaufende Bioreaktoren (je 40$m^3$) in Serie das Herzstück der Anlage. In diesen Reaktoren mineralisieren spezifische Organismen öl zu Biomasse, Kohlendioxid und Wasser unter Prozessbedingungen von pH 7 und 30°C.
Der slurry-prozess hat drei Hauptsektionen. In der Vorbehandlungssektion wird der verschmutzte Boden gebrochen und gesiebt bis zu einer Partikelgrösse von 4-6 mm und kleiner. Anschliessend wird dieser Boden dem slurry reaktor 1 begefügt. Dieser Reaktor ist ein Bioreaktor/Separator, in dem der Boden im unteren Teil des Reaktors in eine grobe Fraktion zerfällt, und weiterhin in eine feine Fraktion, die in Suspension gehalten wird. Das Grobmaterial wird fluidiziert durch eine aufwärts fliessende Flüssigkeit, die von einer Rezirkulationseinheit kommt. Vom Boden des ersten Reaktors wird die Grobfraktion zurückgezogen und wird direkt in die Entwässerungssektion eingespeist (2). Dem feinen Bodenmaterial, das in erster Linie die Verschmutzung enthält, wird eine weitere Behandlung gegeben in der zweiten Reaktorsektion, die die gasbewegten Reaktoren 2, 3 und 4 benutzt. In der Entwässerungssektion, nach Reaktor 4, wirdt der Schlamm mit den dekontaminierten Feinmaterial auf die Grobfraktion, die von Reaktor 1 kommt, gestreut. Perkolationswasser wird wieder in den ersten Reaktor gebracht, um Abwasserprobleme zu verringern.
Die Kinetik des Slurry processes wurden im Labormassstab getestet, um Dekontaminationsraten festzustellen. Kinetische Experimente wurden in einem slurry mini-plant ausgeführt mit Styartkonzentrationen von 15, 10 und 5 gr Diesel/kg trockenen Bodens.

Der Durchschnitts Feststofgehalt in der Minianlage war zwischen 15 und 20 wt%. Für eine totale Residenzzeit von 200 Stunden wurde ein Konversiongrad von 70 % erreicht unabhängig von der Startkonzentration.
Suspensionsstudien wurden auf vier unterschiedlichen Reaktoren durchgeführt: 0.080 - 0.240-0.4 und 4.0 m³, um die Bodenpartikelsuspension in Luft bewegten und Luft-flüssig bewegten konisch zulaufenden Suspensionsreaktoren zu untersuchen. Es stellte sich heraus, dass in dem Gas-flüssig betriebenen Slurry Reaktor eine maximale Feststofgehalt von 40 wt% aufrecht erhalten werden konnte. Das Zurückziehen von grobem und feinem Material, wie im Flowsheet vorgeschlagen, wurde auf zwei Skalen bestätigt: 0.4 und 4.0 m³. Die Hydrodynamik und Energieerfordernisse auf verschiedenen Skalen wurden abgebildet und konnten in befriedigender Weise beschrieben werden. Auf der Basis dieser Modelle wurde das Grossmassstabverfahren so entworfen, dass es um den Faktor 10 grösser war als die Pilotanlage.

<u>Schlussfolgerungen</u>
Die vorgeschlagenen Slurry-Prozess fur Bodenaltlastsanierung im Grossmassstab wurde durch experimentelle Daten auf mehreren Skalen unterstützt. Suspensionsexperimente zeigten, dass Partikelseparation in Reaktor 1 wirksam durchgeführt werden konnte. Die Konversion von ölverschmutzung, die für unseren Verfahrensentwurf ausreichend war, hat den a-Level; Standard (50 mg/kg/Boden), der von der holländischen Regierung vorgelegt wurde, nicht erreicht. Es kann abschliessend gesagt werden, dass momentan Probleme der biologischen Verfügbarkeit sowie noch nicht optimierte Verfahrungsbedingungen eine vollständige Konversion.

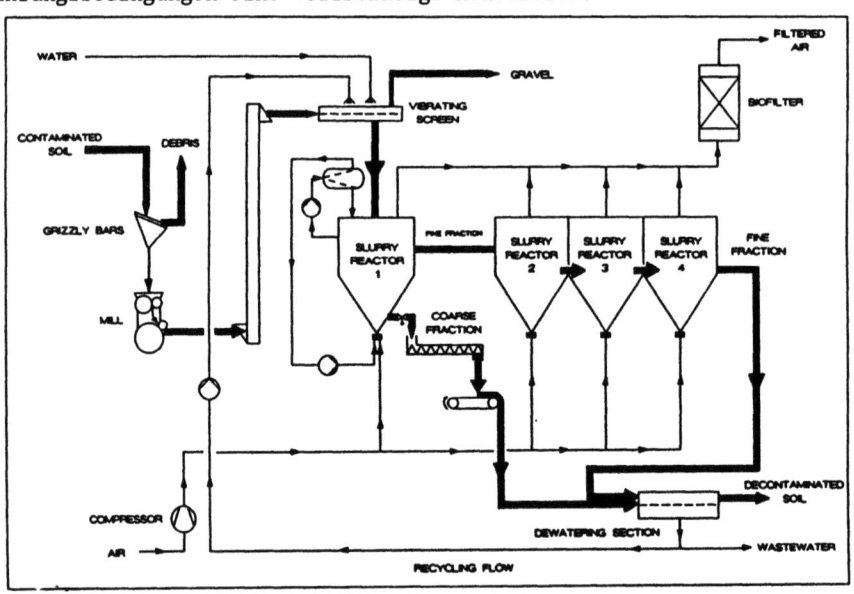

LITERATUR
1. Kleijntjes R.H., Smolders A.J., Luyben K.Ch.A.M., "Technological and kinetical aspects of microbial soil decontamination in slurry reactors on a mini plant scale", Proceedings of the 3th International Conference NATO/CCMS Pilot Study, Montreal, November 1989.
2. Luyben K.Ch.A.M., Kleijntjens R.H., "Werkwijze en inrichting voor het scheiden van vaste stoffen", Dutch Patent application, no: 8802728.

## Erfahrungen mit einem horizontalen Bio - Bodenmischer zur mikrobiologischen Behandlung feinstkörniger Böden
## Das HBBM - Verfahren

J. Parthen[1], W. Claas[1], B. Sprenger[1], H.G. Ebner[1], K. Schügerl[2]
[1] HP - biotechnologie GmbH, Brauckstr. 51, D-5810 Witten
[2] Technische Chemie der Universität Hannover, Callinstr. 3, D-3000 Hannover 1

### Einleitung
Bodensanierungsverfahren sind abhängig von der Art des Bodens. Bis dato existieren keine Verfahren, die kontaminierte Lehm-, Schluff- oder Tonböden mikrobiologisch sanieren können. Auch Bodenwaschverfahren (1) sind für die Sanierung feinstkörnigen Bodens ungeeignet; die Feinkornfraktionen fallen in großen Mengen als ungereinigte Separationsschlämme an.

### Problematik
Die Feinkornfraktionen sind bedingt durch ihre großen Oberflächen/Volumenverhältnisse, ihre Absorptionskapazität und ihren teilweise schichtartigen Aufbaustrukturen bevorzugte Träger von Schadstoffen im Boden. Ähnlich gute absorptive Eigenschaften für organische Schadstoffe weist neben den Schluff- und Tonfraktionen nur die natürliche organische Humusfraktion auf.

### Verfahren
Für die Sanierung von überwiegend ton- und schluffhaltigen Böden und für Separationsschlämme wurde von uns das **HBBM - Verfahren** entwickelt. Nach dem "slurry state soil cleaning" Prinzip (2) wird in einem horizontalen Bio - Bodenmischer ein breites Spektrum an Bodenarten durch mikrobiologische on site - Sanierung gereinigt. In Abhängigkeit von der vorliegenden Bodenart, den Kontaminationsspektrum und der bodeneigenen abbauenden Mikroflora werden verschiedene Parameter wie Wassergehalt, Konzentration von Nährstoffen und Lösungsvermittlern oder Keimzahlgehalte gezielt beeinflußt und eingestellt. Im HBBM - Reaktor wird der Bodenschlamm kontinuierlich vermischt, wodurch eine Verteilung und Homogenisierung von Schadstoffen und Nährstoffen, die Versorgung mit Sauerstoff und die Kohlendioxidentgasung zum Vorteil einer optimal arbeitenden Mikroflora erreicht wird. Da der Reaktor ein abgeschlossenes System darstellt, sind die Schadstoffe und ihre Aggregationen mit Boden, Wasser und Luft umfassend beherrschbar und einer gesicherten Reinigung zugänglich. Am Beispiel des Analysenschemas (Abbildung 1) ist ersichtlich wie umfangreich von uns derzeit Daten und Erfahrungen über den Prozeß gewonnen werden.

Abbildung 1: Analysenschema für prozeßbegleitende Untersuchungen beim HBBM - Verfahren

| | |
|---|---|
| Gasphasenanalyse | Atmungsaktivität; flüchtige Schadstoffe |
| Schlammanalyse | elektrochemische Parameter; Temperatur; Wasser- und Feststoffgehalte; Mikroorganismenaktivität; |
| Extraktionsanalyse | Schadstoffkonzentrationen |
| Feststoffanalyse | Bodenparameter; Kohlenstoffgehalte |
| Prozeßwasseranalyse | Schadstoffkonz.; Stoffwechselprodukte; Kohlenstoff- und Nährstoffgehalte; |

### Versuche
Erste praktische Erfahrungen wurden an einem schwach sandigen, tonigen Schluffboden gesammelt. Der Boden stammt aus einer Altlast, die mit Kohlenwasserstoffen (KW), Phenolen und polyaromatischen Kohlenwasserstoffen (PAK) kontaminiert ist. In Abbildung 2 sind die Ergebnisse der Korngrößenanalyse graphisch dargestellt. Die durchschnittliche Probenbelastung zeigt Tabelle 1.

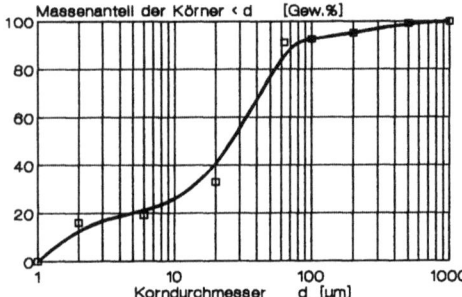

Abb. 2: Körnungs-Summenkurve des Bodens

Tabelle 1: Schadstoffbelastung des Bodens

| | |
|---|---|
| Kohlenwasserstoffe | 3810 [mg/kg] |
| Phenole | 13 [mg/kg] |
| Polyaromatische Kohlenwasserstoff | 1500 [mg/kg] |

Durch Wasserzugabe wird der Boden in fließfähigen Schlamm überführt. Nach Anreicherung mit Stickstoff- und Phosphorsalzen erfolgt die Behandlung im geschlossenen horizontalen Bio - Bodenmischer.

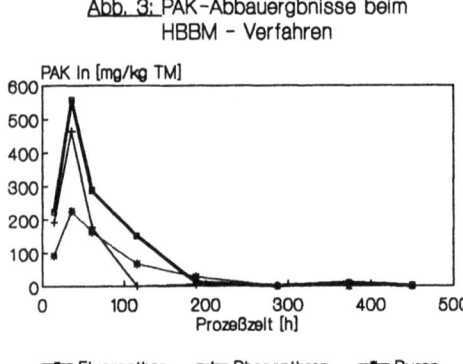

Abb. 3: PAK-Abbauergbnisse beim HBBM - Verfahren

### Ergebnisse

Als Beispiel werden die Abbauergebnisse bezüglich der polyaromatischen Hauptkomponenten des Bodens angeführt.
Abbildung 3 zeigt das Phenanthren, Fluoranthen und Pyren von Konzentrationen zwischen 200 und 600 mg/kg Trockenbodenmasse schnell abgebaut werden auf Werte von 10 mg/kg Trockenbodenmasse und geringer. Die Abbauraten liegen somit in der Größenordnung von 20 - 60 mg/kg*d. Die Endkonzentrationen der angeführten PAK sind kleiner als die für viele Sanierungen gewünschten Richtwerte nach der holländischen Liste.

### Zusammenfassung

Das HBBM - Verfahren ist ein zukunftsweisendes Sanierungsverfahren. Es ist für bisher nicht sanierbare feinkörnige Böden und Separationsschlämme geeignet. Seine Vorteile liegen in der umfassenden Kontrollierbarkeit aller beteiligten Phasen, einer hohen Reinigungsausbeute, kurzen Sanierungszeiten und auch seiner Effektivität bezüglich schwerer abbaubarer polyaromatischer Kohlenwasserstoffe.

### Literatur

(1) B.Haase, M.Render, J.Luhede; Reinigung hochkontaminierter Böden mittels Waschverfahren; C.I.T.

(2) J.Parthen, B. Sprenger, H.G. Ebner, K. Schügerl; Erfassung meßtechnischer Parameter bei der mikrobiologischen Sanierung im Reaktor; Dechema-Biotechnology-Conferences; Band 4; zur Veröffentlichung eingereicht

# BILDUNG UND ABBAU PHENOLISCHER VERBINDUNGEN BEI EINER MIKROBIOLOGISCHEN BODENSANIERUNG

P. Bröcking[+], B. Sprenger[+], H.G. Ebner[+] und
D. von Wachtendonk[++]

[+] HP-biotechnologie GmbH, Brauckstraße 51, D-5810 Witten
[++] Chemisches und Lebensmitteluntersuchungsamt Kreis Aachen, Steinstraße 37, D-5180 Eschweiler

## 1. EINLEITUNG

Bei Bodenaushubarbeiten zur Erstellung eines öffentlichen Gebäudes wurden teerölkontaminierte Bodenbereiche zutage gefördert, die aufgrund ihres hohen Schadstoffgehaltes nicht auf öffentliche Deponien verbracht werden konnten. Da nur oganische Schadstoffe vorlagen (vor allem Kohlenwasserstoffe, Phenole und polycyclische aromatische Kohlenwasserstoffe), bot sich eine mikrobiologische Bodensanierung an. Wegen des hohen Anteils an Schluff und Ton erwiesen sich IN-SITU-, ON SITE- und landfarming-Methoden als unbrauchbar, da sich die Bodenkapillaren nach kurzer Zeit zusetzten und sowohl die Sauerstoffdiffusion als auch Nährstofftransporte erschwert oder verhindert wurden. Bei der Verwendung eines Rollreaktors zur besseren Durchmischung und Belüftung während des aeroben Abbaus der organischen Schadstoffe im Boden zeigte sich dabei zunächst ein Absinken, später dann wieder ein Anstieg der Phenolkonzentration im Behandlungswasser der behandelten Böden. Die Ursache für dieses Phänomen wird nachfolgend beschrieben.

## 2. VERFAHREN

### 2.1 Anreicherung

Phenole wurden nach DEV-H 16 direkt aus den wässrigen Behandlungswässern bzw. nach Wasserdampfdestillation als Phenolindex (1) oder nach Extraktion mit $CH_2CL_2$ und Derivatisierung mit TCMS und MSHBFA gaschromatographisch bestimmt; Böden wurden entsprechend DEV-H 16 10 min. mit einem auf pH 4 eingestellten Puffer gerührt, wieder auf pH 4 gebracht und mit Wasserdampf destilliert. Aus diesem Destillat wurden wasserdampfflüchtige, aus dem wässrigen Rückstand wasserlösliche Phenole bestimmt.

### 2.2 Gaschromatographie-Bedingungen

Es wurde eine Kapillar-Gaschromatographie durchgeführt. (Gerät Carlo Erba VEGA 2; 30m-Säule mit 0,14 um SE 54 belegt). Detektor- und Injektor-Temperatur 250°C, Trägergas Stickstoff. Temperaturprogramm: Start 70°C, Steigerung 6°/min auf 185°C, weitere Steigerung 20°C/min bis 235°C.

### 2.3 Material

Chemikalien waren von p.a. Qualität der Firmen Merck und Riedel-de-Haen, die GC-Säule wurde von Macherey & Nagel bezogen.

## 3. ERGEBNISSE

Der mikrobiell bedingte Abbau organischer Schadstoffe wurde in verschiedenen Böden bis zu 40 Tagen untersucht, die Probenahmen erfolgten zu Beginn des Versuchs sowie nach 30 und 40 Tagen. In allen Bodenproben nahm der Gehalt an Kohlenwasserstoffen, polycyclischen aromatischen Kohlenwasserstoffen und Phenolen deutlich ab, während die Konzentration an PAK und Phenolen im Behandlungswasser anstieg. Der Vergleich beider Konzentrationen zeigte deutlich, daß es sich nicht um eine Bodenelution handelte, sondern daß einem relativ geringen Auswascheffekt eine große Abnahme der Gesamtschadstoffmenge gegenüberstand.
Die Zunahme des Phenolgehalts nach 30 Tagen hat 2 Ursachen. Einerseits wird der Anstieg der Phenolkonzentration verursacht durch eine erhöhte Solubilisierung aus dem Boden. Diese Solubilisierung wird gefördert durch Tenside, die mikrobiell aus verschiedenen organischen Schadstoffen gebildet werden. Andererseits haben mikrobiologische Einwirkungen in Böden einen Huminsäureabbau zur Folge, durch den aus Lignin Polyhydroxyverbindungen freigesetzt werden. Das Ausmaß dieser Freisetzung ist sehr unterschiedlich. Es ist abhängig von der Art der eingesetzten Mikroorganismen, ihrer Adaptation an die organischen Schadstoffe, von der Art der Bodenstruktur und vom Gehalt an Humus, Huminstoffen und anderen natürlichen Bodeninhaltsstoffen.
Ein Ligninabbau unter Freisetzung von Polyhydroxyverbindungen war besonders bei ON-SITE-Verfahren zur beobachten, bei denen zur Auflockerung der Bodenstruktur Borkenrinde, Stroh und andere organische Materialien zugesetzt worden waren. Gegenüber dem ursprünglichen Boden war ein mehr als 100-facher Anstieg des Phenolindexes zu verzeichnen, während gaschromatographisch keine ölspezifischen Phenole nachgewiesen werden konnten (2.3).
Da die DEV-Vorschrift H 16 den Phenolgehalt als Umsetzung kupplungsfähiger Substanzen mit 4-Aminoantipyrin definiert, ist eine Zunahme des "Phenolindexes" oft durch Umsetzung von Polyhydroxyverbindungen mit 4-Aminoantipyrin zu erklären (4). Zur Überprüfung eines mikrobiologischen Abbaus von Phenolverbindungen ist daher eine gaschromatographische Absicherung unbedingt erforderlich.

## 4. BIBLIOGRAPHIE

(1) Fachgruppe Wasserchemie in der Gesellschaft Deutscher Chemiker (1989). <u>Deutsche Einheitsverfahren zur Wasser-, Abwasser- und Schlamm-Untersuchung (DEV-Methoden)</u>, 22. Lieferung, Weinheim: Verlag Chemie
(2) Beckmann, M. (1988) <u>Hydrogeologische und organisch-geochemische Untersuchungen im Rahmen der Sanierung einer Altlast bei Monheim (Rheinland)</u>. Diplomarbeit, unveröffentlicht. RWTH Aachen
(3) Beckmann, U. und von Wachtendonk, D. (1988) <u>Untersuchungen im Rahmen einer biologischen Altlastensanierung</u>. Wasser, Luft und Betrieb 11/12-88, 62-65
(4) Quentin, K.E. (Ed.) (1988) <u>Trinkwasser</u>, 266-273, Berlin-Heidelberg: Springer-Verlag

ERGEBNISSE EINER BIOLOGISCHEN SANIERUNG DER UNTERFLUR EINES INDUSTRIEGELÄNDES

P.A. DE BOKS[1], H.M.C. SATIJN[1] UND A.G. VELTKAMP[2]

[1]IWACO B.V., CONSULTANTS FOR WATER AND ENVIRONMENT, ROTTERDAM, DIE NIEDERLANDE
[2]NAM B.V., ENVIRONMENTAL DEPARTMENT, ASSEN, DIE NIEDERLANDE

ZUSAMMENFASSUNG

Auf einem Industriegelände, das mit aromatischen Kohlenwasserstoffen und Mineralöl kontaminiert war, wurde die Anwendbarkeit der biologischen Sanierung in Kombination mit Grundwasserextraktion und Bodenbelüftung im praxisbezogenen Maßstab geprüft. Um den biologischen Abbau in-situ zu fördern, wurde in der Sandschicht unterhalb der am stärksten kontaminierten Tonschicht eine ungesättigte Zone geschaffen. Die ungesättigte Zone wurde durch Bodenventilation effektiv belüftet. Die verschiedenen Prozesse der Infiltration, der Auslaugung, der Belüftung und des biologischen Abbaus wurden in drei unterschiedlichen Zonen der Unterflur überwacht. Unter Ausnutzung der Ergebnisse des Überwachungsprogramms wurde die Kapazität der biologischen Sanierung quantifiziert. Die Wahl der angemessenen Verfahren hängt stark von den Bedingungen in der Unterflur ab. Für dieses Gelände erwies sich die Kombination von Grundwasserextraktion, Bodenbelüftung durch Ventilation und biologischer Sanierung als ein vielversprechendes Verfahren. Außerdem wurden zwei Systeme für die Grundwasserbehandlung miteinander verglichen: Strippturm und Biorotor.

EINLEITUNG

Die Exploration und Förderung von Öl und Gas an Land und im küstennahen Bereich ist in den Niederlanden eine größerer Wirtschaftszweig. Die "Nederlands Aardolie Maatschappij B.V." (NAM) beutet an Land etwa 800 Öl- und Gasquellen aus. Produktions- und Wartungstätigkeiten können zu einer Kontamination dieser Standorte führen.
Zur Wiederherstellung der Bodenqualität führt die NAM Sanierungsprojekte an Standorten durch, bei denen die Risiken identifiziert worden sind. Besondere Aufmerksamkeit wird der Untersuchung und Entwicklung spezieller Sanierungsverfahren gewidmet, die den besonderen Verhältnissen der NAM-Standorte angepaßt sind. In dieser Hinsicht erweist sich die biologische Sanierung als ein vielversprechendes Verfahren.

Um die Anwendbarkeit der biologischen Sanierung auf eine Unterflur zu prüfen, die hauptsächlich mit flüchtigen aromatischen Kohlenwasserstoffen und Mineralöl kontaminiert war, wurde ein Sanierungsprojekt im praxisbezogenen Maßstab eingeleitet, bei dem die biologische Sanierung eine wesentliche Rolle spielte. Die für die Sanierungsaktion und ihre technische Umsetzung gewählte Strategie wurde bereits vor zwei Jahren anläßlich der KFK/TNO-Konferenz in Hamburg vorgestellt. Bei dem Gelände handelt es sich um das Gaswerk Uiterburen im nördlichen Teil der Niederlande. Auf diesem Gelände wurden, kurz gefaßt, die folgenden Sanierungsmaßnahmen ergriffen:
1. Entfernung des kontaminierten Bodens, soweit dies möglich war;
2. Geohydrologische Einschließung und Sanierung des kontaminierten Grundwassers im sandigen Grundwasserleiter;
3. Biologische in-situ Sanierung des kontaminierten Bodens unter den Anlagen.

Die Entfernung des kontaminierten Bodens ("heiße Flecken") wurde 1986 im Zuge von Renovierungsmaßnahmen vorgenommen. Die beiden anderen Sanierungsmaßnahmen begannen im September 1988 und werden noch immer fortgesetzt. Besonders betont wird die Überwachung der Prozesse in der Unterflur, nämlich biologische Sanierung, Bodenbelüftung und Grundwasserextraktion. In der Unterflur lassen sich anhand ihrer Eigenschaften drei Zonen unterscheiden: die stark kontaminierte Tonschicht (1 - 2 m u.d.O.), die neu geschaffene ungesättigte Sandschicht (2 - 3 m u.d.O.), und der gesättigte sandige Grundwasserleiter. Ausgewertet wird die Strategie für die Sanierungsaktion, nämlich die Kombination der verschiedenen Verfahren in Abhängigkeit von den Unterflurbedingungen. Außerdem werden Verhalten und Ergebnisse eines Biorotors und eines Strippturms vorgestellt.

GEOHYDROLOGISCHE EINSCHLIESSUNG
Die Untersuchungen hatten ergeben, daß ein größerer Teil des Anlagenbereichs als Kontaminationsquelle wirkte. Außerdem hatte sich die Kontamination durch den natürlichen Grundwasserfluß (10 - 15 m/Jahr) im Grundwasserleiter ausgebreitet. Abbildung 1 zeigt die Verhältnisse beim Gaswerk. Der vorherrschende Schadstoff ist Benzol.
Um die externe Gefährdung zu minimieren, bestand das kurzfristige Ziel der Grundwasserextraktion darin, das kontaminierte Grundwasser außerhalb des Geländes zu entfernen. Zu diesem Zweck wurde ein System von 5 Extraktionsbrunnen mit einer Gesamtförderleistung von 150 m$^3$/Tag um das Zentrum des kontaminierten Bereichs installiert. Der Leistungsbereich der Extraktionsbrunnen basierte auf den Kontaminationsgraden sowohl in den Extraktionsbrunnen als auch in den Beobachtungsbrunnen (siehe Tabelle 1).

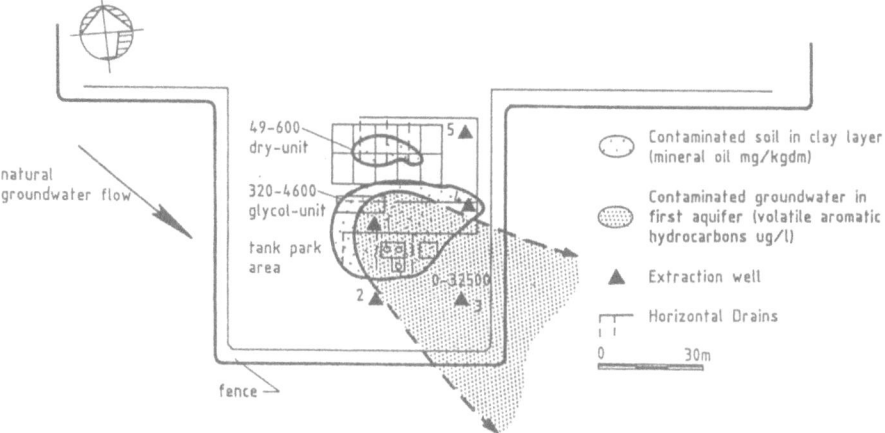

Abbildung 1. Die Verhältnisse beim Gaswerk Uiterburen.

Legende: natural groundwater flow - natürlicher Grundwasserfluß
dry-unit - Trocknereinheit
glycol-unit - Glykoleinheit
tank park area - Abstellfläche für Behälter
contaminated soil ... - Kontaminierter Boden in der Tonschicht (Mineralöl mg/kg Trockengewicht)
contaminated groundwater ... - Kontaminiertes Grundwasser im ersten Grundwasserleiter (flüchtige aromatische Kohlenwasserstoffe µg/l)
extraction well - Extraktionsbrunnen
horizontal drain - horizontale Drainage

TABELLE 1. BTEX-Konzentration im Grundwasser (µg/l)

| Position | --- 1988 --- | | ---------- 1989 ---------- | | | | --- 1990 --- | |
|---|---|---|---|---|---|---|---|---|
| | 12.10. | 7.12. | 4.1. | 5.4. | 5.7. | 4.9. | 9.1. | 4.4. |
| Extraktionsbrunnen 1 | 5403 | - | 13130 | 19820 | 13500 | 11620 | 14120 | 7700 |
| 2 | 2398 | - | - | 365 | 406 | 160 | 140 | 286 |
| 3 | 9449 | - | 7414 | 3352 | 3336 | 2897 | 1569 | 1440 |
| 4 | 3168 | - | 2342 | 262 | 2170 | 424 | - | - |
| 5 | 8,3 | - | 5,8 | - | - | - | - | - |
| Überwachungsbrunnen | | | | | | | | |
| Stellfläche Ost | - | 1212 | - | 2271 | 17,5 | 13791 | 15838 | 3496 |
| "        West | 32 | 33 | - | 7 | 8 | 6 | 10 | 3,5 |
| Glykoleinheit | 47 | 5,2 | - | 268 | 11 | 11 | 30 | 2 |
| Trocknereinheit | 1,5 | 4,7 | - | 1,9 | 3,8 | 1,8 | - | - |
| Abwärts, Grenze | 340 | 310 | - | 8,7 | 7,1 | 3,5 | 5,3 | 0,7 |
| " , außerhalb | - | - | - | - | - | - | n.n. | n.n. |

n.n.: nicht nachgewiesen

Aus den Beobachtungen können die nachstehenden Folgerungen gezogen werden:
- Das Grundwasser unterhalb der Trocknereinheiten war sehr viel weniger kontaminiert. Die Extraktion aus Brunnen Nr. 5 wurde deshalb im Januar 1989 eingestellt.
- Die Daten der Überwachungsbrunnen waren wegen der Inhomogenität und dem biologischen Abbau in der Nähe der Brunnen nur schwer zu interpretieren (2).
- Nach etwa einem Jahr war das kontaminierte Grundwasser zurück unter das Gelände gebracht worden. Die Brunnenförderung wurde 1990 auf etwa 25 m³/Tag zurückgefahren, also auf die Menge, die zur Kontrolle der Schadstoffe unterhalb des Geländes erforderlich war. Auf diese Weise wächst der Beitrag der biologischen Sanierung, während die Behandlungskosten sinken.

GRUNDWASSERBEHANDLUNG

Abbildung 2 zeigt das Flußdiagramm des Grundwasser-Behandlungssystems. Der Hauptteil des Grundwassers wurde in einem Luftstripper behandelt, der mit einem Kompostfilter und einem Aktivkohle-Filter für die abschließende Behandlung kombiniert war. Der Rest wurde im Rahmen eines Forschungsprogramms in einem Biorotor behandelt. Das Austrittsprodukt des Biorotors (ungefähr 8 m³/Tag) wurde zu einem Teil in der Nähe des kontaminierten Breichs infiltriert.

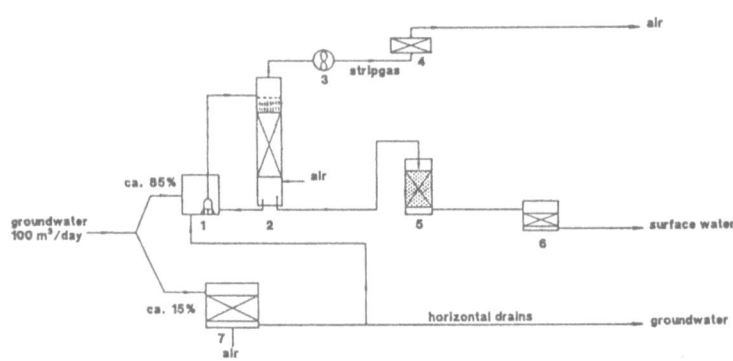

Abbildung 2. Flußdiagramm der Grundwasserbehandlung

Legende: groundwater 100 m³/day - Grundwasser 100 m³/Tag
-- Fortsetzung nächste Seite --

Legende zu Abbildung 2, Fortsetzung:
        surface water - Oberflächenwasser
        process unit: ... - Behandlungsanlage
         1. Umwälz-/Puffereinheit
         2. Strippturm (H = 5 m, ⌀ = 0,8 m)
         3. Ventilator
         4. Biofilter
         5. Sandfilter
         6. Kohlefilter zur Nachbehandlung
         7. Bioreaktor

Die Schadstoffkonzentrationen (BTEX) im extrahierten Grundwasser und die Güte des Austrittsprodukts der Behandlungseinheiten werden in Tabelle 2 zusammengefaßt.

TABELLE 2. Leistung der Einheiten für die Grundwasserbehandlung

| Quartal | Zulauf BTEX µg/l | Temperatur °C | Güte des Austrittsprodukts (BTEX) | |
|---|---|---|---|---|
| | | | Stripper + Kohlefilter µg/l | Biorotor µg/l |
| 88/4 | 4523 (5)* | 13 | 1,0 (4)* | 1,1 (6)* |
| 89/1 | 4688 (3) | 10 | 1,1 (1) | 2,8 (6) |
| 89/2 | 3494 (3) | 10 | 1,4 (2) | 7,2 (5) |
| 89/3 | 3692 (3) | 15 | 2,4 (2) | 8,1 (6) |
| 89/4 | 2502 (3) | 13 | 0,9 (1) | 3,8 (4) |
| 90/1 | 2891 (1) | 10 | 0,7 (1) | 6,5 (1) |
| 90/2 | 2888 (1) | 11 | 1,3 (1) | 19,5 (1) |

* Mittelwert über die in Klammern angegebenen Anzahl von Messungen

Der Entsorgungsgrenzwert für das Ablassen des Wassers in Oberflächengewässer beträgt 5 µg BTEX/l. Dieser Wert wurde vom abgelassenen Austrittsprodukt (Kohlefilter) niemals überschritten. Das einzige Problem, das auftrat, war eine zeitweilige Fehlfunktion des Strippers, die durch einen mangelhaften Luft/Wasserkontakt hervorgerufen worden war (Kanalbildung). Während dieses Zeitraums erwies sich das Sandfilter als ausgezeichnetes Biofilter.

Der Biorotor besteht aus drei in Reihe geschalteten Abteilungen mit einem Gesamtvolumen von etwa 1,5 m³ und einer Kontaktfläche von 140 m² pro Abteilung. Die Verdampfung flüchtiger Verbindungen wurde durch Abdecken des Biorotors und die Kontrolle der Luftzufuhr minimiert. Aufgrund seiner Konstruktion wurde eine hohe Gesamt-Entfernungseffizienz von über 99% bei einer geringen Desorptionswirkung erzielt. Darüber hinaus erwies sich der biologische Prozeß als sehr stabil. Tabelle 3 faßt die Entfernungseffizienz, die Entfernungsleistung pro Abteilung und die prozentuale Verdampfung (Desorptionseffekt) für einige Termine im Dezember 1988 und im Juli 1989 zusammen. Die Entfernungskapazität ist als Menge der entfernten Schadstoffe pro m² und Tag definiert.

TABELLE 3. Leistung des Biorotors

| Parameter | | 19.12.88 | 20.12.88 | 21.12.88 | 28.12.88. | 5.7.89 |
|---|---|---|---|---|---|---|
| Zulauf - Güte | µg/l | 1500 | 1713 | 1057 | 1204 | 3314 |
| - Durchsatz | m³/Tag | 17,9 | 17,4 | 17,1 | -- | 18 |
| Luftdurchsatz | m³/Tag | 30 | 56 | 22 | -- | -- |
| Temperatur | °C | 10 | 10 | 11 | 11 | 13 |
| Güte des Austrittsprodukts | | | | | | |
| Abteilung 1 | µg/l (%) | 346 (77) | -- | 236 (78) | 210 (83) | 297 (91) |
| Abteilung 2 | | 38 (89) | -- | 29 (88) | 21,2 (90) | 29 (90) |
| Abteilung 3 | | 4,7 (84) | -- | 4,6 (84) | 4,3 (80) | 7,1 (75) |
| Entfernungskapazität | | | | | | |
| Abteilung 1 | mg/m²/Tag | 147 | -- | 100 | 122 | 388 |
| Abteilung 2 | | 39 | -- | 25 | 23 | 34 |
| Abteilung 3 | | 4 | -- | 3 | 2 | 3 |
| Desorptionseffekt | % | 0,65 | 0,90 | 0,32 | -- | -- |

Es wurde gefolgert, daß die Grundwasserbehandlung mit einem Bioreaktor zu konventionellen Behandlungssystemen eine gute Alternative bildet, und daß sie ohne nennenswerte Emissionen durchgeführt werden kann (weniger als 1%). Diese Ergebnisse stimmten gut mit denen einer Grundwasserbehandlung mit einem versenkten Festbett-Bioreaktor überein (3).

BIOLOGISCHE SANIERUNG

Um die Bodenqualität langfristig auf einen Grad zu bringen, der den Kriterien zur aktuellen Nutzung/Funktion des Bodens und seiner Verwendung nach Aufgabe des Geländes entspricht, wurde ein biologisches Sanierungssystem installiert. Voraussetzung für eine biologische Sanierung sind:
* die Möglichkeit zur Durchführung stimulierender Maßnahmen;
* ausreichend Zeit.

Für die biologische in-situ Sanierung wurden die folgenden stimulierenden Maßnahmen ergriffen (siehe auch Abbildung 3):
1. Infiltration von etwa 8 m³/Tag des Bioreaktor-Austrittsprodukts über ein horizontales Dränsystem mit einer Gesamtlänge von 200 m, das sich über eine Gesamtfläche von ungefähr 2000 m² erstreckte. Die Anzahl der mit dem Austrittsprodukt transportierten Mikroorganismen betrug etwa $2 \cdot 10^{11}$/Tag. Das Dränsystem liegt genau oberhalb der kontaminierten Flecken.
2. Zusatz von Nitrat zu dem reinjizierten Austrittsprodukt als zusätzlicher Elektronehakzeptor. Dies insbesondere

wegen der denitrifizierenden Bedingungen, die in der kontaminierten Tonschicht und im sandigen Grundwasserleiter erwartet wurden. Die Nitratkonzentration wurde von 15 über 75 auf 300 mg/l erhöht. Trotz dieser hohen Dosierung verschwand alles Nitrat in der ungesättigten Unterflur, tauchte also nicht im Grundwasserleiter auf. Die Gesamtmenge des dem Austrittsprodukt in 20 Monaten zugesetzten Nitrats betrug etwa 650 kg, also 1/3 kg/m².

3. Absenken des Grundwasserspiegels durch Extraktion von Grundwasser, um unterhalb der kontaminierten Tonschicht eine ungesättigte Zone zu schaffen. In der Nähe der kontaminierten Flecken wurde die Stärke der ungesättigten Zone auf 1,5 bis 2 m vergrößert.

4. Belüftung der geschaffenen ungesättigten Zone durch ein Boden-Ventilationssystem. Es wurden vier Luftinjektions-Lanzen installiert. Die Gesamtmenge der injizierten Luft betrug ungefähr 300 m²/Tag.

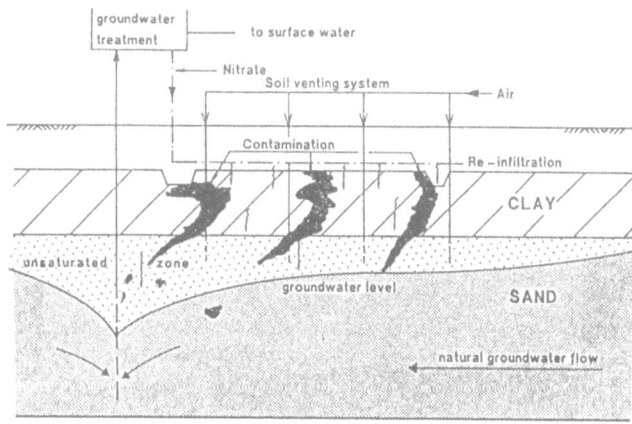

Abbildung 3. Schematische Darstellung des Ansatzes für die biologische Sanierung

Legende: groundwater treatment - Grundwasserbehandlung
to surface water - zum Oberflächenwasser
Nitrate - Nitrat
Soil ventig system - Bodenbelüftungssystem
air - Luft
contamination - Kontamination
re-infiltration - Reinfiltration
clay - Ton; sand - Sand
unsaturated zone - ungesättigte Zone
groundwater level -Grundwasserspiegel
natural groundwater flow - natürlicher Grundwasserfluß

Um die Parameter zu beobachten, die direkt oder indirekt in Zusammenhang mit der biologischen Aktivität stehen, wurde ein Überwachungssystem installiert. Das System besteht aus den folgenden Elementen (2):
- Überwachungsbrunnen in der gesättigten Zone;
- Vorrichtung zur Entnahme von Bodendampfproben;
- in-situ Temperaturmessung.

Darüber hinaus wurden regelmäßig Bodenproben zum Auszählen der Mikroben (Plattenkulturmethode) und zur Überwachung der Schadstoffkonzentrationen im Boden genommen.

BEOBACHTUNGEN IM SANDIGEN GRUNDWASSERLEITER

In der gesättigten Zone (3 - 6 m u.d.O.) wurden die folgenden Beobachtungen vorgenommen:
- Die Keimzahl liegt im Bereich von 0,1 - 0,7·$10^6$ Keime/g Trockengewicht (8 Messungen);
- ein beträchtlicher Teil der Mikroorganismen (30 - 70%) verfügt über die Fähigkeit zum Abbau aromatischer Kohlenwasserstoffe, während dieser Anteil im nicht kontaminierten Boden im allgemeinen sehr gering ist;
- in der Nähe der Überwachungsbrunnen konnte der biologische Abbau von aromatischen Kohlenwasserstoffen nachgewiesen werden (2).
- die Sauerstoffkonzentration im Grundwasser beträgt im Sommer 0,3 - 0,8 mg/l, und im Winter 1 - 2 mg/l.

Aus diesen Beobachtungen wurde geschlossen, daß die aromatischen Kohlenwasserstoffe wahrscheinlich aerob abgebaut werden. Auf Grundlage der Anzahl von Mikroorganismen, die aromatische Kohlenwasserstoffe abbauen, des geringen BOD-Wertes des Grundwassers und der Menge des verfügbaren Sauerstoffs wurde der biologische in-situ Abbau im sandigen Grundwasserleiter auf 100 - 200 μg Benzol/kg Trockengewicht/ Jahr geschätzt.

BEOBACHTUNGEN IN DER UNGESÄTTIGTEN ZONE

Der Schlüsselfaktor für die mikrobielle Aktivität ist die Sauerstoffversorgung. In der erzeugten ungesättigten Zone wurde die Sauerstoffversorgung durch Belüftung des Bodens verstärkt. Wie man den Überwachungsdaten der ungesättigten Zone in Tabelle 4 entnehmen kann, hatte dies eine enorme Wirkung auf die mikrobielle Aktivität in der Unterflur der Glykoleinheit.

Die Überwachungsdaten zeigen, daß für die belüftete Unterflur der Glykoleinheit das folgende gilt:
1. die mikrobielle Aktivität (Keimzahl) ist gegenüber der Aktivität im Grundwasserleiter um einen Faktor 20 bis 40 erhöht;
2. der Sauerstoff in der Bodenluft nimmt bei konstanter Luftinjektion allmählich ab - dies ist ein Zeichen für zunehmende Aktivität;

3. das Benzol in der Bodenluft geht abrupt zurück;
4. es ist erheblich weniger Benzol in der Bodenfeuchtigkeit enthalten, als der Gleichgewichtskonzentration von Benzol in Luft mit Wasser entspricht - dies ist ein Hinweis auf die Benzolentfernung aus der wässerigen Phase;
5. die Temperatur ist für niederländische Verhältnisse erstaunlich hoch - dies ist ein Hinweis auf die (biologische) Wärmeproduktion.

Sobald die Sauerstoffzufuhr reduziert wird, geht die Aktivität substantiell zurück. Dies wurde durch die geringe Aktivität im April 1990 bestätigt. Wegen des Rückfahrens der Grundwasserextraktion verschwand die ungesättigte Zone unter der Tonschicht, und die Sauerstoffzufuhr durch Belüftung wurde unterbrochen. Auch die Verarmung an organischem Substrat (geringer DOC-Wert) kann zum abrupten Aktivitätsabfall im Jahre 1990 beigetragen haben.

TABELLE 4. Überwachungsergebnisse der biologischen in-situ Sanierung in der Unterflur (2 - 2,2 m u.d.O.)

| | Boden | | | Bodenfeuchtigkeit | | | | | | - Bodenluft - | |
|---|---|---|---|---|---|---|---|---|---|---|---|
| | TG % | BTEX mg/kgTG | Keime $\times 10^6$ | BTEX µg/l | pH -- | $O_2$ mg/l | DOC mg/l | $NO_3$ mg/l | T °C | Benzol mg/m³ | $O_2$ % |
| Glykoleinheit: | | | | | | | | | | | |
| 12.10.1988 | 83 | 37 | 1,2 | -- | -- | -- | -- | -- | -- | -- | -- |
| 12. 1.1989 | -- | -- | -- | 6,1 | 7,1 | 3,5 | 72 | <,1 | 11 | 60 | 19,6 |
| 5. 4.1989 | 82 | n.n. | 12,5 | 4 | 7,1 | 1,4 | 60 | <,1 | -- | 48 | 19,7 |
| 5. 7.1989 | -- | -- | -- | 50 | 6,7 | 2,6 | 70 | 0,1 | 24 | 0,5 | 16,4 |
| 17. 8.1989 | -- | -- | -- | -- | -- | 1,6 | -- | -- | 21 | -- | 15,6 |
| 4.10.1989 | 86 | 0,15 | 19 | -- | -- | -- | -- | -- | -- | 0,005 | 15,1 |
| 9. 1.1989 | -- | -- | -- | n.n. | 7,3 | -- | 37 | 0,5 | -- | -- | 15,6 |
| 5. 4.1989 | 82 | 0,01 | 0,4 | n.n. | 7,0 | 4,0 | 17 | <,1 | 11 | -- | 15,6 |
| Abstellfläche für Behälter: | | | | | | | | | | | |
| 12.10.1988 | 73 | 8,2 | 0,9 | -- | -- | -- | -- | -- | -- | -- | -- |
| 12. 1.1989 | -- | -- | -- | 1,6 | 7,0 | 3,7 | 35 | <,1 | -- | -- | -- |
| 5. 4.1989 | 83 | 1,2 | 0,3 | n.n. | 6,9 | 5,4 | 30 | <,1 | -- | -- | -- |
| 5. 7.1989 | -- | -- | -- | 11,2 | 7,0 | 2,6 | 41 | 0,2 | 8 | -- | -- |
| 17. 8.1989 | -- | -- | -- | -- | -- | 3,5 | -- | -- | 17 | -- | -- |
| 4.10.1989 | 84 | 2,9 | 0,17 | 534 | 6,9 | -- | 49 | <,1 | 14 | -- | -- |
| 9. 1.1989 | -- | -- | -- | 0,5 | 7,3 | -- | 42 | 6,3 | -- | -- | -- |
| 5. 4.1989 | 81 | 3,0 | 0,7 | n.n. | 7,2 | -- | 14 | 1,0 | 13 | -- | -- |

TG: Trockengewicht; n.n.: nicht nachgewiesen

Nicht alle Ergebnisse waren so günstig. Auch wenn es einige Hinweise darauf gibt, daß die mikrobielle Aktivität in der Unterflur unter der Abstellfläche 1990 zunimmt, war sie zumindestens 1989 trotz der stimulierenden Maßnahmen kaum erhöht. Die Fläche selbst ist größer und besitzt mehr kontaminierte Flecken und eine dickere Tonschicht. Die Bedingungen in diesem Bereich sind schwieriger zu manipulieren, und so wird die Wiederherstellung der Bodenqualität länger dauern. Das Ziel des biologischen Sanierungsprogramms für 1990 besteht darin, die Überwachung zu intensivieren und, soweit erforderlich, die Belüftung der Unterflur in diesem Bereich zu verstärken.

## ÜBERPRÜFUNG DER MIKROBIELLEN WÄRMEERZEUGUNG

Ausgehend von einer linearen Beziehung zwischen der Keimzahl und dem Sauerstoffverbrauch, die in einer Landbehandlungsanlage beobachtet wurde, wurde eine grobe Abschätzung der Wärmeerzeugung durchgeführt. Die Wärmeerzeugung in-situ lag im Bereich von 500 - 1500 kJ/m³/Tag, genug für eine beträchtliche Temperaturerhöhung. Die Wärmeerzeugung wurde auch durch die Beobachtung bestätigt, daß im Sommer die Wassertemperatur im Extraktionsbrunnen nahe der Glykoleinheit um etwa 3°C höher lag als die Wassertemperatur der anderen Brunnen. Extrahiert wurden etwa 9 m³/Tag, so daß die zusätzlich abgeführte Wärmemenge 100000 kJ/Tag beträgt. Dies entspricht dem Verbrauch von etwa 1/3 des in diesem Bereich injizierten Sauerstoffs (85 m³/Tag).

Um diese Überlegungen zu verifizieren, wurde ein dynamisches Experiment durchgeführt. In diesem Experiment wurden die $O_2$- und $CO_2$-Konzentrationen im Bodengas und die Temperatur während einer Abschaltperiode von 7 Tagen und nach der Wiederaufnahme der Bodenbelüftung verfolgt. Die experimentelle Anordnung wird in Abbildung 4 dargestellt. Tabelle 5 faßt die Auswirkung der Bodenbelüftung auf die Zusammensetzung des Bodengases zusammen.

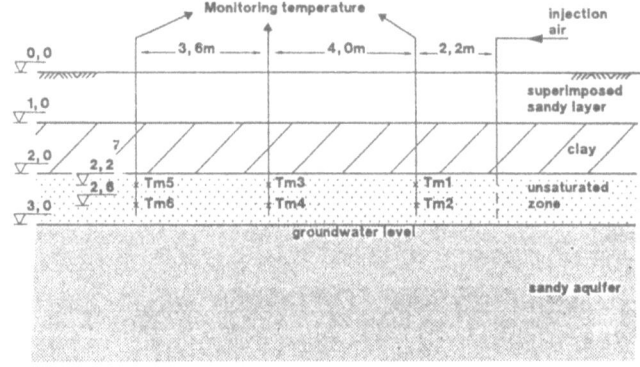

Abbildung 4. Experimentelle Anordnung des dynamischen Experiments.

Legende: monitoring temperature - Temperaturmessung
injection air - Injektionsluft
superimposed sandy layer - überlagerte Sandschicht
clay - Ton
groundwater level - Grundwasserspiegel
sandy aquifer - sandiger Grundwasserleiter

TABELLE 5. Auswirkung der Bodenbelüftung auf die Zusammensetzung des Bodengases.

| Überwachung | Abschaltperiode (Tage) | | | | | | | Neustart | |
|---|---|---|---|---|---|---|---|---|---|
| | 0 | 1 | 2 | 3 | 4 | 5 | 6 | 7 | 8 |
| 2,2 m von der Luftinjektion entfernt | | | | | | | | | |
| % O$_2$ | 20,4 | 9,0 | 2,0 | 1,5 | 2,3 | 0,8 | 0,6 | 20,0 | 20,4 |
| % CO$_2$ | 0,2 | 1,6 | 2,5 | 2,5 | 2,2 | 3,0 | 2,6 | 0,5 | 0,5 |
| 9,8 m von der Luftinjektion entfernt | | | | | | | | | |
| % O$_2$ | 11,0 | -- | 3,5 | 0,8 | 1,2 | 2,7 | 2,3 | 9,0 | 9,5 |
| % CO$_2$ | 4,0 | -- | 4,0 | 4,5 | 4,4 | 4,1 | 4,8 | 5,5 | 6,0 |

Abbildung 5 zeigt den Temperaturverlauf während des Experiments für eine Tiefe von 2 - 2,2 m u.d.O. (Tm1, Tm2 und Tm5, in einer Entfernung von 2,2 m, 6,2 m bzw. 9,8 m zur Luftinjektionslanze. Die Temperatur der injizierten Luft betrug ungefähr 13°C. Dies war gleichzeitig die mittlere Temperatur an einem Referenzort in 2,2 m Tiefe. Die mittlere Außentemperatur während des Experimentes betrug 11°C.

Um den Temperaturabfall aufgrund des Abschaltens der Bodenbelüftung abzuschätzen, wurden Modellrechnungen durchgeführt. In diesem Modell wurde davon ausgegangen, daß die Wärme nach unten in das Grundwasser abgeführt wurde, und daß die Wärmeerzeugung unterhalb der Glykoleinheit unter aeroben Bedingungen in einer Fläche von ungefähr 300 m² insgesamt etwa 90000 kJ/Tag betrug. Die Ergebnisse der Temperaturmessungen in zwei Tiefen und die berechnete Temperatur werden in Abbildung 6 dargestellt.

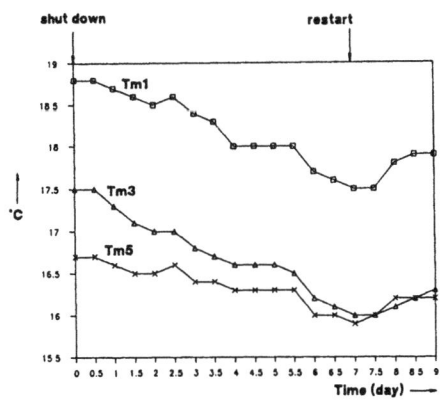
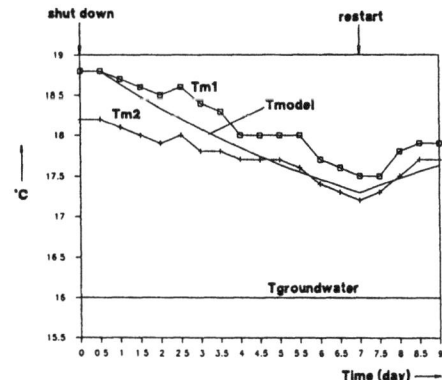

Abbildung 5. Temperatur während des dynamischen Experiments

Abbildung 6. Berechnete und gemessene Temperaturen

Legende: shut down - Abschaltung; restart - Neustart; Time (day) - Zeit (Tage); T$_{model}$ - T$_{Modell}$; T$_{groundwater}$ - T$_{Grundwasser}$

## BEITRAG DES BIOLOGISCHEN ABBAUS ZUR SANIERUNG

Die Zeit, die benötigt wird, um akzeptable Werte für die Qualität des Bodens einschließlich Grundwasser zu erreichen, hängt von dem Ausmaß ab, in dem die einschlägigen Prozesse des biologischen Abbaus, des Auslaugens/Spülens und der Belüftung zur Sanierung beitragen können. Diese Beiträge hängen von Standort-spezifischen Faktoren ab.

Im sandigen Grundwasserleiter werden Schadstoffe sowohl durch Spülen als auch durch biologischen Abbau entfernt. Dabei dominiert zuerst das Spülen, und später der biologische Abbau. Die Schadstoffmenge, die aus dem Bereich um die Glykoleinheit extrahiert wurde, betrug 1989 50 kg. Wenn man von einer biologischen Sanierungsleistung von 100 - 200 µg Benzol/kg Trockengewicht/Jahr und einem Bodenvolumen von 1500 m³ ausgeht, dann beträgt die in-situ Entfernungskapazität für Benzol etwa 250 - 500 Gramm pro Jahr. Diese Leistung ist im Vergleich zu der der Grundwasserextraktion niedrig. Deshalb muß der Hauptteil der Schadstoffe durch Extraktion entfernt werden. Die Entfernungsleistung der Extraktion fällt allerdings im Laufe der Sanierung steil ab, während die der biologischen Sanierung wahrscheinlich nicht abfällt, und noch wahrscheinlicher ansteigt. Nach etwa 1 - 2 Jahren wird die biologische Sanierung der dominierende Entfernungsprozeß im Grundwasserleiter sein. Die vollständige Sanierung des Grundwasserleiters wird insgesamt 3 bis 6 Jahre benötigen.

In der belüfteten ungesättigten Zone nahe der Glykoleinheit ist der dominante Entfernungsprozeß die biologische Sanierung. Teile dieser Zone sind bereits gesäubert. Darüber hinaus verhindert die belüftete Zone eine weitere Kontamination des Grundwasserleiters, indem sie die Schadstoffe aus dem Sickerwasser der Tonschicht entfernt. 1989 betrug die in der Nähe der Glykoleinheit injizierte Luftmenge 30000 m³. Geht man für den biologischen Abbau von einer aktiven Periode von 200 Tagen und einer Sauerstoffverarmung von 30% aus, beträgt die abgebaute Menge organischer Verbindungen 750 kg. Die Frage, welchen Anteil an diesen organischen Verbindungen die Schadstoffe ausmachen, ist allerdings schwer zu beantworten. Es gibt aber deutliche Hinweise darauf, daß dieser Anteil bedeutend ist:

- die große Anzahl von Mikroorganismen, die aromatische Verbindungen abbauen;
- der substantielle Rückgang von Benzol im Bodengas;
- die geringe BOD- und Benzolkonzentration in der Bodenfeuchtigkeit;
- kein bemerkbarer Temperaturanstieg außerhalb der Glykoleinheit.

Im allgemeinen werden die meisten adsorbierten Kohlenwasserstoffe in der ungesättigten Zone, im Kapillarsaum und unmittelbar unterhalb des Grundwasserspiegels angetroffen.

Wegen der saisonalen Schwankungen des Grundwasserspiegels werden die Kohlenwasserstoffe unmittelbar ober- und unterhalb des Grundwasserspiegels verteilt (4).

Nach groben Abschätzungen beträgt die ursprüngliche Schadstoffmenge in der Tonschicht und der belüfteten ungesättigten Zone nahe der Glykoleinheit etwa 50 - 100 kg BTEX und etwa 500 - 1000 kg Mineralöl. Es wird erwartet, daß mindestens die Hälfte der Schadstoffe in diesen Schichten bisher schon entfernt worden ist. Die Sanierung der gesamten ungesättigten Zone wird noch weitere 1 bis 3 Jahre benötigen, während die Sanierung schwer zugänglicher Stellen in der Tonschicht etwa 5 bis 10 Jahre brauchen wird. Im weiteren Verlauf des Überwachungsprogramms wird diese Behauptung allerdings noch bestätigt werden müssen.

ABSCHLIESSENDE BEMERKUNGEN

Der Schlüsselfaktor für die mikrobielle Aktivität in der Unterflur ist die Sauerstoffzufuhr. Die Bodenbelüftung in der ungesättigten Zone ist ein effektiver Weg, und zwar sowohl hinsichtlich der Sauerstoffverteilung als auch hinsichtlich der Kosten, die Sauerstoffzufuhr und den mikrobiellen Abbau zu steigern. Durch Vergrößerung der ungesättigten Zone kann der biologische in-situ Abbau noch weiter gefördert werden. Dieser Ansatz ist deshalb so effektiv, weil die meisten adsorbierten Kohlenwasserstoffe sich in der Nähe des Grundwasserspiegels befinden, also in einem Bereich, der nur schwer gespült werden kann.

Der Großteil der Schadstoffe im Grundwasserleiter muß durch Extraktion entfernt werden. Die biologische Sanierungsleistung ist beträchtlich, wenn man sie vor dem Hintergrund der Normen für die Bodenqualität betrachtet. Dauer und Durchsatz der Grundwasserextraktion können erheblich reduziert werden, wenn die biologische Sanierungsleistung optimal genutzt wird. Deshalb ist ein Standortspezifischer Ansatz erforderlich.

BIBLIOGRAPHIE

1) Satijn, H.M.C. und de Boks, P.A. Biorestoration, a technique for remedial action on industrial sites. In Wolf, K., Van den Brink, W.J. & Colin, F.J. (Herausgeber). Conference paper Contaminated Soil, Hamburg (1988).
2) Veltkamp, A.G. Monitoring systems at industrial sites, Conference paper Subsurface contamination by immiscible fluids, Calgary (1990).
3) de Boks, P.A., Kloek, E. & v.d. Worp, J.J.M. Toepassing bioreactoren kan saneringskosten drukken. Milieutechniek nr. 12, p. 100 (1989).
4) Hinchee, R.E., Arthur, M.F., Downey, D.C. Miller, R.N. & Dupont, R.R. Vacuum extraction induced biodegradation of petroleum hydrocarbons. Conference paper Subsurface contamination by immiscible fluids, Calgary (1990).

# KINETISCHE STUDIEN DES MIT WASSERSTOFFPEROXID BESCHLEUNIGTEN BIOLOGISCHEN IN-SITU-ABBAUS VON KOHLENWASSERSTOFFEN IN EINER MIT WASSER GESÄTTIGTEN BODENZONE

E.R. Barenschee, O. Helmling, S. Dahmer, B. Del Grosso und C. Ludwig

Degussa AG, Angewandte Technik, Industrie- und Feinchemikalien, Postfach 1345, D-6450 Hanau 11

Bei den Methoden für einen aeroben, biologischen Abbau von Kohlenwasserstoffen in den unteren, wasserführenden Bodenschichten zeichnet sich eine rasche Entwicklung ab. Wie bekannt, wird der biologische Abbau unter der Oberfläche durch Sauerstoff- und Nährstoffmangel behindert.

Als wirksame Sauerstoffquelle wird in zunehmendem Maße Wasserstoffperoxid eingesetzt. Anders als reiner Sauerstoff ist Wasserstoffperoxid in Wasser unbegrenzt löslich. Auf diese Weise wird im Vergleich zur Zwangsbelüftung oder der Zuführung von flüssigem Sauerstoff bei Wasserstoffperoxid viel mehr Sauerstoff verfügbar.

Wie schnell der biologische In-Situ-Abbau von Kontaminationsstoffen erfolgt, hängt von der Biotechnik und der Wassertechnik ab - z.B. Permeabilität, -Transport, -Diffusion und Dispersion von Sauerstoff, Nährstoffen und Abbauprodukten. Die Auswirkungen des Transports auf die Abbaukinetik werden vernachlässigt, wenn Laborversuche mit "Rühren und/oder Schütteln der Kulturen in Reagenzgläsern" durchgeführt werden.

Das Ziel dieser Arbeit war die Entwicklung eines Bioreaktorsystems, bei dem die Auswirkungen des Massentransports und die Analyse der richtigen Kinetik für biologische In-Situ-Abbauprozesse berücksichtigt werden können.

Das System besteht aus zwei für einen parallelen Dauerbetrieb ausgelegten Lysimeter-Installationen. Eine Lysimeterstation bestand aus vier Kolonnen unterschiedlicher Höhe (siehe Abbildung 1).

Am Einlaß und Auslaß der Reaktorkolonnen (Sandkolonnen) wurden folgende Reaktionsparameter aufgenommen: pH-Wert, Sauerstoff (gelöst), Kohlendioxid (gelöst), Wasserstoffperoxid, Kohlenwasserstoffe (gelöst), Nährstoffe (Ammoniak, Nitrit, Nitrat und Phosphat) sowie Keimzahlen der kohlenwasserstoff-oxidierenden Bakterien.

Mit Hilfe von zwei identischen Kolonnen konnten Kohlenwasserstoffe aus verschiedenen Reaktorsektoren zu verschiedenen Zeiten analysiert werden. Diese Daten ergaben Informationen über den Grad der erreichbaren Mineralisierung. Parallel zu den mikrobisch aktiven Kolonnen wurden sterile

Proben gefahren, um den Kohlenwasserstoffanteil zu bestimmen, der nicht von Mikroben abgebaut wurde, sondern aussickerte.

Durch diesen Betrieb der Lysimeterstationen konnte ein Massengleichgewicht zwischen dem Nährstoffverbrauch und dem Wasserstoffperoxid- oder Sauerstoffverbrauch beim Abbau von Kohlenwasserstoffen durch Mikroben bestimmt werden. Die Daten über gelöstes Kohlendioxid im Kolonnenabwasser ermöglichte die Bestimmung des KohlenwasserstoffMineralisierungsgrades. Die Abhängigkeit der überwachten Parameter von Zeit und Kolonnenlänge ermöglichte auch die Entwicklung kinetischer Daten.

Tabelle 1: Ausgangszustand

| | |
|---|---|
| Reaktorgröße: | |
| - Durchmesser | 8 cm |
| - Packungshöhe | 7,5  15,0  22,5  30,0 cm |
| Kontamination: | 3,41 g Dieselöl/kg TS |
| Durchsatz | 50 ml/h ($\equiv$ 1ml/cm$^2$ · h) |
| Nährstoffe | 5 mg/l Ammoniak |
| | 5 mg/l Phosphat |
| | 250 mg/l Wasserstoffperoxid |
| | ($\equiv$ 117,5 mg O$_2$/l) |

Ergebnisse:

In Abbildung 2 ist der Sauerstoffgehalt bei verschiedenen Reaktorlängen zeitabhängig dargestellt. Die Sauerstoffkonzentration nahm zwischen 70 und 90 Tagen erheblich zu. Während dieser Zeit wurde der im Reaktor verfügbare Sauerstoff nicht restlos verbraucht. Eine der beiden identisch betriebenen Kolonnen wurde vollkommen analysiert, um den Restgehalt an Kohlenwasserstoffen zu bestimmten. Die unvollständige Sauerstoffaufnahme deutete auf eine Veränderung beim Abbauprozeß hin: anfangs war nur beschränkt Sauerstoff, später dagegen nur beschränkt Kohlenwasserstoff vorhanden. Geschwindigkeitsveränderungen beim Abbau der Kohlenwasserstoffe können aus der Steilheit der Sauerstoffzunahme berechnet werden. Durch die Analyse der Geschwindigkeitsveränderungen bei der Kohlendioxidbildung konnte der jeweilige Mineralisierungsgrad bestimmt werden.

Eine vollständige Analyse der Kohlenwasserstoffreste ermöglicht die Bestimmung der Kinetik der Kohlenwasserstoffabbaureaktion bei Sauerstoffbeschränkung unter Berücksichtigung der Geschwindigkeit, mit der sich die Sauerstoffaufnahme und Kohlendioxidbildung vollzieht. Der Reaktor funktioniert wie ein "Integralreaktor".

Die Korrelation der Daten aus der kompletten Kohlenwasserstoffanalyse mit der Geschwindigkeit der "Sauerstoffdurchbruchzone" entlang des Reaktors ergibt die Differentialkinetik beim Kohlenwasserstoff- Abbauprozeß.

In Abbildung 3 ist der Prozentsatz abgebauter Kohlenwasserstoffe in Abhängigkeit der Reaktorlänge zur Zeit des Sauerstoffdurchbruches dargestellt. In allen Reaktorsektoren war ein konstanter, ca. 70- prozentiger Abbau zu verzeichnen. Diese Ergebnisse zeigen, daß beim Übergang vom Sauerstoffmangel zum Kohlenwasserstoffmangel noch eine Restkontamination von ca. 30 Prozent vorhanden ist. In der Kohlenwasserstoffmangelphase verlangsamt sich die Reaktion beträchtlich.

Aus Abbildung 4 sind die Keimzahlen der kohlewasserstoff- oxidierenden Mikroorganismen an der Bodenoberfläche ersichtlich. Die Ausgangskeimzahl war $10^7$ pro Gramm Trockensubstanz und stieg auf $10^8$ pro Gramm Trockensubstanz. Es war ein Maximum der Keimzahlen zu verzeichnen. Zum Zeitpunkt des Sauerstoffdurchbruches stellte sich jedoch der Zusammenbruch der Keimbildung ein.

Nach der mit Sauerstoff angereicherten Zone nahm die Mikrobenzahl um die Größenordnung 0,5 - 1 ab. Offensichtlich war die Mikrobenaktivität während der Übergangsphase von Sauerstoffmangel zu Kohlenwasserstoffmangel am stärksten. In der Kohlenwasserstoffmangelphase sinken die Zahlen wieder.

Am Austritt der Reaktoren waren die Keimzahlen im Abwasser wesentlich kleiner und sanken von einem Ausgangswert von $10^5$/ml auf ca. $10^4$/ml ab.

Durch die Zeit-Korrelation von Veränderungen in den überwachten Parametern wurden die Reaktionsgeschwindigkeiten aller Reaktanden nach zwei unabhängigen Methoden geprüft.

Durch Berücksichtigung der stöchiometrischen Aspekte kann die molare und die massebedingte Verbrauchs- bzw. -bildungsgeschwindigkeit bei Sauerstoff, Kohlenwasserstoffe und Kohlendioxid bestimmt werden.

Ideale Stöchiometrie:

$$(CH_2) + \frac{3x}{2} O_2 \longrightarrow x\ CO_2 + x\ H_2$$

$$2H_2O_2 \longrightarrow O_2 + 2H_2O$$

In stöchiometrischen Gleichungen wird aber der durch Metabolismus und Biomassebildung verursachte Sauerstoffverbrauch nicht berücksichtigt.

In Tabelle 2 sind die im Versuch und rechnerisch ermittelten Daten für den biologischen Abbauprozeß zusammengefaßt.

Tabelle 2: Kinetische Daten der biologischen In-Situ-Abbauprozesse

| Verhältnis | Methode | Werte | Theorie | $\frac{\text{Experiment (E)}}{\text{Theorie (T)}}$ |
|---|---|---|---|---|
| $\frac{O_2}{CH}$ E | a) Migration durch $O_2$-Zone | 7,7 | 3,43 | $\frac{E}{T} = 2,2-3,1$ |
| | b) CH-Analyse | 8,9-10,6 | 1,1 | |
| $\frac{O_2}{CO_2}$ E | $O_2$-Verbrauch $CO_2$-Bildung | 2,04-3,0* | 1,1 | $\frac{E}{T} = 2,4$ |
| $\frac{CO_2}{CH}$ E | CH-Analyse | 3,55-3,70 | 3,1 | $\frac{E}{T} = 1,14-1,2$ |
| $\frac{CH}{CH}$ | $CO_2$-Bildung CH-Analyse | 0,78-0,82 | 1 | 0,78-0,82 |
| $\frac{O_2}{CO_2}$ | Verring. $O_2$-Verbr. Verring. $CO_2$-Bldg. | 2,6 | | $\frac{E}{T} = 2,6$ |

* in Abhängigkeit der Reaktorlänge

DISKUSSION DER ERGEBNISSE

Die Rate des Sauerstoffverbrauchs, die auf Grund der Versuchsdaten bestimmt wurde, ist um den Faktor 2,4 größer als der stöchiometrisch berechnete Wert.

Aus der Korrelation der echten Kohlenwasserstoffabbaugeschwindigkeit und der $CO_2$-Bildungsgeschwindigkeit ist zu entnehmen, daß alle aus dem System entfernten Kohlenwasserstoffe (einschließlich der bei den sterilen Vergleichsproben ausgesickerten 20 Prozent) in $CO_2$ umgesetzt worden sind. Das bedeutet eine 100-prozentige Mineralisierung.

Diese Ergebnisse zeigen, daß ca. 40 Prozent des zugesetzten Sauerstoffes in Form von $CO_2$ aus dem System scheiden. Folglich bleiben 60 Prozent des zugeführten Sauerstoffes irgendwo im System erhalten. Es ist anzunehmen, daß dieser Sauerstoff zum Aufbau einer Biomasse dient. Infolge des Dauerbetriebs sickerte Biomasse dauernd aus. Dies wurde durch die Keimzahlen in den Abwasserströmen bestätigt.

Es wurden zwei kinetisch relevante Zustände bestimmt. Der Zustand des Sauerstoffmangels steht mit dem Zustand in Beziehung, wo die Sauerstoff-Zusetzgeschwindigkeit sich proportional zur Kohlenwasserstoff- Abbaugeschwindigkeit verhält. Im Versuch wurde ein Faktor von 0,09 - 0,13 ermittelt. Stöchiometrisch gesehen wäre ein Faktor von 0,29 zu erwarten.

Für einen 70-prozentigen Abbau von Dieselöl war Sauerstoff der Beschränkungsfaktor für den biologischen Abbauprozeß.

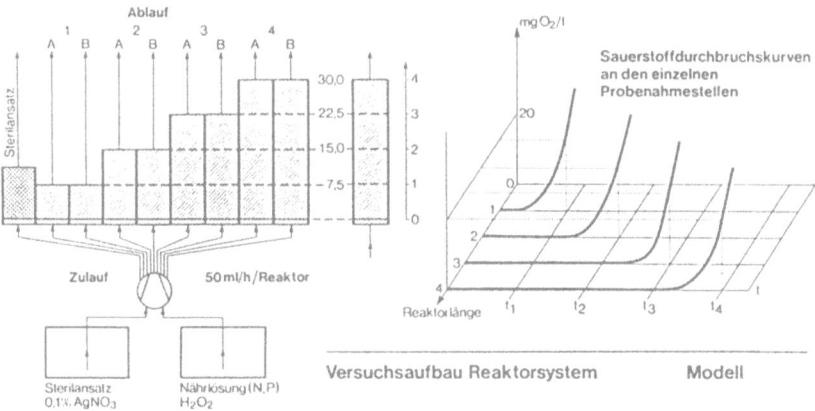

Abbildung 1.

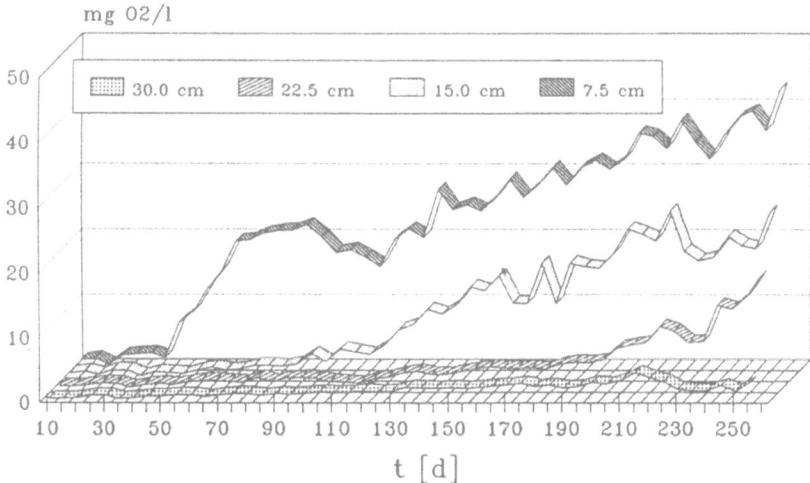

Abbildung 2. Sauerstoffkonzentration in in der wäβrigen Lösung als Funktion der Zeit und Reaktorlänge

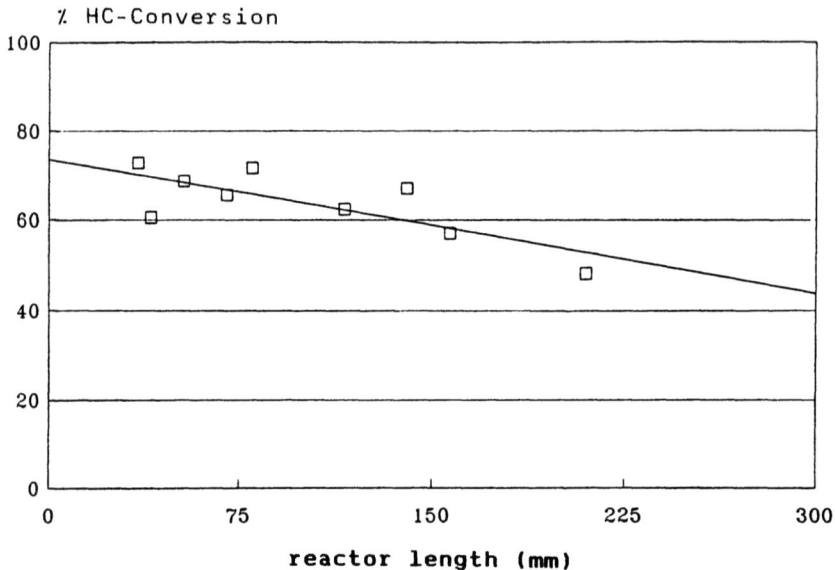

Abbildung 3: Abhängigkeit der Kohlenwasserstoffumsetzung von der Reaktorlänge.

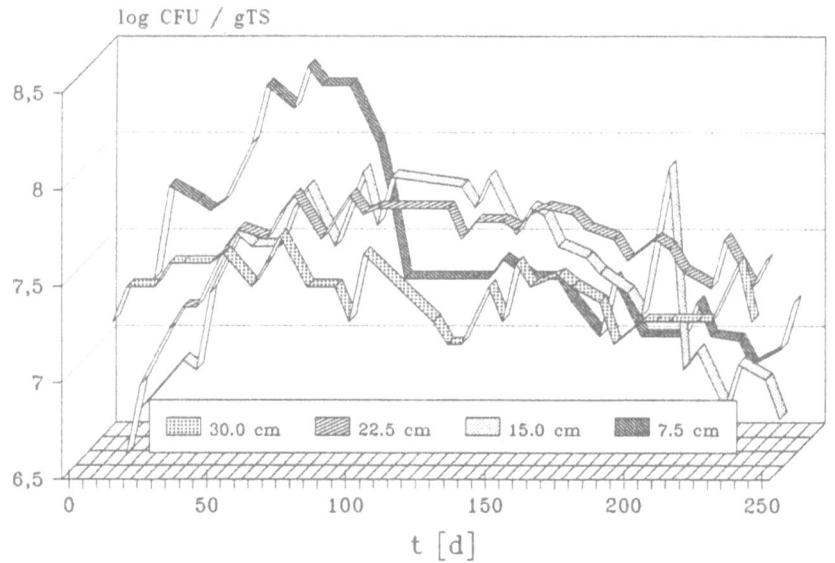

Colony Forming Units (soil)

Abbildung 4: Kohlenwasserstoffoxidierende Mikroben im Boden

Wenn also die Werte für den maximalen Sauerstoffbedarf und den ortsspezifischen Kontaminationsgrad bekannt sind, müßte sich die Zeit berechnen lassen, die zur 70-prozentigen Biosanierung einer Stätte erforderlich ist.

Bei einer Restkontamination von 30 Prozent vollzieht sich der Übergang vom Zustand des Sauerstoffmangels zum Zustand des Kohlenwasserstoffmangels. Dies führt zu einem plötzlichen Anstieg in der Reaktionsgeschwindigkeit. In unseren Untersuchungen verringerte sich der Kohlenwasserstoffanteil prc kg Boden und Tag um 0,1 mg. In dieser Phase wird die Reaktionsrate nicht mehr von der Sauerstoffkonzentration bestimmt, sondern von der Konzentration der Kohlenwasserstoffe bzw. ihrer biologischen Verfügbarkeit.

Diese Arbeit ist Bestandteil eines laufenden F&E-Projektes (Projektnr. 1460583) und wird vom BMFT (Bundesminister für Forschung und Technologie) unterstützt.

BIBLIOGRAPHIE
1) Riss, A.; Barenschee, E.R.; Helmling, O.; Ripper, P.: Einsatz von Wasserstoffperoxid zum mikrobiologischen Kohlenwasserstoffabbau - Labor- und Feldversuche in situ - in: gwf Wasser/Abwasser 1990 im Druck
2) Verheul, J.H.A.M., Van den Berg, R., Eikelboom, D.H.: Biologische in situ Wiederherstellung der Bodenqualität einer Untergrundverseuchung mit Benzin in Altlastensanierung '88. Hersg. K. Wolf, W.J. van den Brink, F.J. Colon. Zweiter Internationaler TNO/BMFT Kongress über Altlastensanierung, 11.-15.04.88 Hamburg, Kluwer Academic Publishers, Dordrecht, Boston, London 1988
3) Downey, D.C.; Hinchee, R.E.Z.; Westray, M.S.; Slaughter, J.K.: Combined biological and physical treatment of a jet fuel contaminated aquifer, in: NWWA/API Proceedings of petroleum hydrocarbons and organic chemicals in ground water; Conference and Exhibition, November 9.-11., 1988 Houston, Texas
4) Hinchee, R.E.; Downey, D.C.: The role of Hydrogen Peroxide in enhanced Bioreclamation, in: NWWA/API Proceedings of petroleum hydrocarbons and organic chemicals in ground water; Conference and Exhibition November 9.-11., 1988 Houston, Texas
5) American Petroleum Institute 1987, Publ. 4448. Field study of enhanced subsurface biodegradation of hydrocarbons using Hydrogen Peroxide as an oxygen source
6) Ward, C.M.; Thomas, J.M.; Fiorenza, S.; Rifai, H.S.; Bedient, P.B.; Armstrong, J.M.; Wilson, J.T.; Raymond, R.L.: A quantitative demonstration of the Raymond process for in situ biorestoration of contaminated aquifers, in: NWWA/API Proceedings of petroleum hydrocarbons and organic chemicals in ground water; Conference and Exhibition, November 9.-11., 1988 Houston, Texas
7) Raymond, R.L.: Reclamation of Hydrocarbon Contaminated Ground Water, U.S. Patent 3,846,290 Nov. 05., 1974
8) Raymond, R.L.; Brown, R.A.; Norris, R.D.; O'Neil, E.T.: Stimulation of biooxidation processes in subterranean formation, U.S. Patent 4,588,505 May 13; 1976

SANIERUNG DURCH BIOLOGISCHE BEHANDLUNG IN-SITU VON MIT AROMATEN, POLYZYKLISCHEN UND PHENOLISCHEN VERBINDUNGEN KONTAMINIERTEN BÖDEN

H.B.R. VAN VREE*, L.G.C.M. URLINGS*, P. GELDNER**

* TAUW INFRA CONSULT, P.O. BOX 479, 7400 AL DEVENTER, NIEDERLANDE
** SACO, KARLSRUHE, BUNDESREPUBLIK DEUTSCHLAND

EINFÜHRUNG
Aus Bodensanierungsarbeiten ist bekannt, daß Boden oft mit einer Mischung der folgeden organischen Mikroschadstoffe belastet ist: Benzol, Toluol, Ethylbenzol und Xylol (BTEX); polyzyklischen aromatischen Kohlenwasserstoffen (PAK); und phenolartigen Verbindungen (PV). Beispiele für solche Grundstücke sind: Ehemalige Gaswerke, petrochemische (Asphalt-) Produktionsanlagen und ehemalige pharmazeutische Fabriken. Diese Abhandlung berichtet über Laborversuche an Boden von einer Asphaltproduktionsanlage und einer ehemaligen pharmazeutischen Fabrik. Die Abhandlung gibt Informationen über ein biologische Behandlung von wiederverwendetem Grundwasser an Ort und Stelle, die Biostimulierung am Ort durch Mikroorganismen im Boden, und das Schicksal der Schadstoffe. Das Hauptziel ist eine Sanierung des Bodens ohne Ausgraben.

BESCHREIBUNG DER GRUNDSTÜCKE
Die Gesamtfläche des Asphaltproduktionsgeländes beträgt etwa 1,5 Hektar, und sogar bis zu 10m Tiefe schien der Boden stark belastet zu sein. Wegen der sehr hohen Konzentrationen ist die Behandlung des Grundwassers durch Adsorption an Aktivkohle zu aufwendig. Die pharmazeutische Fabrik liegt in einem dicht besiedelten Stadtgebiet. Die Schadstoffbelastung in der gesättigten Zone betrifft ein Gebiet von etwa einem Hektar. Die Belastung ist durch eine Schicht von "Marl" in etwa 6 m Tiefe unter der Bodenoberfläche eingegrenzt.

SANIERUNGSTECHNIKEN
Nach der neueren Literatur und nach eigenen Erfahrungen scheint die biologische Behandlung von mit PAK, BTEX oder PV belastetem Grundwasser und Boden eine vielversprechende Methode zu sein. Deshalb kann nach Optimierung durch Laborarbeiten mit schadstoffbelastetem Boden von den Grundstücken eine Verfahrensweise für die Arbeiten im Feld entwickelt werden. Die folgenden Verfahren können unterschieden werden:
- Auslaugung. Durch Umwälzung des gepumpten Grundwassers können löslische Schadstoffe wie die Mehrzahl der PV, BTEX und PAK von niedrigem Molekulargewicht mobilisiert

werden. Zusatz von grenzflächenaktiven Stoffen kann die Mobilisierung der PAK von höherem Molekulargewicht fördern.
- Biosanierung an Ort und Stelle. Stimulierung der im Unterboden vorhandenen Bakterien wird erzielt durch Zusatz geeigneter Elektronenakzeptoren und Nährstoffe zum eingesickerten Wasser.
- Biologische Grundwasserbehandlung. Das gepumpte Grundwasser mit Schadstoffen in hohen Konzentrationen wird biologisch behandelt. Das System basiert auf dem Konzept festliegender Grenzschichten (z.B. Biokontaktgefäße, Rieselfilter oder belüftete Systeme).
- Hydrologische Maßnahmen. Das hydraulische System übernimmt die Wasserzirkulation und verhindert das Ausdringen der Schadstoffe aus der kontrollierten Sanierungszone.

ERGEBNISSE DER LABORVERSUCHE
Asphaltproduktionsgelände
In den Laborversuchen wurde zwei Arten von Reaktionsgefäßen benutzt: Eine belüftete Kolonne mit Aufwärtsströmung (BSA) von 24 Litern und ein biologischer Scheibentauchkörperreaktor (BSK) von 32 Litern. Die Verweilzeit war etwa 5 Stunden für beide Reaktionsgefäße. Beide Bioreaktionsgefäßen wurden in Serie an eine mit Boden gefüllte Kolonne angeschlossen. Auf diese Weise war es möglich, das durchgesickerte Wasser aus den Bodenkolonnen nach der Behandlung in einem der Bioreaktoren erneut zu zirkulieren. In diesem Stadium wurden dem zirkulierenden Wasser keine Nährstoffe oder oberflächenaktiven Stoffe zugesetzt. Die Beseitigungsleistung nach 150 Tagen Betriebszeit im rezirkulierten Wasser der beiden Bioreaktoren lag zwischen 99-100% für PAK, 94-100% für BTEX und bis zu 93% für PV. Diese Versuche zeigen, daß der biologische Abbau sofort beginnt und daß die biologische Beseitigung von Schadstoffen aus dem zirkulierenden Wasser beinahe vollständig ist.

Pharmazeutische Fabrik
Eine intensive Laboruntersuchung wurde eingeleitet, um die Durchführbarkeit der Biosanierung an Ort und Stelle zu beurteilen. Die Hauptziele waren die Optimierung der Abbauraten, Auswahl eines geeigneten Elektronenakzeptors und die Erhöhung der Bioverfügbarkeit. In Bezug auf biologische Abbaubarkeit wurden Beseitigungsleistungen von 73-99% für PAK in beiden Experimenten erzielt. Das entspricht einer Beseitigungsrate von etwa 0,7 - 1,3 mg PAK/kg und Tag (16 EPA). Besonders in den Proben von sandigem Marl wurden hohe Prozentsätze für die Beseitigung gefunden (>98%).
Zusätzliche Versuche mit einer gemischten Probe in der Reaktionskolonne bestätigten die biologische Abbaubarkeit der Schadstoffe. Innerhalb von 24 Tagen wurde für PAK (16

EPA) eine Beseitigungsleistung von 45% erzielt. Das Vorhandensein von heimischen Bakterien wurde durch Gesamtzählungen von Plattenkulturen bewiesen. Die anfänglichen Zählungen schwankten zwischen 2 - 5,5 x $10^6$ CFU/g Boden, während in Serienversuchen die Bakterienpopulation unveränderlich blieb.

In zusätzlichen Versuchen wurde auch die Eignung von Nitrat als Elektronenakzeptor bewiesen. Eine Unterdrückung des Nitratverbrauchs durch Gegenwart von Sauerstoff wurde nicht beobachtet. Ein ausgewähltes oberflächenaktives Mittel zeigte, daβ der Verteilungskoeffizient Boden/Wasser, $K_d$, für PAK (16 EPA) von 41 600 auf 70 (dm³/kg) herabgesetzt wurde. Ein weiterer Versuch mit der Kolonne bestätigte die Anwendbarkeit dieses oberflächenaktiven Mittels. Die Auslaugung der PAK (16 EPA) wurde auf das 2000-3000fache erhöht. Es wurden nicht nur die PAK mit niedrigem Molekulargewicht mobilisiert, sondern die Mobilisierungswirkung zeigte sich auch bei PAK von hohem Molekulargewicht. Eine wachstumshemmende oder toxische Wirkung der oberflächenaktiven Stoffe auf die Bakterien wurde nicht beobachtet.

SCHLUSSFOLGERUNGEN

Extraktion von schadstoffbelastetem Grundwasser und Behandlung des extrahierten Grundwasser in Bioreaktoren ist eine brauchbare Sanierungsstrategie für stark schadstoffbelastetes Grundwasser. Ohne biologische Stimulierung in den unteren Bodenschichten sind das Pump- und Behandlungssystem und das Rezirkulationssystem nicht leistungsfähig zur Beseitigung von PAK von hohem Molekulargewicht aus schadstoffbelastetem Boden. Trotzdem wird die Gefährdung deutlich verringert, bei tragbaren Kosten. Aus den für die beiden Grundstücke durchgeführten Versuchen folgt, daβ die Behandlung in-situ von mit BTEX, PAK und PV belastetem Boden möglich ist. Wesentlich für eine wirksame Sanierungstechnik ist die Optimierung der Biosanierung an Ort und Stelle, die Verbesserung der Auslaugung durch oberflächenaktive Stoffe und die biologische Grundwasserbehandlung an Ort und Stelle.

# HYDRAULISCHE UNTERGRUNDSANIERUNG MIT BIOLOGISCHER REINIGUNG IN-SITU UND ON-SITE

WEIDNER, J; WICHMANN, K; CZEKALLA, C.
CONSULAQUA Hamburg; Beratungsgesellschaft mbH

Auf dem Gelände eines metallverarbeitenden Industriebetriebes mit Lackiererei im Norden Hamburgs sind chlorierte Kohlenwasserstoffe und Aromaten in den Untergrund versickert. Das Grundwasser im Schadenszentrum weist Gehalte an CKW und Aromaten von bis zu 40 mg/l auf. Es ist ferner gekennzeichnet durch einen reduzierten Zustand und hohe Eisen- und Mangangehalte. Seit 1987 wird eine hydraulische Grundwassersanierung mit oberirdischer Grundwasserbehandlung (Strippung mit Trockenadsorption, Enteisenung und Entmanganung, Aktivkohle - Naßadsorption) und Reinfiltration des dekontaminierten Wassers durchgeführt. Die Schadstoffkonzentration im Ablauf liegt bei < 5µg/l.
In Laborversuchen und Pilotversuchen vor Ort konnte eine mikrobielle Elimination von > 90 % der Schadstofffracht durch die standorteigene Mikroflora nach Nährstoffzugabe (Biostimulation) unter denitrifizierenden Bedingungen festgestellt werden. In Anwendung dieser Erkenntnisse ist für die zukünftige Sanierung ein kombiniertes in-situ und on-site Verfahren entsprechend nachfolgender Grundsätze vorgesehen:

1. Ergänzung der hydraulischen Maßnahmen durch biologische in-situ Sanierung
Durch Zugabe von Nährstoffen und Nitrat in das Infiltrationswasser wird eine Aktivierung des natürlichen Selbstreinigungspotentials zur Elimination der gelösten und adsorptiv am Bodenmaterial gebundenen Schadstoffe erreicht.

2. Umstellung der oberirdischen Aufbereitungsanlage auf biologisch - adsorptive Reinigung
In Versuchen konnte durch einen Biofilm schadstoffabbauender Mikroorganismen auf der Aktivkohleoberfläche kontinuierlich oder diskontinuierlich eine Regeneration des Adsorbens erzielt werden. Unter Verzicht auf das Strippverfahren soll daher die biologisch-adsorptive Reinigung eingesetzt werden, die die Vorteile der biologischen Schadstoffelimination mit der Sicherheit der Aktivkohleadsorption vereint.
Da durch die biologische in-situ Maßnahme eine deutliche Verkürzung der Gesamtsanierungsdauer zu erwarten ist, und die mikrobielle Elimation der Aromaten und CKW zu einer Minimierung des Reststoffanfalls führt, ist das neue Kombinationsverfahren sowohl unter ökologischen wie auch ökonomischen Gesichtspunkten sehr vorteilhaft.

Anschrift des Verfassers:
CONSULAQUA Hamburg
Beratungsgesellschaft mbH
Billhorner Deich 2
2000 Hamburg 26

Mikrobiologische in-situ Sanierung auf dem Gelände einer
ehemaligen Teerchemiefabrik

Dr. P. Geldner (*) und Dipl.-Geol. W. Böhm (**)

(*)  Saco GmbH, Bismarckstraße 73, 1000 Berlin 12
(**) Der Senator für Stadtentwicklung und Umweltschutz,
     Lindenstr. 20-25, 1000 Berlin 61

1. EINLEITUNG

Auf dem Gelände einer ehemaligen Teerchemiefabrik wurde
eine Boden- und Grundwasserverschmutzung größeren Ausmaßes
entdeckt. Der Boden und das Grundwasser waren vor allem mit
PAK, Phenolen und Mineralölkohlenwasserstoffen verunreinigt.

Auf dem etwa 20000 m² großen Gelände liegt eine 6 bis
7 m mächtige Schicht von Fein- und Mittelsanden mit vereinzelten Grobsandlinsen einer Geschiebemergelschicht auf. Die
Sande weisen Durchlässigkeiten von $10^{-4}$ und $10^{-5}$ m/s auf.
Der Flurabstand beträgt 4 bis 5 m.

Die Kontaminationen sind auf dem Gesamtgrundstück auf
einzelne Schwerpunkte mit hohen Konzentrationen verteilt;
die dazwischenliegenden Bereiche weisen leichtere Kontaminationen auf. Etwa 60% der ehemaligen Gesamtfläche muß als
sanierungsbedürftig angesehen werden.

2. SANIERUNGSSTRATEGIE

Als Sofortmaßnahme war in zwei Bereichen besonders
stark kontaminiertes Material ausgehoben worden, das anstehende Grundwasser wurde abgepumpt, on-site gereinigt und
abgeleitet.

Durch die vorhandene Bebauung der einzelnen Teilgrundstücke kam ein Bodenaustausch nur in begrenzten Bereichen
in Frage. Naheliegend war daher die Entwicklung eines geeigneten in-situ Verfahrens zum Abbau der Schadstoffe im
Untergrund. Insbesondere in dem überbauten Teil stellt die
mikrobiologische in-situ Sanierung eine geeignete Lösung
dar. Auch aus der Literatur bekannte Laborergebnisse über
die grundsätzliche Abbaubarkeit der vorhandenen Stoffgruppen des hier vorgefundenen Schadstoffgemisches
ermutigten zu diesem Ansatz.

3. VORUNTERSUCHUNGEN

Die in-situ Sanierung wurde durch ein kombiniertes
mikrobiologisches und hydraulisches Vorprogramm eingeleitet. Aufgabe dieses Vorprogrammes war einerseits, die
Nährstoffzugabe und Dosierung des Elektronenakzeptors zu
optimieren und andererseits die technische Realisierung
geschlossener Spülkreisläufe im Untergrund nachzuweisen.

Das Vorprogramm enthält :
(a) im Aufwand gestaffelte mikrobiologische Untersuchungen, beginnend mit einfachen orientierenden Batchversuchen bis zu einem Feldversuch zur Stimulation der im Untergrund vorhandenen Bakterienpopulationen
(b) Pump- und Schluckversuche zur Erkundung des lokalen Aufbaus des Grundwasserleiters und zur Ermittlung der realisierbaren Kreislaufwassermengen
(c) Einfahrversuche zur Optimierung einer mikrobiologischen Nachreinigung des Umlaufwassers

Die Voruntersuchungen dauerten etwa 8 Monate und gingen fließend in die eigentliche Sanierung über.

## 4. ERGEBNISSE

Durch die kombinierte Auswertung sowohl der mikrobiologischen als auch der hydraulischen Ergebnisse mit einem numerischen Strömungs- und Transportmodell konnte die Anordnung der Infiltrations- und Entnahmeelemente so dimensioniert werden, daß eine größtmögliche Sicherheit gegen Schadstoffverschleppung erreicht wird.

Die mikrobiologischen Voruntersuchungen erbrachten durchaus nennenswerte Abbauraten des speziellen Schadstoffgemisches; jedoch stellen sie an die technische Realisierung besondere Anforderungen. Im Labor wird zur Zeit untersucht, wie die Verfügbarkeit der Schadstoffe für die Mikroorganismen durch Anwendung von Tensiden gesteigert werden kann. Zur näheren Abgrenzung erzielbarer Abbauraten wurde ein laufender Pump- und Schluckversuch in einen ersten Sanierungskreislauf übergeführt, um die Intensität des mikrobiologischen Abbaus unter Naturbedingungen, allerdings zunächst in einem relativ kleinen Maßstab, überprüfen zu können. Bei erfolgreichem Abschluß dieses Feldversuches, während dessen Durchführung bereits ein erstes Areal saniert wird, ist die Erweiterung auf weitere Teilflächen des Grundstückes vorgesehen.

## 5. BIBLIOGRAPHIE

Geldner, P. (1987). Stimulated in situ biodegration of aromatic hydrocarbons. Lecture: Second International Conference on New Frontiers for Hazardous Waste Management. September 1987.

Böhm, W. (1990). Die Sanierung der ehemaligen Schliemann-Teerchemie in Berlin. Eurokongress Altlasten, Saarbrücken, Juni 1990.

Urlings, L.G.C.M. (1990). The application of biotechnology in soil remediation. Lecture: Third Netherlands Biotechnology Congress. April, 1990

BIOLOGISCHE IN-SITU SANIERUNG EINES MIT BENZIN KONTAMINIERTEN UNTERBODENS

REINIER VAN DEN BERG, JOS H.A.M. VERHEUL[1] UND DICK H. EIKELBOOM[2]

NATIONAL INSTITUTE FOR PUBLIC HEALTH AND ENVIRONMENTAL PROTECTION, SOIL AND GROUNDWATER RESEARCH LABORATORY
P.O. BOX 1, 3720 BA BILTHOVEN, DIE NIEDERLANDE
[1]DHV CONSULTANTS, P.O. BOX 85, 3800 AB AMERSFOORT, DIE NIEDERLANDE
[2]TNO/DIVISION TECHNOLOGY FOR SOCIETY, DPMT. BIOLOGY, P.O. BOX 217, 2600 AE DELFT, DIE NIEDERLANDE

EINLEITUNG

Die in-situ Behandlung eines kontaminierten Bodens bietet gegenüber einer Behandlung auf dem Gelände oder außerhalb Vorzüge hinsichtlich der Auskofferungs- und Transportkosten. Da viele organische Verbindungen zumindest im Prinzip biologisch abbaubar sind, liegt die Wahl biologischer Sanierungsverfahren auf der Hand. Darüber hinaus bleiben die Bodenstruktur und ein 'umweltverträglicher' Boden erhalten. Das Ziel dieses Forschungsprojekts, das vom Ministerium für Umweltweltschutz bei RIVM und MT/TNO in Auftrag gegeben worden ist, besteht in der Untersuchung der Durchführbarkeit biologischer in-situ Behandlungen unter Berücksichtigung der Kosten und der Behandlungsdauer.

Die Ergebnisse der Literaturstudie (1), der Laboruntersuchungen (2) und der Standorterkundung (1, 2) sind bereits mitgeteilt worden. In diesem Artikel werden die Ergebnisse der Säulenexperimente dikutiert. Der eigentliche Sanierungsprozeß ist im März 1990 eingeleitet worden.

Der gewählte Standort ist eine Tankstelle, bei der der Unterboden von 2 bis 4,5 Meter unterhalb der Oberfläche (m-u.d.O.) über eine Fläche von 600 m² mit Benzin kontaminiert worden ist. Kontaminiert sind etwa 1500 m³ Boden mit einer maximalen gemessenen Benzinkonzentration von 12000 mg/kg und einer mittleren Konzentrations von 4800 mg/kg. Das Grundwasser ist bis zu einer Tiefe von 10 m-u.d.O. mit flüchtigen aromatischen Verbindungen kontaminiert. Der Boden besteht aus Sand mit Schichten von Ton und Lehm. Die Bodenpermeabilität wurde zu ca. 1 m/Tag bestimmt.

EXPERIMENTE IN UNGESTÖRTEN BODENSÄULEN

Das Ziel der Säulenexperimente bestand in einer Überprüfung der Laborexperimente. Insbesondere sollten die Effekte der Maßstabsvergrößerung und der Bodenstruktur untersucht, sowie die Eignung von Wasserstoffperoxid und alternativen Sauerstoffquellen geprüft werden. Die Auslegung der Säulenexperimente ist bereits anderweitig diskutiert worden (2). Die Experimente wurden in Edelstahlsäulen mit ungestörtem Boden durchgeführt. Zur Überwachung der Prozesse innerhalb der Säulen wurde eine Massenbilanz aufgestellt: $M_d = M_i - M_r - M_l$ ([biologischer] Abbau = ursprünglich vorhanden - aus der festen Phase zurückgewonnen - ausgelaugt) (Tabelle 1).

TABELLE 1. Massenbilanzen aller Säulen für Benzin [g]. Die Prozentsätze beziehen sich auf die anfänglich vorhandenen Mengen. $M_a$th. = theoretisch abgebaut (auf Grundlage des Sauerstoffeintrags)

| Säule | $M_i$ [g] | $M_l$ [g] | [%] | $M_r$ [g] | [%] | $M_a$ [g] | [%] | $M_a$th. [%] |
|---|---|---|---|---|---|---|---|---|
| 1 | 100 | 66 | [66] | 32 | [32] | 2 | [ 2] | 12 |
| 2 | 111 | 61 | [55] | 58 | [52] | -8 | [-8] | 11 |
| 3 | 132 | 63 | [48] | 12 | [ 9] | 57 | [43] | 55 |
| 6 | 187 | 63 | [34] | 28 | [15] | 96 | [51] | 6 |
| 4 | 155 | 63* | [40*] | 4 | [ 3] | 88 | [57] | 59 |
| 5 | 192 | 63* | [33*] | 20 | [10] | 109 | [57] | 12 |

Im Auslaugungsverhalten der Säulen wurden trotz der vorhandenen Konzentrationsdifferenzen keine Unterschiede beobachtet. Nur die flüchtigen organischen Verbindungen werden aus dem Boden ausgelaugt. Bei den vorhandenen Aliphaten wurde keine Auslaugung beobachtet. Die Auslaugung der aromatischen Verbindungen erfolgte mit sehr hohen Konzentrationen im Verlauf der ersten Woche. Nach der Demontage der Säulen zeigen die Konzentrationen in der festen Phase für die Umwälzsäulen und für die mit Wasserstoffperoxid versetzten Säulen eine geringe Benzinrückgewinnung; sie liegen unter dem C-Referenzwert. Im unteren Bereich der Peroxidsäulen liegen die Konzentrationen sogar unter dem A-Referenzwert. Was die einzelnen Komponenten betrifft, so scheinen Aliphaten nur durch Abbau entfernt zu werden.

Der (biologische) Abbau von Benzin wurde nur in den Säulen mit Zusatz von Wasserstoffperoxid, mit Umwälzung oder mit einer Kombination von beidem beobachtet. Ausgehend von den Daten für den Sauerstoffeintrag waren die Abbauergebnisse nicht überraschend, ausgenommen nur die Umwälzsäulen. Eine Hypothese zur Erklärung des beobachteten hohen Abbaus ist die, daß die Umwälzung durch die kontinuierliche Produktion und Akkumulierung von Emulgatoren in diesen Säulen zu einer erhöhten Auslaugung/biologischen Verfügbarkeit geführt hat. Diese Hypothese wird durch die knappen verfügbaren

Daten zu gelöstem anorganischen und organischen Kohlenstoff nicht völlig erhärtet. Weitere Erklärungen zu dieser Beobachtung können gegenwärtig nicht gegeben werden.

Die Daten zum Sauerstoff, zur mikrobiellen Biomasse und zum gelösten anorganischen Kohlenstoff zeigten eine allmähliche Sanierung des Bodens, und zwar in Strömungsrichtung des Einsatzes (und des erforderlichen Sauerstoffs).

Der Durchbruch des Sauerstoffs zu den Probenöffnungen und in das Austrittsprodukt wurde später nur bei den mit Peroxid versetzten Säulen beobachtet.

In keiner der Säulen wurde die Aufnahme von Nitrat beobachtet, dies selbst bei 'Fehlen' von Sauerstoff in den Säulen.

GESTALTUNG DER SANIERUNG

Auf Grundlage der Hydrologie und der Ergebnisse der Säulen- und Laborexperimente wurde die Gestaltung der gleichzeitigen Sanierung von kontaminiertem Boden und Grundwasser geplant. Das Wasser wird über ein Dränsystem infiltriert, über Pumpbrunnen entnommen, oberirdisch behandelt und nach Zusatz von Chemikalien wieder infiltriert.

Wenn man von dieser Auslegung und einer geschätzten Dauer der biologischen Sanierung von 6 bis 12 Monaten ausgeht, liegen die voraussichtlichen Kosten bei Mf 0,7. Dies ist mit Mf 1,0 für Auskofferung und Verbrennung zu vergleichen.

BEWERTUNG

Die bisher durchgeführten Untersuchungen haben gezeigt, daß die biologische in-situ Sanierung gute Perspektiven bietet. Die beschriebenen Experimente und andere Projekte zeigen aber auch, daß die Forschungsarbeiten fortgesetzt werden müssen, um Rückschläge zu vermeiden. Wenn ein Projekt erfolgreich abgeschlossen werden soll, muß das Gleichgewicht zwischen den Forschungsarbeiten zur Geohydrologie und zum biologischen Abbau sorgfältig austariert werden.

BIBLIOGRAPHIE
1) Eikelboom, D.H. und J.H.A.M. Verheul. 1986. In situ biological treatment of a contaminated subsoil (Biologische in-situ Behandlung eines kontaminierten Unterbodens). Pp. 686-692. In: Contaminated Soil '86. [Herausgeber J.W. Assink und W.J. van den Brink]. Martinus Nijhoff Publishers.
2) Verheul, J.H.A.M., R. van den Berg und D.H. Eikelboom. 1988. In situ biorestauration of a subsoil contaminated with gasoline (Biologische in-situ Sanierung eines mit Benzin kontaminierten Unterbodens). Pp. 705-716. In: Contaminated Soil '88. [Herausgeber K. Wolf, W.J. van den Brink und F.J. Colon]. Kluwer Academic Publishers.

Vorstellung einer In situ - Bodensanierung einer mit Mineralöl
kontaminierten Tankanlage

Dipl.-Ing. U. Rosenbrock und Dr.-Ing. H. Niebelschütz

ARGUS Umweltbiotechnologie GmbH
Niemetzstr. 47/49
D-1000 Berlin 44

## 1. EINLEITUNG

An einer Autobahntankanlage in Bayern liefen durch eine Leckage unter einer Zapfsäule ca. 5000 l Dieselkraftstoff aus. Zur Schadenseingrenzung wurden Rammkernsondierungen im Bereich der ungesättigten Bodenzone durchgeführt und zusätzlich Beobachtungspegel in den Grundwasserleiter niedergebracht. Die Untersuchungen wiesen auf einer Fläche von 20 m x 12 m eine starke Verunreinigung des Erdreichs nach. Die Kontaminationstiefe betrug max. 6 m. Es wurden Mineralölkohlenwasserstoffgehalte im Mittel von 6.000 mg/kg Erdreich mit Maximalwerten von 24.000 mg/kg unmittelbar unterhalb der defekten Dieselsäule ermittelt. Das Grundwasser stand ca. 8 m unter Gelände an und war noch nicht in Mitleidenschaft gezogen.

## 2. SANIERUNGSMAβNAHME

In unmittelbarer Nähe zum Schadensort befindet sich ein Trinkwassergewinnungsbrunnen einer kleineren Gemeinde. Insofern konnten nur Sanierungsverfahren zum Einsatz kommen, bei denen eine Verlagerung oder Migration des Imprägnationskörpers sicher vermieden wurde. Da eine Tonschicht in ca. 6 m Tiefe den direkten Kontakt zwischen Schaden und Grundwasser verhindert, konnten auch Methoden in Betracht gezogen werden, die eine längere Sanierungsdauer erfordern.

Aus wirtschaftlichen und umweltpolitischen Gründen wurde eine mikrobiologische Behandlungsmethode zur Schadenssanierung gewählt.

In Voruntersuchungen konnte nachgewiesen werden, daß sich die standortspezifische Mikroorganismenflora unter optimierten Bedingungen zum Abbau der Mineralöle aktivieren läßt. Zur Beschleunigung der natürlichen aeroben mikrobiologischen Abbauprozesse wurden zu Beginn der Behandlungsmaßnahme zusätzliche autochthone Mikroorganismen im Labor angezüchtet und infiltriert.

## 3. SANIERUNGSERGEBNIS

Das geforderte Sanierungsziel von Werten unter 1.000 mg/kg konnte bereits nach nur 9 Monaten Betrieb unterschritten werden. Die in mehreren Kontrollpunkten gemessenen Mineralölgehalte lagen im Mittel um 100 mg/kg mit Maximalwerten von 320 mg/kg. Diese Messungen zeigten auch, daß keine Verlagerung des Schadenskörpers stattgefunden hat. Die Grundwasseruntersuchungen aus den Beobachtungspegeln belegten, daß weder vor, während, noch nach der Sanierung Verunreinigungen nachzuweisen waren.

3 Monate nach Sanierungsende wurden im Behandlungsgebiet gleiche Keimzahlen wie in einem nicht kontaminierten Kontrollbereich nachgewiesen.

## "EHEMALIGES GASWERK OHLIGS" IN SOLINGEN
### FELDVERSUCHE ZUR BIOLOGISCHEN SANIERUNG PAK-BELASTETER BÖDEN

Verfasser: Dipl.-Ing. Haimo Bullmann, Stadt Solingen, Amt für Umweltschutz
Dipl.-Ing. Michael Odensaß, Landesamt für Wasser und Abfall NW (LWA)
Dipl.-Ing. Hans-Peter Wruk, GERTEC Beratende Ingenieure, Essen

Wenn heute von der Altlastenproblematik gesprochen wird, so stehen in den meisten Fällen Flächen mit hohem Gefährdungspotential, wie z.B. die Sonderabfalldeponien Georgswerder und Malsch, im Mittelpunkt der Diskussion; Flächen mit geringerem Gefährdungspotential, die ebenfalls sanierungsbedüftig sein können und die zahlreich vorhanden sind, erfordern jedoch die gleiche Aufmerksamkeit.
Eine Vielzahl dieser Flächen, von denen zwar keine unmittelbare, akute Gefährdung ausgeht, die jedoch aufgrund ihrer Belastung häufig Folgenutzungen blockieren, stellt in Ballungsgebieten ein großes Problem im Rahmen der Stadtentwicklung dar, da auch Ersatzflächen nicht zur Verfügung stehen.

Ein Beispiel für die geschilderte Problematik ist der Altstandort des "Ehemaligen Gaswerks Ohligs" in Solingen (siehe Bild).

Die Untersuchungsergebnisse der Gefährdungsabschätzung, die von GERTEC 1988 durchgeführt wurde, zeigten, daß (neben dem hochkontaminerten Kernbereich) in Randbereichen des Gaswerks oberflächennahe Bodenschichten durch PAK verunreinigt sind und diese Grundstücke dadurch für die weitere Nutzung nicht zur Verfügung stehen (ca. 1,1 ha).
Eine von der Stadt veranlaßte Recherche über mögliche Sanierungsverfahren ergab, daß einige Anbieter von biologischen Sanierungsverfahren zuversichtlich sind, den Boden des Gaswerks Ohligs in vertretbaren Zeiträumen und Kosten sanieren zu können. Laborversuche waren zum Teil erfolgreich, praktische Erfahrungen fehlten jedoch weitgehend (Stand Mitte 1988).

In dieser Situation hat die Stadt Solingen über den RP Düsseldorf beim zuständigen Ministerium (MURL) angeregt, Feldversuche am Beispiel des Gaswerks Ohligs durchzuführen. Ziel der Versuche sollte es sein, Sanierungsverfahren für ehemalige Gaswerke auf ihre Eignung zu überprüfen.

**Ehemaliges Gaswerk Ohligs**
━━ Grenze ehemaliges Gaswerk ─── Grenze Untersuchungsgebiet

Eine Vorprüfung durch das LWA ergab, daß die Randbedingungen des Standortes repräsentativ für viele andere Fälle sind. Das Land hat daraufhin diese Anregung aufgegriffen; derzeit werden großtechnische Feldversuche, welche die Einsatzmöglichkeiten verschiedener biologischer Verfahren erkunden sollen, vorbereitet. Die fachliche Konzeption und die Auswahl der zu beteiligenden Firmen erfolgte duch eine Arbeitsgruppe unter Beteiligung von LWA, RP, LÖLF, StAWA, Stadt Solingen und GERTEC. Das Land NW hat für diese Versuche 1,2 Millionen DM bereitgestellt.Die Versuchsergebnisse sollen durch geeignete

Auswertung und Dokumentation dem Land Nordrhein-Westfalen die Möglichkeit geben:

- betroffenen Kommunen in fachlicher Hinsicht bei der Auswahl von Sanierungsverfahren Hilfestellung zu leisten
- sinnvolle (technisch mögliche und finanzierbare) Sanierungsziele vorzuschlagen
- den Finanzbedarf für die Sanierung ähnlicher Flächen abzuschätzen
- Defizite bei den vorhandenen Sanierungsverfahren festzustellen sowie den Entwicklungsbedarf und die Schwerpunkte möglicher Förderprogramme zu definieren.

Im Juni 1989 wurde GERTEC vom Regierungspräsidenten Düsseldorf (RP) mit der Projektsteuerung, wissenschaftlichen Begleitung und Auswertung der Feldversuche in Solingen Ohligs beauftragt.

Auf der Grundlage der vorgelegten Verfahrensbeschreibungen in Verbindung mit den Ergebnissen von Vorversuchen wurden Firmen für die versuchsweise Reinigung von je 200 m³ PAK-belasteten Boden ausgewählt.

Die Stadt Solingen die selbst an dem Versuch teilnimmt, ist bestrebt ein einfaches und kostengünstiges Verfahren zu erproben.

Damit werden in Solingen verschiedenste Varianten mikrobiologischer Verfahren verglichen:

- Este GmbH, Hamburg    Miete, 0,8 m hoch, sauerstoffbegast, Einsatz von standortfremden Bakterien und Substrat
- KRC GmbH, Würzburg    überdachte Miete, 1,8 m hoch mit Saugentlüftung und Aktivkohlefilter, Einsatz von Stroh/Pilz-Substrat
- Umweltschutz Nord GmbH, überdachte Miete, 1,5 m hoch, Belüftung durch regelmäßiges Wenden Ganderkesee des Bodens, Einsatz von standorteigenen Bakterien und Substrat
- Stadt Solingen    begrünte Miete, 0,6 m hoch, Zugabe von Kompost, ggfs. Saugentlüftung
- Kontrollmiete    0,6 m hohe Miete, gelegentliche Belüftung durch Wenden

Im Bild ist die Lage und Aufteilung der von der Stadt Solingen zur Verfügung gestellten Versuchsfläche dargestellt. Die Fläche wurde im Mai für die Versuche hergerichtet (Untergrundabdichtungen, Stromanschlüsse u.a.), sodaß die Mieten Anfang Juni 1990 aufgebaut werden konnten.

Der für die Versuchdurchführung vorgesehene Boden wurde bereits im Spätherbst 1989 ausgekoffert, beprobt und in einem Erdlager zwischengelagert. Der Boden ist mit PAK (nach EPA) zwischen 65 und 105 mg/kg (BaP 7,7 - 16,1 mg/kg) belastet.

Parallel zu den beschriebenen Vorarbeiten wurde ein begleitendes Untersuchungsprogramm erarbeitet, das folgende Komponenten umfaßt:

- Schadstoffgehalt in Boden, Mietenluft, Eluat und Sickerwasser
- Nährstoffhaushalt
- mikrobielle Aktivität
- Toxizitätstests im Sickerwasser und Eluat
- Erfassung von Metaboliten (stichprobenartige Grobanalyse)

**Lageplan des Versuchsgeländes**

Als Sanierungsziel wurde für die Feldversuche 10 mg/kg PAK bzw 1 mg/kg BaP festgelegt. Dieses Ziel ermöglicht eine empfindliche Nutzung, wie Hausgärten und Spielplätze.

Die Versuche sollen längstens zwei Vegetationsperioden, bis zum Spätherbst 1991 dauern.

## ENTWICKLUNG MIKROBIOLOGISCH/ADSORPTIVER METHODEN ZUR DEKONTAMINIERUNG VON PAK-BELASTETEN BÖDEN

JÜRGEN KLEIN, MICHAEL BEYER

DMT-GESELLSCHAFT FÜR FORSCHUNG UND PRÜFUNG MBH, FRANZ-FISCHER WEG 61, D-4300 ESSEN 13

### 1. EINFÜHRUNG

Frühere Standorte von Kokereien und Gaswerken sind häufig in einem solchen Umfang mit organischen Schadstoffen kontaminiert, daß sie saniert werden müssen. Aller Erfahrung nach ist jede Sanierung teuer und langwierig. Neben thermischen und physikalischen Methoden gewinnen auch biotechnische Sanierungsverfahren zunehmend an Bedeutung, bei denen entweder an Ort unde Stelle (in-situ) oder nach Ausgraben des Bodens (on-site) geeignete Mikroorganismen innerhalb von Monaten, ungünstigenfalls von Jahren, die Schadstoffe zu ungefährlichen Verbindungen abbauen. Erfahrungen aus bisher bekannt gewordenen Sanierungen bzw. Pilotsanierungen zeigen, daß die mikrobielle Abbaubarkeit der Schadstoffe sowie die Zugänglichkeit der Schadstoffe für die Mikroorganismen wesentlichen Einfluß auf den Sanierungserfolg haben. Aufgrund mangelnder Kenntnisse ist es bislang nicht möglich, Vorhersagen über einzusetzende biologische Sanierungstechniken und den zu erwartenden Erfolg einer Sanierungsmaßnahme für kontaminierte Standorte zu machen.

### 2. VERBUNDVORHABEN "BIOLOGISCHE SANIERUNG VON ALTLASTEN"

In einem vom BMFT geförderten Verbundprojekt untersuchen das DMT-Institut für Chemische Umwelttechnologie, die Rütgerswerke AG (Projektübernahme seit 1.1.1990 durch die Ruhrkohle Öl und Gas GmbH) und drei Fachinstitute (DMT-Institut für Wasser- und Bodenschutz; Institut für Mikrobiologie der Universität Münster; Institut für Biologie der Mikroorganismen der Ruhr-Universität Bochum) den mikrobiellen Schadstoffabbau in kontaminierten Böden des Kohlenwertstoffbereichs. Die Untersuchungen liefern die Daten, die erforderlich sind, um ein vollständiges Konzept für eine in-situ- oder on-site-Sanierung einer Altlast zu erarbeiten. Die Aufgaben der Projektteilnehmer gliedern sich nach Tabelle 1 in sieben Einzelaufgaben.

Wesentliche Aufgabe der Projektpartner liegt in der Entwicklung einer mikrobiologischen Dekontaminationsmethode, wobei DMT in-situ-Sanierungstechniken untersucht, während Rütgers/ROEG Untersuchungen zur on-site-Sanierung zur Erprobung von Kompostierverfahren durchführt.

### 3. ERGEBNISSE

Das ausgewählte Gelände einer ehemaligen Kokerei wurde nach Rammsondierungen hinsichtlich des geologischen Aufbaus, der Schadstoffe sowie der vorhandenen Mikroorganismen näher charakterisiert. Es liegt im Verbreitungsbereich fluvioglazialer Lockersedimente (Quartär), die den im tieferen Untergrund anstehenden Mergel der Kreide überdecken. Der gewachsene Boden des Quartär wird von Anschüttungen, im wesentlichen Bergematerial, überdeckt. Die Kontamination erstreckt sich über den gesamten Untergrund bis in die Kreide. Hinsichtlich der mikrobiologischen Besiedelung findet sich eine Abnahme der Gesamtzellzahl vom Oberboden in den tieferen Untergrund, die sich auch für Aromaten-verwertende Mikroorganismen bestätigt. Belastete Bodenproben unterscheiden sich von unbelasteten durch einen erhöhten Anteil an Aromatenverwertern in der Mikroorganismenpopulation.

Bodenproben von verschiedenen Standorten wurden zur Mikroorganismenanreicherung zum Abbau einzelner PAK, wie Naphthalin, Phenanthren, Anthracen, Fluoren, Fluoranthen, Chrysen, Pyren, Benz(a)anthracen, Benz(a)pyren sowie Dibenz(a,h)anthracen, eingesetzt. Es konnten Reinkulturen für die Verwertung von Naphthalin, Phenanthren, Fluoren, Fluoranthen und Pyren als alleinige C-Quelle gewonnen und charakterisiert werden (1,2,3). Mit Anthrazenöl als Substrat wurde eine Mischkultur angereichert, die zum Abbau eines breiten PAK-Spektrums befähigt ist (4). Der Einsatz dieser Kulturen zum Abbau von PAK an kontaminierten Bodenproben wird derzeit in Bodensuspensionen und nach dem Mischverfahren untersucht.

TABELLE 1:
Aufgabenverteilung im Verbundvorhaben "Biologische Sanierung von Altlasten

| Einzelaufgabe/Teilziel | Durchführung |
|---|---|
| 1 Auswahl, Vorbereitung und Beobachtung des kontaminierten Geländes | DMT-ICU/Rütgers/ROEG |
| 2 Geologische und hydrogeologische Untersuchung des Geländes, Beschaffung von Bohrkernen und geologische Charakterisierung von ausgewählten Bohrkernproben | DMT-IWB |
| 3 Analyse der Bodenproben | |
| - chemisch | DMT/Rütgers/ROEG |
| - mikrobiologisch | DMT/Uni Bochum |
| - fluiddynamisch | DMT |
| 4 Entwicklung einer mikrobiologischen Dekontaminationsmethode | |
| - Anreicherung und Adaptation von Mischkulturen | DMT/Rütgers/ROEG |
| - in-situ-Sanierung, Perkolationsverfahren | DMT-ICU |
| - on-site-Sanierung, Kompostierungsverfahren | Rütgers/ROEG |
| - on-site-Sanierung, Suspensionsverfahren | DMT-ICU |
| - Einsatz immobilisierter Mikroorganismen zur Sanierung der oberen Bodenschicht | Uni Münster |
| - Biomassebestimmung, Toxizitätstests | Uni Bochum |
| 5 Beurteilung der Eluate aus mikrobiologischen Dekontaminationsversuchen im Hinblick auf adsorptionstechnische Methoden zu deren Reinigung | DMT-ICU |
| 6 Erarbeitung von Methoden zur Verbesserung der Fluiddynamik in Böden | DMT-IRA |
| 7 Aufstellen einer Strategie zur biologischen Bodendekontaminierung | DMT/Rütgers/ROEG |

4. LITERATUR

1 Weißenfels, W., Beyer, M., and Klein, J. (1990). Degradation of phenanthrene, fluorene and fluoranthene by pure bacterial cultures. Applied Microbiology and Biotechnology 32: 479-484.

2 Weißenfels, W., Beyer, M., Klein, J., and Rehm, H.J. (1990). Degradation of fluorene and fluoranthene: Intermediates and the metabolism of related compounds. Poster Nr. P 167, Gemeinsame Frühjahrstagung der VAAM und der Sektion 1 der DGHM, Berlin, 25.-28.3.1990.

3 Walter, U., Beyer, M., Klein, J., and Rehm, H.J. (1990). Biodegradation of pyrene by Rhodococcus sp. P1. Poster Nr. P 168, Gemeinsame Frühjahrstagung der VAAM und der Sektion 1 der DGHM, Berlin, 25.-28.3.1990.

4 Walter, U., Beyer, M., Klein, J., Rehm, H.-J. (1990). Degradation of polycyclic aromatic hydrocarbons by a bacterial mixed culture. DECHEMA Jahrestagung der Biotechnologen, 17.-28.5.1990

### Boden- und Grundwassersanierung auf dem Gelände der Altölraffinerie Pintsch-Öl, Hanau, Großversuche zur Erprobung mikrobiologischer Sanierungsverfahren

Dr. A. Riss, Dr. P. Ripper, Trischler und Partner GmbH
Berliner Allee 6, 6100 Darmstadt


Einer der größten Umweltschadensfälle in der Bundesrepublik Deutschland wurde 1984 auf dem Gelände der inzwischen stillgelegten Altöl-Raffinerie Pintsch-Öl GmbH aufgedeckt (1,2).

Im Rahmen der Gesamtsanierung des Pintsch-Geländes ist eine mikrobielle Bodenbehandlungs-Stufe in Kombination mit chemisch-physikalischer Grundwasserreinigung geplant (3). Aufgrund der vorliegenden Schadstoffpalette ist jedoch die großtechnische Anwendbarkeit mikrobiologischer Verfahren nicht ausreichend gesichert. Deshalb muß zunächst sowohl im Labormodellversuch, als auch im Groß-Feldversuch der Nachweis erbracht werden, daß neben dem Abbau der aliphatischen und aromatischen Kohlenwasserstoffe auch signifikante Abbauraten hinsichtlich der persistenten Verbindungen (PCB) im Boden erzielt werden können. Die Versuche werden im Rahmen eines dreijährigen BMFT-Forschungsprojektes ausgeführt. Es werden sowohl biologische on-site wie auch in-situ Versuchstechniken untersucht.

Für die on-site Feldversuche wurden drei Feuchtmieten und eine Trockenmiete gebaut, in denen unterschiedliche Optimierungsverfahren ausgetestet werden. Die in-situ-Versuche werden in 5 baugleichen von Schmalwänden umgebenen Versuchszellen auf dem Pintsch-Gelände (Abmessungen 5 x 10 x 10 m) ausgeführt, wobei unterschiedliche Verfahren zur Aktivierung der Biologie im Untergrund parallel untersucht werden. Das Verfahrensschema der in-situ-Versuchsanlage ist in Abb. 1 wiedergegeben. Eine optimale Steuerung des Versuchsbetriebes der in-situ-Pilotanlage wird durch die Labormodellversuche ermöglicht, durch die der Großversuch mit zeitlichem Vorlauf simuliert wird.

Neben dem Einsatz von molekularem Sauerstoff, Wasserstoffperoxid und Nitrat zur Steigerung der Biodegradation wird auch die Eignung von lösungsvermittelnden Substanzen untersucht.

Zur Verfolgung der Stoffumsetzungen wurde auf dem Raffinerie-Gelände ein umfangreich ausgestattetes analytisches Labor eingerichtet, das sowohl in der Lage ist, einfache mikrobiologische Untersuchungen auszuführen, als auch eine differenzierte chemische Analytik von der Naß-Chemie bis hin zu GC ermöglicht.

Erste Ergebnisse des Kohlenwasserstoff-Abbaus in den Versuchsmieten liegen bereits vor; so wurde innerhalb von 100 Tagen eine 50%-ige Reduktion des Gesamtkohlenwasserstoff-Gehaltes, ausgehend von Werten bis zu 11.000 mg/kg TS ermittelt. Eine Aussage hinsichtlich des PCB-Abbaus kann z.Zt. noch nicht getroffen werden.

Mit den in-situ-Großversuchen wurde im Herbst 1989 begonnen. Es zeigt sich, daß allein durch einen 4-wöchigen Spülbetrieb der Versuchszellen eine deutliche Verminderung der CKW-Belastung im Grundwasser zu verzeichnen war. Dieser Effekt ist für den Erfolg der Sanierungsversuche von entscheidender Bedeutung, da durch die zu Versuchsbeginn vorliegende hohe CKW-belastung (> 60000 µg/l) eine nachteilige Beeinträchtigung der Biologie nicht auszuschließen ist. Verwertbare Ergebnisse hinsichtlich des biologischen Kohlenwasserstoff-Abbaues in-situ werden bis Ende 1990 erwartet.

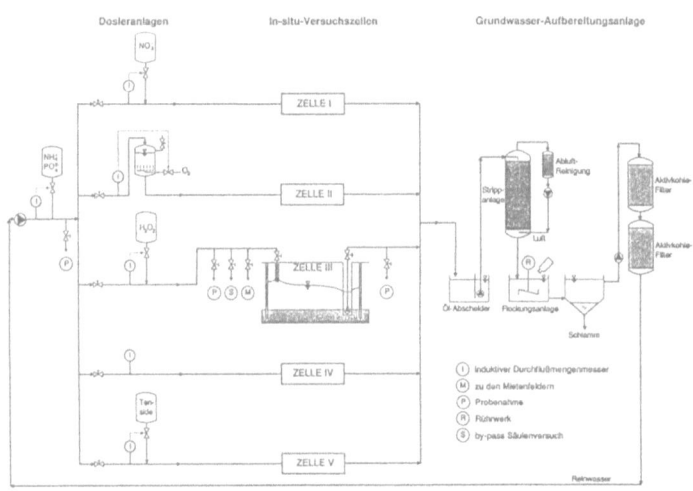

Abb. 1: Verfahrensschema der in-situ-Versuchsanlage

(1): Ripper P., Früchtenicht H., Scharpff H.-J. (1988):
Umweltschadensfall Pintsch-Öl Hanau, wlb 5/89

(2): Ripper P., Früchtenicht H. (1989):
Umweltschadensfall Pintsch-Öl Hanau: Erste Sanierungsschritte eingeleitet, wlb 4/89

(3): Riss A., Ripper P. (1989):
Preparatory fieldtest for biorestoration of the former refinery site Pintsch-Öl GmbH, Hanau. Dechema-Biotechnology-Conference, Vol. 3, Part B, 973 - 977

BIOLOGISCHE SANIERUNG VON KONTAMINIERTEM BODEN - LABORVERSUCHE

C. JØRGENSEN[1], B.K. JENSEN[1], T.H. CHRISTENSEN[1], L. KLØFT[1] UND A.N. MADSEN[2]

[1]DEPT. OF ENVIRONMENTAL ENGINEERING, BLDG. 115, TECHNICAL UNIVERSITY OF DENMARK, DK-2800 LYNGBY.
[2]OC, CONSULTING ENGINEERING PLANNERS A/S. HOVEDGADEN 2, DK-3460 BERKERØD

EINLEITUNG

Ein Industriegelände in Gladsaxe, Dänemark, erwies sich als mit Industriechemikalien kontaminiert. Um die Verteilung der Chemikalien abzuschätzen, wurde im Auftrag des Bezirks Kopenhagen eine Untersuchung durchgeführt. Im östlichen Teil des Geländes wurde auf dem Grundwasserspiegel freies Öl beobachtet. Die dominierenden Schadstoffe, die im Boden nachgewiesen wurden, waren Toluol (bis zu 2,3 g/kg), Pentachlorphenol (PCP, bis zu 8,5 mg/kg), Bis-(2-Ethyl-Hexyl)-Phtalsäureester (DEHP, bis zu 72 mg/kg), Steinkohlenteer (bis zu 2%), polyzyklische Kohlenwasserstoffe (bis zu 1,3 g/kg) und Benz-a-Pyren (bis zu 12 mg/kg). Auch andere Verbindungen wie chlorierte Aliphaten, niedrig chlorierte Phenole, Testbenzin usw. wurden nachgewiesen. Da die Schadstoffe für die Trinkwasserversorgung keine unmittelbare Bedrohung bildeten, wurde ein biologisches Sanierungprojekt in-situ vorgeschlagen, bei dem mit Nährstoffen angereichertes Grundwasser rezirkuliert werden sollte.

Das Ziel der Untersuchung bestand darin, das Potential der autochthonen Bakterien bezüglich des Abbaus der auf dem Gelände vorhandenen Schadstoffe abzuschätzen, und so die Möglichkeit einer biologischen in-situ Sanierung zu prüfen.

MATERIAL UND METHODEN

Um die Geländebedingungen bei der Sanierung zu simulieren, wurden Säulenexperimente durchgeführt. Das Prinzip der Säule wird in Abb. 1 dargestellt. Durch die Bodensäule wird mit Nährstoffen angereichertes Wasser zirkuliert; hierzu dient der unterschiedliche Wasserstand im oberen und unteren Reservoir. Das System wurde in Edelstahl ausgeführt, und das Wasser durch eine Quetschpumpe mit Vitonschläuchen umgewälzt. Wasserproben wurden über einen Anschluß im oberen Reservoir entnommen. Der Boden des belasteten Geländes diente sowohl als Impfmenge (die Bakterien sind an den Boden gebunden) als auch als Substrat (der Boden enthielt Testbenzin, chlorierte Phenole und Toluol). Es wurden drei Gruppen von Säulen eingerichtet: eine unter aeroben Bedingungen, eine unter Nitrat-reduzierenden Bedingungen (80 mg $NO_3$-N/l) und eine zu Kontrollzwecken, die mit 0,1% $NaN_3$ vergiftet war. Um die Ergebnisse der Säulenexperimente gegenzuprüfen und die Toxizität der gewählten Schadstoffe abzuschätzen, wurden zusätzlich Chargenexperimente in 1l-Flaschen durchgeführt. Allen Flaschen wurden 20 mg $NO_3$-N/l, Nährstoffe und Spurenmetalle zugesetzt. Geimpft wurde mit 10 mg/l nassem Boden, und als Substrate wurden Toluol (5 mg/l), PCP (5 mg/l) und DEHP (0,4 mg/l, 18 Bq/ml) verwendet. Eingerichtet wurden drei Flaschen: eine unter aeroben, eine unter Nitrat-reduzierenden Bedingungen und eine zu Kontrollzwecken, die mit 0,1% $NaN_3$ vergiftet war. Um die Toxizität von PCP zu prüfen, wurden 3 Flaschen mit 0,5 mg, 2 mg bzw. 10 mg PCP/l versetzt und unter aeroben Bedingungen gehalten; eine Flasche, die mit 0,1% $NaN_3$ vergiftet und mit 10 mg PCP/l versetzt war, wurde zu Kontrollzwecken verwendet. Aus jeder dieser Flaschen wurden 250 ml in 250ml-Flaschen transferiert, die $^{14}$C-Glukose enthielten (Endkonzentration 1,1 µg/l, 60 Bq/ml), um den inhibierenden Effekt von PCP auf das

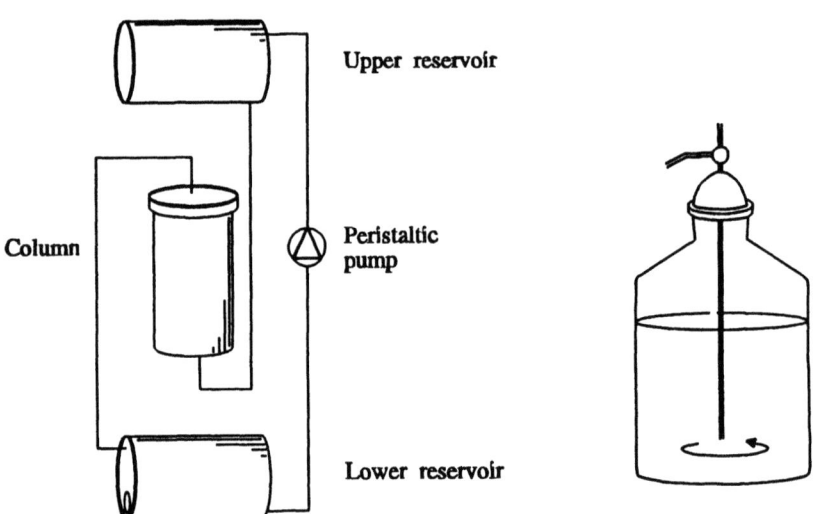

Abbildung 1: Prinzip der Säulen- und Chargenexperimente

Legende: column experiment - Säulenexperiment
upper reservoir - oberes Reservoir
column - Säule
peristaltic pump - Schlauchquetschpumpe
lower reservoir - unteres Reservoir
batch experiment - Chargenexperiment

allgemeine heterotrophe Abbaupotential zu prüfen. Vergleichbare Experimente wurde auch mit Toluol durchgeführt; die Konzentrationen betrugen hier 10 mg/l, 50 mg/l, 200 mg/l und 400 mg/l.

ERGEBNISSE UND DISKUSSION

Das Toluol in der aeroben Säule wurde vollständig abgebaut. In der denitrifizierenden Säule wurde das Toluol mit einer Geschwindigkeit abgebaut, die der des aeroben Abbaus vergleichbar war. Der Abbau endete zum Zeitpunkt der $NO_3^-$-Verarmung. Testbenzin und chlorierte Phenole wurden im Wasser der aeroben Säule abgebaut, nicht aber oder mit nur sehr geringer Geschwindigkeit im Boden. Diese Verbindungen könnten sehr stark an den Boden gebunden und deshalb für die Mikroorganismen nicht zugänglich sein. In der denitrifizierenden Säule wurden Testbenzin und chlorierte Phenole nicht abgebaut. Säulenexperimente, die hier nicht beschrieben werden, zeigten unter aeroben Bedingungen keinen Abbau von DEHP.

In den Chargenexperimenten wurden sowohl Toluol, PCP als auch DEHP unter aeroben Bedingungen abgebaut. Unter denitrifizierenden Bedingungen wurde der Abbau von Toluol beobachtet, als aber später erneut Toluol zugesetzt wurde, erfolgte kein weiterer Abbau. PCP und DEHP wurden unter denitrifizierenden Bedingungen nicht abgebaut. Wenn man diese Ergebnisse mit denen der Säulenexperimente vergleicht, fällt auf, daß bodengebundenes PCP in der aeroben Säule nicht abgebaut wurde. Dasselbe Phänomen wurde bei Testbenzin beobachtet.

Bei den Toxizitätsexperimenten wurden für höhere Anfangskonzentrationen von PCP längere Verzögerungszeiten beobachtet. Die Entwicklung von $^{14}CO_2$ aus Glukose zeigte, daß PCP bei 10 mg/l auf Bakterien eine inhibierende, wenn auch nicht letale Wirkung zeigt. Bei Toluol wurden bis zu Konzentrationen von 400 mg/l keine inhibierenden Effekte beobachtet.

Daraus wurde geschlossen, daß die anaerobe biologische in-situ Sanierung mit $NO_3$ als finalem Elektronenakzeptor vom mikrobiologischen Standpunkt aus möglich ist, wenn Toluol als alleiniger Schadstoff auftritt. Wenn eine Mischung von Schadstoffen vorliegt, ist $O_2$ als Elektronenakzeptor erforderlich. Aber selbst unter aeroben Bedingungen kann der Abbau adsorbierter Verbindungen ausbleiben oder sehr langsam erfolgen. Aus der Untersuchung wurde gefolgert, daß eine biologische in-situ Sanierung auf diesem speziellen Gelände nicht empfehlenswert ist.

Diese Arbeit wurde vom dänischen Umweltministerium und vom Bezirk Kopenhagen, Dänemark, gefördert.

# ENTWICKLUNG EINES BIOLOGISCHEN VERFAHRENS ZUR SANIERUNG VON KOKEREIBÖDEN: MIKROBIELLER ABBAU VON POLYZYKLISCHEN AROMATISCHEN KOHLENWASSERSTOFFEN

D. BRYNIOK, B. EICHLER, A. KÖHLER, W. CLEMENS, K. MACKENBROCK*, D. FREIER-SCHRÖDER, H.-J. KNACKMUSS

FRAUNHOFER-INSTITUT FÜR GRENZFLÄCHEN- UND BIOVERFAHRENSTECHNIK, NOBELSTR. 12, D - 7000 STUTTGART 80
*DEUTSCHE BABCOCK ANLAGEN AG, PARKSTR. 29, D - 4150 KREFELD 11

## 1. EINLEITUNG

Ehemalige Kokerei- oder Gaswerksgelände gehören zu den ältesten und häufigsten Altlasten in allen Industrieländern. Typische Kontaminationen solcher Standorte sind BTX-Aromaten, Phenole, Polyzyklische Aromatische Kohlenwasserstoffe (PAK), Cyanide, Thiocyanate und Ammoniak. Wegen ihrer Häufigkeit und des breiten Schadstoffspektrums stellen solche Gelände eine besondere Herausforderung im Rahmen der Altlastensanierung dar.

Neben extraktiven und thermischen Verfahren, die zur Sanierung solcher Standorte eingesetzt und laufend weiterentwickelt werden, gewinnen biologische Sanierungsverfahren zunehmendes Interesse. Diese Verfahren haben gegenüber anderen den Vorteil, daß durch sie die Schadstoffe nicht nur konzentriert, sondern tatsächlich abgebaut werden, ohne die aufwendige Abgasreinigung und den hohen Energiebedarf der thermischen Verfahren.

An einem ehemaligen Kokereigelände soll ein neues biologisches Verfahren entwickelt werden, mit dem es - eventuell in Kombination mit anderen Techniken - ermöglicht werden soll, ehemalige Gaswerks- und Kokereigelände zu sanieren. Dabei soll - ausgehend von biologischen Laborversuchen - ein Verfahren entwickelt werden, das ganz den Anforderungen der Mikroorganismen angepaßt ist.

Neben der hohen Schadstoffkonzentration ($\Sigma$ PAK teilweise mehrere g/kg Boden-Trockengewicht) stellt das Testgelände selbst zusätzlich extreme Bedingungen. Der Boden besteht vorwiegend aus feinsandigem Grobschluff (Schluffanteil 50 % bis über 90 %). Der Wassertransport ist mit $k_f$-Werten von $10^{-6}$ bis $10^{-8}$ m/s äußerst gering. Unter diesen Bedingungen ist eine in-situ Sanierung des Geländes undenkbar.

## 2. ERGEBNISSE

### 2.1. Untersuchung der autochthonen Mikroflora

Die Untersuchungen zum biologischen Schadstoffabbau beschränken sich zunächst auf die PAK als die am schwersten abbaubare Stoffklasse, die als organische Kontamination in dem Kokereiboden nachgewiesen wurde. Die biologische Behandlung soll im Idealfall mit Hilfe der Mikroflora erfolgen, die im Testgelände selbst vorhanden ist. In Bodenproben von dem Gelände konnte gezeigt werden, daß auch in den am stärksten kontaminierten Bereichen, selbst in ca. 4 m Tiefe $10^5$ bis $10^8$ Bakterien / g Boden zur Koloniebildung auf NB-Agar befähigt waren. Eine der am stärksten kontaminierten Proben, die für weitere Modellversuche verwendet wurde, enthielt $2,1 \times 10^6$ Keime/g Trockengewicht. $2,1 \times 10^4$ Bakterien /g Trockengewicht, d. h. 0,5 % der Lebendkeimzahl waren in der Lage Phenanthren zu verwerten. Mit Fluoren, Phenanthren, Anthracen, Pyren und Chrysen als Modellsubstrat wurden bisher insgesamt 61 bakterielle Reinkulturen aus dem Testgelände isoliert, die eines oder mehrere dieser Substrate als alleinige Kohlenstoff- und Energiequelle zu nutzen vermögen.

### 2.2. Modellversuch mit Bodenproben

Zur Erprobung von perkolativen Verfahren z. B. in Regenerationsmieten, wie sie zur biologischen Bodensanierung vor allem Erdöl-kontaminierter Böden routinemäßig eingesetzt

werden, wurde eine Perkolationsanlage im Labormaßstab erstellt, in der eine zuvor homogenisierte Bodenprobe auf bis zu 20 Säulen verteilt und unter Belüftung oder anaerob mit verschiedener Supplementierung parallel behandelt werden kann.
Nach einer Versuchsdauer von 8 Monaten war in allen Säulen die PAK-Konzentration zwar erheblich reduziert, dennoch lag die Konzentration vor allem der höher kondensierten Aromaten noch immer oberhalb des Wertes, den die "Stoffliste des holländischen Umwelt-Ministeriums für Werte im Grundwasser und Boden" als Grenzwert für Sanierungsbedarf ausweist. Unterschiedliche Puffer und Zusatz verschiedener Nährsalze hatten ebensowenig einen signifikanten Einfluß auf den PAK-Abbau wie der Einsatz von Tensiden. Der langsame Stofftransport sowie die limitierte Versorgung mit $O_2$ oder anderen Elektronenakzeptoren, bedingt durch den hohen Schluffanteil des Bodens, begrenzt offensichtlich die Geschwindigkeit des Abbaus. Folglich sind Mietenverfahren ebenso wie in-situ Verfahren für den hier anstehenden Sanierungsfall untauglich. Versuche in Schüttelkolben zeigten, daß der PAK-Abbau durch ständige Durchmischung deutlich beschleunigt werden kann. Allerdings muß man auch in durchmischten Systemen mit Verweilzeiten von zwei Monaten rechnen.

2.3. Einsatz von Lösungsvermittlern

Ein weiterer entscheidender Grund für den langsamen Abbau ist die im wässrigen Medium extrem niedrige Konzentration der PAK, durch die die Bakterien ständig unter Substratlimitierung stehen. Mit einer Phenanthren abbauenden Reinkultur konnte gezeigt werden, daß die Ursache für die Substratlimitierung nicht allein in der schlechten Löslichkeit, sondern vor allem in der niedrigen Solubilisierungsgeschwindigkeit der PAK zu suchen ist. Durch Lösen von Phenanthren in Heptamethylnonan als lipophiler Flüssigphase und intensiver Durchmischung der Flüssigphasen konnte die Substratlimitierung umgangen werden. Durch den Einsatz nichtionischer Tenside, die als Emulgatoren wirken, wurde die Diffusionsoberfläche vergrößert und der Phenanthrenabbau weiter beschleunigt. So konnten maximale Abbauraten von bis zu 2 mg Phenanthren / l·d erzielt werden (Köhler et al. 1990).
In verschiedenen hochsiedenden Alkanfraktionen zeigen PAK eine drei- bis achtfach höhere Löslichkeit als in Heptamethylnonan. In Pflanzenölen sind die PAK nochmals um den Faktor 2 besser löslich.

3. DISKUSSION

Das hier zur Verfügung stehende Testgelände ist wegen seiner großflächigen PAK-Kontamination mit sehr hohen Schadstoffkonzentrationen und des hohen Schluffanteils mit den bisher etablierten Sanierungspraktiken in einem vernünftigen Zeitaufwand mit vertretbaren Kosten nicht sanierbar. Die Ergebnisse aus den Laborversuchen zeigen, daß es möglich ist, in einem Bioreaktor unter Einsatz einer lipophilen Phase und eines Emulgators den PAK-Abbau soweit zu beschleunigen, daß die mikrobielle Sanierung ehemaliger Kokerei- und Gaswerksgelände auch unter solch extremen Voraussetzungen realisierbar erscheint. Ein solches Verfahren wird in einer zweistufigen Anlage mit jeweils 12 l Arbeitsvolumen in Air-Lift-Fermentern erprobt. Parallel wird der Einfluß verschiedener biologisch abbaubarer Tenside auf das Mischungsverhalten und den biologischen Abbau in diesen Mehrphasensystemen untersucht. Außerdem wird die Anwendbarkeit verschiedener hochsiedender Lösungsmittel speziell auch von Pflanzenölen getestet. Neben der Fähigkeit, PAK in relativ hohen Konzentrationen zu lösen, scheinen die Pflanzenöle vor allem wegen ihrer relativ leichten biologischen Abbaubarkeit vielversprechend im Hinblick auf einen Einsatz zur Bodensanierung zu sein. Das setzt allerdings voraus, daß im Prozeß die PAK-abbauenden Organismen nicht durch Pflanzenöl verwertende überwachsen werden.

4. REFERENZEN

A. Köhler, D. Bryniok, B. Eichler, K. Mackenbrock, D. Freier-Schröder, H. -J. Knackmuss (1990). Use of Surfactants and Aliphatic Hydrocarbons to Accelerate Degradation of Phenanthrene, Dechema-Biotechnology-Conferences, im Druck

# DRUCKLUFTEINBLASUNG UND BODENLUFTABSAUGUNG ALS KOMBINIERTES VERFAHREN ZUR SANIERUNG KONTAMINIERTER GRUNDWÄSSER - BEOBACHTUNGEN IN LOCKER- UND FESTGESTEINEN

ULRIKE BÖHLER[1], JOSEF BRAUNS[2], HEINZ HÖTZL[1], MANFRED NAHOLD[1]
UNIVERSITÄT (TH) KARLSRUHE
[1]GEOLOGISCHES INSTITUT, LEHRSTUHL FÜR ANGEWANDTE GEOLOGIE
[2]INST. F. BODENMECHANIK U. FELSMECHANIK, ABTEILUNG F. ERDDAMMBAU U. DEPONIEBAU

## 1. EINLEITUNG

Die leichtflüchtigen chlorierten Kohlenwasserstoffe (LCKW) stellen die wohl am häufigsten anzutreffende Gruppe organischer Verbindungen in Altlasten dar. Aufgrund ihrer allgemein hohen Dampfdrücke und geringen Adsorption in mineralischen Böden erscheinen sie zunächst jedoch relativ leicht wieder aus dem kontaminierten Untergrund entfernbar. Vor allem die ungesättigte Zone kann über das Verfahren der Bodenluftabsaugung bei Vorliegen entsprechender aerodynamischer Voraussetzungen kostengünstig dekontaminiert werden. Die Sanierung der gesättigten Zone und des Kapillarsaumes hingegen erweist sich als wesentlich schwieriger und langwieriger.

Eine Alternative zur hydraulischen Maßnahme, die oft erst nach langjährigem Betrieb der Sanierungsbrunnen zum nachhaltigen Erfolg führt, ist das In-Situ-Strippen. Hierbei wird Luft in den Aquifer gepreßt und nach ihrem Durchwandern der gesättigten Zone in der ungesättigten Zone wieder abgesaugt.

Erste Erfahrungen mit dieser Sanierungstechnik lassen das In-Situ-Strippen bezüglich des Reinigungseffektes der gesättigten Zone weitaus wirksamer erscheinen als die konventionelle Grundwasserreinigung (Grundwasserentnahme und anschließende on-site-Reinigung). Wie bei jeder in-situ-Behandlung ist jedoch für die kontrollierbare Anwendung die genaue Kenntnis der Vorgänge im Untergrund sowie der Parameter, die diese Vorgänge beeinflussen und steuern, erforderlich. Feldversuche in Poren- und Kluftgrundwasserleitern lieferten wesentliche Erkenntnisse über die Möglichkeiten und Grenzen dieses Verfahrens und erlauben die hier vorgestellte neuartige Anwendung.

## 2. IN-SITU-STRIPPEN IN PORENAQUIFEREN

Voraussetzung für die Anwendbarkeit des In-Situ-Strippens ist eine gute vertikale Durchlässigkeit des Bodens. Damit Luft in den Porenraum eindringen kann, muß sie das darin befindliche Wasser verdrängen. Hierzu ist der kapillare Eintrittswiderstand oder Eintrittskapillardruck $p_{ke}$ zu überwinden, der sich nach der folgenden Formel berechnet (vgl. BRAUNS & WEHRLE, 1989):

$$p_{ke} = C \times (1 - n)/n \times \sigma_w \times \cos \delta \times 1/d$$

C : Formfaktor, abhängig von der Partikelform (6,5 für runde Form bis 8,0 für kantige Form)
n : Porenanteil
$\sigma_w$ : Oberflächenspannung für Wasser (bei 20°C: $\sigma_w$ = 0,0727 N/m)
δ : effektiver Randrückzugswinkel
d : maßgebender Korndurchmesser

Die Ergebnisse aus Modellversuchen belegen die Schwierigkeit, feinkörnige wassergesättigte Böden mit Luft zu durchströmen (BRAUNS & WEHRLE, 1989): die in solche Böden verpreßte Luft durchwandert diese nur auf wenigen Luftbahnen. Bei geschichtetem Bodenaufbau werden die feinkörnigen Lagen eher umströmt als durchströmt. Man kann sagen, daß Lockergesteine, die dem Lufteintritt einen nennenswerten Widerstand nach vorstehender Gleichung entgegensetzen (mehr als wenige cm Wassersäule), für die Durchströmung mit Luft zum Zwecke des In-Situ-Strippens nicht geeignet sind.

Werden jedoch geeignete Untergrundverhältnisse angetroffen (vorwiegend Sande und Kiese ohne Tonhorizonte), so ist mit einem guten Reinigungseffekt der gesättigten Zone zu rechnen. Als Beispiel wird auf die Versuche zur Drucklufteinblasung an einem CKW-belasteten Standort im Lockergestein verwiesen, der als Testgebiet für Vergleichsuntersuchungen diente (vgl. BÖHLER, BRAUNS & HÖTZL, 1989). Der betreffende Standort liegt in ca. 10 m mächtigen sandig-kiesigen Flußablagerungen, deren Basis mehrere Dekameter mächtige tertiäre Tone bilden. Die Abbildung 1 gibt schematisch den Versuchsaufbau und die durchschnittliche CKW-Belastung der Bodenluft und des Grundwassers wieder.

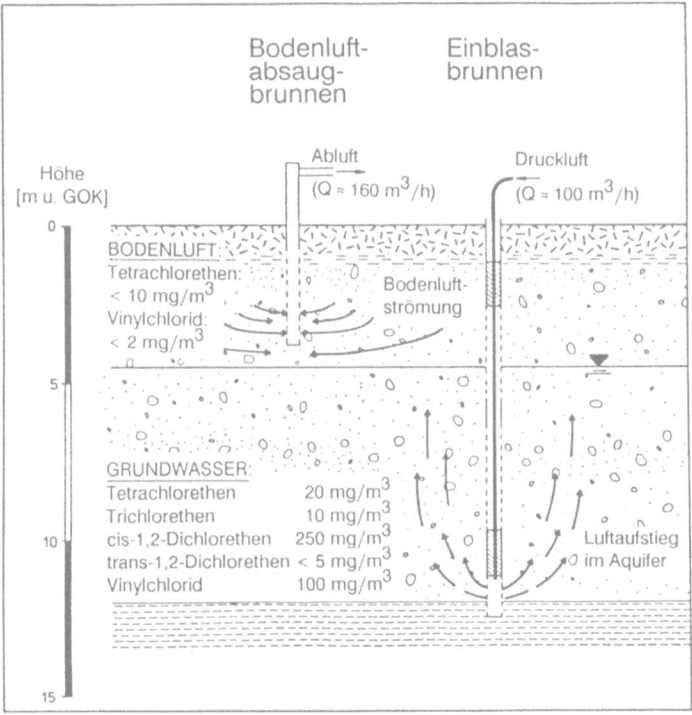

Abb. 1. Versuchsaufbau zum In-Situ-Strippen (schematisch) und mittlere CKW-Gehalte der Bodenluft und des Grundwassers vor Versuchsbeginn.

Zu Beginn der 13-tägigen Drucklufteinblasung (Einblasrate ≈ 100 m$^3$/h) war für sämtliche CKW-Komponenten ein Konzentrationsanstieg im Grundwasser festzustellen (Abb. 2). Diese anfängliche Belastungszunahme ist auf die Mobilisierung zuvor immobiler CKW-Reserven im nicht durchflußwirksamen Porenraum zurückzuführen. Mit Fortsetzung der Drucklufteinblasung gingen die CKW-Gehalte des Grundwassers auf Werte unterhalb der Ausgangskonzentrationen zurück.

Über die parallel mitbetriebene Bodenluftabsauganlage (Absaugrate ≈ 160 m$^3$/h) wurde in den 13 Tagen der Versuchseinblasung ein wesentlich höherer Anteil an CKW aus dem Untergrund entfernt als in dem entsprechenden Zeitraum vor Beginn der Drucklufteinblasung bei gleicher Absaugleistung (Tab. 1). Die mittels Bodenluftabsaugung erfaßten CKW-Mengen lagen zudem ein Vielfaches über den Mengen, die nach den zuvor durchgeführten Konzentrationsmessungen im Grundwasser erwartet worden waren. Das In-Situ-Strippen hatte demnach nicht nur zu einer Mobilisierung vorher immobiler CKW-Reserven in der gesättigten Zone geführt, sondern auch zu deren Austrag. Damit wird auch die oftmals lange Dauer einer Grundwasserreinigung mittels konventioneller Grundwasserentnahme verständlich. Die in schlecht durchflossenen Zonen des Porenraumes befindlichen CKW-Mengen höherer Konzentration lassen sich durch Wasserströmung allein ungleich langsamer mobilisieren, als dies bei der Drucklufteinblasung der Fall ist (BÖHLER & BRUCKNER, 1990). Gegen Versuchsende waren die mobilisierten CKW-Reserven ausgetragen, und die CKW-Fracht der abgesaugten Bodenluft ging wieder auf die Ausgangswerte zurück.

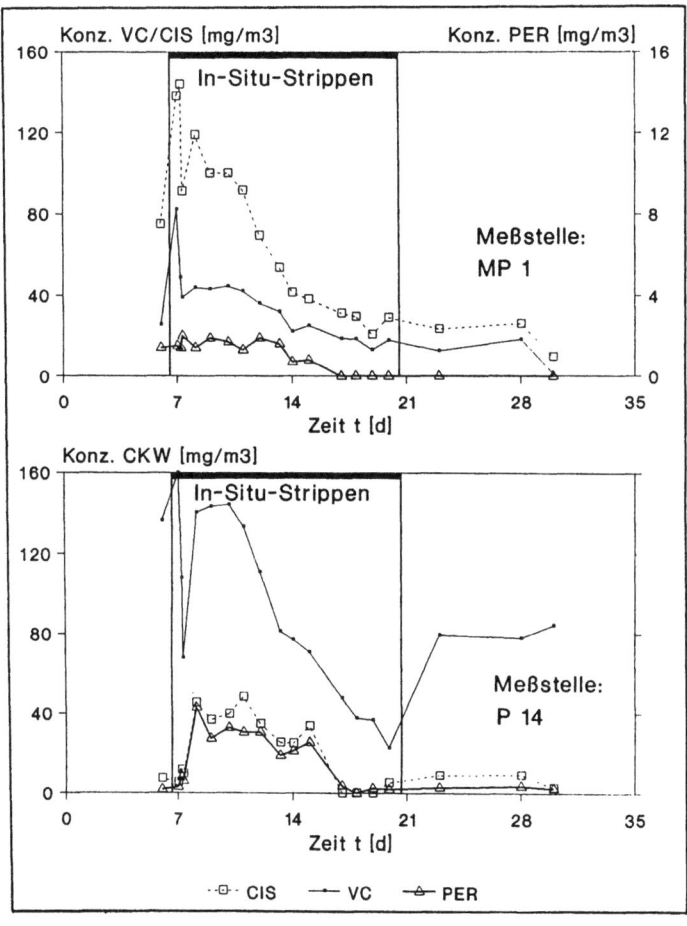

Abb. 2. CKW-Gehalte im Grundwasser aus den Meßstellen MP 1 (11 m oberstromig vom Schadenszentrum) und P 14 (8 m unterstromig) während und nach der Drucklufteinblasung mit Q ≈ 100 m$^3$/h.

In einem zweiten Sanierungsschritt ist vorgesehen, den Zentralbereich der Kontamination von etwa 600 m³ in den quartären Ablagerungen auszukoffern und den Umgebungsbereich mittels einer neuen Anwendung der Bodenluftabsaugung zu reinigen, die in der Folge vorgestellt wird. Der ursprüngliche Plan, unter Verwendung von Vakuumpumpen und Heißlufteinpressung im Bereich der bindigen Sedimentbedeckung eine Sanierung herbeizuführen, war wegen der geringen Durchlässigkeit der bindigen Folge gescheitert.

Nun wird vom tieferen Grundwasserstockwerk aus die Sanierung durch ein verbessertes Verfahren fortgeführt. Dazu wurde in zwei Pilotversuchen am Standort eine modifizierte Luftabsaugung erprobt (HÖTZL et al., 1990). Im Rahmen dieses modifizierten Verfahrens wird der Kluftgrundwasserspiegel abgesenkt und die Luft aus der nun wasserungesättigten Kluftzone mittels Seitenkanalverdichter abgesaugt. Abbildung 3 zeigt den geologischen und hydrogeologischen Aufbau, die Anordnung einiger Meßstellen sowie schematisch die Funktionsweise der Sanierungseinrichtung.

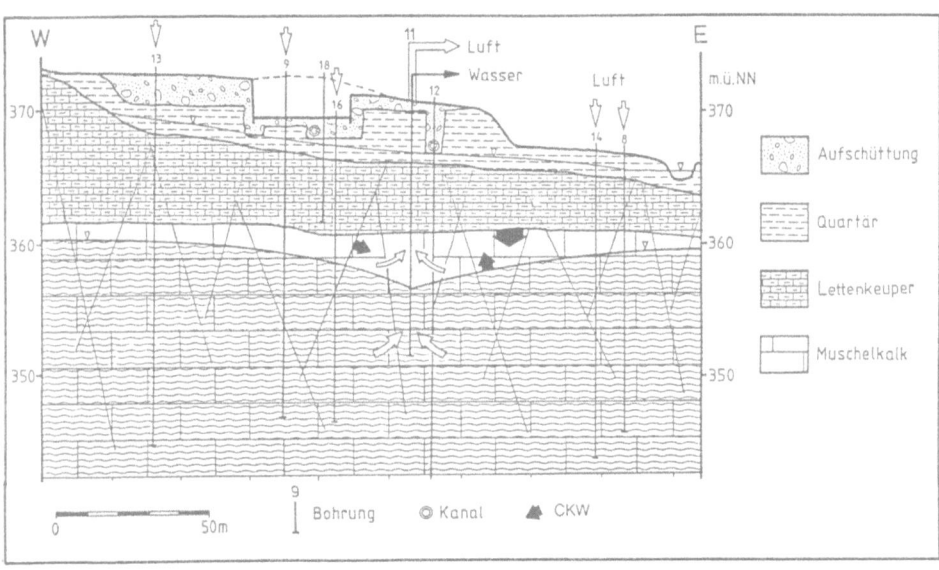

Abb. 3. Geologischer Aufbau des zu sanierenden Bereiches mit schematischer Darstellung der Stoffströme: Schwarze Pfeile symbolisieren die CKW-Mobilisierung, weiße Pfeile weisen auf die Zu- und Abfuhr von Wasser und Luft hin.

Die belüftete Kluftzone befindet sich unter dem noch immer wassergesättigten Porenaquifer der Sedimentbedeckung. Der Luftnachstrom erfolgt von der Oberfläche über einzelne Bohrungen; die selektive Luftdurchströmung von Kontaminationsbereichen ist dabei über Schieber an den Bohrköpfen steuerbar. Diese Technik der Luftspülung bewirkt die Reinigung des hoch kontaminierten Kontaktbereiches an der Basis des oberen Aquifers. Zusätzlich wird durch den angelegten Unterdruck ein erhöhter hydraulischer Gradient im oberen, hoch kontaminierten Aquifer induziert. Die Lösemittelanteile der dadurch in den Kluftbereich nachströmenden Wässer verdampfen bei Erreichen der ungesättigten Zone und werden sofort durch den Luftstrom ausgetragen. In Abbildung 4 ist die Konzentrationsentwicklung während eines dreitägigen Absaugversuches mit ungefähr 110 m³/h dargestellt. Nach unten in den gesättigten Kluftraum einsickernde Lösemittelanteile werden über die zur Pumpe führende Wasserströmung ausgetragen. Insgesamt ist der durch diese kombinierte hydraulisch-pneumatische Technik

Tab. 1. CKW-Austrag über die Bodenluftabsauganlage vor und während der Drucklufteinblasung ($Q \approx 100$ m³/h)

|  | Austrag vor der Drucklufteinblasung (13 Tage) | Austrag während der Drucklufteinblasung (13 Tage) |
|---|---|---|
| Tetrachlorethen | 163 g | 2295 g |
| Trichlorethen | - | 34 g |
| cis-1,2-Dichlorethen | - | 23 g |
| trans-1,2-Dichlorethen | - | - |
| Vinylchlorid | - | 15 g |
| Summe CKW | 163 g | 2367 g |

Zusätzlich zur CKW-Mobilisierung und zum CKW-Austrag induziert die Drucklufteinblasung offensichtlich eine Grundwasserbewegung, die zu Beginn der Einblasmaßnahme bei fehlender Grundwasserhaltung ein radial nach außen gerichtetes Abströmen von Grundwasser zur Folge hat. Während der weiteren Drucklufteinblasung scheint sich eine quasistationäre Strömung einzustellen, die durch die Ausbildung von Grundwasserwalzen charakterisiert wird. Nach Beendigung des In-Situ-Strippens strömt während des Entweichens der Restluft aus dem Aquifer Grundwasser von außen in den Einblasbereich. Damit ist nach derzeitigem Kenntnisstand zumindest in der Anfangsphase der Druckluftoinblasung eine zusätzliche Grundwasserentnahme zur Vermeidung einer möglichen Schadstoffverschleppung notwendig. Gleichzeitig ist besonderes Augenmerk auf die Vorgänge im Kapillarsaum zu richten, da bei feinkörnigen Sedimenten dort mit einer Wiederanreicherung von CKW zu rechnen ist.

## 3. BEOBACHTUNGEN IN FESTGESTEINSAQUIFEREN

Ein weiterer detailliert untersuchter Schadensfall befindet sich in einem geologisch komplex aufgebauten Standort. Geklüfteter Oberer Muschelkalk (Trias) mit geringmächtigen Mergel- und Tonsteinen des untersten Keuper ist von feinklastischen Sedimenten des Quartär überlagert. Im oberen Muschelkalk ist ein mächtiger Kluftaquifer ausgebildet, und in den gering durchlässigen quartären Deckschichten ist ein weiteres ca. 4 m mächtiges Grundwasservorkommen vorhanden. Durch den Betrieb einer Tierkörperbeseitigungsanlage, wo Tetrachlorethen (Per) verwendet worden war, sind die oberen Schichten sowie das dort enthaltene Grundwasser kontaminiert. Die höchsten Konzentrationen im Schadenszentrum betragen 3-5 Gramm CKW (gesamt) pro Liter. Durch biologische Umsetzungen kam es dabei auch zur Bildung von Trichlorethen, cis- und trans-1.2-Dichlorethen sowie Vinylchlorid (0.5 mg VC/kg Feststoff).

Trotz der kaum durchlässigen tonig-mergeligen Keuperfolge gelangten die Schadstoffe auch in das zweite Grundwasserstockwerk (Muschelkalk). Innerhalb dieses semigespannten Kluftaquifers kam es vor allem im oberen stärker verkarsteten Teil zur Ausbreitung der Schadstoffe.

Im Rahmen eines mehrstufigen Erkundungsprogrammes wurden in einzelnen Bauabschnitten insgesamt 18 Bohrungen abgeteuft und selektiv ausgebaut, so daß eine getrennte Beobachtung der beiden Aquifere möglich ist. Zur Sanierung wurde als erster Schritt eine Grundwasserentnahme aus dem Kluftaquifer mit Rückgewinnung der CKW-Komponenten durch nachgeschaltete Strippung eingeleitet. Damit soll vor allem eine zwischenzeitlich weitere Ausbreitung der CKW's im Untergrund unterbunden werden.

erreichte Lösemittelaustrag um ein vielfaches höher als die über die herkömmliche Sanierungstechnik erzielte Reinigungswirkung. Die hochkontaminierte und bisher für eine Sanierung nur langsam und schwer zugängliche Basis der bindigen Sedimentbedeckung ist damit wirtschaftlich sanierbar.

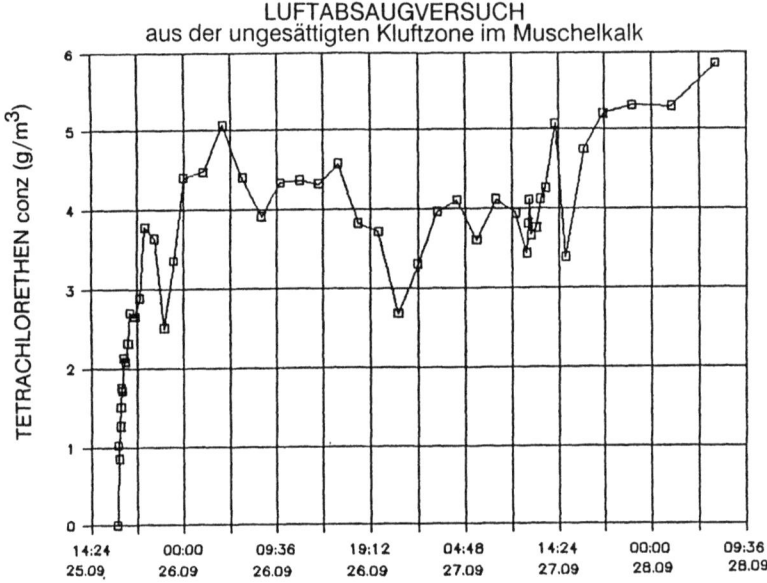

Abb. 4. Konzentrationsverlauf für Tetrachlorethen während eines dreitägigen Absaugversuches ($Q \approx 110$ m$^3$/h) aus der durch den Absenktrichter neu geschaffenen ungesättigten Zone unter dem (wassergesättigten) Porenaquifer

Als dritter und letzter Abschnitt des Sanierungsprogrammes ist nach Abklingen der Schadstofffracht im Kontaktbereich der beiden Aquifere eine Intensivierung der Grundwasserreinigung im Kluftaquifer vorgesehen. Die In-Situ-Behandlung durch Drucklufteinblasung als eine in Porengrundwasserleitern bereits erprobte Technik soll dazu im Kluftbereich Verwendung finden. Zur Ermittlung der dabei wirksamen Randbedingungen wurden auch hierzu Vorversuche an Kluftkörpern im Labormaßstab durchgeführt. Es folgte eine Serie von hydraulisch-pneumatischen Geländeversuchen mit gleichzeitiger Grundwassermarkierung in einem unkontaminierten Kluftgrundwasserleiter (FISCHER und STADLER, 1990). Die Ergebnisse seien hier kurz zusammengefaßt:

a) Bereits geringe Drücke und Einblasraten erlauben die Durchströmung bedeutender Gebirgsräume, höhere dagegen vergrößern den Wirkungsradius nicht, sondern führen zu intensiveren Luftaustritten im Bereich der Hauptwegigkeiten.

b) Die Länge der Einblasstrecke hat allenfalls geringen Einfluß auf die Luftausbreitung.

c) Wie im Porengrundwasserleiter kommt es im Kluftaquifer zur lokalen, zeitlich begrenzten Aufdomung der Grundwasseroberfläche. Einem Abfluß hoch kontaminierten Wassers in randliche Bereiche ist auch hier, besonders in der Anfangsphase, durch die begleitende Grundwasserentnahme entgegenzuwirken.

d) Die Aufstiegsbewegung der Luftblasen und Dichteunterschiede bedingen eine komplexe Grundwasserströmung im Kluftaquifer. Diese kann eine Sanierungswirkung ermöglichen, die über den unmittelbar luftdurchströmten Kluftbereich hinausgeht, kann jedoch andererseits zur Verlagerung von Schadstoffen aus den höheren in tiefere und nicht kontaminierte Aquiferbereiche führen. Voraussetzung für die Anwendung ist eine gründliche dreidimensionale Erkundung (durch Analytik begleitete hydraulische Versuche) und die vorgeschaltete Pumpmaßnahme im Schadenszentrum.

e) Aus horizontalen Hohlräumen und damit in Verbindung stehenden, sich nicht fortsetzenden Kluftelementen wird Wasser dauerhaft verdrängt, hier bildet sich eine Kanalströmung der Luft aus, und der eigentliche Stripeffekt unterbleibt. Die Vorerkundung der Trenngefüge mit hydraulischer Bewertung ihrer Raumlage ist auch aus diesem Grund aufzuwerten.

## 4. ZUSAMMENFASSENDE BEWERTUNG UND AUSBLICK

Leichtflüchtige chlorierte Kohlenwasserstoffe werden allein oder gemeinsam mit weiteren anorganischen und organischen Stoffen in zunehmendem Maße bei Grundwasserschäden gefunden. Von den zu ihrer Beseitigung eingesetzten Techniken kommt der Bodenluftabsaugung und dem In-Situ-Strippen als effektivste Methoden zunehmende Bedeutung zu. Ihr Einsatz erfordert jedoch detailliertere Vorerkundung, als sie oftmals bisher betrieben wurde, sowie die begleitende Optimierung der Sanierungstechnik an jedem einzelnen Schadensstandort. Die dadurch zu erzielende Erniedrigung des zeitlichen und materiellen Aufwandes kompensiert die höheren Kosten für die Vorerkundung in allen Fällen.

## 5. BIBLIOGRAPHIE

Böhler, U., Brauns, J. & Hötzl, H. (1989). Bodenluftabsaugung und Drucklufteinblasung zur Sanierung von CKW-Schadensfällen: Systematische Untersuchungen zu einer Sanieruggsmaßnahme im Lockergestein. Mitteilungen Abteilung Erddammbau und Deponiebau am Institut für Boden- und Felsmechanik, Universität Karlsruhe, Heft 2, Karlsruhe.

Böhler, U. & Bruckner, F. (1990). In-Situ-Strippen: Erfahrungen an einen Standort im Lockergestein. In P. Bock, H. Hötzl & M. Nahold (Hrsg.), Untergrundsanierung mittels Bodenluftabsaugung und In-Situ-Strippen. Schriftenreihe des Lehrstuhls für Angewandte Geologie Karlsruhe, 9: 241-254.

Brauns, J. & Wehrle, K. (1989). Untersuchung der Drucklufteinblasung in die gesättigte Bodenzone (In-Situ-Strippen) - Modellversuche. Abschlußbericht zum Forschungsvorhaben AZ 12/0415.1 im Auftrag der Landesanstalt für Umweltschutz BW, Karlsruhe (unveröff.).

Fischer, T. & Stadler, W. (1990). Vorversuche zum In-Situ-Strippen im Kluftgrundwasserleiter. In P. Bock, H. Hötzl & M. Nahold (Hrsg.), Untergrundsanierung mittels Bodenluftabsaugung und In-Situ-Strippen. Schriftenreihe des Lehrstuhls für Angewandte Geologie Karlsruhe, 9: 255-274.

Hötzl, H., Nahold, M., Xiang-Wei & Bock, P. (1990). CKW-Sanierung - Erfahrungen über einen Schadensfall in Festgesteinen. In P. Bock, H. Hötzl & M. Nahold (Hrsg.), Untergrundsanierung mittels Bodenluftabsaugung und In-Situ-Strippen. Schriftenreihe des Lehrstuhls für Angewandte Geologie Karlsruhe, 9: 175-186.

UNTERSUCHUNG DER ZIRKULATIONSSTRÖMUNG UM DEN KOMBINIERTEN
ENTNAHME- UND EINLEITUNGSBRUNNEN ZUR GRUNDWASSERSANIERUNG
AM BEISPIEL DES UNTERDRUCK-VERDAMPFER-BRUNNENS (UVB)

W. BÜRMANN
INSTITUT FÜR HYDROMECHANIK, UNIVERSITÄT KARLSRUHE


1. KOMBINIERTER ENTNAHME- UND EINLEITUNGSBRUNNEN

Die Grundwasserabsenkung und beschränkte Ergiebigkeit von Entnahmebrunnen sowie die entsprechende Wasserspiegelaufhöhung von Einleitungsbrunnen sind als Nachteile der konventionellen Grundwassersanierung bekannt. Diese Nachteile lassen sich vermeiden, wenn Entnahme und Wiedereinleitung im gleichen Brunnen vorgenommen werden. Anders als bei konventioneller Sanierung tritt beim kombinierten Entnahme- und Einleitungsbrunnen statt großräumiger nur eine lokale, begrenzte Beeinflussung und Störung der natürlichen Grundwasserströmung auf.

Die kombinierte Entnahme und Wiedereinleitung bedingt aus Kostengründen die Reinigung in situ oder on site. (Da das gereinigte Wasser zum Brunnen zurückgeführt werden muß, erfordert die Reinigung off site verdoppelte Leitungslängen gegenüber den üblichen Verfahren.)

Der kombinierte Entnahme- und Einleitungsbrunnen kann auch zur Entnahme von Grundwasser benutzt werden, indem ein Teil des angesaugten Wassers aus dem Brunnen abgezogen wird. Je nach Wahl der entnommenen Wassermenge wird die Grundwasserabsenkung gegenüber dem üblichen Entnahmebrunnen verringert oder vermieden.

2. UNTERDRUCK-VERDAMPFER-BRUNNEN (UVB)

Eine Form des kombinierten Entnahme- und Einleitungsbrunnens ist der Unterdruck-Verdampfer-Brunnen (UVB) (Hersteller: IEG mbH, D-7410 Reutlingen), der das Grundwasser durch In-Situ-Strippen mit Luft bei Unterdruck z.B. von chlorierten Kohlenwasserstoffen (CKW) reinigt (Abb. 1). Der Brunnen entfernt strippbare Schadstoffe aus dem Grundwasser und aus der ungesättigten Bodenzone. Er darf nur in einem einzelnen Aquifer (gespannt oder ungespannt) verwendet werden.

Der Brunnen ist an der Aquifersohle und in Höhe des Grundwasserspiegels verfiltert. Das Bohrloch wird sorgfältig mit einem Dichtmaterial verfüllt.

Ein Ventilator beaufschlagt den oberen Teil des Brunnens mit Unterdruck. Daher fließt Luft in das zur Atmosphäre offene Zuluftrohr, das unterhalb der Wasseroberfläche in einer Lochplatte endet. Die Höhenlage der Lochplatte wird dem Luftdruck entsprechend eingestellt. Zwischen Lochplatte und Wasserspiegel im Schacht liegt die Strippzone, in der sich von der Lochplatte her eine Luftblasenströmung nach oben hin ausbildet.

Wegen des Konzentrationsgefälles zwischen dem belasteten

Wasser und der Frischluft, treten die strippbaren Schadstoffe
aus dem Wasser in die Luft über und werden abgesaugt. Zusätzlich wird meist Bodenluft beigezogen. Strippluft und
gegebenenfalls Bodenluft strömen durch den Ventilator und
über Aktivkohle, wo die Schadstoffe adsorbiert werden. Die
Abluft tritt gereinigt in die Atmosphäre aus.

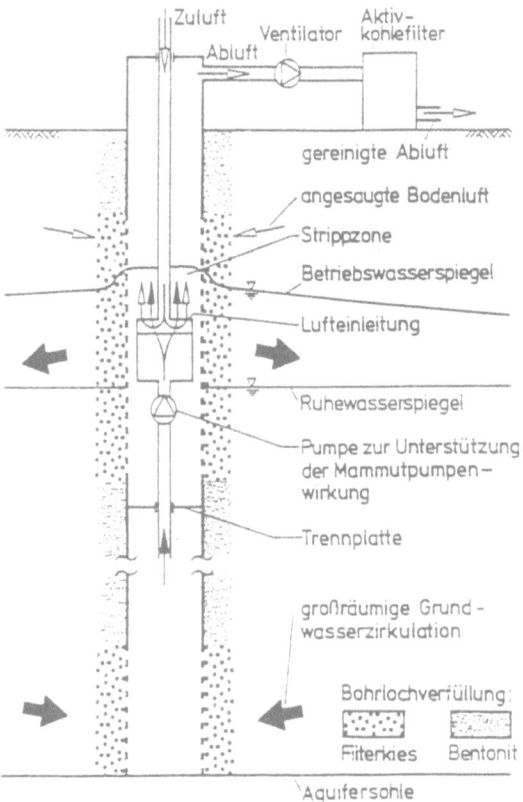

Abb. 1: Unterdruck-Verdampfer-Brunnen mit zusätzlicher Wasserpumpe und Trennplatte

Die Blasenströmung in der Strippzone wirkt wie eine
Mammutpumpe und fördert Wasser aus dem unteren Schachtbereich
nach oben. Bei neueren Anlagen wird diese Pumpwirkung durch
eine zusätzliche Wasserpumpe unterstützt. (Die zusätzliche
Wasserpumpe kann grundsätzlich eine aufwärts oder abwärts
gerichtete Strömung im Brunnen erzeugen.) Zudem wird eine
Trennplatte in den unteren Teil des Brunnens eingesetzt, um
die Wirkungsweise des Brunnens zu verbessern. Das im Brunnen
aufwärts geförderte und in der Strippzone gereinigte Wasser
fließt durch die obere Verfilterung nach außen ab und in
einer Zirkulationsströmung zur unteren Verfilterung.
Lochplatte und übrige Einbauten sind als Schwimmer ausgebildet, damit sie sich wechselnden Grundwasserständen anpas-

sen. Über andere Bauarten wie z.B. den 6"-UVB mit fixiertem Reaktor oder den UVB mit Bodenluftzirkulation wird nach in Kürze erfolgendem Einsatz berichtet.

Beim luftseitig geschlossenen UVB-Verfahren wird die von CKW gereinigte Abluft dem Brunnen im Kreislauf als Zuluft wieder zugeführt, um den Chemismus des Grundwassers weitgehend zu erhalten und zu vermeiden, daß Verkalkung oder Verockerung auftritt und daß Schadstoffe unkontrolliert in die Atmosphäre gelangen. Die Bodenluft muß beim luftseitig geschlossenen UVB-Verfahren getrennt gereinigt werden. Brunnenschacht und Systemteile sind hinreichend dicht auszuführen, um den Zutritt von Frischluft zu vermeiden.

## 3. FELDMESSUNGEN AN UNTERDRUCK-VERDAMPFER-BRUNNEN

Die Feldmessungen erfolgen in mehreren verschiedenen Versuchsfeldern. Der Grundwasserspiegel wird in den einzelnen Meßstellen mit dem Lichtlot gemessen und teils durch elektrische Druckaufnehmer registriert. Wasserdurchflußmenge im Brunnen, Durchflußmengen von Ab- und Zuluft, Wasser- und Lufttemperatur und Luftfeuchte werden aufgenommen.

Infolge des Lufteintrags in den Brunnen weist das durch die obere Filterstrecke abströmende Grundwasser einen erhöhten Sauerstoffgehalt auf. Die Sauerstoffkonzentration im Grundwasser wird mit In-Situ-Sonden gemessen. Der Sauerstoff ist jedoch wegen des biologischen Abbaus außerhalb des Brunnens zumeist nicht als Tracer zur Bestimmung von Abstandsgeschwindigkeit und Wirkungsbereich der Grundwasserzirkulation geeignet. Auch deshalb werden Versuche mit Markierungsstoffen wie Uranin durchgeführt.

Der bis zur Sättigung reichende Sauerstoffeintrag in das durch die obere Verfilterung vom Brunnen abströmende Wasser wurde zweifelsfrei nachgewiesen. Die begleitenden Wasser- und Abluftanalysen belegen den beträchtlichen CKW-Austrag, d.h. die weitgehende Dekontamination des vom Brunnen abgegebenen Wassers. Der Wirkungsbereich des Brunnens zeigt sich nicht nur im Kontaminationsverlauf an den entfernt liegenden Meßstellen sondern auch am teils angehobenen Wasserspiegel.

Die tiefe Meßstelle im Bereich der unteren Verfilterung an der Wasserzuflußseite eines der Brunnen zeigt eine Kontamination mit Tetrachlorethen (Per) von bis zu 100 mg/m$^3$ (Abb. 2). Die flache Meßstelle in der oberen Verfilterung weist die Dekontamination des abströmemden Wassers mit 10 mg/m$^3$ aus und belegt die Reinigungswirkung im Brunnen. Besonders deutlich ist die Verminderung der Kontamination an der 15,3 Meter vom Brunnen entfernten flachen Meßstelle B 225 von Anfangswerten über 180 auf 30 mg/m$^3$.

Bis zum 13.6.1989 war die Wasserspiegelhöhe in der tiefen Meßstelle höher als in der flachen Meßstelle (Abb. 3), die äußere Zirkulationsströmung also von der unteren Verfilterung zur oberen hin gerichtet. Nach Einbau der zusätzlichen Wasserpumpe zeigte die tiefe Meßstelle ein niedrigeres Potential als die flache. Die Zirkulationsströmung erfolgte von der oberen zur unteren Verfilterung. Die Wasserspiegelhöhe in der Meßstelle B 225 stieg infolge der Einwirkung des Brunnens an und sank dann durch Zusetzen der oberen Verfilterung wieder.

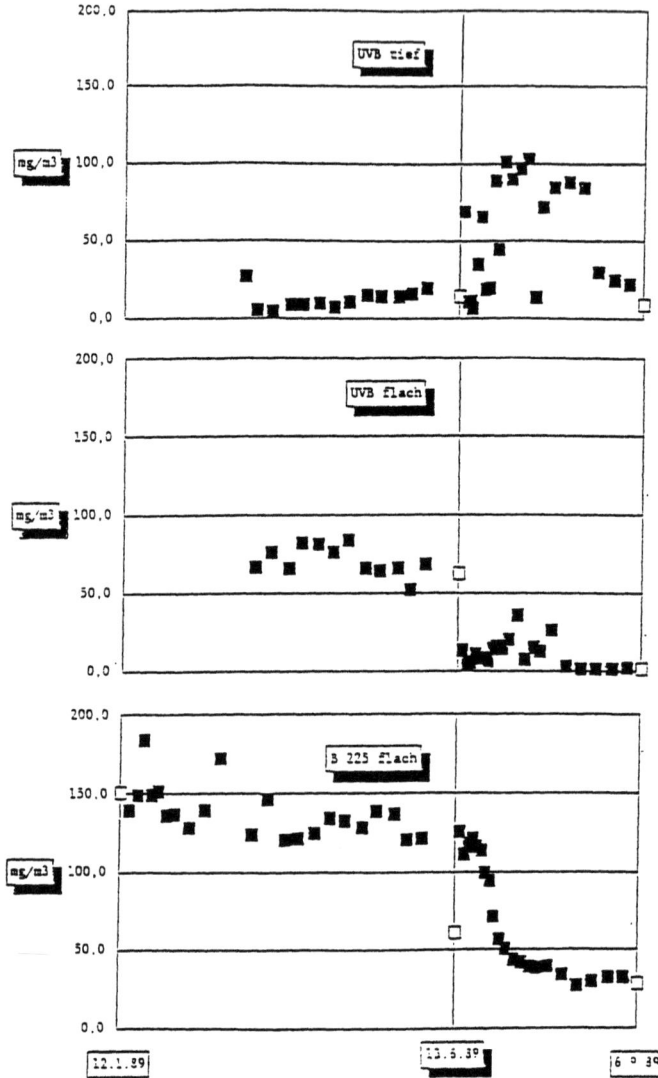

Abb. 2: Konzentrationsverlauf von Tetrachlorethen am UVB in Mannheim-Käfertal

Zur Zeit erfolgen Feldmessungen über die vom Brunnen in Grundwasser und Boden eingeleiteten, vibrationsbedingten Kompressions- und Scherwellen, die den Reinigungsprozeß innerhalb und außerhalb des Brunnens fördern.

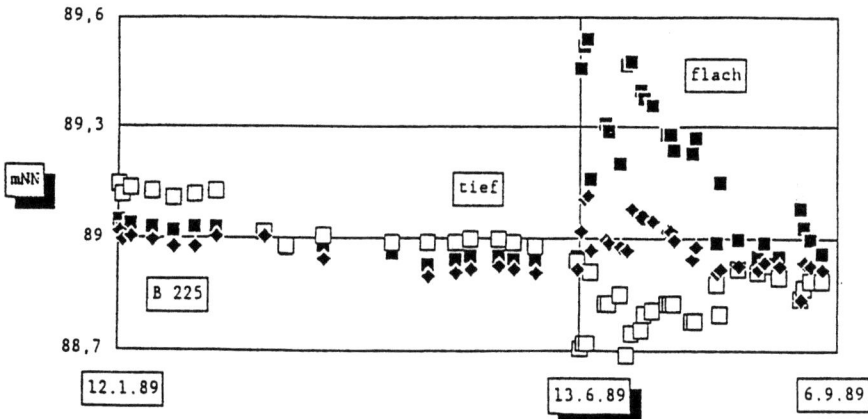

Abb. 3: Gemessene Wasserspiegelhöhen am UVB in Mannheim-Käfertal

4. THEORETISCHE UND MATHEMATISCH ANALYTISCHE UNTERSUCHUNGEN ZUR ERMITTLUNG DES STRÖMUNGSFELDS UND DES WIRKUNGSBEREICHS DER ZIRKULATIONSSTRÖMUNG

Die stationäre Zirkulationsströmung wird im ruhenden Grundwasser durch die Kontinuitätsgleichung in Zylinderkoordinaten und das Darcysche Gesetz beschrieben, die auf die Laplacesche Differentialgleichung führen. Dazu treten als Randbedingungen die Strömungsverhältnisse am Brunnen und an den Grenzen des Aquifers. Gegebenenfalls wird die Teilentnahme von Wasser aus dem Brunnen berücksichtigt. Die Bodenluftzirkulation kann in grundsätzlich der gleichen Weise wie die Grundwasserzirkulation beschrieben werden. Die übliche Bodenluftabsaugung ohne Zirkulation ist enthalten.

Im fließenden Grundwasser und gespannten Aquifer ergibt sich die Zirkulationsströmung durch Überlagerung der Grundströmung mit der Zirkulationsströmung im ruhenden Grundwasser. Bei Grundwasserabfluß mit freier Oberfläche gilt diese Überlagerung nur näherungsweise. Trotzdem wird die Zirkulationsströmung im strömenden Grundwasser bei ausreichender Mächtigkeit des Aquifers auf diese Weise genau genug dargestellt.

Die Zirkulationsströmung hängt grundsätzlich ab von der Grundströmung $v_G$ und der Wasserdurchflußmenge Q durch den Brunnen, von der Mächtigkeit H des Aquifers (bzw. der betreffenden Länge des Brunnens), den Längen $h_u$ und $h_o$ der unteren bzw. oberen Verfilterung, dem Außenradius r des Brunnens sowie der horizontalen und vertikalen Durchlässigkeit $k_H$ bzw. $k_V$ des Aquifers. Horizontale und vertikale Durchlässigkeit des Aquifers werden vermutlich durch stets vorhandene Vibrationen (Maschinen, Verkehr usw.) beeinflußt. Der Brunnen erzeugt Vibrationen durch die Blasenbildung in der Strippzone. und den Ventilator. Die Vibrationen werden auf Grundwasser und Korngerüst übertragen.

Die Grundströmung $v_G$ und, mit Einschränkungen, die Durchlässigkeiten $k_H$ und $k_V$ des Aquifers sind unveränderlich vorgegeben. Die Zirkulationsströmung kann daher grundsätzlich nur durch die Ausbildung des Brunnens selbst (H, $h_u$, $h_o$, r) und insbesondere durch die Wasserdurchflußmenge Q beeinflußt werden. Falls aus Kostengründen vorhandene Brunnen zu verwenden sind, bleibt nur die Wasserdurchflußmenge zur Steuerung der Zirkulationsströmung.

Die Dekontamination des durch den Brunnen geleiteten Grundwassers hängt unter anderem von der Bauweise des Reaktors, der Wasserdurchflußmenge und maßgebend von der Luftdurchflußmenge durch den Brunnen ab.

Durch Lösen der Laplaceschen Differentialgleichung mit Hilfe von Exponential- und Zylinderfunktionen gelang die analytische Darstellung der Zirkulationsströmung im zylindersymmetrischen Aquifer unterschiedlicher horizontaler und vertikaler Durchlässigkeit für beliebige Strömungsbedingungen am Brunnen. Die willkürliche horizontale Schichtung des Aquifers ist berücksichtigt.

Im ruhenden Grundwasser ergeben die analytischen Untersuchungen in Übereinstimmung mit entsprechenden numerischen Simulationen (Herrling, Buermann, and Stamm (1990a, b)) den theoretisch unbegrenzten Wirkungsbereich des Brunnens. Zur realistischen Beurteilung des Wirkungsbereichs wird derjenige Radius R um den Brunnen benutzt, innerhalb dessen ein bestimmter Prozentsatz der insgesamt zirkulierenden Wassermenge vertikal fließt. Der auf die Aquifermächtigkeit H bezogene Wirkungsradius R/H hängt überwiegend von der Wurzel aus dem Durchlässigkeitsverhältnis $k_V/k_H$, weniger von den relativen Verfilterungslängen $h_u/H$ und $h_o/H$, und fast nicht vom relativen Brunnenradius r/H ab. Infolge seiner Definition wird der Wirkungsradius von der Wasserdurchflußmenge des Brunnens nicht beeinflußt, falls keine Teilentnahme erfolgt. <u>Abb. 4</u> zeigt die unten und oben gleich angenommene Verfilterungslänge über dem Wirkungsradius ohne Teilentnahme bei 80, 90 und 98 Prozent Vertikalstrom für verschiedene Durchlässigkeitsverhältnisse. Von der durchgehenden Verfilterung ($h_u/H$= $h_o/H$= 0,5) an wächst der Wirkungsradius mit sinkender Verfilterungslänge und tendiert unterhalb technisch unbedeutend geringer Verfilterungslängen ($h_u/H$= $h_o/H$< 0,01) gegen größere Werte. Der Einfluß der Filterlänge ist klein. Bei realistischer Anisotropie (0,6< kV/kH) liegt der bezogene Wirkungsradius etwa zwischen 1,5 und 2 (1,5< R/H< 2).

Die Erläuterung der Zirkulationsströmung im fließenden Grundwasser erfolgt mit Bezug auf den vollkommenen Entnahme- bzw. Einleitungsbrunnen. Beide Brunnen sind durch ihre Trennstromlinie gekennzeichnet. Die Trennstromlinie grenzt das dem Entnahmebrunnen zufließende bzw. vom Einleitungsbrunnen abfließende gegenüber dem am Brunnen vorbeiströmenden Grundwasser ab. Die Trennstromlinie ist eine ebene Kurve, tritt in jeder horizontalen Ebene identisch gleich auf und die Gesamtheit aller Trennstromlinien bildet die Trennstromfläche. Die Trennstromlinie ist durch den Staupunktabstand vom Brunnen gekennzeichnet, in dem die vom Brunnen erzeugte Radialströmung mit der Grundströmung übereinstimmt.

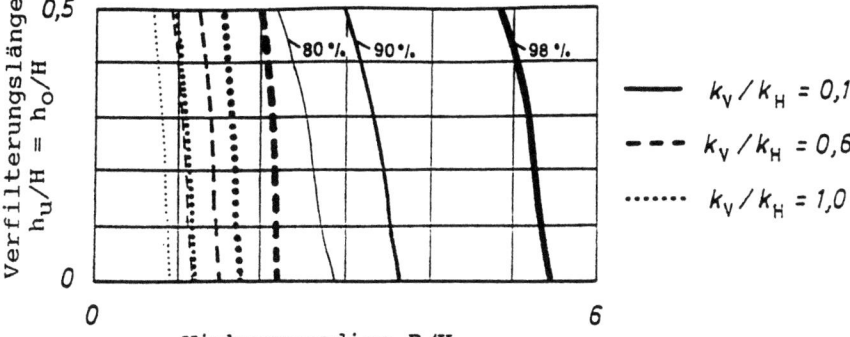

Abb. 4: Bezogene Verfilterungslänge $h_u/H = h_o/H$ über dem bezogenen Wirkungsradius R/H des kombierten Entnahme- und Einleitungsbrunnens ohne Teilentnahme im ruhenden Grundwasser

Die Zirkulationsströmung im fließenden Grundwasser weist zwei dem vollkommenen Brunnen ähnliche Trennstromlinien an der unteren und oberen Begrenzung des Aquifers auf. Beim aufwärts durchströmten Brunnen entspricht die untere Trennstromlinie dem Entnahme- und die obere dem Einleitungsbrunnen und hat eine ähnliche, aber schlankere Form. Zwischen diesen beiden ebenen Trennstromlinien an der unteren bzw. oberen Begrenzung des Aquifers spannt sich die im übrigen aus räumlichen Trennstromlinien bestehende Trennstromfläche der Zirkulationsströmung im fließenden Grundwasser auf, die in jedem Horizontalschnitt eine andere Kontur hat. Der zustromseitige Teil der Trennstromfläche zweier Brunnen ist in Herrling, Buermann, and Stamm (1990a) dargestellt.

Abb. 5 zeigt die Wasserdurchflußmenge über dem Staupunktabstand A der oberen Trennstromlinie. Über dem unteren Staupunktabstand ergibt sich bei symmetrischer Verfilterung derselbe Verlauf und selbst bei sehr unterschiedlichen Verfilterungslängen entsteht kein wesentlich anderes Bild.

Die Zustrombreite an der unteren Begrenzung des Aquifers stimmt bei symmetrischer Verfilterung mit der Abstrombreite an der oberen Begrenzung des Aquifers überein und beträgt bei durchgehender Verfilterung und isotropem Aquifer ($k_V/k_H = 1$) mit guter Genauigkeit das $\pi$-fache des Staupunktabstands. Die untere Zu- und obere Abstrombreite ist also etwa halb so groß wie beim vollkommenen Brunnen. Bei kurzer Verfilterung ($h_u/H = h_o/H = 0,1$) steigt der Wert von unterer Zu- und oberer Abstrombreite um etwa 10 Prozent. Für unsymmetrische Verfilterung ist die Zunahme geringer. Das Durchlässigkeitsverhältnis $k_V/k_H = 0,1$ hebt untere Zu- und obere Abstrombreite um weitere 5 Prozent an. Demnach nehmen untere Zustrombreite und obere Abstrombreite nur etwa 15 Prozent mit kürzerer Verfilterung und größerer Anisotropie zu.

Die obere Zustrombreite mißt etwa ein Drittel der unteren. Entsprechend beträgt die untere Abstrombreite etwa ein Drittel der oberen. Mithin stimmt die maßgebende Zu- bzw. Abstrombreite B mit dem in Abb. 5 dargestellten Staupunktabstand A nahezu überein. Diese Angaben können sich je nach dem

Ergebnis der laufenden Berechnungen zahlenmäßig, aber nicht grundsätzlich ändern.

Die Wasserdurchflußmenge durch den Brunnen in Abb. 5 steigt überproportional mit Staupunktabstand bzw. maßgebender Zu- oder Abstrombreite an. Deshalb sind anstelle eines Einzelbrunnens mit großer Wasserdurchflußmenge mehrere Brunnen mit kleiner zweckmäßig.

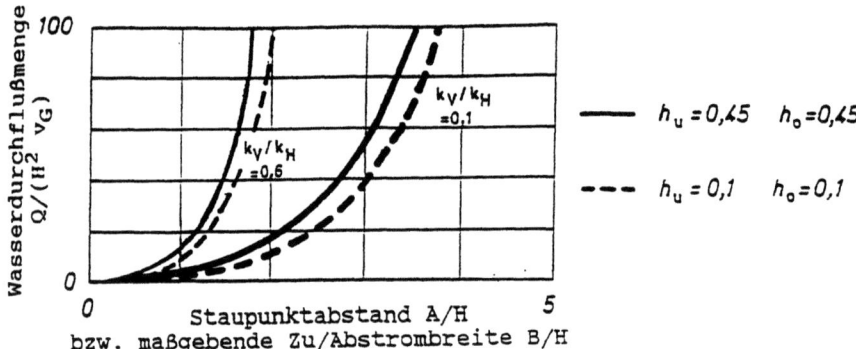

Abb. 5: Relative Wasserdurchflußmenge $Q/(H^2 v_G)$ über dem relativen Staupunktabstand A/H bzw. der maßgebenden Zu- oder Abstrombreite B/H des kombinierten Entnahme- und Einleitungsbrunnens im strömenden Grundwasser

5. DANKSAGUNG

Für die Förderung werden der IEG mbH, D-7410 Reutlingen, der Energie- und Wasserwerke Rhein-Neckar AG (RHE), D-6800 Mannheim, dem Amt für Baurecht und Umweltschutz, D-6800 Mannheim, gedankt. Besonderer Dank gilt den Herren B. Bernhardt, IEG mbH, D-7410 Reutlingen, dem Begründer des Verfahrens, Dr. Alesi, BWU, D-7312 Kirchheim-Teck, Dr. Brinnel, Hydrodata, D-6370 Oberursel, Dr. Käss, D-7801 Umkirch, und Dr. Lochte, Infutec, D-6530 Bingen, für die vielen Diskussionen und Beiträge zur Funktion und Weiterentwicklung des Unterdruck-Verdampfer-Brunnens.

6. BIBLIOGRAPHIE

Buermann, W. (1990). Groundwater remediation by circulation flow around the combined withdrawal and infiltration well - Operation and dimensioning of the well. Published in this volume.

Herrling, B., Buermann, W., and Stamm, J. (1990a). In-situ groundwater remediation of volatile contaminants with Underpressure-Vaporizer-Wells (UVB): Results of numerical Computations. Published in this volume.

Herrling, B., Buermann, W., and Stamm, J. (1990b). In-situ remediation of volatile contaminants in groundwater by a new systen of "Underpressure-Vaporizer-Wells (UVB)". Proc. Conf. on Surface Contamination by Inmmiscible Fluids, Calgary, April 18 - 20, 1990. K. U. Weyer (Ed.), Balkema Publ., Rotterdam.

VAKUUMEXTRAKTION IN EINER DEPONIE FÜR CHEMIEABFÄLLE

W. VAN OOSTEROM (TAUW INFRA CONSULT B.V., DEVENTER, NL)
S. DENZEL (WEBER INGENIEURE, PFORZHEIM, BRD)

1. EINFÜHRUNG

1989 wurde eine Sanierungsuntersuchung in der ehemaligen Deponie "Eckenweiler Hof" in Mühlacker durchgeführt. Die Untersuchung wurde im Auftrag der Landestanstalt für Umweltschutz Baden-Württemberg durchgeführt und wird durch den Altlastenfonds Baden-Württemberg finanziert. Diese Abhandlung enthält die Resultate des Untersuchungsprogramms von Baden-Württemberg (Modellstandortkonzeption, Neifer, TNO-Konferenz 1988). Die Deponie besteht aus vier Becken, in die Chemieabfälle eingepumpt wurden, im wesentlichen Hydroxyde und galvanischer Schlamm, organische Lösungsmittel, Lacke

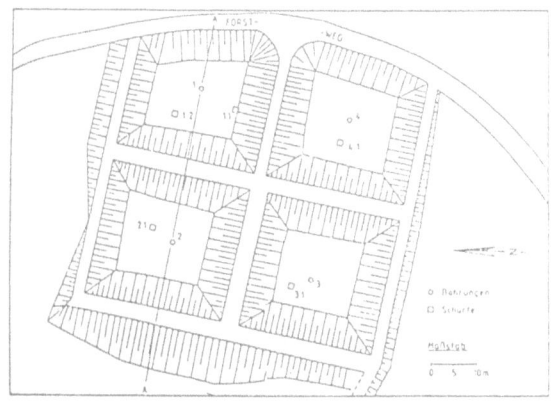

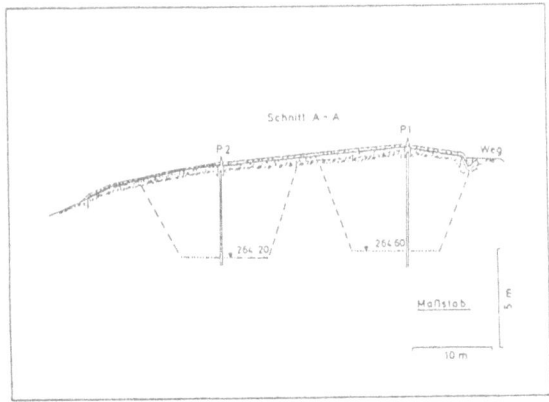

Abbildung 1. Plan der Abfalldeponie "Eckenweiher Hof"

und flüchtige chlorierte Kohlenwasserstoffe. In jedes Becken wurde ein Beobachtungsbrunnen eingebohrt (P1-P4). Abb. 1 zeigt einen Plan der Deponie.

Bei der Sanierungsuntersuchung wurde Vakuumextraktion als eine mögliche Sanierungsmethode gewählt. Eine Pilotanlage wurde deshalb in der Zeit September-Oktober 1989 getestet, um die Wirkung des Einsatzes der Vakuumextraktion für die Beseitigung flüchtiger chlorierter und aromatischer Kohlenwasserstoffe zu studieren. In einem Zeitraum von acht Wochen wurdem mehrere Tests durchgeführt. Abb. 2 zeigt die Anordnung der Pilotanlage für die Tests.

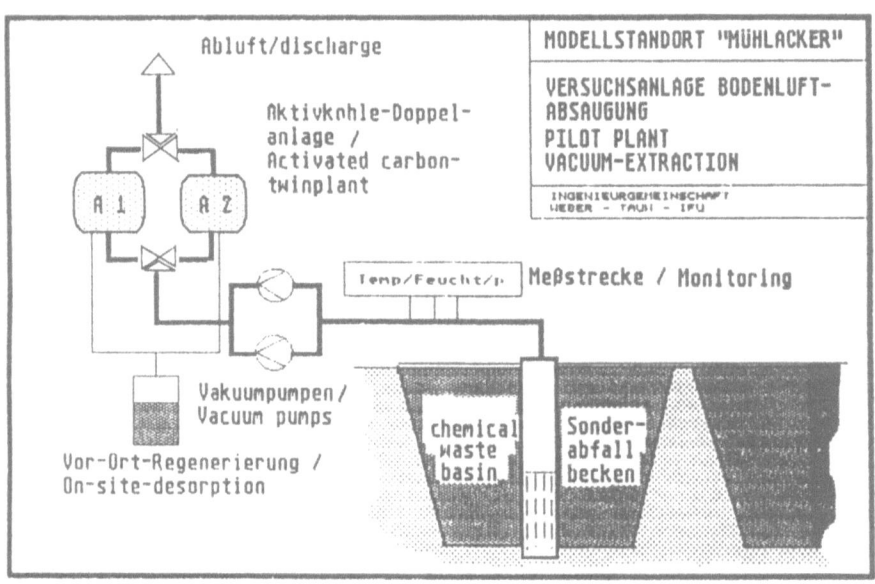

Abbildung 2. Experimentelle Auslegung der Pilotanlage zur Vakuumextraktion.

2. ZIELSETZUNG

Das Ziel der Pilotuntersuchung war, die Bedingungen für eine zukünftige Vakuumextraktionsanlage im vollem Maßstab zur Beseitigung flüchtiger Kohlenwasserstoffe zu optimieren.

Zur Erreichung dieses Ziels wurde folgende Einzelheiten untersucht:

- die Leistung der Vakuumextraktion in wenig durchlässigem Material. (Durchlässigkeit (k) von $10^{-7}$ bis $10^{-9}$ m/s);
- der Einflußradius der Vakuumextraktion;
- die Möglichkeit einer ständigen Überwachung.

Schematisch kann das folgendermaßen dargestellt werden:

```
                    VAKUUMEXTRAKTION
                    (PILOTANLAGE)
```

| PRODUKTIONSTESTS IN MEHREREN STUFEN | ÜBERWACHUNG DES UNTERDRUCKS | LAB.-TESTS VOR ORT GC-FID/ECD | LUFTSTROM- ÜBERWACHUNG |

| AUSLEGUNG UND GESTALTUNG DER EXTRAKTIONSBRUNNEN | MODELLE DES UNTERGRUND- STRÖMUNGSSYSTEMS | AUSLEGUNG UND GESTALTUNG DER LUFTSTROMSANIERUNG |

```
                    PLANUNG DER
                    SANIERUNGSARBEITEN
```

## 3. BESCHREIBUNG DER EXPERIMENTE

### 3.1 Vakuumextraktionssystem

Die vier Beobachtungsbrunnen P1-P4 (Tiefe 6 - 8 Meter, Filterlänge 3 Meter) wurden für die Vakuumextraktion benutzt. Der Porendampf wurde durch ein zentrales Pumpsystem extrahiert, das jeweils an einen der Brunnen angeschlossen werden konnte. Weil zwei Vakuumpumpen, jede mit einer Leistung von 100 m³ Luft/Stunde, parallel angeschlossen wurden, waren zwei Stufen der Luftströmung möglich.

Während der Testperiode wurden mehrere Experimente durchgeführt, wie z.B. kurzzeitige Porendampfextraktion (vier Stunden lang) und langdauernde Porendampfextraktion (Testdauer etwa 70 Stunden).

### 3.2 Überwachungssystem

Um die Auswirkungen der beiden Stufen der Porendampfextraktion auf den Luftdruck und die Kohlenwasserstoffkonzentrationen in den Abfällen zu untersuchen, wurden 31 Beobachtungsfilter in die Deponie (23) und in ihrer unmittelbaren Umgebung (8) eingebaut. Der Luftdruck wurde häufig gemessen, mit Hilfe eines Wassermanometers. Die Temperatur, die Luftfeuchtigkeit und der Unterdruck in den Porendämpfen wurden kontinuierlich registriert.

Während des Verlaufs der Experimente zur Überwachung des Vorgangs wurden über 300 Porendampfproben entnommen, und zwar mindestens drei Proben täglich entnommen, und außerdem 5 Proben während der ersten Stunde jedes Tests.

Im Labor vor Ort wurden diese Proben auf flüchtige chlorierte und aromatische Kohlenwasserstoffe untersucht durch gaschromatographische Analyse (ECD/FID). Die Ergebnisse wurden direkt in ein Personalcomputersystem eingegeben.

## 4. ERGEBNISSE UND DISKUSSION
### 4.1 Kurzzeitextraktion

Die Tests zeigten, daß der Einfluß der Luftströmung auf die Konzentration der Schadstoffe unwesentlich ist. In Tabelle 1 ist die Abgabe an flüchtigen Kohlenwasserstoffen während der Kurzzeitextraktion der Porendämpfe für jedes der Becken angegeben.

TABELLE 1. Mittlere Abgabe von chlorierten und aromatischen Kohlenwasserstoffen

| Becken | 1 | 2 | 3 | 4 |
|---|---|---|---|---|
| Q (cm³/h) | 80 | 117 | 70 | 70 |
| Chlorierte Kohlenwasserstoffe | g/h | g/h | g/h | g/h |
| Dichlormethan | 128,0 | 9,9 | 0,8 | 7,2 |
| 1,1-Dichlorethan | 0,8 | 7,4 | n.n | n.n |
| cis-1,2-Dichlorethylen | 78,0 | 44,0 | 5,7 | 13,0 |
| Chloroform | 0,6 | 0,2 | n.n | n.n |
| 1,1,1,-Trichlorethan | 0,3 | 0,4 | n.n | n.n |
| 1,2-Dichlorethan | 0,4 | 0,1 | n.n | n.n |
| Trichlorethylen | 598,0 | 30,0 | 8,2 | 14,0 |
| Tetrachlorethylen | 8,6 | 138,0 | 2,6 | 3,3 |
| Chlorierte Kohlenwasserstoffe insgesamt | 815,0 | 230,0 | 17,3 | 37,5 |
| Aromatische Kohlenwasserstoffe | g/h | g/h | g/h | g/h |
| Benzol | 0,2 | n.n | n.n | n.n |
| Toluol | 11,4 | 4,9 | 0,7 | 0,4 |
| Ethylbenzol | 3,5 | 3,8 | 0,4 | 4,3 |
| o-Xylol | 1,1 | 1,4 | 0,1 | 1,3 |
| m,p-Xylol | 10,2 | 14,0 | 0,9 | 12,0 |
| Aromatische Kohlenwasserstoffe insgesamt | 26,2 | 24,1 | 2,1 | 18,0 |

n.n = unterhalb der Meßgrenze

Tabelle 1 zeigt, daß bedeutende Unterschiede in der Zusammensetzung der extrahierten Luft aus den verschiedenen Becken bestehen. Die höchsten Konzentrationen (und Mengen) wurden in den Porendämpfen des Beckens 1 gefunden, in dem hauptsächlich Trichlorethylen, cis-1,2-Dichlorethylen und Dichlormethan vorhanden waren. In den Porendämpfen des Beckens 2 wurde eine sehr hohe Konzentration an Tetrachlorethylen gefunden. Die Konzentrationen der Porendämpfe in den Becken 3 und 4 sind wesentlich niedriger, verglichen mit denen der anderen beiden Becken. Von Interesse ist das Auftreten einer relativ hohen Konzentration von Xylol in den Porendämpfen des Beckens 4. In diesem Becken bestehen etwa 30% der Gesamtmenge an flüchtigen Kohlenwasserstoffen aus aromatischen Kohlenwasserstoffen, und das ist von besonderem Interesse für die Bemessungen eines Luftbehandlungssystems.

In Abb. 3 werden die beobachteten Konzentrationen einiger ausgewählter Kohlenwasserstoffe in den Porendämpfen von Becken 1 gezeigt.

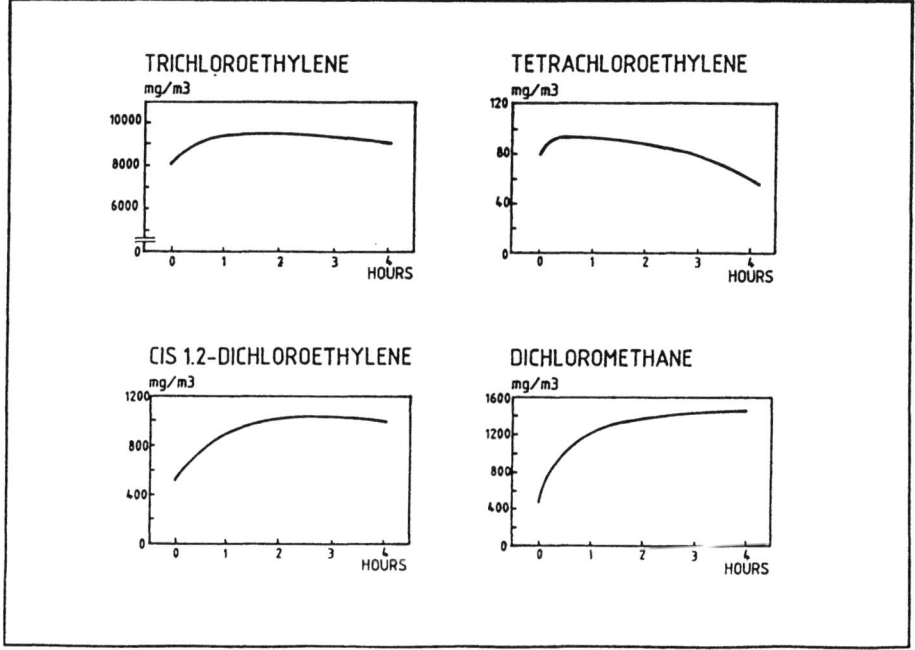

Abbildung 3. Beobachtete Konzentrationen einiger Kohlenwasserstoffe in den Porendämpfen von Becken 1.

Abb. 3 zeigt, daß die Konzentrationsänderung der untersuchten Schadstoffe im Verlauf der Testzeit ganz unterschiedlich ist. Die Konzentrationen an Dichlormethan und cis-1,2-Dichlorethylen nehmen im Verlauf des Tests zu, die Trichlorethylen-Konzentration ist nahezu konstant, während die Tetrachlorethylen-Konzentration deutlich abnimmt.

Das Verhältnis zwischen der Produktion Q ($m^3/h$) und dem Unterdruck (mbar) wird in Abb. 4 gezeigt.

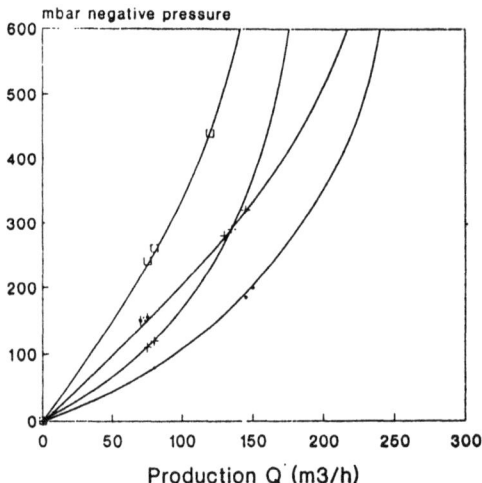

Abbildung 4. Beziehung zwischen Produktion und Unterdruck

Abb. 4 zeigt ziemlich steile Kurven für P2 und P4; das bedeutet, daß mit steigendem Unterdruck die Luftströmung weniger stark zunimmt. Bei diesen Brunnen scheint die maximal mögliche Produktionsleistung etwa 150 m³/h zu sein. Die Produktionsleistung der Brunnen P1 und P3 is wesentlich höher wegen der größeren Durchlässigkeit.

Während der Kurzzeit-Extraktionstests wurde der Luftdruck regelmäßg gemessen. In Abb. 5 wird der interpolierte Unterdruck in den Überwachungsfiltern gezeigt. Auf der Grundlage dieser Ergebnisse wurden Berechnungen über den Einflußradius ausgeführt. In Abb. 5 sind die Isobaren für 5 mbar für die Porendampfextraktion des Brunnens P1 bei 80 m³/h gezeigt (Unterdruck 80 mbar).

4.2 Langzeitextraktion

Tests mit Langzeitextraktion (etwa 70 Stunden Dauer) wurdem in jedem der Brunnen durchgeführt. Nur die Ergebnisse für Brunnen 1 sollen hier diskutiert werden. In Abb. 6 werden die während der Testdauer beobachteten Konzentrationen an Gesamtkohlenwasserstoffen gezeigt.

Abb. 6 zeigt, daß die Konzentration der chlorierten Kohlenwasserstoffe während der ersten 10 Stunden leicht ansteigt und dann während der restlichen Testzeit beinahe konstant bleibt. Der Einfluß auf die Konzentration an chlorierten Kohlenwasserstoffen ist unwesentlich, wegen der Abnahme der Luftströmung nach 45 Stunden. Infolgedessen ist die Abgabe der extrahierten Schadstoffe (in g/h) um 50% vermindert. Das wird in Abb. 7 gezeigt.

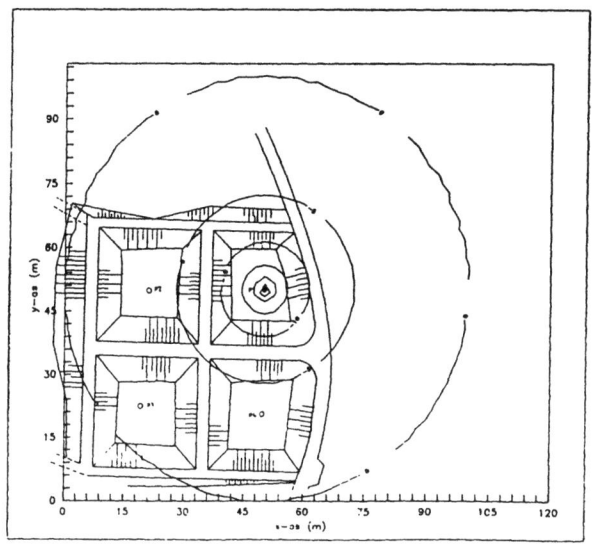

Abbildung 5. Isobaren bei der Extraktion von P1 mit 80 m³/h

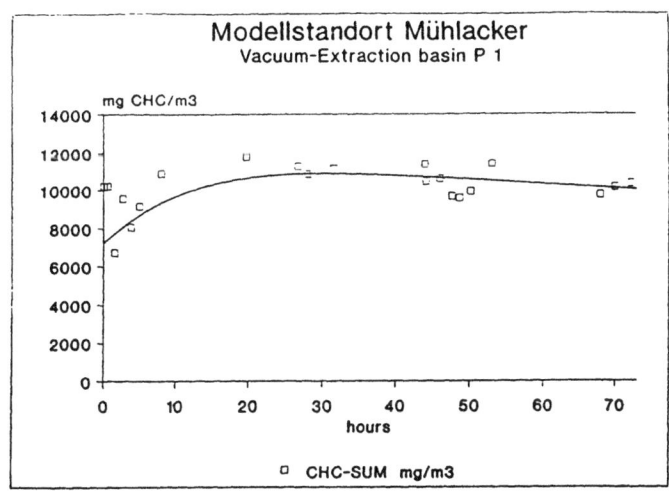

Abbildung 6. Beobachtete Konzentrationen der gesamten chlorierten Kohlenwasserstoffe (CKW)

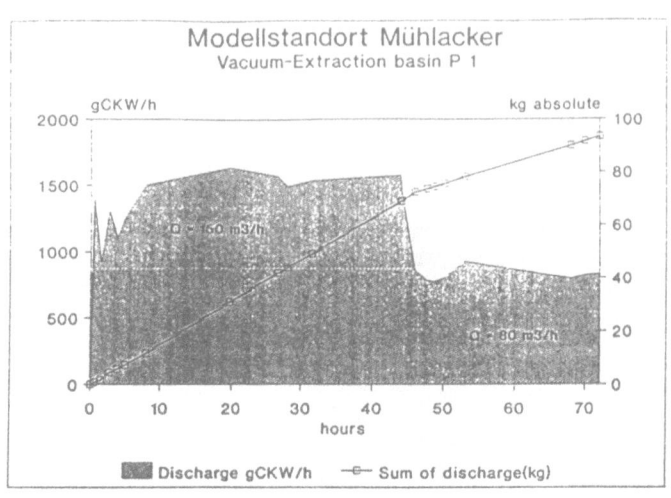

Abbildung 7. Abgabe von chlorierten Kohlenwasserstoffen während der Langzeitextraktion

Legende: Discharge gCKW/h - Abgabe gCKW/Std
Sum of discharge (kg) - Gesamtabgabe (kg)

In Tabelle 2 werden die mittleren Konzentrationen der vier wesentlichen Bestandteile der Porendämpfe sowohl bei Langzeit-Extraktion als auch bei Kurzzeit-Extraktion im Brunnen P1 gezeigt.

TABELLE 2. Mittlere Konzentrationen einiger chlorierter Kohlenwasserstoffe in den Porendämpfen des Brunnens P1 (mg/m³)

|  | Kurzzeit-extraktion | Langzeit-extraktion |
|---|---|---|
| Trichlorethylen | 8000-9000 | 7000-9000 |
| Dichlormethan | 1000-1400 | 1200-1700 |
| cis-1,2,-Dichlorethylen | 800-1100 | 900-1200 |
| Tetrachlorethylen | 80- 100 | 100- 130 |

Tabelle 2 zeigt deutlich, daß die Konzentrationen während der Langzeitextraktion etwas höher sind als die Konzentrationen während der Kurzzeitextraktion. Aber die Unterschiede sind nur geringfügig, und deshalb können die Resultate der Kurzzeittests für die Optimierung der Bedingungen für eine Sanierung in vollem Maßstab benutzt werden.

5. SCHLUSSFOLGERUNGEN

In Bezug auf die flüchtigen chlorierten und aromtischen Kohlenwasserstoffe erwies sich die Porendampfextraktion als eine brauchbare Sanitierungsmethode für die Deponie "Eckenweiher Hof". Während der Tests mit der Pilotanlage wurde täglich eine Menge zwischen 0,5 kg (Becken 3) und 20 kg (Becken 1) an flüchtigen Kohlenwasserstoffen extrahiert, bei einer Luftströmung von 70-80 $m^3/h$. Die Zusammensetzung der Porendämpfe ist anscheinend sehr unterschiedlich für die verschiedenen Becken. Die Schadstoffkonzentrationen in den Porendämpfen waren nahezu unabhängig von der Stärke der Luftströmung.

Obwohl die Becken chemisch ziemlich verschieden sind, können sie vom physikalischen Standpunkt aus als eine Einheit betrachtet werden. Während der Porendampfextraktion aus einem Becken wurde der Unterdruck in den anderen Beckenn gemessen. Auf der Grundlage einer großen Menge von Daten wurde der Einflußradius als etwa 20-25 Meter für die 5 mbar-Isobare berechnet. Das sollte von besonderem Interesse für die Ausarbeitung der Sanierung im vollen Maßstab sein.

Weil vor Ort ein Labor zur Verfügung stand, konnte eine große Anzahl chemischer Analysen ausgeführt werden. Das erwies sich als sehr nützlich für die unmittelbare Beobachtung des Testverlaufs und für die Kontrolle der Qualität der abgegebenen Porendämpfe nach der Behandlung. Es wurde außerdem ein weites Spektrum an flüchtigen Kohlenwasserstoffen bestimmt, und deshalb war es möglich, Unterschiede in der chemischen Zusammensetzung der verschiedenen Becken zu finden. Das ist von besonderem Interesse für die Bemessung eines Luftbehandlungssystems. Der Charakter eines derartigen Systems hängt weitgehend von der Zusammensetzung der zu extrahierenden Dämpfe ab. Ehe Sanierungsarbeiten durch Porendampfextraktion in Angriff genommen werden können, müssen ausreichende Informationen über die zu erwartenden Schadstoffe vorliegen.

# IN-SITU SANIERUNG VON CKW-SCHADENSFÄLLEN: MODELLVERSUCHE ZUR LUFTEINBLASUNG (IN-SITU-STRIPPEN) IN LOCKERGESTEINEN

K. WEHRLE

INSTITUT FÜR BODENMECHANIK UND FELSMECHANIK, UNIVERSITÄT KARLSRUHE

Die Lufteinblasung ins Grundwasser (In-Situ-Strippen) in Verbindung mit der Bodenluftabsaugung gilt als aussichtsreiches Verfahren zur Dekontamination von mit leichtflüchtigen Schadstoffen (z.B. CKW) verunreinigtem Grundwasser. Bei dieser Sanierungstechnik wird Luft in die gesättigte Bodenzone eingeblasen. Die eingeblasene Luft steigt durch das Porengefüge des Bodens in die ungesättigte Bodenzone auf, wobei der Kontakt der Luft mit dem kontaminierten Grundwasser den Übergang von Schadstoffen in die Luft (Gasphase) bewirkt. Die begleitende Bodenluftabsaugung kann die mobilisierten Schadstoffe anschließend erfassen.

In jüngerer Zeit wurde in mehreren Veröffentlichungen von Sanierungserfolgen in sehr unterschiedlichen Böden berichtet. Dies gilt sowohl für körnige wie bindige Lockergesteine, und sogar für Festgesteine. Bei der Beurteilung der Wirkungsweise muß hier allerdings in verschiedene Fälle unterschieden werden. Bei Festgesteinen sind die vorhandenen Klüfte (Kluftweite, Orientierung) als Luftwegigkeiten ausschlaggebend für den Sanierungserfolg. Bei Lockergesteinen muß weiter unterschieden werden zwischen Böden, deren Poren es der Luft erlauben, alleine unter der Wirkung des Auftriebes aufzusteigen (grobkörnige Böden), und Böden, deren Poren der eindringenden Luft einen erheblichen Eintrittskapillardruck ($p_{ke}$) entgegensetzen und die erst mit Hilfe eines zusätzlichen äußeren Druckes von Luft durchströmt werden können (feinkörnige und bindige Böden).

Im folgenden sind kurz die Ergebnisse von einigen Modellversuchen zu Fragen der Strömungsverhältnisse im Untergrund dargestellt.
- Bei den hier untersuchten sehr gleichförmigen Lockergesteinen (Kiesen und Sanden) bildet etwa der Bereich von Grobsand ($d_{50} = 0,8$ mm) die Grenze zwischen den beiden Fällen für Lockergesteine. Nur bei Böden, deren Porenweiten mindestens dem eines gleichförmigen Grobsandes entsprechen, ist der Luftaufstieg alleine unter der Wirkung des Auftriebes möglich.
- Bei Böden, bei denen die Luftströmung im Grundwasserbereich im wesentlichen durch den Auftrieb geprägt ist, tritt die eingeblasene Luft nur innerhalb eines eng begrenzten Bereiches oberhalb der Einblasstelle aus der Grundwasserzone aus. Es entsteht ein schlanker, scharf begrenzter Körper, der von der Luft durchströmt wird. Die Luft bewegt sich pulsierend in Blasen und Blasengruppen durch das Porengefüge. Die aufsteigenden Luftblasen bewirken innerhalb des luftdurchströmten Bereiches eine nach oben gerichtete Wasserströmung. Das so zur Grundwasseroberfläche transportierte Wasser fließt seitlich ab und bewirkt besonders in Oberflächennähe eine starke radiale Strömung. Aus Gründen der Kontinuität muß dem luftdurchströmten Bereich in den unteren Regionen Wasser zuströmen. Bild a zeigt qualitativ ein Beispiel eines im Versuch beobachteten Strömungsfeldes (Feinkies, $d_{50} = 3$ mm).
- Diese induzierte Grundwasserbewegung bewirkt eine deutliche Ausdehnung des

Wirkungskreises der Lufteinblasung über den luftdurchströmten Bereich hinaus. So kann auch kontaminiertes Wasser aus umliegenden Zonen mit der eingeblasenen Luft in Kontakt kommen, wozu es naturgemäß eines entsprechend langen Zeitraumes bedarf. Es besteht allerdings - zumindest zeitweise - auch die Gefahr des Abdriftens von kontaminiertem Wasser aus dem Schadenszentrum.

- Bei Böden, die der eindringenden Luft einen merklichen Widerstand entgegensetzen (hierzu genügen einige cm Wassersäule), tritt die eingeblasene Luft nur an einigen Stellen konzentriert aus der Grundwasserzone aus. Diese können sehr weit von der Einblasstelle entfernt liegen, da die horizontale Ausbreitung der Luft schon durch sehr geringe Schichtungseinflüsse (wie sie bei nahezu jedem natürlichen Boden vorkommen) begünstigt wird. Innerhalb des Grundwasserbereiches können sich Zonen ausbilden, deren Poren zum großen Teil mit Luft gefüllt sind (Zonen mit größeren Porendurchmessern). Es treten aber auch Bereiche auf, die vollständig wassergesättigt bleiben. In diesen Böden konnte keine Grundwasserströmung durch die eingeblasene Luft beobachtet werden.

- Bei geschichtetem Untergrund treten noch weitere Effekte in Erscheinung, die die Luftbewegung und die induzierte Grundwasserbewegung beeinflussen. Bild b zeigt ein experimentell bestimmtes Strömungsfeld eines Zweischichtfalles (Grobsand, $d_{50} = 0{,}7$ mm über Feinkies). Die eingeblasene Luft kann den Sand unter den gegebenen Versuchsbedingungen nicht durchströmen, sie strömt im Kies entlang der Schichtgrenze seitlich ab bis zu den durchlässigen Berandungen des Modells. Bild c zeigt einen weiteren Zweischichtfall (Mittelkies, $d_{50} = 6$ mm über Feinkies). Hier konzentriert sich der Abstrom des durch die Luftbewegung nach oben transportierten Wassers auf die etwas durchlässigere Deckschicht.

**Bilder a, b, c:** Strömungsfelder bei Lufteinblasungen in die gesättigte Zone, Darstellung der Luftströmung und der induzierten Grundwasserströmung, Ergebnisse von drei Modellversuchen mit Feinkies (a), Feinkies/Grobsand (b), Feinkies/Mittelkies (c)

gS: Grobsand, $d_{50} = 0{,}7$ mm
fG: Feinkies, $d_{50} = 3$ mm
mG: Mittelkies, $d_{50} = 6$ mm
W: Wasser
DR: durchlässiger Rand
SA: Symmetrieachse
LE: Lufteintrittsstelle
GL: Grenze der von Luft durchströmten Zone

Die durchgeführten Untersuchungen zeigen, daß eine gezielte Anwendung des Verfahrens eine angemessene Erkundung der Untergrundverhältnisse erfordert, um die Möglichkeiten und Grenzen des Verfahrens und seine Gefahren beurteilen zu können.

IN-SITU DAMPFEXTRAKTION EINES TOLUOL-KONTAMINIERTEN BODENS

F. SPUY, L.G.C.M. URLINGS UND S. COFFA

TAUW INFRA CONSULT B.V., DEVENTER, DIE NIEDERLANDE

EINLEITUNG
Die Auskofferung kontaminierter Böden ist eine sehr effektive Methode zur Entfernung von Schadstoffen. Allerdings kann die Auskofferung wegen einer Reihe von Umständen schwierig oder sogar unmöglich sein, wie z.B. in Innenstädten, Industriegebieten oder an Standorten mit Funktionen, für die es keinen Ersatz gibt (Bahnhöfe).
Der kontaminierte Bereich, um den es in diesem Beitrag geht, ist ein Industriegebiet. Die Kontamination wurde durch das Verschütten von Lösungsmittel bei deren Lagerung und beim Betrieb der Anlage verursacht.

BESCHREIBUNG DES STANDORTS
Etwa die Hälfte des kontaminierten Bereichs liegt unter einem Gebäude. Der Grundwasserspiegel liegt etwa 7 m unter der Oberfläche. Die ungesättigte Zone des Bodens besteht aus feinem bis kiesigem Sand. Die aerodynamische Leitfähigkeit dieser Schicht lag bei 70-90 m/Tag.
Der Boden ist stark kontaminiert, und zwar hauptsächlich mit Toluol. Daneben treten geringere Mengen anderer aromatischer Kohlenwasserstoffe wie Benzol und Xylol auf.
Die höchste ermittelte Toluolkonzentration lag bei 2200 mg/kg Trockengewicht.

SANIERUNGSVERFAHREN
Bei der Sanierungsuntersuchung wurden drei geeignete Verfahren ausgewählt: - Auskofferung,
- Waschen des Bodens,
- Bodendampf-Extraktion.
Auf Grund finanzieller und praktischer Erwägungen wurde die Bodendampf-Extraktion (BDE) als die beste Option gewählt.
Abbildung 1 gibt einen Überblick über das Bodendampf-Extraktionssystem.
Der angewendete Unterdruck beträgt ungefähr 30 - 80 mbar, und der Luftdurchsatz etwa 150 m$^3$/Std.
Der abgesaugte Bodendampf wird mit einem Aktivkohlefilter behandelt.

GESCHÄTZTE DAUER DER BDE
Um die Dauer der BDE zuverlässig abschätzen zu können, wurde von TAUW Infra Consult B.V. ein Computermodell ent-

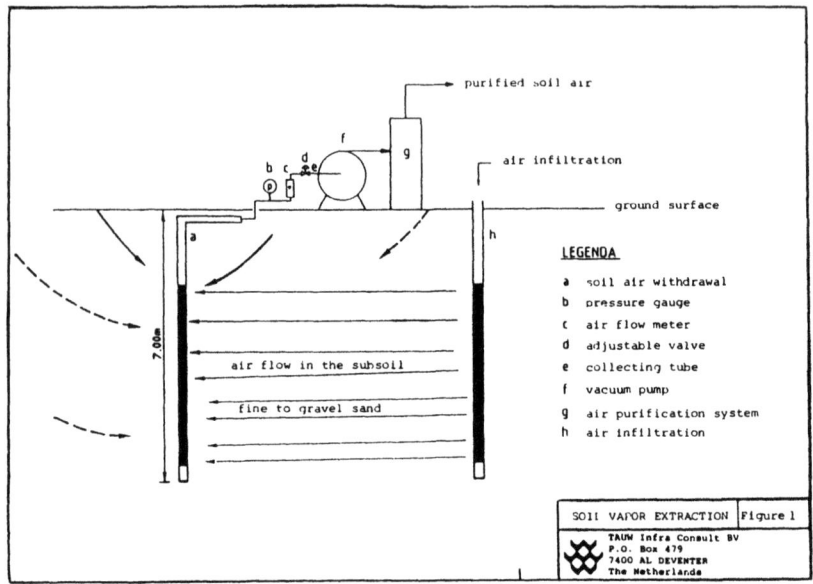

Abbildung 1. Schema der Bodendampf-Extraktionseinheit (Querschnitt)

Legende: purified soil air - gereinigte Bodenluft
ground surface - Bodenoberfläche
airflow in the subsoil - Luftdurchsatz im Unterboden
fine to gravel sand - feiner bis kiesiger Sand
a) Bodenluft-Entnahme
b) Manometer
c) Luftdurchsatz-Meßgerät
d) Stellventil
e) Sammelrohr
f) Vakuumpumpe
g) Luftreinigungssystem
h) Luftinfiltration

wickelt. Die wichtigsten Faktoren, durch die die Dauer der BDE bestimmt wird, sind die folgenden:
- Die Gesamtmenge der zu entfernen Schadstoffe
- Die Konzentration der Schadstoffdämpfe in der Bodenluft (Verflüchtigung)
- Die realisierbare Größe des unterirdischen Luftdurchsatzes
- Der Chromatographie-Effekt (Rückhaltung der Verbindungen)
- Die biologische Abbaubarkeit der Schadstoffe (in Gegenwart von Sauerstoff)

ERGEBNISSE UND DISKUSSION
Die Ergebnisse der Bodendampf-Extraktion werden in Abbildung 2 dargestellt. Innerhalb von 4 Monaten wurden mit Hilfe des BDE-Systems ungefähr 580 kg Toluol abgezogen. In der entnommenen Bodenluft wurden Konzentrationen von bis zu 8000 mg Toluol/m³ gemessen.
Nach drei Monaten hatte die Boden-Toluolkonzentration von 2200 mg/kg TG auf 4 mg/kg TG abgenommen.

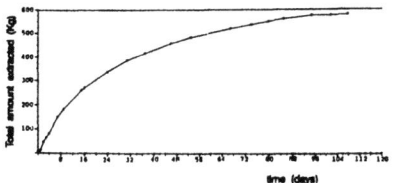

Abbildung 2. Bei der BDE entnommene Toulolmenge.
Legende: Total amount ... - Insgesamt entnommene Toluolmenge (kg); time (days) - Zeit (Tage)

ZUSÄTZLICHE UNTERSUCHUNGEN WÄHREND DER SANIERUNGSMASSNAHMEN
Neben den normalen analytischen und Überwachungsaktivitäten wurde während der Sanierungsmaßnahmen folgenden Punkten besondere Aufmerksamkeit gewidmet:
- Die Modellierung der BDE-Sanierungsdauer. Wie bereits erwähnt, wird die Dauer der BDE durch mehrere Faktoren bestimmt. Eingabeparameter des Computermodells sind der geschätzte Luftdurchsatz durch den Unterboden, die schadstoffbezogenen sorptiven Eigenschaften des Unterbodens und die physikalischen/biologischen Eigenschaften der Schadstoffe bei Bodentemperatur.
- Die Untersuchung der vertikalen und horizontalen aerodynamischen Leitfähigkeit des Bodens. Wie bereits bemerkt, beträgt die aerodynamischen Leitfähigkeit der kontaminierten Schicht in vertikaler Richtung 70 - 90 m/Tag, während in horizontaler Richtung ein Wert von etwa 150 m/Tag ermittelt wurde. Die Zahlenangaben ergeben sich aus Messungen des Luftdurchsatzes und der Tracer-Geschwindigkeit (Helium) bei gegebenen negativen Druckgradienten im Unterboden.
- Die Messung der bakteriellen Aktivität (z.B. zählen, Sauerstoff/Kohlendioxid-Proben). Das Volumen der kontaminierten Schicht beträgt ungefähr 900 m³ entsprechen ungefähr 1500 Tonnen. Der Sauerstoffverbrauch beträgt 0,3 - 0,5 kg/Std und die Kohlendioxidproduktion 0,3 - 0,4 kg/Std. Daraus wurde die Geschwindigkeit des biologischen Abbaus von Toluol zu ungefähr 2 mg C/kg/Tag berechnet.

FORTSCHRITTE
Die Sanierungsmaßnahmen wurden Anfang Dezember 1989 aufgenommen. Die Installation des BDE-Systems wird von NBM als Unterauftragnehmer durchgeführt, Auftraggeber ist die Provinz Utrecht, und TAUW Infra Consult B.V. hat die Projektleitung.

IN-SITU-GRUNDWASSERREINIGUNG VON STRIPPBAREN SCHADSTOFFEN MIT DEM UNTER-
DRUCK-VERDAMPFER-BRUNNEN (UVB): NUMERISCHE BERECHNUNGSERGEBNISSE

B. HERRLING, W. BÜRMANN, J. STAMM
INSTITUT FÜR HYDROMECHANIK, UNIVERSITÄT KARLSRUHE


1. GRUNDPRINZIP DES UVB-VERFAHRENS
Mit dem Unterdruck-Verdampfer-Brunnen (Hersteller: Fa. IEG mbH, D-7410 Reutlingen) lassen sich strippbare Schadstoffe wie insbesondere die leichtflüchtigen chlorierten Kohlenwasserstoffe aus dem Grundwasserbereich einschließlich der Kapillar- und wasserungesättigten Zone entfernen. Die in-situ Reinigung des Grundwassers erfolgt durch Strippen mit Luft bei Unterdruck innerhalb von speziellen Brunnen, die in Höhe der Aquifersohle und der Grundwasseroberfläche verfiltert sind. Die mit Schadstoffen angereicherte Abluft wird über Aktivkohle geleitet, so daß nur gereinigte Luft in die Atmosphäre gelangt.
Die unter dem Wasserspiegel eingeleitete Zuluft bewirkt wie bei einer Mammutpumpe das Hochströmen des Wassers mit Sogwirkung an der Brunnensohle. In neueren Brunnen wird neben einer Trennplatte eine zusätzliche Wasserpumpe zur Unterstützung der Mammutpumpenwirkung und zur Steuerung des Brunnendurchsatzes verwendet. Das hochströmende, belüftete Wasser verläßt den Schacht über die obere Verfilterung und kehrt größtenteils in einer ausgedehnten Zirkulationsströmung zur Brunnensohle zurück. Weitere Details zum UVB-Verfahren siehe u.a. Bürmann und Herrling (1990), Herrling et al. (1990).

2. NUMERISCHE UNTERSUCHUNGEN ZUR ERMITTLUNG VON REICHWEITE UND EINZUGSBEREICH VON BRUNNEN UND BRUNNENFELDERN
Zur Ermittlung von Reichweite und Einzugsbereich von Brunnen und Brunnenfeldern werden numerische Untersuchungen durchgeführt. Diese konzentrieren sich derzeit auf UVB-Anlagen mit Trennplatte und Zusatzpumpe und berücksichtigen nur die hydraulischen Auswirkungen eines UVBs auf die äußere, großräumige Zirkulationsströmung; die Auswirkungen von permanenten Vibrationen infolge der Luftblasenströmung, die Druck- und Scherwellen in den Aquifer übertragen, werden nicht betrachtet. Die Berechnungen erfolgen nur für gespannte Grundwasserströmungen (Herrling u. Bürmann (1990)).
Für Standorte ohne natürliche Grundwasserströmung läßt sich die Reichweite R eines UVBs in dimensionsloser Darstellung wie in Abb.1 angeben. R ist definiert als die Entfernung von der Brunnenachse, bei der 98% des zirkulierenden Wassers abgetaucht sind und der unteren Verfilterung bereits wieder zufließen. H ist die Aquifermächtigkeit, $a_1$ und $a_2$ die Längen der oberen und unteren Brunnenverfilterung und $K_H$ und $K_V$ die horizontale und vertikale Aquiferdurchlässigkeit.
Bei vorhandener natürlicher Grundwasserströmung an einem Standort ist der oberstromige Einzugsbereich eines UVBs für die Bemessung von Sanierungsmaßnahmen z.B. für eine breite Kontaminationsfahne wichtig. Während bei einer herkömmlichen hydraulischen Sanierung eine einfache Trennstromlinie ermittelt wird, sind für die komplexe dreidimensionale Strömung im Nahfeld von UVB-Anlagen zweifach gekrümmte Trennstromflächen (s. Abb. 2) zu

berechnen, die den vom Brunnen erfaßten und damit einer Reinigung zugeführten Wasserkörper und das unbehandelte, vorbeifließende Wasser trennen. In Abb. 2 wird eine numerisch berechnete Trennstromfläche für einen 10 m mächtigen Aquifer mit natürlicher (Darcy-) Geschwindigkeit von 0,3 m/d, Brunnendurchflüssen von jeweils 20,16 m³/h in 46,0 m voneinander entfernten Brunnen, Verfilterungslängen von 2,1 m oben und 1,2 m unten sowie Aquiferdurchlässigkeiten von $K_H$ = 0,001 m/s und $K_V$ = 0.0001 m/s dargestellt.

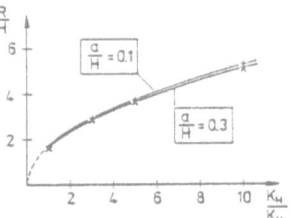

Abb.1 Abhängigkeit des Verhältnisses R/H von der Anisotropie in einem gespannten Aquifer ohne natürliche Grundströmung mit $a_1 = a_2 = a$

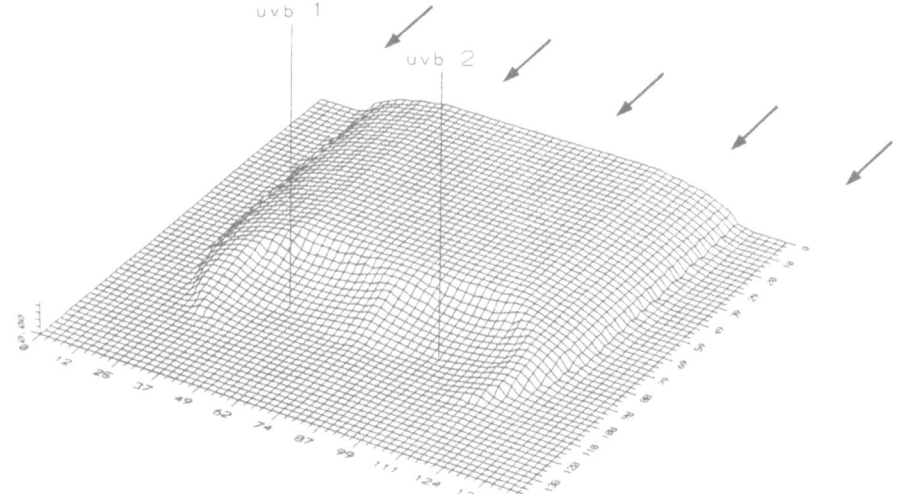

Abb.2 Trennstromfläche für ein Brunnenpaar im Abstand von 46,0 m: Die von rechts hinten zuströmende Grundströmung innerhalb der Trennstromfläche wird durch die UVB gereinigt.

BIBLIOGRAPHIE

Bürmann, W. und Herrling, B. (1990). Untersuchung der Zirkulationsströmung um dem kombinierten Entnahme- und Einleitungsbrunnen zur Grundwassersanierung am Beispiel des Unterdruck-Verdampfer-Brunnens (UVB). In diesem Kongreßbericht veröffentlicht.

Herrling, B. und Bürmann, W. (1990). A new method for in-situ remediation of volatile contaminants in groundwater. Proc. VIII Int. Conf. on Computational Methods in Water Resources, Venice, 11 - 15 June, 1990.

Herrling, B., Bürmann, W., Stamm, J. (1990). In-situ remediation of volatile contaminants in groundwater by a new system of "Underpressure-Vaporizer-Wells". Proc. Conf. on Surface Contamination by Immiscible Fluids, Calgary, April 18 - 20, 1990. K. U. Weyer (Ed.), Balkema Publ., Rotterdam.

BODENBELÜFTUNG: ENTFERNUNG UND BIOLOGISCHER ABBAU VON KOHLENWASSERSTOFFEN AUS BELASTETEN BÖDEN

BO LINDHARDT UND JENS JACOBSEN

COWICONSULT CONSULTING ENGINEERS AND PLANNERS AS, PARALLELVEJ 15, DK-2800 LYNGBY, DÄNEMARK

ZUSAMMENFASSUNG

Es werden die Erfahrungen mitgeteilt, wie sie anhand eines Feldtests unter Nutzung der Zwangslüftung zur in situ Sanierung benzinbelasteten Bodens gewonnen wurden. Der Test zeigt auf, daß durch Sandboden ein advektiver Luftstrom etabliert und innerhalb eines Zeitraums von 63 Tagen eine erhebliche Benzinmenge entfernt werden kann. Vorläufige Laboruntersuchungen zeigen auf, daß künstliche Lüftung in der Lage sein wird, den mikrobiellen biologischen Abbau der Kohlenwasserstoffe zu beschleunigen, die physisch nicht von der Luft beseitigt wurden. Es muß noch erhoben werden, ob eine Nährstoffzugabe erforderlich ist.

1. IN SITU ENTFERNUNG VON BENZIN AUS DEM NICHTSATURIERTEN BEREICH

Zwangslüftung wurde bislang vordringlich für die Sanierung von Böden genutzt, die durch organische Substanzen belastet worden waren[1], da sich die Behandlung an sich auf die physische Entfernung der Kontamination gründete. Anhand von Laboruntersuchungen konnte aufgezeigt werden, daß die Entfernung von Kohlenwasserstoffen unter Nutzung eines 0,001 Atmosphären überschreitenden Dampfdrucks möglich ist[2]. Die Belüftung kann zum Reinigen von benzinbelasteten Böden genutzt werden.

Bislang wurde von COWIconsult die Methode bei der Reinigung von vier verschiedenen, durch Benzin belasteten Standorten untersucht. Im folgenden wird eine Zusammenfassung einiger Ergebnisse aufgeführt, die im Rahmen einer dieser Untersuchungen erhalten wurden[3].

Bei einer ehemaligen Tankstelle in Omgade, Kopenhagen, erbrachte eine Prüfung des Verseuchungsumfangs unter anderem: Eine drei Meter unter der Oberfläche befindliche, durch Benzin verunreinigte Sandschicht; der kontaminierte Bereich maß 15 mal 20 Meter; die Benzinkonzentration in der Sandschicht betrug circa 500mg/kg; Zwangslüftung wurde für ein geeignetes Verfahren zur Reinigung dieser Sandschicht angesehen.

Das Hauptproblem der Sanierung belasteten Bodens in situ ist wie folgt beschaffen: Wie können stichhaltige Beweise

dafür erhalten werden, daß eine erfolgreiche Beseitigung der Schadstoffe auch wirklich stattfindet. Zur Dokumentierung der Wirksamkeit des Verfahrens wurden die folgenden Parameter aufgestellt:
- das Vakuum in einer Reihe der Überwachungsbrunnen
- der Luftstrom durch das Belüftungssystem
- die Konzentration der Kohlenwasserstoffe im Auslaß der Vorrichtungen
- die Konzentration der Kohlenwasserstoffe im aus dem belasteten Bereich ablaufenden Wasser.

Das Vakuum in den Überwachungsbrunnenn wurde gemessen, um eine indirekte Messung des Ausmaßes zu erhalten, zu dem eine advektive Luftströmung durch die Sandschicht realisiert wurde. Die Messungen ergaben, daß in der Sandschicht unverzüglich ein Vakuum etabliert wurde. Die Meßwertaufzeichnungen ergaben, daß in einigen der belasteten Bereiche in bis zu 8m Entfernung von der Stelle, an der die Luft aus der Sandschicht gezogen wurde, ein Vakuum hergestellt worden war. Hierdurch wird der Nachweis dafür erbracht, daß es möglich ist, einen advektiven Luftstrom durch Sandboden zu etablieren. Nach einigen Tagen wurde ein konstanter Luftstrom von 300m$^3$/h erzielt. Innerhalb der ersten 45 Tage der Zwangslüftung sank die Konzentration an Kohlenwasserstoffen im Auslaß der Vorrichtungen von 775mg/m$^3$ auf 38mg/m$^3$. Nach 63 Tagen wurde die künstliche Lüftung für einen Zeitraum von 50 Tagen zeitweilig ausgesetzt. Während der sich hieran anschließenden Periode von vier Monaten wies die Konzentration an Kohlenwasserstoffen im Auslaß mit 10-20mg/m$^3$ relative Stabilität auf.

2. BIOLOGISCHER ABBAU VON KOHLENWASSERSTOFFEN IN SITU

An Tankstellen finden sich häufig Verseuchungen durch Benzin und Dieselkraftstoff. Dieselöl besteht primär aus Kohlenwasserstoffen mit einem Dampfdruck von weniger als 0,001 Atmosphären. Aus diesem Grund ist es nicht möglich, Dieselkraftstoff unter Nutzung künstlicher Lüftung aus dem Boden zu entfernen. Durch die Zwangslüftung werden jedoch aerobe Bedingungen im Boden geschaffen, und unter diesen Bedingungen kann ein mikrobieller, biologischer Abbau der im Dieselöl enthaltenen Kohlenwasserstoffe erfolgen[4]. Es ergibt sich dann die Fragestellung, ob nach Etablierung einer künstlichen Lüftung der biologische Abbau der Kohlenwasserstoffe im belasteten Boden stattfindet oder nicht. Wie schnell geht die Zersetzung der Öls vonstatten? Wird der biologische Abbau durch Nährstoffmangel begrenzt bleiben? Welche Ölkonzentrationen werden toxisch sein?

Um diese Fragen beantworten zu können, wurden durch COWIconsult Laboruntersuchungen an von einem belasteten Standort entnommenen Sandbodenproben durchgeführt. Die Dieselölkonzentration beträgt 6.000-7.000mg/kg. Die Bodenproben wurden in Prüfröhren mit einem Durchmesser von

jeweils 5cm und einer Höhe von 10cm gepackt. Durch diese Bodensäulen wurde daraufhin atmosphärische Luft bei einer stetig gehaltenen Temperatur von 10°C geblasen. Gegenwärtig stehen nur die Ergebnisse der vorläufigen Untersuchungen zur Verfügung. Diese Resultate zeigen, daß:
- der Boden trotz der hohen Dieselkraftstoff-Konzentration mikrobielle Aktivität aufweist;
- nach acht Tagen der Belüftung eine erhebliche Zunahme der mikrobiellen Aktivität gemäß der Bestimmung der Adenosintriphosphat-Mengen beobachtet werden kann;
- bei Bodendüngung durch Nitrate und Phosphate ein biologischer Abbau des Dieselöls stattfindet.

Die nächsten Laboruntersuchungen werden aufzeigen, in welchem Umfang es erforderlich sein wird, dem Boden Nitrat und Phosphat zuzugeben, und welcher Zeitraum benötigt wird, um den Ölgehalt des Bodens auf Werte unter 100mg/kg zu senken.

An die Laboruntersuchungen wird sich eine Feldstudie anschließen, in deren Rahmen Zwangslüftung an einer Tankstelle etabliert wird, die sich auf einem durch Dieselkraftstoff belasteten Gelände befindet. Hier belaufen sich die Dieselöl-Konzentrationen auf Werte zwischen 4.000 und 17.000 mg/kg.

3. BIBLIOGRAPHIE
1) Terra Vac (1989). In-situ Vaccum Extraction, Grovelands, Massachusetts, EPA/540/S5-89/003, Mai 1989.
2) Husmer, L. und Lindhardt, B. (1988) Oprensning af benzinforurenet jord ved ventilering, Master's thesis, Laboratoriet for teknisk Hygiejne, DtH.
3) Lindhardt, B. (1990). In-situ gas extraction of volatile organice from soil. In ATV: In-situ and on-site remediation of contaminated soil and groundwater, April 1990.
4) Atlas, R.M. (1981). Microbial Biodegradation of Petroleum Hydrocarbons: An Environmental Perspective. Microbiological Review, March 1981, Seite 180 - 209.

## LUFTDESORBIERUNG FLÜCHTIGER ORGANISCHER VERBINDUNGEN - EIN SANIERUNGS-PILOTPROGRAMM

PAOLO PARENTI UND GIANCARLO CICERONE

ENVIRONMENTAL DEPARTMENT ANSALDO INDUSTRIA, GENUA, ITALIEN

Im Dezember 1984 entdeckte die städtische Behörde für Wasser und Gas (AMAG) die Gegenwart von Tetrachloethylen (TCE) in Trinkwasserbrunnen, die im städtischen Bereich von Alessandria lagen. Die Quelle der Kontamination lag auf dem Baratta-Gelände, wo TCE zu Produktionszwecken verwendet und dann ohne Vorsichtsmaßnahmen über die Kanalisation entsorgt worden war, die Lecks aufwies. Im Mai 1989 vollendete ANSALDO den vorläufigen Entwurf der Pilotanlage, die im August vollständig installiert war, so daß mit den Tests begonnen werden konnte. Es wurden vier Tests mit unterschiedlichen Luftinjektions- und Extraktionsdurchsätzen durchgeführt, sowie eine Reihe von Druckprüfungen. Das Ziel des Sanierungs-Pilotprogramms für die Pilotanlage zur Luftreinigung besteht darin, die Testergebnisse bei positivem Ausfall für die Entwicklung eines Arbeitsplanes zu nutzen, nach dem eine flächendeckende Sanierung der Sickerzone im Baratta-Gelände durchgeführt werden sollte. Während des vergleichsweise kurzen Anlagentests konnten signifikante TCE-Mengen aus der Sickerzone zurückgewonnen werden; dies zeigt, daß das Luftreinigungsverfahren funktionsfähig ist. Die Installation der Luftinjektions- und Extraktionsbrunnen war im Juli 1989 abgeschlossen. Dabei wurden auch Bodenproben entnommen. Die auf dem Gelände, das zur Pilotanlage gehört, gemessene maximale TCE-Konzentration betrug 38345 Milligramm pro Kilogramm (mg/kg) in 4 Metern Tiefe. Im Januar 1990 zeigten die analytischen Ergebnisse, daß die TCE-Bodenkonzentrationen auf einen Bruchteil der Werte vom Juli 1989 abgefallen waren.

Bodengaskonzentration und Rückgewinnungsrate

|  | Kumulierte extrahierte Luft, $m^3$ | Konzentrationsbereich Bodengas (ppm-V) Vorher/Nachher | | Bereich der Rückgewinnungsrate kg/$m^3$ | Kumulierte Masse des rückgewonnenen TCE, kg |
|---|---|---|---|---|---|
| Test 1 | 17220 | 1245-6124 | 40-340 | 0,0014-0,022 | 180,70 |
| Test 2 | 23040 | 19-355 | 20-398 | 0,0009-0,074 | 31,03 |
| Test 3 | 25200 | 51-329 | 26- 75 | 0,00028-0,001 | 12,44 |
| Test 4, Teil 1 | 13760 | 47-832 | 0-284 | 0,00002-0,0022 | 7,63 |
| Test 4, Teil 2 | 12480 | NV | NV | NV | 6,31 |

Mit Ausnahme von Test 2, bei dem die Anfangs- und Endkonzentrationen sehr eng beieinanderliegen, zeigen alle anderen Tests die beträchtliche Effektivität des Verfahrens. Die negative Effektivität in Test 2 wurde bei nahezu allen Proben beobachtet; sie beruht wahrscheinlich auf der Schadstoffmigration aus benachbarten Bereichen, die durch Erhöhung der Luftinjektions-/Extraktionsdurchsätze induziert wurde. Für das vollflächige Sanierungsprogramm sollen in den Abschaltpausen der Pilotanlage noch die Aspekte der Schadstoffumverteilung untersucht werden.

BIBLIOGRAPHIE
1) G. Anastos, M. Corbin und M. Cora. In Situ Air Stripping: A New Technique for Removing Volatile Organic Contaminants from Soils (Luftdesorbierung vor Ort: Ein neues Verfahren zur Entfernung flüchtiger organischer Schadstoffe aus Böden). National Conference on Management of Uncontrolled Hazardous Waste Sites. 1. - 3. Dezember 1988, Washington D.C.

ELEKTROSANIERUNG : SACHVERHALT UND ZUKÜNFTIGE ENTWICKLUNGEN

Reinout Lageman, Wieberen Pool, Geert A. Seffinga

Geokinetics, Delft/Groningen, Die Niederlande

1. KURZFASSUNG
   Der vorliegende Bericht beschreibt eine neu entwickelte Methode um Schwermetalle und andere Kontaminationen aus dem Boden und dem Grundwasser zu entfernen. Die Methode, Elektrosanierung genannt, basiert auf elektrokinetischen Phänomenen, die auftreten wenn dem Boden ein elektrischer Strom mittels einer oder mehrerer Elektrodenserien zugeführt wird. Diese Technik kann sowohl in situ (Böden) alsauch on/off site (ausgekofferter Boden, Baggergut, Klärschlämme) angewendet werden. Außerdem ist es möglich diese Phänomene für unterirdische Abschirmung z.B. bei Altablagerungen und kontaminierten Standorte zu verwenden.
   Reduzierung der einzelnen Schwermetallkonzentrationen kann mehr als 90 % betragen, im allgemeinen nur bedingt durch den Energieaufwand und Behandlungszeit. Vorläufige Laborversuche zeigen, daß elektrokinetische Technike sich möglich auch für die Entfernung von organischen Kontaminationen verwenden lassen und daß sie mit Biodegradation kombiniert werden könnten.

2. EINLEITUNG
2.1. Elektrokinetische Phänomene
   Während die letzten 4 Jahren hat die Firma Geokinetics eine in situ Behandlungsmethode entwickelt, die Schwermetalle und andere Kontaminationen aus dem Boden und dem Grundwasser entfernt. Die Methode basiert auf elektrokinetischen Phänomenen, die schon seit dem Ende des letzten Jahrhunderts für sämtliche andere Zwecke angewendet worden sind. Die Phänomene treten auf, wenn dem Boden ein elektrischer Strom zugeführt wird mittels einer oder mehrerer Elektrodenserien :

2.1.1. Elektro-osmose. Die Bewegung der Bodenflüssigkeit oder des Grundwassers von der Anode zu der Kathode. Der elektro-osmotischer Transport ist abhängig von vielen Faktoren. Die wichtigste sind : die Beweglichkeit der Ionen und geladenen Teilchen in der Bodenflüssigkeit oder dem Grundwasser, die Hydratation der Ionen und geladenen Teilchen und die Ladung und Richtung der Ionen und geladenen Teilchen, die einen netto Wassertransport zufolge haben.
   Aus Literaturanweisungen und eigenen Experimenten wird ein Durchschnittswert für die elektro-osmotische Beweglichkeit berechnet von $5.10^{-9}$ $m^2/U.s$, mit U = Spannungsabfall in V. Um 1 $m^3$ Boden zu entwässern sind unter anderem die folgende Parameter zu beachten : Porosität, Feuchtigkeitsgehalt des Bodens und Leitfähigkeit der Porenlösung.

2.1.2. Elektrophorese. Elektrophorese (Kataphorese) bezieht sich auf die Bewegung von Teilchen unter dem Einfluß eines elektrischen Feldes. Diese Definition betrifft alle elektrisch geladene Teilchen wie Kolloiden, Tonteilchen, welche in der Porenlösung schwimmen, organische Teilchen, Tröpfchen, usw. Die Mobilität dieser Partikel stimmt mit der der Ionen überein. Innerhalb der Porenlösung übertragen diese Partikel die elektrischen Ladungen und beeinflussen die Leitfähigkeit und den elektro-osmotischen Strom. Die elektrophoretische Beweglichkeit ist kleiner als die elektro-osmotische Beweglichkeit und variiert zwischen $1.10^{-10}$ und $3.10^{-9}$ m$^2$/U.s.

2.1.3. Elektrolyse. Ähnlich wie bei Elektro-osmose und Elektrophorese, bei der nur der Wassertransport oder nur der Teilchentransport beachtet wird, betrachtet man bei Elektrolyse nur den Transport von Ionen und Ionkomplexen. Die durchschnittliche Beweglichkeit der Ionen liegt in der Größenordnung von $5.10^{-8}$ m$^2$/U.s und ist so 10 x größer wie die elektro-osmotische Beweglichkeit. Deshalb ist die Durchströmungsenergie (d.h. die Energie notwendig um alle Ionen durchschnittlich um 1 m durch 1 m$^2$ Bodenquerschnitt) zu versetzen, ungefähr 10 x kleiner wie bei Elektro-osmose.

## 2.2. Electrokinetische Sanierung in der Praxis

Die Effektivität der Elektrosanierung wird insbesondere von der chemischen Zusammensetzung des Bodens und des Grundwassers bestimmt. In Böden z.B. hängt die chemische Zusammensetzung haubtsächlich von der Art der Kleimineralien und den Mineralien ab, die Kalzium und Magnesium enthalten, wie Karbonate (z.B Kalk) und Sulphat (z.B. Gips). Ein anderes wichtiges Element ist Eisen, dessen Konzentration im Grundwasser u.a. vom Säuregrad abhängig ist. Im allgemeinen kann mann feststellen, daß die Konzentrationen der verschiedenen Metallionen von dem Karbonatgehalt (CO$_3$) und dem Säuregrad (pH) abhängen und daß folgende Gleichgewichte eine wichtige Rolle spielen :

$$Me(Kleimineralie) \iff Me^{n+} + Kleimineralie^{n-}$$
$$Me(OH)_n \iff Me^{n+} + n(OH)^-$$
$$Me_n(CO_3)_m \iff n(Me)^{(2m/n)+} + m(CO_3)^{2-}$$
$$HCO_3^- \iff H^+ + CO_3^{2-}$$

Für das Element Me kann jedes willkürliches Metallelement eingesetzt werden wie z.B. Natrium, Kalium, Kalzium, Magnesium, Eisen, aber auch die Schwermetalle wie Kupfer, Nikkel, Blei, Chrom usw. Die Konzentration der verschiedenen Metallionen im Grundwasser hängt von den Löslichkeitsprodukten der Hydroxide und Karbonate der Metallionen ab.

Bei niedrigem Säuregrad (höherer H$^+$ Konzentration) nimmt die Metallkonzentration zu. Bei Kontamination des Grundwassers mit Schwermetallsalzen werden diese Metallionen die ursprünglichen Gleichgewichte beeinflussen. Wenn sich ein neues Gleichgewicht eingestellt hat, wird ein Teil der Schwermetallionen ausgewechselt werden mit den ursprünglichen Metallionen in der festen Phase (wie Karbonat, Hydroxid, Tonmineralie), wobei die Auswechselbarkeit der Schwermetallionen sehr unterschiedlich ist. Die Mobilität oder Verlagerung eines Schwermetallions im Grundwasser oder Boden hängt also von der Auswechselungskapazität der ursprünglichen Ionen ab.

Diese Konzentrationsabnahme der Ionen im Grundwasser wird durch Austausch der festen Phase (Mineralphase) wiederhergestellt. Aufgrund des elektrischen Feldes findet ständige Verringerung und Austausch statt.

Die endgültige Konzentration eines bestimmten Schwermetalls hängt also von den Anfangskomzentrationen in der festen und flüssigen Phase, der elektrokinetische Mobilität und der gegenseitigen Austauschfähigkeit mit anderen Metallionen ab. Der Wirkungsgrad der Elektrosanierung (ES) ist niedriger in Böden, die eine hohe Kationen oder Metallionenaustauschkapazität aufweisen und eine säurepuffernde Wirkung haben (wie z.B. Mergel). Der Wirkungsgrad kann aber erheblich erhöht werden, wenn das Bodenmaterial zuvor angesäuert wird.

2.3. Elektrokinetische Anlage
Der Kern einer elektrokinetischen Anlage besteht aus den Elektroden und ihrer Ummantlung (Abb.1). Die Elektroden können im Prinzip in jeder gewünschten Tiefe eingesetzt werden, sowohl waagerecht alsauch senkrecht. Anoden und Kathoden sind in speziellen Zirkulationssytemen integriert, in deren z.B. Wasser mit sämtlichen chemischen Additiven zirkuliert. Die wichtigste Funktion dieser Zirkulationssyteme besteht darin, daß das Reaktionsmilieu um die Elektroden herum beherrscht wird. Nebenbei werden die Kontaminanten unterirdisch in der Flüssigkeit aufgefangen, oberirdsich abgeführt und in einer Abwasserreinigungsanlage eliminiert. Die dazu benötigten Flüssigkeitsbehälter, Pumpen, Meß- und Regelinstrumente etc. werden in einer mobilen Container untergebracht. Die Abwasserreinigungsanlage ist ebenfalls in einer Container eingebaut. Die Reststoffe aus dem Prozeß bestehen entweder aus einem Filtrat von sämtlichen Metallhydroxiden, oder aus einer sehr stark konzentrierten Metallösung. Die Menge der Reststoffen beträgt im allgemeinen ½ bis 1 % der gesammten Menge kontaminierten Bodenmaterials.

3. EXPERIMENTE
3.1. Laborversuche
Das Verfahren ist mittels vieler Experimente untersucht worden. Im wesentlichen wurde mit wichtigen Parametern wie Stromart, Stromstärke, Spannung, Feuchtigkeitsgehalt und chemischen Additiven experimentiert. Auch wurde die Effektivität des Prozesses bei verschiedenen Bodentypen und Schwermetallen im Hinblick auf die benötigte Energiezufuhr und die Dauer des Sanierungsprozesses untersucht. In Tab. I werden einige Ergebnisse dieser Laborversuche präsentiert.

3.2. Feldversuche
3.2.1. Feldversuch 1. Der erste Feldversuch fand im Moorboden am Rande eines Wassergrabens statt. Das eine Ufer war im Laufe der Zeit mit aufgebaggerten Sedimenten aufgeschüttet worden, die mit Farbabfälle aus einer ehemaligen Farbfabrik auf dem anderen Ufer kontaminiert waren. Die Kontaminierung wurde unter anderem durch die Schwermetallen Cu und Pb verursacht. Unterhalb der Aufschüttung war der ursprüngliche Moorboden durch Auslaugung der Aufschüttung mit Kupfer bis zu Werten von 1.000 mg/kg und mit Blei oberhalb 5.000 mg/kg örtlich kontaminiert. Für das Feldexperiment wurde ein Gebiet mit einer Länge von 70 m und einer Breite von 3 m ausgesucht. Änderungen der Pb und Cu-Konzentrationen wurden am 26 Probeentnahmestellen auf 5 verschiedenen Tiefen (10, 20, 30, 40 und 50 cm) verfolgt. In Tab. II und Abb. 2 werden die Ergebnisse für das 30 cm Interval dargestellt.

3.2.2. Feldversuch 2. Ein zweites Experiment ist am Platz einer Galvanisierungsanlage ausgeführt worden. Für dieses Experiment wurde ein Gebiet von 15 m Länge, 6 m Breite und 1 m Tiefe ausgewählt. Energie wurde von einem 100 kVA Generator zugeführt. Der Bodenwiderstand betrug am Anfang 5 $\Omega$m, senkte sich jedoch nach zwei Wochen durch die erhöhten Bodentemperatur auf 2.5 $\Omega$m hinab. Der Stromdichte war durchschnittlich 8 A/m², während der Sannungsabfall variierte zwischen 20 und 40 V/m. Der Energiebedarf für diesen Test betrug 160 kWh/t. Änderungen der Zn-Konzentration im Boden wurden an 12 Probeentnahmestellen, auf 3 verschiedenen Tiefen (10, 30 und 50 cm) verfolgt. Änderungen der Zn-Konzentration im Grundwasser wurden in 2 Grundwasserpegel vervolgt. In Abb. 3 werden die Ergebnisse für das 30 cm Tiefe-Intervall dargestellt. Am Anfang des Versuches war die höchste Zn-Konzentration mehr als 7.000 mg/kg, mit einem Durchschnittswert über das Sanierungsgebiet von 2.400 mg/kg.

Am Ende des Versuches war die höchste Zn-Konzentration 5300 mg/kg und war der Durchschnittswert bis zu 1600 mg/kg abgenommen. Eine globale Massabilanz ergibt die folgenden Daten :

- Volumen des behandelten Bodens : 34 m³
- Gewicht des Bodens : 61.000 kg
- Gewicht des Filtrates : 1.000 kg
- Durchschnittlicher Feuchtigkeitsgehalt : 60 %
- Mittelwert der Zn-Konzentration im Filtrat : 117 g/kg
- Entfernte Zn-Menge : 47 kg
- Entfernt pro Tonne Boden : 47 x 10⁶/61 x 10³ = : 770 mg/kg

Dieser Wert ist in der selben Größenordnung wie die gemessene Durchschnittsabnahme der Zn-Konzentration (2410 - 1620 = 790 mg/kg).

## 4. SANIERUNGSERGEBNISSE

### 4.1. Sanierungsprojekt Loppersum

Das erste Projekt bei dem Elektrosanierung offiziel angewendet worden ist, begann Ende Januar 1989. Eine erste indikative Prüfung wies an der Stelle der ehemaligen Imprägnierbäder in den festen Tonböden As-Konzentrationen von bis zu 400 - 500 mg/kg auf. Die Ursache dieser Kontamination wurde dem Superwolmannsalz B ($Na_2HAsO_4 \cdot 7H_2O$) zugeschrieben, das mit einem Gewichtsprozentsatz von 13,7 Arsen als Imprägnierungsmittel verwendet wurde. Eine ergänzende Feldprüfung schränkte die räumliche Ausdehnung der Kontamination bis auf einem Gebiet von 10 m x 10 m, und bis zu 2 m Tiefe, sowie einem angrenzenden Gebiet von 10 m x 5 m, bis zu 1 m Tiefe ein.

Am Anfang der Sanierung wurde für den spezifischen Widerstand des Bodens 10 Ωm gemessen, die Temperatur betrug in 0,5 m Tiefe 7 °C. Nach etwa 3 bis 4 Wochen stieg die Bodentemperatur bis auf 50 °C, während der spezifische Bodenwiderstand auf 5 Ωm abgesunken war. Der ursprüngliche Spannungsabfall von 40 V/m nahm bei einer Durchschnittsstromdichte von 4 A/m² bis auf 20 V/m ab. Änderungen in der As-Konzentration wurden in 10 willkürlich gewählten Probeentnahmestellen gemessen, die periodisch auf 0 m, 0,5 m und 1 m Tiefe beprobt wurden. Analyseergebnisse am Anfang und Ende der Sanierung in 1 m Tiefe sind Abb. 4 und Tab. III dargestellt.

Während der Sanierung wurde beobachtet, daß innerhalb eines kleinen Gebietes die As-Konzentration nur sehr langsam abnahm. Aufgrund der vorgegebenen zeitliche Begrenzung wurde beschlossen, den Boden in diesem Gebiet abzugraben. Während der Abgrabung fand man im Boden sehr viele teilweise aufgelösten und rostfreien Metallobjekte wie Blechstücke, Betoneisen, Büchsen usw. Auch fand man Abdrücke von Metallobjekten, die schon ganz aufgelöst waren. Diese Metallobjekte haben als preferente Strombahnen für den elektrischen Strom funktioniert, so daß der Boden um diese Objekten herum nur sehr geringfügig bei dem Sanierungsprozeß einbezogen worden ist.

Eine globale Massabilanz kann wie folgt aufgestellt werden :

- Bodenvolumen des Sanierungsgebietes : 250 m³
- Gewicht des Bodenmaterials : 450 Tonnen
- Mittelwert der As-Konzentration : 115 mg/kg
- As-Menge vor der Sanierung : 52 kg
- Gewicht des abgegrabenen Bodens : 71.000 kg
- Durchschnittliche As-Konz. des abgegr. Bodens : 200 mg/kg
- As-Menge in dem abgegrabenen Boden : 14 kg
- Filtratmenge : 800 kg
- Durchschnittlicher Feuchtigkeitsgehalt : 70 %

| | |
|---|---|
| - Gesammt Trockensubstanz | : 240 kg |
| - As-Gehalt in dem Filtrat | : 14 % |
| - As-Menge entfernt durch Elektrosanierung | : 34 kg |
| - As-Menge enfernt durch Abgraben | : 14 kg |
| - Gesammtmenge As entfernt | : 48 kg |
| - As-Rest im Boden | : 4 kg |
| - Durchschnittliche As-Konzentration im Boden | : 10 mg/kg |

Mittlerweile ist das Gelände bebaut worden.

## 5. WEITERE ANWENDUNGSMÖGLICHKEITEN/ZUKÜNFTIGE ENTWICKLUNGEN

### 5.1. Elektrokinetische Abschirmung

Die elektrokinetische Phänomene die auftreten wenn dem Boden einen elektrischen Strom zugeführt wird können ebenfalls für unterirdische Abschirmung verwendet werden. Diese sogenannten elektrokinetische Schirmen können bei z.B. Altablagerungen und kontaminierten Standorten installiert werden. Die Elektrodenaufstellung wird durch die geohydrologische Sitation an Ort und Stelle bestimmt (Abb. 5a und 5 b).

### 5.2. Entfernung von Schwermetallen und organischen Kontaminanten

In Zusammenarbeit mit dem holländischen Ministerium für Verkehr und Wasserwirtschaft wird Geokinetics Laborversuche für die Elektrosanierung von Wasserböden durchführen. Hierfür sind grundlegende Untersuchungen für Schwermetalle und orientierende Untersuchungen, mit denen nachgewiesen werden soll, daß auch organische (Mikro)Veruntreinigungen mittels Elektrosanierung zu entfernen sind geplant. Während rezent ausgeführten Laborversuche mit Schwermetallen wurde nähmlich eine Probe behandelt, die auch PAK's enthielt. Obwohl der Versuch haupsächlich für die Entfernung von Schwermetallen geplant war, wurde die Gelegenheit benutzt zugleich das Verhalten der PAK's zu verfolgen. Die Ergebnisse dieses Versuches sind in Tab.IV dargestellt.

Wenn beide oben erwähnten Experimente erfolgreich sind, wird eine Pilotenanlage gebaut, mit der Baggergut in Dauerbetrieb gereinigt werden kann. Eine solche Anlage würde ebenfalls für die Reinigung von Klärschlämmen etc. anwendbar sein.

Ein anderes F + E Projekt betrifft die Untersuchung nach den Möglichkeiten einer Kombination von Elektrokinese und mikrobiologischer insitu Behandlung. Es soll untersucht werden, ob mit Hilfe der elektrokinetischen Transportmechanismen :
1. die Mikroorganismen sich gleichmäßig in den Boden verteilen lassen, oder daß dem Boden hiermit zusätzlich Organismen zugeführt werden können,
2. die Bodentemperatur auf einem den Organismen günstigen Niveau gehalten werden kann,
3. dem Boden extra Sauerstoff und Nährstoffe zugeführt werden können,
4. eventuelle unerwünschte Abbauprodukte aus dem Boden entfernt erden können.

## 6. KOSTENSCHÄTZUNG

### 6.1. Elektrosanierung

Sanierungskosten werden hauptsächlich von dem Veruntreinigungsgrad und der Kationauswechselungskapazität des Bodens bestimmt. Stark verschmutzte Böden mit einer hohen Metallionenauswechselungskapazität weisen einen hohen Energieverbrauch auf. Es gibt jedoch eine Grenze für die Stromstärke, die man dem Boden zuführen kann.

Eine weitere wichtige Kostenfaktor ist deshalb die Zeit (Miete der elektrokinetischen Installation). Für jeden spezifischen Fall wird ein Optimum zwischen Sanierungsdauer und Energieverbrauch berechnet.

Bis jetzt variierten die berechnete Sanierungskosten pro Tonne Bodemmaterial von NLG 120 bis mehr als NLG 400, mit Durchschnittswerte zwischen NLG 150 und NLG 250 (1 NLG = DEM 0.88).

6.2. Elektrokinetiche Abschirmung

Die Kosten für elektrokinetische Abschirmung sind hauptsächlich eine Funktion der Geschwindigkeit der Grundwasserströmung und eine Funktion des Veruntreinigungsgrades.

In Gebieten mit geringer Grundwasserströmung (Ton, tonhaltiger Sand usw) sind die jährlichen Energiekosten für elektrokinetische Abschirmung sehr geringfügig. Die Kosten nehmen jedoch stark zu, wenn die Strömungsgeschwindigkeit zunimmt (mittel- bis grobsandige Formationen). Dasselbe gilt wenn der Kontaminationsgrad zunimmt.

Für relativ hohe Strömungsgeschwindigkeiten müßte eine Kombination von hydrologischen Maßnahmen und elektrokinetischen Techniken die wirtschaftlichste Lösung darstellen.

| Bodentyp | Metall | Konzen. vorher (mg/kg) | Konzen. nachher (mg/kg) | Abnahme (Prozent) |
|---|---|---|---|---|
| Moorboden | Pb | 9000 | 2400 | 73 |
|  | Cu | 500 | 200 | 60 |
| Töpferton | Cu | 1000 | 100 | 90 |
| Feiner, tonhaltiger Sand | Cd | 275 | 40 | 85 |
| Ton | As | 300 | 30 | 89 |
| Feiner, tonhaltiger Sand | Cd | 319 | ( 1 | 99 |
|  | Cr | 221 | 20 | 91 |
|  | Ni | 227 | 34 | 85 |
|  | Pb | 638 | 230 | 64 |
|  | Hg | 334 | 110 | 67 |
|  | Cu | 570 | 50 | 91 |
|  | Zn | 937 | 180 | 81 |
|  |  |  | Durchschnittswert : | 83 |
| Baggergut | Cd | 10 | 5 | 50 |
|  | Cu | 143 | 41 | 71 |
|  | Pb | 173 | 80 | 54 |
|  | Ni | 56 | 5 | 91 |
|  | Zn | 901 | 54 | 94 |
|  | Cr | 72 | 26 | 64 |
|  | Hg | 0.5 | 0.2 | 60 |
|  | As | 13 | 4.4 | 66 |
|  |  |  | Durchschnittswert : | 69 |

Tab. I : Einige Ergebnisse elektrokinetischer Laborversuche

| Probeentnahmestelle (30-40 cm) | Metall | Konzen. vorher (mg/kg) | Konzen. nachher (mg/kg) | Abnahme (Prozent) |
|---|---|---|---|---|
| 1 | Pb | 440 | 110 | 75 |
|  | Cu | 185 | 35 | 81 |
| 2 | Pb | 3900 | 700 | 82 |
|  | Cu | 540 | 220 | 59 |
| 3 | Pb > | 5000 | 560 | 89 |
|  | Cu | 1150 | 580 | 50 |
| 4 | Pb > | 5000 | 2450 | 51 |
|  | Cu | 475 | 250 | 47 |
| 5 | Pb > | 5000 | 610 | 88 |
|  | Cu | 1170 | 230 | 80 |
| 6 | Pb > | 5000 | 300 | 94 |
|  | Cu | 580 | 45 | 92 |
| 7 | Pb | 3780 | 285 | 92 |
|  | Cu | 410 | 30 | 93 |
| 8 | Pb | 380 | 180 | 53 |
|  | Cu | 35 | 15 | 57 |
| 9 | Pb | 340 | 90 | 74 |
|  | Cu | 50 | 15 | 70 |
|  |  |  | Durchschnittswert : | 74 |

Tab. II : Elektrosanierung, Ergebnisse des ersten Feldversuches 1

| Probeentnahmestelle (30 cm) | Metall | Konzen. vorher (mg/kg) | Konzen. nachher (mg/kg) | Abnahme (Prozent) |
|---|---|---|---|---|
| 1 |  | 385 | 250 | 35 |
| 2 |  | 40 | ( 20 | ) 50 |
| 3 |  | 250 | ( 20 | ) 92 |
| 4 |  | 310 | 190 | 39 |
| 5 | As | 50 | ( 20 | ) 60 |
| 6 |  | 75 | 30 | 60 |
| 7 |  | 40 | ( 20 | ) 50 |
| 8 |  | 175 | ( 20 | ) 88 |
| 9 |  | 40 | ( 20 | ) 50 |
| 10 |  | 60 | ( 20 | ) 67 |
|  |  |  | Durchschnittswert : | ) 60 |

Tab. III : Elektrosanierung, Projekt Loppersum

| Organische Verbindung | Konzen. vorher (mg/kg) | Konzen. nachher (mg/kg) | Abnahme (Prozent) |
|---|---|---|---|
| Phenanthreen | 5.1 | 3.8 | 25.5 |
| Anthrazeen | 1.0 | 0.68 | 32.0 |
| Fluoranthreen | 25.0 | 17.0 | 32.0 |
| Pyreen | 23.0 | 16.0 | 30.4 |
| Benzo(a)anthr. | 8.7 | 7.3 | 16.1 |
| Chryseen | 8.4 | 6.4 | 23.8 |
| Benzo(b)fluorant. | 8.7 | 7.2 | 17.2 |
| Benzo(k)fluorant. | 5.0 | 4.2 | 16.0 |
| Benzo(a)pyreen | 3.9 | 3.6 | 7.7 |
| Dibenzo(ah)anthr. | 0.28 | 0.21 | 25.0 |
| Indeno(123cd)pyr. | 1.4 | 1.1 | 21.4 |
|  |  | Durchschnittswert : | 22.5 |

Tab. IV : Laborversuch Elektrosanierung von Ton kontaminiert mit PCK's (unifrom DC)

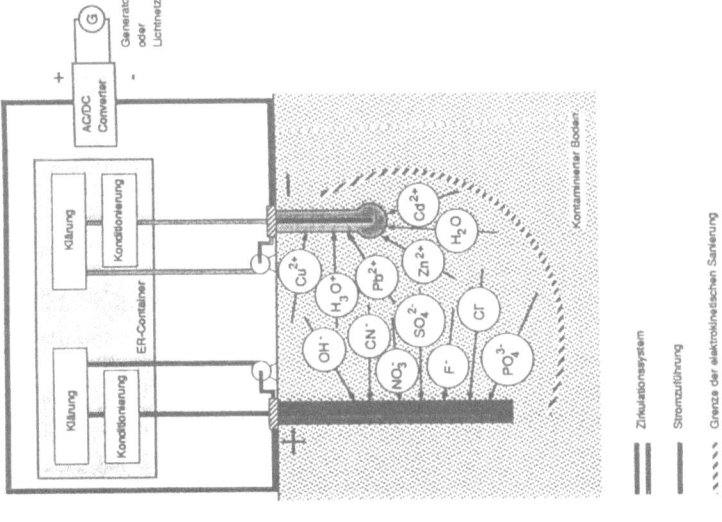

Abb. 2 Ergebnisse Feldexperiment1.
Konzentrationsverlauf von Kupfer (·a) und Blei (·b)

Abb. 1: Schematische Wiedergabe einer elektrokinetischen Anlage und des elektrokinetischen Transportes im Boden

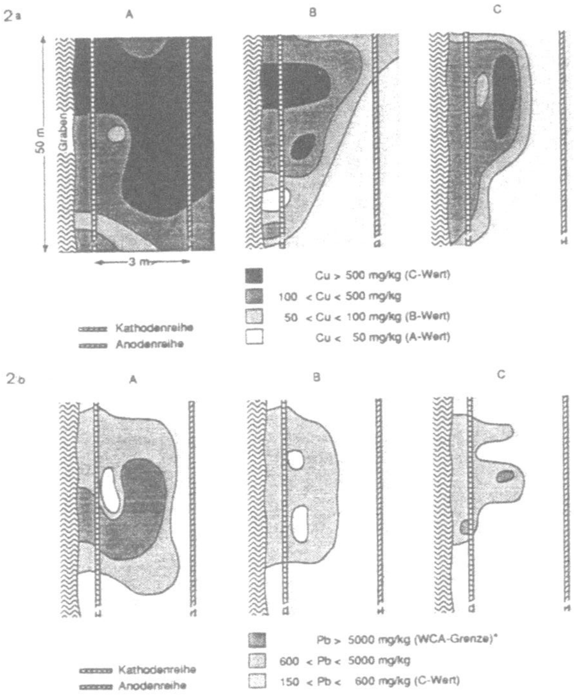

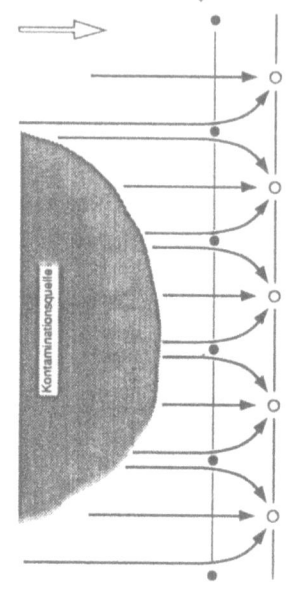

5 a: Anordnung einer elektrokinetischen Abschirmung in Böden mit geringfügiger Durchlässigkeit

5 b: Anordnung einer elektrokinetischen Abschirmung in Böden mäßiger bis hoher Durchlässigkeit

Abb. 5 Anordnung einer elektrokinetischer Abschirmung

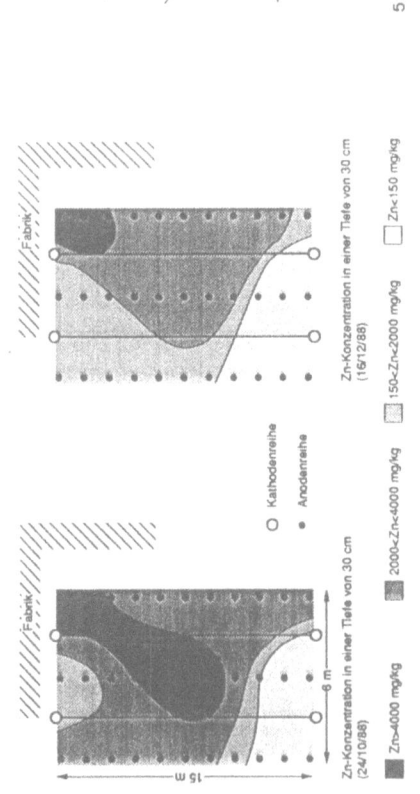
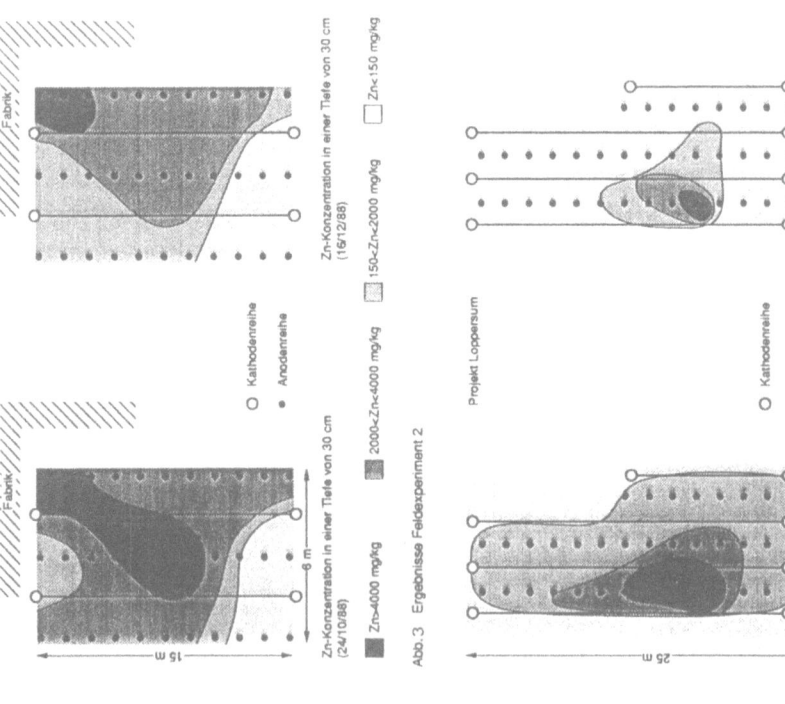

Abb. 3 Ergebnisse Feldexperiment 2

Abb. 4 Ergebnisse Sanierungsprojekt Loppersum

IN-SITU EXTRAKTION VON SCHADSTOFFEN AUS SONDERMÜLLDEPONIEN DURCH ELEKTROOSMOSE

PATRICIA C. RENAUD

CENTRE DE RECHERCHES LYONNAISE DES EAUX-DEGREMONT
38, RUE DU PRESIDENT WILSON, 78230 LE PECQ, FRANKREICH

1. ZUSAMMENFASSUNG

In diesem Beitrag wird zuvor bereits in den Vereinigten Staaten veröffentlichtes Material zu einem neuen elektroosmotischen Reinigungsverfahren präsentiert, das für die in-situ Extraktion von Schadstoffen aus Sondermülldeponien geeignet ist. Über poröse Elektroden, die in den kontaminierten Boden eingebettet sind, wird ein elektrisches Gleichfeld angelegt. Der Schadstoff wird durch eine harmlose wässerige Reinigungslösung verdrängt, die zusammen mit dem Schadstoff mit Hilfe von Elektroosmose durch den Boden bewegt wird. Die experimentellen Ergebnisse wurden an Proben von Kaolinton gesammelt, der mit Essigsäure und Phenollösungen gesättigt war; sie zeigen einen hohen Entfernungsgrad bei niedrigen Energiekosten. Ein theoretisches Modell, das zur Beschreibung des Schadstofftransports auf Elektroosmose sowie die Migration und Diffusion von Ionen zurückgreift, befindet sich mit den Experimenten in guter Übereinstimmung.

2. EINLEITUNG

Der Zweck dieses Beitrags besteht in der Präsentation von Material, das zwar zuvor bereits in den U.S.A. veröffentlicht worden ist (Shapiro et al. 1989(a)), das der europäischen Gemeinschaft aber noch nicht bekannt sein mag. Die in diesem Beitrag vorgestellten Arbeiten wurden im Labor für Fluidmechanik des Massachusetts Institute for Technologie, Cambridge, U.S.A. durchgeführt. Über die Jahre sind viele unterschiedliche Verfahren zur Entfernung von Schadstoffen aus Sondermülldeponien vorgeschlagen worden. Sie können in biologische Verfahren, physikalisch-chemische Verfahren, Verfestigung/Stabilisierung und thermische Verfahren kategorisiert werden. Je nach Art der Abfälle, wie sie beispielsweise von der E.P.A. (1989) definiert wurde, besitzt jedes Verfahren eine nachgewiesene, potentielle oder auch gar keine Wirksamkeit. Weitere diskriminierende Parameter bei der Wahl eines bestimmten Verfahrens sind seine Kosten, die hydraulische Permeabilität des Geländes und die potentiellen Behandlungsrückstände. Die Wahl eines Verfahrens ist damit vom Standort abhängig. Trotzdem können einige allgemeine Bemerkungen gemacht werden. Eine Analyse verschiedener gegenwärtig eingesetzter Sanierungstechnologien kommt zu dem Ergebnis, daß Reinigungsprozesse, die auf druckinduzierten Flüssen beruhen (z.B. Pumpen und Drainieren, Injektion von chemischen oder biologischen Entgiftungsmitteln, Dampf- oder Vakuumextraktion) unter dem Problem der Flußkanalisierung leiden. Das heißt, der Fluß verläuft vorzugsweise durch Bereiche hoher Permeabilität, dekontaminiert aber nicht die Bereiche niedriger Permeabilität. Darüber hinaus sind druckinduzierte Flüsse in Böden mit geringer Permeabilität wegen der Gefahr von Eruptionen oder Bodenrissen gegebenenfalls einfach nicht darstellbar.

Im vorliegenden Beitrag stellen wir experimentelle und theoretische Ergebnisse vor, die die Effektivität eines elektroosmotischen Verfahrens bei der in-situ Extraktion von Schadstoffen aus Sondermülldeponien belegen. Die Elektroosmose beschreibt den Fluß einer ionischen Flüssigkeit unter der Wirkung eines angelegten elektrischen Feldes relativ zu einer geladenen Oberfläche oder durch ein poröses Material wie Boden oder Ton, dessen interne Oberflächen geladen sind. In der Nähe der Porenwand gibt es eine Doppelschicht, in der das Fluid eine Netto-Ladungsdichte besitzt, die die Oberflächenladung der Wand ausgleicht. Das angelegte elektrische Feld übt auf das geladene Fluid in der Doppelschicht eine Kraft aus, die das Fluid veranlaßt, sich parallel zum elektrischen Feld zu bewegen (Probstein, 1989). Die Masse des Fluids, die sich in größerer Entfernung von der Wand befindet, wird dann über viskosen Zug in Bewegung gesetzt. Wenn die Stärke der Doppelschicht im Vergleich zum Radius der Bodenpore klein ist, wird die resultierende elektroosmotische Geschwindigkeit für konstantes Zeta-Potential durch die Helmholtz-Smoluchowski-Gleichung gegeben:

$$U = \frac{\epsilon \zeta E}{\mu}.$$

Dabei ist $\epsilon$ die Dielektrizitätskonstante der Flüssigkeit, $\mu$ ihre Viskosität, E die Größe des als homogen vorausgesetzten elektrischen Feldes, und $\zeta$ das Zeta-Potential. $\zeta$ wird normalerweise dazu verwendet, die Größe der Oberflächenladung zu messen, und liegt typischerweise im Bereich von einigen 10 Millivolt.

Man kann leicht zeigen, daß das Verhältnis von elektroosmotischem und hydraulischem Durchsatz für eine Kapillare mit kreisförmigem Querschnitt mit Radius a $1/a^2$ ist. Wenn wir also beispielsweise für den porösen Boden ein Kapillarmodell verwenden, dann wird deutlich, daß die Elektroosmose bei sinkendem mittleren Porendurchmesser für einen effektiveren Fluß durch das Medium sorgt als Druck, solange jedenfalls die Doppelschicht dünn ist. Die Elektroosmose eignet sich deshalb besonders für geringpermeable Böden und Tone sowie für nicht allzu poröse sandige Böden.

Die Elektroosmose ist extensiv und mit Erfolg bei Fundamentarbeiten eingesetzt worden, um Böden für Bauzwecke zu entwässern und zu festigen (Casagrande, 1983), aber auch zur Entwässerung von Ton und Grubenhalden (Lockhart, 1983). Bei diesen Anwendungen wird das Wasser durch ein angelegtes elektrisches Feld entfernt, das von zwei eingebetteten Elektroden erzeugt wird.

## 3. DIE ELEKTROOSMOTISCHE EXTRAKTIONSPROZEDUR

Probstein et al. (1989) haben eine neue elektroosmotische Prozedur zur in-situ Entfernung von Schadstoffen aus Sondermülldeponien entwickelt. Die vorläufigen Laborversuche und das theoretische Modell zeigen, daß diese Prozedur sehr effektiv und für den Feldeinsatz besonders gut geeignet ist.

Die elektroosmotische Schadstoffentfernung aus dem Boden beruht auf der Konvektion der Porenflüssigkeit, die die Schadstoffe enthält, zu einer der Elektroden, bei der das Fluid gesammelt wird. Um das Austrocknen des Bodens und Rißbildung zu vermeiden, durch die die elektroosmotische Effizienz beeinträchtigt würde, führen wir gleichzeitig an der Elektrode, bei der das Fluid nicht gesammelt wird, eine harmlose Reinigungsflüssigkeit zu, die den Boden in Sättigung hält. Im Falle hydrophober Schadstoffe kann die elektroosmotische Konvektion der Reinigungsflüssigkeit dazu benutzt werden, einen Schadstoff zu extrahieren, der wegen des nicht ausreichenden Zeta-Potentials sonst keinen elektroosmotischen Fluß erlauben würde.

Dabei ist zu beachten, daß der in der Porenflüssigkeit gelöste Schadstoff nicht nur durch Elektroosmose transportiert wird, sondern auch durch Diffusion und im Falle einer geladenen Spezies durch Migration in einem elektrischen Feld. Der Nettotransport muß nicht unbedingt in dieselbe Richtung erfolgen wie der elektroosmotische Massenfluß. Zu den zusätzlichen Effekten, die den relativen Effekt dieses Transportmechanismus modifizieren können, gehören beispielsweise Adsorption/Desorption an Bodenpartikeln und Elektrodenreaktionen, die pH-Änderungen induzieren und damit auch Änderungen des Zeta-Potentials und der Ladung der gelösten Moleküle.

Abbildung 1 zeigt eine schematische Darstellung des vorgeschlagenen Extraktionssystems. Beim praktischen Einsatz werden die porösen Elektroden in geeigneter Weise auf dem kontaminierten Gelände positioniert. Im abgebildeten Beispiel wurde davon ausgegangen, daß der Boden negativ geladen ist, so daß der elektroosmotische Massenfluß der kontaminierten Flüssigkeit in Richtung auf die porösen Kathoden erfolgt.

An den porösen Anoden wird eine harmlose wässerige Reinigungsflüssigkeit zugeführt und durch das angelegte elektrische Feld elektroosmotisch durch den kontaminierten

Boden bewegt. Die Bewegung der kontaminierten Flüssigkeit wird dadurch hervorgerufen, daß sie von der Reinigungsflüssigkeit verdrängt wird, oder zusätzlich auch durch die elektroosmotische Wirkung. Die kontaminierte Flüssigkeit sammelt sich bei den porösen Kathoden, wo sie durch Pumpen oder Syphonwirkung entfernt wird. Wenn geladene Schadstoffe in entgegengesetzter Richtung des Massenflusses zur Anode wandern und sich ansammeln, werden sie auch dort entfernt.

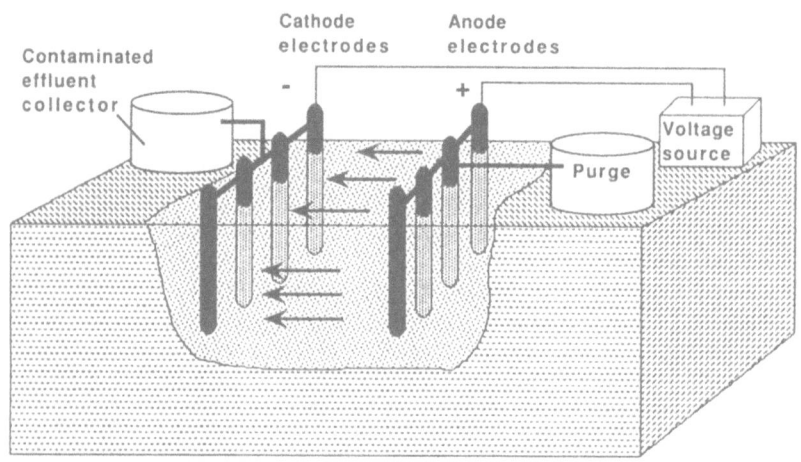

Abbildung 1.   Schematische Darstellung des elektroosmotischen Dekontaminationsverfahrens für Sondermülldeponien

Legende:   contaminated effluent collector - Sammler für das kontaminierte Austrittsprodukt
cathode electrodes - Kathoden
anode electrodes - Anoden
Purge - Reinigungsflüssigkeit
voltage source - Spannungsquelle

## 4. EXPERIMENTELLE EXTRAKTIONSERGEBNISSE

Um die Durchführbarkeit des vorgeschlagenen elektroosmotischen Reinigungsverfahrens zur Extraktion kontaminierter Flüssigkeiten aus Böden mit geringer Permeabilität zu prüfen, wurden eindimensionale Laborversuche an Kaolinton durchgeführt, der mit Essigsäure- und Phenollösungen gesättigt war. Die Testzelle, in der die Experimente durchgeführt wurden, bestand aus einem Akrylrohr von ungefähr 0,1 m

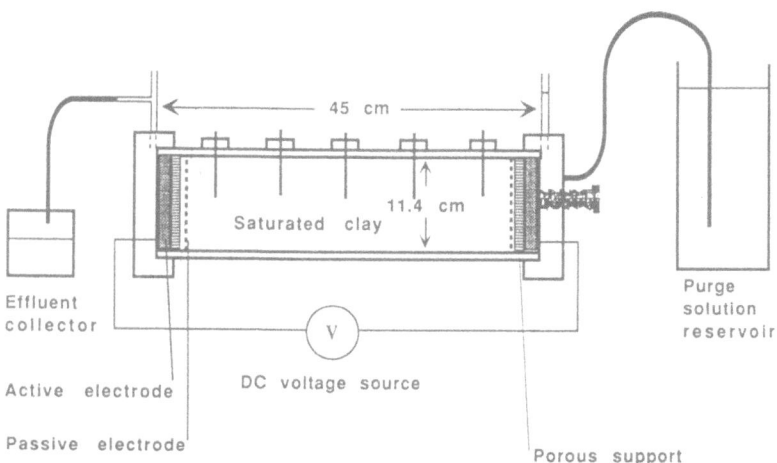

Abbildung 2. Laborvorrichtung für die Elektroosmose

Legende: effluent collector - Sammler für das Austrittsprodukt
active electrode - aktive Elektrode
passive electrode - passive Elektrode
saturated clay - gesättigter Ton
DC voltage source - Gleichspannungsquelle
porous support - poröser Träger
purge solution reservoir - Reservoir für Reinigungsflüssigkeit

Durchmesser und 0,5 m Länge (Abbildung 2). Weitere Einzelheiten werden von Shapiro et al. beschrieben (1989b). Mitgeteilt werden die experimentellen Ergebnisse für sättigende Lösungen von Essigsäure und Phenol. Als Reinigungslösung wurde 0,1 M NaCl und Leitungswasser für Essigsäure bzw. für Phenol verwendet. In den Essigsäure-Experimenten wurde Sigma-Kaolinton verwendet, und für Phenol Albion-Kaolinton. Die hydraulischen Permeabilitäten lagen in der Größenordnung von $10^{-16}$ bis $10^{-17}$ m². Die experimentellen Parameter werden in den Abbildungen ausgewiesen.

Beispiele für den Verlauf des kumulierten Volumens der extrahierten Lösung werden in Abbildung 3 dargestellt. Die Abweichung dieser Kurven von der Linearität deutet auf eine zeitabhängige Konvektionsgeschwindigkeit hin, die durch ein transientes Verhalten des Zeta-Potentials und/oder der Verteilung des elektrischen Feldes im Ton erklärt werden kann. Diese Variationen wurden erwartet, da sowohl das Zeta-Potential als auch das elektrische Feld von der Ionenkonzentration abhängig sind. Darüber hinaus ist bekannt, daß das Zeta-Potential von Ton stark vom lokalen pH-Wert der sättigenden Lösung abhängt (Sposito, 1984).

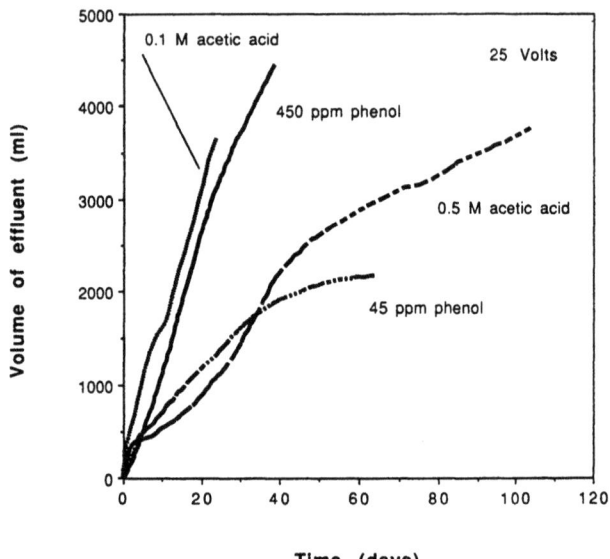

Abbildung 3. Messungen des kumulierten Volumens des Austrittsprodukts als Funktion der Zeit

Legende: volume of effluent (ml) - Volumen des Austrittsprodukts (ml)
acetic acid - Essigsäure
time (days) - Zeit (Tage)

Sehr wichtig ist die Messung des Entfernungsgrades. Abbildung 4 zeigt den entfernten Anteil der Essigsäure als Funktion des entfernten Porenvolumens des Austrittsprodukts für die Essigsäure-Experimente. Beim Experiment mit 0,5 M waren 94% der Säure extrahiert, nachdem 1,4 Porenvolumina der 0,1 M NaCl Spüllösung durch die Probe bewegt worden waren. Beim Experiment mit 0,1 M fiel die Entfernungsrate abrupt ab, bis nach Sammlung von 0,8 Porenvolumina des Austrittsprodukts praktisch keine Säure mehr entfernt wurde.

Abbildung 5 zeigt den entfernten Anteil des Phenols als Funktion des Porenvolumens der entfernten Flüssigkeit. Beim Experiment mit 45 ppm Phenol waren 75% des Phenols entfernt, nachdem ein Porenvolumen Leitungswasser durch die Probe bewegt worden war. Obwohl die anfängliche Oberflächengeschwindigkeit 1 cm/Tag betrug, war das Experiment nach der Entfernung von nur 1,2 Porenvolumina beendet, weil der Fluß auf Null zurückging (siehe Abb. 3). Im Experiment mit 450

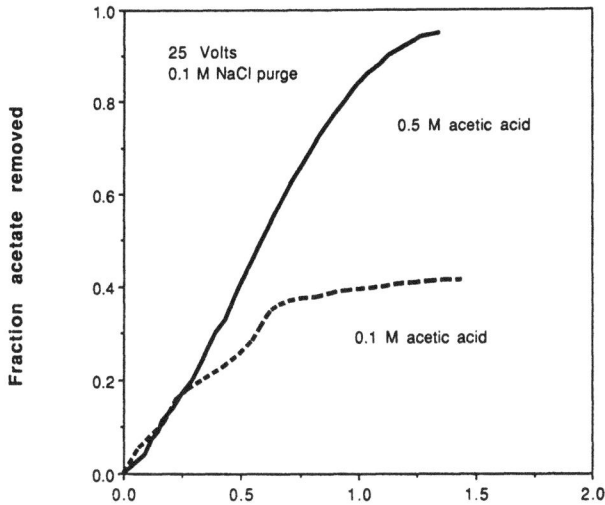

Abbildung 4. Gemessener Anteil der entfernten Essigsäure als Funktion des entfernten Austrittsprodukts in Einheiten des Porenvolumens

Legende: fraction acetate removed - Anteil des entfernten Azetats
pore volumes - Porenvolumina
0,1 M NaCl purge - Spüllösung: 0,1 M NaCl

ppm waren 95% des Phenols nach Extraktion von 1,5 Porenvolumina entfernt. In diesem Fall wurde das Phenol bis zur Extraktion eines Porenvolumens mit einer sehr gleichförmigen Geschwindigkeit entfernt. Nach diesem Punkt nahm die Phenolkonzentration im Austrittsprodukt abrupt ab, und der Anteil des entfernten Phenols wurde praktisch konstant. Beim Experiment mit 450 ppm blieb die Oberflächengeschwindigkeit von etwa 1 cm/Tag im wesentlichen konstant.

Ein geringer Entfernungsgrad beim Einsatz der Elektroosmose kann zwei Ursachen haben: in einigen Fällen geht der Fluß auf Null zurück, obwohl die Schadstoffkonzentration im Austrittsprodukt hoch ist; in anderen Fällen ist die Schadstoffkonzentration im Austrittsprodukt gering.

In beiden Fällen könnte der pH-Wert eine Rolle spielen. Eine geringe Schadstoffkonzentration kann dadurch erklärt werden, daß die Migration die Konvektion für die negativ geladenen dissoziierten Ionen dominiert. Wenn der pH-Wert größer als der pK-Wert ist, ist ein Großteil der Säure nega-

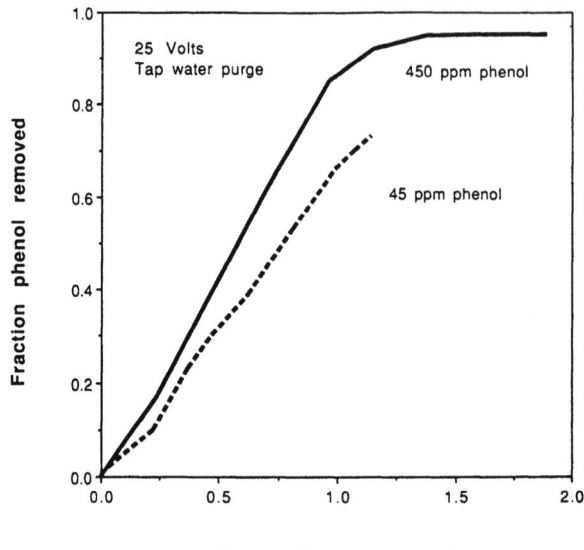

Abbildung 5. Gemessener Anteil der entfernten Phenols als Funktion des entfernten Austrittsprodukts in Einheiten des Porenvolumens

Legende: fraction phenol removed - Anteil des entfernten Phenols
pore volumes removed - entfernte Porenvolumina
tap water purge - Spüllösung: Leitungswasser

tiv geladen und migriert, anders als dieFlüssigkeitsmasse, zur Anode. Dies ist mit der geringen Entfernung im 0,1 M Experiment verträglich, bei dem der pH-Wert an der Anode groß war (12,5), während beim 0,5 M Experiment der pH-Wert geringer war (zwischen 4 und 6) und der Entfernungsgrad hoch. Bei den Phenol-Experimenten waren die pH-Werte an der Kathode in beiden Fällen vergleichbar; es hat deshalb den Anschein, daß elektrochemische Reaktionen an den Elektroden für den unterschiedlichen Entfernungsgrad in den beiden Phenolfällen nicht verantwortlich sind. Der geringere Entfernungsgrad im Falle der niedrigeren Phenolkonzentration könnte eine Folge von Phenoladsorption an der Tonoberfläche sein. Es ist dann wahrscheinlich, daß die adsorbierte Menge im 45 ppm Experiment verglichen mit dem 450 ppm Experiment einen höheren Anteil der Gesamtmasse des Phenols bildet.

Der pH-Wert kann für die Verlangsamung oder Unterbrechung des Flusses über eine Änderung des Zeta-Potentials verantwortlich sein. Jüngere Experimente lassen vermuten,

daß die elektroosmotische Flußrate zu großen Teilen durch
Einstellen des pH-Wertes der Reinigungsflüssigkeit kontrolliert werden kann. Dies ist konsistent mit der starken
Abhängigkeit des Zeta-Potentials vom pH-Wert der Sättigungsflüssigkeit.

In anderen Experimenten wurde kürzlich der Effekt der
Größe des angelegten elektrischen Feldes auf die Dauer der
Schadstoffentfernung untersucht. Die vorläufigen Ergebnisse
zeigen, daß auch bei einer 20fachen Vergrößerung des elektrischen Feldes vergleichbar hohe Entfernungsraten erzielt
werden können. Wie zu erwarten war die Zeit, die in diesem
Fall für den Reinigungsprozeß benötigt wurde, der Größe des
angelegten Feldes umgekehrt proportional. Die Ergebnisse
dieser Experimente werden gegenwärtig zur Veröffentlichung
vorbereitet.

Ein weiteres wichtiges Ergebnis dieses Experiments sind
die geringen Energiekosten, die bei der Schadstoffentfernung
anfallen. Unter den oben beschriebenen experimentellen
Bedingungen wurden als Energiekosten 5,3 USD/Tonne extrahierter Essigsäurelösung und 0,53 USD/Tonne extrahierter
Phenollösung ermittelt. Dabei wurde von einem Energiepreis
von 0,10 USD/kWh ausgegangen.

## 5. MODELL

Shapiro et al. (1989b) haben ein eindimensionales zeitabhängiges Modell für die elektroosmotische Entfernung
chemischer Verbindungen aus porösen Medien entwickelt, das
von einer dünnen Doppelschicht und einem konstanten Zeta-Potential ausgeht. Das poröse Medium wird durch ein
Kapillarmodell dargestellt, das durch eine Reihe gleichförmiger verteilter Kapillaren von kreisförmigem Querschnitt
mit gleichem Radius charakterisiert ist. Der Transport der
einzelnen Verbindungen wird durch eine Konvektions/
Diffusionsgleichung beschrieben, die als Transportmechanismen den elektroosmotischen Massenfluß, die ionische
Migration und die molekulare Diffusion berücksichtigt. Die
Gleichgewichts-Elektrodenreaktionen und die chemischen
Gleichgewichtsreaktionen in der Porenflüssigkeit werden
durch Einführung endlicher Produktionsraten in den
Erhaltungsgleichungen für die einzelnen Verbindungen beschrieben.

Abbildung 6 vergleicht die Daten der Essigsäureextraktion aus Abb. 4 mit den Ergebnissen des Modells. Wie man
sieht, stimmen die experimentellen Daten und das Modell ausgezeichnet überein.

## 6. VERWANDTE UNTERSUCHUNGEN

Bemühungen, die Elektrokinetik im allgemeinen und die
Elektroosmose im besonderen zur Entfernung von Schadstoffen
aus Deponien einzusetzen, sind erst in jüngerer Zeit unternommen worden (Herrmann, 1986). Die Bewegung von Metallionen

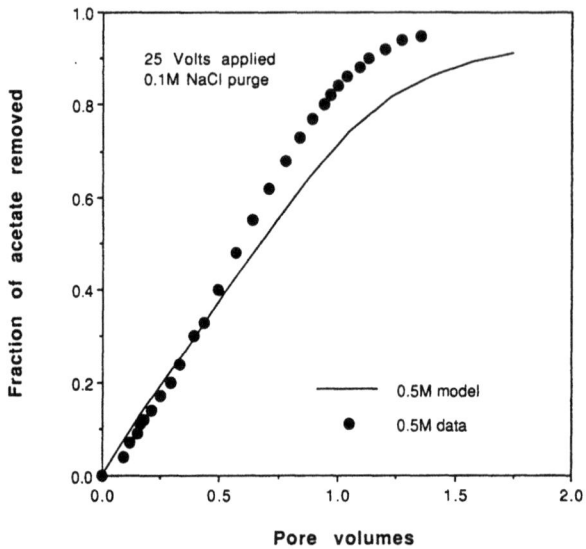

Abbildung 6. Entfernter Essigsäureanteil als Funktion des entfernten Austrittsprodukts in Einheiten des Porenvolumens. Vergleich von Experiment und Theorie für das Experiment mit 0,5 M Essigsäure.

Legende: fraction of acetate removed - Anteil des entfernten Azetats
pore volumes - Porenvolumina
25 Volts applied - angelegte Spannung: 25 V
0,1 M NaCl purge - Spüllösung: 0,1 M NaCl

aus vollständig dissoziierten Salzen in Proben von gesättigten Böden wurde von Hammet untersucht (1980). Unter seinen speziellen Bedingungen schien die Schadstoffbewegung eher von der ionischen Migration als von Elektroosmose beherrscht zu werden. Renaud und Probstein (1987) führten beschränkte Laborexperimente aus, um Essigsäure elektroosmotisch aus gesättigten Tonproben zu entfernen. Sie konnten in ihrer Arbeit zeigen, daß die Elektroosmose zur Kontrolle und Sanierung von Sondermülldeponien besonders nützlich sein könnte, und zwar insbesondere dann, wenn die Flußrichtung kontrolliert werden muß, und wenn der Boden eine vergleichsweise geringe hydraulische Permeabilität besitzt, so daß hydraulische Verfahren nicht effektiv sind. Geokinetics (Lageman, 1989) hat über Feldversuche zur Elektromeliorisierung von Böden berichtet, die mit Schwermetallen wie

Arsen, Blei, Kupfer, Zink und Kadmium kontaminiert waren.
Das Batelle Institut hat Laborversuche zur kombinierten Verwendung von elektrischen und akustischen Feldern durchgeführt, um mit gefährlichen Schadstoffen belastete Böden zu dekontaminieren (EPA, 1989).

## 7. FOLGERUNGEN

Laborexperimente zum Grad der Schadstoffextraktion, zur Entfernungsdauer und zu den Energiekosten einer elektroosmotischen Reinigung gesättigter Tonproben belegen eine hohe Entfernungseffizienz bei geringen Energiekosten. Die Fälle, in denen die Entfernung beschränkt war, scheinen sich auf pH-Variationen im Zusammenhang mit elektrochemischen Reaktionen an den Elektroden zurückführen zu lassen. Ein theoretisches Modell des Extraktionsprozesses befindet sich in guter Übereinstimmung mit dem Experiment. Die Ergebnisse zeigen, daß das vorgeschlagene osmotische Reinigungsverfahren sehr vielversprechend ist, wenn es zur in-situ Extraktion von gelösten Schadstoffen aus Sondermülldeponien eingesetzt wird, bei denen die Bodenpermeabilität nicht zu groß ist (unter $10^{-12}$ m$^2$). Trotzdem sind weitere Laborversuche mit unterschiedlichen Schadstoffen, Reinigungslösungen, Schadstoffkonzentrationen, Bodeneigenschaften, elektrischen Feldstärken und in dreidimensionalen Geometrien erforderlich, bevor Feldversuche mit Aussicht auf Erfolg durchgeführt werden können.

## 8. BIBLIOGRAPHIE

1) Casagrande, L.J. (1983) Boston Soc. Civil Engineers 69(2), 255-302.
2) E.P.A. (1989) The Superfund Innovative Technology Evaluation Program: Technology Profiles.
3) Hammet, R. (1980) "A Study of the processes involved in the electroreclamation of contaminated soils" M.Sc. Thesis, University of Manchester, Manchester, England.
4) Herrmann, J.G. ed. (1986) "Proc. Workshop in Electro-Kinetic Treatment and its application in Environmental-Geotechnical Engineering for Hazardous Waste Site Remediation", University of Washington, Seattle, WA, 4.-5. August 1986, Hazardous Waste Engineering Research Laboratory, U.S. Environmental Protection Agency, Cincinnati, OH.
5) Lageman, R. (1989) "Electro-reclamation: State of the Art", Demonstration of Remedial Action Technologies for Contaminated Land and Groundwater, NATO Conference, Montral, Canada, 6. - 9. November
6) Lockhart, N.C. (1983) Colloids and Surfaces 6, 229-251.
7) Probstein, R.F. (1989) Physicochemical Hydrodynamics: An Introduction. Butterworths.

8) Probstein, R.F., Renaud, P.C. & Shapiro, A.P. (1989) Electroosmosis Techniques for removing hazardous materials from soil. U.S. Patent Pending.
9) Renaud, P.C. & Probstein, R.F. (1987) Electroosmotic control of toxic wastes. Physicochem. Hydrodyn. 9, 345-360.
10) Shapiro, A.P., Renaud, P.C. & Probstein, R.F. (1989a) In Situ Extraction of Contaminants from Hazardous Waste Sites by Electroosmosis in Solid/Liquid Separation: Waste Management and Productivity Enhancement (H.S. Muralidhara, ed.) pp. 346-353. Batelle Press, Colombus, Ohio.
11) Shapiro, A.P., Renaud, P.C. & Probstein, R.F. (1989b) J. Physicochemical Hydro., 1989, 11(5).
12) Sposito, G. (1984) The Surface Chemistry of Soils. Oxford University Press.

HYDRAULISCHE SPALTENBILDUNG ZUR ERHÖHUNG DER FLÜSSIGKEITS-
STRÖMUNG

L.C. MURDOCH, G. LOSONSKY, I. KLICH UND P. CLUXTON
CENTER HILL RESEARCH FACILITY/UNIVERSITY OF CINCINNATI
5995 CENTER HILL ROAD
CINCINNATI, OHIO, 45224, USA
513-569-7885

1. ALLGEMEINE BEMERKUNGEN

Hydraulische Spaltenbildung ist eine Methode zur Erzeugung von durchlässigen Schichten, um die Flüssigkeitsströmung in Formationen mit geringer Durchlässigkeit zu erhöhen; sie sollte auch die Leistung einiger in situ ausgeführter Sanierungsmethoden verbessern. Wir konnten zeigen, daß hydraulische Spalten in einigen Meter Tiefe in übermäßig verdichteten schluffig-tonigen Grundmoränen erzeugt und mit grobem Sand gefüllt werden können. Einfache Geräte, die zum Einspritzen von Mörtel entwickelt worden waren, wurden benutzt, um flachliegende Spalten von maximal 5-8 m Länge und bis zu 20 mm Weite zu erzeugen. Bis zu vier von einer Bohrung ausgehende Spalten in 15 bis 30 cm Abstand voneinander wurden erzeugt. Die Spalten erhöhen die Einströmungsrate in das ungesättigte Moränenmaterial um Faktoren zwischen 3,2 und 9,1.

2. EINFÜHRUNG

Die Beseitigung von gefährlichen Chemikalien aus schadstoffbelastetem Boden mit den üblichen Methoden ist oft schwierig und manchmal unmöglich, und die Bodenwissenschaftler haben sich deshalb in ähnlichen Arbeitsgebieten nach neuen Ideen umgesehen. So ist z.B. das Problem der Gewinnung von Kohlenwasserstoffen aus Erdölreservoiren ähnlich dem Problem der Entfernung von Schadstoffen aus Grundwasserleitern. Die Erdölingenieure haben eine große Anzahl von Methoden entwickelt, um die Gewinnung von Erdöl aus den Reservoiren zu verbessern, und eine der wirksamsten Methoden ist die hydraulische Spaltenbildung. Diese Untersuchung wurde von der Möglichkeit angeregt, hydraulische Spaltenbildung zur Verbesserung der Sanierung von schadstoffbelasteten Böden anzuwenden.

Hydraulische Spaltenbildung als Verfahren in der Ölindustrie beginnt mit der Einspritzung von Flüssigkeit in ein Bohrloch, bis der Flüssigkeitsdruck einen kritischen Wert überschreitet und eine Spalte gebildet wird. Ein körniges Material, gewöhnlich Sand, hier als Proppant bezeichnet, wird in die Spalte gepumpt, während diese sich vom Bohrloch her weiter ausbreitet. Der Transport des Proppants wird durch Benutzung einer viskosen Flüssigkeit erleichtert, gewöhnlich ein Gel aus Guarharz und Wasser, das die Proppantkörner in die Spalte hineinträgt. Nach dem Pumpen hält das Proppant die Spale offen, während das viskose Gel sich zu einer dünnflüssigen Lösung zersetzt. Das verdünnte Gel wird dann aus der Spalte herausgepumpt, und es bleibt ein Kanal aus durchlässigem Material, durch den Flüssigkeiten oder Gase entweder eingebracht oder entnommen werden können.

Die Methode der hydraulischen Spaltenbildung ist seit mehr als fünfzig Jahren angewendet worden, um die Förderung von Ölquellen zu vergrößern, und ihre Wirksamkeit in großen Tiefen in Gestein steht außer Zweifel. Die Möglichkeit, sandgefüllte hydraulische Spalten in geringer Tiefe in Boden zu erzeugen (Bedingungen an schadstoffbelasteten Grundstücken), hat jedoch wenig Interesse erregt im Vergleich zur Arbeit in der engieerzeugenden Industrie. Seit 1987 hat die USEPA (Umweltschutzagentur der USA) ein koordiniertes Programm von Labor-, theoretischen und Felduntersuchungen über die Anwendung der hyrologischen Spaltenbildung zur Verbesserung von Sanierungsarbeiten finanziert (Murdoch et al., 1990). Die in dieser Abhandlung beschriebenen Forschungsarbeiten umfassen die zweite Felduntersuchung innerhalb dieses USEPA-finanzierten Programms.

Die ersten Feldtests des Programms wurden im Juni 1988 durchgeführt, auf einem Grundstück 10 km nördlich von Cincinnati, Ohio, USA. Das Grundstück war unterlagert durch übermäßig konsolodiertes Pleistozän-Eiszeitmoränenmaterial, bestehend aus schluffigem Ton und örtlichen Ablagerungen von Sand und Kies. Hydraulische Spalten wurden durch Einsatz von Geräten der Erdölindustrie erzeugt, die benutzt wurden, um Flüssigkeit in verrohrte Bohrlöcher von zwischen 2 und 4 m Tiefe einzuspritzen. Die Umgebung jedes der Bohrlöcher wurde ausgegraben, und die Besonderheiten der Spalten wurden in allen Einzelheiten auf Karten eingezeichnet (Murdoch 1989). Die Spalten lagen flach oder zeigten ein leichtes Gefälle und hatten eine maximale Ausdehnung von 10 m.

Feldbeobachtungen während der ersten Tests zeigten, daß es möglich war, hydraulische Spalten zu erzeugen, machten aber drei Probleme deutlich: 1) Sand-Proppant war kaum vorhanden oder fehlte völlig in sieben von zehn der Spalten, diese Spalten schlossen sich also vollkommen und würden nur eine minimale Auswirkung auf die Untergrundströmung ausgeübt haben; 2) die maximale Ausbreitung der Spalten war begrenzt durch Ausmündung in der Bodenoberfläche; 3) zur Ausführung des Tests wurden komplizierte Anlagen benutzt, die für Umweltingenieure gewöhnlich nicht verfügbar sind.

Die Methode zur Erzeugung hydraulischer Spalten wurde abgeändert, um die Probleme der Tests im Jahr 1988 zu vermeiden. Die neue Methode wurde im Juni und Juli 1989 im Feld getestet, und die Einzelheiten der Methode und die Ergebnisse der Felduntersuchungen im Jahr 1989 werden auf den folgenden Seiten beschrieben.

3. METHODE ZUR HYDRAULISCHEN SPALTENBILDUNG

Die Methoden zur Bildung hydraulischer Spalten benötigen normalerweise drei Arten von Hilfsmitteln:
1) Injektionsflüssigkeit: Eine Flüssigkeit von hoher Viskosität, die das Proppant während der Injektion schwebend halten kann und nach der Injektion dünnflüssig wird und wiedergewonnen werden kann.
2) Auf der Oberfläche: Mischmaschinen, Vorratsbehälter und Pumpen zur Herstellung und Injektion der proppantbeladenen Flüssigkeit.
3) Unter der Oberfläche: Geräte zur Isolierung eines Teils des Bohrlochs und zur Erzeugung der Spalten.

Die in diesem Projekt benutzte Injektionsflüssigkeit ist ein durch Mischen von im Handel erhältlichem Guarharz mit Wasser in einer Konzentration von etwa 3,6 g/l erzeugtes Gel. Die Viskosität dieses Gels ist rund 20 Centipoise, sie steigt aber nach Zusatz einer als Vernetzer bezeichneten Boratverbindung in einer Konzentration von 0,24 g/l merklich an. Das vernetzte Gel ist eine thixotrope Flüssigkeit mit einer scheinbaren Viskosität von etwa 200 Centipoise. Es wird ein Enzym zugesetzt, das innerhalb von 12 bis 18 Stunden nach der Injektion einen Verringerung der Gelviskosität auf 10 Centipoise veranlaßt. Das Enzym wird gemeinsam mit dem Vernetzer in einer Konzentration von 0,12 g/Liter zugesetzt. Durch Einmischen von grobem Quarzsand (0,8 bis 1,5 mm durchschnittliche Korngröße) in das vernetzte Gel wird die Injektionsflüssigkeit fertiggestellt. Die Sandkonzentration bei den Feldtests war bis zu 0,52 (Vol. Sand/Vol. Gel).

Die für diese Tests benutzte Flüssigkeitsmischung Gel-Vernetzer-Gelbrecher ist ähnlich der in der Ölindistrie bei der Erzeugung von hydraulischen Spalten benutzten Flüssigkeit. Die über und unter der Oberfläche benutzten Hilfsmittel für den Spaltenbildungsvorgang waren hier jedoch anders als die in der Ölindustrie benutzten.

Das System auf der Oberfläche (Abb. 1) bestand aus einem Vorratsbehälter für das Gel, zwei Paddelrührmaschinen und einer Kolbenpumpe (Robbins and Mayers Moyno Pumpe 2J6 CDQ). Das Gel wird vor der Spaltenbildung im Vorratsbehälter gemischt und hydratisiert. Während der Spaltenbildung wird Gel in eine Mischmaschine eingepumpt, der Vernetzer und das Enzym werden zugesetzt, und dann wird Sand mit dem vernetzten Gel gemischt. Der so erzeugte sandhaltige Schlammbrei wird in die Ansaugöffnung der Pumpe eingebracht und in eine sich im Unterboden bildende Spalte eingespritzt. Die Einspritzraten während der Tests lagen zwischen 20 und 60 l/min.

Unter der Oberfläche wurde ein System zur Isolierung eines Teils eines Bohrlochs speziell für die Anwendung in nicht-versteinertem Material entwickelt. Das System basiert auf einem lanzenartigen Gerät (Abb. 2), das aus einem Bohr-

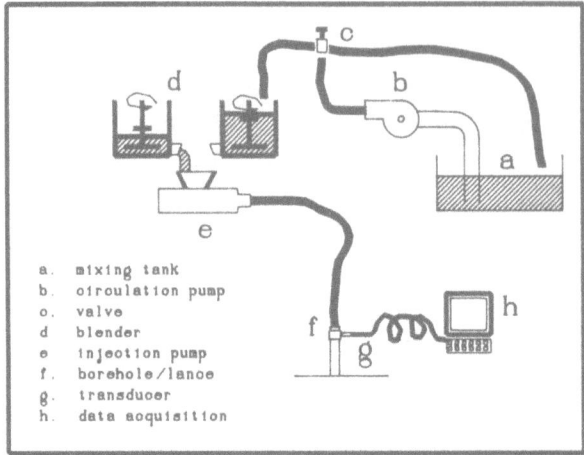

Abbildung 1.  Schematische Darstellung der Oberflächenanlage für die Bildung hydraulischer Spalten in den Tests 1989.

Legende:
a. Mischbehälter
b. Umlaufpumpe
c. Ventil
d. Mischer
e. Injektionspumpe
f. Bohrloch/Lanze
g. Meßwertgeber
h. Datenannahme

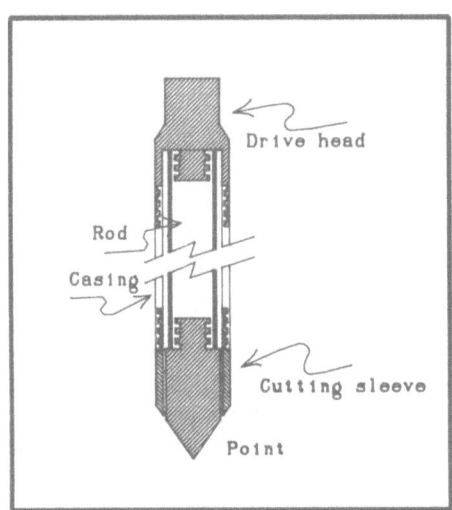

Abbildung 2.  Lanzenförmiges Gerät für die Erzeugung hydraulischer Spalten.

Legende:
drive head - Rammkopf
rod - Stab
casing - Gehäuse
cutting sleeve - Schneidmantel
point - Spitze

rohr und einem inneren Stab besteht, die beide an einem Ende mit gehärteten, in eine kegelförmige Spitze auslaufenden Schneidflächen versehen sind. Ein Rammkopf am anderen Ende der Lanze hält das Bohrrohr und den Stab fest. Die einzelnen Abschnitte des Stabs und des Bohrrohrs sind 1,5 m lang und werden entsprechend der Tiefe des Bohrlochs zusammengeschraubt.

Während der Tests im Jahr 1989 wurde die Lanze zehn oder 20 cm unter das untere Ende eines Bohrlochs - entweder ein offenes Loch oder ein hohlschäftiger Erdbohrer - getrieben (Abb. 3). Der Stab und die Spitze wurden herausgezogen, so daß der Boden am unteren Ende des Bohrrohrs frei lag. Ein anderes Gerät, das aus einem Stahlrohr mit einer engen Öffnung (0,025 cm Durchmesser) an einem Ende besteht, wurde in das Bohrrohr eingeschoben. Wasser wurde in das Gerät eingepumpt (mit 20 l/min und 17 MPa) und bildete einen Strahl, der seitwärts in den Boden einschnitt. Das Strahlgerät wurde rotiert und erzeugte einen scheibenförmigen Schlitz, der sich bis 40 cm vom Bohrloch aus erstreckte (Abb. 3). Ein einfaches Meßgerät, bestehend aus einem Stahlband, das durch die gesamte Länge eines Rohrs reichte und sich am Ende des Rohrs rechtwinklig abbog, wurde in das Bohrrohr eingeführt, um die Bildung des Schlitzes zu bestätigen und seinen Radius zu messen.

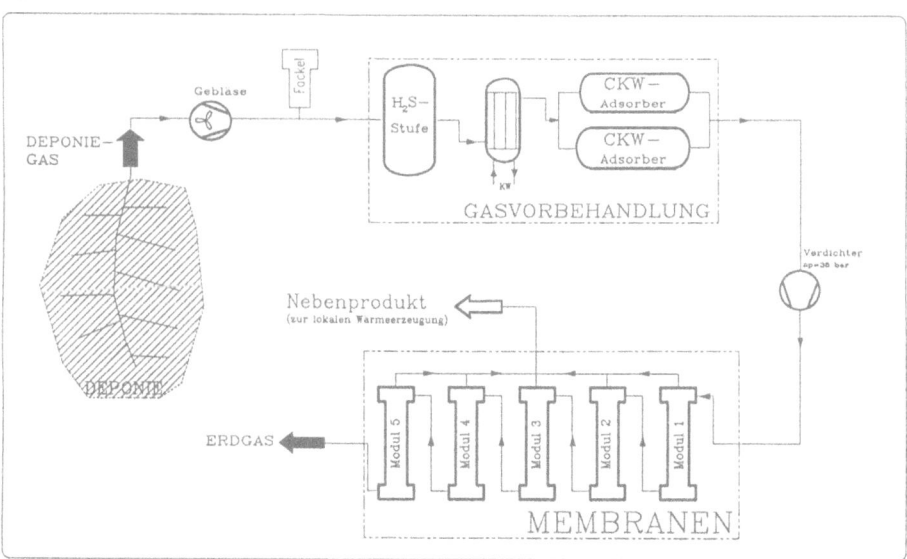

Abbildung 3. Vorgehen zur Erzeugung hydraulischer Spalten. 1. Hohlschäftiger Erdbohrer; 2. Eintreiben der Lanze; 3.Eingeschnittener Schlitz; 4. Injektion des Schlammbreis zur Erzeugung der hydraulischen Spalte; 5. Vorschieben der Lanze; 6. Vorschieben des Erdbohrers.

Hydraulische Spalten wurden durch Einspritzen des sandhaltigen Schlammbreis in das Bohrrohr erzeugt. Der seitliche Druck des Bodens auf die Außenwand des Bohrrohrs dichtete das Bohrrohr praktisch ab und verhinderte das Ausdringen des Schlamms. Die Spalten gingen vom Schlitz aus und breiteten sich vom Bohrloch her weiter aus.

In einem typischen Feldtest stieg am Anfang des Pumpvorgangs der Druck der Injektionsflüssigkeit stark an, auf 0,1 bis 0,4 MPa. Der Beginn der Spaltenausbreitung wurde jedoch durch einen plötzlichen Abfall des Drucks gekennzeichnet. Während der Ausbreitung blieben die Injektionsdrücke einigermaßen konstant im Bereich um 0,06 MPa, oder sie nahmen mit der Zeit etwas ab (z.B. Murdoch et al., 1990). Diese Drücke erzeugten Spalten in 1,5 bis 2,0 m Tiefe; für Spalten in 3 bis 4 m Tiefe waren etwas höhere Drücke erforderlich.

Nachdem eine Spalte erzeugt war, wurde der Stab mit Spitze eingebracht, und die Lanze wurde 7 bis 30 cm eingetrieben, wo dann eine weitere Spalte gebildet wurde. Dieser Vorgang wurde bis zu vier Mal wiederholt; dann wurde die Lanze herausgezogen, der Erdbohrer wurde vorgeschoben und es wurde entweder das Bohrloch ausgebaut oder der Spaltenbildungsvorgang fortgesetzt (Abb. 3).

4. FELDTESTS

Die oben beschriebene Methode der hydraulischen Spaltenbildung wurde im Juni 1989 im Feld getestet, wobei 23 Spalten in zwei Grundstücken in Cincinnati, Ohio, gebildet wurden. Neunzehn dieser Spalten wurden in der Nähe der ELDA-Deponie, in etwa 100 m Entfernung vom Ort der Tests im Jahr 1988 (Murdoch, 1989) gebildet. Die Tests in der ELDA-Deponie wurden auf einer 10 bis 15 m breiten Terrasse ausgeführt, die im Südwesten von einem 5 m hohen, steilen Anstieg und im Nordosten von einem 10 m tiefen Abfall abgegrenzt wurde. Die Spalten wurden in schluffig-tonigem Moränenmaterial aus schlammigem Ton gebildet, in Tiefen zwischen 0,9 und 1,9 m. Die Umgebung jedes der Bohrlöcher wurde dann ausgegraben und die Spalten wurden mit allen Einzelheiten kartenmäßig erfaßt.

5. ERGEBNISSE

Die hydraulischen Spalten, die durch Ausgraben im ELDA-Gelände freigelegt wurden, waren bemerkenswert gleichförmig. Drei im Bohrloch EL6 gebildete Spalten sind ein typisches Beispiel (Abb. 4). Die Spalten sind grundsätzlich horizontal und gleichförmig bis leicht gestreckt. Sie sind äußerst unsymmetrisch in Bezug auf das zum Bohrloch, und die bevorzugte Ausbreitungsrichtung ist einigermaßen parallel zur Neigung der darüberligenden Bodenoberfläche. Die Spalten liegen übereinander in Abständen von 30 cm, die vom Bohrloch bis zur Profilvorderkante eingehalten werden (Abb. 5). Die

Hauptebenenachsen der Spalten sind zwischen 5,5 und 8,5 m lang, und die maximale Dicke der Sandschicht ist 1,3 bis 1,4 cm. Das Sandproppant ist am dicksten in der Nähe des Zentrums der Spalten und verjüngt sich in Richtung auf die Außenränder (Murdoch et al., 1990). Die Verteilung des Sands ist anscheinend unabhängig von der örtlichen Lage des Bohrlochs.

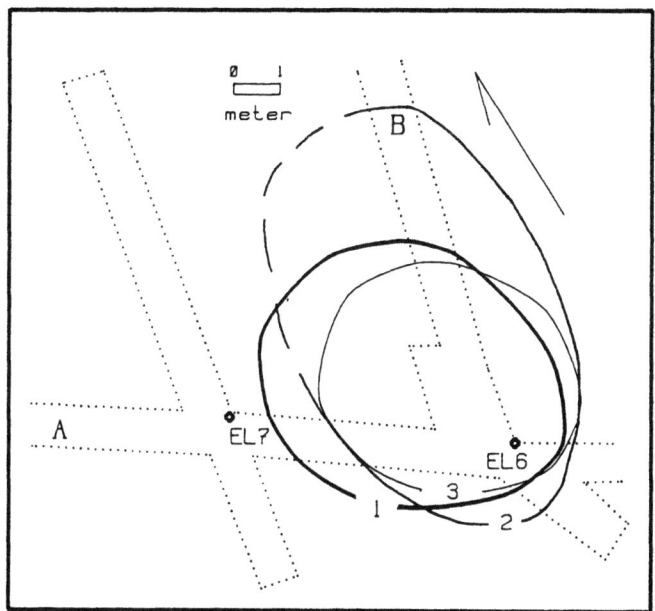

Abbildung 4. Plan von drei am Bohrloch EL6 erzeugten Spalten. Die punktierte Linie bezeichnet die Wand eines Grabens. Die gestrichelte Linie zeigt, wo eine Spalte sich mit einer anderen (nicht gezeigten) vom Bohrloch EL7 ausgehenden Spalte schneidet.

Vor der Ausgrabung wurden Einströmungstests mit einem Guelph-Permeameter (Elrich et al., 1988) durchgeführt, einem Gerät, das die Strömungsrate liefert, die nötig ist, um einen konstanten Wasserspiegel in einem Bohrloch aufrecht zu erhalten. Der Wasserspiegel wurde in allen Tests in 1 m Höhe über dem unteren Ende der offenen Bohrlöcher gehalten. Die durschnittliche Einströmungsrate für drei Bohrlöcher in spaltenfreiem Boden war 0,055 l/min. Die Einströmungsrate für Bohrlöcher, die durch hydraulische Spalten schnitten, war anfangs 0,25 bis 2,5 l/min, sank aber auf 0,175 bis 0,51 l/min im stationären Zustand ab. Wir schließen daraus, daß die stationäre Einströmungsrate durch die Spaltenbildung um einen Faktor zwischen 3,2 und 9,1 erhöht wurde.

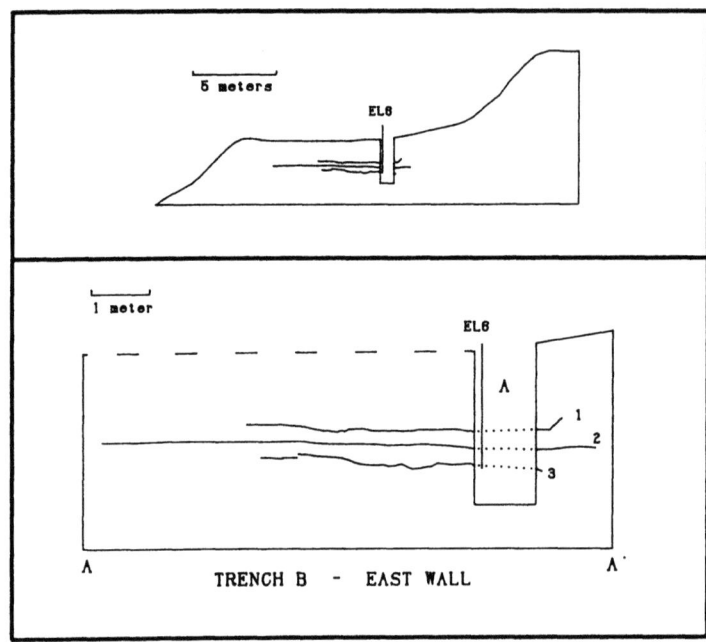

Abbildung 5. Querschnitte durch drei vom Bohrloch EL6 ausgehende Spalten, mit Angabe des topographischen Profils (oben) und Einzelheiten der Spaltenverläufe (unten).

Legende        GRABEN B - OSTWAND   [TRENCH B - EAST WALL]

6. DISKUSSION

Die wesentlichen Mängel der ursprüglichen Feldtests (1988) wurden teilweise behoben durch Anwendung der oben beschriebenen Methode der Spaltenbildung. Alle 19 ausgegrabenen Spalten waren mit Sandproppant gefüllt, und ihre maximale Dicke war im Durchschnitt 11,2 mm. Die Methode der Spaltenbildung scheint deshalb ein verläßliches Verfahren für die Bildung von durchlässigen Schichten im Unterboden zu sein, zumindest unter den in diesen Tests gegebenen Feldbedingungen.

Die in den Tests im Jahr 1988 gebildeten Spalten stiegen leicht in Richtung zur Bodenoberfläche an, wo sie ausmündeten, während die in den Tests im Jahr 1989 gebildeten Spalten grundsätzlich horizontal verliefen und normalerweise nich nach außen mündeten. Mindestens drei Grundzüge des 1989 angewendeten Verfahrens zur Spaltenbildung könnten die

Neigung der hydraulischen Spalten zur Ausmündung unterdrückt haben:
1. <u>Die Pumpenförderung wurde vermindert</u> - von 75 bis 420 l/min (1988) auf 20 l/min (1989).
2. <u>Die Dichte der Injektionsflüssigkeit wurde erhöht</u> durch erhöhten Sandgehalt - 0,09 bis 0,18 in den Tests 1988, bis zu 0,52 in den Tests 1989. Die Dichteerhöhung reduziert die Auftriebseffekte.
3. <u>Der Radius der Schlitze wurde vergrößert.</u> 1988 gingen vertikale Spalten von den Bohrlöchern aus, aber die größeren Schlitze bei den Tests 1989 verursachten die Ausbildung von horizontalen Spalten.

Die Mixer und Pumpen, die wesentlichen Teile der Spaltenbildungsausrüstung auf der Oberfläche, wurden von einer Firma für geotechnische Geräte gemietet, die sie zum Einspritzen von Mörtel entwickelt hatte. Ähnliche Geräte sollten nahezu überall erhältlich und für die meisten Umweltingenieure verfügbar sein. Obwohl mit diesen Geräten proppantgefüllte Spalten ohne Fehlschläge erzeugt werden konnten, sind sie doch durchaus nicht ideal. Die Mixer und Pumpen waren nicht leistungsfähig genug für diese Arbeiten, und der Anker und Stator wurden stark abgenutzt und mußten am Ende der Tests ersetzt werden. Das Vermischen von Sand und Gel in einem dauernden Chargenbetriebssystem verursachte viel Arbeit und war ermüdend. Geringfügige Abänderungern der Pumpe und des Mixers sollten eine Leistungsverbesserung bei Arbeiten im Feld ermöglichen.

Die Geräte für die Arbeiten unter der Oberfläche arbeiteten zufriedenstellend und erleichterten die Bildung von mehrfachen, von einem einzigen Bohrloch ausgehenden Spalten in der Grundmoräne. Bis zu vier in Abständen von 30 cm übereinanderliegende Spalten wurden erzeugt, ohne Überschneidung zwischen benachbarten Spalten. Wenn Spalten in Abständen von 15 cm erzeugt wurden, breitete sich die untere Spalte gewöhnlich nach oben aus und schnitt sich mit der oberen Spalte in einigen Meter Abstand vom Bohrloch. Eine Spaltenbildung in Abständen von 7 cm wurde versucht; die untere Spalte schnitt sich mit der oberen in einigen dm Abstand vom Bohrloch.

Es ist seit langem bekannt, daß die Ausrichtung von hydraulischen Spalten weitgehend vom Spannungszustand des Geländes abhängt, wobei die Ebene der Spalten senkrecht zur Richtung der geringsten hauptsächlichen Verdichtung liegt. Diese Richtung ist in seichtem Muttergestein und übermäßig verdichtetem Boden vertikal; das erklärt die horizontale Ausrichtung der Spalten in ELDA-Gelände. Die Ausrichtung von hydraulischen Spalten in anderem Gelände, wie etwa Gelände mit einer Unterschicht aus normal verdichtetem Boden oder Füllmaterial, wo die Richtung der geringsten hauptsächlichen Verdichtung wahrscheinlich anders als vertikal ist, könnte sich wesentlich von der Ausrichtung der hier beschriebenen Spalten unterscheiden.

Die Ergebnisse dieser Untersuchung zeigen, daß es möglich ist, mehrfache, sandgefüllte hydraulische Spalten in Moränenmaterial zu erzeugen. Die Spalten erhöhen die stationäre Einströmungsrate in ein Bohrloch um maximal nahezu eine Größenordnung. Ähnliche Ergebnisse in einem schadstoffbelasteten Gelände aus Grundmoränenmaterial könnten bei Sanierungsarbeiten eine wesentliche Verbesserung ermöglichen.

## 7. DANKSAGUNG

Wir danken für die Unterstützung und Ermutigung durch Herb Pahren, Mike Roulier und Don Sanning von der USEPA. Die Felduntersuchung wurde durch John Stark und die Verwaltung der ELDA-Deponie erleichtert, die uns erlaubten, ihr Grundstück zu benutzen. Die Hilfeleistung durch unsere Kollegen in der Center Hill Research Facility, besonders durch Elizabeth Spencer, war von unschätzbarem Wert.

## 8. HAFTUNGSAUSSCHLUSS

Obwohl die in dieser Abhandlung beschriebenen Arbeiten ganz oder teilweise durch den Vertrag #68-03-3379-08 zwischen der Umweltschutzagentur der Vereinigten Staaten und der Universität Cincinnati finanziert wurden, wurden sie nicht von der Agentur beaufsichtigt; sie entsprechen deshalb nicht unbedingt den Ansichten der Agentur, und es sollten keine Annahmen hinsichtlich einer offiziellen Billigung gemacht werden.

## 9. BIBLIOGRAPHIE

1) Elrich, D.E., Reynolds, W.D. und Tan, K.A.; 1988. A new analysis of the constant head well permeameter technique. Proceedings of the Conference on Validation of Flow and Transport Models for the Unsaturated Zone, New Mexico, 23.-26. Mai 1988.
2) Murdoch, L.C.; 1990. A field test of hydraulic fracturing in glacial till. EPA/600/9-90/006, Proceedings of the USEPA 15th Annual Research Symposium, Cincinnati, Ohio, S. 164-174.
3) Murdoch, L.C., Losonsky, G., Cluxton, P., Patterson, B., Klich, I., Braswell, B. 1990. The fasibility of hydraulically fracturing soil to improve remedial actions. Final Report USEPA contract #68-03-3379-08 (in Bearbeitung).

# DEPONIEGASVERWERTUNG MIT MEMBRANEN
# ERSTE BETRIEBSERFAHRUNGEN EINER PILOTANLAGE

R. Rautenbach, K. Welsch
Institut für Verfahrenstechnik
Rheinisch–Westfälische Technische Hochschule Aachen
D – 5100 Aachen

## 1. EINLEITUNG

Die Nutzung von Deponiegas als Energieträger wird für Deponiebetreiber aus wirtschaftlichen und ökologischen Aspekten zunehmend interessant. Neben der Verwertung des beträchtlichen Energiepotentials sind zukünftig auch im Deponiegas enthaltene Spurenschadstoffe ($H_2S$, FCKW) zu berücksichtigen. Entsprechend dieser Zielsetzung wurde im Rahmen eines BMFT – Projektes eine Pilotanlage auf der Mülldeponie Neuß errichtet, in der Deponiegas in einem zweistufigen Verfahren mittels Membranen zu Erdgas aufbereitet wird. Im folgenden wird über das Konzept und erste Betriebserfahrungen berichtet.

## 2. VERFAHRENSSCHEMA

Bei der Entwicklung des Verfahrenskonzeptes wurde eine umweltgerechte Entsorgung mit einer ökonomisch sinnvollen Nutzung des Deponiegases kombiniert. Das Verfahrensschema der Anlage ist in **Bild 1** dargestellt.

Zentrale Einheit des Verfahrens ist die Membranstufe, in der die Abtrennung des Kohlendioxids aus dem Biogas erfolgt, so daß im Produkt Methan in hoher Reinheit vorliegt. Zur Abtrennung der in Spuren vorliegenden Schadstoffe ist der Membranstufe eine Gasvorbehandlung vorgeschaltet. In einem zweistufigen Adsorptionsverfahren werden hier Spurenkomponenten wie Schwefel- und chlorierte Kohlenwasserstoffe bis auf geringe Restgehalte entfernt. Die Anlage verlassen ein Produktstrom, dessen brenntechnische Daten denen von Erdgas entsprechen sowie ein Nebenprodukt, das z.B. zur örtlichen Wärmeerzeugung genutzt werden kann.

Darüber hinaus sind selbstverständlich die aufkonzentrierten Schadstoffe (elementarer Schwefel auf Aktivkoks in der 1. Adsorptionsstufe, wäßriges FCKW–Konzentrat in der 2. Adsorptionsstufe) zu entsorgen, bzw. einer Wiederaufbereitung zuzuführen.

## 3. BETRIEBSERFAHRUNGEN

Seit Beginn des Jahres 1990 befindet sich die Pilotanlage im Dauerbetrieb. Dabei hat sich insbesondere die Membrananlage, jedoch auch die zweistufige Adsorption als einfach, zuverlässig und wartungsfreundlich erwiesen. Ein typisches Trennergebnis der Gesamtanlage ist in **Tab. 1** dargestellt.

|  | $X_{CH_4}$ (Vol.–%) | $X_{CO_2}$ (Vol.–%) | $\rho_{H_2S}(\frac{mg}{m^3})$ | $\rho_{FCKW}(\frac{mg}{m^3})$ | Kapazität ($\frac{m^3_N}{h}$) |
|---|---|---|---|---|---|
| Deponiegas | 60 | 40 | 40 | 50 | 200 |
| Produkt | 92 | 8 | < 1 | < 5 | 120 |
| Co–Produkt | 12 | 88 | < 1 | < 5 | 80 |

Tab. 1: Typische Leistungsdaten des Verfahrens

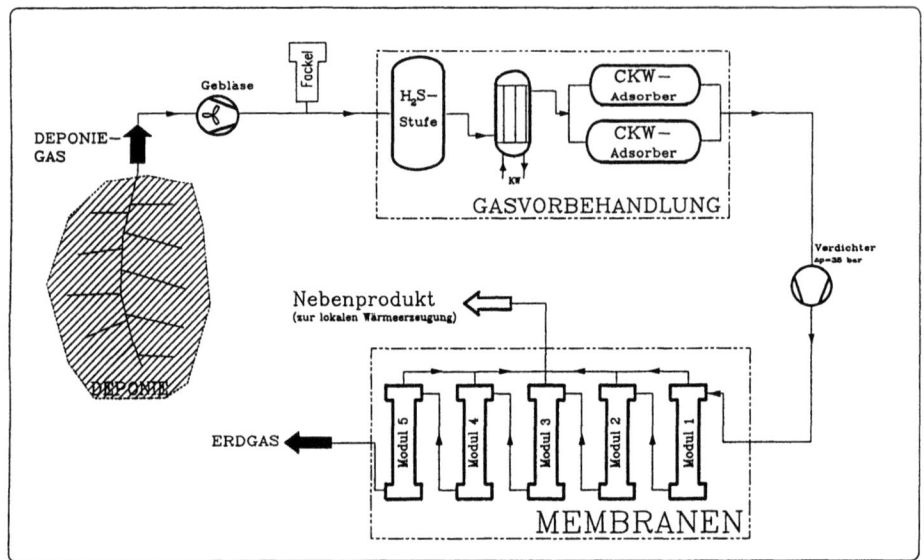

**Bild 1: Verfahrensschema der Deponiegasnutzung mit Membranen**

Der Prozeß ist in der Lage, etwa 90 % des mit dem Deponiegas gelieferten Energiepotentials in Form von Erdgas bereitzustellen. Bei der Reinigung des Gases wird für $H_2S$ die Nachweisgrenze erreicht, für die FCKW's können derzeit Grenzwerte von 5 mg/m$^3$ Gesamtchlor erreicht werden. Neben der Wartungsfreundlichkeit sind insbesondere die leichte Regelbarkeit bezüglich Rohgasschwankungen als vorteilhaft hervorzuheben. Weiterhin zeigen Wirtschaftlichkeitsrechnungen, daß das hier vorgestellte Verfahreskonzept eine reizvolle Alternative zu konventionellen Verfahren darstellt.

# UNTERSUCHUNGEN ZUR CHEMISCH/PHYSIKALISCHEN BEHANDLUNG DES SICKERWASSERS EINER SONDERMÜLLDEPONIE

C. Först, L. Stieglitz, Kernforschungszentrum Karlsruhe GmbH, IHCH, P.O.Box 36 40, D-7500 Karlsruhe 1, F.R.G.
H. Barth, SMB, Welfenstr. 15, D-7012 Fellbach-Schmiden, F.R.G.

## ZUSAMMENFASSUNG

Im Rahmen eines vierstufigen Verfahrenskonzeptes, bestehend aus a) Ölabscheidung, b) Flockung/Fällung, c) Destillation, d) Adsorption an Aktivkohle wurden die Entsorgungsschritte a) und b) hinsichtlich ihrer Anwendbarkeit und Effizienz auf das hochbelastete Sickerwasser einer Sondermülldeponie untersucht.

Als Summenparameter für die organische Belastung wurden AOX, POX, DOC, $BSB_5$, CSB, Phenolindex und unpolare Kohlenwasserstoffe bestimmt.

Als Einzelkomponenten wurden die leichtflüchtigen chlorierten Kohlenwasserstoffe, Benzol und Alkylbenzole, Chlorbenzole, Chlorphenole und alle Hexachlorcyclohexan-Isomere bestimmt.

Die Identifizierung erfolgte dabei über Headspace-Gaschromatographie/Massenspektrometrie, die Quantifizierung über Headspace-Gaschromatographie durch Dotierung der Proben mit den entsprechenden Referenzsubstanzen.

Die Verminderung des AOX nach Behandlungsschritten a) und b) wird diskutiert und mit der Reduktion der Chlorkohlenwasserstoffe korreliert.

## EINLEITUNG

Die Behandlung von Deponiesickerwässern hat mit der Verschärfung von Einleitergrenzwerten infolge der Novellierung des Wasserhaushaltsgesetzes und der Abwasserherkunftsverordnung zunehmend an Bedeutung gewonnen (1-3). Damit sind, vor allem für hochkontaminierte Sondermülldeponiesickerwässer die Anforderungen sowohl an die Behandlung, als auch an die Analytik gestiegen.

Ein Überblick über die bis jetzt bestehenden Verfahren wurde beschrieben, der die Vielzahl der Behandlungsmethoden und die Entsorgungsproblematik verdeutlicht (4). Ebenso wurde auf die Notwendigkeit von Einzelkomponentenanalysen hinsichtlich der Entwicklung und Optimierung geeigneter Behandlungsmethoden hingewiesen (5,6). Es gibt Veröffentlichungen, die sowohl Einzelkomponenten als auch Summenparameter berücksichtigen (7,8), dabei wurden aber nur einige Schadstoffe bestimmt.

In dieser Arbeit wurden mehr als 50 organische Schadstoffe im Sickerwasser einer Sondermülldeponie vor der Behandlung, nach Ölabscheidung, und nach Flockung/Fällung bestimmt. Als Summenparameter wurden AOX, POX, DOC, $BSB_5$, CSB, Phenolindex und Kohlenwasserstoffe gemessen.

## EXPERIMENTELLER TEIL
### Materialien
Leichtflüchtige Chlorkohlenwasserstoffe, Benzol und Alkylbenzole wurden von FLUKA (Neu-Ulm) bezogen, außer Propylbenzol und 1,2,3,4-Tetramethylbenzol (VENTRON; Karlsruhe). Chlorbenzole und Chlorphenole waren von AMCHRO (Sulzbach/Taunus), HCH-Isomere von RIEDEL-DE-HAEN (Stuttgart). Alle Lösungsmittel (nanograde) waren vom PROMOCHEM (Wesel), Sedipur TF2-TR von BASF (Ludwigshafen), Eisenchloridhexahydrat und Eisensulfatheptahydrat von MERCK (Darmstadt).

Proben: Für die Durchführung der Behandlungsstufen wurden 100 liter Sickerwasser einer Sondermülldeponie eingesetzt. Zusätzlich wurden 4 liter-Proben für die Analyse im unbehandelten Sickerwasser genommen.

Standardlösungen: Für die Quantifizierung der organischen Schadstoffe wurden methanolische Stammlösungen hergestellt, die die folgenden Referenzsubstanzen enthielten:

1.) Leichtflüchtige Chlorkohlenwasserstoffe und alkylierte Benzole
Zwei Methanol-Stammlösungen wurden hergestellt: eine Standardlösung mit allen aliphatischen Chlorkohlenwasserstoffen (s. Tabelle I) in Konzentrationen von 2% (Tetrachlorethen 4%), die andere mit Benzol und Alkylbenzolen (s. Tabelle II) in Konzentrationen von 1 %. Die Stammlösungen wurden mit Methanol im Verhältnis 1:10, 1:20 und 1:100 verdünnt.

2.) Chlorbenzole
Die methanolischen Stammlösungen enthielten Chlorbenzol (0.65 mg/ml), alle Dichlorbenzole (0.5-1 mg/ml), 1,2,3- und 1,2,4-Trichlorbenzol (0.3 mg/ml; 1.2 mg/ml), 1,3,5-Trichlorbenzol und alle Tetrachlorbenzole (10-13 µg/ml), Pentachlorbenzol (5 µg/ml) und Hexachlorbenzol (2.5 µg/ml). Die Lösung wurde 1:10 und 1:100 verdünnt.

3.) Chlorphenole
Zur Quantifizierung der Chlorphenole wurden drei Standardmischungen hergestellt: Mischung 1 mit 2,4- und 2,5-Dichlorphenol (0.4-0.8 mg/ml), Mischung 2 mit 2,6- und 3,5-Dichlorphenol (0.92 mg/ml; 0.45 mg/ml) und Mischung 3 mit 3.4-Dichlorphenol (3.6 mg/ml), 2,4,5-und 2,4,6-Trichlorphenol (40-50 µg/ml).

4.) HCH-Isomere
Die HCH-Isomere wurden über eine Standardmischung, die $\alpha$-, $\gamma$- und $\delta$-HCH in Konzentrationen von 70-85 µg/ml enthielt quantifiziert.

Analytisches Verfahren. Die Probenvorbehandlung zur Headspace-Analyse leichtflüchtiger Chlorkohlenwasserstoffe und alkylierter Benzole wurde bereits in früheren Arbeiten beschrieben (9,10). Analog dazu wurde die Probenvorbereitung zur Analyse der Chlorbenzole, Chlorphenole und HCH-Isomere durchgeführt. Die Anwendbarkeit der Headspace-Analyse zur Bestimmung von Chlorphenolen, Chlorbenzolen und HCH-Isomeren wurde zuvor detailliert untersucht (11).
Headspace GC/MS-und GC-Analyse. Die Headspace GC-Analyse wurden an einem Quadrupol Finnigan Mod. 4500 Quadrupol Massenspektrometer und einem Incos- Datensystem durchgeführt, die Headspace GC-Analysen an einem Carlo Eba Mod. 4160 Fractovap GC mit FID/ECD (Tandemdetektion).
Die GC- Bedingungen waren: 60 m DB5 Fused Silica Kapillarsäule (0.32 mm I.D.), Träger-gas Helium (2 ml/min), Ofentemperatur 8°C, 10 min, dann programmiert mit 5°C/min bis 250°C. Probenvolumen 100 ul, splitlose Injektion bei Kryofokussierung der Säule mit flüssigem Stickstoff.
Summenparameter. Die Analysen von AOX, POX, DOC, CSB, $BSB_5$, Phenolindex und Kohlenwasserstoffen wurden nach den jeweiligen DIN-Normen (12-17) durchgeführt.
Behandlung des Sickerwassers.
1. Ölabscheidung
Die Eliminierung des Sickerwasseröls (42 mg/l in der unbehandelten Probe) wurden innerhalb einer vierwöchigen Lagerung der 100 l- Probe durch Flotation der Ölphase erreicht. Die Wasserphase wurde in einen anderen Behälter überführt, und eine 4 liter- Probe zur Analyse entnommen (Spalte II in Tabellen I-V). Nach vollständiger Ölabtrennung (2 Wochen) wurde die Wasserphase erneut überführt und analysiert (Spalte III, Tabellen I-V).
2. Flockung/Fällung
Die Flockung/Fällung der 80 l- Probe wurde durch Oxidation des $Fe^{2+}$ (im Sickerwasser in einer Konzentration von 240 mg/l vorhanden) mit 3 % $H_2O_2$, und unter Zugabe von $FeCl_3$-Lösung (mit 8 % $Fe^{3+}$), Zugabe von 50 % NaOH (2,6 Liter) und Zugabe von Sedipur TF2-TR als Flockungshilfsmittel durchgeführt.

ERGEBNISSE UND DISKUSSION
In Tabelle I bis V sind die Konzentrationen der leichtflüchtigen Chlorkohlenwasserstoffe (Tabelle I), der Alkylbenzole (Tabelle II), der Chlorbenzole (Tabelle III), der Chlorphenole (Tabelle IV) und der HCH-Isomere (Tabelle V) im unbehandelten Sickerwasser, im Sickerwasser nach Ölabscheidung und nach Flockung/Fällung aufgelistet. Die Konzentrationen ($\mu g/l$) stellen Mittelwerte von Dreifachmessungen mit Standardabweichungen <15 % dar. Die in Spalte II und III angeführten Werte beziehen sich auf die zweistufige Ölabscheidung, wie oben beschrieben.
Die Konzentrationen der Hauptkomponenten aller Substanzklassen liegen im unbehandelten Sickerwasser in ppm-Bereichen mit maximalen Werten für 2,4-/2,5-Dichlorphenol (150 ppm). Nach vollständiger Ölabtrennung (Spalte III in Tabellen I bis V) wird eine 50 %ige Reduktion von

Dichlormethan festgestellt. Trichlorethen und Tetrachlorethen werden zu mehr als 90 % eliminiert. Dasselbe gilt für die Alkylbenzole, Chlorbenzole und HCH-Isomeren, wohingegen 2,4/2,5-Dichlorphenol noch immer mit 56 ppm im Sickerwasser vorhanden sind.

Hinsichtlich des Behandlungsschrittes Flockung/Fällung wurden über 80 Vorversuche mit 300 ml-Proben des Sickerwassers nach Ölabscheidung durchgeführt. Dabei wurden folgende Parameter variiert und optimiert: Zugabe von $H_2O_2$, von $Fe^{2+}$- und $Fe^{3+}$-Lösungen, NaOH-Zugabe, Wahl und Menge des Flockungshilfsmittels. Ziel war, die Eisen- und Calcium-Konzentrationen zu minimieren, sowie eine vollständig geklärte Lösung zu erreichen. Die Experimente zeigten sowohl die Notwendigkeit einer Oxidation des im Sickerwasser bei pH 6.5 enthaltenen $Fe^{2+}$ mit $H_2O_2$, als auch die Notwendigkeit einer $Fe^{3+}$-Zugabe. Die besten Ergebnisse wurden bei End-pH-Werten > 8,5 erzielt.

Nach Flockung/Fällung kann von den leichtflüchtigen organischen Schadstoffen nur noch Dichlormethan in ppm-Bereichen nachgewiesen werden. Die Elimination der übrigen Komponenten in der Substanzklasse der leichflüchtigen Chlorkohlenwasserstoffe sowie die der Substanzklassen Alkylbenzole, Chlorbenzole und HCH-Isomere beträgt 95 bis 100 %. In der Gruppe der Chlorphenole werden 2,4- und 2,5-Dichlorphenol immer noch in Konzentrationen von 29 ppm nachgewiesen, was einer Elimination von 82 % entspricht.

Tabelle I:
Konzentrationen ($\mu$g/l) leichtflüchtiger chlorierter Kohlenwasserstoffe im unbehandelten Sickerwasser (I), in Sickerwasser nach Ölabtrennung (II, III) und nach Flockung/Fällung (IV)

| Substanz | I | II | III | IV | % Eliminierung |
|---|---|---|---|---|---|
| 1.1-Dichlorethen | 123 | 109 | n.n. | n.n. | 100 |
| Dichlormethan | 8776 | 7700 | 4760 | 2114 | 75.9 |
| trans-1.2-Dichlorethen | n.n. | n.n. | n.n. | n.n. | 100 |
| cis-1.2-Dichlorethen | 520 | 280 | 143 | 6.0 | 98.9 |
| Chloroform | 168 | 84 | n.n. | n.n. | 100 |
| 1.1.1-Trichlorethan | 36 | n.n. | n.n. | n.n. | 100 |
| 1.2 Dichlorethan | 79 | 43 | n.n. | n.n. | 100 |
| Trichlorethen | 2740 | 790 | 92 | n.n. | 100 |
| Tetrachlorethen | 5050 | 500 | 15 | 2.0 | 99.9 |

n.n. = nicht nachweisbar

Tabelle II:
Konzentrationen (μg/l) von Benzol und Alkylbenzolen im unbehandelten Sickerwasser (I), in Sickerwasser nach Ölabtrennung (II, III) und nach Flockung/Fällung (IV)

| Substanz | I | II | III | IV | % Eliminierung |
|---|---|---|---|---|---|
| Benzol | 1050 | 568 | 326 | 37 | 96.5 |
| Toluol | 13660 | 1510 | 518 | 40 | 99.7 |
| Ethylbenzol | 3450 | 273 | 33 | 1 | 99.9 |
| m-/p-Xylol | 9680 | 1215 | 127 | 2 | 99.9 |
| o-Xylol | 2830 | 231 | 20 | 5 | 99.8 |
| Propylbenzol | 545 | 31 | n.n. | n.n. | 100 |
| 1.3.5-Trimethylbenzol | 1620 | 65 | n.n. | n.n. | 100 |
| 1.2.4-Trimethylbenzol | 4360 | 213 | 15 | n.n. | 100 |
| 1.2.3-Trimethylbenzol | 1565 | 68 | n.n. | n.n. | 100 |
| 1.2.4.5-Tetramethylbenzol | 334 | n.n. | n.n. | n.n. | 100 |
| 1.2.3.5-Tetramethylbenzol | 467 | 28 | n.n. | n.n. | 100 |
| 1.2.3.4-Tetramethylbenzol | 328 | n.n. | n.n. | n.n. | 100 |

Tabelle III:
Konzentrationen (μg/l) von Chlorbenzolen im unbehandelten Sickerwasser (I), in Sickerwasser nach Ölabtrennung (II, III) und nach Flockung/Fällung (IV)

| Substanz | I | II | III | IV | % Eliminierung |
|---|---|---|---|---|---|
| Chlorbenzol | 868 | 360 | 52 | n.n. | 100 |
| m-Dichlorbenzol | 825 | 170 | 73 | 8.0 | 99.9 |
| p-Dichlorbenzol | 909 | 150 | 7 | n.n. | 100 |
| o-Dichlorbenzol | 1586 | 466 | 37 | n.n. | 100 |
| 1.3.5-Trichlorbenzol | 21 | 3.2 | n.n. | n.n. | 100 |
| 1.2.4-Trichlorbenzol | 2030 | 640 | 71 | 16 | 99.2 |
| 1.2.3-Trichlorbenzol | 285 | 35 | 4 | 1.5 | 99.4 |
| 1.2.4.5-/1.2.3.5-Tetrachlorbenzol | 61 | n.n. | n.n. | n.n. | 100 |
| 1.2.3.4-Tetrachlorbenzol | 29 | 2.4 | n.n. | n.n. | 100 |
| Pentachlorbenzol | 73 | 2.5 | n.n. | n.n. | 100 |
| Hexachlorbenzol | n.n. | n.n. | n.n. | n.n. | 100 |

n.n. = nicht nachweisbar bei einer Nachweisgrenze von 0,05 ppb für Pentachlorbenzol bei Signal/Rausch-Verhältnis von 3:1

Tabelle IV:
Konzentrationen (µg/l) von Chlorphenolen im unbehandelten Sickerwasser (I), in Sickerwasser nach Ölabtrennung (II, III) und nach Flockung/Fällung (IV)

| Substanz | I | II | III | IV | % Eliminierung |
|---|---|---|---|---|---|
| 2.4/2.5-Dichlorphenol | 156726 | 97233 | 56767 | 29400 | 81.2 |
| 2.3-Dichlorphenol | n.n. | n.n. | n.n. | n.n. | n.n. |
| 2.6-Dichlorphenol | 2493 | 1017 | 328 | 241 | 90.4 |
| 3.5-Dichlorphenol | 2796 | 323 | 203 | 51 | 98.2 |
| 3.4-Dichlorphenol | 10977 | 7936 | 1380 | 188 | 98.3 |
| 2.4.6-Trichlorphenol | 136 | 4.2 | n.n. | n.n. | 100 |
| 2.4.5-Trichlorphenol | 94 | 1.7 | n.n. | n.n. | 100 |
| 2.3.4-Trichlorphenol | n.n. | n.n. | n.n. | n.n. | n.n. |
| 2.3.4.5-Tetrachlorphenol | n.n. | n.n. | n.n. | n.n. | n.n. |
| 2.3.4.6-/2.3.5.6 Tetrachlorphenol | n.n. | n.n. | n.n. | n.n. | n.n. |
| Pentachlorphenol | n.n. | n.n. | n.n. | n.n. | n.n. |

n.n. = nicht nachweisbar bei einer Nachweisgrenze von 0,51 ppb für 2.4.5-Trichlorphenol bei Signal/Rausch-Verhältnis von 3:1

Tabelle V:
Konzentrationen (µg/l) an HCH-Isomeren im unbehandelten Sickerwasser (I), in Sickerwasser nach Ölabtrennung (II, III) und nach Flockung/Fällung

| Substanz | I | II | III | IV | % Eliminierung |
|---|---|---|---|---|---|
| $\alpha$-HCH | 1645 | 34.7 | 19.0 | 17.1 | 99.0 |
| $\beta$-HCH | n.n. | n.n. | n.n. | n.n. | — |
| $\gamma$-HCH | 3570 | 40.5 | 27.2 | n.n. | 100 |
| $\delta$-HCH | 7584 | 29.0 | 26.4 | n.n. | 100 |

n.n. = nicht nachweisbar

Tabelle VI zeigt die Konzentrationen (mg/l) von $BSB_5$, CSB, DOC und die Konzentrationen an Eisen und Calcium im unbehandelten Sickerwasser, im Sickerwasser nach Ölabtrennung und nach Flockung/Fällung. Die Konzentrationen nehmen während der Ölabtrennung bei Eliminierungsraten von 10 % nicht signifikant ab. Nach der Flockung/Fällung wird für den organischen Kohlenstoffgehalt eine Eliminierung > 50 % festgestellt, Eisen und Calcium werden zu 90 und 70 % abgetrennt.

Tabelle VII zeigt die Konzentrationen von AOX, POX, Phenolindex und den Gehalt an unpolaren Kohlenwasserstoffen. Wie bereits für die chlorierten Einzelkomponenten festgestellt, wird durch die Ölabtrennung eine signifikante Abnahme des AOX und POX erreicht. Der Phenolindex wird nicht so signifikant erniedrigt. Dies kann übereinstimmend mit den Konzentrationen an Chlorphenolen festgestellt werden.

Tabelle VI: Konzentrationen (mg/l) von $BSB_5$, CSB, DOC, Eisen und Calcium im unbehandelten Sickerwasser (I), in Sickerwasser nach Ölabtrennung (II, III) und nach Flockung/Fällung (IV)

| Substanz | I | II,III | IV | % Eliminierung |
|---|---|---|---|---|
| $BSB_5$ | 8830 | 7860 | 5700 | 35.5 |
| CSB | 20900 | 19100 | 25800 | 24.5 |
| DOC | 5580 | 5120 | 2301 | 58.8 |
| Fe | 260 | 160 | 9.1 | 96.6 |
| Ca | 693 | 689 | 190 | 72.6 |

$BSB_5$ = Biochemischer Sauerstoffbedarf nach 5 Tagen
CSB = Chemischer Sauerstoffbedarf
DOC = Dissolved Organic Carbon

Tabelle VII: Konzentrationen (mg/l) von AOX, POX, Phenolindex und Kohlenwasserstoffen im unbehandelten Sickerwasser (I), im Sickerwasser nach Ölabtrennung (II, III) und nach Flockung/Fällung (IV)

| Substanz | I | II | III | IV | % Eliminierung |
|---|---|---|---|---|---|
| AOX | 150 | 67 | 47 | 44 | 71.0 |
| POX | 35 | 7.9 | 5.8 | 0.9 | 97.4 |
| Phenolindex | 123 | 99 | 76 | 74 | 39.9 |
| Kohlenwasserstoffe | 42 | <1 | <1 | — | >97.7 |

AOX = Adsorbable Organic Halogens
POX = Purgeable Organic Halogens

Zusammenfassend wird folgendes festgestellt:
1. Die Eliminierung des Sickerwasseröls spielt eine wichtige Rolle im Hinblick auf die Reduktion organischer Schadstoffe innerhalb aller untersuchten Substanzklassen, mit Ausnahme der Chlorphenole.

2. Durch die hier beschriebene Flockung/Fällung wird eine weitere Eliminierung bis in sub ppb-Bereiche für alle Komponenten mit Ausnahme von Dichlormethan und Chlorphenolen erreicht. Für die weitergehende AOX-Reduzierung in den nachfolgenden Behandlungsstufen können 2,4- und 2,5-Dichlorphenol als Leitsubstanzen betrachtet werden.

Wir danken für die Finanzierung vom Projekt Wasser-Abfall-Boden, Baden-Württemberg, im Rahmen des Sonderforschungsprojektes PWAB PD 89072.
Wir danken Dr. Gilbert, IRCH, Kerforschungszentrum Karlsruhe für die Durchführung der DOC-, $BSB_5$- und CSB-Messungen und Dr. Haug, IHCH, Kerforschungszentrum Karlsruhe, für die ICP-Messungen. Des weiteren danken wir Herrn Kares, Institut Dr. von Nagel, Mannheim, für die Analysen von AOX, POX, Phenolindex, Kohlenwasserstoffen, von Fe und $Cl^-$ und für nützliche Diskussionen.
Wir danken M. Heiler und S. Simon für wertvolle Hilfe bei der technischen Durchführung und bei allen anderen Analysen.

**LITERATUR**
(1) Bundesgesetzblatt, 1986, Teil 1, 1530
(2) Bundesgesetzblatt, 1986, Teil 1, 2619
(3) Bundesgesetzblatt, 1987, Teil 1, 1578
(4) K.-U. Rudolph, K.-E. Köppke, M. Gellert, A. Rudolph "Leistungs-und Kostenvergleich von Deponiesickerwasserreinigungsanlagen nach derzeitigem Stand der Technik" Hrsg. Bundesminister für Forschung und Technologie, Bonn Kernforschungszentrum Karlsruhe GmbH, 1988
(5) ATV-report (1986), Sickerwasser aus Industrie- u. Sonderabfalldeponien - Situationsschilderung, Korresp. Abwasser 33, 829-831
(6) ATV-report (1988), Die Zusammensetzung von Deponiesickerwässern, Müll Abfall 2, 67-71
(7) E. Thomanetz, W. Röder, (1988), Deponie 3 481-491 Hrsg: K.J. Thome-Kozmiensky
(8) B. Matthes (1988), Behandlung von Sonderabfällen 2, 602-625, Hrsg: K.J. Thome-Kozmiensky
(9) C. Först, L. Stieglitz, W. Roth, S. Kuhnmünch (1989), Quantitative analysis of volatile organic compounds in landfill leachates, Intern. J. Environ. Anal. Chem.37, 287-293
(10) C. Först, L. Stieglitz, W. Roth, S. Kuhnmünch (1989), Application of headspace analysis and AOX-measurement to leachate from hazardous waste landfills, Chemosphere 18, 1943-1954
(11) C. Först, L. Stieglitz, H. Simon, "Vom Wasser", demnächst veröffentlicht
(12) DIN 38409, Teil 14 (1985), 1-11, Beuth-Verlag, Berlin
(13) DIN 38409, Teil 3 (1983), 1-10, Beuth-Verlag, Berlin
(14) DIN 38409, Teil 41 (1980), 1-14, Beuth-Verlag, Berlin
(15) DIN 38409, Teil 51 (1987), 1-17, Beuth-Verlag, Berlin
(16) DIN 38409, Teil 16 (1984), 1-17, Beuth-Verlag, Berlin
(17) Din 38409, Teil 18 (1981), 1- 9, Beuth-Verlag, Berlin

# FLÜSSIGKEITSENTZUG AUS ALTLASTEN
Planung und Dimensionierung von Entnahmesystemen

## T. MESCHEDE, K. GÜNTHER

IGB Ingenieurbüro für Grundbau, Bodenmechanik und Umwelttechnik,
Dr.-Ing. Rappert, Dr.-Ing. Schwinn, Dr.-Ing. Günther, Dr.-Ing. Heil
Heinrich-Hertz-Str. 116, 2000 Hamburg 76

## 1. EINLEITUNG

Schadstoffhaltige Sickerflüssigkeiten sind häufig die Ursache für die Kontamination von Oberflächen- und Grundwasser in der Umgebung einer Altlast. Die Sanierung einer derartigen Altlast durch Einkapselung läßt sich wirkungsvoll durch die gezielte Entnahme der kontaminierten Flüssigkeiten aus dem Ablagerungskörper beschleunigen.

Die Sickerflüssigkeiten bestehen in der Regel zum überwiegenden Teil aus schadstoffhaltigem Wasser, häufig jedoch auch zu einem beträchtlichen Anteil aus Mineralöl, das mit toxischen organischen Substanzen angereichert ist.

Beim Entzug der nicht mischbaren Flüssigkeiten Wasser und Öl treten mehrphasige Strömungsvorgänge im Ablagerungskörper auf, die nach besonderen Bemessungsverfahren für die Entnahmesysteme verlangen. Aus Gründen des Arbeits- und Umweltschutzes sind darüber hinaus besondere konstruktive Anforderungen an die Entnahmesysteme zu stellen.

Im Rahmen eines vom Bundesminister für Forschung und Technologie sowie der Freien und Hansestadt Hamburg geförderten F+E-Vorhabens[*] wurden Bemessungsgrundlagen für Entnahmesysteme entwickelt. Ein Pilotversuch auf der Deponie Georgswerder dient der Überprüfung dieser Bemessungsgrundlagen und der Erprobung von Entnahmesystemen.

## 2. ALLGEMEINE GRUNDLAGEN

Die vorgenannten Entnahmesysteme in Altlasten ermöglichen die Förderung von

- kontaminiertem Wasser
- Öl sowie
- heterogenen Öl-Wasser-Gemengen.

Da die Entnahme von Wasser aus Porenleitern zum Stand der Technik gehört und ein Altlastkörper letztlich auch einen Porenleiter darstellt, sind für die Wasserentnahme keine neuen Bemessungsgrundlagen erforderlich, sofern bei der Planung der Entnahmesysteme besondere Randbedingungen, wie z.B. das Auftreten von Deponiegas

---

[*] Neue Verfahren und Methoden zur Sanierung von Altlasten am Beispiel der Deponie Georgswerder, Teilvorhaben 6.

und Schadstoffen im Förderstrom, beachtet werden. Hierdurch kann es erforderlich werden, in die Entnahmesysteme besondere Explosions- und Leckschutzeinrichtungen zu integrieren.

Im Gegensatz hierzu stellt die Entnahme von Öl- und heterogenen Öl-Wasser-Gemengen aus Altlasten ein in jeder Hinsicht komplexes Problem dar. Dies ist insbesondere auf die physikalischen Randbedingungen bei Mehrphasenströmungen von Öl und Wasser in Porenleitern zurückzuführen. Eine falsche Entnahmestrategie kann darüber hinaus - wie nachfolgend noch erläutert wird - zur Kontamination bisher unbelasteter Bereiche führen. Im Extremfall wird das in der Altlast konzentriert vorhandene Öl so in den Porenräumen verteilt, daß es hydraulisch nicht mehr förderbar ist. Weiter kann eine falsche Entnahmestrategie zur Folge haben, daß die Ölförderung wesentlich länger als notwendig dauert und der Wasseranteil im Förderstrom ansteigt. Bei steigendem Wasseranteil muß mit zunehmenden Kosten für die Reinigung und Behandlung der geförderten Deponieflüssigkeiten gerechnet werden.

Betrachtet man ein Entnahmesystem als Gesamtheit, so umfaßt es folgende Einzelelemente:

- Fassungsorgane (z.B. Brunnen und Dränagen)
- Förderaggregate (z.B. Pumpen, Skimmer)
- Transporteinrichtungen (Rohrleitungen, mobile Behälter)
- Behandlungsanlagen (mechanische Trenneinrichtungen, chemisch-physikalische und biologische Behandlungsstufen)
- Entsorgungseinrichtungen.

Unter Berücksichtigung vorgenannter Einzelelemente eines Entnahmesystems und um Fehler in der Entnahmestrategie zu vermeiden, sind für die Planung und Bemessung eines derartigen Systems insbesondere folgende Grundlagen zu erkunden:

o Die Lage und Ausdehnung verölter Zonen sind von primärer Bedeutung, um den Standort für das Entnahmesystem festzulgen, die konstruktive Ausbildung der Fassungsorgane der Tiefenlage und Dicke von Ölschichten anzupassen und eine Entnahmestragegie zu entwickeln.

o Neben den hydraulischen Eigenschaften des Altlastenkörpers sind die physikalischen und chemischen Kenndaten der zu fördernden, zu behandelnden und zu entsorgenden Medien in ausreichendem Umfang in Feld- und Laborversuchen zu bestimmen.

o Der zu erwartende maximale Öl- und Wasserförderstrom ist abzuschätzen, um die Einzelemente eines Entnahmesystem dimensionieren zu können.

o Die zeitliche Entwicklung des Öl- und Wasserförderstromes ist zu prognostizieren, um die erforderliche Betriebsdauer des Entnahmesystem beurteilen und den Prozentsatz der rückgewinnbaren Ölmengen abschätzen zu können.

## 3. ERKUNDUNG VON ÖLPHASEN IN ALTLASTEN

Im Normalfall sind Öle leichter als Wasser, so daß sie - unabhängig von der Art der Einbringung in die Altlast - auf einem Wasserspiegel aufschwimmen und sich dort horizontal ausbreiten, vgl. Abb. 1.

In Deponien sind in der Vergangenheit häufig ölige Flüssigabfälle in Becken

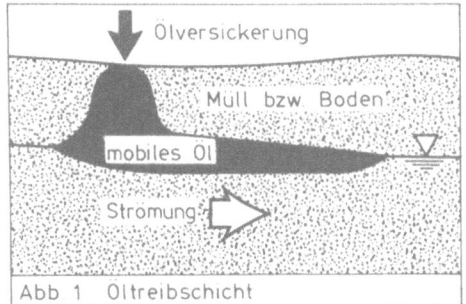
Abb 1 Öltreibschicht

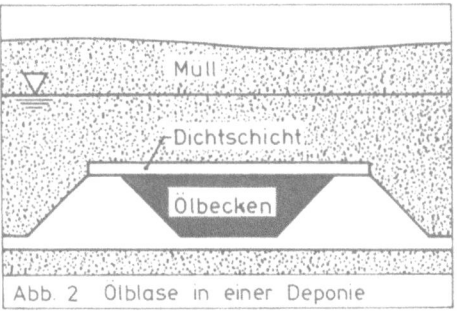
Abb. 2 Ölblase in einer Deponie

eingelagert worden, die später mit Feststoffen, wie z.B. Müll, aufgefüllt und anschließend mit bindigem Boden abgedeckt wurden. In solchen Fällen kann das Öl in Form einer Ölblase auch unterhalb des später angestiegenen Deponiewasserspiegels liegen, wenn die Abdeckschicht aus bindigem Boden infolge ihrer geringen Durchlässigkeit ein Aufschwimmen des Öls verhindert, vgl. Abb. 2 und 3. Da Ölbecken erfahrungsgemäß oft Undichtigkeitsstellen aufweisen, muß auch im näheren Umfeld von derartigen Becken mit Ölverunreinigungen im Untergrund gerechnet werden.

Die Lage und Ausdehnung der Ölzonen müssen bei der Planung eines Entnahmesystems bekannt sein. Insbesondere bei alten Deponien sind vorhandene Altunterlagen wie z.B. Luftbilder und Lagepläne von Flüssigkeitsbecken ein wertvolles Hilfsmittel bei der Ortung der Ölzonen.

Selbst der Einsatz modernster geophysikalischer Verfahren führt dagegen meist nicht zum Ziel. Wesentlich erfolgreicher können Beobachtungspegel eingesetzt werden, die es gleichzeitig auch ermöglichen, zuverlässige Informationen über die hydraulischen Eigenschaften des Altlastkörpers sowie die physikalischen und chemischen Kenndaten der zu fördernden Flüssigkeiten zu gewinnen. Hierzu sind die Öl- und Wasserstände sowie die Temperaturen der Flüssigkeiten in den Pegeln zu messen, Pumpversuche durchzuführen und Flüssigkeitsproben zu untersuchen.

Die Beobachtungspegel können entweder durch Ausbau konventioneller Bohrungen oder - bei großer Toxizität der im Untergrund enthaltenen Schadstoffe - ohne Materialentnahme aus der Altlast, z.B. durch geeignete Rammverfahren, hergestellt werden. Durch Herstellung mehrerer Pegel mit über die Höhe gestaffelten, relativ kurzen Filterstrecken an einem Standort kann die Tiefenlage einer Ölzone eingegrenzt werden. Hiebei ist die unterschiedliche Höhenlage und Dicke der Ölschicht im Pegel und in der Altlast zu beachten, vgl. Abb. 3.

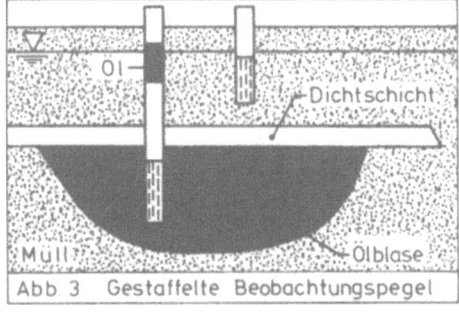
Abb. 3 Gestaffelte Beobachtungspegel

## 4. PHYSIKALISCHE GRUNDLAGEN MEHRPHASIGER STRÖMUNGEN

Grundlage für die Beschreibung von mehrphasigen Strömungen in Porenräumen ist das erweiterte Gesetz von DARCY. Der Durchlässigkeitsbeiwert kann für jedes Fluid (Flüssigkeiten und Gase) bestimmt werden und ist folgendermaßen definiert, Lit (2):

$$k_F = \frac{K \cdot d_F \cdot g}{\mu_F}$$

mit: $k_F$ = Durchlässigkeitsbeiwert für Fluid (m/s); K = Permeabilität (m²), von Porengeometrie abhängige Konstante, zur Unterscheidung gegenüber "Durchlässigkeit" als Permeabilität bezeichnet; $d_F$ = Fluiddichte (kg/m³); g = Erdbeschleunigung (m/s²), $\mu_F$ = dynamische Viskosität (Ns/m²).

Die Permeabilität eines Porenraumes für ein Fluid wird verringert, wenn ein anderes, mit dem ersten nicht mischbares Fluid hinzutritt und so den Querschnitt der für Strömungen des ersten Fluids zur Verfügung stehenden Kanäle einengt. Die gegenseitige Behinderung der Flüssigkeiten wird mit Hilfe der relativen Permeabilitäten ausgedrückt, die in % der Permeabilität bei einphasiger Strömung angegeben werden. Sie sind von dem Anteil der Fluidvolumina am Porenvolumen, d.h. von den Sättigungsgraden, abhängig, vgl. Abb. 4.

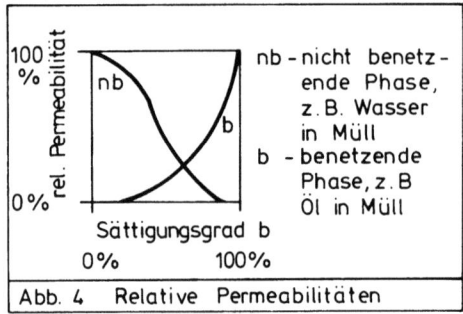

Abb. 4   Relative Permeabilitäten

Das erweiterte DARCY'sche Gesetz lautet somit für jedes einzelne Fluid:

$$v(x,y,z) = \frac{1}{\mu_F} k_R \cdot \mathbf{K} \cdot \text{grad } \phi$$

mit: v(x,y,z) = Filtergeschwindigkeit in x,y,z-Richtung (m/s); $k_R$ = relative Permeabilität (-); $\mathbf{K}$ = Permeabilitätstensor (m²); $\phi$ = p - $d_F \cdot g \cdot z$, p = Druck (kN/m²).

Abbildung 4 verdeutlicht, daß die relative Permeabilität eines Fluids gleich Null sein kann, obwohl das Fluid mit einem bestimmten, wenn auch niedrigen Sättigungsgrad in den Poren vorhanden ist. Dies bedeutet, daß sich das noch in den Poren befindliche Fluid hydraulisch nicht mehr fördern läßt. Man spricht deshalb vom Restsättigungsgrad des Fluids ($S_R$). Die Größe der Restsättigungsgrade hängt von den Oberflächenspannungen und Benetzungseigenschaften der Fluide ab. Fluide, die die Porenwände benetzen, d.h. an ihnen haften, besitzen in der Regel höhere Restsättigungsgrade als nichtbenetzende Fluide, die sich in den Porenmitten aufhalten. Richtwerte sind in der einschlägigen Literatur angegeben (z.B. Lit. (5)).

Für die Berechnung eines Öl-Wasser-Stroms in einem Porenleiter muß der Verlauf der Kurven in Abb. 4 für den konkreten Fall bekannt sein. Sofern der Porenleiter aus homogenen, feinkörnigen Böden besteht, läßt sich der Verlauf der beiden Kurven mittels Laborversuchen bestimmen. Bei inhomogenem, großporigen Material, wie z.B. Müll, ist dies im Hinblick auf das erforderliche große Probenvolumen mit wirtschaftlich vertretbaren Mitteln nicht mehr möglich. Der Kurvenverlauf läßt sich näherungsweise jedoch wie folgt bestimmen. Da die Schnittpunkte der beiden Kurven mit der Abszisse die Restsättigungsgrade der beiden Fluide darstellen, lassen sich diese durch sogenannte Abtropfversuche bestimmen. Nach Sättigung einer Materialprobe mit einem Fluid läßt man dieses unter Gravitationseinfluß aus der Probe ablaufen. Im Anschluß wird der Restsättigungsgrad des Fluids und damit der Abszissenschnittpunkt der entsprechenden Fluidkurve in Abb. 4 bestimmt. Die Kurvenform der relativen Permeabilität ist näherungsweise unabhängig von der Porengeometrie und kann deshalb mit Hilfe eines mathematischen Modells über mehrphasige Strömungen in einem Rohr ermittelt werden, vgl. Abb. 5.

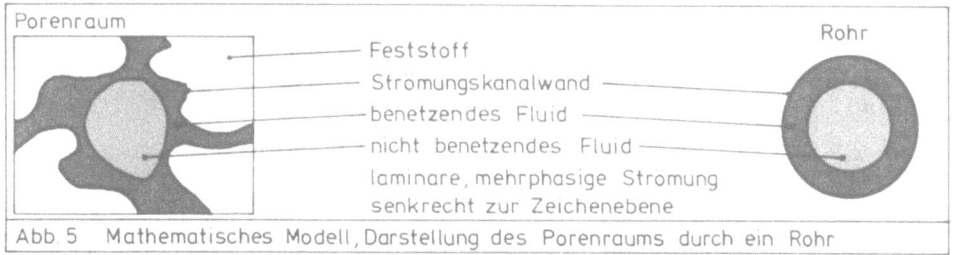

Abb. 5  Mathematisches Modell, Darstellung des Porenraums durch ein Rohr

Im Rahmen des genannten F+E-Vorhabens wurden auf vorbeschriebene Weise relative Permeabilitäten für Hausmüll ermittelt. Die mittleren Restsättigungsgrade, bezogen auf den für Strömungen effektiv zur Verfügung stehenden Porenraum, wurden anhand von repräsentativen, im Labor hergestellten Modellmüllproben gemessen und liegen bei etwa $S_{Röl}$ = 25 % und $S_{Rwasser}$ = 20 %.

## 5. BERECHNUNGSVERFAHREN

Für die Abschätzung des maximalen Öl-Wasserförderstroms sowie dessen zeitlicher Entwicklung mit Hilfe von Berechnungsverfahren sind neben den Gesetzen für mehrphasige Strömungen die geometrischen und hydraulischen Randbedingungen im Bereich der Öleinlagerung von Bedeutung. Die beiden grundsätzlichen Varianten von Öleinschlüssen in Altlasten (Öltreibschicht auf Wasserspiegel, Ölblase unter Wasserspiegel) sind in Abb. 1 und Abb. 2 skizziert. Im Rahmen des F+E-Projektes wurden vier Berechnungsverfahren entwickelt, die die Berücksichtigung der genannten Randbedingungen und der davon abhängigen Entnahmeverfahren zulassen, vgl. Abb. 6.1 bis Abb. 6.4.

Bei der Ölentnahme aus einer Ölblase unterhalb des Wasserspiegels ist anzustreben, den freiwerdenden Porenraum durch Wasser aufzufüllen. Dies läßt sich entweder durch seitlich aus dem Umfeld der Ölblase nachströmendes Wasser oder durch gezielte Wasserinjektion am Rand des Entnahmebereichs erreichen, vgl. Abb. 6.1 und Abb.7. Bei der dadurch eingeleiteten Verdrängung des Öls durch Wasser (Wasserfluten) treten mehrphasige Strömungsvorgänge auf. Das Wasser kann, da es im allgemeinen dünnflüssiger als Öl ist, schneller als das Öl fließen und dadurch Strömungskanäle freispülen, in denen es das Öl "überholt". Der Wasseranteil im Förderstrom nimmt deshalb bei abnehmendem Ölsättigungsgrad überproportional zu. Die genannten Vor-

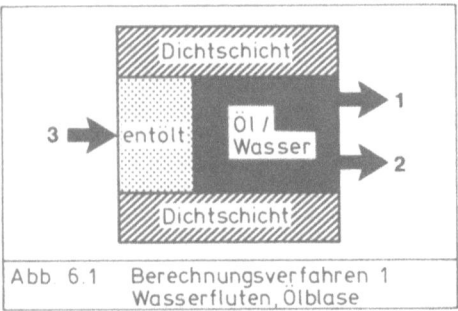

Abb. 6.1 Berechnungsverfahren 1
Wasserfluten, Ölblase

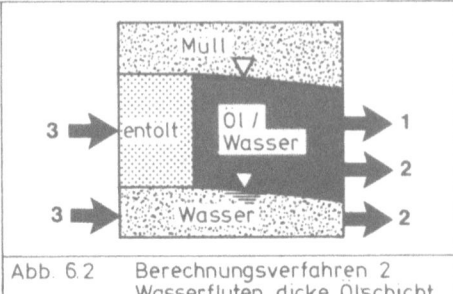

Abb. 6.2 Berechnungsverfahren 2
Wasserfluten, dicke Ölschicht

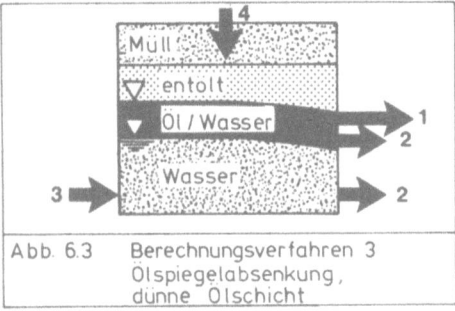

Abb. 6.3 Berechnungsverfahren 3
Ölspiegelabsenkung,
dünne Ölschicht

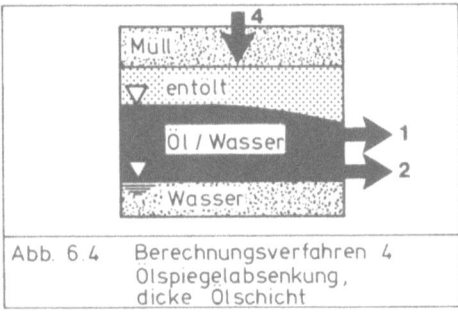

Abb. 6.4 Berechnungsverfahren 4
Ölspiegelabsenkung,
dicke Ölschicht

1 gefördertes Öl   2 gefördertes Wasser   3 Wassernachschub   4 Gas

gänge lassen sich mit dem Ansatz von BUCKLEY/LEVERETT beschreiben, der in der Erdölindustrie zur Berechnung mehrphasiger Strömungen Verwendung findet, vgl. Lit. (2). Dieser Ansatz bildet in modifizierter Form die Grundlage für das entwickelte Berechnungsverfahren 1, welches die in Abb. 6.1 gezeigten Randbedingungen ermöglicht. In Abb. 8 ist die prognostizierte Entwicklung des Ölförderstroms und der kumulativen Ölfördermengen für das konkrete Beispiel einer Ölblase aufgetragen.

Ist ein seitlicher Wassernachstrom bei der Ölentnahme in Folge der hydraulischen Randbedingungen wie im Falle des Ölbeckens in Abb. 7 nicht gegeben, so ist eine gezielte Injektion von Wasser an der Grenze des Einflußbereiches des Entnahmebrunnens erforderlich, um das durch die Ölentnahme freiwerdende Porenvolumen zu füllen. Im anderen Fall besteht die Gefahr, daß ein Wasserdurchbruch durch die Dichtschicht des Ölbeckens zum Entnahmebrunnen erfolgt. Die Folge wäre ein erheblicher Anstieg des Wasseranteils und ein drastischer Rückgang des Ölanteils im Förderstrom.

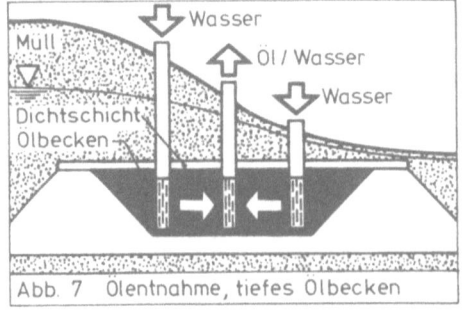

Abb. 7 Ölentnahme, tiefes Ölbecken

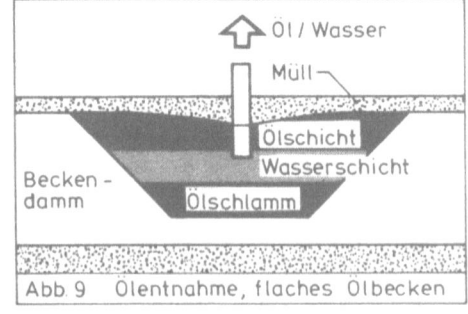

Abb. 9 Ölentnahme, flaches Ölbecken

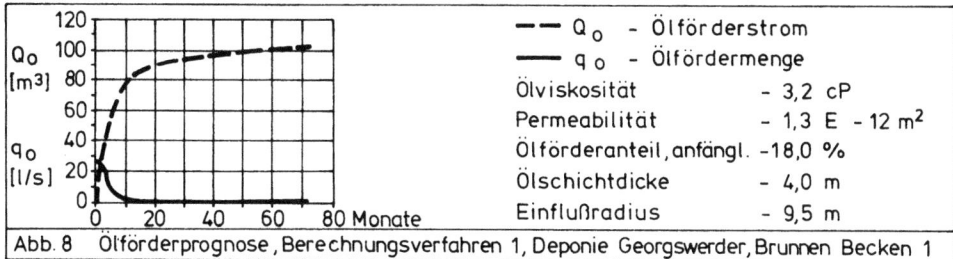

Abb. 8  Ölförderprognose, Berechnungsverfahren 1, Deponie Georgswerder, Brunnen Becken 1

Bei Ölschichten, die auf einem Wasserspiegel treiben, vgl. Abb. 1 und Abb. 9, können im Gegensatz zur vorbeschriebenen Ölentnahme unter einer überstauten Dichtschicht mehrere Entnahmeverfahren zur Anwendung kommen. So ist die vorbeschriebene Ölverdrängung durch Wasser bei dicker Öltreibschicht zwar grundsätzlich ebenfalls möglich, vgl. Abb. 6.2. Laborversuche und Modellberechnungen haben jedoch gezeigt, daß das Verfahren für die Praxis kaum geeignet ist. Wenn nicht hohe Anforderungen an die Überwachung und Regelung der Wasserspiegelabsenkung und des Wassernachschubs gestellt werden, besteht die Gefahr, daß die Öltreibschicht vom injizierten Wasser unterwandert und nicht verdrängt wird. Verzichtet man dagegen auf eine Wasserinjektion, so füllt sich der während der Ölförderung freiwerdende Porenraum mit Bodenluft bzw. Deponiegas. Hinsichtlich der Entnahmetechnik ist zwischen dünnen und dicken Öltreibschichten zu unterscheiden. Bei dünnen Öltreibschichten ist es notwendig, den Wasserspiegel unter der Ölschicht zur Erzielung eines hydraulischen Gefälles abzusenken. Bei dicken Öltreibschichten kann das erforderliche hydraulische Gefälle dagegen innerhalb der Ölschicht ohne Absenkung des Wasserspiegels erzeugt werden.

Vergleicht man bei der Entnahme dicker Öltreibschichten die hydraulischen Vorgänge entsprechend Berechnungsverfahren 2 (Wasserfluten) mit denen von Verfahren 4, so läßt sich mit den entwickelten Berechnungsmethoden nachweisen, daß bei einem Verzicht auf die aufwendige Technik für das Wasserfluten die Ölentnahme effektiver, d.h. wesentlich schneller erfolgt. Das Ergebnis einer Vergleichsrechnung für die Entnahme der in Abb. 9 gezeigten Öltreibschicht verdeutlicht dies, vgl. Abb. 10.

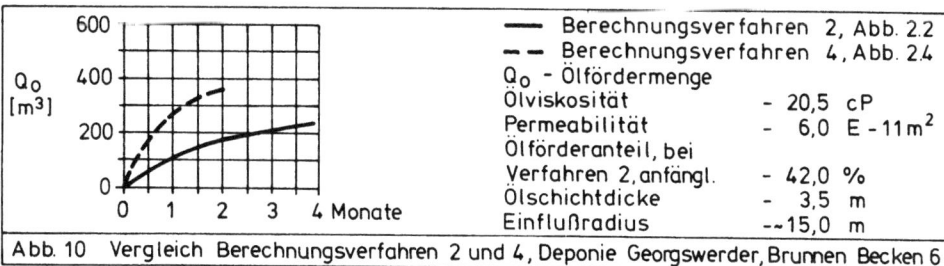

Abb. 10  Vergleich Berechnungsverfahren 2 und 4, Deponie Georgswerder, Brunnen Becken 6

Die durchgeführten Laborversuche und Berechnungen lassen weiterhin erkennen, daß die Absenkung eines Wasserspiegels unterhalb einer Öltreibschicht zur Erzeugung des erforderlichen hydraulischen Gefälles keinesfalls willkürlich erfolgen sollte. Die Wasserentnahme ist vielmehr auf die Ölschichtdicke und den im Öl enthaltenen Wasseranteil abzustellen, weil bei zu großer Absenkung des Wasserspiegels die Gefahr besteht, daß das Öl in den freiwerdenden Porenraum nach unten abfließt und im Extremfall bei Erreichen des Ölrestsättigungsgrades hydraulisch nicht mehr förderbar ist. Zusätzlich können hierdurch ungewollt bisher schadstofffreie Zonen im Untergrund kontaminiert werden. Bei Vorhandensein dicker Öltreibschichten sollte aus vorgenannten Überlegungen stets versucht werden, zunächst auf eine Wasserspiegelabsenkung zu verzichten und das notwendige hydraulische Gefälle in der Öltreibschicht selbst zu erzeugen, vgl. Abb. 6.4.

## 6. ENTNAHMESTRATEGIE

Die entwickelten Berechnungsverfahren und aufgezeigten Untersuchungsergebnisse bieten die Möglichkeit, für die Mehrzahl aller Öleinschlüsse in Altlasten eine optimale Strategie für die Ölentnahme zu entwickeln.

So kann es beispielsweise im Fall des in Abb. 7 gezeigten, mit Wasser überstauten Ölbeckens in einer Deponie vorteilhaft sein, zunächst nur das über dem Becken befindliche Deponiesickerwasser zu fördern. Die Ölentnahme aus dem Becken kann dann im Anschluß unter Verzicht auf ein Wasserfluten wesentlich effektiver und weitgehend ohne Durchmischung mit Wasser erfolgen.

Bei Vorhandensein dicker Öltreibschichten läßt sich mit Hilfe der entwickelten Berechnungsverfahren abschätzen, ob und wann eine zusätzliche Wasserspiegelabsenkung erforderlich wird.

## 7. AUSBLICK

Im Rahmen des genannten F+E-Vorhabens wurden speziell für die Ölentnahme aus ehemaligen Flüssigabfallbecken Fassungsorgane entwickelt, die auf der Deponie Georgswerder in Hamburg erstmalig als Pilotanlage erprobt werden sollen. Erfahrungen über den Bau und Betrieb der Pilotanlagen, die weitere Hinweise auf die Optimierung der Flüssigkeitsentnahme aus Altlasten geben können, lagen bei Redaktionsschluß für den Beitrag noch nicht vor.

**LITERATUR:**

(1) GÜNTHER, K., MESCHEDE, T. (1988):
    Flüssigkeitsentzug - Ein Element bei der Sanierung von Altlasten, in: WOLF, K., van den BRINK, W.J; COLON, F.J. (Herausgeber): Altlastensanierung `88, 2. Intern. TNO/BMFT Kongress über Altlastensanierung, Hamburg, 11.-15. April, S. 949 - 951

(2) MAYER-GÜRR, A. (1976):
    Petroleum Engineering, Enke, Stuttgart

(3) MUSKAT, M. (1962):
    Physical Principles of Oil Production, Mac-Graw Hill, New York

(4) SCHWILLE, F. (1981):
    Groundwater Pollution in Porous Media by Fluids Immiscible with Water, The Science of the Total Environment, Vol 21, pp. 173 - 185, Elsevier Scientific Publishing Comp., Amsterdam

(5) UBA, Berlin (Herausgeber) (1976 - 1986):
    Beurteilung und Behandlung von Mineralöl-Schadensfällen im Hinblick auf den Gewässerschutz, Teil 1 - 4, Beirat beim Bundesminister des Innern, Lagerung und Transport wassergefährdender Stoffe

**ENTWICKLUNG UND BETRIEB EINER PILOTANLAGE ZUR BIOLOGISCHEN REINIGUNG VON SICKERWÄSSERN DER ALTDEPONIE HAMBURG-GEORGSWERDER**

HARALD KREBS, MIGUEL A. RUBIO, OLIVER DEBUS UND PETER A. WILDERER
TECHNISCHE UNIVERSITÄT HAMBURG-HARBURG, EIßENDORFERSTR. 42, 2100 HAMBURG 90

## 1. EINLEITUNG

Die Altdeponie Georgswerder, eine der größten Deponien Europas, ist eine Mischdeponie aus Haus- und Gewerbemüll sowie Einlagerungen aus Altölen, Lösemittelabfällen und Rückständen aus verschiedenen industriellen Prozessen. Sie wurde 1979 geschlossen und wird seit Mitte der 80er Jahre saniert. Ursache und Anlaß waren der Austritt von Sickerwasser-Öl-Gemischen, die u.a. die hochtoxischen Polychlordibenzodioxine und -furane (PCDD/F) enthalten (1).

Die komplexe Zusammensetzung der Sickerflüssigkeiten erfordert ein mehrstufiges Behandlungssystem zu ihrer Entgiftung. Eine Kombination aus physikalischen, chemischen und biologischen Eliminations- und Destruktionsverfahren wurde konzipiert (2, 3):

Nach einer Schwerkraftabscheidung der freien Ölanteile sollen die feinstverteilten suspendierten/emulgierten ölartigen Komponenten und die Schwermetalle mittels einer Fällung/Flockung aus der Sickerwasserphase in einer Flotationsanlage abgetrennt werden. In einer zweiten Anlage sollen mit einer biologischen Behandlung Ammonium nitrifiziert und möglichst viele der organischen Schadstoffe destruiert werden, um in einer nachfolgenden Aktivkohlereinigung als Sicherheitsstufe nur noch Restgehalte an biologisch nicht mineralisierten Substanzen aus dem Wasser eliminieren zu müssen.

Die Flotationsanlage wurde im technischen Maßstab errichtet und ist zum Berichtszeitpunkt über zwei Jahre in Betrieb.

Im Folgenden wird insbesondere die Entwicklung und Leistungsfähigkeit eines neuen biologischen Behandlungsverfahrens zur Reinigung komplex zusammengesetzter, mit organischen Schadstoffen belasteter Abwässer aus Deponien beschrieben.

## 2. ZUSAMMENSETZUNG DES SICKERWASSERS VOR DER BIOLOGISCHEN REINIGUNG

Die Gehalte der verschiedenen Inhaltsstoffe variierten im Untersuchungszeitraum stark. In Tabelle 1 ist die Zusammensetzung des Sickerwassers vor und nach der Behandlung in der Flotationsanlage dargestellt.

Aus der Tabelle ist zu ersehen, daß bei der physikalisch-chemischen Behandlung in der Flotationsanlage von den organischen Substanzen im Wesentlichen nur die ölartigen unpolareren Stoffe eliminiert werden, insbesondere sei auf die Entfernung der hochtoxischen PCDD/F's hingewiesen.

Die der biologischen Reinigung zugeführten Sickerwasserchargen hatten folgende Zusammensetzung:
Die Konzentrationen an organischen Kohlenstoffverbindungen waren insgesamt verhältnismäßig niedrig, wie man es häufiger bei geschlossenen älteren Deponien vorfindet. Gemessen als TOC betrugen sie 160 - 200 mg/l C, bei einem CSB/TOC-Verhältnis von etwa 3.

Tab. 1  Die Zusammensetzung des Sickerwassers der Deponie Georgswerder (7)

| Flotationsanlagen- | | Zulauf | Ablauf[a)] | Einleitungs-grenzwert |
|---|---|---|---|---|
| pH | | 7,2 - 7,8 | 7,6 - 8,0 | 6,0 - 9,5 |
| DOC | mg/l C | 110 - 300 | 120 - 200 | - |
| CSB | mg/l $O_2$ | 360 - 1050 | 260 - 660 | 200 |
| AOX | mg/l Cl | 1,1 - 5,3 | 1,1 - 3,5 | 0,5[e)] - 0,1[f)] |
| KW | mg/l | 0,1 - 2,1 | <0,1 - 0,6 | 0,1 |
| Phenole, ges. | mg/l | 3 - 18 | 1,1 - 9,3 | 5 |
| PCDD, PCDF | ng/l | 200[b)] | <1 | 1[c)] |
| $NH_4^+$ | mg/l N | 210 - 370 | 150 - 300 | 50 |
| SM ges.[d)] | mg/l | 0,3 - 2 | <0,5 | 1 |

a) während der Optimierung der Anlage;
b) aus Flotatschlammgehalt berechnet;
c) z.Zt. für die Flotationsanlage gültig;
d) ohne $Fe^{2+/3+}$;
e) Bund;
f) Hamburg;

DOC gelöster organisch-gebundener Kohlenstoff; CSB chemischer Sauerstoffbedarf; AOX aktivkohleadsorbierbare organische Halogenverbindungen; KW Kohlenwasserstoffe, wenig polare kohlenwasserstoffgruppenhaltige Stoffe; PCDD/F Polychlor-dibenzo-dioxine/furane.

Letzteres weist auf Anteile von wenig Sauerstoff enthaltenden Verbindungen hin. Das $CSB/BSB_5$-Verhältnis ergab im Mittel 10, was einen geringen Anteil gut verwertbarer Kohlenstoffverbindungen bedeutet.
Der Anteil an halogenorganischen Verbindungen lag generell über 1 mg/l Cl - gemessen als AOX. Zusammen mit den flüchtigen Bestandteilen wurden i.d.R. Werte von 1,7 - 1,8 mg/l Cl gemessen. In mehreren verschiedenen Sickerwasserproben wurde ein Phenolgehalt (gesamt) zwischen 1 - 3 mg/l bestimmt. Die Konzentrationen an ölartigen, unpolaren kohlenwasserstoffgruppenhaltigen Substanzen lagen im Bereich von 1 mg/l. Der hochmolekulare Anteil - vermutlich überwiegend Huminstoffe (Fulvosäuren) - betrug bis zu 20 % der gesamten organischen Komponenten.
Der Anteil der flüchtigen organischen Substanzen - gemessen als POC - betrug einige Prozent des TOC, die Untergruppe der halogenhaltigen Verbindungen (POX) stellt dagegen mit ca 0,5 mg/l ca. 30% des (gesamten) AOX. Ganz offensichtlich macht sich hier bemerkbar, daß ein Teil der Wässer auch nach Verlassen des Deponiekörpers Kontakt mit den Sickerölen hatte. (Vergleiche hierzu auch das Chromatogramm A in Abbildung 3, in dem die Fraktion der flüchtigen Verbindungen eines Sickerwassers dargestellt ist.) Die meisten der darin gekennzeichneten Verbindungen waren in allen untersuchten Wässern vorhanden. Als Hauptkomponenten sind bei Sickerwasser im betrachteten Verbindungsbereich die gesamten BTX-Aromaten (Benzol, Toluol, Xylole), Chlorbenzol und Dichlorethen anzusehen. Auf eine genauere Darstellung der Zusammensetzung des Sickerwassers hinsichtlich der weniger flüchtigen Einzelkomponenten incl. der hochtoxischen PCDD/F sei auf das Referat FRANKE & FRANCKE verwiesen.
Der Ammoniumgehalt variierte von 100 bis 300 mg/l N, ein Vielfaches von kommunalen Abwässern; Nitrit und Nitrat waren in der Regel nicht nachzuweisen. Phosphat war meist in zu geringen Konzentrationen (ca. 1 mg/l) für optimale metabolische Aktivitäten enthalten.
Insgesamt waren die in der Pilotanlage gereinigten Sickerwasserchargen repräsentativ für den Ablauf der Flotationsanlage.

## 3. BESCHREIBUNG DER VERSUCHSANLAGE

Seit fast 3 Jahren wird auf der Deponie Georgswerder eine zweistufige aerobe biologische Reinigungsanlage betrieben, der sich eine Adsorptionsstufe mit gekörnter Aktivkohle anschließt. Zu Beginn der Untersuchungen wurde als erste Stufe ein Belebtschlamm-, als zweite Stufe ein Biofilm-Reaktor gewählt. Eingesetzt wurde Biomasse aus einer kommunalen Kläranlage mit Industrieeinzugsgebiet.

Beide Stufen wurden nach der Sequencing Batch Reaktor (SBR)- Technik betrieben. Die SBR-Betriebsweise hat sich - neben dem Vorteil hoher Flexibilität - besonders geeignet erwiesen, die Entstehung und Ausbildung neuer mikrobiologischer Abbauprozesse von i.d.R. schwerer verwertbaren Substanzen zu fördern. Grundlegende Untersuchungen hierzu wurden referiert in WILDERER (4) und RUBIO et al. in (5) sowie in diesem Band.

Im ersten Betriebsjahr zeigte sich, daß zwar Sickerwasserinhaltsstoffe auch aus der Deponie Georgswerder mittels einer Biologie destruiert werden konnten, das Belebtschlammverfahren dazu aber nicht geeignet war. Belebtschlamm bildete sich nicht in dem Umfang, wie dies zum erfolgreichen Betrieb einer Reinigungsanlage notwendig war. Die Ursache hierfür lag an der geringen Ausnutzung des Substrates und am Überwiegen von Reaktionen, die zum Verlust von Biomasse führten. Festzustellen war ein erhöhter Suspensaaustrag und die Ausbildung von Fressketten. Die Dominanz höherer Mikroorganismen im System war u.a. auch durch das hohe Schlammalter verursacht, das eingestellt war und so hoch eingestellt werden mußte, um das Reinigungsziel, die Elimination schwerer abbaubarer Substanzen und Nitrifikation, zu erreichen. Die in der ersten Stufe erzielte Abbauleistung war zum größten Teil auf einen Biofilm zurückzuführen, der sich an den Behälterwandungen gebildet hatte (6).

Konsequenterweise wurde entschieden, auch die erste Behandlungsstufe als Biofilm-Reaktor auszubilden. Die Zweistufigkeit der Anlage und die SBR-Betriebsweise wurde beibehalten, um die Leistungsfähigkeit zweier unterschiedlich zusammengesetzter Lebensgemeinschaften nutzen zu können. Hiernach stand zu erwarten, daß in der ersten Stufe die relativ leicht abbaubaren Substanzen eliminiert werden, in der zweiten Stufe die vergleichsweise schwerer abbaubaren Verbindungen einschließlich der in der ersten Stufe gebildeten, aber noch nicht verwerteten, organischen Metabolite. Darüberhinaus sollte wie bisher auch eine Nitrifikation in der ersten Stufe erreicht werden.

Weil in der ersten Stufe mit einem größeren Biomassenwachstum zu rechnen war als in der zweiten, wurde als Träger für den Biofilm ein Füllkörper gewählt, der ein großes Lückenvolumen aufweist. Damit sollte die Gefahr von Verstopfungen minimiert werden. Die Entscheidung fiel zugunsten von Kunststoffüllkörpern mit einem Lückenvolumen von ca. 90% und einer spezifischen Oberfläche von etwa 300 $m^2/m^3$ Schüttvolumen. In der zweiten Stufe dienten Blähtonkugeln (Durchmesser: 3 - 5 mm) als Aufwuchsträger.

Das Sauerstoffeintragssystem wurde gegenüber der ersten Versuchsphase unverändert beibehalten. Die Eintragselemente sind außerhalb der Reaktoren aufgebaut, um Wartungsarbeiten zu erleichtern. Das Wasser wird zwischen Reaktor und Eintragssystem umgepumpt, um die auf den Füllkörpern fixierten Bakterien mit den Wasserinhaltsstoffen einschließlich dem eingetragenen Sauerstoff in Kontakt zu bringen. Die einzelnen Begasungseinheiten bestehen aus armierten Silikonschläuchen, die in einem sauerstoffhaltigen Gasraum aufgehängt sind, und durch die das umlaufende Wasser strömt. Der Sauerstoff diffundiert daher aus dem Gasraum durch die Membran in die wässrige Phase. Dieses Prinzip war gewählt worden, um den Austrag von flüchtigen Schadstoffen in die Gasphase gering zu halten und um Schaumbildung zu vermeiden. Weitere Ausführungen sind in diesem Band bei DEBUS et al. dargestellt.

Das Blockfließbild der biologischen Behandlungsstufe ist in Abbildung 1 dargestellt. Der Behandlungsprozeß lief - kurzgeschildert - folgendermaßen ab:

Das aus dem Ablauf der Flotationsanlage abgezogene Wasser wurde in einem Vorlagebehälter gespeichert. Von dort wurde es in die Biofilm-Stufe I gefördert und dort ca. 12 Stunden, wie oben beschrieben, rezirkuliert. Danach wurde der Ablauf in einem Zwischenbehälter gesammelt und weiter in die Biofilm-Stufe II überführt. Nach Abschluß der dort ebenfalls 12 Stunden dauernden Behandlung wurde das Wasser - wieder über einen Zwischenbehälter - in die Aktivkohlefilter gepumpt. Schließlich gelangte das Wasser in den Ablaufbehälter. Der Betrieb der Anlage war über einen Rechner gesteuert und geregelt.

Die geringe Überschußschlammenge aus beiden biologischen Behandlungsstufen konnte in einer aeroben Schlammbehandlungsanlage weiter stabilisiert werden. Die Abgase aus sämtlichen Behältern wurden über Aktivkohlefilter gereinigt.

Als Ergänzung der mineralischen Nährstoffe mußten Phosphate für die Biologie allgemein und Soda zur Pufferung wegen der Nitrifikation zugesetzt werden.

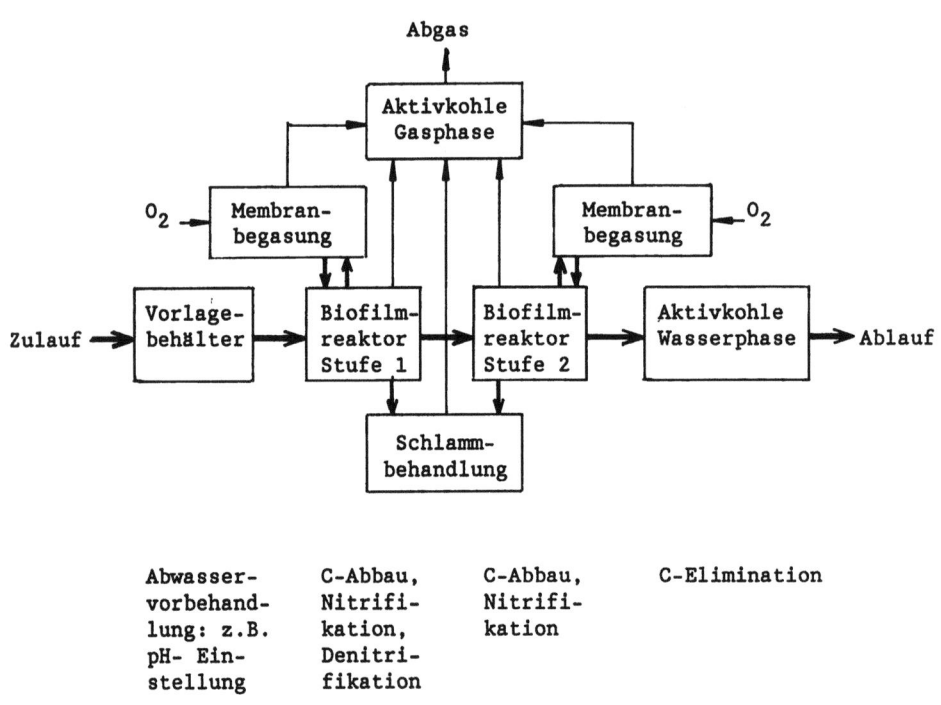

Abb. 1  Fließschema der Pilotanlage zur biologischen Reinigung der Stau- und Sickerwässer der Deponie Georgswerder

## 4. ERGEBNISSE DER BIOLOGISCHEN SICKERWASSERREINIGUNG

Mit dem neuen Festbettreaktor konnten ein stabiler Betrieb und gute Reinigungsleistungen erzielt werden. Die mittlere Eliminationsleistung der biologischen Anlage, gemessen als TOC, überschritt nach einer Adaptationsphase von 2 - 3 Monaten die 40% Marke. Die stufenweise Erhöhung der Belastung im Untersuchungszeitraum - die Steigerung der Austauschraten von 20% auf 60 - 75% - führte zu keiner erkennbaren dauerhaften Verschlechterung der Eliminationsleistung. Bei Phasen konstanter Belastung war eine langsame Tendenz zur weiteren Verbesserung (auf inzwischen 45 -50%) zu beobachten. Das zur Zeit schon vorhandene Abbaupotential der Organismen in der Anlage lag um weitere 10% höher als dieser im Mittel realisierte Abbau.

Wie schon im vorhergehenden Kapitel angeführt, betrug der $BSB_5$-Anteil für den Kohlenstoffabbau am CSB nur etwa 10%. Der $BSB_5$ des Sickerwassers reduzierte sich schon in der ersten Stufe um 95% auf 2 mg/l $O_2$. Wie an der Elimination des organisch-gebundenen Kohlenstoffs zu ersehen, ging der biologische Abbau um den Faktor 4-5 über diesen $BSB_5$-Anteil hinaus (die $BSB_5$- und CSB-Werte als äquivalent zu den TOC-Werten betrachtet). Dieser weitergehende biologische Abbau macht den in der Versuchsanlage erreichten Adaptationsgrad der Organismen deutlich.

Ergänzend sei erwähnt, daß die Bestimmung des biologischen Sauerstoffbedarfs mit einer Belebtschlammkultur der gleichen Kläranlage durchgeführt wurde, aus der auch die Kultur zum Animpfen des ersten Stufe stammte.

Die Halogenorganika wurden zu rund 65% aus dem Wasser eliminiert - ein Teil davon war wegen des hohen flüchtigen Anteils in die Gasphase übergegangen. Die Elimination von nicht- und schwerflüchtigen Verbindungen ergibt analog zur TOC- Abnahme eine Minderung des (NP-)AOX von etwa 50%.

Einige Substanzgruppen wurden wesentlich besser als der Durchschnitt eliminiert. Hingewiesen werden soll hier auf die Phenole, deren Gehalte schon in der ersten Stufe um über 95% auf unter 0,05 mg/l reduziert werden konnten. Auch der Gehalt an ölartigen unpolaren Verbindungen, die schon in der Flotationsanlage gut abgeschieden werden konnten, sank nochmals deutlich (um bis zu 80 %).

Die Nitrifikation entwickelte sich im Laufe der gesamten Versuchsserie auch mit steigender Belastung stetig fort. Nitrifikation fand in beiden biologischen Stufen statt. Bei entsprechender Betriebsweise konnte die Ammoniumkonzentration schon in der ersten Stufe auf Werte kleiner 1 mg/l gesenkt werden.

Während es bei Versuchen mit Belebtschlamm zu einer starken Nitritanhäufung kam, was die weitere Nitratation zu hemmen schien, konnte eine Nitritakkumulation in den Biofilmreaktoren vermieden werden. Der entscheidende Grund dafür lag wahrscheinlich in der moderateren Steigerung der Belastung während der Einarbeitungsphase der Anlage, wodurch ein ausgeglichenes Wachstum der Nitrit- und Nitratbildner erzielt werden konnte.

In Abbildung 2 sind die Änderungen der Konzentration an organischen Kohlenstoffverbindungen und an Ammonium während eines typischen Zyklus dargestellt (Zyklus-Profil). Die Zulaufkonzentration betrug 160 mg/l TOC resp. 240 mg/l $NH_4$-N, die Austauschrate war auf 60% eingestellt.

Insgesamt sind drei Phasen der Elimination von organischen Kohlenstoffverbindungen zu erkennen: Die erste läuft schon während der Füllphase innerhalb einiger Minuten ab und erfaßt die leichtabbaubaren Verbindungen mit Konzentrationen von 5 - 10 mg/l C. Die zweite Phase ist etwa nach einer Stunde abgeschlossen. Insgesamt sind bis zu diesem Zeitpunkt ca. 75% der während eines Zyklus eliminierten Kohlenstoffverbindungen aus dem Wasser entfernt, während danach über die restliche Zykluszeit immerhin noch eine langsame aber stetige Abnahme des TOC-Gehaltes erfolgte. Da auch am Ende des Zyklus die TOC-Abnahme noch nicht abgeschlossen war, führten deutliche Verlängerungen der Zykluszeit zu der oben erwähnten Eliminationsrate von ca. 55% und mehr.

Die volle Nitrifikation beanspruchte fast 12 h; gegenüber den früheren Untersuchungen mit dem Belebtschlammreaktor hat sich die volumenbezogene Umsatzrate mit jetzt 10 mg/l*h verdoppelt. Sie liegt damit jetzt höher als bei kommmunalen Kläranlagen.

Wegen des hohen Anteils der flüchtigen Halogenverbindungen am AOX wurde die Konzentrationsänderung der einzelnen flüchtigen Stoffe auch im Verlauf des Reinigungsprozesses verfolgt. Die Proben wurden gaschromatographisch und massenspektrometrisch untersucht. Wie die Spektren erkennen lassen, verschwanden einzelne Substanzen schnell, andere wie Diethylether trotz hoher Flüchtigkeit nur langsam (Abb. 3). Daraus läßt sich ableiten, daß Strippverluste über die Membran in die Gasphase allgemein gering sind.

Bemerkenswert ist die rasche Abnahme der Konzentrationen der BTX-Aromaten (die daher in den abgebildeten Chromatogrammen der Proben aus dem Reaktor nicht mehr als Peak erkennbar sind) im Vergleich zu anderen Verbindungen und das Auftreten einer flüchtigen Carbonylverbindung als intermediär nachweisbarer Metabolit. Insgesamt wurden bis auf wenige Ausnahmen alle Verbindungen im untersuchten Bereich fast quantitativ eliminiert. Der mikrobielle Abbau des schon erwähnten Diethylether, von Dichlorethen und Dichlorpropan, die sich allmählich über die Gasphase aus dem Reaktionssystem entfernten, schien noch gering zu sein.

Bei konventionellen Blasen-Begasungsverfahren wären diese Verbindungen einschließlich größerer Anteile der inzwischen abbaubaren Komponenten in kürzester Zeit ausgestrippt worden. Ein weitgehend vollständiger biologischer Abbau oder sogar die Induktion von Enzymsystemen in der Mikroorganismenkultur zur Verwertung bisher nichtabbaubarer Verbindungen wird somit durch dieses Membransystem mit seinem - bei der gewählten Betriebsweise - guten Rückhaltevermögen gegenüber verschiedenen flüchtigen organischen Lösungsmitteln ermöglicht.

Unzweifelhaft ergaben sich auch Parallelen zu dem Verhalten weniger flüchtiger Verbindungen. Nach Untersuchungen über die Elimination des Einzelsubstanzspektrums der kohlenwasserstoffextrahierbaren Fraktion verringerten sich auf der gesamten Breite der Substanzpalette deren Konzentrationen ausgehend von der Vorlage über die erste und zweite biologische Stufe. Nur wenige Verbindungen dieser Fraktion, z.B. bestimmte Alkyl-Arylether, blieben quantitativ wenig beeinflußt, was auf deren (z.Zt. noch) schlechte biologische Abbaubarkeit hindeutet. Die verbleibenden Anteile in der Wasserphase wurden schließlich von der Aktivkohle aufgenommen (6).

Bei dem Reinigungsprozeß fallen grundsätzlich zwei problematische Stoffströme an, der Überschußschlamm aus der im Laufe der Zeit zuwachsenden Biomasse und die restlichen biologisch nicht abgebauten Verbindungen, die in der letzten Stufe mittels Aktivkohle aus der wässrigen Phase eliminiert werden. Die Menge an Rohschlamm (ohne Eindickung) betrug ca. 1 l pro $m^3$ durchgesetztem Sickerwasser bei einem Trockensubstanzgehalt von ungefähr 20 g/l. Die Menge an eingedickten Schlamm ist damit gering. Die Aktivkohlemenge ist dagegen noch mit 50 g pro $m^3$ behandeltem Sickerwasser verhältnismäßig hoch, auch wenn nach der Biologie auf dem Adsorbens mit mehr als 100 g organischer Verbindungen/kg Aktivkohle eine hohe Beladung erreicht werden konnte. Die Regeneration, insbesondere die Entwicklung biologischer Regenerationsmethoden sind daher Gegenstand weiterer Untersuchungen.

× TOC, Zulauf 160 mg/l
○ NH4-N, Zulauf 240 mg/l
TOC, NH4-N, mg/l
200
160
120
80
40
0
0
2
4
6
8
10
12
Reaktionszeit, h

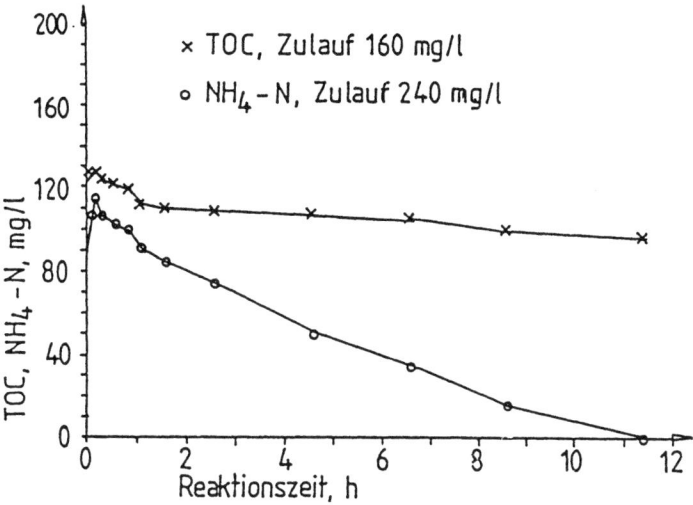

Abb. 2 Konzentrationsverlauf der gelösten organischen Kohlenstoffverbindungen und von Ammonium während eines SBR-Zyklus - Stufe 1

1 234 56 7 8 9 10 11 12 13 14
TIC
A
B
45 min nach
Zyklusbeginn
Scan
R.T.
200
4:44
400
9:22
600
14:00
1: Chlorethen, -an
2: Diethylether
3: Dimethylsulfid
4: Aceton
5: Di-i-propylether
6: 1,1-Dichlorethan
7: 1,2 Dichlorethen
8: 1,1,1-Trichlorethan
9: Benzol
10: 1,2-Dichlorethan
11: C5H8O
12: 1,2-Dichlorpropan
13: Toluol
14: C6H12O

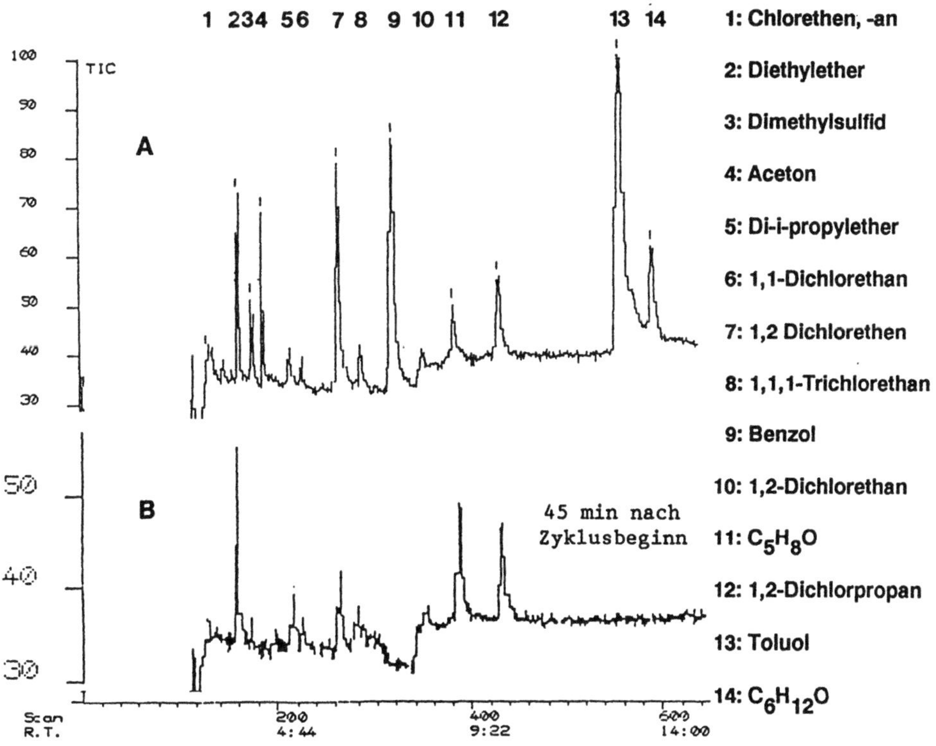

Abb. 3 Gaschromatogramme der flüchtigen Verbindungen des Sickerwassers: A) Zulauf der biologischen Anlage; B) Wasserphase der Stufe 1

## 5. ZUSAMMENFASSUNG UND SCHLUßFOLGERUNGEN

In einem mehrjährigem Versuchsbetrieb wurde ein neues biologisches Behandlungsverfahren mit nachgeschalteter Aktivkohle als Sicherheitsstufe entwickelt. Das Verfahren kombiniert drei Technologien:
1. der Einsatz von Festbettreaktoren zur Immobilisierung von adaptierten Mikroorganismenkulturen;
2. die Verwendung von Membranen zur Sauerstoffversorgung der Organismen;
3. die Wahl des Sequencing-Batch-Reactor-Prinzips als Betriebsweise.

Der biologische Teil zeigte nach einer Einarbeitungsphase von mehreren Monaten auch bei wechselnder Zusammensetzung des Sickerwassers stabile Reinigungsergebnisse. Der größere Teil der organischen Schadstoffe wurde abgebaut. Die Nitrifikation auch hoher Ammoniumgehalte verlief vollständig.

Das Membranbegasungssystem hat sich ohne Einschränkung bewährt. Der für die biologische Umsetzung benötigte Sauerstoff konnte über die Membranen - trotz Biofilmwachstum auf der Membranoberfläche - zuverlässig eingetragen werden. Der Membran-Biofilm trug zur Minimierung des Austrags flüchtiger Substanzen bei. Die Biofilmdicke blieb gering, sodaß sich bisher keine signifikanten Strömungswiderstände aufbauten.

Die biologische Behandlung ermöglichte eine hohe Aktivkohlebeladung.

Die für die verschiedenen organischen Schadstoffe und Ammonium festgelegten Einleitungsgrenzwerte in das Hamburger Kanalnetz können überwiegend schon von dem biologischen Anlagenteil erreicht werden, der Aktivkohlefilter erfüllt daher problemlos seine Funktion als Sicherheitsstufe.

Auf Basis der ermittelten Prozess- und Analysendaten kann jetzt ein upscaling für den Entwurf einer technischen Anlage erfolgen.

## 6. LITERATUR

1. Wolf, K. (1988): Site clearence of the disposal site Georgswerder - site clearence concept and status; in Contaminated soil '88, Vol 2, 979-988; K. Wolf, W.J. van den Brink, F.J. Colon (editors); presented at the Sec.Int.TNO/BMFT-Conference on Contaminated Soil, Apr.1988, Hamburg, FRG.
2. Wilderer, P.A.; Sekoulov, I. (1985): Vorschlag für ein Konzept zur Behandlung gefährlicher Stauflüssigkeiten; Korrespondenz Abwasser 32, 1985;
3. Fremdling, H.; Hein, P.; Kilger, R.; Marg, K.; Wernicke, G. (1989): Fassung und Behandlung der Flüssigkeiten aus der Deponie Georgswerder; Wasser+Boden, 9, 1989, S. 521-526.
4. Wilderer, P.A.; Rubio, M.A. (1988): Sequencing Batch Reactors: A versatile technology for the biological treatment of hazardous leachates; in Contaminated Soil '88, Vol 2, 1207-1218.
5. Rubio, M.A.; Grahl, T.; Wilderer, P.A.; Fortnagel, P. (1988): Spread of plasmid coded degradative properties for chlorinated hydrocarbons in seqencing batch reactors; in Contaminated Soil '88, Vol 2, 1207-1218.
6. Wilderer, P.A.; Sekoulov, I.; v.Hoyningen-Huene, E.; Krebs, H.; Rubio, M.A. (1989): Forschungsbericht "Neue Verfahren und Methoden zur Sanierung von Altlasten am Beispiel der Deponie Georgswerder", Teilvorhaben 2, "Behandlungssystem für die Stauflüssigkeiten aus der Deponie Georgswerder", Untersuchungszeitraum 1986-88, Hamburg 1989.
7. Aquatec (1989): Bericht über den Betrieb und die Optimierung der physikalisch-chemischen Sickerwasserbehandlungsanlage auf der Deponie Georgswerder", Hamburg, 1989.

Danksagung: Das vorgestellte F&E-Projekt wurde von Seiten des BMFT und insbesondere seitens der Freien und Hansestadt Hamburg finanziert.

# BIOLOGISCHE BEHANDLUNG VON CHLORPHENOL-HALTIGEN ABWÄSSERN IN SEQUENCING BATCH REAKTOREN

J.KAUFMANN, H.KREBS, O.DEBUS, P.WILDERER UND M.RUBIO

FACHBEREICH GEWÄSSERREINIGUNGSTECHNIK DER TECHNISCHEN UNIVERSITÄT HAMBURG-HARBURG, BRD.

Sickerflüssigkeiten aus vielen Deponien enthalten, neben anderen halogenierten Verbindungen, auch einfach und mehrfach chlorierte Phenole. Diese Substanzen gelten, schon in relativ geringen Konzentrationen als sehr toxisch für biologische Reinigungsanlagen. Zahlreiche Untersuchungen haben gezeigt, daß unter den Mikroorganismen einer Belebtschlamm-Lebensgemeinschaft Abbaufähigkeiten für halogenierte Verbindungen vorhanden sind, die aber nicht unter allen Bedingungen aktiviert werden. Es war in dieser Arbeit von Bedeutung , die Umweltbedingungen zu ermitteln, unter denen mikrobielle Abbauaktivitäten für chlorierte Phenole entstehen und aufrecht erhalten werden können. Die Experimente wurden unter aeroben Bedingungen in Sequencing Batch Reaktoren (SBR) durchgeführt(1). Die Sauerstoff-Versorgung erfolgte über gaspermeable Silikonmembranen, um den Austrag von Chlorphenol durch Strippen zu vermeiden. Bei hohen Ammonium-Konzentrationen im Sickerwasser ist eine volle Nitrifikation erforderlich. Da dabei mindestens zwei biologische Prozesse miteinander um den Sauerstoff konkurrieren, war es ebenfalls vom Interesse, die Betriebsstrategien herauszufinden, die eine Mineralisierung der halogenierten Verbindungen bei vollständiger Nitrifikation ermöglichen.
Durch die Veränderungen der SBR-Betriebsparameter, wie Füllgeschwindigkeit, Zyklusdauer, Volumenaustauschrate, Belüftungs- und Rührdauer oder Sedimentationszeit, kann die Zusammensetzung der Lebensgemeinschaft zu Gunsten einer optimalen Elimination der Problemstoffe entscheidend beeinflußt werden. In einer Laboranlage wurden 2 Reaktoren parallel betrieben. Jeder Zyklus dauerte 12 h und teilte sich in eine Füllphase, eine Belüftungs- und Rührphase, eine Absetz- und eine Entnahmephase. Das Arbeitsvolumen betrug 1,2 l. Zum Zykluswechsel wurden jeweils 200 ml Reaktorinhalt (20%) gegen ein Substratgemisch aus Pepton und 4-Chlorphenol ausgetauscht. Dabei betrugen die Frachten in den Reaktoren je Zyklus 25,9 mg 4-Chlorphenol und 68,5 mg Pepton.
Die beiden Reaktoren wurden unterschiedlich schnell mit Substrat versorgt. Der eine in den ersten 20 min eines Zyklus (schnell gefüllt), der andere in fünf sich wiederholenden Perioden von je 1 h Füllen und 1 h Pause

(langsam gefüllt). Alle anderen Parameter, wie Belüftung, Rühren, Absetzzeit und Entnahmevorgang waren für beide Reaktoren gleich. Nach Variierung einzelner Betriebsbedingungen und anschließenden Aufstockungen der Chlorphenolfracht auf 155 mg wurde die Abhängigkeit des Abbaus von verschiedenen Parametern untersucht.
Durch unterschiedliche Belüftungsraten war es möglich die Sauerstoffversorgung und somit die Chlorphenol-Abbaugeschwindigkeit zu steuern. Der Sauerstoffeintrag durch die Membranen hängt unter anderem vom Druck auf der Gasseite in den Belüftungselementen ab. Ein Vergleichsversuch ergab, daß eine Erhöhung des Luftdrucks von 1,0 auf 1,5 bar (Überdruck) den Abbauumsatz von Chlorphenol im schnell gefüllten Reaktor vedoppelte.
Eine Verbesserung der Abbauleistung für Chlorphenol konnte zusätzlich durch ein schnelles Füllen erreicht werden. Bei einer langsamen Füllweise war die Steigerung der Abbauleistung weniger deutlich (50% Leistungsdifferenz zwischen beiden Betriebsstrategien). Die Hungerphase am Ende des Zyklus war im schnell gefüllten Reaktor stärker ausgeprägt, was wahrscheinlich für die beobachtete bessere Schlammabsetzbarkeit verantwortlich war(1).
Bei gleichzeitiger Nitrifikation erwies sich die Sauerstoff-versorgung, unter den gegebenen Bedingungen, auch als ausreichend. Dementsprechend ergab eine Aufstockung, wobei Chlorphenol und Ammonium gleichzeitig zugegeben wurden, weder Hemmungen noch Verzögerungen. Während dieses Versuches wurde das Ammonium vollständig zu Nitrat umgesetzt.
Interessanterweise blieb die erworbene Fähigkeit zum Chlorphenol-Abbau nach Belastungspausen erhalten.
Die Lebensgemeinschaften beider Reaktoren wiesen zusätzliche Abbauaktivitäten für andere chlorierte Phenole und deren mikrobielle Folgeprodukte auf.
Die Untersuchungen wurden mit Mitteln des BMFT und der Freien und Hansestadt Hamburg durchgeführt.


LITERATURHINWEISE


1. Wilderer PA, Schroeder ED: Anwendung des Sequencing Batch Reactor (SBR) - Verfahrens zur biologischen Abwasserreinigung. Ham. Berichte zur Siedlungswasserwirtschaft 4, 1986.

DER EINFLUß VON SEQUENCING BATCH REACTOR VERFAHRENS-
STRATEGIEN AUF MIKROBIELLE EVOLUTIONSPROZESSE BEI DER
BEHANDLUNG VON SICKERWÄSSERN DER ALTDEPONIE HAMBURG-
GEORGSWERDER

M. RUBIO, H. KREBS, O.DEBUS, L. DAVIDS UND  P. WILDERER

TECHNISCHE UNIVERSITÄT HAMBURG-HARBURG, EIßENDORFERSTR. 42,
2100 HAMBURG 90, BRD.

Zur Reinigung der Georgswerder Deponieflüssigkeiten wird
ein mehrstufiges Konzept umgesetzt, in welchem als
wesentliches Element zur Mineralisation von Schadstoffen
eine biologische Anlage enthalten ist. Hierzu wurde eine
zweistufige Anlage im Pilotmaßstab entwickelt, die mit
Sauerstoff über ein Membranbegasungssystem versorgt und
nach dem Sequencing-Batch-Reaktor(SBR)-Verfahren (1)
betrieben wird.
In mikrobiellen Lebensgemeinschaften hängt die Entstehung
neuer und Expression schon existierender Abbaufähigkeiten
für toxische Verbindungen (z.B. für halogenierte
Substanzen) sehr stark von den herrschenden
Umweltbedingungen im Ökosystem ab. Unter einem starken
Selektionsdruck können mikrobielle Evolutionsprozesse
entscheidend beschleunigt und dadurch ursprünglich nicht
vorhandene Abbauaktivitäten, rekrutiert werden.
Unter Anwendung des SBR-Verfahren ist es möglich, durch
Veränderungen in der Betriebsweise (z.B. durch schnelles
oder langsames Füllen und/oder hohe oder niedrige
Volumenaustauschraten, u.s.w.) und ohne zusätzlichen
Umbauten sehr unterschiedliche Umweltbedingungen in einem
Bioreaktor einzustellen.
In früheren Publikationen(2-3) wurde über den Einfluß
verschiedener SBR-Betriebsstrategien - wie die Füllweise,
der Zykluslänge und der Volumenaustauschraten - auf die
Verbreitung plasmidkodierter Abbausequenzen für chlorierte
Modellverbindungen in definierten Mischpopulationen
berichtet.
In dieser Arbeit wurde der Einfluß verschiedener
Volumenaustauschraten in Zusammenhang mit dem Effekt
unterschiedlicher Konzentrationen leichtabbaubarer
Substrate auf den Abbau chlorierter Aromaten durch einen
nicht akklimatisierten Belebtschlamm ermittelt.
Die Versuche wurden in 4 parallelen Reaktoren (Volumen 4 l)
durchgeführt. Die Reaktoren (R) wurden mit einer Mischung
zweier leichtabbaubarer (Azetat/Pepton-Nährlösung) und
einer bestimmten Menge einer chlorierten Modellsubstanz
beschickt. Für alle Experimenten wurde eine Zyklusdauer von

8 Stunden gewählt. Die Zyklen teilten sich in einer
schnellen Füllphase (0,5 h), einer Belüftungs- und
Rührphase (6,5 h) und in einer Sedimentierphase (1 h). Vor
Beginn der nächsten Füllphase wurde die Flüssigkeit in 0,5
h entnommen. Die Austauschraten wurden auf 20% in R1, 35%
in R2, 50% in R3 und 65% in R4 eingestellt. Unter diesen
Bedingungen war die Belastung des Modellschadstoffs 3-
Chlorbenzoesäure (3-cb) zu Ende jeder Füllphase in allen
Reaktoren etwa konstant zwischen 48 und 63 mgC/l. Hingegen
stieg die Konzentration der leichtabbaubaren Subtrate
(Pepton-Azetat-Gemisches) bei zunehmender Austauschrate von
40 in R1, auf 70 in R2, auf 100 in R3 and auf 130 mgC/l in
R4 an. Die Gesamtbelastung pro Zyklus und Volumen in den
Reaktoren betrug somit in R1 103, in R2 120, in R3 148 und
in R4 183 mgC/l. Das Verhältnis von 3-cb zum Gemisch der
leichtabbaubaren Substanzen war also 1:0,8 in R1; 1:1,4 in
R2; 1:2,08 in R3; und 1:2,45 in R4.
Der Vergleich der Reinigungsaktivitäten in den
verschiedenen Reaktoren zeigt, daß mit den
Zulaufkonzentrationen und der gewählten Betriebsstrategie
in Reaktor 2 mit 1,5 h, gegenüber Zeiten von mehr als 2,5 h
in den anderen Reaktoren, die schnellste Akklimatisierung
zum 3-cb Abbau stattfand.

LITERATURHINWEISE

1. Wilderer PA, Schroeder ED: Anwendung des Sequencing
Batch Reactor (SBR) - Verfahrens zur biologischen
Abwasserreinigung. Ham. Berichte zur
Siedlungswasserwirtschaft 4, 1986.
2. P.A.Wilderer and M.A. Rubio. Sequencing Batch Reactors: A
versatile technology for the biological treatment of
hazardous Leachates, p. 1207-1218, Volume 2. Proceedings to
the second TNO/BMF International Conference on contaminated
soil, Hamburg vom 11. zum 15 April 1988. K. Wolf, W.J. Van
den Brink, F.J. Colon (eds.). Kluwer Academic Publishers,
Dordrecht/Boston/London, 1988.
3. Rubio, M.A., T. Grahl, P.A.Wilderer and P. Fortnagel.
"Spread of Plasmid coded degradative properties for
chlorinated hydrocarbons in sequencing batch reactors", p.
1239-1240, Volume 2. Proceedings from the second TNO/BMFT
International Conference on contaminated soil, Hamburg vom
11. zum 15 April 1988. K. Wolf, W.J. Van den Brink, F.J.
Colon (eds.). Kluwer Academic Publishers, Dordrecht/Boston
/London, 1988.

# DER BIOLOGISCHE ABBAU FLÜCHTIGER SCHADSTOFFE BEI EINSATZ EINES MEMBRANBEGASUNGSSYSTEMS ZUR SAUERSTOFFVERSORGUNG IN EINER SICKERWASSERREINIGUNGSANLAGE

OLIVER DEBUS, HARALD KREBS, MIGUEL A. RUBIO UND PETER A. WILDERER
TECHNISCHE UNIVERSITÄT HAMBURG HARBURG, EIßENDORFER STR. 42, 2100 HAMBURG 90


Im Rahmen eines Gesamtkonzepts zur Reinigung der Flüssigkeiten der Altdeponie Hamburg-Georgswerder ist neben verschiedenen physikalisch-chemischen Stufen eine biologische Behandlungsstufe in Aussicht genommen. Es sollen hierbei die Schadstoffe, insbesondere auch flüchtige Anteile (z.B. chlorierte Aromaten), möglichst weitgehend abgebaut werden. Dazu wurde eine zweistufige Pilotanlage mit einem Membranbegasungssystem entwickelt und nach dem Sequencing-Batch-Reaktor-(SBR)-Verfahrensprinzipien betrieben. Anlagenbeschreibung, Betriebsweise und -ergebnisse werden im Referat von Krebs et al. erläutert.

Die Sickerwässer der Deponie Georgswerder enthalten auch nach der physikalisch-chemischen Behandlung immer noch Anteile flüchtiger organischer Substanzen (Ether, Aromaten, chlorierte Kohlenwasserstoffe), die mit herkömmlicher Blasenbegasung dem aeroben System entzogen werden. Um den Austrag zu minimieren, wird die Reaktorflüssigkeit diffusiv über nichtporöse Polydimethylsiloxan(Silikonkautschuk)membranen mit Sauerstoff versorgt. Für Silikon als Membranmaterial spricht die hohe Permeabilität gegenüber Gasen wie Kohlendioxid und Sauerstoff, mechanische Festigkeit und chemische Beständigkeit.

Die Flüssigkeit durchströmt im Umlauf außerhalb der Reaktoren liegende Membranmodule, die unter erhöhtem Druck (max. 3 bar) mit reinem Sauerstoff beaufschlagt werden. Das Sickerwasser wird im Lumen der Silikonschläuche (ø10 mm) geführt; der Sauerstoff diffundiert aufgrund des Konzentrationsgefälles aus der außenstehenden Gasphase durch die Membran in das Lumen und reichert die Flüssigkeit blasenfrei mit Sauerstoff an. Zur Regelung der Sauerstoffkonzentration im Festbett dient eine Sauerstoffelektrode. Damit der Sauerstoffeintrag bei geringer Zehrung verkleinert wird, können einzelne Elemente mittels automatischer Ventile abgeschaltet werden. Diese Regelung erwieß sich als störungsfrei, insbesondere auch auf unerwünschten Biomassenabtrag im Festbett; das Wasser verläßt den Reaktor ohne Trübstoffe. Eine Schaumbildung, zu welcher Sickerwässer neigen, tritt nicht auf.

Um die metabolische Leistung der Organismen zu erhalten, muß der pH-Wert im physiologischen Bereich liegen. Dementsprechend kann durch die Veränderung des gasseitigen Sauerstoffvolumenstromes der Austrag des biogen gebildeten Kohlendioxids und somit der pH-Wert gezielt gesteuert und die Aufsalzung der Wässer durch Pufferungschemikalien verringert werden.

Ebenso wie für Kohlendioxid ist die Membran auch für verschiedene flüchtige Schadstoffe permeabel. Erheblich minimiert wird der Austrag von flüchtigen Schadstoffen jedoch durch einen dünnen Biofilm der sich auf der flüssigkeitsseitigen Membranoberfläche bildet. Der Biofilm hat der Permeation von flüchtigen Schadstoffen zwei wesentliche Widerstände entgegenzusetzen:   - den Diffusionswiderstand durch den Biofilm und
- durch seine metabolische Aktivität.

Verfolgt man den Konzentrationsverlauf der flüchtigen Schadstoffe während eines SBR-Zyklus (12 h) kann man eine unterschiedlich schnelle Elimination der im im Sickerwasser enthaltenen flüchtigen Schadstoffe feststellen: Benzol, Toluol, o-, m-, p- Xylol, Ethylbenzol und C-3-Alkylbenzole werden besonders schnell eliminiert. Diese Substanzen sind nach einer vergleichsweisen kurzen Adaptationszeit biologisch gut abbaubar, wie Laborversuche gezeigt haben. Andere Verbindungen, wie Mono- und Dichlorbenzole verschwinden etwas langsamer. Dichlorethen und Dichlorpropan sind auch noch im Ablauf der ersten Reinigungsstufe vorhanden. An den letzten beiden stark flüchtigen Substanzen, die noch nicht abgebaut werden, kann man sehen, daß auch sie nicht ausgetragen werden. Sie bleiben dem System enthalten und es kann eine biol. Adaptierung an diese Verbindungen stattfinden, welches bei einer Blasenbegasung durch die schnelle Strippung nicht gelingen würde.

Wie sich das Biofilmwachstum auf den Austrag von Xylolisomeren von der Flüssigphase durch den membrangebundenen Biofilm in die Gasphase auswirkt, wurde in einem Laborreaktor untersucht. Der Durchgangskoeffizient k multipliziert mit der Membranfläche A und der Konzentrationsdifferenz zwischen Flüssig- ($c_L$) und Gasphase ($c_G$) gibt den Massenstrom $\dot{m}$ von Xylolisomeren in die Gasphase an: $\dot{m} = A\, k\, (c_L - c_G)$.

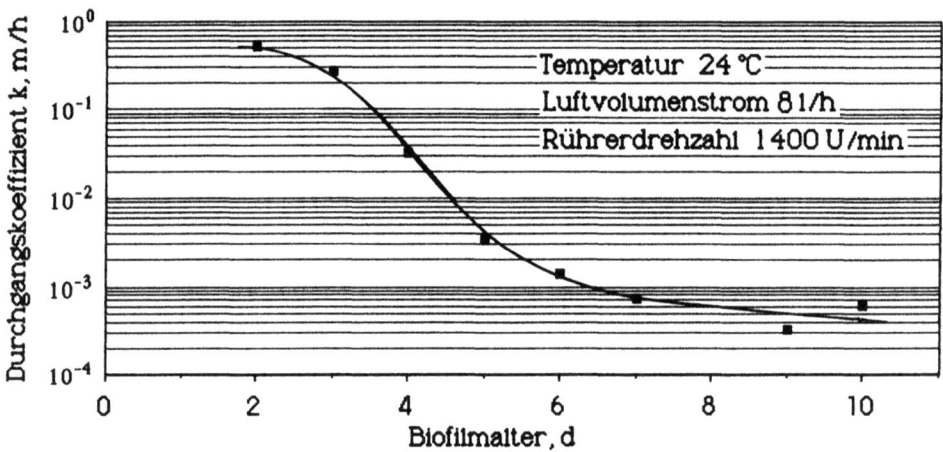

Abb. 1: Durchgang von Xylolen von der Flüssigphase durch den Biofilm und Membran in die Gasphase.

Mit zunehmendem Biofilmalter sinkt der Durchgangskoeffizient, hier innerhalb von 9 Tagen um den Faktor 1000 (Abb.1), sodaß somit der Austrag fast vollständig verhindert wird.

Das Begasungssystem ist, wie der zweijährige Betrieb zeigte, weitgehend wartungsfrei. Verstopfungen, z.B. durch Ablagerungen traten nicht auf. Die im Verhältnis zum Flüssigkeitsdurchsatz notwendigen Gasvolumenströme sind klein. Die erforderliche Eintragsleistung konnte realisiert werden.

Die Ergebnisse wurden im Rahmen des F&E-Verbundvorhabens "Neue Verfahren und Methoden zur Sanierung von Altlasten am Beispiel der Deponie Georgswerder" im Teilvorhaben 2 "Behandlungssystem für die Stauflüssigkeiten" erhalten, welches von der Freien und Hansestadt Hamburg und dem Bundesminister für Forschung und Technologie gefördert wurde.

## BIOLOGISCHER ABBAU VON DIBENZOFURAN IN EINEM MEMBRAN BIOFILM REAKTOR

MATTHIAS M. KNIEBUSCH[1], JÜRGEN WENDT[2], ROLF-DIETER BEHLING[3]
PETER A. WILDERER[1], MIGUEL A. RUBIO[1]

[1] Technische Universität Hamburg-Harburg, Arbeitsbereich Gewässerreinigung
[2] Universität Hamburg, Institut für Allgemeine Botanik, Abteilung Mikrobiologie
[3] GKSS Forschungszentrum Geesthacht GmbH

Dibenzofurane und Dibenzodioxine sind häufig in stark kontaminierten Böden und Deponiesickerwässern zu finden. Diese Substanzen sind unter abiotischen Bedingungen sehr stabil. Gleichwohl wurden bereits mehrere Mikroorganismen, vorwiegend Bakterien, isoliert, die fähig sind, nichtsubstituiertes Dibenzofuran als alleinige Kohlenstoff- und Energiequelle zu nutzen [1, 2]. Der vollständige Abbau derartiger Substanzen bereitet im technischen Maßstab Schwierigkeiten; denn diese Stoffe sind nur gering in Wasser löslich, woraus eine geringe Konzentration und ein geringer Biomassenzuwachs resultieren.

Eine mögliche Lösung bietet sich an durch den Einsatz Dibenzofuran bzw. Dibenzodioxin abbauender Mikroorganismen, die auf gaspermeablen Membranen in speziell konstruierten Membran Biofilm Reaktoren immobilisiert sind. In diesen Reaktoren werden poröse, asymmetrische Polyetherimid-Membranen mit einer Dicke von ca. 200 µm und einer Membranfläche von 294 $cm^2$ eingesetzt. Die mikroporöse Seite dieser Membranen hat Poren mit einem Durchmesser von weniger als 0.05 µm und ist der Gasseite zugewandt. Die der Flüssigkeit zugewandte, makroporöse Seite besitzt Poren mit 3 bis 8 µm Durchmesser.
Die Membranen werden auf eine zylindrische Stützstruktur gespannt und trennen Innenraum (Gasraum) und Außenraum (Wasser) voneinander. Der für den aeroben Abbau von Schadstoffen benötigte Sauerstoff gelangt über den Innenraum durch die Membran in die wässrige Phase. Durch diese Art der Begasung wird das Strippen flüchtiger Kohlenwasserstoffe vermieden, wie es bei konventionellen Belüftungstechniken auftritt.
Der Außenraum des Reaktors ist mit 0.5 l Flüssigkeit gefüllt, die durch den Ringspalt gleichmäßig an der Membran entlangströmt. Die Mikroorganismen besiedeln die Membranporen und sind so vor Schubspannungen und "grasenden Organismen" geschützt.

In diesem Poster wird die Immobilisierung des Dibenzofuran-abbauenden Organismus *Brevibacterium* sp. 1361 dargestellt und diskutiert. In früheren Experimenten wurden die Bakterien in dem oben beschriebenen Membran Biofilm Reaktor mit einer wässrigen Lösung aus 2 mMol/l Dibenzofuran, Dimethylsulfoxid und Tween 80 versorgt. Unter diesen Bedingungen konnte nur eine geringe Restkonzentration von Dibenzofuran nachgewiesen werden. In weiteren Experimenten wurden natürlichere "Lösungsmittel" verwendet wie Fleischextrakt oder Pepton. Diese dienten außerdem einem verstärkten Wachstum von *Brevibacterium* ohne die Abbaugeschwindigkeit von Dibenzofuran zu beeinflussen.

Die Arbeit wurde von der DFG im Rahmen des Sonderforschungsbereiches 188, Reinigung kontaminierter Böden, TP A2, unterstützt.

[1] P. Fortnagel, H. Harms, R.-M. Wittich, W. Francke, S. Krohn, H. Meyer Cleavage of Dibenzofuran and Dibenzodioxin Ring Systems by a *Pseudomonas* Bacterium, Naturwissenschaften 76, 222-223 (1989), Springer-Verlag

[2] V. Strubel, H.G. Rast, W. Fietz, H.-J. Knackmuss, K. H. Engesser, Enrichment of dibenzofuran utilizing bacteria with high co-metabolic potential towards dibenzodioxin and other anellated aromatics, FEMS Microbiology Letters 58 (1989) 223-238, Elsevier

# VERFAHREN ZUR ELIMINATION LIPOPHILER CHLORORGANISCHER VERBINDUNGEN AUS HOCHKONTAMINIERTEN DEPONIESICKERWÄSSERN

E. THOMANETZ und D. JUNG

Das Verfahren - bestehend aus drei Verfahrenskomplexen - ist geeignet, lipophile Organochlorverbindungen - insbesondere auch PCDD und andere Hochsieder - kostengünstig und effektiv aus hochbelasteten Abwässern - hier beispielhaft aus dem Sickerwasser einer Sonderabfalldeponie (AOX zeitweilig mehrere 100 ppm) zu eliminieren.

Im Verfahrenskomplex I wird dem Sickerwasser das ihm eigene Flockungspotential - beruhend auf gelösten Eisen-II-Ionen - genommen und mittels Precoat-Druckfiltration klar filtriert. Als umweltfreundliche Additive kommen hierbei Wasserstoffperoxid und Holzmehl zum Einsatz.

In diesem Verfahrenskomplex verringert sich der AOX des Sickerwassers aufgrund adsorptiver Prozesse bereits um ca. 50 Prozent. Als Abfall fällt ein hochbelasteter Holzmehl-Filterkuchen (Wassergehalt ca. 45%) an.
(Investitionskosten für eine 25 $m^3$/d-Anlage: ca 250.000 DM, spezifische Kosten für Additive und Abfallentsorgung durch Sonderabfallverbrennung: ca. 5 DM pro $m^3$ Sickerwasser.)

Im Verfahrenskomplex II wird das Sickerwasser einer mehrstufigen Flüssig-Flüssig-Extraktion unterworfen, wobei jeweils eine zuvor aus Extraktionsmittel und Sickerwasser bereitete Emulsion in einer nachgeschalteten Stufe (Koaleszer, Ultrafiltration) getrennt wird. Als Extraktionsmittel wurde das biologisch gut abbaubare Rapsöl gewählt - alternativ können Mineralöle eingesetzt werden.

In diesem Verfahrenskomplex verringert sich der AOX des Sickerwassers bis auf wenige ppm. Mit ähnlichem Erfolg kann die Flüssig-Flüssig-Extraktion auch in pulsierten Siebbodenkolonnen durchgeführt werden.
(Investitionskosten für eine 25 $m^3$/d-Anlage: ca. 250.000 DM, spezifische Kosten für Additive und Abfallentsorgung des belasteten Extraktionsöls durch Sonderabfallverbrennung: ca. 20 DM pro $m^3$ Sickerwasser.)

Falls das Extraktionsöl nicht als Abfall entsorgt werden soll, kann in einem Verfahrenskomplex III das belastete Extraktionsöl zur photochemischen Destruktion der Chlororganika in einem UV-Fallfilm-Reaktor (1000 Watt UV-Strahler) behandelt werden, um es im Verfahrenskomplex II wieder einsetzen zu können (Additive sind hierbei keine notwendig, spezifische Behandlungskosten bislang nicht angebbar). Falls Mineralöle als Extraktionsmittel dienen, kan auch das Degussa Natrium-Verfahren eingesetzt werden. Hierbei fallen in geringer Menge Abfallschlämme an.

ERGEBNISSE DER UNTERSUCHUNGEN ZUR OXIDATION ORGANISCHER INHALTSSTOFFE IN HOCHKONTAMINIERTEN DEPONIE-SICKERWÄSSERN UNTER EINSATZ VON WASSERSTOFFPEROXID UND ANWENDUNG VON UV-STRAHLUNG

E. THOMANETZ und W. RÖDER

Die Untersuchungen wurden in einem drucklosen, thermostatisierten Rührkesselreaktor mit UV-Tauchbrenner im batch-Betrieb durchgeführt, wobei der Rückführung der Gasphase ins Reaktionsmedium sowie der Abgaskontrolle besondere Aufmerksamkeit geschenkt wurde.
Die Ergebnisse der Untersuchungen zur CSB- und AOX-Elimination aus einem hochbelasteten Sickerwasser einer Sonderabfalldeponie (CSB über 10 000 mg/l, AOX mehrere 100 mg/l) unter Einsatz von Wasserstoffperoxid und Anwendung von UV-Strahlung sind wie folgt zusammenzufassen:

- Bei Erhöhung der Reaktionstemperatur von 20°C auf 60°C - ohne UV - nimmt die CSB-Eliminationsgeschwindigkeit erwartungsgemäß deutlich zu - allerdings waren die Reaktionszeiten generell lang, sie lagen zwischen 20 und 50 Stunden.
- Bei stöchiometrischer Zugabe von Wasserstoffperoxid und einer Reaktionstemperatur von 60°C (bezogen auf den Anfangs-CSB) konnten - ohne UV-Bestrahlung - AOX- und CSB-Eliminationswirkungsgrade von lediglich ca. 20 Prozent erzielt werden.
- Bei Reaktionstemperaturen von 60°C - ohne UV - läßt sich der CSB-Eliminationswirkungsgrad durch die Zugabe von Fe-II-Katalysator nicht steigern. Offenbar ist der radikalbildende katalytische Einfluß von im Sickerwasser vorhandenen Inhaltsstoffen ausreichend.
- Die bei 60°C maximal erreichten CSB-Eliminationswirkungsgrade lagen - ohne UV-Bestrahlung - auch bei ca. 4-Fach überstöchiometrischer Wasserstoffperoxid-Dosierung (bezogen auf den Anfangs-CSB) nicht höher als 80 Prozent.
- Bei - aus Kostengründen angestrebter - stöchiometrischer Zugabe von Wasserstoffperoxid (bezogen auf den Anfangs-CSB) und einer Reaktionstemperatur von 60°C - unter Anwendung von UV-Strahlung (1100 kJ/h) - sind nach ca. 15- bis 20-stündiger Behandlung AOX- und CSB-Eliminationswirkungsgrade zwischen 80 und 90 Prozent zu erzielen.
- Es sei angemerkt, daß sich in chloridhaltigen Wässern unter bestimmten Umständen bei der Anwendung von Wasserstoffperoxid Chlororganika de-novo bilden, wobei u. U. beträchtliche AOX-Konzentrationen resultieren können.

Insgesamt ist festzustellen, daß die Behandlung von Deponiesickerwässern (und ähnlichen Flüssigabfällen) unter Einsatz von Wasserstoffperoxid und Anwendung von UV-Strahlung eine effektive und kostenseitig interessante Methode zur weitestgehenden Reduzierung von CSB und AOX darstellt.

## BIOLOGISCHE VORBEHANDLUNG VON DEPONIESICKERWASSER VOR MEMBRANVERFAHREN, BEISPIEL DEPONIE MECHERNICH/EUSKIRCHEN

Prof. Dr.-Ing. C. F. Seyfried
Dipl.-Ing. U. Theilen
Institut für Siedlungswasserwirtschaft und Abfalltechnik,
Universität Hannover, D-3000 Hannover 1; Tel. 0511 762 4809/2276

Sickerwasser aus Deponien gehört in der Bundesrepublik Deutschland nach § 7a des Wasserhaushaltsgesetzes zu den Abwässern mit gefährlichen Inhaltsstoffen und muß daher dem **Stand der Technik** entsprechend gereinigt werden. Dieser Stand der Technik läßt sich allerdings nicht festschreiben, sondern unterliegt einer ständigen Weiterentwicklung.

In den letzten Jahren hat sich die Membrantechnologie (Umkehrosmose) zu einem Verfahren nach Stand der Technik für die Deponiesickerwasser entwickelt. Sie weist allerdings insbesondere für hochbelastetes Sickerwasser (hohe organische und Stickstoffkonzentrationen) einige Probleme auf. Mit dem Ziel einer weitgehenden Entfrachtung des Sickerwassers von organischen und anorganischen Inhaltsstoffen wurde daher für die Deponie Mechernich des Landkreises Euskirchen (Nordrhein-Westfalen) ein Verfahrenskonzept entwickelt, das eine Kombination aus biologischer Stufe zum Abbau der Kohlenstoff- und Stickstoffverbindungen und physikalischer Stufe zur Aufkonzentrierung der verbleibenden Inhaltsstoffe (biologisch nicht umsetzbare organische Verbindungen wie Rest-CSB, AOX, Rest-TKN; Metallverbindungen; Salze) darstellt (siehe Bild 1).

Die biologische Vorbehandlung besteht aus einer Tauchtropfkörperanlage zur Nitrifikation (STK) sowie einer 2-stufigen vorgeschalteten Denitrifikationsanlage. In einer Belebungsanlage (BB/DNB) wird ein Teil des in der STK gebildeten Nitrates unter Nutzung des Kohlenstoffs aus dem Sickerwasser reduziert. Der überwiegende Nitratanteil wird in einem Müllfestbettreaktor unter Nutzung des im Abfall enthaltenen Kohlenstoffs umgesetzt. Die physikalische Stufe besteht aus einer 2-stufigen Umkehrosmoseanlage (1. Stufe mit Tubularmodulen, 2. Stufe mit Wickelmodulen bestückt) sowie einer nachgeschalteten ebenfalls 2-stufigen Eindampfungsanlage (Voreindampfung mit Wirbelschicht-Wärmetauschern, Trocknung).

Die biologische Vorbehandlung vor der UO-Anlage hat im Vergleich zu einer 2-stufigen UO-Anlage ohne Vorbehandlung folgende entscheidende Vorteile:

- weitgehende biologische Umsetzung kleiner Moleküle (gut abbaubare organische Verbindungen, Stickstoffverbindungen), deren Rückhalt in der Umkehrosmose relativ schlecht ist und die in der Eindampfung zu Problemen bzw. erhöhtem Aufwand führen (Ammoniak-Strippung, nicht auskristallisierbare organische Verbindungen, Schäumen)

- Oxidation und Ausfällung belagbildender Inhaltsstoffe, die zu Verblockungen auf den Membranen führen; Verringerung von Scaling, Fouling und Biofouling; Verringerung des Reinigungsaufwandes,

- Erhöhung des spezifischen Permeatfluxes, dadurch kleinere UO-Anlage möglich,

- Verringerung des organischen Anteils im Reststoff, der als Sonderabfall entsorgt werden muß; Unterschreitung des Grenzwertes von 10 % Glühverlust, ab dem eine kostenintensive Sonderabfallverbrennung nach TA Abfall vorgeschrieben ist; Verringerung der abzulagernden Reststoffmenge,

- Verringerung der Abluftbelastung aus der Verdampfungsanlage

- Minimierung der erforderlichen Chemikalienmenge

Die Anlage auf der Deponie Mechernich wird die geforderten Grenzwerte bei weitem unterschreiten und sogar Ablaufwerte erreichen, die mit den Werten des DVGW-Arbeitsblattes W 151 "Eignung von Oberflächenwasser für die Trinkwassergewinnung" zu vergleichen sind bzw. diese unterschreiten:

| PARAMETER | SICKER-WASSER voraus-sichtl. | BIOLOGIE (anaerob, aerob) NITRI/DENI | UMKEHR-OSMOSE CF = 5 2.Stufe | ÜBERWACHUNGS-WERTE n. PLAN-GENEHMIGUNG v. 9. 12. 88 Indirekt | Anford. 51.Anh. AVwV. 1989 Direkt |
|---|---|---|---|---|---|
| CSB mg/l | 4000 | 2000 | < 20 | 1000 | 200 |
| BSB$_5$ mg/l | 1000 | < 20 | < 2 | 300 | 20 |
| org.N mg/l | 400 | 100 | < 10 | 15 | - |
| NH$_4$-N mg/l | 1600 | < 5 | < 1 | 60 | 50 |
| NO$_3$-N mg/l | < 10 | 300 | < 15 | - | - |
| NO$_2$-N mg/l | < 1 | < 2 | < 0,5 | 1 | - |
| ges.N mg/l | 2000 | 400 | < 25 | 75 | - |
| AOX µg/l | 5000 | 4000 | < 100 | 500 | 500 |
| Cl$^-$ mg/l | 3000 | 3000 | < 50 | - | - |

Tab. 1  Erwartete Ablaufwerte der Behandlungsanlage der Deponie Mechernich, Landkreis Euskirchen, im Vergleich zu den Überwachungswerten für **Indirekteinleitung** sowie den Grenzwerten des 51. Anhanges der AVwV. für **Direkteinleitung**

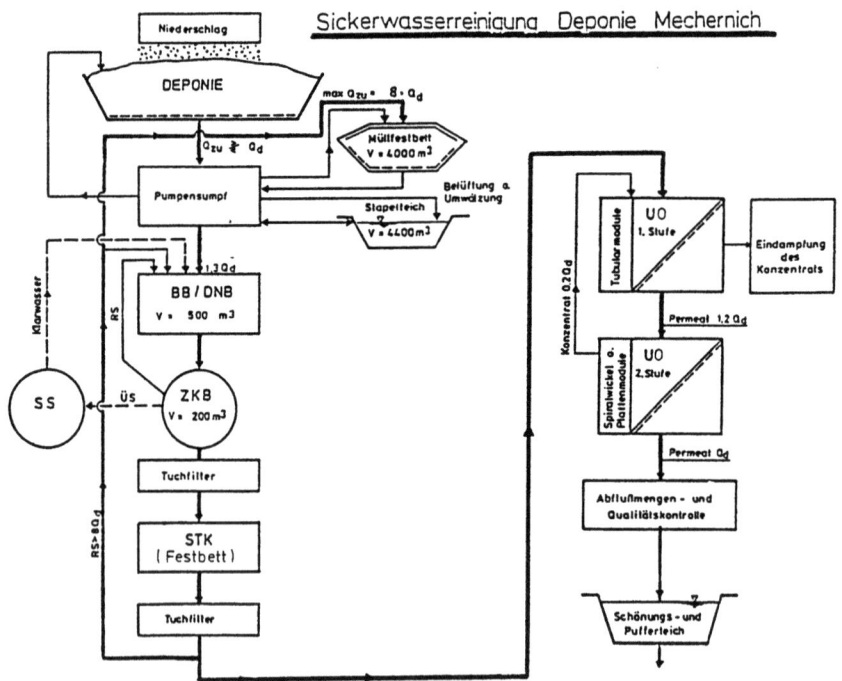

Bild 1  Verfahrensschema der Sickerwasserbehandlungsanlage der Deponie Mechernich, Landkreis Euskirchen

## SICHERUNG VON HAUSMÜLL-DEPONIEN DURCH KONTROLLIERTE DEPONIEGASNUTZUNG IN VERBINDUNG MIT BIOLOGISCHER SICKERWASSER- UND KONDENSATBEHANDLUNG

WICHMANN, K., CZEKALLA, C., VOLLMER, P.

CONSULAQUA HAMBURG BERATUNGSGESELLSCHAFT MBH

Die Sicherung und Renaturierung von abgeschlossenen Hausmülldeponien erfordert in vielen Fällen sowohl eine Entgasung als auch eine Kontrolle und Behandlung des anfallenden Sickerwassers. Diesem Erfordernis entsprechend wurde ein besonderes wirtschaftliches Kombinationsverfahren (Abb. 1) entwickelt und auf einer Hausmüll-Deponie im Raum Hamburg erstmals erprobt.

Bei dem neuen Verfahren dienen die in den Deponiekörper abgeteuften Gasentnahmesonden gleichzeitig der Wasserentnahme. Während das Deponiegas einer Nutzung zur Erzeugung von Strom- und Wärme-Energie zugeführt wird, ermöglicht die gezielte Wasserentnahme eine kontrollierte Beeinflussung des Wasserhaushaltes des Deponiekörpers. Hierdurch kann zum einen die Gasproduktion gesteuert und zum anderen der mögliche Austritt von Sickerwasser beeinflusst werden. Ein Teil der erzeugten Energie wird für die Sickerwasserbehandlung eingesetzt.

Das modulare Kondensat- und Sickerwasserbehandlungssystem umfasst eine zweistufige Adsorptions-Biologie-Anlage, die durch eine physikalisch-chemische Nachbehandlung (Abb. 1) entsprechend dem Aufbereitungsziel, das in der Regel durch die Ableitungsbedingungen und behördlichen Auflagen vorgegeben wird, ergänzt wird.

In der zweistufigen Adsorptions-Biologie-Anlage wird der Korn-Aktivkohle-Reaktor im Wechsel im 1. Schritt mit Roh-Sickerwasser zur Adsorption der organischen Substanzen und im 2. Schritt mit vorgereinigtem, nitrifiziertem Sickerwasser zur anaeroben Denitrifikation betrieben. Ein Festbettreaktor mit Quarzsand in der 2. Stufe dient zur aeroben Nitrifikation des adsorptiv vorgereinigten Sickerwassers.

Mit der halbtechnischen Versuchs-Anlage konnte u. a. die CSB-Belastung von > 3.000 mg/l auf ca. 150 mg/l und die Stickstoff-Belastung mit $NH_4$-Werten > 1.000 mg/l auf $NO_3$-Werte < 10 mg/l vermindert werden.

Ergänzend zur biologischen Reinigung wurden in einer Umkehrosmose-Anlage Versuche zur Rest-CSB-Entfernung und Entsalzung durchgeführt. Das anfallende Konzentrat kann unter Verwendung der bei der Gasnutzung erzeugten Wärme eingedampft und entsorgt werden.

Damit gewährleistet die gewählte Sickerwasserbehandlung einen sehr geringen Anfall von umweltbelastenden Abfallstoffen und macht dieses Kombinationsverfahren zu einer wirtschaftlich und oekologisch günstigen Lösung für die Sanierung von Hausmüll-Deponien.

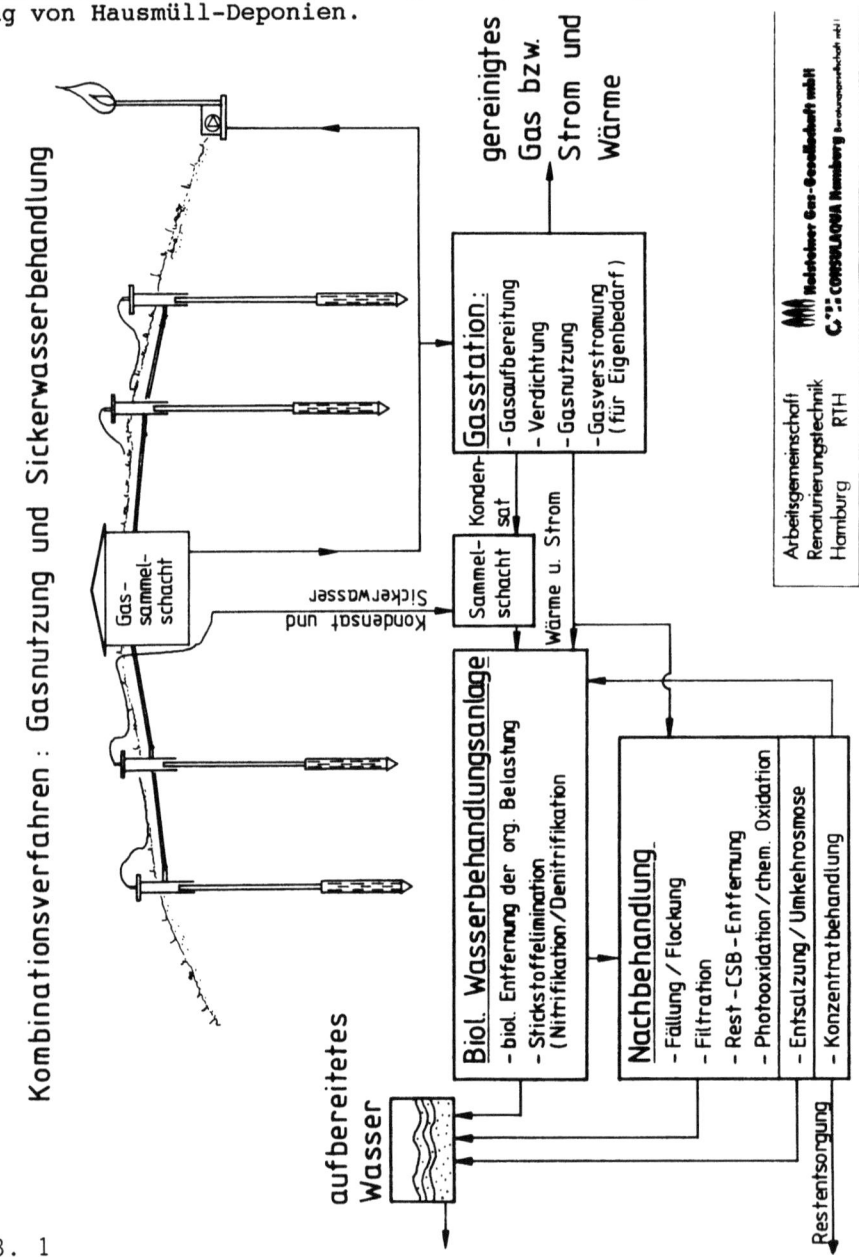

ABB. 1

## AUFARBEITUNG VON DEPONIESICKERWASSER MITTELS UMKEHROSMOSE UND EINDAMPFUNG

R.Rautenbach, K.Arz, C.Erdmann, R.Mellis
Institut für Verfahrenstechnik
Rheinisch–Westfälische Technische Hochschule Aachen
D – 5100 Aachen

### 1. EINLEITUNG

Mit der jüngsten Novelle des Wasserhaushaltsgesetzes und den Folgeverordnungen unterliegt die Behandlung von Deponiesickerwasser neuen und wesentlich schärferen Auflagen. Der 51. Anhang der "Allgemeinen Verwaltungsvorschrift" zum § 7 WHG sieht eine Aufarbeitung der 'nicht gefährlichen' Inhaltsstoffe des Deponiesickerwassers nach den Regeln der Technik und der gefährlichen Inhaltsstoffe nach dem Stand der Technik vor.

Eine besonders geeignete Verfahrenskombination zur Lösung des gestellten Aufarbeitungsproblems stellt eine Hybridanlage aus zweistufiger Umkehrosmose, Eindampfung und Ammoniakstrippung dar.

### 2. ERGEBNISSE DER PILOTANLAGE

In einem 9–monatigen Versuchsbetrieb wurde die Tauglichkeit der Verfahrenskombination aus zweistufiger Umkehrosmose, Eindampfung und Ammoniakstrippung unter Beweis gestellt.

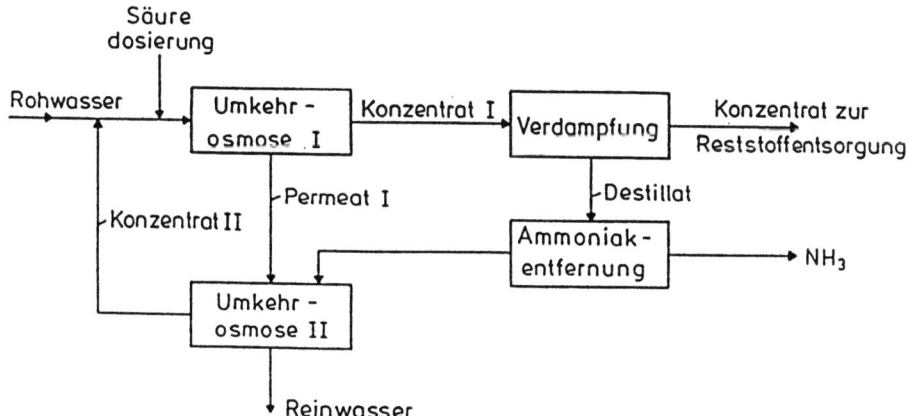

Bild 1  Grundfließbild zur Aufarbeitung von Deponiesickerwasser

Das Rohsickerwasser wurde nach Senkung des pH-Wertes mittels $H_2SO_4$—Dosierung der ersten Umkehrosmosestufe zugeführt. Das Konzentrat dieser Stufe wurde im nachgeschalteten Verdampfer bis auf 40% Trockensubstanz aufkonzentriert. In der Eindampfanlage kam ein Wirbelschichtwärmeaustauscher zum Einsatz, der sich im Betrieb mit krustenbildenden Abwässern bereits vielfach bewährt hat. Das im Brüdenkondensat des Verdampfers befindliche Ammoniak wurde mit Luft ausgestrippt.

In einer Großanlage ist eine Dampfstrippung geplant. Das dabei entstehende Ammoniakwasser wird dort aufkonzentriert und kann danach z.B. in der Düngemittelproduktion eingesetzt werden. Auf diese Weise kann der im Deponiesickerwasser enthaltene Wertstoff Ammoniak zurückgewonnen werden.

Das Konzentrat der Eindampfanlage wird in einem Trockner bis auf 80–90 % Trockensubstanz aufkonzentriert. Der dabei anfallende Reststoff kann endgelagert werden.

Während des Versuchsbetriebes der Pilotanlage wurde sowohl die Leistungsfähigkeit der Einzelkomponenten, als auch die des Gesamtkonzeptes untersucht. Es zeigte sich, daß die Anforderungen an die Reinwasserqualität mit Ausnahme des $NH_4^+/NH_3$ schon mit einer Umkehrosmosestufe erreicht werden.

|  | Durchsatz(kg/h) | CSB(mg/l) | $NH_4^+$(mg/l) | LF(mS/cm) |
|---|---|---|---|---|
| Rohsickerwasser | 10.000 * | 3.355 | 1.385 | 11.5 |
| Konz. Eindampfer | 250 | 114.600 | 3.000 | > 100.0 |
| Reinwasser | 9.750 | < 15 | 15 | 0.1 |
| Rückhalt Anlage |  | > 99.5% | 98.9% | 99.1% |

Tab.1 Leistungsdaten der Gesamtanlage

*Gesamte auf der Deponie anfallende Sickerwassermenge

## 3. ZUSAMMENFASSUNG

Die Kombination aus Umkehrosmose, Eindampfung und Ammoniakstrippung kann die hohen Anforderungen an die Aufarbeitung von Deponiesickerwasser erfüllen.

Die Ziele der weiteren Forschung sind die Minimierung des Chemikalienbedarfs sowie der Einsatz alternativer Module in der ersten Umkehrosmosestufe.

AUFBEREITUNG VON DEPONIE-SICKERWASSER MIT INNOVATIVER MEMBRAN-TECHNIK

THOMAS A. PETERS

CONSULTING FÜR MEMBRANTECHNOLOGIE UND UMWELTTECHNIK
NEUSS, BRD

1. EINLEITUNG
   Die zunehmende Bewußtwerdung des Umweltgefährdungspotentials von Deponie-Sickerwasser war eine der Triebkräfte für die in den letzten Jahren überproportional wachsenden Anstrengungen bei der Entwicklung und Einführung von entsprechenden Aufbereitungsmaßnahmen.

2. BISHERIGE AUFBEREITUNG VON DEPONIE-SICKERWASSER
   Bis heute wird bei vielen Deponien das aufgefangene Sickerwasser zu kommunalen Kläranlagen abgeleitet oder transportiert und dort mitbehandelt, im Kreislauf auf die Deponie zurückgepumpt oder in Oberflächenwässer eingeleitet. Die neuen gesetzlichen Bestimmungen begrenzen bzw. verbieten die Einleitung dieser komplexen Abwässer in kommunale Kläranlagen, da sie oft nicht für eine biologische Behandlung geeignet sind. Die Rückführung der Sickerwässer auf die Deponie ohne weitere Behandlung muß als kurzfristige Maßnahme betrachtet werden. Die einzige akzeptable Lösung für die Sickerwasser-Problematik ist die Aufbereitung bzw. Behandlung mit geeigneten Verfahren.

3. HYBRID-PROZESSE UND SICKERWASSER-ENTSORGUNGSKONZEPTE
   Da die auf Deponien abgelagerten Stoffe von sehr unterschiedlicher Art sind, muß jedes Deponie-Sickerwasser als Einzelproblem betrachtet und die entsprechenden Aufbereitungsmaßnahmen von Fall zu Fall problemspezifisch ausgelegt werden. Üblicherweise werden zur Behandlung Hybrid-Prozesse eingesetzt, d.h. die Kombination von Prozessen aus der Biologischen, Chemischen, Physikalischen, Thermischen und/oder Membran-Verfahrenstechnik. Neben den notwendigen Einzelrandbedingungen für die Entscheidungsfindung ist zu beachten, ob die Verfahren im Rahmen einer Entsorgungskette oder einer Entsorgungsspinne eingesetzt werden sollen. Im ersteren Fall erfolgt die Gesamtaufbereitung an einem Ort. Beim Konzept der Entsorgungsspinne wird von einer dezentralen Voraufbereitung bzw. Vorbehandlung sowie Volumenreduzierung und einer zentralen Endaufbereitung bzw. -Behandlung der Restmengen ausgegangen.

4. INNOVATIVE MEMBRANVERFAHREN
   Bei beiden Entsorgungskonzepten können Membranverfahren Verwendung finden, da mit Hilfe spezieller Membranen oder neuer Modul-Konzepte und problemadaptierter Anlagen eine sichere und vergleichsweise kostengünstige Aufbereitung von Deponie-Sickerwasser mit hoher Verfügbarkeit möglich ist.
   So kann z.B. die Crossflow-Microfiltration, mit der Feinstpartikel und Bakterien abtrennbar sind, sinnvoll zur Vorbehandlung eingesetzt werden, wenn die Membranen einfach zu reinigen sind. Mit dem Verfahren Umkehrosmose können einerseits organische und anorganische Wasserinhaltsstoffe aufkonzentriert und die Menge des weiter zu behandelnden Sickerwassers reduziert werden. Andererseits wird ein Permeat produziert, dessen Inhaltsstoff-

Konzentrationen üblicherweise die Grenzwerte der Trinkwasserverordnung unterschreiten.

Ein Beispiel für eine neu entwickelte Technologie, die eine Reinigung der Membranen durch Rückspülung mit Gas ermöglicht, ist das Crossflow-Microfiltrations-System von MEMCOR, ein Beispiel für ein auf die Sickerwasser-Aufbereitung durch Umkehrosmose abgestimmtes neues Modul ist der Rohr-Scheiben-Modul Typ DT (Disc-Tube-Module) von ROCHEM.

## 5. MEMCOR CROSSFLOW-MICROFILTRATION MIT GAS-RÜCKSPÜLUNG

In üblichen Crossflow-Microfiltrations-Systemen werden Kapillar-Membranen mit Innendurchmessern zwischen 1 und 5 mm eingesetzt, die von der aufzubereitenden Lösung innen durchflossen werden. Die Reinigung der Oberfläche der microporösen Membranen erfolgt durch Rückspülung mit Filtrat. Das neue MEMCOR System unterscheidet sich hiervon in zwei wesentlichen Punkten: 1. Es werden Hohlfasermembranen mit einem Außendurchmesser von 0,6 mm und einem Innendurchmesser von ca. 0,3 mm aus einer Polypropylen-Membran mit 0,2 µm Porendurchmesser verwendet. 2. Die Fließrichtung des Filtrates durch die Membran wurde umgekehrt, d.h. die aufzubereitende Lösung überströmt die Hohlfaser außen und das Filtrat fließt im Innern der Hohlfaser ab.

Wegen dieser Strömungsführung und der Hohlfasergeometrie können die Ablagerungen auf den Membranen mit Hilfe einer Gas-Rückspülung entfernt werden. Das Gas wird im Innern der Hohlfasern auf 6 bar vorgespannt, um dann explosionsartig die Membran zu durchdringen und die Deckschicht abzulösen. Die hieraus resultierende wirkungsvolle Reinigung ermöglicht den Einsatz dieser Technologie zur Vorbehandlung spezieller Deponie-Sickerwässer.

## 6. SCHEIBEN-ROHR-MODUL TYP DT FÜR UMKEHROSMOSE VON ROCHEM

Das Konzept des neuen Scheiben-Rohr-Moduls Typ DT basiert auf der ursprünglich bei der GKSS entwickelten Plattenmodul-Technik und insbesondere auf der seit 1982 bei ROCHEM gesammelten Erfahrung bei der Meerwasserentsalzung.

Der DT-Modul besteht aus einem Membranelement-Stapel, der durch abwechselndes Aufeinanderstapeln von Membrankissen und Hydraulik-Scheiben über einen zentralen Zuganker hergestellt wird, beidseitig angeordneten Endflanschen mit Lippendichtungen und einem Druckrohr. Dieser Aufbau läßt ein schnelles und einfaches Überprüfen oder Auswechseln der Membranen zu. Der zwischen der Hydraulik-Scheibe und der Membran entstehende rohwasserseitige Strömungskanal ermöglicht das ungehinderte Durchströmen des Rohwassers und gleichzeitig eine problemlose Reinigung der Membranen. Die Kombination dieses Offenkanal-Konzeptes mit Engspalt-Technik und den neuen Membrankissen ist Grundlage für einen effizienten und wirtschaftlichen Betrieb dieses Moduls auch bei erhöhter Trübung oder kolloidaler Belastung des Rohwassers. Durch die hohe Flexibilität bei der Werkstoffauswahl für Membranen und die anderen Modulkomponenten wird eine problemspezifische Fertigung des Moduls unter Berücksichtigung der chemischen, physikalischen und technischen Randbedingungen möglich, wie sie z.B. für die Aufbereitung von Deponie-Sickerwasser notwendig ist.

Auf dem Poster werden Ergebnisse präsentiert, die in zwei mit dem DT-modul ausgerüsteten Anlagen zur Deponie-Sickerwasseraufbereitung in Deutschland erzielt wurden. Die erste, seit Juli 1988 in Schwabach in Betrieb, wurde schlüsselfertig von ROCHEM installiert. Die zweite, die am 3.01.1990 auf der Deponie Schönberg in Betrieb ging und weltweit die größte Anlage ihrer Art darstellt, wurde von der UNION RHEINBRAUN UMWELTTECHNIK geplant und schlüsselfertig errichtet. Ausgelegt ist die Anlage, bei der die Umkehrosmose einen Aufbereitungs-Teilschritt darstellt, für eine garantierte Permeatleistung von 100.000 m³/a.

## Grundwasserbelastung durch Ölprodukte/ Sanierung eines Industriegeländes mit einer Grundwasserreinigungsanlage

Herr Dr. Peter Jahn
Frau Almut Reher-Path

Zusammenfassung zum Poster:

Bei der Erkundung der Bodenbeschaffenheit für den Neubau eines umweltfreundlichen Wirbelschichtblockes in Berlin wurde eine bisher unbekannte Ölverunreinigung im Boden und im Grundwasser entdeckt. Die Nutzung des Standortes Berlin-Moabit für den Kraftwerksbetrieb erfolgt erst seit dem Jahre 1900. Vorher war auf dem Grundstück das Petroleumlager einer Speditionsfirma.

Zur Lokalisierung des Schadensbereiches wurde eine Rasterbeprobung (10 x 10 m) sowie in den Randzonen eine engere Felduntersuchung durchgeführt. Die Ergebnisse ließen den Schadensherd ausschließlich im Bereich des Kohlelagerplatzes und in ca. 6,0 m Tiefe, d.h. auf der Grundwasseroberfläche, annehmen. Um die geplante Baumaßnahme durchzuführen und um eine Verschleppung der Kontamination durch Grundwasserabsenkung zu vermeiden, wurde ein grundwasserhaltungsfreies Gründungsverfahren gewählt und eine sofortige Geländesanierung beschlossen.

Die behördliche Auflage zur Sanierung des vermutlichen Schadensherdes war wie folgt festgelegt:

Der Kohlenlagerplatz ist eingrenzend mit 102 Saug-Lanzen im Abstand von ca. 3 m zu versehen.
In einer Anlage ist das geförderte Grundwasser auf folgende Werte zu reinigen:

| | |
|---|---|
| Öl | $\leq$ 20 mg/l |
| CKW | $\leq$ 25 µg/l |
| CSB | $\leq$ 25 mg/l |
| $BSB_5$ | $\leq$ 10 mg/l |

absetzbare Stoffe sind nicht nachweisbar.

Das Sanierungsziel ist erreicht, wenn im Einlauf eine Ölkonzentration von 5 mg/l und CKW 25 µg/l sicher 14 Tage unterschritten wird und nach vier Wochen Stillstand nicht wieder ansteigt.

Folgende Anlagenkonzeption wurde zur Grundwassersanierung realisiert:

- ◊ **Wasserförderung mit 102 Vakuumlanzen**
  max. Kapazität = 50 m³/h.

- ◊ **Wasseraufbereitung mit**
  - Oxidationsreaktor,
  - Dosier- und Flockenbildungsstufen,
  - Flotation,
  - Biofestbettfilter,
  - Aktivkohlefilter.

Während des Anlagenbetriebes (16 Monate) wurden die Chemikaliendosierungen und die Grundwasservolumenströme variiert. Die gesamte geförderte und behandelte Grundwassermenge betrug ca. 90.000 m³. Nach Reinigung von ca. 17.000 m³ Grundwasser stellte sich im Förderwasser eine Ölkonzentration von $\leq$ 10 mg/l ein.

Mitte 1989 wurde die Zulaufkonzentration von 5 mg/l unterschritten. Ein intermittierender Anlagenbetrieb zwischen Stillstand und Betrieb zeigte keine Änderung der Zulaufkonzentration. Die Sanierungsanordnung war somit erfüllt und die Anlage konnte im August 1989 abgestellt werden. Aus dem Grundwasser sowie aus dem Grenzbereich Wasser/Boden konnten ca. 900 kg Altöl entfernt werden. Die verbleibende Restverschmutzung im Boden wird zur Zeit analysiert.

Als Schadensursache kommen
- die Bauweise von Petroleumlager aus dem vorigen Jahrhundert und
- mögliche Verschüttung von Altölresten auf die Kohlehalde in den 50-er Jahren

in Frage.

Ausschachtungsarbeiten für den Neubau wiesen eine bisher unbekannte Ausdehnung der Kavernen des unterirdischen Petroleumlagers nach, deren unbefestigte Böden in Sandschichten mit großer Wahrscheinlichkeit als Schadensursache anzunehmen sind.

# IN-SITU BEHANDLUNG VON MIT CHLORIERTEN KOHLENWASSERSTOFFEN KONTAMINIERTEM GRUNDWASSER

JAN ŠVOMA

STAVEBNI GEOLOGIE PRAHA CZECHOSLOVAKIA

Das in der Tschechoslowakei am weitest verbreitete Verfahren zur Entfernung von chlorierten Kohlenwasserstoffen aus Grundwasser ist ein Abpumpverfahren, bei dem das abgepumpte Wasser in einer aus Schwerkraftabscheider, Strippturm und Aktivkohlefiltern bestehenden modularen Anlage behandelt wird. Der Gesamtwirkungsgrad beträgt über 99,9 Prozent. In den Fällen, bei denen die Kontamination ausschließlich durch flüchtige organischen Verbindungen verursacht wird, versucht man, das Grundwasser in situ zu dekontaminieren. Hiermit befaßt sich dieser Beitrag.

In der Lagerhalle einer Elektrowarenfabrik in Ostböhmen wurde das Grundwasser durch mehrere Hundert Liter eines Entfettungsmittels kontaminiert, das aus einem unzureichend gesicherten Faß ausgelaufen war. Der Grundwasserleiter liegt in einem Tal und steht in Zusammenhang mit einer sechs Meter starken Kiessandschicht. Das undurchlässige Bett besteht aus kretazeischem Kalkmergel. Der Grundwasserspiegel liegt drei Meter tief, und das Grundwasser fließt in Richtung SSW auf ein Trinkwasserversorgungs-Einzugsgebiet zu, das 500 Meter vom Zentrum der Verunreinigung entfernt ist. Die hydraulische Leitfähigkeit variiert zwischen 2,4 und 6,2 $10^{-4}$ m/s, und die Ausdehnung der Absenkung wurde zu 46 bis 73 Meter berechnet. Hydraulische Effekte wurden in einem Abstand von 32 Metern beobachtet. Die überwiegend durch Perchlorethylen (PCE) verursachte Grundwasserverunreinigung hat im Kontaminationszentrum eine Konzentration von über 20 mg/l. Die Trichlorethylenkonzentration des Grundwassers liegt um den Faktor 10 bis 80 unter diesem Wert, so daß im folgenden der Kürze halber nur die PCE-Kontamination betrachtet werden soll.

Als Sanierungsverfahren wurde das Abpumpen über Schutzbrunnen gewählt. Unter dem Kontaminationskern wurden sechs Sanierungsbohrungen niedergebracht, deren Anordnung auf der Grundlage von atmogeochemischen Messungen mittels Kartierungs- und Beobachtungsbohrungen festgelegt wurde. Die Kartierungsbohrungen liegen in einer Reihe mit Zwischenabständen von 10 bis 25 Metern. Gegenwärtig werden aus den Bohrlöchern und einem alten Schachtbrunnen insgesamt 3,7 l/s Wasser abgepumpt. Die so geschaffene kontinuierliche hydraulische Absenkung verhindert die Migration der Schadstoffe aus dem kontaminierten Gebiet. Ein Teil des abgepumpten Wassers wird im Kreislauf geführt. Dabei wird das Grundwasser direkt in den doppelwandigen Sanierungsbohrungen dekontaminiert (Patent-Nr. 270 487/1990). Um die zu desorbierende Wassersäule zu erhöhen, wurden alle Bohrlöcher vier Meter tief in die undurchlässige Unterschicht aus sandigem Kies gebohrt. Der äußere Mantel ist im Bereich des Grundwasserleiter und auch unterhalb perforiert. Der innere Mantel ist unten geschlossen und nur im obersten Teil perforiert. Zur Montage des inneren Mantels im äußeren Mantel wurde eine verschiebbare Halterung verwendet. Durch Verschieben des inneren Mantels kann während des Pumpens das Niveau der Perforation geändert werden, und folglich auch die Absenkung des Wasserspiegels. Die Pumpe ist in Bodennähe des inneren Mantels montiert. Sie senkt den Wasserspiegel im inneren Mantel bis zu ihrem Ansaugpunkt ab; daraufhin beginnt das Grundwasser aus dem ringförmigen Raum durch die Perforation des inneren Mantels zu fließen. Das Ausmaß der Absenkung um das Bohrloch herum wird durch diese Perforationen festgelegt. Die Dekontamination erfolgt durch Strippen im ringförmigen Raum, in den Druckluft mittels eines mikroporösen Verteilers eingeblasen wird. Die weitere Reinigung erfolgt im inneren Mantel, der für die Wassertropfen, die aus dem ringförmigen Raum hereinfließen, als freie Strippkolonne wirkt. Die Reinigungseffizienz der inneren Säule kann durch den Einsatz gefalteter Kunststoffnetze verbessert werden. Bei einer Anfangskonzentration von 26 mg PCE pro Liter besitzt eine Dekontaminierungbohrung einen Wirkungsgrad von 93,7 Prozent. Der Reinigungseffekt kann noch dadurch gesteigert werden, daß unterirdisch in gleicher Tiefe eine zusätzliche Reinigungskolonne von ähnlicher Bauart installiert wird. Im vorliegenden Fall führte dies zu einer Verbesserung bis zu 97,8 Prozent. Die Abluft wird in Aktivkohlefiltern gereinigt. Das Verfahren stellt an Platzbedarf und Ausrüstung nur minimale Anforderungen. Abgesehen von den Luftfiltern ist eine Temperierung der Anlage nicht erforderlich.

Zwischen Mai und November 1989 trugen die Sanierungsmaßnahmen dazu bei, daß der Grundwasserbereich, der mehr als 10 mg PCE pro Liter enthielt, von 7200 m$^2$ auf 5000 m$^2$, und der mit mehr als 1 mg/l kontaminierte Bereich von 14700 m$^2$ auf 9500 m$^2$ reduziert werden konnte.

# SANIERUNG SCHWERMETALLVERUNREINIGTEN GRUNDWASSERS DURCH DEN EINSATZ VON IONENAUSTAUSCHERANLAGEN

J. Johannsen, M. Krutz, E. Petzold, S. Süring

Institut für Bodensanierung, Wasser- und Luftanalytik GmbH, D-5860 Iserlohn 9

Während viele organische Verbindungen aufgrund ihrer hydrophoben Eigenschaften mit physikalischen Methoden (z.B. Ölabscheider) abtrennbar sind, versagen diese Methoden bei den meisten anorganischen Stoffen, so z.B. bei den Schwermetallen. Kleine Durchsatzmengen können zweckmäßig durch Fällungsreaktionen behandelt werden. Bei großen Durchsätzen würden sich hierbei aber aufgrund des hohen verfahrenstechnischen Aufwands (Absetzbecken, Filterpressen etc.) unverhältnismäßig hohe Kosten ergeben.

Aufgrund einschlägiger Erfahrung sowohl im Versuchsmaßstab als auch in der Sanierungspraxis hat sich das Ionenaustauschverfahren als überlegene Alternative im Vergleich zu Fällungsreaktionen erwiesen.

## Prinzip des Ionenaustauschverfahrens

In der Regel werden Ionenaustauscher auf Kunstharzbasis eingesetzt. Diese millimetergroßen Harzkügelchen bestehen aus einem Grundgerüst (Matrix), an dem aktive Gruppen angelagert sind. An diesen aktiven Gruppen findet der eigentliche Ionenaustausch statt. Hierbei werden unerwünschte Ionen aus dem umgebenden Medium (z.B. Chromat-Ionen aus dem Grundwasser) gegen harmlose Ionen der aktiven Gruppen ausgetauscht. So werden z.B. bei der Wasserenthärtung, wo dieses Verfahren seit langem erfolgreich eingesetzt wird, auf diese Weise die härtebildenden Kationen Calcium und Magnesium mit einem Kationenaustauscher gegen Natrium-Ionen ausgetauscht. Auf die gleiche Weise können anionische Verunreinigungen mit einem Anionenaustauscher behandelt werden.

Ionenaustauscher können zwar keine Schadstoffe vernichten, aber sie reichern geringe Konzentrationen von Schadstoffen, die gelöst vorliegen, stark an. Im Zuge der Regenerierung werden die Schadstoffe als Konzentrat zurückgewonnen. Das Ionenaustauscherharz wird hierbei in seinen ursprünglichen Zustand zurückversetzt und steht für einen neuen Austauschzyklus zur Verfügung.

Da heute für fast jede Problemstellung ein spezielles Austauscherharz zur Verfügung steht, ist es möglich, auch unter schwierigen Voraussetzungen Ionenaustauscher erfolgreich zur Sanierung einzusetzen.

Die Umsetzung dieses Verfahrens in die Praxis wird im folgenden anhand eines Fallbeispiels dargestellt:

## Reinigung von chromverunreinigtem Grundwasser

Auf dem Gelände eines holzverarbeitenden Betriebs war eine größere Menge chromhaltigen Holzimprägniermittels ausgelaufen und in den Boden und in das Grundwasser gelangt. Die Chrom(VI)-Konzentration im Grundwasser betrug bis zu 14 mg/l und lag damit weit über den für die Einleitung in die Kanalisation zulässigen Grenzen, so daß ein Abpumpen des chromverunreinigten Grundwassers in die Kanalisation ausgeschlossen war. Eine konventionelle Behandlung in einer chemischen Entgiftungsanlage hätte Kosten in Höhe von 270 DM/m$^3$ verursacht, wozu noch Vorhaltungskosten und Transport etc. von rund 1000 DM je Einsatztag hinzuzurechnen wären. Diese Kosten steigen praktisch linear mit der behandelten Grundwassermenge.

Bei einer Sanierung mittels Ionenaustauscher ist hingegen die Menge des aufzubereitenden Wassers sekundär, d.h. das Ionenaustauschverfahren ist vorzuziehen, wenn größere Wassermengen aufzubereiten sind. Dies ist bei Grundwasserbehandlungen fast immer der Fall.

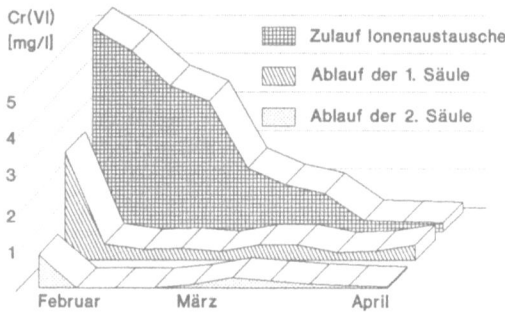

Zeitlicher Verlauf der Chrom(VI)konzentration im Grundwasser und im Ablauf der Austauschersäulen.

Zunächst wurde daher im Schadenzentrum ein Sanierungsbrunnen niedergebracht, der eine Grundwasserergiebigkeit von 2 m$^3$/h erbrachte. Das abgepumpte Grundwasser wurde nach vorgeschaltetem Kiesfilter über eine zweistufige Ionenaustauscheranlage in die Kanalisation geleitet.

Die Chromkonzentration im aufzubereitenden Grundwasser fiel von 5 mg/l Cr innerhalb 3-4 Wochen auf Zulaufwerte unter 2 mg/l ab. Bis dahin waren rund 1000 m$^3$ Grundwasser aufbereitet worden. Erst nach Entnahme von weiteren 2000 m$^3$ Grundwasser ging die Chromkonzentration auf 0.2 mg/l zurück. Die Sanierung war wenige Wochen nach Inbetriebnahme der Ionenaustauscheranlage abgeschlossen.

Während bei einer konventionellen Behandlung Sanierungskosten von mehr als 500.000 DM entstanden wären, konnte dieser Schadenfall mittels Ionenaustauscher einschließlich chemisch-analytischer Überwachung mit etwa 70.000 DM abgeschlossen werden.

Zur Zeit wird ein Projekt durchgeführt, bei dem schwermetallverunreinigtes Grundwasser mit einer Entnahmeleistung von 60 m$^3$/h soweit aufzubereiten ist, daß die Grenzwerte der Trinkwasserverordnung unterschritten werden.

Abschließend sei darauf hingewiesen, daß diese an sich wirkungsvolle Sanierungstechnik nicht unkritisch eingesetzt werden soll, nur weil sie kostengünstig ist. Ohne Kenntnis der chemisch-physikalischen Zusammenhänge und ohne sachkundige Begleitung sind Mißerfolge vorprogrammiert, die die Zuverlässigkeit dieser Sanierungstechnik in Frage stellen.

SANIERUNGSPROGRAMM FÜR EINEN KONTAMINIERTEN GRUNDWASSER-
LEITER IN VILLE MERCIER, QUEBEC, KANADA

R.M. BOOTH, M. HALEVY UND J.W. SCHMIDT

WASTEWATER TECHNOLOGY CENTRE, ENVIRONMENT CANADA

SCHADSTOFFE IM GRUNDWASSER
  Organische Verbindungen
1,2-Dichlorethan                 <  2073  µg/L
1,1,2-Trichlorethan              <  1214  µg/L
1,1,2-Trichloreththylen          <   147  µg/L
1,1,2,2-Tetrachloreththylen      <   109  µg/L
1,1,1-Trichlorethan              <    32  µg/L
m+o+p-Xylol                      <   627  µg/L
Toluol                           <   344  µg/L
Benzol                           <   250  µg/L
  Anorganische Verbindungen
Eisen                            < 10,80  mg/L
Mangan                           <  0,33  mg/L

STUDIE ZU EINER EXPERIMENTELLEN PILOTANLAGE FÜR DIE GRUND-
WASSERSANIERUNG: 1988-1989
  Hintergrund
  Von 1988 bis 1989 wurde von einer staatlichen kana-
dischen Behörde, dem Abwasser-Technologiezentrum, eine
Studie zur phsikalisch-chemischen Behandlung durchgeführt,
um a) die Leistungsfähigkeit der vorhanden Behandlungsanlage
zu prüfen, und um b) Untersuchungen zur physikalisch-
chemischen Behandlungsfähigkeit im Pilotmaßstab durchzuführen, deren Ziel es war, einen optimalen Ablauf von
Prozeßeinheiten und entsprechenden Betriebs- und Auslegungs-
parametern zu ermitteln, um den kontaminierten Grundwasserleiter zu sanieren.

ERGEBNISSE DER STUDIE ZU EINER EXPERIMENTELLEN PILOTANLAGE
FÜR DIE GRUNDWASSERSANIERUNG: 1988-1989
  Ermittelte Erfordernisse
  1) Oxidation und Entfernung anorganischer Verbindungen,
2) Entfernung organischer Verbindungen.
  Die Ergebnisse der Studie haben deutlich gemacht, wie
wichtig es ist, Eisen im frühestmöglichen Stadium der
Behandlungskette zu entfernen. Wenn darüber hinaus das Eisen
nicht schon im Vorwege entfernt wird, lagert es sich in der
Grundwasser-Behandlungskette ab und führt so zur physikalischen und biologischen Verstopfung der Prozeßeinheiten,
die für die Entfernung der organischen Verbindungen zuständig sind.

Eisenvorbehandlung
1) Belüftung in einer Blasensäule, und 2) direkte Sandfiltration unter Druck.

Wie gezeigt werden konnte, oxidiert die Belüftung in der Blasensäule Eisen(II)-Verbindungen in Eisen(III)-Hydroxide. Durch die langsamere Geschwindigkeit der Oxidationsreaktion, z.B. der Anreicherung mit Sauerstoff, wurde die Bildung von Partikeln aus Eisen(III)-Hydroxid gefördert; die entstehenden größeren Eisenpartikel konnten ohne Zusatz von Koagulierungs- oder Flockungsmitteln und ohne pH-Einstellung durch einen konventionellen optimierten Sandfiltrationsprozeß entfernt werden.

Organische Behandlung
1) Belüftungsinduzierte Desorbierung und 2) Filtration durch granulierte Aktivkohle

Wegen der flüchtigen Natur der Grundwasserschadstoffe wurde zur Entfernung der organischen Verbindungen die belüftungsinduzierte Desorbierung gewählt. Die Festlegung der optimalen Betriebs- und Auslegungsparameter erfolgte auf Grundlage der Desorbierungseffizienz für die Verbindungen mit den kleinsten Konstanten in Henry's Gesetz, wie z.B. 1,2-Dichlorethan und 1,1,2-Trichlorethan. Als abschließendes Prozeßelement zur Feinbehandlung bei der Entfernung organischer Verbindungen wurde die Flüssigphasenfiltration durch granulierte Aktivkohle (GAK-Filtration) in die Behandlungskette aufgenommen. Die Leistungsdaten der Pilotanlage werden in den Abbildungen 2, 3 und 4 dargestellt.

BETRIEBS- UND VORLÄUFIGE AUSLEGUNGSPARAMETER
Belüftung,
Blasensäule:    Feinblasendiffusion
                Hydraulische Rückhaltezeit: 22 Min.
                Luft/Wasser: 5,5
Filtration im
granularen Medium:  Sand/Kies-gradiertes Bett: 110 cm Tiefe
                    Effektiver Durchmesser 0,46 mm
                    Uniformitätskoeffizient 1,44
                    Sand-Schnellfiltration: 19 m/Std
                    Speicherkapazität: 15-20 Stunden mit Zufluß
                    Fe-Konzentration 8 << 11 mg/L und Fe-Konzentration im Austritt < 0,30 mg/L
                    Zinkgranulen zur Kontrolle des biologischen Wachstums, z.B. Pseudomonaceae
Luftdesorbierung:   Keramische Packung: Intallox-Sättel 1,9 cm
                    Packungstiefe: 2,4 m
                    Auslegungs-Entfernungseffizienz: 97% für 1,2-Dichlorethan

GAK-Filtration: Luft/Wasser-Verhältnis: 240
Betriebstemperatur: 12°C
Öl-agglomerierte mit Lignit veredelte
dampfaktivierte granulare Aktivkohle:
Effektiver Durchmesser 0,6 mm
In Reihe geschaltete GAK-Säulen,
Filtration unter Druck im Abwärtsfluß
Gesamt-Kontaktdauer bei leerem Bett:
14 Min.
GAK-Schnellfiltration: 27 m/Std

GRUNDWASSERSANIERUNG MIT HILFE DER ZIRKULATIONSSTRÖMUNG
UM DEN KOMBINIERTEN ENTNAHME- UND EINLEITUNGSBRUNNEN
FUNKTION UND BEMESSUNG DES BRUNNENS

W. BÜRMANN
INSTITUT FÜR HYDROMECHANIK, UNIVERSITÄT KARLSRUHE

1. KOMBINIERTER ENTNAHME- UND EINLEITUNGSBRUNNEN
  Die bekannten Nachteile der Entnahme- bzw. Einleitungsbrunnen (Grundwasserabsenkung und -aufhöhung, beschränkte Ergiebigkeit) werden vermieden, wenn Entnahme und Wiedereinleitung im gleichen Brunnen erfolgen (kombinierter Entnahme- und Einleitungsbrunnen). Dabei tritt statt großräumiger nur eine lokale, begrenzte Beeinflussung und Störung der natürlichen Grundwasserströmung auf.
  Eine Anwendung des kombinierten Entnahme- und Einleitungsbrunnens ist der Unterdruck-Verdampfer-Brunnen (UVB) (Hersteller: IEG mbH, D-7410 Reutlingen), der das Grundwasser innerhalb des Brunnenschachts durch In-Situ-Strippen mit Luft bei Unterdruck von strippbaren Schadstoffen wie chlorierte Kohlenwasserstoffe (CKW) reinigt. Auch Bodenluft kann gereinigt werden. Gegebenenfalls wird das Wasser nicht im Brunnen, sondern außerhalb gereinigt und wieder zurückgeführt.

2. FUNKTION
  Die Funktion des kombinierten Entnahme- und Einleitungsbrunnens beruht auf der in seinem Schacht enthaltenen Wasserpumpe (Mammutpumpe), die eine aufwärts oder abwärts gerichtete Strömung im Brunnen erzeugt. Der Brunnen besitzt eine untere und obere Verfilterung mit dazwischenliegendem undurchlässigen Ausbau. Daher stellt sich bei Aufwärtsströmung im Schacht oben eine Abströmung vom und unten eine Zuströmung zum Brunnen ein, die zur Zirkulationsströmung des Grundwassers um den Brunnen führen. Im ruhenden Grundwasser bewirkt die Zirkulationsströmung die ständige Durchströmung und mithin Reinigung des Bodens im Wirkungsbereich des Brunnens, wobei alles zirkulierende Wasser durch den Brunnen hindurchfließt. Die meist vorhandene Grundströmung deformiert die Zirkulationsströmung. Ein Teil des auf dem Einzugsbereich des Brunnens zuströmenden Wassers passiert infolge der verbleibenden Zirkulationsströmung den Brunnen unter Umständen mehrfach, wohingegen ein anderer nur einmal durch den Brunnen fließt. Deshalb muß die Bemessung der zur Reinigung benutzten Einrichtungen so erfolgen, daß das Wasser schon nach einem Durchgang durch den Brunnen ausreichend dekontaminiert ist.

3. BEMESSUNG
  Aufgrund des erarbeiteten mathematisch analytischen Strömungsmodells für den Brunnen im gespannten, strömenden Grundwasser zeigt Abb. 1 die Wasserdurchflußmenge Q durch den

Brunnen über der maßgebenden Zu- oder Abstrombreite B in dimensionsloser Form. Die Wasserdurchflußmenge ist dem Quadrat der Aquifermächtigkeit (bzw. Brunnenlänge) H und der Filtergeschwindigkeit $v_G$ der Grundströmung proportional. Die maßgebende Zu- oder Abstrombreite B und die einheitliche Filterlänge h sind auf die Aquifermächtigkeit bezogen.

Die Wasserdurchflußmenge durch den Brunnen in Abb. 1 steigt überproportional mit Staupunktabstand bzw. maßgebender Zu- oder Abstrombreite an. Deshalb sind anstelle eines Einzelbrunnens mit großer Wasserdurchflußmenge mehrere Brunnen mit kleiner zweckmäßig.

Auf weitere Ergebnisse, wie die Bemessung von Brunnenfeldern wird entsprechend dem Fortgang der laufenden Arbeiten eingegangen. Über die durchgeführten Feld- und theoretischen Untersuchungen wird an anderer Stelle ausführlicher berichtet (Buermann (1990), Herrling, Buermann and Stamm (1990a, b)).

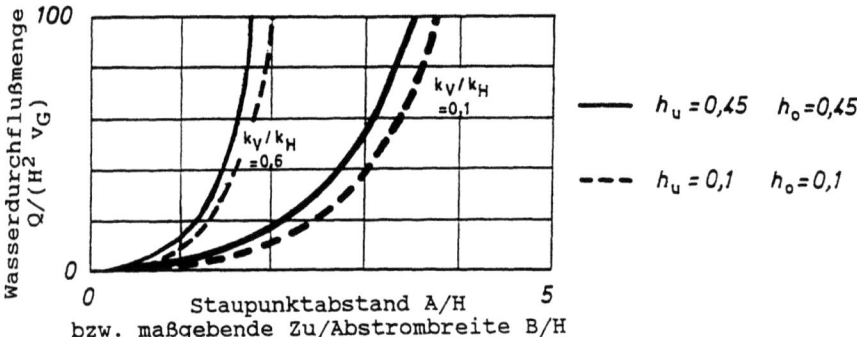

Abb. 1: Relative Wasserdurchflußmenge über der maßgebenden relativen Zu- oder Abstrombreite des kombinierten Entnahme- und Einleitungsbrunnens im strömenden Grundwasser

4. BIBLIOGRAPHIE

Buermann, W. (1990). <u>Investigation of the circulation flow around a combined withdrawal and infiltration well for groundwater remediation demonstrated for the Underpressure-Vaporizer-Well (UVB)</u>. Published in this volume.

Herrling, B., Buermann, W., and Stamm, J. (1990a). <u>In-situ groundwater remediation of volatile contaminants with Underpressure-Vaporizer-Wells (UVB): Results of umerical Computations</u>. Published in this volume.

Herrling, B., Buermann, W., and Stamm, J. (1990b). <u>In-situ remediation of volatile contaminants in groundwater by a new systen of "Underpressure-Vaporizer-Wells (UVB)"</u>. Proc. Conf. on Surface Contamination by Inmmiscible Fluids, Calgary, April 18 - 20, 1990. K. U. Weyer (Ed.), Balkema Publ., Rotterdam.

# GRUNDWASSERSANIERUNG EINES EHEMALIGEN GASWERKSGELÄNDES

DR. H.-G. EDEL, ED. ZÜBLIN AG

Das Grundwasser eines Betriebsgeländes ist mit Schadstoffen kontaminiert, die auf die ehemalige Nutzung des Standortes als Gaswerk zurückzuführen sind. Das Schadstoffspektrum ist gaswerksspezifisch und umfaßt PAK, Phenole und Ammonium-Ionen (Tab. 1); außerdem enthält das Grundwasser Eisen (7 $g/m^3$) und Mangan (5 $g/m^3$).

| Schadstoff | Zulauf ($mg/m^3$) | Ablauf ($mg/m^3$) |
|---|---|---|
| PAK | 1236 | 1,6 |
| BTX | 1193 | n.n. |
| Phenol | 80 | < 10 |
| $NH_4$-N | 33000 | 8000 |

Tabelle 1: Schadstoffkonzentration im Grundwasser vor und nach der Wasseraufbereitung

Eine Ausbreitung des Kontaminationsherdes wird dadurch verhindet, daß über drei Brunnen kontinuierlich 3 $m^3$ Grundwasser pro Stunde abgepumpt werden. Das geförderte Grundwasser wird in einer mehrstufigen, zentralen Wasserreinigungsanlage, die von Züblin konzipiert und gebaut wurde, aufbereitet (Tabelle 1,2)

| STUFE I | Strippung leichtflüchtiger Verbindungen mit nachgeschalteter Stripluftreinigung |
|---|---|
| STUFE II | Enteisenung und Entmanganung |
| STUFE III | Aktivkohleadsorption |
| STUFE IV | Mikrobiologische Ammoniumeliminierung |

Tabelle 2: Reinigungsstufen der Wasseraufbereitungsanlage

Das gereinigte Grundwasser wird aufgrund behördlicher Bestimmungen in drei Erdbecken bis zur Beprobung gespeichert und anschließend abgeleitet.
Die ursprünglich geplante Ammoniumeliminierung über eine Strippung von Ammoniak hat sich als zu aufwendig erwiesen. Das gereinigte Grundwasser enthält aufgrund der erforderlichen pH-Wertverschiebung eine enorme Salzfracht.

In Übereinstimmung mit dem Auftraggeber hat Züblin die Durchführung von alternativen Verfahren zur Ammoniumentfernung geprüft und führt mit einer Pilotanlage als vierte Stufe eine mikrobiologische Reinigung des Problemstoffs Ammonium durch.

BEHANDLUNGSVERFAHREN FÜR DIE CHROMENTFERNUNG AUS GRUNDWASSER

K. ZOTTER UND I. LICSKO

RESEARCH CENTRE FOR WATER RESOURCES DEVELOPMENT
H-1453 BUDAPEST, P.O.B. 27., UNGARN2

Auf dem Gelände eines kleinen chemischen Betriebs (Monor, Ungarn) hat die illegale Deponierung von Müll zu einer starken Verunreinigung des Grundwassers mit Chrom(VI)-Verbindungen geführt. Nachdem die Quelle der Verunreinigung beseitigt war, gab das ungarische Ministerium für Umweltschutz und Wasserwesen eine Untersuchung in Auftrag, deren Ziel es war, den Grad und das Ausmaß der Umweltverschmutzung zu ermitteln. Außerdem wurde ein Aktionsplan für die Sanierung des kontaminierten Gebietes entwickelt.

Eine extensive Untersuchung, die 1988 in Form von parallelen Boden- und Wasseranalysen durchgeführt wurde, ergab die folgende Situation:

Unter dem Grundstück des chemischen Betriebs liegt das Grundwasser bei Tiefen von weniger als 20 m in zwei, örtlich auch in drei Schichten, die voneinander durch Strata aus lehmhaltigen Feinsand und Löß getrennt sind.

Der erste Grundwasserleiter liegt 5 bis 8 m unter der Oberfläche und ist auf einer Fläche von rund 17000 m² hochgradig verunreinigt. Der Grad der Verunreinigung wird deutlich anhand der im Grundwasser gemessenen Daten zur elektrischen Leitfähigkeit (im Bereich von 1 200 bis 220 000 $\mu S \cdot cm^{-1}$), aber auch anhand der Konzentrationen von toxischen Spurenverunreinigungen (Cr, Ni, Zn, Pb, Hg), die oberhalb der Werte liegen, die für Trinkwasser als akzeptabel gelten.

Unterhalb des Bereiches mit kontaminiertem Grundwasser übertrafen die gemessenen Chromkonzentrationen in einem scharf begrenzten elliptischen Grundwasserleiter (a = 40 m, b = 25 m) mit einer Stärke von rund 1,5 m den für Trinkwasser festgelegten Grenzwert von 50 $\mu g \cdot dm^{-3}$ um mehrere Größenordnungen. Die größte gemessene Konzentration von Gesamtchrom betrug 24 $mg \cdot dm^{-3}$ und und wurde vorwiegend von Cr(VI)-Verbindungen hervorgerufen. Der mit Chrom stark verunreinigte Grundwasserkörper wird in der allgemeinen Richtung des Grundwasserflusses mit einer Geschwindigkeit von ungefähr 3 m/Monat verdrängt.

Die dringendste Aufgabe bestand in der Verhinderung der Ausbreitung oder in der Beseitigung der Chrom-Kontamination, durch die die tieferen Grundwasserleiter gefährdet werden, aus denen die Gemeinde Monor ihr Grundwasser entnimmt.

Eine realisierbare Lösung konnte darin bestehen, das mit Chrom kontaminierte Grundwasser zu entnehmen und nach einer chemischen Behandlung durch Umkehrbrunnen in den Grundwasserleiter zurückzuführen.

Dazu wurde ein Verfahren zur Chromentfernung benötigt, bei dem alle gelösten Chrom(VI)-Verbindungen in einem neutralen Medium in Chrom(III)-Verbindungen reduziert werden, die nach Umwandlung in eine in Wasser nur schlecht lösliche Substanz durch einfache Phasentrennungsverfahren entfernt werden können. Die Wahl von Fe(II)-Salzen als Reduktionsmittel erwies sich als erfolgreich; die Konzentration von gelöstem Chrom konnte auf Werte unterhalb von 0,1 mg·dm$^{-3}$ gesenkt werden, da die Fe(III)-Hydroxide, die im Rahmen der Oxidations-/Reduktionsprozesse entstehen, dazu neigen, die Chrom(III)-Verbindungen zu koagulieren, die zwar in Wasser nur schlecht löslich sind, aber in kolloidaler Form vorliegen. Die Effizienz der Phasentrennung kann durch Zusatz eines anionischen Polyelektrolyten erheblich verbessert werden.

Das zur Chromentfernung vorgeschlagene Verfahren besteht im wesentlichen in der Reduktion der Chrom(VI)-Verbindungen durch Fe(II)-Sulfat und dem Ausflocken der entstehenden festen Metallhydroxide mit Hilfe eines Polyelektrolyten. Die meisten Metallhydroxid-Flocken werden in einem Setztank abgeschieden. Die restlichen suspendierten Feststoffe werden dann von einem Sandfilter zurückgehalten, während das behandelte Austrittsprodukt in das Grundwasser zurückgeführt wird. Der Schlamm aus dem Setztank wird mit einer Zentrifuge entwässert und der entwässerte Schlamm in unschädlicher Form deponiert.

BIBLIOGRAPHIE
1) Philipot, J.M., Chaffange, F., Sibony, J. (1985). Hexavalent chromium removal from drinking water (Entfernung von hexavalentem Chrom aus Trinkwasser). Water Science and Technology 17 1121.
2) Zotter, K. und Licskó, I. (1988). Chromium removal in a grounwater pollution emergency (Entfernung von Chrom in einem Notfall von Grundwasserverschmutzung). Proc. Int. Conf. on Solid wastes, sludges and residual materials. Roma, 26.-29. April 1989. 674-680.

**BIOLOGISCHE GRUNDWASSERREINIGUNG**
- Praktische Erfahrungen -

H.M.M. Bosgoed, B.A. Bult, L.G.C.M. Urlings
TAUW Infra Consult B.V., Postfach 479, 7400 AL DEVENTER, Niederlande

EINLEITUNG

Viele umweltfremde organische Verbindungen können von Mikro-Organismen teilweise oder völlig abgebaut werden. Dies bietet die Möglichkeit, biologische Prozesse zur Grundwasserreinigung anzuwenden.
Seit 1986 wurden verschiedene Projekte auf diesem Gebiet unter der Supervision von TAUW Infra Consult B.V. durchgeführt.

PROJEKTE

1. Auf dem Gelände einer <u>Pestiziden-Fabrik</u> wurde ein Tauchtropfkörper zur Reinigung von Grundwasser eingesetzt, der mit Hexachlorcyclohexan (HCH, 100 µg/l), Benzol (350 µg/l) und Monochlorbenzol (350 µg/l) kontaminiert wurde. Der Grundwasserdurchfluß lag zwischen 3 m³/h und 22 m³/h.
Die Untersuchungsergebnisse zeigen, daß 90 % der gesamten Entfernung auf Biodegradation zurückzuführen ist. Verflüchtigung und Adsorption an der Oberfläche des Bioschlamms sind nicht substanziell. Belastungen von bis zu 200 mg/m²,d an Benzol und Monochlorbenzol und eine Durchflußzeit von 0,5 Stunden ergaben eine mittlere Effluenzkonzentration von weniger als 10 µg/l. Von allen HCH-Isomeren waren nur Alfa-HCH und Gamma-HCH gut abbaubar.

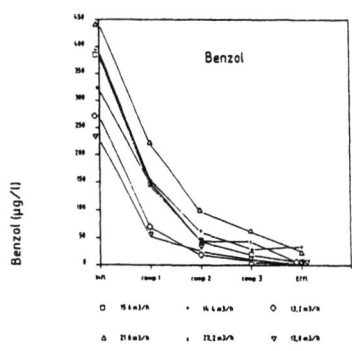

Bild 1. Benzol-Konzentration der nachfolgenden Kompartimente bei verschiedenen Belastungen.

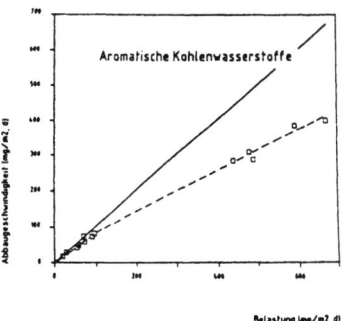

Bild 2. Relation zwischen Belastung und Abbau von aromatischen Kohlenwasserstoffen

2. Die <u>Konservierung von Holz</u>, welches im Eisenbahnbau genutzt wurde, hat zur Verunreinigung von Boden und Grundwasser geführt. Weil das Grundwasser in Trinkwasserquellen fließt, mußte eine Grundwasserreinigung vorgenommen werden. Die Konzentration an BTEX (Benzol, Toluol, Ethylbenzol und Xylol) von dem entzogenen Grundwasser beträgt ungefähr 150 µg/l; die Naphtalin-Konzentration beträgt ungefähr 30 µg/l. Vierzehn Tage nach dem Start der Sanierung zeigte der nicht geimpfte Tauchtropfkörper eine Entfernung von mehr als 90 %. Die Durchflußzeit betrug weniger als eine Stunde. Die Erhöhung der Belastung mit aromatischen Kohlenwasserstoffen bis zu 600 mg/m², d (Durchflußzeit = 0,3 h) ergaben immer noch eine Entfernung von 65 % (Bild 2), davon nur 0,3 % durch Verflüchtigung. Bei dieser Belastung betrug die PAK-Entfernung ebenfalls 65 % bzw. 50 mg/m²,d.

3. Boden und Grundwasser an <u>Tankstellen</u> sind in vielen Fällen verschmutzt. Im Juni 1989 wurde auf einem verunreinigten Gelände ein Bodenluft-Extraktionssystem zur Reinigung des ungesättigten Bodens installiert. Neben der Bodenluft-Extraktion fand ein Grundwasserentzug mit einem Durchfluß von 15 m³/h statt. Das Gemisch aus Bodenluft und Grundwasser wurde in einem biologischen System gereinigt, welches ungefähr 25 g Benzin/m³ Reaktor,h mit einer Durchflußzeit von < 1 Stunde entfernte. Masse-Bilanz-Messungen zeigten, daß mehr als 97 % der Kohlenwasserstoffe abgebaut wurden. Weniger als 1,5 % wurde durch Verflüchtigung entfernt (Bild 3).

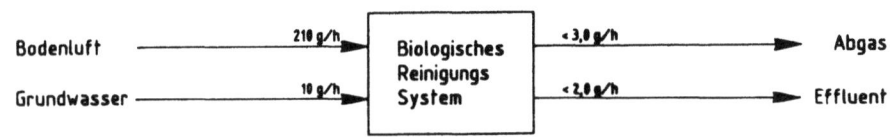

Bild 3. Masse-bilanz von Benzinkomponente.

SCHLUSSFOLGERUNG

Die obenstehenden Resultate zeigen, daß die biologische (Vor-)Reinigung des Grundwassers eine gute Perspektive bietet. Eine kombinierte biologische/physisch-chemische Reinigung führt zu einer Kosteneinsparung zwischen 20 und 40 % gegenüber der physich-chemischen Reinigung.

## PLANUNG, BAU UND BETRIEBSERGEBNISSE EINER GROSSTECHNISCHEN ANLAGE ZUR BIOTECHNOLOGISCHEN ENTEISENUNG UND ENTMANGANUNG MIT SIMULTANER ELIMINATION VON LEICHTFLÜCHTIGEN CHLORKOHLENWASSERSTOFFEN AUS EINEM GRUNDWASSER

QUENTMEIER, V; SAAKE, M.
Fa. Aqua Consult GmbH, Hannover-Bremen-Saarbrücken
Fa. Braunschweiger Umwelt-Biotechnologie GmbH, Braunschweig

Das Grundwasser im Bereich Hannover-Südstadt ist teilweise mit leichtflüchtigen chlorierten Kohlenwasserstoffen (CKW) verunreinigt. Diese Kontamination rührt von einem Betrieb her, in dem Chemikalien umgeschlagen wurden. Der gesamte Bereich dieses Betriebes und der Untergrund sind mit chlorierten Kohlenwasserstoffen belastet. Von diesem Kontaminationsherd aus hat das Grundwasser die CKW ausgewaschen und in Strömungsrichtung mittransportiert. Die CKW-Fahne im Grundwasser reicht heute über mehrere Kilometer. Um ein weiteres Ausbreiten der Schadstoffe mit dem Grundwasserstrom zu vermeiden, sind im Südstadtbereich Hannovers insgesamt 10 Entnahmebrunnen eingerichtet, aus denen belastetes Grundwasser abgepumpt wird. Das Wasser wird aus einer Tiefe von etwa 10 - 15 m gefördert und über eine eigens verlegte Leitung 2 km Länge der Aufbereitungsanlage Hannover-Südstadt zugeführt. Seit November 1989 fließen ihr ca. 3800 $m^3$/d mit CKW-Konzentrationen von 1.200 - 1.800 µg/l zu.

Sämtliche Anlagenteile der Aufbereitungsanlage sind in einem ehemaligen Pumpenhaus in unmittelbarer Nähe zur Innenstadt und zur Leine (Vorfluter) untergebracht. Die wesentlichen Aufbereitungsstufen gliedern sich wie im Blockfließbild dargestellt. Gesamtziel der installierten Technologien ist es, das CKW-belastete Grundwasser soweit zu reinigen, daß es unter Einhaltung der mit 300 µg/l für die CKW festgelegten Grenzwerte in die Leine eingeleitet werden kann. Um die eigentlichen Schadstoffe (CKW) zu eliminieren, müssen allerdings zuvor die in fast allen norddeutschen Grundwässern von Natur aus enthaltenen Eisen- und Manganverbindungen weitestgehend abgeschieden werden.

In den insgesamt 4 installierten Filtern der Aufbereitungsanlage werden die natürlich vorkommenden, im Grundwasser enthaltenen Mikroorganismen, die zur Umwandlung der Eisen- und Manganverbindungen von gelöster in ungelöste (oxidierte) abscheidbare Form befähigt sind, bei optimalen Bedingungen so in ihrer Anzahl vermehrt, daß sie auf biotechnologischem (natürlichem) Wege Eisen und Mangan aus dem Grundwasser entnehmen können. Simultan zu diesem Vorgang sollen auch die CKW-Verbindungen biologisch aus dem Grundwasser eliminiert werden. Damit wird erstmals in großtechnischem Maßstab ein kombiniertes biotechnologisches Verfahren zur Sanierung CKW-verunreinigten Grundwassers eingesetzt.

Die CKW werden durch die Tätigkeit der Mikroorganismen in mehreren Teilschritten in unschädliche Verbindungen ($CO_2$, $H_2O$, Cl und neue Mikroorganismen) umgesetzt; ein Teil wird sich auch an den Eisen- und Manganschlämmen anlagern, die bei der mikrobiellen Enteisenung und Entmanganung in den Filtern entstehen. Diese Schlämme werden in bestimmten Spülintervallen aus den Filtern in die Schlammbehandlungsanlage gespült. Nach einer Eindickung und Entwässerung in speziellen Anlagenteilen wird dieser Schlamm entsprechend den Vorgaben des Abfallgesetzes entsorgt.

Um ein Höchstmaß an Reinigungsleistung sicherzustellen, ist in der Aufbereitungsanlage zusätzlich noch eine sogenannte Strippanlage den Filtern nachgeschaltet, die in den vergangenen Jahren bereits während der Wasserhaltungsarbeiten des U-Bahn-Baues zur CKW-Elimination eingesetzt wurde.

Die Brunnenausrüstung, Förderleitung und Aufbereitungsanlage wurde zu Kosten von rd. 2,5 Mio. DM erstellt, ca. 1,5 Mio. DM entfallen davon auf die Aufbereitungsanlage. Der Bau dauerte von Februar bis September 1989.

Die Betriebsergebnisse der Monate Januar bis April 1990 belegen, daß bereits nach kurzer Zeit eine weitgehende biotechnologische Enteisenung (rd. 80 %) erreicht werden konnte. Die ebenfalls schon beobachtete CKW-Elimination in den Filtern läuft erwartungsgemäß langsamer an und ist weiterhin zu optimieren.

Nach heutigem Kenntnisstand ist zu erwarten, daß die Anlage ca. 10 Jahre betrieben werden muß, um eine Sanierung der Grundwassersituation im Bereich Hannover-Südstadt herbeizuführen.


Bauherr: Landeshauptstadt Hannover
Amt für Umweltschutz

Planung, Bauleitung: aqua consult Ingenieur GmbH,
Hannover-Bremen-Saarbrücken

Biotechnologische Braunschweiger-Umwelt-Bio-
Verfahrensentwicklung: technologie GmbH,
Braunschweig

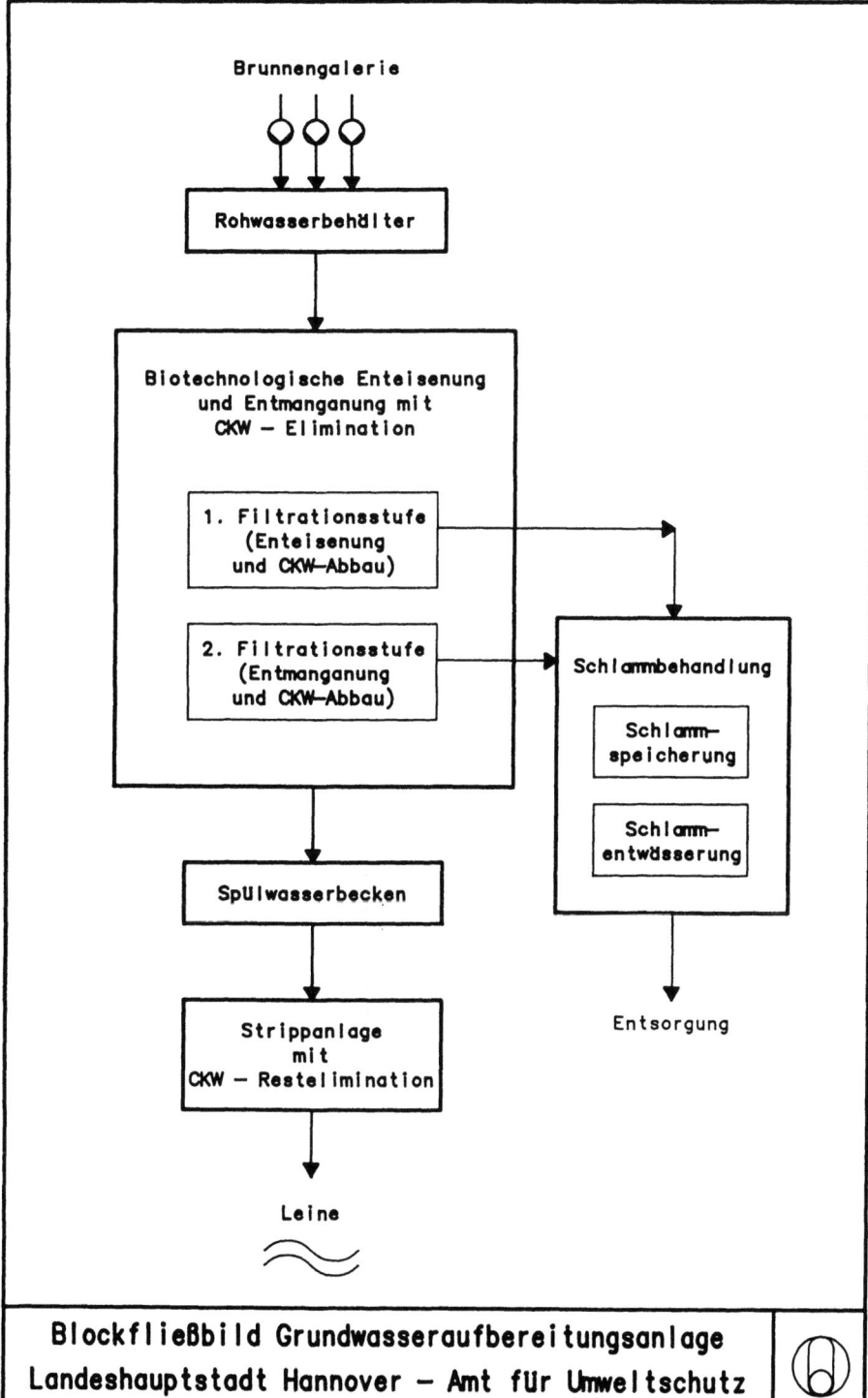

# ENTWICKLUNG EINES BIOREAKTORS ZUM ABBAU XENOBIOTISCHER VERBINDUNGEN IM GRUNDWASSER

W. DE BRUIN[1], P. VIS[2], G. BRÖERKEN[3], A. RINZEMA[2], H. ROZEMA UND G. SCHRAA[1]

[1]DEPARTMENT OF MICROBIOLOGY UND [2]DEPARTMENT OF ENVIRONMENTAL TECHNOLOGY, AGRICULTURAL UNIVERSITY WAGENINGEN, DIE NIEDERLANDE
[3]DHV CONSULTING ENGINEERS, AMERSFOORT, DIE NIEDERLANDE

Bodenverunreinigungen führen oft zur Kontamination des Grundwassers. Die biologische Grundwasserbehandlung kann wegen des Ausbleibens von Abfallprodukten und wegen der geringeren Betriebskosten eine attraktive Alternative zu physikalisch-chemischen Sanierungsverfahren sein. Auch wenn viele xenobiotische Verbindungen unter optimalen Laborbedingungen durch biologischen Abbau beseitigt werden können, ist über den Einsatz von Mikroorganismen in Bioreaktoren unter suboptimalen Bedingungen und den am besten geeigneten Reaktortyp nur wenig bekannt.

Die Ziele dieses Forschungsprojektes bestehen in der Klärung der biologischen, technischen und wirtschaftlichen Darstellbarkeit eines Bioreaktor-Konzepts sowie der Stabilität und Effizienz des Prozeβverhaltens, und in der Prüfung eines Bioreaktors im Labor-, Pilot- und Einsatzmaβstab.

Die Experimente zum biologischen Abbau wurden mit Vertretern der beiden Hauptgruppen von Grundwasser-Schmutzstoffen durchgeführt: methylierten Aromaten und halogenierten Aliphaten. Für die Experimente zum aeroben biologischen Abbau wurde Toluol, Xylol und Naphtalen verwendet. Bei Verwendung von Grundwasser als Reaktorzulauf wurde in einem Festbettreaktor im Labormaβstab bei 10°C der vollständige Abbau beobachtet. Gleichzeitig fand eine Nitrifizierung statt. Beide Prozesse trugen zum Sauerstoffverbrauch im Reaktor bei.

Die Mineralisierung der aromatischen Kohlenwasserstoffe im Aufstrom-Festbettreaktor wurde durch die Sauerstofflöslichkeit begrenzt. Deshalb wurde der Trockenfiltrationsprozeβ erprobt. In einem Trockenfilter (belüfteter Abwärtsstrom-Reaktor) werden eine groβe spezifische Oberfläche für die Ansiedlung von Mikroorganismen und eine groβe Belüftungskapazität miteinander kombiniert.

Mit einem Trockenfilter im Labormaβstab wurde der vollständige Abbau der aromatischen Schmutzstoffe bis zu einer Belastung von 30 g Aromaten $m^{-3}h^{-1}$ erzielt. Die hydraulische Beschickung variierte zwischen 1 und 7 $m^3m^{-2}h^{-1}$. Dabei zeigten Berechnungen, daβ die Verflüchtigung wegen des geringen Luft/Wasser-Verhältnisses (1:1 bis 1:7) zur Entfernung der aromatischen Schmutzstoffe nicht signifikant beitrug. Dieser Umstand wurde experimentell bestätigt (Verflüchtigung < 0,1 %).

Das Trockenfilter-Konzept wurde auch auf seine Wirtschaftlichkeit untersucht. Realitätsnahe Kostenabschätzungen ergaben dabei, daß das Konzept gegenüber anderen Formen der biologischen Grundwasserbehandlung wettbewerbsfähig ist.

Die Forschungsarbeiten an einem Experiment unter Feldbedingungen im Pilotmaβstab und zur Optimierung der Prozeβbedingungen im Trockenfilter werden fortgesetzt.

Die Experimente zum anaeroben biologischen Abbau wurden mit Perchlorethylen (PCE) durchgeführt. In einem anaeroben Festbettreaktor im Labormaβstab wurde das PCE durch reduzierende Dehalogenierung vollständig in Ethylen und Ethan umgewandelt. Um die reduzierende Dehalogenierung des PCE's aufrecht zu erhalten, muβte ein Elektronendonor zugesetzt werden. Bei der PCE-Umwandlung wurden als Zwischenprodukte Trichlorethylen, cis 1,2-Dichlorethylen und Vinylchlorid nachgewiesen. Besondere Aufmerksamkeit wurde auf die Umgebungsbedingungen gerichtet, die das Prozeβverhalten beeinflussen: PCE-Konzentration, Beschickungsrate, Temperatur.

# BIOLOGISCHE UND CHEMISCHE BEHANDLUNG KONTAMINIERTER GRUNDWÄSSER

## Joachim Behrendt und Udo Wiesmann, TU Berlin

## 1. EINLEITUNG

Kontaminierte Grundwässer sind auf Bodenverunreinigungen zurückzuführen, die häufig schon mehrere Jahrzehnte zurückliegen (Altlasten) und die als Folge von Ablagerungen und Versickerungen, meist organischer Schadstoffe, an Industriestandorten auftreten. Bei der Sanierung dieser Altlasten muß das Grundwasser hochgepumt und soweit gereinigt werden, daß es in die Kanalisation oder in den Vorfluter eingeleitet werden kann.
Hierfür bieten sich biologische-chemische Verfahren an. Die Mikroorganismen wandeln die Schadstoffe in Kohlendioxid, Wasser und Biomasse um. Persistente Stoffe werden mit Ozon teilweise oxidiert, was ihren biologischen Abbau verbessert. Bei diesem Verfahren fallen außer wenig Überschußschlamm keine Reststoffe (Fällungsschlämme, beladener Aktivkoks) an.

## 2. VERSUCHSANLAGE

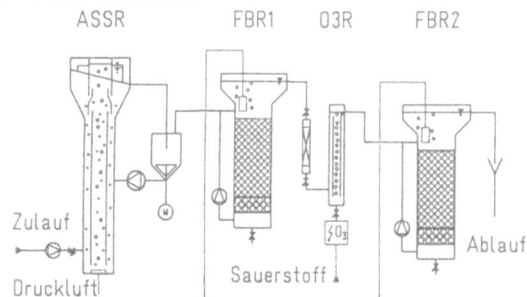

Zu diesem Zweck wurde eine Laborversuchsanlage entwickelt (Abb. 1). Sie besteht aus einem Airlift-Schlaufensuspensionsreaktor (ASSR), einem Festbettumlaufreaktor (FBR1), einem Schlaufenreaktor (O3R), der mit ozonhaltigem Sauerstoff begast werden kann, und einem nachgeschalteten zweiten Festbettumlaufreaktor (FBR2).

Abb. 1: Anlagenschema

## 3. ERGEBNISSE

### 3.1 Versuche mit mineralöl- und PAK-haltigem Grundwasser

Das Grundwasser stammte vom Gelände der ehem. Firma Pintsch-Öl GmbH in Berlin. Bei einer Zulaufkonzentration von 160 mg/l CSB wird die Ablaufkonzentration nach dem FBR1 von 20 mg/l CSB ohne Ozonierung nicht weiter reduziert (vgl. Abb. 2). Mit einer Ozonbehandlung

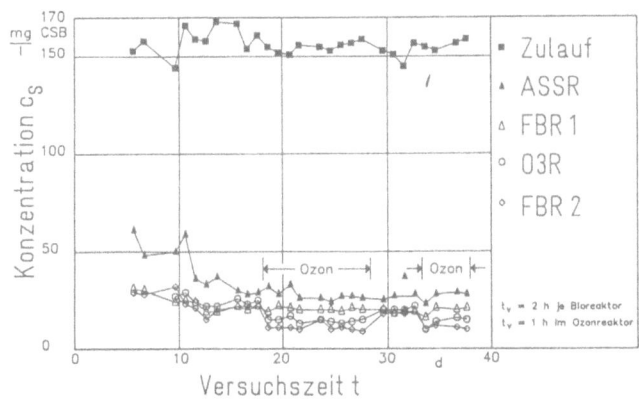

Abb. 2: Ganglinie der Konzentration (CSB)

kann eine Ablaufkonzentration von 10 mg/l CSB erreicht werden.
Alle neun gaschromatographisch bestimmten PAK (vom Naphthalin
bis zum Chrysen) waren bereits nach dem FBR1 zu über 97 % metabolisiert.

### 3.2 Versuch mit Grundwasser eines ehemaligen Gaswerksgeländes

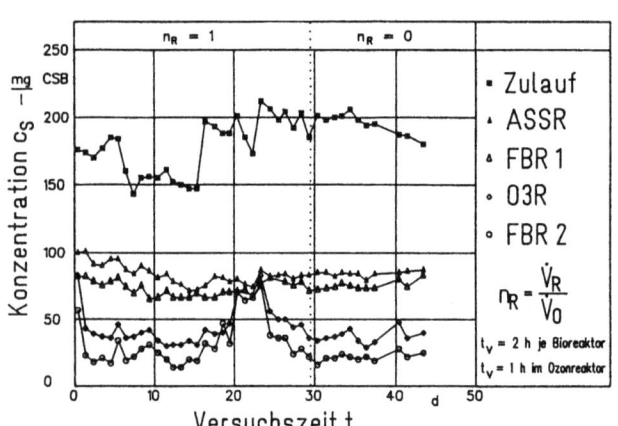

Abb. 3: Ganglinie der Konzentration (CSB)

Dieses Grundwasser enthält Aromaten (BTX), Mineralölen und PAK (hauptsächlich Naphthalin). Die Schadstoffkonzentration von 200 mg/l CSB konnte durch biologischen Abbau auf 70 mg/l CSB reduziert werden (vgl. Abb. 3). Durch den Einsatz von Ozon wurde eine Schadstoffkonzentration von 25 mg/l CSB nach dem FBR2 erreicht.

### 3.3 Versuche mit kresol- und xylenolhaltigem Modellabwasser

Eingesetzt wurde ein Modellabwasser, daß nur o-Kresol, 2,3-Dimethylphenol (DMP) und 2,6-DMP enthielt. Nur der Abbau von 2,6 DMP bereitet zunächt Schwierigkeiten. In Abb. 4 ist die Konzentration von 2,6- DMP im Zulauf und in den Abläufen der Reaktoren dargestellt. Zu einem weitgehenden Abbau in den ersten beiden Reaktoren kam es erst nach ca. 40 Tagen. Durch eine Ozonierung wird 2,6- DMP zumindest teilweise oxidiert, so daß schließlich im Ablauf der Versuchanlage nur

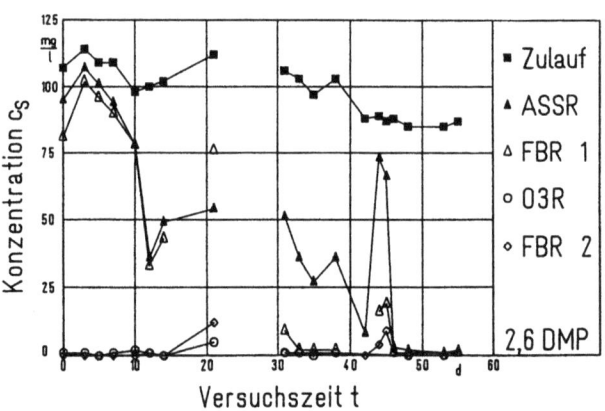

Abb. 4: Ganglinie der 2,6-DMP-Konzentration

sehr kleine Konzentrationen von 2,6 DMP nachgewiesen werden konnten.

6. SICHERUNGSTECHNIKEN; VORBEUGUNG

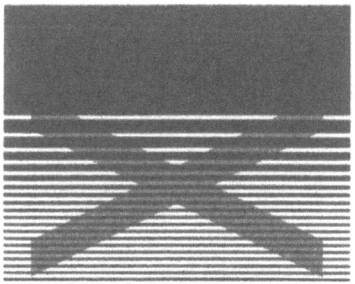

BAUTECHNISCHE SANIERUNG VON ALTLASTEN

HANS LUDWIG JESSBERGER

RUHR-UNIVERSITÄT BOCHUM

1. EINLEITUNG

Die Sicherung und Dekontaminierung von Altlasten bedeutet eine auf den Einzelfall abzustimmende Bauaufgabe, die wegen der vorliegenden Gefahrenstoffe meist besondere Verfahrenstechniken erfordert. Die Bauaufgabe ist dabei nach dem Stand der Technik unter Beachtung von Arbeits- und Emissionsschutz zu lösen.

Dieser Beitrag beschränkt sich auf die Erläuterung entsprechender Baumaßnahmen wie Auskofferung oder Aushub von kontaminiertem Material, Umlagerung, Zwischenlagerung und Transport sowie Einkapselung.

In Tabelle 1 sind bautechnische Verfahrenstechniken genannt, die zur Durchführung der o.g. Sanierungsverfahren entweder einen speziellen Geräteeinsatz oder eine nach dem Stand der Technik der Technik ausgewählte Abdichtung benötigen.

TABELLE 1: Bautechnische Verfahrenstechniken und Abdichtungsmaßnahmen bei Sanierungsverfahren

| Sanierungsverfahren | Verfahrenstechnik | Bautechnische Aspekte |
|---|---|---|
| Dekontamination Umlagerung | Entnahme kontaminierter Materialien Transport und Wiedereinbau | Geräteeinsatz  Stand der Technik Transport  Arbeitsschutz Zwischenlager Endlager } Abdichtung |
| Einkapselung | Oberflächenabdichtung Dichtwände | Abdichtungssysteme Stand der Technik/Verfahrensauswahl |

2. UMLAGERUNG VON KONTAMINIERTEN BÖDEN ODER VON ABFÄLLEN

Bei der Umlagerung von kontaminierten Böden oder von Abfällen müssen diese Stoffe zunächst abgegraben werden. Dann werden sie on-site oder off-site dekontaminiert und danach wieder eingebaut. Grundsätzlich ist auch der Wiedereinbau von nicht dekontaminiertem Material möglich, doch kann dies nur in Ausnahmefällen als Sanierungsmaßnahme akzeptiert werden (SRU).

Die Verfahrenstechniken beim Auskoffern sind
- grabendes Gerät (Bagger mit Hochlöffel, Tieflöffel oder Greifer)
- schürfendes Gerät (Planierraupe, Grader, Scraper)
- schürfendes und grabendes Gerät (Laderaupen, Radlager)

Leicht lösbare Böden können auch durch im Kiesgrubenbetrieb übliche Saugverfahren entfernt werden. Zur Unterbindung der staubförmigen, gasförmigen und flüssigen Emissionen sind unterschiedliche Vorgehensweisen möglich (s. Tabelle 2).

TABELLE 2: Vermeidung von Emissionen

| Emission | Vorgehensweise |
|---|---|
| staubförmige Emissionen durch Windverfrachtung | überdachte, geschützte Beladungsplätze<br>Ladeflächen abdecken<br>Befeuchten<br>Schaumteppiche<br>Saugwagen |
| gasförmige Emissionen<br>-bei flüchtigen Schadstoffen | abschnittsweiser und segmentweiser Aushub<br>z.B. bei kühler Witterung flächige Vereisungen bzw. Abkühlungen der Bodenzonen |
| -bei Geruchsbelästigung | Ausstreuen von Kalk<br>Schaumteppiche<br>Absaugen und über Aktivkohlefilter ableiten |
| flüssige Emission<br>-bei Niederschlagswasser | abschnittsweise auskoffern<br>abdecken |
| -bei stark wasserhaltigen Böden | absaugen |

Die Auswahl der geeigneten Geräte muß von den Parametern wie Art der Kontamination, Bodenart und Kosistenz abhängig gemacht werden.

Die Fahrzeuge, die kontaminiertes Material transportieren, müssen abgedichtete Laderäume haben, um eine Verschmutzung unbelasteter Flächen zu vermeiden. Der Transport über öffentliche Verkehrswege erfordert Reinigung der Fahrzeuge und Abdeckung der Ladeflächen mit Planen. Zur Vermeidung von Staubentwicklungen kann Befeuchtung wichtig sein.

Brecheranlagen zur Zerkleinerung kontaminierten Bauschutts oder Anlagen zur Behandlung kontaminierter Böden und Wässer sollen in möglichst geschlossenen Systemen und Gebäuden errichtet werden, um Emissionen zu verhindern.

3. EINKAPSELUNGSMASSNAHMEN
3.1. <u>Allgemeines</u>
   Die klassische Sicherungsmaßnahme zur Einkapselung einer Altdeponie (Bild 1) besteht aus:
a) Umschließung der Altdeponie mit einer Dichtungswand, die in gering durchlässige Schichten einbindet
b) Anordnung von Brunnen innerhalb und außerhalb der Dichtwand
c) Abdeckung mit einem Oberflächenabdichtungssystem
d) Fassen und Entsorgen der anfallenden Sickerwassermengen

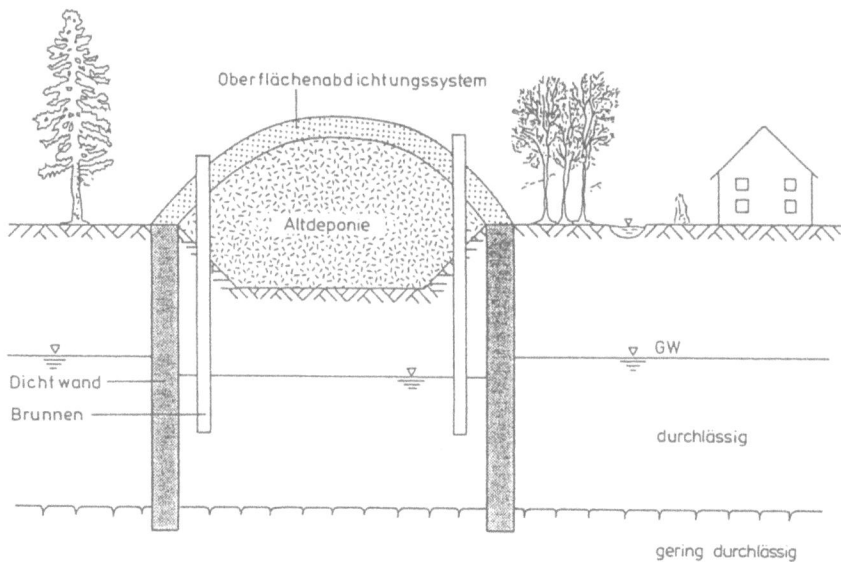

BILD 1: Einkapselung einer Altdeponie

Durch Anordnung und Betrieb von Brunnen innerhalb der Dichtwand ist sichergestellt, daß Grundwasser von außen nach innen sickert und gleichzeitig das noch im Bodenkörper befindliche kontaminierte Grundwasser abgepumpt und in einer Reinigungsanlage behandelt werden kann. Durch die Brunnen innerhalb und außerhalb der Dichtwand kann außerdem die Dichtwandqualität überprüft werden.

Der Arbeitskreis "Geotechnik der Deponien und Altlasten" der Deutschen Gesellschaft für Erd- und Grundbau konzentriert sich auf die Erarbeitung von Empfehlungen zu diesem Themenkreis. Für die technische Umsetzung der an Abdichdichtungs- und Sanierungsmaßnahmen gestellten Anforderungen sind u.a. folgende Empfehlungen zu beachten (s. Tabelle 3):

TABELLE 3: Wichtige GDA- Empfehlungen zur Eignungsprüfung, Planung und Qualitätssicherung von Einkapselungsverfahren

| Empfehlungen | Systeme/Untersuchungen |
|---|---|
| E2 Entwurfsgrundsätze<br>Bauentwurf<br>Ausführungsplanung | Oberflächenabdichtungssystem<br>Sicherheitstechnische Grundsätze bei Ausschreibung und Arbeitsvorbereitung<br>Standsicherheitsuntersuchung |
| E3 Eignungsprüfung<br>Versuche zur Beschreibung und Kennzeichnung der Eigenschaften von mineralischen Baustoffen | mineralische Oberflächen-und Basisabdichtungen<br>mineralische Dichtwandmassen<br>Tonmineralogische Charakterisierung<br>Sickerwasser<br>Versuchsfelder<br>Erosions-und Suffusionsbeständigkeit |
| E5 Qualitätssicherung<br>Eigenprüfung,<br>Fremdprüfung | mineralische Oberflächen-und Basisabdichtungsschichten<br>vertikale Dichtwände<br>Kontrollüberwachung und Verarbeitung der Baustoffe, Stoffeigenschaften und Funktion |

## 3.2. Oberflächenabdichtungssysteme

Der generelle Aufbau der Oberflächenabdichtung ist in Bild 2 dargestellt. Er setzt sich zusammen aus
- Oberboden und Mutterboden mit Flächendränage
- Dichtungsschichten
- Gasdränage und Ausgleichsschicht

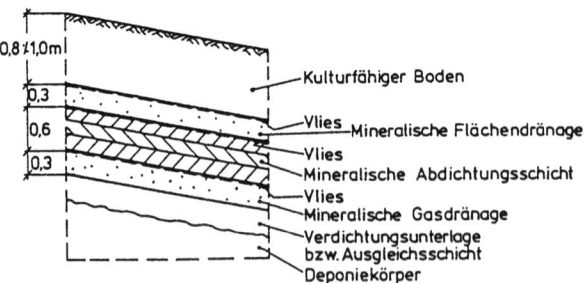

BILD 2: Schema eines Oberflächenabdichtungsystems

Der kulturfähige Boden dient der Abdeckung des Abdichtungssystems und der Rekultivierung mit Pflanzen. Außerdem wird die mineralische Abdichtungsschicht vor Frosteinwirkung geschützt.

Die Entwässerungsschicht soll ein sicheres Abführen des Niederschlagswassers ermöglichen, das den kulturfähigen Oberboden durchsickert. Damit wird verhindert, daß sich das Wasser auf der Abdichtungsschicht aufstaut.

Die Abdichtungsschichten haben die Aufgabe, ein Eindringen von Sickerwasser aus der Flächendränage in den Deponiekörper und gleichzeitig ein Entweichen von Deponiegas in die Atmosphäre zu unterbinden.

Die Gasdränage unterhalb des Abdichtungssystems dient dazu, die ggfs. nicht anderweitig bereits gefaßten Gase einem Gassammelsystem zuzuführen.

Durch die Ausgleichsschicht soll bei Bedarf gleichzeitig eine Verdichtungsunterlage geschaffen werden, um die ordnungsgemäße Verdichtung der mineralischen Abdichtungsschicht zu ermöglichen.

Nachfolgend werden die für die verschiedenen Komponenten eines Oberflächenabdichtungssystems zum Einsatz kommenden Materialien erläutert.

3.2.1. <u>Dichtungsstoffe.</u> Die Abdichtungsschichten können bestehen aus:
- mineralischen Abdichtungsstoffen
- Kunststoffdichtungsbahnen.

Mineralische Dichtstoffe sind feinkörnige Böden wie Schluffe und Tone, die durch Zugabe von Bentonit oder anderen Stoffen aufbereitet werden können. Gemischtkörnige Böden mit Zusatzstoffen können ebenfalls sehr geringe Durchlässigkeiten aufweisen. Für Oberflächenabdichtungen können Kunststoffdichtungsbahnen verschiedener Dichte insbesondere aus den Kunststoffen HDPE, LPDE, PVC, Polymergemische (HDPE mit Elastifikatoren) je nach der mechanischen, chemischen und geologischen Beanspruchung verwendet werden.

3.2.2. <u>Entwässerung.</u> Eine Entwässerung dient neben der Reduzierung der hydraulischen Belastung der Abdichtungsschicht einer Dränung des Wurzelbodens.

Einsetzbar sind:
• mineralische Entwässerungsschichten
• Kunststoffdränkörper

Für mineralische Entwässerungsschichten werden Kiese, Sande sowie Reststoffe, die ein umweltverträgliches Eluatverhalten aufweisen, verwendet. Zu diesen Reststoffen sind zu rechnen: Glasasche, Müllverbrennungsschlacke oder Reststoffe des Bergbaus.

Zu den Kunststoffdränkörpern zählen Dränmatten aus Polyethylen (PE), Polypropylen (PP), Polyamide (PA), Polyester (PES) oder Polyacrylnitril (PAC). Außerdem kommen Entwässerungsleitungen vorwiegend aus HDPE und PVC zum Einsatz.

3.2.3. Geotextilien. Zum Schutz der Dichtungen vor mechanischen Beanspruchungen während der Bauzeit und nach Einbau der Stoffe sind Geotextilien unterschiedlicher Bauart einsetzbar. Im wesentlichen werden zu diesem Zwecke Vliese (HDPE, Polyester) eingesetzt, in neuerer Zeit auch Bentonitmatten.

3.2.4. Entgasung. Eine Entgasung wird je nach Entgasungstechnik und -bedarf mittels mineralischer Schichten oder Kunststoffdränmatten, u.U. in Kombination mit Rohrsystemen konzipiert. Gasdränagen werden analog zu Entwässerungsschichten aufgeaufgebaut.

3.2.5. Rekultivierung. Eine mögliche Rekultivierungsschicht setzt sich aus Oberboden mit und ohne Mutterboden zusammen, abhängig von der Art der späteren Nutzung.
Der Oberboden dient zum Schutz des Abdichtungssystems vor Beschädigung und Frost und als Wurzelraum für die Pflanzen. Der Mutterboden dient vorwiegend als Nährstoffspeicher.

3.3. Dichtwände

Die Entwicklung neuer Bauverfahren im Spezialtiefbau führt heute zu einer Vielzahl von Dichtwänden: Das Herstellungsprinzip der Dichtwände ist je nach System:

**Schmalwand** — Einrammen oder Einrütteln eines Stahlprofils. Beim Ziehen des Stahlprofils wird der freigegebene Hohlraum mit einer Dichtwandmasse unter Druck aufgefüllt.

**Schlitzwand Einphasenverfahren** — Bodenaushub im Schutz einer erhärtenden Bentonit-Zementsuspension, die im Schlitz verbleibt und langsam abbindet.

**Schlitzwand Zweiphasenverfahren** — Bodenaushub im Schutz einer Bentonitsuspension, Einbau der Dichtwandmasse im Kontraktor-Verfahren bei gleichzeitigem Verdrängen der Bentonitsuspension.

**Spundwand** — Einrammen oder Einrütteln einer Stahlbohle. Die Bohlen können Kunststoffbeschichtungen mit zusätzlichen Schloßdichtungen aufweisen.

**gerammte Schlitzwand** — Einrammen eines Hohlkastenprofils aus Stahl mit lösbarer Sohlplatte, Füllen des Hohlkastens mit Erdbeton. Beim Ziehen löst sich die Sohlplatte, der Erdbeton verbleibt im Boden.

**Düsenstrahlwand** — Herstellung von überschnittenen Säulen und Lamellen aus erhärtenden Dichtstoffen über Hochdruckinjektion.

**Bohrpfahlwand**     Herstellung überschnittener Borhpfähle aus erhärtenden zementhaltigen oder zementfreien mineralischen Dichtstoffen.

**Schlitzwand (Kombinationswand)**     Einbau von Stahlspundwänden, Kunststoffdichtungsbahnen oder sonstigen Abdichtungselementen in die Dichtwandmasse

Die Unterbindung des Schadstofftransportes nach außen erfordert eine geringe Durchlässigkeit der Wand und je nach Größe des hydraulischen Gefälles eine Mindestdicke der Dichtwand. Bei Herstellung von Schlitzwänden fällt Bodenaushubmaterial an. Der u.U. kontaminierte Boden muß auf eine entsprechende Deponie (Bauschuttdeponie, Hausmülldeponie oder Sonderabfalldeponie) gebracht werden. Die Aushubarbeiten erfordern ggf. gesonderte Arbeitsschutzmaßnahmen. In der Nähe von Bebauungen ist z.B. die Windverfrachtung auf umliegendes Gelände zu vermeiden.

Durch den Vergleich der notwendigen und möglichen Tiefen und Dicken sowie Wahl der Baustoffe wird die geeignete Dichtwand ausgewählt (Bild 3). Die mineralischen Dichtwandmassen bestehen im allgemeinen aus den Komponenten
- Bentonit
- hydraulische Bindemittel
- mineralische Füllstoffe

und Wasser, ggf. mit Zusatzmitteln. Der Eintrag von Kontamination in die Stützflüssigkeit bei der Zweiphasendichtwand bringt u.U. Probleme bei der Entsorgung mit sich. Die Wirkung der Kontamination auf die Erstarrung und Erhärtung mineralischer Dichtwandmassen ist abzuschätzen. Deshalb sind Kontrollmöglichkeiten am eingebauten Dichtungsmaterial sowohl bei der Herstellung als auch bei der Überprüfung der chemischen Beständigkeit einzuschalten. Die Entscheidung, welches Dichtwandsystem wirtschaftlich anwendbar ist, wird sowohl über Herstellung, d.h. Machbarkeit der temporären oder dauerhaft geplanten Maßnahme wie auch bei der Wahl der Dichtstoffe und deren Lebensdauer zu treffen sein.

Der Einbau von Suspensionen mit geringer Durchlässigkeit führt bei Schlitzwänden im Einphasenverfahren mit Tiefen über 30 m, niedrigen Grundwasserständen und feststoffreichen Dichtwandmassen zu langen Aushubzeiten. Gleichzeitige unvermeidbare Filtration, die das Wasser/Feststoff-Verhältnis der Suspension reduziert und ein frühzeitiges Ansteifen begünstigt, regt während des Aushubs eingebrachte frische Suspension zum Ansteifen (Erstarrung) an. Dadurch wird der Aushubverlust erhöht und der Leistungsfortschritt beim Aushub verringert. Erst durch spezielle Verflüssiger ist es dann möglich, mit fließfähigen Suspensionen die Dichtwand zu erstellen.

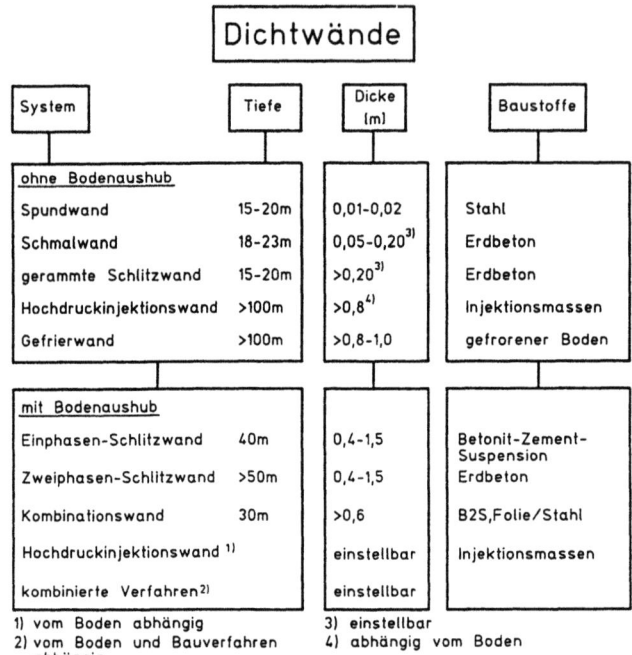

BILD 3: Auswahl der Dichtwände nach Tiefe, Dicke und Baustoffe

4. BIBLIOGRAPHIE

Rat von Sachverständigen für Umweltfragen - SRU (1989). Sondergutachten "Altlasten". Deutscher Bundestag, 11. Wahlperiode, Drucksache 11/6191
   Simons, K., Bartels-Langweige, I., Hirschberger, H. (1990). Auskofferung kontaminierter Feststoffe. In Franzius, Stegmann, Wolf (Hrsg.), Handbuch der Altlasten-Sanierung. Heidelberg: R. v. Decker.
Empfehlungen des Arbeitskreises "Geotechnik der Deponien und Altlasten" (1990). GDA-Empfehlungen der Deutschen Gesellschaft für Erd- und Grundbau e.V., Berlin: Ernst
   Jessberger, H.L., Geil, M. (1988). Mineralische Baustoffe zur Einkapselung von Altlasten. In Franzius, Stegmann, Wolf (Hrsg.), Handbuch Altlastensanierung. Heidelberg: R. v. Decker.

CINDU, EIN EINMALIGES BODENSANIERUNGSPROJEKT IN UTRECHT, NIEDERLANDE

Autoren: Dipl. Ing. A.W.J. van Mensvoort Provinz Utrecht, Bauleitung.
Dipl. Ing. P.W. de Vries, Beratender Ingenieur Amersfoort, Management.

## Einleitung

Die Boden- und Grundwassersanierung des ehemaligen Cindu-Geländes in Utrecht kann mit Recht einmalig genannt werden, da die Kontamination sich sowohl im Erdreich, als auch im Grundwasser bis auf sehr große Tiefe verbreitet hat und somit für besondere Erschwernisse sorgt. Bei dem Wahlprozeß der Sanierungsmethoden wurde eine totale Entfernung der Kontamination gewählt. Dies nun erfordert in der vorliegenden Situation eine Anwendung von sehr avanzierten Techniken. Somit ist diese Sanierung als sehr komplex zu bewerten und kann auf diesem Gebiet ein Modell für künftige Sanierungsmaßnahmen mit ähnlichen Vorbedingungen sein.

Übersicht Cindu-Gelände im Ausführungsstadium

## Lokation

Das Cindu-Projekt liegt in der Stadt Utrecht, in unmittelbarem Bereich des Stadtzentrums, zwischen der Gansstraat und dem "Kromme Rijn". Das betroffene Gebiet ist etwa 4 ha groß, wobei das Hauptverunreinigungsgebiet (hot spot) etwa 0,8 ha ausmacht.

## Historische Übersicht

1888 Gründung der Teerkocherei "Stein & Takken" zur Produktion von Asphalt und weiteren Teerprodukten auf einem Gelände am Ortsrand der Stadt Utrecht. Durch spätere Fusion mit anderen Firmen wurde der Name in "Cindu" umbenannt.

1918 Ein enormer Brand legte die Fabrik in Schutt und Asche und verursachte damit eine Boden- und Grundwasserkontamination ungeahnten Ausmaßes.

1934 Verlegung der Firma zu anderen Niederlassungen (Dordrecht/Krimpen). Hier werden sich später ähnliche Umweltprobleme ergeben. Das ehemalige Produktionsgelände wird nur noch zum Teil als Lagerplatz benutzt.

1937 Abriß der Fabrikgebäude zwecks Wohnungsbau. Bei der Erschließung des Baugeländes wurde eine dünne Sandschicht aufgetragen.

1981 Entdeckung der Boden- und Grundwasserkontamination.

1982 Durchführung der ersten Bodensanierungsphase auf einem benachbarten Grundstück, wo früher die Holzveredlungsfirma "Malba" tätig war.

1983 Neubau der Wohnungen auf dem ehemaligen "Malba Gelände".

1984 Durchführung der zweiten Bodensanierungsphase auf dem ehemaligen "Cindu Gelände". Kurz nach Baubeginn wurde das Projekt stillgelegt, da der Umfang der Kontamination um ein Vielfaches größer war, als anfangs erwartet. Es wurde eine intensive Untersuchungshase eingeleitet. Damit kam der echte Umfang und das Ausmaß des Problems erst richtig zutage; 23 Häuser wurden niedergerissen.

1985 Weitere Untersuchungen in den Grenzgebieten.

1986 Selektion aus mehreren Sanierungsvorschlägen.

1987 Ausarbeitung des ausgewählten Sanierungsvorschlages und Planvorbereitung. Weitere 8 Häuser wurden abgerissen.

1988/ Durchführung der dritten Bodensanierungsphase. Es traten sehr viele
1989 Überraschungen während der Bauausführung auf. Im Dezember 1989 erfolgte die Abnahme der 3. Bodensanierungsphase.

1990/ Sanierung und Reinigung des Grundwassers.
1992

**Abbildung 1**
Lageplan des Projektes und Querschnitt mit Angabe des kontaminierten
Bereiches und der Grundwasserfließrichtung.

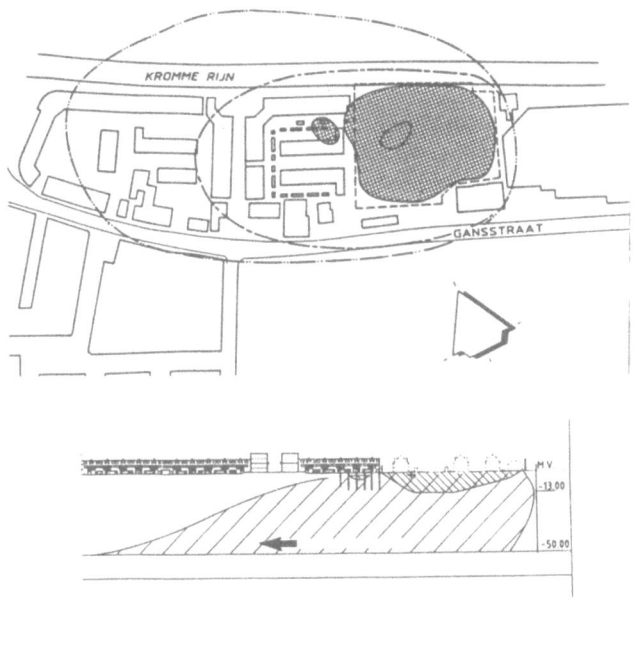

▦▦▦  Bereich der Bodenkontamination

---..---..  Bereich der Grundwasserkontamination

## Ausmaß und Situation der Kontamination

Durch die Betriebsaktivitäten und einem Brand im Jahre 1918 wurde der Boden
sehr ernsthaft mit aliphatischen aromatischen und polycyclischen
aromatischen Kohlenwasserstoffen sowie auch Mineralöl und Phenolen
verseucht. Im Boden wurden Konzentrationen bis zu 20.000 mg/kg.TS.
festgestellt. Zum Vergleich gelten die A, B und C-Werte aus der
Holländischen Liste: 1, 20 und 200 mg/kg.TS. Die Bodenkontamination hat sich
bis zu einer Tiefe von 13 m verbreitet.

Im Grundwasser wurde stellenweise reiner, flüssiger Teer aufgefunden (A,B
und C-Werte für PAK's im Grundwasser: 0,2, 10 und 40 μg/l).
Die mehr ausgelösten Bestandteile der Schadstoffe sind mit der örtlichen
Grundwasserströmung abtransportiert worden. Sie wurden im ersten
Grundwasserleiter bis zu einer Entfernung von ca. 300 m von der
Verunreinigungsquelle und bis zu einer Tiefe von 50 m nachgewiesen.
In dieser Tiefe befindet sich eine abdichtende Tonschicht mit einer
Mächtigkeit von 17 m. Unter einer dünnen Tonschicht, ca. 1-2 m unter G.O.K.
unter dem Neubau auf dem "Malba-Gelände", wurde auch noch ein Ausläufer des

Hauptverunreinigungsgebietes festgestellt. Dieser kommt in einer Tiefenlage von etwa 2 - 6 m unter Gelände vor.
Somit sind ca. 85.000 Tonnen Bodenmaterial und etwa 1.000.000 m3 Grundwasser als schwer kontaminiert ausgewiesen.

### Notwendigkeit der Maßnahmen

Die Gefahr für die Volksgesundheit und Umwelt war eindeutig erkennbar. Die potentielle Gefahr mit den Schadstoffen in Kontakt zu kommen, brachte ein unannehmbares Risiko für die Bewohner mit sich. Ebenso war eine unkontrollierte Verbreitung des kontaminierten Grundwassers, aus Sicht des Umweltschutzes und zur Sicherung stromabwärts gelegener Wasserversorgungsbrunnen nicht akzeptabel.

### Sanierungskonzept

Über 20 Sanierungsvarianten wurden einer Vergleichsstudie unterzogen. Als Kriterien wurden die technischen, umwelt-hygienischen und finanziellen Aspekte für jede Variante ausgewertet. Schließlich konnten sich die zuständigen Behörden gemeinsam für eine totale Beseitigung der Verunreinigung entschließen, wobei andere Alternativen wie zum Beispiel Isolation, in der gleichen finanziellen Größenordnung lagen.

Abbildung 2
Übersicht und Querschnitt der Ausführung der Sanierungsmaßnahmen.

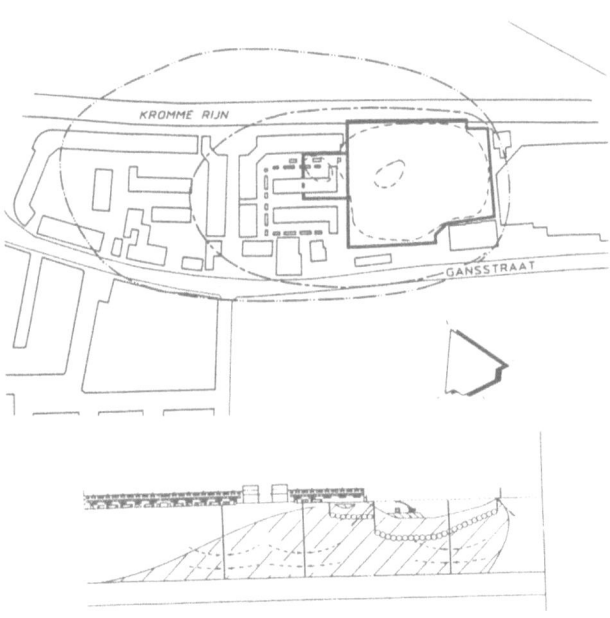

Das Konzept bestand aus dem Bau einer Abschirmungskonstruktion um das
kontaminierte Hauptverunreinigungsgebiet herum. Diese Abschirmungskonstruktion bestand aus einem Ring von Spundwänden mit Schloßabdichtungen
(stellenweise 23 m tief) und einer Bodenabdichtung mit Wasserglas.
(Tiefenlage 30 m u.G.O.K.). Somit wurde gewährleistet, daß nur eine geringe
Wassermenge (max. 50 m3/h) abgepumpt werden brauchte, um eine Baugrube im
Trockenverfahren bis zu einer Tiefe von 13 m u G.O.K. ausheben zu können.
Zur Reinigung des Brunnenwassers wurde über eine Pilotanlage eine
Grundwasserreinigungsanlage mit einer Kapazität von 50 m3/h konzipiert.
Vorgesehen war, die freikommenden kontaminierten Bodenmassen thermisch zu
reinigen, und mit dem gereinigten Boden die Baugrube wieder aufzufüllen.

Die Abschirmungskonstruktion und der Aushub im Trockenverfahren waren
notwendig weil:
1. Das Projekt liegt in einem Gebiet, mit für in diesem Fall hydrologisch
   ungünstige Bedingungen. Der Grundwasserleiter besteht aus grobsandigen
   Schichten mit Kieseinlagerungen bis zu 50 m u.G.O.K. Ohne besondere
   Vorkehrungen würde für die 13 m tiefe Baugrube eine Pumpkapazität von ca.
   2000 m3/h erforderlich sein. Eine so große Wassermenge mit einer solchen
   zweifelhaften Qualität, ist auf realistischer Basis nicht zu reinigen.

2. Die Gewichtsmengen des zu reinigenden Aushubmaterials reduziert werden
   konnten, um Energieverlusten beim Reinigungsverfahren vorzubeugen.

3. Das Risiko für eine starke Geruchsbelästigung verringert werden sollte.
   Dies war durch eine Beschränkung der Abgrabungsfront und eine Abdeckung
   mit Planen im unmittelbaren Anschluß an den Aushub möglich.

4. Eine gute Klassifizierung der abzutransportierenden Bodenmassen
   gewährleistet wurde.

## Techniken und Erfahrungen

Die Stahlspundwände sind aus Doppelspundbohlen hergestellt, die mit einem
hochfrequenten Vibrationsblock von ca. 16 t Eigengewicht im
Fluidierverfahren eingerüttelt wurden (Hierbei wurden geringe Wassermengen
unter sehr hohen Druck am Fuß der Spundbohle injektiert, wodurch sich an der
Stelle vorübergehend eine Art Treibsand bildet).

Der Nachverdichtungseffekt dieser Vorgehensweise war erheblich größer als
anfangs eingeschätzt. Hierdurch entstand erheblicher Sachschaden an
umliegenden Gebäuden. Es mußten sogar Neubauwohnungen aufgegeben werden. Die
letzten Abschnitte der Spundwand wurden erst eingerüttelt, nachdem hier die
Trasse mit Bentonit-Zementpfählen bis zu einer Tiefe von 23 m vorgebohrt
war. Die Bodenabdichtung wurde aus 8600 Injektionspunkten mit einem Abstand
von 0,80 m und einer Mächtigkeit von 1,00 m hergestellt. Obwohl eine
Bodenabdichtung in dieser Tiefenlage in den Niederlanden zum ersten Mal
durchgeführt worden war, hat sich diese Technik in bezug auf die
Wasserundurchlässigkeit als sehr erfolgreich erwiesen (Ist-Leckmenge ca 10
cbm/h).

Der kontaminierte Boden wurde lagenweise abgetragen, wobei zuvor eine Klassifizierung und Beurteilung anhand von Bodenproben und Analysen erfolgt war. Für die Klassifizierung ist ein intensives Meß- und Registrationsprogramm durchgeführt worden, sodaß die Bodenparteien nach Boden-, und Schadstoffart sowie der Intensität der Schadstoffe getrennt behandelt und abtransportiert werden konnten. Der Aushub wurde mit Spezialfahrzeugen abtransportiert. Vor dem Verlassen der Baustelle wurde jeder einzelne LKW auf einer speziell konstruierten Waschstelle gesäubert.
Bestimmung des schwerverseuchten Bodens war die thermische Reinigungsanlage der Fa. Ecotechniek, die ihren festen Standort ca. 15 km vom Cindu-Gelände entfernt, direkt neben dem provinziellen Zwischenlagerplatz hat. Nach der Reinigung wurde parteiweise eine Qualitätsprüfung durchgeführt. Nachdem festgestellt war, daß der Boden keine Schadstoffe in Konzentrationen über dem A-Wert mehr enthält, wurde der gereinigte Boden, zwecks Auffüllung der Baugrube, an Ort und Stelle wiederverwendet. Bis zur Auffüllung der Baugrube wurde über eine Grundwasserförderanlage der Wasserspiegel abgesenkt. Die anfallenden Wassermengen wurden in einer speziell für diese Maßnahme konzipierten Grundwasserreinigungsanlage (Kap 50 m3/h) soweit gesäubert, daß das gereinigte Wasser über die örtliche Kanalisation abgeleitet werden konnte. Die Anlage konnte nicht in unmittelbarer Nähe des Projektes aufgestellt werden (Platzbedarf 2300 m2). Sie wurde somit auf einem 400 m südliche gelegenen Standort für die Dauer von 2 Jahren errichtet. Die Verbindung wurde über eine Doppeldruckrohrleitung (NW 150 mm) hergestellt.

Luftbildaufnahme der Grundwasserreinigungsanlage

Der Reinigungsprozeß besteht aus folgenden computergesteuerten Teilanlagen:
* Vorrat- und Ausgleichtank, 1000 m3
* Öl-/Wasserabscheider
* CFF- Unit (2x)
* Lamellenabscheider (2x)
* Sandfilter (2x)
* Strippanlage (4x)
* Kohlefilter (3x)
* Schlammtentwässerung (mobile Anlage)

Die Strippluft wird mittels Biofilter nachbehandelt und erst dann über einen 25 m hohen Schornstein emittiert.

Die Sanierung des Grundwassers ist zur Zeit im Gange und wird noch ca. 2 Jahre andauern.

### Finanzielle Aspekte

| | | | |
|---|---|---|---|
| Kostenaufwand 1. und 2. Phase | Hfl. | 10 | Mio |
| 3. Phase | Hfl. | 51 | Mio |
| Insgesamt | Hfl. | 61 | Mio |

### Aufgliederung Gesamtsumme:

| | | | |
|---|---|---|---|
| Untersuchungen und Planvorbereitung | Hfl. | 4 | Mio |
| Erwerbung der Gebäude | Hfl. | 10 | Mio |
| Ausführung der Sanierungsarbeiten | Hfl. | 20 | Mio |
| Bodenreinigung | Hfl. | 14 | Mio |
| Grundwassersanierung und -reinigung | Hfl. | 6 | Mio |
| Bauleitung und Bauaufsicht | Hfl. | 5 | Mio |
| nebenenkosten | Hfl. | 2 | Mio |
| Insgesamt | Hfl. | 61 | Mio |

### Finanzierung

| | |
|---|---|
| Ministerium für Volksgesundheit, Raumplanung und Umwelt | 90 % |
| Stadt Utrecht | 10 % |

### Baupartner

| | |
|---|---|
| Auftraggeber | : Provinz Utrecht |
| Untersuchung, Ingenieurleistungen und Bauleitung | : Grontmij NV De Bilt |
| Bau- und Gründungsberater | : A.B.T. Velp |
| Hauptunternehmer | : Ecotechniek BV Utrecht |
| Subunternehmer | : Visser & Smit (Injektionsarbeiten) |
| | Van Splunder (Fundierungstechnik) |
| | Mourik BV (Wasserreinigung) |

## Entnahme von kontaminierten Böden und Abfallstoffen aus den Flüssigkeitsmüllbecken V und VI auf der Deponie Georgswerder

Dr.-Ing. Jörg Bartels-Langweige, iwb-Ingenieurgesellschaft, Pockelsstraße 9, D 3300 Braunschweig

Von den Flüssigkeitsmüllbecken V und VI auf der in Hamburg gelegenen Deponie Georgswerder geht ein hohes Gefährdungspotential für das Grundwasser aus. Diese Gefahr sollte durch die Entwicklung einer Entnahmetechnologie zur vollständigen Auskofferung aller kontaminierten Materialien beseitigt werden.

### Planungsvoraussetzungen

Das Sanierungsgebiet umfaßt eine Fläche von 12.000 m$^2$. Bei einer Sanierungstiefe bis zu 11,0 m ergibt sich ein Volumen von 130.000 m$^3$ auszukoffernder Materialien.

Die Becken V und VI wurden auf einer Schicht aus Hausmüll, Bauschutt und Sand gegründet und mit ca. 36.000 m3 flüssigen Abfällen, u.a. aus der Mineralöl- und der chemischen Industrie befüllt. Anschließend wurden die Becken mit Hausmüll verfüllt.

Die auszukoffernden Materialien sind mit organischen Schadstoffen, so z.B. mit Chlorbenzolen, Dioxinen, aromatischen und leichtflüchtigen, chlorierten Lösungsmitteln hoch kontaminiert.

Eine unterhalb der Becken natürlich anstehende Kleischicht stellt derzeit den einzigen Schutz des Untergrundes und des Grundwassers vor dem kontaminierten Deponieinhalt dar.

### Verfahrensentwicklung

Aus diversen alternativen Entnahmetechniken für die überwiegend flüssigen Schadstoffe und kontaminierten Böden wurde eine Kombination aus "Spundwandkästen", "Ponton-" sowie "Gefrierverfahren" ausgewählt.

Für die Entnahme ist die Einteilung des Sanierungsgebietes in gleichgroße Sektionen (30 m x 40 m) vorgesehen. Die Sektionen werden nacheinander vollständig ausgekoffert und wiederaufgefüllt. Alle Sektionen werden jeweils von 11 m tief abgesenkten Spundwandkästen (4,5 m x 5,5 m) begrenzt. Die 20 m x 30 m großen Sektionsinnenbereiche sind durch Pontons abgedeckt.

In jeder Sektion erfolgt die Auskofferung mittels Bagger oder Dickstoffpumpe zuerst in den Spundwandkästen 8,5 m tief bis zur auftriebssicheren Höhe. Das ausgekofferte Material wird in gas- und wasserdicht zu verschließende Container gefüllt und von einem Turmkran auf ein Transportfahrzeug gehoben. Ein tieferes Auskoffern wird daran anschließend durch eine vor hydraulischen Grundbrüchen schützenden Sohlvereisung im Spundwandkasten ermöglicht, die so lange aufrecht erhalten wird, bis Auskofferung, Säuberung und anschließende Wiederauffüllung bis zur auftriebssicheren Höhe abgeschlossen sind.

Danach erfolgt die Entnahme im Sektionsinneren mit dem Pontonverfahren im Schutze der umgebenden Spundwandkästen. Die Auskofferung erfolgt von den Pontons aus an einer durch die Wegnahme eines Pontons entstehenden Öffnung. Im Zuge der Entnahme sinken die aneinander gekoppelten Pontons ab. Unterhalb der auftriebssicheren Tiefe wird das Verfahren auf Spundwandkästen, wieder in Kombination mit dem Gefrierverfahren umgestellt. Die Kosten für die Entnahme werden auf 500 DM/m$^3$ geschätzt.

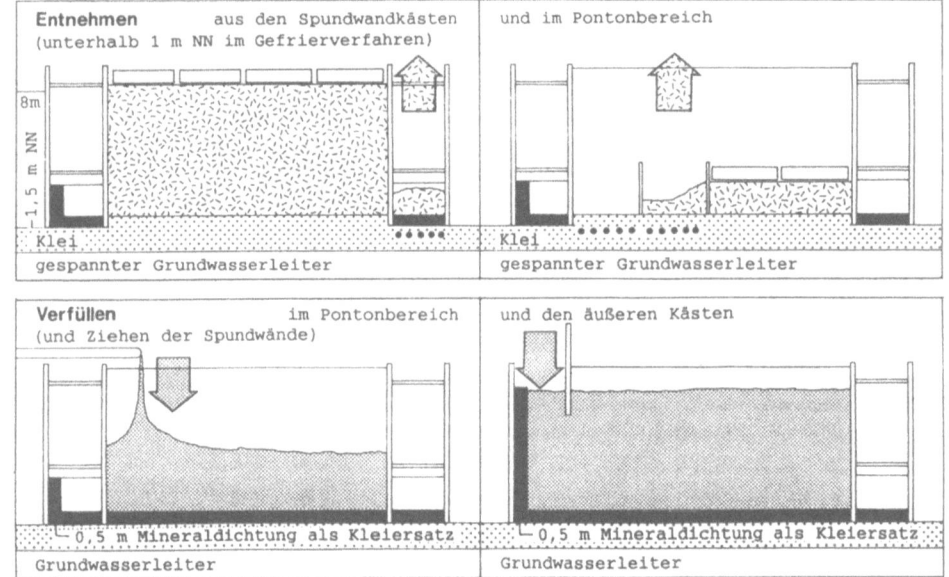

**Verfahrensschema**

Zum geplanten Arbeits- und Emissionsschutz gehören eine ständige meßtechnische Überwachung der Atmosphäre im direkten Entnahmebereich auf Schadstoffe und explosionsfähige Gemische.

Es werden versetzbare Schutzdächer vorgesehen, Absauganlagen betrieben und sämtliche Geräte nur in explosionsgeschützter Ausführung eingesetzt. Die Arbeitskräfte arbeiten in mit Filteranlagen und Fremdluftversorgung ausgerüsteten Baumaschinen. Alle im Freien tätigen Arbeitskräfte tragen auf das Gefährdungspotential abgestimmte persönliche Schutzausrüstungen. Bei auftretenden Gefahrensituationen sind die Arbeiten einzustellen und die Entnahmestellen abzudecken.

ÜBERDACHUNG VON DEPONIEN

J. Schnell / H. Meseck
Philipp Holzmann AG, Hauptniederlassung Düsseldorf

1. EINLEITUNG

Nachdem die von Deponien ausgehenden Umweltgefährdungen umfassend erkannt waren, wurde bei Planungsaufgaben zunächst die Herstellung von Barrieren, die ein unkontrolliertes Abfließen der belasteten Sickerwässer in den anstehenden Boden verhindern sollen, als vorrangig angesehen.

Unter mitteleuropäischen Verhältnissen überwiegt im Jahresmittel der Niederschlag die Verdunstung, so daß eine Durchströmung des Abfallkörpers entsteht. Bei jährlichen Regenspenden in Deutschland von ca. 500 bis 900 $l/m^2$ entstehen so ca. 60 bis 240 $l/m^2$ kontaminierter Sickerwässer. Ein Wasserüberschuß aus den Abfällen selbst fällt dagegen selten in nennenswerter Menge an.

Die bei der Durchsickerung des Abfallkörpers entstehenden Sickerwässer müssen oberhalb der Deponiebasisabdichtung über Dränagesysteme gefaßt und einer Sickerwasserbehandlungsanlage zugeführt werden. Der Entwurf der TA-Abfall fordert, daß beim Aufbau des Deponiekörpers die Sickerwasserbildung zu minimieren ist.

Dazu sind alle Flächen auf dem Deponiekörper, auf die noch kein Deponieoberflächenabdichtungssystem aufgebracht wurde, arbeitstäglich dicht abzudecken oder zu überdachen.

Betriebswirtschaftliche Vergleichsrechnungen haben darüber hinaus ergeben, daß es in vielen Fällen lohnend ist, eine Kontaminierung des Niederschlagswassers zu vermeiden, indem das Regenwasser auf einer Dachhaut des Deponiekörpers sicher abgeleitet wird.

Eine Überdachung kann u.U. weitere beträchtliche Vorteile bringen wie:
- zielsicherer Einbau der Basis- und Oberflächenabdichtung im Schutz der Überdachung
- Verringerung der Lärmemission
- Abschwächung von Geruchsbelästigungen für das Umfeld.

Bislang wurden in der Bundesrepublik nur einige wenige Deponie-Überdachungen mit kleinen Spannweiten ausgeführt. Beispiele sind:
- Deponie Klein Biewende
  Grundriß kreisförmig, Spannweite 47 m, feststehende Holzleimbinderkonstruktion, Gründung auf Schachtwand
- Deponie Hünxe
  Spannweite 25 m, auf Schienen verschiebbar, verzinkte Baustahlkonstruktion, Gründung außerhalb des Polders

- Deponie Rondeshagen
  Spannweite 20 m, umsetzbar (Stützen verloren), Baustahlkonstruktion, Gründung im Deponiekörper
- Deponie Bürrig
  Spannweite 32,5 m, verschiebbar, Holzleimbinder-Konstruktion, Gründung außerhalb des Polders.

Die Philipp Holzmann AG berät derzeit in verschiedenen Planungsphasen Bauherren, die den Bau großdimensionierter Deponieüberdachungen beabsichtigen.

2. PLANUNGSFAKTOREN

Um für die Überdachung einer Deponie eine problemorientierte Lösung erzielen zu können, müssen zunächst die nachfolgend genannten Planungsunterlagen erarbeitet werden:
- Auflagen der Genehmigungsbehörden
  Betroffen sind Lastannahmen, Brand- und Schallschutz, Lüftungskonzept einschließlich Entrauchung im Brandfall, Entwässerung, Rettungswege, Landschaftsschutz
- Lageplan
  Die räumliche Ausdehnung der Deponie, die Lage der Grundstücksgrenzen und der Platzbedarf für betriebliche Einrichtungen und Verkehrswege sind maßgebend für die Konstruktionswahl.
- Baugrund
  Insbesondere die Bodenverformungen im Bereich der Gründungskörper müssen für die gesamte Standzeit der Überdachung in engen Grenzen vorherbestimmt werden.
- Deponiegut
  Die physikalische und chemische Beschaffenheit des Deponiegutes sollte im Hinblick auf Lastansätze sowie die Wahl der Konstruktionswerkstoffe möglichst genau bekannt sein. Etwaige Gasbildungen müssen prognostiziert werden.
- Betriebsablauf
  Die Kenntnis der Arbeitsabläufe während des Deponiebetriebes, der eingesetzten Geräte und des beabsichtigten Verfüllrhythmus ist zwingend erforderlich. Insbesondere bei umsetzbaren Dächern, die im Grundriß jeweils nur einen Teilbereich der Deponie überdecken, müssen die Montage- und Umsetzvorgänge mit dem Deponiebetrieb abgestimmt werden.

Die Auswertung dieser Planvorgaben führt zu einer angepaßten Problemlösung, die dem Einzelfall gerecht werden muß.

3. KONSTRUKTIONSPRINZIPIEN

Die maßgeblichen Unterschiede zur Konstruktion weitgespannter Hallen, wie sie im Industrie- und Sportstättenbau vielfach realisiert wurden, liegen zum einen in der Problematik der z.T. sehr großen Öffnungen in den Außenwänden und den damit verbundenen abhebenden Windkräften an der Unterseite der Dachkonstruktion. Wenn Unsicherheiten bezüglich der Lastansätze bestehen, können Windkanalversuche erforderlich werden.

Zum anderen kommt dem Lastfall Stützensenkung bei Deponiedächern überragende Bedeutung zu. Gravierende Setzungen sind im Deponiebau, bei denen z.T. erhebliche Anfüllhöhen

erreicht werden, unvermeidbar, zumal in vielen Fällen bindiger Boden als Baugrund angetroffen wird. Der zeitliche Ablauf der Anfüllung läßt nicht selten Setzungen im Dezimeterbereich erwarten.
Grundsätzlich kommen folgende Ausführungsvarianten infrage (s.Bild 1):

### 3.1. Dachkonstruktionen mit Zwischenstützen im Deponiekörper
Konventionelle Aussteifungen mit Diagonalverbänden verbieten sich nicht nur wegen der Behinderung des Deponiebetriebs. Sie führen bei Setzungsunterschieden auch zu beträchtlichen Schiefstellungen der Stützen, die zusätzliche Abtriebskräfte hervorrufen und die im räumlichen System zu großen Zwängungen in der Dachebene führen können. Hinzu kommt, daß die horizontalen Aussteifungskräfte an den Fundamenten im Deponieraum oberhalb der Basisabdichtung meist nicht abgetragen werden können.

Deshalb sollten bei annähernd rechteckigem Deponiegrundriß die aussteifenden Festpunkte jeweils an zwei benachbarten Böschungsrändern angeordnet werden. Die Stützen werden konsequent als Pendelstützen ausgebildet. Die räumliche Gelenkwirkung an den Stützenköpfen erfordert eine durchdachte Konstruktion. Als Träger der Dachhaut kommen rechtwinklig zueinander angeordnete Fachwerkträger oder Raumfachwerke infrage.

Grundsätzlich empfiehlt sich ein möglichst großes Stützenraster. Obergrenzen entstehen durch die Kosten für die Herstellung und ggfs. das Umsetzen der Dachkonstruktion sowie in besonderen Fällen durch die Konstruktionshöhe.

Die Pendelstützen müssen vor Horizontaldruck sowie vor negativer Mantelreibung aus dem Deponiegut geschützt werden. Es empfiehlt sich der Einsatz von Wellrohren, die zugleich als Anprallschutz dienen. Sie werden parallel zur Deponieauffüllung mit auf der Deponie vorhandenem Gerät z.Bsp. als Halbschalen versetzt. Die Pendelstützen können wiedergewinnbar ausgebildet werden.

Dächer mit Zwischenstützen werden in der Regel als demontierbare Konstruktionen geplant. Ein Umsetzen erfordert ein intensives Durchdenken der räumlichen Aussteifung in den einzelnen Bauzuständen. Eine Zugänglichkeit für schweres Hebegerät muß in diesen Fällen gegeben sein.

Nur bei vergleichweise kleinen Stützweiten und geringen Anschütthöhen kann an Kragstützen gedacht werden. Werden die Kragstützen mit Deponiegut eingeschüttet, so sind auch höhenverschiebliche bzw. höhenversetzbare Dächer denkbar. Die Dächer müssen dann aber so ausgelegt sein, daß unvermeidliche Horizontalverformungen der Kragstützen aus Seitendruck des Deponiegutes nicht zum Versagen des Tragwerks führen.

Die Gründung erfolgt jeweils oberhalb der Basisabdichtung auf bevorzugt kreisförmigen Einzelfundamenten. Bei der Festlegung der Fundamentabmessungen wird das Ziel verfolgt, in allen Phasen der Deponieauffüllung eine möglichst gleichmäßige Belastung der Basisabdichtung zu erreichen. Die Forderung der TA-Abfall, daß bei der Überdachung das Deponiebasisabdichtungssystem durch Stützen oder Fundamente des Daches nicht beschädigt oder unzulässig beansprucht werden darf, ist in jedem Fall zu erfüllen.

### 3.2. Stützenfreie Dachkonstruktionen

Grundsätzlich bringen stützenfreie Konstruktionen erhebliche Vorteile für den betrieblichen Ablauf einer Deponie.

Bei größeren Spannweiten bieten sich Bögen als Tragglieder an. Die räumliche Aussteifung der Tonnenschalen muß so konstruiert sein, daß Setzungsunterschiede benachbarter Stützpunkte verkraftet werden können.

Seilverspannte Konstruktionen scheitern zumeist an der Konzentration großer Kräfte an wenigen Auflagerpunkten.

## 4. VERSCHIEBLICHE DACHKONSTRUKTIONEN

Grundsätzlich können auch bei großen Spannweiten unter der Voraussetzung geeigneter Grundrisse verschiebliche Konstruktionen zur Anwendung kommen.

Klare Vorteile liegen darin, daß die Verschiebebahn bereits zur Montage genutzt werden kann; Störungen des Deponiebetriebs durch das Umsetzen von Dachelementen entfallen. Die Kosten liegen bei langgezogenen Deponien deutlich niedriger als bei vollständiger Einhausung.

Bei Deponiegrundrissen, die für den Anordnung durchgehender Verschiebebahnen ungeeignet sind, kommen auch verschiebliche Konstruktionen auf umsetzbaren Unterkonstruktionen in Betracht.

## 5. ENTWÄSSERUNG

Alle Entwässerungsleitungen müssen auch unter Berücksichtigung aller möglichen Setzungen ein ausreichendes Gefälle in Fließrichtung aufweisen. Außerhalb der Deponie kann das Regenwasser in offenen Rinnen zur Vorflut abgeleitet werden.

Werden bei Teilüberdeckungen die Giebelseiten nicht wasserdicht geschlossen, so muß auf einen ausreichenden Dachüberstand geachtet werden, um Schlagregen vom Deponiekörper abzuhalten. Bei hohen Dächern ergeben sich dadurch sehr große Mindestüberdachungsabschnitte. Entsprechende Schürzen können dieses Problem verringern; sie sind aber konstruktiv aufwendig.

## 6. SCHLUSS

Die Erfahrung zeigt, daß Baukastenlösungen zur Überdachung von Deponien nicht sinnvoll sind, weil bei der Vielzahl von Einflußgrößen für jede einzelne Deponie eine angepaßte Konstruktion entworfen werden muß. Bei jedem der denkbaren Entwürfe erwartet den Ingenieur eine Vielzahl von Detailproblemen.

Die Frage, ob eine Deponie vollständig oder nur teilweise - aber dafür umsetzbar bzw. verschieblich - überdacht werden soll, muß anhand folgender Kriterien geprüft werden:
- Einfluß auf den Deponiebetrieb
- Setzungsverträglichkeit
- Erstellungs- bzw. Umsetz-/Verschiebekosten
- ggfs. Wiederverwendbarkeit

Grundsätzlich ist der Einsatz von Deponieüberdachungen

ein wichtiger Beitrag der modernen Deponietechnik zur Vermeidung zukünftiger Altlasten.

| System | Einfluß auf Deponie- betrieb | Eignung bei unregel- mäßigem Grundriß | Setzungsver- träglichkeit | Umsetz-/ Verschieb- barkeit | Wiederver- wendbarkeit |
|---|---|---|---|---|---|
| 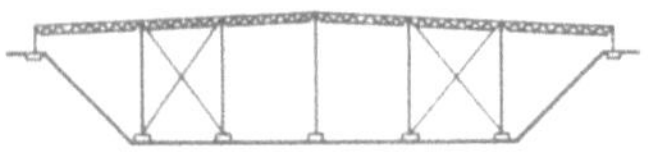 a | − − | + | − − | + | + |
| 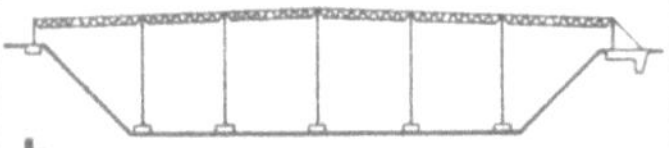 b | − | o | + + | o | + |
| 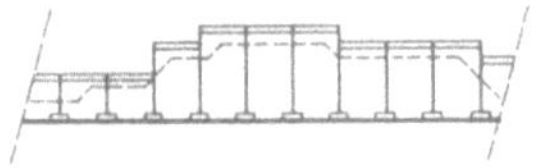 c | − − | + | + | + | + |
| 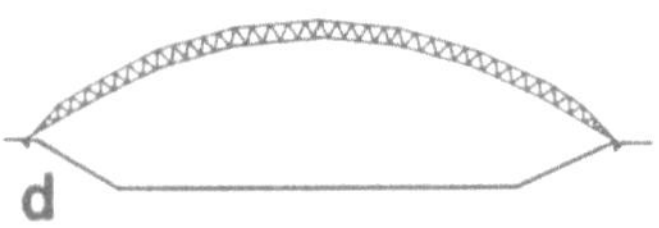 d | + + | − − | o | + + | − |
| 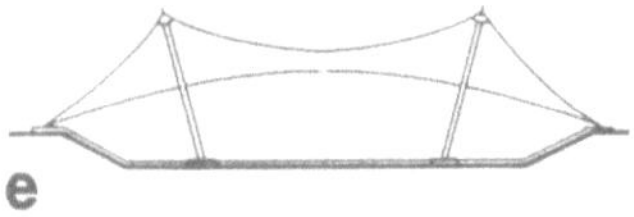 e | + | + + | + | − | − |
| 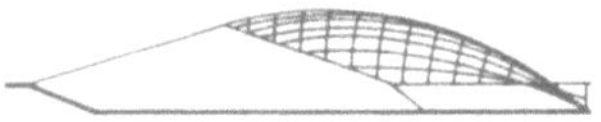 f | o | + | + + | + | o |

Bild 1: Kriterien zur Beurteilung von Tragwerksentwürfen für Deponieüberdachungen

# UNTERSUCHUNGEN ZUR WIRKSAMKEIT BINDIGER MINERALISCHER DEPONIEABDICHTUNGEN

BEATE VIELHABER, STEFAN MELCHIOR und GÜNTER MIEHLICH

Institut für Bodenkunde der Universität Hamburg
Allende-Platz 2, D-2000 Hamburg 13, BRD

Z u s a m m e n f a s s u n g: Seit 1987 werden auf der Deponie Georgswerder in Hamburg sechs Testfelder mit unterschiedlichen Deponieabdecksystemen untersucht. Neben Kombinationsdichtungen mit Kunststoffdichtungsbahnen über bindigen mineralischen Dichtschichten und einer erweiterten Kapillarsperre werden bindige mineralische Dichtschichten ohne bedeckende Kunststoffdichtungsbahnen auf ihre Wirksamkeit überprüft. Abflußmessungen, bodenhydrologische Daten und ein Tracerversuch zeigen, daß die Wirksamkeit dieser bindigen Mineraldichtungen bereits nach zwei Jahren durch austrocknungsbedingte Schrumpfung deutlich eingeschränkt ist. Aufgrabungen der Deponieabdeckung legen den Schluß nahe, daß eine bei Einbau der Schichten bereits vorhandene Bodenstruktur durch die Austrocknung im Sommer 1989 hydraulisch wirksam geworden ist. Vergleichsmessungen an den untersuchten Kombinationsdichtungen deuten darauf hin, daß neben flüssiger Wasserbewegung (kapillarer Aufstieg) auch dampfförmiger Wassertransport an der Austrocknung beteiligt ist. Die Ergebnisse haben für den Einsatz bindiger mineralischer Dichtschichten ohne zusätzliche Schutzmaßnahmen (bedeckende Kunststoffdichtungsbahn, unterliegende Kapillarsperre) vermutlich prinzipielle Konsequenzen. In jedem Fall muß ein vorhandenes Bodengefüge beim Einbau zerstört, die einzelnen Dichtschichtlagen besser verzahnt und die Bildung eines neuen Riß- oder Trennflächengefüges in solchen Dichtschichten durch entsprechende technische Maßnahmen verhindert werden.

## 1. EINLEITUNG

An Abdecksysteme von Altlasten und Neudeponien werden verschiedene Ansprüche gestellt. Sie sollen die Infiltration von Niederschlagswasser in den Müllkörper verhindern, sie sollen meist als Pflanzenstandort dienen und, soweit vorhanden, Deponiegas kontrolliert fassen und abführen. Diese und andere Aufgaben müssen sie langfristig erfüllen und daher gegen eine Reihe von Faktoren und Prozessen stabil sein (Erosion, Frost, Verockerung, Setzung, Durchwurzelung und Durchwühlung, Deponiegas, Austrocknung). Aus diesen Gründen werden Abdecksysteme unter gemäßigt-humiden Klimaverhältnissen in der Regel mehrschichtig aus einer Kombination von Deckschicht, Dränschicht, Dichtsystem und Gasdränage aufgebaut. Dabei werden meist verschiedene Strategien kombiniert, um durch Speicherung und Rückverdunstung von Wasser, durch seitliche Ableitung und durch Abdichtung den Wasserhaushalt zu kontrollieren.

Als Barrieren können künstliche Materialien (z.B. Kunststoffdichtungsbahnen), verdichtete bindige Erdstoffe (sogenannte "mineralische" Dichtschichten) und nichtbindige, ebenfalls mineralische Materialien (Kapillarsperren) eingesetzt werden. Da diese einzelnen Dichtelemente jeweils spezifische Vor- und Nachteile aufweisen, wird häufig durch Kombination verschiedener Komponenten versucht, die Vorteile zu ergänzen und die Nachteile gegenseitig zu kompensieren. Zudem wird von einem redundanten Dichtungsaufbau eine Erhöhung der Gesamtstandzeit des Dichtsystems erhofft. In vielen Fällen werden jedoch aus Kostengründen bindige mineralische Dichtungen ohne zusätzliche Dichtelemente eingesetzt, und auch die Konzeption der Kombinationsdichtung vertraut bei eventuellem Versagen der Kunststoffdichtungsbahn auf die alleinige Wirksamkeit der unterliegenden bindigen mineralischen Dichtung. Aus diesen Gründen sind Kenntnisse zur Wasserbewegung in diesen Schichten und zu deren Langzeitverhalten notwendig.

## 2. UNTERSUCHUNGSKONZEPT

Konzept, Methodik und Ziele dieser Untersuchung wurden bereits veröffentlicht (MELCHIOR und MIEHLICH 1988 und 1989). Verschiedene Dichtsysteme werden auf sechs, jeweils 500 $m^2$ großen Testfeldern geprüft, die in die als Kombinationsdichtung ausgeführte Abdeckung der Deponie Georgswerder integriert und mit gleicher Einbautechnik wie diese gebaut wurden. Dabei werden neben Kombinationsdichtungen aus Kunststoffdichtungsbahnen über bindigen mineralischen Dichtungen und einer erweiterten Kapillarsperre (Kombination einer bindigen über einer nichtbindigen mineralischen Dichtung) auf den Feldern F1 und S1 auch bindige mineralische Dichtschichten ohne zusätzliche Dichtelemente untersucht. Sie bestehen aus drei, nach Verdichtung je 20 cm mächtigen Lagen Geschiebemergel und weisen Hangneigungen von 4 % (F1) und 20 % (S1) auf. Der Mergel hat folgende mittlere Kennwerte: 17 % Ton, 23 % Schluff, 60 % Sand, Bodenart stark lehmiger Sand; Tonminerale vorwiegend illitisch, zudem Smectit, Kaolinit und Chlorit; Carbonatgehalt 9,4 %; Plastizitätszahl 7,9, Konsistenzzahl 0,8, Wasserbindevermögen nach Ensslin und Neff 33,7; Proctordichte 2,040 $g/cm^3$, optimaler Wassergehalt 9,6 %, Einbauwassergehalt 12,0 Gew.% ≙ 23,4 Vol.%, Feuchtdichte 2,191 $g/cm^3$, Trockendichte 1,955 $g/cm^3$, Porenvolumen 29 %.

## 3. ERGEBNISSE

Der Meßbetrieb läuft seit Anfang 1988. Erste Ergebnisse wurden bereits veröffentlicht (MELCHIOR und MIEHLICH 1989). Im folgenden wird über die mit verschiedenen Methoden gewonnen Ergebnisse zur Funktion der untersuchten bindigen mineralischen Dichtschichten der Testfelder F1 und S1 berichtet.

### 3.1. Tracerhydrologische Ergebnisse

In Abb. 1 sind die Abflüsse über und unter der Geschiebemergeldichtschicht von Testfeld F1 dargestellt. Ein Vergleich mit den unter der Kombinationsdichtung gemessenen Wassermengen (MELCHIOR und MIEHLICH 1989 und MELCHIOR et al. 1990) zeigt, daß in den ersten Monaten nach Bau der Schichten Porenwasser aufgrund einer geringen Restkonsolidation des Geschiebemergels abgegeben wird. Nach Ende der Porenwasserabgabe zum Jahresende 1988 steigt der Abfluß auf Feld F1 wieder gering an, da die infolge des Porenwasserdrucks aufwärts gerichteten Gradienten nun fehlen. Die Sickerwasserraten bleiben zunächst jedoch sehr gering.

Abb. 1 zeigt deutlich, daß im ersten Meßjahr unter der Dichtung keine direkte Reaktion auf hohe Abflußereignisse oberhalb der Dichtung erfolgte. Vor dem Hintergrund dieser Abflußverläufe wurde im Mai 1989 ein Traverversuch gestartet, um zu prüfen, mit welcher Verweilzeit des Wassers in der Dichtung zu rechnen ist (VIELHABER 1990). Als annähernd "idealer" Tracer wurde Bromid gewählt, dessen Aktivität mit einer ionenselektiven Elektrode täglich in den Abflüssen über und unter der

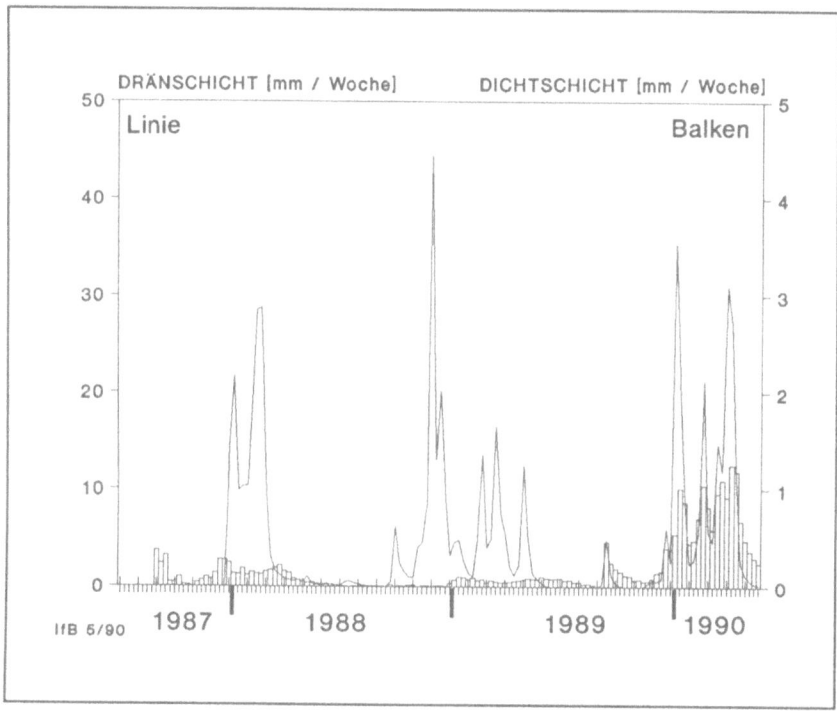

Abb. 1) Abflüsse über und unter der bindigen mineralischen Dichtung in Testfeld F1 (Maßstab für die als Balken dargestellte Dichtschichtdurchsickerung 10-fach überhöht)

Dichtung direktpotentiometrisch bestimmt wurde. In größeren Zeitabständen wurden elektrische Leitfähigkeit und Chlorid, das die Bromid-Messung beeinflußt, kontrolliert. Das Bromid wurde über 21, gleichmäßig über das Testfeld F1 verteilte Rohre direkt in die Flächendränage ca. 5 cm über der Dichtschicht aufgegeben (insgesamt 210 Liter einer 0,5 M Kaliumbromid-Lösung). Mit der Aufgabe des Tracers am 22. 5.89 wurde im Frühjahr 1989 solange gewartet, bis der Dränageabfluß fast zum Erliegen kam, um eine sofortige Ausspülung des Bromids aus der Dränage zu verhindern.

Abb. 2 zeigt Summenkurven des Abflusses und der Bromidfracht in den Dränschichten über und unter der Dichtung. Die Abflüsse über der Dichtung versiegten in den ersten Wochen nach der Traceraufgabe wegen der sehr trockenen Witterung. Das Bromid hatte somit ausreichend Zeit, sich über die gesamte Dichtschichtoberfläche zu verteilen. Die wenigen Sommerregen führten nur zu einer Befeuchtung des Decksubstrats. Abflüsse in der Dränschicht setzen erst nach einem Starkregenereignis am 27. und 28. 8.89 mit über 100 mm Niederschlag wieder ein. Mit ihnen wird, wie erwartet, Bromid nun in nennenswertem Umfang ausgetragen. Über das Winterhalbjahr sind bis Ende März 1990 knapp 50 % der Aufgabemenge in der Dränschicht ausgewaschen worden.

Unter der Dichtung kommt der Abfluß (Maßstab im Vergleich zu den Abflüssen über der Dichtung 10-fach überhöht) im trockenen Sommer 1989 nicht ganz zum Erliegen. Völlig überraschend steigt er mit dreitägiger Verzögerung nach dem Starkregenereignis Ende August signifikant an. Auch in Abb. 1 ist diese deutliche

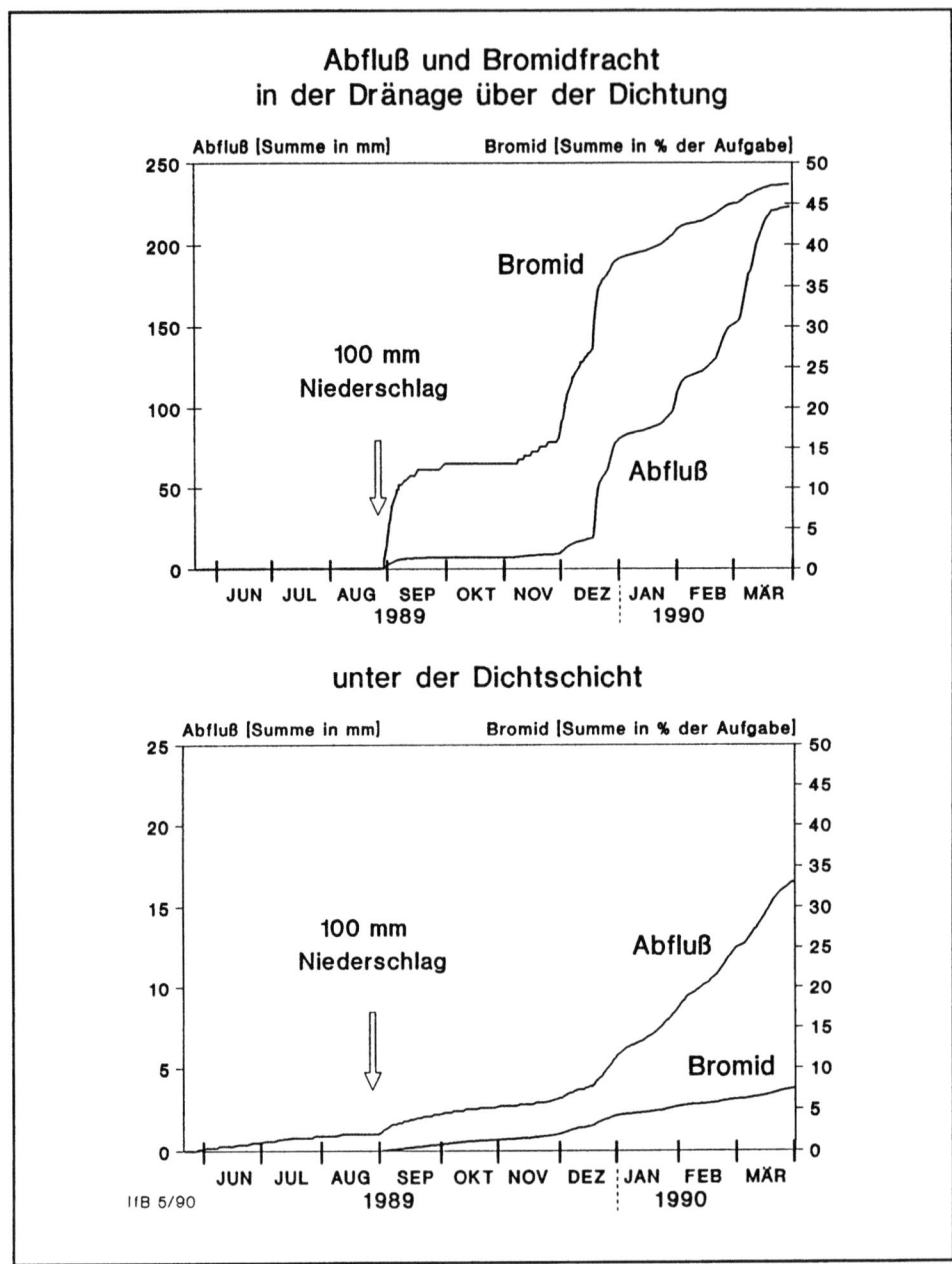

Abb. 2) Summenkuven der Abflüsse und der Bromidfracht über und unter der bindigen mineralischen Dichtung von Testfeld F1 (Ordinatenmaßstab der Abflüsse im unteren Teil der Abbildung 10-fach Überhöht)

Reaktion auf die erhöhten Abflüsse über der Dichtung ersichtlich. Dieser hier erstmals auftretende und zeitlich kaum verzögerte hydraulische Kontakt zwischen den Abflüssen über und unter der Dichtung bleibt von diesem Zeitpunkt an bestehen. Gleichzeitig mit diesem Anstieg der Dichtschichtdurchsickerung tritt auch unter der Dichtung Bromid auf. Dieser Tracerdurchbruch (bis Ende März 1990 7,5 % der Aufgabe) ist ein eindeutiger Nachweis, daß in der Dichtschicht Sickerwasserleitbahnen in der Größe von Makroporen mit räumlicher Kontinuität vorhanden sind. Unter Annahme eines piston flows, d.h. ohne Makroporenfluß, und einfacher Abschätzung nach der Darcy Gleichung und den gegebenen Porenvolumina hätte der Tracer bei Verlagerungsgeschwindigkeiten von jährlich wenigen Zentimetern erst nach vielen Jahren unter der Dichtung ankommen dürfen.

Diese Makroporenversickerung tritt während des Tracerversuchs erstmals auf. Ein Vergleich der unter den bindigen mineralischen Dichtschichten der Testfelder F1 und

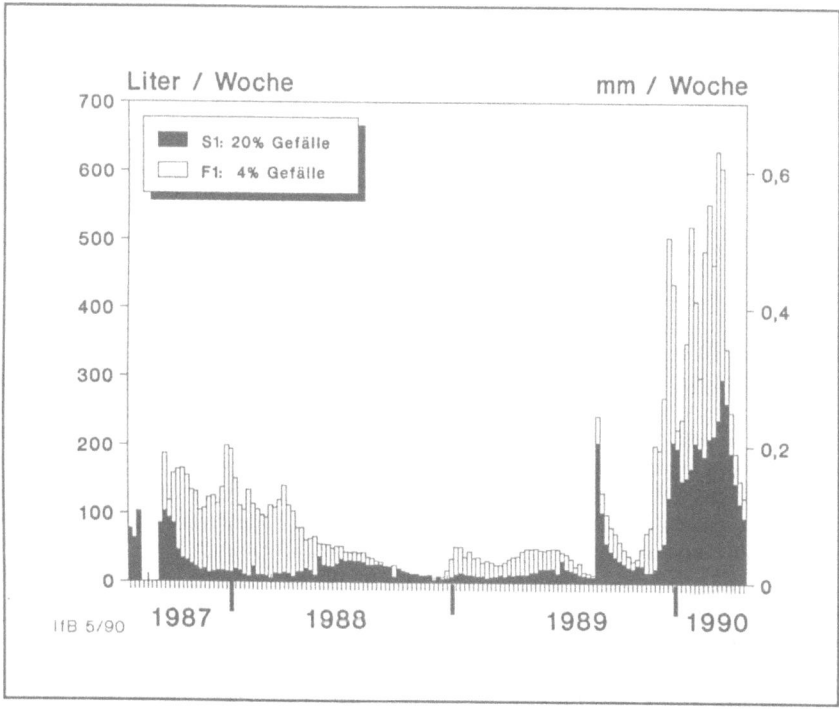

Abb. 3) Abflußwochensummen unter den bindigen mineralischen Dichtungen der Testfelder F1 und S1

S1 gemessenen Abflußwochensummen (Abb. 3) zeigt bei beiden Feldern einen analogen, seit Ende August 1989 gegenüber den Abflüssen oberhalb der Dichtungen zeitlich kaum verzögerten Verlauf. Gleiches gilt, bei jedoch deutlich höheren Abflußsummen, für die Durchsickerung der nur aus zwei Lagen aufgebauten Geschiebemergeldichtung über der Kapillarsperre in Testfeld S3. Die Wirksamkeit aller untersuchten bindigen mineralischen Dichtungen ohne bedeckende Kunststoffdichtungsbahn ist durch den Makroporenfluß erheblich eingeschränkt. Von November 1989 bis Ende April 1990 sind auf F1 15,6 mm (7801 Liter), auf S1 7,3 mm (3651 Liter) und auf S3 17,6 mm (8811 Liter) durch die Geschiebemergeldichtungen gesickert. Nach diesen Summen funktioniert die Dichtung auf S1 noch am besten. Vergleicht man jedoch die stündlichen Spitzenwerte, die in diesem Winter gemessen wurden, so ergibt sich ein anderes Bild. Diese betragen bei F1 4,4 Liter, bei S1 5,2 Liter und bei S3 16,1 Liter. Da diese Spitzenwerte wiederholt auftreten und dann auch über mehrere Stunden konstant bleiben, kann man daraus unter der Annahme eines hydraulischen Gradienten von 1 hydraulische Leitfähigkeitswerte berechnen (F1: $2,4 * 10^9$ m/s, S1: $2,9 * 10^9$ m/s, S3: $8,9 * 10^9$ m/s). Diese Werte liegen über den von Genehmigungsbehörden derzeit geforderten maximal zulässigen Werten von $1*10^9$ m/s. Sie verdeutlichen zudem die Bedeutung einer gut wirksamen Dränage oberhalb der Dichtung, denn trotz des etwas höheren Durchlässigkeitsbeiwertes der Dichtschicht im Feld S1 versickert dort weniger als auf Feld F1, da die schnellere laterale Abführung des Wassers im Steilhangbereich offensichtlich das Volumen der Dichtschichtdurchsickerung begrenzt.

### 3.2. Bodenhydrologische Meßergebnisse

Die Auswertung der in den Dichtschichten gemessenen Matrixpotentiale und Bodenwassergehalte zeigt, daß vermutlich nicht Setzungen oder andere Gründe für das Entstehen kontinuierlicher Makroporen verantwortlich sind, sondern eine sommerliche Austrocknung der Schichten.

Das mit Tensiometern meßbare Matrixpotential des Bodenwassers ist ein Maß der im Boden wirkenden Adhäsions- und Kohäsionskräfte (der Absolutbetrag des Matrixpotentials wird auch als Wasserspannung bezeichnet; je geringer das Matrixpotential, d.h. je größer die Wasserspannung, desto trockener der Boden). Die gemessenen Zeitverläufe (siehe Abb. 5 in MELCHIOR et al. 1990) ergeben folgendes Bild: Das Matrixpotential sinkt zuerst nahe der Dichtschichtoberkante und erreicht dort Ende August Werte, die mit unter -340 hPa außerhalb des Meßbereichs der dort eingesetzten Tensiometer liegen. Nahe der Unterkante der Dichtschicht sinkt das Matrixpotential von nahe 0 hPa auf -150 hPa. In der Dränage unter der Dichtung zeigen die Tensiometer kaum Reaktion auf die sommerliche Austrocknung, da vermutlich kein nennenswerter kapillarer Aufstieg aus der sandig-kiesigen Dränage in die Dichtschicht erfolgen kann. Nach den Niederschlägen Ende August steigen die Potentiale in gleicher Reihenfolge von oben nach unten wieder an und liegen im Winter nahe Sättigung und zeigen zeitweise hydrostatischen Druck an.

Die mit der Neutronensonde bestimmten Wassergehalte nehmen den gleichen Verlauf. Die Wassergehaltsabnahme setzt an der Schichtoberkante ein, erreicht ca. 2 Volumenprozent und wird nach Ende der Trockenperiode wieder ausgeglichen.

### 3.3. Beobachtungen bei Aufgrabungen der Deponieabdeckung

Im August 1989 wurden außerhalb der Testfelder an fünf Orten Aufgrabungen des Deponieabdecksystems durchgeführt, um weitere Meßgeräte zu installieren. Obwohl hier im Standardaufbau der Abdeckung der Deponie Georgswerder die Geschiebemergeldichtschicht durch eine überlappend verlegte Kunststoffdichtungsbahn bedeckt wird, ergaben die Beobachtungen bei diesen Aufgrabungen einige für die Interpretation der oben beschriebenen Meßergebnisse wichtige Hinweise. Die aus drei Lagen aufgebaute Geschiebemergeldichtschicht konnte dabei ein bis zwei Jahre nach ihrem Einbau in Augenschein genommen werden. Dabei wurde besonders auf das Gefüge der einzelnen Lagen und die Übergänge zwischen den Lagen geachtet. In rund zwei Drittel aller Fälle sind die Lagen homogen aufgebaut und keine Veränderungen von Lagerungsdichte, Wassergehalt und Konsistenz an den Schichtgrenzen festzustellen. In den anderen Fällen sind die Schichtgrenzen jedoch deutlich sicht- und fühlbar. Es sind horizontal verlaufende Kluftflächen zu erkennen, die leicht über größere Flächen freigelegt werden können. Der Mergel ist in den oberen 2-5 cm der jeweils unteren Lage deutlich steifer und ist von feinen, vertikal verlaufenden Rissen durchsetzt. Diese Lagen wurden offensichtlich beim Bau nicht schnell genug durch die nächste Lage oder die PEHD-Bahn überdeckt und sind daher an der Oberfläche abgetrocknet. Dies kann im Sommer bereits in wenigen Tagen der Fall sein. In den unteren Bereichen der Lagen sind keine Risse erkennbar, das Material bricht jedoch beim Herausnehmen offensichtlich regelhaft in Aggregate mit 15-20 cm Durchmesser. Dieser Befund deutet darauf hin, daß ein beim Einbau vorhandenes Gefüge des Geschiebemergels bei der Verdichtung, es wurden Vibrations-Glattmantelwalzen eingesetzt, nicht vollständig zerstört wurde.

An einer der fünf Aufgrabungsstellen konnte nach 1,5 Jahren ein Bereich begutachtet werden, der beim Bau der Abdeckung bereits farblich markiert und lagemäßig eingemessen worden war, da die Oberfläche der Geschiebemergeldichtschicht eine deutliche Schrumpfrißbildung (Rißbreite ca. 8 mm, Tiefe 15 - 20 cm) aufwies. Unter der PEHD-Dichtungsbahn, die der Mergeldichtung in vollständigem Preßverbund auflag, war bei der Aufgrabung eine homogene Wiederbefeuchtung der beim Einbau sehr trockenen Mergeloberfläche sichtbar. Die Risse sind dabei zwar enger geworden (ca. 2 mm Breite), trotz Quellung und Auflast jedoch in ihrer Tiefe erhalten geblieben. Wir haben daraufhin mehrere Infiltrationsversuche in Situ und im Labor durchgeführt. Beim gegenwärtigen Stand der Auswertung ist dabei Makroporenversickerung nicht eindeutig nachzuweisen. Sie tritt in den homogen aufgebauten Lagen nicht auf. In Lagen, die durch Austrocknung beim Einbau durch vertikale Risse und horizontale Klüfte strukturiert sind, gibt es Hinweise auf Makroporenfluß. Zwischen den beobachteten Rissen und Klüften besteht jedoch in diesen, durch PEHD-Bahnen geschützten Schichten offenbar kein hydraulisch wirksamer Kontakt über die gesamte Schichtmächtigkeit. Auf jeden Fall legen die Befunde bei den Aufgrabungen jedoch nahe, daß die durch den Tracerversuch auf Testfeld F1 nachgewiesenen Makroporen in den rein mineralischen Dichtungen mit hoher Wahrscheinlichkeit nicht erst im Sommer 1989 neu entstanden sind, sondern daß ein bereits beim Einbau vorhandenes Gefüge durch austrocknungsbedingte Schrumpfung verstärkt und damit hydraulisch wirksam wurde.

## 4. BEWERTUNG DER ERGEBNISSE

Für die Austrocknung kommen verschiedene Prozesse als Ursachen in Betracht:
o Das Wasser könnte durch Pflanzenwurzeln entzogen worden sein. Die Aufgrabungen zeigten jedoch, daß die Durchwurzelung im Untersuchungszeitraum die Dichtsysteme noch nicht erreicht hat, so daß dies hier wahrscheinlich nicht als Ursache in Betracht kommt. Langfristig sind Durchwurzelung und Wasseraufnahme durch Pflanzenwurzeln mit Sicherheit Prozesse, die sowohl direkte Makroporenbildung als auch Austrocknung und Schrumpfung gravierend verstärken können.
o Das Wasser kann in flüssiger Phase kapillar aus der Dichtung aufgestiegen sein. Die gemessenen hydraulischen Gradienten sprechen für einen solchen kapillaren Aufstieg während der Trockenphase. Bereits ein bis zwei Volumenprozent Wassergehaltsabnahme reichen aus, um die gemessenen Matrixpotentiale zu erzeugen.
o Das Wasser kann die Dichtung als Wasserdampf verlassen haben. Der Dampftransport wird durch thermische Gradienten angetrieben. In MELCHIOR et al. (1990) wird anhand der Messungen an den Kombinationsdichtungen mit PEHD-Kunststoffbahnen gezeigt, daß im Sommerhalbjahr abwärts gerichteter Dampftransport auftreten kann. In Dichtungen ohne bedeckende Kunststoffdichtungsbahn ist noch eher mit einer Austrocknung durch dampfförmigen Wassertransport zu rechnen, da hier leichter wasserdampfungesättigte Luft von oben nachströmen kann.

o Schwerkraftbedingte, flüssige Wasserbewegung kommt als Ursache der Austrocknung ebenfalls langfristig in Betracht. Die bereits angesprochenen Messungen an den Kombinationsdichtungen belegen jedoch, daß dieser Prozeß bislang durch die anderen Prozesse überprägt wird. Die langfristige Bilanz zwischen flüssigen und dampfförmigen Wassertransporten ist noch unbekannt.

In den bindigen mineralischen Dichtschichten wurde bereits nach zwei Jahren im Sommerhalbjahr 1989 eine beginnende Austrocknung festgestellt. Durch die untersuchten, nicht durch PEHD-Dichtungsbahnen bedeckten, bindigen Mineraldichtungen wurde Makroporenfluß nachgewiesen. Die Wirksamkeit dieser Dichtungen ist stark eingeschränkt, die Durchsickerung wird gegenwärtig vor allem durch die gute laterale Wasserabführung oberhalb der Dichtung limitiert. Vermutlich wurden die Makroporen im untersuchten Fall nicht durch austrocknungsbedingte Schrumpfung völlig neu geschaffen, sondern es wurde ein bereits beim Einbau initial vorhandenes Bodengefüge lediglich hydraulisch wirksam. Um die Bildung von solchen Makroporen auszuschließen, müssen geeignete technische Verfahren und Qualitätssicherungsprogramme sicherstellen, daß beim Einbau bindiger mineralischer Dichtmaterialien eventuell vorhandenes Bodengefüge zerstört, die Verzahnung zwischen einzelnen Lagen optimiert und jede Austrocknung der Schichtoberflächen während des Baus verhindert wird.

Die Ergebnisse haben für den Einsatz bindiger mineralischer Dichtungen ohne zusätzliche Schutzmaßnahmen (bedeckende Kunststoffdichtungsbahn, unterliegende Kapillarsperre) darüber hinaus vermutlich prinzipielle Konsequenzen. In Anbetracht der beobachteten schnellen Alterung der nach dem Stand der Technik gebauten Schichten und vor dem Hintergrund der verschiedenen Prozesse, die zur Austrocknung führen können, kann auch eine Neubildung derartiger Makroporen in längeren Zeiträumen nicht sicher ausgeschlossen werden. Es ist ebenfalls unsicher, ob lediglich eine Erhöhung der Decksubstratmächtigkeit eine Schrumpfung des bindigen mineralischen Dichtmaterials langfristig zuverlässig verhindern kann.

## 5. BIBLIOGRAPHIE

Melchior, S. und Miehlich, G. (1988). Untersuchungen zum Wasserhaushalt mehrschichtiger Oberflächendichtsysteme auf der Deponie Georgswerder, Hamburg. In Wolf, K., van den Brink, W.J. & Colon, F.J. (Eds.), Altlastensanierung '88, Zweiter Internationaler TNO/BMFT-Kongress über Altlastensanierung, 11.-15.4.1988 in Hamburg, BRD, 1, 673-675, Dordrecht.

Melchior, S. und Miehlich, G. (1989). Hydrological Studies on the Effectiveness of Different Multilayered Landfill Caps. In C.I.P.A. (Ed.), Sardinia '89, 2nd International Landfill Symposium in Porto Conte, Italien, 9.-13.9.89, XVI 1-13, Mailand.

Melchior, S., Berger, K., Rook, R., Vielhaber, B., und Miehlich, G. (1990). Testfeld- und Traceruntersuchungen zur Wirksamkeit verschiedener Oberflächendichtsysteme für Deponien und Altlasten. Zeitschrift der Deutschen Geologischen Gesellschaft, im Druck.

Vielhaber, B. (1990). Tracer- und Infiltrationsversuche zur Wasserbewegung in bindigen mineralischen Dichtschichten, Diplomarbeit, Universität Hamburg. In Vorbereitung.

## DANKSAGUNG

Die dieser Veröffentlichung zugrundeliegende Untersuchung wird mit Mitteln des Bundesministeriums für Forschung und Technologie und der Freien und Hansestadt Hamburg (Umweltbehörde, Amt für Altlastensanierung) unter dem Förderkennzeichen 1440359I4 gefördert. Die Verantwortung für den Inhalt liegt bei den Autoren.

# SANIERUNG UND NUTZBARMACHUNG EINER ZINKSCHLACKENDEPONIE

DIPL.-ING. CLAUS SCHMIDT

DR.-ING. STEFFEN INGENIEURGESELLSCHAFT MBH, ESSEN-KETTWIG

Eine Zinkhütte in Stolberg hat von 1837 bis 1967 auf einem 25 ha großen Gelände Räumaschen der Zinkerzdestillation abgelagert. In den meist dunkelgrauen bis schwarzen Räumaschen befinden sich schlackenähnliche Brocken und grobe Scherben der Keramikmuffeln. Lagenweise sind großflächig rote Kesselaschen in veränderlichen Schichtdicken zwischengelagert.

Die Deponie ist 15 m hoch und teilte sich vor der Sanierung in 3 Bereiche auf:

→ oberes Plateau mit geschlossener Industriebebauung und Brachflächen,

→ Böschungen durch örtlichen Abbau von Material für Sportplatzbelag,

→ unteres Plateau, teilweise freigeräumt, mit kontaminiertem Untergrund.

Durchsickernde Niederschlagswässer mit erheblicher Schadstofffracht (Sulfat, Zink, Blei) verursachten Schäden in der städtischen Kanalisation und kontaminierten die Böden in der benachbarten Wohnbebauung. Starkregen bewirkte erosionsbedingte Verschlammungen der Straßen.

Von der Wasserwirtschaft und von den Ordnungsbehörden wurde eine Sanierung dieser Halde dringend gefordert (Bild 1). Von der Stadt Stolberg, den zu

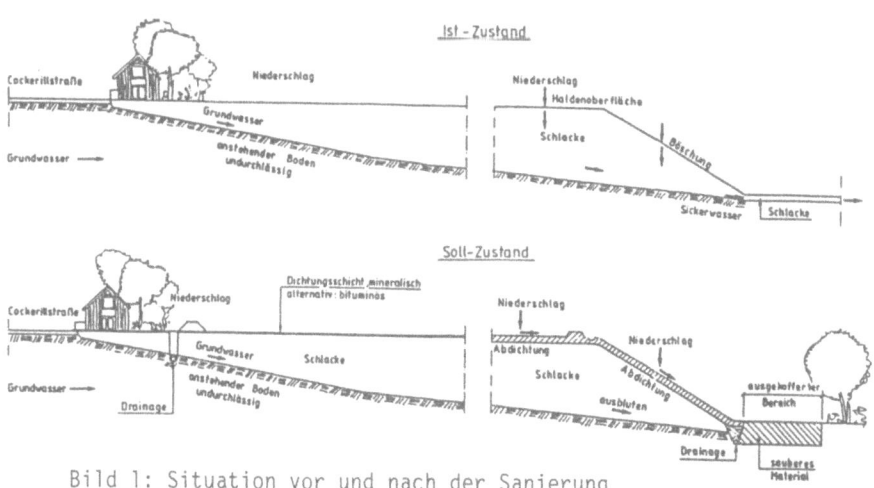

Bild 1: Situation vor und nach der Sanierung

ständigen Landesbehörden und dem Besitzer des Geländes wurde ein Sanierungskonzept erarbeitet, das neben wasserwirtschaftlichen Aspekten eine Nutzbarmachung der Fläche vorsah. Es sollten 3 Bereiche gestaltet werden (Bild 2).

→ Gewerbebereich im oberen Plateau (geschlossene Bebauung, Parkplätze),

→ Böschungsbereich als Grünzone mit einem Rundwanderweg,

→ Wohnbereich im unteren Plateau.

Der Gewerbe- und der Böschungsbereich werden oberflächig komplett abgedichtet, um einen unkontrollierten Wassereintritt in die Deponie zu verhindern. Dazu dient auch ein Abfangdrainagegraben im oberen Bereich der Halde. Eine teilweise Asphaltbetondichtung ist Anreiz für eine gewerbliche Nutzung.

Die Rest- und die Böschungsflächen wurden mineralisch abgedichtet. Am Böschungsfuß wurde eine tiefliegende Drainage zum Auffangen des noch im Haldenkörper vorhandenen Wassers angelegt. Das Ausbluten wird noch einige Zeit nach Abschluß der Sanierungsarbeiten stattfinden. Das erfaßte Wasser wird der Kanalisation zugeführt.

Im Wohnbereich wurde das Haldenmaterial entfernt und kontaminierter gewachsener Boden ausgetauscht.

Dieses Sanierungskonzept hat zwei wesentliche Vorteile: Einerseits schafft es eine erhebliche Wohnfeldverbesserung für die existierende Bebauung, andererseits wird durch Werterhöhung des sanierten Geländes eine Teilrefinanzierung der Sanierungskosten möglich.

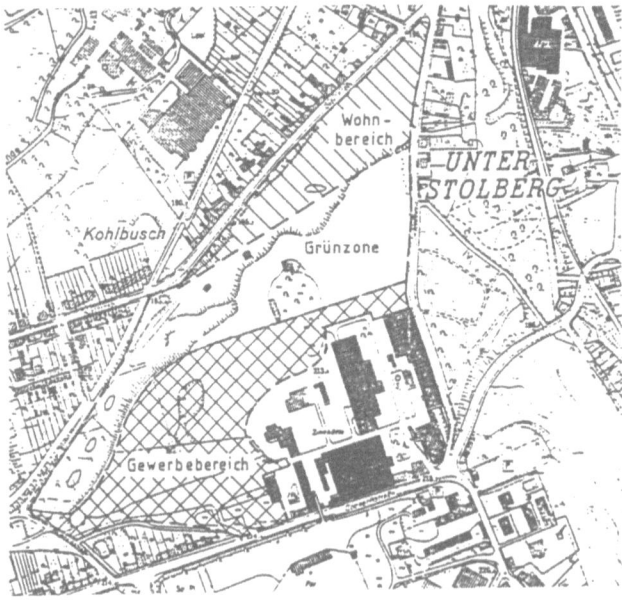

Bild 2: Aufteilung des Geländes nach der Sanierung

PILOTSTUDIE ÜBER VERFAHREN DER OBERFLÄCHENSTABILISIERUNG BEI ENDLAGERN IN OBERFLÄCHENNAHEN FORMATIONEN IM SÜDWESTEN DER U.S.A.

FAIRLEY J. BARNES, ELIZABETH J. KELLY UND EDWARD A. LOPEZ

LOS ALAMOS NATIONAL LABORATORY, LOS ALAMOS, NEW MEXICO 87545 USA

1. EINLEITUNG

in semiariden Klimaten hängt die langfristige Integrität einer Abfalldeponie auch von der Regelung des Wassergleichgewichts am Standort ab. Abfluß und Erosion sind häufig als Folge der kurzen, aber hochintensiven Sommerstürme besonders stark. Versuche zur Eindämmung der Erosion können zu verstärkter Infiltration von Wasser führen und erhöhen damit das Risiko, daß Wasser in das Deponiegut eindringt und später Schadstoffe aus der Deponie in das Grundwasser migrieren. Oberflächen-Stabilisierungsverfahren mit dem Ziel, die Schadstoffmigration aus der Unterflur und dem Müll zu minimieren, müssen sich darauf konzentrieren, den einander widersprechenden Anforderungen an die Kontrolle einerseits der Erosion und andererseits der tiefen Perkolation des Wassers unterhalb der Wurzelzone gerecht zu werden.

In Los Alamos, New Mexico wurde 1987 auf einem nicht mehr benutzten Lager für schwach radioaktiven Atommüll eine langfristige Pilotstudie begonnen, um die kombinierten Effekte von Bodenbedeckungen, Vegetationstyp und Bodenprofilen auf das Wassergleichgewicht und den Sedimenttransport im Lager zu untersuchen. Dargestellt werden die Ergebnisse zum Wassergleichgewicht und Sedimenttransport unter natürlichen Umweltbedingungen, die in den ersten drei Jahren der Studie gewonnen wurden.

2. VERFAHREN

Die Abfalldeponie liegt im nördlichen New Mexico, U.S.A. in 2200 m Höhe auf einer schmalen Hochebene, die sich von den Jemez Mountains in östliche Richtung erstreckt. Das Gebiet hat ein semiarides Kontinentalklima mit zwei Niederschlagsperioden. Etwa 60% des mittleren jährlichen Niederschlages von 45 cm erfolgen von Mai bis Oktober. Die winterlichen Niederschläge fallen überwiegend als Schnee von Dezember bis März.

Auf jedem der drei Bodenprofile des Lagers wurden vier Felder (3 mal 11 m) angelegt, deren Oberflächenbehandlung aus zwei Vegetationsdecken (Gebüsch/Gras und Gras) entweder mit einer Kiesabdeckung oder mit unabgedecktem Boden bestand. Zwei Profile stellten das konventionelle Abdeckungsprofil für Abfalldeponien dar (gebrochener Tuff und Oberboden), während das dritte Profil eine verbesserte Auslegung aufwies. Hier waren zusätzliche Schichten aus Feldsteinen und Kies integriert worden, die als Barriere sowohl gegen den kapillaren Feuchtigkeitsfluß als auch gegen das Eindringen von grabenden Tieren und Pflanzenwurzeln dienen sollten. Auf allen Feldern wurde der Gesamtabfluß nach jedem Niederschlagsereignis gemessen. Zur Ermittlung des Sedimenttransports wurden 1987-1988 auf allen und 1989 auf vier Feldern Stichproben aus dem Abfluß entnommen (große Ereignisse), oder er wurde vollständig gesammelt. Die Bodenfeuchtigkeit in Abständen von 20 cm (bis 100 cm) wurde vierzehntäglich mit einer Neutronenaktivierungs-Feuchtigkeitssonde gemessen. Die Vegetationsbedeckung wurde saisonal gemessen.

## 3. ERGEBNISSE UND DISKUSSION

Im Sommer lag der mittlere Abflußanteil (mm Abfluß/mm Niederschlag) für jede Behandlungskombination (Vegetation und Bodenoberfläche) bei Feldern mit Kiesabdeckung zwischen 0,021 und 0,113 und bei Feldern ohne Abdeckung ("nackte" Felder) zwischen 0,107 und 0,262. Auf Grundlage der Einzelereignisse ergab die Rangordnung des Abflußanteils entsprechend der Oberflächenbehandlung ($P < 0,05$ über alle multiplen Vergleichstests) Gebüsch + nackt > Gras + nackt > Gebüsch + Kies oder Gras + Kies. In der doppeltlogarithmischen Darstellung von Niederschlag und Abfluß ergab sich für jede Behandlung eine lineare Beziehung (z.B. Abb. 1A). Die Effekte der Behandlung auf diese Beziehungen wurden durch Vergleich der Steigungen und der X-Achsenabschnitte für die verschiedenen Behandlungen beurteilt. Auf Gebüschfeldern wird die Abflußverzögerung (X-Achsenabschnitt) durch eine Kiesabdeckung signifikant erhöht. Die Steigungen zeigten keine signifikanten Unterschiede.

Der Gesamtsedimenttransport reichte von 0,04 bis 11,65 Mg/ha im Sommer und von 0,00 bis 0,17 Mg/ha im Winter. Die Sedimentkonzentrationen waren auf nackten Feldern im Vergleich zu abgedeckten signifikant höher. Auf Grundlage der Einzelereignisse wurde in der doppeltlogarithmischen Darstellung von Sediment und Abfluß eine lineare Beziehung beobachtet (z.B. Abb. 1B). Für Behandlungen mit und ohne Kies zeigten die Steigungen signifikante Unterschiede ($P < 0,004$); das gleiche gilt für für die Behandlung mit Büschen und Gras auf nackten Feldern ($P = 0,120$).

Die kombinierte Evapotranspiration (ET) und Tiefensickerung (L) wurden aus der Bilanz des Wassergleichgewichtes für vierzehntägige Intervalle berechnet. Frühere Untersuchungen zu simulierten Abfalleinschlüssen bei Los Alamos hatten ergeben, daß L in den Sommermonaten Null oder minimal ist. Aus diesem Grunde wurde davon ausgegangen, daß die Abschätzungen für (ET + L) in den Sommermonaten, wenn die Vegetationsabdeckung sich in der aktiven Wachstumsphase befindet, ein Maß für ET ist. Im Sommer ergibt die Rangordnung von ET nach der Oberflächenbehandlung, daß eine Behandlung mit Gebüsch und Kies signifikant höhere ET-Raten aufweist als die anderen Behandlungen.

Im Frühjahr war die Tiefensickerung des Wassers infolge der Infiltration der Schneeschmelze stärker ausgeprägt, obwohl eine Perkolation des Wassers unterhalb der Wurzelzone vergleichsweise selten auftrat. Die Feuchtigkeitsreduktion während der Wachstumsphase war auf den Gebüschfeldern stärker ausgeprägt. Dies deutet darauf hin, daß eine komplexe Vegetationsabdeckung aus Büschen und Gräsern eine größere Speicherkapazität für Bodenfeuchtigkeit aus den Winterniederschlägen bereitstellt als die übliche Grasabdeckung. Die Felder mit den verbesserten Abdeckungsprofilen waren durchweg erheblich trockener als die mit konventionellen Abdeckungen. Nach dreijähriger Beobachtung wird die Gebüschbepflanzung mit einer Kiesabdeckung auf der Bodenoberfläche der zweifachen Anforderung an die Erosionskontrolle und an die ET-Maximierung aus dem Lager am besten gerecht.

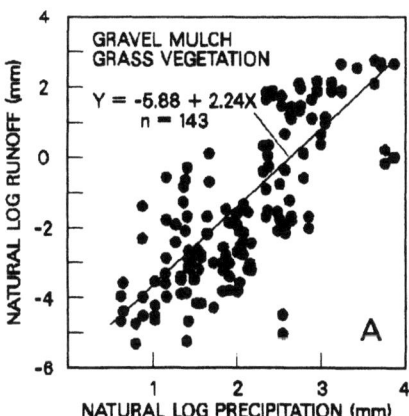 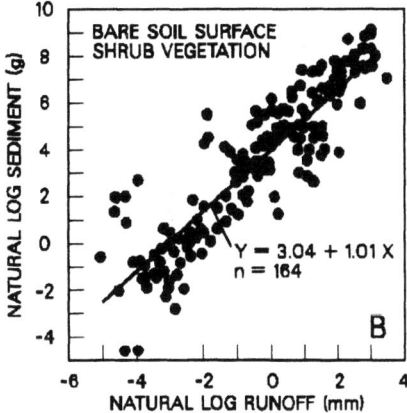

Abbildung 1. Beziehung zwischen (A) Niederschlag und Abfluß, und (B) zwischen Abfluß und aus Feldern von 33 m² transportiertem Sediment, für diskrete Niederschlagsereignisse

# LABORTECHNISCHE UND BAUPRAKTISCHE ERFAHRUNGEN MIT WASSERGLASVERGÜTETEN DICHTSYSTEMEN

P. Belouschek
Universität Essen

J.U. Kügler
Ingenieurbüro Siedeck & Kügler

Wasserglasvergütete mineralische Dichtsysteme werden mit Erfolg bei der Abdichtung von Deponien (Deponiebasis), Abdeckung von Altdeponien und Altlasten sowie Abdichtung von Böden größerer Wasserflächen mit Dauerwasserspiegel (u.a. Bundesgartenschau 1987 Düsseldorf,) eingesetzt.

Die praktische Umsetzung bestätigt, daß bindige feinkörnige Böden, wie Aue-Hochflut- und Lößlehme sowie sandig-schluffige Tone, als mineralische Ausgangsmaterialien für die Wasserglasvergütung geeignet sind. Diese Böden sind durch ungleichförmige Korngrößenverteilungen gekennzeichnet. Zur Herstellung eines wasserglasvergüteten mineralischen Dichtsystems muß immer eine gute Kornabstufung vom Feinstkorn (Ton- und Schluffgehalt) über Sand zum Feinkies in möglichst gut verteilter, homogener Durchmischung vorliegen, um das Volumen der Bodenporen möglichst klein zu halten.

Es hat sich gezeigt, daß für die Wasserglasvergütung von bindigen feinkörnigen Böden besonders das pulverförmige Wasserglas vom Typ *Deposil N* der Fa. HENKEL KGaA geeignet ist. *Deposil N* ist ein wasserlösliches Natriumsilikat mit einem $SiO_2 : Na_2O$-Verhältnis von 3,30 - 3,40. Für die Herstellung einer 25 cm dicken verdichteten mineralischen Dichtungsschicht wird je nach Art des mineralischen Ausgangsmaterials (Dichte ca. 1,7 $g \cdot cm^{-3}$) eine Zugabemenge von pulverförmigem Wasserglas pro Quadratmeter von etwa 1,5 Kg bis 3 Kg benötigt, was einer Zugabemenge von 0,3 bis 0,7 Gewichts-% entspricht.

Der Abdichtungseffekt bei der Wasserglasvergütung von bindigen feinkörnigen Böden kann auf die Verstopfung und Verklebung der Bodenporen durch die gebildeten Kieselsäuresole und -gele zurückgeführt werden, welche durch die Absenkung des pH-Wertes ($\approx 9$) in Wasserglaslösungen entstehen

$$\rightarrow SiOH \ . \ HO\text{-}Si(OH)_3 \underset{. \ H_2O}{\overset{- H_2O}{\rightleftarrows}} \rightarrow Si\text{-}O\text{-}Si(OH)_3 \ . \quad (1)$$

Neben der Kieselsäuresol- und -gelbildung in der mineralischen Bodenschicht ist für die abdichtende Wirkung, vor allem auch unter dem Aspekt der Langzeitwirkung, die Haftung dieser kolloidalen Kieselsäuren untereineinander bzw. an die jeweiligen Bodenpartikel von wesentlicher Bedeutung. Hierbei spielen kolloidchemische Prozesse eine besondere Rolle. Die in den Hohlräumen des Bodenkörpers akkumulierten Kieselsäuresole und -gele können als hochkonzentrierte kolloidale

Systeme (Dispersionskolloide) charakterisiert werden. Bei den im Deponiewasser vorliegenden hohen Elektrolytkonzentrationen ist die Adhäsion zwischen den Gelpartikeln untereinander sowie den Gelpartikeln und den mineralischen Komponenten der o.g. Böden erleichtert, so daß sich eine kompakte Koagulationsstruktur ausbilden kann.

Die abdichtende Wirkung durch Wasserglasvergütung wurde durch eine Vielzahl von Laborversuchen an den bindigen feinkörnigen Bodenarten Lößlehm, Auelehm und feinsandigen Tonböden festgestellt. Es wurden Untersuchungen zum Einfluß des Wassergehaltes und der Menge an pulverförmigem Wasserglas auf den Durchlässigkeitsbeiwert für die vorgenannten bindigen feinkörnigen Böden, die sich im Volumen der Bodenporen unterscheiden, durchgeführt. Aus den Ergebnissen geht deutlich hervor, daß die abdichtende Wirkung sowohl von der Konzentration der im Boden gebildeten Wasserglaslösungen als auch vom Volumen der Bodenporen abhängt. Es ist deutlich zu sehen, daß der Durchlässigkeitsbeiwert mit zunehmender Konzentration an pulverförmigem Wasserglas zu kleineren Werten verschoben wird. Für höhere Wasserglasmengen ist zudem eine Verringerung des Durchlässigkeitsbeiwertes mit zunehmendem Wassergehalt erkennbar. Weiterhin hat sich gezeigt, daß bei Auelehmen, die aufgrund des höheren Tongehaltes Bodenporen mit geringerem Volumen besitzen als z.B. Lößlehm, durch Zugabe von 0,3 % pulverförmigen Wasserglas in der Regel niedrigere Durchlässigkeitsbeiwerte erreicht werden als für Lößlehm, dem 0,5 % zugegeben worden sind. Allgemein kann festgestellt werden, daß durch Wasserglasvergütung von bindigen, feinkörnigen Böden mineralische Abdichtungsschichten hergestellt werden können, die Durchlässigkeitsbeiwerte in der Größenordnung von $5*10^{-10}$ m/s bis $5*10^{-11}$ m/s aufweisen. Die Zugabe von Deponiesickerwasser führt zu einer Erniedrigung des Durchlässigkeitsbeiwertes. Dieses Ergebnis steht in Einklang mit den kolloidchemischen Erläuterungen der Wasserglasvergütung.

Wasserglasvergütete Dichtsysteme werden seit Jahren mit Erfolg zur Basisabdichtung verschiedenster Deponien verwendet. Nachprüfungen solcher eingebauten Dichtungsschichten erbrachten trotz jahrelanger Beanspruchung durch Deponiesickerwässer oder Stauwässer hinsichtlich des Abdichtungseffektes immer bessere Ergebnisse als während der Bauphase. Aus baupraktischen Erfahrungen geht deutlich hervor, daß wasserglasvergütete mineralische Dichtsysteme mit Erfolg für die Basisabdichtung von Deponien sowie für die Abdeckung von Altdeponien und Altlasten eingesetzt werden können. Dies wird durch Aufgrabungsergebnisse gestützt.

# BIBLIOGRAPHIE

/1/ BELOUSCHEK, P. und KUGLER, J., "Wasserglasvergütete Dichtsysteme" in DEPONIE 3, S. 427-444, Hrsg. K.J. Thome-Kozmiensky, EF-Verlag für Energie und Umwelt, Berlin 1989.

/2/ BELOUSCHEK, P. Wasserglasvergütete mineralische Dichtsysteme - eine physikalische, chemische und kolloidwissenschaftliche Analyse in "Abfallwirtschaft in Forschung und Praxis: Fortschritte der Deponietechnik 1989" (Bd. 30) Hrsg. Fehlau/Stief, Erich Schmidt Verlag, Berlin 1989.

FELDEXPERIMENTE ZUR BEWERTUNG DER UNTERFLURIGEN WASSER-
BEWIRTSCHAFTUNG VON DEPONIEN IN VON SCHNEESCHMELZEN DOMI-
NIERTEN SEMIARIDEN REGIONEN DER USA

J. NYHAN, T. HAKONSON UND S. WOHNLICH

LOS ALAMOS NATIONAL LABORATORY, LOS ALAMAOS, NEW MEXICO, USA
UNIVERSITY OF KARLSRUHE, KARLSRUHE, BRD

1. EINLEITUNG

Bei der oberflächennahen Ablagerung von gefährlichen und radioaktiven Abfallstoffen besteht die Absicht, den Müll so zu isolieren, daß Gesundheit und Sicherheit von Öffentlichkeit und Umwelt gewährleistet sind. Gegenwärtig stehen keine ausreichenden Felddaten zur Bewegung von Wasser und Schadstoffen unter ungesättigten Bedingungen zur Verfügung, die in sorgfältig instrumentierten großflächigen Versuchen gewonnen wurden und den Betreiber der Deponie in die Lage versetzen, geeignete Abdichtungssysteme zu definieren und zu bauen, und so die Migration der Schadstoffe aus der Deponie zu verhindern. Das Ziel der vorliegenden Untersuchungen bestand in der Überwachung und dem Vergleich der Wasserbilanz für verschiedene Konstruktionen von Deponieabdeckungen in Umgebungen, die aufgrund der Schneeschmelze ein hohes Sickerungspotential besitzen.

Die Ergebnisse verschiedener Feldexperimente zur Kontrolle von Bodenerosion, Biointrusion und Wasserinfiltration wurden zum Entwurf und zur Prüfung verbesserter Abdecksysteme verwendet, die ihrerseits zu einer verbesserten Isolierung der abgelagerten Abfälle beitragen sollen.Die Feldexperimente wurden in zwei semiariden Regionen im Westen der USA durchgeführt, die normalerweise eine starke Schneeschmelze aufweisen, nämlich an den Deponien beim Los Alamos National Laboratory (Los Alamos, New Mexico) und beim Luftwaffenstützpunkt Hill (Layton, Utah). Vorgestellt werden hier die Auslegungen der mehrlagigen Deponieabdeckungen und die Felddaten zur Wasserbilanz für die einzelnen Abdeckungskonstruktionen.

2. MATERIAL UND METHODEN

In Los Alamos wurde jede Abdeckungsauslegung auf zwei Feldern (0,5% Gefälle) mit Abmessungen von etwa 3 mal 10 m geprüft, die 1984 angelegt worden sind. Der konventionelle Abdeckungsaufbau bestand aus 15 cm sandigem Lehm als Oberboden über einer Verfüllung aus 75 cm sandigem Schluff. Die verbesserte Auslegung besteht aus 75 cm Oberboden über mindestens 25 cm Kies und 90 cm Flußkieseln; sie verfügt damit über eine Sperre gegen die Kapillarwirkung und die Biointrusion.

In Layton wurden vier Abdeckungskonstruktionen auf Feldern (4,0% Gefälle) mit Abmessungen von etwa 5 mal 10 m geprüft, die erst Ende 1989 angelegt worden sind. Die konventionelle Abdeckung bestand aus etwa 90 cm sandigem Oberboden. Zwei Felder wurden mit einer verbesserten Abdeckung versehen, die aus 152 cm sandigem Oberboden mit einer partiellen Kiesabdeckung an der Oberfläche bestand; diese beiden Felder unterscheiden sich nur in der Vegetationsdecke, wobei ein Feld mit Weidegräsern und das andere mit Weidegräsern und mit Büschen besetzt war. Auf dem vierten Feld wurde die von der U.S.-Umweltbehörde (EPA) empfohlene Abdeckung verwendet, die aus etwa 120 cm sandigem Oberboden über 30 cm Grobsand und etwa 60 cm verdichtetem Ton besteht.

Alle diese Felder wurden so angelegt, daß das Wasser gesammelt werden konnte, das durch Zwischenabfluß in der Deckschicht und durch Sickerung durch die gesamte Abdeckung migrierte. Die anderen Parameter der Wasserbilanzgleichung wurden mit hydrologischen Standardverfahren ermittelt.

## 3. ERGEBNISSE UND DISKUSSION

Los Alamos empfängt im Mittel etwa 121 cm Schneefall im Herbst und im Winter, wobei dann nur 15 cm des jährlichen mittleren Niederschlags von 47 cm anfallen. Die Zusammenfassung in Tabelle 1 zeigt, daß die Evapotranspiration auf den verbesserten Feldern gegenüber der, die auf den Kontrollfeldern beobachtet wurde, stärker war. Dies liegt teilweise an der Dynamik der Kapillarsperre, durch die die vertikale Wasserbewegung im Profil verzögert wird. Auf den Kontrollfeldern gingen etwa 88% des Niederschlages durch Evapotranspiration verloren, während auf den verbesserten Auslegungen etwa 96% des Niederschlages durch Evapotranspiration aus der Deponieabdeckung abgeführt wurden.

Obwohl die Felder in Los Alamos im wesentlichen eben waren und keinen Oberflächenabfluß aufwiesen, zeigen die in Tabelle 1 vorgelegten Daten, daß die konventionelle Abdeckung etwa achtmal mehr Sickerwasser produzierte als die verbesserte Auslegung. Die Kapillarbarriere der verbesserten Auslegung kann die Erzeugung von Sickerwasser in einem typischen Jahr potentiell erheblich reduzieren, und sie kann auch den Zeitraum, während dessen Sickerwasser in extrem feuchten Jahren produziert wird, um mehr als die Hälfte verkürzen. Dies gilt insbesondere dann, wenn die Oberfläche der verbesserten Abdeckung ein stärkeres Gefälle besitzt; diese würde nämlich zu einem verstärkten Oberflächenabflußbfluß und zu geringerer Infiltration der Niederschläge in die Deponieabdeckung führen.

TABELLE 1. Berechnete mittlere Massenbilanz für Wasser (cm) auf zwei Auslegungsformen von Deponieabdeckungen bei Los Alamos vom 13. August 1984 bis zum 4. September 1987.

| Wasserbilanz-Parameter | Kontrollfelder | Verbesserte Felder |
|---|---|---|
| Niederschlag | 174 | 174 |
| Zunahme des Bodenwasserinventars | 10,5 | 4,29 |
| Evapotranspiration | 153 | 167 |
| Sickerwasserproduktion | 10,6 | 1,32 |
| Zwischenabfluß | 0,00 | 0,97 |

Layton empfängt im Mittel etwa 102 cm Schneefall im Herbst und im Winter, wobei dann normalerweise 31 cm des jährlichen mittleren Niederschlags von 56 cm anfallen. Der größte Teil des Niederschlages trat im ersten Winter unseres Feldversuchs als Schnee entsprechend einem Niederschlag von etwa 18 cm auf. Die Produktion von Sickerwasser durch die gesamte konventionelle Abdeckungsauslegung erfolgte in diesem Zeitraum (4,3 cm), wobei in einer der beiden verbesserten Abdeckungsauslegungen weniger Sickerwasser beobachtet wurde (3,4 cm). Im selben Zeitraum wurde bei den verbesserten Abdeckungsauslegungen mit Kapillarsperre ein etwa 100mal größerer Zwischenabfluß beobachtet (0,8-0,9 cm) als bei der EPA-Auslegung mit hydraulischer Sperre (0,01 cm) Um die funktionalen Unterschiede der vier Auslegungen abschließend zu beurteilen, ist noch mehr Zeit erforderlich.

## DAS ZURÜCKHALTEVERMÖGEN VON ABKAPSELUNGSTECHNIKEN BEZÜGLICH GASEN

G.Rettenberger, FH Trier
S.Urban-Kiss, Ingenieurgruppe RUK Stuttgart

### 1. EINLEITUNG

Die Sonderabfalldeponie Gerolsheim wird seit dem Jahr 1968 betrieben. Die Deponiegasproblematik der Deponie rührt von der in der Vergangenheit praktizierten gemeinsamen Ablagerung von Siedlungs- und Industrieabfällen. Das Deponiegas, welches verhältnismäßig hohe Anteile an Schwefelwasserstoff und organischen Spurenstoffen aufweist, führt am Deponiestandort zu Gasemissionen sowohl in den Luftraum als auch in den Bodenkörper. Das für die Deponie erarbeitete Sicherungskonzept sieht die Abkapselung des Deponiekörpers mittels Dichtwand und Oberflächenabdichtung vor. Parallel zur beginnenden Umsetzung des Sicherungskonzeptes wurde ein umfangreiches Untersuchungsprogramm zum Emissionsgeschehen in den Boden und in den Luftraum durchgeführt. Durch die partielle Realisierung der Abkapselungsmaßnahmen konnte durch Felduntersuchungen der Effekt auf das Emissionsgeschehen in einem längeren Zeitraum verfolgt werden. Das Untersuchungsprogramm wurde mit Mitteln des BMFT unter Projektbegleitung des UBA von der GBS Rheinland-Pfalz, die sich ebenfalls zu 50% an den Kosten beteiligte, und der Universität Stuttgart durchgeführt.

### 2. GASMIGRATION

Zur Beobachtung der Gasmigration wurden in einem an die Deponie grenzenden Versuchsfeld Pegel installiert, die bis zum Grundwasserspiegel reichten und an denen Gasmessungen in unterschiedlichen Tiefenhorizonten durchgeführt werden konnten. Der Bau einer Dichtwand im Bereich des Versuchsfeldes führte zur folgenden Veränderung der Gassituation:
- Auf der deponiezugewandten Seite der Dichtwand kam es zu einer Aufkonzentrierung von Methan sowie zu einer Vergleichmäßigung der Deponiegaskonzentrationen über das Tiefenprofil. Die Oberflächenemission stieg an. Die Sperrwirkung der Dichtwand konnte anhand dieser Daten bestätigt werden.
- Auf der deponieabgewandten Dichtwandseite zeigte sich zwar ebenfalls eine gewisse Vergleichmäßigung der Bodenluftzusammensetzung, was auf Wanderungsvorgänge der Deponiegaskomponenten zur Geländeoberfläche hinwies. Jedoch wurde im Untersuchungszeitraum nur ein geringer Rückgang der Deponiegaskonzentration in der Bodenluft beobachtet.

Besondere Beachtung wurde dem Verhalten der Spurenstoffe geschenkt, bzw. der Frage, wie weit der Gehalt an Spurenstoffen mit dem Gehalt an Methan, korrespondiert. Eine Korrelation konnte, bis auf den Stoff Vinylchlorid, nicht gefunden werden.

### 3. GASEMISSION

Die Messungen erfolgten sowohl mittels einer Kartierung mit einem tragbaren Meßgerät (FID) als auch durch die Einrichtung von 20 Testfeldern, die mit einer Vorrichtung zur kontinuierlichen Messung der Oberflächenemission (Lemberger Boxen) sowie mit oberflächennahen Pegeln versehen wurden. Die Testfelder befanden sich an Betriebsflächen der Deponie sowie an abgedeckten (unverdichtetes, bindiges Material in geringer Schichtdicke) und abgedichteten (Oberflächenabdichtung) Flächen. Der Unterschied im Emissionsverhalten zwischen den offenen und abgedeckten, bzw. abgedichteten Flächen konnte eindeutig nachvollzogen werden. Die Abdeckung der Oberfläche führte zu einer Senkung der Gasemission um etwa eine Zehnerpotenz. Die abgedichteten Flächen wiesen nur minimale Restemissionen auf. Es wurde beobachtet, daß bei Emissionsmessungen nicht nur der unmittelbare Meßort zu betrachten, sondern auch die Umgebungssituation mitzuberücksichtigen ist. Entsprechend zeigte sich anhand von Messungen, die im Rahmen der Untersuchung verschiedener Oberflächenabdichtungssysteme (Kunststoffabdichtung, mineralische Abdichtung, Kombinationsabdichtung) durchgeführt wurden, daß neben der Dichtigkeit des Abdichtungsmaterials die Systemdichtigkeit ausschlaggebend ist, da z.B. Anschlüsse der Abdichtung an Durchdringungen einen wesentlichen Schwachpunkt des Abdichtungssystems darstellen können.

## 4. LABORMESSUNG DER GASDURCHLÄSSIGKEIT VON ABDICHTUNGSMATERIALIEN

Für die Messung der Gasdurchlässigkeit von Abdichtungsmaterialien, bei der insbesondere die selektive Gasdurchlässigkeut untersucht wurde, wurden zunächst Gaspermeabilitätszellen entwickelt, mit Hilfe derer die selektive Gasdurchlässigkeit unter verschiedenen Drücken und Deponiegastemperaturen für unterschiedliche Materialien und Materialzustände bestimmt werden konnte. Die zuvor in Wasser gelagerten Dichtwandproben wiesen sehr geringe Durchlässigkeiten auf, die sich jedoch im Versuchsbetrieb durch partielle Austrocknung der Proben schlagartig erhöhten. Insbesondere bei Oberflächenabdichtungen wurden unterschiedliche Zustände hinsichtlich des Wassergehaltes untersucht, da der Wassergehalt neben der Dichte einen die Gasdurchlässigkeit unmittelbar beeinflussenden Parameter darstellt. Ein Beispiel für die selektive Gasdurchlässigkeit bei unterschiedlichen Wassergehalten ist in Tabelle 1 dargestellt.

Tab.1: Diffusionskoeffizienten verschiedener Gaskomponenten einer Gasmischung bei Oberflächenabdichtungsmaterialien mit unterschiedlichem Wassergehalt

| Probe* | Wassergehalt in Gew.% | Diffusionskoeffizient D in $m^2/s$ | | | |
|---|---|---|---|---|---|
| | | Methan | Dichlormethan | Hexan | Toluol | Schwefelwasserstoff |
| OA 15 | 13,6 | 2,2 E-10 | n.n. | n.n. | n.n. | n.n. |
| OA 10 | 8,9 | 2,9 E-7 | 5,9 E-7 | 2,5 E-7 | - | n.n. |
| OA 5 | 4,6 | 1,8 E-6 | 1,5 E-6 | 1,0 E-6 | 7,9 E-7 | n.n. |

n.n.  nicht nachgewiesen
*  Die Trockendichte der Proben lag zwischen 1,81 und 1,86 $g/cm^3$

## 5. SCHLUSSFOLGERUNG

Die Wirksamkeit der Abdichtungsmaßnahmen konnte sowohl im Labor als auch vor Ort durch Feldmessungen verifiziert werden. Es zeigt sich jedoch, versuchstechnisch bedingt im wesentlichen bei Oberflächenabdichtungen, ein signifikanter Unterschied zwischen der Material- und der Systemdichtigkeit. Diese Abweichung muß auch bei Dichtwänden angenommen werden, so daß hier Untersuchungen hinsichtlich der Beständigkeit von Dichtwänden im Rahmen der Altlastensicherung, auch im Hinblick auf das Feuchteverhalten, fortgesetzt werden müssen. Auch aus diesem Grund ist die Verfolgung der Frage nach geeigneten Leckdetektions- und Kontrollmethoden weiterhin von Interesse. Bei Meßprogrammen ist auf die Sensibilität der Gasuntersuchungen und Gasprobenahme insbesondere im Hinblick auf die Spurstoffe zu achten.

## 6. LITERATUR

G.Rettenberger, S.Urban-Kiss: Geotechnische Probleme bei Oberflächenabdichtungen in "Geotechnische Probleme beim Bau von Abfalldeponien", Heft Nr. 51, Eigenverlag LGA Nürnberg, 1988
C. Raschke: Bodenverunreinigungen durch Gasmigrationen in "Zeitgemäße Deponietechnik", Stuttgarter Berichte zur Abfallwirtschaft, Band 24, ESV, 1987
G. Rettenberger: Gasförmige Emissionen bei Altlasten - Verhalten, Kontrolle, Sanierung; Altlastensanierung '88"; Kluwer Academic Publishers; 1988

SANIERUNG EINER ALTDEPONIE DURCH OBERFLÄCHENABDICHTUNG MIT GEOSYNTHETICS

Dr. S.E. Hoekstra, Akzo Industrial Systems bv, Arnheim, Niederlande
Dr. R.A. Beine, Ingenieurbüro Prof., Dr.-Ing. Jessberger + Partner GmbH, Bochum, Bundesrepublik Deutschland

Situation

Im Außenbereich von Bochum-Langendreer, Bundesrepublik Deutschland, befindet sich unmittelbar an eine Wohnbebauung anschließend eine ehemalige Sandgrube, die u.a. mit toxischen Abfällen verfüllt wurde. Die Grubensohle wird von einem geringdurchlässigen Boden gebildet, der Grundwasserspiegel liegt mehrere Meter unter der Grubensohle. Aufgrund der geringdurchlässigen Schluffschicht hat sich in der bis zu 16 m tiefen Verfüllung ein Stauwasserspiegel mit einer maximalen Höhe von 7 m über Grubensohle eingestellt. Das durch Niederschläge gespeiste Stauwasser tritt in geringem Umfang in den schluffigen Boden, zum größeren Teil sickert es in die den Schluff überlagernden sandigen Schichten ein. Die Stauwasseraustritte müssen unterbunden werden, bevor das Grundwasser belastet wird.
Die Oberfläche der ehemaligen Sandgrube beträgt ca. 2,2 ha und ist mit einer 1 bis 2 m mächtigen Bodenschicht überdeckt. Das Gelände wurde bis zur Kenntnis der toxischen Inhaltsstoffe landwirtschaftlich genutzt.

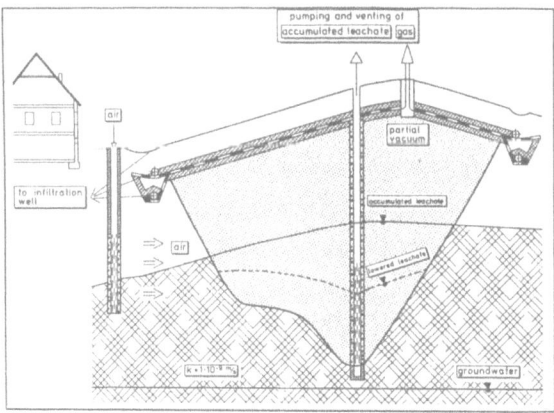

Bild 1: Schemadarstellung der Einkapselungsmaßnahme in Bochum-Langendreer

Sicherungsmaßnahmen

Das Sanierungsziel war, den Stauwasserfluß aus dem Deponiekörper zu unterbinden und Gasmigrationen auszuschließen, wobei die Geländehöhe nicht verändert werden sollte. Zu diesem Zweck wurden Brunnen in den

Deponiekörper niedergebracht, um das Stauwasser abzupumpen und Deponiegas abzusaugen. Zusätzlich wird Gas aus der flächig verlegten Dränmatte Enkadrain, die unter der Kunststoffdichtungsbahn verlegt wurde, abgesaugt. Um Gasmigrationen sicher auszuschließen, wurden zusätzlich Belüftungsbrunnen zwischen Deponiekörper und Bebauung angeordnet. Das System soll gleichzeitig eine Belüftung des Deponiekörpers bewirken mit dem Ziel, aerobe Abbauvorgänge in der Deponie in Gang zu setzen und zu unterstützen.

### Einbau der Oberflächenabdichtung
Die Bauarbeiten wurden im Sommer 1989 durchgeführt. Zunächst wurde die Bodenüberdeckung bis zu 0,8 m Tiefe abgeschoben und zwischengelagert. Ein 3 m tiefer Randgraben mit Entwässerungsrohren wurde hergestellt, um
- einen Luftzustrom am Rand in größere Tiefe zu lenken
- oberflächennahe Schichtwasserzusickerungen zum Deponiekörper zu verhindern.

Das Oberflächenabdichtungssytem besteht aus 3 Schichten: Dränmatte - Kunststoffdichtungsbahn - Dränmatte, mit einer Gesamtdicke von weniger als 20 mm. Durch den Einsatz der Geosynthetics konnte eine Aufhöhung des Geländes verhindert werden, der bei Einsatz mineralischer Materialien unvermeidlich gewesen wäre (s. Bild 2), da die Bodenüberdeckung nicht tiefer abgeschoben werden konnte, ohne den Deponiekörper freizulegen. Als Dränmatten sowohl für die Absaugung des Deponiegases als auch zur Ableitung von versickerndem Niederschlagswasser wurde Enkadrain Typ ST der Akzo Industrial Systems gewählt. Enkadrain besteht aus zwei thermisch gebundenen Vliesen, die einen offenen Polyamid-Dränkörper umhüllen. Die Langzeit-Ableitkapazität der Dränmatten hängt hauptsächlich von der Beständigkeit und Langzeitstabilität des Dränkörpers ab.
Für die Dichtung wurde eine 2 mm dicke Dichtungsbahn aus modifizierten PEHD gewählt.

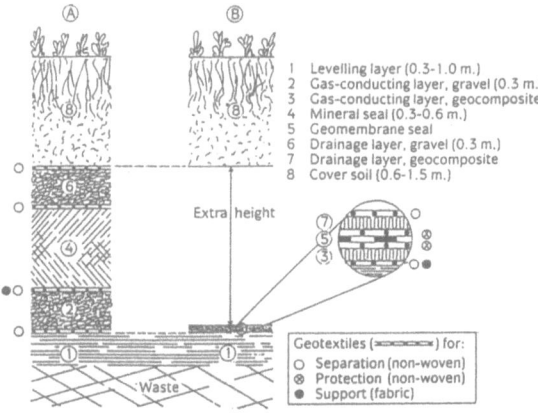

Bilde 2: Vergleichende Darstellung einer Oberflächenabdichtug aus mineralischen Materialien (A) und einem Dreischicht-System aus Geosynthetics (B).

### Ueberwachung
In den folgenden Jahren wird die Grundwasserqualität und die Zusammensetzung des abgesaugten Gases überwacht.

# DER EINSATZ VON KAPILLARSPERREN IN DEPONIEABDECKSYSTEMEN

STEFAN MELCHIOR [1], GÜNTER BRAUN [2] und GÜNTER MIEHLICH [1]

[1] Institut für Bodenkunde der Universität Hamburg
Allende-Platz 2, D-2000 Hamburg 13, FRG
[2] Büro für Angewandte Bodenphysik
Stockacker 5, D-4410 Warendorf 4, FRG

Für die Oberflächenabdichtung von Deponien und Altlasten stehen verschiedene technische Systeme zur Verfügung. Am häufigsten werden verdichtete bindige Sedimente als sogenannte mineralische Dichtschichten und Kunststoffdichtungsbahnen aus Polyethylen hoher Dichte (PEHD) eingesetzt. Beide, oft auch kombiniert eingesetzte Dichtverfahren weisen spezifische Vor- und Nachteile auf. Die Nachteile liegen im wesentlichen in den hohen Anforderungen, die an die Witterungsbedingungen und die Qualitätssicherung während des Einbaus zu stellen sind, in den folglich hohen Kosten solcher Systeme und in der Ungewißheit über deren Langzeitstabilität (Standzeiten von PEHD, Austrocknungsgefahr und Makroporenbildung in mineralischen Dichtschichten u.a.). Kapillarsperren können unter gewissen Rahmenbedingungen effektiver und kostengünstiger sein.

Kapillarsperren bestehen aus zwei Schichten durchlässiger Lockersedimente (RANCON 1972, FRIND et al. 1978). Die Grenze zwischen einer feinkörnigeren Schicht (Kapillarschicht, z.B. Feinsand) über einer grobkörnigen Lage (Kapillarblock, z.B. Kies) bildet die eigentliche Sperre. Wasser, das in die feinkörnige Kapillarschicht infiltriert, wird an dieser Grenze an der weiteren Versickerung in den Kies durch die Kraft der Oberflächenspannung behindert, die an der Grenzfläche zwischen den wassergefüllten Poren im Feinsand und den luftgefüllten gröberen Poren im Kies wirkt und sogenannte "hängende Menisken" bildet. Der Wassergehalt und in der Folge die ungesättigte hydraulische Leitfähigkeit sind daher in der Kapillarschicht deutlich höher als im Kapillarblock. Unter Hangbedingungen kann das Wasser dann in der Feinsandschicht lateral abgeführt werden solange nicht von oben mehr Wasser in die Kapillarschicht infiltriert als dort aufgrund hydraulischer Leitfähigkeit und Gefälle abgeführt werden kann. Sickert jedoch mehr Wasser zu als lateral abfließen kann, entsteht ein hydrostatischer Druck auf der Schichtgrenze, der die Oberflächenspannung schnell übersteigt und zu Druchbrüchen über die Schichtgrenze führt.

In verschiedenen Ländern wurden solche Systeme unter Feldbedingungen untersucht (CARTWRIGHT et al. 1987, NYHAN et al. 1986, ANDERSEN et al. 1988, BONIN und BARRES 1989, MELCHIOR und MIEHLICH 1989). In der Schweiz wurde eine gesamte Deponie mit einer Kapillarsperre abgedeckt (COLOMBI 1986). Die verschiedenen Untersuchungen belegen die prinzipielle Eignung solcher Systeme, zeigen jedoch auch deutlich, daß die Systeme ab bestimmten Zusickerungsraten in die Kapillarschicht zusammenbrechen. Daher haben wir in unseren großtechnischen Versuchen auf der Deponie Georgswerder neben anderen Dichtsystemen auch eine erweiterte Kapillarsperre untersucht. Zur Vermeidung von Ereignissen hoher

Zusickerung in die Kapillarschicht wurde hier oberhalb der eigentlichen Kapillarsperre eine geringmächtige mineralische Dichtschicht eingebaut, die die Zusickerungsrate in die Kapillarschicht begrenzt. Dieser Aufbau funktioniert seit über zwei Jahren nahezu perfekt (MELCHIOR et al. 1990).

Für den praktischen Einsatz solcher Systeme stellen sich über den prinzipiellen Eigungsnachweis hinaus eine Reihe weiterer Fragen:
o   In welcher Spannweite dürfen die Materialeigenschaften in solchen Systemen variieren und wie sind in Abhängigkeit von den eingesetzten Materialien und der erwarteten maximalen Zusickerung in die Kapillarschicht die Faktoren Gefälle, Hanglänge und Fließquerschnitt zu dimensionieren?
o   Können sich in der Kapillarschicht bevorzugte Wasserleitbahnen ("fingering") ausbilden und die Wirksamkeit des Systems gefährden?
o   Ist es möglich und sinnvoll, Geotextilien zur Stabilisierung der Schichtgrenze einzusetzen?
o   Wie ist die Wasserfassung aus solchen ungesättigten Systemen aufzubauen?
o   Welche Anforderungen sind an den Einbau und an die Qualitätssicherung beim Bau solcher Systeme zu stellen?
o   Wie empfindlich sind solche Systeme langfristig gegenüber Setzungen, Suffusion, Veränderung der Viskosität des Wassers durch Deponiegaskondensat?

In einem Untersuchungsprogram kombinieren wir Modellversuche und den Einsatz numerischer Simulationsverfahren, um diesen Fragen nachzugehen. Das Konzept dieser Untersuchung und erste Ergebnisse werden im Poster vorgestellt.

BIBLIOGRAPHIE
Rançon, D. (1972). Structures sèches et barrières capillaires en milieux poreux - Application au stockage dans le sol, Cadarache, France.
Frind, E.O., Gillham, R.W., and Pickens, J.F. (1978). Application of unsaturated flow properties in the design of geologic environments for radioactive waste storage facilities, Waterloo, Ontario, Canada.
Cartwright, K. et al. (1987). A study of trench covers to minimize infiltration at waste disposal sites, Washington, D.C., USA.
Nyhan, J.W. et al. (1986). Technology developments for the design of waste repositories at arid sites: field studies of biointrusion and capillary barriers, Los Alamos, New Mexico, USA.
Andersen, L.J. et al. (1988). Two-year water balance measurements of the capillary barrier test field at Bøtterup, Denmark - Preliminary results. In UNESCO (Ed.), Impact of waste disposal on groundwater and surface water. Proceedings, 24 p.
Bonin, H., and Barres, M. (1989). Disposal of special waste in "dry structures" - Application of the "capillary barrier" principle. In CIPA (Ed.), Sardinia '89 - 2nd international landfill symposium, 11 p.
Melchior, S., and Miehlich, G. (1989). Hydrological studies on the effectiveness of different multilayered landfill caps. In CIPA (Ed.), Sardinia '89 - 2nd international landfill symposium, 13 p.
Colombi, C. (1986). Sanierung der Deponie Pramont, Verband Schweizerischer Abwasserfachleute, Bericht 315, 5 p.
Melchior, S., Berger, K., Rook, R., Vielhaber, B., and Miehlich, G. (1990). Testfeld- und Traceruntersuchungen zur Wirksamkeit verschiedener Oberflächendichtsysteme für Deponien und Altlasten. Zeitschrift der Deutschen Geologischen Gesellschaft, im Druck.

EINSATZ VON GEOTEXTILIEN BEI DER VERHINDERUNG DER REKONTAMINATION
AUSGETAUSCHTER BÖDEN DURCH REGENWÜRMER

IGNACIO CAMPINO, TÜV HESSEN, ESCHBORN, EHEM. HERMANN TRAUTMANN GMBH, ESSEN
HANS - PETER WRUK, GERTEC GMBH, BERATENDE INGENIEURE, ESSEN

1. EINLEITUNG
   Eine oft angewandte Methode zur Sanierung kontaminierter Standorte (z.B.
PAK in ehemaligen Kokereigeländen) ist der Bodenaustausch von 0,5m bis 1,5m
Tiefe. Wenn keine Gefährdung des Grundwassers zu befürchten ist, kann auf
eine Abdichtung und Drainage verzichtet werden. Langfristig besteht in diesen Fällen aber die Gefahr einer Rekontamination durch die Aktivität der
Regenwürmer und anderer Bodentiere, falls keine Trennung zwischen sauberem
und kontaminiertem Boden eingebaut wird. Insbesondere zwei Regenwurmarten
-Lumbricus terrestris und Alollobophora longa- suchen die tieferen Bodenschichten (bis zu 2,0m) auf und können in ihrem Darm kontaminierten Boden
aufnehmen und ihn bis an die Oberfläche transportieren. In Abhängigkeit von
der Bodenbeschaffenheit und Populationsstärke können Regenwürmer zwischen
4 und 40 Kg/m$^2$ Boden in einem Jahr von unten nach oben verlagern (GRAF 1971
EDWARDS & LOFTY 1972).
Die Geschwindigkeit der Rekontamination hängt von zahlreichen Faktoren ab.
Die wichtigsten sind: 1. Mächtigkeit der ausgetauschten Bodenschicht.2. Konzentration der Kontaminaten im Boden unter der ausgetauschten Bodenschicht.
3. Nutzungsform des ausgetauschten Bodens bzw. die Art der Vegetation. 4.
Stärke und Zusammensetzung der Regenwurmpopulation.

2. MATERIAL UND METHODEN
Zwei verschiedene Vliese aus Poyethylen hoher Dichte (PEHD) mit jeweils
einem Flächengewicht von 450 und 800 g/m$^2$ wurden in einem Kastenversuch auf
ihre Einsatzfähigkeit als "Regenwurmsperre" geprüft. In mit Boden gefüllten
Kästen (0,8 x 0,25 m) wurden die zu prüfenden Vliese waagerecht, quer zur
Bewegungsrichtung der Regenwürmer in etwa 0,30m Tiefe eingebaut. In jedem
Kasten wurden dann 10 Exemplare von Lumbricus terrestris ausgesetzt. Als
Kontrolle wurde ein Kasten ohne Vlies angesetzt. Auf dem Boden wurde dann
eine etwa 10cm starke Strohschicht ausgebreitet. Die Kästen wurden über den
Winter 1989/1990 6,5 Monate in das Gewächshaus gestellt.
3.  ERGEBNISSE
Bei der Öffnung der Kontrolle wurden gut sichtbare Gänge bis zum Boden des
Kastens gefunden. Bei den Kästen mit Geotextil reichten die vertikalen Gänge
bis zum Geotextil. Dabei bildete das Geotextil den unteren Teil des Ganges
und wurden bekotet. Somit centstand eine dünne Trennschicht zwischen Hohlraum und Geotextil. Die Regenwürmer versuchten nicht das Geotextil zu durch-
stoßen. Einzelne lose Fasern wurden beim Bau des Ganges mit dem Boden ver-
klebt. Es zeigten sich keine Unterschiede zwischen den Vliesen mit 800 und
450 g/m$^2$.
Die Ergebnisse zeigen, daß Vliese aus PEHD eine wirkungsvolle Regenwurmsperre im Boden darstellten und somit die Rekontamination eines ausgetauschten
Bodens durch die Aktivität von tiefwühlenden Regenwurmarten verhindern.

Diese Geotextilien können allerdings von wühlenden Wirbeltier geschädigt werden, so empfiehlt es sich, bei einem Bodenaustausch bis zu etwa 50 cm noch einen zusätzlichen Schutz in Form eines fein maschigen Gitters auf das Vlies zu legen.

4. LITERATUR

EDWARDS, C.A. and J.R. LOFTY, (1972). Biology of earthworms. Chapman and Hall, London.
GRAF, O. (1971). Stickstoff, Phosphor und Kalium in der Regenwurmlosung auf der Versuchsfläche der Wiese des Sollingsprojektes. Ergebnisse des Sollingsprojektes der DFG (I.P.B.) Mitteilung Nr. 40

# STANDORTBEZOGENE SICHERUNG EINER HÜTTENSCHLACKENHALDE

E.ADAM[1], J.BRAUNS[1], H.HÖTZL[1], F.LAMM[2], U.RITSCHER[3], F.FRANCKE[3]

[1] UNIVERSITÄT KARLSRUHE
[2] BSB-RECYCLING GMBH, BRAUBACH
[3] ING.-BÜRO DR. RITSCHER, MAINZ

Bei einer seit Jahrzehnten im Zuge verschiedener metallischer Aufbereitungsaktivitäten entstandenen Schlackenhalde war die mögliche Umfeldbeeinträchtigung zu überprüfen. Am betreffenden Standort wurden früher örtliche Erze, Importerze und Konzentrate zur Blei- und Silbergewinnung verhüttet. Heute erfolgt die Aufarbeitung von Schrott zwecks Recycling von Blei- und anderen Komponenten. In den abgelagerten Restschlacken finden sich erhebliche Anreicherungen der verschiedenen Schwermetalle sowie andere Stoffe, z.B. Arsen.

Die Schlacken wurden und werden in einem Tälchen im Bereich von Tonschiefer und quarzitischen Gesteinen (Rhein. Schiefergebirge) verkippt und bilden heute einen bis zu 25 m hohen Haldenkörper mit einem Volumen von etwa 100.000 $m^3$, der sich an eine der Talflanken lehnt (Abb.1, 2).

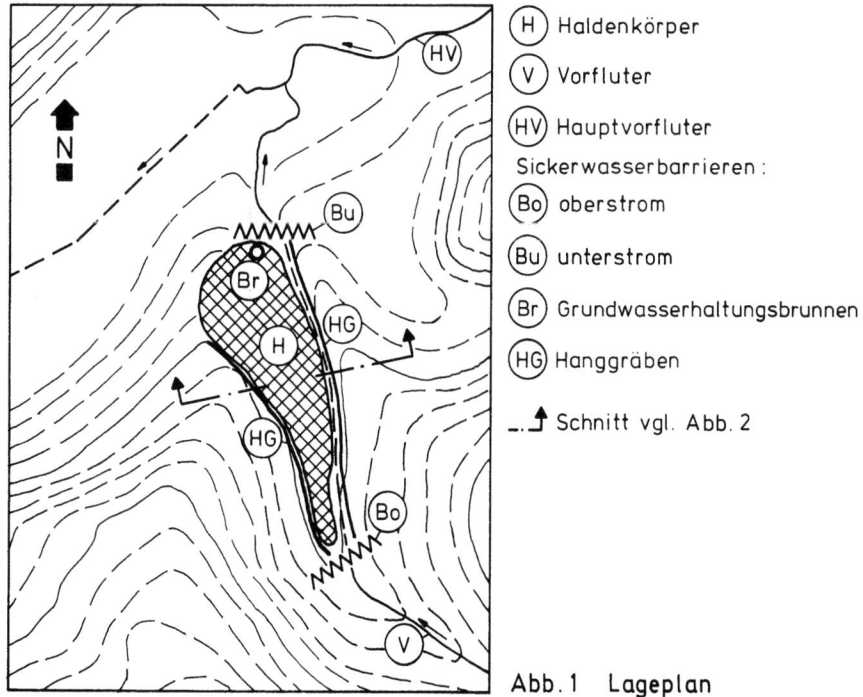

Abb.1 Lageplan

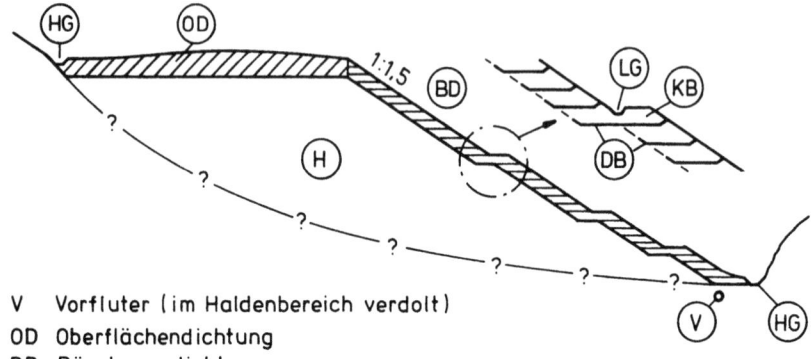

V  Vorfluter (im Haldenbereich verdolt)
OD Oberflächendichtung
BD Böschungsdichtung
HG Hanggräben
KB Kulturfähiger Boden
DB Dichtungsbahn mit Dränmatte
LG Längsgraben

**Abb. 2  Schnitt ( schematisch)**

Die auf der Grundlage umfangreicher Untersuchungen zur Hydrologie, Geologie und Hydrogeologie des Haldenbereiches und seines Umfeldes sowie zur eingetretenen Belastung der Oberflächen- und Grundwässer erarbeitete Sanierung ist wie folgt konzipiert (Abb.1,2):
- Der seitliche Oberflächenzufluß wird durch **Hanggräben** abgefangen (HG).
- Die Haldenoberfläche wird mit einer **Kombinationsdichtung** gedichtet (OD).
- Die Haldenflanke wird mit einer **Böschungsdichtung** gesichert, die wegen der steilen Flankenneigung besonders konstruiert ist (BD).
- Der natürliche unterirdische Wasserzustrom in den Haldenbereich wird mit einer **oberstromigen Sickerwasserbarriere** abgefangen (Bo).
- Der unterirdische Sickerwasserabstrom aus dem Haldenbereich wird mit einer **unterstromigen Sickerwasserbarriere** unterbunden (Bu).
- Der Grundwasserspiegel unter der Halde wird mittels eines **Brunnens** am Haldenfuß tiefgehalten (Br).
- Die im Haldenbereich gefaßten kontaminierten **Wässer** werden einer **Behandlung** zugeführt.
- Die Bohraufschlüsse aus der Erkundungsphase wurden im gesamten möglichen Einflußbereich zu **Beobachtungsbrunnen** ausgebaut

Die auf die besonderen hydrogeologischen Gegebenheiten abgestimmten Maßnahmen werden eine den zu stellenden Anforderungen genügende Sicherung des Haldenkörpers gewährleisten, so daß eine Beeinträchtigung des Umfeldes ausgeschlossen werden kann. Der Erfolg der Maßnahmen wird durch Kontrollbeobachtungen überprüft.

## EINSATZ NEUENTWICKELTER MINERALISCHER ABDICHTUNGSMASSEN BEI ALTLASTENSANIERUNG

Dr. Klemens Finsterwalder, Jürgen Spirres

Dyckerhoff & Widmann AG


Bei vielen alten Deponien und Industrieflächen ist bei umweltbedrohenden Emissionen die Einkapselung die praktikabelste Möglichkeit der Sicherung. Als Einkapselungsmaßnahmen stehen insbesondere die Oberflächenabdichtung und die bis in dichte Bodenschichten reichende seitliche Umschließung mit Dichtwänden zur Verfügung.

Bei den bisher an mineralische Abdichtungsmassen gestellten Anforderungen steht ein möglichst niedriger K-Wert im Vordergrund. Diese Anforderung läßt sich bei Dichtwänden z.B. auch mit Suspensionen auf Bentonit/Zement-Basis erreichen, die zu über 80 % aus Wasser bestehen. Als zusätzliche Sperre kann eine Kunststoff-Folie dienen, die mittig in der Wand eingebaut wird.

Zur Oberflächenabdichtung werden häufig natürliche Tone mit Porengehalten über 40 % verwendet, teilweise ebenfalls kombiniert mit einer Folienabdichtung.

Diese Abdichtungssysteme haben zwei wesentliche Nachteile:
- Durch das relativ hohe Porenvolumen können Schadstoffe die mineralische Abdichtung durch strömungsunabhängige Diffusion durchdringen.
- Die Beständigkeit der Kunststoffabdichtung ist nicht abschließend geklärt.

Anhand der Gesetzmäßigkeiten des Stofftransportes, die in einem Rechenmodell zusammengefaßt wurden, entwickelte die Dyckerhoff & Widmann AG einen mineralischen Abdichtungsbaustoff, der wesentliche Vorteile hat:
- Durch sinnvollen Aufbau unter Verwendung porenfreier Gesteinskörnung wird das Porenvolumen verringert. Da die Diffusion mit sinkendem Porenvolumen stark überproportional abnimmt, wird der Schadstofftransport dadurch entscheident vermindert.
- Alle für die Mischung verwendeten Materialien werden vor der Verarbeitung getrocknet. Dadurch wird eine sehr gleichmäßige Dosierung und Mischung möglich. Bei der unter geringem Energieeinsatz durchgeführten Verdichtung wird das Material weitgehend entlüftet. Dadurch wird das verbleibende Porenvolumen auf 20 - 25 % reduziert.
- Durch Zusatz des Tonminerals Montmorillonit werden Schadstoffe im Abdichtungsmaterial adsorbiert.

In der Abbildung ist der rechnerisch ermittelte Transport verschiedener Schadstoffe durch eine herkömmlich hergestellte Dichtwand mit 80 % Porengehalt der Emission durch eine nach dem DYWIDAG-Verfahren hergestellten Wand gegenübergestellt.

Bei der Oberflächenabdichtung sollte man daran denken, daß Diffusionsvorgänge auch entgegen der Schwerkraft und auch im nur teilweise wassergesätigten Porenvolumen der Abfälle und der Abdichtung stattfinden. Mit einem porenarmen Material mit hohem Durchströmungs- und Diffusionswiderstand ist daher auch hier die dauerhafte Sicherung zu erreichen.

## Schadstoffemission durch eine Dichtwand

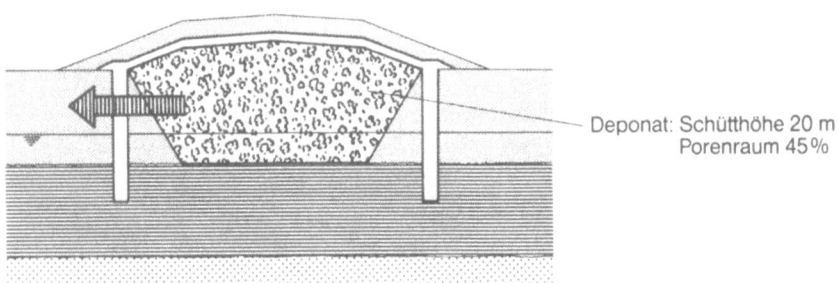

Deponat: Schütthöhe 20 m
Porenraum 45%

| Schadstofftyp | Schwermetallionen ($Fe^{++}$, $Cu^{++}$, $Pb^{++}$, $Zn^{++}$) | | Chlorid ($Cl^-$) | |
|---|---|---|---|---|
| Diffusions-Grundwert | $0,719 \cdot 10^{-5}$ cm²/sec | | $2,03 \cdot 10^{-5}$ cm²/sec | |
| Schadstoffanteil | 2% | | 2% | |
| Schadstoff-konzentration | 1 g/l | | 10 g/l | |
| Dichtwand 0,80 m | herkömmliches Verfahren | DYWIDAG-Verfahren | herkömmliches Verfahren | DYWIDAG-Verfahren |
| Porenraum | 80% | 30% | 80% | 30% |
| Adsorptionszahl | 2,0 | 25,0 | 0 | 2,0 |
| Desorptionszahl | 2,0 | 12,5 | 0 | 1,0 |
| Emission g/m²·Jahr | | | | |

# DER EINFLUSS DER GEFÜGESTRUKTUR AUF DIE EIGENSCHAFTEN EINES MINERALISCHEN ABDICHTUNGSELEMENTES

H. MÜLLER-KIRCHENBAUER, H. SCHREWE, C. SCHLÖTZER, J. ROGNER

Universität Hannover, Welfengarten 1, D-3000 Hannover 1

Horizontale Abdichtungselemente stellen ein wesentliches Element der Sicherungsmaßnahmen sowohl bei der Neuanlage von Deponien als auch bei der Sanierung von Altlasten dar. Wesentliche Anforderungen an diese Abdichtungselemente sind geringe Permeabilität gegenüber flüssigen und gasförmigen Phasen bei gleichzeitiger Schadstoffresistenz sowie möglichst guten Verformungseigenschaften. Der Aufbau von Basis- und Oberflächenabdichtungen als horizontales Abdichtungselement beinhaltet in der Regel eine mineralische Komponente.

Ein sedimentiertes natürliches Tonmaterial bildet ein kohärentes, durch kohäsive Kräfte zusammengehaltenes Feststoffgerüst, dessen zugehöriges Porensystem die Primärporen sind (SCHEFFER & SCHACHTSCHABEL 1976). Durch Austrocknung bzw. mechanische Beanspruchung an den Tonlagerstätten, bei der Gewinnung und bei der Zwischenlagerung kann das Material in Materialbrocken, sog. Pseudokörner, zerfallen. Das Porensystem dieses Aggregatgefüges sind die Sekundärporen.

Die Eigenschaften des einzelnen Pseudokorns entsprechen denen des mineralogischen Feststoffgerüsts (Substanz). Entsteht aus mehreren Pseudokörnern ein Haufwerk (Gefüge), so ist dieses u. U. wegen des Sekundärporenraumes nicht mehr als Barriere wirksam, da nach DÜLLMANN (1987) die Wasserwegsamkeit auf Grenzflächen zwischen den Pseudokörnern für die Permeabilität maßgebend wird. Darüber hinaus entspricht die Verformbarkeit des Gefüges nicht mehr dem Verhalten der Substanz.

Die stoffliche Zusammensetzung der mineralischen Komponente ist zunächst durch die natürlichen Materialvorkommen vorgegeben. Durch Veränderung des Wassergehaltes und gegebenenfalls die Zugabe weiterer Mischungskomponenten (z. B. Bentonit, Wasserglas) werden die Eigenschaften des Abdichtungsmaterials vorgegebenen Bedingungen angepaßt. Der Einfluß der Pseudokorngrößen bzw. die Steuerung der abdichtungstechnologisch und baubetrieblich relevanten Parameter über eine Veränderung der Pseudokorngrößen ist bislang nur unzureichend untersucht worden.

Im Rahmen eines vom Land Niedersachsen geförderten Forschungsvorhabens wurden verschiedene Tone hinsichtlich ihrer abdichtungstechnologisch relevanten Eigenschaften untersucht (MÜLLER-KIRCHENBAUER et al. 1990). Über diese Untersuchungen hinausgehend soll in einem Laborversuchsprogramm der Einfluß veränderlicher Pseudokorngrößen auf die Permeabilität und die Verformungseigenschaften ermittelt werden. Dazu wird das mineralische Ausgangsmaterial über unterschiedliche Reibscheiben (grob: Schlitze mit d/l = 5/60 mm; mittel: Lochweite d = 9 mm; fein: Lochweite d = 3 mm) auf verschiedene Pseudokorngrößen zerkleinert. Nach dieser Zerkleinerung werden Probekörper im Proctortopf bei unterschiedlich hohem Energieeintrag (einfache bzw. modifizierte Proctorenergie) hergestellt.

Ergebnisse einer ersten Versuchsserie an einem niedersächsischen Ton (Lagerstätte Hoheneggelsen) sollen im folgenden mitgeteilt werden: Probekörper, für deren Herstellung mit der Reibscheibe 'grob' zerkleinertes Material (bei einem mittleren Wassergehalt von w = 19,5 %) mit einfacher Proctorenergie verdichtet wurde, wiesen eine Durchlässigkeit gegenüber Wasser unterhalb von $k = 8 \cdot 10^{-11}$ m/s auf.

Mit abnehmender Pseudokorngröße ergaben sich bei gleicher Verdichtungsenergie bis zu einer Zehnerpotenz geringere Durchlässigkeiten (Abb. 1). Probekörper, die mit höherer Verdichtungsenergie hergestellt wurden, zeigten bisher tendenziell gleiche Abhängigkeiten von der Pseudokorngröße. Für den hier gewählten Wassergehalt lagen die Durchlässigkeiten gegenüber gasförmigen Medien deutlich über den Werten der Wasserdurchlässigkeiten. Auch hier waren Abhängigkeiten vom Gefüge erkennbar, die noch durch weitere Untersuchungen zu bestätigen sind.

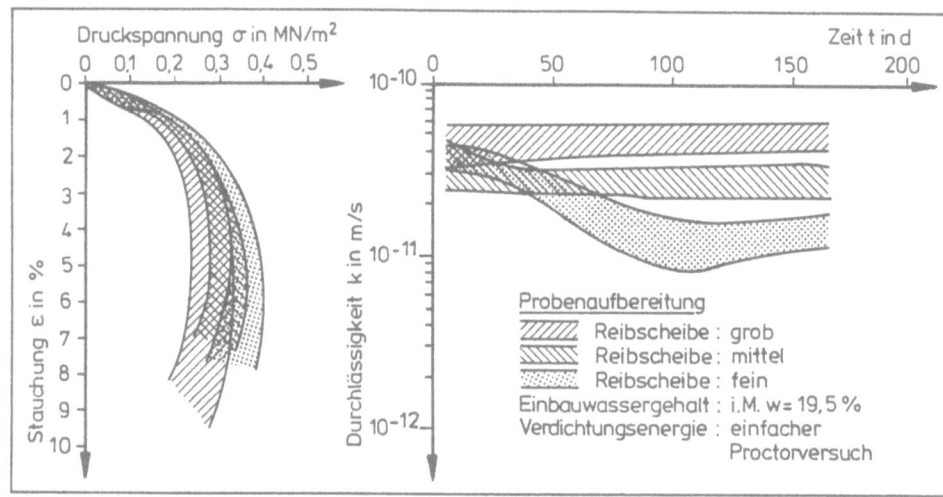

Abb. 1: Durchlässigkeit und einaxiale Druckfestigkeit eines Tones (Lagerstätte Hoheneggelsen) in Abhängigkeit von der Pseudokorngröße

Hinsichtlich des Spannungs-Verformungs-Verhaltens ergaben sich für die einaxialen Druckfestigkeiten sowie für die Druckstauchungen Abhängigkeiten von der Pseudokorngröße (Abb. 1). Die Verformbarkeit des Materials war für das gröbere Gefüge bei geringerer Festigkeit am größten.

Die aus diesen ersten Untersuchungen erkennbaren Abhängigkeiten abdichtungstechnologisch relevanter Parameter von der Pseudokorngröße bzw. der Gefügestruktur sollen durch Intensivierung der Forschung in diesem Bereich weiter abgeklärt werden. Dabei sollen weitere Gefügeformen untersucht und zusätzliche Parametervariationen durchgeführt werden. Des weiteren soll das Spannungs-Verformungs-Verhalten mit für den hier angesprochenen Anwendungsfall neuartigen Versuchsmethoden (Biegebalkenversuche) untersucht werden.

Lit.: DÜLLMANN, H. (1987). Geotechnische und baubetriebliche Einflüsse auf die Dichtigkeit von Deponieabdichtungen aus Ton - Ergebnisse von Praxisversuchen -. Fortschritte der Deponietechnik 1987 (S. 215-245). Berlin: Erich Schmidt Verlag.

MÜLLER-KIRCHENBAUER, H.; ROGNER, J.; MARKWARDT, W.; FRIEDRICH, W. (1990). Wasser- und Gasdurchlässigkeit von Deponieoberflächenabdichtungen aus bindigen Erdstoffen. Müll und Abfall, Heft 1.

SCHEFFER, F. & SCHACHTSCHABEL, P. (1976). Lehrbuch der Bodenkunde. Stuttgart: Ferdinand Enke Verlag.

ENTWICKLUNG UND STAND DER DICHTWANDTECHNIK

DIR. DR. DIETER STROH, DR. AXEL POWELEIT

HOCHTIEF AKTIENGESELLSCHAFT VORM. GEBR. HELFMANN, ESSEN

EINFÜHRUNG
    In der Entwicklung der Dichtwandtechnik zur Umschliessung von Deponien und Altlasten sind in den letzten Jahren beträchtliche Fortschritte erzielt worden. Die Entwicklungen werden an einem ausgeführten Beispiel aufgezeigt.

    Das Sanierungskonzept der Sonderabfalldeponie Gerolsheim sieht aufgrund einer fehlenden natürlichen Sohldichtung die gesamte Einkapselung der Deponie vor. Das nachfolgende Bild zeigt einen repräsentativen Schnitt durch die Deponie mit der vorgesehenen Einkapselung durch Dichtwände.

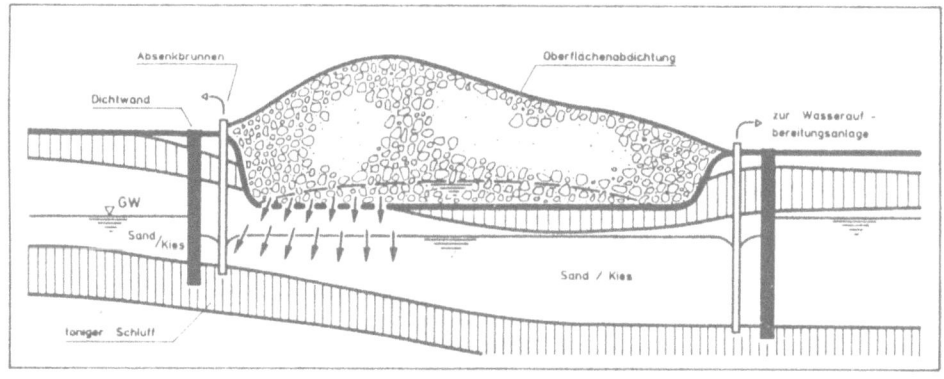

Abb. 1 System Einkapselung SAD Gerolsheim

DICHTWANDMASSEN
    Aufgrund des Gefährdungspotentials werden an Durchlässigkeit und Langzeitbeständigkeit der Dichtwandmassen höchste Anforderungen gestellt. Im Rahmen eines vom Bundesminister für Forschung und Technologie (BMFT) geförderten, groß angelegten Untersuchungsprogramms wurde die Dichtwand der SAD Gerolsheim in Testabschnitte, die mit verschiedenen Technologien hergestellt wurden, unterteilt und umfangreiche Beprobungen vorgenommen.

Im <u>Einmassenverfahren</u> hergestellte Dichtwandabschnitte wurden erstmals großtechnisch aus feststoffreichen Dichtwandmassen erstellt. Die Dichtwandmasse besteht im wesentlichen aus Calciumbentonit, Hochofenzement und Zuschlagstoffen, die speziell für die Dichtwandtechnologie entwickelt worden sind. Gegenüber Durchlässigkeiten von rd. $k = 10^{-9}$ m/s herkömmlicher Dichtwandmassen waren die neuen Massen je nach Rezeptur bis zu 1000-fach undurchlässiger. Durch die vergleichsweise höheren Feststoffgehalte von größer 500 kg/m$^3$ erwiesen sich die neuen Rezepturen gegenüber Testflüssigkeiten wesentlich resistenter. Sowohl die Dichtwandteufen von über 50 m, als auch die feststoffreicheren Massen stellen an das Bauverfahren hohe Anforderungen. Es wurden rd. 60.000 m² Dichtwand erstellt.

In einem weiteren Testabschnitt wurde als Dichtwandmasse eine zementfreie Dichtwandmasse im <u>Zweimassenverfahren</u> eingebaut. Diese zementfreie Dichtwandmasse hat bei einem Feststoffgehalt von 2400 kg/m$^3$ nochmals eine höhere Resistenz gegen Schadstoffe.

Teilbereiche der Dichtwand wurden in Teufen bis zu 28 m als <u>Kombinationsdichtwand</u> ausgeführt. Dabei wurde eine HDPE-Bahn in Sandwichbauweise - bestehend aus zwei Bahnen mit innenliegender Kontrolldränschicht - in eine im Einmassenverfahren hergestellte Dichtwand eingestellt. Zur dichten Verbindung der einzelnen Sandwichelemente ist ein neuentwickeltes Koppelschloß an den vertikalen Rändern befestigt worden. Durch die doppelte HDPE-Bahnen mit Kontrolldrainage werden Permeationen vollständig verhindert.

BAUVERFAHREN

Durch den Bau der Dichtwand im Schlitzwandverfahren kann nicht nur die Dichtwandmasse selbst genau den Bedürfnissen entsprechend gewählt werden, sondern darüber hinaus kann der planmäßige Bau der rd. 80 cm breiten Schlitze selbst in größere Teufen genau kontrolliert werden. Die Schlitze werden i.d.R. für Teufen bis etwa 30 m mit der Greifertechnik im Pilgerschrittverfahren hergestellt. Für die Teufen von über 50 m wurde beim Bau der Dichtwand der SAD Gerolsheim ein neu entwickelter hydraulischer Greifer eingesetzt, um bei den dort auftretenden höheren Drücken an der Schlitzsohle ausreichende Arbeitsleistung erreichen zu können. Dieser Greifer ist mit Einrichtungen zur stetigen Vertikalitäts- und Lagekontrolle sowie speziellen Steuerungen ausgestattet.

QUALITÄTSSICHERUNG

Insgesamt wurden 17 Testkastensysteme mit 7 unterschiedlichen Dichtwandmassen bzw. Einbauverfahren hergestellt. Die Kästen sind über die Dichtwandtiefe begehbar, so daß Probenahmen und Beobachtungen jederzeit möglich sind (Pumpversuche, Kernprobennahmen, Sickertests, Spannungszustände). Die Kontrollmessungen an den Testkastensystemen werden weitergeführt.

## Dichtwände im Einphasen-Verfahren

Dipl.-Ing. Jörn M. Seitz, Tiefbauabteilung
Bilfinger + Berger Bauaktiengesellschaft, Mannheim

Einphasendichtwände gewinnen zunehmend an Bedeutung. Für die Herstellung dieser Wandart gibt es verschiedene Aushubverfahren:

- Tieflöffelbagger
- Bagger mit stangengeführtem Greifer
- Bagger mit seilgeführtem Greifer
- Fräse

Keine andere Wandherstellung ist so durch den Aushubvorgang beeinflußt wie die Einphasendichtwand. Das Werkzeug bestimmt den Arbeitsfortschritt und auch erheblich die Qualität der Wand. Je nach der anstehenden Geologie, der erforderlichen Wandtiefe und der Dichtungsaufgabe werden die o.a. Geräte eingesetzt. Die geringsten Tiefen werden mit dem Tieflöffelbagger erzielt, während mit der Fräse Tiefen bis 100 m machbar sind.

Die Dichtwandmassen sind überwiegend Mischungen, die auf der Baustelle aus Zement, Bentonit, Füller und Wasser - in manchen Fällen auch Additive - hergestellt werden. Auch werden Fertigprodukte, die nur noch mit Wasser in der Mischanlage auf der Baustelle vermischt werden, verwendet. Im Unterschied zu den auf den Baustellen angemischten Dichtwandmassen, liegen die Vorteile der Fertigprodukte in einer geringeren Bevorratung, kürzeren

Aufbereitungszeit und einer gleichmäßigen Qualität der werksmäßig hergestellten Massen. Nachteile sind teilweise die hohen Materialkosten.

Als Vorschriften für die Durchführung sind die GDA-Empfehlungen der Deutschen Gesellschaft für Erd- und Grundbau zu nennen.

Bei jeder Dichtwand handelt es sich um ein singuläres Bauwerk. Die Anforderungen an die Ausführung und Qualität der fertigen Wand, die sich aus der Verarbeitungszeit, Geologie, Kontamination des Bodens, Grundwasserhaushalt und der Gerätetechnik ergeben, stellen immer wieder neue Kombinationen dar. Die Herstellung und das spätere Bauwerk müssen diesen Anforderungen gerecht werden.

**Beispiel 1:**
Für den Neubau einer Fabrikationshalle mußte der darunter anstehende kontaminierte Boden eingekapselt werden. Damit wurde ein Grundwasseraustritt aus dem kontaminierten Bereich verhindert. Die strengen Anforderungen an die Herstellung der Dichtwand lagen in der Neigungskontrolle jeder einzelnen Lamelle, größerem Überschneidungsmaß von Lamelle zu Lamelle (=0.5 fache Wandstärke), Einzellamellenherstellung, Erwärmung des Anmachwassers während der Wintermonate zur Reduzierung der Filtratwasserverluste und einem umfangreichen Laborprogramm.

**Beispiel 2**
Bei der Umschließung der Deponie Rautenweg in Wien wurden bis zu 45 m tiefe Lamellen hergestellt. Bedingt durch die schwer zu greifenden Böden waren lange Aushubzeiten im Schichtbetrieb erforderlich. Der Einsatz von Fließmitteln und Verzögerern war deshalb notwendig geworden.

## SCHLITZWANDAUSHUB ALS MINERALISCHE KOMPONENTE EINER OBERFLÄCHEN-ABDECKUNG

H. MÜLLER-KIRCHENBAUER*, J. ROGNER*, W. FRIEDRICH**, J. EHRESMANN***

* Universität Hannover, Welfengarten 1, D-3000 Hannover 1
** Ingenieurgesellschaft Grundbauinstitut Hannover (IGH), Volgersweg 58, D-3000 Hannover 1
*** Gesellschaft zur Beseitigung von Sonderabfällen in Rheinland-Pfalz, Große Langgasse 1 A, D-6500 Mainz 1

Vertikale Dichtungsmaßnahmen zur Sanierung von Deponien werden häufig durch das Einbringen von Schlitzwänden realisiert. Während des Baus einer solchen Schlitzwand im Einmassenverfahren entstehen beim Aushub der Schlitze die sogenannten Suspensionsverluste z. T. dadurch, daß der Aushub vermengt mit der Dichtwandsuspension gefördert wird. Diese mit nicht zurückgewinnbarer bindemittelhaltiger Suspension versetzten Erdmassen mußten bisher deponiert werden, was den Verlust von wertvollem Deponievolumen bedeutete. Andererseits enthält dieser Bodenaushub wertvolle Dichtungsmittel, so daß er sich bei Wahl richtiger Rezepturen und Aufbereitungsmethoden für die Konstruktion von Deponieoberflächenabdeckungen eignen und durch den Wegfall des Kaufs von kostenintensiven mineralischen Abdichtungsmaterialien erheblich zu einem wirtschaftlichen Einsatz beitragen kann.

In einem vorab durchgeführten Laborversuchsprogramm wurden mit z. T. großmaßstäblichen Versuchen Grundlagenkenntnisse für dieses Dichtungsmaterial erarbeitet (MÜLLER-KIRCHENBAUER et al. 1988, 1989). Aufbauend auf den Ergebnissen dieses Untersuchungsprogramms wurde im Herbst 1989 auf der SAD-Gerolsheim im Rahmen des vom BMFT mitfinanzierten Testfeldes 5 ein ca. 20 x 30 m großes Versuchsfeld mit einer Kombinationsabdichtung aus einer 50 cm mächtigen mineralischen Dichtungsschicht mit aufbereitetem Schlitzwandaushub und einer aufgelegten 2,5 mm starken PEHD-Kunststoffdichtungsbahn hergestellt. Mit dem Versuchsfeld sollten die Aufbereitungsmethode sowie die Einbau- und Verdichtungsverfahren für den aufbereiteten Schlitzwandaushub im Rahmen einer nach Konzept zur TA Abfall vorgesehenen Eignungsuntersuchung überprüft werden.

Für den Einbau auf dem Versuchsfeld wurde das ca. zwei Jahre zwischengelagerte und während der Anfangsphase der Aushärtung mindestens zweimal durch Umsetzen vorgemischte Ausgangsmaterial in einer Mischanlage unter Zugabe von 3 % Bentonit (Deponit B4, Erbslöh Geisenheim) und z. T. unter Zugabe von Wasser homogenisiert. Die von der Hochtief AG zusammengestellte Aufbereitungsanlage bestand aus einem Doppelwellenzwangsmischer mit vorgeschaltetem Walzenbrecher mit zwei gegenläufigen Messern.

Das so aufbereitete Dichtungsmaterial wurde in zwei Lagen auf das Versuchsfeld eingeschoben. Jede Lage wurde durch eine Schaffußwalze (ca. 10,9 t) mit mindestens 6 Übergängen verdichtet. Die obere Lage wurde für den Preßverbund zur Kunststoffdichtungsbahn zusätzlich durch mindestens 2 Übergänge mit einer Glattmantelwalze (ca. 10,2 t) hergerichtet.

In der Tab. 1 sind die wesentlichen Ergebnisse aus der Eignungsprüfung an Sonderproben aus dem Versuchsfeld zusammengestellt und den Ergebnissen aus der vorgenannten Grundlagenuntersuchung gegenübergestellt. Ergänzend enthält die Tabelle Ergebnisse von Eignungsuntersuchungen an ortsnah entnommenem, mit 3 %

Bentonitanteil aufbereitetem und auf einem benachbarten Versuchsfeld unter vergleichbaren Bedingungen eingebautem Lößlehm.

| Parameter | Aushubmaterial | | Lößlehm |
|---|---|---|---|
| | Grundlagen-untersuchung | Eignungs-prüfung | Eignungs-prüfung |
| natürlicher Wassergehalt in % | 27,8 | 26,3 | 16,4 |
| Fließgrenze in % | 40,7* | 40,4 | 26,3 |
| Ausrollgrenze in % | 23,7* | 20,4 | 15,2 |
| Plastizitätszahl in % | 17,0* | 20,0 | 11,1 |
| Glühverlust bei T = 1000° C in % | 4,44 | 5,1 | 14,6 |
| Kalkgehalt (SCHEIBLER) in % | 3,1 | 4,9 | 26,7 |
| Durchlässigkeit in m/s | $8,0 \cdot 10^{-11}$ | $6,8 \cdot 10^{-10}$ | $6,3 \cdot 10^{-10}$ |
| Proctordichte in g/cm³ | 1,67 | 1,52 | 1,81 |
| Optimaler Wassergehalt in % | 19,5 | 25,3 | 14,2 |

* für Korngrößenanteil < 2 mm

Tab. 1: Untersuchungsergebnisse

In der Zeit vom September 1989 bis zum Juni 1990 wurde das beschriebene Dichtungsmaterial auf ca. einer Hälfte des sog. Testfeldes 5 eingebaut, das die Nordböschung der SAD Gerolsheim auf einer Fläche von insgesamt etwa 2,7 ha abdeckt.

Lit.: MÜLLER-KIRCHENBAUER, H.; FRIEDRICH, W.; GREMMEL, D.; MARKWARDT, W.; ROGNER, J.: Neue Ergebnisse und Aspekte auf dem Gebiete der Dichtwandforschung. Zweiter Internationaler TNO/BMFT-Kongreß über Altlastsanierung in Hamburg, Hrsgb: Wolf, K; van den Brink, W. J.; Colon, F. G., Kluwer Academic Publishers, 1988.

MÜLLER-KIRCHENBAUER, H.; MARKWARDT, W.; FRIEDRICH, W.; ROGNER, J.; EHRESMANN, J.: Schlitzwandaushub als mineralisches Oberflächenabdichtungsmaterial. Müll und Abfall, Heft 7, 1989.

## DER EINFLUSS VON CHEMIKALIEN AUF DIE DURCHLÄSSIGKEIT VON MINERALISCHEN BARRIEREN

### FRITZ T. MADSEN

### EIDGENÖSSISCHE TECHNISCHE HOCHSCHULE ZÜRICH
### INSTITUT FÜR GRUNDBAU UND BODENMECHANIK
### TONMINERALOGISCHES LABOR

## 1. EINLEITUNG

Mineralische Barrieren bestehen meistens aus verdichteten, mehr oder weniger tonmineralhaltigen Lockergesteinen oder gemahlenem, tonmineralhaltigem Fels. Wegen ihrer geringen Durchlässigkeit und ihres Sorptionsvermögens sind sie geeignet, um die Umwelt vor potentiellen Schadstoffen aus Deponien zu schützen. Da keine Barriere absolut dicht ist - deshalb wird hier auch der Terminus "Dichtung" vermieden - besteht die Funktion einer mineralischen Barriere darin, möglichst lange die potentiellen Schadstoffe zurückzuhalten resp. in umweltverträglichen Dosen an die Umgebung abzugeben.

Tonminerale haben sich - wie viele Untersuchungen belegen - als sehr stabile Minerale erwiesen. Die Gefahr, dass sich die Tonminerale unter dem Einfluss von "normalem" Deponiesickerwasser völlig auflösen könnten, kann mit grosser Wahrscheinlichkeit ausgeschlossen werden. Die Bedenken gegenüber mineralischen Barrieren gehen denn auch eher dahin, dass die verdichteten Materialien unter dem Einfluss von Deponiesickerwasser ihre Textur ändern und dadurch z.B. Schrumpfrisse entstehen könnten.

In den letzten 10 Jahren sind diesbezüglich zahlreiche Labor- und Felduntersuchungen durchgeführt worden. Die Resultate eines Grossteils dieser Untersuchungen sind in Madsen and Mitchell (1989) zusammengefasst. Ueber das Langzeitverhalten von mineralischen Barrieren ist aber noch wenig bekannt. Es wäre denkbar, dass langfristig Stoffe von den Tonmineralien adsorbiert würden, welche eine Texturänderung in der Barriere zur Folge hätte. Beim Herstellen einer Deponiebarriere sollte deshalb versucht werden, Ton- und Mineralmischungen zu verwenden, welche dem Schrumpfen durch den Einfluss von Deponiesickerwasser entgegengewirken könnten.

Im Folgenden werden auf die wichtigsten Mechanismen, welche den Einfluss von Chemikalien auf mineralische Barrieren erklären, eingegangen, sowie auf einige diesbezüglich relevante Forschungsresultate.

## 2. DAS TON-ELEKTROLYTSYSTEM

Tonminerale zeichnen sich durch ihre kleine Grösse (<2µm), ihren meist blättchenförmigen Habitus, ihre grosse spezifische Oberfläche (bis 800 $m^2/g$) und ihre elektrische Ladung aus. Diese Eigenschaften sind denn auch die Ursache für die Plastizität der Tone im feuchten Zustand, für ihre geringe hydraulische und diffusive Durchlässigkeit in verdichteter Form, für ihr Schrumpf- und Quellpotential und für ihre Sorptionsfähigkeit.

Die elektrische Ladung der Tonteilchen rührt vom isomorphen Ersatz von Metallionen im Kristallgitter der Tonminerale her. Diese elektrische Ladung wird durch Gegenionen ausserhalb der Tonteilchen ausgeglichen. Im sauren und neutralen

Bereich sind die Flächen der Tonteilchen negativ und die Kanten positiv geladen. Im basischen Bereich sind die Kanten ebenfalls negativ geladen. Diese Fähigkeit zur Ladungsänderung der Kanten hat natürlich auf die obenerwähnten Eigenschaften einen grossen Einfluss. Die negative Flächenladung und der Ionenschwarm in der Nähe der Teilchenoberfläche wird als "diffuse Doppelschicht" (Fig. 1) bezeichnet.

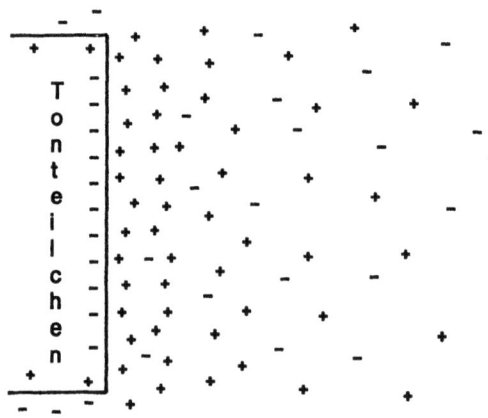

Fig. 1: Diffuse Doppelschicht

Die Ausdehnung der Doppelschicht ("Dicke") von der Tonoberfläche weg wird von einer Reihe chemischer Faktoren beeinflusst. Die Ionenverteilung in der Nähe der Teilchenoberfläche kann gemäss der Doppelschichttheorie (Gouy, 1910; Verwey and Overbeek, 1948; Mädsen and Müller-Vonmoos, 1985) beschrieben werden.

In einem Sediment oder einer verdichteten Tonschicht (Barriere) sind die Tonteilchen so nahe beieinander, dass sich die diffusen Doppelschichten der benachbarten Tonteilchen überlappen. Deshalb stossen sich einerseits die Tonteilchen ab mit einer Kraft, welche von der Ausdehnung der Doppelschicht abhängig ist. Andererseits ziehen sich die negativen Flächen und die positiven Kanten an.

Die Grössenordnung dieser Kräfte beeinflusst die Textur von Sedimenten und verdichteten Tonen resp. feinkörnigen Lockergesteinen. Der Einfluss der Textur auf die hydraulische Durchlässigkeit wurde von Michaels and Lin (1954), Lambe (1954), Olsen (1962) und Mitchell (1976) im Detail untersucht. Gemäss van Olphen (1977) wird die Textur dispers, wenn die abstossende Kraft zwischen den Teilchen gross ist, und flokkuliert, wenn die abstossende Kraft klein ist. Generell kann gesagt werden, dass eine disperse Textur eine kleinere hydraulische Durchlässigkeit hat als eine flokkulierte Textur. Dies, weil die mittlere Porengrösse in dispersen Texturen wesentlich kleiner ist als in flokkulierten Texturen.

Die Dicke der Doppelschicht ist abhängig von Veränderungen der Dielektrizitätskonstante ($\epsilon$) der Flüssigkeit, der Temperatur (T), der Elektrolytkonzentration (n) im Porenwasser und der Valenz (v) der Kationen. Eine Aussage über den quantitativen Einfluss dieser Grössen auf die Doppelschicht liefert folgende Formel für die Dicke der Doppelschicht. Dabei ist k ist die Boltzmannsche Konstante und e die Elementarladung. Aus dieser Beziehung ist ersichtlich, dass die Dicke der Doppelschicht - und deshalb auch die Grösse der abstossenden Kraft zwischen den Tonteilchen - direkt proportional der Wurzel der Dielektrizitätskonstante und der Temperatur und umgekehrt proportional der Valenz und der Wurzel der Ionenkonzentration ist. Gemäss Mitchell (1976) ist der Einfluss der Temperatur auf die Dicke der Doppelschicht sehr klein. Dies, weil eine Aenderung der Temperatur ebenfalls eine Aenderung der Dielektrizitätskonstante verursacht. Das Produkt aus εT bleibt annähernd konstant.

$$\frac{1}{\kappa} = \sqrt{\frac{\varepsilon \cdot k \cdot T}{8\pi n e^2 v^2}}$$

Neben den schon erwähnten Faktoren haben auch andere Parameter wie Grösse der Kationen, pH der Lösung und Anionenadsorption einen Einfluss auf die Dicke der Doppelschicht. Je kleiner die Kationen in der Doppelschicht, desto näher können sie an die Tonteilchenoberfläche rücken. Dies bedeutet eine geringere Dicke der diffusen Doppelschicht und deshalb eine Tendenz Richtung flokkulierter Textur.

Der pH beeinflusst die Dissoziation der Hydroxylgruppen (OH), welche an den Kanten der Tonminerale sitzen. Je höher der pH, desto grösser die Tendenz für das Proton ($H^+$), in Lösung zu gehen, und desto grösser auch die negative Ladung des Tonteilchens. Dazu kommt, dass das Aluminium an den Kanten der Tonteilchen amphoter und positiv ionisiert ist bei niedrigem pH und negativ ionisiert bei hohem pH. Ein niedriger pH verursacht deshalb eine flokkulierte Textur durch die Interaktion der positiven Kanten mit den negativen Flächen der Tonteilchen. Umgekehrt verursacht ein hoher pH eine disperse Textur.

Anionen und negativ geladene Radikale können an den positiven Kanten der Tonteilchen angelagert werden. Bevorzugt sind Polyanionen wie Phosphate, Arsenate und Borate, weil diese die gleiche molekulare Grösse haben wie das SiO-Tetraeder in den Tonteilchen. Besonders Polyphosphate werden gerne angelagert und gehören denn auch zu den bevorzugten Dispersionsmitteln für Tonsuspensionen. Nach der Anlagerung der Polyanionen sind die Tonteilchen an Flächen und Kanten negativ geladen. Die Effekte der verschiedenen Parameter, welche die Dicke der Doppelschicht beeinflussen, sind in untenstehender Tabelle zusammengefasst.

| Poren-flüssigkeits-parameter | Aenderung der Parameter | Aenderung Dicke der Doppelschicht | Tendenz Textur-Aenderung | Einfluss auf hydraulisch. Durchlässigk. |
|---|---|---|---|---|
| Dielektri-zitätskonst. | Zunahme | Zunahme | dispers | Abnahme |
|  | Abnahme | Abnahme | flokkuliert | Zunahme |
| Elektrolyt-konzentrat. | Zunahme | Abnahme | flokkuliert | Zunahme |
|  | Abnahme | Zunahme | dispers | Abnahme |
| Kationen-valenz | Zunahme | Abnahme | flokkuliert | Zunahme |
|  | Abnahme | Zunahme | dispers | Abnahme |
| Kationen-grösse | Zunahme | Zunahme | dispers | Abnahme |
|  | Abnahme | Abnahme | flokkuliert | Zunahme |
| pH | Zunahme | Zunahme | dispers | Abnahme |
|  | Abnahme | Abnahme | flokkuliert | Zunahme |
| Anionen-adsorption | Zunahme | Zunahme | dispers | Abnahme |
|  | Abnahme | Abnahme | flokkuliert | Zunahme |

(Nach Evans et al. (1985), modifiziert)

## 3. EINFLUSS VON ANORGANISCHEN CHEMIKALIEN AUF DIE DURCHLÄSSIGKEIT

Anorganische Chemikalien beeinflussen die hydraulische Durchlässigkeit von Tonen vor allem durch Veränderungen der Elektrolytkonzentration im Porenwasser, durch Aenderung der Valenz mittels Ionenaustausch und Anionenadsorption. Eine Erhöhung der Ionenkonzentration und der Valenz der Ionen wird eine Flokkulation der Tonteilchen begünstigen und die Quellung von quellfähigen Tonmineralen (Smectite) begrenzen. Aus Fig. 2 ist der Einfluss der Ionenkonzentration auf die Textur von getrockneten Tonsuspensionen ersichtlich. Eine Erhöhung der Ionenkonzentration erzeugt eine flokkulierte Textur und Schwindrisse bei der Trocknung.

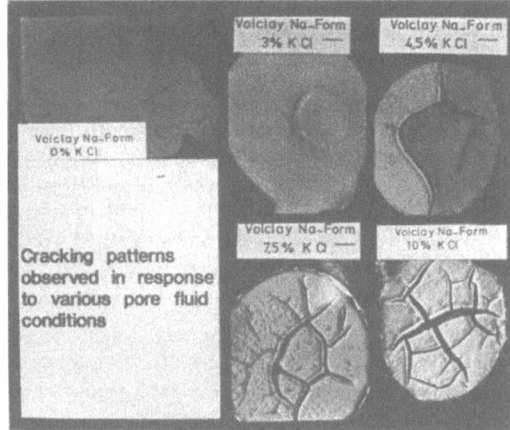

Fig. 2: Einfluss der Ionenkonzentration auf die Textur von getrockneten Tonsuspensionen

Säuren werden eine Flokkulation begünstigen. Untersuchungen von Gordon and Forrest (1981) und von Lentz et al. (1985) zeigten aber keinen Einfluss von Säuren auf die Durchlässigkeit von verdichteten Tonproben. Die Untersuchungen von Simons et al. (1984) über 300 Tage ergaben eine Erhöhung der Durchlässigkeit um eine halbe Zehnerpotenz. Festgestellt wurde eine geringe Auflösung der Tonminerale, besonders bei Kaolinit.

Basen wirken als Dispergierungsmittel. Lentz et al. (1985) untersuchte den Einfluss von Natriumhydroxyd-Lösungen bei pH 9, 11 und 13. Die Lösungen bei pH 9 und 11 beeinflussten die Durchlässigkeit der verdichteten Tonproben wenig. Bei pH 13 verminderte sich die Durchlässigkeit um einen Faktor von etwa 10.

## 4. EINFLUSS VON ORGANISCHEN VERBINDUNGEN AUF DIE DURCHLÄSSIGKEIT

Organische Verbindungen werden von den Tonmineralen aufgenommen durch Adsorption, durch Einlagerung im Kristall und durch Kationenaustausch. Adsorption von polaren Verbindungen scheint der wichtigste Faktor zu sein im Hinblick auf den Einfluss auf die Durchlässigkeit. Die Wassermoleküle in der Doppelschicht können durch organische Moleküle verdrängt werden. Die niedrigere Dielektrizitätskonstante der meisten organischen Verbindungen im Vergleich zu Wasser verursacht eine Texturänderung in Richtung flokkulierter Textur.

Die Einlagerung von organischen Verbindungen in Kaolin wurde von Weiss (1962) untersucht. Die Moleküle werden zwischen den Elementarschichten der Kristalle eingelagert. Besonders die Alkalisalze ($K^+$, $NH_4^+$, $Rb^+$, $Cs^+$) von kurzkettigen Fettsäuren wie Essigsäure und Propionsäure sind von Interesse. Die Einlagerung von Ammoniumazetat, beispielsweise, würde den Basisabstand der Elementarschichten von Kaolin von 0.7nm auf 1.4nm erhöhen. Die daraus resultierende Quellung der Kaolinitkristalle würde die Durchlässigkeit von verdichtetem Kaolin herabsetzen. Dies ist allerdings nie überprüft worden.

Die Aufnahme von organischen Säuren und Basen aus wässrigen Lösungen geschieht durch Ionenaustausch mit den Kationen in der Doppelschicht (Vansant and Uytterhoeven, 1973). Der Einfluss auf die hydraulische Durchlässigkeit hängt dann von der Valenz der Kationen und vom pH ab.

Zahlreiche Untersuchungen (Madsen and Mitchell, 1989) haben gezeigt, dass die hydraulische Durchlässigkeit von mineralischen Barrierenmaterialien beeinflusst wird, wenn diese von reinen organischen Verbindungen durchflossen werden. Der Einfluss ist von der Messmethode abhängig. Meistens wird eine grössere Durchlässigkeit registriert, wenn die Untersuchungen in Apparaten mit festen Seitenwänden durchgeführt werden (Fig. 3 ). Dagegen wird die Durchlässigkeit normalerweise kleiner, wenn Triaxialzellen verwendet werden.

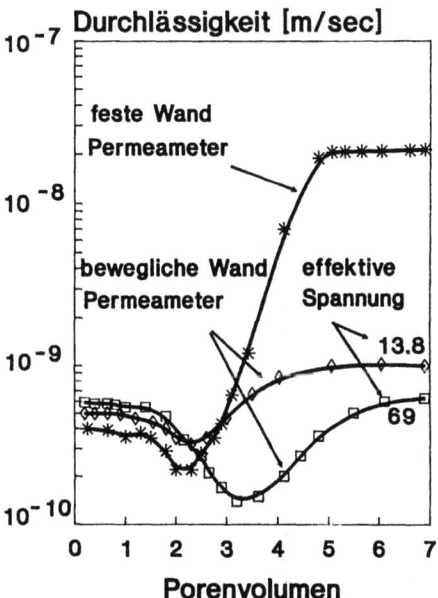

Fig. 3 : Einfluss von Aceton auf die Durchlässigkeit von verdichtetem Kaolin. Nach Acar et al., 1985

Wie die Untersuchungen von Bowders (1985), Acar et al. (1985) und Evans et al. (1985) zeigen, haben Lösungen von Verbindungen niedriger Löslichkeit in Wasser, wie z.B. Kohlenwasserstoffe, keinen grösseren Einfluss auf die Durchlässigkeit. Wasserlösliche Verbindungen, wie z.B. einfache Alkohole und Ketone, haben gemäss Bowders (1985) keinen Einfluss auf die Durchlässigkeit bei Konzentrationen kleiner als etwa 75 bis 80% (Fig. 4). Die Grossversuche von Brown, Thomas and Green (1984) ergaben, dass die Erhöhung der Durchlässigkeit nach Permeation mit organischen Lösungsmitteln wieder teilweise rückgängig gemacht werden kann durch eine nachträgliche Permeation mit Wasser.

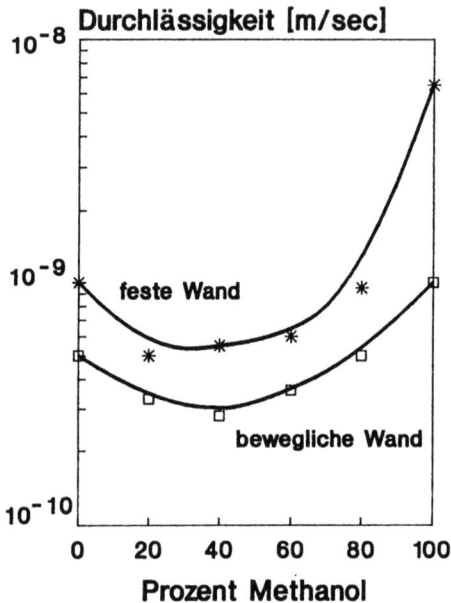

Fig. 4 : Durchlässigkeit von verdichtetem Kaolin bei verschiedenen Konzentrationen von Methanol (Bowders, 1985)

## 5. ZUSAMMENFASSUNG UND AUSBLICK

Zusammenfassend kann gesagt werden, dass reine (konzentrierte) organische Verbindungen fast immer einen Einfluss auf die hydraulische Durchlässigkeit einer Tonbarriere haben werden. Es werden Schrumpfrisse entstehen mit nachfolgender Erhöhung der Durchlässigkeit. In der Praxis werden aber kaum reine organische Verbindungen in einer Deponie vorhanden sein.

Im Gegensatz zu den anorganischen Chemikalien zeigen verdünnte Lösungen von organischen Verbindungen kaum einen Einfluss auf die Durchlässigkeit von mineralischen Barrieren. Langzeitbeobachtungen, welche diese Feststellung bestätigen, fehlen allerdings zur Zeit. Ebenso ist es auffallend, dass die meisten Untersuchungen mit einzelnen Chemikalien durchgeführt wurden. Es fehlen somit Untersuchungen mit "natürlichen" Deponiesickerwässern, gemischten Chemikalien, sowie Untersuchungen, welche den Einfluss der Zeit berücksichtigen.

Neuere Untersuchungen (Stockmeyer 1990, Kruse und Stockmeyer 1990) über das Adsorptionsverhalten von verschiedenen Tonen und organophilen Bentoniten, welche zur Zeit in unserem Institut durchgeführt werden, zeigen ermutigende Resultate bezüglich Adsorption von sowohl organischen wie anorganischen Verbindungen. Das Ziel dieser Untersuchungen ist die Bemessung einer Deponiebarriere, die, bei bekanntem Deponieinhalt, nicht nur eine geringe Empfindlichkeit gegenüber dem Einfluss des Sickerwassers auf die Textur und die hydraulische Durchlässigkeit aufweist, sondern auch fähig wäre, möglichst viele organische Verbindungen und Schwermetalle langfristig zu binden.

**LITERATUR:**

Acar, Y.B., Hamidon,A., Field, S.D., and Scott, L. (1985). The Effect of Organic Fluids on Hydraulic Conductivity of Compacted Kaolinite. Hydraulic Barriers in Soil and Rock, ASTM STP 874, pp.171-187.

Bowders, J.J. (1985). The Influence of Various Concentrations of Organic Liquids on the Hydraulic Conductivity of Compacted Clay. Geotechnical Engineering Dissertation GT85-2, The University of Texas at Austin, 218 p.

Brown, K.W., Thomas, J.C., and Green, J.W. (1986). Field Cell Verification of the Effects of Concentrated Organic Solvents on the Conductivity of Compacted Soils. Hazardous Waste and Hazardous Materials, Vol. 3, No. 1, pp. 1-19.

Evans, J.C., Fang, H-Y., and Kugelman, I.J. (1985). Organic Fluid Effects on the Permeability of Soil-Bentonite Slurry Walls. Proc. Nat. Conf. Hazardous Waste and Environmental Emergencies, May 14-16, 1985, Cincinnati, OH.

Gordon, B.B. and Forrest, M. (1981). Permeability of Soils Using Contaminated Permeant. Permeability and Groundwater Contaminant Transport, ASTM STP 746, pp. 101-120.

Gouy, G. (1910). Sur la constitution de la charge électrique à la surface d'un électrolyte. J. Physique 9, pp. 457-468.

Kruse, K. und Stockmeyer, M. (1990). Adsorptionsverhalten von Bentoniten unterschiedlicher organophiler Belegung mit organischen und anorganischen Lösungen. In Vorbereitung.

Lambe, T.W. (1954). The Permeability of Fine-Grained Soils. ASTM STP 163, pp. 56-67.

Lentz, R.W., Horst, W.D., and Uppot, J.O. (1985). The Permeability of Clay to Acid and Caustic Permeants. Hydraulic Barriers in Soil and Rock, ASTM STP 874, pp. 127-139.

Madsen, F.T. and Mitchell, J.K. (1989). Chemical Effects on Clay Hydraulic Conductivity and their Determination. Mitteilungen des Institutes für Grundbau und Bodenmechanik, Eidgenössische Technische Hochschule Zürich. Nr. 135, 67 p.

Madsen, F.T. and Müller-Vonmoos, M. (1985). Swelling pressure calculated from mineralogical properties of a Jurassic opalinum shale, Switzerland. Clays and Clay Min. 6, pp 501-509.

Michaels, A.S. and Lin, C.S. (1954). The Permeability of Kaolinite. Industrial and Engineering Chemistry, Vol. 46, pp. 1239-1246.

Mitchell, J.K. (1976). Fundamentals of Soil Behavior. John Wiley & Sons, New York, 422 p.

Müller-Vonmoos, M. and Löken, T. (1989). The Shearing Behaviour of Clays. Applied Clay Science, 4, pp. 125-141.

Olsen, H.W. (1962). Hydraulic Flow Through Saturated Clays. Proc. Ninth National Conf. on Clays and Clay Minerals, pp. 131-161.

Simons, H., Hänsel, W. and Reuter, E. (1984). Physical and Chemical Behaviour of Clay-Based Barriers under Percolation with Test Liquids. Proc. Int. Symposium on Clay Barriers for Isolation of Toxic Chemical Wastes, May 28-30, 1984, Stockholm, p. 117. Expanded Version in German, pp. 118-127.

Stockmeyer, M. (1990). Adsorption of Organic Compounds on Organophilic Bentonites. FH - DGG Tagung "Hydrogeologische Barrieren" 22. bis 25. Mai 1990, Karlsruhe. In press.

van Olphen, H. (1977). An Introduction to Clay Colloid Chemistry, Wiley Interscience, New York, pp 260-293.

Verwey, E.J.W. and Overbeek, J.Th.G. (1948). Theory of the Stability of Lyophobic Colloids. Elsevier, Amsterdam, New York, London, pp. 22-76.

Weiss, A. (1962). Ein Geheimnis des chinesischen Porzellans. Angew. Chem., 75. Jahrg., Nr. 16/17, pp. 755-762.

# ERMITTLUNG VON STOFFTRANSPORTPARAMETERN IN TON UND DEREN BEDEUTUNG FÜR DIE BARRIERENWIRKUNG VON ABDICHTUNGEN

## W. SCHNEIDER & J.J. GÖTTNER

GEOLOGISCHES LANDESAMT HAMBURG / INSTITUT FÜR ABFALLENTSORGUNG UND ALTLASTENSANIERUNG, DR. J. GÖTTNER, BERLIN

## 1. EINLEITUNG

Zum Schutz des Grundwassers vor Verunreinigungen werden Deponien vielfach mit Ton abgedichtet. Die Tonabdichtungen haben dabei in erster Linie die Aufgabe, den Austrag von Schadstoffen aus dem Deponiekörper so weit zu begrenzen, daß sich die Stoffkonzentrationen innerhalb der Tonschicht auf unschädliche Werte reduzieren.

Bisher wird im allgemeinen davon ausgegangen, daß Tonabdichtungen durch Begrenzung des Durchlässigkeitsbeiwerts $k_f$ diese Aufgabe erfüllen und ein ausreichender Schutz des Grundwassers gewährleistet ist. Unberücksichtigt bleibt bei dieser Vorstellung jedoch, daß in gering permeablen Medien neben dem $k_f$-Wert-abhängigen, konvektiven Stofftransport gleichzeitig noch andere Transportmechanismen wirksam sind, die für die Frage der Barrierenwirkung der Tonabdichtung oder des Deponieuntergrundes von großer Bedeutung sind.

Um die Barrierenwirkung von Ton beurteilen zu können, müssen die relevanten Transportmechanismen und deren Parameter im einzelnen bekannt sein und durch mathematische Modelle mit den Eigenschaften des Deponiesystems verknüpft werden. Auf diese Weise wird es möglich, die simultane Wirkung der einzelnen Transportmechanismen zu berücksichtigen und die Anforderungen an die Beschaffenheit von Tonabdichtungen wesentlich genauer zu definieren, als es bisher der Fall ist.

## 2. FELDVERSUCH ZUM STOFFTRANSPORT IM TON

### 2.1. Material- und Versuchsbeschreibung

In der Literatur wird eine Vielzahl von Feldversuchen beschrieben, die zur Erkundung der Wasser- und Stoffdynamik durchgeführt wurden. In der Hauptsache handelt es sich dabei um Untersuchungen zum Transportverhalten von Pestiziden und Stickstoffverbindungen in gut wasserleitenden Böden. Diese Untersuchungen resultieren vorwiegend aus landwirtschaftlichen und wasserwirtschaftlichen Fragestellungen. Nur wenige Arbeiten in der Literatur berichten über Feldversuche in gering wasserleitenden Untergründen (QUIGLEY & ROWE, 1985; NEUZIL, 1986). Stofftransportparameter für gering durchlässige Böden oder Tonabdichtungen wurden bisher vereinzelt aus Laborversuchen abgeleitet (ROWE et al., 1988; ROBIN et al., 1987; HORTON et al., 1987). Eine umfassende experimentelle Felduntersuchung mit eindeutig definierten Versuchsbedingungen zur Ermittlung der Transportvorgänge in gering permeablen Böden oder Tondichtungen liegt bisher nicht vor. Die Gründe hierfür liegen sicher in der langen Versuchsdauer und der Vielzahl und Vielschichtigkeit der Analysen und den damit verbundenen Kosten. Außerdem wurden die modelltheoretischen Konzepte für diese Fragestellungen erst in den letzten Jahren umfassend entwickelt.

Im Rahmen eines 5 Jahre dauernden vom Niedersächsischen Landesamt für Bodenforschung durchgeführten Projektes "Geowissenschaftliche Vorsorgeuntersuchungen zur Standortfindung von Sonderabfalldeponien" wurden 6 Meßfelder im natürlich anstehenden Ton eingerichtet. Der Aufbau der Meßfelder und die Meßstrategie wurden auf die Erfordernisse der modelltheoretischen Auswertung abgestimmt. Über einen Zeitraum von fast zwei Jahren wurden die Stofftransportvorgänge im Ton unter definierten Anfangs- und Randbedingungen meßtechnisch verfolgt.

In Tab. 1 sind die bodenphysikalischen und -chemischen Kenndaten zur Charakterisierung des untersuchten Tons zusammengestellt.

Tab. 1: Bodenphysikalische und -chemische Daten des untersuchten Tons (aus: GÖTTNER & KOMODROMOS ,1989)

| | |
|---|---|
| Stratigraphische Einheit | : Oberapt (Unterkreide) |
| Tonmineralogische Zusammensetzung : | |
| Hauptkomponenten: | Kaolinit, Smektit, Chlorit |
| Nebenkomponenten: | Muskovit-Illit, Quarz, Calzit |
| Spuren | : Feldspat, Pyrit |
| Korngrößenverteilung : | |
| < 2 mm | : 67 Gew. % |
| 2 - 20 mm | : 30 Gew. % |
| 20 - 63 mm | : 3 Gew. % |
| Karbonatgehalt $I_K$ | : 6 Gew. % (stark kalkhaltig) |
| Gehalt an organischem Kohlenstoff $f_{oc}$: | 1.7 Gew. % (mittel humos) |
| Trockendichte $\rho_d$ | : 1750 kg/m$^3$ |
| Korndichte $\rho_s$ | : 2730 kg/m$^3$ |
| Plastizitätszahl $I_p$ | : > 0.3 (ausgeprägt plastisch) |
| Enslin - Wert w | : 1.28 (-) |
| Hydraulische Wasserleitfähigkeit $k_f$ | |
| senkrecht zur Schichtung: | 6 · 10$^{-10}$ m/s (Laborversuch) |
| parallel zur Schichtung : | 3 · 10$^{-10}$ m/s (Laborversuch) |
| aus Slug-Tests | : 2 · 10$^{-9}$ m/s (Feldversuch) |
| Porosität $\Theta = 1 - \rho_d / \rho_s$ | : 0.36 m$^3$/m$^3$ |
| Porenzahl e | : 0.84 (-) |
| Spezifische Oberfläche $A_s$ | : 37 m$^2$/g |
| Wassergehalt nach Aufsättigung I | : 0.48 m$^3$/m$^3$ |
| pH - Wert | : 7.8 |
| Kationenaustauschkapazität | : 40 meq/100 g Ton |
| Lithiumadsorption (Batchversuche) | |
| Koeffizienten nach Freundlich | : k = 0.66 (-)   N = 0.33 (-) |
| Koeffizienten nach Langmuir | : $k_L$ = 0.22 mg/l;   $F_0$ = 0.22 mg/g |

Die Meßfelder wurden an der Sohle der ehemaligen Tongrube Vöhrum errichtet. Auf einer Fläche von 10 m x 5 m wurden in einer Hütte sechs Meßfelder eingerichtet. Zwei davon wurden für die Stofftransportversuche mit Tensiometern, Piezometern und Saugkerzen ausgestattet. Die Oberflächen der beiden Meßfelder betragen 2.4 m x 1.6 m und 1.6 m x 1.6 m. Die Meßfelder wurden mit in Wasser gelöstem Lithium- und Cadmiumbromid überstaut.

Im Vorfeld der Versuche wurde der anstehende Ton 90 Tage mit Wasser aufgesättigt. Nachdem die Sättigungsfront nach 90 Tagen eine Tiefe von etwa 35 cm erreicht hatte, wurde erstmalig Lithium- und Cadmiumbromid dem Infiltrationswasser zugemischt. Die letzte Messung wurde nach 683 Tagen durchgeführt. In dieser Zeitspanne wurden insgesamt 1806 Bromid- und Lithiumkonzentrationen für das Porenwasser bestimmt. Detaillierte Angaben zu Versuchsbedingungen, Vorgehensweise und Ergebnissen sind in SCHNEIDER & GÖTTNER (1989) angegeben.

## 2.2. Versuchsergebnisse

Obwohl die Bromidkonzentrationen im Wasser des Infiltrationsbeckens konstant in der Fläche sind, verlaufen die Linien gleicher Bromidkonzentration im Tiefenprofil nicht exakt horizontal (Abb. 1). Die ungleiche Tiefenverlagerung des Bromids läßt auf das Vorhandensein kleinräumiger Inhomogenitäten in der untersuchten Tonschicht schließen. Der Verlauf der Linien gleicher Bromidkonzentrationen zeigt, daß der Bromidtransport vertikal erfolgte, eine meßbare horizontale Transportkomponente ist nicht erkennbar. In einer Tiefe von etwa 55 cm weichen die Linien gleicher Bromidkonzentration vom horizontalen Verlauf erheblich ab. Die Ursache dieser "Störung" läßt sich nicht eindeutig bestimmen. Entweder liegt eine lokale Inhomogenität in der untersuchten Tonschicht vor oder die Saugkerzenlage wurde fehlerhaft eingemessen.

In Abb. 1. sind die seit Beginn der Stoffinfiltration zurückgelegten Fließstrecken des Porenwassers in Form von Balken dargestellt. Vergleicht man die Fließstrecken des Porenwassers mit den Tiefenlagen der Linien gleicher Konzentration, so stellt man fest, daß Bromid dem Porenwasser in der Tonschicht vorauseilt. Das Voreilen der Linien gleicher Bromidkonzentration gegenüber der mittleren Fließgeschwindigkeit des Porenwassers wird durch Diffusion hervorgerufen. Aufgrund der hohen Konzentrationsgradienten in der Anfangsphase der Bromidinfiltration dominiert die Diffusion die Bromidverlagerung. Mit zunehmender Zeit verringert sich jedoch der Zuwachs an Migrationsweg pro Zeiteinheit (= Migrationsgeschwindigkeit) für Bromid. Nach etwa $t = 1$ a befindet sich die 50 mg/l- Bromidkonzentrationslinie in einer Tiefe von etwa $z = 51$ cm und hat einen Abstand von 40 cm zur Tiefenlage der Porenwasserfront von 40 cm. Dieser Abstand von 40 cm vergrößert sich für $t > 1$ a noch weiter, bis rechnerisch nach $t = 5.4$ a ein Abstand von 68 cm erreicht ist. Für $t > 5.4$ a bleibt der Abstand konstant. Der Grund für den konstant bleibenden Vorsprung ist, daß die Konzentrationsgradienten im Bereich der 50 mg/l - Konzentrationslinie nach $t = 5.4$ a derartig gering sind, daß die diffusionsbedingte Bromidverlagerung im Vergleich zur konvektiven unbedeutend klein ist. Die Migrationsgeschwindigkeit des Bromids entspricht nun nahezu der Porenwassergeschwindigkeit.

Betrachtet man die Tiefenverlagerung des Lithiums als Funktion der Zeit, so stellt man fest, daß erhebliche Unterschiede zur Bromidverlagerung bestehen. In der Anfangsphase der Lithiummigration eilt die 2 mg/l- Konzentrationslinie der Porenwasserfront voraus und erreicht einen deutlichen Vorsprung, der jedoch im Vergleich zur 50 mg/l- Bromidkonzentrationslinie geringer ist. Nach etwa $t = 200$ d ist ein maximaler Vorsprung von etwa 11.5 cm erreicht. Nachdem das Maximum erreicht ist, reduziert sich der Vorsprung mit zunehmender Zeit wieder. Rechnerisch sind etwa nach $t = 3.5$ a die Tiefenlagen der 2 mg/l- Lithiumkonzentrationslinien und der Porenwasserfront identisch. Für $t > 3.5$ a bleibt die 2 mg/l-Konzentrationslinie rechnerisch hinter der Porenwasserfront zurück. In der Anfangsphase der Lithiumverlagerung ist die mobilitätserhöhende Wirkung der Diffusion aufgrund der hohen Konzentrationsgradienten stärker als die mobilitätsmindernde Wirkung der Sorption. Jedoch kehrt sich dieses Verhältnis um, weil die Diffusion aufgrund abnehmender Konzentrationsgradienten in der Zeit nachläßt, während die Sorption mit gleichbleibender Intensität wirksam ist. Durch den sich zeitlich verringernden Beitrag der Diffusion am Transportgeschehen wird die Migrationsgeschwindigkeit der 2 mg/l- Konzentrationslinie innerhalb von etwa 230 Tagen bis auf die Größe der Porenwassergeschwindigkeit reduziert. Im weiteren Verlauf der Lithiumverlagerung nimmt die Migrationsgeschwindigkeit weiter ab.

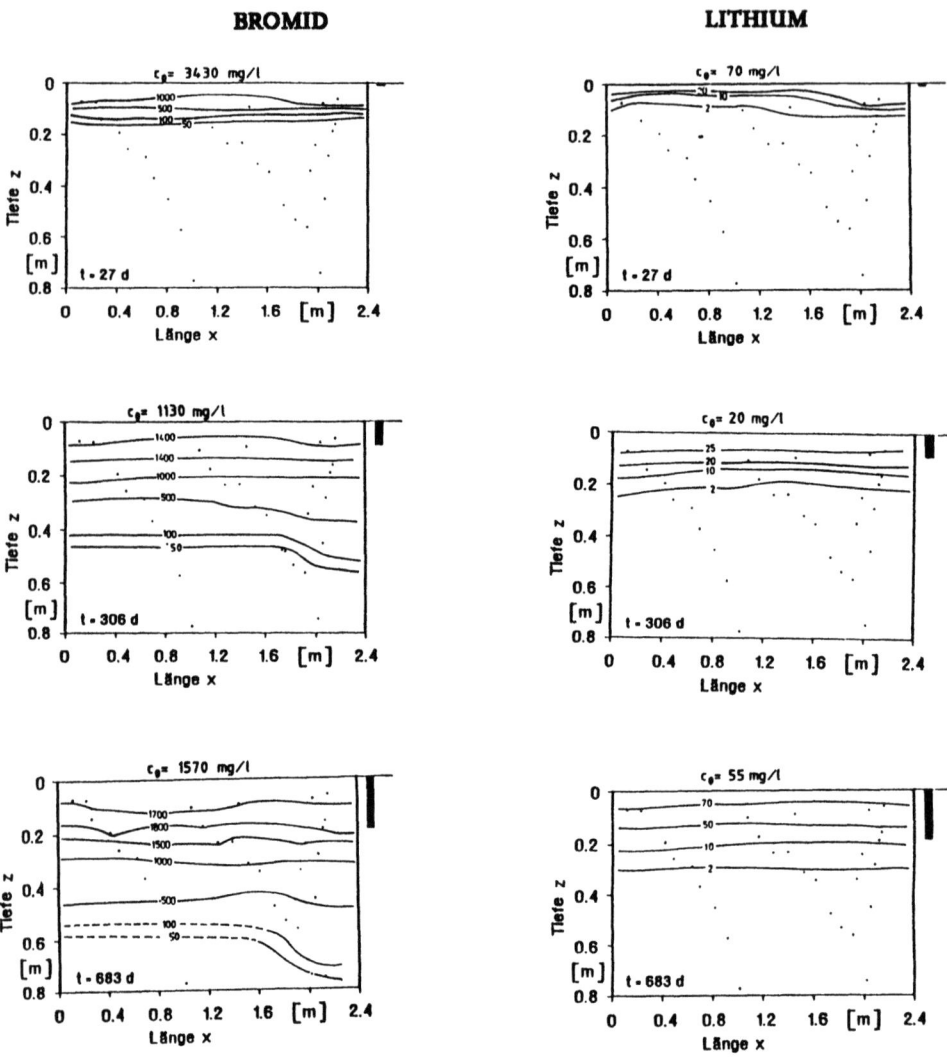

Abb. 1: Linien gleicher Bromid- und Lithiumkonzentration des Porenwassers zu verschiedenen Zeitpunkten t (Vertikalschnitt).

## 2.3. Modelltheoretische Auswertung

Zur modelltheoretischen Auswertung der gemessenen Konzentrationsdaten werden drei Modellkonzepte verfolgt, und zwar das Mobil-, Mobil-Immobil- und Anionenausschluß-Konzept. Die physikalischen und mathematischen Grundlagen dieser Konzepte werden in SCHNEIDER (1990) abgestimmt auf die Anfangs- und Randbedingungen des Feldversuchs ausführlich dargestellt. In Verbindung mit dem Inversionsmodell CXTFIT (PARKER & VAN GENUCHTEN, 1984) werden die drei Modellkonzepte angewandt, um durch optimale Kurvenanpassung aus den Konzentrationsdaten die im Ton relevanten Transportparameter abzuleiten. Bei der Inversion der Konzentrationsdaten mit dem Modell CXTFIT konnte für alle drei Modellkonzepte eine gute rechnerische Anpassung der Meßdaten erreicht werden. Die Ergebnisse, die in Verbindung mit den drei Modellkonzepten erzielt wurden, unterscheiden sich voneinander dadurch, daß die durch Inversion bestimmten Transportparameter für das Mobil- Immobil- und Anionenausschluß-Konzept mit physikalisch unakzeptablen Unsicherheiten behaftet sind. Die beiden Modellkonzepte sind nicht geeignet, den Stofftransportprozeß im Ton rechnerisch nachzubilden.

Die Inversion der Konzentrationsdaten liefert in Verbindung mit dem Mobil-Konzept physikalisch plausible, mit geringen Unsicherheiten behaftete Transportparameter. Für die rechnerische Nachbildung des Transports von nicht-reaktiven Stoffen im Ton ist demzufolge lediglich die Bestimmung der mittleren Porenwassergeschwindigkeit und des hydrodynamischen Dispersionskoeffizienten erforderlich. Für Meßfeld 1 wurde eine mittlere Porenwassergeschwindigkeit von $v = 0.027$ cm/d und ein mittlerer hydrodynamischer Dispersionskoeffizient von $D = 0.548$ cm$^2$/d sowie für Meßfeld 2 die Werte $v = 0.043$ cm/d und $D = 0.884$ cm$^2$/d ermittelt. Durch lineare Regression der einzelnen im Inversionsverfahren bestimmten v- und D-Werte konnte für Bromid ein Diffusionskoeffizient im Ton von $D_o = 4.8 \cdot 10^{-10}$ m$^2$/s und eine Dispersivität von $\alpha = 7.5$ cm ermittelt werden. Aus dem für Bromid ermittelten Diffusionskoeffizienten ergibt sich ein Impedanzfaktor von $\gamma = 0.29$.

Vergleicht man unter Einbeziehung der ermittelten Werte für $D_o$ und $\alpha$ die Stofftransportmechanismen Dispersion und Diffusion miteinander, so stellt man fest, daß für Porenwassergeschwindigkeiten von etwa $v > 6.5 \cdot 10^{-9}$ m/s die Wirkung der mechanischen Dispersion größer ist als die der Diffusion. Bei der Porenwassergeschwindigkeit in Meßfeld 1 von $v = 0.027$ cm/d kann man davon ausgehen, daß die mechanische Dispersion nur von untergeordneter Bedeutung ist, so daß die raumzeitliche Konzentrationsverteilung im untersuchten Ton hauptsächlich durch Konvektion und Diffusion gesteuert wird. Durch Vergleichsrechnungen wird deutlich, daß dabei die Diffusion eine dominierende Rolle spielt. Allerdings reduziert sich die Dominanz der Diffusion mit zunehmender Tiefe.

In Abb. 2 sind für neun ausgewählte Zeitpunkte die gemessenen Bromidkonzentrationen als Funktion der Tiefe und die mit den Mittelwerten $v = 0.027$ cm/d und $D = 0.548$ cm$^2$/d berechneten Bromidkonzentrationsprofile dargestellt. Wie aus Abb. 2 entnommen werden kann, ist die Übereinstimmung zwischen gemessenen und berechneten Konzentrationen gut. Lediglich zur Zeit $t = 510$ d ist die Übereinstimmung im Tiefenintervall $z = 5$ cm bis $z = 25$ cm weniger gut. Offenbar wird die Wirkung des Wiederanstiegs der Bromidkonzentration am oberen Rand der Tonschicht zur Zeit $t > 400$ d mit dem Modell unzureichend nachgebildet. Dennoch kann die rechnerische Nachbildung der gemessenen Konzentrationsprofile insgesamt als gut bezeichnet werden.

Durch Inversion der Lithiumkonzentrationsdaten ergab sich ein mittlerer Verteilungskoeffizient von $k_d = 4.7 \cdot 10^{-4}$ m$^3$/kg. Dieser Wert liegt deutlich unter dem im Labor durch Schüttelversuche bestimmten Wert von $k_d = 0.028$ m$^3$/kg. Diese große Abweichung stellt die Übertragbarkeit von Sorptionsdaten aus Schüttelversuchen in Frage. Der Diffusionskoeffizient im Ton wurde für Lithium mit $D_o = 1.3 \cdot 10^{-10}$ m$^2$/s ermittelt.

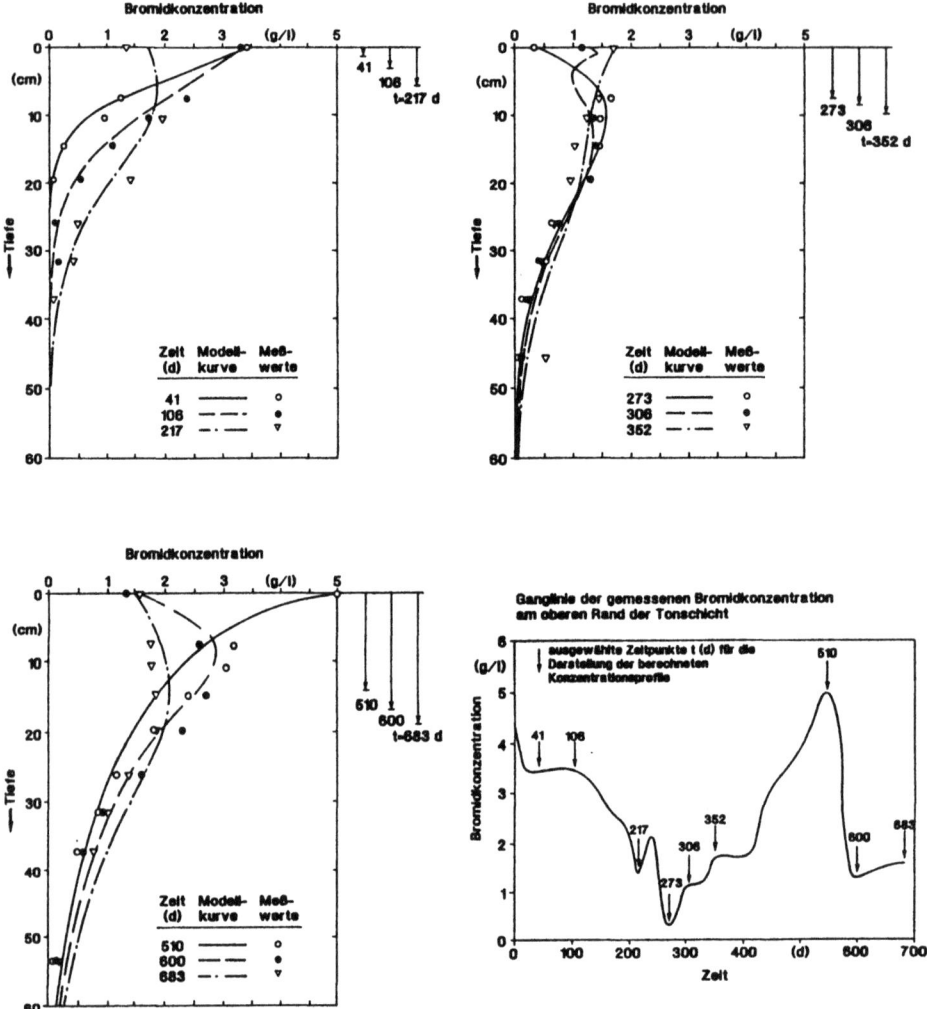

Abb. 2: Gemessene Bromidkonzentrationen und berechnete Bromidkonzentrationsprofile im Ton ($v = 3.1 \cdot 10^{-9}$ m/s, $D = 6.3 \cdot 10^{-10}$ m²/s, $k_f = 1.2 \cdot 10^{-9}$ m/s, $\Theta = 0.37$ m³/m³, $\downarrow$ = mittlere Fließstrecke des Porenwassers zur Zeit t seit Beginn der Bromidinfiltration).

## 3. BARRIERENWIRKUNG VON MINERALISCHEN ABDICHTUNGEN

Die Ergebnisse der Feldversuchsauswertung verdeutlichen den großen Einfluß der Diffusion auf den Transportvorgang im Ton. Alle Maßnahmen moderner Deponietechnik zielen jedoch lediglich auf eine Rückdrängung der Konvektion. Die Diffusion bleibt unberücksichtigt. In der Technischen Anleitung Abfall (TA Abfall) wird in erster Linie der Durchlässigkeitsbeiwert als maßgebliche Größe für die abdichtende Wirkung des Tons angesehen.

Aufgrund des Konzentrationsgradienten zwischen der Schadstofflösung in der Deponie und dem Porenwasser der Tonabdichtung findet ein fortwährender diffusiver Stofftransport statt. Die daraus resultierende Permeationsrate und die Zeitspanne, die ein nicht-reaktiver Stoff benötigt, um von der Grenzfläche Deponie/ Tonschicht zur Grenzfläche Tonschicht/ angrenzendes Medium zu gelangen, ist abhängig vom Konzentrationsgradienten, vom Diffusionskoeffizienten und von der Schichtdicke der Tonabdichtung. Bei reiner Diffusion wächst die Zeit bis zum Auftreten signifikanter Schadstoffmengen außerhalb der Tonabdichtung überpropotional mit der Schichtdicke. Der Maximalwert der normierten Permeationsrate bei reiner Diffusion verringert sich linear mit zunehmender Schichtdicke der Tonabdichtung und linear mit abnehmendem Diffusionskoeffizienten.

Üblicherweise werden für Deponien Tonabdichtungen mit einer Schichtdicke von etwa 1 m eingesetzt. Bei einer Stoffkonzentration im Wasser des Abfallkörpers von $c_0 = 1$ g/l beträgt in diesem Fall die maximale Permeationsrate etwa 11.7 g/m²a (bei $D = 10^{-9}$ m²/s) bzw. 1.17 g/m²a (bei $D = 10^{-10}$ m²/s). Für einige chemische Substanzen würden jährliche Emissionen in dieser Größe eine unzulässige Auswirkung auf die Grundwasserqualität nach sich ziehen.

Für einen quantitativen Vergleich des konvektiven und diffusiven Stofftransports in Tonabdichtungen werden im folgenden die charakteristischen Größen der Abdichtwirkung von Ton, nämlich die Verweilzeit und die maximale Permeationsrate, im Vergleich betrachtet. Dazu wurde die Verweilzeit eines nicht-reaktiven Stoffes in der Tonabdichtung in Abhängigkeit von der Schichtdicke für verschiedene Filtergeschwindigkeiten berechnet. In Abb. 3 sind die Ergebnisse dargestellt.

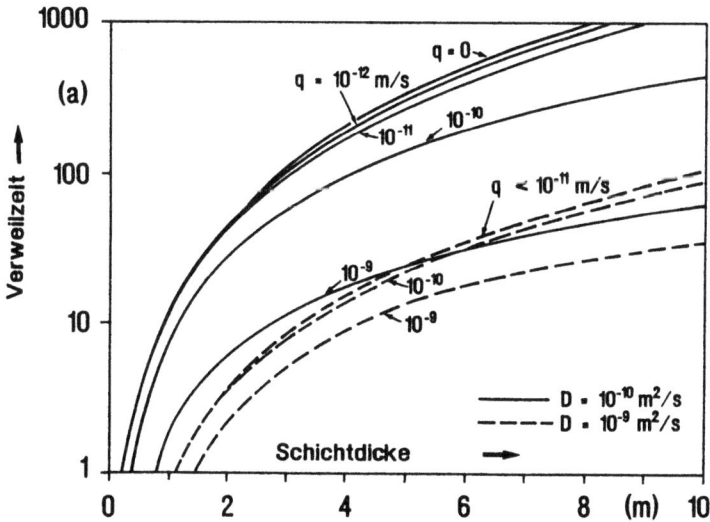

Abb. 3: Verweilzeit eines wassergelösten nicht-reaktiven Stoffes in der Tonabdichtung in Abhängigkeit von der Schichtdicke M für vier verschiedene Filtergeschwindigkeiten q und zwei verschiedene Diffusionskoeffizienten D ( Verweilzeit bedeutet hier: Zeit bis zum ersten Auftreten der normierten Permeationsrate $P_a/c_0 = 10^{-13}$ m/s am unteren Rand der Tonabdichtung; $c_0$ = Konzentration der gelösten Stoffe im Deponiewasser ).

Der Abb. 3 kann entnommen werden, daß für den Fall $D = 10^{-10}$ m$^2$/s bei einer Filtergeschwindigkeit von $q < 10^{-11}$ m/s die Verweilzeit nur geringfügig von der Verweilzeit bei reiner Diffusion abweicht. Dies gilt für den Fall $D = 10^{-9}$ m$^2$/s für Filtergeschwindigkeiten $q < 10^{-10}$ m/s. Für diesen Bereich der Filtergeschwindigkeit gilt, daß die Größe der Verweilzeit hauptsächlich durch die Diffusion bestimmt wird. Eine Erhöhung der Verweilzeit läßt sich in diesem Filtergeschwindigkeitsbereich ausschließlich durch Reduzierung des Diffusionskoeffizienten erreichen. Eine Reduzierung der Filtergeschwindigkeit hat nur einen geringfügigen Einfluß auf die Verweilzeit. Dies gilt auch für Schichtdicken bis etwa 2 m für Filtergeschwindigkeiten q zwischen $10^{-11}$ m/s und $10^{-10}$ m/s (bei $D = 10^{-10}$ m$^2$/s) und Filtergeschwindigkeiten q zwischen $10^{-11}$ m/s und $10^{-9}$ m/s bei $D = 10^{-9}$ m$^2$/s. Für Filtergeschwindigkeiten $q > 10^{-9}$ m/s und $D = 10^{-10}$ m$^2$/s wird die Verweilzeit deutlich weniger durch die Diffusion bestimmt. Für diesen Filtergeschwindigkeitsbereich ist die Erhöhung der Verweilzeit durch Reduzierung des Diffusionskoeffizienten zunehmend uneffektiv.

Nach dem Entwurf der Technischen Anleitung Abfall (TA Abfall), der in einem veröffentlichten Arbeitspapier zur Diskussion gestellt wurde (Drescher, 1988), wird für die Basisabdichtung von Sonderabfalldeponien eine Mindestdicke von 1.5 m und ein Durchlässigkeitsbeiwert von $k_f \leq 5 \cdot 10^{-10}$ m/s gefordert. Geht man davon aus, daß sich bei diesen Voraussetzungen in einer Basisabdichtung ein hydraulischer Gradient von $i = 1$ einstellt, so beträgt die Verweilzeit für nicht-reaktive Stoffe weniger als $t = 10$ a bei Diffusionskoeffizienten $D > 5 \cdot 10^{-10}$ m$^2$/s.

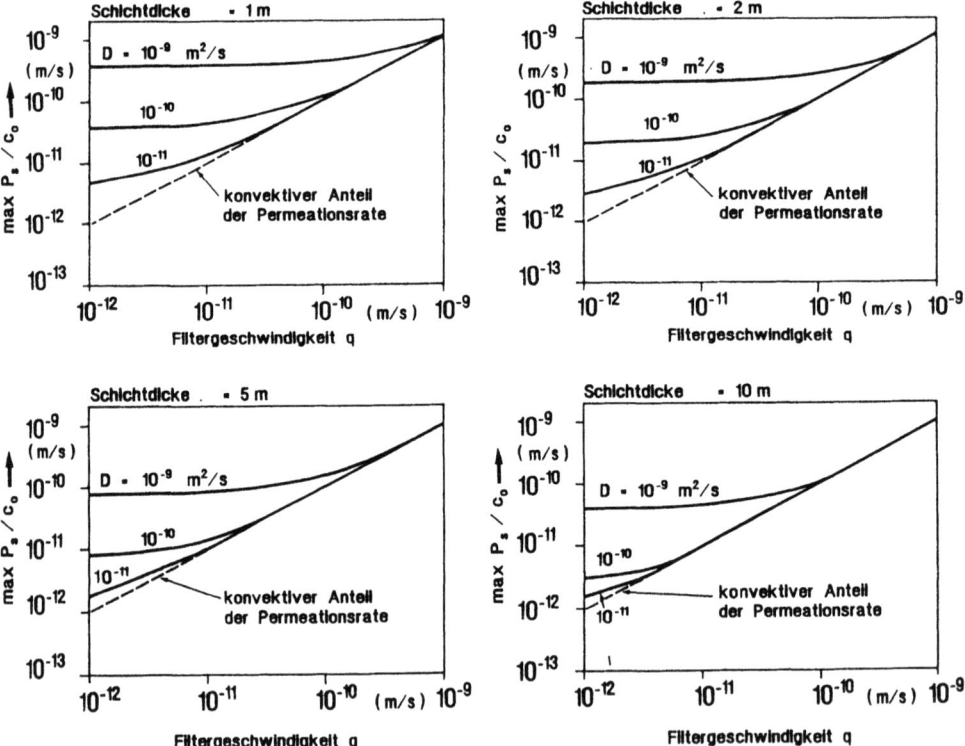

Abb. 4: Normierte Maximal-Permeationsrate am unteren Rand der Tonabdichtung in Abhängigkeit der Filtergeschwindigkeit q für verschiedene Schichtdicken M der Tonabdichtung und drei unterschiedliche Diffusionskoeffizienten D ($c_0$ = Stoffkonzentration im Deponiewasser).

Neben der Verweilzeit ist die Permeationsrate ein wesentliches Merkmal für die Barrierewirkung des Deponieuntergrundes und der Abdichtung. In Abb. 4. ist für verschiedene Parameterkonfigurationen die normierte Maximal-Permeationsrate dargestellt, wie sie am unteren Rand der Tonabdichtung auftritt. Die normierte Maximal-Permeationsrate ist abhängig von der Filtergeschwindigkeit, dem Diffusionskoeffizienten und der Schichtdicke der Tonabdichtung.

Betrachtet man zunächst den Einfluß der Schichtdicke, so stellt man fest, daß bei Filtergeschwindigkeiten $q > 10^{-10}$ m/s und Diffusionskoeffizienten $D < 10^{-10}$ m$^2$/s eine Vergrößerung der Schichtdicke keine Reduzierung der normierten Maximal-Permeationsrate zur Folge hat. Dies liegt daran, daß in diesem Filtergeschwindigkeitsbereich die Konvektion den Hauptanteil der Permeationsrate ausmacht, und dieser unabhängig von der Schichtdicke ist. Eine deutliche Abhängigkeit der normierten Permeationsrate von der Schichtdicke tritt erst dann auf, wenn der diffusive Anteil der Permeationsrate größer ist als der konvektive. Dies ist beispielsweise bei der Schichtdicke von 1 m und dem Diffusionskoeffizienten von $D = 10^{-10}$ m$^2$/s für die Filtergeschwindigkeit $q > 5 \cdot 10^{-11}$ m/s der Fall.

Aus Abb. 4 wird deutlich, daß die Reduzierung der normierten Maximal-Permeationsrate nur dann erreicht werden kann, wenn abhängig von der jeweiligen Größe der Filtergeschwindigkeit gleichzeitig eine Reduzierung des Diffusionskoeffizienten erfolgt. So hat beispielsweise bei einer Schichtdicke von 1 m und einem Diffusionskoeffizienten von $10^{-9}$ m$^2$/s die Reduzierung der Filtergeschwindigkeit auf Werte von $q < 10^{-9}$ m/s keine wesentliche Verringerung der normierten Permeationsrate zur Folge. Weitere Berechnungsbeispiele werden in SCHNEIDER (1990) gegeben.

## 4. LITERATURVERZEICHNIS

DRESCHER, J. (1988). Deponieabdichtungen für Sonderabfalldeponien- Arbeitspapier. Müll und Abfall, 7: 281-295

GÖTTNER, J.J. & KOMODROMOS, (1988). Geowissenschaftliche Vorsorgeuntersuchungen zur Standortfindung für die Ablagerung von Sonderabfällen - Abschlußbericht - Teil III.2 ; Bodenphysik, Bodenchemie. Nieders. Landesamt f. Bodenforschung Hannover

HORTON, R., THOMPSON, M.L. & McBRIDE, J.F. (1987) Method of estimating the travel time of non-interacting solutes through compacted soil material. Soil Sci. Soc. Am.J., 51: 48-53

NEUZIL, C.E. (1986). Groundwater flow in low-permeability environments. Water Resour. Res. 22, 1163-1195

PARKER, J.C. & VAN GENUCHTEN, M.TH. (1984). Determining transport parameters from laboratory and field tracer experiments. Bull. 84-3, 96 pp., Va. Agric. Exp. Sta., Blackburg

QUIGLEY, R.M. & ROWE, R.K. (1985). Leachate migration through clay below a domestic waste landfill, Sarnia, Ontario, Canada: Chemical interpretation and modeling philosophies. Proc. of the 5th Intern. Symposium on Industrial and Hazardous Waste, Alexandria, Egypt Geotechnical Research Centre Report

ROBIN, M.J.L., GILLMA, R.W. & OSCARSON, D.W. (1987). Diffusion of strontium and chloride in compacted clay-based materials. Soil Sci. Am. J. 51: 1102-1108.

ROWE, R.K., CAERS, C.J. & BARONE, F. (1988) Laboratory determination of diffusion and distribution coefficients of contaminants using undisturbed clayey soil. Can. Geotech. J. 25: 108-118

SCHNEIDER, W. & GÖTTNER, J. (1989). Ermittlung von Basisdaten zur numerischen Simulation der Schadstoffausbreitung in mineralischen Deponieabdichtungen. Veröffentl. Inst. Abfallentsorgung u. Altlastensanierung, Berlin, UFO - Plan-Nr. 103 02 228, UBA Berlin

SCHNEIDER, W. (1990). Untersuchungen zum Stofftransport im wassergesättigten Ton - Feldversuche und mathematische Modellrechnungen: 180 S., Dissertation, D 83 (Fachbereich Landschaftsentwicklung TU Berlin).

# VERSUCHSGERÄT ZUR ERMITTLUNG DER BIEGEZUGFESTIGKEIT UND GRENZ-DEHNUNG VON BINDIGEN BÖDEN

Dipl.-Ing. Jürgen Henne, Institut für Geotechnik, Universität Stuttgart,
o.Prof. Dr.-Ing. U. Smoltczyk, Pfaffenwaldring 35, 7000 Stuttgart 80

## 1. Einleitung

Im Zuge der Beurteilung von bindigem Bodenmaterial für Deponieabdichtungen wurde eine spezielle Versuchsapparatur entwickelt, um Aufschluß über die Biegezugfestigkeit und die Grenzdehnung bindiger Böden im ungerissenen Zustand zu erhalten (s. Bilder 1+2, alle gen. Bilder sind dem Poster zu entnehmen). Die Biegezugfestigkeit soll Aussagen hinsichtlich der Tragfähigkeit, die Grenzdehnung hinsichtlich der Verformbarkeit des Bodens ermöglichen. Die Ermittlung dieser Kenngrößen kann sowohl an ungestörten als auch an künstlich verdichteten Bodenproben erfolgen.
Bei diesem Versuch wird eine quaderförmig hergestellte Bodenprobe (21,5 x 5 x 5 cm) über eine dünne Kunststoffplatte durch drei unabhängige Schneiden (Idealisierung als Einzelkräfte) belastet. Der mit Talkum eingestrichene Quader wird über die lastverteilende Wirkung der unteren Plexiglasplatte belastet. Das Talkum hat einerseits die Eigenschaft, die Reibung zwischen der Platte und dem Quader zu minimieren, andererseits dem Quader einen Schutz vor Austrocknung zu bieten (s. Bilder 5+6).
Die Weggeber (Genauigkeit 1/100 mm) erfassen die Durchbiegung des Quaders in den 1/6 Punkten des Auflagerabstandes ($l_o$ = 20 cm). An den Weggeberpositionen ist durch kreisförmige Aussparungen in der oberen Platte eine direkte Wegmessung an der Biegezugseite des Quaders möglich.
Die Belastung durch die Schneiden wird über Kraftmeßdosen registriert (Genauigkeit 1÷2 N). Die Meßwerterfassung erfolgt über einen Meßwertverstärker, der die Daten an einen PC weitergibt.

## 2. Bodenmechanische Kenndaten der bisher untersuchten Materialien:

Das Tonmaterial, überwiegend zur Herstellung von Naturteichen verwandt, wird von der Fa. DIEKMANN (Lehrte-Arpke) aufbereitet, evakuiert und in einer Strangpresse zu Elementen (30 x 27 x 10) geformt.

|   | DIA-Ton: | Lößlehm: |
|---|---|---|
| Kornkennzahl | 59/33/8/0 | 20/73/7/0 |
| $w_n$ [%] | 25÷32 | 21,4 |
| $w_l$ [%] | 51,1 | 37,4 |
| $w_p$ [%] | 19,1 | 18,1 |
| $w_{pr}$ [%] | 20,2 | 19,8 |
| $I_p$ | 32,0 | 19,3 |
| $I_c$ | 0,74÷0,53 | 0,82 |

Bei beiden Böden wurden Biegezugversuche unter Variation des Wassergehaltes - ausgehend von $w_{opt}$ - vorgenommen, wobei der Wassergehalt stufenweise um $\Delta w \approx 2$ % auf der nassen Seite der Proctorkurve erhöht wurde (s. Bild 8).

## 3. Allgemeine Grundlagen und Berechnungen

Für die folgenden Berechnungen sollen die Gesetze der Elastostatik und die Voraussetzungen der technischen Biegelehre gelten :

- Ebenbleiben der Querschnitte ( "Euler-Bernoulli" )
- Elastisches Stoffgesetz
- Vernachlässigung der Durchbiegungsanteile aus Schubverformungen

Aufgrund dieser Annahmen ist eine konstante Krümmung $\kappa_o$ der neutralen Faser erforderlich, um einerseits - wie die allgemeingültige Beziehung $\kappa_o = M/EI$ zeigt - ein konstantes Biegemoment M zu erzeugen und andererseits über eine rein geometrische Beziehung die Grenzdehnung $\varepsilon_{max} = z/R_o$ zu ermitteln.

Die Grenzdehnung $\varepsilon_{max}$ berechnet sich über $\varepsilon_{max} = z/R_o$ zu

$\varepsilon_{max} = 0,025 \text{ m} \cdot \kappa_o \; [\text{m}^{-1}]$   mit z = h/2 = 2,5 cm.

Die Biegezugrandspannung $\beta_z$ berechnet sich zu

$$\beta_z = \frac{M_{max}}{W} = \frac{M_2}{I_g} \cdot z$$

mit $I_g$ = Trägheitsmomente der Quader und Platten

### 4. Versuchsdurchführung

Da der Krümmungszustand $\kappa_o$ in Form des maximalen Weges $s_1$ eingestellt wird und auf dem Bildschirm des PC überprüft werden kann, ist es zweckmäßig, $\kappa_o$ und die Wege $s_i$ entsprechend den einzustellenden Belastungsintervallen $\Delta \kappa$ tabellarisch aufzulisten.
Eine Übersicht der einzelnen Versuchsabschnitte zeigt das Flußdiagramm (s. Bild 3).
Bild 4 zeigt den Verlauf der M-$\kappa_o$- Kurven mit den untersuchten Wassergehalten. Die Momentenaufnahme sinkt, die Krümmung bis zum Riß steigt mit zunehmender Plastizität der Quader.

### 5. Biegezugfestigkeit und Grenzdehnung

Bild 7 zeigt exemplarisch die für den DIA-Ton und den Lößlehm für jeden Quader ermittelte Biegezugfestigkeit $\beta_z$ über der entsprechenden Konsistenz aufgetragen.
Die Versuche (Ton) ergaben Biegezugfestigkeitswerte zwischen 137,2÷272,2 kN/m² und zeigen bezüglich der Regressionsgerade nur eine geringe Streuung.
Die maximale Grenzdehnung, ermittelt mit dem Krümmungszustand $\kappa_o$, wird in Bild 9 über der Konsistenz aufgetragen.
Die Versuche (Ton) weisen Grenzdehnungswerte zwischen 13,3÷27,5 ‰ auf und zeigen auch hier hinsichtlich der ermittelten Geraden nur sehr kleine Streuungen.

### 6. Erfahrungen

Der Einstellmodus der Schneiden, der Belastungsintervalle sowie das Vertrautmachen mit dem Gerät für die Versuchsdurchführung erfordern einige Testversuche.
Weiterhin empfiehlt es sich, mit einer weichen und einer steifen Probe zu Beginn einer Versuchsreihe die Bereichsgrenzen der maximal aufgenommenen Krümmungszustände festzulegen.
Die Problematik der Rißbildung von bindigen Böden kann mit diesem einfachen Versuch hinreichend genau ermittelt werden. Die Meßwerterfassung und -weiterverarbeitung der Daten über den PC ermöglichen eine zügige Auswertung und Dokumentation der Versuchsergebnisse. Denkbare weitere Anwendungsgebiete wären z.B. die Untersuchung von Straßenunterbauten, Deponieabdichtungen sowie Böden im Bereich großer zu erwartender Setzungsdifferenzen.

## 3rd International KfK/TNO Conference on Contaminated Soil Karlsruhe

## ASBESTHALTIGE ABFÄLLE RICHTIG DEPONIEREN - STATUS UND AUSBLICK -

Dipl.-Ing. Jürgen Kleineberg, Ebertstraße 47   D 7500 Karlsruhe 1   Tel. 07 21/81 21 78
öffentlich bestellter und vereidigter Sachverständiger für Asbest-Immissionen

### STATUS

Asbesthaltige Produkte und Zubereitungen sind auf äußerst vielfältige Weise und in unterschiedlicher Form im Bauwesen, im Fahrzeugbau, in Maschinen und Geräten vorhanden [1].Während die Abfälle aus der Produktion in der Folge von restriktiven Schutzvorschriften [2] drastisch abgenommen haben, ist ein sprunghafter Anstieg der Abfallmenge aus Sanierungen zu registrieren, insbesondere schwach gebundene Asbestprodukte (spez. Gew. < 1,0) aus Gebäuden [3] aufgrund baurechtlicher Auflagen. Langfristig kommen enorme Abfallmengen aus dem Abbruch von Asbestzementprodukten hinzu. Die Palette der Verwendungen reicht also vom sehr gefährlichen Spritzasbest, über die Gewebe, Schaumstoffe, Pappen und Leichtplatten bis hin zu den festen Produkten aus Asbestzement, die nur bei Zerstörung Schutzmaßnahmen erfordern.

Jedes Produkt erfordert eine spezifische Methode und Technik bei der Sanierung. Spritzasbest wird in staubdichte Behältnisse abgesaugt, die anderen Verwendungsarten werden demontiert und staubdicht verpackt. In der BRD gelangen diese Abfälle überwiegend auf Hausmüll-Deponien. Bauschuttdeponien oder Deponien für Sonderabfall sind wegen der jeweiligen besonderen Probleme (Recycling/chemische Belastung) und der Anforderungen beim Einbau asbesthaltiger Abfälle nicht geeignet.

Es gibt 2 Prinzipien der Deponierung asbesthaltiger Abfälle:

A  Verkammerung (Abb. 1a, 1b). Dies ist ausschließlich mit Spritzasbest möglich, der in breiiger Konsistenz angeliefert wird und in den Hohlräumen von frischem Hausmüll aushärtet.

B  Einlagerung (Abb. 2) Hier wird Spritzasbest bereits im Saugsystem mit Bindemittel versetzt und in Formen zu Blöcken gegossen, die nach dem Verfestigen zur Deponie transportiert werden. Diese Festkörper werden ebenso wie die verpackten anderen Verwendungsarten vergraben.

Bei der Sanierung von Spritzasbest wird bereits bei der Auswahl des Arbeitsgerätes und des Verfahrens entschieden, ob am Schluß eine emissionsfreie Deponierung möglich ist!

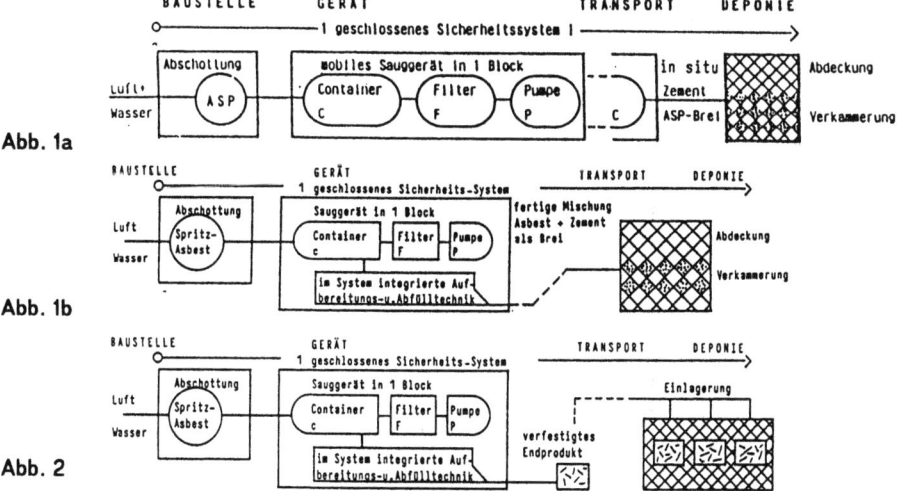

Abb. 1a

Abb. 1b

Abb. 2

Auf keine Fall dürfen asbesthaltige Abfälle auf der Oberfläche einer Deponie abgelagert werden. Auch die Nähe von Entgasungsleitungen, Beobachtungsbrunnen und dem Deponiemantel ist zu vermeiden. Die Verkammerungs- oder Einlagerungsstätte ist kartografisch einzumessen (Dokumentation).

Nach technischem Verständnis sind alle bisher praktizierten Deponierungen nicht dauerhaft sicher: Jede Deponie wird eines Tages reparaturbedürftig.

Das zumeist aggressive Klima einer Hausmülldeponie löst das übliche Bindemittel Zement auf. Die Asbestpartikeln werden nur noch durch das verdichtete Deponiegut festgehalten, die bei Aufgrabungen freigesetzt werden.

Hinzu kommen unkontolliert abgelagerte Asbestabfälle und die Verwendung ungeeigneter Geräte.

Untersuchungen haben ergeben, daß Deponien selbst Asbest-Emittenten geworden sind und auch ihre Umgebung Asbest-Immission ausgesetzt ist[4]! Nach Auffassung des Autors findet eine unverantwortliche Verlagerung der Probleme auf die Deponien statt.

**AUSBLICK**

Es ist ein langfristig tragfähiges und umfassendes Konzept für eine dauerhaft sichere und zugleich preiswerte Einlagerung erforderlich!

Aufgrund praxisorientierter Überlegungen sollte ein Netz von speziellen Monodeponien bereitgestellt werden, und zwar vorwiegend in Form von Schachtdeponien mit einer staubdichten Verdeckelung und einer emissionsfreien Einschleustechnik für asbesthaltige Abfälle aller Art und in jeder Anlieferform (Abb. 3). Ein entsprechendes Forschungsvorhaben mit anschließender Realisierung im Südwesten der BRD wird derzeit begonnen.

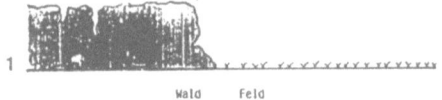

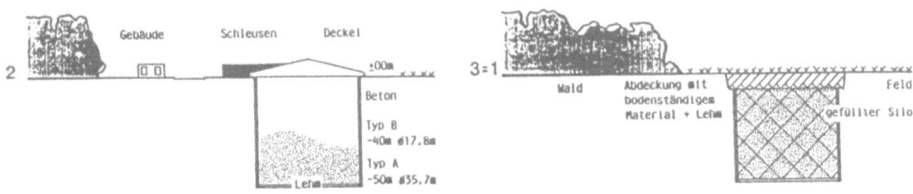

Abb. 3

Vorteile von Schachtdeponien als Monodeponien:
1. Schacht-Deponien für Asbest verbrauchen kein Land
2. Einlagerung für Boden und Wasser unbedenklich
3. Der Silo ist staubdicht verdeckelt. Die Einlagerung über Schleusen ist emissionsfrei
4. Es können asbesthaltige Abfälle aller Art und in jeder Lieferform angenommen werden
5. Standort und Größe einer Schacht-Deponie richten sich nach dem Einzugsgebiet
6. Die Konstruktion einer Schacht-Deponie für Asbestabfall ist einfach und preiswert
7. Die Gebühren dürften niedrig sein. Der Anreiz zur Anlieferung bleibt erhalten
8. Eine Refinanzierung erscheint möglich

**Schacht-Deponien für Asbestabfall sind umweltverträglich / sicher / bedarfsgerecht / billig / gebührenfreundlich / kostenneutral**

Literatur
[1] Poeschel, E., Köhling, A. (1985) Asbestersatzstoff-Katalog
    Umweltforschungsplan des Bundesminister des Innern (BMI)
    Luftreinhaltung-Forschungsbericht 104 08 311
[2] 2. Verordnung zur Änderung der Gefahrstoffverordnung (1990)
[3] Asbestrichtlinien (1989), Amtblätter der Bundesländer
[4] Marfels, H. Spurny, K. (1986) Asbestemissionen beim Abriß, bei der Renovierung und der Entsorgung von asbesthaltigen Stoffen und Produkten
    Fraunhofer-Institut in Schmallenberg, wie [1] Nr. 103 02 110

# ANSÄTZE FÜR EIGNUNGSUNTERSUCHUNGEN ZUR DICHTMASSENBESTÄNDIGKEIT GEGENÜBER PRÜFFLÜSSIGKEITEN

H. MÜLLER-KIRCHENBAUER*, W. FRIEDRICH**, J. ROGNER*

* Universität Hannover, Welfengarten 1, D-3000 Hannover 1
** Ingenieurgesellschaft Grundbauinstitut Hannover (IGH), Volgersweg 58, D-3000 Hannover 1

Als ergänzende hydraulische Maßnahme wird bei Einkapselungen von Altlasten im allgemeinen der innere Wasserspiegel gegenüber dem äußeren Grundwasserstand abgesenkt. Durch die so erzeugte Inversionsströmung soll unter anderem auch der vom vorhandenen Konzentrationsgradienten ausgelöste und nach außen gerichtete diffusive Schadstofftransport durch die Dichtungselemente unterbunden werden.

Nach theoretischen Untersuchungen reichen die üblichen Absenkungen von etwa 0,5 bis 1,0 m jedoch bei Dichtungselementen mit sehr kleinen Durchlässigkeiten nicht mehr aus, um die diffusive Schadstoffbewegung durch die entgegengerichtete Konvektion vollständig zu überdrücken, so daß die Schadstoffe in diesem Fall von innen in die Abdichtungselemente hineindiffundieren und dort zu degenerativen Veränderungen führen können. Deshalb kommt der Schadstoffbeständigkeit bei solchen Dichtungselementen eine wesentliche Bedeutung zu, und zwar umso mehr, je kleiner ihre Durchlässigkeit ist.

Zur Untersuchung der Schadstoffbeständigkeit gibt es bisher keine standardisierten bzw. normierten Prüfverfahren. Häufig werden sog. "freie" Lagerungsversuche, bei denen Dichtmassenproben ohne seitliche Stützung in eine deponiespezifische Testflüssigkeit eingelagert und auf degenerative Veränderungen überprüft werden, durchgeführt. Dieser Versuchstyp berücksichtigt jedoch nicht die in situ vorhandenen Randbedingungen wie z. B. die seitliche Arretierung bei Schlitzwänden oder bei Injektionsverfüllungen und auch nicht den i. a. überwiegend eindimensionalen Schadstoffangriff. Diese Randbedingungen lassen sich im Labormaßstab nur durch eine entsprechende Modifikation der freien Lagerungsversuche berücksichtigen. Bei diesen sog. modifizierten Lagerungsversuchen (Bild 1) wird ein weitgehend gleichbleibendes Belastungspotential, ebenso wie bei den freien Lagerungsversuchen, durch regelmäßigen Austausch der Testflüssigkeit aufrecht gehalten.

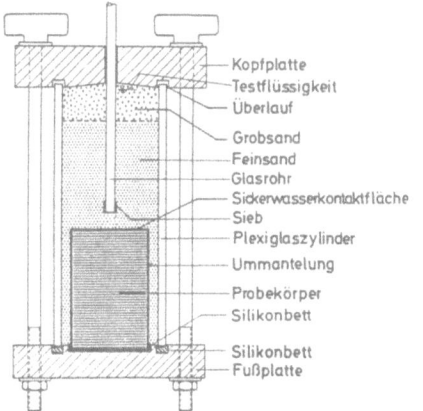

Bild 1: Modifizierter Lagerungsversuch

Bild 2 zeigt für vergleichbare Dichtmassen eine Gegenüberstellung von Meßergebnissen (hier Eindringung der Vicat-Nadel) aus freien und modifizierten Lagerungsversuchen, die deutlich den Einfluß der o. a. Randbedingungen auf den zeitlichen Fortschritt der durch die Eindringtiefe mit der Vicat-Nadel festgestellten oberflächlichen Probenaufweichung erkennen läßt.

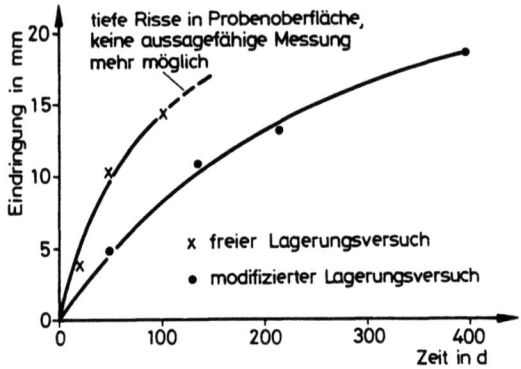

Bild 2: Gegenüberstellung von Meßergebnissen aus freien und modifizierten Lagerungsversuchen

Wesentliches Kriterium zur Eignungsbeurteilung von Dichtmassen bleibt neben der Schadstoffbeständigkeit allerdings ihre Durchlässigkeit k, die parallel in Durchströmungsversuchen ermittelt wird. In gering durchlässigen Dichtmassen migrieren dabei jedoch die Schadstoffe bei den üblicherweise eingesetzten Versuchsanordnungen infolge der Diffusion schneller als durch den gleichgerichteten konvektiven Transport durch die Probeneintrittsfläche hindurch, so daß im Anstrombereich letztendlich eine Konzentration herrscht, die wesentlich unter der eigentlichen Ausgangskonzentration der Testflüssigkeit liegen kann. Die in Bild 3 gezeigte Versuchsanordnung ermöglicht es, die Testflüssigkeit im Anstrombereich laufend auszutauschen und so vor der Eintrittsfläche eine konstante Konzentration $c_{Test}$ aufrechtzuerhalten. Mit einer entsprechend modifizierten Dreiaxialzelle lassen sich beide Versuchstypen nun so verbinden, daß sich mit einem einzigen Laborversuch sowohl die Durchlässigkeit als auch der zeitliche Fortschritt von degenerativen Veränderungen in das Probeninnere sowie deren Wechselwirkung ermitteln lassen (Bild 3).

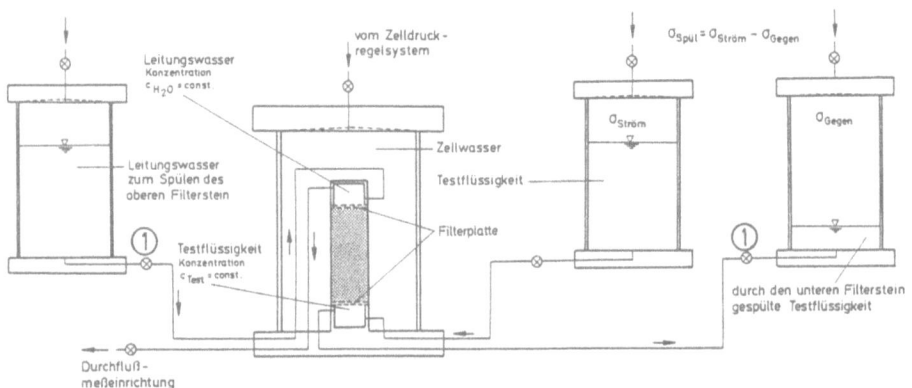

Bild 3: Kombinierter Durchlässigkeits- und Lagerungsversuch
(während des Durchströmungsversuchs sind die Hähne ① verschlossen)

**HERSTELLEN VON DEPONIEABDICHTUNGEN IN UNGÜNSTIGEN WITTERUNGSPERIODEN**

TORSTEN SASSE UND ERNST BIENER

**UMTEC**
INGENIEURGESELLSCHAFT FÜR ABFALLWIRTSCHAFT UND UMWELTTECHNIK,
STRESEMANNSTR. 52, D-2800 BREMEN 1

## 1. EINLEITUNG
Deponieabdichtungssysteme nach dem Stand der Technik (z.B. Kombinationsdichtungen) weisen neben einem hohen Schadstoffsperrvermögen eine Reihe weiterer Vorteile auf. Einige dieser Vorzüge können bei der Herstellung von Abdichtungssystemen unter ungünstigen Witterungsumständen nicht immer in die Praxis umgesetzt werden (z.B. Trockenrisse / Aufweichen der Mineralischen Dichtung; übermäßige Wellenbildung von Kunststoffdichtungsbahnen). Derartigen witterungsbedingten Qualitätseinbußen kann durch planerische und baubetriebliche Maßnahmen begegnet werden, die im folgenden vorgestellt werden.

## 2. PLANERISCHE MASSNAHMEN
Hierbei kommt insbesondere der Schaffung ausreichender Entwässerungsbedingungen zentrale Bedeutung zu. Neben der Einhaltung von Mindestgefällen, hier sind 3 % Neigung als Minimum für eine zügige Entwässerung ebener Flächen insbesondere während der Bauzeit zu fordern, sind ausreichend bemessene Vorflutverhältnisse nachzuweisen. Hierbei ist einer freien Vorflut, u.U. unter der Zuhilfenahme provisirorscher Regenrückhaltebecken, der Vorrang vor Systemen mit Pump- bzw. Hebeanlagen einzuräumen. Grundsätzlich sollten Möglichkeiten der bauzeitlichen Entwässerung bereits bei der Entwurfsplanung mit einfließen.

## 3. MATERIALAUSWAHL
Im Gegensatz zur Kunststoffdichtungsbahn, wo derzeit nur wenige Materialien den üblicherweise einzuhaltenden Anforderungen /1/ entsprechen und damit die Auswahlmöglichkeiten des entwerfenden Ingenieurs eingeschränkt sind, sind bei der Mineralischen Abdichtung eine Reihe unterschiedlicher Aspekte gegeneinander abzuwägen. Dichtungsmaterialien mit hohen Feinkornanteilen, insbesondere großer Tonfraktion, neigen sehr stark zu Trockenrissen. Diesem Phänomen kann auf der Baustelle selbst mit umfangreichen Vorkehrungen (Abdecken mit Folien, künstliche Befeuchtung) nicht immer voll entsprochen werden. Aus Sicht der Verlegung und Verschweißung der Kunststoffdichtungsbahn sind derartige Vorkehrungen nicht unproblematisch, da sie ein planmäßiges Verschweißen erschweren. Grundsätzlich haben sich Folien zur Verminderung von Austrocknungserscheinungen sehr bewährt und sollten auf jeder Deponiebaustelle vorhanden sein.

Dichtungsmaterialien mit geringeren Feinkornanteilen zeigen zwar ein weniger ausgeprägtes Trockenrißverhalten, neigen dafür aber wegen ihrer geringeren Köhäsion eher zur Ausbildung von markanten Erosionserscheinungen. Neben diesen Faktoren sollten bei der Materialauswahl weiterhin noch Faktoren der Befahrbarkeit, der Frostempfindlichkeit sowie der allgemeinen Handhabbarkeit berücksichtigt werden. Im Zweifelsfall sind weitere Aufschlüsse aus der Herstellung von Versuchsfelder zu erwarten.

Empfohlen wird die Verwendung von mineralischen Dichtungsmaterialien mit mittleren Tongehalt (20-40 %), mit aus Gründen der Kornabstufung nennenswertem Sand- und Feinkiesanteil (insgesamt bis ca. 20 %) sowie entsprechendem Schluffgehalt. Die Dichtungsmaterialien sollten mindestens eine mittlere Plastizität aufweisen, da sich Materialien mit einer schmalen nutzbaren Wassergehaltsbandbreite, sogenannte "enge" Böden, als äußerst witterungsabhängig herausgestellt haben. Da die Eigenschaften von Dichtungsböden zudem stark durch die tonmineralogischen Verhältnisse beeinflußt werden, ist die Eignung projektspezifisch unter Berücksichtigung der Witterungsempfindlichkeit zu untersuchen. In diesem Zusammenhang sei auf denm Bau einer Kohledeponie in Berlin hingewiesen, wo mit einem Bentonit-Sand-Gemisch als Dichtungsmaterial, daß weder zu Trockenrissen noch zur Bildung von Erosionsrissen neigte, positive Erfahrungen gesammelt wurden /2/.

## 4. BAUBETRIEBLICHE MASSNAHMEN

Bei der Ausführung von Deponieabdichtungsmaßnahmen bietet sich ein erheblicher Spielraum zur Qualitätssteigerung an. Hierbei ist insbesondere an den Einsatz von stationären Mischanlagen zu denken, in denen weitgehend unabhängig von den Witterungsbedingungen eine kontrollierte Herstellung des mineralischen Dichtungsmaterials erfolgen kann. Derartige Mischanlagen, die zunächst zur Einarbeitung von Feinstanteilen, z.B. Bentonit, eingesetzt worden, bieten folgendes Leistungsspektrum:

- Aufbereitung des Grundmaterials (falls natürlicher Boden Basis ist)
- Zerkleinern sogenannter "scheinbarer Körngrößen"
- genaue Dosierung der Mischungskomponenten incl. Wasser
- Wassergehaltsregulierung
- Herstellen einer homogenen Gesamtmischung
- schnelle Reaktion auf veränderte Randbedingungen

Diesem Anforderungskatalog werden bevorzugt diskontinuierlich arbeitende Mischanlagen gerecht, die über folgende Anlagenbestandteile verfügen sollten:

- Aufgabebehälter, z.B. Kastenbeschicker
- Einrichtungen zum Zerkleinern des Abdichtungsmaterials, z.B. Walzenbrecher
- automatische, kontinuierliche Wassergehaltsmessung des Bodens
- Wägeeinrichtung zum Verwiegen aller Mischungskomponenten
- elektronisch gesteuerte Wasserzugabe
- Zwangsmischer mit hoher Homogenisierungswirkung, z.B. Doppelwellenmischer
- zentrale, computergesteuerte und -kontrollierte Steueranlage

Um eine ausreichende Homogenisierung sicherzustellen, sollte die eigentliche Mischzeit nicht unter einer Minute liegen. Als Mindestdurchsatz für derartige Mischanlagen wird eine Leistung von 25 m$^3$/h empfohlen.

Mit solchen Anlagen wurden in jüngster Zeit z.B. bei der Oberflächenabdichtung der Sonderabfalldeponie Gerolsheim sehr gute Erfahrungen gesammelt /3/. Das Anwendungsgebiet derartiger Aufbereitungsanlagen ist breit gestreut. So wurde auf der Deponie Inden in einer kontinuierlich arbeitenden Anlage einem hochplastischem Tonboden (Tongehalt ca. 70 %) ca. 5-10 % Wasser zugesetzt, um überhaupt ein einbaufähiges Material zu erhalten /4/.

Aufbereitungsanlagen für mineralische Dichtungsmaterialien bieten daher auch dann Vorteile, wenn keine Feinanteile einzuarbeiten sind. Sie sind in der Regel der mixed-in-place-Technik technisch überlegen und sollten zukünftig einer verstärkten Anwendung zugeführt werden.

## 5. BIBLOGRAPHIE

/1/ Der Bundesminister für Umweltschutz, Naturschutz und Reaktorsicherheit (1989). Entwurf Dritte Allgemeine Verwaltungsvorschrift zum Abfallgesetz.

/2/ Sasse, T. (1990). Herstellen von Deponieabdichtungen. Tagungsband des Südd. Kunststoffzentrums "Die sichere Deponie/6. Fachtagung, S. 145-167.

/3/ Rettenberger, G., Sasse, T., Urban, S., (1988). Konzeption der Oberflächenabdichtung an der Sonderabfalldeponie Gerolsheim. Stuttgarter Berichte zur Abfallwirtschaft, Band 29, Erich-Schmidt-Verlag

/4/ Sasse, T. (1989). Erfahrungen beim Bau von Kombinationsdichtungen, Seminar Bau- und Baubetriebstechnik bei Abfalldeponien, Technische Akademie Wuppertal, 12./13.10.1989.

# VOR- UND NACHTEILE VERSCHIEDENER EIGNUNGSTESTS FÜR TONIGE DEPONIEBARRIEREN

## J.-F. WAGNER, Th. EGLOFFSTEIN & K.A. CZURDA

### ANGEWANDTE GEOLOGIE, UNIVERSITÄT KARLSRUHE

### KURZFASSUNG

Verschiedene Labormethoden (Batch-, Diffusions- und Perkolationsversuche) wurden geprüft bzw. weiterentwickelt und ihre Aussagekraft über die Eignung von Tongesteinen als Deponieabdichtung bewertet. Die untersuchten Tone wurden so gewählt, daß ein großes Feld in Bezug auf mineralogische Zusammensetzung, Durchlässigkeit, Korngröße und vor allem Verfestigungsgrad abgedeckt war. Die "Schadstoffe" waren in erster Linie Schwermetallchloridlösungen. Die Versuche ergaben eine große Diskrepanz zwischen den Resultaten der Batchmethode einerseits und der Diffusions- bzw. Perkolationsmethode andererseits. Die Batchversuche sind zum einen von einer Vielzahl von Versuchsparametern abhängig, zum anderen täuschen sie generell ein sehr hohes Sorptionsvermögen bzw. eine sehr feste Bindungsform vor, welche unter natürlichen Bedingungen wohl nicht gegeben ist. Vergleiche mit Schwermetallmigrationsprozessen in Tongesteinen unterhalb bestehender Deponien zeigten, daß hier die Diffusion wahrscheinlich den wesentlichen Transportmechanismus darstellt. Deshalb ist anzunehmen, daß Eignungsuntersuchungen für tonige Deponiebarrieren, welche als Diffusionsversuch durchgeführt werden, die natürlichen Verhältnisse am besten widerspiegeln.

### BATCHVERSUCH

Beim Batchversuch wird eine gemahlene Tonprobe in einer Schadstofflösung geschüttelt. Dabei wird das maximale Sorptionsvermögen dieser Tonprobe gegenüber einem bestimmten Schadstoff ermittelt. Die Berechnung der Sorptionskapazität erfolgt aus Adsorptionsisothermen. Das Ziel dieses einfachen Versuches ist es mit den aus den Adsorptionsisothermen ermittelten Verteilungskoeffizienten einen Rückhaltefaktor, den sogenannten Retardations- bzw. Retentionsfaktor zu berechnen.

**Vorteile:**
* Einfacher Versuchsaufbau
* Kurze Versuchszeit (Stunden bis Tage)
* Geringe Probenmengen
* Durchführung mit gestörtem Probenmaterial

**Nachteile:**
* Sorptionskapazität abhängig von zahlreichen Versuchsparametern (Czurda & Wagner 1988):
  - Verhältnis Ton/Lösung
  - Kontakt- bzw. Schüttelzeit
  - pH, Eh, Salzgehalt, etc. der Lösung

* Sorptionskapazität generell wesentlich höher als im Diffusions- und Perkolationsversuch (Wagner 1988, 1989)
* Bestimmung einer wesentlich stärkeren Bindungsform als im Perkolationsversuch
* Keine Informationen über Transportverhalten
* Keine Berücksichtigung des natürlichen Gesteinsverbandes

**DIFFUSIONSVERSUCH**

Der Diffusionsversuch dient zur Ermittlung des diffusiven Stofftransportes einschließlich der Sorption in einer ungestörten Tonprobe. Der Stofftransport erfolgt ohne Druckgradienten lediglich auf Grund des Konzentrationsgefälles zwischen der Schadstofflösung in der aktiven Kammer und der unkontaminierten Lösung in der inaktiven Kammer. Zur Ermittlung des effektiven Diffusionskoeffizienten werden zwei Versuchsarten eingesetzt. Bei der Diffusion im stationären Zustand wird die Ausgangskonzentration in der aktiven Kammer durch ständige Erneuerung der Schadstofflösung konstant gehalten. Bei der Diffusion im instationären Zustand nimmt die Konzentration der Schadstofflösung in der aktiven Kammer mit der Zeit ab.
**Vorteil:**
* Äußerst naturgetreuer Versuch bei geringen bzw. fehlenden Druckgradienten

**Nachteil:**
* Äußerst lange Versuchzeiten (mehrere Monate)

**PERKOLATIONSVERSUCH**

Der Perkolationsversuch (Austauschsäulenversuch) dient der Ermittlung des konvektiven und diffusiven Stofftransportes einschließlich der Sorption in einer ungestörten Tonprobe unter Aufbringung eines hydraulischen Gradienten.
**Vorteile:**
* Naturgetreuer Versuch bei hohen Druckgradienten (i > 10; bei Deponien äußerst selten)
* Im Vergleich zum Diffusionsversuch relativ kurze Versuchszeit (einige Wochen).

**Nachteile:**
* Aufwendiger Versuchsaufbau
* Bestimmung einer zu geringen Sorption bzw. einer zu schwachen Bindungsform infolge zu geringer Kontaktzeit bei hohen Druckgradienten
* Kompaktion der Tonprobe bzw. Erzeugung bevorzugter Wasserwegsamkeiten (Risse, Kanäle) durch zu hohe Druckgradienten

**BIBLIOGRAPHIE**

CZURDA, K.A. & WAGNER, J.-F. (1988). Rock Specific Parameters for Sorption and Solution Transport in Natural Clay Barriers. In: GRONOW, J.R., SCHOFIELD, A.N. & JAIN, R.K.(Eds.): Land Disposal of Hazardous Waste: Engineering and Environmental Issues: 217-223; Ellis Horwood Ltd., Chichester.

WAGNER, J.-F. (1988). Migration of lead and zinc in different clay rocks. Int. Symp. Hydrogeology and safety of radioactive and industrial hazardous waste disposal / IAH, Orleans, Doc.B.R.G.M. n$^o$ 160: 617-628, Orleans.

WAGNER, J.-F. (1989). Heavy Metal Transfer and Retention Processes in Clay Rocks. Proc. 7th Int. Conf. Heavy Metals in the Environment, Geneva: 292-295.

Technische Realisierung einer neu entwickelten und langzeitbeständigen mineralischen Basisabdichtung

DIEDRICH, B., GRONEMEIER, K. & PETERS, D.

(Dr. Pieles + Dr. Gronemeier CONSULTING GMBH, Mathildenstr. 25, D - 2300 Kiel 14)

1. EINLEITUNG

Die Freie Hansestadt Bremen (Amt für Stadtentwässerung und Abfallwirtschaft) erweitert derzeit die Kapazität der Blocklanddeponie um 11,3 ha bzw. 1.760.000 m$^3$. Die Planung, Planfeststellung und Bauleitung wird im Auftrag des o.g. Amtes von der Dr. Pieles + Dr. Gronemeier CONSULTING GMBH durchgeführt (Erläuterungsbericht, 1989).

Die in jüngster Zeit ständig wachsenden Anforderungen, die sowohl an die Standortqualität als auch an die technischen Einrichtungen von modernen Deponien gerichtet werden, machten eine sorgfältige Prüfung der Erweiterung der Blocklanddeponie notwendig. Die Rahmenbedingungen des Prüfrasters waren durch den Runderlaß des MU Niedersachsens (1988) gegeben.

Mit dem Erweiterungsbau der Blocklanddeponie kommt ein Basisabdichtungssystem zur Ausführung, das sich vor allem durch den Einsatz neu entwickelter, schadstoffbeständiger Silikatgele (DYNAGROUT-System) sowie quellfreier kaolinitischer und illitischer Tone auszeichnet. Aus diesem mineralischen Dichtungsmaterial und einem Kies-Sand als körniger Matrix wird über eine Mischanlage ein homogen aufgebautes Stoffgemisch hergestellt, das ein gleichmäßig ausgebildetes und über die Fullerkurve minimiertes Porenvolumen aufweist. Das technisch hergestellte mineralische Basisabdichtungssystem weist eine gleichbleibende Material- und Einbauqualität und damit eine hervorragende Dichtungsleistung ohne Fehlstellen auf.

2. GEOLOGISCHE SITUATION

Im Erweiterungsbereich der Deponie stehen oberflächig bis zu 3,2 m mächtige holozäne Torfe und Auelehme an, die stark setzungsempfindlich sind. Im Liegenden dieser Sedimente folgen locker bis mitteldicht gelagerte pleistozäne Sande. Unter diesen Sanden folgen in einer Tiefe von etwa 6 m u. NN die Lauenburger Schichten, die aus inhomogenen Wechsellagen von Schluffen, Beckentonen und Feinsanden bestehen. Die Schluffe und Beckentone sind von steifer Konsistenz, die Sande sind überwiegend mitteldicht gelagert.

3. HERSTELLUNG DER DEPONIEGRÜNDUNG

Die o.g. hochkompressiblen holozänen Weichschichten sind hinsichtlich ihrer Standsicherheit und Stabilität ohne besondere Maßnahmen als Baugrund ungeeignet und wurden daher vollständig durch Austauschsande ersetzt. Die eingebrachten Sande wurden im Anschlußbereich an die vorhandene Deponie mit einem Geogitter bewehrt, das den Sanden die mechanischen Eigenschaften einer steifen Platte verleiht, so daß die zu erwartenden verbleibenden Setzungen infolge der späteren Auflast gleichmäßig eintreten und entsprechende Setzungsdifferenzen vermindert werden.

## 4. REALISIERUNG DER BASISABDICHTUNG
### 4.1. Materialeigenschaften

Die geplante Basisabdichtung der Deponie-Erweiterung besteht aus einer mineralischen Dichtung, die aus sorgfältig aufgebrachten, homogenisierten und verdichteten Schichten des mineralischen Materials hergestellt und hinsichtlich ihrer Langzeitbeständigkeit optimiert wird. Das Material wird auf der Baustelle aus trockenen Zuschlagsstoffen (Kies, Sand, Tonmehl) zwangsgemischt, ist daher homogenisiert (s. 4.4.) und weist aufgrund seiner Korngrößenverteilung (Fullerverteilung) ein minimiertes Porenvolumen auf.

Das Abdichtungssystem der Deponiebasis besteht aus drei Lagen, die in verdichtetem Zustand jeweils 0,25 m mächtig sind. Die identischen unteren und oberen Lagen ($A_1$, $A_2$) bestehen aus einem Gemisch von Kies, Sand und Ton, die sonst gleiche mittlere Lage (B) ist darüber hinaus mit dem Dynagrout-System versehen (s.u.).

Das fertige Dichtungsmaterial ist in seinen mineralischen Bestandteilen aus nicht quellenden, chemisch inaktiven Kaoliniten und Illiten sowie als mineralische Gerüststoffe aus Sand und Kies aufgebaut. Dieses Mineralgemenge setzt sich zur Erzielung der Fullerkurve aus folgenden Korngrößenfraktionen zusammen: Mindestens 15 Gew.-% Tonfraktion (< 2 μm) sowie 85 Gew.-% Schluff, Sand und Kies mit einer maximalen Korngröße von 8,0 mm. Die Summe der Schluff- und Tonfraktion beträgt mindestens 23 Gew.-%. Die Tonfraktion besteht zu mindestens 70 Gew.-% aus Tonmineralen und zwar der Kaolinit- und Illit-Gruppen.

Die Tonminerale haben folgende Eigenschaften: Mineralbestand zu > 85 Gew.-% aus Kaoliniten bzw. 15 Gew.-% Illiten. Die Tone sind frei von organischem Kohlenstoff und Karbonaten und sie enthalten weder Pyrit oder Schwefel noch quell- und schrumpffähige Tonminerale (z.B. Montmorillonit).

Die Zuschlagsstoffe Sand und Kies sind chemisch und mechanisch stabil sowie frei von Kalziumkarbonat (< 1 Gew.-%), das Material enthält keine Steine, Holz, Wurzeln oder andere Fremdstoffe und ist frei von zementösen Bindemitteln. Die Kornverteilung dieses Zuschlagsstoffes ist so beschaffen, daß sie im Endgemisch, d.h. in Verbindung mit der Tonfraktion an die Fuller-Verteilung angelehnt ist.

Durch den Zusatz der drei Dynagrout-Komponenten Natriumpolysilikat, Dynagrout DWR-A und DWR-B (als Gelbildner I und II) in der mittleren Lage B entsteht ein Gemisch mit sehr gutem Fließverhalten während der Herstellung und des Einbaus, mit hohen Feststoffgehalten von mehr als 90 Gew.-% und Dichten von 2,2 bis 2,3 g/cm (Hass & Hitze, 1989; Hass, Hitze, Kohler & Gronemeier, 1990).

Die Abdichtungsleistung der mittleren Schicht B wird

optimiert, indem der Restporenraum des Mineralgemenges durch das chemisch inerte, anfangs flüssige Hydrogel verfüllt wird. Dieses porenfüllende Gel entsteht aus drei Komponenten, einem kolloidalen Silikat (Natriumpolysilikat) und den Gelbildnern I und II (DYNAGROUT DWR-A und DWR-B als anorganische Lösung bzw. teilorganisches Silikat). Die Dynagrout-Gele umgeben die Grenzflächen des Korngerüstes mit einem schützenden chemikalienbeständigen und stark hydrophoben Film, der die Durchlässigkeit des Dichtungsmaterials drastisch vermindert. Ferner erhöht sich die Adsorptivität der silikatischen Oberflächen und damit auch die Retention von Schadstoffen.

Bei der Bildung des korrosionsstabilen Hydrogels findet kein hydraulischer Prozeß unter Ausbildung von Kristallen statt, so daß der Dichtbaustoff nicht wesentlich verfestigt wird. Das plastische Verhalten des Dichtungsmaterials bleibt erhalten. Es tritt kein Schrumpfen ein.

### 4.2. Abdichtungseigenschaften der Basisabdichtung

Der im Feld erreichbare Durchlässigkeitsbeiwert der Schichten $A_1$ und $A_2$ beträgt $k_f \approx 3 * 10^{-10}$ m/s bei einer Proctordichte von 95 % auf dem "nassen Ast". Durch die Beimengung der Dynagrout-Komponenten weist die mittlere Lage B bei gleicher Proctordichte einen Durchlässigkeitsbeiwert von $k_f \approx 4 * 10^{-11}$ m/s auf.

Die stark reduzierte Durchlässigkeit geht zurück auf die Kondensation des kolloidalen Silikats im wassergefüllten Porenraum der Feststoffmatrix zu einem praktisch volumenkonstanten Hydro-Silikat-Gel. Hierbei wird das frei verfügbare Porenwasser in die Hydrogelstruktur eingebaut und fixiert. Maßgebend für die reduzierten Durchlässigkeiten sind jedoch die chemischen Eigenschaften des Dynagrout DWR-B, das auf den silikatischen Oberflächen des Hydrogels und der Feststoffmatrix einen hydrophoben, chemisch gebundenen Film erzeugt, der die Grenzflächeneigenschaften dieser Oberflächen und die Kapillaraktivität des Dichtungsmaterials positiv verändert.

Zur Ermittlung des Langzeitverhaltens des Dichtungsmaterials hinsichtlich der chemischen Beständigkeit und der Durchlässigkeit wurden Durchlässigkeitsversuche mit verschiedenen Prüfflüssigkeiten durchgeführt, die aus deionisiertem Wasser, aus Sickerwasser der z.Z. betriebenen bzw. benachbarten Deponie und einem synthetischen Gemisch von $Cl^-$, $SO_4^{2-}$, $NH_4^+$, $Ca^{2+}$, $Mg^{2+}$, $Zn^{2+}$, $Cd^{2+}$, Trichloethen und Na-EDTA als Komplexbildner bestanden. Die über mehrere Monate laufenden Versuche erbrachten keine wesentlichen Änderungen des Durchlässigkeitsverhalten. Nach einer anfänglichen instabilen Phase, die u.a. auf die Reaktionszeit der Gele zurückgeht, stabilisieren sich die Durchlässigkeitswerte.

### 4.3. Chemische Beständigkeit der Basisabdichtung

Im Rahmen eines Forschungsprojektes (Hass & Hitze, 1987) wurde die chemische Stabilität der Dynagrout-Dichtungsmassen in verschiedenen Versuchsserien jeweils über eine Zeitdauer von 400 Tagen untersucht. Als Testflüssigkeiten wurden anorganische Säuren und Basen, Sickerwässer verschiedener Deponien sowie definierte organische Lösungen in den entsprechenden Durchlässigkeitsversuchen eingesetzt. Ähnlich wie bei den o.g. realen Feldproben (s. 4.2.) stabilisierten sich die $k_f$-Werte nach einer wenige Tage dauernden Anfangsphase im $k_f$-Bereich von $10^{-11}$ m/s (Abb. 1).

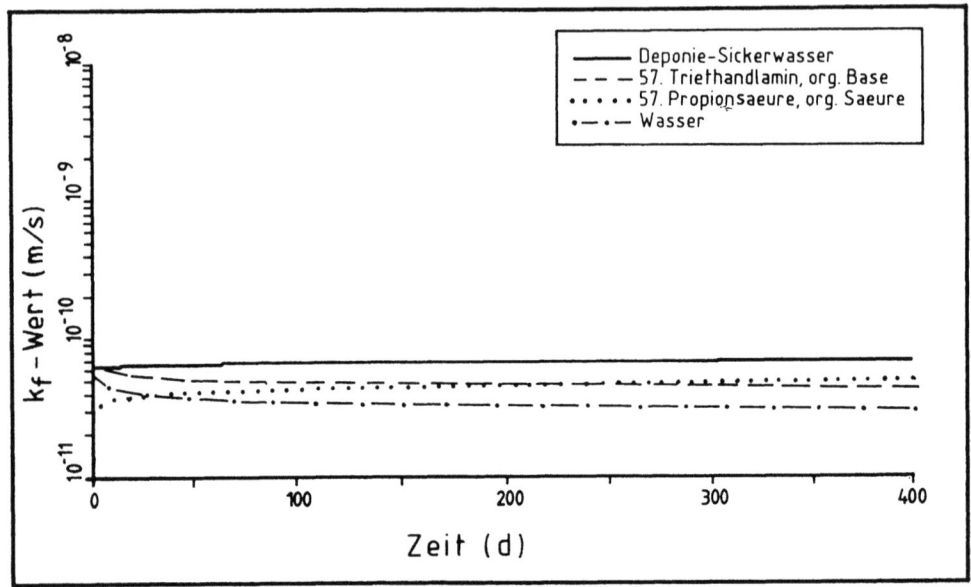

Abb. 1) Durchlässigkeitsverhalten des mit Dynagrout vergüteten Materials gegenüber verschiedener Testflüssigkeiten

#### 4.4. Technischer Bauablauf

Das mineralische Material der Basisabdichtung wird durch einen überwachten maschinellen Verarbeitungsprozeß in einer stationären Mischanlage vor Ort hergestellt. Mit Hilfe dieser Mischanlage erfolgt eine homogene Verteilung der o.g. Stoffe (s. 4.1.), die Voraussetzung eines gleichmäßig ausgebildeten und über die Fullerkurve minimierten Porenvolumens ist. Bei Einhaltung eines konstanten Einbauwassergehaltes kann somit eine gleichbleibende Werkstoffqualität gewährleistet werden.

Die mineralische Basisabdichtung wird in drei Lagen von 0,3 m Anfangsmächtigkeit aufgebracht und mittels einer Trapezfußwalze auf die geforderte Lagdicke von jeweils 0,25 m verdichtet. Die beim mehrmaligen Verdichten mit der Trapezfußwalze entstandenen Eindrückungen werden regelmäßig mit einer Glattmantelwalze eingeebnet. Da das Basisabdichtungssystem auf größere Schwankungen des Wassergehaltes empfindlich reagiert, wird eventuellen Niederschlagsereignissen bzw. Austrocknungsvorgängen mit Folienschutz bzw. Bewässerung entgegengewirkt.

Nach dem Einbau der drei Lagen werden die fertiggestellten Bereiche unverzüglich mit einem Vlies und Flächendrän überdeckt, um nachteilige Veränderungen durch Witterung oder mechanische Einwirkungen zu vermeiden.

Die Einbaugefälle der Sohle (s. 4.5.) werden der zu erwartenden Setzung entsprechend überhöht, um auch nach Beendung der Deponieschüttung und Abklingen der Setzungen ein verbleibendes Mindestgefälle zu erhalten (s.u.), das zur Ableitung des Sickerwassers notwendig ist.

4.5. Sickerwasserableitung

Die unmittelbare Anbindung der Erweiterungsfläche an den vorhandenen Deponiekörper ermöglicht die kontrollierte Ableitung des Sickerwassers in nur eine Richtung. Der Hochpunkt der Deponiesohle befindet sich daher im Anbindungsbereich zum vorhandenen Deponiekörper. Hieraus ergibt sich ein Entwässerungssystem mit parallel angeordneten und vom Deponiekörper wegführenden Entwässerungssträngen, deren Dränabstände 30 m betragen.

Zur schnellen Ableitung des Sickerwassers auf der Basisabdichtung ist deren Oberfläche schwach dachförmig profiliert und, nach Abklingen der Setzungen, mit einem Mindestlängsgefälle von 1,5 % und einem Quergefälle von 5 % ausgelegt (Abb. 2). Das Sickerwasser wird über der Sohldichtung in einem gut durchlässigen Flächenfilter aus groben gewaschenem und weitgehend karbonatfreiem Kies den PEHD-Dränrohren zugeführt. Das Gefälle der Basisabdichtung garantiert eine schnelle Ableitung des Sickerwassers in die PEHD-Dränrohre, die an den Tiefpunkten der Sohlprofilierungen angeordnet sind.

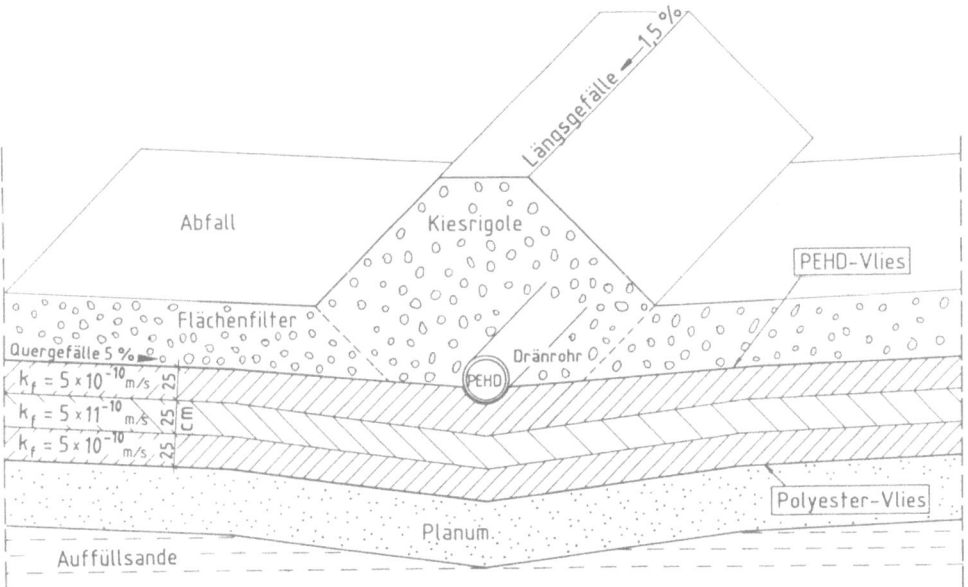

Abb. 2) Dränagesystem der Erweiterung der Blocklanddeponie

Die so gewährleistete Ableitung des Sickerwassers verhindert die Auslaugung von Schadstoffen aus dem Müllkörper durch Rückstau, vermindert den hydrostatischen Druck des Sickerwassers gegenüber der Dichtung und erhöht die Standfestigkeit des Müllkörpers.

Als Dränrohre sind dünnwandig gelochte Rohre mit Wassereintrittsflächen von mehr als 100 cm²/m Rohr vorgesehen, die sowohl ein schnelles Erfassen des Sickerwassers ermöglichen wie auch die Sicherheit und Beständigkeit des Rohrauflagers bei Hochdruckspülarbeiten begünstigen. Die Dränrohre sind von einem Rigolenkörper aus groben, gewaschenem und gut durchlässigem, weitgehend karbonatfreiem Kies umhüllt. Am Deponierandwall erfaßt eine quer zu den Dränrohren verlaufende Geröllrigole (aus Schottermaterial) bisher noch nicht erfaßtes Sickerwasser, um dieses den Dränrohren zuzuführen. Darüber hinaus stellt die Geröllrigole bei einem evtl. Versagen einer Dränleitung die Erfassung und Ableitung des anfallenden Sickerwassers sicher.

Die geregelte Abgabe des Sickerwassers an eine Reinigungsanlage erfolgt über einen Sickerwasserspeicher aus PEHD mit angeschlossenem Pumpwerk.

## 5. ZUSAMMENFASSUNG

Die Basisabdichtung der Erweiterung der Blocklanddeponie in der Freien Hansestadt Bremen besteht aus einem dreilagigen mineralischen Dichtungssystem, dessen Einzellagen ($A_1$, B, $A_2$) im verdichteten Zustand jeweils 0,25 m mächtig sind. Zur Verbesserung des Schadstoff-Fixiervermögens der verwendeten Tone einerseits und einer anzustrebenden permanenten Porenraumversiegelung und -minimierung andererseits, ist die mittlere Lage B zur Erzielung einer optimalen Abdichtungswirkung durch chemisch resistente Porenfüller (DYNAGROUT-System) im mineralischen Dichtungselement vergütet worden. Labor- und Feldversuche mit verschiedenen Testflüssigkeiten (deionisiertes Wasser, Deponie-Sickerwasser) zeigen, daß die erreichte Dichtigkeit der mittleren Lage $k_f < 5 * 10^{-11}$ m/s beträgt.

Gleichzeitig war aber auch eine Erhöhung der "Packungsdichte" im Feintonbereich der Dichtung zu erzielen. Eine solche, in der Natur während der Diagenese sich einstellende, dichtere Packung von Tonpartikeln läßt sich in der Geotechnik durch eine chemische Behandlung erreichen, indem die o.g. Porenfüller, d.h. das Dynagrout-System mit chemisch inerten Hydrogelen auf der Basis von Natriumpolysilikat innerhalb des Dichtungskörpers aufgebaut wird.

Das dazu notwendige feinkörnige Tonmaterial muß zur Erreichung einer optimalen Dichtungswirkung in seiner Endkonsistenz plastisch bis kriechfähig sein, was durch die oberflächenreaktiven Eigenschaften der DYNAGROUT-Silane erreicht wird.

Die Eignung tonigen Abdichtungsmaterials wird in erster Linie durch den strukturellen Aufbau der Tonminerale bestimmt. Durch die Verwendung nicht quellfähiger kaolinitischer Tone lassen sich Dichtungen mit kleinsten Porenräumen herstellen und unerwünschte Schrumpf- und Quellmechanismen weitgehend vermeiden (Kohler, 1989). Bei Einhaltung der genauen Rezeptur der Abdichtungsmaterialien lassen sich die Einbaubedingungen so optimieren, daß es zu der angestrebten Porenraumverringerung kommt.

## 6. LITERATUR

Antrag auf <u>Erweiterung der Blocklanddeponie Bremen-Walle</u>. Heft 1, Erläuterungsbericht (1989). Freie Hansestadt Bremen, Senator für Umweltschutz und Stadtentwicklung; Amt für Stadtentwässerung und Abfallwirtschaft; Dr. Pieles + Dr. Gronemeier CONSULTING GMBH.

Hass, H.J. & Hitze, R. (1987). <u>Isolierung und Absicherung grundwasserkontaminierender Schadstoffquellen</u> im Untergrund durch Umschließung mittels Dichtwänden und Injektionssohlen. BMFT-Forschungsprojekt 1430259 I, Abschlußbericht, 57 S.

Hass, H.J. & Hitze, R. (1989). Chemikalienresistente Dichtwand- und Injektionsmassen zur Einkapselung. In V. Franzius, R. Stegmann & K. Wolf (Hrsg.), <u>Handbuch der Altlasten-Sanierung</u>, 5.3.1.2 "Einkapselungsverfahren", 12 S.

Hass, H., Hitze, R., Kohler, E.E. & Gronemeier, K. (1990). <u>Ein neues Basisabdichtungssystem für die Deponie Blockland</u>. Nachrichten dt. geol. Ges, <u>42</u>, S. 44-45 und Zt. dt. geol Ges., im Druck.

Kohler, E. (1989). Beständigkeit mineralischer Dichtstoffe gegenüber organischen Prüfflüssigkeiten - Empfehlungen für Deponieplaner und -betreiber. In K.-P. Fehlau & K. Stief (Hrsg.). <u>Fortschritte der Deponietechnik 1989</u>, S. 117-124.

Runderlaß des Umweltministers von Niedersachsen (24.06.1988). <u>Durchführung des Abfallgesetzes</u>: Abdichtung von Deponien für Siedlungsabfälle.- (RdErl. 207 - 62812/21, GültL 30/36).

VERFESTIGUNG/STABILISIERUNG VON SCHADSTOFFBELASTETEN BÖDEN -
EIN ÜBERBLICK

PAUL L. BISHOP

ABTEILUNG FÜR BAUWESEN UND UMWELTTECHNIK, UNIVERSITÄT CIN-
CINNATI, CINCINNATI, OHIO 45221, USA

1. ZUSAMMENFASSUNG

Stabilisierungs-/Verfestigungsverfahren zur Immobilisierung von gefährlichem Sondermüll werden seit etwa 15
Jahren angewendet. Diese Verfahren werden nun zur Immobilisierung von Schadstoffen in belasteten Böden benutzt. Diese
Abhandlung gibt einen Überblick über das Thema. Sie gibt
Beschreibungen der angewendeten Methoden, der zugrundeliegenden Regelungen, der Arten von Abfallstoffen, für die
diese Methoden anwendbar sind, der Prinzipien der Immobilisierung, der Auslaugmechanismen und der verfügbaren
Prüfmethoden für den erreichten Grad der Immobilisierung

2. EINLEITUNG

Ältere Verfahren zum Abladen von gefährlichem Sondermüll
haben häufig zu einer Schadstoffbelastung des Bodens und
Grundwassers geführt. Viele dieser Abfälle wurden wahllos
auf dem Land abgekippt oder in Deponien eingebracht, ohne
hinreichende Sicherheitsmaßnahmen für den Schutz der Umwelt.
Das hatte zur Folge, daß Schadstoffe ausgelaugt wurden und
in die darunterliegenden Bodenschichten und das Grundwasser
eindrangen.
Zahlreiche Verfahren zur Sanierung von Grundstücken mit
schadstoffbelastetem Boden sind angewendet oder vorgeschlagen worden. Extraktion der Schadstoffe aus dem Boden
für die spätere Behandlung kann erfolgreich sein, ist aber
gewöhnlich ein sehr langsames und langwieriges Verfahren,
und es ist schwierig, sicherzustellen daß die Schadstoffe
völlig beseitigt werden. Die Möglichkeit einer Auslaugung
von Schadstoffen kann noch bestehen bleiben.
Stabilisierungs-/Verfestigungsverfahren (S/V), auch als
Immobilisierungsverfahren bezeichnet, werden nun in einigen
Fällen in den USA angewendet, um die Gefahr der Auslaugung
schadstoffbelasteter Böden in Deponien für gefährlichen
Sondermüll zu verringern. Das Arbeitsgebiet der Stabilisie-
rung/Verfestigung beginnt zur Zeit, sich zu einem annehmbaren praktischen Verfahren für die Umweltsanierung zu entwickeln. Die Technologie umfaßt Behandlungsmethoden, die
darauf hinzielen: (1) die Handhabungsfähigkeit und die
physikalischen Eigenschaften der Abfälle zu verbessern; (2)
die Größe der Oberfläche, durch welche die Übertragung bzw.

das Aussickern von Schadstoffen stattfindet, zu vermindern; und/oder (3) die Löslichkeit von schädlichen Bestandteilen der Abfälle einzuschränken, z.B. durch Einstellung des pH oder durch Sorptionserscheinungen.

Stabilisierungsverfahren versuchen, die Löslichkeit oder chemische Reationsbereitschaft eines Abfallmaterials zur verringern durch Änderung seines chemischen Zustandes oder durch physikalische Einschlußmethoden. Das Gefährdungspotential des Abfalls wird verringert durch Umwandlung der Schadstoffe in eine möglichst unlösliche, unbewegliche oder nicht-toxische Form. Verfestigung bezeichnet Verfahren, die das Abfallmaterial in einen blockartigen festen Körper von hoher struktureller Festigkeit einkapseln. Verfestigung bedeutet nicht unbedingt eine chemische Wechselwirkung zwischen dem Abfallmaterial und den Verfestigungsmitteln, sondern kann das Abfallmaterial durch physikalische Bindung in den Block binden. Die Migration der Schadstoffe wird eingeschränkt durch eine weitgehende Verminderung der zur Auslaugung freiliegenden Oberfläche und/oder durch Isolierung der Abfallstoffe innerhalb einer relativ undurchdringlichen Kapsel (1).

3. GESETZLICHE GRUNDLAGEN FÜR S/V

In den Vereinigten Staaten kam ein großer Teil des Ansporns für S/V von gefährlichem Sondermüll durch das Gesetz zur Konservierung und Reklamation von Naturschätzen (RCRA = Resource Conservation and Recovery Act) des Jahres 1976, mit Nachträgen 1984, und durch das Zusammenfassende Gesetz über Umweltmaßnahmen, Heftpflicht und Reklamation (CERCLA = Comprehensive Environmental Response, Liability and Recovery Act) 1980, später neu gefaßt als das Superfund-Gesetz (SARA = Superfund Amendments and Reauthorization Act). RCRA regelt im wesentlichen die Erzeugung, Handhabung, Behandlung und Deponie von gefährlichen Abfallstoffen, während CERCLA und SARA ein großangelegtes Abhilfeprogramm einführte zur Sanierung von schadstoffbelasteten Grundstücken, die eine Umweltbedrohung verursachen.

1985 bannte die USEPA (Umweltschutzagentur der USA), bevollmächtigt durch das Gesetz zur Konservierung und Reklamation von Naturschätzen die Deponie von großen Mengen gefährlicher flüssiger Abprodukte in Deponien und forderte die Verfestigung der Abprodukte. S/V-Verfahren wurden von der Umweltscvhutzagentur vorgeschrieben als die "besten erwiesenen verfügbaren Verfahren" für eine Anzahl von Industrieabwässern, und einige können unter den RCRA-Regelungen als Grundlage für eine Streichung eines Abfallmaterials aus der "Liste der gefährlichen Abfallstoffe" benutzt werden.

Unter den Vorschriften des Superfund-Gesetzes liegt die Betonung mehr auf einer Dauerbehandlung von schadstoffbelastetem Boden und Abfällen als auf der Anwendung von Einschlußsystemen ohne Behandlung, etwa durch Abdeckung, Verguẞmörtelwände und ähnliche Methoden. Eine große Anzahl der Superfund-Altlasten benutzen jetzt S/V-Verfahren zur Bodenbehandlung.

4. STABILISIERUNGS/VERFESTIGUNGS-VERFAHREN

Typische Immobilisierungsverfahren umfassen den Zusatz von Bindemitteln und anderen Chemikalien zum schadstoffbelasteten Boden oder Schlamm, durch welche die Abfallstoffe physikalisch verfestigt werden und die Schadstoffe chemisch in den Block gebunden werden.

Bindemittelsysteme können grob in zwei Kategorien eingeteilt werden, anorganische und organische. Die meisten der zur Zeit angewendeten Bindemittelsysteme umfassen verschiedene Kombinationen von hydraulischem Zement, Kalk, Flugasche, Puzzelanen, Gips und Silikaten. Organische Bindemittel, die benutzt oder experimentell erprobt werden, umfassen Epoxykunstharze, Polyester, Asphalt/Bitumen, Polyolefine (hauptsächlich Polyethylen und Polybutadien) und Formalin-Harnstoff. Kombinationen von anorganischen und organischen Bindemittelsystemen sind angewendet worden. Dazu gehören Kieselgur mit Zement und Polystyrol, Polyurethan mit Zement, Polymergele mit Silikaten, und Kalkzement mit organisch modifiziertem Ton [2].

Die Mehrzahl der derzeit angewendeten Immobilisierungsverfahren benutzen hydraulische Zementtypen, wie Portlandzement, Zementofenstaub, Flugasche oder andere puzzelanartige Materialien. Deswegen konzentriert sich diese Übersicht auf Verfahren auf Zementbasis.

S/V-Bearbeitung kann in einem Reaktionsgefäß, in einer mobilen Anlage oder in-situ durchgeführt werden. Bearbeitung in einem Reaktionsgefäß bedeutet die Vermischung von Abfallstoffen und Bindemittel in mechanischen Mischgefäßen. Das Mischgefäß kann einfach ein geschlossenes Gefäß mit Einrichtungen zur Beschickung und Entleerung von Festkörpern sein, oder ein Fließmischer, z.B. ein Bandschneckenmischer oder eine Kollermühle. Die Mischung kann direkt in die Deponie eingebracht werden, oder in Formen gefüllt werden, in denen sie erhärtet ehe sie deponiert wird. Um das Verfahren mobil zu machen, können die Bearbeitungsgeräte auf einen Anhänger oder Laster gestellt und direkt im Feld benutzt werden. In-situ-Bearbeitung ist ebenfalls möglich. Dabei wird das Bindemittel mit den schädlichen Abfallstoffen an Ort und Stelle vermischt, ohne Ausgraben. Mit großen Bohrmeißeln von bis zu 2m Durchmesser werden Bohrlöcher im Boden erzeugt, und während der Bohrmeißel eindringt, wird das Bindemittel eingespritzt. Der Bohrmeißel vermischt das Bindemittel mit dem Boden [3].

## 5. GEEIGNETE ABFALLSTOFFE

Nicht alle Arten von Abfallstoffen können wirkungsvoll mit S/V-Verfahren behandelt werden. Die Hauptkategorie von Abfallstoffen, bei denen Immobilisierung angewendet werden kann sind solche, die grundsätzlich völlig anorganisch sind. Gefährliche organische Abfallstoffe eignen sich vorwiegend für Zerstörungsverfahren wie Verbrennung, biologischen Abbau, chemische Oxydation und Entchlorung. Diese Methoden werden gewöhnlich bevorzugt, weil sie etwa mögliche langfristige Wirkungen ausschließen. Viele Abfallstoffe und schadstoffbelastete Böden sind jedoch ein Gemisch aus anorganischen Abfallstoffen und geringen Mengen von toxischen organischen Verbindungen in Konzentrationen, die organische Zerstörungsverfahren sehr kostspielig und häufig wirkungslos machen [4]. Immobilisierungsverfahren zur Behandlung dieser organichen Stoffe in niedrigen Konzentrationen werden benötigt.

Sehr wenige Berichte über Untersuchungen über Immobilisierung von organischen Verbindung in Abfallstoffblöcken liegen vor, und die vorliegenden Berichte widersprechen einander häufig. Mehrere Forscher haben über chemische Reaktionen zwischen organischen Abfallstoffen und Bindemittel berichtet, die in Immobilisierung resultierten, aber die Mehrzahl der Forscher berichten, daß diese positiven Ergebnisse in Wahrheit auf Sorptionseffekten, Verflüchtigung der organischen Verbindungen oder Verdünnung durch die reagierenden Chemikalien beruhen. Viel mehr Untersuchungen über die Stabilisierung/Verfestigung von organischen Verbindungen sind erforderlich.

Eine Anzahl von Chemikalien, die in den Abfallstoffen vorkommen, können die Bindemittelsysteme stören und eine verstärkte Auslaugung der gefährlichen Bestandteile verursachen. Einige dieser Chemikalien sind anorganisch (gewisse Metalle, Sulfate usw.), andere sind organisch (Öl, Schmiermittel, HCB, TCE, Phenol usw.) [5,6]. So können z.B. manche Metalle bei Verfahren auf Zementbasis zeitweilig das Abbinden hemmen; Chloride können die Haltbarkeit vermindern; Öle, Schmiermittel und andere nicht-polare organische Verbindungen können das Abbinden hemmen und die langfristige Haltbarkeit vermindern. Sulfate stellen ein besonderes Problem dar, denn sie verursachen die Bildung der ausdehnungsfähigen Verbindung Ettringit.

## 6. PRINZIPIEN DER IMMOBILISIERUNG

Immobilisierungsverfahren benutzen Systeme, die sowohl die Abfallstoffe verfestigen wie auch freie Flüssigkeiten beseitigen und die Schadstoffe in ihrer am wenigsten löslichen Form stabilisieren. Das Gesamtziel ist, die Auslaugrate der Schadstoffe aus der gebildeten Form der Abfallstoffe soweit wie möglich zu vermindern. Verfahren auf der Basis von hydraulischem Zement, oder andere, ähnliche puzzelanbasierte Verfahren können beide Funktionen gleichzeitig erfüllen.

Die wesentlichen Bestandteile von Zement sind Kalk und Silikate. Unhydrierter Zement besteht aus etwa 50% Trikalzium- und 25% Dikalziumsilikat, 10% Trikalziumaluminat und 10% Kalzium-Aluminoferrit. Zementation des Gemischs beginnt, wenn Wasser zugefügt wird, entweder direkt oder als Bestandteil der zu immobilisierenden Abfallstoffe. Zuerst wird ein Kalziumsilikathydrat-Gel gebildet, und danach erfolgt Erhärtung des Materials, während sich dünne, dichtgelagerte Silikatfasern bilden und miteinander verflechten. Die Hydrationsreaktionen bilden eine Anzahl verschiedener Verbindungen, während der Zementbrei abbindet, unter anderem Kalziumhydroxyde und Kalzium-Silikathydrate. Typische Hydrationsreaktionen sind:

$2(3CaCO \cdot SiO_2) + 6H_2O \longrightarrow 3CaO \cdot 2SiO_2 \cdot 3H_2O + 3Ca(OH)_2$
$3(2CaCO \cdot SiO_2) + 4H_2O \longrightarrow 3CaO \cdot 2SiO_2 \cdot 3H_2O + Ca(OH)_2$
$3CaO \cdot Al_2O_3 + 6H_2O \longrightarrow 3CaO \cdot Al_2O_3 \cdot 6H_2O$
$3CaO \cdot Al_2O_3 + CaSO_4 \cdot 2H_2O + 10H_2O \longrightarrow 3CaO \cdot Al_2O_3 \cdot CaSO_4 \cdot 12H_2O$

Wie ersichtlich ist, erzeugen die Hydrationsrektionen mehrere verschiedene Kalziumsilikathydrate, die die strukturelle Festigkeit des Zements ermöglichen, und alkalische Verbindungen einschließlich von Kalk und Kalziumoxyd.

Das Wasser/Zement-Verhältnis (W/Z) ist sehr wichtig für die Eigenschaften des Endprodukts. Das Volumen des Zements verdoppelt sich ungefähr während der Hydration, unter Bildung eines Netzes von sehr kleinen Gelporen. Der ursprünglich durch das zugefügte Wasser ausgefüllte Raum bildet ein System aus vielen großen Kapillarporen. Mit steigendem Wasser/Zement-Verhältnis steigt der Prozentsatz der großen Poren, und dadurch wird die Durchlässigkeit des Abfallstoffkörpers und das Potential für die Auslaugung der Schadstoffe erhöht. Ein W/Z-Verhältnis von 0,48 führt zu vollständiger Hydration des Zements und läßt etwas freies Porenwasser, Gelwasser und einige Lufträume übrig. Bei höheren W/Z-Verhältnissen nimmt die Durchlässigkeit rasch zu. Aus wirtschaftlichen Gründen sind diese niedrigen Wasser: Bindemittel-Verhältnisse gewöhnlich nicht bei der Abfallstoff-Immobilisierung möglich. Sehr geringe Durchlässigkeit wird aufgeopfert für eine Verminderung der erforderlichen Bindemittelmenge.

Eine Anzahl von Faktoren beeinflussen das Ausmaß der Immobilisierung oder Fixierung der Bestandteile der Abfallstoffe. Wesentliche Faktoren sind unter anderem die Verringerung der Löslichkeit durch Kontrolle des pH oder des Redoxpotentials; chemische Reaktionen zur Bildung von Karbonat-, Sulfid- oder Silikatausfällungen; Adsorption; Chemisorption; Diadochie (Substitution im Kalzitkristallgitter); und Einkapselung.

Abfallkörper auf Zement- oder Puzzelanbasis sind weitgehend abhängig von einer pH-Kontrolle um die Metalle festzuhalten. Das pH des Porenwassers in Abfallkörper auf Zementbasis ist typischerweise 10-12, wegen des Vorkommens von überschüssigem Kalk in den Poren. Diese hohen pH-Werte sind normalerweise wünschenswert, weil die meisten Metallhydroxyde im Bereich zwischen 7,5 und 11 ihre minimale Löslichkeit zeigen. Einige Metallhydroxyde sind jedoch amphoter und sind sowohl bei niedrigem als auch bei hohem pH leichter löslich. Solche Metalle können bei hohem pH im Porenwasser löslich sein. Andere Schadstoffe, wie Anionen (Arsenat, Selenit usw.) können bei hohem pH leichter löslich sein als bei niedrigem pH.

## 3. AUSLAUGMECHANISMEN

Ein verfestigter Abfallstoff ist ein poröser Block, der zumindest teilweise wassergesättigt ist. Die Abfallstoffe in den Poren des Blocks stehen im chemischen Gleichgewicht mit der festen Phase. Wenn dieser Block Auslaugbedingungen ausgesetzt wird, wird das Gleichgewicht gestört. Die dadurch entstehenden Unterschiede im chemischen Potential zwischen dem Block und den auslaugenden Lösungen erzeugt einen Massenfluß zwischen der Oberfläche des Blocks und der auslaugenden Flüssigkeit. Das erzeugt wiederum Konzentrationgefälle, die zu einer Massendiffusion durch den Block führen [4,7].

Ehe eine Komponente ausgelaugt werden kann, muß sie zunächst im Porenwasser der Blockstruktur gelöst sein. Das Ausmaß der verursachten Auflösung hängt ab von der Löslichkeit der Komponente und der chemischen Zusammensetzung des Porenwassers, besonders von seinem pH. Unter neutralen Auslaugbedingungen (pH = 7), wird die Auslaugrate durch die molekulare Diffusion des löslich gemachten Materials bestimmt, aber unter sauren Bedingungen wird die Rate auch durch die Eindringungsgeschwindigkeit der Wasserstoffionen in die Struktur des Festkörpers beeinflußt, weil dadurch die Speziation der vorliegenden Schadstoffe begründet wird. Säure greift Zementbrei auf Puzzelangrundlage an, weil sie in die Porenstruktur eindringt und Ionen befreit, die durch die chemisch veränderte Schicht zurück diffundieren müssen, um in die Lösung zu gelangen. Säure verbraucht den größten Teil des Kalziumhydroxyds in der ausgelaugten Schicht und hinterläßt eine äußerst poröse Struktur. Diffusion durch diese Struktur kann als ein andauernder Vorgang angesehen werden. An der Auslaugfront schreitet die Diffusion von Wasserstoffionen fort als ob das Medium unendlich sei, und gleichzeitig finden Auflösungsreaktionen in den Poren statt. Protonenübertragungen sind gewöhnlich sehr schnelle Reaktionen, mit Halbwertszeiten von weniger als Millisekunden. Deshalb können die Auflösungsreaktionen als von der Diffusion kontrollierte schnelle Reaktionen angesehen werden. Der

gesamte Vorgang kann dann als eine stationäre Diffusion durch die ausgelaugte Schicht und nicht-stationäre, durch die Diffusion kontrollierte schnelle Reaktionen in der porösen Auslaugfront beschrieben werden [8].
Wenn sie in lösliche Form übergeführt worden ist, wird die Komponente aus der Feststoff-Struktur durch molekulare Diffusion in die Auslauglösung befördert. Die Bewegung der Komponente innerhalb des Blocks kann durch das erste Fick'sche Gesetz beschrieben werden:

$$J = -D \frac{dC}{dz} \qquad (1)$$

Dabei ist C = Konzentration der Komponente
D = Diffusionskoeffizient
J = Fluβ
z = Abstand

Ein Diffusionsmodell für ein halb-unendliches Medium mit einheitlicher Anfangskonzentration und einer Oberflächenkonzentration von Null kann benutzt werden, um die kinetischen Daten aus seriellen Chargen-Auslaugversuchen auszudeuten [9]. Die Gleichung nimmt dann die folgende Form an:

$$\frac{\Sigma a_n}{A_0} \frac{V}{S} = 2 \left(\frac{D_e}{\pi}\right)^{0,5} t_n^{0,5} \qquad (2)$$

Dabei ist $a_n$ = Verlust an Schadstoff während des Auslaugzeitraums n (mg)
$A_0$ = Anfängliche Menge des in der Probe vorhandenen Schadstoffs (mg)
V = Volumen der Probe ($cm^3$)
S = Gesamtoberfläche der Probe ($cm^2$)
$t_n$ = Zeit bis zum Ende des Auslaugzeitraums n (s)
$D_e$ = effektiver Diffusionskoeffizient ($cm^2/s$)

Die Bildung der Auslaugflüssigkeit ist ein sehr komplizierter Vorgang. Die freie Alkalinität, die in einer Paste auf Puzzelanbasis vorliegt, hält ein hohes pH aufrecht und schränkt die Metallauslaugung aus verfestigten Abfallstoffen ein. Kalziumhydroxyd wird durch die Hydration des Bidemittels erzeugt und liefert den größten Teil der Pufferkapazität. Das oben gezeigte Auslaugmodell berücksicht jedoch nicht den Säuregrad des Auslaugmittels als Faktor, und kann den Abstand zwischen der Auslaugfront und der Oberfläche des Abfallblocks nicht beschreiben.
Die Amerikaniche Nukleare Vereinigung empfiehlt die Benutzung einer Serie von sieben Chargen-Auslaugprüfungen, um den tatsächlichen Diffusionskoeffizienten im Modell von

Godbee und Joy zu bestimmen [10]. Sie schlagen vor, die Resultate in Form eines "Auslaugindexes" LX anzugeben, der gleich dem durchschnittlichen negativen Logarithmus von $D_e$ ist.

$$LX = \frac{1}{7} \log \sum_{1}^{7} \left(\frac{1}{D_e}\right) \quad (3)$$

Dieser Index kann benutzt werden, um die relative Beweglichkeit verschiedener Schadstoffe auf einer Einheitsskala zu vergleichen, die von etwa 5 ($D_e = 10^{-5} cm^2/s$, sehr beweglich) bis 15 ($D_e = 10^{-15} cm^2/s$, unbeweglich) reicht [11].

## 8. AUSLAUGPRÜFUNGEN

Es werden Prüfverfahren benötigt, um das Auslaugpotential und die Auslaugrate für gefährliche Komponenten in den verfestigten Abfallblöcken voraussagen zu können. Eine einzige Auslaugprüfung kann nicht alle möglichen in der Umwelt zu erwartenden Auslaugbedingungen nachahmen oder für alle Arten von Abfallstoffen geeignet sein. Die Umweltschutzagentur der USA hat jedoch Standard-Auslaugprüfungen für Regulierungszwecke entwickelt. Diese Prüfungen werden entweder bestanden oder nicht bestanden, und sie werden benutzt um festzustellen, ob ein bestimmter Abfallstoff gefährlich ist. Sie sind oft irrtümlich als Versuche zur Voraussage von Auslaugraten angewendet worden. Andere Prüfverfahren sind besser für diesen Zweck geeignet, aber sie sind bisher noch nicht voll genormt worden.

Es werden zwei Grundtypen von Prüfverfahren angewendet. Extraktionsprüfungen sind Auslaugprüfungen, die durch Aufrühren der gemahlenen oder gepulverten Abfallstoff-Festkörper in einem Auslaugmittel durchgeführt werden. Die Auslauglösung kann sauer oder neutral sein. Es werden entweder einzelne Chargenextraktionen oder mehrfache Extraktionen durchgeführt. Es wird angenommen, daß am Ende einer Extraktionsprüfung ein Gleichgewicht erreicht wird; deshalb werden Extraktionsprüfungen im allgemeinen benutzt, um die maximalen potentiellen Konzentrationen der Sickerflüssigkeit unter vorgeschriebenen Prüfungsbedingungen zu bestimmen. Beim zweiten Typ von Auslaugprüfung werden die monolithischen (nicht zerkleinerten) Abfallstoffblöcke benutzt. Die Auslaugung kann unter statischen (kein Auswechseln der Auslauglösung) oder dynamischen (Erneuerung der Auslauglösung in regelmäßigen Abständen) Bedingungen durchgeführt [12] werden. Es können Wochen oder Monate vergehen, ehe solche Prüfungen bendet sind [12]. Tabelle 1 vergleicht einige der zur Zeit verfügbaren Auslaugprüfungen.

TABELLE 1: Auslaugprüfmethoden

| Prüf-methode | Auslaug-mittel | Flüssigk./ Feststoff-Verhältnis | Maximale Partikel-größe | Anzahl der Extrak-tionen | Dauer der Extrak-tionen |
|---|---|---|---|---|---|
| EP Toxi-zität | 0,04M Essig-säure | 16:1 | 9,5 mm | 1 | 24 Std. |
| TCLP | Azetat-gepuf-fert (pH=5,0) | 20:1 | 9,5 mm | 12 | 18 Std. |
| MEP | 0,04M Essig-säure, gefolgt von syntheti-schem Regen | 20:1 | 9,5 mm | 9 oder mehr | 24 Std. Extraktion |
| Gleichge-wichts Auslaug-prüfung | D.I.-Wasser | 4:1 | 150 µm | 1 | 7 Tage |
| Sequen-tielle Extraktion | 0,04 M Essig-säure | 50:1 | 9,5 mm | 15 | 24 Std. Extraktion |
| ANS-16.1 Verfahren | D.I. Wasser | V/S = 10 cm | Block | 11 | ver-schieden |

Das EP-Tox-Verfahren (Extraction Procedure Toxicity Test = Toxizitätsprüfung durch Extraktionsverfahren) ist eine gesetzlich vorgeschriebene Prüfung, die seit 1980 benutzt wird, um festzustellen, ob Abfallmaterial toxisch ist. Es nimmt an, daß die Abfallstoffe mit kommunalen Feststoff-Abfällen deponiert werden. Die TCLP (Toxicity Characteristic Leaching Procedure = Auslaugverfahren zur Toxizitäts-Kennzeichnung) ist eine verfeinerte Version des EP-Tox-Verfahrens und wird jetzt an dessen Stelle benutzt. Die übrigen Prüfverfahren in Tabelle 1 sind keine gesetzlich vorgeschriebenen Prüfungen, sondern werden benutzt, um zusätzliche Informationen über die Auslaugeigenschaften der Abfallstoffe zu erhalten und in einigen Fällen, um die potentiellen Auslaugraten zu bestimmen. Das MEP-Verfahren, (Multiple Extraction Procedure = Mehrfach-Extraktions-Verfahren) die sequentielle Extraktion und das ANSI-16.1-Verfahren sind alle darauf ausgelegt, eine vorliegende Probe durch mehrfache oder sequentielle Extraktion zu prüfen, um dadurch die Diffusionsfähigkeit von Schadstoffen im Abfall-material zu bestimmen.

Keine der Auslaugprüfungen ist allein imstande alle erforderlichen Informationen zu erbringen, um die poten-tielle Umweltauswirkungen des Abladens von immobilisierten Abfallstoffen in Deponien zu bestimmen. Eine Reihe dieser und anderer Verfahren wird nötig sein, um das zu erreichen. Das Ziel ist, die Auslaugrate des verfestigten Abfallmaterials voraussagen zu können, und zwar auf lange Zeit, und die Auswirkungen dieser Auslaugung auf die Umwelt abzuschätzen, auf Grundlage der herrschenden Umweltbedingungen [13].

## 9. KOMMERZIELLE VERFAHREN

Bei weitem die Mehrzahl der kommerziellen Immobilisierungsverfahren in den USA benutzen anorganische Bindemittel. Die am häufigsten benutzten Bindemittel sind Zementofenstaub, Kalk/Flugasche-Gemische, Portlandzement und Kombinationen dieser Stoffe. Bei einigen kommerziellen Verfahren werden auch lösliche Silikate zugefügt. Die Verkäufer von Immobilisierungsverfahren fügen gewöhnlich noch weitere markeneigene Chemikalien zur Verbesserung der Auslaugeigenschaften oder der Kennwerte der Abfallstoffkörper hinzu.

Cote [14] hat mehrere Immobilisierungsverfahren verglichen in Bezug auf ihre Fähigkeit, die Auslaugung von Schadstoffen (As, Cd, Cr und Pb) vermindern. Verfahren mit Zement/Flugasche waren am leistungsfähigsten mit allen berücksichtigten Metallen. Er führte das auf das viel höhere anfängliche pH der Zement/Flugasche-Abfallstoffblöcke zurück. Kostenfragen können jedoch andere Verfahren begünstigen.

Die Umweltschutzagentur der USA hat das SITE-Programm (Superfund Innovative Technologie Evaluation = Superfund-Bewertung innovativer Verfahren) zur Demonstration und Bewertung innovativer Verfahren für die Sanierung von Superfund-Altlasten, besonders für schadstoffbelastete Böden eingeleitet. Bisher wurden, bzw. werden sechs S/V-Verfahren bewertet. Die Ergebnisse in Bezug auf die Leistungsfähigkeit von S/V-Verfahren für diese Abfälle sind soweit unklar.

## 10. ZUSAMMENFASSUNG

Immobilisierung von gefährlichen Schadstoffen in Böden wird heute unter Benutzung von Stabilisierungs-/Verfestigungsverfahren durchgeführt. Die am häufigsten benutzten Bindemittel sind anorganische Materialien, insbesondere hydraulische Zemente, Kalk/Flugasche-Gemische, Zementofenstaub und andere puzzelanartige Materialien. Stabilisierungs-/Verfestigungsverfahren stellen eine verhältnismäßig billige Methode für die Behandlung von schadstoffhaltigen Böden zur Verminderung der Auslaugung von Schwermetallen dar, aber das Verhalten von toxischen organischen Stoffen ist nicht hinreichend bekannt. Ehe diese Verfahren annehmbar sind, muß erwiesen werden, daß die organischen Stoffe wirklich immobilisiert werden, und die langfristige Dauerhaftigkeit der Abfallform muß bewiesen werden.

## 11. LITERATUR

1) Cullinane, M., Jones, L. und Malone, P. 1986. Handbuch der Stablisierung/Verfestigung von gefährlichen Abfallstoffen. U.S.EPA, EPA/540/2-86/001.
2) Barth, E. und Wiles, C., 1989. Technischer und regulatorischer Stand der Stablisierung/Verfestigung in den Vereinigten Staaten. Immobization Technology Seminar, U.S.EPA CERI-89-222.
3) Weitzman, L. und Conner, J., 1989. Beschreibung der Stablisierungs-/Verfestigungsverfahren. Immobilization Technology Seminar, U.S.EPA CERI-89-222.
4) Conner, J., 1990 Chemische Fixierung und Verfestigung von gefährlichen Abfallstoffen. New York; Van Nostrand Reinhold.
5) Wiles, C., 1987. Eine Übersicht über die Stablisierungs-/Verfestigungsverfahren. Journal of Hazardous Materials, 14:210.
6) Jones, L., 1988. Störungsmechanismen bei den Stablisierungs-/Verfestigungsverfahren für Abfallstoffe. Endgültiger Bericht an die U.S.EPA, IAG No. SW-219306080-01-0.
7) Cote, P., Baidle, J. und Benedek, A., 1985. Eine Vorgehensweise für die Bewertung der langfristigen Auslaugbarkeit durch Messungen der Eigenschaften von Abfallstoffen. Vorgelegt beim 3. Internationalen Symposium über industrielle und gefährliche Abfallstoffe, Alexandria, Ägypten.
8) Cheng, K. und Bishop, P., 1990. Entwicklung eines kinetischen Auslaugmodells für verfestigte/stabilisierte gefährliche Abfallstoffe. Journal of Hazardous Materials; im Druck.
9) Godbee, H. et al., 1980. Anwendung der Massentransporttheorie auf die Auslaugung von Radionukliden aus festen Abfallstoffen. Nuclear and Chemical Waste Management, 1;29.
10) Amerikanische Nukleare Gesellschaft, 1986. Messung der Auslaugbarkeit von verfestigten schwach radioaktiven Abfallstoffen mit einem kurzdauernden Verfhren.
11) Cote, P. und Hamilton, D., 1983. Auslaugbarkeitsvergleich von vier Abfallverfestigungsverfahren. Verhandlungen der 38. jährlichen Purdue-Konferenz über Industrieabfälle, 38;221.
12) Wiles, C., Barth, E. und Nobis, J., 1989. Chemische Prüfmethoden zur Bewertung des Wirkungsgrades von S/V-Verfahren. Immobilization Technology Seminar. U.S.EPA, CERI-89-222.
13) Bishop, P., 1988. Auslaugung gefährlicher anorganischer Komponenten aus stabilisierten/verfestigten gefährlichen Abfallstoffen. Hazardous Wastes and Hazardous Materials, 5;129.
14) Cote, P., 1986. Auslaugung von Schadstoffen aus Abfallstoff-Blöcken auf Zementbasis in einem sauren Milieu. Dissertation, McMaster-Universität, Hamilton, Ontario.

# IMMOBILISIERUNG POLYCHLORIERTER BIPHENYLE DURCH ORGANOPHILE BINDEMITTEL - EINE FALLSTUDIE

R. SOUNDARARAJAN

## EINLEITUNG

Die Stabilisierung/ Verfestigung polychlorierter Biphenyle (PCBs) ist schon immer eine Herausforderung gewesen. Verschiedene zementartige Bindemittel wurden zwar erprobt, versagten aber alle aufgrund der einfachen Tatsache, daß eine aromatische organische Verbindung (PCBs) von einer anorganischen (zementartigen) Matrix nicht zurückgehalten werden kann. Dieses Phänomen ist eine Folge der enormen Unterschiede zwischen den Polaritäten. Für die Stabilisierung einer organischen Verbindung ist deshalb zwingend erforderlich, daß das Bindemittel Substanzen mit vergleichbarer Polarität enthält und chemisch mit den Organika bindet. Auf Grundlage der dargelegten Argumente wurden verschiedene organophile Bindemittel entwickelt. Ihr Bindungsvermögen wurde mit Hilfe von FTIR, TGA, DSC, DSC/GC/MC und drastischen Extraktionsverfahren untersucht. Eines dieser Bindemittel wurde in den U.S.A. im Rahmen eines SITE-Demonstrationsprogramms (Superfund Innovative Technology Evaluation) bei einer Superfund-Altlast eingesetzt. In diesem Artikel werden unsere Laboruntersuchungen und die Auslaugtests aus dem SITE-Programm vorgestellt.

## EXPERIMENTELLES

Das in dieser Untersuchung benutzte Material war HWT-22, geliefert von den International Waste Technologies, Inc. (Wichita, Kansas). Vorgegebene Mengen der Organika (Trichlorethylen, Chloranilin, Phenol, Nitrobenzol und Triethanolamin) wurden mit festen Mengen HWT-22 behandelt und bei Raumtemperatur ausgehärtet. Der Zusatz von Zement, gemahlener Schlacke und Wasser wurde vermieden, da verhindert werden sollte, daß 1) Wasser die IR-Spektren maskiert, oder 2) die Reaktionen zwischen den Tonmineralien und den organischen Substanzen durch die Silikathydratisierung gestört werden.

Nach 48 Stunden wurden KBr-Tabletten der Proben mit einem Perkin-Elmer 1710 FTIR-Analysen unterzogen. Auch die FTIR-Spektren der reinen organischen Substanzen wurden mit diesem Verfahren aufgenommen.

Die DSC-Messungen wurden mit einem Perkin-Elmer DSC-2 unter Stickstoffatmosphäre durchgeführt. Die Aufheizrate betrug 10°C/Minute.

Um die während der DSC-Messung entwickelten Austrittsprodukte zu bestimmen, wurden die Gase in Aktivkohlepatronen absorbiert, auf Trockeneis aufbewahrt, dann in ein Finnigan MAT GC/MS-System desorbiert und analysiert. Die Abtastrate betrug zwei Spektren/s, und der Massenbereich 30-500. Die Aufheizrate am GC betrug 6,5°C/ Minute. TGA und sonstige FTIR-Details werden an anderer Stelle diskutiert.

ERGEBNISSE UND DISKUSSION

Obwohl eine Reihe von Verbindungen untersucht worden sind, sollen hier der Kürze halber nur Nitrobenzol, Triethanolamin und Trichlorethylen diskutiert werden.

Tabelle 1 zeigt die Absorptionsfrequenzen der organischen Verbindungen. Außerdem werden in dieser Tabelle die Zuordnungen der Peaks und die Verschiebungen der Frequenzen nach dem Binden mit HWT-22 dargestellt. In den Abbildungen 1-3 werden die möglichen Bindungen zusammengefaßt, während die gemessenen DSC-Kurven in den Abbildungen 4-6 gezeigt werden. Die rekonstruierten Ionenchromatogramme der DCS-Austrittsgase werden in den Abbildungen 7 und 8 dargestellt. Tabelle 2 faßt die endothermen Peaktemperaturen der DSC-Messungen und das ΔH der Verdampfung zusammen.

Infrarotspektren: Die sorgfältige Betrachtung von Tabelle 1 ergibt IR-Verschiebungen in beide Richtungen. Diese Verschiebungen werden im Zusammenhang mit den einzelnen Verbindungen erläutert.

Nitrobenzol: Es tritt eine Verschiebung von 1175 cm$^{-1}$ nach 1150 cm$^{-1}$ auf, die ein Charakteristikum monosubstituierter aromatischer Verbindungen ist. Diese Absenkung hat ihre Ursache in den einlagerungsbedingten Einschränkungen (d.h., die organische Verbindung liegt wie der Belag in einem Sandwich zwischen Schichten aus Aluminium- und Siliziumoxid). Eine weitere Frequenzabsenkung von 1349 cm$^{-1}$ auf 1345 cm$^{-1}$ tritt im Bereich der C--N-Valenzschwingungen auf; sie deutet darauf hin, daß die Beweglichkeit der Nitrogruppe eingeschränkt ist. Eine Ursache dieser Einschränkung könnte die Wechselwirkung zwischen den äußeren Orbitalelektronen des Sauerstoffs und denen der Matrix sein, in der elektronendefizientes Aluminium vorhanden ist. Infolge dieser Bindung wird der C--N-Bindungsgrad und damit auch die Wellenzahl reduziert. Es treten noch vier weitere reduzierte C--H-Valenzschwingungen auf. Dies kann durch eine schwache Bindung zwischen den Wasserstoffatomen in den fünf Eckpositionen mit dem Sauerstoff des Silizium- und Aluminiumoxids erklärt werden.

Trichlorethylen: Wie schon im Fall des Chloranilins tritt auch hier wieder eine positive Verschiebung der C--Cl-Absorptionsfrequenzen auf. Die charakteristische Ethylenfrequenz und die C--H-Valenzfrequenzen sind beide abgesenkt. Es scheint, daß ersteres durch die Einlagerung und letzteres durch Wasserstoff-Brückenbindungen verursacht wird.

Triethanolamin: In den vorhergehenden Fällen konnten wir verschiedene schwache bis mittlere Wechselwirkungen (Bindungen) beobachten. Im Falle von Triethanolamin dagegen können wir das Vorhandensein einer koordinativen kovalenten Bindung zwischen dem freien Elektronenpaar des Stickstoffs und der Matrix (Aluminium) nachweisen. Die C--N-Valenzfrequenz hat sich um 193 cm$^{-1}$ dramatisch in positiver Richtung verschoben, wie es für die Bildung eines Aminsalzes charakteristisch ist. Die Protonisierung organischer Verbindungen durch Tonminerale ist eine wohlbekannte Reaktion. Anscheinend liegt hier ein kombinierter Effekt dieser koordinativen Bindung sowohl mit dem Aluminium als auch mit einem Proton vor, der zu einer so großen Verschiebung führt. Außerdem beobachten wir bei der Alkohol--OH-Schwingungsfrequenz eine Verschiebung in negativer Richtung. Dieses Phänomen hat seine Ursache in der Wasserstoffbindung des Hydroxyl-Wasserstoffs an den Sauerstoff des Substrats.

Bei Reaktionen von Tonmineralen mit organischen Substanzen hat es durchweg den Anschein, daß viele Formen von komplexen Wechselwirkungen beteiligt sind. Die wirkenden Kräfte reichen von der Dipol-Dipol-Anziehung bis zu rein koordinativen kovalenten Bindungen. Auch Wasserstoffbindungen und Interkalation scheinen wichtige Rollen zu spielen. Soweit im Tonmineral Übergangsmetalle vorhanden sind (Fe, Co, Ni usw.), besteht eine weitere Möglichkeit in der Chelatbildung. Auch die Gegenwart organischer Kationen trägt zur Rückhaltung gewisser anionischer Spezies wie zum Beispiel Karboxylaten bei. Eine weitere Möglichkeit könnte in der Wechselwirkung zwischen den teilweise besetzten d$\pi$-Orbitalen der Übergangsmetalle und den besetzten p$\pi$-Orbitalen des Ringsystems bestehen.

Die FTIR-Untersuchungen der an das Bindemittel gebundenen PCBs zeigen die Wechselwirkung zwischen Chlor und dem elektronendefizienten Aluminium (Lewis Säure/ Basenreaktion). Man kann sich diese Wechselwirkung wie in Abbildung 9 dargestellt vorstellen.

Die Daten der Auslaugversuche an den verfestigten Proben werden in Tabelle 3 zusammengefaßt.

Die sorgfältige Betrachtung dieser Daten zeigt, daß PCBs in der Matrix gut zurückgehalten werden. In unseren GC/MS-Untersuchungen konnte weiterhin beobachtet werden, daß das Chlor der PCBs nach und nach durch Hydroxyl ersetzt wird, so daß hydroxylsubstituierte Biphenyle und Phenoxyverbindungen entstehen, die nicht als schädlich gelten.

Differentialkalorimetrie (Differential Scanning Calorimetry, DSC): Um die Art der beteiligten Bindung und die Energiemenge zu ermitteln, die zur Freisetzung der Verbindung aus der Matrix erforderlich ist, wurden DSC-Messungen durchgeführt. Die experimentellen DSC-Kurven werden in den Abbildungen 4-6 dargestellt. In Tabelle 2 werden für einige der untersuchten Verbindungen das DH der Verdampfung in reinem Zustand mit dem $\Delta H_s$ in behandeltem Zustand verglichen. Außerdem werden die normalen Siedepunkte aufgeführt. Das molare $\Delta H$ der Verdampfung wurde für die Verbindungen aus ihrem Gewichtsverlust am Siedepunkt bestimmt, der durch dynamische TGA ermittelt wurde. Die DSC-Daten erlauben drei wichtige Beobachtungen: 1) Alle Verbindungen (außer Phenol) verlassen die Matrix bei mehr als einer Temperatur; im Falle von Phenol liegt der Siedepunkt in der Matrix um 10°C höher als der normale Siedepunkt. 2) Die multiplen Endothermen entsprechen in keiner Weise denen des Ausgangsmaterials, und die Gesamtenergie, die für die behandelte Matrix aufgewendet werden muß, ist erheblich größer als die Verdampfungswärme der ursprünglichen organischen Verbindungen. Bei der Identifizierung der Austrittsgase mit Hilfe von GC/MS wurden weder die originalen Verbindungen noch irgendwelche einfachen Fragmente beobachtet. Diese Fakten belegen unzweideutig folgendes: a) Die Verbindungen sind in der Matrix auf mehr als eine Weise an mehr als einer Stelle gebunden. b) Beim Erhitzen wird die schwächste Bindung an der ersten Endotherme (niedrigste Temperatur) zuerst aufgebrochen; dann folgen die stärkeren Bindungen, wie sich anhand der folgenden Endothermen bei höheren Temperaturen zeigt. c) Die Summe aller dieser Endothermen ist beträchtlich größer als das $\Delta H$ der Verdampfung für die individuellen Verbindungen. Dies zeigt deutlich, daß man viel mehr Energie aufbringen muß, um die Bindungen zwischen der Matrix und der organischen Verbindung aufzubrechen. d) Die GC/MS-Ergebnisse sind überraschend. Im Fall von Nitrobenzol, das hier als Beispiel dargestellt wird, wurden weder die molekularen Ionen (m/z = 123) noch der Benzolring (m/z = 77) beobachtet. Dies legt die Folgerung nahe, daß der Schadstoff nach erfolgter Bindung nicht mehr in seiner ursprünglichen Form erscheint, wenn er ausgetrieben wird, sondern daß kleinere Bruchstücke entstehen. e) Bei höheren Temperaturen wurden einige ungewöhnlich langkettige nitrierte Verbindungen beobachtet. Solche Verbindungen wurden in keinem Fall bei den DSC/GC/MS-Messungen an den reinen Behandlungsmaterialien nachgewiesen, bevor diese mit Nitrobenzol in Berührung kamen.

Diese Ergebnisse zeigen deutlich, daß infolge der Gegenwart von Aluminium in der Matrix neben anderen Polymerisationsreaktionen verschiedene Formen von inversen Friedel-Craft-Reaktionen ablaufen. Aus dem Blickwinkel des Umweltschutzes bestätigen diese Beobachtungen, daß organophile Tone tatsächlich Organika binden und problemlos als wirksames Einschlußmaterial eingesetzt werden können. Der Zusatz von Zement und gemahlener Schlacke trägt dann zur Verbesserung der mechanischen und der Auslaugeigenschaften bei. Außerdem scheint richtig zu sein, daß eine längere Alterungsdauer zu einem effizienterem Einschluß führt. Andere Verbindungen, die in dem Abschnitt über Infrarotspektren diskutiert worden sind, führten bei den GC/MS-Messungen zu ähnlichen Ergebnissen. Diese Beobachtungen befinden sich in Übereinstimmung mit Folgerungen, die von anderen Autoren gezogen worden sind.

Den Einschlußmechanismus kann man sich zusammenfassend wie folgt vorstellen:

Die $(R_4N)^+$-Gruppen machen den Ton organophil und erweitern die Scichtabstände, indem sie als Säulen wirken.

Die Schadstoffe werden zwischen den alternierenden Lagen von Aluminium- und Siliziumoxid eingefügt.

Neben der Einlagerung scheinen am Einschluß auch Dipol-Dipol-Wechselwirkungen, Wasserstoffbindungen, koordinative kovalente Bindungen, Lewis Säure/Basenreaktionen, Friedel-Craft-Reaktionen und Reaktionen vom Typ Diels-Alder beteiligt zu sein.

Wenn Zement und gemahlene Schlacke zugesetzt und hydratisiert werden, kristallisieren diese Materialien und versiegeln die Lagen aus Tonmineral und den Organika. Langfristig könnten sich verschlungene Kristalle aus Tonmineral und Zement bilden. Die gemahlene Schlacke könnte aufgrund ihrer Feinkörnigkeit Schäden (oder Löcher) in der Struktur füllen. Diese Hypothese wird von der Tatsache gestützt, daß eine derartige Mischung bei der EPA TCLP einen sehr niedrigen Auslaugwert ergibt.

FOLGERUNGEN

Auf Grundlage der FTIR-, DSC- und GC/MS-Ergebnisse konnte folgendes gezeigt werden:

1. Zwischen dem Behandlungsmaterial und den Schadstoffen treten verschiedenartige Bindungen an mehreren Stellen auf.

2. Wenn die Schadstoffe durch natürliche Kräfte wie Wärme ausgetrieben werden, fragmentieren sie in kleinere Moleküle.

3. Die Gesamtenergie, die zum Austreiben aus der Matrix aufgewendet werden muß, ist viel größer als die normale Verdampfungswärme der Schadstoffe.

4. Die GC/MS-Ergebnisse zeigen, daß andere Reaktionen ablaufen, die vom Aluminium im Ton katalysiert werden.

5. Ein wirksamer Einschluß ohne organophile Tone ist nicht möglich; dieser Einschluß stellt eine geeignete Alternative zur Verbrennung der Schadstoffe dar.

Aus den Untersuchungen des SITE-Programms hat sich ergeben, daß ein Bindemittel, das organophile Tone enthält, PCBs bindet und außerdem Entchlorungsreaktionen hervorruft.

BIBLIOGRAPHIE

1) Solomon, D.H., Clay minerals as electron acceptors and/or donors in organic reactions (Tonminerale als Elektronenakzeptoren und/oder Donatoren in organischen Reaktionen), in <u>Clays and Clay Minerals</u>, Pergamon Press, Long Island, N.Y., 1968, vol. 16, 31-39.

2) Mortland, M.M., Shaobai, S. und Boyd, S.A., Clay-organic complexes as adsorbents for phenols and chlorophenols (Ton-organische Komplexe als Adsorbentien für Phenole und Chlorphenole) in <u>Clays and Clay Minerals</u>, Pergamon Press, Long Island, N.Y., 1968, vol. 34, no. 5, 581-585.
3) Theng, B.K.G., Clay-activated organic reactions (Ton-aktivierte organische Reaktionen), Proceedings of the International Conference on Clays, Amsterdam, Holland, 1979.
4) Heller, L. und Yariv, S., Sorption of some anilines by Mn, Co, Ni, Cu, Zn and Cd (Sorption einiger Aniline durch Mn, Co, Ni, Cu, Zn und Cd), Montmorillonite, International Clay Conference, 1969, Tokyo, Japan.
5) Newton, J.P., Advanced chemical fixation of organic content waste (Verbesserte chemische Fixierung von Abfällen mit organischem Gehalt), International Symposium on Fixation/ Solidification of Chemical and Radiation Waste, Mai 1987, Atlanta, Georgia.
6) Anhang A: List of Extremly Hazardous Substances and their Threshold Planning Quantities (Verzeichnis extrem gefährlicher Stoffe und ihrer vorgesehenen Grenzwerte), Fed. Reg. 52, 77 (1987).

**TABLE 1**

INFRARED FREQUENCIES BEFORE AND AFTER TREATMENT ($cm^{-1}$)

| Nitrobenzene | Nitrobenzene + treatment material | Shift | Peak Assignment |
|---|---|---|---|
| 1175 | 1150 | -25 | Aromatic Mono-Substitution |
| 1349 | 1345 | -4 | N---O stretch |
| 3108 | 3102 | -6 | |
| 2934 | 2929 | -5 | C---H stretch |
| 2861 | 2857 | -4 | |
| 2631 | 2612 | -19 | |

| Triethanolamine | Triethanolamine treatment material | | |
|---|---|---|---|
| 2104 | 2297 | 193 | Amine salt formation |
| 1075 | 1070 | -5 | H bonding |

| Trichloroethylene | Trichloroethylene + treatment material | | |
|---|---|---|---|
| 641 | 660 | 19 | C--Cl stretch |
| 2288 | 2281 | -5 | |
| 2648 | 2611 | -37 | C--H stretch |
| 3057 | 3047 | -10 | Ethylene (character) |

**TABLE 2**

DSC DATA

| Compound | Endotherms (°C) | ΔH of vaporization (literature) Kcal/mol | Observed ΔH of vaporization Kcal/mol | Percentage increases in energy | Boiling point (°C) | Highest endothermic temperature (°C) |
|---|---|---|---|---|---|---|
| NITROBENZENE | 110.99 / 119.42 / 130.87 / 218.45 | 12.17 | 18.60 | 52.8 | 210.2 | 218.45 |
| TRIETHANOLAMINE | 160.97 / 337.30 | 12.78 | 24.16 | 89.0 | 335.4 | 337.30 |
| TRICHLOROETHYLENE | 105.05 / 127.92 / 204.24 | 9.18 | 34.63 | 275.9 | 113.8 | 204.28 |

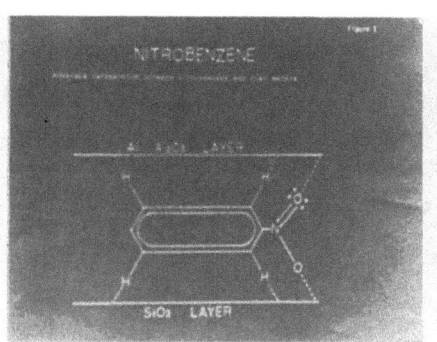

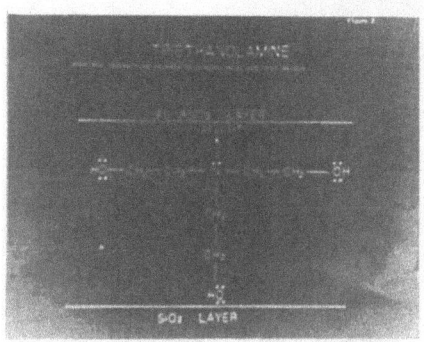
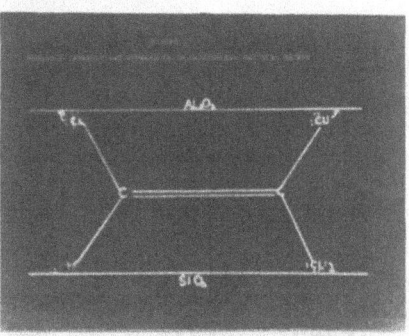

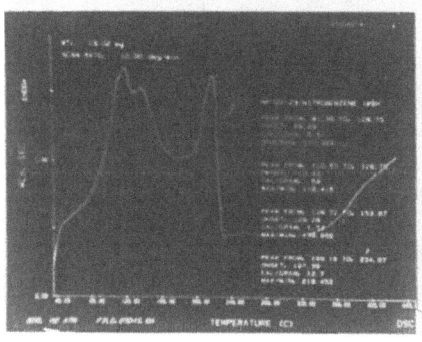
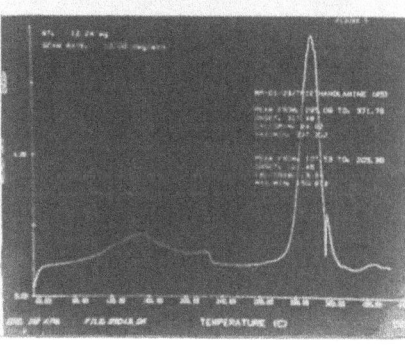

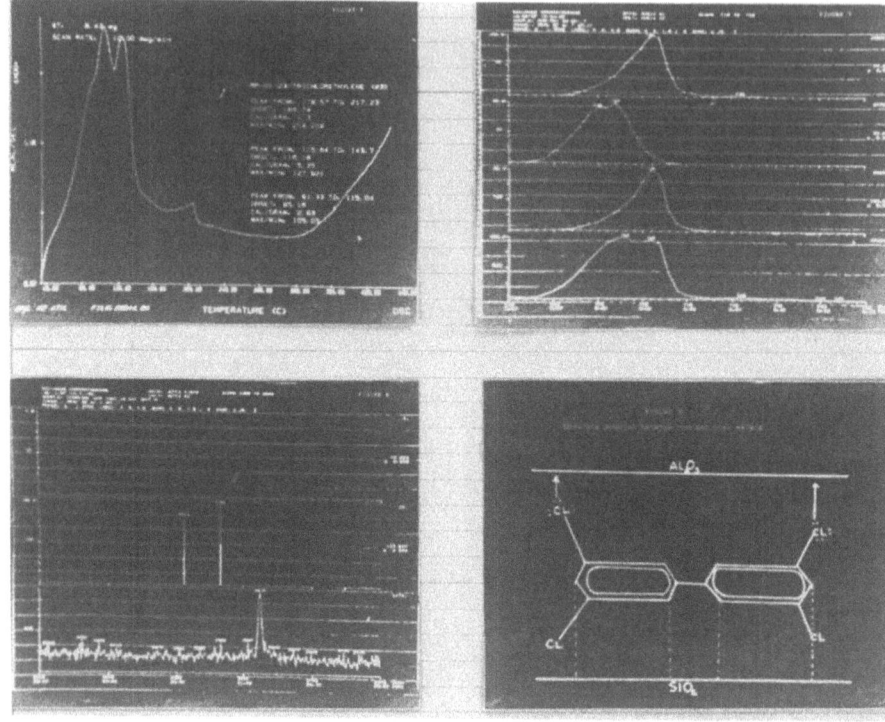

ZEMENT-GESTÜTZTE VERFESTIGUNG VON INDUSTRIEABFÄLLEN, DIE MIT
ORGANISCHEN SCHADSTOFFEN VERUNREINIGT SIND

D.M. MONTGOMERY, C.J. SOLLARS UND R. PERRY

IMPERIAL COLLEGE CENTRE FOR TOXIC WASTE MANAGEMENT,
IMPERIAL COLLEGE OF SCIENCE, TECHNOLOGY AND MEDICINE,
LONDON, GROSSBRITANNIEN.

Verfestigungsverfahren auf Zementbasis sind im allgemeinen entwickelt worden, um Industrieabfälle zu behandeln, die nur anorganische Bestandteile enthalten. Die Erfahrung hat jedoch gezeigt, daß wenige Abfallmaterialien frei von organischen Schadstoffen sind; diese verursachen oft Schwierigkeiten, wenn das Abfallmaterial verfestigt wird. Organische Verbindungen können den Hydratisierungsvorgang bei Zement stark behindern und lassen sich leicht aus dem verfestigten Material auslaugen. Arbeiten zur Untersuchung der Verfestigung von Abfallmaterialien, die organische Schadstoffe enthalten, wurden im Imperial College durchgeführt. Dabei sind drei Hauptgebiete für Forschungsarbeiten identifiziert worden:-

(i) Verbesserung des Verständnisses für die Wechselwirkungen zwischen organischen Verbindungen und Zement.
(ii) Entwicklung eines Verfestigungssystems, das tolerant gegenüber organischen Verbindungen im Abfallmaterial ist, und das zugleich die Abgabe von organischen und anorganischen Verbindungen an die Umwelt verhindert.
(iii) Entwicklung einfacher Methoden für die Qualitätsprüfung von verfestigten Materialien.

Untersuchungen der makro- und mikrostrukturellen Wirkungen einer großen Anzahl organischer Verbindungen auf die Hydratisierung von Zement werden derzeit durchgeführt. Die bisher untersuchten organischen Verbindungen beginnen eine Korrelation zwischen ihrer Funktionsgruppe und ihrer Wirkung auf die Mikrostruktur der Zementpaste aufzuzeigen. Im allgemeinen üben diejenigen funktionalen Gruppen die größte Wirkung auf die Hydratisierungsreaktion des Zements aus, die ein Heteroatom enthalten, besonders die Hydroxylgruppe, während aliphatische, aromatische und halogenierte Kohlenwasserstoffe eine geringe Wirkung ausüben. So verursachte zum Beispiel die Einführung von 0,1% 3-Chlorphenol in eine Zementmatrix Feinrissigkeit in der gesamten Probe, und 2% Chlorphenol verhinderte die Hydratisierung des Trikalziumsilikats und verursachte erhöhte Ettringitbildung. Höhere Konzentrationen an Chlorphenol (bis zu 8%) wirkten stark hemmend auf alle Phasen der Zementhydratisierung, und es wurden stabförmige Kristalle von mehr als 20μm Länge in der gesamten Zementmatrix beobachtet. Im Gegensatz dazu verursachte der Zusatz von Chlornaphthalin (8%) zum Zement keine Änderung der Mikrostruktur, obwohl der größte Teil des Chlornaphthalins sich von der Zementmatrix trennte.

Um ein Verfestigungssystem zu entwickeln, das die Probleme der Zement-organischen Störwirkung überwinden kann, wurde die Anwendung einer Anzahl von Adsorptionsmitteln vor der Verfestigung getestet. Organophile Tone, die durch Behandlung von Wyoming-Bentonit mit vierzehn verschiedenen quaternären Ammoniumsalzen hergestellt wurden, wurden als die aussichtsreichsten Adsorptionsmittel gewählt. Nach dem quaternären Ammoniumaustausch wurden die Tone auf ihre Fähigkeit zur Adsorption von häufig vorkommenden organischen Verbindungen geprüft, und es zeigte sich, daß die langkettigen aliphatischen quaternären Ammoniumsalze die wirkungsvollsten Adsorptionsmittel waren. Die organophilen Tone wiesen bei Verfestigung mit Zement in physikalischen Prüfungen eine gute Wirkung auf und ergaben hohe Festigkeit und geringe Durchlässigkeit. Verfestigung von drei phenolischen Verbindungen war erfolgreich, und Auslaugprüfungen an den Ton/Zement-Mischungen zeigten ein gutes Retentionsvermögen für Phenol im Vergleich zu den nicht stabilisierten Phenol/Zement-Mischungen. Eine Analyse der Mikrostruktur der verfestigten Phenolmischungen zeigte, daß die Gegenwart des Tons in den Zementmischungen die schädlichen Wirkungen der Phenole auf die Zementhydratisierung verringerte, obwohl der Ton die Hydratisierungsreaktion des Zements änderte. Verfestigung von Chlornaphthalin unter Benutzung des organophilen Tons ermöglichte, daß die organische Verbindung in die Zementmatrix eingefügt wurde und keine anschließende Abscheidung erfolgte. Wie zuvor übte das Chlornaphthalin keine Wirkung auf die Mikrostruktur der Zementmatrix aus, selbst in Konzentrationen, die die Kapazität des Tons überschritten.

Drei gemischte Industrieabfälle, die eine Anzahl verschiedener Metalle und organischer Verbindungen enthielten, wurden mit der Verfestigungsmischung mit organophilem Ton behandelt. Die erzeugten Proben waren monolithische Festkörper mit guten physikalischen Eigenschaften und guter Retention der organischen und metallischen Verbindungen während ausgedehnter Auslaugprüfungen. Ohne den organophilen Ton konnte keiner dieser Abfallstoffe verfestigt werden.

Zusammenfassend kann gesagt werden, daß diese Untersuchung die komplizierten Probleme bei der Verfestigung von gemischten organisch-anorganischen Abfallmaterialien unter Benutzung einer Zementgrundlage gezeigt hat. Sie hat erwiesen, daß ein genaues Verständnis des Verhaltens der verschiedenen organischen Verbindungen in Kombination mit Zement zwar einige der Hemmungsmechanismen erklären kann, aber die Wirkungen von Gemischen organischer Verbindungen, wie sie in Industrieabfällen vorkommen, stellen ein sehr kompliziertes Problem dar. Die Anwendung von Adsorptionsmitteln wie organophilen Tonen kann vielleicht eine wesentliche Rolle bei der weiteren Anwendung der Verfestigung gut charakterisierter Abfallmaterialien spielen, aber strenge Prüfverfahren müssen entwickelt werden, um die langfristige Sicherheit der verfestigten Materialien zu beweisen. Die Anwendung mikrostruktureller Untersuchungen für die Analyse der Zementhydratisierungsprodukte in den verfestigten Materialien kann als ein nützliches Hilfsmittel für die quantitative Erfassung der beobachteten makrostrukturellen Auswirkungen dienen.

# WANN IMMOBILISIERUNGSVERFAHREN ANGEWENDET UND WIE SIE BEWERTET WERDEN KÖNNEN.

E. MULDER
NIEDERLÄNDISCHE ORGANISATION FÜR ANGEWANDTE WISSENSCHAFTLICHE FORSCHUNG, APELDOORN, DIE NIEDERLANDE

Die Immobilisierung ist ein Verfahren zur Behandlung von Abfallmaterialien, das in der ganzen Welt diskutiert wird. Einerseits soll verhindert werden, daß wertvolle Bestandteile in Abfallmaterialien deponiert und deshalb nicht wiedergewonnen werden. Anderseits kann, wenn Abfallmaterialien deponiert werden müssen, die Immobilisierung die damit verbundene Gesundheitsgefährdung vermindern.

Die Immobilisierung ist kein spezifisches Verfahren, sondern ein Sammelname für verschiedene Verfahren mit demselben Ziel, nämlich, die Auslaugung von umweltkritischen Elementen aus dem Abfallmaterial zu verringern. Von diesem Standpunkt aus gesehen sollte die Immobilisierung nicht nur ein physikalisches Verfestigungsverfahren (zur Senkung der Auslaugrate), sondern vor allem ein Verfahren zur chemischen Stabilisierung der gefährlichen Verbindungen sein (um die Auslaugung unmöglich zu machen). Nach diesem Stabilisierungs-Schritt kann es nützlich sein, das Abfallmaterial zu verfestigen, um es besser handhaben oder es als Baumaterial benutzen zu können.

Die treibende Kraft für die Immobilisierung von Abfallmaterial durch die Abfallerzeuger kann einerseits darin bestehen, daß die Behörden eine Immobilisierung als Behandlungsverfahren vorschreiben, ehe das Material deponiert werden darf. Anderseits kann die treibende Kraft wirtschaftlicher Natur in dem Sinne sein, daß ein gefährliches Abfallmaterial in ein unschädliches Abfallmaterial, bzw. ein Abfallmaterial in einen Baustoff verwandelt wird.

In beiden Fällen sollte ein klarer Rahmen an Regelungen und Normen zur Rationalisierung der Immobilisierungsverfahren und zur Bewertung der dadurch erzeugten Immobilisierungsprodukte vorliegen. Im hier folgenden Flußdiagramm ist ein derartiger Regulierungsrahmen, ein derartiges Bewertungsschema, umrissen. Immobilisierung als ein Verbesserungsverfahren spielt eine wichtige Rolle in diesem Bewertungsschema.

Zuerst sollte die gesamte (Spuren-) elementare Zusammensetzung der Materials bestimmt werden, um die Deponierung von wertvollen oder gefährlichen Elementen in hohen Konzentrationen zu verhindern. Der zweite Schritt in diesem Flußdiagramm ist ein Auslaugtest an einer zerkleinerten Probe unter Einstellung des pH auf 7 und 4 (Verfügbarkeitstest), um den maximalen Anteil eines Elements zu bemessen, der unter praktischen Bedingungen ausgelaugt werden kann. Das ist der wichtigste Schritt im Flußdiagramm, denn vom Standpunkt des Umweltschutzes ist der wichtigste Aspekt nicht, was im (Abfall-) Material enthalten ist, sondern was daraus ausgelaugt werden kann. Der dritte Schritt ist ein langfristiger Auslaugtest. Der Kolonnen-Auslaugtest sollte für pulverförmiges oder granuliertes Material benutzt werden, während der Tank-Auslaugtest für Produkte gedacht ist. Im letzteren Fall ist auch die Dauerhaftigkeit des Materials von Bedeutung, um sicherzustellen, daß es nicht innerhalb von kurzer Zeit zerfällt.

Wenn die Verfügbarkeitswerte die maximalen Normenwerte überschreitet, lassen sich die Elemente zu leicht auslaugen. In diesem Fall ist eine (chemische) Stabilisierung dieser Elemente erforderlich. Die physikalische Verfestigung (Produktverbesserung) ist wichtig, wenn die Dauerhaftigkeit unter den Normanforderungen liegt. Schließlich, wenn die langfristige Auslaugung die Normwerte überschreitet, können beide Immobilisierungsverfahren (Stabilisierung und Verfestigung) nützlich sein.


Legende zum Flußdiagramm auf der nächsten Seite:
    availability test L/S=100, pH 7 and 4 - Verfügbarkeitstest L/S=100, pH 7 and 4
    column leaching test L/S = 0.1 - 10 - Kolonnen-Auslaugtest L/S = 0,1 - 10
    durability test - Dauerhaftigkeitstest
    free choice dependent on technical prospects and/or costs - Freie Wahl je nach technischen Aussichten und/oder Kosten
    immobilization (stabilization) - Immobilisierung (Stabilisierung)
    immobilization (solidification, product improvement) - Immobilisierung (Verfestigung, Produktverbesserung)
    landfill only at a site specifically equipped for this kind of waste materials - Deponierung zulässig nur in einer Deponie, die besonders auf diesen Typ von Abfallmaterial eingerichtet ist
    powders, grains - Pulver, Körner
    prevention removal/detoxification of critical elements - Vorbeugende Beseitigung/Entgiftung kritischer Elemente
    products - Produkte
    standard - Norm
    tank leaching test, time 0 - 64 days - Tank-Auslaugtest, Dauer 0 - 64 Tage
    (trace) elemental composition - (Spuren-) Elementzusammensetzung

Legende zum Flußdiagramm, Fortsetzung
   utilization or landfill allowed under some or more special conditions- Benutzung oder Deponie zulässig unter einer oder einigen speziellen Bedingung(en)
   utilization or landfill without any restrictions - Uneingeschränkte Benutzung oder Deponie

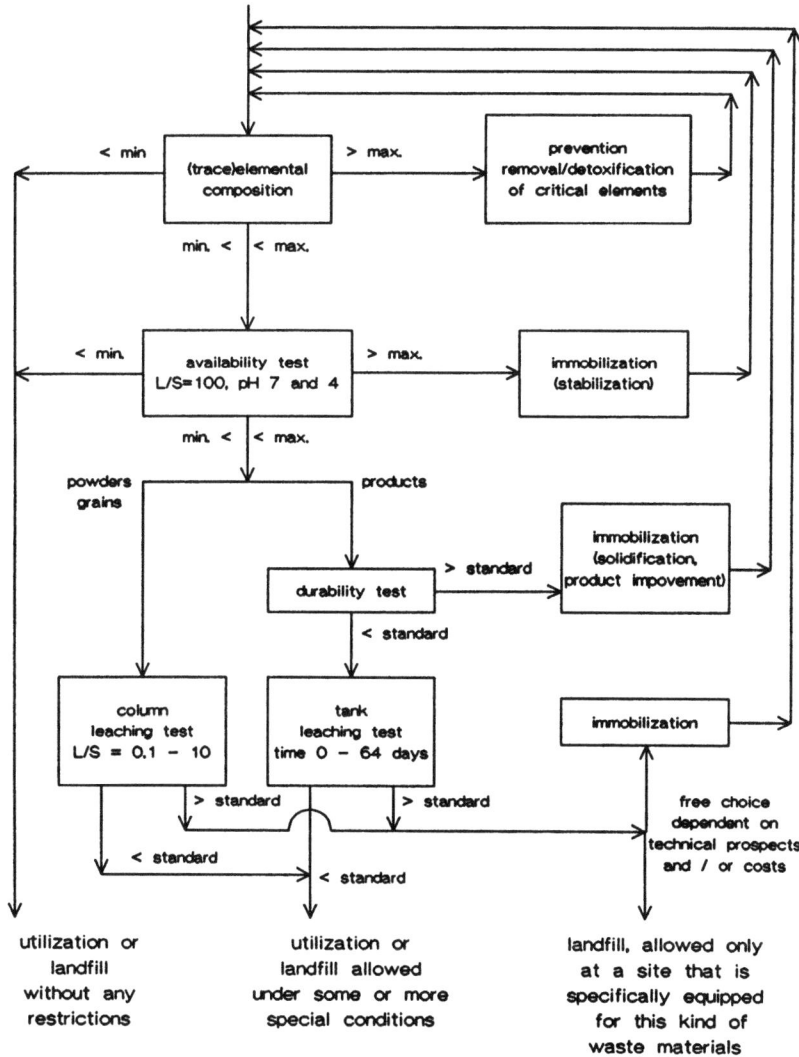

Flußdiagramm für Abfallmaterial, Abfallprodukte und Baustoffe.

VERHALTENSPRÜFUNG VON VERFESTIGTEN UND STABILISIERTEN AB-
FALLMATERIALIEN ZUR UMWELTBEWERTUNG UND GÜTEKONTROLLE

H.A. VAN DER SLOOT
NIEDERLÄNDISCHE ENERGIEFORSCHUNGSSTIFTUNG,
PETTEN, DIE NIEDERLANDE

Für Abfallmaterialien, die nicht nutzbringend angewendet werden können und deren Mengen und Eigenschaften sich nicht wesentlich durch Wiederverarbeitung und/oder Verfahrensmodifikation abändern lassen, ist die Deponierung oft die letztmögliche Alternative. Weil die Auslaugbarkeit dieser Materialien derart ist, daß ihre Benutzung verboten ist, ist oft eine Behandlung solcher Materialien vor dem Deponieren erforderlich. Verfestigungs- und Stabilisierungsverfahren werden weitgehend als eine Möglichkeit zur Verminderung der Unweltauswirkungen betrachtet. Die Umweltindustrie hat rasch auf diesen Marktbedarf reagiert. Es fehlt jedoch noch an geeigneten Testmethoden und Kriterien für das Verhalten der verfestigten und stabilisierten Materialien. Für die Deponierung ist eine gute Beurteilung des langfristigen Verhaltens notwendig. Die nach gegenwärtig gültigen Regelungen erforderlichen Tests auf Grundlage einmaliger Extraktion des zerkleinerten Produkts sind für diesen Zweck nicht geeignet [1]. Ein gründlicheres Verständnis der beteiligten Mechanismen und Vorgänge ist notwendig, um Voraussagen über das langfristige Verhalten machen und die Testergebnise zur Abänderung des Mischungsansatzes benutzen zu können, und um schließlich Mischungsansätzenen für gut charakterisierte Abfallströme ihre Qualität bescheinigen zu können.
Ein wesentlicher Faktor bei der Bewertung der Umweltauswirkungen verfestigter und stabilisierter Abfallstoffe besteht darin, die wahrscheinliche Auslaugbarkeit und die Abgaberate für kritische Bestandteile unter wirklichkeitsnahen Bedingungen zu messen. Geeignete Methoden zur Erfüllung dieser Anforderungen sind verfügbar [2,3]. Ein Tankauslaugversuch an dem unzerkleinerten Probestück (ähnlich ANS 16.1) und ein Verfügbarkeitstest an einer zerkleinerten Probe führt zur Identifizierung der Auslaugmechanismen und der Bestimmung der Auslaugparameter, die eine Voraussage des Verhaltens über längere Zeit ermöglichen. Diese Tests wurden von der niederländische Arbeitsgruppe für die Standardisierung von Auslaugtests für Verbrennungsrückstände (SOSUV) erarbeitet, deren Tätigkeit nun vom Normenkomitee 390 11 (Auslaugverhalten von Bau- und Abfallmaterialien) des Niederländischen Normeninstituts, Delft, übernommen wurde. Es können physikalische und chemische Faktoren unterschieden werden, durch welche die

Abgaberate beeinflußt wird. Die systematischen Informationen, die durch diese Art von Prüfungen erhalten werden, erlauben eine Zulassung von Verfahren und infolgedessen die Senkung der Testanforderungen. Eine effektive Datenbank mit Auslaugdaten der stabilisierten Materialien ist eine notwendige Voraussetzung für das Speichern und Auffinden dieses systematischen Wissens.

Eine neue Entwicklung soll ebenfalls erwähnt werden. Die Bildung von Diffusionssperren in den Grenzschichten stabilisierter Produkte kann die Materialien abdichten und sowohl die Aufnahme (Salze) aus der Umwelt als auch die Abgabe von unerwünschten Bestandteilen an die Umwelt begrenzen. Der Mechanismus hat sich in langfristigen Feldprüfungen bewährt und wird durch Computermodelle bestätigt.

Im Flußdiagramm aus Abb. 1 werden die Verfahren und Möglichkeiten zusammengefaßt.

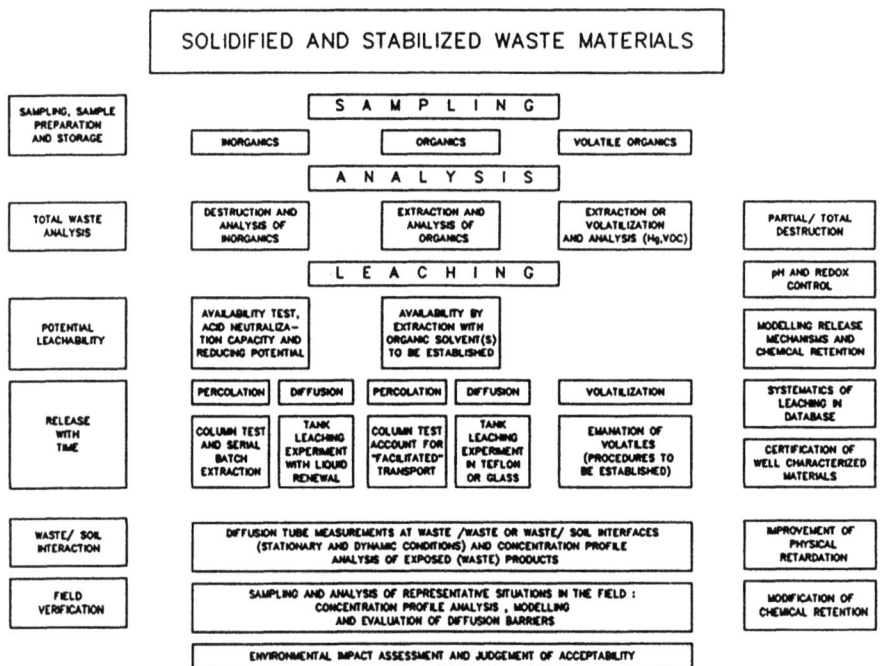

Abbildung 1. Flußdiagramm für die Umweltbewertung von verfestigten und stabilisierten Materialien

Legende zu Abbildung 1 siehe nächste Seite.

Legende zu Abbildung 1:
ANALYSIS - ANALYSE
AVAILABILITY BY EXTRACTION WITH ORGANIC SOLVENT(S) TO BE ESTABLISHED - BESTIMMUNG DER VERFÜGBARKEIT DURCH EXTRAKTION MIT ORGANISCHEM(N) LÖSUNGSMITTEL(N)
AVAILABILITY TEST, ACID NEUTRALIZATION CAPACITY AND REDUCING POTENTIAL - VERFÜGBARKEITSTEST, SÄURENEUTRALISIERUNGSFÄHIGKEIT UND REDUKTIONSPOTENTIAL
CERTIFICATION OF WELL ESTABLISHED MATERIALS - ZULASSUNG BEWÄHRTER MATERIALIEN
COLUMN TEST ACCOUNT FOR 'FACILITATED TRANSPORT' - KOLONNENTESTBERICHT FÜR "ERLEICHTERTEN TRANSPORT"
COLUMN TEST AND SERIAL BATCH EXTRACTION - KOLONNENTEST UND SERIELLE CHARGENEXTRAKTION
DESTRUCTION AND ANALYSIS OF INORGANICS - ZERSTÖRUNG UND ANALYSE DER ANORGANISCHEN STOFFE
DIFFUSION - DIFFUSION
DIFFUSION TUBE MEASUREMENT AT WASTE/WASTE... - DIFFUSIONSROHR-MESSUNG AN ABFALL/ABFALL- ODER ABFALL/BODEN-GRENZFLÄCHEN (STATIONÄRE UND DYNAMISCHE BEDINGUNGEN) UND KONZENTRATIONSPROFIL-ANALYSE DER FREILIEGENDEN (ABFALL-) PRODUKTE
EMANATION OF VOLATILES (PROCEDURES TO BE ESTABLISHED) - ABGABE DER FLÜCHTIGEN STOFFE (VERFAHREN NOCH NICHT FESTGELEGT)
ENVIRONMENTAL IMPACT ASSESSMENT AND JUDGEMENT OF ACCEPTABILITY - BEWERTUNG DER UMWELTAUSWIRKUNG UND BEURTEILUNG DER ZULASSUNGSFÄHIGKEIT
EXTRACTION AND ANALYSIS OF ORGANICS - EXTRAKTION UND ANALYSE DER ORGANISCHEN STOFFE
EXTRACTION OR VOLATILIZATION AND ANALYSIS (Hg, VOC) - EXTRAKTION ODER VERFLÜCHTIGUNG UND ANALYSE (Hg, FOV)
FIELD VERIFICATION - BEWÄHRUNG IM FELD
IMPROVEMENT OF PHYSICAL RETARDATION - VERBESSERUNG DER PHYSIKALISCHEN VERZÖGERUNG
INORGANICS - ANORGANISCHE STOFFE
LEACHING - AUSLAUGUNG
MODELLING RELEASE MECHANISMS AND CHEMICAL RETENTION - MODELL DER ABGABEMECHANISMEN UND CHEMISCHEN RETENTION
MODIFICATION OF CHEMICAL RETENTION - ABÄNDERUNG DER CHEMISCHEN RETENTION
ORGANICS - ORGANISCHE STOFFE
PARTIAL/TOTAL DESTRUCTION - TEILWEISE/VÖLLIGE ZERSTÖRUNG
PERCOLATION - SICKERUNG
POTENTIAL LEACHABILITY - WAHRSCHEINLICHE AUSLAUGBARKEIT
RELEASE WITH TIME - ABGABE IM LAUF DER ZEIT
SAMPLING - PROBENAHME
SAMPLING AND ANALYSIS OF REPRESENTATIVE... - PROBENAHME UND ANALYSE TYPISCHER SITUATIONEN IM FELD: KONZENTRATIONSPROFIL-ANALYSE, MODELLIERUNG UND BEWERTUNG DER DIFFUSIONSSCHRANKEN

SAMPLING, SAMPLE PREPARATION AND STORAGE - PROBENAHME, PROBENVORBEREITUNG UND AUFBEWAHRUNG
SOLIDIFIED AND STABILIZED WASTE MATERIALS - VERFESTIGTE UND STABILISIERTE ABFALLSTOFFE
SYSTEMATICS OF LEACHING IN DATABASE - SYSTEMATIK DER AUSLAUGUNG IN DATENBANK
TANK LEACHING EXPERIMENT IN TEFLON OR GLASS - TANKAUSLAUGVERSUCH IN TEFLON ODER GLAS
TANK LEACHING TEST WITH LIQUID RENEWAL - TANKAUSLAUGVERSUCH MIT FLÜSSIGKEITSERNEUERUNG
TOTAL WASTE ANALYSIS - GESAMTABFALLSTOFF-ANALYSE
VOLATILE ORGANICS - FLÜCHTIGE ORGANISCHE STOFFE
VOLATILIZATION - VERFLÜCHTIGUNG
WASTE/SOIL INTERACTION - ABFALL/BODEN-WECHSELWIRKUNG


BIBLIOGRAPHIE

1) H.A. van der Sloot. Auslaugverhalten von Abfallstoffen und stabilisierten Abfallstoffen; Charakterisierung für die Umweltbewertung. Waste Management & Research (im Druck).
2) NVN 2508. Norm-Auslaugtest für Verbrennungsrückstände. Niederländisches Normeninstitut, Delft, 1988.
3) Normenentwurf NVN 5432. Bestimmung der maximalen auslaugbaren Menge und Abgabe von potentiell schädlichen Bestandteilen aus Baustoffen, verfestigten Abfallmaterialien und stabilisierten Abfallprodukten von hauptsächlich anorganischer Zusammensetzung. Niederländisches Normeninstitut, Delft, 1989.

DIE LANGFRISTIGE STABILITÄT VON VERFESTIGTEN ABFÄLLEN, ERMITTELT ANHAND VON PHYSIKALISCHEN UND MORPHOLOGISCHEN PARAMETERN

WALTER E. GRUBE, JR.

U.S. ENVIRONMENTAL PROTECTION AGENCY
CINCINNATI, OHIO 45268 U.S.A.

## 1. ZUSAMMENFASSUNG

Drei Bodenmaterialien, die mit Öl, Schmiermitteln, PCB's und Metallen kontaminiert waren, wurden chargenweise durch Mischen mit Portland-Zement und handelsrechtlich geschützten Additiven stabilisiert. Die Bewertung des Verfahrens erfolgte durch Messung physikalischer Eigenschaften und die Untersuchung der Eigenschften entweder mit bloßem Auge oder mit unterschiedlicher Vergrößerung. Intakte zylindrische Proben wurden mit Hilfe von Röntgenaufnahmen, von Messungen der Kompressionswellengeschwindigkeit und von petrographischen Methoden untersucht; außerdem wurden sie Festigkeits- und Permeabilitätstests unterzogen. Die behandelten Abfälle zeigten ausreichende Festigkeit und Beständigkeit gegenüber Verwitterungseinflüssen, sowie eine sehr geringe Permeabilität. Die Komponenten des Abfalls wurden gleichförmig über die verfestigte Masse verteilt. Die Stabilität großer Massen von verfestigten Abfällen wurde durch Untersuchungen an Blöcken geprüft, die in allen Richtungen etwa einen Meter maßen.

## 2. EINLEITUNG

Ein Prozeß zur Verfestigung/Stabilisierung von Abfällen und eine von der Firma Soliditech, Inc., entwickelte Technologie wurden vom Büro der U.S. Umweltbehörde für Forschung und Entwicklung im Rahmen des SITE-Programms geprüft. SITE steht für 'Superfund Innovative Technology Evaluation', d.h. Bewertung innovativer Technologien durch Superfund. Bei diesem Prozeß wird das Abfallmaterial in einem Chargenmischer mit handelsrechtlich geschützten Additiven, Puzzolanerden und Wasser vermischt. Bei dieser Demonstration wurden drei Abfalltypen aus einer Superfund-Altlast sowie reiner Sand verwendet (Abbildung 1). Die EPA führte sowohl zahlreiche Auslaugtests als auch eine umfangreiche physikalische Prüfung der behandelten Abfälle durch. Die Daten wurden dazu benutzt, die Effektivität dieser Technologie zur Stabilisierung von Abfällen zu bewerten.

Zu den physikalischen Tests gehörten Messungen der Indexeigenschaften, der Dichte, der Permeabilität, der Festigkeit und der Haltbarkeit (USEPA, 1989).

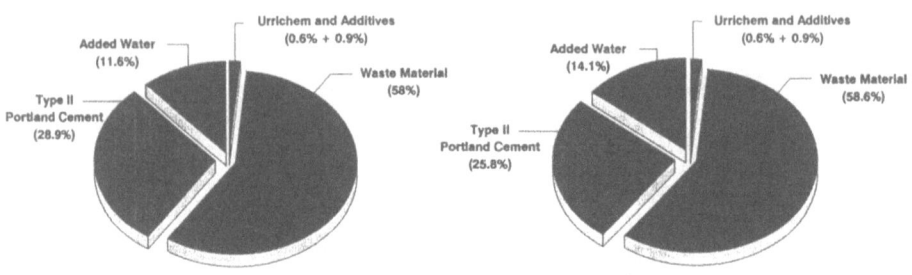
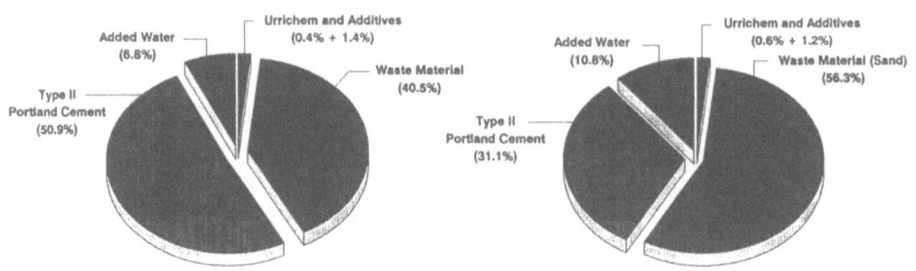

Abbildung 1. Behandlungsansatz für Abfälle, die nach dem Soliditech-Verfahren behandelt wurden.

Legende: off-site area one soil - Boden von außerhalb der Altlast, Bereich Eins
filter cake - Filterkuchen
oily sludge - öliger Schlamm
reagent mixture with sand - Reaktionsmischung mit Sand

Morphologische Messungen wurden in verschiedenen Maßstäben durchgeführt: (a) Feldbeschreibung von Oberflächeneigenschaften großer Massen von verfestigten Abfällen, (b) genauere Untersuchung von großen Massen oder frisch gebrochenen Oberflächen entweder mit unbewaffnetem Auge oder bei 10facher Vergrößerung, (c) polierte Flächen und Dünnschliffe, die nach geologischen oder metallographischen Verfahren hergestellt wurden, und (d) Mineral/Oberflächen-Übergänge, die zu verschiedenen Zeitpunkten nach der Abfallbehandlung elektronenmikroskopisch untersucht wurden.

Extrahierbare und auslaugbare Schadstoffe wurden durch Anwendung von fünf unterschiedlichen Laborverfahren gemessen (Abbildung 2). Ihre Ergebnisse sind bereits mitgeteilt

BEWERTUNGSPARAMETER

| KURZFRISTIGE PRÜFUNG | LANGFRISTIGE EXTRAKTIONS- UND AUSLAUGTESTS | PETRO- GRAPHISCHE UNTERSUCHUNG | MONOLITHEN AUS BE- HANDELTEN ABFÄLLEN |
|---|---|---|---|
| Extraktions- tests  TCLP  EP  ANS 16.1  BET Chemische Analysen Physikalische Analysen | TCLP EP WILT | Gegossene Zylinder Geschnittene Platten Dünnschliffe Pulver | Physikalische Stabilität und Ver- witterungs- Eigenschaften |

Abbildung 2. Bewertungsparameter der Soliditech-Technologie

worden (Grube, 1990; USEPA, 1989a). Petrographische Verfahren bieten unabhängig von der chemischen Analyse wichtige
Hilfsmittel, um Reaktionsprodukte und die Beziehung zwischen
chemischen Reaktionen und physikalischen Phänomenen in einem
System zu identifizieren.

3. METHODEN

Die Laboruntersuchungen wurden ausschließlich mit in-
takten Zylindern durchgeführt, die nach dem Mischen der
Abfälle im Rahmen der technologischen Felddemonstartion
gegossen worden waren (Tabelle 1).
Die Dichte wurde durch Messung von Masse und Volumen
bestimmt. Die Permeabilität wurde an zylindrischen Proben
gemessen, die in eine triaxiale Vorrichtung eingespannt
wurden. Die uniaxiale Druckfestigkeit wurde entsprechend den
ASTM-Standardprozeduren gemessen (ASTM, 1987). Zur Quantifizierung der Haltbarkeit wurden TMSWC-Tests (Testverfahren
zur Charakterisierung von verfestigtem Abfall) durchgeführt,
die von Cote 1988 beschrieben worden sind. Bei ausgesuchten
Proben wurden Testmessungen der Schallgeschwindigkeit vorgenommen.
Die Beobachtung und Beschreibung der unterscheidenden
oder charakteristischen Eigenschaften der verfestigten
Abfallprodukte nach dem Soliditech-Verfahren wurde in einer

TABELLE 1. Proben von behandeltem Abfall aus der Soliditech SITE-Demonstration

| Anzahl | Größe der Gußzylinder (Durchmesser/Höhe) | Zweck |
|---|---|---|
| 15 | 2,5 cm mal 4,8 cm | Extraktionstests |
| 80 | 3* Zoll mal 6 Zoll | |
| 16 | 3 Zoll mal 6 Zoll | Chemische Analysen |
| 30 | 3 Zoll mal 6 Zoll | Physikalische Tests |
| 30 | 4,5 cm mal 7,4 cm | Haltbarkeitsstests Naß/trocken und frieren/tauen |
| 12 | 3 Zoll mal 3 Zoll | Permeabilitätstests |
| 12 | 3 Zoll mal 18 Zoll | Abfall-Grenzschicht Aus- |
| 12 | 6 Zoll mal 18 Zoll | laugtests (Dauer 6 Monate) |
| 60 | 3 Zoll mal 3 Zoll | Petrographische Tests |

*3 Zoll = 7,62 cm

natürlichen und logischen Reihenfolge vorgenommen (Brewer, 1976). Die morphologischen Analysen begannen mit der detaillierten Musterung von Monolithen aus behandelten Abfällen (MBA's), also von Würfeln aus verfestigten behandelten Abfällen, die in jeder Richtung etwa einen Meter maßen. Der Zustand der exponierten Oberflächen wurde untersucht, um notleidende Bereiche oder andere Abweichungen vom ursprünglichen oder erwarteten Zustand zu identifizieren und zu definieren. Da für die Inspektion von verfestigten/ stabilisierten Abfällen keine Richtlinien veröffentlicht worden sind, wurden Ansätze und Verfahren aus der Herstellung von Betondecken (ACI, 1986), der Geologie und der Bodenmorphologie adaptiert. Die gegossenen Probenzylinder wurden auch auf Risse untersucht. Von ausgewählten Zylindern wurden Röntgenaufnahmen angefertigt, oder sie wurden zur detaillierteren Untersuchung longitidinal in dünne Scheiben geschnitten. Interessante spezifische Eigenschaften, die mit dem Lichtmikroskop beobachtet worden waren, wurden durch Verfahren der Elektronenmikroskopie genauer charakterisiert.

4. ERGEBNISSE

Tabelle 2 zeigt die Ergebnisse der physikalischen Analysen.

Die Schüttdichte der unbehandlten Abfälle lag zwischen 1,14 (Filterkuchen) und 1,26 g/cm$^3$ (Boden von außerhalb der Altlast, Bereich Eins). Die Dichten nach der Behandlung lagen für alle Proben zwischen 1,42 und 1,69 g/cm$^3$, wobei je nach Abfalltyp deutliche Unterschiede auftraten. Die Gleichförmigkeit der gegossenen Probenzylinder wurde durch die Messung der Pulsgeschwindigkeit von Druckwellen beurteilt. Dieses Verfahren liefert außerdem Hinweise auf eventuelle Hohlräume, Risse und andere Veränderungen in den Eigenschaften des Zements. Die Geschwindigkeiten aus Tabelle 3 zeigen, daß jede behandelte Abfallmischung homogen zu sein scheint, während die verschiedenen behandelten Abfälle unterschieden werden können.

TABELLE 2. Physikalische Eigenschaften von drei Abfällen, die nach dem Soliditech-Verfahren behandelt worden sind; für jeden Parameter wurden drei Proben analysiert.

|  | Schüttdichte (g/cm³) | Druckfestigkeit, uniaxial (kPa) | Permeabilität (m/s) |
|---|---|---|---|
| Filterkuchen | 1,44 | 3496 | $2,90 \times 10^{-9}$ |
|  | 1,42 | 2744 | $2,40 \times 10^{-9}$ |
|  | 1,43 | 1861 | $8,30 \times 10^{-9}$ |
|  | $\bar{x} = 1,43$ | $\bar{x} = 2689$ | $\bar{x} = 8,30 \times 10^{-9}$ |
|  | RSA = 0,7 | RSA = 207 | RSA = 72 |
| Filterkuchen/ öliger Schlamm | 1,66 | 6267 | $7,60 \times 10^{-11}$ |
|  | 1,68 | 6260 | $2,10 \times 10^{-11}$ |
|  | 1,69 | 5171 | $17,1 \times 10^{-11}$ |
|  | $\bar{x} = 1,68$ | $\bar{x} = 5929$ | $\bar{x} = 8,30 \times 10^{-11}$ |
|  | RSA = 0,9 | RSA = 76 | RSA = 85 |
| Außerhalb der Altlast, Bereich Eins | 1,58 | 4509 | $5,03 \times 10^{-10}$ |
|  | 1,59 | 4254 | $3,59 \times 10^{-10}$ |
|  | 1,60 | 5247 | $1,62 \times 10^{-10}$ |
|  | $\bar{x} = 1,59$ | $\bar{x} = 4688$ | $\bar{x} = 3,41 \times 10^{-10}$ |
|  | RSA = ,06 | RSA = 76 | RSA = 50 |

TABELLE 3. Geschwindigkeiten von Druckwellen für drei Abfälle (dreifache Proben), die nach dem Soliditech-Verfahren stabilisiert worden sind.

| Abfalltyp | Geschwindigkeiten (m/s) | | |
|---|---|---|---|
| Filterkuchen | 1781 | 1893 | 1725 |
| Filterkuchen/öliger Schlamm | 2652 | 2606 | 2691 |
| Außerhalb Altlast, Bereich Eins | 2024 | 1996 | 2045 |
| Sauberer Sand, Referenz | 3296 | 3767 | 3450 |

Die USEPA stuft ein stabilisiertes/verfestigtes Material mit einer uniaxialen Druckfestigkeit von 50 psi (345 kPa) oder größer als zufriedenstellend ein.

Die Permeabilität der unbehandelten Abfälle wurde nicht ermittelt. Bei allen Proben des behandelten Abfalls lag die Permeabilität niedrig genug, um auf Diffusion als dominierenden Migrationsmechanismus der gelösten Stoffe zu schließen.

Die Naß/Trocken-Bewitterungstests wurden nach TMSWC-11 durchgeführt, einer leicht modifizierten Variante von ASTM D-4843. Die Ergebnisse, dargestellt als kumulierter Gewichtsverlust nach 12 Naß/Trocken-Zyklen und normiert auf einen Kontrollblock, der keinen Naß/Trocken-Zyklen ausgesetzt wurde, zeigen für alle behandelten Abfälle einen Gewichtsverlust von weniger als einem Prozent.

Die Frieren/Tauen-Bewitterungstests wurden nach TMSWC-11 durchgeführt, einer leicht modifizierten Variante von ASTM D-4842. Eine der drei Proben des verfestigten Filterkuchens/ öligen Schlamms zeigte nach 7 Zyklen einen Gewichtsverlust von einem Prozent; bei allen anderen behandelten Abfällen traten nur unwesentliche Verluste auf.

Die Untersuchung der MBA's ergab, daß die erste Charge der in der Felddemonstration verarbeiteten Abfälle unvollständig gemischt war. Auf den Blockflächen wurden schwarze Massen sichtbar, deren Flächen einen Durchmesser von mehreren Zentimetern aufwiesen (Abbildung 3). Diese Massen waren hochgradig organisch und besaßen genau das Aussehen des unbehandelten Tankschlamms, der Bestandteil dieses Abfallstroms war.

Jeder der 13 Monolithen aus behandelten Abfällen zeigte nach 28tägigem Aushärten Eckenrisse. Die Stärke dieser Brüche schien weder nach sechs Monaten noch nach einem Jahr zuzunehmen. Bei vielen der MBA's wurden Netzrisse sichtbar, als sie sechs Monate nach der Felddemonstration des Soliditech-Verfahrens inspiziert wurden. Ihre Bedeutung wurde als gering eingestuft -- deutlich sichtbar, aber nicht störend. Der kleinste beobachtete Rißabstand betrug ungefähr 15 - 20 cm, und die Eindringtiefe in das Innere der MBA's schien mindestens bis 10 cm unter die Oberfläche zu reichen. Bei einigen Blockflächen schienen die Risse nach einem Jahr etwas breiter zu sein. Abbildung 3 zeigt auch einen Fall von Netzrissen. Um die Stärke und Entwicklung der Risse zu quantifizieren, wird eine computergestützte Bildanalyse durchgeführt.

Eine gründliche Untersuchung von Bruchflächen der MBA's zeigte zahlreiche und weit verbreitete rundliche, dunkle bis schwarze Flecken mit Durchmessern von einigen Millimetern (Abbildung 4). Dabei handelte es sich um mit Öl/Schmiermitteln gefüllte Hohlräume oder kleine Volumina öliger Abfälle, die von einer Zementmatrix umgeben waren. Einige Flecken waren von einem 'Halo' umgeben, der darauf hin-

**Abbildung 3.** Monolithe aus behandeltem Abfall. Der untere Block zeigt kleine Massen von unvermischtem Abfall. Der obere Block zeigt Netzrisse.

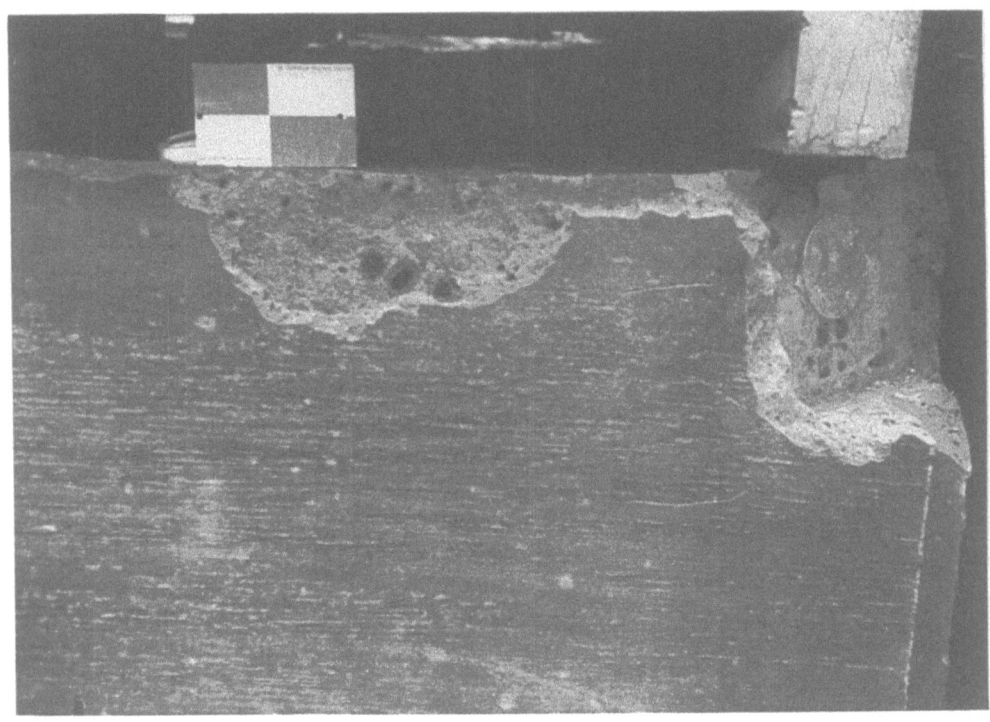

Abbildung 4. Kleine Kügelchen aus öligen Abfällen, die im behandelten Abfall eingeschlossen sind.

deutete, daß flüchtige oder flüssige Komponenten der öligen Abfälle migriert waren. Die Halos waren unterschiedlich deutlich ausgeprägt, ihre Größe konnte bis zu einigen Zentimetern im Durchmesser betragen. Die Untersuchung polierter Schnitte ergab ähnliche Eigenschaften.

Petrographische Dünnschliffe wurden nach Standardverfahren hergestellt und mit Epoxxydharz imprägniert oder fluoreszenzgefärbt. Die öligen Kügelchen konnten im parallel polarisierten Licht als dunkel gefärbtes Material leicht ausgemacht werden; bei kreuzweise polarisiertem Licht waren sie etwas rötlich. Durch eine Wärmebehandlung wurde das ölige organische Material entfernt. An den Stellen, an denen vorher dunkle oder bernsteinfarbene Partikel vorhanden waren, blieben sichtbare Schatten zurück, die auf das Vorhandensein von mineralischen Substanzen in den öligen Kügelchen hinwiesen.

## 5. DISKUSSION

Das Soliditech-Verfahren führt zu einem homogen verfestigtem Produkt, wobei die Beobachtungen bei allen Vergrößerungen konsistente Ergebnisse liefern. Die deutliche Abweichung bei der ersten Charge von Abfällen, die bei der Felddemonstration verarbeitet wurde, zeigt den Wert von makroskopischen Sichtprüfungen der Prozeßprodukte.

Die uniaxiale Druckfestigkeit der verfestigten Abfälle war umgekehrt proportional zur Permeabilität. Sie nahm direkt mit dem Gewichtsanteil des Portlandzements zu, der unter die Abfälle gemischt wurde. Die Variabilität der verschiedenen gegossenen Probenzylinder war abhängig von den drei Abfalltypen, aber auch von den Bewertungsparametern.

Wegen des Zementzusatzes war die Dichte der behandelten Abfälle signifikant größer als die der unbehandelten. Die Unterschiede in den Schüttdichten der drei behandelten Abfälle korrelierten mit den gemessenen Geschwindigkeiten der Druckwellen.

Die Permeabilität hing sowohl von der Schüttdichte als auch von der uniaxialen Druckfestigkeit ab. Der festeste und dichteste Abfall erwies sich als am undurchdringlichsten.

Die Exposition in Naß/Trocken- bzw. Frieren/Tauen-Zyklen ergab eine gute Bewahrung der physikalischen Stabilität. Da es bei diesen Expositionen zu einer nur sehr geringen physikalischen Zersetzung kam, konnte eine signifikante Güteminderung nicht quantifiziert werden.

Die Beobachtung von Eckenrissen nach dem Entfernen der Sperrholzschalung (28 Tage nach dem Schütten) legt für Anschlußuntersuchungen die Verwendung runder Schalungen nahe.

Die Netzrisse auf den MBA's, die bei der Inspektion nach sechs Monaten beobachtet wurden, scheinen sich nach einem Jahr zu stabilisieren. Die Beobachter waren von den Netzrissen angesichts der folgenden Punkte nicht sonderlich überrascht: (1) der starke Zusatz von Portlandzement in der Behandlungsmischung; (2) die rasche Abbindezeit nach dem Mischen --- nur wenige zehn Minuten; und (3) das Fehlen aller Eisen oder Drahtnetze in den großen blockförmigen Massen. MBA's, die aus behandeltem Filterkuchen bestanden, schienen die auf der Oberfläche am deutlichsten sichtbaren Netzrisse aufzuweisen; Blöcke aus Filterkuchen/öligem Schlamm schienen unter Rissen am wenigsten gelitten zu haben.

Andere morphologische Merkmale wurden bei der Prüfung sowohl der MBA's als auch der kleineren gegossenen Probenzylinder gesucht. Dazu gehörten Oberflächenausbrüche, Kornblähungen, oxidative oder anderweitige Verfärbungen, Ausblühen von Salzen, Eigenschaften sichtbarer Poren und ausgeprägte Mineralbildung unter schwacher Vergrößerung. Abgesehen von den schwarzen Massen ungemischter Abfälle, die weiter oben diskutiert worden sind, wurden keine deutlichen

Verfärbungen beobachtet. Es wurde kein übermäßiges oder ausgeprägtes Ausblühen von Salzen über das Maß hinaus beobachtet, das auch bei normalem Zement auftritt.

Die geringe Dichte und die organische Zusammensetzung der zahlreichen kleinen, öligen Flecken wurde durch Röntgenaufnahmen und Untersuchungen mit einem petrographischen Mikroskop verifiziert. Die mikroskopische Untersuchung der mineralischen Substanzen, die nach der Hochtemperaturbehandlung in den Bereichen der öligen Kügelchen zurückbleiben, deutet auf eine mögliche chemische Wechselwirkung zwischen dem öligen Abfallmaterial und den anorganischen Produkten des Behandlungsprozesses hin. Visuelle und lichtmikroskopische Untersuchungen bestätigen, daß in den behandelten Abfällen keine durchgehenden Porensysteme auftreten. Die sichtbaren Merkmale der Poren bestätigen die in den Labormessungen ermittelte geringe Matrix-Permeabilität.

Die physikalischen Standardtests, die bei kommerziellem Beton normalerweise angewendet werden, erlauben eine klare Differenzierung zwischen den verschiedenen Abfalltypen, auf die das Verfestigungs/Stabilisierungsverfahren von Soliditech angewendet worden ist. Die in der Felddemonstration ermittelten Daten zeigen, daß diese Produkte die physikalischen Leistungsmerkmale, die von verfestigten Abfällen gefordert werden, erreichen oder übertreffen.

Die morphologische Untersuchung hat ergeben, daß das Ausmaß der Rißbildung direkt auf die Zusammensetzung aus Abfallmischung und Portlandzement zurückzuführen ist. Daß das ölige Abfallmaterial homogen in der ganzen Masse des verfestigten Produkts verteilt war, wurde durch Beobachtungen im megaskopischen bis zum mikroskopischen Maßstab verifiziert.

Die Daten der physikalischen Tests und der morphologischen Analyse belegen die Dauerhaftigkeit der behandelten Abfälle und das Auftreten von Reaktionen zwischen Abfällen und zementhaltigen Matrizen, die anderweitig weder durch chemische Analysen noch durch Auslaugverfahren beobachtet werden können.

6. BIBLIOGRAPHIE
1) USEPA. 1989. Stabilization/Solidification of CERCLA and RCRA Wastes -- Physical Tests, Chemical Testing Procedures, Technology Screening and Field Activities, EPA/625/6-89/022. RREL, USEPA, Cincinnati, OH 45268.
2) Grube, W.E., Jr., 1990. Evaluation of Waste Stabilized by the Soliditech SITE Technology. Jour. Air & Waste Mgmt. Assoc., Vol. 40, Nr. 3, 310-316.
3) USEPA 1989a. Technology Evaluation Report: SITE Program Demonstration Test Soliditech, Inc. Solidification/Stabilization Proces, EPA/540/5-89-005a. RREL, USEPA, Cincinnati, OH 45268.

4) ASTM. 1987. Annual Book of ASTM Standards. American Society for Testing and Materials, 1916 Race Street, Philadelphia, PA 19103.
5) Cote, P. 1988. Draft Report, Test Methods for Solidified Waste Characterization (TMSWC). Eingereicht vom Wastewater Technology Centre, Burlington, Ontario, beim RREL, USEPA, Cincinnati, OH 45268.
6) Brewer, R. 1976 Fabric and mineral analysis of soils. Robert E. Krieger Publishing Company, Huntington, New York. 482 pp.
7) ACI. 1986. Guide for Making a Condition Survey of Concrete Pavements, ACI 201.3R-86. American Concrete Institute Journal, May-June, 1986. 455-476.

# ANWENDUNG DER GÜTEANFORDERUNGEN DER TA ABFALL AUF EINE VERSUCHSDEPONIE VERFESTIGTER KONTAMINIERTER BÖDEN

PETRA BECKEFELD

INSTITUT FÜR GRUNDBAU UND BODENMECHANIK (IGB) TECHNISCHE UNIVERSITÄT BRAUNSCHWEIG, GAUßSTR. 2, D - 3300 BRAUNSCHWEIG

## 1. EINLEITUNG

Im Entwurf der Technischen Anleitung (TA) Abfall wird die Verfestigung als eine Übergangslösung zur kurzfristigen Verbesserung des Ablagerungsverhaltens von Sonderabfällen berücksichtigt. Es werden darin Güteanforderungen an die Verfestigungsprodukte aufgestellt.

Die Einhaltung der Güteanforderungen wird an den Verfestigungsprodukten im Rahmen einer Eignungsprüfung, der Gütekontrolle während des Einbaus sowie durch Prüfungen am Deponiekörper kontrolliert. Untersucht werden dabei die mechanischen Eigenschaften *Zerfallsbeständigkeit*, *Druckfestigkeit* und - als wichtigstes Kriterium - *Wasserdurchlässigkeit*, sowie das *Auslaugverhalten* der Verfestigungsprodukte.

Die vorgeschriebenen Prüfverfahren wurden im Rahmen eines Forschungsvorhabens für den Regierungspräsidenten Münster vom Institut für Siedlungswasserwirtschaft und vom Institut für Grundbau und Bodenmechanik der Technischen Universität Braunschweig entwickelt. Sie wurden im technischen Maßstab an der Versuchsdeponie verfestigter kontaminierter Böden in Bochum-Kornharpen angewendet. Die dabei gesammelten Erfahrungen wurden bei der Erstellung des Güteüberwachungskonzeptes in der TA Abfall berücksichtigt.

## 2. VERSUCHSDEPONIE VERFESTIGTER KONTAMINIERTER BÖDEN
### 2.1 Projekt

Auf der Deponie Kornharpen werden seit 1987 Versuche zur Verfestigung und Deponierung kontaminierter Böden unter umfassender wissenschaftlicher Begleitung durchgeführt. In einer auf dem Versuchsgelände installierten Mischanlage wurden ca. 10.000 m³ hauptsächlich durch PAK verunreinigter Böden mit Bindemitteln gemischt. Das erdfeuchte Mischgut wurde lagenweise mit Erdbaugeräten auf der Versuchsdeponie eingebaut und verdichtet. In voneinander getrennten Bauabschnitten kamen zwei verschiedene Rezepturen zur Anwendung. Beide Bauabschnitte sind durch eigene Abdichtungssysteme mit getrennter Sickerwasser- und Oberflächenwasserfassung vom restlichen Deponiegelände getrennt.

### 2.2 Überwachungskonzept

In der *Eignungsprüfung* wurde die Streubreite des Ausgangsmaterials sowie die mechanischen Eigenschaften, das Erstarrungsverhalten und die Verarbeitbarkeit der Verfestigungsprodukte geprüft und anhand der Ergebnisse die Rezepturen, der Einbau und die erforderliche Verdichtung festgelegt. In der *Güteüberwachung* wurden die mechanischen Eigenschaften sowie das Auslaugverhalten an Rückstellproben und Bohrkernen geprüft. Die Einhaltung der vorgegebenen Mischzeiten, der Verarbeitungszeit und der Verdichtung wurden ebenfalls kontrolliert. In der *Langzeitphase* werden für die Deponie Wasserbilanzen erstellt.

## 2.3 Ergebnisse

In der Güteüberwachung wurde festgestellt, daß alle Anforderungen aus der Eignungsprüfung von den Rückstellproben des Mischgutes vollständig erfüllt wurden. Aus der Deponie entnommene Bohrkerne unterschieden sich jedoch hinsichtlich ihrer Wasserdurchlässigkeit teilweise erheblich davon (Tabelle 1). Die gute Einhaltung der Rezepturen und Verarbeitungszeiten konnte durch statistische Auswertung der Betriebstagebücher nachgewiesen werden.

TABELLE 1. Untersuchungsergebnisse (Mittelwerte) mechanischer Eigenschaften aus Eignungsprüfung und Güteüberwachung des 2. Bauabschnittes, vgl. mit den Anforderungen der TA Abfall

| Parameter | TA Abfall, Anhang H | Eignungs-prüfung | Güteüberwachung Rückstellproben | Bohrkerne |
|---|---|---|---|---|
| Zerfallsziffer z [%] | $\leq 2$ | 0 | 0 | 0 |
| Druckfestigkeit | | | | |
| $q_u$ 14 [MN/m²] | $\geq 1$ | 5,47 | 7,53 | - |
| $q_u$ 28 [MN/m²] | $\geq 1 \geq q_u$ 14 | 7,93 | 8,67 | 6,72 |
| $q_u$ 56 [MN/m²] | $\geq 1 \geq q_u$ 28 | 11,26 | 11,35 | - |
| Durchlässigkeitsbeiwert $k_f$ [m/s] | $\leq 1 \times 10^{-9}$ | $6 \times 10^{-11}$ | $1 \times 10^{-12}$ | $9 \times 10^{-11}$ |

In der Langzeitphase zeigte sich, daß die an den Bohrkernen ermittelte Wasserdurchlässigkeit in etwa der Gesamtdurchlässigkeit der Deponie entspricht. Sickerwasser- und Oberflächenwasseranalysen zeigen kaum Kontaminationen. Die im kontaminierten Boden enthaltenen Schadstoffe sind durch die Verfestigung in eine stabile Matrix eines weitgehend homogenen, nur sehr gering wasserdurchlässigen Deponiekörpers eingebunden worden.

## 3. BIBLIOGRAPHIE

Beckefeld, P. (1989). Immobilisierung von Schadstoffen durch Verfestigung. In W. Rodatz (Ed.), Sonderheft zum 15jährigen Bestehen des Instituts. Mitteilung des IGB, TU Braunschweig 30: 47-57.

Beckefeld, P. (1990). Erfahrungen aus der Anwendung der in der TA Abfall (Entwurf) geforderten Kriterien für die Eignungsprüfung und die Güteüberwachung verfestigter Abfälle. In W. Rodatz, P. Beckefeld, U. Sehrbrock (Eds.), Standsicherheiten im Deponiebau/Schadstoffeinbindung durch Verfestigung von Abfällen. Mitteilung des IGB, TU Braunschweig 31: 153-166.

Beckefeld, P., Knüpfer, J. (1990). Untersuchung verfestigter Reststoffe aus der Rauchgasreinigung. In D. Reimann (Ed.), Reststoffe aus der Rauchgasreinigung. Beiheft zu Müll und Abfall 29: 49-51.

**Beurteilung des Langzeitverhaltens schwermetallhaltiger Abfälle auf der Deponie:
Entwicklung eines aussagekräftigen Elutionsverfahrens**

**Dipl.-Geol. Sabine Cremer, Prof. Dr. P. Obermann
Ruhr-Universität Bochum, Hydrogeologie, 4630 Bochum**

Die Bewertung der Deponierbarkeit von Abfallstoffen basiert auf einer Elution nach dem standardisierten Verfahren der DIN-Norm 38 414 - S4. In der Praxis hat sich oft gezeigt, daß reale Sickerwasserkonzentrationen toxischer Schwermetalle nicht durch eine Elution mit destilliertem Wasser bestimmbar sind. Die Ruhr-Universität Bochum entwickelt zur Zeit im Auftrag des Landesamtes für Wasser und Abfall NW einen alternativen Schütteltest, der das Deponieverhalten in Kombination mit dem S4-Eluat umfassender beschreibt.

**Wie kann der Schütteltest der Deponiesituation angenähert werden?**
Die Qualität des Deponiesickerwassers ist das Resultat der Verzahnung physikalischer, chemischer und biologischer Einflußgrößen.
Die *physikalischen Randbedingungen* (z.B. Lagerungsdichte, Niederschlagsrate) bestimmen die Verfügbarkeit und die Beweglichkeit des Lösungsmittels. Faktoren des *chemischen Milieus* mit den Mastervariablen pH-Wert und Redox-Potential haben einen entscheidenden Einfluß auf die Lösungs- und Ausfällungsreaktionen im Deponiekörper. In diesen physiko-chemischen Rahmen greifen *biologische Mechanismen* ein.
Bei einem Schütteltest werden aufgrund der kurzen Zeiträume die *biochemischen Einflußgrößen* der Deponiesituation vollständig ausgeklammert. Die *physikalischen Randgrößen* des Deponiekörpers werden zwangsläufig durch versuchstypische Bedingungen ersetzt. Das *chemische Milieu* des Deponiesickerwassers kann dagegen entsprechend vorstellbarer oder bekannter Entwicklungen in einem Schüttelversuch experimentell nachgebildet werden.
Bei einer Elution nach den Vorschriften der DIN 38 414 - S4 wird das *Initialstadium* einer Deponie, der Zutritt mineralarmen Wassers, simuliert. Zur Beurteilung des *Langzeitverhaltens* müssen pH-Wert und Redox-Potential der Elutionslösung innerhalb relevanter Grenzen variiert werden, um den Worst Case der Deponiesituation sicher erfassen zu können.

**In welchem Rahmen sollten die Bedingungen des chemischen Milieus im Schütteltest festgelegt werden?**
Ein Vergleich von pH-Pufferkurven verschiedener Abfallstoffe ergibt folgendes Bild: Die Abknickpunkte von niedrigem zu hohem Puffervermögen sind bei pH 4 im sauren Bereich und pH 11 im Alkalischen angesiedelt. Diese Punkte auf der pH-Skala flankieren gleichzeitig den Bereich um den Neutralpunkt, in dem viele Schwermetalle immobilisiert vorliegen. Beide pH-Werte liegen im realistischen Bereich des pH-Spektrums von Industrie-Deponien und sind im Versuch realisierbar.
Über die Redox-Milieus von Deponie-Sickerwässern wurden bisher nur vereinzelt Daten veröffentlicht. Redox-Reaktionen sind Prozesse, die durch starke kinetische Hemmungen meistens verlangsamt ablaufen. Die auf der Deponie in langen Zeiträumen ablaufenden Re-

aktionen müssen im Schüttelversuch durch einen hohen Redox-Gradienten beschleunigt werden, der durchaus nicht den realen Verhältnissen entsprechen muß.

**Wie sieht die Umsetzung in einen Laborversuch aus?**

Der pH-Wert der Elutionslösung wird von einer PC-gesteuerten Mehrfach-Titrierstation kontrolliert und durch Zugabe von Salpetersäure bzw. Natronlauge hochkonstant gehalten. Gängige pH-Puffersysteme sind für diese Anwendung nur bedingt geeignet; problematisch sind die nicht ausreichende Pufferkapazität und die Verfremdung des Versuchsergebnisses durch Komplexierungsreaktionen. Entsprechende Überlegungen führten zum Einsatz von Wasserstoffgas als Reduktionsmittel und Wasserstoffperoxid als Oxidationsmittel. Die Reaktionen werden hier weder durch Änderung der Ionenstärke noch durch die komplexierende Wirkung eines Redox-Puffers beeinflußt. Der Versuch wird bei Q 10 auf einem Horizontalschüttler oder bei großstückigen Abfällen mit einem Rührgerät durchgeführt.

Aus vorliegenden Versuchsreihen wird deutlich, daß der pH-Wert gegenüber dem Redox-Potential unter den experimentellen Bedingungen des Schütteltests einen weitaus größeren Einfluß auf die Mobilität umweltrelevanter Schadstoffe hat. Worst-Case-Untersuchungen von Abfallstoffen sollten daher vorrangig pH-orientiert sein.

**Wird die Aussagekraft des Schüttelversuchs bei Verminderung des Lösungs-/Feststoffverhältnisses Q erhöht?**

Schütteltests werden unter Lösungs-/Feststoffverhältnissen durchgeführt, die nicht im Einklang mit den Deponiebedingungen stehen. Versuche zeigen, daß der Übergang von der festen Schwermetallphase in die Lösungsphase bei Elutionsversuchen kinetisch stark gehemmt ist und nicht bis zur thermodynamischen Gleichgewichtseinstellung abläuft. Je mehr Feststoff bei gleichem Lösungsvolumen eingesetzt wird, desto höher sind auch die Konzentrationen im Eluat. Werden die eluierten Mengen auf die Einwaage bezogen, ist das Mobilisationsverhalten *(spezifische Fracht)* bei (realisierbaren) Lösungs-/Feststoffverhältnissen von Q 5, Q 10 und Q 20 konstant.

Generell läßt sich sagen, daß alle Parameter, die die Lösungskinetik beeinflussen, eine zentrale Bedeutung haben. Das betrifft z.B. die Kornverteilung der Probe; die Erhöhung der Ionenstärke durch den Titrator hat dagegen nur eine geringe Auswirkung.

**Wie sieht die geplante Einbindung des neuen Verfahrens aus?**

In der zweijährigen Laufzeit des Untersuchungsvorhabens hat sich klar herausgestellt, daß das Mobilisierungsverhalten von Schwermetallen dominierend vom pH-Wert gesteuert wird. Der neuentwickelte Versuchstyp ist daher in erster Linie ein $pH_{stat}$-Versuch, der um weitere Parameter ergänzt werden kann, wenn die Expositionsart des Abfalls bekannt ist (z.B. reduzierendes Milieu bei Lagerung auf einer Hausmülldeponie).

Aus den Analysendaten des *S4-Versuchs* wird wie bisher das *initiale Verhalten* des Abfallstoffs auf der Deponie beurteilt. Zusätzlich kann jetzt jedoch aus den Ergebnissen der $pH_{stat}$-*Elution* bei pH 4 und pH 11 abgeleitet werden, wie sich der Chemismus des Sickerwassers über *längere Zeiträume* verändern kann.

Das Langzeitverhalten der Schadstoffe wird im $pH_{stat}$-Versuch durch zwei Größen beschrieben. Auf der einen Seite wird durch die Analysendaten die *Worst-Case-Mobilität* der Schwermetalle erfaßt, auf der anderen Seite steht durch den Verbrauch an Säure/Base (pH-Pufferkapazität) die Information zur Verfügung, um die *Wahrscheinlichkeit* des 'Worst Case' in überschaubaren Zeiträumen einschätzen zu können.

## MINERALOGISCHE METHODEN ZUR UNTERSUCHUNG DER EINBINDUNG ORGANISCHER SCHADSTOFFE DURCH VERFESTIGUNG

G. Hirschmann[1], R. Khorasani[2], C. Schweer[1] und U. Förstner[3]

1 Chemie und Biologie der Altlasten, Büro Dr. R. Wienberg, Peutestr.51, 2000 Hamburg 28, BRD;
2 Fachhochschule Hamburg, Fachbereich Bauingenieurwesen, Hebebrandstr.1, 2000 Hamburg 60, BRD;
3 Technische Universität Hamburg-Harburg, Arbeitsbereich Umweltschutztechnik, Eißendorfer Straße 40, 2100 Hamburg 90, BRD.

Die Verfestigung als Abfallbehandlungsmethode dient zur Verbesserung der physikalischen Eigenschaften des Abfalls (Festigkeit, Durchlässigkeit etc.). Das auf die Schadkomponenten bezogene Ziel der Verfestigung besteht in der Stabilisierung, d.h. das Abfallmaterial soll in eine stabilere chemische Form umgewandelt und die Löslichkeit der Inhaltsstoffe begrenzt werden z.B. durch Sorption, pH-Einstellung oder Veränderung der chemischen Bindungsformen. Für die Beurteilung der Stabilisierung in Hinsicht auf das Langzeitverhalten der Verfestigungsprodukte müssen auch Untersuchungen über die wirkenden Mechanismen der Stabilisierung, also über die Einbindung herangezogen werden. Mineralogische Untersuchungsmethoden wie z.B. Röntgenpulverdiffraktometrie, Rasterelektronenmikropskopie (REM) oder Transmissionselektronenmikroskopie (TEM) können dabei Informationen über die Art der Einbindung liefern. Das gilt nicht nur für Untersuchungen über die Einbindung von Schwermetallen in Verfestigungsprodukte anorganischer Bindemittel, für die sich mineralogische Methoden bereits bewährt haben [1,2,3], sondern eingeschränkt auch für die Untersuchung verfestigter organischer Abfälle [4].

Als ein Beispiel sollen die Ergebnisse mineralogischer Untersuchungen vorgestellt werden, die im Rahmen des Verbundforschungsprojektes zur Sanierung der Altdeponie Hamburg-Georgswerder, Teilvorhaben Verfestigung von Sonderabfällen, durchgeführt wurden [5]. Ein Testöl (Modellabfall), dessen Zusammensetzung sich an Analysen der Ölphase aus ehemaligen Ölablagerungsbecken der Altdeponie orientiert, wurde mit verschiedenen anorganischen sowie organischen Bindemitteln (z.B. Zement, Kalkhydrat, Gips, Bitumenemulsion, Trinidad Asphalt) und Füllstoffen (z.B. Kreidekalk, Rotschlamm, Braunkohle) verfestigt. Sowohl die Zuschlagstoffe als auch die Verfestigungsprodukte wurden mit Hilfe der Pulverdiffraktometrie und der Rasterelektronenmikroskopie untersucht.

Die Röntgenpulverdiffraktometrie kam vorwiegend für die Untersuchung der anorganischen Zuschlagstoffe und deren Verfestigungsprodukte, die z.T. auch geringe Anteile organischer Zuschläge (z.B. Bitumenemulsion) enthielten, zum Einsatz. Durch Vergleich der Diffraktogramme der Ausgangsstoffe und der Verfestigungsprodukte sollte anhand von Phasenverschiebungen und dem Auftreten oder Verschwinden von kristallinen Phasen gezeigt werden, ob und in welchem Maße Reaktionen zwischen Testöl, Zuschlagstoffen und anderen Zusätzen (z.B. Wasser) erfolgt sind. Die Auswertung der Diffraktogramme stieß bereits bei Verfestigungsprodukten mit sehr geringen organischen Zuschlagstoffanteilen auf erhebliche Schwierigkeiten: der nichtkristalline Anteil verursacht einen hohen Untergrund, der viele Mineralpeaks überdeckt.

Beim Einsatz hydraulischer, puzzolanischer und nichthydraulischer Bindemittel erfolgt die Hydratations- und somit Erhärtungsreaktion erst nach Zugabe von Wasser, zusätzlich zum Wasseranteil des Modellöls (10 Gew.-%). Die Bildung der Hydratphasen wurde am wenigsten behindert, wenn das Testöl erst nach Mischung von Zuschlagstoff und Wasser zugegeben wurde oder durch Zusatz von Tensiden eine feine Verteilung des Testöls in der Wasser-Öl-Emulsion erfolgte. Eine Veränderung der qualitativen Mineralzusammensetzung war lediglich bei der Verfestigung mit Portlandzement unter Einsatz von Tensiden festzustellen. Dort konnte im Vergleich zur Mischung ohne Tensid zusätzlich Ettringit nachgewiesen werden, dessen Umbildung zu Monosulfat im Zuge der Erhärtung vermutlich durch die Anwesenheit von Tensid im Zusammenhang mit Öl behindert wird. Insgesamt zeigte sich allerdings, daß die Röntgendiffraktometrie für Untersuchungen von Verfestigungsprodukten organischer Abfälle nur relativ wenig Information liefert.

Mit Hilfe der <u>Rasterelektronenmikroskopie</u> erfolgte die Untersuchung der Oberflächentopographie und des Gefüges sowohl der Zuschlagstoffe als auch der Verfestigungsprodukte im Vergleich. Bei den Verfestigungsprodukten war es zuvor notwendig, das Öl aus den Proben ohne wesentliche Gefügeveränderung zu entfernen. Die Proben wurden ca. 72 Stunden dem Vakuum einer Kohlenstoffbedampfungsanlage ausgesetzt, bis das Öl ausgetreten und ein gutes Vakuum erreicht war. Die Auf-

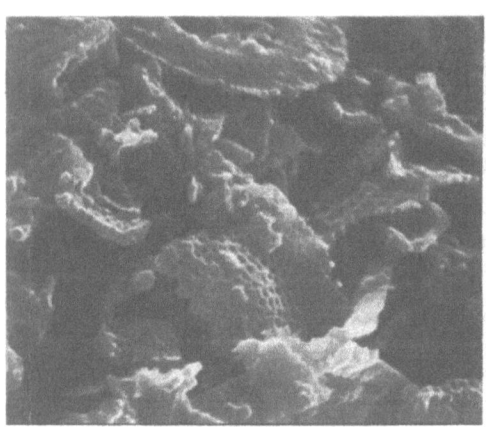 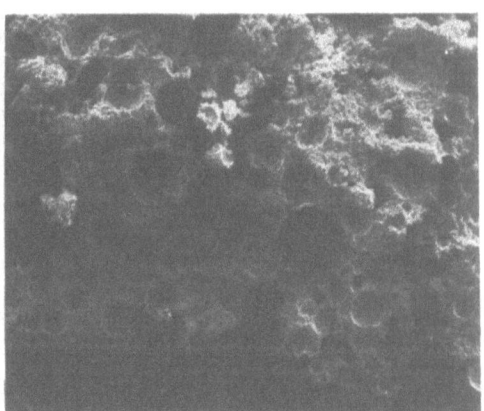

a)  b)

Abb. 1: a) Trinidad Asphalt: Fragmente von Diatomeenskeletten mit typischer Siebstruktur. Dem Asphalt wurde 40 Gew.-% Diatomeenerde als Trennmittel zugemischt.
b) Verfestigungsprodukt Portlandzement + Öl + Wasser: die Probe zeigt eine schwammartige Struktur mit zahlreichen kreisrunden Löchern.

nahmen wurden trotzdem teilweise durch dünne Restölfilme vor allem in Bereichen starker Vergrößerung behindert.
Die REM-Aufnahmen konnten Informationen darüber liefern, bei welchen Zuschlagstoffen die verfestigende Wirkung auf Anlagerung der Öltropfen an die Feststoffpartikel zurückzuführen ist und wann zusätzlich eine Einlagerung des Öls in die Zuschlagstoffmatrix erfolgt. Die gute Einbindung des Öls durch Trinidad Asphalt (60 Gew.-% Bitumen, 40 Gew.-% Diatomeenerde) ist anscheinend auf Einlagerung in die Hohlräume der Kieselalgenskelette (Abb. 1a) und Verkleben dieser Teilchen durch den Bitumenanteil zurückzuführen. Das Öl wird in dieser sperrigen Matrix eingekapselt, so daß auch bei chemisch-physikalischen Tests (Wasserschütteltest, Elutionstest) kaum eine Freisetzung zu beobachten war. Bei Verfestigungsprodukten mit anorganischen Bindemitteln sind unter dem REM mit wenigen Ausnahmen schwammartige Strukturen mit zahlreichen Hohlräumen und Löchern zu erkennen (Abb. 1b). Die neugebildeten Minerale der Hohlraumwände zeigen durchweg xenomorphe Ausbildung mit runden Formen infolge Wachstumsbehinderung, vermutlich durch Kontakt zum Öl. Das läßt darauf schließen, daß das Öl vor der Vakuumbehandlung in den Hohlräumen eingelagert war. Diese Hohlräume gehören wahrscheinlich zu einem kommunizierenden Porensystem, aus dem das Öl während des Wasserschüttel- oder Elutionstests fast vollständig austrat.
Die Rasterelektronenmikroskopie ermöglicht nach unseren Erfahrungen im Zusammenhang mit weiteren Testverfahren chemisch-physikalischer Art eine wesentlich detailliertere Bewertung der Schadstoffeinbindung auch bei der Verfestigung organischer Abfälle. Vor allem im Hinblick auf das Langzeitverhalten von Verfestigungsprodukten sollten daher auch Untersuchungsmethoden mineralogischer Art hinzugezogen werden.

Literatur
[1] Bambauer, H.U., Gebhard, G., Holzapfel, Th., Krause, Ch., und Willner, G.(1988). Schadstoff-Immobilisierung in Stabilisaten aus Braunkohlenaschen und REA-Produkten — Teil I und Teil II. Fortschr. Min. 66, 253-279 und 281-290.
[2] Neuwirth, M., Mikula, R. und Hannak, P.(1989). Comparative studies of metal containment in solidified matrices by Scanning and Transmission Electron Microscopy. In P.L. Cote & T.M. Gilliam (Eds.), American Society for Testing and Materials STP 1033, 201-213, Philadelphia.
[3] Khorasani, R., Förstner, U., Calmano, W. und Gottschalk, F. (1989). Verfestigung von Baggergut sowie Untersuchung von Verfestigungsprodukten mit mineralogischen, chemischen und bauphysikalischen Methoden. Berichte des Arbeitsbereiches Umweltschutztechnik der TU Hamburg-Harburg, Nr. 4, 124 S, Hamburg.
[4] Chou, A.C., Eaton, H.C., Cartledge, F.W. und Tittlebaum, M.E. (1988). A Transmission Electron Microscopic study of solidified/stabilized organics. Hazardous Waste & Hazardous Materials, Vol.5/2, 145-153.
[5] Wienberg, R., Khorasani, R., Schweer, C. und Förstner, U. (1989). Verfestigung, Stabilisierung und Einbindung organischer Schadstoffe aus Deponien. In K.J. Thome'-Kozmiensky (Hrsg.), Altlasten 3, 227-259, Berlin.

# THEORIE UND PRAXIS DES ANORGANISCHEN/ ORGANISCHEN STABILISIERUNGS-/ VERFESTIGUNGSPROZESSES

R. SOUNDARARAJAN

## EINLEITUNG

Die Stabilisierung und Verfestigung von gefährlichen organischen und anorganischen Schadstoffen greift zurück auf die Grundlagen der Lösungschemie und die Theorien der chemischen Bindung. Ein logischer Ansatz für einen SV-Prozeß wäre es dann, zuerst die chemische Natur des Schadstoffs zu verstehen, und dann ein Bindemittel zu entwickeln, das den Anforderungen entspricht. Wir wurden vor kurzem von der U.S. Umweltbehörde mit zwei Problemen konfrontiert, von denen das eine hohe Bleikonzentrationen und das andere hohe Konzentrationen von polyzyklischen Aromaten betraf. Auf Grundlage der jeweiligen Chemie wurden zwei Bindemittel entwickelt, mit denen die beiden Schadstoffe erfolgreich stabilisiert werden konnten. In diesem Artikel werden die hinter dem SV-Prozeß stehende Theorie sowie die Auslaugdaten nach der Behandlung vorgestellt.

## DISKUSSION

Im Falle der Bleistabilisierung wurden die folgenden Tatsachen berücksichtigt. Das Löslichkeitsprodukt von Bleihydroxid $Pb(OH)_2$ beträgt bekanntermaßen $1,2 \cdot 10^{-15}$. Wir benötigen diese Information, da in einem alkalischen Medium das Endprodukt jeder Bleiverbindung naturgemäß $Pb(OH)_2$ ist.

In einer Zementmatrix wurde die beste Stabilisierung der Abfälle bei einem pH-Wert von 11-12 beobachtet. Gehen wir für eine gegebene Situation von $p^H = 11$ aus, dann kann $p^{OH}$ aus folgender Beziehung ermittelt werden:

$$p^H + p^{OH} = 14$$
$$p^{OH} = 14 - 11$$
$$= 3$$

Die Konzentration der $[OH^-]$-Ionen ergibt sich aus $p^{OH} = 3$ zu 0,001 Mol/L.

Entsprechend dem Gleichgewicht

$$Pb(OH)_2 \rightleftharpoons Pb^{2+} + 2OH^-$$

kann das Löslichkeitsprodukt Ksp geschrieben werden als

$$K_{sp} = [Pb^{2+}][OH^-]^2, \qquad \text{wobei}$$
$$K_{sp} = 1{,}2 \cdot 10^{-15} \text{ und}$$
$$OH^- = 0{,}001.$$

Damit ist $K_{sp} = [Pb^{2+}] \cdot 0{,}001^2$ und

$$[Pb^{2+}] = 1{,}2 \cdot 10^{-15} \cdot 0{,}001^{-2} = 1{,}2 \cdot 10^{-9} \text{ Mol/kg}.$$

Das Atomgewicht von Blei ist 207,2; damit beträgt die Bleikonzentration in der Lösung

$$1{,}2 \cdot 10^{-9} \text{ Mol} \cdot 207{,}2$$
$$= 2{,}48 \cdot 10^{-7} \text{ g/L}$$
$$\approx 0{,}25 \text{ ppb}.$$

Dieser Wert ist gegenwärtig nach allen gesetzlichen Bestimmungen akzeptabel. Auf Grundlage der vorstehenden Diskussion wurde das Blei erfolgreich immobilisiert (Tabelle 1). Da eine anorganische Matrix keine organischen Verbindungen binden kann, wurde ein organophiles Bindemittel synthetisiert, das organophile Tone enthält, und mit dem der Schadstoff erfolgreich stabilisiert werden konnte. Das Produkt wurde ausgeklügelten physikalisch-chemischen Tests (FTIR, TGA, DSC, DSC/GC/MS usw.) und drastischen Extraktionsprüfungen unterworfen. Diese Tests belegen die erfolgreiche Immobilisierung der organischen Substanzen (Tabelle 2).

Eine wichtige Überlegung bei der Blei-SV-Chemie ist die folgende: wenn der pH-Wert größer als 13 wird, verwandelt sich das $Pb^{2+}$-Ion in anionisches $PbO_2^{2-}$, wie nachstehend dargestellt:

$$Pb(OH)_2 + 2OH^- \longleftrightarrow [Pb(OH)_4]^{2-}$$
$$[Pb(OH)_4]^{2-} \longleftrightarrow PbO_2^{2-} + 2H_2O$$
$$\text{Plumbatanion}$$

Die meisten Alkaliplumbate sind wasserlöslich. Aufgrund dieses Umstands versagten in den Auslaugtests die Rezepturen, die Alkalisilikate enthielten.

TABELLE 1   Versuchsreihe mit sauren Niederschlägen

| Rezeptur | Bleikonzentration (ppb) | | | | | | |
|---|---|---|---|---|---|---|---|
| Nr. | 1 | 2 | 3 | 4 | 5 | 6 | 7 |
| 1 | 13,8 | 26,4 | 13,7 | 15,3 | 12,1 | 9,7 | 2,8 |
| 2 | 27,4 | 61,5 | 58,6 | 3,7 | 1,2 | 57,9 | 4,0 |
| 3 | 39,5 | 30,3 | 31,8 | 32,2 | 28,4 | 28,5 | 7,7 |
| 4 | 39,0 | 40,1 | 22,66 | 26,0 | 24,6 | 58,6 | 6,2 |

Hinweis: Die Bleikonzentration im Originalboden betrug ca. 20000 ppm

Tabelle 2   Daten zur Methylenchlorid-Extraktion aus verfestigten Schadstoffen

| Verbindung | Ausgangs-konzentration (μg/kg) | Konzentration im Methylenchlorid-Extrakt (μg/kg) | Rückhaltevermögen der Matrix (%) |
|---|---|---|---|
| Bis-(2-Chloro-isopropyl)-Ether | 8528 | NN* | 100 |
| Naphtalen | 18060 | 1445 | 92 |
| Phenanthren | 20184 | NN* | 100 |
| Benzo-(A)-Antharazen | 30460 | NN* | 100 |

*NN - Nicht nachgewiesen

FOLGERUNGEN

1) Bei Kenntnis der Konzentration eines Metallions wie Blei kann eine Bindemittelrezeptur vorhergesagt werden. 2) Wenn die geeigneten pH-Fenster verlassen werden, können kationische Metalle als anionische Metalle auslaugen. 3) Unter geeigneten Bedingungen bilden die organischen Schadstoffe eine Vielzahl von Bindungen mit dem Stabilisierungsbindemittel. Zu den Bindungstypen gehören Wasserstoffbindungen, Lewis-Säure/Basenreaktionen, koordinative kovalente Bindungen und Metall/ Ligandenbindungen. Die Bindungsstärke ist abhängig von der Art der Schadstoffe und den funktionellen Gruppen, die in den Verbindungen vorhanden sind. 5) Zur Verstärkung der Bindung ist auch die Verfügbarkeit eines organophilen Tons mit günstiger Polarität von entscheidender Bedeutung. 6) Die Synthese "maßgeschneiderter" Bindemittel für spezielle Schadstoffe ist technisch möglich. 7) Die DSC/TGA-Daten deuten darauf hin, daß mehr Energie benötigt wird, um einen gebundenen Schadstoff aus der Matrix zu entfernen, als dies bei einem ungebundenen der Fall ist. 8) Die DSC/GC/MS-Untersuchungen bestätigen, daß die Moleküle der organischen Schadstoffe beim gewaltsamen Austreiben in einfachere Substanzen aufbrechen. 9) Die Folgerungen, die der Autor in früheren Untersuchungen gezogen hat, sind bei den Verfestigungs-/ Stabilisierungsmaßnahmen bei dem hier betroffenen Schadensfall bestätigt worden.

BIBLIOGRAPHIE
1) Cotton, F. Albert und Wilkinson, Geoffrey, Advanced Inorganic Chemistry, 4. Auflage, John Wiley & Sons.
2) Gibbons, J.J. und Soundararajan, R., The nature of chemical bonding between modified clay minerals and organic waste materials (Die Natur der chemischen Bindung zwischen Tonmineralien und organischen Abprodukten), Am. Lab. 20(7), 38-46 (1988).

3) Weisman, L., Hammel, M. und Barth, E.F., BDAT for solidification/ stabilization technology for superfund soils (BDAT für die Verfestigungs/ Stabilisierungstechnik von Superfund-Böden), HWERL-Symposium, Cincinnati, Ohio (Mai 1988).
4) Soundararajan, R. und Newton, J.P., Advanced chemical fixation for organic wastes (Verbesserte Fixierung für organische Schadstoffe), United Nations International Conference on Hazardous Waste, Budapest, Ungarn (Oktober 1987).

ABHANDLUNG ÜBER DIE RÜCKSTÄNDE DER HAUSMÜLLVERBRENNUNG

A.J. CHANDLER[1], T. EIGHMY[2], J. HARTLEN[3], O. HJELMAR[4], D. KOSSON[5], S. SAWELL[6], H.A. VAN DER SLOOT[7] UND J. VEHLOW[8].

[1]CONCORD SCIENTIFIC CORP., KANADA. [2]UNIVERSITY OF NEW HAMPSHIRE, U.S.A. [3]SWEDISH GEOTECHNICAL INSTITUTE, SCHWEDEN. [4]WATER QUALITY INSTITUTE, DÄNEMARK. [5]RUTGERS UNIVERSITY, U.S.A. [6]COMPASS ENVIRONMENTAL, KANADA. [7]NETHERLANDS ENERGY RESEARCH FOUNDATION (ECN), DIE NIEDERLANDE. [8]KERNFORSCHUNGSZENTRUM KARLSRUHE, BUNDESREPUBLIK DEUTSCHLAND.

ZUSAMMENFASSUNG

Weltweit bildet die Verbrennung, mit oder ohne Energierückgewinnung, einen integralen Bestandteil der aktuellen Entsorgungsstrategien für Hausmüll. Während der letzten Jahre ist diese Praxis aber wegen der Besorgnis über die bei diesem Prozeß anfallenden Deponierückstände einer zunehmend strengeren Beurteilung unterzogen worden.

Eine Gruppe internationaler Experten wurde gebildet, um die auf dem Gebiet der Hausmüll-Verbrennungsrückstände verfügbaren wissenschaftlichen Daten in einer Abhandlung zusammenzufassen. Diese Initiative ist von vielen internationalen Umwelt- und Energiebehörden begrüßt worden und steht unter der Schirmherrschaft der International Energy Agency. Das Ziel der Arbeit ist die Bereitstellung der Kenntnisse, die sowohl vom Gesetzgeber als auch von der Öffentlichkeit benötigt werden, um die Technik beurteilen und angemessene Bestimmungen zum Schutz der Umwelt entwerfen zu können. Der Expertengruppe (Expert Working Group, EWG) gehören Mitglieder des akademischen, des privaten und des öffentlichen Sektors an.

Die EWG erhält finanzielle Unterstützung von einem breiten Querschnitt nationaler und regionaler Regierungsbehörden, von internationalen Behörden und von verschiedenen Gruppen des privaten Sektors.

Das Ziel der Arbeit besteht in der Bereitstellung einer wissenschaftlichen Auswertung der gegenwärtig verfügbaren Informationen zu Aschen aus Müllverbrennungsanlagen, und zwar unabhängig von allen laufenden oder geplanten Initiativen zu gesetzlichen Bestimmungen, die sich auf Hausmüll-Verbrennungsrückstände beziehen, und deren Nutzung oder Endlagerung. Innerhalb dieses Kontexts haben wir spezifische Zielsetzungen entwickelt:
- Entwicklung einheitlicher Protokolle für die Probenahme und Charakterisierung von Verbrennungsrückständen (ein-

schließlich chemischer, physikalischer und Auslaugungseigenschaften).
- Zusammenstellung einer einheitlichen Datenbank nach kritischer Bewertung der Datenqualität. Dazu gehört die Dokumentation der Effekte, die die Auslegung der Verbrennungsanlage und die unterschiedlichen Rauchgasreinigungsanlagen auf die Eigenschaften der Asche haben, und der Effekte, die durch Entfernung bestimmter Materialien aus dem Einsatzstoff erzielt werden.
- Wertung der gegenwärtig zur Deponierung, Nutzung und Wiederverwertung eingesetzten, erforschten oder von den Fachleuten auf diesem Gebiet empfohlenen Verfahren.
- Zusammenfassung und kritische Wertung der bestehenden Bewirtschaftungs- und Überwachungsinitiativen, um eine fundierte Begründung für Bestimmungen bereitzustellen, die die Handhabung von Hausmüll-Verbrennungsrückständen betreffen.
- Empfehlung von Forschungsprioritäten, damit Lösungen in der kürzest möglichen Zeit identifiziert werden können.

Um diese Ziele zu erreichen, wird die Gruppe in einer Reihe von Treffen die von ihr zusammengetragenen Informationen bewerten und spezifische Aspekte diskutieren. Die EWG wird dabei auch auf die Erfahrungen anderer Forscher zurückgreifen, die auf dem Gebiet der Hausmüll-Verbrennung tätig sind.
Folgende Themen werden in einem Zeitraum von 3 Kalenderjahren angesprochen:

| Termin | Gegenstand |
|---|---|
| Februar 1990 | Beschreibung der Technik, Probenahme und analytische Protokolle |
| Mai 1990 | Charakterisierung der Rückstände: Chemische/physikalische Aspekte |
| August 1990 | Auslaugungsphänomene und Grundlagen |
| November 1990 | Bewertung von Auslaugungsdaten aus Labor- und Feldversuchen |
| März 1991 | Verglasung, Verfestigung, Rückgewinnungspotential |
| August 1991 | Quellentrennung, Handhabungsfragen in der Anlage und beim Transport, flüchtiger Staub |
| November 1991 | Biologische Verfügbarkeit, langfristiges Verhalten |
| Februar 1992 | Zusammenfassung der Themen zu einem Entwurf |
| August 1992 | Abschließende Prüfung des Entwurfs. |

Zwischenberichte, Zusammenfassungen und Darstellungen werden den verschiedenen unterstützenden Einrichtungen laufend zur Verfügung gestellt. Das Projekt erreicht seinen Höhepunkt gegen Ende 1992 mit einem Symposium über Rückstände der Hausmüllverbrennung und mit der Billigung des abschließenden Dokuments.

UMGANG MIT WASSERGEFÄHRDENDEN STOFFEN

PROF. DR.-ING. H.-P. LÜHR

INSTITUT FÜR WASSERGEFÄHRDENDE STOFFE AN DER TECHNISCHEN UNIVERSITÄT BERLIN

## 1 PROBLEMBESCHREIBUNG

Die vielfältig aufgetretenen Stör- und Unfälle in der Chemie, die vielen Sanierungsfälle von Deponien und von kontaminierten Betriebsgeländen sowie der immer wieder feststellbare, sorglose Umgang mit Chemikalien im Betrieb machen deutlich, daß trotz umfangreicher betrieblicher Sicherheitsvorkehrungen ein großes Gefährdungspotential in dem Gesamtablauf der chemischen Produktion sowie in der Anwendung und Verwendung chemischer Stoffe und Produkte vorhanden ist.

Dies ist zum Teil auf die Komplexität der chemischen Produktionsverfahren wie auf die Vielfalt der zum Einsatz kommenden gefährlichen Chemikalien zurückzuführen, teils aber auch eine Folge unzureichender Vorsorgemaßnahmen oder sogar individueller Sorglosigkeit am Arbeitsplatz.

In dem Gesamtfeld des Zusammenspiels von Stoffen und Technik stellt der Umgang mit wassergefährdenden Stoffen einen bedeutenden Bereich dar, da er die Quelle ist für zukünftige Boden- und Grundwasserbelastungen mit den vielfältigen Möglichkeiten, Schäden an Schutzgütern hervorzurufen.

## 2 SCHUTZZIELE "GRUNDWASSER"

Der Schutz des Grundwassers gewinnt angesichts der vielen gravierenden Kontaminationen durch flächenhafte Anwendung von Dünge- und Pflanzenbehandlungsmitteln, durch Un- und Störfälle sowie unsachgemäße Handhabung beim Umgang mit wassergefährdenden Stoffen, durch kontaminierte Standorte (Altdeponien und aufgelassene Industrieorte) und durch diffuse Quellen wie weiträumige über die Luft verfrachtete Schadstoffe, Abläufe von überbauten Flächen und undichte Kanalisationen, immer mehr an Bedeutung.

Die bisherige Ansicht, das Grundwasser sei wegen der Filterwirkung des Untergrundes sowie der in der Regel über dem Grundwasser liegenden Deckschichten die geschützteste Wasserressource und kann direkt für die Trinkwasserversorgung verwendet werden, kann zumindest in dieser generellen Aussage nicht länger aufrechterhalten bleiben.

Die Besorgnis hinsichtlich des Grundwassers als Basis für die Trinkwasserversorgung und der überwiegenden ökologischen Belange in der Landschaft läßt sich wie folgt beschreiben: Grundwasserschäden sind Langzeitschäden. Schäden sind in der Regel nicht sofort feststellbar, da geeignete Indikatoren zur Inaugenscheinnahme fehlen. Sie sind, wenn überhaupt, erst nach langen Zeiträumen erkennbar und dann meist über die Grundwasserförderung zur Trinkwasserversorgung. Die Sanierung von Grundwasserschäden ist in der Regel nicht mehr oder nur in sehr langen Zeiträumen und mit sehr hohen finanziellen Mitteln möglich. Daraus ist auch ersichtlich, daß der Grundwasserschutz sich nicht nur auf Wassergewinnungsgebiete beschränken kann und darf.

Das Wasserhaushaltsgesetz (WHG) von 1986 enthält in seinem § 34 Abs. 2 folgende grundwasserschützende Vorschrift:

"Stoffe dürfen nur so gelagert oder abgelagert werden, daß eine schädliche Verunreinigung des Grundwassers oder eine sonstige Veränderung seiner Eigenschaften nicht zu besorgen ist. Das gleiche gilt für die Beförderung von Flüssigkeiten und Gasen durch Rohrleitungen."

Für oberirdische Gewässer und für Küstengewässer enthalten die §§ 26 Abs. 2 und 32 b WHG inhaltsgleiche Bestimmungen. Der hierin zum Ausdruck kommende Besorgnisgrundsatz [LÜH-86] ist nach der Rechtsprechung des Bundesverwaltungsgerichts dahingehend zu verstehen, daß ein Eintritt einer Verunreinigung des Wassers oder eine sonstige nachteilige Veränderung seiner Eigenschaften nach menschlicher Erfahrung unwahrscheinlich sein muß. Der Besorgnisgrundsatz liegt auch den Regelungen zum Umgang mit wassergefährdenden Stoffen (§§ 19 a ff., 19 g ff. WHG) zugrunde.

Der Besorgnisgrundsatz ist ein äußerst strenger Maßstab. Hinsichtlich des Grades der Wahrscheinlichkeit muß unter Berücksichtigung der Wertigkeit des bedrohten Schutzgutes differenziert werden. Je größer und folgenschwerer der möglicherweise eintretende Schaden sein kann, um so höhere Anforderungen sind an die Unwahrscheinlichkeit des Schadenseintritts zu stellen. Diese Differenzierung bedeutet eine Abstufung von Anforderungen in Abhängigkeit vom Gefährdungspotential und kann im Einzelfall dazu führen, daß ein Grad an Unwahrscheinlichkeit eines Schadenseintritts zu verlangen ist, welcher der Unmöglichkeit nahe- oder gleichkommt. Zur Feststellung der Unwahrscheinlichkeit hat eine Abwägung aller Umstände zu erfolgen, aus denen Anlaß zur Sorge gegeben sein kann. Nach dem Ergebnis dieser Abwägung darf bei den für die Wasserwirtschaft Verantwortlichen kein Grund zur Sorge verbleiben.

Nach einer neueren, zu § 34 Abs. 2 WHG ergangenen Entscheidung des Bundesverwaltungsgerichtes gebietet diese Vorschrift, jeder auch noch so wenig naheliegenden Wahrscheinlichkeit der Verunreinigung des besonders schutzwürdigen und schutzbedürftigen Grundwassers vorzubeugen. Eine schädliche Verunreinigung des Grundwassers oder eine sonstige nachteilige Veränderung seiner Eigenschaften sei immer schon dann zu besorgen, wenn die Möglichkeit eines entsprechenden Schadenseintritts nach den gegebenen Umständen und im Rahmen einer sachlich vertretbaren, auf konkreten Feststellungen beruhenden Prognose nicht von der Hand zu weisen ist.

3 WAS SIND WASSERGEFÄHRDENDE STOFFE ?

Wassergefährdende Stoffe sind nach dem Wasserhaushaltsgesetz §19g alle festen, flüssigen und gasförmigen Stoffe, die geeignet sind, nachhaltig die physikalische, chemische oder biologische Beschaffenheit des Wassers nachteilig zu verändern.

In einem Katalog wassergefährdender Stoffe [WGK-89], der als allgemeine Verwaltungsvorschrift veröffentlicht ist, sind die wassergefährdenden Stoffe ihrer Gefährlichkeit nach in Wassergefährdungsklassen eingeteilt.

Darüberhinaus sind grundsätzlich neben diesen in der Regel als Einzelsubstanzen aufgeführten Stoffen alle technischen Produkte, die in geschlossenen und offenen technischen Anlagen und Systemen eingesetzt werden und alle festen, flüssigen und gasförmigen Abprodukte wassergefährdende Stoffe, für die der Besorgnisgrundsatz gleichermaßen gilt.

4 MASSNAHMEN ZUM GRUNDWASSERSCHUTZ

4.1 Inhaltliche Anforderungen

Die Maßnahmen zum vorbeugenden Grundwasserschutz [LÜH-89] umfassen die 3 Bereiche:
- Technische Anlagen
- Stoffe/Produkte
- Fachkunde von Personen und Betrieben

Das Ziel der Vorsorgemaßnahmen zur Beherrschung der stofflichen Umwelt muß es sein,
- die Stoffkreisläufe zu schließen, so daß ein Übergang von Stoffen aus technischen Systemen in die Umwelt weitgehend ausgeschlossen wird;
- nur Stoffe und Produkte einzusetzen, die umweltverträglich oder ökologisch vertretbar sind.

Dabei darf das naturwissenschaftlich nicht bestimmbare Reinigungsvermögen des Untergrundes sowie die Möglichkeiten der Verdünnung nicht als Element der Reduzierung von technischen und stoffökologischen Anforderungen vorab in Rechnung gebracht werden. Vor diesem Hintergrund hat die Wasserwirtschaft die Anforderungen an technische Systeme zum Umgang mit wassergefährdenden Stoffen und an zur Anwendung kommende Stoffe und Produkte zu definieren. Damit ist es dann auch möglich, den Abwägungsprozeß zwischen verschiedenen Schutzzielen (z. B. Immissionsschutz, öffentliche Sicherheit, Brand- und Explosionsschutz etc.) durchzuführen.

4.2 Umgang mit wassergefährdenden Stoffen in technischen Systemen

Im folgenden soll nur auf den Bereich der Anforderungen von technischen Anlagen eingegangen werden.

4.2.1 Zu betrachtende Anlagen. In einer großen Anzahl von Anlagen der gewerblichen Wirtschaft oder öffentlicher Einrichtungen wird in vielfältiger Weise mit wassergefährdenden Stoffen umgegangen. So gibt es Anlagen zum Lagern, Abfüllen, Umschlagen, Herstellen, Behandeln und Verwenden von wassergefährdenden Stoffen. Es gibt einfache Anlagen, die nur einer dieser Tätigkeiten dienen. Beispiele sind ein Stückgutlager für in Transportbehälter verpackte wassergefährdende Stoffe, eine Kühlanlage, die Ammoniak als Kältemittel verwendet, oder eine Ladebühne, an der wassergefährdende Stoffe von der Eisenbahn auf Lastkraftwagen umgeladen werden.

Viele Anlagen sind jedoch komplizierter zusammengesetzt. In einer chemischen Fabrik werden Rohstoffe und Produkte gelagert. Es werden aus harmlosen oder auch aus wassergefährdenden Rohstoffen wassergefährdende Zwischen- oder Endprodukte hergestellt. Dabei werden Zwischenprodukte gegebenenfalls vorübergehend bis zu weiterer Verwendung zwischengelagert. Die Zwischenprodukte werden bis hin zum Endprodukt weiterbehandelt und schließlich in Transportbehälter oder auch Tanklastzüge abgefüllt oder auf Schiffe umgeschlagen. Bei allen diesen Tätigkeiten können andere wassergefährdende Stoffe verwendet werden: Heizöl wird verbrannt, um die nötige Energie zu gewinnen, Öle werden in Transformatoren verwendet und in Heiz- und Kühlkreisläufen werden gegebenenfalls wassergefährdende Stoffe eingesetzt.

Die Gesamtanlage der chemischen Fabrik läßt sich verfahrenstechnisch bedingt nur selten in klar voneinander abgegrenzte, räumlich getrennte Einzelanlagen aufspalten, in denen nur jeweils einer dieser Tätigkeiten nachgegangen wird. Grundsätzlich können alle Anlagenteile, so z.B. zum Lagern, Abfüllen, Umschlagen, Herstellen, Behandeln und Verwenden auf der gleichen Anlagenplatte stehen. Abbildung 2 [TI-89] zeigt als Prinzipskizze Grund- und Aufriß einer einfacheren Industrieanlage.

Bestimmte technische Anlagen sind primär anderen Rechtsbereichen unterworfen. So unterliegen Shredder zur Zerkleinerung von Autowracks, chemisch-physikalische oder Verbrennungsanlagen zur Behandlung von besonders überwachungsbedürftigen Abfällen (Sonderabfällen) den Bestimmungen des Abfallrechts. Da in solchen Anlagen mit wassergefährdenden Stoffen umgegangen wird - Sonderabfälle sind in der Regel wassergefährdend - unterliegen sie auch dem Besorgnisgrundsatz des Wasserrechts. Das gilt für alle nach dem Bundesimmissionsschutzgesetz genehmigungspflichtigen Anlagen ebenfalls.

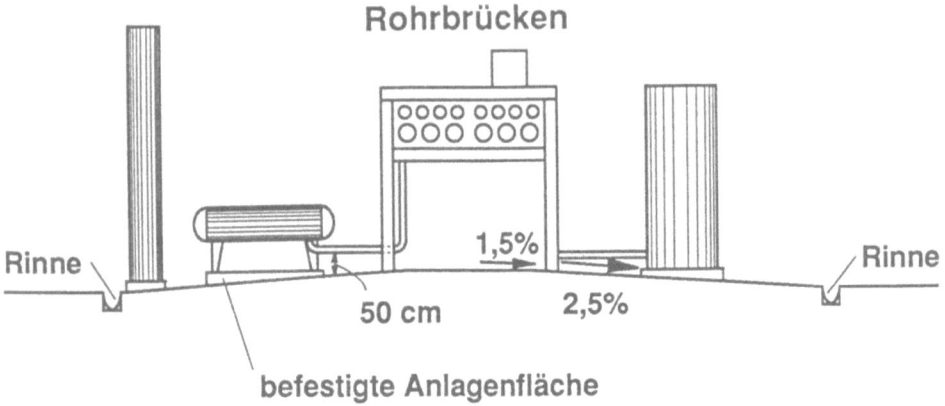

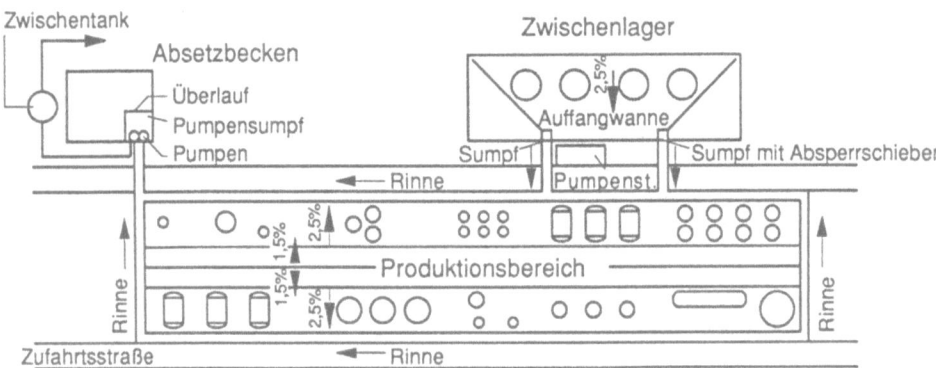

Abb. 2: Prinzipskizze einer Industrieanlage [TI-89]

4.2.2 <u>Die Zweibarrieren-Konzeption für Anlagen zum Umgang mit wassergefährdenden Stoffen.</u> Vor dem Hintergrund der stoffrelevanten Aktivitäten bei dem breiten Feld des anlagenbezogenen Umgangs mit wassergefährdenden Stoffen bedarf es eines vom Gefährdungspotential der Stoffe ausgehenden adäquaten anlagenbezogenen Sicherungskonzeptes. Diese Philosophie wird von zwei Komponenten getragen (Abb. 1),
- der Einschätzung des vom Stoff ausgehenden Gefährdungspotentials und
- dem adäquaten anlagenbezogenen Sicherheitskonzept.

Diese Philosophie trägt dem bereits im § 34 Abs. 2 WHG verankerten Besorgnisgrundsatz Rechnung und berücksichtigt aufgrund der aus dem Besorgnisgrundsatz resultierenden Gefahrenanalyse den Verhältnismäßigkeitsgrundsatz. Denn die Besorgnis einer Boden- oder Gewässerverunreinigung hängt im Einzelfall von der Wahrscheinlichkeit eines Schadens an der Anlage und der Schwere der möglichen Schadensfolge ab. Die Besorgnis oder das Gefährdungspotential ist umso größer, je wahrscheinlicher der Schadenseintritt und je schwerwiegender die Folge ist. Daraus lassen sich differenzierte anlagenbezogene Anforderungen ableiten.

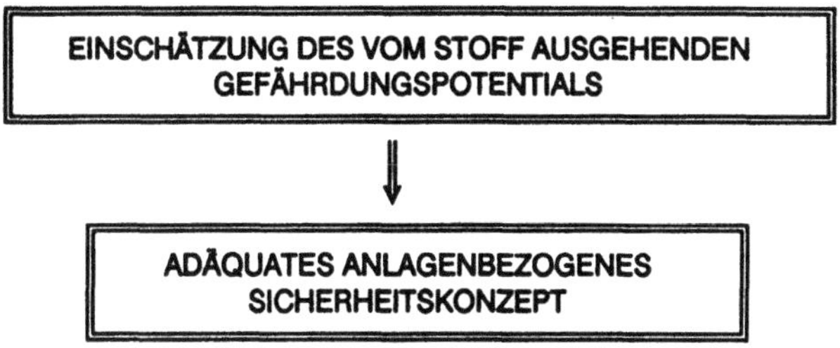

```
┌─────────────────────────────────────┐
│   EINSCHÄTZUNG DES VOM STOFF AUSGEHENDEN  │
│           GEFÄHRDUNGSPOTENTIALS            │
└─────────────────────────────────────┘
                  ↓
┌─────────────────────────────────────┐
│      ADÄQUATES ANLAGENBEZOGENES      │
│          SICHERHEITSKONZEPT          │
└─────────────────────────────────────┘
```

Abb. 1:   Konzept des anlagenbezogenen Umgangs mit wassergefährdenden Stoffen

Ausgangspunkt für ein adäquates anlagenbezogenes Sicherheitskonzept bildet die Einschätzung des Gefährdungspotentials.

Das **Gefährdungspotential** einer Anlage wird bestimmt durch
- das stoffspezifische Gefährdungspotential
  • Toxikologie ausgedrückt in Wassergefährdungsklassen (WGK)
  • Verhalten bei Freiwerden
  • Stoffmenge
- die Standortempfindlichkeit
- die Nutzungsempfindlichkeit

Das den Anlagen unterlegte Sicherheitskonzept besteht aus zwei Barrieren.

Beide Barrieren bestehen aus vorhandenen Anlagen, Anlagenteilen und Sicherungseinrichtungen. Sie werden durch organisatorische Maßnahmen ergänzt, die vorwiegend Sicherungszwecken dienen (Abb. 3 und 4).

Die erste Barriere wird von der Wand des Lagertanks, der Rohrleitung o.ä., bzw. von den entsprechend sicheren Armaturen gebildet. Sie umschließt den gelagerten wassergefährdenden Stoff und verhindert im Normalbetrieb der Anlage seine Freisetzung und damit jedes Einwirken auf Boden oder Gewässer. Für den Fall, daß diese erste Barriere versagt, muß eine zweite vorhanden sein, denn auch in einem Störfall darf eine nachhaltige, nachteilige Verunreinigung nicht zu besorgen sein [LÜH-86, BMU-86].

Dieses Grundprinzip läßt sich auf Abfüll-, Herstellungs-, Behandlungs- und Verwendungs- und auch Umschlagsanlagen übertragen, aber auch auf Anlagen, die unter andere rechtliche Vorschriften fallen, z.B. eine dem Abfallrecht unterliegende Shredderanlage oder Deponie.

Die Konstruktion der beiden Barrieren wird durch den Verwendungszweck der Anlage und die Beanspruchungen bestimmt, denen sie im Normalfall oder in denkbaren Störfällen ausgesetzt ist. Die Auswahl der Materialien hängt insbesondere von den Stoffen und Stoffgemischen, mit denen in der Anlage umgegangen wird und ihren besonderen chemischen und physikalischen Eigenschaften ab. Entscheidend ist die Wechselwirkung von wassergefährdendem Stoff und Barrierenmaterial unter Betriebsbedingungen. Zu fordern ist Resistenz und Undurchlässigkeit für den Zeitraum, für den ein Einwirken des Stoffes auf die jeweilige Barriere angenommen werden muß.

Wenn die erste Barriere im Normalfall keinen wassergefährdenden Stoff hindurchläßt, richtet sich das Hauptaugenmerk der Wasserwirtschaft auf die zweite Barriere. Sie soll in der Regel eine Oberflächenversiegelung bewirken.

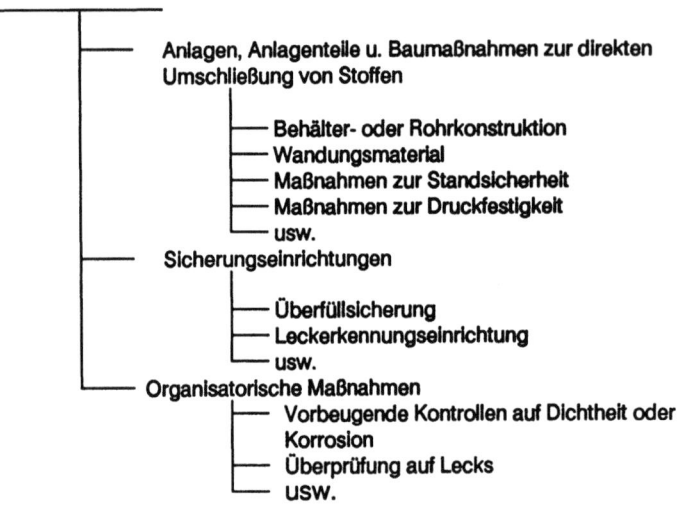

Abb. 3:   Elemente der ersten Barriere für den Normalfall

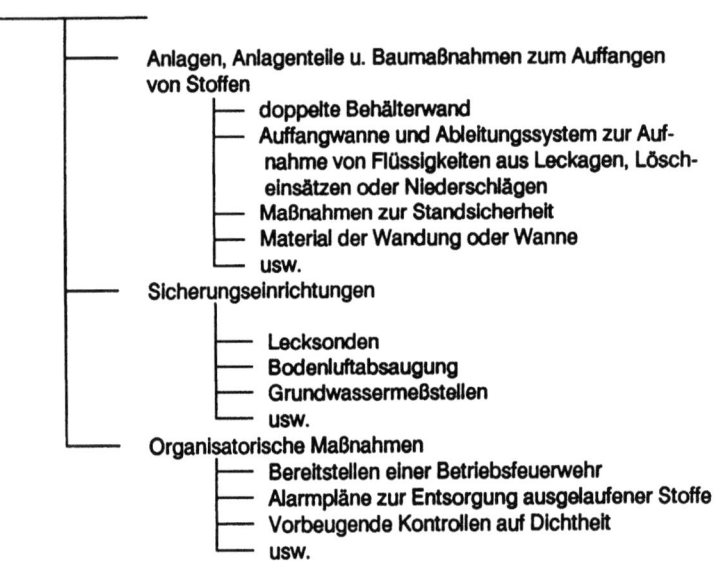

Abb. 4:   Elemente der zweiten Barriere für den Störfall

Die zweite Barriere wird lediglich während und für eine bestimmte Zeit nach einem Störfall beansprucht. In diesem Fall hat sie das Einwirken von Stoffen auf den Boden oder ein Gewässer, die die erste Barriere durchbrochen haben, nur so lange zu verzögern, bis die Maßnahmen zur Beseitigung dieser Stoffe erfolgreich waren. "Absolute Dichtheit" muß von der zweiten Barriere in der Regel nicht gefordert werden, sondern nur eine auf diese

Zeitspanne begrenzte Dichtheit. Welche Materialien und welche Konstruktionsweise für die zweite Barriere zu verwenden sind, hängt vom Einzelfall ab und wird außer durch den zurückzuhaltenden Stoff auch davon bestimmt, ob die zweite Barriere mehrfach verwendet werden soll oder ob sie nach jedem Störfall zu erneuern ist.

Damit werden zwei Grundprinzipien für die Konstruktionsgestaltung von Anlagen zum Umgang mit wassergefährdenden Stoffen deutlich, nämlich
- die Anlagen müssen kontrollierbar
und
- die Anlagen müssen insbesondere hinsichtlich der 2. Barriere reparierbar sein.

### Kontrollierbarkeit beider Barrieren

Beide Barrieren müssen jederzeit auf Dichtheit zu prüfen sein. Eine Anlage ist so zu bauen, daß sie mit möglichst einfachen Kontrollen geprüft werden kann. Die Kontrollmethoden reichen von regelmäßiger visueller Überprüfung bis zu automatischen Leckanzeigegeräten etc. und Grundwassermeßstellen. Der zu treibende Aufwand hängt von den Stoffeigenschaften des wassergefährdenden Stoffes, denen der Materialien der Barriere, dem Gefahren- oder Gefährdungspotential (dem Produkt aus Schadensausmaß und -eintrittswahrscheinlichkeit, das u.a. von Gefährlichkeit und Menge des Stoffes und besonderen örtlichen Gegebenheiten abhängt) und der speziellen Anlagenkonstruktion ab.

So sind unterirdische Rohrleitungen und Tanks für wassergefährdende Stoffe nur mit hohem Aufwand kontrollierbar. Sie sind aus Gewässerschutzgründen zu vermeiden.

### Reparierbarkeit beider Barrieren

Beschädigte Teile müssen sich rasch auswechseln, abdichten oder erneuern lassen. Besonderes Augenmerk ist auf die Reparaturfreundlichkeit der zweiten Barriere zu richten. Sie ist als "Wegwerf-Barriere auszulegen, so daß sie nach einem Störfall zu erneuern und zu entsorgen ist.

4.2.3 <u>Anlagentyp "Deponie".</u> Für den Anlagentyp "Deponie" gelten die gleichen Grundanforderungen, die sich aus dem Zwei-Barrieren-Konzept ergeben. Wenn man den Abfallweg von der Entstehung bis zur Beseitigung betrachtet, so handelt es sich in allen Bereichen um technische Systeme, für die die Forderung gelten muß: Ein unkontrollierter Stoffübergang in die Umwelt ist zu vermeiden!

Bei der bislang praktizierten Entsorgungspolitik, Millionen Tonnen Abfallstoffe in "nach allen Seiten offene Löcher" zu schütten (die Altlastenproblematik macht das deutlich), kann der Druck auf eine Änderung der Abfallentsorgung nur dann erfolgen, wenn es "die Löcher zum einfachen Weglegen" des Abfalls nicht mehr gibt. Nur so ist eine Verlagerung der Entsorgung in Richtung auf den Produktionsprozeß zu erreichen, nur so können Prozeßveränderungen mit dem Ziel der Abfallreduzierung/-vermeidung erfolgen sowie die Recyclingpotentiale genutzt werden.

Für die dann noch anfallenden Restabfälle sind folgende Anforderungen zu stellen:
1. Anforderungen an die Abfallager müssen denen an Chemikalien- und Produktlager ähnlich sein.
2. Das Abfallager muß ein kontrollierbares und reparierbares Bauwerk sein.
3. Der Abfall ist "Rohstoff" für eine weitgehend emissionsfreie "Abfallfabrik", in der die notwendigen Abfallbehandlungen durchgeführt werden, um sie emissionsfrei bzw. immissionsneutral endlagerfähig zu machen (immissionsneutral bedeutet, daß die Emission praktisch keine Veränderungen am Standort bewirkt).
4. Organische Abfälle sind thermisch zu zerstören.

5. Bei Abfällen, die nach diesem System sich als nicht behandlungs- bzw. lagerfähig erweisen, müssen Anforderungen bis in den Herstellungsprozeß erfolgen, oder sie werden in Zwischenlagern so lange aufbewahrt, bis die Behandlungsmöglichkeiten und -kapazitäten vorhanden sind.
6. Niederschlagswasser und Grundwasser darf nicht in die Deponie gelangen. Das heißt:
 - Basis der Deponie oberhalb des höchsten Grundwasserstandes,
 - Überdachung der Deponie während des Einbringens der Abfälle,
 - Abdichtung der Deponie nach Schließung der Anlage.

Diese aufgeführten Anforderungen bedingen eine Reihe von technischen und administrativen Details, die nacheinander oder parallel einzusetzen sind. Ziel muß es sein, ein Barrierensystem zu etablieren, um den unkontrollierten Stoffübergang zu vermeiden. Dieses ist die Aufgabe der TA-Abfall.

Die vorgestellte Vorgehensweise ist weder neu noch utopisch und bleibt hinter dem heute bereits technisch Machbaren und ökonomisch Zumutbaren eher zurück.

## 5 ZUSAMMENFASSUNG

Das rechtliche Instrumentarium ist gut und ausreichend. Es muß nur durch den Vollzug, die Verwaltung konsequent und schnell bis in die konkrete, praktische Anwendung ausgefüllt und schnell vollzogen werden. Die Praxis und vor allem das Grundwasser braucht es. Die Schere zwischen gesetzlichem Instrumentarium und Vollzug darf nicht noch weiter auseinandergehen. Die technischen Möglichkeiten sind vorhanden.

## 6 LITERATUR

[LÜH-86] Lühr, H.-P.; Staupe, J.: Der Besorgnisgrundsatz beim Grundwasserschutz, Wasser und Boden, 12, 1986.

[WGK-89] Diesel, E.; Lühr, H.-P.: "Lagerung und Transport wassergefährdender Stoffe" Loseblattsammlung, Berlin: E. Schmidt-Verlag.

[LÜH-89] Lühr, H.-P.: "Techn. und planerische Anforderungen beim Umgang mit wassergefährd. Stoffen" Kongreßband d. Kongresses Wasser Berlin '89.

[BMU-86] Bekanntmachung der Neufassung des Wasserhaushaltsgesetzes und Gesetz zur Ordnung des Wasserhaushalts (Wasserhaushaltsgesetz - WHG) v. 23.09.1986, BGBl.I, S. 1529.

[TI-89] Timm, G.: Erfahrungen bei der Sanierung von Gefahrstofflagern speziell im Hinblick auf chlorierte Kohlenwasserstoffe, in: Gefahrstofflager. Düsseldorf: VDI-Verlag, VDI-Bericht Nr. 726, 1989.

VORBEUGEN GEGEN ZUKÜNFTIGE ALTLASTEN
(SICHERER UMGANG MIT UMWELTGEFÄHRDENDEN STOFFEN)

Andreas von Saldern
Dipl.-Ing. für Maschinenbau und Umweltschutztechnik

HPC Harress Pickel Consult GmbH,
Marktplatz 1
D-8856 Harburg
Tel. 09003-39-0   Fax: 09003-39-49

1. E I N L E I T U N G

Die Handhabung von umweltrelevanten Stoffen hat in der Vergangenheit zu Altlasten geführt, deren Beseitigung heute zum Teil erhebliche finanzielle Mittel binden. Unter anderem aus diesem Grunde scheint es sinnvoll den Umgang mit umweltrelevanten Stoffen derart zu gestalten, daβ das Risiko einer Umweltbeeinträchtigung minimiert wird.

2. RISIKOANALYSE

Voraussetzung für eine solche Risikominimierung ist die Erfassung und Bilanzierung der gehandhabten umweltrelevanten Stoffe. Dabei wird nicht nur die Lagerung und Handhabung, sondern der gesamte Betriebsdurchlauf von der Anlieferung bis zur Entsorgung analysiert. Wesentlich für die Auslegung von Schutzmaßnahmen sind die Betrachtung der Aggregatzustände möglicher Emissionen und die betroffenen Kompartimente (Boden, Wasser, Luft).

Entscheidend für eine Risikoanalyse ist dabei nicht nur die Analyse des Normalbetriebes sondern auch die der möglichen Störfälle, wie der Brand bei Sandoz (Basel,Schweiz) gezeigt hat.

3. SCHUTZPRINZIPIEN

Die möglichen Schutzprinzipien sind, entsprechend ihrer Komplexität gestaffelt:
- Vermeidung, Verminderung und Konzentration der Anwendung,
- Einsatz geschlossener oder gekapselter Systeme
- redundante und diversitäre Sicherheitseinrichtungen
- "Fail-safe" gestaltete Anlagen, und in einigen Fällen
- vorsorglich installierte Sanierungseinrichtungen

Der Blick auf das Gesamtsystem hilft dabei "end-of-pipe" Lösungen zu vermeiden.

So ist zum Beispiel das Problem der Substitution nicht nur als Problem des
jeweiligen Bearbeitungsschrittes zu sehen, sondern als Optimierungsprozeß
der vor- und nachgeschalteten Bearbeitungsschritte, den eigenen Bearbeitungsmöglichkeiten
überhaupt, der Werkstoffwahl, den Kundenwünschen,
etc, zu begreifen. Nur eine solche gesamtsystematische Betrachtung führt
dazu, daß die Kostenoptimierungspotentiale wirklich genutzt werden.

Eine ausreichend dimensionierte Löschwasserrückhaltung für einen
bestehenden Betrieb läßt sich in aller Regel nicht auf dem vorhandenen
Gelände realisieren. Erst eine Betrachtung der Lagerung und Handhabung der
entsprechenden Stoffe und die Minimierung des möglichen Löschwasseranfalles
führt zu Rückhaltevolumina, die realisierbar sind.

## 4. ORGANISATORISCHE MASSNAHMEN

Neben den technischen Maßnahmen sind organisatorische Maßnahmen
entscheidend um das Umweltgefährdungspotential zu reduzieren. Da Umweltschutz
keine Einzeldisziplin ist, sondern das Zusammenspiel von verschiedenen
Wissenschaften, ist auch das Umweltschutzwissen eines Betriebes
auf verschiedene Personen verteilt. Die rechtzeitige Zusammenführung dieses
Fachwissens bei Planung, wie auch bei dem Neukauf von Produkten ist
wesentlich, um überhaupt den Erfolg von Umweltschutzmaßnahmen zu gewährleisten.

Die Interdisziplinarität der Umweltschutzproblematik drückt sich in der
Bundesrepublik Deutschland auch in der Vielzahl der zuständigen Rechtsgebiete
und Genehmigungsbehörden aus. Für eine zügige Genehmigungsplanung
empfiehlt es sich deshalb möglichst frühzeitig alle Behördenvertreter
über das Projekt zu informieren und deren Einwände zu berücksichtigen.
Um einen sicheren Betrieb einer Anlage zu gewährleisten, sollten nicht nur
die derzeit gültigen, sondern auch die in Vorbereitung befindlichen
Bestimmungen beachtet werden.

## 5. AUSBLICK

Da heute bereits die Kosten für die Sanierung, Kosten für Umweltschutzmaßnahmen,
Gewährleistung von Entsorgung, Abwassereinleitung
und Abluftabgabe, Akzeptanz der Bevölkerung, Kunden, Mitarbeiter,
wesentliche Einflußfaktoren für eine wirtschaftliche Betriebsführung
darstellen, und deren Einfluß in Zukunft weiter an Bedeutung gewinnen wird,
stellt die positive Annahme der Herausforderung einer betriebswirtschaftlich
sinnvollen und umweltverträglichen Unternehmensführung eine
wesentliche Voraussetzung dar, seine Position im Wettbewerb zu behaupten
und auszubauen. Durch die Beachtung der Umweltschutzbelange wird dabei
auch das Risiko vor zukünftigen Altlasten minimiert.

# VERWIRKLICHUNG DES GEOLOGISCHEN MEHRFACHBARRIERENPRINZIPS IN BINDIGEN LOCKERGESTEINEN DER KÜSTENREGION

Dr. Dieter ORTLAM
Niedersächsisches Landesamt für Bodenforschung
Außenstelle Bremen
Werderstraße 101
D 2800 Bremen 1

Bei der langjährigen Suche nach geeigneten Standorten für zukünftige Deponien im Unterweserraum wurden zwei verschiedene geologische Substrate im bindigen Lockergesteinsbereich erkundet:
1. tonige Schluffe der Lauenburger Schichten (Elster-Kaltzeit, Pleistozän, Abb. 1 C)
2. Klei, Auenlehm und Torf (Weichschichten des Holozäns, Abb.2)

Beide Substrate zeichnen sich durch folgende Eigenschaften aus, die einen hohen Abschlußgrad zum Grundwasser (Hydrosphäre) gewährleisten und damit eine Kontamination des Untergrundes sehr unwahrscheinlich machen:
— größere Mächtigkeit der bindigen Sedimente (=tonige Schluffe)
— gleichmäßige Mächtigkeitsverteilung der bindigen Sedimente aufgrund der Ablagerungsbedingungen
— sehr geringe primäre Permeabilität (Durchlässigkeitsbeiwerte $K_f \leq 1 \cdot 10^{-10}$ m/s) der bindigen Sedimente
— Starke Anisotropie der Durchlässigkeiten in vertikaler und in horizontaler Richtung
— keine sekundäre Permeabilität (z.B. Kluftbildungen)
— hoher Tonanteil ($\geq 20$ %) zur Adsorption kontaminierender Elemente und deren Verbindungen
— die Unterfläche der bindigen Sedimente steht unter hohem hydraulischen Druck des Grundwassers, so daß eine Grundwasserregeneration bzw. Einsickerung von Schadstoffen nicht gegeben ist.
— eine chemische Barriere liegt gegen säurehaltige Schadstoffe durch die unterschiedlichen Karbonat- und Sulfat-Gehalte vor
— eine weitere chemische Barriere bilden die in die holozänen Weichschichten eingeschalteten Torfe mit hoher Adsorptionsfähigkeit für unterschiedliche Schadstoffe (z.B. Schwermetalle, organische Verbindungen).

Aufgrund dieser günstigen hydrogeologischen Gegebenheiten ist das Mehrfachbarrierenprinzip in geologischen Substraten hier optimal gewährleistet. Folgende Barrieren zum Schutz des Untergrundes liegen vor:
1. Geologische Barriere: Mächtigkeit und gleichmäßige Verteilung der bindigen Sedimente
2. Physikalische Barriere: Sehr geringe primäre Permeabilität (Anisotropie)

3. Kristallographische Barriere: Adsorptionspotential der Tonminerale
4. Chemische Barriere: durch Gehalte an Karbonaten, Sulfaten und humosen Bestandteilen (z. B. Torf)
5. Hydraulische Barriere: Artesität an der Unterfläche der bindigen Sedimente.

Diese fünf geologisch bedingten Barrieren lassen sich vom Menschen kaum beeinflussen oder verändern, im Gegensatz zu den menschlichen Fehlern beim Bau von technischen Barrieren. Diese Standorte bieten somit von der geologisch-hydrogeologischen Seite ein Höchstmaß an Sicherheit für den Schutz des Untergrundes in geologischen Zeiträumen.

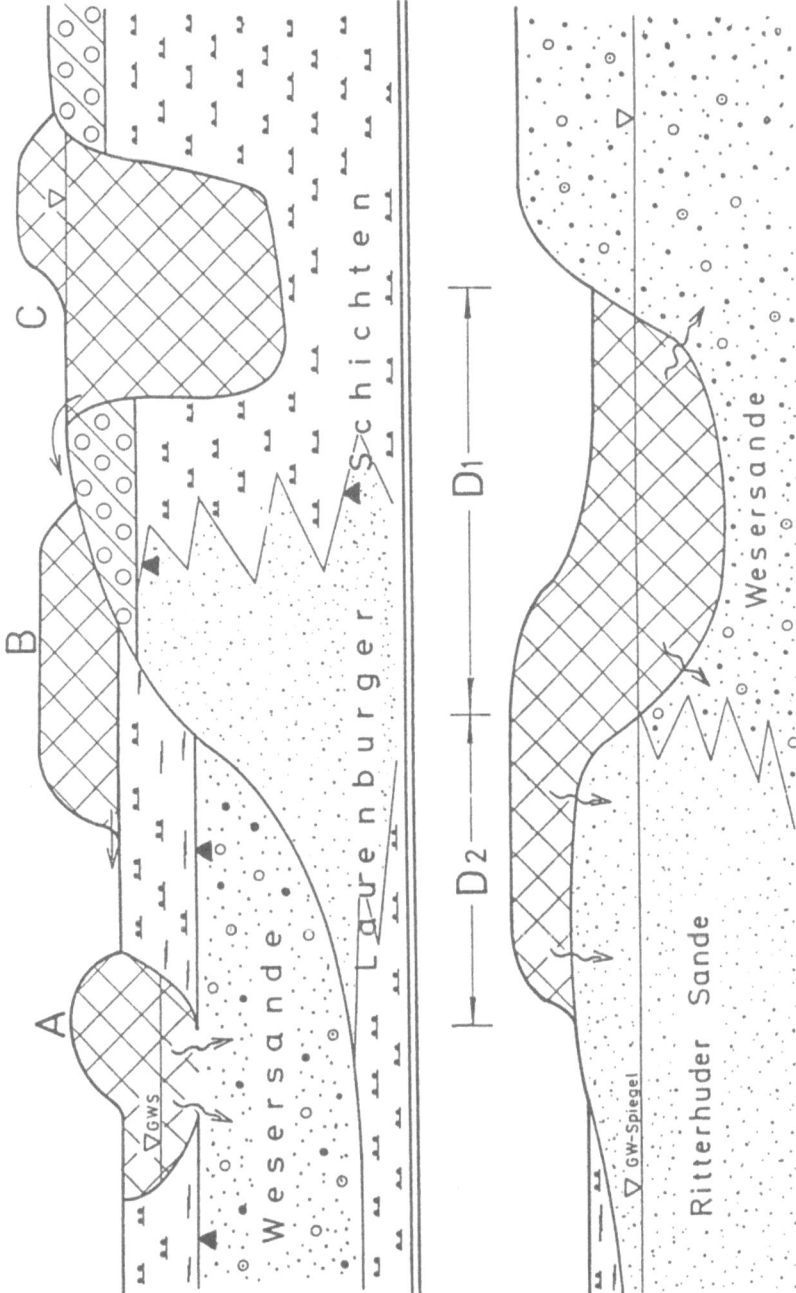

Abb. 1: Substrat-Typen von Altablagerungen in Bremen

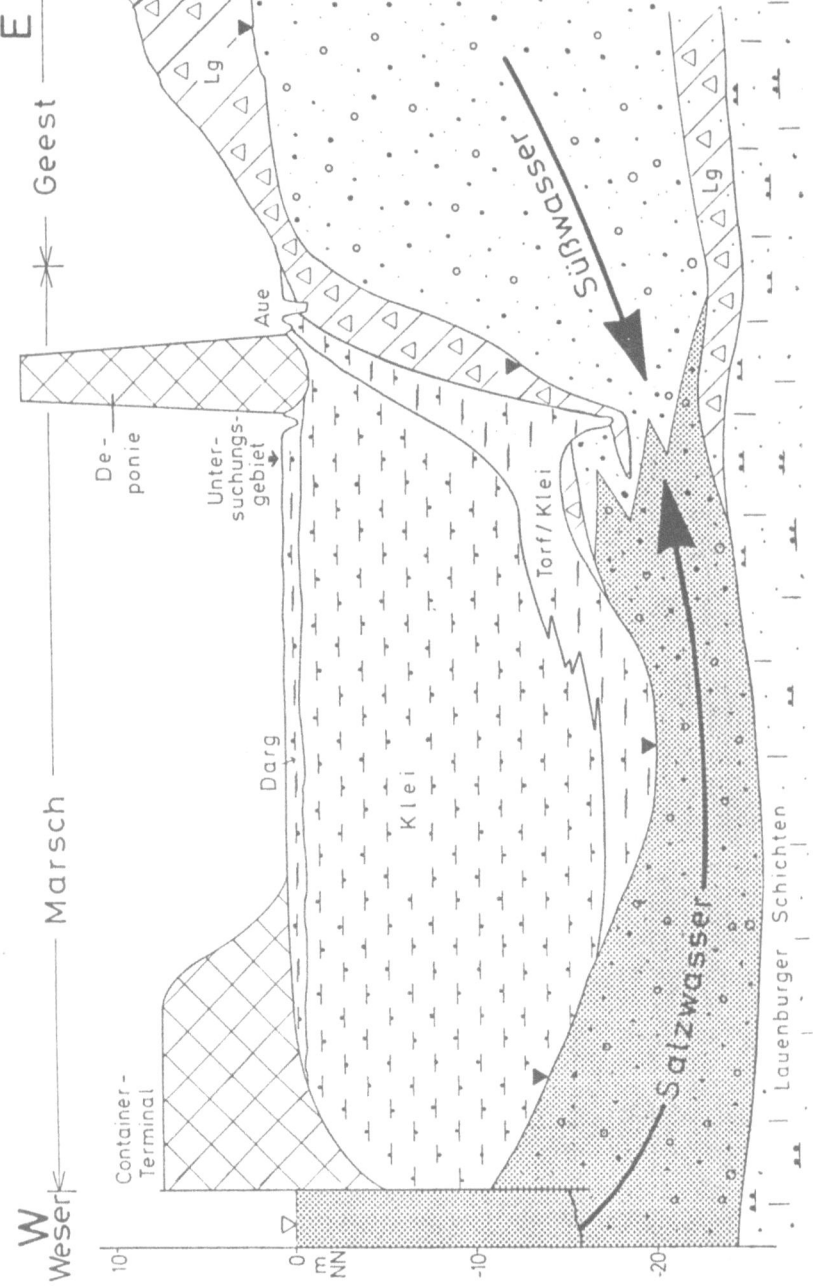

Abb. 2: Schematischer hydrogeologischer Schnitt im Nordteil Bremerhavens mit Deponie-Standorten

## SICHERE LAGER UND DEPONIEN FÜR ABFALLSTOFFE - AUFGABE, SICHERHEITSKONZEPT, LÖSUNGEN

DR. H. BOMHARD
DIREKTOR, DYCKERHOFF & WIDMANN AG, MÜNCHEN


Der Deponiebau nach anerkannten Regeln der Technik hat systematisch Altlasten produziert. Seine Basis, das "Verdünnungsprinzip", war ein Lösungsversuch, der sich als nahezu totaler Irrtum erwiesen hat und Sanierungsaufwand in Milliardenhöhe verursacht.

Neue Altlasten vermeiden, heißt auch bei Abfallstoffen so zu handeln, wie dies bei Rohstoffen und Produkten geschieht, ja kraft Gesetz vorsorgend geschehen muß, wenn Mensch und Natur gefährdet sind. Das heißt: Auch bei Abfallstoffen muß das "Umschließungsprinzip" an die Stelle des "Verdünnungsprinzips" treten. Das Umschließungsprinzip auf den gesamten Stoffkreislauf: Rohstoff - Produkt - Abfallstoff, anzuwenden, ist sicherheitstechnisch zwingend. Damit wird das Abfallager in einen sicherheitstechnischen Gesamtzusammenhang gestellt.

Umschließungen sind Bauwerke und als technische Systeme nur dauerhaft und zuverlässig verfügbar, wenn und solange wir sie warten und instandhalten. Das kann durchaus über sehr lange Zeiträume geschehen, doch nicht unbegrenzt lange. Die Nullemission ist als Zielvorstellung dabei durchaus realistisch.

Bauwerke können demzufolge keine Endlager sein, sondern nur Langzeit- oder Zwischenlager.

Überflüssig ist ein Umschließungsbauwerk dann, wenn der Abfall immissionsneutral ist. Immissionsneutraler Abfall ist inhärent sicher, bedarf keiner ständigen Überwachung und ist deshalb endlagerfähig. Endlagerfähig sind Stoffe, die ohne bauliche Maßnahmen die natürliche Stoffkonzentration in geschichtlichen Zeiträumen nicht nachteilig verändern.

Ein Endlager ist demzufolge lediglich ein Standort und kein Bauwerk.

Inhärente Sicherheit durch Abfallbehandlung ist baulicher Sicherheit vorzuziehen, wann immer das möglich ist und deshalb das Ziel langfristiger Konzepte. Kurz- und wohl auch mittelfristig fehlen dafür aber die Behandlungskapazitäten und teilweise auch die Behandlungsverfahren. Ob Boden, Wasser und Luft sauber bleiben oder kontaminieren, ist demnach nach wie vor eine Sache der baulichen Sicherheit und wird bestimmt durch das bauliche Lagerkonzept.

Wir laufen Gefahr, die Altlasten von morgen zu erzeugen, wenn wir nicht-immissionsneutralen Abfall in Bauwerken endlagern, wie das unter dem Zwang der Abfallmengen regelmäßig geschieht - allein 10 Mio m3 Sonderabfall sind in der BRD demnächst jährlich zu entsorgen. Wird die Umschließung durchlässig oder versagt sie, was schließlich nur eine Frage der Zeit ist, so bedeutet das nichts anderes als den Rückschritt vom Umschließungsprinzip zum Verdünnungsprinzip. Inwieweit die damit verbundenen Leckraten quantifizierbar und ihre Folgen prognostizierbar sind, ist nicht geklärt. Zulässige Leckraten wären zu definieren. Besitzt eine durchlässige Umschließung kein ausreichendes Adsorptionsvermögen für Schadstoffe sind neue Altlasten vorprogrammiert.

Die bauliche Ausbildung der Umschließung, die Lösung der Aufgabe, ist nun ganz davon abhängig, inwieweit und ob überhaupt Abfall hinsichtlich seiner Angriffe auf die Umschliessung wirkungsbezogen differenzierbar und prognostizierbar ist. Ist er das, so ist seine Umschließung mit einer "Strategie der Werkstofftechnik" abzusichern, ist er das nicht, muß eine "Strategie der Systemtechnik" eingesetzt werden (Bild 1). In dem einen wie in dem anderen Fall sind der Aufwand für das Lagerbauwerk und der für das Vorbehandeln des Abfalls eng miteinander verknüpft.

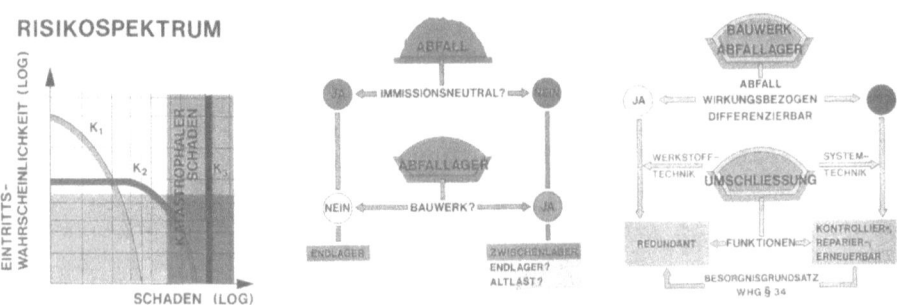

Bild 1. Risikospektren, Abfall und Abfallager im Umschließungskontext - K1, K2 wirkungsbezogen differenzierbarer, K3 wirkungsbezogen nicht differenzierbarer Abfall

Als Lösungen beschrieben werden Lagersysteme als Erd- und als Betonbauwerke, die die Dyckerhoff & Widmann AG schlüsselfertig als Paket zusammen mit Wartungsverträgen anbietet. Sie sind bausteinartig aufgebaut. Dank dieses Aufbaus sind sie anpassungsfähig an sehr unterschiedliche Ansprüche, je nachdem, ob und wie der Abfall vorbehandelt ist. Alle Umschließungsformen sind möglich; "Hügel" und "Behälter" sind dafür nur Beispiele. Das Sicherheitsziel eines Umschließungssystems mit hohem Adsorptionsvermögen (Bild 4) bzw. eines Umschließungssystems das kontrollierbar, reparierbar und erneuerbar ist (Bild 2 und 3), liegt ihnen ganz konsequent zugrunde. Die Lösungen sind wirtschaftlich, technisch fortschrittlich, praktisch geeignet, verfügbar und standortunabhängig - soweit das überhaupt möglich ist. Sie stehen für einen neuen Stand der Technik. Abfallager werden dadurch leichter akzeptabel, wieder versicherbar und schneller genehmigungsfähig.

Was fehlt sind also nicht Lösungen, was fehlt ist der Wille, sie einzusetzen.

 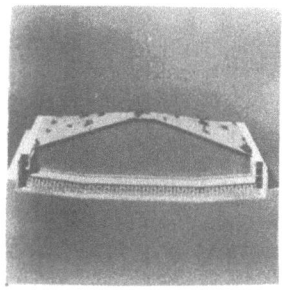 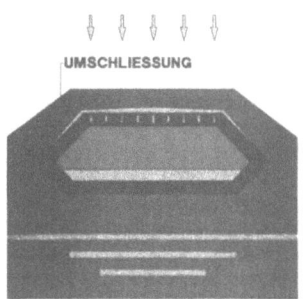

Bild 2. Dywidag-Steuler Lagersysteme mit Kontrollraum für wirkungsbezogen differenzierbare und nicht differenzierbare Abfälle. Bauformen "Behälter" und "Hügel"

Bild 4. Dywidag Lagersysteme mit mineralischer Umschliessung und Adsorptionskapazität für wirkungsbezogen differenzierbare Abfälle

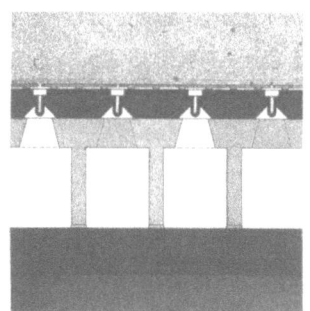 

Bild 3. Dywidag-Steuler Lagersysteme. Aufbau der Umschliessung mit Kontrollraum. Normal- und Reparaturzustand

BIBLIOGRAPHIE

Bomhard, H. (1988). Die Deponieraufgabe - Probleme und Lösungen der Abfallagerung. BIGTECH, Berlin, Forum für Zukunftstechnologien. Unveröffentlichter Sonderdruck.

Bomhard, H. (1987). Deponie-Behältersysteme für vorbehandelte und nicht vorbehandelte Abfälle. Die Deponie - Ein Bauwerk? IWS-Schriftenreihe 1/1987: 191-214.

Finsterwalder, K. (1989). Vorsorge für die Schadstoffemissionen von Deponien und Altlasten in geologischen Zeiträumen. Symposium RAI, Amsterdam. Land und Wasser - Umwelttechnik, Milieutechniek.

Rudat, D. (1987). Deponiesysteme der Dyckerhoff & Widmann AG. Abwassertechnik 4/87:54

# ENDLAGERUNG VON RESTSTOFFEN IN EINER UNTERTAGEDEPONIE

TH. BRASSER, W. BREWITZ

GSF INSTITUT FÜR TIEFLAGERUNG, THEODOR-HEUSS-STR. 4, D-3300 BRAUNSCHWEIG

Das Problem der sicheren und dauernden Beseitigung gefährlicher Abfallstoffe außerhalb des Biozyklus ist seit dem Beginn der industriellen Nutzung der Kernenergie erstmals zu einer wichtigen Forschungs- und Entwicklungsaufgabe geworden. In der Bundesrepublik Deutschland beschäftigen sich Behörden, Forschungseinrichtungen und Hochschulen seit Mitte der 60er Jahre mit der Entwicklung von Techniken zur Beseitigung aller Arten von radioaktiven Abfällen in Bergwerken und mit dem Nachweis der langfristigen Sicherheit von Endlagern.

Als wegweisend müssen die Forschungsarbeiten in der Schachtanlage Asse genannt werden. Neben der Anwendung und Weiterentwicklung verschiedener Techniken zur Behältereinlagerung von radioaktiven Abfällen waren besondere Aspekte der Entwicklungstätigkeit die Weiterentwicklung der Betriebssicherheit, optimale Ausnutzung des Hohlraumvolumens und Minimierung der mechanischen Beanspruchung des umgebenden Gebirges. Letzteres ist auch eine wesentliche Randbedingung für die nachbetriebliche Sicherheit eines geologischen Endlagers. Weitere Forschungs- und Entwicklungsarbeiten werden auf dem Gebiet der Resthohlraumverfüllung und der Endverschließung von Endlagern durchgeführt, wobei dem Wasserabschluß aus überlagernden Grundwasserleitern größte Bedeutung zugemessen wird.

Besonders vorteilhaft sowohl für die technischen wie auch Langzeitsicherheitsaspekte der Beseitigung von Abfallstoffen ist die Nutzung von Steinsalzformationen.

Auch an nichtradioaktive Abfälle, die sich durch erhöhtes Gefährdungspotential auszeichnen und wegen ihrer chemischen Zusammensetzung möglicherweise schädliche Auswirkungen auf Mensch und Umwelt haben können, werden besondere Anforderungen im Hinblick auf ihre Entsorgung gestellt.

Bislang sind derartige Abfälle zum überwiegenden Teil auf Sonderabfalldeponien gelagert worden. Bei dieser Form der Ablagerung bereiten aber Sickerwassererfassung und -behandlung aufgrund z. T. unvorhergesehener, nicht kontrollierbarer Wechselwirkungen der Abfälle untereinander bzw. mit dem umgebenden Deponiekörper beträchtliche Schwierigkeiten.

Aus geowissenschaftlichen und chemisch-physikalischen Gründen kann die untertägige Ablagerung von bestimmten Abfallarten mit toxischen Schwermetallen und/oder leicht löslichen Salzen in Bergwerken bzw. Kavernen im Salzgestein als eine grundsätzlich geeignete Entsorgungsalternative angesehen werden.

Hohlräume in anderen geologischen Formationen können unter bestimmten Voraussetzungen ebenfalls für die Reststoffentsorgung in Frage kommen.

Eine Vereinheitlichung der Anforderungen an die Abfälle, den Standort und den gesamten Betriebs- und Nachbetriebsablauf wird die geplante TA (Sonder-) Abfall bringen, die bereits im Entwurf vorliegt und auch die untertägige Ablagerung regelt.

Für die untertägige Endbeseitigung von gefährlichen Abfälle kommen einerseits die Behälterlagerung in Bergwerken, andererseits auch die behälterlose Einlagerung in Kavernen in Frage. Ein Förderversuch in der Schachtanlage Asse, bei dem ein granuliertes Abfallsimulat sowohl pumpengestützt als auch mit Schwerkraftförderung nach untertage verbracht worden ist, hat grundsätzlich die Eignung des Verfahrens aufgezeigt. Zur Technik des Verschlusses von untertägigen Hohlräumen stehen ebenfalls Erfahrungen aus der Forschung zur radioaktiven Endlagerung zur Verfügung, die auf ihre Übertragbarkeit hin überprüft werden.

Zum Nachweis der vollen Funktionstüchtigkeit von Untertagedeponien, zu dem auch die Vermeidung möglicher Spätfolgen gehört, ist eine umfassende standort- und abfallbezogene Sicherheitsbewertung erforderlich. Hierzu müssen unter anderem das Langzeitverhalten der abzulagernden Abfälle und mögliche Wechselwirkungen mit dem Wirtsgestein unter Ablagerungsbedingungen analysiert und bewertet werden. Dabei sind in Anlehnung an einschlägige Sicherheitsphilosophien sowohl die normale als auch eine möglicherweise gestörte Entwicklung der Untertagedeponie in der Nachbetriebsphase zu betrachten.

BIBLIOGRAPHIE

Kühn, K., Brewitz, W. & Dürr, K.: Forschung für die Endlagerung radioaktiver Abfälle. - atomwirtschaft atomtechnik XXX, S. 512 - 516 (1985).
Brasser, Th., Meyer, Th. & Starke, Ch.: Entsorgung von Sonderabfällen - Die Untertagedponie. - EntsorgungsTechnik, Okt./Nov. 1989, S. 32 - 37; Landsberg 1989.
Brewitz, W. & Brasser, Th.: Endlagerung von Reststoffen in tiefen geologischen Formationen. - Veröffentlichungen des Zentrums für Abfallforschung der Technischen Universität Braunschweig, Heft 4, S. 415 - 418; Braunschweig 1989.

VERMEIDUNG VON BODEN- UND GRUNDWASSERVERUNREINIGUNGEN IM TIEFBAU

Dr.-Ing. J. Karstedt, Dipl.-Ing. K. Kromrey

Im Tiefbau wird eine Vielzahl von Baustoffen verwendet, die mit Hilfe verschiedenster Bauverfahren in den Untergrund eingebracht werden und hier i. allg. verbleiben. Gesicherte Aussagen darüber, ob die stoffspezifischen Eigenschaften dieser Materialien über längere Zeiträume (Jahre, Jahrzehnte) hinweg konstant sind oder ob Änderungs- bzw. Auflösungsprozesse einsetzen, können im Regelfall noch nicht gemacht werden. Als dementsprechend schwierig erweisen sich Vorhersagen zur Beeinträchtigung von Boden und Grundwasser.
Neben dem geplanten, nutzungsorientierten Stoffeintrag (Bauwerk) stellen bei der Ausführung von Tiefbaumaßnahmen baustellenbedingte Stoffeinträge von Bauhilfsstoffen (z.B. Schalöl beim Holzverbau) und Betriebsstoffen (z.B. Motoröl) eine mögliche Gefährdung für Boden und Grundwasser dar.

Das vom Institut für Umwelttechnik GmbH Berlin, im Auftrag der Senatsverwaltung für Stadtentwicklung und Umweltschutz Berlin durchgeführte Forschungsvorhaben "Modellvorhaben Boden- und Grundwasserschutz im Tiefbau" befaßt sich mit den Veränderungen von Boden und Grundwasser, die im Zuge von Tiefbaumaßnahmen hervorgerufen werden können. Ziel des Forschungsvorhabens ist es, eine Handlungsanleitung zum boden- und grundwassergerechten Tiefbau in Form eines Handbuches zu erstellen. Dieses Handbuch ist zunächst für die öffentliche Verwaltung vorgesehen und hat schwerpunktmäßig den "Umgang mit bodengefährdenden Stoffen auf der Baustelle" zum Inhalt.

Um beim Tiefbau eine Schädigung des Bodens bzw. eine Störung seiner ökologischen Funktionen weitgehend abzuschätzen, gilt es zunächst, die hier üblicherweise vorkommenden Materialien zu erfassen und hinsichtlich ihrer Gefährlichkeit für Boden und Grundwasser zu bewerten.

Erfaßt werden Stoffe, die im Tiefbau

- oft eingesetzt werden
- selten, aber in großen Mengen eingesetzt werden
- selten und in geringen Mengen eingesetzt werden, jedoch ein hohes chemisches Reaktionspotential besitzen.

In Anlehnung an die bestehenden bodenschutzrelevanten Bestimmungen soll dabei jedem betrachteten Material nach einem individuellen, objektivierbaren Bewertungsschema ein Gefährdungspotential in Form einer Zahl zugeordnet werden.

Diese "Gefährdungszahl" zeigt die Notwendigkeit erforderlicher Schutzmaßnahmen an.

Auf der Grundlage der Bewertungsergebnisse bzgl. der potentiellen Schädigung von Boden bzw. Grundwasser wird eine Handlungsanleitung erstellt, die als Sammlung von Verbesserungsvorschlägen (im Sinne von "umweltgerecht") zu verstehen ist.

Die Handlungsanleitung bezieht sich auf:

- Transport
- Lagerung
- Verwendung
- Substitutionsmöglichkeiten

---

**Handlungsanleitung zum umweltgerechten Tiefbau**

**Zentrale Fragestellung:**

- Inwieweit wird der Boden durch Tiefbaumaßnahmen geschädigt?
- Wie können diese Schädigungen vermieden bzw. vermindert werden?

**Handbuch als Nachschlagewerk**

**Zugriff zur Handlungsanleitung über verschiedene Stichwortregister:**

- **Bauausführung**
- **Baustelleneinrichtung**
- **Materialien**

---

Abb.: Konzept des Handbuches

Mit der "Handlungsanleitung zum umweltgerechten Tiefbau" wird eine Lücke im Bereich des präventiven Umweltschutzes geschlossen.

Als Pilotprojekt in Berlin wird das Handbuch auf Baustellen Hilfestellung zum boden- und grundwassergerechten Tiefbau leisten.

# 7. VERUNREINIGTE SEDIMENTE

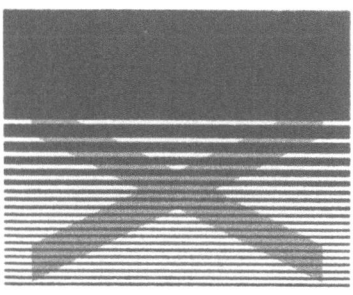

BEHANDLUNG SCHADSTOFFBELASTETER SEDIMENTE IN DEN NIEDERLANDEN

A.B. VAN LUIN UND P.B.M. STORTELDER
MINISTERIUM FÜR TRANSPORT UND ÖFFENTLICHE BAUARBEITEN
INSTITUT FÜR BINNENGEWÄSSERMANAGEMENT UND ABWASSERBEHANDLUNG
POSTFACH 17, 8200 AA LELYSTAD, DIE NIEDERLANDE

ZUSAMMENFASSUNG

Etwa 30 Millionen $m^3$ der Sedimente in den Niederlanden sind stark schadstoffbelastet. 1989 wurde eine begrenzte Anzahl von Sanierungsarbeiten in Angriff genommen, um Erfahrungen zu sammeln. Die Strategie der niederländischen Regierung geht in zwei Richtungen: Vorbeugung und Behandlung. Behandlung wird als eine aus miteinander zusammenhängenden Arbeiten, wie Ausbaggern, Abscheiden, Reinigen und Lagern bestehende Gesamtaufgabe betrachtet. Die Aufmerksamkeit wird sich besonders auf die Lagerung und die Entwicklung und Anwendung von Abscheidungs- und Reinigungsmethoden richten.

Hindernisse bei der praktischen Durchführung der Behandlung sind die unzureichende Anzahl Maßnahmen bei den anfänglichen Untersuchungen, die Unterschätzung der Wichtigkeit der Form, in der Schadstoffe in den Sedimenten vorliegen oder an sie gebunden sind und die einen großen Einfluß auf den Erfolg der Behandlung ausüben, und das Fehlen von arbeitsfähigen Reinigungsmethoden.

1. EINFÜHRUNG

Die Sedimente in vielen Wasserläufen in den Niederlanden sind dermaßen stark mit Schadstoffen belastet, daß Gefahren für die Volksgesundheit und die Umwelt bestehen, und insbesondere für die ökologische Funktion des Ökosystems Wasser (1, 2, 3). Der Weg zur Lösung des Problems schadstoffbelasteter Sedimente ist voller Hindernisse: Hindernisse in Bezug auf die Aufstellung von Strategien, die Entwicklung von Behandlungsmethoden und die (alltägliche) Praxis der Behandlung.

In dieser Abhandlung werden einige dieser Hindernisse beschrieben und diskutiert. Zuerst wird ein Überblick über den Umfang des Problems, die von der Regierung während der vergangenen Jahre entwickelte Strategie und den gegenwärtigen Stand der Behandlungsverfahren gegeben.

2. UMFANG DES PROBLEMS

Nach einer informativen Untersuchung von Sedimenten in den nationalen Gewässern der Niederlande wurde ein Inventar aufgestellt, das mehr als einhundert große und kleine Gebiete enthält, die möglicherweise eine ernsthafte Gefahr für die Volksgesundheit und die Umwelt bilden. Dieses Inventar von Flüssen, Kanälen, Seen und Häfen ist im "Sedimentsanierungsprogramm 1990-2000" inbegriffen, das im Juni 1989 vom Minister für Transport und öffentliche Bauarbeiten dem Parlament der Niederlande zugeschickt wurde (4). Die Menge der stark schadstoffbelasteten Sedimente in den nationalen Gewässern ist schätzungsweise 22 Millionen m$^3$.

Ein Bericht über die Situation in den regionalen Gewässern wurde dem Parlament im Januar 1990 überreicht (5). Etwa 9 Millionen m$^3$ der Sedimente in Seen, Stadtkanälen, Poldern, kleinen Kanälen, Bächen und Häfen sind schwer schadstoffbelastet.

In den Niederlanden werden große Mengen an Baggerschlamm (50 Millionen m$^3$) jährlich ausgebaggert, um die Gewässer hinreichend tief für die Schiffahrt zu halten. Lange Zeit wurde dieses Baggergut benutzt, um Land aufzuhöhen, oder es wurde in die See gekippt. Jetzt werden nur 40 Millionen m$^3$ leicht schadstoffbelasteten Baggerguts in die See gekippt. Die übrigen 10 Millionen m$^3$ sind so stark mit Schadstoffen belastet, daß weitere Behandlung notwendig ist. Im vergangenen Jahr konnten etwa 8 Millionen m$^3$ in Deponien gelagert werden, und 2 Millionen m$^3$ wurden nicht ausgebaggert, weil keine Lösung verfügbar war. Das Problem der schadstoffbelasteten Sedimente kann berechnet werden: Während der kommenden zwanzig Jahre wird es notwendig sein, 150 - 200 Millionen m$^3$ Baggergut zu behandeln, das aus Umwelt- und Schiffahrtsgründen ausgebaggert werden muß.

Die qualitative Seite des Problems kann wie folgt zusammengefaßt werden: Tabelle 1 enthält die Konzentrationen einer Anzahl von Schadstoffen, die in den Sedimenten der nationalen Gewässer gefunden wurden. Sie gibt auch den Faktor an, um den die objektiven Qualitätsnormen für das Jahr 2000 (Minimale Sicherheitswerte für Gewässersedimente) überschritten werden (siehe 3,2), im Verhältnis zum gemessenen Durchschnitt, Maximum und der 90-Perzentil-Konzentration.

Die Tabelle zeigt, daß die erwünschte Zielkonzentration für viele Substanzen regelmäßig um Faktoren von zehn bis mehrere hundert überschritten wird, besonders für Kadmium, Kupfer, Quecksilber, polychlorierte Biphenyle (PCB) und polyzyklische aromatische Kohlenwasserstoffe (PAK).

In den Niederlanden werden die durch schadstoffbelastete Sedimente verursachten Probleme heute von der Gesellschaft und den Politikern voll anerkannt. Seit einigen Jahren sind Forschungsprojekte im Gange über verschiedene Aspekte des Problems, z.B. Überwachung, Sedimenttransport, Verhalten von Schadstoffen in Gewässersedimenten, Auswirkungen auf die Lebewesen im Wasser, und Vorbeugungs- und Sanierungstechnologien (6). Die Strategie der Niederlande konzentriert sich nun darauf, das Problem zu lösen und nicht nur zu studieren.

TABELLE 1. Schadstoffbelastete Sedimente in den Niederlanden (nationale Gewässer)

| | Konzentration im Sediment | | | | Über der Norm (Anzahl) | | |
|---|---|---|---|---|---|---|---|
| | Mittel | 90 Perz. | Max. | Anzahl Messungen | Mittel | 90 Perz. | Max. |
| Arsen (mg/kg) | 24 | 45 | 421 | 2688 | 0,3 | 0,5 | 5 |
| Kadmium | 6 | 18 | 185 | 2734 | 3 | 9 | 90 |
| Chrom | 106 | 247 | 1494 | 2891 | 0,3 | 0,5 | 3 |
| Kupfer | 84 | 180 | 5593 | 2723 | 2 | 5 | 160 |
| Quecksilber | 2 | 4 | 155 | 2543 | 4 | 8 | 300 |
| Blei | 157 | 325 | 7024 | 1347 | 0,3 | 0,6 | 13 |
| Nickel | 38 | 67 | 681 | 2655 | 1 | 2 | 19 |
| Zink | 800 | 1778 | 58199 | 2873 | 2 | 4 | 20 |
| Erdöl | 1515 | 3333 | 48462 | 2803 | 0,3 | 0,7 | 10 |
| EOX | 10 | 17 | 1516 | 2786 | 2 | 3 | 275 |
| PCB 28 (µg/kg) | 49 | 140 | 21429 | 2677 | 12 | 35 | 5300 |
| PCB 52 | 32 | 128 | 2820 | 2676 | 8 | 32 | 700 |
| PCB 153 | 30 | 127 | 4550 | 2677 | 8 | 32 | 1130 |
| γ-HCH | < 4 | 9 | 483 | 1583 | | 9 | 480 |
| Aldrin + Dieldrin | < 5 | 15 | 5179 | 1774 | | 1 | 130 |
| Fluoranthen (mg/kg) | 4 | 7 | 481 | 3001 | 13 | 23 | 1600 |
| Benzo(k)-Fluoranthen | 1 | 2 | 318 | 2887 | 5 | 10 | 1590 |

## 3. STRATEGIE IN BEZUG AUF SCHADSTOFFBELASTETE SEDIMENTE
### 3.1 Wasserbewirtschaftung

Die Strategie in Hinsicht auf das Problem der schadstoffbelasteten Sedimente wird im Dokument "Drittes nationales Strategiedokument zur Wasserbewirtschaftung" (7) beschrieben.

Das Endziel ist folgendermaßen formuliert:
- eine Sedimentqualität, die so hoch ist, daß nur unbedeutende Gefahren für die Funktion ausgewogener aquatischer Ökosysteme bestehen;
- eine Baggergutqualität, die so hoch ist, daß Dispersion und Wiederverwendung ohne Bedenken möglich ist;
- Gewässersedimente, die so stark schadstoffbelastet sind, daß sie eine ernstliche Gefährdung für die Volksgesundheit, die Umwelt, die Funktion der aquatischen Ökosysteme oder die Grundwasserbenutzung bilden, sind saniert.

Es wird angenommen, daß das Sediment und der von den Flüssen entlanggetragene Feinschlamm in etwa zwanzig Jahren wieder sauber sein wird. Um die Zwischenzeit zu überbrücken, wurde das folgende Zwischenziel für das Jahr 1995 formuliert:
- eine Anzahl der am schwersten belasteten Sedimentablagerungen, die örtlich eine ernstliche Gefährdung für die

Volksgesundheit oder die Umwelt bilden, werden saniert, in Abhängigkeit von den verfügbaren Mitteln;
- zumindest zwei der erforderlichen Großdeponien für das Abladen von schadstoffbelastetem Baggergut und durch Sanierungsmaßnahmen erzeugtes Baggergut müssen fertiggestellt sein;
- Wiedernutzung von 2 Millionen m³ behandeltem Baggergut.

Diese Ziele bedeuten, daß eine zweigleisige Strategie verfolgt werden muß: In Richtung auf die Vorbeugung gegen Schadstoffbelastung des Wassers, und in Richtung auf die Behandlung schadstoffhaltiger Sedimente. Den Vorbeugungsmethoden wird eine Vorrangstellung gegeben, damit das Problem sich nicht noch viele Jahre lang weiter hinschleppt. Das bedeutet, daß die Schadstoffquellen für viele Stoffe um 50%, und für einige Stoffe sogar um mehr als 90%, vermindert werden müssen.

In Bezug auf die zweite Richtung wird die Aufmerksamkeit sich auf die Lagerung in großen Baggergutdeponien und andere Behandlungsverfahren, wie Abscheidung und Reinigung zum Zweck der Volumenverminderung und Zerstörung der Schadstoffe konzentrieren, um die Gesamtmenge des zu lagernden Baggerguts zu vermindern.

3.2 Normen

Um die Sanierung von aquatischen Sedimenten praktisch durchzuführen und um die Bewältigung des Baggerguts zu ermöglichen, sind andere Normen formuliert worden. In Abb. 1 werden die Beziehungen zwischen der allgemeinen Umweltqualität, den Prüfwerten und den Warnwerten für Sedimente schematisch dargestellt.

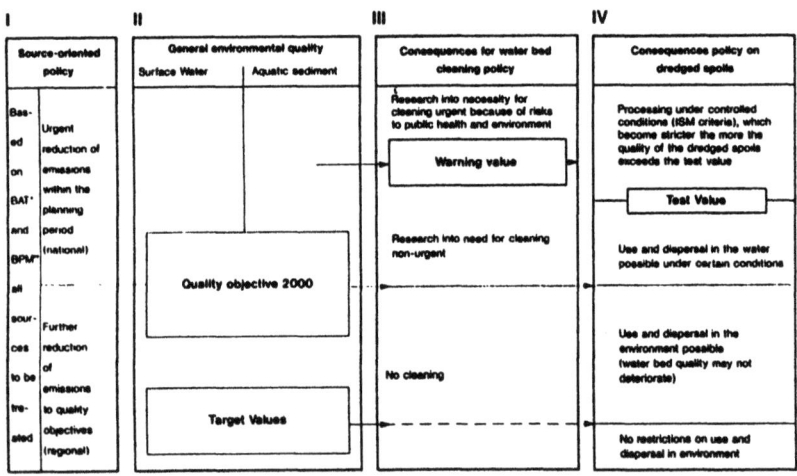

Abbildung 1. Beziehungen zwischen allgemeiner Umweltqualität, Warnwert und Prüfwert für Gewässersedimente (7).

Die folgenden Anmerkungen erläutern Abb. 1:
- die Anwendung der direkten Emission (Block I) basiert, in Übereinstimmung mit dem Wasseraktionsprogramm 1985-1989, auf Reinigung an der Schadstoffquelle unter Anwendung der besten technischen und der besten praktisch anwendbaren Mittel (B.T.M. und B.P.M.);
- für die allgemeine Umweltqualität (Block II) gibt es einen minimalen Schutzwert (Qualität 2000) und einen Zielwert, bei dem die Gefährdung als unwesentlich angesehen werden kann. Das bedeutet, daß die angezielten Werte auf die aquatische Umwelt ebenso wie auf den Boden eingestellt werden sollten. Zur Zeit gibt es keine brauchbare Grundlage für die Formulierung der Zielwerte;
- ein Warnwert wird angeführt für die Sanierungsstrategie für Gwässersedimente. Wenn dieser Wert überschritten wird, ist eine Untersuchung über die Notwendigkeit einer Sanierung dringend notwendig;
- es werden fünf Kategorien für die Lagerung von Baggergut unterschieden (Block IV):
  - Baggergut, dessen Qualität gleich dem oder schlechter als der Warnwert für Sediment ist, muß unter strengen Bedingungen der Isolierung, Lagerung und Überwachung gelagert werden. Das bedeutet kontrolliertes Abladen auf dem Land oder in tiefen Unterwassergruben.
  - Baggergut, dessen Qualität zwischen dem Warnwert und dem Prüfwert liegt, sollte, wenn möglich und praktisch, ebenfalls unter den oben genannten strengen Bedingungen gelagert werden; die Strenge dieser Bedingungen hängt davon ab, wie stark schadstoffbelastet das Baggergut ist.
  - Baggergut, dessen Qualität zwischen dem Prüfwert und der allgemeinen Umweltqualität (Qualitätsziel 2000) liegt, kann unter gewissen Bedingungen und in Abhängigkeit von der örtlichen Situation im Wasser verteilt oder benutzt werden; ein wichtiges Prinzip ist hier, daß keine Verschlechterung der Qualität des Gewässersediments im betroffenen Gebiet verursacht werden darf;
  - Baggergut, dessen Qualität gleich der oder besser als die allgemeine Umweltqualität (Qualitätsziel 2000) ist, kann in der aquatischen Umwelt verteilt werden, solange auch hier keine Verschlechterung der Qualität des Gewässersediments im betroffenen Gebiet verursacht wird;
  - Baggergut, das den Zielwerten entspricht, kann problemlos auf dem Land oder im Wasser benutzt oder verteilt werden.

In Tabelle 2 werden numerischen Werte für einige ausgewählte Stoffe angeführt.

TABELLE 2. Allgemeine Umweltqualität (Qualitätsziel 2000), Prüf- und Warnwerte für Sedimente (7)

Sediment = Gehalt im Sediment im Gewässerbett (in mg/kg), umgerechnet auf Normsediment (10% organische Stoffe und 25% Lutum)

| Parameter | Qualitäts-ziel 2000 | Vorläufiger Prüfwert, Sediment | Vorläufiger Warnwert, Sediment |
|---|---|---|---|
| Kadmium | 2 | 7,5 | 30 |
| Quecksilber | 0,5 | 1,6 | 15 |
| Kupfer | 35 | 90 | 400 |
| Nickel | 35 | 45 | 200 |
| Blei | 530 | 530 | 1000 |
| Zink | 480 | 1000 | 2500 |
| Chrom | 480 | 480 | 1000 |
| Arsen | 15 | 85 | 150 |
| PCB 28 | 0,004 | 0,003 | 0,1 |
| PCB 52 | 0,004 | 0,003 | 0,1 |
| Aldrin + Dieldrin | 0,04 | 0,04 | 0,5 |
| $\gamma$-HCH | 0,001 | 0,02 | 0,5 |
| Benzo(k)-Fluoranthen | 0,2 | 0,8 | 3 |
| Fluoroanthen | 0,3 | 2,0 | 7 |

4.3. Sedimentsanierungsprogramm 1988-1989

1989 wurde die Behandlung der schadstoffbelasteten Sedimente in beschränktem Maβ in Angriff genommen, im Rahmen der Durchführung des "Sedimentsanierungsprogramms 1988-1989" des Ministeriums für Transport und öffentliche Bauarbeiten. Diese Behandlungsarbeiten werden als ein Test angesehen, durch den Erfahrungen für das geplante Behandlungprogramm der 1990iger Jahre gesammelt werden sollen.

Gleichzeitig wurde ein Forschungsprogramm in Zusammenarbeit mit Handel und Industrie begonnen, dessen Ziel die Entwicklung und Anwendung von Behandlungsverfahren ist, wie z.B. umweltfreundliche Baggermethoden, (Schwerkraft-) Abscheidung, Reinigung, Isolierung und Immobilisierung (Entwicklungsprogramm Behandlungsverfahren 1989-1990) (8).

4.3.2 Sedimentsanierungsprogramm 1990-2000

Von 1990 an wird das bereits erwähnte Sedimentsanierungsprogramm 1990-2000 druchgeführt. Ehe die eigentliche Entscheidung für die Sanierung eines Orts getroffen wird, wird zur Gewähr des Nutzeffekts ein in mehrere Phasen unterteiltes Verfahren angewendet.

Phase 1 - Einführende Orientierung

Auf der Grundlage von Beobachtungen am Ort, historischen Informationen oder Berichten dritter Parteien wird herausgefunden, an welchen Stellen das Sediment schadstoffbelastet ist. Diese Informationen führen dann zur zweiten Phase.

Phase 2 - Erkundungsuntersuchung
In dieser Phase wird eine erste allgemeine Einsicht in die Art und das Ausmaß der Schadstoffbelastung durch spezifische Probenahmen erarbeitet und außerdem wird eine allgemeine Bewertung des Grades der Schadstoffbelastung durchgeführt. (Wenn die Warnwerte überschritten werden, liegt Grund vor, zu Phase 3 weiterzuschreiten.)

Phase 3 - Weitere Untersuchungen
In dieser Phase müssen die Untersuchungen die Gefährdung von Menschen und Tieren im Licht der Umwelthygiene und der Volksgesundheit aufzeigen. Gleichzeitig wird die Gefahr einer weiteren Ausbreitung der Schadstoffe in der Umwelt (Grundwasser, Oberflächengewässer) untersucht. Die Sanierungsentscheidung ('ja' oder 'nein') wird auf der Grundlage dieser weiteren Untersuchungen getroffen. Wenn eine Sanierung erforderlich ist, folgt Phase 4.

Phase 4 - Sanierungsuntersuchungen
Diese Phase ist in Wahrheit eine Vorbereitung für die eigentlichen Sanierungsarbeiten. Die Mengen an Baggergut, die saniert werden müssen, werden genau ermessen. Sanierungsmaßnahmen, Behandlungsverfahren und die Lagerungsmöglichkeiten werden untersucht. Ein Terminplan wird aufgestellt, und die finanziellen Folgen werden betrachtet. Wenn die Sanierungsuntersuchungen beendet sind, kann im Prinzip eine Sanierungsplan formuliert werden.

Phase 5 - Sanierung

Phase 6 - Bewertung der Sanierung

Zur Zeit werden die Arbeitspläne für 1991 aufgestellt, auf der Grundlage dieses experimentellen Phasenplans. Außerdem wird das 1989 begonnen Entwicklungsprogramm fortgesetzt, das die Entwicklung und Anwendung anderer Behandlungsverfahren als Lagerung in Deponien bezweckt, und daraus werden Demonstrations-Sanierungen resultieren, auch in Hinsicht auf das bereits erwähnte Zwischenziel, das 1995 erreicht sein sollte und die Wiederbenutzung von 2 Millionen m$^3$ behandelten Baggerguts ermöglichen soll (Entwicklungsprogramm Behandlungsverfahren 1991-1994).

4.4 Lagerungsdeponien
Es wurde klar, daß es notwendig sein wird, etwa fünf großangelegte Lagerungsdeponien zu bauen, um das Problem der schadstoffbelasteten Sedimente zu lösen, zumindest wegen der großen Mengen an Baggergut und der Kosten.
Die Minister für Umwelt und für Transport und öffentlich Bauarbeiten haben beschlossen, ein Regierungsmemorandum über

nationale Richtlinien für den Typ und die Einrichtung von Lagerungsdeponien für Baggergut sowohl an Land als auch unter Wasser abzufassen. Ein Bericht über die Umweltfolgen (REE - Report on the effects on the environment) soll abgefaßt werden, als Grundlage für die Entscheidungen über dieses Problem. Es wird erwartet, daß dieser Bericht im März 1991 verfügbar sein wird.

Im Bericht über die Umweltauswirkungen soll nicht nur die Einrichtung verschiedener Typen von Lagerungsdeponien betrachtet werden, sondern auch die gesamte Behandlungsfolge, wie Ausbaggern, Transport, Abscheidung, Reinigung und Ablagerung. Außerdem sollen Aspekte wie die Übernahme der Lagerungsdeponien, Management und Wartung der Deponien, Inspektion und Überwachung in Bezug auf die Umweltaspekte, die später Verwendung der Deponien und die Nachbehandlung betrachtet werden.

Die Anlage der Deponien erfordert außer der technischen Durchführung ausführliche Besprechungen mit öffentlichen Behörden. Es wird erwartet, daß die ersten Deponien nicht vor 1994/1995 gebrauchsfertig sein werden. Von diesem Zeitpunkt an kann die großangelegte Sanierung schadstoffbelasteter Sedimente in den Niederlanden wirklich beginnen.

### 4.5 Finanzierung

Auf Grund der bereits beobachteten Auswirkungen der Schadstoffbelastung von Sedimenten und der bereits erwähnten Inventare hat das Kabinett Geldmittel für die Regierungshaushaltsperiode bis 1994 bereitgestellt. 40 Millionen niederländische Gulden waren für die Jahre 1989 und 1990 verfügbar. Für den Zeitraum 1991-1994 werden weitere 140 Millionen niederländische Gulden verfügbar gemacht.

## 5. BEHANDLUNG DER SCHADSTOFFBELASTETEN SEDIMENTE
### 5.1 Einführung

Wenn entschieden wird, daß schadstoffbelastete Orte aus Rücksicht auf die Umwelt oder die Schiffahrt saniert werden müssen, steht prinzipiell eine Anzahl von Behandlungsverfahren zur Verfügung. Diese Behandlungsverfahren sind Kombinationen der folgenden Vorgänge:
Ausbaggerung, Abscheidung, Entwässerung, Reinigung, Lagerung, Isolierung und Immobilisierung.
Es ist äußerst wichtig, daß die Behandlung als ein Gesamtverfahren aus miteinander verknüpften Behandlungsvorgängen betrachtet wird.

Die Art und das Ausmaß der Schadstoffbelastung, aber vor allen Dingen die Form, in der die Schadstoffe im Sediment vorliegen, bestimmen die Reihenfolge der Behandlungsvorgänge und deshalb die Behandlungsverfahren, die schließlich anwendbar sind.

Um es völlig klar zu machen: __Ein__ einheitliches Behandlungsverfahren für alle schadstoffbelasteten Sedimente in den Niederlanden gibt es ganz einfach nicht. Finanziell betrachtet ist es unmöglich, alles schadstoffbelastete Baggergut zu reinigen, und wegen der damit verbundenen hohen Kosten wäre es gesellschaftlich unverantwortlich. Lagerung all des schadstoffbelasteten Baggerguts wird Probleme in Hinsicht auf die Umweltplanung und den Umweltschutz verursachen.

5.2 Behandlungsverfahren

5.2.1 Abscheidung. Die Abscheidung bezweckt die Trennung des Baggerguts in eine relativ saubere Fraktion und eine oder mehrere Fraktionen, in denen die Schadstoffe konzentriert sind.

Die Abscheidung kann durch horizontales Sprühen des Baggerguts in eine Deponie durchgeführt werden. Ein Nachteil dieser Methode ist, daß seine Unterscheidungsfähigkeit verhältnismäßig gering ist. Abscheidungsmethoden in der Behandlungstechnologie umfassen Flotation und Hydrozyklonierung.

Die Hydrozyklonierung wird bereits in der Praxis angewendet. Die Abscheidung findet in einem Zentrifugalfeld statt, entsprechend der Größe und dem spezifischen Gewicht der Partikel. Das Verfahren muß so kontrolliert werden, daß eine saubere grobe Fraktion und eine schadstoffbelastete Feinfraktion erhalten werden.

Die Hydrozyklonierung scheint eine vielseitige Methode für die Behandlung von schadstoffbelasteten Sedimenten zu sein, aber sie ist entschieden kein Allheilmittel. Die vorhandenen Sedimentabscheidungsanlagen sind allzu oft dafür ausgelegt, Sand abzutrennen und das Volumen des Baggerguts zu vermindern. Bei der Wahl der Behandlungsbedingungen wird die Art der Schadstoffbelastung und die Verteilung der belasteten Anteile zwischen den verschiedenen Sedimentfraktionen, die voneinander getrennt werden müssen, nicht genug in Betracht gezogen. In einigen Fällen bedeutet das, daß nach der Abscheidung alle gebildeten Fraktionen schadstoffbelastet sind, z.B. wenn polyzyklische aromatische Kohlenwasserstoffe in Form von Teerpartikeln vorliegen. Diese Teerpartikel verhalten sich wie Sand und bleiben in der Grobfraktion. Vom Standpunkt der Behandlungstechnologie kann das Verfahren der Hydrozyklonierung noch verbessert werden (8).

5.2.2 Reinigung

Die Reinigungsmethoden sind Verfahren, bei denen die den Sedimentpartikeln anhaftenden Schadstoffe abgetrennt werden, z.B. durch Extraktion, oder zerstört werden, z.B. durch biologischen Abbau oder Verbrennung.

Die Abbildung unten ist eine Darstellung der verfügbaren Reinigungsverfahren für das gesamte Sediment (ohne Abscheidung), die Grobfraktion und die Feinfraktion nach der Hydrzyklonierung. Die meisten Reinigungsverfahren wurden für die Bodensanierung entwickelt.

```
┌─────────────────────────┐
│       AUSBAGGERN        │
└─────────────────────────┘

            ┌─────────────────────────┐
            │      ABSCHEIDUNG        │
            └─────────────────────────┘

                  Hydrozyklonierung

┌───────────────────────────────────────────────┐
│                  REINIGUNG                    │
└───────────────────────────────────────────────┘
```

Gesamtsediment              Grobfraktion             Feinfraktion

• Feldanbau                 • Schaumflotation        • biologische Reini-
• Kompostierung             • Schwerkraft-             gung in einem be-
• Bioreaktoren                abscheidung              lüfteten Becken
• chemische Oxydation/                               • Extraktion mit
  Feldanbau                                            Säure/Komplex-
• bakterielle Auslaugung                               bildnern
• Elektroreklamation                                 • bakterielle
• Schaumflotation                                      Auslaugung
• Verbrennung                                        • Elektroreklamation
                                                     • Schaumflotation
                                                     • Verbrennung

Abbildung 2. Reinigungsverfahren für schadstoffbelastete Sedimente.

Außer nach der Anwendungsmöglichkeit für bestimmte Typen von Baggergut können die Reinigungsverfahren auch entsprechend der Art ihrer Anwendung klassifiziert werden (in großem oder kleinem Maßstab) und auf Grund ihrer Eignung für verschiedene Arten der Schadstoffbelastung (Schwermetalle und organische Spurenschadstoffe). Diese Klassifizierung ist in Tabelle 3 enthalten. Tabelle 3 zeigt auch den derzeitigen Entwicklungsstand der verschiedenen Reinigungsmethoden.

In vielen Fällen sind die Reinigungsmethoden für schadstoffbelastete Sedimente noch nicht anwendungsbereit. Im Rahmen des Entwicklungsprogramms Behandlungsverfahren 1989-1990 werden verschiedene Reinigungsmethoden in Labor- und Pilotstudien untersucht (8). Es ist anzunehmen, daß die am meisten versprechenden Methoden innerhalb von 2 bis 5 Jahren anwendungsbereit sein werden.

TABELLE 3. Reinigungsverfahren für schadstoffbelastete Sedimente.

| Reinigungsverfahren | Anwendungsbereich | | Entwicklungsstadium |
|---|---|---|---|
| **biologisch** | | | |
| Feldanbau | G | OSS | P |
| Kompostierung | G | OSS | P |
| Belüftungsbecken | G | OSS | P |
| Bioreaktor | K | OSS | P |
| Bakterielle Auslaugung | G/K | SM | L |
| **chemisch** | | | |
| Oxydation mit Wasserstoffsuperoxyd | G/K | OSS | L |
| Elektroreklamation | G | SM | L |
| Extraktion mit Säure und Komplexbildnern | G/K | SM | L |
| **physikalisch** | | | |
| Schaumflotation | G/K | OSS, SM | P |
| **thermisch** | | | |
| Verbrennung | L | OSS, SM | A |

G = in großem Maßstab  
K = in kleinem Maßstab  
OSS = organische Spurenschadstoffe  
SM = Schwermetalle  
L = Laborstudie  
P = Pilotstudie  
A = anwendungsbereit

## 6. DISKUSSION
### 6.1 Unumgänglichkeit der Behandlung

In der Strategie der Niederlande wird anerkannt, daß bloßes Vermeiden weiterer Schadstoffbelastung nicht ausreichend ist, um innerhalb eines zumutbaren Zeitraums eine annehmbare Sedimentqualität zu erreichen und den Gefahren und Schäden, die durch schadstoffbelastete Sedimente verursacht werden, erfolgreich zu begegnen. Die Behandlung von schadstoffbelasteten Sedimenten beschränkt sich nicht auf die Sedimente, die für die Schiffahrt ausgebaggert werden, sondern bezweckt auch, die Gefährdung der Bevölkerung und der Umwelt zu vermindern und das ökologische Gleichgewicht und andere Funktionen des Systems wiederherzustellen. Es wird geplant, daß bis 1995 die am schwersten schadstoffbelasteten Orte, an denen eine ernstliche Gefährdung der Volksgesundheit oder Umwelt besteht, saniert sein werden. Untersuchungen dieser Orte werden als vordringlich angesehen, damit die Fragen, ob eine Sanierung notwendig ist und wie das Sediment am erfolgreichsten behandelt werden kann, im einzelnen geklärt werden können. Um die Frage nach der Notwendigkeit genauer zu beantworten, müssen zwei Punkte untersucht werden: Erstens die Frage, in welchem Ausmaß die Ableitung herabgesetzt werden muß, ehe die Sanierung als wirkungsvoll angesehen werden kann. Einerseits wird behauptet, daß Einleitungen, durch die die örtliche Sedimentqualität beeinträchtigt wird, soweit verringert werden müssen, daß nach der Sanierung die Qualität dauernd auf der angezielten Höhe erhalten werden kann. Andererseits kann es wünschenswert sein, wesentlichen Gefährdungen entgegenzutreten, auch wenn nicht garantiert werden kann, daß die Sedimentqualität danach überhaupt keine Gefahr darstellt, aber die Gefährdung wenigstens verringert ist.

Zweitens ist eine gut fundierte Risikobewertung ein Problem. Für eine solche Risikobewertung ist eine ziemlich ausgedehnte Untersuchung erforderlich, die unter anderem Messungen im Feld, Anwendung mathematischer Modelle für die Berechnung des Schadstofftransports und der zu erwartenden Wasser- und Sedimentqualität am Ort, und Studien über die Auswirkungen auf die Volksgesundheit und das Ökosystem umfaßt. Insbesondere in Bezug auf die ökologischen Auswirkungen und Gefahren mangelt es sehr an Kenntnissen und Methoden. Es wird behauptet, daß abgesehen von Kriterien, die auf die chemische Analyse von Sedimenten anwendbar sind, zusätzliche Kriterien, die auf einer Messung der Toxizität durch biologische Tests und Bemessung der Artenzusammensetzung und Bevölkerungsdichte der Lebewesen beruhen, für eine hinreichende Beurteilung der Sedimentqualität notwendig sind. Diese drei Begriffe sind als die "Sedimentqualitätstriade" bezeichnet worden (9). Biologische Tests für die Klassifizierung von Sedimenten sind verfügbar, aber weitere Untersuchungen sind notwendig, ehe ein international annehmbares Verfahren ausgearbeitet werden kann.

6.2 <u>Behandlungsmöglichkeiten</u>

Wenn die Entscheidung getroffen ist, daß Sanierungsmaßnahmen erforderlich sind, muß die folgende Frage beantwortet werden: Welche Maßnahmen müssen getroffen werden? Die Strategie der niederländischen Regierung in Bezug auf Abfallstoffe, einschließlich von Baggergut, gibt die folgende Reihenfolge der Prioritäten in Hinsicht auf die verschiedenen Arten von Maßnahmen an (1):

1. Verhütung; 2. Reinigung; 3. Wiedernutzung oder nutzbringende Anwendung; 4. Lagerung

Das zugrundeliegende Prinzip ist hier der Begriff "dauerhafte Entwicklung"; zukünftige Generationen sollten nicht mit den Problemen der Gegenwart belastet werden. Bedenkenlose Lagerung aller schadstoffbelasteten Sedimente auf dem Land oder in tiefen Schächten unter Wasser stimmt nicht mit diesem Prinzip überein. Lagerung ist deshalb die strategische Möglichkeit mit dem niedrigsten Prioritätsgrad. Die Behandlungsmaßnahme mit dem höchsten Prioritätsgrad ist Reinigung. Aber die folgenden Bemerkungen über die Reinigung schadstoffbelasteter Sediment müssen gemacht werden:

1. Reinigungsverfahren sind noch nicht anwendungsbereit (siehe 5.2)

2. Reinigungsverfahren sind relativ aufwendig.
   Als Erläuterung folgt eine typische Berechnung:
   - Ein Behandlungsverfahren, das Ausbaggern, Abscheidung und Reinigung umfaßt, kostet etwa 40 Billionen niederländische Gulden für 200 Millionen m³ Baggergut.
   - Die Kosten eines Behandlungsverfahrens, das Ausbaggern und Lagerung umfaßt, betragen etwa 6 Billionen niederländische Gulden für 200 Millionen m³ Baggergut.
3. Die Möglichkeit einer weiteren Anwendung gereinigter Sedimente ist nicht garantiert.
   Diese Bemerkung gilt auch für die zweite Behandlungsmethode: Wiederverwendung oder nutzbringende Anwendung. Erfahrungen mit gereinigtem Boden sind bisher in dieser Hinsicht nicht sehr positiv. Das steht in engem Zusammenhang mit Fragen über:
   - Normen (Wie sauber ist sauber? Normen für jede Anwendungsart?)
   - Wirksamkeit der Reinigungsmethoden (Wird die Mobilität von Schwermetallen durch das Extraktionsverfahren erhöht?; in welchem Ausmaß sind organische Spurenschadstoffe biologisch verfügbar?)
   - Annehmbarkeit von ehemals schadstoffhaltigem Material.
   Das erfordert eine Analyse der dafür und dagegen vorliegenden Argumente, für die ein deutliches Ergebnis noch nicht vorliegt. Eigentlich kann die Analyse der Auswahl von Methoden auf eine Kosten- und Profitanalyse zurückgeführt werden. Können die höheren Kosten der Reinigung gegenüber der Lagerung durch bessere Resultate für die Umwelt gerechtfertigt werden, auch in Bezug auf die Möglichkeit einer Kontrolle der Schadstoffbelastung in der Zukunft? Es dürfte noch einige Zeit dauern, ehe die Antwort auf diese Fragen gefunden wird.

### 6.3 Behandlungspraxis

1989 wurde eine begrenzte Anzahl von Sanierungsarbeiten begonnen, um Erfahrungen zu sammeln. Diese Sanierungsarbeiten unfaßten die folgenden Behandlungsverfahren:
- Geulhaven (Rotterdam): Ausbaggern, Abscheidung, Lagerung (Grobfraktion)
- Oosterscheldehavens: Ausbaggern, Abscheidung, Lagerung/thermische Reinigung (Grobfraktion);
- Diemerzeedijk (Amsterdam): Isolierung

Bei den Sanierungsarbeiten in Geulhaven und Oosterscheldehavens traten die folgenden Probleme auf:
1. Die Mengen an Baggergut, die ausgebaggert werden mußten, erwiesen sich als wesentlich größer als ursprünglich berechnet.
2. Die Zusammensetzung des Baggerguts hinsichtlich der Partikelgröße erwies sich als andersartig, und das führte dazu, daß nach der Abscheidung größere Mengen an Feinfraktion gelagert werden mußten.

3. Die Grobfraktion nach der Abscheidung war noch stark mit teerartigen Schadfstoffanteilen belastet (Absetzverfahren erbringen andere Arten der Schadstoffbelastung und Formen der Bindung an das Sediment als industrielle Hafenarbeiten).

Diese Probleme wurden teilweise durch die unzureichende Anzahl von Messungen (in horizontaler und vertikaler Richtung) verursacht und auch dadurch, daß keine Charakterisierung der Schadstoffe durchgeführt worden war. Mehr und bessere vorbereitende Untersuchungen könnten zu wesentlichen Einsparungen bei den Sanierungskosten beitragen.

Ein Aspekt der Behandlung von schadstoffbelasteten Sedimenten, der lange unterschätzt worden ist, ist die Form, in der die Schadstoffe im Sediment vorliegen oder an das Sediment gebunden sind. Einerseits wird dadurch das Ausmaß der Schädlichkeit für die Umwelt bestimmt, und andererseits kann dadurch ein Hinweis auf die Methoden erhalten werden, mit der die Schadstoffe vom Sediment abgeschieden werden oder zerstört werden können (8).

Manche Metalle werden z.B. als Sulfide an das Sediment adsorbiert, besonders in der tonigen Fraktion, oder sie treten als einzelne Erzpartikel neben den Sedimentpartikeln auf. Polyzyklische aromatische Kohlenwasserstoffe (PAK) können <u>innerhalb</u> der organischen Staubfraktion im Sediment absorbiert sein. PAK können aber auch als Teerpartikel im Sediment auftreten. Es ist offensichtlich, daß die verschiedenen Formen, in denen die Schadstoffe auftreten, die Wahl und Reihenfolge der Behandlungsverfahren beeinflussen.

Nur zu übereilt wird das Behandlungsverfahren auf der Grudlage der technichen Möglichkeiten und der Verfügbarkeit gewisser technischer Anlagen entschieden. Einfache unüberlegte Anwendung der vorhandenen Anlagen nacheinander ist einfach zwecklos. Die Reihenfolge der verschiedenen Behandlungsarbeiten muß entsprechend der Art und Zusammensetzung des zu behandelnden Baggerguts gewählt werden, und nicht umgekehrt. In dieser Beziehung muß noch viel verbessert werden, besonders das Abscheidungsverfahren: Die Probleme zweier schadstoffbelasteter Fraktionen sind lösbar.

Viel kann aus den bei der Behandlung von schadstoffbelastetem Boden gesammelten Erfahrungen gelernt werden. Besonders im Anfangsstadium der Behandlung schadstoffbelasteten Bodens waren die Behandlungsverfahren zu sehr auf bestimmte technische Anlagen hin ausgerichtet.

Es hat sich gezeigt, daß die Personen, die mit der Durchführung der Sanierungsarbeiten beauftragt sind, die Schwierigkeiten bei der Lösung der Probleme schadstoffbelasteter Häfen weitgehend unterschätzen. Abscheidung und Reinigung sind nicht Aufgaben, die von Baggerarbeitern so nebenher erledigt werden können. Die Sanierungsarbeiten erfordern eine andere Denk- und Arbeitsweise.

7. SCHLUSSFOLGERUNGEN
1) Etwa 150-200 Millionen m$^3$ an schwer schadstoffbelastetem Sediment in den Niederlanden müssen wahrscheinlich innerhalb der nächsten zwanzig Jahre saniert werden.
2) Die Strategie der niederländischen Regierung verfolgt zwei Ziele: Verhütung und Behandlung. 1989 wurde die Behandlung schadstoffbelasteter Sedimente in begrenztem Maβstab begonnen. Für die Sanierung stehen für den Zeitraum 1989-1994 180 Millionen niederländische Gulden zur Verfügung.
3) Die Behandlung wird als ein Gesamtvorgang betrachtet, der miteinander verknüpfte Verfahren wie Ausbaggern, Abscheidung, Reinigung, Lagerung und Immobilisierung umfaβt. Die Art und das Ausmaβ der Schadstoffbelastung, aber insbesondere die Form, in der die Schadstoffe im Sediment vorliegen, bestimmen die Reihenfolge der Behandlungsarbeiten und somit die Behandlungsverfahren, die schlieβlich möglich sind. Ein für jeden Fall anwendbares Behandlungsverfahren für schadstoffbelastete Sedimente gibt es einfach nicht.
4) In den kommenden Jahren wird die Aufmerksamkeit sich auf die Lagerung in groβen Baggergutdeponien und die Entwicklung und Anwendung anderer Behandlungsverfahren, wie Abscheidung un Reinigung, richten.
5) Die Wahl der möglichen Behandlungsmethoden ist grundsätzlich eine Frage der Kosten- und Profitanalyse. Einerseits haben die Reinigung und Wiederbenutzung von Baggergut eine höhere Priorität innerhalb der Strategie als die Lagerung. Andererseits sind die Reinigungsmethoden noch nicht anwendungsbereit und verhältnismäβig aufwendig, und die Möglichkeit einer Anwendung der gereinigten Sedimente ist nicht garantiert.

BIBLIOGRAPHIE
1) Van de Guchte, C., P.G.N. Kramers, J.B.H.J. Linders, 1989. Verunreinigte Gewässerböden - eine Gafahr für die Menschen, Dienst Binnenwateren/RIZA, RIVM (auf niederländisch).
2) Van Urk, G. und V.C.M. Kerkum, 1988. Bodenfauna schadsoffbelasteter Rheinsedimente. In: Contaminated Soil, K. Wolf, W.J. van den Brink, F.J. Colon (Herausg.), Kluwer Academic Publishers, S. 1405-1407.
3) Visser, W., J. Taat, F.A. Loxham, P.B.M. Stortelder, 1989. Die Auswirkung schadstoffbelasteter Sedimente auf die Grundwasserqualität. Int. Umw. Kongress "Der Hafen - eine ökologische Herausforderung. Umweltbehörde Hamburg, Hamburg 1989.
4) Sanierungsprogramm Gewässerböden Reichsgewässer 1990-2000, Ministerium für Wasserverkehr/Ministerium für Volksgesundheit, Gemeinsame Verordnung in [Milieubeheer], s'Gravenhage, Juni 1989, (auf niederländisch

5) Sanierung Gewässerböden, Inventar der regionalen Gewässer, Mitteilung an die Vorsitzenden der ersten und zweiten Kammer der Generalstaaten, Januar 1990 (auf niederländisch).
6) Veen, H.J. van, und P.B.M. Stortelder, Untersuchungen an schadstoffbelasteten Sedimenten in den Niederlanden; In: Contaminated Soil, K. Wolf, W.J. van den Brink, F.J. Colon (Herausg.), Kluwer Academic Publishers, S. 1263-1276, 1988.
7) Wasser in den Niederlanden: Zeit zum Handeln; Zusammenfassung des Nationalen Strategiedokuments über Wasserbewirtschaftung, Ministerium für Transport und öffentliche Bauarbeiten. Den Haag, September 1989.
8) Van Dille, M.R.B., und F.M. Schotel; Schadstoffbelastete Hafen- und Flußsedimente in den Niederlanden: Entwicklungsprogramm 1989-1990, Hydrozyklonabscheidung. Verh. der dritten Int. Kfk/TNO-Koferenz über schadstoffbelasteten Boden, 1990
9) Long, E.R., und P.M. Chapman; Eine Sedimentqualitätstriade: Messung der Sedimentbelastung, Toxizität und der Zusammensetzung der Faunagemeinschaft. In: Puget Sound Marine Pollution Bulletin, 16 (10); 405-415 (1985)
10) Van de Guchte, D. und T.B. Reijnoldson; Vorgehen bei der Bewertung schadstoffbelasteter Sedimente (in Vorbereitung).
11) Wählen oder Verlieren, Nationaler Umweltstrategieplan, Ministerium für Wohnungswesen, physikalische Planung und Umwelt, Den Haag, 1989.

# BEWERTUNG VON SANIERTEN KONTAMINIERTEN SEDIMENTEN

M. DIEPENDAAL UND H.J. VAN VEEN

TNO, DIE NIEDERLANDE

## 1. EINLEITUNG

Die EG wird gegenwärtig mit einem vergleichsweise neuen Umweltproblem konfrontiert: Kontaminierte Sedimente. In den Niederlanden müssen die meisten dieser Sedimente aus Wartungsgründen ausgebaggert werden. Nach dem Baggern handelt es sich dann nicht mehr um ein aquatisches Problem, sondern um ein Abfallproblem.

Es gibt drei Endbestimmungen für das Baggergut:

- <u>Dispersion in die Umwelt</u>
  Dies bedeutet die unkontrollierte Dispersion des Baggerguts auf See, in Süßwasser oder an Land.
- <u>Nützliche Verwendung</u>
  Das Baggergut kann als Nivelliersand oder sonst im Bauwesen eingesetzt werden. Eine weitere Form der nützlichen Verwendung ist der Einsatz in Keramikprodukten.
- <u>Entsorgung</u>
  Die Entsorgung von Baggergut kann an Land oder im Wasser innerhalb von Deichen erfolgen. Die eingeschlossene Entsorgungseinrichtung (confined disposal facility (CDF)) ist die am häufigsten gewählte Endbestimmung von Baggergut.

Einige europäische Staaten haben Forschungsarbeiten zur Durchführbarkeit und Anwendung von Behandlungsverfahren für Baggergut betrieben. Diese Behandlungsverfahren zielen darauf ab, die Qualität des Baggergutes (oder eines Teiles davon) so zu verbessern, daß eine Entsorgung vermieden werden kann. Behandeltes Baggergut wird nützlich verwendet oder in die Umwelt dispergiert.

Ein außerordentlich wichtiger Aspekt der Behandlungsverfahren ist die Beurteilung des Baggerguts nach der Behandlung. Hier ist die Frage zu stellen: Soll die Beurteilung auf Grundlage von reduzierten Schadstoffkonzentrationen, von Auslaugeigenschaften oder von biologischen Testverfahren erfolgen?

Dieser Beitrag beschreibt einen Gedankengang, der gegenwärtig in den Niederlanden entwickelt wird; er wird zu einem Beurteilungssystem für Baggergut führen müssen.

## 2. BEHANDLUNGSVERFAHREN

Dieser Beitrag beabsichtigt nicht, einen vollständigen Überblick über die Verfahren zu geben oder sie vollständig zu beschreiben; zu diesem Zweck wird der Leser auf einen anderen Artikel verwiesen [1]. Hier sollen nur einige Techniken erwähnt werden, die sich auf die Beurteilung der Produkte dieser Behandlungsverfahren beziehen. Die wichtigsten Verfahren, die gegenwärtig angewendet oder entwickelt werden, sind:

- <u>Hydrozyklonierung</u>
  Bei diesem Verfahren wird das Baggergut in eine Sandfraktion und in eine Schlickfraktion getrennt. Als Folge der unterschiedlichen Sorptionseigenschaften der Sand- und der Schlickfraktion (die aus Tonen und organischen Substanzen besteht) führt die Trennung dazu, daß ein Teil des Baggerguts nur einen relativ geringen Schadstoffgehalt aufweist, nämlich die Sandfraktion, während der andere Teil stärker belastet ist: die Schlickfraktion.
- <u>Biologische Sanierung</u>
  Dieses Verfahren zerstört die Schadstoffe in einem biologischen Abbauprozeß.
- <u>Auslaugung</u>
  Die Auslaugung erfolgt durch Extraktion der Schadstoffe mit Hilfe geeigneter Lösungsmittel.
- <u>Immobilisierung</u>
  Dieser Prozeß zerstört die organischen Schadstoffe und überführt die Schwermetalle in schwer auslaugbare Produkte.

Die Art, in der die Ergebnisse (Produkte) bewertet werden, entscheidet darüber, ob diese Verfahren eingesetzt werden können.

In Tabelle 1 werden eine Reihe von Bewertungsmethoden aufgeführt, wie z.B. die Bewertung auf Grundlage des Kontaminationsgrades oder die auf Grundlage der Auslaugeigenschaften. Auch die oben erwähnten Behandlungsverfahren wurden in die Tabelle aufgenommen. Ein Plus- oder Minuszeichen zeigt, ob ein bestimmtes Verfahren unter einem der verschiedenen Bewertungssysteme eingesetzt werden kann.

Die Tabelle zeigt, daß das einzige Verfahren, das in allen Beurteilunssystemen durchführbar ist, die biologische Sanierung ist. Die Auslaugung ist nicht immer durchführbar. Untersuchungen auf Grundlage von biologischen Testverfahren haben sogar gezeigt, daß ausgelaugtes Material schlechtere Ergebnisse zeigte als das Originalmaterial.

Daraus kann die Folgerung gezogen werden, daß die Methode, mit der die Ergebnisse der Behandlungsverfahren bewertet werden, diese Verfahren nach ihrer Durchführbarkeit auswählt. Für eine wissenschaftliche Diskussion zwischen

Biologen und Technikern ist es deshalb außerordentlich wichtig, daß eine gute, wisenschaftlich fundierte Beurteilungsmethode für die Behandlung kontaminierter Sedimente entwickelt wird.

Tabelle 1. Behandlungsverfahren und Bewertungssysteme

| Die Produkte des Verfahrens werden burteilt auf Grundlage von: | Hydro- zyklo- nierung | Biologische Sanierung | Aus- laugung | Immobili- sierung |
|---|---|---|---|---|
| Reduktion der Schadstoff- konzentration | + | + | + | - |
| Auslaugbarkeit der Schadstoffe | - | + | + | + |
| Biologische Testverfahren | - | + | -/+ | - |

## 3. DIE AKTUELLE SITUATION IN DEN NIEDERLANDEN

Gegenwärtig wird saniertes Baggergut in derselben Weise wie sanierter Boden beurteilt. Zur Beurteilung sanierter Böden gibt es momentan nur ein einziges Qualitätskriterium, nämlich eine akzeptable Schadstoffkonzentration nach der Sanierung (A-Wert) [2]. Dies führt gelegentlich zur Zurückweisung sanierter Böden, wenn sich herausstellt, daß die Konzentration der Restschadstoffe mehr als 1 ppm oberhalb der Grenzwerts liegt.

Auf der anderen Seite macht das Bodenschutzgesetz das Multifunktionalitäts-Prinzip zum Ausgangspunkt seiner Bodenschutz-Strategie.

Im Rahmen der Bodenschutz-Strategie wird das Multifunktionalitäts-Prinzip auch insofern auf sanierten Boden angewandt, als seine Multifunktionalität wenn immer möglich wiederhergestellt werden sollte. Dies hat zur Folge, daß das Sanierungsprodukt bestimmten Anforderungen genügen muß, um wieder multifunktional nutzbar zu sein. Betrachtet man den Kern dieser Anforderungen, so werden die Konzepte der 'Wiederherstellbarkeit' und der 'Verträglichkeit mit den Anforderungen' mandatorisch.

In der Praxis der Bodensanierung hat sich gezeigt, daß die A-Werte in vielen Fällen nicht erreicht werden.

## 4. DER NEUE ANSATZ

Die oben angeführten Fakten machen es erforderlich, daß bei der Handhabung von saniertem Boden und Baggergut andere Schritte eingeleitet werden:

Ermittlung der möglichen Endbestimmungen des sanierten
Materials. Setzen von Qualitätsanforderungen für die
verschiedenen Anwendungen. Diese Anforderungen beziehen
sich in erster Linie auf andere Parameter als die Rest-
konzentrationen; insbesondere auf physikalisch-chemische
Parameter, die die Eignung des Materials für verschie-
dene Anwendungen charakterisieren.
Sobald diese Anforderungen festgelegt sind, kann die
Qualität (physikalische Eigenschaften) des sanierten
Materials geprüft werden.
Eine zweite Prüfung gilt der Toxizität; bei dieser
Prüfung dienen die Standards für die Endbestimmung des
Produkts als Rahmen.

Das Ziel beim Setzen von Qualitätsanforderungen besteht
darin, eine Rückkehr zu Sanierungsmaßnahmen oder Dekontaminierungsverfahren zu ermöglichen. Damit wird es schon bei
der Vorbehandlung des Bodens möglich, die Dekontaminierungsverfahren anzupassen oder die gewünschte Anwendung des
Produkts vorwegzunehmen. Dasselbe gilt auch für jede Nachbehandlung des sanierten Materials, wenn es nicht unmittelbar für eine Rückführung beispielsweise in die Umwelt geeignet ist.
Dieser Ansatz fordert die Bereitstellung zweier grundlegender Strukturen, nämlich:

1. entsprechend der Anwendung:
welche Qualitätsanforderungen können an das Material bei
seiner Anwendung gestellt werden?
2. entsprechend dem Sanierungs/Verarbeitungsverfahren:
welche Qualitätsanforderungen können an das Material bei
seiner Verarbeitung gestellt werden?

1.
Ein wesentliches Element bei der Festlegung von
Qualitätsanforderungen für spezifische Anwendungen ist die
Qualität und Verletzlichkeit der empfangenden Umwelt. Vor
diesem Hintergrund muß die Dispergierung von Baggergut in
der Nordsee im Zusammenhang mit der Kapazität des Ökosystems
Nordsee betrachtet werden. Wenn es um die erwünschten
terrestrischen multifunktionalen Anwendungen des sanierten
Materials geht, ist der Bodentyp der empfangenden Umwelt von
Bedeutung. Vom Standpunkt der ökologischen Wiederherstellung
von saniertem Boden ist es beispielsweise offensichtlich,
daß sandiges Material nicht in einer tonigen Umgebung eingesetzt werden darf.

2a.
Die Qualität und Rest-Toxizität des Materials kann
beispielsweise durch eine Reihe allgemeiner Eigenschaften
beschrieben werden, wie etwa:

- Allgemeine Charakterisierung durch physikalisch-chemische Eigenschaften (wie Korngrößenverteilung, Gehalt an organischem Kohlenstoff, Porosität, pH) und durch Schadstoffeigenschaften wie Schadstoffkonzentration, Gesamtbelastung, Form des Auftretens (ausgefällt oder in Klumpen zusammenhängend)
- Die Materialqualität hängt von der Textur, dem Wassergehalt, dem Redox-Potential oder der Fähigkeit zur Sauerstoffaufnahme, dem Salzgehalt und der ökologischen Zusammensetzung ab.

2b.
Die Sanierungseffizienz ist als Konzept nur schwer zu konkretisieren, kann aber vielleicht als eine Kombination der folgenden Eigenschaften beschrieben werden:
- Sanierungsergebnis, bei dem reduzierte Schadstoffkonzentrationen mit einer reduzierten Gesamtbelastung aller Massenströme kombiniert werden
- Nutzungsergebnis, bei dem die reduzierte Mobilität oder biologische Verfügbarkeit mit der reduzierten Toxizität des Materials verbunden wird
- Entsorgungsergebnis, bei dem die Volumenreduzierung und die Materialmenge von Bedeutung sind.

Ein weiterer Aspekt der multifunktionalen Anwendung von saniertem Material ist die Entwicklung sogenannter Rückführungstechniken, die die Qualität des sanierten Produkts verbessern oder seine Wiederherstellung fördern/beschleunigen können. Man kann in dieser Hinsicht an den Zusatz von anderen Materialien wie Kompost oder von Material mit einer anderen Korngrößenverteilung denken. So hat beispielsweise thermisch sanierter Boden eine sehr feine Textur und ist deshalb für eine große Anzahl von Anwendungen nicht geeignet. Der Zusatz von gröberem Material mit unterschiedlichen Korngrößen verbessert den Ablauf physikalischer Prozesse in nicht gebundenen Anwendungen.

Es muß eine Tabelle aufgestellt werden, in der für die verschiedenen Bodentypen und die verschiedenen Sanierungs/Verarbeitungsverfahren die Qualität des jeweiligen Materials und die zugehörige Sanierungseffizienz ausgewiesen werden.

Nützlich wäre auch eine Tabelle, in der die verschiedenen Einsatzmöglichkeiten des sanierten Materials gezeigt werden, und welchen Anforderungen das Material bei einer bestimmten Anwendung genügen muß. Die erforderlichen Qualitätsparameter lassen sich durch Interpretation des Multifunktionalitäts-Konzepts formulieren (Genau genommen kann auch die Multifunktionalität als eine Anwendung betrachtet und mit in die Liste aufgenommen werden).

Die Tabelle könnte dann etwa wie folgt aussehen:

| Bodentyp | Verfahren | | Sanierung | | |
|---|---|---|---|---|---|
| | 1 | 2 | 1 | 2 | 3 |
| a | b | | c | | |

a: Unterteilung nach Material- und Schadstoffqualität
b: Ergebnis nach der Behandlung, beschrieben durch Material- und Schadstoffqualität
c: Gesamtergebnis, zusammengesetzt aus dem Sanierungs-, Nutzungs- und Entsorgungsergebnis.

a und b:
Die Qualität von Material und Schadstoff wird überwiegend durch grundlegende Daten zu den Massen vor und nach der Behandlung beschrieben; sie zeigt die Änderungen der Masse vor und nach der Behandlung, soweit physikalisch-chemische Eigenschaften (Materialqualität und Schadstoffkonzentrationen) und die Schadstoffbelastung (Schadstoffqualität) betroffen sind.

c:
Die Sanierungseffizienz setzt sich hauptsächlich aus interpretierten Daten zusammen, wie etwa:
- das Sanierungsergebnis besteht beispielsweise aus:
  * der Reduzierung des Schadstoffgehalts durch Abbau, Zerfall oder Konzentrieren
  * der Reduzierung der Schadstoffbelastung pro Schadstoff (-gruppe) und pro Volumen oder Masse
- Nutzungsergebnis:
  * Reduzierung der Mobilität
  * Reduzierung der biologischen Verfügbarkeit pro Schadstoff/-gruppe
  * Reduzierung der Toxizität pro Schadstoff/-gruppe
  * Reduzierung der ökologischen Funktion
- Entsorgungsergebnis:
  * Volumenreduzierung der Masenflüsse
  * Qualitätssenkung des geprüften Materials je nach Marktanforderungen

Tabelle 2 stellt einen ersten Versuch dar, den qualitativen Einfluß der Behandlungsverfahren auf die Qualität und den Sanierungseffekt zusammenzufassen.

## 5. ABSCHLIESSENDE BEMERKUNGEN

Aus diesem Beitrag mag deutlich geworden sein, daß in den Niederlanden über die Beurteilung von saniertem Baggergut und Boden noch heftig diskutiert wird. Das in diesem Beitrag vorgestellte System wäre es wert, entwickelt zu werden. In dieser Hinsicht ist es von entscheidender Bedeutung, daß die Diskussion von Anfang an wissenschaftlich geführt wird.

TABELLE 2. Qualitativer Einfluβ von Sanierungsverfahren auf Baggergut/Boden

|  | Textur | Organischer Kohlenstoff | Kalzit-Gehalt | Schadstoffkonz. | pH | Redoxpot. | Mobilität |
|---|---|---|---|---|---|---|---|
| Sandfraktion | + | - | +/- | - | 0 | + | 0 |
| Schlickfraktion | - | + | +/- | + | 0 | + | 0 |
| Biologische Sanierung | 0 | 0 | 0 | - | 0 | + | 0/+ |
| Auslaugung | 0 | 0 | - | - | - | + | + |
| Immobilisierung | + | - | - | - | 0 | 0 | - |

Material- und Schadstoffqualität & Sanierungseffizienz
+ = Zunahme oder Kondensation; 0 = keine Veränderung;
- = Abnahme oder Verdünnung.

BIBLIOGRAPHIE
1) Van Dillen und Schotel, Beitrag zu dieser Konferenz.
2) Ministry of Housing, Physical Planning and Environment, Using lists of concentration criteria in soil protection polcy, febr. 1985, no 44.

DIE HAFENSCHLAMMANALYSE IM HINBLICK AUF POTENTIELLE UMWELT-
SCHÄDEN

C.T. BOWMER UND M.C.TH. SCHOLTEN.

TNO - APPLIED MARINE RESEARCH LABORATORY,
P.O. BOX 57, 1780 AB DEN HELDER, DIE NIEDERLANDE

ZUSAMMENFASSUNG

In diesem Zusammenhang wird eine neue Methode der Hafenschlammanalyse im Hinblick auf potentielle Umweltschäden erörtert. Gegenwärtig wird ein Gefahrenanalysemodell-Rahmenprogramm unter der Bezeichnung REFEREE entwickelt und zur Gefahrenanalyse des Materials an sich, der für Deponien vorgesehenen Standorte und der Meereszonen am Rand der Deponien eingesetzt, mit dem Hauptziel, die Art und Wahrscheinlichkeit schädlicher ökologischer Auswirkungen infolge von Schadstoffen in den organischen Lasten vorherzusagen. Die Gefahrenmodelle werden mit Daten versorgt, die in groß angelegten, mesokosmischen biologischen Testverfahren erfaßt werden und spezifisch die Biomobilität der Schadstoffe, ihre potentielle Wirkung auf die Gesundheit und den Zustand der Meeresorganismen und den Grad der Beeinflussung ihrer Vermehrungszyklen durch die Einwirkung von geräumtem Hafenschlamm quantifizieren sollen. Beispiele für diese biologischen Testverfahren und die Fortschritte, die bei der Entwicklung der Daten bis heute im einzelnen erzielt wurden, sollen in diesem Zusammenhang erörtert werden.

1. VORWORT

Geräumter Hafenschlamm enthält oft zusätzlich zu einem hohen Prozentsatz an organischen Stoffen eine breit gefächerte Ansammlung von Schwermetallen und organischen Schadstoffen. Eine Analyse der potentiellen ökologischen Auswirkungen der Entsorgung solcher Schlämme ins umgebenden Meer muß ihre Ausbreitung und ihr Eutrophierungspotential berücksichtigen, ebenso wie die Gefahr, daß ihre Schadstoffbelastung Schaden bei den Lebewesen anrichtet. Zu den herkömmlichen Methoden der Problemlösung gehörte hier die Verwendung chemischer Daten in Verbindung mit der Prüfung von Mineralsalzlaugen aus dem Schlamm oder des Schlamms an sich auf akute Toxizität. Die Schadstoffe gehen aber oft feste Verbindungen mit organischen Teilchen ein, wodurch die akute Toxizität maskiert werden kann. Auf internationaler Ebene werden Toxizitätsprüfungen im Rahmen der Entscheidungen über Schlammbeseitigung in der Regel selten durchgeführt. Ein weiteres Problem besteht darin, daß noch kein wirksames Rahmeprogramm für die Extrapolation solcher Daten über mögliche Umweltschäden in einer Feldsituation entwickelt worden ist. Es ist jedoch wesentlich, weiterhin Prognosen über mögliche Umweltschäden zu stellen.

In diesem Zusammenhang wird eine neue auf der ökologischen Gefahrenabschätzung basierende Methode in Verbindung mit groß angelegten ökotoxikologischen biologischen Testverfahren präsentiert. Dieses auf mereren Disziplinen basierende Verfahren verbindet ökotoxikologisch relevante biologische Testverfahren mit einem logischen, systematischen Rahmenprogramm zur Berechnung der zu erwartenden ökologischen Gefahren, die sich aus den biologischen Testergebnissen und den allgemein anerkannten ökotoxikologischen Erkenntnissen ergeben.

## 2. RAHMENPROGRAMM FÜR DIE GEFAHRENANALYSE

Das Rahmenprogramm für die ökotoxikologische Gefahrenanalyse verbindet eine deduktive Analyse des Ökosystems, in dem das geräumte Material deponiert werden soll, mit einer Analyse der durch Induktion des geräumten Materials entstehenden Gefahren auf der Grundlage von biologischen Testergebnissen. Das Rahmenprogramm kann zur Beurteilung der mit der Schadstoffaufnahme, auch der Ansammlung in Lebewesen auf biologischem Wege, verbundenen Gefahren sowie das Folgerisiko ökologischer Auswirkungen eingesetzt werden (siehe Abb. 1).

Hieraus ist ersichtlich, daß die ökotoxikologische Gefahrenabschätzung eine deponiestandortspezifische, ökologische Analyse des betreffenden, geräumten Materials erfordert; mit Hilfe dieser Analyse wird der wahrscheinliche Räumschlamm-Aufnahmegrad als ökologische Gefahrenmomente darstellbar. Datenbanken über verschiedene Räumschlammstoffe können mit Datenbanken über verschiedene Deponiestandorte kombiniert werden. Für ein solches Rahmenprogramm zur Gefahrenanalyse einer Meeresumwelt wurde von TNO ein Prototyp entwickelt. Dieses Programm mit der Bezeichnung REFEREE ist gegenwärtig erst in einer Forschungsversion vorhanden.

## 3. BIOLOGISCHE TESTVERFAHREN UND ÖKOLOGISCHE THEORIE: Der Begriff der Konservierung.

Gegenwärtig ist erst eine beschränkte Anzahl von Schlammtoxizitätstest-Betriebsprotokollen verfügbar und selbst diese Protokolle lassen sich nur schwer zu Umweltfolgen in Beziehung setzen. Der Grad der Vorhersagbarkeit ist im allgemeinen so minimal, daß er unweigerlich zu willkürlichen Normen auf der Basis chemischer Testverfahren führt. Für das Verständnis der biologischen Auswirkungen einer Schadstoffquelle, besonders von Meeresschlämmen (oder Schlämmen, die künftig im Meer deponiert werden) ist die Wirkung auf Tier- und Pflanzenkolonien wie auch Einzellebewesen von entscheidender Bedeutung.

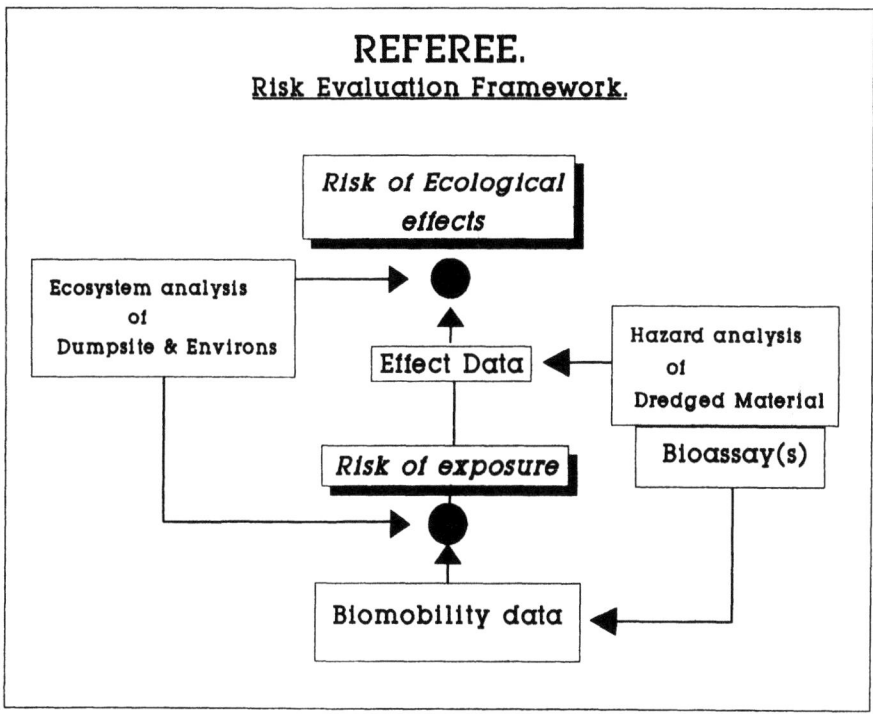

Abbildung 1: REFEREE-Ökogefahrenanalysestruktur

Legende: risk evaluation framework -Rahmenprogramm zur Gefahrenabschätzung
risk of ecological effects - Gefahr der ökologischen Auswirkungen
Ecosystem analysis ... - Ökosystemanalyse des Deponiestandorts und seiner Umgebung
hazard analysis ... - Gefahrenanalyse für Baggergut
effect data - Daten über Auswirkungen
risk of exposure - Expositionsgefährdung
bioassay(s) - biologische(s) Testverfahren
biomobility data - Biomobilitätsdaten

Die Umweltkonservierung wurzelt im Begriff des Ist-zustandes, d.h. der Erhaltung von ökologisch wertvollen Biotopen in dynamisch stabilem Zustand oder in einer Ablaufstruktur, die als 'normal' akzeptiert werden kann. In einfachster Form hängt dies vom Überleben bestimmter Lebewesen von ökologisch wichtigen Funktionsgruppen in ihrem gewohnten Lebensraum ab. Das Überleben eines Organismus oder einer

Gruppe von Lebewesen stellt wiederum ein Gleichgewicht dar zwischen den Sterblichkeitswerten aller Gruppenmitglieder und ihrer Fähigkeit, den Verlust durch erfolgreiche Vermehrung wieder auszugleichen.

Anhand dieser Gegebenheiten muß eine Untersuchung der Kontaminationswirkungen auf die Umwelt unbedingt die beiden folgenden Elemente beinhalten: 1. die Kenntnis der in einem bestimmten Schlamm für die Leebewesen am Ort oder in einiger Entfernung verfügbaren Schadstoffe (Aufnahme) und 2. Informationen über die Beeinflussung der Gesundheit und Überlebenschancen der Kolonien und ihrer Vermehrungsfähigkeit durch die Schadstoffe (und Nährstoffe) (Auswirkungen). Diese Elemente werden in ein biologisches Testverfahren eingebunden, das spezifisch zur Gewinnung von Daten für die Gefahrenabschätzung (siehe unten) bestimmt ist. Die Verfasser sind der Ansicht, daß jede ökologische Gefahrenabschätzung eine Gefahrenanalyse des Schlamms oder geräumten Materials auf folgende Eigenschaften erfordert:

a) Biomobilität, gemessen als Ansammlung von organisch gebundenen Schadstoffen in repräsentativen wirbellosen Organismen, die den Schlamm unter deponieähnlichen und anderortigen Bedingungen aufnehmen.

b) Biologische Auswirkungen infolge dieser Aufnahme, gemessen als chronische Auswirkungen auf Einzellebewesen im Verhältnis zum körperlichen Zustand (Sterblichkeitsgefahr) und der Vermehrung (Wachstumspotential) unter Bedingungen, die ähnlich wie bei der Abfallentsorgung sind.

## 4. BIOLOGISCHE TESTVERFAHREN IN DER ENTWICKLUNGSPHASE
### 4.1 Biomobilitätstests

Ein biologisches Testverfahren wurde erfolgreich zum Einsatz in $2,2 m^2$ Mesokosmen erstellt, um die "Biomobilität" von Schadstoffen in verschiedenen Schlämmen zu analysieren. Die Biomobilität is der Grad, in dem einzelne Schadstoffe oder Gruppen von einem Schlamm und darin mobilisiert und biologisch für eine darin ansäßige Fauna verfügbar werden. Im folgenden Beispiel werden zwei Bestandteileteile eines Schlamms aus dem Rotterdamer Hafen (Klasse II) durch Trennung im Wasserzyklon (gravimetrische Trennung in einem Wasserwirbel) und vom ursprünglichem Schlamm untersucht. Zusätzlich zu den feinen und groben Trennprodukten aus dem Wasserzyklon und dem ursprünglichen Rotterdamer Hafenschlamm wurde feiner Sand aus dem niederländischen Wattenmeer als Vergleichsmaterial verwendet. Die Ansammlung von PCB und PAH in Lebewesen wurde in einem 60-tägigen biologischen Testverfahren mit dem Köderwurm (Arenicola marina) gemessen.

Die biologisch gebundene Schadstoffansammlung war beim groben und feinen Bestandteil des Wasserzyklonproduktes größer als im ursprünglichen Rotterdamer Hafenschlamm. Der grobe Bestandteil war in relativ geringerem Grade kontaminiert und hatte den kleinsten organischen Bestandteil (siehe Abb. 2), enthielt aber hochgradig biomobile Schadstoffe. Bemerkenswerterweise verursachten die (am Ort in Den Helder gesammelten) Proben mit geringem PCB-Gehalt und grober Struktur mit relativ kleiner organischer Belastung eine erhebliche Ansammlung der Stoffe in den Würmern, die damit in Kontakt kamen. Dieselbe Reaktion wurde bei diesem Versuch für 21 PAH-Komponenten beobachtet (nicht dargestellt).

Trotz der Bedeutung für die Anwendung der Wasserzyklontechnik (ebenso große Schadstoffansammlung in Lebewesen beim groben, weniger stark kontaminierten und leichter abzuführenden Bestandteil) zeigen diese Ergebnisse, daß die Biomobilität systematisch reguliert wird, d.h. eine Wechselwirkung zwischen dem organischen Bestandteil, den verschiedenen Schadstoffen und -konzentrationen wie auch der Teilchengröße und der Art der Lebewesen.

Solche Versuche liefern die erforderlichen Elemente für Pronosen über die Abgabe und Aufnahme von Schadstoffen aus verschiedenen Schlämmen. Sobald eine hinreichend breitgefächerte Datenbank vorhanden ist, dürfte sich mit dem Gefahrenmodell, langfristig gesehen, die teuren biologischen Testverfahren im großen und ganzen erübrigen. Daten dieser Art sind ein wesentlicher erster Schritt bei der Bestimmung der relativen Dosiswirkungen verschiedener Schadstoffe auf Lebewesen im Feld. Nach der Ansicht der Verfasser wird dieses mittelgroße biologische Testverfahren auf diesem Gebiet in absehbarer Zeit wohl die meisten Fortschritte bringen.

4.2 Vermehrungstests.

Das Larvenstadium jedes wirbellosen Lebewesens gilt generell als das schadstoffempfindlichste Stadium (siehe Abb. 3). Weiterhin bilden Vermehrung und Sterblichkeit zusammen die beiden Hauptfaktoren zur Bestimmung der Überlebenschancen von Kolonien im allgemeinen. Nun wird eine Testreihe zur Beurteilung der Beinträchtigung der Vermehrungsmechanismen bei ökologisch wichtigen wirbellosen Meerestieren wie dem Köderwurm (Arenicola marina), dem Seeringelwurm (Nerels diversicolor), dem Seeigel (Echinocardium chordatum), der flachen, zweischaligen Muschel (Tellina fabula) und dem Vielborster (Nephthys caeca) entwickelt.

Diese Testreihe sollen dann der Untersuchung von schadstoffbedingten Störungen in verschiedenen Stadien des Vermehrungsprozesses bei erwachsenen Tieren dienen, die langzeitig einer schwachen Dosis von Schadstoffen in Schlamm verschiedener Art ausgesetzt sind, d.h. bei der Oözytenbildung von erwachsenen Tieren (Größe und Anzahl); Befruchtungserfolg bei den gezeugten Gameten (Samenlarven), Metamorphose und Ansiedlung von Larven als Jungtiere.

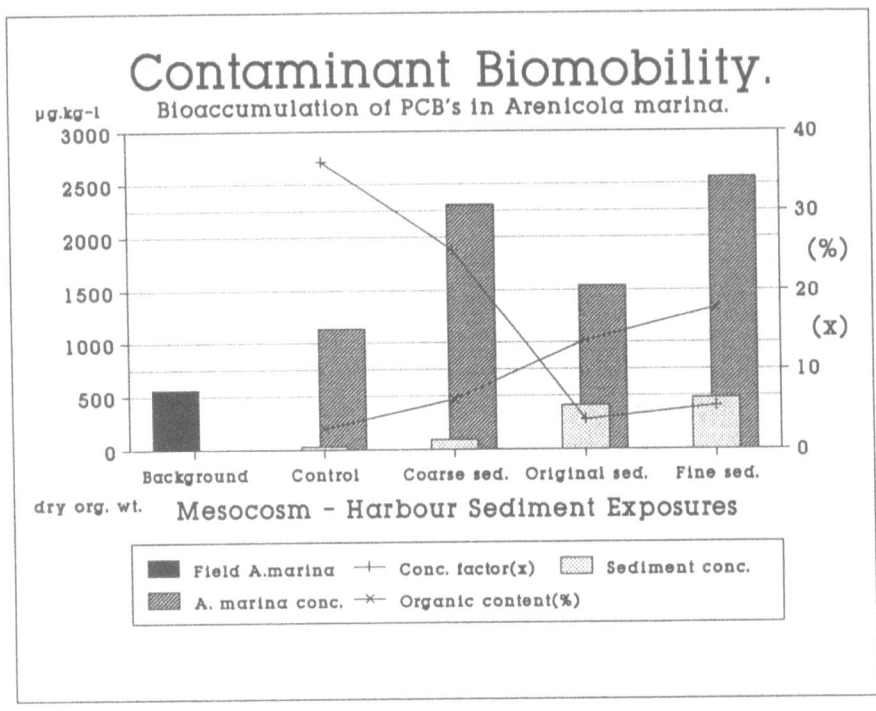

Abbildung 2: Biomobilität von 11 summierten PCB der gleichen Art aus geräumtem Hafenschlamm, gemessen in Köderwürmern (Arenicola marina).

Legende: contaminant biomobility - Biomobilität von Schadstoffen
bioaccumulation of PCB's ... - Bioakkumulierung von PCBs in Arenicola marina.
background - natürliche belastungswerte
control - Kontrollmessung
coarse sed. - Grobschlamm
Original sed. - Originalschlamm
Fine sed. - Feinschlamm
Mesokosmos - Exposition im Hafenschlamm
field A. marina - A. marina im Feld
conc. factor - Anreicherungsfaktor (x)
sediment conc. - Schlammkonzentration
A. marina conc. - Konzentration in A. marina
organic content - organischer Bestandteil (%)

Die Quantifizierung dieser Auswirkungen auf Schlamm verschiedener Art ergibt zur Eingabe in die REFEREE-Submodule geeignete Daten, die Prognosen hinsichtlich des Vermehrungsgrades relativ zum Sterblichkeitsgrad ermöglichen. Die Entwicklung der ersten Stufe, d.h. Oözytenbildungsversuche ist für die obigen Arten fast abgeschlossen, die Entwicklung der Larventests steht für E. chordatum, N. diversicolor und A. marina noch im Anfangsstadium.

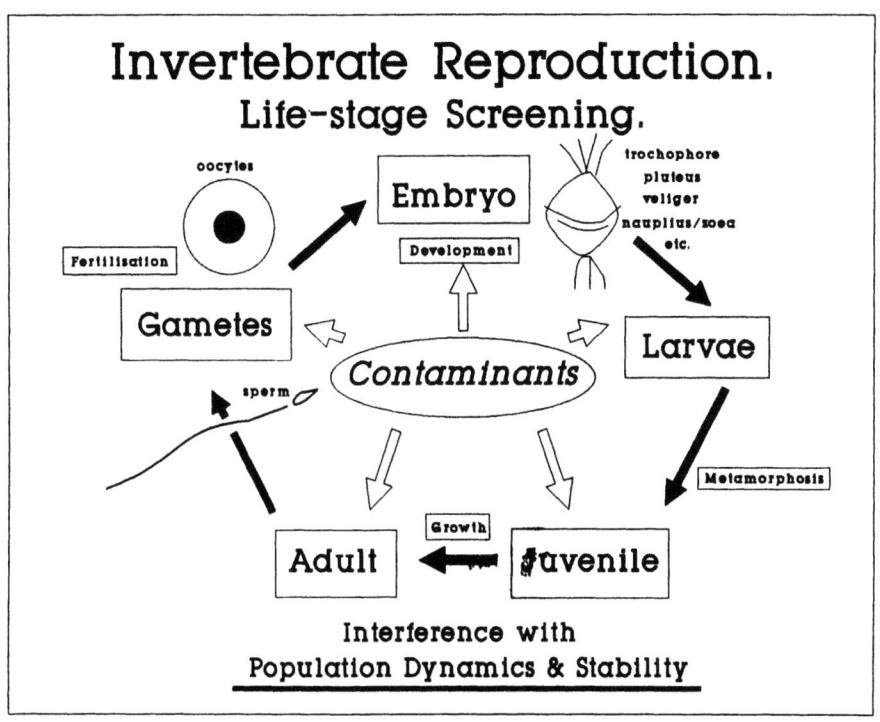

Abbildung 3: Schematische Darstellung der Beeinflussung des Vermehrungszykluses bei einem wirbellosen Meerestier

Vermehrung bei wirbellosen Tieren
Untersuchung in verschiedenen Stadien.

Oözyten

Embryo
Entwicklung

Befruchtung

Gameten

Samen

Trochophora
Pluteus
Veliger
Nauplius/Zoäa
usw.

Larven

Schadstoffe

Metamorphose

Wachstum

erwachsenes Tier

Jungtier

Störungen der
Vermehrungsdynamik und Stabilität

## 4.3 Histopathologische Zustandstests

Der Gesundheitszustand wirbelloser Wassertiere, besonders filtergutfressender zweischaliger Weichtiere, wird ständig von pathogenen Organismen angegriffen. Sie unterliegen auch einer mehr oder weniger kontinuierlichen Aufnahme von Schadstoffen in geringer Konzentration aus Wasser und Schlamm. Die Resistenz und Immunität gegen endeme Pathogene, wie Bakterien, Viren und wirbellose Parasiten - von Protozoen bis Schalentieren - kann durch eine Umweltverschmutzung und Eutrophisierung stark beeinflußt werden. Die Wirkung kann auch umgekehrt sein, d.h. durch Pathogene geschwächte Organismen sind anfälliger für Schäden infolge der Verschmutzung.

Die histopathologische Massenuntersuchung zur Beobachtung der obigen Erscheinungen wurde als Methode zur Messung der Umweltbelastung - insbesondere durch schlechte Wasser- oder Schlammqualität - in den letzten Jahren mit zunehmendem Interesse aufgenommen.

Gegenwärtige Entwicklung von histopathologischen Untersuchungsverfahren bei TNO:

Der Fall Den Helder darf als generelle Beurteilung des Gesundheitszustandes von Kolonien unter Einbeziehung aller Umweltbedingungen des unmittelbaren Umfeldes, besonders aber der komplizierten Wechselwirkung zwischen Pathogenen und Schadstoffen gelten.

Die auf eine REFEREE-Modellstruktur für den schlechteren körperlichen Zustand anwendbaren Ergebnisse einer solchen aktuellen Untersuchung sind in Abbildung 4 dargestellt. Drei Gruppen von eßbaren Miesmuscheln (Corastoderma edule) wurden ausgesetzt in $21m^3$-Mesokosmen (Gezeitenmodell mit flachen ökosystemen) mit sauberem Schlamm, der in Wasser aus Großbecken zugesetzt wurde, die verschiedene Hafenräumschlämme enthielten. Nach 6 Monaten wurden Proben von 25 Einzellebewesen der drei dem Hafenschlamm ausgesetzten Gruppen und der Vergleichsgruppe entnommen. Die histologisch Muschelgewebeschnitte (15- 20 verschiedene Gewebe) wurden anhand einer stark vergrößerten Mikrofotografie und der histologischen Datensammlung als Vergleichsmaßstab zur Bestimmung der 'normalen' Zytologie mit der Note 5 (beste Note) bis 1 (schlechteste Note) bewertet. Wie aus Abbildung 4 ersichtlich, zeigte sich bei allen drei Gruppen, die dem Wasser aus den Hafenschlammbecken ausgesetzt waren, ein erheblich angegriffener Zustand des Darms, während zwei dieser Gruppen auch eine angegriffene Verdauungsdrüse zeigten. Diese Zustände können die Fähigkeit des Tiers, Nahrung zu verdauen und zu verwerten, beeinflussen und haben einen direkten Einfluß auf das Überleben der Tiere.

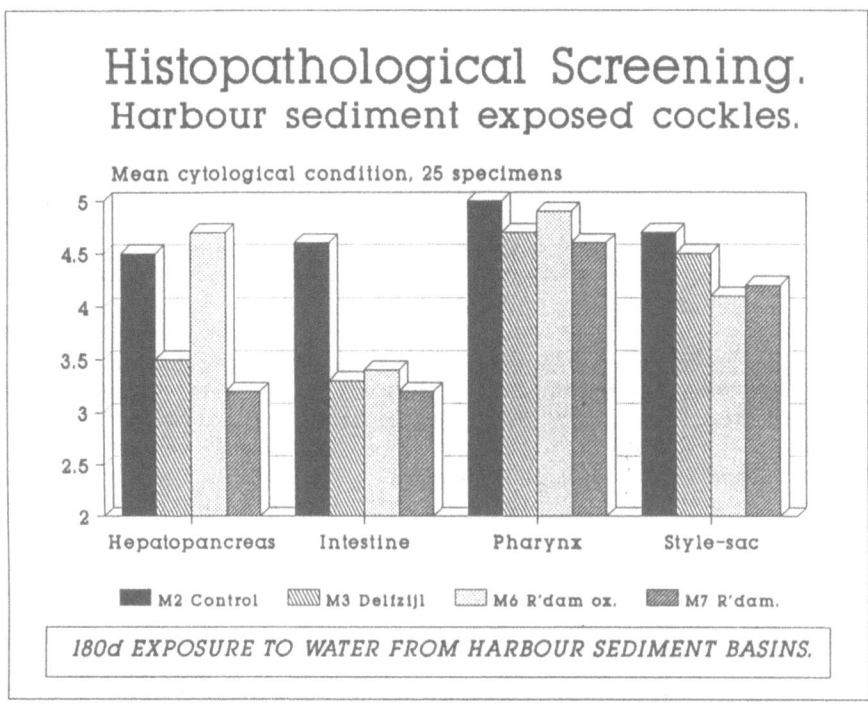

Abbildung 4: Histopathologischer Befund (Index) von Muschelgewebe, das Wasser aus Hafenschlammbecken aufgenommen hatte. 5 = normal, <3,5 = schlecht.

Histopathologische Untersuchung
von Muscheln, die Hafenschlämmen ausgesetzt waren.

Durchschnittlicher zytologischer Zustand von 25 Arten

Speicheldrüse     Darm     Rachenhöhle     Sekretsack

M2 Kontrolle   M3 Delfzijl   M6 Rotterdam ox.   M7 R'dam

180-TÄGIGE AUFNAHME VON WASSER AUS HAFENSCHLAMMBECKEN

Solche histopathologischen Daten werden zusammen mit tatsächlichen Langzeit-Sterblichkeitsdaten aus denselben Versuchen (und von Feldverpflanzungsversuchen) zur Prognose der Überlebenschancen solcher Kolonien benutzt. Hierüber wird auch bald an anderer Stelle berichtet.

Gegenwärtig können mit dem obigen histopathologischen Gesundheitsindex drei zweischalige Salzwassermuscheln (die eßbare Herzmuschel - Cerastoderma edule; die eßbare Miesmuschel - Mytilus edulis und die Ostseemuschel - Macoma balthica) sowie drei zweischalige Süßwassermuscheln (Dreissens polymorpha; Unio pictorum und Sphaerium corneum) vollkommen getestet werden.

5. REFEREE

Der Protyp des mathematischen Rahmenprogramms REFEREE wurde teilweise zur Vorführung einer ökologischen Gefahrenabschätzung bei Industriedeponien, Fischereibetrieben, Eutrophisierung, Öl- und PCB- Kontamination in der Nordsee eingesetzt. Das REFEREE-Konzept wird zur Prognose von kurz- oder mittelfristigen ökologischen Gefahren entwickelt. Die ökologische Gefahr wird mathematisch als die Wahrscheinlichkeit erfaßt, mit der eine Dosis zu einer bestimmten ökologischen Wirkung einer bestimmten Größenordnung führen wird. Die Auswirkungen werden mathematisch als langfristige Veränderungen in der Bevölkerungszahl der Lebewesen bestimmter wichtiger Art erfaßt. Die Beziehung zwischen einer Störung und den unter bestimmten Umständen eintretenden Folgewirkungen wird mit relativ einfachen Relationenmodellen ermittelt.

Das Zentralmodell trägt die Bezeichnung REFOOD und enthält die Informationen über die Nahrungskettenbeziehungen zwischen einzelnen Arten oder Artgurppen. Dieses Modell rechnet die Direktwirkung von Schadstoffen (oder Störungen der normalen Ordnung) auf der Ebene der einzelnen Art in ökologische Gesamt-Endwirkungen auf Kolonie-Ebene um.

Tabelle 1. Tabellarische Darstellung der ökologischen Gesamtgefahr der Beeinflussung einiger Nordseeorganismen durch ölverschmutzten Schlamm (Zufall x Wirkung). Keine Gefahr = 0, unendlich große Gefahr = 100.

| | Naphtalinkonzentration (mg/kg Trockenschlamm) | | | | |
|---|---|---|---|---|---|
| | $10^{-4}$ | $10^{-3}$ | $10^{-2}$ | $10^{-1}$ | $10^{-0}$ |
| Tümmler | 0 | 1 | 5 | 12 | 18 |
| Seehund | 0 | 0 | 0 | 3 | 7 |
| Barracuda | 0 | 3 | 23 | 32 | 36 |
| Lumme | 0 | 2 | 11 | 24 | 36 |
| Kabeljau | 2 | 9 | 41 | 64 | 81 |
| Schellfisch | 1 | 10 | 44 | 73 | 90 |
| Scholle | 1 | 10 | 46 | 70 | 85 |
| Seezunge | 2 | 4 | 16 | 39 | 62 |
| Hering | 0 | 0 | 1 | 5 | 9 |
| Sandaal | 2 | 10 | 39 | 61 | 73 |
| Echinodermata | 0 | 6 | 46 | 70 | 80 |
| Weichtiere | 0 | 7 | 64 | 85 | 90 |
| Polychaeten | 0 | 1 | 6 | 7 | 6 |
| Schalentiere | 1 | 8 | 40 | 29 | 45 |
| Meiofauna | 0 | 3 | 19 | 22 | 21 |

REFECT enthält ökotoxikologische Fachinformationen und Daten für biologische Versuchsverfahren über die Empfindlichkeit wichtiger Arten im Hinblick auf gewisse Schadstoffe. REFECT rechnet bestimmte Schadstoffdosen (Konzentration und Zeit) in Wirkungen auf den Zustand (auch die Sterblichkeit) und die Vermehrung einzelner wichtiger Arten um. REFECT-Ausgabedaten sind Eingabedaten für REFOOD.

REFATE enthält geochemische Informationen und Daten über die (Bio)-Mobilität der Schadstoffe für biologische Versuchsverfahren und rechnet Umweltkonzentrationen in Lebewesen-Dosen um. REFATE-Ausgabedaten sind Eingabedaten für REFECT.

Tabelle 1 stellt ein einfaches Beispiel für REFEREE-Ausgabedaten dar, die mit Hilfe von REFECT/REFOOD berechnet wurden. In diesem Fall wird die ökologische Gesamtgefahr der Beeinflussung mancher Nordseeorganismen von ölverschmutzten Schlämmen (Zufall x Wirkung) dargestellt. Keine Gefahr = 0, unendlich große Gefahr = 100.

## 6. AUSSICHTEN

Anweisungen für ökologisch relevante Bioakkumulations-, Zustands- und Vermehrungstestverfahren und das Rahmenprogramm für ökologische Gefahrenanalyse stehen noch in der Entwicklung, denn manche Aspekte haben einen höheren Entwicklungsstand erreicht, während die anderen noch hinterherhinken. Dies stellt einen enormen finanziellen Aufwand und eine Zusammenarbeit zwischen den Disziplinen dar und wird voraussichtlich bis Ende des Jahrzehntes abgeschlossen sein. Die Arbeit wird verschiedentlich durch die niederländische Regierung (Ministerium für Verkehr und öffentliche Dienste und Ministerium für Umwelt) sowie auch die TNO unterstützt. Jedoch ist zu erwarten, daß die Kombination der Verfahren zu einer neuen, wirksamen Methode die Umweltanalyse bei der Hafenschlammentsorgung wie auch bei anderen durch menschliche Eingriffe in der Meereswelt bedingte Probleme stark untermauern wird. Solch eine Methode wird eine wesentliche und wirksame Hilfe bei der Festlegung einer künftigen Politik für Schlammräumung und -entsorgung sein.

## 7. BIBLIOGRAPHIE

1) Bowmer C.T., (1987): Bioavailability of contaminants from hydrocyclone-treated sediments, 1986-1987: A summary report with appended chemical analyses of sediment and invertebrate tissues. MT-TNO Bericht R87/267, Delft.
2) Bowmer C.T., (1989): Pathological screening and condition assessemnt of Macoma balthica from the Delfzijl harbour canal. MT-TNO report R89/393, Delft.
3) Scholten M.C.T., C.T. Bowmer, J.M.A.J. Janssen, W. Chr. de Kock, M. Molag, G.J. Vinck und M.P. van Veen (1989): An appraisal of marine waste dumping criteria based on

risk analysis of ecological effects. MT-TNO report R89/043, Delft.
4) Schobben H.P.M., M.C.T. Scholten, C.T. Bowmer, W.Chr. de Kock, J. Asjes und N.H.B.M. Kaag (1990): A comparison of the ecological risks from fisheries and pollution to the North Sea biota. MT-TNO report R90/-, Delft.

BEWEGLICHKEIT VON SCHWERMETALLEN IN DER SEDIMENTOBERFLÄCHE
UNTER EUTROPHEN UMWELTBEDINGUNGEN: DIE LAGUNE VON VENEDIG
ALS EIN STUDIENFALL

A. MARCOMINI, A. SFRISO UND A.A. ORIO

ABTEILUNG FÜR UMWELTWISSENSCHAFT, UNIVERSITÄT VENEDIG, CALLE
LARGA S. MARTA 2137, I-30123, VENEDIG, ITALIEN

Trotz der geringeren Nährstofflasten während der achtziger Jahre sind im zentralen Teil der Lagune von Venedig in diesem Jahrzehnt ausgedehnte Algenblüten aufgetreten, die oft zu kurzzeitigen dystrophen Bedingungen (Massensterben der aeroben Organismen und auf lange Sicht ein verminderter Artenreichtum der benthischen Flora und Fauna) führten. Die Gründe und Auswirkungen der Eutrophierung werden im allgemeinen gut verstanden. Dagegen muß die Chemodynamik sowohl der organischen als auch der anorganischen Nährstoffe und Mikroschadstoffe bei starkem Wachstums/starker Zersetzung von Biomasse (>10 $kgm^{-2}$ bei einer gesamten Netto-Primärproduktion von mehr als 10 Millionen Tonnen) noch gründlich wissenschaftlich untersucht werden. In dieser Abhandlung werden die Ergebnisse einer dreijährigen Felduntersuchung beschrieben, und zwar die Stickstoff- und Phosphorverbindungen in der Sedimentoberfläche (oberste 5 cm) und dem darüberliegenden Wasser, und die Schwermetallgehalte (Cr, Mn, Fe, Ni, Cu, Zn, Cd) des Sediments, mit besonderer Betonung der jahreszeitbedingten Schwankungen.

Die Aufnahme von Nährstoffen (anorganischen Verbindungen von N und P) durch Großalgen (hauptsächlich Ulva rigida C. Ag.) aus Wasser, die Zersetzung der Biomasse auf der Sedimentoberfläche, wo organische N- und P-Verbindungen mineralisiert werden, die Abgabe der regenerierten Nährstoffe an das darüberliegende Wasser, alle diese aufeinanderfolgenden Vorgänge erzeugen die Bedingungen für ein selbsternährendes Algenwachstum. Deshalb sind die Mengen an Stickstoff und Phosphor, die von den Großalgen während der Frühlings- und Sommerzeit rückgeführt werden, etwa gleich der gesamten Stickstofflast und der Hälfte der Phosphorlast, die jährlich in die Lagune eindringen.

Soweit eine Schicht (0 - 3 cm dick, abhängig von der darüberliegenden Menge der Großalgen) von in Zersetzung begriffener Biomasse ständig - vom Anfang des jährlichen Algenwachtums (Februar-März) an - auf der Sedimentoberfläche vorhanden ist, kann eine Abnahme des pH (von 8,2 auf 6,9) und des elektrischen Potentials Eh (von etwa +250 auf -250 mV) beobachtet werden, und große Mengen an natürlichen Komplexbildnern sind verfügbar. Wenn man berücksichtigt, daß im Winter aerobe Bedingungen vorliegen und die Algenbiomasse gering oder inaktiv ist, mußte erwartet werden, daß die untersuchten Schwermetalle bemerkenswerte Unterschiede in ihrer Beweglichkeit zeigen. Eine erste Frage, die behandelt werden mußte, war die Fähigkeit der Sedimentoberfläche, die jahreszeitlichen Beweglichkeitstrends widerzuspiegeln. Diese Fähigkeit wurde erwiesen durch Analysen von Sedimentproben, die sowohl in den von Großalgen bevölkerten Bereichen als auch in den Bereichen entnommen wurden, in denen die Biomasse, soweit vorhanden, nur aus pflanzlichem Plankton bestand. Die schwierigen Bedingungen in Bezug auf Eh und die Verfügbarkeit von Komplexbildnern, die an der Sedimentoberfläche in den Bereichen auftraten, die von großen Mengen an Biomasse bevölkert waren, beeinflußten das Verhalten der Schwermetalle derartig, daß sie ihre Abgabe aus dem Sediment verursachten und zugleich ihre Ausfällung verhinderten. Das Ausmaß dieser Mobilisierung, die während der Jahreszeit des Algenwachstums gefunden wurde, führte zu einem Sedimentkonzentrationsfaktor von etwa zwei für Zn, Cu, Cd und Pb. Es ist interessant, daß in den Bereichen mit geringer Primärproduktion und stärkerer Wasserzirkulation ein entgegengesetzter jahreszeitlicher Trend gefunden wurde. Die höchsten Konzentrationen an Schwermetallen waren im Sommer vorhanden, vermutlich als Folge der niedrigeren Konzentration an gelösten Komplexbildnern im Wasser.

Schließlich werden die Kartierungen der Schwermetalle auf der Grundlage der Konzentration im Trockengewicht und der tatsächlichen Last in der Sedimentoberfläche verglichen und diskutiert.

Titel: Ein ausgeglichenes Sanierungsbaggerprogramm

W.D. Rokosch

## ZUSAMMENFASSUNG

Viele Länder in der ganzen Welt sehen sich in zunehmendem Maße dem Problem der kontaminierten Sedimente in Kanälen, Flüssen und Seen gegenübergestellt. Im Augenblick werden von verschiedenen Ländern Untersuchungen durchgeführt, in wieweit die aquatischen Böden gereinigt oder, besser gesagt, unschädlich gemacht werden können. Was ist das eigentliche Problem eines verschmutzten Bodens? "Der verschmutzte Boden darf keine direkt oder indirekt schädlichen Folgen für die Umwelt haben." Im Prizip stehen drei Möglichkeiten zur Lösung dieses Problems zur Auswahl:
* reinigen des Bodens oder unschädlich machen der Kontamination an Ort und Stelle;
* entfernen des kontaminierten Bodens;
* isolieren des kontaminierten Bodens.

Wenn die Möglichkeit bestünde, den aquatischen Boden an Ort und Stelle zu reinigen, wäre dies bei weitem die beste Lösung, da hierbei die Umwelt am wenigsten gestört würde. Dort, wo genügend Wassertiefe vorhanden ist, bietet sich die Isolierung des Bodens an. In vielen Fällen aber wird aus nautischen Gründen eine sichere Wassertiefe benötigt. In diesen Fällen gibt es nur eine Lösung: die völlige Entfernung des kontaminierten Bodens durch Naßbaggerung. Die Entfernung des Bodens muß aber mit der nötigen Sorgfalt geschehen, weil dieser Schritt:
* einer der ersten im Sanierungsprozeß ist und er die weiteren Prozeßschritte beeinflußt;
* der einzige im Sanierungsprozeß ist, der einen unschädlichen Boden garantieren kann;
* bei nachlässiger Ausführung schwere Folgen für die Umwelt haben kann.

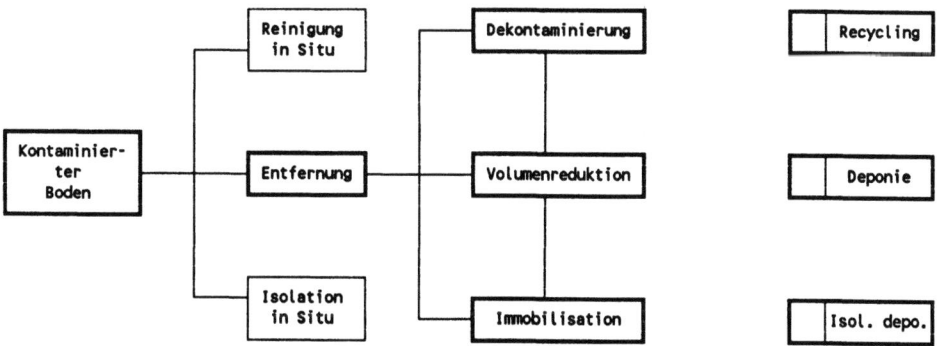

Abb.: Alternative Wege der Sanierung eines aquatischen Bodens

Dieses Schema zeigt eine Anzahl verschiedener Sanierungsmöglichkeiten, woraus die zuständige Behörde im Falle eines kontaminierten aquatischen Bodens wählen kann. Die Wahl wird unter anderem von Bedingungen wie Art der Kontamination, Reinigungs- und Deponiemöglichkeiten und nicht zuletzt von den Finanzen beeinflußt.

OEIN AUSGEGLICHENES SANIERUNGSBAGGERPROGRAMM MUSS UMFASSEN:

1. Vorgang der Auswahl und Projektausgabe.
Die Unternehmer sollen auf Grund des vom Auftraggeber ausgegebenen Informationspaketes ihre Pläne anfertigen und vorlegen. Die Pläne werden dann unter Berücksichtigung bestimmter Kriterien auf Brauchbarkeit untersucht. Zu den wichtigsten Kriterien gehören: Betriebssicherheit der gebotenen Techniken, Beschreibung der Qualitätskontrolle, Verhütungsmaßnahmen zur Verbreitung der Kontaminanten und Sicherheitsmaßnahmen. Nach Festzetzung der qualitativen Reihenfolge kommen die finanziellen Konsequenzen hinzu. Es ist jetzt die Aufgabe des Auftraggebers, den Plan mit dem umweltfreundlichsten Effekt auszuwählen, der finanziell noch zu verantworten ist.

2. Feststellung der Art und des Umfanges der Kontamination.
Der erste Schritt im Sanierungsprozeß ist die Lokalisierung der kontaminierten Schichten im Boden. Die Anzahl der Probeentnahmen soll horizontal und vertikal so gewählt werden, daß die kontaminierten Schichten auf die billigste Weise entfernt werden können. Die Anzahl der Probeentnahmen ist von dem weiteren Sanierungsprozeß abhängig. Je teurer die Verwertung de Baggergutes ist, als Folge hoher Reinigungs- oder Deponiekosten, desto größer muß die Anzahl der Probeentnahmen sein.

3. Entfernung mit Hilfe von Naßbaggerung.
Das Entfernen kann auf mechanischem oder hydraulischem Wege geschehen. Die Wahl hängt von der Bodenart, dem weiteren Sanierungsprozeß und den gestellten Bedingungen ab. Letztere sind:
* die Verbreitung des Bodenmaterials darf nicht stattfinden;
* der Prozeß darf keine Gefahr für Mensch und Umwelt darstellen;
* nur der kontaminierte Boden soll entfernt werden;
* die Dichte des Baggergutes soll an den weiteren Sanierungsprozeß angepaßt sein.

Die Verbreitung des Bodenmaterials kann bei Greifbagger innerhalb sogenannter "siltscreens" verhütet werden. Bei Eimerkettenschwimmbagger sind Maßnahmen zur Überlaufverhütung nötig, bei den hydraulischen Geräten müssen die Fahr- oder Verholgeschwindigkeiten niedrig sein. Ein hydraulischer Prozeß ist sicherer als ein mechanischer. Mensch und Umwelt kommen nicht mit dem kontaminierten Baggergut in Berührung. Bei der Entfernung des kontaminierten Bodens durch baggern gilt die Beziehung: je höher die Reinigungs- und Deponiekosten sind, desto präziser muß das Baggern geschehen. Wenn der weitere Sanierungsprozeß als Folge der Deponie oder bestimmter Reinigungsverfahren ein kompaktes Baggergut verlangt, soll das Baggergut mit einer hohen Dichte entfernt werden.

4. Ausbildung
Die Ausbildung von Fachkräften ist ein Stiefkind im gesamten Sanierungsprozeß. Erfahrungen bei ausgeführten Sanierungen haben gezeigt, daß glänzende Techniken nicht zum gewünschten Resultat führen. Mit gut ausgebildetem und motiviertem Personal kann mit weniger fortgeschrittenen Techniken ein besseres Resultat erreicht werden als umgekehrt. Wenn das Personal umweltbewußt funktionieren soll, dann ist die Ausbildung des Managements des Unternehmers und Auftraggebers unentbehrlich.

5. Monitoring.
Durch intensives Monitoren während der Sanierungsarbeiten können bei festgestellten Abweichungen unmittelbar Maßnahmen getroffen werden. Zudem können später Analysen von den ausgeführten Sanierungsarbeiten gemacht werden, wodurch künftige Sanierungen zweckmäßiger ausgeführt werden können; der Unternehmer bekommt mehr Einsicht in die Zweckmäßigkeit seiner angewandten Techniken und der Auftraggeber kann seine Bedingungen auf Realität prüfen.

Schlußfolgerung: BAGGERN IST EINE SANIERUNGSTECHNIK, VORAUSGESETZT, DASS DIE AUSFÜHRUNG MIT DER NÖTIGEN SICHERHEIT UND SORGFALT UND DURCH MOTIVIERTES PERSONAL GESCHIEHT.

Literatur: Kurs: "Dredging and the environment" 1989 Stichting Postacademisch Onderwijs, von der Technischen Universität in Delft, Central Dredging Association (CEDA) und Rijkswaterstaat (Niederlande).

Statements zum Workshop "Polluted Sediments"

G. Miehlich, Hamburg

1. **Trotz der Fortschritte, die bei der Verringerung der Gewässerbelastung erzielt wurden, brauchen wir weitere wirksame Maßnahmen, um die Qualität der Gewässersedimente zu verbessern.**

   Die wichtigsten Schritte sind:
   1.1 Eine weitere Begrenzung der Abwassereinleitung, die für alle Länder im Einzugsgebiet eines Flusses verbindlich ist.
   1.2 Kurzfristig wird die Verminderung der Sedimentbelastung vor allem über eine quantitative und qualitative Verbesserung der Abwasserreinigung zu erzielen sein. Langfristig sind schadstoffarme Herstellungsprozesse und Produkte einzuführen.
   1.3 Die Abgaben nach dem Abwasserabgabengesetz müssen sich an den Kosten für die Deponierung kontaminierter Sedimente orientieren.
   1.4 Unfälle wie der Brand bei Sandoz (Schweiz) zeigen, daß in den flußnahen Betrieben die Sicherung gegen Störfälle entscheidend für die Wirksamkeit der gewässerschützenden Maßnahmen sind.
   1.5 Der Einsatz von Düngern und Pflanzenschutzmitteln sollte an einer nachhaltigen Landwirtschaft und nicht an den Höchsterträgen orientiert werden. Dadurch vermindert sich die Schadstoffbelastung des Flusses durch den Eintrag erodierter Feststoffe und den Zufluß von belastetem Grundwasser.
   1.6 Die Einhaltung von Gesetzen und Verordnungen zum Gewässerschutz sollten durch eine internationale und unabhängige Kommission kontrolliert werden.

2. In den nächsten ein oder zwei Jahrzehnten wird für viele Flüsse die Ablagerung kontaminierter Baggerschlämme erforderlich bleiben. Die wichtigsten Ablagerungsarten sind die Verklappung in die fließende Welle, die Ablagerung unterhalb des Wasserspiegels in Seen und Becken und die Ablagerung an Land. Für die Entscheidung, welche Ablagerungsart die günstigste ist, müssen, neben der Menge und der Kontamination des Baggerguts, die technische und politische Durchführbarkeit und die Kosten berücksichtigt werden.

Entsprechend meines Erfahrungshintergrunds will ich mich zur Ablagerung in flußbegleitende Kiesgruben und an Land äußern.

2.1 Die Ablagerung von Baggerschlämmen in flußbegleitende Baggerseen hat mehrere Vorteile. Sie ist meist wesentlich billiger als die Ablagerung an Land. Geringe vertikale und laterale hydraulische Gradienten innerhalb der Ablagerung führen zu geringer Grundwasserbelastung, und die Verfügbarkeit der meisten Schwermetalle ist unter den stark reduzierten Bedingungen sehr gering. Es gibt jedoch einige Nachteile. Meist sind die Baggerseen wertvolle Biotope, die bei der Einlagerung zumindest sehr stark gestört, wenn nicht zerstört werden. Der frisch abgelagerte Schlamm wird über längere Zeit konsolidieren und gibt dabei erhebliche Mengen an Porenwasser an den Untergrund bzw. in das Gewässer ab. Schließlich können Schadstoffe von der Sedimentoberfläche in den aquatischen Biozyklus eingetragen werden.

2.2 Die Ablagerung von kontaminierten Baggerschlämmen an Land kann nur unter Berücksichtigung des Schutzes von Gewässern und der Biosphäre erfolgen. In Hamburg ist die Planung für zwei Schlick-Lagerstätten in Hügelform weitgehend abgeschlossen, die insgesamt 12 Mio m$^3$ Schlick aufnehmen können. Der Grundwasserschutz wird über eine Mehrfachdichtung gewährleistet, die Abwässer werden kontrolliert und gereinigt und der Abschluß zur Biosphäre durch eine mehrlagige Abdeckung sichergestellt. Um die Unterbringungskapazität optimal nutzen zu können, wird die Sandfraktion vom Baggergut abgetrennt. Bei den hohen Kosten (ca. 50 DM/m$^3$) muß berücksichtigt werden, daß der Bau der Lagerstätte mit einer Teilsanierung eines Spülfeldes verbunden ist, das überbaut wird.

**3. Für die Entscheidung, welche Ablagerungsformen des Baggerguts sinnvoll sind, müssen standardisierte Untersuchungs- und Bewertungskriterien erarbeitet werden.**

3.1 In die Bewertung sind organische und anorganische Schadstoffe wie auch Nährstoffe einzubeziehen.

3.2 Die Beurteilung des Baggerguts muß sich nach den unter den geplanten Ablagerungsbedingungen potentiell mobilisierbaren Nähr- und Schadstoffmengen richten. Hierfür müssen angepaßte Extraktionstests entwickelt werden. Für diese Stoffanteile sind Grenzwerte zu formulieren, die die Schadstoffpfade "Ingestion", "Pflanzenaufnahme" und "Austrag in Oberflächengewässer und ins Grundwasser" berücksichtigen.

3.3 Für die Deponierung kontaminierter Baggerschlämme an Land sind Anforderungen an den Standort und die Ablagerungtechnik zu erarbeiten.

# ENTSORGUNGSPROBLEMATIK DES BAGGERGUTES UND NEUE ASPEKTE IN DER BUCHT VON IZMIR

Prof.Dr.Ing. Ibrahim ALYANAK

Univesitaet Dokuz Eylül, Fakultaet für Ingenieurwesen,
Fachbereich Bauingenieurwesen,    DENIZLI, TR

## ABSTRACT:

Melez, Arap and Manda Streams receive 80-90 % industrial and 50-60 % of domestic sewage from the city of Izmir and Rainwater from a drainage area of 280 $km^2$ und these streams reach to the Harbor of Izmir. In order to prevent the Harbor from being filled up with sediments a setlig of 1300 m length is constructed. Each year 90 000 $m^3$ of sediment settled and particules less than 27 um diameter dispersed in the Harborarea and Izmir Bay.

Dredged slime has a low soll strength and is difficult to consolidate they are not suitable to be used as a filling material. They also contain high heavy metal and must be strage in the Landfill. Throughout the studies conttuuing on for four years, the chemical effects of the bottom slime in the Middle and Outer Bays of İzmir; and the slime accumulating at the back of Izmir Artificial Harbour were examined.

## 1. EINLEITUNG

Seehafen von Izmir liegt am Südostende der Bucht von Izmir (s.Abb.1). An gleicher Ecke der Bucht mü..den drei kleine Flüsse (naemlich Melez, Arap und Manda deresi) mit 280 $km^2$ Einzugsgebiet ein. Diese Flüsse bringen noch ca. 60 % von haeuslichen und ca. 80 % von industriellen Abwaesser von der Stadt Izmir mit.

Der Hafen von Izmir gegen Flussedimente schützen zu können, besteht ein Hafenschutzdamm mit einer Laenge von 1 300 m und dadurch eingeteilte Absaetzraum hat eine volume von 450 000 $m^3$. In dieser Absetzraum setzt sich jaehrlich ca. 90 000 $m^3$ Baggergut mit der Korngrössen grösser als 27 um und die noch feinere Flusssedimente verteilen sich im Bucht bzw. Hafengebiet. Hier, in letzten 20 Jahren haben die Schmutzfracht (insbesondere die Schwermetallanteile) in der Sedimente drastisch zugenommen.

Seit fünf Jahren ist die Erweiterung von Hafen im Bau. Das Baggergut von Hafenbau verschifft man zum festgelegten Ausladegebiet, dass mit ca.55 m Meerestiefe in der Aussenbucht von Izmir liegt. Dies Baggergut ist mehr sandig und beinhaltet kaum Schmutzfracht, gegenüber dem Baggergut, das hinter dem Schutzdamm neu abgesetzten Flussedimente besteht.

Bis vor zwei Jahren wurde nur das Baggergut aus dem Baustelle des Hafenerweiterungsgebietes zum Ausladegebiet verschifft, wobei keine bemerkungswürdige Einflüsse auf der Ökologie von Bucht beobachtete.Aber die vor zwei Jahren (von November 1987 bis Mai 1988) ausgebaggerte und schmutzhaltige Flussedimente aus dem Absetzraum verursachte bemerkungsvolle Veraenderung der Bestandteile von Sedimente und Meereswasser in der Umgebung von Ausladegebiet.

Durch unsere Versuchsprogramme in letzten vier Jahren konnten wir die Veraenderung der Schmutzverteilung in den Sedimente von Absetzraum, sowie im Wasser von der Inneren, Mittleren bzw. Ausseren Bucht von Izmir beobachten, wobei die Verteilung der chemischen Schmutzfrachte und ihre Einflüsse besonders in der Aussenbucht untersucht wurden. In dieser Posterreferat werden die Veraenderung der Bestandteile von Sedimente bzw. Meereswasser in der Bucht, sowie ökologische Aspekte zusammengestellt.

## 2. BUCHT UND HAFEN VON IZMIR

Hafen von Izmir ist die Grösste Export-Hafen der Türkei und liegt östliche Ende der Bucht. Die Bucht von Izmir gehört dem Aegeischen Meer und hat ein Form von "L", dessen Laenge ca 20 bzw. 40 km ist (s.Abb.1). Ganz ausserhalb der Bucht (oberhalb der Aussenbucht) mündet ein Grosser Fluss (naemlich Gediz), der früher in der Bucht einmündete, wodurch die Bucht von der Mitte eingeengt wurde.Aus dem Grund wurde ca. vor ein hundert Jahre die Flussbett nach norden umgestellt, damit die Bucht von Izmir von der Sedimentfüllung weitgehend gerettet werden konnte.

In unserer Zeit hat die Bucht von Izmir insgesamt ca 417 $km^2$ Oberflaeche, davon Hafengebiet 6 $km^2$, Innere Bucht 59 $km^2$, Mittlere Bucht 57 $km^2$ und Aussenbucht 295 $km^2$ ist. Die Volume von der Bucht ist insgesamt ca. 10 112.$10^6$ $m^3$, davon Hafengebiet 73.$10^6$ $m^3$, Innere Bucht 562.$10^6$ $m^3$, Mittlere Bucht 924.$10^6$ $m^3$ und Aussenbucht 8 552.$10^6$ $m^3$. Die höchste Wassertiefen sind 20 m von der Inneren Bucht, 40 m von der Mittleren Bucht und 55 m von Aussenbucht. Zwischen Innerer und Mittlerer Bucht besteht eine Engpaesse, dessen Tiefe ca. 16 m und die Breite von tiefer als 5 m ist nur 750 m,gegenüber die Gesamtbreite von 2 700 m.

In den Inneren und Mittleren Bucht münden insgesamt 16 Kleine Flüsse bzw.Baeche mit ca 182 $10^6$ $m^3$ gesamte Jahresabflussmenge, davon fünf kleine Flüsse münden in die Innere Bucht mit einer 94 $10^6$ $m^3$/a Abfluss, sieben kleine Flüsse münden in die Mittlere Bucht mit einer 63 $10^3$ $m^3$/a Abfluss und vier Baeche in Aussenbucht mit einer 25 $10^6$ $m^3$ Abfluss.

Cirit und at all. 1988 berichtet, dass die meist befindliche Grüne Algen in Bucht von Izmir (naemlich; Ulva sp. und Enteramorpha sp.) unterschiedliche Menge von Schwermetalle im eigenen Zellen akkumulieren können. Die Angaben sind in der Tabelle 1 zusammengestellt. Die Schwermetallgehalte ist merkwürdigerweise in Mittlerenbucht sehr hoch akkumuliert. Die Anheufungen von Zink und Kupfer sind in Hafengebiet bzw. in Innerenbucht auch weitgehend hoch.

Tabelle 1 : Schwermetallanteile von der meist in Bucht von Izmir befindlichen Grüne Algen-Ulva sp. und Enteramorpha sp. (Cirik,at all 1988)

|                | Pb   | Zn   | Cu   | (in mg/kg Nassgewicht) |
|----------------|------|------|------|------------------------|
| Hafengebiet    | 1.5  | 13.3 | 2.8  |                        |
| Innerenbucht   | 0.6  | 6.8  | 1.5  |                        |
| Mittlerenbucht | 63.9 | 89.5 | 24.5 |                        |
| Ausserenbucht  | 2.0  | 3.7  | 1.3  |                        |

Tuncer 1988 berichtet, dass die meist in Ausserenbucht befindliche Seegrassen (Zostera marina und Posidonia oceanica) auch erheblichen Schwermetalle akkumulieren können. Die folgende Schwermetallanteilen wurden angegeben.

Pb : 0.2 - 10.0 mg/kg Nassgewicht
Zn : 2.3 - 42.5 mg/kg      "
Cu : 0.3 - 7.2 mg/kg       "

Grosstadt Izmir liegt um das Hafengebiet, Innerer Bucht und an südlichem Ufer von Mittleren und Ausseren Bucht. Die haeusliche und industrielle Abwaesser werden zur Zeit direkt eingeleitet. Das Bau von Hauptsammler und Klaeranlage dauert noch einige Jahre. Die Gesamtschmutzfrachte stammen ca. 50 % von Abwasser, 35 % von Regenwasser und 15 % aus der Natur. Die ca.80 % Industrieabwasser und ca.60 % vom haeuslichen Abwasser fliessen in dem Hafengebiet

Alyanak und at all. 1989 berichtet, dass die Sedimente der Bucht von Izmir in drei Zeitabstand untersucht wurden und Die erste Reihe hatte den Zweg, die Zusammensetzung und die bestehende Schmutzverteilung besonders in der Inneren und Mittleren Bucht sowie Hafengebiet festzustellen. Die zweite Reihe diente letzte Zustand in Mittleren und Ausseren Bucht vor dem Ausbaggern des Schlickes hinter dem Schutzdamm zu bestimmen und dem gegenüber hat dritte Reihe nach dem Ausbaggern durchgeführt, die Veraenderung der Schmutzverteilung wegen der Ausladung des Schlickes in die Aussenbucht festzustellen.

Die Probeabholstellen wurden in den Abb. 1 und 2 angegeben. Die Ergebnissen sind in der Tabellen 2 zusammengestellt.

Tabelle 2 : Die Ergebnisse von ersten Versuchreihe (September 1986)

| Probe-stelle | Wasser-gehalt Gew. % | Glüh-verlust Gew. % | Gesamt Stickstoff mg/kg TS | Gesamt Phosphor mg/kg TS | Cr mg/kg TS | Zn mg/kgTS |
|---|---|---|---|---|---|---|
| 1  | 54.52 | 8.91  | 1890 | 90  | 30  | 54  |
| 2  | 29.12 | 17.89 | 4550 | 120 | 200 | 127 |
| 3  | 56.24 | 11.91 | 2660 | 150 | 36  | 74  |
| 4  | 36.00 | 17.00 | 3710 | 120 | 170 | 166 |
| 5  | 42.28 | 16.33 | 5180 | 120 | 200 | 261 |
| 7  | 60.28 | 8.31  | 2450 | 140 | 48  | 72  |
| 8  | 53.32 | 14.42 | 2590 | 130 | 70  | 91  |
| 9  | 39.92 | 13.35 | 2660 | 120 | 130 | 53  |
| 10 | 29.96 | 15.48 | 4060 | 120 | 110 | 120 |
| 11 | 26.96 | 17.82 | 4340 | 140 | 70  | 144 |
| 12 | 31.04 | 15.19 | 3920 | 70  | 60  | 104 |
| 13 | 32.28 | 11.22 | 840  | 100 | 48  | 69  |
| 14 | 49.56 | 11.29 | 3290 | 90  | 32  | 57  |
| 15 | 56.40 | 8.37  | 2520 | 150 | 26  | 39  |
| 16 | 61.64 | 4.52  | 1820 | 370 | 38  | 22  |
| 17 | 59.16 | 5.46  | 3570 | 150 | 26  | 24  |
| 18 | 71.60 | 3.18  | 840  | 150 | 26  | 24  |
| 19 | 71.08 | 3.98  | 420  | 160 | 14  | 30  |
| 20 | 50.92 | 13.37 | 1330 | 80  | 48  | 60  |

## 3. VERSUCHE

### 3.1. Erfassung der Schmutzferteilung

In dieser Versuchsreihe hatte man den Zielt, die neue Beseitigungsaspekte zu erleutern. In diesem Rahmen wurden die Schmutzfrachte in den Sedimente nach der Kornverteilung untersucht. Die Verteilung der organischen Anteil und die Schwermetallanteile im Sediment feststellen zu können, wurde diese Versuchsreihe durchgeführ.

Hier wurde von fünf verschiedenen Probeabholstellen von Hafengebiet (s. Abb.3) die Proben ausgebaggert und nach DEV analysiert. Die Ergebnisse sind von der Tab. 3 zu entnehmen.

Tabelle 3 : Zusammensetzung der Sedimente in Bucht von Izmir

| Probeabhol-stellen | Wasser-gehalt Gew. % | Glüh-verlust Gew. % | Cr mg/kgTS | Pb mg/kgTS | Zn mg/kgTS |
|---|---|---|---|---|---|
| 1 | 86.6 | 6.1  |       |     |       |
| 2 | 87.4 | 5.2  |       |     |       |
| 3 | 69.2 | 5.8  |       |     |       |
| 4 | 64.0 | 31.7 | 1 429 | 386 | 1 745 |
| 5 | 57.3 | 14.9 | 214   | 76  | 642   |

## 3.2. Gruppierung unter Kornfraktionen

Probeentnamestellen 1, 2 und 3 presentieren hier die Sedimente von Flusseinmundungsstellen bzw. 4 und 5 die Ausbreitungsgebiete der Sedimente. Deshalb wurde hier die Proben von der Entnahmestellen 4 und 5 weiter untersucht. Zuerst wurde die Kornverteilung der Sedimentproben von 4 und 5 bestimmt und somit in vier Fraktionen unterteilt. Alle Fraktionen wurden paralell untersucht und die Ergebnisse sind von der Tabelle 4 zu entnehmen.

Tabelle 4 : Schmutzfrachte nach der Korngrössenverteilung der Sedimente.

| Probeentname-stellen | Korn-grössen d(mm) | Korngrössen-verteilung Gew. % | Glüh-verlust Gew. % | Cr mg/kgTS | Pb mg/kgTS | Zn mg/kgTS |
|---|---|---|---|---|---|---|
| 4 | 10 | 11 | 79.1 | 3446 | 1939 | 7842 |
| 4 | 2 | 12 | 38.7 | 1820 | 326 | 2438 |
| 4 | 0.2 | 63 | 24.3 | 884 | 170 | 659 |
| 4 | 0.2 | 14 | 21.9 | 1958 | 189 | 1251 |
| Mittel | - | - | 31.7 | 1428 | 386 | 1745 |
| 5 | 10 | 11.5 | 5.4 | 688 | 315 | 930 |
| 5 | 2 | 30 | 12.1 | 138 | 24 | 456 |
| 5 | 0.2 | 51 | 14.5 | 152 | 49 | 539 |
| 5 | 0.2 | 7.5 | 43.1 | 206 | 94 | 1640 |
| Mitell | - | - | 14.9 | 213 | 76 | 642 |

## 4. DISKUTION

Wie es aus der Abb.4 zu entnehmen, hilft der Hafenschutzdamm als eine Absetzbecken bzw. eine einfache Spüllfeld. Hier wird meist Feststoffe unter 0.027 mm abgeseetzt und die Reste verteilen sich im Bucht bzw. im Hafengebiet.

Die Sedimente im Absetzraum (Stelle 4) haben höhere organische Anteile bzw. Schwermetalanteile. Die Verteilung nach Korngrössen veraendert sich in und aussen der Absetzraum gegenteilig. d.h. in Absetzraum setzen sich meist organische Stoffen mit den Schwermetallverbindungen ab. So dann, gröbere Körner haben mehr organische sowie schwermetall Anteile gegenüber mittleren Körner. Daneben haben die feinere Körner auch erhebliche Schwermetallanteile. Grundsaetzlich zeigen alle Fraktionen von der Sedimente aus Absetzraum grösse Schmutzstoffanteile und deshalb hilft hier eine Behandlung nach Kornfraktionen nicht. Unausortiert muss das ganze Baggergut von Absetzraum auf dem Festland als Sonderabfallstoffe beseitigt werden.

Die Sedimente ausserhalb Absetzraum (Stell 5) bzw. im Hafengebiet zeigen abnehmende Schmutzfrachte nach der Korngrössen. Die Schluffige Fraktion hat viel grössere organische Anteil gegenüber gröberen Fraktionen. Aber Schwermetallanteile sowohl in schluffige als auch kiessige Fraktionen grösser als mittelgrösseren Fraktionen.Die grobste Fraktion besteht meist von Muschelschalen, weshalb die niedrigste organischen Anteil hat.

Fraktion I (d 10 mm)und Fraktion IV (d 0.2 mm) umfassen zusammen 19 % der Gewichtsanteil, aber dem gegenüber ca. die Haelfte der Schwermetall- anteil. So dann kann Fraktion IV (d 0.2 mm) gesondert behandelt und als Sonderabfall beseitigt werden. Fraktion I (d 10 mm) kann unter Sicher- heitsmassnahmen als Fülmaterial z.B. im Strassenbau bzw. Küstenbau anwendung finden.

## 5. SCHLUSSFOLGERUNGEN

Bucht von Izmir ist durch sowohl organischen, als auch anorganischen Schmutzfrachten stark belastet. Wegen der starken Stickstoff und Phosphor Einleitung wurde die Bucht stark eutrofiert bzw. die kleine Lebewesen drastisch zugewachsen. Daneben, wegen der in grossen Mengen eingeleiteten Industrieabwaessern werden die Meereswasser sowie entstehende Sedimente mit der Schwermetalle angehaeuft.

Die meiste Schwermetalleinleitungen über 80 % werden durch drei kleine Flüsse zum Hafengebiet gebracht. Dort, hinter dem Hafenschutzdamm werden die grösste Teile der Schwermetalle wegen der anaerobischen Milieu und Schwefelwasserstoff rasch in unlösliche Form umgewandert. Die Reste der Schwermetalle verteilen sich in Inneren-, Mittleren- und Ausserenbucht. Die Schwermetalle werden in Bucht nicht nur in löslichen Form durch Dispersion trasportiert, sondern die erhebliche Teile der Transporte ent- stehen mit der Übertragung der Kleinen Lebewesen im Bucht

Vor zehn Jahren wurde der Hafenschutzdamm mit 1 300 m lang gebaut, um der Hafen gegen die Flussedimente zu schützen. Und vor sechs Jahren hat der erweiterungsbau von Hafen begonnen. und durch das Ausbaggern werden der Hafenboden tiefer gestellt und das Baggergut wird zum festgelegten Ausladestelle in Ausserenbucht verschieft. Wegen der geringsten organischen sowie schwermetall haltigen Teile hat dieser Baggergut ohne bemerkbare negative Einflusse auf die Verschmutzung in Ausserenbucht auf festgelegten Platz gefüllt.

Inzwischen hat die industrielle und haeusliche Abwassermengen stark zugenommen, wodurch die Verschlaemmung hinter dem Schutzdamm beschleunigt wurde und vor drei Jahren wurde diese Schlaemme ausgebaggert, anschlies- send auf gleichen Gegend in Ausserenbucht verschifft.

Wie es von Alyanak et all 1989 berichtet, wurde die meist Schwermetallanteile in Ausserenbucht hat sich nacher fast verdoppelt. Daneben hat die Eutrofierung noch merkwürdigerer Stand erreicht. Aus dem Grund ist es zu empfehlen, dass in Zukunft die Baggergute nicht mehr verschift, sondern auf dem Spülfeldern geschickt werden muss. Ausserdem werden Grossklaeranlage der Grosstadt Izmir in vier Jahren in Betrieb genommen, womit die Verschmutzung der Bucht durch Abwassereinleitungen nicht mehr beeinflusst werden.

Nach der neuesten Versuchsergebnisse kann gesagt werden, dass das Baggergut aus dem Absetzraum (Stelle 4) zuerst zum Spülfeld und anschliessend auf der Sonderabfalldeponie gebracht werden sollen.

Das Baggergut ausserhalb Absetzraum (d.h. Inneren Bucht bzw. Hafengebiet von Izmir) können zuerst in drei Fraktionen durch Siebe mit Maschenweite von 0.2 mm und 10 mm unterteilt werden. Die feinere und gröbere Fraktionen können zum Spülfeld und anschliessend auf der Sonderabfalldeponie gebracht werden. Die mittlere Fraktion können besser als Füllmaterial für Küstenbau oder notfalls auch wie vorher ins Meer in Aussenbucht in tiefsten Stellen abgekippt werden.


Literatur

AlyanakI.,Kestioglu,K. und Filibeli,A. (1989). Verschmutzungseffekte im Ausladegebiet des Baggergutes aus dem Hafen-Izmir. Der Hafen eine ökologische Herausforderung, Int. Umweltkongress, (September), Hamburg 58-62.

Cirik,S, Uysal,H., Parlak,H., Demirkurt,E.und Küçüksezgin,F. (1988). Heavy metal accumulation by marine vegetation in the polluted waters of Izmir Bay. International symposium on Plants and Pollutants in developed and developing countries, Ege University, Izmir : 51-56.

Tuncer,S. (1988) :"Heavy metals on Eel grass Zostera marina(L.) and Meadow Posidonia oceanica (L.) delile in the Bay of Izmir(türkey)", International symposium on Plants and Pollutants in developed and developing countries, Ege University, Izmir,s.151-160.

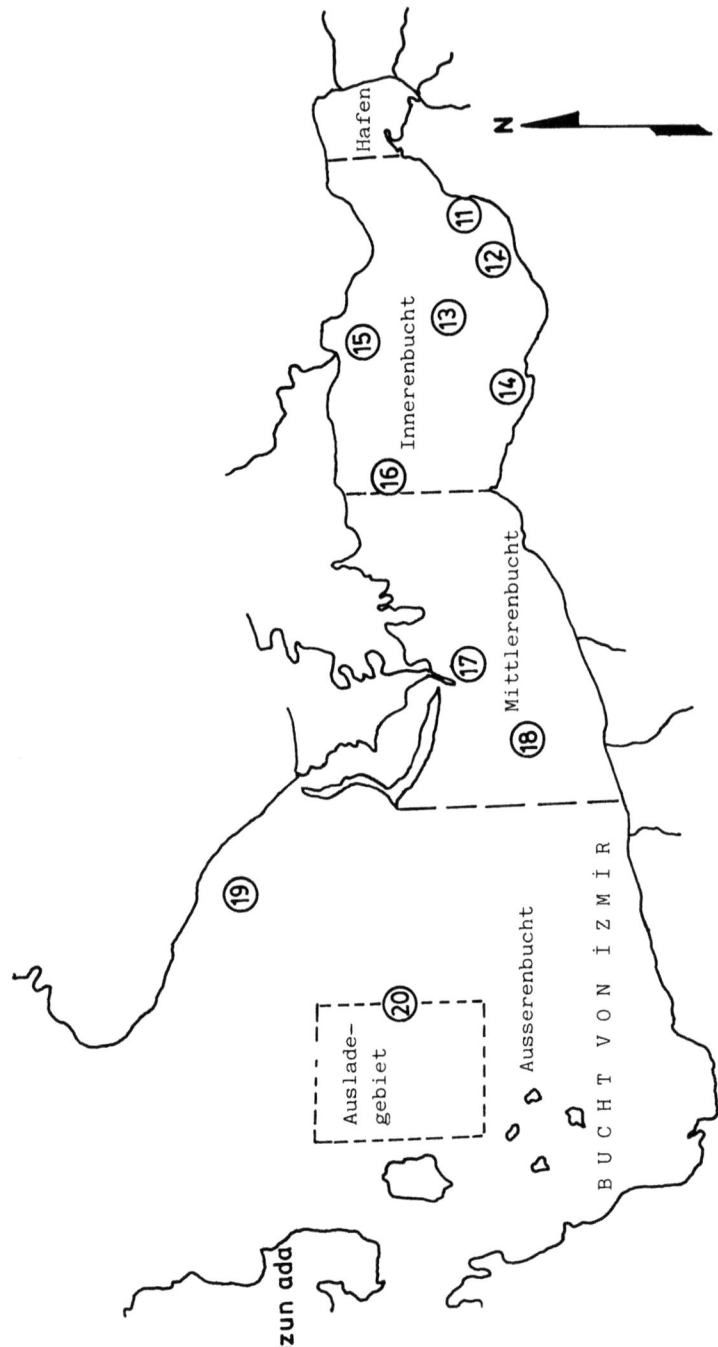

Abb. 1: Probeabholstellen von ersten Versuchreihe

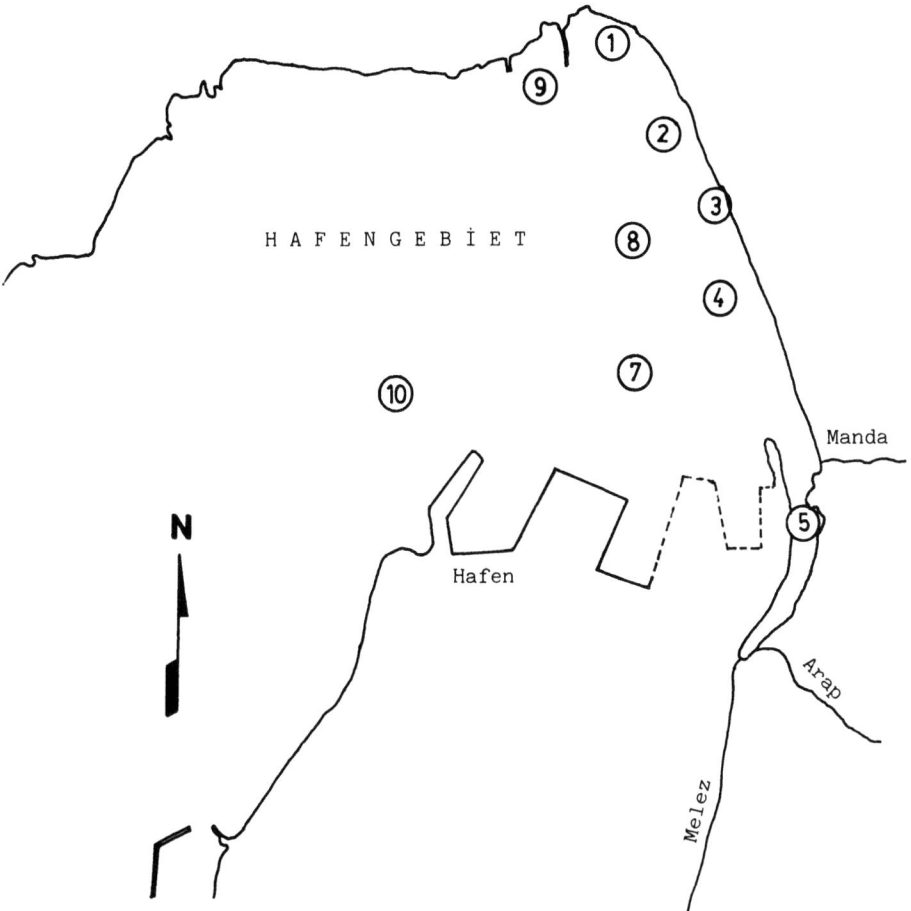

Abb. 2: Probeabholstellen von ersten Versuchsreihe

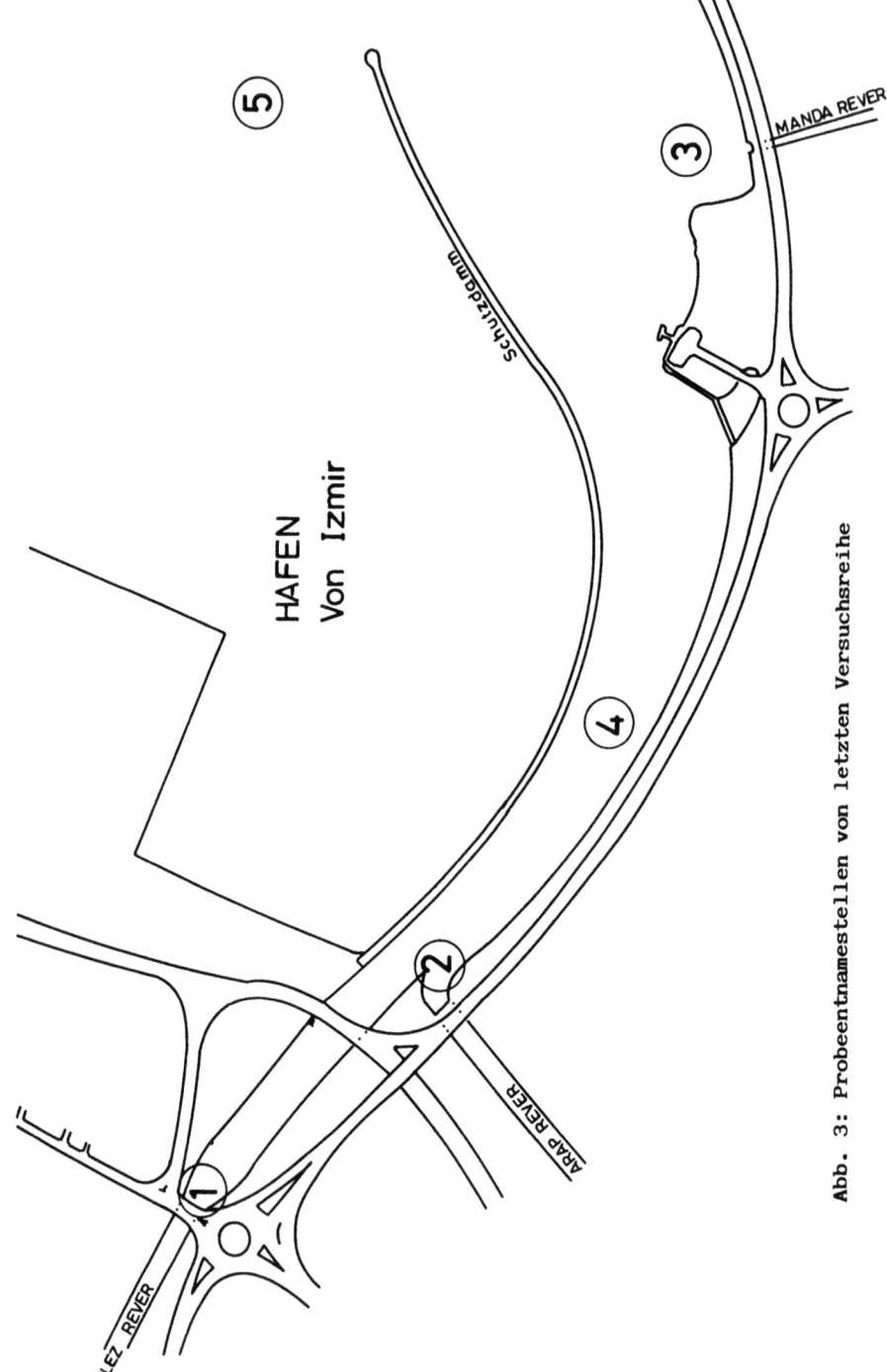

Abb. 3: Probeentnamestellen von letzten Versuchsreihe

SCHADSTOFFBELASTETE HAFEN- UND FLUSS-SEDIMENTE IN DEN
NIEDERLANDEN: ENTWICKLUNGSPROGRAMM 1989-1990; TRENNUNG MIT
HYDROZYKLONEN

M.R.B. VAN DILLEN
F.M. SCHOTEL

MINISTERIUM FÜR TRANSPORT UND ÖFFENTLICHE BAUARBEITEN;
INSTITUT FÜR BINNENGEWÄSSERMANAGEMENT UND ABWASSERBEHAND-
LUNG. POSTFACH 17, 8200 AA LELYSTAD, NIEDERLANDE

ZUSAMMENFASSUNG
1989 lief das Entwicklungsprogramm für die Behandlung schadstoffhaltiger Sedimente an. Das Ziel des Programms ist die Entwicklung integrierter Behandlungswege. Die Hydrozyklontrennung spielt bei diesen Behandlungswegen eine wichtige Rolle. Einige Aspekte der Anwendung dieses Trennverfahrens werden hier beschrieben. Ehe die Hydrozyklontrennung praktisch angewendet wird, sollte dieses Verfahren als Charakterisierungsmethode benutzt werden, um die angestrebten Resultate festzulegen. Außerdem kann Hydrozyklontrennung als Testmethode für den biologischen Abbau von mit polyzyklischen aromatischen Kohlenwasserstoffen und Erdöl verschmutzten Sedimenten benutzt werden. Bei der praktischen Anwendung der Hydrozyklontrennung oder in Experimenten sollte der Trennschärfe besondere Aufmerksamkeit gewidmet werden. Versetzung von feinen Partikeln kann Schadstoffbelastung des Ablaufs verursachen.

1. EINFÜHRUNG
Das Entwicklungsprogramm 1989-1990 wurde mit dem Ziel begonnen, vollständige Verfahrenswege für die Behandlung von schadstoffbelastetem Baggergut zu entwickeln. Das Programm umfaßt Untersuchungen über selektives Ausbaggern, Immobilisierung, Schwerkraftabscheidungsmethoden, biologische und biochemische Reinigungsverfahren und Deponierung. Der Grund, weshalb das Entwicklungsprogramm alle Aspekte der Umweltdekontamination umfaßt, ist, daß jeder dieser Aspekte die anderen beinflußt. Beispielsweise führt selektives Ausbaggern zu einer Herabsetzung der Sanierungskosten; Hydrozyklontrennung führt zur Deponierung großer Sedimentvolumina (Überlauf). In der Abhandlung von Van Luin und Stortelder (11) zeigt Abb. 4 die Trennungs- und Reinigungsmethoden, die Gegenstand von Untersuchungen in den Niederlanden sind. Aus dieser Abbildung ist ersichtlich, daß die Hydrozyklontrennung eine wichtige Rolle bei der Suche nach integrierten Behandlungswegen für schadstoffbelastete Sedimente spielt.

Einige Aspekte dieser Methode sollen deshalb hier diskutiert werden.

Die Sanierungsverfahren können allgemein in Methoden zur Behandlung von Schwermetallen und Methoden zur Behandlung organischer Mikroschadstoffe eingeteilt werden. Die Untersuchungen konzentrierten sich im wesentlichen auf Erdöl, polyzyklische aromatische Kohlenwasserstoffe (PAK), Cadmium, Blei, Zink und Kupfer. Demnächst soll die Aufmerksamkeit auf chlorierte Kohlenwasserstoffe wie polychlorierte Biphenyle (PCB) gerichtet werden. Eine andere Einteilung ist möglich in Sanierungsverfahren in großem und in kleinem Maßstab.

Obwohl die Untersuchungen noch im Stadium der Labor- und Versuchsarbeiten stehen, werden die Forschungsarbeiten mit dem Gedanken durchgeführt, entweder ein Verfahren in großem Maßstab mit einer langen Verweilzeit und wenig konrollierten Verfahrensvariablen oder ein Verfahren in kleinem Maßstab mit einer kurzen Verweilzeit und besser konrollierten Verfahrensvariablen zu entwickeln. Verfahren der ersteren Gruppe sind Landfarming, Kompostierung, belüftete Lagunen, Auslaugen des Ablaufs und Elektroreklamation. Zur zweiten Gruppe gehören: Bioreaktoren, chemische Oxydierung, Auslaugung des Überlaufs und biologische Laugung. Tabelle 1 enthält kurze Beschreibungen und die Ergebnisse der anfänglichen Versuche, die durchgeführt wurden, um diese Vorgänge oder Verfahren zu entwickeln. Für einige der Methoden haben Folgeprojekte im Versuchsmaßstab innerhalb des Entwicklungsprogramms 1989-1990 begonnen. Zwei Sanierungsverfahren, die zum Entwicklungsprogramm gehören, sind nicht in Tabelle 1 enthalten, nämlich die Schaumflotation und die thermische Behandlung. Zur Zeit sind weder Labor- noch Felderergebnisse über die Behandlung schadstoffbelasteter Sedimente mit diesen Verfahren verfügbar. Die Versuche im Rahmen des Entwicklungsprogramms werden derzeit durchgeführt, und die ersten Ergebnisse sollten Ende 1990 verfügbar sein.

Aus den in Tabelle 1 gezeigten Ergebnissen kann gefolgert werden, daß alle Methoden mehr oder weniger wirksam sein können, vor allem in Abhängigkeit von der Herkunft der Sedimente. Das führt zur Frage "wie Sedimente charakterisiert werden können, um die geeignete Behandlungsmethode zu bestimmen". Innerhalb des Entwicklungsprogramms wird eine Charakterisierungsmethode durch "Fingerabdruck" entwickelt. Die Rolle der Hydrozyklontrennung bei dieser Charakterisierung soll hier diskutiert werden.

TABELLE 1: Biologische und chemische Reinigungsverfahren für schadstoffbelastete Sedimente: Verfahrensspezifikation und Reinigungsleistung

| Reinigungsmethode | Landfarming | Bioreaktor | Kompostierung |
|---|---|---|---|
| Beschreibung | Eine 3 cm dicke Schicht Ablauf in einem Reservoir: 20 Gew.% feuchter Dünger: N:P:K, 16 C | 2,5 l Sedimentschlamm (15 Gew.%) in einem geschlossenen Faß (6 l) mit 4 Mischblechen. pH = 6, Gasphase reiner $O_2$. Das Faß wird ständig rotiert. T = 25 C, Dünger | Natürlich entwässertes Sediment wurde mit organischem Material (Heu, Stroh, Kompost, Dünger) und biologischem Aktivator (sog. Terra fina) gemischt, 6:3,3:0,7. Die Haufen wurden kompostiert: T appr. 60–70 °C in den Haufen. Größe 3m$^3$. |
| Ergebnisse | Ablauf: <u>Geu</u>: Erdöl: 98% PAK: 76% in 190 Tagen | Gesamtsediment <u>Geu</u>: Erdöl: 91% PAK: 92 <u>Dor</u>: Erdöl: 73 PAK: 82 <u>Sch</u>: Erdöl: 60 PAK: 50 <u>Dod</u>: Erdöl: 6 PAK: 20 Erdöl in 30, PAK in 60 Tagen | Gesamtsedimet <u>Geu</u>: Erdöl: 80% PAK: 90 <u>Bo-A</u>:Erdöl: 80 PAK: 75 in 84 Tagen |
| Entwicklungsprogramm 1989–1990 | Gesamtsedimente aus <u>Geu</u> und <u>Zie</u> werden in Schichten von 15–30 cm ausgebreitet. 600 m$^3$ Sediment wird behandelt. Lab-Experimente (über Zusatz von $H_2O_2$, $NO_3$, Strukturverbesserndem Material, Beimpfung) | Versuche in 50kg und 10m$^3$ Maßstab. Variable: T, Tr.Subst.-Gehalt, Gesamtsediment/Ablauf, Rotationsgeschw., Beimpfung, Sedimenttyp | |
| Forschungsinstitut | TNO (Labor) DHV (Entw.Prog.) | TNO | DBW/RIZA Bos Damwoude |

| Reinigungsmethode | Belüftete Lagune | Chemische Oxydation | Elektroreklamation |
|---|---|---|---|
| Beschreibung | 1) 7,5 l Überlauf mit 11% F.T.S.: Belüftung 4 * tägl. 200 l pro Tag, Becher 2) 7 l Überlauf mit 11 F.T.S.: Belüftung 1 * tägl., 20 l pro Tag, in Kolonne, | 1) Gesamtsediment, 10 Gew.% Tr.S., 10 l, Belüftung, Zusatz von Säure, Fe, $H_2O_2$, (0–500g/kg Tr.S.) 2) Gesamtsediment 10 Gew.% Tr.S., 1,3 l; mechan. Rühren, $H_2O_2$ (0–500g/kg Tr.S.) 50 g alle 15 Min. Reaktion beendet durch Belüftung | Elektrochemische Behandlung von konsolidiertem Sediment. Elektrodenserien werden in Boden eingesenkt und der Strom bewegt Wasser, Bodenpartikeln, Ionen. [12] |
| Ergebnisse | Überlauf 1) <u>Geu</u>: Erdöl: 97% PAK: 91 2) <u>Geu</u>; Erdöl: 97 PAK: 76 in 190 Tagen | 1) Geu, Zie: Erdöl, PAK, organ. Material: 0% 2) Geu, Zie: Erdöl, PAK, organ. Material: 0% Noh: 500g/kg Tr.S. Erdöl: 58% PAK: 67 | Cd: 90% Pb: 90% [12] |

| Reinigungsmethode (Fortsetzung) | Landfarming | Bioreaktor | Kompostierung |
|---|---|---|---|
| Entwicklungsprogramm 1989-1990 | Versuche im 10m³-Maßstab, periodische Belüftung von Überlauf. Variable: Tr.S.-Gehalt, Belüftungszeit, Sedimenttyp | Kombination mit Landfarming | Behandlung von Sediment und Überlauf von Ma und St, in Labormaßstab |
| Forschungsinstitut | TNO | Dolman/ Wittveen en Bos | Geokinetics |

| Reingungsmethode | Auslaugung des Ablaufs | Auslaugung des Überlaufs | Biologische Auslaugung |
|---|---|---|---|
| Beschreibung | Extraktion der Schwermetalle aus dem Ablauf, 10% Tr.S. Becher, Auslaugung mit: -HCl: pH = 4; 3; 2 -EDTA: 1; 10; 100 mg/kg Tr.S. -Thiobakterien | 1) mit HCl pH = 1, 60 min. pH = 0,5, 60 min.  2 Stufen: pH= 1, Filtration nach 1. Stufe.  2) mit EDTA, 5 Gew.%, pH = 3; 6; 9 Sediment: 10-20% Tr.S. in Bechern, (0,2 - 2 l) | Löslichmachen der Metalle in 2 Stufen: 1) in Milchsäure (pH = 2,5) 2) mit Thiobakterien (pH = 1,5) Abscheidung der Metalle aus Sediment/Säureschlamm in Membranenreaktionsgefäß |
| Ergebnisse | HCl <u>Do</u>: Cd;pH2 91%      Cd:pH4 81 <u>Ju</u>: Cd:pH2 95      Cd:pH4 87 <u>Ma</u>: Cd:pH2 90      Cd:pH4 54      Pb:pH2 78      Pb:pH4  1 EDTA: 10 mg/kg F.T.S. <u>Do</u>: Cd: 86 <u>Ju</u>: Cd: 88 <u>Ma</u>: Cd: 66      Pb: 54 Thiobakterien: <u>Do</u>: Cd:>83 <u>Ju</u>: Cd:>91      Pb: 60 <u>Ma</u>: Cd: 80      Pb: 0 | 1)   Do: pH1   pH0,5   <u>Cd</u>: 15%   65%   Zn: 56    72 St:   <u>Cd</u>: 48    98   Zn: 57    66   Pb: 36    77 Do: 1)    2) <u>Cd</u>: 13%   26% Pb: 11    28 St: <u>Cd</u>: 76    85 Pb: 54    68 2)   Do: pH3   pH9   <u>Cd</u>: 34%   53%   Zn: 54    49 St: <u>Cd</u>: 13    69 Pb: 41    65 | Überlauf: <u>Do</u>: Cd: 89%      Pb: 41      Zn: 90 <u>Ma</u>: Cd: 75      Pb: 87      Zn: 88 Gesamtsediment <u>St</u>: Cd: 100%      Pb: 87      Zn: 92 |
| Forschungsinstitut | TNO | TNO/PBI | SEC |

Abkürzungen:
<u>Geu</u> = Geulhaven
<u>Zie</u> = Zierikzee
<u>Dor</u> = Dordrecht
<u>Sch</u> = Scheveningen
<u>Dod</u> = Dodewaard

<u>Bo-A</u> = Boorne Akkrum
<u>Noh</u> = Northsea Harbour
<u>Do</u> = Dommel
<u>Ju</u> = Juliankanaal
<u>Ma</u> = Malburgerhaven
<u>St</u> = Stein

Sedimente von verschiedenen Orten

<u>Alle Reinigungsleistungen sind in % angegeben</u>      Tr.S. = Trockensubstanz

## 2. HYDROZYKLONTRENNUNG

Das Hauptziel dieses Trennverfahrens ist es, eine oder mehrere schadstofffreie Fraktionen zu erzeugen, die wiederverwendet oder schadlos deponiert werden können. Zweitens "definiert" das Verfahren das Material, das in einer zweiten Stufe behandelt werden muß. So ist zum Beispiel nach der Hydrozyklontrennung die grobe Fraktion normalerweise sauber, aber bei der Behandlung von Sedimenten enthält in manchen Fällen die grobe Fraktion noch große oder sehr schwere Partikel, die durch Schwerkrafttrennung abgeschieden werden können. Ein weiteres Beispiel: Wenn der Überlauf von einem Hydrozyklon mit Schwermetallen verunreinigt ist, kann er in einem Membranreaktor ausgelaugt werden, während der Ablauf in einem Festbett gereinigt werden kann. Das Vorkommen von großen (erster Fall) oder kleinen (zweiter Fall) Partikeln würde diesen Vorgang beeinträchtigen. Drittens vermindert die Abtrennung einer sauberen Fraktion das Volumen der Trockenfeststoffe, die in einem zweiten Arbeitsgang behandelt werden müssen.

Hydrozyklontrennung ist eine anerkannte Methode für Sanierungsbaggerprojekte. Es ist aber sehr schwierig, eine oder mehrere saubere Fraktionen zu erzeugen. Einer der Gründe hierfür ist, daß die Ergebnisse der Hydrozyklontrennung mit Hilfe von Siebklassierungsexperimenten vorausgesagt werden - wie in Abschnitt 2.1 erläutert werden soll, keine präzise Charakterisierungsmethode. Die Methode für eine gute Voraussage der Ergebnisse und für die Entscheidung über den Typ und die Auslegung der Zyklone ist, einen "Fingerabdruck" durch Hydrozyklonierung zu erstellen. Die Fingerabdruckmethode ist auch nützlich für die Entscheidung, welche Sanierungsmethoden für die erzeugten Prozeßströme anwendbar ist.

Unzureichende Kenntnis der Verfahrensmerkmale ist ein weiterer Grund für die Probleme bei der Anwendung. Ein weiteres Problem bei der Hydrozyklontrennung ist, daß eine Versetzung der Feinfraktion vorkommt. Die Auswirkung dieser Versetzung wird in Abschnitt 2.3 diskutiert.

In Abschnitt 2.2 wird die Anwendung der Hydrozyklontrennung als Methode für die Voraussage des biologischen Abbaus eines Sediments diskutiert. Auf diese Weise kann die Hydrozyklontrennung eine andere Charakterisierungsfunktion ausüben.

### 2.1 Hydrozyklontrennung als Charakterisierungsmethode vor der Trennung.

In der jüngsten Vergangenheit wurden, wenn Hydrozyklonexperimente oder -großprojekte ausgeführt werden sollten, vorher Siebklassierungsungsexperimente durchgeführt, um das Verhalten der Sedimente im Zyklon vorauszusagen. Zur Zeit wird die Hydrozyklontrennung selbst als die einzige Methode angesehen, die eine gute Voraussage der Trennergebnisse in der Praxis ermöglicht. In diesem Abschnitt werden Ergebnisse der Siebklassierung und Hydrozyklonierung verglichen (2.1.1). Die verfügbaren Ergebnisse der Hydrozyklontrennung als Charakterisierungsmethode werden vorgelegt (2.1.2).

2.1.1 Siebklassierung als Charakterisierungsmethode. Sieben Sedimente wurden mit einem Dorr-Oliver Hydrozyklon, Typ PU-25/6 behandelt. Der Zyklon hat einen variablen Scheiteldurchmesser von 3 bis 6,5mm, der in Stufen von 0,5 mm variiert werden kann. Die Sedimente wurden durch ein 2 mm-Gitter gesiebt und auf einen Trockensubstanzgehalt von 20 Gew.% verdünnt. Der benutzte Scheiteldurchmesser war derjenige, bei dem der Ablauf fadenförmig war. Unter diesen Umständen hat der Ablauf einen hohen Trockensubstanzgehalt. Der Trennpunkt des Zyklons liegt nach Angabe des Hersteller zwischen 10 und 20 µm. Die Sedimente wurden auch gesiebt, um die Verteilung der Trockensubstanz und der Schadstoffe in den Fraktionen zu bestimmen. Alle Experimente wurden von der TNO ausgeführt.

Die Ergebnisse der Trennungs- und Siebklassierungsexperimente werden in Tabelle 2 angegeben. Tabellen 3 und 4 geben die Informationen, die in Tabelle 2 zusammengefaßt sind. Es wurden nicht alle möglichen Schadstoffe bestimmt, sondern nur die wesentlichen Schadstoffe. Die Trennungsergebnisse sind als Eds und Ex ausgedrückt. Diese Werte werden definiert als:

$$Eds = \frac{\text{Trockensubstanzmasse im Ablauf}}{\text{Trockensubstanzmasse in der Einspeisung}} * 100\%$$

$$Ex = \frac{\text{Schadstoffmasse im Ablauf}}{\text{Schadstoffmasse in der Einspeisung}} * 100\%$$

TABELLE 2: Ergebnisse der Hydrozyklontrennung und die Massenverteilung in den Siebklassierungsfraktionen.

| Herkunft | Schadstoff | Eds (%) | Ex (%) | Trockensubst. in >20 µm (Gew. %) | Schadstoff in >20µm (Gew. %) |
|---|---|---|---|---|---|
| Malburg | Cd | 36 | 9 | 36 | 14 |
| Dommel | Cd | 88 | 15 | 94 | 27 |
| Meuse | Cd | 88 | 30 | 90 | 44 |
| Geulhaven | PAK | 66 | 20 | 58 | 85 |
| Dordrecht | PAK | 60 | 45 | 49 | 63 |
| Scheveningen | PAK | 40 | 72 | 37 | 84 |
| Dodeward | PAK | 53 | 84 | 49 | 71 |

TABELLE 3: Korngrößenverteilung in sieben Sedimenten

| Herkunft | Anteil der Trockensubstanz in der Fraktion (Gew.%) | | | | | |
|---|---|---|---|---|---|---|
| | 500-2000 µm | 250-500 µm | 125-250 µm | 63-125 µm | 20-63 µm | <20 µm |
| Malburg | 4 | 8 | 4 | 4 | 16 | 64 |
| Dommel | 2 | 6 | 63 | 16 | 7 | 6 |
| Meuse | 2 | 11 | 30 | 29 | 18 | 10 |
| Geulhaven | 0,2 | 1 | 10 | 23 | 24 | 42 |
| Dordrecht | 0,7 | 1 | 10 | 10 | 19 | 51 |
| Scheveningen | 0,8 | 5 | 20 | 3 | 8 | 63 |
| Dodewaard | 1 | 8 | 10 | 8 | 21 | 51 |

TABELLE 4: Schadstoffgehalt in den Siebklassierungsfraktionen

| Herkunft | Schadstoffgehalt (mg/kg Trockensubstanz) | | | | | |
|---|---|---|---|---|---|---|
| | 500-2000 µm | 250-500 µm | 125-250 µm | 63-125 µm | 20-63 µm | <20 µm |
| Malburg | 1,9 | 2,2 | 6,5 | 8,9 | 8,1 | 22 |
| Dommel | 162 | 19 | 5 | 11 | 50 | 354 |
| Meuse | 0,4 | 1,7 | 1,5 | 0,8 | <0,5 | 13 |
| Geulhaven | -----1700---- | | 150 | 66 | 200 | 41 |
| Dordrecht | 2400 | 530 | 760 | 330 | 580 | 320 |
| Scheveningen | 770 | 1300 | 180 | 100 | 290 | 67 |
| Dodeward | 1300 | 630 | 560 | 32 | 15 | 37 |

Die wesentliche Schlußfolgerungaus diesen Tabellen ist, daß die Resultate der Siebklassierung nicht zur Voraussage der Hydrozyklonergebnisse benutzt werden können. Die Werte für den Schadstoffgehalt in den Siebklassierungsfraktionen zeigen, daß Cd hauptsächlich in der Feinpartikel-Fraktion (<20µm) konzentriert ist, während der größte Teil der PAK in der Fraktion mit größeren Partikeln als 20 Mikron zu finden ist. Wie die Hydrozyklonergebnisse für das Geulhaven-Sediment zeigen, führt das nicht zu einer Konzentrierung der Schadstoffe im Ablauf. Andererseits ist der Schluß unberechtigt, daß Konzentrierung im Überlauf in allen Fällen stattfindet. Obwohl eine grobe Korrelation zwischen Eds und dem Massenprozentsatz für über 20 Mikron besteht, besteht keine Korrelation zwischen dem Schadstoffmassenprozentsatz in der Fraktion >20µm und Ex.

Einer der Gründe, weshalb die Hydrozyklonergebnisse nicht durch Siebklassierung vorausgesagt werden können ist, daß der Zyklon sowohl nach spezifischem Gewicht als auch nach Partikelgröße trennt. Sedimente bestehen im wesentlichen aus mineralischen Bestandteilen und organischen Stoffen. Die mineralischen Bestandteile haben ein spezifisches Gewicht von etwa 2.5 (. 1000 kg/m³), während die organischen Stoffe ein viel niedrigeres spezifisches Gewicht (etwa 0,7 bis 1,4) haben. Es ist bekannt [1,2], daß Schwermetalle in der Fraktion von unter 2 Mikron und an den organischen Stoffen konzentriert sind. PAK sind im wesentlichen an den organischen Stoffen adsorbiert. Die leichteren organischen Stoffe und die feine mineralische Fraktion werden abgetrennt und im Überlauf konzentriert. Schwere und sehr große schadstoffbelastete Partikeln geraten in den Ablauf. Deshalb hängt das Verhalten des Sediments im Hydrozyklon weitgehend von der Zusammensetzung der Einspeisung ab. Ein weiterer Grund für den Unterschied der Ergebnisse der Hydrozyklontrennung und der Siebklassierung ist, daß die Leistungskurve nicht eine stufenartige Funktion ist. Ihre S-Form bedeutet, daß kleine Partikeln im Ablauf vorkommen und große Partikeln in den Überlauf gelangen.

2.1.2 Hydrozyklontrennung als Charakterisierungsmethode.
Weil die Siebklassierung nicht zur Vorraussage der Ergebnisse einer Hydrozyklontrennung benutzt werden kann, muß nach einer anderen Charakterisierungsmethode gesucht werden. Die nächstliegende Methode wäre, den Hydrozyklon selbst zu benutzen. Serasea B.V. und Mozley Ltd. haben nach diesem Prinzip die "Fingerabdruckmethode" (Patent angemeldet) für die Untersuchung schadstoffbelasteter Sedimente entwickelt.

Beinahe alle Trennanlagen, die in der Praxis in den Niederlanden benutzt werden, sind Zyklone mit einem Trennpunkt ($d_{50}$) von etwa 60µm [3]. Der historische Grund für die Wahl dieses Trennpunkts war die Produktion von Sand aus den Sedimenten. Das Problem ist, daß die Behandlung von schadstoffbelasteten Sedimenten mit diesen Anlagen nicht automatisch zur Produktion von sauberem Sand führt. Bei der Behandlung schadstoffbelasteter Sedimente muß anders vorgegangen werden. Vor allen Dingen sollte die Produktion einer sauberen Fraktion des Sediments das Hauptziel sein, nicht die Produktion von Sand. Außerdem wird angenommen, daß nicht alle Sedimente auf einheitliche Weise mit einem (oder mehreren) Hydrozyklonen behandelt werden können. Jede Art von Sediment benötigt ihr eigenes spezielles Behandlungsverfahren im Hinblick auf den Typ und die Auslegung der Hydrozyklone.

Um den richtigen Trennpunkt - das bedeutet vor allem den richtigen Durchmesser des Hydrozyklons - und die richtige Auslegung der Zyklone festzulegen, wurden "Klassierungs"-Experimente mit Hydrozyklonen durchgeführt. Diese Experimente wurden von Serasea B.Z. und Mozley Ltd. entworfen und ausgeführt. Fünf Hafensedimente wurden mit eine Reihe von Mozley-Hydrozyklonen behandelt. Die Ergebnisse für eines der Sedimente sind bereits verfügbar. Als Vorbehandlung wurde das Sediment durch ein 6mm-Schmutzgitter gesiebt und 15 Gew.% der Trockensubstanz wurden abgeschieden. Nach dem Sieben wurde das Sediment verdünnt (23 Gew.%) und eine Serie von verschiedenen Fraktionen wurde durch intensive Hydrozyklonbehandlung erhalten. Auf diese Weise wurden sechs Fraktionen erzeugt: Ein Überlauf und fünf Abläufe. Tabelle 5 zeigt die Ergebnisse für zwei Metalle, Cd und Pb für ein Sediment aus dem Steinhafen.

TABELLE 5: Analyse des Steinhafen-Sediments mit Hydrozyklonen

| Schritt | Trennpunkt** $d_{50}$ (μm) | $E_{ds}$ (%) | $E_{Cd}$ (%) | $E_{Pb}$ (%) | [Cd]* (mg/kg Trs.) | [Pb] (mg/kg Trs.) |
|---|---|---|---|---|---|---|
| 1 | 20 | 44  | 2,5 | 8  | 0,8  | 870   |
| 2 | 17 | 15  | 3,2 | 11 | 3    | 3700  |
| 3 | 11 | 4   | 3   | 10 | 10,5 | 12000 |
| 4 | 7  | 2,5 | 5,4 | 7  | 30   | 13500 |
| 5 | 4  | 5   | 8   | 13 | 22   | 12500 |

\* Cd-Konzentration im Überlauf ist 58 mg/kg Trs.
\** Anmerkung: Dieser Trennpunkt ($d_{50}$) wurde aus den Leistungskurven bestimmt. Alle bisher erwähnten Trennpunkte wurden vom Hydrozyklonhersteller angegeben.

Aus Tabelle 5 ist ersichtlich, daß 44% der Trockensubstanz in der Einspeisung in einem Schritt abgeschieden werden können und nur 2,5% der Cd-Masse enthalten (zwei Hydrozyklone und $d_{50}$=20μm für den zweiten Hydrozyklon). Diese Cadmiumkonzentration entspricht der niederländischen Norm für die allgemeine Umweltqualität (=2 ppm). Der Bleigehalt in diesen 44% ist jedoch immer noch zu hoch (der Normwert ist 530 mg/kg Trs.) Das bedeutet, daß die Untersuchungen sich auf die weitere Behandlung dieser Fraktion konzentrieren sollten, um eine saubere Fraktion zu produzieren. Die Analyse der Siebklassierungsfraktionen des Ablaufs aus Schritt 1 zeigte, daß Blei in der Fraktion mit Partikeln kleiner als 38 μm ([Pb] = 9500 mg/kg) konzentriert war. Das könnte durch Versetzung der Feinpartikeln oder durch kleine, sehr schwere Partikeln verursacht sein. Serasea B.V. führt Untersuchungen über die Anwendung zusätzlicher Schwerkraftmethoden für die Bewältigung dieses Problems aus. Es muß beachtet werden, daß die in Tabelle 5 angegebenen Trennpunkte nach der Leistungskurve für das getrennte Sediment bestimmt wurden. Der Hersteller gibt Trennpunkte von 11-20 μm für Schritt 1 und 2, 5-11 μm für Schritt 3, 4-7 μm für Schritt 4 und 3-6 μm für Schritt 5 an.

Als nächste Phase in diesem Forschungsprojekt soll eine Demonstrations-Größentrennung mit einer Hydrozyklon-Konfiguration auf Grundlage der Erfahrungen in den "Fingerabdruck"-Experimenten durchführt werden.

## 2.2 Hydrozyklontrennung als eine Charakterisierungsmethode für den biologischen Abbau

Tabelle 1 zeigt die Reinigungsleistung für vier Sedimente in einem Bioreaktor. Obwohl für alle Sedimente genau die gleiche Reinigungsmethode angewendet wurde, schwanken die Leistungen zwischen 91% und 6% für Erdöl und zwischen 92% und 20% für PAK. Stocken des biologische Abbaus kann verschiedene Gründe haben, z.B. Mangel an Mikroorganismen, Gegenwart toxischer Substanzen, oder mangelnde Verfügbarkeit des Schadstoffs für die Mikroorganismen. Diese mangelnde Verfügbarkeit wird durch einen sehr langsamen Desorptionsvorgang verursacht. Es ist erwiesen, daß die Halbzeit für die Desorption organischer Mikroschadstoffe zwischen mehreren Monaten und mehreren Jahren liegen kann [4,5,6,7,8]. Es hat sich auch gezeigt, daß der Desorptionsvorgang in künstlich mit Schadstoffen belasteten Sedimenten schneller fortschreitet als in "natürlich" schadstoffbelasteten Sedimenten [9]. Der Grund für diese Unterschiede in der Reinigungsleistung könnte ein Unterschied in der Desorptionsfähigkeit der PAK und des Erdöls in den Sedimenten sein. Es ist bereits erwähnt worden, daß organische Mikroschadstoffe hauptsächlich an den organischen Substanzen adsorbiert sind. Die Unterschiede in der Desorptionsfähigkeit könnten dadurch verursacht sein, daß die Schadstoffe an unterschiedlichen Typen von organischen Strukturen adsorbiert sind.

Wie kann die Hydrozyklontennung bei der Lösung dieses Problems eine Rolle spielen? Tabelle 6 zeigt die Trennungsergebnisse und die Reinigungsleistungen in einem Bioreaktor für die vier oben erwähnten Sedimente. Das experimentelle Verfahren bei den Untersuchungen mit dem Bioreaktor wird in Tabelle 1 beschrieben. Die Hydrozyklonergebnisse sind aus Tabelle 2 entnommen.

TABELLE 6: Korrelation zwischen Hydrozyklontrennung und biologischem Abbau

| Herkunft | $E_{PAK}$ (%) | Reinigungsleistung für PAK* (%) |
|---|---|---|
| Geulhaven | 20 | 92 |
| Dordrecht | 45 | 82 |
| Scheveningen | 72 | 50 |
| Dodeward | 84 | 20 |

*PAK = Naphthalin, Azenaphthalin, Azenaphthen, Fluoren, Anthrazen, Fluoranthen, Pyren, Benzo(a)-Anthrazen.

Tabelle 6 zeigt, daß die Reinigungsleistung mit steigender Konzentration der Schadstoffe im Ablauf sinkt. Eine plausible Erklärung dafür wäre wie folgt: Der Hydrozyklon trennt nach Korngröße und spezifischem Gewicht. Die Konzentration der Schadstoffe ist am höchsten in den groben Fraktionen (Tabelle 4) und die Schadstoffe sind im wesentlichen an den organischen Bestandteilen des Sediments adsorbiert. Das spezifische Gewicht der organischen Bestandteile ist unterschiedlich, je nach der Matrix (Holz, Teer usw.). Selbst sehr schwere Partikeln können vorkommen, wie z.B. Klumpen aus Teer und Sand. Es gibt zwei mögliche Gründe dafür, daß die organischen Bestandteile mit dem Ablauf verschleppt werden: Die erste Möglichkeit ist natürlich, daß die organischen Stoffe verhältnismäßig schwer sind. Die zweite Möglichkeit ist, daß leichte aber große Partikel mit dem Ablauf durch räumliche Behinderung verschleppt werden. Wenn ein Sediment einen großen Anteil an solchen schweren oder großen organischen Partikeln enthält, ist die Desorption der organischen Mikroschadstoffe wahrscheinlich schwieriger. In großen leichten Partikeln ist der Diffusionsweg relativ lang und die Desorption aus Partikeln von hohem spezifischem Gewicht ist vielleicht gering, weil die Schadstoffmoleküle eingekapselt sind.

Die wichtigste Schlußfolgerung, die aus der oben erwähnten Korrelation zwischen Schadstoffkonzentration im Ablauf und dem biologischen Abbau gezogen werden kann, ist: Die Hydrozyklontrennung kann Aufschluß darüber geben, ob es möglich ist, ein biolgisches Abbauverfahren anzuwenden. Auf diese Weise ist die Hydrozyklontrennung auch eine Charakterisierungsmethode.

2.3 Versetzung der Feinstoffe

Weil jeder Separator als eine Strömungstrennapparat arbeitet, wird in allen Fällen ein gewisser Wert für die garantierte Leistung gegeben in mindestens dem gleichen Verhältnis wie das Abflauf-zu-Durchsatz-Verhältnis ($R_1$ = Überlaufvolumen/Einspeisungsvolumen). Die Auswirkung der Strömungsspaltung ändert die Form der Gradierungsleistungskurve und gibt den Eindruck, daß der Separator eine Leistung erbringt, die größer ist als diejenige, die dem Trennverfahren zugeschrieben werden kann.

Ein Beispiel ist in Abb. 1 gezeigt, in der eine typische Gradierungsleistungskurve gezeichnet ist. Die ideale Kurve sollte eine Stufenfunktion sein. Die Kurve beginnt nicht im Nullpunkt der Koordinaten (wie es bei einer Schwerkrafttrennung der Fall sein sollte) sondern schneidet eine der Achsen, und der Schnittpunkt entspricht gewöhnlich $R_1$ [10]. Die Volumenspaltung, die als S = Abflaufvolumen/Überlaufvolumen definiert ist, kann ebenfalls benutzt werden, um dieses Erscheinung zu beschreiben.

Bei der Trennung schadstoffhaltiger Sedimente verursacht die Volumenspaltung eine Verunreinigung des groben Ablaufs mit Feinstoffpartikeln. Das liegt daran, daß die Feinstoffpartikeln einfach der Strömung folgen und im gleichen Verhältnis gespalten werden wie die Flüssigkeit. Die durch die

Volumenspaltung verursachte Versetzung kann durch mehrstufige Trennung ausgeglichen werden. S steht offensichtlich in enger Beziehung zum Verhältnis zwischen Wirbeldurchmesser und Scheiteldurchmesser. Weil der Wirbeldurchmesser gewöhnlich festgelegt ist, ist der Scheiteldurchmesser die wichtigste Variable, durch die S beeinflußt wird.

Die Auswirkung der Versetzung kann durch das folgende Beispiel erläutert werden, das aus Sanierungsbaggerarbeiten in den Niederlanden stammt. Schadstoffbelastetes Sediment wurde mit einem Separator, Typ Linatex 4.18 ($d_{50}$ = 60-65 μm), behandelt und die Analyse des Ablaufs ergab die in Tab. 7 gezeigten Resultate. Aus dieser Tabelle ist ersichtlich, daß über 50% der Schadstoffbelastung des Ablaufs durch die Fraktion von unter 63 Mikron verursacht wird. Die Schlußfolgerung ist, daß in einigen Fällen die Versetzung der Feinstoffe eine wesentliche Ursache für die Schadstoffbelastung des Abflusses sein kann.

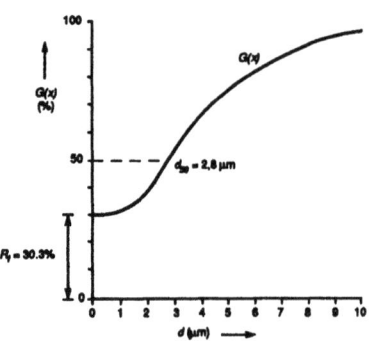

Abbildung 1: Gradierungsleistungskurve G(x).

TABELLE 7: Analyse des Ablaufs.

| Partikelgröße μm | Trockensubstanz | PAK-Gehalt ppm | PAK-Masse Gew.% |
|---|---|---|---|
| >500 | 15 | 100 | 17 |
| 63-500 | 70 | 36 | 30 |
| <63 | 15 | 300 | 53 |

BIBLIOGRAPHIE

1) TCB; 1989. Bericht über die Standardisierung von Gewässersedimenten. TCB, Postbus 450, 2260 MB Leidschendam, Niederlande.
2) WL; 1985. Bestandsaufnahme der Gewässersedimentgüte in den Reichsgewässern. Delft Hydrauliklabor.
3) Van Gastel, J., Van Tuijn, J.; 1990. Land und Wasser, Mai 1990, S. 101-103.

4) Boesten, J.T.L.; 1986. Verhalten von Herbiziden im Boden; Simulierung und experimentelle Bestimmung. Ph.D.-Dissertation, 108, Wageningen
5) Coates, J.T., Elzerman, A.J.W., 1986. J. Contam. Hydrol. 1, S. 191-210.
6) Witkowski, P.J., Jaffe, P.R., Ferrara, R.A.; 1988. J. Contam. Hydrol. 2, S. 249-269.
7) Oliver, B.G.; 1985. Chemosphere 14, S. 1087-1106.
8) Karickhoff, S.W.; 1986. J. Hydraul. Eng. 110, S 707-735.
9) Beurskens, J.E.M., Schraa, G.; 1990. D.B.W./RIZA Neuauflage Nr. 157.
10) Svarovsky, L.; 1984. Hydrozyklone; Holt Rinehart und Winston.
11) Van Luin, A.B., Stortelder, P.; 1990. Behandlung schadstoffbelasteter Sedimente in den Niederlanden. Dritter Internationaler Kfk/TNO-Kongreβ über Altlastensanierung.
12) Lageman, R.; 1988. Milieutechniek Nr. 5, S. 116-121.

EXTRAKTION VON METALLEN AUS SCHADSTOFFHALTIGEN SEDIMENTEN
MIT HILFE VON MINERALSÄUREN.

J. JOZIASSE, H.J. VAN VEEN UND G.J. ANNOKKÉE

TNO; P.O. BOX 342; 7300 AH APELDOORN; THE NETHERLANDS

1. EINFÜHRUNG

Durch die periodischen Baggerarbeiten zur Erhaltung der Wasser- und Seewege in den Niederlanden werden jährlich 10 bis 20 Millionen m$^3$ an schadstoffhaltigem Baggergut produziert. Außerdem hat eine kürzlich durchgeführte Bestandsaufnahme gezeigt, daß etwa 30 Millionen m$^3$ der Gewässerböden so stark mit Schadstoffen belastet sind, daß ihre Sanierung aus Gründen des Umweltschutzes wünschenswert ist [1,2].

Es ist unwahrscheinlich, daß eine Lösung gefunden werden kann, die für alle Sedimente anwendbar ist; die Ursache dafür sind einerseits die Größe des Problems und seine Auswirkungen auf die Umwelt, und andererseits die weitgehenden Unterschiede in der Zusammensetzung der Sedimente. Kontrollierte Ablagerung ist eine mögliche (Teil-) Lösung; Behandlung des Baggerguts (Volumenverminderung, Klassifizierung, Aufbesserung) ist eine weitere (Teil-) Lösung. Eine dritte Möglichkeit ist Wiederverwendung des Baggerguts, gewöhnlich nach der Behandlung.

Dieser Beitrag beschäftigt sich im wesentlichen mit Behandlungsmethoden für schadstoffhaltiges Baggergut. Es darf dabei jedoch nicht vergessen werden, daß die Behandlung von Baggergut nur eine der verschiedenen Möglichkeiten darstellt, die zur Auswahl stehen, wenn schadstoffhaltige Gewässerböden oder Baggergut beseitigt werden müssen.

2. BEHANDLUNGSMETHODEN FÜR SCHADSTOFFHALTIGES BAGGERGUT
   - EXTRAKTION MIT SÄURE

Die Behandlung von schadstoffhaltigem Baggergut kann folgendes umfassen:

a. <u>Vorbehandlung</u>

Dieser Vorgang schließt die Homogenisierung des Baggerguts und Aussieben der gröberen Bestandteile ein. Der Zweck der Vorbehandlung ist, die weiteren Behandlungsgänge zu erleichtern oder ihre Wirkung zu verbessern.

b. <u>Klassifizierung</u>

Das kann z. B. mittels von Aufstromklassierern oder Hydrozyklonen durchgeführt werden und bezweckt (1) die Trennung des Baggerguts in eine saubere Fraktion und eine Fraktion, in der die Schadstoffe konzentriert sind, oder (2) die Verbesserung der Möglichkeiten für die Wiederverwendung, oder auch (3) die Verbesserung der Sanierungsmöglichkeiten, oder auch eine Kombination dieser Ziele. Eine ausführliche Diskussion der Klassifizierungsmethoden für schadstoffhaltiges Baggergut ist in [3] zu finden.

c. Entwässerung

Dieser Vorgang, der z. B. durch beschleunigte Eindickung oder durch mechanische Entwässerung durchgeführt werden kann, dient dazu, das Volumen des Baggerguts (oder der Schlammfraktion nach der Klassifizierung) zu verringern.

d. Immobilisierung

Diese Methode bezweckt, die Bioverfügbarkeit der Schadstoffe zu vermindern. Im Allgemeinen muß die Immobilisierung im Zusammenhang mit der Schaffung oder Verbesserung der Möglichkeiten einer Wiederverwendung betrachtet werden. Die Verfahren zur Immobilisierung (durch Hitze oder Chemikalien) werden mehr und mehr angewendet, besonders für Baggergut, das durch Schwermetalle belastet ist.

e. Entgiftung

Diese Methode, wie auch die Immobilisierung, kann sowohl bei unbehandeltem (d. h. nicht klassifiziertem) Baggergut), als auch bei der Sandfraktion sowie bei der Schlammfraktion angewendet werden. Entgiftung bedeutet: Trennung von Schadstoffen und Baggergut, oder Abbau der Schadstoffe. Bei der Durchführung kann unterschieden werden zwischen intensiven (prozeßartigen) Methoden, für die kurze Verweilzeiten typisch sind, und den weniger intensiven Methoden (wie z. B. Aufbringen auf Ackerland oder Sanierung während der Lagerung in Deponien), charakterisiert durch lange Verweilzeiten. Es ist einleuchtend, daß die anzuwendenden Methoden weitgehend von der Zusammensetzung des Baggerguts und den vorhandenen Schadstoffen (organische Verbindungen, eutrophe Substanzen, Schwermetalle) abhängen. Die folgen Entgiftungsmethoden sind erwähnenswert:

- Extraktion von Schwermetallen durch Säuren oder biologische Auslaugung
- Extraktion von Schwermetallen durch komplexbildende Stoffe
- Elektrolytische Rückgewinnung von Schwermetallen aus belastetem Baggergut
- Thermische Entfernung von flüchtigen Bestandteilen (Kohlenwasserstoffe, Quecksilber)
- Extraktion von organischen Schadstoffen durch organische Lösungsmittel
- Biologische Umsetzung von organischen Schadstoffen oder eutrophen Substanzen
- Naßoxidation organischer Verbindungen bei Hochdruck und hoher Temperatur.

Während der jüngstvergangenen Jahre hat TNO einführende Forschungsarbeiten mit verschiedenen Behandlungsmethoden für Baggergut durchgeführt. Diese Arbeiten ergaben, daß Extraktion durch Säure die am besten geeignete Methode für verschiedene Typen von Baggergut bildet, die mit Schwermetallen belastet sind. Wir beabsichtigen deshalb, im folgenden Abschnitt dieses Verfahren ausführlicher zu behandeln.

Zum besseren Verständnis der Vorgänge, die bei der Extraktion von Schwermetallen durch Säure stattfinden, scheint es wünschenswert, die verschiedenen Formen zu betrachten, in denen die Metalle im Baggergut vorliegen können: im interstitiellen Wasser, reversibel adsorbiert an 'Ionenaustausch'-Positionen auf den Bodenpartikeln, als Karbonate, gebunden an Mn-Oxide (leicht reduzierbare Oxyde), gebunden an Fe-Oxyde (mäßig leicht reduzierbare Oxyde), als Sulfide oder gebunden an organische Stoffe, oder auch gebunden im Mineralgefüge. Um zwischen den verschiedenen Bindungsformen der Schwermetalle zu unterscheiden, sind verschiedene aufeinanderfolgende Extraktionsschritte aufgestellt worden [4.7]. Obwohl umstritten ist, ob die in den verschiedenen Fraktionen gefundenen Metallmengen bestimmten Bindungsformen im Sediment zugeschrieben werden können, kann eine derartige Analyse aufzeigen, wie die Verteilung der Metalle zwischen den verschiedenen verfahrensmäßig definierten Fraktionen durch die Behandlungsmethoden erfolgt.

Die Extraktion durch Säure hat einen doppelten Mechanismus:

(1) Bei niedrigem pH stehen weniger Bindungsstellen für die Metallionen zur Verfügung. Adsorbierte Metalle werden durch $H_3O^+$-Ionen eliminiert. Nebenbei gesagt, dieser Mechanismus ist nicht wirksam für Metalle, die als negativer Komplex im Schlamm vorliegen, wie z. B. As, Se und Mo.

(2) Viele Metallverbindungen weisen in einem sauren Milieu höhere Löslichkeit auf als in einem neutralen Milieu. Das liegt daran, daß die Metalle komplex an die konjugierte Base der betreffenden Säure (z. B. $Cl^-$) gebunden sind (wie $CdCl_4^{2-}$ oder $ZnCl_4^{2-}$), oder daß Salze unter Abgabe von Gasen ($CO_2$ bei Karbonaten, $H_2S$ bei Sulfiden) zersetzt werden.

Es treten überdies einige unbeabsichtige Nebeneffekte auf, die die Bodenstruktur beeinflussen, wie etwa die (teilweise) Zersetzung von Fulvinsäuren, Calziumkarbonat und verschiedenen Oxyden, Koagulierung von Tonpartikeln nach dem Verlust ihrer negativen Ladung. Diese Strukturänderungen können bewirken, daß die spezifische Oberfläche der Partikel wesentlich vergrößert wird.

Brauchbare Extrationsmittel sind: Anorganische Säuren (wie z. B. HCl, $HNO_3$, $H_2SO_4$), organische Säuren (wie z. B. Essigsäure, Milchsäure, Zitronensäure) oder komplexbildende Verbindungen (wie z. B. EDTA, NTA). Ein Vorteil bei der Anwendung von organischen Säuren ist, daß sie nicht nur den pH-Wert verrringern, sonden auch komplexbildend wirken. Ein weiterer Vorteil ist, daß sie biologisch abbaubar sind. Unter den anorganischen Säuren wird HCl gewöhnlich als das beste Extraktionsmittel angesehen, weil sie (1) relativ billig ist, (2) als weniger umweltschädlich gilt als $HNO_3$ oder $H_2SO_4$, weil (3) eine Anzahl von Metallen (Cd, Zn, Cu) mit HCl Chlorokomplexe bilden und dadurch die Extraktionsleistung erhöht wird und (4) die meisten Chloride leicht löslich sind.

Wenn mit Schwermetallen belastetes Baggergut durch Extraktion mit Säure gereinigt wird, können die folgenden Stufen des Gesamtvorgangs (einschließlich der Vor- und Nachbehandlung) unterschieden werden:
a. Vorbehandlung
b. Extraktion (intensiver Kontakt zwischen Baggergut und Extraktionsmittel)
c. Trennung von Feststoffen und (beladenem) Extraktionsmittel
d. Nachbehandlung des gereinigten Baggerguts
e. Behandlung (und, womöglich, Rückgewinnung) des beladenen Extraktionsmittels.

Ein von Müller entwickelter Prozeß [8], bei dem HCl (Säureabfälle) als Extraktionsmittel benutzt wird, ist ein Verfahren, das bis zur praktischen Anwendung entwickelt worden ist. Bei diesem Verfahren wird die Säure von den Feststoffen getrennt, und danach werden die Metalle abgeschieden, zunächst durch Ausfällung mit $Ca(OH)_2$ und danach durch Ausfällung mit $CO_2$, das durch die Zersetzung von $CaCO_3$ entsteht, wenn Säure zum Schlamm zugefügt wird.

Eine mikrobiologische Variante der Extraktion mit anorganischen Säuren ist die Benutzung von Mikroorganismen (Thiobazillus) zur Herabsetzung des pH. Diese Organismen setzen Schwefel oder Sulfide mit Hilfe von Sauerstoff in Schwefelsäure um.

## 3. ERGEBNISSE DER EXPERIMENTE

Tabelle 1 zeigt die Ergebnisse der experimentellen Untersuchungen, die von TNO im Labormaßstab durchgeführt wurden. Die Extraktionsausbeuten und die resultierenden Metallkonzentrationen für eine Anzahl von Proben bei verschiedenen Extraktionsbedingungen sind dort angeführt. Im allgemeinen können die Ergebnisse wie folgt zusammengefaßt werden:
- Die Extraktionsausbeute für Cd ist weitgehend abhängig vom pH. Ein pH von 3 ist ausreichend, um bei Überlaufproben hohe Extraktionsausbeuten zu erreichen (bis zu annähernd 70% ohne Ionenaustauscher, und ca. 90% mit Ionenaustauscher). Aber in vielen Fällen ist ein pH von etwa 1 notwendig, um hohe Extraktionsausbeuten zu erzielen.
- Manchmal ist eine mehrstufige Extraktion wirksam, manchmal jedoch nicht. Das gleiche gilt für eine Verlängerung der Extraktionszeit und die Anwendung von Belüftung als Vorbehandlungs-Stufe.

- Die resultierende Konzentration an Cd, die in den Überlaufproben erzielt wird, und auch die Extraktionsausbeute, hängen weitgehend von der Art der Proben und von den Extraktionsbedingungen ab. Konzentrationen von <1 bis zu >200 mg/kg Trockensubstanz sind in Tabelle 1 angeführt. Diese Beobachtung wird dadurch erklärt, daß (je nach Art der Probe) ein großer Teil der Metalle (in diesem Fall Cd) sehr fest an die Schlammpartikel gebunden ist. Ein Vergleich der erzielten Konzentrationswerte mit den in den Niederlanden angewendeten Standardwerten für schadstoffreie Gewässerböden (2 mg/kg für Cd, 480 mg/kg für Zn) zeigt, daß in vielen Fällen diese Werte nicht erreicht werden.
- Bei einigen Proben ist die Ausbeute bei der Extraktion von Zn größer als bei der Extraktion von Cd; bei anderen Proben wurde genau das Gegenteil gefunden. Auch diese Beobachtung kann auf die Anteile an fest gebundenen Metallen zurückgeführt werden, die bei den verschiedenen Proben und Metallen unterschiedlich sind.
- Die Extraktionsausbeuten für Cd, Cu und Zn, die mit bakterieller Auslaugung erreicht wurden, sind vergleichbar mit den Ausbeuten, die mit einer anorganische Säure (in diesem Fall $H_2SO_4$) bei gleichem pH erreichten Ausbeuten. Es scheint, daß eine bessere Extraktionsausbeute durch bakterielle Auslaugung nur bei Cr erzielt werden kann. Extraktion von Pb durch bakterielle Auslaugung ist nicht besonders wirksam.
- Die Behandlung von Unterlaufproben führt zu deutlich größeren Extraktionsausbeuten für Cd, Cu, Pb und Zn als die Behandung von Überlaufproben. Die erreichten Endkonzentrationen sind offensichtlich wesentlich niedriger als diejenigen der entsprechenden Unterlaufproben. Außerdem ist es auffällig, daß die Unterschiede in der Extraktionsausbeute zwischen den verschiedenen Proben für Cd, Cu, Ni und Zn relativ gering sind.

Die Säuremenge, die erforderlich ist, um den pH einer Probe herabzusetzen, hängt weitgehend von deren Pufferkapazität (unter anderem vom Kalk- und Tongehalt) ab. Tabelle 2 gibt den Säureverbrauch für einige der Proben an (bei verschiedenen pH-Endwerten). Wenn frische (unbenutzte) HCl ohne Rückgewinnung benutzt wird, kann das sehr hohe Kosten verursachen. Bei einem Säureverbrauch von 4 ml 1 n HCl/g Trockensubstanz und einem Kaufpreis von Dfl. 0,57/kg 12 n HCl, belaufen sich die Kosten auf etwa Dfl. 230.-/Tonne Trockensubstanz. Bei einem Trockensubstanzgehalt von 50% beträgt das etwa Dfl. 115.-/m$^3$ Baggergut. Methoden zur Verringerung dieser Kosten sind:
- Teilweise Rückgewinnung der Säure. Das ist jedoch nicht möglich für den Anteil der Säure, der zur Zersetzung von im Schlamm vorhandenen Stoffen, z. B. $CaCO_3$, verbraucht werden.

TABELLE 1. Übersicht über die Extraktionsversuche mit schwermetallhaltigen Sedimenten

| Sample | Fraction *) | Aeration (Y/N) | Extraction conditions **) | | Extraction efficiencies Eff.(%) and final concentrations Cf (mg/kg d.m.) | | | | | | | | | | | |
|---|---|---|---|---|---|---|---|---|---|---|---|---|---|---|---|---|
| | | | pH | Time (hr) | Cd Eff. | Cd Cf | Cr Eff. | Cr Cf | Cu Eff. | Cu Cf | Ni Eff. | Ni Cf | Pb Eff. | Pb Cf | Zn Eff. | Zn Cf |
| Rotterdam I | O (20) | Y | 3 | 0.5 | 41 | 7.4 | | | | | | | | | 39 | 727 |
| | | Y | 3 | 1 | 71 | 3.6 | | | | | | | | | 62 | 462 |
| | | Y | 3 | 1.5 | 69 | 3.9 | | | | | | | | | 61 | 471 |
| | | Y | 3 | 0.5 1) | 83 | 2.1 | | | | | | | | | 60 | 480 |
| | | Y | 3 | 1 1) | 92 | 1.0 | | | | | | | | | 71 | 354 |
| | | Y | 3 | 1.5 1) | 86 | 1.8 | | | | | | | | | 68 | 388 |
| Rotterdam II | O (20) | Y | 3 | 1 1) | 2 | 20 | | | | | | | | | 65 | 430 |
| | | Y | 3 | 3 1) | 81 | 3.8 | | | | | | | | | 55 | 553 |
| Rotterdam III | O (20) | Y | 3 | 1 1) | 0 | 16 | | | | | | | | | 15 | 1202 |
| | | Y | 3 | 3 1) | 80 | 2.7 | | | | | | | | | 67 | 467 |
| Dommel | O (5) | Y | 3 | 1 | 55 | 115 | | | | | | | | | | |
| | | N | 3 | 1 | 51 | 125 | | | | | | | | | | |
| | | Y | 1 | 1 | 75 | 65 | | | | | | | | | | |
| | | N | 1 | 1 | 72 | 71 | | | | | | | | | | |
| | | N | 1 | 0.25 | 67 | 82 | | | | | | | | | | |
| | | N | 1 | 5 | 79 | 54 | | | | | | | | | | |
| | | N | 1 | 1 2) | 67 | 83 | | | | | | | | | | |
| | | N | 1 | 1 3) | 68 | 81 | | | | | | | | | | |
| | | N | 1 | 1 1) | 82 | 47 | | | | | | | | | | |
| | | N | 1.5 4) | > 24 | 79 | 54 | 72 | 422 | 58 | 424 | | | 0 | 570 | 76 | 722 |
| | | N | 1.5 5) | > 1 | 76 | 62 | 31 | 1040 | 61 | 393 | | | 0 | 621 | 75 | 775 |
| Maas | O (5) | Y | -0.3 | 1 | > 97 | <0.5 | | | | | | | | | | |
| | | Y | 1 | 1 | 95 | 0.9 | | | | | | | | | | |
| | | Y | 3 | 1 | 0 | 16.7 | | | | | | | | | | |
| | | N | -0.3 | 1 | 97 | 0.5 | | | | | | | | | | |
| | | N | 1 | 1 | 86 | 2.3 | | | | | | | | | | |
| | | N | 3 | 1 | 10 | 14.8 | | | | | | | | | | |

Legende:

Sample - Probe

Fraction - Fraktion

Aeration - Belüftung

Extraction conditions - Extraktionsbedingungen

Extraction efficiencies Eff (%) and final concentrations...

Extraktionsausbeuten Eff. (%) und Endkonzentrationen Ek (mg/kg Tr. Gew.)

Time (hr) - Dauer (Std)

Y/N - J/N

TABELLE 1. Übersicht über die Extraktionsversuche mit schwermetallhaltigen Sedimenten (Fortsetzung)

| Sample | Fraction *) | Aeration (Y/N) | Extraction conditions **) pH | Time (hr) | Cd Eff. | Cd Cf | Cr Eff. | Cr Cf | Cu Eff. | Cu Cf | Ni Eff. | Ni Cf | Pb Eff. | Pb Cf | Zn Eff. | Zn Cf |
|---|---|---|---|---|---|---|---|---|---|---|---|---|---|---|---|---|
| Dommel | U (50) | N | 2 | 960 | > 91 | <0.5 | | | | | | | | | | |
| | | N | 3 | 960 | 86 | 0.8 | | | | | | | | | | |
| | | N | 4 | 960 | 81 | 1.1 | | | | | | | | | | |
| | | N | 1 4) | 96 | > 83 | < 1 | | | | | | | | | | |
| Malburgen | U (20) | N | 2 | 960 | 90 | 1.6 | | | 70 | | 50 | 26 | 78 | 1000 | 89 | 173 |
| | | N | 3 | 960 | 88 | 1.9 | | | | | | | 54 | 2100 | | |
| | | N | 4 | 960 | 54 | 6.5 | | | | | 46 | 28 | 1 | 4500 | 72 | 445 |
| | | N | 1 4) | 96 | 80 | 3.2 | | | | | | | 0 | 5300 | | |
| Stein | U (20) | N | 2 | 960 | > 95 | <0.5 | | | 84 | | 57 | 12 | | | 73 | 157 |
| | | N | 3 | 960 | > 95 | <0.5 | | | | | | | | | | |
| | | N | 4 | 960 | 8.7 | 1.4 | | | | | | | 60 | 64 | 82 | 109 |
| | | N | 1 4) | 96 | > 91 | < 1 | | | | | | | | | | |
| Dommel | O (40) | N | 1 | 1 2) | 7 | 270 | | | 0 | 1500 | | | 7 | 380 | 48 | 1400 |
| | | N | 1 | 2 2) | 26 | 200 | | | 0 | 1600 | | | 28 | 220 | 56 | 1200 |
| Malburgen | O (20) | N | 1 | 1 2) | 21 | 20 | | | 0 | 290 | | | 0 | 3000 | 50 | 1300 |
| | | N | 1 | 2 2) | 37 | 16 | | | 0 | 340 | | | 0 | 3100 | 63 | 940 |
| Stein | W | N | 1 | 1 2) | 73 | 9 | | | 0 | 170 | | | 48 | 240 | 68 | 720 |
| | | N | 1 | 2 2) | 85 | 4 | | | 0 | 150 | | | 68 | 130 | 78 | 440 |

*) U = Unterlauf; O = Überlauf; in Klammern die Anteilgröße
W = Gesamtprobe (nicht hydrozykloniert)
**) Wenn nicht anders angegeben, ist das Extraktionsmittel HCl, und die Stärke ist 10% (Gew./Gew.)
1) In Kombination mit einem Ionenaustauscher
2) Zweistufige Extraktion
3) Dreistufige Extraktion
4) Bakterielle Auslaugung (Thiobazillus)
5) Extraktionsmittel Schwefelsäure

- Benutzung von Säureabfällen. Diese Möglichkeit hat den Nachteil, daß umweltschädliche Substanzen in solchen Abfällen enthalten sein können.
- Anwendung von mikrobieller Auslaugung. In diesem Zusammmenhang muß die Tatsache erwähnt werden, daß Thiobacillus nur bei pH-Werten <4 aktiv ist, d.h. daß der pH zunächst auf diesen Wert herabgesetzt werden muß. Das verursacht jedoch nicht unbedingt einen hohen Säureverbrauch, besonders nicht bei einem kontinuierlichen Prozeß.

TABELLE 2. Säureverbrauch bei der Behandlung verschiedener Proben

| Probe | Fraktion *) | $CaCO_3$-gehalt (Gew. %) | pH | Säureverbrauch (ml 1 n HCl/g Tr.S.) |
|---|---|---|---|---|
| Maas | Ü | n.b. | 1 | 1,8 |
| Dommel | Ü | n.b. | 1 | 2,7 |
| Dommel | Ü | n.b. | 1 | 3,8 |
| Malburgen | Ü | n.b. | 1 | 4,2 |
| Stein | G | n.b. | 1 | 4,8 |
| Dommel | U | <0,5 | 2 | 0,2 |
|  |  |  | 3 | 0,1 |
|  |  |  | 4 | 0,0 |
| Stein | U | 20,2 | 2 | 6,1 |
|  |  |  | 3 | 5,8 |
|  |  |  | 4 | 4,4 |
| Malburgen | U | 7,9 | 2 | 2,6 |
|  |  |  | 3 | 2,2 |
|  |  |  | 4 | 2,0 |

*) U = Unterlauf; Ü = Überlauf; G = Gesamtprobe (nicht hydrozykloniert); n.b. = nicht bestimmt

4. SCHLUSSFOLGERUNGEN

Extraktion von Schwermetallen mit Säure ist ein sehr komplizierter, in mehreren Stufen verlaufender Vorgang. Die bisher in Experimenten im Labormaßstab erzielten Ergebnisse zeigen, daß ein Teil der Metalle sehr fest an den Schlamm gebunden ist. Der Prozentsatz der fest gebundenen Metalle ist unterschiedlich in verschiedenen Proben und für verschiedene Redox-Bedingungen (siehe auch Abschnitt 2). Das führt manchmal zu hohen und manchmal zu niedrigen Extraktionsausbeuten und zu einer unterschiedlichen Abhängigkeit von den Belüftungs- und Extraktionsbedingungen. Insbesondere für die Feinfraktion (Überlauf) des Baggerguts gilt, daß die Konzentration oft nicht hinreichend herabgesetzt wird, um gewisse Konzentrationsanforderungen zu erfüllen.

Zur Extraktion der fest gebundenen Metalle aus dem
Schlamm sind extreme Bedingungen erforderlich (insbesondere
niedrige pH-Werte), die mit einem starken Verbrauch an
Extraktionsmittel verbunden sind. Es ist bekannt, daß unter
diesen Bedingungen auch die Struktur der Schlammpartikel beeinflußt wird. Untersuchungen, die an mit Metallen verschmutzten Böden durchgeführt wurden [9] haben gezeigt, daß
nach der Extraktion durch Säure der Boden in manchen Fällen
stärker mit Giftstoffen belastet ist als vor der 'Entgiftung'.

Die bislang angewendeten Bedingungen basieren auf den
einzelnen Schadstoffkonzentrationen. Deshalb hatten die
experimentellen Arbeiten über die Extraktion von Metallen
mit Mineralsäuren das Ziel, die Konzentrationen herabzusetzen. Im Hinblick auf die Tatsache, daß ein wesentlicher
Teil der Metalle fest an den Schlamm gebunden ist und deshalb eine sehr geringe Bioverfügbarkeit aufweist, und im
Hinblick auf die oben angeführten Nachteile der zur Heraus-
lösung der Metalle notwendigen extremen Bedingungen scheint
es ratsam, bei zukünftigen Forschungsarbeiten über die
Metallextraktion einen anderen Zweck zu verfolgen. Entgiftung durch Extraktion sollte nicht einfach eine Verringerung der Konzentration zum Ziel haben, sondern sich auf die
Verteilung der Metalle zwischen den verschiedenen Bindungsformen konzentrieren. Nur der Anteil der Metalle, der sofort
oder auf mittlere Sicht bioverfügbar ist, sollte entfernt
werden. Die Resultate der sequentiellen Extraktions- und
Auslaugungsversuche könnten als Richtlinie für eine solche
Verfahrensweise dienen.

Die grobkörnige Fraktion (Unterlauf) von Baggergut nach
der Hydrozyklonierung - wenn es einen zu hohen Metallgehalt
aufweist - scheint am geeignetsten für eine Säureextraktion
zu sein. Die Gründe dafür sind folgende:
- Der Kalk- und Tongehalt dieser Fraktion ist oft relativ
  niedrig, was einen geringeren Säureverbrauch zur Folge
  hat.
- Die Metalle sind relativ wenig fest an die (Sand-) Partikel gebunden, so daß - im allgemeinen - niedrige pH-
  Werte oder kurze Verweilzeiten ausreichend sind.
- Die Trennung des Extraktionsmittels von den Partikeln
  ist leicht durchführbar, ohne Zusatz von Flockungsmitteln.
- Die Durchlässigkeit der grobkörnigen Fraktion ist hoch,
  und deshalb ist, wenn erwünscht, eine Entgiftung durch
  Durchsickerung mit Mineralsäuren während der Lagerung in
  der Deponie möglich.

## DANKSAGUNG
Die experimentellen Arbeiten, deren Ergebnisse in diesem
Beitrag zusammengefaßt sind, wurden weitgehend in Zusammen-

arbeit mit DBW/RIZA (Institut für Binnengewässer-Management und Abwasserbehandlung) durchgeführt. Ein Teil dieser Forschungsarbeiten wurde finanziell durch das SPB (das integrierte Bodenforschungsprogramm der Niederlande) unterstützt.

## 5. BIBLIOGRAPHIE

[1] Saneringsprogramma waterbodem Rijkswateren 1990-2000 (auf niederländisch)
[2] Tweede Kamer, vergaderjaar 1989-1990, 19866, nr. 11, SDU 's-Gravenhage, 1990 (auf niederländisch)
[3] Veen, H.J. van "Reinigung van waterbodems" TNO-Bericht 87-102, April 1987 (auf niederländisch)
[4] Tessier, A., Campbell, P.G.C. Carignan, R. "Sequential Extraction Procedure for the Speciation of Particulate Trace Metals", Anal. Chem., 51, No.7, 844-851, 1979
[5] Rapin, F., Tessier, A. Campbell, P.C.G., Carignan, R. Potential Artifacts in the Determination of Metal Partitioning in Sediments by a Sequential Extraction Procedure" Environ. Sci. Technol., 20, No. 8, 836-840, 1986 (auf englisch)
[6] Calmano, W., Förstner, U. "Chemical Extraction of Heavy Metals in Polluted River Sediments in Central Europe" Sci. Total Environ., 28, 77-90, 1983
[7] Förstner, U., Kersten, M., Calmano, W. "Austausch von Schwermetallen an der Grenzfläche Wasser/Sediment in Gewässern und Baggergutdeponien" Acta hydrochim. hydrobiol., 15, No. 3, 221-242, 1987
[8] Müller, G. "Chemical Decontamination of Dredged Materials, Sludges, Combustion Residues, Soils and Other Materials Contaminated with Heavy Metals" Proc, 2nd Int. Symp. Metals Speciation, Separation and Recovery, Rome, Italy, May 14-19, 1989
[9] Versluijs, C.W., et al. "Comparison of leaching behaviour and bioavailability of heavy metals in contamination soils and soils cleaned up with several extractive and thermal methods" Contaminated Soil '88, K. Wolf, W.J. van den Brink, F.J. Colon (eds.), Vol. 1, Kluwer, Dordrecht, 1988

AUFBEREITUNG VON HAFENSCHLICK

Dr.-Ing. H. Lorson, Dr.-Ing. J. Grote
NOELL GmbH
Abteilung TT
Alfred-Nobel-Straße 20
8700 Würzburg


Inhalt

1.   Einleitung

1.1  Problemstellung
1.2  Stand der Technik
1.3  Zielsetzung

2.   Verfahrensbeschreibung

2.1  Extraktion
2.2  Säureregeneration
2.3  Chemische Behandlung
2.4  Biologische Behandlung

3.   Zusammenfassung

4.   Literatur

1. Einleitung

1.1 Problemstellung

Die Häfen in Bremen-Stadt sind einer ständigen Verschlickung ausgesetzt. Zur Gewährleistung der für die Schiffahrt erforderlichen Wassertiefe müssen jährlich 1,4 Mio. m³ Schlick durch Bagger entfernt werden, wobei das Baggergut auf Spülflächen verbracht wird. Nach einer selbsttätigen Entwässerung und Trocknung fällt bei dieser Vorgehensweise auf den Spülflächen eine verfestigte Schlickmasse in einer Menge von ca. 1,4 Mio. m³/a mit einem Wassergehalt von ca. 60 % an. Die Baggerung erfolgt ausschließlich in der Zeit von April - November (8 Monate/a).

Das von den Spülfeldern ablaufende Wasser ist hinsichtlich seiner Gehalte an Schwermetallen, absetzbaren und abfiltrierbaren Stoffen sowie an Kohlenwasserstoffen untersucht worden. Die dabei ermittelten Werte sind in der Tabelle 1 den wasserbehördlichen Grenzwerten gegenübergestellt.

|  |  | Probe vom 08.12.1986 | wasserbehördliche Grenzwerte |
|---|---|---|---|
| Schwermetalle |  |  |  |
| Cd | (mg/l) | 0,0013 | 0,02 |
| Cu | (mg/l) | 0,018 | 0,3 |
| Hg | (mg/l) | 0,0002 | 0,0005 |
| Ni | (mg/l) | 0,011 | 0,2 |
| Pb | (mg/l) | 0,009 | 0,2 |
| absetzbare Stoffe | (mg/l) | 0,1 | 0,3 |
| abfiltrierbare Stoffe | (mg/l) | 5,6 | 30 |
| Kohlenwasserstoffe | (mg/l) | 0,4 | 1,0 |

Tabelle 1: Analysenwerte des Spülfeldablaufwassers unter Angabe der wasserbehördlichen Grenzwerte /1/.

Während bei den Spülfeldabläufen eine günstige Situation vorliegt, führt der auf diesen Feldern entwässerte Schlick zu Beanstandungen, insbesondere wegen seiner hohen Gehalte an Schwermetallen. Für das Wendebecken Neustädter Hafen, in dem die größte Schlickauflandung erfolgt, sind in der Tabelle 2 die gemessenen Mittelwerte der Schwermetallgehalte den Grenzwerten der Klärschlammverordnung gegenübergestellt, wobei die letztgenannten Grenzwerte für Böden gelten, auf die unter gewissen Voraussetzungen noch kommunaler Klärschlamm aufgebracht werden darf.

|  | Zn | Pb | Cu | Cr | Ni | Cd |
|---|---|---|---|---|---|---|
| Schwermetallgehalte Schlick | 1101 | 181 | 144 | 109 | 63 | 14,4 |
| Grenzwerte der Klärschlammverordnung | 300 | 100 | 100 | 100 | 50 | 3 |

Tabelle 2: Schwermetallgehalte
- Schlick: Wendebecken Neustädter Hafen (mg/kg TS)
- Grenzwert: Klärschlammverordnung für Böden (mg/kg lutro)

Probenahmen Schlick: Spülfeld (ca. 40 % TS)
Glühverlust: ca. 10 % /1/

Die z. T. erhebliche Überschreitung der Grenzwerte der Klärschlammverordnung zeigt die Notwendigkeit einer Dekontamination und Aufbereitung des Hafenschlicks in aller Deutlichkeit.

1.2 Stand der Technik

Derzeit stehen zur Behandlung von organisch - anorganisch belastetem Hafenschlick folgende Verfahren zur Verfügung:
a) chemische Behandlung
b) thermische Behandlung
c) hydraulische Verfestigung
d) Deponie

a) Chemische Behandlung

Das Verfahren beruht auf einer Extraktion der Schwermetalle durch Behandlung des Schlammes mit Mineralsäuren, einer Fällung der in Lösung gegangenen Schwermetalle mit Calciumhydroxid und einer anschließenden Eliminierung der Restmengen von Cadmium durch eine Carbonat-Fällung. Extraktions-Versuche mit verschiedenen Säuren ergaben als Resultat, daß mit Salzsäure gute Auslaugraten bei verfahrenstechnischen Vorteilen realisierbar sind /3,4,5/.

b) Thermische Behandlung

Der mechanisch entsandete und auf ca. 50 Massen-% entwässerte Schlick wird auf einem Pelletierteller agglomeriert.

Die Keramisierung der Pellets wird bei Temperaturen von ca. 1450°K durchgeführt, wobei mit Ausnahme des Quecksilbers die Schwermetalle eingebunden und organische Schadstoffe zerstört werden /2/.

c) Hydraulische Verfestigung

Bei der Verfestigung von Hafenschlick in Form der hydraulischen Einbindung werden die Schadstoffe (hier Schwermetalle) chemisch fixiert. Als hydraulisches Bindemittel eignen sich Zementklinker, Kalkaschen, Flugstäube, Gips und Wasserglas. Über das Einbindevermögen von organischen Schadstoffen ist bisher wenig bekannt.

Der so behandelte Hafenschlick kann danach als Deponiekörper verwendet werden. Ein Einsatz als Zusatzstoff beim Straßenbau ist fraglich, da das Langzeitverhalten der Eluierbarkeit noch nicht ausreichend genug untersucht wurde /2/.

d) Deponie

Das Baggergut wird auf Spülfelder aufgespült und dort über mehrere Jahre hinweg entwässert (ohne mechanische Hilfsmittel). Durch bauliche Veränderung (Drainagesysteme) kann die Entwässerungsdauer auf ein Jahr gesenkt werden.

Der entwässerte Schlick wird danach in Hügelform aufgeschichtet. Dazu ist sowohl eine dichte Basisabdichtung, als auch eine Böschungsabdichtung gegen Niederschlagswasser vorzusehen. Der Schlick wird abwechselnd mit Sandschichten geschichtet. Die Sandschichten ermöglichen eine zusätzliche Entwässerung und das Ableiten des Sickerwassers.

## 1.3 Zielsetzungen

Ziel der Hafenschlickaufbereitung ist es, ein umweltverträgliches und auf weitgehendem Recycling basierendes Produkt zu erzeugen nach den folgend aufgeführten Verfahrensschritten:

a) Verringerung der Schwermetallgehalte durch eine "saure Laugung" unter die Grenzwerte für Boden der Klärschlammverordnung, vorzugsweise unter Einsatz einer salzsäurehaltigen Abfallsäure.

b) Abtrennung der Schwermetalle mit dem Ziel, diese einer Verhüttung oder einer weiteren Aufbereitung zuzuführen.

c) Regeneration von Salzsäure zur Minimierung des Extraktionsmittelverbrauches.

d) Biologischer Abbau der organischen Schadstoffe hinsichtlich eines Einsatzes des aufbereiteten Schlicks für Bodenverbrennungsmaßnahmen.

## 2. Verfahrensbeschreibung

Es wurde ein Verfahren entwickelt, mit welchem eine umweltgerechte Entsorgung von o. g. Produkten möglich ist. Einzelne Teilströme können auch einer Wiederverwertung sowie einer Weiterverarbeitung zugeführt werden.

Auf die wichtigsten Teilschritte wird im folgenden eingegangen.

### 2.1 Extraktion

Als Extraktionsmittel bietet sich, basierend auf unseren Vorversuchen, normale hochkonzentrierte Salzsäure an. Ein Vergleich mit der analytischen Chemie belegt, daß mit HCl sehr gute Laugeraten bzgl. der toxischen Schwermetalle erzielt werden können.

Nachteilig auf einen geringen Säureverbrauch wirken sich etwaige Karbonatgehalte im Sediment aus. Diese führen zur Ausbildung von $CO_2$ infolge der Neutralisierung von HCl.

Andere Mineralsäuren wie $H_2SO_4$ und $HNO_3$ erbrachten keine günstigeren Resultate. Außerdem ist die Anwesenheit von Nitrat-Ionen eine nicht gewünschte Verunreinigung, welche bei der Verwertung des gereinigten Restproduktes zu Komplikationen führen kann.

### 2.2 Säureregeneration

Im eigentlichen Laugungsprozeß wird nur ein geringer Teil der eingebrachten Salzsäure chemisch verbraucht; der pH-Wert ändert sich nur geringfügig. Wird das Eluat der nachgeschalteten Entwässerung z. B. zur Fällung der Schwermetalle neutralisiert, so ist der Verbrauch von Säure und Neutralisationsmittel im Vergleich zum chemischen Bedarf unzulässig hoch.

Geplant ist daher eine destillative Salzsäuregewinnung nach vorheriger fraktionierter Fällung der Schwermetalle aus dem Eluat.

Dieses Verfahren eingrenzende Parameter sind u. a.

- der Verlauf des Phasengleichgewichtes des Systems Salzsäure - wässrige Lösung,
- die Methode der Schwermetalltrennung und
- die Grenzen der Eindickbarkeit aufgrund von Belagbildung (Verschmutzung) auf den Heizflächen der Destillationsanlage.

### 2.3 Chemische Behandlung

Bei der sauren Elution von Hafenschlick fallen verfahrensbedingt schwermetallhaltige Abwässer an, die vor der Einleitung in den Vorfluter den behördlichen Forderungen entsprechend aufbereitet werden müssen.

Bei der chemischen Behandlung sind aus diesem Grunde folgende Zielsetzungen gegeben:

a) Einhaltung der Einleitbedingungen hinsichtlich pH-Wert und der Schwermetallgehalte

b) Selektive Abscheidung der jeweiligen Schwermetallverbindungen zur Ermöglichung einer Rückgewinnung der Schwermetalle und Erhalt einer möglichst kleinen, gering kontaminierten zu entsorgenden Restschlammenge.

Ausgehend von den uns vorliegenden Analysen des Bremer Hafenschlicks, verursachen die Metalle Zink, Blei, Chrom, Nickel und Kupfer ca. 98 % der Fracht an toxischen Schwermetallen, weshalb bei einer Rückgewinnung schwerpunktmäßig diese Stoffe untersucht wurden.

Das Ausgangsmaterial für die Schwermetallrückgewinnung ist das saure Eluat der Hafenschlickwäsche bzw. das Konzentrat der Salzsäurerückgewinnung.

## 2.4 Biologische Behandlung

Es muß davon ausgegangen werden, daß Hafenschlick gewisse persistente Giftstoffe enthält. Diese stammen hauptsächlich aus Pestiziden, Insektiziden und Fungiziden, die von den Feldern in den Fluß gelangen, aber auch aus Einleitungen industrieller Herkunft. Diese Verbindungen reichern sich in der Huminfraktion des Schlicks an.

Somit stellt sich hier das gleiche Problem wie bei der biologischen Bodensanierung kontaminierter Standorte, nur daß es sich um eine höhere Zahl verschiedener Giftstoffe handelt, deren stoffliche Zusammensetzung zudem schwanken kann. Die jeweils zu erwartenden Konzentrationen sind jedoch niedriger als bei den üblichen Bodensanierungen.

An eine biologische Dekontamination von Hafenschlick durch Abbau der organischen Verbindungen wurden folgende Anforderungen gestellt:

- Alle toxischen organischen Verbindungen müssen abgebaut werden, insbesondere auch die hochkondensierten und chlorierten Aromaten.
- Das Verfahren muß zu allen Zeiten völlig unter Kontrolle sein, es darf insbesondere keine Verbindungen zum Grundwasser bestehen.

Aufgrund der Tatsache, daß Weißfäulepilze praktisch die einzigen Mikroorganismen sind, die in der Lage sind, eine Vielzahl unterschiedlich aufgebauter Stoffe gleichzeitig abzubauen, wurden diese auch zur Lösung dieser Problemstellung herangezogen.

Es wurde durch den gezielten Einsatz von getesteten und für geeignet befundenen Weißfäulepilzen erreicht, die im Hafenschlick zu erwartenden schwer abbaubaren Umweltkontaminanten wie hochkondensierte Aromaten, PCBs und Pestizide abzubauen.

Der verbleibende dekontaminierte Hafenschlick kann als Bodenverbesserer eingesetzt werden.

3. Zusammenfassung

Es ergeben sich aus der vorgeschalteten Betrachtung folgende Vorteile des Aufbereitungsverfahrens:

- komplette umweltgerechte Dekontaminierung von Schlämmen
- sinnvolle Verwendung der anfallenden Materialien
- teilweise Rückgewinnung des Extraktionsmittels
- Verwertung eines hochangereicherten Schwermetallkonzentrates
- Gewinnung eines hochwertigen Bodenverbesserungsgutes

4. Literatur

/1/ Baggergutuntersuchungsprogramm des Hafenbauamtes Bremen, Wasserbauabteilung, Sachstandbericht.

/2/ Neue Technologien zur Behandlung von Hafenschlick, Endbericht, Teil V, Batelle-Institut, BlgV-R-65.371-5

/3/ H. Kröning, Verfahrenstechnische Behandlung von kontaminiertem Hafenschlick

/4/ G. Müller, Chemische Dekontaminierung von schwermetallbelasteten Schlämmen, Verbrennungsrückständen, Boden und anderen Feststoffen, Institut für Sedimentforschung, Universität Heidelberg

/5/ H. Vogg, H. Wiese, A. Christmann
Das 3-R-Verfahren -ein Baustein zur Schadstoffminderung bei der Müllverbrennung

SANIERUNG DES GEULHAVEN IN ROTTERDAM

IR J.H. VOLBEDA, HOLLANDSCHE AANNEMING MAATSCHAPPIJ bv
ING. S.J.B.C. BONTE, RIJKSWATERSTAAT, DIRECTIE ZUID-HOLLAND

1. EINLEITUNG
Räumung und Lagerung von kontaminiertem Boden ist in den Niederlanden ebenso wie anderswo ein großes Problem. Das Räumen an sich ist eigentlich einfach. Es wurden umfangreiche Forschungsprogramme durchgeführt, um Spezialräummethoden zu finden, bei denen das Wasser über dem Schlamm beim Räumen nicht verschmutzt wird, und so zu verhindern, daß das verschmutzte geräumte Material in benachbarte, saubere Zonen gelangt. Beispiele hierfür sind die Trübungsschutzvorrichtung und die geschlossene Baggerschaufel. Entsprechende Meßergebnisse über die beim Räumen verursachte Wasserturbulenz wurden bereits veröffentlicht (1). Die vollkommene Massensanierung von geräumtem Material wurde in Anbetracht der enormen Kosten in den Niederlanden noch nicht durchgeführt.
Die Aufbereitung des geräumten, kontaminierten Materials konzentrierte sich vor allem auf Methoden zur Trennung des Bodens in einen sauberen, wiederverwendbaren Bestandteil und einen kontaminierten Feinsandanteil zur Lagerung in Sonderdeponien.
1987 ließ das Rijkswaterstaat (niederländisches Ministerium für öffentliche Dienste) an alle Räumfirmen und -berater für 10 verschiedene Standorte in den Niederlanden eine dringende Anfrage bezüglich ihrer Mittel und Kapazität für die Räumung und anschließende Behandlung von kontaminiertem Schlamm ergehen. Alle angebotenen Lösungen und Methoden wurden verglichen und im Hinblick auf Umweltauswirkungen und Qualität - aber ohne Preisangaben - analysiert (2).
Von den zwölf besten Anbietern von Beratung und Räumung wurde dann ein Preisangebot für die Ausführung der Projekte mit den angebotenen Methoden eingeholt. Mitte 1989 wurden vom Rijkswaterstaat fünf Aufträge auf der Basis verschiedener Qualitäts- und Preiserwägungen für die verschiedenen Aufträge vergeben.
HAM/V.O.W. erhielt zusammen mit Doman bv und Witteveen und Bos Consultants zwei der fünf Projekte: Diemerzeedijk bei Amsterdam und Geulhaven in Rotterdem.
Das Dienerzeedijk-Projekt erforderte eine vorübergehende Isolierung der komtaminierten Vorküste (Sandbank). Unser Vorschlag erwies sich nicht nur als technisch solide und

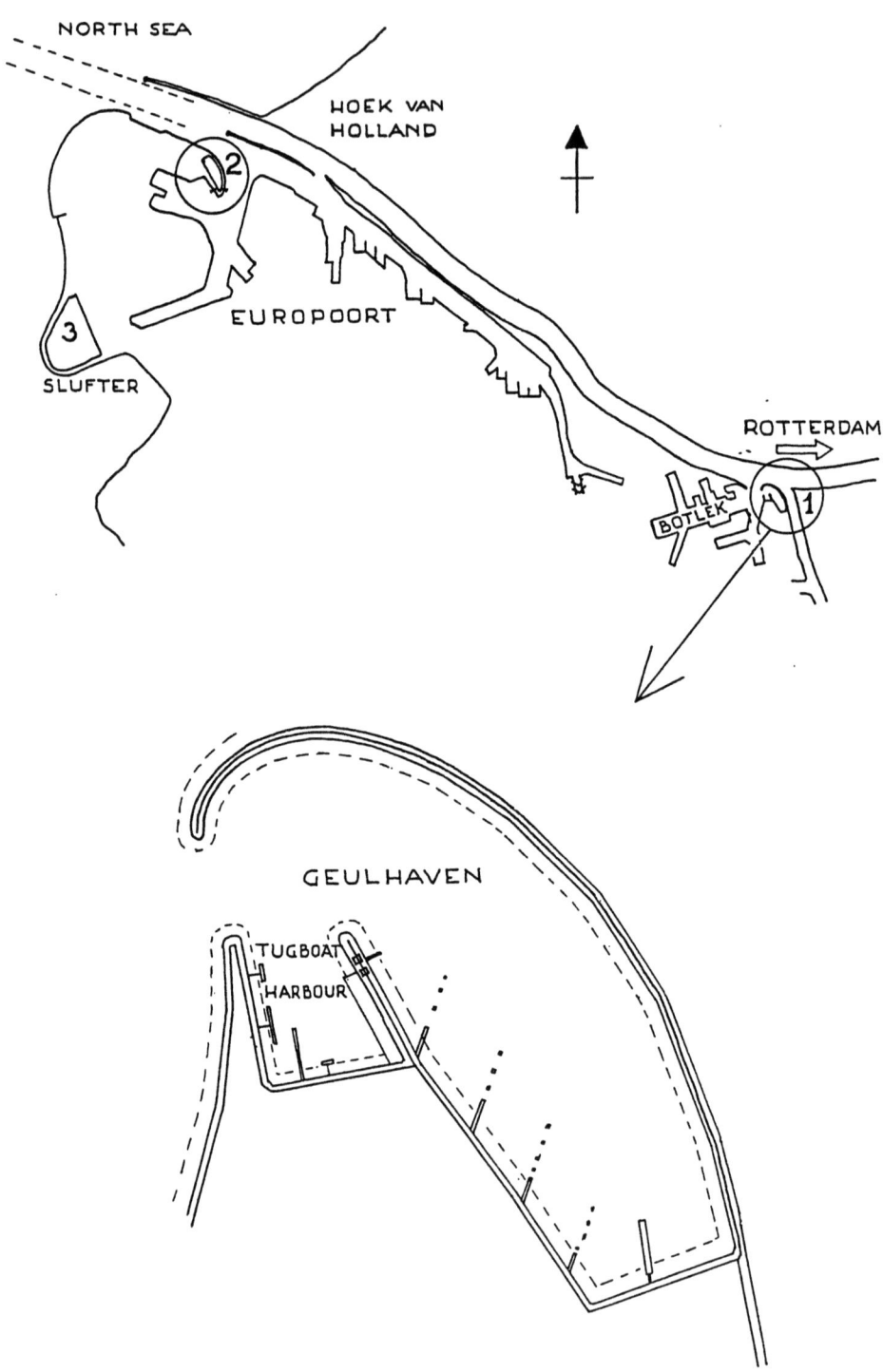

Abbildung 1. Lageplan, Projekt Geulhaven

Tabelle 1. Volumina

| Klasse | Sandfraktion | Volumina in m³ | |
|---|---|---|---|
| | | Schluff-Fraktion in Papagaaiebek | Schluff-Fraktion in Slufter |
| 4 WCA | 5.240 | 5.695 | -- |
| 4 | 13.300 | 13.360 | -- |
| 2/3 | 35.500 | -- | 23.720 |
| Toleranz | 33.600 | | 14.400 |
| Insgesamt | 87.640 | 19.055 | 38.120 |

Tabelle 2. Kontamination der Probe 6

```
*****************************************************
LOCATIE        : GEULHAVEN
MONSTERNR      : 88GH06 06
PLAATS         : X 73564        Y 29365
GEBIEDNUMMER   : 5
*****************************************************
opgegeven % <16mu           :27.70  berekend % <16mu:  37.69
opgegeven % organische stof:14.30
opgegeven % CaCO3           :12.20
*****************************************************
ONDERZOCHTE              MG/KG       GECORRIGEERD
PARAMETERS               GEHALTE     GEHALTE         KLASSE
                         p.p.m.
CADMIUM                   7.5         11.              2
KOPER                   240.         267.              3
ZINK                    820.        1003.              2
CHROOM                  100.         141.              1
ARSEEN                   12.          15.              1
LOOD                    310.         361.              2
NIKKEL                   69.          79.              3
KWIK                      2.3          2.7             2
HCB                       0.2          0.2             3
EOCL                    110.         111.              4
OLIE (RIZA)           43000.       43272.              4
FLUORANTHEEN             62.          62.              1
11,12 BENZOPERYLEEN      15.          15.              1
11,12 B.FLUORANTHEEN      7.3          7.3             1
3-4 BENZOFLUORANTHEEN    20.          20.              4
3-4 BENZOPYREEN          18.          18.              4
456 INDENOPYREEN         13.          13.              1
PCB AROCLOR 1242          4.           4.              4
PCB AROCLOR 1248          3.2          3.2             4
PCB AROCLOR 1254          1.9          1.9             3
PCB AROCLOR 1260          1.9          1.9             3
"6 VAN BORNEFF"         135.         135.              4

***** EINDWAARDERING MONSTER:  KLASSE 4 *****
```

unkompliziert, sondern auch als am kostengünstigsten. Die Ausführung ging problemlos vonstatten und wurde im vertraglichen Zeit- und Kostenrahmen abgeschlossen.

Das Projekt Geulhaven war dagegen sehr kompliziert und erwies sich als teure Lehre für Auftragnehmer und Auftraggeber.

## 2. DAS PROJEKT GEULHAVEN

Der Geulhaven liegt an der Einfahrt zum Botlek-Komplex im Rotterdamer Hafengebiet. Ein kleiner Teil davon wird als Kahn-Hafen benutzt, der größte Teil aber zum Transport von Ölprodukten und Tankreinigungsabfällen mit Binnen- und Küstenschiffen zu Installationen an Land. Eine Lageplanskizze ist in Abbildung 1 zu sehen. Der Hafen wurde in den Fünfziger Jahren gebaut. Die Wassertiefe wurde nach Bedarf durch Räumen auf 4m und 6m unter dem Meeresspiegel gehalten. Es war eine erhebliche Verschlammung durch Rheinschlamm festzustellen. Sie konzentrierte sich jedoch auf die Zone an der Hafeneinfahrt. Die Voruntersuchung für eine weitere Räumung im Rahmen der Hafenpflege Ende der Siebziger, Anfang der Achziger Jahre ergab eine derartige Verschmutzung des Hafenschlamms mit Ölderivaten und polyaromatischen Kohlenwasserstoffen, daß Sondermaßnahmen erforderlich wurden und das Räumen verschoben werden mußte.

Anscheinend hatten die ans Ufer transportierten Produkte ihren Bestimmungsort an Land nicht restlos erreicht.

Eine normale Entsorgung auf See oder eine Lagerung in der Deponie Slufter war teilweise für das Material nicht zulässig. Die Trennung in einen sauberen Sandbestandteil und einen verschmutzten Schlammbestandteil war besser, um den Sand wieder verwendbar zu machen und das in Slufter (Abfall der Klasse II und III) und Papegaaiebek (Abfall der Klasse IV) zu lagernde Volumen zu verringern. Angaben über Volumen sowie Grad und Art der Verschmutzung - siehe Tabelle 1 und 2.

Zuerst mußten verschmutzte Böschungen geräumt und saniert werden. Jegliche durch das Räumen von kontaminiertem Material bedingte Trübung war zu vermeiden, um die neuerliche Verschmutzung sauberer und bereits sanierter Zonen zu verhindern. Aus den Abfallkähnen oder -bunkern durfte also nichts überströmen.

Für die Arbeitsmannschaft mußten Sicherheitsmaßnahmen nach niederländischer Vorschrift beachtet werden.

## 3. VORGESCHLAGENE ARBEITSMETHODE

Von der Methode her waren folgende Schritte vorgesehen (siehe Abbildung 2).
- Die Großräumung mit geschlossenen Trübungsschutz-Greifern innerhalb einer von der Wasseroberfläche bis zum Grund reichenden Trübungsschutzvorrichtung (siehe Abbildung 3).

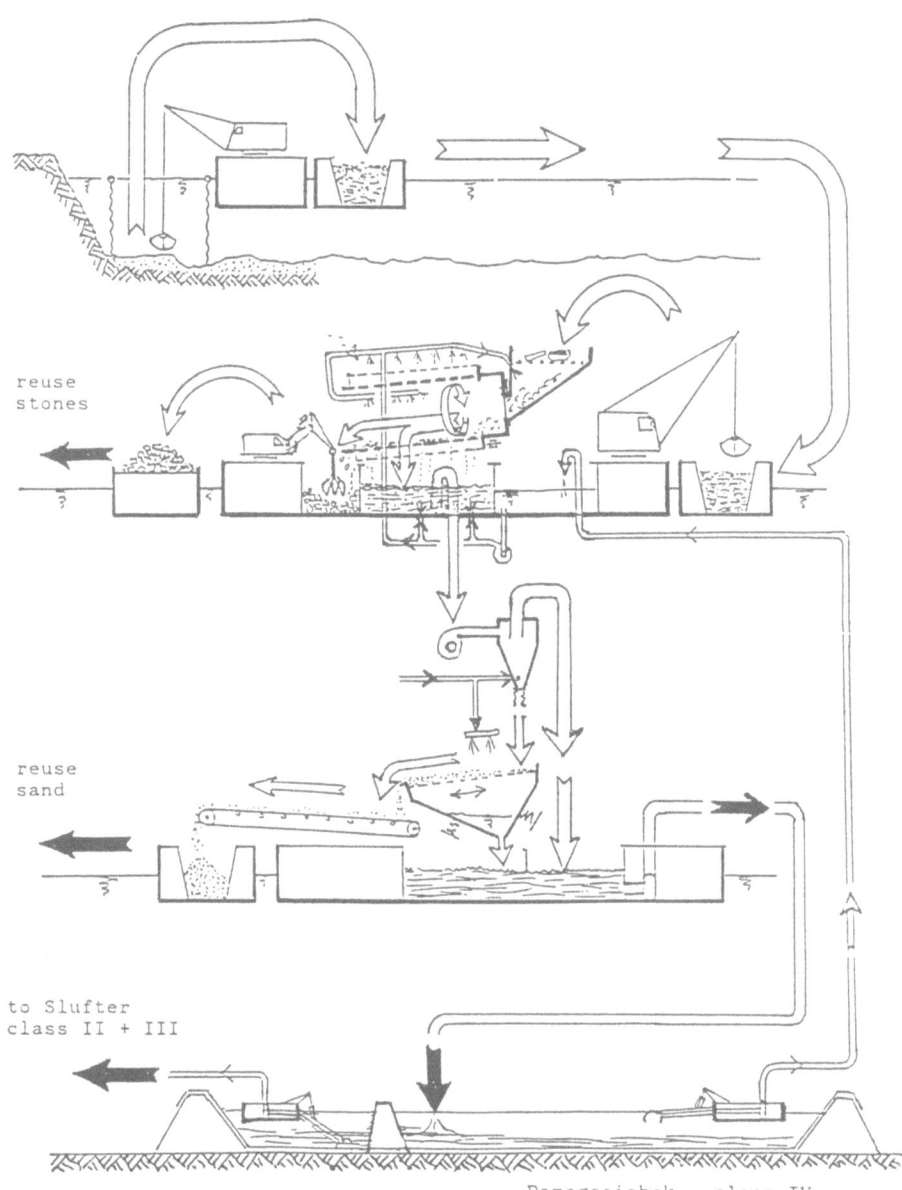

**Abbildung 2. PROZESS-SCHEMA**

**Legende:** Kies zur Wiederverwendung
Sand zur Wiederverwendung
Klasse II und III nach Slufter
Klasse IV nach Papegaaiebek

Abbildung 3. Baggern innerhalb der Trübungsschutzvorrichtung mit HAM 703

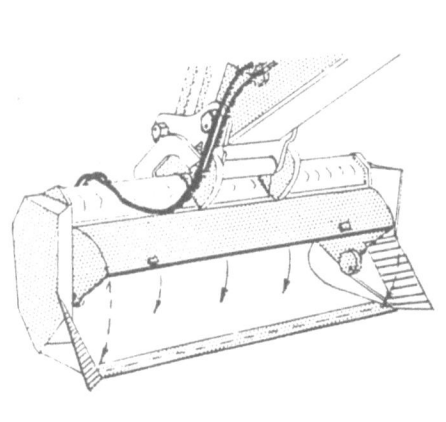 

Abbildung 4. HAM-Baggerschaufel mit Verschlußblende

- Klärung durch exaktes Räumen bis Planum innerhalb einer Trübungsschutzvorrichtung mit dem HAM-Visierbagger, einer Sonderkonstruktion (siehe Abbildung 4).
- Lagerung in Kähnen und Transport zur Trennanlage in der Nähe der Deponie Papegaaiebek.
- Aufbereitung sämtlichen Materials in der Trennanlage.
- Lagerung des sauberen Sandbestandteils in Kähnen zum Weitertransport und anderortiger Wiederverwendung.
- Schlamm der Kontaminationsklasse IV wird im Papegaaiebek gelagert.
- Schlamm der Klasse II und III wird zur späteren Nachräumung mit HAM 254 vorübergehend in einer abgedammten Ecke des Papegaaiebek gelagert.
- Sobald der gelagerte Schlamm sich gesetzt hat, wird, soweit erforderlich, mit HAM 254 sämtliches Prozeßwasser aus der Papagaaiebek von der Oberfläche zur Aufbereitungsanlage und späteren Wiederverwendung gepumpt (siehe Abbildung 5).
- Sorgfältiges Nachräumen von Schlamm Klasse II und III aus dem seichten Papagaaiebek mit Ham 254 ohne Beschädigung der Schutzisolierung und Abpumpen des Schlamms zur Hochdeponie Slufter zur endgültigen Lagerung.

Die Trennanlage bestand aus folgenden Einheiten (siehe Abbildung 2):
- Geschlossene Greiferschaufel zum Beladen der Trennanlage.
- Siebrost über einem Ladetrichter.
- Schweres Doppeldrehsieb, Durchmesser 5m, Maschenweite 1 cm, mit Wasserdüsen (siehe Abbildung 6).
- Wassereindüsungspumpe.
- Leichtkran zum Entfernen von leichtem Schutt aus dem Grobmaterialbunker zur Lagerung im Flachkahn.
- Pumpen zum Transport des Feinschlamms zum Mischbunker.
- Pumpe zum Transport der Mischung mit der erforderlichen Konzentration und Entleerung in die Wasserzyklone zur Trennung (siehe Abbildung 7).
- Pumpe zur Entleerung des Kopfwassers aus den Wasserzyklonen zum Papegaaiebek.
- Entwässerungssieb für den Sand vom Scheitelpunkt der Trennanlagen und Förderband zum Transport des entwässerten Sandes in einen Kahn.

## 4. PROBLEME BEI DER AUSFÜHRUNG

Bei der Ausführung tauchten eine Reihe unerwarteter Probleme und unvorhersehbare Kosten auf.

### 4.1 <u>Bodenuntersuchung</u>

Die im Angebot angegebenen Mengen stützten sich auf die Annahme, daß der Boden unter dem ursprünglichen Hafengrund-Planum sauber oder zumindest nur als Abfall der Klasse I einzustufen war.

Aus der Analyse von ca. 20 Proben wurde die Verteilung der Korngröße und Verschmutzungsart bestimmt.

Nach Auftragsvergabe begann der Auftragnehmer mit einer intensiven Bodenuntersuchung und entnahm in der ganzen Hafenzone in verschiedenen Tiefen Kernproben zur Analyse, um die Räumungsaktion im einzelnen planen zu können.

Die Untersuchungsergebnisse kamen für Auftraggeber und -nehmer gleichermaßen überraschend. Es waren über Erwarten große Mengen an verschmutztem Material vorhanden, weil beim regelmäßigen Räumen des Hafenbeckens zuviel Material "überräumt" worden war. An vielen Stellen zeigte sich der Sandgehalt niedriger als nach der ersten Analyse anzunehmen war, und schließlich war der Kontaminationsgrad in horizontaler und vertikaler Richtung äußerst unberechenbar und allgemein schlimmer als erwartet. Damit fiel nicht nur der Zeitplan für das Projekt ins Wasser - der ganze Auftragsinhalt mußte überarbeitet werden. Die Kohlenwasserstoffkonzentration erreichte stellenweise 10% und stellte somit die Möglichkeit einer wirksamen Trennung in Frage. Infolge des stellenweise niedrigen Sandgehaltes wurde die Trennung an sich schon äußerst fraglich.

4.2 Böschungsreinigung

Die Reinigung der Böschung vor Beginn der Hauptträumungsaktion galt im Vertrag als nebensächlich, erwies sich aber als eines der Hauptprobleme, als im Herbst 1989 mit der Ausführung begonnen wurde. Die Böschungen mit einer Neigung von 1:3 waren durch eine mit Steinen von 10 bis 80 kg Gewicht bedeckte Weidendecke und Bauschutt geschützt und dazwischen- und darüberliegendem, bis unter den Meeresspiegel reichenden frischen, kontaminiertem Schlamm bedeckt. Die sichtbaren Steine wiesen von unten bis zum Flutwasserstand einen Teerbelag auf.

Abbildung 5. Dünnschicht-Schneckenrad-Räumer HAM 254

**Abbildung 6.** Doppeldrehsieb mit 5 m Durchmesser und 1 mm Maschenweite

Abbildung 7: Trennanlage DBV 9

Es wurde beschlossen, die Steine versuchsweise im Drehsieb zu reinigen - wie in einer Riesenwaschmaschine. Dies war infolge der schweren Stahlkonstruktion möglich und funktionierte auch bestens. Die Maschine wurde dabei beansprucht wie nie vorgesehen.

Der Lärm war ohrenbetäubend, aber die Steine kamen sauber und zur Wiederverwendung geeignet aus dem Drehsieb. Nur mußte die Kapazität auf 25% der Nennkapazität verringert werden, sonst rollten die Steine durch und wurden nicht richtig gewaschen, und das Außensieb mit 1cm Maschenweite wurde von den Weidenholzstücken verstopft, die bei der Räumung der Böschungen mit den Steinen zusammen von der Greiferschaufel aufgenommen wurden.

Nachdem der verschmutzte Teil der Böschung größtenteils geräumt war, wurde die restliche Aktion auf unbestimmte Zeit verschoben, weil die Kosten bereits den Voranschlag für den ganzen Sanierungsauftrag überstiegen und deshalb eine entsprechende Problemlösung zu besprechen war.

Inzwischen fiel der HAM-Forschungsabteilung, die in enger Zusammenarbeit mit dem Sanierungsteam die Beratung bei der Arbeitsausführung übernahm, für die Reinigung der Böschungen etwas Neues ein: die Jetbox. Das System wurde gründlich im Labor getestet, bis der Auftraggeber und das Hydrauliklabor in Delft zufrieden waren, welches vom Auftraggeber zur Beratung über den Wirkungsgrad des Systems hinzugezogen wurde. Bei der Verfassung des vorliegenden Vortrags (Juli 1990) wurde die Jetbox eben gebaut und soll noch dieses Jahr im September in Einsatz kommen.

### 4.3 Trennverfahren

Die Trennung des komtaminierten Hafenschlamms aus dem Geulhaven mit Hilfe von Wasserzyklonen in sauberen Sand und giftigen Feinschlamm warf ebenfalls Probleme auf. Der ausgeschleuderte Sand enthält einen hohen Prozentsatz an Teerklumpen von bis zu 4mm Größe, die außerdem auch Ölderivate und polyaromatische Kohlenwasserstoffe und Phenolverbindungen in solchen Mengen enthalten, daß der Sand mindestens als Müll der Klasse IV gelten muß. Ein ähnliches Problem ergab sich bei einem Sanierungsprojekt in der Provinz Zeeland.

Es wird eine unvorhersehbare Weiterbehandlung erforderlich. Wiederholtes Ausschleudern mit Wasserzyklonen brachte nicht das gewünschte Ergebnis. Eine Trennung mit Wirbelbettkolonnen war auch nicht wirksam genug. Bei der Verfassung dieses Vortrages führte die HAM-Forschungsabteilung gerade Tests mit bioaktiven Bakterien in einer Durchlaufzelle durch, um die Schmutzstoffe im ausgeschleuderten Sand biologisch abzubauen. Das endgültige Ergebnis ist noch nicht bekannt, die ersten Anzeichen sind aber positiv.

### 5. FOLGERUNGEN

- Bodenuntersuchungen und gesonders Probenanalysen für Schlammreinigungsprojekte müßten in Anbetracht der oft unberechenbaren Verteilung der Schmutzstoffe sehr intensiv gestaltet werden. Für normale Räumprojekte nimmt die Bodenuntersuchung und -prüfung weniger als 1 Prozent der Räumungskosten in Anspruch. Für Projekte mit erheblich

kontaminiertem Material können diese Kosten weit über 10 bis 30 Prozent der Räumkosten ausmachen.
- Wo Verschmutzungsgrad und -art in vertikaler und horizontaler Richtung nicht genau bekannt sind, hat es keinen Sinn eine Räumungstoleranz festzulegen, die viel kleiner als die Genauigkeit der wahrscheinlichen geographischen Grenze zwischen dem verschmutzten und nicht verschmutzten Material ist.
- Umweltschonende Räumung und anschließende Behandlung der kontaminierten Schlämme befinden sich - politisch, vertragsrechtlich und technisch gesehen - noch im Entwicklungsstadium.

Die herkömmlichen Ansichten über Angebotsabgabe, Auslegung der Vertragsbedingungen und das Vertragsverhältnis zwischen Auftraggeber und Auftragnehmer sollten folglich neu durchdacht werden, um genügend Spielraum für eine gemeinsame Entwicklung durch Auftraggeber und -nehmer zu lassen, bis beiderseitig genügend Erfahrung und Know-How vorhanden sind, um neue Maßstäbe und Verfahren für solche Projekte festzulegen.

# ERKENNTNISSE ÜBER DIE AUSWIRKUNGEN MASCHINELLER BAGGERGUTBEHANDLUNG AUF DIE BODENMECHANISCHEN STOFFEIGENSCHAFTEN

W. BLÜMEL UND G. VON BLOH

UNIVERSITÄT HANNOVER, INSTITUT FÜR GRUNDBAU, BODENMECHANIK UND ENERGIEWASSERBAU

## 1. EINFÜHRUNG

Im Hamburger Hafen fallen bei den kontinuierlich erforderlichen Unterhaltungsbaggerungen jährlich rd. 2 Millionen Kubikmeter Baggergut an. Dieses Baggergut ist mit organischen und anorganischen Schadstoffen belastet und erfordert daher eine umweltgerechte Ablagerung. Das Amt für Strom- und Hafenbau der Freien und Hansestadt Hamburg sieht als mittelfristige Unterbringungsmöglichkeit für kontaminiertes Baggergut den Bau hügelförmiger Lagerstätten vor (GLINDEMANN [1988], TAMMINGA / HIRSCHBERGER [1989]).

Zur optimalen Ausnutzung der Lagerstättenkapazität wird der unbelastete Sand von der kontaminierten Feinfraktion getrennt. Diese Klassierung wurde bislang in Spülfeldern nach dem "Längsstromverfahren" durchgeführt (CHRISTIANSEN [1982]). Die weitere Volumenreduzierung durch Entwässerung der Feinfraktion in Trocknungsfeldern ist zeit- und platzaufwendig.

Als Alternative zur Längsstromklassierung werden Methoden der maschinellen Baggergutbehandlung in Großversuchen entwickelt (KRÖNING [1988], KRÖNING/ROSENSTOCK [1989]). Die installierte Anlage METHA II (MEchanische Trennung von HAfenschlick) bietet die Möglichkeit, Baggergut nach dem in Bild 1 rechts gezeigten Verfahren zu klassieren und anschließend zu

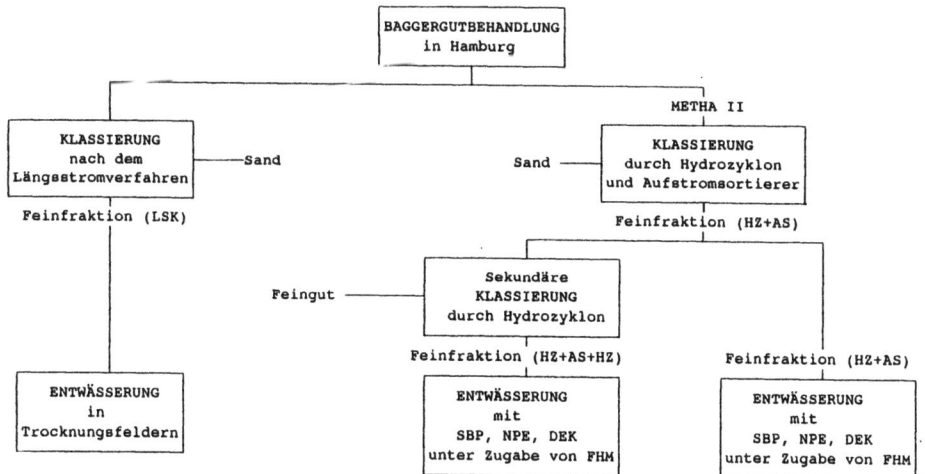

Bild 1: Verfahren zur Klassierung und Entwässerung von Baggergut

entwässern. Bei der Fest-Flüssig-Trennung werden synthetische organische Polymere als Flockungshilfsmittel (FHM) eingesetzt.

Der Einbau von entwässerten feinkörnigen Erdstoffen in hügelförmige Lagerstätten setzt genaue Kenntnisse der bodenmechanischen Stoffeigenschaften voraus. Zur Erleichterung des maschinellen Einbaus und zur Gewährleistung der Anfangsstandsicherheit des in geneigten Schichten einzulagernden Erdstoffs ist eine möglichst große undränierte Scherfestigkeit anzustreben.

Nachfolgend werden erste Erkenntnisse über die Auswirkungen der oben näher beschriebenen Baggergutbehandlung auf die bodenmechanischen Stoffeigenschaften dargestellt.

2. AUSWIRKUNGEN DER KLASSIERUNG

Der Erfolg der Klassierung kann anhand der Korngrößenverteilung der Feinfraktion bewertet werden. Bild 2 zeigt die Streubreite der ermittelten Korngrößenverteilungen der Feinfraktion nach der Längsstromklassierung (LSK), nach der Klassierung durch Hydrozyklon und Aufstromsortierer (HZ+AS) sowie nach einer weiteren Klassierung durch einen nachgeschalteten Hydrozyklon (HZ+AS+HZ).

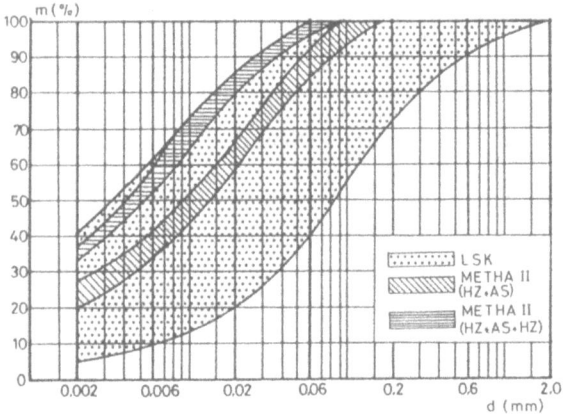

Bild 2:

Korngrößenverteilungen

Die Klassierung in der METHA II zeigt gegenüber dem Längsstromverfahren eine deutliche Verbesserung. Durch den Einsatz verschiedener Techniken lassen sich Erdstoffe mit spezieller Korngrößenverteilung bei geringer Streubreite herstellen. Der Anteil der Tonfraktion wird durch Einschalten einer zusätzlichen Hydrozyklonstufe erhöht und der Sandanteil verringert.

Die Klassierung in der METHA II beeinflußt erwartungsgemäß die Plastizität des Erdstoffs. Bild 3 zeigt arithmetische Mittelwerte der Wassergehalte an Fließ- und Ausrollgrenze ($w_L$ und $w_P$) nach ATTERBERG. Die Klassierung mit (HZ+AS) bzw. (HZ+AS+HZ) führt zu einem markanten Anstieg des Wassergehalts an der Fließgrenze $w_L$ und somit zu einer Erhöhung der Plastizitätszahl $I_p$. Ursache dafür ist die Veränderung der Korngrößenverteilung und eine Zunahme des Anteils an organischer Substanz. Der Glühverlust von LSK-Material liegt im arithmetischen Mittel bei 17%, für (HZ+AS)-Material bei 19% und für (HZ+AS+HZ)-Material bei 24%. Nach unseren bisherigen Untersuchungen bewirkt die

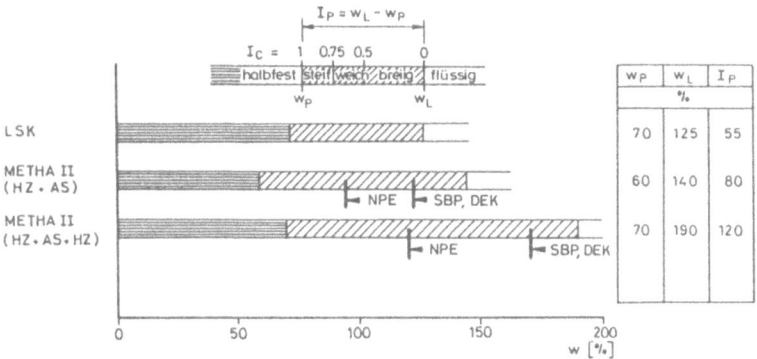

Bild 3: Plastizitätsbereiche und Entwässerungsgrade

Zugabe von FHM für die anschließende Entwässerung keine nennenswerte Verschiebung der ATTERBERGschen Grenzen.

Die Erhöhung der Plastizitätszahl hat Konsequenzen hinsichtlich der undränierten Scherfestigkeit. So sind nach BJERRUM [1973] erhöhte Abminderungsfaktoren bei der Bestimmung der rechnerischen undränierten Scherfestigkeit aus Messungen mit der Flügelsonde anzusetzen.

## 3. AUSWIRKUNGEN DER ENTWÄSSERUNG

In der Anlage METHA II werden zur Entwässerung der feinkörnigen Erdstoffe Dekanterzentrifugen (DEK) und Siebbandpressen (SBP) mit anschließender Nachpreßeinrichtung (NPE) getestet.

Durch den Einsatz verschiedener Entwässerungsaggregate sowie die Variation der Steuerparameter wie u.a. Siebspannung, Bandgeschwindigkeit, Drehzahl und Dosiermenge der FHM kann der Entwässerungsgrad der Feinfraktion verändert werden. Die Entwässerung mit SBP oder DEK erreicht sowohl für (HZ+AS)-Material als auch für (HZ+AS+HZ)-Material eine breiige Zustandsform (s. Bild 3). Durch den zusätzlichen Einsatz einer NPE kann die Feinfraktion bis zum Erreichen einer annähernd weichen Zustandsform entwässert werden.

Zur Beurteilung der Erhöhung der undränierten Scherfestigkeit mit zunehmender Entwässerung wurden Versuche mit Labor- und Feldflügelsonden durchgeführt. Flügelsondierungen werden im Entwurf der TA Abfall [1989] als Prüfverfahren für den Festigkeitsnachweis von Deponieschlamm empfohlen. Da die Korngrößenverteilungen und die Wassergehalte an Fließ- und Ausrollgrenze von LSK-Material stark streuen, ist keine Korrelation zwischen Wassergehalt und Flügelscherfestigkeit zu erwarten (Bild 4). Für die maschinell klassierten Erdstoffe wird der Zusammenhang zwischen Flügelscherfestigkeit und Wassergehalt (Bild 4) bzw. Konsistenzzahl (Bild 5) deutlicher. Die Ergebnisse zeigen generell, daß durch gezielt eingesetzte Entwässerungsverfahren bindige Erdstoffe mit einer bestimmten Mindestscherfestigkeit im undränierten Zustand produziert werden können.

## 4. AUSWIRKUNGEN VON FLOCKUNGSHILFSMITTELN (FHM)

Wie bereits erwähnt, werden bei der maschinellen Entwässerung synthetische organische Polymere mit kationischem und anionischem Ladungscharakter als FHM zugegeben. Art und Menge

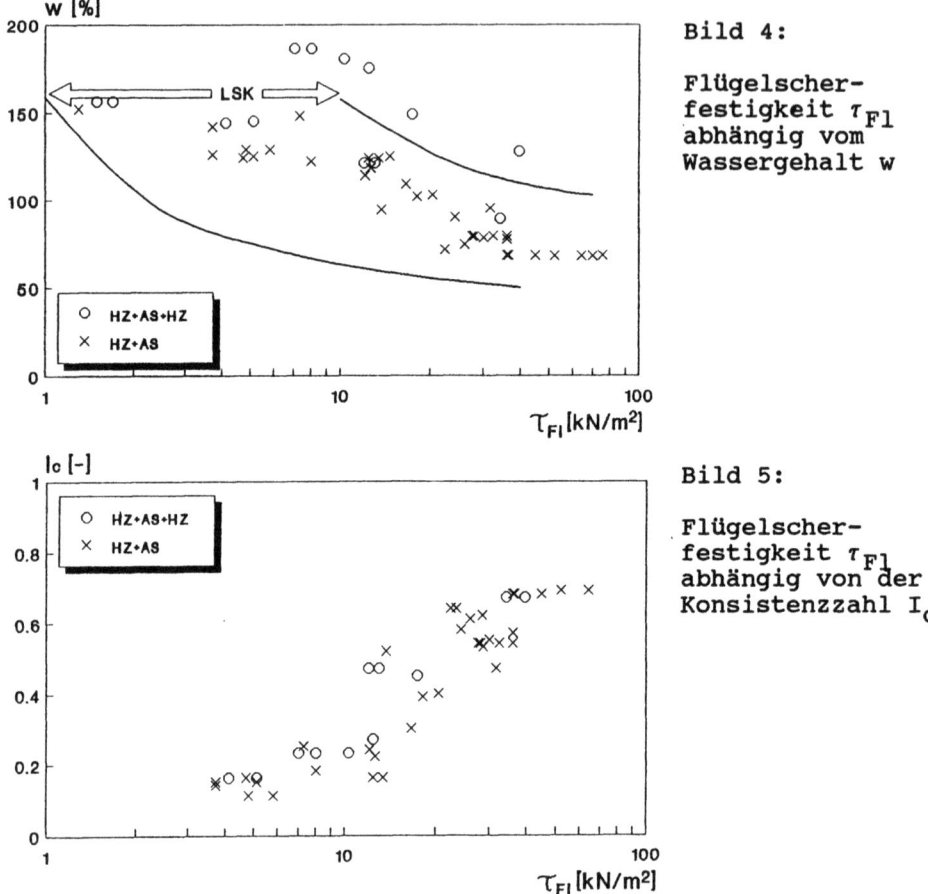

Bild 4:

Flügelscherfestigkeit $\tau_{Fl}$ abhängig vom Wassergehalt w

Bild 5:

Flügelscherfestigkeit $\tau_{Fl}$ abhängig von der Konsistenzzahl $I_c$

der FHM richten sich nach den Erfahrungen der Firmen, die maschinelle Entwässerungstechniken anbieten. Im allgemeinen beträgt die Zugabemenge mindestens 0,5 bis 1 kg FHM/t Festsubstanz des Erdstoffs. Über die Auswirkungen von FHM auf die bodenmechanischen Eigenschaften, insbesondere auf die Scherfestigkeit des entwässerten Erdstoffs ist uns nichts bekannt. Daher wurden im Bodenmechaniklabor des IGBE der Universität Hannover Untersuchungen zur Auswirkung von FHM auf die undränierte Scherfestigkeit von teilentwässertem Schlick durchgeführt. Verwendet wurde ein in Hamburg entnommener klassierter Schlick, dessen bodenmechanische Klassifikationsdaten etwa denen von (HZ+AS)-Material entsprechen (30% Ton, 55% Schluff, 15% Sand, w=175%, $w_L$=150%, $w_P$=50%, $V_{gl}$=17%). Ein Teil dieses Erdstoffs wurde mit 0,8kg/t FHM durchmischt (Test 2). Einem weiteren Teil wurde die doppelte Menge dieses FHM zugegeben (Test 3), und ein dritter Teil blieb unbehandelt (Test 1). Das Material wurde durch Konsolidation in Großkompressionsgeräten auf unterschiedliche Wassergehalte zwischen rd. 90 und 130 % und damit Porenzahlen zwischen rd. 2,3 und 3,5 teilentwässert. Anschließend wurde mit einer Flügelsonde die Scherfestigkeit ermittelt (BARTKE [1990]).

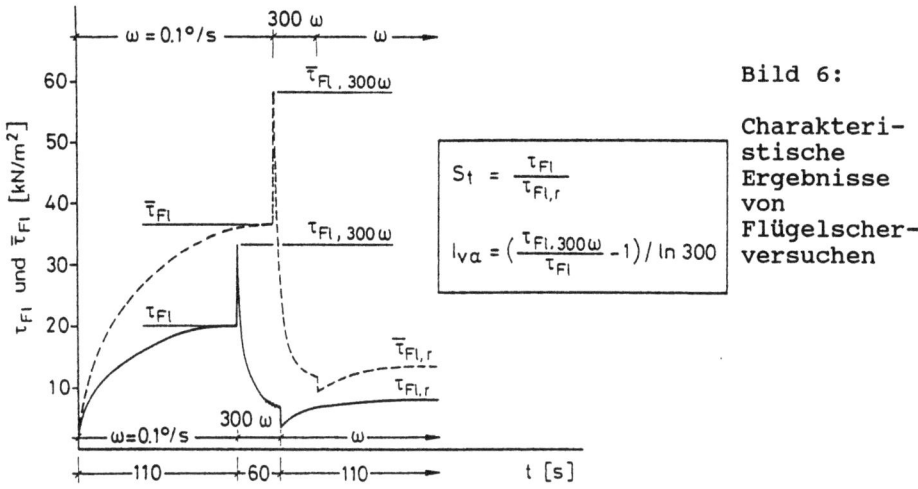

Bild 6: Charakteristische Ergebnisse von Flügelscherversuchen

Zwei charakteristische Ergebnisse von Flügelscherversuchen für diesen Erdstoff bei gleichen Wassergehalten bzw. Porenzahlen sind in Bild 6 wiedergegeben. Die Kurven geben die Flügelscherfestigkeit abhängig von der Zeit t und der Flügeldrehgeschwindigkeit w an. Die Flügeldrehgeschwindigkeit beträgt zunächst 0,1°/s bis nach etwa 2 Minuten die dieser Schergeschwindigkeit zugeordnete Flügelscherfestigkeit $\tau_{Fl}$ erreicht ist. Dann wird die Drehgeschwindigkeit für 5 Umdrehungen auf 30°/s erhöht, wobei wegen der viskoplastischen Eigenschaften des Erdstoffs auch ein deutlich erhöhter Wert der Flügelscherfestigkeit $\tau_{Fl,300w}$ gemessen wird. Anschließend wird die Drehgeschindigkeit zur Bestimmung der Flügelscherfestigkeit $\tau_{Fl,r}$ des vollständig gestörten Erdstoffs wieder auf den Anfangswert reduziert. Die ausgezogene Versuchskurve gilt für den untersuchten Erdstoff ohne FHM (Test 1). Die gestrichelte Kurve kennzeichnet das entsprechende Ergebnis für den mit FHM behandelten Erdstoff (Test 2 und 3), wobei die Symbole für die maßgebenden Flügelscherfestigkeiten in diesem Fall mit einem Querstrich versehen sind. Es wurde für den untersuchten Porenzahlbereich generell eine deutliche Erhöhung der Flügelscherfestigkeiten für den Erdstoff mit FHM festgestellt, wobei sich die Daten der Tests 2 und 3 kaum unterscheiden. Daher wurden die Ergebnisse dieser beiden Testserien zusammengefaßt. Weiter zeigten die Messungen, daß bei der Anfangsdrehgeschwindigkeit im Fall mit FHM meist etwas größere Scherwege (Drehwinkel) bis zum Erreichen der Flügelscherfestigkeit erforderlich sind.

Anhand der in Bild 6 angegebenen Meßgrößen und Formeln können die Sensitivität $S_t$ und der Zähigkeitsindex $I_{v\alpha}$ (GUDEHUS/LEINENKUGEL, 1978) errechnet werden. Die Bilder 7 bis 9 enthalten zusammengefaßt die Meßgrößen der Flügelscherfestigkeit für die Tests abhängig von der Porenzahl. Für Porenzahlen im Bereich zwischen rd. 2,3 und 3,5 nimmt die Flügelscherfestigkeit der untersuchten Erdstoffe bei Zumischung von FHM signifikant zu, und zwar etwa auf den 1,5- bis 3-fachen Wert (Bild 9).

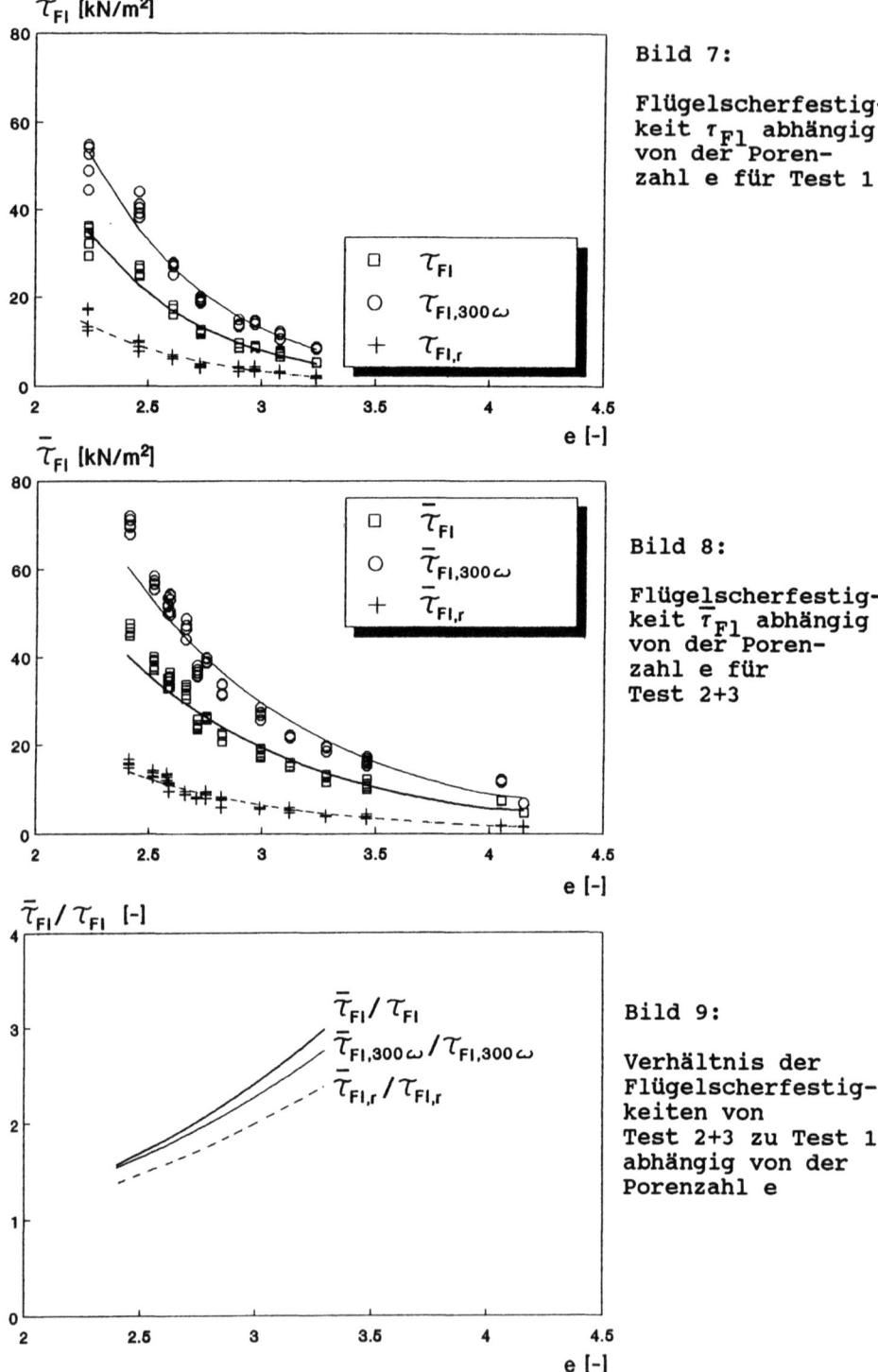

Bild 7: Flügelscherfestigkeit $\tau_{Fl}$ abhängig von der Porenzahl e für Test 1

Bild 8: Flügelscherfestigkeit $\bar{\tau}_{Fl}$ abhängig von der Porenzahl e für Test 2+3

Bild 9: Verhältnis der Flügelscherfestigkeiten von Test 2+3 zu Test 1 abhängig von der Porenzahl e

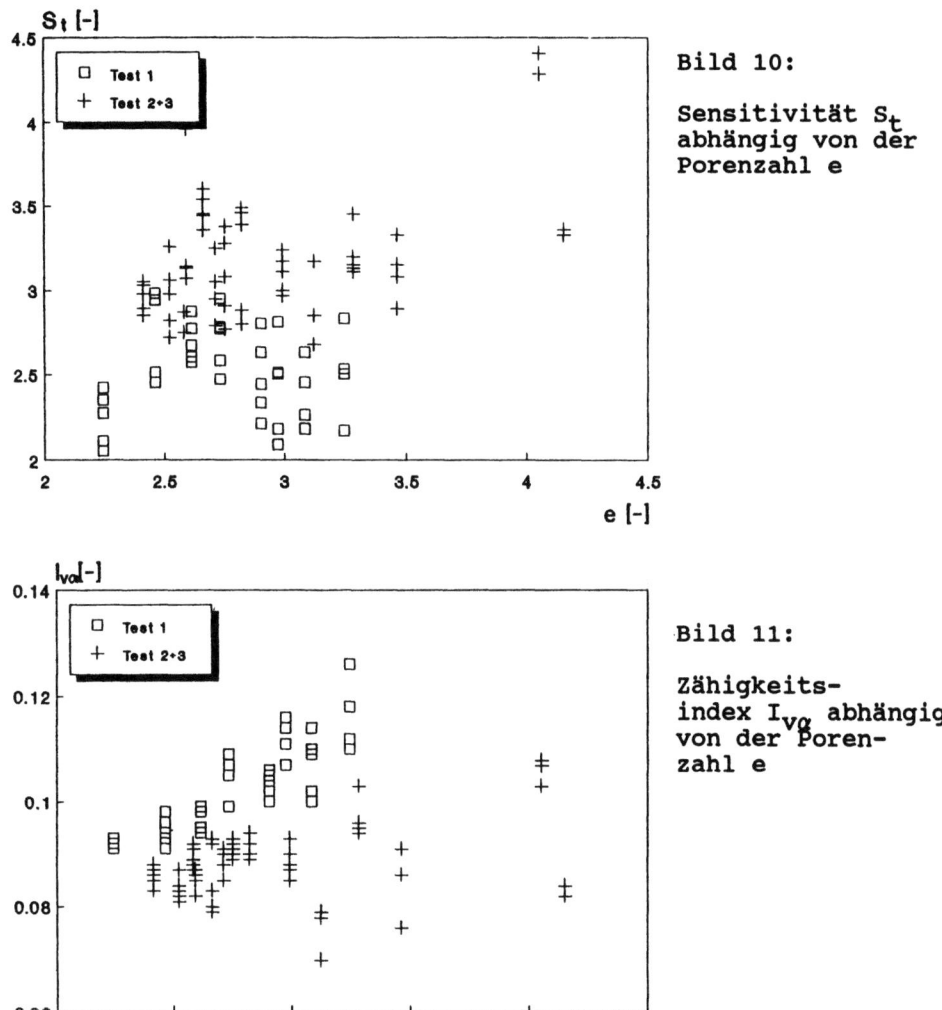

Bild 10:

Sensitivität $S_t$ abhängig von der Porenzahl e

Bild 11:

Zähigkeitsindex $I_{v\alpha}$ abhängig von der Porenzahl e

Bei gleicher Porenzahl zeigen die Werte für die Sensitivität eine zunehmende (Bild 10) und die Werte für den Zähigkeitsindex eine abnehmende Tendenz (Bild 11), wenn dem Erdstoff FHM zugemischt werden.

## 5. VORLÄUFIGE FOLGERUNGEN

Durch maschinelle Klassierung mit Hydrozyklonen und Aufstromklassierern kann die Feinfraktion von gemischtkörnigem Baggergut - hier wurde Hamburger Hafenschlick untersucht - gezielt mit relativ geringer Streubreite der Korngrößenverteilung separiert werden. Wenn durch mehrstufige Klassierung der Anteil der Feinfraktion weiter erhöht wird, können sich unter anderem wegen der Zunahme der Plastizität Probleme bei der Weiterbehandlung derartiger Erdstoffe ergeben.

Durch maschinelle Entwässerung des klassierten feinkörnigen Erdstoffs ist eine annähernd weiche Zustandsform (Zustandszahl $I_c \sim 0,5$) und somit eine für den Einbau mit Erdbaugeräten in hügelförmige Lagerstätten ausreichende undränierte Scherfestigkeit erzielbar.

Bei der maschinellen Entwässerung wird der klassierte feinkörnige Erdstoff mit Flockungshilfsmitteln durchmischt. Die FHM-Zugabe bewirkt eine signifikante Erhöhung der Flügelscherfestigkeit und folglich der undränierten Scherfestigkeit. Ob dieser Festigkeitszuwachs bei bestimmten Randbedingungen mit der Zeit wieder abnimmt, ist nicht bekannt. Durch die FHM-Zugabe werden die viskoplastischen Erdstoffeigenschaften und -parameter verändert.

## 6. SCHRIFTTUM

BARTKE [1990]. Untersuchungen zum Einfluß von polymeren Flockungshilfsmitteln auf die mit der Flügelsonde gemessene undränierte Scherfestigkeit von weichen bindigen Böden; Diplomarbeit am Inst. f. Grundbau, Bodenmechanik und Energiewasserbau, Universität Hannover, unveröffentlicht.

CHRISTIANSEN [1982]. Probleme im Zusammenhang mit dem Anfall von Baggergut im Hamburger Hafen; Wasserwirtschaft 72/1982.

KRÖNING (1988). Verfahrenstechnische Behandlung von kontaminiertem Hafenschlick; HANSA-Schiffahrt-Schiffbau-Hafen 125 (1988) 17/18.

KRÖNING/ROSENSTOCK [1989]. Trennen und Entwässern von kontaminiertem Baggergut mit der Betriebsanlage METHA II; Begleitband zum Int. Umweltkongreß "Der Hafen - eine ökologische Herausforderung", Hamburg.

TAMMINGA/HIRSCHBERGER [1989]. Einlagerungskonzeption, Baubetrieb und Überwachungsmaßnahmen für die Schlicklagerstätten im Hamburger Hafen; Begleitband zum Int. Umweltkongreß "Der Hafen - eine ökologische Herausforderung", Hamburg.

GLINDEMANN [1988]. Der Schlickhügel in Francop; Kongreßband zum 2.Int. TNO/BMFT-Kongreß über Altlastensanierung, Hamburg.

BJERRUM [1973]. Problems of soil mechanics and construction on soft clays and structurally unstable soils (collapsible, expansive and others); Proc. of the 8th Int. Conf. of Soil Mech. and Found. Eng., Moskau.

TA Abfall [1989]. Entwurf "Dritte Allgemeine Verwaltungsvorschrift zum Abfallgesetz"; Der Bundesminister für Umwelt, Naturschutz und Reaktorsicherheit, Bundesrepublik Deutschland.

SEDIMENTMANAGEMENT: GEDANKEN ÜBER BEWERTUNG DER SEDIMENT-
QUALITÄT, DEPONIEAUSLEGUNG UND NUTZANWENDUNG.

MALHERBE BERNARD

HAECON N.V. (HAFEN- UND KONSTRUKTIONSBERATER - GHENT, BELGIEN)

Sedimente sind natürliche Ablagerungen, die nicht als Industrieabfälle angesehen oder auch nur damit verglichen werden sollten.
Obwohl die meisten Sedimente im wesentlichen aus Mineralstoffen bestehen, kann der tonig-humusartige Komplex, der in allen feinkörnigen Schlämmen vorhanden ist, zur Ansammlung einer großen Anzahl verschiedener Schadstoffe führen, die in der Wassersäule vorhanden sind. Sedimente spielen eine aktive Rolle als natürliche Wasserreiniger durch die Mechanismen der Absorption und des Ionenaustauschs.
Außerdem spielen die chemischen Reaktionen der Sedimente eine Hauptrolle in den Sedimentations-/Erosions-/Transportvorgängen, die in der Gewässerumwelt stattfinden.
Während der vergangenen Jahrzehnte sind viele Bemühungen angestellt worden, chemische Normen für die KLassifizierung von Sedimenten als nicht, leicht oder stark schadstoffbelastet zu entwickeln. Die meisten dieser Normen, jubelnd begrüßt von den Gesetzgebern, sind auf völlig willkürliche Weise erstellt worden und berücksichtigen die örtlichen Umstände, die Ökotoxikologie oder die physikalischen Auswirkungen nicht. Deshalb stellen diese Normen, die manche Leute sogar weltweit gültig machen wollen, eine wesentliche Fehlerquelle für die Entscheidungsfindung bei einem gründlichen Umweltschutz dar.
Die Beurteilung der Auswirkungen von Sedimenten auf die Umwelt, mit oder ohne Ausbaggerung, sollte mit vollem Umweltbewußtsein ausgeführt werden, d.h. mit Bewertung <u>aller</u> möglichen (schädlichen und günstigen) Auswirkungen.
Deshalb sollte ein Verfahren angewendet werden, bei dem die physikalischen, biologischen, chemischen und wirtschaftlichen Auswirkungen bewertet werden. Das ist im Sinne einer wahren Bewertung bzw. Feststellung der Umweltauswirkung, oder sogar einiger vorliegender gesetzlicher Erklärungen wie der Londoner Konvention über Abfallverkippung, der Osloer Konvention oder der EWG-Anweisung 85/337.
Für die Anwendung dieses Prinzips der Sedimentbewertung sind bisher zwei Verfahren entwickelt worden:
    a) das Entscheidungs-Rahmenwerk der USA (WES, 1986);

b) das Umweltauswirkungsverfahren Belgiens (EIP), das für die Verwaltung der Wasserstraßen entwickelt wurde (1988).

Solche Bewertungsverfahren ermöglichen auch die Einbeziehung geeigneter Behandlungsmethoden. Weil eine Mischung vieler verschiedener Schadstoffe in Sedimenten vorliegen kann, und weil das Volumen der Sedimente in den Wasserstraßen erheblich ist, scheinen heutzutage nur einfache Methoden wie Entwässerung wirtschaftlich und technisch durchführbar zu sein. Einige neue Entwicklungene in der mikrobiellen in-situ-Behandlung organischer Sedimente sind im Gange.

Wenn die Bewertung/Feststellung der Umweltauswirkungen zu dem Schluß führt, daß wahrscheinlich eine Gefährdung der Umwelt besteht, kann die Deponie so ausgelegt werden, daß sie einen aktiven langfristigen Schutz bietet, durch den Einbau natürlicher Abdichtungen gegen die physikalischen, biologischen oder chemischen Auswirkungen. Die Anwendung adsorbierender natürlicher Materialien, z.B. als Ausfütterungssysteme, ist zu bevorzugen, zur Sicherung einer besseren Umweltschutzqualität.

Überdies sind Sedimente wertvolle Naturschätze, die von unserer Generation und kommenden Generationen geschont werden müssen.

In dieser Beziehung kann man sich eine Vielzahl möglicher nutzbringender Anwendungen von Sedimenten für die Wiederherstellung verschwundener oder zerstörter Umwelttypen vorstellen:

Schlammige Sedimente:
- Wiederherstellung von Seewassersümpfen (Watten und Schlicken);
- Habitatentwicklung;
- Anwendung bindungsfähiger feinkörniger Sedimente als natürliche Ausfütterung für Abfalldeponien;
- usw.

Sandige Sedimente:
- Wiederherstellung von Stränden und Dünen als natürliche Küstenschutzsysteme;
- Bau von Einschlußanlagen;
- Habitatentwicklung;
- usw.

Weil Sedimente einen wertvollen Naturschatz darstellen, werden die zukünftigen Generationen sich ihres Werts bewußt werden. In Vorbereitung dafür ist es unsere Aufgabe, unsere Entscheidungen auf der Grundlage eines sorgfältigen Managements der Sedimente zu treffen.

ISOLIERUNG VON HAFENSCHLICK-DEPONIEN FÜR DIE LANDWIRTSCHAFT-
LICHE NUTZUNG

MARCO SIEGERIST UND EDO DE JONG

BKH CONSULTING ENGINEERS, DEN HAAG, DIE NIEDERLANDE

1. EINLEITUNG

Im Westen der Niederlande sorgt der Bedarf an Land für industrielle, kommerzielle und Wohnzwecke für einen erheblichen Druck auf die landwirtschaftlich genutzten Flächen. Verstärkt wird dieses Problem durch die Deponierung des Schlicks, der beim Ausbaggern von Häfen anfällt. So gibt es beispielsweise im Gebiet Rijnmond etwa 150 Schlickdeponien mit Flächen zwischen 1 und 20 ha. Wenn diese Deponien landwirtschaftlich wieder nutzbar gemacht werden könnten, würde nicht nur der Druck auf die bestehenden landwirtschaftlichen Flächen verringert , sondern auch die potentiell für diesen Zweck verfügbare Fläche erweitert werden.
Allerdings sind die Schlickdeponien für landwirtschaftliche Zwecke zum größten Teil nicht geeignet, weil der Hafenschlick mit Chemikalien und Schwermetallen kontaminiert ist. Um die toxischen Substanzen auf annehmbare Werte zu reduzieren und die Bodenqualität soweit zu verbessern, daß diese Flächen landwirtschaftlich genutzt werden können, sind Maßnahmen zur Linderung der Bodenkontamination erforderlich. BKH Consulting Engineers hat geeignete Verfahren für die Linderung der Bodenkontamination in Deponien für Hafenschlick untersucht.

2. FALLSTUDIE

Untersucht wurde eine Polderfläche von ungefähr 11 ha, die in der Nähe von Rotterdam längs der alten Maas liegt. In diesem Gebiet werden selbst nach dem Ausbringen von zwei Schichten Hafenschlick noch Nutzpflanzen wie Weizen, Kartoffeln und Zuckerrüben angebaut. Insgesamt sind auf sandigem Boden 800.000 m$^3$ Schlick deponiert worden; die Höhe der Fläche wurde dadurch um 4,5 m angehoben.
Der Schlick ist hauptsächlich mit Schwermetallen (As, Cd, Cr, Cu, Hg, Pb, Zn) und polyzyklischen aromatischen Kohlenwasserstoffen kontaminiert. Es wurde nur eine geringe Perkolation dieser Schdstoffe in das Grundwasser beobachtet. Allerdings kann der Verzehr von Nährpflanzen, die in diesem Gebiet angebaut werden, für die menschliche Gesundheit durchaus schädlich sein. Als im Jahre 1988 in Weizen und Kartoffeln hohe Cadmiumkonzentrationen nachgewiesen wurden, führte diese zu dem Entschluß, Sanierungsmaßnahmen einzuleiten.

Die Untersuchungen ergaben, daß die Entfernung des kontaminierten Schlicks nicht durchführbar war. Er mußte deshalb abgedeckt werden, um zu verhindern, daß die Schadstoffe in die Wurzelzone des Oberbodens eindringen, und um auch den unkontrollierten lateralen oder vertikalen Transport von Grundwasser aus der schadstoffbelasteten Schlickdeponie zu verhindern. Darüber hinaus mußten das Wasserfassungsvermögen und die physikalischen Eigenschaften des neu aufgebrachten Oberbodens einer landwirtschaftlichen Nutzung angemessen sein.

3. LABORVERSUCHE

BKH entwarf eine Isolierschicht, die den kontaminierten Hafenschlick mit einer Lage Seesand abdeckte, über der sich eine Schicht aus Ton und Torf als Oberboden befand (siehe Abbildung 1). Die Wirksamkeit dieser Isolierschicht wurde in Laborversuchen geprüft, bei denen Weizen (Varietät Minaret) auf dem Ton/Torf-Oberboden angepflanzt wurde. Wie Abbildung 1 zeigt, wurden in den Versuchen vier unterschiedlich Schichtstärken und Verdichtungsgrade geprüft. Hinsichtlich Temperatur, Wasser und Pflanzennährstoffen wurden optimale Bedingungen für das Pflanzenwachstum geschaffen. Es wurde für eine konstante aufwärtsgerichtete Wasserbewegung durch die Schichten gesorgt. Dem Schlick wurde Kaliumbromid zugefügt, so daß die Bewegung der wasserlöslichen Schadstoffe überwacht werden konnte.

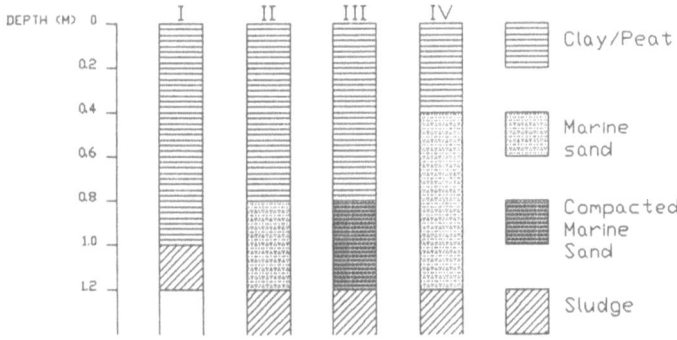

Abbildung 1. Vier Auslegungsvariationen der Isolierschicht.

In allen vier Variationen des Ton/Torf-Oberbodens entwickelten sich die Pflanzenwurzeln gut. In dem Profil ohne Seesandabdeckung über dem kontaminierten Schlick drangen die Pflanzenwurzeln in den Schlick ein. In dem Profil mit einem Ton/Torf-Oberboden von nur 0,4 m Stärke wuchsen die Pflanzenwurzeln bis in die oberen 0,4 m des Seesands. Die Verdichtung des Sands zeigte keine Auswirkungen auf das

Wurzelwachstum. Der aufwärts gerichtetete Wassertransport erfolgte bis in die unteren 0,2 m des Seesands. Ausgehend von einem Wasserfassungsvermögen für die normale Getreideproduktion von 150 mm und Schätzungen für den Oberboden und den Sand von 18 mm/0,1 m bzw. 5 mm/ 0,1 m, muß die Oberbodenschicht für landwirtschaftliche Zwecke mindestens 0,7 m stark sein.

## 4. SANIERUNGSBEHANDLUNG

Ausgehend von den Ergebnissen der Laborversuche und von Erfahrungen mit Linderungsmaßnahmen bei Bodenkontaminationen erwies sich eine Isolierschicht aus ungefähr 0,4 m Sand und 0,8 m Oberboden als ausreichend, um zu verhindern, daß Schwermetalle und polyzyklische aromatische Kohlenwasserstoffe aus dem kontaminierten Hafenschlick in die Wurzelzone der Nutzpflanzen eindringen.

1990 wurde in der Polderfläche eine Isolierschicht auf den Schlickablagerungen aufgebracht.Zuerst wurde auf der Oberseite des Schlicks ein Drainsystem angelegt, das mit einer ungefähr 0,4 m starken Schicht aus entsalztem Seesand abgedeckt wurde; darüber folgte eine 1,0 m starke Schicht aus Ton/Torf. Zur Gütekontrolle des Drän- und Grundwassers muß noch ein Überwachungssystem installiert werden.

Diese Maßnahmen zur Schadstoffkontrolle erlauben es, die Flächen der Schlickdeponien landwirtschaftlich zu nutzen und schaffen damit eine interessante Perspektive für eine namhafte Anzahl weiterer Schlickdeponien. Angesichts der geringen Kosten dieser Sanierungsbehandlung erscheinen die Aussichten auch für eine Nutzung zu Erholungs- oder industriellen Zwecken günstig.

# 8. RÜSTUNGSALTLASTEN

RÜSTUNGSALTLASTEN - SACHSTAND UND PERSPEKTIVEN

U. SCHNEIDER

PGBU PLANUNGSGESELLSCHAFT BODEN & UMWELT mbH, FRIEDRICH-EBERT-STRAßE 33, 3500 KASSEL, BRD

Der Begriff 'Rüstungsaltlasten' kennzeichnet in erster Linie industrielle bzw. militärische Anlagen, die der Herstellung und Verarbeitung von Pulver, Spreng- und Kampfstoffen sowie deren Vorprodukten dienten. Eine Rüstungsaltlast liegt jedoch aus fachlicher Sicht erst vor, wenn durch entsprechende Untersuchungen eine Kontamination nachgewiesen wurde - im Vorfeld sollte deshalb der Begriff 'Altlastverdächtiger Rüstungsstandort' verwendet werden.

Die Bundesregierung hat in einer Antwort auf eine große Anfrage am 26.04.1990 (Drucksache 11/6972) folgende 'Verdachtsflächen aus Rüstungsaltlasten' genannt:

- Ehemalige Produktionsstätten
- Munitionslagerstätten
- Entschärfungsstellen
- Spreng- und Schießplätze
- Delaborierungswerke und
- Zwischen- und Endablagerungsstätten für konventionelle und chemische Kampfmittel

Nach Ansicht der Bundesregierung sind hierbei mögliche Boden-, Wasser- und Luftverunreinigungen durch folgende Produkte zu beachten: Chemische Kampfstoffe; Sprengstoffe; Brand-, Nebel- und Rauchstoffe; Treibmittel; Zusatzstoffe; Vor- und Abfallprodukte und Rückstände aus der Vernichtung von Kampfmitteln.

In der Bundesrepublik haben die Länder Hessen und Niedersachsen eine Vorreiterrolle bei der Bearbeitung von Rüstungsaltlasten übernommen. Das Land Hessen hat im Falle der Rüstungsaltlast Hessisch Lichtenau-Hirschhagen in den Jahren 1985 bis 1987 die erste systematische Untersuchung eines altlastverdächtigen Rüstungsstandortes mit Pilotcharakter durchgeführt. An diesem Standort sind zwischenzeitlich die ersten Sicherungs- bzw. Sanierungsmaßnahmen erfolgt.

Das Land Niedersachsen hat im Jahre 1988 eine erste landesweite Erhebung von altlastverdächtigen Rüstungsstandorten durchgeführt.

Während der Bund für Umwelt und Naturschutz Deutschland e.V. im Jahre 1987 bundesweit 75 altlastverdächtige Rüstungsstandorte ermittelt hat, konnte die Arbeitsgruppe 'Rüstungsaltlasten' des Landes Niedersachsen allein 67 altlastverdächtige Standorte erfassen. Dies läßt sich mit dem unterschiedlichen Erfassungsumfang erklären: Die 1987 veröffentlichten Standorte betrafen lediglich die großen, privatwirtschaftlich betriebenen Sprengstoff- und Munitionsfabriken des Zweiten Weltkriegs. Im Rahmen der Erfassung in Niedersachsen wurden zusätzlich die reichseigenen (militärischen) Munitionsanstalten erhoben.

Die Definition von Rüstungsaltlasten und deren Bearbeitung ist bislang in den einzelnen Bundesländern sehr unterschiedlich. Eine systematische Erhebung im Sinne der vorangestellten Definition der Bundesregierung muß alle Verdachtsstandorte ohne zeitliche Beschränkung umfassen. Eigene Untersuchungen von Rüstungsstandorten aus der Zeit des Ersten Weltkriegs belegen ebenfalls ein hohes Gefährdungspotential.

In diesem Zusammenhang ist das Vorhaben der Bundesregierung, die altlastverdächtigen Rüstungsstandorte in BRD und DDR systematisch zu erfassen, ein wichtiger Schritt zur effektiven Bearbeitung von Rüstungsaltlasten. Die Vielzahl der Verdachtsflächen aus diesem Sektor erfordert eine fundierte Prioritätensetzung, um finanzielle Mittel effektiv einsetzen und Standorte mit hohem Gefährdungspotential frühzeitig erkennen zu können.

Diese Notwendigkeit wird vor dem Hintergrund der aktuellen Nutzung der Standorte um so dringlicher, da auf einer Vielzahl der heute bekannten Verdachtsflächen empfindliche Nutzungen stattfinden (z.B. Wohnen/ Erholung). Im Rahmen der Gefährdungsabschätzung entsprechender Standorte ist ein sensibles Vorgehen unter Beteiligung der Betroffenen im Sinne des 'Sondergutachtens Altlasten' (Rat von Sachverständigen für Umweltfragen 1989) erforderlich.

Bei der Bearbeitung von Rüstungsaltlasten hat sich im ersten Schritt die historisch-deskriptive Vorgehensweise bestens bewährt und durchgesetzt. Es ist zu betonen, daß auf die Systematik und Vollständigkeit der Untersuchung besonders großer Wert zu legen ist, da hiervon die Effektivität aller weiteren Untersuchungsschritte abhängig ist.

Nachholbedarf besteht hinsichtlich der Bewertung relevanter Schadstoffe, da insbesondere zu den Sprengstoffen (i.d.R. organische 'Nitroverbindungen') nur spärliche Daten zur Toxizität, Mobilität und zum Abbauverhalten vorliegen. Darauf aufbauend fehlen wissenschaftlich abgesicherte Richtwerte zur Beurteilung von Bodenverunreinigungen vor dem Hintergrund der aktuellen Nutzung.

# RÜSTUNGSALTLASTEN IN DER BUNDESREPUBLIK DEUTSCHLAND

Dr. W. Spyra

**Der Polizeipräsident Berlin**

**Direktion Polizeitechnische Untersuchungen**

Die Öffentlichkeit drängt die Verantwortlichen in Sachen Rüstungsaltlasten offen zu informieren und konsequent zu handeln. Nach dem verstärkten Bemühen des Landes Niedersachsen im Frühjahr 1989 Einigung mit der Bundesregierung zur Kostenübernahme von Sanierungen zu erreichen, hat es weitere Anlässe gegeben, die die Öffentlichkeit interessieren.
Der Truppenübungsplatz Munster Nord, ein Gelände, auf dem ehemals mit chemische Kampfmitteln gearbeitet wurde, mußte vorübergehend wegen extremer Arsenbelastungen ganz gesperrt werden, bevor in der Mitte des Jahres 1990  80 % des Übungsgeländes der Bundeswehr nach einem toxikologischen Gutachten in Betrieb genommen werden konnte.
Mit der Aktion Lindwurm, der Verbringung von chemischen Kampfmitteln der US-Streitkräfte aus der Pfalz in den Pazifik, kündigt sich die nächste Generation der Rüstungsaltlasten an, ebenfalls aufmerksam verfolgt und kritisiert von der Öffentlichkeit.

Die Bundesregierung gerät immer stärker unter Druck, sich zum Fortgang der Sanierung von Rüstungsaltlasten zu erklären. Längst sind noch nicht die Rüstungsaltlasten auf dem Land und in der See vollständig erfaßt und bewertet. Einheitliche Bewertungsmaßstäbe sind erforderlich, insbesondere die ökotoxische Bewertung. Allein die Identifizierung von Abbauprodukten aus der Sprengstoffproduktion sowie deren Toxizitätsbestimmungen haben gezeigt, daß das heutige Wissen nicht ausreicht, um eine umfassende ökotoxische Bewertung vorzunehmen. Forschungsarbeiten scheinen dringend erforderlich zu sein.
Während die Industrie sich auf Sanierungsvorhaben mit der Entwicklung neuer Bergungstechniken vorbereitet, ist eine sachgerechte Entsorgung von chemischen Kampfmitteln, insbesondere der chemischen Kampfstoffe sowie deren Lagerung in der erforderlichen Kapazität, nicht gegeben. Bund und Länder sind sich in der Bundesrepublik Deutschland nicht einig über die Schnittstelle zwischen Altlasten und Rüstungsaltlasten, nicht zuletzt wegen der damit verbundenen finanziellen Aufwendungen.

# VERBESSERUNG DES APE 1236 - VERBRENNUNGOFENS ZUR ERFÜLLUNG DER RCRA - VORSCHRIFTEN

Robert G. Anderson
Ammunition Equipment Directorate
Tooele Army Depot, Tooele, Utah

## Abstract

Dieser Beitrag gibt einen umfassenden Bericht über den gegenwärtigen Stand der Veränderungen an den Ofentypen APE 1236 und Explosivstoff-Verbrennungsanlagen (EWI), die erforderlich sind, um die Vorschriften der RCRA erfüllen zu können. Eine Beschreibung der Anlage und des Zwecks jedes Einzelteils wird gegeben. Ebenso enthalten ist ein Überblick über Genehmigungsfragen und ein Ausblick bezüglich Munitionsverbrennung in einer Umgebung sich ändernder Vorschriften.

## Einleitung

Im Jahr 1976 beschloß der Congress der Vereinigten Staaten ein Umweltgesetz, das unter dem Namen 'Resource Conservation and Recovery Act' oder abgekürzt RCRA bekannt ist. Dieses Gesetzwerk ordnet Herstellung, Bearbeitung, Transport, Lagerung und Beseitigung gefährlicher Stoffe. Die APE-1236-Verbrennungsanlagen werden zur Beseitigung von Munition der Klasse 1.1, 1.2, und 1.3 verwendet, die als gefährlicher Abfall klassifiziert ist. Der Ofen muß daher als Anlage zur Verbrennung gefährlichen Abfalls genehmigt sein, wenn diese Munitionstypen verbrannt werden.

## Hintergrund

Im Jahr 1987 wurde damit begonnen, die APE-1236-Öfen zu verändern, um die RCRA - Standards zur Verbrennung gefährlichen Abfalls zu erfüllen. Das Projekt schloß Herstellung, Erwerb und Installation von Vorrichtungen ein, mit deren Hilfe die Öfen in Übereinstimmung mit den RCRA-Bestimmungen zur Beseitigung gefährlicher Abfälle (HWI) gebracht werden sollten, so daß eine Genehmigung nach RCRA - Teil B erhalten werden konnte. Diese Genehmigung gibt die Bedingungen an, unter denen die Anlagen arbeiten dürfen.

## Stand des Projekts

Am vorhandenen System mußten einige größere Veränderungen durchgeführt werden. Die RCRA - Bestimmungen verlangen, daß die Schornsteinemissionen überwacht werden, um nachzuweisen, daß 99.99% der organischen Hauptschadstoffe (POHCs) durch die Anlage vernichtet werden. Die Schornsteinemmissionen müssen ständig aufgezeichnet werden, um festzustellen, daß die POHC-Grenzwerte eingehalten werden. Die kontinuierliche Überwachung des CO- und O2-Gehalts dient auch zur Steuerung der Anlage, indem die Zufuhr reduziert oder ganz eingestellt wird, wenn bestimmte Grenzwerte erreicht sind. Ein besonderes System zur Überwachung der Stoffzufuhr wird benötigt, welches verhindert, daß die in der Genehmigung nach Teil B festgelegten Zufuhrraten überschritten werden und das die Zufuhr von Explosivstoffen zum Ofen unterbricht, falls besondere Bedingungen oder ein Versagen der Anlage eintritt. Der Partikelausstoß in die Atmosphäre darf 0.08 grains per cubic foot nicht übersteigen. Die Anlage ist über Retorte und Förderapparaten geschlossen, um flüchtige Emissionen zurückzuhalten, so daß kein unkontrollierter Auslaß in die Atmosphäre eintreten kann. Das Kontrollsystem vergleicht alle Meßdaten mit vorgegebenen Grenzwerten und regelt Temperaturen, Drucke und Zufuhrgeschwindigkeit, um die in der Betriebsgenehmigung festgelegten Bedingungen einzuhalten.

Um die Anforderungen zur Vernichtung gefährlicher Bestandteile zu erfüllen und vollständige Verbrennung zu erreichen, wurde als zweite Brennkammer ein Nachbrenner installiert. Die Arbeitstemperatur des Systems liegt zur vollständigen Verbrennung bei 650 bis 760 °C, es sei denn es werden höhere Temperaturen benötigt, um besondere organische Problemstoffe zu vernichten.

Ein Gasüberwachungsgerät der Firma Beckman wurde zur Messung des CO- und O2-Gehalts in den Abgasen angeschafft. Da es äußerst schwierig ist, den tatsächlichen Gehalt an Schadstoffen in der Abluft festzustellen, dient der CO - Gehalt als Indikator für vollständige Verbrennung. Der zulässige Grenzwert für CO beträgt 100 ppm und wird als Durchschnittswert pro Stunde bestimmt, wobei jeweils jede Minute gemessen wird.

Eine Hauptkomponente der verbesserten Anlage ist ein neues Kontrollsystem. Es besteht aus einem PLC, der den Betrieb der Anlage überwacht, und einem IBM-Computer, in dem die Munitionsdaten gespeichert sind und der die Meßdaten des Systems festhält sowie als Interface der Datenausgabegeräte dient, die aus Linienschreiber und Drucker bestehen. Das Kontrollsystem gestattet sowohl automatischen als auch manuellen Betrieb sowie den Teilbetrieb von Einzelkomponenten zur Wartung.

## Einhaltung der Vorschriften

Probleme ergeben sich für das Projekt in bezug auf die Munition, die in die Datenbank aufgenommen wird. Jede Anlage befaßt sich mit einigen, aber nicht mit allen der zur Verbrennung freigegebenen Stoffe; viele Anlagen arbeiten nur mit einem oder zwei Posten. Außerdem werden die Vorschriften ständig verändert. Was zu Beginn des Projekts genehmigt worden wäre, erfüllt oft die bestehenden Vorschriften nicht, wenn das System in Betrieb geht.

Die einzelnen Vorschriften und die Auslegung von Vorschriften sind von Staat zu Staat verschieden. Diese Umstände machen es sehr schwierig, exakte Konstruktionsbedingungen festzulegen. Das Projekt sieht deshalb vor, ein Basissystem zu erstellen und dann je nach Erfordernis bestimmte Änderungen daran vorzunehmen.

Die Hauptvorschrift ist die Genehmigung nach Teil B. Diese Genehmigung, wonach die Anlage zur Verbrennung von Sondermüll benutzt werden kann, wird je nach Vorrang entweder von der Staats- oder Bundesbehörde erteilt. Die Genehmigung legt die Bedingungen fest, die zur Einhaltung der Umweltvorschriften erforderlich sind. Das Bundesgesetz (CFR 40) gestattet die Durchführung jeder Verfahrensweise, die zum Schutz der Sicherheit der Umwelt für notwendig erachtet wird. Letztlich stellt dies eine unbegrenzte Vollmacht dar, zusätzlich zu den bereits im RCRA festgelegten Bestimmungen weitere Vorschriften zu erlassen, wenn dies nötig erscheint.

In den Anlagen werden Testabbrände durchgeführt, bei denen die Umweltbelastung während des Abbrands gemessen wird. Mit dem Testabbrand wird der Nachweis erbracht, daß der Ofen den Sondermüll beseitigen kann und daß die Vorschriften zum Schutz der Umwelt eingehalten werden. Die während des Testabbrands gewonnenen Daten dienen dem Staat als Grundlage zur Festlegung der Betriebsbedingungen, unter denen der Betrieb des Ofens genehmigt wird.

## Zusammenfassung und Folgerungen

Veränderungen zur Verbrennung von Sondermüll werden gegenwärtig an 9 Anlagen vorgenommen, für 4 weitere Anlagen werden Vorschriften erstellt und weitere Anlagen sind hierfür in Betracht gezogen. In den meisten Fällen konnte das Projekt gut durchgeführt werden. Einige Konstruktionsänderungen waren notwendig, die in allen Anlagen ausgeführt wurden. Der Betrieb der Geräte war erfolgreich in Tooele, Iowa, und in Lake City.

Es sind jedoch noch einige Arbeiten durchzuführen, um die Anlagen zu vervollständigen und einen Testabbrand durchzuführen. In nächster Zeit werden einige Anlagen fertiggestellt werden. Es ist wichtig, die Umweltvorschriften zu beachten, und die an den Anlagen durchgeführten Veränderungen werden sich so auswirken, daß die Öfen in Übereinstimmung mit den gegenwärtigen Standards sind.

Die Verbrennung von Munition scheint für die Zukunft die beste Lösung zu sein. Abbrand bzw. Detonation im Freien tritt immer mehr in den Hintergrund und kann möglicherweise bald verboten werden. Die Vernichtung in Verbrennungsanlagen wird dann die einzige genehmigte Möglichkeit sein, Munition zu beseitigen.

Schwierigkeiten werden sich mit der Beachtung der Vorschriften ergeben. Die Vorschriften werden restriktiver werden und schwerer einzuhalten sein. Weitere Stoffarten werden erfaßt werden und die Speicherung weiterer Meßdaten wird nötig werden, um nachzuweisen, daß die Gesetze zum Schutz der Umwelt beachtet werden. Ein besonderer Nachweis wird erbracht werden müssen, daß die Verbrennung von Munition die Umwelt nicht belastet. Die Abfallklassifizierung wird in dem Maße schwieriger werden, wie die Liste der Schadstoffe wächst. Die Klassifizierung von Munition ist sehr zeitaufwendig und teuer. Zur Einordnung der jetzt in den Anwendungsvorschriften erfassten Explosivstoffe und Treibmittel wurden fast 8 Jahre benötigt. Noch keine ernsthafte Anstrengung wurde unternommen, um die Metallkomponenten der Munition zu charakterisieren. Dies könnte das nächste Problem für die Anlagen zur Munitionsverbrennung werden, da die Feststellung der exakten Zusammensetzung der metallischen Bestandteile schwierig ist.

Es scheint, daß die Vernichtung von Munition für die Zukunft viele Herausforderungen bringen wird und neue Methoden und Technologien zur sicheren und umweltfreundlichen Beseitigung dieser Stoffe entwickelt werden müssen.

PROBLEME DER UMWELTVERTRÄGLICHKEIT BEI DER ENTSORGUNG VON
MUNITION DURCH ABBRAND IM FREIEN

N.H.A. VAN HAM UND A. VERWEIJ

PRINS MAURITZ LABORATORY TNO, NL


KURZFASSUNG

Munition muß entsorgt werden, wenn sie das Ende ihrer Funktionslebensdauer erreicht hat. Dies gilt auch für die aus dem Krieg stammende Munition und Explosivstoffe, die erst heute gefunden werden. Früher vernichtete man in den Niederlanden Munition in der Weise, daß man sie ins Meer versenkte; dies wurde bis 1970 so gehandhabt. Aber auch andere Methoden wurden angewandt, wie zum Beispiel der Abbrand oder die detonative Umsetzung im Sprenggarten.
Das Prins Maurits Laboratorium TNO wurde vom dänischen Verteidigungsministerium beauftragt, dieses Problem ganuer zu untersuchen und neue Methoden vorzuschlagen, die den Umweltschutzgesetzen entsprechen.
Ausgehend von einer einfachen Berechnung der wichtigsten Reaktionsprodukte, die beim Abbrand und bei der Detonation entstehen, wurden folgende Komponenten erhalten:
Aromatische Verbindungen, Ruß, CO, HCl, $Cl_2$, $NO_x$, $SO_2$, Pb, Hg, Al und Mg.
Es leuchtet ein, daß beim Abbrand im Freien die erlaubten Grenzkonzentrationen für diese Reaktionsprodukte überschritten werden. Auch der Boden wird dabei durch hohe Schadstoffkonzentrationen belastet, wenn sich der Abbrand über längere Zeit erstrecken sollte und dies wiederum führt zu einer Verunreinigung des Grundwassers.
Während des Zweiten Weltkrieges verschwand eine große Menge an Munition in der Erde ohne gezündet zu haben. Berüchtigt in diesem Zusammenhang sind die V I-Raketen, da sie nahezu 1000 kg Sprengstoff enthielten, der aus hochtoxischem Meta-Dinitrobenzol bestand. Nach ihrer Detektion muß die Munition ausgegraben und entschärft werden. Danach müssen Sprengstoff und Erde voneinander getrennt und behandelt werden.
Die TNO untersucht den kontrollierten Abbrand von Explosivstoffen in einem speziell dafür entwickelten Ofen. Dabei ergab sich, daß eine kontrollierte Zuführung der Munition ebenso wichtig ist wie eine Nachverbrennungszone, in der möglicherweise gebildete Dioxine zerstört werden. Danach schließen sich ein Zyklon und Filter an, die für die Abscheidung und Aufnahme von festen Abfällen dienen. Schließlich folgt eine Gaswäsche zur Entfernung von HCl, $NO_x$ und $SO_2$.

## VERBRENNUNGSANLAGE DER WEHRWISSENSCHAFTLICHEN DIENSTSTELLE FÜR SCHÄDLICHE SONDERABFÄLLE *

Hermann Martens

### 1. GESCHICHTE

Im 1. Weltkrieg wurde ein Teil des jetzigen Truppenübungsplatzes Munster-Nord als Produktionsstätte und Testgelände für chemische Kampfstoffe benutzt. Es gab Gebäude für die Produktion von Chlorpikrin und zum Befüllen der damaligen "Gas"-Munition. Nach dem Kriege wurden am 24. Oktober 1919 durch eine gewaltige Explosion alle Gebäude zerstört und 1000 t chemische Kampfstoffe, 1 Million chemische Granaten und 40 Tankwagen mit chemischen Kampfstoffen in diesem Gelände verteilt.

Im 2. Weltkrieg diente das erweiterte Gelände Munster-Nord erneut für das Befüllen und Übungsschießen mit Kampfstoffmunition. Darüberhinaus gab es eine Produktionsstätte für die halbtechnische Herstellung von Nervenkampfstoffen (Tabun und Sarin).

Nach der Übergabe an die Britischen Besatzungsstreitkräfte und Anlagendemontage wurden fast alle infrastrukturellen Einrichtungen gesprengt mit einer nochmaligen Verteilung chemischer Kampfstoffe in der Umgebung. Die "Roten Gebiete" auf den Karten des Truppenübungsplatzes Munster-Nord können auf diese Maßnahmen zurückgeführt werden.

Nach 1948 begann zunächst das Räumkommando des Landes Niedersachsen mit der Bereinigung des Geländes. Dies erfolgte meistenteils nur an der Erdoberfläche, bis 1956 der Platz von der Bundeswehr übernommen wurde. Nun setzte ein systematisches Absuchen des Geländes ein.

### 2. KAMPFMITTELBESEITIGUNG

Die vorausgehenden Schritte der Beseitigung von Fundmunition liegen in der Zuständigkeit der Truppenübungsplatzkommandantur Munster, die über eine Kampfmittelbeseitigungsanlage (KBA) mit einer Feuerwerkergruppe verfügt. Ihre Aufgabe besteht darin, aus den chemischen Kampfmitteln die Zünder und Explosivstoffe zu entfernen (Delaborierung). Die chemischen Kampfstoffe, beim Delaborieren anfallende Abfälle und die leeren Granathülsen werden in Polyethylenfässer verfüllt und bis zur Verbrennung zwischengelagert. Die Wehrwissenschaftliche Dienststelle der Bundeswehr für ABC-Schutz (WWDBw ABC-Schutz) besorgt dann die umweltfreundliche Verbrennung der chemischen Kampfstoffe und die abschließende Deponierung der Verbrennungsrückstände.

### 3. FUNKTION DER VERBRENNUNGSANLAGE

---

* Wehrwissenschaftliche Dienststelle der Bundeswehr für ABC-Schutz, Munster (WWDBw ABC-Schutz)

## 3.1 Verbrennung der chemischen Kampfstoffe

Die Verbrennungsanlage der WWDBw ABC-Schutz wurde 1975 planerisch begonnen und ist seit 1980 in Betrieb. Die Anlage arbeitet nach einem diskontinuierlichen Doppel-Kammerofen-Verfahren. Diese Einrichtung ist in ihrer Funktion einmalig und wurde primär für die Bewältigung des Zählostproblems entworfen. Die Verbrennungsanlage ist die bisher einzige zur Vernichtung chemischer Kampfstoffe in Westeuropa.

Die Polyethylenfässer werden geöffnet und auf einen der Herdwagen mit hochtemperaturbeständiger Auskleidung gesetzt. Im ersten Schritt wird der Herdwagen durch eine Schleuse in die Ausdampfkammer gefahren. In dieser werden die chemischen Kampfstoffe bei einer Temperatur von 300 °C im Inertgasstrom ($N_2 + CO_2 + H_2O$) über einen Zeitraum von 10 bis 12 Std. verdampft und durch eine isolierte Rohrleitung in die Hauptbrennkammer überführt.

In dieser mit feuerfesten und chemisch resistenten Steinen ausgekleideten Kammer wird z.B. Schwefellost (S-Lost) bei einer Temperatur von 1000° bis 1200 °C bei einer Verweilzeit von 2 Sekunden oxidiert unter Bildung von Schwefeldioxid ($SO_2$) und Chlorwasserstoff (HCl) als weiterhin umweltbelastende Komponenten und in Kohlendioxid und Wasser.

Der Tagesdurchsatz bei der Kampfstoffverbrennungsanlage beträgt bei zwei sich überlappenden Schichten und einer täglichen Gesamtbetriebsdauer von 12 Std. um 350 kg Schwefellost bzw. 70 t im Jahr.

Danach wird der Herdwagen mit den nicht verdampfungsfähigen organisch-chemischen Resten und Metallteilen in die Ausbrennkammer umgesetzt. Vor allem die Metallteile, z.B. Granathülsen, werden in dieser Kammer während 12 bis 18 Std. in Gegenwart von Luftsauerstoff ausgeglüht. Das Abgas aus dieser Kammer wird zur vollständigen Verbrennung evtl. noch vorhandener toxischer Restkomponenten über die Hauptbrennkammer abgeleitet.

Aufgabe- und Verschieberaum werden gegenüber der Umgebungsatmosphäre im Unterdruck (0,5 - 1,0 mbar) gehalten, um den Austritt toxischer Verbindungen nach draußen zu verhindern.

## 3.2 Rauchgaswäsche

Das Rauchgas aus der Kampfstoffverbrennung wird zunächst durch Einbringen von Wasser in einem Kühler (Quenche) auf 80 °C heruntergekühlt. Beim Durchströmen von zwei in Reihe geschalteten und mit alkalischem Wasser betriebenen Waschtürmen werden die schädlichen Gaskomponenten $SO_2$ und HCl aus dem Rauchgas eliminiert. Durch Zudosieren von Natronlauge (NaOH) läßt sich im Abwasser ein bestimmter pH-Wert einstellen. Aus dem hochtoxischen Hautkampfstoff S-Lost sind harmlose Salze wie Natriumsulfat und Natriumchlorid entstanden, die man mit dem Abwasser abgeben kann.

Das gewaschene Rauchgas verläßt die Verbrennungsanlage durch einen 30 m hohen Kamin nicht ohne vorherige Abscheidung evtl. noch vorhandener Aerosole.

An den Kamin angeschlossen sind Probenahmeeinrichtungen und Analysatoren, um die Emission an $SO_2$ und HCl, ebenso Gesamtkohlenwasserstoff, kontinuierlich zu überwachen. Staub einschließlich des Arsentrioxids wird in Einzelproben erfaßt. Die aufgezeichneten Meßwerte liegen weit unterhalb der zulässigen Grenzwerte.

### 3.3 Arsenfällung

Arsenkampfstoffe, die den eigentlichen Kampfstoffen beigemischt sind, machen zwecks Eliminierung zusätzliche Verfahrensschritte erforderlich:

Alle gesammelten Waschwässer werden einem nachgeschalteten Oxidations- und Ausfällungsschritt unterworfen.

Die mineralisierten Arsen(III)-Verbindungen werden durch Behandlung mit Kaliumpermanganat in Natriumarsenat überführt. Die Zugabe von Eisen(III)-chlorid führt zu einer Flockenbildung, die wirksam wird durch den Mitreißeffekt des entstandenen Eisenhydroxids und durch die Ausfällung des schwer löslichen Eisenarsenats. Dieses wird durch Filtration entwässert und kann an eine Untertagedeponie (Salzbergwerk) abgegeben werden. Das Filtrationswasser fließt schließlich in das städtische Abwassernetz.

### 4. Ausblick

Weitere Überreste an chemischen Kampfstoffen liegen noch im Boden des Truppenübungsplatzes Munster-Nord und an anderen Stellen in den Bundesländern.

Zur Beseitung dieser kontaminierten Erdmassen ist eine zweite Verbrennungsanlage in Planung, die nach dem Verfahrensprinzip eines Drehrohrofens betrieben werden soll.

# BODENSANIERUNG IM ANLAGENVERBUND

## SANIERUNGSKONZEPT FÜR DIE RÜSTUNGSALTLASTEN IN STADTALLENDORF

DR. B. KÖRBITZER, DR. H. WITTE, DR. E. SCHRAMM

LURGI GMBH, LURGI-ALLEE 5, D-6000 FRANKFURT/MAIN

Die Umwelttechnik bildet einen Schwerpunkt der Forschungsaktivitäten der LURGI GmbH. Für die Sanierung von Altlasten wurden zwei grundsätzliche Verfahrensrouten entwickelt:
- das naßmechanische LURGI-DECONTERRA Verfahren
- die thermische Behandlung von Altlasten.

Beide Verfahren basieren auf Erfahrungen und Technologien, die schon seit vielen Jahrzehnten zum wesentlichen Bestandteil des Lurgi-Know-hows gehören.

In vielen bisher untersuchten Projekten zeigte sich, daß ein Standard-Verfahren allein für komplexe Sanierungen nicht ausreicht. Die stets unterschiedlichen Bedingungen in den einzelnen Sanierungsfällen, die verschiedene Bodenbeschaffenheit, das spezielle Schadstoffspektrum, die jeweils einzuhaltenden Sanierungsziele, verlangen häufig mehrstufige Sanierungskonzepte, die dem spezifischen Schadensfall angepaßt werden.

Beispielhaft hierfür steht das Sanierungskonzept für eine Rüstungsaltlast in Stadtallendorf/Hessen.

## SANIERUNGSFALL STADTALLENDORF

In Stadtallendorf bestand während des zweiten Weltkrieges der größte Rüstungskomplex zur Sprengstoffherstellung. Im Kriegsverlauf wurden ca. 250.000 Tonnen Sprengstoff, vorrangig Trinitrotuluol und Sprengstoffmischungen hergestellt. Weite Bereiche des Werksgeländes wurden während der Produktion und bei der Zerstörung der Fabrikationsanlagen durch die alliierten Streitkräfte mit Produktionschemikalien und Rückständen sowie Sprengstoffen kontaminiert. Untersuchungen von Boden und Grundwasser bestätigen ein hohes Gefahrenpotential durch Sprengstoffrückstände.

Die vorgegebenen Sanierungsziele für Stadtallendorf beinhalten den Rückbau des dekontaminierten Materials und die Weiternutzung der sanierten Areale. Eine rein naßmechanische Reinigung schied aus, da die entstehenden Schadstoffkonzentrate nicht deponiert werden sollten. Eine rein thermische Lösung führt zu einer Verschlackung des Materials und ist ebenfalls nicht akzeptabel.

Für Stadtallendorf wurde daher ein Sanierungskonzept mit einer naßmechanischen LURGI-DECONTERRA Anlage mit nachgeschalteter LURGI-Schlammverbrennung im Anlagenverbund entwickelt.

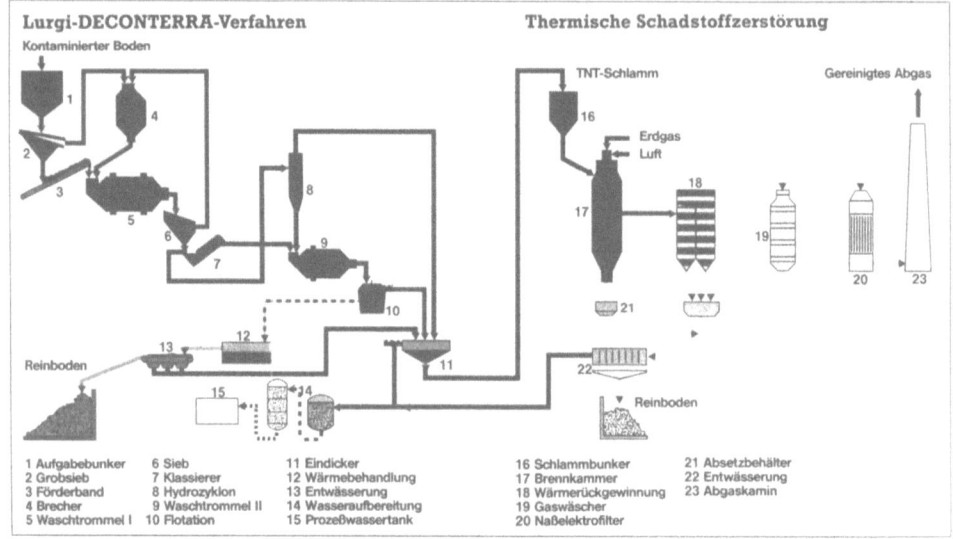

## LURGI-DECONTERRA-VERFAHREN

Der kontaminierte Boden (1) wird in eine Fein- und Grobfraktion getrennt (2). Die Grobfraktion wird in einem Brecher (4) zerkleinert und gemeinsam mit der Feinfraktion (3) einer Attrition (5) zugeführt. Der Austrag gelangt in verschiedene Klassierungssysteme (6) (7) (8). Der schadstoffbelastete Feinstanteil des klassierten Bodens wird zu Schlamm eingedickt (11) und der Verbrennung zugeführt. Der übrige Boden wird in einer zweiten Attritionsstufe (9) behandelt. Die schadstoffbelastete Feinfraktion wird in der Flotation (10) vom übrigen Boden getrennt. Die Schadstofffraktion geht über den Eindicker (11) wieder der Verbrennung zu. Der gereinigte Boden wird nach einer Wärmebehandlung entwässert (13) und ausgeschleust. Das anfallende Waschwasser wird nach mehrstufiger Reinigung (14) als Betriebswasser (15) wiederverwendet.

## THERMISCHE SCHADSTOFFZERSTÖRUNG

Der schadstoffbelastete Feinstanteil des gewaschenen Bodens wird einem Stapeltank (16) zugeführt. Aus dem Tank erfolgt die Eindüsung des Bodens in die Brennkammer (17). Nach der Verbrennung wird der gereinigte Boden mit Wasser abgekühlt und in einem Absatzbehälter (21) gesammelt. Das Wasser wird dem Boden in einem Entwässerungssystem (22) entzogen. Das bei der Verbrennung entstehende Rauchgas wird zuerst in ein Wärmerückgewinnungssystem (18) geführt. In einem Gaswäscher (19) und einem Naßelektrofilter (20) werden Feststoffe aus dem Rauchgas abgeschieden. Die Bodenteilchen aus den Rauchgasreinigungsanlagen werden über ein Entwässerungssystem (22) vom Wasser abgetrennt und dem gereinigten Boden zugeführt.

**Adressen erstgenannter Autoren**


E. Adam   1351
Universität Karlsruhe, Institut für Bodenmechanik und Felsmechanik, Postfach 6980, 7500 Karlsruhe 1. *Deutschland.*

J. Alberti   937
Landesamt für Wasser und Abfall Nordrhein-Westfalen, Postfach 5227, 4000 Düsseldorf 1. *Deutschland.*

I. Alyanak   175, 1519
Dokuz Eylül University, Denizli Mühendislik Fakültesi, 20017 Denizli. *Türkei.*

R.G. Anderson   1591
Tooele Army Depot, Tooele, Utah. *USA.*

G.J. Annokkée   1045
Netherlands Organization for Applied Scientific Research TNO, Postfach 342, 7300 AH Apeldoorn. *Niederlande.*

T. Assmuth   53, 229
National Board of Waters and the Environment, Postfach 250, 00101 Helsinki. *Finnland.*

H.J. Aust   1043
Dieter Hafemeister Umwelttechnik, Freiheit 20-21, 1000 Berlin 20. *Deutschland.*

B. Azmon   265
Hydrological Service, Water Commission, Postfach 33140, Haifa 31331. *Israel.*

P. Bachhausen   1089
BASF Lacke+Farben AG, Postfach 6123, 4400 Münster. *Deutschland.*

E.R. Barenschee   1123
Degussa AG, Abt. IC-ATAO, Postfach 1345, 6450 Hanau 11. *Deutschland.*

F.J. Barnes   1333
Los Alamos National Laboratory, Los Alamos, New Mexico 87545. *USA.*

D.L. Barry   XXXIX
WS Atkins Planning Consultants, Woodcote Grove, Ashley Road, Epsom, Surrey KT18 5BW. *Großbritannien.*

J. Bartels-Langweige   1315
iwb-Ingenieurgesellschaft, Pockelsstrasse 9, 3300 Braunschweig. *Deutschland.*

G. Battermann   745
Technologieberatung Grundwasser und Umwelt GmbH, Postfach 225, 5400 Koblenz. *Deutschland.*

P. Beckefeld                    1441
Technische Universität Braunschweig, Institut für Grundbau und
Bodenmechanik, Postfach 3329, 3300 Braunschweig. *Deutschland*.

P. van Beelen                    503
National Institute for Public Health and Environmental
Protection (RIVM), Postfach 1, 3720 BA Bilthoven. *Niederlande*.

J. Behrendt                     1297
Technische Universität Berlin, Institut für Verfahrenstechnik,
Strasse des 17.Juni 135, 1000 Berlin 12. *Deutschland*.

E. Beitinger                     131
Ed. Züblin AG, Albstadtweg 3, 7000 Stuttgart-Möhringen.
*Deutschland*.

P. Belouschek                   1337
Universität Gesamthochschule Essen, Forschungsstelle
Umweltchemie, Postfach 103764, 4300 Essen 1. *Deutschland*.

R. van den Berg                 1139
National Institute for Public Health and Environmental
Protection (RIVM), Postfach 1, 3720 BA Bilthoven. *Niederlande*.

C. Bicheron                      571
Université Louis Pasteur de Strasbourg, Institut de Mécanique
des Fluides, URA CNRS 854, 2 rue Boussingault, 67000
Strasbourg Cedex. *Frankreich*.

J. Birnstingl                    579
Lancaster University, Institute of Environmental and
Biological Sciences, Lancaster LA1 4YQ. *Großbritannien*.

P.L. Bishop                     1399
University of Cincinnati, Department of Civil and
Environmental Engineering, Cincinnati, Ohio 45221. *USA*.

I. Blankenhorn                   915
Landesanstalt für Umweltschutz Baden-Württemberg,
Griesbachstrasse 3, 7500 Karlsruhe 21. *Deutschland*.

W. Blümel                       1573
Universität Hannover, Institut für Grundbau, Bodenmechanik und
Energiewasserbau, Callinstrasse 32, 3000 Hannover 1.
*Deutschland*.

U. Böhler                       1157
Universität Karlsruhe, Lehrstuhl für Angewandte Geologie,
Postfach 6380, 7500 Karlsruhe. *Deutschland*.

M. Böhmer                        643
Ruhrkohle AG, Montan-Grundstücksgesellschaft mbH, Postfach
103262, 4300 Essen 1. *Deutschland*.

P.A. de Boks                    1109
IWACO bv, Postfach 183, 3000 AD Rotterdam. *Niederlande*.

H. Bomhard            1469
Dyckerhoff & Widmann AG, Postfach 810280, 8000 München 81.
*Deutschland.*

R.M. Booth            1279
Environment Canada, Wastewater Technology Centre, 867
Lakeshore Road, Burlington, Ontario L7R 4A6. *Kanada.*

H.M.M. Bosgoed        1289
TAUW Infra Consult BV, Postfach 479, 7400 AL Deventer.
*Niederlande.*

R. Bosman             837
Netherlands Organization for Applied Scientific Research TNO,
Postfach 217, 2600 AE Delft. *Niederlande.*

C.T. Bowmer           1501
Netherlands Organization for Applied Scientific Research TNO,
Postfach 57, 1780 AB Den Helder. *Niederlande.*

Th. Brasser           1473
GSF Institut für Tieflagerung, Theodor-Heuss-Strasse 4, 3300
Braunschweig. *Deutschland.*

H. Bremer             641
Umweltbehörde Hamburg, Amt für Umweltschutz, Hermannstrasse
40, 2000 Hamburg 1. *Deutschland.*

P. Bröcking           1107
HP-biotechnologie GmbH, Brauckstrasse 51, 5810 Witten.
*Deutschland.*

K. Broholm            583
Technical University of Denmark, Department of Environmental
Engineering, Building 115, 2800 Lyngby. *Dänemark.*

W. de Bruin           1295
Agricultural University Wageningen, Department of
Microbiology, Hesselink van Suchtelenweg 4, 6703 CT
Wageningen. *Niederlande.*

S.H. Brunekreef       25
NV Service Centrum Grondreiniging, Europalaan 400, 3526 KS
Utrecht. *Niederlande.*

D. Bruns              351
Universität Gesamthochschule Essen, Fachbereich
Pflanzensoziologie und -ökologie, Postfach 103764, 4300 Essen
1. *Deutschland.*

M. Bruns              483
Geo-Infometric/Niedersachsen, Richthofenstrasse 29, 3200
Hildesheim. *Deutschland.*

D. Bryniok            1155
Fraunhofer-Institut für Grenzflächen- und
Bioverfahrenstechnik, Nobelstrasse 12, 7000 Stuttgart 80.
*Deutschland.*

H. Bullmann                    1145
Stadt Solingen, Amt für Umweltschutz, Frankfurter Damm 23,
5650 Solingen. *Deutschland*.

J. Bürck                       877
Kernforschungszentrum Karlsruhe GmbH, Institut für
Radiochemie, Postfach 3640, 7500 Karlsruhe 1. *Deutschland*.

W. Burghardt                   645, 647
[Arbeitskreis Stadtböden der Deutschen Bodenkundlichen
Gesellschaft]
Universität Gesamthochschule Essen, Angewandte Bodenkunde,
Universitätsstrasse 5, 4300 Essen 1. *Deutschland*.

W. Bürmann                     1165, 1283
Universität Karlsruhe, Institut für Hydromechanik,
Kaiserstrasse 12, 7500 Karlsruhe 1. *Deutschland*.

I. Campino                     345, 1349
TÜV Hessen e.V., Abteilung Umweltschutz, Postfach 5920, 6236
Eschborn/Taunus. *Deutschland*.
(vormals/formerly: Hermann Trautmann GmbH, 4300 Essen 1).

A.J. Chandler
-> H.A. van der Sloot

F. Claus                       317
Universität Dortmund, Fachbereich Raumplanung, Postfach
500500, 4600 Dortmund 50. *Deutschland*.

W.G. Coldewey                  771
DeutscheMontanTechnologie (DMT), Institut für Wasser- und
Bodenschutz, Postfach 102749, 4630 Bochum 1. *Deutschland*.

R. Cossu                       663
C.I.S.A., Environmental Sanitary Engineering Centre,
University of Cagliari, Via Marengo 34, 09123 Cagliari.
*Italien*.

S. Cremer                      1443
Ruhr-Universität Bochum, Arbeitsbereich Hydrogeologie,
Universitätsstrasse 150, 4630 Bochum 1. *Deutschland*.

R. Crocoll                     687
Dr.-Ing. Werner Weber Ingenieur-Gesellschaft mbH,
Bleichstrasse 21, 7530 Pforzheim. *Deutschland*.

R. Czolk                       939
Kernforschungszentrum Karlsruhe GmbH, Institut für
Radiochemie, Postfach 3640, 7500 Karlsruhe 1. *Deutschland*.

R. Darskus                     899
biocontrol Institut für chemische und biologische
Untersuchungen Ingelheim GmbH, Postfach 1630, 6500 Mainz.
*Deutschland*.

O. Debus                      1257
Technische Universität Hamburg-Harburg, Arbeitsbereich
Gewässerreinigung, Eissendorfer Strasse 42, 2100 Hamburg 90.
*Deutschland.*

C.A.J. Denneman              197
Ministry of Housing, Physical Planning and Environment,
Postfach 450, 2260 MB Leidschendam. *Niederlande.*

H. Deschauer                 439
Universität Bayreuth, Lehrstuhl für Bodenkunde und
Bodengeographie, Postfach 101251, 8580 Bayreuth. *Deutschland.*

B. Diedrich                  1391
Dr. Pieles + Dr. Gronemeier Consulting GmbH, Mathildenstrasse
25, 2300 Kiel 14. *Deutschland.*

M. Diependaal                1493
Netherlands Organization for Applied Scientific Research TNO,
Postfach 186, 2600 AD Delft. *Niederlande.*

M.R.B. van Dillen            1529
Ministry of Transport and Public Works, Institute for Inland
Water Management and Waste Water Treatment, Postfach 17, 8200
AA Lelystad. *Niederlande.*

H.P. Drescher                999
Bonneberg + Drescher Ingenieurgesellschaft mbH,
Industriestrasse, 5173 Aldenhoven. *Deutschland.*

L.N.J.M. van der Drift       79
Heidemij Adviesbureau BV, Postfach 264, 6800 AG Arnhem.
*Niederlande.*

S. Düreth-Joneck             487
Universität Karlsruhe, Institut für Siedlungswasserwirtschaft,
Am Fasanengarten, 7500 Karlsruhe 1. *Deutschland.*

H.-G. Edel                   1285
Ed. Züblin AG, Albstadtweg 3, 7000 Stuttgart-Möhringen.
*Deutschland.*

E. Eickeler                  933
Drägerwerk AG, Moislinger Allee 53/55, 2400 Lübeck 1.
*Deutschland.*

Th. Eikmann                  281
RWTH Aachen, Institut für Hygiene und Arbeitsmedizin,
Pauwelsstrasse 30, 5100 Aachen. *Deutschland.*

W. Eitel                     629
Landesanstalt für Umweltschutz Baden-Württemberg,
Griesbachstrasse 3, 7500 Karlsruhe 21. *Deutschland.*

F. Elias                     1039
Technische Universität Berlin, Institut für Verfahrenstechnik,
Strasse des 17.Juni 135, 1000 Berlin 12. *Deutschland.*

K. Figge                    559
NATEC Institut für naturwissenschaftlich-technische Dienste
GmbH, Postfach 1568, 2000 Hamburg 50. *Deutschland*.

M. Filipinski               453
Geologisches Landesamt Schleswig-Holstein, Mercatorstrasse 7,
2300 Kiel. *Deutschland*.

K. Finsterwalder            1353
Dyckerhoff & Widmann AG, Postfach 100964, 4300 Essen 1.
*Deutschland*.

J.H. Fischer                649
GDS Grafik Design Studio GmbH, Grosser Burstah 42, 2000
Hamburg 11. *Deutschland*.

C. Först                    1229
Kernforschungszentrum Karlsruhe GmbH, Institut für Heisse
Chemie, Postfach 3640, 7500 Karlsruhe 1. *Deutschland*.

W. Förster                  137
Bergakademie Freiberg, Sektion Geotechnik und Bergbau, Gustav
Zeuner Strasse 1, O-9200 Freiberg. *Deutschland*.

H. Friege                   829
Landesamt für Wasser und Abfall Nordrhein-Westfalen, Postfach
5227, 4000 Düsseldorf 1. *Deutschland*.

P. Friesel                  853
Umweltbehörde Hamburg, Amt für Umweltuntersuchungen,
Gazellenkamp 38, 2000 Hamburg 54. *Deutschland*.

K. Fritsch                  127
Anwaltssozietät Hoffmann, Liebs & Partner, Rotthäuser Weg 12,
4000 Düsseldorf 12. *Deutschland*.

P. Fuhrmann                 737
Landesanstalt für Umweltschutz Baden-Württemberg,
Griesbachstrasse 3, 7500 Karlsruhe 21. *Deutschland*.

E. Gabowitsch               165
Verein zur Förderung der unabhängigen Kultur in der UdSSR
e.V., Ortssektion Karlsruhe, Im Eichbäumle 85, 7500 Karlsruhe
1. *Deutschland*.

W. Ganapini                 67
Lombardia Risorse, Environmental Planning Department, Via
Dante 12, 20121 Milano. *Italien*.

N. Gebremedhin              167
United Nations Environment Programme, Technology and
Environment Branch, Postfach 30552, Nairobi. *Kenya*.

W. Geiger                   637
Kernforschungszentrum Karlsruhe GmbH, Institut für
Datenverarbeitung in der Technik, Postfach 3640, 7500
Karlsruhe 1. *Deutschland*.

G. Gelbert                    *269*
Justus-Liebig-Universität, Institut für Pflanzenbau und
Pflanzenzüchtung I, Ludwigstrasse 23, 6300 Giessen.
*Deutschland.*

P. Geldner                    *1137*
Saco GmbH, Bismarckstrasse 73, 1000 Berlin 12. *Deutschland.*

J. Gerth                      *395*
Technische Universität Hamburg-Harburg, Arbeitsbereich
Umweltschutztechnik, Eissendorfer Strasse 40, 2100 Hamburg 90.
*Deutschland.*

E. Goclik                     *567*
Technische Universität Braunschweig, Institut für Biochemie
und Biotechnologie, Konstantin Uhde Strasse 5, 3300
Braunschweig. *Deutschland.*

D. Goetz                      *365*
Universität Hamburg, Institut für Bodenkunde, Allende-Platz 2,
2000 Hamburg 13. *Deutschland.*

D. Gönner                     *311*
Tiefbau-Berufsgenossenschaft, Tiergartenstrasse 39, 3000
Hannover 71. *Deutschland.*

R. Goubier                    *73*
Agence Nationale pour la Récupération et l'Elimination des
Déchets, Postfach 406, 49004 Angers Cedex. *Frankreich.*

G. Grantham                   *753*
Aspinwall & Company Ltd, Walford Manor, Baschurch, Shrewsbury,
SY4 2HH. *Großbritannien.*

B. Gras                       *233*
Umweltbehörde Hamburg, Steindamm 22, 2000 Hamburg 1.
*Deutschland.*

P. Grathwohl                  *401*
Eberhard-Karls-Universität Tübingen, Institut für Geologie und
Paläontologie, Sigwartstrasse 10, 7400 Tübingen 1.
*Deutschland.*

L.J.J. Gravesteyn             *21*
Ministry of Housing, Physical Planning and Environment,
Postfach 450, 2260 MB Leidschendam. *Niederlande.*

H. Greinert                   *357*
Polytechnic Institute, 65-246 Zielona Góra, ul. Podgórna 50.
*Polen.*

W.E. Grube, Jr.               *1429*
U.S. Environmental Protection Agency, Office of Research and
Development, 26 W Martin Luther King Drive, Cincinnati, Ohio
45268. *USA.*

**J. Gunkel** 519
Technische Universität Hamburg-Harburg, Arbeitsbereich
Umweltschutztechnik, Eissendorfer Strasse 40, 2100 Hamburg 90.
*Deutschland*.

**R. Hahn** 259
Landesanstalt für Umweltschutz Baden-Württemberg,
Griesbachstrasse 3, 7500 Karlsruhe 21. *Deutschland*.

**N.H.A. van Ham** 1595
Netherlands Organization for Applied Scientific Research TNO,
Postfach 45, 2280 AA Rijswijk. *Niederlande*.

**M. Hauschild** 515
Technical University of Denmark, Laboratory of Environmental
Sciences and Ecology, Building 224, 2800 Lyngby. *Dänemark*.

**R. Hempfling** 321
Fresenius Consult GmbH, Im Maisel 14, 6204 Taunusstein-Neuhof.
*Deutschland*.

**J. Henne** 1381
Universität Stuttgart, Institut für Geotechnik, Postfach
801140, 7000 Stuttgart 80. *Deutschland*.

**R. Hennig** 1037
Harbauer GmbH&Co KG, Postfach 126860, 1000 Berlin 12.
*Deutschland*.

**H. Henseleit** 851
Henseleit & Partner, Kunzenweg 25, 7800 Freiburg i.Br.
*Deutschland*.

**B. Herrling** 1189
Universität Karlsruhe, Institut für Hydromechanik, Postfach
6980, 7500 Karlsruhe 1. *Deutschland*.

**C. Herziger** 907
Drägerwerk AG, Moislinger Allee 53/55, 2400 Lübeck 1.
*Deutschland*.

**K.-H. Hesse** 499
Technische Universität Berlin, Institut für Geologie und
Paläontologie, Ackerstrasse 76, 1000 Berlin 65. *Deutschland*.

**C. Hillmert** 615
Landesanstalt für Umweltschutz Baden-Württemberg,
Griesbachstrasse 3, 7500 Karlsruhe 21. *Deutschland*.

**M. Hinsenveld** 973
University of Cincinnati, Department of Civil and
Environmental Engineering, 741 Baldwin Hall (ML 71),
Cincinnati, Ohio 45221-0071. *USA*.
(vormals/formerly: Netherlands Organization for Applied
Scientific Research TNO, 7300 AH Apeldoorn.
*Niederlande*).

G. Hirschmann                  1445
Büro Dr. R. Wienberg, Peutestrasse 51, 2000 Hamburg 28.
*Deutschland.*

S.E. Hoekstra                  1345
Akzo Industrial Systems bv, Postfach 9300, 6800 SB Arnhem.
*Niederlande.*

K. Hoffmann                    607
Beratender Hydro- und Ingenieurgeologe, Friedrich-Ebert-
Strasse 30, 4300 Essen 1. *Deutschland.*

E. Holzmann                    769
Dorsch Consult Ingenieurgesellschaft mbH, Hansastrasse 20,
8000 München 21. *Deutschland.*

D. Horchler                    785
Geo-Infometric/Niedersachsen, Richthofenstrasse 29, 3200
Hildesheim. *Deutschland.*

D. Hortensius                  795
Netherlands Normalization Institute, Postfach 5059, 2600 GB
Delft. *Niederlande.*

R. Huele                       601, 639
Leiden University, Centre for Environmental Studies, Postfach
9518, 2300 RA Leiden. *Niederlande.*

J. Jager                       887
ITU - Ingenieurgemeinschaft Technischer Umweltschutz GmbH,
Wilhelm-Heinrich-Strasse 5, 6600 Saarbrücken. *Deutschland.*

P. Jahn                        1273
Energie-Anlagen Berlin GmbH, Postfach 301207, 1000 Berlin 30.
*Deutschland.*

U. Jegle                       905
Kernforschungszentrum Karlsruhe GmbH, Institut für
Radiochemie, Postfach 3640, 7500 Karlsruhe 1. *Deutschland.*

H.L. Jessberger               319, 1299
Ruhr-Universität Bochum, Lehrstuhl für Grundbau und
Bodenmechanik, Postfach 102148, 4630 Bochum 1. *Deutschland.*

J. Johannsen                   1277
Institut für Bodensanierung, Wasser- und Luftanalytik GmbH,
Hennenerstrasse 60a, 5860 Iserlohn 9. *Deutschland.*

K.C. Jones                     239
Lancaster University, Institute of Environmental and
Biological Sciences, Lancaster LA1 4YQ. *Großbritannien.*

J. de Jongh                    237
Technical Soil Protection Committee, Postfach 450, 2260 MB
Leidschendam. *Niederlande.*

C. Jørgensen     1151
Technical University of Denmark, Department of Environmental Engineering, Building 115, 2800 Lyngby. *Dänemark.*

J. Joziasse     1543
Netherlands Organization for Applied Scientific Research TNO, Postfach 342, 7300 AH Apeldoorn. *Niederlande.*

P. Kämpfer     565
Technische Universität Berlin, Fachbereich Umwelttechnik, Fachgebiet Hygiene, Amrumerstrasse 32, 1000 Berlin 65. *Deutschland.*

J. Karstedt     1475
Institut für Umwelttechnik GmbH, Nauheimer Strasse 27, 1000 Berlin 33. *Deutschland.*

J. Kaufmann     1253
Technische Universität Hamburg-Harburg, Arbeitsbereich Gewässerreinigung, Eissendorfer Strasse 42, 2100 Hamburg 90. *Deutschland.*

L.M. Keiding     325
National Agency of Environmental Protection, Strandgade 29, 1401 Copenhagen K. *Dänemark*

W.E. Kelly     807
University of Nebraska-Lincoln, Department of Civil Engineering, W348 Nebraska Hall, Lincoln, Nebraska, 68508-0531. *USA.*

E.S. Kempa     145, 261, 441
Polytechnic Institute, Institute of Sanitary Engineering, ul. Podgórna 50, 65-246 Zielona Góra. *Polen.*

M. Kerth     909
Geo-Infometric GmbH, Hermannstrasse 3, 4930 Detmold. *Deutschland.*

K.W. Keuzenkamp     3
Ministry of Housing, Physical Planning and Environment, Postfach 450, 2260 MB Leidschendam. *Niederlande.*

H. Kishi     387
Keio University, Faculty of Science and Technology, Japan 3-14-1, Hiyoshi, Kohokuku, Yokohama, 223. *Japan.*

J. Klein     1147
DMT-Gesellschaft für Forschung und Prüfung mbH, Franz-Fischer-Weg 61, 4300 Essen 13. *Deutschland.*

J. Kleineberg     1383
Sachverständigenbüro Kleineberg, Ebertstrasse 47, 7500 Karlsruhe 1. *Deutschland.*

R.H. Kleijntjens     1103
Delft University of Technology, Department of Biochemical Engineering, Julianalaan 67, 2628 BC Delft. *Niederlande.*

**M.M. Kniebusch**      *1259*
Technische Universität Hamburg-Harburg, Arbeitsbereich
Gewässerreinigung, Eissendorfer Strasse 42, 2100 Hamburg 90.
*Deutschland.*

**K. Koch**      *931*
Bayerisches Landesamt für Umweltschutz, Rosenkavalierplatz 3,
8000 München 81. *Deutschland.*

**I. Kögel-Knabner**      *379*
Universität Bayreuth, Lehrstuhl für Bodenkunde und
Bodengeographie, Postfach 101251, 8580 Bayreuth. *Deutschland.*

**E.N. Koglin**      *885*
U.S. Environmental Protection Agency, Environmental Monitoring
Systems Laboratory, Las Vegas, Nevada 89193-3478. *USA.*

**J. Kölbel-Boelke**      *901*
Bruker-Franzen Analytik GmbH, Fahrenheitstrasse 4, 2800 Bremen
33. *Deutschland.*

**W. König**      *251*
Landesanstalt für Ökologie, Landschaftsentwicklung und
Forstplanung Nordrhein-Westfalen, Ulenbergstrasse 1, 4000
Düsseldorf 1. *Deutschland.*

**F. Konz**      *135*
Koppentalstrasse 16, 7000 Stuttgart 1. *Deutschland.*

**B. Körbitzer**      *1601*
Lurgi GmbH, Postfach 111231, 6000 Frankfurt am Main.
*Deutschland.*

**W. Kovalick, Jr.**      *29*
U.S. Environmental Protection Agency, Technology Innovation
Office, 401 M Street, S.W. (OS-110), Washington, D.C. 20460.
*USA.*

**H. Krebs**      *1245*
Technische Universität Hamburg-Harburg, Arbeitsbereich
Gewässerreinigung, Eissendorfer Strasse 42, 2100 Hamburg 90.
*Deutschland.*

**A. Krischok-Peppernick**      *305, 307*
Umweltbehörde Hamburg, Bodenschutzplanung, Baumwall 3, 2000
Hamburg 11. *Deutschland.*

**R. Lageman**      *1197*
Geokinetics v.o.f., Poortweg 4, 2612 PA Delft. *Niederlande.*

**F.P.J. Lamé**      *841*
Netherlands Organization for Applied Scientific Research TNO,
Postfach 217, 2600 AE Delft. *Niederlande.*

**B. Lamoree**      *787*
BKH Consulting Engineers, Postfach 93224, 2509 AE The Hague.
*Niederlande.*

**H. Leenaers** 449
CSO Consultants for Environmental Management and Survey,
Postfach 30, 3734 ZG Den Dolder. *Niederlande.*

**M. Lehn-Reiser** 521
Justus-Liebig-Universität, Institut für Mikrobiologie und
Landeskultur, Senckenbergstrasse 3, 6300 Giessen. *Deutschland.*

**W. Leuchs** 267
Landesamt für Wasser und Abfall Nordrhein-Westfalen, Postfach
5227, 4000 Düsseldorf 1. *Deutschland.*

**B. Lindhardt** 1191
COWIconsult, Parallelvej 15, 2800 Lyngby. *Dänemark.*

**N. Litz** 777
Bundesgesundheitsamt, Institut für Wasser-, Boden- und
Lufthygiene, Versuchsfeld Marienfelde, Schickauweg 58, 1000
Berlin 49. *Deutschland.*

**J. Lohrengel-Goeke** 323
Universität Dortmund, Institut für Umweltschutz, Postfach
500500, 4600 Dortmund 50. *Deutschland.*

**H. Lorson** 1553
Noell GmbH, Abteilung TT, Postfach 6260, 8700 Würzburg 1.
*Deutschland.*

**S. Lotter** 1071
Technische Universität Hamburg-Harburg, Arbeitsbereich
Umweltschutztechnik, Eissendorfer Strasse 40, 2100 Hamburg 90.
*Deutschland.*

**H.-P. Lühr** 1455
Technische Universität Berlin, Institut für Wassergefährdende
Stoffe, Hardenbergplatz 2, 1000 Berlin 12. *Deutschland.*

**A.B. van Luin** 1477
Ministry of Transport and Public Works, Institute for Inland
Water Management and Waste Water Treatment, Postfach 17, 8200
AA Lelystad. *Niederlande.*

**N.-Ch. Lund** 541
Universität Karlsruhe, Institut für Bodenmechanik und
Felsmechanik, Postfach 6980, 7500 Karlsruhe 1. *Deutschland.*

**J. Maag** 1079
Technical University of Denmark, Laboratory of Environmental
Sciences and Ecology, Building 224, 2800 Lyngby. *Dänemark.*

**K. Mackenbrock** 1009
Deutsche Babcock Anlagen AG, Parkstrasse 29, 4150 Krefeld 11.
*Deutschland.*

**F.T. Madsen** 1363
Eidgenössische Technische Hochschule, Institut für Grundbau
und Bodenmechanik, Sonneggstrasse 5, 8092 Zürich. *Schweiz.*

D. Maier                             935
Stadtwerke Karlsruhe, Postfach 6169, 7500 Karlsruhe 1.
*Deutschland.*

B. Malherbe                          1581
HAECON nv, Deinsesteenweg 110, 9810 Gent. *Belgien.*

A. Marcomini                         1513
University of Venice, Department of Environmental Sciences,
Calle Larga S. Marta 2137, 30123 Venice. *Italien.*

H. Martens                           1597
Wehrwissenschaftliche Dienststelle der Bundeswehr, Postfach
1320, 3042 Münster. *Deutschland.*

G. Matz                              869
Technische Universität Hamburg-Harburg, Arbeitsbereich
Messtechnik, Harburger Schlossstrasse 20, 2100 Hamburg 90.
*Deutschland.*

J.C.L. Meeussen                      429
Agricultural University, Department of Soil Science and Plant
Nutrition, Postfach 8005, 6700 EC Wageningen. *Niederlande.*

H.G. Meiners                       373, 375
AHU Büro für Hydrogeologie und Umwelt GmbH, Bachstrasse 62-64,
5100 Aachen. *Deutschland.*

S. Melchior                          1347
Universität Hamburg, Institut für Bodenkunde, Allende-Platz 2,
2000 Hamburg 13. *Deutschland.*

A.W.J. van Mensvoort
-> P.W. de Vries

T. Meschede                          1237
IGB Ingenieurbüro für Grundbau, Bodenmechanik und
Umwelttechnik, Heinrich-Hertz-Strasse 116, 2000 Hamburg 76.
*Deutschland.*

H.G. von Meijenfeldt                 13
Ministry of Housing, Physical Planning and Environment,
Postfach 450, 2260 MB Leidschendam. *Niederlande.*

D.H. Meijer                          893
TAUW Infra Consult BV, Postfach 479, 7400 AL Deventer.
*Niederlande.*

G. Miehlich                          1517
Universität Hamburg, Institut für Bodenkunde, Allende-Platz 2,
2000 Hamburg 13. *Deutschland.*

J. Mikolás                           155
Federal Committee for the Environment, Slezská 9, 12029 Praha
2. *Die Tschechoslowakei.*

F.H. Mischgofsky                     101
Delft Geotechnics, Postfach 69, 2600 AB Delft. *Niederlande.*

N. Molitor                     793
Trischler und Partner GmbH, Postfach 104322, 6100 Darmstadt.
*Deutschland.*

H. Møller Jensen               523
Technical University of Denmark, Department of Environmental
Engineering, Building 115, 2800 Lyngby. *Dänemark.*

D.M. Montgomery               1417
Taywood-ENSR, Westmont Centre, Delemere Road, Hayes, Middx UB4
0HD. *Großbritannien.*
(vormals/formerly: Imperial College of Science, Technology and
Medicine, Centre for Toxic Waste Management, London SW7 2BU).

C. Mosmans                    1041
Mosmans Mineraaltechniek BV, Rijnstraat 15, 5347 KL Oss.
*Niederlande.*

E. Mulder                     1421
Netherlands Organization for Applied Scientific Research TNO,
Postfach 342, 7300 AH Apeldoorn. *Niederlande.*

R. Müller-Hurtig               569
Technische Universität Braunschweig, Institut für Biochemie
und Biotechnologie, Konstantin Uhde Strasse 5, 3300
Braunschweig. *Deutschland.*

H. Müller-Kirchenbauer    1355, 1361, 1385
Universität Hannover, Institut für Grundbau, Bodenmechanik und
Energiewasserbau, Callinstrasse 32, 3000 Hannover 1.
*Deutschland.*

G.P.M. van den Munckhof     927, 1099
Witteveen+Bos Consulting Engineers, Postfach 233, 7400 AE
Deventer. *Niederlande.*

K. Münnich                    491
Technische Universität Braunschweig, Leichtweiß-Institut für
Wasserbau, Postfach 3329, 3300 Braunschweig. *Deutschland.*

L.C. Murdoch                  1217
University of Cincinnati, Department of Civil and
Environmental Engineering, Center Hill Facility, 5995 Center
Hill Road, Cincinnati, Ohio 45224. *USA.*

H. Neifer                     681
Wasserwirtschaftsamt Kirchheim/Teck, Max-Eyth-Strasse 57, 7312
Kirchheim/Teck. *Deutschland.*
(vormals/formerly: Landesanstalt für Umweltschutz Baden-
Württemberg, 7500 Karlsruhe 21).

J.W. Nyhan                    1339
Los Alamos National Laboratory, Los Alamos, New Mexico 87545.
*USA.*

J.P. Okx                    817,  845
TAUW Infra Consult BV, Postfach 479, 7400 AL Deventer.
*Niederlande.*

W. van Oosterom                855, 1173
TAUW Infra Consult BV, Postfach 479, 7400 AL Deventer.
*Niederlande.*

D. Ortlam                      1465
Niedersächsiches Landesamt für Bodenforschung, Aussenstelle
Bremen, Werderstrasse 101, 2800 Bremen 1. *Deutschland.*

P. Parenti                     1195
Ansaldo Sistemi Industriali spa, Divisione Ambiente, Via Dei
Pescatori 35, 16129 Genova. *Italien.*

J. Parthen                     1105
HP-biotechnologie GmbH, Brauckstrasse 51, 5810 Witten.
*Deutschland.*

K. Pecher                      529
Universität Bayreuth, Lehrstuhl für Hydrologie, Postfach
101251, 8580 Bayreuth. *Deutschland.*

S. Peiffer                     485
Universität Bayreuth, Limnologische Forschungsstation,
Postfach 101251, 8580 Bayreuth. *Deutschland.*

C. Penelle                     489
Université Louis Pasteur de Strasbourg, Institut de Mécanique
des Fluides, URA CNRS 854, 2 rue Boussingault, 67000
Strasbourg Cedex. *Frankreich.*

J. Peters                      713
Stadtreinigungsamt Bielefeld, Eckendorfer Strasse 57, 4800
Bielefeld. *Deutschland.*

Th.A. Peters                   1271
Consulting für Membrantechnologie und Umwelttechnik,
Broichstrasse 91, 4040 Neuss 1. *Deutschland.*

U.G.O. Peterson                1035
SAN Sanierungstechnik für den Umweltschutz GmbH,
Fahrenheitstrasse 8, 2800 Bremen 33. *Deutschland.*

E.-M. Pfeiffer                 179
Universität Hamburg, Institut für Bodenkunde, Allende-Platz 2,
2000 Hamburg 13. *Deutschland.*

Th. Poller                     341
Thalen Consulting GmbH, Urwaldstrasse 39, 2932 Neuenburg.
*Deutschland.*

J. Porst                       181
Porst Consult, Königstrasse 125, 8510 Fürth. *Deutschland.*

W. Püttmann                    943
RWTH Aachen, Lehrstuhl für Geologie, Geochemie und
Lagerstätten des Erdöls und der Kohle, Lochnerstrasse 4-20,
5100 Aachen. *Deutschland.*

D. Quantz 859
Berliner Institut für Baustoffprüfungen GmbH, Haynauerstrasse 53, 1000 Berlin 46. *Deutschland*.

V. Quentmeier 1291
Aqua Consult GmbH, Lange Laube 29, 3000 Hannover 1. *Deutschland*.

A. Rahrbach 315
Battelle-Institut e.V., Am Römerhof 35, 6000 Frankfurt am Main 90. *Deutschland*.

R. Rautenbach 1227, 1269
RWTH Aachen, Institut für Verfahrenstechnik, Turmstrasse 46, 5100 Aachen. *Deutschland*.

J. Reichert 941
Kernforschungszentrum Karlsruhe GmbH, Institut für Radiochemie, Postfach 3640, 7500 Karlsruhe 1. *Deutschland*.

R.C. Reintjes 987
Research & Engineering Consultants bv, Ecotechniek bv, Postfach 8270, 3503 RG Utrecht. *Niederlande*.

P.C. Renaud 1205
Centre de Recherches Lyonnaise des Eaux-Degremont, 38, rue du Président Wilson, 78230 Le Pecq. *Frankreich*.

G. Rettenberger 1343
FH Trier, Schneidershof, 5500 Trier. *Deutschland*.

W.H. van Riemsdijk 419
Agricultural University, Department of Soil Science and Plant Nutrition, Postfach 8005, 6700 EC Wageningen. *Niederlande*.

A. Riss 1149
Trischler und Partner GmbH, Postfach 104322, 6100 Darmstadt. *Deutschland*.

M. Rodriguez Barrera XXXIX
Universidad Complutense de Madrid, Faculdad de Farmacia, Departamento de Nutrición y Bromatologia II. Madrid. *Spanien*.

K. Rohrhofer XXXIX
Consultant for Water and Waste Management, Carl Reichertgasse 27, 1170 Wien. *Österreich*.

W.D. Rokosch 1515
Rijkswaterstaat, Dredging Division, Postfach 5807, 2280 HV Rijswijk. *Niederlande*.

P. Rongen 705
NORDAC GmbH & Co. KG, Einsiedeldeich 15, 2000 Hamburg 26. *Deutschland*.

A. Rosenberger 911
Dorsch Consult Ingenieurgesellschaft mbH, Hansastrasse 20, 8000 München 21. *Deutschland*.

**U. Rosenbrock**                      1143
ARGUS Umweltbiotechnologie GmbH, Niemetzstrasse 47/49, 1000 Berlin 44. *Deutschland*.

**M.A. Rubio**                         1255
Technische Universität Hamburg-Harburg, Arbeitsbereich Gewässerreinigung, Eissendorfer Strasse 42, 2100 Hamburg 90. *Deutschland*.

**D. Rudat**                           1033
Dyckerhoff & Widmann AG, Postfach 810280, 8000 München 81. *Deutschland*.

**R. Rumler**                          335
Tiefbau-Berufsgenossenschaft, Am Knie 6, 8000 München. *Deutschland*.

**A. von Saldern**                  1463
HPC Harress Pickel Consult GmbH, Marktplatz 1, 8856 Harburg/Schwaben. *Deutschland*.

**P. Sander**                         577
Universität Hamburg, Institut für Allgemeine Botanik, Ohnhorststrasse 18, 2000 Hamburg 52. *Deutschland*.

**D.E. Sanning**                    963
U.S. Environmental Protection Agency, Office of Research and Development, 26 W Martin Luther King Drive, Cincinnati, Ohio 45268. *USA*.

**T. Sasse**                          1387
Umtec, Ingenieurgesellschaft für Abfallwirtschaft und Umwelttechnik, Stresemannstrasse 52, 2800 Bremen 1. *Deutschland*.

**C. Schmidt**                       1331
Dr.-Ing. Steffen Ingenieurgesellschaft m.b.H., Ruhrtalstrasse 417, 4300 Essen-Kettwig. *Deutschland*.

**U. Schneider**                    1587
PGBU Planungsgesellschaft Boden & Umwelt mbH, Friedrich-Ebert-Strasse 33, 3500 Kassel. *Deutschland*.

**W. Schneider**                497, 1371
Geologisches Landesamt Hamburg, Oberstrasse 88, 2000 Hamburg 13. *Deutschland*.

**J. Schnell**                      1317
Philipp Holzmann AG, Münsterstrasse 291, 4000 Düsseldorf 30. *Deutschland*.

**M. Schuldt**                      235
Umweltbehörde Hamburg, Amt für Umweltschutz, Baumwall 3, 2000 Hamburg 11. *Deutschland*.

**B.-M. Schulze**                 849
Geophysik Consulting GmbH, Marthastrasse 10, 2300 Kiel 1. *Deutschland*.

**H. Schüßler**　　　　　　　　1095
biodetox Gesellschaft zur biologischen Schadstoffentsorgung mbH, 3061 Ahnsen. *Deutschland.*

**J.M. Seitz**　　　　　　　　1359
Bilfinger+Berger Bauaktiengesellschaft, Postfach 100562, 6800 Mannheim 1. *Deutschland.*

**M. Sellner**　　　　　　　　563
Umweltbehörde Hamburg, Amt für Umweltuntersuchungen, Gazellenkamp 38, 2000 Hamburg 54. *Deutschland.*

**H. Seng**　　　　　　　　867, 945
Landesanstalt für Umweltschutz Baden-Württemberg, Griesbachstrasse 3, 7500 Karlsruhe 21. *Deutschland.*

**C.F. Seyfried**　　　　　　　　1265
Universität Hannover, Institut für Siedlungswasserwirtschaft und Abfalltechnik, Welfengarten 1, 3000 Hannover 1. *Deutschland.*

**M. Siegerist**　　　　　　　　779, 1583
BKH Consulting Engineers, Postfach 93224, 2509 AE The Hague. *Niederlande.*

**R.L. Siegrist**　　　　　　　　185, 861
Oak Ridge National Laboratory, Environmental Sciences Division, Oak Ridge, Tennessee 37831. *USA.*

**N. Simmleit**　　　　　　　　313
Fresenius Consult GmbH, Im Maisel 14, 6204 Taunusstein-Neuhof. *Deutschland.*

**H.A. van der Sloot**　　　　　　　　1425, 1453
Netherlands Energy Research Foundation (ECN), Postfach 1, 1755 ZG Petten. *Niederlande.*

**R. Soundararajan**　　　　　　　　1411, 1449
RMC Environmental and Analytical Laboratories, 214 West Main Plaza, West Plains, Missouri 65775. *USA.*

**P. Spillmann**　　　　　　　　463
Technische Universität Braunschweig, Leichtweiß-Institut für Wasserbau, Postfach 3329, 3300 Braunschweig. *Deutschland.*

**B. Sprenger**　　　　　　　　1063
HP-biotechnologie GmbH, Brauckstrasse 51, 5810 Witten. *Deutschland.*

**F. Spuy**　　　　　　　　1185
TAUW Infra Consult BV, Postfach 479, 7400 AL Deventer. *Niederlande.*

**W. Spyra**　　　　　　　　1589
Der Polizeipräsident in Berlin, Direktion Polizeitechnische Untersuchungen, Gothaerstrasse 1a, 1000 Berlin 62. *Deutschland.*

**M. Stammler**                    *367, 775*
Envi Sann GmbH, Kreuzweg 15, 6384 Schmitten 1. *Deutschland.*

**R. Stegmann**                    *985*
Technische Universität Hamburg-Harburg, Arbeitsbereich
Umweltschutztechnik, Eissendorfer Strasse 40, 2100 Hamburg 90.
*Deutschland.*

**M. Steigmeier**                  *289*
MBT Umweltschutztechnik AG, Vulkanstrasse 110, 8048 Zürich.
*Schweiz.*

**M. Stieber**                     *551*
DVGW-Forschungsstelle am Engler-Bunte-Institut, Universität
Karlsruhe, Postfach 6980, 7500 Karlsruhe 1. *Deutschland.*

**H. Stolpe**                      *309*
AHU Büro für Hydrogeologie und Umwelt GmbH, Bachstrasse 62-64,
5100 Aachen. *Deutschland.*

**L. van Straaten**                *773*
Geo-Infometric/Niedersachsen, Richthofenstrasse 29, 3200
Hildesheim. *Deutschland.*

**A. Straßburger**                 *729*
Landesanstalt für Umweltschutz Baden-Württemberg,
Griesbachstrasse 3, 7500 Karlsruhe 21. *Deutschland.*

**J.M. Strauss**                   *409*
Université Louis Pasteur de Strasbourg, Institut de Mécanique
des Fluides, URA CNRS 854, 2 rue Boussingault, 67000
Strasbourg Cedex. *Frankreich.*

**D. Stroh**                       *1051, 1357*
Hochtief AG, Postfach 101762, 4300 Essen 1. *Deutschland.*

**B. Stuck**                       *623*
Umlandverband Frankfurt, Am Hauptbahnhof 18, 6000 Frankfurt am
Main 1. *Deutschland.*

**H. Stümpel**                     *791*
Universität Kiel, Institut für Geophysik, Ohlshausenstrasse
40-60, 2300 Kiel. *Deutschland.*

**J. Svoma**                       *1275*
Stavební geologie, Na Markvartce 16, 160 00 Praha 6. *Die
Tschechoslowakei.*

**I. Szymura**                     *445*
Technical and Agricultural University, Department of
Agriculture, 6/8 Bernardynska Street, 85-029 Bydgoszcz. *Polen.*

**G. Teutsch**                     *651*
Universität Stuttgart, Institut für Wasserbau, Pfaffenwaldring
61, 7000 Stuttgart 80. *Deutschland.*

**E.F. Thairs**                  *XXXIX*
Confederation of British Industry, 103 New Oxford Street, London WC1A 1DU. *Großbritannien.*

**H.W. Thoenes**              *LIII*
Rat von Sachverständigen für Umweltfragen, Postfach 5528, 6200 Wiesbaden. *Deutschland.*

**E. Thomanetz**            913, 1261, 1263
Universität Stuttgart, Institut für Siedlungswasserbau, Wassergüte- und Abfallwirtschaft, Bandtäle 1, 7000 Stuttgart 80. *Deutschland.*

**W. Thomas**                279
BSR-Bodensanierung und Recycling GmbH, Westring 23, 4630 Bochum. *Deutschland.*

**K.T. von der Trenck**        297
Landesanstalt für Umweltschutz Baden-Württemberg, Griesbachstrasse 3, 7500 Karlsruhe 21. *Deutschland.*

**E. Trude**                  1097
Noell-KRC Umwelttechnik GmbH, Postfach 6260, 8700 Würzburg 1. *Deutschland.*

**J.J. Vegter**               207
Technical Soil Protection Committee, Postfach 450, 2260 MB Leidschendam. *Niederlande.*

**J. Vehlow**                1007
Kernforschungszentrum Karlsruhe GmbH, Laboratorium für Isotopentechnik, Postfach 3640, 7500 Karlsruhe 1. *Deutschland.*

**L. Vermes**                *XXXIX*
University for Agricultural Sciences, Department of Water Management and Land Reclamation, 2103 Gödöllö. *Ungarn.*

**C.W. Versluijs**           697
National Institute for Public Health and Environmental Protection (RIVM), Postfach 1, 3720 BA Bilthoven. *Niederlande.*

**B. Vielhaber**             1323
Universität Hamburg, Institut für Bodenkunde, Allende-Platz 2, 2000 Hamburg 13. *Deutschland.*

**W. Visser**                 89
Delft Geotechnics, Postfach 69, 2600 AB Delft. *Niederlande.*

**W. Visser**                 589
National Institute for Public Health and Environmental Protection (RIVM), Postfach 1, 3720 BA Bilthoven. *Niederlande.*

**J.W. van Vliet**           721
BKH Consulting Engineers, Postfach 93224, 2509 AE The Hague. *Niederlande.*

J.H. Volbeda                 1561
Hollandsche Aanneming Maatschappij BV, Postfach 166, 2280 AD
Rijswijk. *Niederlande*.

H.B.R.J. van Vree            1131
TAUW Infra Consult BV, Postfach 479, 7400 AL Deventer.
*Niederlande*.

P.W. de Vries                1307
P.W. de Vries BV Consulting Engineer, Bilderdijklaan 6, 3818
WE Amersfoort. *Niederlande*.

M. Vuga                      343
Kulturtechnik GmbH, Friedrich-Missler-Strasse 42, 2800 Bremen.
*Deutschland*.

A.Ch.E. van de Vusse         117
Delft University of Technology, Science Shop, Kanaalweg 2b,
2628 EB Delft. *Niederlande*.

J.-F. Wagner                 457, 1389
Universität Karlsruhe, Lehrstuhl für Angewandte Geologie,
Postfach 6380, 7500 Karlsruhe. *Deutschland*.

M. Wahlström                 783
Technical Research Centre of Finland, Chemical Laboratory,
Vuorimiehentie 5, 02150 Espoo. *Finnland*.

K. Wehrle                    1183
Universität Karlsruhe, Institut für Bodenmechanik und
Felsmechanik, Postfach 6980, 7500 Karlsruhe 1. *Deutschland*.

J. Weidner                   1135
Consulaqua Hamburg Beratungsgesellschaft mbH, Billhorner Deich
2, 2000 Hamburg 26. *Deutschland*.

Chr. Weingran                673
Landesentwicklungsgesellschaft Nordrhein-Westfalen, Willem van
Vloten Strasse 48, 4600 Dortmund 30. *Deutschland*.

W.D. Weißenfels              561
Ruhrkohle Öl und Gas GmbH, Gleiwitzer Platz 3, 4250 Bottrop.
*Deutschland*.
(vormals/formerly: DMT-Gesellschaft für Forschung und Prüfung
mbH, 4300 Essen 13).

J. van Wensem                219
Technical Soil Protection Committee, Postfach 450, 2260 MB
Leidschendam. *Niederlande*.

J. Werther                   1011
Technische Universität Hamburg-Harburg, Arbeitsbereich
Verfahrenstechnik I, Eissendorfer Strasse 38, 2100 Hamburg 90.
*Deutschland*.

K. Wichmann                  1267
Consulaqua Hamburg Beratungsgesellschaft mbH, Billhorner Deich
2, 2000 Hamburg 26. *Deutschland*.

S.D. Wigfull　　　　　　　　369
Polytechnic of East London, Environment & Industry Research
Unit, Romford Road, London E15 4LZ. *Großbritannien*.

S.R. Wild　　　　　　　　533
Lancaster University, Institute of Environmental and
Biological Sciences, Lancaster LA1 4YQ. *Großbritannien*.

V. Wilhelm　　　　　　　　337, 339
Württembergischer Gemeindeunfallversicherungsverband, Postfach
106062, 7000 Stuttgart 10. *Deutschland*.

C. Winder　　　　　　　　271
Netherlands Organization for Applied Scientific Research TNO,
Postfach 186, 2600 AD Delft. *Niederlande*.

D. Winistörfer　　　　　　　　51
Uhlandstrasse 8, 4053 Basel. *Schweiz*.

R.-M. Wittich　　　　　　　　575
Universität Hamburg, Institut für Allgemeine Botanik,
Ohnhorststrasse 18, 2000 Hamburg 52. *Deutschland*.

S. Wohnlich　　　　　　　　501
Universität Karlsruhe, Lehrstuhl für Angewandte Geologie,
Postfach 6380, 7500 Karlsruhe 1. *Deutschland*.

R.C. Wyzgol　　　　　　　　903
Universität Gesamthochschule Essen, Institut für Physikalische
und Theoretische Chemie, Universitätsstrasse 5, 4300 Essen 1.
*Deutschland*.

M. Zarth　　　　　　　　481, 897
Umweltbehörde Hamburg, Amt für Altlastensanierung,
Amelungstrasse 3, 2000 Hamburg 36. *Deutschland*.

M.A. Zarull　　　　　　　　XXXIX
Lakes Research Branch, National Water Research Institute,
Canada Centre for Inland Waters, 867 Lakeshore Road,
Burlington, Ontario L7R 4A6. *Kanada*.

S.E.A.T.M. van der Zee　　　　493
Agricultural University, Department of Soil Science and Plant
Nutrition, Postfach 8005, 6700 EC Wageningen. *Niederlande*.

G. Zeibig　　　　　　　　921
Berliner Institut für Baustoffprüfungen GmbH, Haynauerstrasse
53, 1000 Berlin 46. *Deutschland*.

M. Ziegler　　　　　　　　1023
Philipp Holzmann AG, Postfach 10000, 6078 Neu-Isenburg.
*Deutschland*.

G. Zimmermeyer　　　　　　　　75
Gesamtverband des Deutschen Steinkohlenbergbaus, Glückaufhaus,
Friedrichstrasse 1, 4300 Essen 1. *Deutschland*.

**K.L. Zirm** *41*
Umweltbundesamt, Spittelauer Lände 5, 1090 Wien. *Österreich.*

**K. Zotter** *1287*
Research Centre for Water Resources Development, Postfach 27, 453 Budapest. *Ungarn.*

Stichwörterverzeichnis

Abbau 777
Abbau von Uran 139
Abbaugeschwindigkeit und -leistung 559
Abdecksysteme 1299, 1323, 1347, 1383
Abdeckungskonstruktionen 1340
Abdichtung des Ringraumes 653
Abdichtung 1379
Abdichtungselemente 1355
Abdichtungsmaterialien 1344
Abdichtungssysteme 1299, 1353, 1391
Abfallager 1469
Abgase 145
Abkapselungstechniken 1343
Ablagerungen des Bergbaues 143
Abschätzung des Gefährdungspotentials 481
Absetzanlagen 139, 140, 141, 143
Abwasser 145, 907
adsorbiert 1353
Adsorption 419, 572, 1227, 1285
Adsorptionsvermögen 149
aeroben Abbau 1107
Aktivkhole 1135, 1189, 1299
Altablagerung 145, 681, 682, 683, 737
Altlasten 140, 143, 281, 325, 647
Altlastenbehandlung 323
Altlastenerkundung 729, 851
Altlastenerkundung und -überwachung 651
Altlastenfonds 687
Altlastenkataster 143
Altlastensanierung 645
Altlastensanierungvorhaben 318
Altlasten-Untersuchungsprogramm 779
Altstandsorte 737
Altöl 181
Ammoniak 941, 1285
Ammonium 1241, 1242, 1245, 1246, 1249, 1252, 1285, 1286
anaeroben Abbaus fester kommunaler Abfälle 529
Analyse 911, 915
Analysemethoden 233, 907, 1445
Analysengeräte 877
Analysenplan 638
Analysenverfahren 877, 935, 937
Analyse-Gerät 904
Analyse-Methoden 854
Analytik 911, 912
analytische Methoden 877
analytisches Verfahren 943
Anionenausschluss-Konzept 1375

anorganische Zyanid 989
Aquifer 775
Arbeitsmedizin 335
Arbeitsschutz 311, 337, 1299, 1316
Arbeitsschutzmassnahmen 341, 343
aromatsiche Kohlenwasserstoffe 525, 1135
Arsen 179
Art des Probenahmesysteme 569
Asbest 1383
Atmosphärische Ablagerungen 239
Ausbaumaterialien 659
ausgelaugt 429
Ausgrabung 1299
Auskofferung 1315
Auslaugungen 141
Auslaugverhalten 1441
autochthone Bakterien 1151
Baggergut 131, 1517, 1573
Baggertechniken 1299
Bakterien 563, 565, 577, 1135
Barrierenwirkung 1371, 1377, 1378
Bauleitplanung 307
Behandlung von Sedimenten in belüfteten Becken 1047
Behandlung vor Ort 1035
Behandlungseinheiten 721
Behandlungsmethoden 101
Behörden 165
Belastungen und Beeinträchtigungen durch eine Altlastensanierung 317
Belebtschlamm 1255
Benzin 524
Benzol 1289, 1135
Bergschäden 142, 143
Bergwerksabfälle 373
Beschleunigungsmöglichkeiten 323
Bestandsaufnahme 796, 837
Betriebserfahrung 1009
Beurteilung 630
Bewegung 777
Bewertungskriterien 641
Bewertungsverfahren 617, 641
Biegezugfestigkeit 1381, 1382
Bioabbau 530
Biodegradation 1149, 1197, 1289
biologisch 986
biologische Abbau 524, 533, 551, 575, 1045, 1079
biologische Abbaubarkeit 577, 1066
biologische Behandlung 565, 570, 1045, 1051, 1097, 1135, 1155, 1245, 1252, 1253, 1265,

1267, 1553
biologische Behandlungsstufe 1257
biologische Behandlung von Schluff 1041
biologische Beschaffenheitsparameter 651
biologische Grundwasserbehandlung 1295, 1296, 1289
biologische Reinigung 1245, 1247
biologische Sanierung 1145, 1151
biologische Techniken 1103
biologische Testverfahren 1064
biologische und chemische Behandlung 1297
biologische Ölabbau 1071
biologischer Abbau 1191, 1259, 1295, 1529
biologischer Testverfahren 1501
biologisches Sanierungsverfahren 1145
biologisches Verfahren 1145
Biomobilität 1501
Bioreaktoren 1046, 1071, 1295
biotechnologische Altlastensanierung 1103
Biotensid 567, 570
Biotest (biologisches Testverfahren) 565
Biotests 519, 563
Bioverfügbarkeit 551, 553, 556, 1155
Bio-Monitorings 336
Bis-(2-Ethylhexyl)-Phthalat (DEPH) 1079
Blei 259, 450, 457, 458, 459, 500, 769
Boden 553, 559, 885, 986, 1040, 1045
Bodenabdecksystem 117
Bodenabdeckung 1299, 1349
Bodenbakterien 559
Bodenbelastungsgebiet 51
Bodenbelastungskatasters 52
Bodendampf-Extraktion 1185
Bodendecke 370
Bodeneigenschaften 645
Bodenfauna 1349
Bodenfunktionen 645
Bodengas 911
Bodengasanalysen 912
Bodenkundliche Kartieranleitung 647
Bodenluft 311, 746, 909, 912, 933, 1003, 1166, 1283
Bodenluftabsaugung 1157, 1159, 1161, 1183
Bodenluft-Extraktion 1290
Bodenmerkmalserfassung 647
Bodenproben 259, 800, 1195
Bodenprobenahme 808, 854
Bodensanierungen 289
Bodenschicht 837
Bodenschlamm 1105
Bodenschutz 679, 986, 1455
Bodenstandardwerte 207
Bodentransport 1299
Bodenwasser 501
Bodenwäsche 1011, 1035
Boden- und Grundwasserschutz 1475
Bohrungen 731, 749
Brand 166
Brand-, Explosions- und Gesundheitsgefahren 337

Bromid 1375
Brunnen 1238, 1299
Cadmium (Cd) 269, 450, 455, 485, 939, 940
chemische Barriere 1465
chemische Behandlung 1553
chemische Integrität 651
chemische 651
chemisch-physikalisches Verfahren 986
chlorierte Kohlenwasserstoffe (CKW) 367, 687, 775, 853, 907, 911, 933, 1135, 1157, 1158, 1159, 1160, 1165, 1189, 1227, 1229, 1257, 1283
chlororganische Verbindungen 885
Chlorphenole 529
Chrom 1278
clay 1387
Cluster-Verfahren 89, 101
Computermodellen 90, 501, 787
Crossflow-Microfiltration 1271
Cyaniden 859, 769
Dampfextraktion 1185
Dampfraumanalysenverfahren 937
das erste Umweltministerium in der UdSSR 166
Datenanalysen 625, 925
Definitionen 230
Denitrifikanten 522
Denitrifikation 521
Deponie 135, 165, 166, 337, 367, 457, 459, 460, 497, 745, 773, 791, 849, 1271, 1229, 1237, 1245, 1253, 1265, 1267, 1299, 1315, 1317, 1323, 1339, 1347, 1353, 1355, 1360, 1363, 1371, 1377, 1381, 1382, 1383, 1391, 1441, 1473
Deponieabdichtungen 1323, 1389
Deponieböden 369
Deponieflüssigkeiten 1255
Deponiegas 369, 931
Deponiegasanlagen 339
Deponiegasverwertung 1227
Deponien und Altlasten zur Gefährdungsbeurteilung 569
Deponieoberflächenabdeckungen 1361
Deponierückstande 1453
Deponiesickerwasser 1269, 1270, 1363, 1443
Deponie/Ton 461
Deponieuntergrundes 1379
Deponigasanlagen 339
DH der Verdampfung 1412
Dibenzofuran 559
Dibenzo-P-Dioxin 559
Dichtsystemen 1347
Dichttrennwände 136
Dichtungsbahn 1346
Dichtwand 1299, 1343, 1353, 1361
Dichtwandtechnik 1357
Diffusion 1373, 1427
Diffusionskoeffizient 1375, 1378, 1379
diffusive 1385
diffusiver Stofftransport 1377
Dioxine 297, 575, 1259

Dioxine und Furane 270
Dispersion 1375
DOC- und COD-Bestimmungsmethoden 935
Drainage 1332
Drainsysteme 1299
Drei-Phasen 1103
Dränage 1327
durchflussgemittelten Konzentrationswert 656
Durchlässigkeit 499, 1363, 1385
Durchlässigkeitsbeiwert 1378
Durchlässigkeitsuntersuchungen 497
Dynagrout 1391
Effekte der Konrgrösze 450
Eindampf 1270
Eindampfung 1269
Einfachmessstelle als offenes Loch im Festgestein Typ (4) 653
Einfachmessstellen 653
Einkapselung 1299, 1353, 1357, 1383, 1385
Einphasendichtwände 1359
Eintrittskapillardruck 1183
Elektroosmose 1205
Elektrosanierung 1197
Emissionsschutz 1316
Empfehlungen für ein raumverträgliches Handling von Altlastenfällen 318
Entnahmetechniken 1315
Entscheidungsfindung 590
Entscheidungsplan 730
Entwicklungsprogramm 1529
Entwässerung 713, 1573
EOX 885
Erdfälle 141
Erfassung 737
Erholungspark 367
Erkennen 179
Erkennung 179
Erkundigung, Bestandsaufnahme 714
Erkundung 341, 615, 681, 682, 683, 745
Erkundungstechniken 689
Erosion 1333
Erzbergbau 137, 138, 143
Expertensystem CASES (Chemical Aquifer Sampling Expert System) 659
Expertensystem 629, 636, 637, 644
Exposition 297
extrahiert 429
Extraktion 455, 907, 1043, 1553
Extraktionsbrunnen 1195
Extraktionsverfahren 487
Extrapolation 220
Fallstudie 753, 373, 376, 922
FCKW 1007
Fernerkundung 851, 852
Fernüberwachung 939
Filtergeschwindigkeit 1377, 1378, 1379
Filterschichten 1299
Filter- und Vollrohre 654
Finanzierung 41
Fliessstrecken des Porenwassers 1373

Flockungshilfmittel 1575
Flotation 1043
Fluss 166
flüchtige organische Substanzen 901, 907, 933, 1246, 1257
flüchtige organische Verbindungen 367
flüchtige Stoffe 1250
flüchtige Substanzen 1252
Flügelscherfestigkeit 1577
Flüssigkeitsentzug 1237
Flüssigkulturen 559
flächenhafte Verbreitung 179
F+E–Verbundprojektes Dortmund 317
Fördersysteme 656
$\Upsilon=0.29$ 1375
Gas 1267, 1299
Gaschromatographen 911
gasromatographisch 1108
Gaschromatographie 901
Gasdurchlässigkeit 1344
Gasemission 1343
Gasen 1343
Gasmigration 1343
Gasphase 1007
Gaswerk 6638, 683, 769, 842, 901, 915, 1023, 1145, 1155, 1285, 1298
Gaswerkgelände 343
Gaswerksböden 935
Gaswerksgelände 429
GC 911
Gebäudeschutz 758
Gefahrenabschätzung 207
Gefahrenabschätzung 219
Gefährdung 1475
Gefährdungabschätzung 312, 321, 325, 373, 643, 829, 422, 637, 773, 835
Gefährdungspotential 309, 487
gefährliche Substanzen/Abfallstoffe 145
Genehmigung 131
Genehmigungsverfahren 323
Geologische Barriere 688, 1465
geophysikalischer Untersuchungsmethoden 850
geostatistische Analyse 810
Geosynthetics 1346
Geotextilien 1299, 1349
Geschichte 145
Gesetze 131
Gesundheit der Kinder 165
Gesundheitsbeeinträchtigungen 311, 335
Gesundheitsgefährdungen 338
Gewässer 145
Gipskeuper 688
Grenzwerte 128, 219, 233, 289, 1067
Gruben 137, 138, 141
Grundwasser 267, 641, 746, 1183, 1278, 1297
Grundwasserbehandlung 1299
Grundwassergefährdung 777
Grundwasserleiter 491, 641, 644, 750, 775, 791
Grundwassermodellierung 716
Grundwasserproben 259, 788

Grundwasserprobenahme 492, 859
Grundwasserreinigung 1038, 1135, 1149, 1159, 1162, 1273
Grundwassersanierung 1285
Grundwasserschutz 233, 237, 345, 1455
Grundwasserströmungen 491, 941
Grundwasserstömungsmodelle 237
Hafenschlammanalyse 1501
Hafenschlick-Deponien 1583
Halden 137, 138, 139, 140, 141, 142, 143
halogenierte Kohlenwasserstoffe 859, 903, 1135
Handbuchs zur Konflikt- und Beeinträchtigungsminderung bei Altlastensanierungsvorhaben 138
Handlungsbedarf 615, 617
Handlungsraster inclusive einer Untersuchungscheckliste zur Erstellung von Altlastensanierungskonzepten 317
Handlungsrichtlinien 314
Hausmüll 1453
Hausmüll-Verbrennungsrückstände 1453
heterogene 422
Heterogenität 238
Hexachlorcyclohexan (HCH) 395, 1289
Hilfssystem 590
Hintergrundbelastung 835
Hintergrundkonzentrationen 267
historische Erhebung 737
historische Erkundung 737
historischen Bergbaus 140
Hohlräume 140, 141
Humanexposition 325
humantoxikologischen Potentials 281
hydraulische Barriere 1465
hydraulische Gesichtspunkte 651
hydraulische Leitfähigkeit 1327
hydrodynamischer Dispersionskoeffizient 1375
Hydrozyklonen 1529
Hüttenindustrie 137, 143
Identifikation von Verzögerungsgründen 323
immissionsneutraler Abfall 1469
immobilisiert 939, 1259
Immobilisierung 486, 939, 1384, 1445
Industrie 607
Industriebereiche 775
Industriegebieten 721
Industriegelände 89, 109, 375, 775, 1273
industrielle Ballungsgebiete 145
Informationen 590
Infrarotspektroskopie 904
In-Line-Packer System 657
innovative Technologien 30
interdisziplinäre Forschung 314
in-situ 1149, 1165, 1197
in-situ Behandlungsmethode 1197
in-situ Hochdruckwaschverfahren 1023
in-situ Behandlung 565, 1135, 1157, 1162
in-situ Bodensanierung 1143
in-situ Extraktion 1205
in-situ Massnahmen 1003

in-situ Reinigung des Grundwassers 1189
in-situ-Strippen 1165, 1183, 1283
Ionenaustauscher 1277
Ionenaustauscherharz 925
Isolierung 565, 1583
Isotherme 383, 379
Kadmium 363, 458, 459, 460, 905
Kaltsulfonierung 935
Kapillarsperren 501, 1347
Kartierung 625, 791, 849
Kinetik 559
Klassierung 1011, 1573
Klassifizierung 365
Klärschlamm 269, 533, 937
Kohlenwasserstoffe (KW) 233, 498, 542, 567, 568, 569, 608, 943, 1051, 1071, 1143, 1105, 1149, 1191, 1295
Kokereien 1155
Kommunikation 649
Konfliktminderung 315
konkurrierende Hemmung 583
Kontaminationen 141
Kontaminationsschicht 1011, 1015
kontaminiertem Boden 1151
Kontrolle 615
konvektiv 1377, 1386
Konzentrationsgradient 1377
Konzentrationsgrenzwerte 229
Konzeptkarte 647
Kooperation und Kommunikation 678
Kosten 102, 731, 1316, 1384
Krankheiten des Herzens, der Blut- und Atemwege sowie an Allergien 165
Kriging 811
kristallographische Barriere 1465
Kriterien 281
Kupferschieferbergbau 137, 139
KW-Abbau 567
Laborversuch 1151, 1361, 1386
Lagersysteme als Erd- und als Betonbauwerke 1470
Lagerung 1463
Landbehandlung 1046, 1079
Landfill 1387
Landwirtschaftlich 533
landwirtschaftliche Zwecke 1583
Langzeitsicherheit 1473
Langzeitverhalten 1474
Lauenburger Schichten 1465
Leaching 379
Lichtleiter 877
Lichtleiterfasern 877
Lithium- und Cadmiumbromid 1372
Luft 543
Luftdesorbierung flüchtiger organischer Verbindungen 1195
Lufteinblasung 1183
Luftemission 1299
Löschwasserrückhaltung 1464
Löslichkeit 523

Management von Altlasten 307
Massenspektrometrie 901
mathematische Stofftransportmodellen 497
Maximal-Permeationsrate 1379
medizinisches Untersuchungsprogram 336
Mehrfachmessstelle vom Typ (2) 653
Mehrfachmessstelle (Piezometernest) vom Typ (3) 653
mehrphasige Strömungen 1240
mehrphasige Strömungsvorgänge 1237
mehrphasiger Ansatz 779
Membran 903, 905, 941, 1227, 1254, 1259, 1271
Membran Biofilm Reaktor 1259
Membranbegasungssystem 1255
Mengenbilanz 549
menschliche Gesundheid 309
Messstellenausbau 659
Messstellenhydraulik 655, 659
Metaboliten 569, 943
Metallabscheidung 1033
Metallaufnahme 422
Metallionen 419
Metallkontaminationen 422
Metastasen 52
Methan 754, 909, 1227
methanhaltiges 341
Methode 915
Methoden zur Begräbung von thermisch gereinigten Böden 345
methylotrophen Mikroorganismen 583
Migration 1299
Migrationsgeschwindigkeit des Bromids 1373
mikrobiell abbaubaren Schadstoffen 563
mikrobielle Abbaubarkeit 1147
mikrobielle Behandlung 565, 569, 575, 577, 1135
mikrobiellen Abbauprozesse 556
mikrobieller Bodensanierungen 563
mikrobiologische Behandlung 565, 943, 1051, 1095, 1143
mikrobiologische Bodensanierung 1107
mikrobiologische Dekontaminationsmethode 1147
mikrobiologische in-situ Sanierung 1137
mikrobiologische on site Sanierung 1105
mikrobiologische Reinigung 1286
mikrobiologische Sanierung 944
mikrobiologisches Verfahren 944, 1146
Mikroorganismen , 370, 519, 541, 551, 552, 556, 561, 565, 567, 571, 1143
Mineralisation 559
mineralische Abdichtungen 1377
mineralische Barrieren 1363
Mineralisierungsgrad 569
Mischbeprobung 656
mittlere Fliessgewschwindigkeit des Porenwassers 1373
mittlere Porenwassergeschwindigkeit 1375
mittlerer Verteilungskoeffizient 1375
mobil 1375
mobile Analyseneinheit 901

mobiles GC/MS-System 869
Mobilität 924
mobilitätsmindernde Wirkung der Sorption 1373
mobil-immobil 1375
Mobil-Konzept 1375
Modell 379, 383
modelltheoretischen Konzepte 1371
modelltheoretische Auswertung 1375
morphologische 1430
MTBE 523
Multibarrierendichtung 135
Multipackersystem 659
multispektralscanner 851, 852
Mülldeponien 779
Nassextraktion 1033
nationale Programme 41
natürliche Belastungswerte 922
natürliche Umwelt 309
natürlichen Sikzession 351
Nichteisenmetallen 1033
nicht-immissionsneutraler Abfall 1469
Niederschlagswässer 1331
Nutzbarmachung 1331
Nutzungserwartungen 318
Nutzungsänderung 281
Nutzwertanalyse 321
Oberflächenabdichtung 1343, 1345
Oberflächenabdichtungssystem 1346
Oberflächenstabilisierung 1333
Oberflächenverteilung 1015
Oberflächen- und Schadstoffverteilungskurven 1015
offenstehende Grubenräume 143
off-site 1033
ökologische Auswirkunge 212, 1501
Ökosysteme 565
öl 1103, 1237
ölkontaminierte Böden 1071
ölverunreinigte Böden 1095
Ölabscheider-Inhalte 1095
Ölprodukte 1273, 1445
on site 769, 1149, 1165
organische Halogenverbindungen 937
organische Kontaminationen 1197
Österreich 41
Oxidation 486
PAK-Analytik 917
pathologischer Entwicklungen während der Schwangerschaft 165
Pb 455
Permeationsrate 1379
Pestizid 439, 489
Pflanzen 180, 1299
Phenol 343, 499, 1105, 1108
Photogrammetrische Methoden 41
physikalische 651
physikalische Barriere 1465
physikalische Behandlung 1265
physikalische Tests 1429
physikalische und morphologische

parameter 1429
physikalisch/chemische Bodenreinigung 1038
phytotoxische 358
pH-Wert 368, 1443
Pilot 1103
Pilotanlage 1195
Pingen 140
Pioniervegetation 351
Planung 41, 625, 1384, 1517
Polarität 1411
polyaromatische Kohlenwasserstoffe (PAKs) 181,
  239, 270, 551, 533, 551,   552, 553, 554,
  555, 556, 561, 769, 915, 917, 991, 1009,
  1045, 1105, 1441, 1145, 1040, 1051, 1146,
  1155, 1290, 1298
polycyclische Aromaten 1065
Porenwassergeschwindigkeit 1373
positive Umweltbilanz 317
potentiellen Mobilität 487
praktisch vertretbaren Mengen Klärschlamm 269
Priorität 615, 617, 622
Probenahme 797, 841
Probenahmegerät 491
Probenahmemethode 491, 860
Probenahmeraster 831
Probenahmestrategie 209, 829, 910
Probenahmesysteme 651
Probenahmetechniken 651
Pseudokörner 1355
Puffern (von pH 3 über pH 7 nach pH 9 und
  zurück nach pH 7) 905
Pumpen 716
Purge und trap-Verfahren 937
Pyrolyse 1009
π-Orbitalen 1413
Qualität der Analyse 874
Qualitätskontrolle 1299, 1445
Qualitätssicherung 1299
Quecksilber 297
radioaktive Verseuchung 165
Radioaktivität 141
Radon 141
Raumordnung 1384
Raumverträglichkeitsprüfung 318
Reaktoren 1103
Rechtliche Rahmenbedingungen 323
Redox-Potential 1443
Regelungen 41
Regenwässer 1349
Regierung (Politik, Rolle) 41
Reinhaltung des Bodens 145
Reinigung 769, 986
Reinigungsflüssigkeit 1207
rekultivieren 1009
Rekultivierung 345, 351, 357, 645, 1299
repräsentativer Grundwasserproben 651
rezirkuliert 1151
Risikoanalyse 108, 290, 1463
Risikobewertung 123
Risikomanagement 1455

Risikominimierung 1463
Rolle von Behörden 131, 625
Routineüberwachung 758
Rückstände der Hausmüllverbrennung 1453
Rüstungsaltlasten 1601
Räumung 1561
Sand 489, 1036, 1040, 1387
Sandfang-Rückstände 1095
sandiger Obenboden 1340
sanierte Industriegrundstücke 127
Sanierung 143, 281, 343, 1009, 1191, 1331, 1601
Sanierungsmassnahme 373, 376, 607, 877,
  943,1143
Sanierungsstrategie 677
Sanierungstechnik 365, 644, 645, 1036, 1043,
  1157, 1162, 1278
Sanierungsuntersuchung 676
Sanierungsverfahren 592, 610, 1185
Sanierungsziele 297, 609
Sauerstoffversorgung 543
Schadstoffahnen 644
Schadstoffausbreitung 693
Schadstoffbeständigkeit 1385
Schadstoffemission 138, 143
Schadstofflösung 1377
Schadstoffvorkommen und -ausbreitung 481
Schadstoffverteilung 1014
Schadstoff-Fahne 933
Schadwirkung 297
Schichtdicke 1377
Schichtdicke der Tonabdichtung 1379
Schlämmen 485, 486
Schlitzwandaushub 1361
Schluff 1040, 1068
Schluff- und Tonfraktionen 1105
Schnellbestimmung 885
Schwerkraftabscheidungsmethoden 1529
Schwermetalle 179, 239, 269, 368, 455, 485, 486,
  905, 931, 939, 940, 1033, 1197, 1277, 1443,
  1473
schwermetallbelastet 142
Schwermetallmigration 1389
Schwermetallsensor 939
Schwermetallverbindungen 141
Schütteltest 1443
Schächte 140
Schädlingsbekämpfungsmittel 571
Sensor 939, 940, 941, 942
Sequencing Batch Reaktoren (SBR) 1253, 1255
Seveso-Gift 270
Sickerwasser 260, 345, 485, 486, 499, 714, 1229,
  1245, 1252, 1257, 1259, 1265, 1267, 1270,
  1271, 1299, 1317, 1331, 1473
Sickerwassermenge 1270
silt 1387
slurry state soil cleaning 1105
Slurry-prozess 1103
Sohldichtung 1357
Sondermülldeponien 1205
Sorption 379, 381, 777

lxxi

Sorptionsisotherme 380, 382, 384, 439
Spurengasen 910
Spülzusätze 653
stabilisierte Abfallmaterialien 1425
Stabilisierung/Verfestigung polychlorierter
    Biphenyle 1411
Stofftransportmechanismen 1375
Stofftransportmodell 498
Stofftransportparameter 1371
Stofftransportvorgänge 1371
Stollen 140
Strategie 29, 89, 314, 624
Strategie der Probenahme 788
Strategie der Systemtechnik 1470
Strategie der Werkstofftechnik 1470
Strategien für die Probenahme 837
Strategien zur Erkundung 481
strippbare Schadstoffe 1189
Strömungsmodell 1283
städtebauliche Leitlinien 318
städtischen Bereich 180
Stäube 1299, 1384
Superfunds 29
Suspension 1103
Säureregeneration 1553
Tagesbrüche 140, 141
Technische Hindernisse 229
technogenen Substraten 648
Teeren 343
Teerölen 935, 1023
Teilaufgabe der Fachübergreifenden Verbundbegleitung 317
Testfeld 1361
thermal 851
thermische Behandlung 131, 135, 349, 1001
thermische Bodenbehandlung 987
thermische Desorption 885
thermisches Reinigungsverfahren 352
Tiefbau 1475
tiefenorientierte Beprobung 569, 656
Tiefenverlagerung des Lithiums 1373
Toluol 1185
Ton , 396, 457, 458, 459, 460, 489, 499, 808,
    1355, 1371, 1381, 1382
Tonabdichtungen 1371, 1377
Tonsteine 499
Ton/Deponie 458
toxisch 551, 552, 555, 556, 583
Transparenz 318
Transportmechanismen 1371
Treffen von Entscheidungen 229
Trichlorethen 583
Trinkwasser 289, 291, 349, 775, 941
Trinkwasserbrunnen 181
übersäuerte 357
Überwachung 376, 678, 877, 903, 1317, 1441
Überwachungsmethoden 101
Überwachungszwecken 569
Umkehrosmose 1265, 1269, 1271
Umkehrosmosestufe 1270

Umweltanalytik 905
Umweltauswirkungen 1425
Umweltfolgenabschätzung 318
Umweltforschung 137
Umweltgeophysik 729
Umweltqualitätsziele 318
Umwelttechnik 1601
Umwelt-Informationssystem 623
Universität Dortmund, Fachbereich
    Raumplanung 317
Unterboden 521
Untergrundabdichtung 1299, 1455
untersuchter Ton 1372
Untersuchung der Altlast 758
Untersuchungsstrategien 797
unverdächtige Grundstücke 800
Uranbergbau 139
Uranerzbergbau 141
Vakuum 1192
Vegetation 346
Vegetationsbegründung 371
Vegetationsdecke 1340
Vegetationstyp 1333
Verantwortung 312
Verbreitung Schadstoffe 837
Verbrennung 1007
Verbrennungsanlage 987
Verdampfer 1189, 1270
Verfahren 911, 1185
Verfestigung 1441, 1445
Verhalten 380, 384, 429, 489
Verhalten von Chlorphenolen 529
Verhalten von organischen Umweltchemikalien 777
Verhalten von Schadstoffen 1043
Verhinderung des Eindringens von Sickerwasser
    in das Grundwasser 136
Verordnung 30
Verschmutzung durch die halbindustrielle
    Schweinezucht 166
Verträglichkeitsprüfung 313
Verwahrung 141
Verweilzeit 1378, 1379
Vorbeugen 1463
Vorbeugung 1455
Vorklassifizierung 737
Vor-Ort-Methoden 909
warhscheinliche Auslaugbarkeit 1425
Waschverfahren 1040
Wasser und Rheinschlamm 571
Wassergleichgewicht 1333
Wasserstoffperoxid 569
Weichschichten des Holozäns 1465
Wiedernutzbarmachung 325, 351, 373, 375, 673
Wiedernutzung 307, 1384
Wiedernutzung (von Flächen) 1349
Wiederverwendbarkeit von gereinigten Bodenmaterialen 365
wirtschaftliche Belange 309
Wirtschaftsgut 1095

Wärmeflüsse 852
Xenobiotika 532, 575, 577
Zeitraffereffekt 487
Zement 1429
Zink 450, 458, 457, 459
Zinnerzbergbau 137, 140
Zugänglichkeit der Schadstoffe 1147
Zwischenprodukten 555, 556
Zyaniden 841
Zyanidgehalt 429

MIX
Papier aus verantwortungsvollen Quellen
Paper from responsible sources
FSC® C105338

If you have any concerns about our products,
you can contact us on
**ProductSafety@springernature.com**

In case Publisher is established outside the EU,
the EU authorized representative is:
**Springer Nature Customer Service Center GmbH
Europaplatz 3, 69115 Heidelberg, Germany**

Printed by Libri Plureos GmbH
in Hamburg, Germany